D1731029

mit Download

Ihr **Bonusmaterial** im Download-Bereich!

Zu Ihrem Buch **IMDG-Code 2019** stellen wir Ihnen wertvolles Bonusmaterial in Form von Übersichten, zusätzlichen wichtigen nationalen und internationalen Vorschriften sowie aktuellen Hinweisen zu Änderungen nach Redaktionsschluss zum Download zur Verfügung. Eine Übersicht finden Sie außerdem auf der Rückseite.

Ihr Bonusmaterial können Sie auf www.ecomed-storck.de/mein-konto herunterladen.

Wichtig: Sie müssen das Bonusmaterial dort zunächst **einmalig** mit Ihrem persönlichen Download-Code freischalten (siehe unten „So geht's"). Danach steht es Ihnen im Bereich **„Mein Konto"** bis zur nächsten Auflage des Buches zur Verfügung.

Ihr **persönlicher Download-Code** lautet: **imdg-0-a05r8hys-13**

So geht's:

1. Haben Sie bereits **Zugangsdaten** für die Website www.ecomed-storck.de?
   Wenn **nein**: Bitte weiter mit **Schritt 2**.
   Wenn **ja**: Bitte weiter mit **Schritt 3**.
2. Bitte legen Sie sich ein **Konto** an unter: www.ecomed-storck.de/konto-eroeffnen
3. Loggen Sie sich mit Ihren Zugangsdaten im Bereich **„Mein Konto"** ein: www.ecomed-storck.de/mein-konto
4. Klicken Sie dort bitte auf den Punkt **„Download-Code einlösen"**. Tragen Sie nun **Ihren persönlichen Download-Code** ein, bestätigen Sie die AGB und Datenschutzhinweise und klicken Sie auf **„Einlösen"**.
5. Unter **„Online-Produkte & Downloads"** stehen Ihnen jetzt Ihre Inhalte zur Verfügung.

ecomed SICHERHEIT

storck HAMBURG

Im Download finden Sie:

Anwenderbezogene Hinweise auf Änderungen im IMDG-Code 2019

- Allgemeine Anforderungen
- Klassifizierung
- Gefahrgutliste, Sondervorschriften (SV), Ausnahmen
- Verwendung von Verpackungen, IBC, Großverpackungen, ortsbeweglichen Tanks
- Bau- und Prüfvorschriften für Verpackungen, IBC, Großverpackungen, ortsbewegliche Tanks
- Kennzeichnung
- Dokumentation
- Beförderungsabwicklung

Software

Der komplette Text des IMDG-Codes, weitere nationale und internationale Regelungen sowie Richtlinien stehen hier mit aktuellem Rechtsstand zusätzlich in Form einer Software zum Download zur Verfügung.

Aktuelle Hinweise

(Bei Bekanntwerden von Änderungen zu den in diesem Buch enthaltenen Texten werden hier entsprechende Hinweise bereitgestellt.)

IMDG-Code 2019

GGBefG
GGVSee
Richtlinien zur GGVSee
MoU – Ostsee
IMDG-Code inkl. Amdt. 39-18
Stichwortverzeichnis

39. Auflage

storck
HAMBURG

Bibliografische Informationen der Deutschen Nationalbibliothek

Die Deutsche Nationalbibliothek verzeichnet diese Publikation in der Deutschen Nationalbibliografie; detaillierte bibliografische Daten sind im Internet über <http://www.dnb.de> abrufbar.

Bei der Herstellung des Werkes haben wir uns zukunftsbewusst für umweltverträgliche und wiederverwertbare Materialien entschieden.
Der Inhalt ist auf elementar chlorfreiem Papier gedruckt.

ISBN 978-3-86897-368-6

E-Mail: kundenservice@ecomed-storck.de

Telefon: +49 89/2183-7922
Telefax: +49 89/2183-7620

www.ecomed-storck.de

Satz: WMTP Wendt-Media Text-Processing, Birkenau
Druck: C. H. Beck, Nördlingen

A 2 12/2018

Vorwort

Der International Maritime Dangerous Goods Code (IMDG Code), herausgegeben von der International Maritime Organization (IMO), regelt seit 1965 die Beförderung gefährlicher Güter mit Seeschiffen. Er ist als Teil A in Kapitel VII Bestandteil des Internationalen Übereinkommens von 1974 zum Schutz des menschlichen Lebens auf See (Safety of Life at Sea – SOLAS). Durch eine Änderung (Amendment oder Amdt.) des SOLAS-Übereinkommens ist der IMDG Code seit 1. Januar 2004 bis auf wenige Kapitel völkerrechtlich verbindlich.

Am 1. Januar 2020 wird das 39. Amendment (Amdt. 39-18) zum IMDG Code in Kraft treten. Die Staaten sind jedoch aufgefordert, die Anwendung der neuen Regelungen bereits ab 1. Januar 2019 auf freiwilliger Basis zuzulassen, um eine weitgehende Harmonisierung mit den Gefahrgutvorschriften der übrigen Verkehrsträger zu gewährleisten, die einem anderen zweijährigen Änderungsrhythmus folgen. Deutschland ist dieser Aufforderung nachgekommen und hat durch das Bundesministerium für Verkehr und digitale Infrastruktur (BMVI) eine Duldungsregelung zusammen mit der amtlichen deutschen Übersetzung des IMDG Codes bekannt gemacht. Sie ist in der Ausgabe 23/2018 des Verkehrsblatts (VkBl.) veröffentlicht (siehe Seite A 64 in diesem Werk). Der IMDG-Code in der Fassung des Amdt. 39-18 wird formell durch eine Änderung der Gefahrgutverordnung See (GGVSee) im Laufe des Jahres 2019 in Kraft gesetzt werden.

Die vorliegende Verlagsausgabe basiert auf der amtlichen deutschen Übersetzung, das heißt, die Vorschriftentexte sind mit dem amtlichen Text identisch. Erweitert wird diese Verlagsausgabe um praxisfreundliche Zusätze, welche es den Anwendern unter anderem ermöglichen, sich in dem umfangreichen Regelwerk besser und leichter zurechtzufinden.

Durch Verweise am Textrand sind die wesentlichen Bestimmungen anderer nationaler und internationaler Vorschriften soweit möglich erschlossen. Diese ergänzenden Vorschriften sind auf dem derzeit geltenden Stand und nehmen zum Teil noch auf das Amdt. 38-16 des IMDG-Codes Bezug. Sie werden vom Verordnungsgeber erst zum Inkrafttreten des Amdt. 39-18 oder danach aktualisiert werden.

Der Verlag ist offen und dankbar für Anregungen und Verbesserungsvorschläge: ecomed-Storck GmbH, Storck Verlag Hamburg, Dr. Michael Heß (Lektorat), Neuhöfer Straße 23, Haus 5, 21107 Hamburg oder telefonisch (040/797 13-132), per Fax (040/797 13-101) oder per E-Mail (m.hess@ecomed-storck.de).

Hamburg, Dezember 2018

Inhaltsverzeichnis

Hinweise für den Benutzer

In dieser Verlagsausgabe ist wortgetreu der Text der amtlichen deutschen Übersetzung des International Maritime Dangerous Goods Code (IMDG-Code) enthalten und um einige Merkmale erweitert worden, um den praktischen Umgang mit dem Regelwerk zu erleichtern.

Dabei wurde das Amdt. 39-18 vollständig berücksichtigt. In der Gefahrgutliste in Kapitel 3.2 ist jeder zweite Eintrag mit einem Raster hinterlegt, um auf den Doppelseiten nicht in der Zeile zu verrutschen. Inhaltliche Änderungen gegenüber der vorherigen Ausgabe sind durch ein hinterlegtes Raster kenntlich gemacht.

Alle Gliederungsnummern oder Randnummern, die vom Gesetzgeber unbenannt blieben, wurden mit **redaktionellen Überschriften** versehen, die halbfett gedruckt in eckigen Klammern stehen, also so: **[Überschrift]**. Dies gestaltet die Druckseiten übersichtlicher. Außerdem sind im Stichwortverzeichnis alle Überschriften, sowohl amtliche und als auch redaktionelle, berücksichtigt, soweit dies sinnvoll war.

Wenn in der Gefahrgutverordnung See (GGVSee) oder im IMDG-Code sinnvolle Ergänzungen stehen, sind diese Verweise an der entsprechenden Stelle im IMDG-Code durch eine Marginalie kenntlich gemacht. Die juristischen Begriffsbestimmungen sind im Allgemeinen in 1.2.1 zu finden. Zusätzlich gilt es, die Begriffsbestimmungen in der GGVSee beziehungsweise im Gefahrgutbeförderungsgesetz (GGBefG) zu beachten.

Das beiliegende Kleberegister soll Sie beim Zugriff auf die benötigten Texte unterstützen. Das Register kann sowohl am seitlichen als auch am oberen Seitenrand angebracht werden.

Zur leichteren Orientierung werden die Kapitelüberschriften (teilweise gekürzt) im Kolumnenkopf mitgeführt. Die Systematik der Gliederungsnummern wurde ergänzt, wenn eine Gliederungsnummer mehrere Seiten umfasst. Sie wird dann mit dem Zusatz „(Forts.)" auf den Folgeseiten wiederholt. Für einen leichteren Zugriff wurden die Gliederungsnummern auf rechten Seiten jeweils außen gedruckt. Ebenso wurden Tabellenspalten wo erforderlich mit Fortsetzungshinweisen versehen.

IMDG-Code Amdt. 39-18 – wichtige Änderungen
• **Klassifizierung:** neuer Abschn. 2.0.6 für die Einstufung von Gegenständen als Gegenstände, die gefährliche Güter enthalten, n.a.g. (neue UN-Nummern 3537 bis 3548); weitere selbstzersetzliche Stoffe (UN 3227) bzw. organische Peroxide (UN 3109, 3116 und 3119) in Verpackungen zugeordnet; Klassifizierung ätzender Stoffe (Klasse 8) komplett überarbeitet und u. a. um alternative Klassifizierungsmethoden erweitert.
• **Gefahrgutliste:** Klarstellung, dass nur der zutreffendste richtige technische Name anzugeben ist, wenn unter einer einzelnen UN-Nummer eine Kombination mehrerer unterschiedlicher richtiger technischer Namen aufgeführt ist; Staukategorien für mehrere Einträge der Klasse 1 geändert; neue Trenngruppencodes (SGG1 bis SGG18) hinzugefügt (damit wird aus der Gefahrgutliste unmittelbar ersichtlich, welcher Trenngruppe ein Stoff ggf. zugeordnet ist); zahlreichen Stoffen werden zusätzlich die Trenncodes SG35, SG36 und/oder SG49 (Trennung von Säuren, Laugen bzw. Cyaniden) zugeordnet.
• **Gefahrgutliste:** neue Einträge: UN 3535 Giftiger anorganischer fester Stoff, entzündbar, n.a.g., UN 3536 Lithiumbatterien, in Güterbeförderungseinheiten eingebaut sowie UN 3537 bis 3548 Gegenstände, die gefährliche Güter enthalten.

IMDG-Code Amdt. 39-18 – wichtige Änderungen

- **Neue Verpackungsanweisungen:** P006 und LP03 für die neuen UN-Nummern 3537, 3538, 3540, 3541, 3546, 3547 und 3548 (Gegenstände, die gefährliche Güter enthalten), P911 und LP906 (beschädigte oder defekte Lithiumbatterien) sowie LP905 (kleine Produktionsserien und Vorproduktionsprototypen von Lithiumbatterien).
- **Ortsbewegliche Tanks:** neu: IMO-Tank Typ 9 (Straßen-Gaselemente-Fahrzeug) für die Beförderung verdichteter Gase.
- **Plakatierung und Kennzeichnung:** Kap. 5.3 betrifft nun neben Güterbeförderungseinheiten auch Schüttgut-Container.
- **Trennung:** neue Tabelle zu Ausnahmen vom Trenngebot betreffend organische Peroxide der UN-Nummern 3101 bis 3120 sowie UN 1325 Entzündbarer organischer fester Stoff, n.a.g.; neue Trenngruppencodes (SGG1 bis SGG18); Trenncode SG1 aktualisiert; neue Trenncodes SG76, SG77 und SG78.
- **Temperaturkontrolle:** überarbeitete, aktualisierte und teils neu strukturierte Bestimmungen für die Beförderung von Güterbeförderungseinheiten unter Temperaturkontrolle.
- **Sondervorschriften:** diverse Änderungen bei bestehenden sowie neue und gestrichene.

Arbeiten mit dem IMDG-Code

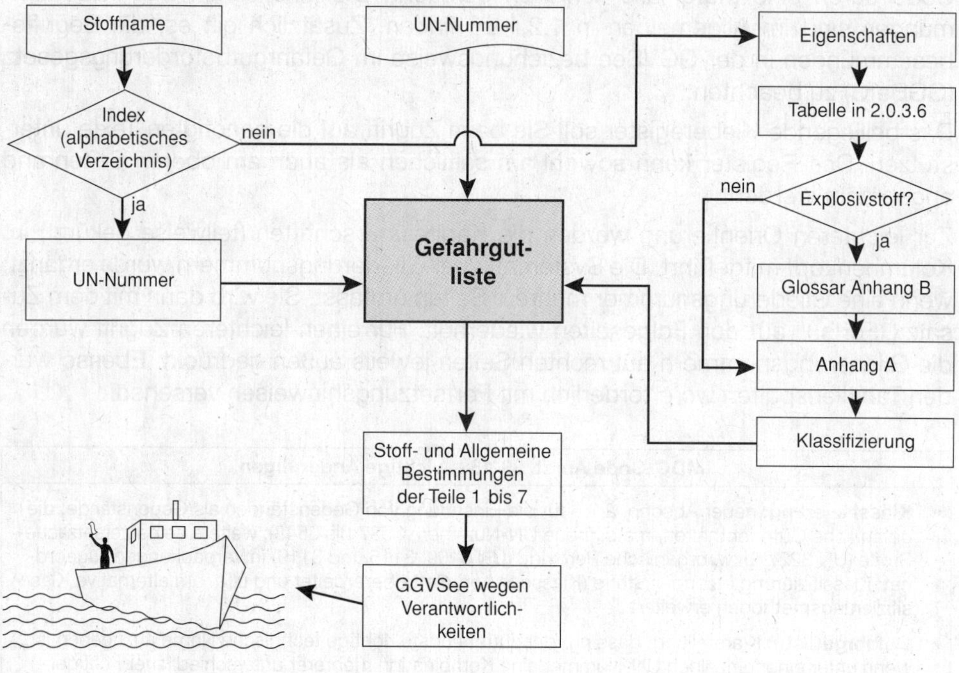

Gesetz über die Beförderung gefährlicher Güter

Gesetz über die Beförderung gefährlicher Güter (Gefahrgutbeförderungsgesetz – GGBefG)

i. d. F. der Bek. vom 7.7.2009 (BGBl. I S. 1774, ber. S. 3975)[1]
geändert durch Art. 5 G vom 26.7.2016 (BGBl. I S. 1843)

Bekanntmachung der Neufassung des Gefahrgutbeförderungsgesetzes
Vom 7. Juli 2009

Auf Grund des Artikels 2 des Gesetzes vom 6. Juli 2009 (BGBl. I S. 1704) wird nachstehend der Wortlaut des Gefahrgutbeförderungsgesetzes in der ab dem 1. Januar 2010 geltenden Fassung bekannt gemacht. Die Neufassung berücksichtigt:

1. die Fassung der Bekanntmachung des Gesetzes vom 29. September 1998 (BGBl. I S. 3114)
2. den am 7. November 2001 in Kraft getretenen Artikel 250 der Verordnung vom 29. Oktober 2001 (BGBl. I S. 2785),
3. den am 1. Januar 2002 in Kraft getretenen Artikel 18 des Gesetzes vom 15. Dezember 2001 (BGBl. I S. 3762),
4. den am 1. November 2002 in Kraft getretenen Artikel 11 § 5 des Gesetzes vom 6. August 2002 (BGBl. I S. 3082),
5. den am 1. Juli 2005 in Kraft getretenen Artikel 45 des Gesetzes vom 21. Juni 2005 (BGBl. I S. 1818),
6. den am 8. November 2006 in Kraft getretenen Artikel 294 der Verordnung vom 31. Oktober 2006 (BGBl. I S. 2407),
7. den am 1. Januar 2010 in Kraft tretenden Artikel 1 des eingangs genannten Gesetzes (BGBl. I S. 1704).

Berlin, den 7. Juli 2009

Der Bundesminister
für Verkehr, Bau und Stadtentwicklung
W. Tiefensee

§ 1
Geltungsbereich

(1) Dieses Gesetz gilt für die Beförderung gefährlicher Güter mit Eisenbahn-, Magnetschwebebahn-, Straßen-, Wasser- und Luftfahrzeugen sowie für das Herstellen, Einführen und Inverkehrbringen von Verpackungen, Beförderungsbehältnissen und Fahrzeugen für die Beförderung gefährlicher Güter.

Es findet keine Anwendung auf die Beförderung

1. innerhalb eines Betriebes oder mehrerer verbundener Betriebsgelände (Industrieparks), in denen gefährliche Güter hergestellt, bearbeitet, verarbeitet, aufgearbeitet, gelagert, verwendet oder entsorgt werden, soweit sie auf einem abgeschlossenen Gelände stattfindet,
2. *weggefallen*
3. im grenzüberschreitenden Verkehr, wenn und soweit auf den betreffenden Beförderungsvorgang Vorschriften der Europäischen Gemeinschaften oder zwischenstaatliche Vereinbarungen oder auf solchen Vorschriften oder Vereinbarungen beruhende innerstaatliche Rechts-

[1] BGBl. I 1975 S. 2121, BGBl. I 1980 S. 373 und S. 1729, BGBl. I 1989 S. 1830, BGBl. I 1990 S. 1221 und BGBl. I 1990 S. 2106, BGBl. I 1993 S. 2378, BGBl. I 1994 S. 1416, BGBl. I 1994 S. 2325, BGBl. I 1996 S. 1019, BGBl. I 1998 S. 2037, BGBl. I 1998 S. 3114 (Bekanntmachung der Neufassung), BGBl. I 2001 S. 2785 (2840), BGBl. I 2001 S. 3762 (3767), BGBl. I 2002 S. 3082 (3102), BGBl. I 2005 S. 1818 (1827), BGBl. I 2006 S. 2407 (2445), BGBl. I 2009 S. 1704, BGBl. I 2009 S. 1774, BGBl. I 2009 S. 3975, BGBl. I 2013 S. 3154 (3191), BGBl. I 2015 S. 1474, BGBl. I 2016 S. 1843

vorschriften unmittelbar anwendbar sind, es sei denn, diese Vereinbarungen nehmen auf innerstaatliche Rechtsvorschriften Bezug,

4. mit Bergbahnen.

(2) Dieses Gesetz berührt nicht

1. Rechtsvorschriften über gefährliche Güter, die aus anderen Gründen als aus solchen der Sicherheit im Zusammenhang mit der Beförderung erlassen sind,
2. auf örtlichen Besonderheiten beruhende Sicherheitsvorschriften des Bundes, der Länder oder der Gemeinden.

§ 2
Begriffsbestimmungen

→ D: GGVSee § 2 (1) Gefährliche Güter im Sinne dieses Gesetzes sind Stoffe und Gegenstände, von denen auf Grund ihrer Natur, ihrer Eigenschaften oder ihres Zustandes im Zusammenhang mit der Beförderung Gefahren für die öffentliche Sicherheit oder Ordnung, insbesondere für die Allgemeinheit, für wichtige Gemeingüter, für Leben und Gesundheit von Menschen sowie für Tiere und Sachen ausgehen können.

(2) Die Beförderung im Sinne dieses Gesetzes umfasst nicht nur den Vorgang der Ortsveränderung, sondern auch die Übernahme und die Ablieferung des Gutes sowie zeitweilige Aufenthalte im Verlauf der Beförderung, Vorbereitungs- und Abschlusshandlungen (Verpacken und Auspacken der Güter, Be- und Entladen), Herstellen, Einführen und Inverkehrbringen von Verpackungen, Beförderungsmitteln und Fahrzeugen für die Beförderung gefährlicher Güter, auch wenn diese Handlungen nicht vom Beförderer ausgeführt werden. Ein zeitweiliger Aufenthalt im Verlauf der Beförderung liegt vor, wenn dabei gefährliche Güter für den Wechsel der Beförderungsart oder des Beförderungsmittels (Umschlag) oder aus sonstigen transportbedingten Gründen zeitweilig abgestellt werden. Auf Verlangen sind Beförderungsdokumente vorzulegen, aus denen Versand- und Empfangsort feststellbar sind. Wird die Sendung nicht nach der Anlieferung entladen, gilt das Bereitstellen der Ladung beim Empfänger zur Entladung als Ende der Beförderung. Versandstücke, Tankcontainer, Tanks und Kesselwagen dürfen während des zeitweiligen Aufenthaltes nicht geöffnet werden.

§ 3
Ermächtigungen

(1) Das Bundesministerium für Verkehr und digitale Infrastruktur wird ermächtigt, mit Zustimmung des Bundesrates Rechtsverordnungen und allgemeine Verwaltungsvorschriften über die Beförderung gefährlicher Güter zu erlassen, insbesondere über

1. die Zulassung der Güter zur Beförderung,
2. das Zusammenpacken, Zusammenladen und die Verpackung, einschließlich deren
   a) Zulassung einschließlich Konformitätsbewertung,
   b) Herstellen, Einführen und Inverkehrbringen,
   c) Betreiben und Verwenden,
3. die Kennzeichnung von Versandstücken,
4. die Beförderungsbehältnisse und die Fahrzeuge, einschließlich deren
   a) Bau, Beschaffenheit, Ausrüstung, Prüfung und Kennzeichnung,
   b) Zulassung einschließlich Konformitätsbewertung,
   c) Herstellen, Einführen und Inverkehrbringen,
   d) Betreiben und Verwenden,
5. das Verhalten während der Beförderung,
6. die Beförderungsgenehmigungen, die Beförderungs- und Begleitpapiere,
7. die Auskunfts-, Aufzeichnungs- und Anzeigepflichten,
8. die Besetzung und Begleitung der Fahrzeuge,
9. die Befähigungsnachweise, auch in den Fällen des § 5 Absatz 2 Satz 3 Nummer 2,
10. die Mess- und Prüfverfahren,

11. die Schutzmaßnahmen für das Beförderungspersonal,
12. das Verhalten und die Schutz- und Hilfsmaßnahmen nach Unfällen mit gefährlichen Gütern,
13. bei der Beförderung beteiligte Personen, einschließlich ihrer ärztlichen Überwachung und Untersuchung, des Erfordernisses von Ausbildung, Prüfung und Fortbildung sowie zur Festlegung qualitativer Anforderungen an Lehrgangsveranstalter und Lehrkräfte,
14. Beauftragte in Unternehmen und Betrieben, einschließlich des Erfordernisses von Ausbildung, Prüfung und Fortbildung sowie zur Festlegung qualitativer Anforderungen an Lehrgangsveranstalter und Lehrkräfte,
15. Bescheinigungen und Meldepflichten für Abfälle, die gefährliche Güter sind,
16. die Stellen für Prüfung und Zulassung einschließlich Konformitätsbewertung der Verpackung nach Nummer 2 sowie der Beförderungsbehältnisse und Fahrzeuge nach Nummer 4,
17. die Geltung von Bescheiden über Zulassung und Prüfung der Verpackung nach Nummer 2 sowie der Beförderungsbehältnisse und Fahrzeuge nach Nummer 4, die in einem anderen Mitgliedstaat der Europäischen Union oder des Abkommens über den Europäischen Wirtschaftsraum oder in Drittstaaten ausgestellt sind,
18. die Zusammenarbeit und den Erfahrungsaustausch der mit Aufgaben der Zulassung einschließlich Konformitätsbewertung und Prüfung betrauten Behörden und Stellen,

soweit dies zum Schutz gegen die von der Beförderung gefährlicher Güter ausgehenden Gefahren und erheblichen Belästigungen erforderlich ist. Die Rechtsverordnungen nach Satz 1 haben den Stand der Technik zu berücksichtigen. Das Grundrecht auf körperliche Unversehrtheit (Artikel 2 Absatz 2 Satz 1 des Grundgesetzes) wird nach Maßgabe des Satzes 1 Nummer 13 eingeschränkt. In den Rechtsverordnungen nach Satz 1 kann auch geregelt werden, dass bei der Beförderung gefährlicher Güter eine zusätzliche haftungsrechtliche Versicherung abzuschließen und nachzuweisen ist.

(2) Rechtsverordnungen und allgemeine Verwaltungsvorschriften nach Absatz 1 können auch zur Durchführung oder Umsetzung von Rechtsakten der Europäischen Gemeinschaften und zur Erfüllung von Verpflichtungen aus zwischenstaatlichen Vereinbarungen erlassen werden. Rechtsverordnungen nach Absatz 1 Satz 1, die der Verwirklichung neuer Erkenntnisse hinsichtlich der internationalen Beförderung gefährlicher Güter auf dem Gebiet der See- und Binnenschifffahrt dienen, sowie Rechtsverordnungen zur Inkraftsetzung von Abkommen nach Artikel 5 § 2 des Anhanges B des Übereinkommens über den internationalen Eisenbahnverkehr vom 9. Mai 1980 (COTIF-Übereinkommen, BGBl. 1985 II S. 132), erlässt das Bundesministerium für Verkehr und digitale Infrastruktur ohne Zustimmung des Bundesrates; diese Rechtsverordnungen bedürfen jedoch der Zustimmung des Bundesrates, wenn sie die Einrichtung der Landesbehörden oder die Regelung ihres Verwaltungsverfahrens betreffen.

(3) *(weggefallen)*

(4) Soweit Sicherheitsgründe und die Eigenart des Verkehrsmittels es zulassen, soll die Beförderung gefährlicher Güter mit allen Verkehrsmitteln einheitlich geregelt werden.

(5) In den Rechtsverordnungen nach Absatz 1 sind Ausnahmen für die Bundeswehr, in ihrem Auftrag hoheitlich tätige zivile Unternehmen, ausländische Streitkräfte, die Bundespolizei und die Polizeien, die Feuerwehren, die Einheiten und Einrichtungen des Katastrophenschutzes sowie die Kampfmittelräumdienste der Länder oder Kommunen zuzulassen, soweit dies Gründe der Verteidigung, polizeiliche Aufgaben oder die Aufgaben der Feuerwehren, des Katastrophenschutzes oder der Kampfmittelräumung erfordern. Ausnahmen nach Satz 1 sind für den Bundesnachrichtendienst zuzulassen, soweit er im Rahmen seiner Aufgaben für das Bundesministerium der Verteidigung tätig wird und soweit sicherheitspolitische Interessen dies erfordern.

§ 4

(weggefallen)

§ 5
Zuständigkeiten

(1) Im Bereich der Eisenbahnen des Bundes, Magnetschwebebahnen, im Luftverkehr sowie auf dem Gebiet der See- und Binnenschifffahrt auf Bundeswasserstraßen einschließlich der bundeseigenen Häfen obliegt die Wahrnehmung der Aufgaben nach diesem Gesetz und nach den auf ihm beruhenden Rechtsvorschriften dem Bund in bundeseigener Verwaltung. Unberührt bleiben die Zuständigkeiten für die Hafenaufsicht (Hafenpolizei) in den nicht vom Bund betriebenen Stromhäfen an Bundeswasserstraßen.

(2) Das Bundesministerium für Verkehr und digitale Infrastruktur wird ermächtigt, durch Rechtsverordnung ohne Zustimmung des Bundesrates die für die Ausführung dieses Gesetzes und der auf ihm beruhenden Rechtsvorschriften zuständigen Behörden und Stellen zu bestimmen, soweit es sich um den Bereich der bundeseigenen Verwaltung handelt. Wenn und soweit der Zweck des Gesetzes durch das Verwaltungshandeln der Länder nicht erreicht werden kann, kann das Bundesministerium für Verkehr und digitale Infrastruktur durch Rechtsverordnung mit Zustimmung des Bundesrates das Bundesamt für Güterverkehr, das Bundesamt für kerntechnische Entsorgungssicherheit das Bundesamt für Verbraucherschutz und Lebensmittelsicherheit, die Bundesanstalt für Materialforschung und -prüfung, das Bundesinstitut für Risikobewertung, das Eisenbahn-Bundesamt, das Kraftfahrt-Bundesamt, die Physikalisch-Technische Bundesanstalt, das Robert-Koch-Institut, das Umweltbundesamt und das Wehrwissenschaftliche Institut für Werk-, Explosiv- und Betriebsstoffe auch für den Bereich für zuständig erklären, in dem die Länder dieses Gesetz und die auf ihm beruhenden Rechtsvorschriften auszuführen hätten. Das Bundesministerium für Verkehr und digitale Infrastruktur kann ferner durch Rechtsverordnung mit Zustimmung des Bundesrates bestimmen, dass

1. die Industrie- und Handelskammern für die Durchführung, Überwachung und Anerkennung der Ausbildung, Prüfung und Fortbildung von am Gefahrguttransport beteiligten Personen, für die Erteilung von Bescheinigungen sowie für die Anerkennung von Lehrgängen, Lehrgangsveranstaltern und Lehrkräften zuständig sind und insoweit Einzelheiten durch Satzungen regeln sowie
2. Sachverständige und sachkundige Personen für Prüfungen, Überwachungen und Bescheinigungen hinsichtlich der Beförderung gefährlicher Güter zuständig sind. Die in Satz 3 Nummer 2 Genannten unterliegen der Aufsicht der Länder und dürfen im Bereich eines Landes nur tätig werden, wenn sie dazu von der zuständigen obersten Landesbehörde oder der von ihr bestimmten oder der nach Landesrecht zuständigen Stelle entsprechend ermächtigt worden sind.

(3) Soweit zwischenstaatliche Vereinbarungen oder Rechtsakte der Europäischen Gemeinschaften auf die zuständigen Behörden der Vertragsstaaten Bezug nehmen, gilt für die Bestimmung dieser Behörden durch Rechtsverordnung Absatz 2 entsprechend.

(4) *(weggefallen)*

(5) Das Bundesministerium für Verkehr und digitale Infrastruktur wird ermächtigt, durch Rechtsverordnung ohne Zustimmung des Bundesrates zu bestimmen, dass der Vollzug dieses Gesetzes und der auf dieses Gesetz gestützten Rechtsverordnungen in Fällen, in denen gefährliche Güter durch die Bundeswehr, in ihrem Auftrag hoheitlich tätige zivile Unternehmen, ausländische Streitkräfte, den Bundesnachrichtendienst oder die Bundespolizei befördert werden, Bundesbehörden obliegt, soweit dies Gründe der Verteidigung, sicherheitspolitische Interessen oder die Aufgaben der Bundespolizei erfordern.

§ 6
Allgemeine Ausnahmen

Das Bundesministerium für Verkehr und digitale Infrastruktur kann allgemeine Ausnahmen von den auf diesem Gesetz beruhenden Rechtsverordnungen durch Rechtsverordnung mit Zustimmung des Bundesrates zulassen für die Beförderung gefährlicher Güter mit

1. Eisenbahn- oder Straßenfahrzeugen im Rahmen des Artikels 6 der Richtlinie 96/49/EG*) des Rates vom 23. Juli 1996 zur Angleichung der Rechtsvorschriften der Mitgliedstaaten für die Eisenbahnbeförderung gefährlicher Güter und des Artikels 6 der Richtlinie 94/55/EG*) des Rates vom 21. November 1994 zur Angleichung der Rechtsvorschriften der Mitgliedstaaten für den Gefahrguttransport auf der Straße,
2. Fahrzeugen, die nach Artikel 1 Absatz 2 Buchstabe a der Richtlinie 94/55/EG*) in den Geltungsbereich des Gesetzes einbezogen werden,
3. Wasserfahrzeugen,
4. Luftfahrzeugen.

§ 7
Sofortmaßnahmen

(1) Das Bundesministerium für Verkehr und digitale Infrastruktur kann die Beförderung bestimmter gefährlicher Güter mit Wasser- und Luftfahrzeugen untersagen oder nur unter Bedingungen und Auflagen gestatten, wenn sich die geltenden Sicherheitsvorschriften als unzureichend zur Einschränkung der von der Beförderung ausgehenden Gefahren herausstellen und eine Änderung der Rechtsvorschriften in dem nach § 3 vorgesehenen Verfahren nicht abgewartet werden kann. Allgemeine Anordnungen dieser Art trifft das Bundesministerium für Verkehr und digitale Infrastruktur durch Rechtsverordnung ohne Zustimmung des Bundesrates.

(2) Absatz 1 gilt sinngemäß für den Fall, dass sich bei der Beförderung von Gütern, die bisher nicht den Vorschriften für die Beförderung gefährlicher Güter unterworfen waren, eine Gefährdung im Sinne von § 2 Absatz 1 herausstellt.

(3) Auf Grund von Absatz 1 und 2 getroffene Anordnungen gelten ein Jahr, sofern sie nicht vorher zurückgenommen werden.

(4) Das Bundesministerium für Verkehr und digitale Infrastruktur kann nach vorheriger Genehmigung der Kommission der Europäischen Gemeinschaften die Beförderung bestimmter gefährlicher Güter mit Eisenbahn- und Straßenfahrzeugen untersagen oder nur unter Bedingungen oder Auflagen gestatten, wenn sich die geltenden Sicherheitsvorschriften bei einem Unfall oder Zwischenfall als unzureichend herausgestellt haben und dringender Handlungsbedarf besteht. Satz 1 gilt sinngemäß für den Fall, dass sich bei der Beförderung von Gütern, die bisher nicht den Vorschriften für die Beförderung gefährlicher Güter unterworfen waren, eine Gefahr im Sinne von § 2 Absatz 1 herausstellt. Auf Grund von Satz 1 und 2 getroffene Anordnungen werden entsprechend der Festlegung der Kommission der Europäischen Gemeinschaften befristet.

§ 7a
Anhörung

(1) Vor dem Erlass von Rechtsverordnungen nach den §§ 3, 6 und 7 sollen Sicherheitsbehörden und -organisationen angehört werden, insbesondere

1. das Bundesamt für kerntechnische Entsorgungssicherheit,
2. die Bundesanstalt für Materialforschung und -prüfung,
3. das Bundesinstitut für Risikobewertung,
4. die Physikalisch-Technische Bundesanstalt,
5. das Robert-Koch-Institut,
6. das Umweltbundesamt,
7. das Wehrwissenschaftliche Institut für Werk-, Explosiv- und Betriebsstoffe und
8. das Eisenbahn-Bundesamt.

(2) Verbände und Sachverständige der beteiligten Wirtschaft einschließlich der Verkehrswirtschaft sollen vor dem Erlass der Rechtsverordnungen nach Absatz 1 gehört werden. Das Bundesministerium für Verkehr und digitale Infrastruktur bestimmt den jeweiligen Umfang der Anhörung und die anzuhörenden Verbände und Sachverständigen.

---
*) *Anmerkung des Verlags: Die RL 96/49 und 94/55 sind durch die RL 2008/68 aufgehoben worden.*

§ 7b
Beirat

(1) Beim Bundesministerium für Verkehr und digitale Infrastruktur wird ein Gefahrgut-Verkehrs-Beirat (Beirat) eingesetzt.

(2) Der Beirat hat die Aufgabe, das Bundesministerium für Verkehr und digitale Infrastruktur hinsichtlich der sicheren Beförderung gefährlicher Güter, insbesondere der Durchführung dieses Gesetzes, zu beraten.

(3) Dem Beirat sollen insbesondere sachverständige Personen aus dem Kreis der

1. Sicherheitsbehörden und -organisationen im Sinne von § 7a Absatz 1,
2. Länder,
3. Verbände der Wirtschaft, einschließlich der Verkehrswirtschaft,
4. Gewerkschaften und
5. Wissenschaft

angehören. Das Bundesministerium für Verkehr und digitale Infrastruktur bestimmt die Zahl der Beiratsmitglieder und benennt die dem Beirat angehörenden Stellen im Einzelnen.

(4) Die Bundesministerien haben das Recht, in Sitzungen des Beirats vertreten zu sein und gehört zu werden.

§ 8
Maßnahmen der zuständigen Behörden

(1) Die jeweils für die Überwachung zuständige Behörde kann im Einzelfall die Anordnungen treffen, die zur Beseitigung festgestellter oder zur Verhütung künftiger Verstöße gegen dieses Gesetz oder gegen die nach diesem Gesetz erlassenen Rechtsverordnungen erforderlich sind. Sie kann insbesondere

1. soweit ein Fahrzeug, mit dem gefährliche Güter befördert werden, nicht den jeweils geltenden Vorschriften über die Beförderung gefährlicher Güter entspricht oder die vorgeschriebenen Papiere nicht vorgelegt werden, die zur Behebung des Mangels erforderlichen Maßnahmen treffen und die Fortsetzung der Fahrt untersagen, bis die Voraussetzungen zur Weiterfahrt erfüllt sind,
2. die Fortsetzung der Fahrt untersagen, soweit eine nach § 46 Absatz 1 des Gesetzes über Ordnungswidrigkeiten in Verbindung mit § 132 Absatz 1 Nummer 1 der Strafprozessordnung angeordnete Sicherheitsleistung nicht oder nicht vollständig erbracht wird,
3. im grenzüberschreitenden Verkehr Fahrzeuge, die nicht in einem Mitgliedstaat der Europäischen Union oder einem anderen Vertragsstaat des Abkommens über den Europäischen Wirtschaftsraum zugelassen sind und in das Hoheitsgebiet der Bundesrepublik Deutschland einfahren wollen, in Fällen der Nummer 1 an den Außengrenzen der Mitgliedstaaten der Europäischen Union zurückweisen.

(2) Absatz 1 gilt für die Ladung entsprechend.

§ 9
Überwachung

→ D: GGVSee § 10 (1)
(1) Die Beförderung gefährlicher Güter unterliegt der Überwachung durch die zuständigen Behörden.

→ D: GGVSee § 10 (1)
(2) Die für die Beförderung gefährlicher Güter Verantwortlichen (Absatz 5) haben den für die Überwachung zuständigen Behörden und deren Beauftragten die zur Erfüllung ihrer Aufgaben erforderlichen Auskünfte unverzüglich zu erteilen. Die von der zuständigen Behörde mit der Überwachung beauftragten Personen sind befugt, Grundstücke, Betriebsanlagen, Geschäftsräume, Fahrzeuge und zur Verhütung dringender Gefahren für die öffentliche Sicherheit oder Ordnung, insbesondere für die Allgemeinheit, für wichtige Gemeingüter, für Leben und Gesundheit von Menschen sowie für Tiere und Sachen auch die Wohnräume des Auskunftspflichtigen zu betreten, dort Prüfungen und Besichtigungen vorzunehmen und die geschäftlichen Unterlagen des Auskunftspflichtigen einzusehen. Der Auskunftspflichtige hat diese Maßnahmen zu dulden. Er hat den mit der Überwachung beauftragten Personen auf Verlangen Proben und Muster von ge-

fährlichen Stoffen und Gegenständen oder Muster von Verpackungen zum Zwecke der amtlichen Untersuchung zu übergeben. Das Grundrecht der Unverletzlichkeit der Wohnung (Artikel 13 des Grundgesetzes) wird insoweit eingeschränkt. Der Auskunftspflichtige hat der für die Überwachung zuständigen Behörde bei der Durchführung der Überwachungsmaßnahmen die erforderlichen Hilfsmittel zu stellen und die nötige Mithilfe zu leisten.

(2a) Überwachungsmaßnahmen können sich auch auf Brief- und andere Postsendungen beziehen. Die von der zuständigen Behörde mit der Überwachung beauftragten Personen sind nur dann befugt, verschlossene Brief- und andere Postsendungen zu öffnen oder sich auf sonstige Weise von ihrem Inhalt Kenntnis zu verschaffen, wenn Tatsachen die Annahme begründen, dass sich darin gefährliche Güter im Sinne des § 2 Absatz 1 befinden und von diesen eine Gefahr ausgeht. Das Grundrecht des Brief- und Postgeheimnisses (Artikel 10 des Grundgesetzes) wird insoweit eingeschränkt. Absatz 2 gilt für die Durchführung von Überwachungsmaßnahmen entsprechend.

(3) Die Absätze 1 und 2 gelten auch für die Überwachung von Fertigungen von Verpackungen, Behältern (Containern) und Fahrzeugen, die nach Baumustern hergestellt werden, welche in den Vorschriften für die Beförderung gefährlicher Güter festgelegt sind.

(3a) Überwachungsmaßnahmen nach den Absätzen 1 und 2 können sich auch auf die Überprüfung der Konformität der in Verkehr befindlichen und verwendeten Verpackungen, Beförderungsbehältnisse und Fahrzeuge beziehen.

(3b) Überwachungsmaßnahmen nach den Absätzen 1 und 2 können sich auch auf die Überprüfung der Hersteller, Einführer, Eigentümer, Betreiber und Verwender von Verpackungen, Beförderungsbehältnissen und Fahrzeugen durch Stellen nach § 3 Absatz 1 Nummer 16 insoweit beziehen, als die Verpackungen, Beförderungsbehältnisse und Fahrzeuge von diesen Stellen konformitätsbewertet, erstmalig oder wiederkehrend geprüft worden sind, soweit dies in Rechtsverordnungen nach § 3 gestattet ist.

(3c) Überwachungsmaßnahmen nach den Absätzen 1 und 2 können sich auch auf die Überprüfung der Herstellung und der Prüfungen durch die Stellen nach § 3 Absatz 1 Nummer 16 beziehen, wenn diese Stellen die Konformitätsbewertung der Verpackung, der Beförderungsbehältnisse oder der Fahrzeuge vorgenommen, das Qualitätssicherungsprogramm oder Prüfstellen des Herstellers oder Betreibers anerkannt haben, soweit dies in Rechtsverordnungen nach § 3 gestattet ist.

(3d) Das Bundesministerium für Verkehr und digitale Infrastruktur wird ermächtigt, durch Rechtsverordnung mit Zustimmung des Bundesrates die Maßnahmen nach Absatz 1 bis 3c näher zu bestimmen, Vorgaben für die Zusammenarbeit der zuständigen Behörden und Stellen zu treffen und die im Zusammenhang mit Meldepflichten und Schutzklauselverfahren nach Vorgaben von Rechtsakten und zwischenstaatlichen Vereinbarungen stehenden Maßnahmen nach § 3 Absatz 2 festzulegen.

(4) Der zur Erteilung der Auskunft Verpflichtete kann die Auskunft auf solche Fragen verweigern, deren Beantwortung ihn selbst oder einen der in § 383 Absatz 1 Nummer 1 bis 3 der Zivilprozessordnung bezeichneten Angehörigen der Gefahr strafrechtlicher Verfolgung oder eines Verfahrens nach dem Gesetz über Ordnungswidrigkeiten aussetzen würde.

(5) Verantwortlicher für die Beförderung ist, wer als Unternehmer oder als Inhaber eines Betriebes gefährliche Güter verpackt, verlädt, versendet, befördert, entlädt, empfängt oder auspackt. Als Verantwortlicher gilt auch, wer als Unternehmer oder als Inhaber eines Betriebes Verpackungen, Beförderungsbehältnisse oder Fahrzeuge zur Beförderung gefährlicher Güter gemäß Absatz 3 herstellt, einführt oder in den Verkehr bringt.

§ 9a
Amtshilfe und Datenschutz

(1) Die Übermittlung personenbezogener Daten bei der Gewährung von Amtshilfe gegenüber zuständigen Behörden der Mitgliedstaaten der Europäischen Union und anderer Vertragsstaaten des Abkommens über den Europäischen Wirtschaftsraum im Rahmen der Überwachung der Beförderung gefährlicher Güter ist nur zulässig, soweit dies zur Verfolgung von schwerwiegenden oder wiederholten Verstößen gegen Vorschriften über die Beförderung gefährlicher Güter erforderlich ist.

(2) Schwerwiegende oder wiederholte Verstöße eines Unternehmens mit Sitz in einem Mitgliedstaat der Europäischen Union oder einem anderen Vertragsstaat des Abkommens über den Europäischen Wirtschaftsraum sind den dort zuständigen Behörden im Rahmen ihrer Zuständigkeit mitzuteilen. Zugleich können die genannten Behörden ersucht werden, gegenüber dem betreffenden Unternehmen angemessene Maßnahmen zu ergreifen. Sofern diese Behörden im Rahmen ihrer Zuständigkeit bei schwerwiegenden oder wiederholten Verstößen eines Unternehmens mit Sitz im Inland die zuständige deutsche Behörde ersuchen, angemessene Maßnahmen zu ergreifen, hat diese den ersuchenden Behörden mitzuteilen, ob und welche Maßnahmen ergriffen wurden.

(3) Schwerwiegende oder wiederholte Verstöße mit einem Fahrzeug, das in einem Mitgliedstaat der Europäischen Union oder einem anderen Vertragsstaat des Abkommens über den Europäischen Wirtschaftsraum zugelassen ist, sind den dort zuständigen Behörden im Rahmen ihrer Zuständigkeit mitzuteilen. Zugleich können die genannten Behörden ersucht werden, gegenüber dem betreffenden Fahrzeughalter angemessene Maßnahmen zu ergreifen. Sofern diese Behörden im Rahmen ihrer Zuständigkeit bei schwerwiegenden oder wiederholten Verstößen mit einem Fahrzeug, das im Inland zugelassen ist, die zuständige deutsche Behörde um angemessene Maßnahmen ersuchen, hat diese den ersuchenden Behörden mitzuteilen, ob und welche Maßnahmen ergriffen wurden.

(4) Ergibt eine Kontrolle, der ein in einem anderen Mitgliedstaat der Europäischen Union oder in einem anderen Vertragsstaat des Abkommens über den Europäischen Wirtschaftsraum zugelassenes Fahrzeug unterzogen wird, Tatsachen, die Anlass zu der Annahme geben, dass schwerwiegende Verstöße gegen Vorschriften über die Beförderung gefährlicher Güter vorliegen, die bei dieser Kontrolle nicht festgestellt werden können, wird den zuständigen Behörden der betreffenden Mitgliedstaaten der Europäischen Union und der anderen Vertragsstaaten des Abkommens über den Europäischen Wirtschaftsraum dieser Sachverhalt mitgeteilt. Führt eine zuständige deutsche Behörde auf eine entsprechende Mitteilung einer zuständigen Behörde eines Mitgliedstaates der Europäischen Union oder eines anderen Vertragsstaates des Abkommens über den Europäischen Wirtschaftsraum eine Kontrolle in einem inländischen Unternehmen durch, so werden die Ergebnisse dem anderen betroffenen Staat mitgeteilt.

(5) Mitteilungen und Ersuchen nach den Absätzen 2 bis 4 sind im Straßenverkehr über das Bundesamt für Güterverkehr, im Eisenbahnverkehr über das Eisenbahn-Bundesamt und im Binnenschiffsverkehr über das Bundesministerium für Verkehr und digitale Infrastruktur zu leiten.

(6) Die in Absatz 5 bestimmten Stellen dürfen zum Zweck der Feststellung von wiederholten Verstößen nach den Absätzen 2 und 3 folgende personenbezogene Daten über abgeschlossene Bußgeldverfahren, bei denen sie Verwaltungsbehörde im Sinne des § 36 Absatz 1 Nummer 1 des Gesetzes über Ordnungswidrigkeiten sind, oder die ihnen von einer anderen zuständigen Verwaltungsbehörde übermittelt wurden, in Dateien speichern und verändern:

1. Name, Anschrift und Geburtsdatum der Betroffenen sowie Name und Anschrift des Unternehmens,
2. Zeit und Ort der Begehung der Ordnungswidrigkeit,
3. die gesetzlichen Merkmale der Ordnungswidrigkeit,
4. Bußgeldbescheide mit dem Datum ihres Erlasses und dem Datum des Eintritts ihrer Rechtskraft, gerichtliche Entscheidungen in Bußgeldsachen mit dem Datum des Eintritts ihrer Rechtskraft und
5. die Höhe der Geldbuße.

Die in Absatz 5 bestimmten Stellen dürfen diese Daten nutzen, soweit es für den in Satz 1 genannten Zweck erforderlich ist. Zur Feststellung der Wiederholungsfälle haben sie die Zuwiderhandlungen der Angehörigen desselben Unternehmens zusammenzuführen. Die nach Satz 1 gespeicherten Daten sind zwei Jahre nach dem Eintritt der Rechtskraft des Bußgeldbescheides oder der gerichtlichen Entscheidung zu löschen, wenn in dieser Zeit keine weiteren Eintragungen im Sinne von Satz 1 Nr. 4 hinzugekommen sind. Sie sind spätestens fünf Jahre nach ihrer Speicherung zu löschen.

(7) Die zuständigen Verwaltungsbehörden im Sinne des § 36 Absatz 1 Nummer 1 des Gesetzes über Ordnungswidrigkeiten übermitteln den in Absatz 5 bestimmten Stellen nach Eintritt der Rechtskraft des Bußgeldbescheides oder nach dem Eintritt der Rechtskraft der gerichtlichen Entscheidung die in Absatz 6 Satz 1 genannten Daten.

(8) Der Empfänger der Mitteilung oder des Ersuchens ist darauf hinzuweisen, dass die übermittelten Daten nur zu dem Zweck genutzt werden dürfen, zu dessen Erfüllung sie ihm übermittelt werden.

(9) Die Übermittlung von Daten unterbleibt, wenn durch sie schutzwürdige Interessen der Betroffenen beeinträchtigt würden, insbesondere wenn im Empfängerland ein angemessener Datenschutzstandard nicht gewährleistet ist. Daten über schwerwiegende Verstöße gegen anwendbare Vorschriften über die Beförderung gefährlicher Güter dürfen auch mitgeteilt werden, wenn im Empfängerland kein angemessener Datenschutzstandard gewährleistet ist.

(10) Das Bundesministerium für Verkehr und digitale Infrastruktur wird ermächtigt, mit Zustimmung des Bundesrates Rechtsverordnungen und allgemeine Verwaltungsvorschriften über das Verfahren bei der Erhebung, Speicherung und Übermittlung der Daten nach den Absätzen 2 bis 9 zu erlassen.

§ 10
Ordnungswidrigkeiten

(1) Ordnungswidrig handelt, wer vorsätzlich oder fahrlässig

1. einer Rechtsverordnung nach
   a) § 3 Absatz 1 Satz 1 Nummer 2 Buchstabe b und c oder Nummer 4 Buchstabe c und d,
   b) § 3 Absatz 1 Satz 1 Nummer 1, 2 Buchstabe a, Nummer 3, 4 Buchstabe a und b, Nummer 5 bis 16 oder Nummer 17 → D: GGVSee § 27 (1)

   oder einer vollziehbaren Anordnung auf Grund einer solchen Rechtsverordnung zuwiderhandelt, soweit die Rechtsverordnung für einen bestimmten Tatbestand auf diese Bußgeldvorschrift verweist,

1a. einer Rechtsverordnung nach § 6, § 7 Absatz 1 Satz 2 oder § 7 Absatz 2 in Verbindung mit § 7 Absatz 1 Satz 2 zuwiderhandelt, soweit sie für einen bestimmten Tatbestand auf diese Bußgeldvorschrift verweist,

2. einer vollziehbaren Anordnung oder Auflage nach § 7 Absatz 1 Satz 1, auch in Verbindung mit § 7 Absatz 2, oder nach § 8 Absatz 1 Satz 2, auch in Verbindung mit § 8 Absatz 2, zuwiderhandelt,

3. entgegen § 9 Absatz 2 Satz 1 oder § 9 Absatz 3 in Verbindung mit § 9 Absatz 2 Satz 1 eine Auskunft nicht, nicht richtig, nicht vollständig oder nicht rechtzeitig erteilt,

4. einer Duldungspflicht nach § 9 Absatz 2 Satz 3 oder einer Übergabepflicht nach § 9 Absatz 2 Satz 4, jeweils auch in Verbindung mit § 9 Absatz 3, zuwiderhandelt oder

5. entgegen § 9 Absatz 2 Satz 6 die erforderlichen Hilfsmittel nicht stellt oder die nötige Mithilfe nicht leistet.

(2) Die Ordnungswidrigkeit kann in den Fällen des Absatzes 1 Nummer 1, Nummer 1a und Nummer 2 mit einer Geldbuße bis zu fünfzigtausend Euro, in den übrigen Fällen mit einer Geldbuße bis zu eintausend Euro geahndet werden.

(3) Wird eine Zuwiderhandlung nach Absatz 1 bei der Beförderung gefährlicher Güter auf der Straße, mit der Eisenbahn oder mit Binnenschiffen in einem Unternehmen begangen, das im Geltungsbereich des Gesetzes weder seinen Sitz noch eine geschäftliche Niederlassung hat, und hat auch der Betroffene im Geltungsbereich des Gesetzes keinen Wohnsitz, so sind Verwaltungsbehörden im Sinne des § 36 Absatz 1 Nummer 1 des Gesetzes über Ordnungswidrigkeiten die in § 9a Absatz 5 genannten Stellen.

(4) § 7 Absatz 4 Satz 2 des Binnenschifffahrtsaufgabengesetzes in der Fassung der Bekanntmachung vom 5. Juli 2001 (BGBl. I S. 2026), das zuletzt durch Artikel 4 des Gesetzes vom 8. April 2008 (BGBl. I S. 706) geändert worden ist, bleibt unberührt.

§ 11
Strafvorschriften

Mit Freiheitsstrafe bis zu einem Jahr oder mit Geldstrafe wird bestraft, wer eine in § 10 Absatz 1 Nummer 1 Buchstabe a bezeichnete vorsätzliche Handlung beharrlich wiederholt oder durch eine solche vorsätzliche Handlung Leben oder Gesundheit eines Anderen, ihm nicht gehörende Tiere oder fremde Sachen von bedeutendem Wert gefährdet.

§ 12
Kosten

(1) Für Amtshandlungen einschließlich Prüfungen und Untersuchungen nach diesem Gesetz und den auf ihm beruhenden Rechtsvorschriften werden Kosten (Gebühren und Auslagen) erhoben. Das Verwaltungskostengesetz vom 23. Juni 1970 (BGBl. I S. 821) in der bis zum 14. August 2013 geltenden Fassung findet Anwendung.

(2) Das Bundesministerium für Verkehr und digitale Infrastruktur bestimmt durch Rechtsverordnung die gebührenpflichtigen Tatbestände näher und sieht dabei feste Sätze, auch in der Form von Gebühren nach Zeitaufwand, Rahmensätze oder Gebühren nach dem Wert des Gegenstandes der Amtshandlung vor. Die Gebühr beträgt mindestens fünf Euro. Mit Ausnahme der Gebühr für die Bauartprüfung, Zulassung oder Anerkennung der Muster der Versandstücke der Klasse 7 mit einer Gesamtbruttomasse von mehr als 1000 Kilogramm darf sie im Einzelfall 25000 Euro nicht übersteigen.

(3) In den Rechtsverordnungen nach Absatz 2 kann bestimmt werden, dass die für die Prüfung, Untersuchung oder Überwachung zulässige Gebühr auch erhoben werden darf, wenn die Prüfung, Untersuchung oder Überwachung ohne Verschulden der prüfenden oder untersuchenden Stelle und ohne ausreichende Entschuldigung des Antragstellers am festgesetzten Termin nicht stattfinden konnte oder abgebrochen werden musste.

(4) Rechtsverordnungen über Kosten, deren Gläubiger der Bund ist, bedürfen nicht der Zustimmung des Bundesrates.

§ 13
(Änderungen anderer Gesetze)

§ 14
(weggefallen)

§ 15
Inkrafttreten

Gefahrgutverordnung See (GGVSee)

Verordnung über die Beförderung gefährlicher Güter mit Seeschiffen (Gefahrgutverordnung See – GGVSee)

vom 9.2.2016 (BGBl. I 2016 S. 182)[**)]

zuletzt geändert am 7.12.2017 (BGBl. I S. 3862), berichtigt am 5.1.2018 (BGBl. I S. 131)

Inhaltsübersicht

[**)] BGBl. I 2003 S. 2286, BGBl. I 2005 S. 3131, BGBl. I 2006 S. 138 (Neubekanntmachung), BGBl. I 2006 S. 2407 (2472), BGBl. I 2007 S. 2815, BGBl. I 2009 S. 3967, BGBl. I 2010 S. 238 (Bekanntmachung der Neufassung), BGBl. I 2010 S. 1139, BGBl. I 2011 S. 2349, BGBl. I 2011 S. 2780, BGBl. I 2011 S. 2784 (Bekanntmachung der Neufassung), BGBl. I 2012 S. 122, BGBl. I 2012 S. 2715, BGBl. I 2014 S. 301, BGBl. I 2015 S. 265 (275), BGBl. I 2016 S. 182 (Neubekanntmachung), BGBl. I 2016 S. 1843, BGBl. I 2017 S. 3862, BGBl. I 2018 S. 131

→ D: Begründung 2016 zu § 1

§ 1
Geltungsbereich

(1) Diese Verordnung regelt die Beförderung gefährlicher Güter mit Seeschiffen. Für die Beförderung gefährlicher Güter mit Seeschiffen auf schiffbaren Binnengewässern in Deutschland, mit Ausnahme von Seeschifffahrtsstraßen und angrenzenden Seehäfen, gelten die Vorschriften der Gefahrgutverordnung Straße, Eisenbahn und Binnenschifffahrt.

→ D: RM zu § 1 (2)

(2) Diese Verordnung gilt nicht für die Beförderung gefährlicher Güter, die als Schiffsvorräte oder für die Schiffsausrüstung bestimmt sind.

→ D: RM zu § 1 (3)

(3) Diese Verordnung gilt nicht für die Beförderung gefährlicher Güter mit Seeschiffen der Bundeswehr oder ausländischer Streitkräfte, soweit dies Gründe der Verteidigung erfordern. Satz 1 gilt auch für andere Schiffe, die im Auftrag der Bundeswehr oder der ausländischen Streitkräfte eingesetzt werden, wenn die Verladung und Beförderung der gefährlichen Güter unter Überwachung nach § 10 Absatz 1 erfolgt.

(4) Diese Verordnung gilt nicht für Beförderungen in Zusammenhang mit Notfallmaßnahmen, die von zuständigen Behörden und Stellen oder unter deren Überwachung durchgeführt werden, insbesondere bei der Kampfmittelräumung, bei Havarien und beim Katastrophenschutz.

→ D: MoU § 10

(5) In Häfen und an sonstigen Liegeplätzen gelten für das Einbringen, den zeitweiligen Aufenthalt im Verlauf der Beförderung und den Umschlag gefährlicher Güter zusätzlich die jeweiligen örtlichen Sicherheitsvorschriften.

→ D: Begründung 2016 zu § 2

§ 2
Begriffsbestimmungen

(1) Die nachfolgenden Begriffe werden im Sinne dieser Verordnung wie folgt verwendet:

1. Vorschriften des „ADR“ sind die Vorschriften der Teile 1 bis 9 der Anlagen A und B zu dem Europäischen Übereinkommen vom 30. September 1957 über die internationale Beförderung gefährlicher Güter auf der Straße (ADR) in der Fassung der Bekanntmachung der Neufassung der Anlagen A und B vom 17. April 2015 (BGBl. 2015 II S. 504; 2016 II S. 50), die durch die 25. ADR-Änderungsverordnung vom 25. Oktober 2016 (BGBl. 2016 II S. 1203; 2017 II S. 933) geändert worden ist;
2. „Basler Übereinkommen“ ist das Basler Übereinkommen vom 22. März 1989 über die Kontrolle der grenzüberschreitenden Verbringung gefährlicher Abfälle und ihrer Entsorgung (BGBl. 1994 II S. 2703), das durch Beschlüsse vom 22. September 1995 und vom 27. Februar 1998 (BGBl. 2002 II S. 89), vom 9. bis 13. Dezember 2003 (BGBl. 2003 II S. 1626) und vom 25. bis 29. Oktober 2004 (BGBl. 2005 II S. 1122) geändert worden ist, in der jeweils geltenden Fassung;
3. → D: § 21 „Beförderer“ ist, wer auf Grund eines Seefrachtvertrags als Verfrachter die Ortsveränderung gefährlicher Güter mit einem ihm gehörenden oder ganz oder teilweise gecharterten Seeschiff durchführt;
4. „BCH-Code“ ist der Code für den Bau und die Ausrüstung von Schiffen zur Beförderung gefährlicher Chemikalien als Massengut (BAnz. Nr. 146a vom 9. August 1983), der zuletzt durch die Entschließung MSC.212(81) (VkBl. 2010 S. 653) geändert worden ist;
5. „CSS-Code“ ist die Richtlinie für die sachgerechte Stauung und Sicherung von Ladung bei der Beförderung mit Seeschiffen in der Fassung der Bekanntmachung vom 13. Dezember 1990 (BAnz. Nr. 8a vom 12. Januar 1991), die zuletzt durch die Bekanntmachung vom 29. Januar 2016 (VkBl. 2016 S. 100) geändert worden ist;
6. → CTU-Code „CTU-Code“ sind die Verfahrensregeln der Internationalen Seeschifffahrts-Organisation (IMO), der Internationalen Arbeitsorganisation (ILO) und der Wirtschaftskommission der Vereinten Nationen für Europa (UNECE) für das Packen von Güterbeförderungseinheiten (CTUs) in der amtlichen deutschen Übersetzung bekannt gemacht am 27. April 2015 (VkBl. 2015 S. 422);
7. „EmS-Leitfaden“ ist der Leitfaden für Unfallmaßnahmen für Schiffe, die gefährliche Güter befördern, in der Fassung der Bekanntmachung vom 1. März 2017 (VkBl. 2017 S. 254);

8. „GC-Code“ ist der Code für den Bau und die Ausrüstung von Schiffen zur Beförderung verflüssigter Gase als Massengut (BAnz. Nr. 146a vom 9. August 1983), der zuletzt durch die Entschließung MSC.377(93) (VkBl. 2015 S. 263) geändert worden ist;
9. „GGVSEB“ ist die Gefahrgutverordnung Straße, Eisenbahn und Binnenschifffahrt in der Fassung der Bekanntmachung vom 30. März 2017 (2017 S. 711, S. 993);[1)]
10. „IBC-Code“ ist der Internationale Code für den Bau und die Ausrüstung von Schiffen zur Beförderung gefährlicher Chemikalien als Massengut (BAnz. Nr. 125a vom 12. Juli 1986), neu gefasst durch die Entschließung MSC.176(79) VkBl. 2007 S. 8), sowie ergänzte Stofflisten hierzu nach Maßgabe des MEPC.2-Rundschreibens 12 und des MEPC.1-Rundschreibens 512 (VkBl. 2007 S. 80; 2007 S. 152), der zuletzt durch die Entschließungen MSC.369(93) und MEPC.250(66) (VkBl. 2015 S. 257) geändert worden ist;
11. „IGC-Code“ ist der Internationale Code für den Bau und die Ausrüstung von Schiffen zur Beförderung verflüssigter Gase als Massengut (BAnz. Nr. 125a vom 12. Juli 1986), der zuletzt durch die Entschließung MSC.370(93) (VkBl. 2016 S. 67) geändert worden ist;
12. „INF-Code“ ist der Internationale Code für die sichere Beförderung von verpackten bestrahlten Kernbrennstoffen, Plutonium und hochradioaktiven Abfällen (BAnz. 2000 S. 23322), der zuletzt durch die Entschließung MSC.241(83) (VkBl. 2009 S. 82) geändert worden ist;
13. „IMDG-Code“ ist der International Maritime Dangerous Goods Code, der zuletzt durch die Entschließung MSC.406(96) geändert worden ist, in der amtlichen deutschen Übersetzung bekannt gegeben am 10. November 2016 (VkBl. 2016 S. 718); *→ IMDG-Code 1.1.2.1*
14. „IMSBC-Code“ ist der International Maritime Solid Bulk Cargoes Code in der amtlichen deutschen Übersetzung bekannt gegeben am 15. Dezember 2009 (VkBl. 2009 S. 775), der zuletzt durch die Entschließung MSC.393(95) (VkBl. 2015 S. 789) geändert worden ist;
15. „ISPS-Code“ ist der Internationale Code für die Gefahrenabwehr auf Schiffen und in Hafenanlagen (BGBl. 2003 II S. 2018, 2043);
16. „MARPOL“ ist das Internationale Übereinkommen von 1973 zur Verhütung der Meeresverschmutzung durch Schiffe mit dem Protokoll von 1978 zu diesem Übereinkommen (BGBl. 1982 II S. 2; 1996 II S. 399), das zuletzt durch die in London vom Ausschuss für den Schutz der Meeresumwelt der Internationalen Seeschifffahrts-Organisation am 17. Mai 2013 angenommenen Entschließungen MEPC.235(65) und MEPC.238(65) (BGBl. 2014 II S. 709) geändert worden ist;
17. „MFAG“ ist der Leitfaden für medizinische Erste-Hilfe-Maßnahmen bei Unfällen mit gefährlichen Gütern in der Fassung der Bekanntmachung vom 1. Februar 2001 (BAnz. Nr. 68a vom 6. April 2001);
18. „Ortsbewegliche-Druckgeräte-Verordnung“ ist die Ortsbewegliche-Druckgeräte-Verordnung vom 29. November 2011 (BGBl. I S. 2349), die zuletzt durch Artikel 491 der Verordnung vom 31. August 2015 (BGBl. I S. 1474) geändert worden ist;
19. „ortsbewegliche Druckgeräte“ sind die in Abschnitt B der Anlage 1 der Ortsbewegliche-Druckgeräte-Verordnung bestimmten Gefäße und Tanks für Gase sowie die übrigen in den Kapiteln 6.2 und 6.7 des IMDG-Codes bestimmten Gefäße und Tanks für Gase;
20. „Reeder“ ist der Eigentümer eines von ihm zum Erwerb durch Seefahrt betriebenen Schiffes oder eine Person, die ein ihm nicht gehörendes Schiff zum Erwerb durch Seefahrt betreibt und vom Eigentümer die Verantwortung für den Betrieb des Schiffes übernommen und durch Übernahme dieser Verantwortung zugestimmt hat, alle dem Eigentümer auferlegten Pflichten und Verantwortlichkeiten zu übernehmen; *→ D: § 22* *→ D: MoU § 2 (2)*
21. Vorschriften des „RID“ sind die Vorschriften der Teile 1 bis 7 der Anlage der Ordnung für die internationale Eisenbahnbeförderung gefährlicher Güter (RID) – Anhang C des Übereinkommens über den internationalen Eisenbahnverkehr (COTIF) vom 9. Mai 1980 in der Fassung der Bekanntmachung vom 16. Mai 2008 (BGBl. 2008 II S. 475, 899), die zuletzt nach Maßgabe der 20. RID-Änderungsverordnung vom 11. November 2016 (BGBl. 2016 II S. 1258) geändert worden sind;

---

1) *Anmerkung des Verlags: die letzte Version ist vom 7.12.2017.*

22. „SOLAS“ ist das Internationale Übereinkommen von 1974 zum Schutz des menschlichen Lebens auf See in der amtlichen deutschen Übersetzung bekannt gegeben am 21. Februar 1979 (BGBl. 1979 II S. 141) mit dem Protokoll von 1988 zu diesem Übereinkommen in der amtlichen deutschen Übersetzung bekannt gegeben am 27. September 1994 (BGBl. 1994 II S. 2458), das jeweils zuletzt nach Maßgabe der 28. SOLAS-Änderungsverordnung vom 20. Dezember 2016 (BGBl. 2016 II S. 1408) geändert worden ist;
23. „Versender“ ist der Hersteller oder Vertreiber gefährlicher Güter oder jede andere Person, die die Beförderung gefährlicher Güter ursprünglich veranlasst.

→ D: GGBefG § 2 (1)

(2) Im Sinne dieser Verordnung sind gefährliche Güter

1. Stoffe und Gegenstände, die unter die jeweiligen Begriffsbestimmungen für die Klassen 1 bis 9 des IMDG-Codes fallen,
2. Stoffe, die bei der Beförderung als gefährliches Schüttgut nach den Bestimmungen des IMSBC-Codes der Gruppe B zuzuordnen sind, oder
3. Stoffe, die in Tankschiffen befördert werden sollen und
   a) die einen Flammpunkt von 60 °C oder niedriger haben,
   b) die flüssige Güter nach Anlage I des MARPOL-Übereinkommens sind,
   c) die unter die Begriffsbestimmung „schädlicher flüssiger Stoff“ in Kapitel 1 Nummer 1.3.23 des IBC-Codes fallen oder
   d) die in Kapitel 19 des IGC-Codes aufgeführt sind.

→ D: Begründung 2016 zu § 3
→ D: § 4 (7)
→ D: § 15

§ 3
Zulassung zur Beförderung

(1) Gefährliche Güter dürfen zur Beförderung auf Seeschiffen im Geltungsbereich dieser Verordnung nur übergeben, nur auf Seeschiffe verladen und mit Seeschiffen nur befördert werden, wenn die folgenden auf die einzelne Beförderung zutreffenden Vorschriften eingehalten sind:

1. bei der Beförderung gefährlicher Güter in verpackter Form die Vorschriften des Kapitels II-2 Regel 19 und des Kapitels VII Teil A des SOLAS-Übereinkommens sowie die Vorschriften des IMDG-Codes;
2. bei der Beförderung gefährlicher Güter in fester Form als Massengut
   a) bei Gütern, denen die Klassifizierung „MHB“ zugeordnet ist, die Vorschriften des Kapitels VI des SOLAS-Übereinkommens sowie die Vorschriften des IMSBC-Codes und
   b) bei Gütern, denen eine UN-Nummer zugeordnet ist, zusätzlich die Vorschriften des Kapitels II-2 Regel 19 und des Kapitels VII Teil A-1 des SOLAS-Übereinkommens;
3. bei der Beförderung flüssiger gefährlicher Güter in Tankschiffen die Vorschriften des Kapitels II-2 Regel 16 Absatz 3 und, sofern anwendbar, des Kapitels VII Teil B des SOLAS-Übereinkommens sowie die Vorschriften des IBC-Codes oder des BCH-Codes;
4. bei der Beförderung verflüssigter Gase in Tankschiffen die Vorschriften des Kapitels II-2 Regel 16 Absatz 3 und des Kapitels VII Teil C des SOLAS-Übereinkommens sowie die Vorschriften des IGC-Codes oder des GC-Codes;
5. bei der Beförderung von verpackten bestrahlten Kernbrennstoffen, Plutonium und hochradioaktiven Abfällen zusätzlich zu den in Nummer 1 aufgeführten Vorschriften die Vorschriften des Kapitels VII Teil D des SOLAS-Übereinkommens sowie die Vorschriften des INF-Codes.

(2) Seeschiffe, die gefährliche Güter in verpackter Form oder in fester Form als Massengut befördern und die dem Kapitel II-2 Regel 19 des SOLAS-Übereinkommens nicht unterliegen, dürfen gefährliche Güter in deutschen Häfen laden und entladen, wenn für vier Personen ein vollständiger Körperschutz gegen die Einwirkung von Chemikalien sowie zwei zusätzliche umluftunabhängige Atemschutzgeräte vorhanden sind. Diese Seeschiffe dürfen in deutschen Häfen

1. explosive Stoffe und Gegenstände mit Explosivstoff, ausgenommen Unterklasse 1.4S,
2. entzündbare Gase,
3. entzündbare Flüssigkeiten mit einem Flammpunkt unter 23 °C oder
4. giftige Flüssigkeiten

unter Deck nur unter den Voraussetzungen des Satzes 3 oder 4 laden oder von dort entladen. Durch eine Bescheinigung der zuständigen Behörde des Flaggenstaates oder einer anerkannten Klassifikationsgesellschaft ist nachzuweisen, dass in den jeweiligen Laderäumen folgende Anforderungen erfüllt sind:

1. bei der Beförderung von explosiven Stoffen und Gegenständen mit Explosivstoff, ausgenommen Unterklasse 1.4S, entzündbaren Gasen oder entzündbaren Flüssigkeiten mit einem Flammpunkt unter 23 °C müssen die elektrischen Anlagen im Laderaum in einer Explosionsschutzart ausgeführt sein, die für die Verwendung in gefährlicher Umgebung geeignet ist; Kabeldurchführungen in Decks und Schotten müssen gegen den Durchgang von Gasen und Dämpfen abgedichtet sein; fest installierte elektrische Anlagen und Verkabelungen müssen in den betreffenden Laderäumen so ausgeführt sein, dass sie während des Umschlags nicht beschädigt werden können;
2. bei der Beförderung von giftigen Flüssigkeiten oder entzündbaren Flüssigkeiten mit einem Flammpunkt unter 23 °C muss das Lenzpumpensystem so ausgelegt sein, dass ein unbeabsichtigtes Pumpen solcher Flüssigkeiten und Flüssigkeiten durch Leitungen oder Pumpen im Maschinenraum vermieden wird.

Liegt die nach Satz 3 erforderliche Bescheinigung nicht vor, können gefährliche Güter entladen werden, wenn alle in den Laderäumen installierten elektrischen Anlagen von der Spannungsquelle völlig abgetrennt sind.

(3) Gefährliche Abfälle im Sinne des Artikels 1 Absatz 1 des Basler Übereinkommens dürfen nur in Vertragsstaaten dieses Übereinkommens auf Seeschiffe verladen werden, es sei denn, es besteht eine Übereinkunft nach Artikel 11 dieses Übereinkommens.

(4) Gefährliche Güter der Klasse 1 Verträglichkeitsgruppe K des IMDG-Codes dürfen, wenn sie mit anderen Verkehrsträgern weiterbefördert werden sollen, nur mit vorheriger Genehmigung der in § 9 Absatz 2 genannten zuständigen Behörden gelöscht werden.

(5) Feuerwerkskörper der UN-Nummern 0333, 0334, 0335, 0336 und 0337 dürfen über Häfen im Geltungsbereich dieser Verordnung nur eingeführt werden, wenn der nach § 9 Absatz 2 zuständigen Behörde spätestens 72 Stunden vor Ankunft des Schiffes folgende Dokumente in Kopie vorliegen:

→ D: RM zu § 3 (5)
→ D: RM Anl. 3

1. das Beförderungsdokument nach Abschnitt 5.4.1 des IMDG-Codes,
2. die Bescheinigungen der zuständigen Behörde des Herstellungslandes über die Zulassung der Klassifizierung der Feuerwerkskörper nach Unterabschnitt 2.1.3.2 des IMDG-Codes oder eine Bescheinigung der zuständigen Behörde einer Vertragspartei des ADR oder eines Mitgliedstaates des COTIF über die Zustimmung zur Verwendung des angegebenen Klassifizierungscodes nach Kapitel 3.3 Sondervorschrift 645 ADR/RID bei der Beförderung und,
3. bei der Beförderung in Güterbeförderungseinheiten, das CTU-Packzertifikat und eine entsprechende Packliste, in der die verladenen Versandstücke mit folgenden Angaben aufgeführt sind:
   a) detaillierte Beschreibung der Feuerwerkskörper (Gegenstandsgruppe),
   b) Kaliber in Millimeter oder Zoll,
   c) Nettoexplosivstoffmasse je Gegenstand,
   d) Anzahl der Gegenstände je Versandstück,
   e) Art und Anzahl der Versandstücke je Güterbeförderungseinheit,
   f) Gesamtmenge (Bruttogewicht, Nettoexplosivstoffmasse) und
   g) Name, Anschrift, Telefonnummer und E-Mail-Adresse des Empfängers der Ladung oder, wenn der Empfänger keinen Sitz in Deutschland hat, des Beauftragten des Empfängers in Deutschland.

Bei der Beförderung in Güterbeförderungseinheiten muss die Identifikationsnummer der jeweiligen Güterbeförderungseinheit auf allen vorzulegenden Dokumenten vermerkt sein. Ist die Sprache der Dokumente nicht Deutsch oder Englisch, ist eine deutsche oder englische Übersetzung beizufügen.

→ D: Begründung 2016 zu § 4

§ 4
Allgemeine Sicherheitspflichten, Überwachung, Ausrüstung, Unterweisung

(1) Die an der Beförderung gefährlicher Güter mit Seeschiffen Beteiligten haben die nach Art und Ausmaß der vorhersehbaren Gefahren erforderlichen Vorkehrungen zu treffen, um Schadensfälle zu verhindern und bei Eintritt eines Schadens dessen Umfang so gering wie möglich zu halten.

→ D: § 23 Nr. 2 (2) Auf allen Seeschiffen, die gefährliche Güter befördern, ist es, ausgenommen innerhalb geschlossener Aufenthalts-, Unterkunfts- und Werkstatträume, verboten, zu rauchen oder Feuer und offenes Licht zu gebrauchen. Dieses Verbot ist durch Hinweistafeln an geeigneten Stellen anzubringen.

(3) An Bord von Tankschiffen, die entzündbare Flüssigkeiten oder entzündbare verflüssigte Gase befördern, oder die nach der Beförderung dieser Güter nicht entgast sind, dürfen an Deck im Bereich der Ladung sowie in Pumpenräumen und Kofferdämmen nur stationäre stromversorgte explosionsgeschützte Geräte und Installationen oder elektrische Geräte mit eigener Stromquelle in einer explosionsgeschützten Bauart verwendet werden. Durch betriebliche und gerätetechnische Maßnahmen müssen Funkenbildung und heiße Oberflächen ausgeschlossen werden.

(4) *(weggefallen)*

→ D: § 23 Nr. 1 (5) Alle mit Notfallmaßnahmen befassten Besatzungsmitglieder müssen darüber unterrichtet werden, dass sich gefährliche Güter an Bord befinden. Insbesondere ist in geeigneter Form bekannt zu geben, wo sie gestaut sind, welche Gefahren von ihnen ausgehen können und welches Verhalten bei Unregelmäßigkeiten erforderlich ist.

→ D: § 23 Nr. 4 (6) Die Ladung muss während der Beförderung regelmäßig überwacht werden. Art und Umfang der Überwachung sind den Umständen des Einzelfalls anzupassen und in das Schiffstagebuch einzutragen.

→ D: § 23 Nr. 5 (7) Werden gefährliche Güter mit Seeschiffen befördert, muss das Schiff mit den in Anhang 14 des MFAG aufgeführten Arzneimitteln und Hilfsmitteln ausgerüstet sein. Sind für bestimmte gefährliche Güter nach Kapitel II-2 Regel 19 Nummer 1 und 3.6 des SOLAS-Übereinkommens, Kapitel 14 des IBC-Codes, nach den Abschnitten 3.11 und 3.12 in Verbindung mit Kapitel VI, Abschnitt 3.16, Abschnitt 4.17 in Verbindung mit Kapitel VI und Nummer 4.20.26 des BCH-Codes, nach den Nummern 11.6.1, 13.6.13 oder Kapitel 14 des IGC-Codes, nach Kapitel XIV oder Abschnitt 11.6 des GC-Codes oder nach den für das gefährliche Gut jeweils zutreffenden Unfallmerkblättern des EmS-Leitfadens besondere Ausrüstungen vorgeschrieben, ist das Schiff entsprechend auszurüsten. Diese Ausrüstung muss sich jederzeit in einem einsatzbereiten Zustand befinden. Schutzkleidung und Schutzausrüstung müssen von den Besatzungsmitgliedern in den vorgesehenen Fällen getragen werden.

→ D: § 23 Nr. 6
→ D: § 20 Nr. 1 (8) Bei Unfällen mit gefährlichen Gütern, die sich bei der Beförderung mit Seeschiffen einschließlich dem damit zusammenhängenden Be- und Entladen ereignen, ist unverzüglich

1. die nach Landesrecht zuständige Behörde,
2. in den Bundeshäfen und auf Bundeswasserstraßen, ausgenommen der Elbe in dem in § 19 des Seeaufgabengesetzes bezeichneten Umfang, die nach Bundesrecht zuständige Strom- und Schifffahrtspolizeibehörde

zu unterrichten.

→ D: § 26 (2) (9) Sämtliche an der Beförderung gefährlicher Güter Beteiligten haben die zuständigen Stellen bei einem Unfall zu unterstützen und zur Schadensbekämpfung alle erforderlichen Auskünfte unverzüglich zu erteilen. Wer gefährliche Güter regelmäßig herstellt, vertreibt oder empfängt, muss den zuständigen Behörden der Seehäfen und dem Havariekommando, gemeinsame Einrichtung des Bundes und der Küstenländer, Maritimes Lagezentrum, Am Alten Hafen 2, 27472 Cuxhaven, auf Verlangen eine Rufnummer angeben, über die alle vorliegenden Informationen über die Eigenschaften des gefährlichen Gutes und Maßnahmen zur Unfallbekämpfung und Schadensbeseitigung erhältlich sind.

→ D: RM zu § 4 (10) (10) Die zuständige Behörde unterrichtet das Bundesministerium für Verkehr und digitale Infrastruktur über Unfälle mit gefährlichen Gütern nach Absatz 8, soweit die Umstände eines einzelnen Unfalls erkennbare Auswirkungen auf die Sicherheitsvorschriften haben.

(11) Auf jedem Seeschiff, das die Bundesflagge führt und gefährliche Güter in verpackter Form oder in fester Form als Massengut befördert, müssen der Schiffsführer und der für die Ladung verantwortliche Offizier ihren Aufgaben und Verantwortlichkeiten entsprechend über die Vorschriften unterwiesen sein, die die Beförderung gefährlicher Güter regeln. Die Unterweisung muss sich auch auf die möglichen Gefahren einer Verletzung oder Schädigung als Folge von Zwischenfällen beziehen. Die Unterweisung ist in regelmäßigen Abständen von höchstens fünf Jahren zu wiederholen. Datum und Inhalt der Unterweisung sind unverzüglich nach der Unterweisung aufzuzeichnen, die Aufzeichnungen sind fünf Jahre aufzubewahren und dem Arbeitnehmer und der zuständigen Behörde auf Verlangen vorzulegen. Nach Ablauf der Aufbewahrungsfrist sind die Aufzeichnungen unverzüglich zu löschen. *→ D: GbV § 1 → D: RM zu § 4 (11)*

(12) An Land tätige Personen (Landpersonal), die Aufgaben nach Unterabschnitt 1.3.1.2 des IMDG-Codes ausüben, sind vor der selbstständigen Übernahme der Aufgaben nach den Vorschriften des Kapitels 1.3 des IMDG-Codes zu unterweisen. Die Unterweisung ist in regelmäßigen Abständen zu wiederholen, um Änderungen in den Vorschriften und der Praxis Rechnung zu tragen, spätestens jedoch in einem Abstand von fünf Jahren. Datum und Inhalt der Unterweisung sind unverzüglich nach der Unterweisung aufzuzeichnen, die Aufzeichnungen sind fünf Jahre aufzubewahren und dem Arbeitnehmer und der zuständigen Behörde auf Verlangen vorzulegen. Nach Ablauf der Aufbewahrungsfrist sind die Aufzeichnungen unverzüglich zu löschen. *→ D: § 26 (3) Nr. 1*

§ 5
Verladung gefährlicher Güter

(1) Vor der Verladung gefährlicher Güter sind Stauanweisungen unter Beachtung der anwendbaren Stau- und Trennvorschriften nach den Kapiteln 7.1, 7.2, 7.4 bis 7.7 in Verbindung mit Abschnitt 3.1.4 und Kapitel 3.2 des IMDG-Codes und nach Unterabschnitt 9.3 des IMSBC-Codes sowie der Vorschriften des Kapitels II-2 Regel 19 des SOLAS-Übereinkommens festzulegen. *→ D: Begründung 2016 zu § 5 → CTU-Code Kap. 2 → D: § 20 Nr. 2 → D: § 23 Nr. 10 → D: § 23 Nr. 11*

(2) Bei der Beförderung verpackter gefährlicher Güter ist die Ladung unter Beachtung des CSS-Codes zu sichern. Die Ladungsstauung und -sicherung muss vor dem Auslaufen abgeschlossen sein und beim Anlegen im Bestimmungshafen noch vorhanden sein. *→ D: § 23 Nr. 7 → D: § 24*

§ 6
Unterlagen für die Beförderung gefährlicher Güter

(1) Für verpackte gefährliche Güter sind folgende Anforderungen zu erfüllen: *→ D: Begründung 2016 zu § 6 → D: RM zu § 6 → D: MoU § 5 → D: MoU § 7 → D: § 17 Nr. 2 → D: § 19 Nr. 1*

1. das Beförderungsdokument muss neben den in Abschnitt 5.4.1 des IMDG-Codes geforderten Angaben auch den Namen und die Anschrift der ausstellenden Firma sowie den Namen desjenigen, der eigenverantwortlich die Pflichten des Unternehmers oder Betriebsinhabers als Versender wahrnimmt, enthalten; verschiedene Güter einer oder mehrerer Klassen dürfen mit den vorgeschriebenen Angaben in einem Beförderungsdokument nach Abschnitt 5.4.1 des IMDG-Codes zusammen aufgeführt werden, wenn für diese Güter nach den Kapiteln 3.2, 3.3, 3.4, 3.5 oder 7.2 bis 7.7 des IMDG-Codes das Stauen in einem Laderaum oder einer Güterbeförderungseinheit zugelassen ist;
2. in dem nach Unterabschnitt 5.4.3.1 des IMDG-Codes vorgeschriebenen Gefahrgutmanifest oder Stauplan sind Name und Anschrift der ausstellenden Firma sowie der Name des für die Erstellung des Gefahrgutmanifests oder des Stauplans Verantwortlichen zu vermerken.

(2) Die schriftliche Ladungsinformation für gefährliche Schüttgüter muss neben den nach Abschnitt 4.2 des IMSBC-Codes geforderten Angaben auch den Namen der ausstellenden Firma sowie den Namen desjenigen enthalten, der eigenverantwortlich die Pflichten des Unternehmers oder Betriebsinhabers als Versender wahrnimmt. *→ D: § 17 Nr. 14 → D: § 20 Nr. 4 a)*

(3) Für gefährliche Massengüter in flüssiger oder verflüssigter Form sind folgende Ladungsinformationen erforderlich: *→ D: § 17 Nr. 13 → D: § 20 Nr. 5*

1. Stoffname,
2. MARPOL-Verschmutzungskategorie, wenn anwendbar,
3. Ladungstemperatur, Dichte und Flammpunkt, wenn dieser höchstens 60 °C beträgt,

4. Notfallmaßnahmen, die beim Freiwerden, bei Körperkontakt und bei Feuer zu ergreifen sind, und,
5. wenn anwendbar, alle weiteren nach Abschnitt 16.2 des IBC-Codes, Abschnitt 5.2 des BCH-Codes, Abschnitt 18.1 des IGC-Codes oder Abschnitt 18.1 des GC-Codes erforderlichen Angaben.

(4) Werden die in den Absätzen 1 bis 3 genannten Informationen elektronisch übermittelt, dürfen die auf Dokumenten vorgesehenen Unterschriften durch den Namen der unterschriftsberechtigten Person ersetzt werden.

→ D: § 6 (6) → D: § 23 Nr. 3 (5) Auf einem Seeschiff, das gefährliche Güter befördert, sind folgende Unterlagen mitzuführen:

1. wenn das Seeschiff die Bundesflagge führt,
   a) ein Abdruck dieser Verordnung und
   b) der MFAG;
2. bei der Beförderung gefährlicher Güter in verpackter Form,
   a) der IMDG-Code,
   b) der EmS-Leitfaden,
   c) → D: § 21 Nr. 5 die in Abschnitt 5.4.3 des IMDG-Codes geforderten Unterlagen,
   d) → D: § 21 Nr. 5 bei der grenzüberschreitenden Beförderung gefährlicher Abfälle zusätzlich die in Absatz 2.0.5.3.2 des IMDG-Codes geforderten Unterlagen,
   e) die erforderliche Bescheinigung nach Kapitel II-2 Regel 19 des SOLAS-Übereinkommens und
   f) ein Zeugnis nach dem INF-Code, wenn radioaktive Stoffe befördert werden, die dem INF-Code unterliegen;
3. bei der Beförderung gefährlicher Güter in fester Form als Massengut,
   a) → D: § 21 Nr. 5 ein Beförderungsdokument, das mindestens die Anforderungen nach Kapitel VI Teil A Regel 2 des SOLAS-Übereinkommens erfüllt,
   b) die erforderliche Bescheinigung nach Kapitel II-2 Regel 19 des SOLAS-Übereinkommens,
   c) → D: § 21 Nr. 5 → D: § 21 Nr. 5 bei der grenzüberschreitenden Beförderung gefährlicher Abfälle zusätzlich die in Abschnitt 10 des IMSBC-Codes geforderten Unterlagen und
   d) der IMSBC-Code;
4. bei der Beförderung flüssiger Stoffe, die dem IBC-Code, oder verflüssigter Gase, die dem IGC-Code unterliegen,
   a) der IBC-Code oder der IGC-Code,
   b) der BCH-Code oder der GC-Code, wenn zutreffend und das Schiff die Bundesflagge führt,
   c) → D: § 21 Nr. 5 die in Abschnitt 16.2 des IBC-Codes oder Abschnitt 18.1 des IGC-Codes geforderten Unterlagen,
   d) → D: § 21 Nr. 5 die in Abschnitt 5.2 des BCH-Codes oder Abschnitt 18.1 des GC-Codes geforderten Unterlagen, wenn zutreffend und das Schiff die Bundesflagge führt, und
   e) → D: § 21 Nr. 5 bei der grenzüberschreitenden Beförderung gefährlicher Abfälle zusätzlich die in Abschnitt 20.5.1 des IBC-Codes oder Abschnitt 8.5 des BCH-Codes geforderten Unterlagen.

(6) Anstelle der in Absatz 5 Nummer 2 Buchstabe a und b, Nummer 3 Buchstabe d und Nummer 4 Buchstabe a und b genannten Vorschriften dürfen die von der Internationalen Seeschifffahrts-Organisation (IMO) bekannt gemachten entsprechenden Vorschriften mitgeführt werden.

→ D: § 23 Nr. 9 (7) Auf einem Schiff, das die Bundesflagge führt, sind die in Absatz 5 Nummer 2 Buchstabe c und d genannten Unterlagen bis zur Beendigung der Reise mitzuführen. Werden Datenverarbeitungssysteme verwendet, sind die darauf gespeicherten Informationen bis zum Ende der Reise vorzuhalten. Die Unterlagen nach Satz 1 sowie die gespeicherten Informationen nach Satz 2 müssen auch nach Ende der Reise bis zum Abschluss der Unfalluntersuchung auf dem Seeschiff aufbewahrt werden, wenn Unfälle nach § 4 Absatz 8 gemeldet worden sind.

(8) Die nach den Absätzen 5 und 6 sowie nach § 3 Absatz 5 erforderlichen Unterlagen oder Ausdrucke aus den Datenverarbeitungssystemen sind zuständigen Personen auf Verlangen zur Prüfung vorzulegen.

§ 7
Ausnahmen

→ D: RM zu § 7 (1)
→ IMDG-Code 7.9.2
→ D: Begründung 2016 zu § 7

(1) Die nach Landesrecht zuständigen Behörden können in ihrem Zuständigkeitsbereich, die Generaldirektion Wasserstraßen und Schifffahrt in bundeseigenen Häfen, auf Antrag für Einzelfälle oder für einen nach allgemeinen Merkmalen bestimmten oder bestimmbaren Personenkreis Ausnahmen von dieser Verordnung zulassen oder Ausnahmen anderer Staaten anerkennen, soweit dies

1. nach Abschnitt 7.9.1 des IMDG-Codes oder
2. nach Ziffer 1.5.1 und der jeweiligen Stoffseite des IMSBC-Codes oder
3. nach Abschnitt 1.4 des IBC-Codes oder
4. nach Abschnitt 1.4 des IGC-Codes

zulässig ist.

(2) Das Bundesministerium für Verkehr und digitale Infrastruktur kann für einen nach allgemeinen Merkmalen bestimmten oder bestimmbaren Personenkreis Ausnahmen nach Abschnitt 7.9.1 des IMDG-Codes nach Abstimmung mit den zuständigen Behörden des Hafenstaats Abgangshafen, des Hafenstaats Ankunftshafen und des Flaggenstaats zulassen. → D: MoU

(3) Die für die Schiffssicherheit zuständige bundesunmittelbare Berufsgenossenschaft kann auf Antrag → D: § 15

1. Ausnahmen nach Abschnitt 1.5 des IMSBC-Codes oder nach Kapitel 17 des IBC-Codes in Verbindung mit Regel 6.3 der Anlage II des MARPOL-Übereinkommens oder
2. für die Beförderung von Stoffen, die im IMSBC-Code oder die im IBC-Code nicht aufgelistet sind, Ausnahmen nach Abschnitt 1.3 des IMSBC-Codes oder gemäß Kapitel 17 des IBC-Codes

zulassen. Die für die Schiffssicherheit zuständige bundesunmittelbare Berufsgenossenschaft setzt sich vor der Erteilung einer Ausnahme nach Satz 1 mit der jeweils zuständigen deutschen Hafenbehörde ins Benehmen.

(4) Bei innerstaatlichen Beförderungen mit Schiffen unter deutscher Flagge kann die für die Schiffssicherheit zuständige bundesunmittelbare Berufsgenossenschaft auf Antrag Ausnahmen nach den in Absatz 3 Nummer 1 und 2 genannten Vorschriften im Benehmen mit den zuständigen Hafenbehörden des Ladehafens und des Löschhafens zulassen. → D: § 15

(5) Bei Ausnahmen nach den Absätzen 1, 3 und 4 hat der Antragsteller über die erforderlichen Sicherheitsvorkehrungen ein Gutachten eines Sachverständigen vorzulegen. In diesem Gutachten müssen insbesondere die verbleibenden Gefahren dargestellt und es muss begründet werden, weshalb die Zulassung der Ausnahme trotz der verbleibenden Gefahren als vertretbar angesehen wird. Die nach Satz 1 zuständige Behörde kann die Vorlage weiterer Gutachten auf Kosten des Antragstellers verlangen oder diese im Benehmen mit dem Antragsteller selbst erstellen lassen. In begründeten Einzelfällen kann die zuständige Behörde auf die Vorlage eines Gutachtens verzichten.

(6) Werden Ausnahmen nach den Absätzen 1, 3 und 4 zugelassen, so sind diese schriftlich oder elektronisch und unter dem Vorbehalt des Widerrufs für den Fall zu erteilen, dass sich die auferlegten Sicherheitsvorkehrungen als unzureichend zur Einschränkung der von der Beförderung ausgehenden Gefahren erweisen. Ausnahmen dürfen für längstens fünf Jahre erteilt werden.

(7) Eine Kopie oder Abschrift der Ausnahmegenehmigung nach den Absätzen 1, 3 und 4 ist dem Beförderer mit der Sendung zu übergeben und auf dem Seeschiff mitzuführen.

→ D: Begründung 2016 zu § 8
→ D: MoU § 2

§ 8
Zuständigkeiten des Bundesministeriums für Verkehr und digitale Infrastruktur

Das Bundesministerium für Verkehr und digitale Infrastruktur ist für die Durchführung dieser Verordnung in allen Fällen zuständig, in denen nach den in § 2 Absatz 1 genannten Vorschriften zuständigen Behörden Aufgaben übertragen worden sind und nachfolgend keine ausdrücklich abweichende Zuständigkeitsregelung getroffen ist.

→ D: Begründung 2016 zu § 9
→ D: RM zu § 7 (1)

§ 9
Zuständigkeiten der nach Landesrecht zuständigen Behörden

(1) Die nach Landesrecht zuständigen Behörden sind zuständig für die Überwachung der Einhaltung der Vorschriften über die Beförderung gefährlicher Güter in Unternehmen, an den Be- und Entladestellen und auf Seeschiffen in den Landes- und Kommunalhäfen, die keine Bundeswasserstraßen sind. Sie sind auch zuständig für die Überwachung auf Seeschiffen in den Häfen an Bundeswasserstraßen, die nicht vom Bund betrieben werden.

(2) Die nach Landesrecht zuständigen Behörden, in deren Gebiet

1. der Umschlaghafen,
2. der Löschhafen, falls gefährliche Güter außerhalb des Geltungsbereichs dieser Verordnung geladen wurden, oder
3. der Heimat- oder Registerhafen, soweit der Löschhafen nicht zum Geltungsbereich dieser Verordnung gehört,

liegt, sind zuständig für die Festlegung von Stau- und Trennvorschriften für gefährliche Güter nach den Kapiteln 7.1 bis 7.7 und für die Festlegung von Stauvorschriften nach Kapitel 3.3 Sondervorschrift 76 sowie Aufgaben nach Kapitel 3.3 Sondervorschrift 962.2 des IMDG-Codes.

→ D: Begründung 2016 zu § 10
→ D: § 1 (3)

§ 10
Zuständigkeiten der durch das Bundesministerium der Verteidigung bestimmten Sachverständigen und Dienststellen

(1) Neben den zuständigen Behörden des Bundes und der Länder sind für die Durchführung dieser Verordnung auch Dienststellen, die das Bundesministerium der Verteidigung bestimmt, zuständig für die Überwachung nach § 9 Absatz 1 und 2 des Gefahrgutbeförderungsgesetzes bei der Verladung auf Seeschiffe in Hafenanlagen im Auftrag der Bundeswehr oder ausländischer Streitkräfte einschließlich der Festlegung von Stau- und Trennvorschriften.

→ D: § 1 (3)

(2) Die vom Bundesministerium der Verteidigung bestellten Sachverständigen oder Dienststellen sind für die Bundeswehr und die ausländischen Streitkräfte zuständige Behörde für

1. die Zulassung, erstmalige und wiederkehrende Prüfung von Druckgefäßen nach den Unterabschnitten 6.2.1.4 bis 6.2.1.6 des IMDG-Codes,
2. die Inspektion und Prüfung der IBC nach Unterabschnitt 6.5.4.4 des IMDG-Codes,
3. die Baumusterprüfung sowie die erstmalige, wiederkehrende und außerordentliche Prüfung von ortsbeweglichen Tanks und Gascontainern mit mehreren Elementen (MEGC) nach den Unterabschnitten 6.7.2.19, 6.7.3.15, 6.7.4.14 und 6.7.5.12 des IMDG-Codes und
4. die Baumusterprüfung sowie die erstmalige, wiederkehrende und außerordentliche Prüfung von Tanks der Straßentankfahrzeuge nach den Absätzen 6.8.2.2.1 und 6.8.2.2.2 und die Prüfungen im Zusammenhang mit der Ausstellung der Bescheinigung nach den Absätzen 6.8.3.1.3.2, 6.8.3.2.3.2 und 6.8.3.3.3.2 des IMDG-Codes.

→ D: Begründung 2016 zu § 11

§ 11
Zuständigkeiten des Bundesamtes für Ausrüstung, Informationstechnik und Nutzung der Bundeswehr

Das Bundesamt für Ausrüstung, Informationstechnik und Nutzung der Bundeswehr ist, soweit es sich um den militärischen Bereich handelt, zuständige Behörde für Aufgaben nach

1. Teil 2 des IMDG-Codes in Bezug auf explosive Stoffe und Gegenstände mit Explosivstoff,
2. Kapitel 3.3 des IMDG-Codes in Bezug auf explosive Stoffe und Gegenstände mit Explosivstoff und
3. Kapitel 4.1 des IMDG-Codes in Bezug auf explosive Stoffe und Gegenstände mit Explosivstoff.

§ 12
Zuständigkeiten der Bundesanstalt für Materialforschung und -prüfung

→ D: Begründung 2016 zu § 12

(1) Die Bundesanstalt für Materialforschung und -prüfung ist zuständige Behörde für

1. Aufgaben nach
   a) Teil 2 mit Ausnahme des Absatzes 2.6.3.6.1, des Abschnitts 2.9.2 und des Unterabschnitts 2.10.2.6 des IMDG-Codes und der dem Bundesamt für Ausrüstung, Informationstechnik und Nutzung der Bundeswehr nach § 11 und dem Bundesamt für kerntechnische Entsorgungssicherheit nach § 13 zugewiesenen Zuständigkeiten,
   b) Kapitel 3.3 des IMDG-Codes mit Ausnahme der den nach Landesrecht zuständigen Behörden nach § 9 und der dem Bundesamt für Ausrüstung, Informationstechnik und Nutzung der Bundeswehr nach § 11 zugewiesenen Zuständigkeiten,
   c) Kapitel 4.1 des IMDG-Codes mit Ausnahme der dem Bundesamt für Ausrüstung, Informationstechnik und Nutzung der Bundeswehr nach § 11 zugewiesenen Zuständigkeiten,
   d) Kapitel 4.2 mit Ausnahme der Unterabschnitte 4.2.1.8, 4.2.2.5 und 4.2.3.4 des IMDG-Codes,
   e) Kapitel 4.3 des IMDG-Codes,
   f) Kapitel 6.2 des IMDG-Codes,
   g) Kapitel 6.7 des IMDG-Codes,
   h) Kapitel 6.8 des IMDG-Codes und
   i) Kapitel 6.9 des IMDG-Codes,

   soweit die jeweilige Aufgabe nicht einer Stelle nach § 10 Absatz 2 zugewiesen ist;
2. die Prüfung und Zulassung radioaktiver Stoffe in besonderer Form nach Absatz 5.1.5.2.1 in Verbindung mit Unterabschnitt 6.4.22.5 Satz 1, die Prüfung und Zulassung der Bauart gering dispergierbarer radioaktiver Stoffe nach Absatz 5.1.5.2.1 in Verbindung mit Unterabschnitt 6.4.22.5 Satz 2 und für die Zulassung der Bauart von Verpackungen für nicht spaltbares oder spaltbares freigestelltes Uranhexafluorid nach Absatz 5.1.5.2.1 in Verbindung mit Unterabschnitt 6.4.22.1 des IMDG-Codes im Einvernehmen mit dem Bundesamt für kerntechnische Entsorgungssicherheit;
3. die Prüfung, die Anerkennung von Prüfstellen, die Erteilung der Kennzeichen und die Bauartzulassung von Verpackungen, IBC, Großverpackungen, Bergungsverpackungen und Bergungsgroßverpackungen nach den Kapiteln 6.1, 6.3, 6.5 und 6.6 des IMDG-Codes sowie für die Zulassung der Reparatur flexibler IBC nach Abschnitt 1.2.1 des IMDG-Codes;
4. die Anerkennung und Überwachung von Qualitätssicherungsprogrammen für die Fertigung, Wiederaufarbeitung, Rekonditionierung, Reparatur und Prüfung von Verpackungen, IBC und Großverpackungen sowie die Anerkennung von Überwachungsstellen für die Prüfung der Funktionsfähigkeit und Wirksamkeit der Qualitätssicherungsprogramme nach den Kapiteln 6.1, 6.3, 6.5 und 6.6 sowie die Anerkennung von Inspektionsstellen für die erstmaligen und wiederkehrenden Inspektionen und Prüfungen von IBC nach Unterabschnitt 6.5.4.4 des IMDG-Codes;
5. die Anerkennung und Überwachung von Managementsystemen für die Auslegung, Herstellung, Prüfung, Dokumentation, den Gebrauch, die Wartung und Inspektion von nicht zulassungspflichtigen Versandstücken für radioaktive Stoffe nach Kapitel 6.4 in Verbindung mit Abschnitt 1.5.3 des IMDG-Codes;
6. die Bauartprüfung zulassungspflichtiger Versandstücke für radioaktive Stoffe nach Kapitel 6.4 des IMDG-Codes;
7. die Überwachung von Managementsystemen für die Auslegung, Herstellung, Prüfung, Dokumentation, den Gebrauch, die Wartung und Inspektion von zulassungspflichtigen Versandstücken für radioaktive Stoffe nach Kapitel 6.4 in Verbindung mit Abschnitt 1.5.3 des IMDG-Codes;
8. die Anerkennung und Überwachung von Prüfstellen für → D: BAM-GGR 014
   a) Baumusterprüfungen sowie erstmalige und wiederkehrende Prüfungen von ortsbeweglichen Druckgefäßen nach den Absätzen 6.2.1.4.1 und 6.2.2.5.4.9 und den Unterabschnit-

ten 6.2.1.5 und 6.2.1.6 sowie die Überprüfung des Qualitätssicherungssystems des Herstellers nach Absatz 6.2.2.5.3.2 des IMDG-Codes,

b) Baumusterprüfungen, erstmalige, wiederkehrende und außerordentliche Prüfungen und für Zwischenprüfungen von ortsbeweglichen Tanks und Gascontainern mit mehreren Elementen (MEGC) nach den Unterabschnitten 6.7.2.19, 6.7.3.15, 6.7.4.14 und 6.7.5.12 des IMDG-Codes und

c) Baumusterprüfungen sowie erstmalige, wiederkehrende und außerordentliche Prüfungen von Tanks der Straßentankfahrzeuge nach den Absätzen 6.8.2.2.1 und 6.8.2.2.2 und die Prüfungen im Zusammenhang mit der Ausstellung der Bescheinigung nach den Absätzen 6.8.3.1.3.2, 6.8.3.2.3.2 und 6.8.3.3.3.2 des IMDG-Codes und

9. die Anerkennung einer Norm oder eines Regelwerks nach Absatz 6.2.1.1.9 und die Anerkennung von technischen Regelwerken nach Absatz 6.2.1.3.6.5.4, Unterabschnitt 6.2.3.1, Absatz 6.7.2.2.1 Satz 1, Absatz 6.7.3.2.1 Satz 1, Absatz 6.7.4.2.1 Satz 1 sowie den Absätzen 6.7.4.7.4 und 6.7.5.2.9 des IMDG-Codes im Einvernehmen mit dem Bundesministerium für Verkehr und digitale Infrastruktur.

(2) Die unter Absatz 1 Nummer 2 bis 5 und 8 genannten Zulassungen, Zustimmungen und Anerkennungen können widerruflich erteilt, befristet und mit Auflagen versehen werden, soweit dies erforderlich ist, um das Einhalten der gefahrgutbeförderungsrechtlichen Vorschriften sicherzustellen.

(3) Die nach Absatz 1 Nummer 8 Buchstabe b und c anerkannten Prüfstellen müssen an dem Erfahrungsaustausch nach § 12 Absatz 2 der Gefahrgutverordnung Straße, Eisenbahn und Binnenschifffahrt teilnehmen.

→ D: Begründung 2016 zu § 13

§ 13
Zuständigkeiten des Bundesamtes für kerntechnische Entsorgungssicherheit

Das Bundesamt für kerntechnische Entsorgungssicherheit ist zuständige Behörde für

1. die Erteilung der multilateralen Genehmigung für die Bestimmung der nicht in Tabelle 2.7.2.2.1 aufgeführten Radionuklidwerte und von alternativen Radionuklidwerten nach Absatz 2.7.2.2.2 des IMDG-Codes;
2. die Genehmigung der Beförderung von radioaktiven Stoffen nach Absatz 5.1.5.1.2 des IMDG-Codes;
3. die Beförderungsgenehmigung durch Sondervereinbarungen zur Beförderung radioaktiver Stoffe nach Absatz 5.1.5.1.3 in Verbindung mit Abschnitt 1.5.4 des IMDG-Codes;
4. die Entgegennahme der Anmeldung nach Absatz 5.1.5.1.4 des IMDG-Codes;
5. die Zulassung der Bauart von Versandstücken für radioaktive Stoffe und der Bauart von nach Absatz 2.7.2.3.5.6 freigestellten spaltbaren Stoffen nach den Absätzen 5.1.5.2.1 und 5.1.5.3.5, den Unterabschnitten 6.4.22.2 bis 6.4.22.4 und 6.4.22.6 des IMDG-Codes und
6. die Genehmigung eines Strahlenschutzprogramms nach Absatz 5.1.5.1.2 in Verbindung mit Absatz 7.1.4.5.8 des IMDG-Codes.

→ D: Begründung 2016 zu § 14

§ 14
Zuständigkeiten des Umweltbundesamtes

Das Umweltbundesamt ist zuständig für die Zustimmung nach Unterabschnitt 2.10.2.6 des IMDG-Codes.

→ D: Begründung 2016 zu § 15

§ 15
Zuständigkeiten der für die Schiffssicherheit zuständigen bundesunmittelbaren Berufsgenossenschaft

Die für die Schiffssicherheit zuständige bundesunmittelbare Berufsgenossenschaft ist zuständig für

1. Eignungsbescheinigungen nach den in § 3 Absatz 1 genannten Vorschriften;
2. Ausnahmen nach § 7 Absatz 3;
3. Ausnahmen nach § 7 Absatz 4 und
4. die Erteilung von Bescheinigungen nach Ziffer 1.3.2 des IMSBC-Codes.

§ 16
Zuständigkeiten der Benannten Stellen

→ D: Begründung 2016 zu § 16

(1) Die Benannten Stellen nach § 16 der Ortsbewegliche-Druckgeräte-Verordnung sind zuständig für Baumusterprüfungen sowie erstmalige und wiederkehrende Prüfungen von ortsbeweglichen Druckgefäßen nach den Absätzen 6.2.1.4.1 und 6.2.2.5.4.9 und den Unterabschnitten 6.2.1.5 und 6.2.1.6 sowie die Überprüfung des Qualitätssicherungssystems des Herstellers nach Absatz 6.2.2.5.3.2 des IMDG-Codes.

(2) Die Benannten Stellen nach § 16 der Ortsbewegliche-Druckgeräte-Verordnung, die für die Durchführung der nachfolgenden Aufgaben nach der Norm DIN EN ISO/IEC 17020:2012 akkreditiert sein müssen, sind zuständig für

1. Baumusterprüfungen, erstmalige, wiederkehrende und außerordentliche Prüfungen und für Zwischenprüfungen von ortsbeweglichen Tanks und Gascontainern mit mehreren Elementen (MEGC) nach den Unterabschnitten 6.7.2.19, 6.7.3.15, 6.7.4.14 und 6.7.5.12 des IMDG-Codes und
2. Baumusterprüfungen sowie erstmalige, wiederkehrende und außerordentliche Prüfungen von Tanks der Straßentankfahrzeuge nach den Absätzen 6.8.2.2.1 und 6.8.2.2.2 und die Prüfungen im Zusammenhang mit der Ausstellung der Bescheinigung nach den Absätzen 6.8.3.1.3.2, 6.8.3.2.3.2 und 6.8.3.3.3.2 des IMDG-Codes.

(3) Die Benannten Stellen nach Absatz 2 müssen an dem Erfahrungsaustausch nach § 12 Absatz 2 der Gefahrgutverordnung Straße, Eisenbahn und Binnenschifffahrt teilnehmen.

§ 16a
Zuständigkeiten der Wasserstraßen- und Schifffahrtsverwaltung des Bundes

(1) Die Wasserstraßen- und Schifffahrtsämter sind zuständig für die Überwachung der Einhaltung der Vorschriften über die Beförderung gefährlicher Güter auf Bundeswasserstraßen einschließlich der bundeseigenen Häfen. Unberührt bleiben die Zuständigkeiten für die Hafenaufsicht (Hafenpolizei) in den nicht vom Bund betriebenen Häfen an Bundeswasserstraßen.

(2) Die Generaldirektion Wasserstraßen und Schifffahrt ist zuständig für die Entgegennahme von Meldungen über Verstöße nach Unterabschnitt 1.1.1.8 des IMDG-Codes und für die Weiterleitung dieser Meldungen an die zuständige Behörde des Staates, in dem das Unternehmen ansässig ist, das den Verstoß begangen hat. Die hierfür erforderlichen Daten können zu diesen Zwecken von der Generaldirektion Wasserstraßen und Schifffahrt und den nach Landesrecht zuständigen Behörden verarbeitet werden.

§ 17
Pflichten des Versenders

→ D: RM zu §§ 17, 18 ...
→ D: § 27 (1)
→ D: Begründung 2016 zu § 17

Der Versender und der Beauftragte des Versenders

1. haben sich vor der Übergabe verpackter gefährlicher Güter zur Beförderung zu vergewissern, dass die gefährlichen Güter nach Teil 2 des IMDG-Codes klassifiziert sind und ihre Beförderung nicht nach Abschnitt 1.1.3, nach Unterabschnitt 2.1.1.2, nach den Abschnitten 2.2.4 oder 2.3.5, nach Unterabschnitt 2.6.2.5, nach Abschnitt 2.8.3, nach Unterabschnitt 3.1.1.4 oder nach Kapitel 3.3 Sondervorschriften 349, 350, 351, 352, 353 oder 900 des IMDG-Codes verboten ist;
2. haben für die Beförderung verpackter gefährlicher Güter ein Beförderungsdokument zu erstellen, das die in Abschnitt 5.4.1 des IMDG-Codes und § 6 Absatz 1 Nummer 1 geforderten Angaben enthält;
3. haben für die Beförderung verpackter gefährlicher Güter die Angaben nach den Absätzen 5.1.5.4.2, 5.5.2.4.1 und 5.5.3.7.1 des IMDG-Codes in ein Konnossement oder einen Frachtbrief einzutragen;
4. dürfen für gefährliche Güter Verpackungen, IBC, Großverpackungen, ortsbewegliche Tanks, Gascontainer mit mehreren Elementen (MEGC) oder Schüttgut-Container nur verwenden, wenn diese für die betreffenden Güter nach Kapitel 3.2 in Verbindung mit den Kapiteln 3.3, 3.4, 3.5, 4.1, 4.2, 4.3 und 7.3 des IMDG-Codes zugelassen sind und das nach dem IMDG-Code erforderliche Zulassungskennzeichen tragen oder bei Schüttgut-Containern, die keine Frachtcontainer sind, eine Zulassung der zuständigen Behörde erteilt worden ist;

5. dürfen ortsbewegliche Tanks oder Gascontainer mit mehreren Elementen (MEGC) nur befüllen, wenn die Maßgaben des Kapitels 4.2 des IMDG-Codes beachtet werden;
6. dürfen Schüttgut-Container nur befüllen, wenn die Maßgaben des Kapitels 4.3 des IMDG-Codes beachtet werden;
7. dürfen gefährliche Güter nur zusammenpacken, wenn dies nach Kapitel 3.2 in Verbindung mit Kapitel 3.3, den Unterabschnitten 3.4.4.1, 3.5.8.2, 4.1.1.6 und dem Kapitel 7.2 des IMDG-Codes zulässig ist;
8. dürfen unverpackte Gegenstände, Verpackungen, Umverpackungen, IBC, Großverpackungen, ortsbewegliche Tanks, Gascontainer mit mehreren Elementen (MEGC) oder Schüttgut-Container nur übergeben, wenn sie nach Maßgabe des Kapitels 3.2 in Verbindung mit den Kapiteln 3.3, 3.4, 3.5, den Abschnitten 5.1.1 bis 5.1.4 und 5.1.6 sowie dem Absatz 5.1.5.4.1 und den Kapiteln 5.2 und 5.3 des IMDG-Codes gekennzeichnet, bezettelt und plakatiert sind;
9. dürfen Güterbeförderungseinheiten, die begast worden sind oder die Stoffe zu Kühl- oder Konditionierungszwecken enthalten, die eine Erstickungsgefahr darstellen können, nur übergeben, wenn sie nach Maßgabe der Unterabschnitte 5.5.2.3 oder 5.5.3.6 des IMDG-Codes gekennzeichnet sind;
10. haben eine Kopie des Beförderungsdokuments für einen Zeitraum von drei Monaten ab Ende der Beförderung nach Unterabschnitt 5.4.6.1 des IMDG-Codes aufzubewahren und nach Ablauf der gesetzlichen Aufbewahrungsfrist unverzüglich zu löschen;
11. haben dafür zu sorgen, dass die Anmeldung bei der zuständigen Behörde nach Absatz 5.1.5.1.4 des IMDG-Codes erfolgt;
12. dürfen ein Versandstück nur zur Beförderung übergeben, wenn eine Kopie der Anweisungen nach Absatz 4.1.9.1.9 und eine Kopie der erforderlichen Zeugnisse nach Absatz 5.1.5.2.2 vorliegen und haben auf Verlangen der zuständigen Behörde nach Absatz 5.1.5.2.3 des IMDG-Codes Aufzeichnungen zur Verfügung zu stellen;
13. haben sich vor der Übergabe gefährlicher Schüttgüter zur Beförderung zu vergewissern, dass sie nach den Stoffmerkblättern in Anhang 1 des IMSBC-Codes für die Beförderung zugelassen sind;
14. haben für die Beförderung gefährlicher Schüttgüter eine schriftliche Ladungsinformation zu erstellen, die die nach Abschnitt 4.2 des IMSBC-Codes und § 6 Absatz 2 geforderten Angaben enthält;
15. dürfen gefährliche Schüttgüter der Gruppe B zur Beförderung nur übergeben, wenn eine nach dem anwendbaren Stoffmerkblatt in Anhang 1 des IMSBC-Codes erforderliche Bescheinigung vorliegt;
16. dürfen gefährliche Schüttgüter, die in den Stoffmerkblättern in Anhang 1 des IMSBC-Codes nicht namentlich aufgeführt und der Gruppe B zuzuordnen sind, zur Beförderung nur übergeben, wenn die nach Ziffer 1.3.1.1 des IMSBC-Codes geforderte Ausnahme vorliegt;
17. dürfen gefährliche Massengüter in flüssiger oder verflüssigter Form zur Beförderung nur übergeben, wenn sie jeweils nach Kapitel 17 oder 18 des IBC-Codes, Kapitel 19 des IGC-Codes oder Kapitel XIX des GC-Codes für die Beförderung zugelassen sind, und
18. haben dem Schiffsführer vor der Verladung die nach § 6 Absatz 3 vorgeschriebenen Informationen schriftlich oder elektronisch zu übermitteln.

→ CTU-Code Kap. 4
→ D: RM zu §§ 17, 18 ...

§ 18
Pflichten des für das Packen oder Beladen einer Güterbeförderungseinheit Verantwortlichen

Der für das Packen oder Beladen einer Güterbeförderungseinheit jeweils Verantwortliche

1. darf unverpackte Gegenstände, Verpackungen, IBC und Großverpackungen in Güterbeförderungseinheiten nur stauen oder stauen lassen, wenn die Maßgaben des Kapitels 7.3 in Verbindung mit den Kapiteln 7.1 und 7.2 des IMDG-Codes eingehalten und Kapitel 3, Unterabschnitt 4.2.3 und die Kapitel 5 bis 11 des CTU-Codes beachtet sind;
2. darf Güterbeförderungseinheiten zur Beförderung nur übergeben, wenn die Vorschriften über die Kennzeichnung, Bezettelung und Plakatierung des Kapitels 3.2 in Verbindung mit dem

Kapitel 3.3, dem Kapitel 3.4, den Abschnitten 5.1.1 bis 5.1.4 und 5.1.6 sowie dem Kapitel 5.3 des IMDG-Codes eingehalten sind, und

3. hat vor Übergabe zur Beförderung die in Abschnitt 5.4.2 des IMDG-Codes geforderte Bescheinigung (CTU-Packzertifikat) auszustellen oder den Inhalt der Bescheinigung in das Beförderungsdokument aufzunehmen. → D: § 27 (1)

§ 19
Pflichten des Auftraggebers des Beförderers

→ D: Begründung 2016 zu § 19
→ D: § 27 (1)

Wer einen Beförderer mit der Beförderung gefährlicher Güter in verpackter Form mit Seeschiffen beauftragt, hat dem Beförderer vor der Verladung folgende Dokumente zu übergeben oder zu übermitteln:

1. ein Beförderungsdokument, das die in Abschnitt 5.4.1 des IMDG-Codes und § 6 Absatz 1 Nummer 1 geforderten Angaben enthält;
2. die nach Abschnitt 5.4.2 des IMDG-Codes geforderte Bescheinigung (CTU-Packzertifikat);
3. die Unterlagen nach § 3 Absatz 5 Satz 1 Nummer 2 und 3, wenn zutreffend, und
4. alle weiteren gemäß Absatz 5.1.5.4.2, Abschnitt 5.4.4 und den Unterabschnitten 5.5.2.4 und 5.5.3.7 des IMDG-Codes für die Beförderung vorgeschriebenen Dokumente. → D: RM zu §§ 17, 18 ... → D: RM zu § 19

§ 20
Pflichten des für den Umschlag Verantwortlichen

→ D: Begründung 2016 zu § 20

Der für den Umschlag Verantwortliche

1. muss bei Unfällen nach § 4 Absatz 8 die zuständige Behörde unterrichten;
2. darf verpackte gefährliche Güter auf einem Seeschiff nur gemäß der Stauanweisungen nach § 5 Absatz 1 stauen;
3. darf unverpackte Gegenstände, Verpackungen, Umverpackungen, IBC, Großverpackungen, Schüttgut-Container, ortsbewegliche Tanks, Gascontainer mit mehreren Elementen (MEGC) und Güterbeförderungseinheiten nur auf ein Seeschiff laden, wenn sie keine offensichtlichen Mängel oder Beschädigungen, die den sicheren Einschluss der gefährlichen Güter beeinträchtigen können, und keine äußerlich erkennbaren Undichtigkeiten und äußeren Anhaftungen von Gefahrgut aufweisen;
4. darf gefährliche Schüttgüter nur verladen, wenn folgende Informationen vorliegen:
   a) eine schriftliche Ladungsinformation mit den nach Abschnitt 4.2 des IMSBC-Codes und § 6 Absatz 2 geforderten Angaben und
   b) für einen Stoff der Gruppe B eine nach der anwendbaren Stoffseite in Anhang 1 des IMSBC-Code vorgeschriebene besondere Bescheinigung oder
   c) für gefährliche Schüttgüter, die im IMSBC-Code nicht namentlich aufgeführt und der Gruppe B zuzuordnen sind, die nach Ziffer 1.3.1.1 des IMSBC-Codes geforderte Ausnahme, und
5. darf gefährliche Massengüter in flüssiger oder verflüssigter Form nur verladen, wenn die erforderlichen Informationen nach § 6 Absatz 3 vorliegen.

§ 21
Pflichten des Beförderers

→ D: Begründung 2016 zu § 21
→ D: RM zu §§ 17, 18 ...

Der Beförderer und der Beauftragte des Beförderers

1. dürfen verpackte gefährliche Güter zur Beförderung nur annehmen, wenn ihre Beförderung nicht dem Abschnitt 1.1.3, nach Unterabschnitt 2.1.1.2, nach den Abschnitten 2.2.4 oder 2.3.5, nach Unterabschnitt 2.6.2.5, nach Abschnitt 2.8.3, nach Unterabschnitt 3.1.1.4 oder nach Kapitel 3.3 Sondervorschriften 349, 350, 351, 352, 353 oder 900 des IMDG-Codes verboten ist;
2. haben dem Schiffsführer vor Verladung ein Beförderungsdokument nach Abschnitt 5.4.1 des IMDG-Codes, die nach Abschnitt 5.4.2 des IMDG-Codes geforderte Bescheinigung (CTU-Packzertifikat), die Unterlagen nach § 3 Absatz 5 Satz 1 Nummer 2 und 3, wenn zutreffend, und alle weiteren gemäß Absatz 5.1.5.4.2, Abschnitt 5.4.4 und den Unterabschnitten 5.5.2.4 → D: RM zu § 6

und 5.5.3.7 des IMDG-Codes für die Beförderung vorgeschriebenen Dokumente oder ein Gefahrgutmanifest oder einen Stauplan aller zu ladenden gefährlichen Güter zu übergeben oder elektronisch zu übermitteln;

3. haben Kopien des Beförderungsdokuments nach Abschnitt 5.4.1 des IMDG-Codes, der nach Abschnitt 5.4.2 des IMDG-Codes geforderten Bescheinigung (CTU-Packzertifikat), der Unterlagen nach § 3 Absatz 5 Satz 1 Nummer 2 und 3, wenn zutreffend, und aller weiteren gemäß Absatz 5.1.5.4.2, Abschnitt 5.4.4 und den Unterabschnitten 5.5.2.4 und 5.5.3.7 des IMDG-Codes für die Beförderung vorgeschriebenen Dokumente für einen Zeitraum von drei Monaten ab Ende der Beförderung nach Unterabschnitt 5.4.6.1 des IMDG-Codes aufzubewahren und nach Ablauf der gesetzlichen Aufbewahrungsfrist unverzüglich zu löschen;
4. haben so bald wie möglich oder im Falle einer Notfallexpositionssituation sofort den Versender, den Empfänger und weitere an der Beförderung beteiligte Stellen nach Absatz 1.5.6.1.1 Gliederungseinheit i des IMDG-Codes über die Nichteinhaltung eines Grenzwertes für die Dosisleistung oder die Kontamination zu informieren;
5. haben dafür zu sorgen, dass die in § 6 Absatz 5 Nummer 2 Buchstabe c und d, Nummer 3 Buchstabe a und c und Nummer 4 Buchstabe c, d und e aufgeführten Unterlagen vom Schiffsführer mitgeführt werden;
6. dürfen gefährliche Schüttgüter zur Beförderung nur annehmen, wenn sie nach den Stoffmerkblättern in Anhang 1 des IMSBC-Codes für die Beförderung zugelassen sind oder für gefährliche Schüttgüter, die in den Stoffmerkblättern in Anhang 1 des IMSBC-Codes nicht namentlich aufgeführt und der Gruppe B zuzuordnen sind, die nach Ziffer 1.3.1.1 des IMSBC-Codes geforderte Ausnahme vorliegt, und
7. dürfen gefährliche Massengüter in flüssiger oder verflüssigter Form zur Beförderung nur annehmen, wenn sie jeweils nach dem Kapitel 17 oder 18 des IBC-Codes, Kapitel 19 des IGC-Codes oder Kapitel XIX des GC-Codes für die Beförderung zugelassen sind.

→ D: Begründung 2016 zu § 22
→ D: RM zu §§ 17, 18 ...
→ D: § 27 (1) Nr. 6

§ 22
Pflichten des Reeders

Der Reeder

1. darf ein Seeschiff zur Beförderung gefährlicher Güter nur einsetzen, wenn es die Anforderungen nach Kapitel II-2 Regel 19 des SOLAS-Übereinkommens erfüllt;
2. hat dafür zu sorgen, dass ein Seeschiff für die Beförderung gefährlicher Güter nach § 4 Absatz 7 Satz 1 und 2 ausgerüstet ist;
3. hat dafür zu sorgen, dass die in § 6 Absatz 5 Nummer 1, Nummer 2 Buchstabe a, b, e und f, Nummer 3 Buchstabe b und d und Nummer 4 Buchstabe a und b aufgeführten Unterlagen vom Schiffsführer mitgeführt werden, und
4. hat dafür zu sorgen, dass der Schiffsführer und der für die Ladung verantwortliche Offizier nach § 4 Absatz 11 Satz 1 und 2 unterwiesen werden und die Aufzeichnungen darüber nach § 4 Absatz 11 Satz 4 und 5 aufbewahrt und nach Ablauf der Aufbewahrungsfrist gelöscht werden.

→ D: Begründung 2016 zu § 23
→ D: § 27 (1) Nr. 7

§ 23
Pflichten des Schiffsführers

Der Schiffsführer

1. hat dafür zu sorgen, dass alle mit Notfallmaßnahmen befassten Besatzungsmitglieder vor der Verladung gefährlicher Güter oder bei Betreten des Schiffes nach § 4 Absatz 5 unterrichtet werden;
2. muss dafür sorgen, dass das Anbringen der Hinweistafeln nach § 4 Absatz 2 Satz 2 und die Befolgung des Verbots nach § 4 Absatz 2 Satz 1 und Absatz 3 Satz 1 erfolgt;
3. *(weggefallen)*
4. muss die Ladung während der Beförderung nach § 4 Absatz 6 überwachen;
5. hat dafür zu sorgen, dass sich die Ausrüstung nach § 4 Absatz 7 Satz 3 und 4 jederzeit in einem einsatzbereiten Zustand befindet und die Besatzungsmitglieder die Schutzausrüstung und Schutzkleidung in den vorgesehenen Fällen tragen;

6. muss bei Unfällen die zuständige Behörde nach § 4 Absatz 8 unterrichten;
7. hat dafür zu sorgen, dass die Ladung nach § 5 Absatz 2 gesichert ist;
8. hat die vorgeschriebenen Unterlagen nach § 6 Absatz 5 mitzuführen;
9. muss die vorgeschriebenen Unterlagen oder die gespeicherten Informationen nach § 6 Absatz 7 vorhalten und aufbewahren und die Unterlagen oder den Ausdruck aus den Datenverarbeitungssystemen nach § 6 Absatz 8 auf Verlangen zur Prüfung vorlegen;
10. hat sicherzustellen, dass die Stauanweisungen nach § 5 Absatz 1 sowie die Stau- und Trennvorschriften nach den Kapiteln 7.1, 7.2, 7.4 bis 7.7 in Verbindung mit Abschnitt 3.1.4 und Kapitel 3.2 des IMDG-Codes oder die Stau- und Trennvorschriften nach Abschnitt 9.3 des IMSBC-Codes und die Vorschriften des Kapitels II-2 Regel 19 des SOLAS-Übereinkommens, soweit anwendbar, eingehalten werden;
11. darf gefährliche Schüttgüter der Gruppe B des IMSBC-Codes nur übernehmen, wenn die Laderäume die jeweils anwendbaren Anforderungen nach Kapitel II-2 Regel 19, Tabelle 19.2 des SOLAS-Übereinkommens erfüllen und die auf den zutreffenden Stoffmerkblättern in Anhang 1 des IMSBC-Codes aufgeführten Beförderungsbedingungen eingehalten sind;
12. darf gefährliche Chemikalien, die dem IBC-Code oder dem BCH-Code unterliegen, nur übernehmen, wenn die für das jeweilige Gut in Kapitel 17 des IBC-Codes oder Kapitel IV des BCH-Codes aufgeführten Mindestanforderungen eingehalten sind, und
13. darf verflüssigte Gase, die dem IGC-Code oder dem GC-Code unterliegen, nur übernehmen, wenn die für das jeweilige Gut in Kapitel 19 des IGC-Codes oder Kapitel XIX des GC-Codes aufgeführten Mindestanforderungen eingehalten sind.

§ 24
Pflichten des mit der Planung der Beladung Beauftragten

→ D: Begründung 2016 zu § 24

Der mit der Planung der Beladung Beauftragte hat dafür zu sorgen, dass Stauanweisungen nach § 5 Absatz 1 festgelegt werden.

§ 25
Pflichten des Empfängers

→ D: Begründung 2016 zu § 25
→ D: RM zu §§ 17, 18 ...
→ D: § 27 (1) Nr. 9

Der Empfänger hat so bald wie möglich oder im Falle einer Notfallexpositionssituation sofort den Versender, den Beförderer und weitere an der Beförderung beteiligten Stellen nach Absatz 1.5.6.1.1 Gliederungseinheit ii in Verbindung mit Absatz 1.5.6.1.3 des IMDG-Codes über die Nichteinhaltung eines Grenzwertes für die Dosisleistung oder die Kontamination zu informieren.

§ 26
Pflichten mehrerer Beteiligter

→ D: Begründung 2016 zu § 26
→ D: § 27 (1) Nr. 10 a) f.

(1) Die an der Beförderung gefährlicher Güter Beteiligten haben entsprechend ihren Verantwortlichkeiten bei der Beförderung gefährlicher Güter die Vorschriften über die Sicherung nach Kapitel 1.4 des IMDG-Codes zu beachten. Die an der Beförderung gefährlicher Güter mit hohem Gefahrenpotential beteiligten Hersteller oder Vertreiber gefährlicher Güter, die für das Packen und Beladen von Güterbeförderungseinheiten verantwortlichen Personen und die Beförderer müssen Sicherungspläne nach Absatz 1.4.3.2.2 des IMDG-Codes vor der Aufnahme der Tätigkeit einführen und während der Tätigkeit anwenden, sofern sie nicht dem Kapitel XI-2 des SOLAS-Übereinkommens und dem ISPS-Code unterliegen.

(2) Die an der Beförderung gefährlicher Güter Beteiligten haben bei einem Unfall die zuständigen Stellen nach § 4 Absatz 9 Satz 1 unverzüglich zu unterstützen und Auskünfte zu erteilen. *→ D: § 27 (1) Nr. 10 c)*

(3) Die an der Beförderung gefährlicher Güter beteiligten Unternehmen haben dafür zu sorgen, dass die Beschäftigten

1. nach § 4 Absatz 12 Satz 1, auch in Verbindung mit Satz 2, unterwiesen werden und die Aufzeichnungen darüber nach § 4 Absatz 12 Satz 3 und 4 aufbewahrt und nach Ablauf der Aufbewahrungsfrist gelöscht werden und *→ D: § 27 (1) Nr. 10 d)*
2. vor der Übernahme ihrer Pflichten nach Unterabschnitt 5.5.2.2 und Absatz 5.5.3.2.4 des IMDG-Codes unterwiesen werden. *→ D: § 27 (1) Nr. 10 e)*

→ D: RM zu § 27
→ D: Begründung 2016 zu § 27

§ 27
Ordnungswidrigkeiten

(1) Ordnungswidrig im Sinne des § 10 Absatz 1 Nummer 1 Buchstabe b des Gefahrgutbeförderungsgesetzes handelt, wer vorsätzlich oder fahrlässig

1. entgegen § 17
   a) Nummer 1 oder 13 sich nicht, nicht richtig oder nicht rechtzeitig vergewissert,
   b) Nummer 2 oder 14 ein Beförderungsdokument oder eine Ladungsinformation nicht, nicht richtig oder nicht rechtzeitig erstellt,
   c) Nummer 3 die dort genannten Angaben nicht, nicht richtig oder nicht vollständig in ein Konnossement oder einen Frachtbrief einträgt,
   d) Nummer 4 eine Verpackung, einen IBC, eine Großverpackung, einen ortsbeweglichen Tank, einen Gascontainer mit mehreren Elementen (MEGC) oder einen Schüttgut-Container verwendet,
   e) Nummer 5 oder 6 einen ortsbeweglichen Tank, einen Gascontainer mit mehreren Elementen (MEGC) oder einen Schüttgut-Container befüllt,
   f) Nummer 7 ein gefährliches Gut zusammenpackt,
   g) Nummer 8, 9, 15, 16 oder 17 einen unverpackten Gegenstand, eine Verpackung, Umverpackung, einen IBC, eine Großverpackung, einen ortsbeweglichen Tank, einen Gascontainer mit mehreren Elementen (MEGC), einen Schüttgut-Container, eine Güterbeförderungseinheit oder ein dort genanntes Gut übergibt,
   h) Nummer 10 eine Kopie des Beförderungsdokuments nicht oder nicht mindestens drei Monate aufbewahrt,
   i) Nummer 11 nicht dafür sorgt, dass eine Anmeldung erfolgt,
   j) Nummer 12 ein Versandstück übergibt oder eine Aufzeichnung nicht oder nicht vollständig zur Verfügung stellt oder
   k) Nummer 18 eine vorgeschriebene Information nicht oder nicht rechtzeitig übermittelt;
2. entgegen § 18
   a) Nummer 1 einen unverpackten Gegenstand, eine Verpackung, einen IBC oder eine Großverpackung staut oder stauen lässt,
   b) Nummer 2 eine Güterbeförderungseinheit übergibt oder
   c) Nummer 3 die geforderte Bescheinigung nicht, nicht richtig, nicht vollständig oder nicht rechtzeitig ausstellt oder ihren Inhalt nicht oder nicht richtig in das Beförderungsdokument aufnimmt;
3. entgegen § 19 ein dort genanntes Dokument nicht oder nicht rechtzeitig übergibt oder übermittelt;
4. entgegen § 20
   a) Nummer 1 die zuständige Behörde nicht oder nicht rechtzeitig unterrichtet,
   b) Nummer 2 ein dort genanntes Gut staut,
   c) Nummer 3 einen unverpackten Gegenstand, eine Verpackung, Umverpackung, einen IBC, eine Großverpackung, einen Schüttgut-Container, ortsbeweglichen Tank, Gascontainer mit mehreren Elementen (MEGC) oder eine Güterbeförderungseinheit lädt oder
   d) Nummer 4 oder 5 ein dort genanntes Gut verlädt;
5. entgegen § 21
   a) Nummer 1, 6 oder 7 ein dort genanntes Gut zur Beförderung annimmt,
   b) Nummer 2 ein dort genanntes Dokument nicht oder nicht rechtzeitig übergibt und nicht oder nicht rechtzeitig übermittelt,
   c) Nummer 3 ein dort genanntes Dokument nicht oder nicht mindestens drei Monate aufbewahrt,
   d) Nummer 4 den Versender, den Empfänger und weitere an der Beförderung beteiligte Stellen nicht, nicht richtig oder nicht rechtzeitig informiert oder
   e) Nummer 5 nicht dafür sorgt, dass eine dort genannte Unterlage mitgeführt wird;

6. entgegen § 22
   a) Nummer 1 ein Seeschiff einsetzt,
   b) Nummer 2 nicht dafür sorgt, dass ein Seeschiff ausgerüstet ist,
   c) Nummer 3 nicht dafür sorgt, dass eine dort genannte Unterlage mitgeführt wird, oder
   d) Nummer 4 nicht dafür sorgt, dass eine dort genannte Person unterwiesen oder eine Aufzeichnung mindestens fünf Jahre aufbewahrt wird;
7. entgegen § 23
   a) Nummer 1 nicht dafür sorgt, dass eine dort genannte Person unterrichtet wird,
   b) Nummer 2 nicht dafür sorgt, dass eine dort genannte Hinweistafel angebracht oder ein dort genanntes Verbot befolgt wird,
   c) Nummer 3 Ladungsdämpfe ablässt,*)
   d) Nummer 4 die Ladung nicht überwacht,
   e) Nummer 5 nicht dafür sorgt, dass sich die Ausrüstung in einem einsatzbereiten Zustand befindet oder die Schutzausrüstung und Schutzkleidung getragen wird,
   f) Nummer 6 die zuständige Behörde nicht oder nicht rechtzeitig unterrichtet,
   g) Nummer 7 nicht dafür sorgt, dass die Ladung gesichert ist,
   h) Nummer 8 eine dort genannte Unterlage nicht mitführt,
   i) Nummer 9 eine dort genannte Unterlage oder Information nicht oder nicht für die vorgeschriebene Dauer vorhält, nicht oder nicht für die vorgeschriebene Dauer aufbewahrt oder nicht oder nicht rechtzeitig vorlegt,
   j) Nummer 10 nicht sicherstellt, dass eine dort genannte Stau- oder Trennvorschrift eingehalten wird, oder
   k) Nummer 11, 12 oder 13 ein dort genanntes Gut, eine dort genannte Chemikalie oder ein dort genanntes Gas übernimmt;
8. entgegen § 24 nicht dafür sorgt, dass eine Stauanweisung festgelegt wird;
9. entgegen § 25 eine dort genannte Person oder Stelle nicht, nicht richtig oder nicht rechtzeitig informiert;
10. entgegen § 26
   a) Absatz 1 Satz 1 eine dort genannte Vorschrift nicht beachtet,
   b) Absatz 1 Satz 2 einen Sicherungsplan nicht oder nicht rechtzeitig einführt oder nicht oder nicht richtig anwendet,
   c) Absatz 2 eine dort genannte Stelle nicht, nicht richtig oder nicht rechtzeitig unterstützt oder eine Auskunft nicht, nicht richtig, nicht vollständig oder nicht rechtzeitig erteilt,
   d) Absatz 3 Nummer 1 nicht dafür sorgt, dass eine dort genannte Person unterwiesen wird oder eine Aufzeichnung mindestens fünf Jahre aufbewahrt wird, oder
   e) Absatz 3 Nummer 2 nicht dafür sorgt, dass eine dort genannte Person unterwiesen wird.

(2) Die Zuständigkeit für die Verfolgung und Ahndung von Ordnungswidrigkeiten nach Absatz 1 wird im Bereich seewärts der Begrenzung des deutschen Küstenmeeres, der Bundeswasserstraßen und der bundeseigenen Häfen auf die Generaldirektion Wasserstraßen und Schifffahrt übertragen.

§ 28
Übergangsbestimmungen

→ D: Begründung 2016 zu § 28

(1) Bis zum 31. Dezember 2015 kann die Beförderung gefährlicher Güter mit Seeschiffen noch nach den Vorschriften der Gefahrgutverordnung See in der Fassung der Bekanntmachung vom 26. März 2014 (BGBl. I S. 301), die durch Artikel 5 der Verordnung vom 26. Februar 2015 (BGBl. I S. 265) geändert worden ist, in der bis zum 31. Dezember 2014 geltenden Fassung durchgeführt werden.

*) *Anmerkung des Verlags: O.-Text; müsste vermutlich aufgehoben werden.*

(2) § 3 Absatz 1 Nummer 1 und 2 ist für Schiffe, die vor dem 1. Juli 2002 gebaut wurden, mit der Maßgabe anzuwenden, dass anstelle der Vorschriften des Kapitels II-2 Regel 19 des SOLAS-Übereinkommens die Vorschriften des Kapitels II-2 Regel 54 des SOLAS-Übereinkommens in der am 30. Juni 2002 geltenden Fassung einzuhalten sind.

(3) § 3 Absatz 1 Nummer 3 und 4 ist für Schiffe, die vor dem 1. Juli 2002 gebaut wurden, mit der Maßgabe anzuwenden, dass anstelle der Vorschriften des Kapitels II-2 Regel 16 Absatz 3 des SOLAS-Übereinkommens die Vorschriften des Kapitels II-2 Regel 59 des SOLAS-Übereinkommens in der am 30. Juni 2002 geltenden Fassung einzuhalten sind.

(4) § 5 Absatz 1 ist für Schiffe, die vor dem 1. Juli 2002 gebaut wurden, mit der Maßgabe anzuwenden, dass anstelle der Einschränkungen in der Bescheinigung nach Kapitel II-2 Regel 19 des SOLAS-Übereinkommens die Einschränkungen in der Bescheinigung nach Kapitel II-2 Regel 54 des SOLAS-Übereinkommens in der am 30. Juni 2002 geltenden Fassung zu beachten sind.

(5) § 6 Absatz 5 Nummer 2 Buchstabe e und Nummer 3 Buchstabe b ist für Schiffe, die vor dem 1. Juli 2002 gebaut wurden, mit der Maßgabe anzuwenden, dass für diese Schiffe die erforderliche Bescheinigung nach Kapitel II-2 Regel 54 des SOLAS-Übereinkommens in der am 30. Juni 2002 geltenden Fassung mitzuführen ist.

(6) Die von der Bundesanstalt für Materialforschung und -prüfung nach § 6 Absatz 5 Nummer 2 der Gefahrgutverordnung See in der Fassung der Bekanntmachung vom 26. März 2014 (BGBl. I S. 301), die durch Artikel 5 der Verordnung vom 26. Februar 2015 (BGBl. I S. 265) geändert worden ist, in der bis zum 15. Februar 2016 geltenden Fassung anerkannten Prüfstellen dürfen die ihnen nach § 6 Absatz 9 derselben Verordnung gestatteten Aufgaben noch bis zum 31. Dezember 2020 wahrnehmen.

Richtlinien zur Durchführung der Gefahrgutverordnung See

Richtlinien zur Durchführung der Gefahrgutverordnung See

vom 1.6.2018 (VkBl. 2018 S. 559)

Hiermit gebe ich nach Anhörung der zuständigen obersten Landesbehörden die nachfolgenden Richtlinien zur Durchführung der Gefahrgutverordnung See bekannt. Diese Richtlinien berücksichtigen die Gefahrgutverordnung See (GGVSee) in der Fassung der Bekanntmachung vom 7. Dezember 2017 (BGBl. I S. 3862; 2018 I S. 131) und den IMDG-Code, der zuletzt durch die Entschließung MSC.406(96) geändert worden ist, in der amtlichen deutschen Übersetzung bekannt gegeben am 10. November 2016 (VkBl. 2016 S. 718).

Gleichzeitig hebe ich die Richtlinien vom 23. Juni 2016 (VkBl. 2016 S. 458) auf.

Bonn, den 1. Juni 2018
G 24/3643.40/8

Bundesministerium für
Verkehr und digitale Infrastruktur
Im Auftrag
Schwan

Richtlinien zur Durchführung der Gefahrgutverordnung See

Die GGVSee-Durchführungsrichtlinien erläutern die Bestimmungen der GGVSee in der Fassung der Bekanntmachung vom 7. Dezember 2017 (BGBl. I S. 3862; 2018 I S. 131) und des IMDG-Codes, der zuletzt durch die Entschließung MSC.406(96) geändert worden ist, in der amtlichen deutschen Übersetzung bekannt gegeben am 10. November 2016 (VkBl. 2016 S. 718).

I. Erläuterungen zur Gefahrgutverordnung See

Zu § 1 Absatz 1

Der Begriff „Seeschiff" bezeichnet ein Wasserfahrzeug mit oder ohne eigenen Antrieb, das zur Beförderung von Personen und/oder Gütern über See bestimmt ist und schließt „Seeleichter" ein. Der Begriff „Seeleichter" bezeichnet ein besatzungsloses Wasserfahrzeug ohne eigenen Antrieb.

Zu § 1 Absatz 2

Abfälle, die im Betrieb des Schiffes angefallen sind und in Übereinstimmung mit den abfallrechtlichen Vorschriften entsorgt werden, unterliegen nicht der GGVSee.

Zu § 1 Absatz 3

1. Seeschiffe gehören dann zur Bundeswehr oder zu ausländischen Streitkräften, wenn die nautische Leitung des Schiffes von der Bundeswehr bzw. den ausländischen Streitkräften übernommen worden ist. Dies kann auch durch Einzelverpflichtung des Kapitäns erfolgen.
2. Gründe der Verteidigung liegen nicht nur dann vor, wenn der Verteidigungsfall nach Art. 115a GG eingetreten ist. Insofern ist die verfassungsrechtliche Definition des Verteidigungsfalles für die Anwendung des § 1 Absatz 3 Satz 1 GGVSee alleine nicht maßgebend. Die Entscheidung, was Gründe der Verteidigung sind, obliegt dem BMVg. So können z. B. auch militärische Übungen Gründe der Verteidigung sein. Gründe der Verteidigung liegen u. a. auch dann vor, wenn die Bundeswehr außerhalb des Hoheitsgebietes der Bundesrepublik Deutschland eingesetzt wird und dieser Einsatz vom Deutschen Bundestag beschlossen wurde.

3. Die Sicherheit bei der Beförderung gefährlicher Güter ist durch Bestimmungen der Bundeswehr oder der ausländischen Streitkräfte zu gewährleisten. Dies gilt auch für die Beförderung gefährlicher Güter im Auftrag und unter der Verantwortung der Bundeswehr oder der ausländischen Streitkräfte durch zivile Unternehmen. Die Überwachung der Verladung gefährlicher Güter im Verantwortungsbereich ausländischer Streitkräfte in der Zuständigkeit des BMVg soll sicherstellen, dass die einschlägigen nationalen militärischen Regeln beachtet werden.

   Die Beförderung von militärischen gefährlichen Gütern als Zuladung auf zivilen Schiffen kann nicht freigestellt werden. Dem Militär liegen in der Regel keine näheren Kenntnisse über die weitere an Bord befindliche Ladung vor und das militärische Sicherheitskonzept ist somit nicht geschlossen anwendbar. Erforderliche Ausnahmezulassungen können in der Regel von den zuständigen Landesbehörden erteilt werden.

Seeschiffe, die nicht aus Gründen der Verteidigung gefährliche Güter befördern, müssen die Gefahrgutverordnung See beachten.

Zu § 3

§ 3 findet auf Seeleichter nur insoweit Anwendung, dass die Ladung einschließlich der Ladungsdokumentation den aufgelisteten Internationalen Regelungen entsprechen muss. Die in § 3 Absatz 1 und 2 genannten Vorschriften über die Schiffsausrüstung gelten nicht für Seeleichter.

Zu § 3 Absatz 5

Für die Übermittlung der Packliste nach § 3 Absatz 5 Nummer 3 wird die Verwendung des Formblatts nach Anlage 3 empfohlen.

Zu § 4 Absatz 10

Ein meldepflichtiges Ereignis liegt vor, wenn ein oder mehrere der nachfolgenden Kriterien erfüllt sind:

- Tod durch gefährliches Gut
- Verletzung durch gefährliches Gut, wenn die Verletzung zu einer intensiven medizinischen Behandlung geführt hat oder einen Krankenhausaufenthalt von mindestens einem Tag oder eine Arbeitsunfähigkeit von mindestens drei aufeinanderfolgenden Tagen zur Folge hat
- Produktaustritt oder Verlust von Gefahrgut über Bord in Überschreitung der folgenden Mengen:

Stoffe oder Gegenstände		Menge
Klasse 6.2 Klasse 7		Jeder Austritt/ Verlust
Klasse 1:	1.1, 1.2, 1.3, 1.4L, 1.5D, UN 0190	50 kg/50 l
Klasse 2.3		
Klasse 3:	Verpackungsgruppe I und UN 3343	
Klasse 4.1:	Verpackungsgruppe I und UN 3221 bis 3224, 3231 bis 3240, 3533 und 3544	
Klasse 4.2:	Verpackungsgruppe I	
Klasse 4.3:	Verpackungsgruppe I und UN 1183, 1242, 1295, 1340, 1390, 1403, 1928, 2813, 2965, 2968, 2988, 3129, 3130, 3131, 3134, 3148, 3396, 3398, 3399	
Klasse 5.1:	Verpackungsgruppe I und UN 2426	
Klasse 5.2:	UN 3101 bis 3104 und 3111 bis 3120	
Klasse 6.1:	Verpackungsgruppe I und UN 1600, 2312 und 3250	
Klasse 8:	Verpackungsgruppe I	
Klasse 9:	UN 2315, 3151, 3152, 3432 sowie Gegenstände, die solche Stoffe oder Gemische enthalten	

Stoffe oder Gegenstände		Menge
Klasse 1:	1.4B bis 1.4 G und 1.6N	333 kg/333 l
Klasse 2.1		
Klasse 3:	Verpackungsgruppe II	
Klasse 4.1:	Verpackungsgruppe II (*)	
Klasse 4.2:	Verpackungsgruppe II	
Klasse 4.3:	Verpackungsgruppe II (*) und UN 3292	
Klasse 5.1:	Verpackungsgruppe II und UN 3356	
Klasse 5.2:	(*)	
Klasse 6.1:	Verpackungsgruppe II (*) und III und UN 1700, 2016, 2017	
Klasse 8:	Verpackungsgruppe II	
Klasse 9:	Verpackungsgruppe II und UN 3090, 3091, 3245, 3480, 3481	
(*) sofern nicht in der vorherigen Zeile eine geringere Menge festgelegt ist		
Klasse 1:	1.4S	1000 kg/1000 l
Klasse 2.2		
Klasse 3:	Verpackungsgruppe III	
Klasse 4.1:	Verpackungsgruppe III	
Klasse 4.2:	Verpackungsgruppe III	
Klasse 4.3:	Verpackungsgruppe III	
Klasse 5.1:	Verpackungsgruppe III	
Klasse 8:	Verpackungsgruppe III und UN 2794, 2795, 2800, 3028, 3477 und 3506	
Klasse 9:	Verpackungsgruppe III und UN 2990, 3072, 3268, 3499, 3508 und 3509	

Das Kriterium des Produktaustritts liegt auch vor, wenn die unmittelbare Gefahr eines Produktaustritts in der vorgenannten Menge bestand. In der Regel ist dies anzunehmen, wenn das Behältnis aufgrund von strukturellen Schäden für die nachfolgende Beförderung nicht mehr geeignet ist oder aus anderen Gründen keine ausreichende Sicherheit gewährleistet ist.

Sind bei einem Ereignis mit Gefahr eines Produktaustritts die Beschädigungen so stark, dass Konsequenzen gezogen werden müssen, z. B. der Transport nicht fortgesetzt werden kann, und dies für die Rechtsfortentwicklung berücksichtigt werden muss, gilt die Berichtspflicht.

Bei einem Ereignis mit radioaktiven Stoffen ist auch zu melden:

- eine Exposition, die zu einer Überschreitung der Grenzwerte nach Schedule III der IAEA International Basic Safety Standards – No. GSR Part 3 führt;
- eine vermutete bedeutende Verminderung der Sicherungsfunktionen des Versandstücks (dichte Umschließung, Abschirmung, Wärmeschutz oder Kritikalität).

Sind bei einem Ereignis radioaktive Stoffe der Klasse 7 beteiligt, gelten folgende Kriterien für den Produktaustritt:

a) jedes Austreten radioaktiver Stoffe aus Versandstücken;

   Exposition, die zu einer Überschreitung der in den Regelungen für den Schutz von Beschäftigten und der Öffentlichkeit vor ionisierender Strahlung (Schedule III der IAEA International Basic Safety Standards – No. GSR Part 3) festgelegten Grenzwerte führt, oder

b) wenn Grund zur Annahme besteht, dass eine bedeutende Verminderung der Sicherheitsfunktionen des Versandstücks (dichte Umschließung, Abschirmung, Wärmeschutz oder Kritikalität) stattgefunden hat, durch die das Versandstück für die Fortsetzung der Beförderung ohne zusätzliche Sicherheitsmaßnahmen ungeeignet geworden ist.

Die Meldung ist gemäß dem Muster nach Anlage 1 zu erteilen.

Zu § 4 Absatz 11

Die Anforderungen an eine Erstunterweisung werden durch die Ausbildung nach STCW-Code Abschnitt A-II/2 erfüllt.

Wiederholungsunterweisungen dienen der Auffrischung dieser Kenntnisse und der Vermittlung von Informationen über Änderungen und Weiterentwicklung der zugrunde liegenden Rechtsvorschriften.

Zu § 6

EDV-Fassungen der GGVSee, des IMDG-Codes, des IMSBC-Codes, des IBC-Codes, des IGC-Codes, des BCH-Codes und des GC-Codes sind grundsätzlich zur Verwendung zugelassen. Es muss sich jedoch um die amtliche Fassung der Codes handeln.

Zu § 7 Absatz 1 und § 9 Absatz 2

Ausnahmen nach § 7 Absatz 1 GGVSee gelten nur im Seeverkehr und nicht im Zu- und Ablauf zu den Häfen.

Sachlich zuständig für die Erteilung von Ausnahmen nach § 7 Absatz 1 und für die in § 9 Absatz 2 genannten Aufgaben sind folgende Behörden:

Bremen:

Bremen:

Hansestadt Bremisches Hafenamt
Überseetor 20
28217 Bremen
Tel.: 0421 361 8438
Fax: 0421 361 8387
E-Mail: uwe.kraft@hbh.bremen.de

Bremerhaven:

Hansestadt Bremisches Hafenamt
Steubenstr. 7a
27568 Bremerhaven
Tel.: 0471 596 13404
Fax: 0471 596 13422
E-Mail: raimond.claussen@hbh.bremen.de

Hamburg:

Wasserschutzpolizei
WSP 521, Zentralstelle Gefahrgutüberwachung
Wilstorfer Straße 100
21073 Hamburg
Tel.: 040 4286 65471
eFax: 040 42799 9087
E-Mail: wsp521@polizei.hamburg.de

Mecklenburg-Vorpommern:

Rostock:

Hansestadt Rostock, Hafenbehörde
Ost-West-Str. 8
18147 Rostock
Tel.: 0381 381 8710
Fax: 0381 381 8735
E-Mail: port.authority@rostock.de

Sassnitz:

Stadt Sassnitz
Hafenbehörde
Hauptstraße 33
18546 Sassnitz

Tel.: 038392 661 575

Fax: 038392 661 576

E-Mail: hafenamt@sassnitz.de

Stralsund:

Hansestadt Stralsund
Hafenbehörde
Hafenstraße 50
18439 Stralsund

Tel.: 03831 253630

Fax: 03831 252 53 630

E-Mail: hafenamt@stralsund.de

Wismar:

Hansestadt Wismar
Hafenbehörde
Kopenhagener Str. 1
23966 Wismar

Tel.: 03841 25132 60

Fax: 03841 25132 64

E-Mail: hafenamt@wismar.de

Wolgast:

Stadt Wolgast
Amt Am Peenestrom
Hafenbehörde
Burgstr. 6
17438 Wolgast

Tel.: 03836 251150

Fax: 03836 25 14150

E-Mail: poststelle@wolgast.de

Greifswald:

Universitäts- und Hansestadt Greifswald
Hafenbehörde
Am Hafen 4
17489 Greifswald

Tel.: 03834 8536 2933

Fax: 03834 8536 2932

E-Mail: hafenamt@greifswald.de

Lubmin:

Amt Lubmin
Hafenbehörde
Geschwister-Scholl-Weg 15
17509 Lubmin

Tel.: 038354 3500

Fax: 038354 22197

E-Mail: info@amtlubmin.de

Ueckermünde:

Stadt Ueckermünde
Am Rathaus 3
17373 Ueckermünde

Tel.: 039771 28 40

Fax: 039771 28 499

E-Mail: rathaus@ueckermünde.de

Niedersachsen:

– für Ausnahmen nach § 7 Abs. 1

Oldenburg:

Niedersächsisches Ministerium für Wirtschaft, Arbeit und Verkehr
Häfen- und Schifffahrtsverwaltung
Referat 31
Hindenburgstr. 30
26122 Oldenburg

Tel.: 0441 799 2238

Fax: 0441 799 2253

E-Mail: hinrich.pape@mw.niedersachsen.de
christian.blendermann@mw.niedersachsen.de

– Übrige Aufgaben gemäß § 9 Abs. 2

Brake und Nordenham:

Niedersächsisches Ministerium für Wirtschaft, Arbeit und Verkehr
Ref. 31
Brommystraße 1
26919 Brake/Utw.

Tel.: 04401 925-0; -200 oder -216

Fax: 04401 3272

E-Mail: brake@port-authority.de

Cuxhaven und Stade-Bützfleth:

Niedersächsisches Ministerium für Wirtschaft, Arbeit und Verkehr
Ref. 31
Am Schleusenpriel 2
27472 Cuxhaven

Tel.: 04721 500 150

Fax: 04721 500 250

E-Mail: cuxhaven@port-authority.de

Emden:

Niedersächsisches Ministerium für Wirtschaft, Arbeit und Verkehr
Ref. 31
Friedrich-Naumann-Str. 7–9
26725 Emden

Tel.: 04921 897-0; -120, -119 oder -116

Fax: 04921 897 241

E-Mail: emden@port-authority.de

Leer:

Stadt Leer
Hafenbehörde
Postfach 2060
26770 Leer

Tel.: 0491 9782 0

Fax: 0491 9782 399

E-Mail: info@leer.de

Oldenburg:

Hafen der Stadt Oldenburg
Hafenmeister
Pferdemarkt 14
26105 Oldenburg

Tel.: 0441 235 3073

Fax: 0441 235 3121

E-Mail: hafen@stadt-oldenburg.de

Papenburg:

Stadt Papenburg
Hafenbehörde
Seeschleuse
26781 Papenburg

Tel.: 04961 9467 12

Fax: 04961 9467 20

E-Mail: hafen@papenburg.de

Wilhelmshaven:
(ausgenommen kommunaler Hafenteil)

Niedersächsisches Ministerium für Wirtschaft, Arbeit und Verkehr
Ref. 31
Neckarstraße 10
26382 Wilhelmshaven

Tel.: 04421 300-13 15 oder -13 14

Fax: 04421 4800 596

E-Mail: wilhelmshaven@port-authority.de

Wilhelmshaven:
(kommunaler Hafenteil)

Stadt Wilhelmshaven
Hafenbehörde
Rathausplatz 10
26382 Wilhelmshaven

Tel.: 04421 16-32 20

Fax: 04421 16-41 32 20

E-Mail: hafenkapitaen@wilhelmshaven.de

Insel- und -Versorgungshäfen (Ostfriesische Inseln):

Niedersächsisches Ministerium für Wirtschaft, Arbeit und Verkehr
Ref. 31
Bahnhofstr. 5
26506 Norden

Tel.: 04931 9888-29 oder -36

E-Mail: norden@port-authority.de

Schleswig-Holstein:

Brunsbüttel:

Landesbetrieb für Küstenschutz, Nationalpark und Meeresschutz Schleswig-Holstein
Fachbereich Koordination und Vollzug
– Hafenbehörde –
Am Außenhafen
25813 Husum

Tel.: 04841 661 317

Fax: 04841 661 321

E-Mail: carl.ahrens@lkn.landsh.de

Dagebüll:

Amt Südtondern
Hafenbehörde
Marktstraße 12
25899 Niebüll

Tel.: 04661 601311

E-Mail: info@amt-suedtondern.de

Flensburg:

Oberbürgermeister der Stadt Flensburg
Hafenbehörde Flensburg
Schiffbrücke 37
24939 Flensburg

Tel.: 0461 85 15 88

Fax: 0461 85 18 37

E-Mail: hafenbehoerde@flensburg.de

Kiel:

Hafenamt der Landeshauptstadt Kiel
Bollhörnkai 1
24103 Kiel

Tel.: 0431 901 1073/-1173

Fax: 0431 94 477

E-Mail: hafenamt@kiel.de

Lübeck/Travemünde:

Bürgermeister der Hansestadt Lübeck
Lübeck Port Authority
Abt. Hafen- u. Seemannsamt
Ziegelstraße 2
23239 Lübeck

Tel.: 0451 122 6901
Fax: 0451 122 6990
E-Mail: luebeck-port-authority@luebeck.de
stefan.weglehner@luebeck.de

Puttgarden:

Bürgermeister der Stadt Fehmarn
Ohrtstr. 11
23769 Fehmarn

Tel.: 04371 506224
Fax: 04371 506 211
E-Mail: m.meier@stadtfehmarn.de

Rendsburg:

Landrat des Kreises Rendsburg-Eckernförde
Hafenbehörde
Am Kreishafen 4
24768 Rendsburg

Tel.: 04331 14070
Tel.: 04331 202 322
Fax: 04331 202 502
E-Mail: ordnungsamt@kreis-rd.de

Zu § 19

Alle in § 19 Nummer 4 genannten Dokumente müssen in der Organisation des Beförderers vorgehalten werden, damit sie den zuständigen Behörden auf Verlangen vorgelegt werden können. Das Ende der Beförderung ergibt sich beispielsweise aus dem transportrechtlichen Abliefernachweis oder dem Umschlag auf eine andere Beförderungsart oder ein anderes Beförderungsmittel.

Zu §§ 17, 18, 19, 20, 21, 22 und 24

Die am Seefrachtgeschäft beteiligten Gewerbetreibenden werden bei der Beförderung gefährlicher Güter wie folgt als verantwortlich angesehen:

Gewerbetreibender	Tätigkeit	Pflichten nach
Versender	Hersteller oder Vertreiber gefährlicher Güter oder jede andere Person, die die Beförderung gefährlicher Güter ursprünglich veranlasst	§ 17
	Wenn der Versender die Güter selbst in eine Beförderungseinheit lädt	§ 18
	Wenn der Versender mit dem Seefrachtführer selbst den Seefrachtvertrag abschließt	§ 19
Spediteur	Derjenige, der für einen Dritten die Seebeförderung durch Abschluss eines Seefrachtvertrags besorgt	§ 19
	Wenn der Spediteur für den Auftraggeber Güter in eine Güterbeförderungseinheit lädt	§ 18
Seefrachtführer (Verfrachter)	Derjenige, der auf Grund eines Seefrachtvertrages Güter für einen Dritten mit eigenen oder in Zeitcharter genommenen Schiffen befördert	§ 21
Reeder, auch Korrespondenzreeder (bei Partenreedereien) und Vertragsreeder (bei Geschäftsbesorgungsvertrag)	Derjenige, der eigene oder zur Bereederung überlassene Schiffe zur Beförderung von Gütern einsetzt	§ 22

Gewerbetreibender	Tätigkeit	Pflichten nach
Anteilseigner an einer Schiffsbeteiligungsgesellschaft oder Partenreederei		Keine Pflichten nach GGVSee
Hafenumschlagsunternehmer	Derjenige, der Güter in ein Seeschiff verlädt	§ 20
	Wenn der Hafenumschlagsunternehmer im Auftrag Dritter Güter in Güterbeförderungseinheiten lädt	§ 18
Ladungskontrollunternehmer	Soweit die Verantwortung für die Beladung von Güterbeförderungseinheiten übernommen wird	§ 18
Schiffsmakler als Buchungsagent	Derjenige, der für einen Seefrachtführer (Verfrachter) in dessen Namen Seefrachtverträge abschließt	§ 21 Nr. 1
Der mit der Planung der Beladung Beauftragte	Beauftragter des Verfrachters; bei mehreren Verfrachtern auf einem Schiff derjenige Verfrachter, der als Reeder das Schiff betreibt oder von einem Reeder das Schiff gechartert hat	§ 24

Zu § 27

a) Die Bußgeldbeträge des Bußgeldkatalogs in Anlage 2 sind Regelsätze, die von fahrlässiger Begehung, normalen Tatumständen und von mittleren wirtschaftlichen Verhältnissen ausgehen. Bei vorsätzlichem Handeln sind die angegebenen Sätze angemessen bis zum doppelten Satz zu erhöhen. Die Regelsätze, soweit die Angelegenheit nicht strafrechtlich verfolgt wird, erhöhen sich um mindestens 25 %, wenn durch die Zuwiderhandlung ein anderer gefährdet oder geschädigt ist. Liegt Tateinheit vor, so ist der höchste in Betracht kommende Regelsatz um 25 % der Regelsätze für die anderen Ordnungswidrigkeiten zu erhöhen.

b) Durch eine Verwarnung soll bei einer geringfügigen Ordnungswidrigkeit dem Betroffenen sein Fehlverhalten vorgehalten werden; sie ist daher mit einem Hinweis auf die Zuwiderhandlung zu verbinden. Verwarnungen können mit einem Verwarngeld, das in der Regel mit 55,00 Euro anzusetzen ist, verbunden sein.

c) Die Verfolgung von Ordnungswidrigkeiten liegt im pflichtgemäßen Ermessen der Verfolgungsbehörde (Opportunitätsgrundsatz, § 47 Absatz 1 OWiG).

d) In § 27 Absatz 1 Nummer 1 Buchstabe h, Nummer 5 Buchstabe c, Nummer 6 Buchstabe d und Nummer 10 Buchstabe d legitimiert das Wort „mindestens“ als Tatbestand der Ordnungswidrigkeit keine längere Aufbewahrung, sondern lediglich einen Zeitraum, der der Frist zur Löschung („unverzüglich“) entspricht.

II. Erläuterungen zum IMDG-Code

7.1.4.4.2 IMDG-Code verlangt für Güter der Klasse 1 die Stauung in 12 m Entfernung zu Wohn- und Aufenthaltsräumen, Rettungsmitteln und allgemein zugänglichen Bereichen. Mit „allgemein zugänglichen Bereichen“ sind Bereiche gemeint, zu denen Fahrgäste Zutritt haben.

7.2.6.3.2 Eine Trennung ist nicht erforderlich zwischen gefährlichen Gütern, die zwar zu einer in unterschiedlichen Klassen eingestuften Gruppe von Stoffen gehören, aber für die wissenschaftlich nachgewiesen wurde, dass sie nicht gefährlich reagieren, wenn sie miteinander in Kontakt kommen. Für Sauerstoff (UN 1072 und 1073) ist wissenschaftlich nachgewiesen, dass aus der Zusammenladung mit Gasen der Klassen 2.1 oder 2.3 keine Erhöhung der Gefahr bei Freisetzung dieser Gase resultiert, auch wenn diese Gase die Zusatzgefahr der Klasse 5.1 haben.

III. Allgemeiner Hinweis

Die Länder berichten an das Bundesministerium für Verkehr und digitale Infrastruktur, um die IMO-Empfehlungen gemäß Circular MSC.1/Circ. 1442, geändert durch MSC.1/Circ. 1521, zu erfüllen.

Anlage 1

Meldung von Ereignissen an das BMVBS*) gemäß § 4 Absatz 10 GGVSee

1. Verkehrsträger	
☐ Seeschiff Schiffsname:	☐ Bereitstellung/Umschlag im Hafen
2. Datum und Ort des Ereignisses	
Jahr: .... Tag:	Monat: .... Stunde: ....
Unfall bei der Beförderung ☐ Schiff im Hafen ☐ Schiff auf Seeschifffahrtsstraße ☐ Schiff auf See Ort/Position:	**Unfall bei Umschlag oder Bereitstellung** ☐ Übernahme vom Land-Verkehrsträger ☐ Bereitstellung im Hafen ☐ Beladen von Beförderungseinheiten ☐ Be-/Entladen in/aus Seeschiff Name des Hafens: ....
3. Topographie	
Im Seeverkehr nicht relevant	
4. besondere Wetterbedingungen	
☐ Regen ☐ Schneefall ☐ Glätte ☐ Nebel Sichtweite: .... ☐ Gewitter ☐ Sturm Windstärke: .... Temperatur: .... °C	
5. Beschreibung des Ereignisses	
☐ Grundberührung des Schiffes ☐ Kollision mit einem anderen Wasserfahrzeug ☐ Beschädigung bei Umschlagsarbeiten ☐ Brand ☐ Explosion ☐ Leckage ☐ Ladungsverlust über Bord ☐ technischer Mangel Zusätzliche Beschreibung des Ereignisses:	

*) *Anmerkung des Verlags: O.-text VkBl.; vermutlich soll es heißen: „BMVI".*

6. Betroffene gefährliche Güter

UN-Nummer[1)]	Klasse	VG	Geschätzte Produktmenge (ausgetreten/über Bord verloren) (kg oder l)[2)]	Art der Umschließung[3)]	Werkstoff der Umschließung	Art des Versagens der Umschließung[4)]

1) Bei gefährlichen Gütern, die unter eine Sammeleintragung fallen, für die die Sondervorschrift 274 gilt, ist zusätzlich die technische Benennung anzugeben

2) Für radioaktive Stoffe der Klasse 7 sind die Werte gemäß den Kriterien in der Anlage anzugeben

3) Es ist die entsprechende Nummer anzugeben:
1 Verpackung
2 Großpackmittel (IBC)
3 Großverpackung
4 Kleincontainer
5 Wagen
6 Fahrzeug
7 Kesselwagen
8 Tank-Fahrzeug
9 Batteriewagen
10 Batteriefahrzeug
11 Wagen mit abnehmbaren Tanks
12 Aufsetztank
13 Großcontainer
14 Tankcontainer
15 MEGC
16 ortsbeweglicher Tank

4) Es ist die entsprechende Nummer anzugeben:
1 Leckage
2 Brand
3 Explosion
4 strukturelles Versagen

7. Ereignisursache (falls eindeutig bekannt)

☐ technischer Mangel
☐ Ladungssicherung
☐ betriebliche Ursache (Umschlag)
☐ Sonstiges: ....
....
....

8. Auswirkungen des Ereignisses

Personenschaden: (im Zusammenhang mit den betroffenen gefährlichen Gütern)

☐ Tote (Anzahl: ....)
☐ Verletzte (Anzahl: ....)

Produktaustritt:

☐ ja
☐ nein
☐ unmittelbare Gefahr eines Produktaustritts
☐ Verlust über Bord ohne erkennbaren unmittelbaren Produktaustritt

Sach-/Umweltschaden:

☐ geschätzte Schadenshöhe ≤ 50 000 €
☐ geschätzte Schadenshöhe > 50 000 €

Sperrung/Evakuierung:

☐ ja
- ☐ Evakuierung von Personen für die Dauer von mindestens drei Stunden
- ☐ Sperrung von öffentlichen Verkehrswegen von mindestens drei Stunden
- ☐ Sperrung von Wasserstraßen/Wasserflächen von mindestens drei Stunden

☐ nein

Anlage 2

Bußgeldkatalog GGVSee			
Lfd Nr.	**Ordnungwidrigkeiten, die darin bestehen, dass**	**GGVSee § 27 Absatz 1 Nummer**	**Bußgeld EURO**
A	**der Versender oder der Beauftragte des Versenders entgegen § 17**		
1	Nummer 1 sich nicht, nicht richtig oder nicht rechtzeitig vor der Übergabe verpackter gefährlicher Güter vergewissert, dass die gefährlichen Güter nach Teil 2 des IMDG-Codes klassifiziert sind und dass die Beförderung nicht nach Abschnitt 1.1.3, nach Unterabschnitt 2.1.1.2, nach den Abschnitten 2.2.4 oder 2.3.5, nach Unterabschnitt 2.6.2.5, nach Abschnitt 2.8.3, nach Unterabschnitt 3.1.1.4 oder nach Kapitel 3.3 Sondervorschriften 349, 350, 351, 352, 353 oder 900 des IMDG-Codes verboten ist;	1a	1 500
2	Nummer 2 für die Beförderung verpackter gefährlicher Güter ein Beförderungsdokument, das die in Abschnitt 5.4.1 des IMDG-Codes und § 6 Absatz 1 Nummer 1 geforderten Angaben enthält, nicht, nicht richtig oder nicht rechtzeitig erstellt;	1b	500
3	Nummer 3 für die Beförderung verpackter gefährlicher Güter die Angaben nach den Absätzen 5.1.5.4.2, 5.5.2.4.1 und 5.5.3.7.1 des IMDG-Codes nicht, nicht richtig oder nicht vollständig in ein Konossement oder einen Frachtbrief einträgt;	1c	500
4	Nummer 4 für gefährliche Güter Verpackungen, IBC, Großverpackungen, ortsbewegliche Tanks, Gascontainer mit mehreren Elementen (MEGC) oder Schüttgut-Container verwendet, obwohl diese für die betreffenden Güter nach Kapitel 3.2 in Verbindung mit den Kapiteln 3.3, 3.4, 3.5, 4.1, 4.2, 4.3 und 7.3 des IMDG-Codes nicht zugelassen sind und das nach dem IMDG-Code erforderliche Zulassungskennzeichen nicht tragen oder bei Schüttgut-Containern, die keine Frachtcontainer sind, eine Zulassung der zuständigen Behörde nicht erteilt worden ist;	1d	800
5	Nummer 5 ortsbewegliche Tanks oder Gascontainer mit mehreren Elementen (MEGC) befüllt und die Maßgaben des Kapitels 4.2 des IMDG-Codes nicht beachtet;	1e	800
6	Nummer 6 Schüttgut-Container befüllt und die Maßgaben des Kapitels 4.3 des IMDG-Codes nicht beachtet;	1e	800
7	Nummer 7 gefährliche Güter zusammenpackt, obwohl dies nach Kapitel 3.2 in Verbindung mit Kapitel 3.3, den Unterabschnitten 3.4.4.1, 3.5.8.2, 4.1.1.6 und dem Kapitel 7.2 des IMDG-Codes nicht zulässig ist;	1f	800
8	Nummer 8 unverpackte Gegenstände, Verpackungen, Umverpackungen, IBC, Großverpackungen, ortsbewegliche Tanks, Gascontainer mit mehreren Elementen (MEGC) oder Schüttgut-Container übergibt, obwohl diese nicht nach Maßgabe des Kapitels 3.2 in Verbindung mit den Kapiteln 3.3, 3.4, 3.5, den Abschnitten 5.1.1 bis 5.1.4 und 5.1.6 sowie dem Absatz 5.1.5.4.1 und den Kapiteln 5.2 und 5.3 des IMDG-Codes gekennzeichnet, bezettelt und plakatiert sind;	1g	500
9	Nummer 9 Güterbeförderungseinheiten, die begast worden sind oder die Stoffe zu Kühl- oder Konditionierungszwecken enthalten, die eine Erstickungsgefahr darstellen können, übergibt, obwohl sie nicht nach Maßgabe der Unterabschnitte 5.5.2.3 oder 5.5.3.6 des IMDG-Codes gekennzeichnet sind;	1g	500

Bußgeldkatalog GGVSee			
Lfd Nr.	**Ordnungwidrigkeiten, die darin bestehen, dass**	**GGVSee § 27 Absatz 1 Nummer**	**Bußgeld EURO**
10	Nummer 10 eine Kopie des Beförderungspapiers nicht oder nicht mindestens drei Monate aufbewahrt;	1h	500
11	Nummer 11 nicht dafür sorgt, dass eine Anmeldung erfolgt;	1i	500
12	Nummer 12 ein Versandstück übergibt oder eine Aufzeichnung nicht oder nicht vollständig zur Verfügung stellt;	1j	500
13	Nummer 13 sich nicht, nicht richtig oder nicht rechtzeitig vor der Übergabe gefährlicher Schüttgüter zur Beförderung vergewissert, dass sie nach den Stoffmerkblättern in Anhang 1 des IMSBC-Codes für die Beförderung zugelassen sind;	1a	1 500
14	Nummer 14 für die Beförderung gefährlicher Schüttgüter eine schriftliche Ladungsinformation nicht, nicht richtig oder nicht rechtzeitig erstellt, die die nach Abschnitt 4.2 des IMSBC-Codes und § 6 Absatz 2 geforderten Angaben enthält;	1b	500
15	Nummer 15 gefährliche Schüttgüter der Gruppe B zur Beförderung übergeben, obwohl eine nach dem anwendbaren Stoffmerkblatt in Anhang 1 des IMSBC-Codes erforderliche Bescheinigung nicht vorliegt;	1g	1 500
16	Nummer 16 gefährliche Schüttgüter, die in den Stoffmerkblättern in Anhang 1 des IMSBC-Codes nicht namentlich aufgeführt und der Gruppe B zuzuordnen sind, zur Beförderung übergibt, obwohl die nach Ziffer 1.3.1.1 des IMSBC-Codes geforderte Ausnahme nicht vorliegt;	1g	1 500
17	Nummer 17 gefährliche Massengüter in flüssiger oder verflüssigter Form zur Beförderung übergibt, obwohl diese jeweils nach Kapitel 17 oder 18 des IBC-Codes, Kapitel 19 des IGC-Codes oder Kapitel XIX des GC-Codes für die Beförderung nicht zugelassen sind;	1g	1 500
18	Nummer 18 die nach § 6 Absatz 3 vorgeschriebenen Informationen dem Schiffsführer vor der Verladung nicht oder nicht rechtzeitig schriftlich oder elektronisch übermittelt;	1k	500
B	**der für das Packen oder Beladen einer Güterbeförderungseinheit jeweils Verantwortliche entgegen § 18**		
19	Nummer 1 unverpackte Gegenstände, Verpackungen, IBC oder Großverpackungen in Güterbeförderungseinheiten staut oder stauen lässt, ohne die Maßgaben des Kapitels 7.7.3 in Verbindung mit den Kapiteln 7.1 und 7.2 des IMDG-Codes einzuhalten und ohne Kapitel 3, Unterabschnitt 4.2.3 und die Kapitel 5 bis 11 des CTU-Codes zu beachten;	2a	800
20	Nummer 2 Güterbeförderungseinheiten zur Beförderung übergibt, obwohl diese nicht nach Maßgabe des Kapitels 3.2 in Verbindung mit dem Kapitel 3.3, dem Kapitel 3.4, den Abschnitten 5.1.1 bis 5.1.4 und 5.1.6 sowie dem Kapitel 5.3 des IMDG-Codes gekennzeichnet, bezettelt und plakatiert sind;	2b	500
21	Nummer 3 ein CTU-Packzertifikat nach Abschnitt 5.4.2 des IMDG-Codes nicht, nicht richtig, nicht vollständig oder nicht rechtzeitig ausstellt oder dessen Inhalt nicht oder nicht richtig in das Beförderungsdokument aufnimmt;	2c	500

Bußgeldkatalog GGVSee			
Lfd Nr.	**Ordnungwidrigkeiten, die darin bestehen, dass**	**GGVSee § 27 Absatz 1 Nummer**	**Bußgeld EURO**
C	**derjenige, der einen Beförderer mit der Beförderung gefährlicher Güter beauftragt entgegen § 19**		
22	vor der Verladung gefährlicher Güter die in § 19 Nummer 1 bis Nummer 4 geforderten Dokumente nicht oder nicht rechtzeitig übergibt oder übermittelt;	3	500
D	**der für den Umschlag Verantwortliche entgegen § 20**		
23	Nummer 1 bei Unfällen die zuständige Behörde nach § 4 Absatz 8 nicht oder nicht rechtzeitig unterrichtet;	4a	500
24	Nummer 2 verpackte gefährliche Güter auf einem Seeschiff nicht gemäß der Stauanweisung nach § 5 Absatz 1 staut;	4b	500
25	Nummer 3 unverpackte Gegenstände, Verpackungen, Umverpackungen, IBC, Großverpackungen, Schüttgut-Container, ortsbewegliche Tanks, Gascontainer mit mehreren Elementen (MEGC) und Güterbeförderungseinheiten auf ein Seeschiff lädt, obwohl sie offensichtliche Mängel oder Beschädigungen, die den sicheren Einschluss der gefährlichen Güter beeinträchtigen können, oder äußerlich erkennbare Undichtigkeiten oder äußere Anhaftungen von Gefahrgut aufweisen;	4c	1 000
26	Nummer 4 gefährliche Schüttgüter auf ein Seeschiff verlädt, obwohl die erforderlichen Unterlagen nach § 20 Nummer 4 Buchstabe a bis Buchstabe c nicht vorliegen;	4d	500
27	Nummer 5 gefährliche Massengüter in flüssiger oder verflüssigter Form auf ein Seeschiff verlädt, obwohl die erforderlichen Informationen nach § 6 Absatz 3 nicht vorliegen;	4d	500
E	**der Beförderer und der Beauftragte des Beförderers entgegen § 21**		
28	Nummer 1 verpackte gefährliche Güter zur Beförderung annimmt, obwohl ihre Beförderung nach Abschnitt 1.1.3, nach Unterabschnitt 2.1.1.2, nach den Abschnitten 2.2.4 oder 2.3.5, nach Unterabschnitt 2.6.2.5, nach Abschnitt 2.8.3, nach Unterabschnitt 3.1.1.4 oder nach Kapitel 3.3 Sondervorschriften 349, 350, 351, 352, 353 oder 900 des IMDG-Codes verboten ist;	5a	800
29	Nummer 2 ein Beförderungsdokument nach Abschnitt 5.4.1 des IMDG-Codes, die nach Abschnitt 5.4.2 des IMDG-Codes geforderte Bescheinigung (CTU-Packzertifikat), die Unterlagen nach § 3 Absatz 5 Satz 1 Nummer 2 und 3, wenn zutreffend, und alle weiteren gemäß Absatz 5.1.5.4.2, Abschnitt 5.4.4 und den Unterabschnitten 5.5.2.4 und 5.5.3.7 des IMDG-Codes für die Beförderung vorgeschriebenen Dokumente oder ein Gefahrgutmanifest oder einen Stauplan aller zu ladenden gefährlichen Güter nicht oder nicht rechtzeitig übergibt oder nicht oder nicht rechtzeitig übermittelt;	5b	500
30	Nummer 3 eine Kopie der Dokumente nicht oder nicht mindestens drei Monate aufbewahrt;	5c	500
F	**der Reeder entgegen § 22**		
31	Nummer 1 ein Seeschiff zur Beförderung gefährlicher Güter einsetzt, das nicht die Anforderungen nach Kapitel II-2 Regel 19 des SOLAS-Übereinkommens erfüllt;	6a	500
32	Nummer 2 nicht dafür sorgt, dass ein Seeschiff gemäß § 4 Absatz 7 Satz 1 und 2 ausgerüstet ist;	6b	500

Bußgeldkatalog GGVSee			
Lfd Nr.	**Ordnungwidrigkeiten, die darin bestehen, dass**	**GGVSee § 27 Absatz 1 Nummer**	**Bußgeld EURO**
33	Nummer 3 nicht dafür sorgt, dass der Schiffsführer die erforderlichen Unterlagen mitführt;	6c	300
34	Nummer 4 nicht dafür sorgt, dass der Schiffsführer und der für die Ladung verantwortliche Offizier nach § 4 Absatz 11 Satz 1 und 2 unterwiesen werden und die Aufzeichnungen darüber nicht oder nicht mindestens 5 Jahre aufbewahrt;	6d	300
G	**der Schiffsführer entgegen § 23**		
35	Nummer 1 ein mit Notfallmaßnahmen befasstes Besatzungsmitglied nicht unterrichtet;	7a	250
36	Nummer 2 nicht für die Befolgung des Verbots nach § 4 Absatz 2 Satz 1 sorgt;	7b	300
37	Nummer 2 nicht für die Befolgung des Verbots nach § 4 Absatz 3 Satz 1 sorgt;	7b	500
38	Nummer 4 nicht dafür sorgt, dass die Ladung gemäß § 4 Absatz 6 regelmäßig überwacht wird;	7d	250
39	Nummer 5 gefährliche Güter befördert, ohne dafür zu sorgen, dass sich die Ausrüstung nach § 4 Absatz 7 Satz 3 und 4 jederzeit in einsatzbereitem Zustand befindet oder die Besatzungsmitglieder die Schutzausrüstung und Schutzkleidung in den vorgesehenen Fällen tragen;	7e	300
40	Nummer 6 bei Unfällen die zuständige Behörde nach § 4 Absatz 8 nicht oder nicht rechtzeitig unterrichtet;	7f	500
41	Nummer 7 gefährliche Güter befördert, ohne die Ladung nach § 5 Absatz 2 zu sichern;	7g	800
42	Nummer 8 gefährliche Güter befördert, ohne die vorgeschriebenen Unterlagen nach § 6 Absatz 5 mitzuführen;	7h	300
43	Nummer 9 die vorgeschriebenen Unterlagen oder die gespeicherten Informationen nicht nach den Vorschriften des § 6 Absatz 7 vorhält, oder nach § 6 Absatz 8 Unterlagen oder Ausdrucke nicht oder nicht rechtzeitig zur Prüfung vorlegt;	7i	250
44	Nummer 10 nicht sicherstellt, dass – die Stauanweisungen, die Stau- und Trennvorschriften und/oder – die Vorschriften nach Kapitel II-2 Regel 19 des SOLAS-Übereinkommens eingehalten sind;	7j	 300 800
45	Nummer 11 gefährliche Schüttgüter der Gruppe B des IMSBC-Codes übernimmt, ohne dass die Laderäume die jeweils anwendbaren Anforderungen nach Kapitel II-2 Regel 19, Tabelle 19.2 des SOLAS-Übereinkommens erfüllen und die auf den zutreffenden Stoffmerkblättern in Anhang 1 des IMSBC-Codes aufgeführten Beförderungsbedingungen eingehalten sind;	7k	1000
46	Nummer 12 gefährliche Chemikalien, die dem IBC-Code oder dem BCH-Code unterliegen, übernimmt, ohne dass die für das jeweilige Gut in Kapitel 17 des IBC-Codes oder Kapitel IV des BCH-Codes aufgeführten Mindestanforderungen eingehalten sind;	7k	1000

Bußgeldkatalog GGVSee			
Lfd Nr.	**Ordnungwidrigkeiten, die darin bestehen, dass**	**GGVSee § 27 Absatz 1 Nummer**	**Bußgeld EURO**
47	Nummer 13 verflüssigte Gase, die dem IGC-Code oder dem GC-Code unterliegen, übernimmt, ohne dass die für das jeweilige Gut in Kapitel 19 des IGC-Codes oder Kapitel XIX des GC-Codes aufgeführten Mindestanforderungen eingehalten sind;	7k	1 000
H	**der mit der Planung der Beladung Beauftragte entgegen § 24**		
48	nicht dafür sorgt, dass Stauanweisungen nach § 5 Absatz 1 festgelegt werden;	8	500
I	**der Empfänger entgegen § 25**		
49	nicht, nicht richtig oder nicht rechtzeitig den Versender, den Beförderer und weitere an der Beförderung beteiligte Stellen nach Absatz 1.5.6.1.1 Gliederungseinheit ii in Verbindung mit Absatz 1.5.6.1.3 des IMDG-Codes über die Nichteinhaltung eines Grenzwertes für die Dosisleistung oder die Kontamination informiert;	9	500
K	**die an der Beförderung gefährlicher Güter beteiligten Unternehmen entgegen § 26**		
50	Absatz 1 Satz 1 eine Vorschrift über die Sicherung nicht beachten;	10a	500
51	Absatz 1 Satz 2 einen Sicherungsplan nicht oder nicht rechtzeitig einführen oder nicht richtig anwenden;	10b	500
52	Absatz 2 bei einem Unfall die zuständigen Stellen nach § 4 Absatz 9 Satz 1 nicht, nicht richtig oder nicht rechtzeitig unterstützen oder eine Auskünfte nicht[*], nicht richtig oder nicht rechtzeitig erteilen;	10c	500
53	Absatz 3 Nummer 1 nicht dafür sorgen, dass die Beschäftigten nach § 4 Absatz 12 Satz 1 unterwiesen werden;	10d	300
54	Absatz 3 Nummer 2 nicht dafür sorgen, dass die Beschäftigten vor der Übernahme ihrer Pflichten nach Unterabschnitt 5.5.2.2 und Absatz 5.5.3.2.4 des IMDG-Codes unterwiesen werden.	10e	300

[*] *Anmerkung des Verlags: O.-Text VkBl.*

Anlage 3

Anmeldung von Feuerwerkskörpern

Schiffsname/Reisenummer:	
Bestimmungshafen:	
Absender:	
Empfänger:	
Containernummer:	

lfd. Nr.	Artikelnummer	Bezeichnung/ Gegenstandsart	Kaliber (mm)	Schussanzahl	Stückzahl/ Verpackung	Verpackungsanzahl	Brutto/ Verpackung (kg)	Brutto/ Gegenstände (kg)	NEM/ Verpackung (kg)	NEM/ Gegenstand (g)	Klasse	UN-Nummer	Referenznummer 5.4.1.5.15 IMDG-Code
		Summe											

NEM: Masse der deflagrierenden und detonierenden Stoffe (Masse an pyrotechnischen Sätzen, mass of pyrotechnic substances)

VG: Verträglichkeitsgruppe

Memorandum of Understanding (MoU) – Ostsee

Memorandum of Understanding für die Beförderung verpackter gefährlicher Güter mit Ro/Ro-Schiffen in der Ostsee

Neufassung vom 20.7.2017 (VkBl. 2017 S. 662)

Bekanntmachung des Memorandum of Understanding für die Beförderung verpackter gefährlicher Güter mit Ro/Ro-Schiffen in der Ostsee

Die zuständigen Behörden der Staaten Dänemark, Deutschland, Estland, Finnland, Lettland, Litauen, Polen und Schweden haben im Rahmen der 37. MoU-Konferenz vom 4. bis zum 6. April 2017 in Lübeck eine Neufassung des Memorandum of Understanding zur Beförderung verpackter gefährlicher Güter mit Ro/Ro-Schiffen in der Ostsee (MoU) beschlossen. Die Neufassung tritt an die Stelle der Kopenhagen-Fassung vom 15.–17. Juni 2004 (Anlage 1 in der unter dänischem Vorsitz 2014 überarbeiteten Fassung) und ist ab dem 1. Januar 2018 anwendbar. Durch die Neufassung wird eine Anpassung an die Struktur des IMDG-Code und des ADR/RID bewirkt und die zulässigen Abweichungen vom IMDG-Code präzisiert.

Das MoU ist eine Ausnahme gemäß § 7 Absatz 2 GGVSee in Verbindung mit Abschnitt 7.9.1 des IMDG-Codes. Die deutsche und die englische Fassung des MoU werden nachfolgend bekannt gemacht. Zugleich wird die Bekanntmachung vom 13. November 2014 (VkBl. 2014 S. 810) mit Wirkung zum 31. Dezember 2017 aufgehoben.

Bonn, den 20. Juli 2017

G 33/3643.30/1-2017

Bundesministerium für
Verkehr und digitale Infrastruktur
i.A. Schwan

(1) Die zuständigen Behörden Dänemarks, Deutschlands, Estlands, Finnlands, Lettlands, Litauens, Polens und Schwedens genehmigen die Bestimmungen dieses Memorandums of Understanding (MoU) als Ausnahme gemäß 7.9.1.1 des Internationalen Codes für die Beförderung gefährlicher Güter mit Seeschiffen (IMDG-Code).

(2) Dieses MoU regelt die Ausnahmen (Anlage 1) von den Bestimmungen des IMDG-Codes bei der Beförderung gefährlicher Güter, die unter Anhang C (Ordnung für die internationale Eisenbahnbeförderung gefährlicher Güter (RID)) des Übereinkommens über den internationalen Eisenbahnverkehr (COTIF) oder die Anlagen A und B des Europäischen Übereinkommens über die internationale Beförderung gefährlicher Güter auf der Straße (ADR) fallen, mit Ro/Ro-Schiffen in der Ostsee.

(3) Änderungen an diesem MoU sind nach den Grundsätzen in Anlage 2 vorzunehmen.

(4) Dieses MoU soll keine innerstaatlichen oder internationalen Rechtsvorschriften ersetzen.

(5) Dieses MoU tritt am 1. Januar 2018 in Kraft. Es ersetzt das Memorandum of Understanding in der unter dänischem Vorsitz überarbeiteten Kopenhagen-Fassung vom 15.–17. Juni 2004. Dieses MoU ist so lange gültig, bis es von den zuständigen Behörden widerrufen oder durch eine neue Fassung ersetzt wird.

Anlage 1

Memorandum of Understanding
für die Beförderung verpackter gefährlicher Güter in der Ostsee

§ 1
Geltungsbereich

Abweichend vom IMDG-Code können die vorliegenden Bestimmungen (im Folgenden dieses MoU) auf allen Ro/Ro-Schiffen in der Ostsee einschließlich des Bottnischen und des Finnischen Meerbusens und der Gewässer im Zugang zur Ostsee, im Norden begrenzt durch eine Linie zwischen Skagen und Lysekil, angewendet werden.

§ 2
Begriffsbestimmungen

(1) Die in diesem MoU verwendeten Begriffe mit Ausnahme der nachfolgend aufgeführten Begriffe beziehen sich auf den IMDG-Code.

(2) Schiffseigner bedeutet Unternehmen gemäß der Begriffsbestimmung im ISM-Code.

(3) Gebiet mit geringer Wellenhöhe (Low Wave Height Area – LWHA) ist ein Seegebiet, in dem gemäß dem Übereinkommen über die besonderen Stabilitätsanforderungen an Ro/Ro-Fahrgastschiffe, die regelmäßig und planmäßig in der Auslandsfahrt zwischen, nach oder von bestimmten Häfen Nordwesteuropas und der Ostsee verkehren (Stockholm-Übereinkommen) vom 28. Februar 1996, welches am 1. April 1997 in Kraft gesetzt wurde, die kennzeichnende Wellenhöhe von 2,3 m mit einer Wahrscheinlichkeit von mehr als 10 % im Jahr nicht überschritten wird (siehe Anhang 1 der Anlage 1). Verkehre in anderen Gebieten können von den betreffenden zuständigen Behörden als LWHA-Verkehre betrachtet werden, sofern ein gleichwertiges Sicherheitsniveau gewährleistet werden kann.

§ 3
Freigestellte gefährliche Güter

(1) Die Abschnitte 3.4.4, 3.4.6 und 3.5.6 sowie Kapitel 5.4 des IMDG-Codes müssen nicht auf gefährliche Güter angewendet werden, die gemäß Kapitel 3.4 und/oder 3.5 ADR/RID befördert werden, sofern der Schiffsführer vom Versender oder seinem Vertreter über die UN-Nummer(n) sowie die Klasse(n) der entsprechenden gefährlichen Güter in Kenntnis gesetzt wurde. Diese Information ist für Beförderungen gemäß Unterabschnitt 3.5.1.4 ADR/RID jedoch nicht erforderlich. Unterabschnitt 3.4.5.5 des IMDG-Codes muss nicht angewendet werden, wenn die Güterbeförderungseinheit (CTU) gemäß § 10 Absatz 1 Buchstabe c dieses MoU gekennzeichnet ist.

(2) Die Bestimmungen des IMDG-Codes müssen nicht auf gefährliche Güter angewendet werden, die gemäß den Absätzen 1.1.3.1 b)–f) oder 1.1.3.2 a), c) oder e) oder 1.1.3.4.1 ADR/RID freigestellt sind, sofern der Schiffsführer vom Versender oder seinem Vertreter davon in Kenntnis gesetzt wurde, dass diese Absätze des ADR/RID angewendet werden. Diese Information ist nicht erforderlich für gefährliche Güter, die vom IMDG-Code freigestellt sind. UN 1327 muss jedoch gemäß den Bestimmungen des IMDG-Codes befördert werden.

(3) Unabhängig von der Sondervorschrift 961 des IMDG-Codes muss der Versender oder sein Vertreter den Schiffsführer über die Anwesenheit eines Fahrzeugs (UN 3166 oder UN 3171) in Kenntnis setzen, wenn das Fahrzeug in geschlossene oder bedeckte Beförderungseinheiten geladen ist.

§ 4
Unterweisung

Die Versender und Schiffseigner müssen sicherstellen, dass die Personen, die bei der Beförderung von Güterbeförderungseinheiten gemäß den Bestimmungen dieses MoU eingesetzt werden, entsprechend ihren Pflichten durch wiederholte Unterweisung mit der Anwendung dieses MoU einschließlich der einschlägigen Regelungen des ADR/RID vertraut gemacht werden. Aufzeichnungen über die Unterweisung sind von den Versendern und Schiffseignern aufzubewahren und dem Arbeitnehmer oder der zuständigen Behörde auf Verlangen zur Verfügung zu stellen.

§ 5
Klassifizierung

Gefährliche Güter dürfen gemäß Teil 2, den Kapiteln 3.2 und 3.3 ADR/RID klassifiziert werden. Jedoch ist die Beförderung von Stoffen, die der Sondervorschrift 900 des IMDG-Codes zugeordnet wurden, verboten.

§ 6
Verwendung von Verpackungen

Gefährliche Güter dürfen gemäß Kapitel 4.1 ADR/RID verpackt werden, mit der Ausnahme, dass die Verpackungsanweisung R 001 in Abschnitt 4.1.4 ADR/RID nur auf Verkehre in LWHA angewendet werden darf.

§ 7
Verwendung von Tanks

Tanks dürfen gemäß Kapitel 4.2 ADR/RID oder Kapitel 4.3 ADR/RID verwendet werden, mit der Ausnahme, dass Tanks mit geöffneten Lüftungseinrichtungen an Bord von Ro/Ro-Schiffen nicht zulässig sind.

§ 8
Beförderung als Schüttgut

Gefährliche Güter dürfen gemäß Spalte 10 oder 17 der Tabelle A in Kapitel 3.2 und Kapitel 7.3 ADR/RID als Schüttgut befördert werden, mit den folgenden Ausnahmen:

a) Für Stoffe der Klasse 4.3 dürfen nur geschlossene wasserdichte Güterbeförderungseinheiten verwendet werden.

b) Für Batterien, die der UN-Nummer 2794, 2795, 2800 oder 3028 zugeordnet sind, ist die Beförderung als Schüttgut nicht zulässig.

§ 9
Kennzeichnung und Bezettelung von Versandstücken

Versandstücke dürfen gemäß Kapitel 5.2 ADR/RID gekennzeichnet und bezettelt werden.

§ 10
Plakatierung und Kennzeichnung von Güterbeförderungseinheiten

(1) Eine Güterbeförderungseinheit darf gemäß Kapitel 5.3 ADR/RID mit Großzetteln (Placards) versehen und gekennzeichnet werden, sofern die folgenden zusätzlichen Anforderungen erfüllt sind:

a) Eine Güterbeförderungseinheit, die Meeresschadstoffe enthält, muss gemäß Unterabschnitt 5.3.2.3 des IMDG-Codes gekennzeichnet sein, es sei denn, sie ist gemäß Abschnitt 5.3.6 ADR/RID gekennzeichnet.

b) Ein Anhänger ohne Kraftfahrzeug muss ab dem Zeitpunkt seiner Abfertigung in der Hafenanlage und während der Seereise mit zwei orangefarbenen Tafeln versehen sein, es sei denn, er ist gemäß Abschnitt 5.3.1 des IMDG-Codes plakatiert. Eine der Tafeln ist vorne, die andere Tafel hinten am Anhänger anzubringen.

c) Eine in Absatz 1.1.3.4.2 ADR/RID genannte Güterbeförderungseinheit muss ab dem Zeitpunkt ihrer Abfertigung in der Hafenanlage und während der Seereise mit zwei orangefarbenen Tafeln versehen sein, es sei denn, sie ist gemäß Kapitel 3.4 ADR/RID gekennzeichnet. Für den Straßenverkehr ist eine der Tafeln vorne, die andere hinten an der Beförderungseinheit anzubringen; für den Schienenverkehr sind die Tafeln auf beiden Seiten der Beförderungseinheit anzubringen.

d) Eine in Unterabschnitt 1.1.3.6 ADR genannte Güterbeförderungseinheit muss ab dem Zeitpunkt ihrer Abfertigung in der Hafenanlage und während der Seereise mit zwei orangefarbenen Tafeln versehen sein. Eine der Tafeln ist vorne, die andere Tafel hinten an der Güterbeförderungseinheit anzubringen.

(2) Zusätzliche Tafeln, die nach Absatz 1 Buchstabe b bis d vorgeschrieben sind, müssen deutlich sichtbar sein und hinsichtlich Größe und Farbe den Bestimmungen in Absatz 5.3.2.2.1 ADR/RID entsprechen. Auf diesen Tafeln müssen die UN-Nummern und die Nummern zur Kennzeichnung der Gefahr nicht angegeben sein. Diese Tafeln können durch eine Selbstklebefolie, einen Farbanstrich oder jedes andere gleichwertige Verfahren ersetzt werden. Für das Anbringen dieser Tafeln ist derjenige zuständig, der die Beförderungseinheit für die Verladung auf das Ro/Ro-Schiff bereitstellt.

§ 11
Dokumentation

(1) Das Beförderungsdokument darf gemäß Abschnitt 5.4.1 ADR/RID ausgestellt werden, sofern die folgenden zusätzlichen Anforderungen erfüllt sind:

a) Sollen flüssige gefährliche Güter mit einem Flammpunkt von höchstens 60 °C (c.c.) befördert werden, so muss angegeben werden, ob der Flammpunkt < 23 °C oder ≥ 23 °C ist, um eine ordnungsgemäße Stauung sicherzustellen.

b) Meeresschadstoffe müssen in der Dokumentation als „MEERESSCHADSTOFF" oder „MEERES-SCHADSTOFF/UMWELTGEFÄHRDEND" gekennzeichnet werden, wenn dies in Absatz 5.4.1.4.3.5 des IMDG-Codes vorgeschrieben ist.

(2) Abweichend von Abschnitt 5.4.2 des IMDG-Codes muss für Güterbeförderungseinheiten, die gemäß Unterabschnitt 1.1.3.1 oder 1.1.3.2 oder Absatz 1.1.3.4.2 oder 1.1.3.4.3 ADR/RID befördert werden, kein Container-/Fahrzeugpackzertifikat (CTU-Packzertifikat) vorgelegt werden.

(3) Im Packzertifikat für Güterbeförderungseinheiten, die gemäß § 14 dieses MoU gepackt wurden, ist zusätzlich Folgendes zu vermerken: „Zusammengepackt gemäß MoU".

(4) Die folgenden Dokumente (gedruckte Ausgabe oder elektronische Fassung) sind an Bord des Schiffes mitzuführen:

a) zusätzlich zu Abschnitt 5.4.3 des IMDG-Codes:
   - der IMDG-Code (International Maritime Dangerous Goods Code) und
   - je nach Verkehrsträger die geltende Ordnung für die internationale Eisenbahnbeförderung gefährlicher Güter (RID) oder die geltenden Anlagen A und B des Europäischen Übereinkommens über die internationale Beförderung gefährlicher Güter auf der Straße (ADR);

b) gemäß Unterabschnitt 7.9.1.4 des IMDG-Codes, die geltende Fassung dieses MoU;

c) die Informationen über Notfallmaßnahmen gemäß 5.4.3.2 des IMDG-Codes müssen die Unfallmaßnahmen für Schiffe, die gefährliche Güter befördern (EmS), und den Leitfaden für Medizinische Erste-Hilfe-Maßnahmen bei Unfällen mit gefährlichen Gütern (MFAG) umfassen.

(5) Abweichend von Sondervorschrift 932 des IMDG-Codes ist die Bescheinigung nicht erforderlich, wenn Aluminiumferrosilicium-Pulver der UN-Nummer 1395, Aluminiumsilicium-Pulver, nicht überzogen, der UN-Nummer 1398, Calciumsilicid der UN-Nummer 1405 und Ferrosilicium der UN-Nummer 1408 in Verpackungen befördert wird.

§ 12
Stauung von Güterbeförderungseinheiten

(1) Abweichend von Unterabschnitt 7.1.3.2 und der Staukategorie in Spalte 16a der Gefahrgutliste des IMDG-Codes dürfen gefährliche Güter der Klassen 2 bis 9 nach der folgenden Tabelle gestaut werden.

Stautabelle für Güterbeförderungseinheiten mit verpackten gefährlichen Gütern der Klassen 2 bis 9

Bemerkung: Die Stauung muss außerdem der Bescheinigung (SOLAS 1974, II-2/19) oder der Eignungsbescheinigung nach § 16 Absatz 1 dieses MoU entsprechen.

Beschreibung und Klasse gemäß IMDG-Code/RID/ADR		Frachtschiffe oder Fahrgastschiffe mit nicht mehr als 25 Fahrgästen oder einem Fahrgast je 3 m Gesamtschiffslänge[*)]		Sonstige Fahrgastschiffe	
Beschreibung	Klasse	An Deck	Unter Deck	An Deck	Unter Deck
Gase	2				
– entzündbare Gase	2.1	erlaubt	verboten	verboten	verboten
– nicht entzündbare, nicht giftige Gase	2.2	erlaubt	erlaubt[1)]	erlaubt[1)]	erlaubt[1)]
– giftige Gase	2.3	erlaubt	verboten	verboten	verboten
Entzündbare flüssige Stoffe	3				
– Verpackungsgruppe I oder II		erlaubt	erlaubt	erlaubt	verboten
– Verpackungsgruppe III		erlaubt	erlaubt	erlaubt	erlaubt
Entzündbare feste Stoffe	4.1				
– UN 1944, 1945, 2254, 2623		erlaubt	erlaubt	erlaubt	erlaubt
– sonstige UN-Nummern		erlaubt	verboten	erlaubt	verboten
Selbstentzündliche Stoffe	4.2	erlaubt	verboten	erlaubt	verboten
Stoffe, die in Berührung mit Wasser brennbare Gase entwickeln	4.3	erlaubt	verboten	erlaubt	verboten
Entzündend (oxidierend) wirkende Stoffe	5.1	erlaubt	erlaubt	erlaubt	verboten
Organische Peroxide	5.2	erlaubt	verboten	verboten	verboten
Giftige Stoffe	6.1				
– Verpackungsgruppe I oder II		erlaubt	verboten	erlaubt	verboten
– Verpackungsgruppe III		erlaubt	erlaubt	erlaubt	erlaubt
Ansteckungsgefährliche Stoffe	6.2	erlaubt	erlaubt	verboten	verboten
Radioaktive Stoffe	7	erlaubt	erlaubt	erlaubt	erlaubt
Ätzende Stoffe	8				
– Verpackungsgruppe I oder II		erlaubt	verboten	verboten	verboten
– Flüssige Stoffe der Verpackungsgruppe III		erlaubt	erlaubt	erlaubt	verboten
– Feste Stoffe der Verpackungsgruppe III		erlaubt	erlaubt	erlaubt	erlaubt
Verschiedene gefährliche Stoffe und Gegenstände	9	erlaubt	erlaubt	erlaubt	erlaubt

*) Für die Zwecke dieses MoU kann die Gesamtzahl der Fahrgäste auf höchstens eine Person je 1 m Gesamtschiffslänge erweitert werden.

1) Tiefgekühlt verflüssigte Gase des ADR oder der Staukategorie D des IMDG-Codes sind verboten.

(2) Eine Eignungsbescheinigung, die gemäß vorherigen Fassungen dieses MoU für Schiffe ausgestellt wurde, die vor dem 31. Dezember 2002 gebaut wurden, gilt der Zustimmung gemäß 7.5.2.6 des IMDG-Codes als gleichwertig.

§ 13
Trennung von Güterbeförderungseinheiten

Abweichend von den Kapiteln 7.2 und 7.5 des IMDG-Codes ist für die Klassen 2 bis 9 bei LWHA-Verkehren keine Trennung zwischen Güterbeförderungseinheiten erforderlich, wenn gemäß den Bestimmungen des IMDG-Codes die Trennkategorien „Entfernt von“ oder „Getrennt von“ anwendbar sind.

§ 14
Packen von Güterbeförderungseinheiten

Abweichend von Kapitel 7.3 des IMDG-Codes dürfen Versandstücke bei LWHA-Verkehren in dieselbe Güterbeförderungseinheit geladen werden, wenn gemäß dem IMDG-Code die Trennkategorien „Entfernt von“ oder „Getrennt von“ anwendbar sind. Stoffe und Gegenstände, die der Klasse 1 zugeordnet oder mit einem Gefahrzettel der Klasse 1 als Nebengefahr versehen sind, dürfen gemäß Abschnitt 7.5.2 ADR/RID in dieselbe Güterbeförderungseinheit geladen werden.

§ 15
Kontaktinformationen der wichtigsten zuständigen nationalen Behörden

Die zuständigen Behörden im Sinne dieser Regelung sind:

Dänemark	Danish Maritime Authority Carl Jacobsens Vej 31 DK-2500 Valby E-Mail: info@dma.dk
Estland	Estonian Maritime Administration Ship Supervision department Lume 9 EE-10416 Tallinn E-Mail: mot@vta.ee
Finnland	Finnish Transport Safety Agency P.O: Box 320 FI-00101 HELSINKI E-Mail: kirjaamo@trafi.fi
Deutschland	Bundesministerium für Verkehr und digitale Infrastruktur Postfach 20 01 00 D-53170 BONN E-Mail: Ref-G33@bmvi.bund.de
Lettland	Maritime Administration of Latvia 5 Trijádibas str. LV-1048 RIGA E-Mail: lja@lja.lv
Litauen	Lithuanian Maritime Safety Administration J. Janonio str. 24 LT-92251 KLAIPEDA E-Mail: msa@msa.lt
Polen	Ministry of Maritime Economy and Inland Navigation ul. Nowy Świat 6/12 PL-00-400 WARSAW E-Mail: sekretariatDGM@mgm.gov.pl
Schweden	Swedish Transport Agency SE-601 73 NORRKÖPING E-Mail: sjofart@transportstyrelsen.se

Sehr geehrter Anwender,

dieses Kleberegister soll Sie beim Zugriff auf die benötigten Texte unterstützen.

Das Register ist gleichzeitig für verschiedene Werke vorgesehen und enthält neben den (z.T. gekürzten oder vereinfachten) Hauptkapitelüberschriften einige freie Registeraufkleber, die Sie Ihrem Bedarf entsprechend beschriften können.

Das Register kann sowohl am seitlichen als auch am oberen Seitenrand angebracht werden. Es empfiehlt sich der Übersichtlichkeit wegen, die Aufkleber für die einzelnen Kapitel von oben nach unten (bzw. von links nach rechts) versetzt anzuordnen.

Wählen Sie bitte die für Ihr Werk zutreffenden Registeraufkleber aus und gehen Sie beim Einkleben wie folgt vor:

1. Öffnen Sie das Buch am Beginn eines Kapitels.

2. Ziehen Sie nun den zugehörigen Aufkleber vom Bogen ab und halten Sie ihn so an den Seitenrand, dass der transparente Teil auf dem Papier zu liegen kommt, der übrige Teil übersteht.

3. Drücken Sie den Aufkleber auf dem Papier fest.

4. Falzen Sie jetzt den Aufkleber an der Perforation und kleben ihn auch von der Rückseite ans Papier.

Tipp: Mit dem schwarzen Aufkleber können Sie z. B. den Anfang des internationalen Regelwerkes (ADR, RID, ADN oder IMDG-Code) kennzeichnen.

7 Beförderung, Be-/Entladung

7 Laden, Löschen, Handhabung

8 Fahrzeugbetrieb Ausrüstung

8 Schiffsbetrieb, -ausrüstung

9 Bau und Zulassung Fahrzeuge

9 Bauvorschriften Schiffe

Gefahrgutliste numerisch A

Gefahrgutliste alphabetisch B

Tank-Stoffliste C

GGVSEB

GGAV

GbV

GGKontrollV

RSEB

Durchführungs-richtlinien

Multilaterale Vereinbarungen

Hinweise zum Gebrauch

7 Beförderung, Be-/Entladung
7 Laden, Löschen, Handhabung
8 Fahrzeugbetrieb Ausrüstung
8 Schiffsbetrieb, -ausrüstung
9 Bau und Zulassung Fahrzeuge
9 Bauvorschriften Schiffe
Gefahrgutliste numerisch A
Gefahrgutliste alphabetisch B
Tank-Stoffliste C
GGVSEB
GGAV
GbV
GGKontrollV
RSEB
Durchführungs-richtlinien
Multilaterale Vereinbarungen
Hinweise zum Gebrauch

§ 16
Übergangsbestimmungen

(1) Schiffe, die vor dem 1. September 1984 gebaut wurden und bereits über eine Eignungsbescheinigung gemäß der Würzburg-Fassung dieses MoU verfügen, dürfen weiterhin gefährliche Güter gemäß dieser Eignungsbescheinigung stauen.

(2) Auf Frachtschiffen und Fahrgastschiffen mit nicht mehr als einem Fahrgast je 1 m Schiffslänge dürfen Beförderungseinheiten unter Deck gestaut werden gemäß einer Genehmigung der zuständigen Behörde, die eine solche Stauung bis zum 31. Dezember 2002 zugelassen hat. In diesem Fall darf § 13 dieses MoU in diesem Deck nicht angewendet werden.

Anhang 1 der Anlage 1

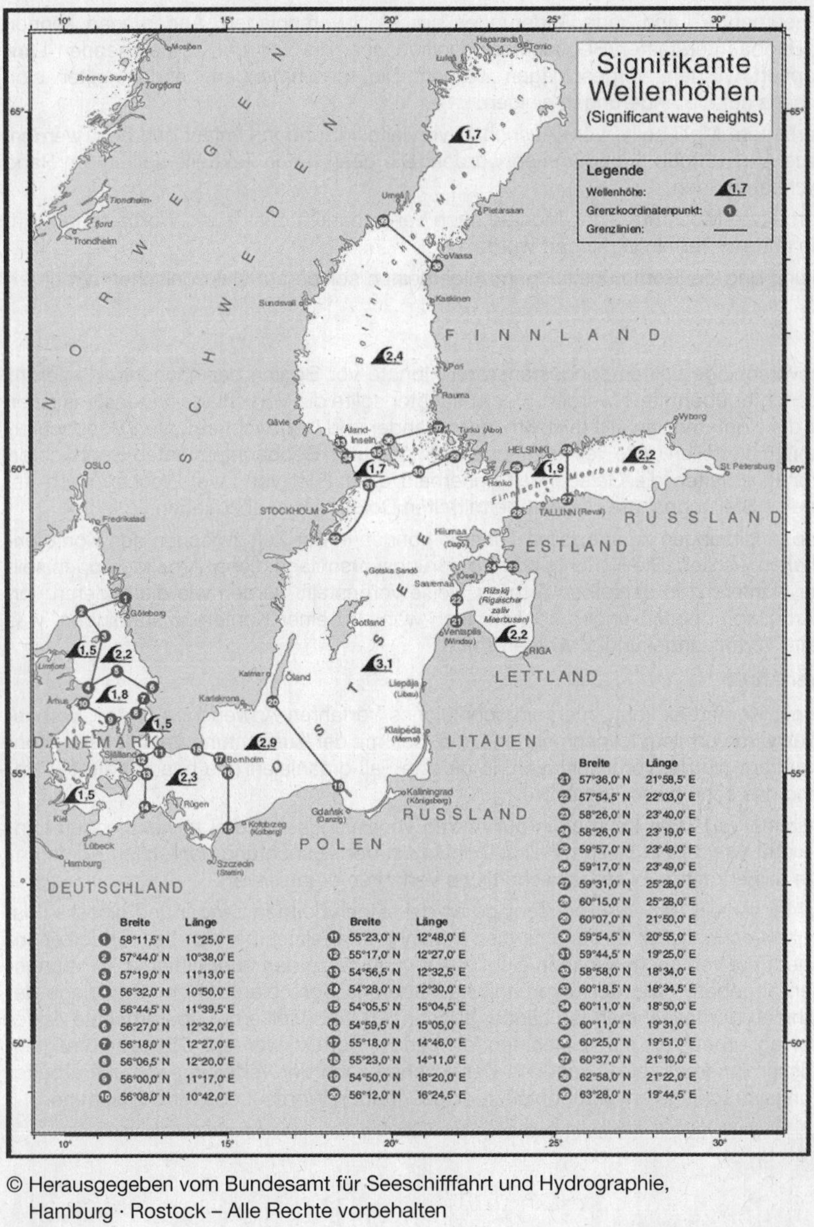

	Breite	Länge
1	58°11,5' N	11°25,0' E
2	57°44,0' N	10°38,0' E
3	57°19,0' N	11°13,0' E
4	56°32,0' N	10°50,0' E
5	56°44,5' N	11°39,5' E
6	56°27,0' N	12°32,0' E
7	56°18,0' N	12°27,0' E
8	56°06,5' N	12°20,0' E
9	56°00,0' N	11°17,0' E
10	56°08,0' N	10°42,0' E

	Breite	Länge
11	55°23,0' N	12°48,0' E
12	55°17,0' N	12°27,0' E
13	54°56,5' N	12°32,5' E
14	54°28,0' N	12°30,0' E
15	54°05,5' N	15°04,5' E
16	54°59,5' N	15°05,0' E
17	55°18,0' N	14°46,0' E
18	55°23,0' N	14°11,0' E
19	54°50,0' N	18°20,0' E
20	56°12,0' N	16°24,5' E

	Breite	Länge
21	57°36,0' N	21°58,5' E
22	57°54,5' N	22°03,0' E
23	58°26,0' N	23°40,0' E
24	58°26,0' N	23°19,0' E
25	59°57,0' N	23°49,0' E
26	59°17,0' N	23°49,0' E
27	59°31,0' N	25°28,0' E
28	60°15,0' N	25°28,0' E
29	60°07,0' N	21°50,0' E
30	59°54,5' N	20°55,0' E
31	59°44,5' N	19°25,0' E
32	58°58,0' N	18°34,0' E
33	60°18,5' N	18°34,5' E
34	60°11,0' N	18°50,0' E
35	60°11,0' N	19°31,0' E
36	60°25,0' N	19°51,0' E
37	60°37,0' N	21°10,0' E
38	62°58,0' N	21°22,0' E
39	63°28,0' N	19°44,5' E

Anlage 2

Grundsätze für die Änderung des Memorandums

Allgemeines

1) Das MoU kann auf einer Konferenz oder durch ein schriftliches Verfahren geändert werden.

2) Konferenzen oder schriftliche Verfahren sollten so terminiert werden, dass Änderungen an den internationalen Transportbestimmungen (ADR, RID und IMDG-Code) berücksichtigt werden können.

3) Eine Konferenz oder ein schriftliches Verfahren sollte von einem der teilnehmenden Länder üblicherweise in folgender Reihenfolge organisiert werden: Deutschland, Polen, Finnland, Estland, Litauen, Schweden, Dänemark, Lettland.

4) Jedes teilnehmende Land kann Änderungen am MoU vorschlagen. Änderungen können auch von Beobachterstaaten/Beobachterorganisationen, die von den teilnehmenden Ländern akzeptiert wurden, vorgeschlagen werden. Die teilnehmenden Länder sollten sich durch Konsens auf die Änderungen einigen.

5) Das überarbeitete MoU sollte vom Ausrichter vervielfältigt und in Umlauf gebracht werden, sobald neue Änderungen angenommen wurden. Die geänderten Textteile sollten am Rand gekennzeichnet werden.

6) Das überarbeitete MoU tritt sechs Monate nach Verfügbarkeit des neuen Wortlauts in Kraft, sofern kein anderer Termin vereinbart wurde.

7) Die Verteilung und die Kommunikation im Allgemeinen sollten auf elektronischem Wege erfolgen.

Konferenz

8) Änderungsvorschläge sollten mindestens drei Monate vor Beginn der nächsten Konferenz an den Ausrichter übermittelt werden. Der Ausrichter sollte die Vorschläge mindestens einen Monat vor der Konferenz an alle teilnehmenden Länder und Beobachterstaaten/Beobachterorganisationen verteilen. Alle teilnehmenden Länder und Beobachterstaaten/Beobachterorganisationen erhalten die Gelegenheit, innerhalb einer Frist von zwei Wochen nach der Verteilung eine Stellungnahme zu den übermittelten Dokumenten abzugeben.

9) Arbeitsgruppensitzungen zu speziellen Themen können in der Zeit zwischen den Konferenzen abgehalten werden. Die Berichte oder Änderungsvorschläge dieser Arbeitsgruppen sollten auf der Konferenz in derselben Art und Weise vorgestellt werden wie die anderen Vorschläge. Arbeitsgruppensitzungen können auch während einer Konferenz stattfinden, was möglichst im Voraus angekündigt werden sollte.

Schriftliches Verfahren

10) Anstelle einer Konferenz kann auch ein schriftliches Verfahren Anwendung finden, vorausgesetzt, dies wird von dem teilnehmenden Land, das mit der Ausrichtung der nächsten Konferenz beauftragt wurde, vorgeschlagen. In diesem Fall organisiert das beauftragte teilnehmende Land das schriftliche Verfahren.

11) Ein schriftliches Verfahren kann auch auf Antrag von mindestens drei teilnehmenden Ländern eingeleitet werden. In diesem Fall sollte das mit der Ausrichtung der letzten Konferenz beauftragte teilnehmende Land das schriftliche Verfahren organisieren.

12) Der Ausrichter verteilt Änderungsvorschläge an die teilnehmenden Länder und gibt die Frist für die Abgabe schriftlicher Stellungnahmen bekannt. Alle teilnehmenden Länder sollten innerhalb einer Frist von sechs Wochen eine Stellungnahme zu den übermittelten Änderungsvorschlägen abgeben. Falls der ursprüngliche Änderungsvorschlag auf der Grundlage der Stellungnahmen der teilnehmenden Länder abgeändert wird, sollte der überarbeitete Änderungsvorschlag erneut an die teilnehmenden Länder verteilt werden. Die teilnehmenden Länder müssen innerhalb einer Frist von vier Wochen nach der Verteilung des überarbeiteten Änderungsvorschlags erklären, ob sie dem geänderten Wortlaut des MoU zustimmen.

13) Die Änderungen sind angenommen, wenn alle teilnehmenden Länder ihnen zustimmen. Der Ausrichter teilt die Annahme der Änderungen mit und vervielfältigt und verteilt das überarbeitete MoU gemäß Absatz 5.

14) In diesem Fall übersenden alle teilnehmenden Länder dem Ausrichter eine unterzeichnete Druckfassung des überarbeiteten MoU. Die unterzeichneten Druckfassungen sind vom Ausrichter zu verwahren.

Amtliche Bekanntmachung

IMDG-Code, Amdt. 39-18

Bekanntmachung des International Maritime Dangerous Goods Code (IMDG-Code)

vom 13.11.2018 (VkBl. 23/2018)

G 24/3643.20/10

Hiermit gebe ich den International Maritime Dangerous Goods Code (IMDG-Code) in deutscher Sprache amtlich bekannt.

Der Schiffssicherheitsausschuss der Internationalen Seeschifffahrtsorganisation (IMO) hat in seiner 99. Sitzung Änderungen zum IMDG-Code (Amendment 39-18) beschlossen. Nach der Entschließung MSC.442(99) dürfen die Bestimmungen des IMDG-Codes 2018 zur Vereinfachung der multimodalen Beförderung gefährlicher Güter ab dem 1. Januar 2019 auf freiwilliger Basis angewendet werden.

Die deutsche Übersetzung des IMDG-Codes in der Fassung des Amendments 39-18 wird als Beilage zu dieser Ausgabe des Verkehrsblattes veröffentlicht. Die Änderungen der deutschen Fassung des IMDG-Codes sind durch graue Hinterlegung der Textstellen kenntlich gemacht; dies betrifft neben den Änderungen, die auf der Entschließung MSC.442(99) beruhen, auch redaktionelle Anpassungen der deutschen Fassung.

Diese amtliche deutsche Fassung ist eine fachlich und sprachlich geprüfte Übertragung des englischen Textes in die deutsche Sprache. Es kann insofern davon ausgegangen werden, dass der deutsche Text mit dem international verbindlichen englischen Text übereinstimmt. Bei internationalen Streitfällen ist jedoch die englische Fassung des IMDG-Codes heranzuziehen.

Die rechtsverbindliche Einführung wird durch eine Änderung der Gefahrgutverordnung See erfolgen. Soweit Transporte gefährlicher Güter mit Seeschiffen ab dem 1.1.2019 unter Anwendung der Bestimmungen des IMDG-Codes in der Fassung des Amendments 39-18 durchgeführt werden, werden die für die Verfolgung und Ahndung von Ordnungswidrigkeiten zuständigen Behörden auf eine Ahndung von Verstößen nach der Gefahrgutverordnung See verzichten, durch die in den vorgenannten Fällen von noch geltenden Bestimmungen des IMDG-Codes in der Fassung des Amendments 38-16 abgewichen wird. Dies ist mit den zuständigen Behörden der Länder abgestimmt worden.

Bundesministerium für Verkehr und digitale Infrastruktur

Im Auftrag

Gudula Schwan

IMDG-Code, Amdt. 39-18

Vorwort

Das Internationale Übereinkommen von 1974 zum Schutz des menschlichen Lebens auf See (SOLAS) regelt in seiner geänderten Fassung zahlreiche Aspekte der Sicherheit im Seeverkehr und enthält in Kapitel VII die verbindlichen Bestimmungen zur Beförderung gefährlicher Güter in verpackter Form oder in fester Form als Massengut. Die Beförderung gefährlicher Güter ist verboten, sofern sie nicht in Übereinstimmung mit den entsprechenden Bestimmungen des Kapitels VII erfolgt, die durch den International Maritime Dangerous Goods Code (IMDG-Code) ergänzt werden.

In Regel II-2/19 der geänderten Fassung des SOLAS-Übereinkommens sind die besonderen Anforderungen für Schiffe festgelegt, mit denen gefährliche Güter befördert werden sollen, und die am 1. Juli 2002 oder danach auf Kiel gelegt worden sind oder sich in einem vergleichbaren Bauzustand befanden.

Das Internationale Übereinkommen von 1973 zur Verhütung der Meeresverschmutzung durch Schiffe in der Fassung des Protokolls von 1978 zu diesem Übereinkommen (MARPOL 73/78) regelt zahlreiche Aspekte der Verhütung der Meeresverschmutzung und enthält in Anlage III die verbindlichen Bestimmung zur Verhütung der Meeresverschmutzung durch Schadstoffe, die mit Seeschiffen in verpackter Form befördert werden. Regel 1(2) verbietet die Beförderung von Schadstoffen mit Seeschiffen, sofern sie nicht nach den Bestimmungen der Anlage III erfolgt, die ebenfalls durch den IMDG-Code ergänzt werden.

Nach den Bestimmungen über Meldungen von Ereignissen in Verbindung mit Schadstoffen (Protokoll I zu MARPOL 73/78) sind Ereignisse, bei denen es auf Seeschiffen zu einem Verlust solcher Stoffe gekommen ist, vom Kapitän oder einer sonstigen für das betreffende Schiff verantwortlichen Person zu melden.

Der mit der Entschließung A.716(17) verabschiedete und durch die Amendments 27 bis 30 geänderte IMDG-Code wurde den Regierungen zur Verabschiedung oder als Grundlage für die Schaffung nationaler Regelungen gemäß ihren Verpflichtungen nach Regel VII/1.4 der geänderten Fassung des SOLAS-Übereinkommens von 1974 und Regel 1(3) der Anlage III zu MARPOL 73/78 empfohlen. Der IMDG-Code wurde in seiner geänderten Fassung am 1. Januar 2004 unter dem Dach des SOLAS-Übereinkommens von 1974 rechtsverbindlich; einige Teile des Codes stellen jedoch weiterhin Empfehlungen dar. Durch die Einhaltung des Codes werden die bei der Beförderung gefährlicher Güter mit Seeschiffen üblichen Praktiken und Verfahren vereinheitlicht und die Einhaltung der verbindlichen Bestimmungen des SOLAS-Übereinkommens und der Anlage III zu MARPOL 73/78 gewährleistet.

Der Code, in dem die geltenden Anforderungen an die jeweiligen Stoffe und Gegenstände im Einzelnen festgelegt sind, hat sowohl in Bezug auf den Inhalt als auch im Hinblick auf das Layout viele Änderungen erfahren, um der Expansion und dem Fortschritt in der Industrie Schritt zu halten. Der Schiffssicherheitsausschuss (MSC) der Internationalen Seeschifffahrtsorganisation (IMO) wurde von der Versammlung der Organisation ermächtigt, Änderungen des Codes zu verabschieden, so dass die IMO kurzfristig auf die Entwicklungen im Transportwesen reagieren kann.

Auf seiner 99. Tagung kam der MSC überein, dass zur Vereinfachung der multimodalen Beförderung gefährlicher Güter die Bestimmungen des IMDG-Codes 2018 ab dem 1. Januar 2019 auf freiwilliger Basis angewendet werden können, bis sie am 1. Januar 2020 ohne Übergangsfrist offiziell in Kraft treten. Dies ist in Entschließung MSC.442(99) und der Präambel dieses Codes beschrieben. Hinsichtlich der im Code verwendeten Sprache ist hervorzuheben, dass die Wörter „muss", „sollte" und „kann" bei Verwendung im Code bedeuten, dass die entsprechenden Bestimmungen „verbindlich", „empfehlend" beziehungsweise „unverbindlich" sind.

Hinweis:

In der deutschen Ausgabe des IMDG-Codes sind die Änderungen gegenüber der vorherigen Ausgabe grau hinterlegt.

Die englische Fassung des IMDG-Codes ist auch als Datenbank mit umfangreichen Suchfunktionen auf CD-ROM oder als Download erhältlich (einschließlich des Inhalts des Ergänzungsbands). Intranet- und Internet-Ausgaben sind (als Abonnement) ebenfalls erhältlich. Wenn Sie ausführlichere Informationen wünschen, besuchen Sie bitte die Internetseite des Online-Verlags der IMO unter www.imo.org. Dort können Sie sich eine Live-Demonstration der CD-ROM-Ausgabe bzw. des Downloads anschauen und im Einzelnen erfahren, wie das Online-Abonnement für den IMDG-Code funktioniert. Sofern erforderlich werden auf der Internetseite der IMO darüber hinaus sämtliche Fehlerkorrektur-Dateien (Corrigenda oder Errata) zu dieser Ausgabe des IMDG-Codes verfügbar sein.

Eine Nur-Lese-Version des IMDG-Codes deutsch steht online als PDF unter www.bmvi.de (Rubriken: Themen → Mobilität → Güterverkehr und Logistik → Gefahrgut → Gefahrgut – Recht/Vorschriften → Seeschifffahrt) zur Verfügung.

INTERNATIONAL MARITIME DANGEROUS GOODS CODE (IMDG-Code)
– Amtliche deutsche Übersetzung –

Inhaltsverzeichnis

Präambel

→ D: GGVSee § 2 (1) 1. Die Beförderung gefährlicher Güter im Seeverkehr wird durch Vorschriften geregelt, damit Verletzungen von Personen oder Schäden am Schiff und seiner Ladung so weit wie möglich verhindert werden. Die Beförderung von Meeresschadstoffen wird im Wesentlichen durch Vorschriften geregelt, um Schäden von der Meeresumwelt abzuwenden. Zielsetzung des IMDG-Codes ist es, die Sicherheit bei der Beförderung gefährlicher Güter zu erhöhen und dabei gleichzeitig den freien ungehinderten Transport dieser Güter zu erleichtern und die Verschmutzung der Umwelt zu verhindern.

2. Im Laufe der vergangenen Jahre haben viele Schifffahrtsländer Maßnahmen zur Regelung der Beförderung gefährlicher Güter im Seeverkehr ergriffen. Die verschiedenen Regelwerke, gesetzlichen Vorschriften und Verfahrensweisen in der Praxis wichen jedoch in ihrem Aufbau und insbesondere bei der Bezeichnung und Kennzeichnung dieser Güter voneinander ab. Sowohl die verwendete Terminologie als auch die Vorschriften für Verpackung und Stauung waren von Land zu Land unterschiedlich, was zu Schwierigkeiten für alle führte, die direkt oder indirekt mit der Beförderung gefährlicher Güter im Seeverkehr zu tun hatten.

→ D: GGVSee § 2 (1) 3. Die Internationale Schiffssicherheitskonferenz von 1929 (SOLAS) erkannte die Notwendigkeit einer internationalen Regelung für die Beförderung gefährlicher Güter mit Seeschiffen und empfahl daher für diesen Bereich, Vorschriften mit internationaler Geltung in Kraft zu setzen. Die Einstufung gefährlicher Güter in Klassen und einige allgemeine Vorschriften für ihre Beförderung an Bord von Schiffen wurden von der SOLAS-Konferenz 1948 beschlossen. Außerdem wurden auf dieser Konferenz weitergehende Untersuchungen mit dem Ziel der Entwicklung internationaler Regelungen empfohlen.

4. Inzwischen hatte der Wirtschafts- und Sozialrat der Vereinten Nationen einen Ad-hoc-Sachverständigenausschuss für die Beförderung gefährlicher Güter (UN-Sachverständigenausschuss) eingesetzt, der sich eingehend mit den internationalen Aspekten der Beförderung gefährlicher Güter mit allen Verkehrsträgern beschäftigt hatte. Dieser Ausschuss stellte 1956 einen Bericht fertig, der sich mit der Klassifizierung, listenmäßigen Erfassung und Kennzeichnung von gefährlichen Gütern sowie mit den für diese Güter erforderlichen Beförderungspapieren befasste. Dieser Bericht stellte mit seinen späteren Änderungen einen allgemeinen Rahmen dar, innerhalb dessen die bestehenden Regeln harmonisiert und weiterentwickelt werden konnten. Das oberste Ziel war die weltweite Vereinheitlichung der Regelungen für die Beförderung gefährlicher Güter mit Seeschiffen sowie auch mit anderen Verkehrsträgern.

5. Um der Notwendigkeit der Schaffung internationaler Regelungen für die Beförderung gefährlicher Güter mit Seeschiffen zu entsprechen, unternahm die Schiffssicherheitskonferenz von 1960 außer der Festlegung eines allgemeinen Vorschriftenrahmens im Kapitel VII des SOLAS-Übereinkommens einen weiteren Schritt und forderte die internationale Seeschifffahrtsorganisation (IMO) auf (Empfehlung 56), eine Untersuchung durchzuführen, mit dem Ziel, einen international einheitlichen Code für die Beförderung gefährlicher Güter im Seeverkehr auszuarbeiten. Diese Untersuchung sollte in Zusammenarbeit mit dem UN-Sachverständigenausschuss durchgeführt werden und die Praxis und Verfahrensweisen, wie sie in der Seeschifffahrt üblich sind, berücksichtigen. Des Weiteren empfahl die Konferenz die Erarbeitung des einheitlichen Codes durch die IMO und die Annahme des Codes durch die Regierungen der Vertragsstaaten des Übereinkommens von 1960.

6. Zur Umsetzung der Empfehlung 56 setzte der Schiffssicherheitsausschuss (MSC) der IMO eine Arbeitsgruppe ein, die sich aus Vertretern derjenigen Länder zusammensetzte, die über weitreichende Erfahrungen bei der Beförderung gefährlicher Güter mit Seeschiffen verfügten. Die ersten Entwürfe für jede einzelne Klasse von Stoffen und Gegenständen wurden von der Arbeitsgruppe sehr sorgfältig geprüft, wobei Praxis und Verfahrensweisen einer Reihe von Schifffahrtsländern durchweg berücksichtigt wurden, um eine möglichst weitgehende Annahme des Codes zu erreichen. Dieser neue International Maritime Dangerous Goods Code (IMDG-Code) wurde vom Schiffssicherheitsausschuss gebilligt und 1965 von der Versammlung der IMO den Regierungen zur Annahme empfohlen.

7. Auf einer weiteren SOLAS-Konferenz, die 1974 stattfand, wurde Kapitel VII des Übereinkommens im Wesentlichen unverändert gelassen. Seitdem sind mehrere vom Schiffssicherheitsausschuss beschlossene Änderungen des Kapitels VII in Kraft getreten. Zwar wurde in einer Fußnote zur Re-

gel 1 des Kapitels VII auf den IMDG-Code verwiesen, jedoch hatte dieser selbst bis zum 31. Dezember 2003 nur Empfehlungscharakter.

8. Auf der internationalen Konferenz von 1973 über Meeresverschmutzung wurde die Notwendigkeit der Erhaltung der Meeresumwelt erkannt. Es wurde ferner erkannt, dass die fahrlässige oder unbeabsichtigte oder durch einen Unfall verursachte Freisetzung von Meeresschadstoffen, die in verpackter Form im Seeverkehr befördert werden, auf ein Mindestmaß verringert werden sollte. Aufgrund dieser Erkenntnis wurden auf der Konferenz Vorschriften erarbeitet und beschlossen; diese sind in der Anlage III des Internationalen Übereinkommens von 1973 zur Verhütung der Meeresverschmutzung durch Schiffe in der Fassung des Protokolls von 1978 zu diesem Übereinkommen (MARPOL 73/78) enthalten. Der Ausschuss für den Schutz der Meeresumwelt (MEPC) fasste 1985 den Beschluss, die Anlage III durch den IMDG-Code umzusetzen. Dieser Beschluss wurde 1985 auch vom MSC gebilligt. Seitdem sind mehrere Änderungen der Anlage III von MARPOL 73/78 in Kraft getreten.

9. Der Sachverständigenausschuss der Vereinten Nationen hat bis zum heutigen Tage regelmäßig Sitzungen abgehalten und seine veröffentlichten „Recommendations on the Transport of Dangerous Goods“ werden alle zwei Jahre aktualisiert. 1996 beschloss der Schiffssicherheitsausschuss die Umstrukturierung des IMDG-Codes zur Angleichung an die Struktur der „Recommendations on the Transport of Dangerous Goods“ der Vereinten Nationen. Die Übereinstimmung der Struktur der „Recommendations“ der Vereinten Nationen, des IMDG-Codes und anderer Regelungen für die Beförderung gefährlicher Güter soll die Benutzerfreundlichkeit, die Einhaltung der Regelungen und die Sicherheit bei der Beförderung gefährlicher Güter erhöhen.

10. 2002 beschloss der Schiffssicherheitsausschuss Änderungen des Kapitels VII von SOLAS, um den IMDG-Code völkerrechtlich verbindlich zu machen; dieser Code trat am 1. Januar 2004 in Kraft. Seitdem wurden weitere Änderungen verabschiedet, um die Benutzerfreundlichkeit des Codes zu erhöhen und seine einheitliche Anwendung zu fördern. Darüber hinaus hat der MSC auf seiner 99. Sitzung im Mai 2018 das 39. Amendment des verbindlichen IMDG-Codes verabschiedet, das am 1. Januar 2020 ohne Übergangszeitraum in Kraft treten wird. Nach Entschließung MSC.442(99) wurden die Regierungen jedoch dazu ermutigt, dieses Amendment auf freiwilliger Basis vollständig oder teilweise ab dem 1. Januar 2019 anzuwenden. *→ D: GGVSee § 2 (1) Nr. 13* *→ D: GGVSee § 2 (1) Nr. 22*

11. Um den IMDG-Code unter den betrieblichen Gesichtspunkten des Seeverkehrs auf dem neuesten Stand zu halten, wird der MSC weiterhin die technologischen Entwicklungen berücksichtigen sowie Änderungen der Klassifizierung unter chemischen Gesichtspunkten und die damit in Zusammenhang stehenden Vorschriften für den Versand, die in erster Linie den Versender betreffen. Die im Abstand von zwei Jahren erfolgenden Änderungen der „Recommendations on the Transport of Dangerous Goods“ der Vereinten Nationen werden auch die Grundlage für die meisten Änderungen zur Aktualisierung des IMDG-Codes bilden.

12. Der MSC wird auch die Auswirkungen in Betracht ziehen, die sich aus der Aufstellung allgemeiner Kriterien für die Klassifizierung von Chemikalien durch die Konferenz der Vereinten Nationen über Umwelt und Entwicklung (UNCED) auf Grundlage eines „Global Harmonisierten Systems (GHS)“ in Zukunft insbesondere für die Beförderung gefährlicher Güter auf Seeschiffen ergeben.

13. Es wird auf das Rundschreiben FAL.6/Circ.14, eine Liste der vorhandenen Veröffentlichungen zu Bereichen und Themen, die sich auf Angelegenheiten der Schnittstelle Schiff/Hafen beziehen, hingewiesen.

14. Hinweise zu Unfallmaßnahmen und zu ersten Maßnahmen bei Vergiftungen durch Chemikalien und deren Diagnose, die in Verbindung mit dem IMDG-Code verwendet werden können, werden mit dem „EmS-Leitfaden: Überarbeitete Unfallbekämpfungsmaßnahmen für Schiffe, die gefährliche Güter befördern“ (siehe MSC.1/Circ.1588) bzw. dem „Leitfaden für medizinische Erste-Hilfe-Maßnahmen bei Unfällen mit gefährlichen Gütern“ (siehe MSC/Circ.857 und DSC 3/15/Add.2) getrennt veröffentlicht. *→ D: GGVSee § 2 (1) Nr. 7* *→ D: GGVSee § 2 (1) Nr. 17*

15. Darüber hinaus müssen Seeschiffe, die INF-Ladungen nach Regel VII/14.2 befördern, nach Maßgabe des Kapitels VII Teil D des SOLAS-Übereinkommens den Vorschriften des Internationalen Codes für die sichere Beförderung von verpackten bestrahlten Kernbrennstoffen, Plutonium und hochradioaktiven Abfällen mit Seeschiffen (INF-Code) entsprechen. *→ D: GGVSee § 2 (1) Nr. 12*

(ii) jedes Leuchtmittel ist zum Schutz entweder einzeln in Innenverpackungen verpackt, durch Unterteilungen abgetrennt oder mit Polstermaterial umgeben und in widerstandsfähige Außenverpackungen verpackt, die den allgemeinen Vorschriften in 4.1.1.1 entsprechen und in der Lage sind, eine Fallprüfung aus 1,2 m Höhe zu bestehen; 1.1.1.9 (Forts.)

.3 gebrauchte, beschädigte oder defekte Leuchtmittel, die jeweils höchstens 1 g gefährliche Güter enthalten, mit höchstens 30 g gefährliche Güter je Versandstück, wenn sie von einer Sammelstelle oder Recyclingeinrichtung befördert werden. Die Leuchtmittel müssen in Außenverpackungen verpackt sein, die ausreichend widerstandsfähig sind, um unter normalen Beförderungsbedingungen das Austreten des Inhalts zu verhindern, die den allgemeinen Vorschriften in 4.1.1.1 entsprechen und die in der Lage sind, eine Fallprüfung aus mindestens 1,2 m Höhe zu bestehen;

Bemerkung: *Leuchtmittel, die radioaktive Stoffe enthalten, werden in 2.7.2.2.2.2 behandelt.*

.4 Leuchtmittel, die nur Gase der Klasse 2.2 (gemäß 2.2.2.2) enthalten, vorausgesetzt, diese sind so verpackt, dass die durch ein Zubruchgehen des Leuchtmittels verursachte Splitterwirkung auf das Innere des Versandstücks begrenzt bleibt.

Übereinkommen 1.1.2

Internationales Übereinkommen von 1974 zum Schutz des menschlichen Lebens auf See 1.1.2.1

Kapitel VII Teil A des Internationalen Übereinkommens von 1974 zum Schutz des menschlichen Lebens auf See (SOLAS 1974) in der jeweils geltenden Fassung befasst sich mit der Beförderung gefährlicher Güter in verpackter Form und ist nachstehend vollständig wiedergegeben.

Kapitel VII
Beförderung gefährlicher Güter
Teil A
Beförderung gefährlicher Güter in verpackter Form

Regel 1
Begriffsbestimmungen

Im Sinne dieses Kapitels, soweit nicht ausdrücklich etwas anderes bestimmt ist, haben die nachstehenden Ausdrücke folgende Bedeutung: → *1.2.1*

1 *IMDG-Code* bezeichnet den vom Schiffssicherheitsausschuss der Organisation mit Entschließung MSC.122(75) angenommenen International Maritime Dangerous Goods (IMDG) Code in der jeweils von der Organisation geänderten Fassung, sofern diese Änderungen nach Maßgabe des Artikels VIII dieses Übereinkommens betreffend die Verfahren zur Änderung der Anlage mit Ausnahme ihres Kapitels I beschlossen, in Kraft gesetzt und wirksam werden. → *D: GGVSee § 2 (1) Nr. 13*

2 *Gefährliche Güter* bezeichnet die unter den IMDG-Code fallenden Stoffe und Gegenstände. → *D: GGVSee § 2 (2) Nr. 1*

3 *Verpackte Form* bezeichnet die im IMDG-Code festgelegte Art der Umschließung. → *CTU-Code Kap. 2 „nicht regulierte Güter"*

Regel 2
Anwendung[1)]

1 Soweit nicht ausdrücklich etwas anderes bestimmt ist, findet dieser Teil auf gefährliche Güter Anwendung, die in verpackter Form mit allen Schiffen, auf die diese Regeln Anwendung finden, sowie auf Frachtschiffen mit einem Bruttoraumgehalt von weniger als 500 RT befördert werden. → *D: GGVSee § 1 (1)* → *D: GGVSee § 1 (3)*

2 Dieser Teil findet auf die Schiffsvorräte und die Schiffsausrüstung keine Anwendung. → *D: GGVSee § 1 (2)*

3 Die Beförderung gefährlicher Güter in verpackter Form ist verboten, soweit sie nicht nach Maßgabe dieses Teils erfolgt. → *D: GGVSee § 3 (1) Nr. 1*

4 Zur Ergänzung dieses Teiles wird jede Vertragsregierung ausführliche Anordnungen über Notfallmaßnahmen und über medizinische Erste-Hilfe-Maßnahmen bei Unfällen mit gefährlichen Gütern in ver-

---

[1)] Es wird verwiesen auf:
.1 Teil D, der besondere Vorschriften für die Beförderung von INF-Ladung enthält, und
.2 Regel II-2/19, die besondere Vorschriften für Schiffe enthält, die gefährliche Güter befördern.

1.1.2.1 (Forts.) packter Form unter Berücksichtigung der von der Organisation ausgearbeiteten Richtlinien[2] herausgeben oder herausgeben lassen.

Regel 3
Vorschriften für die Beförderung gefährlicher Güter

Die Beförderung gefährlicher Güter in verpackter Form muss nach Maßgabe der einschlägigen Vorschriften des IMDG-Code erfolgen.

Regel 4
Beförderungsdokumente

1 Die Angaben, die sich auf die Beförderung von gefährlichen Gütern in verpackter Form beziehen, und das Container-/Fahrzeugpackzertifikat müssen mit den einschlägigen Bestimmungen des IMDG-Code im Einklang stehen und sind der von der Behörde des Hafenstaates bezeichneten Person oder Organisation zur Verfügung zu stellen.

→ D: GGVSee § 20 Nr. 2 2 Jedes Schiff, das gefährliche Güter in verpackter Form befördert, muss eine besondere Liste, ein besonderes Verzeichnis oder einen besonderen Stauplan mitführen, worin die an Bord befindlichen Güter und deren Stauplatz im Einklang mit den einschlägigen Bestimmungen des IMDG-Code angegeben sind. Eine Kopie eines dieser Dokumente ist der von der Behörde des Hafenstaats bezeichneten Person oder Organisation vor dem Auslaufen zur Verfügung zu stellen.

→ D: GGVSee § 4 (6) → D: GGVSee § 5 (2) → D: GGVSee § 23 Nr. 7

Regel 5
Ladungssicherungshandbuch

Ladung, Ladungseinheiten[3] und Beförderungseinheiten sind während der gesamten Reise nach Maßgabe des von der Verwaltung genehmigten Ladungssicherungshandbuchs zu laden, zu stauen und zu sichern. Die bei der Abfassung des Ladungssicherungshandbuchs zu berücksichtigenden Anforderungen müssen mindestens den von der Organisation ausgearbeiteten Richtlinien[4] gleichwertig sein.

Regel 6
Meldung von Ereignissen mit gefährlichen Gütern

→ D: GGVSee § 20 Nr. 1 → D: GGVSee § 23 Nr. 6 1 Ereignet sich ein Zwischenfall, bei dem gefährliche Güter in verpackter Form über Bord gehen oder über Bord gehen können, muss der Kapitän oder eine andere für das Schiff verantwortliche Person dem nächstgelegenen Küstenstaat diesen Zwischenfall unter möglichst vollständiger Angabe von Einzelheiten unverzüglich melden. Die Abfassung der Meldung muss auf der Grundlage der von der Organisation erarbeiteten Richtlinien und allgemeinen Grundsätze erfolgen.[5]

2 Wird das in Absatz 1 genannte Schiff verlassen oder ist eine von diesem Schiff abgegebene Meldung unvollständig oder wird keine Meldung empfangen, so hat das Unternehmen im Sinne der Regel IX/1.2 die dem Kapitän nach der vorliegenden Regel obliegenden Verpflichtungen in möglichst vollem Umfang zu übernehmen.

1.1.2.2 Internationales Übereinkommen von 1973/78 zur Verhütung der Meeresverschmutzung durch Schiffe, MARPOL 1973/78

1.1.2.2.1 [Einleitung]

→ D: GGVSee § 2 (1) Nr. 16

Anlage III des Internationalen Übereinkommens von 1973 zur Verhütung der Meeresverschmutzung durch Schiffe in der Fassung des Protokolls von 1978 (MARPOL 73/78) befasst sich mit der Verhütung der Meeresverschmutzung durch Schadstoffe, die auf See in verpackter Form befördert werden. Es ist in der vom Ausschuss für den Schutz der Meeresumwelt überarbeiteten Fassung vollständig wiedergegeben.

---

[2] Es wird verwiesen auf:
.1 die von der Organisation veröffentlichten Unfallbekämpfungsmaßnahmen für Schiffe, die gefährliche Güter befördern (EmS-Leitfaden) (MSC.1-Rundschreiben 1025, in der geänderten Fassung), und
.2 den von der Organisation veröffentlichten Leitfaden für medizinische Erste-Hilfe-Maßnahmen bei Unfällen mit gefährlichen Gütern (MFAG).

[3] Gemäß Begriffsbestimmung im Code of Safe Practice for Cargo Stowage and Securing (CSS Code), wie er von der Organisation mit Entschließung A.714(17) angenommen wurde, in der jeweils geltenden Fassung.

[4] Es wird verwiesen auf die „Revised Guidelines for the preparation of the Cargo Securing Manual" (MSC.1-Rundschreiben 1353).

[5] Es wird verwiesen auf die von der Organisation mit Entschließung A.851(20) angenommenen General principles for ship reporting systems and ship reporting requirements, including guidelines for reporting incidents involving dangerous goods, harmful substances and/or marine pollutants.

1.1.2.2.1 (Forts.)

Anlage III[6)]

Regeln zur Verhütung der Meeresverschmutzung durch Schadstoffe, die auf See in verpackter Form befördert werden

Kapitel 1 – Allgemeines

Regel 1
Begriffsbestimmungen

Im Sinne dieser Anlage haben die nachstehenden Ausdrücke folgende Bedeutung:

1 Der Ausdruck „Schadstoffe" bezeichnet Stoffe, die im Internationalen Code für die Beförderung gefährlicher Güter mit Seeschiffen (IMDG-Code)[7)] als Meeresschadstoffe gekennzeichnet sind oder die die Kriterien im Anhang zu dieser Anlage erfüllen.

2 Der Ausdruck „verpackte Form" bezeichnet die Art der Umschließung, die im IMDG-Code für Schadstoffe festgelegt ist.

3 Der Ausdruck „Audit" bezeichnet ein systematisches, unabhängiges und dokumentiertes Verfahren, das dazu dient, Auditnachweise zu erlangen und objektiv auszuwerten, um zu ermitteln, inwieweit die Auditkriterien erfüllt sind.

4 Der Ausdruck „Auditsystem" bezeichnet das von der Organisation unter Berücksichtigung der von ihr ausgearbeiteten Richtlinien[8)] eingerichtete Auditsystem der IMO-Mitgliedstaaten.

5 Der Ausdruck „Anwendungscode" bezeichnet den von der Organisation mit Entschließung A.1070(28) angenommenen Code für die Anwendung der IMO-Instrumente (III-Code).

6 Der Ausdruck „Auditnorm" bezeichnet den Anwendungscode.

Regel 2
Anwendung

1 Die Beförderung von Schadstoffen ist verboten, soweit sie nicht nach Maßgabe dieser Anlage erfolgt.

2 Zur Ergänzung dieser Anlage wird die Regierung jeder Vertragspartei ausführliche Anforderungen an Verpackung, Beschriftung, Markierung und Kennzeichnung, Dokumente, Stauung, Mengenbeschränkungen sowie Ausnahmen festlegen oder festlegen lassen, um die Verschmutzung der Meeresumwelt durch Schadstoffe zu verhüten oder auf ein Mindestmaß zu verringern. → D: GGVSee § 6 → D: GGVSee § 5 (1)

3 Für die Zwecke dieser Anlage gelten leere Verpackungen, die vorher zur Beförderung von Schadstoffen verwendet worden sind, ebenfalls als Schadstoffe, sofern nicht angemessene Vorsichtsmaßnahmen getroffen worden sind, um sicherzustellen, dass sie keinen für die Meeresumwelt schädlichen Rückstand enthalten.

4 Die Anforderungen dieser Anlage gelten nicht für Schiffsvorräte und -ausrüstungsgegenstände.

Regel 3
Verpackung

Die Versandstücke müssen so geartet sein, dass unter Berücksichtigung ihres jeweiligen Inhalts die Gefährdung der Meeresumwelt auf ein Mindestmaß verringert wird.

Regel 4
Beschriftung, Markierung und Kennzeichnung

1 Versandstücke, die Schadstoffe enthalten, müssen mit einer dauerhaften Beschriftung, Markierung oder Kennzeichnung versehen sein, die anzeigt, dass der Stoff ein Schadstoff nach den einschlägigen Bestimmungen des IMDG-Code ist.

2 Die Methode der Beschriftung von Versandstücken oder der Anbringung von Markierungen oder Kennzeichen auf Versandstücken, die einen Schadstoff enthalten, muss mit den einschlägigen Bestimmungen des IMDG-Code im Einklang stehen.

---

6) Hinweis: Diese Übersetzung ist eine vorläufige Fassung.

7) Es wird auf den IMDG-Code (Entschließung MSC.122(75) in seiner zuletzt geänderten Fassung) verwiesen.

8) Es wird auf das von der Organisation mit Entschließung A.1067(28) angenommene Dokument „Rahmen und Verfahren für das Auditsystem der IMO-Mitgliedstaaten" verwiesen.

1.1.2.2.1 (Forts.)

Regel 5[9]

Dokumente

→ 5.2.1.1 → D: GGVSee § 5 (1)

1 Die Angaben, die sich auf die Beförderung von Schadstoffen beziehen, müssen mit den einschlägigen Bestimmungen des IMDG-Code im Einklang stehen und sind der von der Behörde des Hafenstaats bezeichneten Person oder Organisation zur Verfügung zu stellen.

2 Jedes Schiff, das Schadstoffe befördert, muss eine besondere Liste, ein besonderes Verzeichnis oder einen besonderen Stauplan mitführen, worin die an Bord befindlichen Schadstoffe und deren Stauplatz im Einklang mit den einschlägigen Bestimmungen des IMDG-Code angegeben sind. Eine Kopie eines dieser Dokumente ist der von der Behörde des Hafenstaats bezeichneten Person oder Organisation vor dem Auslaufen zur Verfügung zu stellen.

Regel 6

Stauung

Schadstoffe müssen ordnungsgemäß gestaut und so gesichert sein, dass die Gefährdung der Meeresumwelt auf ein Mindestmaß verringert wird, ohne dass die Sicherheit des Schiffes und der an Bord befindlichen Personen beeinträchtigt wird.

Regel 7

Mengenbeschränkungen

Es kann aus stichhaltigen wissenschaftlichen und technischen Gründen notwendig sein, die Beförderung bestimmter Schadstoffe zu verbieten oder die Menge zu beschränken, die an Bord ein und desselben Schiffes befördert werden darf. Bei der Beschränkung der Menge sind Größe, Bau und Ausrüstung des Schiffes sowie Verpackung und Eigenart der Stoffe gebührend zu berücksichtigen.

Regel 8

Ausnahmen

→ 7.1.4.6.1 → 7.6.2.9.2

1 Das Überbordwerfen von Schadstoffen, die in verpackter Form befördert werden, ist verboten, sofern es nicht aus Gründen der Schiffssicherheit oder zur Rettung von Menschenleben auf See erforderlich ist.

2 Vorbehaltlich dieses Übereinkommens werden geeignete Maßnahmen, die sich nach den physikalischen, chemischen und biologischen Eigenschaften der Schadstoffe richten, getroffen, um das Überbordspülen ausgelaufener Stoffe zu regeln; allerdings darf das Einhalten dieser Regelungen die Sicherheit des Schiffes und der an Bord befindlichen Personen nicht beeinträchtigen.

Regel 9

Hafenstaatkontrolle bezüglich betrieblicher Anforderungen[10]

→ D: GGVSee § 6 (2) → D: GGVSee § 6 (3) → D: GGVSee § 3 (2)

1 Ein Schiff, das sich in einem Hafen oder an einem Offshore-Umschlagplatz einer anderen Vertragspartei befindet, unterliegt der Überprüfung durch ordnungsgemäß ermächtigte Bedienstete dieser Vertragspartei bezüglich der betrieblichen Anforderungen aufgrund dieser Anlage.

2 Bestehen triftige Gründe für die Annahme, dass der Kapitän oder die Besatzung mit wesentlichen Abläufen an Bord, welche die Verhütung der Meeresverschmutzung durch Schadstoffe betreffen, nicht vertraut ist, so trifft die Vertragspartei die notwendigen Maßnahmen, einschließlich einer gründlichen Überprüfung, und verhindert gegebenenfalls so lange das Auslaufen des Schiffes, bis die Lage entsprechend den Vorschriften dieser Anlage bereinigt worden ist.

3 Die in Artikel 5 dieses Übereinkommens vorgeschriebenen Verfahren der Hafenstaatkontrolle gelten auch für diese Regel.

4 Diese Regel ist nicht so auszulegen, als schränke sie die Rechte und Pflichten einer Vertragspartei ein, welche die Kontrolle der eigens in diesem Übereinkommen vorgesehenen betrieblichen Anforderungen durchführt.

---

[9] Die Bezugnahme auf „Dokumente“ in dieser Regel schließt die Verwendung der elektronischen Datenverarbeitung (EDV) und von Übertragungsverfahren des elektronischen Datenaustausches (EDI) als Unterstützung der papiergebundenen Dokumentation nicht aus.

[10] Es wird auf die von der Organisation mit Entschließung A.1052(27) angenommenen Verfahren für die Hafenstaatkontrolle verwiesen.

1.1.2.2.1 (Forts.)

Kapitel 2 – Überprüfung der Einhaltung dieser Anlage

Regel 10
Anwendung

Die Vertragsparteien wenden bei der Wahrnehmung ihrer Verpflichtungen und Verantwortlichkeiten nach dieser Anlage den Anwendungscode an.

Regel 11
Überprüfung der Einhaltung

1 Jede Vertragspartei unterliegt regelmäßigen Audits, welche die Organisation nach Maßgabe der Auditnorm durchführt, um die Einhaltung und Durchführung dieser Anlage zu überprüfen.

2 Der Generalsekretär der Organisation ist für die verwaltungsmäßige Durchführung des Auditsystems auf der Grundlage der von der Organisation erarbeiteten Richtlinien[8] verantwortlich.

3 Jede Vertragspartei ist verantwortlich für die Erleichterung der Durchführung des Audits und die Umsetzung eines Maßnahmenprogramms zum Umgang mit den Auditergebnissen auf der Grundlage der von der Organisation ausgearbeiteten Richtlinien[8].

4 Das Audit jeder Vertragspartei

.1 erfolgt auf der Grundlage eines Gesamtzeitplans, der von dem Generalsekretär der Organisation erstellt wird, unter Berücksichtigung der von der Organisation ausgearbeiteten Richtlinien[8] und

.2 wird in regelmäßigen Abständen unter Berücksichtigung der von der Organisation ausgearbeiteten Richtlinien[8] durchgeführt.

Anhang zu Anlage III
Kriterien für die Bestimmung von Schadstoffen in verpackter Form

Für die Zwecke dieser Anlage sind Stoffe, ausgenommen radioaktive Stoffe[11], auf die eines der folgenden Kriterien zutrifft, Schadstoffe:[12]

(a) Gewässergefährdend, akute (kurzfristige) Gefährdung

Kategorie Akut 1:	
96-Stunden-LC_{50}-Wert (für Fische)	≤ 1 mg/l und/oder
48-Stunden-EC_{50}-Wert (für Krebstiere)	≤ 1 mg/l und/oder
72- oder 96-Stunden-ErC_{50}-Wert (für Algen oder andere Wasserpflanzen)	≤ 1 mg/l

[8] Es wird auf das von der Organisation mit Entschließung A.1067(28) angenommene Dokument „Rahmen und Verfahren für das Auditsystem der IMO-Mitgliedstaaten" verwiesen.

[11] Es wird auf Klasse 7 nach der Begriffsbestimmung in Kapitel 2.7 des IMDG-Codes verwiesen.

[12] Die Kriterien beruhen auf den im Rahmen des Global Harmonisierten Systems zur Einstufung und Kennzeichnung von Chemikalien (GHS) der Vereinten Nationen in seiner jeweils geltenden Fassung ausgearbeiteten Kriterien. Bezüglich der Abkürzungen beziehungsweise Begriffsbestimmungen der in diesem Anhang verwendeten Begriffe wird auf die entsprechenden Absätze des IMDG-Codes verwiesen.

1.1.2.2.1 (Forts.) **(b)** Gewässergefährdend, langfristige Gefährdung

(i) Nicht schnell abbaubare Stoffe, für die hinreichende Daten über die chronische Toxizität vorhanden sind

Kategorie Chronisch 1:

chronischer NOEC- oder EC_x-Wert (für Fische)	≤ 0,1 mg/l und/oder
chronischer NOEC- oder EC_x-Wert (für Krebstiere)	≤ 0,1 mg/l und/oder
chronischer NOEC- oder EC_x-Wert (für Algen oder andere Wasserpflanzen)	≤ 0,1 mg/l

Kategorie Chronisch 2:

chronischer NOEC- oder EC_x-Wert (für Fische)	≤ 1 mg/l und/oder
chronischer NOEC- oder EC_x-Wert (für Krebstiere)	≤ 1 mg/l und/oder
chronischer NOEC- oder EC_x-Wert (für Algen oder andere Wasserpflanzen)	≤ 1 mg/l

(ii) Schnell abbaubare Stoffe, für die hinreichende Daten über die chronische Toxizität vorhanden sind

Kategorie Chronisch 1:

chronischer NOEC- oder EC_x-Wert (für Fische)	≤ 0,01 mg/l und/oder
chronischer NOEC- oder EC_x-Wert (für Krebstiere)	≤ 0,01 mg/l und/oder
chronischer NOEC- oder EC_x-Wert (für Algen oder andere Wasserpflanzen)	≤ 0,01 mg/l

Kategorie Chronisch 2:

chronischer NOEC- oder EC_x-Wert (für Fische)	≤ 0,1 mg/l und/oder
chronischer NOEC- oder EC_x-Wert (für Krebstiere)	≤ 0,1 mg/l und/oder
chronischer NOEC- oder EC_x-Wert (für Algen oder andere Wasserpflanzen)	≤ 0,1 mg/l

(iii) Stoffe, für die keine hinreichenden Daten über die chronische Toxizität vorhanden sind

Kategorie Chronisch 1:

96-Stunden-LC_{50}-Wert (für Fische)	≤ 1 mg/l und/oder
48-Stunden-EC_{50}-Wert (für Krebstiere)	≤ 1 mg/l und/oder
72- oder 96-Stunden-ErC_{50}-Wert (für Algen oder andere Wasserpflanzen)	≤ 1 mg/l

und der Stoff ist nicht schnell abbaubar und/oder der experimentell bestimmte BCF beträgt ≥ 500 (oder, wenn nicht vorhanden, log K_{ow} ≥ 4).

Kategorie Chronisch 2:

96-Stunden-LC_{50}-Wert (für Fische)	> 1 mg/l, aber ≤ 10 mg/l und/oder
48-Stunden-EC_{50}-Wert (für Krebstiere)	> 1 mg/l, aber ≤ 10 mg/l und/oder
72- oder 96-Stunden-ErC_{50}-Wert (für Algen oder andere Wasserpflanzen)	> 1 mg/l, aber ≤ 10 mg/l

und der Stoff ist nicht schnell abbaubar und/oder der experimentell bestimmte BCF beträgt ≥ 500 (oder, wenn nicht vorhanden, log K_{ow} ≥ 4).

Zusätzliche Hinweise zur Klassifizierung von Stoffen und Gemischen sind im IMDG-Code enthalten.

Internationales Übereinkommen über sichere Container, 1972, in der jeweils geltenden Fassung 1.1.2.3

[Einleitung] 1.1.2.3.1

Die Regeln 1 und 2 in Anlage I zum Internationalen Übereinkommen über sichere Container (CSC), 1972, in der jeweils geltenden Fassung, befassen sich mit Sicherheits-Zulassungsschildern und der Instandhaltung und Prüfung von Containern und werden vollständig wiedergegeben.

Anlage I
Vorschriften für die Prüfung, Besichtigung, Zulassung und Instandhaltung von Containern

Kapitel I
Gemeinsame Regeln für alle Zulassungsverfahren

Regel 1
Sicherheits-Zulassungsschild

1 (a) Ein Sicherheits-Zulassungsschild entsprechend dem Anhang zu dieser Anlage ist dauerhaft an jedem zugelassenen Container neben anderen amtlichen Zulassungsschildern an einer gut sichtbaren Stelle anzubringen, an der es nicht leicht beschädigt werden kann.

(b) Auf jedem Container müssen alle Angaben über die höchstzulässige Bruttomasse unter Betriebsbedingungen mit den Angaben auf dem Sicherheits-Zulassungsschild über die höchstzulässige Bruttomasse unter Betriebsbedingungen im Einklang stehen.

(c) Der Eigentümer des Containers muss das Sicherheits-Zulassungsschild auf dem Container entfernen:

(i) wenn der Container in einer Art und Weise angepasst worden ist, durch die die ursprüngliche Zulassung und die Angaben auf dem Sicherheits-Zulassungsschild ungültig werden, oder

(ii) wenn der Container aus dem Verkehr gezogen und nicht mehr in Übereinstimmung mit dem Übereinkommen instandgehalten wird oder

(iii) wenn die Zulassung von der Verwaltung entzogen wurde.

2 (a) Das Schild muss folgende Angaben mindestens in englischer oder französischer Sprache enthalten:

„CSC-SICHERHEITSZULASSUNG"

Land der Zulassung und Zulassungsbezeichnung

Datum (Monat und Jahr) der Herstellung

Hersteller-Identifizierungsnummer des Containers oder bei vorhandenen Containern, von denen diese Nummer nicht bekannt ist, die von der Verwaltung zugeteilte Nummer

Höchstzulässige Bruttomasse unter Betriebsbedingungen (kg und lbs)

Zulässige Stapellast bei 1,8 g (kg und lbs)

Belastungswert bei der Querverwindungsprüfung (Newton).

(b) Auf dem Zulassungsschild soll ein freier Raum für die Eintragung der Stirn- und/oder Seitenwand-Festigkeitswerte (-faktoren) nach dieser Regel Absatz 3 und den Prüfungen 6 und 7 der Anlage II vorgesehen werden; außerdem soll auf dem Zulassungsschild ein freier Raum vorbehalten bleiben, in dem gegebenenfalls das Datum (Monat und Jahr) der ersten und der folgenden Instandhaltungsüberprüfungen angegeben wird.

3 Ist die Verwaltung der Ansicht, dass ein neuer Container diesem Übereinkommen im Hinblick auf die Sicherheit entspricht, und wenn der für solche Container festgelegte Stirn- und/oder Seitenwand-Festigkeitswert (Faktor) größer oder kleiner ist als in der Anlage II vorgeschlagene, ist dieser Wert auf dem Sicherheits-Zulassungsschild anzugeben. Wenn die Stapel- oder die Verwindungslast weniger als 192 000 kg bzw. 150 kN beträgt, gilt der Container als begrenzt stapel- oder verwindungsfähig und muss nach den Vorschriften deutlich gekennzeichnet sein, und zwar spätestens bei deren nächster planmäßiger Überprüfung oder vor jedem sonstigen von der Verwaltung genehmigten Datum, sofern dieses Datum nicht nach dem 1. Juli 2015 liegt.

1.1.2.3.1 (Forts.)

4 Das Vorhandensein des Sicherheits-Zulassungsschildes enthebt nicht der Verpflichtung, Kennzeichnungen oder andere Angaben anzubringen, die gegebenenfalls durch andere geltende Regelungen vorgeschrieben sind.

5 Ein vor dem 1. Juli 2014 fertiggestellter Container darf ein Sicherheits-Zulassungsschild in der Art, wie es nach dem Übereinkommen vor jenem Datum erlaubt war, behalten, solange an dem Container keine baulichen Veränderungen erfolgen.

Regel 2
Instandhaltung und Überprüfung

1 Der Eigentümer ist verpflichtet, den Container in sicherem Zustand zu erhalten.

2 **(a)** Der Eigentümer eines zugelassenen Containers überprüft den Container nach dem von der entsprechenden Vertragspartei vorgeschriebenen oder anerkannten Verfahren oder lässt ihn nach diesem Verfahren überprüfen, und zwar in Abständen, die mit den Betriebsbedingungen vereinbar sind.

(b) Das Datum (Monat und Jahr), vor dem die erste Überprüfung des neuen Containers durchgeführt werden muss, ist auf dem Sicherheits-Zulassungsschild anzugeben.

(c) Das Datum (Monat und Jahr), bis zu dem der Container einer erneuten Überprüfung zu unterziehen ist, muss deutlich auf dem Sicherheits-Zulassungsschild oder in dessen nächstmöglicher Nähe auf dem Container angegeben werden, und zwar in einer Form, die für die Vertragspartei, die das besondere Verfahren der Überprüfung vorgeschriebenen oder anerkannt hat, annehmbar ist.

(d) Der Zeitraum zwischen dem Datum der Herstellung und dem Datum der ersten Überprüfung darf nicht mehr als fünf Jahre betragen. Weitere Überprüfungen neuer Container und erneute Überprüfungen vorhandener Container müssen innerhalb von 30 Monaten erfolgen. Durch diese Überprüfungen ist festzustellen, ob der Container Mängel aufweist, die irgendeine Gefahr für Personen darstellen können.

3 **(a)** Als Alternative zu Absatz 2 kann die betreffende Vertragspartei ein Programm der laufenden Überprüfung genehmigen, wenn sie aufgrund der vom Eigentümer vorgelegten Beweise überzeugt ist, dass dieses Programm einen Sicherheitsstandard gewährleistet, der nicht unter dem in Absatz 2 festgesetzten Standard liegt.

(b) Zum Zeichen, dass der Container gemäß einem genehmigten Programm der laufenden Überprüfung verwendet wird, ist eine Markierung, die die Buchstaben „ACEP" und das Kennzeichen der Vertragspartei enthält, die die Genehmigung für das Programm erteilt hat, auf dem Sicherheit-Zulassungsschild oder in dessen nächstmöglicher Nähe auf dem Container anzubringen.

(c) Alle Überprüfungen, die gemäß einem solchen Programm durchgeführt werden, dienen dazu, festzustellen, ob der Container Mängel aufweist, die eine Gefahr für Personen darstellen können. Die Überprüfungen sind in Zusammenhang mit einer größeren Reparatur, Wiederaufarbeitung und zu Beginn oder bei Beendigung des Mietverhältnisses durchzuführen. Sie müssen in jedem Fall mindestens alle 30 Monate stattfinden.

4 Genehmigte Programme sollen einmal alle 10 Jahre überprüft werden, um sicherzustellen, dass sie weiterhin durchführbar sind. Um das einheitliche Vorgehen aller an der Besichtigung von Containern Beteiligten und die fortdauernde Betriebssicherheit der Container zu gewährleisten, sorgen die betreffenden Vertragsparteien dafür, dass die nachstehenden Angaben in jedem vorgeschriebenen Programm für die regelmäßige Überprüfung oder genehmigten Programm der laufenden Überprüfung enthalten sind:

(a) Verfahren, Umfang und Kriterien, die bei den Überprüfungen anzuwenden sind,

(b) Häufigkeit der Überprüfungen,

(c) Qualifikationen der Mitarbeiter, die die Überprüfungen durchführen sollen,

(d) System zum Führen von Aufzeichnungen und Dokumenten, bei dem Folgendes erfasst wird,

(i) die eindeutige Containerseriennummer des Eigentümers,

(ii) das Datum der Überprüfung,

(iii) die Angabe der sachkundigen Person, die die Überprüfung durchgeführt hat,

(iv) die Bezeichnung und der Ort der Organisation, bei der die Überprüfung durchgeführt wurde, 1.1.2.3.1 (Forts.)

(v) die Ergebnisse der Überprüfung und

(vi) bei einem Programm für die regelmäßige Überprüfung das Datum der nächsten Überprüfung,

(e) System zum Aufzeichnen und Aktualisieren der Identifizierungsnummern aller Container, für die das entsprechende Überprüfungsprogramm gilt,

(f) Kriterien für Instandhaltungsverfahren und -systeme im Zusammenhang mit den Konstruktionsmerkmalen bestimmter Container,

(g) Vorschriften für die Instandhaltung geleaster Container, falls sie sich von den Vorschriften unterscheiden, die für eigene Container gelten, und

(h) Bedingungen und Verfahren für die Einbeziehung von Containern in ein bereits genehmigtes Programm.

5 Die Vertragspartei führt regelmäßige Prüfungen der genehmigten Programme durch, um sicherzustellen, dass sie den von der Vertragspartei genehmigten Vorschriften entsprechen. Die Vertragspartei nimmt eine Genehmigung zurück, wenn die Genehmigungsbedingungen nicht mehr erfüllt sind.

6 Im Sinne dieser Regelung ist „die betreffende Vertragspartei“ die Vertragspartei, in deren Hoheitsgebiet der Eigentümer seinen Wohnsitz oder seinen Hauptsitz hat. Hat jedoch der Eigentümer seinen Wohnsitz oder seinen Hauptsitz in einem Land, dessen Regierung noch keine Bestimmungen erlassen hat, um eine Überprüfungssystem vorzuschreiben oder anzuerkennen, kann er, bis derartige Bestimmungen erlassen worden sind, das von der Verwaltung einer Vertragspartei vorgeschriebenen oder anerkannte Verfahren anwenden, die bereit ist, als „betroffene Vertragspartei“ zu handeln. Der Eigentümer muss die Bedingungen für die Anwendung solcher Verfahren erfüllen, die von der betreffenden Verwaltung festgelegt wurden.

7 Die Verwaltungen machen Informationen über genehmigte Programme der laufenden Überprüfung öffentlich zugänglich.

Gefährliche Güter, deren Beförderung verboten ist 1.1.3

[Verbotene Güter] 1.1.3.1

→ D: GGVSee § 3 (4)
→ D: GGVSee § 3 (5)
→ D: GGVSee § 17 Nr. 1
→ D: GGVSee § 21 Nr. 1
→ auch 2.1.1.2
→ auch 3.1.1.4
→ MoU § 5

Soweit in diesem Code nicht anders festgelegt ist, ist die Beförderung folgender Güter verboten:

Alle Stoffe und Gegenstände, die in versandfertigem Zustand unter den bei normaler Beförderung zu erwartenden Bedingungen explodieren, gefährlich reagieren, Flammen erzeugen, in gefährlicher Weise Hitze oder giftige, ätzende oder entzündbare Gase oder Dämpfe entwickeln können.

Die Sondervorschriften 349, 350, 351, 352, 353 und 900 im Kapitel 3.3 enthalten eine Aufzählung von Stoffen, deren Beförderung verboten ist.

Kapitel 1.2
Begriffsbestimmungen, Maßeinheiten und Abkürzungen

1.2.1 Begriffsbestimmungen

→ 1.2.1.1 → 2.1.3.5.5 → 2.5.3.5.2 → 2.6.3.1 → 2.7.1.3 → 2.9.3.1 → 7.1.2 → 7.2.2 → 7.7.2 → CTU-Code Nr. 6.2 ff. → D: GGVSee § 3 (3) → 2.0.5

Es folgt eine Liste allgemein anwendbarer Begriffsbestimmungen, die im gesamten Code verwendet werden. Weitere Begriffsbestimmungen spezifischer Art sind in den einzelnen Kapiteln enthalten.

Im Sinne dieses Codes bedeuten:

Abfälle: Stoffe, Lösungen, Gemische und Gegenstände, die ein oder mehrere Bestandteile enthalten oder mit diesem/diesen verunreinigt sind, die diesem Code unterliegen, und für die keine unmittelbare Verwendung vorgesehen ist, die aber befördert werden zur Aufarbeitung, zur Deponie oder zur Beseitigung durch Verbrennung oder durch sonstige Entsorgungsverfahren.

Aerosol: Siehe Druckgaspackung

Alternative Vereinbarung: Eine Zulassung, die von der zuständigen Behörde für einen ortsbeweglichen Tank oder einen MEGC ausgestellt wird, der nach technischen Vorschriften oder Prüfmethoden ausgelegt, gebaut und geprüft ist, die von den in diesem Code festgelegten abweichen (siehe z. B. 6.7.5.11.1).

Auskleidung: Ein getrennter Schlauch oder ein getrennter Sack, der in eine Verpackung (einschließlich IBC und Großverpackungen) eingesetzt wird, jedoch nicht Bestandteil dieser Verpackung ist; dazu gehören die Verschlüsse der Öffnungen.

Auslegungslebensdauer für Flaschen und Großflaschen aus Verbundwerkstoffen: Die höchste Lebensdauer (in Anzahl Jahren), für die die Flasche oder Großflasche in Übereinstimmung mit der anwendbaren Norm ausgelegt und zugelassen ist.

→ D: GGVSee § 2 (1) Nr. 23

Ausschließliche Verwendung für die Beförderung radioaktiver Stoffe: Die alleinige Benutzung eines Beförderungsmittels oder eines großen Frachtcontainers durch einen einzigen Versender, wobei sämtliche Be- und Entladevorgänge vor, während und nach der Beförderung und die Beförderung selbst entsprechend den Anweisungen des Versenders oder des Empfängers ausgeführt werden, sofern dies in diesem Code vorgeschrieben ist.

Außenverpackung: Der äußere Schutz einer Kombinationsverpackung oder einer zusammengesetzten Verpackung, einschließlich des saugfähigen Materials, des Polstermaterials und aller anderen Bestandteile, die erforderlich sind, um Innengefäße oder Innenverpackungen zu umschließen und zu schützen.

Bauart für die Beförderung radioaktiver Stoffe: Die Beschreibung eines gemäß 2.7.2.3.5.6 freigestellten spaltbaren Stoffes, eines radioaktiven Stoffes in besonderer Form, eines gering dispergierbaren radioaktiven Stoffes, eines Versandstückes oder einer Verpackung, die dessen/deren vollständige Identifizierung ermöglicht. Die Beschreibung kann Spezifikationen, Konstruktionszeichnungen, Berichte über den Nachweis der Übereinstimmung mit den Vorschriften und andere relevante Unterlagen enthalten.

→ D: GGVSee § 2 (1) Nr. 3 → D: GGVSee § 21 Nr. 5 → D: GGVSee § 21 → CTU-Code Kap. 2

Beförderer: Eine Person, Organisation oder Regierung, welche die Beförderung gefährlicher Güter mit jedem beliebigen Beförderungsmittel durchführt. Der Begriff schließt sowohl Beförderungen mit oder ohne Beförderungsvertrag ein.

Beförderung: Das tatsächliche Verbringen einer Sendung vom Herkunftsort zum Bestimmungsort.

Beförderungsmittel:

.1 für die Beförderung auf der Schiene oder Straße: jedes Fahrzeug,

.2 für die Beförderung auf dem Wasser: jedes Schiff oder jeder Laderaum oder festgelegte Decksbereich auf einem Schiff,

.3 für die Beförderung im Luftverkehr: jedes Luftfahrzeug.

Bergungsdruckgefäß: Ein Druckgefäß mit einem mit Wasser ausgeliterten Fassungsraum von höchstens 3000 Litern, in das ein oder mehrere beschädigte, defekte, undichte oder nicht den Vorschriften entsprechende Druckgefäße zum Zwecke der Beförderung, z. B. zur Wiederverwertung oder Entsorgung, eingesetzt werden.

Bergungsgroßverpackung: Sonderverpackung, die 1.2.1 (Forts.)

.1 für eine mechanische Handhabung ausgelegt ist und

.2 eine Nettomasse von mehr als 400 kg oder einen Fassungsraum von mehr als 450 Liter, aber ein Höchstvolumen von 3 m^3 hat,

und in die beschädigte, defekte, undichte oder nicht den Vorschriften entsprechende Versandstücke mit gefährlichen Gütern oder gefährliche Güter, die verschüttet wurden oder ausgetreten sind, eingesetzt werden, um diese zu Zwecken der Wiedergewinnung oder der Entsorgung zu befördern.

Bergungsverpackung: Sonderverpackung, in die beschädigte, defekte, undichte oder nicht den Vorschriften entsprechende Versandstücke mit gefährlichen Gütern oder gefährliche Güter, die verschüttet wurden oder ausgetreten sind, eingesetzt werden, um diese zu Zwecken der Wiedergewinnung oder der Entsorgung zu befördern.

Betriebsdauer für Flaschen und Großflaschen aus Verbundwerkstoffen: Die Anzahl Jahre, für die der Betrieb der Flasche oder Großflasche zugelassen ist.

Betriebsdruck: Der entwickelte Druck eines verdichteten Gases bei einer Bezugstemperatur von 15 °C in einem vollen Druckgefäß. → *CTU-Code Kap. 2*

Brennstoffzelle: Eine elektrochemische Vorrichtung, welche die chemische Energie eines Brennstoffs in elektrische Energie, Wärme und Reaktionsprodukte umwandelt.

Brennstoffzellen-Motor: Eine Vorrichtung, die für den Antrieb von Einrichtungen verwendet wird und die aus einer Brennstoffzelle und ihrer Brennstoffversorgung besteht – unabhängig davon, ob diese in die Brennstoffzelle integriert oder von dieser getrennt ist – und die alle Zubehörteile umfasst, die für ihre Funktion notwendig sind.

Containerschiff: Ein Schiff, das unter Deck geladenen Containern durch besonders konstruierte Führungsschienen während des Seetransports festen Stau gewährt. Container, die an Deck eines solchen Schiffes geladen werden, werden in besonderer Weise aufeinander gestapelt und durch Beschläge gesichert.

CTU-Code: Die Verfahrensregeln der IMO/ILO/UNECE für das Packen von Güterbeförderungseinheiten (IMO/ILO/UNECE Code of Practice for Packing of Cargo Transport Units) (MSC.1/Circ.1497).[1)]

Dichte Umschließung für die Beförderung radioaktiver Stoffe: Die vom Konstrukteur festgelegte Anordnung der Verpackungsbauteile, die ein Entweichen der radioaktiven Stoffe während der Beförderung verhindern sollen.

Dosisleistung für die Beförderung radioaktiver Stoffe: Die entsprechende Dosisleistung in Millisievert pro Stunde oder Mikrosievert pro Stunde.

Druckfass: Geschweißtes ortsbewegliches Druckgefäß mit einem mit Wasser ausgeliterten Fassungsraum von mehr als 150 Liter und höchstens 1 000 Liter (z. B. zylindrisches Gefäß mit Rollreifen, kugelförmige Gefäße auf Gleiteinrichtungen).

Druckgaspackung (Aerosol): Ein Gegenstand, der aus einem nicht nachfüllbaren Gefäß besteht, das den Vorschriften von 6.2.4 entspricht, aus Metall, Glas oder Kunststoff hergestellt ist, ein verdichtetes, verflüssigtes oder unter Druck gelöstes Gas mit oder ohne einem flüssigen, pastösen oder pulverförmigen Stoff enthält und das mit einer Entnahmeeinrichtung ausgerüstet ist, die ein Ausstoßen des Inhalts in Form einer Suspension von festen oder flüssigen Teilchen in einem Gas, in Form eines Schaums, einer Paste oder eines Pulvers oder in flüssigem oder gasförmigem Zustand ermöglicht.

Druckgefäß: Ein Sammelbegriff für Flasche, Großflasche, Druckfass, verschlossener Kryo-Behälter, Metallhydrid-Speichersystem, Flaschenbündel und Bergungsdruckgefäß. → *6.2.2.5* → *6.2.3.5* → *D: GGVSee § 2 (1) Nr. 18 f.*

Durch oder in: Durch oder in die Länder, in denen eine Sendung befördert wird, jedoch werden Länder, „über" die eine Sendung in der Luft befördert wird, ausdrücklich ausgeschlossen, vorausgesetzt, in diesen Ländern erfolgt keine planmäßige Zwischenlandung.

Einschließungssystem für die Beförderung radioaktiver Stoffe: Die vom Konstrukteur festgelegte und von der zuständigen Behörde anerkannte Anordnung der spaltbaren Stoffe und der Verpackungsbauteile, die zur Erhaltung der Kritikalitätssicherheit vorgesehen ist.

---

1) Weitere praktische Hinweise und Hintergrundinformationen zum CTU-Code sind als Informationsmaterial (MSC.1/Circ.1498) verfügbar. Der CTU-Code und das Informationsmaterial können unter www.unece.org/trans/wp24/guidelinespackingctus/intro.html abgerufen werden.

→ CTU-Code Kap. 2

Empfänger: Jede Person, Organisation oder Regierung, die zum Empfang einer Sendung berechtigt ist.

Entwickelter Druck: Der Druck des Inhalts eines Druckgefäßes bei Temperatur- und Diffusionsgleichgewicht.

Erwärmter Stoff: Ein Stoff, der wie folgt befördert oder zur Beförderung angeboten wird:

- im flüssigen Zustand bei einer Temperatur von 100 °C oder darüber,
- im flüssigen Zustand mit einem Flammpunkt von über 60 °C, absichtlich auf eine Temperatur oberhalb des Flammpunktes erwärmt oder,
- im festen Zustand und bei einer Temperatur von 240 °C oder darüber.

Fahrzeug: Straßenfahrzeug (einschließlich Sattelfahrzeug, d. h. Zugfahrzeug und Sattelauflieger) oder Schienenfahrzeug. Trailer oder Anhänger gelten als ein getrenntes Fahrzeug.

Fass: Zylindrische Verpackungen aus Metall, Pappe, Kunststoff, Sperrholz oder anderen geeigneten Werkstoffen mit flachen oder gewölbten Böden. Unter diesen Begriff fallen auch Verpackungen anderer Form wie z. B. runde Verpackungen mit kegelförmigem Oberboden oder eimerförmige Verpackungen. Nicht unter diesen Begriff fallen Holzfass (Fass aus Naturholz) und Kanister.

Fester Stoff: Gefährliche Güter außer Gasen, die nicht der Begriffsbestimmung für flüssige Stoffe in diesem Kapitel entsprechen.

Feste Stoffe als Schüttgut: Stoffe, außer flüssigen Stoffen oder Gasen, die aus einer Kombination von Teilchen, Körnchen oder größeren Teilen bestehen und in ihrer Zusammensetzung im Allgemeinen gleichförmig sind und die ohne irgendeine Form der Umschließung direkt in die Laderäume eines Schiffes geladen werden (dies schließt Stoffe ein, die in einem Leichter auf ein Trägerschiff geladen werden).

→ CTU-Code Kap. 2 „Roll-on/Roll-..."

Festgelegter Decksbereich: Der Bereich des Wetterdecks eines Schiffs oder eines Fahrzeugdecks eines Ro/Ro-Schiffs, der für die Stauung gefährlicher Güter vorgesehen ist.

Flammpunkt: Die niedrigste Temperatur eines flüssigen Stoffes, bei der seine Dämpfe mit Luft ein entzündbares Gemisch bilden.

Flasche: Ortsbewegliches Druckgefäß mit einem mit Wasser ausgeliterten Fassungsraum von höchstens 150 Liter.

Flaschenbündel: Eine Einheit aus Flaschen, die aneinander befestigt und untereinander mit einem Sammelrohr verbunden sind und die als untrennbare Einheit befördert werden. Der gesamte mit Wasser ausgeliterte Fassungsraum darf 3000 Liter nicht überschreiten; bei Flaschenbündeln, die für die Beförderung von giftigen Gasen der Klasse 2.3 vorgesehen sind, ist dieser mit Wasser ausgeliterte Fassungsraum auf 1000 Liter begrenzt.

→ D: GGVSee § 2 (1) Nr. 1

Flüssiger Stoff: Ein gefährlicher Stoff, der bei 50 °C einen Dampfdruck von höchstens 300 kPa (3 bar) hat und bei 20 °C und einem Druck von 101,3 kPa nicht vollständig gasförmig ist und der bei einem Druck von 101,3 kPa einen Schmelzpunkt oder Schmelzbeginn von 20 °C oder darunter hat. Ein viskoser Stoff, für den ein spezifischer Schmelzpunkt nicht bestimmt werden kann, ist dem Prüfverfahren ASTM D 4359-90 oder der in Abschnitt 2.3.4 des Anhangs A des Europäischen Übereinkommens über die internationale Beförderung gefährlicher Güter auf der Straße (ADR)[2] beschriebenen Prüfung zur Bestimmung des Fließverhaltens (Penetrometerverfahren) zu unterziehen.

→ CTU-Code Kap. 2
→ CTU-Code Nr. 6.2

Frachtcontainer: Ein Transportgefäß, das von dauerhafter Beschaffenheit und genügend widerstandsfähig ist, so dass es wiederholt verwendet werden kann, das besonders dafür gebaut ist, die Beförderung von Gütern durch einen oder mehrere Verkehrsträger ohne Umladung des Inhalts zu erleichtern, das so gebaut ist, dass es gesichert und/oder leicht umgeschlagen werden kann. Hierfür ist es mit Eckbeschlägen ausgerüstet. Es muss nach dem Internationalen Übereinkommen über sichere Container (CSC) von 1972 in der jeweils geltenden Fassung zugelassen sein. Der Begriff „Frachtcontainer" schließt weder Fahrzeug noch Verpackung ein, jedoch sind Frachtcontainer, die auf einem Chassis befördert werden, eingeschlossen.

Für die Beförderung radioaktiver Stoffe dürfen Frachtcontainer als Verpackung verwendet werden. Außerdem: Ein kleiner Frachtcontainer ist ein Frachtcontainer mit einem Fassungsraum von höchstens 3 m^3. Ein großer Frachtcontainer ist ein Frachtcontainer mit einem Fassungsraum von mehr als 3 m^3.

---

[2] Publikation der Vereinten Nationen: ECE/TRANS/257 (Sales No. E.16.VIII.1).

Füllungsgrad: Das Verhältnis zwischen der Masse an Gas und der Masse an Wasser bei 15 °C, die ein für die Verwendung vorbereitetes Druckgefäß vollständig ausfüllen würde. **1.2.1** (Forts.)

Gascontainer mit mehreren Elementen (MEGC): Ein multimodales Beförderungsgerät, das aus Elementen besteht, die durch ein Sammelrohr miteinander verbunden sind und die in einem Rahmen montiert sind. Als Elemente eines MEGC gelten Flaschen, Großflaschen oder Flaschenbündel. Der MEGC ist mit Bedienungsausrüstungen und einer baulichen Ausrüstung versehen, die für die Beförderung von Gasen erforderlich sind.

Gefäß: Behältnis, das Stoffe oder Gegenstände aufnehmen und enthalten kann, einschließlich aller Verschlussmittel.

Genehmigung/Zulassung:

Multilaterale Genehmigung/Zulassung für die Beförderung radioaktiver Stoffe: Eine je nach Fall durch die jeweils zuständige Behörde des Ursprungslandes der Bauart oder der Beförderung und durch die zuständige Behörde jedes Landes, durch oder in das eine Sendung zu befördern ist, erteilte Genehmigung/Zulassung.

Unilaterale Zulassung für die Beförderung radioaktiver Stoffe: Eine Zulassung einer Bauart, die nur von der zuständigen Behörde des Ursprungslandes der Bauart erteilt werden muss.

Geschlossene Güterbeförderungseinheit: Mit Ausnahme der Klasse 1 eine Güterbeförderungseinheit, die den Inhalt durch bleibende Bauteile mit nicht durchbrochenen und starren Oberflächen umschließt. Güterbeförderungseinheiten mit Seiten- oder Dachplanen sind keine geschlossenen Güterbeförderungseinheiten; bezüglich der Begriffsbestimmung einer geschlossenen Güterbeförderungseinheit für Klasse 1 siehe 7.1.2. *→ CTU-Code Kap. 2*

Geschlossener Ro/Ro-Laderaum: Ro/Ro-Laderaum, der weder ein offener Ro/Ro-Laderaum noch ein Wetterdeck ist.

GHS (Globally Harmonized System of Classification and Labelling of Chemicals): Die siebente überarbeitete Fassung des von den Vereinten Nationen mit Dokument ST/SG/AC.10/30/Rev.7 veröffentlichten Global Harmonisierten Systems zur Einstufung und Kennzeichnung von Chemikalien.

Grenzüberschreitende Beförderung von Abfällen: Beförderung von Abfällen aus dem Hoheitsgebiet eines Landes in oder durch das Hoheitsgebiet eines anderen Landes oder in oder durch ein Gebiet, das nicht Hoheitsgebiet eines der beiden Länder ist, vorausgesetzt, es werden mindestens zwei Länder von der Beförderung berührt.

Großflasche: Ortsbewegliches Druckgefäß einer nahtlosen Bauweise oder einer Bauweise aus Verbundwerkstoff mit einem mit Wasser ausgeliterten Fassungsraum von mehr als 150 Liter bis höchstens 3000 Liter.

Großpackmittel (IBC): Starre oder flexible, transportable Verpackung, die nicht im Kapitel 6.1 aufgeführt ist und:

.1 einen Fassungsraum hat von:
  - .1 höchstens 3,0 m^3 (3000 Liter) für feste und flüssige Stoffe der Verpackungsgruppen II und III,
  - .2 höchstens 1,5 m^3 für feste Stoffe der Verpackungsgruppe I, die in flexiblen IBC, IBC aus starrem Kunststoff, Kombinations-IBC, IBC aus Pappe und Holz verpackt sind,
  - .3 höchstens 3,0 m^3 für feste Stoffe der Verpackungsgruppe I, die in metallenen IBC verpackt sind,
  - .4 höchstens 3,0 m^3 für radioaktive Stoffe der Klasse 7;

.2 für mechanische Handhabung ausgelegt ist und

.3 den Beanspruchungen bei der Handhabung und Beförderung standhält, was durch Prüfungen festgestellt wird.

Regelmäßige Wartung eines flexiblen Großpackmittels (IBC): Die routinemäßige Ausführung von Arbeiten an flexiblen Kunststoff-IBC oder flexiblen IBC aus Textilgewebe, wie:

.1 Reinigung oder

.2 Ersatz nicht integraler Bestandteile, wie nicht integrale Auskleidungen und Verschlussverbindungen, durch Bestandteile, die den ursprünglichen Spezifikationen des Herstellers entsprechen,

vorausgesetzt, diese Arbeiten haben keine negativen Auswirkungen auf die Behältnisfunktion des flexiblen IBC und verändern nicht die Bauart.

1.2.1 (Forts.) ***Bemerkung:*** *Für starre Großpackmittel (IBC) siehe Regelmäßige Wartung eines starren Großpackmittels (IBC).*

Regelmäßige Wartung eines starren Großpackmittels (IBC): Die Ausführung regelmäßiger Arbeiten an metallenen IBC, starren Kunststoff-IBC oder Kombinations-IBC wie:

.1 Reinigung;

.2 Entfernen und Wiederanbringen oder Ersetzen der Verschlüsse des Packmittelkörpers (einschließlich der damit verbundenen Dichtungen) oder der Bedienungsausrüstung entsprechend den ursprünglichen Spezifikationen des Herstellers, vorausgesetzt, die Dichtheit des IBC wird überprüft; oder

.3 Wiederherstellen der baulichen Ausrüstung, die nicht direkt die Funktion hat, ein gefährliches Gut einzuschließen oder einen Entleerungsdruck aufrechtzuerhalten, um eine Übereinstimmung mit der geprüften Bauart herzustellen (z. B. Richten der Stützfüße oder der Hebeeinrichtungen), vorausgesetzt, die Behältnisfunktion des IBC wird nicht beeinträchtigt.

Bemerkung: *Für flexible Großpackmittel (IBC) siehe Regelmäßige Wartung eines flexiblen Großpackmittels (IBC).*

Repariertes Großpackmittel (IBC): Ein metallener IBC, ein starrer Kunststoff-IBC oder ein Kombinations-IBC, der wegen eines Stoßes oder eines anderen Grundes (z. B. Korrosion, Versprödung oder andere Anzeichen einer gegenüber der geprüften Bauart verminderten Festigkeit) so wiederhergestellt wurde, dass er wieder der geprüften Bauart entspricht und in der Lage ist, den Bauartprüfungen standzuhalten. Für Zwecke dieses Codes gilt das Ersetzen des starren Innenbehälters eines Kombinations-IBC durch einen der ursprünglichen Bauart desselben Herstellers entsprechenden Behälter als Reparatur. Dieser Begriff schließt jedoch nicht die regelmäßige Wartung eines starren IBC (siehe Begriffsbestimmung oben) ein. Der Packmittelkörper eines starren Kunststoff-IBC und der Innenbehälter eines Kombinations-IBC sind nicht reparabel. Flexible IBC sind, sofern dies nicht von der zuständigen Behörde zugelassen ist, nicht reparabel.

Wiederaufgearbeitetes Großpackmittel (IBC): Ein metallener IBC, ein starrer Kunststoff-IBC oder ein Kombinations IBC:

.1 der sich, ausgehend von einem den Vorschriften nicht entsprechenden Typ, aus der Fertigung eines den Vorschriften entsprechenden UN-Typs ergibt oder

.2 der sich aus der Umwandlung eines den Vorschriften entsprechenden UN-Typs in einen anderen, den Vorschriften entsprechenden UN-Typ ergibt.

Wiederaufgearbeitete IBC unterliegen denselben Vorschriften dieses Codes wie neue IBC des gleichen Typs (siehe Begriffsbestimmung der Bauart in 6.5.6.1.1).

Großverpackung: Eine aus einer Außenverpackung bestehende Verpackung, die Gegenstände oder Innenverpackungen enthält und die:

.1 für eine mechanische Handhabung ausgelegt ist und

.2 eine Nettomasse von mehr als 400 kg oder einen Fassungsraum von mehr als 450 Liter, aber ein Höchstvolumen von 3 m^3 hat.

→ D: GGVSee § 18 Nr. 2 → CTU-Code Kap. 2

Güterbeförderungseinheit: Ein Straßentank- oder Straßengüterfahrzeug, ein Kessel- oder Güterwagen, ein multimodaler Frachtcontainer, ein multimodaler ortsbeweglicher Tank oder ein MEGC.

Handbuch Prüfungen und Kriterien: Sechste überarbeitete Ausgabe der UN-Empfehlungen für die Beförderung gefährlicher Güter, *„Recommendations on the Transport of Dangerous Goods, Manual of Tests and Criteria"*, herausgegeben von den Vereinten Nationen (ST/SG/AC.10/11/Rev.6 und Amend.1).

Höchste Nettomasse: Wie in 6.1.4 verwendet, die höchste Nettomasse des Inhalts einer einzelnen Verpackung oder die höchste Summe aus den Massen der Innenverpackungen und ihrem Inhalt, ausgedrückt in Kilogramm.

Höchster Fassungsraum: Wie in 6.1.4 verwendet. Das höchste Innenvolumen von Gefäßen oder Verpackungen ausgedrückt in Liter.

Höchster normaler Betriebsdruck für die Beförderung radioaktiver Stoffe: Der höchste Druck über dem Luftdruck bei mittlerer Meereshöhe, der sich in der dichten Umschließung im Laufe eines Jahres unter den Temperatur- und Sonneneinstrahlungsbedingungen entwickeln würde, die den Umgebungsbedingungen während der Beförderung ohne Entlüftung, äußere Kühlung durch ein Hilfssystem oder betriebliche Überwachung entsprechen. 1.2.1 (Forts.)

Holzfass: Verpackung aus Naturholz mit rundem Querschnitt und bauchig geformten Wänden, die aus Dauben und Böden besteht und mit Reifen versehen ist.

IMO-Tank Typ 4: Ein Straßentankfahrzeug zur Beförderung gefährlicher Güter der Klassen 3 bis 9 einschließlich eines Sattelaufliegers mit einem festverbundenen Tank oder ein Tank, der mit mindestens vier Verriegelungszapfen gemäß ISO-Normen (d. h. Internationale ISO-Norm 1161:1984) mit einem Chassis verbunden ist. → 4.2.0.1

IMO-Tank Typ 6: Ein Straßentankfahrzeug zur Beförderung nicht tiefgekühlt verflüssigter Gase der Klasse 2 einschließlich eines Sattelaufliegers mit einem festverbundenen Tank oder eines mit einem Chassis verbundenen Tanks, der mit Bedienungsausrüstungen und einer baulichen Ausrüstung versehen ist, die für die Beförderung von Gasen erforderlich sind. → 4.2.0.1

IMO-Tank Typ 8: Ein Straßentankfahrzeug zur Beförderung tiefgekühlt verflüssigter Gase der Klasse 2 einschließlich eines Sattelaufliegers mit einem festverbundenen wärmeisolierten Tank, der mit Bedienungsausrüstungen und einer baulichen Ausrüstung versehen ist, die für die Beförderung tiefgekühlt verflüssigter Gase erforderlich sind. → 4.2.0.1

IMO-Tank Typ 9: Ein Straßen-Gaselemente-Fahrzeug für die Beförderung von verdichteten Gasen der Klasse 2, das aus Elementen besteht, die durch ein Sammelrohr verbunden und fest mit dem Chassis verbunden sind, und das mit Bedienungsausrüstungen und baulicher Ausrüstung, die für die Beförderung von Gasen notwendig sind, ausgerüstet ist. Elemente sind Flaschen, Großflaschen und Flaschenbündel, die für die Beförderung von Gasen gemäß der Begriffsbestimmung in 2.2.1.1 bestimmt sind.

Innengefäß: Gefäß, das eine Außenverpackung erfordert, um seine Behältnisfunktion zu erfüllen.

Innenverpackungen: Verpackungen, für deren Beförderung eine Außenverpackung erforderlich ist.

Kanister: Verpackungen aus Metall oder Kunststoff mit rechteckigem oder mehreckigem Querschnitt.

Kiste: Rechteckige oder mehreckige vollwandige Verpackung aus Metall, Holz, Sperrholz, Holzfaserwerkstoff, Pappe, Kunststoff oder einem anderen geeigneten Werkstoff. Sofern die Unversehrtheit der Verpackung während der Beförderung dadurch nicht gefährdet wird, dürfen kleine Öffnungen angebracht werden, um die Handhabung oder das Öffnen zu erleichtern oder um den Zuordnungskriterien zu entsprechen.

Kombinationsverpackungen: Verpackungen, die aus einer Außenverpackung und einem Innengefäß bestehen und so ausgeführt sind, dass Innengefäß und Außenverpackung eine Einheit bilden. Sind sie einmal zusammengesetzt, bilden sie eine Einheit, die als solche befüllt, gelagert, befördert und entleert wird.

Kontrolltemperatur: Die höchste Temperatur, bei der bestimmte Stoffe (wie organische Peroxide und selbstzersetzliche Stoffe sowie verwandte Stoffe) über einen längeren Zeitraum sicher befördert werden können.

Kritikalitätssicherheitskennzahl (CSI), die einem Versandstück, einer Umverpackung oder einem Container mit spaltbaren Stoffen zugeordnet ist, für die Beförderung radioaktiver Stoffe: Eine Zahl, anhand derer die Ansammlung von Versandstücken, Umverpackungen oder Containern mit spaltbaren Stoffen überwacht wird.

Kritische Temperatur: Die Temperatur, oberhalb der ein Stoff nicht in flüssigem Zustand existieren kann.

Kryo-Behälter: Ortsbewegliches wärmeisoliertes Druckgefäß für die Beförderung tiefgekühlt verflüssigter Gase mit einem mit Wasser ausgeliterten Fassungsraum von höchstens 1 000 Liter.

Kurze internationale Seereise: Eine internationale Seereise, während der ein Schiff höchstens 200 Seemeilen von einem Hafen oder Ort entfernt ist, in dem oder an dem Fahrgäste und Besatzung in Sicherheit gebracht werden können. Weder die Entfernung zwischen dem letzten Anlaufhafen in dem Land, in dem die Seereise beginnt, und dem letzten Bestimmungshafen noch die Rückreise darf 600 Seemeilen überschreiten. Der letzte Bestimmungshafen ist der letzte Anlaufhafen der planmäßigen Seereise, in dem das Schiff seine Rückreise in das Land beginnt, in dem die Seereise begonnen hat.

1.2 Begriffsbestimmungen, Maßeinheiten und Abkürzungen

→ CTU-Code Kap. 2

Ladeeinheit (unit load): Eine Anzahl von Versandstücken, die:

.1 auf eine Ladeplatte wie z. B. eine Palette gestellt oder gestapelt und durch Gurte, Schrumpffolien oder andere geeignete Mittel auf dieser befestigt werden,

.2 in eine äußere Schutzumhüllung wie z. B. eine Boxpalette gestellt werden,

.3 dauerhaft durch Gurte zusammengebunden und gesichert sind.

Lange internationale Seereise: Eine internationale Seereise, die keine kurze internationale Seereise ist.

Leichterzubringerschiff: Ein für die Beförderung von Trägerschiffsleichtern zu oder von einem Trägerschiff besonders konstruiertes und ausgerüstetes Schiff.

Managementsystem für die Beförderung radioaktiver Stoffe: Eine Reihe zusammenhängender oder sich gegenseitig beeinflussender Elemente (System) für die Festlegung von Strategien und Zielen und die Ermöglichung der Erreichung der Ziele in einer wirksamen und nachhaltigen Weise.

Manual of Tests and Criteria: Siehe Handbuch Prüfungen und Kriterien.

Metallhydrid-Speichersystem: Ein einzelnes vollständiges Wasserstoff-Speichersystem, das ein Gefäß, ein Metallhydrid, eine Druckentlastungseinrichtung, ein Absperrventil, eine Bedienungsausrüstung und innere Bestandteile enthält und nur für die Beförderung von Wasserstoff verwendet wird.

Mit Wasser reagierende Stoffe: Stoffe, die in Berührung mit Wasser entzündbare Gase entwickeln.

Nahrungs- und Futtermittel: Nahrungsmittel, Futtermittel oder andere essbare Stoffe, die als Nahrung für Menschen oder Tiere vorgesehen sind.

Nettoexplosivstoffmasse (NEM): Die Gesamtmasse der explosiven Stoffe ohne Verpackungen, Gehäuse usw. (Die Begriffe „Nettoexplosivstoffmenge", „Nettoexplosivstoffinhalt", „Nettoexplosivstoffgewicht" oder „Nettomasse des explosiven Inhalts" werden oft mit derselben Bedeutung verwendet.)

Neutronenstrahlungsdetektor: Eine Einrichtung zum Feststellen von Neutronenstrahlung. In einer derartigen Einrichtung kann ein Gas in einem dicht verschlossenen Elektronenröhrenwandler, der Neutronenstrahlung in ein messbares elektrisches Signal umwandelt, enthalten sein.

Notfalltemperatur: Die Temperatur, bei der Notfallmaßnahmen zu ergreifen sind.

Offene Güterbeförderungseinheit: Eine Einheit, die keine geschlossene Güterbeförderungseinheit ist.

Offener Kryo-Behälter: Ortsbewegliches wärmeisoliertes Gefäß für tiefgekühlt verflüssigte Gase, das durch ständiges Entlüften des tiefgekühlt verflüssigten Gases auf Umgebungsdruck gehalten wird.

Offener Ro/Ro-Laderaum: Ein Ro/Ro-Laderaum, der entweder an beiden Enden offen ist oder der an einem Ende offen ist und entsprechend den Anforderungen der Verwaltung durch bleibende Öffnungen in den Seitenbeplattungen oder der Decke mit einer über seine ganze Länge wirkenden angemessenen natürlichen Belüftung versehen ist.

Offshore-Schüttgut-Container: Ein Schüttgut-Container, der besonders für die wiederholte Verwendung für die Beförderung von gefährlichen Gütern von, zu und zwischen Offshore-Einrichtungen ausgelegt ist. Ein Offshore-Schüttgut-Container wird nach den „Richtlinien für die Zulassung von auf hoher See eingesetzten Offshore-Containern", die von der Internationalen Seeschifffahrts-Organisation (IMO) im Dokument MSC/Circ.860 festgelegt wurden, ausgelegt und gebaut.

Prüfdruck: Druck, der bei einer Druckprüfung für die erstmalige oder wiederkehrende Prüfung anzuwenden ist (für ortsbewegliche Tanks siehe 6.7.2.1).

Prüfstelle: Eine von der zuständigen Behörde zugelassene unabhängige Prüfstelle.

Qualitätssicherung: Ein systematisches Überwachungs- und Kontrollprogramm, das von jeder Organisation oder Stelle mit dem Ziel angewendet wird, dass die in diesem Code vorgeschriebenen Sicherheitsnormen in der Praxis eingehalten werden.

Radioaktiver Inhalt für die Beförderung radioaktiver Stoffe: Die radioaktiven Stoffe mit allen kontaminierten oder aktivierten festen Stoffen, flüssigen Stoffen und Gasen innerhalb der Verpackung.

Recycling-Kunststoffe: Werkstoffe, die aus gebrauchten Industrieverpackungen wiedergewonnen wurden und die gereinigt und für die Verarbeitung zu neuen Verpackungen vorbereitet wurden. Die besonderen Eigenschaften der für die Herstellung neuer Verpackungen verwendeten Recycling-Kunststoffe müssen garantiert und regelmäßig im Rahmen eines von der zuständigen Behörde anerkannten Qualitätssicherungsprogramms dokumentiert werden. Dieses Qualitätssicherungsprogramm muss Aufzeichnungen über eine zweckmäßige Vorsortierung sowie die Feststellung umfassen, ob die Werte jeder Charge des Recycling-Kunststoffs für den Schmelzindex, die Dichte und Zugfestigkeit denen des aus einem solchen Recycling-Kunststoff hergestellten Baumusters entsprechen. Zu den Qualitätssicherungsangaben gehören notwendige Angaben über den Verpackungswerkstoff, aus dem die Recycling-Kunststoffe gewonnen wurden, ebenso wie die Kenntnis der früher in diesen Verpackungen enthaltenen Stoffe, sofern diese möglicherweise die Eignung neuer, unter Verwendung dieses Kunststoffs hergestellter Verpackungen beeinträchtigen könnten. Darüber hinaus muss das vom Hersteller der Verpackung angewendete Qualitätssicherungsprogramm nach 6.1.1.3 die Durchführung der mechanischen Bauartprüfungen nach 6.1.5 unter Verwendung von Verpackungen aus jeder Charge des Recycling-Kunststoffs umfassen. Bei dieser Prüfung darf die Stapelfestigkeit durch eine geeignete dynamische Stauchprüfung anstelle der Stapeldruckprüfung nachgewiesen werden. **1.2.1** (Forts.)

Bemerkung: *Die Norm EN ISO 16103:2005 „Verpackung – Verpackungen zur Beförderung gefährlicher Güter – Recycling-Kunststoffe" enthält zusätzliche Leitlinien für Verfahren, die bei der Zulassung der Verwendung von Recycling-Kunststoffen einzuhalten sind.*

Regelmäßige Wartung eines flexiblen Großpackmittels (IBC): siehe Großpackmittel (IBC).

Regelmäßige Wartung eines starren Großpackmittels (IBC): siehe Großpackmittel (IBC).

Rekonditionierte Verpackung: Verpackung, insbesondere:

.1 ein Metallfass:

- .1 das so gereinigt wurde, dass die Konstruktionswerkstoffe wieder ihr ursprüngliches Aussehen erhalten und dabei alle Reste des früheren Inhalts, ebenso wie innere und äußere Korrosion sowie äußere Beschichtungen und Bezettelungen entfernt wurden,
- .2 das wieder in seine ursprüngliche Form und sein ursprüngliches Profil gebracht wurde, wobei die Falze (soweit vorhanden) gerichtet und abgedichtet und alle Dichtungen, die nicht integrierter Teil der Verpackung sind, ausgetauscht wurden, und
- .3 das nach der Reinigung, aber vor dem erneuten Anstrich untersucht wurde, wobei Verpackungen, die sichtbare kleine Löcher, eine wesentliche Verminderung der Materialstärke, eine Ermüdung des Metalls, beschädigte Gewinde oder Verschlüsse oder andere bedeutende Mängel aufweisen, zurückgewiesen werden müssen;

.2 ein Fass oder Kanister aus Kunststoff:

- .1 das/der so gereinigt wurde, dass die Konstruktionswerkstoffe wieder ihr ursprüngliches Aussehen erhalten und dabei alle Reste des früheren Inhalts sowie äußere Beschichtungen und Bezettelungen entfernt wurden,
- .2 dessen Dichtungen, die nicht integrierter Teil der Verpackung sind, ausgetauscht wurden und
- .3 das/der nach der Reinigung untersucht wurde, wobei Verpackungen, die sichtbare Schäden wie Risse, Falten oder Bruchstellen, beschädigte Gewinde oder Verschlüsse oder andere bedeutende Mängel aufweisen, zurückgewiesen werden müssen.

Repariertes Großpackmittel (IBC): siehe Großpackmittel (IBC).

Ro/Ro-Laderäume: Räume, die normalerweise in keiner Weise unterteilt sind und die sich entweder über einen erheblichen Teil der Länge oder über die Gesamtlänge des Schiffes erstrecken und bei denen Güter (verpackt oder als Massengut, in oder auf Schienen- oder Straßenfahrzeugen (einschließlich Straßentankwagen oder Eisenbahnkesselwagen), Trailern, Containern, Paletten, abnehmbaren Tanks (Aufsetztanks) oder in oder auf ähnlichen Beförderungs- oder Ladeeinheiten oder anderen Behältern) normalerweise in horizontaler Richtung ge- oder entladen werden können.

Ro/Ro-Schiff (Roll-on/Roll-off-Schiff): Ein Schiff mit einem oder mehreren geschlossenen oder offenen Decks, die normalerweise in keiner Weise unterteilt sind und sich im Allgemeinen über die gesamte Länge des Schiffs erstrecken; es befördert Güter, die normalerweise in horizontaler Richtung geladen und entladen werden. *→ CTU-Code Kap. 2 „Roll-on/Roll-..."*

Sack: Flexible Verpackung aus Papier, Kunststofffolien, Textilien, gewebten oder anderen geeigneten Werkstoffen.

SADT (self-accelerating decomposition temperature): Die niedrigste Temperatur, bei der sich ein Stoff in versandmäßiger Verpackung unter Selbstbeschleunigung zersetzen kann. Die SADT ist nach Teil II des Handbuchs Prüfungen und Kriterien zu bestimmen.

1.2.1 (Forts.) ***SAPT (self-accelerating polymerization temperature):*** Die niedrigste Temperatur, bei der die Polymerisation eines Stoffes in den zur Beförderung aufgegebenen Verpackungen, Großpackmitteln (IBC) oder Tanks auftreten kann. Die SAPT ist nach den für die Temperatur der selbstbeschleunigenden Zersetzung von selbstzersetzlichen Stoffen im Handbuch Prüfungen und Kriterien Teil II Abschnitt 28 festgelegten Prüfverfahren zu bestimmen.

Sattelanhänger: Jeder Anhänger, der dazu bestimmt ist, mit einem Kraftfahrzeug so verbunden zu werden, dass er teilweise auf diesem aufliegt und dass ein wesentlicher Teil seiner Masse und der Masse seiner Ladung von diesem getragen wird.

Schüttgut-Container: Ein Behältnissystem (einschließlich eventueller Auskleidungen oder Beschichtungen), das für die Beförderung fester Stoffe in direktem Kontakt mit dem Behältnissystem vorgesehen ist. Verpackungen, Großpackmittel (IBC), Großverpackungen und ortsbewegliche Tanks sind nicht eingeschlossen.

Ein Schüttgut-Container:

- ist von dauerhafter Beschaffenheit und genügend widerstandsfähig, um wiederholt verwendet werden zu können,
- ist besonders dafür gebaut, um die Beförderung von Gütern durch ein oder mehrere Beförderungsmittel ohne Veränderung der Ladung zu erleichtern,
- ist mit Vorrichtungen versehen, welche die Handhabung erleichtern, und
- hat einen Fassungsraum von mindestens 1,0 m^3.

→ CTU-Code Nr. 6.4 Beispiele für Schüttgut-Container sind Frachtcontainer, Offshore-Schüttgut-Container, Mulden, Silos für Güter in loser Schüttung, Wechselaufbauten (Wechselbehälter), trichterförmige Container, Rollcontainer, Ladeabteile von Fahrzeugen oder flexible Schüttgut-Container.

Sendung: Ein einzelnes Versandstück oder mehrere Versandstücke oder eine Ladung gefährlicher Güter, die ein Versender zur Beförderung aufgibt.

Sonderräume: Geschlossene Räume über oder unter dem Schottendeck, die für die Beförderung von Kraftfahrzeugen, welche im Tank flüssigen Treibstoff für ihren Eigenantrieb mitführen, vorgesehen sind und in die und aus denen diese Fahrzeuge gefahren werden können und zu dem Fahrgäste Zutritt haben.

Staubdichte Verpackungen: Verpackungen, die für trockenen Inhalt, insbesondere für während der Beförderung entstandene feinstaubige feste Stoffe, undurchlässig sind.

Strahlungsdetektionssystem: Ein Gerät, das als Bestandteile Strahlungsdetektoren enthält.

Straßentankfahrzeug: Ein Fahrzeug, das mit einem Tank mit einem Fassungsraum von mehr als 450 Liter ausgerüstet ist; der Tank ist mit Druckentlastungseinrichtungen ausgestattet.

→ CTU-Code Nr. 6.2.13 ***Tank:*** Ortsbeweglicher Tank (insbesondere ein Tankcontainer), ein Straßentankfahrzeug, ein Eisenbahnkesselwagen oder ein Gefäß zur Aufnahme fester und flüssiger Stoffe sowie verflüssigter Gase mit einem Fassungsraum von mindestens 450 Liter, wenn sie für den Transport von Gasen entsprechend der Begriffsbestimmung in 2.2.1.1 verwendet werden.

Tierische Stoffe: Tierkörper, Tierkörperteile oder aus Tieren gewonnene Nahrungsmittel oder Futtermittel.

Trägerschiff: Ein für die Beförderung von Trägerschiffsleichtern besonders konstruiertes und ausgerüstetes Schiff.

Trägerschiffsleichter oder Leichter: Ein unabhängiges Schiff ohne Eigenantrieb, das besonders dafür konstruiert und ausgerüstet ist, in beladenem Zustand auf ein Trägerschiff oder ein Leichterzubringerschiff gehoben und dort gestaut zu werden.

Transportkennzahl (TI), die einem Versandstück, einer Umverpackung oder einem Container oder unverpackten LSA-I-Stoffen oder SCO-I-Gegenständen zugeordnet ist, für die Beförderung radioaktiver Stoffe: Eine Zahl, anhand derer die Strahlenexposition überwacht wird.

Überstaut: Dass Versandstücke oder Container direkt aufeinander gestaut werden.

Überwachung der Einhaltung von Vorschriften: Ein systematisches Programm von Maßnahmen, das von einer zuständigen Behörde mit dem Ziel festgelegt wird, die Einhaltung der Vorschriften dieses Codes in der Praxis zu gewährleisten.

Umverpackung: Eine Umschließung, die von einem einzigen Versender für die Aufnahme von einem oder mehreren Versandstücken und für die Bildung einer Einheit zur leichteren Handhabung und Stauung während der Beförderung verwendet wird. Beispiele für Umverpackungen sind: *→ CTU-Code Kap. 2*

.1 eine Ladeplatte, wie eine Palette, auf die mehrere Versandstücke gestellt oder gestapelt werden und die durch Kunststoffband, Schrumpf- oder Dehnfolie oder andere geeignete Mittel gesichert werden, oder

.2 eine äußere Schutzverpackung wie eine Kiste oder ein Verschlag.

Verpackung: Ein oder mehrere Gefäße und alle anderen Bestandteile und Werkstoffe, die notwendig sind, damit die Gefäße ihre Behältnis- und andere Sicherheitsfunktionen erfüllen können. *→ CTU-Code Kap. 2 → D: GGVSee § 17 Nr. 4*

Versandstück: Das versandfertige Endprodukt des Verpackungsvorganges, bestehend aus der Verpackung und ihrem Inhalt. *→ CTU-Code Kap. 2*

Verschlag: Eine Außenverpackung, die eine durchbrochene Oberfläche aufweist.

Verschluss: Eine Einrichtung, die dazu dient, die Öffnung eines Gefäßes zu verschließen.

Versender: Jede Person, Organisation oder Regierung, die eine Sendung für die Beförderung vorbereitet. *→ D: GGVSee § 2 (1) Nr. 23*

Wetterdeck: Ein Deck, das dem Wetter von oben und von mindestens zwei Seiten vollständig ausgesetzt ist. *→ D: GGVSee § 17 → CTU-Code Kap. 2*

Wiederaufgearbeitete Großverpackung: Eine Großverpackung aus Metall oder aus starrem Kunststoff:

.1 die sich ausgehend von einem den Vorschriften nicht entsprechenden Typ, aus der Fertigung eines den Vorschriften entsprechenden UN-Typs ergibt oder

.2 die sich aus der Umwandlung eines den Vorschriften entsprechenden UN-Typs in einen anderen, den Vorschriften entsprechenden UN-Typ ergibt.

Wiederaufgearbeitete Großverpackungen unterliegen denselben Vorschriften dieses Codes wie eine neue Großverpackung desselben Typs (siehe auch Definition der Bauart in 6.6.5.1.2).

Wiederaufgearbeitetes Großpackmittel (IBC): siehe Großpackmittel (IBC).

Wiederaufgearbeitete Verpackung: Verpackung, insbesondere:

.1 ein Metallfass:

  .1 das sich, ausgehend von einem den Vorschriften des Kapitels 6.1 nicht entsprechenden Typ, aus der Fertigung eines UN-Verpackungstyps ergibt, der diesen Vorschriften entspricht;

  .2 das sich aus der Umwandlung eines UN-Verpackungstyps, der den Vorschriften des Kapitels 6.1 entspricht, in einen anderen Typ, der denselben Vorschriften entspricht, ergibt oder

  .3 bei dem fest eingebaute Konstruktionsbestandteile (wie nicht abnehmbare Deckel) ausgetauscht wurden; oder

.2 ein Fass aus Kunststoff:

  .1 das sich aus der Umwandlung eines UN-Verpackungstyps in einen anderen UN-Verpackungstyp ergibt (z. B. 1H1 in 1H2) oder

  .2 bei dem fest eingebaute Konstruktionsbestandteile ausgetauscht wurden.

Wiederaufgearbeitete Fässer unterliegen den gleichen Vorschriften dieses Codes, die für neue Fässer derselben Art gelten.

Wiederverwendete Großverpackung: Eine zur Wiederbefüllung vorgesehene Großverpackung, die nach einer Untersuchung als frei von solchen Mängeln befunden wurde, die das erfolgreiche Bestehen der Funktionsprüfungen beeinträchtigen könnten; unter diese Begriffsbestimmung fallen insbesondere solche Großverpackungen, die mit gleichen oder ähnlichen verträglichen Gütern wiederbefüllt und innerhalb von Vertriebsnetzen, die vom Versender des Produktes überwacht werden, befördert werden.

Wiederverwendete Verpackung: Eine Verpackung zur Wiederbefüllung, die nach einer Untersuchung als frei von solchen Mängeln befunden wurde, die das erfolgreiche Bestehen der Funktionsprüfungen beeinträchtigen könnten; unter diesen Begriff fallen insbesondere solche Verpackungen, die mit gleichen oder ähnlichen verträglichen Gütern wiederbefüllt und innerhalb von Vertriebsnetzen, die vom Versender des Produktes überwacht werden, befördert werden.

1.2.1 (Forts.) ***Zusammengesetzte Verpackung:*** Für die Beförderung zusammengesetzte Verpackung, bestehend aus einer oder mehreren Innenverpackungen, die nach 4.1.1.5 in eine Außenverpackung eingesetzt sein müssen.

→ D: GGVSee § 8 ff. → 7.9 ***Zuständige Behörde:*** Die Behörde(n) oder sonstige Stelle(n), die für irgendeinen Zweck in Verbindung mit diesem Code als solche bestimmt oder anderweitig anerkannt wird (werden).

Zwischenverpackung: Eine Verpackung, die sich zwischen Innenverpackungen oder Gegenständen und einer Außenverpackung befindet.

1.2.1.1 Beispiele zur Erläuterung einiger Begriffsbestimmungen

Die folgenden Erklärungen und Beispiele sollen die Verwendung einiger der in diesem Kapitel definierten Verpackungsbegriffe erläutern.

Die Begriffsbestimmungen dieses Kapitels stehen im Einklang mit der Verwendung der definierten Begriffe im gesamten Code. Einige der definierten Begriffe werden jedoch häufig in anderer Weise verwendet. Dies wird besonders deutlich bei dem Begriff „Innengefäß", der oft zur Beschreibung des „inneren Teils" einer zusammengesetzten Verpackung verwendet wurde.

Der „innere Teil" von „zusammengesetzten Verpackungen" wird immer als „Innenverpackung" und nicht als „Innengefäß" bezeichnet. Eine Flasche aus Glas ist ein Beispiel für eine solche „Innenverpackung".

Der „innere Teil" von „Kombinationsverpackungen" wird normalerweise als „Innengefäß" bezeichnet. Zum Beispiel ist der „innere Teil" einer Kombinationsverpackung 6HA1 (Kunststoff) ein solches „Innengefäß", da der „innere Teil" normalerweise nicht zur Erfüllung einer Behältnisfunktion ohne seine „Außenverpackung" ausgelegt ist; er ist daher keine „Innenverpackung".

1.2.2 Maßeinheiten

1.2.2.1 [Aufzählung]

In diesem Code gelten folgende Maßeinheiten*:

Größe	SI-Einheit**		Zusätzlich zugelassene Einheit		Beziehung zwischen den Einheiten	
Länge	m	(Meter)	–		–	
Fläche	m^2	(Quadratmeter)	–			
Volumen	m^3	(Kubikmeter)	L***	(Liter)	1 L	= 10^{-3} m^3
Zeit	s	(Sekunde)	min	(Minute)	1 min	= 60 s
			h	(Stunde)	1 h	= 3600 s
			d	(Tag)	1 d	= 86400 s
Masse	kg	(Kilogramm)	g	(Gramm)	1 g	= 10^{-3} kg
			t	(Tonne)	1 t	= 10^{3} kg
Dichte	kg/m^3		kg/L		1 kg/L	= 10^{3} kg/m^3
Temperatur	K	(Kelvin)	°C	(Grad Celsius)	0 °C	= 273,15 K
Temperaturdifferenz	K	(Kelvin)	°C	(Grad Celsius)	1 °C	= 1 K
Kraft	N	(Newton)	–		1 N	= 1 kg· m/s^2
Druck	Pa	(Pascal)	bar	(Bar)	1 bar	= 10^{5} Pa
					1 Pa	= 1 N/m^2
Mechanische Spannung	N/m^2		N/mm^2		1 N/mm^2	= 1 MPa
Arbeit }			kWh	(Kilowattstunde)	1 kWh	= 3,6 MJ
Energie }	J	(Joule)			1 J	= 1 N·m = 1 W·s
Wärmemenge }			eV	(Elektronenvolt)	1 eV	= 0,1602 × 10^{-18} J
Leistung	W	(Watt)	–		1 W	= 1 J/s = 1 N·m/s
Kinematische Viskosität	m^2/s		mm^2/s		1 mm^2/s	= 10^{-6} m^2/s
Dynamische Viskosität	Pa·s		mPa·s		1 mPa·s	= 10^{-3} Pa·s
Aktivität	Bq	(Becquerel)	–		–	
Äquivalentdosis	Sv	(Sievert)	–		–	
Leitfähigkeit	S/m	(Siemens/Meter)	–		–	

* Für die Umrechnung der bisher gebräuchlichen Einheiten in SI-Einheiten gelten die folgenden gerundeten Werte.

** Das internationale Einheitensystem (SI) ist das Ergebnis von Beschlüssen der Allgemeinen Konferenz über Maße und Gewichte (Adresse: Pavillion de Breteuil, Parc de St-Cloud, F-92310 Sèvres).

*** Wenn bei Verwendung der Schreibmaschine oder der Textverarbeitung die Zahl „1" und der Buchstabe „l" gleich aussehen, ist für Liter neben dem Zeichen „l" auch das Zeichen „L" zulässig.

1.2.2.1 (Forts.)

Kraft	**Mechanische Spannung**		
1 kg = 9,807 N	1 kg/mm² = 9,807 N/mm²		
1 N = 0,102 kg	1 N/mm² = 0,102 kg/mm²		
Druck			
1 Pa = 1 N/m² = 10^{-5} bar	= 1,02 × 10^{-5} kg/cm²	= 0,75 × 10^{-2} torr	
1 bar = 10^5 Pa	= 1,02 kg/cm²	= 750 torr	
1 kg/cm² = 9,807 × 10^4 Pa	= 0,9807 bar	= 736 torr	
1 torr = 1,33 × 10^2 Pa	= 1,33 × 10^{-3} bar	= 1,36 × 10^{-3} kg/cm²	
Energie, Arbeit, Wärmemenge			
1 J =1 N·m	= 0,278 × 10^{-6} kWh	= 0,102 kg·m	= 0,239 × 10^{-3} kcal
1 kWh = 3,6 × 10^6 J	= 367 × 10^3 kg·m	= 860 kcal	
1 kg·m = 9,807 J	= 2,72 × 10^{-6} kWh	= 2,34 × 10^{-3} kcal	
1 kcal = 4,19 × 10^3 J	= 1,16 × 10^{-3} kWh	= 427 kg·m	
Leistung		**Kinematische Viskosität**	
1 W = 0,102 kg·m/s	= 0,86 kcal/h	1 m²/s = 10^4 St (Stokes)	
1 kg·m/s = 9,807 W	= 8,43 kcal/h	1 St = 10^{-4} m²/s	
1 kcal/h = 1,16 W	= 0,119 kg·m/s		
Dynamische Viskosität			
1 Pa·s = 1 N·s/m²	= 10 P (Poise)	= 0,102 kg·s/m²	
1 P = 0,1 Pa·s	= 0,1 N·s/m²	= 1,02 × 10^{-2} kg·s/m²	
1 kg·s/m² = 9,807 Pa·s	= 9,807 N·s/m²	= 98,07 P	

Dezimale Vielfache und Teile einer Einheit können durch Vorsetzen der nachfolgenden Vorsätze bzw. Vorsatzzeichen vor den Namen bzw. das Zeichen der Einheit gebildet werden:

Faktor				Vorsatz	Vorsatzzeichen
1 000 000 000 000 000 000	=	10^{18}	Trillionenfach	Exa	E
1 000 000 000 000 000	=	10^{15}	Billiardenfach	Peta	P
1 000 000 000 000	=	10^{12}	Billionenfach	Tera	T
1 000 000 000	=	10^9	Milliardenfach	Giga	G
1 000 000	=	10^6	Millionenfach	Mega	M
1 000	=	10^3	Tausendfach	Kilo	k
100	=	10^2	Hundertfach	Hekto	h
10	=	10^1	Zehnfach	Deka	da
0,1	=	10^{-1}	Zehntel	Dezi	d
0,01	=	10^{-2}	Hundertstel	Zenti	c
0,001	=	10^{-3}	Tausendstel	Milli	m
0,000 001	=	10^{-6}	Millionstel	Mikro	µ
0,000 000 001	=	10^{-9}	Milliardstel	Nano	n
0,000 000 000 001	=	10^{-12}	Billionstel	Piko	p
0,000 000 000 000 001	=	10^{-15}	Billiardstel	Femto	f
0,000 000 000 000 000 001	=	10^{-18}	Trillionstel	Atto	a

Bemerkung: *(Die Bemerkung ist für die deutsche Übersetzung ohne Bedeutung.)*

(bleibt offen) 1.2.2.2

[Bruttomasse] 1.2.2.3

Ist die Masse eines Versandstücks angegeben, ist darunter, sofern nichts anderes bestimmt ist, die Bruttomasse zu verstehen. Die Masse der für die Beförderung der Güter benutzten Container und Tanks ist in der Bruttomasse nicht enthalten.

[Prozentsatz] 1.2.2.4

Sofern nicht ausdrücklich etwas anderes bestimmt ist, bedeutet das Zeichen „%" Prozentsatz:

.1 bei Mischungen von festen oder flüssigen Stoffen und auch bei Lösungen oder bei festen, von einer Flüssigkeit getränkten Stoffen bezieht sich der Prozentsatz der Masse auf die Gesamtmasse der Mischung, der Lösung oder des getränkten Stoffes;

.2 bei verdichteten Gasmischungen, die unter Druck eingefüllt werden, den in Prozent angegebenen Volumenanteil, bezogen auf das Gesamtvolumen der Gasmischung, oder, wenn sie nach Masse

1.2.2.4 (Forts.) eingefüllt werden, den in Prozent angegebenen Massenanteil, bezogen auf die Gesamtmasse der Mischung;

.3 bei verflüssigten Gasmischungen sowie unter Druck gelösten Gasen bezieht sich der Prozentsatz der Masse auf den in Prozent angegebenen Massenanteil, bezogen auf die Gesamtmasse der Mischung.

1.2.2.5 [Drücke]

Für Gefäße werden Drücke jeder Art (z. B. Prüfdruck, innerer Druck, Öffnungsdruck von Sicherheitsventilen) immer als Überdruck (über dem atmosphärischen Druck liegender Druck) angegeben; der Dampfdruck von Stoffen wird dagegen immer als absoluter Druck angegeben.

1.2.2.6 Umrechnungstabellen

1.2.2.6.1 Umrechnungstabellen für Masseeinheiten

1.2.2.6.1.1 Umrechnungsfaktoren

multipliziert	*mit*	*ergibt*
Gramm	0,03527	Ounces
Gramm	0,002205	Pounds
Kilogramm	35,2736	Ounces
Kilogramm	2,2046	Pounds
Ounces	28,3495	Gramm
Pounds	16	Ounces
Pounds	453,59	Gramm
Pounds	0,45359	Kilogramm
Hundredweight	112	Pounds
Hundredweight	50,802	Kilogramm

1.2.2.6.1.2 „Pounds" in Kilogramm und umgekehrt

Wenn es sich bei dem Zahlenwert in der mittleren Spalte der folgenden Umrechnungstabelle um „pounds" handelt, ist der entsprechende Wert in Kilogramm auf der linken Seite abzulesen; wenn es sich bei dem Zahlenwert um Kilogramm handelt, ist der entsprechende Wert in „pounds" auf der rechten Seite abzulesen.

kg	← lb / kg →	lb	kg	← lb / kg →	lb	kg	← kg / lb →	lb
0,227	0,5	1,10	22,7	50	110	90,7	200	441
0,454	1	2,20	24,9	55	121	95,3	210	463
0,907	2	4,41	27,2	60	132	99,8	220	485
1,36	3	6,61	29,5	65	143	102	225	496
1,81	4	8,82	31,8	70	154	104	230	507
2,27	5	11,0	34,0	75	165	109	240	529
2,72	6	13,2	36,3	80	176	113	250	551
3,18	7	15,4	38,6	85	187	118	260	573
3,63	8	17,6	40,8	90	198	122	270	595
4,08	9	19,8	43,1	95	209	125	275	606
4,54	10	22,0	45,4	100	220	127	280	617
4,99	11	24,3	47,6	105	231	132	290	639
5,44	12	26,5	49,9	110	243	136	300	661
5,90	13	28,7	52,2	115	254	159	350	772
6,35	14	30,9	54,4	120	265	181	400	882
6,80	15	33,1	56,7	125	276	204	450	992
7,26	16	35,3	59,0	130	287	227	500	1102
7,71	17	37,5	61,2	135	298	247	545	1202
8,16	18	39,7	63,5	140	309	249	550	1213
8,62	19	41,9	65,8	145	320	272	600	1323
9,07	20	44,1	68,0	150	331	318	700	1543
11,3	25	55,1	72,6	160	353	363	800	1764
13,6	30	66,1	77,1	170	375	408	900	1984
15,9	35	77,2	79,4	175	386	454	1000	2205
18,1	40	88,2	81,6	180	397			
20,4	45	99,2	86,2	190	419			

Umrechnungstabellen für Volumen 1.2.2.6.2

Umrechnungsfaktoren 1.2.2.6.2.1

multipliziert	*mit*	*ergibt*
Liter	0,2199	Imperial gallons
Liter	1,759	Imperial pints
Liter	0,2643	US gallons
Liter	2,113	US pints
Gallons	8	Pints
Imperial gallons	4,546	Liter
Imperial gallons / pints	1,20095	US gallons / pints
Imperial pints	0,568	Liter
US gallons	3,7853	Liter
US gallons / pints	0,83268	Imperial gallons / pints
US pints	0,473	Liter

„Imperial pints" in Liter und umgekehrt 1.2.2.6.2.2

Wenn es sich bei dem Zahlenwert in der mittleren Spalte der folgenden Umrechnungstabelle um „pints" handelt, ist der entsprechende Wert in Liter auf der linken Seite abzulesen; wenn es sich bei dem Zahlenwert um Liter handelt, ist der entsprechende Wert in „pints" auf der rechten Seite abzulesen.

L	← pt	→ L	pt
0,28	0,5		0,88
0,57	1		1,76
0,85	1,5		2,64
1,14	2		3,52
1,42	2,5		4,40
1,70	3		5,28
1,99	3,5		6,16
2,27	4		7,04
2,56	4,5		7,92
2,84	5		8,80
3,12	5,5		9,68
3,41	6		10,56
3,69	6,5		11,44
3,98	7		12,32
4,26	7,5		13,20
4,55	8		14,08

1.2.2.6.2.3 „Imperial gallons" in Liter und umgekehrt

Wenn es sich bei dem Zahlenwert in der mittleren Spalte der folgenden Umrechnungstabelle um „Gallons" handelt, ist der entsprechende Wert in Liter auf der linken Seite abzulesen; wenn es sich bei dem Zahlenwert um Liter handelt, ist der entsprechende Wert in „Gallons" auf der rechten Seite abzulesen.

L	← gal	→ L	gal	L	← gal	→ L	gal
2,27	0,5		0,11	159,11	35		7,70
4,55	1		0,22	163,65	36		7,92
9,09	2		0,44	168,20	37		8,14
13,64	3		0,66	172,75	38		8,36
18,18	4		0,88	177,29	39		8,58
22,73	5		1,10	181,84	40		8,80
27,28	6		1,32	186,38	41		9,02
31,82	7		1,54	190,93	42		9,24
36,37	8		1,76	195,48	43		9,46
40,91	9		1,98	200,02	44		9,68
45,46	10		2,20	204,57	45		9,90
50,01	11		2,42	209,11	46		10,12
54,55	12		2,64	213,66	47		10,34
59,10	13		2,86	218,21	48		10,56
63,64	14		3,08	222,75	49		10,78
68,19	15		3,30	227,30	50		11,00
72,74	16		3,52	250,03	55		12,09
77,28	17		3,74	272,76	60		13,20
81,83	18		3,96	295,49	65		14,29
86,37	19		4,18	318,22	70		15,40
90,92	20		4,40	340,95	75		16,49
95,47	21		4,62	363,68	80		17,60
100,01	22		4,84	386,41	85		18,69
104,56	23		5,06	409,14	90		19,80
109,10	24		5,28	431,87	95		20,89
113,65	25		5,50	454,60	100		22,00
118,19	26		5,72	613,71	135		29,69
122,74	27		5,94	681,90	150		32,98
127,29	28		6,16	909,20	200		43,99
131,83	29		6,38	1 022,85	225		49,48
136,38	30		6,60	1 136,50	250		54,97
140,92	31		6,82	1 363,80	300		65,99
145,47	32		7,04	1 591,10	350		76,96
150,02	33		7,26	1 818,40	400		87,99
154,56	34		7,48	2 045,70	450		98,95

Umrechnungstabelle für Temperaturen 1.2.2.6.3

Grad Fahrenheit in Grad Celsius und umgekehrt

Wenn es sich bei dem Zahlenwert in der mittleren Spalte der folgenden Umrechnungstabelle um °F handelt, ist der entsprechende Wert in °C auf der linken Seite abzulesen; wenn es sich bei dem Zahlenwert um °C handelt, ist der entsprechende Wert in °F auf der rechten Seite abzulesen.

Allgemeine Formel: °F = (°C × $^9/_5$) + 32; °C = (°F – 32) × $^5/_9$

°C	← °F → °C	°F	°C	← °F → °C	°F	°C	← °F → °C	°F
-73,3	-100	-148	-21,1	-6	21,2	1,1	34	93,2
-67,8	-90	-130	-20,6	-5	23,0	1,7	35	95
-62,2	-80	-112	-20,0	-4	24,8	2,2	36	96,8
-56,7	-70	-94	-19,4	-3	26,6	2,8	37	98,6
-51,1	-60	-76	-18,9	-2	28,4	3,3	38	100,4
-45,6	-50	-58	-18,3	-1	30,2	3,9	39	102,2
-40	-40	-40	-17,8	0	32,0	4,4	40	104
-39,4	-39	-38,2	-17,2	1	33,8	5	41	105,8
-38,9	-38	-36,4	-16,7	2	35,6	5,6	42	107,6
-38,3	-37	-34,6	-16,1	3	37,4	6,1	43	109,4
-37,8	-36	-32,8	-15,6	4	39,2	6,7	44	111,2
-37,2	-35	-31	-15,0	5	41,0	7,2	45	113
-36,7	-34	-29,2	-14,4	6	42,8	7,8	46	114,8
-36,1	-33	-27,4	-13,9	7	44,6	8,3	47	116,6
-35,6	-32	-25,6	-13,3	8	46,4	8,9	48	118,4
-35	-31	-23,8	-12,8	9	48,2	9,4	49	120,2
-34,4	-30	-22	-12,2	10	50,0	10,0	50	122,0
-33,9	-29	-20,2	-11,7	11	51,8	10,6	51	123,8
-33,3	-28	-18,4	-11,1	12	53,6	11,1	52	125,6
-32,8	-27	-16,6	-10,6	13	55,4	11,7	53	127,4
-32,2	-26	-14,8	-10,0	14	57,2	12,2	54	129,2
-31,7	-25	-13	-9,4	15	59,0	12,8	55	131,0
-31,1	-24	-11,2	-8,9	16	60,8	13,3	56	132,8
-30,6	-23	-9,4	-8,3	17	62,6	13,9	57	134,6
-30	-22	-7,6	-7,8	18	64,4	14,4	58	136,4
-29,4	-21	-5,8	-7,2	19	66,2	15,0	59	138,2
-28,9	-20	-4	-6,7	20	68	15,6	60	140,0
-28,3	-19	-2,2	-6,1	21	69,8	16,1	61	141,8
-27,8	-18	-0,4	-5,6	22	71,6	16,7	62	143,6
-27,2	-17	1,4	-5	23	73,4	17,2	63	145,4
-26,7	-16	3,2	-4,4	24	75,2	17,8	64	147,2
-26,1	-15	5	-3,9	25	77	18,3	65	149,0
-25,6	-14	6,8	-3,3	26	78,8	18,9	66	150,8
-25,0	-13	8,6	-2,8	27	80,6	19,4	67	152,6
-24,4	-12	10,4	-2,2	28	82,4	20,0	68	154,4
-23,9	-11	12,2	-1,7	29	84,2	20,6	69	156,2
-23,3	-10	14,0	-1,1	30	86	21,2	70	158,0
-22,8	-9	15,8	-0,6	31	87,8	21,7	71	159,8
-22,2	-8	17,6	0	32	89,6	22,2	72	161,6
-21,7	-7	19,4	0,6	33	91,4	22,8	73	163,4

1.2.2.6.3 (Forts.)

°C	← °F / °C →	°F	°C	← °F / °C →	°F	°C	← °F / °C →	°F
23,3	74	165,2	37,8	100	212	52,2	126	258,8
23,9	75	167,0	38,3	101	213,8	52,8	127	260,6
24,4	76	168,8	38,9	102	215,6	53,3	128	262,4
25,0	77	170,6	39,4	103	217,4	53,9	129	264,2
25,6	78	172,4	40	104	219,2	54,4	130	266,0
26,1	79	174,2	40,6	105	221	55,0	131	267,8
26,7	80	176,0	41,1	106	222,8	55,6	132	269,6
27,2	81	177,8	41,7	107	224,6	56,1	133	271,4
27,8	82	179,6	42,2	108	226,4	56,7	134	273,2
28,3	83	181,4	42,8	109	228,2	57,2	135	275,0
28,9	84	183,2	43,3	110	230	57,8	136	276,8
29,4	85	185	43,9	111	231,8	58,3	137	278,6
30	86	186,8	44,4	112	233,6	58,9	138	280,4
30,6	87	188,6	45	113	235,4	59,4	139	282,2
31,1	88	190,4	45,6	114	237,2	60,0	140	284,0
31,7	89	192,2	46,1	115	239,0	65,6	150	302,0
32,2	90	194	46,7	116	240,8	71,1	160	320,0
32,8	91	195,8	47,2	117	242,6	76,7	170	338,0
33,3	92	197,6	47,8	118	244,4	82,2	180	356,0
33,9	93	199,4	48,3	119	246,2	87,8	190	374,0
34,4	94	201,2	48,9	120	248,0	93,3	200	392,0
35	95	203	49,4	121	249,8	98,9	210	410,0
35,6	96	204,8	50,0	122	251,6	104,4	220	428,0
36,1	97	206,6	50,6	123	253,4	110,0	230	446,0
36,7	98	208,4	51,1	124	255,2	115,6	240	464,0
37,2	99	210,2	51,7	125	257,0	121,1	250	482,0

1.2.3 Abkürzungsverzeichnis

ASTM — American Society for Testing and Materials (Amerikanische Gesellschaft für Materialprüfung) (ASTM International, 100 Barr Harbor Drive, PO Box C700, West Conshohocken, PA, 19428-2959, Vereinigte Staaten von Amerika)

CCC — IMO-Unterausschuss „Beförderung von Ladungen und Containern“

CGA — Compressed Gas Association (Verband für verdichtete Gase) (CGA, 14501 George Carter Way, Suite 103, Chantilly, VA 20151, Vereinigte Staaten von Amerika)

CSC — Internationales Übereinkommen über sichere Container, 1972, in der jeweils geltenden Fassung

DSC — IMO-Unterausschuss „Gefährliche Güter, feste Ladungen und Container“

ECOSOC — Wirtschafts- und Sozialrat (UN)

→ EmS
→ D: GGVSee § 2 (1) Nr. 7

EmS — EmS-Leitfaden: Überarbeitete Unfallbekämpfungsmaßnahmen für Schiffe, die gefährliche Güter befördern

EN(-Norm) — Vom Europäischen Kommittee für Normung (CEN, 36 rue de Strassart, B-1050 Brüssel, Belgien) veröffentlichte Norm

FAO — Ernährungs- und Landwirtschaftsorganisation (FAO, Viale delle Terme di Caracalla, I-00100 Rom, Italien)

HNS — Internationales Übereinkommen von 1996 über Haftung und Entschädigung für Schäden bei der Beförderung schädlicher und gefährlicher Stoffe auf See

IAEA — International Atomic Energy Agency (Internationale Atomenergiebehörde) (IAEA, Postfach 100, A-1400 Wien, Österreich)

ICAO	International Civil Aviation Organization (Internationale Zivilluftfahrt-Organisation) (ICAO, 999 University Street, Montreal, Quebec H3C 5H7, Kanada)	**1.2.3** (Forts.)
IEC	Internationale Elektrotechnische Kommission (IEC, 3 rue de Varembé, PO Box 131, CH-1211 Genf 20, Schweiz)	
ILO	Internationale Arbeitsorganisation (ILO, 4 route de Morillons, CH-1211 Genf 22, Schweiz)	
IMDG-Code	International Maritime Dangerous Goods Code	*→ D: GGVSee § 2 (1) Nr. 13*
IMGS	International Medical Guide for Ships	*→ D: GGVSee § 2 (1) Nr. 17*
IMO	International Maritime Organization (Internationale Seeschifffahrtsorganisation) (IMO, 4 Albert Embankment, London SE1 7SR, Vereinigtes Königreich)	
IMSBC-Code	Internationaler Code für die Beförderung von Schüttgut über See	*→ D: GGVSee § 2 (1) Nr. 14*
INF-Code	Code für die sichere Beförderung von verpackten bestrahlten Kernbrennstoffen, Plutonium und hochradioaktiven Abfällen mit Seeschiffen	*→ D: GGVSee § 2 (1) Nr. 12*
ISO(-Norm)	Von der International Organization for Standardization (Internationale Organisation für Normung) (ISO, 1, ch. de la Voie-Creuse, CH-1211 Genf 20, Schweiz) veröffentlichte internationale Norm	
MARPOL 73/78	Internationales Übereinkommen von 1973/78 zur Verhütung der Meeresverschmutzung durch Schiffe, in der jeweils geltenden Fassung	*→ D: GGVSee § 2 (1) Nr. 16*
MAWP	Höchstzulässiger Betriebsdruck	
MEPC	Ausschuss für den Schutz der Meeresumwelt (IMO)	
MFAG	Leitfaden für medizinische Erste-Hilfe-Maßnahmen bei Unfällen mit gefährlichen Gütern	*→ D: GGVSee § 2 (1) Nr. 17*
MSC	Schiffssicherheitsausschuss (IMO)	
N.A.G.	Nicht anderweitig genannt	
SADT	Temperatur der selbstbeschleunigenden Zersetzung	
SAPT	Temperatur der selbstbeschleunigenden Polymerisation	
SOLAS 74	Internationales Übereinkommen von 1974 zum Schutz des menschlichen Lebens auf See, in der jeweils geltenden Fassung	*→ D: GGVSee § 2 (1) Nr. 22*
UNECE	United Nations Economic Commission for Europe (Wirtschaftskommission der Vereinten Nationen für Europa) (UNECE, Palais des Nations, 8-14 avenue de la Paix, CH-1211 Genf 10, Schweiz)	
UN-Nummer	Vierstellige UN-Nummer, die den am häufigsten beförderten gefährlichen und schädlichen Stoffen und Gegenständen zugeordnet wird	
UNEP	Umweltprogramm der Vereinten Nationen (United Nations Avenue, Gigiri, PO Box 30552, 00100 Nairobi, Kenia)	
UNESCO/IOC	Organisation der Vereinten Nationen für Erziehung, Wissenschaft und Kultur/Zwischenstaatliche Kommission für Ozeanographie (UNESCO/IOC, 1 rue de Miollis, F-75732 Paris Cedex 15, Frankreich)	
WHO	Weltgesundheitsorganisation (Avenue Appia 20, CH-1211 Genf 27, Schweiz)	
WMO	Weltorganisation für Meteorologie (WMO, 7 bis avenue de la Paix, CP2300, CH-1211 Genf 2, Schweiz)	

→ D: GGVSee § 4 (11)

Kapitel 1.3 Unterweisung

1.3.0 Einleitende Bemerkung

→ D: GGVSee § 22 Nr. 4 → MoU § 5 → D: StrlSchG § 76

Die erfolgreiche Anwendung der Vorschriften für die Beförderung gefährlicher Güter und das Erreichen ihrer Ziele hängen in großem Maße davon ab, dass alle betroffenen Personen die vorhandenen Risiken kennen und die Vorschriften im Detail verstehen. Dieses kann nur durch sorgfältig geplante und durchgeführte Erst- und Wiederholungsunterweisungen aller am Gefahrguttransport Beteiligten erreicht werden. Die Vorschriften in 1.3.1.4 bis 1.3.1.7 behalten ihren Empfehlungscharakter (siehe 1.1.1.5).

1.3.1 Unterweisung von Landpersonal

→ D: GGVSee § 4 (12)

1.3.1.1 [Grundsatz]

Landpersonal[1], das an der Beförderung von gefährlichen Gütern, die für den Seetransport bestimmt sind, beteiligt ist, muss hinsichtlich der Vorschriften für gefährliche Güter entsprechend seines Verantwortungsbereichs unterwiesen sein. Mitarbeiter sind gemäß den Bestimmungen in 1.3.1 zu unterweisen, bevor sie Verantwortlichkeiten übernehmen, und dürfen Aufgaben, für die sie die erforderliche Unterweisung noch nicht erhalten haben, nur unter der unmittelbaren Aufsicht einer unterwiesenen Person durchführen. Die Unterweisung muss auch die in Kapitel 1.4 aufgeführten besonderen Vorschriften für die Sicherung von Beförderungen gefährlicher Güter beinhalten.

Die Unternehmen, die Landpersonal für solche Aktivitäten einsetzen, legen fest, welche Mitarbeiter eine Unterweisung erhalten, welches Unterweisungsniveau für sie erforderlich ist sowie welche Unterweisungsmethoden eingesetzt werden, um die Mitarbeiter zu befähigen, die Vorschriften des IMDG-Codes zu erfüllen. Diese Unterweisung ist bei der Einstellung von Mitarbeitern für eine Position im Bereich der Beförderung gefährlicher Güter durchzuführen oder das Vorhandensein der Kenntnisse zu überprüfen. Bei Mitarbeitern, die die erforderliche Unterweisung noch nicht erhalten haben, stellen die Unternehmen sicher, dass diese Mitarbeiter Aufgaben nur unter der unmittelbaren Aufsicht einer unterwiesenen Person durchführen dürfen. Um den geänderten Vorschriften und Änderungen in der Praxis Rechnung zu tragen, ist diese Unterweisung in regelmäßigen Abständen durch Auffrischungskurse zu ergänzen. Die zuständige Behörde oder eine von ihr bestimmte Stelle kann im Unternehmen Überprüfungen durchführen, um die Wirksamkeit des vorhandenen Systems zur Unterweisung von Personal entsprechend ihrer Rolle und Verantwortlichkeiten in der Transportkette zu prüfen.

1.3.1.2 [Unterweisung Landpersonal]

→ D: GGVSee § 26 (3) Nr. 1

Landpersonal, das

- gefährliche Güter einstuft und den richtigen technischen Namen festlegt,
- gefährliche Güter verpackt,
- gefährliche Güter kennzeichnet, bezettelt oder plakatiert,
- Güterbeförderungseinheiten (CTUs) be- oder entlädt,
- Beförderungsdokumente für gefährliche Güter erstellt,
- gefährliche Güter zur Beförderung anbietet,
- gefährliche Güter zur Beförderung annimmt,
- gefährliche Güter während der Beförderung umschlägt,
- Lade- und Staupläne für gefährliche Güter erstellt,
- Schiffe mit gefährlichen Gütern belädt oder entlädt,
- gefährliche Güter befördert,
- die Einhaltung der anwendbaren Gesetze und Verordnungen untersucht, kontrolliert und durchsetzt oder

[1] Für die Ausbildung von Offizieren und Besatzungsmitgliedern, die für den Ladungsumschlag auf Schiffen, die gefährliche oder schädliche Stoffe als festes Massengut oder in verpackter Form befördern, verantwortlich sind, gilt der STCW-Code in der jeweils geltenden Fassung.

– wie von der zuständigen Behörde bestimmt, anderweitig in die Beförderung von gefährlichen Gütern eingebunden ist, 1.3.1.2 (Forts.)

muss in den folgenden Bereichen unterwiesen sein:

[Allgemeine Kenntnisse/Vertrautmachung] 1.3.1.2.1

Unterweisung hinsichtlich allgemeiner Kenntnisse/Vertrautmachung:

.1 Jede Person muss so unterwiesen sein, dass sie mit den allgemeinen Vorschriften für den Gefahrguttransport vertraut ist;

.2 diese Unterweisung muss die Beschreibung der Klassen von gefährlichen Gütern, die Vorschriften über Bezettelung, Kennzeichnung, Plakatierung, das Packen, Stauen, Trennung und Verträglichkeit, eine Beschreibung des Zwecks und des Inhalts der Beförderungsdokumente für gefährliche Güter (wie z. B. das „Formular für die Beförderung gefährlicher Güter im multimodalen Verkehr" und das „Container-/Fahrzeugpackzertifikat") und eine Beschreibung der vorhandenen Notfallmaßnahmen-Dokumente beinhalten.

[Aufgabenbezogene Unterweisung] 1.3.1.2.2

Aufgabenbezogene Unterweisung: Jede Person muss in den speziellen Vorschriften für den Transport gefährlicher Güter unterwiesen sein, die auf die Tätigkeit dieser Person anwendbar sind. Eine Beispielliste lediglich zu Hinweiszwecken mit Aufgaben, die üblicherweise bei der Beförderung gefährlicher Güter auf dem Seeweg auftreten sowie Unterweisungsanforderungen ist in 1.3.1.6 aufgeführt.

[Aufzeichnungen] 1.3.1.3

Aufzeichnungen über die gemäß diesem Kapitel erhaltenen Unterweisungen sind vom Arbeitgeber aufzubewahren und dem Mitarbeiter oder der zuständigen Behörde auf Verlangen zugänglich zu machen. Der Arbeitgeber hat die Aufzeichnungen für einen von der zuständigen Behörde festgelegten Zeitraum aufzubewahren.

[Sicherheitsunterweisungen] 1.3.1.4

→ 1.1.1.5
→ D: GGVSee § 4 (5)
→ D: GGVSee § 23 Nr. 1
→ D: StrlSchG § 76

Sicherheitsunterweisungen: Unter Berücksichtigung der ausgeübten Funktionen und des Risikos, bei einer Freisetzung gefährlicher Güter mit diesen in Berührung zu kommen, sollte jede Person unterwiesen sein in den:

.1 Methoden und Maßnahmen zur Verhütung von Unfällen, wie z. B. der richtige Gebrauch von Umschlaggeschirr und die einwandfreie Stauung von Gefahrgütern,

.2 verfügbaren Informationen über Notfallmaßnahmen und deren Anwendung,

.3 allgemeinen Gefahren, die von den verschiedenen Gefahrgutklassen ausgehen, und darüber, wie man sich vor solchen Gefahren schützt, einschließlich des entsprechenden Gebrauchs von Schutzkleidung und -ausrüstung, und

.4 Sofortmaßnahmen, die im Falle eines unbeabsichtigten Austretens von Gefahrgütern eingeleitet werden müssen, einschließlich aller Notfallmaßnahmen, für die die jeweilige Person verantwortlich ist, und der zu befolgenden persönlichen Schutzmaßnahmen.

1.3.1.5 Empfehlungen zum Unterweisungsbedarf für das bei der Beförderung gefährlicher Güter nach dem IMDG-Code eingesetzte Landpersonal

→ 1.1.1.5

Die folgende Beispieltabelle dient lediglich zu Informationszwecken, da jedes Unternehmen unterschiedlich strukturiert ist und unterschiedliche Aufgaben und Verantwortlichkeiten innerhalb des Unternehmens zugewiesen sein können.

Aufgabe	Spezifische Unterweisungsanforderungen	Die Nummern in dieser Spalte beziehen sich auf die Auflistung der mit der Beförderung gefährlicher Güter in Zusammenhang stehenden Codes und Veröffentlichungen in 1.3.1.7
1 Gefährliche Güter klassifizieren und deren richtigen technischen Namen feststellen	Klassifizierungsvorschriften, insbesondere – Zusammensetzung der Angaben über die Stoffe – Klassen von gefährlichen Gütern und Grundsätze für ihre Klassifizierung – Beschaffenheit der beförderten gefährlichen Stoffe und Gegenstände (ihre physikalischen, chemischen und toxikologischen Eigenschaften) – Verfahren der Klassifizierung von Lösungen und Mischungen – Bezeichnung mit dem richtigen technischen Namen – Anwendung der Gefahrgutliste	.1, .4, .5 und .12
2 Gefährliche Güter verpacken	Klassen Verpackungsvorschriften – Verpackungsarten (IBC, Großverpackung, Tankcontainer und Schüttgut-Container) – UN-Kennzeichnung für zugelassene Verpackungen – Trennvorschriften – begrenzte Mengen und freigestellte Mengen Kennzeichnung und Bezettelung Erste-Hilfe-Maßnahmen Unfallmaßnahmen Sicherheit beim Verpacken	.1 und .4
3 Gefährliche Güter kennzeichnen, bezetteln und plakatieren	Klassen Kennzeichnungs-, Bezettelungs- und Plakatierungsvorschriften – Gefahrzettel für Haupt- und Zusatzgefahr – Meeresschadstoffe – begrenzte Mengen und freigestellte Mengen	.1
→ CTU-Code Anlage 10 4 Güterbeförderungseinheiten be- oder entladen	Beförderungsdokumente Klassen Kennzeichnung, Bezettelung und Plakatierung Stauvorschriften, soweit anwendbar Trennvorschriften Ladungssicherungsvorschriften (gemäß CTU-Code) Unfallmaßnahmen	.1, .6, .7 und .8

1.3.1.5 (Forts.)

Aufgabe	Spezifische Unterweisungsanforderungen	Die Nummern in dieser Spalte beziehen sich auf die Auflistung der mit der Beförderung gefährlicher Güter in Zusammenhang stehenden Codes und Veröffentlichungen in 1.3.1.7
	Erste-Hilfe-Maßnahmen CSC-Vorschriften Sicherheit beim Packen	
5 Beförderungsdokumente für gefährliche Güter ausfertigen	Vorschriften über die Dokumentation – Beförderungsdokumente – Container-/Fahrzeugpackzertifikat – Genehmigung/Zulassung der zuständigen Behörden – Dokumente für die Beförderung von Abfällen – besondere Dokumente, sofern erforderlich	.1
6 Gefährliche Güter zur Beförderung anbieten	Gründliche Kenntnis des IMDG-Codes örtliche Vorschriften in den Lade- und Entladehäfen – Hafenordnungen – nationale Transportregelungen	.1 bis .10 und .12
7 Gefährliche Güter zur Beförderung annehmen	Gründliche Kenntnis des IMDG-Codes örtliche Vorschriften in den Lade-, Transit- und Entladehäfen – Hafenordnungen, insbesondere Mengenbeschränkungen – nationale Transportregelungen	.1 bis .12
8 Mit gefährlichen Gütern bei der Beförderung umgehen	Klassen und ihre Gefahren Kennzeichnung, Bezettelung und Plakatierung Unfallmaßnahmen Erste-Hilfe-Maßnahmen Sicherheit beim Umgang mit gefährlichen Gütern wie z. B. – Verwendung von Ausrüstung – geeignete Werkzeuge – zulässige Belastungen für Hebezeuge und Anschlagmittel CSC-Vorschriften, örtliche Vorschriften in den Lade-, Transit- und Entladehäfen Hafenordnungen, insbesondere Mengenbeschränkungen nationale Transportregelungen	.1, .2, .3, .6, .7, .8 und .10
9 Lade-/Staupläne für gefährliche Güter ausarbeiten	Beförderungsdokumente Klassen Stauvorschriften Trennvorschriften Eignungsbescheinigung einschlägige Teile des IMDG-Codes, örtliche Vorschriften in den Lade-, Transit- und Entladehäfen Hafenordnungen, insbesondere Mengenbeschränkungen	.1, .10, .11 und .12

1.3.1.5 (Forts.)

Aufgabe	Spezifische Unterweisungsanforderungen	Die Nummern in dieser Spalte beziehen sich auf die Auflistung der mit der Beförderung gefährlicher Güter in Zusammenhang stehenden Codes und Veröffentlichungen in 1.3.1.7
10 Gefährliche Güter auf Schiffe laden und von diesen entladen	Klassen und ihre Gefahren Kennzeichnung, Bezettelung und Plakatierung Unfallmaßnahmen Erste-Hilfe-Maßnahmen Sicherheit beim Umgang mit gefährlichen Gütern wie z. B. – Verwendung von Ausrüstung – geeignete Werkzeuge – zulässige Belastungen für Hebezeuge und Anschlagmittel Ladungssicherungsvorschriften CSC-Vorschriften, örtliche Vorschriften in den Lade-, Transit- und Entladehäfen Hafenordnungen, insbesondere Mengenbeschränkungen nationale Transportregelungen	.1, .2, .3, .7, .9, .10 und .12
11 Gefährliche Güter befördern	Beförderungsdokumente Klassen Kennzeichnung, Bezettelung und Plakatierung Stauvorschriften, soweit anwendbar Trennvorschriften örtliche Vorschriften in den Lade-, Transit- und Entladehäfen – nationale Transportregelungen – nationale Transportregelungen Ladungssicherungsvorschriften (gemäß CTU-Code) Unfallmaßnahmen Erste-Hilfe-Maßnahmen CSC-Vorschriften Sicherheit beim Umgang mit gefährlichen Gütern	.1, .2, .3, .6, .7, .10, .11 und .12
12 Einhaltung der anwendbaren Vorschriften und Regelungen durchsetzen oder überwachen oder überprüfen	Kenntnis des IMDG-Codes und der einschlägigen Richtlinien und Sicherheitsmaßnahmen	.1 bis .13
13 Sonstige Beteiligung an der Beförderung gefährlicher Güter gemäß Festlegung durch die zuständige Behörde	Gemäß Anforderungen der zuständigen Behörde entsprechend der zugewiesenen Aufgabe	–

1.3.1.6
→ 1.1.1.5

1.3.1.6 Beispieltabelle, in der die verschiedenen Abschnitte des IMDG-Codes oder sonstiger einschlägiger Regelwerke beschrieben werden, die geeignet sein können, in Unterweisungen zur Beförderung gefährlicher Güter einbezogen zu werden

	Aufgabe	IMDG-Code Teil/Abschnitt																	SOLAS Kapitel II-2/19	Hafenordnungen	nationale Transportregelungen	CSC	CTU-Code	Unfallmaßnahmen	Erste-Hilfe-Maßnahmen	Sicherheit beim Umgang mit gefährlichen Gütern
		1	2	2.0	3	4	5	6	6*	7.1	7.2	7.3	7.4	7.5	7.6	7.7	7.8	7.9								
1	Klassifizieren	X	X		X		X											X								
2	Verpacken	X		X	X	X	X	X			X	X						X						X	X	X
3	Kennzeichnen, bezetteln, plakatieren			X	X		X																			
4	Güterbeförderungseinheiten be- und entladen	X		X	X	X	X		X		X	X										X	X	X	X	X
5	Beförderungsdokumente ausfertigen	X		X	X		X											X						X	X	
6	Zur Beförderung anbieten	X	X		X	X	X	X		X	X	X	X	X	X	X	X	X		X	X	X	X	X	X	
7	Zur Beförderung annehmen	X	X		X	X	X	X		X	X	X	X	X	X	X	X	X	X	X	X	X	X	X	X	
8	Umgang bei der Beförderung	X		X	X		X		X			X								X	X	X		X	X	X
9	Lade-/Staupläne ausarbeiten	X		X	X	X	X			X	X	X	X	X	X	X	X	X	X	X				X		
10	Auf Schiffe laden/von Schiffen entladen	X	X		X		X					X			X			X		X		X	X	X	X	X
11	Befördern	X		X	X	X	X		X	X	X	X	X	X	X	X	X	X	X	X	X	X	X	X	X	X

* Es finden nur die Abschnitte und Unterabschnitte 6.1.2, 6.1.3, 6.5.2, 6.6.3, 6.7.2.20, 6.7.3.16 und 6.7.4.15 Anwendung.

1.3.1.7 Mit der Beförderung gefährlicher Güter in Zusammenhang stehende Codes und Veröffentlichungen, die für die aufgabenspezifische Unterweisung einschlägig sein können

→ D: GGVSee § 23 Nr. 8
→ 1.1.1.5

.1 International Maritime Dangerous Goods Code (IMDG-Code), in der jeweils geltenden Fassung

→ EmS-Leitfaden → D: GGVSee § 2 (1) Nr. 7
.2 Überarbeitete Unfallbekämpfungsmaßnahmen für Schiffe, die gefährliche Güter befördern (EmS-Leitfaden)

→ D: GGVSee § 2 (1) Nr. 17
.3 Leitfaden für medizinische Erste-Hilfe-Maßnahmen bei Unfällen mit gefährlichen Gütern (MFAG), in der jeweils geltenden Fassung

.4 United Nations Recommendations on the Transport of Dangerous Goods – Model Regulations, in der jeweils geltenden Fassung

.5 United Nations Recommendations on the Transport of Dangerous Goods – Manual of Tests and Criteria, in der jeweils geltenden Fassung (Deutsch: Handbuch Prüfungen und Kriterien)

→ CTU-Code
.6 CTU-Code

→ D: GGVSee § 2 (1) Nr. 6
.7 Recommendations on the Safe Transport of Dangerous Cargoes und Related Activities in Port Areas

.8 Internationales Übereinkommen über sichere Container (CSC), 1972, in der jeweils geltenden Fassung

→ D: GGVSee § 2 (1) Nr. 5
.9 Code of Safe Practice for Cargo Stowage and Securing (CSS Code), in der jeweils geltenden Fassung

.10 MSC.1/Circ.1265 Empfehlungen für die sichere Anwendung von Schädlingsbekämpfungsmitteln auf Schiffen für die Begasung von Beförderungseinheiten[2)]

→ D: GGVSee § 2 (1) Nr. 22
.11 Internationales Übereinkommen von 1974 zum Schutz des menschlichen Lebens auf See (SOLAS), in der jeweils geltenden Fassung

→ D: GGVSee § 2 (1) Nr. 16
.12 Internationales Übereinkommen von 1973 zur Verhütung der Meeresverschmutzung durch Schiffe in der Fassung des Protokolls von 1978 (MARPOL 73/78), in der jeweils geltenden Fassung

.13 MSC.1/Circ.1442 Inspection programmes for cargo transport units carrying dangerous goods.

[2)] Auf seiner 87. Tagung im Mai 2010 nahm der Schiffssicherheitsausschuss der Internationalen Seeschifffahrtsorganisation die „Überarbeiteten Empfehlungen für die sichere Anwendung von Schädlingsbekämpfungsmitteln auf Schiffen für die Begasung von Beförderungseinheiten" (MSC.1/Circ.1361) an, welche das Rundschreiben MSC.1/Circ.1265 ersetzen.

Kapitel 1.4
Vorschriften für die Sicherung (Gefahrenabwehr)

→ 1.1.1.5
→ D: GGVSee § 26 (1)

Anwendungsbereich 1.4.0

→ D: GGVSee § 8
→ D: GGVSee § 2 (1) Nr. 5, 15

[Einleitung] 1.4.0.1

Dieses Kapitel enthält Vorschriften, die sich mit der Sicherung gefährlicher Güter bei der Beförderung auf See befassen. Die zuständigen nationalen Behörden können zusätzliche Vorschriften für die Sicherung anwenden, die beachtet werden sollten, wenn gefährliche Güter angeboten oder befördert werden. Die Vorschriften dieses Kapitels bleiben Empfehlungen mit Ausnahme von 1.4.1.1 (siehe 1.1.1.5).

[Erleichterungen] 1.4.0.2

Die Vorschriften in 1.4.2 und 1.4.3 gelten nicht für:

.1 UN-Nummern 2908 und 2909 freigestellte Versandstücke;

.2 UN-Nummern 2910 und 2911 freigestellte Versandstücke mit einem Aktivitätswert, der den A_2-Wert nicht überschreitet, und

.3 UN-Nummer 2912 LSA-I oder UN-Nummer 2913 SCO-I.

Allgemeine Vorschriften für Unternehmen, Schiffe und Hafenanlagen[1)] 1.4.1

[Anwendung SOLAS] 1.4.1.1

Die einschlägigen Vorschriften des Kapitels XI-2 von SOLAS 74, in der jeweils geltenden Fassung, und des Teils A des Internationalen Codes für die Gefahrenabwehr auf Schiffen und in Hafenanlagen (ISPS-Code) finden Anwendung auf Unternehmen, Schiffe und Hafenanlagen, die an der Beförderung gefährlicher Güter beteiligt sind und auf die Regel XI-2 von SOLAS 74, in der jeweils geltenden Fassung, unter Berücksichtigung der in Teil B des ISPS-Codes aufgeführten Richtlinien Anwendung findet.

[Frachtschiffe < 500 BRZ] 1.4.1.2

Für Frachtschiffe mit einer Bruttoraumzahl von weniger als 500, mit denen gefährliche Güter befördert werden, wird empfohlen, dass die Vertragsregierungen von SOLAS 74, in der jeweils geltenden Fassung, für diese Frachtschiffe Vorschriften für die Gefahrenabwehr berücksichtigen.

[Verständnis aller Beteiligten] 1.4.1.3

→ D: GGVSee § 26 (1)

Alle an der Beförderung gefährlicher Güter beteiligten Unternehmensangehörigen an Land, Mitglieder der Schiffsbesatzung und Bediensteten der Hafenanlage sollten sich – neben den im ISPS-Code festgelegten Anforderungen – der Anforderungen an die Sicherung bezüglich dieser Güter bewusst sein, die ihren Verantwortlichkeiten entsprechen.

[Sensibilisierung] 1.4.1.4

Die Schulung der an der Beförderung gefährlicher Güter beteiligten Beauftragten für die Gefahrenabwehr im Unternehmen, Unternehmensangehörigen an Land mit besonderen Sicherungsaufgaben, Beauftragten für die Gefahrenabwehr in der Hafenanlage und Bediensteten der Hafenanlage mit besonderen Sicherungsaufgaben sollte auch Elemente enthalten, die die Sensibilisierung für die Sicherung dieser Güter betreffen.

[Andere Personen] 1.4.1.5

Alle nicht unter 1.4.1.4 genannten und an der Beförderung gefährlicher Güter beteiligten Mitglieder der Schiffsbesatzung und Bediensteten der Hafenanlage sollten mit den Bestimmungen der jeweiligen Gefahrenabwehrpläne für diese Güter entsprechend ihren Verantwortlichkeiten vertraut sein.

[1)] Siehe MSC.1/Circ.1341 zu „Guidelines on security-related training and familiarization for port facility personnel“ und MSC.1/Circ.1188 zu „Guidelines on training and certification for port facility security officers“.

1.4.2 Allgemeine Vorschriften für das Landpersonal

→ D: GGVSee §§ 17 ff.

1.4.2.1 [Nichtbetroffene]

Im Sinne dieses Unterabschnitts deckt der Begriff „Landpersonal" die in 1.3.1.2 genannten Personen ab. Die Vorschriften von 1.4.2 gelten jedoch nicht für:

- den Beauftragten für die Gefahrenabwehr im Unternehmen und die verantwortlichen Unternehmensangehörigen an Land gemäß 13.1 des Teils A des ISPS-Codes;
- den Beauftragten für die Gefahrenabwehr auf dem Schiff und die Mitglieder der Schiffsbesatzung gemäß 13.2 und 13.3 des Teils A des ISPS-Codes;
- den Beauftragten für die Gefahrenabwehr in der Hafenanlage, die in der Hafenanlage für die Gefahrenabwehr verantwortlichen Beschäftigten und die in der Hafenanlage Beschäftigten, die spezielle Aufgaben im Zusammenhang mit der Gefahrenabwehr haben, gemäß 18.1 und 18.2 des Teils A des ISPS-Codes.

Informationen zur Schulung dieser Beauftragten und Beschäftigten befinden sich im Internationalen Code für die Gefahrenabwehr auf Schiffen und in Hafenanlagen (ISPS-Code).

1.4.2.2 [Betroffene]

Landpersonal, das an der Beförderung gefährlicher Güter über See beteiligt ist, sollte die Vorschriften für die Sicherung bei der Beförderung gefährlicher Güter entsprechend seinen Verantwortlichkeiten berücksichtigen.

1.4.2.3 Unterweisung im Bereich der Sicherung

1.4.2.3.1 [Sensibilisierung]

Die Unterweisung von Landpersonal gemäß Kapitel 1.3 muss auch Elemente enthalten, die der Sensibilisierung für die Sicherung dienen.

1.4.2.3.2 [Umfang]

Die Unterweisung zur Sensibilisierung für die Sicherung soll sich auf die Art der Sicherungsrisiken, deren Erkennung und die Verfahren zur Verringerung dieser Risiken sowie die bei Beeinträchtigung der Sicherung zu ergreifenden Maßnahmen beziehen. Sie soll Kenntnisse über eventuelle Sicherungspläne (siehe gegebenenfalls 1.4.3) entsprechend den Verantwortlichkeiten des Einzelnen und dessen Rolle bei der Umsetzung dieser Pläne vermitteln.

1.4.2.3.3 [Nachunterweisung]

Diese Unterweisung sollte bei Beginn einer Beschäftigung, welche die Beförderung gefährlicher Güter umfasst, stattfinden oder überprüft werden und in regelmäßigen Abständen durch weitere Unterweisungen ergänzt werden.

1.4.2.3.4 [Aufzeichnungen]

Die Aufzeichnungen über alle Unterweisungen im Bereich der Sicherung sollten vom Arbeitgeber aufbewahrt und dem Arbeitnehmer oder der zuständigen Behörde auf Verlangen zugänglich gemacht werden. Die Aufzeichnungen sollen vom Arbeitgeber für den von der zuständigen Behörde festgelegten Zeitraum aufbewahrt werden.

1.4.3 Vorschriften für gefährliche Güter mit hohem Gefahrenpotenzial

1.4.3.1 Begriffsbestimmung gefährlicher Güter mit hohem Gefahrenpotenzial

1.4.3.1.1 [Bestimmung der Güter]

Gefährliche Güter mit hohem Gefahrenpotenzial sind solche, bei denen die Möglichkeit eines Missbrauchs zu terroristischen Zwecken und damit die Gefahr schwerwiegender Folgen, wie der Verlust zahlreicher Menschenleben, massive Zerstörungen oder, insbesondere im Fall der Klasse 7, tiefgreifende sozioökonomische Veränderungen, besteht.

[Liste mit Beispielen] 1.4.3.1.2

Die nachstehende Tabelle 1.4.1 enthält eine nicht abschließende Liste gefährlicher Güter mit hohem Gefahrenpotenzial der verschiedenen Klassen und Unterklassen mit Ausnahme der Klasse 7.

Tabelle 1.4.1: Nicht abschließende Liste gefährlicher Güter mit hohem Gefahrenpotenzial

Klasse 1, Unterklasse 1.1	explosive Stoffe und Gegenstände mit Explosivstoff
Klasse 1, Unterklasse 1.2	explosive Stoffe und Gegenstände mit Explosivstoff
Klasse 1, Unterklasse 1.3	explosive Stoffe und Gegenstände mit Explosivstoff, Verträglichkeitsgruppe C
Klasse 1, Unterklasse 1.4	UN-Nummern 0104, 0237, 0255, 0267, 0289, 0361, 0365, 0366, 0440, 0441, 0455, 0456 und 0500
Klasse 1, Unterklasse 1.5	explosive Stoffe und Gegenstände mit Explosivstoff
Klasse 2.1	entzündbare Gase in Mengen von mehr als 3000 Liter in einem Straßentankfahrzeug, Eisenbahnkesselwagen oder ortsbeweglichen Tank
Klasse 2.3	giftige Gase
Klasse 3	entzündbare flüssige Stoffe der Verpackungsgruppen I und II in Mengen von mehr als 3000 Liter in einem Straßentankfahrzeug, Eisenbahnkesselwagen oder ortsbeweglichen Tank
Klasse 3	desensibilisierte explosive flüssige Stoffe
Klasse 4.1	desensibilisierte explosive feste Stoffe
Klasse 4.2	Güter der Verpackungsgruppe I in Mengen von mehr als 3000 kg oder 3000 Liter in einem Straßentankfahrzeug, Eisenbahnkesselwagen, ortsbeweglichen Tank oder Schüttgut-Container
Klasse 4.3	Güter der Verpackungsgruppe I in Mengen von mehr als 3000 kg oder 3000 Liter in einem Straßentankfahrzeug, Eisenbahnkesselwagen, ortsbeweglichen Tank oder Schüttgut-Container
Klasse 5.1	entzündend (oxidierend) wirkende flüssige Stoffe der Verpackungsgruppe I in Mengen von mehr als 3000 Liter in einem Straßentankfahrzeug, Eisenbahnkesselwagen oder ortsbeweglichen Tank
Klasse 5.1	Perchlorate, Ammoniumnitrat, ammoniumnitrathaltige Düngemittel und Ammoniumnitrat-Emulsionen oder -Suspensionen oder -Gele in Mengen von mehr als 3000 kg oder 3000 Liter in einem Straßentankfahrzeug, Eisenbahnkesselwagen, ortsbeweglichen Tank oder Schüttgut-Container
Klasse 6.1	giftige Stoffe der Verpackungsgruppe I
Klasse 6.2	ansteckungsgefährliche Stoffe der Kategorie A (UN-Nummern 2814 und 2900)
Klasse 8	ätzende Stoffe der Verpackungsgruppe I in Mengen von mehr als 3000 kg oder 3000 Liter in einem Straßentankfahrzeug, Eisenbahnkesselwagen, ortsbeweglichen Tank oder Schüttgut-Container

[Grenzwert für bestimmte Radionuklide] 1.4.3.1.3

Bei gefährlichen Gütern der Klasse 7 sind radioaktive Stoffe mit hohem Gefahrenpotenzial solche mit einer Aktivität, die je Versandstück mindestens so hoch ist wie der Grenzwert für die Beförderungssicherung von 3000 A_2 (siehe auch 2.7.2.2.1), ausgenommen jedoch folgende Radionuklide, für die der Grenzwert für die Beförderungssicherung in nachstehender Tabelle 1.4.2 angegeben ist.

1.4.3.1.3 (Forts.) **Tabelle 1.4.2: Grenzwerte für die Beförderungssicherung für bestimmte Radionuklide**

Element	Radionuklid	Grenzwert für die Beförderungssicherung (TBq)
Americium	Am-241	0,6
Gold	Au-198	2
Cadmium	Cd-109	200
Californium	Cf-252	0,2
Curium	Cm-244	0,5
Cobalt	Co-57	7
Cobalt	Co-60	0,3
Caesium	Cs-137	1
Eisen	Fe-55	8000
Germanium	Ge-68	7
Gadolinium	Gd-153	10
Iridium	Ir-192	0,8
Nickel	Ni-63	600
Palladium	Pd-103	900
Promethium	Pm-147	400
Polonium	Po-210	0,6
Plutonium	Pu-238	0,6
Plutonium	Pu-239	0,6
Radium	Ra-226	0,4
Ruthenium	Ru-106	3
Selenium	Se-75	2
Strontium	Sr-90	10
Thallium	Tl-204	200
Thulium	Tm-170	200
Ytterbium	Yb-169	3

1.4.3.1.4 **[Grenzwert für Mischungen von Radionukliden]**

Für Mischungen von Radionukliden kann die Feststellung, ob der Grenzwert für die Beförderungssicherung erreicht oder überschritten wurde, durch Bildung der Summe der Quotienten aus der Aktivität jedes Radionuklids und dem für dieses Radionuklid geltenden Grenzwert für die Beförderungssicherung berechnet werden. Wenn die Summe der Quotienten kleiner als 1 ist, ist der Radioaktivitätsgrenzwert der Mischung weder erreicht noch überschritten.

Diese Berechnung kann mit folgender Formel erfolgen:

$$\sum_i \frac{A_i}{T_i} < 1,$$

wobei

A_i = Aktivität des im Versandstück enthaltenen Radionuklids i (TBq)

T_i = Grenzwert für die Beförderungssicherung des Radionuklids i (TBq)

1.4.3.1.5 Wenn radioaktive Stoffe Zusatzgefahren anderer Klassen oder Unterklassen aufweisen, müssen die Kriterien der Tabelle 1.4.1 ebenfalls berücksichtigt werden (siehe auch 1.5.5.1).

Besondere Vorschriften für die Sicherung gefährlicher Güter mit hohem Gefahrenpotenzial 1.4.3.2

[Nichtanwendung] 1.4.3.2.1

Die Vorschriften dieses Abschnitts finden keine Anwendung auf Schiffe und Hafenanlagen (siehe ISPS-Code für den Plan zur Gefahrenabwehr auf dem Schiff und den Plan zur Gefahrenabwehr in der Hafenanlage).

Bemerkung: *Zusätzlich zu den Vorschriften dieses Codes für die Sicherung (Gefahrenabwehr) dürfen die zuständigen Behörden weitere Vorschriften für die Sicherung aus anderen Gründen als denen der Sicherheit gefährlicher Güter während der Beförderung in Kraft setzen. Um die internationale und multimodale Beförderung nicht durch verschiedene Kennzeichen für die Sicherung von Explosivstoffen zu erschweren, wird empfohlen, solche Kennzeichen in Übereinstimmung mit einer international harmonisierten Norm (z. B. Richtlinie der Europäischen Kommission 2008/43/EG) zu gestalten.*

Sicherungspläne 1.4.3.2.2

[Sicherungsplanpflicht] 1.4.3.2.2.1

→ D: GGVSee § 2 (1) Nr. 23
→ D: GGVSee § 26 (1)

Versender und andere an der Beförderung gefährlicher Güter mit hohem Gefahrenpotenzial Beteiligte (siehe 1.4.3.1) sollten einen Sicherungsplan beschließen, umsetzen und einhalten, der mindestens die in 1.4.3.2.2.2 festgelegten Elemente beinhaltet.

[Sicherungsplanelemente] 1.4.3.2.2.2

Der Sicherungsplan sollte mindestens die folgenden Elemente beinhalten:

.1 spezifische Zuweisung der Verantwortlichkeiten im Bereich der Sicherung an Personen, welche über die erforderlichen Kompetenzen und Qualifikationen verfügen und mit den entsprechenden Befugnissen ausgestattet sind;

.2 Aufzeichnungen über beförderte gefährliche Güter oder Arten beförderter gefährlicher Güter;

.3 Untersuchung derzeitiger Betriebsabläufe und Beurteilung von Schwachstellen, gegebenenfalls unter Berücksichtigung des Umladens von einem Verkehrsträger auf einen anderen, des zeitweiligen Aufenthalts, des Umschlags und der Distribution;

.4 klare Beschreibungen von Maßnahmen, einschließlich Unterweisungsmaßnahmen, Unternehmensgrundsätzen (einschließlich der Reaktion auf verschärfte Bedrohungslagen, der Überprüfung von Mitarbeitern bei Neueinstellung/Zuweisung eines neuen Arbeitsgebiets etc.), Betriebsverfahren (z. B. Auswahl/Nutzung bestimmter Strecken, sofern bekannt, Zugang zu gefährlichen Gütern während des zeitweiligen Aufenthalts, Nähe zu gefährdeten Infrastruktureinrichtungen etc.) und Ausrüstung und Ressourcen, die zur Verminderung von Sicherungsrisiken verwendet werden sollen;

.5 wirksame und aktualisierte Verfahren zur Meldung von und für das Verhalten bei Bedrohungen, Verletzungen der Sicherung oder damit zusammenhängenden Zwischenfällen;

.6 Verfahren zur Bewertung und Erprobung der Sicherungspläne und Verfahren zur wiederkehrenden Überprüfung und Aktualisierung der Pläne;

.7 Maßnahmen zur Gewährleistung der physischen Sicherung der im Sicherungsplan enthaltenen Beförderungsinformation und

.8 Maßnahmen zur Gewährleistung, dass die Verbreitung der Beförderungsinformation so weit wie möglich begrenzt wird. (Die nach Kapitel 5.4 dieses Codes erforderliche Bereitstellung von Beförderungsunterlagen wird durch diese Maßnahme nicht ausgeschlossen.)

[Sicherung Klasse 7] 1.4.3.2.3

Für radioaktive Stoffe gelten die Vorschriften dieses Kapitels als erfüllt, wenn die Vorschriften des Übereinkommens über den physischen Schutz von Kernmaterial[2] und des IAEA-Informationsrundschreibens über den physischen Schutz von Kernmaterial und Kernanlagen[3] Anwendung finden.

[2] INFCIRC/274/Rev.1, IAEA, Wien (1980).
[3] INFCIRC/225/Rev.4 (Corrected), IAEA, Wien (1999).

→ D: GGVSee § 3 (1) Nr. 5
→ D: GGVSee § 13

Kapitel 1.5
Allgemeine Vorschriften für radioaktive Stoffe

1.5.1 Geltungsbereich und Anwendung

1.5.1.1 [Sicherheitsstandards]

Die Vorschriften dieses Codes setzen Sicherheitsstandards fest, die eine ausreichende Überwachung der Strahlung, Kritikalität und thermischen Gefährdung von Personen, Eigentum und Umwelt ermöglichen, soweit diese mit der Beförderung radioaktiver Stoffe in Zusammenhang stehen.
Diese Vorschriften basieren auf den IAEA „Regulations for the Safe Transport of Radioactive Material, Ausgabe 2012, IAEA, Safety Standards Series No. SSR-6, IAEA, Wien (2012)". Erläuterndes Material ist in „Advisory Material for the IAEA Regulations for the Safe Transport of Radioactive Material (Ausgabe 2012), IAEA Safety Standards Series No. SSG-26, IAEA, Wien (2014)" enthalten.

1.5.1.2 [Ziel]

Das Ziel dieses Codes besteht darin, Anforderungen festzulegen, die für die Gewährleistung der Sicherheit und den Schutz von Personen, Eigentum und der Umwelt vor den Strahlungseinflüssen bei der Beförderung radioaktiver Stoffe zu erfüllen sind. Dieser Schutz wird erreicht durch:

.1 Umschließung des radioaktiven Inhalts,

.2 Kontrolle der äußeren Dosisleistung,

.3 Verhinderung der Kritikalität und

.4 Verhinderung der Schädigung durch Wärme.

Diese Vorschriften werden erstens durch die Anwendung eines abgestuften Ansatzes zur Begrenzung der Inhalte für Versandstücke und Beförderungsmittel und zur Aufstellung von Standards, die für Versandstückmuster in Abhängigkeit von der Gefahr des radioaktiven Inhalts angewendet werden, erreicht. Zweitens werden sie durch das Aufstellen von Bedingungen für die Bauart und den Betrieb der Versandstücke und für die Instandhaltung der Verpackungen einschließlich der Berücksichtigung der Art des radioaktiven Inhalts erreicht. Schließlich werden sie durch die vorgeschriebenen administrativen Kontrollen einschließlich, soweit erforderlich, der Genehmigung/Zulassung durch die zuständigen Behörden erreicht.

1.5.1.3 [Geltungsbereich]

Die Vorschriften dieses Codes gelten für die Beförderung radioaktiver Stoffe auf See einschließlich der Beförderung, die zum Gebrauch der radioaktiven Stoffe gehört. Die Beförderung schließt alle Tätigkeiten und Maßnahmen ein, die mit der Ortsveränderung radioaktiver Stoffe in Zusammenhang stehen und von dieser umfasst werden; das schließt sowohl die Auslegung, Herstellung, Wartung und Instandsetzung der Verpackung als auch die Vorbereitung, den Versand, das Verladen, die Beförderung einschließlich beförderungsbedingter Zwischenaufenthalt, das Entladen und den Eingang am endgültigen Bestimmungsort von Ladungen radioaktiver Stoffe und Versandstücken ein. Ein abgestufter Ansatz wird für die Auslegungskriterien der Vorschriften dieses Codes angewendet, die durch drei Schweregrade charakterisiert sind:

.1 Routine-Beförderungsbedingungen (zwischenfallfrei);

.2 normale Beförderungsbedingungen (kleinere Zwischenfälle);

.3 Unfall-Beförderungsbedingungen.

1.5.1.4 [Ausnahmen]

→ D: GGVSee § 7

Die Vorschriften dieses Codes gelten nicht für:

.1 radioaktive Stoffe, die integraler Bestandteil der Beförderungsmittel sind;

.2 radioaktive Stoffe, die innerhalb von Anlagen befördert werden, in denen geeignete Sicherheitsvorschriften in Kraft sind und wo die Beförderung nicht auf öffentlichen Straßen oder Schienenwegen erfolgt;

.3 radioaktive Stoffe, die in Personen oder lebende Tiere für diagnostische oder therapeutische Zwecke implantiert oder inkorporiert wurden;

.4 radioaktive Stoffe, die sich im Organismus oder auf dem Körper einer Person befinden, die nach einer zufälligen oder unfreiwilligen Aufnahme radioaktiver Stoffe oder nach einer Kontamination zur medizinischen Behandlung befördert wird; 1.5.1.4 (Forts.)

.5 radioaktive Stoffe in Konsumgütern, die eine vorschriftsmäßige Genehmigung/Zulassung erhalten haben, nach ihrem Verkauf an den Endverbraucher;

.6 natürliche Stoffe und Erze, die in der Natur vorkommende Radionuklide enthalten (und die bearbeitet worden sein können), vorausgesetzt, die Aktivitätskonzentration dieser Stoffe überschreitet nicht das Zehnfache der in der Tabelle in 2.7.2.2.1 angegebenen oder gemäß 2.7.2.2.2.1 und 2.7.2.2.3 bis 2.7.2.2.6 berechneten Werte. Bei natürlichen Stoffen und Erzen, die in der Natur vorkommende Radionuklide enthalten, die sich nicht im säkularen Gleichgewicht befinden, muss die Berechnung der Aktivitätskonzentration gemäß 2.7.2.2.4 erfolgen;

.7 nicht radioaktive feste Gegenstände, bei denen die auf der Oberfläche vorhandenen Mengen radioaktiver Stoffe an keiner Stelle den in der Begriffsbestimmung für Kontamination in 2.7.1.2 festgelegten Grenzwert überschreiten.

Sondervorschriften für die Beförderung freigestellter Versandstücke 1.5.1.5

[Bedingungen] 1.5.1.5.1

Freigestellte Versandstücke, die gemäß 2.7.2.4.1 radioaktive Stoffe in begrenzten Mengen, Instrumente, Fabrikate oder leere Verpackungen enthalten können, unterliegen nur den folgenden Vorschriften der Teile 5 bis 7:

.1 den anwendbaren Vorschriften in 5.1.1.2, 5.1.2, 5.1.3.2, 5.1.5.2.2, 5.1.5.2.3, 5.1.5.4, 5.2.1.7, 7.1.4.5.9, 7.1.4.5.10, 7.1.4.5.12, 7.8.4.1 bis 7.8.4.6 und 7.8.9.1 und

.2 den in 6.4.4 aufgeführten Vorschriften für freigestellte Versandstücke,

es sei denn, die radioaktiven Stoffe besitzen andere Gefahreneigenschaften und müssen gemäß Sondervorschrift 290 oder 369 des Kapitels 3.3 einer anderen Klasse als der Klasse 7 zugeordnet werden, wobei die in .1 und .2 aufgeführten Vorschriften nur sofern zutreffend und zusätzlich zu den für die Hauptklasse und Unterklasse geltenden Vorschriften gelten.

[Geltung sonstiger Vorschriften des IMDG-Codes] 1.5.1.5.2

Freigestellte Versandstücke unterliegen den einschlägigen Vorschriften aller übrigen Teile dieses Codes. Wenn das freigestellte Versandstück spaltbare Stoffe enthält, müssen eines der in 2.7.2.3.5 vorgesehenen Ausschließungskriterien für spaltbare Stoffe anwendbar und die Vorschriften in 5.1.5.5 erfüllt sein.

Strahlenschutzprogramm 1.5.2 → *D: StrlSchV §§ 31 ff.*

[Systematische Zusammenstellung] 1.5.2.1

Die Beförderung radioaktiver Stoffe muss auf der Grundlage eines Strahlenschutzprogramms erfolgen, das aus einer systematischen Zusammenstellung mit dem Ziel, eine angemessene Berücksichtigung von Strahlenschutzmaßnahmen sicherzustellen, bestehen muss.

[Personendosen] 1.5.2.2

Die Personendosen müssen unter den relevanten Dosisgrenzwerten liegen. Schutz und Sicherheit müssen so optimiert sein, dass die Höhe der Individualdosen, die Anzahl der exponierten Personen sowie die Wahrscheinlichkeit der einwirkenden Exposition so niedrig wie vernünftigerweise erreichbar gehalten werden, unter Berücksichtigung wirtschaftlicher und sozialer Faktoren, mit der Einschränkung, dass die Dosen für Einzelpersonen Dosisbeschränkungen unterliegen. Ein strukturiertes und systematisches Herangehen ist vorzusehen, wobei die Berücksichtigung der Wechselwirkung zwischen der Beförderung und anderen Aktivitäten einzuschließen ist.

[Art und Umfang zu ergreifender Maßnahmen] 1.5.2.3 → *D: GGVSee § 13 Nr. 6*

Art und Umfang der im Programm zu ergreifenden Maßnahmen ist abhängig von der Höhe und Wahrscheinlichkeit der Strahlenexposition. Das Programm muss die Vorschriften in 1.5.2.2, 1.5.2.4 und 7.1.4.5.13 bis 7.1.4.5.18 einschließen. Programmdokumente müssen auf Anfrage der entsprechenden zuständigen Behörde für eine Begutachtung verfügbar sein.

1.5.2.4 [Individual- oder Arbeitsplatzüberwachung]

Für berufsbedingte, von Beförderungsaktivitäten herrührende Expositionen, bei denen eingeschätzt wird, dass die effektive Dosis entweder:

.1 wahrscheinlich zwischen 1 und 6 mSv pro Jahr liegt, ist ein Dosiseinschätzungsprogramm durch Arbeitsplatzüberwachung oder Individualüberwachung durchzuführen, oder

.2 wahrscheinlich 6 mSv pro Jahr überschreitet, ist eine Individualüberwachung durchzuführen.

Wenn eine Individual- oder Arbeitsplatzüberwachung durchgeführt wird, müssen Aufzeichnungen darüber geführt werden.

Bemerkung: *Für berufsbedingte, von Beförderungsaktivitäten herrührende Expositionen, bei denen eingeschätzt wird, dass die Effektivdosis voraussichtlich nicht über 1 mSV pro Jahr liegt, ist es nicht erforderlich, spezielle Arbeitsmuster, eine eingehende Überwachung, ein Dosiseinschätzungsprogramm oder individuelle Aufzeichnungen durchzuführen.*

1.5.3 Managementsystem

→ auch 6.4
→ D: GGVSee § 12 (1) Nr. 5 f.

1.5.3.1 [Ziel]

Für alle Tätigkeiten in dem durch 1.5.1.3 festgelegten Anwendungsbereich dieses Codes muss ein Managementsystem, das auf internationalen, nationalen oder anderen Standards basiert und durch die zuständige Behörde akzeptiert ist, erstellt und umgesetzt werden, um die Einhaltung der zutreffenden Vorschriften dieses Codes zu gewährleisten. Die Bescheinigung, dass die Spezifikation der Bauart in vollem Umfang umgesetzt worden ist, muss der zuständigen Behörde zur Verfügung stehen. Der Hersteller, Versender oder Verwender muss auf Anfrage

.1 Einrichtungen für die Inspektion während der Herstellung und Verwendung zur Verfügung stellen und

.2 der zuständigen Behörde die Einhaltung der Vorschriften dieses Codes nachweisen.

Soweit eine Genehmigung/Zulassung der zuständigen Behörde erforderlich ist, muss diese Genehmigung/Zulassung die Angemessenheit des Managementsystems berücksichtigen und davon abhängig sein.

1.5.4 Sondervereinbarung

1.5.4.1 [Begriffsbestimmung]

→ D: GGVSee § 13 Nr. 3
→ auch 5.1.5.1.3

Unter *Sondervereinbarung* versteht man solche Vorschriften, die von der zuständigen Behörde genehmigt sind und nach denen Sendungen von radioaktiven Stoffen, die nicht alle geltenden Vorschriften dieses Codes erfüllen, befördert werden dürfen.

1.5.4.2 [Voraussetzungen]

→ D: GGVSee § 6 (5) Nr. 1
→ D: GGVSee § 13 Nr. 6
→ D: GGVSee § 12 (1) Nr. 2
→ D: GGVSee § 12 (1) Nr. 6

Sendungen, für die eine Übereinstimmung mit allen Vorschriften, die für radioaktive Stoffe gelten, unmöglich ist, dürfen nur aufgrund einer Sondervereinbarung befördert werden. Vorausgesetzt, die zuständige Behörde ist überzeugt, dass die Übereinstimmung mit den Vorschriften für radioaktive Stoffe dieses Codes unmöglich ist und dass die erforderlichen Sicherheitsstandards, die in diesem Code festgesetzt wurden, durch alternative Mittel nachgewiesen wurden, kann die zuständige Behörde Sondervereinbarungen für einzelne Sendungen oder für eine geplante Serie von mehreren Sendungen genehmigen. Die insgesamt erreichte Sicherheit bei der Beförderung muss der bei der Erfüllung aller anwendbaren Vorschriften erreichbaren Sicherheit mindestens gleichwertig sein. Für internationale Sendungen dieser Art ist eine multilaterale Genehmigung erforderlich.

1.5.5 Radioaktive Stoffe mit anderen gefährlichen Eigenschaften

1.5.5.1 [Andere gefährliche Eigenschaften berücksichtigen]

Zusätzlich zu den radioaktiven und spaltbaren Eigenschaften sind alle anderen Zusatzgefahren des Versandstückinhalts wie Explosionsfähigkeit, Entzündbarkeit, Selbstentzündlichkeit, chemische Giftigkeit und Ätzwirkung bei der Dokumentation, beim Verpacken, Bezetteln, Kennzeichnen, Plakatieren, Stauen, Trennen und Befördern in Übereinstimmung mit allen zutreffenden Vorschriften für gefährliche Güter dieses Codes zu berücksichtigen. (Siehe auch Sondervorschrift 172 und, für freigestellte Versandstücke, Sondervorschrift 290.)

Nichteinhaltung **1.5.6**
→ *D: GGVSee § 13*

[Nichteinhaltung von Grenzwerten] **1.5.6.1**

Bei Nichteinhaltung irgendeines Grenzwertes in den Vorschriften dieses Codes für die Dosisleistung oder die Kontamination:

.1 müssen der Versender, der Empfänger, der Beförderer und jede gegebenenfalls an der Beförderung beteiligte Stelle, der oder die davon betroffen sein könnte, über die Nichteinhaltung informiert werden: → *D: GGVSee § 25* → *D: GGVSee § 21 Nr. 4*

  .1 durch den Beförderer, wenn die Nichteinhaltung während der Beförderung festgestellt wird, oder → *D: GGVSee § 4 (6)*

  .2 durch den Empfänger, wenn die Nichteinhaltung beim Empfang festgestellt wird; → *D: GGVSee § 25*

.2 muss, je nach Fall, der Beförderer, der Versender oder der Empfänger:

  .1 sofortige Maßnahmen ergreifen, um die Folgen der Nichteinhaltung abzuschwächen;

  .2 die Nichteinhaltung und ihre Ursachen, Umstände und Folgen untersuchen;

  .3 geeignete Maßnahmen ergreifen, um die Ursachen und Umstände, die zu der Nichteinhaltung geführt haben, abzustellen und ein erneutes Auftreten ähnlicher Umstände, die zu der Nichteinhaltung geführt haben, zu verhindern, und

  .4 die zuständige(n) Behörde(n) über die Gründe der Nichteinhaltung und über die eingeleiteten oder einzuleitenden Maßnahmen zur Abhilfe oder Vorbeugung informieren;

.3 muss die Mitteilung über die Nichteinhaltung an den Versender und an die zuständige(n) Behörde(n) sobald wie möglich und, wenn sich eine Notfallexpositionssituation entwickelt hat oder entwickelt, sofort erfolgen.

TEIL 2 KLASSIFIZIERUNG

Kapitel 2.0 Einleitung

Bemerkung: *Für die Anwendung des IMDG-Codes ist es notwendig, gefährliche Güter in verschiedene Klassen einzustufen, einige dieser Klassen zu unterteilen und die Eigenschaften der Stoffe und Gegenstände, die den einzelnen Klassen oder Unterklassen zuzuordnen sind, zu bezeichnen und zu beschreiben. Darüber hinaus sind etliche gefährliche Stoffe in den verschiedenen Klassen nach den Kriterien für die Auswahl von Meeresschadstoffen im Sinne der Anlage III des Internationalen Übereinkommens von 1973 zur Verhütung der Meeresverschmutzung durch Schiffe in der Fassung des Protokolls von 1978 zu diesem Übereinkommen (MARPOL 73/78) als Stoffe, die die Meeresumwelt schädigen, identifiziert.*

Verantwortlichkeiten 2.0.0

→ D: GGVSee § 12
→ D: GGVSee § 11
→ D: MoU § 5

[Klassifizierung] **2.0.0.1**

Die Klassifizierung muss durch den Versender oder, sofern es in diesem Code festgelegt ist, durch die zuständige Behörde erfolgen.

[Namentlich genannter Stoff, der weitere Klassifizierungskriterien erfüllt] **2.0.0.2**

Mit Genehmigung der zuständigen Behörde darf ein Versender, der auf der Grundlage von Prüfdaten festgestellt hat, dass ein in Spalte 2 der Gefahrgutliste in Kapitel 3.2 namentlich genannter Stoff die Klassifizierungskriterien einer in der Liste nicht ausgewiesenen Klasse oder Unterklasse erfüllt, den Stoff wie folgt versenden:

- unter der am besten geeigneten Gattungs- oder „Nicht Anderweitig Genannt" (N.A.G.)-Eintragung, die alle Gefahren widerspiegelt, oder
- unter derselben UN-Nummer und demselben richtigen technischen Namen, jedoch mit zusätzlichen Angaben zur Gefahr, die erforderlich sind, um die weitere(n) Zusatzgefahr(en) abzubilden (Dokumentation, Gefahrzettel, Placard), vorausgesetzt, die Klasse der Hauptgefahr bleibt unverändert und alle übrigen Beförderungsvorschriften (z. B. begrenzte Mengen, Verpackung und Tankvorschriften), die normalerweise für Stoffe mit einer solchen Gefahrenkombination anwendbar wären, sind dieselben wie die für den aufgeführten Stoff.

Bemerkung: *Wenn eine zuständige Behörde eine solche Genehmigung erteilt, sollte sie den Expertenunterausschuss für die Beförderung gefährlicher Güter der Vereinten Nationen[1)] entsprechend unterrichten und einen diesbezüglichen Antrag auf Änderung der Gefahrgutliste unterbreiten. Sollte die vorgeschlagene Änderung abgelehnt werden, sollte die zuständige Behörde ihre Genehmigung zurückziehen.*

Klassen, Unterklassen, Verpackungsgruppen 2.0.1

Begriffsbestimmungen **2.0.1.1**

Die unter die Vorschriften dieses Codes fallenden Stoffe (einschließlich Mischungen und Lösungen) und Gegenstände sind entsprechend der von ihnen ausgehenden Gefahr bzw. der von ihnen ausgehenden vorherrschenden Gefahr einer der Klassen 1 bis 9 zugeordnet. Einige dieser Klassen sind in Unterklassen unterteilt. Es gibt folgende Klassen und Unterklassen:

[1)] UNECE United Nation Economic Commission for Europe, Dangerous Goods and Special Cargoes Section, Transport Division. Palais des Nations, Bureau 418, CH-1211 Geneva 10, Switzerland. Tel: +41-22/9172456, Fax: +41-22/9170039. www.unece.org/trans/danger/danger.html

2.0.1.1 (Forts.)

Klasse 1: Explosive Stoffe und Gegenstände mit Explosivstoff

- Unterklasse 1.1: Stoffe und Gegenstände, die massenexplosionsfähig sind
- Unterklasse 1.2: Stoffe und Gegenstände, die die Gefahr der Bildung von Splittern, Spreng- und Wurfstücken aufweisen, die aber nicht massenexplosionsfähig sind
- Unterklasse 1.3: Stoffe und Gegenstände, von denen eine Brandgefahr sowie eine geringe Gefahr durch Luftstoß oder durch Splitter, Spreng- und Wurfstücke oder beides ausgeht, die aber nicht massenexplosionsfähig sind
- Unterklasse 1.4: Stoffe und Gegenstände, die keine große Gefahr darstellen
- Unterklasse 1.5: Sehr unempfindliche massenexplosionsfähige Stoffe
- Unterklasse 1.6: Extrem unempfindliche, nicht massenexplosionsfähige Gegenstände

Klasse 2: Gase

- Klasse 2.1: Entzündbare Gase
- Klasse 2.2: Nicht entzündbare, nicht giftige Gase
- Klasse 2.3: Giftige Gase

Klasse 3: Entzündbare Flüssigkeiten

Klasse 4: Entzündbare feste Stoffe; selbstentzündliche Stoffe; Stoffe, die in Berührung mit Wasser entzündbare Gase entwickeln

- Klasse 4.1: Entzündbare feste Stoffe, selbstzersetzliche Stoffe, desensibilisierte explosive feste Stoffe und polymerisierende Stoffe
- Klasse 4.2: Selbstentzündliche Stoffe
- Klasse 4.3: Stoffe, die in Berührung mit Wasser entzündbare Gase entwickeln

Klasse 5: Entzündend (oxidierend) wirkende Stoffe und organische Peroxide

- Klasse 5.1: Entzündend (oxidierend) wirkende Stoffe
- Klasse 5.2: Organische Peroxide

Klasse 6: Giftige und ansteckungsgefährliche Stoffe

- Klasse 6.1: Giftige Stoffe
- Klasse 6.2: Ansteckungsgefährliche Stoffe

Klasse 7: Radioaktive Stoffe

Klasse 8: Ätzende Stoffe

Klasse 9: Verschiedene gefährliche Stoffe und Gegenstände

Die numerische Reihenfolge der Klassen und Unterklassen entspricht nicht ihrem Gefahrengrad.

2.0.1.2 Meeresschadstoffe

2.0.1.2.1 [Meeresschadstoffe]

Viele der den Klassen 1 bis 6.2, 8 und 9 zugewiesenen Stoffe gelten als Meeresschadstoffe (siehe Kapitel 2.10).

2.0.1.2.2 [Bekannte Meeresschadstoffe]

Bekannte Meeresschadstoffe sind in der Gefahrgutliste angegeben und im Index gekennzeichnet.

2.0.1.3 [Verpackungsgruppen]

Mit Ausnahme von Stoffen der Klassen 1, 2, 5.2, 6.2 und 7 sowie mit Ausnahme der selbstzersetzlichen Stoffe der Klasse 4.1 sind die Stoffe für Verpackungszwecke aufgrund ihres Gefahrengrades drei Verpackungsgruppen zugeordnet:

- Verpackungsgruppe I: Stoffe mit hoher Gefahr;
- Verpackungsgruppe II: Stoffe mit mittlerer Gefahr und
- Verpackungsgruppe III: Stoffe mit geringer Gefahr.

Die Verpackungsgruppe, der ein Stoff zugeordnet ist, ist in Kapitel 3.2 in der Gefahrgutliste angegeben.

Gegenstände sind keinen Verpackungsgruppen zugeordnet. Für Zwecke der Verpackung sind eventuelle Prüfanforderungen an die Verpackung in der anwendbaren Verpackungsanweisung festgelegt.

[Gefahrenermittlung] 2.0.1.4

Die von den gefährlichen Gütern ausgehende(n) Gefahr(en) der Klassen 1 bis 9, die Meeresschadstoffe und, soweit erforderlich, der Gefahrengrad (Verpackungsgruppe) werden auf der Grundlage der Vorschriften in Kapitel 2.1 bis 2.10 ermittelt.

[Klassenzuordnung bei einer Gefahr] 2.0.1.5

Gefährliche Güter, von denen die Gefahr einer einzelnen Klasse oder Unterklasse ausgeht, werden dieser Klasse oder Unterklasse und, soweit erforderlich, der ermittelten Verpackungsgruppe zugeordnet. Bei Stoffen oder Gegenständen, die in der Gefahrgutliste im Kapitel 3.2 mit Namen besonders aufgeführt sind, werden Klasse oder Unterklasse, Zusatzgefahr(en) und, soweit vorhanden, Verpackungsgruppe diesem Verzeichnis entnommen.

[Klassenzuordnung bei mehreren Gefahren] 2.0.1.6

Gefährliche Güter, die die Kriterien von mehr als einer Gefahrenklasse oder -unterklasse erfüllen und die in der Gefahrgutliste nicht namentlich aufgeführt sind, werden auf der Grundlage der Vorschriften über die überwiegende Gefahr in 2.0.3 einer Klasse oder Unterklasse zugeordnet, und die verbleibende(n) Gefahr(en) werden als Zusatzgefahr bzw. Zusatzgefahren festgelegt.

UN-Nummern und richtige technische Namen 2.0.2

[Zuordnung] 2.0.2.1

Gefährliche Güter werden UN-Nummern und richtigen technischen Namen entsprechend ihrer Einstufung und ihrer Zusammensetzung zugeordnet.

[Eintragungsarten] 2.0.2.2

→ *auch 2.0.3.3*

Häufig beförderte gefährliche Güter sind in der Gefahrgutliste in Kapitel 3.2 aufgeführt. Ein Gegenstand oder ein Stoff, der namentlich besonders genannt ist, muss bei der Beförderung mit dem richtigen technischen Namen gemäß der Gefahrgutliste bezeichnet werden. Diese Stoffe können technische Unreinheiten (z. B. aus dem Produktionsprozess) oder Additive für die Stabilisierung oder für andere Zwecke enthalten, die keine Auswirkungen auf ihre Klassifizierung haben. Jedoch gilt ein namentlich genannter Stoff, der technische Unreinheiten oder Additive für die Stabilisierung oder für andere Zwecke enthält, die Auswirkungen auf seine Klassifizierung haben, als Mischung oder Lösung (siehe 2.0.2.5). Für nicht namentlich besonders genannte gefährliche Güter gibt es Gattungseintragungen oder „Nicht Anderweitig Genannt"-Eintragungen (siehe 2.0.2.7) zur Bezeichnung des Stoffes oder Gegenstandes bei der Beförderung. Die in Spalte 2 der Gefahrgutliste in Kapitel 3.2 namentlich genannten Stoffe müssen entsprechend ihrer Klassifizierung in der Liste oder unter den in 2.0.0.2 festgelegten Bedingungen befördert werden.

Jeder Eintragung in der Gefahrgutliste ist eine UN-Nummer zugeordnet. Diese Liste enthält zu jedem Eintrag auch wichtige Angaben wie Gefahrenklasse, (gegebenenfalls) Zusatzgefahr(en), Verpackungsgruppe (sofern zugeordnet), Vorschriften für das Verpacken und für die Beförderung in Tanks, EmS, Trennung und Stauung, Eigenschaften und Bemerkungen usw.

Es gibt die folgenden vier Arten von Eintragungen in der Gefahrgutliste:

.1 Einzeleintragungen für genau definierte Stoffe und Gegenstände:

z. B.	UN 1090	Aceton
	UN 1194	Ethylnitrit, Lösung

.2 Gattungseintragungen für genau definierte Gruppen von Stoffen oder Gegenständen:

z. B.	UN 1133	Klebstoffe
	UN 1266	Parfümerieerzeugnisse
	UN 2757	Carbamat-Pestizid, fest, giftig
	UN 3101	Organisches Peroxid Typ B, flüssig

.3 spezifische N.A.G.-Eintragungen, die eine Gruppe von Stoffen oder Gegenständen von bestimmter chemischer oder technischer Beschaffenheit umfassen:

z. B.	UN 1477	Nitrate, anorganisch, N.A.G.
	UN 1987	Alkohole, N.A.G.

2.0.2.2 (Forts.) .4 allgemeine N.A.G.-Eintragungen, die eine Gruppe von Stoffen oder Gegenständen umfassen, die die Kriterien einer oder mehrerer Klassen erfüllen:

z. B. UN 1325 Entzündbarer fester Stoff, organisch, N.A.G.
UN 1993 Entzündbarer flüssiger Stoff, N.A.G.

2.0.2.3 [Selbstzersetzliche Stoffe]

Alle selbstzersetzlichen Stoffe der Klasse 4.1 werden entsprechend den in 2.4.2.3.3 beschriebenen Klassifizierungsgrundsätzen einer von 20 Gattungseintragungen zugeordnet.

2.0.2.4 [Organische Peroxide]

Alle organischen Peroxide der Klasse 5.2 werden entsprechend den in 2.5.3.3 beschriebenen Klassifizierungsgrundsätzen einer von 20 Gattungseintragungen zugeordnet.

2.0.2.5 [Einstofflösungen/-gemische]

Eine Mischung oder Lösung, die den Klassifizierungskriterien dieses Codes entspricht und nur einen einzigen in der Gefahrgutliste namentlich genannten überwiegenden gefährlichen Stoff und einen oder mehrere nicht den Vorschriften dieses Codes unterliegende Stoffe oder Spuren eines oder mehrerer in der Gefahrgutliste namentlich genannter Stoffe enthält, ist der UN-Nummer und dem richtigen technischen Namen des in der Gefahrgutliste namentlich genannten überwiegenden Stoffes zuzuordnen, es sei denn:

.1 die Mischung oder Lösung ist in der Gefahrgutliste namentlich genannt;

.2 aus der Benennung und der Beschreibung des in der Gefahrgutliste namentlich besonders genannten Stoffes geht hervor, dass die Eintragung nur für den reinen Stoff gilt;

.3 die Gefahrenklasse oder -unterklasse, die Zusatzgefahr(en), die Verpackungsgruppe oder der Aggregatzustand der Mischung oder Lösung unterscheidet sich von denen des in der Gefahrgutliste namentlich genannten Stoffes oder

.4 die Gefahrenmerkmale und -eigenschaften der Mischung oder Lösung machen Notfallmaßnahmen erforderlich, die sich von denen des in der Gefahrgutliste namentlich genannten Stoffes unterscheiden.

In diesen anderen Fällen, mit Ausnahme des unter 2.0.2.5.1 genannten Falles, muss die Mischung oder Lösung als ein gefährlicher Stoff, der in der Gefahrgutliste nicht namentlich besonders genannt ist, behandelt werden.

2.0.2.6 [Varianz der Einstufung]

Wenn sich bei einer Lösung oder Mischung die Klasse, der physikalische Zustand oder die Verpackungsgruppe im Vergleich zum reinen Stoff ändern, muss diese Lösung oder Mischung unter einer geeigneten N.A.G.-Eintragung nach den sich in diesem Fall ergebenden Vorschriften befördert werden.

2.0.2.7 [N.A.G.-Eintragungen]

→ 5.4.1.4.3

Stoffe oder Gegenstände, die in der Gefahrgutliste nicht namentlich besonders genannt sind, müssen dem richtigen technischen Namen einer Gattungseintragung oder einer N.A.G.-Eintragung zugeordnet werden. Der Stoff oder Gegenstand muss gemäß den Begriffsbestimmungen für die Klassen und den in diesem Teil enthaltenen Prüfkriterien einer Klasse zugeordnet und dann demjenigen richtigen technischen Namen einer Gattungseintragung oder N.A.G.-Eintragung nach der Gefahrgutliste zugeordnet werden, der den Stoff oder Gegenstand am genauesten beschreibt. Das heißt, dass ein Stoff nur dann einer Eintragung der in 2.0.2.2.3 beschriebenen Art zuzuordnen ist, wenn er nicht einer Eintragung der in 2.0.2.2.2 beschriebenen Art zugeordnet werden kann, und einer Eintragung nach 2.0.2.2.4, wenn er nicht einer Eintragung nach 2.0.2.2.2 oder 2.0.2.2.3[2] zugeordnet werden kann.

2.0.2.8 [Zusatzgefahr Meeresschadstoff]

Bei der Zuordnung einer Lösung oder Mischung nach 2.0.2.5 muss die Frage geklärt werden, ob es sich bei dem in der Lösung oder Mischung enthaltenen gefährlichen Bestandteil um einen Meeresschadstoff handelt. Ist dies der Fall, sind auch die Vorschriften des Kapitels 2.10 anzuwenden.

[2] Siehe auch den richtigen technischen Namen der Gattungs- oder N.A.G.-Eintragung in Anhang A.

[Freistellungsmöglichkeit] 2.0.2.9

Eine Mischung oder Lösung, die einen oder mehrere in diesem Code namentlich genannte Stoffe oder einer N.A.G.-Eintragung oder Gattungseintragung zugeordnete Stoffe sowie einen oder mehrere nicht unter die Bestimmungen des Codes fallende Stoffe enthält, unterliegt nicht den Bestimmungen dieses Codes, wenn die gefährlichen Eigenschaften der Mischung oder Lösung nicht den Kriterien (einschließlich der aufgrund menschlicher Erfahrungen aufgestellten Kriterien) für die einzelnen Klassen entsprechen.

[Nicht namentlich genannte Mischung oder Lösung] 2.0.2.10

Eine Mischung oder Lösung, die den Klassifikationskriterien dieses Codes entspricht, in der Gefahrgutliste nicht namentlich genannt ist und aus zwei oder mehr gefährlichen Gütern zusammengesetzt ist, ist der Eintragung zuzuordnen, deren richtiger technischer Name, Beschreibung, Gefahrenklasse oder -unterklasse, Zusatzgefahr(en) und Verpackungsgruppe die Mischung oder Lösung am genauesten beschreibt.

Klassifizierung von Stoffen, Mischungen und Lösungen mit mehreren Gefahren (überwiegende Gefahr) 2.0.3

[Ermittlung überwiegende Gefahr] 2.0.3.1

Für die Festlegung der Klasse von Stoffen, Mischungen oder Lösungen, von denen mehr als eine Gefahr ausgeht und die in diesem Code nicht namentlich genannt sind, oder für die Zuordnung der geeigneten Eintragung für Gegenstände, die gefährliche Güter enthalten, n.a.g. (UN 3537 bis 3548, siehe 2.0.6), muss die Tabelle zur Ermittlung der überwiegenden Gefahr in 2.0.3.6 herangezogen werden. Bei Stoffen, Mischungen oder Lösungen mit mehreren Gefahren, die nicht namentlich genannt sind, hat von allen den Gefahren der Güter jeweils zugeordneten Verpackungsgruppen diejenige mit dem niedrigsten Zahlenwert Vorrang vor den anderen Verpackungsgruppen, ungeachtet der Tabelle zur Ermittlung der überwiegenden Gefahr nach 2.0.3.6.

[Anwendung der Tabelle] 2.0.3.2

Aus der Tabelle nach 2.0.3.6 geht hervor, welche der Gefahren als Hauptgefahr anzusehen ist. Die Klasse, die am Schnittpunkt der waagerechten Zeile mit der senkrechten Spalte abzulesen ist, stellt die Hauptgefahr dar. Die andere Klasse ist die Zusatzgefahr. Für jede der von dem Stoff, der Mischung oder Lösung ausgehenden Gefahren muss unter Zugrundelegung der jeweiligen Kriterien die Verpackungsgruppe ermittelt werden. Die so ermittelte Verpackungsgruppe mit dem niedrigsten Zahlenwert ist dann die dem Stoff, der Mischung oder Lösung zuzuordnende Verpackungsgruppe.

[Richtiger technischer Name] 2.0.3.3

Der richtige technische Name (siehe 3.1.2) eines Stoffes, einer Mischung oder Lösung, der oder die nach 2.0.3.1 und 2.0.3.2 zugeordnet wurde, ergibt sich aus der am besten zutreffenden N.A.G.-Eintragung in diesem Code für die Klasse, die als Hauptgefahr ermittelt wurde.

[Gefahrenvorrang] 2.0.3.4

Die überwiegende Gefahr der folgenden Stoffe und Gegenstände ist in der Tabelle zur Ermittlung der überwiegenden Gefahr nicht berücksichtigt worden, weil diese Hauptgefahren in jedem Fall Vorrang haben:

.1 Stoffe und Gegenstände der Klasse 1,

.2 Gase der Klasse 2,

.3 desensibilisierte explosive flüssige Stoffe der Klasse 3,

.4 selbstzersetzliche Stoffe und desensibilisierte explosive feste Stoffe der Klasse 4.1,

.5 pyrophore Stoffe der Klasse 4.2,

.6 Stoffe der Klasse 5.2,

.7 Stoffe der Klasse 6.1 mit einer Inhalationstoxizität entsprechend Verpackungsgruppe I,

.8 Stoffe der Klasse 6.2,

.9 Stoffe der Klasse 7.

2.0.3.5 [Radioaktive Stoffe]

Mit Ausnahme der freigestellten radioaktiven Stoffe (bei denen die anderen gefährlichen Eigenschaften vorrangig sind) müssen radioaktive Stoffe mit anderen gefährlichen Eigenschaften stets der Klasse 7 zugeordnet werden. Die größte der zusätzlichen Gefahren muss jeweils angegeben werden. Für radioaktive Stoffe in freigestellten Versandstücken, mit Ausnahme von UN 3507 URANHEXAFLUORID, RADIOAKTIVE STOFFE, FREIGESTELLTES VERSANDSTÜCK, gilt Sondervorschrift 290 in Kapitel 3.3.

2.0.3.6 Tabelle zur Ermittlung der überwiegenden Gefahr

Klasse und Verpackungsgruppe	4.2	4.3	5.1 I	5.1 II	5.1 III	6.1 I dermal	6.1 I oral	6.1 II	6.1 III	8 I flüss. Stoff	8 I fest. Stoff	8 II flüss. Stoff	8 II fest. Stoff	8 III flüss. Stoff	8 III fest. Stoff
3 I*)		4.3				3	3	3	3	3	–	3	–	3	–
3 II*)		4.3				3	3	3	3	8	–	3	–	3	–
3 III*)		4.3				6.1	6.1	6.1	3**)	8	–	8	–	3	–
4.1 II*)	4.2	4.3	5.1	4.1	4.1	6.1	6.1	4.1	4.1	–	8	–	4.1	–	4.1
4.1 III*)	4.2	4.3	5.1	4.1	4.1	6.1	6.1	6.1	4.1	–	8	–	8	–	4.1
4.2 II		4.3	5.1	4.2	4.2	6.1	6.1	4.2	4.2	8	8	4.2	4.2	4.2	4.2
4.2 III		4.3	5.1	5.1	4.2	6.1	6.1	6.1	4.2	8	8	8	8	4.2	4.2
4.3 I			5.1	4.3	4.3	6.1	4.3	4.3	4.3	4.3	4.3	4.3	4.3	4.3	4.3
4.3 II			5.1	4.3	4.3	6.1	4.3	4.3	4.3	8	8	4.3	4.3	4.3	4.3
4.3 III			5.1	5.1	4.3	6.1	6.1	6.1	4.3	8	8	8	8	4.3	4.3
5.1 I						5.1	5.1	5.1	5.1	5.1	5.1	5.1	5.1	5.1	5.1
5.1 II						6.1	5.1	5.1	5.1	8	8	5.1	5.1	5.1	5.1
5.1 III						6.1	6.1	6.1	5.1	8	8	8	8	5.1	5.1
6.1 I, dermal										8	6.1	6.1	6.1	6.1	6.1
6.1 I, oral										8	6.1	6.1	6.1	6.1	6.1
6.1 II, Inhalation										8	6.1	6.1	6.1	6.1	6.1
6.1 II, dermal										8	6.1	8	6.1	6.1	6.1
6.1 II, oral										8	8	8	6.1	6.1	6.1
6.1 III										8	8	8	8	8	8

*) Stoffe der Klasse 4.1 außer selbstzersetzlichen Stoffen sowie desensibilisierten explosiven festen Stoffen und Stoffe der Klasse 3 außer desensibilisierten explosiven flüssigen Stoffen.

**) 6.1 für Pestizide.

– Bedeutet, dass eine Kombination nicht möglich ist.

Bezüglich der in dieser Tabelle nicht aufgeführten Gefahren siehe 2.0.3.4 und 2.0.3.5.

2.0.4 Beförderung von Proben

2.0.4.1 [Einstufung]

Wenn die Klasse eines Stoffes unbestimmt ist und er zum Zweck weiterer Prüfung befördert wird, müssen ihm Gefahrenklasse, richtiger technischer Name und Stoffnummer auf der Grundlage der Stoffkenntnisse des Versenders und der Anwendung:

.1 der Zuordnungskriterien dieses Codes und

.2 der in 2.0.3 aufgeführten Vorschriften zur Ermittlung der überwiegenden Gefahr vorläufig zugeordnet werden.

Die Verpackungsgruppe mit dem niedrigstmöglichen Zahlenwert für den richtigen technischen Namen muss angewendet werden.

Bei Anwendung dieser Vorschrift muss der richtige technische Name durch das Wort „PROBE"/ „SAMPLE" ergänzt werden (wie z. B. ENTZÜNDBARER FLÜSSIGER STOFF, N.A.G., PROBE / FLAMMABLE LIQUID, N.O.S., SAMPLE). In einigen Fällen, in denen einer Stoffprobe, bei der davon ausgegangen wird, dass sie bestimmte Zuordnungskriterien erfüllt, ein spezifischer richtiger technischer Name zugeordnet wird (wie z. B. UN 3167, GASPROBE, NICHT UNTER DRUCK STEHEND, ENTZÜNDBAR / UN 3167, GAS SAMPLE, NON-PRESSURIZED, FLAMMABLE), muss dieser Name verwendet werden. Wird für die Beförderung der Probe eine N.A.G.-Eintragung verwendet, braucht der richtige technische Name nicht durch den technischen Namen, der nach der Sondervorschrift 274 erforderlich ist, ergänzt zu werden. **2.0.4.1** (Forts.)

[Bedingungen] **2.0.4.2**

Stoffproben müssen nach den Vorschriften befördert werden, die auf den vorläufig zugeordneten richtigen technischen Namen anwendbar sind, vorausgesetzt:

.1 der Stoff wird nicht für einen Stoff gehalten, dessen Beförderung nach 1.1.3 verboten ist;

.2 bei dem Stoff wird nicht davon ausgegangen, dass er die Kriterien der Klasse 1 erfüllt, oder er wird nicht für einen infektiösen Stoff oder einen radioaktiven Stoff gehalten;

.3 der Stoff entspricht 2.4.2.3.2.4.2 oder 2.5.3.2.5.1, wenn es sich um einen selbstzersetzlichen Stoff oder um ein organisches Peroxid handelt;

.4 die Probe wird in einer zusammengesetzten Verpackung mit einer Nettomasse je Versandstück von höchstens 2,5 kg befördert;

.5 die Probe wird nicht zusammen mit anderen Gütern verpackt.

Proben energetischer Stoffe für Prüfzwecke **2.0.4.3**

[Nicht explosive energetische Proben] **2.0.4.3.1**

Proben organischer Stoffe, die funktionelle Gruppen enthalten, die in den Tabellen A6.1 und/oder A6.3 in Anhang 6 (Screening Procedures – Voruntersuchungen) des Handbuchs Prüfungen und Kriterien aufgeführt sind, dürfen unter der UN-Nummer 3224 (Selbstzersetzlicher Stoff Typ C, fest) bzw. 3223 (Selbstzersetzlicher Stoff Typ C, flüssig) der Klasse 4.1 befördert werden, vorausgesetzt:

.1 die Proben enthalten:
- keine bekannten explosiven Stoffe,
- keine Stoffe, die bei der Prüfung explosive Effekte aufweisen,
- keine Verbindungen, die mit der Absicht entwickelt wurden, einen praktischen explosiven oder pyrotechnischen Effekt zu erzeugen, oder
- keine Bestandteile, die aus synthetischen Grundstoffen beabsichtigter explosiver Stoffe bestehen;

.2 die Konzentration des anorganischen oxidierenden Stoffs beträgt bei Gemischen, Komplexen oder Salzen anorganischer entzündend (oxidierend) wirkender Stoffe der Klasse 5.1 mit einem oder mehreren organischen Stoffen:
- weniger als 15 Masse-% bei einer Zuordnung zur Verpackungsgruppe I (hohe Gefahr) oder II (mittlere Gefahr) oder
- weniger als 30 Masse-% bei einer Zuordnung zur Verpackungsgruppe III (niedrige Gefahr);

.3 die verfügbaren Daten ermöglichen keine genauere Klassifizierung;

.4 die Probe ist nicht mit anderen Gütern zusammengepackt und

.5 die Probe ist gemäß der Verpackungsanweisung P520 und der Sondervorschrift für die Verpackung PP94 bzw. PP95 in 4.1.4.1 verpackt.

2.0.5 Beförderung von Abfällen
→ D: GGVSee § 3 (3)

2.0.5.1 Einleitung

Abfälle, die gefährliche Güter sind, müssen in Übereinstimmung mit den anwendbaren internationalen Empfehlungen und Übereinkommen und, insbesondere im Falle der Beförderung über See, in Übereinstimmung mit den Bestimmungen dieses Codes befördert werden.

2.0.5.2 Anwendungsbereich

2.0.5.2.1 [Geltungsbereich]

Die Bestimmungen dieses Kapitels gelten für die Beförderung von Abfällen auf Schiffen und sind in Verbindung mit allen anderen Bestimmungen dieses Codes anzuwenden.

2.0.5.2.2 [Abgrenzung zu Klasse 7]

Stoffe, Lösungen, Mischungen und Gegenstände, die radioaktive Stoffe enthalten oder mit diesen kontaminiert sind, fallen unter die geltenden Vorschriften für radioaktive Stoffe der Klasse 7 und sind nicht als Abfälle im Sinne dieses Kapitels zu betrachten.

2.0.5.3 Grenzüberschreitende Verbringung gemäß dem Basler Übereinkommen[3)]

2.0.5.3.1 [Genehmigungsvorbehalt]
→ D: MoU § 15
→ D: GGVSee § 2 (1) Nr. 2

Die grenzüberschreitende Verbringung von Abfällen darf erst beginnen, wenn:

.1 die zuständige Behörde des Ursprungslandes oder der Abfallerzeuger oder Abfallexporteur über die zuständige Behörde des Ursprungslandes eine Notifizierung an das endgültige Bestimmungsland übermittelt hat und

.2 die zuständige Behörde des Ursprungslandes die Verbringung genehmigt hat, nachdem sie die schriftliche Zustimmung des endgültigen Bestimmungslandes mit der Erklärung erhalten hat, dass die Abfälle sicher verbrannt oder durch andere Verfahren beseitigt werden.

2.0.5.3.2 [Abfallverbringungsdokument]
→ D: GGVSee § 6 (5) Nr. 2 d)

Zusätzlich zu dem in Kapitel 5.4 vorgeschriebenen Beförderungsdokument ist jeder grenzüberschreitenden Verbringung von Abfällen ein Abfallverbringungsdokument (Begleitschein) beizufügen, das die Sendung von dem Ort, an dem die grenzüberschreitende Verbringung beginnt, bis zum Ort der Beseitigung begleitet. Dieses Dokument muss jederzeit für die zuständigen Behörden und für alle bei der Durchführung der Abfallverbringung beteiligten Personen verfügbar sein.

2.0.5.3.3 [Güterbeförderungseinheiten, Straßenfahrzeuge]

Die Beförderung fester Abfälle in loser Schüttung in Güterbeförderungseinheiten oder Straßenfahrzeugen ist nur zulässig mit Genehmigung der zuständigen Behörde des Ursprungslandes.

2.0.5.3.4 [Leckage]

Im Falle einer Leckage an Versandstücken oder Güterbeförderungseinheiten mit Abfällen sind die zuständigen Behörden des Ursprungslandes und des Bestimmungslandes sofort zu informieren und von ihnen Anweisungen für die erforderlichen Maßnahmen einzuholen.

2.0.5.4 Klassifizierung von Abfällen
→ 2.0.1.2.2

2.0.5.4.1 [Einstoff-Abfall]

Abfall, der nur einen Bestandteil enthält, der ein gefährlicher Stoff ist und der unter die Bestimmungen dieses Codes fällt, ist als dieser bestimmte Stoff anzusehen. Wenn die Konzentration dieses Bestandteils derart ist, dass der Abfall ständig eine Gefahr darstellt, die von dem Bestandteil selbst ausgeht, ist er nach den Kriterien der zutreffenden Klassen einzustufen.

3) Basler Übereinkommen von 1989 über die Kontrolle der grenzüberschreitenden Verbringung gefährlicher Abfälle und ihrer Entsorgung.

[Mehrstoff-Abfall] 2.0.5.4.2

Abfall, der zwei oder mehr Bestandteile enthält, die gefährliche Stoffe sind und die unter die Bestimmungen dieses Codes fallen, sind gemäß ihren gefährlichen Merkmalen und Eigenschaften, wie in 2.0.5.4.3 und 2.0.5.4.4 beschrieben, in die zutreffende Klasse einzustufen.

[Einstufung] 2.0.5.4.3

Die Einstufung nach den gefährlichen Merkmalen undEigenschaften ist wie folgt durchzuführen:

.1 Bestimmung der physikalischen und chemischen Eigenschaften sowie der physiologischen Eigenschaften durch Messung oder Berechnung und anschließend Einstufung nach den Kriterien der zutreffenden Klasse(n) oder

.2 wenn diese Bestimmung nicht möglich ist, ist der Abfall nach dem Bestandteil einzustufen, von dem die überwiegende Gefahr ausgeht.

[Überwiegende Gefahr] 2.0.5.4.4

Bei der Ermittlung der überwiegenden Gefahr sind die folgenden Kriterien in Betracht zu ziehen:

.1 Wenn ein oder mehr Bestandteile einer bestimmten Klasse zuzuordnen sind und der Abfall eine Gefahr darstellt, die von diesen Bestandteilen ausgeht, ist der Abfall in diese Klasse einzustufen oder

.2 wenn Bestandteile zwei oder mehreren Klassen zuzuordnen sind, ist bei der Einstufung des Abfalls die für die gefährlichen Stoffe mit mehreren Gefahren geltende Reihenfolge der Gefahren, wie in 2.0.3 festgelegt, zu berücksichtigen.

[Meeresschadstoffe] 2.0.5.4.5

Abfälle, die nur für die Meeresumwelt schädlich sind, sind unter den Eintragungen in Klasse 9 für UMWELTGEFÄHRDENDER STOFF, FLÜSSIG, N.A.G., UN 3082, oder UMWELTGEFÄHRDENDER STOFF, FEST, N.A.G., UN 3077, mit dem Zusatz „ABFALL"/„WASTE" zu befördern. Dies gilt jedoch nicht für Stoffe, die durch eigene Eintragungen in diesem Code abgedeckt sind.

[Basler Übereinkommen] 2.0.5.4.6

Abfälle, die im Übrigen nicht den Vorschriften dieses Codes unterliegen, die jedoch unter das Basler Übereinkommen fallen, dürfen unter den Eintragungen in Klasse 9 für UMWELTGEFÄHRDENDER STOFF, FLÜSSIG, N.A.G., UN 3082, oder UMWELTGEFÄHRDENDER STOFF, FEST, N.A.G., UN 3077, mit dem Zusatz „ABFALL"/„WASTE" befördert werden.

Klassifizierung von Gegenständen als Gegenstände, die gefährliche Güter enthalten, n.a.g. 2.0.6

Bemerkung: *Für Gegenstände, die keinen richtigen technischen Namen haben und die nur gefährliche Güter im Rahmen der in Spalte 7a der Gefahrgutliste zugelassenen begrenzten Mengen enthalten, siehe UN-Nummer 3363 und Sondervorschrift 301 des Kapitels 3.3.*

[Zuordnung nach Inhalt] 2.0.6.1

Gegenstände, die gefährliche Güter enthalten, dürfen, wie an anderer Stelle in diesem Code vorgesehen, dem richtigen technischen Namen der gefährlichen Güter, die in ihnen enthalten sind, zugeordnet oder in Übereinstimmung mit diesem Abschnitt klassifiziert werden. Für Zwecke dieses Abschnitts ist ein „Gegenstand" eine Maschine, ein Gerät oder eine andere Einrichtung, das/die ein oder mehrere gefährliche Güter (oder Rückstände dieser Güter) enthält, die fester Bestandteil des Gegenstands sind, für die Funktion des Gegenstands notwendig sind und für Beförderungszwecke nicht entfernt werden können. Eine Innenverpackung ist kein Gegenstand.

[Anforderungen an Lithiumbatterien] 2.0.6.2

Solche Gegenstände dürfen darüber hinaus Batterien enthalten. Sofern nicht Vorproduktionsprototypen von Batterien oder Batterien aus kleinen Produktionsserien von höchstens 100 Batterien in den Gegenstand eingebaut sind, müssen Lithiumbatterien, die Bestandteil des Gegenstandes sind, einem Typ entsprechen, für den nachgewiesen wurde, dass er die Prüfvorschriften des Handbuchs Prüfungen und Kriterien Teil III Unterabschnitt 38.3 erfüllt. Ist eine in einen Gegenstand eingebaute Lithiumbatterie beschädigt oder defekt, ist die Batterie zu entfernen.

2.0.6.3 [Nichtgeltung für klassifizierte Gegenstände]

Dieser Abschnitt gilt nicht für Gegenstände, für die in der Gefahrgutliste in Kapitel 3.2 bereits ein genauerer richtiger technischer Name besteht.

2.0.6.4 [Nichtgeltung für bestimmte Güter]

Dieser Abschnitt gilt nicht für gefährliche Güter der Klasse 1, der Klasse 6.2 und der Klasse 7 oder für radioaktive Stoffe, die in Gegenständen enthalten sind.

2.0.6.5 [Zuordnung nach überwiegender Gefahr]

Gegenstände, die gefährliche Güter enthalten, müssen der zutreffenden Klasse zugeordnet werden, die durch die in jedem einzelnen im Gegenstand enthaltenen gefährlichen Gut vorhandenen Gefahren, gegebenenfalls unter Verwendung der Tabelle zur Ermittlung der überwiegenden Gefahr in 2.0.3.6, bestimmt wird. Wenn im Gegenstand gefährliche Güter enthalten sind, die der Klasse 9 zugeordnet sind, wird davon ausgegangen, dass alle anderen im Gegenstand enthaltenen gefährlichen Güter eine größere Gefahr darstellen.

2.0.6.6 [Zusatzgefahr nach überwiegender Gefahr]

Zusatzgefahren müssen repräsentativ für die Hauptgefahren der anderen im Gegenstand enthaltenen gefährlichen Güter sein. Wenn im Gegenstand nur ein gefährliches Gut vorhanden ist, ist (sind) die eventuell vorhandene(n) Zusatzgefahr(en) diejenige(n), die durch die Zusatzgefahr(en) in Spalte 4 der Gefahrgutliste ausgewiesen ist (sind). Wenn der Gegenstand mehrere gefährliche Güter enthält und diese während der Beförderung gefährlich miteinander reagieren können, muss jedes gefährliche Gut getrennt umschlossen sein (siehe 4.1.1.6).

Kapitel 2.1
Klasse 1 – Explosive Stoffe und Gegenstände mit Explosivstoff

Einleitende Bemerkungen (diese Bemerkungen sind völkerrechtlich nicht verbindlich) 2.1.0

Bemerkung 1: *Klasse 1 ist eine Nur-Klasse, das heißt, dass nur solche explosiven Stoffe und Gegenstände mit Explosivstoff, die in der Gefahrgutliste im Kapitel 3.2 aufgeführt sind, zur Beförderung angenommen werden dürfen. Jedoch behalten sich die zuständigen Behörden im Wege gegenseitiger Vereinbarung das Recht vor, die Beförderung von explosiven Stoffen und Gegenständen mit Explosivstoff für besondere Zwecke unter besonderen Bedingungen zuzulassen. Daher sind Eintragungen für „Explosive Stoffe, nicht anderweitig genannt" und „Gegenstände mit Explosivstoff, nicht anderweitig genannt" in die Gefahrgutliste aufgenommen worden. Diese sollen aber nur dann verwendet werden, wenn keine andere Möglichkeit der Beförderung besteht.* → 1.1.1.5

Bemerkung 2: *Allgemeine Eintragungen wie z. B. „Sprengstoff, Typ A" werden verwendet, um die Beförderung neuer Stoffe zu ermöglichen. Bei der Abfassung dieser Vorschriften sind militärische Munition und militärische Explosivstoffe berücksichtigt worden, da sie möglicherweise von gewerblichen Transportunternehmen befördert werden.* → D: GGVSee § 11 Nr. 1 → 4.1.5.19

Bemerkung 3: *Eine Reihe von Stoffen und Gegenständen der Klasse 1 werden im Anhang B beschrieben. Diese Beschreibungen wurden aufgenommen, weil eine Bezeichnung möglicherweise nicht sehr bekannt ist oder nicht mit der für den Erlass von Vorschriften gebräuchlichen Bezeichnung übereinstimmt.*

Bemerkung 4: *Die Klasse 1 ist insofern nicht mit anderen Klassen vergleichbar, als die Art der Verpackung häufig einen entscheidenden Einfluss auf die Gefährlichkeit und damit auf die Zuordnung zu einer bestimmten Unterklasse hat. Die richtige Unterklasse wird durch die Anwendung der in diesem Kapitel beschriebenen Verfahren ermittelt.*

Begriffsbestimmungen und allgemeine Vorschriften 2.1.1

[Zugeordnete Güter] 2.1.1.1

Die Klasse 1 umfasst:

.1 Explosive Stoffe (ein Stoff, der selbst kein explosiver Stoff ist, aber eine explosionsfähige Gas-, Dampf- oder Staubatmosphäre bilden kann, ist kein Stoff der Klasse 1), ausgenommen Stoffe, die für die Beförderung zu gefährlich sind, und Stoffe, die aufgrund ihrer vorherrschenden gefährlichen Eigenschaft einer anderen Klasse zuzuordnen sind.

.2 Gegenstände mit Explosivstoff, ausgenommen Gegenstände, die Explosivstoffe in solchen Mengen oder von solcher Art enthalten, dass ihre unbeabsichtigte oder zufällige Entzündung oder Zündung während der Beförderung keine Wirkung außerhalb der Gegenstände hervorruft, weder in Form von Splittern, Spreng- oder Wurfstücken, noch in Form von Feuer, Nebel, Rauch, Wärme oder lautem Schall (siehe 2.1.3.4).

.3 Stoffe und Gegenstände, die weder unter .1 noch unter .2 genannt sind und die zu dem Zweck hergestellt sind, eine explosive oder pyrotechnische Wirkung hervorzurufen.

[Hochempfindliche Stoffe] 2.1.1.2 → D: GGVSee § 17 Nr. 1 → D: GGVSee § 21 Nr. 1

Die Beförderung explosiver Stoffe, die eine unzulässig hohe Empfindlichkeit aufweisen oder zu einer spontanen Reaktion fähig sind, ist verboten.

Begriffsbestimmungen 2.1.1.3 → Anh. B

Im Sinne dieses Codes gelten die folgenden Begriffsbestimmungen:

.1 Ein *explosiver Stoff* bedeutet einen festen oder flüssigen Stoff (oder ein Stoffgemisch), der durch eine chemische Reaktion mit solcher Temperatur, solchem Druck und solcher Geschwindigkeit Gase selbst erzeugen kann, dass Zerstörungen in der Umgebung hervorgerufen werden. Hierunter fallen auch pyrotechnische Stoffe, selbst wenn sie keine Gase entwickeln.

.2 Ein *pyrotechnischer Stoff* bedeutet einen Stoff oder ein Stoffgemisch, mit dem eine Wirkung in Form von Wärme, Licht, Schall, Gas, Nebel oder Rauch oder einer Kombination dieser Wirkungen als Folge nichtdetonierender, selbstunterhaltender, exothermer chemischer Reaktionen erzielt werden soll.

2.1.1.3 (Forts.) .3 Ein *Gegenstand mit Explosivstoff* bedeutet einen Gegenstand, der einen oder mehrere explosive Stoffe enthält.

.4 Eine *Massenexplosion* bedeutet eine Explosion, die nahezu die gesamte Ladung praktisch gleichzeitig erfasst.

.5 *Phlegmatisiert* bedeutet, dass einem explosiven Stoff ein Stoff (oder ein „Phlegmatisierungsmittel") hinzugefügt wurde, um die Sicherheit bei der Handhabung und Beförderung dieses explosiven Stoffes zu erhöhen. Das Phlegmatisierungsmittel macht den explosiven Stoff bei folgenden Einflüssen unempfindlich oder weniger empfindlich: Wärme, Stoß, Aufprall, Schlag oder Reibung. Typische Phlegmatisierungsmittel sind unter anderem: Wachs, Papier, Wasser, Polymere (wie Fluor-Chlor-Polymere), Alkohol und Öle (wie Vaseline und Paraffin).

2.1.1.4 Unterklassen

Die sechs Unterklassen der Klasse 1 sind:

Unterklasse 1.1 Stoffe und Gegenstände, die massenexplosionsfähig sind

Unterklasse 1.2 Stoffe und Gegenstände, die die Gefahr der Bildung von Splittern, Spreng- und Wurfstücken aufweisen, die aber nicht massenexplosionsfähig sind

Unterklasse 1.3 Stoffe und Gegenstände, von denen eine Brandgefahr sowie eine geringe Gefahr durch Luftstoß oder Splitter, Spreng- und Wurfstücke oder beides ausgeht, die aber nicht massenexplosionsfähig sind

Diese Unterklasse umfasst Stoffe und Gegenstände:

.1 die eine beträchtliche Strahlungswärme erzeugen oder

.2 die nacheinander so abbrennen, dass eine geringe Wirkung in Form von Luftstoß oder Splittern, Spreng- oder Wurfstücken oder mehrere dieser Wirkungen entstehen;

Unterklasse 1.4 Stoffe und Gegenstände, die keine große Gefahr darstellen

Diese Unterklasse umfasst Stoffe und Gegenstände, die im Falle der Entzündung oder Zündung während der Beförderung nur eine geringe Gefahr darstellen. Die Auswirkungen bleiben im Wesentlichen auf das Versandstück beschränkt, und es ist nicht zu erwarten, dass Sprengstücke größerer Abmessungen oder mit größerer Reichweite entstehen. Ein von außen einwirkendes Feuer darf keine praktisch gleichzeitige Explosion nahezu des gesamten Inhalts des Versandstückes zur Folge haben.

Bemerkung: *Zur Verträglichkeitsgruppe S gehören Stoffe und Gegenstände dieser Unterklasse, die so verpackt oder beschaffen sind, dass jede infolge unbeabsichtigter Auslösung eintretende gefährliche Wirkung auf das Versandstück beschränkt bleibt, es sei denn, dass die Verpackung durch Feuer zerstört wurde. In diesem Fall müssen die Wirkungen in Form von Luftstoß oder Splittern, Spreng- oder Wurfstücken so begrenzt sein, dass sie die Feuerbekämpfung oder andere Notfallmaßnahmen in der unmittelbaren Umgebung des Versandstückes nicht in erheblichem Maße behindern.*

Unterklasse 1.5 Sehr unempfindliche massenexplosionsfähige Stoffe

Diese Unterklasse umfasst massenexplosionsfähige Stoffe, die jedoch so unempfindlich sind, dass die Wahrscheinlichkeit einer Zündung oder des Übergangs eines Brandes in eine Detonation unter normalen Beförderungsbedingungen sehr gering ist.

Bemerkung: *Die Wahrscheinlichkeit des Übergangs eines Brandes in eine Detonation ist größer, wenn große Mengen mit einem Schiff befördert werden. Daher gelten für explosive Stoffe der Unterklasse 1.1 und der Unterklasse 1.5 die gleichen Stauvorschriften.*

Unterklasse 1.6 Extrem unempfindliche, nicht massenexplosionsfähige Gegenstände

Diese Unterklasse umfasst Gegenstände, die überwiegend extrem unempfindliche Stoffe enthalten und eine geringfügige Wahrscheinlichkeit einer unbeabsichtigten Zündung oder Ausbreitung aufweisen.

Bemerkung: *Die von Gegenständen der Unterklasse 1.6 ausgehende Gefahr ist auf die Explosion eines einzigen Gegenstandes beschränkt.*

[Ausschlusskriterien] 2.1.1.5

Jeder Stoff oder Gegenstand, der explosionsfähig ist oder bei dem vermutet wird, dass er explosionsfähig ist, muss zunächst gemäß den in 2.1.3 beschriebenen Verfahren für die Zuordnung zur Klasse 1 in Betracht gezogen werden. Güter werden nicht der Klasse 1 zugeordnet, wenn:

.1 die Beförderung eines explosiven Stoffes verboten ist, weil dieser eine übermäßige Empfindlichkeit aufweist, es sei denn, sie wird besonders erlaubt;

.2 der Stoff oder Gegenstand zu denjenigen explosiven Stoffen und Gegenständen mit Explosivstoff zählt, die nach den Begriffsbestimmungen für die Klasse 1 ausdrücklich aus dieser Klasse ausgeschlossen sind, oder

.3 der Stoff oder Gegenstand nicht explosionsfähig ist.

Verträglichkeitsgruppen und Klassifizierungscode 2.1.2

[Begriffsbestimmung] 2.1.2.1

Güter der Klasse 1 gelten als „miteinander verträglich“, wenn sie sicher zusammen gestaut oder befördert werden können, ohne dass die Wahrscheinlichkeit eines Unfalls oder bei einer bestimmten Menge das Ausmaß der Auswirkungen eines solchen Unfalls dadurch wesentlich erhöht wird. Nach diesem Kriterium sind die Güter dieser Klasse in eine Reihe von Verträglichkeitsgruppen eingeteilt, von denen jede mit einem Buchstaben von A bis L (ausgenommen I), N oder S gekennzeichnet ist. Diese sind in 2.1.2.2 und 2.1.2.3 beschrieben.

Verträglichkeitsgruppen und Klassifizierungscode 2.1.2.2

Beschreibung des zu klassifizierenden Stoffes oder Gegenstandes	Verträglichkeitsgruppe	Klassifizierungscode
Zündstoff	A	1.1A
Gegenstand mit Zündstoff und weniger als zwei wirksamen Sicherungsvorrichtungen. Eingeschlossen sind einige Gegenstände, wie Sprengkapseln, Zündeinrichtungen für Sprengungen und Anzündhütchen, selbst wenn diese keinen Zündstoff enthalten	B	1.1B 1.2B 1.4B
Treibstoff oder anderer deflagrierender explosiver Stoff oder Gegenstand mit solchem explosiven Stoff	C	1.1C 1.2C 1.3C 1.4C
Detonierender explosiver Stoff oder Schwarzpulver oder Gegenstand mit detonierendem explosivem Stoff, jeweils ohne Zündmittel und ohne treibende Ladung, oder Gegenstand mit Zündstoff mit mindestens zwei wirksamen Sicherungsvorrichtungen	D	1.1D 1.2D 1.4D 1.5D
Gegenstand mit detonierendem explosivem Stoff ohne Zündmittel mit treibender Ladung (andere als solche, die aus entzündbarer Flüssigkeit oder entzündbarem Gel oder Hypergolen bestehen)	E	1.1E 1.2E 1.4E
Gegenstand mit detonierendem explosivem Stoff mit seinem eigenen Zündmittel, mit treibender Ladung (andere als solche, die aus entzündbarer Flüssigkeit oder entzündbarem Gel oder Hypergolen bestehen) oder ohne treibende Ladung	F	1.1F 1.2F 1.3F 1.4F
Pyrotechnischer Stoff oder Gegenstand mit pyrotechnischem Stoff oder Gegenstand mit sowohl explosivem Stoff als auch Leucht-, Brand-, Augenreiz- oder Nebelstoff (außer Gegenständen, die durch Wasser aktiviert werden oder die weißen Phosphor, Phosphide, einen pyrophoren Stoff, eine entzündbare Flüssigkeit oder ein entzündbares Gel oder Hypergole enthalten)	G	1.1G 1.2G 1.3G 1.4G
Gegenstand, der sowohl explosiven Stoff als auch weißen Phosphor enthält	H	1.2H 1.3H
Gegenstand, der sowohl explosiven Stoff als auch entzündbare Flüssigkeit oder entzündbares Gel enthält	J	1.1J 1.2J 1.3J

2.1.2.2 (Forts.)

→ D: GGVSee § 11 Nr. 1

Beschreibung des zu klassifizierenden Stoffes oder Gegenstandes	Verträglichkeitsgruppe	Klassifizierungscode
Gegenstand, der sowohl explosiven Stoff als auch giftigen chemischen Wirkstoff enthält	K	1.2K 1.3K
Explosiver Stoff oder Gegenstand mit explosivem Stoff, der eine besondere Gefahr darstellt (z. B. wegen seiner Aktivierung bei Zutritt von Wasser oder wegen der Anwesenheit von Hypergolen, Phosphiden oder eines pyrophoren Stoffes) und eine Trennung jeder einzelnen Art erfordert (siehe 7.2.7.1.4, Bemerkung 2)	L	1.1L 1.2L 1.3L
Gegenstände, die überwiegend extrem unempfindliche Stoffe enthalten	N	1.6N
Stoff oder Gegenstand, der so verpackt oder gestaltet ist, dass jede durch nicht beabsichtigte Reaktion auftretende gefährliche Wirkung auf das Versandstück beschränkt bleibt, außer das Versandstück wurde durch Brand beschädigt; in diesem Falle müssen die Luftdruck- und Splitterwirkung auf ein Maß beschränkt bleiben, dass Feuerbekämpfungs- oder andere Notmaßnahmen in der unmittelbaren Nähe des Versandstückes weder wesentlich eingeschränkt noch verhindert werden	S	1.4S

Bemerkung 1: *Gegenstände der Verträglichkeitsgruppen D und E dürfen mit ihren eigenen Zündmitteln versehen oder mit ihnen zusammengepackt werden, vorausgesetzt, das Zündmittel enthält zumindest zwei wirksame Sicherungsvorrichtungen, um die Auslösung einer Explosion im Falle einer nicht beabsichtigten Reaktion des Zündmittels zu verhindern. Solche Gegenstände und Versandstücke sind der Verträglichkeitsgruppe D oder E zuzuordnen.*

Bemerkung 2: *Gegenstände der Verträglichkeitsgruppen D und E dürfen mit ihren eigenen Zündmitteln, die nicht zwei wirksame Sicherungsvorrichtungen enthalten, zusammengepackt werden, wenn nach Ansicht der zuständigen Behörde des Ursprungslandes eine nicht beabsichtigte Reaktion des Zündmittels unter normalen Beförderungsbedingungen nicht zur Explosion eines Gegenstandes führt. Solche Versandstücke sind der Verträglichkeitsgruppe D oder E zuzuordnen.*

2.1.2.3 Schema der Klassifizierung von explosiven Stoffen und Gegenständen mit Explosivstoff, der Kombination von Unterklasse und Verträglichkeitsgruppe

	Verträglichkeitsgruppe													
Unterklasse	**A**	**B**	**C**	**D**	**E**	**F**	**G**	**H**	**J**	**K**	**L**	**N**	**S**	**Σ A–S**
1.1	1.1A	1.1B	1.1C	1.1D	1.1E	1.1F	1.1G		1.1J		1.1L			9
1.2		1.2B	1.2C	1.2D	1.2E	1.2F	1.2G	1.2H	1.2J	1.2K	1.2L			10
1.3			1.3C			1.3F	1.3G	1.3H	1.3J	1.3K	1.3L			7
1.4		1.4B	1.4C	1.4D	1.4E	1.4F	1.4G						1.4S	7
1.5				1.5D										1
1.6												1.6N		1
Σ 1.1–1.6	1	3	4	4	3	4	4	2	3	2	3	1	1	35

2.1.2.4 [Ausschließlichkeit]

Die Begriffsbestimmungen für die Verträglichkeitsgruppen in 2.1.2.2 sollen sich gegenseitig ausschließen außer bei einem Stoff oder Gegenstand, der für die Verträglichkeitsgruppe S in Betracht kommt. Da das Kriterium für die Verträglichkeitsgruppe S empirisch abgeleitet ist, ist die Zuordnung zu dieser Gruppe notwendigerweise mit den Prüfungen für die Zuordnung zur Unterklasse 1.4 verknüpft.

Klassifizierungsverfahren 2.1.3
→ D: GGVSee § 11 Nr. 1
→ D: GGVSee § 12 (1) Nr. 2

[Grundsatz] 2.1.3.1
→ 2.4.2.4.2

Jeder Stoff oder Gegenstand, der explosionsfähig ist oder bei dem vermutet wird, dass er explosionsfähig ist, muss für die Zuordnung zur Klasse 1 in Betracht gezogen werden. Der Klasse 1 zugeordnete Stoffe und Gegenstände müssen der zutreffenden Unterklasse und Verträglichkeitsgruppe zugeordnet werden. Güter der Klasse 1 müssen nach der neuesten Fassung des Handbuchs Prüfungen und Kriterien klassifiziert werden.

[Behördenvorbehalt] 2.1.3.2
→ D: GGVSee § 3 (5) Nr. 2

Die Klassifizierung aller explosiven Stoffe und Gegenstände mit Explosivstoff muss zusammen mit der Zuordnung zur Verträglichkeitsgruppe und dem richtigen technischen Namen, unter dem der Stoff oder Gegenstand befördert werden soll, vor der Beförderung von der zuständigen Behörde des Herstellungslandes zugelassen werden. Eine erneute Zulassung ist erforderlich für:

.1 einen neuen explosiven Stoff,

.2 eine neue Kombination oder Mischung explosiver Stoffe, die sich wesentlich von den vorher hergestellten und zugelassenen Kombinationen oder Mischungen unterscheidet,

.3 eine neue Konstruktion eines Gegenstandes mit Explosivstoff, einen Gegenstand, der einen neuen explosiven Stoff enthält oder einen Gegenstand, der eine neue Kombination oder Mischung explosiver Stoffe enthält,

.4 einen explosiven Stoff oder Gegenstand mit Explosivstoff mit einer neuen Verpackungskonstruktion oder Verpackungsart einschließlich einer neuen Art von Innenverpackung.

[Unterklassenzuordnung] 2.1.3.3

Die Festlegung der Unterklasse erfolgt gewöhnlich auf der Grundlage von Prüfergebnissen. Ein Stoff oder Gegenstand muss der Unterklasse zugeordnet werden, die den Ergebnissen der Prüfungen entspricht, denen der Stoff oder Gegenstand in versandfertigem Zustand unterzogen wurde. Es können auch andere Prüfergebnisse und Daten, die aus Unfällen, die sich ereignet haben, zusammengetragen wurden, berücksichtigt werden.

Ausschluss aus der Klasse 1 2.1.3.4

[Prüfergebnisse] 2.1.3.4.1

Die zuständige Behörde darf einen Stoff oder Gegenstand auf der Grundlage von Prüfergebnissen und der Begriffsbestimmung der Klasse 1 aus der Klasse 1 ausschließen.

[Unverpackte Gegenstände, Prüfkriterien] 2.1.3.4.2

Ein Gegenstand darf von der zuständigen Behörde aus der Klasse 1 ausgeschlossen werden, wenn drei unverpackte Gegenstände, die für die vorgesehene Funktion durch ihre eigenen Zünd- oder Anzündmittel oder durch externe Mittel einzeln aktiviert werden, folgende Prüfkriterien erfüllen:

.1 Temperatur an keiner Außenfläche größer als 65 °C; kurzzeitige Temperaturspitzen von bis zu 200 °C sind dabei zulässig;

.2 kein Bruch oder keine Zertrümmerung des externen Gehäuses und keine Bewegung des Gegenstandes und davon abgelöster Teile um mehr als einen Meter in jede Richtung;

Bemerkung: *Wenn die Unversehrtheit des Gegenstandes im Falle eines externen Brands beeinträchtigt werden kann, müssen diese Kriterien anhand einer Brandprüfung, wie beispielsweise in der Norm ISO 12097-3 beschrieben, geprüft werden.*

.3 kein hörbarer Knall mit einem Spitzenwert über 135 dB(C) in einem Meter Entfernung;

.4 kein Blitz oder keine Flamme, durch die sich ein Stoff, wie beispielsweise ein Blatt Papier von 80 ± 10 g/m^2, in Kontakt mit dem Gegenstand entzünden kann, und

.5 keine Bildung von Rauch, Dämpfen und Staub in Mengen, welche die Sichtbarkeit in einem 1 m^3 großen, mit Berstplatten geeigneter Größe ausgestatteten Raum um mehr als 50 % verringern, wobei die Messung durch einen geeichten Belichtungsmesser (Luxmeter) oder Radiometer erfolgt, der

2.1.3.4.2 (Forts.) sich in einem Abstand von einem Meter von einer in der Mitte der gegenüberliegenden Wand angeordneten konstanten Lichtquelle befindet. Die allgemeinen Leitlinien der Norm ISO 5659-1 zur Prüfung der optischen Dichte und die allgemeinen Leitlinien des Abschnitts 7.5 der Norm ISO 5659-2 zum photometrischen Verfahren oder ähnliche Verfahren zur Messung der optischen Dichte, die den gleichen Zweck verfolgen, dürfen angewendet werden. Es muss eine passende Abdeckhaube, die den hinteren Teil und die Seiten des Belichtungsmessers umschließt, verwendet werden, um die Effekte nicht direkt aus der Lichtquelle ausgestrahlten Lichts oder Streulichts zu minimieren.

Bemerkung 1: *Wenn bei den Prüfungen zu den Kriterien in 2.1.3.4.2.1, 2.1.3.4.2.2, 2.1.3.4.2.3 und 2.1.3.4.2.4 keine oder nur eine sehr geringe Rauchentwicklung festgestellt wird, darf auf die in 2.1.3.4.2.5 genannte Prüfung verzichtet werden.*

Bemerkung 2: *Die zuständige Behörde kann eine Prüfung des Gegenstandes in seiner Verpackung anordnen, wenn festgestellt wird, dass der für die Beförderung verpackte Gegenstand eine größere Gefahr darstellen kann.*

2.1.3.5 Zuordnung von Feuerwerkskörpern zu Unterklassen

2.1.3.5.1 [Zuordnungsgrundsatz]

Feuerwerkskörper müssen normalerweise auf der Grundlage der von der Prüfreihe 6 des Handbuchs Prüfungen und Kriterien erzielten Prüfdaten den Unterklassen 1.1, 1.2, 1.3 und 1.4 zugeordnet werden. Jedoch gilt Folgendes:

.1 Wasserfälle, die einen Blitzknallsatz enthalten (siehe Bemerkung 2 in 2.1.3.5.5), müssen ungeachtet der Ergebnisse der Prüfreihe 6 als 1.1G klassifiziert werden.

.2 Da das Angebot an Feuerwerkskörpern sehr umfangreich ist und die Verfügbarkeit von Prüfeinrichtungen begrenzt sein kann, darf die Zuordnung zu Unterklassen auch gemäß dem Verfahren in 2.1.3.5.2 erfolgen.

2.1.3.5.2 [Analogiezulassung]

Die Zuordnung von Feuerwerkskörpern zur UN-Nummer 0333, 0334, 0335 oder 0336 darf ohne Prüfung gemäß Prüfreihe 6 auf der Grundlage eines Analogieschlusses gemäß der Tabelle für die vorgegebene Klassifizierung von Feuerwerkskörpern in 2.1.3.5.5 erfolgen. Eine solche Zuordnung muss mit Zustimmung der zuständigen Behörde erfolgen. Gegenstände, die in der Tabelle nicht aufgeführt sind, müssen auf der Grundlage der von der Prüfreihe 6 des Handbuchs Prüfungen und Kriterien erzielten Prüfdaten klassifiziert werden.

Bemerkung: *Die Aufnahme anderer Typen von Feuerwerkskörpern in die Spalte 1 der Tabelle in 2.1.3.5.5 darf nur auf der Grundlage vollständiger Prüfdaten, die dem UN-Expertenunterausschuss für die Beförderung gefährlicher Güter zur Prüfung unterbreitet werden, erfolgen.*

2.1.3.5.3 [Zuordnung bei Zusammenpackung]

Wenn Feuerwerkskörper, die mehr als einer Unterklasse zugeordnet sind, in einem Versandstück zusammengepackt werden, müssen sie auf der Grundlage der Unterklasse mit der höchsten Gefahr klassifiziert werden, es sei denn, die von der Prüfreihe 6 des Handbuchs Prüfungen und Kriterien erzielten Prüfdaten liefern ein anderes Ergebnis.

2.1.3.5.4 [Verpackungsbedingung]

Die in der Tabelle in 2.1.3.5.5 angegebene Klassifizierung gilt nur für Gegenstände, die in Kisten aus Pappe (4G) verpackt sind.

2.1.3.5.5 Tabelle für die vorgegebene Klassifizierung von Feuerwerkskörpern[1)]

Bemerkung 1: *Die in der Tabelle angegebenen Prozentsätze beziehen sich, sofern nichts anderes angegeben ist, auf die Masse aller pyrotechnischen Stoffe (z. B. Raketenmotoren, Treibladung, Zerlegerladung und Effektladung).*

Bemerkung 2: *Der in dieser Tabelle verwendete Ausdruck „Blitzknallsatz" bezieht sich auf pyrotechnische Stoffe in Pulverform oder als pyrotechnische Einheiten, wie sie in Feuerwerkskörpern vorhanden*

[1)] Diese Tabelle enthält ein Verzeichnis von Klassifizierungen für Feuerwerkskörper, die bei fehlenden Prüfdaten der Prüfreihe 6 des Handbuchs Prüfungen und Kriterien (siehe 2.1.3.5.2) verwendet werden dürfen.

sind, die in Wasserfällen verwendet werden, oder für die Erzeugung eines akustischen Effekts oder als Zerlegerladung oder Treibladung verwendet werden, es sei denn, 2.1.3.5.5 (Forts.)

(a) *es wird nachgewiesen, dass die Zeit für den Druckanstieg in der HSL-Prüfung für Blitzknallsätze in Anhang 7 des Handbuchs Prüfungen und Kriterien mehr als 6 ms für 0,5 g eines pyrotechnischen Stoffes beträgt, oder*

(b) *der pyrotechnische Stoff liefert beim US Flash Composition Test (US-Blitzknallsatz-Prüfung) in Anhang 7 des Handbuchs Prüfungen und Kriterien ein negatives „–" Ergebnis.*

Bemerkung 3: *Angaben in mm beziehen sich:*

- *bei kugelförmigen Großfeuerwerksbomben und Mehrfachkugelbomben auf den Kugeldurchmesser der Großfeuerwerksbombe;*
- *bei zylindrischen Großfeuerwerksbomben auf die Länge der Großfeuerwerksbombe;*
- *bei einer Großfeuerwerksbombe in einem Mörser, einem Römischen Licht, einem Feuerwerkskörper in einem geschlossenen Rohr oder einem Feuerwerkstopf auf den Innendurchmesser des Rohres, das den Feuerwerkskörper einschließt oder enthält;*
- *bei einem Feuertopf ohne Mörser oder einem zylindrischen Feuertopf auf den Innendurchmesser des Mörsers, der für die Aufnahme des Feuertopfes vorgesehen ist.*

Typ	einschließlich: / Synonyme:	Begriffsbestimmung	Spezifikation	Klassifizierung
Groß-feuer-werks-bombe, kugel-förmig oder zy-lindrisch	Sternbombe, Kugelbombe, Blitzknallbombe, Tageslichtbombe, Wasserbombe, Mehrschlagbombe, Display Shell	Gegenstand mit oder ohne Ausstoßladung, mit Verzögerungszünder und Zerlegerladung, pyrotechnischer Einheit (pyrotechnischen Einheiten) oder losem pyrotechnischen Stoff, für den Abschuss aus einem Mörser ausgelegt	alle Blitzknallbomben	1.1G
			Sterneffektbombe: ≥ 180 mm	1.1G
			Sterneffektbombe: < 180 mm mit > 25 % Blitzknallsatz, als loses Pulver und/oder Knalleffekte	1.1G
			Sterneffektbombe: < 180 mm mit ≤ 25 % Blitzknallsatz, als loses Pulver und/oder Knalleffekte	1.3G
			Sterneffektbombe: ≤ 50 mm oder ≤ 60 g pyrotechnischer Stoff mit ≤ 2 % Blitzknallsatz, als loses Pulver und/oder Knalleffekte	1.4G
	Mehrfachkugelbombe (engl. peanut shell)	Gegenstand mit zwei oder mehreren Kugelbomben in einer gemeinsamen Hülle, die von derselben Ausstoßladung angetrieben werden, mit getrennten externen Verzögerungszündern	Die gefährlichste Kugelbombe bestimmt die Klassifizierung.	
	vorgeladener Mörser, Großfeuerwerksbombe in einem Mörser (engl. shell in mortar)	Anordnung aus einer kugelförmigen oder zylindrischen Großfeuerwerksbombe in einem Mörser, die für einen Abschuss aus diesem Mörser ausgelegt ist	alle Blitzknallbomben	1.1G
			Sterneffektbombe: ≥ 180 mm	1.1G
			Sterneffektbombe: > 25 % Blitzknallsatz, als loses Pulver/ oder Knalleffekte	1.1G
			Sterneffektbombe: > 50 mm und < 180 mm	1.2G
			Sterneffektbombe: ≤ 50 mm oder ≤ 60 g pyrotechnischer Stoff mit ≤ 25 % Blitzknallsatz, als loses Pulver und/oder Knalleffekte	1.3G

2.1.3.5.5 (Forts.)

Typ	einschließlich: / Synonyme:	Begriffsbestimmung	Spezifikation	Klassifizierung
	Kugelbombe aus Kugelbomben (engl. shell of shells (spherical)) (die angegebenen Prozentsätze von Kugelbomben aus Kugelbomben beziehen sich auf die Bruttomasse von Feuerwerksartikeln)	Gegenstand ohne Ausstoßladung und mit Verzögerungszünder und Zerlegerladung, der Blitzknallbomben und inertes Material enthält und für den Abschuss aus einem Mörser ausgelegt ist	> 120 mm	1.1G
		Gegenstand ohne Ausstoßladung und mit Verzögerungszünder und Zerlegerladung, der Blitzknallbomben mit ≤ 25 g Blitzknallsatz pro Knalleinheit enthält, mit ≤ 33 % Blitzknallsatz und ≥ 60 % inertem Material, und der für den Abschuss aus einem Mörser ausgelegt ist	≤ 120 mm	1.3G
		Gegenstand ohne Ausstoßladung und mit Verzögerungszünder und Zerlegerladung, der Sterneffektbomben und/oder pyrotechnische Einheiten enthält und für den Abschuss aus einem Mörser ausgelegt ist	> 300 mm	1.1G
		Gegenstand ohne Ausstoßladung und mit Verzögerungszünder und Zerlegerladung, der Sterneffektbomben ≤ 70 mm und/oder pyrotechnische Einheiten enthält, mit ≤ 25 % Blitzknallsatz und ≤ 60 % pyrotechnischem Stoff, und der für den Abschuss aus einem Mörser ausgelegt ist	> 200 mm und ≤ 300 mm	1.3G
		Gegenstand mit Ausstoßladung und mit Verzögerungszünder und Zerlegerladung, der Sterneffektbomben ≤ 70 mm und/oder pyrotechnische Einheiten enthält, mit ≤ 25 % Blitzknallsatz und ≤ 60 % pyrotechnischem Stoff, und der für den Abschuss aus einem Mörser ausgelegt ist	≤ 200 mm	1.3G

2.1.3.5.5 (Forts.)

Typ	einschließlich: / Synonyme:	Begriffsbestimmung	Spezifikation	Klassifizierung
Batterie/ Kombination	Kombinationsfeuerwerk, Feuerwerksbatterie, Cake, Battery	Anordnung, die mehrere Elemente desselben Typs oder verschiedener Typen enthält, wobei jeder Typ einem der in dieser Tabelle aufgeführten Feuerwerkstypen entspricht, mit einem oder zwei Anzündstellen	Der gefährlichste Feuerwerkstyp bestimmt die Klassifizierung.	
Römisches Licht (engl. Roman candle)		Rohr, das eine Serie pyrotechnischer Einheiten enthält, die abwechselnd aus einem pyrotechnischen Stoff, einer Ausstoßladung und einer Überzündung bestehen	Innendurchmesser $\geq$ 50 mm mit Blitzknallsatz oder Innendurchmesser $<$ 50 mm mit $>$ 25 % Blitzknallsatz	1.1G
			Innendurchmesser $\geq$ 50 mm ohne Blitzknallsatz	1.2G
			Innendurchmesser $<$ 50 mm und mit $\leq$ 25 % Blitzknallsatz	1.3G
			Innendurchmesser $\leq$ 30 mm, jede pyrotechnische Einheit $\leq$ 25 g, mit $\leq$ 5 % Blitzknallsatz	1.4G
Feuerwerksrohr	Römisches Licht mit Einzelschuss (engl. single shot Roman candle), kleiner vorgeladener Mörser (engl. small preloaded mortar)	Rohr, das eine pyrotechnische Einheit enthält, die wiederum aus einem pyrotechnischen Stoff, einer Ausstoßladung und mit oder ohne Überzündung besteht	Innendurchmesser $\leq$ 30 mm und pyrotechnische Einheit $>$ 25 g oder $>$ 5 % und $\leq$ 25 % Blitzknallsatz	1.3G
			Innendurchmesser $\leq$ 30 mm, pyrotechnische Einheit $\leq$ 25 g und $\leq$ 5 % Blitzknallsatz	1.4G
Rakete (engl. rocket)	Signalrakete, Pfeifrakete	Hülse, die einen pyrotechnischen Stoff und/ oder pyrotechnische Einheiten enthält, mit Leitstab (Leitstäben) oder anderen Mitteln zur Flugstabilisierung ausgerüstet, und die für einen Aufstieg in die Luft ausgelegt ist	nur Effekte von Blitzknallsätzen	1.1G
			Blitzknallsatz $>$ 25 % des pyrotechnischen Stoffes	1.1G
			pyrotechnischer Stoff $>$ 20 g und Blitzknallsatz $\leq$ 25 %	1.3G
			pyrotechnischer Stoff $\leq$ 20 g, Schwarzpulver-Zerlegerladung und Blitzknallsatz $\leq$ 0,13 g je Knall und $\leq$ 1 g insgesamt	1.4G

2.1.3.5.5 (Forts.)

Typ	einschließlich: / Synonyme:	Begriffsbestimmung	Spezifikation	Klassifizierung
Feuertopf (engl. mine)	Feuertopf, Bodenfeuertopf, Feuertopf ohne Mörser	Rohr, das eine Ausstoßladung und pyrotechnische Einheiten enthält und für ein Abstellen auf dem Boden oder ein Fixieren im Boden ausgelegt ist. Der Haupteffekt besteht darin, alle pyrotechnischen Einheiten mit einem Mal auszustoßen und dabei in der Luft einen großräumig verteilten visuellen und/oder akustischen Effekt zu erzeugen oder Stoff- oder Papiertüte oder Stoff- oder Papierzylinder, die/der eine Ausstoßladung und pyrotechnische Einheiten enthält und für ein Einsetzen in einen Mörser und für eine Funktion als Feuertopf ausgelegt ist.	> 25 % Blitzknallsatz, als loses Pulver und/oder als Knalleffekte	1.1G
			≥ 180 mm und ≤ 25 % Blitzknallsatz, als loses Pulver und/oder als Knalleffekte	1.1G
			< 180 mm und ≤ 25 % Blitzknallsatz, als loses Pulver und/oder als Knalleffekte	1.3G
			≤ 150 g pyrotechnischer Stoff mit ≤ 5 % Blitzknallsatz, als loses Pulver und/oder als Knalleffekte. Jede pyrotechnische Einheit ≤ 25 g, jeder Knalleffekt < 2 g; jeder Heuler (sofern vorhanden) ≤ 3 g	1.4G
Fontäne	Vulkane, Lanzen, Bengalisches Feuer, zylindrische Fontänen, Kegelfontänen, Leuchtfackeln	nicht metallener Behälter, der einen gepressten oder verdichteten pyrotechnischen Stoff enthält, der Funken und Flammen erzeugt ***Bemerkung:*** *Fontänen, die dazu bestimmt sind, eine senkrechte Kaskade oder einen Funkenvorhang zu erzeugen, gelten als Wasserfälle (siehe nachfolgende Zeile).*	≥ 1 kg pyrotechnischer Stoff	1.3G
			< 1 kg pyrotechnischer Stoff	1.4G
Wasserfall	Kaskade, Schauer	pyrotechnische Fontäne, die dazu bestimmt ist, eine senkrechte Kaskade oder einen Funkenvorhang zu erzeugen	enthält ungeachtet der Ergebnisse der Prüfreihe 6 (siehe 2.1.3.5.1.1) einen Blitzknallsatz	1.1G
			enthält keinen Blitzknallsatz	1.3G
Wunderkerze (engl. sparkler)	Wunderkerzen, die in der Hand gehalten werden, Wunderkerzen, die nicht in der Hand gehalten werden, Draht-Wunderkerzen	starrer Draht, der teilweise (an einem Ende) mit langsam abbrennendem pyrotechnischen Stoff beschichtet ist, mit oder ohne Anzündkopf	Wunderkerzen auf Perchlorat-Basis: > 5 g je Einheit oder > 10 Einheiten je Packung	1.3G
			Wunderkerzen auf Perchlorat-Basis: ≤ 5 g je Einheit und ≤ 10 Einheiten je Packung; Wunderkerzen auf Nitrat-Basis: ≤ 30 g je Einheit	1.4G

2.1.3.5.5 (Forts.)

Typ	einschließlich: / Synonyme:	Begriffsbestimmung	Spezifikation	Klassifizierung
Bengalholz (engl. Bengal stick)		nicht metallener Stock, der teilweise (an einem Ende) mit langsam abbrennendem pyrotechnischen Stoff beschichtet und für das Halten in der Hand ausgelegt ist	Einheiten auf Perchlorat-Basis: > 5 g je Einheit oder > 10 Einheiten je Packung	1.3G
			Einheiten auf Perchlorat-Basis: ≤ 5 g je Einheit und ≤ 10 Einheiten je Packung; Einheiten auf Nitrat-Basis: ≤ 30 g je Einheit	1.4G
Party- und Tischfeuerwerk	Tischbomben, Knallerbsen, Knatterartikel, Rauchkörper, Schlangenmasse, Knaller, Partyknaller, Novelties, Party Poppers	Vorrichtung, die für die Erzeugung sehr beschränkter visueller und/oder akustischer Effekte ausgelegt ist und geringe Mengen eines pyrotechnischen und/oder eines explosiven Stoffes enthält	Knallerbsen und Knaller dürfen bis zu 1,6 mg Silberfulminat enthalten; Knaller und Partyknaller dürfen bis zu 16 mg eines Gemisches aus Kaliumchlorat und rotem Phosphor enthalten; andere Artikel dürfen bis zu 5 g pyrotechnischen Stoff, jedoch keinen Blitzknallsatz enthalten	1.4G
Wirbel (engl. spinner)	Luftkreisel, Hubschrauber, Schwärmer, Bodenkreisel	nicht metallene Hülse(n), die einen Gas oder Funken erzeugenden pyrotechnischen Stoff enthält (enthalten), mit oder ohne Geräusch erzeugendem Satz, mit oder ohne angebaute Flügel	pyrotechnischer Stoff je Einheit > 20 g, die ≤ 3 % Blitzknallsatz als Knalleffekte enthält, oder Pfeifsatz ≤ 5 g	1.3G
			pyrotechnischer Stoff je Einheit ≤ 20 g, die ≤ 3 % Blitzknallsatz als Knalleffekte enthält, oder Pfeifsatz ≤ 5 g	1.4G
Räder (engl. wheels)	Sonnen	Anordnung mit Treiberhülsen, die einen pyrotechnischen Stoff enthält und die mit Hilfsmitteln zur Befestigung an einer Halterung ausgerüstet ist, um eine Rotation zu ermöglichen	gesamter pyrotechnischer Stoff ≥ 1 kg, kein Knalleffekt, jeder Heuler (sofern vorhanden) ≤ 25 g und je Rad ≤ 50 g Pfeifsatz	1.3G
			gesamter pyrotechnischer Stoff < 1 kg, kein Knalleffekt, jeder Heuler (sofern vorhanden) ≤ 5 g und je Rad ≤ 10 g Pfeifsatz	1.4G
Steigende Krone (engl. aerial wheel)	UFO, aufsteigende Krone	Hülsen, die Ausstoßladungen und Funken, Flammen und/oder Geräusch erzeugende pyrotechnische Stoffe enthalten, wobei die Hülsen an einem Trägerring befestigt sind	gesamter pyrotechnischer Stoff > 200 g und pyrotechnischer Stoff je Antrieb > 60 g, Blitzknallsatz als Knalleffekte ≤ 3 %, jeder Heuler (sofern vorhanden) ≤ 25 g und je Rad ≤ 50 g Pfeifsatz	1.3G
			gesamter pyrotechnischer Stoff ≤ 200 g und pyrotechnischer Stoff je Antrieb ≤ 60 g, Blitzknallsatz als Knalleffekte ≤ 3 %, jeder Heuler (sofern vorhanden) ≤ 5 g und je Rad ≤ 10 g Pfeifsatz	1.4G
Sortimente (engl. selection pack)	Sortimentspackung	eine Packung mit mehr als einem Feuerwerkstyp, wobei jeder Typ einem der in dieser Tabelle aufgeführten Typen entspricht	Der gefährlichste Feuerwerkstyp bestimmt die Klassifizierung.	

2.1.3.5.5 (Forts.)

Typ	einschließlich: / Synonyme:	Begriffsbestimmung	Spezifikation	Klassifizierung
Knallkörperbatterie	China Cracker, Celebration Cracker	Anordnung von Rohren (aus Papier oder Pappe), die durch eine pyrotechnische Zündschnur verbunden sind, wobei jedes Rohr für die Erzeugung eines akustischen Effekts vorgesehen ist	jedes Rohr ≤ 140 mg Blitzknallsatz oder ≤ 1 g Schwarzpulver	1.4G
Knallkörper (engl. banger)	Salut-Knallkörper, Blitz-Knallkörper, Kracher, Lady Cracker, Böller	nicht metallene Hülse, die einen Knallsatz für die Erzeugung eines akustischen Effekts enthält	Blitzknallsatz je Einheit > 2 g	1.1G
			Blitzknallsatz je Einheit ≤ 2 g und je Innenverpackung ≤ 10 g	1.3G
			Blitzknallsatz je Einheit ≤ 1 g und je Innenverpackung ≤ 10 g oder Schwarzpulver je Einheit ≤ 10 g	1.4G

2.1.3.6 **Klassifizierungsdokumentation**

2.1.3.6.1 **[Schriftliche Bestätigung der Klassifizierung]**

Die zuständige Behörde, die einen Stoff oder Gegenstand der Klasse 1 zuordnet, sollte dem Antragsteller diese Klassifizierung schriftlich bestätigen.

2.1.3.6.2 **[Form des Dokuments]**

Das Klassifizierungsdokument der zuständigen Behörde kann formlos sein und darf aus mehr als einer Seite bestehen, vorausgesetzt, die Seiten sind fortlaufend nummeriert. Das Dokument sollte eine einmal vergebene Referenznummer haben.

2.1.3.6.3 **[Anforderungen an das Dokument]**

Die in diesem Dokument zur Verfügung gestellten Informationen müssen leicht erkennbar, lesbar und dauerhaft sein.

2.1.3.6.4 **[Beispiele für zur Verfügung gestellte Informationen]**

Beispiele für Informationen, die im Klassifizierungsdokument zur Verfügung gestellt werden können:

.1 der Name der zuständigen Behörde und die Vorschriften in der nationalen Gesetzgebung, nach denen die zuständige Behörde ermächtigt ist;

.2 die Verkehrsträgervorschriften oder nationalen Vorschriften, für die das Klassifizierungsdokument anwendbar ist;

.3 die Bestätigung, dass die Klassifizierung in Übereinstimmung mit den UN-Modellvorschriften oder den entsprechenden Verkehrsträgervorschriften genehmigt oder angenommen wurde oder erfolgt ist;

.4 der Name und die Adresse der juristischen Person, der die Klassifizierung erteilt worden ist, und eine Unternehmensregistrierung, durch die ein Unternehmen oder eine andere Körperschaft nationalen Rechts eindeutig identifiziert wird;

.5 die Bezeichnung, unter der die explosiven Stoffe oder Gegenstände mit Explosivstoff in Verkehr gebracht oder anderweitig zur Beförderung aufgegeben werden;

.6 der richtige technische Name, die UN-Nummer, die Klasse, die Unterklasse und die entsprechende Verträglichkeitsgruppe der explosiven Stoffe oder Gegenstände mit Explosivstoff;

.7 gegebenenfalls die höchste im Versandstück oder Gegenstand enthaltene Netto-Explosivstoffmasse;

.8 der Name, die Unterschrift, der Stempel, das Siegel oder jedes andere Identifizierungskennzeichen der Person, die von der zuständigen Behörde für die Ausstellung des Klassifizierungsdokuments zugelassen ist, wobei diese deutlich sichtbar sein müssen;

.9 wenn die Bewertung ergibt, dass die Beförderungssicherheit oder die Unterklasse von der Verpackung abhängig ist, das Kennzeichen der Verpackung oder eine Beschreibung der zugelassenen **2.1.3.6.4** (Forts.)
- Innenverpackungen,
- Zwischenverpackungen,
- Außenverpackungen;

.10 die Artikelnummer, die Lagernummer oder eine andere Referenznummer, unter der die explosiven Stoffe oder Gegenstände mit Explosivstoff in Verkehr gebracht oder anderweitig zur Beförderung aufgegeben werden;

.11 der Name und die Adresse der juristischen Person, welche die explosiven Stoffe oder Gegenstände mit Explosivstoff hergestellt hat, und eine Unternehmensregistrierung, durch die ein Unternehmen oder eine andere Körperschaft nationalen Rechts eindeutig identifiziert wird;

.12 jede zusätzliche Information in Bezug auf die anwendbare Verpackungsanweisung und gegebenenfalls auf die anwendbaren Sondervorschriften für die Verpackung;

.13 die Grundlage für die Klassifizierung, d. h. Prüfergebnisse, vorgegebene Klassifizierung bei Feuerwerkskörpern, Analogie zu zugeordneten explosiven Stoffen oder Gegenständen mit Explosivstoff, Festlegung in der Gefahrgutliste usw.;

.14 besondere Bedingungen oder Beschränkungen, welche die zuständige Behörde für die Beförderungssicherheit der explosiven Stoffe oder der Gegenstände mit Explosivstoff, die Mitteilung der Gefahr und die internationale Beförderung als relevant ermittelt hat und

.15 das Ablaufdatum des Klassifizierungsdokuments, sofern die zuständige Behörde dies für erforderlich hält.

→ D: GGVSee § 12

Kapitel 2.2
Klasse 2 – Gase

2.2.0 Einleitende Bemerkung

Der Begriff „toxisch" hat die gleiche Bedeutung wie der Begriff „giftig".

2.2.1 Begriffsbestimmungen und allgemeine Vorschriften

2.2.1.1 [Begriffsbestimmung]

Gase sind Stoffe, die

.1 bei 50 °C einen Dampfdruck von mehr als 300 kPa haben,

.2 bei 20 °C und einem Standarddruck von 101,3 kPa vollständig gasförmig sind.

2.2.1.2 [Gaszustände]

Die Beförderungsbedingung eines Gases wird gemäß seines physikalischen Zustandes beschrieben als:

.1 *Verdichtetes Gas:* Ein Gas, das im für die Beförderung unter Druck verpackten Zustand bei -50 °C vollständig gasförmig ist; diese Kategorie schließt alle Gase ein, die eine kritische Temperatur von höchstens -50 °C haben;

.2 *Verflüssigtes Gas:* Ein Gas, das im für die Beförderung unter Druck verpackten Zustand bei Temperaturen über -50 °C teilweise flüssig ist. Es wird unterschieden zwischen:

unter hohem Druck verflüssigtes Gas: ein Gas, das eine kritische Temperatur über -50 °C bis höchstens +65 °C hat; und

unter geringem Druck verflüssigtes Gas: ein Gas, das eine kritische Temperatur über +65 °C hat;

.3 *Tiefgekühlt verflüssigtes Gas:* Ein Gas, das im für die Beförderung verpackten Zustand wegen seiner niedrigen Temperatur teilweise flüssig ist;

.4 *Gelöstes Gas:* Ein Gas, das im für die Beförderung unter Druck verpackten Zustand in einem Lösungsmittel in flüssiger Phase gelöst ist; oder

.5 *Adsorbiertes Gas:* Ein Gas, das im für die Beförderung verpackten Zustand an einem festen porösen Werkstoff adsorbiert ist, was zu einem Gefäßinnendruck bei 20 °C von weniger als 101,3 kPa und bei 50 °C von weniger als 300 kPa führt.

2.2.1.3 [Zugeordnete Güter]

Diese Klasse umfasst verdichtete Gase, verflüssigte Gase, gelöste Gase, tiefgekühlt verflüssigte Gase, adsorbierte Gase, Mischungen eines oder mehrerer Gase mit einem oder mehreren Dämpfen von Stoffen anderer Klassen, mit einem Gas gefüllte Gegenstände und Druckgaspackungen.

2.2.1.4 [Beförderung unter Druck]

Gase werden in der Regel unter Druck befördert, der von hohem Druck bei verdichteten Gasen bis zu niedrigem Druck bei tiefgekühlt verflüssigten Gasen reicht.

2.2.1.5 [Nebengefahren]

Ihren chemischen Eigenschaften oder physiologischen Wirkungen entsprechend, die sehr verschieden sein können, können Gase entzündbar, nicht entzündbar, nicht giftig, giftig, entzündend (oxidierend) wirkend, ätzend sein, oder sie können gleichzeitig zwei oder mehrere dieser Eigenschaften besitzen.

2.2.1.5.1 [Inerte Gase]

Einige Gase sind chemisch und physiologisch inert. Diese Gase wie auch andere Gase, die normalerweise als nicht giftig gelten, wirken aber in hohen Konzentrationen erstickend.

2.2.1.5.2 [Narkosewirkung]

Viele Gase dieser Klasse können bereits bei verhältnismäßig geringen Konzentrationen narkotisierende Wirkungen haben oder können bei einem Brand sehr giftige Gase entwickeln.

[Schwere Gase] 2.2.1.5.3

Alle Gase, die schwerer als Luft sind, können zu einer Gefahr werden, wenn sie sich am Boden von Laderäumen ansammeln.

Klassenunterteilung 2.2.2

Die Klasse 2 ist entsprechend der Hauptgefahr, die von dem Gas während der Beförderung ausgeht, wie folgt unterteilt:

Bemerkung: *UN 1950 DRUCKGASPACKUNGEN siehe auch die Kriterien in der Sondervorschrift 63, UN 2037 GEFÄSSE, KLEIN, GAS ENTHALTEND (GASPATRONEN) siehe auch Sondervorschrift 303.*

Klasse 2.1 Entzündbare Gase 2.2.2.1

Gase, die bei einer Temperatur von 20 °C und einem Standarddruck von 101,3 kPa:

.1 in einer Mischung aus höchstens 13 Vol.-% mit Luft entzündbar sind oder

.2 unabhängig von der unteren Explosionsgrenze einen Explosionsbereich mit Luft von mindestens 12 Prozentpunkten aufweisen. Die Entzündbarkeit muss durch Prüfungen oder durch Berechnung nach den von der Internationalen Organisation für Normung zugelassenen Methoden (siehe ISO-Norm 10156:2010) bestimmt werden. Stehen für die Anwendung dieser Methoden nur unzureichende Daten zur Verfügung, dürfen Prüfungen nach vergleichbaren Methoden, die von einer nationalen zuständigen Behörde anerkannt sind, angewendet werden.

Klasse 2.2 Nicht entzündbare, nicht giftige Gase 2.2.2.2

Gase, die:

.1 erstickend wirken – Gase, die den normalerweise in der Atmosphäre vorhandenen Sauerstoff verdünnen oder verdrängen, oder

.2 entzündend (oxidierend) wirken – Gase, die in der Regel durch Abgabe von Sauerstoff stärker als Luft die Verbrennung anderer Stoffe bewirken oder fördern können, oder

.3 nicht unter die anderen Klassen fallen.

Bemerkung: *In 2.2.2.2.2 bedeutet „Gase, die in der Regel durch Abgabe von Sauerstoff stärker als Luft die Verbrennung anderer Stoffe bewirken oder fördern können" reine Gase oder Gasgemische mit einer Oxidationskraft von mehr als 23,5 %, berechnet nach einer in der ISO-Norm 10156:2010 angegebenen Methode.*

Klasse 2.3 Giftige Gase 2.2.2.3

Gase:

.1 die erfahrungsgemäß für Menschen so giftig oder ätzend sind, dass sie eine Gefahr für die Gesundheit darstellen, oder

.2 von denen angenommen wird, dass sie für Menschen giftig oder ätzend sind, weil sie einen LC_{50}-Wert (gemäß Begriffsbestimmung in 2.6.2.1) von höchstens 5 000 ml/m^3 (ppm) aufweisen.

Bemerkung: *Gase, die wegen ihrer Ätzwirkung den oben genannten Kriterien entsprechen, sind als giftig mit der Zusatzgefahr ätzend einzustufen.*

[Vorrang der Klassen] 2.2.2.4

Für Gase und Gasgemische mit Gefahren, die zu mehr als einer Klasse gehören, gilt folgende Rangfolge:

.1 Klasse 2.3 hat Vorrang vor allen anderen Klassen,

.2 Klasse 2.1 hat Vorrang vor Klasse 2.2.

[Freigestellte Gase unter Druck] 2.2.2.5

Gase der Klasse 2.2 unterliegen nicht den Vorschriften dieses Codes, wenn sie bei einem Druck unter 200 kPa bei 20 °C befördert werden und es sich nicht um verflüssigte oder tiefgekühlt verflüssigte Gase handelt.

2.2.2.6 [Freistellungsmöglichkeit]

Gase der Klasse 2.2 unterliegen nicht den Vorschriften dieses Codes, wenn sie in Folgendem enthalten sind:

.1 Nahrungs- und Futtermitteln (außer UN 1950), einschließlich mit Kohlensäure versetzte Getränke;

.2 Bällen, die für den Sportgebrauch vorgesehen sind;

.3 Reifen (außer für den Flugverkehr).

Bemerkung: *Diese Ausnahme gilt nicht für Leuchtmittel. Für Leuchtmittel siehe 1.1.1.9.*

2.2.3 Gasgemische

Für die Zuordnung von Gasgemischen (einschließlich der Dämpfe von Stoffen anderer Klassen) müssen die folgenden Grundsätze angewendet werden:

.1 Die Entzündbarkeit muss durch Prüfungen oder durch Berechnung nach den von der Internationalen Organisation für Normung zugelassenen Methoden (siehe ISO-Norm 10156:2010) bestimmt werden. Stehen für die Anwendung dieser Methoden nur unzureichende Daten zur Verfügung, dürfen Prüfungen nach vergleichbaren Methoden, die von einer nationalen zuständigen Behörde anerkannt sind, angewendet werden.

.2 Der Grad der Giftigkeit wird entweder durch Prüfungen zur Messung des LC_{50}-Wertes (gemäß Begriffsbestimmung in 2.6.2.1) oder durch eine Berechnungsmethode unter Verwendung der folgenden Formel bestimmt:

$$LC_{50} \text{ giftig (Gemisch)} = \frac{1}{\sum_{i=1}^{n} \frac{f_i}{T_i}}$$

Hierin bedeuten: f_i = Molenbruch des i-ten Bestandteils des Gemisches

T_i = Giftigkeitskennzahl des i-ten Bestandteils des Gemisches (T_i entspricht dem LC_{50}-Wert, sofern vorhanden)

Sind die LC_{50}-Werte nicht bekannt, wird die Giftigkeitskennzahl anhand des niedrigsten LC_{50}-Werts von Stoffen mit ähnlichen physiologischen und chemischen Wirkungen oder, wenn dies praktisch die einzige Möglichkeit ist, anhand von Versuchen bestimmt.

.3 Ein Gasgemisch weist als Zusatzgefahr die Ätzwirkung auf, wenn durch menschliche Erfahrungen bekannt ist, dass das Gemisch zerstörend auf die Haut, Augen oder Schleimhäute wirkt, oder wenn der LC_{50}-Wert der ätzenden Bestandteile des Gemisches bei der Berechnung nach der folgenden Formel höchstens 5 000 ml/m³ (ppm) beträgt.

$$LC_{50} \text{ ätzend (Gemisch)} = \frac{1}{\sum_{i=1}^{n} \frac{f_{ci}}{T_{ci}}}$$

Hierin bedeuten: f_{ci} = Molenbruch des i-ten ätzenden Bestandteils des Gemisches

T_{ci} = Giftigkeitskennzahl des i-ten ätzenden Bestandteils des Gemisches (T_{ci} entspricht dem LC_{50}-Wert, sofern vorhanden)

.4 Die Oxidationsfähigkeit wird entweder durch Prüfungen oder nach Berechnungsmethoden bestimmt, die von der Internationalen Organisation für Normung (siehe Bemerkung in 2.2.2.2) zugelassen sind.

2.2.4 Nicht zur Beförderung zugelassene Gase

→ D: GGVSee § 17 Nr. 1
→ D: GGVSee § 21 Nr. 1

Chemisch instabile Gase der Klasse 2 sind zur Beförderung nur zugelassen, wenn die erforderlichen Vorsichtsmaßnahmen zur Verhinderung der Möglichkeit einer gefährlichen Zersetzung oder Polymerisation unter normalen Beförderungsbedingungen getroffen wurden oder wenn die Beförderung, sofern zutreffend, gemäß 4.1.4.1 Verpackungsanweisung P200 (5) Sondervorschrift für die Verpackung r erfolgt. Für die Vorsichtsmaßnahmen zur Verhinderung einer Polymerisation siehe Sondervorschrift 386 in Kapitel 3.3. Zu diesem Zweck muss insbesondere dafür gesorgt werden, dass die Gefäße und Tanks keine Stoffe enthalten, die diese Reaktionen begünstigen können.

Kapitel 2.3
Klasse 3 – Entzündbare flüssige Stoffe

→ D: GGVSee § 12

Einleitende Bemerkung 2.3.0

Der Flammpunkt eines entzündbaren flüssigen Stoffes kann sich durch vorhandene Unreinheiten ändern. Die in der Klasse 3 der Gefahrgutliste aufgeführten Stoffe müssen in der Regel als chemisch rein angesehen werden. Da die handelsüblichen Erzeugnisse Zusatzstoffe oder Unreinheiten enthalten können, kann der Flammpunkt variieren, und dies kann Auswirkungen auf die Klassifizierung oder die Bestimmung der Verpackungsgruppe für das Erzeugnis haben. Bestehen Zweifel in Bezug auf die Klassifizierung oder die Verpackungsgruppe, muss der Flammpunkt experimentell bestimmt werden.

Begriffsbestimmungen und allgemeine Vorschriften 2.3.1

[Zugeordnete Güter] 2.3.1.1

Die Klasse 3 umfasst die folgenden Stoffe:

.1 Entzündbare flüssige Stoffe (siehe 2.3.1.2 und 2.3.1.3)

.2 Desensibilisierte explosive flüssige Stoffe (siehe 2.3.1.4)

[Begriffsbestimmung] 2.3.1.2

Entzündbare flüssige Stoffe sind flüssige Stoffe, Gemische von flüssigen Stoffen sowie flüssige Stoffe, die gelöste oder suspendierte feste Stoffe enthalten (z. B. Farben, Firnisse, Lacke usw., jedoch ausgenommen solche Stoffe, die aufgrund anderer gefährlicher Eigenschaften anderen Klassen zugeordnet sind), die bei Temperaturen bis einschließlich 60 °C im geschlossenen Tiegel (entspricht 65,6 °C im offenen Tiegel) entzündbare Dämpfe entwickeln. Diese Temperatur wird normalerweise als „Flammpunkt“ bezeichnet. Hierzu zählen auch folgende Stoffe:

.1 Flüssige Stoffe, die bei Temperaturen, die dem Flammpunkt entsprechen oder darüber liegen, zur Beförderung bereitgestellt werden;

.2 Stoffe, die erwärmt in flüssigem Zustand befördert oder zur Beförderung bereitgestellt werden, und die bei oder unterhalb der höchsten Beförderungstemperatur entzündbare Dämpfe entwickeln.

[Ausschlusskriterien] 2.3.1.3

Die Vorschriften dieses Codes brauchen jedoch nicht angewendet zu werden auf flüssige Stoffe mit einem Flammpunkt über 35 °C, die eine Verbrennung nicht unterhalten. Im Sinne dieses Codes werden flüssige Stoffe als die Verbrennung nicht unterhaltend eingestuft, wenn:

.1 sie den geeigneten Brenntest bestanden haben (siehe die in Teil III, 32.5.2 des Handbuchs Prüfungen und Kriterien vorgeschriebene Prüfung zur Bestimmung der selbstunterhaltenden Verbrennung) oder

.2 ihr Brennpunkt nach ISO 2592:1973 höher ist als 100 °C oder

.3 es sich um wässerige Lösungen mit einem Masseanteil Wasser von mehr als 90 % handelt.

[Desensibilisierte explosive flüssige Stoffe] 2.3.1.4

Desensibilisierte explosive flüssige Stoffe sind explosive Stoffe, die zur Bildung einer homogenen flüssigen Mischung in Wasser oder anderen flüssigen Stoffen gelöst oder suspendiert sind, um ihre Explosionsfähigkeit zu unterdrücken. Eintragungen der Gefahrgutliste für desensibilisierte explosive flüssige Stoffe sind UN 1204, UN 2059, UN 3064, UN 3343, UN 3357 und 3379.

Zuordnung der Verpackungsgruppe 2.3.2

[Gefährlichkeitsbestimmung] 2.3.2.1

Zur Bestimmung der Gefährlichkeit eines flüssigen Stoffes, von dem eine Gefahr aufgrund seiner Entzündbarkeit ausgeht, werden die Kriterien in 2.3.2.6 angewendet.

[Verpackungsgruppe bei Einzelgefahr] 2.3.2.1.1

Bei flüssigen Stoffen, deren einzige Gefahr die Entzündbarkeit ist, entspricht die Verpackungsgruppe des Stoffes der in 2.3.2.6 angegebenen Eingruppierung.

2.3.2.1.2 [Verpackungsgruppe bei Zusatzgefahren]

Bei flüssigen Stoffen mit zusätzlichen Gefahren muss die nach 2.3.2.6 ermittelte Eingruppierung und die Eingruppierung unter Zugrundelegung der Schwere der zusätzlichen Gefahren in Betracht gezogen und die Einstufung und Zuordnung zu Verpackungsgruppen nach den Vorschriften des Kapitels 2.0 vorgenommen werden.

2.3.2.2 [Viskose Stoffe]

Viskose entzündbare flüssige Stoffe, wie Farben, Emaillen, Lacke, Firnisse, Klebstoffe und Polituren, mit einem Flammpunkt unter 23 °C dürfen in Übereinstimmung mit den im Handbuch Prüfungen und Kriterien Teil III Unterabschnitt 32.3 vorgeschriebenen Verfahren der Verpackungsgruppe III zugeordnet werden, vorausgesetzt:

.1 die Viskosität[1] und der Flammpunkt stimmen mit der folgenden Tabelle überein:

Extrapolierte kinematische Viskosität v (bei einer Schergeschwindigkeit nahe 0) mm^2/s bei 23 °C	Auslaufzeit t in Sekunden	Durchmesser der Auslaufdüse (mm)	Flammpunkt, c.c. (°C)
$20 < v \leq 80$	$20 < t \leq 60$	4	über 17
$80 < v \leq 135$	$60 < t \leq 100$	4	über 10
$135 < v \leq 220$	$20 < t \leq 32$	6	über 5
$220 < v \leq 300$	$32 < t \leq 44$	6	über -1
$300 < v \leq 700$	$44 < t \leq 100$	6	über -5
$700 < v$	$100 < t$	6	keine Begrenzung

.2 bei der Lösungsmittel-Trennprüfung werden weniger als 3 % der Schicht des klaren Lösungsmittels abgetrennt;

.3 die Mischung oder das eventuell abgetrennte Lösungsmittel entspricht nicht den Kriterien der Klasse 6.1 oder 8;

.4 die Stoffe werden in Gefäßen mit einem Fassungsraum von höchstens 450 Litern verpackt.

2.3.2.3 (bleibt offen)

2.3.2.4 [Erwärmte Stoffe]

Stoffe, die als entzündbare flüssige Stoffe eingestuft werden, weil sie erwärmt befördert oder für die Beförderung bereitgestellt werden, werden in die Verpackungsgruppe III eingestuft.

2.3.2.5 [Erleichterte Beförderungsbedingungen]

Viskose flüssige Stoffe, die:

- einen Flammpunkt von 23 °C oder darüber, jedoch von höchstens 60 °C aufweisen,
- nicht giftig oder ätzend sind,
- nicht umweltgefährdend sind oder umweltgefährdend sind und in Einzelverpackungen oder zusammengesetzten Verpackungen mit einer Nettomenge von höchstens 5 Litern je Einzel- oder Innenverpackung befördert werden, vorausgesetzt, die Verpackungen entsprechen den allgemeinen Vorschriften in 4.1.1.1, 4.1.1.2 und 4.1.1.4 bis 4.1.1.8,
- höchstens 20 % Nitrocellulose enthalten, vorausgesetzt, die Nitrocellulose enthält höchstens 12,6 % Stickstoff in der Trockenmasse, und
- in Gefäßen mit einem Fassungsraum von höchstens 450 Litern verpackt sind,

[1] *Bestimmung der Viskosität:* Wenn der betreffende Stoff sich nicht newtonisch verhält oder wenn die Auslaufbecher-Methode zur Bestimmung der Viskosität ungeeignet ist, muss ein Viskosimeter mit variabler Schergeschwindigkeit verwendet werden, um den Koeffizienten der dynamischen Viskosität des Stoffes bei 23 °C bei einer Anzahl von Schergeschwindigkeiten zu bestimmen. Die ermittelten Werte müssen in Abhängigkeit von den Schergeschwindigkeiten auf eine Schergeschwindigkeit 0 extrapoliert werden. Die auf diese Weise festgestellte dynamische Viskosität dividiert durch die Dichte ergibt die scheinbare kinematische Viskosität bei einer Schergeschwindigkeit nahe 0.

unterliegen nicht den Vorschriften für die Kennzeichnung, Bezettelung und Prüfung von Verpackungen der Kapitel 4.1, 5.2 und 6.1, sofern: 2.3.2.5 (Forts.)

.1 im Lösemittelabscheidetest (siehe Teil III, 32.5.1 des Handbuchs Prüfungen und Kriterien) die Höhe der abgeschiedenen Schicht des Lösemittels weniger als 3 % der Gesamthöhe des Prüfmusters beträgt und

.2 die Auslaufzeit im Viskositätstest (siehe Teil III, 32.4.3 des Handbuchs Prüfungen und Kriterien) mit einer Auslaufdüse von 6 mm gleich oder größer ist als:

.1 60 Sekunden oder

.2 40 Sekunden, wenn der viskose flüssige Stoff höchstens 60 % Stoffe der Klasse 3 enthält.

Die folgende Erklärung ist in das Beförderungsdokument aufzunehmen: „Beförderung in Übereinstimmung mit 2.3.2.5 des IMDG-Codes"/„Transport in accordance with 2.3.2.5 of the IMDG Code" (siehe 5.4.1.5.10).

Gefährlichkeit unter Zugrundelegung der Entzündbarkeit 2.3.2.6

Für Verpackungszwecke werden entzündbare flüssige Stoffe nach ihrem Flammpunkt, Siedepunkt und ihrer Viskosität unterteilt. Die Tabelle zeigt die zwischen zwei dieser Merkmale bestehenden Zusammenhänge.

Verpackungsgruppe	Flammpunkt in °C geschlossener Tiegel (c.c.)	Siedebeginn in °C
I	–	≤ 35
II	< 23	> 35
III	≥ 23 bis ≤ 60	> 35

Bestimmung des Flammpunkts 2.3.3 → *1.1.1.5*

Bemerkung: *Die Vorschriften dieses Abschnittes sind völkerrechtlich nicht verbindlich.*

[Begriffsbestimmung] 2.3.3.1

Der Flammpunkt ist die niedrigste Temperatur eines flüssigen Stoffes, bei der seine Dämpfe mit Luft ein entzündbares Gemisch bilden. Er ist ein Maßstab für die Gefahr der Bildung explosionsfähiger oder entzündbarer/brennbarer Gemische bei Austritt des flüssigen Stoffes aus ihrer Verpackung. Ein entzündbarer flüssiger Stoff kann nicht entzündet werden, solange seine Temperatur unter dem angegebenen Flammpunkt liegt.

Bemerkung: *Der Flammpunkt darf nicht mit der Zündtemperatur verwechselt werden. Die Zündtemperatur ist die Temperatur, auf die ein explosionsfähiges Dampf/Luftgemisch erhitzt werden muss, um es zur Explosion zu bringen. Es besteht kein Zusammenhang zwischen dem Flammpunkt und der Zündtemperatur.*

[Inhärente Varianz] 2.3.3.2

Der Flammpunkt ist kein genauer physikalischer Wert für einen flüssigen Stoff. Er ist in einem gewissen Maß abhängig von der Konstruktion des verwendeten Prüfgeräts und von der Prüfmethode. Darum muss bei Flammpunktangaben das Prüfgerät mit angegeben werden.

[Prüfgeräte] 2.3.3.3

Verschiedene genormte Geräte sind zurzeit gebräuchlich, die alle nach dem gleichen Prinzip arbeiten: Eine bestimmte Menge eines flüssigen Stoffes wird bei einer Temperatur, die weit unter dem erwarteten Flammpunkt liegt, in ein Gefäß gebracht und dann langsam erwärmt. In regelmäßigen Abständen wird dann eine kleine Flamme in die Nähe der Oberfläche des flüssigen Stoffes gebracht. Der Flammpunkt ist die niedrigste Temperatur des flüssigen Stoffes, bei der ein „Aufflammen" beobachtet wird.

[Prüfverfahren] 2.3.3.4

Die Prüfmethoden lassen sich in zwei Hauptgruppen einteilen, je nach Verwendung eines Prüfgerätes mit einem offenen Gefäß (Prüfmethode mit offenem Tiegel) oder mit einem geschlossenen Gefäß (Prüfmethode mit geschlossenem Tiegel), bei dem der Deckel nur zum Heranführen der Flamme geöffnet

2.3.3.4 (Forts.) wird. In der Regel sind die Flammpunkte, die nach der Prüfmethode mit offenem Tiegel ermittelt wurden, einige Grad höher als die, die nach der Prüfmethode mit geschlossenem Tiegel ermittelt wurden.

2.3.3.5 **[Reproduzierbarkeit]**

Im Allgemeinen ist die Reproduzierbarkeit der mit geschlossenem Tiegel gemessenen Flammpunkte besser als der mit offenem Tiegel gemessenen.

2.3.3.5.1 **[Vorrang des geschlossenen Tiegels]**

Es wird daher empfohlen, Flammpunkte – besonders im Bereich um 23 °C – nach der Prüfmethode mit geschlossenem Tiegel zu bestimmen.

2.3.3.5.2 **[Korrekturvorgabe]**

Die Flammpunktangaben in diesem Code basieren im Allgemeinen auf der Prüfmethode mit geschlossenem Tiegel. In Ländern, in denen es üblich ist, die Flammpunkte nach der Prüfmethode mit offenem Tiegel zu ermitteln, müssen die so ermittelten Werte vermindert werden, damit sie den hier angegebenen Werten entsprechen.

2.3.3.6 **Bestimmung des Flammpunkts**

Für die Bestimmung des Flammpunktes von entzündbaren flüssigen Stoffen dürfen folgende Methoden verwendet werden:

Internationale Normen:

ISO 1516

ISO 1523

ISO 2719

ISO 13736

ISO 3679

ISO 3680

Nationale Normen:

American Society for Testing Materials International, 100 Barr Harbor Drive, PO Box C700, West Conshohocken, Pennsylvania, USA 19428-2959:

ASTM D3828-07a, Standard Test Methods for Flash Point by Small Scale Closed-Cup Tester (Standard-Prüfmethoden zur Bestimmung des Flammpunktes mit einem Kleinprüfgerät mit geschlossenem Tiegel)

ASTM D56-05, Standard Test Method for Flash Point by Tag Closed-Cup Tester (Standard-Prüfmethode zur Bestimmung des Flammpunktes mit einem Tag-Prüfgerät mit geschlossenem Tiegel)

ASTM D3278-96(2004)e1, Standard Test Methods for Flash Point of Liquids by Small Scale Closed-Cup Apparatus (Standard-Prüfmethoden zur Bestimmung des Flammpunktes von flüssigen Stoffen mit einem Kleinprüfgerät mit geschlossenem Tiegel)

ASTM D93-08, Standard Test Methods for Flash Point by Pensky-Martens Closed-Cup Tester (Standard-Prüfmethoden zur Bestimmung des Flammpunktes durch Pensky-Martens-Prüfgeräte mit geschlossenem Tiegel)

Association française de normalisation, AFNOR, 11, rue de Pressensé, F-93571 La Plaine Saint-Denis Cedex:

Französische Norm NF M 07 – 019

Französische Normen NF M 07 – 011/NF T 30 – 050/NF T 66 – 009

Französische Norm NF M 07 – 036

Deutsches Institut für Normung, Burggrafenstraße 6, D-10787 Berlin:

Norm DIN 51755 (Flammpunkte unter 65 °C)

Staatskomittee des Ministerrates für Normung, RUS-113813, GSP, Moskau, M-49 Leninsky Prospect, 9:

GOST 12.1.044-84

Bestimmung des Siedebeginns 2.3.4

Für die Bestimmung des Siedebeginns von entzündbaren flüssigen Stoffen dürfen folgende Methoden verwendet werden:

Internationale Normen:

ISO 3924

ISO 4626

ISO 3405

Nationale Normen:

American Society for Testing Materials International, 100 Barr Harbor Drive, PO Box C700, West Conshohocken, Pennsylvania, USA 19428-2959:

ASTM D86-07a, Standard Test Method for Distillation of Petroleum Products at Atmospheric Pressure (Standard-Prüfmethode für die Destillation von Erdölprodukten bei Atmosphärendruck)

ASTM D1078-05, Standard Test Method for Distillation Range of Volatile Organic Liquids (Standard-Prüfmethode für den Destillationsbereich flüchtiger organischer flüssiger Stoffe)

Weitere anwendbare Methoden:

Die in Teil A des Anhangs zur Verordnung (EG) Nr. 440/2008[2] der Kommission beschriebene Methode A.2.

Nicht zur Beförderung zugelassene Stoffe 2.3.5

→ D: GGVSee § 17 Nr. 1
→ D: GGVSee § 21 Nr. 1

Chemisch instabile Stoffe der Klasse 3 sind zur Beförderung nur zugelassen, wenn die erforderlichen Vorsichtsmaßnahmen zur Verhinderung der Möglichkeit einer gefährlichen Zersetzung oder Polymerisation unter normalen Beförderungsbedingungen getroffen wurden. Für die Vorsichtsmaßnahmen zur Verhinderung einer Polymerisation siehe Sondervorschrift 386 in Kapitel 3.3. Zu diesem Zweck muss insbesondere dafür gesorgt werden, dass die Gefäße und Tanks keine Stoffe enthalten, die diese Reaktionen begünstigen können.

[2] Verordnung (EG) Nr. 440/2008 der Kommission vom 30. Mai 2008 zur Festlegung von Prüfmethoden gemäß der Verordnung (EG) Nr. 1907/2006 des Europäischen Parlaments und des Rates zur Registrierung, Bewertung, Zulassung und Beschränkung chemischer Stoffe (REACH) (Amtsblatt der Europäischen Union Nr. L 142 vom 31. Mai 2008, Seiten 1 bis 739 und Nr. L 143 vom 3. Juni 2008, Seite 55).

→ D: GGVSee § 12

Kapitel 2.4
Klasse 4 – Entzündbare feste Stoffe, selbstentzündliche Stoffe, Stoffe, die in Berührung mit Wasser entzündbare Gase entwickeln

2.4.0 Einleitende Bemerkung

Da metallorganische Stoffe in Abhängigkeit von ihren Eigenschaften der Klasse 4.2 oder 4.3 mit weiteren Zusatzgefahren zugeordnet werden können, ist in 2.4.5 ein besonderes Flussdiagramm für die Klassifizierung dieser Stoffe aufgeführt.

2.4.1 Begriffsbestimmungen und allgemeine Vorschriften

2.4.1.1 [Zugeordnete Stoffe]

Die Klasse 4 umfasst in diesem Code Stoffe, die nicht als explosive Stoffe klassifiziert sind, die aber unter Beförderungsbedingungen leicht brennen oder einen Brand verursachen oder dazu beitragen können. Die Klasse 4 ist wie folgt unterteilt:

Klasse 4.1 – Entzündbare feste Stoffe

Stoffe, die unter Beförderungsbedingungen leicht brennen oder durch Reibung einen Brand verursachen oder dazu beitragen können; selbstzersetzliche Stoffe (feste und flüssige Stoffe) und polymerisierende Stoffe, die zu einer starken exothermen Zersetzung neigen; desensibilisierte explosive feste Stoffe, die explodieren können, wenn sie nicht ausreichend verdünnt sind.

Klasse 4.2 – Selbstentzündliche Stoffe

Stoffe (feste und flüssige Stoffe), die unter normalen Beförderungsbedingungen selbsterhitzungsfähig sind oder sich bei Berührung mit Luft erhitzen können und dann zur Selbstentzündung fähig sind.

Klasse 4.3 – Stoffe, die in Berührung mit Wasser entzündbare Gase entwickeln

Stoffe (feste und flüssige Stoffe), die bei Reaktion mit Wasser selbstentzündungsfähig sind oder entzündbare Gase in gefährlichen Mengen entwickeln können.

2.4.1.2 [Verweis auf Prüfhandbuch]

Wie in diesem Kapitel angegeben, sind in dem Handbuch Prüfungen und Kriterien der Vereinten Nationen Prüfmethoden und Kriterien mit Hinweisen für die Anwendung der Prüfungen für die Klassifizierung folgender Arten von Stoffen der Klasse 4 aufgeführt:

.1 Entzündbare feste Stoffe (Klasse 4.1),

.2 Selbstzersetzliche Stoffe (Klasse 4.1),

.3 Polymerisierende Stoffe (Klasse 4.1),

.4 Pyrophore feste Stoffe (Klasse 4.2),

.5 Pyrophore flüssige Stoffe (Klasse 4.2),

.6 Selbsterhitzungsfähige Stoffe (Klasse 4.2) und

.7 Stoffe, die in Berührung mit Wasser entzündbare Gase entwickeln (Klasse 4.3).

Prüfverfahren und Kriterien für selbstzersetzliche Stoffe und polymerisierende Stoffe sind im Teil II des Handbuchs Prüfungen und Kriterien aufgeführt; Prüfverfahren und Kriterien für die anderen Arten von Stoffen der Klasse 4 sind im Teil III, Kapitel 33 des Handbuchs Prüfungen und Kriterien enthalten.

2.4.2 Klasse 4.1 – Entzündbare feste Stoffe, selbstzersetzliche Stoffe, desensibilisierte explosive feste Stoffe und polymerisierende Stoffe

2.4.2.1 Allgemeines

Die Klasse 4.1 umfasst die folgenden Arten von Stoffen:

.1 Entzündbare feste Stoffe (siehe 2.4.2.2),

.2 Selbstzersetzliche Stoffe (siehe 2.4.2.3),

.3 Desensibilisierte explosive feste Stoffe (siehe 2.4.2.4) und

.4 Polymerisierende Stoffe (siehe 2.4.2.5).

Einige Stoffe (wie z. B. Celluloid) können bei Erwärmung oder unter Feuereinwirkung giftige und entzündbare Gase entwickeln. 2.4.2.1 (Forts.)

Klasse 4.1 Entzündbare feste Stoffe 2.4.2.2

Begriffsbestimmungen und Eigenschaften 2.4.2.2.1

[Entzündbare feste Stoffe] 2.4.2.2.1.1

Im Sinne dieses Codes bedeuten *entzündbare feste Stoffe* leicht brennbare feste Stoffe sowie Stoffe, die durch Reibung einen Brand verursachen können.

[Leicht brennbare Stoffe] 2.4.2.2.1.2

Leicht brennbare feste Stoffe sind Fasern, pulverförmige, granulierte oder pastöse Stoffe, die gefährlich sind, wenn sie durch kurze Einwirkung einer Zündquelle wie z. B. ein brennendes Zündholz leicht entzündet werden können, und wenn sich die Flammen schnell ausbreiten. Die Gefahr kann dabei nicht nur von dem Brand ausgehen, sondern auch von giftigen Verbrennungsprodukten. Metallpulver sind wegen der Schwierigkeiten beim Löschen eines Brandes besonders gefährlich, da die üblichen Löschmittel wie Kohlendioxid oder Wasser die Gefahr erhöhen können.

Klassifizierung entzündbarer fester Stoffe 2.4.2.2.2

[Kriterium Abbrandzeit] 2.4.2.2.2.1

Pulverförmige, granulierte oder pastöse Stoffe müssen als leicht brennbare feste Stoffe der Klasse 4.1 zugeordnet werden, wenn die Abbrandzeit bei einem oder mehreren Prüfläufen, die nach dem im Handbuch Prüfungen und Kriterien, Teil III, 33.2.1 beschriebenen Prüfverfahren durchgeführt werden, kürzer ist als 45 s, oder wenn die Abbrandgeschwindigkeit größer ist als 2,2 mm/s. Metallpulver oder Pulver von Metalllegierungen müssen der Klasse 4.1 zugeordnet werden, wenn sie entzündet werden können, und wenn sich die Reaktion in 10 Minuten oder weniger über die ganze Probe ausbreitet.

[Analogiezuordnung Feststoffe] 2.4.2.2.2.2

Feste Stoffe, die durch Reibung in Brand geraten können, müssen in Analogie zu bestehenden Eintragungen (z. B. Zündhölzer) der Klasse 4.1 zugeordnet werden, bis endgültige Kriterien festgelegt worden sind.

Zuordnung von Verpackungsgruppen 2.4.2.2.3

[Verpackungsgruppe II] 2.4.2.2.3.1

Verpackungsgruppen werden auf der Grundlage der in 2.4.2.2.2.1 genannten Prüfverfahren zugeordnet. Leicht brennbare feste Stoffe (außer Metallpulver) müssen in die Verpackungsgruppe II eingestuft werden, wenn die Abbrandzeit kürzer ist als 45 s und die Flamme die befeuchtete Zone durchläuft. Metallpulver und Pulver von Metalllegierungen müssen in die Verpackungsgruppe II eingestuft werden, wenn sich die Reaktion in fünf Minuten oder weniger über die gesamte Länge der Probe ausbreitet.

[Verpackungsgruppe III] 2.4.2.2.3.2

Verpackungsgruppen werden auf der Grundlage der in 2.4.2.2.2.1 genannten Prüfverfahren zugeordnet. Leicht brennbare feste Stoffe (außer Metallpulver) müssen in die Verpackungsgruppe III eingestuft werden, wenn die Abbrandzeit kürzer ist als 45 s und die befeuchtete Zone die Ausbreitung der Flamme mindestens vier Minuten lang aufhält. Metallpulver müssen in die Verpackungsgruppe III eingestuft werden, wenn sich die Reaktion in mehr als fünf Minuten, jedoch in weniger als zehn Minuten über die gesamte Länge der Probe ausbreitet.

[Reibempfindliche Feststoffe] 2.4.2.2.3.3

Bei festen Stoffen, die durch Reibung in Brand geraten können, muss die Einstufung in eine Verpackungsgruppe in Analogie zu bestehenden Eintragungen oder gemäß einer entsprechenden Sondervorschrift erfolgen.

[Pyrophore Metallpulver] 2.4.2.2.4

Pyrophore Metallpulver können der Klasse 4.1 zugeordnet werden, wenn sie zur Unterdrückung ihrer pyrophoren Eigenschaften mit ausreichend Wasser befeuchtet werden.

2.4.2.3 **Klasse 4.1 Selbstzersetzliche Stoffe**

2.4.2.3.1 **Begriffsbestimmungen und Eigenschaften**

2.4.2.3.1.1 **[Selbstzersetzliche Stoffe]**

Im Sinne dieses Codes sind:

selbstzersetzliche Stoffe thermisch instabile Stoffe, die sich auch ohne Beteiligung von Sauerstoff (Luft) stark exotherm zersetzen können. Stoffe werden nicht als selbstzersetzliche Stoffe der Klasse 4.1 angesehen, wenn:

.1 sie explosive Stoffe gemäß den Kriterien der Klasse 1 sind,

.2 sie entzündend (oxidierend) wirkende Stoffe gemäß dem Klassifizierungsverfahren der Klasse 5.1 sind (siehe 2.5.2), ausgenommen Gemische entzündend (oxidierend) wirkender Stoffe, die mindestens 5 % brennbare organische Stoffe enthalten und die dem in Bemerkung 3 festgelegten Klassifizierungsverfahren zu unterziehen sind,

.3 sie organische Peroxide gemäß den Kriterien der Klasse 5.2 sind,

.4 ihre Zersetzungswärme geringer ist als 300 J/g oder

.5 ihre Temperatur der selbstbeschleunigenden Zersetzung (SADT) (siehe 2.4.2.3.4) bei einem Versandstück von 50 kg höher ist als 75 °C.

Bemerkung 1: *Die Zersetzungswärme kann durch eine beliebige international anerkannte Methode bestimmt werden, z. B. durch die dynamische Differenz-Kalorimetrie und die adiabatische Kalorimetrie.*

Bemerkung 2: *Stoffe, welche die Eigenschaften von selbstzersetzlichen Stoffen aufweisen, werden als solche klassifiziert, auch bei einem positiven Ergebnis der Prüfungen für die Zuordnung zur Klasse 4.2 nach 2.4.3.2.*

Bemerkung 3: *Gemische entzündend (oxidierend) wirkender Stoffe, die den Kriterien der Klasse 5.1 entsprechen, mindestens 5 % brennbare organische Stoffe enthalten und nicht in .1, .3, .4 oder .5 aufgeführten Kriterien entsprechen, sind dem Klassifizierungsverfahren für selbstzersetzliche Stoffe zu unterziehen.*
Gemische, welche die Eigenschaften selbstzersetzlicher Stoffe der Typen B bis F aufweisen, sind als selbstzersetzliche Stoffe der Klasse 4.1 zu klassifizieren.

Gemische, welche nach dem Grundsatz in 2.4.2.3.3.2.7 die Eigenschaften selbstzersetzlicher Stoffe des Typs G aufweisen, gelten für Zwecke der Klassifizierung als Stoffe der Klasse 5.1 (siehe 2.5.2).

2.4.2.3.1.2 **[Zersetzung]**

Die Zersetzung von selbstzersetzlichen Stoffen kann durch Wärme, Kontakt mit katalytischen Verunreinigungen (z. B. Säuren, Schwermetallverbindungen, Basen), Reibung oder Stoß ausgelöst werden. Die Zersetzungsgeschwindigkeit nimmt mit der Temperatur zu und ist je nach Stoff unterschiedlich. Die Zersetzung kann, besonders wenn keine Entzündung eintritt, die Entwicklung giftiger Gase oder Dämpfe zur Folge haben. Bei bestimmten selbstzersetzlichen Stoffen ist Temperaturkontrolle erforderlich. Einige selbstzersetzliche Stoffe können sich vor allem unter Einschluss explosionsartig zersetzen. Diese Eigenschaft kann durch Hinzufügen von Verdünnungsmitteln oder durch die Verwendung geeigneter Verpackungen verändert werden. Bestimmte selbstzersetzliche Stoffe brennen heftig. Selbstzersetzliche Stoffe sind zum Beispiel Verbindungen der folgenden Arten:

.1 Aliphatische Azoverbindungen (-C-N=N-C-),

.2 Organische Azide ($-C-N_3$),

.3 Diazoniumsalze ($-CN_2^+Z^-$),

.4 N-Nitrosoverbindungen (-N-N=O) und

.5 Aromatische Sulfonylhydrazide ($-SO_2-NH-NH_2$).

Diese Aufzählung ist nicht vollständig; Stoffe mit anderen reaktiven Gruppen und einige Stoffgemische können ähnliche Eigenschaften haben.

Klassifizierung selbstzersetzlicher Stoffe 2.4.2.3.2

[Typzuordnung] 2.4.2.3.2.1

Selbstzersetzliche Stoffe werden nach dem Grad der von ihnen ausgehenden Gefahr sieben Typen zugeordnet. Diese reichen vom Typ A, der nicht in der Verpackung befördert werden darf, in der er geprüft wurde, bis zum Typ G, der den Vorschriften für selbstzersetzliche Stoffe der Klasse 4.1 nicht unterstellt ist. Die Zuordnung zu den Typen B bis F steht in direktem Zusammenhang mit der zulässigen Höchstmenge je Verpackung.

[Klassifizierte Stoffe] 2.4.2.3.2.2

Bereits klassifizierte selbstzersetzliche Stoffe, die bereits zur Beförderung in Verpackungen zugelassen sind, sind in 2.4.2.3.2.3 aufgeführt, diejenigen, die bereits zur Beförderung in Großpackmitteln (IBC) zugelassen sind, sind in Verpackungsanweisung IBC520 aufgeführt und diejenigen, die bereits zur Beförderung in Tanks zugelassen sind, sind in Anweisung für ortsbewegliche Tanks T23 aufgeführt. Für jeden aufgeführten zugelassenen Stoff ist die Gattungseintragung aus der Gefahrgutliste (UN-Nummern 3221 bis 3240) zugeordnet und es sind die entsprechenden Zusatzgefahren und Bemerkungen mit relevanten Informationen für die Beförderung angegeben. Die Gattungseintragungen geben an:

.1 den Typ des selbstzersetzlichen Stoffes (B bis F);

.2 den Aggregatzustand (flüssig oder fest) und

.3 die Temperaturkontrolle, sofern erforderlich (siehe 2.4.2.3.4).

Verzeichnis der bereits zugeordneten selbstzersetzlichen Stoffe in Verpackungen 2.4.2.3.2.3

Die in der Spalte „Verpackungsmethode" angegebenen Codes „OP1" bis „OP8" verweisen auf die Verpackungsmethoden in Verpackungsanweisung P520. Die zu befördernden selbstzersetzlichen Stoffe müssen der angegebenen Klassifizierung und den angegebenen (von der SADT abgeleiteten) Kontroll- und Notfalltemperaturen entsprechen. Für Stoffe, die in Großpackmitteln (IBC) zugelassen sind, siehe Verpackungsanweisung IBC520, und für Stoffe, die in Tanks zugelassen sind, siehe Anweisung für ortsbewegliche Tanks T23. Die in der Verpackungsanweisung IBC520 in 4.1.4.2 und in der Anweisung für ortsbewegliche Tanks T23 in 4.2.5.2.6 aufgeführten Zubereitungen dürfen, gegebenenfalls mit denselben Kontroll- und Notfalltemperaturen, auch gemäß 4.1.4.1 Verpackungsanweisung P520 Verpackungsmethode OP8 verpackt befördert werden.

Bemerkung: *Die in dieser Tabelle enthaltene Zuordnung bezieht sich auf den technisch reinen Stoff (es sei denn, es ist eine Konzentration unter 100 % angegeben). Für andere Konzentrationen kann der Stoff unter Berücksichtigung der Verfahren in 2.4.2.3.3 und 2.4.2.3.4 abweichend zugeordnet werden.*

UN-Nummer (Gattungseintragung)	SELBSTZERSETZLICHER STOFF	Konzentration (%)	Verpackungsmethode	Kontrolltemperatur (°C)	Notfalltemperatur (°C)	Bemerkungen
3222	2-DIAZO-1-NAPHTHOL-4-SULFONYL-CHLORID	100	OP5			(2)
	2-DIAZO-1-NAPHTHOL-5-SULFONYL-CHLORID	100	OP5			(2)
3223	SELBSTZERSETZLICHER STOFF, FLÜSSIG, MUSTER		OP2			(8)
3224	AZODICARBONAMID, ZUBEREITUNG TYP C	< 100	OP6			(3)
	2,2'-AZODI-(ISOBUTYRONITRIL), als Paste auf Wasserbasis	≥ 50	OP6			
	N,N'-DINITROSO-N,N'-DIMETHYLTERE-PHTHALAMID, als Paste	72	OP6			
	N,N'-DINITROSOPENTAMETHYLEN-TETRAMIN	82	OP6			(7)
	SELBSTZERSETZLICHER STOFF, FEST, MUSTER		OP2			(8)

2.4.2.3.2.3 (Forts.)

UN-Nummer (Gattungseintragung)	SELBSTZERSETZLICHER STOFF	Konzentration (%)	Verpackungsmethode	Kontrolltemperatur (°C)	Notfalltemperatur (°C)	Bemerkungen
3226	AZODICARBONAMID, ZUBEREITUNG TYP D	< 100	OP7			(5)
	1,1'-AZODI-(HEXAHYDROBENZONITRIL)	100	OP7			
	BENZEN-1,3-DISULFONYLHYDRAZID, als Paste	52	OP7			
	BENZENSULFONYLHYDRAZID	100	OP7			
	4-(BENZYL(ETHYL)AMINO)-3-ETHOXYBENZENDIAZONIUM-ZINKCHLORID	100	OP7			
	3-CHLOR-4-DIETHYLAMINOBENZENDIAZONIUM-ZINKCHLORID	100	OP7			
	2-DIAZO-1-NAPHTHOLSULFONSÄURE-ESTER, GEMISCH, TYP D	< 100	OP7			(9)
	2,5-DIETHOXY-4-(4-MORPHOLINYL)-BENZENDIAZONIUMSULFAT	100	OP7			
	DIPHENYLOXID-4,4'-DISULFONYLHYDRAZID	100	OP7			
	4-DIPROPYLAMINOBENZENDIAZONIUM-ZINKCHLORID	100	OP7			
	4-METHYLBENZENSULFONYLHYDRAZID	100	OP7			
	NATRIUM-2-DIAZO-1-NAPHTHOL-4-SULFONAT	100	OP7			
	NATRIUM-2-DIAZO-1-NAPHTHOL-5-SULFONAT	100	OP7			
3227	THIOPHOSPHORSÄURE-O-[(CYANOPHENYLMETHYLEN)-AZANYL]-O,O-DIETHYLESTER	82–91 (Z-Isomer)	OP8			(10)
3228	ACETON-PYROGALLOL-COPOLYMER-2-DIAZO-1-NAPHTHOL-5-SULFONAT	100	OP8			
	2,5-DIBUTOXY-4-(4-MORPHOLINYL)-BENZENDIAZONIUM, TETRACHLORZINKAT (2:1)	100	OP8			
	4-(DIMETHYLAMINO)-BENZENDIAZONIUM-TRICHLORZINKAT (-1)	100	OP8			
3232	AZODICARBONAMID, ZUBEREITUNG TYP B, TEMPERATURKONTROLLIERT	< 100	OP5			(1) (2)
3233	SELBSTZERSETZLICHER STOFF, FLÜSSIG, MUSTER, TEMPERATURKONTROLLIERT		OP2			(8)
3234	AZODICARBONAMID, ZUBEREITUNG TYP C, TEMPERATURKONTROLLIERT	< 100	OP6			(4)
	2,2'-AZODI-(ISOBUTYRONITRIL)	100	OP6	+40	+45	
	3-METHYL-4-(PYRROLIDIN-1-YL)-BENZENDIAZONIUM-TETRAFLUOROBORAT	95	OP6	+45	+50	
	SELBSTZERSETZLICHER STOFF, FEST, MUSTER, TEMPERATURKONTROLLIERT		OP2			(8)
	TETRAMINOPALLADIUM-(II)-NITRAT	100	OP6	+30	+35	
3235	2,2'-AZODI-(ETHYL-2-METHYLPROPIONAT)	100	OP7	+20	+25	

2.4.2.3.2.3 (Forts.)

UN-Nummer (Gattungseintragung)	SELBSTZERSETZLICHER STOFF	Konzentration (%)	Verpackungsmethode	Kontrolltemperatur (°C)	Notfalltemperatur (°C)	Bemerkungen
3236	AZODICARBONAMID, ZUBEREITUNG TYP D, TEMPERATURKONTROLLIERT	< 100	OP7			(6)
	2,2'-AZODI-(2,4-DIMETHYL-4-METHOXY-VALERONITRIL)	100	OP7	-5	+5	
	2,2'-AZODI-(2,4-DIMETHYLVALERONITRIL)	100	OP7	+10	+15	
	2,2'-AZODI-(2-METHYLBUTYRONITRIL)	100	OP7	+35	+40	
	4-(BENZYL(METHYL)AMINO)-3-ETHOXY-BENZENDIAZONIUM-ZINKCHLORID	100	OP7	+40	+45	
	2,5-DIETHOXY-4-MORPHOLINOBENZENDI-AZONIUM-TETRAFLUOROBORAT	100	OP7	+30	+35	
	2,5-DIETHOXY-4-MORPHOLINOBENZENDI-AZONIUM-ZINKCHLORID	67–100	OP7	+35	+40	
	2,5-DIETHOXY-4-MORPHOLINOBENZENDI-AZONIUM-ZINKCHLORID	66	OP7	+40	+45	
	2,5-DIETHOXY-4-(PHENYLSULFONYL)-BENZENDIAZONIUM-ZINKCHLORID	67	OP7	+40	+45	
	2,5-DIMETHOXY-4-(4-METHYLPHENYLSUL-FONYL)-BENZENDIAZONIUM-ZINKCHLO-RID	79	OP7	+40	+45	
	4-DIMETHYLAMINO-6-(2-DIMETHYLAMI-NOETHOXY)-TOLUEN-2-DIAZONIUM-ZINK-CHLORID	100	OP7	+40	+45	
	2-(N,N-ETHOXYCARBONYLPHENYLAMI-NO)-3-METHOXY-4-(N-METHYL-N-CYCLO-HEXYLAMINO)-BENZENDIAZONIUM-ZINK-CHLORID	63–92	OP7	+40	+45	
	2-(N,N-ETHOXYCARBONYLPHENYLAMI-NO)-3-METHOXY-4-(N-METHYL-N-CYCLO-HEXYLAMINO)-BENZENDIAZONIUM-ZINK-CHLORID	62	OP7	+35	+40	
	N-FORMYL-2-(NITROMETHYLEN)-1,3-PER-HYDROTHIAZIN	100	OP7	+45	+50	
	2-(2-HYDROXYETHOXY)-1-(PYRROLIDIN-1-YL)-BENZEN-4-DIAZONIUM-ZINKCHLO-RID	100	OP7	+45	+50	
	3-(2-HYDROXYETHOXY)-4-(PYRROLIDIN-1-YL)-BENZENDIAZONIUM-ZINKCHLORID	100	OP7	+40	+45	
	2-(N,N-METHYLAMINOETHYLCARBONYL)-4-(3,4-DIMETHYLPHENYLSULFONYL)-BEN-ZENDIAZONIUM-HYDROGENSULFAT	96	OP7	+45	+50	
	4-NITROSOPHENOL	100	OP7	+35	+40	
3237	DIETHYLENGLYCOL-BIS-(ALLYLCARBONAT) + DIISOPROPYLPEROXYDICARBONAT	≥ 88 + ≤ 12	OP8	-10	0	

Bemerkungen:

(1) Azodicarbonamid-Zubereitungen, die die Kriterien nach 2.4.2.3.3.2.2 erfüllen. Die Kontrolltemperatur und die Notfalltemperatur sind anhand des Verfahrens in 7.3.7.2 zu bestimmen.

(2) Zusatzgefahrzettel „EXPLOSIV" erforderlich (Muster 1, siehe 5.2.2.2.2).

(3) Azodicarbonamid-Zubereitungen, die die Kriterien nach 2.4.2.3.3.2.3 erfüllen.

2.4.2.3.2.3 (Forts.)

(4) *Azodicarbonamid-Zubereitungen, die die Kriterien nach 2.4.2.3.3.2.3 erfüllen. Die Kontrolltemperatur und die Notfalltemperatur sind anhand des Verfahrens in 7.3.7.2 zu bestimmen.*

(5) *Azodicarbonamid-Zubereitungen, die die Kriterien nach 2.4.2.3.3.2.4 erfüllen.*

(6) *Azodicarbonamid-Zubereitungen, die die Kriterien nach 2.4.2.3.3.2.4 erfüllen. Die Kontrolltemperatur und die Notfalltemperatur sind anhand des Verfahrens in 7.3.7.2 zu bestimmen.*

(7) *Mit einem verträglichen Verdünnungsmittel mit einem Siedepunkt von mindestens 150 °C.*

(8) *Siehe 2.4.2.3.2.4.2.*

(9) *Diese Eintragung bezieht sich auf Gemische von 2-Diazo-1-naphthol-4-sulfonsäureester und 2-Diazo-1-naphthol-5-sulfonsäureester, die die Kriterien von 2.4.2.3.3.2.4 erfüllen.*

(10) *Diese Eintragung gilt für das technische Gemisch in n-Butanol mit den angegebenen Konzentrationsgrenzwerten des (Z-)Isomers.*

2.4.2.3.2.4 [Zuordnung anderer Stoffe]

→ *D: GGVSee § 12*

Die Klassifizierung selbstzersetzlicher Stoffe, die nicht in 2.4.2.3.2.3, Verpackungsanweisung IBC520 oder Anweisung für ortsbewegliche Tanks T23 aufgeführt sind, sowie ihre Zuordnung zu einer Gattungseintragung müssen durch die zuständige Behörde des Ursprungslandes auf der Grundlage eines Prüfberichts vorgenommen werden. Die für die Klassifizierung dieser Stoffe geltenden Grundsätze sind in 2.4.2.3.3 aufgeführt. Die anwendbaren Klassifizierungsverfahren, Prüfverfahren und -kriterien sowie ein Beispiel für einen geeigneten Prüfbericht sind im Handbuch Prüfungen und Kriterien, Teil II enthalten. In dem Zulassungsbescheid müssen die Zuordnung und die zutreffenden Beförderungsbedingungen angegeben sein.

.1 Aktivatoren wie Zinkverbindungen dürfen einigen selbstzersetzlichen Stoffen zugesetzt werden, um deren Reaktionsfähigkeit zu verändern. Je nach Typ und Konzentration des Aktivators kann dies eine Verringerung der thermischen Stabilität und eine Änderung der explosiven Eigenschaften bewirken. Wird eine dieser Eigenschaften verändert, muss die neue Zubereitung nach diesem Zuordnungsverfahren bewertet werden.

.2 Muster von selbstzersetzlichen Stoffen oder Zubereitungen selbstzersetzlicher Stoffe, die in 2.4.2.3.2.3 nicht aufgeführt sind, für die keine vollständigen Prüfdaten vorliegen und die für die Durchführung weiterer Prüfungen oder Bewertungen befördert werden sollen, können einer der geeigneten Eintragungen für selbstzersetzliche Stoffe Typ C zugeordnet werden, vorausgesetzt die folgenden Bedingungen sind erfüllt:

  .1 aus den verfügbaren Daten geht hervor, dass das Muster nicht gefährlicher ist als ein selbstzersetzlicher Stoff Typ B;

  .2 das Muster ist gemäß Verpackungsmethode OP2 (siehe anzuwendende Verpackungsvorschrift) verpackt und die Menge ist auf 10 kg je Güterbeförderungseinheit beschränkt und

  .3 aus den verfügbaren Daten geht hervor, dass die Kontrolltemperatur, sofern sie aufgeführt ist, niedrig genug ist, so dass eine gefährliche Zersetzung ausgeschlossen ist, und hoch genug ist, so dass eine gefährliche Phasentrennung ausgeschlossen ist.

2.4.2.3.3 Grundsätze für die Klassifizierung selbstzersetzlicher Stoffe

Bemerkung: *Dieser Abschnitt bezieht sich nur auf jene Eigenschaften selbstzersetzlicher Stoffe, die für ihre Zuordnung maßgebend sind. Ein Fließdiagramm, das die Zuordnungsgrundsätze in Form eines graphisch angeordneten Schemas von Fragen bezüglich der maßgebenden Eigenschaften zusammen mit den möglichen Antworten darstellt, ist in der Abbildung 2.4.1 im Kapitel 2.4 der „Recommendations on the Transport of Dangerous Goods“ der Vereinten Nationen wiedergegeben. Diese Eigenschaften werden experimentell bestimmt. Geeignete Prüfverfahren mit den zugehörigen Bewertungskriterien sind in Teil II des Handbuchs Prüfungen und Kriterien enthalten.*

2.4.2.3.3.1 [Begriffsbestimmung explosionsfähig]

Ein selbstzersetzlicher Stoff gilt als explosionsfähig, wenn die Zubereitung im Laborversuch detonieren, schnell deflagrieren oder beim Erhitzen unter Einschluss heftige Reaktionen zeigen kann.

2.4.2.3.3.2 [Klassifizierungsgrundsätze]

Für die Klassifizierung selbstzersetzlicher Stoffe, die in 2.4.2.3.2.3 nicht aufgeführt sind, gelten die folgenden Grundsätze:

.1 Jeder Stoff, der, versandfertig verpackt, detonieren oder schnell deflagrieren kann, darf nach den Vorschriften für selbstzersetzliche Stoffe der Klasse 4.1 in dieser Verpackung nicht zur Beförderung zugelassen werden (bezeichnet als SELBSTZERSETZLICHER STOFF TYP A). 2.4.2.3.3.2 (Forts.)

.2 Jeder Stoff, der explosionsfähig ist und der, versandfertig verpackt, weder detoniert noch schnell deflagriert, der jedoch in dieser Verpackung zu einer thermischen Explosion fähig ist, muss außerdem mit dem Zusatzgefahrzettel für explosive Stoffe (Muster 1, siehe 5.2.2.2.2) versehen werden. Dieser Stoff kann in Mengen bis zu 25 kg verpackt werden, sofern die Höchstmenge nicht verringert werden muss, um eine Detonation oder schnelle Deflagration in dem Versandstück auszuschließen (bezeichnet als SELBSTZERSETZLICHER STOFF TYP B).

.3 Jeder Stoff, der explosionsfähig ist, darf ohne den Zusatzgefahrzettel für explosive Stoffe befördert werden, wenn der Stoff, versandfertig verpackt (höchstens 50 kg), weder detonieren noch schnell deflagrieren kann und nicht zu einer thermischen Explosion fähig ist (bezeichnet als SELBSTZERSETZLICHER STOFF TYP C).

.4 Jeder Stoff, der im Laborversuch:

  .1 teilweise detoniert, nicht schnell deflagriert und beim Erhitzen unter Einschluss keine heftigen Reaktionen zeigt,

  .2 nicht detoniert, nur langsam deflagriert und beim Erhitzen unter Einschluss keine heftigen Reaktionen zeigt,

  .3 nicht detoniert oder deflagriert und beim Erhitzen unter Einschluss nur mäßige Reaktionen zeigt,

  darf in Versandstücken mit einer Nettomasse von höchstens 50 kg zur Beförderung zugelassen werden (bezeichnet als SELBSTZERSETZLICHER STOFF TYP D).

.5 Jeder Stoff, der im Laborversuch weder detoniert noch deflagriert und beim Erhitzen unter Einschluss nur geringe oder keine Reaktionen zeigt, darf in Versandstücken von höchstens 400 kg/450 Liter zur Beförderung zugelassen werden (bezeichnet als SELBSTZERSETZLICHER STOFF TYP E).

.6 Jeder Stoff, der im Laborversuch weder im kavitierten Zustand detoniert noch deflagriert und beim Erhitzen unter Einschluss nur geringe oder keine Reaktionen sowie eine nur geringe oder keine Sprengwirkung zeigt, darf für die Beförderung in IBC in Betracht gezogen werden (bezeichnet als SELBSTZERSETZLICHER STOFF TYP F) (zusätzliche Vorschriften siehe 4.1.7.2.2).

.7 Jeder Stoff, der im Laborversuch weder im kavitierten Zustand detoniert noch deflagriert und beim Erhitzen unter Einschluss keine Reaktionen sowie keine Sprengwirkung zeigt, muss von der Einstufung als selbstzersetzlicher Stoff der Klasse 4.1 ausgenommen werden, vorausgesetzt die Zubereitung ist thermisch stabil (Temperatur der selbstbeschleunigenden Zersetzung 60 °C bis 75 °C bei einem Versandstück von 50 kg) und etwa zugesetzte Verdünnungsmittel entsprechen den Vorschriften in 2.4.2.3.5 (bezeichnet als SELBSTZERSETZLICHER STOFF TYP G). Ist die Zubereitung nicht thermisch stabil oder ist zur Desensibilisierung ein verträgliches Verdünnungsmittel mit einem Siedepunkt unter 150 °C verwendet worden, muss der Stoff als SELBSTZERSETZLICHER FLÜSSIGER STOFF/SELBSTZERSETZLICHER FESTER STOFF TYP F eingestuft werden.

Vorschriften über die Temperaturkontrolle 2.4.2.3.4

[Voraussetzungen] 2.4.2.3.4.1

Selbstzersetzliche Stoffe unterliegen der Temperaturkontrolle bei der Beförderung, wenn ihre Temperatur der selbstbeschleunigenden Zersetzung (SADT) gleich 55 °C ist oder darunter liegt. Für die bereits eingestuften selbstzersetzlichen Stoffe sind die Kontroll- und Notfalltemperaturen in 2.4.2.3.2.3 aufgeführt. Prüfverfahren für die Bestimmung der SADT sind im Teil II, Kapitel 28 des Handbuchs Prüfungen und Kriterien beschrieben. Die ausgewählte Prüfung muss so durchgeführt werden, dass sie für das zu befördernde Versandstück sowohl hinsichtlich der Größe als auch des Werkstoffs repräsentativ ist. Die Vorschriften über die Temperaturkontrolle sind in Kapitel 7.3.7 enthalten.

Desensibilisierung selbstzersetzlicher Stoffe 2.4.2.3.5

[Verdünnungsmittel] 2.4.2.3.5.1

Damit eine sichere Beförderung selbstzersetzlicher Stoffe gewährleistet ist, können sie durch ein Verdünnungsmittel desensibilisiert werden. Wird ein Verdünnungsmittel verwendet, muss der selbstzersetzliche Stoff zusammen mit dem Verdünnungsmittel in der bei der Beförderung verwendeten Konzentration und Form geprüft werden.

2.4.2.3.5.2 **[Verbotene Verdünnungsmittel]**

Verdünnungsmittel, bei denen es möglich ist, dass beim Austreten eines selbstzersetzlichen Stoffes aus einer Verpackung eine gefährliche Konzentration dieses Stoffes entstehen kann, dürfen nicht verwendet werden.

2.4.2.3.5.3 **[Verdünnungsmittel-Verträglichkeit]**

Das Verdünnungsmittel muss mit dem selbstzersetzlichen Stoff verträglich sein. Verträgliche Verdünnungsmittel sind feste oder flüssige Stoffe, die keine nachteiligen Auswirkungen auf die thermische Stabilität und die Art der Gefahr des selbstzersetzlichen Stoffes haben.

2.4.2.3.5.4 **[Flüssige Verdünnungsmittel]**

Flüssige Verdünnungsmittel in flüssigen Zubereitungen, die eine Temperaturkontrolle erfordern, müssen einen Siedepunkt von mindestens 60 °C und einen Flammpunkt von mindestens 5 °C aufweisen. Der Siedepunkt der Flüssigkeit muss um mindestens 50 °C höher sein als die Kontrolltemperatur des selbstzersetzlichen Stoffes (siehe 7.3.7.2).

2.4.2.4 Klasse 4.1 Desensibilisierte explosive feste Stoffe

2.4.2.4.1 Begriffsbestimmungen und Eigenschaften

2.4.2.4.1.1 **[Begriffsbestimmung]**

Desensibilisierte explosive feste Stoffe sind explosive Stoffe, die mit Wasser oder Alkoholen angefeuchtet oder mit anderen Stoffen verdünnt sind, so dass sie eine homogene feste Mischung bilden und ihre Explosionsfähigkeit unterdrückt wird. Das Desensibilisierungsmittel muss in dem Stoff in dem Zustand, in dem er befördert werden soll, gleichmäßig verteilt sein. Wenn eine Beförderung von wasserhaltigen oder mit Wasser befeuchteten Stoffen bei niedriger Temperatur vorherzusehen ist, kann der Zusatz eines geeigneten und verträglichen Lösemittels wie Alkohol erforderlich sein, um den Gefrierpunkt der Flüssigkeit herabzusetzen. Einige dieser Stoffe werden in trockenem Zustand als explosive Stoffe eingestuft. Ist für einen Stoff vorgeschrieben, dass er mit Wasser oder einer anderen Flüssigkeit befeuchtet sein muss, darf er als Stoff der Klasse 4.1 nur im befeuchteten Zustand, wie vorgeschrieben, befördert werden. Um desensibilisierte explosive feste Stoffe handelt es sich bei den folgenden Eintragungen in der Gefahrgutliste im Kapitel 3.2: UN 1310, UN 1320, UN 1321, UN 1322, UN 1336, UN 1337, UN 1344, UN 1347, UN 1348, UN 1349, UN 1354, UN 1355, UN 1356, UN 1357, UN 1517, UN 1571, UN 2555, UN 2556, UN 2557, UN 2852, UN 2907, UN 3317, UN 3319, UN 3344, UN 3364, UN 3365, UN 3366, UN 3367, UN 3368, UN 3369, UN 3370, UN 3376, UN 3380 und UN 3474.

2.4.2.4.2 **[Abgrenzung Klasse 1]**

Stoffe, die:

.1 aufgrund der Prüfreihen 1 und 2 vorläufig der Klasse 1 zugeordnet wurden, jedoch aufgrund der Prüfreihe 6 von der Klasse 1 ausgenommen wurden,

.2 keine selbstzersetzlichen Stoffe der Klasse 4.1 sind,

.3 keine Stoffe der Klasse 5 sind,

werden ebenfalls der Klasse 4.1 zugeordnet; bei den UN-Nummern 2956, 3241, 3242 und 3251 handelt es sich um solche Eintragungen.

2.4.2.5 Klasse 4.1 Polymerisierende Stoffe und Gemische (stabilisiert)

2.4.2.5.1 Begriffsbestimmungen und Eigenschaften

Polymerisierende Stoffe sind Stoffe, die ohne Stabilisierung eine stark exotherme Reaktion eingehen können, die unter normalen Beförderungsbedingungen zur Bildung größerer Moleküle oder zur Bildung von Polymeren führt. Solche Stoffe gelten als polymerisierende Stoffe der Klasse 4.1, wenn:

.1 ihre Temperatur der selbstbeschleunigenden Polymerisation (SAPT) unter den Bedingungen (mit oder ohne chemische Stabilisierung bei der Übergabe zur Beförderung) und in den Verpackungen, Großpackmitteln (IBC) oder ortsbeweglichen Tanks, in denen der Stoff oder das Gemisch befördert wird, höchstens 75 °C beträgt,

.2 sie eine Reaktionswärme von mehr als 300 J/g aufweisen und 2.4.2.5.1 (Forts.)

.3 sie keine anderen Kriterien für eine Zuordnung zu den Klassen 1 bis 8 erfüllen.

Ein Gemisch, das die Kriterien eines polymerisierenden Stoffes erfüllt, ist als polymerisierender Stoff der Klasse 4.1 zu klassifizieren.

[Temperaturkontrolle] 2.4.2.5.2

Polymerisierende Stoffe unterliegen während der Beförderung einer Temperaturkontrolle, wenn ihre Temperatur der selbstbeschleunigenden Polymerisation (SAPT)

.1 bei der Übergabe zur Beförderung in Verpackungen oder Großpackmitteln (IBC) in der Verpackung oder dem Großpackmittel (IBC), in der/dem der Stoff befördert wird, höchstens 50 °C beträgt oder

.2 bei der Übergabe zur Beförderung in einem ortsbeweglichen Tanks in dem ortsbeweglichen Tank, in dem der Stoff befördert wird, höchstens 45 °C beträgt.

Bemerkung: *Stoffe, die den Kriterien eines polymerisierenden Stoffes und darüber hinaus den Kriterien für eine Aufnahme in die Klassen 1 bis 8 entsprechen, unterliegen den Vorschriften der Sondervorschrift 386 des Kapitels 3.3.*

Klasse 4.2 – Selbstentzündliche Stoffe 2.4.3

Begriffsbestimmungen und Eigenschaften 2.4.3.1

[Zugeordnete Güter] 2.4.3.1.1

Die Klasse 4.2 umfasst:

.1 *Pyrophore Stoffe* – Stoffe, einschließlich Mischungen und Lösungen (flüssig oder fest), die sich schon in kleinen Mengen innerhalb von 5 Minuten entzünden, nachdem sie mit Luft in Berührung gekommen sind. Diese Stoffe neigen am stärksten zur Selbstentzündung.

.2 *Selbsterhitzungsfähige Stoffe* – Stoffe außer pyrophoren Stoffen, die bei Berührung mit Luft ohne Energiezufuhr sich selbst erhitzen können. Diese Stoffe können sich nur in großen Mengen (mehrere Kilogramm) und nach einem längeren Zeitraum (Stunden oder Tage) entzünden und werden als selbsterhitzungsfähige Stoffe bezeichnet.

[Selbsterhitzung] 2.4.3.1.2

Die Selbsterhitzung eines Stoffes ist ein Prozess, bei dem die fortschreitende Reaktion dieses Stoffes mit Sauerstoff (in der Luft) Wärme erzeugt. Übersteigt die Geschwindigkeit der Wärmeerzeugung die Geschwindigkeit des Wärmeverlustes, so steigt die Temperatur des Stoffes an; dies kann nach einer Induktionszeit zur Selbstentzündung und Verbrennung führen.

[Giftgefahr] 2.4.3.1.3

Einige Stoffe können unter Feuereinwirkung auch giftige Stoffe abgeben.

Zuordnung von Stoffen der Klasse 4.2 2.4.3.2

[Begriffsbestimmung Feststoffe] 2.4.3.2.1

Feste Stoffe gelten als pyrophore feste Stoffe, die der Klasse 4.2 zugeordnet werden müssen, wenn sich das Prüfmuster bei einer der nach dem Prüfverfahren in Teil III, 33.3.1.4 des Handbuchs Prüfungen und Kriterien durchgeführten Prüfungen entzündet.

[Begriffsbestimmung Flüssigkeiten] 2.4.3.2.2

Flüssige Stoffe gelten als pyrophore flüssige Stoffe, die der Klasse 4.2 zugeordnet werden müssen, wenn sich der flüssige Stoff bei den nach dem Prüfverfahren in Teil III, 33.3.1.5 des Handbuchs Prüfungen und Kriterien durchgeführten Prüfungen im ersten Teil der Prüfung entzündet oder wenn er sich entzündet oder das Filterpapier schwärzt.

Selbsterhitzungsfähige Stoffe 2.4.3.2.3

[Prüfverfahren] 2.4.3.2.3.1

Ein Stoff muss als selbsterhitzungsfähiger Stoff der Klasse 4.2 eingestuft werden, wenn bei den nach dem Prüfverfahren in Teil III, 33.3.1.6 des Handbuchs Prüfungen und Kriterien durchgeführten Prüfungen:

2.4.3.2.3.1 (Forts.)

.1 unter Verwendung eines kubischen Prüfmusters von 2,5 cm Kantenlänge bei 140 °C ein positives Ergebnis erzielt wird;

.2 unter Verwendung eines kubischen Prüfmusters von 10 cm Kantenlänge bei 140 °C ein positives Ergebnis erzielt wird und unter Verwendung eines kubischen Prüfmusters von 10 cm Kantenlänge bei 120 °C ein negatives Ergebnis erzielt wird und der Stoff in Versandstücken mit einem Fassungsraum von mehr als 3 m^3 befördert werden soll;

.3 unter Verwendung eines kubischen Prüfmusters von 10 cm Kantenlänge bei 140 °C ein positives Ergebnis erzielt wird und unter Verwendung eines kubischen Prüfmusters von 10 cm Kantenlänge bei 100 °C ein negatives Ergebnis erzielt wird und der Stoff in Versandstücken mit einem Fassungsraum von mehr als 450 L befördert werden soll;

.4 unter Verwendung eines kubischen Prüfmusters von 10 cm Kantenlänge bei 140 °C ein positives Ergebnis erzielt wird und unter Verwendung eines kubischen Prüfmusters von 10 cm Kantenlänge bei 100 °C ein positives Ergebnis erzielt wird.

Bemerkung: *Selbstzersetzliche Stoffe, ausgenommen Typ G, bei denen mit diesem Prüfverfahren ebenfalls ein positives Ergebnis erzielt wird, müssen nicht der Klasse 4.2, sondern der Klasse 4.1 zugeordnet werden (siehe 2.4.2.3.1.1).*

2.4.3.2.3.2 [Ausschlusskriterien]

Ein Stoff braucht nicht der Klasse 4.2 zugeordnet zu werden, wenn:

.1 bei einer Prüfung unter Verwendung eines kubischen Prüfmusters von 10 cm Kantenlänge bei 140 °C ein negatives Ergebnis erzielt wird;

.2 bei einer Prüfung unter Verwendung eines kubischen Prüfmusters von 10 cm Kantenlänge bei 140 °C ein positives Ergebnis erzielt wird und bei einer Prüfung unter Verwendung eines kubischen Prüfmusters von 2,5 cm Kantenlänge bei 140 °C ein negatives Ergebnis erzielt wird, bei einer Prüfung unter Verwendung eines kubischen Prüfmusters von 10 cm Kantenlänge bei 120 °C ein negatives Ergebnis erzielt wird und der Stoff in Versandstücken mit einem Fassungsraum von höchstens 3 m^3 befördert werden soll;

.3 bei einer Prüfung unter Verwendung eines kubischen Prüfmusters von 10 cm Kantenlänge bei 140 °C ein positives Ergebnis erzielt wird und bei einer Prüfung unter Verwendung eines kubischen Prüfmusters von 2,5 cm Kantenlänge bei 140 °C ein negatives Ergebnis erzielt wird, bei einer Prüfung unter Verwendung eines kubischen Prüfmusters von 10 cm Kantenlänge bei 100 °C ein negatives Ergebnis erzielt wird und der Stoff in Versandstücken mit einem Fassungsraum von höchstens 450 L befördert werden soll.

2.4.3.3 Zuordnung von Verpackungsgruppen

2.4.3.3.1 [Verpackungsgruppe I]

Allen pyrophoren festen und flüssigen Stoffen muss die Verpackungsgruppe I zugeordnet werden.

2.4.3.3.2 [Verpackungsgruppe II]

Selbsterhitzungsfähigen Stoffen, bei denen bei einer Prüfung unter Verwendung eines kubischen Prüfmusters von 2,5 cm Kantenlänge bei 140 °C ein positives Ergebnis erzielt wird, muss die Verpackungsgruppe II zugeordnet werden.

2.4.3.3.3 [Verpackungsgruppe III]

Selbsterhitzungsfähigen Stoffen muss die Verpackungsgruppe III zugeordnet werden, wenn:

.1 bei einer Prüfung unter Verwendung eines kubischen Prüfmusters von 10 cm Kantenlänge bei 140 °C ein positives Ergebnis erzielt wird und bei einer Prüfung unter Verwendung eines kubischen Prüfmusters von 2,5 cm Kantenlänge bei 140 °C ein negatives Ergebnis erzielt wird und der Stoff in Versandstücken mit einem Fassungsraum von mehr als 3 m^3 befördert werden soll;

.2 bei einer Prüfung unter Verwendung eines kubischen Prüfmusters von 10 cm Kantenlänge bei 140 °C ein positives Ergebnis erzielt wird und bei einer Prüfung unter Verwendung eines kubischen Prüfmusters von 2,5 cm Kantenlänge bei 140 °C ein negatives Ergebnis erzielt wird, bei einer Prüfung unter Verwendung eines kubischen Prüfmusters von 10 cm Kantenlänge bei 120 °C ein positives Ergebnis erzielt wird und der Stoff in Versandstücken mit einem Fassungsraum von mehr als 450 L befördert werden soll;

.3 bei einer Prüfung unter Verwendung eines kubischen Prüfmusters von 10 cm Kantenlänge bei 140 °C ein positives Ergebnis erzielt wird und bei einer Prüfung unter Verwendung eines kubischen Prüfmusters von 2,5 cm Kantenlänge bei 140 °C ein negatives Ergebnis erzielt wird <u>und</u> bei einer Prüfung unter Verwendung eines kubischen Prüfmusters von 10 cm Kantenlänge bei 100 °C ein positives Ergebnis erzielt wird. 2.4.3.3.3 (Forts.)

Klasse 4.3 – Stoffe, die in Berührung mit Wasser entzündbare Gase entwickeln 2.4.4

Begriffsbestimmungen und Eigenschaften 2.4.4.1

[Begriffsbestimmung] 2.4.4.1.1

Im Sinne dieses Code sind die Stoffe dieser Klasse entweder flüssige Stoffe oder feste Stoffe, die durch Reaktion mit Wasser selbstentzündungsfähig sind oder entzündbare Gase in gefährlichen Mengen entwickeln können.

[Prüfverfahren] 2.4.4.1.2

Einige Stoffe können in Berührung mit Wasser entzündbare Gase abgeben, die mit Luft explosionsfähige Gemische bilden können. Diese Gemische werden durch alle normalen Zündquellen wie z. B. offenes Licht, funkenbildende Werkzeuge und ungeschützte Leuchtmittel leicht entzündet. Die dabei entstehenden Druckwellen und Flammen können Menschen und die Umwelt gefährden. Das in 2.4.4.2 genannte Prüfverfahren wird angewendet, um festzustellen, ob die Reaktion eines Stoffes mit Wasser zur Entwicklung einer gefährlichen Menge von möglicherweise entzündbaren Gasen führt. Dieses Prüfverfahren darf nicht bei pyrophoren Stoffen angewendet werden.

Einstufung von Stoffen der Klasse 4.3 2.4.4.2

[Prüfverfahren] 2.4.4.2.1

Stoffe, die in Berührung mit Wasser entzündbare Gase entwickeln, müssen der Klasse 4.3 zugeordnet werden, wenn bei den nach dem Prüfverfahren in Teil III, 33.4.1 des Handbuchs Prüfungen und Kriterien durchgeführten Prüfungen

.1 in einer beliebigen Phase des Prüfverfahrens eine Entzündung stattfindet oder

.2 die Menge des entwickelten entzündbaren Gases mehr als 1 Liter je Kilogramm des Stoffes je Stunde beträgt.

Zuordnung von Verpackungsgruppen 2.4.4.3

[Verpackungsgruppe I] 2.4.4.3.1

In die Verpackungsgruppe I muss jeder Stoff eingestuft werden, der bei Umgebungstemperaturen heftig mit Wasser reagiert, wobei das entwickelte Gas im Allgemeinen zur Selbstentzündung neigt, oder der bei Umgebungstemperaturen leicht mit Wasser reagiert, wobei die Menge des in einer Minute entwickelten entzündbaren Gases 10 Liter oder mehr je Kilogramm des Stoffes beträgt.

[Verpackungsgruppe II] 2.4.4.3.2

In die Verpackungsgruppe II muss jeder Stoff eingestuft werden, der bei Umgebungstemperaturen leicht mit Wasser reagiert, wobei die größte Menge des je Stunde entwickelten entzündbaren Gases 20 Liter oder mehr je Kilogramm des Stoffes beträgt, und der nicht die Kriterien für die Verpackungsgruppe I erfüllt.

[Verpackungsgruppe III] 2.4.4.3.3

In die Verpackungsgruppe III muss jeder Stoff eingestuft werden, der bei Umgebungstemperaturen langsam mit Wasser reagiert, wobei die größte Menge des je Stunde entwickelten entzündbaren Gases mehr als 1 Liter je Kilogramm des Stoffes beträgt, und der nicht die Kriterien für die Verpackungsgruppen I oder II erfüllt.

Klassifizierung metallorganischer Stoffe 2.4.5

Abhängig von ihren Eigenschaften können metallorganische Stoffe in Übereinstimmung mit dem folgenden dargestellten Flussdiagramm je nach Fall der Klasse 4.2 oder 4.3 zugeordnet werden.

2.4.5 (Forts.)

Flussdiagramm für die Zuordnung metallorganischer Stoffe[1) 2)]

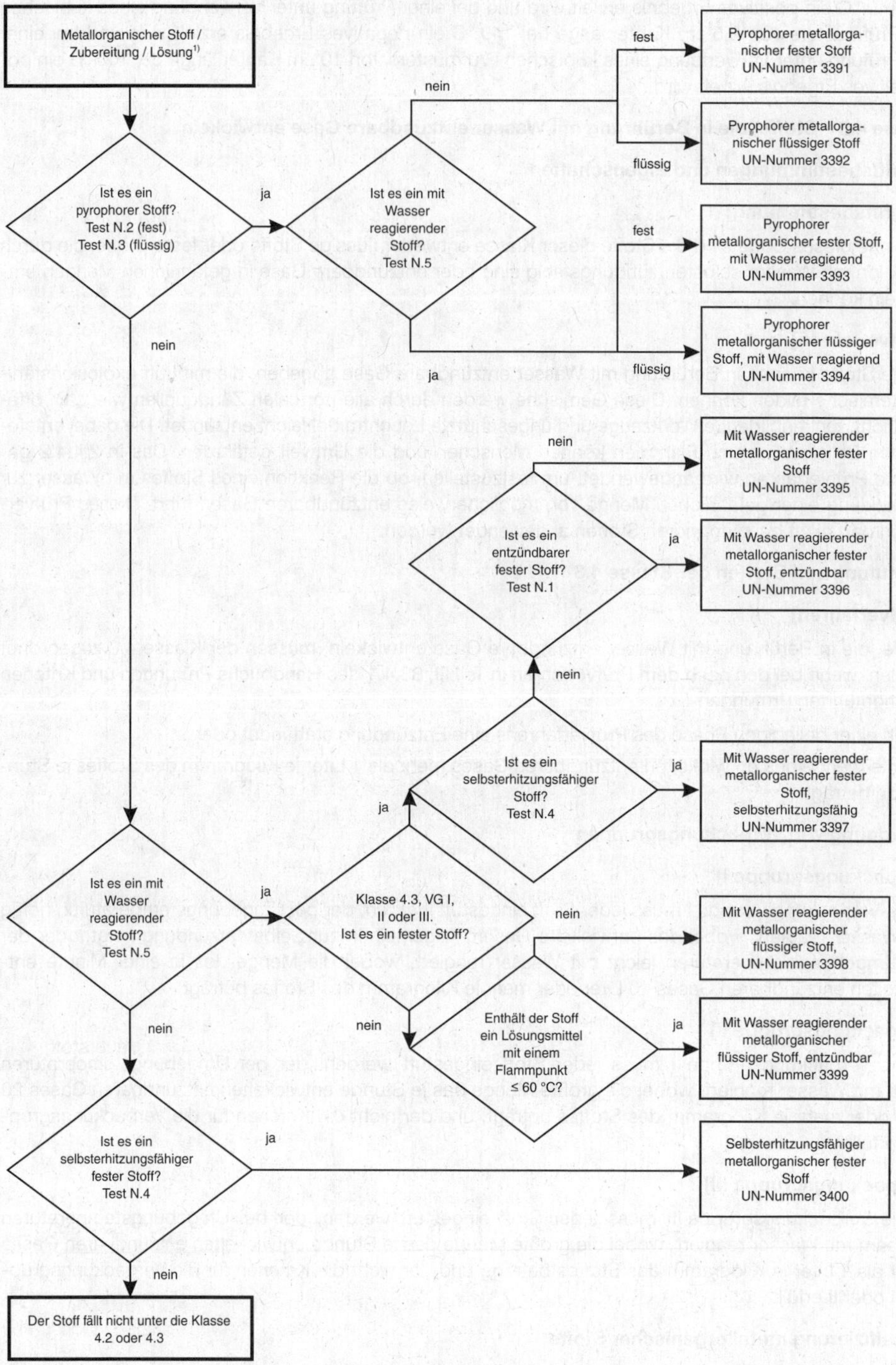

1) Sofern anwendbar und sofern eine Prüfung unter Berücksichtigung der Reaktionseigenschaften angebracht ist, sind die Eigenschaften der Klassen 6.1 und 8 gemäß der Tabelle der überwiegenden Gefahr in 2.0.3.6 zu bestimmen.

2) Die Prüfverfahren N.1 bis N.5 sind im Handbuch Prüfungen und Kriterien, Teil III, Abschnitt 33 enthalten.

Kapitel 2.5
Klasse 5 – Entzündend (oxidierend) wirkende Stoffe und organische Peroxide

→ D: GGVSee § 12

Einleitende Bemerkung 2.5.0

Wegen der unterschiedlichen Eigenschaften der gefährlichen Güter der Klassen 5.1 und 5.2 ist es nicht möglich, für die Zuordnung zu diesen Klassen ein einzelnes Kriterium festzulegen. Dieses Kapitel behandelt die Prüfungen und Kriterien für die Zuordnung zu den beiden Klassen.

Begriffsbestimmungen und allgemeine Vorschriften 2.5.1

Die Klasse 5 ist in diesem Code wie folgt in zwei Klassen unterteilt:

Klasse 5.1 – Entzündend (oxidierend) wirkende Stoffe

Stoffe, die zwar selbst nicht unbedingt brennbar sind, im Allgemeinen aber durch Abgabe von Sauerstoff die Verbrennung anderer Stoffe verursachen oder zu ihrer Verbrennung beitragen können. Diese Stoffe können in einem Gegenstand enthalten sein.

Klasse 5.2 – Organische Peroxide

Organische Stoffe, die die bivalente -O-O-Struktur aufweisen und als Derivate des Wasserstoffperoxids aufgefasst werden können, bei dem ein oder beide Wasserstoffatome durch organische Radikale ersetzt sind. Organische Peroxide sind thermisch instabile Stoffe, die einer exothermen selbstbeschleunigenden Zersetzung unterliegen können. Darüber hinaus können sie eine oder mehrere der folgenden Eigenschaften haben:

- neigen zu explosionsartiger Zersetzung,
- brennen schnell,
- sind gegen Schlag und Reibung empfindlich,
- reagieren gefährlich mit anderen Stoffen,
- führen zur Schädigung der Augen.

Klasse 5.1 – Entzündend (oxidierend) wirkende Stoffe 2.5.2

Bemerkung 1: *Weichen die Prüfergebnisse von den gemachten Erfahrungen ab, muss bei der Klassifizierung von entzündend (oxidierend) wirkenden Stoffen der Klasse 5.1 die Beurteilung unter Zugrundelegung der gemachten Erfahrungen den Vorrang vor den Prüfergebnissen haben.*

Bemerkung 2: *Ausgenommen hiervon sind feste ammoniumnitrathaltige Düngemittel, die in Übereinstimmung mit dem im Handbuch Prüfungen und Kriterien Teil III Abschnitt 39 festgelegten Verfahren klassifiziert werden müssen.*

Eigenschaften 2.5.2.1

[Sauerstoffentwicklung] 2.5.2.1.1

Die Stoffe der Klasse 5.1 entwickeln unter bestimmten Bedingungen direkt oder indirekt Sauerstoff. Aus diesem Grund erhöhen entzündend (oxidierend) wirkende Stoffe die Gefahr und die Heftigkeit eines Brandes brennbarer Stoffe, mit denen sie in Berührung kommen.

[Mischungen mit anderen Stoffen] 2.5.2.1.2

Mischungen von entzündend (oxidierend) wirkenden Stoffen mit brennbaren Stoffen und sogar mit Stoffen wie Zucker, Mehl, Speiseöl, Erdöl usw. sind gefährlich. Diese Mischungen sind leicht entzündbar, manchmal durch Reibung und Schlag. Sie können heftig brennen und eine Explosion verursachen.

[Bildung giftiger Gase] 2.5.2.1.3

Die meisten entzündend (oxidierend) wirkenden Stoffe reagieren heftig mit flüssigen Säuren unter Bildung giftiger Gase. Bei bestimmten entzündend (oxidierend) wirkenden Stoffen können auch unter Feuereinwirkung giftige Gase entstehen.

2.5.2.1.4 [Besondere Eigenschaften]

Die oben genannten Eigenschaften sind im Allgemeinen allen Stoffen dieser Klasse gemeinsam. Darüber hinaus besitzen einige Stoffe besondere Eigenschaften, die bei der Beförderung in Betracht gezogen werden müssen. Diese Eigenschaften sind in der Gefahrgutliste im Kapitel 3.2 aufgeführt.

2.5.2.2 Entzündend (oxidierend) wirkende feste Stoffe

2.5.2.2.1 Klassifizierung fester Stoffe der Klasse 5.1

2.5.2.2.1.1 [Prüfverfahren]

Es werden Prüfungen durchgeführt, um die Fähigkeit des festen Stoffes zur Erhöhung der Verbrennungsgeschwindigkeit oder Verbrennungsintensität eines brennbaren Stoffes zu messen, wenn diese beiden Stoffe gründlich vermischt werden. Das Verfahren ist im Teil III, Unterabschnitt 34.4.1 (Prüfung O.1) oder alternativ Unterabschnitt 34.4.3 (Prüfung O.3) des Handbuchs Prüfungen und Kriterien beschrieben. Prüfungen werden mit dem zu bewertenden Stoff durchgeführt, der mit trockener faseriger Cellulose vermischt wird, wobei das Mischungsverhältnis von Prüfmuster und Cellulose 1:1 und 4:1 (Masseverhältnis) beträgt. Die Brenneigenschaft der Mischungen wird verglichen:

.1 bei der Prüfung O.1 mit derjenigen der Standardmischung von Kaliumbromat und Cellulose im Verhältnis 3:7 (Masseverhältnis). Ist die Brenndauer gleich derjenigen dieser Standardmischung oder ist sie kürzer, muss die Brenndauer mit derjenigen nach den Bezugsnormen für die Verpackungsgruppen I oder II verglichen werden, und zwar im Mischungsverhältnis 3:2 bzw. 2:3 (Masseverhältnis) von Kaliumbromat und Cellulose, oder

.2 bei der Prüfung O.3 mit derjenigen der Standardmischung von Calciumperoxid und Cellulose im Verhältnis 1:2 (Masseverhältnis). Ist die Abbrandgeschwindigkeit gleich derjenigen dieser Standardmischung oder ist sie größer, muss die Abbrandgeschwindigkeit mit derjenigen nach den Bezugsnormen für die Verpackungsgruppen I oder II verglichen werden, und zwar im Mischungsverhältnis 3:1 bzw. 1:1 (Masseverhältnis) von Calciumperoxid und Cellulose.

2.5.2.2.1.2 [Prüfkriterien]

Die Prüfergebnisse für die Einstufung werden bewertet auf der Grundlage:

.1 des Vergleichs der mittleren Brenndauer (für die Prüfung O.1) oder Abbrandgeschwindigkeit (für die Prüfung O.3) mit derjenigen der Bezugsmischungen und

.2 der Feststellung, ob die Stoff/Cellulose-Mischung sich entzündet und brennt.

2.5.2.2.1.3 [Zuordnungsgrundsatz]

Ein fester Stoff wird der Klasse 5.1 zugeordnet, wenn er bei einer Prüfung in einer Mischung mit Cellulose im Verhältnis 4:1 oder 1:1 (Masseverhältnis):

.1 bei der Prüfung O.1 die gleiche mittlere Brenndauer wie eine Kaliumbromat/Cellulose-Mischung von 3:7 (Masseverhältnis) oder eine kürzere mittlere Brenndauer als diese Mischung aufweist; oder

.2 bei der Prüfung O.3 die gleiche mittlere Abbrandgeschwindigkeit wie eine Calciumperoxid/Cellulose-Mischung von 1:2 (Masseverhältnis) oder eine größere mittlere Abbrandgeschwindigkeit als diese Mischung aufweist.

2.5.2.2.2 Zuordnung von Verpackungsgruppen

Feste entzündend (oxidierend) wirkende Stoffe werden nach einem der Prüfverfahren im Teil III, Unterabschnitt 34.4.1 (Prüfung O.1) oder Unterabschnitt 34.4.3 (Prüfung O.3) des Handbuchs Prüfungen und Kriterien entsprechend den folgenden Kriterien einer Verpackungsgruppe zugeordnet:

.1 Prüfung O.1:

  .1 Verpackungsgruppe I: Stoffe, die bei einer Prüfung in einer Mischung mit Cellulose von 4:1 oder 1:1 (Masseverhältnis) eine kürzere mittlere Brenndauer als eine Mischung Kaliumbromat/Cellulose von 3:2 (Masseverhältnis) aufweisen;

  .2 Verpackungsgruppe II: Stoffe, die bei einer Prüfung in einer Mischung mit Cellulose von 4:1 oder 1:1 (Masseverhältnis) die gleiche mittlere Brenndauer wie eine Mischung Kaliumbromat/Cellulose von 2:3 (Masseverhältnis) oder eine kürzere mittlere Brenndauer als diese Mischung aufweisen und nicht die Kriterien für die Verpackungsgruppe I erfüllen;

.3 Verpackungsgruppe III: Stoffe, die bei einer Prüfung in einer Mischung mit Cellulose von 4:1 oder 1:1 (Masseverhältnis) die gleiche mittlere Brenndauer wie eine Mischung Kaliumbromat/Cellulose von 3:7 (Masseverhältnis) oder eine kürzere mittlere Brenndauer als diese Mischung aufweisen und nicht die Kriterien für die Verpackungsgruppen I und II erfüllen; 2.5.2.2.2 (Forts.)

.4 Nicht der Klasse 5.1 zuzuordnen: Stoffe, die sich bei einer Prüfung in einer Mischung mit Cellulose von sowohl 4:1 als auch 1:1 (Masseverhältnis) weder entzünden noch brennen oder eine größere mittlere Brenndauer als eine Mischung Kaliumbromat/Cellulose von 3:7 (Masseverhältnis) aufweisen.

.2 Prüfung O.3:

.1 Verpackungsgruppe I: Stoffe, die bei einer Prüfung in einer Mischung mit Cellulose von 4:1 oder 1:1 (Masseverhältnis) eine größere mittlere Abbrandgeschwindigkeit als eine Mischung Calciumperoxid/Cellulose von 3:1 (Masseverhältnis) aufweisen;

.2 Verpackungsgruppe II: Stoffe, die bei einer Prüfung in einer Mischung mit Cellulose von 4:1 oder 1:1 (Masseverhältnis) die gleiche mittlere Abbrandgeschwindigkeit wie eine Mischung Calciumperoxid/Cellulose von 1:1 (Masseverhältnis) oder eine größere mittlere Abbrandgeschwindigkeit als diese Mischung aufweisen und nicht die Kriterien für die Verpackungsgruppe I erfüllen;

.3 Verpackungsgruppe III: Stoffe, die bei einer Prüfung in einer Mischung mit Cellulose von 4:1 oder 1:1 (Masseverhältnis) die gleiche mittlere Abbrandgeschwindigkeit wie eine Mischung Calciumperoxid/Cellulose von 1:2 (Masseverhältnis) oder eine größere mittlere Abbrandgeschwindigkeit als diese Mischung aufweisen und nicht die Kriterien für die Verpackungsgruppen I und II erfüllen;

.4 Nicht der Klasse 5.1 zuzuordnen: Stoffe, die sich bei einer Prüfung in einer Mischung mit Cellulose von sowohl 4:1 als auch 1:1 (Masseverhältnis) weder entzünden noch brennen oder eine geringere mittlere Abbrandgeschwindigkeit als eine Mischung Calciumperoxid/Cellulose von 1:2 (Masseverhältnis) aufweisen.

Entzündend (oxidierend) wirkende flüssige Stoffe 2.5.2.3

Klassifizierung von flüssigen Stoffen der Klasse 5.1 2.5.2.3.1

[Verpackungsgruppenzuordnung Feststoffe] 2.5.2.3.1.1

Prüfungen werden durchgeführt, um die Fähigkeit eines flüssigen Stoffes zur Erhöhung der Verbrennungsgeschwindigkeit oder Verbrennungsintensität eines brennbaren Stoffes oder zur Selbstentzündung zu messen, wenn diese beiden Stoffe gründlich vermischt werden. Das Verfahren ist im Teil III, 34.4.2 (Prüfung O.2) des Handbuchs Prüfungen und Kriterien beschrieben. Es wird die Zeit des Druckanstiegs während der Verbrennung gemessen. Ob ein flüssiger Stoff ein entzündend (oxidierend) wirkender Stoff der Klasse 5.1 ist und, wenn ja, ob ihm die Verpackungsgruppe I, II oder III zugeordnet werden muss, wird unter Zugrundelegung der Prüfergebnisse entschieden (siehe auch Ermittlung der überwiegenden Gefahr in 2.0.3).

[Prüfkriterien] 2.5.2.3.1.2

Die Prüfergebnisse für die Klassifizierung werden bewertet auf der Grundlage:

.1 der Feststellung, ob die Stoff/Cellulose-Mischung sich selbst entzündet;

.2 des Vergleichs der durchschnittlichen Zeit des Druckanstiegs von 690 kPa auf 2070 kPa mit derjenigen der Bezugsstoffe.

[Zuordnungsgrundsatz] 2.5.2.3.1.3

Ein flüssiger Stoff wird der Klasse 5.1 zugeordnet, wenn er bei einer Prüfung in einer Mischung mit Cellulose von 1:1 (Masseverhältnis) die gleiche mittlere Druckanstiegszeit wie eine Mischung aus 65 %iger Salpetersäure in wässeriger Lösung und Cellulose von 1:1 (Masseverhältnis) oder eine kürzere Druckanstiegszeit als diese Mischung aufweist.

2.5.2.3.2 Zuordnung von Verpackungsgruppen

2.5.2.3.2.1 [Verpackungsgruppenzuordnung Flüssigkeiten]

Entzündend (oxidierend) wirkende flüssige Stoffe werden nach dem Prüfverfahren im Teil III, 34.4.2 des Handbuchs Prüfungen und Kriterien entsprechend den folgenden Kriterien einer Verpackungsgruppe zugeordnet:

.1 Verpackungsgruppe I: Stoffe, die bei einer Prüfung in einer Mischung mit Cellulose von 1:1 (Masseverhältnis) sich selbst entzünden, oder eine kürzere mittlere Druckanstiegszeit aufweisen als eine Mischung aus 50 %iger Perchlorsäure und Cellulose von 1:1 (Masseverhältnis);

.2 Verpackungsgruppe II: Stoffe, die bei einer Prüfung in einer Mischung mit Cellulose von 1:1 (Masseverhältnis) die gleiche mittlere Druckanstiegszeit wie eine Mischung aus 40 %igem Natriumchlorat in wässeriger Lösung und Cellulose von 1:1 (Masseverhältnis) oder eine kürzere mittlere Druckanstiegszeit als diese Mischung aufweisen und nicht die Kriterien für die Verpackungsgruppe I erfüllen;

.3 Verpackungsgruppe III: Stoffe, die bei einer Prüfung in einer Mischung mit Cellulose 1:1 (Masseverhältnis) die gleiche mittlere Druckanstiegszeit wie eine Mischung aus 65 %iger Salpetersäure in wässeriger Lösung und Cellulose von 1:1 (Masseverhältnis) oder eine kürzere mittlere Druckanstiegszeit als diese Mischung aufweisen und nicht die Kriterien für die Verpackungsgruppen I und II erfüllen;

.4 Nicht der Klasse 5.1 zuzuordnen: Stoffe, die bei einer Prüfung in einer Mischung mit Cellulose von 1:1 (Masseverhältnis) einen Druckanstieg von weniger als 2070 kPa oder eine längere mittlere Druckanstiegszeit als eine Mischung aus 65 %iger Salpetersäure in wässeriger Lösung und Cellulose von 1:1 (Masseverhältnis) aufweisen.

2.5.3 Klasse 5.2 – Organische Peroxide

2.5.3.1 Eigenschaften

2.5.3.1.1 [Beschreibung]

Organische Peroxide neigen bei normalen oder höheren Temperaturen zu exothermer Zersetzung. Die Zersetzung kann durch Wärme, Berührung mit Verunreinigungen (z. B. Säuren, Schwermetallverbindungen, Aminen), Reibung und Schlag ausgelöst werden. Die Zersetzungsgeschwindigkeit nimmt mit ansteigenden Temperaturen zu und ist von den Zubereitungen der organischen Peroxide abhängig. Durch die Zersetzung können sich gesundheitsschädliche oder entzündbare Gase oder Dämpfe bilden. Bei bestimmten organischen Peroxiden ist eine Temperaturkontrolle während der Beförderung erforderlich. Einige organische Peroxide können sich, insbesondere unter Einschluss, explosionsartig zersetzen. Diese Eigenschaft lässt sich durch Zusatz von Verdünnungsmitteln oder durch Verwendung geeigneter Verpackungen verändern. Viele organische Peroxide brennen heftig.

2.5.3.1.2 [Sicherheitshinweis]

Die Augen dürfen nicht mit organischen Peroxiden in Berührung kommen. Einige organische Peroxide verursachen schon nach kurzer Berührung schwere Hornhautschäden, oder sie verätzen die Haut.

2.5.3.2 Klassifizierung organischer Peroxide

2.5.3.2.1 [Aktivsauerstoffgehalt]

Alle organischen Peroxide müssen für die Zuordnung zur Klasse 5.2 in Betracht gezogen werden, es sei denn, die Zubereitungen der organischen Peroxide enthalten:

.1 höchstens 1 % aktiven Sauerstoff aus den organischen Peroxiden bei einem Gehalt von höchstens 1 % Wasserstoffperoxid oder

.2 höchstens 0,5 % aktiven Sauerstoff aus den organischen Peroxiden bei einem Gehalt von mehr als 1 %, jedoch höchstens 7 % Wasserstoffperoxid.

Bemerkung: *Der Gehalt einer Zubereitung eines organischen Peroxids an aktivem Sauerstoff (%) wird durch die Formel* 2.5.3.2.1 (Forts.)

$$16 \times \Sigma (n_i \times c_i/m_i)$$

ausgedrückt.

Hierin bedeuten n_i = *die Anzahl der Peroxygruppen je Molekül des organischen Peroxids i,*

c_i = *Konzentration (Masse-%) des organischen Peroxids i,*

m_i = *Molekülmasse des organischen Peroxids i.*

[Typzuordnung] 2.5.3.2.2

Organische Peroxide werden nach dem Grad der von ihnen ausgehenden Gefahr sieben Typen zugeordnet. Diese reichen vom Typ A, der nicht in der Verpackung, in der er geprüft wurde, befördert werden darf, bis zum Typ G, der den Vorschriften für organische Peroxide der Klasse 5.2 nicht unterliegt. Die Zuordnung der Typen B bis F steht in direktem Zusammenhang mit der zulässigen Höchstmenge je Verpackung.

[Klassifizierte Peroxide] 2.5.3.2.3

Bereits klassifizierte organische Peroxide, die bereits zur Beförderung in Verpackungen zugelassen sind, sind in 2.5.3.2.4 aufgeführt, diejenigen, die bereits zur Beförderung in Großpackmitteln (IBC) zugelassen sind, sind in Verpackungsanweisung IBC520 aufgeführt und diejenigen, die bereits zur Beförderung in Tanks zugelassen sind, sind in Anweisung für ortsbewegliche Tanks T23 aufgeführt. Für jeden aufgeführten zugelassenen Stoff ist die Gattungseintragung aus der Gefahrgutliste (UN-Nummern 3101 bis 3120) zugeordnet und sind die entsprechenden Zusatzgefahren und Bemerkungen mit relevanten Informationen für die Beförderung angegeben. Die Gattungseintragungen geben an:

.1 den Typ des organischen Peroxids (B bis F)

.2 den Aggregatzustand (flüssig oder fest) und

.3 die Temperaturkontrolle, sofern erforderlich (siehe 2.5.3.4).

[Mischungen] 2.5.3.2.3.1

Mischungen der aufgeführten Zubereitungen können demselben Typ des organischen Peroxids zugeordnet werden wie die gefährlichste Mischungskomponente, und sie können unter den für diesen Typ geltenden Beförderungsbedingungen befördert werden. Da jedoch zwei stabile Komponenten eine thermisch weniger stabile Mischung ergeben können, müssen die Temperatur der selbstbeschleunigenden Zersetzung (SADT) der Mischung bestimmt werden und, sofern erforderlich, die Temperaturkontrolle gemäß 2.5.3.4 angewendet werden.

Verzeichnis der bereits zugeordneten organischen Peroxide in Verpackungen 2.5.3.2.4

Bemerkung: *Die in der Spalte „Verpackungsmethode" angegebenen Codes „OP1" bis „OP8" verweisen auf die Verpackungsmethoden in Verpackungsanweisung P520. Die zu befördernden organischen Peroxide müssen der angegebenen Klassifizierung und den angegebenen (von der SADT abgeleiteten) Kontroll- und Notfalltemperaturen entsprechen. Für Stoffe, die in Großpackmitteln (IBC) zugelassen sind, siehe Verpackungsanweisung IBC520, und für Stoffe, die in Tanks zugelassen sind, siehe Anweisung für ortsbewegliche Tanks T23. Die in der Verpackungsanweisung IBC520 in 4.1.4.2 und in der Anweisung für ortsbewegliche Tanks T23 in 4.2.5.2.6 aufgeführten Zubereitungen dürfen, gegebenenfalls mit denselben Kontroll- und Notfalltemperaturen, auch gemäß 4.1.4.1 Verpackungsanweisung P520 Verpackungsmethode OP8 verpackt befördert werden.*

2.5.3.2.4 (Forts.)

UN-Nummer (Gattungseintragung)	ORGANISCHES PEROXID	Konzentration (%)	Verdünnungsmittel Typ A (%)	Verdünnungsmittel Typ B (%)[1]	Inerter fester Stoff (%)	Wasser (%)	Verpackungsmethode	Kontrolltemperatur (°C)	Notfalltemperatur (°C)	Zusatzgefahren und Bemerkungen
3101	tert-BUTYLPEROXYACETAT	> 52–77	≥ 23				OP5			(3)
	1,1-DI-(tert-BUTYLPEROXY)-CYCLOHEXAN	> 80–100					OP5			(3)
	1,1-DI-(tert-BUTYLPEROXY)-3,3,5-TRIMETHYLCYCLOHEXAN	> 90–100					OP5			(3)
	2,5-DIMETHYL-2,5-DI-(tert-BUTYLPEROXY)-HEX-3-IN	> 86–100					OP5			(3)
	METHYLETHYLKETONPEROXID(E)	s. Bemerkung (8)	≥ 48				OP5			(3) (8) (13)
3102	tert-BUTYLMONOPEROXYMALEAT	> 52–100					OP5			(3)
	3-CHLORPEROXYBENZOESÄURE	> 57–86			≥ 14		OP1			(3)
	DIBENZOYLPEROXID	> 52–100			≤ 48		OP2			(3)
	DIBENZOYLPEROXID	> 77–94				≥ 6	OP4			(3)
	DIBERNSTEINSÄUREPEROXID	> 72–100					OP4			(3) (17)
	DI-(4-CHLORBENZOYL)-PEROXID	≤ 77				≥ 23	OP5			(3)
	DI-(2,4-DICHLORBENZOYL)-PEROXID	≤ 77				≥ 23	OP5			(3)
	2,2-DIHYDROPEROXYPROPAN	≤ 27			≥ 73		OP5			(3)
	2,5-DIMETHYL-2,5-DI-(BENZOYLPEROXY)-HEXAN	> 82–100					OP5			(3)
	DI-(2-PHENOXYETHYL)-PEROXYDICARBONAT	> 85–100					OP5			(3)
3103	tert-AMYLPEROXYBENZOAT	≤ 100					OP5			
	tert-AMYLPEROXYISOPROPYLCARBONAT	≤ 77	≥ 23				OP5			
	n-BUTYL-4,4-DI-(tert-BUTYLPEROXY)-VALERAT	> 52–100					OP5			
	tert-BUTYLHYDROPEROXID	> 79–90				≥ 10	OP5			(13)
	tert-BUTYLHYDROPEROXID + DI-tert-BUTYLPEROXID	< 82 + > 9				≥ 7	OP5			(13)
	tert-BUTYLMONOPEROXYMALEAT	≤ 52	≥ 48				OP6			
	tert-BUTYLPEROXYACETAT	> 32–52	≥ 48				OP6			
	tert-BUTYLPEROXYBENZOAT	> 77–100					OP5			
	tert-BUTYLPEROXYISOPROPYLCARBONAT	≤ 77	≥ 23				OP5			

2.5.3.2.4 (Forts.)

UN-Nummer (Gattungseintragung)	ORGANISCHES PEROXID	Konzentration (%)	Verdünnungsmittel Typ A (%)	Verdünnungsmittel Typ B (%)[1]	Inerter fester Stoff (%)	Wasser (%)	Verpackungsmethode	Kontrolltemperatur (°C)	Notfalltemperatur (°C)	Zusatzgefahren und Bemerkungen
3103 *(Forts.)*	tert-BUTYLPEROXY-2-METHYLBENZOAT	≤ 100					OP5			
	1,1-DI-(tert-AMYLPEROXY)-CYCLOHEXAN	≤ 82	≥ 18				OP6			
	2,2-DI-(tert-BUTYLPEROXY)-BUTAN	≤ 52	≥ 48				OP6			
	1,6-DI-(tert-BUTYLPEROXYCARBONYLOXY)-HEXAN	≤ 72	≥ 28				OP5			
	1,1-DI-(tert-BUTYLPEROXY)-CYCLOHEXAN	> 52–80	≥ 20				OP5			
	1,1-DI-(tert-BUTYLPEROXY)-CYCLOHEXAN	≤ 72		≥ 28			OP5			(30)
	1,1-DI-(tert-BUTYLPEROXY)-3,3,5-TRIMETHYLCY-CLOHEXAN	≤ 77		≥ 23			OP5			
	1,1-DI-(tert-BUTYLPEROXY)-3,3,5-TRIMETHYLCY-CLOHEXAN	≤ 90		≥ 10			OP5			(30)
	1,1-DI-(tert-BUTYLPEROXY)-3,3,5-TRIMETHYLCY-CLOHEXAN	> 57–90	≥ 10				OP5			
	2,5-DIMETHYL-2,5-DI-(tert-BUTYLPEROXY)-HEXAN	> 90–100					OP5			
	2,5-DIMETHYL-2,5-DI-(tert-BUTYLPEROXY)-HEX-3-IN	> 52–86	≥ 14				OP5			(26)
	ETHYL-3,3-DI-(tert-BUTYLPEROXY)-BUTYRAT	> 77–100					OP5			
	ORGANISCHES PEROXID, FLÜSSIG, MUSTER						OP2			(11)
3104	CYCLOHEXANONPEROXID(E)	≤ 91				≥ 9	OP6			(13)
	DIBENZOYLPEROXID	≤ 77				≥ 23	OP6			
	2,5-DIMETHYL-2,5-DI-(BENZOYLPEROXY)-HEXAN	≤ 82				≥ 18	OP5			
	2,5-DIMETHYL-2-5-DIHYDROPEROXYHEXAN	≤ 82				≥ 18	OP6			
	ORGANISCHES PEROXID, FEST, MUSTER						OP2			(11)
3105	ACETYLACETONPEROXID	≤ 42	≥ 48			≥ 8	OP7			(2)
	tert-AMYLPEROXYACETAT	≤ 62	≥ 38				OP7			
	tert-AMYLPEROXY-2-ETHYLHEXYLCARBONAT	≤ 100					OP7			
	tert-AMYLPEROXY-3,5,5-TRIMETHYLHEXANOAT	≤ 100					OP7			
	tert-BUTYLHYDROPEROXID	≤ 80	≥ 20				OP7			(4) (13)

2.5.3.2.4 (Forts.)

UN-Nummer (Gattungseintragung)	ORGANISCHES PEROXID	Konzentration (%)	Verdünnungsmittel Typ A (%)	Verdünnungsmittel Typ B (%)[1]	Inerter fester Stoff (%)	Wasser (%)	Verpackungsmethode	Kontrolltemperatur (°C)	Notfalltemperatur (°C)	Zusatzgefahren und Bemerkungen
3105 *(Forts.)*	tert-BUTYLPEROXYBENZOAT	> 52–77	≥ 23				OP7			
	tert-BUTYLPEROXYBUTYLFUMARAT	≤ 52	≥ 48				OP7			
	tert-BUTYLPEROXYCROTONAT	≤ 77	≥ 23				OP7			
	tert-BUTYLPEROXY-2-ETHYLHEXYLCARBONAT	≤ 100					OP7			
	1-(2-tert-BUTYLPEROXYISOPROPYL)-3-ISOPROPENYLBENZEN	≤ 77	≥ 23				OP7			
	tert-BUTYLPEROXY-3,5,5-TRIMETHYLHEXANOAT	> 37–100					OP7			
	CYCLOHEXANONPEROXID(E)	≤ 72	≥ 28				OP7			(5)
	2,2-DI-(tert-AMYLPEROXY)-BUTAN	≤ 57	≥ 43				OP7			
	DI-tert-BUTYLPEROXYAZELAT	≤ 52	≥ 48				OP7			
	1,1-DI-(tert-BUTYLPEROXY)-CYCLOHEXAN	> 42–52	≥ 48				OP7			
	1,1-DI-(tert-BUTYLPEROXY)-CYCLOHEXAN + tert-BUTYLPEROXY-2-ETHYLHEXANOAT	≤ 43 + ≤ 16	≥ 41				OP7			
	DI-(tert-BUTYLPEROXY)-PHTHALAT	> 42–52	≥ 48				OP7			
	2,2-DI-(tert-BUTYLPEROXY)-PROPAN	≤ 52	≥ 48				OP7			
	2,5-DIMETHYL-2,5-DI-(tert-BUTYLPEROXY)-HEXAN	> 52–90	≥ 10				OP7			
	2,5-DIMETHYL-2,5-DI-(3,5,5-TRIMETHYLHEXANOYLPEROXY)-HEXAN	≤ 77	≥ 23				OP7			
	ETHYL-3,3-DI-(tert-AMYLPEROXY)-BUTYRAT	≤ 67	≥ 33				OP7			
	ETHYL-3,3-DI-(tert-BUTYLPEROXY)-BUTYRAT	≤ 77	≥ 23				OP7			
	p-MENTHYLHYDROPEROXID	> 72–100					OP7			(13)
	METHYLETHYLKETONPEROXID(E)	s. Bemerkung (9)	≥ 55				OP7			(9)
	METHYLISOBUTYLKETONPEROXID(E)	≤ 62	≥ 19				OP7			(22)
	PEROXYESSIGSÄURE, TYP D, stabilisiert	≤ 43					OP7			(13) (14) (19)
	PINANYLHYDROPEROXID	> 56–100					OP7			(13)
	1,1,3,3-TETRAMETHYLBUTYLHYDROPEROXID	≤ 100					OP7			

2.5.3.2.4
(Forts.)

UN-Nummer (Gattungseintragung)	ORGANISCHES PEROXID	Konzentration (%)	Verdünnungsmittel Typ A (%)	Verdünnungsmittel Typ B (%)[1]	Inerter fester Stoff (%)	Wasser (%)	Verpackungsmethode	Kontrolltemperatur (°C)	Notfalltemperatur (°C)	Zusatzgefahren und Bemerkungen
3105 *(Forts.)*	3,6,9-TRIETHYL-3,6,9-TRIMETHYL-1,4,7-TRIPEROXONAN	≤ 42	≥ 58				OP7			(28)
3106	ACETYLACETONPEROXID	≤ 32 (als Paste)					OP7			(20)
	tert-BUTYLPEROXYBENZOAT	≤ 52			≥ 48		OP7			
	tert-BUTYLPEROXY-2-ETHYLHEXANOAT + 2,2-DI-(tert-BUTYLPEROXY)-BUTAN	≤ 12 + ≤ 14	≥ 14		≥ 60		OP7			
	tert-BUTYLPEROXYSTEARYLCARBONAT	≤ 100					OP7			
	tert-BUTYLPEROXY-3,5,5-TRIMETHYLHEXANOAT	≤ 42			≥ 58		OP7			
	3-CHLORPEROXYBENZOESÄURE	≤ 57			≥ 3	≥ 40	OP7			
	3-CHLORPEROXYBENZOESÄURE	≤ 77			≥ 6	≥ 17	OP7			
	CYCLOHEXANONPEROXID(E)	≤ 72 (als Paste)					OP7			(5) (20)
	([3R-(3R,5aS,6S,8aS,9R,10R,12S,12aR**)]-DECAHYDRO-10-METHOXY-3,6,9-TRIMETHYL-3,12-EPOXY-12H-PYRANO[4,3-j]-1,2-BENZODIOXEPIN)	≤ 100					OP7			
	DIBENZOYLPEROXID	≤ 62			≥ 28	≥ 10	OP7			
	DIBENZOYLPEROXID	> 52–62 (als Paste)					OP7			(20)
	DIBENZOYLPEROXID	> 35–52			≥ 48		OP7			
	1,1-DI-(tert-BUTYLPEROXY)-CYCLOHEXAN	≤ 42	≥ 13		≥ 45		OP7			
	DI-(tert-BUTYLPEROXYISOPROPYL)-BENZEN(E)	> 42–100			≤ 57		OP7			
	DI-(tert-BUTYLPEROXY)-PHTHALAT	≤ 52 (als Paste)					OP7			(20)
	2,2-DI-(tert-BUTYLPEROXY)-PROPAN	≤ 42	≥ 13		≥ 45		OP7			
	DI-(4-CHLORBENZOYL)-PEROXID	≤ 52 (als Paste)					OP7			(20)
	2,2-DI-(4,4-DI-(tert-BUTYLPEROXY)-CYCLOHEXYL)-PROPAN	≤ 42			≥ 58		OP7			
	DI-(2,4-DICHLORBENZOYL)-PEROXID	≤ 52 (als Paste mit Silikonöl)					OP7			

2.5.3.2.4 (Forts.)

UN-Nummer (Gattungseintragung)	ORGANISCHES PEROXID	Konzentration (%)	Verdünnungsmittel Typ A (%)	Verdünnungsmittel Typ B (%)[1]	Inerter fester Stoff (%)	Wasser (%)	Verpackungsmethode	Kontrolltemperatur (°C)	Notfalltemperatur (°C)	Zusatzgefahren und Bemerkungen
3106 *(Forts.)*	DI-(1-HYDROXYCYCLOHEXYL)-PEROXID	≤ 100					OP7			
	DIISOPROPYLBENZEN-DIHYDROPEROXID	≤ 82	≥ 5			≥ 5	OP7			(24)
	DILAUROYLPEROXID	≤ 100					OP7			
	DI-(4-METHYLBENZOYL)-PEROXID	≤ 52 (als Paste mit Silikonöl)					OP7			
	2,5-DIMETHYL-2,5-DI-(BENZOYLPEROXY)-HEXAN	≤ 82			≥ 18		OP7			
	2,5-DIMETHYL-2,5-DI-(tert-BUTYLPEROXY)-HEX-3-IN	≤ 52			≥ 48		OP7			
	DI-(2-PHENOXYETHYL)-PEROXYDICARBONAT	≤ 85				≥ 15	OP7			
	ETHYL-3,3-DI-(tert-BUTYLPEROXY)-BUTYRAT	≤ 52			≥ 48		OP7			
3107	tert-AMYLHYDROPEROXID	≤ 88	≥ 6			≥ 6	OP8			
	tert-BUTYLHYDROPEROXID	≤ 79				> 14	OP8			(13) (23)
	CUMYLHYDROPEROXID	> 90–98	≤ 10				OP8			(13)
	DI-tert-AMYLPEROXID	≤ 100					OP8			
	DIBENZOYLPEROXID	> 36–42	≥ 18			≥ 40	OP8			
	DI-tert-BUTYLPEROXID	> 52–100					OP8			
	1,1-DI-(tert-BUTYLPEROXY)-CYCLOHEXAN	≤ 27	≥ 25				OP8			(21)
	DI-(tert-BUTYLPEROXY)-PHTHALAT	≤ 42	≥ 58				OP8			
	1,1-DI-(tert-BUTYLPEROXY)-3,3,5-TRIMETHYLCYCLOHEXAN	≤ 57	≥ 43				OP8			
	1,1-DI-(tert-BUTYLPEROXY)-3,3,5-TRIMETHYLCYCLOHEXAN	≤ 32	≥ 26	≥ 42			OP8			
	2,2-DI-(4,4-DI-(tert-BUTYLPEROXY)-CYCLOHEXYL)-PROPAN	≤ 22		≥ 78			OP8			
	METHYLETHYLKETONPEROXID(E)	s. Bemerkung (10)	≥ 60				OP8			(10)
	3,3,5,7,7-PENTAMETHYL-1,2,4-TRIOXEPAN	≤ 100					OP8			
	PEROXYESSIGSÄURE, TYP E, stabilisiert	≤ 43					OP8			(13) (15) (19)
	POLYETHERPOLY-tert-BUTYLPEROXYCARBONAT	≤ 52		≥ 48			OP8			

2.5.3.2.4 (Forts.)

UN-Nummer (Gattungseintragung)	ORGANISCHES PEROXID	Konzentration (%)	Verdünnungsmittel Typ A (%)	Verdünnungsmittel Typ B (%)[1]	Inerter fester Stoff (%)	Wasser (%)	Verpackungsmethode	Kontrolltemperatur (°C)	Notfalltemperatur (°C)	Zusatzgefahren und Bemerkungen
3108	tert-BUTYLCUMYLPEROXID	≤ 52			≥ 48		OP8			
	n-BUTYL-4,4-DI-(tert-BUTYLPEROXY)-VALERAT	≤ 52			≥ 48		OP8			
	tert-BUTYLMONOPEROXYMALEAT	≤ 52			≥ 48		OP8			
	tert-BUTYLMONOPEROXYMALEAT	≤ 52 (als Paste)					OP8			
	1-(2-tert-BUTYLPEROXYISOPROPYL)-3-ISOPROPENYLBENZEN	≤ 42			≥ 58		OP8			
	DIBENZOYLPEROXID	≤ 56,5 (als Paste)				≥ 15	OP8			
	DIBENZOYLPEROXID	≤ 52 (als Paste)					OP8			(20)
	2,5-DIMETHYL-2,5-DI-(tert-BUTYLPEROXY)-HEXAN	≤ 47 (als Paste)					OP8			
	2,5-DIMETHYL-2,5-DI-(tert-BUTYLPEROXY)-HEXAN	≤ 77			≥ 23		OP8			
3109	tert-BUTYLCUMYLPEROXID	> 42–100					OP8			
	tert-BUTYLHYDROPEROXID	≤ 72				≥ 28	OP8			(13)
	tert-BUTYLPEROXYACETAT	≤ 32		≥ 68			OP8			
	tert-BUTYLPEROXY-3,5,5-TRIMETHYLHEXANOAT	≤ 37		≥ 63			OP8			
	CUMYLHYDROPEROXID	≤ 90	≥ 10				OP8			(13) (18)
	DIBENZOYLPEROXID	≤ 42 (als stabile Dispersion in Wasser)					OP8			
	DI-tert-BUTYLPEROXID	≤ 52		≥ 48			OP8			(25)
	1,1-DI-(tert-BUTYLPEROXY)-CYCLOHEXAN	≤ 42	≥ 58				OP8			
	1,1-DI-(tert-BUTYLPEROXY)-CYCLOHEXAN	≤ 13	≥ 13	≥ 74			OP8			
	DILAUROYLPEROXID	≤ 42 (als stabile Dispersion in Wasser)					OP8			
	2,5-DIMETHYL-2,5-DI-(tert-BUTYLPEROXY)-HEXAN	≤ 52	≥ 48				OP8			
	ISOPROPYLCUMYLHYDROPEROXID	≤ 72	≥ 28				OP8			(13)

2.5.3.2.4 (Forts.)

UN-Nummer (Gattungseintragung)	ORGANISCHES PEROXID	Konzentration (%)	Verdünnungsmittel Typ A (%)	Verdünnungsmittel Typ B (%)[1]	Inerter fester Stoff (%)	Wasser (%)	Verpackungsmethode	Kontrolltemperatur (°C)	Notfalltemperatur (°C)	Zusatzgefahren und Bemerkungen
3109 (Forts.)	p-MENTHYLHYDROPEROXID	≤ 72	≥ 28				OP8			(27)
	METHYLISOPROPYLKETONPEROXID(E)	s. Bemerkung (31)	≥ 70				OP8			(31)
	PEROXYESSIGSÄURE, TYP F, stabilisiert	≤ 43					OP8			(13) (16) (19)
	1-PHENYLETHYLHYDROPEROXID	≤ 38		≥ 62			OP8			
	PINANYLHYDROPEROXID	≤ 56	≥ 44				OP8			
3110	DICUMYLPEROXID	> 52–100					OP8			(12)
	1,1-DI-(tert-BUTYLPEROXY)-3,3,5-TRIMETHYLCYCLOHEXAN	≤ 57			≥ 43		OP8			
	3,6,9-TRIETHYL-3,6,9-TRIMETHYL-1,4,7-TRIPEROXONAN	≤ 17	≥ 18		≥ 65		OP8			
3111	tert-BUTYLPEROXYISOBUTYRAT	> 52–77		≥ 23			OP5	+15	+20	(3)
	DIISOBUTYRYLPEROXID	> 32–52		≥ 48			OP5	-20	-10	(3)
	ISOPROPYL-sec-BUTYLPEROXYDICARBONAT + DI-sec-BUTYLPEROXYDICARBONAT + DI-ISOPROPYLPEROXYDICARBONAT	≤ 52 + ≤ 28 + ≤ 22					OP5	-20	-10	(3)
3112	ACETYLCYCLOHEXANSULFONYLPEROXID	≤ 82				≥ 12	OP4	-10	0	(3)
	DICYCLOHEXYLPEROXYDICARBONAT	> 91–100					OP3	+10	+15	(3)
	DI-ISOPROPYL-PEROXYDICARBONAT	> 52–100					OP2	-15	-5	(3)
	DI-(2-METHYLBENZOYL)-PEROXID	≤ 87				≥ 13	OP5	+30	+35	(3)
3113	tert-AMYLPEROXYPIVALAT	≤ 77		≥ 23			OP5	+10	+15	
	tert-BUTYLPEROXYDIETHYLACETAT	≤ 100					OP5	+20	+25	
	tert-BUTYLPEROXY-2-ETHYLHEXANOAT	> 52–100					OP6	+20	+25	
	tert-BUTYLPEROXYPIVALAT	> 67–77	≥ 23				OP5	0	+10	
	DI-sec-BUTYLPEROXYDICARBONAT	> 52–100					OP4	-20	-10	
	DI-(2-ETHYLHEXYL)-PEROXYDICARBONAT	> 77–100					OP5	-20	-10	
	2,5-DIMETHYL-2,5-DI-(2-ETHYLHEXANOYLPEROXY)-HEXAN	≤ 100					OP5	+20	+25	

2.5.3.2.4 (Forts.)

UN-Nummer (Gattungseintragung)	ORGANISCHES PEROXID	Konzentration (%)	Verdünnungsmittel Typ A (%)	Verdünnungsmittel Typ B (%)[1]	Inerter fester Stoff (%)	Wasser (%)	Verpackungsmethode	Kontrolltemperatur (°C)	Notfalltemperatur (°C)	Zusatzgefahren und Bemerkungen
3113 *(Forts.)*	DI-n-PROPYLPEROXYDICARBONAT	≤ 100					OP3	-25	-15	
	DI-n-PROPYLPEROXYDICARBONAT	≤ 77		≥ 23			OP5	-20	-10	
	ORGANISCHES PEROXID, FLÜSSIG, MUSTER, TEMPERATURKONTROLLIERT						OP2			(11)
3114	DI-(4-tert-BUTYLCYCLOHEXYL)-PEROXYDICARBONAT	≤ 100					OP6	+30	+35	
	DICYCLOHEXYLPEROXYDICARBONAT	≤ 91				≥ 9	OP5	+10	+15	
	DIDECANOYLPEROXID	≤ 100					OP6	+30	+35	
	DI-n-OCTANOYLPEROXID	≤ 100					OP5	+10	+15	
	ORGANISCHES PEROXID, FEST, MUSTER, TEMPERATURKONTROLLIERT						OP2			(11)
3115	ACETYLCYCLOHEXANSULFONYLPEROXID	≤ 32		≥ 68			OP7	-10	0	
	tert-AMYLPEROXY-2-ETHYLHEXANOAT	≤ 100					OP7	+20	+25	
	tert-AMYLPEROXYNEODECANOAT	≤ 77		≥ 23			OP7	0	+10	
	tert-BUTYLPEROXY-2-ETHYLHEXANOAT + 2,2-DI-(tert-BUTYLPEROXY)-BUTAN	≤ 31 + ≤ 36		≥ 33			OP7	+35	+40	
	tert-BUTYLPEROXYISOBUTYRAT	≤ 52		≥ 48			OP7	+15	+20	
	tert-BUTYLPEROXYNEODECANOAT	> 77–100					OP7	-5	+5	
	tert-BUTYLPEROXYNEODECANOAT	≤ 77		≥ 23			OP7	0	+10	
	tert-BUTYLPEROXYNEOHEPTANOAT	≤ 77	≥ 23				OP7	0	+10	
	tert-BUTYLPEROXYPIVALAT	> 27–67		≥ 33			OP7	0	+10	
	CUMYLPEROXYNEODECANOAT	≤ 77		≥ 23			OP7	-10	0	
	CUMYLPEROXYNEODECANOAT	≤ 87	≥ 13				OP7	-10	0	
	CUMYLPEROXYNEOHEPTANOAT	≤ 77	≥ 23				OP7	-10	0	
	CUMYLPEROXYPIVALAT	≤ 77		≥ 23			OP7	-5	+5	
	DIACETONALKOHOLPEROXIDE	≤ 57		≥ 26		≥ 8	OP7	+40	+45	(6)

2.5.3.2.4 (Forts.)

UN-Nummer (Gattungseintragung)	ORGANISCHES PEROXID	Konzentration (%)	Verdünnungsmittel Typ A (%)	Verdünnungsmittel Typ B (%)[1]	Inerter fester Stoff (%)	Wasser (%)	Verpackungsmethode	Kontrolltemperatur (°C)	Notfalltemperatur (°C)	Zusatzgefahren und Bemerkungen
3115 *(Forts.)*	DIACETYLPEROXID	≤ 27		≥ 73			OP7	+20	+25	(7) (13)
	DI-n-BUTYLPEROXYDICARBONAT	> 27–52		≥ 48			OP7	-15	-5	
	DI-sec-BUTYLPEROXYDICARBONAT	≤ 52		≥ 48			OP7	-15	-5	
	DI-(2-ETHOXYETHYL)-PEROXYDICARBONAT	≤ 52		≥ 48			OP7	-10	0	
	DI-(2-ETHYLHEXYL)-PEROXYDICARBONAT	≤ 77		≥ 23			OP7	-15	-5	
	DIISOBUTYRYLPEROXID	≤ 32		≥ 68			OP7	-20	-10	
	DI-ISOPROPYLPEROXYDICARBONAT	≤ 52		≥ 48			OP7	-20	-10	
	DI-ISOPROPYLPEROXYDICARBONAT	≤ 32	≥ 68				OP7	-15	-5	
	DI-(3-METHOXYBUTYL)-PEROXYDICARBONAT	≤ 52		≥ 48			OP7	-5	+5	
	DI-(3-METHYLBENZOYL)-PEROXID + BENZOYL-(3-METHYLBENZOYL)-PEROXID + DIBENZOYLPEROXID	≤ 20 + ≤ 18 + ≤ 4		≥ 58			OP7	+35	+40	
	DI-(2-NEODECANOYLPEROXYISOPROPYL)-BENZEN	≤ 52	≥ 48				OP7	-10	0	
	DI-(3,5,5-TRIMETHYLHEXANOYL)-PEROXID	> 52–82	≥ 18				OP7	0	+10	
	1-(2-ETHYLHEXANOYLPEROXY)-1,3-DIMETHYLBUTYLPEROXYPIVALAT	≤ 52	≥ 45	≥ 10			OP7	-20	-10	
	tert-HEXYLPEROXYNEODECANOAT	≤ 71	≥ 29				OP7	0	+10	
	tert-HEXYLPEROXYPIVALAT	≤ 72		≥ 28			OP7	+10	+15	
	3-HYDROXY-1,1-DIMETHYLBUTYLPEROXYNEODECANOAT	≤ 77	≥ 23				OP7	-5	+5	
	ISOPROPYL-sec-BUTYLPEROXYDICARBONAT + DI-sec-BUTYLPEROXYDICARBONAT + DI-ISOPROPYLPEROXYDICARBONAT	≤ 32 + ≤ 15–18 + ≤ 12–15	≥ 38				OP7	-20	-10	
	METHYLCYCLOHEXANONPEROXID(E)	≤ 67		≥ 33			OP7	+35	+40	
	1,1,3,3-TETRAMETHYLBUTYLPEROXY-2-ETHYLHEXANOAT	≤ 100					OP7	+15	+20	

2.5.3.2.4
(Forts.)

UN-Nummer (Gattungseintragung)	ORGANISCHES PEROXID	Konzentration (%)	Verdünnungsmittel Typ A (%)	Verdünnungsmittel Typ B (%)[1]	Inerter fester Stoff (%)	Wasser (%)	Verpackungsmethode	Kontrolltemperatur (°C)	Notfalltemperatur (°C)	Zusatzgefahren und Bemerkungen
3115 *(Forts.)*	1,1,3,3-TETRAMETHYLBUTYLPEROXYNEODECANOAT	≤ 72		≥ 28			OP7	-5	+5	
	1,1,3,3-TETRAMETHYLBUTYLPEROXYPIVALAT	≤ 77	≥ 23				OP7	0	+10	
3116	DIBERNSTEINSÄUREPEROXID	≤ 72				≥ 28	OP7	+10	+15	
	DI-(4-tert-BUTYLCYCLOHEXYL)-PEROXYDICARBONAT	≤ 42 (als Paste)					OP7	+35	+40	
	DIMYRISTYLPEROXYDICARBONAT	≤ 100					OP7	+20	+25	
	DI-n-NONANOYLPEROXID	≤ 100					OP7	0	+10	
3117	tert-BUTYLPEROXY-2-ETHYLHEXANOAT	> 32–52		≥ 48			OP8	+30	+35	
	tert-BUTYLPEROXYNEOHEPTANOAT	≤ 42 (als stabile Dispersion in Wasser)					OP8	0	+10	
	DI-n-BUTYLPEROXYDICARBONAT	≤ 27		≥ 73			OP8	-10	0	
	1,1-DIMETHYL-3-HYDROXYBUTYLPEROXYNEOHEPTANOAT	≤ 52	≥ 48				OP8	0	+10	
	DIPROPIONYLPEROXID	≤ 27		≥ 73			OP8	+15	+20	
	3-HYDROXY-1,1-DIMETHYLBUTYLPEROXYNEODECANOAT	≤ 52	≥ 48				OP8	-5	+5	
3118	tert-BUTYLPEROXY-2-ETHYLHEXANOAT	≤ 52			≥ 48		OP8	+20	+25	
	tert-BUTYLPEROXYNEODECANOAT	≤ 42 (als stabile Dispersion in Wasser (gefroren))					OP8	0	+10	
	DI-n-BUTYLPEROXYDICARBONAT	≤ 42 (als stabile Dispersion in Wasser (gefroren))					OP8	-15	-5	
	DI-(2,4-DICHLORBENZOYL)-PEROXID	≤ 52 (als Paste)					OP8	+20	+25	
	PEROXYLAURINSÄURE	≤ 100					OP8	+35	+40	

2.5.3.2.4 (Forts.)

UN-Nummer (Gattungseintragung)	ORGANISCHES PEROXID	Konzentration (%)	Verdünnungsmittel Typ A (%)	Verdünnungsmittel Typ B (%)[1]	Inerter fester Stoff (%)	Wasser (%)	Verpackungsmethode	Kontrolltemperatur (°C)	Notfalltemperatur (°C)	Zusatzgefahren und Bemerkungen
3119	tert-AMYLPEROXYNEODECANOAT	≤ 47	≥ 53				OP8	0	+10	
	tert-BUTYLPEROXY-2-ETHYLHEXANOAT	≤ 32		≥ 68			OP8	+40	+45	
	tert-BUTYLPEROXYNEODECANOAT	≤ 52 (als stabile Dispersion in Wasser)					OP8	0	+10	
	tert-BUTYLPEROXYNEODECANOAT	≤ 32	≥ 68				OP8	0	+10	
	tert-BUTYLPEROXYPIVALAT	≤ 27		≥ 73			OP8	+30	+35	
	CUMYLPEROXYNEODECANOAT	≤ 52 (als stabile Dispersion in Wasser)					OP8	-10	0	
	DI-(4-tert-BUTYLCYCLOHEXYL)-PEROXYDICARBONAT	≤ 42 (als stabile Dispersion in Wasser)					OP8	+30	+35	
	DICETYLPEROXYDICARBONAT	≤ 42 (als stabile Dispersion in Wasser)					OP8	+30	+35	
	DICYCLOHEXYLPEROXYDICARBONAT	≤ 42 (als stabile Dispersion in Wasser)					OP8	+15	+20	
	DI-(2-ETHYLHEXYL)-PEROXYDICARBONAT	≤ 62 (als stabile Dispersion in Wasser)					OP8	-15	-5	
	DIISOBUTYRYLPEROXID	≤ 42 (als stabile Dispersion in Wasser)					OP8	-20	-10	
	DIMYRISTYLPEROXYDICARBONAT	≤ 42 (als stabile Dispersion in Wasser)					OP8	+20	+25	
	DI-(3,5,5-TRIMETHYLHEXANOYL)-PEROXID	≤ 52 (als stabile Dispersion in Wasser)					OP8	+10	+15	

2.5.3.2.4 (Forts.)

UN-Nummer (Gattungseintragung)	ORGANISCHES PEROXID	Konzentration (%)	Verdünnungsmittel Typ A (%)	Verdünnungsmittel Typ B (%)[1]	Inerter fester Stoff (%)	Wasser (%)	Verpackungsmethode	Kontrolltemperatur (°C)	Notfalltemperatur (°C)	Zusatzgefahren und Bemerkungen
3119 *(Forts.)*	DI-(3,5,5-TRIMETHYLHEXANOYL)-PEROXID	≤ 38	≥ 62				OP8	+20	+25	
	DI-(3,5,5-TRIMETHYLHEXANOYL)-PEROXID	> 38–52	≥ 48				OP8	+10	+15	
	3-HYDROXY-1,1-DIMETHYLBUTYLPEROXYNEO-DECANOAT	≤ 52 (als stabile Dispersion in Wasser)					OP8	-5	+5	
	1,1,3,3-TETRAMETHYLBUTYLPEROXYNEO-DECANOAT	≤ 52 (als stabile Dispersion in Wasser)					OP8	-5	+5	
3120	DICETYLPEROXYDICARBONAT	≤ 100					OP8	+30	+35	
	DI-(2-ETHYLHEXYL)-PEROXYDICARBONAT	≤ 52 (als stabile Dispersion in Wasser (gefroren))					OP8	-15	-5	
freigestellt	CYCLOHEXANONPEROXID(E)	≤ 32			≥ 68					(29)
freigestellt	DIBENZOYLPEROXID	≤ 35			≥ 65					(29)
freigestellt	DI-(2-tert-BUTYLPEROXYISOPROPYL)-BENZEN(E)	≤ 42			≥ 58					(29)
freigestellt	DI-(4-CHLORBENZOYL)-PEROXID	≤ 32			≥ 68					(29)
freigestellt	DICUMYLPEROXID	≤ 52			≥ 48					(29)

2.5.3.2.4 Bemerkungen zur Tabelle in 2.5.3.2.4
(Forts.)

(1) Verdünnungsmittel Typ B darf jeweils durch Verdünnungsmittel Typ A ersetzt werden. Der Siedepunkt des Verdünnungsmittels Typ B muss mindestens 60 °C höher sein als die SADT des organischen Peroxids.
(2) Aktivsauerstoffgehalt ≤ 4,7 %.
(3) Zusatzgefahrzettel „EXPLOSIV" nach Muster 1 (siehe 5.2.2.2.2) erforderlich.
(4) Verdünnungsmittel darf durch Di-tert-butylperoxid ersetzt werden.
(5) Aktivsauerstoffgehalt ≤ 9 %.
(6) Mit ≤ 9 % Wasserstoffperoxid; Aktivsauerstoffgehalt ≤ 10 %.
(7) Nur in Nichtmetallverpackungen zugelassen.
(8) Aktivsauerstoffgehalt > 10 % und ≤ 10,7 %, mit oder ohne Wasser.
(9) Aktivsauerstoffgehalt ≤ 10 %, mit oder ohne Wasser.
(10) Aktivsauerstoffgehalt ≤ 8,2 %, mit oder ohne Wasser.
(11) Siehe 2.5.3.2.5.1.
(12) Bis 2 000 kg je Gefäß auf der Grundlage von Großversuchen der Eintragung ORGANISCHES PEROXID TYP F zugeordnet.
(13) Zusatzgefahrzettel „ÄTZEND" nach Muster 8 (siehe 5.2.2.2.2) erforderlich.
(14) Zubereitungen von Peroxyessigsäure, die den Kriterien in 2.5.3.3.2.4 entsprechen.
(15) Zubereitungen von Peroxyessigsäure, die den Kriterien in 2.5.3.3.2.5 entsprechen.
(16) Zubereitungen von Peroxyessigsäure, die den Kriterien in 2.5.3.3.2.6 entsprechen.
(17) Durch Wasserzusatz wird die thermische Stabilität dieses organischen Peroxids vermindert.
(18) Für Konzentrationen unter 80 % ist kein Zusatzgefahrzettel „ÄTZEND" nach Muster 8 (siehe 5.2.2.2.2) erforderlich.
(19) Gemische mit Wasserstoffperoxid, Wasser und Säure(n).
(20) Mit Verdünnungsmittel Typ A, mit oder ohne Wasser.
(21) Mit ≥ 25 Masse-% Verdünnungsmittel Typ A und zusätzlich Ethylbenzen.
(22) Mit ≥ 19 Masse-% Verdünnungsmittel Typ A und zusätzlich Methylisobutylketon.
(23) Mit < 6 % Di-tert-butylperoxid.
(24) Mit ≤ 8 % 1-Isopropylhydroperoxy-4-isopropylhydroxybenzen.
(25) Verdünnungsmittel Typ B mit einem Siedepunkt > 110 °C.
(26) Hydroperoxidgehalt < 0,5 %.
(27) Für Konzentrationen über 56 % ist ein Zusatzgefahrzettel „ÄTZEND" nach Muster 8 (siehe 5.2.2.2.2) erforderlich.
(28) Aktivsauerstoffgehalt ≤ 7,6 % in Verdünnungsmittel Typ A mit einem Siedepunkt, der zu 95 % im Bereich zwischen 200 °C und 260 °C liegt.
(29) Unterliegt nicht den für die Klasse 5.2 geltenden Vorschriften des Codes.
(30) Verdünnungsmittel Typ B mit einem Siedepunkt > 130 °C.
(31) Aktivsauerstoffgehalt ≤ 6,7 %.

2.5.3.2.5 [Zuordnung anderer Stoffe]

→ D: GGVSee § 12

Die Klassifizierung von nicht in 2.5.3.2.4, Verpackungsanweisung IBC520 oder Anweisung für ortsbewegliche Tanks T23 aufgeführten organischen Peroxiden oder bereits zugeordneter organischer Peroxide zu einer Gattungseintragung muss durch die zuständige Behörde des Ursprungslandes auf der Grundlage eines Prüfberichts erfolgen. Die für die Klassifizierung dieser Stoffe anzuwendenden Grundsätze sind in 2.5.3.3 aufgeführt. Prüfverfahren und Kriterien sowie ein Beispiel für einen Prüfbericht sind im Teil II der aktuellen Ausgabe des Handbuchs Prüfungen und Kriterien aufgeführt. In dem Zulassungsbescheid müssen die Klassifizierung und die einzuhaltenden Beförderungsbedingungen angegeben sein (siehe 5.4.4.1.3).

2.5.3.2.5.1 [Musterstoffe]

Muster neuer organischer Peroxide oder neuer Zubereitungen bereits eingestufter organischer Peroxide, über die keine vollständigen Prüfdaten vorliegen und die zum Zwecke weiterer Prüfungen oder Bewertung befördert werden, können einer der geeigneten Eintragungen für ORGANISCHES PEROXID TYP C, zugeordnet werden, vorausgesetzt, die folgenden Bedingungen sind erfüllt:

.1 aus den verfügbaren Daten geht hervor, dass das Muster nicht gefährlicher ist als ein ORGANISCHES PEROXID TYP B;

.2 das Muster ist nach der Verpackungsmethode OP2 verpackt, und die Menge ist auf 10 kg je Güterbeförderungseinheit beschränkt;

.3 aus den verfügbaren Daten geht hervor, dass die Kontrolltemperatur, sofern sie erforderlich ist, niedrig genug ist, so dass eine gefährliche Zersetzung ausgeschlossen ist, und hoch genug ist, so dass eine gefährliche Phasentrennung ausgeschlossen ist.

2.5.3.3 Grundsätze für die Zuordnung organischer Peroxide

Bemerkung: *Dieser Abschnitt bezieht sich nur auf jene Eigenschaften organischer Peroxide, die für ihre Zuordnung maßgebend sind. Ein Fließdiagramm, das die Zuordnungsgrundsätze in der Form eines graphisch angeordneten Schemas von Fragen bezüglich der maßgebenden Eigenschaften zusammen mit den möglichen Antworten darstellt, ist in der Abbildung 2.5.1 im Kapitel 2.5 der „Recommendations on the Transport of Dangerous Goods" der Vereinten Nationen wiedergegeben. Diese Eigenschaften müssen experimentell bestimmt werden. Geeignete Prüfverfahren mit den zugehörigen Bewertungskriterien sind im Handbuch Prüfungen und Kriterien, Teil II, enthalten.*

[Explosionsfähigkeit] 2.5.3.3.1

Jede Zubereitung eines organischen Peroxids muss als explosionsfähig gelten, wenn die Zubereitung im Laborversuch detonieren, schnell deflagrieren oder beim Erhitzen unter Einschluss heftige Reaktionen zeigen kann.

[Zuordnungsgrundsätze] 2.5.3.3.2

Für die Zuordnung von Zubereitungen organischer Peroxide, die in 2.5.3.2.4 nicht aufgeführt sind, gelten die folgenden Grundsätze:

.1 Jede Zubereitung eines organischen Peroxids, die, versandfertig verpackt, detonieren oder schnell deflagrieren kann, darf nach den Vorschriften der Klasse 5.2 in dieser Verpackung nicht befördert werden (bezeichnet als ORGANISCHES PEROXID TYP A).

.2 Jede Zubereitung eines organischen Peroxids, die explosionsfähig ist und die, versandfertig verpackt, weder detoniert noch schnell deflagriert, die jedoch in dieser Verpackung zu einer thermischen Explosion fähig ist, muss mit dem Zusatzgefahrzettel der Klasse 1 (Muster 1, siehe 5.2.2.2.2) versehen werden. Dieses organische Peroxid kann in Mengen bis zu 25 kg verpackt werden, sofern die Höchstmenge nicht verringert werden muss, um eine Detonation oder schnelle Deflagration in dem Versandstück auszuschließen (bezeichnet als ORGANISCHES PEROXID TYP B).

.3 Jede Zubereitung eines organischen Peroxids, die explosionsfähig ist, kann ohne den Zusatzgefahrzettel der Klasse 1 befördert werden, wenn der Stoff, versandfertig verpackt (höchstens 50 kg), weder detonieren noch schnell deflagrieren kann noch zu einer thermischen Explosion fähig ist (bezeichnet als ORGANISCHES PEROXID TYP C).

.4 Jede Zubereitung eines organischen Peroxids, die im Laborversuch:

  .1 teilweise detoniert, nicht schnell deflagriert und beim Erhitzen unter Einschluss keine heftigen Reaktionen zeigt,

  .2 nicht detoniert, nur langsam deflagriert und beim Erhitzen unter Einschluss keine heftigen Reaktionen zeigt,

  .3 detoniert oder deflagriert und beim Erhitzen unter Einschluss nur mäßige Reaktionen zeigt,

  kann in Versandstücken mit einer Nettomasse von höchstens 50 kg zur Beförderung zugelassen werden (bezeichnet als ORGANISCHES PEROXID TYP D).

.5 Jede Zubereitung eines organischen Peroxids, die im Laborversuch weder detoniert noch deflagriert und beim Erhitzen unter Einschluss nur geringe oder keine Reaktionen zeigt, kann in Versandstücken von höchstens 400 kg/450 Liter zur Beförderung zugelassen werden (bezeichnet als ORGANISCHES PEROXID TYP E).

.6 Jede Zubereitung eines organischen Peroxids, die im Laborversuch weder im kavitierten Zustand detoniert noch deflagriert und beim Erhitzen unter Einschluss nur geringe oder keine Reaktionen sowie eine nur geringe oder keine Sprengwirkung zeigt, kann für eine Beförderung in IBC oder Tanks in Betracht gezogen werden (bezeichnet als ORGANISCHES PEROXID TYP F); zusätzliche Vorschriften siehe 4.1.7 und 4.2.1.13.

.7 Jede Zubereitung eines organischen Peroxids, die im Laborversuch weder im kavitierten Zustand detoniert noch deflagriert und beim Erhitzen unter Einschluss keine Reaktionen sowie keine Sprengwirkung zeigt, muss von der Zuordnung zur Klasse 5.2 ausgenommen werden, vorausgesetzt, die Zubereitung ist thermisch stabil (Temperatur der selbstbeschleunigenden Zersetzung ist 60 °C oder höher bei einem Versandstück von 50 kg), und bei flüssigen Zubereitungen wird Verdünnungsmittel Typ A zur Desensibilisierung verwendet (bezeichnet als ORGANISCHES PEROXID TYP G). Ist die Zubereitung nicht thermisch stabil oder wird zur Desensibilisierung ein anderes Verdünnungsmittel als Typ A verwendet, muss der Stoff als ORGANISCHES PEROXID TYP F eingestuft werden.

2.5.3.4 Vorschriften über die Temperaturkontrolle

2.5.3.4.0 [Erfordernis Temperaturkontrolle]

Einige organische Peroxide müssen aufgrund ihrer Eigenschaften unter Temperaturkontrolle befördert werden. Die Kontroll- und Notfalltemperaturen für die bereits eingestuften organischen Peroxide sind in der Liste in 2.5.3.2.4 aufgeführt. Die Vorschriften über die Temperaturkontrolle sind im Kapitel 7.3.7 enthalten.

2.5.3.4.1 [Von Temperaturkontrolle betroffene Stoffe]

Die folgenden organischen Peroxide unterliegen während der Beförderung der Temperaturkontrolle:

.1 Organische Peroxide Typ B und C mit einer SADT ≤ 50 °C,

.2 Organische Peroxide Typ D, die beim Erhitzen unter Einschluss[1)] mittelstarke Reaktionen zeigen, mit einer SADT ≤ 50 °C, oder die beim Erhitzen unter Einschluss geringe oder keine Reaktionen zeigen, mit einer SADT ≤ 45 °C, und

.3 Organische Peroxide Typ E und F mit einer SADT ≤ 45 °C.

2.5.3.4.2 [Prüfverfahren SADT]

Prüfverfahren für die Bestimmung der SADT sind im Handbuch Prüfungen und Kriterien, Teil II, Kapitel 28 beschrieben. Die ausgewählte Prüfung ist so durchzuführen, dass sie für das zu befördernde Versandstück sowohl in Bezug auf die Größe als auch auf das Material repräsentativ ist.

2.5.3.4.3 [Prüfverfahren Entzündbarkeit]

Prüfverfahren für die Bestimmung der Entzündbarkeit sind im Handbuch Prüfungen und Kriterien, Teil III, Kapitel 32.4 beschrieben. Da organische Peroxide beim Erhitzen heftig reagieren können, wird empfohlen, ihren Flammpunkt unter Verwendung kleiner Prüfmuster, wie in der ISO-Norm 3679 beschrieben, zu bestimmen.

2.5.3.5 Desensibilisierung organischer Peroxide

2.5.3.5.1 [Zielvorgabe]

Um eine sichere Beförderung zu gewährleisten, werden organische Peroxide in vielen Fällen durch organische flüssige oder feste Stoffe, anorganische feste Stoffe oder Wasser desensibilisiert. Sind für einen Stoff prozentuale Anteile festgelegt, beziehen sich diese Angaben auf den Massegehalt, gerundet auf die nächste ganze Zahl. Im Allgemeinen muss die Desensibilisierung so erfolgen, dass beim Auslaufen von Füllgut aus der Verpackung oder bei einem Brand keine gefährliche Aufkonzentrierung des organischen Peroxids eintreten kann.

2.5.3.5.2 [Begriffsbestimmung Verdünnungsmittel]

→ 2.5.3.2.4

Sofern nicht für die einzelnen Zubereitungen organischer Peroxide etwas anderes angegeben ist, gelten für Verdünnungsmittel, die zur Desensibilisierung verwendet werden, die folgenden Begriffsbestimmungen:

.1 Verdünnungsmittel Typ A sind organische flüssige Stoffe, die mit dem organischen Peroxid verträglich sind und die einen Siedepunkt von mindestens 150 °C haben. Verdünnungsmittel Typ A können zur Desensibilisierung aller organischen Peroxide verwendet werden.

.2 Verdünnungsmittel Typ B sind organische flüssige Stoffe, die mit dem organischen Peroxid verträglich sind und deren Siedepunkt unter 150 °C, jedoch nicht unter 60 °C liegt und deren Flammpunkt nicht unter 5 °C liegt. Verdünnungsmittel Typ B dürfen zur Desensibilisierung aller organischen Peroxide verwendet werden, vorausgesetzt, der Siedepunkt ist mindestens 60 °C höher als die SADT in einem 50-kg-Versandstück.

2.5.3.5.3 [Alternative Verdünnungsmittel]

Es können auch andere Verdünnungsmittel außer Typ A und B den in 2.5.3.2.4 aufgeführten organischen Peroxiden und ihren Zubereitungen zugesetzt werden, sofern sie verträglich sind. Wenn jedoch

[1)] Bestimmt anhand der Prüfreihe E gemäß Handbuch Prüfungen und Kriterien, Teil II.

Verdünnungsmittel vom Typ A und B ganz oder teilweise durch ein anderes Verdünnungsmittel mit anderen Eigenschaften ersetzt werden, müssen die Zubereitungen der organischen Peroxide nach dem normalen Zuordnungsverfahren für die Klasse 5.2 erneut bewertet werden. 2.5.3.5.3 (Forts.)

[Verwendung von Wasser] 2.5.3.5.4

Wasser darf zur Desensibilisierung nur solcher organischer Peroxide verwendet werden, die nach 2.5.3.2.4 oder dem Zulassungsbescheid gemäß 2.5.3.2.5 Wasser enthalten oder als stabile Dispersion in Wasser vorliegen.

[Andere Desensibilisierungsstoffe] 2.5.3.5.5

Organische und anorganische feste Stoffe dürfen zur Desensibilisierung organischer Peroxide verwendet werden, sofern sie verträglich sind.

[Verträglichkeit] 2.5.3.5.6

Verträgliche flüssige und feste Stoffe sind Stoffe, die keine nachteiligen Auswirkungen auf die thermische Stabilität und die Art der Gefahr der Zubereitungen organischer Peroxide haben.

Kapitel 2.6
Klasse 6 – Giftige Stoffe und ansteckungsgefährliche Stoffe

2.6.0 Einleitende Bemerkungen

Bemerkung 1: *Der Begriff „toxisch" hat die gleiche Bedeutung wie der Begriff „giftig".*

Bemerkung 2: *Genetisch veränderte Mikroorganismen, die nicht der Begriffsbestimmung für giftige oder ansteckungsgefährliche Stoffe entsprechen, müssen für die Einstufung in Klasse 9 in Betracht gezogen und der UN-Nummer 3245 zugeordnet werden.*

Bemerkung 3: *Toxine pflanzlichen, tierischen oder bakteriellen Ursprungs, die keine infektiösen Stoffe enthalten, oder Toxine, die in Stoffen enthalten sind, die keine ansteckungsgefährlichen Stoffe sind, müssen für die Einstufung in Klasse 6.1 in Betracht gezogen und der UN-Nummer 3172 zugeordnet werden.*

2.6.1 Begriffsbestimmungen

Die Klasse 6 ist wie folgt in zwei Klassen unterteilt:

Klasse 6.1 – Giftige Stoffe

Diese Stoffe können tödlich wirken, schwere Vergiftungen oder gesundheitliche Schäden beim Menschen verursachen, wenn sie verschluckt oder eingeatmet werden oder mit der Haut in Berührung kommen.

Klasse 6.2 – Ansteckungsgefährliche Stoffe

Dies sind Stoffe, von denen bekannt ist oder bei denen ein begründeter Verdacht besteht, dass sie Krankheitserreger enthalten. Krankheitserreger sind Mikroorganismen (einschließlich Bakterien, Viren, Rickettsien, Parasiten und Pilze) und andere Erreger wie Prionen, die bei Menschen oder Tieren Krankheiten hervorrufen können.

2.6.2 Klasse 6.1 – Giftige Stoffe

2.6.2.1 Begriffsbestimmungen und Eigenschaften

2.6.2.1.1 [LD_{50} für akute Giftigkeit bei Einnahme]

LD_{50} (mittlere tödliche Dosis) für die akute Toxizität bei Einnahme ist die statistisch abgeleitete Einzeldosis eines Stoffes, bei der erwartet werden kann, dass innerhalb von 14 Tagen bei oraler Einnahme der Tod von 50 Prozent junger ausgewachsener Albino-Ratten herbeigeführt wird. Der LD_{50}-Wert wird in Masse Prüfsubstanz zu Masse Versuchstier (mg/kg) ausgedrückt.

2.6.2.1.2 [LD_{50} für akute dermale Toxizität]

LD_{50} für akute dermale Toxizität ist die Dosis des Stoffes, die bei ununterbrochenem Kontakt mit der nackten Haut des Albinokaninchens über einen Zeitraum von 24 Stunden voraussichtlich bei der Hälfte der Versuchstiere innerhalb von 14 Tagen zum Tode führt. Die Anzahl der Versuchstiere muss zur Erzielung eines statistisch signifikanten Ergebnisses ausreichend sein und der guten pharmakologischen Praxis entsprechen. Das Ergebnis wird in Milligramm pro Kilogramm Körpergewicht ausgedrückt.

2.6.2.1.3 [LC_{50} für akute Toxizität beim Einatmen]

LC_{50} für akute Toxizität beim Einatmen ist die Dampf-, Nebel- oder Staubkonzentration, die bei ununterbrochenem Einatmen über einen Zeitraum von 1 Stunde durch sowohl männliche als auch weibliche junge ausgewachsene Albino-Ratten voraussichtlich innerhalb von 14 Tagen bei der Hälfte aller Versuchstiere zum Tode führt. Ein fester Stoff muss geprüft werden, wenn mindestens 10 Masse-% seiner Gesamtmasse einatembarer Staub sein können, z. B. wenn der aerodynamische Durchmesser dieser Fraktion von Teilchen 10 µm oder weniger beträgt. Ein flüssiger Stoff muss geprüft werden, wenn bei einer Undichtigkeit eines Transportbehälters ein Nebel (Aerosol) entstehen kann. Sowohl für feste Stoffe als auch für flüssige Stoffe gilt, dass mehr als 90 Masse-% einer zur Inhalationstoxizitätsprüfung eingesetzten Probe im einatembaren Bereich (wie oben angegeben) liegen müssen. Das Ergebnis wird in Milligramm pro Liter Luft für Stäube und Nebel bzw. Milliliter pro Kubikmeter Luft (Teile pro Million) für Dämpfe ausgedrückt.

Eigenschaften 2.6.2.1.4

.1 Die von diesen Stoffen ausgehenden Vergiftungsgefahren sind abhängig von der Art und Weise, wie sie mit dem menschlichen Körper in Berührung kommen, d. h. durch Einatmen der Dämpfe durch Personen, die sich in Unkenntnis der Gefahr in der Nähe der Ladung aufhalten, oder durch direkten körperlichen Kontakt mit den Stoffen. Diese Möglichkeiten sind im Zusammenhang mit der Wahrscheinlichkeit eines Unfalls während der Beförderung mit Seeschiffen berücksichtigt worden.

.2 Nahezu alle giftigen Stoffe entwickeln unter Feuereinwirkung oder bei der Zersetzung durch Wärmeeinwirkung giftige Gase.

.3 Ein Stoff, bei dem der Zusatz „stabilisiert" angegeben ist, darf in nicht stabilisiertem Zustand nicht befördert werden.

Einstufung von giftigen Stoffen in Verpackungsgruppen 2.6.2.2

[Bedeutung der Verpackungsgruppen] 2.6.2.2.1

Giftige Stoffe sind für Verpackungszwecke nach dem Grad der bei der Beförderung von ihnen ausgehenden Vergiftungsgefahren in drei Verpackungsgruppen eingestuft:

.1	Verpackungsgruppe I:	Stoffe und Zubereitungen mit hoher Vergiftungsgefahr,
.2	Verpackungsgruppe II:	Stoffe und Zubereitungen mit mittlerer Vergiftungsgefahr,
.3	Verpackungsgruppe III:	Stoffe und Zubereitungen mit geringer Vergiftungsgefahr.

[Faktoren der Einstufung] 2.6.2.2.2

Bei dieser Einstufung sind Erfahrungen aus Fällen, in denen Menschen unbeabsichtigt Vergiftungen erlitten haben, sowie die besonderen Eigenschaften jedes einzelnen Stoffes wie z. B. Flüssigkeitszustand, hohe Flüchtigkeit, eine besondere Penetrationswahrscheinlichkeit und besondere biologische Wirkungen in Betracht gezogen worden.

[Tierversuche] 2.6.2.2.3

Sofern keine Erfahrungswerte in Bezug auf den Menschen vorlagen, erfolgte die Einstufung auf der Grundlage von Daten aus Tierversuchen. Drei mögliche Applikationsarten sind untersucht worden. Diese sind:

- orale Aufnahme,
- Hautkontakt und
- Einatmen von Stäuben, Nebeln oder Dämpfen.

[Priorität des Gefahrengrads] 2.6.2.2.3.1

Zu den entsprechenden Tierversuchsdaten für die verschiedenen Applikationsarten siehe 2.6.2.1. Weist ein Stoff bei zwei oder mehr Applikationsarten unterschiedliche Toxizitätsgrade auf, erfolgte die Einstufung in die Verpackungsgruppe entsprechend dem in den Versuchen ermittelten höchsten Gefahrengrad.

[Einstufungskriterien] 2.6.2.2.4

Die Kriterien für die Einstufung eines Stoffes entsprechend seiner Toxizität bei allen drei Applikationsarten sind im Folgenden dargestellt.

[Schwellenwerte] 2.6.2.2.4.1

Die Kriterien für die Einstufung in die Verpackungsgruppe für die orale und die dermale Applikationsart sowie für das Einatmen von Stäuben und Nebeln sind in der folgenden Tabelle aufgeführt.

2.6.2.2.4.1 (Forts.) **Kriterien für die Einstufung in die Verpackungsgruppe für die Applikationsarten orale Aufnahme, Hautkontakt und Einatmen von Stäuben und Nebeln**

Verpackungsgruppe	Giftigkeit bei Einnahme LD_{50} (mg/kg)	Giftigkeit bei Absorption durch die Haut LD_{50} (mg/kg)	Inhalationstoxizität durch Staub und Nebel LC_{50} (mg/l)
I	$\leq 5{,}0$	≤ 50	$\leq 0{,}2$
II	$> 5{,}0$ und ≤ 50	> 50 und ≤ 200	$> 0{,}2$ und $\leq 2{,}0$
III*	> 50 und ≤ 300	> 200 und $\leq 1\,000$	$> 2{,}0$ und $\leq 4{,}0$

* Tränenreizstoffe müssen in die Verpackungsgruppe II eingestuft werden, auch wenn ihre Toxizitätsdaten den Werten für die Verpackungsgruppe III entsprechen.

Bemerkung: *Stoffe, die die Kriterien der Klasse 8 erfüllen und eine Toxizität beim Einatmen von Stäuben und Nebeln (LC_{50}) entsprechend Verpackungsgruppe I aufweisen, dürfen nur dann der Klasse 6.1 zugeordnet werden, wenn die Toxizität bei oraler Aufnahme oder bei Hautkontakt mindestens der Verpackungsgruppe I oder II entspricht. Andernfalls sind die Stoffe, soweit zutreffend, der Klasse 8 zuzuordnen (siehe 2.8.2.4).*

2.6.2.2.4.2 **[Applikationsdauer Stäube/Nebel]**

Die Kriterien für die Inhalationstoxizität von Stäuben und Nebeln nach 2.6.2.2.4.1 basieren auf den LC_{50}-Werten bei einstündiger Applikation. Wenn diese Angaben verfügbar sind, müssen sie verwendet werden. Wenn jedoch nur LC_{50}-Werte bei vierstündiger Applikation von Stäuben und Nebeln verfügbar sind, können diese Werte mit vier multipliziert und die Ergebnisse anstelle der oben genannten Kriterien eingesetzt werden, d. h. LC_{50} (4 h) × 4 gilt als Äquivalent von LC_{50} (1 h).

2.6.2.2.4.3 **[Flüssigkeiten]**

Flüssige Stoffe, die giftige Dämpfe abgeben, sind den nachstehenden Verpackungsgruppen zuzuordnen. Der Buchstabe „*V*" ist die gesättigte Dampfkonzentration in ml/m^3 Luft bei 20 °C und Standardatmosphärendruck.

Verpackungsgruppe I: wenn $V \geq 10\ LC_{50}$ und $LC_{50} \leq 1\,000\ ml/m^3$,

Verpackungsgruppe II: wenn $V \geq LC_{50}$ und $LC_{50} \leq 3\,000\ ml/m^3$ und die Kriterien für Verpackungsgruppe I nicht erfüllt sind,

Verpackungsgruppe III: wenn $V \geq 1/5\ LC_{50}$ und $LC_{50} \leq 5\,000\ ml/m^3$ und die Kriterien für Verpackungsgruppe I oder II nicht erfüllt sind.

Bemerkung: *Tränenreizstoffe müssen in die Verpackungsgruppe II eingestuft werden, auch wenn ihre Toxizitätsdaten den Werten für die Verpackungsgruppe III entsprechen.*

2.6.2.2.4.4 **[Nomogramm]**

Zur Erleichterung der Zuordnung sind in der Abbildung 2-3 die Kriterien nach 2.6.2.2.4.3 graphisch dargestellt. Wegen der nur ungefähren Genauigkeit, die sich durch die Verwendung graphischer Darstellungen ergibt, müssen Stoffe, die auf eine Grenzlinie zwischen den Verpackungsgruppen fallen oder nahe an der Grenzlinie liegen, anhand von Zahlenwerten überprüft werden.

2.6.2.2.4.4 (Forts.)

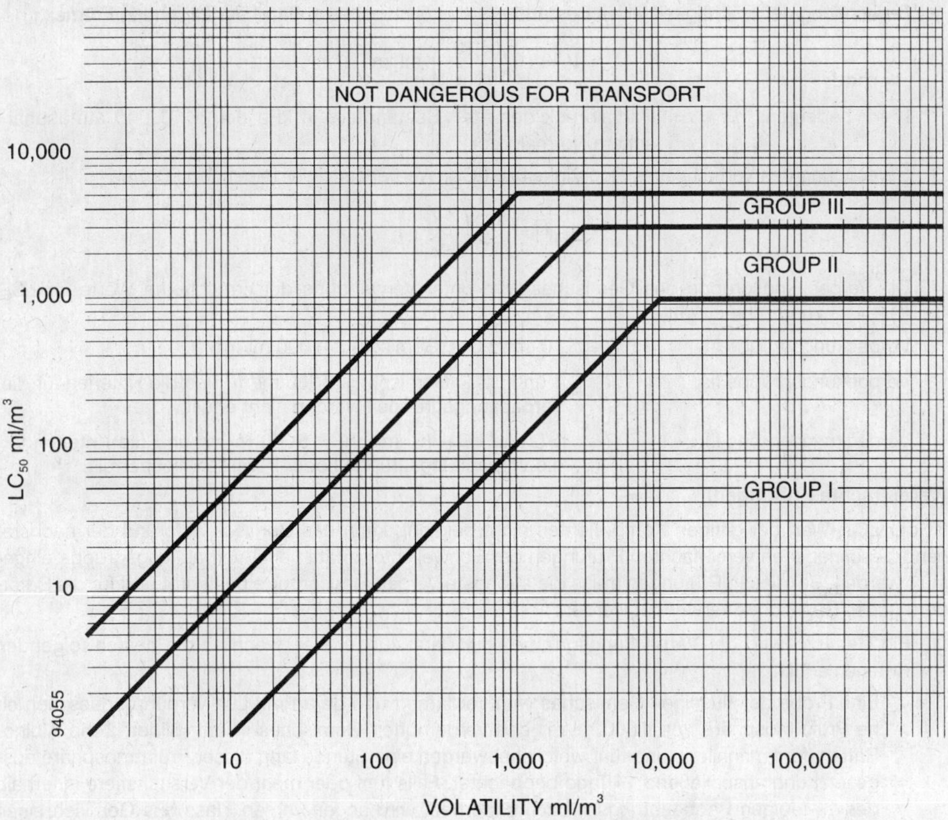

Abb. 2-3 – Inhalationstoxizität: Grenzlinien zwischen den Verpackungsgruppen

[Applikationsdauer Dämpfe] 2.6.2.2.4.5

Die Kriterien für die Inhalationstoxizität von Dämpfen nach 2.6.2.2.4.3 basieren auf den LC_{50}-Werten bei einstündiger Applikation. Wenn diese Angaben verfügbar sind, müssen sie verwendet werden. Wenn jedoch nur LC_{50}-Werte bei vierstündiger Applikation der Dämpfe verfügbar sind, können diese Werte mit zwei multipliziert und die Ergebnisse anstelle der oben genannten Kriterien eingesetzt werden, d. h. LC_{50} (4 h) × 2 gilt als Äquivalent von LC_{50} (1 h).

[Gemische] 2.6.2.2.4.6

Gemische von flüssigen Stoffen, die beim Einatmen giftig sind, müssen den Verpackungsgruppen entsprechend 2.6.2.2.4.7 oder 2.6.2.2.4.8 zugeordnet werden.

[Gemisch-Formeln] 2.6.2.2.4.7

Ist der LC_{50}-Wert für jeden giftigen Stoff, der Bestandteil eines Gemisches ist, bekannt, kann die Verpackungsgruppe wie folgt bestimmt werden:

.1 Berechnung des LC_{50}-Wertes des Gemisches anhand der folgenden Formel:

$$LC_{50}\ (\text{Gemisch}) = \frac{1}{\sum_{i=1}^{n}\left(\frac{f_i}{LC_{50i}}\right)}$$

Hierin bedeuten: f_i = Molenbruch des *i*-ten Bestandteils des Gemisches,

LC_{50i} = mittlere tödliche Konzentration des *i*-ten Bestandteils in ml/m³.

2.6.2.2.4.7 (Forts.)

.2 Berechnung der Flüchtigkeit jedes Bestandteils des Gemisches anhand der folgenden Formel:

$$V_i = \left(\frac{P_i \times 10^6}{101,3}\right) \text{ ml/m}^3$$

Hierin bedeuten: P_i = Partialdruck des i-ten Bestandteils in kPa bei 20 °C und atmosphärischem Normaldruck.

.3 Berechnung des Verhältnisses Flüchtigkeit zu LC_{50}-Wert anhand der folgenden Formel:

$$R = \sum_{i=1}^{n} \left(\frac{V_i}{LC_{50i}}\right)$$

.4 Die Verpackungsgruppe des Gemisches wird unter Verwendung der errechneten Werte für LC_{50} (Gemisch) und R bestimmt:

Verpackungsgruppe I: $R \geq$ 10 und LC_{50} (Gemisch) $\leq$ 1 000 ml/m³,

Verpackungsgruppe II: $R \geq$ 1 und LC_{50} (Gemisch) $\leq$ 3 000 ml/m³ und die Kriterien für die Verpackungsgruppe I werden nicht erfüllt,

Verpackungsgruppe III: $R \geq$ 1/5 und LC_{50} (Gemisch) $\leq$ 5 000 ml/m³ und die Kriterien für die Verpackungsgruppe I oder II werden nicht erfüllt.

2.6.2.2.4.8 **[Vereinfachte Prüfungen]**

Ist der LC_{50}-Wert der giftigen Komponenten nicht bekannt, kann das Gemisch aufgrund der nachstehend beschriebenen vereinfachten Prüfungen der Schwellentoxizität in eine Verpackungsgruppe eingestuft werden. Bei diesen Prüfungen muss die strengste Verpackungsgruppe bestimmt und für die Beförderung des Gemisches verwendet werden.

.1 Ein Gemisch wird der Verpackungsgruppe I nur dann zugeordnet, wenn es die beiden folgenden Kriterien erfüllt:

- Eine Probe des flüssigen Gemisches wird verdampft und derart mit Luft verdünnt, dass sich eine Prüfatmosphäre von 1 000 ml/m³ des verdampften Gemisches in Luft bildet. Zehn Albino-Ratten (fünf männliche und fünf weibliche) werden eine Stunde lang dieser Prüfatmosphäre ausgesetzt und anschließend 14 Tage beobachtet. Falls fünf oder mehr der Versuchstiere innerhalb des 14-tägigen Beobachtungszeitraums sterben, wird angenommen, dass das Gemisch einen LC_{50}-Wert von 1 000 ml/m³ oder weniger hat.
- Eine Probe des Dampfes, der bei 20 °C im Gleichgewicht mit dem flüssigen Gemisch steht, wird zur Bildung einer Prüfatmosphäre mit dem neunfachen Luftvolumen verdünnt. Zehn Albino-Ratten (fünf männliche und fünf weibliche) werden eine Stunde lang dieser Prüfatmosphäre ausgesetzt und anschließend 14 Tage beobachtet. Falls fünf oder mehr der Versuchstiere innerhalb des 14-tägigen Beobachtungszeitraums sterben, wird angenommen, dass das Gemisch eine Flüchtigkeit hat, die das Zehnfache des LC_{50}-Wertes des Gemisches beträgt oder darüber liegt.

.2 Ein Gemisch wird der Verpackungsgruppe II nur dann zugeordnet, wenn es die beiden folgenden Kriterien, nicht aber die Kriterien für die Verpackungsgruppe I erfüllt:

- Eine Probe des flüssigen Gemisches wird verdampft und derart mit Luft verdünnt, dass sich eine Prüfatmosphäre von 3 000 ml/m³ verdampften Gemisches in Luft bildet. Zehn Albino-Ratten (fünf männliche und fünf weibliche) werden eine Stunde lang dieser Prüfatmosphäre ausgesetzt und anschließend 14 Tage beobachtet. Falls fünf oder mehr der Versuchstiere innerhalb des 14-tägigen Beobachtungszeitraums sterben, wird angenommen, dass das Gemisch einen LC_{50}-Wert von 3 000 ml/m³ oder weniger hat.
- Eine Probe des Dampfes, der bei 20 °C im Gleichgewicht mit dem flüssigen Gemisch steht, wird zur Bildung einer Prüfatmosphäre verwendet. Zehn Albino-Ratten (fünf männliche und fünf weibliche) werden eine Stunde lang dieser Prüfatmosphäre ausgesetzt und anschließend 14 Tage beobachtet. Falls fünf oder mehr der Versuchstiere innerhalb des 14-tägigen Beobachtungszeitraums sterben, wird angenommen, dass das Gemisch eine Flüchtigkeit hat, die gleich dem LC_{50}-Wert des Gemisches ist oder größer ist als dieser.

2.6.2.2.4.8 (Forts.)

.3 Ein Gemisch wird der Verpackungsgruppe III nur dann zugeordnet, wenn es die beiden folgenden Kriterien, nicht aber die Kriterien für die Verpackungsgruppe I oder II erfüllt:

– Eine Probe des flüssigen Gemisches wird verdampft und derart mit Luft verdünnt, dass sich eine Prüfatmosphäre von 5 000 ml/m^3 verdampften Gemisches in Luft bildet. Zehn Albino-Ratten (fünf männliche und fünf weibliche) werden eine Stunde lang dieser Prüfatmosphäre ausgesetzt und anschließend 14 Tage beobachtet. Falls fünf oder mehr der Versuchstiere innerhalb des 14-tägigen Beobachtungszeitraums sterben, wird angenommen, dass das Gemisch einen LC_{50}-Wert von 5 000 ml/m^3 oder weniger hat.

– Der Dampfdruck des flüssigen Gemisches wird gemessen; ist die Dampfkonzentration gleich 1 000 ml/m^3 oder größer, wird angenommen, dass das Gemisch eine Flüchtigkeit hat, die gleich 1/5 des LC_{50}-Wertes des Gemisches oder größer als dieser ist.

Methoden zur Bestimmung der oralen und dermalen Toxizität von Gemischen 2.6.2.3

[LD_{50}-Wert] 2.6.2.3.1

Für die Zuordnung von Gemischen zur Klasse 6.1 und die Einstufung in die geeignete Verpackungsgruppe entsprechend den Kriterien für die orale und dermale Toxizität nach 2.6.2.2 ist die Bestimmung des akuten LD_{50}-Wertes des Gemisches erforderlich.

[Berechnung Einstoffgemisch] 2.6.2.3.2

Wenn ein Gemisch nur einen Wirkstoff enthält, dessen LD_{50}-Wert bekannt ist, kann, wenn keine verlässlichen Angaben zur oralen und dermalen akuten Toxizität des zu befördernden Gemisches bekannt sind, der orale oder der dermale LD_{50}-Wert durch folgende Berechnungsmethode ermittelt werden:

$$LC_{50}\text{-Wert der Zubereitung} = \frac{LC_{50}\text{-Wert des Wirkstoffes} \times 100}{\text{Anteil des Wirkstoffes (Masse-\%)}}$$

[Berechnung Mehrstoffgemisch] 2.6.2.3.3

Wenn ein Gemisch mehr als einen Wirkstoff enthält, können drei mögliche Methoden für die Bestimmung des oralen oder dermalen LD_{50}-Wertes des Gemisches angewendet werden. Die Ermittlung verlässlicher Daten über die akute orale und dermale Toxizität des zu befördernden Gemisches gilt als die bevorzugte Methode. Liegen keine verlässlichen genauen Daten vor, kann eine der folgenden Methoden angewendet werden:

.1 Zuordnung der Zubereitung entsprechend dem gefährlichsten Bestandteil des Gemisches unter der Annahme, dass dieser Bestandteil in der gleichen Konzentration wie die Gesamtkonzentration aller Wirkstoffe vorliegt, oder

.2 Anwendung der folgenden Formel:

$$\frac{C_A}{T_A} + \frac{C_B}{T_B} + \ldots + \frac{C_Z}{T_Z} = \frac{100}{T_M}$$

Hierin bedeuten: C = die Konzentration in % des Bestandteils A, B, … Z des Gemisches
T = der orale LD_{50}-Wert des Bestandteils A, B, … Z
T_M = der orale LD_{50}-Wert des Gemisches.

***Bemerkung:** Diese Formel kann auch für die dermale Toxizität Anwendung finden, vorausgesetzt, dass diese Angaben in der gleichen Art für alle Bestandteile verfügbar sind. Die Anwendung dieser Formel berücksichtigt keine Potenzierung oder gegenseitige Abschwächung der Wirkungen.*

Klassifizierung von Pestiziden 2.6.2.4

[Einstufung] 2.6.2.4.1

Alle Pestizid-Wirkstoffe und ihre Zubereitungen, deren LC_{50}– und/oder LD_{50}-Werte bekannt sind und die der Klasse 6.1 zugeordnet sind, müssen gemäß den Kriterien in 2.6.2.2 in die geeigneten Verpackungsgruppen eingestuft werden. Die Zuordnung von Stoffen und Zubereitungen, die Zusatzgefahren aufweisen, muss nach der Tabelle der überwiegenden Gefahr in 2.0.3 mit der Einstufung in die entsprechende Verpackungsgruppe erfolgen.

2.6.2.4.2 [LD_{50}-Wert]

Ist der orale oder dermale LD_{50}-Wert einer Pestizidzubereitung nicht bekannt, der LD_{50}-Wert ihres (ihrer) Wirkstoffe(s) jedoch bekannt, kann der LD_{50}-Wert der Zubereitung durch Anwendung der Verfahren in 2.6.2.3 ermittelt werden.

Bemerkung: *Die LD_{50}-Toxizitätsdaten einer Reihe häufig verwendeter Pestizide können aus der neuesten Ausgabe der Veröffentlichung „The WHO Recommended Classification of Pesticides by Hazard and Guidelines to Classification" entnommen werden, die über die Weltgesundheitsorganisation (WHO), International Programme on Chemical Safety, 1211 Genf 27, Schweiz bezogen werden kann. Dieses Dokument kann zwar als Quelle für die LD_{50}-Werte von Pestiziden verwendet werden, das darin enthaltene Einstufungssystem darf jedoch nicht für die Einstufung von Pestiziden für Beförderungszwecke und ihre Einstufung in Verpackungsgruppen angewendet werden. Die Zuordnung und Einstufung müssen nach den Vorschriften dieses Codes erfolgen.*

2.6.2.4.3 [Richtiger technischer Name]

Die bei der Beförderung der Pestizide verwendeten richtigen technischen Namen sind auf der Grundlage des wirksamen Bestandteils, des Aggregatzustands des Pestizids und möglicher Zusatzgefahren zu wählen.

2.6.2.5 Nicht zur Beförderung zugelassene Stoffe

→ D: GGVSee § 17 Nr. 1
→ D: GGVSee § 21 Nr. 1

Chemisch instabile Stoffe der Klasse 6.1 sind zur Beförderung nur zugelassen, wenn die erforderlichen Vorsichtsmaßnahmen zur Verhinderung der Möglichkeit einer gefährlichen Zersetzung oder Polymerisation unter normalen Beförderungsbedingungen getroffen wurden. Für die Vorsichtsmaßnahmen zur Verhinderung einer Polymerisation siehe Sondervorschrift 386 in Kapitel 3.3. Zu diesem Zweck muss insbesondere dafür gesorgt werden, dass die Gefäße und Tanks keine Stoffe enthalten, die diese Reaktionen begünstigen können.

2.6.3 Klasse 6.2 – Ansteckungsgefährliche Stoffe

2.6.3.1 Begriffsbestimmungen

Für Zwecke des Codes gilt:

2.6.3.1.1 [Ansteckungsgefährliche Stoffe]

Ansteckungsgefährliche Stoffe sind Stoffe, von denen bekannt oder anzunehmen ist, dass sie Krankheitserreger enthalten. Krankheitserreger sind Mikroorganismen (einschließlich Bakterien, Viren, Rickettsien, Parasiten und Pilze) und andere Erreger wie Prionen, die bei Menschen oder Tieren Krankheiten hervorrufen können.

2.6.3.1.2 [Biologische Produkte]

Biologische Produkte sind Produkte von lebenden Organismen, die in Übereinstimmung mit den Vorschriften der entsprechenden nationalen Behörden, die besondere Zulassungsvorschriften erlassen können, hergestellt und verteilt werden und die entweder für die Vorbeugung, Behandlung oder Diagnose von Krankheiten an Menschen oder Tieren oder für diesbezügliche Entwicklungs-, Versuchs- oder Forschungszwecke verwendet werden. Sie schließen Fertigprodukte, wie Impfstoffe, oder Zwischenprodukte ein, sind aber nicht auf diese begrenzt.

2.6.3.1.3 [Kulturen]

Kulturen sind das Ergebnis eines Prozesses, bei dem Krankheitserreger absichtlich vermehrt werden. Diese Begriffsbestimmung schließt von menschlichen oder tierischen Patienten entnommene Proben gemäß der in Begriffsbestimmung 2.6.3.1.4 nicht ein.

2.6.3.1.4 [Patientenproben]

Von Patienten entnommene Proben (Patientenproben) sind solche, die direkt von Menschen oder Tieren entnommen werden, einschließlich, jedoch nicht begrenzt auf Ausscheidungsstoffe, Sekrete, Blut und Blutbestandteile, Gewebe und Abstriche von Gewebsflüssigkeit sowie Körperteile, die insbesondere zu Forschungs-, Diagnose-, Untersuchungs-, Behandlungs- oder Vorsorgezwecken befördert werden.

(bleibt offen) 2.6.3.1.5

[Abfälle] 2.6.3.1.6

Medizinische oder klinische Abfälle sind Abfälle, die aus der medizinischen Behandlung von Tieren oder Menschen oder aus der biologischen Forschung stammen.

Klassifizierung ansteckungsgefährlicher Stoffe 2.6.3.2

[UN-Nummern] 2.6.3.2.1

Ansteckungsgefährliche Stoffe sind der Klasse 6.2 und je nach Fall der UN-Nummer 2814, 2900, 3291 oder 3373 zuzuordnen.

[Kategorienunterteilung] 2.6.3.2.2

Ansteckungsgefährliche Stoffe werden in folgende Kategorien unterteilt:

[Kategorie A] 2.6.3.2.2.1

Kategorie A: Ein ansteckungsgefährlicher Stoff, der in einer solchen Form befördert wird, dass er bei einer Exposition bei sonst gesunden Menschen oder Tieren eine dauerhafte Behinderung oder eine lebensbedrohende oder tödliche Krankheit hervorrufen kann. Beispiele für Stoffe, die diese Kriterien erfüllen, sind in der Tabelle dieses Absatzes aufgeführt.

***Bemerkung:** Eine Exposition erfolgt, wenn ein ansteckungsgefährlicher Stoff aus der Schutzverpackung austritt und zu einem physischen Kontakt mit Menschen oder Tieren führt.*

.1 Ansteckungsgefährliche Stoffe, die diese Kriterien erfüllen und die bei Menschen oder sowohl bei Menschen als auch bei Tieren eine Krankheit hervorrufen können, sind der UN-Nummer 2814 zuzuordnen. Ansteckungsgefährliche Stoffe, die nur bei Tieren eine Krankheit hervorrufen können, sind der UN-Nummer 2900 zuzuordnen.

.2 Die Zuordnung zur UN-Nummer 2814 oder 2900 hat auf der Grundlage der bekannten Anamnese und Symptome des erkrankten Menschen oder Tieres, der lokalen endemischen Gegebenheiten oder der Einschätzung eines Spezialisten bezüglich des individuellen Zustands des erkrankten Menschen oder Tieres zu erfolgen.

***Bemerkung 1:** Der richtige technische Name der UN-Nummer 2814 lautet „ANSTECKUNGSGEFÄHRLICHER STOFF, GEFÄHRLICH FÜR MENSCHEN". Der richtige technische Name der UN-Nummer 2900 lautet „ANSTECKUNGSGEFÄHRLICHER STOFF, nur GEFÄHRLICH FÜR TIERE".*

***Bemerkung 2:** Die nachfolgende Tabelle ist nicht vollständig. Ansteckungsgefährliche Stoffe, einschließlich neue oder auftauchende Krankheitserreger, die in der Tabelle nicht aufgeführt sind, die jedoch dieselben Kriterien erfüllen, sind der Kategorie A zuzuordnen. Darüber hinaus ist ein Stoff in die Kategorie A aufzunehmen, wenn Zweifel darüber bestehen, ob dieser die Kriterien erfüllt oder nicht.*

***Bemerkung 3:** Diejenigen Mikroorganismen, die in der nachfolgenden Tabelle in Kursivschrift dargestellt sind, sind Bakterien, Mykoplasmen, Rickettsien oder Pilze.*

Beispiele für ansteckungsgefährliche Stoffe, die in jeder Form unter die Kategorie A fallen, sofern nichts anderes angegeben ist (siehe 2.6.3.2.2.1.1)

UN-Nummer und richtiger technischer Name	Mikroorganismus
UN 2814 ANSTECKUNGSGEFÄHRLICHER STOFF, GEFÄHRLICH FÜR MENSCHEN	*Bacillus anthracis* (nur Kulturen)
	Brucella abortus (nur Kulturen)
	Brucella melitensis (nur Kulturen)
	Brucella suis (nur Kulturen)
	Burkholderia mallei – Pseudomonas mallei – Rotz (nur Kulturen)
	Burkholderia pseudomallei – Pseudomonas pseudomallei (nur Kulturen)
	Chlamydia psittaci – aviäre Stämme (nur Kulturen)
	Clostridium botulinum (nur Kulturen)

2.6.3.2.2.1 (Forts.)

UN-Nummer und richtiger technischer Name	Mikroorganismus
UN 2814 ANSTECKUNGSGEFÄHRLICHER STOFF, GEFÄHRLICH FÜR MENSCHEN *(Forts.)*	*Coccidioides immitis* (nur Kulturen)
	Coxiella burnetii (nur Kulturen)
	Virus des hämorrhagischen Krim-Kongo-Fiebers
	Dengue-Virus (nur Kulturen)
	Virus der östlichen Pferde-Encephalitis (nur Kulturen)
	Escherichia coli, verotoxigen (nur Kulturen)
	Ebola-Virus
	Flexal-Virus
	Francisella tularensis (nur Kulturen)
	Guanarito-Virus
	Hantaan-Virus
	Hanta-Virus, das hämorrhagisches Fieber mit Nierensyndrom hervorruft
	Hendra-Virus
	Hepatitis-B-Virus (nur Kulturen)
	Herpes-B-Virus (nur Kulturen)
	humanes Immundefizienz-Virus (nur Kulturen)
	hoch pathogenes Vogelgrippe-Virus (nur Kulturen)
	japanisches Encephalitis-Virus (nur Kulturen)
	Junin-Virus
	Kyasanur-Waldkrankheit-Virus
	Lassa-Virus
	Machupo-Virus
	Marburg-Virus
	Affenpocken-Virus
	Mycobacterium tuberculosis (nur Kulturen)
	Nipah-Virus
	Virus des hämorrhagischen Omsk-Fiebers
	Polio-Virus (nur Kulturen)
	Tollwut-Virus (nur Kulturen)
	Rickettsia prowazekii (nur Kulturen)
	Rickettsia rickettsii (nur Kulturen)
	Rifttal-Fiebervirus (nur Kulturen)
	Virus der russischen Frühsommer-Encephalitis (nur Kulturen)
	Sabia-Virus
	Shigella dysenteriae type 1 (nur Kulturen)
	Zecken-Encephalitis-Virus (nur Kulturen)

2.6.3.2.2.1 (Forts.)

UN-Nummer und richtiger technischer Name	Mikroorganismus
UN 2814 ANSTECKUNGSGEFÄHRLICHER STOFF, GEFÄHRLICH FÜR MENSCHEN *(Forts.)*	Pocken-Virus
	Virus der Venezuela-Pferde-Encephalitis (nur Kulturen)
	West-Nil-Virus (nur Kulturen)
	Gelbfieber-Virus (nur Kulturen)
	Yersinia pestis (nur Kulturen)
UN 2900 ANSTECKUNGSGEFÄHRLICHER STOFF, nur GEFÄHRLICH FÜR TIERE	Virus der afrikanischen Schweinepest (nur Kulturen)
	Aviäres Paramyxo-Virus Typ 1 – Virus der velogenen Newcastle-Krankheit (nur Kulturen)
	klassisches Schweinepest-Virus (nur Kulturen)
	Maul- und Klauenseuche-Virus (nur Kulturen)
	Virus der Dermatitis nodularis (lumpy skin disease) (nur Kulturen)
	Mycoplasma mycoides – infektiöse bovine Pleuropneumonie (nur Kulturen)
	Kleinwiederkäuer-Pest-Virus (nur Kulturen)
	Rinderpest-Virus (nur Kulturen)
	Schafpocken-Virus (nur Kulturen)
	Ziegenpocken-Virus (nur Kulturen)
	Virus der vesikulären Schweinekrankheit (nur Kulturen)
	Vesicular stomatitis virus (nur Kulturen)

[Kategorie B] 2.6.3.2.2.2

Kategorie B: Ein ansteckungsgefährlicher Stoff, der den Kriterien für eine Aufnahme in Kategorie A nicht entspricht. Ansteckungsgefährliche Stoffe der Kategorie B sind der UN-Nummer 3373 zuzuordnen.

Bemerkung: *Der richtige technische Name der UN-Nummer 3373 lautet „BIOLOGISCHER STOFF, KATEGORIE B“.*

Freistellungen 2.6.3.2.3

[Freigestellte Stoffe] 2.6.3.2.3.1

Stoffe, die keine ansteckungsgefährlichen Stoffe enthalten, oder Stoffe, bei denen es unwahrscheinlich ist, dass sie bei Menschen oder Tieren Krankheiten hervorrufen, unterliegen nicht den Vorschriften dieses Codes, es sei denn, sie entsprechen den Kriterien für die Aufnahme in eine andere Klasse.

[Nicht pathogene Mikroorganismen] 2.6.3.2.3.2

Stoffe, die Mikroorganismen enthalten, die gegenüber Menschen oder Tieren nicht pathogen sind, unterliegen nicht den Vorschriften dieses Codes, es sei denn, sie entsprechen den Kriterien für die Aufnahme in eine andere Klasse.

[Neutralisierte Krankheitserreger] 2.6.3.2.3.3

Stoffe in einer Form, in der jegliche vorhandene Krankheitserreger so neutralisiert oder deaktiviert wurden, dass sie kein Gesundheitsrisiko mehr darstellen, unterliegen nicht den Vorschriften dieses Codes, es sei denn, sie entsprechen den Kriterien für die Aufnahme in eine andere Klasse.

Bemerkung: *Medizinische Geräte, denen freie Flüssigkeit entzogen wurde, gelten als den Vorschriften dieses Absatzes entsprechend und unterliegen nicht den Bestimmungen dieses Codes.*

2.6.3.2.3.4 [Umweltproben]

Umweltproben (einschließlich Nahrungsmittel und Wasserproben), bei denen nicht davon auszugehen ist, dass sie ein bedeutsames Infektionsrisiko darstellen, unterliegen nicht den Vorschriften dieses Codes, es sei denn, sie entsprechen den Kriterien für die Aufnahme in eine andere Klasse.

2.6.3.2.3.5 [Blut]

Getrocknetes Blut, das durch Aufbringen eines Bluttropfens auf ein saugfähiges Material gewonnen wird,unterliegt nicht den Vorschriften dieses Codes.

2.6.3.2.3.6 [Screening-Proben]

Vorsorgeuntersuchungsproben (Screening-Proben) für im Stuhl enthaltenes Blut unterliegen nicht den Vorschriften dieses Codes.

2.6.3.2.3.7 [Transfusion/Transplantation]

Blut oder Blutbestandteile, die für Zwecke der Transfusion oder der Zubereitung von Blutprodukten für die Verwendung bei der Transfusion oder der Transplantation gesammelt wurden, und alle Gewebe oder Organe, die zur Transplantation bestimmt sind, sowie Proben, die zu diesen Zwecken entnommen wurden, unterliegen nicht den Vorschriften dieses Codes.

2.6.3.2.3.8 [Patientenproben]

Von Menschen oder Tieren entnommene Proben (Patientenproben), bei denen eine minimale Wahrscheinlichkeit besteht, dass sie Krankheitserreger enthalten, unterliegen nicht den Vorschriften dieses Codes, wenn die Probe in einer Verpackung befördert wird, die jegliches Freiwerden verhindert und die mit dem Ausdruck „FREIGESTELLTE MEDIZINISCHE PROBE"/„EXEMPT HUMAN SPECIMEN" bzw. „FREIGESTELLTE VETERINÄRMEDIZINISCHE PROBE"/„EXEMPT ANIMAL SPECIMEN" gekennzeichnet ist.

Die Verpackung sollte den folgenden Bedingungen entsprechen:

.1 Die Verpackung sollte aus drei Bestandteilen bestehen:
  .1 (einem) wasserdichten Primärgefäß(en);
  .2 einer wasserdichten Sekundärverpackung und
  .3 einer in Bezug auf ihren Fassungsraum, ihre Masse und ihre beabsichtigte Verwendung ausreichend festen Außenverpackung, bei der mindestens eine der Oberflächen eine Mindestabmessung von 100 mm × 100 mm aufweist.

.2 Für flüssige Stoffe sollte zwischen dem (den) Primärgefäß(en) und der Sekundärverpackung absorbierendes Material in einer für die Aufnahme des gesamten Inhalts ausreichenden Menge eingesetzt sein, so dass ein während der Beförderung austretender oder auslaufender flüssiger Stoff nicht die Außenverpackung erreicht und nicht zu einer Beeinträchtigung der Unversehrtheit des Polstermaterials führt.

.3 Wenn mehrere zerbrechliche Primärgefäße in eine einzige Sekundärverpackung eingesetzt werden, sollten diese entweder einzeln eingewickelt oder so voneinander getrennt sein, dass eine gegenseitige Berührung verhindert wird.

Bemerkung: *Für die Feststellung, ob ein Stoff nach den Vorschriften dieses Absatzes freigestellt ist, ist eine fachliche Beurteilung erforderlich. Diese Beurteilung sollte auf der Grundlage der bekannten Anamnese, Symptome und individuellen Gegebenheiten des betreffenden Patienten oder Tieres und den lokalen endemischen Bedingungen erfolgen. Beispiele für Proben, die nach den Vorschriften dieses Absatzes befördert werden können, sind*

- *Blut- oder Urinproben zur Kontrolle des Cholesterin-Spiegels, des Blutzucker-Spiegels, des Hormon-Spiegels oder prostataspezifischer Antikörper (PSA),*
- *erforderliche Proben zur Kontrolle der Organfunktionen, wie Herz-, Leber-, oder Nierenfunktion, bei Menschen oder Tieren mit nicht ansteckenden Krankheiten oder zur therapeutischen Arzneimittel-Kontrolle,*
- *für Versicherungs- oder Beschäftigungszwecke entnommene Proben mit dem Ziel, Drogen oder Alkohol festzustellen,*

- *Schwangerschaftstests,* 2.6.3.2.3.8 (Forts.)
- *Biopsien zur Feststellung von Krebs und*
- *Feststellung von Antikörpern bei Menschen oder Tieren bei Nichtvorhandensein eines Infektionsverdachts (z. B. Bewertung einer durch einen Impfstoff herbeigeführten Immunität, Diagnose einer Autoimmunerkrankung usw.).*

[Erleichterungen] 2.6.3.2.3.9

Mit Ausnahme von

.1 medizinischem Abfall (UN 3291),

.2 medizinischen Instrumenten oder Geräten, die mit ansteckungsgefährlichen Stoffen der Kategorie A (UN 2814 oder UN 2900) kontaminiert sind oder solche Stoffe enthalten, und

.3 medizinischen Instrumenten oder Geräten, die mit gefährlichen Gütern, welche unter die Begriffsbestimmung einer anderen Klasse fallen, kontaminiert sind oder solche Güter enthalten,

unterliegen medizinische Instrumente oder Geräte, die möglicherweise mit ansteckungsgefährlichen Stoffen kontaminiert sind oder solche Stoffe enthalten und die zur Desinfektion, Reinigung, Sterilisation, Reparatur oder zur Beurteilung der Geräte befördert werden, nicht den Vorschriften dieses Codes, wenn sie in Verpackungen verpackt sind, die so ausgelegt und gebaut sind, dass sie unter normalen Beförderungsbedingungen nicht zu Bruch gehen, durchstoßen werden oder ihren Inhalt freisetzen können. Die Verpackungen müssen so ausgelegt sein, dass sie den Bauvorschriften in 6.1.4 oder 6.6.4 entsprechen.

Diese Verpackungen müssen den allgemeinen Verpackungsvorschriften von 4.1.1.1 und 4.1.1.2 entsprechen und müssen in der Lage sein, nach einem Fall aus einer Höhe von 1,2 m die medizinischen Instrumente und Geräte zurückzuhalten.

Die Verpackungen müssen mit „GEBRAUCHTES MEDIZINISCHES INSTRUMENT"/„USED MEDICAL DEVICE" oder „GEBRAUCHTES MEDIZINISCHES GERÄT"/„USED MEDICAL EQUIPMENT" gekennzeichnet sein. Bei Verwendung von Umverpackungen müssen diese in gleicher Weise gekennzeichnet sein, es sei denn, die Aufschrift bleibt sichtbar.

Biologische Produkte 2.6.3.3

[Gruppenunterteilung] 2.6.3.3.1

Für Zwecke dieses Codes werden biologische Produkte in folgende Gruppen unterteilt:

.1 solche Produkte, die in Übereinstimmung mit den Vorschriften der zuständigen nationalen Behörden hergestellt und verpackt sind und zum Zwecke ihrer endgültigen Verpackung oder Verteilung befördert werden und die für die Behandlung durch medizinisches Personal oder Einzelpersonen verwendet werden. Stoffe dieser Gruppe unterliegen nicht den Vorschriften dieses Codes;

.2 solche Produkte, die nicht unter .1 fallen und von denen bekannt ist oder bei denen Gründe für die Annahme bestehen, dass sie ansteckungsgefährliche Stoffe enthalten, und die den Kriterien für eine Aufnahme in Kategorie A oder B entsprechen. Stoffe dieser Gruppe sind je nach Fall der UN-Nummer 2814, 2900 oder 3373 zuzuordnen.

Bemerkung: *Bei einigen amtlich zugelassenen biologischen Produkten ist eine biologische Gefahr nur in bestimmten Teilen der Welt gegeben. In diesem Fall können die zuständigen Behörden vorschreiben, dass diese biologischen Produkte den örtlichen Vorschriften für ansteckungsgefährliche Stoffe entsprechen müssen, oder andere Einschränkungen verfügen.* → *D: GGVSee § 1 (5)* → *D: GGVSee § 9 (2)* → *D: GGVSee § 8*

Genetisch veränderte Mikroorganismen und Organismen 2.6.3.4

Genetisch veränderte Mikroorganismen, die nicht der Begriffsbestimmung für ansteckungsgefährliche Stoffe entsprechen, sind nach Kapitel 2.9 zu klassifizieren. 2.6.3.4.1

Medizinische oder klinische Abfälle 2.6.3.5

[UN-Nummern 2814, 2900 und 3291] 2.6.3.5.1

Medizinische oder klinische Abfälle, die ansteckungsgefährliche Stoffe der Kategorie A enthalten, sind je nach Fall der UN-Nummer 2814 oder 2900 zuzuordnen. Medizinische oder klinische Abfälle, die ansteckungsgefährliche Stoffe der Kategorie B enthalten, sind der UN-Nummer 3291 zuzuordnen. → *A: Vollzugserlass 2017*

2.6.3.5.2 [UN-Nummer 3291]

Medizinische oder klinische Abfälle, bei denen Gründe für die Annahme bestehen, dass eine geringe Wahrscheinlichkeit für das Vorhandensein ansteckungsgefährlicher Stoffe besteht, sind der UN-Nummer 3291 zuzuordnen. Für die Zuordnung dürfen internationale, regionale oder nationale Abfallartenkataloge herangezogen werden.

Bemerkung: *Der richtige technische Name von UN 3291 lautet „KLINISCHER ABFALL, UNSPEZIFIZIERT, N.A.G." oder „(BIO)MEDIZINISCHER ABFALL, N.A.G." oder „UNTER DIE VORSCHRIFTEN FALLENDER MEDIZINISCHER ABFALL, N.A.G.".*

2.6.3.5.3 [Dekontaminierte Abfälle]

Dekontaminierte medizinische oder klinische Abfälle, die vorher ansteckungsgefährliche Stoffe enthalten haben, unterliegen nicht den Vorschriften dieses Codes, es sei denn, sie entsprechen den Kriterien für die Aufnahme in eine andere Klasse.

2.6.3.6 Infizierte Tiere

2.6.3.6.1 [Lebende Tiere]

Lebende Tiere dürfen nicht dazu benutzt werden, einen ansteckungsgefährlichen Stoff zu befördern, es sei denn, dieser kann nicht auf eine andere Weise befördert werden. Lebende Tiere, die absichtlich infiziert wurden und von denen bekannt ist oder bei denen der Verdacht besteht, dass sie einen ansteckungsgefährlichen Stoff enthalten, dürfen nur unter den von den zuständigen Behörden genehmigten Bedingungen und nach den einschlägigen Regelungen für Tiertransporte befördert werden.

Kapitel 2.7
Klasse 7 – Radioaktive Stoffe

→ D: GGVSee § 12
→ D: GGVSee § 13

Bemerkung: *Für die Klasse 7 kann die Art der Verpackung einen entscheidenden Einfluss auf die Klassifizierung haben.*

Begriffsbestimmungen 2.7.1

[Radioaktive Stoffe] 2.7.1.1

Radioaktive Stoffe sind Stoffe, die Radionuklide enthalten, bei denen sowohl die Aktivitätskonzentration als auch die Gesamtaktivität je Sendung die in 2.7.2.2.1 bis 2.7.2.2.6 aufgeführten Werte übersteigt.

Kontamination 2.7.1.2

→ CTU-Code Kap. 2

Kontamination ist das Vorhandensein eines radioaktiven Stoffes auf einer Oberfläche in Mengen von mehr als 0,4 Bq/cm^2 für Beta- und Gammastrahler und Alphastrahler geringer Toxizität oder 0,04 Bq/cm^2 für alle anderen Alphastrahler.

Nicht festhaftende Kontamination ist eine Kontamination, die unter Routine-Beförderungsbedingungen von der Oberfläche ablösbar ist.

Festhaftende Kontamination ist jede Kontamination mit Ausnahme der nicht festhaftenden Kontamination.

Besondere Begriffsbestimmungen 2.7.1.3

A_1 und A_2

A_1 ist der in der Tabelle in 2.7.2.2.1 aufgeführte oder der nach 2.7.2.2.2 abgeleitete Aktivitätswert von radioaktiven Stoffen in besonderer Form, der für die Bestimmung der Aktivitätsgrenzwerte für die Vorschriften dieses Codes verwendet wird.

A_2 ist der in der Tabelle in 2.7.2.2.1 aufgeführte oder der nach 2.7.2.2.2 abgeleitete Aktivitätswert von radioaktiven Stoffen, ausgenommen radioaktive Stoffe in besonderer Form, der für die Bestimmung der Aktivitätsgrenzwerte für die Vorschriften dieses Codes verwendet wird.

Alphastrahler geringer Toxizität sind: natürliches Uran, abgereichertes Uran, natürliches Thorium, Uran-235 oder Uran-238, Thorium-232, Thorium-228 und Thorium-230, wenn sie in Erzen oder in physikalischen oder chemischen Konzentraten enthalten sind, oder Alphastrahler mit einer Halbwertszeit von weniger als 10 Tagen.

Gering dispergierbarer radioaktiver Stoff ist entweder ein fester radioaktiver Stoff oder ein fester radioaktiver Stoff in einer dichten Kapsel, der eine begrenzte Dispersibilität hat und nicht pulverförmig ist.

Oberflächenkontaminierter Gegenstand (SCO) ist ein fester Gegenstand, der selbst nicht radioaktiv ist, auf dessen Oberfläche jedoch radioaktive Stoffe verteilt sind.

Radioaktiver Stoff in besonderer Form ist entweder:

.1 ein nicht dispergierbarer fester radioaktiver Stoff oder

.2 eine dichte Kapsel, die radioaktive Stoffe enthält.

Spaltbare Nuklide sind Uran-233, Uran-235, Plutonium-239 und Plutonium-241. *Spaltbare Stoffe* sind Stoffe, die eines der spaltbaren Nuklide enthalten. Unter diese Begriffsbestimmung fallen nicht:

.1 unbestrahltes natürliches oder abgereichertes Uran;

.2 natürliches Uran oder abgereichertes Uran, das nur in thermischen Reaktoren bestrahlt worden ist;

.3 Stoffe mit spaltbaren Nukliden mit einer Gesamtmasse von weniger als 0,25 g;

.4 alle Kombinationen von .1, .2 und/oder .3.

Diese Ausnahmen gelten nur, wenn im Versandstück oder in der unverpackt beförderten Sendung kein anderer Stoff mit spaltbaren Nukliden enthalten ist.

Spezifische Aktivität eines Radionuklids ist die Aktivität des Radionuklids je Masseeinheit dieses Nuklids. Die spezifische Aktivität eines Stoffes ist die Aktivität je Masseeinheit dieses Stoffes, in dem die Radionuklide im Wesentlichen gleichmäßig verteilt sind.

2.7.1.3 (Forts.) *Stoff mit geringer spezifischer Aktivität (LSA)* ist ein radioaktiver Stoff mit begrenzter spezifischer Eigenaktivität oder ein radioaktiver Stoff, für den die Grenzwerte der geschätzten mittleren spezifischen Aktivität gelten. Äußere, den LSA-Stoff umgebende Abschirmungsmaterialien sind bei der Bestimmung der geschätzten mittleren spezifischen Aktivität nicht zu berücksichtigen.

Unbestrahltes Thorium ist Thorium, das höchstens 10^{-7} g Uran-233 pro Gramm Thorium-232 enthält.

Unbestrahltes Uran ist Uran, das höchstens 2×10^3 Bq Plutonium pro Gramm Uran-235, höchstens 9×10^6 Bq Spaltprodukte pro Gramm Uran-235 und höchstens 5×10^{-3} g Uran-236 pro Gramm Uran-235 enthält.

Uran – natürlich, abgereichert, angereichert

Natürliches Uran ist Uran (das chemisch abgetrennt sein darf) mit der natürlichen Zusammensetzung der Uranisotope (ca. 99,28 Masse-% Uran-238 und 0,72 Masse-% Uran-235).

Abgereichertes Uran ist Uran mit einem geringeren Masseanteil an Uran-235 als natürliches Uran.

Angereichertes Uran ist Uran mit einem Masseanteil an Uran-235 von mehr als 0,72 %.

In allen Fällen ist ein sehr kleiner Masseanteil an Uran-234 vorhanden.

2.7.2 Klassifizierung

2.7.2.1 Allgemeine Vorschriften

2.7.2.1.1 [Radioaktive Stoffe]

Radioaktive Stoffe sind nach den Vorschriften in 2.7.2.4 und 2.7.2.5 unter Berücksichtigung der in 2.7.2.3 bestimmten Stoffeigenschaften einer der in der Tabelle 2.7.2.1.1 festgelegten UN-Nummern zuzuordnen.

Tabelle 2.7.2.1.1 – Zuordnung von UN-Nummern

UN-Nummer	Richtiger technischer Name und Beschreibung[a)]
Freigestellte Versandstücke (1.5.1.5)	
UN 2908	RADIOAKTIVE STOFFE, FREIGESTELLTES VERSANDSTÜCK – LEERE VERPACKUNG
UN 2909	RADIOAKTIVE STOFFE, FREIGESTELLTES VERSANDSTÜCK – FABRIKATE AUS NATÜRLICHEM URAN oder AUS ABGEREICHERTEM URAN oder AUS NATÜRLICHEM THORIUM
UN 2910	RADIOAKTIVE STOFFE, FREIGESTELLTES VERSANDSTÜCK – BEGRENZTE STOFFMENGE
UN 2911	RADIOAKTIVE STOFFE, FREIGESTELLTES VERSANDSTÜCK – INSTRUMENTE oder FABRIKATE
UN 3507	URANHEXAFLUORID, RADIOAKTIVE STOFFE, FREIGESTELLTES VERSANDSTÜCK mit weniger als 0,1 kg je Versandstück, nicht spaltbar oder spaltbar, freigestellt[b), c)]
Radioaktive Stoffe mit geringer spezifischer Aktivität (2.7.2.3.1)	
UN 2912	RADIOAKTIVE STOFFE MIT GERINGER SPEZIFISCHER AKTIVITÄT (LSA-I), nicht spaltbar oder spaltbar, freigestellt[b)]
UN 3321	RADIOAKTIVE STOFFE MIT GERINGER SPEZIFISCHER AKTIVITÄT (LSA-II), nicht spaltbar oder spaltbar, freigestellt[b)]
UN 3322	RADIOAKTIVE STOFFE MIT GERINGER SPEZIFISCHER AKTIVITÄT (LSA-III), nicht spaltbar oder spaltbar, freigestellt[b)]
UN 3324	RADIOAKTIVE STOFFE MIT GERINGER SPEZIFISCHER AKTIVITÄT (LSA-II), SPALTBAR
UN 3325	RADIOAKTIVE STOFFE MIT GERINGER SPEZIFISCHER AKTIVITÄT (LSA-III), SPALTBAR
Oberflächenkontaminierte Gegenstände (2.7.2.3.2)	
UN 2913	RADIOAKTIVE STOFFE, OBERFLÄCHENKONTAMINIERTE GEGENSTÄNDE (SCO-I oder SCO-II), nicht spaltbar oder spaltbar, freigestellt[b)]
UN 3326	RADIOAKTIVE STOFFE, OBERFLÄCHENKONTAMINIERTE GEGENSTÄNDE (SCO-I oder SCO-II), SPALTBAR

2.7.2.1.1 (Forts.)

UN-Nummer	Richtiger technischer Name und Beschreibung[a)]
Typ A-Versandstücke (2.7.2.4.4)	
UN 2915	RADIOAKTIVE STOFFE, TYP A-VERSANDSTÜCK, nicht in besonderer Form, nicht spaltbar oder spaltbar, freigestellt[b)]
UN 3327	RADIOAKTIVE STOFFE, TYP A-VERSANDSTÜCK, SPALTBAR, nicht in besonderer Form
UN 3332	RADIOAKTIVE STOFFE, TYP A-VERSANDSTÜCK, IN BESONDERER FORM, nicht spaltbar oder spaltbar, freigestellt[b)]
UN 3333	RADIOAKTIVE STOFFE, TYP A-VERSANDSTÜCK, IN BESONDERER FORM, SPALTBAR
Typ B(U)-Versandstücke (2.7.2.4.6)	
UN 2916	RADIOAKTIVE STOFFE, TYP B(U)-VERSANDSTÜCK, nicht spaltbar oder spaltbar, freigestellt[b)]
UN 3328	RADIOAKTIVE STOFFE, TYP B(U)-VERSANDSTÜCK, SPALTBAR
Typ B(M)-Versandstücke (2.7.2.4.6)	
UN 2917	RADIOAKTIVE STOFFE, TYP B(M)-VERSANDSTÜCK, nicht spaltbar oder spaltbar, freigestellt[b)]
UN 3329	RADIOAKTIVE STOFFE, TYP B(M)-VERSANDSTÜCK, SPALTBAR
Typ C-Versandstücke (2.7.2.4.6)	
UN 3323	RADIOAKTIVE STOFFE, TYP C-VERSANDSTÜCK, nicht spaltbar oder spaltbar, freigestellt[b)]
UN 3330	RADIOAKTIVE STOFFE, TYP C-VERSANDSTÜCK, SPALTBAR
Sondervereinbarung (2.7.2.5)	
UN 2919	RADIOAKTIVE STOFFE, UNTER SONDERVEREINBARUNG BEFÖRDERT, nicht spaltbar oder spaltbar, freigestellt[b)]
UN 3331	RADIOAKTIVE STOFFE, UNTER SONDERVEREINBARUNG BEFÖRDERT, SPALTBAR
Uranhexafluorid (2.7.2.4.5)	
UN 2977	RADIOAKTIVE STOFFE, URANHEXAFLUORID, SPALTBAR
UN 2978	RADIOAKTIVE STOFFE, URANHEXAFLUORID, nicht spaltbar oder spaltbar, freigestellt[b)]
UN 3507	URANHEXAFLUORID, RADIOAKTIVE STOFFE, FREIGESTELLTES VERSANDSTÜCK mit weniger als 0,1 kg je Versandstück, nicht spaltbar oder spaltbar, freigestellt[b), c)]

a) Der richtige technische Name ist in der Spalte „Richtiger technischer Name und Beschreibung" enthalten und beschränkt sich auf die Teile, die in Großbuchstaben angegeben sind. In den Fällen der UN-Nummern 2909, 2911, 2913 und 3326, in denen alternative richtige technische Namen durch den Ausdruck „oder" getrennt sind, darf nur der zutreffende richtige technische Name verwendet werden.
b) Der Ausdruck „spaltbar, freigestellt" bezieht sich nur auf Stoffe, die gemäß 2.7.2.3.5 freigestellt sind.
c) Für UN-Nummer 3507 siehe auch Kapitel 3.3 Sondervorschrift 369.

Bestimmung der Aktivitätswerte 2.7.2.2

[Grundlegende Werte] 2.7.2.2.1

→ *D: GGVSee § 13 Nr. 1*

Die folgenden grundlegenden Werte für die einzelnen Radionuklide sind in Tabelle 2.7.2.2.1 angegeben:

.1 A_1 und A_2 in TBq;

.2 Aktivitätskonzentrationsgrenzwert für freigestellte Stoffe in Bq/g und

.3 Aktivitätsgrenzwerte für freigestellte Sendungen in Bq.

2.7.2.2.1 (Forts.)

Tabelle 2.7.2.2.1 – Grundlegende Radionuklidwerte für einzelne Radionuklide

Radionuklid (Atomzahl)	A_1 (TBq)	A_2 (TBq)	Aktivitätskonzentrationsgrenzwert für freigestellte Stoffe (Bq/g)	Aktivitätsgrenzwert für eine freigestellte Sendung (Bq)
Actinium (89)				
Ac-225 *(a)*	8×10^{-1}	6×10^{-3}	1×10^{1}	1×10^{4}
Ac-227 *(a)*	9×10^{-1}	9×10^{-5}	1×10^{-1}	1×10^{3}
Ac-228	6×10^{-1}	5×10^{-1}	1×10^{1}	1×10^{6}
Silber (47)				
Ag-105	2×10^{0}	2×10^{0}	1×10^{2}	1×10^{6}
Ag-108m *(a)*	7×10^{-1}	7×10^{-1}	1×10^{1} *(b)*	1×10^{6} *(b)*
Ag-110m *(a)*	4×10^{-1}	4×10^{-1}	1×10^{1}	1×10^{6}
Ag-111	2×10^{0}	6×10^{-1}	1×10^{3}	1×10^{6}
Aluminium (13)				
Al-26	1×10^{-1}	1×10^{-1}	1×10^{1}	1×10^{5}
Americium (95)				
Am-241	1×10^{1}	1×10^{-3}	1×10^{0}	1×10^{4}
Am-242m *(a)*	1×10^{1}	1×10^{-3}	1×10^{0} *(b)*	1×10^{4} *(b)*
Am-243 *(a)*	5×10^{0}	1×10^{-3}	1×10^{0} *(b)*	1×10^{3} *(b)*
Argon (18)				
Ar-37	4×10^{1}	4×10^{1}	1×10^{6}	1×10^{8}
Ar-39	4×10^{1}	2×10^{1}	1×10^{7}	1×10^{4}
Ar-41	3×10^{-1}	3×10^{-1}	1×10^{2}	1×10^{9}
Arsen (33)				
As-72	3×10^{-1}	3×10^{-1}	1×10^{1}	1×10^{5}
As-73	4×10^{1}	4×10^{1}	1×10^{3}	1×10^{7}
As-74	1×10^{0}	9×10^{-1}	1×10^{1}	1×10^{6}
As-76	3×10^{-1}	3×10^{-1}	1×10^{2}	1×10^{5}
As-77	2×10^{1}	7×10^{-1}	1×10^{3}	1×10^{6}
Astat (85)				
At-211 *(a)*	2×10^{1}	5×10^{-1}	1×10^{3}	1×10^{7}
Gold (79)				
Au-193	7×10^{0}	2×10^{0}	1×10^{2}	1×10^{7}
Au-194	1×10^{0}	1×10^{0}	1×10^{1}	1×10^{6}
Au-195	1×10^{1}	6×10^{0}	1×10^{2}	1×10^{7}
Au-198	1×10^{0}	6×10^{-1}	1×10^{2}	1×10^{6}
Au-199	1×10^{1}	6×10^{-1}	1×10^{2}	1×10^{6}
Barium (56)				
Ba-131 *(a)*	2×10^{0}	2×10^{0}	1×10^{2}	1×10^{6}
Ba-133	3×10^{0}	3×10^{0}	1×10^{2}	1×10^{6}

2.7.2.2.1 (Forts.)

Radionuklid (Atomzahl)	A_1 (TBq)	A_2 (TBq)	Aktivitätskonzentrationsgrenzwert für freigestellte Stoffe (Bq/g)	Aktivitätsgrenzwert für eine freigestellte Sendung (Bq)
Ba-133m	2×10^{1}	6×10^{-1}	1×10^{2}	1×10^{6}
Ba-140 *(a)*	5×10^{-1}	3×10^{-1}	1×10^{1} *(b)*	1×10^{5} *(b)*
Beryllium (4)				
Be-7	2×10^{1}	2×10^{1}	1×10^{3}	1×10^{7}
Be-10	4×10^{1}	6×10^{-1}	1×10^{4}	1×10^{6}
Bismut (83)				
Bi-205	7×10^{-1}	7×10^{-1}	1×10^{1}	1×10^{6}
Bi-206	3×10^{-1}	3×10^{-1}	1×10^{1}	1×10^{5}
Bi-207	7×10^{-1}	7×10^{-1}	1×10^{1}	1×10^{6}
Bi-210	1×10^{0}	6×10^{-1}	1×10^{3}	1×10^{6}
Bi-210m *(a)*	6×10^{-1}	2×10^{-2}	1×10^{1}	1×10^{5}
Bi-212 *(a)*	7×10^{-1}	6×10^{-1}	1×10^{1} *(b)*	1×10^{5} *(b)*
Berkelium (97)				
Bk-247	8×10^{0}	8×10^{-4}	1×10^{0}	1×10^{4}
Bk-249 *(a)*	4×10^{1}	3×10^{-1}	1×10^{3}	1×10^{6}
Brom (35)				
Br-76	4×10^{-1}	4×10^{-1}	1×10^{1}	1×10^{5}
Br-77	3×10^{0}	3×10^{0}	1×10^{2}	1×10^{6}
Br-82	4×10^{-1}	4×10^{-1}	1×10^{1}	1×10^{6}
Kohlenstoff (6)				
C-11	1×10^{0}	6×10^{-1}	1×10^{1}	1×10^{6}
C-14	4×10^{1}	3×10^{0}	1×10^{4}	1×10^{7}
Calcium (20)				
Ca-41	Unbegrenzt	Unbegrenzt	1×10^{5}	1×10^{7}
Ca-45	4×10^{1}	1×10^{0}	1×10^{4}	1×10^{7}
Ca-47 *(a)*	3×10^{0}	3×10^{-1}	1×10^{1}	1×10^{6}
Cadmium (48)				
Cd-109	3×10^{1}	2×10^{0}	1×10^{4}	1×10^{6}
Cd-113m	4×10^{1}	5×10^{-1}	1×10^{3}	1×10^{6}
Cd-115 *(a)*	3×10^{0}	4×10^{-1}	1×10^{2}	1×10^{6}
Cd-115m	5×10^{-1}	5×10^{-1}	1×10^{3}	1×10^{6}
Cer (58)				
Ce-139	7×10^{0}	2×10^{0}	1×10^{2}	1×10^{6}
Ce-141	2×10^{1}	6×10^{-1}	1×10^{2}	1×10^{7}
Ce-143	9×10^{-1}	6×10^{-1}	1×10^{2}	1×10^{6}
Ce-144 *(a)*	2×10^{-1}	2×10^{-1}	1×10^{2} *(b)*	1×10^{5} *(b)*

2.7.2.2.1
(Forts.)

Radionuklid (Atomzahl)	A_1 (TBq)	A_2 (TBq)	Aktivitätskonzentrationsgrenzwert für freigestellte Stoffe (Bq/g)	Aktivitätsgrenzwert für eine freigestellte Sendung (Bq)
Californium (98)				
Cf-248	4×10^{1}	6×10^{-3}	1×10^{1}	1×10^{4}
Cf-249	3×10^{0}	8×10^{-4}	1×10^{0}	1×10^{3}
Cf-250	2×10^{1}	2×10^{-3}	1×10^{1}	1×10^{4}
Cf-251	7×10^{0}	7×10^{-4}	1×10^{0}	1×10^{3}
Cf-252	1×10^{-1}	3×10^{-3}	1×10^{1}	1×10^{4}
Cf-253 *(a)*	4×10^{1}	4×10^{-2}	1×10^{2}	1×10^{5}
Cf-254	1×10^{-3}	1×10^{-3}	1×10^{0}	1×10^{3}
Chlor (17)				
Cl-36	1×10^{1}	6×10^{-1}	1×10^{4}	1×10^{6}
Cl-38	2×10^{-1}	2×10^{-1}	1×10^{1}	1×10^{5}
Curium (96)				
Cm-240	4×10^{1}	2×10^{-2}	1×10^{2}	1×10^{5}
Cm-241	2×10^{0}	1×10^{0}	1×10^{2}	1×10^{6}
Cm-242	4×10^{1}	1×10^{-2}	1×10^{2}	1×10^{5}
Cm-243	9×10^{0}	1×10^{-3}	1×10^{0}	1×10^{4}
Cm-244	2×10^{1}	2×10^{-3}	1×10^{1}	1×10^{4}
Cm-245	9×10^{0}	9×10^{-4}	1×10^{0}	1×10^{3}
Cm-246	9×10^{0}	9×10^{-4}	1×10^{0}	1×10^{3}
Cm-247 *(a)*	3×10^{0}	1×10^{-3}	1×10^{0}	1×10^{4}
Cm-248	2×10^{-2}	3×10^{-4}	1×10^{0}	1×10^{3}
Cobalt (27)				
Co-55	5×10^{-1}	5×10^{-1}	1×10^{1}	1×10^{6}
Co-56	3×10^{-1}	3×10^{-1}	1×10^{1}	1×10^{5}
Co-57	1×10^{1}	1×10^{1}	1×10^{2}	1×10^{6}
Co-58	1×10^{0}	1×10^{0}	1×10^{1}	1×10^{6}
Co-58m	4×10^{1}	4×10^{1}	1×10^{4}	1×10^{7}
Co-60	4×10^{-1}	4×10^{-1}	1×10^{1}	1×10^{5}
Chrom (24)				
Cr-51	3×10^{1}	3×10^{1}	1×10^{3}	1×10^{7}
Caesium (55)				
Cs-129	4×10^{0}	4×10^{0}	1×10^{2}	1×10^{5}
Cs-131	3×10^{1}	3×10^{1}	1×10^{3}	1×10^{6}
Cs-132	1×10^{0}	1×10^{0}	1×10^{1}	1×10^{5}
Cs-134	7×10^{-1}	7×10^{-1}	1×10^{1}	1×10^{4}
Cs-134m	4×10^{1}	6×10^{-1}	1×10^{3}	1×10^{5}
Cs-135	4×10^{1}	1×10^{0}	1×10^{4}	1×10^{7}

2.7.2.2.1 (Forts.)

Radionuklid (Atomzahl)	A_1 (TBq)	A_2 (TBq)	Aktivitätskonzentrationsgrenzwert für freigestellte Stoffe (Bq/g)	Aktivitätsgrenzwert für eine freigestellte Sendung (Bq)
Cs-136	5×10^{-1}	5×10^{-1}	1×10^{1}	1×10^{5}
Cs-137 *(a)*	2×10^{0}	6×10^{-1}	1×10^{1} *(b)*	1×10^{4} *(b)*
Kupfer (29)				
Cu-64	6×10^{0}	1×10^{0}	1×10^{2}	1×10^{6}
Cu-67	1×10^{1}	7×10^{-1}	1×10^{2}	1×10^{6}
Dysprosium (66)				
Dy-159	2×10^{1}	2×10^{1}	1×10^{3}	1×10^{7}
Dy-165	9×10^{-1}	6×10^{-1}	1×10^{3}	1×10^{6}
Dy-166 *(a)*	9×10^{-1}	3×10^{-1}	1×10^{3}	1×10^{6}
Erbium (68)				
Er-169	4×10^{1}	1×10^{0}	1×10^{4}	1×10^{7}
Er-171	8×10^{-1}	5×10^{-1}	1×10^{2}	1×10^{6}
Europium (63)				
Eu-147	2×10^{0}	2×10^{0}	1×10^{2}	1×10^{6}
Eu-148	5×10^{-1}	5×10^{-1}	1×10^{1}	1×10^{6}
Eu-149	2×10^{1}	2×10^{1}	1×10^{2}	1×10^{7}
Eu-150 (kurzlebig)	2×10^{0}	7×10^{-1}	1×10^{3}	1×10^{6}
Eu-150 (langlebig)	7×10^{-1}	7×10^{-1}	1×10^{1}	1×10^{6}
Eu-152	1×10^{0}	1×10^{0}	1×10^{1}	1×10^{6}
Eu-152m	8×10^{-1}	8×10^{-1}	1×10^{2}	1×10^{6}
Eu-154	9×10^{-1}	6×10^{-1}	1×10^{1}	1×10^{6}
Eu-155	2×10^{1}	3×10^{0}	1×10^{2}	1×10^{7}
Eu-156	7×10^{-1}	7×10^{-1}	1×10^{1}	1×10^{6}
Fluor (9)				
F-18	1×10^{0}	6×10^{-1}	1×10^{1}	1×10^{6}
Eisen (26)				
Fe-52 *(a)*	3×10^{-1}	3×10^{-1}	1×10^{1}	1×10^{6}
Fe-55	4×10^{1}	4×10^{1}	1×10^{4}	1×10^{6}
Fe-59	9×10^{-1}	9×10^{-1}	1×10^{1}	1×10^{6}
Fe-60 *(a)*	4×10^{1}	2×10^{-1}	1×10^{2}	1×10^{5}
Gallium (31)				
Ga-67	7×10^{0}	3×10^{0}	1×10^{2}	1×10^{6}
Ga-68	5×10^{-1}	5×10^{-1}	1×10^{1}	1×10^{5}
Ga-72	4×10^{-1}	4×10^{-1}	1×10^{1}	1×10^{5}
Gadolinium (64)				
Gd-146 *(a)*	5×10^{-1}	5×10^{-1}	1×10^{1}	1×10^{6}
Gd-148	2×10^{1}	2×10^{-3}	1×10^{1}	1×10^{4}

2.7.2.2.1
(Forts.)

Radionuklid (Atomzahl)	A_1 (TBq)	A_2 (TBq)	Aktivitätskonzentrationsgrenzwert für freigestellte Stoffe (Bq/g)	Aktivitätsgrenzwert für eine freigestellte Sendung (Bq)
Gd-153	1×10^1	9×10^0	1×10^2	1×10^7
Gd-159	3×10^0	6×10^{-1}	1×10^3	1×10^6
Germanium (32)				
Ge-68 *(a)*	5×10^{-1}	5×10^{-1}	1×10^1	1×10^5
Ge-71	4×10^1	4×10^1	1×10^4	1×10^8
Ge-77	3×10^{-1}	3×10^{-1}	1×10^1	1×10^5
Hafnium (72)				
Hf-172 *(a)*	6×10^{-1}	6×10^{-1}	1×10^1	1×10^6
Hf-175	3×10^0	3×10^0	1×10^2	1×10^6
Hf-181	2×10^0	5×10^{-1}	1×10^1	1×10^6
Hf-182	Unbegrenzt	Unbegrenzt	1×10^2	1×10^6
Quecksilber (80)				
Hg-194 *(a)*	1×10^0	1×10^0	1×10^1	1×10^6
Hg-195m *(a)*	3×10^0	7×10^{-1}	1×10^2	1×10^6
Hg-197	2×10^1	1×10^1	1×10^2	1×10^7
Hg-197m	1×10^1	4×10^{-1}	1×10^2	1×10^6
Hg-203	5×10^0	1×10^0	1×10^2	1×10^5
Holmium (67)				
Ho-166	4×10^{-1}	4×10^{-1}	1×10^3	1×10^5
Ho-166m	6×10^{-1}	5×10^{-1}	1×10^1	1×10^6
Iod (53)				
I-123	6×10^0	3×10^0	1×10^2	1×10^7
I-124	1×10^0	1×10^0	1×10^1	1×10^6
I-125	2×10^1	3×10^0	1×10^3	1×10^6
I-126	2×10^0	1×10^0	1×10^2	1×10^6
I-129	Unbegrenzt	Unbegrenzt	1×10^2	1×10^5
I-131	3×10^0	7×10^{-1}	1×10^2	1×10^6
I-132	4×10^{-1}	4×10^{-1}	1×10^1	1×10^5
I-133	7×10^{-1}	6×10^{-1}	1×10^1	1×10^6
I-134	3×10^{-1}	3×10^{-1}	1×10^1	1×10^5
I-135 *(a)*	6×10^{-1}	6×10^{-1}	1×10^1	1×10^6
Indium (49)				
In-111	3×10^0	3×10^0	1×10^2	1×10^6
In-113m	4×10^0	2×10^0	1×10^2	1×10^6
In-114m *(a)*	1×10^1	5×10^{-1}	1×10^2	1×10^6
In-115m	7×10^0	1×10^0	1×10^2	1×10^6

2.7.2.2.1 (Forts.)

Radionuklid (Atomzahl)	A_1 (TBq)	A_2 (TBq)	Aktivitätskonzentrationsgrenzwert für freigestellte Stoffe (Bq/g)	Aktivitätsgrenzwert für eine freigestellte Sendung (Bq)
Iridium (77)				
Ir-189 *(a)*	1×10^{1}	1×10^{1}	1×10^{2}	1×10^{7}
Ir-190	7×10^{-1}	7×10^{-1}	1×10^{1}	1×10^{6}
Ir-192	1×10^{0} *(c)*	6×10^{-1}	1×10^{1}	1×10^{4}
Ir-194	3×10^{-1}	3×10^{-1}	1×10^{2}	1×10^{5}
Kalium (19)				
K-40	9×10^{-1}	9×10^{-1}	1×10^{2}	1×10^{6}
K-42	2×10^{-1}	2×10^{-1}	1×10^{2}	1×10^{6}
K-43	7×10^{-1}	6×10^{-1}	1×10^{1}	1×10^{6}
Krypton (36)				
Kr-79	4×10^{0}	2×10^{0}	1×10^{3}	1×10^{5}
Kr-81	4×10^{1}	4×10^{1}	1×10^{4}	1×10^{7}
Kr-85	1×10^{1}	1×10^{1}	1×10^{5}	1×10^{4}
Kr-85m	8×10^{0}	3×10^{0}	1×10^{3}	1×10^{10}
Kr-87	2×10^{-1}	2×10^{-1}	1×10^{2}	1×10^{9}
Lanthan (57)				
La-137	3×10^{1}	6×10^{0}	1×10^{3}	1×10^{7}
La-140	4×10^{-1}	4×10^{-1}	1×10^{1}	1×10^{5}
Lutetium (71)				
Lu-172	6×10^{-1}	6×10^{-1}	1×10^{1}	1×10^{6}
Lu-173	8×10^{0}	8×10^{0}	1×10^{2}	1×10^{7}
Lu-174	9×10^{0}	9×10^{0}	1×10^{2}	1×10^{7}
Lu-174m	2×10^{1}	1×10^{1}	1×10^{2}	1×10^{7}
Lu-177	3×10^{1}	7×10^{-1}	1×10^{3}	1×10^{7}
Magnesium (12)				
Mg-28 *(a)*	3×10^{-1}	3×10^{-1}	1×10^{1}	1×10^{5}
Mangan (25)				
Mn-52	3×10^{-1}	3×10^{-1}	1×10^{1}	1×10^{5}
Mn-53	Unbegrenzt	Unbegrenzt	1×10^{4}	1×10^{9}
Mn-54	1×10^{0}	1×10^{0}	1×10^{1}	1×10^{6}
Mn-56	3×10^{-1}	3×10^{-1}	1×10^{1}	1×10^{5}
Molybdän (42)				
Mo-93	4×10^{1}	2×10^{1}	1×10^{3}	1×10^{8}
Mo-99 *(a)*	1×10^{0}	6×10^{-1}	1×10^{2}	1×10^{6}
Stickstoff (7)				
N-13	9×10^{-1}	6×10^{-1}	1×10^{2}	1×10^{9}

2.7.2.2.1 (Forts.)

Radionuklid (Atomzahl)	A_1 (TBq)	A_2 (TBq)	Aktivitätskonzentrationsgrenzwert für freigestellte Stoffe (Bq/g)	Aktivitätsgrenzwert für eine freigestellte Sendung (Bq)
Natrium (11)				
Na-22	5×10^{-1}	5×10^{-1}	1×10^{1}	1×10^{6}
Na-24	2×10^{-1}	2×10^{-1}	1×10^{1}	1×10^{5}
Niob (41)				
Nb-93m	4×10^{1}	3×10^{1}	1×10^{4}	1×10^{7}
Nb-94	7×10^{-1}	7×10^{-1}	1×10^{1}	1×10^{6}
Nb-95	1×10^{0}	1×10^{0}	1×10^{1}	1×10^{6}
Nb-97	9×10^{-1}	6×10^{-1}	1×10^{1}	1×10^{6}
Neodym (60)				
Nd-147	6×10^{0}	6×10^{-1}	1×10^{2}	1×10^{6}
Nd-149	6×10^{-1}	5×10^{-1}	1×10^{2}	1×10^{6}
Nickel (28)				
Ni-59	Unbegrenzt	Unbegrenzt	1×10^{4}	1×10^{8}
Ni-63	4×10^{1}	3×10^{1}	1×10^{5}	1×10^{8}
Ni-65	4×10^{-1}	4×10^{-1}	1×10^{1}	1×10^{6}
Neptunium (93)				
Np-235	4×10^{1}	4×10^{1}	1×10^{3}	1×10^{7}
Np-236 (kurzlebig)	2×10^{1}	2×10^{0}	1×10^{3}	1×10^{7}
Np-236 (langlebig)	9×10^{0}	2×10^{-2}	1×10^{2}	1×10^{5}
Np-237	2×10^{1}	2×10^{-3}	1×10^{0} *(b)*	1×10^{3} *(b)*
Np-239	7×10^{0}	4×10^{-1}	1×10^{2}	1×10^{7}
Osmium (76)				
Os-185	1×10^{0}	1×10^{0}	1×10^{1}	1×10^{6}
Os-191	1×10^{1}	2×10^{0}	1×10^{2}	1×10^{7}
Os-191m	4×10^{1}	3×10^{1}	1×10^{3}	1×10^{7}
Os-193	2×10^{0}	6×10^{-1}	1×10^{2}	1×10^{6}
Os-194 *(a)*	3×10^{-1}	3×10^{-1}	1×10^{2}	1×10^{5}
Phosphor (15)				
P-32	5×10^{-1}	5×10^{-1}	1×10^{3}	1×10^{5}
P-33	4×10^{1}	1×10^{0}	1×10^{5}	1×10^{8}
Protactinium (91)				
Pa-230 *(a)*	2×10^{0}	7×10^{-2}	1×10^{1}	1×10^{6}
Pa-231	4×10^{0}	4×10^{-4}	1×10^{0}	1×10^{3}
Pa-233	5×10^{0}	7×10^{-1}	1×10^{2}	1×10^{7}
Blei (82)				
Pb-201	1×10^{0}	1×10^{0}	1×10^{1}	1×10^{6}
Pb-202	4×10^{1}	2×10^{1}	1×10^{3}	1×10^{6}
Pb-203	4×10^{0}	3×10^{0}	1×10^{2}	1×10^{6}

2.7.2.2.1 (Forts.)

Radionuklid (Atomzahl)	A_1 (TBq)	A_2 (TBq)	Aktivitätskonzentrationsgrenzwert für freigestellte Stoffe (Bq/g)	Aktivitätsgrenzwert für eine freigestellte Sendung (Bq)
Pb-205	Unbegrenzt	Unbegrenzt	1×10^4	1×10^7
Pb-210 *(a)*	1×10^0	5×10^{-2}	1×10^1 *(b)*	1×10^4 *(b)*
Pb-212 *(a)*	7×10^{-1}	2×10^{-1}	1×10^1 *(b)*	1×10^5 *(b)*
Palladium (46)				
Pd-103 *(a)*	4×10^1	4×10^1	1×10^3	1×10^8
Pd-107	Unbegrenzt	Unbegrenzt	1×10^5	1×10^8
Pd-109	2×10^0	5×10^{-1}	1×10^3	1×10^6
Promethium (61)				
Pm-143	3×10^0	3×10^0	1×10^2	1×10^6
Pm-144	7×10^{-1}	7×10^{-1}	1×10^1	1×10^6
Pm-145	3×10^1	1×10^1	1×10^3	1×10^7
Pm-147	4×10^1	2×10^0	1×10^4	1×10^7
Pm-148m *(a)*	8×10^{-1}	7×10^{-1}	1×10^1	1×10^6
Pm-149	2×10^0	6×10^0	1×10^3	1×10^6
Pm-151	2×10^0	6×10^{-1}	1×10^2	1×10^6
Polonium (84)				
Po-210	4×10^1	2×10^{-2}	1×10^1	1×10^4
Praseodym (59)				
Pr-142	4×10^{-1}	4×10^{-1}	1×10^2	1×10^5
Pr-143	3×10^0	6×10^{-1}	1×10^4	1×10^6
Platin (78)				
Pt-188 *(a)*	1×10^0	8×10^{-1}	1×10^1	1×10^6
Pt-191	4×10^0	3×10^0	1×10^2	1×10^6
Pt-193	4×10^1	4×10^1	1×10^4	1×10^7
Pt-193m	4×10^1	5×10^{-1}	1×10^3	1×10^7
Pt-195m	1×10^1	5×10^{-1}	1×10^2	1×10^6
Pt-197	2×10^1	6×10^{-1}	1×10^3	1×10^6
Pt-197m	1×10^1	6×10^{-1}	1×10^2	1×10^6
Plutonium (94)				
Pu-236	3×10^1	3×10^{-3}	1×10^1	1×10^4
Pu-237	2×10^1	2×10^1	1×10^3	1×10^7
Pu-238	1×10^1	1×10^{-3}	1×10^0	1×10^4
Pu-239	1×10^1	1×10^{-3}	1×10^0	1×10^4
Pu-240	1×10^1	1×10^{-3}	1×10^0	1×10^3
Pu-241 *(a)*	4×10^1	6×10^{-2}	1×10^2	1×10^5
Pu-242	1×10^1	1×10^{-3}	1×10^0	1×10^4
Pu-244 *(a)*	4×10^{-1}	1×10^{-3}	1×10^0	1×10^4

2.7.2.2.1
(Forts.)

Radionuklid (Atomzahl)	A_1 (TBq)	A_2 (TBq)	Aktivitätskonzentrationsgrenzwert für freigestellte Stoffe (Bq/g)	Aktivitätsgrenzwert für eine freigestellte Sendung (Bq)
Radium (88)				
Ra-223 *(a)*	4×10^{-1}	7×10^{-3}	1×10^{2} *(b)*	1×10^{5} *(b)*
Ra-224 *(a)*	4×10^{-1}	2×10^{-2}	1×10^{1} *(b)*	1×10^{5} *(b)*
Ra-225 *(a)*	2×10^{-1}	4×10^{-3}	1×10^{2}	1×10^{5}
Ra-226 *(a)*	2×10^{-1}	3×10^{-3}	1×10^{1} *(b)*	1×10^{4} *(b)*
Ra-228 *(a)*	6×10^{-1}	2×10^{-2}	1×10^{1} *(b)*	1×10^{5} *(b)*
Rubidium (37)				
Rb-81	2×10^{0}	8×10^{-1}	1×10^{1}	1×10^{6}
Rb-83 *(a)*	2×10^{0}	2×10^{0}	1×10^{2}	1×10^{6}
Rb-84	1×10^{0}	1×10^{0}	1×10^{1}	1×10^{6}
Rb-86	5×10^{-1}	5×10^{-1}	1×10^{2}	1×10^{5}
Rb-87	Unbegrenzt	Unbegrenzt	1×10^{4}	1×10^{7}
Rb (natürlich)	Unbegrenzt	Unbegrenzt	1×10^{4}	1×10^{7}
Rhenium (75)				
Re-184	1×10^{0}	1×10^{0}	1×10^{1}	1×10^{6}
Re-184m	3×10^{0}	1×10^{0}	1×10^{2}	1×10^{6}
Re-186	2×10^{0}	6×10^{-1}	1×10^{3}	1×10^{6}
Re-187	Unbegrenzt	Unbegrenzt	1×10^{6}	1×10^{9}
Re-188	4×10^{-1}	4×10^{-1}	1×10^{2}	1×10^{5}
Re-189 *(a)*	3×10^{0}	6×10^{-1}	1×10^{2}	1×10^{6}
Re (natürlich)	Unbegrenzt	Unbegrenzt	1×10^{6}	1×10^{9}
Rhodium (45)				
Rh-99	2×10^{0}	2×10^{0}	1×10^{1}	1×10^{6}
Rh-101	4×10^{0}	3×10^{0}	1×10^{2}	1×10^{7}
Rh-102	5×10^{-1}	5×10^{-1}	1×10^{1}	1×10^{6}
Rh-102m	2×10^{0}	2×10^{0}	1×10^{2}	1×10^{6}
Rh-103m	4×10^{1}	4×10^{1}	1×10^{4}	1×10^{8}
Rh-105	1×10^{1}	8×10^{-1}	1×10^{2}	1×10^{7}
Radon (86)				
Rn-222 *(a)*	3×10^{-1}	4×10^{-3}	1×10^{1} *(b)*	1×10^{8} *(b)*
Ruthenium (44)				
Ru-97	5×10^{0}	5×10^{0}	1×10^{2}	1×10^{7}
Ru-103 *(a)*	2×10^{0}	2×10^{0}	1×10^{2}	1×10^{6}
Ru-105	1×10^{0}	6×10^{-1}	1×10^{1}	1×10^{6}
Ru-106 *(a)*	2×10^{-1}	2×10^{-1}	1×10^{2} *(b)*	1×10^{5} *(b)*
Schwefel (16)				
S-35	4×10^{1}	3×10^{0}	1×10^{5}	1×10^{8}

2.7.2.2.1 (Forts.)

Radionuklid (Atomzahl)	A_1 (TBq)	A_2 (TBq)	Aktivitätskonzentrationsgrenzwert für freigestellte Stoffe (Bq/g)	Aktivitätsgrenzwert für eine freigestellte Sendung (Bq)
Antimon (51)				
Sb-122	4×10^{-1}	4×10^{-1}	1×10^{2}	1×10^{4}
Sb-124	6×10^{-1}	6×10^{-1}	1×10^{1}	1×10^{6}
Sb-125	2×10^{0}	1×10^{0}	1×10^{2}	1×10^{6}
Sb-126	4×10^{-1}	4×10^{-1}	1×10^{1}	1×10^{5}
Scandium (21)				
Sc-44	5×10^{-1}	5×10^{-1}	1×10^{1}	1×10^{5}
Sc-46	5×10^{-1}	5×10^{-1}	1×10^{1}	1×10^{6}
Sc-47	1×10^{1}	7×10^{-1}	1×10^{2}	1×10^{6}
Sc-48	3×10^{-1}	3×10^{-1}	1×10^{1}	1×10^{5}
Selen (34)				
Se-75	3×10^{0}	3×10^{0}	1×10^{2}	1×10^{6}
Se-79	4×10^{1}	2×10^{0}	1×10^{4}	1×10^{7}
Silicium (14)				
Si-31	6×10^{-1}	6×10^{-1}	1×10^{3}	1×10^{6}
Si-32	4×10^{1}	5×10^{-1}	1×10^{3}	1×10^{6}
Samarium (62)				
Sm-145	1×10^{1}	1×10^{1}	1×10^{2}	1×10^{7}
Sm-147	Unbegrenzt	Unbegrenzt	1×10^{1}	1×10^{4}
Sm-151	4×10^{1}	1×10^{1}	1×10^{4}	1×10^{8}
Sm-153	9×10^{0}	6×10^{-1}	1×10^{2}	1×10^{6}
Zinn (50)				
Sn-113 *(a)*	4×10^{0}	2×10^{0}	1×10^{3}	1×10^{7}
Sn-117m	7×10^{0}	4×10^{-1}	1×10^{2}	1×10^{6}
Sn-119m	4×10^{1}	3×10^{1}	1×10^{3}	1×10^{7}
Sn-121m *(a)*	4×10^{1}	9×10^{-1}	1×10^{3}	1×10^{7}
Sn-123	8×10^{-1}	6×10^{-1}	1×10^{3}	1×10^{6}
Sn-125	4×10^{-1}	4×10^{-1}	1×10^{2}	1×10^{5}
Sn-126 *(a)*	6×10^{-1}	4×10^{-1}	1×10^{1}	1×10^{5}
Strontium (38)				
Sr-82 *(a)*	2×10^{-1}	2×10^{-1}	1×10^{1}	1×10^{5}
Sr-85	2×10^{0}	2×10^{0}	1×10^{2}	1×10^{6}
Sr-85m	5×10^{0}	5×10^{0}	1×10^{2}	1×10^{7}
Sr-87m	3×10^{0}	3×10^{0}	1×10^{2}	1×10^{6}
Sr-89	6×10^{-1}	6×10^{-1}	1×10^{3}	1×10^{6}
Sr-90 *(a)*	3×10^{-1}	3×10^{-1}	1×10^{2} *(b)*	1×10^{4} *(b)*
Sr-91 *(a)*	3×10^{-1}	3×10^{-1}	1×10^{1}	1×10^{5}
Sr-92 *(a)*	1×10^{0}	3×10^{-1}	1×10^{1}	1×10^{6}

2.7.2.2.1
(Forts.)

Radionuklid (Atomzahl)	A_1 (TBq)	A_2 (TBq)	Aktivitätskonzentrationsgrenzwert für freigestellte Stoffe (Bq/g)	Aktivitätsgrenzwert für eine freigestellte Sendung (Bq)
Tritium (1)				
T (H-3)	4×10^1	4×10^1	1×10^6	1×10^9
Tantal (73)				
Ta-178 (langlebig)	1×10^0	8×10^{-1}	1×10^1	1×10^6
Ta-179	3×10^1	3×10^1	1×10^3	1×10^7
Ta-182	9×10^{-1}	5×10^{-1}	1×10^1	1×10^4
Terbium (65)				
Tb-157	4×10^1	4×10^1	1×10^4	1×10^7
Tb-158	1×10^0	1×10^0	1×10^1	1×10^6
Tb-160	1×10^0	6×10^{-1}	1×10^1	1×10^6
Technetium (43)				
Tc-95m *(a)*	2×10^0	2×10^0	1×10^1	1×10^6
Tc-96	4×10^{-1}	4×10^{-1}	1×10^1	1×10^6
Tc-96m *(a)*	4×10^{-1}	4×10^{-1}	1×10^3	1×10^7
Tc-97	Unbegrenzt	Unbegrenzt	1×10^3	1×10^8
Tc-97m	4×10^1	1×10^0	1×10^3	1×10^7
Tc-98	8×10^{-1}	7×10^{-1}	1×10^1	1×10^6
Tc-99	4×10^1	9×10^{-1}	1×10^4	1×10^7
Tc-99m	1×10^1	4×10^0	1×10^2	1×10^7
Tellur (52)				
Te-121	2×10^0	2×10^0	1×10^1	1×10^6
Te-121m	5×10^0	3×10^0	1×10^2	1×10^6
Te-123m	8×10^0	1×10^0	1×10^2	1×10^7
Te-125m	2×10^1	9×10^{-1}	1×10^3	1×10^7
Te-127	2×10^1	7×10^{-1}	1×10^3	1×10^6
Te-127m *(a)*	2×10^1	5×10^{-1}	1×10^3	1×10^7
Te-129	7×10^{-1}	6×10^{-1}	1×10^2	1×10^6
Te-129m *(a)*	8×10^{-1}	4×10^{-1}	1×10^3	1×10^6
Te-131m *(a)*	7×10^{-1}	5×10^{-1}	1×10^1	1×10^6
Te-132 *(a)*	5×10^{-1}	4×10^{-1}	1×10^2	1×10^7
Thorium (90)				
Th-227	1×10^1	5×10^{-3}	1×10^1	1×10^4
Th-228 *(a)*	5×10^{-1}	1×10^{-3}	1×10^0 *(b)*	1×10^4 *(b)*
Th-229	5×10^0	5×10^{-4}	1×10^0 *(b)*	1×10^3 *(b)*
Th-230	1×10^1	1×10^{-3}	1×10^0	1×10^4
Th-231	4×10^1	2×10^{-2}	1×10^3	1×10^7
Th-232	Unbegrenzt	Unbegrenzt	1×10^1	1×10^4

2.7.2.2.1 (Forts.)

Radionuklid (Atomzahl)	A_1 (TBq)	A_2 (TBq)	Aktivitätskonzentrationsgrenzwert für freigestellte Stoffe (Bq/g)	Aktivitätsgrenzwert für eine freigestellte Sendung (Bq)
Th-234 *(a)*	3×10^{-1}	3×10^{-1}	1×10^3 *(b)*	1×10^5 *(b)*
Th (natürlich)	Unbegrenzt	Unbegrenzt	1×10^0 *(b)*	1×10^3 *(b)*
Titan (22)				
Ti-44 *(a)*	5×10^{-1}	4×10^{-1}	1×10^1	1×10^5
Thallium (81)				
Tl-200	9×10^{-1}	9×10^{-1}	1×10^1	1×10^6
Tl-201	1×10^1	4×10^0	1×10^2	1×10^6
Tl-202	2×10^0	2×10^0	1×10^2	1×10^6
Tl-204	1×10^1	7×10^{-1}	1×10^4	1×10^4
Thulium (69)				
Tm-167	7×10^0	8×10^{-1}	1×10^2	1×10^6
Tm-170	3×10^0	6×10^{-1}	1×10^3	1×10^6
Tm-171	4×10^1	4×10^1	1×10^4	1×10^8
Uran (92)				
U-230 (schnelle Lungenabsorption) *(a) (d)*	4×10^1	1×10^{-1}	1×10^1 *(b)*	1×10^5 *(b)*
U-230 (mittlere Lungenabsorption) *(a) (e)*	4×10^1	4×10^{-3}	1×10^1	1×10^4
U-230 (langsame Lungenabsorption) *(a) (f)*	3×10^1	3×10^{-3}	1×10^1	1×10^4
U-232 (schnelle Lungenabsorption) *(d)*	4×10^1	1×10^{-2}	1×10^0 *(b)*	1×10^3 *(b)*
U-232 (mittlere Lungenabsorption) *(e)*	4×10^1	7×10^{-3}	1×10^1	1×10^4
U-232 (langsame Lungenabsorption) *(f)*	1×10^1	1×10^{-3}	1×10^1	1×10^4
U-233 (schnelle Lungenabsorption) *(d)*	4×10^1	9×10^{-2}	1×10^1	1×10^4
U-233 (mittlere Lungenabsorption) *(e)*	4×10^1	2×10^{-2}	1×10^2	1×10^5
U-233 (langsame Lungenabsorption) *(f)*	4×10^1	6×10^{-3}	1×10^1	1×10^5
U-234 (schnelle Lungenabsorption) *(d)*	4×10^1	9×10^{-2}	1×10^1	1×10^4
U-234 (mittlere Lungenabsorption) *(e)*	4×10^1	2×10^{-2}	1×10^2	1×10^5
U-234 (langsame Lungenabsorption) *(f)*	4×10^1	6×10^{-3}	1×10^1	1×10^5
U-235 (alle Lungenabsorptionstypen) *(a) (d) (e) (f)*	Unbegrenzt	Unbegrenzt	1×10^1 *(b)*	1×10^4 *(b)*
U-236 (schnelle Lungenabsorption) *(d)*	Unbegrenzt	Unbegrenzt	1×10^1	1×10^4

2.7.2.2.1 (Forts.)

Radionuklid (Atomzahl)	A_1 (TBq)	A_2 (TBq)	Aktivitätskonzentrationsgrenzwert für freigestellte Stoffe (Bq/g)	Aktivitätsgrenzwert für eine freigestellte Sendung (Bq)
U-236 (mittlere Lungenabsorption) *(e)*	4×10^{1}	2×10^{-2}	1×10^{2}	1×10^{5}
U-236 (langsame Lungenabsorption) *(f)*	4×10^{1}	6×10^{-3}	1×10^{1}	1×10^{4}
U-238 (alle Lungenabsorptionstypen) *(d) (e) (f)*	Unbegrenzt	Unbegrenzt	1×10^{1} *(b)*	1×10^{4} *(b)*
U (natürlich)	Unbegrenzt	Unbegrenzt	1×10^{0} *(b)*	1×10^{3} *(b)*
U (angereichert bis maximal 20 %) *(g)*	Unbegrenzt	Unbegrenzt	1×10^{0}	1×10^{3}
U (abgereichert)	Unbegrenzt	Unbegrenzt	1×10^{0}	1×10^{3}
Vanadium (23)				
V-48	4×10^{-1}	4×10^{-1}	1×10^{1}	1×10^{5}
V-49	4×10^{1}	4×10^{1}	1×10^{4}	1×10^{7}
Wolfram (74)				
W-178 *(a)*	9×10^{0}	5×10^{0}	1×10^{1}	1×10^{6}
W-181	3×10^{1}	3×10^{1}	1×10^{3}	1×10^{7}
W-185	4×10^{1}	8×10^{-1}	1×10^{4}	1×10^{7}
W-187	2×10^{0}	6×10^{-1}	1×10^{2}	1×10^{6}
W-188 *(a)*	4×10^{-1}	3×10^{-1}	1×10^{2}	1×10^{5}
Xenon (54)				
Xe-122 *(a)*	4×10^{-1}	4×10^{-1}	1×10^{2}	1×10^{9}
Xe-123	2×10^{0}	7×10^{-1}	1×10^{2}	1×10^{9}
Xe-127	4×10^{0}	2×10^{0}	1×10^{3}	1×10^{5}
Xe-131m	4×10^{1}	4×10^{1}	1×10^{4}	1×10^{4}
Xe-133	2×10^{1}	1×10^{1}	1×10^{3}	1×10^{4}
Xe-135	3×10^{0}	2×10^{0}	1×10^{3}	1×10^{10}
Yttrium (39)				
Y-87 *(a)*	1×10^{0}	1×10^{0}	1×10^{1}	1×10^{6}
Y-88	4×10^{-1}	4×10^{-1}	1×10^{1}	1×10^{6}
Y-90	3×10^{-1}	3×10^{-1}	1×10^{3}	1×10^{5}
Y-91	6×10^{-1}	6×10^{-1}	1×10^{3}	1×10^{6}
Y-91m	2×10^{0}	2×10^{0}	1×10^{2}	1×10^{6}
Y-92	2×10^{-1}	2×10^{-1}	1×10^{2}	1×10^{5}
Y-93	3×10^{-1}	3×10^{-1}	1×10^{2}	1×10^{5}
Ytterbium (70)				
Yb-169	4×10^{0}	1×10^{0}	1×10^{2}	1×10^{7}
Yb-175	3×10^{1}	9×10^{-1}	1×10^{3}	1×10^{7}

2.7.2.2.1 (Forts.)

Radionuklid (Atomzahl)	A_1 (TBq)	A_2 (TBq)	Aktivitätskonzentrationsgrenzwert für freigestellte Stoffe (Bq/g)	Aktivitätsgrenzwert für eine freigestellte Sendung (Bq)
Zink (30)				
Zn-65	2×10^0	2×10^0	1×10^1	1×10^6
Zn-69	3×10^0	6×10^{-1}	1×10^4	1×10^6
Zn-69m *(a)*	3×10^0	6×10^{-1}	1×10^2	1×10^6
Zirconium (40)				
Zr-88	3×10^0	3×10^0	1×10^2	1×10^6
Zr-93	Unbegrenzt	Unbegrenzt	1×10^3 *(b)*	1×10^7 *(b)*
Zr-95 *(a)*	2×10^0	8×10^{-1}	1×10^1	1×10^6
Zr-97 *(a)*	4×10^{-1}	4×10^{-1}	1×10^1 *(b)*	1×10^5 *(b)*

(a) Die A_1- und/oder A_2-Werte dieser Ausgangsnuklide schließen Beiträge ihrer Zerfallsprodukte mit einer Halbwertszeit von weniger als 10 Tagen wie folgt ein:

Mg-28	Al-28
Ar-42	K-42
Ca-47	Sc-47
Ti-44	Sc-44
Fe-52	Mn-52m
Fe-60	Co-60m
Zn-69m	Zn-69
Ge-68	Ga-68
Rb-83	Kr-83m
Sr-82	Rb-82
Sr-90	Y-90
Sr-91	Y-91m
Sr-92	Y-92
Y-87	Sr-87m
Zr-95	Nb-95m
Zr-97	Nb-97m, Nb-97
Mo-99	Tc-99m
Tc-95m	Tc-95
Tc-96m	Tc-96
Ru-103	Rh-103m
Ru-106	Rh-106
Pd-103	Rh-103m
Ag-108m	Ag-108
Ag-110m	Ag-110
Cd-115	In-115m
In-114m	In-114
Sn-113	In-113m
Sn-121m	Sn-121
Sn-126	Sb-126m
Te-118	Sb-118
Te-127m	Te-127
Te-129m	Te-129
Te-131m	Te-131
Te-132	I-132
I-135	Xe-135m
Xe-122	I-122
Cs-137	Ba-137m
Ba-131	Cs-131
Ba-140	La-140

2.7.2.2.1 (Forts.)

Ce-144	Pr-144m, Pr-144
Pm-148m	Pm-148
Gd-146	Eu-146
Dy-166	Ho-166
Hf-172	Lu-172
W-178	Ta-178
W-188	Re-188
Re-189	Os-189m
Os-194	Ir-194
Ir-189	Os-189m
Pt-188	Ir-188
Hg-194	Au-194
Hg-195m	Hg-195
Pb-210	Bi-210
Pb-212	Bi-212, Tl-208, Po-212
Bi-210m	Tl-206
Bi-212	Tl-208, Po-212
At-211	Po-211
Rn-222	Po-218, Pb-214, At-218, Bi-214, Po-214
Ra-223	Rn-219, Po-215, Pb-211, Bi-211, Po-211, Tl-207
Ra-224	Rn-220, Po-216, Pb-212, Bi-212, Tl-208, Po-212
Ra-225	Ac-225, Fr-221, At-217, Bi-213, Tl-209, Po-213, Pb-209
Ra-226	Rn-222, Po-218, Pb-214, At-218, Bi-214, Po-214
Ra-228	Ac-228
Ac-225	Fr-221, At-217, Bi-213, Tl-209, Po-213, Pb-209
Ac-227	Fr-223
Th-228	Ra-224, Rn-220, Po-216, Pb-212, Bi-212, Tl-208, Po-212
Th-234	Pa-234m, Pa-234
Pa-230	Ac-226, Th-226, Fr-222, Ra-222, Rn-218, Po-214
U-230	Th-226, Ra-222, Rn-218, Po-214
U-235	Th-231
Pu-241	U-237
Pu-244	U-240, Np-240m
Am-242m	Am-242, Np-238
Am-243	Np-239
Cm-247	Pu-243
Bk-249	Am-245
Cf-253	Cm-249

(b) Die Ausgangsnuklide und ihre im säkularen Gleichgewicht stehenden Zerfallsprodukte sind im Nachfolgenden dargestellt:

Sr-90	Y-90
Zr-93	Nb-93m
Zr-97	Nb-97
Ru-106	Rh-106
Ag-108m	Ag-108
Cs-137	Ba-137m
Ce-144	Pr-144
Ba-140	La-140
Bi-212	Tl-208 (0,36), Po-212 (0,64)
Pb-210	Bi-210, Po-210
Pb-212	Bi-212, Tl-208 (0,36), Po-212 (0,64)
Rn-222	Po-218, Pb-214, Bi-214, Po-214
Ra-223	Rn-219, Po-215, Pb-211, Bi-211, Tl-207
Ra-224	Rn-220, Po-216, Pb-212, Bi-212, Tl-208 (0,36), Po-212 (0,64)
Ra-226	Rn-222, Po-218, Pb-214, Bi-214, Po-214, Pb-210, Bi-210, Po-210
Ra-228	Ac-228
Th-228	Ra-224, Rn-220, Po-216, Pb-212, Bi-212, Tl-208 (0,36), Po-212 (0,64)
Th-229	Ra-225, Ac-225, Fr-221, At-217, Bi-213, Po-213, Pb-209
Th (natürlich)	Ra-228, Ac-228, Th-228, Ra-224, Rn-220, Po-216, Pb-212, Bi-212, Tl-208 (0,36), Po-212 (0,64)
Th-234	Pa-234m

2.7.2.2.1 (Forts.)

U-230	Th-226, Ra-222, Rn-218, Po-214
U-232	Th-228, Ra-224, Rn-220, Po-216, Pb-212, Bi-212, Tl-208 (0,36), Po-212 (0,64)
U-235	Th-231
U-238	Th-234, Pa-234m
U (natürlich)	Th-234, Pa-234m, U-234, Th-230, Ra-226, Rn-222, Po-218, Pb-214, Bi-214, Po-214, Pb-210, Bi-210, Po-210
Np-237	Pa-233
Am-242m	Am-242
Am-243	Np-239

(c) Die Menge kann durch Messung der Zerfallsrate oder durch Messung der Dosisleistung in einem vorgeschriebenen Abstand von der Quelle bestimmt werden.

(d) Diese Werte gelten nur für Uranverbindungen sowohl unter normalen als auch unter Unfall-Beförderungsbedingungen, die die chemische Form von UF_6, UO_2F_2 und $UO_2(NO_3)_2$ einnehmen.

(e) Diese Werte gelten nur für Uranverbindungen sowohl unter normalen als auch unter Unfall-Beförderungsbedingungen, die die chemische Form von UO_3, UF_4, UCl_4 und sechswertige Verbindungen einnehmen.

(f) Diese Werte gelten für alle in *(d)* und *(e)* nicht genannten Uranverbindungen.

(g) Diese Werte gelten nur für unbestrahltes Uran.

[Genehmigungsvorbehalt] 2.7.2.2.2

Für einzelne Radionuklide

.1 die nicht in Tabelle 2.7.2.2.1 aufgeführt sind, ist für die Bestimmung der in 2.7.2.2.1 genannten grundlegenden Radionuklidwerte eine multilaterale Genehmigung erforderlich. Für diese Radionuklide müssen die Aktivitätskonzentrationsgrenzwerte für freigestellte Stoffe und die Aktivitätsgrenzwerte für freigestellte Sendungen gemäß den in den „International Basic Safety Standards for Protection against Ionizing Radiation and for Safety of Radiation Sources“ (Internationale grundlegende Sicherheitsnormen für den Schutz vor ionisierender Strahlung und für die Sicherheit von Strahlungsquellen), Safety Series No. 115, IAEA, Wien (1996) aufgestellten Grundsätzen berechnet werden. Es ist zulässig, einen A_2-Wert zu verwenden, der gemäß der Empfehlung der Internationalen Strahlenschutzkommission (International Commission on Radiological Protection – ICRP) unter Verwendung eines Dosiskoeffizienten für den entsprechenden Lungenabsorptionstyp berechnet wird, sofern die chemischen Formen jedes Radionuklids sowohl unter normalen Beförderungsbedingungen als auch unter Unfall-Beförderungsbedingungen berücksichtigt werden. Alternativ dürfen ohne Genehmigung der zuständigen Behörde die Radionuklidwerte der Tabelle 2.7.2.2.2 verwendet werden.

.2 in Instrumenten oder Fabrikaten, in denen die radioaktiven Stoffe eingeschlossen oder als Bauteil des Instruments oder eines anderen Fabrikats enthalten sind und die den Vorschriften in 2.7.2.4.1.3.3 entsprechen, sind zu dem in der Tabelle 2.7.2.2.1 angegebenen Aktivitätsgrenzwert für eine freigestellte Sendung alternative grundlegende Radionuklidwerte zugelassen, für die eine multilaterale Genehmigung erforderlich ist. Solche alternativen Aktivitätsgrenzwerte für eine freigestellte Sendung müssen gemäß den in den „International Basic Safety Standards for Protection against Ionizing Radiation and for Safety of Radiation Sources“ (Internationale grundlegende Sicherheitsnormen für den Schutz vor ionisierender Strahlung und für die Sicherheit von Strahlungsquellen), Safety Series No. 115, IAEA, Wien (1996) aufgestellten Grundsätzen berechnet werden.

2.7.2.2.2 (Forts.) **Tabelle 2.7.2.2.2 – Grundlegende Radionuklidwerte für unbekannte Radionuklide oder Gemische**

Radioaktiver Inhalt	A_1 (TBq)	A_2 (TBq)	Aktivitätskonzentrationsgrenzwert für freigestellte Stoffe (Bq/g)	Aktivitätsgrenzwert für freigestellte Sendungen (Bq)
nur das Vorhandensein von Nukliden, die Beta- oder Gammastrahlen emittieren, ist bekannt	0,1	0,02	1×10^{1}	1×10^{4}
das Vorhandensein von Nukliden, die Alphastrahlen, jedoch keine Neutronenstrahlen emittieren, ist bekannt	0,2	9×10^{-5}	1×10^{-1}	1×10^{3}
das Vorhandensein von Nukliden, die Neutronenstrahlen emittieren, ist bekannt oder es sind keine relevanten Daten verfügbar	0,001	9×10^{-5}	1×10^{-1}	1×10^{3}

2.7.2.2.3 [Andere Radionuklide]

Bei den Berechnungen von A_1 und A_2 für ein in Tabelle 2.7.2.2.1 nicht enthaltenes Radionuklid ist eine radioaktive Zerfallskette, in der Radionuklide in ihrem natürlich vorkommenden Maße vorhanden sind und in der kein Tochternuklid eine Halbwertszeit hat, die entweder größer als zehn Tage oder größer als die des Ausgangsnuklids ist, als einzelnes Radionuklid zu betrachten; die zu berücksichtigende Aktivität und der zu verwendende A_1- oder A_2-Wert sind die Werte des Ausgangsnuklids dieser Zerfallskette. Bei radioaktiven Zerfallsketten, in denen ein Tochternuklid eine Halbwertszeit hat, die entweder größer als zehn Tage oder größer als die des Ausgangsnuklids ist, sind das Ausgangsnuklid und derartige Tochternuklide als Gemisch verschiedener Nuklide zu betrachten.

2.7.2.2.4 [Radionuklidgemische]

Für Gemische von Radionukliden können die in 2.7.2.2.1 genannten grundlegenden Radionuklidwerte wie folgt bestimmt werden:

$$X_m = \frac{1}{\sum_i \frac{f(i)}{X(i)}}$$

wobei:

f(i) der Anteil der Aktivität oder der Aktivitätskonzentration des Radionuklids *i* im Gemisch ist,

X(i) der entsprechende A_1- oder A_2-Wert oder der Aktivitätskonzentrationsgrenzwert für freigestellte Stoffe oder der Aktivitätsgrenzwert für eine freigestellte Sendung für das entsprechende Radionuklid *i* ist und

X_m im Falle von Gemischen der abgeleitete A_1- oder A_2-Wert, der Aktivitätskonzentrationsgrenzwert für freigestellte Stoffe oder der Aktivitätsgrenzwert für eine freigestellte Sendung ist.

2.7.2.2.5 [Gruppenbildung]

Wenn die Identität jedes Radionuklids bekannt ist, aber die Einzelaktivitäten einiger Radionuklide unbekannt sind, dürfen die Radionuklide in Gruppen zusammengefasst werden und der jeweils niedrigste entsprechende Radionuklidwert für die Radionuklide in jeder Gruppe bei der Anwendung der Formeln in 2.7.2.2.4 und 2.7.2.4.4 verwendet werden. Basis für die Gruppeneinteilung können die gesamte Alphaaktivität und die gesamte Beta-/Gammaaktivität sein, sofern diese bekannt sind, wobei die niedrigsten Radionuklidwerte für Alphastrahler bzw. Beta-/Gammastrahler zu verwenden sind.

2.7.2.2.6 [Datenanalogie]

Für einzelne Radionuklide oder Radionuklidgemische, für die keine relevanten Daten vorliegen, sind die Werte aus Tabelle 2.7.2.2.2 anzuwenden.

Bestimmung anderer Stoffeigenschaften 2.7.2.3

Stoffe mit geringer spezifischer Aktivität (LSA) 2.7.2.3.1

(bleibt offen) 2.7.2.3.1.1

[Unterteilung] 2.7.2.3.1.2

LSA-Stoffe werden in drei Gruppen unterteilt:

.1 LSA-I:

  .1 Uran- oder Thoriumerze und deren Konzentrate sowie andere Erze, die in der Natur vorkommende Radionuklide enthalten;

  .2 natürliches Uran, abgereichertes Uran, natürliches Thorium oder deren Verbindungen oder Gemische, die unbestrahlt und in festem oder flüssigem Zustand sind;

  .3 radioaktive Stoffe, für die der A_2-Wert unbegrenzt ist. Spaltbare Stoffe dürfen nur eingeschlossen werden, wenn sie nach 2.7.2.3.5 freigestellt sind;

  .4 andere radioaktive Stoffe, in denen die Aktivität im gesamten Stoff verteilt ist und die geschätzte mittlere spezifische Aktivität das Dreißigfache der Werte der in 2.7.2.2.1 bis 2.7.2.2.6 festgelegten Aktivitätskonzentration nicht überschreitet. Spaltbare Stoffe dürfen nur eingeschlossen werden, wenn sie nach 2.7.2.3.5 freigestellt sind.

.2 LSA-II:

  .1 Wasser mit einer Tritium-Konzentration bis zu 0,8 TBq/l;

  .2 andere Stoffe, in denen die Aktivität im gesamten Stoff verteilt ist und die geschätzte mittlere spezifische Aktivität 10^{-4} A_2/g bei festen Stoffen und Gasen und 10^{-5} A_2/g bei flüssigen Stoffen nicht überschreitet.

.3 LSA-III – Feste Stoffe ausgenommen pulverförmige Stoffe (z. B. verfestigte Abfälle, aktivierte Stoffe), die den Vorschriften in 2.7.2.3.1.3 entsprechen und bei denen:

  .1 die radioaktiven Stoffe in einem gesamten festen Stoff oder in einer gesamten Ansammlung fester Gegenstände verteilt sind oder in einem festen kompakten Bindemittel (wie Beton, Bitumen und Keramik) im Wesentlichen gleichmäßig verteilt sind;

  .2 die radioaktiven Stoffe relativ unlöslich oder innerhalb einer relativ unlöslichen Grundmasse enthalten sind, so dass selbst bei Verlust der Verpackung der sich durch vollständiges Eintauchen in Wasser für sieben Tage ergebende Verlust an radioaktiven Stoffen je Versandstück durch Auslaugung 0,1 A_2 nicht übersteigt, und

  .3 die geschätzte mittlere spezifische Aktivität des festen Stoffes mit Ausnahme des Abschirmmaterials 2×10^{-3} A_2/g nicht übersteigt.

[LSA-III-Stoff – Beschaffenheit] 2.7.2.3.1.3

Ein LSA-III-Stoff ist ein fester Stoff, der so beschaffen sein muss, dass die Aktivität in Wasser 0,1 A_2 nicht überschreitet, wenn der Gesamtinhalt eines Versandstücks der in 2.7.2.3.1.4 vorgeschriebenen Prüfung unterzogen wurde.

[LSA-III-Stoff – Prüfung] 2.7.2.3.1.4

LSA-III-Stoffe sind wie folgt zu prüfen:

Eine feste Stoffprobe, die den gesamten Inhalt des Versandstücks repräsentiert, ist sieben Tage lang in Wasser bei Umgebungstemperatur einzutauchen. Das für die Prüfung zu verwendende Wasservolumen muss ausreichend sein, dass am Ende des Zeitraums von sieben Tagen das freie Volumen des nicht absorbierten und ungebundenen Wassers noch mindestens 10 % des Volumens des festen Prüfmusters beträgt. Das Wasser muss zu Beginn einen pH-Wert von 6 bis 8 und eine maximale Leitfähigkeit von 1 mS/m bei 20 °C aufweisen. Im Anschluss an das siebentägige Eintauchen des Prüfmusters ist die Gesamtaktivität des freien Wasservolumens zu messen.

[Prüfungsnachweis] 2.7.2.3.1.5

Der Nachweis der Einhaltung der nach 2.7.2.3.1.4 geforderten Leistungsvorgaben muss mit 6.4.12.1 und 6.4.12.2 übereinstimmen.

2.7.2.3.2 Oberflächenkontaminierter Gegenstand (SCO)

SCO werden in zwei Gruppen unterteilt:

.1 SCO-I: Ein fester Gegenstand, auf dem:

.1 die nicht festhaftende Kontamination auf der zugänglichen Oberfläche, gemittelt über 300 cm^2 (oder über die Gesamtoberfläche bei weniger als 300 cm^2), 4 Bq/cm^2 für Beta- und Gammastrahler sowie Alphastrahler geringer Toxizität oder 0,4 Bq/cm^2 für alle anderen Alphastrahler nicht überschreitet;

.2 die festhaftende Kontamination auf der zugänglichen Oberfläche, gemittelt über 300 cm^2 (oder über die Gesamtoberfläche bei weniger als 300 cm^2), 4×10^4 Bq/cm^2 für Beta- und Gammastrahler sowie Alphastrahler geringer Toxizität oder 4×10^3 Bq/cm^2 für alle anderen Alphastrahler nicht überschreitet und

.3 die Summe aus nicht festhaftender Kontamination und festhaftender Kontamination auf der unzugänglichen Oberfläche, gemittelt über 300 cm^2 (oder über die Gesamtoberfläche bei weniger als 300 cm^2), 4×10^4 Bq/cm^2 für Beta- und Gammastrahler sowie Alphastrahler geringer Toxizität oder 4×10^3 Bq/cm^2 für alle anderen Alphastrahler nicht überschreitet.

.2 SCO-II: Ein fester Gegenstand, auf dessen Oberfläche entweder die festhaftende oder die nicht festhaftende Kontamination die unter .1 für SCO-I festgelegten, jeweils zutreffenden Grenzwerte überschreitet und auf dem:

.1 die nicht festhaftende Kontamination auf der zugänglichen Oberfläche, gemittelt über 300 cm^2 (oder über die Gesamtoberfläche bei weniger als 300 cm^2), 400 Bq/cm^2 für Beta- und Gammastrahler sowie Alphastrahler geringer Toxizität oder 40 Bq/cm^2 für alle anderen Alphastrahler nicht überschreitet;

.2 die festhaftende Kontamination auf der zugänglichen Oberfläche, gemittelt über 300 cm^2 (oder über die Gesamtoberfläche bei weniger als 300 cm^2), 8×10^5 Bq/cm^2 für Beta- und Gammastrahler sowie Alphastrahler geringer Toxizität oder 8×10^4 Bq/cm^2 für alle anderen Alphastrahler nicht überschreitet und

.3 die Summe aus nicht festhaftender Kontamination und festhaftender Kontamination auf der unzugänglichen Oberfläche, gemittelt über 300 cm^2 (oder über die Gesamtoberfläche bei weniger als 300 cm^2), 8×10^5 Bq/cm^2 für Beta- und Gammastrahler sowie Alphastrahler geringer Toxizität oder 8×10^4 Bq/cm^2 für alle anderen Alphastrahler nicht überschreitet.

2.7.2.3.3 Radioaktive Stoffe in besonderer Form

2.7.2.3.3.1 [Mindestabmessungen, Bauartzulassungspflicht]

.1 Radioaktive Stoffe in besonderer Form müssen mindestens eine Abmessung von wenigstens 5 mm aufweisen.

.2 Wenn eine dichte Kapsel Bestandteil des radioaktiven Stoffs in besonderer Form ist, ist die Kapsel so zu fertigen, dass sie nur durch Zerstörung geöffnet werden kann.

.3 Für die Bauart eines radioaktiven Stoffes in besonderer Form ist eine unilaterale Zulassung erforderlich.

2.7.2.3.3.2 [Beschaffenheit, Auslegung]

Radioaktive Stoffe in besonderer Form müssen so beschaffen oder ausgelegt sein, dass sie, wenn sie den Prüfungen nach 2.7.2.3.3.4 bis 2.7.2.3.3.8 unterzogen werden, folgende Vorschriften erfüllen:

.1 Sie dürfen bei den Stoßempfindlichkeits-, Schlag- und Biegeprüfungen nach 2.7.2.3.3.5.1, 2.7.2.3.3.5.2, 2.7.2.3.3.5.3 und, sofern anwendbar, nach 2.7.2.3.3.6.1 weder zerbrechen noch zersplittern.

.2 Sie dürfen bei der anzuwendenden Erhitzungsprüfung nach 2.7.2.3.3.5.4 oder, sofern anwendbar, nach 2.7.2.3.3.6.2 weder schmelzen noch dispergieren.

.3 Die Aktivität im Wasser darf nach den Auslaugprüfungen nach 2.7.2.3.3.7 und 2.7.2.3.3.8 2 kBq nicht überschreiten; alternativ darf bei umschlossenen Quellen die Undichtheitsrate bei dem volumetrischen Dichtheitsprüfverfahren gemäß Norm ISO 9978:1992 „Radiation protection – Sealed radioactive sources – Leackage test methods" („Strahlenschutz – Geschlossene radioaktive Quellen – Dichtheitsprüfungen") den anwendbaren und von der zuständigen Behörde akzeptierten Grenzwert nicht überschreiten. 2.7.2.3.3.2 (Forts.)

[Einhaltungsnachweis der Auslegungskriterien] 2.7.2.3.3.3

Der Nachweis der Einhaltung der nach 2.7.2.3.3.2 geforderten Leistungsvorgaben muss gemäß 6.4.12.1 und 6.4.12.2 erfolgen.

[Anforderungen an Prüfmuster] 2.7.2.3.3.4

Prüfmuster, die die radioaktiven Stoffe in besonderer Form darstellen oder simulieren, müssen der in 2.7.2.3.3.5 festgelegten Stoßempfindlichkeitsprüfung, Schlagprüfung, Biegeprüfung und Erhitzungsprüfung oder den in 2.7.2.3.3.6 zugelassenen alternativen Prüfungen unterzogen werden. Für jede Prüfung darf ein anderes Prüfmuster verwendet werden. Im Anschluss an jede Prüfung ist das Prüfmuster nach einem Verfahren, das mindestens so empfindlich ist wie die in 2.7.2.3.3.7 für nicht dispergierbare feste Stoffe oder in 2.7.2.3.3.8 für gekapselte Stoffe beschriebenen Verfahren, einer Auslaugprüfung oder einer volumetrischen Dichtheitsprüfung zu unterziehen.

[Anzuwendende Prüfverfahren] 2.7.2.3.3.5

Die anzuwendenden Prüfverfahren sind:

.1 Stoßempfindlichkeitsprüfung: Das Prüfmuster muss aus 9 m Höhe auf ein Aufprallfundament fallen. Das Aufprallfundament muss so beschaffen sein, dass es 6.4.14 entspricht.

.2 Schlagprüfung: Das Prüfmuster wird auf eine Bleiplatte gelegt, die auf einer glatten, festen Unterlage aufliegt; ihm wird mit dem flachen Ende einer Baustahlstange ein Schlag versetzt, dessen Wirkung dem freien Fall von 1,4 kg aus 1 m Höhe entspricht. Die untere Seite der Stange muss einen Durchmesser von 25 mm haben, die Kanten sind auf einen Radius von (3,0 ± 0,3) mm abgerundet. Das Blei mit einer Vickers-Härte von 3,5 bis 4,5 und einer Dicke von höchstens 25 mm muss eine größere Fläche als das Prüfmuster überdecken. Für jede Prüfung ist eine neue Bleiplatte zu verwenden. Die Stange muss das Prüfmuster so treffen, dass die größtmögliche Beschädigung eintritt.

.3 Biegeprüfung: Die Prüfung gilt nur für lange, dünne Quellen mit einer Mindestlänge von 10 cm und einem Verhältnis von Länge zur minimalen Breite von mindestens 10. Das Prüfmuster wird starr waagerecht eingespannt, so dass eine Hälfte seiner Länge aus der Einspannung herausragt. Das Prüfmuster ist so auszurichten, dass es die größtmögliche Beschädigung erleidet, wenn seinem freien Ende mit der flachen Seite der Stahlstange ein Schlag versetzt wird. Die Stange muss das Prüfmuster so treffen, dass die Wirkung des Schlags dem freien Fall von 1,4 kg aus 1 m Höhe entspricht. Die untere Seite der Stange muss einen Durchmesser von 25 mm haben, die Kanten sind auf einen Radius von (3,0 ± 0,3) mm abgerundet.

.4 Erhitzungsprüfung: Das Prüfmuster ist in Luftatmosphäre auf 800 °C zu erhitzen und 10 Minuten bei dieser Temperatur zu belassen; danach lässt man es abkühlen.

[Ausnahmen für bestimmte Prüfmuster] 2.7.2.3.3.6

Prüfmuster, die in eine dichte Kapsel eingeschlossene radioaktive Stoffe darstellen oder simulieren, dürfen ausgenommen werden von:

.1 den in 2.7.2.3.3.5.1 und 2.7.2.3.3.5.2 vorgeschriebenen Prüfungen, vorausgesetzt, die Prüfmuster werden alternativ der Stoßempfindlichkeitsprüfung gemäß Norm ISO 2919:2012 „Strahlenschutz – Umschlossene radioaktive Stoffe – Allgemeine Anforderungen und Klassifikation" unterzogen:

  .1 Stoßempfindlichkeitsprüfung der Klasse 4, sofern die Masse der radioaktiven Stoffe in besonderer Form kleiner als 200 g ist;

  .2 Stoßempfindlichkeitsprüfung der Klasse 5, sofern die Masse der radioaktiven Stoffe in besonderer Form mindestens 200 g, aber kleiner als 500 g ist;

.2 der in 2.7.2.3.3.5.4 vorgeschriebenen Prüfung, wenn die Prüfmuster alternativ der Erhitzungsprüfung der Klasse 6 gemäß Norm ISO 2919:2012 „Radiation protection – Sealed radioactive sources – General requirements and classification" („Strahlenschutz – Umschlossene radioaktive Stoffe – Allgemeine Anforderungen und Klassifikation") unterzogen werden.

2.7.2.3.3.7 [Dispergierbare feste radioaktive Stoffe]

Bei Prüfmustern, die nicht dispergierbare feste Stoffe darstellen oder simulieren, ist folgende Auslaugprüfung durchzuführen:

.1 Das Prüfmuster ist sieben Tage in Wasser bei Umgebungstemperatur einzutauchen. Das für die Prüfung zu verwendende Wasservolumen muss ausreichend sein, dass am Ende des Zeitraums von sieben Tagen das freie Volumen des nicht absorbierten und ungebundenen Wassers noch mindestens 10 % des Volumens des festen Prüfmusters beträgt. Das Wasser muss zu Beginn einen pH-Wert von 6 bis 8 und eine maximale Leitfähigkeit von 1 mS/m bei 20 °C aufweisen.

.2 Das Wasser mit dem Prüfmuster ist dann auf eine Temperatur von (50 ± 5) °C zu erhitzen und vier Stunden bei dieser Temperatur zu belassen.

.3 Danach ist die Aktivität des Wassers zu bestimmen.

.4 Anschließend ist das Prüfmuster mindestens sieben Tage in unbewegter Luft bei mindestens 30 °C und einer relativen Feuchtigkeit von mindestens 90 % zu lagern.

.5 Das Prüfmuster wird dann in Wasser von derselben Beschaffenheit wie in .1 eingetaucht, das Wasser mit dem Prüfmuster auf eine Temperatur von (50 ± 5) °C erhitzt und vier Stunden bei dieser Temperatur belassen.

.6 Danach ist die Aktivität des Wassers zu bestimmen.

2.7.2.3.3.8 [In eine dichte Kapsel eingeschlossene Stoffe]

Bei Prüfmustern, die in eine dichte Kapsel eingeschlossene radioaktive Stoffe darstellen oder simulieren, ist entweder eine Auslaugprüfung oder eine volumetrische Dichtheitsprüfung wie folgt durchzuführen:

.1 Die Auslaugprüfung besteht aus folgenden Schritten:

 .1 Das Prüfmuster ist in Wasser bei Umgebungstemperatur einzutauchen. Das Wasser muss zu Beginn einen pH-Wert von 6 bis 8 und eine maximale Leitfähigkeit von 1 mS/m bei 20 °C aufweisen.

 .2 Wasser und Prüfmuster werden auf eine Temperatur von (50 ± 5) °C erhitzt und vier Stunden bei dieser Temperatur belassen.

 .3 Danach ist die Aktivität des Wassers zu bestimmen.

 .4 Anschließend ist das Prüfmuster mindestens sieben Tage in unbewegter Luft bei mindestens 30 °C und einer relativen Feuchtigkeit von mindestens 90 % zu lagern.

 .5 Die Schritte gemäß .1, .2 und .3 sind zu wiederholen.

.2 Die alternative volumetrische Dichtheitsprüfung muss eine der in der Norm ISO 9978:1992 „Radiation protection – Sealed radioactive sources – Leackage test methods" („Strahlenschutz; Geschlossene radioaktive Quellen – Dichtheitsprüfungen") beschriebenen Prüfungen, sofern sie für die zuständige Behörde annehmbar sind, umfassen.

2.7.2.3.4 Gering dispergierbare radioaktive Stoffe

2.7.2.3.4.1 [Zulassungspflicht, Beschaffenheit]

Für die Bauart gering dispergierbarer radioaktiver Stoffe ist eine multilaterale Zulassung erforderlich. Gering dispergierbare radioaktive Stoffe müssen so beschaffen sein, dass die Gesamtmenge dieser radioaktiven Stoffe in einem Versandstück unter Berücksichtigung der Vorschriften in 6.4.8.14 die folgenden Vorschriften erfüllt:

.1 Die Dosisleistung darf in einem Abstand von 3 m vom unabgeschirmten radioaktiven Stoff 10 mSv/h nicht übersteigen.

.2 Bei den in 6.4.20.3 und 6.4.20.4 festgelegten Prüfungen darf die Freisetzung in Luft von Gas und Partikeln bis zu einem aerodynamischen äquivalenten Durchmesser von 100 µm den Wert von 100 A_2 nicht überschreiten. Für jede Prüfung darf ein separates Prüfmuster verwendet werden.

.3 Bei der in 2.7.2.3.1.4 festgelegten Prüfung darf die Aktivität im Wasser 100 A_2 nicht übersteigen. Bei der Anwendung dieser Prüfung sind die in 2.7.2.3.4.1.2 festgelegten Beschädigungen durch die Prüfungen zu berücksichtigen.

[Prüfung gering dispergierbarer radioaktiver Stoffe] 2.7.2.3.4.2

Gering dispergierbare radioaktive Stoffe sind wie folgt zu prüfen:

Ein Prüfmuster, das einen gering dispergierbaren radioaktiven Stoff darstellt oder simuliert, muss der in 6.4.20.3 festgelegten gesteigerten Erhitzungsprüfung und der in 6.4.20.4 festgelegten Aufprallprüfung unterzogen werden. Für jede Prüfung darf ein anderes Prüfmuster verwendet werden. Im Anschluss an jede Prüfung muss das Prüfmuster der in 2.7.2.3.1.4 festgelegten Auslaugprüfung unterzogen werden. Nach jeder Prüfung muss ermittelt werden, ob die anwendbaren Vorschriften nach 2.7.2.3.4.1 erfüllt wurden.

[Einhaltungsnachweis der Leistungsvorhaben] 2.7.2.3.4.3

Der Nachweis der Einhaltung der Leistungsvorgaben nach 2.7.2.3.4.1 und 2.7.2.3.4.2 muss 6.4.12.1 und 6.4.12.2 entsprechen.

Spaltbare Stoffe 2.7.2.3.5

Spaltbare Stoffe und Versandstücke, die spaltbare Stoffe enthalten, müssen der jeweiligen Eintragung gemäß Tabelle 2.7.2.1.1 als „SPALTBAR" klassifiziert werden, es sei denn, sie sind durch eine der Vorschriften der nachfolgenden Absätze .1 bis .6 ausgenommen und werden nach den Vorschriften in 5.1.5.5 befördert. Alle Vorschriften gelten nur für Stoffe in Versandstücken, welche die Vorschriften in 6.4.7.2 erfüllen, es sei denn, unverpackte Stoffe sind in der Vorschrift ausdrücklich zugelassen.

.1 Uran mit einer auf die Masse bezogenen Anreicherung an Uran-235 von maximal 1 % und mit einem Gesamtgehalt von Plutonium und Uran-233, der 1 % der Uran-235-Masse nicht übersteigt, vorausgesetzt, die spaltbaren Nuklide sind im Wesentlichen homogen im gesamten Stoff verteilt. Außerdem darf Uran-235 keine gitterförmige Anordnung bilden, wenn es in metallischer, oxidischer oder karbidischer Form vorhanden ist.

.2 Flüssige Uranylnitratlösungen mit einer auf die Masse bezogenen Anreicherung an Uran-235 von maximal 2 %, mit einem Gesamtgehalt von Plutonium und Uran-233, der 0,002 % der Uran-Masse nicht übersteigt, und mit einem Atomzahlverhältnis von Stickstoff zu Uran (N/U) von mindestens 2.

.3 Uran mit einer maximalen Uran-Anreicherung von 5 Masse-% Uran-235, vorausgesetzt:

  .1 in jedem Versandstück sind höchstens 3,5 g Uran-235 enthalten;

  .2 der Gesamtinhalt an Plutonium und Uran-233 je Versandstück überschreitet nicht 1 % der Masse an Uran-235 im Versandstück;

  .3 die Beförderung des Versandstücks unterliegt dem in 5.1.5.5.3 vorgesehenen Sendungsgrenzwert.

.4 Spaltbare Nuklide mit einer Gesamtmasse von höchstens 2,0 g je Versandstück, vorausgesetzt, das Versandstück wird unter dem in 5.1.5.5.4 vorgesehenen Sendungsgrenzwert befördert.

.5 Spaltbare Nuklide mit einer Gesamtmasse von höchstens 45 g entweder verpackt oder unverpackt unter den in 5.1.5.5.5 vorgesehenen Grenzwerten.

.6 Ein spaltbarer Stoff, der den Vorschriften in 5.1.5.5.2, 2.7.2.3.6 und 5.1.5.2.1 entspricht. *→ D: GGVSee § 13 Nr. 5*

[Bedingungen für „unterkritisch"] 2.7.2.3.6

Ein spaltbarer Stoff, der gemäß 2.7.2.3.5.6 von der Klassifizierung als „SPALTBAR" ausgenommen ist, muss unter den folgenden Bedingungen unterkritisch sein, ohne dass eine Überwachung der Ansammlung notwendig ist:

.1 den Bedingungen in 6.4.11.1 (a);

.2 den Bedingungen, die mit den in 6.4.11.12 (b) und 6.4.11.13 (b) für Versandstücke festgelegten Bewertungsvorschriften im Einklang sind; und

.3 den Bedingungen in 6.4.11.11 (a) bei Beförderungen per Flugzeug.

Klassifizierung von Versandstücken oder unverpackten Stoffen 2.7.2.4

Die Menge radioaktiver Stoffe in einem Versandstück darf die nachfolgend festgelegten, dem Versandstück-Typ entsprechenden Grenzwerte nicht übersteigen.

2.7.2.4.1 **Klassifizierung als freigestelltes Versandstück**

2.7.2.4.1.1 **[Voraussetzungen]**

Ein Versandstück darf als freigestelltes Versandstück klassifiziert werden, wenn es eine der folgenden Bedingungen erfüllt:

.1 es handelt sich um ein leeres Versandstück, das radioaktive Stoffe enthalten hat;

.2 es enthält Instrumente oder Fabrikate, welche die in den Spalten 2 und 3 der Tabelle 2.7.2.4.1.2 festgelegten Aktivitätsgrenzwerte nicht überschreiten;

.3 es enthält Fabrikate, die aus natürlichem Uran, abgereichertem Uran oder natürlichem Thorium hergestellt sind;

.4 es enthält radioaktive Stoffe, welche die in der Spalte 4 der Tabelle 2.7.2.4.1.2 festgelegten Aktivitätsgrenzwerte nicht überschreiten, oder

.5 es enthält weniger als 0,1 kg Uranhexafluorid, das die in Spalte 4 der Tabelle 2.7.2.4.1.2 festgelegten Aktivitätsgrenzwerte nicht überschreitet.

2.7.2.4.1.2 **[Aktivitätsgrenzwerte]**
→ 1.5.6.1

Ein Versandstück, das radioaktive Stoffe enthält, darf als freigestelltes Versandstück klassifiziert werden, vorausgesetzt, die Dosisleistung überschreitet an keinem Punkt der Außenfläche des Versandstückes 5 μSv/h.

Tabelle 2.7.2.4.1.2 – Aktivitätsgrenzwerte für freigestellte Versandstücke

Aggregatzustand des Inhalts	**Instrumente oder Fabrikate** Grenzwerte je Einzelstück[a]	Grenzwerte je Versandstück[a]	**Stoffe** Grenzwerte je Versandstück[a]
(1)	**(2)**	**(3)**	**(4)**
feste Stoffe			
in besonderer Form	$10^{-2} A_1$	A_1	$10^{-3} A_1$
in anderer Form	$10^{-2} A_2$	A_2	$10^{-3} A_2$
flüssige Stoffe	$10^{-3} A_2$	$10^{-1} A_2$	$10^{-4} A_2$
Gase			
Tritium	$2 \times 10^{-2} A_2$	$2 \times 10^{-1} A_2$	$2 \times 10^{-2} A_2$
in besonderer Form	$10^{-3} A_1$	$10^{-2} A_1$	$10^{-3} A_1$
in anderer Form	$10^{-3} A_2$	$10^{-2} A_2$	$10^{-3} A_2$

[a] Für Radionuklidgemische siehe 2.7.2.2.4 bis 2.7.2.2.6.

2.7.2.4.1.3 **[Zuordnung zu UN 2911]**

Radioaktive Stoffe, die in einem Instrument oder Fabrikat eingeschlossen oder als Bauteil enthalten sind, dürfen der UN-Nummer 2911 RADIOAKTIVE STOFFE, FREIGESTELLTES VERSANDSTÜCK – INSTRUMENTE oder FABRIKATE zugeordnet werden, vorausgesetzt:

→ 1.5.6.1 .1 die Dosisleistung ist in 10 cm Abstand von jedem Punkt der Außenfläche jedes unverpackten Instruments oder Fabrikats nicht größer als 0,1 mSv/h , und

.2 jedes Instrument oder Fabrikat ist auf seiner Außenfläche mit dem Kennzeichen „RADIOACTIVE“ versehen, mit Ausnahme von:

- .1 radiolumineszierenden Uhren oder Geräten;
- .2 Konsumgütern, die entweder eine vorschriftsmäßige Genehmigung/Zulassung gemäß 1.5.1.4.5 erhalten haben oder einzeln nicht die Aktivitätsgrenzwerte für eine freigestellte Sendung in Spalte 5 der Tabelle 2.7.2.2.1 überschreiten, vorausgesetzt, solche Produkte werden in einem Versandstück befördert, das auf seiner Innenfläche so mit dem Kennzeichen „RADIOACTIVE“ versehen ist, dass beim Öffnen des Versandstücks vor dem Vorhandensein radioaktiver Stoffe gewarnt wird, und
- .3 anderen Instrumenten oder Fabrikaten, die für das Kennzeichen „RADIOACTIVE“ zu klein sind, vorausgesetzt, sie werden in einem Versandstück befördert, das auf seiner Innenfläche so mit dem Kennzeichen „RADIOACTIVE“ versehen ist, dass beim Öffnen des Versandstücks vor dem Vorhandensein radioaktiver Stoffe gewarnt wird; und

.3 die aktiven Stoffe sind vollständig von nicht aktiven Bestandteilen eingeschlossen (ein Gerät, dessen alleinige Funktion in der Umschließung radioaktiver Stoffe besteht, gilt nicht als Instrument oder Fabrikat), und 2.7.2.4.1.3 (Forts.)

.4 die in Tabelle 2.7.2.4.1.2 Spalte 2 bzw. 3 für jedes Einzelstück bzw. für jedes Versandstück festgelegten Grenzwerte werden eingehalten.

[Zuordnung zu UN 2910] 2.7.2.4.1.4

Radioaktive Stoffe in anderer als der in 2.7.2.4.1.3 festgelegten Form mit einer Aktivität, welche die in Tabelle 2.7.2.4.1.2 Spalte 4 festgelegten Grenzwerte nicht überschreitet, dürfen der UN-Nummer 2910 RADIOAKTIVE STOFFE, FREIGESTELLTES VERSANDSTÜCK – BEGRENZTE STOFFMENGE zugeordnet werden, vorausgesetzt:

.1 das Versandstück hält unter Routine-Beförderungsbedingungen den radioaktiven Inhalt eingeschlossen und

.2 das Versandstück ist mit dem Kennzeichen „RADIOACTIVE" versehen, und zwar

  .1 entweder so auf einer Innenfläche, dass beim Öffnen des Versandstücks vor dem Vorhandensein radioaktiver Stoffe gewarnt wird, oder

  .2 auf der Außenseite des Versandstücks, sofern die Kennzeichnung einer Innenfläche unmöglich ist.

[Zuordnung zu UN 3507] 2.7.2.4.1.5

Uranhexafluorid, das die in Spalte 4 der Tabelle 2.7.2.4.1.2 festgelegten Aktivitätsgrenzwerte nicht überschreitet, darf der Eintragung UN 3507 URANHEXAFLUORID, RADIOAKTIVE STOFFE, FREIGESTELLTES VERSANDSTÜCK mit weniger als 0,1 kg je Versandstück, nicht spaltbar oder spaltbar, freigestellt zugeordnet werden, vorausgesetzt:

.1 die Masse an Uranhexafluorid im Versandstück ist kleiner als 0,1 kg;

.2 die Vorschriften in 2.7.2.4.5.1 und 2.7.2.4.1.4.1 und 2.7.2.4.1.4.2 werden erfüllt.

[Zuordnung zu UN 2909] 2.7.2.4.1.6

Fabrikate, die aus natürlichem Uran, abgereichtem Uran oder natürlichem Thorium hergestellt sind, und Fabrikate, in denen unbestrahltes natürliches Uran, unbestrahltes abgereichertes Uran oder unbestrahltes natürliches Thorium die einzigen radioaktiven Stoffe sind, dürfen der UN-Nummer 2909 RADIOAKTIVE STOFFE, FREIGESTELLTES VERSANDSTÜCK – FABRIKATE AUS NATÜRLICHEM URAN oder AUS ABGEREICHERTEM URAN oder AUS NATÜRLICHEM THORIUM zugeordnet werden, vorausgesetzt, die äußere Oberfläche des Urans oder des Thoriums besitzt eine inaktive Ummantelung aus Metall oder einem anderen festen Werkstoff.

[Zuordnung zu UN 2908] 2.7.2.4.1.7

Eine leere Verpackung, in der vorher radioaktive Stoffe enthalten waren, darf der UN-Nummer 2908 RADIOAKTIVE STOFFE, FREIGESTELLTES VERSANDSTÜCK – LEERE VERPACKUNG zugeordnet werden, vorausgesetzt:

.1 die Verpackung ist in einem gut erhaltenen Zustand und sicher verschlossen;

.2 die Außenfläche des Urans oder des Thoriums in der Verpackungskonstruktion besitzt eine inaktive Ummantelung aus Metall oder einem anderen festen Werkstoff;

.3 die innere nicht festhaftende Kontamination, gemittelt über 300 cm^2 überschreitet nicht:

  .1 400 Bq/cm^2 für Beta- und Gammastrahler sowie Alphastrahler geringer Toxizität und

  .2 40 Bq/cm^2 für alle anderen Alphastrahler und

.4 alle Gefahrzettel, die in Übereinstimmung mit 5.2.2.1.12.1 gegebenenfalls auf der Verpackung angebracht waren, sind nicht mehr sichtbar.

Klassifizierung als Stoffe mit geringer spezifischer Aktivität (LSA) 2.7.2.4.2

Radioaktive Stoffe dürfen nur als LSA-Stoffe klassifiziert werden, wenn die Begriffsbestimmung für LSA in 2.7.1.3 und die Vorschriften in 2.7.2.3.1, 4.1.9.2 und 7.1.4.5.1 erfüllt sind.

2.7.2.4.3 Klassifizierung als oberflächenkontaminierte Gegenstände (SCO)

Radioaktive Stoffe dürfen nur als SCO-Gegenstände klassifiziert werden, wenn die Begriffsbestimmung für SCO in 2.7.1.3 und die Vorschriften in 2.7.2.3.2, 4.1.9.2 und 7.1.4.5.1 erfüllt sind.

2.7.2.4.4 Klassifizierung als Typ A-Versandstück

Versandstücke, die radioaktive Stoffe enthalten, dürfen als Typ A-Versandstücke klassifiziert werden, vorausgesetzt, die folgenden Vorschriften werden eingehalten:

Typ A-Versandstücke dürfen höchstens eine der beiden folgenden Aktivitäten enthalten:

.1 radioaktive Stoffe in besonderer Form: A_1;

.2 alle anderen radioaktiven Stoffe: A_2.

Bei Radionuklidgemischen, deren Identitäten und jeweiligen Aktivitäten bekannt sind, ist die folgende Bedingung für den radioaktiven Inhalt eines Typ A-Versandstücks anzuwenden:

$$\sum_i \frac{B(i)}{A_1(i)} + \sum_j \frac{C(j)}{A_2(j)} \leq 1$$

wobei

B(i) die Aktivität des Radionuklids *i* als radioaktiver Stoff in besonderer Form ist;

$A_1(i)$ der A_1-Wert für das Radionuklid *i* ist;

C(j) die Aktivität des Radionuklids *j*, das kein radioaktiver Stoff in besonderer Form ist;

$A_2(i)$ der A_2-Wert für das Radionuklid *j* ist.

2.7.2.4.5 Klassifizierung von Uranhexafluorid

2.7.2.4.5.1 [Zuordnung zu UN 2977, UN 2978 oder UN 3507]

Uranhexafluorid darf nur einer der folgenden UN-Nummern zugeordnet werden:

.1 UN 2977 RADIOAKTIVE STOFFE, URANHEXAFLUORID, SPALTBAR;

.2 UN 2978 RADIOAKTIVE STOFFE, URANHEXAFLUORID, nicht spaltbar oder spaltbar, freigestellt, oder

.3 UN 3507 URANHEXAFLUORID, RADIOAKTIVE STOFFE, FREIGESTELLTES VERSANDSTÜCK mit weniger als 0,1 kg je Versandstück, nicht spaltbar oder spaltbar, freigestellt.

2.7.2.4.5.2 [Inhalt eines Versandstücks]

Der Inhalt eines Versandstücks mit Uranhexafluorid muss folgenden Vorschriften entsprechen:

.1 für die UN-Nummern 2977 und 2978 darf die Masse an Uranhexafluorid nicht von der für das Versandstückmuster zugelassenen Masse abweichen, für die UN-Nummer 3507 muss die Masse an Uranhexafluorid geringer sein als 0,1 kg;

.2 die Masse an Uranhexafluorid darf nicht größer als ein Wert sein, der bei der höchsten Temperatur des Versandstücks, die für die Betriebsanlagen festgelegt ist, in denen das Versandstück verwendet werden soll, zu einem Leerraum von weniger als 5 % führen würde, und

.3 das Uranhexafluorid muss in fester Form vorliegen, und der Innendruck darf bei der Übergabe zur Beförderung nicht oberhalb des Luftdrucks liegen.

2.7.2.4.6 Klassifizierung als Typ B(U)-, Typ B(M)- oder Typ C-Versandstücke

2.7.2.4.6.1 [Klassifizierung gemäß Zulassungszeugnis]

Versandstücke, die gemäß 2.7.2.4 (2.7.2.4.1 bis 2.7.2.4.5) nicht anderweitig klassifiziert sind, sind in Übereinstimmung mit dem von der zuständigen Behörde des Ursprungslandes der Bauart ausgestellten Zulassungszeugnis des Versandstücks zu klassifizieren.

2.7.2.4.6.2 [Typ B(U)-, Typ B(M)- oder Typ C-Versandstücke]

Der Inhalt eines Typ B(U)-, Typ B(M)- oder Typ C-Versandstücks muss den Festlegungen im Zulassungszeugnis entsprechen.

2.7.2.5 Sondervereinbarungen

Radioaktive Stoffe sind als Beförderung unter Sondervereinbarung zu klassifizieren, wenn sie gemäß 1.5.4 befördert werden sollen.

Kapitel 2.8
Klasse 8 – Ätzende Stoffe

Begriffsbestimmung, allgemeine Vorschriften und Eigenschaften 2.8.1

Begriffsbestimmung 2.8.1.1

[Ätzende Stoffe] 2.8.1.1.1

Ätzende Stoffe sind Stoffe, die durch chemische Einwirkung eine irreversible Schädigung der Haut verursachen oder beim Freiwerden materielle Schäden an anderen Gütern oder Transportmitteln herbeiführen oder sie sogar zerstören.

[Hautätzung] 2.8.1.1.2

Für Stoffe und Gemische, die ätzend für die Haut sind, sind die allgemeinen Vorschriften für die Klassifizierung in Abschnitt 2.8.2 enthalten. Die Ätzwirkung auf die Haut bezieht sich auf die Verursachung einer irreversiblen Schädigung der Haut, und zwar eine sichtbare Nekrose durch die Epidermis und in die Dermis, die nach Exposition gegenüber einem Stoff oder einem Gemisch auftritt.

[Metallkorrosion bestimmter Stoffe] 2.8.1.1.3

Bei flüssigen Stoffen und festen Stoffen, die sich während der Beförderung verflüssigen können, von denen angenommen wird, dass sie nicht ätzend für die Haut sind, ist dennoch die Korrosionswirkung auf bestimmte Metalloberflächen in Übereinstimmung mit den Kriterien in 2.8.3.3.3.2 zu berücksichtigen.

Eigenschaften 2.8.1.2

[Besondere Ätzwirkung] 2.8.1.2.1

In Fällen, in denen mit besonders schweren Verletzungen bei Personen gerechnet werden muss, ist in der Gefahrgutliste im Kapitel 3.2 ein entsprechender Hinweis mit dem Wortlaut „Verursacht (schwere) Verätzungen der Haut, der Augen und der Schleimhäute" zu finden.

[Besondere Flüchtigkeit] 2.8.1.2.2

Viele dieser Stoffe sind so leicht flüchtig, dass sie Dämpfe entwickeln, die eine Reizwirkung auf Nase und Augen haben. Trifft dies zu, enthält die Gefahrgutliste im Kapitel 3.2 einen Hinweis mit dem Wortlaut „Dämpfe reizen die Schleimhäute".

[Bildung giftiger Gase] 2.8.1.2.3

Einige Stoffe können giftige Gase entwickeln, wenn sie sich bei sehr hohen Temperaturen zersetzen. In diesen Fällen erscheint in der Gefahrgutliste im Kapitel 3.2 der Hinweis „Unter Feuereinwirkung bilden sich giftige Gase".

[Besondere Giftwirkung] 2.8.1.2.4

Zusätzlich zu der direkten zerstörenden Wirkung bei Berührung mit der Haut oder den Schleimhäuten sind einige Stoffe dieser Klasse giftig oder gesundheitsschädlich. Werden diese Stoffe verschluckt oder werden ihre Dämpfe eingeatmet, kann es zu einer Vergiftung kommen; einige Stoffe können auch durch die Haut aufgenommen werden. Trifft dies zu, ist in der Gefahrgutliste im Kapitel 3.2 ein entsprechender Hinweis enthalten.

[Zerstörungswirkung] 2.8.1.2.5

Alle Stoffe dieser Klasse haben eine mehr oder weniger starke zerstörende Wirkung auf Werkstoffe wie Metalle und Textilgewebe.

[Wirkung auf Metalle] 2.8.1.2.5.1

In der Gefahrgutliste bedeutet der Hinweis „Greift die meisten Metalle an", dass dieser Stoff oder seine Dämpfe alle in einem Schiff oder in seiner Ladung vorhandenen Metalle angreifen kann.

2.8.1.2.5.2 **[Wirkung auf NE-Metalle]**

Der Hinweis „Greift Aluminium, Zink und Zinn an“ bedeutet, dass Eisen oder Stahl bei Berührung mit dem Stoff nicht angegriffen werden.

2.8.1.2.5.3 **[Wirkung auf siliciumhaltige Werkstoffe]**

Einige Stoffe dieser Klasse können Glas, Ton und andere siliciumhaltige Werkstoffe angreifen. Trifft dies zu, ist in der Gefahrgutliste im Kapitel 3.2 ein entsprechender Hinweis enthalten.

2.8.1.2.6 **[Wasserreaktivität]**

Viele Stoffe dieser Klasse haben nur nach einer Reaktion mit Wasser oder mit der in der Luft vorhandenen Feuchtigkeit eine Ätzwirkung. Bei dieser Eigenschaft ist in der Gefahrgutliste im Kapitel 3.2 der Hinweis „Greift bei Feuchtigkeit …“ zu finden. Bei vielen Stoffen werden im Falle einer Reaktion mit Wasser reizverursachende und ätzende Gase freigesetzt. Solche Gase sind gewöhnlich als Nebel oder Rauch sichtbar.

2.8.1.2.7 **[Wärmeentwicklung]**

Einige Stoffe dieser Klasse entwickeln Wärme bei einer Reaktion mit Wasser oder organischen Stoffen wie z. B. Holz, Papier, Naturfasern, einigen Polstermaterialien und bestimmten Fetten und Ölen. Dies ist, falls zutreffend, in der Gefahrgutliste im Kapitel 3.2 angegeben.

2.8.2 Allgemeine Vorschriften für die Klassifizierung

2.8.2.1 **Verpackungsgruppen]**

Die Stoffe und Gemische der Klasse 8 sind auf Grund ihres Gefahrengrades während der Beförderung in folgende Verpackungsgruppen unterteilt:

.1 Verpackungsgruppe I: sehr gefährliche Stoffe und Gemische;

.2 Verpackungsgruppe II: Stoffe und Gemische, die eine mittlere Gefahr darstellen;

.3 Verpackungsgruppe III: Stoffe und Gemische, die eine geringe Gefahr darstellen.

2.8.2.2 **[Verpackungsgruppenzuordnung]**

Die Zuordnung der in der Gefahrgutliste im Kapitel 3.2 aufgeführten Stoffe zu Verpackungsgruppen in der Klasse 8 wurde auf Grundlage von Erfahrungen unter Berücksichtigung zusätzlicher Faktoren, wie Risiko des Einatmens (siehe 2.8.2.4) und Reaktionsfähigkeit mit Wasser (einschließlich der Bildung gefährlicher Zerfallsprodukte), durchgeführt.

2.8.2.3 **[Hautschädigung]**

Neue Stoffe und Gemische können, in Übereinstimmung mit den Kriterien in 2.8.3, auf der Grundlage der Länge der Kontaktzeit, die nötig ist, um eine irreversible Schädigung des unverletzten Hautgewebes zu verursachen, den Verpackungsgruppen zugeordnet werden. Für Gemische dürfen alternativ die Kriterien in 2.8.4 verwendet werden.

2.8.2.4 **[Zuordnung giftiger Stoffe]**

Ein Stoff oder ein Gemisch, der/das die Kriterien der Klasse 8 erfüllt und eine Toxizität beim Einatmen von Staub und Nebel (LC_{50}) entsprechend Verpackungsgruppe I, aber eine Toxizität bei Einnahme oder bei Absorption durch die Haut entsprechend Verpackungsgruppe III oder eine geringere Toxizität aufweist, ist der Klasse 8 zuzuordnen (siehe Bemerkung unter 2.6.2.2.4.1).

2.8.3 Zuordnung von Stoffen und Gemischen zu Verpackungsgruppen

→ D: GGVSee § 17 Nr. 1
→ D: GGVSee § 21 Nr. 1

2.8.3.1 **[Vorrang Expositionsdaten]**

In erster Linie sind bestehende Daten in Bezug auf den Menschen oder auf Tiere, einschließlich Informationen über einzelne oder wiederholte Expositionen, zu betrachten, da sie Informationen liefern, die unmittelbar für die Auswirkungen auf die Haut von Relevanz sind.

[Verpackungsgruppenzuordnung lt. OECD] 2.8.3.2

Bei der Zuordnung zu Verpackungsgruppen in Übereinstimmung mit 2.8.2.3 sind die bei unbeabsichtigter Exposition gemachten Erfahrungen in Bezug auf den Menschen zu berücksichtigen. Fehlen Erfahrungen in Bezug auf den Menschen, ist die Zuordnung zu Verpackungsgruppen auf der Grundlage der Ergebnisse von Versuchen gemäß OECD Test Guideline 404[1] oder 435[2] vorzunehmen. Ein Stoff oder Gemisch, der/das in Übereinstimmung mit der OECD Test Guideline 430[3] oder 431[4] als nicht ätzend bestimmt ist, kann für Zwecke dieser Vorschriften ohne weitere Prüfungen als nicht ätzend für die Haut angesehen werden.

[Zuordnungskriterien] 2.8.3.3

Die Zuordnung von ätzenden Stoffen zu Verpackungsgruppen erfolgt in Übereinstimmung mit den folgenden Kriterien (siehe Tabelle 2.8.3.4):

.1 Der Verpackungsgruppe I sind Stoffe zugeordnet, die innerhalb eines Beobachtungszeitraums von bis zu 60 Minuten nach einer Einwirkungszeit von 3 Minuten oder weniger eine irreversible Schädigung des unverletzten Hautgewebes verursachen.

.2 Der Verpackungsgruppe II sind Stoffe zugeordnet, die innerhalb eines Beobachtungszeitraums von bis zu 14 Tagen nach einer Einwirkungszeit von mehr als 3 Minuten, aber höchstens 60 Minuten eine irreversible Schädigung des unverletzten Hautgewebes verursachen.

.3 Der Verpackungsgruppe III sind Stoffe zugeordnet,

   .1 die innerhalb eines Beobachtungszeitraums von bis zu 14 Tagen nach einer Einwirkungszeit von mehr als 60 Minuten, aber höchstens 4 Stunden eine irreversible Schädigung des unverletzten Hautgewebes verursachen oder

   .2 von denen angenommen wird, dass sie keine irreversible Schädigung des unverletzten Hautgewebes verursachen, bei denen aber die Korrosionsrate auf Stahl- oder Aluminiumoberflächen bei einer Prüftemperatur von 55 °C den Wert von 6,25 mm pro Jahr überschreitet, wenn die Stoffe an beiden Werkstoffen geprüft wurden. Für Prüfungen an Stahl ist der Typ S235JR+CR (1.0037 bzw. St 37-2), S275J2G3+CR (1.0144 bzw. St 44-3), ISO 3574, Unified Numbering System (UNS) G10200 oder ein ähnlicher Typ oder SAE 1020 und für Prüfungen an Aluminium der unbeschichtete Typ 7075-T6 oder AZ5GU-T6 zu verwenden. Eine zulässige Prüfung ist im Handbuch Prüfungen und Kriterien Teil III Abschnitt 37 beschrieben.

   Bemerkung: *Wenn bei einer anfänglichen Prüfung entweder auf Stahl oder auf Aluminium festgestellt wird, dass der geprüfte Stoff ätzend ist, ist die anschließende Prüfung an dem anderen Metall nicht erforderlich.*

Tabelle 2.8.3.4 – Zusammenfassende Darstellung der Kriterien in 2.8.3.3

Verpackungsgruppe	Einwirkungszeit	Beobachtungszeitraum	Auswirkungen
I	≤ 3 min	≤ 60 min	irreversible Schädigung des unverletzten Hautgewebes
II	> 3 min ≤ 1 h	≤ 14 Tage	irreversible Schädigung des unverletzten Hautgewebes
III	> 1 h ≤ 4 h	≤ 14 Tage	irreversible Schädigung des unverletzten Hautgewebes
III	–	–	Korrosionsrate auf Stahl- oder Aluminiumoberflächen, die bei einer Prüftemperatur von 55 °C den Wert von 6,25 mm pro Jahr überschreitet, wenn die Stoffe an beiden Werkstoffen geprüft wurden

[1] OECD Guideline for testing of chemicals No. 404 „Acute Dermal Irritation/Corrosion" 2015.
[2] OECD Guideline for the testing of chemicals No. 435 „*In Vitro* Membrane Barrier Test Method for Skin Corrosion" 2015.
[3] OECD Guideline for the testing of chemicals No. 430 „*In Vitro* Skin Corrosion: Transcutaneous Electrical Resistance Test (TER)" 2015.
[4] OECD Guideline for the testing of chemicals No. 431 „*In Vitro* Skin Corrosion: Human Skin Model Test" 2015.

2.8.4 Alternative Methoden für die Zuordnung von Gemischen zu Verpackungsgruppen: schrittweises Vorgehen

2.8.4.1 Allgemeine Vorschriften

2.8.4.1.1 [Mehrstufige Vorgehensweise]

Für Gemische ist es notwendig, Informationen zu erhalten oder abzuleiten, mit denen die Kriterien für Zwecke der Klassifizierung und der Zuordnung von Verpackungsgruppen auf das Gemisch angewendet werden können. Das Vorgehen für die Klassifizierung und die Zuordnung von Verpackungsgruppen ist mehrstufig und hängt von der Menge an Informationen ab, die für das Gemisch selbst, für ähnliche Gemische und/oder für seine Bestandteile verfügbar sind. Das Ablaufdiagramm in Abbildung 2.8.4.1 zeigt die Schritte des Verfahrens.

Abbildung 2.8.4.1: Schrittweises Vorgehen für die Klassifizierung von ätzenden Gemischen und die Zuordnung von ätzenden Gemischen zu Verpackungsgruppen

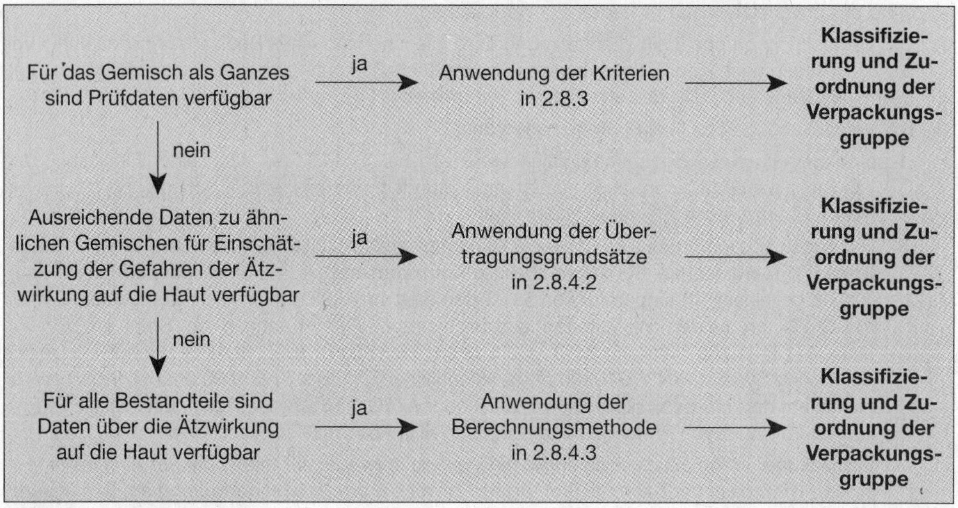

2.8.4.2 Übertragungsgrundsätze

2.8.4.2.1 [Vorliegende Daten nutzen]

Wurde das Gemisch selbst nicht auf seine potenzielle Ätzwirkung auf die Haut geprüft, liegen jedoch ausreichende Daten sowohl über die einzelnen Bestandteile als auch über ähnliche geprüfte Gemische vor, um eine angemessene Klassifizierung des Gemisches und die Zuordnung des Gemisches zu einer Verpackungsgruppe vorzunehmen, dann werden diese Daten nach Maßgabe der nachstehenden Übertragungsgrundsätze verwendet. Dies stellt sicher, dass für das Klassifizierungsverfahren die verfügbaren Daten in größtmöglichem Maße für die Beschreibung der Gefahren des Gemisches verwendet werden.

.1 **Verdünnung:** Wenn ein geprüftes Gemisch mit einem Verdünnungsmittel verdünnt ist, das nicht den Kriterien der Klasse 8 entspricht und keine Auswirkungen auf die Verpackungsgruppe anderer Bestandteile hat, darf das neue verdünnte Gemisch derselben Verpackungsgruppe zugeordnet werden wie das ursprünglich geprüfte Gemisch.

Bemerkung: *In bestimmten Fällen kann die Verdünnung eines Gemisches oder Stoffes zu einer Verstärkung der ätzenden Eigenschaften führen. Wenn dies der Fall ist, darf dieser Übertragungsgrundsatz nicht angewendet werden.*

.2 **Fertigungslose:** Es kann angenommen werden, dass die potenzielle Ätzwirkung auf die Haut eines geprüften Fertigungsloses eines Gemisches mit dem eines anderen ungeprüften Fertigungsloses desselben Handelsproduktes, wenn es von oder unter Überwachung desselben Herstellers produziert wurde, im Wesentlichen gleichwertig ist, es sei denn, es besteht Grund zur Annahme, dass bedeutende Schwankungen auftreten, die zu einer Änderung der potenziellen Ätzwirkung auf die Haut des ungeprüften Loses führen. In diesem Fall ist eine neue Klassifizierung erforderlich.

.3 **Konzentration von Gemischen der Verpackungsgruppe I:** Wenn ein geprüftes Gemisch, das den Kriterien für eine Aufnahme in die Verpackungsgruppe I entspricht, konzentriert wird, darf das ungeprüfte Gemisch mit der höheren Konzentration ohne zusätzliche Prüfungen der Verpackungsgruppe I zugeordnet werden. 2.8.4.2.1 (Forts.)

.4 **Interpolation innerhalb einer Verpackungsgruppe:** Bei drei Gemischen (A, B und C) mit identischen Bestandteilen, wobei die Gemische A und B geprüft wurden und unter dieselbe Verpackungsgruppe in Bezug auf die Ätzwirkung auf die Haut fallen und das ungeprüfte Gemisch C dieselben Bestandteile der Klasse 8 wie die Gemische A und B hat, die Konzentrationen der Bestandteile der Klasse 8 dieses Gemisches jedoch zwischen den Konzentrationen in den Gemischen A und B liegen, wird angenommen, dass das Gemisch C in dieselbe Verpackungsgruppe in Bezug auf die Ätzwirkung auf die Haut fällt wie die Gemische A und B.

.5 **Im Wesentlichen ähnliche Gemische** liegen vor, wenn Folgendes gegeben ist:

.1 zwei Gemische: (A + B) und (C + B);

.2 die Konzentration des Bestandteils B ist in beiden Gemischen gleich;

.3 die Konzentration des Bestandteils A im Gemisch (A + B) ist gleich hoch wie die Konzentration des Bestandteils C im Gemisch (C + B) und

.4 Daten über die Ätzwirkung auf die Haut der Bestandteile A und C sind verfügbar und im Wesentlichen gleichwertig, d. h. die Bestandteile fallen unter dieselbe Verpackungsgruppe in Bezug auf die Ätzwirkung auf die Haut und haben keine Auswirkungen auf die potenzielle Ätzwirkung auf die Haut des Bestandteils B.

Wenn das Gemisch (A + B) oder (C + B) bereits auf der Grundlage von Prüfdaten klassifiziert ist, dann kann das andere Gemisch derselben Verpackungsgruppe zugeordnet werden.

Berechnungsmethode auf der Grundlage der Klassifizierung der Stoffe 2.8.4.3

[Berechnung nach Komponenten] 2.8.4.3.1

Wenn ein Gemisch weder zur Bestimmung seiner potenziellen Ätzwirkung auf die Haut geprüft wurde noch genügend Daten zu ähnlichen Gemischen verfügbar sind, müssen für die Klassifizierung und die Zuordnung einer Verpackungsgruppe die ätzenden Eigenschaften der Stoffe im Gemisch betrachtet werden.

Die Anwendung der Berechnungsmethode ist nur zugelassen, wenn es keine Synergieeffekte gibt, durch die das Gemisch ätzender wird als die Summe seiner Stoffe. Diese Einschränkung gilt nur, wenn dem Gemisch die Verpackungsgruppe II oder III zugeordnet würde.

[Relevante Konzentrationsgrenzen] 2.8.4.3.2

Bei der Anwendung der Berechnungsmethode müssen alle Bestandteile der Klasse 8 in Konzentrationen $\geq 1\,\%$ berücksichtigt werden oder in Konzentrationen $< 1\,\%$, sofern diese Bestandteile in dieser Konzentration noch für die Klassifizierung des Gemisches als ätzend für die Haut relevant sind.

[Berechnungsmethode Gemisch] 2.8.4.3.3

Für die Bestimmung, ob ein Gemisch, das ätzende Stoffe enthält, als ätzendes Gemisch anzusehen ist, und für die Zuordnung einer Verpackungsgruppe muss die Berechnungsmethode im Ablaufdiagramm in Abbildung 2.8.4.3 angewendet werden.

[Verhältnis SCL/GCL] 2.8.4.3.4

Wenn einem Stoff gemäß seiner Eintragung in der Gefahrgutliste oder durch eine Sondervorschrift ein spezifischer Konzentrationsgrenzwert (SCL) zugeordnet ist, muss dieser Grenzwert anstelle der allgemeinen Konzentrationsgrenzwerte (GCL) angewendet werden. Die Anwendung der allgemeinen Konzentrationsgrenzwerte (GCL) zeigt sich in der Abbildung 2.8.4.3, in der im ersten Schritt für die Bewertung von Stoffen der Verpackungsgruppe I 1 % bzw. in den übrigen Schritten 5 % verwendet wird.

2.8.4.3.5 [Berechnungsformel]

Zu diesem Zweck muss die Summenformel für jeden einzelnen Schritt der Berechnungsmethode angepasst werden. Dies bedeutet, dass der allgemeine Konzentrationsgrenzwert, sofern anwendbar, durch den dem Stoff (den Stoffen) zugeordneten spezifischen Konzentrationsgrenzwert (SCL_i) ersetzt werden muss; die angepasste Formel ist ein gewichteter Mittelwert der verschiedenen Konzentrationsgrenzwerte, die den verschiedenen Stoffen im Gemisch zugeordnet sind:

$$\frac{\mathrm{PG}\ x_1}{\mathrm{GCL}} + \frac{\mathrm{PG}\ x_2}{\mathrm{SCL}_2} + \ldots + \frac{\mathrm{PG}\ x_i}{\mathrm{SCL}_i} \geq 1,$$

wobei

PG x_i = Konzentration des Stoffes 1, 2 … i im Gemisch, welcher der Verpackungsgruppe x (I, II oder III) zugeordnet ist

GCL = allgemeiner Konzentrationsgrenzwert

SCL_i = spezifischer Konzentrationsgrenzwert, der dem Stoff i zugeordnet ist

Das Kriterium für eine Verpackungsgruppe ist erfüllt, wenn das Ergebnis der Berechnung ≥ 1 ist. Die für die Bewertung in jedem einzelnen Schritt der Berechnungsmethode zu verwendenden allgemeinen Konzentrationsgrenzwerte entsprechen denen in der Abbildung 2.8.4.3.

Beispiele für die Anwendung der oben genannten Formel können der nachfolgenden Bemerkung entnommen werden.

***Bemerkung:** Beispiele für die Anwendung der oben genannten Formel*

Beispiel 1: Ein Gemisch enthält einen der Verpackungsgruppe I zugeordneten ätzenden Stoff ohne spezifischen Konzentrationsgrenzwert in einer Konzentration von 5 %:

Berechnung für die Verpackungsgruppe I: $\frac{5}{5\ (\mathrm{GCL})} = 1$

→ Zuordnung zur Klasse 8, Verpackungsgruppe I.

Beispiel 2: Ein Gemisch enthält drei Stoffe, die ätzend für die Haut sind; zwei dieser Stoffe (A und B) haben spezifische Konzentrationsgrenzwerte; für den dritten Stoff (C) gilt der allgemeine Konzentrationsgrenzwert. Der Rest des Gemisches muss nicht berücksichtigt werden:

Stoff X im Gemisch und die Zuordnung seiner Verpackungsgruppe in Klasse 8	*Konzentration (conc) im Gemisch in %*	*spezifischer Konzentrationsgrenzwert (SCL) für die Verpackungsgruppe I*	*spezifischer Konzentrationsgrenzwert (SCL) für die Verpackungsgruppe II*	*spezifischer Konzentrationsgrenzwert (SCL) für die Verpackungsgruppe III*
A, der Verpackungsgruppe I zugeordnet	*3*	*30 %*	*keiner*	*keiner*
B, der Verpackungsgruppe I zugeordnet	*2*	*20 %*	*10 %*	*keiner*
C, der Verpackungsgruppe III zugeordnet	*10*	*keiner*	*keiner*	*keiner*

Berechnung für die Verpackungsgruppe I: $\frac{3\ (\mathrm{conc\ A})}{30\ (\mathrm{SCL\ PG\ I})} + \frac{2\ (\mathrm{conc\ B})}{20\ (\mathrm{SCL\ PG\ I})} = 0{,}2 < 1$

Das Kriterium für die Verpackungsgruppe I ist nicht erfüllt.

Berechnung für die Verpackungsgruppe II: $\frac{3\ (\mathrm{conc\ A})}{5\ (\mathrm{GCL\ PG\ II})} + \frac{2\ (\mathrm{conc\ B})}{10\ (\mathrm{SCL\ PG\ II})} = 0{,}8 < 1$

Das Kriterium für die Verpackungsgruppe II ist nicht erfüllt.

Berechnung für die Verpackungsgruppe III: $\frac{3\ (\mathrm{conc\ A})}{5\ (\mathrm{GCL\ PG\ III})} + \frac{2\ (\mathrm{conc\ B})}{5\ (\mathrm{GCL\ PG\ III})} + \frac{10\ (\mathrm{conc\ C})}{5\ (\mathrm{GCL\ PG\ III})} = 3 \geq 1$

Das Kriterium für die Verpackungsgruppe III ist erfüllt, das Gemisch muss der Klasse 8 Verpackungsgruppe III zugeordnet werden.

Abbildung 2.8.4.3: Berechnungsmethode 2.8.4.3.5 (Forts.)

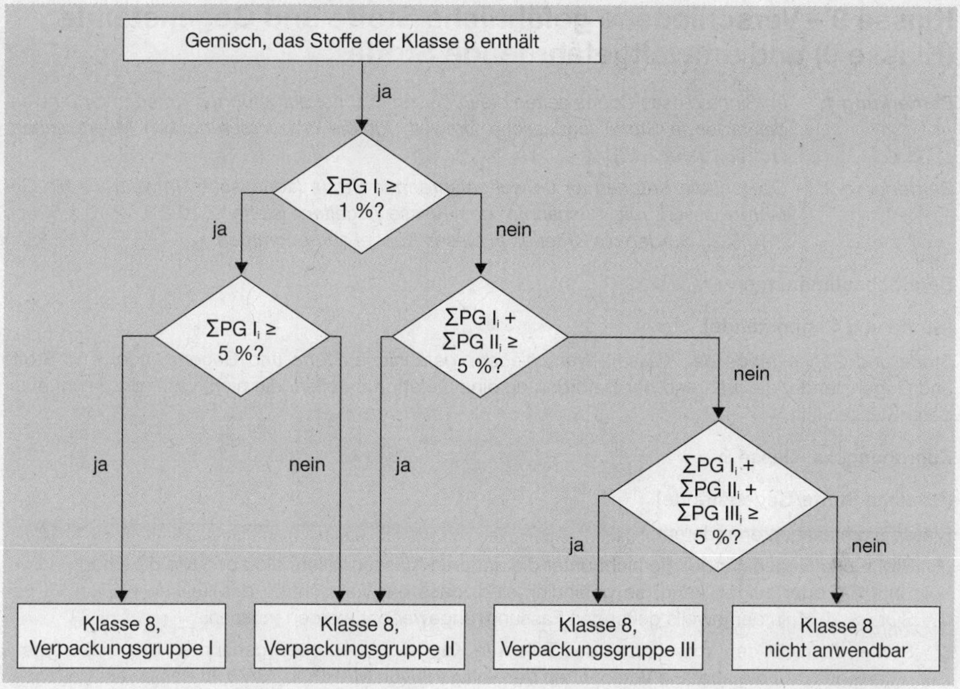

Nicht zur Beförderung zugelassene Stoffe 2.8.5

Chemisch instabile Stoffe der Klasse 8 sind zur Beförderung nur zugelassen, wenn die erforderlichen Vorsichtsmaßnahmen zur Verhinderung der Möglichkeit einer gefährlichen Zersetzung oder Polymerisation unter normalen Beförderungsbedingungen getroffen wurden. Für die Vorsichtsmaßnahmen zur Verhinderung einer Polymerisation siehe Sondervorschrift 386 in Kapitel 3.3. Zu diesem Zweck muss insbesondere dafür gesorgt werden, dass die Gefäße und Tanks keine Stoffe enthalten, die diese Reaktionen begünstigen können.

→ D: GGVSee § 12

Kapitel 2.9
Klasse 9 – Verschiedene gefährliche Stoffe und Gegenstände (Klasse 9) und umweltgefährdende Stoffe

→ 2.0.1.2.1 → D: GGVSee § 14

Bemerkung 1: *Im Sinne dieses Codes gelten die in diesem Kapitel aufgeführten Kriterien für umweltgefährdende Stoffe (aquatische Umwelt) für die Klassifizierung von Meeresschadstoffen (siehe 2.10).*

Bemerkung 2: *Obwohl die Kriterien für umweltgefährdende Stoffe (aquatische Umwelt) für alle Gefahrenklassen mit Ausnahme der Klasse 7 gelten (siehe 2.10.2.3, 2.10.2.5 und 2.10.3.2), wurden die Kriterien in dieses Kapitel aufgenommen.*

2.9.1 Begriffsbestimmungen

2.9.1.1 [Stoffe und Gegenstände]

Stoffe und Gegenstände der Klasse 9 (verschiedene gefährliche Stoffe und Gegenstände) sind Stoffe und Gegenstände, die während der Beförderung eine Gefahr darstellen, die nicht unter die Begriffe anderer Klassen fällt.

2.9.2 Zuordnung zur Klasse 9

2.9.2.1 [Erfasste Stoffe/Gegenstände]

Klasse 9 umfasst unter anderem:

→ Index Bemerkung 1

.1 Stoffe und Gegenstände, die nicht unter die anderen Klassen fallen, die aber, wie die Erfahrung gezeigt hat oder zeigen kann, so gefährlich sind, dass die Vorschriften des Teils A, Kapitel VII von SOLAS 1974, in der jeweils geltenden Fassung, angewendet werden müssen.

.2 Stoffe, die nicht den Vorschriften des Teils A in Kapitel VII des oben genannten Übereinkommens unterliegen, auf die aber die Vorschriften der Anlage III von MARPOL 73/78, in der jeweils geltenden Fassung, anzuwenden sind.

2.9.2.2 [Unterteilung Stoffe/Gegenstände]

Die Stoffe und Gegenstände der Klasse 9 sind wie folgt unterteilt:

Stoffe, die beim Einatmen als Feinstaub die Gesundheit gefährden können

2212 ASBEST, AMPHIBOL (Amosit, Tremolit, Aktinolith, Anthophyllit, Krokydolith)

2590 ASBEST, CHRYSOTIL

Stoffe, die entzündbare Dämpfe abgeben

2211 SCHÄUMBARE POLYMER-KÜGELCHEN, entzündbare Dämpfe abgebend

3314 KUNSTSTOFFPRESSMISCHUNG, in Teig-, Platten- oder Strangpressform, entzündbare Dämpfe abgebend

Lithiumbatterien

3090 LITHIUM-METALL-BATTERIEN (einschließlich Batterien aus Lithiumlegierung)

3091 LITHIUM-METALL-BATTERIEN IN AUSRÜSTUNGEN (einschließlich Batterien aus Lithiumlegierungen) oder

3091 LITHIUM-METALL-BATTERIEN, MIT AUSRÜSTUNGEN VERPACKT (einschließlich Batterien aus Lithiumlegierungen)

3480 LITHIUM-IONEN-BATTERIEN (einschließlich Lithium-Ionen-Polymer-Batterien)

3481 LITHIUM-IONEN-BATTERIEN IN AUSRÜSTUNGEN (einschließlich Lithium-Ionen-Polymer-Batterien) oder

3481 LITHIUM-IONEN-BATTERIEN, MIT AUSRÜSTUNGEN VERPACKT (einschließlich Lithium-Ionen-Polymer-Batterien)

3536 LITHIUMBATTERIEN, IN GÜTERBEFÖRDERUNGSEINHEITEN EINGEBAUT, Lithium-Ionen-Batterien oder Lithium-Metall-Batterien

Bemerkung: *Siehe 2.9.4.*

Kondensatoren 2.9.2.2 (Forts.)

3499 KONDENSATOR, ELEKTRISCHE DOPPELSCHICHT (mit einer Energiespeicherkapazität von mehr als 0,3 Wh)

3508 KONDENSATOR, ASYMMETRISCH (mit einer Energiespeicherkapazität von mehr als 0,3 Wh)

Rettungsmittel

2990 RETTUNGSMITTEL, SELBSTAUFBLASEND

3072 RETTUNGSMITTEL, NICHT SELBSTAUFBLASEND gefährliche Güter als Ausrüstung enthaltend

3268 SICHERHEITSEINRICHTUNGEN, elektrische Auslösung

Stoffe und Gegenstände, die im Brandfall Dioxine bilden können

Diese Stoffgruppe umfasst:

2315 POLYCHLORIERTE BIPHENYLE, FLÜSSIG

3432 POLYCHLORIERTE BIPHENYLE, FEST

3151 POLYHALOGENIERTE BIPHENYLE, FLÜSSIG oder

3151 HALOGENIERTE MONOMETHYLDIPHENYLMETHANE, FLÜSSIG oder

3151 POLYHALOGENIERTE TERPHENYLE, FLÜSSIG

3152 POLYHALOGENIERTE BIPHENYLE, FEST oder

3152 HALOGENIERTE MONOMETHYLDIPHENYLMETHANE, FEST oder

3152 POLYHALOGENIERTE TERPHENYLE, FEST

Beispiele für Gegenstände sind Transformatoren, Kondensatoren und Geräte, die diese Stoffe enthalten.

Stoffe, die in erwärmtem Zustand befördert oder zur Beförderung übergegeben werden

3257 ERWÄRMTER FLÜSSIGER STOFF, N.A.G., bei oder über 100 °C und, bei Stoffen mit einem Flammpunkt, unter seinem Flammpunkt (einschließlich geschmolzenes Metall, geschmolzenes Salz usw.)

3258 ERWÄRMTER FESTER STOFF, N.A.G., bei oder über 240 °C

Umweltgefährdende Stoffe

3077 UMWELTGEFÄHRDENDER STOFF, FEST, N.A.G.

3082 UMWELTGEFÄHRDENDER STOFF, FLÜSSIG, N.A.G.

Diese Eintragungen werden für Stoffe und Mischungen verwendet, die eine Gefahr für die aquatische Umwelt darstellen und keine der Klassifizierungskriterien der anderen Klassen oder Stoffe in Klasse 9 erfüllen. Diese Eintragungen können auch für Abfälle, die nicht den Vorschriften dieses Codes unterliegen, aber unter das Basler Übereinkommen über die Kontrolle der grenzüberschreitenden Verbringung von gefährlichen Abfällen und ihrer Entsorgung fallen, sowie für Stoffe verwendet werden, die von der zuständigen Behörde des Ursprungs-, Transit- oder Bestimmungslandes als umweltgefährdende Stoffe eingestuft sind und die Kriterien für umweltgefährdende Stoffe nach den Vorschriften dieses Codes oder für die anderen Gefahrgutklassen nicht erfüllen. Die Kriterien für Stoffe, die eine Gefahr für die aquatische Umwelt darstellen, sind in Abschnitt 2.9.3 aufgeführt.

Genetisch veränderte Mikroorganismen (GMMO) und genetisch veränderte Organismen (GMO)

3245 GENETISCH VERÄNDERTE MIKROORGANISMEN oder

3245 GENETISCH VERÄNDERTE ORGANISMEN

GMMO und GMO, auf die die Begriffsbestimmung für giftige Stoffe (siehe 2.6.2) oder ansteckungsgefährliche Stoffe (siehe 2.6.3) nicht zutrifft, sind der UN-Nummer 3245 zuzuordnen.

GMMO oder GMO unterliegen den Vorschriften dieses Codes nicht, wenn ihre Verwendung durch die zuständigen Behörden der Ursprungs-, Transit- und Bestimmungsländer genehmigt wurde.

Genetisch veränderte lebende Tiere sind entsprechend den Bedingungen der zuständigen Behörden der Ursprungs- und Bestimmungsländer zu befördern.

2.9.2.2 (Forts.) **Ammoniumnitrathaltige Düngemittel**

2071 AMMONIUMNITRATHALTIGES DÜNGEMITTEL

Feste ammoniumnitrathaltige Düngemittel müssen in Übereinstimmung mit dem im Handbuch Prüfungen und Kriterien Teil III Abschnitt 39 festgelegten Verfahren klassifiziert werden.

Andere Stoffe, die während der Beförderung eine Gefahr darstellen und nicht unter die Begriffsbestimmung einer anderen Klasse fallen

1841 ACETALDEHYDAMMONIAK
1845 KOHLENDIOXID, FEST (TROCKENEIS)
1931 ZINKDITHIONIT (ZINKHYDROSULFIT)
1941 DIBROMDIFLUORMETHAN
1990 BENZALDEHYD

2216 FISCHMEHL (FISCHABFALL), STABILISIERT
2807 MAGNETISIERTE STOFFE[1]
2969 RIZINUSSAAT oder
2969 RIZINUSMEHL oder
2969 RIZINUSSAATKUCHEN oder
2969 RIZINUSFLOCKEN
3166 FAHRZEUG MIT ANTRIEB DURCH ENTZÜNDBARES GAS oder
3166 FAHRZEUG MIT ANTRIEB DURCH ENTZÜNDBARE FLÜSSIGKEIT oder
3166 BRENNSTOFFZELLEN-FAHRZEUG MIT ANTRIEB DURCH ENTZÜNDBARES GAS oder
3166 BRENNSTOFFZELLEN-FAHRZEUG MIT ANTRIEB DURCH ENTZÜNDBARE FLÜSSIGKEIT
3171 BATTERIEBETRIEBENES FAHRZEUG oder
3171 BATTERIEBETRIEBENES GERÄT
3316 CHEMIE-TESTSATZ oder
3316 ERSTE-HILFE-AUSRÜSTUNG
3334 FLÜSSIGER STOFF, DEN FÜR DIE LUFTFAHRT GELTENDEN VORSCHRIFTEN UNTERLIEGEND, N.A.G.[1]
3335 FESTER STOFF, DEN FÜR DIE LUFTFAHRT GELTENDEN VORSCHRIFTEN UNTERLIEGEND, N.A.G.[1]
3359 BEGASTE GÜTERBEFÖRDERUNGSEINHEIT
3363 GEFÄHRLICHE GÜTER IN MASCHINEN oder
3363 GEFÄHRLICHE GÜTER IN APPARATEN
3496 BATTERIEN, NICKEL-METALLHYDRID
3509 ALTVERPACKUNGEN, LEER, UNGEREINIGT[2]
3530 VERBRENNUNGSMOTOR oder
3530 VERBRENNUNGSMASCHINE
3548 GEGENSTÄNDE, DIE VERSCHIEDENE GEFÄHRLICHE GÜTER ENTHALTEN, N.A.G.

[1] Unterliegt nicht den Vorschriften dieses Codes, kann aber den Bestimmungen über die Beförderung gefährlicher Güter mit anderen Verkehrsträgern unterliegen (siehe auch Sondervorschrift 960).

[2] Diese Eintragung darf nicht für die Beförderung auf See verwendet werden. Altverpackungen müssen den Vorschriften in 4.1.1.11 entsprechen.

Umweltgefährdende Stoffe (aquatische Umwelt) 2.9.3

→ D: GGVSee § 14

Allgemeine Begriffsbestimmungen 2.9.3.1

[Stoffe] 2.9.3.1.1

Umweltgefährdende Stoffe umfassen unter anderem flüssige oder feste gewässerverunreinigende Stoffe sowie Lösungen und Gemische mit solchen Stoffen (wie Präparate, Zubereitungen und Abfälle).

Im Sinne dieses Abschnitts sind

Stoffe chemische Elemente und deren Verbindungen, wie sie in der Natur vorkommen oder durch ein Herstellungsverfahren gewonnen werden, einschließlich notwendiger Zusatzstoffe für die Aufrechterhaltung der Stabilität des Produkts und durch das verwendete Verfahren entstandene Verunreinigungen, ausgenommen jedoch Lösungsmittel, die ohne Beeinträchtigung der Stabilität des Stoffes oder ohne Änderung seiner Zusammensetzung extrahiert werden können.

[Aquatische Umwelt] 2.9.3.1.2

Als aquatische Umwelt können die aquatischen Organismen, die im Wasser leben, und das aquatische Ökosystem, zu dem sie gehören[3], betrachtet werden. Die Basis für die Gefahrenermittlung ist daher die aquatische Toxizität des Stoffes oder Gemisches, auch wenn diese unter Berücksichtigung weiterer Informationen über das Abbau- und Bioakkumulationsverhalten geändert werden kann.

[Anwendbarkeit des Einstufungsverfahrens] 2.9.3.1.3

Obwohl das folgende Einstufungsverfahren für alle Stoffe und Gemische zur Anwendung vorgesehen ist, wird anerkannt, dass in einigen Fällen, z. B. bei Metallen oder schwach löslichen anorganischen Verbindungen, besondere Richtlinien erforderlich sind[4].

[Abkürzungen, Begriffe] 2.9.3.1.4

Die folgenden Definitionen gelten für die in diesem Abschnitt verwendeten Abkürzungen oder Begriffe:

BCF:	Biokonzentrationsfaktor;
BOD:	biochemischer Sauerstoffbedarf;
COD:	chemischer Sauerstoffbedarf;
GLP:	gute Laborpraxis;
EC_x:	die Konzentration, die mit x % der Reaktion verbunden ist;
EC_{50}:	die wirksame Konzentration des Stoffes, die 50 % der höchsten Reaktion verursacht;
ErC_{50}:	der EC_{50}-Wert als Verringerung der Wachstumsrate;
K_{ow}:	Verteilungskoeffizient Octanol/Wasser
LC_{50} (50 % der tödlichen Konzentration):	die Konzentration des Stoffes in Wasser, die zum Tod von 50 % (der Hälfte) der Versuchstiere einer Gruppe führt;
$L(E)C_{50}$:	LC_{50} oder EC_{50};
NOEC (höchste geprüfte Konzentration ohne beobachtete schädliche Wirkung):	die Prüfkonzentration unmittelbar unterhalb der niedrigsten geprüften Konzentration mit statistisch signifikanter schädlicher Wirkung. Die NOEC hat im Vergleich zur Kontrolle keine statistisch signifikante schädliche Wirkung;
OECD-Prüfrichtlinien:	die von der Organisation für wirtschaftliche Zusammenarbeit und Entwicklung (OECD) veröffentlichten Prüfrichtlinien.

[3] Davon werden gewässerverunreinigende Stoffe nicht erfasst, für die es notwendig sein kann, die Auswirkungen über die aquatische Umwelt hinaus, wie z. B. auf die menschliche Gesundheit, zu betrachten.

[4] Diese sind in Anlage 10 des GHS enthalten.

2.9.3.2 Begriffsbestimmungen und Anforderungen an die Daten

2.9.3.2.1 [Datenarten]

Die Grundelemente für die Einstufung umweltgefährdender Stoffe (aquatische Umwelt) sind:

.1 akute aquatische Toxizität;

.2 chronische aquatische Toxizität;

.3 potenzielle oder tatsächliche Bioakkumulation sowie

.4 Abbau (biotisch oder abiotisch) bei organischen Chemikalien.

2.9.3.2.2 [Gleichwertigkeit verfügbarer Daten]

Obwohl Daten aus international harmonisierten Prüfverfahren bevorzugt werden, dürfen in der Praxis auch aus nationalen Methoden hervorgegangene Daten verwendet werden, wenn diese als gleichwertig gelten. Die Toxizitätsdaten von Süß- und Salzwasserarten gelten allgemein als gleichwertige Daten und sind bevorzugt unter Verwendung der OECD-Prüfrichtlinien oder von Verfahren, die nach den Grundsätzen guter Laborpraxis (GLP) gleichwertig sind, abzuleiten. Liegen keine derartigen Daten vor, erfolgt die Einstufung auf der Grundlage der besten verfügbaren Daten.

2.9.3.2.3 [Daten für akute aquatische Toxizität]

Akute aquatische Toxizität: die intrinsische Eigenschaft eines Stoffes, einen Organismus bei kurzzeitiger aquatischer Exposition zu schädigen.

Akute (kurzfristige) Gefährdung: für Einstufungszwecke die durch die akute Toxizität einer Chemikalie für einen Organismus hervorgerufene Gefahr bei kurzfristiger aquatischer Exposition.

Die akute aquatische Toxizität muss normalerweise unter Verwendung eines 96-Stunden-LC_{50}-Wertes für Fische (OECD-Prüfrichtlinie 203 oder ein gleichwertiges Verfahren), eines 48-Stunden-EC_{50}-Wertes für Krebstiere (OECD-Prüfrichtlinie 202 oder ein gleichwertiges Verfahren) und/oder eines 72- oder 96-Stunden-EC_{50}-Wertes für Algen (OECD-Prüfrichtlinie 201 oder ein gleichwertiges Verfahren) bestimmt werden. Diese Spezies werden stellvertretend für alle Wasserorganismen betrachtet, und Daten über andere Spezies, wie Lemna (Wasserlinsen), dürfen bei geeigneter Testmethodik auch berücksichtigt werden.

2.9.3.2.4 [Chronische aquatische Toxizität, langfristige Gefährdung]

Chronische aquatische Toxizität: die intrinsische Eigenschaft eines Stoffes, schädliche Wirkungen bei Wasserorganismen hervorzurufen im Zuge von aquatischen Expositionen, die im Verhältnis zum Lebenszyklus des Organismus bestimmt werden.

Langfristige Gefährdung: für Einstufungszwecke die durch die chronische Toxizität einer Chemikalie hervorgerufene Gefahr bei langfristiger aquatischer Exposition.

Es existieren weniger Daten über die chronische Toxizität als über die akute Toxizität, und die Gesamtheit der Prüfmethoden ist weniger standardisiert. Daten, die gemäß der OECD-Richtlinie 210 (Fisch in einem frühen Lebensstadium) oder 211 (Reproduktion von Daphnien) und 201 (Hemmung des Algenwachstums) gewonnen wurden, können akzeptiert werden. Andere validierte und international anerkannte Prüfungen dürfen ebenfalls verwendet werden. Es sind die NOEC-Werte oder andere gleichwertige EC_x-Werte zu verwenden.

2.9.3.2.5 [Daten für Bioakkumulation]

Bioakkumulation: das Nettoergebnis von Aufnahme, Umwandlung und Ausscheidung eines Stoffes in einem Organismus über sämtliche Expositionswege (d. h. Luft, Wasser, Sediment/Boden und Nahrung).

Das Bioakkumulationspotenzial ist in der Regel durch den Octanol/Wasser-Verteilungskoeffizienten zu ermitteln, der üblicherweise als der gemäß OECD-Prüfrichtlinie 107, 117 oder 123 bestimmte log K_{ow} ausgedrückt wird. Dies stellt dann zwar ein Bioakkumulationspotenzial dar, ein experimentell bestimmter Biokonzentrationsfaktor (BCF) eignet sich jedoch besser als Maßzahl und ist, falls verfügbar, vorzuziehen. Der BCF muss gemäß OECD-Prüfrichtlinie 305 bestimmt werden.

[In der Umwelt schnell abbaubare Stoffe] 2.9.3.2.6

Abbau: die Zersetzung organischer Moleküle in kleinere Moleküle und schließlich in Kohlendioxid, Wasser und Salze.

Abbau in der Umwelt kann biotisch oder abiotisch (z. B. durch Hydrolyse) erfolgen; die verwendeten Kriterien geben diesen Umstand wieder. Die leichte biologische Abbaubarkeit wird am einfachsten unter Verwendung der Prüfungen für die biologische Abbaubarkeit (A – F) der OECD-Prüfrichtlinie 301 festgestellt. Ein Bestehen dieser Prüfungen kann als Indikator für die schnelle Abbaubarkeit in den meisten Umgebungen angesehen werden. Dies sind Süßwasser-Prüfungen; damit müssen auch die Ergebnisse aus der OECD-Prüfrichtlinie 306 berücksichtigt werden, die für die Meeresumwelt besser geeignet ist. Sind derartige Daten nicht verfügbar, gilt ein BOD_5 (5 Tage)/COD-Verhältnis von ≥ 0,5 als Hinweis auf die schnelle Abbaubarkeit. Abiotische Abbaubarkeit, wie Hydrolyse, abiotische und biotische Primärabbaubarkeit, Abbaubarkeit in nicht aquatischen Medien und eine nachgewiesene schnelle Abbaubarkeit in der Umwelt dürfen bei der Bestimmung der schnellen Abbaubarkeit berücksichtigt werden.[5)]

Stoffe gelten als schnell in der Umwelt abbaubar, wenn die folgenden Kriterien erfüllt sind:

.1 in 28-tägigen Studien auf leichte biologische Abbaubarkeit werden mindestens folgende Abbauwerte erreicht:

  .1 Tests basierend auf gelöstem organischem Kohlenstoff: 70 %;

  .2 Tests basierend auf Sauerstoffverbrauch oder Kohlendioxidbildung: 60 % des theoretischen Maximums.

  Diese Schwellenwerte der Bioabbaubarkeit müssen innerhalb von 10 Tagen nach dem Beginn des Abbauprozesses (Zeitpunkt, zu dem 10 % des Stoffes abgebaut sind) erreicht sein, sofern der Stoff nicht als komplexer Stoff mit mehreren Komponenten mit strukturell ähnlichen Bestandteilen identifiziert ist. In diesem Fall und in Fällen, in denen eine ausreichende Begründung vorliegt, kann auf die Bedingung des Intervalls von 10 Tagen verzichtet und das Niveau für das Bestehen der Prüfung auf 28 Tage[6)] angesetzt werden; oder

.2 in den Fällen, in denen nur BOD- und COD-Daten vorliegen, beträgt das Verhältnis BOD_5/COD ≥ 0,5, oder

.3 es liegen andere stichhaltige wissenschaftliche Nachweise darüber vor, dass der Stoff oder das Gemisch in Gewässern innerhalb von 28 Tagen zu > 70 % (biotisch und/oder abiotisch) abgebaut werden kann.

Kategorien und Kriterien für die Einstufung von Stoffen 2.9.3.3

[Akut 1, Chronisch 1, Chronisch 2] 2.9.3.3.1

Stoffe sind als „umweltgefährdende Stoffe (aquatische Umwelt)“ einzustufen, wenn sie den Kriterien für Akut 1, Chronisch 1 oder Chronisch 2 gemäß der Tabelle 2.9.1 entsprechen. Diese Kriterien beschreiben genau die Einstufungskategorien. Sie sind in der Tabelle 2.9.2 als Diagramm zusammengefasst.

Tabelle 2.9.1: Kategorien für gewässergefährdende Stoffe (siehe Bemerkung 1)

(a) **Gewässergefährdend, akute (kurzfristige) Gefährdung**

Kategorie Akut 1: (siehe Bemerkung 2)	
96-Stunden-LC_{50}-Wert (für Fische)	≤ 1 mg/l und/oder
48-Stunden-EC_{50}-Wert (für Krebstiere)	≤ 1 mg/l und/oder
72- oder 96-Stunden-ErC_{50}-Wert (für Algen oder andere Wasserpflanzen)	≤ 1 mg/l (siehe Bemerkung 3)

5) Eine besondere Anleitung für die Interpretation der Daten ist in Kapitel 4.1 und Anlage 9 des GHS enthalten.

6) Siehe Kapitel 4.1 und Anlage 9 Absatz A9.4.2.2.3 des GHS.

2.9.3.3.1 (Forts.)

(b) **Gewässergefährdend, langfristige Gefährdung** (siehe auch Abbildung 2.9.1)

(i) Nicht schnell abbaubare Stoffe (siehe Bemerkung 4), für die hinreichende Daten über die chronische Toxizität vorhanden sind

Kategorie Chronisch 1: (siehe Bemerkung 2)

chronischer NOEC- oder EC_x-Wert (für Fische)	≤ 0,1 mg/l und/oder
chronischer NOEC- oder EC_x-Wert (für Krebstiere)	≤ 0,1 mg/l und/oder
chronischer NOEC- oder EC_x-Wert (für Algen oder andere Wasserpflanzen)	≤ 0,1 mg/l

Kategorie Chronisch 2:

chronischer NOEC- oder EC_x-Wert (für Fische)	≤ 1 mg/l und/oder
chronischer NOEC- oder EC_x-Wert (für Krebstiere)	≤ 1 mg/l und/oder
chronischer NOEC- oder EC_x-Wert (für Algen oder andere Wasserpflanzen)	≤ 1 mg/l

(ii) Schnell abbaubare Stoffe, für die hinreichende Daten über die chronische Toxizität vorhanden sind

Kategorie Chronisch 1: (siehe Bemerkung 2)

chronischer NOEC- oder EC_x-Wert (für Fische)	≤ 0,01 mg/l und/oder
chronischer NOEC- oder EC_x-Wert (für Krebstiere)	≤ 0,01 mg/l und/oder
chronischer NOEC- oder EC_x-Wert (für Algen oder andere Wasserpflanzen)	≤ 0,01 mg/l

Kategorie Chronisch 2:

chronischer NOEC- oder EC_x-Wert (für Fische)	≤ 0,1 mg/l und/oder
chronischer NOEC- oder EC_x-Wert (für Krebstiere)	≤ 0,1 mg/l und/oder
chronischer NOEC- oder EC_x-Wert (für Algen oder andere Wasserpflanzen)	≤ 0,1 mg/l

(iii) Stoffe, für die keine hinreichenden Daten über die chronische Toxizität vorhanden sind

Kategorie Chronisch 1: (siehe Bemerkung 2)

96-Stunden-LC_{50}-Wert (für Fische)	≤ 1 mg/l und/oder
48-Stunden-EC_{50}-Wert (für Krebstiere)	≤ 1 mg/l und/oder
72- oder 96-Stunden-ErC_{50}-Wert (für Algen oder andere Wasserpflanzen)	≤ 1 mg/l (siehe Bemerkung 3)

und der Stoff ist nicht schnell abbaubar und/oder der experimentell bestimmte BCF beträgt ≥ 500 (oder, wenn nicht vorhanden, log K_{ow} ≥ 4) (siehe Bemerkungen 4 und 5).

Kategorie Chronisch 2:

96-Stunden-LC_{50}-Wert (für Fische)	> 1, aber ≤ 10 mg/l und/oder
48-Stunden-EC_{50}-Wert (für Krebstiere)	> 1, aber ≤ 10 mg/l und/oder
72- oder 96-Stunden-ErC_{50}-Wert (für Algen oder andere Wasserpflanzen)	> 1, aber ≤ 10 mg/l

und der Stoff ist nicht schnell abbaubar und/oder der experimentell bestimmte BCF beträgt ≥ 500 (oder, wenn nicht vorhanden, log K_{ow} ≥ 4) (siehe Bemerkungen 4 und 5).

Bemerkung 1: *Die Organismen Fisch, Krebstiere und Algen werden als stellvertretende Spezies geprüft, die eine Bandbreite von trophischen Ebenen und Gruppen von Lebewesen abdecken; die Prüfmethoden sind stark standardisiert. Daten über andere Organismen können ebenfalls betrachtet werden, sofern sie gleichwertige Spezies und Prüfendpunkte repräsentieren.*

Bemerkung 2: *Bei der Einstufung von Stoffen als Akut 1 und/oder Chronisch 1 muss ein entsprechender M-Faktor für die Anwendung der Summierungsmethode angegeben werden (siehe 2.9.3.4.6.4).* **2.9.3.3.1** (Forts.)

Bemerkung 3: *Wenn die Toxizität für Algen ErC_{50} (= EC_{50} (Wachstumsgeschwindigkeit)) mehr als das Hundertfache unter der der nächst empfindlichsten Spezies liegt und die Einstufung einzig und allein auf dieser Wirkung basiert, muss abgewogen werden, ob diese Toxizität repräsentativ für die Toxizität für Wasserpflanzen ist. Wenn nachgewiesen werden kann, dass dies nicht der Fall ist, muss für die Entscheidung, ob die Einstufung so vorgenommen werden muss, von einem Sachverständigen eine Beurteilung durchgeführt werden. Die Einstufung erfolgt auf der Grundlage des ErC_{50}-Wertes. Ist die Grundlage des EC_{50}-Wertes nicht angegeben und wird kein ErC_{50}-Wert berichtet, hat die Einstufung auf dem niedrigsten verfügbaren EC_{50}-Wert zu basieren.*

Bemerkung 4: *Der Mangel an schneller Abbaubarkeit beruht entweder auf einem Mangel an leichter Bioabbaubarkeit oder auf anderen Anhaltspunkten für einen Mangel an schnellem Abbau. Wenn weder experimentell bestimmte noch geschätzte verwendbare Daten über die Abbaubarkeit verfügbar sind, gilt der Stoff als nicht schnell abbaubar.*

Bemerkung 5: *Bioakkumulationspotenzial auf Grundlage eines experimentell abgeleiteten BCF $\geq$ 500 oder, sofern dieser nicht vorhanden ist, eines log $K_{ow} \geq 4$, vorausgesetzt, log K_{ow} ist ein geeigneter Deskriptor für das Bioakkumulationspotenzial des Stoffes. Gemessene log K_{ow}-Werte haben den Vorrang vor geschätzten Werten und gemessene BCF-Werte haben den Vorrang vor log K_{ow}-Werten.*

Abbildung 2.9.1: Kategorien für langfristig gewässergefährdende Stoffe

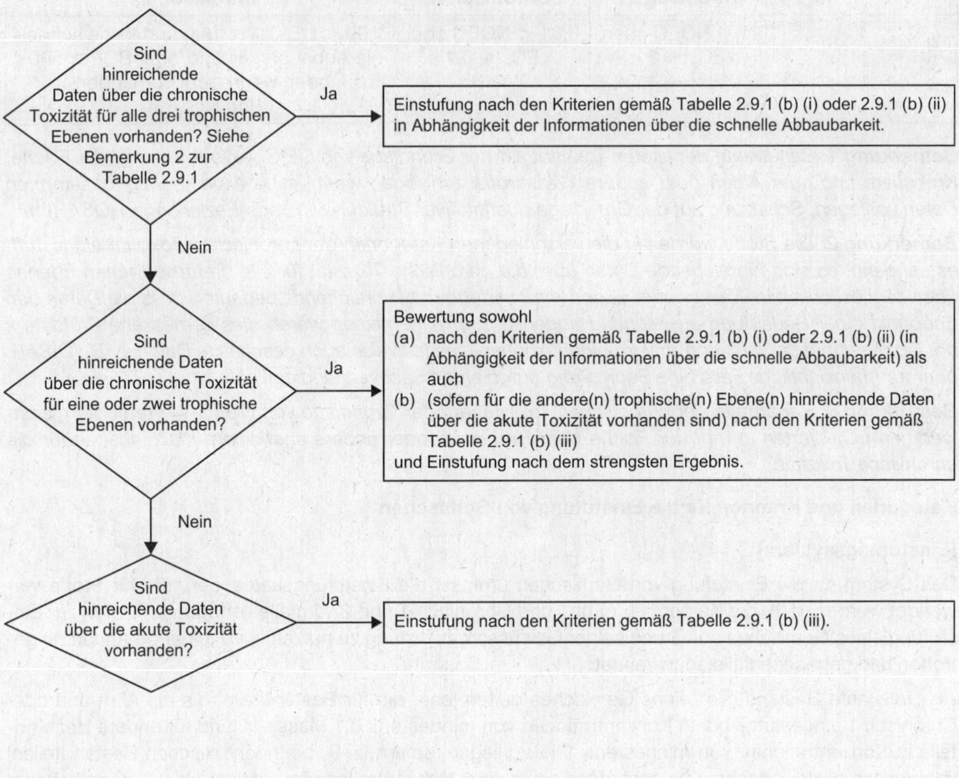

2.9.3.3.2 [Langfristige Gefährdung]

Das Einstufungsschema in der nachstehenden Tabelle 2.9.2 fasst die Einstufungskriterien für Stoffe zusammen.

Tabelle 2.9.2: Einstufungsschema für gewässergefährdende Stoffe

Einstufungskategorien			
	langfristige Gefährdung (siehe Bemerkung 2)		
akute Gefährdung (siehe Bemerkung 1)	**hinreichende Daten über die chronische Toxizität vorhanden**		**hinreichende Daten über die chronische Toxizität nicht vorhanden** (siehe Bemerkung 1)
	nicht schnell abbaubare Stoffe (siehe Bemerkung 3)	**schnell abbaubare Stoffe** (siehe Bemerkung 3)	
Kategorie: Akut 1	**Kategorie: Chronisch 1**	**Kategorie: Chronisch 1**	**Kategorie: Chronisch 1**
$L(E)C_{50} \leq 1{,}00$	NOEC oder $EC_x \leq 0{,}1$	NOEC oder $EC_x \leq 0{,}01$	$L(E)C_{50} \leq 1{,}00$ und keine schnelle Abbaubarkeit und/oder $BCF \geq 500$ oder, wenn nicht vorhanden, $\log K_{ow} \geq 4$
	Kategorie: Chronisch 2	**Kategorie: Chronisch 2**	**Kategorie: Chronisch 2**
	$0{,}1 < NOEC$ oder $EC_x \leq 1$	$0{,}01 < NOEC$ oder $EC_x \leq 0{,}1$	$1{,}00 < L(E)C_{50} \leq 10{,}0$ und keine schnelle Abbaubarkeit und/oder $BCF \geq 500$ oder, wenn nicht vorhanden, $\log K_{ow} \geq 4$

Bemerkung 1: *Bandbreite der akuten Toxizität auf der Grundlage von $L(E)C_{50}$-Werten in mg/l für Fische, Krebstiere und/oder Algen oder andere Wasserpflanzen (oder, wenn keine experimentell bestimmten Daten vorliegen, Schätzung auf der Grundlage quantitativer Struktur-Wirkungs-Beziehungen (QSAR)[7]).*

Bemerkung 2: *Die Stoffe werden in die verschiedenen Kategorien der chronischen Toxizität eingestuft, es sei denn, es sind hinreichende Daten über die chronische Toxizität für alle drei trophischen Ebenen über der Löslichkeit in Wasser oder über 1 mg/l verfügbar. („Hinreichend" bedeutet, dass die Daten den Endpunkt einer Bedeutung ausreichend abdecken. Im Allgemeinen wären dies gemessene Prüfdaten; um jedoch unnötige Versuche zu vermeiden, können dies fallweise auch geschätzte Daten, z. B. (Q)SAR, oder für offensichtliche Fälle eine Beurteilung durch einen Sachverständigen sein.)*

Bemerkung 3: *Bandbreite der chronischen Toxizität auf der Grundlage von NOEC-Werten oder gleichwertigen EC_x-Werten in mg/l für Fische oder Krebstiere oder andere anerkannte Maßeinheiten für die chronische Toxizität.*

2.9.3.4 Kategorien und Kriterien für die Einstufung von Gemischen

2.9.3.4.1 [Einstufungssystem]

Das System für die Einstufung von Gemischen umfasst die Einstufungskategorien, die für Stoffe verwendet werden, d. h. die Kategorien Akut 1 und Chronisch 1 und 2. Um alle verfügbaren Daten zur Einstufung eines Gemisches auf Grund seiner Gewässergefährdung zu nutzen, wird folgende Annahme getroffen und gegebenenfalls angewendet:

Als „relevante Bestandteile" eines Gemisches gelten jene, die für Bestandteile, die als Akut und/oder Chronisch 1 eingestuft sind, in Konzentrationen von mindestens 0,1 Masse-% und für andere Bestandteile in Konzentrationen von mindestens 1 % vorliegen, sofern (z. B. bei hochtoxischen Bestandteilen) kein Anlass zu der Annahme besteht, dass ein in einer Konzentration von weniger als 0,1 % enthaltener Bestandteil dennoch für die Einstufung des Gemisches auf Grund seiner Gefahren für die aquatische Umwelt relevant sein kann.

---

[7] Eine besondere Anleitung ist in Kapitel 4.1 Absatz 4.1.2.13 und in Anlage 9 Abschnitt A9.6 des GHS enthalten.

[Einstufung der Gefahren für die aquatische Umwelt] 2.9.3.4.2

Die Einstufung von Gefahren für die aquatische Umwelt ist ein mehrstufiger Prozess und von der Art der Information abhängig, die zu dem Gemisch selbst und seinen Bestandteilen verfügbar ist. Das Stufenkonzept beinhaltet folgende Elemente:

.1 die Einstufung auf der Grundlage von Prüfergebnissen des Gemisches;

.2 die Einstufung auf der Grundlage von Übertragungsgrundsätzen;

.3 die „Summierung eingestufter Bestandteile" und/oder die Verwendung einer „Additivitätsformel".

Die nachstehende Abbildung 2.9.2 zeigt die Schritte des Verfahrens.

Abbildung 2.9.2: Mehrstufiges Verfahren zur Einstufung von Gemischen nach ihrer akuten und langfristigen Gewässergefährdung

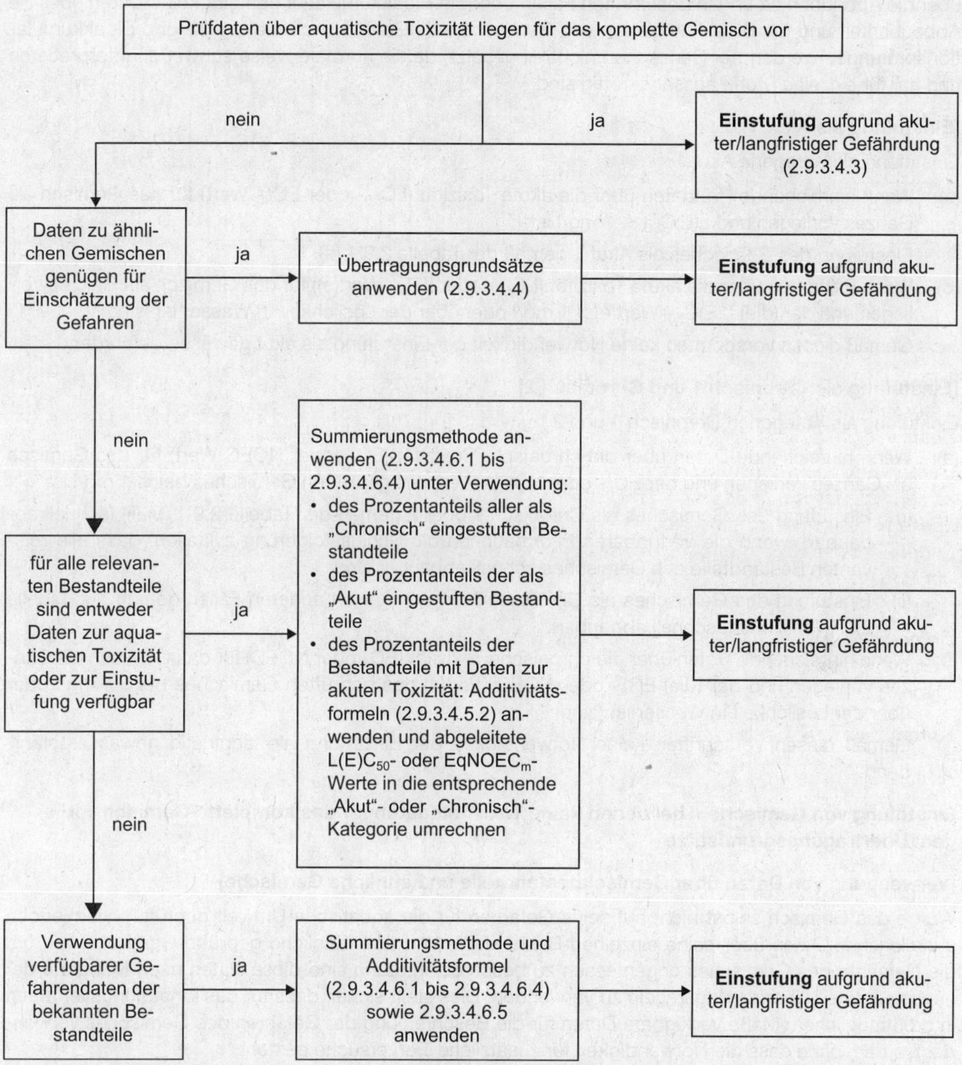

2.9.3.4.3 Einstufung von Gemischen, wenn Toxizitätsdaten für das komplette Gemisch vorliegen

2.9.3.4.3.1 [Einstufung bezüglich akuter oder chronischer Toxizität]

Wurde das Gemisch als Ganzes auf seine aquatische Toxizität geprüft, muss diese Information für die Einstufung des Gemisches nach den Kriterien verwendet werden, die für Stoffe festgelegt wurden. Die Einstufung basiert üblicherweise auf Daten für Fische, Krebstiere und Algen/Pflanzen (siehe 2.9.3.2.3 und 2.9.3.2.4). Wenn hinreichende Daten über die akute oder chronische Toxizität des Gemisches als Ganzes nicht vorliegen, sind die „Übertragungsgrundsätze" oder die „Summierungsmethode" anzuwenden (siehe 2.9.3.4.4 bis 2.9.3.4.6).

2.9.3.4.3.2 [Einstufung bezüglich langfristiger Gefährdung]

Die Einstufung von Gemischen nach der langfristigen Gefährdung erfordert zusätzliche Informationen über die Abbaubarkeit und in bestimmten Fällen über die Bioakkumulation. Es gibt keine Daten über die Abbaubarkeit und die Bioakkumulation von Gemischen als Ganzes. Abbaubarkeits- und Bioakkumulationsprüfungen werden bei Gemischen nicht eingesetzt, da sie normalerweise schwer zu interpretieren und nur für einzelne Stoffe aussagekräftig sind.

2.9.3.4.3.3 [Einstufung als Akut 1]

Einstufung als Kategorie Akut 1

(a) Wenn hinreichende Prüfdaten über die akute Toxizität (LC_{50}- oder EC_{50}-Wert) für das Gemisch als Ganzes vorliegen und $L(E)C_{50} \leq 1$ mg/l ist:

Einstufung des Gemisches als Akut 1 gemäß der Tabelle 2.9.1 (a).

(b) Wenn Prüfdaten über die akute Toxizität (LC_{50}- oder EC_{50}-Wert(e)) für das Gemisch als Ganzes vorliegen und der (die) $L(E)C_{50}$-Wert(e) > 1 mg/l oder über der Löslichkeit in Wasser ist (sind):

Gemäß diesen Vorschriften keine Notwendigkeit der Einstufung als akut gewässergefährdend.

2.9.3.4.3.4 [Einstufung als Chronisch 1 und Chronisch 2]

Einstufung als Kategorien Chronisch 1 und 2

(a) Wenn hinreichende Daten über die chronische Toxizität (EC_x- oder NOEC-Wert) für das Gemisch als Ganzes vorliegen und der EC_x- oder NOEC-Wert des geprüften Gemisches bei ≤ 1 mg/l ist:

(i) Einstufung des Gemisches als Chronisch 1 oder 2 gemäß der Tabelle 2.9.1 (b) (ii) (schnell abbaubar), wenn die verfügbaren Informationen die Schlussfolgerung zulassen, dass alle relevanten Bestandteile des Gemisches schnell abbaubar sind;

(ii) Einstufung des Gemisches als Chronisch 1 oder 2 in allen anderen Fällen gemäß der Tabelle 2.9.1 (b) (i) (nicht schnell abbaubar).

(b) Wenn hinreichende Daten über die chronische Toxizität (EC_x oder NOEC) für das Gemisch als Ganzes vorliegen und der (die) EC_x- oder NOEC-Wert(e) des geprüften Gemisches bei > 1 mg/l oder über der Löslichkeit in Wasser ist (sind):

Gemäß diesen Vorschriften keine Notwendigkeit der Einstufung als langfristig gewässergefährdend.

2.9.3.4.4 Einstufung von Gemischen, bei denen keine Toxizitätsdaten für das komplette Gemisch vorliegen: Übertragungsgrundsätze

2.9.3.4.4.1 [Verwendung von Daten über Gemischbestandteile und ähnliche Gemische]

Wurde das Gemisch selbst nicht auf seine Gefahren für die aquatische Umwelt geprüft, liegen jedoch ausreichende Daten über seine einzelnen Bestandteile und über ähnliche geprüfte Gemische vor, um die Gefahren des Gemisches angemessen zu beschreiben, dann sind diese Daten nach Maßgabe der nachstehenden Übertragungsregeln zu verwenden. Dies stellt sicher, dass für das Einstufungsverfahren in größtmöglichem Maße verfügbare Daten für die Beschreibung der Gefahren des Gemisches verwendet werden, ohne dass die Notwendigkeit für zusätzliche Tierversuche besteht.

Verdünnung 2.9.3.4.4.2

[Gleichwertigkeit] 2.9.3.4.4.2.1

Entsteht ein neues Gemisch durch Verdünnung eines geprüften Gemisches oder eines Stoffes, wobei der Verdünner in eine gleichwertige oder niedrigere Kategorie der Gewässergefährdung eingestuft wurde als der am wenigsten gewässergefährdende Bestandteil des Ausgangsgemisches, und ist nicht davon auszugehen, dass das Verdünnungsmittel die Gefahren anderer Bestandteile für die aquatische Umwelt beeinflusst, dann kann das neue Gemisch als ebenso gewässergefährdend wie das Ausgangsgemisch oder der Ausgangsstoff eingestuft werden. Alternativ darf die in 2.9.3.4.5 erläuterte Methode angewendet werden.

[Berechnung der Toxizität] 2.9.3.4.4.2.2

Wenn ein Gemisch durch Verdünnung eines anderen zugeordneten Gemisches oder eines Stoffes mit Wasser oder anderen vollständig nicht toxischen Produkten gebildet wird, ist die Toxizität des Gemisches auf der Grundlage des ursprünglichen Gemisches oder Stoffes zu berechnen.

Fertigungslose 2.9.3.4.4.3

[Gleichwertigkeit] 2.9.3.4.4.3.1

Es wird angenommen, dass die Einstufung der gewässergefährdenden Eigenschaften eines geprüften Fertigungsloses eines Gemisches mit der eines anderen ungeprüften Fertigungsloses desselben Handelsproduktes, wenn es von oder unter Überwachung desselben Herstellers produziert wurde, im Wesentlichen gleichwertig ist, es sei denn, es besteht Grund zur Annahme, dass bedeutende Schwankungen auftreten, die zu einer Änderung der Einstufung der gewässergefährdenden Eigenschaften des ungeprüften Loses führen. In diesem Fall ist eine neue Einstufung erforderlich.

Konzentration von Gemischen, die als strengste Kategorien (Chronisch 1 und Akut 1) eingestuft sind 2.9.3.4.4.4

[Höhere Konzentrationen] 2.9.3.4.4.4.1

Wenn ein geprüftes Gemisch als Chronisch 1 und/oder als Akut 1 eingestuft ist und die Bestandteile des Gemisches, die als Chronisch 1 und/oder als Akut 1 eingestuft sind, weiter ungeprüft konzentriert werden, ist das Gemisch mit der höheren Konzentration ohne zusätzliche Prüfungen in dieselbe Kategorie einzustufen wie das ursprüngliche geprüfte Gemisch.

Interpolation innerhalb einer Toxizitätskategorie 2.9.3.4.4.5

[Gemische] 2.9.3.4.4.5.1

Bei drei Gemischen (A, B und C) mit identischen Bestandteilen, wobei die Gemische A und B geprüft wurden und unter dieselbe Toxizitätskategorie fallen und das ungeprüfte Gemisch C dieselben toxikologisch aktiven Bestandteile wie die Gemische A und B hat, die Konzentrationen der toxikologisch aktiven Bestandteile dieses Gemisches jedoch zwischen den Konzentrationen in den Gemischen A und B liegen, wird angenommen, dass das Gemisch C in dieselbe Kategorie wie die Gemische A und B fällt.

Im Wesentlichen ähnliche Gemische 2.9.3.4.4.6

[Prüfungen] 2.9.3.4.4.6.1

Wenn Folgendes gegeben ist:

(a) zwei Gemische:
  (i) A + B;
  (ii) C + B;

(b) die Konzentration des Bestandteils B ist in beiden Gemischen im Wesentlichen gleich;

(c) die Konzentration des Bestandteils A im Gemisch (i) ist gleich hoch wie die Konzentration des Bestandteils C im Gemisch (ii);

(d) die Daten über die Gewässergefährdungseigenschaften der Bestandteile A und C sind verfügbar und substanziell gleichwertig, d. h. die Bestandteile fallen unter dieselbe Gefährdungskategorie, und es ist nicht zu erwarten, dass sie die aquatische Toxizität des Bestandteils B beeinträchtigen,

und die Gemische (i) und (ii) bereits auf der Grundlage von Prüfdaten eingestuft sind, dann kann das andere Gemisch in dieselbe Gefährdungskategorie eingestuft werden.

2.9.3.4.5 Einstufung von Gemischen, wenn Toxizitätsdaten für alle Bestandteile oder nur manche Bestandteile des Gemisches vorliegen

2.9.3.4.5.1 [Summierungsmethode]

Die Einstufung eines Gemisches muss auf der Summierung der Konzentrationen seiner eingestuften Bestandteile basieren. Der Prozentanteil der als „Akut" oder als „Chronisch" gewässergefährdend eingestuften Bestandteile fließt direkt in die Summierungsmethode ein. Diese Methode wird in 2.9.3.4.6.1 bis 2.9.3.4.6.4.1 detailliert beschrieben.

2.9.3.4.5.2 [Berechnung der Toxizität]

Gemische können aus einer Kombination sowohl von (als Akut 1 und/oder Chronisch 1, 2) eingestuften Bestandteilen als auch von Bestandteilen bestehen, für die geeignete Prüfdaten für die Toxizität verfügbar sind. Sind geeignete Toxizitätsdaten für mehr als einen Bestandteil des Gemisches verfügbar, wird die kombinierte Toxizität dieser Bestandteile mit Hilfe der Additivitätsformel in Absatz (a) oder (b) in Abhängigkeit von der Art der Toxizitätsdaten berechnet:

(a) auf der Grundlage der akuten aquatischen Toxizität:

$$\frac{\sum C_i}{L(E)C_{50m}} = \sum_n \frac{C_i}{L(E)C_{50i}}$$

wobei:

C_i	=	Konzentration des Bestandteils *i* (Masseprozent);
$L(E)C_{50i}$	=	LC_{50}- oder EC_{50}-Wert des Bestandteils *i* (mg/l);
n	=	Anzahl der Bestandteile, wobei *i* zwischen 1 und *n* liegt;
$L(E)C_{50m}$	=	$L(E)C_{50}$-Wert des Teiles des Gemisches mit Prüfdaten.

Die errechnete Toxizität dient dazu, diesen Anteil des Gemisches in eine Kategorie der akuten Gefährdung einzustufen, die anschließend in die Anwendung der Summierungsmethode einfließt.

(b) auf der Grundlage der chronischen aquatischen Toxizität:

$$\frac{\sum C_i + \sum C_j}{EqNOEC_m} = \sum_n \frac{C_i}{NOEC_i} + \sum_n \frac{C_j}{0,1 \times NOEC_j}$$

wobei:

C_i	=	Konzentration des Bestandteils *i* (Masseprozent), wobei *i* die schnell abbaubaren Bestandteile umfasst;
C_j	=	Konzentration des Bestandteils *j* (Masseprozent), wobei *j* die nicht schnell abbaubaren Bestandteile umfasst;
$NOEC_i$	=	NOEC (oder andere anerkannte Größenwerte für die chronische Toxizität) des Bestandteils *i*, wobei *i* die schnell abbaubaren Bestandteile umfasst, in mg/l;
$NOEC_j$	=	NOEC (oder andere anerkannte Größenwerte für die chronische Toxizität) des Bestandteils *j*, wobei *j* die nicht schnell abbaubaren Bestandteile umfasst, in mg/l;
n	=	Anzahl der Bestandteile, wobei *i* und *j* zwischen 1 und *n* liegen;
$EqNOEC_m$	=	NOEC-Äquivalent des Teils des Gemisches mit Prüfdaten.

Die gleichwertige Toxizität spiegelt somit die Tatsache wider, dass nicht schnell abbaubare Stoffe eine Gefährdungskategorie-Stufe „strenger" als schnell abbaubare Stoffe eingestuft werden.

Die errechnete gleichwertige Toxizität dient dazu, diesen Anteil des Gemisches in Übereinstimmung mit den Kriterien für schnell abbaubare Stoffe (Tabelle 2.9.1 (b) (ii)) in eine Kategorie der langfristigen Gefährdung einzustufen, die anschließend in die Anwendung der Summierungsmethode einfließt.

2.9.3.4.5.3 [Additivitätsformel]

Bei Anwendung der Additivitätsformel auf einen Teil des Gemisches sollten bei der Berechnung der Toxizität dieses Teils des Gemisches für jeden Bestandteil vorzugsweise Toxizitätswerte verwendet werden, die sich auf dieselbe taxonomische Gruppe beziehen (d. h. Fisch, Krebstiere oder Algen); anschließend sollte die höchste errechnete Toxizität (niedrigster Wert) verwendet werden (d. h. Verwendung der sensibelsten der drei taxonomischen Gruppen). Sind die Toxizitätsdaten für die einzelnen Bestandteile jedoch nicht für dieselbe taxonomische Gruppe verfügbar, wird der Toxizitätswert der einzelnen Bestandteile auf dieselbe Art und Weise ausgewählt wie die Toxizitätswerte für die Einstufung von Stoffen, d. h. es wird die höhere Toxizität (des sensibelsten Prüforganismus) verwendet. Anhand der errechneten akuten und chronischen Toxizität wird dieser Teil des Gemisches in Anwendung der auch für Stoffe geltenden Kriterien als Akut 1 und/oder Chronisch 1 oder 2 eingestuft. 2.9.3.4.5.3 (Forts.)

[Prinzip des konservativsten Ergebnisses] 2.9.3.4.5.4

Wird ein Gemisch nach mehreren Methoden eingestuft, ist dem Ergebnis der Methode zu folgen, die das konservativere Ergebnis erbringt.

Summierungsmethode 2.9.3.4.6

Einstufungsverfahren 2.9.3.4.6.1

[Strengere Einstufung] 2.9.3.4.6.1.1

Im Allgemeinen hebt eine strengere Einstufung von Gemischen eine weniger strenge auf, z. B. eine Einstufung als Chronisch 1 hebt eine Einstufung als Chronisch 2 auf. Folglich ist das Einstufungsverfahren bereits abgeschlossen, wenn das Ergebnis der Einstufung Chronisch 1 lautet. Eine strengere Einstufung als Chronisch 1 ist nicht möglich; daher ist es nicht erforderlich, das Einstufungsverfahren fortzusetzen.

Einstufung als Kategorie Akut 1 2.9.3.4.6.2

[Grundsatz] 2.9.3.4.6.2.1

Zunächst werden sämtliche als Akut 1 eingestuften Bestandteile betrachtet. Übersteigt die Summe der Konzentrationen (in %) dieser Bestandteile 25 %, wird das gesamte Gemisch als Akut 1 eingestuft. Wenn das Ergebnis der Berechnung eine Einstufung des Gemisches als Akut 1 ergibt, ist das Einstufungsverfahren abgeschlossen.

[Zusammenfassung] 2.9.3.4.6.2.2

Die Einstufung von Gemischen aufgrund ihrer akuten Gewässergefährdung mit Hilfe dieser Summierung der Konzentrationen der eingestuften Bestandteile ist in der nachstehenden Tabelle 2.9.3 zusammengefasst.

Tabelle 2.9.3: Einstufung eines Gemisches nach seiner akuten Gewässergefährdung auf der Grundlage der Summierung der Konzentrationen der eingestuften Bestandteile

Summe der Konzentrationen (in %) der Bestandteile, die eingestuft sind als	Gemisch wird eingestuft als
Akut 1 × M[a] $\geq$ 25 %	Akut 1

[a] Siehe 2.9.3.4.6.4 zur Erläuterung des Faktors M.

Einstufung als Kategorien Chronisch 1 und 2 2.9.3.4.6.3

[Einstufung als Chronisch 1 und Chronisch 2] 2.9.3.4.6.3.1

Zunächst werden sämtliche als Chronisch 1 eingestuften Bestandteile betrachtet. Ist die Summe der Konzentrationen (in %) dieser Bestandteile größer oder gleich 25 %, wird das gesamte Gemisch als Chronisch 1 eingestuft. Ergibt die Berechnung eine Einstufung des Gemisches als Chronisch 1, ist das Einstufungsverfahren abgeschlossen.

[Einstufung als Chronisch 2] 2.9.3.4.6.3.2

Falls das Gemisch nicht als Chronisch 1 eingestuft wird, wird eine Einstufung als Chronisch 2 geprüft. Ein Gemisch ist dann als Chronisch 2 einzustufen, wenn die zehnfache Summe der Konzentrationen (in %) aller Bestandteile, die als Chronisch 1 eingestuft sind, zuzüglich der Summe der Konzentrationen (in %) aller Bestandteile, die als Chronisch 2 eingestuft sind, größer oder gleich 25 % ist. Ergibt die Berechnung eine Einstufung des Gemisches als Chronisch 2, ist das Einstufungsverfahren abgeschlossen.

2.9.3.4.6.3.3 [Zusammenfassung]

Die Einstufung von Gemischen nach ihrer langfristigen Gewässergefährdung mit Hilfe der Summierung der Konzentrationen von eingestuften Bestandteilen wird in der nachstehenden Tabelle 2.9.4 zusammengefasst.

Tabelle 2.9.4: Einstufung eines Gemisches nach seiner langfristigen Gewässergefährdung auf der Grundlage der Summierung der Konzentrationen von eingestuften Bestandteilen

Summe der Konzentrationen (in %) der Bestandteile, die eingestuft sind als	Gemisch wird eingestuft als
Chronisch 1 × M[a] ≥ 25 %	Chronisch 1
(M × 10 × Chronisch 1) + Chronisch 2 ≥ 25 %	Chronisch 2

[a] Siehe 2.9.3.4.6.4 zur Erläuterung des Faktors M.

2.9.3.4.6.4 Gemische mit hoch toxischen Bestandteilen

2.9.3.4.6.4.1 [Einstufungsmethoden]

Als Akut 1 oder Chronisch 1 eingestufte Bestandteile mit akuten Toxizitäten von weit unter 1 mg/l und/oder chronischen Toxizitäten weit unter 0,1 mg/l (für nicht schnell abbaubare Bestandteile) und 0,01 mg/l (für schnell abbaubare Bestandteile) tragen zur Toxizität des Gemisches bei und erhalten bei der Einstufung mit Hilfe der Summierungsmethode ein größeres Gewicht. Enthält ein Gemisch Bestandteile, die als Akut 1 oder Chronisch 1 eingestuft sind, ist das in 2.9.3.4.6.2 und 2.9.3.4.6.3 beschriebene Stufenkonzept anzuwenden, das eine gewichtete Summe verwendet, die aus der Multiplikation der Konzentrationen der als Akut 1 und Chronisch 1 eingestuften Bestandteile mit einem Faktor resultiert, anstatt lediglich Prozentanteile zu addieren. Dies bedeutet, dass die Konzentration von „Akut 1" in der linken Spalte der Tabelle 2.9.3 und die Konzentration von „Chronisch 1" in der linken Spalte der Tabelle 2.9.4 mit dem entsprechenden Multiplikationsfaktor multipliziert werden. Die auf diese Bestandteile anzuwendenden Multiplikationsfaktoren werden anhand des Toxizitätswertes bestimmt, wie in nachstehender Tabelle 2.9.5 zusammenfassend dargestellt. Zur Einstufung eines Gemisches mit als Akut 1 und/oder Chronisch 1 eingestuften Bestandteilen muss daher die für die Einstufung zuständige Person den Wert des Faktors M kennen, um die Summierungsmethode anwenden zu können. Alternativ darf die Additivitätsformel (siehe 2.9.3.4.5.2) verwendet werden, sofern für alle hochtoxischen Bestandteile des Gemisches Toxizitätsdaten vorliegen und es schlüssige Belege dafür gibt, dass sämtliche anderen Bestandteile (einschließlich derjenigen, für die keine spezifischen Daten über die akute und/oder chronische Toxizität vorliegen) wenig oder gar nicht toxisch sind und nicht deutlich zur Umweltgefahr des Gemisches beitragen.

Tabelle 2.9.5: Multiplikationsfaktoren für hochtoxische Bestandteile von Gemischen

akute Toxizität		chronische Toxizität	M-Faktor	
$L(E)C_{50}$-Wert	M-Faktor	NOEC-Wert	nicht schnell abbaubare Bestandteile	schnell abbaubare Bestandteile
$0,1 < L(E)C_{50} \leq 1$	1	$0,01 < NOEC \leq 0,1$	1	–
$0,01 < L(E)C_{50} \leq 0,1$	10	$0,001 < NOEC \leq 0,01$	10	1
$0,001 < L(E)C_{50} \leq 0,01$	100	$0,0001 < NOEC \leq 0,001$	100	10
$0,0001 < L(E)C_{50} \leq 0,001$	1 000	$0,00001 < NOEC \leq 0,0001$	1 000	100
$0,00001 < L(E)C_{50} \leq 0,0001$	10 000	$0,000001 < NOEC \leq 0,00001$	10 000	1 000
(weiter in Faktor-10-Intervallen)		(weiter in Faktor-10-Intervallen		

Einstufung von Gemischen mit Bestandteilen, zu denen keine verwertbaren Informationen vorliegen 2.9.3.4.6.5

[Bekannte Bestandteile als Grundlage] 2.9.3.4.6.5.1

Liegen für einen oder mehrere relevante Bestandteile keinerlei verwertbare Informationen über eine akute und/oder chronische aquatische Toxizität vor, führt dies zu dem Schluss, dass eine endgültige Zuordnung des Gemisches zu einer oder mehreren Gefahrenkategorien nicht möglich ist. In einem solchen Fall wird das Gemisch lediglich aufgrund der bekannten Bestandteile eingestuft .

Lithiumbatterien 2.9.4

Zellen und Batterien, Zellen und Batterien in Ausrüstungen oder Zellen und Batterien mit Ausrüstungen verpackt, die Lithium in irgendeiner Form enthalten, müssen der UN-Nummer 3090, 3091, 3480 bzw. 3481 zugeordnet werden. Sie dürfen unter diesen Eintragungen befördert werden, wenn sie den folgenden Vorschriften entsprechen:

.1 Jede Zelle oder Batterie entspricht einem Typ, für den nachgewiesen wurde, dass er die Anforderungen aller Prüfungen des Handbuchs Prüfungen und Kriterien Teil III Unterabschnitt 38.3 erfüllt. Sofern in diesem Code nichts anderes vorgesehen ist, dürfen Zellen und Batterien, die nach einem Typ hergestellt wurden, der den Vorschriften des Unterabschnitts 38.3 des Handbuchs Prüfungen und Kriterien, dritte überarbeite Ausgabe, Änderung 1 oder einer zum Zeitpunkt der Typprüfung anwendbaren nachfolgenden überarbeiteten Ausgabe und Änderung entspricht, weiter befördert werden. Typen von Zellen und Batterien, die nur die Vorschriften des Handbuchs Prüfungen und Kriterien, dritte überarbeitete Ausgabe, erfüllen, sind nicht mehr zulässig. Jedoch dürfen Zellen und Batterien, die vor dem 1. Juli 2003 in Übereinstimmung mit solchen Typen hergestellt wurden, weiter befördert werden, wenn alle übrigen anwendbaren Vorschriften erfüllt sind.

__Bemerkung:__ Batterien müssen einem Typ entsprechen, für den nachgewiesen wurde, dass er die Prüfanforderungen des Handbuchs Prüfungen und Kriterien Teil III Unterabschnitt 38.3 erfüllt, unabhängig davon, ob die Zellen, aus denen sie zusammengesetzt sind, einem geprüften Typ entsprechen.

.2 Jede Zelle und Batterie ist mit einer Schutzeinrichtung gegen inneren Überdruck versehen oder so ausgelegt, dass ein Gewaltbruch unter normalen Beförderungsbedingungen verhindert wird.

.3 Jede Zelle und Batterie ist mit einer wirksamen Vorrichtung zur Verhinderung äußerer Kurzschlüsse ausgerüstet.

.4 Jede Batterie mit mehreren Zellen oder mit Zellen in Parallelschaltung ist mit wirksamen Einrichtungen ausgerüstet, die einen gefährlichen Rückstrom verhindern (z. B. Dioden, Sicherungen usw.).

.5 Zellen und Batterien sind gemäß einem Qualitätssicherungsprogramm hergestellt, das Folgendes beinhaltet:

.1 eine Beschreibung der Organisationsstruktur und der Verantwortlichkeiten des Personals hinsichtlich der Auslegung und der Produktqualität;

.2 die entsprechenden Anweisungen, die für die Prüfung, die Qualitätskontrolle, die Qualitätssicherung und die Arbeitsabläufe verwendet werden;

.3 Prozesskontrollen, die entsprechende Aktivitäten zur Vorbeugung und Feststellung innerer Kurzschlussdefekte während der Herstellung von Zellen umfassen sollten;

.4 Qualitätsaufzeichnungen, wie Prüfberichte, Prüf- und Kalibrierungsdaten und Nachweise; Prüfdaten müssen aufbewahrt und der zuständigen Behörde auf Verlangen zur Verfügung gestellt werden;

.5 Überprüfungen durch die Geschäftsleitung, um die erfolgreiche Wirkungsweise des Qualitätssicherungsprogramms sicherzustellen;

.6 ein Verfahren für die Kontrolle der Dokumente und deren Überarbeitung;

.7 ein Mittel für die Kontrolle von Zellen oder Batterien, die dem in 2.9.4.1 genannten geprüften Typ nicht entsprechen;

2.9.4 (Forts.)

.8 Schulungsprogramme und Qualifizierungsverfahren für das betroffene Personal und

.9 Verfahren um sicherzustellen, dass am Endprodukt keine Schäden vorhanden sind.

Bemerkung: *Betriebseigene Qualitätssicherungsprogramme dürfen zugelassen werden. Eine Zertifizierung durch Dritte ist nicht erforderlich, jedoch müssen die in .1 bis .9 aufgeführten Verfahren genau aufgezeichnet werden und nachvollziehbar sein. Eine Kopie des Qualitätssicherungsprogramms muss der zuständigen Behörde auf Verlangen zur Verfügung gestellt werden.*

.6 Lithiumbatterien, die sowohl Lithium-Metall-Primärzellen als auch wiederaufladbare Lithium-Ionen-Zellen enthalten und die nicht für eine externe Aufladung ausgelegt sind (siehe Sondervorschrift 387 des Kapitels 3.3), müssen folgenden Vorschriften entsprechen:

.1 Die wiederaufladbaren Lithium-Ionen-Zellen können nur durch die primären Lithium-Metall-Zellen aufgeladen werden;

.2 eine Überladung der wiederaufladbaren Lithium-Ionen-Zellen ist durch die Bauweise ausgeschlossen;

.3 die Batterie wurde als Lithium-Primärbatterie geprüft und

.4 die Komponentenzellen der Batterie entsprechen einem Typ, für den nachgewiesen wurde, dass er die jeweiligen Anforderungen des Handbuchs Prüfungen und Kriterien Teil III Unterabschnitt 38.3 erfüllt.

.7 Hersteller und Vertreiber von Zellen oder Batterien müssen die im Handbuch Prüfungen und Kriterien Teil III Unterabschnitt 38.3 Absatz 38.3.5 festgelegte Prüfzusammenfassung zur Verfügung stellen.

Kapitel 2.10 Meeresschadstoffe

→ 1.1.1.3
→ 2.0.1.2.1
→ D: GGVSee § 14

Begriffsbestimmung 2.10.1

Meeresschadstoffe sind Stoffe, die unter die Vorschriften der Anlage III von MARPOL 73/78 in der jeweils geltenden Fassung fallen.

Allgemeine Vorschriften 2.10.2

[MARPOL-Verweis] 2.10.2.1

Meeresschadstoffe müssen nach den Vorschriften der Anlage III von MARPOL 73/78 in der jeweils geltenden Fassung befördert werden.

[P-Kennzeichnung] 2.10.2.2

Die Stoffe und Gegenstände, die als Meeresschadstoffe identifiziert sind, sind im Index in der Spalte MP durch das Symbol **P** gekennzeichnet.

[Beförderung als UMWELTGEFÄHRDENDER STOFF] 2.10.2.3

Meeresschadstoffe, die die Kriterien einer der Klasse 1 bis 8 erfüllen, müssen entsprechend ihrer Eigenschaften unter der zutreffenden Eintragung befördert werden. Wenn sie nicht die Kriterien einer dieser Klassen erfüllen, müssen sie unter der Eintragung UMWELTGEFÄHRDENDER STOFF, FEST, N.A.G., UN 3077 oder UMWELTGEFÄHRDENDER STOFF, FLÜSSIG, N.A.G., UN 3082, befördert werden, es sei denn, in der Klasse 9 besteht eine besondere Eintragung.

[Symbol in der Gefahrgutliste] 2.10.2.4

→ Index Bemerkung 1

Spalte 4 der Gefahrgutliste enthält ebenfalls Informationen zu Meeresschadstoffen durch Verwendung des Symbols **P** bei einzelnen Eintragungen. Das Fehlen des Symbols P oder das Vorhandensein eines „-“ in dieser Spalte steht der Anwendung von 2.10.3 nicht entgegen.

[Vermutete Meeresschadstoffe] 2.10.2.5

→ auch GESAMP-Auszug

Ein Stoff oder Gegenstand, der Eigenschaften besitzt, auf die die Kriterien für Meeresschadstoffe zutreffen, jedoch in diesem Code nicht als solcher gekennzeichnet ist, muss als Meeresschadstoff nach diesem Code befördert werden.

[Frühere Meeresschadstoffe] 2.10.2.6

→ D: GGVSee § 14

Stoffe und Gegenstände, die in diesem Code als Meeresschadstoffe gekennzeichnet sind, auf die die Kriterien für Meeresschadstoffe aber nicht mehr zutreffen, brauchen mit Zustimmung der zuständigen Behörde (siehe 7.9.2) nicht nach den Vorschriften dieses Codes für Meeresschadstoffe befördert zu werden.

[Erleichterung, wenn ≤ 5 L bzw. ≤ 5 kg netto] 2.10.2.7

→ A: Vollzugserlass 2017

Meeresschadstoffe in Einzelverpackungen oder zusammengesetzten Verpackungen mit einer Nettomenge je Einzel- oder Innenverpackung von höchstens 5 L bei Flüssigkeiten oder einer Nettomasse je Einzel- oder Innenverpackung von höchstens 5 kg bei festen Stoffen unterliegen keinen anderen auf Meeresschadstoffe anwendbaren Vorschriften dieses Codes, sofern die Verpackungen die allgemeinen Vorschriften in 4.1.1.1, 4.1.1.2 und 4.1.1.4 bis 4.1.1.8 erfüllen. Im Falle von Meeresschadstoffen, die auch die Kriterien für die Aufnahme in eine andere Klasse erfüllen, finden alle Vorschriften dieses Codes, die für etwaige weitere Gefahren gelten, weiterhin Anwendung.

Klassifizierung 2.10.3

[Verweis] 2.10.3.1

Meeresschadstoffe sind nach 2.9.3 zu klassifizieren.

[Nicht für Stoffe der Klasse 7] 2.10.3.2

Die Klassifizierungskriterien in 2.9.3 gelten nicht für Stoffe der Klasse 7.

TEIL 3
GEFAHRGUTLISTE, SONDERVORSCHRIFTEN UND AUSNAHMEN

Kapitel 3.1
Allgemeines

Anwendungsbereich und allgemeine Vorschriften 3.1.1

[N.A.G.-Eintragungen] 3.1.1.1

Die Gefahrgutliste in Kapitel 3.2 erfasst viele gefährliche Güter, die normalerweise befördert werden. Die Liste umfasst namentlich genannte chemische Stoffe und Gegenstände, Gattungseintragungen oder „Nicht Anderweitig Genannt" (N.A.G.)-Eintragungen. Da es nicht praxisgerecht ist, für jeden chemischen Stoff oder Gegenstand, der von wirtschaftlicher Bedeutung ist, eine namentliche Eintragung vorzunehmen, so für Bezeichnungen von Gemischen und Lösungen mit verschiedenen chemischen Bestandteilen und Konzentrationen, führt die Gefahrgutliste Gattungseintragungen oder „Nicht Anderweitig Genannt" (N.A.G.)-Eintragungen auf (z. B. EXTRAKTE, AROMASTOFFE, FLÜSSIG, UN 1197 oder ENTZÜNDBARE FLÜSSIGE STOFFE, N.A.G., UN 1993). Somit enthält die Gefahrgutliste entsprechende Bezeichnungen oder Eintragungen für jedes gefährliche Gut, das befördert werden kann.

3 Stoffverzeichnis Freistellungen

[Spezifische Eintragungen] 3.1.1.2

→ Anh. A

Ist ein gefährliches Gut namentlich in der Gefahrgutliste aufgeführt, muss es entsprechend den Vorschriften dieser Liste, die für dieses gefährliche Gut gelten, befördert werden. Um die Beförderung von Stoffen, Materialien oder Gegenständen zu erlauben, die nicht besonders namentlich in der Gefahrgutliste aufgeführt sind, darf eine Gattungs- oder „Nicht Anderweitig Genannt" (N.A.G.)-Eintragung verwendet werden. Das gefährliche Gut darf nur befördert werden, nachdem seine gefährlichen Eigenschaften bestimmt worden sind. Gefährliche Güter müssen entsprechend den Klassendefinitionen, den Prüfungen und den Prüfkriterien eingestuft werden. Die Bezeichnung, die die gefährlichen Güter am genauesten beschreibt, muss verwendet werden. Nur wenn für die gefährlichen Güter keine namentliche Eintragung in der Gefahrgutliste vorgesehen ist oder sich die Haupt- oder Zusatzgefahren dieser Güter verändern, darf eine Gattungs- oder eine „Nicht Anderweitig Genannt" (N.A.G.)-Eintragung verwendet werden. Die Einstufung der gefährlichen Güter ist durch den Versender oder, wenn im Code besonders festgelegt, durch die entsprechende zuständige Behörde vorzunehmen. Nachdem die Klasse des gefährlichen Gutes festgelegt wurde, müssen alle in diesem Code vorgeschriebenen Beförderungsbedingungen eingehalten werden. Jedes gefährliche Gut, das explosive Eigenschaften besitzt oder bei dem diese zu erwarten sind, muss zuerst für eine Einstufung in Klasse 1 vorgesehen werden. Einige Sammeleintragungen können Gattungs- oder N.A.G.-Eintragungen sein unter der Voraussetzung, dass die im Code enthaltenen Vorschriften über die Sicherheit sowohl extrem gefährliche Güter von der normalen Beförderung ausschließen als auch alle Zusatzgefahren, die von einigen Gütern ausgehen, berücksichtigen.

[Instabile Güter] 3.1.1.3

→ D: GGVSee § 3 (1) Nr. 1

Die Gütern innewohnende Instabilität kann sich durch verschiedene gefährliche Reaktionen, wie z. B. durch Explosion, Polymerisation mit starker Entwicklung von Wärme oder Freisetzung von entzündbaren, giftigen, ätzenden oder erstickend wirkenden Gasen, äußern. Die Gefahrgutliste weist auf gewisse gefährliche Güter oder Güter in einer besonderen Form oder Konzentration oder einem physikalischen Zustand hin, für die die Seebeförderung verboten ist. Das bedeutet, dass diese speziellen Güter nicht für die Beförderung auf See unter normalen Beförderungsbedingungen geeignet sind. Es bedeutet nicht, dass diese Güter generell vom Transport ausgeschlossen sind. Für die meisten Güter kann die ihnen innewohnende Instabilität durch entsprechende Verpackungen, Verdünnung, Stabilisierung, Hinzufügen von Inhibitoren, Temperaturkontrolle oder andere Maßnahmen unter Kontrolle gehalten werden.

3.1 Allgemeines

3.1.1.4 [Vorsichtsmaßnahmen]

→ *D: GGVSee § 17 Nr. 1*
→ *D: GGVSee § 21 Nr. 1*

Wenn Vorsichtsmaßnahmen in Bezug auf ein gefährliches Gut in der Gefahrgutliste angegeben sind (wie z. B. „stabilisiert“ oder „mit x % Wasser oder Phlegmatisierungsmitteln“), darf dieses gefährliche Gut normalerweise nicht ohne Einhaltung dieser Maßnahmen befördert werden, es sei denn, an anderer Stelle ist festgelegt, dass ohne diese Maßnahmen oder in anderer Form befördert werden darf (so wie bei der Klasse 1).

3.1.1.5 [Polymerisierung]

Bedingt durch die Natur ihrer chemischen Zusammensetzung neigen bestimmte Stoffe dazu, unter gewissen Temperaturbedingungen oder in Kontakt mit einem Katalysator, zu polymerisieren oder anderweitig in gefährlicher Art und Weise zu reagieren. Durch das Hinzufügen von ausreichenden Mengen an chemischen Inhibitoren oder Stabilisatoren oder durch besondere Beförderungsbedingungen kann dies abgeschwächt werden. Um eine gefährliche Reaktion während der beabsichtigten Reise auszuschließen, müssen diese Produkte ausreichend stabilisiert werden. Ist dieses nicht sichergestellt, darf dieses Produkt nicht befördert werden.

3.1.1.6 [Erwärmte Stoffe]

Wenn der Inhalt eines ortsbeweglichen Tanks erwärmt zu befördern ist, ist die Beförderungstemperatur während der gesamten beabsichtigten Reise einzuhalten, es sei denn, eine einsetzende Kristallisierung oder Verfestigung beim Abkühlen führt – wie bei einigen stabilisierten oder inhibitierten Produkten – nicht zur Instabilität.

3.1.2 Richtiger technischer Name

→ 5.4.1.4.3

***Bemerkung 1:** Die richtigen technischen Namen der gefährlichen Güter sind solche, die in Kapitel 3.2 der Gefahrgutliste aufgeführt sind. Synonyme, Zweitbezeichnungen, Anfangsbuchstaben, Abkürzungen von Namen usw. sind im Index aufgeführt, um die Suche nach dem richtigen technischen Namen zu erleichtern (siehe Teil 5, Vorschriften für den Versand).*

***Bemerkung 2:** Für die richtigen technischen Namen, die für die Beförderung von Proben zu verwenden sind, siehe 2.0.4. Für die richtigen technischen Namen, die für die Beförderung von Abfällen zu verwenden sind, siehe 5.4.1.4.3.3.*

3.1.2.1 [Teil der Eintragung]

Der richtige technische Name ist derjenige Teil der Eintragung, der die Güter in der Gefahrgutliste am genauesten beschreibt und in Großbuchstaben aufgeführt ist (unter Hinzufügung von Zahlen, griechischen Buchstaben, Angaben „sec“, „tert“ und den Buchstaben „m“, „n“, „o“, „p“, die Bestandteil des Namens sind). Ein alternativer richtiger technischer Name kann in Klammern dem offiziell verwendeten richtigen technischen Namen folgen (z. B. ETHANOL (ETHYLALKOHOL)). Teile der Eintragung, die in Kleinbuchstaben angegeben sind, gelten nicht als Bestandteil des richtigen technischen Namens, dürfen aber verwendet werden.

3.1.2.2 [Auswahl]

Wenn unter einer einzelnen UN-Nummer eine Kombination mehrerer unterschiedlicher richtiger technischer Namen aufgeführt ist und diese durch „und“ oder „oder“ in Kleinbuchstaben oder durch Kommas getrennt sind, darf im Beförderungsdokument oder auf den Kennzeichen des Versandstücks nur der zutreffendste richtige technische Name angegeben werden. Folgende Beispiele veranschaulichen die Auswahl des richtigen technischen Namens für solche Eintragungen:

.1 UN 1057 FEUERZEUGE oder NACHFÜLLPATRONEN FÜR FEUERZEUGE – Der richtige technische Name ist derjenige, der den nachfolgenden Kombinationen am besten entspricht:

FEUERZEUGE
NACHFÜLLPATRONEN FÜR FEUERZEUGE;

.2 UN 2583 ALKYLSULFONSÄUREN, FEST, oder ARYLSULFONSÄUREN, FEST, mit mehr als 5 % freier Schwefelsäure – Der richtige technische Name ist derjenige, der den nachfolgenden Kombinationen am besten entspricht:

ALKYLSULFONSÄUREN, FEST
ARYLSULFONSÄUREN, FEST;

.3 UN 2793 METALLISCHES EISEN als BOHRSPÄNE, FRÄSSPÄNE, DREHSPÄNE, ABFÄLLE, in selbsterhitzungsfähiger Form. Der richtige technische Name ist die am besten geeignete der nachstehenden Kombinationen: 3.1.2.2 (Forts.)

METALLISCHES EISEN, BOHRSPÄNE
METALLISCHES EISEN, FRÄSSPÄNE
METALLISCHES EISEN, DREHSPÄNE
METALLISCHES EISEN, ABFÄLLE.

[Singular, Klasse 1] 3.1.2.3

Die richtigen technischen Namen dürfen im Singular oder im Plural, wie zutreffend, verwendet werden. Wenn dieser richtige technische Name zur näheren Bestimmung erklärende Formulierungen enthält, ist die Reihenfolge bei der Dokumentation oder bei der Kennzeichnung der Versandstücke freigestellt. Für Güter der Klasse 1 dürfen Handels- oder militärische Namen verwendet werden, wenn sie den richtigen technischen Namen, ergänzt durch einen beschreibenden Wortlaut, enthalten.

[Aggregatzustand] 3.1.2.4

Zahlreiche Stoffe haben eine Eintragung sowohl für den flüssigen als auch für den festen Zustand (siehe Begriffsbestimmungen von flüssiger Stoff und fester Stoff in 1.2.1) oder für den festen Stoff und die Lösung. Diese sind verschiedenen UN-Nummern zugeordnet, die nicht unbedingt nacheinander erscheinen. Einzelheiten sind aus dem alphabetischen Index ersichtlich, z. B.:

NITROXYLENE, FLÜSSIG	–	6.1	1665
NITROXYLENE, FEST	–	6.1	3447.

[Geschmolzene Stoffe] 3.1.2.5

Wird ein Stoff, der gemäß Begriffsbestimmungen in 1.2.1 ein fester Stoff ist, in geschmolzenem Zustand zur Beförderung aufgegeben, ist der richtige technische Name um die Präzisierung „GESCHMOLZEN"/„MOLTEN" zu ergänzen, wenn diese nicht bereits darin enthalten ist (z. B. ALKYLPHENOL, FEST, N.A.G., GESCHMOLZEN oder ALKYLPHENOL, SOLID, N.O.S., MOLTEN). Für erwärmte Stoffe, siehe 5.4.1.4.3.4.

[Stabilisierung] 3.1.2.6

Außer für selbstzersetzliche Stoffe oder für organische Peroxide und wenn es nicht schon in großen Buchstaben im Stoffnamen der Gefahrgutliste angegeben wird, muss das Wort „STABILISIERT"/„STABILIZED" als Teil des richtigen technischen Namens zur Stoffbezeichnung hinzugefügt werden; dieses gilt insbesondere für Stoffe, die in Übereinstimmung mit 1.1.3 nicht ohne Stabilisierung befördert werden dürfen. Diese Stoffe sind in der Lage, unter normalen Beförderungsbedingungen gefährlich zu reagieren (z. B. GIFTIGER ORGANISCHER FLÜSSIGER STOFF, N.A.G., STABILISIERT oder TOXIC LIQUID, ORGANIC, N.O.S., STABILIZED). Wenn für die Stabilisierung solcher Stoffe eine Temperaturkontrolle angewendet wird, um die Entwicklung eines gefährlichen Überdrucks oder eine zu starke Wärmeentwicklung zu verhindern, oder wenn eine chemische Stabilisierung in Verbindung mit einer Temperaturkontrolle angewendet wird, gilt Folgendes:

.1 Wenn bei flüssigen oder festen Stoffen die SAPT (bei Anwendung einer chemischen Stabilisierung mit oder ohne Inhibitor gemessen) höchstens dem in 2.4.2.5.2 vorgeschriebenen Wert entspricht, gelten die Sondervorschrift 386 in Kapitel 3.3 und die Vorschriften in 7.3.7;

für flüssige Stoffe: bei denen die SADT höchstens 50 °C ist, gelten die Vorschriften von 7.3.7.5;

.2 sofern der Ausdruck „TEMPERATURKONTROLLIERT"/„TEMPERATURE CONTROLLED" nicht bereits in dem in der Gefahrgutliste angegebenen Namen in Großbuchstaben enthalten ist, ist er als Teil des richtigen technischen Namens hinzuzufügen;

.3 für Gase: die Beförderungsbedingungen sind von der zuständigen Behörde zu genehmigen.

[Hydrate] 3.1.2.7

Hydrate können unter dem richtigen technischen Namen für wasserfreie Stoffe befördert werden.

3.1.2.8 Gattungs- oder „Nicht Anderweitig Genannt" (N.A.G.)-Eintragungen

3.1.2.8.1 [Technische Benennung]

→ 4.1.5.19

Die richtigen technischen Namen von Gattungseintragungen und „Nicht Anderweitig Genannt"-Eintragungen, denen in Kapitel 3.2 in Spalte 6 der Gefahrgutliste die Sondervorschrift 274 oder 318 zugeordnet ist, sind mit der technischen Benennung des Gutes zu ergänzen, sofern nicht ein nationales Gesetz oder ein internationales Übereinkommen bei Stoffen, die einer Kontrolle unterstehen, die genaue Beschreibung verbietet. Bei explosiven Stoffen und Gegenständen mit Explosivstoff der Klasse 1 darf die Beschreibung der gefährlichen Güter durch eine zusätzliche Beschreibung für die Angabe der Handelsnamen oder der militärischen Benennungen ergänzt werden. Die technischen Benennungen sind unmittelbar nach dem richtigen technischen Namen in Klammern anzugeben. Eine geeignete nähere Bestimmung, wie „enthält"/„contains" oder „enthaltend"/„containing", oder andere bezeichnende Ausdrücke, wie „Mischung"/„mixture", „Lösung"/„solution" usw., und der Prozentsatz des technischen Bestandteils dürfen ebenfalls verwendet werden. Zum Beispiel: „UN 1993 Entzündbarer flüssiger Stoff, n.a.g. (enthält Xylen und Benzen), 3, II" oder „UN 1993 Flammable liquid, n.o.s. (contains xylene and benzene), 3, II".

3.1.2.8.1.1 [Begriffsbestimmung]

Die technische Benennung ist eine anerkannte chemische oder biologische Benennung oder eine andere Benennung, die üblicherweise in wissenschaftlichen oder technischen Handbüchern, Zeitschriften und Texten verwendet wird. Handelsnamen dürfen zu diesem Zweck nicht verwendet werden. Bei Mitteln zur Schädlingsbekämpfung (Pestiziden) darf (dürfen) nur die allgemein gebräuchliche(n) ISO-Benennung(en), (eine) andere Benennung(en) gemäß „The WHO Recommended Classification of Pesticides by Hazard and Guidelines to Classification" oder die Benennung(en) des (der) aktiven Bestandteils (Bestandteile) verwendet werden.

3.1.2.8.1.2 [Gemische]

Wenn ein Gemisch gefährlicher Güter oder Gegenstände, die gefährliche Güter enthalten, durch eine der N.A.G.- oder Gattungseintragungen beschrieben wird (werden), denen in der Gefahrgutliste die Sondervorschrift 274 zugeordnet ist, müssen nicht mehr als die zwei Bestandteile angegeben werden, die für die Gefahr(en) des Gemisches oder der Gegenstände maßgebend sind, ausgenommen Stoffe, die einer Kontrolle unterstehen und deren Offenlegung durch ein nationales Gesetz oder ein internationales Übereinkommen verboten ist. Wenn ein Versandstück, das eine Mischung enthält, mit einem Zusatzgefahrzettel bezettelt ist, muss eine der beiden in Klammern angezeigten technischen Benennungen die Benennung des Bestandteils sein, der die Verwendung des Zusatzgefahrzettels erforderlich macht.

3.1.2.8.1.3 [Beispiele]

Folgende Beispiele veranschaulichen, wie bei den N.A.G.-Eintragungen der richtige technische Name durch die technische Benennung der Güter ergänzt wird:

UN 2902 PESTIZID, FLÜSSIG, GIFTIG, N.A.G. (Drazoxolon)

UN 3394 PYROPHORER METALLORGANISCHER FLÜSSIGER STOFF, MIT WASSER REAGIEREND (Trimethylgallium)

UN 3540 GEGENSTÄNDE, DIE EINEN ENTZÜNDBAREN FLÜSSIGEN STOFF ENTHALEN, N.A.G. (Pyrrolidin)

3.1.2.9 Meeresschadstoffe

3.1.2.9.1 [Ergänzung des richtigen technischen Namens]

Für Dokumentationszwecke muss der richtige technische Name von Gattungs- oder „Nicht Anderweitig Genannt" (N.A.G.)-Eintragungen, die gemäß 2.10.3 als Meeresschadstoffe klassifiziert sind, durch den anerkannten chemischen Namen des Bestandteils ergänzt werden, der für die Klassifizierung als Meeresschadstoff maßgeblich ist.

3.1.2.9.2 [Beispiele]

Folgende Beispiele veranschaulichen, wie bei den N.A.G.-Eintragungen der richtige technische Name durch die anerkannte technische Benennung ergänzt wird:

UN 1993, ENTZÜNDBARER FLÜSSIGER STOFF, N.A.G. (Propylacetat, Di-n-butylzinn-di-2-ethylhexanoat), Klasse 3, VG III, (50 °C c.c.), MEERESSCHADSTOFF

UN 1263, FARBE (Triethylbenzen), Klasse 3, VG III, (27 °C c.c.), MEERESSCHADSTOFF

Mischungen oder Lösungen 3.1.3

Bemerkung: *Wenn ein Stoff in der Gefahrgutliste namentlich aufgeführt ist, muss er bei der Beförderung durch den richtigen technischen Namen gemäß Gefahrgutliste identifiziert werden. Solche Stoffe können technische Unreinheiten (die z. B. aus dem Produktionsprozess herrühren) oder Additive für die Stabilisierung oder für andere Zwecke enthalten, die keine Auswirkungen auf ihre Klassifizierung haben. Jedoch gilt ein namentlich genannter Stoff, der technische Unreinheiten oder Additive für die Stabilisierung oder für andere Zwecke enthält, die Auswirkungen auf seine Klassifizierung haben, als Mischung oder Lösung (siehe 2.0.2.2 und 2.0.2.5).*

[Nichtgeltung IMDG-Code] 3.1.3.1

Eine Mischung oder Lösung unterliegt nicht den Vorschriften dieses Codes, wenn die Merkmale, Eigenschaften, die Form oder der Aggregatzustand der Mischung oder Lösung so ausgeprägt sind, dass die Mischung oder Lösung nicht den Kriterien, einschließlich der Kriterien der menschlichen Erfahrung, für die Aufnahme in eine Klasse entspricht.

[Zuordnung bei nur einem gefährlichen Gut] 3.1.3.2

Eine Mischung oder Lösung, die die Klassifizierungskriterien dieses Codes erfüllt und nur einen in der Gefahrgutliste namentlich genannten überwiegenden Stoff und einen oder mehrere nicht den Vorschriften dieses Codes unterliegende Stoffe oder Spuren eines oder mehrerer in der Gefahrgutliste namentlich genannter Stoffe enthält, ist der UN-Nummer und dem richtigen technischen Namen des in der Gefahrgutliste genannten überwiegenden Stoffes zuzuordnen, es sei denn:

.1 die Mischung oder Lösung ist in der Gefahrgutliste namentlich genannt;

.2 aus der Benennung und der Beschreibung des in der Gefahrgutliste namentlich genannten Stoffes geht hervor, dass die Eintragung nur für den reinen Stoff gilt;

.3 die Gefahrenklasse oder -unterklasse, die Zusatzgefahr(en), die Verpackungsgruppe oder der Aggregatzustand der Mischung oder Lösung unterscheidet sich von denen des in der Gefahrgutliste namentlich genannten Stoffes oder

.4 die Gefahrenmerkmale und -eigenschaften der Mischung oder Lösung machen Notfallmaßnahmen erforderlich, die sich von denen des in der Gefahrgutliste namentlich genannten Stoffes unterscheiden.

[Bezeichnende Ausdrücke, Konzentration] 3.1.3.3

Bezeichnende Ausdrücke, wie „LÖSUNG" bzw. „MISCHUNG", sind als Teil des richtigen technischen Namens hinzuzufügen, z. B. „ACETON, LÖSUNG". Darüber hinaus darf nach der Grundbeschreibung der Mischung oder Lösung auch die Konzentration der Mischung oder Lösung angegeben werden, z. B. „ACETON, LÖSUNG, 75 %".

[Zuordnung bei mehreren gefährlichen Gütern] 3.1.3.4

Eine Mischung oder Lösung, die die Klassifizierungskriterien dieses Codes erfüllt, in der Gefahrgutliste nicht namentlich genannt ist und zwei oder mehr gefährliche Güter enthält, ist einer Eintragung zuzuordnen, deren richtiger technischer Name, Beschreibung, Gefahrenklasse oder -unterklasse, Zusatzgefahr(en) und Verpackungsgruppe die Mischung oder Lösung am genauesten beschreibt.

Trenngruppen 3.1.4

[Eigenschaften] 3.1.4.1

Gefährliche Güter, die gewisse gleiche chemische Eigenschaften besitzen, sind zum Zwecke der Trennung in Trenngruppen zusammengefasst worden, siehe 7.2.5.

→ D: GGVSee § 23 Nr. 10
→ D: GGVSee § 24

[Zuordnung] 3.1.4.2

Anerkanntermaßen sind nicht alle Stoffe, Mischungen, Lösungen oder Zubereitungen, die in eine Trenngruppe fallen, im IMDG-Code namentlich aufgeführt. Diese werden unter N.A.G.-Eintragungen befördert. Wenn diese N.A.G.-Eintragungen in den Trenngruppen nicht selbst aufgeführt sind (siehe 3.1.4.4), muss der Versender entscheiden, ob die Zuordnung zu einer Trenngruppe vorzunehmen ist, und dies gegebenenfalls im Beförderungsdokument angeben (siehe 5.4.1.5.11).

3.1.4.3 [Nicht erfasste Stoffe]

→ *CTU-Code Kap. 10*

Die Trenngruppen in diesem Code erfassen keine Stoffe, die nicht durch die Einstufungskriterien des Codes erfasst werden. Anerkanntermaßen besitzen einige nicht gefährliche Stoffe ähnliche chemische Eigenschaften wie die in den Trenngruppen aufgeführten. Ein Versender oder eine Person, die für das Verpacken der Güter in eine Güterbeförderungseinheit verantwortlich ist und Kenntnisse über die chemischen Eigenschaften dieser nicht gefährlichen Güter besitzt, kann auf freiwilliger Basis entscheiden, ob er/sie die Trennvorschriften einer Trenngruppe, die sich auf diese Güter beziehen, anwendet.

3.1.4.4 [Aufzählung und Trenngruppencodes]

Die nachfolgenden Trenngruppen werden festgelegt.

1 Säuren (Acids) (SGG1 oder SGG1a)

1052	Fluorwasserstoff, wasserfrei*)
1182	Ethylchlorformiat
1183	Ethyldichlorsilan
1238	Methylchlorformiat
1242	Methyldichlorsilan
1250	Methyltrichlorsilan
1295	Trichlorsilan
1298	Trimethylchlorsilan
1305	Vinyltrichlorsilan
1572	Kakodylsäure
1595	Dimethylsulfat
1715	Acetanhydrid
1715	Essigsäureanhydrid
1716	Acetylbromid
1717	Acetylchlorid
1718	Butylphosphat
1722	Allylchlorformiat
1723	Allyliodid
1724	Allyltrichlorsilan, stabilisiert
1725	Aluminiumbromid, wasserfrei
1726	Aluminiumchlorid, wasserfrei
1727	Ammoniumhydrogendifluorid, fest
1728	Amyltrichlorsilan
1729	Anisoylchlorid
1730	Antimonpentachlorid, flüssig
1731	Antimonpentachlorid, Lösung
1732	Antimonpentafluorid
1733	Antimontrichlorid
1736	Benzoylchlorid
1737	Benzylbromid
1738	Benzylchlorid
1739	Benzylchlorformiat
1740	Hydrogendifluoride, n.a.g.
1740	Bifluoride, n.a.g.
1742	Bortrifluorid-Essigsäure-Komplex, flüssig
1743	Bortrifluorid-Propionsäure-Komplex, flüssig

*) kennzeichnet starke Säuren

3.1.4.4 (Forts.)

1744	Brom oder Bromlösung
1745	Brompentafluorid
1746	Bromtrifluorid
1747	Butyltrichlorsilan
1750	Chloressigsäure, Lösung
1751	Chloressigsäure, fest
1752	Chloracetylchlorid
1753	Chlorphenyltrichlorsilan
1754	Chlorsulfonsäure (mit oder ohne Schwefeltrioxid)
1755	Chromsäure, Lösung
1756	Chromiumfluorid, fest
1757	Chromiumfluorid, Lösung
1758	Chromiumoxychlorid
1762	Cyclohexenyltrichlorsilan
1763	Cyclohexyltrichlorsilan
1764	Dichloressigsäure
1765	Dichloracetylchlorid
1766	Dichlorphenyltrichlorsilan
1767	Diethyldichlorsilan
1768	Difluorphosphorsäure, wasserfrei
1769	Diphenyldichlorsilan
1770	Diphenylbrommethan
1771	Dodecyltrichlorsilan
1773	Eisenchlorid, wasserfrei
1775	Fluorborsäure
1776	Fluorphosphorsäure, wasserfrei
1777	Fluorsulfonsäure*)
1778	Fluorkieselsäure
1779	Ameisensäure mit mehr als 85 Masse-% Säure
1780	Fumarylchlorid
1781	Hexadecyltrichlorsilan
1782	Hexafluorphosphorsäure
1784	Hexyltrichlorsilan
1786	Fluorwasserstoffsäure und Schwefelsäure, Mischung*)
1787	Iodwasserstoffsäure*)
1788	Bromwasserstoffsäure*)
1789	Chlorwasserstoffsäure*)
1790	Fluorwasserstoffsäure*)
1792	Iodmonochlorid, fest
1793	Isopropylphosphat
1794	Bleisulfat mit mehr als 3 % freier Säure
1796	Nitriersäure, Mischung*)
1798	Gemische aus Salpetersäure und Salzsäure*)
1799	Nonyltrichlorsilan
1800	Octadecyltrichlorsilan
1801	Octyltrichlorsilan

*) kennzeichnet starke Säuren

3.1 Allgemeines

3.1.4.4 (Forts.)	1802	Perchlorsäure mit höchstens 50 Masse-% Säure*)
	1803	Phenolsulfonsäure, flüssig
	1804	Phenyltrichlorsilan
	1805	Phosphorsäure, Lösung
	1806	Phosphorpentachlorid
	1807	Phosphorpentoxid
	1808	Phosphortribromid
	1809	Phosphortrichlorid
	1810	Phosphoroxychlorid
	1811	Kaliumhydrogendifluorid, fest
	1815	Propionylchlorid
	1816	Propyltrichlorsilan
	1817	Pyrosulfurylchlorid
	1818	Siliciumtetrachlorid
	1826	Abfallnitriersäuren, Mischung*)
	1827	Zinntetrachlorid, wasserfrei
	1828	Schwefelchloride
	1829	Schwefeltrioxid, stabilisiert
	1830	Schwefelsäure mit mehr als 51 % Säure*)
	1831	Schwefelsäure, rauchend*)
	1832	Schwefelsäure, gebraucht*)
	1833	Schweflige Säure
	1834	Sulfurylchlorid
	1836	Thionylchlorid
	1837	Thiophosphorylchlorid
	1838	Titantetrachlorid
	1839	Trichloressigsäure
	1840	Zinkchlorid, Lösung
	1848	Propionsäure mit mindestens 10 und weniger als 90 Masse-% Säure
	1873	Perchlorsäure mit mehr als 50 Masse-%, aber höchstens 72 Masse-% Säure*)
	1898	Acetyliodid
	1902	Diisooctylphosphat
	1905	Selensäure
	1906	Abfallschwefelsäure*)
	1938	Bromessigsäure, Lösung
	1939	Phosphoroxybromid
	1940	Thioglycolsäure
	2031	Salpetersäure, andere als rotrauchende*)
	2032	Salpetersäure, rotrauchend*)
	2214	Phthalsäureanhydrid mit mehr als 0,05 % Maleinsäureanhydrid
	2215	Maleinsäureanhydrid
	2218	Acrylsäure, stabilisiert
	2225	Benzensulfonylchlorid
	2226	Benzotrichlorid
	2240	Chromsulfonsäure*)
	2240	Chromschwefelsäure*)

*) kennzeichnet starke Säuren

3.1.4.4 (Forts.)

2262	Dimethylcarbamoylchlorid
2267	Dimethylthiophosphorylchlorid
2305	Nitrobenzensulfonsäure
2308	Nitrosylschwefelsäure, flüssig*)
2331	Zinkchlorid, wasserfrei
2353	Butyrylchlorid
2395	Isobutyrylchlorid
2407	Isopropylchlorformiat
2434	Dibenzyldichlorsilan
2435	Ethylphenyldichlorsilan
2437	Methylphenyldichlorsilan
2438	Trimethylacetylchlorid
2439	Natriumhydrogendifluorid
2440	Zinnchloridpentahydrat
2442	Trichloracetylchlorid
2443	Vanadiumoxytrichlorid
2444	Vanadiumtetrachlorid
2475	Vanadiumtrichlorid
2495	Iodpentafluorid
2496	Propionsäureanhydrid
2502	Valerylchlorid
2503	Zirkoniumtetrachlorid
2506	Ammoniumhydrogensulfat
2507	Chlorplatinsäure, fest
2508	Molybdänpentachlorid
2509	Kaliumhydrogensulfat
2511	alpha-Chlorpropionsäure
2513	Bromacetylbromid
2531	Methacrylsäure, stabilisiert
2564	Trichloressigsäure, Lösung
2571	Alkylsulfonsäuren
2576	Phosphoroxybromid, geschmolzen
2577	Phenylacetylchlorid
2578	Phosphortrioxid
2580	Aluminiumbromid, Lösung
2581	Aluminiumchlorid, Lösung
2582	Eisen(III)chlorid, Lösung
2583	Alkylsulfonsäuren, fest oder Arylsulfonsäuren, fest mit mehr als 5 % freier Schwefelsäure
2584	Alkylsulfonsäuren, flüssig oder Arylsulfonsäuren, flüssig mit mehr als 5 % freier Schwefelsäure
2585	Alkylsulfonsäuren, fest oder Arylsulfonsäuren, fest mit höchstens 5 % freier Schwefelsäure
2586	Alkylsulfonsäuren, flüssig oder Arylsulfonsäuren, flüssig mit höchstens 5 % freier Schwefelsäure
2604	Bortrifluoriddiethyletherat
2626	Chlorsäure, wässerige Lösung mit höchstens 10 % Säure

*) kennzeichnet starke Säuren

3.1.4.4 (Forts.)	2642	Fluoressigsäure
	2670	Cyanurchlorid
	2691	Phosphorpentabromid
	2692	Bortribromid
	2698	Tetrahydrophthalsäureanhydride mit mehr als 0,05 % Maleinsäureanhydrid
	2699	Trifluoressigsäure
	2739	Buttersäureanhydrid
	2740	n-Propylchlorformiat
	2742	Chlorformiate, giftig, ätzend, entzündbar, n.a.g.
	2743	n-Butylchlorformiat
	2744	Cyclobutylchlorformiat
	2745	Chlormethylchlorformiat
	2746	Phenylchlorformiat
	2748	2-Ethylhexylchlorformiat
	2751	Diethylthiophosphorylchlorid
	2789	Eisessig oder Essigsäure, Lösung mit mehr als 80 Masse-% Säure
	2790	Essigsäure, Lösung mit mindestens 10 Masse-% und höchstens 80 Masse-% Säure
	2794	Batterien (Akkumulatoren), nass, gefüllt mit Säure, elektrische Sammler
	2796	Schwefelsäure mit höchstens 51 % freier Säure oder Batterieflüssigkeit, sauer*)
	2798	Phenylphosphordichlorid
	2799	Phenylphosphorthiodichlorid
	2802	Kupferchlorid
	2817	Ammoniumhydrogendifluorid, Lösung
	2819	Amylsäurephosphat
	2820	Buttersäure
	2823	Crotonsäure, fest
	2826	Ethylchlorthioformiat
	2829	Kapronsäure
	2834	Phosphorige Säure
	2834	Orthophosphorige Säure
	2851	Bortrifluoriddihydrat
	2865	Hydroxylaminsulfat
	2869	Titantrichlorid, Mischung
	2879	Selenoxychlorid
	2967	Sulfaminsäure
	2985	Chlorsilane, entzündbar, ätzend, n.a.g.
	2986	Chlorsilane, ätzend, entzündbar, n.a.g.
	2987	Chlorsilane, ätzend, n.a.g.
	2988	Chlorsilane, mit Wasser reagierend, entzündbar, ätzend, n.a.g.
	3246	Methansulfonylchlorid
	3250	Chloressigsäure, geschmolzen
	3260	Ätzender saurer anorganischer fester Stoff, n.a.g.
	3261	Ätzender saurer organischer fester Stoff, n.a.g.
	3264	Ätzender saurer anorganischer flüssiger Stoff, n.a.g.
	3265	Ätzender saurer organischer flüssiger Stoff, n.a.g.
	3277	Chlorformiate, giftig, ätzend, n.a.g.

*) kennzeichnet starke Säuren

3.1.4.4 (Forts.)

	3361	Chlorsilane, giftig, ätzend, n.a.g.
	3362	Chlorsilane, giftig, ätzend, entzündbar
	3412	Ameisensäure mit mindestens 10 %, aber höchstens 85 Masse-% Säure
	3412	Ameisensäure mit mindestens 5 %, aber höchstens 10 Masse-% Säure
	3419	Bortrifluorid-Essigsäure-Komplex, fest
	3420	Bortrifluorid-Propionsäure-Komplex, fest
	3421	Kaliumhydrogendifluorid, Lösung
	3425	Bromessigsäure, fest
	3453	Phosphorsäure, fest
	3456	Nitrosylschwefelsäure, fest
	3463	Propionsäure mit mindestens 90 Masse-% Säure
	3472	Crotonsäure, flüssig
	3498	Iodmonochlorid, flüssig
2	**Ammoniumverbindungen (Ammonium compounds) (SGG2)**	
	0004	Ammoniumpikrat, trocken oder angefeuchtet mit weniger als 10 Masse-% Wasser
	0222	Ammoniumnitrat, mit mehr als 0,2 % brennbaren Stoffen
	0402	Ammoniumperchlorat
	1310	Ammoniumpikrat, angefeuchtet, mit mindestens 10 Masse-% Wasser
	1439	Ammoniumdichromat
	1442	Ammoniumperchlorat
	1444	Ammoniumpersulfat
	1512	Zinkammoniumnitrit
	1546	Ammoniumarsenat
	1630	Quecksilber(II)ammoniumchlorid
	1727	Ammoniumhydrogendifluorid, fest
	1835	Tetramethylammoniumhydroxid, Lösung
	1843	Ammoniumdinitro-ortho-kresolat, fest
	1942	Ammoniumnitrat mit höchstens 0,2 % brennbaren Stoffen
	2067	Ammoniumnitrathaltiges Düngemittel, einheitliche nicht trennbare Mischungen
	2071	Ammoniumnitrathaltiges Düngemittel, einheitliche nicht trennbare Mischungen
	2073	Ammoniaklösung, relative Dichte weniger als 0,880 bei 15 °C in Wasser, mit mehr als 35 %, aber höchstens 50 % Ammoniak
	2426	Ammoniumnitrat, flüssig (heiße konzentrierte Lösung)
	2505	Ammoniumfluorid
	2506	Ammoniumhydrogensulfat
	2683	Ammoniumsulfid, Lösung
	2687	Dicyclohexylammoniumnitrit
	2817	Ammoniumhydrogendifluorid, Lösung
	2818	Ammoniumpolysulfid, Lösung
	2854	Ammoniumfluorosilicat
	2859	Ammoniummetavanadat
	2861	Ammoniumpolyvanadat
	2863	Natriumammoniumvanadat
	3375	Ammoniumnitrat-Emulsion oder Ammoniumnitrat-Suspension oder Ammoniumnitrat-Gel
	3423	Tetramethylammoniumhydroxid, fest
	3424	Ammoniumdinitro-ortho-kresolat, Lösung

3.1.4.4 (Forts.)

3 Bromate (Bromates) (SGG3)

1450	Bromate, anorganische, n.a.g.
1473	Magnesiumbromat
1484	Kaliumbromat
1494	Natriumbromat
2469	Zinkbromat
2719	Bariumbromat
3213	Bromate, anorganische, wässerige Lösung, n.a.g.

4 Chlorate (Chlorates) (SGG4)

1445	Bariumchlorat, fest
1452	Calciumchlorat
1458	Chlorat und Borat, Mischung
1459	Chlorat und Magnesiumchlorid, Mischung, fest
1461	Chlorate, anorganische, n.a.g.
1485	Kaliumchlorat
1495	Natriumchlorat
1506	Strontiumchlorat
1513	Zinkchlorat
2427	Kaliumchlorat, wässerige Lösung
2428	Natriumchlorat, wässerige Lösung
2429	Calciumchlorat, wässerige Lösung
2573	Thalliumchlorat
2721	Kupferchlorat
2723	Magnesiumchlorat
3405	Bariumchlorat, Lösung
3407	Chlorat und Magnesiumchlorid, Mischung, Lösung

5 Chlorite (Chlorites) (SGG5)

1453	Calciumchlorit
1462	Chlorite, anorganische, n.a.g.
1496	Natriumchlorit
1908	Chlorit, Lösung

6 Cyanide (Cyanides) (SGG6)

1541	Acetoncyanhydrin, stabilisiert
1565	Bariumcyanid
1575	Calciumcyanid
1587	Kupfercyanid
1588	Cyanide, anorganische, fest, n.a.g.
1620	Bleicyanid
1626	Kaliumquecksilber(II)cyanid
1636	Quecksilbercyanid
1642	Quecksilberoxycyanid, desensibilisiert
1653	Nickelcyanid
1679	Kaliumkupfer(I)cyanid
1680	Kaliumcyanid, fest
1684	Silbercyanid
1689	Natriumcyanid, fest

3.1.4.4 (Forts.)

1694	Brombenzylcyanide, flüssig
1713	Zinkcyanid
1889	Cyanbromid
1889	Bromcyan
1935	Cyanid, Lösung, n.a.g.
2205	Adiponitril
2316	Natriumkupfer(I)cyanid, fest
2317	Natriumkuper(I)cyanid, Lösung
3413	Kaliumcyanid, Lösung
3414	Natriumcyanid, Lösung
3449	Brombenzylcyanide, fest

7 Schwermetalle und ihre Salze (einschließlich ihrer metallorganischen Verbindungen) (Heavy metals and their salts (including their organometallic compounds)) (SGG7)

0129	Bleiazid, angefeuchtet, mit mindestens 20 Masse-% Wasser oder einer Alkohol/Wasser-Mischung
0130	Bleistyphnat (Bleitrinitroresorcinat), angefeuchtet mit mindestens 20 Masse-% Wasser oder einer Alkohol/Wasser-Mischung
0135	Quecksilberfulminat, angefeuchtet mit mindestens 20 Masse-% Wasser oder einer Alkohol/Wasser-Mischung
1347	Silberpikrat, angefeuchtet mit mindestens 30 Masse-% Wasser
1389	Alkalimetallamalgam, flüssig
1392	Erdalkalimetallamalgam, flüssig
1435	Zinkaschen
1436	Zinkstaub
1436	Zinkpulver
1469	Bleinitrat
1470	Bleiperchlorat, fest
1493	Silbernitrat
1512	Zinkammoniumnitrit
1513	Zinkchlorat
1514	Zinknitrat
1515	Zinkpermanganat
1516	Zinkperoxid
1587	Kupfercyanid
1616	Bleiacetat
1617	Bleiarsenate
1618	Bleiarsenite
1620	Bleicyanid
1623	Quecksilber(II)arsenat
1624	Quecksilber(II)chlorid
1625	Quecksilber(II)nitrat
1626	Kaliumquecksilber(II)cyanid
1627	Quecksilber(I)nitrat
1629	Quecksilberacetat
1630	Quecksilber(II)ammoniumchlorid
1631	Quecksilber(II)benzoat
1634	Quecksilberbromide

3.1.4.4 (Forts.)

1636	Quecksilbercyanid
1637	Quecksilbergluconat
1638	Quecksilberiodid
1639	Quecksilbernucleat
1640	Quecksilberoleat
1641	Quecksilberoxid
1642	Quecksilberoxycyanid, desensibilisiert
1643	Kaliumquecksilber(II)iodid
1644	Quecksilbersalicylat
1645	Quecksilbersulfate
1646	Quecksilberthiocyanat
1649	Antiklopfmischung für Motorkraftstoff
1653	Nickelcyanid
1674	Phenylquecksilber(II)acetat
1683	Silberarsenit
1684	Silbercyanid
1712	Zinkarsenat und Zinkarsenit, Mischung
1713	Zinkcyanid
1714	Zinkphosphid
1794	Bleisulfat mit mehr als 3 % freier Säure
1838	Titantetrachlorid
1840	Zinkchlorid, Lösung
1872	Bleidioxid
1894	Phenylquecksilber(II)hydroxid
1895	Phenylquecksilber(II)nitrate
1931	Zinkhydrosulfit
1931	Zinkdithionit
2024	Quecksilberverbindung, flüssig, n.a.g.
2025	Quecksilberverbindung, fest, n.a.g.
2026	Phenylquecksilberverbindung, n.a.g.
2291	Bleiverbindung, löslich, n.a.g.
2331	Zinkchlorid, wasserfrei
2441	Titantrichlorid, pyrophor oder Titantrichloridmischung, pyrophor
2469	Zinkbromat
2546	Titanpulver, trocken
2714	Zinkresinat
2777	Quecksilberhaltiges Pestizid, fest, giftig
2778	Quecksilberhaltiges Pestizid, flüssig, entzündbar, giftig
2809	Quecksilber
2855	Zinkfluorosilicat
2869	Titantrichlorid, Gemisch
2878	Titanschwammgranulate oder Titanschwammpulver
2881	Metallkatalysator, trocken
2989	Bleiphosphit, zweibasig
3011	Quecksilberhaltiges Pestizid, flüssig, giftig, entzündbar
3012	Quecksilberhaltiges Pestizid, flüssig, giftig
3089	Metallpulver, entzündbar, n.a.g.

3174 Titandisulfid 3.1.4.4 (Forts.)
3181 Entzündbare Metallsalze organischer Verbindungen, n.a.g.
3189 Selbsterhitzungsfähiges Metallpulver, n.a.g.
3401 Alkalimetallamalgam, fest
3402 Erdalkalimetallamalgam, fest
3408 Bleiperchlorat, Lösung
3483 Antiklopfmischung für Motorkraftstoff, entzündbar

8 Hypochlorite (Hypochlorites) (SGG8)

1471 Lithiumhypochlorit
1748 Calciumhypochlorite, Mischung
1791 Hypochlorit, Lösung
2208 Calciumhypochlorit, Mischung, trocken mit mehr als 10 %, aber höchstens 39 % aktivem Chlor
2741 Bariumhypochlorit mit mehr als 22 % aktivem Chlor
2880 Calciumhypochlorit, hydratisiert oder Calciumhypochlorit, hydratisierte Mischung, mit mindestens 5,5 %, aber höchstens 16 % Wasser
3212 Hypochlorite, anorganische, n.a.g.
3255 tert-Butylhypochlorit
3485 Calciumhypochlorit, trocken, ätzend oder Calciumhypochlorit, Mischung, trocken, ätzend mit mehr als 39 % aktivem Chlor (8,8 % aktivem Sauerstoff)
3486 Calciumhypochlorit, Mischung, trocken, ätzend mit mehr als 10 %, aber höchstens 39 % aktivem Chlor
3487 Calciumhypochlorit, hydratisiert, ätzend oder Calciumhypochlorit, hydratisierte Mischung, ätzend mit mindestens 5,5 %, aber höchstens 16 % Wasser

9 Blei und Bleiverbindungen (Lead and its compounds) (SGG9)

0129 Bleiazid, angefeuchtet mit mindestens 20 Masse-% Wasser oder einer Alkohol/Wasser-Mischung
0130 Bleistyphnat, angefeuchtet mit mindestens 20 Masse-% Wasser oder einer Alkohol/Wasser-Mischung
0130 Bleitrinitroresorcinat, angefeuchtet mit mindestens 20 Masse-% Wasser oder einer Alkohol/Wasser-Mischung
1469 Bleinitrat
1470 Bleiperchlorat, fest
1616 Bleiacetat
1617 Bleiarsenate
1618 Bleiarsenite
1620 Bleicyanid
1649 Antiklopfmischung für Motorkraftstoff
1794 Bleisulfate mit mehr als 3 % freier Säure
1872 Bleidioxid
2291 Bleiverbindung, löslich, n.a.g.
2989 Bleiphosphid, zweibasig
3408 Bleiperchlorat, Lösung
3483 Antiklopfmischung für Motorkraftstoff, entzündbar

10 Flüssige halogenierte Kohlenwasserstoffe (Liquid halogenated hydrocarbons) (SGG10)

1099 Allylbromid
1100 Allylchlorid
1107 Amylchlorid

3.1.4.4 (Forts.)

1126	1-Brombutan
1127	Chlorbutane
1134	Chlorbenzen
1150	1,2-Dichlorethylen
1152	Dichlorpentane
1184	Ethylendichlorid
1278	1-Chlorpropan
1279	1,2-Dichlorpropan
1303	Vinylidenchlorid, stabilisiert
1591	o-Dichlorbenzen
1593	Dichlormethan
1605	Ethylendibromid
1647	Methylbromid und Ethylendibromid, Mischung, flüssig
1669	Pentachlorethan
1701	Xylylbromid
1702	1,1,2,2-Tetrachlorethan
1710	Trichlorethylen
1723	Allyliodid
1737	Benzylbromid
1738	Benzylchlorid
1846	Tetrachlorkohlenstoff
1887	Bromchlormethan
1888	Chloroform
1891	Ethylbromid
1897	Tetrachlorethylen
1991	Chloropren, stabilisiert
2234	Chlorbenzotrifluoride
2238	Chlortoluene
2279	Hexachlorbutadien
2321	Trichlorbenzene, flüssig
2322	Trichlorbuten
2339	2-Brombutan
2341	1-Brom-3-methylbutan
2342	Brommethylpropane
2343	2-Brompentan
2344	Brompropane
2356	2-Chlorpropan
2362	1,1-Dichlorethan
2387	Fluorbenzen
2388	Fluortoluene
2390	2-Iodbutan
2391	Iodmethylpropane
2392	Iodpropane
2456	2-Chlorpropen
2504	Tetrabromethan
2515	Bromoform
2554	Methylallylchlorid
2644	Methyliodid

3.1.4.4 (Forts.)

	2646	Hexachlorcyclopentadien
	2664	Dibrommethan
	2688	1-Brom-3-chlorpropan
	2831	1,1,1-Trichlorethan
	2872	Dibromchlorpropane
11	**Quecksilber und Quecksilberverbindungen (Mercury and mercury compounds) (SGG11)**	
	0135	Quecksilberfulminat, angefeuchtet mit mindestens 20 Masse-% Wasser oder einer Alkohol/Wasser-Mischung
	1389	Alkalimetallamalgam, flüssig
	1392	Erdalkalimetallamalgam, flüssig
	1623	Quecksilber(II)arsenat
	1624	Quecksilber(II)chlorid
	1625	Quecksilber(II)nitrat
	1626	Kaliumquecksilber(II)cyanid
	1627	Quecksilber(I)nitrat
	1629	Quecksilberacetat
	1630	Quecksilber(II)ammoniumchlorid
	1631	Quecksilber(II)benzoat
	1634	Quecksilberbromide
	1636	Quecksilbercyanid
	1637	Quecksilbergluconat
	1638	Quecksilberiodid
	1639	Quecksilbernucleat
	1640	Quecksilberoleat
	1641	Quecksilberoxid
	1642	Quecksilberoxycyanid, desensibilisiert
	1643	Kaliumquecksilber(II)iodid
	1644	Quecksilbersalicylat
	1645	Quecksilber(II)sulfat
	1646	Quecksilberthiocyanat
	1894	Phenylquecksilber(II)hydroxid
	1895	Phenylquecksilber(II)nitrat
	2024	Quecksilberverbindung, flüssig, n.a.g.
	2025	Quecksilberverbindung, fest, n.a.g.
	2026	Phenylquecksilberverbindung, n.a.g.
	2777	Quecksilberhaltiges Pestizid, fest, giftig
	2778	Quecksilberhaltiges Pestizid, flüssig, entzündbar, giftig
	2809	Quecksilber
	3011	Quecksilberhaltiges Pestizid, flüssig, giftig, entzündbar
	3012	Quecksilberhaltiges Pestizid, flüssig, giftig
	3401	Alkalimetallamalgam, fest
	3402	Erdalkalimetallamalgam, fest
12	**Nitrite und ihre Gemische (Nitrites and their mixtures) (SGG12)**	
	1487	Kaliumnitrat und Natriumnitrit, Mischung
	1488	Kaliumnitrit
	1500	Natriumnitrit
	1512	Zinkammoniumnitrit

3.1.4.4 (Forts.)

	2627	Nitrite, anorganische, n.a.g.
	2726	Nickelnitrit
	3219	Nitrite, anorganische, wässerige Lösung, n.a.g.
13	**Perchlorate (Perchlorates) (SGG13)**	
	1442	Ammoniumperchlorat
	1447	Bariumperchlorat, fest
	1455	Calciumperchlorat
	1470	Bleiperchlorat, fest
	1475	Magnesiumperchlorat
	1481	Perchlorate, anorganische, n.a.g.
	1489	Kaliumperchlorat
	1502	Natriumperchlorat
	1508	Strontiumperchlorat
	3211	Perchlorate, anorganische, wässerige Lösung, n.a.g.
	3406	Bariumperchlorat, Lösung
	3408	Bleiperchlorat, Lösung
14	**Permanganate (Permanganates) (SGG14)**	
	1448	Bariumpermanganat
	1456	Calciumpermanganat
	1482	Permanganate, anorganische, n.a.g.
	1490	Kaliumpermanganat
	1503	Natriumpermanganat
	1515	Zinkpermanganat
	3214	Permanganate, anorganische, wässerige Lösung, n.a.g.
15	**Pulverförmige Metalle (Powdered metals) (SGG15)**	
	1309	Aluminiumpulver, überzogen
	1326	Hafniumpulver, angefeuchtet mit mindestens 25 % Wasser
	1352	Titanpulver, angefeuchtet, mit mindestens 25 % Wasser
	1358	Zirkoniumpulver, angefeuchtet, mit mindestens 25 % Wasser
	1383	Pyrophores Metall oder pyrophore Legierung, n.a.g.
	1396	Aluminiumpulver, nicht überzogen
	1398	Aluminiumsiliciumpulver, nicht überzogen
	1418	Magnesiumpulver oder Magnesiumlegierungspulver
	1435	Zinkaschen
	1436	Zinkpulver oder Zinkstaub
	1854	Bariumlegierungen, pyrophor
	2008	Zirkoniumpulver, trocken
	2009	Zirkonium, trocken, Bleche, Streifen oder gerollter Draht
	2545	Hafniumpulver, trocken
	2546	Titanpulver, trocken
	2878	Titanschwammpulver
	2881	Metallkatalysator, trocken
	2950	Magnesiumgranulate, überzogen, mit einer Teilchengröße von mindestens 149 Mikron
	3078	Cerium, Späne oder körniges Pulver
	3089	Metallpulver, entzündbar, n.a.g.
	3170	Nebenprodukte der Aluminiumschmelzung
	3189	Metallpulver, selbsterhitzungsfähig, n.a.g.

16	**Peroxide (Peroxides) (SGG16)**		3.1.4.4 (Forts.)
	1449	Bariumperoxid	
	1457	Calciumperoxid	
	1472	Lithiumperoxid	
	1476	Magnesiumperoxid	
	1483	Peroxide, anorganische, n.a.g.	
	1491	Kaliumperoxid	
	1504	Natriumperoxid	
	1509	Strontiumperoxid	
	1516	Zinkperoxid	
	2014	Wasserstoffperoxid, wässerige Lösung, 20–60 % Wasserstoffperoxid	
	2015	Wasserstoffperoxid, wässerige Lösung, stabilisiert	
	2466	Kaliumsuperoxid	
	2547	Natriumsuperoxid	
	3149	Wasserstoffperoxid und Peroxyessigsäure, Mischung	
	3377	Natriumperborat-monohydrat	
	3378	Natriumcarbonat-peroxyhydrat	
17	**Azide (Azides) (SGG17)**		
	0129	Bleiazid, angefeuchtet	
	0224	Bariumazid, trocken	
	1571	Bariumazid, angefeuchtet	
	1687	Natriumazid	
18	**Alkalien (Alkalis) (SGG18)**		
	1005	Ammoniak, wasserfrei	
	1160	Dimethylamin, wässerige Lösung	
	1163	Dimethylhydrazin, asymmetrisch	
	1235	Methylamin, wässerige Lösung	
	1244	Methylhydrazin	
	1382	Kaliumsulfid, wasserfrei oder Kaliumsulfid mit weniger als 30 % Kristallwasser	
	1385	Natriumsulfid, wasserfrei oder Natriumsulfid mit weniger als 30 % Kristallwasser	
	1604	Ethylendiamin	
	1719	Ätzender alkalischer flüssiger Stoff, n.a.g.	
	1813	Kaliumhydroxid, fest	
	1814	Kaliumhydroxid, Lösung	
	1819	Natriumaluminat, Lösung	
	1823	Natriumhydroxid, fest	
	1824	Natriumhydroxid, Lösung	
	1825	Natriummonoxid	
	1835	Tetramethylammoniumhydroxid, Lösung	
	1847	Kaliumsulfid mit mindestens 30 % Kristallwasser	
	1849	Natriumsulfid mit mindestens 30 % Kristallwasser	
	1907	Natronkalk mit mehr als 4 % Natriumhydroxid	
	1922	Pyrrolidin	
	2029	Hydrazin, wasserfrei	
	2030	Hydrazin, wässerige Lösung mit mehr als 37 Masse-% Hydrazin	
	2033	Kaliummonoxid	

3.1.4.4 (Forts.)

2073	Ammoniaklösung in Wasser, relative Dichte kleiner als 0,880 bei 15 °C, mit mehr als 35 %, aber höchstens 50 % Ammoniak
2079	Diethylentriamin
2259	Triethylentetramin
2270	Ethylamin, wässerige Lösung mit mindestens 50 % und höchstens 70 % Ethylamin
2318	Natriumhydrogensulfid mit weniger als 25 % Kristallwasser
2320	Tetraethylenpentamin
2379	1,3-Dimethylbutylamin
2382	Dimethylhydrazin, symmetrisch
2386	1-Ethylpiperidin
2399	1-Methylpiperidin
2401	Piperidin
2491	Ethanolamin oder Ethanolamin, Lösung
2579	Piperazin
2671	Aminopyridine (o-, m-, p-)
2672	Ammoniaklösung in Wasser, relative Dichte zwischen 0,880 und 0,957 bei 15 °C, mit mehr als 10 %, aber höchstens 35 Masse-% Ammoniak
2677	Rubidiumhydroxidlösung
2678	Rubidiumhydroxid
2679	Lithiumhydroxidlösung
2680	Lithiumhydroxid
2681	Caesiumhydroxidlösung
2682	Caesiumhydroxid
2683	Ammoniumsulfid, Lösung
2733	Amine, entzündbar, ätzend, n.a.g. oder Polyamine, entzündbar, ätzend, n.a.g.
2734	Amine, flüssig, ätzend, entzündbar, n.a.g. oder Polyamine, flüssig, ätzend, entzündbar, n.a.g.
2735	Amine, flüssig, ätzend, n.a.g. oder Polyamine, flüssig, ätzend, n.a.g.
2795	Batterien (Akkumulatoren), nass, gefüllt mit Alkalien, elektrische Sammler
2797	Batterieflüssigkeit, alkalisch
2818	Ammoniumpolysulfid, Lösung
2949	Natriumhydrogensulfid, hydratisiert mit mindestens 25 % Kristallwasser
3028	Batterien (Akkumulatoren), trocken, Kaliumhydroxid, fest, enthaltend, elektrische Sammler
3073	Vinylpyridine, stabilisiert
3253	Dinatriumtrioxosilicat
3259	Amine, fest, ätzend, n.a.g. oder Polyamine, fest, ätzend, n.a.g.
3262	Ätzender basischer anorganischer fester Stoff, n.a.g.
3263	Ätzender basischer organischer fester Stoff, n.a.g.
3266	Ätzender basischer anorganischer flüssiger Stoff, n.a.g.
3267	Ätzender basischer organischer flüssiger Stoff, n.a.g.
3293	Hydrazin, wässerige Lösung mit höchstens 37 Masse-% Hydrazin
3318	Ammoniaklösung in Wasser, relative Dichte kleiner als 0,880 bei 15 °C, mit mehr als 50 % Ammoniak
3320	Natriumborhydrid und Natriumhydroxid, Lösung mit höchstens 12 Masse-% Natriumborhydrid und höchstens 40 Masse-% Natriumhydroxid
3423	Tetramethylammoniumhydroxid, fest
3484	Hydrazin, wässerige Lösung, entzündbar, mit mehr als 37 Masse-% Hydrazin

Kapitel 3.2
Gefahrgutliste

Aufbau der Gefahrgutliste 3.2.1

→ D: GGVSee § 17 Nr. 7
→ D: GGVSee § 23 Nr. 10

Die Gefahrgutliste ist in 18 Spalten wie nachfolgend unterteilt:

Spalte 1 **UN-Nummer**

Diese Spalte enthält die UN-Nummer, die dem gefährlichen Gut durch das „United Nations Sub-Committee of Experts on the Transport of Dangerous Goods" zugeordnet wurde (UN-Liste).

Spalte 2 **Richtiger technischer Name**

→ D: GGVSee § 2 (2)
→ 3.3.1 SV 900

Diese Spalte enthält in Großbuchstaben die richtigen technischen Namen, denen gegebenenfalls ein zusätzlich beschreibender Text in Kleinbuchstaben angefügt ist (siehe 3.1.2). Die richtigen technischen Namen können im Plural aufgeführt werden, wenn Isomere gleicher Einstufung existieren. Hydrate können unter dem richtigen technischen Namen für wasserfreie Stoffe erfasst werden. Soweit nicht abweichend für einen Eintrag in der Gefahrgutliste aufgeführt, bedeutet der Begriff „Lösung" in einem richtigen technischen Namen einen oder mehrere namentlich genannte gefährliche Güter, die in einem flüssigen Stoff gelöst sind, der diesem Code nicht unterliegt. Wenn ein Flammpunkt in dieser Spalte angegeben ist, basieren die Daten auf den Prüfmethoden mit geschlossenem Tiegel (c.c.).

Spalte 3 **Klasse oder Unterklasse**

Diese Spalte enthält die Klasse und im Falle der Klasse 1 die Unterklasse und die Verträglichkeitsgruppe, die dem Stoff oder dem Gegenstand, entsprechend dem Einstufungssystem, beschrieben in Teil 2, Kapitel 2.1, zugeordnet wurde.

Spalte 4 **Zusatzgefahr(en)**

→ D: GGVSee § 12

Diese Spalte enthält die Klassennummer(n) jeder (aller) Zusatzgefahr(en), die durch Anwendung des in Teil 2 beschriebenen Einstufungssystems ermittelt wurde(n). Zusätzlich ist in dieser Spalte wie nachfolgend kenntlich gemacht, welches gefährliche Gut ein Meeresschadstoff ist:

P Meeresschadstoff: eine nicht erschöpfende Liste bekannter Meeresschadstoffe, auf Grundlage vorhergehender Kriterien und Zuordnung

→ 2.0.1.2.1
→ Index
→ D: GGVSee § 14

Das Fehlen des Symbols **P** oder das Vorhandensein eines „-" in dieser Spalte steht der Anwendung von 2.10.3 nicht entgegen.

Spalte 5 **Verpackungsgruppe**

Diese Spalte enthält die Nummer der Verpackungsgruppe (z. B. I, II oder III), die dem Stoff oder dem Gegenstand zugeordnet wurde. Wenn mehr als eine Verpackungsgruppe für eine Eintragung aufgeführt ist, ist die Verpackungsgruppe des zu befördernden Stoffes oder der Zubereitung unter Berücksichtigung der Eigenschaften durch Anwendung der Einstufungskriterien für die Gefahren, wie in Teil 2 beschrieben, zu bestimmen.

Spalte 6 **Sondervorschriften**

In Bezug auf den Stoff oder den Gegenstand enthält diese Spalte eine Nummer, die jeder (allen) Sondervorschrift(en), wie in Kapitel 3.3 aufgeführt, entspricht. Diese Sondervorschriften gelten für einen bestimmten Stoff oder Gegenstand für alle Verpackungsgruppen, es sei denn, in der Sondervorschrift ist etwas anderes geregelt. Die Nummern der Sondervorschriften, die speziell für den Seeverkehr gelten, beginnen mit der Nummer 900.

Bemerkung: *Wenn eine Sondervorschrift nicht länger benötigt wird, ist diese Sondervorschrift gestrichen worden und die Nummer nicht wieder verwendet worden, um die Anwender dieses Codes nicht zu verunsichern. Aus diesem Grunde fehlen einige Nummern.*

Spalte 7a **Begrenzte Mengen**

Diese Spalte gibt die Nettohöchstmasse für eine Innenverpackung oder einen Gegenstand an, die in Übereinstimmung mit den Vorschriften des Kapitels 3.4 für die Beförderung von Gefahrgütern als begrenzte Menge erlaubt ist.

3.2.1 (Forts.) Spalte 7b **Freigestellte Mengen**

Diese Spalte enthält einen unter 3.5.1.2 beschriebenen alphanumerischen Code, der die Nettohöchstmasse für eine Innen- und Außenverpackung angibt, die in Übereinstimmung mit den Vorschriften des Kapitels 3.5 für die Beförderung gefährlicher Güter als freigestellte Menge erlaubt ist.

Spalte 8 **Verpackungsanweisungen**

Diese Spalte enthält die alphanumerische Codierung, die der (den) anwendbaren Verpackungsanweisung(en) in 4.1.4 entspricht (entsprechen). Diese Verpackungsanweisungen legen die Verpackungen (einschließlich Großverpackungen), die für die Beförderung der Stoffe und Gegenstände verwendet werden dürfen, fest.

Eine Codierung, die mit dem Buchstaben „P" beginnt, bezieht sich auf Verpackungsanweisungen für die Verwendung von Verpackungen, wie in Kapitel 6.1, 6.2 oder 6.3 beschrieben.

Eine Codierung, die mit den Buchstaben „LP" beginnt, bezieht sich auf Verpackungsanweisungen für die Verwendung von Großverpackungen, wie in Kapitel 6.6 beschrieben.

Wenn eine Codierung, einschließlich Buchstaben „P" oder „LP", nicht vorgesehen ist, bedeutet das, dass der Stoff nicht in dieser Art Verpackung befördert werden darf.

Spalte 9 **Sondervorschriften für die Verpackung**

Diese Spalte enthält alphanumerische Codierungen, die auf die entsprechenden Sondervorschriften für die Verpackung, wie in 4.1.4 festgelegt, hinweisen. Die Sondervorschriften legen die Verpackungen (einschließlich Großverpackungen) fest.

Eine Sondervorschrift für die Verpackung, die die Buchstaben „PP" einschließt, bezieht sich auf eine Sondervorschrift für die Verpackung, die sich auf die Verwendung der Verpackungsanweisungen mit dem Code „P" entsprechend 4.1.4.1 bezieht.

Eine Sondervorschrift für die Verpackung, die den Buchstaben „L" einschließt, bezieht sich auf eine Sondervorschrift für die Verpackung, die sich auf die Verwendung der Verpackungsanweisungen mit der Codierung „LP" entsprechend 4.1.4.3 bezieht.

Spalte 10 **Anweisungen für Großpackmittel (IBC)**

Diese Spalte enthält alphanumerische Codierungen, die sich auf die entsprechenden IBC-Anweisungen beziehen und die die Art der IBC, die für die Beförderung der in Betracht kommenden Stoffe eingesetzt werden dürfen, kenntlich machen. Eine Codierung, die den Buchstaben „IBC" enthält, bezieht sich auf Verpackungsanweisungen für die Verwendung von IBC, wie in Kapitel 6.5 beschrieben. Wenn eine Codierung nicht vorgesehen ist, bedeutet das, dass der Stoff nicht in IBC befördert werden darf.

Spalte 11 **Sondervorschriften für Großpackmittel (IBC)**

Diese Spalte enthält eine alphanumerische Codierung einschließlich Buchstabe „B", die sich auf die Sondervorschriften für die Verpackung entsprechend der Verwendung der Verpackungsanweisungen mit der Codierung „IBC" in 4.1.4.2 bezieht.

Spalte 12 (bleibt offen)

Spalte 13 **Anweisungen für Tanks und Schüttgut-Container**

Diese Spalte enthält „T"-Codierungen (siehe 4.2.5.2.6), die sich auf die Beförderung von gefährlichen Gütern in ortsbeweglichen Tanks und Straßentankfahrzeugen beziehen.

Wenn eine „T"-Codierung in dieser Spalte nicht angegeben ist, bedeutet das, dass die gefährlichen Güter nicht in ortsbeweglichen Tanks ohne besondere Zustimmung durch die zuständige Behörde befördert werden dürfen.

Ein Code, der die Buchstaben „BK" enthält, bezieht sich auf die in Kapitel 4.3 und Kapitel 6.9 beschriebenen Schüttgut-Container-Typen für die Beförderung von Schüttgütern.

Die für die Beförderung in MEGC zugelassenen Gase sind in der Spalte „MEGC" in den Tabellen 1 und 2 der Verpackungsanweisung P200 in 4.1.4.1 angegeben.

Spalte 14 **Besondere Tankvorschriften**

Diese Spalte enthält „TP"-Bemerkungen (siehe 4.2.5.3), die für die Beförderung von gefährlichen Gütern in ortsbeweglichen Tanks oder Straßentankfahrzeugen zu beachten sind. Die in dieser Spalte aufgeführten „TP"-Bemerkungen beziehen sich auf ortsbewegliche Tanks, wie sie in Spalte 13 kenntlich gemacht sind.

Spalte 15 **EmS-Angaben** → D: GGVSee § 4 (1) → D: GGVSee § 4 (7) → EmS-Leitfaden → 1.1.1.5

Diese Spalte bezieht sich auf die entsprechenden Unfallmerkblätter für FEUER oder LECKAGE wie im EmS-Leitfaden „Überarbeitete Unfallbekämpfungsmaßnahmen für Schiffe, die gefährliche Güter befördern" beschrieben.

Der erste EmS-Code bezieht sich auf das entsprechende Unfallmerkblatt für Feuer (z. B. Feuerunfallmerkblatt Alpha „F-A" Allgemeines Feuerunfallmerkblatt).

Der zweite EmS-Code bezieht sich auf das entsprechende Unfallmerkblatt für Leckagen (z. B. Leckagenunfallmerkblatt Alpha „S-A" Giftige Stoffe).

Unterstrichene EmS-Codes (besondere Fälle) zeigen einen Stoff oder Gegenstand an, für den ein zusätzlicher Hinweis in den Unfallbekämpfungsmaßnahmen gegeben ist.

Bei gefährlichen Gütern, die N.A.G.- oder Gattungseintragungen zugeordnet worden sind, kann sich das entsprechende Unfallmerkblatt (EmS) mit den Eigenschaften der gefährlichen Bestandteile dieser Güter ändern. Entsprechend seinem Wissensstand darf der Versender andere, besser zutreffende EmS-Angaben als die im Code festgelegten, angeben.

Die Vorschriften in dieser Spalte sind völkerrechtlich nicht verbindlich.

Spalte 16a **Stauung und Handhabung** → D: GGVSee § 9 (2) → 3.4.4.2 → D: GGVSee § 24

Diese Spalte enthält die Stau- und Handhabungscodes wie in 7.1.5 und 7.1.6 festgelegt.

Spalte 16b **Trennung** → D: GGVSee § 9 (2) → 3.4.4.2 → D: GGVSee § 24

Diese Spalte enthält die Trenngruppencodes wie in 7.2.5.2 festgelegt und die Trenncodes wie in 7.2.8 festgelegt.

Spalte 17 **Eigenschaften und Bemerkungen** → 1.1.1.5 → 7.1.2

Diese Spalte enthält Eigenschaften und Bemerkungen für das gefährliche Gut. Die Vorschriften in dieser Spalte sind völkerrechtlich nicht verbindlich.

Die meisten Gase enhalten unter „Eigenschaften" einen Hinweis auf ihre Dichte im Verhältnis zur Luft. Die Werte in Klammern geben die Dichte in Relation zur Luft an:

.1 „leichter als Luft", wenn die Dampfdichte bis zur Hälfte der von Luft beträgt,

.2 „viel leichter als Luft", wenn die Dampfdichte weniger als die Hälfte der von Luft beträgt,

.3 „schwerer als Luft", wenn die Dampfdichte bis zu zweimal die von Luft beträgt und

.4 „viel schwerer als Luft", wenn die Dampfdichte mehr als zweimal die von Luft beträgt.

Wenn Explosionsgrenzen angegeben sind, beziehen sich diese auf das Volumen des Dampfes des Stoffes, angegeben in Prozent, wenn er mit Luft gemischt ist.

Die Leichtigkeit und das Ausmaß, in welchem sich flüssige Stoffe mit Wasser mischen, weicht stark voneinander ab; daher geben die meisten Eintragungen einen Hinweis auf die Wassermischbarkeit. Um eine vollständige homogene Flüssigkeit zu erhalten, wird unter „mischbar mit Wasser" normalerweise die Eigenschaft eines Stoffes beschrieben, sich mit allen Anteilen in Wasser zu mischen.

Spalte 18 **UN-Nummer**

Siehe Spalte 1.

Abkürzungen und Symbole 3.2.2

Die nachfolgenden Abkürzungen und Symbole werden für die Gefahrgutliste verwendet und haben folgende Bedeutung:

Abkürzung/Symbol	Spalte	Bedeutung
N.A.G.	2	Nicht anderweitig genannt
P	4	Meeresschadstoff

Gefahrgutliste

UN-Nr.	Richtiger technischer Name	Klasse	Zusatzgefahr	Verpackungsgruppe	Sondervorschriften	Begrenzte und freigestellte Mengen		Verpackungen		IBC	
						Begrenzte Mengen	Freigestellte Mengen	Anweisung(en)	Sondervorschriften	Anweisung(en)	Sondervorschriften
(1)	(2)	(3)	(4)	(5)	(6)	(7a)	(7b)	(8)	(9)	(10)	(11)
	3.1.2	2.0	2.0	2.0.1.3	3.3	3.4	3.5	4.1.4	4.1.4	4.1.4	4.1.4
0004	AMMONIUMPIKRAT, trocken oder angefeuchtet mit weniger als 10 Masse-% Wasser AMMONIUM PICRATE dry or wetted with less than 10 % water, by mass	1.1D	-	-	-	0	E0	P112(a) P112(b) P112(c)	PP26	-	-
0005	PATRONEN FÜR WAFFEN, mit Sprengladung CARTRIDGES FOR WEAPONS with bursting charge	1.1F	-	-	-	0	E0	P130	-	-	-
0006	PATRONEN FÜR WAFFEN, mit Sprengladung CARTRIDGES FOR WEAPONS with bursting charge	1.1E	-	-	-	0	E0	P130 LP101	PP67 L1	-	-
0007	PATRONEN FÜR WAFFEN, mit Sprengladung CARTRIDGES FOR WEAPONS with bursting charge	1.2F	-	-	-	0	E0	P130	-	-	-
0009	MUNITION, BRAND, mit oder ohne Zerleger, Ausstoß- oder Treibladung AMMUNITION, INCENDIARY with or without burster, expelling charge or propelling charge	1.2G	-	-	-	0	E0	P130 LP101	PP67 L1	-	-
0010	MUNITION, BRAND, mit oder ohne Zerleger, Ausstoß- oder Treibladung AMMUNITION, INCENDIARY with or without burster, expelling charge or propelling charge	1.3G	-	-	-	0	E0	P130 LP101	PP67 L1	-	-
0012	PATRONEN FÜR WAFFEN, MIT INERTEM GESCHOSS oder PATRONEN FÜR HANDFEUERWAFFEN CARTRIDGES FOR WEAPONS, INERT PROJECTILE or CARTRIDGES, SMALL ARMS	1.4S	-	-	364	5 kg	E0	P130	-	-	-
0014	PATRONEN FÜR WAFFEN, MANÖVER oder PATRONEN FÜR HANDFEUERWAFFEN, MANÖVER oder PATRONEN FÜR WERKZEUGE, OHNE GESCHOSS CARTRIDGES FOR WEAPONS, BLANK or CARTRIDGES, SMALL ARMS, BLANK or CARTRIDGES FOR TOOLS, BLANK	1.4S	-	-	364	5 kg	E0	P130	-	-	-
0015	MUNITION, NEBEL, mit oder ohne Zerleger, Ausstoß- oder Treibladung AMMUNITION, SMOKE with or without burster, expelling charge or propelling charge	1.2G	Siehe SV204	-	204	0	E0	P130 LP101	PP67 L1	-	-
0016	MUNITION, NEBEL, mit oder ohne Zerleger, Ausstoß- oder Treibladung AMMUNITION, SMOKE with or without burster, expelling charge or propelling charge	1.3G	Siehe SV204	-	204	0	E0	P130 LP101	PP67 L1	-	-
0018	MUNITION, AUGENREIZSTOFF, mit Zerleger, Ausstoß- oder Treibladung AMMUNITION, TEAR-PRODUCING with burster, expelling charge or propelling charge	1.2G	6.1/8	-	-	0	E0	P130 LP101	PP67 L1	-	-

Ortsbewegliche Tanks und Schüttgut-Container			EmS	Stauung und Handhabung	Trennung	Eigenschaften und Bemerkung	UN-Nr.
	Tank Anweisung(en)	Vorschriften					
(12)	(13)	(14)	(15)	(16a)	(16b)	(17)	(18)
	4.2.5 4.3	4.2.5	5.4.3.2 7.8	7.1, 7.3 bis 7.7	7.2 bis 7.7		
-	-	-	F-B, S-Y	Staukategorie 04 SW1	SGG2 SG27 SG31	Stoff.	0004
-	-	-	F-B, S-X	Staukategorie 03 SW1	-	Siehe Glossar der Benennungen in Anhang B.	0005
-	-	-	F-B, S-X	Staukategorie 03 SW1	-	Siehe Glossar der Benennungen in Anhang B.	0006
-	-	-	F-B, S-X	Staukategorie 03 SW1	-	Siehe Glossar der Benennungen in Anhang B.	0007
-	-	-	F-B, S-X	Staukategorie 03 SW1	-	Siehe Glossar der Benennungen in Anhang B.	0009
-	-	-	F-B, S-X	Staukategorie 03 SW1	-	Siehe Glossar der Benennungen in Anhang B.	0010
-	-	-	F-B, S-X	Staukategorie 01 SW1	-	Siehe Glossar der Benennungen in Anhang B.	0012
-	-	-	F-B, S-X	Staukategorie 01 SW1	-	Siehe Glossar der Benennungen in Anhang B.	0014
-	-	-	F-B, S-X	Staukategorie 03 SW1	-	Siehe Glossar der Benennungen in Anhang B.	0015
-	-	-	F-B, S-X	Staukategorie 03 SW1	-	Siehe Glossar der Benennungen in Anhang B.	0016
-	-	-	F-B, S-Z	Staukategorie 03 SW1	SG2	Siehe Glossar der Benennungen in Anhang B.	0018

3.2 Gefahrgutliste

UN-Nr.	Richtiger technischer Name	Klasse	Zusatzgefahr	Verpackungsgruppe	Sondervorschriften	Begrenzte und freigestellte Mengen		Verpackungen		IBC	
						Begrenzte Mengen	Freigestellte Mengen	Anweisung(en)	Sondervorschriften	Anweisung(en)	Sondervorschriften
(1)	(2) 3.1.2	(3) 2.0	(4) 2.0	(5) 2.0.1.3	(6) 3.3	(7a) 3.4	(7b) 3.5	(8) 4.1.4	(9) 4.1.4	(10) 4.1.4	(11) 4.1.4
0019	MUNITION, AUGENREIZSTOFF, mit Zerleger, Ausstoß- oder Treibladung AMMUNITION, TEAR-PRODUCING with burster expelling charge or propelling charge	1.3G	6.1/8	-	-	0	E0	P130 LP101	PP67 L1	-	-
0020	MUNITION, GIFTIG, mit Zerleger, Ausstoß- oder Treibladung AMMUNITION, TOXIC with burster, expelling charge or propelling charge	1.2K	6.1	-	274	0	E0	P101	-	-	-
0021	MUNITION, GIFTIG, mit Zerleger, Ausstoß- oder Treibladung AMMUNITION, TOXIC with burster, expelling charge or propelling charge	1.3K	6.1	-	274	0	E0	P101	-	-	-
0027	SCHWARZPULVER, gekörnt oder in Mehlform BLACK POWDER (GUNPOWDER) granular, or as a meal	1.1D	-	-	-	0	E0	P113	PP50	-	-
0028	SCHWARZPULVER, GEPRESST oder SCHWARZPULVER als PELLETS BLACK POWDER (GUNPOWDER) COMPRESSED or BLACK POWDER (GUNPOWDER) IN PELLETS	1.1D	-	-	-	0	E0	P113	PP51	-	-
0029	SPRENGKAPSELN, NICHT ELEKTRISCH DETONATORS, NON-ELECTRIC for blasting	1.1B	-	-	-	0	E0	P131	PP68	-	-
0030	SPRENGKAPSELN, ELEKTRISCH DETONATORS, ELECTRIC for blasting	1.1B	-	-	-	0	E0	P131	-	-	-
0033	BOMBEN, mit Sprengladung BOMBS with bursting charge	1.1F	-	-	-	0	E0	P130	-	-	-
0034	BOMBEN, mit Sprengladung BOMBS with bursting charge	1.1D	-	-	-	0	E0	P130 LP101	PP67 L1	-	-
0035	BOMBEN, mit Sprengladung BOMBS with bursting charge	1.2D	-	-	-	0	E0	P130 LP101	PP67 L1	-	-
0037	BOMBEN, BLITZLICHT BOMBS, PHOTO-FLASH	1.1F	-	-	-	0	E0	P130	-	-	-
0038	BOMBEN, BLITZLICHT BOMBS, PHOTO-FLASH	1.1D	-	-	-	0	E0	P130 LP101	PP67 L1	-	-
0039	BOMBEN, BLITZLICHT BOMBS, PHOTO-FLASH	1.2G	-	-	-	0	E0	P130 LP101	PP67 L1	-	-
0042	ZÜNDVERSTÄRKER, ohne Detonator BOOSTERS without detonator	1.1D	-	-	-	0	E0	P132(a) P132(b)	-	-	-
0043	ZERLEGER, mit Explosivstoff BURSTERS explosive	1.1D	-	-	-	0	E0	P133	PP69	-	-
0044	ANZÜNDHÜTCHEN PRIMERS, CAP TYPE	1.4S	-	-	-	0	E0	P133	-	-	-
0048	SPRENGKÖRPER CHARGES, DEMOLITION	1.1D	-	-	-	0	E0	P130 LP101	PP67 L1	-	-
0049	PATRONEN, BLITZLICHT CARTRIDGES, FLASH	1.1G	-	-	-	0	E0	P135	-	-	-
0050	PATRONEN, BLITZLICHT CARTRIDGES, FLASH	1.3G	-	-	-	0	E0	P135	-	-	-

Ortsbewegliche Tanks und Schüttgut-Container			EmS	Stauung und Handhabung	Trennung	Eigenschaften und Bemerkung	UN-Nr.	
	Tank Anweisung(en)	Vorschriften						
(12)	(13)	(14)	(15)	(16a)	(16b)	(17)	(18)	
	4.2.5 4.3	4.2.5	5.4.3.2 7.8	7.1, 7.3 bis 7.7	7.2 bis 7.7			
-	-	-	F-B, S-Z	Staukategorie 03 SW1	SG3	Siehe Glossar der Benennungen in Anhang B.	0019	
-	-	-	F-B, S-Z	Staukategorie 05 SW1	-	Siehe Glossar der Benennungen in Anhang B.	0020	→ *D: GGVSee § 3 (4)*
-	-	-	F-B, S-Z	Staukategorie 05 SW1	-	Siehe Glossar der Benennungen in Anhang B.	0021	→ *D: GGVSee § 3 (4)*
-	-	-	F-B, S-Y	Staukategorie 04 SW1	-	Siehe Glossar der Benennungen in Anhang B.	0027	
-	-	-	F-B, S-Y	Staukategorie 04 SW1	-	Siehe Glossar der Benennungen in Anhang B.	0028	
-	-	-	F-B, S-X	Staukategorie 05 SW1	-	Siehe Glossar der Benennungen in Anhang B.	0029	
-	-	-	F-B, S-X	Staukategorie 05 SW1	-	Siehe Glossar der Benennungen in Anhang B.	0030	
-	-	-	F-B, S-X	Staukategorie 03 SW1	-	Siehe Glossar der Benennungen in Anhang B.	0033	
-	-	-	F-B, S-X	Staukategorie 03 SW1	-	Siehe Glossar der Benennungen in Anhang B.	0034	
-	-	-	F-B, S-X	Staukategorie 03 SW1	-	Siehe Glossar der Benennungen in Anhang B.	0035	
-	-	-	F-B, S-X	Staukategorie 03 SW1	-	Siehe Glossar der Benennungen in Anhang B.	0037	
-	-	-	F-B, S-X	Staukategorie 03 SW1	-	Siehe Glossar der Benennungen in Anhang B.	0038	
-	-	-	F-B, S-X	Staukategorie 03 SW1	-	Siehe Glossar der Benennungen in Anhang B.	0039	
-	-	-	F-B, S-X	Staukategorie 03 SW1	-	Siehe Glossar der Benennungen in Anhang B.	0042	
-	-	-	F-B, S-X	Staukategorie 03 SW1	-	Siehe Glossar der Benennungen in Anhang B.	0043	
-	-	-	F-B, S-X	Staukategorie 01 SW1	-	Siehe Glossar der Benennungen in Anhang B.	0044	
-	-	-	F-B, S-X	Staukategorie 03 SW1	-	Siehe Glossar der Benennungen in Anhang B.	0048	
-	-	-	F-B, S-X	Staukategorie 03 SW1	-	Siehe Glossar der Benennungen in Anhang B.	0049	
-	-	-	F-B, S-X	Staukategorie 03 SW1	-	Siehe Glossar der Benennungen in Anhang B.	0050	

3.2 Gefahrgutliste

UN-Nr.	Richtiger technischer Name	Klasse	Zusatzgefahr	Verpackungsgruppe	Sondervorschriften	Begrenzte und freigestellte Mengen		Verpackungen		IBC	
						Begrenzte Mengen	Freigestellte Mengen	Anweisung(en)	Sondervorschriften	Anweisung(en)	Sondervorschriften
(1)	(2) 3.1.2	(3) 2.0	(4) 2.0	(5) 2.0.1.3	(6) 3.3	(7a) 3.4	(7b) 3.5	(8) 4.1.4	(9) 4.1.4	(10) 4.1.4	(11) 4.1.4
0054	PATRONEN, SIGNAL CARTRIDGES, SIGNAL	1.3G	-	-	-	0	E0	P135	-	-	-
0055	TREIBLADUNGSHÜLSEN, LEER, MIT TREIBLADUNGSANZÜNDER CASES, CARTRIDGE, EMPTY, WITH PRIMER	1.4S	-	-	364	5 kg	E0	P136	-	-	-
0056	WASSERBOMBEN CHARGES, DEPTH	1.1D	-	-	-	0	E0	P130 LP101	PP67 L1	-	-
0059	HOHLLADUNGEN, ohne Zündmittel CHARGES, SHAPED without detonator	1.1D	-	-	-	0	E0	P137	PP70	-	-
0060	FÜLLSPRENGKÖRPER CHARGES, SUPPLEMENTARY, EXPLOSIVE	1.1D	-	-	-	0	E0	P132(a) P132(b)	-	-	-
0065	SPRENGSCHNUR, biegsam CORD, DETONATING flexible	1.1D	-	-	-	0	E0	P139	PP71 PP72	-	-
0066	ANZÜNDLITZE CORD, IGNITER	1.4G	-	-	-	0	E0	P140	-	-	-
0070	SCHNEIDVORRICHTUNG, KABEL, MIT EXPLOSIVSTOFF CUTTERS, CABLE, EXPLOSIVE	1.4S	-	-	-	0	E0	P134 LP102	-	-	-
0072	CYCLOTRIMETHYLENTRINITRAMIN (CYCLONIT) (RDX) (HEXOGEN), ANGEFEUCHTET, mit mindestens 15 Masse-% Wasser CYCLOTRIMETHYLENETRINITRAMINE, (CYCLONITE), (RDX), (HEXOGEN), WETTED, with not less than 15 % water, by mass	1.1D	-	-	266	0	E0	P112(a)	PP45	-	-
0073	DETONATOREN FÜR MUNITION DETONATORS FOR AMMUNITION	1.1B	-	-	-	0	E0	P133	-	-	-
0074	DIAZODINITROPHENOL, ANGEFEUCHTET, mit mindestens 40 Masse-% Wasser oder einer Alkohol/Wasser-Mischung DIAZODINITROPHENOL, WETTED with not less than 40 % water or mixture of alcohol and water, by mass	1.1A	-	-	266	0	E0	P110(a) P110(b)	PP42	-	-
0075	DIETHYLENGLYCOLDINITRAT, DESENSIBILISIERT, mit mindestens 25 Masse-% nicht flüchtigem, wasserunlöslichem Phlegmatisierungsmittel DIETHYLENEGLYCOL DINITRATE, DESENSITIZED with not less than 25 % non-volatile water-insoluble phlegmatizer, by mass	1.1D	-	-	266	0	E0	P115	PP53 PP54 PP57 PP58	-	-
0076	DINITROPHENOL, trocken oder angefeuchtet mit weniger als 15 Masse-% Wasser DINITROPHENOL dry or wetted with less than 15 % water, by mass	1.1D	6.1 **P**	-	-	0	E0	P112(a) P112(b) P112(c)	PP26	-	-
0077	DINITROPHENOLATE der Alkalimetalle, trocken oder angefeuchtet mit weniger als 15 Masse-% Wasser DINITROPHENOLATES alkali metals, dry or wetted with less than 15 % water, by mass	1.3C	6.1 **P**	-	-	0	E0	P114(a) P114(b)	PP26	-	-

Ortsbewegliche Tanks und Schüttgut-Container			EmS	Stauung und Handhabung	Trennung	Eigenschaften und Bemerkung	UN-Nr.
	Tank Anweisung(en)	Vorschriften					
(12)	(13) 4.2.5 4.3	(14) 4.2.5	(15) 5.4.3.2 7.8	(16a) 7.1, 7.3 bis 7.7	(16b) 7.2 bis 7.7	(17)	(18)
-	-	-	F-B, S-X	Staukategorie 03 SW1	-	Siehe Glossar der Benennungen in Anhang B.	0054
-	-	-	F-B, S-X	Staukategorie 01 SW1	-	Siehe Glossar der Benennungen in Anhang B.	0055
-	-	-	F-B, S-X	Staukategorie 03 SW1	-	Siehe Glossar der Benennungen in Anhang B.	0056
-	-	-	F-B, S-X	Staukategorie 03 SW1	-	Siehe Glossar der Benennungen in Anhang B.	0059
-	-	-	F-B, S-X	Staukategorie 03 SW1	-	Siehe Glossar der Benennungen in Anhang B.	0060
-	-	-	F-B, S-X	Staukategorie 03 SW1	-	Siehe Glossar der Benennungen in Anhang B.	0065
-	-	-	F-B, S-X	Staukategorie 02 SW1	-	Siehe Glossar der Benennungen in Anhang B.	0066
-	-	-	F-B, S-X	Staukategorie 01 SW1	-	Siehe Glossar der Benennungen in Anhang B.	0070
-	-	-	F-B, S-Y	Staukategorie 04 SW1	-	In Masse detonierender Explosivstoff, der empfindlicher wird, wenn er seine befeuchtenden Substanzen verliert. Dieser Stoff darf, wenn er weniger Alkohol, Wasser oder Phlegmatisierungsmittel als angegeben enthält, nur mit besonderer Zulassung der zuständigen Behörde befördert werden.	0072
-	-	-	F-B, S-X	Staukategorie 05 SW1	-	Siehe Glossar der Benennungen in Anhang B.	0073
-	-	-	F-B, S-Y	Staukategorie 05 SW1	-	Empfindliche Stoffe, die in Detonatoren Verwendung finden und die extrem empfindlich werden, wenn sie ihre befeuchtenden Substanzen verlieren. Dieser Stoff darf, wenn er weniger Alkohol, Wasser oder Phlegmatisierungsmittel als angegeben enthält, nur mit besonderer Zulassung der zuständigen Behörde befördert werden.	0074
-	-	-	F-B, S-Y	Staukategorie 04 SW1	-	Dieser Stoff darf, wenn er weniger Alkohol, Wasser oder Phlegmatisierungsmittel als angegeben enthält, nur mit besonderer Zulassung der zuständigen Behörde befördert werden.	0075
-	-	-	F-B, S-Z	Staukategorie 04 SW1	SG31	Stoff.	0076
-	-	-	F-B, S-Z	Staukategorie 04 SW1	SG31	Stoff.	0077

3.2 Gefahrgutliste

UN-Nr.	Richtiger technischer Name	Klasse	Zusatzgefahr	Verpackungsgruppe	Sondervorschriften	Begrenzte und freigestellte Mengen		Verpackungen		IBC	
						Begrenzte Mengen	Freigestellte Mengen	Anweisung(en)	Sondervorschriften	Anweisung(en)	Sondervorschriften
(1)	(2) 3.1.2	(3) 2.0	(4) 2.0	(5) 2.0.1.3	(6) 3.3	(7a) 3.4	(7b) 3.5	(8) 4.1.4	(9) 4.1.4	(10) 4.1.4	(11) 4.1.4
0078	DINITRORESORCINOL, trocken oder angefeuchtet mit weniger als 15 Masse-% Wasser DINITRORESORCINOL dry or wetted with less than 15 % water, by mass	1.1D	-	-	-	0	E0	P112(a) P112(b) P112(c)	PP26	-	-
0079	HEXANITRODIPHENYLAMIN (DIPIKRYLAMIN), (HEXYL) HEXANITRODIPHENYLAMINE (DIPICRYLAMINE), (HEXYL)	1.1D	-	-	-	0	E0	P112(b) P112(c)	-	-	-
0081	SPRENGSTOFF, TYP A EXPLOSIVE, BLASTING, TYPE A	1.1D	-	-	-	0	E0	P116	PP63 PP66	-	-
0082	SPRENGSTOFF, TYP B EXPLOSIVE, BLASTING, TYPE B	1.1D	-	-	-	0	E0	P116	PP61 PP62	IBC100	B9
0083	SPRENGSTOFF, TYP C EXPLOSIVE, BLASTING, TYPE C	1.1D	-	-	267	0	E0	P116	-	-	-
0084	SPRENGSTOFF, TYP D EXPLOSIVE, BLASTING, TYPE D	1.1D	-	-	-	0	E0	P116	-	-	-
0092	LEUCHTKÖRPER, BODEN FLARES, SURFACE	1.3G	-	-	-	0	E0	P135	-	-	-
0093	LEUCHTKÖRPER, LUFTFAHRZEUG FLARES, AERIAL	1.3G	-	-	-	0	E0	P135	-	-	-
0094	BLITZLICHTPULVER FLASH POWDER	1.1G	-	-	-	0	E0	P113	PP49	-	-
0099	LOCKERUNGSSPRENGGERÄTE MIT EXPLOSIVSTOFF, für Erdölbohrungen, ohne Zündmittel FRACTURING DEVICES, EXPLOSIVE for oil wells, without detonator	1.1D	-	-	-	0	E0	P134 LP102	-	-	-
0101	STOPPINEN, NICHT SPRENGKRÄFTIG FUSE, NON-DETONATING	1.3G	-	-	-	0	E0	P140	PP74 PP75	-	-
0102	SPRENGSCHNUR, mit Metallmantel CORD (FUSE), DETONATING metal-clad	1.2D	-	-	-	0	E0	P139	PP71	-	-
0103	ANZÜNDSCHNUR, rohrförmig, mit Metallmantel FUSE, IGNITER tubular, metal-clad	1.4G	-	-	-	0	E0	P140	-	-	-
0104	SPRENGSCHNUR, MIT GERINGER WIRKUNG, mit Metallmantel CORD (FUSE), DETONATING, MILD EFFECT metal-clad	1.4D	-	-	-	0	E0	P139	PP71	-	-
0105	ANZÜNDSCHNUR (SICHERHEITSZÜNDSCHNUR) FUSE, SAFETY	1.4S	-	-	-	0	E0	P140	PP73	-	-
0106	ZÜNDER, SPRENGKRÄFTIG FUZES, DETONATING	1.1B	-	-	-	0	E0	P141	-	-	-
0107	ZÜNDER, SPRENGKRÄFTIG FUZES, DETONATING	1.2B	-	-	-	0	E0	P141	-	-	-
0110	GRANATEN, ÜBUNG, Hand oder Gewehr GRENADES, PRACTICE hand or rifle	1.4S	-	-	-	0	E0	P141	-	-	-

Ortsbewegliche Tanks und Schüttgut-Container			EmS	Stauung und Handhabung	Trennung	Eigenschaften und Bemerkung	UN-Nr.
	Tank Anwei- sung(en)	Vor- schrif- ten					
(12)	(13)	(14)	(15)	(16a)	(16b)	(17)	(18)
	4.2.5 4.3	4.2.5	5.4.3.2 7.8	7.1, 7.3 bis 7.7	7.2 bis 7.7		
-	-	-	F-B, S-Y	Staukategorie 04 SW1	SG31	Stoff.	0078
-	-	-	F-B, S-Y	Staukategorie 04 SW1	-	Stoff.	0079
-	-	-	F-B, S-Y	Staukategorie 04 SW1	SG34	Stoff. Siehe Glossar der Benennungen in Anhang B.	0081
-	-	-	F-B, S-Y	Staukategorie 04 SW1	SG34	Stoff. Siehe Glossar der Benennungen in Anhang B.	0082
-	-	-	F-B, S-Y	Staukategorie 04 SW1	SG28	Stoff. Siehe Glossar der Benennungen in Anhang B.	0083
-	-	-	F-B, S-Y	Staukategorie 04 SW1	-	Stoff. Siehe Glossar der Benennungen in Anhang B.	0084
-	-	-	F-B, S-X	Staukategorie 03 SW1	-	Siehe Glossar der Benennungen in Anhang B.	0092
-	-	-	F-B, S-X	Staukategorie 03 SW1	-	Siehe Glossar der Benennungen in Anhang B.	0093
-	-	-	F-B, S-Y	Staukategorie 03 SW1	-	Siehe Glossar der Benennungen in Anhang B.	0094
-	-	-	F-B, S-X	Staukategorie 03 SW1	-	Siehe Glossar der Benennungen in Anhang B.	0099
-	-	-	F-B, S-X	Staukategorie 03 SW1	-	Siehe Glossar der Benennungen in Anhang B.	0101
-	-	-	F-B, S-X	Staukategorie 03 SW1	-	Siehe Glossar der Benennungen in Anhang B.	0102
-	-	-	F-B, S-X	Staukategorie 02 SW1	-	Siehe Glossar der Benennungen in Anhang B.	0103
-	-	-	F-B, S-X	Staukategorie 02 SW1	-	Siehe Glossar der Benennungen in Anhang B.	0104
-	-	-	F-B, S-X	Staukategorie 01 SW1	-	Siehe Glossar der Benennungen in Anhang B.	0105
-	-	-	F-B, S-X	Staukategorie 05 SW1	-	Siehe Glossar der Benennungen in Anhang B.	0106
-	-	-	F-B, S-X	Staukategorie 05 SW1	-	Siehe Glossar der Benennungen in Anhang B.	0107
-	-	-	F-B, S-X	Staukategorie 01 SW1	-	Siehe Glossar der Benennungen in Anhang B.	0110

3.2 Gefahrgutliste

UN-Nr.	Richtiger technischer Name	Klasse	Zusatzgefahr	Verpackungsgruppe	Sondervorschriften	Begrenzte und freigestellte Mengen		Verpackungen		IBC	
						Begrenzte Mengen	Freigestellte Mengen	Anweisung(en)	Sondervorschriften	Anweisung(en)	Sondervorschriften
(1)	(2) 3.1.2	(3) 2.0	(4) 2.0	(5) 2.0.1.3	(6) 3.3	(7a) 3.4	(7b) 3.5	(8) 4.1.4	(9) 4.1.4	(10) 4.1.4	(11) 4.1.4
0113	GUANYLNITROSAMINOGUANYLIDENHYDRAZIN, ANGEFEUCHTET mit mindestens 30 Masse-% Wasser GUANYL NITROSAMINOGUANYLIDENE HYDRAZINE, WETTED with not less than 30 % water, by mass	1.1A	-	-	266	0	E0	P110(a) P110(b)	PP42	-	-
0114	GUANYLNITROSAMINOGUANYLTETRAZEN (TETRAZEN), ANGEFEUCHTET mit mindestens 30 Masse-% Wasser oder einer Alkohol/Wasser-Mischung GUANYL NITROSAMINOGUANYLTETRAZENE (TETRAZENE), WETTED with not less than 30 % water, or mixture of alcohol and water, by mass	1.1A	-	-	266	0	E0	P110(a) P110(b)	PP42	-	-
0118	HEXOLIT (HEXOTOL), trocken oder angefeuchtet mit weniger als 15 Masse-% Wasser HEXOLITE (HEXOTOL) dry or wetted with less than 15 % water, by mass	1.1D	-	-	-	0	E0	P112(a) P112(b) P112(c)	-	-	-
0121	ANZÜNDER IGNITERS	1.1G	-	-	-	0	E0	P142	-	-	-
0124	PERFORATIONSHOHLLADUNGSTRÄGER, GELADEN, für Erdölbohrungen, ohne Zündmittel JET PERFORATING GUNS, CHARGED oil well, without detonator	1.1D	-	-	-	0	E0	P101	-	-	-
0129	BLEIAZID, ANGEFEUCHTET mit mindestens 20 Masse-% Wasser oder einer Alkohol/Wasser-Mischung LEAD AZIDE, WETTED with not less than 20 % water, or mixture of alcohol and water, by mass	1.1A	-	-	266	0	E0	P110(a) P110(b)	PP42	-	-
0130	BLEISTYPHNAT (BLEITRINITRORESORCINAT), ANGEFEUCHTET mit mindestens 20 Masse-% Wasser oder einer Alkohol/Wasser-Mischung LEAD STYPHNATE (LEAD TRINITRORESORCINATE), WETTED with not less than 20 % water, or mixture of alcohol and water, by mass	1.1A	-	-	266	0	E0	P110(a) P110(b)	PP42	-	-
0131	ANZÜNDER, ANZÜNDSCHNUR LIGHTERS, FUSE	1.4S	-	-	-	0	E0	P142	-	-	-
0132	DEFLAGRIERENDE METALLSALZE AROMATISCHER NITROVERBINDUNGEN, N.A.G. DEFLAGRATING METAL SALTS OF AROMATIC NITRODERIVATIVES, N.O.S.	1.3C	-	-	-	0	E0	P114(b)	PP26	-	-
0133	MANNITOLHEXANITRAT (NITROMANNITOL), ANGEFEUCHTET mit mindestens 40 Masse-% Wasser oder einer Alkohol/Wasser-Mischung MANNITOL HEXANITRATE (NITROMANNITE), WETTED with not less than 40 % water, or mixture of alcohol and water, by mass	1.1D	-	-	266	0	E0	P112(a)	-	-	-

Ortsbewegliche Tanks und Schüttgut-Container			EmS	Stauung und Handhabung	Trennung	Eigenschaften und Bemerkung	UN-Nr.	
	Tank Anweisung(en)	Vorschriften						
(12)	(13)	(14)	(15)	(16a)	(16b)	(17)	(18)	
	4.2.5 4.3	4.2.5	5.4.3.2 7.8	7.1, 7.3 bis 7.7	7.2 bis 7.7			
-	-	-	F-B, S-Y	Staukategorie 05 SW1	-	Empfindliche Stoffe, die in Detonatoren Verwendung finden und die extrem empfindlich werden, wenn sie ihre befeuchtenden Substanzen verlieren. Dieser Stoff darf, wenn er weniger Alkohol, Wasser oder Phlegmatisierungsmittel als angegeben enthält, nur mit besonderer Zulassung der zuständigen Behörde befördert werden.	0113	
-	-	-	F-B, S-Y	Staukategorie 05 SW1	-	Empfindliche Stoffe, die in Detonatoren Verwendung finden und die extrem empfindlich werden, wenn sie ihre befeuchtenden Substanzen verlieren. Dieser Stoff darf, wenn er weniger Alkohol, Wasser oder Phlegmatisierungsmittel als angegeben enthält, nur mit besonderer Zulassung der zuständigen Behörde befördert werden.	0114	
-	-	-	F-B, S-Y	Staukategorie 04 SW1	-	Stoff. Mischung in Masse detonierender Explosivstoffe.	0118	
-	-	-	F-B, S-X	Staukategorie 03 SW1	-	Siehe Glossar der Benennungen in Anhang B.	0121	
-	-	-	F-B, S-X	Staukategorie 03 SW1 SW30	-	Siehe Glossar der Benennungen in Anhang B.	0124	→ *7.1.4.4.5*
-	-	-	F-B, S-Y	Staukategorie 05 SW1	SGG7 SGG9 SGG17	Empfindliche Stoffe, die in Detonatoren Verwendung finden und die extrem empfindlich werden, wenn sie ihre befeuchtenden Substanzen verlieren. Dieser Stoff darf, wenn er weniger Alkohol, Wasser oder Phlegmatisierungsmittel als angegeben enthält, nur mit besonderer Zulassung der zuständigen Behörde befördert werden.	0129	
-	-	-	F-B, S-Y	Staukategorie 05 SW1	SGG7 SGG9	Empfindliche Stoffe, die in Detonatoren Verwendung finden und die extrem empfindlich werden, wenn sie ihre befeuchtenden Substanzen verlieren. Dieser Stoff darf, wenn er weniger Alkohol, Wasser oder Phlegmatisierungsmittel als angegeben enthält, nur mit besonderer Zulassung der zuständigen Behörde befördert werden.	0130	
-	-	-	F-B, S-X	Staukategorie 01 SW1	-	Siehe Glossar der Benennungen in Anhang B.	0131	
-	-	-	F-B, S-Y	Staukategorie 04 SW1	SG31	Stoff.	0132	
-	-	-	F-B, S-Y	Staukategorie 04 SW1	-	Dieser Stoff darf, wenn er weniger Alkohol, Wasser oder Phlegmatisierungsmittel als angegeben enthält, nur mit besonderer Zulassung der zuständigen Behörde befördert werden.	0133	

3.2 Gefahrgutliste

UN-Nr.	Richtiger technischer Name	Klasse	Zusatzgefahr	Verpackungsgruppe	Sondervorschriften	Begrenzte und freigestellte Mengen		Verpackungen		IBC	
						Begrenzte Mengen	Freigestellte Mengen	Anweisung(en)	Sondervorschriften	Anweisung(en)	Sondervorschriften
(1)	(2) 3.1.2	(3) 2.0	(4) 2.0	(5) 2.0.1.3	(6) 3.3	(7a) 3.4	(7b) 3.5	(8) 4.1.4	(9) 4.1.4	(10) 4.1.4	(11) 4.1.4
0135	QUECKSILBERFULMINAT, ANGEFEUCHTET mit mindestens 20 Masse-% Wasser oder einer Alkohol/Wasser-Mischung MERCURY FULMINATE, WETTED with not less than 20 % water, or mixture of alcohol and water, by mass	1.1A	-	-	266	0	E0	P110(a) P110(b)	PP42	-	-
0136	MINEN, mit Sprengladung MINES with bursting charge	1.1F	-	-	-	0	E0	P130	-	-	-
0137	MINEN, mit Sprengladung MINES with bursting charge	1.1D	-	-	-	0	E0	P130 LP101	PP67 L1	-	-
0138	MINEN, mit Sprengladung MINES with bursting charge	1.2D	-	-	-	0	E0	P130 LP101	PP67 L1	-	-
0143	NITROGLYCERIN, DESENSIBILISIERT, mit mindestens 40 Masse-% nicht flüchtigem, wasserunlöslichem Phlegmatisierungsmittel NITROGLYCERIN, DESENSITIZED with not less than 40 % non-volatile water-insoluble phlegmatizer, by mass	1.1D	Siehe SV271	-	266 271 272	0	E0	P115	PP53 PP54 PP57 PP58	-	-
0144	NITROGLYCERIN IN ALKOHOLISCHER LÖSUNG, mit mehr als 1 %, aber nicht mehr als 10 % Nitroglycerin NITROGLYCERIN SOLUTION IN AI - COHOL with more than 1 % but not more than 10 % nitroglycerin	1.1D	-	-	358	0	E0	P115	PP45 PP55 PP56 PP59 PP60	-	-
0146	NITROSTÄRKE, trocken oder angefeuchtet mit weniger als 20 Masse-% Wasser NITROSTARCH dry or wetted, with less than 20 % water, by mass	1.1D	-	-	-	0	E0	P112(a) P112(b) P112(c)	-	-	-
0147	NITROHARNSTOFF NITRO UREA	1.1D	-	-	-	0	E0	P112(b)	-	-	-
0150	PENTAERYTHRITTETRANITRAT (PENTAERYTHRITOLTETRANITRAT, PETN), ANGEFEUCHTET mit mindestens 25 Masse-% Wasser oder PENTAERYTHRITTETRANITRAT (PENTAERYTHRITOLTETRANITRAT, PETN), DESENSIBILISIERT, mit mindestens 15 Masse-% Phlegmatisierungsmittel PENTAERYTHRITE TETRANITRATE (PENTAERYTHRITOL TETRANITRATE; PETN), WETTED with not less than 25 % water, by mass or PENTAERYTHRITE TETRANITRATE (PENTAERYTHRITOL TETRANITRATE; PETN), DESENSITIZED with not less than 15 % phlegmatizer, by mass	1.1D	-	-	266	0	E0	P112(a) P112(b)	-	-	-
0151	PENTOLIT, trocken oder angefeuchtet mit weniger als 15 Masse-% Wasser PENTOLITE dry or wetted with less than 15 % water, by mass	1.1D	-	-	-	0	E0	P112(a) P112(b) P112(c)	-	-	-
0153	TRINITROANILIN (PIKRAMID) TRINITROANILINE (PICRAMIDE)	1.1D	-	-	-	0	E0	P112(b) P112(c)	-	-	-

Ortsbewegliche Tanks und Schüttgut-Container			EmS	Stauung und Handhabung	Trennung	Eigenschaften und Bemerkung	UN-Nr.
	Tank Anweisung(en)	Vorschriften					
(12)	(13) 4.2.5 4.3	(14) 4.2.5	(15) 5.4.3.2 7.8	(16a) 7.1, 7.3 bis 7.7	(16b) 7.2 bis 7.7	(17)	(18)
-	-	-	F-B, S-Y	Staukategorie 05 SW1	SGG7 SGG11	Empfindliche Stoffe, die in Detonatoren Verwendung finden und die extrem empfindlich werden, wenn sie ihre befeuchtenden Substanzen verlieren. Dieser Stoff darf, wenn er weniger Alkohol, Wasser oder Phlegmatisierungsmittel als angegeben enthält, nur mit besonderer Zulassung der zuständigen Behörde befördert werden.	0135
-	-	-	F-B, S-X	Staukategorie 03 SW1	-	Siehe Glossar der Benennungen in Anhang B.	0136
-	-	-	F-B, S-X	Staukategorie 03 SW1	-	Siehe Glossar der Benennungen in Anhang B.	0137
-	-	-	F-B, S-X	Staukategorie 03 SW1	-	Siehe Glossar der Benennungen in Anhang B.	0138
-	-	-	F-B, S-Z	Staukategorie 04 SW1	-	Stoff. Dieser Stoff darf, wenn er weniger Alkohol, Wasser oder Phlegmatisierungsmittel als angegeben enthält, nur mit besonderer Zulassung der zuständigen Behörde befördert werden.	0143
-	-	-	F-B, S-Y	Staukategorie 04 SW1	-	Stoff.	0144
-	-	-	F-B, S-Y	Staukategorie 04 SW1	-	Stoff.	0146
-	-	-	F-B, S-Y	Staukategorie 04 SW1	-	Stoff.	0147
-	-	-	F-B, S-Y	Staukategorie 04 SW1	-	Stoff. In Masse detonierender Explosivstoff, der empfindlicher wird, wenn er seine befeuchtenden oder desensibilisierenden Substanzen verliert. Dieser Stoff darf, wenn er weniger Alkohol, Wasser oder Phlegmatisierungsmittel als angegeben enthält, nur mit besonderer Zulassung der zuständigen Behörde befördert werden.	0150
-	-	-	F-B, S-Y	Staukategorie 04 SW1	-	Stoff. Mischungen in Masse detonierender Explosivstoffe.	0151
-	-	-	F-B, S-Y	Staukategorie 04 SW1	-	Stoff.	0153

UN-Nr.	Richtiger technischer Name	Klasse	Zusatz-gefahr	Verpa-ckungs-gruppe	Sonder-vor-schrif-ten	Begrenzte und freige-stellte Mengen		Verpackungen		IBC	
						Be-grenzte Men-gen	Freige-stellte Men-gen	Anwei-sung(en)	Sonder-vor-schriften	Anwei-sung(en)	Sonder-vor-schriften
(1)	(2) 3.1.2	(3) 2.0	(4) 2.0	(5) 2.0.1.3	(6) 3.3	(7a) 3.4	(7b) 3.5	(8) 4.1.4	(9) 4.1.4	(10) 4.1.4	(11) 4.1.4
0154	TRINITROPHENOL (PIKRINSÄURE), trocken oder angefeuchtet mit weniger als 30 Masse-% Wasser TRINITROPHENOL (PICRIC ACID) dry or wetted with less than 30 % water, by mass	1.1D	-	-	-	0	E0	P112(a) P112(b) P112(c)	PP26	-	-
0155	TRINITROCHLORBENZEN (PIKRYL-CHLORID) TRINITROCHLOROBENZENE (PICRYL CHLORIDE)	1.1D	-	-	-	0	E0	P112(b) P112(c)	-	-	-
0159	PULVERROHMASSE, ANGEFEUCH-TET mit mindestens 25 Masse-% Was-ser POWDER CAKE (POWDER PASTE), WETTED with not less than 25 % wa-ter, by mass)	1.3C	-	-	266	0	E0	P111	PP43	-	-
0160	TREIBLADUNGSPULVER POWDER, SMOKELESS	1.1C	-	-	-	0	E0	P114(b)	PP50 PP52	-	-
0161	TREIBLADUNGSPULVER POWDER, SMOKELESS	1.3C	-	-	-	0	E0	P114(b)	PP50 PP52	-	-
0167	GESCHOSSE, mit Sprengladung PROJECTILES with bursting charge	1.1F	-	-	-	0	E0	P130	-	-	-
0168	GESCHOSSE, mit Sprengladung PROJECTILES with bursting charge	1.1D	-	-	-	0	E0	P130 LP101	PP67 L1	-	-
0169	GESCHOSSE, mit Sprengladung PROJECTILES with bursting charge	1.2D	-	-	-	0	E0	P130 LP101	PP67 L1	-	-
0171	MUNITION, LEUCHT, mit oder ohne Zerleger, Ausstoß- oder Treibladung AMMUNITION, ILLUMINATING with or without burster, expelling charge or propelling charge	1.2G	-	-	-	0	E0	P130 LP101	PP67 L1	-	-
0173	AUSLÖSEVORRICHTUNGEN, MIT EX-PLOSIVSTOFF RELEASE DEVICES, EXPLOSIVE	1.4S	-	-	-	0	E0	P134 LP102	-	-	-
0174	SPRENGNIETEN RIVETS, EXPLOSIVE	1.4S	-	-	-	0	E0	P134 LP102	-	-	-
0180	RAKETEN, mit Sprengladung ROCKETS with bursting charge	1.1F	-	-	-	0	E0	P130	-	-	-
0181	RAKETEN, mit Sprengladung ROCKETS with bursting charge	1.1E	-	-	-	0	E0	P130 LP101	PP67 L1	-	-
0182	RAKETEN, mit Sprengladung ROCKETS with bursting charge	1.2E	-	-	-	0	E0	P130 LP101	PP67 L1	-	-
0183	RAKETEN, mit inertem Kopf ROCKETS with inert head	1.3C	-	-	-	0	E0	P130 LP101	PP67 L1	-	-
0186	RAKETENMOTOREN ROCKET MOTORS	1.3C	-	-	-	0	E0	P130 LP101	PP67 L1	-	-
0190	EXPLOSIVSTOFF, MUSTER, außer Ini-tialsprengstoff SAMPLES, EXPLOSIVE other than ini-tiating explosive	1	-	-	16 274	0	E0	P101	-	-	-
0191	SIGNALKÖRPER, HAND SIGNAL DEVICES, HAND	1.4G	-	-	-	0	E0	P135	-	-	-

Ortsbewegliche Tanks und Schüttgut-Container			EmS	Stauung und Handhabung	Trennung	Eigenschaften und Bemerkung	UN-Nr.
	Tank Anwei- sung(en)	Vor- schrif- ten					
(12)	(13)	(14)	(15)	(16a)	(16b)	(17)	(18)
	4.2.5 4.3	4.2.5	5.4.3.2 7.8	7.1, 7.3 bis 7.7	7.2 bis 7.7		
-	-	-	F-B, S-Y	Staukategorie 04 SW1	SG31	Stoff.	0154 → UN 1344
-	-	-	F-B, S-Y	Staukategorie 04 SW1	-	Stoff.	0155
-	-	-	F-B, S-Y	Staukategorie 04 SW1	-	Stoff bestehend aus Nitrocellulose, die mit höchstens 60 Masse-% Nitroglycerin, anderen flüssigen organischen Nitraten oder deren Mischungen imprägniert ist. Dieser Stoff darf, wenn er weniger Alkohol, Wasser oder Phlegmatisierungsmittel als angegeben enthält, nur mit besonderer Zulassung der zuständigen Behörde befördert werden.	0159
-	-	-	F-B, S-Y	Staukategorie 04 SW1	-	Stoffe, die auf Nitrocellulosebasis aufgebaut sind und die als Treibladungspulver verwendet werden. Empfindlich gegenüber Funken, Reibung, Druck und elektrostatischer Entladung.	0160
-	-	-	F-B, S-Y	Staukategorie 04 SW1	-	Stoffe, die auf Nitrocellulosebasis aufgebaut sind und die als Treibladungspulver verwendet werden. Empfindlich gegenüber Funken, Reibung, Druck und elektrostatischer Entladung.	0161
-	-	-	F-B, S-X	Staukategorie 03 SW1	-	Siehe Glossar der Benennungen in Anhang B.	0167
-	-	-	F-B, S-X	Staukategorie 03 SW1	-	Siehe Glossar der Benennungen in Anhang B.	0168
-	-	-	F-B, S-X	Staukategorie 03 SW1	-	Siehe Glossar der Benennungen in Anhang B.	0169
-	-	-	F-B, S-X	Staukategorie 03 SW1	-	Siehe Glossar der Benennungen in Anhang B.	0171
-	-	-	F-B, S-X	Staukategorie 01 SW1	-	Siehe Glossar der Benennungen in Anhang B.	0173
-	-	-	F-B, S-X	Staukategorie 01 SW1	-	Siehe Glossar der Benennungen in Anhang B.	0174
-	-	-	F-B, S-X	Staukategorie 03 SW1	-	Siehe Glossar der Benennungen in Anhang B.	0180
-	-	-	F-B, S-X	Staukategorie 03 SW1	-	Siehe Glossar der Benennungen in Anhang B.	0181
-	-	-	F-B, S-X	Staukategorie 03 SW1	-	Siehe Glossar der Benennungen in Anhang B.	0182
-	-	-	F-B, S-X	Staukategorie 03 SW1	-	Siehe Glossar der Benennungen in Anhang B.	0183
-	-	-	F-B, S-X	Staukategorie 03 SW1	-	Siehe Glossar der Benennungen in Anhang B.	0186
-	-	-	F-B, S-X	Staukategorie 05 SW1	-	Stoff oder Gegenstand. Unterklasse und Verträglichkeitsgruppe wie von der zuständigen Behörde festgelegt.	0190
-	-	-	F-B, S-X	Staukategorie 02 SW1	-	Siehe Glossar der Benennungen in Anhang B.	0191

UN-Nr.	Richtiger technischer Name	Klasse	Zusatz-gefahr	Verpa-ckungs-gruppe	Sonder-vor-schrif-ten	Begrenzte und freige-stellte Mengen		Verpackungen		IBC	
						Be-grenzte Men-gen	Freige-stellte Men-gen	Anwei-sung(en)	Sonder-vor-schriften	Anwei-sung(en)	Sonder-vor-schriften
(1)	(2) 3.1.2	(3) 2.0	(4) 2.0	(5) 2.0.1.3	(6) 3.3	(7a) 3.4	(7b) 3.5	(8) 4.1.4	(9) 4.1.4	(10) 4.1.4	(11) 4.1.4
0192	KNALLKAPSELN, EISENBAHN SIGNALS, RAILWAY TRACK, EXPLO-SIVE	1.1G	-	-	-	0	E0	P135	-	-	-
0193	KNALLKAPSELN, EISENBAHN SIGNALS, RAILWAY TRACK, EXPLO-SIVE	1.4S	-	-	-	0	E0	P135	-	-	-
0194	SIGNALKÖRPER, SEENOT SIGNALS, DISTRESS ship	1.1G	-	-	-	0	E0	P135	-	-	-
0195	SIGNALKÖRPER, SEENOT SIGNALS, DISTRESS ship	1.3G	-	-	-	0	E0	P135	-	-	-
0196	SIGNALKÖRPER, RAUCH SIGNALS, SMOKE	1.1G	-	-	-	0	E0	P135	-	-	-
0197	SIGNALKÖRPER, RAUCH SIGNALS, SMOKE	1.4G	-	-	-	0	E0	P135	-	-	-
0204	FALLLOTE, MIT EXPLOSIVSTOFF SOUNDING DEVICES, EXPLOSIVE	1.2F	-	-	-	0	E0	P134 LP102	-	-	-
0207	TETRANITROANILIN TETRANITROANILINE	1.1D	-	-	-	0	E0	P112(b) P112(c)	-	-	-
0208	TRINITROPHENYLMETHYLNITRAMIN (TETRYL) TRINITROPHENYLMETHYLNITRAMINE (TETRYL)	1.1D	-	-	-	0	E0	P112(b) P112(c)	-	-	-
0209	TRINITROTOLUEN (TNT), trocken oder angefeuchtet mit weniger als 30 Masse-% Wasser TRINITROTOLUENE (TNT) dry or wetted with less than 30 % water, by mass	1.1D	-	-	-	0	E0	P112(a) P112(b) P112(c)	PP46	-	-
0212	LEUCHTSPURKÖRPER FÜR MUNITION TRACERS FOR AMMUNITION	1.3G	-	-	-	0	E0	P133	PP69	-	-
0213	TRINITROANISOL TRINITROANISOLE	1.1D	-	-	-	0	E0	P112(b) P112(c)	-	-	-
0214	TRINITROBENZEN, trocken oder angefeuchtet mit weniger als 30 Masse-% Wasser TRINITROBENZENE dry or wetted with less than 30 % water, by mass	1.1D	-	-	-	0	E0	P112(a) P112(b) P112(c)	-	-	-
0215	TRINITROBENZOESÄURE, trocken oder angefeuchtet mit weniger als 30 Masse-% Wasser TRINITROBENZOIC ACID dry or wetted with less than 30 % water, by mass	1.1D	-	-	-	0	E0	P112(a) P112(b) P112(c)	-	-	-
0216	TRINITRO-m-CRESOL TRINITRO-m-CRESOL	1.1D	-	-	-	0	E0	P112(b) P112(c)	PP26	-	-
0217	TRINITRONAPHTHALIN TRINITRONAPHTHALENE	1.1D	-	-	-	0	E0	P112(b) P112(c)	-	-	-
0218	TRINITROPHENETOL TRINITROPHENETOLE	1.1D	-	-	-	0	E0	P112(b) P112(c)	-	-	-

Ortsbewegliche Tanks und Schüttgut-Container			EmS	Stauung und Handhabung	Trennung	Eigenschaften und Bemerkung	UN-Nr.
	Tank Anwei-sung(en)	Vor-schrif-ten					
(12)	(13)	(14)	(15)	(16a)	(16b)	(17)	(18)
	4.2.5 4.3	4.2.5	5.4.3.2 7.8	7.1, 7.3 bis 7.7	7.2 bis 7.7		
-	-	-	F-B, S-X	Staukategorie 03 SW1	-	Siehe Glossar der Benennungen in Anhang B.	0192
-	-	-	F-B, S-X	Staukategorie 01 SW1	-	Siehe Glossar der Benennungen in Anhang B.	0193
-	-	-	F-B, S-X	Staukategorie 03 SW1	-	Siehe Glossar der Benennungen in Anhang B.	0194
-	-	-	F-B, S-X	Staukategorie 03 SW1	-	Siehe Glossar der Benennungen in Anhang B.	0195
-	-	-	F-B, S-X	Staukategorie 03 SW1	-	Siehe Glossar der Benennungen in Anhang B.	0196
-	-	-	F-B, S-X	Staukategorie 02 SW1	-	Siehe Glossar der Benennungen in Anhang B.	0197
-	-	-	F-B, S-X	Staukategorie 03 SW1	-	Siehe Glossar der Benennungen in Anhang B.	0204
-	-	-	F-B, S-Y	Staukategorie 04 SW1	-	Stoff.	0207
-	-	-	F-B, S-Y	Staukategorie 04 SW1	-	Stoff. In Masse detonierender Explosivstoff.	0208
-	-	-	F-B, S-Y	Staukategorie 04 SW1	-	Stoff. Tritonal ist ein Stoff, der aus Trinitrotoluen (TNT) und Aluminium besteht.	0209
-	-	-	F-B, S-X	Staukategorie 03 SW1	-	Siehe Glossar der Benennungen in Anhang B.	0212
-	-	-	F-B, S-Y	Staukategorie 04 SW1	-	Stoff.	0213
-	-	-	F-B, S-Y	Staukategorie 04 SW1	-	Stoff.	0214
-	-	-	F-B, S-Y	Staukategorie 04 SW1	-	Stoff.	0215
-	-	-	F-B, S-Y	Staukategorie 04 SW1	SG31	Stoff.	0216
-	-	-	F-B, S-Y	Staukategorie 04 SW1	-	Stoff.	0217
-	-	-	F-B, S-Y	Staukategorie 04 SW1	-	Stoff.	0218

UN-Nr.	Richtiger technischer Name	Klasse	Zusatz-gefahr	Verpa-ckungs-gruppe	Sonder-vor-schrif-ten	Begrenzte und freige-stellte Mengen		Verpackungen		IBC	
						Be-grenzte Men-gen	Freige-stellte Men-gen	Anwei-sung(en)	Sonder-vor-schriften	Anwei-sung(en)	Sonder-vor-schriften
(1)	(2) 3.1.2	(3) 2.0	(4) 2.0	(5) 2.0.1.3	(6) 3.3	(7a) 3.4	(7b) 3.5	(8) 4.1.4	(9) 4.1.4	(10) 4.1.4	(11) 4.1.4
0219	TRINITRORESORCIN (STYPHNINSÄURE), trocken oder angefeuchtet mit weniger als 20 Masse-% Wasser oder einer Alkohol/Wasser-Mischung TRINITRORESORCINOL (STYPHNIC ACID) dry or wetted with less than 20 % water or mixture of alcohol and water, by mass	1.1D	-	-	-	0	E0	P112(a) P112(b) P112(c)	PP26	-	-
0220	HARNSTOFFNITRAT, trocken oder angefeuchtet mit weniger als 20 Masse-% Wasser UREA NITRATE dry or wetted with less than 20 % water, by mass	1.1D	-	-	-	0	E0	P112(a) P112(b) P112(c)	-	-	-
0221	GEFECHTSKÖPFE, TORPEDO, mit Sprengladung WARHEADS, TORPEDO with bursting charge	1.1D	-	-	-	0	E0	P130 LP101	PP67 L1	-	-
0222	AMMONIUMNITRAT AMMONIUM NITRATE	1.1D	-	-	370	0	E0	P112(b) P112(c)	PP47	IBC100	B2 B3 B17
0224	BARIUMAZID, trocken oder angefeuchtet mit weniger als 50 Masse-% Wasser BARIUM AZIDE, dry or wetted with less than 50 % water, by mass	1.1A	6.1	-	-	0	E0	P110(a) P110(b)	PP42	-	-
0225	ZÜNDVERSTÄRKER, MIT DETONATOR BOOSTERS, WITH DETONATOR	1.1B	-	-	-	0	E0	P133	PP69	-	-
0226	CYCLOTETRAMETHYLENTETRANITRAMIN (HMX, OKTOGEN), ANGEFEUCHTET mit mindestens 15 Masse-% Wasser CYCLOTETRAMETHYLENETETRANITRAMINE (HMX; OCTOGEN), WETTED with not less than 15 % water, by mass	1.1D	-	-	266	0	E0	P112(a)	PP45	-	-
0234	NATRIUMDINITRO-o-CRESOLAT, trocken oder angefeuchtet mit weniger als 15 Masse-% Wasser SODIUM DINITRO-o-CRESOLATE dry or wetted with less than 15 % water, by mass	1.3C	6.1 **P**	-	-	0	E0	P114(a) P114(b)	PP26	-	-
0235	NATRIUMPIKRAMAT, trocken oder angefeuchtet mit weniger als 20 Masse-% Wasser SODIUM PICRAMATE dry or wetted with less than 20 % water, by mass	1.3C	-	-	-	0	E0	P114(a) P114(b)	PP26	-	-
0236	ZIRKONIUMPIKRAMAT, trocken oder angefeuchtet mit weniger als 20 Masse-% Wasser ZIRCONIUM PICRAMATE dry or wetted with less than 20 % water, by mass	1.3C	-	-	-	0	E0	P114(a) P114(b)	PP26	-	-
0237	SCHNEIDLADUNG, BIEGSAM, GESTRECKT CHARGES, SHAPED, FLEXIBLE, LINEAR	1.4D	-	-	-	0	E0	P138	-	-	-
0238	RAKETEN, LEINENWURF ROCKETS, LINE-THROWING	1.2G	-	-	-	0	E0	P130	-	-	-

Ortsbewegliche Tanks und Schüttgut-Container			EmS	Stauung und Handhabung	Trennung	Eigenschaften und Bemerkung	UN-Nr.
	Tank Anwei-sung(en)	Vor-schrif-ten					
(12)	(13)	(14)	(15)	(16a)	(16b)	(17)	(18)
	4.2.5 4.3	4.2.5	5.4.3.2 7.8	7.1, 7.3 bis 7.7	7.2 bis 7.7		
-	-	-	F-B, S-Y	Staukategorie 04 SW1	SG31	Stoff.	0219
-	-	-	F-B, S-Y	Staukategorie 04 SW1	-	Stoff.	0220
-	-	-	F-B, S-X	Staukategorie 03 SW1	-	Siehe Glossar der Benennungen in Anhang B.	0221
-	-	-	F-B, S-Y	Staukategorie 04 SW1	SGG2 SG27	Stoff.	0222
-	-	-	F-B, S-Z	Staukategorie 05 SW1	SGG17	Empfindliche Stoffe, die in Detonatoren Verwendung finden und die extrem empfindlich werden, wenn sie ihre befeuchtenden Substanzen verlieren. Dieser Stoff darf, wenn er weniger Alkohol, Wasser oder Phlegmatisierungsmittel als angegeben enthält, nur mit besonderer Zulassung der zuständigen Behörde befördert werden.	0224
-	-	-	F-B, S-X	Staukategorie 05 SW1	-	Siehe Glossar der Benennungen in Anhang B.	0225
-	-	-	F-B, S-Y	Staukategorie 04 SW1	-	Stoff. In Masse detonierender Explosivstoff, der empfindlicher wird, wenn er seine befeuchtenden oder desensibilisierenden Substanzen verliert. Dieser Stoff darf, wenn er weniger Alkohol, Wasser oder Phlegmatisierungsmittel als angegeben enthält, nur mit besonderer Zulassung der zuständigen Behörde befördert werden.	0226
-	-	-	F-B, S-Z	Staukategorie 04 SW1	SG31	Stoff.	0234
-	-	-	F-B, S-Y	Staukategorie 04 SW1	SG31	Stoff.	0235
-	-	-	F-B, S-Y	Staukategorie 04 SW1	SG31	Stoff.	0236
-	-	-	F-B, S-X	Staukategorie 02 SW1	-	Siehe Glossar der Benennungen in Anhang B.	0237
-	-	-	F-B, S-X	Staukategorie 03 SW1	-	Siehe Glossar der Benennungen in Anhang B.	0238

UN-Nr.	Richtiger technischer Name	Klasse	Zusatzgefahr	Verpackungsgruppe	Sondervorschriften	Begrenzte und freigestellte Mengen		Verpackungen		IBC	
						Begrenzte Mengen	Freigestellte Mengen	Anweisung(en)	Sondervorschriften	Anweisung(en)	Sondervorschriften
(1)	(2) 3.1.2	(3) 2.0	(4) 2.0	(5) 2.0.1.3	(6) 3.3	(7a) 3.4	(7b) 3.5	(8) 4.1.4	(9) 4.1.4	(10) 4.1.4	(11) 4.1.4
0240	RAKETEN, LEINENWURF ROCKETS, LINE-THROWING	1.3G	-	-	-	0	E0	P130	-	-	-
0241	SPRENGSTOFF, TYP E EXPLOSIVE, BLASTING, TYPE E	1.1D	-	-	-	0	E0	P116	PP61 PP62	IBC100	B10
0242	TREIBLADUNGEN FÜR GESCHÜTZE CHARGES, PROPELLING, FOR CANNON	1.3C	-	-	-	0	E0	P130	-	-	-
0243	MUNITION, BRAND, WEISSER PHOSPHOR, mit Zerleger, Ausstoß- oder Treibladung AMMUNITION, INCENDIARY, WHITE PHOSPHORUS with burster, expelling charge or propelling charge	1.2H	-	-	-	0	E0	P130 LP101	PP67 L1	-	-
0244	MUNITION, BRAND, WEISSER PHOSPHOR, mit Zerleger, Ausstoß- oder Treibladung AMMUNITION, INCENDIARY, WHITE PHOSPHORUS with burster, expelling charge or propelling charge	1.3H	-	-	-	0	E0	P130 LP101	PP67 L1	-	-
0245	MUNITION, NEBEL, WEISSER PHOSPHOR, mit Zerleger, Ausstoß- oder Treibladung AMMUNITION, SMOKE, WHITE PHOSPHORUS with burster, expelling charge or propelling charge	1.2H	-	-	-	0	E0	P130 LP101	PP67 L1	-	-
0246	MUNITION, NEBEL, WEISSER PHOSPHOR, mit Zerleger, Ausstoß- oder Treibladung AMMUNITION, SMOKE, WHITE PHOSPHORUS with burster, expelling charge or propelling charge	1.3H	-	-	-	0	E0	P130 LP101	PP67 L1	-	-
0247	MUNITION, BRAND, mit flüssigem oder geliertem Brandstoff, mit Zerleger, Ausstoß- oder Treibladung AMMUNITION, INCENDIARY liquid or gel, with burster, expelling charge or propelling charge	1.3J	-	-	-	0	E0	P101	-	-	-
0248	VORRICHTUNGEN, DURCH WASSER AKTIVIERBAR, mit Zerleger, Ausstoß- oder Treibladung CONTRIVANCES, WATER-ACTIVATED with burster, expelling charge or propelling charge	1.2L	4.3	-	274	0	E0	P144	PP77	-	-
0249	VORRICHTUNGEN, DURCH WASSER AKTIVIERBAR, mit Zerleger, Ausstoß- oder Treibladung CONTRIVANCES, WATER ACTIVATED with burster, expelling charge or propelling charge	1.3L	4.3	-	274	0	E0	P144	PP77	-	-
0250	RAKETENTRIEBWERKE, MIT HYPERGOLEN, mit oder ohne Ausstoßladung ROCKET MOTORS WITH HYPERGOLIC LIQUIDS with or without expelling charge	1.3L	-	-	-	0	E0	P101	-	-	-
0254	MUNITION, LEUCHT, mit oder ohne Zerleger, Ausstoß- oder Treibladung AMMUNITION, ILLUMINATING with or without burster, expelling charge or propelling charge	1.3G	-	-	-	0	E0	P130 LP101	PP67 L1	-	-

Ortsbewegliche Tanks und Schüttgut-Container			EmS	Stauung und Handhabung	Trennung	Eigenschaften und Bemerkung	UN-Nr.
	Tank Anweisung(en)	Vorschriften					
(12)	(13)	(14)	(15)	(16a)	(16b)	(17)	(18)
	4.2.5 4.3	4.2.5	5.4.3.2 7.8	7.1, 7.3 bis 7.7	7.2 bis 7.7		
-	-	-	F-B, S-X	Staukategorie 03 SW1	-	Siehe Glossar der Benennungen in Anhang B.	0240
-	-	-	F-B, S-X	Staukategorie 04 SW1	SG34	Siehe Glossar der Benennungen in Anhang B.	0241
-	-	-	F-B, S-X	Staukategorie 03 SW1	-	Siehe Glossar der Benennungen in Anhang B.	0242
-	-	-	F-B, S-X	Staukategorie 05 SW1	-	Siehe Glossar der Benennungen in Anhang B.	0243
-	-	-	F-B, S-X	Staukategorie 05 SW1	-	Siehe Glossar der Benennungen in Anhang B.	0244
-	-	-	F-B, S-X	Staukategorie 05 SW1	-	Siehe Glossar der Benennungen in Anhang B.	0245
-	-	-	F-B, S-X	Staukategorie 05 SW1	-	Siehe Glossar der Benennungen in Anhang B.	0246
-	-	-	F-B, S-X	Staukategorie 05 SW1	-	Siehe Glossar der Benennungen in Anhang B.	0247
-	-	-	F-B, S-Y	Staukategorie 05 SW1	-	Siehe Glossar der Benennungen in Anhang B.	0248
-	-	-	F-B, S-Y	Staukategorie 05 SW1	-	Siehe Glossar der Benennungen in Anhang B.	0249
-	-	-	F-B, S-X	Staukategorie 05 SW1	-	Siehe Glossar der Benennungen in Anhang B.	0250
-	-	-	F-B, S-X	Staukategorie 03 SW1	-	Siehe Glossar der Benennungen in Anhang B.	0254

3.2 Gefahrgutliste

UN-Nr.	Richtiger technischer Name	Klasse	Zusatzgefahr	Verpackungsgruppe	Sondervorschriften	Begrenzte und freigestellte Mengen		Verpackungen		IBC	
						Begrenzte Mengen	Freigestellte Mengen	Anweisung(en)	Sondervorschriften	Anweisung(en)	Sondervorschriften
(1)	(2) 3.1.2	(3) 2.0	(4) 2.0	(5) 2.0.1.3	(6) 3.3	(7a) 3.4	(7b) 3.5	(8) 4.1.4	(9) 4.1.4	(10) 4.1.4	(11) 4.1.4
0255	SPRENGKAPSELN, ELEKTRISCH DETONATORS, ELECTRIC for blasting	1.4B	-	-	-	0	E0	P131	-	-	-
0257	ZÜNDER, SPRENGKRÄFTIG FUZES, DETONATING	1.4B	-	-	-	0	E0	P141	-	-	-
0266	OKTOLIT (OCTOL), trocken oder angefeuchtet mit weniger als 15 Masse-% Wasser OCTOLITE (OCTOL) dry or wetted with less than 15 % water, by mass	1.1D	-	-	-	0	E0	P112(a) P112(b) P112(c)	-	-	-
0267	SPRENGKAPSELN, NICHT ELEKTRISCH DETONATORS, NON-ELECTRIC for blasting	1.4B	-	-	-	0	E0	P131	PP68	-	-
0268	ZÜNDVERSTÄRKER, MIT DETONATOR BOOSTERS WITH DETONATOR	1.2B	-	-	-	0	E0	P133	PP69	-	-
0271	TREIBSÄTZE CHARGES, PROPELLING	1.1C	-	-	-	0	E0	P143	PP76	-	-
0272	TREIBSÄTZE CHARGES, PROPELLING	1.3C	-	-	-	0	E0	P143	PP76	-	-
0275	KARTUSCHEN FÜR TECHNISCHE ZWECKE CARTRIDGES, POWER DEVICE	1.3C	-	-	-	0	E0	P134 LP102	-	-	-
0276	KARTUSCHEN FÜR TECHNISCHE ZWECKE CARTRIDGES, POWER DEVICE	1.4C	-	-	-	0	E0	P134 LP102	-	-	-
0277	KARTUSCHEN, ERDÖLBOHRLOCH CARTRIDGES, OIL WELL	1.3C	-	-	-	0	E0	P134 LP102	-	-	-
0278	KARTUSCHEN, ERDÖLBOHRLOCH CARTRIDGES, OIL WELL	1.4C	-	-	-	0	E0	P134 LP102	-	-	-
0279	TREIBLADUNGEN FÜR GESCHÜTZE CHARGES, PROPELLING, FOR CANNON	1.1C	-	-	-	0	E0	P130	-	-	-
0280	RAKETENMOTOREN ROCKET MOTORS	1.1C	-	-	-	0	E0	P130 LP101	PP67 L1	-	-
0281	RAKETENMOTOREN ROCKET MOTORS	1.2C	-	-	-	0	E0	P130 LP101	PP67 L1	-	-
0282	NITROGUANIDIN (PICRIT), trocken oder angefeuchtet mit weniger als 20 Masse-% Wasser NITROGUANIDINE (PICRITE) dry or wetted with less than 20 % water, by mass	1.1D	-	-	-	0	E0	P112(a) P112(b) P112(c)	-	-	-
0283	ZÜNDVERSTÄRKER, ohne Detonator BOOSTERS without detonator	1.2D	-	-	-	0	E0	P132(a) P132(b)	-	-	-
0284	GRANATEN, Hand oder Gewehr, mit Sprengladung GRENADES hand or rifle, with bursting charge	1.1D	-	-	-	0	E0	P141	-	-	-
0285	GRANATEN, Hand oder Gewehr, mit Sprengladung GRENADES hand or rifle, with bursting charge	1.2D	-	-	-	0	E0	P141	-	-	-

Ortsbewegliche Tanks und Schüttgut-Container			EmS	Stauung und Handhabung	Trennung	Eigenschaften und Bemerkung	UN-Nr.
	Tank Anwei-sung(en)	Vor-schrif-ten					
(12)	(13)	(14)	(15)	(16a)	(16b)	(17)	(18)
	4.2.5 4.3	4.2.5	5.4.3.2 7.8	7.1, 7.3 bis 7.7	7.2 bis 7.7		
-	-	-	F-B, S-X	Staukategorie 05 SW1	-	Siehe Glossar der Benennungen in Anhang B.	0255
-	-	-	F-B, S-X	Staukategorie 05 SW1	-	Siehe Glossar der Benennungen in Anhang B.	0257
-	-	-	F-B, S-Y	Staukategorie 04 SW1	-	Stoff. Mischung in Masse detonierender Explosivstoffe.	0266
-	-	-	F-B, S-X	Staukategorie 05 SW1	-	Siehe Glossar der Benennungen in Anhang B.	0267
-	-	-	F-B, S-X	Staukategorie 05 SW1	-	Siehe Glossar der Benennungen in Anhang B.	0268
-	-	-	F-B, S-X	Staukategorie 03 SW1	-	Siehe Glossar der Benennungen in Anhang B.	0271
-	-	-	F-B, S-X	Staukategorie 03 SW1	-	Siehe Glossar der Benennungen in Anhang B.	0272
-	-	-	F-B, S-X	Staukategorie 03 SW1	-	Siehe Glossar der Benennungen in Anhang B.	0275
-	-	-	F-B, S-X	Staukategorie 02 SW1	-	Siehe Glossar der Benennungen in Anhang B.	0276
-	-	-	F-B, S-X	Staukategorie 03 SW1	-	Siehe Glossar der Benennungen in Anhang B.	0277
-	-	-	F-B, S-X	Staukategorie 02 SW1	-	Siehe Glossar der Benennungen in Anhang B.	0278
-	-	-	F-B, S-X	Staukategorie 03 SW1	-	Siehe Glossar der Benennungen in Anhang B.	0279
-	-	-	F-B, S-X	Staukategorie 03 SW1	-	Siehe Glossar der Benennungen in Anhang B.	0280
-	-	-	F-B, S-X	Staukategorie 04 SW1	-	Siehe Glossar der Benennungen in Anhang B.	0281
-	-	-	F-B, S-Y	Staukategorie 04 SW1	-	Stoff.	0282
-	-	-	F-B, S-X	Staukategorie 03 SW1	-	Siehe Glossar der Benennungen in Anhang B.	0283
-	-	-	F-B, S-X	Staukategorie 03 SW1	-	Siehe Glossar der Benennungen in Anhang B.	0284
-	-	-	F-B, S-X	Staukategorie 03 SW1	-	Siehe Glossar der Benennungen in Anhang B.	0285

UN-Nr.	Richtiger technischer Name	Klasse	Zusatz-gefahr	Verpa-ckungs-gruppe	Sonder-vor-schrif-ten	Begrenzte und freige-stellte Mengen		Verpackungen		IBC	
						Be-grenzte Men-gen	Freige-stellte Men-gen	Anwei-sung(en)	Sonder-vor-schriften	Anwei-sung(en)	Sonder-vor-schriften
(1)	(2) 3.1.2	(3) 2.0	(4) 2.0	(5) 2.0.1.3	(6) 3.3	(7a) 3.4	(7b) 3.5	(8) 4.1.4	(9) 4.1.4	(10) 4.1.4	(11) 4.1.4
0286	GEFECHTSKÖPFE, RAKETE, mit Sprengladung WARHEADS, ROCKET with bursting charge	1.1D	-	-	-	0	E0	P130 LP101	PP67 L1	-	-
0287	GEFECHTSKÖPFE, RAKETE, mit Sprengladung WARHEADS, ROCKET with bursting charge	1.2D	-	-	-	0	E0	P130 LP101	PP67 L1	-	-
0288	SCHNEIDLADUNG, BIEGSAM, GE-STRECKT CHARGES, SHAPED, FLEXIBLE, LINE-AR	1.1D	-	-	-	0	E0	P138	-	-	-
0289	SPRENGSCHNUR, biegsam CORD, DETONATING flexible	1.4D	-	-	-	0	E0	P139	PP71 PP72	-	-
0290	SPRENGSCHNUR, mit Metallmantel CORD (FUSE), DETONATING metal-clad	1.1D	-	-	-	0	E0	P139	PP71	-	-
0291	BOMBEN, mit Sprengladung BOMBS with bursting charge	1.2F	-	-	-	0	E0	P130	-	-	-
0292	GRANATEN, Hand oder Gewehr, mit Sprengladung GRENADES hand or rifle, with bursting charge	1.1F	-	-	-	0	E0	P141	-	-	-
0293	GRANATEN, Hand oder Gewehr, mit Sprengladung GRENADES hand or rifle, with bursting charge	1.2F	-	-	-	0	E0	P141	-	-	-
0294	MINEN, mit Sprengladung MINES with bursting charge	1.2F	-	-	-	0	E0	P130	-	-	-
0295	RAKETEN, mit Sprengladung ROCKETS with bursting charge	1.2F	-	-	-	0	E0	P130	-	-	-
0296	FALLLOTE, MIT EXPLOSIVSTOFF SOUNDING DEVICES, EXPLOSIVE	1.1F	-	-	-	0	E0	P134 LP102	-	-	-
0297	MUNITION, LEUCHT, mit oder ohne Zerleger, Ausstoß- oder Treibladung AMMUNITION, ILLUMINATING with or without burster, expelling charge or propelling charge	1.4G	-	-	-	0	E0	P130 LP101	PP67 L1	-	-
0299	BOMBEN, BLITZLICHT BOMBS, PHOTO-FLASH	1.3G	-	-	-	0	E0	P130 LP101	PP67 L1	-	-
0300	MUNITION, BRAND, mit oder ohne Zerleger, Ausstoß- oder Treibladung AMMUNITION, INCENDIARY with or without burster, expelling charge or propelling charge	1.4G	-	-	-	0	E0	P130 LP101	PP67 L1	-	-
0301	MUNITION, AUGENREIZSTOFF, mit Zerleger, Ausstoß- oder Treibladung AMMUNITION, TEAR-PRODUCING with burster, expelling charge or propelling charge	1.4G	6.1/8	-	-	0	E0	P130 LP101	PP67 L1	-	-
0303	MUNITION, NEBEL, mit oder ohne Zerleger, Ausstoß- oder Treibladung AMMUNITION, SMOKE with or without burster, expelling charge or propelling charge	1.4G	Siehe SV204	-	204	0	E0	P130 LP101	PP67 L1	-	-

Ortsbewegliche Tanks und Schüttgut-Container			EmS	Stauung und Handhabung	Trennung	Eigenschaften und Bemerkung	UN-Nr.
	Tank Anwei-sung(en)	Vor-schrif-ten					
(12)	(13) 4.2.5 4.3	(14) 4.2.5	(15) 5.4.3.2 7.8	(16a) 7.1, 7.3 bis 7.7	(16b) 7.2 bis 7.7	(17)	(18)
-	-	-	F-B, S-X	Staukategorie 03 SW1	-	Siehe Glossar der Benennungen in Anhang B.	0286
-	-	-	F-B, S-X	Staukategorie 03 SW1	-	Siehe Glossar der Benennungen in Anhang B.	0287
-	-	-	F-B, S-X	Staukategorie 04 SW1	-	Siehe Glossar der Benennungen in Anhang B.	0288
-	-	-	F-B, S-X	Staukategorie 02 SW1	-	Siehe Glossar der Benennungen in Anhang B.	0289
-	-	-	F-B, S-X	Staukategorie 03 SW1	-	Siehe Glossar der Benennungen in Anhang B.	0290
-	-	-	F-B, S-X	Staukategorie 03 SW1	-	Siehe Glossar der Benennungen in Anhang B.	0291
-	-	-	F-B, S-X	Staukategorie 03 SW1	-	Siehe Glossar der Benennungen in Anhang B.	0292
-	-	-	F-B, S-X	Staukategorie 03 SW1	-	Siehe Glossar der Benennungen in Anhang B.	0293
-	-	-	F-B, S-X	Staukategorie 03 SW1	-	Siehe Glossar der Benennungen in Anhang B.	0294
-	-	-	F-B, S-X	Staukategorie 03 SW1	-	Siehe Glossar der Benennungen in Anhang B.	0295
-	-	-	F-B, S-X	Staukategorie 03 SW1	-	Siehe Glossar der Benennungen in Anhang B.	0296
-	-	-	F-B, S-X	Staukategorie 02 SW1	-	Siehe Glossar der Benennungen in Anhang B.	0297
-	-	-	F-B, S-X	Staukategorie 03 SW1	-	Siehe Glossar der Benennungen in Anhang B.	0299
-	-	-	F-B, S-X	Staukategorie 02 SW1	-	Siehe Glossar der Benennungen in Anhang B.	0300
-	-	-	F-B, S-Z	Staukategorie 02 SW1	SG74	Siehe Glossar der Benennungen in Anhang B.	0301
-	-	-	F-B, S-X	Staukategorie 02 SW1	-	Siehe Glossar der Benennungen in Anhang B.	0303

3.2 Gefahrgutliste

UN-Nr.	Richtiger technischer Name	Klasse	Zusatzgefahr	Verpackungsgruppe	Sondervorschriften	Begrenzte und freigestellte Mengen		Verpackungen		IBC	
						Begrenzte Mengen	Freigestellte Mengen	Anweisung(en)	Sondervorschriften	Anweisung(en)	Sondervorschriften
(1)	(2) 3.1.2	(3) 2.0	(4) 2.0	(5) 2.0.1.3	(6) 3.3	(7a) 3.4	(7b) 3.5	(8) 4.1.4	(9) 4.1.4	(10) 4.1.4	(11) 4.1.4
0305	BLITZLICHTPULVER FLASH POWDER	1.3G	-	-	-	0	E0	P113	PP49	-	-
0306	LEUCHTSPURKÖRPER FÜR MUNITION TRACERS FOR AMMUNITION	1.4G	-	-	-	0	E0	P133	PP69	-	-
0312	PATRONEN, SIGNAL CARTRIDGES, SIGNAL	1.4G	-	-	-	0	E0	P135	-	-	-
0313	SIGNALKÖRPER, RAUCH SIGNALS, SMOKE	1.2G	-	-	-	0	E0	P135	-	-	-
0314	ANZÜNDER IGNITERS	1.2G	-	-	-	0	E0	P142	-	-	-
0315	ANZÜNDER IGNITERS	1.3G	-	-	-	0	E0	P142	-	-	-
0316	ZÜNDER, NICHT SPRENGKRÄFTIG FUZES, IGNITING	1.3G	-	-	-	0	E0	P141	-	-	-
0317	ZÜNDER, NICHT SPRENGKRÄFTIG FUZES, IGNITING	1.4G	-	-	-	0	E0	P141	-	-	-
0318	GRANATEN, ÜBUNG, Hand oder Gewehr GRENADES, PRACTICE hand or rifle	1.3G	-	-	-	0	E0	P141	-	-	-
0319	TREIBLADUNGSANZÜNDER PRIMERS, TUBULAR	1.3G	-	-	-	0	E0	P133		-	-
0320	TREIBLADUNGSANZÜNDER PRIMERS, TUBULAR	1.4G	-	-	-	0	E0	P133	-	-	-
0321	PATRONEN FÜR WAFFEN, mit Sprengladung CARTRIDGES FOR WEAPONS with bursting charge	1.2E	-	-	-	0	E0	P130 LP101	PP67 L1	-	-
0322	RAKETENTRIEBWERKE, MIT HYPERGOLEN, mit oder ohne Ausstoßladung ROCKET MOTORS WITH HYPERGOLIC LIQUIDS with or without expelling charge	1.2L	-	-	-	0	E0	P101	-	-	-
0323	KARTUSCHEN FÜR TECHNISCHE ZWECKE CARTRIDGES, POWER DEVICE	1.4S	-	-	347	0	E0	P134 LP102	-	-	-
0324	GESCHOSSE, mit Sprengladung PROJECTILES with bursting charge	1.2F	-	-	-	0	E0	P130	-	-	-
0325	ANZÜNDER IGNITERS	1.4G	-	-	-	0	E0	P142	-	-	-
0326	PATRONEN FÜR WAFFEN, MANÖVER CARTRIDGES FOR WEAPONS, BLANK	1.1C	-	-	-	0	E0	P130	-	-	-
0327	PATRONEN FÜR HANDFEUERWAFFEN, MANÖVER oder PATRONEN FÜR WAFFEN, MANÖVER CARTRIDGES FOR WEAPONS, BLANK or CARTRIDGES, SMALL ARMS, BLANK	1.3C	-	-	-	0	E0	P130	-	-	-
0328	PATRONEN FÜR WAFFEN, MIT INERTEM GESCHOSS CARTRIDGES FOR WEAPONS, INERT PROJECTILE	1.2C	-	-	-	0	E0	P130 LP101	PP67 L1	-	-

Ortsbewegliche Tanks und Schüttgut-Container			EmS	Stauung und Handhabung	Trennung	Eigenschaften und Bemerkung	UN-Nr.	
	Tank Anweisung(en)	Vorschriften						
(12)	(13)	(14)	(15)	(16a)	(16b)	(17)	(18)	
	4.2.5 4.3	4.2.5	5.4.3.2 7.8	7.1, 7.3 bis 7.7	7.2 bis 7.7			
-	-	-	F-B, S-Y	Staukategorie 03 SW1	-	Siehe Glossar der Benennungen in Anhang B.	0305	
-	-	-	F-B, S-X	Staukategorie 02 SW1	-	Siehe Glossar der Benennungen in Anhang B.	0306	
-	-	-	F-B, S-X	Staukategorie 02 SW1	-	Siehe Glossar der Benennungen in Anhang B.	0312	
-	-	-	F-B, S-X	Staukategorie 03 SW1	-	Siehe Glossar der Benennungen in Anhang B.	0313	→ *auch 3.3.1 SV 296*
-	-	-	F-B, S-X	Staukategorie 03 SW1	-	Siehe Glossar der Benennungen in Anhang B.	0314	
-	-	-	F-B, S-X	Staukategorie 03 SW1	-	Siehe Glossar der Benennungen in Anhang B.	0315	
-	-	-	F-B, S-X	Staukategorie 03 SW1	-	Siehe Glossar der Benennungen in Anhang B.	0316	
-	-	-	F-B, S-X	Staukategorie 02 SW1	-	Siehe Glossar der Benennungen in Anhang B.	0317	
-	-	-	F-B, S-X	Staukategorie 03 SW1	-	Siehe Glossar der Benennungen in Anhang B.	0318	
-	-	-	F-B, S-X	Staukategorie 03 SW1	-	Siehe Glossar der Benennungen in Anhang B.	0319	
-	-	-	F-B, S-X	Staukategorie 02 SW1	-	Siehe Glossar der Benennungen in Anhang B.	0320	
-	-	-	F-B, S-X	Staukategorie 03 SW1	-	Siehe Glossar der Benennungen in Anhang B.	0321	
-	-	-	F-B, S-X	Staukategorie 05 SW1	-	Siehe Glossar der Benennungen in Anhang B.	0322	
-	-	-	F-B, S-X	Staukategorie 01 SW1	-	Siehe Glossar der Benennungen in Anhang B.	0323	
-	-	-	F-B, S-X	Staukategorie 03 SW1	-	Siehe Glossar der Benennungen in Anhang B.	0324	
-	-	-	F-B, S-X	Staukategorie 02 SW1	-	Siehe Glossar der Benennungen in Anhang B.	0325	
-	-	-	F-B, S-X	Staukategorie 03 SW1	-	Siehe Glossar der Benennungen in Anhang B.	0326	
-	-	-	F-B, S-X	Staukategorie 03 SW1	-	Siehe Glossar der Benennungen in Anhang B.	0327	
-	-	-	F-B, S-X	Staukategorie 03 SW1	-	Siehe Glossar der Benennungen in Anhang B.	0328	

3.2 Gefahrgutliste

UN-Nr.	Richtiger technischer Name	Klasse	Zusatzgefahr	Verpackungsgruppe	Sondervorschriften	Begrenzte und freigestellte Mengen		Verpackungen		IBC	
						Begrenzte Mengen	Freigestellte Mengen	Anweisung(en)	Sondervorschriften	Anweisung(en)	Sondervorschriften
(1)	(2) 3.1.2	(3) 2.0	(4) 2.0	(5) 2.0.1.3	(6) 3.3	(7a) 3.4	(7b) 3.5	(8) 4.1.4	(9) 4.1.4	(10) 4.1.4	(11) 4.1.4
0329	TORPEDOS, mit Sprengladung TORPEDOES with bursting charge	1.1E	-	-	-	0	E0	P130 LP101	PP67 L1	-	-
0330	TORPEDOS, mit Sprengladung TORPEDOES with bursting charge	1.1F	-	-	-	0	E0	P130	-	-	-
0331	SPRENGSTOFF, TYP B (SPRENGMITTEL, TYP B) EXPLOSIVE, BLASTING, TYPE B (AGENT, BLASTING, TYPE B)	1.5D	-	-	-	0	E0	P116	PP61 PP62 PP64	IBC100	-
0332	SPRENGSTOFF, TYP E (SPRENGMITTEL, TYP E) EXPLOSIVE, BLASTING, TYPE E (AGENT, BLASTING, TYPE E)	1.5D	-	-	-	0	E0	P116	PP61 PP62	IBC100	-
0333	FEUERWERKSKÖRPER FIREWORKS	1.1G	-	-	-	0	E0	P135	-	-	-
0334	FEUERWERKSKÖRPER FIREWORKS	1.2G	-	-	-	0	E0	P135	-	-	-
0335	FEUERWERKSKÖRPER FIREWORKS	1.3G	-	-	-	0	E0	P135	-	-	-
0336	FEUERWERKSKÖRPER FIREWORKS	1.4G	-	-	-	0	E0	P135	-	-	-
0337	FEUERWERKSKÖRPER FIREWORKS	1.4S	-	-	-	0	E0	P135	-	-	-
0338	PATRONEN FÜR HANDFEUERWAFFEN, MANÖVER oder PATRONEN FÜR WAFFEN, MANÖVER CARTRIDGES FOR WEAPONS, BLANK or CARTRIDGES, SMALL ARMS, BLANK	1.4C	-	-	-	0	E0	P130	-	-	-
0339	PATRONEN FÜR WAFFEN, MIT INERTEM GESCHOSS oder PATRONEN FÜR HANDFEUERWAFFEN CARTRIDGES FOR WEAPONS, INERT PROJECTILE or CARTRIDGES, SMALL ARMS	1.4C	-	-	-	0	E0	P130	-	-	-
0340	NITROCELLULOSE, trocken oder angefeuchtet mit weniger als 25 Masse-% Wasser (oder Alkohol) NITROCELLULOSE dry or wetted with less than 25 % water (or alcohol), by mass	1.1D	-	-	-	0	E0	P112(a) P112(b)	-	-	-
0341	NITROCELLULOSE, nicht behandelt oder plastifiziert, mit weniger als 18 Masse-% Plastifizierungsmittel NITROCELLULOSE unmodified or plasticized with less than 18 % plasticizing substance, by mass	1.1D	-	-	-	0	E0	P112(b)	-	-	-
0342	NITROCELLULOSE, ANGEFEUCHTET, mit mindestens 25 Masse-% Alkohol NITROCELLULOSE, WETTED with not less than 25 % alcohol, by mass	1.3C	-	-	105	0	E0	P114(a)	PP43	-	-
0343	NITROCELLULOSE, PLASTIFIZIERT, mit mindestens 18 Masse-% Plastifizierungsmittel NITROCELLULOSE, PLASTICIZED with not less than 18 % plasticizing substance, by mass	1.3C	-	-	105	0	E0	P111	-	-	-

Ortsbewegliche Tanks und Schüttgut-Container			EmS	Stauung und Handhabung	Trennung	Eigenschaften und Bemerkung	UN-Nr.	
	Tank Anweisung(en)	Vorschriften						
(12)	(13)	(14)	(15)	(16a)	(16b)	(17)	(18)	
	4.2.5 4.3	4.2.5	5.4.3.2 7.8	7.1, 7.3 bis 7.7	7.2 bis 7.7			
-	-	-	F-B, S-X	Staukategorie 03 SW1	-	Siehe Glossar der Benennungen in Anhang B.	0329	
-	-	-	F-B, S-X	Staukategorie 03 SW1	-	Siehe Glossar der Benennungen in Anhang B.	0330	
-	T1	TP1 TP17 TP32	F-B, S-Y	Staukategorie 03 SW1	SG34	Siehe Glossar der Benennungen in Anhang B.	0331	
-	T1	TP1 TP17 TP32	F-B, S-Y	Staukategorie 03 SW1	SG34	Siehe Glossar der Benennungen in Anhang B.	0332	
-	-	-	F-B, S-X	Staukategorie 03 SW1	-	Siehe Glossar der Benennungen in Anhang B.	0333	*→ D: GGVSee § 3 (5)*
-	-	-	F-B, S-X	Staukategorie 03 SW1	-	Siehe Glossar der Benennungen in Anhang B.	0334	*→ D: GGVSee § 3 (5)*
-	-	-	F-B, S-X	Staukategorie 03 SW1	-	Siehe Glossar der Benennungen in Anhang B.	0335	*→ D: GGVSee § 3 (5)*
-	-	-	F-B, S-X	Staukategorie 02 SW1	-	Siehe Glossar der Benennungen in Anhang B.	0336	*→ D: GGVSee § 3 (5)*
-	-	-	F-B, S-X	Staukategorie 01 SW1	-	Siehe Glossar der Benennungen in Anhang B.	0337	*→ D: GGVSee § 3 (5)*
-	-	-	F-B, S-X	Staukategorie 02 SW1	-	Siehe Glossar der Benennungen in Anhang B.	0338	
-	-	-	F-B, S-X	Staukategorie 02 SW1	-	Siehe Glossar der Benennungen in Anhang B.	0339	
-	-	-	F-B, S-Y	Staukategorie 04 SW1	-	Stoff.	0340	
-	-	-	F-B, S-Y	Staukategorie 04 SW1	-	Stoff.	0341	
-	-	-	F-B, S-Y	Staukategorie 04 SW1	-	Stoff.	0342	
-	-	-	F-B, S-Y	Staukategorie 04 SW1	-	Stoff.	0343	

UN-Nr.	Richtiger technischer Name	Klasse	Zusatzgefahr	Verpackungsgruppe	Sondervorschriften	Begrenzte und freigestellte Mengen		Verpackungen		IBC	
						Begrenzte Mengen	Freigestellte Mengen	Anweisung(en)	Sondervorschriften	Anweisung(en)	Sondervorschriften
(1)	(2) 3.1.2	(3) 2.0	(4) 2.0	(5) 2.0.1.3	(6) 3.3	(7a) 3.4	(7b) 3.5	(8) 4.1.4	(9) 4.1.4	(10) 4.1.4	(11) 4.1.4
0344	GESCHOSSE, mit Sprengladung PROJECTILES with bursting charge	1.4D	-	-	-	0	E0	P130 LP101	PP67 L1	-	-
0345	GESCHOSSE, inert, mit Leuchtspurmitteln PROJECTILES inert, with tracer	1.4S	-	-	-	0	E0	P130 LP101	PP67 L1	-	-
0346	GESCHOSSE, mit Zerleger oder Ausstoßladung PROJECTILES with burster or expelling charge	1.2D	-	-	-	0	E0	P130 LP101	PP67 L1	-	-
0347	GESCHOSSE, mit Zerleger oder Ausstoßladung PROJECTILES with burster or expelling charge	1.4D	-	-	-	0	E0	P130 LP101	PP67 L1	-	-
0348	PATRONEN FÜR WAFFEN, mit Sprengladung CARTRIDGES FOR WEAPONS with bursting charge	1.4F	-	-	-	0	E0	P130	-	-	-
0349	GEGENSTÄNDE MIT EXPLOSIVSTOFF, N.A.G. ARTICLES, EXPLOSIVE, N.O.S.	1.4S	-	-	178 274 347	0	E0	P101	-	-	-
0350	GEGENSTÄNDE MIT EXPLOSIVSTOFF, N.A.G. ARTICLES, EXPLOSIVE, N.O.S.	1.4B	-	-	178 274	0	E0	P101	-	-	-
0351	GEGENSTÄNDE MIT EXPLOSIVSTOFF, N.A.G. ARTICLES, EXPLOSIVE, N.O.S.	1.4C	-	-	178 274	0	E0	P101	-	-	-
0352	GEGENSTÄNDE MIT EXPLOSIVSTOFF, N.A.G. ARTICLES, EXPLOSIVE, N.O.S.	1.4D	-	-	178 274	0	E0	P101	-	-	-
0353	GEGENSTÄNDE MIT EXPLOSIVSTOFF, N.A.G. ARTICLES, EXPLOSIVE, N.O.S.	1.4G	-	-	178 274	0	E0	P101	-	-	-
0354	GEGENSTÄNDE MIT EXPLOSIVSTOFF, N.A.G. ARTICLES, EXPLOSIVE, N.O.S.	1.1L	Siehe SV943	-	178 274	0	E0	P101	-	-	-
0355	GEGENSTÄNDE MIT EXPLOSIVSTOFF, N.A.G. ARTICLES, EXPLOSIVE, N.O.S.	1.2L	Siehe SV943	-	178 274	0	E0	P101	-	-	-
0356	GEGENSTÄNDE MIT EXPLOSIVSTOFF, N.A.G. ARTICLES, EXPLOSIVE, N.O.S.	1.3L	Siehe SV943	-	178 274	0	E0	P101	-	-	-
0357	EXPLOSIVE STOFFE, N.A.G. SUBSTANCES, EXPLOSIVE, N.O.S.	1.1L	-	-	178 274	0	E0	P101	-	-	-
0358	EXPLOSIVE STOFFE, N.A.G. SUBSTANCES, EXPLOSIVE, N.O.S.	1.2L	-	-	178 274	0	E0	P101	-	-	-
0359	EXPLOSIVE STOFFE, N.A.G. SUBSTANCES, EXPLOSIVE, N.O.S.	1.3L	-	-	178 274	0	E0	P101	-	-	-
0360	ZÜNDEINRICHTUNGEN für Sprengungen, NICHT ELEKTRISCH DETONATOR ASSEMBLIES, NON-ELECTRIC for blasting	1.1B	-	-	-	0	E0	P131	-	-	-

Ortsbewegliche Tanks und Schüttgut-Container			EmS	Stauung und Handhabung	Trennung	Eigenschaften und Bemerkung	UN-Nr.
	Tank Anweisung(en)	Vorschriften					
(12)	(13)	(14)	(15)	(16a)	(16b)	(17)	(18)
	4.2.5 4.3	4.2.5	5.4.3.2 7.8	7.1, 7.3 bis 7.7	7.2 bis 7.7		
-	-	-	F-B, S-X	Staukategorie 02 SW1	-	Siehe Glossar der Benennungen in Anhang B.	0344
-	-	-	F-B, S-X	Staukategorie 01 SW1	-	Siehe Glossar der Benennungen in Anhang B.	0345
-	-	-	F-B, S-X	Staukategorie 03 SW1	-	Siehe Glossar der Benennungen in Anhang B.	0346
-	-	-	F-B, S-X	Staukategorie 02 SW1	-	Siehe Glossar der Benennungen in Anhang B.	0347
-	-	-	F-B, S-X	Staukategorie 03 SW1	-	Siehe Glossar der Benennungen in Anhang B.	0348
-	-	-	F-B, S-X	Staukategorie 01 SW1	-	-	0349
-	-	-	F-B, S-X	Staukategorie 05 SW1	-	-	0350
-	-	-	F-B, S-X	Staukategorie 02 SW1	-	-	0351
-	-	-	F-B, S-X	Staukategorie 02 SW1	-	-	0352
-	-	-	F-B, S-X	Staukategorie 02 SW1	-	-	0353
-	-	-	F-B, S-X	Staukategorie 05 SW1	-	-	0354
-	-	-	F-B, S-X	Staukategorie 05 SW1	-	-	0355
-	-	-	F-B, S-X	Staukategorie 05 SW1	-	-	0356
-	-	-	F-B, S-Y	Staukategorie 05 SW1	-	-	0357
-	-	-	F-B, S-Y	Staukategorie 05 SW1	-	-	0358
-	-	-	F-B, S-Y	Staukategorie 05 SW1	-	-	0359
-	-	-	F-B, S-X	Staukategorie 05 SW1	-	Siehe Glossar der Benennungen in Anhang B.	0360

UN-Nr.	Richtiger technischer Name	Klasse	Zusatzgefahr	Verpackungsgruppe	Sondervorschriften	Begrenzte und freigestellte Mengen		Verpackungen		IBC	
						Begrenzte Mengen	Freigestellte Mengen	Anweisung(en)	Sondervorschriften	Anweisung(en)	Sondervorschriften
(1)	(2) 3.1.2	(3) 2.0	(4) 2.0	(5) 2.0.1.3	(6) 3.3	(7a) 3.4	(7b) 3.5	(8) 4.1.4	(9) 4.1.4	(10) 4.1.4	(11) 4.1.4
0361	ZÜNDEINRICHTUNGEN für Sprengungen, NICHT ELEKTRISCH DETONATOR ASSEMBLIES, NON-ELECTRIC for blasting	1.4B	-	-	-	0	E0	P131	-	-	-
0362	MUNITION, ÜBUNG AMMUNITION, PRACTICE	1.4G	-	-	-	0	E0	P130 LP101	PP67 L1	-	-
0363	MUNITION, PRÜF AMMUNITION, PROOF	1.4G	-	-	-	0	E0	P130 LP101	PP67 L1	-	-
0364	DETONATOREN FÜR MUNITION DETONATORS FOR AMMUNITION	1.2B	-	-	-	0	E0	P133	-	-	-
0365	DETONATOREN FÜR MUNITION DETONATORS FOR AMMUNITION	1.4B	-	-	-	0	E0	P133	-	-	-
0366	DETONATOREN FÜR MUNITION DETONATORS FOR AMMUNITION	1.4S	-	-	347	0	E0	P133	-	-	-
0367	ZÜNDER, SPRENGKRÄFTIG FUZES, DETONATING	1.4S	-	-	347	0	E0	P141	-	-	-
0368	ZÜNDER, NICHT SPRENGKRÄFTIG FUZES, IGNITING	1.4S	-	-	-	0	E0	P141	-	-	-
0369	GEFECHTSKÖPFE, RAKETE, mit Sprengladung WARHEADS, ROCKET with bursting charge	1.1F	-	-	-	0	E0	P130	-	-	-
0370	GEFECHTSKÖPFE, RAKETE, mit Zerleger oder Ausstoßladung WARHEADS, ROCKET with burster or expelling charge	1.4D	-	-	-	0	E0	P130 LP101	PP67 L1	-	-
0371	GEFECHTSKÖPFE, RAKETE, mit Zerleger oder Ausstoßladung WARHEADS, ROCKET with burster or expelling charge	1.4F	-	-	-	0	E0	P130	-	-	-
0372	GRANATEN, ÜBUNG, Hand oder Gewehr GRENADES, PRACTICE hand or rifle	1.2G	-	-	-	0	E0	P141	-	-	-
0373	SIGNALKÖRPER, HAND SIGNAL DEVICES, HAND	1.4S	-	-	-	0	E0	P135	-	-	-
0374	FALLLOTE, MIT EXPLOSIVSTOFF SOUNDING DEVICES, EXPLOSIVE	1.1D	-	-	-	0	E0	P134 LP102	-	-	-
0375	FALLLOTE, MIT EXPLOSIVSTOFF SOUNDING DEVICES, EXPLOSIVE	1.2D	-	-	-	0	E0	P134 LP102	-	-	-
0376	TREIBLADUNGSANZÜNDER PRIMERS, TUBULAR	1.4S	-	-	-	0	E0	P133	-	-	-
0377	ANZÜNDHÜTCHEN PRIMERS, CAP TYPE	1.1B	-	-	-	0	E0	P133	-	-	-
0378	ANZÜNDHÜTCHEN PRIMERS, CAP TYPE	1.4B	-	-	-	0	E0	P133	-	-	-
0379	TREIBLADUNGSHÜLSEN, LEER, MIT TREIBLADUNGSANZÜNDER CASES, CARTRIDGE, EMPTY, WITH PRIMER	1.4C	-	-	-	0	E0	P136	-	-	-
0380	GEGENSTÄNDE, PYROPHOR ARTICLES, PYROPHORIC	1.2L	-	-	-	0	E0	P101	-	-	-

Ortsbewegliche Tanks und Schüttgut-Container			EmS	Stauung und Handhabung	Trennung	Eigenschaften und Bemerkung	UN-Nr.	
	Tank Anweisung(en)	Vorschriften						
(12)	(13)	(14)	(15)	(16a)	(16b)	(17)	(18)	
	4.2.5 4.3	4.2.5	5.4.3.2 7.8	7.1, 7.3 bis 7.7	7.2 bis 7.7			
-	-	-	F-B, S-X	Staukategorie 05 SW1	-	Siehe Glossar der Benennungen in Anhang B.	0361	
-	-	-	F-B, S-X	Staukategorie 02 SW1	-	Siehe Glossar der Benennungen in Anhang B.	0362	
-	-	-	F-B, S-X	Staukategorie 02 SW1	-	Siehe Glossar der Benennungen in Anhang B.	0363	
-	-	-	F-B, S-X	Staukategorie 05 SW1	-	Siehe Glossar der Benennungen in Anhang B.	0364	
-	-	-	F-B, S-X	Staukategorie 05 SW1	-	Siehe Glossar der Benennungen in Anhang B.	0365	
-	-	-	F-B, S-X	Staukategorie 01 SW1	-	Siehe Glossar der Benennungen in Anhang B.	0366	
-	-	-	F-B, S-X	Staukategorie 01 SW1	-	Siehe Glossar der Benennungen in Anhang B.	0367	
-	-	-	F-B, S-X	Staukategorie 01 SW1	-	Siehe Glossar der Benennungen in Anhang B.	0368	
-	-	-	F-B, S-X	Staukategorie 03 SW1	-	Siehe Glossar der Benennungen in Anhang B.	0369	
-	-	-	F-B, S-X	Staukategorie 02 SW1	-	Siehe Glossar der Benennungen in Anhang B.	0370	
-	-	-	F-B, S-X	Staukategorie 03 SW1	-	Siehe Glossar der Benennungen in Anhang B.	0371	
-	-	-	F-B, S-X	Staukategorie 03 SW1	-	Siehe Glossar der Benennungen in Anhang B.	0372	
-	-	-	F-B, S-X	Staukategorie 01 SW1	-	Siehe Glossar der Benennungen in Anhang B.	0373	*→ auch 3.3.1 SV 296*
-	-	-	F-B, S-X	Staukategorie 03 SW1	-	Siehe Glossar der Benennungen in Anhang B.	0374	
-	-	-	F-B, S-X	Staukategorie 03 SW1	-	Siehe Glossar der Benennungen in Anhang B.	0375	
-	-	-	F-B, S-X	Staukategorie 01 SW1	-	Siehe Glossar der Benennungen in Anhang B.	0376	
-	-	-	F-B, S-X	Staukategorie 05 SW1	-	Siehe Glossar der Benennungen in Anhang B.	0377	
-	-	-	F-B, S-X	Staukategorie 05 SW1	-	Siehe Glossar der Benennungen in Anhang B.	0378	
-	-	-	F-B, S-X	Staukategorie 02 SW1	-	Siehe Glossar der Benennungen in Anhang B.	0379	
-	-	-	F-B, S-X	Staukategorie 05 SW1	-	Siehe Glossar der Benennungen in Anhang B.	0380	

3.2 Gefahrgutliste

UN-Nr.	Richtiger technischer Name	Klasse	Zusatz-gefahr	Verpa-ckungs-gruppe	Sonder-vor-schrif-ten	Begrenzte und freige-stellte Mengen		Verpackungen		IBC	
						Be-grenzte Men-gen	Freige-stellte Men-gen	Anwei-sung(en)	Sonder-vor-schriften	Anwei-sung(en)	Sonder-vor-schriften
(1)	(2)	(3)	(4)	(5)	(6)	(7a)	(7b)	(8)	(9)	(10)	(11)
	3.1.2	2.0	2.0	2.0.1.3	3.3	3.4	3.5	4.1.4	4.1.4	4.1.4	4.1.4
0381	KARTUSCHEN FÜR TECHNISCHE ZWECKE CARTRIDGES, POWER DEVICE	1.2C	-	-	-	0	E0	P134 LP102	-	-	-
0382	BESTANDTEILE, ZÜNDKETTE, N.A.G. COMPONENTS, EXPLOSIVE TRAIN, N.O.S.	1.2B	-	-	178 274	0	E0	P101	-	-	-
0383	BESTANDTEILE, ZÜNDKETTE, N.A.G. COMPONENTS, EXPLOSIVE TRAIN, N.O.S.	1.4B	-	-	178 274	0	E0	P101	-	-	-
0384	BESTANDTEILE, ZÜNDKETTE, N.A.G. COMPONENTS, EXPLOSIVE TRAIN, N.O.S.	1.4S	-	-	178 274 347	0	E0	P101	-	-	-
0385	5-NITROBENZOTRIAZOL 5-NITROBENZOTRIAZOL	1.1D	-	-	-	0	E0	P112(b) P112(c)	-	-	-
0386	TRINITROBENZENSULFONSÄURE TRINITROBENZENESULPHONIC ACID	1.1D	-	-	-	0	E0	P112(b) P112(c)	PP26	-	-
0387	TRINITROFLUORENON TRINITROFLUORENONE	1.1D	-	-	-	0	E0	P112(b) P112(c)	-	-	-
0388	TRINITROTOLUEN (TNT) IN MISCHUNG MIT TRINITROBENZEN oder TRINITROTOLUEN (TNT) IN MISCHUNG MIT HEXANITROSTILBEN TRINITROTOLUENE (TNT) AND TRINITROBENZENE MIXTURE or TRINITROTOLUENE (TNT) AND HEXANITROSTILBENE MIXTURE	1.1D	-	-	-	0	E0	P112(b) P112(c)	-	-	-
0389	TRINITROTOLUEN (TNT) IN MISCHUNG MIT TRINITROBENZEN UND HEXANITROSTILBEN TRINITROTOLUENE (TNT) MIXTURE CONTAINING TRINITROBENZENE AND HEXANITROSTILBENE	1.1D	-	-	-	0	E0	P112(b) P112(c)	-	-	-
0390	TRITONAL TRITONAL	1.1D	-	-	-	0	E0	P112(b) P112(c)	-	-	-
0391	CYCLOTRIMETHYLENTRINITRAMIN (CYCLONIT), (HEXOGEN), (RDX), IN MISCHUNG MIT CYCLOTETRAMETHYLENTETRANITRAMIN (HMX), (OKTOGEN), ANGEFEUCHTET mit mindestens 15 Masse-% Wasser oder CYCLOTRIMETHYLENTRINITRAMIN (CYCLONIT), (HEXOGEN), (RDX), IN MISCHUNG MIT CYCLOTETRAMETHYLENTETRANITRAMIN (HMX), (OKTOGEN), DESENSIBILISIERT mit mindestens 10 Masse-% Phlegmatisierungsmittel CYCLOTRIMETHYLENETRINITRAMINE (CYCLONITE; HEXOGEN; RDX) AND CYCLOTETRAMETHYLENETETRANITRAMINE (HMX; OCTOGEN) MIXTURE, WETTED with not less than 15 % water, by mass or CYCLOTRIMETHYLENETRINITRAMINE (CYCLONITE; HEXOGEN; RDX) AND CYCLOTETRAMETHYLENETETRANITRAMINE (HMX; OCTOGEN) MIXTURE, DESENSITIZED with not less than 10 % phlegmatizer, by mass	1.1D	-	-	266	0	E0	P112(a) P112(b)	-	-	-

Ortsbewegliche Tanks und Schüttgut-Container			EmS	Stauung und Handhabung	Trennung	Eigenschaften und Bemerkung	UN-Nr.
	Tank Anweisung(en)	Vorschriften					
(12)	(13) 4.2.5 4.3	(14) 4.2.5	(15) 5.4.3.2 7.8	(16a) 7.1, 7.3 bis 7.7	(16b) 7.2 bis 7.7	(17)	(18)
-	-	-	F-B, S-X	Staukategorie 03 SW1	-	Siehe Glossar der Benennungen in Anhang B.	0381
-	-	-	F-B, S-X	Staukategorie 05 SW1	-	Siehe Glossar der Benennungen in Anhang B.	0382
-	-	-	F-B, S-X	Staukategorie 05 SW1	-	Siehe Glossar der Benennungen in Anhang B.	0383
-	-	-	F-B, S-X	Staukategorie 01 SW1	-	Siehe Glossar der Benennungen in Anhang B.	0384
-	-	-	F-B, S-Y	Staukategorie 04 SW1	-	Stoff.	0385
-	-	-	F-B, S-Y	Staukategorie 04 SW1	SG31	Stoff.	0386
-	-	-	F-B, S-Y	Staukategorie 04 SW1	-	Stoff.	0387
-	-	-	F-B, S-Y	Staukategorie 04 SW1	-	Stoff.	0388
-	-	-	F-B, S-Y	Staukategorie 04 SW1	-	Stoff.	0389
-	-	-	F-B, S-Y	Staukategorie 04 SW1	-	Tritonal ist ein Stoff, der aus Trinitrotoluen (TNT) und Aluminium besteht.	0390
-	-	-	F-B, S-Y	Staukategorie 04 SW1	-	Stoff. In Masse detonierender Explosivstoff, der empfindlicher wird, wenn er seine befeuchtenden oder desensibilisierenden Substanzen verliert. Dieser Stoff darf, wenn er weniger Alkohol, Wasser oder Phlegmatisierungsmittel als angegeben enthält, nur mit besonderer Zulassung der zuständigen Behörde befördert werden.	0391

UN-Nr.	Richtiger technischer Name	Klasse	Zusatz-gefahr	Verpa-ckungs-gruppe	Sonder-vor-schrif-ten	Begrenzte und freige-stellte Mengen		Verpackungen		IBC	
						Be-grenzte Men-gen	Freige-stellte Men-gen	Anwei-sung(en)	Sonder-vor-schriften	Anwei-sung(en)	Sonder-vor-schriften
(1)	(2) 3.1.2	(3) 2.0	(4) 2.0	(5) 2.0.1.3	(6) 3.3	(7a) 3.4	(7b) 3.5	(8) 4.1.4	(9) 4.1.4	(10) 4.1.4	(11) 4.1.4
0392	HEXANITROSTILBEN HEXANITROSTILBENE	1.1D	-	-	-	0	E0	P112(b) P112(c)	-	-	-
0393	HEXOTONAL HEXOTONAL	1.1D	-	-	-	0	E0	P112(b)	-	-	-
0394	TRINITRORESORCINOL (STYPHNINSÄURE), ANGEFEUCHTET mit mindestens 20 Masse-% Wasser oder einer Alkohol/Wasser-Mischung TRINITRORESORCINOL (STYPHNIC ACID), WETTED with not less than 20 % water, or mixture of alcohol and water, by mass	1.1D	-	-	-	0	E0	P112(a)	PP26	-	-
0395	RAKETENMOTOREN, FLÜSSIGTREIBSTOFF ROCKET MOTORS, LIQUID FUELLED	1.2J	-	-	-	0	E0	P101	-	-	-
0396	RAKETENMOTOREN, FLÜSSIGTREIBSTOFF ROCKET MOTORS, LIQUID FUELLED	1.3J	-	-	-	0	E0	P101	-	-	-
0397	RAKETEN, FLÜSSIGTREIBSTOFF, mit Sprengladung ROCKETS, LIQUID FUELLED with bursting charge	1.1J	-	-	-	0	E0	P101	-	-	-
0398	RAKETEN, FLÜSSIGTREIBSTOFF, mit Sprengladung ROCKETS, LIQUID FUELLED with bursting charge	1.2J	-	-	-	0	E0	P101	-	-	-
0399	BOMBEN, DIE ENTZÜNDBARE FLÜSSIGKEIT ENTHALTEN, mit Sprengladung BOMBS, WITH FLAMMABLE LIQUID with bursting charge	1.1J	-	-	-	0	E0	P101	-	-	-
0400	BOMBEN, DIE ENTZÜNDBARE FLÜSSIGKEIT ENTHALTEN, mit Sprengladung BOMBS, WITH FLAMMABLE LIQUID with bursting charge	1.2J	-	-	-	0	E0	P101	-	-	-
0401	DIPIKRYLSULFID trocken oder angefeuchtet mit weniger als 10 Masse-% Wasser DIPICRYL SULPHIDE dry or wetted with less than 10 % water, by mass	1.1D	-	-	-	0	E0	P112(a) P112(b) P112(c)	-	-	-
0402	AMMONIUMPERCHLORAT AMMONIUM PERCHLORATE	1.1D	-	-	152	0	E0	P112(b) P112(c)	-	-	-
0403	LEUCHTKÖRPER, LUFTFAHRZEUG FLARES, AERIAL	1.4G	-	-	-	0	E0	P135	-	-	-
0404	LEUCHTKÖRPER, LUFTFAHRZEUG FLARES, AERIAL	1.4S	-	-	-	0	E0	P135	-	-	-
0405	PATRONEN, SIGNAL CARTRIDGES, SIGNAL	1.4S	-	-	-	0	E0	P135	-	-	-
0406	DINITROSOBENZEN DINITROSOBENZENE	1.3C	-	-	-	0	E0	P114(b)	-	-	-
0407	TETRAZOL-1-ESSIGSÄURE TETRAZOL-1-ACETIC ACID	1.4C	-	-	-	0	E0	P114(b)	-	-	-

Ortsbewegliche Tanks und Schüttgut-Container			EmS	Stauung und Handhabung	Trennung	Eigenschaften und Bemerkung	UN-Nr.
	Tank Anweisung(en)	Vorschriften					
(12)	(13)	(14)	(15)	(16a)	(16b)	(17)	(18)
	4.2.5 4.3	4.2.5	5.4.3.2 7.8	7.1, 7.3 bis 7.7	7.2 bis 7.7		
-	-	-	F-B, S-Y	Staukategorie 04 SW1	-	Stoff. In Masse detonierender Explosivstoff.	0392
-	-	-	F-B, S-Y	Staukategorie 04 SW1	-	Stoff. In Masse detonierender Explosivstoff.	0393
-	-	-	F-B, S-Y	Staukategorie 04 SW1	SG31	Stoff. In Masse detonierender Explosivstoff.	0394
-	-	-	F-B, S-X	Staukategorie 05 SW1	SG67	Siehe Glossar der Benennungen in Anhang B.	0395
-	-	-	F-B, S-X	Staukategorie 05 SW1	SG67	Siehe Glossar der Benennungen in Anhang B.	0396
-	-	-	F-B, S-X	Staukategorie 05 SW1	SG67	Siehe Glossar der Benennungen in Anhang B.	0397
-	-	-	F-B, S-X	Staukategorie 05 SW1	SG67	Siehe Glossar der Benennungen in Anhang B.	0398
-	-	-	F-B, S-X	Staukategorie 05 SW1	SG67	Siehe Glossar der Benennungen in Anhang B.	0399
-	-	-	F-B, S-X	Staukategorie 05 SW1	SG67	Siehe Glossar der Benennungen in Anhang B.	0400
-	-	-	F-B, S-Y	Staukategorie 04 SW1	-	Stoff.	0401
-	-	-	F-B, S-Y	Staukategorie 04 SW1	SGG2 SG27	Stoff.	0402
-	-	-	F-B, S-X	Staukategorie 02 SW1	-	Siehe Glossar der Benennungen in Anhang B.	0403
-	-	-	F-B, S-X	Staukategorie 01 SW1	-	Siehe Glossar der Benennungen in Anhang B.	0404
-	-	-	F-B, S-X	Staukategorie 01 SW1	-	Siehe Glossar der Benennungen in Anhang B.	0405
-	-	-	F-B, S-Y	Staukategorie 04 SW1	-	Stoff.	0406
-	-	-	F-B, S-Y	Staukategorie 02 SW1	-	Stoff.	0407

UN-Nr.	Richtiger technischer Name	Klasse	Zusatzgefahr	Verpackungsgruppe	Sondervorschriften	Begrenzte und freigestellte Mengen		Verpackungen		IBC	
						Begrenzte Mengen	Freigestellte Mengen	Anweisung(en)	Sondervorschriften	Anweisung(en)	Sondervorschriften
(1)	(2) 3.1.2	(3) 2.0	(4) 2.0	(5) 2.0.1.3	(6) 3.3	(7a) 3.4	(7b) 3.5	(8) 4.1.4	(9) 4.1.4	(10) 4.1.4	(11) 4.1.4
0408	ZÜNDER, SPRENGKRÄFTIG, mit Sicherungsvorrichtungen FUZES, DETONATING with protective features	1.1D	-	-	-	0	E0	P141	-	-	-
0409	ZÜNDER, SPRENGKRÄFTIG, mit Sicherungsvorrichtungen FUZES, DETONATING with protective features	1.2D	-	-	-	0	E0	P141	-	-	-
0410	ZÜNDER, SPRENGKRÄFTIG, mit Sicherungsvorrichtungen FUZES, DETONATING with protective features	1.4D	-	-	-	0	E0	P141	-	-	-
0411	PENTAERYTHRITTETRANITRAT (PENTAERYTHRITOLTETRANITRAT) (PETN), mit nicht weniger als 7 Masse-% Wachs PENTAERYTHRITE TÉTRANITRATE (PENTAERYTHRITOL TETRANITRATE; PETN) with not less than 7 % wax, by mass	1.1D	-	-	131	0	E0	P112(b) P112(c)	-	-	-
0412	PATRONEN FÜR WAFFEN, mit Sprengladung CARTRIDGES FOR WEAPONS with bursting charge	1.4E	-	-	-	0	E0	P130 LP101	PP67 L1	-	-
0413	PATRONEN FÜR WAFFEN, MANÖVER CARTRIDGES FOR WEAPONS, BLANK	1.2C	-	-	-	0	E0	P130	-	-	-
0414	TREIBLADUNGEN FÜR GESCHÜTZE CHARGES, PROPELLING, FOR CANNON	1.2C	-	-	-	0	E0	P130	-	-	-
0415	TREIBSÄTZE CHARGES, PROPELLING	1.2C	-	-	-	0	E0	P143	PP76	-	-
0417	PATRONEN FÜR WAFFEN, MIT INERTEM GESCHOSS oder PATRONEN FÜR HANDFEUERWAFFEN CARTRIDGES FOR WEAPONS, INERT PROJECTILE or CARTRIDGES, SMALL ARMS	1.3C	-	-	-	0	E0	P130	-	-	-
0418	LEUCHTKÖRPER, BODEN FLARES, SURFACE	1.1G	-	-	-	0	E0	P135	-	-	-
0419	LEUCHTKÖRPER, BODEN FLARES, SURFACE	1.2G	-	-	-	0	E0	P135	-	-	-
0420	LEUCHTKÖRPER, LUFTFAHRZEUG FLARES, AERIAL	1.1G	-	-	-	0	E0	P135	-	-	-
0421	LEUCHTKÖRPER, LUFTFAHRZEUG FLARES, AERIAL	1.2G	-	-	-	0	E0	P135	-	-	-
0424	GESCHOSSE, inert, mit Leuchtspurmitteln PROJECTILES inert, with tracer	1.3G	-	-	-	0	E0	P130 LP101	PP67 L1	-	-
0425	GESCHOSSE, inert, mit Leuchtspurmitteln PROJECTILES inert, with tracer	1.4G	-	-	-	0	E0	P130 LP101	PP67 L1	-	-

Ortsbewegliche Tanks und Schüttgut-Container			EmS	Stauung und Handhabung	Trennung	Eigenschaften und Bemerkung	UN-Nr.
	Tank Anwei-sung(en)	Vor-schrif-ten					
(12)	(13)	(14)	(15)	(16a)	(16b)	(17)	(18)
	4.2.5 4.3	4.2.5	5.4.3.2 7.8	7.1, 7.3 bis 7.7	7.2 bis 7.7		
-	-	-	F-B, S-X	Staukategorie 03 SW1	-	Siehe Glossar der Benennungen in Anhang B.	0408
-	-	-	F-B, S-X	Staukategorie 03 SW1	-	Siehe Glossar der Benennungen in Anhang B.	0409
-	-	-	F-B, S-X	Staukategorie 02 SW1	-	Siehe Glossar der Benennungen in Anhang B.	0410
-	-	-	F-B, S-Y	Staukategorie 04 SW1	-	Stoff.	0411
-	-	-	F-B, S-X	Staukategorie 03 SW1	-	Siehe Glossar der Benennungen in Anhang B.	0412
-	-	-	F-B, S-X	Staukategorie 03 SW1	-	Siehe Glossar der Benennungen in Anhang B.	0413
-	-	-	F-B, S-X	Staukategorie 03 SW1	-	Siehe Glossar der Benennungen in Anhang B.	0414
-	-	-	F-B, S-X	Staukategorie 03 SW1	-	Siehe Glossar der Benennungen in Anhang B.	0415
-	-	-	F-B, S-X	Staukategorie 03 SW1	-	Siehe Glossar der Benennungen in Anhang B.	0417
-	-	-	F-B, S-X	Staukategorie 03 SW1	-	Siehe Glossar der Benennungen in Anhang B.	0418
-	-	-	F-B, S-X	Staukategorie 03 SW1	-	Siehe Glossar der Benennungen in Anhang B.	0419
-	-	-	F-B, S-X	Staukategorie 03 SW1	-	Siehe Glossar der Benennungen in Anhang B.	0420
-	-	-	F-B, S-X	Staukategorie 03 SW1	-	Siehe Glossar der Benennungen in Anhang B.	0421
-	-	-	F-B, S-X	Staukategorie 03 SW1	-	Siehe Glossar der Benennungen in Anhang B.	0424
-	-	-	F-B, S-X	Staukategorie 02 SW1	-	Siehe Glossar der Benennungen in Anhang B.	0425

3.2 Gefahrgutliste

UN-Nr.	Richtiger technischer Name	Klasse	Zusatzgefahr	Verpackungsgruppe	Sondervorschriften	Begrenzte und freigestellte Mengen		Verpackungen		IBC	
						Begrenzte Mengen	Freigestellte Mengen	Anweisung(en)	Sondervorschriften	Anweisung(en)	Sondervorschriften
(1)	(2) 3.1.2	(3) 2.0	(4) 2.0	(5) 2.0.1.3	(6) 3.3	(7a) 3.4	(7b) 3.5	(8) 4.1.4	(9) 4.1.4	(10) 4.1.4	(11) 4.1.4
0426	GESCHOSSE, mit Zerleger oder Ausstoßladung PROJECTILES with burster or expelling charge	1.2F	-	-	-	0	E0	P130	-	-	-
0427	GESCHOSSE, mit Zerleger oder Ausstoßladung PROJECTILES with burster or expelling charge	1.4F	-	-	-	0	E0	P130	-	-	-
0428	PYROTECHNISCHE GEGENSTÄNDE, für technische Zwecke ARTICLES, PYROTECHNIC for technical purposes	1.1G	-	-	-	0	E0	P135	-	-	-
0429	PYROTECHNISCHE GEGENSTÄNDE, für technische Zwecke ARTICLES, PYROTECHNIC for technical purposes	1.2G	-	-	-	0	E0	P135	-	-	-
0430	PYROTECHNISCHE GEGENSTÄNDE, für technische Zwecke ARTICLES, PYROTECHNIC for technical purposes	1.3G	-	-	-	0	E0	P135	-	-	-
0431	PYROTECHNISCHE GEGENSTÄNDE, für technische Zwecke ARTICLES, PYROTECHNIC for technical purposes	1.4G	-	-	-	0	E0	P135	-	-	-
0432	PYROTECHNISCHE GEGENSTÄNDE, für technische Zwecke ARTICLES, PYROTECHNIC for technical purposes	1.4S	-	-	-	0	E0	P135	-	-	-
0433	PULVERROHMASSE, ANGEFEUCHTET mit nicht weniger als 17 Masse-% Alkohol POWDER CAKE (POWDER PASTE), WETTED with not less than 17 % alcohol, by mass	1.1C	-	-	266	0	E0	P111	-	-	-
0434	GESCHOSSE, mit Zerleger oder Ausstoßladung PROJECTILES with burster or expelling charge	1.2G	-	-	-	0	E0	P130 LP101	PP67 L1	-	-
0435	GESCHOSSE, mit Zerleger oder Ausstoßladung PROJECTILES with burster or expelling charge	1.4G	-	-	-	0	E0	P130 LP101	PP67 L1	-	-
0436	RAKETEN, mit Ausstoßladung ROCKETS with expelling charge	1.2C	-	-	-	0	E0	P130 LP101	PP67 L1	-	-
0437	RAKETEN, mit Ausstoßladung ROCKETS with expelling charge	1.3C	-	-	-	0	E0	P130 LP101	PP67 L1	-	-
0438	RAKETEN, mit Ausstoßladung ROCKETS with expelling charge	1.4C	-	-	-	0	E0	P130 LP101	PP67 L1	-	-
0439	HOHLLADUNGEN, ohne Zündmittel CHARGES, SHAPED without detonator	1.2D	-	-	-	0	E0	P137	PP70	-	-
0440	HOHLLADUNGEN, ohne Zündmittel CHARGES, SHAPED without detonator	1.4D	-	-	-	0	E0	P137	PP70	-	-
0441	HOHLLADUNGEN, ohne Zündmittel CHARGES, SHAPED without detonator	1.4S	-	-	347	0	E0	P137	PP70	-	-

Ortsbewegliche Tanks und Schüttgut-Container			EmS	Stauung und Handhabung	Trennung	Eigenschaften und Bemerkung	UN-Nr.
	Tank Anwei-sung(en)	Vor-schrif-ten					
(12)	(13)	(14)	(15)	(16a)	(16b)	(17)	(18)
	4.2.5 4.3	4.2.5	5.4.3.2 7.8	7.1, 7.3 bis 7.7	7.2 bis 7.7		
-	-	-	F-B, S-X	Staukategorie 03 SW1	-	Siehe Glossar der Benennungen in Anhang B.	0426
-	-	-	F-B, S-X	Staukategorie 03 SW1	-	Siehe Glossar der Benennungen in Anhang B.	0427
-	-	-	F-B, S-X	Staukategorie 03 SW1	-	Siehe Glossar der Benennungen in Anhang B.	0428
-	-	-	F-B, S-X	Staukategorie 03 SW1	-	Siehe Glossar der Benennungen in Anhang B.	0429
-	-	-	F-B, S-X	Staukategorie 03 SW1	-	Siehe Glossar der Benennungen in Anhang B.	0430
-	-	-	F-B, S-X	Staukategorie 02 SW1	-	Siehe Glossar der Benennungen in Anhang B.	0431
-	-	-	F-B, S-X	Staukategorie 01 SW1	-	Siehe Glossar der Benennungen in Anhang B.	0432
-	-	-	F-B, S-Y	Staukategorie 04 SW1	-	Siehe Glossar der Benennungen in Anhang B.	0433
-	-	-	F-B, S-X	Staukategorie 03 SW1	-	Siehe Glossar der Benennungen in Anhang B.	0434
-	-	-	F-B, S-X	Staukategorie 02 SW1	-	Siehe Glossar der Benennungen in Anhang B.	0435
-	-	-	F-B, S-X	Staukategorie 03 SW1	-	Siehe Glossar der Benennungen in Anhang B.	0436
-	-	-	F-B, S-X	Staukategorie 03 SW1	-	Siehe Glossar der Benennungen in Anhang B.	0437
-	-	-	F-B, S-X	Staukategorie 02 SW1	-	Siehe Glossar der Benennungen in Anhang B.	0438
-	-	-	F-B, S-X	Staukategorie 03 SW1	-	Siehe Glossar der Benennungen in Anhang B.	0439
-	-	-	F-B, S-X	Staukategorie 02 SW1	-	Siehe Glossar der Benennungen in Anhang B.	0440
-	-	-	F-B, S-X	Staukategorie 01 SW1	-	Siehe Glossar der Benennungen in Anhang B.	0441

UN-Nr.	Richtiger technischer Name	Klasse	Zusatzgefahr	Verpackungsgruppe	Sondervorschriften	Begrenzte und freigestellte Mengen		Verpackungen		IBC	
						Begrenzte Mengen	Freigestellte Mengen	Anweisung(en)	Sondervorschriften	Anweisung(en)	Sondervorschriften
(1)	(2) 3.1.2	(3) 2.0	(4) 2.0	(5) 2.0.1.3	(6) 3.3	(7a) 3.4	(7b) 3.5	(8) 4.1.4	(9) 4.1.4	(10) 4.1.4	(11) 4.1.4
0442	SPRENGLADUNGEN, GEWERBLICHE, ohne Zündmittel CHARGES, EXPLOSIVE, COMMERCIAL without detonator	1.1D	-	-	-	0	E0	P137	-	-	-
0443	SPRENGLADUNGEN, GEWERBLICHE, ohne Zündmittel CHARGES, EXPLOSIVE, COMMERCIAL without detonator	1.2D	-	-	-	0	E0	P137	-	-	-
0444	SPRENGLADUNGEN, GEWERBLICHE, ohne Zündmittel CHARGES, EXPLOSIVE, COMMERCIAL without detonator	1.4D	-	-	-	0	E0	P137	-	-	-
0445	SPRENGLADUNGEN, GEWERBLICHE, ohne Zündmittel CHARGES, EXPLOSIVE, COMMERCIAL without detonator	1.4S	-	-	347	0	E0	P137	-	-	-
0446	TREIBLADUNGSHÜLSEN, VERBRENNLICH, LEER, OHNE TREIBLADUNGSANZÜNDER CASES, COMBUSTIBLE, EMPTY, WITHOUT PRIMER	1.4C	-	-	-	0	E0	P136	-	-	-
0447	TREIBLADUNGSHÜLSEN, VERBRENNLICH, LEER, OHNE TREIBLADUNGSANZÜNDER CASES, COMBUSTIBLE, EMPTY, WITHOUT PRIMER	1.3C	-	-	-	0	E0	P136	-	-	-
0448	5-MERCAPTOTETRAZOL-1-ESSIGSÄURE 5-MERCAPTOTETRAZOL-1-ACETIC ACID	1.4C	-	-	-	0	E0	P114(b)	-	-	-
0449	TORPEDOS MIT FLÜSSIGTREIBSTOFF, mit oder ohne Sprengladung TORPEDOES, LIQUID FUELLED with or without bursting charge	1.1J	-	-	-	0	E0	P101	-	-	-
0450	TORPEDOS MIT FLÜSSIGTREIBSTOFF, mit inertem Kopf TORPEDOES, LIQUID FUELLED with inert head	1.3J	-	-	-	0	E0	P101	-	-	-
0451	TORPEDOS, mit Sprengladung TORPEDOES with bursting charge	1.1D	-	-	-	0	E0	P130 LP101	PP67 L1	-	-
0452	GRANATEN, ÜBUNG, Hand oder Gewehr GRENADES, PRACTICE hand or rifle	1.4G	-	-	-	0	E0	P141	-	-	-
0453	RAKETEN, LEINENWURF ROCKETS, LINE-THROWING	1.4G	-	-	-	0	E0	P130	-	-	-
0454	ANZÜNDER IGNITERS	1.4S	-	-	-	0	E0	P142	-	-	-
0455	SPRENGKAPSELN, NICHT ELEKTRISCH DETONATORS, NON-ELECTRIC for blasting	1.4S	-	-	347	0	E0	P131	PP68	-	-
0456	SPRENGKAPSELN, ELEKTRISCH DETONATORS, ELECTRIC for blasting	1.4S	-	-	347	0	E0	P131	-	-	-

Ortsbewegliche Tanks und Schüttgut-Container			EmS	Stauung und Handhabung	Trennung	Eigenschaften und Bemerkung	UN-Nr.
	Tank Anwei-sung(en)	Vor-schrif-ten					
(12)	(13) 4.2.5 4.3	(14) 4.2.5	(15) 5.4.3.2 7.8	(16a) 7.1, 7.3 bis 7.7	(16b) 7.2 bis 7.7	(17)	(18)
-	-	-	F-B, S-X	Staukategorie 03 SW1	-	Siehe Glossar der Benennungen in Anhang B.	0442
-	-	-	F-B, S-X	Staukategorie 03 SW1	-	Siehe Glossar der Benennungen in Anhang B.	0443
-	-	-	F-B, S-X	Staukategorie 02 SW1	-	Siehe Glossar der Benennungen in Anhang B.	0444
-	-	-	F-B, S-X	Staukategorie 01 SW1	-	Siehe Glossar der Benennungen in Anhang B.	0445
-	-	-	F-B, S-X	Staukategorie 02 SW1	-	Siehe Glossar der Benennungen in Anhang B.	0446
-	-	-	F-B, S-X	Staukategorie 03 SW1	-	Siehe Glossar der Benennungen in Anhang B.	0447
-	-	-	F-B, S-Y	Staukategorie 02 SW1	-	Stoff.	0448
-	-	-	F-B, S-X	Staukategorie 05 SW1	SG67	Siehe Glossar der Benennungen in Anhang B.	0449
-	-	-	F-B, S-X	Staukategorie 05 SW1	SG67	Siehe Glossar der Benennungen in Anhang B.	0450
-	-	-	F-B, S-X	Staukategorie 03 SW1	-	Siehe Glossar der Benennungen in Anhang B.	0451
-	-	-	F-B, S-X	Staukategorie 02 SW1	-	Siehe Glossar der Benennungen in Anhang B.	0452
-	-	-	F-B, S-X	Staukategorie 02 SW1	-	Siehe Glossar der Benennungen in Anhang B.	0453
-	-	-	F-B, S-X	Staukategorie 01 SW1	-	Siehe Glossar der Benennungen in Anhang B.	0454
-	-	-	F-B, S-X	Staukategorie 01 SW1	-	Siehe Glossar der Benennungen in Anhang B.	0455
-	-	-	F-B, S-X	Staukategorie 01 SW1	-	Siehe Glossar der Benennungen in Anhang B.	0456

UN-Nr.	Richtiger technischer Name	Klasse	Zusatzgefahr	Verpackungsgruppe	Sondervorschriften	Begrenzte und freigestellte Mengen		Verpackungen		IBC	
						Begrenzte Mengen	Freigestellte Mengen	Anweisung(en)	Sondervorschriften	Anweisung(en)	Sondervorschriften
(1)	(2) 3.1.2	(3) 2.0	(4) 2.0	(5) 2.0.1.3	(6) 3.3	(7a) 3.4	(7b) 3.5	(8) 4.1.4	(9) 4.1.4	(10) 4.1.4	(11) 4.1.4
0457	SPRENGLADUNGEN, KUNSTSTOFFGEBUNDEN CHARGES, BURSTING, PLASTICS BONDED	1.1D	-	-	-	0	E0	P130	-	-	-
0458	SPRENGLADUNGEN, KUNSTSTOFFGEBUNDEN CHARGES, BURSTING, PLASTICS BONDED	1.2D	-	-	-	0	E0	P130	-	-	-
0459	SPRENGLADUNGEN, KUNSTSTOFFGEBUNDEN CHARGES, BURSTING, PLASTICS BONDED	1.4D	-	-	-	0	E0	P130	-	-	-
0460	SPRENGLADUNGEN, KUNSTSTOFFGEBUNDEN CHARGES, BURSTING, PLASTICS BONDED	1.4S	-	-	347	0	E0	P130	-	-	-
0461	BESTANDTEILE, ZÜNDKETTE, N.A.G. COMPONENTS, EXPLOSIVE TRAIN, N.O.S.	1.1B	-	-	178 274	0	E0	P101	-	-	-
0462	GEGENSTÄNDE MIT EXPLOSIVSTOFF, N.A.G. ARTICLES, EXPLOSIVE, N.O.S.	1.1C	-	-	178 274	0	E0	P101	-	-	-
0463	GEGENSTÄNDE MIT EXPLOSIVSTOFF, N.A.G. ARTICLES, EXPLOSIVE, N.O.S.	1.1D	-	-	178 274	0	E0	P101	-	-	-
0464	GEGENSTÄNDE MIT EXPLOSIVSTOFF, N.A.G. ARTICLES, EXPLOSIVE, N.O.S.	1.1E	-	-	178 274	0	E0	P101	-	-	-
0465	GEGENSTÄNDE MIT EXPLOSIVSTOFF, N.A.G. ARTICLES, EXPLOSIVE, N.O.S.	1.1F	-	-	178 274	0	E0	P101	-	-	-
0466	GEGENSTÄNDE MIT EXPLOSIVSTOFF, N.A.G. ARTICLES, EXPLOSIVE, N.O.S.	1.2C	-	-	178 274	0	E0	P101	-	-	-
0467	GEGENSTÄNDE MIT EXPLOSIVSTOFF, N.A.G. ARTICLES, EXPLOSIVE, N.O.S.	1.2D	-	-	178 274	0	E0	P101	-	-	-
0468	GEGENSTÄNDE MIT EXPLOSIVSTOFF, N.A.G. ARTICLES, EXPLOSIVE, N.O.S.	1.2E	-	-	178 274	0	E0	P101	-	-	-
0469	GEGENSTÄNDE MIT EXPLOSIVSTOFF, N.A.G. ARTICLES, EXPLOSIVE, N.O.S.	1.2F	-	-	178 274	0	E0	P101	-	-	-
0470	GEGENSTÄNDE MIT EXPLOSIVSTOFF, N.A.G. ARTICLES, EXPLOSIVE, N.O.S.	1.3C	-	-	178 274	0	E0	P101	-	-	-
0471	GEGENSTÄNDE MIT EXPLOSIVSTOFF, N.A.G. ARTICLES, EXPLOSIVE, N.O.S.	1.4E	-	-	178 274	0	E0	P101	-	-	-
0472	GEGENSTÄNDE MIT EXPLOSIVSTOFF, N.A.G. ARTICLES, EXPLOSIVE, N.O.S.	1.4F	-	-	178 274	0	E0	P101	-	-	-
0473	EXPLOSIVE STOFFE, N.A.G. SUBSTANCES, EXPLOSIVE, N.O.S.	1.1A	-	-	178 274	0	E0	P101	-	-	-

Ortsbewegliche Tanks und Schüttgut-Container	Tank Anweisung(en)	Vorschriften	EmS	Stauung und Handhabung	Trennung	Eigenschaften und Bemerkung	UN-Nr.
(12)	(13) 4.2.5 4.3	(14) 4.2.5	(15) 5.4.3.2 7.8	(16a) 7.1, 7.3 bis 7.7	(16b) 7.2 bis 7.7	(17)	(18)
-	-	-	F-B, S-X	Staukategorie 03 SW1	-	Siehe Glossar der Benennungen in Anhang B.	0457
-	-	-	F-B, S-X	Staukategorie 03 SW1	-	Siehe Glossar der Benennungen in Anhang B.	0458
-	-	-	F-B, S-X	Staukategorie 02 SW1	-	Siehe Glossar der Benennungen in Anhang B.	0459
-	-	-	F-B, S-X	Staukategorie 01 SW1	-	Siehe Glossar der Benennungen in Anhang B.	0460
-	-	-	F-B, S-X	Staukategorie 05 SW1	-	Siehe Glossar der Benennungen in Anhang B.	0461
-	-	-	F-B, S-X	Staukategorie 03 SW1	-	-	0462
-	-	-	F-B, S-X	Staukategorie 03 SW1	-	-	0463
-	-	-	F-B, S-X	Staukategorie 03 SW1	-	-	0464
-	-	-	F-B, S-X	Staukategorie 03 SW1	-	-	0465
-	-	-	F-B, S-X	Staukategorie 03 SW1	-	-	0466
-	-	-	F-B, S-X	Staukategorie 03 SW1	-	-	0467
-	-	-	F-B, S-X	Staukategorie 03 SW1	-	-	0468
-	-	-	F-B, S-X	Staukategorie 03 SW1	-	-	0469
-	-	-	F-B, S-X	Staukategorie 03 SW1	-	-	0470
-	-	-	F-B, S-X	Staukategorie 03 SW1	-	-	0471
-	-	-	F-B, S-X	Staukategorie 03 SW1	-	-	0472
-	-	-	F-B, S-Y	Staukategorie 05 SW1	-	-	0473

3.2 Gefahrgutliste

UN-Nr.	Richtiger technischer Name	Klasse	Zusatzgefahr	Verpackungsgruppe	Sondervorschriften	Begrenzte und freigestellte Mengen		Verpackungen		IBC	
						Begrenzte Mengen	Freigestellte Mengen	Anweisung(en)	Sondervorschriften	Anweisung(en)	Sondervorschriften
(1)	(2) 3.1.2	(3) 2.0	(4) 2.0	(5) 2.0.1.3	(6) 3.3	(7a) 3.4	(7b) 3.5	(8) 4.1.4	(9) 4.1.4	(10) 4.1.4	(11) 4.1.4
0474	EXPLOSIVE STOFFE, N.A.G. SUBSTANCES, EXPLOSIVE, N.O.S.	1.1C	-	-	178 274	0	E0	P101	-	-	-
0475	EXPLOSIVE STOFFE, N.A.G. SUBSTANCES, EXPLOSIVE, N.O.S.	1.1D	-	-	178 274	0	E0	P101	-	-	-
0476	EXPLOSIVE STOFFE, N.A.G. SUBSTANCES, EXPLOSIVE, N.O.S.	1.1G	-	-	178 274	0	E0	P101	-	-	-
0477	EXPLOSIVE STOFFE, N.A.G. SUBSTANCES, EXPLOSIVE, N.O.S.	1.3C	-	-	178 274	0	E0	P101	-	-	-
0478	EXPLOSIVE STOFFE, N.A.G. SUBSTANCES, EXPLOSIVE, N.O.S.	1.3G	-	-	178 274	0	E0	P101	-	-	-
0479	EXPLOSIVE STOFFE, N.A.G. SUBSTANCES, EXPLOSIVE, N.O.S.	1.4C	-	-	178 274	0	E0	P101	-	-	-
0480	EXPLOSIVE STOFFE, N.A.G. SUBSTANCES, EXPLOSIVE, N.O.S.	1.4D	-	-	178 274	0	E0	P101	-	-	-
0481	EXPLOSIVE STOFFE, N.A.G. SUBSTANCES, EXPLOSIVE, N.O.S.	1.4S	-	-	178 274 347	0	E0	P101	-	-	-
0482	EXPLOSIVE STOFFE, SEHR UNEMPFINDLICH (STOFFE, EVI), N.A.G. SUBSTANCES, EXPLOSIVE, VERY INSENSITIVE (SUBSTANCES, EVI), N.O.S.	1.5D	-	-	178 274	0	E0	P101	-	-	-
0483	CYCLOTRIMETHYLENTRINITRAMIN (CYCLONIT), (HEXOGEN), (RDX), DESENSIBILISIERT CYCLOTRIMETHYLENETRINITRAMINE (CYCLONITE; HEXOGEN; RDX), DESENSITIZED	1.1D	-	-	-	0	E0	P112(b) P112(c)	-	-	-
0484	CYCLOTETRAMETHYLENTETRANITRAMIN (HMX), (OKTOGEN), DESENSIBILISIERT CYCLOTETRAMETHYLENETETRANITRAMINE (OCTOGEN; HMX), DESENSITIZED	1.1D	-	-	-	0	E0	P112(b) P112(c)	-	-	-
0485	EXPLOSIVE STOFFE, N.A.G. SUBSTANCES, EXPLOSIVE, N.O.S.	1.4G	-	-	178 274	0	E0	P101	-	-	-
0486	GEGENSTÄNDE MIT EXPLOSIVSTOFF, EXTREM UNEMPFINDLICH (GEGENSTÄNDE, EEI) ARTICLES, EXPLOSIVE, EXTREMELY INSENSITIVE (ARTICLES, EEI)	1.6N	-	-	-	0	E0	P101	-	-	-
0487	SIGNALKÖRPER, RAUCH SIGNALS, SMOKE	1.3G	-	-	-	0	E0	P135	-	-	-
0488	MUNITION, ÜBUNG AMMUNITION, PRACTICE	1.3G	-	-	-	0	E0	P130 LP101	PP67 L1	-	-
0489	DINITROGLYCOLURIL (DINGU) DINITROGLYCOLURIL (DINGU)	1.1D	-	-	-	0	E0	P112(b) P112(c)	-	-	-
0490	OXYNITROTRIAZOL (ONTA) NITROTRIAZOLONE (NTO)	1.1D	-	-	-	0	E0	P112(b) P112(c)	-	-	-
0491	TREIBSÄTZE CHARGES, PROPELLING	1.4C	-	-	-	0	E0	P143	PP76	-	-

Ortsbewegliche Tanks und Schüttgut-Container			EmS	Stauung und Handhabung	Trennung	Eigenschaften und Bemerkung	UN-Nr.	
	Tank Anweisung(en)	Vorschriften						
(12)	(13) 4.2.5 4.3	(14) 4.2.5	(15) 5.4.3.2 7.8	(16a) 7.1, 7.3 bis 7.7	(16b) 7.2 bis 7.7	(17)	(18)	
-	-	-	F-B, S-Y	Staukategorie 04 SW1	-	-	0474	
-	-	-	F-B, S-Y	Staukategorie 04 SW1	-	-	0475	
-	-	-	F-B, S-Y	Staukategorie 03 SW1	-	-	0476	
-	-	-	F-B, S-Y	Staukategorie 04 SW1	-	-	0477	
-	-	-	F-B, S-Y	Staukategorie 03 SW1	-	-	0478	
-	-	-	F-B, S-Y	Staukategorie 02 SW1	-	-	0479	
-	-	-	F-B, S-Y	Staukategorie 02 SW1	-	-	0480	
-	-	-	F-B, S-Y	Staukategorie 01 SW1	-	-	0481	
-	-	-	F-B, S-Y	Staukategorie 03 SW1	-	-	0482	
-	-	-	F-B, S-Y	Staukategorie 04 SW1	-	Stoff. In Masse detonierender Explosivstoff, der empfindlicher wird, wenn er seine befeuchtenden oder desensibilisierenden Substanzen verliert.	0483	
-	-	-	F-B, S-Y	Staukategorie 04 SW1	-	Stoff. In Masse detonierender Explosivstoff, der empfindlicher wird, wenn er seine befeuchtenden oder desensibilisierenden Substanzen verliert.	0484	
-	-	-	F-B, S-Y	Staukategorie 02 SW1	-	-	0485	
-	-	-	F-B, S-X	Staukategorie 03 SW1	-	Siehe Glossar der Benennungen in Anhang B.	0486	
-	-	-	F-B, S-X	Staukategorie 03 SW1	-	Siehe Glossar der Benennungen in Anhang B.	0487	*→ auch 3.3.1 SV 296*
-	-	-	F-B, S-X	Staukategorie 03 SW1	-	Siehe Glossar der Benennungen in Anhang B.	0488	
-	-	-	F-B, S-Y	Staukategorie 04 SW1	-	Stoff.	0489	
-	-	-	F-B, S-Y	Staukategorie 04 SW1	-	Stoff.	0490	
-	-	-	F-B, S-X	Staukategorie 02 SW1	-	Siehe Glossar der Benennungen in Anhang B.	0491	

3.2 Gefahrgutliste

UN-Nr.	Richtiger technischer Name	Klasse	Zusatzgefahr	Verpackungsgruppe	Sondervorschriften	Begrenzte und freigestellte Mengen		Verpackungen		IBC	
						Begrenzte Mengen	Freigestellte Mengen	Anweisung(en)	Sondervorschriften	Anweisung(en)	Sondervorschriften
(1)	(2) 3.1.2	(3) 2.0	(4) 2.0	(5) 2.0.1.3	(6) 3.3	(7a) 3.4	(7b) 3.5	(8) 4.1.4	(9) 4.1.4	(10) 4.1.4	(11) 4.1.4
0492	KNALLKAPSELN, EISENBAHN SIGNALS, RAILWAY TRACK, EXPLOSIVE	1.3G	-	-	-	0	E0	P135	-	-	-
0493	KNALLKAPSELN, EISENBAHN SIGNALS, RAILWAY TRACK, EXPLOSIVE	1.4G	-	-	-	0	E0	P135	-	-	-
0494	PERFORATIONSHOHLLADUNGSTRÄGER, GELADEN, für Erdölbohrlöcher, ohne Zündmittel JET PERFORATING GUNS, CHARGED oil well, without detonator	1.4D	-	-	-	0	E0	P101	-	-	-
0495	TREIBSTOFF, FLÜSSIG PROPELLANT, LIQUID	1.3C	-	-	224	0	E0	P115	PP53 PP54 PP57 PP58	-	-
0496	OCTONAL OCTONAL	1.1D	-	-	-	0	E0	P112(b) P112(c)	-	-	-
0497	TREIBSTOFF, FLÜSSIG PROPELLANT, LIQUID	1.1C	-	-	224	0	E0	P115	PP53 PP54 PP57 PP58	-	-
0498	TREIBSTOFF, FEST PROPELLANT, SOLID	1.1C	-	-	-	0	E0	P114(b)	-	-	-
0499	TREIBSTOFF, FEST PROPELLANT, SOLID	1.3C	-	-	-	0	E0	P114(b)	-	-	-
0500	ZÜNDEINRICHTUNGEN für Sprengungen, NICHT ELEKTRISCH DETONATOR ASSEMBLIES, NON-ELECTRIC for blasting	1.4S	-	-	347	0	E0	P131	-	-	-
0501	TREIBSTOFF, FEST PROPELLANT, SOLID	1.4C	-	-	-	0	E0	P114(b)	-	-	-
0502	RAKETEN, mit inertem Kopf ROCKETS with inert head	1.2C	-	-	-	0	E0	P130 LP101	PP67 L1	-	-
0503	SICHERHEITSEINRICHTUNGEN, PYROTECHNISCH SAFETY DEVICES, PYROTECHNIC	1.4G	-	-	235 289	0	E0	P135	-	-	-
0504	1H-TETRAZOL 1H-TETRAZOLE	1.1D	-	-	-	0	E0	P112(c)	PP48	-	-
0505	SIGNALKÖRPER. SEENOT SIGNALS, DISTRESS, ship	1.4G	-	-	-	0	E0	P135	-	-	-
0506	SIGNALKÖRPER, SEENOT SIGNALS, DISTRESS, ship	1.4S	-	-	-	0	E0	P135	-	-	-
0507	SIGNALKÖRPER, RAUCH SIGNALS, SMOKE	1.4S	-	-	-	0	E0	P135	-	-	-
0508	1-HYDROXYBENZOTRIAZOL, WASSERFREI, trocken oder angefeuchtet mit weniger als 20 Masse-% Wasser 1-HYDROXYBENZOTRIAZOLE, ANHYDROUS, dry or wetted with less than 20 % water, by mass	1.3C	-	-	-	0	E0	P114(b)	PP48 PP50	-	-
0509	TREIBLADUNGSPULVER POWDER, SMOKELESS	1.4C	-	-	-	0	E0	P114(b)	PP48	-	-

Ortsbewegliche Tanks und Schüttgut-Container			EmS	Stauung und Handhabung	Trennung	Eigenschaften und Bemerkung	UN-Nr.	
	Tank Anwei-sung(en)	Vor-schrif-ten						
(12)	(13)	(14)	(15)	(16a)	(16b)	(17)	(18)	
	4.2.5 4.3	4.2.5	5.4.3.2 7.8	7.1, 7.3 bis 7.7	7.2 bis 7.7			
-	-	-	F-B, S-X	Staukategorie 03 SW1	-	Siehe Glossar der Benennungen in Anhang B.	0492	
-	-	-	F-B, S-X	Staukategorie 02 SW1	-	Siehe Glossar der Benennungen in Anhang B.	0493	
-	-	-	F-B, S-X	Staukategorie 02 SW1 SW30	-	Siehe Glossar der Benennungen in Anhang B.	0494	*→ 7.1.4.4.5*
-	-	-	F-B, S-Y	Staukategorie 04 SW1	-	Siehe Glossar der Benennungen in Anhang B.	0495	
-	-	-	F-B, S-Y	Staukategorie 04 SW1	-	Stoff. Mischung in Masse detonierender Explosivstoffe.	0496	
-	-	-	F-B, S-Y	Staukategorie 04 SW1	-	Siehe Glossar der Benennungen in Anhang B.	0497	
-	-	-	F-B, S-Y	Staukategorie 04 SW1	-	Siehe Glossar der Benennungen in Anhang B.	0498	
-	-	-	F-B, S-Y	Staukategorie 04 SW1	-	Siehe Glossar der Benennungen in Anhang B.	0499	
-	-	-	F-B, S-X	Staukategorie 01 SW1	-	Siehe Glossar der Benennungen in Anhang B.	0500	
-	-	-	F-B, S-Y	Staukategorie 02 SW1	-	Siehe Glossar der Benennungen in Anhang B.	0501	
-	-	-	F-B, S-X	Staukategorie 03 SW1	-	Siehe Glossar der Benennungen in Anhang B.	0502	
-	-	-	F-B, S-X	Staukategorie 02 SW1	-	Siehe Glossar der Benennungen in Anhang B.	0503	*→ UN 3268*
-	-	-	F-B, S-Y	Staukategorie 04 SW1	-	Stoff.	0504	
-	-	-	F-B, S-X	Staukategorie 02 SW1	-	Siehe Glossar der Benennungen in Anhang B.	0505	
-	-	-	F-B, S-X	Staukategorie 01 SW1	-	Siehe Glossar der Benennungen in Anhang B.	0506	
-	-	-	F-B, S-X	Staukategorie 01 SW1	-	Siehe Glossar der Benennungen in Anhang B.	0507	
-	-	-	F-B, S-Y	Staukategorie 04 SW1	-	Stoff.	0508	
-	-	-	F-B, S-Y	Staukategorie 02 SW1	-	Siehe Glossar der Benennungen in Anhang B.	0509	

3.2 Gefahrgutliste

UN-Nr.	Richtiger technischer Name	Klasse	Zusatzgefahr	Verpackungsgruppe	Sondervorschriften	Begrenzte und freigestellte Mengen		Verpackungen		IBC	
						Begrenzte Mengen	Freigestellte Mengen	Anweisung(en)	Sondervorschriften	Anweisung(en)	Sondervorschriften
(1)	(2) 3.1.2	(3) 2.0	(4) 2.0	(5) 2.0.1.3	(6) 3.3	(7a) 3.4	(7b) 3.5	(8) 4.1.4	(9) 4.1.4	(10) 4.1.4	(11) 4.1.4
0510	RAKETENMOTOREN ROCKET MOTORS	1.4C	-	-	-	0	E0	P130 LP101	PP67 L1	-	-
1001	ACETYLEN, GELÖST ACETYLENE, DISSOLVED	2.1	-	-	-	0	E0	P200	-	-	-
1002	LUFT, VERDICHTET (DRUCKLUFT) AIR, COMPRESSED	2.2	-	-	-	120 ml	E1	P200	-	-	-
1003	LUFT, TIEFGEKÜHLT, FLÜSSIG AIR, REFRIGERATED LIQUID	2.2	5.1	-	-	0	E0	P203	-	-	-
1005	AMMONIAK, WASSERFREI AMMONIA, ANHYDROUS	2.3	8 **P**	-	23 379	0	E0	P200	-	-	-
1006	ARGON, VERDICHTET ARGON, COMPRESSED	2.2	-	-	378	120 ml	E1	P200	-	-	-
1008	BORTRIFLUORID BORON TRIFLUORIDE	2.3	8	-	373	0	E0	P200	-	-	-
1009	BROMTRIFLUORMETHAN (GAS ALS KÄLTEMITTEL R 13B1) BROMOTRIFLUOROMETHANE (REFRIGERANT GAS R 13B1)	2.2	-	-	-	120 ml	E1	P200	-	-	-
1010	BUTADIENE, STABILISIERT oder BUTADIENE UND KOHLENWASSERSTOFF, GEMISCH, STABILISIERT, das mehr als 40 % Butadiene enthält BUTADIENES, STABILIZED or BUTADIENES AND HYDROCARBON MIXTURE, STABILIZED, containing more than 40 % butadienes	2.1	-	-	386	0	E0	P200	-	-	-
1011	BUTAN BUTANE	2.1	-	-	392	0	E0	P200	-	-	-
1012	BUTEN BUTYLENE	2.1	-	-	-	0	E0	P200	-	-	-
1013	KOHLENDIOXID CARBON DIOXIDE	2.2	-	-	378	120 ml	E1	P200	-	-	-
1016	KOHLENMONOXID, VERDICHTET CARBON MONOXIDE, COMPRESSED	2.3	2.1	-	974	0	E0	P200	-	-	-
1017	CHLOR CHLORINE	2.3	5.1/8 **P**	-	-	0	E0	P200	-	-	-
1018	CHLORDIFLUORMETHAN (GAS ALS KÄLTEMITTEL R 22) CHLORODIFLUOROMETHANE (REFRIGERANT GAS R 22)	2.2	-	-	-	120 ml	E1	P200	-	-	-

Ortsbewegliche Tanks und Schüttgut-Container			EmS	Stauung und Handhabung	Trennung	Eigenschaften und Bemerkung	UN-Nr.
	Tank Anwei- sung(en)	Vor- schrif- ten					
(12)	(13)	(14)	(15)	(16a)	(16b)	(17)	(18)
	4.2.5 4.3	4.2.5	5.4.3.2 7.8	7.1, 7.3 bis 7.7	7.2 bis 7.7		
-	-	-	F-B, S-X	Staukategorie 02 SW1	-	Siehe Glossar der Benennungen in Anhang B.	0510
-	-	-	F-D, S-U	Staukategorie D SW1 SW2	SG46	Entzündbares Gas mit leichtem Geruch. Explosionsgrenzen: 2,1 % bis 80 %. Leichter als Luft (0,907). Raue Behandlung und örtliche Erwärmung müssen vermieden werden, da diese Bedingungen zu einer verzögerten Explosion führen können. Leere Flaschen müssen unter den gleichen Vorsichtsmaßnahmen wie gefüllte befördert werden.	1001
-	-	-	F-C, S-V	Staukategorie A	-	Nicht entzündbares Gas.	1002
-	T75	TP5 TP22	F-C, S-W	Staukategorie D	-	Verflüssigtes, nicht entzündbares Gas. Stark entzündend (oxidierend) wirkender Stoff. Mischungen von flüssiger Luft mit brennbaren Stoffen oder Ölen können explodieren. Kann organische Stoffe entzünden.	1003
-	T50	-	F-C, S-U	Staukategorie D SW2	SGG18 SG35 SG46	Verflüssigtes, nicht entzündbares, giftiges und ätzendes Gas mit stechendem Geruch. Leichter als Luft (0,6). Erstickend in niedrigen Konzentrationen. Obwohl bei diesem Stoff das Risiko einer Entzündung vorhanden ist, besteht diese Gefahr nur bei besonderen Zündbedingungen in geschlossenen Bereichen. Reagiert heftig mit Säuren. Wirkt stark reizend auf Haut, Augen und Schleimhäute.	1005
-	-	-	F-C, S-V	Staukategorie A	-	Inertgas. Schwerer als Luft (1,4).	1006
-	-	-	F-C, S-U	Staukategorie D SW2	-	Nicht entzündbares, giftiges und ätzendes Gas. Bildet bei feuchter Luft dichten, weißen, ätzenden Nebel. Reagiert heftig mit Wasser unter Bildung von Fluorwasserstoff, einem ätzenden Gas mit Reizwirkung, als weißer Nebel sichtbar. Greift bei Feuchtigkeit Glas und die meisten Metalle stark an. Viel schwerer als Luft (2,35). Wirkt stark reizend auf Haut, Augen und Schleimhäute.	1008
-	T50	-	F-C, S-V	Staukategorie A	-	Verflüssigtes, nicht entzündbares Gas mit schwachem Geruch. Viel schwerer als Luft (5,2).	1009
-	T50	-	F-D, S-U	Staukategorie B SW1 SW2	-	Verflüssigtes, entzündbares Gas mit unangenehmem Geruch. Explosionsgrenzen: 2 % bis 12 %. Schwerer als Luft (1,84).	1010
-	T50	-	F-D, S-U	Staukategorie E SW2	-	Entzündbares Kohlenwasserstoffgas. Explosionsgrenzen: 1,8 % bis 8,4 %. Schwerer als Luft (2,11).	1011
-	T50	-	F-D, S-U	Staukategorie E SW2	-	Entzündbares Kohlenwasserstoffgas. Explosionsgrenzen: 1,6 % bis 10 %. Schwerer als Luft (2,0).	1012
-	-	-	F-C, S-V	Staukategorie A	-	Verflüssigtes, nicht entzündbares Gas. Schwerer als Luft (1,5). Bleibt oberhalb von 31 °C nicht flüssig.	1013 → CH: MSC. 1213
-	-	-	F-D, S-U	Staukategorie D SW2	-	Entzündbares, giftiges, geruchloses Gas. Explosionsgrenzen: 12 % bis 75 %. Etwas leichter als Luft (0,97).	1016
-	T50	TP19	F-C, S-U	Staukategorie D SW2	SG6 SG19	Nicht entzündbares, giftiges und ätzendes gelbes Gas mit stechendem Geruch. Ätzwirkung auf Glas und die meisten Metalle. Viel schwerer als Luft (2,4). Wirkt stark reizend auf Haut, Augen und Schleimhäute. Starkes Oxidationsmittel; kann einen Brand verursachen.	1017
-	T50	-	F-C, S-V	Staukategorie A	-	Verflüssigtes, nicht entzündbares Gas mit chloroformartigem Geruch. Viel schwerer als Luft (3,0).	1018

3.2 Gefahrgutliste

UN-Nr.	Richtiger technischer Name	Klasse	Zusatz-gefahr	Verpa-ckungs-gruppe	Sonder-vor-schrif-ten	Begrenzte und freige-stellte Mengen: Be-grenzte Men-gen	Begrenzte und freige-stellte Mengen: Freige-stellte Men-gen	Verpackungen: Anwei-sung(en)	Verpackungen: Sonder-vor-schriften	IBC: Anwei-sung(en)	IBC: Sonder-vor-schriften
(1)	(2) 3.1.2	(3) 2.0	(4) 2.0	(5) 2.0.1.3	(6) 3.3	(7a) 3.4	(7b) 3.5	(8) 4.1.4	(9) 4.1.4	(10) 4.1.4	(11) 4.1.4
1020	CHLORPENTAFLUORETHAN (GAS ALS KÄLTEMITTEL R 115) CHLOROPENTAFLUOROETHANE (REFRIGERANT GAS R 115)	2.2	-	-	-	120 ml	E1	P200	-	-	-
1021	1-CHLOR-1,2,2,2-TETRAFLUORETHAN (GAS ALS KÄLTEMITTEL R 124) 1-CHLORO-1,2,2,2-TETRAFLUOROETHANE (REFRIGERANT GAS R 124)	2.2	-	-	-	120 ml	E1	P200	-	-	-
1022	CHLORTRIFLUORMETHAN (GAS ALS KÄLTEMITTEL R 13) CHLOROTRIFLUOROMETHANE (REFRIGERANT GAS R 13)	2.2	-	-	-	120 ml	E1	P200	-	-	-
1023	STADTGAS, VERDICHTET COAL GAS, COMPRESSED	2.3	2.1	-	-	0	E0	P200	-	-	-
1026	DICYAN CYANOGEN	2.3	2.1	-	-	0	E0	P200	-	-	-
1027	CYCLOPROPAN CYCLOPROPANE	2.1	-	-	-	0	E0	P200	-	-	-
1028	DICHLORDIFLUORMETHAN (GAS ALS KÄLTEMITTEL R 12) DICHLORODIFLUOROMETHANE (REFRIGERANT GAS R 12)	2.2	-	-	-	120 ml	E1	P200	-	-	-
1029	DICHLORMONOFLUORMETHAN (GAS ALS KÄLTEMITTEL R 21) DICHLOROFLUOROMETHANE (REFRIGERANT GAS R 21)	2.2	-	-	-	120 ml	E1	P200	-	-	-
1030	1,1-DIFLUORETHAN (GAS ALS KÄLTEMITTEL R 152a) 1,1-DIFLUOROETHANE (REFRIGERANT GAS R 152a)	2.1	-	-	-	0	E0	P200	-	-	-
1032	DIMETHYLAMIN, WASSERFREI DIMETHYLAMINE, ANHYDROUS	2.1	-	-	-	0	E0	P200	-	-	-
1033	DIMETHYLETHER DIMETHYL ETHER	2.1	-	-	-	0	E0	P200	-	-	-
1035	ETHAN ETHANE	2.1	-	-	-	0	E0	P200	-	-	-
1036	ETHYLAMIN ETHYLAMINE	2.1	-	-	912	0	E0	P200	-	-	-
1037	ETHYLCHLORID ETHYL CHLORIDE	2.1	-	-	-	0	E0	P200	-	-	-
1038	ETHYLEN, TIEFGEKÜHLT, FLÜSSIG ETHYLENE, REFRIGERATED LIQUID	2.1	-	-	-	0	E0	P203	-	-	-
1039	ETHYLMETHYLETHER ETHYL METHYL ETHER	2.1	-	-	-	0	E0	P200	-	-	-
1040	ETHYLENOXID oder ETHYLENOXID MIT STICKSTOFF bis zu einem Gesamtdruck von 1 MPa (10 bar) bei 50 °C ETHYLENE OXIDE or ETHYLENE OXIDE WITH NITROGEN up to a total pressure of 1 MPa (10 bar) at 50 °C	2.3	2.1	-	342	0	E0	P200	-	-	-

Ortsbewegliche Tanks und Schüttgut-Container			EmS	Stauung und Handhabung	Trennung	Eigenschaften und Bemerkung	UN-Nr.
	Tank Anwei-sung(en)	Vor-schrif-ten					
(12)	(13) 4.2.5 4.3	(14) 4.2.5	(15) 5.4.3.2 7.8	(16a) 7.1, 7.3 bis 7.7	(16b) 7.2 bis 7.7	(17)	(18)
-	T50	-	F-C, S-V	Staukategorie A	-	Verflüssigtes, nicht entzündbares Gas. Viel schwerer als Luft (5,4).	1020
-	T50	-	F-C, S-V	Staukategorie A	-	Verflüssigtes, nicht entzündbares Gas. Viel schwerer als Luft (4,7).	1021
-	-	-	F-C, S-V	Staukategorie A	-	Verflüssigtes, nicht entzündbares Gas. Viel schwerer als Luft (3,6). Bleibt oberhalb von 29 °C nicht flüssig.	1022
-	-	-	F-D, S-U	Staukategorie D SW2	-	Entzündbares, giftiges Gas. Explosionsgrenzen: 4,5 % bis 40 %. Viel leichter als Luft (0,4 bis 0,6).	1023
-	-	-	F-D, S-U	Staukategorie D SW2	-	Verflüssigtes, entzündbares, giftiges Gas mit stechendem Geruch. Explosionsgrenzen: 6,6 % bis 43 %. Schwerer als Luft (1,9).	1026
-	T50	-	F-D, S-U	Staukategorie E SW2	-	Entzündbares Kohlenwasserstoffgas. Schwerer als Luft.	1027
-	T50	-	F-C, S-V	Staukategorie A	-	Verflüssigtes, nicht entzündbares Gas. Viel schwerer als Luft (4,2).	1028
-	T50	-	F-C, S-V	Staukategorie A	-	Verflüssigtes, nicht entzündbares Gas mit chloroformähnlichem Geruch. Viel schwerer als Luft (3,6). Siedepunkt: 9 °C.	1029
-	T50	-	F-D, S-U	Staukategorie B SW2	-	Entzündbares Gas. Explosionsgrenzen: 5 % bis 17 %. Viel schwerer als Luft (2,3).	1030
-	T50	-	F-D, S-U	Staukategorie D SW2	SG35	Verflüssigtes, entzündbares Gas mit ammoniakartigem Geruch. Schwerer als Luft (1,6). Siedepunkt: 7 °C. Erstickend in niedrigen Konzentrationen.	1032
-	T50	-	F-D, S-U	Staukategorie B SW2	-	Entzündbares Gas mit chloroformartigem Geruch. Schwerer als Luft (1,6).	1033
-	-	-	F-D, S-U	Staukategorie E SW2	-	Entzündbares Gas. Explosionsgrenzen: 3 % bis 16 %. Etwas schwerer als Luft (1,05).	1035
-	T50	-	F-D, S-U	Staukategorie D SW2	SG35	Verflüssigtes, entzündbares Gas mit ammoniakartigem Geruch. Explosionsgrenzen: 3,5 % bis 14 %. Schwerer als Luft (1,6). Siedepunkt: 17 °C.	1036
-	T50	-	F-D, S-U	Staukategorie B SW2	-	Verflüssigtes, entzündbares Gas. Explosionsgrenzen: 3,5 % bis 15 %. Viel schwerer als Luft (2,2). Siedepunkt: 13 °C.	1037
-	T75	TP5	F-D, S-U	Staukategorie D SW2	-	Verflüssigtes, entzündbares Gas. Explosionsgrenzen: 3 % bis 34 %. Leichter als Luft (0,98).	1038
-	-	-	F-D, S-U	Staukategorie B SW2	-	Verflüssigtes, entzündbares Gas. Explosionsgrenzen: 2 % bis 10 %. Viel schwerer als Luft (2,1). Siedepunkt: 11 °C.	1039
-	T50	TP20 TP90	F-D, S-U	Staukategorie D SW2	-	Verflüssigte, entzündbare, giftige Gase mit etherartigem Geruch. Schwerer als Luft (1,5). Siedepunkt: 11 °C.	1040

3.2 Gefahrgutliste

UN-Nr.	Richtiger technischer Name	Klasse	Zusatzgefahr	Verpackungsgruppe	Sondervorschriften	Begrenzte und freigestellte Mengen: Begrenzte Mengen	Begrenzte und freigestellte Mengen: Freigestellte Mengen	Verpackungen: Anweisung(en)	Verpackungen: Sondervorschriften	IBC: Anweisung(en)	IBC: Sondervorschriften
(1)	(2) 3.1.2	(3) 2.0	(4) 2.0	(5) 2.0.1.3	(6) 3.3	(7a) 3.4	(7b) 3.5	(8) 4.1.4	(9) 4.1.4	(10) 4.1.4	(11) 4.1.4
1041	ETHYLENOXID UND KOHLENDIOXID, GEMISCH mit mehr als 9 %, aber höchstens 87 % Ethylenoxid ETHYLENE OXIDE AND CARBON DIOXIDE MIXTURE with more than 9 % but not more than 87 % ethylene oxide	2.1	-	-	-	0	E0	P200	-	-	-
1043	DÜNGEMITTEL, LÖSUNG, mit freiem Ammoniak FERTILIZER AMMONIATING SOLUTION with free ammonia	2.2	-	-	-	120 ml	E0	P200	-	-	-
1044	FEUERLÖSCHER, mit verdichtetem oder verflüssigtem Gas FIRE EXTINGUISHERS with compressed or liquefied gas	2.2	-	-	225	120 ml	E0	P003	PP91	-	-
1045	FLUOR, VERDICHTET FLUORINE, COMPRESSED	2.3	5.1/8	-	-	0	E0	P200	-	-	-
1046	HELIUM, VERDICHTET HELIUM, COMPRESSED	2.2	-	-	378 974	120 ml	E1	P200	-	-	-
1048	BROMWASSERSTOFF, WASSERFREI HYDROGEN BROMIDE, ANHYDROUS	2.3	8	-	-	0	E0	P200	-	-	-
1049	WASSERSTOFF, VERDICHTET HYDROGEN, COMPRESSED	2.1	-	-	392 974	0	E0	P200	-	-	-
1050	CHLORWASSERSTOFF, WASSERFREI HYDROGEN CHLORIDE, ANHYDROUS	2.3	8	-	-	0	E0	P200	-	-	-
1051	CYANWASSERSTOFF, STABILISIERT, mit weniger als 3 % Wasser HYDROGEN CYANIDE, STABILIZED containing less than 3 % water	6.1	3 **P**	I	386	0	E0	P200	-	-	-
1052	FLUORWASSERSTOFF, WASSERFREI HYDROGEN FLUORIDE, ANHYDROUS	8	6.1	I	-	0	E0	P200	-	-	-
1053	SCHWEFELWASSERSTOFF HYDROGEN SULPHIDE	2.3	2.1	-	-	0	E0	P200	-	-	-
1055	ISOBUTEN ISOBUTYLENE	2.1	-	-	-	0	E0	P200	-	-	-
1056	KRYPTON, VERDICHTET KRYPTON, COMPRESSED	2.2	-	-	378	120 ml	E1	P200	-	-	-
1057	FEUERZEUGE oder NACHFÜLLPATRONEN FÜR FEUERZEUGE, mit entzündbarem Gas LIGHTERS or LIGHTER REFILLS containing flammable gas	2.1	-	-	201	0	E0	P002	PP84	-	-
1058	VERFLÜSSIGTE GASE, nicht entzündbar, überlagert mit Stickstoff, Kohlendioxid oder Luft LIQUEFIED GASES non-flammable, charged with nitrogen, carbon dioxide or air	2.2	-	-	-	120 ml	E1	P200	-	-	-

Ortsbewegliche Tanks und Schüttgut-Container			EmS	Stauung und Handhabung	Trennung	Eigenschaften und Bemerkung	UN-Nr.
	Tank Anweisung(en)	Vorschriften					
(12)	(13) 4.2.5 4.3	(14) 4.2.5	(15) 5.4.3.2 7.8	(16a) 7.1, 7.3 bis 7.7	(16b) 7.2 bis 7.7	(17)	(18)
-	T50	-	F-D, S-U	Staukategorie B SW2	-	Verflüssigte, entzündbare Gase mit etherartigem Geruch. Schwerer als Luft (1,5).	1041
-	-	-	F-C, S-V	Staukategorie E SW2	-	Nicht entzündbare, wässerige Lösung von Ammoniumnitrat, Calciumnitrat, Harnstoff und deren Mischungen, die gasförmiges Ammoniak enthalten. Gibt giftige Ammoniakdämpfe ab.	1043
-	-	-	F-C, S-V	Staukategorie A	-	Feuerlöscher, die verdichtete oder verflüssigte Gase enthalten und unter einem Druck von über 175 kPa stehen, um das Löschmittel herauszupressen.	1044
-	-	-	F-C, S-W	Staukategorie D SW2	SG6 SG19	Nicht entzündbares, giftiges und ätzendes, schwach gelbliches Gas mit stechendem Geruch. Starkes Oxidationsmittel, das Feuer verursachen kann. Reagiert mit Wasser oder feuchter Luft unter Bildung von giftigem und ätzendem Nebel. Ätzwirkung auf Glas und die meisten Metalle. Führt zur Explosion in Verbindung mit Wasserstoff. Schwerer als Luft (1,3). Wirkt stark reizend auf Haut, Augen und Schleimhäute.	1045
-	-	-	F-C, S-V	Staukategorie A	-	Inertgas. Viel leichter als Luft (0,14).	1046
-	-	-	F-C, S-U	Staukategorie D SW2	-	Nicht entzündbares, giftiges und ätzendes Gas mit stechendem Geruch. Stark ätzend bei Vorhandensein von Wasser. Viel schwerer als Luft (3,6). Wirkt stark reizend auf Haut, Augen und Schleimhäute.	1048
-	-	-	F-D, S-U	Staukategorie E SW2	SG46	Entzündbares, geruchloses Gas. Explosionsgrenzen: 4 % bis 75 %. Viel leichter als Luft (0,07).	1049
-	-	-	F-C, S-U	Staukategorie D SW2	-	Nicht entzündbares, giftiges und ätzendes, farbloses Gas mit stechendem Geruch. Stark ätzend bei Vorhandensein von Wasser. Schwerer als Luft (1,3). Wirkt stark reizend auf Haut, Augen und Schleimhäute.	1050
-	-	-	F-E, S-D	Staukategorie D SW1 SW2	-	Sehr flüchtige, farblose entzündbare Flüssigkeit, die äußerst giftige entzündbare Dämpfe entwickelt. Siedepunkt: 26 °C. Flammpunkt: -18 °C c.c. Mischbar mit Wasser. Hochgiftig beim Verschlucken, bei Berührung mit der Haut oder beim Einatmen.	1051
-	T10	TP2	F-C, S-U	Staukategorie D SW2	SGG1a SG36 SG49	Farblose, rauchende und sehr flüchtige Flüssigkeit mit reizverursachendem und stechendem Geruch. Greift bei Feuchtigkeit Metalle und Glas stark an. Siedepunkt: 20 °C. Giftig beim Verschlucken, bei Berührung mit der Haut oder beim Einatmen. Verursacht schwere Verätzungen der Haut, der Augen und der Schleimhäute.	1052
-	-	-	F-D, S-U	Staukategorie D SW2	-	Verflüssigtes, entzündbares, giftiges Gas mit fauligem Geruch. Schwerer als Luft (1,2).	1053
-	T50	-	F-D, S-U	Staukategorie E SW2	-	Entzündbares Kohlenwasserstoffgas. Explosionsgrenzen: 1,8 % bis 8,8 %. Kann Propan, Cyclopropan, Propylen, Butan, Butylen etc. in verschiedenen Anteilen enthalten. Schwerer als Luft (1,94).	1055
-	-	-	F-C, S-V	Staukategorie A	-	Inertgas. Viel schwerer als Luft (2,9).	1056
-	-	-	F-D, S-U	Staukategorie B SW2	-	Feuerzeuge oder Nachfüllpackungen für Feuerzeuge mit Butan oder anderem entzündbarem Gas.	1057
-	-	-	F-C, S-V	Staukategorie A	-	Nicht entzündbare Gase oder Gemische solcher Gase zum Füllen von Gefäßen, deren Inhalt durch Druck beim Entleeren zerstäubt wird. Dämpfe können schwerer als Luft sein.	1058

3.2 Gefahrgutliste

UN-Nr.	Richtiger technischer Name	Klasse	Zusatzgefahr	Verpackungsgruppe	Sondervorschriften	Begrenzte und freigestellte Mengen		Verpackungen		IBC	
						Begrenzte Mengen	Freigestellte Mengen	Anweisung(en)	Sondervorschriften	Anweisung(en)	Sondervorschriften
(1)	(2) 3.1.2	(3) 2.0	(4) 2.0	(5) 2.0.1.3	(6) 3.3	(7a) 3.4	(7b) 3.5	(8) 4.1.4	(9) 4.1.4	(10) 4.1.4	(11) 4.1.4
1060	METHYLACETYLEN UND PROPADIEN, GEMISCH, STABILISIERT METHYLACETYLENE AND PROPADIENE MIXTURE, STABILIZED	2.1	-	-	386	0	E0	P200	-	-	-
1061	METHYLAMIN, WASSERFREI METHYLAMINE, ANHYDROUS	2.1	-	-	-	0	E0	P200	-	-	-
1062	METHYLBROMID, mit höchstens 2,0 % Chlorpikrin METHYL BROMIDE with not more than 2.0 % chloropicrin	2.3	-	-	23	0	E0	P200	-	-	-
1063	METHYLCHLORID (GAS ALS KÄLTEMITTEL R 40) METHYL CHLORIDE (REFRIGERANT GAS R 40)	2.1	-	-	-	0	E0	P200	-	-	-
1064	METHYLMERCAPTAN METHYL MERCAPTAN	2.3	2.1 P	-	-	0	E0	P200	-	-	-
1065	NEON, VERDICHTET NEON, COMPRESSED	2.2	-	-	378	120 ml	E1	P200	-	-	-
1066	STICKSTOFF, VERDICHTET NITROGEN, COMPRESSED	2.2	-	-	378	120 ml	E1	P200	-	-	-
1067	STICKSTOFFTETROXID (STICKSTOFFDIOXID) DINITROGEN TETROXIDE (NITROGEN DIOXIDE)	2.3	5.1/8	-	-	0	E0	P200	-	-	-
1069	NITROSYLCHLORID NITROSYL CHLORIDE	2.3	8	-	-	0	E0	P200	-	-	-
1070	DISTICKSTOFFMONOXID NITROUS OXIDE	2.2	5.1	-	-	0	E0	P200	-	-	-
1071	ÖLGAS, VERDICHTET OIL GAS, COMPRESSED	2.3	2.1	-	-	0	E0	P200	-	-	-
1072	SAUERSTOFF, VERDICHTET OXYGEN, COMPRESSED	2.2	5.1	-	355	0	E0	P200	-	-	-
1073	SAUERSTOFF, TIEFGEKÜHLT, FLÜSSIG OXYGEN, REFRIGERATED LIQUID	2.2	5.1	-	-	0	E0	P203	-	-	-
1075	PETROLEUMGASE, VERFLÜSSIGT PETROLEUM GASES, LIQUEFIED	2.1	-	-	392	0	E0	P200	-	-	-
1076	PHOSGEN PHOSGENE	2.3	8	-	-	0	E0	P200	-	-	-
1077	PROPEN PROPYLENE	2.1	-	-	-	0	E0	P200	-	-	-
1078	GAS ALS KÄLTEMITTEL, N.A.G. REFRIGERANT GAS, N.O.S.	2.2	-	-	274	120 ml	E1	P200	-	-	-
1079	SCHWEFELDIOXID SULPHUR DIOXIDE	2.3	8	-	-	0	E0	P200	-	-	-

Ortsbewegliche Tanks und Schüttgut-Container			EmS	Stauung und Handhabung	Trennung	Eigenschaften und Bemerkung	UN-Nr.	
	Tank Anweisung(en)	Vorschriften						
(12)	(13)	(14)	(15)	(16a)	(16b)	(17)	(18)	
	4.2.5 4.3	4.2.5	5.4.3.2 7.8	7.1, 7.3 bis 7.7	7.2 bis 7.7			
-	T50	-	F-D, S-U	Staukategorie B SW1 SW2	-	Entzündbares Gas. Explosionsgrenzen: 3 % bis 11 %. Schwerer als Luft (1,4).	1060	
-	T50	-	F-D, S-U	Staukategorie B SW2	SG35	Verflüssigtes, entzündbares Gas mit ammoniakartigem Geruch. Schwerer als Luft (1,09).	1061	
-	T50	-	F-C, S-U	Staukategorie D SW2	-	Verflüssigtes, giftiges Gas mit chloroformartigem Geruch. Viel schwerer als Luft (3,3). Siedepunkt: 4,5 °C. Obwohl bei diesem Stoff das Risiko einer Entzündung vorhanden ist, besteht diese Gefahr nur bei besonderen Zündbedingungen in umschlossenen Bereichen.	1062	
-	T50	-	F-D, S-U	Staukategorie D SW2	-	Verflüssigtes, entzündbares Gas. Explosionsgrenzen: 8 % bis 20 %. Schwerer als Luft (1,8).	1063	
-	T50	-	F-D, S-U	Staukategorie D SW2	-	Verflüssigtes, entzündbares, giftiges Gas mit fauligem Geruch. Schwerer als Luft (1,7). Siedepunkt: 6 °C.	1064	
-	-	-	F-C, S-V	Staukategorie A	-	Inertgas. Leichter als Luft (0,7).	1065	
-	-	-	F-C, S-V	Staukategorie A	-	Nicht entzündbares, geruchloses Gas. Leichter als Luft (0,97).	1066	
-	T50	TP21	F-C, S-W	Staukategorie D SW2	SG6 SG19	Verflüssigtes, nicht entzündbares, giftiges und ätzendes Gas, das braunen Dampf mit stechendem Geruch abgibt. Stark brandfördernd (oxidierend) wirkender Stoff. Wirkt ätzend beim Vorhandensein von Wasser. Schwerer als Luft (1,6). Siedepunkt: 21 °C. Wirkt stark reizend auf Haut, Augen und Schleimhäute. Giftig beim Einatmen und kann ähnlich wie Phosgen Spätwirkung zeigen.	1067	
-	-	-	F-C, S-U	Staukategorie D SW2	-	Nicht entzündbares, giftiges gelbes Gas mit reizverursachendem Geruch. Greift Stahl an. Viel schwerer als Luft (2,3). Wirkt stark reizend auf Haut, Augen und Schleimhäute.	1069	
-	-	-	F-C, S-W	Staukategorie A SW2	-	Nicht entzündbares Gas. Stark brandfördernd (oxidierend) wirkender Stoff. Schwerer als Luft (1,5).	1070	
-	-	-	F-D, S-U	Staukategorie D SW2	-	Entzündbares, giftiges Gas. Eine Mischung von Kohlenwasserstoffen und Kohlenmonoxid.	1071	
-	-	-	F-C, S-W	Staukategorie A	-	Nicht entzündbares, geruchloses Gas. Stark entzündend (oxidierend) wirkender Stoff. Schwerer als Luft (1,1).	1072	
-	T75	TP5 TP22	F-C, S-W	Staukategorie D	-	Verflüssigtes, nicht entzündbares Gas. Stark brandfördernd (oxidierend) wirkender Stoff. Mischungen von flüssigem Sauerstoff mit Acetylen oder Ölen können explodieren.	1073	
-	T50	-	F-D, S-U	Staukategorie E SW2	-	Entzündbare Kohlenwasserstoffgase oder -gemische, gewonnen aus Erdgas oder durch Destillation von Rohölen oder Kohle usw. Kann Propan, Cyclopropan, Propylen, Butan, Butylen etc. in verschiedenen Anteilen enthalten. Schwerer als Luft.	1075	→ *UN 1965*
-	-	-	F-C, S-U	Staukategorie D SW2	-	Verflüssigtes, nicht entzündbares, giftiges und ätzendes Gas mit fauligem Geruch. Wirkt ätzend beim Vorhandensein von Wasser. Viel schwerer als Luft (3,5). Siedepunkt: 8 °C. Wirkt stark reizend auf Haut, Augen und Schleimhäute. Dieses Gas ist ganz besonders gefährlich, da sich beim Einatmen keine sofortige Wirkung zeigt, jedoch nach einigen Stunden schwere Schädigungen mit Todesfolge auftreten.	1076	
-	T50	-	F-D, S-U	Staukategorie E SW2	-	Entzündbares Kohlenwasserstoffgas. Explosionsgrenzen: 2 % bis 11,1 %. Schwerer als Luft (1,5).	1077	
-	T50	-	F-C, S-V	Staukategorie A	-	Verschiedene Chlor-Fluor-Kohlenwasserstoffe oder andere nicht entzündbare, nicht giftige Gase, verwendet als Kältemittel.	1078	
-	T50	TP19	F-C, S-U	Staukategorie D SW2	-	Nicht entzündbares, giftiges und ätzendes Gas mit stechendem Geruch. Viel schwerer als Luft (2,3). Wirkt stark reizend auf Haut, Augen und Schleimhäute.	1079	

3.2 Gefahrgutliste

UN-Nr.	Richtiger technischer Name	Klasse	Zusatzgefahr	Verpackungsgruppe	Sondervorschriften	Begrenzte und freigestellte Mengen		Verpackungen		IBC	
						Begrenzte Mengen	Freigestellte Mengen	Anweisung(en)	Sondervorschriften	Anweisung(en)	Sondervorschriften
(1)	(2) 3.1.2	(3) 2.0	(4) 2.0	(5) 2.0.1.3	(6) 3.3	(7a) 3.4	(7b) 3.5	(8) 4.1.4	(9) 4.1.4	(10) 4.1.4	(11) 4.1.4
1080	SCHWEFELHEXAFLUORID SULPHUR HEXAFLUORIDE	2.2	-	-	-	120 ml	E1	P200	-	-	-
1081	TETRAFLUORETHYLEN, STABILISIERT TETRAFLUOROETHYLENE, STABILIZED	2.1	-	-	386	0	E0	P200	-	-	-
1082	CHLORTRIFLUORETHYLEN, STABILISIERT (GAS ALS KÄLTEMITTEL R 1113) TRIFLUOROCHLOROETHYLENE, STABILIZED (REFRIGERANT GAS R 1113)	2.3	2.1	-	386	0	E0	P200	-	-	-
1083	TRIMETHYLAMIN, WASSERFREI TRIMETHYLAMINE, ANHYDROUS	2.1	-	-	-	0	E0	P200	-	-	-
1085	VINYLBROMID, STABILISIERT VINYL BROMIDE, STABILIZED	2.1	-	-	386	0	E0	P200	-	-	-
1086	VINYLCHLORID, STABILISIERT VINYL CHLORIDE, STABILIZED	2.1	-	-	386	0	E0	P200	-	-	-
1087	VINYLMETHYLETHER, STABILISIERT VINYL METHYL ETHER, STABILIZED	2.1	-	-	386	0	E0	P200	-	-	-
1088	ACETAL ACETAL	3	-	II	-	1 L	E2	P001	-	IBC02	-
1089	ACETALDEHYD ACETALDEHYDE	3	-	I	-	0	E0	P001	-	-	-
1090	ACETON ACETONE	3	-	II	-	1 L	E2	P001	-	IBC02	-
1091	ACETONÖLE ACETONE OILS	3	-	II	-	1 L	E2	P001	-	IBC02	-
1092	ACROLEIN, STABILISIERT ACROLEIN, STABILIZED	6.1	3 **P**	I	354 386	0	E0	P601	-	-	-
1093	ACRYLNITRIL, STABILISIERT ACRYLONITRILE, STABILIZED	3	6.1	I	386	0	E0	P001	-	-	-
1098	ALLYLALKOHOL ALLYL ALCOHOL	6.1	3 **P**	I	354	0	E0	P602	-	-	-
1099	ALLYLBROMID ALLYL BROMIDE	3	6.1 **P**	I	-	0	E0	P001	-	-	-
1100	ALLYLCHLORID ALLYL CHLORIDE	3	6.1	I	-	0	E0	P001	-	-	-

Ortsbewegliche Tanks und Schüttgut-Container			EmS	Stauung und Handhabung	Trennung	Eigenschaften und Bemerkung	UN-Nr.
	Tank Anweisung(en)	Vorschriften					
(12)	(13)	(14)	(15)	(16a)	(16b)	(17)	(18)
	4.2.5 4.3	4.2.5	5.4.3.2 7.8	7.1, 7.3 bis 7.7	7.2 bis 7.7		
-	-	-	F-C, S-V	Staukategorie A	-	Verflüssigtes, nicht entzündbares, geruchloses Gas. Viel schwerer als Luft (5,1).	1080
-	-	-	F-D, S-U	Staukategorie E SW1 SW2	-	Verflüssigtes, entzündbares Gas. Explosionsgrenzen: 11 % bis 60 %. Viel schwerer als Luft (3,5). Wirkt reizend auf Haut, Augen und Schleimhäute.	1081
-	T50	-	F-D, S-U	Staukategorie D SW1 SW2	-	Entzündbares, giftiges, geruchloses Gas. Explosionsgrenzen: 8,4 % bis 38,7 %. Viel schwerer als Luft (4,0).	1082
-	T50	-	F-D, S-U	Staukategorie B SW2	SG35	Verflüssigtes, entzündbares Gas mit fischartigem Geruch. Explosionsgrenzen: 2 % bis 12 %. Viel schwerer als Luft (2,1). Siedepunkt: 3 °C.	1083
-	T50	-	F-D, S-U	Staukategorie B SW1 SW2	-	Verflüssigtes, entzündbares Gas. Viel schwerer als Luft (3,7). Siedepunkt: 16 °C.	1085
-	T50	-	F-D, S-U	Staukategorie B SW1 SW2	-	Verflüssigtes, entzündbares Gas. Explosionsgrenzen: 4 % bis 31 %. Viel schwerer als Luft (2,2).	1086
-	T50	-	F-D, S-U	Staukategorie B SW1 SW2	-	Verflüssigtes, entzündbares Gas. Explosionsgrenzen: 2,6 % bis 39 %. Schwerer als Luft (2,0). Siedepunkt: 6 °C.	1087
-	T4	TP1	F-E, S-D	Staukategorie E	-	Farblose, flüchtige Flüssigkeit mit angenehmem Geruch. Flammpunkt: unter -18 °C c.c. Explosionsgrenzen: 1,6 % bis 10,4 %. Mischbar mit Wasser.	1088
-	T11	TP2 TP7	F-E, S-D	Staukategorie E	-	Farblose Flüssigkeit mit stechendem, fruchtartigem Geruch. Flammpunkt: -27 °C c.c. Explosionsgrenzen: 4 % bis 57 %. Siedepunkt: 21 °C. Mischbar mit Wasser. Gesundheitsschädlich beim Verschlucken oder beim Einatmen.	1089
-	T4	TP1	F-E, S-D	Staukategorie E	-	Farblose, klare Flüssigkeit mit charakteristischem, pfefferminzartigem Geruch. Flammpunkt: -20 °C bis -18 °C c.c. Explosionsgrenzen: 2,5 % bis 13 %. Mischbar mit Wasser.	1090
-	T4	TP1 TP8	F-E, S-D	Staukategorie B	-	Hellgelbe bis bräunliche, ölige Flüssigkeiten. Flammpunkt: -4 °C bis 8 °C c.c. Nicht mischbar mit Wasser.	1091
-	T22	TP2 TP7 TP13 TP35	F-E, S-D	Staukategorie D SW1 SW2	-	Farblose oder gelbe Flüssigkeit, deren Geruch eine starke Reizwirkung hat. Flammpunkt: -26 °C c.c. Explosionsgrenzen: 2,8 % bis 31 %. Siedepunkt: 52 °C. Mischbar mit Wasser. Hochgiftig beim Verschlucken, bei Berührung mit der Haut oder beim Einatmen.	1092
-	T14	TP2 TP13	F-E, S-D	Staukategorie D SW1 SW2	-	Farblose, leicht bewegliche Flüssigkeit mit leicht stechendem Geruch. Flammpunkt: -5 °C c.c. Explosionsgrenzen: 3 % bis 17 %. Teilweise mischbar mit Wasser. Giftig beim Verschlucken, bei Berührung mit der Haut oder beim Einatmen. Es hat sich in der Praxis gezeigt, dass dieser Stoff aus Verpackungen austreten kann, die sonst bei anderen Chemikalien dicht sind.	1093
-	T20	TP2 TP13 TP35	F-E, S-D	Staukategorie D SW2	-	Farblose Flüssigkeit mit stechendem, senfartigem Geruch. Flammpunkt: 21 °C c.c. Explosionsgrenzen: 2,5 % bis 18 %. Mischbar mit Wasser. Hochgiftig beim Verschlucken, bei Berührung mit der Haut oder beim Einatmen.	1098
-	T14	TP2 TP13	F-E, S-D	Staukategorie B SW2	SGG10	Farblose bis hellgelbe Flüssigkeit mit reizendem Geruch. Flammpunkt: -1 °C c.c. Explosionsgrenzen: 4,4 % bis 7,3 %. Nicht mischbar mit Wasser. Hochgiftig beim Verschlucken, bei Berührung mit der Haut oder beim Einatmen.	1099
-	T14	TP2 TP13	F-E, S-D	Staukategorie E SW2	SGG10	Farblose Flüssigkeit mit unangenehmem, stechendem Geruch. Flammpunkt: -29 °C c.c. Explosionsgrenzen: 3,3 % bis 11,1 %. Siedepunkt: 44 °C. Nicht mischbar mit Wasser. Giftig beim Verschlucken, bei Berührung mit der Haut oder beim Einatmen.	1100

UN-Nr.	Richtiger technischer Name	Klasse	Zusatzgefahr	Verpackungsgruppe	Sondervorschriften	Begrenzte und freigestellte Mengen		Verpackungen		IBC	
						Begrenzte Mengen	Freigestellte Mengen	Anweisung(en)	Sondervorschriften	Anweisung(en)	Sondervorschriften
(1)	(2) 3.1.2	(3) 2.0	(4) 2.0	(5) 2.0.1.3	(6) 3.3	(7a) 3.4	(7b) 3.5	(8) 4.1.4	(9) 4.1.4	(10) 4.1.4	(11) 4.1.4
1104	AMYLACETATE AMYL ACETATES	3	-	III	-	5 L	E1	P001 LP01	-	IBC03	-
1105	PENTANOLE PENTANOLS	3	-	II	-	1 L	E2	P001	-	IBC02	-
1105	PENTANOLE PENTANOLS	3	-	III	223	5 L	E1	P001 LP01	-	IBC03	-
1106	AMYLAMIN AMYLAMINE	3	8	II	-	1 L	E2	P001	-	IBC02	-
1106	AMYLAMIN AMYLAMINE	3	8	III	223	5 L	E1	P001	-	IBC03	-
1107	AMYLCHLORID AMYL CHLORIDE	3	-	II	-	1 L	E2	P001	-	IBC02	-
1108	PENT-1-EN (n-AMYLEN) 1-PENTENE (n-AMYLENE)	3	-	I	-	0	E3	P001	-	-	-
1109	AMYLFORMIATE AMYL FORMATES	3	-	III	-	5 L	E1	P001 LP01	-	IBC03	-
1110	n-AMYLMETHYLKETON n-AMYL METHYL KETONE	3	-	III	-	5 L	E1	P001 LP01	-	IBC03	-
1111	AMYLMERCAPTAN AMYL MERCAPTAN	3	-	II	-	1 L	E2	P001	-	IBC02	-
1112	AMYLNITRAT AMYL NITRATE	3	-	III	-	5 L	E1	P001 LP01	-	IBC03	-
1113	AMYLNITRIT AMYL NITRITE	3	-	II	-	1 L	E2	P001	-	IBC02	-
1114	BENZEN BENZENE	3	-	II	-	1 L	E2	P001	-	IBC02	-
1120	BUTANOLE BUTANOLS	3	-	II	-	1 L	E2	P001	-	IBC02	-
1120	BUTANOLE BUTANOLS	3	-	III	223	5 L	E1	P001 LP01	-	IBC03	-

Ortsbewegliche Tanks und Schüttgut-Container			EmS	Stauung und Handhabung	Trennung	Eigenschaften und Bemerkung	UN-Nr.	
	Tank Anwei-sung(en)	Vor-schrif-ten						
(12)	(13)	(14)	(15)	(16a)	(16b)	(17)	(18)	
	4.2.5 4.3	4.2.5	5.4.3.2 7.8	7.1, 7.3 bis 7.7	7.2 bis 7.7			
-	T2	TP1	F-E, S-D	Staukategorie A	-	Farblose Flüssigkeiten mit birnen- oder bananenartigem Geruch. normal-AMYLACETAT: Flammpunkt: 25 °C c.c. sek.-AMYLACETAT: Flammpunkt: 32 °C c.c. Nicht mischbar mit Wasser.	1104	
-	T4	TP1 TP29	F-E, S-D	Staukategorie B	-	Farblose Flüssigkeiten mit strengem Geruch. Nicht mischbar mit Wasser. tert.-AMYLALKOHOL: Flammpunkt: 19 °C bis 21 °C c.c.	1105	
-	T2	TP1	F-E, S-D	Staukategorie A	-	Siehe Eintrag oben. Explosionsgrenzen: 1,2 % bis 10,5 %.	1105	
-	T7	TP1	F-E, S-C	Staukategorie B	SG35	Farblose, klare Flüssigkeiten. Explosionsgrenzen: 2,2 % bis 22 %. normal-AMYLAMIN (1-PENTYLAMIN): Flammpunkt: 4 °C c.c. tert.-AMYLAMIN (3-PENTYLAMIN): Flammpunkt: 2 °C c.c. Mischbar mit Wasser. Gesundheitsschädlich beim Einatmen. Verursacht Verätzungen der Haut, der Augen und der Schleimhäute.	1106	
-	T4	TP1	F-E, S-C	Staukategorie A	SG35	Siehe Eintrag oben. Wirkt reizend auf Haut, Augen und Schleimhäute.	1106	
-	T4	TP1	F-E, S-D	Staukategorie B	SGG10	Farblose oder hellbraune Flüssigkeiten mit aromatischem Geruch. n-Amylchlorid: Flammpunkt: 11 °C. Explosionsgrenzen: normal-AMYLCHLORID 1,4 % bis 8,6 %. Nicht mischbar mit Wasser.	1107	
-	T11	TP2	F-E, S-D	Staukategorie E	-	Farblose, flüchtige Flüssigkeiten mit widerlichem Geruch. Flammpunkt: -20 °C c.c. Explosionsgrenzen: 1,4 % bis 8,7 %. Siedepunkt: 30 °C. Nicht mischbar mit Wasser. Wirkt reizend auf Haut, Augen und Schleimhäute. Narkotisierend in hohen Konzentrationen.	1108	
-	T2	TP1	F-E, S-D	Staukategorie A	-	Farblose Flüssigkeiten mit angenehmem Geruch. normal-AMYLFORMIAT: Flammpunkt: 27 °C c.c. ISOAMYLFORIMAT: Flammpunkt: 26 °C c.c. Explosionsgrenzen: 1,7 % bis 10 %. Nicht mischbar mit Wasser.	1109	
-	T2	TP1	F-E, S-D	Staukategorie A	-	Farblose Flüssigkeit. Flammpunkt: 49 °C c.c. Nicht mischbar mit Wasser.	1110	
-	T4	TP1	F-E, S-D	Staukategorie B	SG50 SG57	Farblose bis gelbe Flüssigkeiten mit äußerst widerlichem, knoblauchartigem Geruch. tert.-AMYLMERCAPTAN: Flammpunkt: -7 °C c.c. normal-AMYLMERCAPTAN: Flammpunkt: 19 °C c.c. ISOAMYLMERCAPTAN: Flammpunkt: 18 °C c.c. Nicht mischbar mit Wasser. Diese Stoffe können aus Verpackungen austreten, die sonst gegenüber anderen Chemikalien dicht sind.	1111	
-	T2	TP1	F-E, S-D	Staukategorie A SW2	-	Farblose Flüssigkeiten mit etherartigem Geruch. normal-AMYLNITRAT: Flammpunkt: 48 °C c.c. ISOAMYLNITRAT: Flammpunkt: 52 °C c.c. Nicht mischbar mit Wasser. Gesundheitsschädlich beim Einatmen.	1112	
-	T4	TP1	F-E, S-D	Staukategorie E SW2	-	Gelbliche, durchsichtige, flüchtige Flüssigkeit mit angenehmem, fruchtartigem Geruch. Flammpunkt des reinen ISOAMYLNITRIT: -20 °C c.c. Flammpunkt des reinen normal-AMYLNITRIT: 10 °C c.c. Zersetzt sich in der Luft, durch Licht oder Wasser unter Entwicklung giftiger, nitroser, orangefarbiger Dämpfe. Nicht mischbar mit Wasser. Gesundheitsschädlich beim Einatmen.	1113	
-	T4	TP1	F-E, S-D	Staukategorie B SW2	-	Farblose Flüssigkeit mit charakteristischem Geruch. Flammpunkt: -11 °C c.c. Explosionsgrenzen: 1,4 % bis 8 %. Schmelzpunkt: 5 °C, Aufflammen unter seinem Schmelzpunkt. Nicht mischbar mit Wasser. Narkotisierend. Bei Einwirkung dieses Stoffes können ernste chronische Erkrankungen toxischer Art hervorgerufen werden.	1114	*→ CH: MSC. 1220* *→ CH: MSC. 1095*
-	T4	TP1 TP29	F-E, S-D	Staukategorie B	-	Farblose Flüssigkeiten mit widerlichem Geruch. Explosionsgrenzen: normal-BUTANOL 1,4 % bis 11,2 %. sek.-BUTANOL 1,7 % bis 9,8 %. tert.-BUTANOL 2,4 % bis 8 %. tert.-BUTANOL verfestigt sich bei etwa 25 °C. normal-BUTANOL ist nicht mischbar mit Wasser. sek.-BUTANOL ist nicht mischbar mit Wasser. tert.-BUTANOL ist mischbar mit Wasser. Wirkt reizend auf Haut, Augen und Schleimhäute.	1120	
-	T2	TP1	F-E, S-D	Staukategorie A	-	Siehe Eintrag oben.	1120	

UN-Nr.	Richtiger technischer Name	Klasse	Zusatzgefahr	Verpackungsgruppe	Sondervorschriften	Begrenzte und freigestellte Mengen		Verpackungen		IBC	
						Begrenzte Mengen	Freigestellte Mengen	Anweisung(en)	Sondervorschriften	Anweisung(en)	Sondervorschriften
(1)	(2) 3.1.2	(3) 2.0	(4) 2.0	(5) 2.0.1.3	(6) 3.3	(7a) 3.4	(7b) 3.5	(8) 4.1.4	(9) 4.1.4	(10) 4.1.4	(11) 4.1.4
1123	BUTYLACETATE BUTYL ACETATES	3	-	II	-	1 L	E2	P001	-	IBC02	-
1123	BUTYLACETATE BUTYL ACETATES	3	-	III	223	5 L	E1	P001 LP01	-	IBC03	-
1125	n-BUTYLAMIN n-BUTYLAMINE	3	8	II	-	1 L	E2	P001	-	IBC02	-
1126	1-BROMBUTAN 1-BROMOBUTANE	3	-	II	-	1 L	E2	P001	-	IBC02	-
1127	CHLORBUTANE CHLOROBUTANES	3	-	II	-	1 L	E2	P001	-	IBC02	-
1128	n-BUTYLFORMIAT n-BUTYL FORMATE	3	-	II	-	1 L	E2	P001	-	IBC02	-
1129	BUTYRALDEHYD BUTYRALDEHYDE	3	-	II	-	1 L	E2	P001	-	IBC02	-
1130	KAMPFERÖL CAMPHOR OIL	3	-	III	-	5 L	E1	P001 LP01	-	IBC03	-
1131	KOHLENSTOFFDISULFID CARBON DISULPHIDE	3	6.1	I	-	0	E0	P001	PP31	-	-
1133	KLEBSTOFFE, entzündbare Flüssigkeit enthaltend ADHESIVES containing flammable liquid	3	-	I	-	500 ml	E3	P001	-	-	-
1133	KLEBSTOFFE, entzündbare Flüssigkeit enthaltend ADHESIVES containing flammable liquid	3	-	II	-	5 L	E2	P001	PP1	IBC02	-
1133	KLEBSTOFFE, entzündbare Flüssigkeit enthaltend ADHESIVES containing flammable liquid	3	-	III	223 955	5 L	E1	P001 LP01	PP1	IBC03	-
1134	CHLORBENZEN CHLOROBENZENE	3	-	III	-	5 L	E1	P001 LP01	-	IBC03	-
1135	ETHYLENCHLORHYDRIN ETHYLENE CHLOROHYDRIN	6.1	3	I	354	0	E0	P602	-	-	-
1136	STEINKOHLENTEERDESTILLATE, ENTZÜNDBAR COAL TAR DISTILLATES, FLAMMABLE	3	-	II	-	1 L	E2	P001	-	IBC02	-
1136	STEINKOHLENTEERDESTILLATE, ENTZÜNDBAR COAL TAR DISTILLATES, FLAMMABLE	3	-	III	223 955	5 L	E1	P001 LP01	-	IBC03	-

Ortsbewegliche Tanks und Schüttgut-Container			EmS	Stauung und Handhabung	Trennung	Eigenschaften und Bemerkung	UN-Nr.
	Tank Anweisung(en)	Vorschriften					
(12)	(13)	(14)	(15)	(16a)	(16b)	(17)	(18)
	4.2.5 4.3	4.2.5	5.4.3.2 7.8	7.1, 7.3 bis 7.7	7.2 bis 7.7		
-	T4	TP1	F-E, S-D	Staukategorie B	-	Farblose Flüssigkeiten mit ananasartigem Geruch. Nicht mischbar mit Wasser. normal-BUTYLACETAT: Flammpunkt: 27 °C c.c. Explosionsgrenzen: 1,5 % bis 15 %.	1123
-	T2	TP1	F-E, S-D	Staukategorie A	-	Siehe Eintrag oben.	1123
-	T7	TP1	F-E, S-C	Staukategorie B SW2	SG35	Flammpunkt: -9 °C c.c. Explosionsgrenzen: 1,7 % bis 10 %. Farblose, flüchtige Flüssigkeit mit ammoniakartigem Geruch. Mischbar mit Wasser. Verursacht Verätzungen der Haut, der Augen und der Schleimhäute.	1125
-	T4	TP1	F-E, S-D	Staukategorie B SW2	SGG10	Farblose bis hell-strohfarbene, klare Flüssigkeit. Flammpunkt: 13 °C c.c. Explosionsgrenzen: 2,6 % bis 6,6 %. Nicht mischbar mit Wasser. Narkotisierend.	1126
-	T4	TP1	F-E, S-D	Staukategorie B	SGG10	Farblose Flüssigkeiten. tert.-BUTYLCHLORID: Flammpunkt: -30 °C c.c., Siedepunkt: 51 °C. Nicht mischbar mit Wasser.	1127
-	T4	TP1	F-E, S-D	Staukategorie B	-	Farblose Flüssigkeit. Flammpunkt: 18 °C c.c. Explosionsgrenzen: 1,6 % bis 8,3 %. Nicht mischbar mit Wasser.	1128
-	T4	TP1	F-E, S-D	Staukategorie B	-	Farblose Flüssigkeit mit charakteristischem, stechendem Geruch. Flammpunkt: -7 °C c.c. Explosionsgrenzen: 1,4 % bis 12,5 %. Nicht mischbar mit Wasser.	1129
-	T2	TP1	F-E, S-E	Staukategorie A	-	Farbloses Öl mit charakteristischem Geruch. Flammpunkt: 47 °C c.c. Nicht mischbar mit Wasser.	1130
-	T14	TP2 TP7 TP13	F-E, S-D	Staukategorie D SW2	SG63	Farblose oder leicht gelbe, klare Flüssigkeit, fast geruchlos, wenn rein. Der handelsübliche Stoff hat einen starken, widerlichen Geruch. Flammpunkt: -30 °C c.c. Explosionsgrenzen: 1 % bis 60 %. Siedepunkt: 46 °C. Zündtemperatur: 100 °C. Nicht mischbar mit Wasser. Die Dämpfe sind schwerer als Luft, sie können eine erhebliche Entfernung bis zu einer Zündquelle zurücklegen und Flammen zurückschlagen lassen. Die Dämpfe können bei der Berührung mit einer gewöhnlichen Glühlampe oder an einer warmen Dampfleitung entzündet werden. Giftig beim Verschlucken, bei Berührung mit der Haut oder beim Einatmen.	1131
-	T11	TP1 TP8 TP27	F-E, S-D	Staukategorie E	-	Klebstoffe sind Lösungen verschiedener Gummiarten, Harze usw. und sind wegen der Lösemittel gewöhnlich flüchtig. Mischbarkeit mit Wasser ist von der Zubereitung abhängig.	1133
-	T4	TP1 TP8	F-E, S-D	Staukategorie B	-	Siehe Eintrag oben.	1133
-	T2	TP1	F-E, S-D	Staukategorie A	-	Siehe Eintrag oben.	1133
-	T2	TP1	F-E, S-D	Staukategorie A	SGG10	Farblose Flüssigkeit mit bittermandelartigem Geruch. Flammpunkt: 29 °C c.c. Explosionsgrenzen: 1,3 % bis 11 %. Nicht mischbar mit Wasser.	1134
-	T20	TP2 TP13 TP37	F-E, S-D	Staukategorie D SW2	-	Farblose entzündbare Flüssigkeit mit einem schwachen etherartigen Geruch. Flammpunkt: 60 °C c.c. Explosionsgrenzen: 4,9 % bis 15,9 %. Mischbar mit Wasser. Entwickelt unter Feuereinwirkung äußerst giftige (Phosgen) und ätzende (Chlorwasserstoff) Dämpfe. Hochgiftig beim Verschlucken, bei Berührung mit der Haut oder beim Einatmen.	1135
-	T4	TP1	F-E, S-E	Staukategorie B	-	Nicht mischbar mit Wasser. Kann mit Schwermetallen und deren Salzen äußerst empfindliche Verbindungen bilden.	1136
-	T4	TP1 TP29	F-E, S-E	Staukategorie A	-	Siehe Eintrag oben.	1136

3.2 Gefahrgutliste

UN-Nr.	Richtiger technischer Name	Klasse	Zusatzgefahr	Verpackungsgruppe	Sondervorschriften	Begrenzte und freigestellte Mengen		Verpackungen		IBC	
						Begrenzte Mengen	Freigestellte Mengen	Anweisung(en)	Sondervorschriften	Anweisung(en)	Sondervorschriften
(1)	(2) 3.1.2	(3) 2.0	(4) 2.0	(5) 2.0.1.3	(6) 3.3	(7a) 3.4	(7b) 3.5	(8) 4.1.4	(9) 4.1.4	(10) 4.1.4	(11) 4.1.4
1139	SCHUTZANSTRICHLÖSUNG (einschließlich solcher zur Oberflächenbehandlung oder Beschichtung für industrielle oder andere Zwecke wie Fahrzeuggrundierung oder Fassinnenbeschichtung) COATING SOLUTION (includes surface treatments or coatings used for industrial or other purposes such as vehicle under-coating, drum or barrel lining)	3	-	I	-	500 ml	E3	P001	-	-	-
1139	SCHUTZANSTRICHLÖSUNG (einschließlich solcher zur Oberflächenbehandlung oder Beschichtung für industrielle oder andere Zwecke wie Fahrzeuggrundierung oder Fassinnenbeschichtung) COATING SOLUTION (includes surface treatments or coatings used for industrial or other purposes such as vehicle under-coating, drum or barrel lining)	3	-	II	-	5 L	E2	P001	-	IBC02	-
1139	SCHUTZANSTRICHLÖSUNG (einschließlich solcher zur Oberflächenbehandlung oder Beschichtung für industrielle oder andere Zwecke wie Fahrzeuggrundierung oder Fassinnenbeschichtung) COATING SOLUTION (includes surface treatments or coatings used for industrial or other purposes such as vehicle under-coating, drum or barrel lining)	3	-	III	955	5 L	E1	P001 LP01	-	IBC03	-
1143	CROTONALDEHYD oder CROTONALDEHYD, STABILISIERT CROTONALDEHYDE or CROTONALDEHYDE, STABILIZED	6.1	3 **P**	I	324 354 386	0	E0	P602	-	-	-
1144	CROTONYLEN CROTONYLENE	3	-	I	-	0	E3	P001	-	-	-
1145	CYCLOHEXAN CYCLOHEXANE	3	-	II	-	1 L	E2	P001	-	IBC02	-
1146	CYCLOPENTAN CYCLOPENTANE	3	-	II	-	1 L	E2	P001	-	IBC02	-
1147	DECAHYDRONAPHTHALEN DECAHYDRONAPHTHALENE	3	-	III	-	5 L	E1	P001 LP01	-	IBC03	-
1148	DIACETONALKOHOL DIACETONE ALCOHOL	3	-	II	-	1 L	E2	P001	-	IBC02	-
1148	DIACETONALKOHOL DIACETONE ALCOHOL	3	-	III	223	5 L	E1	P001 LP01	-	IBC03	-
1149	DIBUTYLETHER DIBUTYL ETHERS	3	-	III	-	5 L	E1	P001	-	IBC03	-
1150	1,2-DICHLORETHYLEN 1,2-DICHLOROETHYLENE	3	-	II	-	1 L	E2	P001	-	IBC02	-
1152	DICHLORPENTANE DICHLOROPENTANES	3	-	III	-	5 L	E1	P001 LP01	-	IBC03	-

Ortsbewegliche Tanks und Schüttgut-Container			EmS	Stauung und Handhabung	Trennung	Eigenschaften und Bemerkung	UN-Nr.
	Tank Anwei-sung(en)	Vor-schrif-ten					
(12)	(13)	(14)	(15)	(16a)	(16b)	(17)	(18)
	4.2.5 4.3	4.2.5	5.4.3.2 7.8	7.1, 7.3 bis 7.7	7.2 bis 7.7		
-	T11	TP1 TP8 TP27	F-E, S-E	Staukategorie E	-	Mischbarkeit mit Wasser ist von der Zubereitung abhängig.	1139
-	T4	TP1 TP8	F-E, S-E	Staukategorie B	-	Siehe Eintrag oben.	1139
-	T2	TP1	F-E, S-E	Staukategorie A	-	Siehe Eintrag oben.	1139
-	T20	TP2 TP13 TP35	F-E, S-D	Staukategorie D SW1 SW2	-	Farblose, bewegliche Flüssigkeit mit stechendem Geruch. Wird an Licht und an der Luft blassgelb. Mischbar mit Wasser. Flammpunkt: 13 °C c.c. Hochgiftig beim Verschlucken, bei Berührung mit der Haut oder beim Einatmen. Kann Schädigung der Lunge verursachen.	1143
-	T11	TP2	F-E, S-D	Staukategorie E	-	Farblose Flüssigkeit. Flammpunkt: -53 °C c.c. Explosionsgrenzen: 1,4 % bis ... Siedepunkt: 27 °C. Nicht mischbar mit Wasser.	1144
-	T4	TP1	F-E, S-D	Staukategorie E	-	Farblose, bewegliche Flüssigkeit mit süßlichem, aromatischem Geruch. Flammpunkt: -18 °C c.c. Explosionsgrenzen: 1,2 % bis 8,4 %. Nicht mischbar mit Wasser. Wirkt schwach reizend auf Haut, Augen und Schleimhäute. Narkotisierend in hohen Konzentrationen.	1145
-	T7	TP1	F-E, S-D	Staukategorie E	-	Farblose Flüssigkeit mit stechendem Geruch. Flammpunkt: unter -18 °C c.c. Explosionsgrenzen: 1,4 % bis 8 %. Siedepunkt: 49 °C. Nicht mischbar mit Wasser. Wirkt reizend auf Haut, Augen und Schleimhäute. Narkotisierend in hohen Konzentrationen.	1146
-	T2	TP1	F-E, S-D	Staukategorie A	-	Farblose Flüssigkeiten mit aromatischem Geruch. Flammpunkt: 52 °C bis 57 °C c.c. Explosionsgrenzen: 0,7 % bis 4,9 %. Nicht mischbar mit Wasser. Gesundheitsschädlich beim Einatmen.	1147
-	T4	TP1	F-E, S-D	Staukategorie B	-	Farblose Flüssigkeit. Explosionsgrenzen: 1,4 % bis 8 %. Mischbar mit Wasser.	1148
-	T2	TP1	F-E, S-D	Staukategorie A	-	Siehe Eintrag oben.	1148
-	T2	TP1	F-E, S-D	Staukategorie A	-	Farblose Flüssigkeiten mit leichtem, etherartigem Geruch. Explosionsgrenzen: 0,9 % bis 8,5 %. Nicht mischbar mit Wasser. normal-DIBUTYL-ETHER: Flammpunkt: 25 °C c.c.	1149
-	T7	TP2	F-E, S-D	Staukategorie B	SGG10	Farblose Flüssigkeit mit chloroformartigem Geruch. Flammpunkt: 6 °C c.c. Explosionsgrenzen: 5,6 % bis 16 %. Nicht mischbar mit Wasser. Siedebereich: 48 °C bis 61 °C.	1150
-	T2	TP1	F-E, S-D	Staukategorie A	SGG10	Hellgelbe Flüssigkeiten. 1,5-DICHLORPENTAN: Flammpunkt: 26 °C c.c. Nicht mischbar mit Wasser.	1152

UN-Nr.	Richtiger technischer Name	Klasse	Zusatzgefahr	Verpackungsgruppe	Sondervorschriften	Begrenzte und freigestellte Mengen		Verpackungen		IBC	
						Begrenzte Mengen	Freigestellte Mengen	Anweisung(en)	Sondervorschriften	Anweisung(en)	Sondervorschriften
(1)	(2) 3.1.2	(3) 2.0	(4) 2.0	(5) 2.0.1.3	(6) 3.3	(7a) 3.4	(7b) 3.5	(8) 4.1.4	(9) 4.1.4	(10) 4.1.4	(11) 4.1.4
1153	ETHYLENGLYCOLDIETHYLETHER ETHYLENE GLYCOL DIETHYL ETHER	3	-	II	-	1 L	E2	P001	-	IBC02	-
1153	ETHYLENGLYCOLDIETHYLETHER ETHYLENE GLYCOL DIETHYL ETHER	3	-	III	-	5 L	E1	P001 LP01	-	IBC03	-
1154	DIETHYLAMIN DIETHYLAMINE	3	8	II	-	1 L	E2	P001	-	IBC02	-
1155	DIETHYLETHER (ETHYLETHER) DIETHYL ETHER (ETHYL ETHER)	3	-	I	-	0	E3	P001	-	-	-
1156	DIETHYLKETON DIETHYL KETONE	3	-	II	-	1 L	E2	P001	-	IBC02	-
1157	DIISOBUTYLKETON DIISOBUTYL KETONE	3	-	III	-	5 L	E1	P001 LP01	-	IBC03	-
1158	DIISOPROPYLAMIN DIISOPROPYLAMINE	3	8	II	-	1 L	E2	P001	-	IBC02	-
1159	DIISOPROPYLETHER DIISOPROPYL ETHER	3	-	II	-	1 L	E2	P001	-	IBC02	-
1160	DIMETHYLAMIN, WÄSSERIGE LÖSUNG DIMETHYLAMINE, AQUEOUS SOLUTION	3	8	II	-	1 L	E2	P001	-	IBC02	-
1161	DIMETHYLCARBONAT DIMETHYL CARBONATE	3	-	II	-	1 L	E2	P001	-	IBC02	-
1162	DIMETHYLDICHLORSILAN DIMETHYLDICHLOROSILANE	3	8	II	-	0	E0	P010	-	-	-
1163	DIMETHYLHYDRAZIN, ASYMMETRISCH DIMETHYLHYDRAZINE, UNSYMMETRICAL	6.1	3/8 **P**	I	354	0	E0	P602	-	-	-
1164	DIMETHYLSULFID DIMETHYL SULPHIDE	3	-	II	-	1 L	E2	P001	-	IBC02	B8
1165	DIOXAN DIOXANE	3	-	II	-	1 L	E2	P001	-	IBC02	-

Ortsbewegliche Tanks und Schüttgut-Container			EmS	Stauung und Handhabung	Trennung	Eigenschaften und Bemerkung	UN-Nr.
	Tank Anweisung(en)	Vorschriften					
(12)	(13) 4.2.5 4.3	(14) 4.2.5	(15) 5.4.3.2 7.8	(16a) 7.1, 7.3 bis 7.7	(16b) 7.2 bis 7.7	(17)	(18)
-	T4	TP1	F-E, S-D	Staukategorie A	-	Farblose Flüssigkeit mit etherartigem Geruch. Flammpunkt: 35 °C c.c. Nicht mischbar mit Wasser.	1153
-	T2	TP1	F-E, S-D	Staukategorie A	-	Siehe Eintrag oben.	1153
-	T7	TP1	F-E, S-C	Staukategorie E SW2	SG35	Farblose Flüssigkeit mit ammoniakartigem Geruch. Flammpunkt: -39 °C c.c. Explosionsgrenzen: 1,7 % bis 10,1 %. Siedepunkt: 55 °C. Mischbar mit Wasser. Gesundheitsschädlich beim Verschlucken. Verursacht Verätzungen der Haut, der Augen und der Schleimhäute. Höhere Konzentrationen verursachen schwere Lungenschäden.	1154
-	T11	TP2	F-E, S-D	Staukategorie E SW2	-	Farblose, flüchtige und leicht bewegliche Flüssigkeit mit angenehmem, aromatischem Geruch. Flammpunkt: -40 °C c.c. Explosionsgrenzen: 1,7 % bis 48 %. Siedepunkt: 34 °C. Nicht mischbar mit Wasser. Beim Vorhandensein von Sauerstoff oder langem Lagern oder durch Sonnenlicht bilden sich manchmal instabile Peroxide; diese können spontan oder bei Erhitzung explodieren. Stark narkotisierend. Kann leicht durch statische Elektrizität entzündet werden.	1155
-	T4	TP1	F-E, S-D	Staukategorie B	-	Farblose, bewegliche Flüssigkeit. Flammpunkt: 13 °C c.c. Explosionsgrenzen: 1,6 % bis ... Nicht mischbar mit Wasser.	1156
-	T2	TP1	F-E, S-D	Staukategorie A	-	Farblose Flüssigkeit. Flammpunkt: 49 °C c.c. Explosionsgrenzen: 0,8 % bis 7,1 %. Nicht mischbar mit Wasser.	1157
-	T7	TP1	F-E, S-C	Staukategorie B	SG35	Farblose, flüchtige Flüssigkeit mit fischartigem Geruch. Flammpunkt: -7 °C c.c. Explosionsgrenzen: 1,1 % bis 7,1 %. Teilweise mischbar mit Wasser. Gesundheitsschädlich beim Einatmen. Verursacht Verätzungen der Haut, der Augen und der Schleimhäute.	1158
-	T4	TP1	F-E, S-D	Staukategorie E SW2	-	Farblose Flüssigkeit mit etherartigem Geruch. Flammpunkt: -29 °C c.c. Explosionsgrenzen: 1,1 % bis 21 %. Nicht mischbar mit Wasser. Beim Vorhandensein von Sauerstoff oder langem Lagern oder durch Sonnenlicht bilden sich manchmal instabile Peroxide; diese können spontan oder bei Erhitzung explodieren. Stark narkotisierend. Kann leicht durch statische Elektrizität entzündet werden.	1159
-	T7	TP1	F-E, S-C	Staukategorie B	SGG18 SG35	Wässerige Lösung eines entzündbaren Gases, mit ammoniakartigem Geruch. Flammpunkt der 60 %igen Lösung in Wasser: -32 °C c.c. Explosionsgrenzen: 2,8 % bis 14,4 %. Siedepunkt der 60 %igen Lösung in Wasser: 36 °C. Flammpunkt der 25 %igen Lösung in Wasser: 0 °C c.c. Mischbar mit Wasser. Gesundheitsschädlich beim Einatmen. Verursacht Verätzungen der Haut, der Augen und der Schleimhäute. Reagiert heftig mit Säuren.	1160
-	T4	TP1	F-E, S-D	Staukategorie B	-	Farblose Flüssigkeit. Nicht mischbar mit Wasser. Flammpunkt: 18 °C c.c.	1161
-	T10	TP2 TP7 TP13	F-E, S-C	Staukategorie B SW2	-	Farblose Flüssigkeit mit stechendem Geruch. Flammpunkt: -9 °C c.c. Explosionsgrenzen: 1,4 % bis 9,5 %. Nicht mischbar mit Wasser. Reagiert mit Wasser unter Bildung eines komplexen Gemisches von Dimethylsiloxanen und entwickelt Chlorwasserstoff, ein giftiges und ätzendes Gas. Gesundheitsschädlich beim Einatmen. Verursacht Verätzungen der Haut, der Augen und der Schleimhäute.	1162
-	T20	TP2 TP13 TP35	F-E, S-C	Staukategorie D SW2	SGG18 SG5 SG8 SG13 SG35	Farblose Flüssigkeit mit ammoniakartigem Geruch. Flammpunkt: -18 °C c.c. Explosionsgrenzen: 2 % bis 95 %. Mischbar mit Wasser unter Wärmeentwicklung. Reagiert heftig mit Säuren. Hochgiftig beim Verschlucken, bei Berührung mit der Haut oder beim Einatmen. Verursacht Verätzungen der Haut, der Augen und der Schleimhäute. Kann mit entzündend (oxidierend) wirkenden Stoffen gefährlich reagieren.	1163
-	T7	TP2	F-E, S-D	Staukategorie E SW2	-	Farblose Flüssigkeit mit widerlichem Geruch. Flammpunkt: -37 °C c.c. Explosionsgrenzen: 2,2 % bis 19,7 %. Siedepunkt: 37 °C. Nicht mischbar mit Wasser. Entwickelt bei Feuereinwirkung giftige Gase. Narkotisierend in hohen Konzentrationen.	1164
-	T4	TP1	F-E, S-D	Staukategorie B	-	Farblose Flüssigkeit mit etherartigem Geruch. Flammpunkt: 12 °C c.c. Explosionsgrenzen: 2 % bis 22 %. Mischbar mit Wasser. Gesundheitsschädlich beim Einatmen.	1165

UN-Nr.	Richtiger technischer Name	Klasse	Zusatzgefahr	Verpackungsgruppe	Sondervorschriften	Begrenzte und freigestellte Mengen		Verpackungen		IBC	
						Begrenzte Mengen	Freigestellte Mengen	Anweisung(en)	Sondervorschriften	Anweisung(en)	Sondervorschriften
(1)	(2) 3.1.2	(3) 2.0	(4) 2.0	(5) 2.0.1.3	(6) 3.3	(7a) 3.4	(7b) 3.5	(8) 4.1.4	(9) 4.1.4	(10) 4.1.4	(11) 4.1.4
1166	DIOXOLAN DIOXOLANE	3	-	II	-	1 L	E2	P001	-	IBC02	-
1167	DIVINYLETHER, STABILISIERT DIVINYL ETHER, STABILIZED	3	-	I	386	0	E3	P001	-	-	-
1169	EXTRAKTE, AROMATISCH, FLÜSSIG EXTRACTS, AROMATIC, LIQUID	3	-	II	-	5 L	E2	P001	-	IBC02	-
1169	EXTRAKTE, AROMATISCH, FLÜSSIG EXTRACTS, AROMATIC, LIQUID	3	-	III	223 955	5 L	E1	P001 LP01	-	IBC03	-
1170	ETHANOL (ETHYLALKOHOL) oder ETHANOL, LÖSUNG (ETHYLALKOHOL, LÖSUNG) ETHANOL (ETHYL ALCOHOL) or ETHANOL SOLUTION (ETHYL ALCOHOL SOLUTION)	3	-	II	144	1 L	E2	P001	-	IBC02	-
1170	ETHANOL (ETHYLALKOHOL) oder ETHANOL, LÖSUNG (ETHYLALKOHOL, LÖSUNG) ETHANOL (ETHYL ALCOHOL) or ETHANOL SOLUTION (ETHYL ALCOHOL SOLUTION)	3	-	III	144 223	5 L	E1	P001 LP01	-	IBC03	-
1171	ETHYLENGLYCOLMONOETHYLETHER ETHYLENE GLYCOL MONOETHYL ETHER	3	-	III	-	5 L	E1	P001 LP01	-	IBC03	-
1172	ETHYLENGLYCOLMONOETHYLETHERACETAT ETHYLENE GLYCOL MONOETHYL ETHER ACETATE	3	-	III	-	5 L	E1	P001 LP01	-	IBC03	-
1173	ETHYLACETAT ETHYL ACETATE	3	-	II	-	1 L	E2	P001	-	IBC02	-
1175	ETHYLBENZEN ETHYLBENZENE	3	-	II	-	1 L	E2	P001	-	IBC02	-
1176	ETHYLBORAT ETHYL BORATE	3	-	II	-	1 L	E2	P001	-	IBC02	-
1177	2-ETHYLBUTYLACETAT 2-ETHYLBUTYL ACETATE	3	-	III	-	5 L	E1	P001 LP01	-	IBC03	-
1178	2-ETHYLBUTYRALDEHYD 2-ETHYLBUTYRALDEHYDE	3	-	II	-	1 L	E2	P001	-	IBC02	-
1179	ETHYLBUTYLETHER ETHYL BUTYL ETHER	3	-	II	-	1 L	E2	P001	-	IBC02	-
1180	ETHYLBUTYRAT ETHYL BUTYRATE	3	-	III	-	5 L	E1	P001 LP01	-	IBC03	-
1181	ETHYLCHLORACETAT ETHYL CHLOROACETATE	6.1	3	II	-	100 ml	E4	P001	-	IBC02	-

Ortsbewegliche Tanks und Schüttgut-Container			EmS	Stauung und Handhabung	Trennung	Eigenschaften und Bemerkung	UN-Nr.
	Tank Anweisung(en)	Vorschriften					
(12)	(13) 4.2.5 4.3	(14) 4.2.5	(15) 5.4.3.2 7.8	(16a) 7.1, 7.3 bis 7.7	(16b) 7.2 bis 7.7	(17)	(18)
-	T4	TP1	F-E, S-D	Staukategorie B SW2	-	Farblose Flüssigkeit. Flammpunkt: 2 °C c.c. Mischbar mit Wasser. Gesundheitsschädlich beim Einatmen.	1166
-	T11	TP2	F-E, S-D	Staukategorie E SW1 SW2	-	Farblose, klare Flüssigkeit mit charakteristischem Geruch. Flammpunkt: -30 °C c.c. Explosionsgrenzen: 1,7 % bis 27 %. Siedepunkt: 30 °C. Nicht mischbar mit Wasser. Beim Vorhandensein von Sauerstoff oder langem Lagern oder durch Sonnenlicht bilden sich manchmal instabile Peroxide; diese können spontan oder bei Erhitzung explodieren. Stark narkotisierend. Kann leicht durch statische Elektrizität entzündet werden.	1167
-	T4	TP1 TP8	F-E, S-D	Staukategorie B	-	Besteht normalerweise aus alkoholischen Lösungen. Die Mischbarkeit mit Wasser hängt von der Zusammensetzung ab.	1169
-	T2	TP1	F-E, S-D	Staukategorie A	-	Siehe Eintrag oben.	1169
-	T4	TP1	F-E, S-D	Staukategorie A	-	Farblose, flüchtige Flüssigkeiten. Reines ETHANOL: Flammpunkt: 13 °C c.c. Explosionsgrenzen: 3,3 % bis 19 %. Mischbar mit Wasser.	1170
-	T2	TP1	F-E, S-D	Staukategorie A	-	Siehe Eintrag oben.	1170
-	T2	TP1	F-E, S-D	Staukategorie A	-	Farblose Flüssigkeit. Flammpunkt: 40 °C c.c. Explosionsgrenzen: 1,7 % bis 15,6 %. Mischbar mit Wasser.	1171
-	T2	TP1	F-E, S-D	Staukategorie A	-	Farblose Flüssigkeit. Flammpunkt: 51 °C c.c. Explosionsgrenzen: 1,7 % bis 10,1 %. Teilweise mischbar mit Wasser.	1172
-	T4	TP1	F-E, S-D	Staukategorie B	-	Farblose Flüssigkeit mit angenehmem Geruch. Flammpunkt: -4 °C c.c. Explosionsgrenzen: 2,18 % bis 11,5 %. Nicht mischbar mit Wasser.	1173
-	T4	TP1	F-E, S-D	Staukategorie B	-	Farblose Flüssigkeit mit aromatischem Geruch. Flammpunkt: 22 °C c.c. Explosionsgrenzen: 1 % bis 6,7 %. Nicht mischbar mit Wasser.	1175
-	T4	TP1	F-E, S-D	Staukategorie B	-	Farblose Flüssigkeit. Flammpunkt: 11 °C c.c. Nicht mischbar mit Wasser.	1176
-	T2	TP1	F-E, S-D	Staukategorie A	-	Farblose Flüssigkeit. Flammpunkt: 54 °C c.c. Nicht mischbar mit Wasser.	1177
-	T4	TP1	F-E, S-D	Staukategorie B	-	Farblose Flüssigkeit. Flammpunkt: 11 °C c.c. Explosionsgrenzen: 1,2 % bis 7,7 %. Nicht mischbar mit Wasser.	1178
-	T4	TP1	F-E, S-D	Staukategorie B	-	Farblose Flüssigkeit. Flammpunkt: -1 °C c.c. Nicht mischbar mit Wasser.	1179
-	T2	TP1	F-E, S-D	Staukategorie A	-	Farblose, flüchtige Flüssigkeit mit ananasartigem Geruch. Flammpunkt: 26 °C c.c. Nicht mischbar mit Wasser.	1180
-	T7	TP2	F-E, S-D	Staukategorie A	-	Farblose, entzündbare Flüssigkeit mit stechendem und fruchtartigem Geruch. Flammpunkt: 54 °C c.c. Nicht mischbar mit Wasser. Entwickelt bei Erwärmung giftige und ätzende Dämpfe. Giftig beim Verschlucken, bei Berührung mit der Haut oder beim Einatmen.	1181

UN-Nr.	Richtiger technischer Name	Klasse	Zusatz-gefahr	Verpa-ckungs-gruppe	Sonder-vor-schrif-ten	Begrenzte und freige-stellte Mengen		Verpackungen		IBC	
						Be-grenzte Men-gen	Freige-stellte Men-gen	Anwei-sung(en)	Sonder-vor-schriften	Anwei-sung(en)	Sonder-vor-schriften
(1)	(2) 3.1.2	(3) 2.0	(4) 2.0	(5) 2.0.1.3	(6) 3.3	(7a) 3.4	(7b) 3.5	(8) 4.1.4	(9) 4.1.4	(10) 4.1.4	(11) 4.1.4
1182	ETHYLCHLORFORMIAT ETHYL CHLOROFORMATE	6.1	3/8	I	354	0	E0	P602	-	-	-
1183	ETHYLDICHLORSILAN ETHYLDICHLOROSILANE	4.3	3/8	I	-	0	E0	P401	PP31	-	-
1184	ETHYLENDICHLORID ETHYLENE DICHLORIDE	3	6.1	II	-	1 L	E2	P001	-	IBC02	-
1185	ETHYLENIMIN, STABILISIERT ETHYLENEIMINE, STABILIZED	6.1	3	I	354 386	0	E0	P601	-	-	-
1188	ETHYLENGLYCOLMONOMETHYL-ETHER ETHYLENE GLYCOL MONOMETHYL ETHER	3	-	III	-	5 L	E1	P001 LP01	-	IBC03	-
1189	ETHYLENGLYCOLMONOMETHYL-ETHERACETAT ETHYLENE GLYCOL MONOMETHYL ETHER ACETATE	3	-	III	-	5 L	E1	P001 LP01	-	IBC03	-
1190	ETHYLFORMIAT ETHYL FORMATE	3	-	II	-	1 L	E2	P001	-	IBC02	-
1191	OCTYLALDEHYDE OCTYL ALDEHYDES	3	-	III	-	5 L	E1	P001 LP01	-	IBC03	-
1192	ETHYLLACTAT ETHYL LACTATE	3	-	III	-	5 L	E1	P001 LP01	-	IBC03	-
1193	ETHYLMETHYLKETON (METHYL-ETHYLKETON) ETHYL METHYL KETONE (METHYL ETHYL KETONE)	3	-	II	-	1 L	E2	P001	-	IBC02	-
1194	ETHYLNITRIT, LÖSUNG ETHYL NITRITE SOLUTION	3	6.1	I	900	0	E0	P001	-	-	-
1195	ETHYLPROPIONAT ETHYL PROPIONATE	3	-	II	-	1 L	E2	P001	-	IBC02	-
1196	ETHYLTRICHLORSILAN ETHYLTRICHLOROSILANE	3	8	II	-	0	E0	P010	-	-	-
1197	EXTRAKTE, GESCHMACKSTOFFE, FLÜSSIG EXTRACTS, FLAVOURING, LIQUID	3	-	II	-	5 L	E2	P001	-	IBC02	-

Ortsbewegliche Tanks und Schüttgut-Container			EmS	Stauung und Handhabung	Trennung	Eigenschaften und Bemerkung	UN-Nr.
	Tank Anwei-sung(en)	Vor-schrif-ten					
(12)	(13) 4.2.5 4.3	(14) 4.2.5	(15) 5.4.3.2 7.8	(16a) 7.1, 7.3 bis 7.7	(16b) 7.2 bis 7.7	(17)	(18)
-	T20	TP2 TP13 TP37	F-E, S-C	Staukategorie D SW2	SGG1 SG5 SG8 SG36 SG49	Farblose Flüssigkeit. Flammpunkt: 16 °C c.c. Reagiert und zersetzt sich mit Wasser oder Wärme unter Bildung von Chlorwasserstoff, einem reizenden und ätzenden Gas, das als weißer Nebel sichtbar wird. Greift in Gegenwart von Feuchtigkeit die meisten Metalle stark an. Hochgiftig beim Verschlucken, bei Berührung mit der Haut oder beim Einatmen. Verursacht Verätzungen der Haut, der Augen und der Schleimhäute.	1182
-	T14	TP2 TP7 TP13	F-G, S-O	Staukategorie D SW2 H1	SGG1 SG5 SG8 SG13 SG25 SG26 SG36 SG49	Farblose, sehr flüchtige Flüssigkeit mit stechendem Geruch. Flammpunkt: -1 °C c.c. Nicht mischbar mit Wasser. Reagiert heftig mit Wasser oder Wasserdampf unter Wärmeentwicklung, wodurch es zur Selbstentzündung kommen kann; Entwicklung giftiger und ätzender Dämpfe. Kann bei Berührung mit entzündend (oxidierend) wirkenden Stoffen heftig reagieren. Verursacht Verätzungen der Haut, der Augen und der Schleimhäute.	1183
-	T7	TP1	F-E, S-D	Staukategorie B SW2	SGG10	Farblose Flüssigkeit mit chloroformartigem Geruch. Flammpunkt: 13 °C c.c. Explosionsgrenzen: 6,2 % bis 15,9 %. Nicht mischbar mit Wasser. Giftig beim Einatmen. Wirkt reizend auf Haut, Augen und Schleimhäute.	1184
-	T22	TP2 TP13	F-E, S-D	Staukategorie D SW1 SW2	-	Farblose, ölige, entzündbare Flüssigkeit mit stechendem, ammoniakartigem Geruch. Flammpunkt: -13 °C c.c. Siedepunkt: 55 °C. Explosionsgrenzen: 3,6 % bis 6,0 %. Mischbar mit Wasser. Hochgiftig beim Verschlucken, bei Berührung mit der Haut oder beim Einatmen.	1185
-	T2	TP1	F-E, S-D	Staukategorie A	-	Farblose Flüssigkeit. Flammpunkt: 38 °C c.c. Explosionsgrenzen: 1,8 % bis 20 %. Mischbar mit Wasser.	1188
-	T2	TP1	F-E, S-D	Staukategorie A	-	Farblose Flüssigkeit mit charakteristischem Geruch. Flammpunkt: 44 °C c.c. Explosionsgrenzen: 1,7 % bis 8,2 %. Mischbar mit Wasser.	1189
-	T4	TP1	F-E, S-D	Staukategorie E	-	Farblose Flüssigkeit mit angenehmem, aromatischem Geruch. Flammpunkt: -20 °C c.c. Explosionsgrenzen: 3,5 % bis 16,5 %. Siedepunkt: 54 °C. Nicht mischbar mit Wasser.	1190
-	T2	TP1	F-E, S-D	Staukategorie A	-	Farblose Flüssigkeiten mit einem charakteristischen Geruch. Flammpunkt: 44 °C bis 52 °C c.c. Explosionsgrenzen: 0,9 % bis 7,2 %. Nicht mischbar mit Wasser.	1191
-	T2	TP1	F-E, S-D	Staukategorie A	-	Farblose Flüssigkeit. Flammpunkt: 46 °C c.c. Explosionsgrenzen: 1,5 % bis 11,4 %. Mischbar mit Wasser.	1192
-	T4	TP1	F-E, S-D	Staukategorie B	-	Farblose Flüssigkeit. Flammpunkt: -1 °C c.c. Explosionsgrenzen: 1,8 % bis 11,5 %. Mischbar mit Wasser.	1193
-	-	-	F-E, S-D	Staukategorie D SW2	-	Alkoholische Lösung von Ethylnitrit. Äußerst flüchtig, mit aromatischem, etherartigem Geruch. Explosionsgrenzen des reinen Produkts: 3 % bis 50 %. Siedepunkt des reinen Produkts: 17 °C. Mischbar oder teilweise mischbar mit Wasser. Zersetzt sich an der Luft unter Einwirkung von Licht, Wasser oder Hitze unter Entwicklung giftiger, nitroser Dämpfe. Giftig beim Verschlucken, bei Berührung mit der Haut oder beim Einatmen. Ethylnitritdämpfe greifen beim Einatmen selbst kleiner Mengen schnell das Herz an und können gefährlich sein. Die Beförderung von ETHYLNITRIT rein ist **verboten**.	1194
-	T4	TP1	F-E, S-D	Staukategorie B	-	Farblose Flüssigkeit mit ananasartigem Geruch. Flammpunkt: 12 °C c.c. Explosionsgrenzen: 1,8 % bis 11 %. Nicht mischbar mit Wasser.	1195
-	T10	TP2 TP7 TP13	F-E, S-C	Staukategorie B SW2	-	Farblose Flüssigkeit mit stechendem Geruch. Flammpunkt: 14 °C c.c. Hydrolisiert leicht bei Feuchtigkeit unter Entwicklung von Chlorwasserstoff, einem reizenden und ätzenden Gas, das als weißer Nebel sichtbar ist. Verursacht Verätzungen der Haut und der Augen. Wirkt reizend auf Schleimhäute.	1196
-	T4	TP1 TP8	F-E, S-D	Staukategorie B	-	Besteht normalerweise aus alkoholischen Lösungen. Die Mischbarkeit mit Wasser hängt von der Zusammensetzung ab.	1197

3.2 Gefahrgutliste

UN-Nr.	Richtiger technischer Name	Klasse	Zusatzgefahr	Verpackungsgruppe	Sondervorschriften	Begrenzte und freigestellte Mengen		Verpackungen		IBC	
						Begrenzte Mengen	Freigestellte Mengen	Anweisung(en)	Sondervorschriften	Anweisung(en)	Sondervorschriften
(1)	(2) 3.1.2	(3) 2.0	(4) 2.0	(5) 2.0.1.3	(6) 3.3	(7a) 3.4	(7b) 3.5	(8) 4.1.4	(9) 4.1.4	(10) 4.1.4	(11) 4.1.4
1197	EXTRAKTE, GESCHMACKSTOFFE, FLÜSSIG EXTRACTS, FLAVOURING, LIQUID	3	-	III	223 955	5 L	E1	P001 LP01	-	IBC03	-
1198	FORMALDEHYDLÖSUNG, ENTZÜNDBAR FORMALDEHYDE SOLUTION, FLAMMABLE	3	8	III	-	5 L	E1	P001	-	IBC03	-
1199	FURALDEHYDE FURALDEHYDES	6.1	3	II	-	100 ml	E4	P001	-	IBC02	-
1201	FUSELÖL FUSEL OIL	3	-	II	-	1 L	E2	P001	-	IBC02	-
1201	FUSELÖL FUSEL OIL	3	-	III	223 955	5 L	E1	P001 LP01	-	IBC03	-
1202	GASÖL oder DIESELKRAFTSTOFF oder HEIZÖL (LEICHT) GAS OIL or DIESEL FUEL or HEATING OIL, LIGHT	3	-	III	-	5 L	E1	P001 LP01	-	IBC03	-
1203	OTTOKRAFTSTOFF MOTOR SPIRIT or GASOLINE or PETROL	3	-	II	243	1 L	E2	P001	-	IBC02	-
1204	NITROGLYCERIN, LÖSUNG IN ALKOHOL, mit höchstens 1 % Nitroglycerin NITROGLYCERIN SOLUTION IN ALCOHOL with not more than 1 % nitroglycerin	3	-	II	-	1 L	E0	P001	PP5	IBC02	-
1206	HEPTANE HEPTANES	3	- **P**	II	-	1 L	E2	P001	-	IBC02	-
1207	HEXALDEHYD HEXALDEHYDE	3	-	III	-	5 L	E1	P001 LP01	-	IBC03	-
1208	HEXANE HEXANES	3	- **P**	II	-	1 L	E2	P001	-	IBC02	-
1210	DRUCKFARBE, entzündbar oder DRUCKFARBZUBEHÖRSTOFFE (einschließlich Druckfarbverdünnung oder -lösemittel), entzündbar PRINTING INK flammable or PRINTING INK RELATED MATERIAL (including printing ink thinning or reducing compound), flammable	3	-	I	163 367	500 ml	E3	P001	-	-	-
1210	DRUCKFARBE, entzündbar oder DRUCKFARBZUBEHÖRSTOFFE (einschließlich Druckfarbverdünnung oder -lösemittel), entzündbar PRINTING INK flammable or PRINTING INK RELATED MATERIAL (including printing ink thinning or reducing compound), flammable	3	-	II	163 367	5 L	E2	P001	PP1	IBC02	-

Ortsbewegliche Tanks und Schüttgut-Container			EmS	Stauung und Handhabung	Trennung	Eigenschaften und Bemerkung	UN-Nr.
	Tank Anwei-sung(en)	Vor-schrif-ten					
(12)	(13)	(14)	(15)	(16a)	(16b)	(17)	(18)
	4.2.5 4.3	4.2.5	5.4.3.2 7.8	7.1, 7.3 bis 7.7	7.2 bis 7.7		
-	T2	TP1	F-E, S-D	Staukategorie A	-	Siehe Eintrag oben.	1197
-	T4	TP1	F-E, S-C	Staukategorie A SW2	-	Farblose Flüssigkeiten mit stechendem Geruch. Flammpunkt: 32 bis 60 °C c.c. Mischbar mit Wasser. Wirkt reizend auf Haut, Augen und Schleimhäute.	1198
-	T7	TP2	F-E, S-D	Staukategorie A	-	Farblose oder rötlich-braune, bewegliche Flüssigkeit mit stechendem Geruch. Mischbar mit Wasser. Explosionsgrenzen für 2-FURALDEHYD: 2,1 % bis 19,3 %. Flammpunkte: 2-FURALDEHYD 60 °C c.c., 3-FURALDEHYD 48 °C c.c. Giftig beim Verschlucken, bei Berührung mit der Haut oder beim Einatmen.	1199
-	T4	TP1	F-E, S-D	Staukategorie B	-	Farblose, ölige Flüssigkeit mit widerlichem Geruch. Gemisch besteht aus Amylalkoholen. Nicht mischbar mit Wasser.	1201
-	T2	TP1	F-E, S-D	Staukategorie A	-	Siehe Eintrag oben.	1201
-	T2	TP1	F-E, S-E	Staukategorie A	-	Nicht mischbar mit Wasser.	1202
-	T4	TP1	F-E, S-E	Staukategorie E	-	Nicht mischbar mit Wasser.	1203
-	-	-	F-E, S-D	Staukategorie B	-	Nicht mischbar mit Wasser. Zündet leicht. Entwickelt unter Feuereinwirkung giftige, nitrose Dämpfe. In diesem Zustand nicht explosiv, aber Bruch der Verpackung und Austreten von Inhalt aus der Verpackung können zur Verdunstung des Lösungsmittels führen und damit das Nitroglycerin in einen explosiven Zustand versetzen.	1204
-	T4	TP2	F-E, S-D	Staukategorie B	-	Farblose, flüchtige Flüssigkeiten. Explosionsgrenzen: 1,1 % bis 6,7 %. n-HEPTAN: Flammpunkt: -4 °C c.c. Nicht mischbar mit Wasser. Wirkt reizend auf Haut, Augen und Schleimhäute.	1206
-	T2	TP1	F-E, S-D	Staukategorie A	-	Farblose Flüssigkeit mit stechendem Geruch. Flammpunkt: 32 °C c.c. Nicht mischbar mit Wasser.	1207
-	T4	TP2	F-E, S-D	Staukategorie E	-	Farblose, flüchtige Flüssigkeiten mit schwachem Geruch. Explosionsgrenzen: 1,1 % bis 7,5 %. n-HEXAN: Flammpunkt: -22 °C c.c. Siedepunkt: 69 °C. NEOHEXAN: Flammpunkt: -48 °C c.c. Siedepunkt 50 °C. Nicht mischbar mit Wasser. Wirkt schwach reizend auf Haut, Augen und Schleimhäute.	1208
-	T11	TP1 TP8	F-E, S-D	Staukategorie E	-	Flüssigkeit oder viskose Flüssigkeit, die gelöste oder suspendierte färbende Bestandteile enthält. Mischbarkeit mit Wasser hängt vom Lösemittel ab.	1210
-	T4	TP1 TP8	F-E, S-D	Staukategorie B	-	Siehe Eintrag oben.	1210

3.2 Gefahrgutliste

UN-Nr.	Richtiger technischer Name	Klasse	Zusatzgefahr	Verpackungsgruppe	Sondervorschriften	Begrenzte und freigestellte Mengen: Begrenzte Mengen	Begrenzte und freigestellte Mengen: Freigestellte Mengen	Verpackungen: Anweisung(en)	Verpackungen: Sondervorschriften	IBC: Anweisung(en)	IBC: Sondervorschriften
(1)	(2) 3.1.2	(3) 2.0	(4) 2.0	(5) 2.0.1.3	(6) 3.3	(7a) 3.4	(7b) 3.5	(8) 4.1.4	(9) 4.1.4	(10) 4.1.4	(11) 4.1.4
1210	DRUCKFARBE, entzündbar oder DRUCKFARBZUBEHÖRSTOFFE (einschließlich Druckfarbverdünnung oder -lösemittel), entzündbar PRINTING INK flammable or PRINTING INK RELATED MATERIAL (including printing ink thinning or reducing compound), flammable	3	-	III	163 223 367 955	5 L	E1	P001 LP01	PP1	IBC03	-
1212	ISOBUTANOL (ISOBUTYLALKOHOL) ISOBUTANOL (ISOBUTYL ALCOHOL)	3	-	III	-	5 L	E1	P001 LP01	-	IBC03	-
1213	ISOBUTYLACETAT ISOBUTYL ACETATE	3	-	II	-	1 L	E2	P001	-	IBC02	-
1214	ISOBUTYLAMIN ISOBUTYLAMINE	3	8	II	-	1 L	E2	P001	-	IBC02	-
1216	ISOOCTENE ISOOCTENES	3	-	II	-	1 L	E2	P001	-	IBC02	-
1218	ISOPREN, STABILISIERT ISOPRENE, STABILIZED	3	- P	I	386	0	E3	P001	-	-	-
1219	ISOPROPANOL (ISOPROPYLALKOHOL) ISOPROPANOL (ISOPROPYL ALCOHOL)	3	-	II	-	1 L	E2	P001	-	IBC02	-
1220	ISOPROPYLACETAT ISOPROPYL ACETATE	3	-	II	-	1 L	E2	P001	-	IBC02	-
1221	ISOPROPYLAMIN ISOPROPYLAMINE	3	8	I	-	0	E0	P001	-	-	-
1222	ISOPROPYLNITRAT ISOPROPYL NITRATE	3	-	II	26	1 L	E2	P001	-	-	-
1223	KEROSIN KEROSENE	3	-	III	-	5 L	E1	P001 LP01	-	IBC03	-
1224	KETONE, FLÜSSIG, N.A.G. KETONES, LIQUID, N.O.S.	3	-	II	274	1 L	E2	P001	-	IBC02	-
1224	KETONE, FLÜSSIG, N.A.G. KETONES, LIQUID, N.O.S.	3	-	III	223 274	5 L	E1	P001 LP01	-	IBC03	-
1228	MERCAPTANE, FLÜSSIG, ENTZÜNDBAR, GIFTIG, N.A.G. oder MERCAPTANE, MISCHUNG, FLÜSSIG, ENTZÜNDBAR, GIFTIG, N.A.G. MERCAPTANS, LIQUID, FLAMMABLE, TOXIC, N.O.S. or MERCAPTAN MIXTURE, LIQUID, FLAMMABLE, TOXIC, N.O.S.	3	6.1	II	274	1 L	E0	P001	-	IBC02	-
1228	MERCAPTANE, FLÜSSIG, ENTZÜNDBAR, GIFTIG, N.A.G. oder MERCAPTANE, MISCHUNG, FLÜSSIG, ENTZÜNDBAR, GIFTIG, N.A.G. MERCAPTANS, LIQUID, FLAMMABLE, TOXIC, N.O.S. or MERCAPTAN MIXTURE, LIQUID, FLAMMABLE, TOXIC, N.O.S.	3	6.1	III	223 274	5 L	E1	P001	-	IBC03	-

Ortsbewegliche Tanks und Schüttgut-Container			EmS	Stauung und Handhabung	Trennung	Eigenschaften und Bemerkung	UN-Nr.
	Tank Anweisung(en)	Vorschriften					
(12)	(13) 4.2.5 4.3	(14) 4.2.5	(15) 5.4.3.2 7.8	(16a) 7.1, 7.3 bis 7.7	(16b) 7.2 bis 7.7	(17)	(18)
-	T2	TP1	F-E, S-D	Staukategorie A	-	Siehe Eintrag oben.	1210
-	T2	TP1	F-E, S-D	Staukategorie A	-	Farblose Flüssigkeit mit süßlichem Geruch. Flammpunkt: 28 °C c.c. Explosionsgrenzen: 1,2 % bis 10,9 %. Teilweise mischbar mit Wasser.	1212
-	T4	TP1	F-E, S-D	Staukategorie B	-	Farblose Flüssigkeit mit ananasartigem Geruch. Flammpunkt: 18 °C c.c. Explosionsgrenzen: 1,3 % bis 10,5 %. Nicht mischbar mit Wasser.	1213
-	T7	TP1	F-E, S-C	Staukategorie B SW2	SG35	Farblose Flüssigkeit. Flammpunkt: -9 °C c.c. Explosionsgrenzen: 3,4 % bis 9 %. Mischbar mit Wasser. Gesundheitsschädlich beim Einatmen. Verursacht Verätzungen der Haut und der Augen. Wirkt reizend auf Schleimhäute.	1214
-	T4	TP1	F-E, S-D	Staukategorie B	-	Farblose Flüssigkeiten. Nicht mischbar mit Wasser.	1216
-	T11	TP2	F-E, S-D	Staukategorie D SW1	-	Farblose, flüchtige Flüssigkeit. Flammpunkt: -48 °C c.c. Explosionsgrenzen: 1,5 % bis 9,7 %. Siedepunkt: 34 °C. Nicht mischbar mit Wasser.	1218
-	T4	TP1	F-E, S-D	Staukategorie B	-	Farblose, bewegliche Flüssigkeit. Flammpunkt: 12 °C c.c. Explosionsgrenzen: 2 % bis 12 %. Mischbar mit Wasser.	1219
-	T4	TP1	F-E, S-D	Staukategorie B	-	Farblose Flüssigkeit mit aromatischem Geruch. Flammpunkt: 11 °C c.c. Explosionsgrenzen: 1,8 % bis 7,8 %. Nicht mischbar mit Wasser.	1220
-	T11	TP2	F-E, S-C	Staukategorie E SW2	SG35	Farblose, flüchtige Flüssigkeit mit ammoniakartigem Geruch. Flammpunkt: -37 °C c.c. Explosionsgrenzen: 2,3 % bis 10,4 %. Siedepunkt: 32 °C. Mischbar mit Wasser. Gesundheitsschädlich beim Verschlucken. Verursacht Verätzungen der Haut, der Augen und der Schleimhäute.	1221
-	-	-	F-E, S-D	Staukategorie D	-	Farblose Flüssigkeit. Flammpunkt: 12 °C c.c. Explosionsgrenzen: bis zu 100 %. Nicht mischbar mit Wasser. Kann bei Erwärmung explodieren. Gesundheitsschädlich beim Einatmen.	1222
-	T2	TP2	F-E, S-E	Staukategorie A	-	Nicht mischbar mit Wasser.	1223
-	T7	TP1 TP8 TP28	F-E, S-D	Staukategorie B	-	-	1224
-	T4	TP1 TP29	F-E, S-D	Staukategorie A	-	-	1224
-	T11	TP2 TP27	F-E, S-D	Staukategorie B SW2	SG50 SG57	Farblose bis gelbe Flüssigkeiten mit knoblauchartigem Geruch. Nicht mischbar mit Wasser. Giftig beim Verschlucken, bei Berührung mit der Haut oder beim Einatmen.	1228
-	T7	TP1 TP28	F-E, S-D	Staukategorie B SW2	SG50 SG57	Siehe Eintrag oben.	1228

3.2 Gefahrgutliste

UN-Nr.	Richtiger technischer Name	Klasse	Zusatzgefahr	Verpackungsgruppe	Sondervorschriften	Begrenzte und freigestellte Mengen		Verpackungen		IBC	
						Begrenzte Mengen	Freigestellte Mengen	Anweisung(en)	Sondervorschriften	Anweisung(en)	Sondervorschriften
(1)	(2) 3.1.2	(3) 2.0	(4) 2.0	(5) 2.0.1.3	(6) 3.3	(7a) 3.4	(7b) 3.5	(8) 4.1.4	(9) 4.1.4	(10) 4.1.4	(11) 4.1.4
1229	MESITYLOXID MESITYL OXIDE	3	-	III	-	5 L	E1	P001 LP01	-	IBC03	-
1230	METHANOL METHANOL	3	6.1	II	279	1 L	E2	P001	-	IBC02	-
1231	METHYLACETAT METHYL ACETATE	3	-	II	-	1 L	E2	P001	-	IBC02	-
1233	METHYLAMYLACETAT METHYLAMYL ACETATE	3	-	III	-	5 L	E1	P001 LP01	-	IBC03	-
1234	METHYLAL METHYLAL	3	-	II	-	1 L	E2	P001	-	IBC02	B8
1235	METHYLAMIN, WÄSSERIGE LÖSUNG METHYLAMINE, AQUEOUS SOLUTION	3	8	II	-	1 L	E2	P001	-	IBC02	-
1237	METHYLBUTYRAT METHYL BUTYRATE	3	-	II	-	1 L	E2	P001	-	IBC02	-
1238	METHYLCHLORFORMIAT METHYL CHLOROFORMATE	6.1	3/8	I	354	0	E0	P602	-	-	-
1239	METHYLCHLORMETHYLETHER METHYL CHLOROMETHYL ETHER	6.1	3	I	354	0	E0	P602	-	-	-
1242	METHYLDICHLORSILAN METHYLDICHLOROSILANE	4.3	3/8	I	-	0	E0	P401	PP31	-	-
1243	METHYLFORMIAT METHYL FORMATE	3	-	I	-	0	E3	P001	-	-	-
1244	METHYLHYDRAZIN METHYLHYDRAZINE	6.1	3/8	I	354	0	E0	P602	-	-	-
1245	METHYLISOBUTYLKETON METHYL ISOBUTYL KETONE	3	-	II	-	1 L	E2	P001	-	IBC02	-
1246	METHYLISOPROPENYLKETON, STABILISIERT METHYL ISOPROPENYL KETONE, STABILIZED	3	-	II	386	1 L	E2	P001	-	IBC02	-
1247	METHYLMETHACRYLAT, MONOMER, STABILISIERT METHYL METHACRYLATE MONOMER, STABILIZED	3	-	II	386	1 L	E2	P001	-	IBC02	-

Ortsbewegliche Tanks und Schüttgut-Container			EmS	Stauung und Handhabung	Trennung	Eigenschaften und Bemerkung	UN-Nr.
	Tank Anweisung(en)	Vorschriften					
(12)	(13)	(14)	(15)	(16a)	(16b)	(17)	(18)
	4.2.5 4.3	4.2.5	5.4.3.2 7.8	7.1, 7.3 bis 7.7	7.2 bis 7.7		
-	T2	TP1	F-E, S-D	Staukategorie A	-	Farblose, ölige Flüssigkeit mit süßlichem Geruch. Flammpunkt: 32 °C c.c. Mischbar mit Wasser.	1229
-	T7	TP2	F-E, S-D	Staukategorie B SW2	-	Farblose, flüchtige Flüssigkeit. Flammpunkt: 12 °C c.c. Explosionsgrenzen: 6 % bis 36,5 %. Mischbar mit Wasser. Giftig beim Verschlucken; kann Blindheit hervorrufen. Berührung mit der Haut ist zu vermeiden.	1230
-	T4	TP1	F-E, S-D	Staukategorie B	-	Farblose, flüchtige Flüssigkeit mit angenehmem Geruch. Flammpunkt: -10 °C c.c. Explosionsgrenzen: 3 % bis 16 %. Mischbar mit Wasser.	1231
-	T2	TP1	F-E, S-D	Staukategorie A	-	Farblose Flüssigkeit. Flammpunkt: 43 °C c.c. Nicht mischbar mit Wasser.	1233
-	T7	TP2	F-E, S-D	Staukategorie E	-	Farblose, flüchtige Flüssigkeit mit chloroformartigem Geruch. Flammpunkt: -28 °C c.c. Explosionsgrenzen: 3,6 % bis 12,6 %. Siedepunkt: 42 °C. Mischbar mit Wasser. Wirkt reizend auf Haut, Augen und Schleimhäute.	1234
-	T7	TP1	F-E, S-C	Staukategorie E	SGG18 SG35 SG54	Wässerige Lösung eines entzündbaren Gases mit ammoniakartigem Geruch. Explosionsgrenzen: 5 % bis 20,7 % (reines Produkt). Siedepunkt: -7 °C (reines Produkt). Das handelsübliche Produkt ist eine 40 %ige Lösung mit: Siedepunkt: 48 °C, Flammpunkt: -13 °C c.c. Mischbar mit Wasser. Kann mit Quecksilber explosionsartig reagieren. Gesundheitsschädlich beim Einatmen. Reagiert heftig mit Säuren. Verursacht Verätzungen der Haut, der Augen und der Schleimhäute.	1235
-	T4	TP1	F-E, S-D	Staukategorie B	-	Farblose Flüssigkeit. Flammpunkt: 14 °C c.c. Nicht mischbar mit Wasser.	1237
-	T22	TP2 TP13 TP35	F-E, S-C	Staukategorie D SW2	SGG1 SG5 SG8 SG36 SG49	Farblose Flüssigkeit. Flammpunkt: 5 °C c.c. Nicht mischbar mit Wasser. Hochgiftig beim Verschlucken, bei Berührung mit der Haut oder beim Einatmen. Verursacht Verätzungen der Haut, der Augen und der Schleimhäute.	1238
-	T22	TP2 TP13 TP35	F-E, S-D	Staukategorie D SW2	-	Farblose Flüssigkeit. Flammpunkt: unter -18 °C c.c. Nicht mischbar mit Wasser. Hochgiftig beim Verschlucken, bei Berührung mit der Haut oder beim Einatmen.	1239
-	T14	TP2 TP7 TP13	F-G, S-O	Staukategorie D SW2 H1	SGG1 SG5 SG8 SG13 SG25 SG26 SG36 SG49	Farblose, sehr flüchtige Flüssigkeit mit stechendem Geruch. Flammpunkt: -26 °C c.c. Explosionsgrenzen: 4,5 % bis 70 %. Siedepunkt: 41 °C. Nicht mischbar mit Wasser. Reagiert heftig mit Wasser oder Wasserdampf unter Wärmeentwicklung, wodurch es zur Selbstentzündung kommen kann; Entwicklung giftiger und ätzender Dämpfe. Kann bei Berührung mit entzündend (oxidierend) wirkenden Stoffen heftig reagieren. Verursacht Verätzungen der Haut, der Augen und der Schleimhäute.	1242
-	T11	TP2	F-E, S-D	Staukategorie E	-	Farblose Flüssigkeit mit angenehmem Geruch. Flammpunkt: -32 °C c.c. Explosionsgrenzen: 5 % bis 22,7 %. Siedepunkt: 32 °C. Mischbar mit Wasser.	1243
-	T22	TP2 TP13 TP35	F-E, S-C	Staukategorie D SW2	SGG18 SG5 SG8 SG13 SG35	Farblose Flüssigkeit mit ammoniakartigem Geruch. Flammpunkt: 20 °C c.c. Explosionsgrenzen: 2,5 % bis 98 %. Mischbar mit Wasser. Reagiert heftig mit Säuren. Kann mit entzündend (oxidierend) wirkenden Stoffen gefährlich reagieren. Hochgiftig beim Verschlucken, bei Berührung mit der Haut oder beim Einatmen. Verursacht Verätzungen der Haut, der Augen und der Schleimhäute.	1244
-	T4	TP1	F-E, S-D	Staukategorie B	-	Farblose Flüssigkeit mit angenehmem Geruch. Flammpunkt: 14 °C c.c. Explosionsgrenzen: 1,4 % bis 7,5 %. Nicht mischbar mit Wasser.	1245
-	T4	TP1	F-E, S-D	Staukategorie C SW1	-	Farblose Flüssigkeit mit angenehmem Geruch. Explosionsgrenzen: 1,8 % bis 9 %. Nicht mischbar mit Wasser.	1246
-	T4	TP1	F-E, S-D	Staukategorie C SW1 SW2	-	Farblose, flüchtige Flüssigkeit. Flammpunkt: 8 °C c.c. Explosionsgrenzen: 1,5 % bis 11,6 %. Nicht mischbar mit Wasser. Wirkt reizend auf Haut, Augen und Schleimhäute.	1247

UN-Nr.	Richtiger technischer Name	Klasse	Zusatzgefahr	Verpackungsgruppe	Sondervorschriften	Begrenzte und freigestellte Mengen		Verpackungen		IBC	
						Begrenzte Mengen	Freigestellte Mengen	Anweisung(en)	Sondervorschriften	Anweisung(en)	Sondervorschriften
(1)	(2) 3.1.2	(3) 2.0	(4) 2.0	(5) 2.0.1.3	(6) 3.3	(7a) 3.4	(7b) 3.5	(8) 4.1.4	(9) 4.1.4	(10) 4.1.4	(11) 4.1.4
1248	METHYLPROPIONAT METHYL PROPIONATE	3	-	II	-	1 L	E2	P001	-	IBC02	-
1249	METHYLPROPYLKETON METHYL PROPYL KETONE	3	-	II	-	1 L	E2	P001	-	IBC02	-
1250	METHYLTRICHLORSILAN METHYLTRICHLOROSILANE	3	8	II	-	0	E0	P010	-	-	-
1251	METHYLVINYLKETON, STABILISIERT METHYL VINYL KETONE, STABILIZED	6.1	3/8	I	354 386	0	E0	P601	-	-	-
1259	NICKELTETRACARBONYL NICKEL CARBONYL	6.1	3 **P**	I	-	0	E0	P601	-	-	-
1261	NITROMETHAN NITROMETHANE	3	-	II	26	1 L	E0	P001	-	-	-
1262	OCTANE OCTANES	3	- **P**	II	-	1 L	E2	P001	-	IBC02	-
1263	FARBE (einschließlich Farbe, Lack, Emaille, Beize, Schellack, Firnis, Politur, flüssiger Füllstoff und flüssige Lackgrundlage) oder FARBZUBEHÖRSTOFFE (einschließlich Farbverdünnung oder -lösemittel) PAINT (including paint, lacquer, enamel, stain, shellac, varnish, polish, liquid filler and liquid lacquer base) or PAINT RELATED MATERIAL (including paint thinning or reducing compound)	3	-	I	163 367	500 ml	E3	P001	-	-	-
1263	FARBE (einschließlich Farbe, Lack, Emaille, Beize, Schellack, Firnis, Politur, flüssiger Füllstoff und flüssige Lackgrundlage) oder FARBZUBEHÖRSTOFFE (einschließlich Farbverdünnung oder -lösemittel) PAINT (including paint, lacquer, enamel, stain, shellac, varnish, polish, liquid filler and liquid lacquer base) or PAINT RELATED MATERIAL (including paint thinning or reducing compound)	3	-	II	163 367	5 L	E2	P001	PP1	IBC02	-
1263	FARBE (einschließlich Farbe, Lack, Emaille, Beize, Schellack, Firnis, Politur, flüssiger Füllstoff und flüssige Lackgrundlage) oder FARBZUBEHÖRSTOFFE (einschließlich Farbverdünnung oder -lösemittel) PAINT (including paint, lacquer, enamel, stain, shellac, varnish, polish, liquid filler and liquid lacquer base) or PAINT RELATED MATERIAL (including paint thinning or reducing compound)	3	-	III	163 223 367 955	5 L	E1	P001 LP01	PP1	IBC03	-
1264	PARALDEHYD PARALDEHYDE	3	-	III	-	5 L	E1	P001 LP01	-	IBC03	-

Ortsbewegliche Tanks und Schüttgut-Container			EmS	Stauung und Handhabung	Trennung	Eigenschaften und Bemerkung	UN-Nr.
	Tank Anwei-sung(en)	Vor-schrif-ten					
(12)	(13) 4.2.5 4.3	(14) 4.2.5	(15) 5.4.3.2 7.8	(16a) 7.1, 7.3 bis 7.7	(16b) 7.2 bis 7.7	(17)	(18)
-	T4	TP1	F-E, S-D	Staukategorie B	-	Farblose Flüssigkeit. Flammpunkt: -2 °C c.c. Explosionsgrenzen: 2,4 % bis 13 %. Nicht mischbar mit Wasser.	1248
-	T4	TP1	F-E, S-D	Staukategorie B	-	Farblose Flüssigkeit. Flammpunkt: 7 °C c.c. Explosionsgrenzen: 1,5 % bis 8,2 %. Nicht mischbar mit Wasser.	1249
-	T10	TP2 TP7 TP13	F-E, S-C	Staukategorie B SW2	SGG1 SG36 SG49	Farblose Flüssigkeit mit stechendem Geruch. Flammpunkt: 8 °C c.c. Explosionsgrenzen: 5,1 % bis 20 %. Nicht mischbar mit Wasser. Hydrolisiert leicht bei Feuchtigkeit unter Entwicklung von Chlorwasserstoff, einem reizenden und ätzenden Gas, das als weißer Nebel sichtbar ist. Greift bei Feuchtigkeit die meisten Metalle an. Verursacht Verätzungen der Haut und der Augen. Wirkt reizend auf Schleimhäute.	1250
-	T22	TP2 TP13 TP37	F-E, S-C	Staukategorie D SW1 SW2	SG5 SG8	Farblose Flüssigkeit mit stechendem Geruch. Mischbar mit Wasser. Explosionsgrenzen: 2,1 % bis 15,6 %. Flammpunkt: -7 °C c.c. Hochgiftig beim Verschlucken, bei Berührung mit der Haut oder beim Einatmen. Verursacht Verätzungen der Haut, der Augen und der Schleimhäute.	1251
-	-	-	F-E, S-D	Staukategorie D SW2	SG63	Farblose oder gelbe, flüchtige, entzündbare Flüssigkeit. Flammpunkt: unter -20 °C c.c. Oxidiert an der Luft und explodiert bei einer Temperatur von 60 °C. Untere Explosionsgrenze: 2,0 %. Nicht mischbar mit Wasser. Hochgiftig beim Verschlucken, bei Berührung mit der Haut oder beim Einatmen.	1259
-	-	-	F-E, S-D	Staukategorie A	-	Farblose Flüssigkeit. Flammpunkt: 35 °C c.c. Explosionsgrenzen: 7,1 % bis 63 %. Mischbar mit Wasser. Bei Bruch der Verpackung Feuer- und Explosionsgefahr.	1261
-	T4	TP2	F-E, S-E	Staukategorie B	-	Farblose Flüssigkeiten. Explosionsgrenzen: 1 % bis 6,5 %. ISOOCTAN: Flammpunkt: -12 °C c.c. n-OCTAN: Flammpunkt: 13 °C c.c. Nicht mischbar mit Wasser.	1262
-	T11	TP1 TP8 TP27	F-E, S-E	Staukategorie E	-	Die Mischbarkeit mit Wasser hängt von der Zusammensetzung ab.	1263
-	T4	TP1 TP8 TP28	F-E, S-E	Staukategorie B	-	Siehe Eintrag oben.	1263
-	T2	TP1 TP29	F-E, S-E	Staukategorie A	-	Siehe Eintrag oben.	1263
-	T2	TP1	F-E, S-D	Staukategorie A	-	Farblose Flüssigkeit. Flammpunkt: 27 °C c.c. Explosionsgrenzen: 1,3 % bis ... Mischbar mit Wasser.	1264

UN-Nr.	Richtiger technischer Name	Klasse	Zusatzgefahr	Verpackungsgruppe	Sondervorschriften	Begrenzte und freigestellte Mengen		Verpackungen		IBC	
						Begrenzte Mengen	Freigestellte Mengen	Anweisung(en)	Sondervorschriften	Anweisung(en)	Sondervorschriften
(1)	(2) 3.1.2	(3) 2.0	(4) 2.0	(5) 2.0.1.3	(6) 3.3	(7a) 3.4	(7b) 3.5	(8) 4.1.4	(9) 4.1.4	(10) 4.1.4	(11) 4.1.4
1265	PENTANE, flüssig PENTANES, liquid	3	-	I	-	0	E3	P001	-	-	-
1265	PENTANE, flüssig PENTANES, liquid	3	-	II	-	1 L	E2	P001	-	IBC02	-
1266	PARFÜMERIEERZEUGNISSE mit entzündbaren Lösungsmitteln PERFUMERY PRODUCTS with flammable solvents	3	-	II	163	5 L	E2	P001	-	IBC02	-
1266	PARFÜMERIEERZEUGNISSE mit entzündbaren Lösungsmitteln PERFUMERY PRODUCTS with flammable solvents	3	-	III	163 223 904 955	5 L	E1	P001 LP01	-	IBC03	-
1267	ROHERDÖL PETROLEUM CRUDE OIL	3	-	I	357	500 ml	E3	P001	-	-	-
1267	ROHERDÖL PETROLEUM CRUDE OIL	3	-	II	357	1 L	E2	P001	-	IBC02	-
1267	ROHERDÖL PETROLEUM CRUDE OIL	3	-	III	223 357	5 L	E1	P001 LP01	-	IBC03	-
1268	ERDÖLDESTILLATE, N.A.G. oder ERDÖLPRODUKTE, N.A.G. PETROLEUM DISTILLATES, N.O.S. or PETROLEUM PRODUCTS, N.O.S.	3	-	I	-	500 ml	E3	P001	-	-	-
1268	ERDÖLDESTILLATE, N.A.G. oder ERDÖLPRODUKTE, N.A.G. PETROLEUM DISTILLATES, N.O.S. or PETROLEUM PRODUCTS, N.O.S.	3	-	II	-	1 L	E2	P001	-	IBC02	-
1268	ERDÖLDESTILLATE, N.A.G. oder ERDÖLPRODUKTE, N.A.G. PETROLEUM DISTILLATES, N.O.S. or PETROLEUM PRODUCTS, N.O.S.	3	-	III	223 955	5 L	E1	P001 LP01	-	IBC03	-
1272	KIEFERNÖL PINE OIL	3	- **P**	III	-	5 L	E1	P001 LP01	-	IBC03	-
1274	n-PROPANOL (n-PROPYLALKOHOL) n-PROPANOL (PROPYL ALCOHOL, NORMAL)	3	-	II	-	1 L	E2	P001	-	IBC02	-
1274	n-PROPANOL (n-PROPYLALKOHOL) n-PROPANOL (PROPYL ALCOHOL, NORMAL)	3	-	III	223	5 L	E1	P001 LP01	-	IBC03	-
1275	PROPIONALDEHYD PROPIONALDEHYDE	3	-	II	-	1 L	E2	P001	-	IBC02	-
1276	n-PROPYLACETAT n-PROPYL ACETATE	3	-	II	-	1 L	E2	P001	-	IBC02	-
1277	PROPYLAMIN PROPYLAMINE	3	8	II	-	1 L	E2	P001	-	IBC02	-
1278	1-CHLORPROPAN 1-CHLOROPROPANE	3	-	II	-	1 L	E0	P001	-	IBC02	B8
1279	1,2-DICHLORPROPAN 1,2-DICHLOROPROPANE	3	-	II	-	1 L	E2	P001	-	IBC02	-

Ortsbewegliche Tanks und Schüttgut-Container			EmS	Stauung und Handhabung	Trennung	Eigenschaften und Bemerkung	UN-Nr.
	Tank Anwei-sung(en)	Vor-schrif-ten					
(12)	(13)	(14)	(15)	(16a)	(16b)	(17)	(18)
	4.2.5 4.3	4.2.5	5.4.3.2 7.8	7.1, 7.3 bis 7.7	7.2 bis 7.7		
-	T11	TP2	F-E, S-D	Staukategorie E	-	Farblose Flüssigkeiten mit paraffinartigem Geruch. Explosionsgrenzen: 1,4 % bis 8 %. ISOPENTAN (2-METHYLBUTAN): Siedepunkt: 28 °C. Nicht mischbar mit Wasser. Wirkt schwach reizend auf Haut, Augen und Schleimhäute. Narkotisierend in hohen Konzentrationen.	1265
-	T4	TP1	F-E, S-D	Staukategorie E	-	Siehe Eintrag oben. normal-PENTAN: Siedepunkt 36 °C.	1265
-	T4	TP1 TP8	F-E, S-D	Staukategorie B	-	Die Mischbarkeit mit Wasser hängt von der Zusammensetzung ab.	1266
-	T2	TP1	F-E, S-D	Staukategorie A	-	Siehe Eintrag oben.	1266
-	T11	TP1 TP8	F-E, S-E	Staukategorie E	-	Nicht mischbar mit Wasser.	1267
-	T4	TP1 TP8	F-E, S-E	Staukategorie B	-	Siehe Eintrag oben.	1267
-	T2	TP1	F-E, S-E	Staukategorie A	-	Siehe Eintrag oben.	1267
-	T11	TP1 TP8	F-E, S-E	Staukategorie E	-	Nicht mischbar mit Wasser.	1268
-	T7	TP1 TP8 TP28	F-E, S-E	Staukategorie B	-	Siehe Eintrag oben.	1268
-	T4	TP1 TP29	F-E, S-E	Staukategorie A	-	Siehe Eintrag oben.	1268
-	T2	TP2	F-E, S-E	Staukategorie A	-	Flüchtige Öle mit charakteristischen Gerüchen. Flammpunkt: 57 °C bis 60 °C c.c. Nicht mischbar mit Wasser.	1272
-	T4	TP1	F-E, S-D	Staukategorie B	-	Farblose Flüssigkeit. Explosionsgrenzen: 2 % bis 12 %. Flammpunkt: 15 °C bis 23 °C c.c. Mischbar mit Wasser.	1274
-	T2	TP1	F-E, S-D	Staukategorie A	-	Siehe Eintrag oben. Flammpunkt: 23 °C bis 26 °C c.c.	1274
-	T7	TP1	F-E, S-D	Staukategorie E	-	Farblose Flüssigkeit mit stechendem Geruch. Flammpunkt: unter -18 °C c.c. Explosionsgrenzen: 2,3 % bis 21 %. Siedepunkt: 49 °C. Mischbar mit Wasser. Wirkt reizend auf Haut, Augen und Schleimhäute.	1275
-	T4	TP1	F-E, S-D	Staukategorie B	-	Farblose, klare Flüssigkeit mit angenehmem Geruch. Flammpunkt: 10 °C c.c. Explosionsgrenzen: 1,8 % bis 8 %. Nicht mischbar mit Wasser.	1276
-	T7	TP1	F-E, S-C	Staukategorie E SW2	SG35	Farblose Flüssigkeit. Flammpunkt: unter -18 °C c.c. Explosionsgrenzen: 2 % bis 10,4 %. Siedepunkt: 48 °C. Mischbar mit Wasser. Gesundheitsschädlich beim Verschlucken. Verursacht Verätzungen der Haut, der Augen und der Schleimhäute.	1277
-	T7	TP2	F-E, S-D	Staukategorie E	SGG10	Farblose Flüssigkeit mit chloroformartigem Geruch. Flammpunkt: -18 °C c.c. Explosionsgrenzen: 2,6 % bis 10,5 %. Siedepunkt: 47 °C. Nicht mischbar mit Wasser.	1278
-	T4	TP1	F-E, S-D	Staukategorie B	SGG10	Farblose Flüssigkeit. Flammpunkt: 15 °C c.c. Nicht mischbar mit Wasser. Gesundheitsschädlich beim Einatmen. Wirkt reizend auf Haut und Augen.	1279

UN-Nr.	Richtiger technischer Name	Klasse	Zusatzgefahr	Verpackungsgruppe	Sondervorschriften	Begrenzte und freigestellte Mengen		Verpackungen		IBC	
						Begrenzte Mengen	Freigestellte Mengen	Anweisung(en)	Sondervorschriften	Anweisung(en)	Sondervorschriften
(1)	(2) 3.1.2	(3) 2.0	(4) 2.0	(5) 2.0.1.3	(6) 3.3	(7a) 3.4	(7b) 3.5	(8) 4.1.4	(9) 4.1.4	(10) 4.1.4	(11) 4.1.4
1280	PROPYLENOXID PROPYLENE OXIDE	3	-	I	-	0	E3	P001	-	-	-
1281	PROPYLFORMIATE PROPYL FORMATES	3	-	II	-	1 L	E2	P001	-	IBC02	-
1282	PYRIDIN PYRIDINE	3	-	II	-	1 L	E2	P001	-	IBC02	-
1286	HARZÖL ROSIN OIL	3	-	II	-	1 L	E2	P001	-	IBC02	-
1286	HARZÖL ROSIN OIL	3	-	III	223	5 L	E1	P001 LP01	-	IBC03	-
1287	GUMMILÖSUNG RUBBER SOLUTION	3	-	II	-	5 L	E2	P001	-	IBC02	-
1287	GUMMILÖSUNG RUBBER SOLUTION	3	-	III	223 955	5 L	E1	P001 LP01	-	IBC03	-
1288	SCHIEFERÖL SHALE OIL	3	-	II	-	1 L	E2	P001	-	IBC02	-
1288	SCHIEFERÖL SHALE OIL	3	-	III	223	5 L	E1	P001 LP01	-	IBC03	-
1289	NATRIUMMETHYLAT, LÖSUNG, in Alkohol SODIUM METHYLATE SOLUTION in alcohol	3	8	II	-	1 L	E2	P001	-	IBC02	-
1289	NATRIUMMETHYLAT, LÖSUNG, in Alkohol SODIUM METHYLATE SOLUTION in alcohol	3	8	III	223	5 L	E1	P001	-	IBC03	-
1292	TETRAETHYLSILICAT TETRAETHYL SILICATE	3	-	III	-	5 L	E1	P001 LP01	-	IBC03	-
1293	TINKTUREN, MEDIZINISCHE TINCTURES, MEDICINAL	3	-	II	-	1 L	E2	P001	-	IBC02	-
1293	TINKTUREN, MEDIZINISCHE TINCTURES, MEDICINAL	3	-	III	904 955	5 L	E1	P001 LP01	-	IBC03	-
1294	TOLUEN TOLUENE	3	-	II	-	1 L	E2	P001	-	IBC02	-
1295	TRICHLORSILAN TRICHLOROSILANE	4.3	8/3	I	-	0	E0	P401	PP31	-	-
1296	TRIETHYLAMIN TRIETHYLAMINE	3	8	II	-	1 L	E2	P001	-	IBC02	-

Ortsbewegliche Tanks und Schüttgut-Container			EmS	Stauung und Handhabung	Trennung	Eigenschaften und Bemerkung	UN-Nr.
	Tank Anwei-sung(en)	Vor-schrif-ten					
(12)	(13)	(14)	(15)	(16a)	(16b)	(17)	(18)
	4.2.5 4.3	4.2.5	5.4.3.2 7.8	7.1, 7.3 bis 7.7	7.2 bis 7.7		
-	T11	TP2 TP7	F-E, S-D	Staukategorie E SW2	-	Farblose, flüchtige Flüssigkeit mit etherartigem Geruch. Flammpunkt: unter -18 °C c.c. Explosionsgrenzen: 2 % bis 22 %. Siedepunkt: 34 °C. Teilweise mischbar mit Wasser.	1280
-	T4	TP1	F-E, S-D	Staukategorie B	-	Farblose Flüssigkeiten mit angenehmem Geruch. Explosionsgrenzen: 2,4 % bis 7,8 %. Die Mischbarkeit mit Wasser hängt von der Zusammensetzung ab. Wirkt reizend auf Haut, Augen und Schleimhäute.	1281
-	T4	TP2	F-E, S-D	Staukategorie B SW2	-	Farblose oder leicht gelbe Flüssigkeit mit stechendem Geruch. Flammpunkt: 17 °C c.c. Explosionsgrenzen: 1,8 % bis 12,4 %. Mischbar mit Wasser. Gesundheitsschädlich beim Einatmen.	1282
-	T4	TP1	F-E, S-E	Staukategorie B	-	Farblose bis braune viskose Flüssigkeit. Nicht mischbar mit Wasser.	1286
-	T2	TP1	F-E, S-E	Staukategorie A	-	Siehe Eintrag oben.	1286
-	T4	TP1 TP8	F-E, S-D	Staukategorie B	-	Die Mischbarkeit mit Wasser hängt von der Zusammensetzung ab.	1287
-	T2	TP1	F-E, S-D	Staukategorie A	-	Siehe Eintrag oben.	1287
-	T4	TP1 TP8	F-E, S-E	Staukategorie B	-	Nicht mischbar mit Wasser.	1288
-	T2	TP1	F-E, S-E	Staukategorie A	-	Siehe Eintrag oben.	1288
-	T7	TP1 TP8	F-E, S-C	Staukategorie B	-	Reagiert heftig mit Wasser. Verursacht Verätzungen der Haut, der Augen und der Schleimhäute.	1289
-	T4	TP1	F-E, S-C	Staukategorie A	-	Siehe Eintrag oben. Wirkt reizend auf Haut, Augen und Schleimhäute.	1289
-	T2	TP1	F-E, S-D	Staukategorie A	-	Farblose Flüssigkeit. Flammpunkt: 37 °C c.c. Explosionsgrenzen: 1,3 % bis 23 %. Nicht mischbar mit Wasser.	1292
-	T4	TP1 TP8	F-E, S-D	Staukategorie B	-	Die Mischbarkeit mit Wasser hängt von der Zusammensetzung ab.	1293
-	T2	TP1	F-E, S-D	Staukategorie A	-	Siehe Eintrag oben.	1293
-	T4	TP1	F-E, S-D	Staukategorie B	-	Farblose Flüssigkeit mit benzenartigem Geruch. Flammpunkt: 7 °C c.c. Explosionsgrenzen: 1,27 % bis 7 %. Nicht mischbar mit Wasser.	1294
-	T14	TP2 TP7 TP13	F-G, S-O	Staukategorie D SW2 H1	SGG1 SG5 SG8 SG13 SG25 SG26 SG36 SG49 SG72	Farblose, sehr flüchtige, entzündbare und ätzende Flüssigkeit. Flammpunkt: unter -50 °C. Explosionsgrenzen: 1,2 % bis 90,5 %. Siedepunkt: 32 °C. Reagiert heftig mit Wasser oder Wasserdampf unter Wärmeentwicklung, wodurch es zur Selbstentzündung kommen kann; Entwicklung giftiger und ätzender Dämpfe. Kann bei Berührung mit entzündend (oxidierend) wirkenden Stoffen heftig reagieren. Verursacht Verätzungen der Haut, der Augen und der Schleimhäute.	1295
-	T7	TP1	F-E, S-C	Staukategorie B SW2	SG35	Farblose Flüssigkeit mit starkem, ammoniakartigem Geruch. Flammpunkt: -11 °C c.c. Explosionsgrenzen: 1,2 % bis 8 %. Mischbar mit Wasser. Gesundheitsschädlich beim Einatmen. Verursacht Verätzungen der Haut und der Augen. Wirkt reizend auf Schleimhäute.	1296

UN-Nr.	Richtiger technischer Name	Klasse	Zusatzgefahr	Verpackungsgruppe	Sondervorschriften	Begrenzte und freigestellte Mengen		Verpackungen		IBC	
						Begrenzte Mengen	Freigestellte Mengen	Anweisung(en)	Sondervorschriften	Anweisung(en)	Sondervorschriften
(1)	(2) 3.1.2	(3) 2.0	(4) 2.0	(5) 2.0.1.3	(6) 3.3	(7a) 3.4	(7b) 3.5	(8) 4.1.4	(9) 4.1.4	(10) 4.1.4	(11) 4.1.4
1297	TRIMETHYLAMIN, WÄSSERIGE LÖSUNG, mit höchstens 50 Masse-% Trimethylamin TRIMETHYLAMINE, AQUEOUS SOLUTION not more than 50 % trimethylamine, by mass	3	8	I	-	0	E0	P001	-	-	-
1297	TRIMETHYLAMIN, WÄSSERIGE LÖSUNG, mit höchstens 50 Masse-% Trimethylamin TRIMETHYLAMINE, AQUEOUS SOLUTION not more than 50 % trimethylamine, by mass	3	8	II	-	1 L	E2	P001	-	IBC02	-
1297	TRIMETHYLAMIN, WÄSSERIGE LÖSUNG, mit höchstens 50 Masse-% Trimethylamin TRIMETHYLAMINE, AQUEOUS SOLUTION not more than 50 % trimethylamine, by mass	3	8	III	223	5 L	E1	P001	-	IBC03	-
1298	TRIMETHYLCHLORSILAN TRIMETHYLCHLOROSILANE	3	8	II	-	0	E0	P010	-	-	-
1299	TERPENTIN TURPENTINE	3	- **P**	III	-	5 L	E1	P001 LP01	-	IBC03	-
1300	TERPENTINÖLERSATZ TURPENTINE SUBSTITUTE	3	-	II	-	1 L	E2	P001	-	IBC02	-
1300	TERPENTINÖLERSATZ TURPENTINE SUBSTITUTE	3	-	III	223	5 L	E1	P001 LP01	-	IBC03	-
1301	VINYLACETAT, STABILISIERT VINYL ACETATE, STABILIZED	3	-	II	386	1 L	E2	P001	-	IBC02	-
1302	VINYLETHYLETHER, STABILISIERT VINYL ETHYL ETHER, STABILIZED	3	-	I	386	0	E3	P001	-	-	-
1303	VINYLIDENCHLORID, STABILISIERT VINYLIDENE CHLORIDE, STABILIZED	3	- **P**	I	386	0	E3	P001	-	-	-
1304	VINYLISOBUTYLETHER, STABILISIERT VINYL ISOBUTYL ETHER, STABILIZED	3	-	II	386	1 L	E2	P001	-	IBC02	-
1305	VINYLTRICHLORSILAN VINYLTRICHLOROSILANE	3	8	II	-	0	E0	P010	-	-	-
1306	HOLZSCHUTZMITTEL, FLÜSSIG WOOD PRESERVATIVES, LIQUID	3	-	II	-	5 L	E2	P001	-	IBC02	-
1306	HOLZSCHUTZMITTEL, FLÜSSIG WOOD PRESERVATIVES, LIQUID	3	-	III	223 955	5 L	E1	P001 LP01	-	IBC03	-
1307	XYLENE XYLENES	3	-	II	-	1 L	E2	P001	-	IBC02	-
1307	XYLENE XYLENES	3	-	III	223	5 L	E1	P001 LP01	-	IBC03	-

Ortsbewegliche Tanks und Schüttgut-Container			EmS	Stauung und Handhabung	Trennung	Eigenschaften und Bemerkung	UN-Nr.
	Tank Anweisung(en)	Vorschriften					
(12)	(13) 4.2.5 4.3	(14) 4.2.5	(15) 5.4.3.2 7.8	(16a) 7.1, 7.3 bis 7.7	(16b) 7.2 bis 7.7	(17)	(18)
-	T11	TP1	F-E, S-C	Staukategorie D SW2	SG35 SG54	Wässerige Lösung eines entzündbaren Gases mit ammoniakartigem Geruch. Der Flammpunkt ist vom prozentualen Anteil des gelösten Gases abhängig. Kann mit Quecksilber explosionsartig reagieren. Mischbar mit Wasser. Eine wässerige Lösung von TRIMETHYLAMIN, 45 Masse-%, hat einen Flammpunkt von -45 °C c.c. und einen Siedepunkt von 30 °C (nur für Verpackungsgruppe I). Gesundheitsschädlich beim Einatmen. Verursacht Verätzungen der Haut, der Augen und der Schleimhäute.	1297
-	T7	TP1	F-E, S-C	Staukategorie B SW2	SG35 SG54	Siehe Eintrag oben.	1297
-	T7	TP1	F-E, S-C	Staukategorie A SW2	SG35 SG54	Siehe Eintrag oben. Wirkt reizend auf Haut, Augen und Schleimhäute.	1297
-	T10	TP2 TP7 TP13	F-E, S-C	Staukategorie E SW2	SGG1 SG36 SG49	Farblose Flüssigkeit. Flammpunkt: unter -18 °C c.c. Explosionsgrenzen: 1,8 % bis 6 %. Siedepunkt: 57 °C. Nicht mischbar mit Wasser. Hydrolisiert leicht bei Feuchtigkeit unter Entwicklung von Chlorwasserstoff, einem reizenden und ätzenden Gas. Verursacht Verätzungen der Haut, der Augen und der Schleimhäute.	1298
-	T2	TP2	F-E, S-E	Staukategorie A	-	Farblose Flüssigkeit. Flammpunkt: 35 °C c.c. Gemisch von Harz und flüchtigen Ölen. Nicht mischbar mit Wasser.	1299
-	T4	TP1	F-E, S-E	Staukategorie B	-	Nicht mischbar mit Wasser.	1300
-	T2	TP1	F-E, S-E	Staukategorie A	-	Siehe Eintrag oben.	1300
-	T4	TP1	F-E, S-D	Staukategorie C SW1	-	Farblose bis leicht gelbe Flüssigkeit. Flammpunkt: -8 °C c.c. Explosionsgrenzen: 2,6 % bis 14 %. Nicht mischbar mit Wasser.	1301
-	T11	TP2	F-E, S-D	Staukategorie D SW1	-	Farblose Flüssigkeit. Flammpunkt: unter -18 °C c.c. Explosionsgrenzen: 1,7 % bis 28 %. Siedepunkt: 33 °C. Nicht mischbar mit Wasser. Äußerst reaktionsfähig; kann polymerisieren.	1302
-	T12	TP2 TP7	F-E, S-D	Staukategorie D SW1 SW2	SGG10	Farblose bis strohfarbige, flüchtige Flüssigkeit mit süßlichem Geruch. Flammpunkt: -28 °C c.c. Explosionsgrenzen: 6,5 % bis 15,5 %. Siedepunkt: 32 °C. Nicht mischbar mit Wasser.	1303
-	T4	TP1	F-E, S-D	Staukategorie C SW1	-	Farblose Flüssigkeit. Flammpunkt: -9 °C c.c. Nicht mischbar mit Wasser.	1304
-	T10	TP2 TP7 TP13	F-E, S-C	Staukategorie B SW2	SGG1 SG36 SG49	Farblose, blassgelbe oder rosafarbene Flüssigkeit mit stechendem Geruch. Flammpunkt: 11 °C c.c. Explosionsgrenzen: 3 % bis ... Hydrolisiert leicht bei Feuchtigkeit unter Entwicklung von Chlorwasserstoff, einem reizenden und ätzenden Gas, das als weißer Nebel sichtbar ist. Nicht mischbar mit Wasser. Greift bei Feuchtigkeit die meisten Metalle an.	1305
-	T4	TP1 TP8	F-E, S-D	Staukategorie B	-	Die Mischbarkeit mit Wasser hängt von der Zusammensetzung ab. Gesundheitsschädlich beim Einatmen.	1306
-	T2	TP1	F-E, S-D	Staukategorie A	-	Siehe Eintrag oben.	1306
-	T4	TP1	F-E, S-D	Staukategorie B	-	Farblose Flüssigkeiten. Flammpunkt: 17 °C bis 23 °C c.c. Explosionsgrenzen: 1,1 % bis 7 %. Nicht mischbar mit Wasser.	1307
-	T2	TP1	F-E, S-D	Staukategorie A	-	Siehe Eintrag oben. Flammpunkt: 23 °C bis 30 °C c.c.	1307

UN-Nr.	Richtiger technischer Name	Klasse	Zusatzgefahr	Verpackungsgruppe	Sondervorschriften	Begrenzte und freigestellte Mengen		Verpackungen		IBC	
						Begrenzte Mengen	Freigestellte Mengen	Anweisung(en)	Sondervorschriften	Anweisung(en)	Sondervorschriften
(1)	(2) 3.1.2	(3) 2.0	(4) 2.0	(5) 2.0.1.3	(6) 3.3	(7a) 3.4	(7b) 3.5	(8) 4.1.4	(9) 4.1.4	(10) 4.1.4	(11) 4.1.4
1308	ZIRKONIUM, SUSPENDIERT IN EINEM ENTZÜNDBAREN FLÜSSIGEN STOFF ZIRCONIUM, SUSPENDED IN A FLAMMABLE LIQUID	3	-	I	-	0	E0	P001	PP33	-	-
1308	ZIRKONIUM, SUSPENDIERT IN EINEM ENTZÜNDBAREN FLÜSSIGEN STOFF ZIRCONIUM, SUSPENDED IN A FLAMMABLE LIQUID	3	-	II	-	1 L	E2	P001	PP33	-	-
1308	ZIRKONIUM, SUSPENDIERT IN EINEM ENTZÜNDBAREN FLÜSSIGEN STOFF ZIRCONIUM, SUSPENDED IN A FLAMMABLE LIQUID	3	-	III	223	5 L	E1	P001	-	-	-
1309	ALUMINIUMPULVER, ÜBERZOGEN ALUMINIUM POWDER, COATED	4.1	-	II	-	1 kg	E2	P002	PP38 PP100	IBC08	B4 B21
1309	ALUMINIUMPULVER, ÜBERZOGEN ALUMINIUM POWDER, COATED	4.1	-	III	223	5 kg	E1	P002 LP02	PP11 PP38 PP100 L3	IBC08	B4
1310	AMMONIUMPIKRAT, ANGEFEUCHTET mit mindestens 10 Masse-% Wasser AMMONIUM PICRATE, WETTED with not less than 10 % water, by mass	4.1	-	I	28	0	E0	P406	PP26 PP31	-	-
1312	BORNEOL BORNEOL	4.1	-	III	-	5 kg	E1	P002 LP02	-	IBC08	B3
1313	CALCIUMRESINAT CALCIUM RESINATE	4.1	-	III	-	5 kg	E1	P002	-	IBC06	-
1314	CALCIUMRESINAT, GESCHMOLZEN CALCIUM RESINATE, FUSED	4.1	-	III	-	5 kg	E1	P002	-	IBC04	-
1318	COBALTRESINAT, NIEDERSCHLAG COBALT RESINATE, PRECIPITATED	4.1	-	III	-	5 kg	E1	P002	-	IBC06	-
1320	DINITROPHENOL, ANGEFEUCHTET mit mindestens 15 Masse-% Wasser DINITROPHENOL, WETTED with not less than 15 % water, by mass	4.1	6.1 **P**	I	28	0	E0	P406	PP26 PP31	-	-
1321	DINITROPHENOLATE, ANGEFEUCHTET, mit mindestens 15 Masse-% Wasser DINITROPHENOLATES, WETTED with not less than 15 % water, by mass	4.1	6.1 **P**	I	28	0	E0	P406	PP26 PP31	-	-
1322	DINITRORESORCIN, ANGEFEUCHTET, mit mindestens 15 Masse-% Wasser DINITRORESORCINOL, WETTED with not less than 15 % water, by mass	4.1	-	I	28	0	E0	P406	PP26 PP31	-	-
1323	CEREISEN FERROCERIUM	4.1	-	II	249	1 kg	E2	P002	PP100	IBC08	B4 B21

Ortsbewegliche Tanks und Schüttgut-Container			EmS	Stauung und Handhabung	Trennung	Eigenschaften und Bemerkung	UN-Nr.
	Tank Anweisung(en)	Vorschriften					
(12)	(13) 4.2.5 4.3	(14) 4.2.5	(15) 5.4.3.2 7.8	(16a) 7.1, 7.3 bis 7.7	(16b) 7.2 bis 7.7	(17)	(18)
-	-	-	F-E, S-D	Staukategorie D	-	Fein zerkleinertes Zirkoniummetall in einer entzündbaren Flüssigkeit. Nicht mischbar mit Wasser. Neigt, wenn verschüttet, zur Selbstentzündung.	1308
-	-	-	F-E, S-D	Staukategorie B	-	Siehe Eintrag oben.	1308
-	-	-	F-E, S-D	Staukategorie B	-	Siehe Eintrag oben.	1308
-	T3	TP33	F-G, S-G	Staukategorie A H1	SGG15 SG17 SG25 SG26 SG32 SG35 SG36 SG52	Nicht überzogen besitzt Aluminiumpulver die Eigenschaft, in Berührung mit Wasser, besonders Seewasser, Wasserstoff zu entwickeln; wenn es mit Öl oder Wachs überzogen ist, tritt dies bei normalen Temperaturen nicht ein. Reagiert leicht mit Säuren und kaustischen Alkalien unter Entwicklung von Wasserstoff, einem entzündbaren Gas. Reagiert leicht mit Eisenoxid (Thermit-Effekt). Kann mit entzündend (oxidierend) wirkenden Stoffen explosionsfähige Gemische bilden. Wenn Behälter beschädigt werden, wird ausgelaufenes Pulver leicht durch Funken oder eine offene Flamme entzündet; es kann sich ein explosionsfähiges Gemisch bilden.	1309
-	T1	TP33	F-G, S-G	Staukategorie A H1	SGG15 SG17 SG25 SG26 SG32 SG35 SG36 SG52	Siehe Eintrag oben.	1309
-	-	-	F-B, S-J	Staukategorie D	SGG2 SG7 SG30	Desensibilisierter Explosivstoff. In reiner Form besteht der Stoff aus gelben Kristallen. Im trockenen Zustand explosionsfähig und empfindlich gegen Reibung. Kann mit Schwermetallen und deren Salzen äußerst empfindliche Verbindungen bilden. Gesundheitsschädlich beim Verschlucken oder bei Berührung mit der Haut.	1310
-	T1	TP33	F-A, S-I	Staukategorie A	-	Weiße, durchscheinende Klumpen. Kampferartiger Geruch. Nicht löslich in Wasser. Gesundheitsschädlich beim Verschlucken.	1312
-	T1	TP33	F-A, S-I	Staukategorie A	-	Gelblich-weiße, amorphe Pulver oder Klumpen. Nicht löslich in Wasser. Neigt zur Selbsterhitzung. Wirkt reizend auf Haut und Schleimhäute.	1313
-	T1	TP33	F-A, S-I	Staukategorie A	-	Gelblich-weiße, amorphe Pulver oder Klumpen. Nicht löslich in Wasser. Neigt zur Selbsterhitzung. Wirkt reizend auf Haut und Schleimhäute.	1314
-	T1	TP33	F-A, S-I	Staukategorie A	-	Dunkelbraun-schwarzer fester Stoff. Nicht löslich in Wasser. Leicht brennbar; kann sich selbst entzünden, wenn mit pflanzlichen Fasern (z. B. Baumwolle) verunreinigt. Wirkt reizend auf Haut und Schleimhäute.	1318
-	-	-	F-B, S-J	Staukategorie E	SG7 SG30	Desensibilisierter Explosivstoff. In reiner Form besteht der Stoff aus gelben Kristallen. Schwach löslich in Wasser. Kann mit Schwermetallen und deren Salzen äußerst empfindliche Verbindungen bilden. Giftig beim Verschlucken, bei Berührung mit der Haut oder beim Einatmen von Staub.	1320
-	-	-	F-B, S-J	Staukategorie E	SG7 SG30	Desensibilisierte Explosivstoffe. Im trockenen Zustand explosionsfähig und empfindlich gegen Reibung. Kann mit Schwermetallen und deren Salzen äußerst empfindliche Verbindungen bilden. Giftig beim Verschlucken, bei Berührung mit der Haut oder beim Einatmen von Staub.	1321
-	-	-	F-B, S-J	Staukategorie E	SG7 SG30	Desensibilisierter Explosivstoff. Explosiv, wenn trocken. Kann mit Schwermetallen und deren Salzen äußerst empfindliche Verbindungen bilden. Gesundheitsschädlich beim Verschlucken oder bei Berührung mit der Haut.	1322
-	T3	TP33	F-G, S-G	Staukategorie A H1	SG25 SG26	Legierung aus Cer oder Mischmetall unter Zusatz von 10 % bis 65 % Eisen. Gibt Funken beim Aufschlagen.	1323

3.2 Gefahrgutliste

UN-Nr.	Richtiger technischer Name	Klasse	Zusatzgefahr	Verpackungsgruppe	Sondervorschriften	Begrenzte und freigestellte Mengen		Verpackungen		IBC	
						Begrenzte Mengen	Freigestellte Mengen	Anweisung(en)	Sondervorschriften	Anweisung(en)	Sondervorschriften
(1)	(2) 3.1.2	(3) 2.0	(4) 2.0	(5) 2.0.1.3	(6) 3.3	(7a) 3.4	(7b) 3.5	(8) 4.1.4	(9) 4.1.4	(10) 4.1.4	(11) 4.1.4
1324	FILME, AUF NITROCELLULOSEBASIS, gelatiniert, ausgenommen Abfälle FILMS, NITROCELLULOSE BASE gelatin coated, except scrap	4.1	-	III	-	5 kg	E1	P002	PP15	-	-
1325	ENTZÜNDBARER ORGANISCHER FESTER STOFF, N.A.G. FLAMMABLE SOLID, ORGANIC, N.O.S.	4.1	-	II	274	1 kg	E2	P002	-	IBC08	B4 B21
1325	ENTZÜNDBARER ORGANISCHER FESTER STOFF, N.A.G. FLAMMABLE SOLID, ORGANIC, N.O.S.	4.1	-	III	223 274	5 kg	E1	P002	-	IBC08	B3
1326	HAFNIUMPULVER, ANGEFEUCHTET, mit mindestens 25 % Wasser (ein sichtbarer Wasserüberschuss muss vorhanden sein) (a) mechanisch hergestellt mit einer Korngröße unter 53 Mikron; oder (b) chemisch hergestellt mit einer Korngröße unter 840 Mikron HAFNIUM POWDER, WETTED with not less than 25 % water (a visible excess of water must be present) (a) mechanically produced, particle size less than 53 microns; (b) chemically produced, particle size less than 840 microns	4.1	-	II	916	1 kg	E2	P410	PP31 PP40	IBC06	B21
1327	HEU, STROH oder BHUSA HAY, STRAW or BHUSA	4.1	-	-	29 281 954 973	3 kg	E0	P003	PP19	IBC08	B6
1328	HEXAMETHYLENTETRAMIN HEXAMETHYLENETETRAMINE	4.1	-	III	-	5 kg	E1	P002	-	IBC08	B3
1330	MANGANRESINAT MANGANESE RESINATE	4.1	-	III	-	5 kg	E1	P002	-	IBC06	-
1331	ZÜNDHÖLZER, ÜBERALL ENTZÜNDBAR MATCHES, „STRIKE ANYWHERE"	4.1	-	III	293	5 kg	E0	P407	PP27	-	-
1332	METALDEHYD METALDEHYDE	4.1	-	III	-	5 kg	E1	P002 LP02	-	IBC08	B3
1333	CER, Platten, Barren oder Stangen CERIUM, slabs, ingots or rods	4.1	-	II	-	1 kg	E2	P002	PP100	IBC08	B4 B21
1334	NAPHTHALIN, ROH oder NAPHTHALIN, GEREINIGT NAPHTHALENE, CRUDE or NAPHTHALENE, REFINED	4.1	- **P**	III	948 967	5 kg	E1	P002 LP02	-	IBC08	B3
1336	NITROGUANIDIN (PICRIT), ANGEFEUCHTET, mit mindestens 20 Masse-% Wasser NITROGUANIDINE (PICRITE), WETTED with not less than 20 % water, by mass	4.1	-	I	28	0	E0	P406	PP31	-	-
1337	NITROSTÄRKE, ANGEFEUCHTET, mit mindestens 20 Masse-% Wasser NITROSTARCH, WETTED with not less than 20 % water, by mass	4.1	-	I	28	0	E0	P406	PP31	-	-

Ortsbewegliche Tanks und Schüttgut-Container			EmS	Stauung und Handhabung	Trennung	Eigenschaften und Bemerkung	UN-Nr.	
	Tank Anweisung(en)	Vorschriften						
(12)	(13)	(14)	(15)	(16a)	(16b)	(17)	(18)	
	4.2.5 4.3	4.2.5	5.4.3.2 7.8	7.1, 7.3 bis 7.7	7.2 bis 7.7			
-	-	-	F-A, S-I	Staukategorie D	SG7	Zündet leicht. Unter Feuereinwirkung bilden sich giftige Gase und Dämpfe; in geschlossenen Räumen können diese Gase und Dämpfe mit der Luft explosionsfähige Gemische bilden.	1324	
-	T3	TP33	F-A, S-G	Staukategorie B	SG72	-	1325	
-	T1	TP33	F-A, S-G	Staukategorie B	SG72	-	1325	
-	T3	TP33	F-A, S-J	Staukategorie E	SGG15 SG17	Nicht löslich in Wasser. Kann im trockenen Zustand zur Selbstentzündung neigen. Bildet mit den meisten entzündend (oxidierend) wirkenden Stoffen explosionsfähige Gemische.	1326	
-	-	-	F-A, S-I	Staukategorie A SW10	SG23	Zündet leicht. Neigt zur Selbstentzündung, wenn nass, feucht oder durch Öl verunreinigt. Wenn lose, feucht, nass oder durch Öl verunreinigt, Beförderung ablehnen.	1327	
-	T1	TP33	F-A, S-G	Staukategorie A	-	Weißes, kristallines Pulver. Löslich in Wasser.	1328	
-	T1	TP33	F-A, S-I	Staukategorie A	-	Sehr dunkelbrauner fester Stoff. Nicht löslich in Wasser. Neigt zur Selbsterhitzung. Wirkt reizend auf Haut, Augen und Schleimhäute.	1330	
-	-	-	F-A, S-I	Staukategorie B	-	Entzünden sich durch Reibung; eine präparierte Reibfläche ist nicht erforderlich.	1331	*→ auch 3.3.1 SV 296*
-	T1	TP33	F-A, S-G	Staukategorie A	-	Weiße Kristalle, Pulver oder Tabletten. Nicht löslich in Wasser. Gesundheitsschädlich beim Verschlucken oder beim Einatmen von Staub.	1332	
-	-	-	F-G, S-P	Staukategorie A H1	SG17 SG25 SG26	Enthält 94 % bis 99 % Metalle seltener Erden. Entwickelt in Berührung mit Wasser oder feuchter Luft Wasserstoff, ein entzündbares Gas. Erzeugt Funken beim Kratzen oder Schlagen.	1333	
-	T1 BK2 BK3	TP33	F-A, S-G	Staukategorie A SW23	-	Kristalline Flocken oder kristallines Pulver mit dauerhaftem Geruch. Entwickelt entzündbare Dämpfe bei oder unterhalb des Schmelzpunktes.	1334	
-	-	-	F-B, S-J	Staukategorie E	SG7 SG30	Desensibilisierter Explosivstoff. Weißer fester Stoff. Unter Feuereinwirkung bilden sich giftige Gase und Dämpfe; in geschlossenen Räumen können diese Gase und Dämpfe mit der Luft explosionsfähige Gemische bilden. Kann mit Schwermetallen und deren Salzen äußerst empfindliche Verbindungen bilden.	1336	
-	-	-	F-B, S-J	Staukategorie D	SG7 SG30	Desensibilisierter Explosivstoff. Orangefarbenes Pulver. Im trockenen Zustand explosionsfähig und empfindlich gegen Reibung. Unter Feuereinwirkung bilden sich giftige Gase und Dämpfe; in geschlossenen Räumen können diese Gase und Dämpfe mit der Luft explosionsfähige Gemische bilden. Kann mit Schwermetallen und deren Salzen äußerst empfindliche Verbindungen bilden.	1337	

UN-Nr.	Richtiger technischer Name	Klasse	Zusatzgefahr	Verpackungsgruppe	Sondervorschriften	Begrenzte und freigestellte Mengen		Verpackungen		IBC	
						Begrenzte Mengen	Freigestellte Mengen	Anweisung(en)	Sondervorschriften	Anweisung(en)	Sondervorschriften
(1)	(2) 3.1.2	(3) 2.0	(4) 2.0	(5) 2.0.1.3	(6) 3.3	(7a) 3.4	(7b) 3.5	(8) 4.1.4	(9) 4.1.4	(10) 4.1.4	(11) 4.1.4
1338	PHOSPHOR, AMORPH PHOSPHORUS, AMORPHOUS	4.1	-	III	-	5 kg	E1	P410	-	IBC08	B3
1339	PHOSPHORHEPTASULFID, frei von gelbem oder weißem Phosphor PHOSPHORUS HEPTASULPHIDE free from yellow or white phosphorus	4.1	-	II	-	1 kg	E2	P410	PP31	IBC04	-
1340	PHOSPHORPENTASULFID, frei von gelbem oder weißem Phosphor PHOSPHORUS PENTASULPHIDE free from yellow or white phosphorus	4.3	4.1	II	-	500 g	E2	P410	PP31 PP40	IBC04	-
1341	PHOSPHORSESQUISULFID, frei von gelbem oder weißem Phosphor PHOSPHORUS SESQUISULPHIDE free from yellow or white phosphorus	4.1	-	II	-	1 kg	E2	P410	PP31	IBC04	-
1343	PHOSPHORTRISULFID, frei von gelbem oder weißem Phosphor PHOSPHORUS TRISULPHIDE free from yellow or white phosphorus	4.1	-	II	-	1 kg	E2	P410	PP31	IBC04	-
1344	TRINITROPHENOL (PIKRINSÄURE), ANGEFEUCHTET, mit mindestens 30 Masse-% Wasser TRINITROPHENOL (PICRIC ACID), WETTED with not less than 30 % water, by mass	4.1	-	I	28	0	E0	P406	PP26 PP31	-	-
1345	KAUTSCHUK (GUMMI) ABFALL, pulverförmig oder granuliert, Korngröße bis 840 Mikron und mehr als 45 % Gummi enthaltend oder KAUTSCHUK (GUMMI) RESTE, pulverförmig oder granuliert, Korngröße bis 840 Mikron und mehr als 45 % Gummi enthaltend RUBBER SCRAP powdered or granulated, not exceeding 840 microns and rubber content exceeding 45 % or RUBBER SHODDY powdered or granulated, not exceeding 840 microns and rubber content exceeding 45 %	4.1	-	II	223 917	1 kg	E2	P002	-	IBC08	B4 B21
1346	SILICIUMPULVER, AMORPH SILICON POWDER, AMORPHOUS	4.1	-	III	32	5 kg	E1	P002 LP02	-	IBC08	B3
1347	SILBERPIKRAT, ANGEFEUCHTET, mit mindestens 30 Masse-% Wasser SILVER PICRATE, WETTED with not less than 30 % water, by mass	4.1	-	I	28 900	0	E0	P406	PP25 PP26 PP31	-	-
1348	NATRIUMDINITRO-o-CRESOLAT, ANGEFEUCHTET, mit mindestens 15 Masse-% Wasser SODIUM DINITRO-o-CRESOLATE, WETTED with not less than 15 % water, by mass	4.1	6.1 **P**	I	28	0	E0	P406	PP26 PP31	-	-

Ortsbewegliche Tanks und Schüttgut-Container			EmS	Stauung und Handhabung	Trennung	Eigenschaften und Bemerkung	UN-Nr.	
	Tank Anweisung(en)	Vorschriften						
(12)	(13) 4.2.5 4.3	(14) 4.2.5	(15) 5.4.3.2 7.8	(16a) 7.1, 7.3 bis 7.7	(16b) 7.2 bis 7.7	(17)	(18)	
-	T1	TP33	F-A, S-G	Staukategorie A	SG17	Rötlich-braunes Pulver. Nicht löslich in Wasser. Leicht entzündbar durch Reibung. Entwickelt unter Feuereinwirkung Dämpfe mit Reizwirkung. Bildet mit entzündend (oxidierend) wirkenden Stoffen explosionsfähige Gemische. Gesundheitsschädlich beim Verschlucken oder beim Einatmen von Staub.	1338	
-	T3	TP33	F-G, S-G	Staukategorie B H1	SG17 SG25 SG26	Gelber fester Stoff. Leicht entzündbar durch Reibung. Entwickelt Wärme bei der Berührung mit feuchter Luft unter Bildung giftiger und entzündbarer Gase. Bildet mit entzündend (oxidierend) wirkenden Stoffen explosionsfähige Gemische. Gesundheitsschädlich beim Verschlucken oder beim Einatmen von Staub.	1339	
-	T3	TP33	F-G, S-N	Staukategorie D H1	SG26	Gelber fester Stoff. Leicht entzündbar durch Reibung. Entwickelt Wärme bei der Berührung mit feuchter Luft unter Bildung giftiger und entzündbarer Gase. Bildet mit entzündend (oxidierend) wirkenden Stoffen explosionsfähige Gemische. Gesundheitsschädlich beim Verschlucken oder beim Einatmen von Staub.	1340	
-	T3	TP33	F-A, S-G	Staukategorie B	SG17	Gelber fester Stoff. Leicht entzündbar durch Reibung. Entwickelt Wärme bei der Berührung mit feuchter Luft unter Bildung giftiger und entzündbarer Gase. Bildet mit entzündend (oxidierend) wirkenden Stoffen explosionsfähige Gemische. Gesundheitsschädlich beim Verschlucken oder beim Einatmen von Staub.	1341	
-	T3	TP33	F-G, S-G	Staukategorie B H1	SG17 SG25 SG26	Gelber fester Stoff. Leicht entzündbar durch Reibung. Entwickelt Wärme bei der Berührung mit feuchter Luft unter Bildung giftiger und entzündbarer Gase. Bildet mit entzündend (oxidierend) wirkenden Stoffen explosionsfähige Gemische. Gesundheitsschädlich beim Verschlucken oder beim Einatmen von Staub.	1343	
-	-	-	F-B, S-J	Staukategorie E	SG7 SG30	Desensibilisierter Explosivstoff. In reiner Form besteht der Stoff aus gelben Kristallen. Löslich in Wasser. Im trockenen Zustand explosionsfähig und empfindlich gegen Reibung. Kann mit Schwermetallen und deren Salzen äußerst empfindliche Verbindungen bilden. Gesundheitsschädlich beim Verschlucken oder bei Berührung mit der Haut.	1344	*→ UN 3364*
-	T3	TP33	F-A, S-I	Staukategorie A	-	Neigt zur Selbsterhitzung.	1345	
-	T1	TP33	F-A, S-G	Staukategorie A	SG17	Dunkelbraunes, nicht metallenes Pulver. Brennt an der Luft, wenn entzündet; leicht entzündbar, wenn mit entzündend (oxidierend) wirkenden Stoffen vermischt.	1346	
-	-	-	F-B, S-J	Staukategorie D	SGG7 SG7 SG30	Desensibilisierter Explosivstoff. Gelbe Kristalle. Löslich in Wasser. Im trockenen Zustand explosionsfähig und empfindlich gegen Reibung. Gesundheitsschädlich beim Verschlucken oder bei Berührung mit der Haut. Kann mit Schwermetallen und deren Salzen äußerst empfindliche Verbindungen bilden. Die Beförderung von SILBERPIKRAT, trocken oder angefeuchtet, mit weniger als 30 Masse-% Wasser, ist **verboten**.	1347	
-	-	-	F-B, S-J	Staukategorie E	SG7 SG30	Desensibilisierter Explosivstoff. In reiner Form ist der Stoff gelbes Pulver. Im trockenen Zustand explosionsfähig und empfindlich gegen Reibung. Kann mit Schwermetallen und deren Salzen äußerst empfindliche Verbindungen bilden. Unter Feuereinwirkung bilden sich giftige Gase und Dämpfe; in geschlossenen Räumen können diese Gase und Dämpfe mit der Luft explosionsfähige Gemische bilden. Giftig beim Verschlucken, bei Berührung mit der Haut oder beim Einatmen von Staub.	1348	

UN-Nr.	Richtiger technischer Name	Klasse	Zusatz-gefahr	Verpa-ckungs-gruppe	Sonder-vor-schrif-ten	Begrenzte und freige-stellte Mengen		Verpackungen		IBC	
						Be-grenzte Men-gen	Freige-stellte Men-gen	Anwei-sung(en)	Sonder-vor-schriften	Anwei-sung(en)	Sonder-vor-schriften
(1)	(2) 3.1.2	(3) 2.0	(4) 2.0	(5) 2.0.1.3	(6) 3.3	(7a) 3.4	(7b) 3.5	(8) 4.1.4	(9) 4.1.4	(10) 4.1.4	(11) 4.1.4
1349	NATRIUMPIKRAMAT, ANGEFEUCHTET, mit mindestens 20 Masse-% Wasser SODIUM PICRAMATE, WETTED with not less than 20 % water, by mass	4.1	-	I	28	0	E0	P406	PP26 PP31	-	-
1350	SCHWEFEL SULPHUR	4.1	-	III	242 967	5 kg	E1	P002 LP02	-	IBC08	B3
1352	TITANPULVER, ANGEFEUCHTET, mit mindestens 25 % Wasser (ein sichtbarer Wasserüberschuss muss vorhanden sein) (a) mechanisch hergestellt mit einer Korngröße unter 53 Mikron; oder (b) chemisch hergestellt mit einer Korngröße unter 840 Mikron TITANIUM POWDER, WETTED with not less than 25 % water (a visible excess of water must be present) (a) mechanically produced, particle size less than 53 microns; (b) chemically produced, particle size less than 840 microns	4.1	-	II	28 916	1 kg	E2	P410	PP31 PP40	IBC06	B21
1353	FASERN oder GEWEBE, IMPRÄGNIERT MIT SCHWACH NITRIERTER CELLULOSE, N.A.G. FIBRES or FABRICS IMPREGNATED WITH WEAKLY NITRATED NITROCELLULOSE, N.O.S.	4.1	-	III	-	5 kg	E1	P410	-	IBC08	B3
1354	TRINITROBENZEN, ANGEFEUCHTET mit mindestens 30 Masse-% Wasser TRINITROBENZENE, WETTED with not less than 30 % water, by mass	4.1	-	I	28	0	E0	P406	PP31	-	-
1355	TRINITROBENZOESÄURE, ANGEFEUCHTET, mit mindestens 30 Masse-% Wasser TRINITROBENZOIC ACID, WETTED with not less than 30 % water, by mass	4.1	-	I	28	0	E0	P406	PP31	-	-
1356	TRINITROTOLUEN (TNT), ANGEFEUCHTET, mit mindestens 30 Masse-% Wasser TRINITROTOLUENE (TNT), WETTED with not less than 30 % water, by mass	4.1	-	I	28	0	E0	P406	PP31	-	-
1357	HARNSTOFFNITRAT, ANGEFEUCHTET, mit mindestens 20 Masse-% Wasser UREA NITRATE, WETTED with not less than 20 % water, by mass	4.1	-	I	28 227	0	E0	P406	PP31	-	-

Ortsbewegliche Tanks und Schüttgut-Container			EmS	Stauung und Handhabung	Trennung	Eigenschaften und Bemerkung	UN-Nr.
	Tank Anwei-sung(en)	Vor-schrif-ten					
(12)	(13) 4.2.5 4.3	(14) 4.2.5	(15) 5.4.3.2 7.8	(16a) 7.1, 7.3 bis 7.7	(16b) 7.2 bis 7.7	(17)	(18)
-	-	-	F-B, S-J	Staukategorie E	SG7 SG30	Desensibilisierter Explosivstoff. In reiner Form ist der Stoff gelbes Pulver. Im trockenen Zustand explosionsfähig und empfindlich gegen Reibung. Kann mit Schwermetallen und deren Salzen äußerst empfindliche Verbindungen bilden. Unter Feuereinwirkung bilden sich giftige Gase und Dämpfe; in geschlossenen Räumen können diese Gase und Dämpfe mit der Luft explosionsfähige Gemische bilden. Gesundheitsschädlich beim Verschlucken oder bei Berührung mit der Haut.	1349
-	T1 BK2 BK3	TP33	F-A, S-G	Staukategorie A SW1 SW23	SG17	Unter Feuereinwirkung entwickeln sich giftige, stark reizende und erstickend wirkende Gase. Der Staub bildet mit der Luft ein explosionsfähiges Gemisch, das durch statische Elektrizität entzündet werden kann. Bildet mit entzündend (oxidierend) wirkenden Stoffen explosionsfähige Gemische. Greift insbesondere bei Feuchtigkeit Stahl an. Die Bestimmungen dieses Codes gelten nicht für Schwefel in besonderer Form (z. B. Prills, Granulat, Pellets, Tabletten oder Flocken).	1350
-	T3	TP33	F-A, S-J	Staukategorie E	SGG15 SG17	Graues Pulver. Bildet mit entzündend (oxidierend) wirkenden Stoffen explosionsfähige Gemische.	1352
-	-	-	F-A, S-I	Staukategorie D	-	Material für Schuhkappen, wie es bei der Herstellung von Stiefeln und Schuhen verwendet wird. Unter Feuereinwirkung bilden sich giftige Gase und Dämpfe; in geschlossenen Räumen können diese Gase und Dämpfe mit der Luft explosionsfähige Gemische bilden.	1353
-	-	-	F-B, S-J	Staukategorie E	SG7 SG30	Desensibilisierter Explosivstoff. In reiner Form besteht der Stoff aus gelben Kristallen. Unter Feuereinwirkung bilden sich giftige Gase und Dämpfe; in geschlossenen Räumen können diese Gase und Dämpfe mit der Luft explosionsfähige Gemische bilden. Im trockenen Zustand explosionsfähig und empfindlich gegen Reibung. Kann mit Schwermetallen und deren Salzen äußerst empfindliche Verbindungen bilden. Gesundheitsschädlich beim Verschlucken oder bei Berührung mit der Haut.	1354
-	-	-	F-B, S-J	Staukategorie E	SG7 SG30	Desensibilisierter Explosivstoff. In reiner Form besteht der Stoff aus gelben Kristallen. Löslich in Wasser. Unter Feuereinwirkung bilden sich giftige Gase und Dämpfe; in geschlossenen Räumen können diese Gase und Dämpfe mit der Luft explosionsfähige Gemische bilden. Im trockenen Zustand explosionsfähig und empfindlich gegen Reibung. Gesundheitsschädlich beim Verschlucken oder bei Berührung mit der Haut. Kann mit Schwermetallen und deren Salzen äußerst empfindliche Verbindungen bilden.	1355
-	-	-	F-B, S-J	Staukategorie E	SG7 SG30	Desensibilisierter Explosivstoff. In reiner Form besteht der Stoff aus gelben Kristallen. Unter Feuereinwirkung bilden sich giftige Gase und Dämpfe; in geschlossenen Räumen können diese Gase und Dämpfe mit der Luft explosionsfähige Gemische bilden. Im trockenen Zustand explosionsfähig und empfindlich gegen Reibung. Kann mit Schwermetallen und deren Salzen äußerst empfindliche Verbindungen bilden. Gesundheitsschädlich beim Verschlucken oder bei Berührung mit der Haut.	1356
-	-	-	F-B, S-J	Staukategorie E	SG7 SG30	Desensibilisierter Explosivstoff. In reiner Form besteht der Stoff aus weißen Kristallen. Löslich in Wasser. Unter Feuereinwirkung bilden sich giftige Gase und Dämpfe; in geschlossenen Räumen können diese Gase und Dämpfe mit der Luft explosionsfähige Gemische bilden. Im trockenen Zustand explosionsfähig und empfindlich gegen Reibung. Kann mit Schwermetallen und deren Salzen äußerst empfindliche Verbindungen bilden.	1357

UN-Nr.	Richtiger technischer Name	Klasse	Zusatzgefahr	Verpackungsgruppe	Sondervorschriften	Begrenzte und freigestellte Mengen		Verpackungen		IBC	
						Begrenzte Mengen	Freigestellte Mengen	Anweisung(en)	Sondervorschriften	Anweisung(en)	Sondervorschriften
(1)	(2)	(3)	(4)	(5)	(6)	(7a)	(7b)	(8)	(9)	(10)	(11)
	3.1.2	2.0	2.0	2.0.1.3	3.3	3.4	3.5	4.1.4	4.1.4	4.1.4	4.1.4
1358	ZIRKONIUMPULVER, ANGEFEUCHTET, mit mindestens 25 % Wasser (ein sichtbarer Wasserüberschuss muss vorhanden sein) (a) mechanisch hergestellt mit einer Korngröße unter 53 Mikron; oder (b) chemisch hergestellt mit einer Korngröße unter 840 Mikron ZIRCONIUM POWDER, WETTED with not less than 25 % water (a visible excess of water must be present) (a) mechanically produced, particle size less than 53 microns; (b) chemically produced, particle size less than 840 microns	4.1	-	II	916	1 kg	E2	P410	PP31 PP40	IBC06	B21
1360	CALCIUMPHOSPHID CALCIUM PHOSPHIDE	4.3	6.1	I	-	0	E0	P403	PP31	-	-
1361	KOHLE, tierischen oder pflanzlichen Ursprungs CARBON animal or vegetable origin	4.2	-	II	925	0	E0	P002	PP12	IBC06	-
1361	KOHLE, tierischen oder pflanzlichen Ursprungs CARBON animal or vegetable origin	4.2	-	III	223 925	0	E0	P002 LP02	PP12	IBC08	B3
1362	KOHLE, AKTIVIERT CARBON, ACTIVATED	4.2	-	III	223 925	0	E1	P002	PP11 PP31	IBC08	B3
1363	COPRA (KOPRA) COPRA	4.2	-	III	29 926 973	0	E0	P003 LP02	PP20	IBC08	B3 B6
1364	BAUMWOLLABFÄLLE, ÖLHALTIG COTTON WASTE, OILY	4.2	-	III	29 973	0	E0	P003 LP02	PP19	IBC08	B3 B6
1365	BAUMWOLLE, NASS COTTON, WET	4.2	-	III	29 973	0	E0	P003	PP19	IBC08	B3 B6
1369	p-NITROSODIMETHYLANILIN p-NITROSODIMETHYLANILINE	4.2	-	II	927	0	E2	P410	-	IBC06	B21
1372	FASERN, TIERISCH oder PFLANZLICH, angebrannt, nass oder feucht FIBRES ANIMAL or FIBRES VEGETABLE burnt, wet or damp	4.2	-	III	117	0	E1	P410	-	-	-
1373	FASERN oder GEWEBE, TIERISCHEN oder PFLANZLICHEN oder SYNTHETISCHEN URSPRUNGS, N.A.G., imprägniert mit Öl FIBRES or FABRICS, ANIMAL or VEGETABLE or SYNTHETIC, N.O.S. with oil	4.2	-	III	-	0	E0	P410	PP31	IBC08	B3

Ortsbewegliche Tanks und Schüttgut-Container			EmS	Stauung und Handhabung	Trennung	Eigenschaften und Bemerkung	UN-Nr.
	Tank Anweisung(en)	Vorschriften					
(12)	(13)	(14)	(15)	(16a)	(16b)	(17)	(18)
	4.2.5 4.3	4.2.5	5.4.3.2 7.8	7.1, 7.3 bis 7.7	7.2 bis 7.7		
-	T3	TP33	F-G, S-J	Staukategorie E H1	SGG15 SG17 SG25 SG26	Graues Pulver. Nicht löslich in Wasser. Kann im trockenen Zustand zur Selbstentzündung neigen. Bildet mit entzündend (oxidierend) wirkenden Stoffen explosionsfähige Gemische.	1358
-	-	-	F-G, S-N	Staukategorie E SW2 SW5 H1	SG26 SG35	Rote bis braune Kristalle. Reagiert mit Säuren oder zersetzt sich langsam in Berührung mit Wasser oder feuchter Luft unter Entwicklung von Phosphorwasserstoff (Phosphin), einem selbstentzündlichen und hochgiftigen Gas. Reagiert heftig mit entzündend (oxidierend) wirkenden Stoffen. Giftig beim Verschlucken, bei Berührung mit der Haut oder beim Einatmen von Staub.	1360
-	T3	TP33	F-A, S-J	Staukategorie A SW1 H2	-	Schwarzes Pulver oder Granulat. Neigt an der Luft zur langsamen Selbsterhitzung und zur Selbstentzündung. Das für die Verschiffung vorgesehene Material sollte vor der Beförderung ausreichend wärmebehandelt und dann abgekühlt sein.	1361
-	T1	TP33	F-A, S-J	Staukategorie A SW1 H2	-	Siehe Eintrag oben.	1361
-	T1	TP33	F-A, S-J	Staukategorie A SW1 H2	-	Schwarzes Pulver oder Granulat. Neigt an der Luft zur langsamen Selbsterhitzung und zur Selbstentzündung. Das für die Verschiffung vorgesehene Material sollte vor der Beförderung ausreichend wärmebehandelt und dann abgekühlt sein.	1362
-	BK2	-	F-A, S-J	Staukategorie A SW1 SW9 H1	-	Getrocknetes Mark von Kokosnüssen mit sehr unangenehmem, ranzigem Geruch, der andere Ladungen verderben kann.	1363
-	-	-	F-A, S-J	Staukategorie A	SG41	Fasern pflanzlichen Ursprungs.	1364
-	-	-	F-A, S-J	Staukategorie A	-	Leicht brennbar, selbstentzündungsfähig je nach Feuchtigkeitsgehalt.	1365
-	T3	TP33	F-A, S-J	Staukategorie D	SG29	Dunkelgrüner kristalliner fester Stoff, nicht löslich in Wasser. In trockener Form an der Luft selbstentzündlich. Gesundheitsschädlich beim Verschlucken.	1369
-	-	-	F-A, S-J	Staukategorie A	-	Neigen zur Selbstentzündung je nach Feuchtigkeitsgehalt.	1372
-	T1	TP33	F-A, S-J	Staukategorie A	-	Neigen zur Selbstentzündung je nach Ölgehalt.	1373

UN-Nr.	Richtiger technischer Name	Klasse	Zusatzgefahr	Verpackungsgruppe	Sondervorschriften	Begrenzte und freigestellte Mengen		Verpackungen		IBC	
						Begrenzte Mengen	Freigestellte Mengen	Anweisung(en)	Sondervorschriften	Anweisung(en)	Sondervorschriften
(1)	(2) 3.1.2	(3) 2.0	(4) 2.0	(5) 2.0.1.3	(6) 3.3	(7a) 3.4	(7b) 3.5	(8) 4.1.4	(9) 4.1.4	(10) 4.1.4	(11) 4.1.4
1374	FISCHMEHL, NICHT STABILISIERT oder FISCHABFALL, NICHT STABILISIERT Hohe Gefährlichkeit. Unbeschränkter Feuchtigkeitsgehalt. Unbeschränkter Fettgehalt über 12 Masse-%. Unbeschränkter Fettgehalt über 15 Masse-% bei mit Antioxidantien behandeltem Fischmehl oder Fischabfall FISH MEAL, UNSTABILIZED or FISH SCRAP, UNSTABILIZED High hazard. Unrestricted moisture content. Unrestricted fat content in excess of 12 %, by mass; unrestricted fat content in excess of 15 %, by mass, in the case of anti-oxidant treated fish meal or fish scrap	4.2	-	II	300 928	0	E2	P410	PP31 PP40	IBC08	B4 B21
1374	FISCHMEHL, NICHT STABILISIERT oder FISCHABFALL, NICHT STABILISIERT Nicht mit Antioxidantien behandelt. Feuchtigkeitsgehalt: mehr als 5 Masse-%, jedoch höchstens 12 Masse-%. Fettgehalt: höchstens 12 Masse-% FISH MEAL, UNSTABILIZED or FISH SCRAP, UNSTABILIZED Not anti-oxidant treated. Moisture content: more than 5 % but not more than 12 %, by mass. Fat content: not more than 12 %, by mass	4.2	-	III	29 300 907 928	0	E1	P410	PP31	IBC08	B3 B21
1376	EISENOXID, GEBRAUCHT oder EISENSCHWAMM, GEBRAUCHT, aus der Kohlengasreinigung IRON OXIDE, SPENT or IRON SPONGE, SPENT obtained from coal gas purification	4.2	-	III	223	0	E0	P002 LP02	PP100 L3	IBC08	B4
1378	METALLKATALYSATOR, ANGEFEUCHTET, mit einem sichtbaren Überschuss an Flüssigkeit METAL CATALYST, WETTED with a visible excess of liquid	4.2	-	II	274	0	E0	P410	PP31 PP39 PP40	IBC01	-
1379	PAPIER, MIT UNGESÄTTIGTEN ÖLEN BEHANDELT, unvollständig getrocknet (auch Kohlepapier) PAPER, UNSATURATED OIL TREATED incompletely dried (including carbon paper)	4.2	-	III	-	0	E0	P410	PP31	IBC08	B3
1380	PENTABORAN PENTABORANE	4.2	6.1	I	-	0	E0	P601	-	-	-
1381	PHOSPHOR WEISS oder GELB, TROCKEN oder UNTER WASSER oder IN LÖSUNG PHOSPHORUS, WHITE or YELLOW, DRY or UNDER WATER or IN SOLUTION	4.2	6.1 **P**	I	-	0	E0	P405	PP31	-	-

Ortsbewegliche Tanks und Schüttgut-Container			EmS	Stauung und Handhabung	Trennung	Eigenschaften und Bemerkung	UN-Nr.
	Tank Anwei-sung(en)	Vor-schrif-ten					
(12)	(13)	(14)	(15)	(16a)	(16b)	(17)	(18)
	4.2.5 4.3	4.2.5	5.4.3.2 7.8	7.1, 7.3 bis 7.7	7.2 bis 7.7		
-	T3	TP33	F-A, S-J	Staukategorie B SW1 SW24	SG65	Braunes bis grünlich-braunes Erzeugnis aus ölhaltigem Fisch. Strenger Geruch, der sich auf andere Ladungen übertragen kann. Neigt zur Selbsterhitzung und Selbstentzündung.	1374
-	T1	TP33	F-A, S-J	Staukategorie A SW1 SW24	-	Siehe Eintrag oben.	1374
-	T1 BK2	TP33	F-G, S-P	Staukategorie E H1	SG26	Rückstände der Kohlengasreinigung. Starker Geruch, der andere Ladung beeinträchtigen kann. Neigt zur Selbsterhitzung und Selbstentzündung. Kann giftige Gase wie Schwefelwasserstoff, Schwefeldioxid und Cyanwasserstoff entwickeln. Dieser Stoff muss, wenn er nicht in einem Metallfass verpackt ist, vor der Verladung abgekühlt und mindestens acht Wochen an der Luft gelagert werden.	1376
-	T3	TP33	F-H, S-M	Staukategorie C	-	In trockener Form zur Selbstentzündung fähig.	1378
-	-	-	F-A, S-J	Staukategorie A	-	Neigt zur Selbstentzündung. Zum Endprodukt verarbeitetes Papier ist bei ausreichend langer Lagerung den Bestimmungen dieses Codes nicht unterstellt.	1379
-	-	-	F-G, S-L	Staukategorie D H1	SG26	Farblose Flüssigkeit. Siedebereich: 48 °C bis 63 °C. Selbstentzündlich an der Luft. Zersetzt sich mit Wasser unter Entwicklung von Wasserstoff, einem entzündbaren Gas. Giftig beim Verschlucken, bei Berührung mit der Haut oder beim Einatmen.	1380
-	T9	TP3 TP31	F-A, S-J	Staukategorie E	-	Selbstentzündlich an der Luft. Schmelzpunkt: 44 °C. Giftig beim Verschlucken, bei Berührung mit der Haut oder beim Einatmen. Die Gefäße werden in der Regel mit dem in flüssigem Zustand befindlichen Stoff gefüllt, der später fest wird. Es muss ein genügender flüssigkeitsfreier Raum gelassen werden.	1381

UN-Nr.	Richtiger technischer Name	Klasse	Zusatzgefahr	Verpackungsgruppe	Sondervorschriften	Begrenzte und freigestellte Mengen		Verpackungen		IBC	
						Begrenzte Mengen	Freigestellte Mengen	Anweisung(en)	Sondervorschriften	Anweisung(en)	Sondervorschriften
(1)	(2) 3.1.2	(3) 2.0	(4) 2.0	(5) 2.0.1.3	(6) 3.3	(7a) 3.4	(7b) 3.5	(8) 4.1.4	(9) 4.1.4	(10) 4.1.4	(11) 4.1.4
1382	KALIUMSULFID, WASSERFREI oder KALIUMSULFID, mit weniger als 30 % Kristallwasser POTASSIUM SULPHIDE, ANHYDROUS or POTASSIUM SULPHIDE with less than 30 % water of crystallization	4.2	-	II	-	0	E2	P410	PP31 PP40	IBC06	B21
1383	PYROPHORES METALL, N.A.G. oder PYROPHORE LEGIERUNG, N.A.G. PYROPHORIC METAL, N.O.S. or PYROPHORIC ALLOY, N.O.S.	4.2	-	I	274	0	E0	P404	PP31	-	-
1384	NATRIUMDITHIONIT (NATRIUMHYDROSULFIT) SODIUM DITHIONITE (SODIUM HYDROSULPHITE)	4.2	-	II	-	0	E2	P410	PP31	IBC06	B21
1385	NATRIUMSULFID, WASSERFREI oder NATRIUMSULFID, mit weniger als 30 % Kristallwasser SODIUM SULPHIDE, ANHYDROUS or SODIUM SULPHIDE with less than 30 % water of crystallization	4.2	-	II	-	0	E2	P410	PP31	IBC06	B21
1386	ÖLKUCHEN, pflanzliches Öl enthaltend (a) durch Pressen gewonnene Ölsaatrückstände, die mehr als 10 % Öl oder mehr als 20 % Öl und Feuchtigkeit zusammen enthalten SEED CAKE, containing vegetable oil (a) mechanically expelled seeds, containing more than 10 % of oil or more than 20 % of oil and moisture combined	4.2	-	III	29 929 973	0	E0	P003 LP02	PP20	IBC08	B3 B6
1386	ÖLKUCHEN, pflanzliches Öl enthaltend (b) mit Lösemittel extrahierte und ausgepresste Saaten, die nicht mehr als 10 % Öl und, wenn der Feuchtigkeitsgehalt größer als 10 % ist, nicht mehr als 20 % Öl und Feuchtigkeit zusammen enthalten SEED CAKE, containing vegetable oil (b) solvent extractions and expelled seeds, containing not more than 10 % of oil and when the amount of moisture is higher than 10 %, not more than 20 % of oil and moisture combined	4.2	-	III	29 929 973	0	E0	P003 LP02	PP20	IBC08	B3 B6
1387	WOLLABFALL, NASS WOOL WASTE, WET	4.2	-	III	117	0	E1	P410	-	-	-
1389	ALKALIMETALLAMALGAM, FLÜSSIG ALKALI METAL AMALGAM, LIQUID	4.3	-	I	182	0	E0	P402	PP31	-	-
1390	ALKALIMETALLAMID ALKALI METAL AMIDE	4.3	-	II	182	500 g	E2	P410	PP31 PP40	IBC07	B4 B21
1391	ALKALIMETALLDISPERSION oder ERDALKALIMETALLDISPERSION ALKALI METAL DISPERSION or ALKALINE EARTH METAL DISPERSION	4.3	-	I	182 183	0	E0	P402	PP31	-	-

Ortsbewegliche Tanks und Schüttgut-Container			EmS	Stauung und Handhabung	Trennung	Eigenschaften und Bemerkung	UN-Nr.	
	Tank Anwei-sung(en)	Vor-schrif-ten						
(12)	(13)	(14)	(15)	(16a)	(16b)	(17)	(18)	
	4.2.5 4.3	4.2.5	5.4.3.2 7.8	7.1, 7.3 bis 7.7	7.2 bis 7.7			
-	T3	TP33	F-A, S-J	Staukategorie A	SGG18 SG35	Schwarzer fester Stoff, absorbiert Feuchtigkeit und kristallisiert. Neigt zur Selbstentzündung. Entwickelt in Berührung mit Säuren Schwefelwasserstoff, ein giftiges und entzündbares Gas. Reagiert heftig mit Säuren.	1382	
-	T21	TP7 TP33	F-G, S-M	Staukategorie D H1	SGG15 SG26	Neigt an Luft zur Selbstentzündung. Beim Schütteln können sich Funken bilden. Entwickelt in Berührung mit Wasser Wasserstoff, ein entzündbares Gas.	1383	
-	T3	TP33	F-A, S-J	Staukategorie E H1	-	Weißes oder graues kristallines Pulver. Neigt an der Luft zur Selbsterwärmung sowie zur Entwicklung von Schwefeldioxid, einem Gas mit Reizwirkung.	1384	
-	T3	TP33	F-A, S-J	Staukategorie A	SGG18 SG35	Schwarzer fester Stoff, absorbiert Feuchtigkeit und kristallisiert. Neigt zur Selbstentzündung. Entwickelt in Berührung mit Säuren Schwefelwasserstoff, ein giftiges und entzündbares Gas. Reagiert heftig mit Säuren.	1385	
-	BK2	-	F-A, S-J	Staukategorie E SW1 SW25 H1	-	Rückstände der Ölgewinnung durch Herauspressen des Öls aus ölhaltigen Früchten oder Saaten. Sie werden hauptsächlich als Viehfutter oder Düngemittel verwendet. Ausgangsprodukte für Ölkuchen sind meistens Kokosnüsse (Copra), Baumwollsaat, Erdnüsse, Leinsaat, Mais, Niger-Saat, Palmkerne, Rapssaat, Reiskleie, Sojabohnen und Sonnenblumenkerne. Sie können in Form von Tafeln, Flocken, Körnern, Mehl usw. befördert werden. Sie können sich langsam selbst erwärmen. Wenn sie feucht sind oder hohe Anteile an nicht oxidiertem Öl enthalten, können sie sich selbst entzünden. Vor der Beförderung muss die Ladung ausreichend lange abgelagert (gealtert) sein; die Dauer der Alterung ist vom Ölgehalt abhängig. Das Rauchen und die Verwendung von offenem Licht sind zu jeder Zeit während des Ladens und Entladens und während des Begehens der Laderäume verboten.	1386	
-	BK2	-	F-A, S-J	Staukategorie A SW1 SW25 H1	-	Rückstände der Ölgewinnung durch Extrahieren des Öls aus ölhaltigen Früchten oder Saaten mit Lösemittel oder durch mechanische Behandlung. Sie werden hauptsächlich als Viehfutter oder Düngemittel verwendet. Ausgangsprodukte für Ölkuchen sind meistens Kokosnüsse (Copra), Baumwollsaat, Erdnüsse, Leinsaat, Mais, Niger-Saat, Palmkerne, Rapssaat, Reiskleie, Sojabohnen und Sonnenblumenkerne. Sie können in Form von Tafeln, Flocken, Körnern, Mehl usw. befördert werden. Sie können sich langsam selbst erwärmen. Wenn sie feucht sind oder hohe Anteile an nicht oxidiertem Öl enthalten, können sie sich selbst entzünden. Der Ölkuchen muss im Wesentlichen frei von entzündbaren Lösemitteln sein. Vor der Beförderung muss die Ladung ausreichend lange abgelagert (gealtert) sein; die Dauer der Alterung ist vom Ölgehalt abhängig. Das Rauchen und die Verwendung von offenem Licht während des Ladens und Entladens und während des Begehens der Laderäume zu jeder anderen Zeit sind verboten.	1386	
-	-	-	F-A, S-J	Staukategorie A	-	Neigt zur Selbstentzündung je nach Feuchtigkeitsgehalt.	1387	
-	-	-	F-G, S-N	Staukategorie D H1	SGG7 SGG11 SG26 SG35	Silbrige Flüssigkeit bestehend aus einer Metall/Quecksilberlegierung. Reagiert mit Feuchtigkeit, Wasser oder Säuren unter Entwicklung von Wasserstoff, einem entzündbaren Gas. Entwickelt beim Erhitzen giftige Dämpfe.	1389	→ *UN 3401*
-	T3	TP33	F-G, S-O	Staukategorie E SW2 H1	SG26 SG35	Kleine Kristalle. Zersetzen sich in Berührung mit Wasser oder Säuren unter Entwicklung von Ammoniakdampf und stark ätzend wirkenden alkalischen Lösungen.	1390	
-	-	-	F-G, S-N	Staukategorie D H1	SG26 SG35	Feinteiliges Alkalimetall oder Erdalkalimetall, suspendiert in einer Flüssigkeit. Reagiert heftig mit Feuchtigkeit, Wasser oder Säuren unter Entwicklung von Wasserstoff, der sich durch die Reaktionswärme entzünden kann.	1391	

UN-Nr.	Richtiger technischer Name	Klasse	Zusatzgefahr	Verpackungsgruppe	Sondervorschriften	Begrenzte und freigestellte Mengen		Verpackungen		IBC	
						Begrenzte Mengen	Freigestellte Mengen	Anweisung(en)	Sondervorschriften	Anweisung(en)	Sondervorschriften
(1)	(2)	(3)	(4)	(5)	(6)	(7a)	(7b)	(8)	(9)	(10)	(11)
	3.1.2	2.0	2.0	2.0.1.3	3.3	3.4	3.5	4.1.4	4.1.4	4.1.4	4.1.4
1392	ERDALKALIMETALLAMALGAM, FLÜSSIG ALKALINE EARTH METAL AMALGAM, LIQUID	4.3	-	I	183	0	E0	P402	PP31	-	-
1393	ERDALKALIMETALLLEGIERUNG, N.A.G. ALKALINE EARTH METAL ALLOY, N.O.S.	4.3	-	II	183	500 g	E2	P410	PP31 PP40	IBC07	B4 B21
1394	ALUMINIUMCARBID ALUMINIUM CARBIDE	4.3	-	II	-	500 g	E2	P410	PP31 PP40	IBC07	B4 B21
1395	ALUMINIUMFERROSILICIUMPULVER ALUMINIUM FERROSILICON POWDER	4.3	6.1	II	932	500 g	E2	P410	PP31 PP40	IBC05	B21
1396	ALUMINIUMPULVER, NICHT ÜBERZOGEN ALUMINIUM POWDER, UNCOATED	4.3	-	II	-	500 g	E2	P410	PP31 PP40	IBC07	B4 B21
1396	ALUMINIUMPULVER, NICHT ÜBERZOGEN ALUMINIUM POWDER, UNCOATED	4.3	-	III	223	1 kg	E1	P410	PP31	IBC08	B4
1397	ALUMINIUMPHOSPHID ALUMINIUM PHOSPHIDE	4.3	6.1	I	-	0	E0	P403	PP31	-	-
1398	ALUMINIUMSILICIUMPULVER, NICHT ÜBERZOGEN ALUMINIUM SILICON POWDER, UNCOATED	4.3	-	III	37 223 932	1 kg	E1	P410	PP31	IBC08	B4
1400	BARIUM BARIUM	4.3	-	II	-	500 g	E2	P410	PP31 PP40	IBC07	B4 B21
1401	CALCIUM CALCIUM	4.3	-	II	-	500 g	E2	P410	PP31 PP40	IBC07	B4 B21
1402	CALCIUMCARBID CALCIUM CARBIDE	4.3	-	I	951	0	E0	P403	PP31	IBC04	B1
1402	CALCIUMCARBID CALCIUM CARBIDE	4.3	-	II	951	500 g	E2	P410	PP31 PP40	IBC07	B4 B21
1403	CALCIUMCYANAMID mit mehr als 0,1 Masse-% Calciumcarbid CALCIUM CYANAMIDE with more than 0.1 % calcium carbide	4.3	-	III	38 934	1 kg	E1	P410	PP31	IBC08	B4
1404	CALCIUMHYDRID CALCIUM HYDRIDE	4.3	-	I	-	0	E0	P403	PP31	-	-

Ortsbewegliche Tanks und Schüttgut-Container			EmS	Stauung und Handhabung	Trennung	Eigenschaften und Bemerkung	UN-Nr.
	Tank Anweisung(en)	Vorschriften					
(12)	(13)	(14)	(15)	(16a)	(16b)	(17)	(18)
	4.2.5 4.3	4.2.5	5.4.3.2 7.8	7.1, 7.3 bis 7.7	7.2 bis 7.7		
-	-	-	F-G, S-N	Staukategorie D H1	SGG7 SGG11 SG26 SG35	Legierungen von Metall mit Quecksilber. Enthalten 2 % bis 10 % Erdalkalimetalle und können bis zu 98 % Quecksilber enthalten. Reagiert mit Feuchtigkeit, Wasser oder Säuren unter Entwicklung von Wasserstoff, einem entzündbaren Gas. Entwickelt beim Erhitzen giftige Dämpfe.	1392 → *UN 3402*
-	T3	TP33	F-G, S-N	Staukategorie E H1	SG26 SG35	Wenn sie einen wesentlichen Anteil von Erdalkalimetallen enthalten, werden sie leicht durch Wasser zersetzt und reagieren heftig mit Säuren unter Entwicklung von Wasserstoff, der sich durch die Reaktionswärme entzünden kann.	1393
-	T3	TP33	F-G, S-N	Staukategorie A H1	SG26 SG35	Gelbe Kristalle oder Pulver. Entwickelt in Berührung mit Wasser schnell Methan, ein entzündbares Gas. Reagiert heftig mit Säuren.	1394
-	T3 BK2	TP33	F-G, S-N	Staukategorie A SW2 SW5 H1	SG26 SG32 SG35 SG36	Entwickelt in Berührung mit Wasser, Alkalien oder Säuren Wasserstoff, ein entzündbares Gas. Verunreinigungen können unter den gleichen Bedingungen Phosphorwasserstoff (Phosphin) und Arsenwasserstoff (Arsin) erzeugen, welches hochgiftige Gase sind.	1395
-	T3	TP33	F-G, S-O	Staukategorie A H1	SGG15 SG26 SG32 SG35 SG36	Entwickelt in Berührung mit Wasser, Alkalien und Säuren Wasserstoff, ein entzündbares Gas. Wenn feinteiliger Aluminium-Staub verstreut wird, wird er leicht durch offene Flammen oder offenes Licht entzündet, was eine Explosion zur Folge hat. Kann in Berührung mit entzündend (oxidierend) wirkenden Stoffen explodieren. Reagiert mit flüssigen halogenierten Kohlenwasserstoffen.	1396
-	T1	TP33	F-G, S-O	Staukategorie A H1	SGG15 SG26 SG32 SG35 SG36	Siehe Eintrag oben.	1396
-	-	-	F-G, S-N	Staukategorie E SW2 SW5 H1	SG26 SG35	Kristalle oder Pulver. Reagiert mit Säuren oder zersetzt sich langsam in Berührung mit Wasser oder feuchter Luft unter Entwicklung von Phosphorwasserstoff (Phosphin), einem selbstentzündlichen und hochgiftigen Gas. Reagiert heftig mit entzündend (oxidierend) wirkenden Stoffen. Giftig beim Verschlucken, bei Berührung mit der Haut oder beim Einatmen von Staub.	1397
-	T1 BK2	TP33	F-G, S-N	Staukategorie A SW2 SW5 H1	SGG15 SG26 SG32 SG35 SG36	Erzeugt in Berührung mit Wasser, Alkalien oder Säuren Wärme und entwickelt Wasserstoff, ein entzündbares Gas. Kann auch Silane entwickeln, die giftig sind und selbstentzündlich sein können.	1398
-	T3	TP33	F-G, S-O	Staukategorie E H1	SG26 SG35	Zersetzt sich leicht in Wasser und reagiert heftig mit Säuren unter Entwicklung von Wasserstoff, der sich durch die Reaktionswärme entzünden kann. Gesundheitsschädlich beim Verschlucken oder beim Einatmen von Staub.	1400
-	T3	TP33	F-G, S-O	Staukategorie E H1	SG26 SG35	Zersetzt sich leicht in Wasser und reagiert heftig mit Säuren unter Entwicklung von Wasserstoff der sich durch die Reaktionswärme entzünden kann.	1401
-	-	-	F-G, S-N	Staukategorie B H1	SG26 SG35	Fester Stoff. Entwickelt sehr schnell in Berührung mit Wasser Acetylen, ein leicht entzündbares Gas, das sich durch die Reaktionswärme entzünden kann. Acetylen bildet mit den Salzen einiger Schwermetalle hochexplosive Verbindungen. Reagiert heftig mit Säuren.	1402
-	T3	TP33	F-G, S-N	Staukategorie B H1	SG26 SG35	Siehe Eintrag oben.	1402
-	T1	TP33	F-G, S-N	Staukategorie A H1	SG26 SG35	Pulver oder Granulate. Enthält Calciumcarbid als Verunreinigung. Entwickelt in Berührung mit Wasser Ammoniak und Acetylen, ein leicht entzündbares Gas. Reagiert heftig mit Säuren.	1403
-	-	-	F-G, S-O	Staukategorie E H1	SG26 SG35	Fester Stoff. Entwickelt in Berührung mit Wasser, Feuchtigkeit oder Säuren Wasserstoff, der sich durch die Reaktionswärme entzünden kann.	1404

3.2 Gefahrgutliste

UN-Nr.	Richtiger technischer Name	Klasse	Zusatzgefahr	Verpackungsgruppe	Sondervorschriften	Begrenzte und freigestellte Mengen		Verpackungen		IBC	
						Begrenzte Mengen	Freigestellte Mengen	Anweisung(en)	Sondervorschriften	Anweisung(en)	Sondervorschriften
(1)	(2) 3.1.2	(3) 2.0	(4) 2.0	(5) 2.0.1.3	(6) 3.3	(7a) 3.4	(7b) 3.5	(8) 4.1.4	(9) 4.1.4	(10) 4.1.4	(11) 4.1.4
1405	CALCIUMSILICID CALCIUM SILICIDE	4.3	-	II	932	500 g	E2	P410	PP31 PP40	IBC07	B4 B21
1405	CALCIUMSILICID CALCIUM SILICIDE	4.3	-	III	223 932	1 kg	E1	P410	PP31	IBC08	B4
1407	CAESIUM CAESIUM	4.3	-	I	-	0	E0	P403	PP31	IBC04	B1
1408	FERROSILICIUM, mit mindestens 30 Masse-%, aber weniger als 90 Masse-% Silicium FERROSILICON with 30 % or more but less than 90 % silicon	4.3	6.1	III	39 223 932	1 kg	E1	P003	PP20 PP100	IBC08	B4 B6
1409	METALLHYDRIDE, MIT WASSER REAGIEREND, N.A.G. METAL HYDRIDES, WATER-REACTIVE, N.O.S.	4.3	-	I	274	0	E0	P403	PP31	-	-
1409	METALLHYDRIDE, MIT WASSER REAGIEREND, N.A.G. METAL HYDRIDES, WATER-REACTIVE, N.O.S.	4.3	-	II	274	500 g	E2	P410	PP31 PP40	IBC04	-
1410	LITHIUMALUMINIUMHYDRID LITHIUM ALUMINIUM HYDRIDE	4.3	-	I	-	0	E0	P403	PP31	-	-
1411	LITHIUMALUMINIUMHYDRID IN ETHER LITHIUM ALUMINIUM HYDRIDE, ETHEREAL	4.3	3	I	-	0	E0	P402	-	-	-
1413	LITHIUMBORHYDRID LITHIUM BOROHYDRIDE	4.3	-	I	-	0	E0	P403	PP31	-	-
1414	LITHIUMHYDRID LITHIUM HYDRIDE	4.3	-	I	-	0	E0	P403	PP31	-	-
1415	LITHIUM LITHIUM	4.3	-	I	-	0	E0	P403	PP31	IBC04	B1
1417	LITHIUMSILICIUM LITHIUM SILICON	4.3	-	II	-	500 g	E2	P410	PP31 PP40	IBC07	B4 B21
1418	MAGNESIUMPULVER oder MAGNESIUMLEGIERUNGSPULVER MAGNESIUM POWDER or MAGNESIUM ALLOYS POWDER	4.3	4.2	I	-	0	E0	P403	PP31	-	-

Ortsbewegliche Tanks und Schüttgut-Container			EmS	Stauung und Handhabung	Trennung	Eigenschaften und Bemerkung	UN-Nr.
	Tank Anweisung(en)	Vorschriften					
(12)	(13)	(14)	(15)	(16a)	(16b)	(17)	(18)
	4.2.5 4.3	4.2.5	5.4.3.2 7.8	7.1, 7.3 bis 7.7	7.2 bis 7.7		
-	T3	TP33	F-G, S-N	Staukategorie B SW5 H1	SG26 SG35	Entwickelt in Berührung mit Wasser Wasserstoff, ein entzündbares Gas. Wenn mit Calciumcarbid verunreinigt, wird auch Acetylen entwickelt. Entwickelt in Berührung mit Säuren Siliciumwasserstoff, ein selbstentzündliches Gas.	1405
-	T1	TP33	F-G, S-N	Staukategorie B SW5 H1	SG26 SG35	Siehe Eintrag oben.	1405
-	-	-	F-G, S-N	Staukategorie D H1	SG26 SG35	Weißes, dehn-streckbares (duktiles) Metall. Reagiert heftig mit Feuchtigkeit, Wasser oder Säuren unter Entwicklung von Wasserstoff, der sich durch die Reaktionswärme entzünden kann. Sehr reaktionsfähig, manchmal mit explosionsartiger Wirkung.	1407
-	T1 BK2	TP33	F-G, S-N	Staukategorie A SW2 SW5 H1	SG26 SG35 SG36	Bei Berührung mit Feuchtigkeit, Wasser, Alkalien oder Säuren können sich Wasserstoff, ein entzündbares Gas, das mit Luft explosionsfähige Gemische bilden kann, sowie auch Arsenwasserstoff (Arsin) und Phosphorwasserstoff (Phosphin) entwickeln, die sehr giftige Gase sind. Diese Gase werden in solchen Mengen abgegeben, dass bei mechanischer Lüftung die Vergiftungsgefahr die Explosionsgefahr bei weitem übersteigt. Die Gasentwicklung ist am stärksten bei frisch entstandenen Oberflächen; sie nimmt also zu, wenn die Ladung bewegt wird, z. B. während des Umschlags. Giftig beim Verschlucken, bei Berührung mit der Haut oder beim Einatmen von Staub.	1408
-	-	-	F-G, S-L	Staukategorie D H1	SG26 SG35	Feste Stoffe. Reagieren mit Wasser, Feuchtigkeit oder Säuren unter Entwicklung von Wasserstoff, der sich durch die Reaktionswärme entzünden kann.	1409
-	T3	TP33	F-G, S-L	Staukategorie D H1	SG26 SG35	Siehe Eintrag oben.	1409
-	-	-	F-G, S-M	Staukategorie E H1	SG26 SG35	Weißes Pulver. Entwickelt in Berührung mit Wasser, Feuchtigkeit oder Säuren Wasserstoff, der sich durch die Reaktionswärme entzünden kann.	1410
-	-	-	F-G, S-M	Staukategorie D SW2 H1	SG26	Klare, farblose Lösung von Lithiumaluminiumhydrid in Ether. Reagiert leicht mit Wasser unter Entwicklung von Wasserstoff, einem entzündbaren Gas. Verdampft leicht und hinterlässt einen Rückstand, der durch Funken oder Reibung leicht entzündet werden kann.	1411
-	-	-	F-G, S-O	Staukategorie E H1	SG26 SG35	Kristalliner, hygroskopischer fester Stoff. Entwickelt in Berührung mit Wasser, Säuren und Feuchtigkeit Wasserstoff, der sich durch die Reaktionswärme entzünden kann.	1413
-	-	-	F-G, S-N	Staukategorie E H1	SG26 SG35	Fester Stoff. Entwickelt in Berührung mit Wasser, Feuchtigkeit oder Säuren Wasserstoff, der sich durch die Reaktionswärme entzünden kann.	1414
-	T9	TP7 TP33	F-G, S-N	Staukategorie E H1	SG26 SG35	Weißes, dehn-streckbares (duktiles) Metall. Schwimmt auf dem Wasser. Zersetzt sich leicht in Wasser und reagiert heftig mit Säuren unter Entwicklung von Wasserstoff, der sich durch die Reaktionswärme entzünden kann. Für die Feuerbekämpfung sind trockenes Lithiumchloridpulver, trockenes Natriumchlorid oder Graphitpulver an Bord mitzuführen, wenn dieser Stoff befördert wird.	1415
-	T3	TP33	F-G, S-N	Staukategorie A SW5 H1	SG26	Glänzende Klumpen, Kristalle oder Pulver mit scharfem, reizverursachendem Geruch. Reagiert leicht mit Wasser unter Entwicklung der entzündbaren Gase Wasserstoff und Siliciumwasserstoff. Es kann genügend Wärme entwickelt werden, um das Gasgemisch an der Luft zu entzünden.	1417
-	-	-	F-G, S-O	Staukategorie A H1	SGG15 SG26 SG32 SG35	Entwickelt in Berührung mit Feuchtigkeit, Wasser oder Säuren Wasserstoff, ein entzündbares Gas. Magnesiumstaub wird leicht entzündet und explodiert dann. Kann in Berührung mit entzündend (oxidierend) wirkenden Stoffen explodieren. Für die Feuerbekämpfung sind trockenes Lithiumchloridpulver, trockenes Natriumchlorid oder Graphitpulver an Bord mitzuführen, wenn dieser Stoff befördert wird. Reagiert mit flüssigen halogenierten Kohlenwasserstoffen.	1418

3.2 Gefahrgutliste

UN-Nr.	Richtiger technischer Name	Klasse	Zusatzgefahr	Verpackungsgruppe	Sondervorschriften	Begrenzte und freigestellte Mengen		Verpackungen		IBC	
						Begrenzte Mengen	Freigestellte Mengen	Anweisung(en)	Sondervorschriften	Anweisung(en)	Sondervorschriften
(1)	(2)	(3)	(4)	(5)	(6)	(7a)	(7b)	(8)	(9)	(10)	(11)
	3.1.2	2.0	2.0	2.0.1.3	3.3	3.4	3.5	4.1.4	4.1.4	4.1.4	4.1.4
1418	MAGNESIUMPULVER oder MAGNESIUMLEGIERUNGSPULVER MAGNESIUM POWDER or MAGNESIUM ALLOYS POWDER	4.3	4.2	II	-	0	E2	P410	PP31 PP40	IBC05	B21
1418	MAGNESIUMPULVER oder MAGNESIUMLEGIERUNGSPULVER MAGNESIUM POWDER or MAGNESIUM ALLOYS POWDER	4.3	4.2	III	223	0	E1	P410	PP31	IBC08	B4
1419	MAGNESIUMALUMINIUMPHOSPHID MAGNESIUM ALUMINIUM PHOSPHIDE	4.3	6.1	I	-	0	E0	P403	PP31	-	-
1420	KALIUMMETALLLEGIERUNGEN, FLÜSSIG POTASSIUM METAL ALLOYS, LIQUID	4.3	-	I	-	0	E0	P402	PP31	-	-
1421	ALKALIMETALLLEGIERUNG, FLÜSSIG, N.A.G. ALKALI METAL ALLOY, LIQUID, N.O.S.	4.3	-	I	182	0	E0	P402	PP31	-	-
1422	KALIUM-NATRIUM-LEGIERUNGEN, FLÜSSIG POTASSIUM SODIUM ALLOYS, LIQUID	4.3	-	I	-	0	E0	P402	PP31	-	-
1423	RUBIDIUM RUBIDIUM	4.3	-	I	-	0	E0	P403	PP31	IBC04	B1
1426	NATRIUMBORHYDRID SODIUM BOROHYDRIDE	4.3	-	I	-	0	E0	P403	PP31	-	-
1427	NATRIUMHYDRID SODIUM HYDRIDE	4.3	-	I	-	0	E0	P403	PP31	-	-
1428	NATRIUM SODIUM	4.3	-	I	-	0	E0	P403	PP31	IBC04	B1
1431	NATRIUMMETHYLAT SODIUM METHYLATE	4.2	8	II	-	0	E2	P410	PP31	IBC05	B21
1432	NATRIUMPHOSPHID SODIUM PHOSPHIDE	4.3	6.1	I	-	0	E0	P403	PP31	-	-
1433	ZINNPHOSPHID STANNIC PHOSPHIDE	4.3	6.1	I	-	0	E0	P403	PP31	-	-

Ortsbewegliche Tanks und Schüttgut-Container			EmS	Stauung und Handhabung	Trennung	Eigenschaften und Bemerkung	UN-Nr.	
	Tank Anwei-sung(en)	Vor-schrif-ten						
(12)	(13) 4.2.5 4.3	(14) 4.2.5	(15) 5.4.3.2 7.8	(16a) 7.1, 7.3 bis 7.7	(16b) 7.2 bis 7.7	(17)	(18)	
-	T3	TP33	F-G, S-O	Staukategorie A H1	SGG15 SG26 SG32 SG35	Siehe Eintrag oben.	1418	
-	T1	TP33	F-G, S-O	Staukategorie A H1	SGG15 SG26 SG32 SG35	Siehe Eintrag oben.	1418	
-	-	-	F-G, S-N	Staukategorie E SW2 SW5 H1	SG26 SG35	Fester Stoff. Reagiert mit Säuren oder zersetzt sich langsam in Berührung mit Wasser oder feuchter Luft unter Entwicklung von Phosphorwasserstoff (Phosphin), einem selbstentzündlichen und hochgiftigen Gas. Reagiert heftig mit entzündend (oxidierend) wirkenden Stoffen. Giftig beim Verschlucken, bei Berührung mit der Haut oder beim Einatmen von Staub.	1419	
-	-	-	F-G, S-L	Staukategorie D H1	SG26 SG35	Weiches, silbriges Metall, Flüssigkeit. Schwimmt auf dem Wasser. Reagiert heftig mit Feuchtigkeit, Wasser oder Säuren unter Entwicklung von Wasserstoff, der sich durch die Reaktionswärme entzünden kann. Sehr reaktionsfähig, manchmal mit explosionsartiger Wirkung.	1420	*→ UN 3403*
-	-	-	F-G, S-L	Staukategorie D H1	SG26 SG35	Fließt wie Quecksilber bei normalen Temperaturen. Nicht flüchtig. Reagiert heftig mit Feuchtigkeit, Wasser oder Säuren unter Entwicklung von Wasserstoff, einem entzündbaren Gas, und ausreichend Wärme, die das Gas entzünden kann.	1421	
-	T9	TP3 TP7 TP31	F-G, S-L	Staukategorie D H1	SG26 SG35	Weiches, silbriges Metall, Flüssigkeit. Schwimmt auf dem Wasser. Reagiert heftig mit Feuchtigkeit, Wasser oder Säuren unter Entwicklung von Wasserstoff, der sich durch die Reaktionswärme entzünden kann. Sehr reaktionsfähig, manchmal mit explosionsartiger Wirkung.	1422	*→ UN 3404*
-	-	-	F-G, S-N	Staukategorie D H1	SG26 SG35	Silbrig-weißes, dehn-streckbares (duktiles), weiches Metall. Schmelzpunkt: 39 °C. Schwimmt auf dem Wasser. Reagiert heftig mit Feuchtigkeit, Wasser oder Säuren unter Entwicklung von Wasserstoff, der sich durch die Reaktionswärme entzünden kann. Sehr reaktionsfähig, manchmal mit explosionsartiger Wirkung.	1423	
-	-	-	F-G, S-O	Staukategorie E H1	SG26 SG35	Kristallines Pulver. Entwickelt in Berührung mit Wasser, Feuchtigkeit oder Säuren Wasserstoff, der sich durch die Reaktionswärme entzünden kann.	1426	
-	-	-	F-G, S-O	Staukategorie E H1	SG26 SG35	Weißes Pulver. Entwickelt in Berührung mit Wasser, Feuchtigkeit oder Säuren Wasserstoff, der sich durch die Reaktionswärme entzünden kann.	1427	
-	T9	TP7 TP33	F-G, S-N	Staukategorie D H1	SG26 SG35	Weißes, dehn-streckbares (duktiles), weiches Metall. Schwimmt auf dem Wasser. Reagiert heftig mit Feuchtigkeit, Wasser oder Säuren unter Entwicklung von Wasserstoff, der sich durch die Reaktionswärme entzünden kann. Sehr reaktionsfähig, manchmal mit explosionsartiger Wirkung.	1428	
-	T3	TP33	F-A, S-L	Staukategorie B	-	Weißes, amorphes, freifließendes, hygroskopisches Pulver. Zersetzt sich mit Wasser unter Bildung von Methanol, einer entzündbaren Flüssigkeit, die sich durch die Reaktionswärme entzünden kann. Verursacht Verätzungen der Haut, der Augen und der Schleimhäute.	1431	
-	-	-	F-G, S-N	Staukategorie E SW2 SW5 H1	SG26 SG35	Fester Stoff. Reagiert mit Säuren oder zersetzt sich langsam in Berührung mit Wasser oder feuchter Luft unter Entwicklung von Phosphorwasserstoff (Phosphin), einem selbstentzündlichen und hochgiftigen Gas. Reagiert heftig mit entzündend (oxidierend) wirkenden Stoffen. Giftig beim Verschlucken, bei Berührung mit der Haut oder beim Einatmen von Staub.	1432	
-	-	-	F-G, S-N	Staukategorie E SW2 SW5 H1	SG26 SG35	Silbrig-weißer fester Stoff. Reagiert mit Säuren oder zersetzt sich langsam in Berührung mit Wasser oder feuchter Luft unter Entwicklung von Phosphorwasserstoff (Phosphin), einem selbstentzündlichen und hochgiftigen Gas. Reagiert heftig mit entzündend (oxidierend) wirkenden Stoffen. Giftig beim Verschlucken, bei Berührung mit der Haut oder beim Einatmen von Staub.	1433	

UN-Nr.	Richtiger technischer Name	Klasse	Zusatzgefahr	Verpackungsgruppe	Sondervorschriften	Begrenzte und freigestellte Mengen		Verpackungen		IBC	
						Begrenzte Mengen	Freigestellte Mengen	Anweisung(en)	Sondervorschriften	Anweisung(en)	Sondervorschriften
(1)	(2) 3.1.2	(3) 2.0	(4) 2.0	(5) 2.0.1.3	(6) 3.3	(7a) 3.4	(7b) 3.5	(8) 4.1.4	(9) 4.1.4	(10) 4.1.4	(11) 4.1.4
1435	ZINKASCHEN ZINC ASHES	4.3	-	III	223 935	1 kg	E1	P002	PP100	IBC08	B4
1436	ZINKPULVER oder ZINKSTAUB ZINC POWDER or ZINC DUST	4.3	4.2	I	-	0	E0	P403	PP31	-	-
1436	ZINKPULVER oder ZINKSTAUB ZINC POWDER or ZINC DUST	4.3	4.2	II	-	0	E2	P410	PP31 PP40	IBC07	B21
1436	ZINKPULVER oder ZINKSTAUB ZINC POWDER or ZINC DUST	4.3	4.2	III	223	0	E1	P410	PP31	IBC08	B4
1437	ZIRKONIUMHYDRID ZIRCONIUM HYDRIDE	4.1	-	II	-	1 kg	E2	P410	PP31 PP40	IBC04	-
1438	ALUMINIUMNITRAT ALUMINIUM NITRATE	5.1	-	III	-	5 kg	E1	P002 LP02	-	IBC08	B3
1439	AMMONIUMDICHROMAT AMMONIUM DICHROMATE	5.1	-	II	-	1 kg	E2	P002	-	IBC08	B4 B21
1442	AMMONIUMPERCHLORAT AMMONIUM PERCHLORATE	5.1	-	II	152	1 kg	E2	P002	-	IBC06	B21
1444	AMMONIUMPERSULFAT AMMONIUM PERSULPHATE	5.1	-	III	-	5 kg	E1	P002 LP02	-	IBC08	B3
1445	BARIUMCHLORAT, FEST BARIUM CHLORATE, SOLID	5.1	6.1	II	-	1 kg	E2	P002	-	IBC06	B21
1446	BARIUMNITRAT BARIUM NITRATE	5.1	6.1	II	-	1 kg	E2	P002	-	IBC08	B4 B21
1447	BARIUMPERCHLORAT, FEST BARIUM PERCHLORATE, SOLID	5.1	6.1	II	-	1 kg	E2	P002	-	IBC06	B21
1448	BARIUMPERMANGANAT BARIUM PERMANGANATE	5.1	6.1	II	-	1 kg	E2	P002	-	IBC06	B21

Ortsbewegliche Tanks und Schüttgut-Container			EmS	Stauung und Handhabung	Trennung	Eigenschaften und Bemerkung	UN-Nr.	
	Tank Anwei-sung(en)	Vor-schrif-ten						
(12)	(13) 4.2.5 4.3	(14) 4.2.5	(15) 5.4.3.2 7.8	(16a) 7.1, 7.3 bis 7.7	(16b) 7.2 bis 7.7	(17)	(18)	
-	T1 BK2	TP33	F-G, S-O	Staukategorie A H1	SGG7 SGG15 SG26	Neigen dazu, in Berührung mit Feuchtigkeit oder Wasser gefährliche Gase abzugeben, einschließlich Wasserstoff, ein entzündbares Gas.	1435	
-	-	-	F-G, S-O	Staukategorie A H1	SGG7 SGG15 SG26 SG35 SG36	Entwickelt in Berührung mit Wasser, Alkalien oder Säuren Wasserstoff, ein entzündbares Gas. Zinkstaub wird leicht entzündet und explodiert. Kann in Berührung mit entzündend (oxidierend) wirkenden Stoffen explodieren.	1436	
-	T3	TP33	F-G, S-O	Staukategorie A H1	SGG7 SGG15 SG26 SG35 SG36	Siehe Eintrag oben.	1436	
-	T1	TP33	F-G, S-O	Staukategorie A H1	SGG7 SGG15 SG26 SG35 SG36	Siehe Eintrag oben.	1436	
-	T3	TP33	F-A, S-G	Staukategorie E	-	Schwarzes Pulver.	1437	
-	T1 BK2	TP33	F-A, S-Q	Staukategorie A	-	Farblose oder weiße Kristalle. Zerfließlich. Löslich in Wasser. Schwach ätzend. Gemische mit brennbaren Stoffen sind leicht entzündbar und können sehr heftig brennen. Gesundheitsschädlich beim Verschlucken.	1438	
-	T3	TP33	F-H, S-Q	Staukategorie A	SGG2 SG75	Orangefarbene Nadeln. Löslich in Wasser. Gemische mit brennbaren Stoffen sind leicht entzündbar und können sehr heftig brennen. Können sich bei Berührung mit starken Säuren selbst entzünden. Gesundheitsschädlich beim Verschlucken.	1439	
-	T3	TP33	F-H, S-Q	Staukategorie E	SGG2 SGG13 SG49 SG60	Weiße Kristalle oder Pulver. Löslich in Wasser. Zersetzt sich bei Erwärmung schnell, sogar explosionsartig, unter Bildung giftiger Dämpfe. Bildet mit brennbaren Stoffen oder pulverförmigen Metallen hochexplosive Gemische. Diese Gemische sind empfindlich gegen Reibung und neigen zur Entzündung.	1442	
-	T1	TP33	F-A, S-Q	Staukategorie A	SGG2	Weiße Kristalle oder Pulver. Löslich in Wasser. Gemische mit brennbaren Stoffen sind empfindlich gegen Reibung und neigen zur Entzündung.	1444	
-	T3	TP33	F-H, S-Q	Staukategorie A	SGG4 SG38 SG49	Farblose Kristalle oder Pulver. Reagiert heftig mit Schwefelsäure. Reagiert sehr heftig mit Cyaniden bei Erwärmung oder Reibung. Kann mit brennbaren Stoffen, pulverförmigen Metallen oder Ammoniumverbindungen explosionsfähige Gemische bilden. Diese Gemische sind empfindlich gegen Reibung und neigen zur Entzündung. Kann unter Feuereinwirkung eine Explosion verursachen. Giftig beim Verschlucken, bei Berührung mit der Haut oder beim Einatmen von Staub.	1445	*→ UN 3405*
-	T3	TP33	F-A, S-Q	Staukategorie A	-	Weiße Kristalle. Gemische mit brennbaren Stoffen sind leicht entzündbar und können sehr heftig brennen. Giftig beim Verschlucken, bei Berührung mit der Haut oder beim Einatmen von Staub.	1446	
-	T3	TP33	F-H, S-Q	Staukategorie A	SGG13 SG38 SG49	Weiße Kristalle oder Pulver, löslich in Wasser. Reagiert heftig mit Schwefelsäure. Reagiert sehr heftig mit Cyaniden bei Erwärmung oder Reibung. Kann mit brennbaren Stoffen, pulverförmigen Metallen oder Ammoniumverbindungen explosionsfähige Gemische bilden. Diese Gemische sind empfindlich gegen Reibung und neigen zur Entzündung. Kann unter Feuereinwirkung eine Explosion verursachen. Giftig beim Verschlucken, bei Berührung mit der Haut oder beim Einatmen von Staub.	1447	*→ UN 3406*
-	T3	TP33	F-H, S-Q	Staukategorie D	SGG14 SG38 SG49 SG60	Bräunlich-violette Kristalle. Löslich in Wasser. Reagiert heftig mit Schwefelsäure und Wasserstoffperoxid. Reagiert sehr heftig mit Cyaniden bei Erwärmung oder Reibung. Kann mit brennbaren Stoffen, pulverförmigen Metallen oder Ammoniumverbindungen explosionsfähige Gemische bilden. Diese Gemische sind empfindlich gegen Reibung und neigen zur Entzündung. Kann unter Feuereinwirkung eine Explosion verursachen. Giftig beim Verschlucken, bei Berührung mit der Haut oder beim Einatmen von Staub.	1448	

UN-Nr.	Richtiger technischer Name	Klasse	Zusatzgefahr	Verpackungsgruppe	Sondervorschriften	Begrenzte und freigestellte Mengen		Verpackungen		IBC	
						Begrenzte Mengen	Freigestellte Mengen	Anweisung(en)	Sondervorschriften	Anweisung(en)	Sondervorschriften
(1)	(2) 3.1.2	(3) 2.0	(4) 2.0	(5) 2.0.1.3	(6) 3.3	(7a) 3.4	(7b) 3.5	(8) 4.1.4	(9) 4.1.4	(10) 4.1.4	(11) 4.1.4
1449	BARIUMPEROXID BARIUM PEROXIDE	5.1	6.1	II	-	1 kg	E2	P002	PP100	IBC06	B21
1450	BROMATE, ANORGANISCHE, N.A.G. BROMATES, INORGANIC, N.O.S.	5.1	-	II	274 350	1 kg	E2	P002	-	IBC08	B4 B21
1451	CAESIUMNITRAT CAESIUM NITRATE	5.1	-	III	-	5 kg	E1	P002 LP02	-	IBC08	B3
1452	CALCIUMCHLORAT CALCIUM CHLORATE	5.1	-	II	-	1 kg	E2	P002	-	IBC08	B4 B21
1453	CALCIUMCHLORIT CALCIUM CHLORITE	5.1	-	II	-	1 kg	E2	P002	-	IBC08	B4 B21
1454	CALCIUMNITRAT CALCIUM NITRATE	5.1	-	III	208 967	5 kg	E1	P002 LP02	-	IBC08	B3
1455	CALCIUMPERCHLORAT CALCIUM PERCHLORATE	5.1	-	II	-	1 kg	E2	P002	-	IBC06	B21
1456	CALCIUMPERMANGANAT CALCIUM PERMANGANATE	5.1	-	II	-	1 kg	E2	P002	-	IBC06	B21
1457	CALCIUMPEROXID CALCIUM PEROXIDE	5.1	-	II	-	1 kg	E2	P002	PP100	IBC06	B21
1458	BORAT UND CHLORAT, MISCHUNG CHLORATE AND BORATE MIXTURE	5.1	-	II	-	1 kg	E2	P002	-	IBC08	B4 B21
1458	BORAT UND CHLORAT, MISCHUNG CHLORATE AND BORATE MIXTURE	5.1	-	III	223	5 kg	E1	P002 LP02	-	IBC08	B3

Ortsbewegliche Tanks und Schüttgut-Container			EmS	Stauung und Handhabung	Trennung	Eigenschaften und Bemerkung	UN-Nr.
	Tank Anweisung(en)	Vorschriften					
(12)	(13)	(14)	(15)	(16a)	(16b)	(17)	(18)
	4.2.5 4.3	4.2.5	5.4.3.2 7.8	7.1, 7.3 bis 7.7	7.2 bis 7.7		
-	T3	TP33	F-G, S-Q	Staukategorie C H1	SGG16 SG16 SG26 SG35 SG59	Weißes Pulver. Ein Gemisch mit brennbaren Stoffen kann, insbesondere wenn mit wenig Wasser angefeuchtet, durch Schlag oder Reibung entzündet werden. Zersetzt sich unter Feuereinwirkung oder in Berührung mit Wasser oder Säuren unter Entwicklung von Sauerstoff. Giftig beim Verschlucken, bei Berührung mit der Haut oder beim Einatmen von Staub.	1449
-	T3	TP33	F-H, S-Q	Staukategorie A	SGG3 SG38 SG49	Feste Stoffe. Reagieren heftig mit Schwefelsäure. Reagieren sehr heftig mit Cyaniden bei Erwärmung oder Reibung; und können explosive Gemische mit brennbaren Stoffen, pulverförmigen Metallen oder Ammoniumverbindungen bilden. Diese Gemische sind empfindlich gegen Reibung und neigen zur Entzündung. Können unter Feuereinwirkung eine Explosion verursachen. Die Beförderung von Ammoniumbromat und Mischungen eines Bromats mit einem Ammoniumsalz ist **verboten**.	1450
-	T1	TP33	F-A, S-Q	Staukategorie A	-	Weißes Pulver. Gemische mit brennbaren Stoffen sind leicht entzündbar und können sehr heftig brennen. Gesundheitsschädlich beim Verschlucken.	1451
-	T3	TP33	F-H, S-Q	Staukategorie A	SGG4 SG38 SG49	Weiße bis gelbliche zerfließliche Kristalle. Löslich in Wasser. Reagiert heftig mit Schwefelsäure. Reagiert sehr heftig mit Cyaniden bei Erwärmung oder Reibung. Kann mit brennbaren Stoffen, pulverförmigen Metallen oder Ammoniumverbindungen explosionsfähige Gemische bilden. Diese Gemische sind empfindlich gegen Reibung und neigen zur Entzündung. Können unter Feuereinwirkung eine Explosion verursachen.	1452
-	T3	TP33	F-H, S-Q	Staukategorie A	SGG5 SG38 SG49	Weiße zerfließliche Kristalle. Löslich in Wasser. Wärmeempfindlich. Reagiert heftig mit Schwefelsäure. Reagiert sehr heftig mit Cyaniden bei Erwärmung oder Reibung. Kann mit brennbaren Stoffen, pulverförmigen Metallen oder Ammoniumverbindungen explosionsfähige Gemische bilden. Diese Gemische sind empfindlich gegen Reibung und neigen zur Entzündung. Können unter Feuereinwirkung eine Explosion verursachen.	1453
-	T1 BK2 BK3	TP33	F-A, S-Q	Staukategorie A SW23	-	Weißer zerfließlicher fester Stoff. Löslich in Wasser. Gemische mit brennbaren Stoffen sind leicht entzündbar und können sehr heftig brennen. Gesundheitsschädlich beim Verschlucken.	1454
-	T3	TP33	F-H, S-Q	Staukategorie A	SGG13 SG38 SG49	Weiße Kristalle oder Pulver. Reagiert heftig mit Schwefelsäure. Reagiert sehr heftig mit Cyaniden bei Erwärmung oder Reibung. Kann mit brennbaren Stoffen, pulverförmigen Metallen oder Ammoniumverbindungen explosionsfähige Gemische bilden. Diese Gemische sind empfindlich gegen Reibung und neigen zur Entzündung. Können unter Feuereinwirkung eine Explosion verursachen.	1455
-	T3	TP33	F-H, S-Q	Staukategorie D	SGG14 SG38 SG49 SG60	Violette zerfließliche Kristalle. Löslich in Wasser. Kommt in wasserhaltiger Form vor. Reagiert heftig mit Schwefelsäure und Wasserstoffperoxid. Reagiert sehr heftig mit Cyaniden bei Erwärmung oder Reibung. Kann mit brennbaren Stoffen, pulverförmigen Metallen oder Ammoniumverbindungen explosionsfähige Gemische bilden. Diese Gemische sind empfindlich gegen Reibung und neigen zur Entzündung. Kann unter Feuereinwirkung eine Explosion verursachen.	1456
-	T3	TP33	F-G, S-Q	Staukategorie C H1	SGG16 SG16 SG26 SG35 SG59	Weißes oder gelbliches Pulver. Ein Gemisch mit brennbaren Stoffen kann, insbesondere wenn mit wenig Wasser angefeuchtet, durch Schlag oder Reibung entzündet werden. Zersetzt sich unter Feuereinwirkung oder in Berührung mit Wasser oder Säuren unter Bildung von Sauerstoff.	1457
-	T3	TP33	F-H, S-Q	Staukategorie A	SGG4 SG38 SG49	Fester Stoff. Reagiert heftig mit Schwefelsäure. Reagiert sehr heftig mit Cyaniden bei Erwärmung oder Reibung. Kann mit brennbaren Stoffen, pulverförmigen Metallen oder Ammoniumverbindungen explosionsfähige Gemische bilden. Diese Gemische sind empfindlich gegen Reibung und neigen zur Entzündung. Kann unter Feuereinwirkung eine Explosion verursachen.	1458
-	T1	TP33	F-H, S-Q	Staukategorie A	SGG4 SG38 SG49	Siehe Eintrag oben.	1458

UN-Nr.	Richtiger technischer Name	Klasse	Zusatzgefahr	Verpackungsgruppe	Sondervorschriften	Begrenzte und freigestellte Mengen		Verpackungen		IBC	
						Begrenzte Mengen	Freigestellte Mengen	Anweisung(en)	Sondervorschriften	Anweisung(en)	Sondervorschriften
(1)	(2) 3.1.2	(3) 2.0	(4) 2.0	(5) 2.0.1.3	(6) 3.3	(7a) 3.4	(7b) 3.5	(8) 4.1.4	(9) 4.1.4	(10) 4.1.4	(11) 4.1.4
1459	CHLORAT UND MAGNESIUMCHLORID, MISCHUNG, FEST CHLORATE AND MAGNESIUM CHLORIDE MIXTURE, SOLID	5.1	-	II	-	1 kg	E2	P002	-	IBC08	B4 B21
1459	CHLORAT UND MAGNESIUMCHLORID, MISCHUNG, FEST CHLORATE AND MAGNESIUM CHLORIDE MIXTURE, SOLID	5.1	-	III	223	5 kg	E1	P002 LP02	-	IBC08	B3
1461	CHLORATE, ANORGANISCHE, N.A.G. CHLORATES, INORGANIC, N.O.S.	5.1	-	II	274 351	1 kg	E2	P002	-	IBC06	B21
1462	CHLORITE, ANORGANISCHE, N.A.G. CHLORITES, INORGANIC, N.O.S.	5.1	-	II	274 352	1 kg	E2	P002	-	IBC06	B21
1463	CHROMTRIOXID, WASSERFREI CHROMIUM TRIOXIDE, ANHYDROUS	5.1	6.1/8	II	-	1 kg	E2	P002	PP31	IBC08	B4 B21
1465	DIDYMIUMNITRAT DIDYMIUM NITRATE	5.1	-	III	-	5 kg	E1	P002 LP02	-	IBC08	B3
1466	EISEN(III)NITRAT FERRIC NITRATE	5.1	-	III	-	5 kg	E1	P002 LP02	-	IBC08	B3
1467	GUANIDINNITRAT GUANIDINE NITRATE	5.1	-	III	-	5 kg	E1	P002 LP02	-	IBC08	B3
1469	BLEINITRAT LEAD NITRATE	5.1	6.1 **P**	II	-	1 kg	E2	P002	-	IBC08	B4 B21
1470	BLEIPERCHLORAT, FEST LEAD PERCHLORATE, SOLID	5.1	6.1 **P**	II	-	1 kg	E2	P002	-	IBC06	B21
1471	LITHIUMHYPOCHLORIT, TROCKEN oder LITHIUMHYPOCHLORIT, MISCHUNG LITHIUM HYPOCHLORITE, DRY or LITHIUM HYPOCHLORITE MIXTURE	5.1	-	II	-	1 kg	E2	P002	-	IBC08	B4 B21

Ortsbewegliche Tanks und Schüttgut-Container			EmS	Stauung und Handhabung	Trennung	Eigenschaften und Bemerkung	UN-Nr.	
	Tank Anwei- sung(en)	Vor- schrif- ten						
(12)	(13)	(14)	(15)	(16a)	(16b)	(17)	(18)	
	4.2.5 4.3	4.2.5	5.4.3.2 7.8	7.1, 7.3 bis 7.7	7.2 bis 7.7			
-	T3	TP33	F-H, S-Q	Staukategorie A	SGG4 SG38 SG49	Zerfließlicher fester Stoff. Reagiert heftig mit Schwefelsäure. Reagiert sehr heftig mit Cyaniden bei Erwärmung oder Reibung. Kann mit brennbaren Stoffen, pulverförmigen Metallen oder Ammoniumverbindungen explosionsfähige Gemische bilden. Diese Gemische sind empfindlich gegen Reibung und neigen zur Entzündung. Kann unter Feuereinwirkung eine Explosion verursachen.	1459	→ *UN 3407*
-	T1	TP33	F-H, S-Q	Staukategorie A	SGG4 SG38 SG49	Siehe Eintrag oben.	1459	→ *UN 3407*
-	T3	TP33	F-H, S-Q	Staukategorie A	SGG4 SG38 SG49	Feste Stoffe. Reagieren heftig mit Schwefelsäure. Reagieren sehr heftig mit Cyaniden bei Erwärmung oder Reibung. Können mit brennbaren Stoffen, pulverförmigen Metallen oder Ammoniumverbindungen explosionsfähige Gemische bilden. Diese Gemische sind empfindlich gegen Reibung und neigen zur Entzündung. Können unter Feuereinwirkung eine Explosion verursachen. Die Beförderung von Ammoniumchlorat und Mischungen eines Chlorats mit einem Ammoniumsalz ist **verboten**.	1461	
-	T3	TP33	F-H, S-Q	Staukategorie A	SGG5 SG38 SG49	Feste Stoffe. Reagieren heftig mit Schwefelsäure. Reagieren sehr heftig mit Cyaniden bei Erwärmung oder Reibung. Können mit brennbaren Stoffen, pulverförmigen Metallen oder Ammoniumverbindungen explosionsfähige Gemische bilden. Diese Gemische sind empfindlich gegen Reibung und neigen zur Entzündung. Können unter Feuereinwirkung eine Explosion verursachen. Die Beförderung von Ammoniumchlorit und Mischungen eines Chlorits mit einem Ammoniumsalz ist **verboten**.	1462	
-	T3	TP33	F-A, S-Q	Staukategorie A	SG6 SG16 SG19	Dunkelpurpurrote zerfließliche Kristalle. Löslich in Wasser. Gemische mit brennbaren Stoffen können sich selbst entzünden und sogar explodieren. Greift bei Feuchtigkeit die meisten Metalle an. Verursacht Verätzungen der Haut, der Augen und der Schleimhäute.	1463	
-	T1	TP33	F-A, S-Q	Staukategorie A	-	Hygroskopischer fester Stoff. Gemisch aus Neodymiumnitrat und Praseodymiumnitrat. Gemische mit brennbaren Stoffen sind leicht entzündbar und können sehr heftig brennen. Gesundheitsschädlich beim Verschlucken.	1465	
-	T1	TP33	F-A, S-Q	Staukategorie A	-	Violette zerfließliche Kristalle. Löslich in Wasser. Schmelzpunkt: 47 °C. Gemische mit brennbaren Stoffen sind leicht entzündbar und können sehr heftig brennen. Wässerige Lösungen greifen die meisten Metalle schwach an. Gesundheitsschädlich beim Verschlucken.	1466	
-	T1	TP33	F-A, S-Q	Staukategorie A	SG45	Weißes Granulat. Löslich in Wasser. Gemische mit brennbaren Stoffen sind empfindlich gegen Reibung und neigen zur Entzündung. Dieser Stoff ist nicht zu verwechseln mit NITROGUANIDIN.	1467	
-	T3	TP33	F-A, S-Q	Staukategorie A	SGG7 SGG9	Weiße Kristalle. Löslich in Wasser. Gemische mit brennbaren Stoffen sind leicht entzündbar und können sehr heftig brennen. Giftig beim Verschlucken, bei Berührung mit der Haut oder beim Einatmen von Staub.	1469	
-	T3	TP33	F-H, S-Q	Staukategorie A	SGG7 SGG9 SGG13 SG38 SG49	Weiße Kristalle oder Pulver. Löslich in Wasser. Reagiert heftig mit Schwefelsäure. Reagiert sehr heftig mit Cyaniden bei Erwärmung oder Reibung. Kann mit brennbaren Stoffen, pulverförmigen Metallen oder Ammoniumverbindungen explosionsfähige Gemische bilden. Diese Gemische sind empfindlich gegen Reibung und neigen zur Entzündung. Kann unter Feuereinwirkung eine Explosion verursachen. Giftig beim Verschlucken, bei Berührung mit der Haut oder beim Einatmen von Staub.	1470	→ *UN 3408*
-	T3	TP33	F-H, S-Q	Staukategorie A SW1 SW8	SGG8 SG35 SG38 SG49 SG53 SG60	Weißes Pulver mit stechendem Geruch. Löslich in Wasser. Die unterste Umgebungstemperatur, bei der sich der Stoff zersetzt, kann bei 60 °C liegen. Kann in Berührung mit organischen Stoffen oder Ammoniumverbindungen einen Brand verursachen. Reagiert mit Säuren unter Bildung von Chlor, einem reizenden, ätzenden und giftigen Gas. Greift beim Vorhandensein von Feuchtigkeit die meisten Metalle an. Der Staub reizt die Schleimhäute.	1471	

3.2 Gefahrgutliste

UN-Nr.	Richtiger technischer Name	Klasse	Zusatzgefahr	Verpackungsgruppe	Sondervorschriften	Begrenzte und freigestellte Mengen		Verpackungen		IBC	
						Begrenzte Mengen	Freigestellte Mengen	Anweisung(en)	Sondervorschriften	Anweisung(en)	Sondervorschriften
(1)	(2)	(3)	(4)	(5)	(6)	(7a)	(7b)	(8)	(9)	(10)	(11)
	3.1.2	2.0	2.0	2.0.1.3	3.3	3.4	3.5	4.1.4	4.1.4	4.1.4	4.1.4
1471	LITHIUMHYPOCHLORIT, TROCKEN oder LITHIUMHYPOCHLORIT, MISCHUNG LITHIUM HYPOCHLORITE, DRY or LITHIUM HYPOCHLORITE MIXTURE	5.1	-	III	223	5 kg	E1	P002 LP02	-	IBC08	B3
1472	LITHIUMPEROXID LITHIUM PEROXIDE	5.1	-	II	-	1 kg	E2	P002	PP100	IBC06	B21
1473	MAGNESIUMBROMAT MAGNESIUM BROMATE	5.1	-	II	-	1 kg	E2	P002	-	IBC08	B4 B21
1474	MAGNESIUMNITRAT MAGNESIUM NITRATE	5.1	-	III	332 967	5 kg	E1	P002 LP02	-	IBC08	B3
1475	MAGNESIUMPERCHLORAT MAGNESIUM PERCHLORATE	5.1	-	II	-	1 kg	E2	P002	-	IBC06	B21
1476	MAGNESIUMPEROXID MAGNESIUM PEROXIDE	5.1	-	II	-	1 kg	E2	P002	PP100	IBC06	B21
1477	NITRATE, ANORGANISCHE, N.A.G. NITRATES, INORGANIC, N.O.S.	5.1	-	II	-	1 kg	E2	P002	-	IBC08	B4 B21
1477	NITRATE, ANORGANISCHE, N.A.G. NITRATES, INORGANIC, N.O.S.	5.1	-	III	223	5 kg	E1	P002 LP02	-	IBC08	B3
1479	ENTZÜNDEND (OXIDIEREND) WIRKENDER FESTER STOFF, N.A.G. OXIDIZING SOLID, N.O.S.	5.1	-	I	274 900	0	E0	P503	-	IBC05	B1
1479	ENTZÜNDEND (OXIDIEREND) WIRKENDER FESTER STOFF, N.A.G. OXIDIZING SOLID, N.O.S.	5.1	-	II	274 900	1 kg	E2	P002	-	IBC08	B4 B21
1479	ENTZÜNDEND (OXIDIEREND) WIRKENDER FESTER STOFF, N.A.G. OXIDIZING SOLID, N.O.S.	5.1	-	III	223 274 900	5 kg	E1	P002 LP02	-	IBC08	B3
1481	PERCHLORATE, ANORGANISCHE, N.A.G. PERCHLORATES, INORGANIC, N.O.S.	5.1	-	II	-	1 kg	E2	P002	-	IBC06	B21
1481	PERCHLORATE, ANORGANISCHE, N.A.G. PERCHLORATES, INORGANIC, N.O.S.	5.1	-	III	223	5 kg	E1	P002 LP02	-	IBC08	B3

Ortsbewegliche Tanks und Schüttgut-Container			EmS	Stauung und Handhabung	Trennung	Eigenschaften und Bemerkung	UN-Nr.
	Tank Anweisung(en)	Vorschriften					
(12)	(13) 4.2.5 4.3	(14) 4.2.5	(15) 5.4.3.2 7.8	(16a) 7.1, 7.3 bis 7.7	(16b) 7.2 bis 7.7	(17)	(18)
-	T1	TP33	F-H, S-Q	Staukategorie A SW1 SW8	SGG8 SG35 SG38 SG49 SG53 SG60	Siehe Eintrag oben.	1471
-	T3	TP33	F-G, S-Q	Staukategorie C H1	SGG16 SG16 SG26 SG35 SG59	Weißes Pulver. Löslich in Wasser. Die wässerige Lösung ist eine alkalische, ätzende Flüssigkeit. Ein Gemisch mit brennbaren Stoffen kann, insbesondere wenn mit wenig Wasser angefeuchtet, durch Schlag oder Reibung entzündet werden. Zersetzt sich unter Feuereinwirkung oder in Berührung mit Wasser oder Säuren unter Bildung von Sauerstoff.	1472
-	T3	TP33	F-H, S-Q	Staukategorie A	SGG3 SG38 SG49	Weiße zerfließliche Kristalle oder kristallines Pulver. Löslich in Wasser. Reagiert heftig mit Schwefelsäure. Reagiert sehr heftig mit Cyaniden bei Erwärmung oder Reibung. Kann mit brennbaren Stoffen, pulverförmigen Metallen oder Ammoniumverbindungen explosionsfähige Gemische bilden. Diese Gemische sind empfindlich gegen Reibung und neigen zur Entzündung. Kann unter Feuereinwirkung eine Explosion verursachen.	1473
-	T1 BK2 BK3	TP33	F-A, S-Q	Staukategorie A SW23	-	Weiße zerfließliche Kristalle. Löslich in Wasser. Gemische mit brennbaren Stoffen sind leicht entzündbar und können sehr heftig brennen. Gesundheitsschädlich beim Verschlucken.	1474
-	T3	TP33	F-H, S-Q	Staukategorie A	SGG13 SG38 SG49	Weiße Kristalle oder Pulver. Reagiert heftig mit Schwefelsäure. Reagiert sehr heftig mit Cyaniden bei Erwärmung oder Reibung. Kann mit brennbaren Stoffen, pulverförmigen Metallen oder Ammoniumverbindungen explosionsfähige Gemische bilden. Diese Gemische sind empfindlich gegen Reibung und neigen zur Entzündung. Kann unter Feuereinwirkung eine Explosion verursachen.	1475
-	T3	TP33	F-G, S-Q	Staukategorie C H1	SGG16 SG16 SG26 SG35 SG59	Weißes Pulver. Ein Gemisch mit brennbaren Stoffen kann, insbesondere wenn mit wenig Wasser angefeuchtet, durch Schlag oder Reibung entzündet werden. Zersetzt sich unter Feuereinwirkung oder in Berührung mit Wasser oder Säuren unter Entwicklung von Sauerstoff. Gesundheitsschädlich beim Verschlucken.	1476
-	T3	TP33	F-A, S-Q	Staukategorie A	SG38 SG49	Feste Stoffe. Gemische fester Stoffe mit brennbaren Stoffen sind leicht entzündbar und können sehr heftig brennen. Gesundheitsschädlich beim Verschlucken.	1477
-	T1	TP33	F-A, S-Q	Staukategorie A	SG38 SG49	Siehe Eintrag oben.	1477
-	-	-	F-A, S-Q	Staukategorie D	SG38 SG49 SG60 SG61	-	1479
-	T3	TP33	F-A, S-Q	Staukategorie B	SG38 SG49 SG60 SG61	-	1479
-	T1	TP33	F-A, S-Q	Staukategorie B	SG38 SG49 SG60 SG61	-	1479
-	T3	TP33	F-H, S-Q	Staukategorie A	SGG13 SG38 SG49	Feste Stoffe. Reagieren heftig mit Schwefelsäure. Reagieren sehr heftig mit Cyaniden bei Erwärmung oder Reibung. Kann mit brennbaren Stoffen, pulverförmigen Metallen oder Ammoniumverbindungen explosionsfähige Gemische bilden. Diese Gemische sind empfindlich gegen Reibung und neigen zur Entzündung. Kann unter Feuereinwirkung eine Explosion verursachen.	1481
-	T1	TP33	F-H, S-Q	Staukategorie A	SGG13 SG38 SG49	Siehe Eintrag oben.	1481

3.2 Gefahrgutliste

UN-Nr.	Richtiger technischer Name	Klasse	Zusatzgefahr	Verpackungsgruppe	Sondervorschriften	Begrenzte und freigestellte Mengen		Verpackungen		IBC	
						Begrenzte Mengen	Freigestellte Mengen	Anweisung(en)	Sondervorschriften	Anweisung(en)	Sondervorschriften
(1)	(2) 3.1.2	(3) 2.0	(4) 2.0	(5) 2.0.1.3	(6) 3.3	(7a) 3.4	(7b) 3.5	(8) 4.1.4	(9) 4.1.4	(10) 4.1.4	(11) 4.1.4
1482	PERMANGANATE, ANORGANISCHE, N.A.G. PERMANGANATES, INORGANIC, N.O.S.	5.1	-	II	274 353	1 kg	E2	P002	-	IBC06	B21
1482	PERMANGANATE, ANORGANISCHE, N.A.G. PERMANGANATES, INORGANIC, N.O.S.	5.1	-	III	223 274 353	5 kg	E1	P002	-	IBC08	B3
1483	PEROXIDE, ANORGANISCHE, N.A.G. PEROXIDES, INORGANIC, N.O.S.	5.1	-	II	-	1 kg	E2	P002	PP100	IBC06	B21
1483	PEROXIDE, ANORGANISCHE, N.A.G. PEROXIDES, INORGANIC, N.O.S.	5.1	-	III	223	5 kg	E1	P002 LP02	PP100 L3	IBC08	B4
1484	KALIUMBROMAT POTASSIUM BROMATE	5.1	-	II	-	1 kg	E2	P002	-	IBC08	B4 B21
1485	KALIUMCHLORAT POTASSIUM CHLORATE	5.1	-	II	-	1 kg	E2	P002	-	IBC08	B4 B21
1486	KALIUMNITRAT POTASSIUM NITRATE	5.1	-	III	964 967	5 kg	E1	P002 LP02	-	IBC08	B3
1487	KALIUMNITRAT UND NATRIUMNITRIT, MISCHUNG POTASSIUM NITRATE AND SODIUM NITRITE MIXTURE	5.1	-	II	-	1 kg	E2	P002	-	IBC08	B4 B21
1488	KALIUMNITRIT POTASSIUM NITRITE	5.1	-	II	-	1 kg	E2	P002	-	IBC08	B4 B21
1489	KALIUMPERCHLORAT POTASSIUM PERCHLORATE	5.1	-	II	-	1 kg	E2	P002	-	IBC06	B21
1490	KALIUMPERMANGANAT POTASSIUM PERMANGANATE	5.1	-	II	-	1 kg	E2	P002	-	IBC08	B4 B21

Ortsbewegliche Tanks und Schüttgut-Container			EmS	Stauung und Handhabung	Trennung	Eigenschaften und Bemerkung	UN-Nr.
	Tank Anwei-sung(en)	Vor-schrif-ten					
(12)	(13)	(14)	(15)	(16a)	(16b)	(17)	(18)
	4.2.5 4.3	4.2.5	5.4.3.2 7.8	7.1, 7.3 bis 7.7	7.2 bis 7.7		
-	T3	TP33	F-H, S-Q	Staukategorie D	SGG14 SG38 SG49 SG60	Feste Stoffe. Reagieren heftig mit Schwefelsäure. Reagieren sehr heftig mit Cyaniden bei Erwärmung oder Reibung. Können mit brennbaren Stoffen, pulverförmigen Metallen oder Ammoniumverbindungen explosionsfähige Gemische bilden. Diese Gemische sind empfindlich gegen Reibung und neigen zur Entzündung. Können unter Feuereinwirkung eine Explosion verursachen. Die Beförderung von Ammoniumpermanganat und Mischungen eines Permanganats mit einem Ammoniumsalz ist **verboten**.	1482
-	T1	TP33	F-H, S-Q	Staukategorie D	SGG14 SG38 SG49 SG60	Siehe Eintrag oben.	1482
-	T3	TP33	F-G, S-Q	Staukategorie C H1	SGG16 SG16 SG26 SG35 SG59	Ein Gemisch mit brennbaren Stoffen kann, insbesondere wenn mit wenig Wasser angefeuchtet, durch Schlag oder Reibung entzündet werden. Zersetzt sich unter Feuereinwirkung oder in Berührung mit Wasser oder Säuren unter Entwicklung von Sauerstoff.	1483
-	T1	TP33	F-G, S-Q	Staukategorie C H1	SGG16 SG16 SG26 SG35 SG59	Siehe Eintrag oben.	1483
-	T3	TP33	F-H, S-Q	Staukategorie A	SGG3 SG38 SG49	Weiße Kristalle oder Pulver. Löslich in Wasser. Reagiert heftig mit Schwefelsäure. Reagiert sehr heftig mit Cyaniden bei Erwärmung oder Reibung. Kann mit brennbaren Stoffen, pulverförmigen Metallen oder Ammoniumverbindungen explosionsfähige Gemische bilden. Diese Gemische sind empfindlich gegen Reibung und neigen zur Entzündung. Kann unter Feuereinwirkung eine Explosion verursachen.	1484
-	T3	TP33	F-H, S-Q	Staukategorie A	SGG4 SG38 SG49	Weiße Kristalle oder Pulver. Löslich in Wasser. Reagiert heftig mit Schwefelsäure. Reagiert sehr heftig mit Cyaniden bei Erwärmung oder Reibung. Kann mit brennbaren Stoffen, pulverförmigen Metallen oder Ammoniumverbindungen explosionsfähige Gemische bilden. Diese Gemische sind empfindlich gegen Reibung und neigen zur Entzündung. Kann unter Feuereinwirkung eine Explosion verursachen.	1485
-	T1 BK2 BK3	TP33	F-A, S-Q	Staukategorie A SW23	-	Weiße Kristalle oder Pulver. Löslich in Wasser. Gemische mit brennbaren Stoffen sind leicht entzündbar und können sehr heftig brennen. Gesundheitsschädlich beim Verschlucken.	1486
-	T3	TP33	F-A, S-Q	Staukategorie A	SGG12 SG38 SG49	Zerfließlicher fester Stoff. Löslich in Wasser. Kann in Berührung mit organischen Stoffen wie Holz, Baumwolle oder Stroh einen Brand verursachen. Gemische mit Ammoniumverbindungen oder Cyaniden können explodieren. Gesundheitsschädlich beim Verschlucken. Kann in Form von zusammengeschmolzenen festen Blöcken oder Brocken befördert werden.	1487
-	T3	TP33	F-A, S-Q	Staukategorie A	SGG12 SG38 SG49	Weiße oder hellgelbliche zerfließliche Kristalle oder Stifte. Löslich in Wasser. Gemische mit brennbaren Stoffen sind leicht entzündbar und können sehr heftig brennen. Gemische mit Ammoniumverbindungen oder Cyaniden können explodieren. Gesundheitsschädlich beim Verschlucken.	1488
-	T3	TP33	F-H, S-Q	Staukategorie A	SGG13 SG38 SG49	Weiße Kristalle oder Pulver. Löslich in Wasser. Reagiert heftig mit Schwefelsäure. Reagiert sehr heftig mit Cyaniden bei Erwärmung oder Reibung. Kann mit brennbaren Stoffen, pulverförmigen Metallen oder Ammoniumverbindungen explosionsfähige Gemische bilden. Diese Gemische sind empfindlich gegen Reibung und neigen zur Entzündung. Kann unter Feuereinwirkung eine Explosion verursachen.	1489
-	T3	TP33	F-H, S-Q	Staukategorie D	SGG14 SG38 SG49 SG60	Dunkelpurpurfarbene Kristalle oder Pulver. Löslich in Wasser. Reagiert heftig mit Schwefelsäure und Wasserstoffperoxid. Reagiert sehr heftig mit Cyaniden bei Erwärmung oder Reibung. Kann mit brennbaren Stoffen, pulverförmigen Metallen oder Ammoniumverbindungen explosionsfähige Gemische bilden. Diese Gemische sind empfindlich gegen Reibung und neigen zur Entzündung. Kann unter Feuereinwirkung eine Explosion verursachen.	1490

3.2 Gefahrgutliste

UN-Nr.	Richtiger technischer Name	Klasse	Zusatz-gefahr	Verpa-ckungs-gruppe	Sonder-vor-schrif-ten	Begrenzte und freige-stellte Mengen		Verpackungen		IBC	
						Be-grenzte Men-gen	Freige-stellte Men-gen	Anwei-sung(en)	Sonder-vor-schriften	Anwei-sung(en)	Sonder-vor-schriften
(1)	(2) 3.1.2	(3) 2.0	(4) 2.0	(5) 2.0.1.3	(6) 3.3	(7a) 3.4	(7b) 3.5	(8) 4.1.4	(9) 4.1.4	(10) 4.1.4	(11) 4.1.4
1491	KALIUMPEROXID POTASSIUM PEROXIDE	5.1	-	I	-	0	E0	P503	-	IBC06	B1
1492	KALIUMPERSULFAT POTASSIUM PERSULPHATE	5.1	-	III	-	5 kg	E1	P002 LP02	-	IBC08	B3
1493	SILBERNITRAT SILVER NITRATE	5.1	-	II	-	1 kg	E2	P002	-	IBC08	B4 B21
1494	NATRIUMBROMAT SODIUM BROMATE	5.1	-	II	-	1 kg	E2	P002	-	IBC08	B4 B21
1495	NATRIUMCHLORAT SODIUM CHLORATE	5.1	-	II	-	1 kg	E2	P002	-	IBC08	B4 B21
1496	NATRIUMCHLORIT SODIUM CHLORITE	5.1	-	II	-	1 kg	E2	P002	-	IBC08	B4 B21
1498	NATRIUMNITRAT SODIUM NITRATE	5.1	-	III	964 967	5 kg	E1	P002 LP02	-	IBC08	B3
1499	NATRIUMNITRAT UND KALIUMNI-TRAT, MISCHUNG SODIUM NITRATE AND POTASSIUM NITRATE MIXTURE	5.1	-	III	964 967	5 kg	E1	P002 LP02	-	IBC08	B3
1500	NATRIUMNITRIT SODIUM NITRITE	5.1	6.1	III	-	5 kg	E1	P002	-	IBC08	B3
1502	NATRIUMPERCHLORAT SODIUM PERCHLORATE	5.1	-	II	-	1 kg	E2	P002	-	IBC06	B21
1503	NATRIUMPERMANGANAT SODIUM PERMANGANATE	5.1	-	II	-	1 kg	E2	P002	-	IBC06	B21
1504	NATRIUMPEROXID SODIUM PEROXIDE	5.1	-	I	-	0	E0	P503	-	IBC05	B1

Ortsbewegliche Tanks und Schüttgut-Container			EmS	Stauung und Handhabung	Trennung	Eigenschaften und Bemerkung	UN-Nr.
	Tank Anweisung(en)	Vorschriften					
(12)	(13)	(14)	(15)	(16a)	(16b)	(17)	(18)
	4.2.5 4.3	4.2.5	5.4.3.2 7.8	7.1, 7.3 bis 7.7	7.2 bis 7.7		
-	-	-	F-G, S-Q	Staukategorie C H1	SGG16 SG16 SG26 SG35 SG59	Gelbes Pulver. Ein Gemisch mit brennbaren Stoffen kann, insbesondere wenn mit wenig Wasser angefeuchtet, durch Schlag oder Reibung entzündet werden. Zersetzt sich unter Feuereinwirkung oder in Berührung mit Wasser oder Säuren unter Entwicklung von Sauerstoff. Wirkt stark reizend auf Haut, Augen und Schleimhäute.	1491
-	T1	TP33	F-A, S-Q	Staukategorie A	SG39 SG49	Weiße Kristalle oder Pulver. Löslich in Wasser. Gemische mit brennbaren Stoffen sind empfindlich gegen Reibung und neigen zur Entzündung. Reagiert sehr heftig mit Cyaniden bei Erwärmung oder Reibung. Kann mit pulverförmigen Metallen oder Ammoniumverbindungen explosionsfähiges Gemisch bilden.	1492
-	T3	TP33	F-A, S-Q	Staukategorie A	SGG7	Farblose Kristalle. Löslich in Wasser. Gemische mit brennbaren Stoffen sind leicht entzündbar und können sehr heftig brennen. Gesundheitsschädlich beim Verschlucken. Wirkt reizend auf Haut und Schleimhäute.	1493
-	T3	TP33	F-H, S-Q	Staukategorie A	SGG3 SG38 SG49	Weiße zerfließliche Kristalle. Löslich in Wasser. Reagiert heftig mit Schwefelsäure. Reagiert sehr heftig mit Cyaniden bei Erwärmung oder Reibung. Kann mit brennbaren Stoffen, pulverförmigen Metallen oder Ammoniumverbindungen explosionsfähige Gemische bilden. Diese Gemische sind empfindlich gegen Reibung und neigen zur Entzündung. Kann unter Feuereinwirkung eine Explosion verursachen.	1494
-	T3 BK2	TP33	F-H, S-Q	Staukategorie A	SGG4 SG38 SG49	Farblose zerfließliche Kristalle. Löslich in Wasser. Reagiert heftig mit Schwefelsäure. Reagiert sehr heftig mit Cyaniden bei Erwärmung oder Reibung. Kann mit brennbaren Stoffen, pulverförmigen Metallen oder Ammoniumverbindungen explosionsfähige Gemische bilden. Diese Gemische sind empfindlich gegen Reibung und neigen zur Entzündung. Kann unter Feuereinwirkung eine Explosion verursachen.	1495
-	T3	TP33	F-H, S-Q	Staukategorie A	SGG5 SG38 SG49	Farbloser zerfließlicher fester Stoff. Löslich in Wasser. Reagiert heftig mit Schwefelsäure. Reagiert sehr heftig mit Cyaniden bei Erwärmung oder Reibung. Kann mit brennbaren Stoffen, pulverförmigen Metallen oder Ammoniumverbindungen explosionsfähige Gemische bilden. Diese Gemische sind empfindlich gegen Reibung und neigen zur Entzündung. Kann unter Feuereinwirkung eine Explosion verursachen.	1496
-	T1 BK2 BK3	TP33	F-A, S-Q	Staukategorie A SW23	-	Farbloser zerfließlicher fester Stoff. Löslich in Wasser. Gemische mit brennbaren Stoffen sind leicht entzündbar und können sehr heftig brennen. Gesundheitsschädlich beim Verschlucken. Dieser Stoff ist in unreiner Form als Chilesalpeter bekannt.	1498
-	T1 BK2 BK3	TP33	F-A, S-Q	Staukategorie A SW23	-	Farbloser, hygroskopischer fester Stoff. Löslich in Wasser. Gemische mit brennbaren Stoffen sind leicht entzündbar und können sehr heftig brennen. Gesundheitsschädlich beim Verschlucken. Als Düngemittel hergestelltes Gemisch.	1499
-	T1	TP33	F-A, S-Q	Staukategorie A	SGG12 SG38 SG49	Farbloser zerfließlicher fester Stoff. Löslich in Wasser. Gemische mit brennbaren Stoffen sind leicht entzündbar und können sehr heftig brennen. Gemische mit Ammoniumverbindungen oder Cyaniden können explodieren. Zersetzt sich bei Erhitzung unter Bildung giftiger nitroser Dämpfe und Gase, die brandfördernd wirken. Gesundheitsschädlich beim Verschlucken oder beim Einatmen von Staub.	1500
-	T3	TP33	F-H, S-Q	Staukategorie A	SGG13 SG38 SG49	Farblose Kristalle oder Pulver. Löslich in Wasser. Reagiert heftig mit Schwefelsäure. Reagiert sehr heftig mit Cyaniden bei Erwärmung oder Reibung. Kann mit brennbaren Stoffen, pulverförmigen Metallen oder Ammoniumverbindungen explosionsfähige Gemische bilden. Diese Gemische sind empfindlich gegen Reibung und neigen zur Entzündung. Kann unter Feuereinwirkung eine Explosion verursachen.	1502
-	T3	TP33	F-H, S-Q	Staukategorie D	SGG14 SG38 SG49 SG60	Rote Kristalle oder Pulver. Löslich in Wasser. Reagiert heftig mit Schwefelsäure und Wasserstoffperoxid. Reagiert sehr heftig mit Cyaniden bei Erwärmung oder Reibung. Kann mit brennbaren Stoffen, pulverförmigen Metallen oder Ammoniumverbindungen explosionsfähige Gemische bilden. Diese Gemische sind empfindlich gegen Reibung und neigen zur Entzündung. Kann unter Feuereinwirkung eine Explosion verursachen.	1503
-	-	-	F-G, S-Q	Staukategorie C H1	SGG16 SG16 SG26 SG35 SG59	Blassgelbes grobes Pulver oder Granulat. Ein Gemisch mit brennbaren Stoffen kann, insbesondere wenn mit wenig Wasser angefeuchtet, durch Schlag oder Reibung entzündet werden. Zersetzt sich unter Feuereinwirkung oder in Berührung mit Wasser oder Säuren unter Entwicklung von Sauerstoff. Wirkt stark reizend auf Haut, Augen und Schleimhäute.	1504

3.2 Gefahrgutliste

UN-Nr.	Richtiger technischer Name	Klasse	Zusatz-gefahr	Verpa-ckungs-gruppe	Sonder-vor-schrif-ten	Begrenzte und freige-stellte Mengen		Verpackungen		IBC	
						Be-grenzte Men-gen	Freige-stellte Men-gen	Anwei-sung(en)	Sonder-vor-schriften	Anwei-sung(en)	Sonder-vor-schriften
(1)	(2)	(3)	(4)	(5)	(6)	(7a)	(7b)	(8)	(9)	(10)	(11)
	3.1.2	2.0	2.0	2.0.1.3	3.3	3.4	3.5	4.1.4	4.1.4	4.1.4	4.1.4
1505	NATRIUMPERSULFAT SODIUM PERSULPHATE	5.1	-	III	-	5 kg	E1	P002 LP02	-	IBC08	B3
1506	STRONTIUMCHLORAT STRONTIUM CHLORATE	5.1	-	II	-	1 kg	E2	P002	-	IBC08	B4 B21
1507	STRONTIUMNITRAT STRONTIUM NITRATE	5.1	-	III	-	5 kg	E1	P002 LP02	-	IBC08	B3
1508	STRONTIUMPERCHLORAT STRONTIUM PERCHLORATE	5.1	-	II	-	1 kg	E2	P002	-	IBC06	B21
1509	STRONTIUMPEROXID STRONTIUM PEROXIDE	5.1	-	II	-	1 kg	E2	P002	PP100	IBC06	B21
1510	TETRANITROMETHAN TETRANITROMETHANE	6.1	5.1	I	354	0	E0	P602	-	-	-
1511	HARNSTOFFWASSERSTOFFPEROXID UREA HYDROGEN PEROXIDE	5.1	8	III	-	5 kg	E1	P002	-	IBC08	B3
1512	ZINKAMMONIUMNITRIT ZINC AMMONIUM NITRITE	5.1	-	-	900	-	-	-	-	-	-
1513	ZINKCHLORAT ZINC CHLORATE	5.1	-	II	-	1 kg	E2	P002	-	IBC08	B4 B21
1514	ZINKNITRAT ZINC NITRATE	5.1	-	II	-	1 kg	E2	P002	-	IBC08	B4 B21
1515	ZINKPERMANGANAT ZINC PERMANGANATE	5.1	-	II	-	1 kg	E2	P002	-	IBC06	B21
1516	ZINKPEROXID ZINC PEROXIDE	5.1	-	II	-	1 kg	E2	P002	PP100	IBC06	B21

Ortsbewegliche Tanks und Schüttgut-Container			EmS	Stauung und Handhabung		Trennung	Eigenschaften und Bemerkung	UN-Nr.
	Tank Anwei-sung(en)	Vor-schrif-ten						
(12)	(13) 4.2.5 4.3	(14) 4.2.5	(15) 5.4.3.2 7.8	(16a) 7.1, 7.3 bis 7.7		(16b) 7.2 bis 7.7	(17)	(18)
-	T1	TP33	F-A, S-Q	Staukategorie A		SG39 SG49	Farblose Kristalle oder Pulver. Löslich in Wasser. Gemische mit brennbaren Stoffen sind empfindlich gegen Reibung und neigen zur Entzündung. Reagiert sehr heftig mit Cyaniden bei Erwärmung oder Reibung. Kann mit pulverförmigen Metallen oder Ammoniumverbindungen explosionsfähiges Gemisch bilden.	1505
-	T3	TP33	F-H, S-Q	Staukategorie A		SGG4 SG38 SG49	Farbloser zerfließlicher fester Stoff. Löslich in Wasser. Reagiert heftig mit Schwefelsäure. Reagiert sehr heftig mit Cyaniden bei Erwärmung oder Reibung. Kann mit brennbaren Stoffen, pulverförmigen Metallen oder Ammoniumverbindungen explosionsfähige Gemische bilden. Diese Gemische sind empfindlich gegen Reibung und neigen zur Entzündung. Kann unter Feuereinwirkung eine Explosion verursachen.	1506
-	T1	TP33	F-A, S-Q	Staukategorie A		-	Farbloser fester Stoff. Löslich in Wasser, Gemische mit brennbaren Stoffen sind leicht entzündbar und können sehr heftig brennen. Gesundheitsschädlich beim Verschlucken.	1507
-	T3	TP33	F-H, S-Q	Staukategorie A		SGG13 SG38 SG49	Farblose Kristalle oder Pulver, löslich in Wasser. Reagiert heftig mit Schwefelsäure. Reagiert sehr heftig mit Cyaniden bei Erwärmung oder Reibung. Kann mit brennbaren Stoffen, pulverförmigen Metallen oder Ammoniumverbindungen explosionsfähige Gemische bilden. Diese Gemische sind empfindlich gegen Reibung und neigen zur Entzündung. Kann unter Feuereinwirkung eine Explosion verursachen.	1508
-	T3	TP33	F-G, S-Q	Staukategorie C	H1	SGG16 SG16 SG26 SG35 SG59	Farbloses Pulver. Ein Gemisch mit brennbaren Stoffen kann, insbesondere wenn mit wenig Wasser angefeuchtet, durch Schlag oder Reibung entzündet werden. Zersetzt sich unter Feuereinwirkung oder in Berührung mit Wasser oder Säuren unter Entwicklung von Sauerstoff.	1509
-	-	-	F-H, S-Q	Staukategorie D	SW2	SG16	Farblose Flüssigkeit mit stechendem Geruch. Erstarrungspunkt: 12,5 °C. Nicht löslich in Wasser. Gemische mit brennbaren Stoffen können leicht entzündet werden, heftig brennen und durch Schlag oder Reibung explodieren. Hochgiftig beim Verschlucken, bei Berührung mit der Haut oder beim Einatmen.	1510
-	T1	TP33	F-A, S-Q	Staukategorie A	H1	-	Weiße Kristalle oder Pulver. Löslich in Wasser. Gemische mit brennbaren Stoffen sind empfindlich gegen Reibung und neigen zur Entzündung. Wirkt reizend auf Haut, Augen und Schleimhäute.	1511
-	-	-	-	-		SGG2 SGG7 SGG12	Beförderung ist **verboten**.	1512
-	T3	TP33	F-H, S-Q	Staukategorie A		SGG4 SGG7 SG38 SG49	Farblose bis gelbliche Kristalle. Löslich in Wasser. Reagiert heftig mit Schwefelsäure. Reagiert sehr heftig mit Cyaniden bei Erwärmung oder Reibung. Kann mit brennbaren Stoffen, pulverförmigen Metallen oder Ammoniumverbindungen explosionsfähige Gemische bilden. Diese Gemische sind empfindlich gegen Reibung und neigen zur Entzündung. Kann unter Feuereinwirkung eine Explosion verursachen.	1513
-	T3	TP33	F-H, S-Q	Staukategorie A		SGG7	Farbloser fester Stoff. Löslich in Wasser. Schmelzpunkt: 36 °C. Gemische mit brennbaren Stoffen sind leicht entzündbar und können sehr heftig brennen. Wässerige Lösungen sind schwach ätzend. Gesundheitsschädlich beim Verschlucken.	1514
-	T3	TP33	F-H, S-Q	Staukategorie D		SGG7 SGG14 SG38 SG49 SG60	Violett-braune oder schwarze Kristalle oder Pulver. Löslich in Wasser. Reagiert heftig mit Schwefelsäure und Wasserstoffperoxid. Reagiert sehr heftig mit Cyaniden bei Erwärmung oder Reibung. Kann mit brennbaren Stoffen, pulverförmigen Metallen oder Ammoniumverbindungen explosionsfähige Gemische bilden. Diese Gemische sind empfindlich gegen Reibung und neigen zur Entzündung. Kann unter Feuereinwirkung eine Explosion verursachen.	1515
-	T3	TP33	F-G, S-Q	Staukategorie C	H1	SGG7 SGG16 SG16 SG26 SG35 SG59	Weißes Pulver. Ein Gemisch mit brennbaren Stoffen kann, insbesondere wenn mit wenig Wasser angefeuchtet, durch Schlag oder Reibung entzündet werden. Zersetzt sich unter Feuereinwirkung oder in Berührung mit Wasser oder Säuren unter Entwicklung von Sauerstoff.	1516

3.2 Gefahrgutliste

UN-Nr.	Richtiger technischer Name	Klasse	Zusatzgefahr	Verpackungsgruppe	Sondervorschriften	Begrenzte und freigestellte Mengen		Verpackungen		IBC	
						Begrenzte Mengen	Freigestellte Mengen	Anweisung(en)	Sondervorschriften	Anweisung(en)	Sondervorschriften
(1)	(2)	(3)	(4)	(5)	(6)	(7a)	(7b)	(8)	(9)	(10)	(11)
	3.1.2	2.0	2.0	2.0.1.3	3.3	3.4	3.5	4.1.4	4.1.4	4.1.4	4.1.4
1517	ZIRKONIUMPIKRAMAT, ANGEFEUCHTET, mit mindestens 20 Masse-% Wasser ZIRCONIUM PICRAMATE, WETTED with not less than 20 % water, by mass	4.1	-	I	28	0	E0	P406	PP26 PP31	-	-
1541	ACETONCYANHYDRIN, STABILISIERT ACETONE CYANOHYDRIN, STABILIZED	6.1	- P	I	354	0	E0	P602	-	-	-
1544	ALKALOIDE, FEST, N.A.G. oder ALKALOIDSALZE, FEST, N.A.G. ALKALOIDS, SOLID, N.O.S. or ALKALOIDS SALTS, SOLID, N.O.S.	6.1	-	I	43 274	0	E5	P002	-	IBC07	B1
1544	ALKALOIDE, FEST, N.A.G. oder ALKALOIDSALZE, FEST, N.A.G. ALKALOIDS, SOLID, N.O.S. or ALKALOIDS SALTS, SOLID, N.O.S.	6.1	-	II	43 274	500 g	E4	P002	-	IBC08	B4 B21
1544	ALKALOIDE, FEST, N.A.G. oder ALKALOIDSALZE, FEST, N.A.G. ALKALOIDS, SOLID, N.O.S. or ALKALOIDS SALTS, SOLID, N.O.S.	6.1	-	III	43 223 274	5 kg	E1	P002 LP02	-	IBC08	B3
1545	ALLYLISOTHIOCYANAT, STABILISIERT ALLYL ISOTHIOCYANATE, STABILIZED	6.1	3	II	386	100 ml	E0	P001	-	IBC02	-
1546	AMMONIUMARSENAT AMMONIUM ARSENATE	6.1	-	II	-	500 g	E4	P002	-	IBC08	B4 B21
1547	ANILIN ANILINE	6.1	- P	II	279	100 ml	E4	P001	-	IBC02	-
1548	ANILINHYDROCHLORID ANILINE HYDROCHLORIDE	6.1	-	III	-	5 kg	E1	P002 LP02	-	IBC08	B3
1549	ANORGANISCHE ANTIMONVERBINDUNG, FEST, N.A.G. ANTIMONY COMPOUND, INORGANIC, SOLID, N.O.S.	6.1	-	III	45 274	5 kg	E1	P002 LP02	-	IBC08	B3
1550	ANTIMONLAKTAT ANTIMONY LACTATE	6.1	-	III	-	5 kg	E1	P002 LP02	-	IBC08	B3
1551	ANTIMONYLKALIUMTARTRAT ANTIMONY POTASSIUM TARTRATE	6.1	-	III	-	5 kg	E1	P002 LP02	-	IBC08	B3
1553	ARSENSÄURE, FLÜSSIG ARSENIC ACID, LIQUID	6.1	-	I	-	0	E5	P001	PP31	-	-
1554	ARSENSÄURE, FEST ARSENIC ACID, SOLID	6.1	-	II	-	500 g	E4	P002	-	IBC08	B4 B21
1555	ARSENBROMID ARSENIC BROMIDE	6.1	-	II	-	500 g	E4	P002	-	IBC08	B4 B21

Ortsbewegliche Tanks und Schüttgut-Container			EmS	Stauung und Handhabung	Trennung	Eigenschaften und Bemerkung	UN-Nr.	
	Tank Anweisung(en)	Vorschriften						
(12)	(13)	(14)	(15)	(16a)	(16b)	(17)	(18)	
	4.2.5 4.3	4.2.5	5.4.3.2 7.8	7.1, 7.3 bis 7.7	7.2 bis 7.7			
-	-	-	F-B, S-J	Staukategorie D	SG7 SG30	Desensibilisierter Explosivstoff. Hochexplosiv im trockenen Zustand oder bei ungenügendem Feuchtigkeitsgehalt. Kann bei Berührung mit Schwermetallen und deren Salzen heftig reagieren.	1517	
-	T20	TP2 TP13 TP37	F-A, S-A	Staukategorie D SW1 SW2	SGG6 SG35 SG36	Farblose bis bernsteinfarbene Flüssigkeit, bildet giftige Dämpfe. Mischbar mit Wasser. Unbeständig bei Berührung mit Säuren und Alkalien, entwickelt Blausäure, ein hochgiftiges und entzündbares Gas. Hochgiftig beim Verschlucken, bei Berührung mit der Haut oder beim Einatmen.	1541	
-	T6	TP33	F-A, S-A	Staukategorie A	-	Ein weiter Bereich giftiger fester Stoffe, in der Regel pflanzlichen Ursprungs. Giftig beim Verschlucken, bei Berührung mit der Haut oder beim Einatmen.	1544	→ *UN 3140*
-	T3	TP33	F-A, S-A	Staukategorie A	-	Siehe Eintrag oben.	1544	→ *UN 3140*
-	T1	TP33	F-A, S-A	Staukategorie A	-	Siehe Eintrag oben.	1544	→ *UN 3140*
-	T7	TP2	F-E, S-D	Staukategorie D SW1 SW2	-	Farblose Flüssigkeit, bildet giftige Dämpfe, die Reizwirkung haben und Tränenbildung verursachen. Flammpunkt: 46 °C c.c. Giftig beim Verschlucken, bei Berührung mit der Haut oder beim Einatmen.	1545	
-	T3	TP33	F-A, S-A	Staukategorie A	SGG2 SG36	Weißes Pulver oder Kristalle. Löslich in Wasser. Reagiert mit Alkalien unter Bildung von Ammoniakgas. Giftig beim Verschlucken, bei Berührung mit der Haut oder beim Einatmen von Staub.	1546	
-	T7	TP2	F-A, S-A	Staukategorie A SW2	SG35	Farblose, ölige, flüchtige Flüssigkeit. Reagiert mit Säuren. Giftig beim Verschlucken, bei Berührung mit der Haut oder beim Einatmen.	1547	
-	T1	TP33	F-A, S-A	Staukategorie A	-	Weißer, kristalliner fester Stoff. Löslich in Wasser. Zersetzt sich in Berührung mit Alkalien zu Anilin. Giftig beim Verschlucken, bei Berührung mit der Haut oder beim Einatmen.	1548	
-	T1	TP33	F-A, S-A	Staukategorie A	-	Ein weiter Bereich giftiger fester Stoffe. Giftig beim Verschlucken, bei Berührung mit der Haut oder beim Einatmen.	1549	
-	T1	TP33	F-A, S-A	Staukategorie A	-	Weißes Pulver oder Kristalle. Giftig beim Verschlucken, bei Berührung mit der Haut oder beim Einatmen von Staub.	1550	
-	T1	TP33	F-A, S-A	Staukategorie A	-	Farblose Kristalle oder weißes Pulver. Giftig beim Verschlucken, bei Berührung mit der Haut oder beim Einatmen von Staub.	1551	
-	T20	TP2 TP7 TP13	F-A, S-A	Staukategorie B	SG33	Weiße, zerfließliche Kristalle, die sich schnell verflüssigen. Schmelzpunkt: etwa 35 °C. Mischbar mit Wasser. Kann in Berührung mit Metallen Arsin entwickeln, ein äußerst giftiges Gas. Hochgiftig beim Verschlucken, bei Berührung mit der Haut oder beim Einatmen.	1553	
-	T3	TP33	F-A, S-A	Staukategorie A	-	Weiße Kristalle mit relativ hohem Schmelzpunkt. Löslich in Wasser. Giftig beim Verschlucken, bei Berührung mit der Haut oder beim Einatmen von Staub.	1554	
-	T3	TP33	F-A, S-A	Staukategorie A SW1 SW2 H2	-	Weiße, zerfließliche Kristalle. Schmelzpunkt: etwa 33 °C. Wird durch Wasser zersetzt unter Bildung von Bromwasserstoff, einem reizenden und ätzenden Gas, das als weißer Nebel sichtbar wird. Giftig beim Verschlucken, bei Berührung mit der Haut oder beim Einatmen von Staub.	1555	

UN-Nr.	Richtiger technischer Name	Klasse	Zusatz-gefahr	Verpa-ckungs-gruppe	Sonder-vor-schrif-ten	Begrenzte und freige-stellte Mengen		Verpackungen		IBC	
						Be-grenzte Men-gen	Freige-stellte Men-gen	Anwei-sung(en)	Sonder-vor-schriften	Anwei-sung(en)	Sonder-vor-schriften
(1)	(2) 3.1.2	(3) 2.0	(4) 2.0	(5) 2.0.1.3	(6) 3.3	(7a) 3.4	(7b) 3.5	(8) 4.1.4	(9) 4.1.4	(10) 4.1.4	(11) 4.1.4
1556	ARSENVERBINDUNG, FLÜSSIG, N.A.G., anorganisch, einschließlich: Arsenate, n.a.g., Arsenite, n.a.g. und Arsensulfide, n.a.g. ARSENIC COMPOUND, LIQUID, N.O.S. inorganic, including: Arsenates, n.o.s., Arsenites, n.o.s., and Arsenic sulphides, n.o.s.	6.1	-	I	43 274	0	E5	P001	-	-	-
1556	ARSENVERBINDUNG, FLÜSSIG, N.A.G., anorganisch, einschließlich: Arsenate, n.a.g., Arsenite, n.a.g. und Arsensulfide, n.a.g. ARSENIC COMPOUND, LIQUID, N.O.S. inorganic, including: Arsenates, n.o.s., Arsenites, n.o.s., and Arsenic sulphides, n.o.s.	6.1	-	II	43 274	100 ml	E4	P001	-	IBC02	-
1556	ARSENVERBINDUNG, FLÜSSIG, N.A.G., anorganisch, einschließlich: Arsenate, n.a.g., Arsenite, n.a.g. und Arsensulfide, n.a.g. ARSENIC COMPOUND, LIQUID, N.O.S. inorganic, including: Arsenates, n.o.s., Arsenites, n.o.s., and Arsenic sulphides, n.o.s.	6.1	-	III	43 223 274	5 L	E1	P001 LP01	-	IBC03	-
1557	ARSENVERBINDUNG, FEST, N.A.G., anorganisch, einschließlich: Arsenate, n.a.g., Arsenite, n.a.g. und Arsensulfide, n.a.g. ARSENIC COMPOUND, SOLID, N.O.S. inorganic, including: Arsenates, n.o.s.; Arsenites, n.o.s.; and Arsenic sulphides, n.o.s.	6.1	-	I	43 274	0	E5	P002	-	IBC07	B1
1557	ARSENVERBINDUNG, FEST, N.A.G., anorganisch, einschließlich: Arsenate, n.a.g., Arsenite, n.a.g. und Arsensulfide, n.a.g. ARSENIC COMPOUND, SOLID, N.O.S. inorganic, including: Arsenates, n.o.s.; Arsenites, n.o.s.; and Arsenic sulphides, n.o.s.	6.1	-	II	43 274	500 g	E4	P002	-	IBC08	B4 B21
1557	ARSENVERBINDUNG, FEST, N.A.G., anorganisch, einschließlich: Arsenate, n.a.g., Arsenite, n.a.g. und Arsensulfide, n.a.g. ARSENIC COMPOUND, SOLID, N.O.S. inorganic, including: Arsenates, n.o.s.; Arsenites, n.o.s.; and Arsenic sulphides, n.o.s.	6.1	-	III	43 223 274	5 kg	E1	P002 LP02	-	IBC08	B3
1558	ARSEN ARSENIC	6.1	-	II	-	500 g	E4	P002	-	IBC08	B4 B21
1559	ARSENPENTOXID ARSENIC PENTOXIDE	6.1	-	II	-	500 g	E4	P002	-	IBC08	B4 B21
1560	ARSENTRICHLORID ARSENIC TRICHLORIDE	6.1	-	I	-	0	E0	P602	-	-	-
1561	ARSENTRIOXID ARSENIC TRIOXIDE	6.1	-	II	-	500 g	E4	P002	-	IBC08	B4 B21
1562	ARSENSTAUB ARSENICAL DUST	6.1	-	II	-	500 g	E4	P002	-	IBC08	B4 B21

Ortsbewegliche Tanks und Schüttgut-Container			EmS	Stauung und Handhabung	Trennung	Eigenschaften und Bemerkung	UN-Nr.
	Tank Anwei-sung(en)	Vor-schrif-ten					
(12)	(13)	(14)	(15)	(16a)	(16b)	(17)	(18)
	4.2.5 4.3	4.2.5	5.4.3.2 7.8	7.1, 7.3 bis 7.7	7.2 bis 7.7		
-	T14	TP2 TP13 TP27	F-A, S-A	Staukategorie B SW2	SG70	Ein weiter Bereich giftiger Flüssigkeiten. Entwickelt in Berührung mit Säuren und Arsensulfid Hydrogensulfid, ein giftiges und entzündbares Gas. Giftig beim Verschlucken, bei Berührung mit der Haut oder beim Einatmen.	1556
-	T11	TP2 TP13 TP27	F-A, S-A	Staukategorie B SW2	SG70	Siehe Eintrag oben.	1556
-	T7	TP2 TP28	F-A, S-A	Staukategorie B SW2	SG70	Siehe Eintrag oben.	1556
-	T6	TP33	F-A, S-A	Staukategorie A	SG70	Ein weiter Bereich giftiger fester Stoffe. Entwickelt in Berührung mit Säuren und Arsensulfid Hydrogensulfid, ein giftiges und entzündbares Gas. Giftig beim Verschlucken, bei Berührung mit der Haut oder beim Einatmen von Staub.	1557
-	T3	TP33	F-A, S-A	Staukategorie A	SG70	Siehe Eintrag oben.	1557
-	T1	TP33	F-A, S-A	Staukategorie A	SG70	Siehe Eintrag oben.	1557
-	T3	TP33	F-A, S-A	Staukategorie A	-	Silbriger, spröder, kristalliner fester Stoff mit metallischem Aussehen. Giftig beim Verschlucken, bei Berührung mit der Haut oder beim Einatmen von Staub.	1558
-	T3	TP33	F-A, S-A	Staukategorie A	-	Weißes, zerfließliches Pulver. Löslich in Wasser. Giftig beim Verschlucken, bei Berührung mit der Haut oder beim Einatmen von Staub.	1559
-	T14	TP2 TP13	F-A, S-A	Staukategorie B SW2	-	Farblose, ölige Flüssigkeit. Raucht an feuchter Luft, unter Bildung von Chlorwasserstoff, einem reizenden und ätzenden Gas, das als weißer Nebel sichtbar wird. Reagiert mit Wasser. Hochgiftig beim Verschlucken, bei Berührung mit der Haut oder beim Einatmen.	1560
-	T3	TP33	F-A, S-A	Staukategorie A	-	Weißes Pulver. Schwach löslich in Wasser. Giftig beim Verschlucken, bei Berührung mit der Haut oder beim Einatmen von Staub.	1561
-	T3	TP33	F-A, S-A	Staukategorie A	-	Feines Pulver. Giftig beim Verschlucken, bei Berührung mit der Haut oder beim Einatmen von Staub.	1562

UN-Nr.	Richtiger technischer Name	Klasse	Zusatzgefahr	Verpackungsgruppe	Sondervorschriften	Begrenzte und freigestellte Mengen		Verpackungen		IBC	
						Begrenzte Mengen	Freigestellte Mengen	Anweisung(en)	Sondervorschriften	Anweisung(en)	Sondervorschriften
(1)	(2) 3.1.2	(3) 2.0	(4) 2.0	(5) 2.0.1.3	(6) 3.3	(7a) 3.4	(7b) 3.5	(8) 4.1.4	(9) 4.1.4	(10) 4.1.4	(11) 4.1.4
1564	BARIUMVERBINDUNG, N.A.G. BARIUM COMPOUND, N.O.S.	6.1	-	II	177 274	500 g	E4	P002	-	IBC08	B4 B21
1564	BARIUMVERBINDUNG, N.A.G. BARIUM COMPOUND, N.O.S.	6.1	-	III	177 223 274	5 kg	E1	P002 LP02	-	IBC08	B3
1565	BARIUMCYANID BARIUM CYANIDE	6.1	- P	I	-	0	E5	P002	PP31	IBC07	B1
1566	BERYLLIUMVERBINDUNG, N.A.G. BERYLLIUM COMPOUND, N.O.S.	6.1	-	II	274	500 g	E4	P002	-	IBC08	B4 B21
1566	BERYLLIUMVERBINDUNG, N.A.G. BERYLLIUM COMPOUND, N.O.S.	6.1	-	III	223 274	5 kg	E1	P002 LP02	-	IBC08	B3
1567	BERYLLIUM, PULVER BERYLLIUM POWDER	6.1	4.1	II	-	500 g	E4	P002	PP100	IBC08	B4 B21
1569	BROMACETON BROMOACETONE	6.1	3 P	II	-	0	E0	P602	-	-	-
1570	BRUCIN BRUCINE	6.1	-	I	43	0	E5	P002	-	IBC07	B1
1571	BARIUMAZID, ANGEFEUCHTET mit mindestens 50 Masse-% Wasser BARIUM AZIDE, WETTED with not less than 50 % water, by mass	4.1	6.1	I	28	0	E0	P406	PP31	-	-
1572	KAKODYLSÄURE CACODYLIC ACID	6.1	-	II	-	500 g	E4	P002	-	IBC08	B4 B21
1573	CALCIUMARSENAT CALCIUM ARSENATE	6.1	- P	II	-	500 g	E4	P002	-	IBC08	B4 B21
1574	CALCIUMARSENAT UND CALCIUMARSENIT, MISCHUNG, FEST CALCIUM ARSENATE AND CALCIUM ARSENITE MIXTURE, SOLID	6.1	- P	II	-	500 g	E4	P002	-	IBC08	B4 B21
1575	CALCIUMCYANID CALCIUM CYANIDE	6.1	- P	I	-	0	E5	P002	PP31	IBC07	B1
1577	CHLORDINITROBENZENE, FLÜSSIG CHLORODINITROBENZENES, LIQUID	6.1	- P	II	279	100 ml	E4	P001	-	IBC02	-
1578	CHLORNITROBENZENE, FEST CHLORONITROBENZENES, SOLID	6.1	-	II	279	500 g	E4	P002	-	IBC08	B4 B21
1579	4-CHLOR-o-TOLUIDINHYDROCHLORID, FEST 4-CHLORO-o-TOLUIDINE HYDROCHLORIDE, SOLID	6.1	-	III	-	5 kg	E1	P002 LP02	-	IBC08	B3
1580	CHLORPIKRIN CHLOROPICRIN	6.1	- P	I	354	0	E0	P601	-	-	-

Ortsbewegliche Tanks und Schüttgut-Container			EmS	Stauung und Handhabung	Trennung	Eigenschaften und Bemerkung	UN-Nr.	
	Tank Anweisung(en)	Vorschriften						
(12)	(13) 4.2.5 4.3	(14) 4.2.5	(15) 5.4.3.2 7.8	(16a) 7.1, 7.3 bis 7.7	(16b) 7.2 bis 7.7	(17)	(18)	
-	T3	TP33	F-A, S-A	Staukategorie A	-	Weißes Pulver, Brocken oder Kristalle. Giftig beim Verschlucken, bei Berührung mit der Haut oder beim Einatmen.	1564	
-	T1	TP33	F-A, S-A	Staukategorie A	-	Siehe Eintrag oben.	1564	
-	T6	TP33	F-A, S-A	Staukategorie A SW2	SGG6 SG35	Weiße Kristalle oder Pulver. Löslich in Wasser. Reagiert mit Säuren oder sauren Dämpfen, entwickelt Blausäure, ein hochgiftiges und entzündbares Gas. Hochgiftig beim Verschlucken, bei Berührung mit der Haut oder beim Einatmen von Staub.	1565	
-	T3	TP33	F-A, S-A	Staukategorie A	-	Ein weiter Bereich giftiger fester Stoffe. Giftig beim Verschlucken, bei Berührung mit der Haut oder beim Einatmen von Staub.	1566	
-	T1	TP33	F-A, S-A	Staukategorie A	-	Siehe Eintrag oben.	1566	
-	T3	TP33	F-G, S-G	Staukategorie A H1	SG25 SG26	Weißes, metallisches Pulver. Giftig beim Verschlucken, bei Berührung mit der Haut oder beim Einatmen von Staub.	1567	
-	T20	TP2 TP13	F-E, S-D	Staukategorie D SW2	-	Wenn rein, farblose Flüssigkeit, die reizende Dämpfe entwickelt („Tränengas"). Flammpunkt: etwa 45 °C c.c. Giftig beim Verschlucken, bei Berührung mit der Haut oder beim Einatmen.	1569	
-	T6	TP33	F-A, S-A	Staukategorie A	-	Weiße Kristalle oder Pulver. Hochgiftig beim Verschlucken, bei Berührung mit der Haut oder beim Einatmen von Staub.	1570	
-	-	-	F-B, S-J	Staukategorie D	SGG17 SG7 SG30	Desensibilisierter Explosivstoff. Weiße Kristalle oder Pulver. Im trockenen Zustand explosionsfähig und empfindlich gegen Reibung. Giftig beim Verschlucken, bei Berührung mit der Haut oder beim Einatmen von Staub. Kann mit Schwermetallen und deren Salzen äußerst empfindliche Verbindungen bilden.	1571	
-	T3	TP33	F-A, S-A	Staukategorie E	SGG1 SG35 SG36 SG49	Farblose Kristalle oder weißes Pulver mit aufdringlichem Geruch. Löslich in Wasser. Kann mit Säuren reagieren, unter Bildung von Dimethylarsin, einem äußerst giftigen Gas. Giftig beim Verschlucken, bei Berührung mit der Haut oder beim Einatmen von Staub.	1572	
-	T3	TP33	F-A, S-A	Staukategorie A	-	Weißes Pulver. Schwach löslich in Wasser. Giftig beim Verschlucken, bei Berührung mit der Haut oder beim Einatmen von Staub.	1573	
-	T3	TP33	F-A, S-A	Staukategorie A	-	Weißes Pulver. Giftig beim Verschlucken, bei Berührung mit der Haut oder beim Einatmen von Staub.	1574	
-	T6	TP33	F-A, S-A	Staukategorie A SW2	SGG6 SG35	Weiße Kristalle oder Pulver. Zersetzt sich langsam in Wasser unter Bildung einer schwachen Cyanwasserstofflösung. Reagiert mit Säuren oder sauren Dämpfen, entwickelt Blausäure, ein hochgiftiges und entzündbares Gas. Hochgiftig beim Verschlucken, bei Berührung mit der Haut oder beim Einatmen von Staub.	1575	
-	T7	TP2	F-A, S-A	Staukategorie A	SG15	Farblose Flüssigkeiten. Können unter Feuereinwirkung explodieren. Giftig beim Verschlucken, bei Berührung mit der Haut oder beim Einatmen.	1577	*→ UN 3441*
-	T3	TP33	F-A, S-A	Staukategorie A	-	Gelbe Kristalle. Schmelzpunkt: etwa 30 °C bis 80 °C. Giftig beim Verschlucken, bei Berührung mit der Haut oder beim Einatmen.	1578	*→ UN 3409* *→ 5.4.1.4.3.4*
-	T1	TP33	F-A, S-A	Staukategorie A	-	Trockener fester Stoff oder Paste. Giftig beim Verschlucken, bei Berührung mit der Haut oder beim Einatmen von Staub.	1579	*→ UN 3410*
-	T22	TP2 TP13 TP37	F-A, S-A	Staukategorie D SW2	-	Farblose, ölige Flüssigkeit. Hochgiftig beim Verschlucken, bei Hautkontakt und beim Einatmen.	1580	

3.2 Gefahrgutliste

UN-Nr.	Richtiger technischer Name	Klasse	Zusatz-gefahr	Verpa-ckungs-gruppe	Sonder-vor-schrif-ten	Begrenzte und freige-stellte Mengen		Verpackungen		IBC	
						Be-grenzte Men-gen	Freige-stellte Men-gen	Anwei-sung(en)	Sonder-vor-schriften	Anwei-sung(en)	Sonder-vor-schriften
(1)	(2) 3.1.2	(3) 2.0	(4) 2.0	(5) 2.0.1.3	(6) 3.3	(7a) 3.4	(7b) 3.5	(8) 4.1.4	(9) 4.1.4	(10) 4.1.4	(11) 4.1.4
1581	CHLORPIKRIN UND METHYLBROMID, GEMISCH, mit mehr als 2 % Chlorpikrin CHLOROPICRIN AND METHYL BROMIDE MIXTURE with more than 2 % chloropicrin	2.3	-	-	-	0	E0	P200	-	-	-
1582	CHLORPIKRIN UND METHYLCHLORID, GEMISCH CHLOROPICRIN AND METHYL CHLORIDE MIXTURE	2.3	-	-	-	0	E0	P200	-	-	-
1583	CHLORPIKRIN, MISCHUNG, N.A.G. CHLOROPICRIN MIXTURE, N.O.S.	6.1	-	I	43 274 315	0	E0	P602	-	-	-
1583	CHLORPIKRIN, MISCHUNG, N.A.G. CHLOROPICRIN MIXTURE, N.O.S.	6.1	-	II	43 274	100 ml	E0	P001	-	IBC02	-
1583	CHLORPIKRIN, MISCHUNG, N.A.G. CHLOROPICRIN MIXTURE, N.O.S.	6.1	-	III	43 223 274	5 L	E0	P001 LP01	-	IBC03	-
1585	KUPFERACETOARSENIT COPPER ACETOARSENITE	6.1	- P	II	-	500 g	E4	P002	-	IBC08	B4 B21
1586	KUPFERARSENIT COPPER ARSENITE	6.1	- P	II	-	500 g	E4	P002	-	IBC08	B4 B21
1587	KUPFERCYANID COPPER CYANIDE	6.1	- P	II	-	500 g	E4	P002	-	IBC08	B4 B21
1588	CYANIDE, ANORGANISCH, FEST, N.A.G. CYANIDES, INORGANIC, SOLID, N.O.S.	6.1	- P	I	47 274	0	E5	P002	-	IBC07	B1
1588	CYANIDE, ANORGANISCH, FEST, N.A.G. CYANIDES, INORGANIC, SOLID, N.O.S.	6.1	- P	II	47 274	500 g	E4	P002	-	IBC08	B4 B21
1588	CYANIDE, ANORGANISCH, FEST, N.A.G. CYANIDES, INORGANIC, SOLID, N.O.S.	6.1	- P	III	47 223 274	5 kg	E1	P002 LP02	-	IBC08	B3
1589	CHLORCYAN, STABILISIERT CYANOGEN CHLORIDE, STABILIZED	2.3	8 P	-	386	0	E0	P200	-	-	-
1590	DICHLORANILINE, FLÜSSIG DICHLOROANILINES, LIQUID	6.1	- P	II	279	100 ml	E4	P001	-	IBC02	-
1591	o-DICHLORBENZEN o-DICHLOROBENZENE	6.1	-	III	279	5 L	E1	P001 LP01	-	IBC03	-
1593	DICHLORMETHAN DICHLOROMETHANE	6.1	-	III	-	5 L	E1	P001 LP01	-	IBC03	B8

Ortsbewegliche Tanks und Schüttgut-Container			EmS	Stauung und Handhabung	Trennung	Eigenschaften und Bemerkung	UN-Nr.
	Tank Anweisung(en)	Vorschriften					
(12)	(13) 4.2.5 4.3	(14) 4.2.5	(15) 5.4.3.2 7.8	(16a) 7.1, 7.3 bis 7.7	(16b) 7.2 bis 7.7	(17)	(18)
-	T50	-	F-C, S-U	Staukategorie D SW1 SW2	-	Äußerst flüchtige Flüssigkeit, die hochgiftige Dämpfe entwickelt. Hochgiftig bei Berührung mit der Haut oder beim Einatmen. Verursacht Verätzungen der Haut und der Augen; wirkt reizend auf Schleimhäute.	1581
-	T50	-	F-C, S-U	Staukategorie D SW1 SW2	-	Äußerst flüchtige Flüssigkeit, die hochgiftige Dämpfe entwickelt. Hochgiftig bei Berührung mit der Haut oder beim Einatmen. Verursacht Verätzungen der Haut und der Augen; wirkt reizend auf Schleimhäute.	1582
-	-	-	F-A, S-A	Staukategorie C SW2	-	Ein weiter Bereich flüssiger Gemische. Können giftige Dämpfe entwickeln. Giftig beim Verschlucken, bei Berührung mit der Haut oder beim Einatmen.	1583
-	-	-	F-A, S-A	Staukategorie C SW2	-	Siehe Eintrag oben.	1583
-	-	-	F-A, S-A	Staukategorie C SW2	-	Siehe Eintrag oben.	1583
-	T3	TP33	F-A, S-A	Staukategorie A	-	Grünes Pulver. Nicht löslich in Wasser. Giftig beim Verschlucken, bei Berührung mit der Haut oder beim Einatmen von Staub.	1585
-	T3	TP33	F-A, S-A	Staukategorie A	-	Gelblich-grünes Pulver. Nicht löslich in Wasser. Giftig beim Verschlucken, bei Berührung mit der Haut oder beim Einatmen von Staub.	1586
-	T3	TP33	F-A, S-A	Staukategorie A	SGG6 SGG7 SG35	Grünes Pulver. Schwach löslich in Wasser. Reagiert mit Säuren oder sauren Dämpfen, entwickelt Blausäure, ein hochgiftiges und entzündbares Gas. Giftig beim Verschlucken, bei Berührung mit der Haut oder beim Einatmen von Staub.	1587
-	T6	TP33	F-A, S-A	Staukategorie A	SGG6 SG35	Feste Stoffe. Können in Wasser löslich sein. Können in Berührung mit Wasser eine schwache Cyanwasserstofflösung bilden. Reagieren mit Säuren oder sauren Dämpfen unter Bildung von Blausäure, einem hochgiftigen und entzündbaren Gas. Giftig beim Verschlucken, bei Berührung mit der Haut oder beim Einatmen von Staub. Komplexe Eisen(II)- und Eisen(III)cyanide unterliegen nicht den Bestimmungen dieses Codes.	1588
-	T3	TP33	F-A, S-A	Staukategorie A	SGG6 SG35	Siehe Eintrag oben.	1588
-	T1	TP33	F-A, S-A	Staukategorie A	SGG6 SG35	Siehe Eintrag oben.	1588
-	-	-	F-C, S-U	Staukategorie D SW1 SW2	-	Verflüssigtes, nicht entzündbares, giftiges und ätzendes Gas. Geruch wirkt reizend. Tränenverursachend. In Verbindung mit Wasser reagiert es heftig unter Abgabe von hochgiftigen und ätzenden Dämpfen. Viel schwerer als Luft (2,1). Siedepunkt: 13 °C. Giftig bei Berührung mit der Haut oder beim Einatmen. Wirkt stark reizend auf Haut, Augen und Schleimhäute.	1589
-	T7	TP2	F-A, S-A	Staukategorie A SW2	-	Farblose Flüssigkeit mit sehr unangenehmem Geruch. Flüssige Gemische verschiedener Isomere von Dichloranilinen, von denen einige in reiner Form fest sein können, mit einem Schmelzpunkt zwischen 24 °C und 72 °C. Giftig beim Verschlucken, bei Berührung mit der Haut oder beim Einatmen.	1590 → *UN 3442*
-	T4	TP1	F-A, S-A	Staukategorie A	SGG10	Flüchtige Flüssigkeit. Schmelzpunkt: etwa -17 °C. Giftig beim Verschlucken, bei Berührung mit der Haut oder beim Einatmen.	1591
-	T7	TP2	F-A, S-A	Staukategorie A	SGG10	Farblose, flüchtige Flüssigkeit mit schweren Dämpfen. Siedepunkt: 40 °C. Entwickelt unter Feuereinwirkung äußerst giftige Dämpfe (Phosgen). Giftig beim Verschlucken, bei Berührung mit der Haut oder beim Einatmen.	1593

UN-Nr.	Richtiger technischer Name	Klasse	Zusatz-gefahr	Verpa-ckungs-gruppe	Sonder-vor-schrif-ten	Begrenzte und freige-stellte Mengen		Verpackungen		IBC	
						Be-grenzte Men-gen	Freige-stellte Men-gen	Anwei-sung(en)	Sonder-vor-schriften	Anwei-sung(en)	Sonder-vor-schriften
(1)	(2) 3.1.2	(3) 2.0	(4) 2.0	(5) 2.0.1.3	(6) 3.3	(7a) 3.4	(7b) 3.5	(8) 4.1.4	(9) 4.1.4	(10) 4.1.4	(11) 4.1.4
1594	DIETHYLSULFAT DIETHYL SULPHATE	6.1	-	II	-	100 ml	E4	P001	-	IBC02	-
1595	DIMETHYLSULFAT DIMETHYL SULPHATE	6.1	8	I	354	0	E0	P602	-	-	-
1596	DINITROANILINE DINITROANILINES	6.1	-	II	-	500 g	E4	P002	-	IBC08	B4 B21
1597	DINITROBENZENE, FLÜSSIG DINITROBENZENES, LIQUID	6.1	-	II	-	100 ml	E4	P001	-	IBC03	-
1597	DINITROBENZENE, FLÜSSIG DINITROBENZENES, LIQUID	6.1	-	III	223	5 L	E1	P001 LP01	-	IBC03	-
1598	DINITRO-o-CRESOL DINITRO-o-CRESOL	6.1	- P	II	43	500 g	E4	P002	-	IBC08	B4 B21
1599	DINITROPHENOL, LÖSUNG DINITROPHENOL SOLUTION	6.1	- P	II	-	100 ml	E4	P001	-	IBC02	-
1599	DINITROPHENOL, LÖSUNG DINITROPHENOL SOLUTION	6.1	- P	III	223	5 L	E1	P001 LP01	-	IBC03	-
1600	DINITROTOLUENE, GESCHMOLZEN DINITROTOLUENES, MOLTEN	6.1	- P	II	-	0	E0	-	-	-	-
1601	DESINFEKTIONSMITTEL, FEST, GIF-TIG, N.A.G. DISINFECTANT, SOLID, TOXIC, N.O.S.	6.1	-	I	274	0	E5	P002	-	IBC07	B1
1601	DESINFEKTIONSMITTEL, FEST, GIF-TIG, N.A.G. DISINFECTANT, SOLID, TOXIC, N.O.S.	6.1	-	II	274	500 g	E4	P002	-	IBC08	B4 B21
1601	DESINFEKTIONSMITTEL, FEST, GIF-TIG, N.A.G. DISINFECTANT, SOLID, TOXIC, N.O.S.	6.1	-	III	223 274	5 kg	E1	P002 LP02	-	IBC08	B3
1602	FARBSTOFF, FLÜSSIG, GIFTIG, N.A.G. oder FARBSTOFFZWISCHENPRO-DUKT, FLÜSSIG, GIFTIG, N.A.G. DYE, LIQUID, TOXIC, N.O.S. or DYE INTERMEDIATE, LIQUID, TOXIC, N.O.S.	6.1	-	I	274	0	E5	P001	-	-	-
1602	FARBSTOFF, FLÜSSIG, GIFTIG, N.A.G. oder FARBSTOFFZWISCHENPRO-DUKT, FLÜSSIG, GIFTIG, N.A.G. DYE, LIQUID, TOXIC, N.O.S. or DYE INTERMEDIATE, LIQUID, TOXIC, N.O.S.	6.1	-	II	274	100 ml	E4	P001	-	IBC02	-
1602	FARBSTOFF, FLÜSSIG, GIFTIG, N.A.G. oder FARBSTOFFZWISCHENPRO-DUKT, FLÜSSIG, GIFTIG, N.A.G. DYE, LIQUID, TOXIC, N.O.S. or DYE INTERMEDIATE, LIQUID, TOXIC, N.O.S.	6.1	-	III	223 274	5 L	E1	P001 LP01	-	IBC03	-
1603	ETHYLBROMACETAT ETHYL BROMOACETATE	6.1	3	II	-	100 ml	E0	P001	-	IBC02	-

Ortsbewegliche Tanks und Schüttgut-Container			EmS	Stauung und Handhabung	Trennung	Eigenschaften und Bemerkung	UN-Nr.
	Tank Anweisung(en)	Vorschriften					
(12)	(13)	(14)	(15)	(16a)	(16b)	(17)	(18)
	4.2.5 4.3	4.2.5	5.4.3.2 7.8	7.1, 7.3 bis 7.7	7.2 bis 7.7		
-	T7	TP2	F-A, S-A	Staukategorie C	-	Farblose, ölige Flüssigkeit. Wird durch Feuchtigkeit leicht zu Schwefelsäure hydrolisiert, einer ätzenden Flüssigkeit. Giftig beim Verschlucken, bei Berührung mit der Haut oder beim Einatmen.	1594
-	T20	TP2 TP13 TP35	F-A, S-B	Staukategorie D SW2	SGG1 SG36 SG49	Farblose, flüchtige Flüssigkeit, entwickelt giftige Dämpfe. Greift bei Feuchtigkeit die meisten Metalle an. Hochgiftig beim Verschlucken, bei Berührung mit der Haut oder beim Einatmen. Verursacht Verätzungen der Haut, der Augen und der Schleimhäute.	1595
-	T3	TP33	F-A, S-A	Staukategorie A	SG15	Gelbe Kristalle in reiner Form. Nicht löslich in Wasser. Können unter Feuereinwirkung explodieren. Giftig beim Verschlucken, bei Berührung mit der Haut oder beim Einatmen.	1596
-	T7	TP2	F-A, S-A	Staukategorie A	SG15	Gelbe Lösungen. Können unter Feuereinwirkung explodieren. Giftig beim Verschlucken, bei Berührung mit der Haut oder beim Einatmen.	1597 → *UN 3443*
-	T7	TP2	F-A, S-A	Staukategorie A	SG15	Siehe Eintrag oben.	1597 → *UN 3443*
-	T3	TP33	F-A, S-A	Staukategorie A	-	Gelbe Kristalle oder kristalline Masse. Schwach löslich in Wasser. Giftig beim Verschlucken, bei Berührung mit der Haut oder beim Einatmen von Staub.	1598
-	T7	TP2	F-A, S-A	Staukategorie A	SG30	In reiner Form besteht der Stoff aus gelben Kristallen. Schwach löslich in Wasser. Kann mit Schwermetallen und deren Salzen äußerst empfindliche Verbindungen bilden. Giftig beim Verschlucken, bei Berührung mit der Haut oder beim Einatmen.	1599
-	T4	TP1	F-A, S-A	Staukategorie A	SG30	Siehe Eintrag oben.	1599
-	T7	TP3	F-A, S-A	Staukategorie C	-	Schmelze. Mit diesem Eintrag sind die Isomere 2,3-, 2,4-, 2,5-, 2,6-, 3,4- und 3,5- mit Schmelzpunkten zwischen 52 °C und 93 °C erfasst. Giftig beim Verschlucken, bei Berührung mit der Haut oder beim Einatmen.	1600
-	T6	TP33	F-A, S-A	Staukategorie A SW2	-	Ein weiter Bereich giftiger fester Stoffe. Giftig beim Verschlucken, bei Berührung mit der Haut oder beim Einatmen.	1601
-	T3	TP33	F-A, S-A	Staukategorie A SW2	-	Siehe Eintrag oben.	1601
-	T1	TP33	F-A, S-A	Staukategorie A SW2	-	Siehe Eintrag oben.	1601
-	-	-	F-A, S-A	Staukategorie A	-	Ein weiter Bereich giftiger Flüssigkeiten. Giftig beim Verschlucken, bei Berührung mit der Haut oder beim Einatmen.	1602
-	-	-	F-A, S-A	Staukategorie A	-	Siehe Eintrag oben.	1602
-	-	-	F-A, S-A	Staukategorie A	-	Siehe Eintrag oben.	1602
-	T7	TP2	F-E, S-D	Staukategorie D SW2	-	Farblose, entzündbare Flüssigkeit, entwickelt reizende Dämpfe („Tränengas"). Flammpunkt: 58 °C c.c. Giftig beim Verschlucken, bei Berührung mit der Haut oder beim Einatmen.	1603

3.2 Gefahrgutliste

UN-Nr.	Richtiger technischer Name	Klasse	Zusatzgefahr	Verpackungsgruppe	Sondervorschriften	Begrenzte und freigestellte Mengen		Verpackungen		IBC	
						Begrenzte Mengen	Freigestellte Mengen	Anweisung(en)	Sondervorschriften	Anweisung(en)	Sondervorschriften
(1)	(2) 3.1.2	(3) 2.0	(4) 2.0	(5) 2.0.1.3	(6) 3.3	(7a) 3.4	(7b) 3.5	(8) 4.1.4	(9) 4.1.4	(10) 4.1.4	(11) 4.1.4
1604	ETHYLENDIAMIN ETHYLENEDIAMINE	8	3	II	-	1 L	E2	P001	-	IBC02	-
1605	ETHYLENDIBROMID ETHYLENE DIBROMIDE	6.1	-	I	354	0	E0	P602	-	-	-
1606	EISEN(III)ARSENAT FERRIC ARSENATE	6.1	- **P**	II	-	500 g	E4	P002	-	IBC08	B4 B21
1607	EISEN(III)ARSENIT FERRIC ARSENITE	6.1	- **P**	II	-	500 g	E4	P002	-	IBC08	B4 B21
1608	EISEN(II)ARSENAT FERROUS ARSENATE	6.1	- **P**	II	-	500 g	E4	P002	-	IBC08	B4 B21
1611	HEXAETHYLTETRAPHOSPHAT HEXAETHYL TETRAPHOSPHATE	6.1	- **P**	II	-	100 ml	E4	P001	-	IBC02	-
1612	HEXAETHYLTETRAPHOSPHAT UND VERDICHTETES GAS, GEMISCH HEXAETHYL TETRAPHOSPHATE AND COMPRESSED GAS MIXTURE	2.3	-	-	-	0	E0	P200	-	-	-
1613	CYANWASSERSTOFFSÄURE, WÄSSERIGE LÖSUNG (CYANWASSERSTOFF, WÄSSERIGE LÖSUNG), mit höchstens 20 % Cyanwasserstoff HYDROCYANIC ACID, AQUEOUS SOLUTION (HYDROGEN CYANIDE, AQUEOUS SOLUTION) with not more than 20 % hydrogen cyanide	6.1	- **P**	I	900	0	E0	P601	-	-	-
1614	CYANWASSERSTOFF, STABILISIERT, mit weniger als 3 % Wasser und aufgesaugt durch eine inerte poröse Masse HYDROGEN CYANIDE, STABILIZED containing less than 3 % water and absorbed in a porous inert material	6.1	- **P**	I	386	0	E0	P099	-	-	-
1616	BLEIACETAT LEAD ACETATE	6.1	- **P**	III	-	5 kg	E1	P002 LP02	-	IBC08	B3
1617	BLEIARSENATE LEAD ARSENATES	6.1	- **P**	II	-	500 g	E4	P002	-	IBC08	B4 B21
1618	BLEIARSENITE LEAD ARSENITES	6.1	- **P**	II	-	500 g	E4	P002	-	IBC08	B4 B21
1620	BLEICYANID LEAD CYANIDE	6.1	- **P**	II	-	500 g	E4	P002	-	IBC08	B4 B21
1621	LONDON PURPLE LONDON PURPLE	6.1	- **P**	II	43	500 g	E4	P002	-	IBC08	B4 B21
1622	MAGNESIUMARSENAT MAGNESIUM ARSENATE	6.1	- **P**	II	-	500 g	E4	P002	-	IBC08	B4 B21
1623	QUECKSILBER(II)ARSENAT MERCURIC ARSENATE	6.1	- **P**	II	-	500 g	E4	P002	-	IBC08	B4 B21
1624	QUECKSILBER(II)CHLORID MERCURIC CHLORIDE	6.1	- **P**	II	-	500 g	E4	P002	-	IBC08	B4 B21

Ortsbewegliche Tanks und Schüttgut-Container			EmS	Stauung und Handhabung	Trennung	Eigenschaften und Bemerkung	UN-Nr.
	Tank Anwei- sung(en)	Vor- schrif- ten					
(12)	(13) 4.2.5 4.3	(14) 4.2.5	(15) 5.4.3.2 7.8	(16a) 7.1, 7.3 bis 7.7	(16b) 7.2 bis 7.7	(17)	(18)
-	T7	TP2	F-E, S-C	Staukategorie A SW2	SGG18 SG35	Flüchtige, farblose, hygroskopische entzündbare Flüssigkeit mit ammoniakartigem Geruch. Flammpunkt: 34 °C c.c. Mischbar mit Wasser. Verursacht Verätzungen der Haut, der Augen und der Schleimhäute. Reagiert heftig mit Säuren.	1604
-	T20	TP2 TP13 TP37	F-A, S-A	Staukategorie D SW2	SGG10	Farblose, flüchtige Flüssigkeit. Hochgiftig beim Verschlucken, bei Berührung mit der Haut oder beim Einatmen.	1605
-	T3	TP33	F-A, S-A	Staukategorie A	-	Grüne Kristalle oder Pulver. Nicht löslich in Wasser. Giftig beim Verschlucken, bei Berührung mit der Haut oder beim Einatmen von Staub.	1606
-	T3	TP33	F-A, S-A	Staukategorie A	-	Braunes oder gelbes Pulver. Nicht löslich in Wasser. Giftig beim Verschlucken, bei Berührung mit der Haut oder beim Einatmen von Staub.	1607
-	T3	TP33	F-A, S-A	Staukategorie A	-	Grünes Pulver. Nicht löslich in Wasser. Giftig beim Verschlucken, bei Berührung mit der Haut oder beim Einatmen von Staub.	1608
-	T7	TP2	F-A, S-A	Staukategorie E SW2	-	Gelbe Flüssigkeit. Mischbar mit Wasser. Giftig beim Verschlucken, bei Berührung mit der Haut oder beim Einatmen.	1611
-	-	-	F-C, S-U	Staukategorie D SW2	-	Giftig beim Verschlucken, bei Berührung mit der Haut oder beim Einatmen.	1612
-	T14	TP2 TP13	F-A, S-A	Staukategorie D SW2	-	Farblose Flüssigkeit, entwickelt äußerst giftige Dämpfe mit Bittermandelgeruch. Mischbar mit Wasser. Hochgiftig beim Verschlucken, bei Berührung mit der Haut oder beim Einatmen. Die Beförderung von CYANWASSERSTOFFSÄURE, WÄSSERIGE LÖSUNG, mit mehr als 20 % Cyanwasserstoff, und von CYANWASSERSTOFF, WÄSSERIGE LÖSUNG, mit mehr als 20 % Cyanwasserstoff, ist **verboten**.	1613
-	-	-	F-A, S-U	Staukategorie D SW1 SW2	-	Sehr flüchtige, farblose Flüssigkeit, entwickelt äußerst giftige entzündbare Dämpfe, aufgesaugt durch eine inerte poröse Masse. Mischbar mit Wasser. Hochgiftig beim Verschlucken, bei Berührung mit der Haut oder beim Einatmen.	1614
-	T1	TP33	F-A, S-A	Staukategorie A	SGG7 SGG9	Weiße Kristalle oder braune oder graue Brocken. Löslich in Wasser. Giftig beim Verschlucken, bei Berührung mit der Haut oder beim Einatmen.	1616
-	T3	TP33	F-A, S-A	Staukategorie A	SGG7 SGG9	Weiße Kristalle oder Pulver. Nicht löslich in Wasser. Giftig beim Verschlucken, bei Berührung mit der Haut oder beim Einatmen von Staub.	1617
-	T3	TP33	F-A, S-A	Staukategorie A	SGG7 SGG9	Weißes Pulver. Nicht löslich in Wasser. Giftig beim Verschlucken, bei Berührung mit der Haut oder beim Einatmen von Staub.	1618
-	T3	TP33	F-A, S-A	Staukategorie A	SGG6 SGG7 SGG9 SG35	Weißes Pulver. Schwach löslich in Wasser. Reagiert mit Säuren oder sauren Dämpfen, entwickelt Blausäure, ein hochgiftiges und entzündbares Gas. Giftig beim Verschlucken, bei Berührung mit der Haut oder beim Einatmen von Staub.	1620
-	T3	TP33	F-A, S-A	Staukategorie A	-	Gemisch aus Arsentrioxid, Kalk und Eisenoxid, wird als Insektizid verwendet. Nicht löslich in Wasser. Giftig beim Verschlucken, bei Berührung mit der Haut oder beim Einatmen von Staub.	1621
-	T3	TP33	F-A, S-A	Staukategorie A	-	Weiße Kristalle oder Pulver. Nicht löslich in Wasser. Giftig beim Verschlucken, bei Berührung mit der Haut oder beim Einatmen von Staub.	1622
-	T3	TP33	F-A, S-A	Staukategorie A	SGG7 SGG11	Gelbe Kristalle oder Pulver. Nicht löslich in Wasser. Giftig beim Verschlucken, bei Berührung mit der Haut oder beim Einatmen von Staub.	1623
-	T3	TP33	F-A, S-A	Staukategorie A	SGG7 SGG11	Weiße Kristalle oder Pulver. Löslich in Wasser. Giftig beim Verschlucken, bei Berührung mit der Haut oder beim Einatmen von Staub.	1624

3.2 Gefahrgutliste

UN-Nr.	Richtiger technischer Name	Klasse	Zusatz-gefahr	Verpa-ckungs-gruppe	Sonder-vor-schrif-ten	Begrenzte und freige-stellte Mengen		Verpackungen		IBC	
						Be-grenzte Men-gen	Freige-stellte Men-gen	Anwei-sung(en)	Sonder-vor-schriften	Anwei-sung(en)	Sonder-vor-schriften
(1)	(2)	(3)	(4)	(5)	(6)	(7a)	(7b)	(8)	(9)	(10)	(11)
	3.1.2	2.0	2.0	2.0.1.3	3.3	3.4	3.5	4.1.4	4.1.4	4.1.4	4.1.4
1625	QUECKSILBER(II)NITRAT MERCURIC NITRATE	6.1	- P	II	-	500 g	E4	P002	-	IBC08	B4 B21
1626	KALIUMQUECKSILBER(II)CYANID MERCURIC POTASSIUM CYANIDE	6.1	- P	I	-	0	E5	P002	PP31	IBC07	B1
1627	QUECKSILBER(I)NITRAT MERCUROUS NITRATE	6.1	- P	II	-	500 g	E4	P002	-	IBC08	B4 B21
1629	QUECKSILBERACETAT MERCURY ACETATE	6.1	- P	II	-	500 g	E4	P002	-	IBC08	B4 B21
1630	QUECKSILBER(II)AMMONIUMCHLO-RID MERCURY AMMONIUM CHLORIDE	6.1	- P	II	-	500 g	E4	P002	-	IBC08	B4 B21
1631	QUECKSILBER(II)BENZOAT MERCURY BENZOATE	6.1	- P	II	-	500 g	E4	P002	-	IBC08	B4 B21
1634	QUECKSILBERBROMIDE MERCURY BROMIDES	6.1	- P	II	-	500 g	E4	P002	-	IBC08	B4 B21
1636	QUECKSILBERCYANID MERCURY CYANIDE	6.1	- P	II	-	500 g	E4	P002	-	IBC08	B4 B21
1637	QUECKSILBERGLUCONAT MERCURY GLUCONATE	6.1	- P	II	-	500 g	E4	P002	-	IBC08	B4 B21
1638	QUECKSILBERIODID MERCURY IODIDE	6.1	- P	II	-	500 g	E4	P002	-	IBC08	B4 B21
1639	QUECKSILBERNUCLEAT MERCURY NUCLEATE	6.1	- P	II	-	500 g	E4	P002	-	IBC08	B4 B21
1640	QUECKSILBEROLEAT MERCURY OLEATE	6.1	- P	II	-	500 g	E4	P002	-	IBC08	B4 B21
1641	QUECKSILBEROXID MERCURY OXIDE	6.1	- P	II	-	500 g	E4	P002	-	IBC08	B4 B21
1642	QUECKSILBEROXYCYANID, PHLEG-MATISIERT MERCURY OXYCYANIDE, DESENSI-TIZED	6.1	- P	II	900	500 g	E4	P002	-	IBC08	B4 B21
1643	KALIUMQUECKSILBER(II)IODID MERCURY POTASSIUM IODIDE	6.1	- P	II	-	500 g	E4	P002	-	IBC08	B4 B21
1644	QUECKSILBERSALICYLAT MERCURY SALICYLATE	6.1	- P	II	-	500 g	E4	P002	-	IBC08	B4 B21
1645	QUECKSILBERSULFAT MERCURY SULPHATE	6.1	- P	II	-	500 g	E4	P002	-	IBC08	B4 B21
1646	QUECKSILBERTHIOCYANAT MERCURY THIOCYANATE	6.1	- P	II	-	500 g	E4	P002	-	IBC08	B4 B21
1647	METHYLBROMID UND ETHYLENDI-BROMID, MISCHUNG, FLÜSSIG METHYL BROMIDE AND ETHYLENE DIBROMIDE MIXTURE, LIQUID	6.1	- P	I	354	0	E0	P602	-	-	-

Ortsbewegliche Tanks und Schüttgut-Container			EmS	Stauung und Handhabung	Trennung	Eigenschaften und Bemerkung	UN-Nr.
	Tank Anweisung(en)	Vorschriften					
(12)	(13)	(14)	(15)	(16a)	(16b)	(17)	(18)
	4.2.5 4.3	4.2.5	5.4.3.2 7.8	7.1, 7.3 bis 7.7	7.2 bis 7.7		
-	T3	TP33	F-A, S-A	Staukategorie A	SGG7 SGG11	Weiße, zerfließliche Kristalle oder Pulver. Löslich in Wasser. Giftig beim Verschlucken, bei Berührung mit der Haut oder beim Einatmen von Staub.	1625
-	T6	TP33	F-A, S-A	Staukategorie A	SGG6 SGG7 SGG11 SG35	Farblose Kristalle. Löslich in Wasser. Reagiert mit Säuren, entwickelt Blausäure, ein hochgiftiges und entzündbares Gas. Hochgiftig beim Verschlucken, bei Berührung mit der Haut oder beim Einatmen von Staub.	1626
-	T3	TP33	F-A, S-A	Staukategorie A	SGG7 SGG11	Kristalle oder Pulver. Giftig beim Verschlucken, bei Berührung mit der Haut oder beim Einatmen von Staub.	1627
-	T3	TP33	F-A, S-A	Staukategorie A	SGG7 SGG11	Weiße Kristalle oder Pulver. Giftig beim Verschlucken, bei Berührung mit der Haut oder beim Einatmen von Staub.	1629
-	T3	TP33	F-A, S-A	Staukategorie A	SGG2 SGG7 SGG11	Weiße Kristalle oder Pulver. Nicht löslich in Wasser. Giftig beim Verschlucken, bei Berührung mit der Haut oder beim Einatmen von Staub.	1630
-	T3	TP33	F-A, S-A	Staukategorie A	SGG7 SGG11	Weiße Kristalle. Giftig beim Verschlucken, bei Berührung mit der Haut oder beim Einatmen von Staub.	1631
-	T3	TP33	F-A, S-A	Staukategorie A	SGG7 SGG11	Weiße Kristalle oder Pulver. Giftig beim Verschlucken, bei Berührung mit der Haut oder beim Einatmen von Staub.	1634
-	T3	TP33	F-A, S-A	Staukategorie A	SGG6 SGG7 SGG11 SG35	Weiße Kristalle oder Pulver. Löslich in Wasser. Reagiert mit Säuren oder sauren Dämpfen, entwickelt Blausäure, ein hochgiftiges und entzündbares Gas. Giftig beim Verschlucken, bei Berührung mit der Haut oder beim Einatmen von Staub.	1636
-	T3	TP33	F-A, S-A	Staukategorie A	SGG7 SGG11	Fester Stoff. Löslich in Wasser. Giftig beim Verschlucken, bei Berührung mit der Haut oder beim Einatmen von Staub.	1637
-	T3	TP33	F-A, S-A	Staukategorie A	SGG7 SGG11	Rote Kristalle oder Pulver. Nicht löslich in Wasser. Giftig beim Verschlucken, bei Berührung mit der Haut oder beim Einatmen von Staub.	1638
-	T3	TP33	F-A, S-A	Staukategorie A	SGG7 SGG11	Braunes Pulver, enthält etwa 20 % Quecksilber. Giftig beim Verschlucken, bei Berührung mit der Haut oder beim Einatmen von Staub.	1639
-	T3	TP33	F-A, S-A	Staukategorie A	SGG7 SGG11	Gelbe ölige Paste. Nicht löslich in Wasser. Giftig beim Verschlucken, bei Berührung mit der Haut oder beim Einatmen.	1640
-	T3	TP33	F-A, S-A	Staukategorie A	SGG7 SGG11	Orangefarbenes Pulver. Nicht löslich in Wasser. Giftig beim Verschlucken, bei Berührung mit der Haut oder beim Einatmen von Staub.	1641
-	T3	TP33	F-A, S-A	Staukategorie A	SGG6 SGG7 SGG11 SG15 SG35	Weiße Kristalle oder Pulver. Reagiert mit Säuren oder sauren Dämpfen, entwickelt Blausäure, ein hochgiftiges und entzündbares Gas. Können unter Feuereinwirkung explodieren. Giftig beim Verschlucken, bei Berührung mit der Haut oder beim Einatmen von Staub. Muss ausreichend phlegmatisiert sein (Gemische aus Quecksilberoxycyanid und Quecksilbercyanid, die nicht weniger als 65 Masse-% Quecksilbercyanid enthalten, können als ausreichend phlegmatisiert angesehen werden). Beförderung von QUECKSILBEROXYCYANID rein ist **verboten**.	1642
-	T3	TP33	F-A, S-A	Staukategorie A	SGG7 SGG11	Gelbe, zerfließliche Kristalle oder Pulver. Löslich in Wasser. Giftig beim Verschlucken, bei Berührung mit der Haut oder beim Einatmen von Staub.	1643
-	T3	TP33	F-A, S-A	Staukategorie A	SGG7 SGG11	Weißes Pulver. Nicht löslich in Wasser. Giftig beim Verschlucken, bei Berührung mit der Haut oder beim Einatmen von Staub.	1644
-	T3	TP33	F-A, S-A	Staukategorie A	SGG7 SGG11	Weiße Kristalle oder Pulver. Zersetzt sich in Wasser unter Bildung von Schwefelsäure. Giftig beim Verschlucken, bei Berührung mit der Haut oder beim Einatmen von Staub.	1645
-	T3	TP33	F-A, S-A	Staukategorie A	SGG7 SGG11	Weißes Pulver. Nicht löslich in Wasser. Giftig beim Verschlucken, bei Berührung mit der Haut oder beim Einatmen von Staub.	1646
-	T20	TP2 TP13	F-A, S-A	Staukategorie D SW2	SGG10	Lösungen des gasförmigen Methylbromids, bilden giftige Dämpfe. Methylbromid hat einen Siedepunkt von etwa 4 °C. Hochgiftig beim Verschlucken, bei Berührung mit der Haut oder beim Einatmen.	1647

3.2 Gefahrgutliste

UN-Nr.	Richtiger technischer Name	Klasse	Zusatzgefahr	Verpackungsgruppe	Sondervorschriften	Begrenzte und freigestellte Mengen		Verpackungen		IBC	
						Begrenzte Mengen	Freigestellte Mengen	Anweisung(en)	Sondervorschriften	Anweisung(en)	Sondervorschriften
(1)	(2) 3.1.2	(3) 2.0	(4) 2.0	(5) 2.0.1.3	(6) 3.3	(7a) 3.4	(7b) 3.5	(8) 4.1.4	(9) 4.1.4	(10) 4.1.4	(11) 4.1.4
1648	ACETONITRIL ACETONITRILE	3	-	II	-	1 L	E2	P001	-	IBC02	-
1649	ANTIKLOPFMISCHUNG FÜR MOTORKRAFTSTOFF MOTOR FUEL ANTI-KNOCK MIXTURE	6.1	- **P**	I	-	0	E0	P602	-	-	-
1650	beta-NAPHTHYLAMIN, FEST beta-NAPHTHYLAMINE, SOLID	6.1	-	II	-	500 g	E4	P002	-	IBC08	B4 B21
1651	NAPHTHYLTHIOHARNSTOFF NAPHTHYLTHIOUREA	6.1	-	II	43	500 g	E4	P002	-	IBC08	B4 B21
1652	NAPHTHYLHARNSTOFF NAPHTHYLUREA	6.1	-	II	-	500 g	E4	P002	-	IBC08	B4 B21
1653	NICKELCYANID NICKEL CYANIDE	6.1	- **P**	II	-	500 g	E4	P002	-	IBC08	B4 B21
1654	NICOTIN NICOTINE	6.1	-	II	-	100 ml	E4	P001	-	IBC02	-
1655	NICOTINVERBINDUNG, FEST, N.A.G. oder NICOTINZUBEREITUNG, FEST, N.A.G. NICOTINE COMPOUND, SOLID, N.O.S. or NICOTINE PREPARATION, SOLID, N.O.S.	6.1	-	I	43 274	0	E5	P002	-	IBC07	B1
1655	NICOTINVERBINDUNG, FEST, N.A.G. oder NICOTINZUBEREITUNG, FEST, N.A.G. NICOTINE COMPOUND, SOLID, N.O.S. or NICOTINE PREPARATION, SOLID, N.O.S.	6.1	-	II	43 274	500 g	E4	P002	-	IBC08	B4 B21
1655	NICOTINVERBINDUNG, FEST, N.A.G. oder NICOTINZUBEREITUNG, FEST, N.A.G. NICOTINE COMPOUND, SOLID, N.O.S. or NICOTINE PREPARATION, SOLID, N.O.S.	6.1	-	III	43 223 274	5 kg	E1	P002 LP02	-	IBC08	B3
1656	NICOTINHYDROCHLORID, FLÜSSIG oder LÖSUNG NICOTINE HYDROCHLORIDE, LIQUID or SOLUTION	6.1	-	II	43	100 ml	E4	P001	-	IBC02	-
1656	NICOTINHYDROCHLORID, FLÜSSIG oder LÖSUNG NICOTINE HYDROCHLORIDE, LIQUID or SOLUTION	6.1	-	III	43 223	5 L	E1	P001 LP01	-	IBC03	-
1657	NICOTINSALICYLAT NICOTINE SALICYLATE	6.1	-	II	-	500 g	E4	P002	-	IBC08	B4 B21
1658	NICOTINSULFAT, LÖSUNG NICOTINE SULPHATE SOLUTION	6.1	-	II	-	100 ml	E4	P001	-	IBC02	-
1658	NICOTINSULFAT, LÖSUNG NICOTINE SULPHATE SOLUTION	6.1	-	III	223	5 L	E1	P001 LP01	-	IBC03	-
1659	NICOTINTARTRAT NICOTINE TARTRATE	6.1	-	II	-	500 g	E4	P002	-	IBC08	B4 B21

Ortsbewegliche Tanks und Schüttgut-Container			EmS	Stauung und Handhabung	Trennung	Eigenschaften und Bemerkung	UN-Nr.	
	Tank Anweisung(en)	Vorschriften						
(12)	(13)	(14)	(15)	(16a)	(16b)	(17)	(18)	
	4.2.5 4.3	4.2.5	5.4.3.2 7.8	7.1, 7.3 bis 7.7	7.2 bis 7.7			
-	T7	TP2	F-E, S-D	Staukategorie B SW2	-	Farblose, flüchtige Flüssigkeit. Flammpunkt: 2 °C c.c. Explosionsgrenzen: 3 % bis 16 %. Mischbar mit Wasser. Entwickelt unter Feuereinwirkung giftige Cyaniddämpfe. Gesundheitsschädlich beim Verschlucken, bei Berührung mit der Haut oder beim Einatmen.	1648	
-	T14	TP2 TP13	F-A, S-A	Staukategorie D SW1 SW2	SGG7 SGG9	Flüchtige Flüssigkeiten, entwickeln giftige Dämpfe. Gemische aus Tetraethylblei oder Tetramethylblei mit Ethylendibromid und Ethylendichlorid. Nicht löslich in Wasser. Hochgiftig beim Verschlucken, bei Berührung mit der Haut oder beim Einatmen.	1649	
-	T3	TP33	F-A, S-A	Staukategorie A	-	Weiße Kristalle. Giftig beim Verschlucken, bei Berührung mit der Haut oder beim Einatmen.	1650	→ *UN 3411*
-	T3	TP33	F-A, S-A	Staukategorie A	-	Weiße Kristalle oder Pulver. Giftig beim Verschlucken, bei Berührung mit der Haut oder beim Einatmen von Staub.	1651	
-	T3	TP33	F-A, S-A	Staukategorie A	-	Kristalle oder Pulver. Giftig beim Verschlucken, bei Berührung mit der Haut oder beim Einatmen von Staub.	1652	
-	T3	TP33	F-A, S-A	Staukategorie A	SGG6 SGG7 SG35	Grüne Kristalle oder Pulver. Nicht löslich in Wasser. Reagiert mit Säuren oder sauren Dämpfen, entwickelt Blausäure, ein hochgiftiges und entzündbares Gas. Giftig beim Verschlucken, bei Berührung mit der Haut oder beim Einatmen von Staub.	1653	
-	-	-	F-A, S-A	Staukategorie A	-	Dickes, farbloses Öl, das sich an der Luft braun färbt. Mischbar mit Wasser. Giftig beim Verschlucken, bei Berührung mit der Haut oder beim Einatmen.	1654	
-	T6	TP33	F-A, S-A	Staukategorie B	-	Ein weiter Bereich giftiger fester Stoffe. Giftig beim Verschlucken, bei Berührung mit der Haut oder beim Einatmen von Staub.	1655	
-	T3	TP33	F-A, S-A	Staukategorie A	-	Siehe Eintrag oben.	1655	
-	T1	TP33	F-A, S-A	Staukategorie A	-	Siehe Eintrag oben.	1655	
-	-	-	F-A, S-A	Staukategorie A	-	Mischbar mit Wasser. Giftig beim Verschlucken, bei Berührung mit der Haut oder beim Einatmen.	1656	→ *UN 3444*
-	-	-	F-A, S-A	Staukategorie A	-	Siehe Eintrag oben.	1656	→ *UN 3444*
-	T3	TP33	F-A, S-A	Staukategorie A	-	Weiße Kristalle. Löslich in Wasser. Giftig beim Verschlucken, bei Berührung mit der Haut oder beim Einatmen von Staub.	1657	
-	T7	TP2	F-A, S-A	Staukategorie A	-	Mischbar mit Wasser. Giftig beim Verschlucken, bei Berührung mit der Haut oder beim Einatmen.	1658	→ *UN 3445*
-	T7	TP2	F-A, S-A	Staukategorie A	-	Siehe Eintrag oben.	1658	→ *UN 3445*
-	T3	TP33	F-A, S-A	Staukategorie A	-	Weiße Kristalle. Löslich in Wasser. Giftig beim Verschlucken, bei Berührung mit der Haut oder beim Einatmen von Staub.	1659	

UN-Nr.	Richtiger technischer Name	Klasse	Zusatzgefahr	Verpackungsgruppe	Sondervorschriften	Begrenzte und freigestellte Mengen		Verpackungen		IBC	
						Begrenzte Mengen	Freigestellte Mengen	Anweisung(en)	Sondervorschriften	Anweisung(en)	Sondervorschriften
(1)	(2) 3.1.2	(3) 2.0	(4) 2.0	(5) 2.0.1.3	(6) 3.3	(7a) 3.4	(7b) 3.5	(8) 4.1.4	(9) 4.1.4	(10) 4.1.4	(11) 4.1.4
1660	STICKSTOFFOXID, VERDICHTET NITRIC OXIDE, COMPRESSED	2.3	5.1/8	-	-	0	E0	P200	-	-	-
1661	NITROANILINE (o-, m-, p-) NITROANILINES (o-, m-, p-)	6.1	-	II	279	500 g	E4	P002	-	IBC08	B4 B21
1662	NITROBENZEN NITROBENZENE	6.1	-	II	279	100 ml	E4	P001	-	IBC02	-
1663	NITROPHENOLE (o-, m-, p-) NITROPHENOLS (o-, m-, p-)	6.1	-	III	279	5 kg	E1	P002 LP02	-	IBC08	B3
1664	NITROTOLUENE, FLÜSSIG NITROTOLUENES, LIQUID	6.1	-	II	-	100 ml	E4	P001	-	IBC02	-
1665	NITROXYLENE, FLÜSSIG NITROXYLENES, LIQUID	6.1	-	II	-	100 ml	E4	P001	-	IBC02	-
1669	PENTACHLORETHAN PENTACHLOROETHANE	6.1	- **P**	II	-	100 ml	E4	P001	-	IBC02	-
1670	PERCHLORMETHYLMERCAPTAN PERCHLOROMETHYL MERCAPTAN	6.1	- **P**	I	354	0	E0	P602	-	-	-
1671	PHENOL, FEST PHENOL, SOLID	6.1	-	II	279	500 g	E4	P002	-	IBC08	B4 B21
1672	PHENYLCARBYLAMINCHLORID PHENYLCARBYLAMINE CHLORIDE	6.1	-	I	-	0	E0	P602	-	-	-
1673	PHENYLENDIAMINE (o-, m-, p-) PHENYLENEDIAMINES (o-, m-, p-)	6.1	-	III	279	5 kg	E1	P002 LP02	-	IBC08	B3
1674	PHENYLQUECKSILBER(II)ACETAT PHENYLMERCURIC ACETATE	6.1	- **P**	II	43	500 g	E4	P002	-	IBC08	B4 B21
1677	KALIUMARSENAT POTASSIUM ARSENATE	6.1	-	II	-	500 g	E4	P002	-	IBC08	B4 B21
1678	KALIUMARSENIT POTASSIUM ARSENITE	6.1	-	II	-	500 g	E4	P002	-	IBC08	B4 B21
1679	KALIUMKUPFER(I)CYANID POTASSIUM CUPROCYANIDE	6.1	- **P**	II	-	500 g	E4	P002	-	IBC08	B4 B21
1680	KALIUMCYANID, FEST POTASSIUM CYANIDE, SOLID	6.1	- **P**	I	-	0	E5	P002	PP31	IBC07	B1

Ortsbewegliche Tanks und Schüttgut-Container			EmS	Stauung und Handhabung	Trennung	Eigenschaften und Bemerkung	UN-Nr.	
	Tank Anwei-sung(en)	Vor-schrif-ten						
(12)	(13)	(14)	(15)	(16a)	(16b)	(17)	(18)	
	4.2.5 4.3	4.2.5	5.4.3.2 7.8	7.1, 7.3 bis 7.7	7.2 bis 7.7			
-	-	-	F-C, S-W	Staukategorie D SW2	SG6 SG19	Nicht entzündbares, giftiges und ätzendes Gas. Stark brandfördernd (oxidierend) wirkender Stoff. Gibt bei Berührung mit der Luft braune Dämpfe ab, die giftig beim Einatmen sind und ähnlich wie Phosgen Spätwirkung zeigen. Schwerer als Luft (1,04). Wirkt stark reizend auf Haut, Augen und Schleimhäute.	1660	
-	T3	TP33	F-A, S-A	Staukategorie A	-	Gelbe Kristalle. Giftig beim Verschlucken, bei Berührung mit der Haut oder beim Einatmen von Staub. Ortho-NITROANILINE können in geschmolzenem Zustand befördert werden.	1661	
-	T7	TP2	F-A, S-A	Staukategorie A SW2	-	Ölige Flüssigkeit, entwickelt giftige Dämpfe. Schmelzpunkt: etwa 6 °C. Giftig beim Verschlucken, bei Berührung mit der Haut oder beim Einatmen.	1662	
-	T1	TP33	F-A, S-A	Staukategorie A	-	Gelbe Kristalle. Der Schmelzpunkt einiger Isomere kann bei nur 44 °C liegen. Giftig beim Verschlucken, bei Berührung mit der Haut oder beim Einatmen von Staub. Kann im geschmolzenen Zustand befördert werden.	1663	
-	T7	TP2	F-A, S-A	Staukategorie A	-	Gelbe Flüssigkeiten. Schmelzpunkte: ortho-NITROTOLUEN: -4 °C, meta-NITROTOLUEN: 15 °C. Giftig beim Verschlucken, bei Berührung mit der Haut oder beim Einatmen.	1664	→ *UN 3446*
-	T7	TP2	F-A, S-A	Staukategorie A	-	Gelbe Flüssigkeiten. Schmelzpunkte: 2-NITRO-3-XYLEN: 14 °C bis 16 °C, 3-NITRO-2-XYLEN: 7 °C bis 9 °C, 4-NITRO-3-XYLEN: 2 °C. Nicht mischbar mit Wasser. Giftig beim Verschlucken, bei Berührung mit der Haut oder beim Einatmen.	1665	→ *UN 3447*
-	T7	TP2	F-A, S-A	Staukategorie A SW2	SGG10	Farblose Flüssigkeit. Giftig beim Verschlucken, bei Berührung mit der Haut oder beim Einatmen.	1669	
-	T20	TP2 TP13 TP37	F-A, S-A	Staukategorie D SW2	-	Gelbe, ölige, flüchtige Flüssigkeit, entwickelt reizende Dämpfe („Tränengas"). Zersetzt sich langsam in Berührung mit Wasser unter Bildung von Salzsäure. Reagiert mit Eisen oder Stahl unter Bildung von Tetrachlorkohlenstoff. Greift die meisten Metalle an. Hochgiftig beim Verschlucken, bei Berührung mit der Haut oder beim Einatmen.	1670	
-	T3	TP33	F-A, S-A	Staukategorie A	-	Farblose oder weiße Kristalle oder kristalline Masse. Schmelzpunkt: 43 °C (reines Produkt). Löslich in Wasser. Giftig beim Verschlucken, bei Berührung mit der Haut oder beim Einatmen. Wird schnell durch die Haut aufgenommen.	1671	
-	T14	TP2 TP13	F-A, S-A	Staukategorie D SW2	-	Blassgelbe, ölige Flüssigkeit mit reizverursachendem, unangenehmem Geruch. Hochgiftig beim Verschlucken, bei Berührung mit der Haut oder beim Einatmen.	1672	
-	T1	TP33	F-A, S-A	Staukategorie A	-	Weiße Kristalle oder Pulver. Giftig beim Verschlucken, bei Berührung mit der Haut oder beim Einatmen von Staub. Kann im geschmolzenen Zustand befördert werden.	1673	
-	T3	TP33	F-A, S-A	Staukategorie A	SGG7	Giftig beim Verschlucken, bei Berührung mit der Haut oder beim Einatmen von Staub.	1674	
-	T3	TP33	F-A, S-A	Staukategorie A	-	Farblose Kristalle oder weißes Pulver. Löslich in Wasser. Giftig beim Verschlucken, bei Berührung mit der Haut oder beim Einatmen von Staub.	1677	
-	T3	TP33	F-A, S-A	Staukategorie A	-	Weißes Pulver. Löslich in Wasser. Giftig beim Verschlucken, bei Berührung mit der Haut oder beim Einatmen von Staub.	1678	
-	T3	TP33	F-A, S-A	Staukategorie A	SGG6 SG35	Weiße Kristalle oder Pulver. Löslich in Wasser. Reagiert mit Säuren oder sauren Dämpfen, entwickelt Blausäure, ein hochgiftiges und entzündbares Gas. Giftig beim Verschlucken, bei Berührung mit der Haut oder beim Einatmen von Staub.	1679	
-	T6	TP33	F-A, S-A	Staukategorie B	SGG6 SG35	Weiße, zerfließliche Kristalle oder Brocken. Löslich in Wasser. Reagiert mit Säuren oder sauren Dämpfen, entwickelt Blausäure, ein hochgiftiges und entzündbares Gas. Hochgiftig beim Verschlucken, bei Berührung mit der Haut oder beim Einatmen von Staub.	1680	→ *UN 3413*

UN-Nr.	Richtiger technischer Name	Klasse	Zusatz-gefahr	Verpa-ckungs-gruppe	Sonder-vor-schrif-ten	Begrenzte und freige-stellte Mengen		Verpackungen		IBC	
						Be-grenzte Men-gen	Freige-stellte Men-gen	Anwei-sung(en)	Sonder-vor-schriften	Anwei-sung(en)	Sonder-vor-schriften
(1)	(2) 3.1.2	(3) 2.0	(4) 2.0	(5) 2.0.1.3	(6) 3.3	(7a) 3.4	(7b) 3.5	(8) 4.1.4	(9) 4.1.4	(10) 4.1.4	(11) 4.1.4
1683	SILBERARSENIT SILVER ARSENITE	6.1	- P	II	-	500 g	E4	P002	-	IBC08	B4 B21
1684	SILBERCYANID SILVER CYANIDE	6.1	- P	II	-	500 g	E4	P002	-	IBC08	B4 B21
1685	NATRIUMARSENAT SODIUM ARSENATE	6.1	-	II	-	500 g	E4	P002	-	IBC08	B4 B21
1686	NATRIUMARSENIT, WÄSSERIGE LÖSUNG SODIUM ARSENITE, AQUEOUS SOLUTION	6.1	-	II	43	100 ml	E4	P001	-	IBC02	-
1686	NATRIUMARSENIT, WÄSSERIGE LÖSUNG SODIUM ARSENITE, AQUEOUS SOLUTION	6.1	-	III	43 223	5 L	E1	P001 LP01	-	IBC03	-
1687	NATRIUMAZID SODIUM AZIDE	6.1	-	II	-	500 g	E4	P002	-	IBC08	B4 B21
1688	NATRIUMKAKODYLAT SODIUM CACODYLATE	6.1	-	II	-	500 g	E4	P002	-	IBC08	B4 B21
1689	NATRIUMCYANID, FEST SODIUM CYANIDE, SOLID	6.1	- P	I	-	0	E5	P002	PP31	IBC07	B1
1690	NATRIUMFLUORID, FEST SODIUM FLUORIDE, SOLID	6.1	-	III	-	5 kg	E1	P002 LP02	-	IBC08	B3
1691	STRONTIUMARSENIT STRONTIUM ARSENITE	6.1	-	II	-	500 g	E4	P002	-	IBC08	B4 B21
1692	STRYCHNIN oder STRYCHNINSALZE STRYCHNINE or STRYCHNINE SALTS	6.1	- P	I	43	0	E5	P002	-	IBC07	B1
1693	STOFF ZUR HERSTELLUNG VON TRÄNENGASEN, FLÜSSIG, N.A.G. TEAR GAS SUBSTANCE, LIQUID, N.O.S.	6.1	-	I	274	0	E0	P001	PP31	-	-
1693	STOFF ZUR HERSTELLUNG VON TRÄNENGASEN, FLÜSSIG, N.A.G. TEAR GAS SUBSTANCE, LIQUID, N.O.S.	6.1	-	II	274	0	E0	P001	PP31	IBC02	-
1694	BROMBENZYLCYANIDE, FLÜSSIG BROMOBENZYL CYANIDES, LIQUID	6.1	-	I	138	0	E0	P001	PP31	-	-
1695	CHLORACETON, STABILISIERT CHLOROACETONE, STABILIZED	6.1	3/8 P	I	354	0	E0	P602	-	-	-
1697	CHLORACETOPHENON, FEST CHLOROACETOPHENONE, SOLID	6.1	-	II	-	0	E0	P002	-	IBC08	B4 B21

Ortsbewegliche Tanks und Schüttgut-Container			EmS	Stauung und Handhabung	Trennung	Eigenschaften und Bemerkung	UN-Nr.	
	Tank Anwei-sung(en)	Vor-schrif-ten						
(12)	(13)	(14)	(15)	(16a)	(16b)	(17)	(18)	
	4.2.5 4.3	4.2.5	5.4.3.2 7.8	7.1, 7.3 bis 7.7	7.2 bis 7.7			
-	T3	TP33	F-A, S-A	Staukategorie A	SGG7	Gelbes Pulver. Nicht löslich in Wasser. Giftig beim Verschlucken, bei Berührung mit der Haut oder beim Einatmen von Staub.	1683	
-	T3	TP33	F-A, S-A	Staukategorie A SW2	SGG6 SGG7 SG35	Weißes Pulver. Nicht löslich in Wasser. Reagiert mit Säuren oder sauren Dämpfen, entwickelt Blausäure, ein hochgiftiges und entzündbares Gas. Giftig beim Verschlucken, bei Berührung mit der Haut oder beim Einatmen von Staub.	1684	
-	T3	TP33	F-A, S-A	Staukategorie A	-	Farblose Kristalle. Löslich in Wasser. Giftig beim Verschlucken, bei Berührung mit der Haut oder beim Einatmen von Staub.	1685	
-	T7	TP2	F-A, S-A	Staukategorie A	-	Farblose Flüssigkeit. Giftig beim Verschlucken, bei Berührung mit der Haut oder beim Einatmen.	1686	
-	T4	TP2	F-A, S-A	Staukategorie A	-	Siehe Eintrag oben.	1686	
-	-	-	F-A, S-A	Staukategorie A	SGG17 SG15 SG30 SG35	Farblose Kristalle. Kann heftig mit Säuren reagieren unter Bildung von Stickstoffwasserstoffsäure, die ein explosiver Stoff ist. Kann mit Schwermetallen und deren Salzen äußerst empfindliche Verbindungen bilden. Können unter Feuereinwirkung explodieren. Giftig beim Verschlucken, bei Berührung mit der Haut oder beim Einatmen von Staub.	1687	
-	T3	TP33	F-A, S-A	Staukategorie A	SG35	Weißer, zerfließlicher fester Stoff mit fauligem Geruch. Reagiert mit Säuren, unter Bildung von Dimethylarsin, einem äußerst giftigen Gas. Löslich in Wasser. Giftig beim Verschlucken, bei Berührung mit der Haut oder beim Einatmen von Staub.	1688	
-	T6	TP33	F-A, S-A	Staukategorie B	SGG6 SG35	Weiße, zerfließliche Kristalle oder Brocken. Löslich in Wasser. Reagiert mit Säuren oder sauren Dämpfen, entwickelt Blausäure, ein hochgiftiges und entzündbares Gas. Hochgiftig beim Verschlucken, bei Berührung mit der Haut oder beim Einatmen von Staub.	1689	→ *UN 3414*
-	T1	TP33	F-A, S-A	Staukategorie A	SG35	Weiße Kristalle oder Pulver. Reagiert mit Säuren, entwickelt Fluorwasserstoff, ein giftiges, reizendes und ätzendes Gas, das als weißer Nebel sichtbar wird. Giftig beim Verschlucken, bei Berührung mit der Haut oder beim Einatmen.	1690	→ *UN 3415*
-	T3	TP33	F-A, S-A	Staukategorie A	-	Weißes Pulver. Löslich in Wasser. Giftig beim Verschlucken, bei Berührung mit der Haut oder beim Einatmen von Staub.	1691	
-	T6	TP33	F-A, S-A	Staukategorie A	-	Weiße Kristalle oder Pulver. Strychnin ist schwach löslich in Wasser; die Salze sind löslich in Wasser. Hochgiftig beim Verschlucken, bei Berührung mit der Haut oder beim Einatmen von Staub.	1692	
-	-	-	F-A, S-A	Staukategorie D SW2	-	„Tränengas" ist ein Sammelbegriff für Stoffe, die bereits in geringen in der Luft verteilten Mengen die Augen sehr stark reizen und starke Tränenbildung hervorrufen. Giftig beim Verschlucken, bei Berührung mit der Haut oder beim Einatmen.	1693	→ *UN 3448*
-	-	-	F-A, S-A	Staukategorie D SW2	-	Siehe Eintrag oben.	1693	→ *UN 3448*
-	T14	TP2 TP13	F-A, S-A	Staukategorie D SW1 SW2 H2	SGG6 SG35	Flüchtige Flüssigkeiten, entwickeln reizende Dämpfe („Tränengas"). Schmelzpunkte: ortho-BROMBENZYLCYANID: 1 °C. Hochgiftig beim Verschlucken, bei Berührung mit der Haut oder beim Einatmen.	1694	→ *UN 3449*
-	T20	TP2 TP13 TP35	F-E, S-C	Staukategorie D SW2	SG5 SG8	Entzündbare, ätzende, farblose Flüssigkeit, entwickelt reizende Dämpfe („Tränengas"). Mischbar mit Wasser. Flammpunkt: 25 °C c.c. Hochgiftig beim Verschlucken, bei Berührung mit der Haut oder beim Einatmen.	1695	
-	T3	TP33	F-A, S-A	Staukategorie D SW1 SW2 H2	-	Weiße Kristalle, entwickeln reizende Dämpfe („Tränengas"). Schmelzpunkt kann bei 20 °C liegen. Giftig beim Verschlucken, bei Berührung mit der Haut oder beim Einatmen.	1697	→ *UN 3416*

UN-Nr.	Richtiger technischer Name	Klasse	Zusatzgefahr	Verpackungsgruppe	Sondervorschriften	Begrenzte und freigestellte Mengen		Verpackungen		IBC	
						Begrenzte Mengen	Freigestellte Mengen	Anweisung(en)	Sondervorschriften	Anweisung(en)	Sondervorschriften
(1)	(2) 3.1.2	(3) 2.0	(4) 2.0	(5) 2.0.1.3	(6) 3.3	(7a) 3.4	(7b) 3.5	(8) 4.1.4	(9) 4.1.4	(10) 4.1.4	(11) 4.1.4
1698	DIPHENYLAMINOCHLORARSIN DIPHENYLAMINE CHLOROARSINE	6.1	- **P**	I	-	0	E0	P002	PP31	-	-
1699	DIPHENYLCHLORARSIN, FLÜSSIG DIPHENYLCHLOROARSINE, LIQUID	6.1	- **P**	I	-	0	E0	P001	PP31	-	-
1700	TRÄNENGAS-KERZEN TEAR GAS CANDLES	6.1	4.1	-	-	0	E0	P600	-	-	-
1701	XYLYLBROMID, FLÜSSIG XYLYL BROMIDE, LIQUID	6.1	-	II	-	0	E0	P001	PP31	IBC02	-
1702	1,1,2,2-TETRACHLORETHAN 1,1,2,2-TETRACHLOROETHANE	6.1	- **P**	II	-	100 ml	E4	P001	-	IBC02	-
1704	TETRAETHYLDITHIOPYROPHOSPHAT TETRAETHYL DITHIOPYROPHOSPHATE	6.1	- **P**	II	43	100 ml	E4	P001	-	IBC02	-
1707	THALLIUMVERBINDUNG, N.A.G. THALLIUM COMPOUND, N.O.S.	6.1	- **P**	II	43 274	500 g	E4	P002	-	IBC08	B4 B21
1708	TOLUIDINE, FLÜSSIG TOLUIDINES, LIQUID	6.1	- **P**	II	279	100 ml	E4	P001	-	IBC02	-
1709	2,4-TOLUYLENDIAMIN, FEST 2,4-TOLUYLENEDIAMINE, SOLID	6.1	-	III	-	5 kg	E1	P002 LP02	-	IBC08	B3
1710	TRICHLORETHYLEN TRICHLOROETHYLENE	6.1	-	III	-	5 L	E1	P001 LP01	-	IBC03	-
1711	XYLIDINE, FLÜSSIG XYLIDINES, LIQUID	6.1	-	II	-	100 ml	E4	P001	-	IBC02	-
1712	ZINKARSENAT oder ZINKARSENIT oder ZINKARSENAT UND ZINKARSENIT, MISCHUNG ZINC ARSENATE or ZINC ARSENITE or ZINC ARSENATE AND ZINC ARSENITE MIXTURE	6.1	-	II	-	500 g	E4	P002	-	IBC08	B4 B21
1713	ZINKCYANID ZINC CYANIDE	6.1	- **P**	I	-	0	E5	P002	-	IBC07	B1
1714	ZINKPHOSPHID ZINC PHOSPHIDE	4.3	6.1	I	-	0	E0	P403	PP31	-	-
1715	ESSIGSÄUREANHYDRID ACETIC ANHYDRIDE	8	3	II	-	1 L	E2	P001	-	IBC02	-
1716	ACETYLBROMID ACETYL BROMIDE	8	-	II	-	1 L	E2	P001	-	IBC02	B20
1717	ACETYLCHLORID ACETYL CHLORIDE	3	8	II	-	1 L	E2	P001	-	IBC02	B20

Ortsbewegliche Tanks und Schüttgut-Container			EmS	Stauung und Handhabung	Trennung	Eigenschaften und Bemerkung	UN-Nr.	
	Tank Anweisung(en)	Vorschriften						
(12)	(13)	(14)	(15)	(16a)	(16b)	(17)	(18)	
	4.2.5 4.3	4.2.5	5.4.3.2 7.8	7.1, 7.3 bis 7.7	7.2 bis 7.7			
-	T6	TP33	F-A, S-A	Staukategorie D SW2	-	Flüchtige, gelbe Kristalle, entwickeln reizende Dämpfe („Tränengas"). Hochgiftig beim Verschlucken, bei Berührung mit der Haut oder beim Einatmen.	1698	
-	-	-	F-A, S-A	Staukategorie D SW2	-	Wenn rein, farblose Flüssigkeit. Das handelsübliche Produkt kann eine dunkelbraune Flüssigkeit sein. Flüchtige Flüssigkeit, entwickelt reizende Dämpfe („Tränengas"). Hochgiftig beim Verschlucken, bei Berührung mit der Haut oder beim Einatmen.	1699	→ *UN 3450*
-	-	-	F-A, S-G	Staukategorie D SW2	-	Gegenstände, die Stoffe mit tränenreizender Wirkung enthalten, die bereits in geringen in der Luft verteilten Mengen die Augen sehr stark reizen und starke Tränenbildung hervorrufen.	1700	
-	T7	TP2 TP13	F-A, S-A	Staukategorie D SW2	SGG10	Farblose Flüssigkeit, entwickelt reizende Dämpfe („Tränengas"). Giftig beim Verschlucken, bei Berührung mit der Haut oder beim Einatmen.	1701	→ *UN 3417*
-	T7	TP2	F-A, S-A	Staukategorie A SW2	SGG10	Farblose Flüssigkeit mit chloroformartigem Geruch. Giftig beim Verschlucken, bei Berührung mit der Haut oder beim Einatmen.	1702	
-	T7	TP2	F-A, S-A	Staukategorie D SW2	-	Farblose Flüssigkeit. Greift bei Feuchtigkeit die meisten Metalle an. Giftig beim Verschlucken, bei Berührung mit der Haut oder beim Einatmen.	1704	
-	T3	TP33	F-A, S-A	Staukategorie A	-	Weiße Kristalle oder Pulver. Giftig beim Verschlucken, bei Berührung mit der Haut oder beim Einatmen von Staub.	1707	
-	T7	TP2	F-A, S-A	Staukategorie A	-	Farblose Flüssigkeiten. Giftig beim Verschlucken, bei Berührung mit der Haut oder beim Einatmen.	1708	→ *UN 3451*
-	T1	TP33	F-A, S-A	Staukategorie A	-	Weiße Kristalle oder Pulver. Giftig beim Verschlucken, bei Berührung mit der Haut oder beim Einatmen.	1709	→ *UN 3418*
-	T4	TP1	F-A, S-A	Staukategorie A SW2	SGG10	Farblose Flüssigkeit mit chloroformartigem Geruch. Entwickelt unter Feuereinwirkung äußerst giftige Dämpfe (Phosgen). Giftig beim Verschlucken, bei Berührung mit der Haut oder beim Einatmen.	1710	
-	T7	TP2	F-A, S-A	Staukategorie A	-	Giftig beim Verschlucken, bei Berührung mit der Haut oder beim Einatmen.	1711	→ *UN 3452*
-	T3	TP33	F-A, S-A	Staukategorie A	SGG7	Kristalliner fester Stoff. Nicht löslich in Wasser. Giftig beim Verschlucken, bei Berührung mit der Haut oder beim Einatmen von Staub.	1712	
-	T6	TP33	F-A, S-A	Staukategorie A	SGG6 SGG7 SG35	Weiße Kristalle oder Pulver. Nicht löslich in Wasser. Reagiert mit Säuren oder sauren Dämpfen, entwickelt Blausäure, ein hochgiftiges und entzündbares Gas. Hochgiftig beim Verschlucken, bei Berührung mit der Haut oder beim Einatmen von Staub.	1713	
-	-	-	F-G, S-N	Staukategorie E SW2 SW5 H1	SGG7 SG26 SG35	Graue Kristalle oder graues Pulver. Reagiert mit Säuren oder zersetzt sich langsam in Berührung mit Wasser oder feuchter Luft unter Entwicklung von Phosphorwasserstoff (Phosphin), einem selbstentzündlichen und hochgiftigen Gas. Reagiert heftig mit entzündend (oxidierend) wirkenden Stoffen.	1714	
-	T7	TP2	F-E, S-C	Staukategorie A SW2	SGG1 SG36 SG49	Farblose, entzündbare Flüssigkeit. Geruch wirkt reizend. Flammpunkt: 54 °C c.c. Nicht mischbar mit Wasser. Greift bei Feuchtigkeit die meisten Metalle an. Dampf wirkt reizend auf Schleimhäute.	1715	
-	T8	TP2	F-A, S-B	Staukategorie C SW2	SGG1 SG36 SG49	Farblose Flüssigkeit. Reagiert heftig mit Wasser unter Bildung von Bromwasserstoff, einem reizenden und ätzenden Gas, das als weißer Nebel sichtbar wird. Greift in Gegenwart von Feuchtigkeit die meisten Metalle stark an. Dampf wirkt reizend auf Schleimhäute.	1716	
-	T8	TP2	F-E, S-C	Staukategorie B SW2	SGG1 SG36 SG49	Farblose Flüssigkeit. Flammpunkt: 5 °C c.c. Siedepunkt: 51 °C. Reagiert heftig mit Wasser unter Entwicklung von Chlorwasserstoff, einem ätzenden Gas mit Reizwirkung. Das Gas ist als weißer Nebel sichtbar. Greift in Gegenwart von Feuchtigkeit die meisten Metalle stark an. Verursacht Verätzungen der Haut, der Augen und der Schleimhäute.	1717	

UN-Nr.	Richtiger technischer Name	Klasse	Zusatz-gefahr	Verpa-ckungs-gruppe	Sonder-vor-schrif-ten	Begrenzte und freige-stellte Mengen		Verpackungen		IBC	
						Be-grenzte Men-gen	Freige-stellte Men-gen	Anwei-sung(en)	Sonder-vor-schriften	Anwei-sung(en)	Sonder-vor-schriften
(1)	(2) 3.1.2	(3) 2.0	(4) 2.0	(5) 2.0.1.3	(6) 3.3	(7a) 3.4	(7b) 3.5	(8) 4.1.4	(9) 4.1.4	(10) 4.1.4	(11) 4.1.4
1718	BUTYLPHOSPHAT BUTYL ACID PHOSPHATE	8	-	III	-	5 L	E1	P001 LP01	-	IBC03	-
1719	ÄTZENDER ALKALISCHER FLÜSSIGER STOFF, N.A.G. CAUSTIC ALKALI LIQUID, N.O.S.	8	-	II	274	1 L	E2	P001	-	IBC02	-
1719	ÄTZENDER ALKALISCHER FLÜSSIGER STOFF, N.A.G. CAUSTIC ALKALI LIQUID, N.O.S.	8	-	III	223 274	5 L	E1	P001	-	IBC03	-
1722	ALLYLCHLORFORMIAT ALLYL CHLOROFORMATE	6.1	3/8	I	-	0	E0	P001	-	-	-
1723	ALLYLIODID ALLYL IODIDE	3	8	II	-	1 L	E2	P001	-	IBC02	-
1724	ALLYLTRICHLORSILAN, STABILISIERT ALLYLTRICHLOROSILANE, STABILIZED	8	3	II	386	0	E0	P010	-	-	-
1725	ALUMINIUMBROMID, WASSERFREI ALUMINIUM BROMIDE, ANHYDROUS	8	-	II	937	1 kg	E2	P002	-	IBC08	B4 B21
1726	ALUMINIUMCHLORID, WASSERFREI ALUMINIUM CHLORIDE, ANHYDROUS	8	-	II	937	1 kg	E2	P002	-	IBC08	B4 B21
1727	AMMONIUMHYDROGENDIFLUORID, FEST AMMONIUM HYDROGENDIFLUORIDE, SOLID	8	-	II	-	1 kg	E2	P002	-	IBC08	B4 B21
1728	AMYLTRICHLORSILAN AMYLTRICHLOROSILANE	8	-	II	-	0	E0	P010	-	-	-
1729	ANISOYLCHLORID ANISOYL CHLORIDE	8	-	II	-	1 kg	E2	P002	-	IBC08	B4 B21
1730	ANTIMONPENTACHLORID, FLÜSSIG ANTIMONY PENTACHLORIDE, LIQUID	8	-	II	-	1 L	E2	P001	-	IBC02	-

Ortsbewegliche Tanks und Schüttgut-Container			EmS	Stauung und Handhabung	Trennung	Eigenschaften und Bemerkung	UN-Nr.	
	Tank Anwei-sung(en)	Vor-schrif-ten						
(12)	(13)	(14)	(15)	(16a)	(16b)	(17)	(18)	
	4.2.5 4.3	4.2.5	5.4.3.2 7.8	7.1, 7.3 bis 7.7	7.2 bis 7.7			
-	T4	TP1	F-A, S-B	Staukategorie A	SGG1 SG36 SG49	Gelbe Flüssigkeit. Nicht löslich in Wasser. Greift schwach die meisten Metalle an.	1718	
-	T11	TP2 TP27	F-A, S-B	Staukategorie A	SGG18 SG22 SG35	Greift Aluminium, Zink und Zinn an. Reagiert heftig mit Säuren. Reagiert mit Ammoniumsalzen unter Bildung von Ammoniakgas. Verursacht Verätzungen der Haut, der Augen und der Schleimhäute.	1719	
-	T7	TP1 TP28	F-A, S-B	Staukategorie A	SGG18 SG22 SG35	Siehe Eintrag oben.	1719	
-	T14	TP2 TP13	F-E, S-C	Staukategorie D SW2	SGG1 SG5 SG8 SG36 SG49	Farblose, entzündbare Flüssigkeit. Äußerst reizender Geruch, ruft Tränenbildung hervor. Flammpunkt: 31 °C c.c. Entwickelt bei Feuereinwirkung giftige Gase. Greift bei Feuchtigkeit die meisten Metalle an. Hochgiftig beim Verschlucken, bei Berührung mit der Haut oder beim Einatmen. Verursacht Verätzungen der Haut, der Augen und der Schleimhäute.	1722	
-	T7	TP2 TP13	F-E, S-C	Staukategorie B SW2	SGG1 SGG10 SG36 SG49	Gelbe Flüssigkeit, Geruch wirkt reizend. Flammpunkt: 5 °C c.c. Nicht mischbar mit Wasser. Greift bei Feuchtigkeit die meisten Metalle an. Verursacht Verätzungen der Haut, der Augen und der Schleimhäute.	1723	
-	T10	TP2 TP7 TP13	F-E, S-C	Staukategorie C SW1 SW2	SGG1 SG36 SG49	Farblose, entzündbare Flüssigkeit mit stechendem Geruch. Flammpunkt: 35 °C c.c. Reagiert heftig mit Wasser unter Entwicklung von Chlorwasserstoff, einem ätzenden Gas mit Reizwirkung. Das Gas ist als weißer Nebel sichtbar. Entwickelt bei Feuereinwirkung giftige Gase. Greift bei Feuchtigkeit die meisten Metalle stark an. Verursacht Verätzungen der Haut, der Augen und der Schleimhäute.	1724	
-	T3	TP33	F-A, S-B	Staukategorie A SW2	SGG1 SG36 SG49	Weiße bis gelbliche hygroskopische Kristalle. Bildet in feuchter Luft ätzende Dämpfe. Reagiert heftig mit Wasser unter Wärmeentwicklung und Bildung von Bromwasserstoff, einem reizenden und ätzenden Gas, das als weißer Nebel sichtbar wird. Greift bei Feuchtigkeit die meisten Metalle stark an. Wirkt stark reizend auf Haut, Augen und Schleimhäute. Die feste hydratisierte Form dieses Stoffes unterliegt nicht den Vorschriften dieses Codes.	1725	→ *UN 2580*
-	T3	TP33	F-A, S-B	Staukategorie A SW2	SGG1 SG36 SG49	Weiße bis gelbliche hygroskopische Kristalle. Bildet in feuchter Luft ätzende Dämpfe. Reagiert heftig mit Wasser unter Wärmeentwicklung und Bildung von Chlorwasserstoff, einem reizenden und ätzenden Gas, das als weißer Nebel sichtbar wird. Greift bei Feuchtigkeit die meisten Metalle stark an. Wirkt stark reizend auf Haut, Augen und Schleimhäute. Die feste hydratisierte Form dieses Stoffes unterliegt nicht den Vorschriften dieses Codes.	1726	
-	T3	TP33	F-A, S-B	Staukategorie A SW1 SW2	SGG1 SGG2 SG35 SG36 SG49	Weiße zerfließliche Kristalle. Wird durch Wärmeeinwirkung oder Säuren zersetzt. Entwickelt Fluorwasserstoff, ein giftiges, äußerst reizendes und ätzendes Gas, das als weißer Nebel sichtbar wird. Greift bei Feuchtigkeit Glas, andere siliziumhaltige Materialien und die meisten Metalle stark an. Verursacht Verätzungen der Haut und der Schleimhäute.	1727	
-	T10	TP2 TP7 TP13	F-A, S-B	Staukategorie C SW2	SGG1 SG36 SG49	Farblose Flüssigkeit mit stechendem Geruch. Reagiert heftig mit Wasser unter Entwicklung von Chlorwasserstoff, einem ätzenden Gas mit Reizwirkung. Das Gas ist als weißer Nebel sichtbar. Entwickelt bei Feuereinwirkung giftige Gase. Greift bei Feuchtigkeit die meisten Metalle stark an. Dampf wirkt reizend auf Schleimhäute.	1728	
-	T3	TP33	F-A, S-B	Staukategorie C SW2	SGG1 SG36 SG49	Kristallines Pulver. Schmelzpunkt: 22 °C. Reagiert heftig mit Wasser unter Entwicklung von Chlorwasserstoff, einem ätzenden Gas mit Reizwirkung. Das Gas ist als weißer Nebel sichtbar. Greift in Gegenwart von Feuchtigkeit die meisten Metalle stark an. Dampf wirkt reizend auf Schleimhäute.	1729	
-	T7	TP2	F-A, S-B	Staukategorie C SW2	SGG1 SG36 SG49	Gelbe, ölige Flüssigkeit mit aufdringlichem Geruch. Kann durch Aufnahme von Feuchtigkeit fest werden. Reagiert heftig mit Wasser unter Entwicklung von Chlorwasserstoff, einem ätzenden Gas mit Reizwirkung. Das Gas ist als weißer Nebel sichtbar. Greift in Gegenwart von Feuchtigkeit die meisten Metalle stark an. Verursacht Verätzungen der Haut, der Augen und der Schleimhäute.	1730	

3.2 Gefahrgutliste

UN-Nr.	Richtiger technischer Name	Klasse	Zusatzgefahr	Verpackungsgruppe	Sondervorschriften	Begrenzte und freigestellte Mengen		Verpackungen		IBC	
						Begrenzte Mengen	Freigestellte Mengen	Anweisung(en)	Sondervorschriften	Anweisung(en)	Sondervorschriften
(1)	(2) 3.1.2	(3) 2.0	(4) 2.0	(5) 2.0.1.3	(6) 3.3	(7a) 3.4	(7b) 3.5	(8) 4.1.4	(9) 4.1.4	(10) 4.1.4	(11) 4.1.4
1731	ANTIMONPENTACHLORID, LÖSUNG ANTIMONY PENTACHLORIDE SOLUTION	8	-	II	-	1 L	E2	P001	-	IBC02	-
1731	ANTIMONPENTACHLORID, LÖSUNG ANTIMONY PENTACHLORIDE SOLUTION	8	-	III	223	5 L	E1	P001 LP01	-	IBC03	-
1732	ANTIMONPENTAFLUORID ANTIMONY PENTAFLUORIDE	8	6.1	II	-	1 L	E0	P001	-	IBC02	-
1733	ANTIMONTRICHLORID ANTIMONY TRICHLORIDE	8	-	II	-	1 kg	E2	P002	-	IBC08	B4 B21
1736	BENZOYLCHLORID BENZOYL CHLORIDE	8	-	II	-	1 L	E2	P001	-	IBC02	B20
1737	BENZYLBROMID BENZYL BROMIDE	6.1	8	II	-	0	E4	P001	-	IBC02	B20
1738	BENZYLCHLORID BENZYL CHLORIDE	6.1	8	II	-	0	E4	P001	-	IBC02	B20
1739	BENZYLCHLORFORMIAT BENZYL CHLOROFORMATE	8	- P	I	-	0	E0	P001	-	-	-
1740	HYDROGENDIFLUORIDE, FEST, N.A.G. HYDROGENDIFLUORIDES, SOLID, N.O.S.	8	-	II	-	1 kg	E2	P002	-	IBC08	B4 B21
1740	HYDROGENDIFLUORIDE, FEST, N.A.G. HYDROGENDIFLUORIDES, SOLID, N.O.S.	8	-	III	223	5 kg	E1	P002 LP02	-	IBC08	B3
1741	BORTRICHLORID BORON TRICHLORIDE	2.3	8	-	-	0	E0	P200	-	-	-
1742	BORTRIFLUORID-ESSIGSÄURE-KOMPLEX, FLÜSSIG BORON TRIFLUORIDE ACETIC ACID COMPLEX, LIQUID	8	-	II	-	1 L	E2	P001	-	IBC02	B20
1743	BORTRIFLUORID-PROPIONSÄURE-KOMPLEX, FLÜSSIG BORON TRIFLUORIDE PROPIONIC ACID COMPLEX, LIQUID	8	-	II	-	500 ml	E2	P001	-	IBC02	B20

Ortsbewegliche Tanks und Schüttgut-Container			EmS	Stauung und Handhabung	Trennung	Eigenschaften und Bemerkung	UN-Nr.	
	Tank Anweisung(en)	Vorschriften						
(12)	(13) 4.2.5 4.3	(14) 4.2.5	(15) 5.4.3.2 7.8	(16a) 7.1, 7.3 bis 7.7	(16b) 7.2 bis 7.7	(17)	(18)	
-	T7	TP2	F-A, S-B	Staukategorie C SW2	SGG1 SG36 SG49	Gelbe Flüssigkeit mit aufdringlichem Geruch. Greift die meisten Metalle an. Verursacht Verätzungen der Haut, der Augen und der Schleimhäute.	1731	
-	T4	TP1	F-A, S-B	Staukategorie C SW2	SGG1 SG36 SG49	Siehe Eintrag oben.	1731	
-	T7	TP2	F-A, S-B	Staukategorie D SW2	SGG1 SG6 SG8 SG10 SG12 SG36 SG49	Farblose Flüssigkeit mit stechendem Geruch. Greift im wasserfreien Zustand schwach Glas, andere siliziumhaltige Materialien und die meisten Metalle an. Reagiert heftig mit Wasser, entwickelt Fluorwasserstoff, ein reizendes Gas, das Glas, andere siliziumhaltige Materialien und die meisten Metalle stark angreift. Starkes Oxidationsmittel. Kann in Berührung mit leicht entzündbaren organischen Stoffen einen Brand verursachen. Giftig beim Verschlucken, bei Berührung mit der Haut oder beim Einatmen. Verursacht Verätzungen der Haut, der Augen und der Schleimhäute.	1732	
-	T3	TP33	F-A, S-B	Staukategorie C SW2	SGG1 SG36 SG49	Reagiert langsam mit Wasser, unter Bildung von Chlorwasserstoff, einem reizenden und ätzenden Gas. Greift bei Feuchtigkeit die meisten Metalle an.	1733	
-	T8	TP2 TP13	F-A, S-B	Staukategorie C SW2	SGG1 SG36 SG49	Farblose Flüssigkeit, stark reizverursachender Geruch. Ruft Tränenbildung hervor. Reagiert heftig mit Wasser unter Entwicklung von Chlorwasserstoff, einem ätzenden Gas mit Reizwirkung. Das Gas ist als weißer Nebel sichtbar. Greift in Gegenwart von Feuchtigkeit die meisten Metalle stark an. Dampf wirkt reizend auf Schleimhäute.	1736	
-	T8	TP2 TP13	F-A, S-B	Staukategorie D SW2 H1	SGG1 SGG10 SG36 SG49	Farblose Flüssigkeit mit stechendem Geruch, ruft Tränenbildung hervor. Greift bei Feuchtigkeit die meisten Metalle an. Giftig beim Verschlucken, bei Berührung mit der Haut oder beim Einatmen. Verursacht Verätzungen der Haut, der Augen und der Schleimhäute.	1737	
-	T8	TP2 TP13	F-A, S-B	Staukategorie D SW2 H1	SGG1 SGG10 SG36 SG49	Farblose Flüssigkeit mit stechendem Geruch. Ruft Tränenbildung hervor. Nicht mischbar mit Wasser, aber hydrolysiert langsam bei Berührung mit Wasser. Greift bei Feuchtigkeit die meisten Metalle an. Giftig beim Verschlucken, bei Berührung mit der Haut oder beim Einatmen. Verursacht Verätzungen der Haut, der Augen und der Schleimhäute.	1738	
-	T10	TP2 TP13	F-A, S-B	Staukategorie D SW2	SGG1 SG36 SG49	Farblose Flüssigkeit mit reizverursachendem Geruch. Reagiert mit Wasser. Entwickelt bei Feuereinwirkung giftige Gase. Greift in Gegenwart von Feuchtigkeit die meisten Metalle stark an. Verursacht schwere Verätzungen der Haut, der Augen und der Schleimhäute.	1739	
-	T3	TP33	F-A, S-B	Staukategorie A SW1 SW2	SGG1 SG35 SG36 SG49	Kristalliner fester Stoff. Wird durch Wärmeeinwirkung oder Säuren zersetzt, entwickelt Fluorwasserstoff, ein äußerst reizendes und ätzendes Gas. Greift bei Feuchtigkeit Glas, andere siliziumhaltige Materialien und die meisten Metalle an. Verursacht Verätzungen der Haut, der Augen und der Schleimhäute.	1740	→ *UN 3471*
-	T1	TP33	F-A, S-B	Staukategorie A SW1 SW2	SGG1 SG35 SG36 SG49	Siehe Eintrag oben.	1740	→ *UN 3471*
-	-	-	F-C, S-U	Staukategorie D SW1 SW2	-	Nicht entzündbares, giftiges und ätzendes Gas. Bildet bei feuchter Luft dichten, weißen, ätzenden Nebel. Reagiert heftig mit Wasser unter Entwicklung von Chlorwasserstoff, einem ätzenden Gas mit Reizwirkung. Das Gas ist als weißer Nebel sichtbar. Greift bei Feuchtigkeit die meisten Metalle stark an. Viel schwerer als Luft (2,35). Wirkt stark reizend auf Haut, Augen und Schleimhäute.	1741	
-	T8	TP2	F-A, S-B	Staukategorie A	SGG1 SG36 SG49	Greift die meisten Metalle stark an. Verursacht Verätzungen der Haut, der Augen und der Schleimhäute.	1742	→ *UN 3419*
-	T8	TP2	F-A, S-B	Staukategorie A	SGG1 SG36 SG49	Greift die meisten Metalle stark an. Verursacht Verätzungen der Haut, der Augen und der Schleimhäute.	1743	→ *UN 3420*

UN-Nr.	Richtiger technischer Name	Klasse	Zusatz-gefahr	Verpa-ckungs-gruppe	Sonder-vor-schrif-ten	Begrenzte und freige-stellte Mengen		Verpackungen		IBC	
						Be-grenzte Men-gen	Freige-stellte Men-gen	Anwei-sung(en)	Sonder-vor-schriften	Anwei-sung(en)	Sonder-vor-schriften
(1)	(2) 3.1.2	(3) 2.0	(4) 2.0	(5) 2.0.1.3	(6) 3.3	(7a) 3.4	(7b) 3.5	(8) 4.1.4	(9) 4.1.4	(10) 4.1.4	(11) 4.1.4
1744	BROM oder BROM, LÖSUNG BROMINE or BROMINE SOLUTION	8	6.1	I	-	0	E0	P804	-	-	-
1745	BROMPENTAFLUORID BROMINE PENTAFLUORIDE	5.1	6.1/8	I	-	0	E0	P200	-	-	-
1746	BROMTRIFLUORID BROMINE TRIFLUORIDE	5.1	6.1/8	I	-	0	E0	P200	-	-	-
1747	BUTYLTRICHLORSILAN BUTYLTRICHLOROSILANE	8	3	II	-	0	E0	P010	-	-	-
1748	CALCIUMHYPOCHLORIT, TROCKEN oder CALCIUMHYPOCHLORIT, MISCHUNG, TROCKEN, mit mehr als 39 % aktivem Chlor (8,8 % aktivem Sauerstoff) CALCIUM HYPOCHLORITE, DRY or CALCIUM HYPOCHLORITE MIXTURE, DRY with more than 39 % available chlorine (8.8 % available oxygen)	5.1	- **P**	II	314	1 kg	E2	P002	PP85	-	-
1748	CALCIUMHYPOCHLORIT, TROCKEN oder CALCIUMHYPOCHLORIT, MISCHUNG, TROCKEN, mit mehr als 39 % aktivem Chlor (8,8 % aktivem Sauerstoff) CALCIUM HYPOCHLORITE, DRY or CALCIUM HYPOCHLORITE MIXTURE, DRY with more than 39 % available chlorine (8.8 % available oxygen)	5.1	- **P**	III	316	5 kg	E1	P002	PP85	-	-
1749	CHLORTRIFLUORID CHLORINE TRIFLUORIDE	2.3	5.1/8	-	-	0	E0	P200	-	-	-
1750	CHLORESSIGSÄURE, LÖSUNG CHLOROACETIC ACID SOLUTION	6.1	8	II	-	100 ml	E4	P001	-	IBC02	-

Ortsbewegliche Tanks und Schüttgut-Container			EmS	Stauung und Handhabung	Trennung	Eigenschaften und Bemerkung	UN-Nr.
	Tank Anweisung(en)	Vorschriften					
(12)	(13)	(14)	(15)	(16a)	(16b)	(17)	(18)
	4.2.5 4.3	4.2.5	5.4.3.2 7.8	7.1, 7.3 bis 7.7	7.2 bis 7.7		
-	T22	TP2 TP10 TP13	F-A, S-B	Staukategorie D SW1 SW2 H2	SGG1 SG6 SG16 SG17 SG19 SG36 SG49	Sehr dunkelbraune, schwere Flüssigkeit mit stark reizverursachendem Geruch. Dichte: 3,1 (reines Produkt). Siedepunkt: 59 °C. Starkes Oxidationsmittel; kann in Berührung mit organischen Materialien wie Holz, Baumwolle oder Stroh einen Brand verursachen. Greift die meisten Metalle stark an. Die Lösungen haben, je nach Konzentration, die gleichen Eigenschaften, jedoch in abgeschwächter Form. Giftig beim Verschlucken, bei Berührung mit der Haut oder beim Einatmen. Verursacht Verätzungen der Haut, der Augen und der Schleimhäute.	1744
-	T22	TP2 TP13	F-A, S-B	Staukategorie D SW1 SW2	SGG1 SG6 SG16 SG19 SG36 SG49	Farblose, schwere Flüssigkeit mit stark reizverursachendem Geruch. Siedepunkt: 40 °C. Starkes Oxidationsmittel; kann in Berührung mit organischen Stoffen wie Holz, Baumwolle oder Stroh einen Brand verursachen. Reagiert heftig mit Wasser unter Bildung von Fluorwasserstoff, einem giftigen, stark ätzenden Gas, das als weißer Nebel sichtbar wird. Entwickelt bei Berührung mit Säuren oder sauren Dämpfen hochgiftige Brom- und Fluordämpfe sowie hochgiftige Dämpfe deren Verbindungen. Greift die meisten Metalle stark an. Giftig beim Verschlucken, bei Berührung mit der Haut oder beim Einatmen. Verursacht Verätzungen der Haut, der Augen und der Schleimhäute.	1745
-	T22	TP2 TP13	F-A, S-B	Staukategorie D SW1 SW2	SGG1 SG6 SG16 SG19 SG36 SG49	Farblose, schwere Flüssigkeit mit stark reizverursachendem Geruch. Starkes Oxidationsmittel; kann in Berührung mit organischen Stoffen wie Holz, Baumwolle oder Stroh einen Brand verursachen. Reagiert heftig mit Wasser unter Bildung von Fluorwasserstoff, einem giftigen, stark ätzenden Gas, das als weißer Nebel sichtbar wird. Entwickelt bei Berührung mit Säuren oder sauren Dämpfen hochgiftige Brom- und Fluordämpfe sowie hochgiftige Dämpfe deren Verbindungen. Greift die meisten Metalle stark an. Giftig beim Verschlucken, bei Berührung mit der Haut oder beim Einatmen. Verursacht Verätzungen der Haut, der Augen und der Schleimhäute.	1746
-	T10	TP2 TP7 TP13	F-E, S-C	Staukategorie C SW2	SGG1 SG36 SG49	Farblose, entzündbare Flüssigkeit mit stechendem Geruch. Flammpunkt: 52 °C c.c. Reagiert heftig mit Wasser unter Entwicklung von Chlorwasserstoff, einem ätzenden Gas mit Reizwirkung. Das Gas ist als weißer Nebel sichtbar. Entwickelt bei Feuereinwirkung giftige Gase. Greift in Gegenwart von Feuchtigkeit die meisten Metalle stark an. Dampf wirkt reizend auf Schleimhäute.	1747
-	-	-	F-H, S-Q	Staukategorie D SW1 SW11	SGG8 SG35 SG38 SG49 SG53 SG60	Weißer oder gelblicher fester Stoff (Pulver, Granulat oder Tabletten) mit chlorartigem Geruch. Löslich in Wasser. Kann in Berührung mit organischen Stoffen oder Ammoniumverbindungen einen Brand verursachen. Stoffe neigen bei erhöhten Temperaturen zur exothermen Zersetzung, was zu einem Brand oder zu einer Explosion führen kann. Die Zersetzung kann durch Wärme oder durch Verunreinigungen, durch z. B. pulverförmige Metalle (Eisen, Mangan, Kobalt, Magnesium) und deren Verbindungen, ausgelöst werden. Reagiert mit Säuren unter Bildung von Chlor, einem reizenden, ätzenden und giftigen Gas. Greift bei Feuchtigkeit die meisten Metalle an. Der Staub reizt die Schleimhäute.	1748
-	-	-	F-H, S-Q	Staukategorie D SW1 SW11	SGG8 SG35 SG38 SG49 SG53 SG60	Siehe Eintrag oben.	1748
-	-	-	F-C, S-W	Staukategorie D SW2	SG6 SG19	Nicht entzündbares, giftiges und ätzendes Gas. Bildet in feuchter Luft dichten, weißen, ätzenden Nebel. Reagiert heftig mit Wasser unter Bildung von Fluorwasserstoff, einem reizverursachenden und ätzenden Gas, das als weißer Nebel sichtbar wird. Ätzwirkung auf Glas und die meisten Metalle. Stark entzündend (oxidierend) wirkender Stoff, der mit brennbaren Stoffen Feuer verursachen kann. Viel schwerer als Luft. Wirkt stark reizend auf Haut, Augen und Schleimhäute.	1749
-	T7	TP2	F-A, S-B	Staukategorie C SW2	SGG1 SG36 SG49	Farblose Flüssigkeit. Greift die meisten Metalle an. Giftig beim Verschlucken, bei Berührung mit der Haut oder beim Einatmen. Verursacht Verätzungen der Haut, der Augen und der Schleimhäute.	1750

UN-Nr.	Richtiger technischer Name	Klasse	Zusatz-gefahr	Verpa-ckungs-gruppe	Sonder-vor-schrif-ten	Begrenzte und freige-stellte Mengen		Verpackungen		IBC	
						Be-grenzte Men-gen	Freige-stellte Men-gen	Anwei-sung(en)	Sonder-vor-schriften	Anwei-sung(en)	Sonder-vor-schriften
(1)	(2) 3.1.2	(3) 2.0	(4) 2.0	(5) 2.0.1.3	(6) 3.3	(7a) 3.4	(7b) 3.5	(8) 4.1.4	(9) 4.1.4	(10) 4.1.4	(11) 4.1.4
1751	CHLORESSIGSÄURE, FEST CHLOROACETIC ACID, SOLID	6.1	8	II	-	500 g	E4	P002	-	IBC08	B4 B21
1752	CHLORACETYLCHLORID CHLOROACETYL CHLORIDE	6.1	8	I	354	0	E0	P602	-	-	-
1753	CHLORPHENYLTRICHLORSILAN CHLOROPHENYLTRICHLOROSILANE	8	- P	II	-	0	E0	P010	-	-	-
1754	CHLORSULFONSÄURE (mit oder ohne Schwefeltrioxid) CHLOROSULPHONIC ACID (with or without sulphur trioxide)	8	-	I	-	0	E0	P001	-	-	-
1755	CHROMSÄURE, LÖSUNG CHROMIC ACID SOLUTION	8	-	II	-	1 L	E2	P001	-	IBC02	B20
1755	CHROMSÄURE, LÖSUNG CHROMIC ACID SOLUTION	8	-	III	223	5 L	E1	P001 LP01	-	IBC03	-
1756	CHROMFLUORID, FEST CHROMIC FLUORIDE, SOLID	8	-	II	-	1 kg	E2	P002	-	IBC08	B4 B21
1757	CHROMFLUORID, LÖSUNG CHROMIC FLUORIDE SOLUTION	8	-	II	-	1 L	E2	P001	-	IBC02	-
1757	CHROMFLUORID, LÖSUNG CHROMIC FLUORIDE SOLUTION	8	-	III	223	5 L	E1	P001 LP01	-	IBC03	-
1758	CHROMOXYCHLORID CHROMIUM OXYCHLORIDE	8	-	I	-	0	E0	P001	-	-	-
1759	ÄTZENDER FESTER STOFF, N.A.G. CORROSIVE SOLID, N.O.S.	8	-	I	274	0	E0	P002	-	IBC07	B1
1759	ÄTZENDER FESTER STOFF, N.A.G. CORROSIVE SOLID, N.O.S.	8	-	II	274	1 kg	E2	P002	-	IBC08	B4 B21
1759	ÄTZENDER FESTER STOFF, N.A.G. CORROSIVE SOLID, N.O.S.	8	-	III	223 274	5 kg	E1	P002 LP02	-	IBC08	B3

Ortsbewegliche Tanks und Schüttgut-Container			EmS	Stauung und Handhabung	Trennung	Eigenschaften und Bemerkung	UN-Nr.	
	Tank Anweisung(en)	Vorschriften						
(12)	(13)	(14)	(15)	(16a)	(16b)	(17)	(18)	
	4.2.5 4.3	4.2.5	5.4.3.2 7.8	7.1, 7.3 bis 7.7	7.2 bis 7.7			
-	T3	TP33	F-A, S-B	Staukategorie C SW2	SGG1 SG36 SG49	Farblose, sehr zerfließliche Kristalle. Schmelzpunkt kann bei 50 °C liegen. Greift bei Feuchtigkeit die meisten Metalle an. Giftig beim Verschlucken, bei Berührung mit der Haut oder beim Einatmen von Staub. Verursacht Verätzungen der Haut, der Augen und der Schleimhäute.	1751	
-	T20	TP2 TP13 TP35	F-A, S-B	Staukategorie D SW2	SGG1 SG36 SG49	Farblose Flüssigkeit mit äußerst reizendem Geruch, ruft Tränenbildung hervor. Reagiert heftig mit Wasser unter Entwicklung von Chlorwasserstoff, einem ätzenden Gas mit Reizwirkung. Das Gas ist als weißer Nebel sichtbar. Greift in Gegenwart von Feuchtigkeit die meisten Metalle stark an. Hochgiftig beim Verschlucken, bei Berührung mit der Haut oder beim Einatmen. Verursacht Verätzungen der Haut, der Augen und der Schleimhäute.	1752	
-	T10	TP2 TP7	F-A, S-B	Staukategorie C SW2	SGG1 SG36 SG49	Farblose Flüssigkeit mit stechendem Geruch. Reagiert heftig mit Wasser unter Entwicklung von Chlorwasserstoff, einem ätzenden Gas mit Reizwirkung. Das Gas ist als weißer Nebel sichtbar. Entwickelt bei Feuereinwirkung giftige Gase. Greift in Gegenwart von Feuchtigkeit die meisten Metalle stark an. Wirkt reizend auf Haut, Augen und Schleimhäute.	1753	
-	T20	TP2	F-A, S-B	Staukategorie C SW2	SGG1 SG36 SG49	Farblose Flüssigkeit mit stechendem Geruch. Reagiert heftig mit Wasser unter Entwicklung von Chlorwasserstoff, einem ätzenden Gas mit Reizwirkung. Das Gas ist als weißer Nebel sichtbar. Greift in Gegenwart von Feuchtigkeit die meisten Metalle stark an. Verursacht schwere Verätzungen der Haut, der Augen und der Schleimhäute.	1754	
-	T8	TP2	F-A, S-B	Staukategorie C SW2	SGG1 SG6 SG8 SG10 SG12 SG36 SG49	Orangefarbene Flüssigkeit. Starkes Oxidationsmittel. Kann in Berührung mit organischen Materialien wie Holz, Baumwolle oder Stroh einen Brand verursachen. Greift die meisten Metalle stark an. Verursacht Verätzungen der Haut, der Augen und der Schleimhäute.	1755	
-	T4	TP1	F-A, S-B	Staukategorie C SW2	SGG1 SG6 SG8 SG10 SG12 SG36 SG49	Siehe Eintrag oben.	1755	
-	T3	TP33	F-A, S-B	Staukategorie A	SGG1 SG35 SG36 SG49	Grüne oder violette Kristalle. Schwach löslich in Wasser. Reagiert mit starken Säuren, entwickelt Fluorwasserstoff, ein äußerst reizendes und ätzendes Gas. Greift schwach die meisten Metalle an. Verursacht Verätzungen der Haut, der Augen und der Schleimhäute.	1756	
-	T7	TP2	F-A, S-B	Staukategorie A	SGG1 SG36 SG49	Grüne Flüssigkeit. Reagiert mit starken Säuren, entwickelt Fluorwasserstoff, ein äußerst reizendes und ätzendes Gas. Greift schwach die meisten Metalle an. Verursacht Verätzungen der Haut, der Augen und der Schleimhäute.	1757	
-	T4	TP1	F-A, S-B	Staukategorie A	SGG1 SG36 SG49	Siehe Eintrag oben.	1757	
-	T10	TP2	F-A, S-B	Staukategorie C SW2	SGG1 SG6 SG16 SG17 SG19 SG36 SG49	Dunkelrote Flüssigkeit. Reagiert heftig mit Wasser unter Bildung von Chlorwasserstoff und Chlor, beides stark reizende und ätzende Gase, die als weiße Nebel sichtbar sind. Oxidationsmittel; kann in Berührung mit organischen Materialien wie Holz, Baumwolle oder Stroh einen Brand verursachen. Greift die meisten Metalle stark an, auch in Gegenwart von Feuchtigkeit. Verursacht schwere Verätzungen der Haut, der Augen und der Schleimhäute.	1758	
-	T6	TP33	F-A, S-B	Staukategorie B	-	Verursacht Verätzungen der Haut, der Augen und der Schleimhäute.	1759	→*5.4.1.4.3.4*
-	T3	TP33	F-A, S-B	Staukategorie A	-	Siehe Eintrag oben.	1759	→*5.4.1.4.3.4*
-	T1	TP33	F-A, S-B	Staukategorie A	-	Siehe Eintrag oben.	1759	→*5.4.1.4.3.4*

UN-Nr.	Richtiger technischer Name	Klasse	Zusatzgefahr	Verpackungsgruppe	Sondervorschriften	Begrenzte und freigestellte Mengen		Verpackungen		IBC	
						Begrenzte Mengen	Freigestellte Mengen	Anweisung(en)	Sondervorschriften	Anweisung(en)	Sondervorschriften
(1)	(2) 3.1.2	(3) 2.0	(4) 2.0	(5) 2.0.1.3	(6) 3.3	(7a) 3.4	(7b) 3.5	(8) 4.1.4	(9) 4.1.4	(10) 4.1.4	(11) 4.1.4
1760	ÄTZENDER FLÜSSIGER STOFF, N.A.G. CORROSIVE LIQUID, N.O.S.	8	-	I	274	0	E0	P001	-	-	-
1760	ÄTZENDER FLÜSSIGER STOFF, N.A.G. CORROSIVE LIQUID, N.O.S.	8	-	II	274	1 L	E2	P001	-	IBC02	-
1760	ÄTZENDER FLÜSSIGER STOFF, N.A.G. CORROSIVE LIQUID, N.O.S.	8	-	III	223 274	5 L	E1	P001 LP01	-	IBC03	-
1761	KUPFERETHYLENDIAMIN, LÖSUNG CUPRIETHYLENEDIAMINE SOLUTION	8	6.1 P	II	-	1 L	E2	P001	-	IBC02	-
1761	KUPFERETHYLENDIAMIN, LÖSUNG CUPRIETHYLENEDIAMINE SOLUTION	8	6.1 P	III	223	5 L	E1	P001	-	IBC03	-
1762	CYCLOHEXENYLTRICHLORSILAN CYCLOHEXENYLTRICHLOROSILANE	8	-	II	-	0	E0	P010	-	-	-
1763	CYCLOHEXYLTRICHLORSILAN CYCLOHEXYLTRICHLOROSILANE	8	-	II	-	0	E0	P010	-	-	-
1764	DICHLORESSIGSÄURE DICHLOROACETIC ACID	8	-	II	-	1 L	E2	P001	-	IBC02	B20
1765	DICHLORACETYLCHLORID DICHLOROACETYL CHLORIDE	8	-	II	-	1 L	E2	P001	-	IBC02	-
1766	DICHLORPHENYLTRICHLORSILAN DICHLOROPHENYLTRICHLOROSILANE	8	- P	II	-	0	E0	P010	-	-	-
1767	DIETHYLDICHLORSILAN DIETHYLDICHLOROSILANE	8	3	II	-	0	E0	P010	-	-	-
1768	DIFLUORPHOSPHORSÄURE, WASSERFREI DIFLUOROPHOSPHORIC ACID, ANHYDROUS	8	-	II	-	1 L	E2	P001	-	IBC02	B20
1769	DIPHENYLDICHLORSILAN DIPHENYLDICHLOROSILANE	8	-	II	-	0	E0	P010	-	-	-
1770	DIPHENYLBROMMETHAN DIPHENYLMETHYL BROMIDE	8	-	II	-	1 kg	E2	P002	-	IBC08	B4 B21

Ortsbewegliche Tanks und Schüttgut-Container			EmS	Stauung und Handhabung	Trennung	Eigenschaften und Bemerkung	UN-Nr.
	Tank Anwei-sung(en)	Vor-schrif-ten					
(12)	(13) 4.2.5 4.3	(14) 4.2.5	(15) 5.4.3.2 7.8	(16a) 7.1, 7.3 bis 7.7	(16b) 7.2 bis 7.7	(17)	(18)
-	T14	TP2 TP27	F-A, S-B	Staukategorie B SW2	-	Verursacht Verätzungen der Haut, der Augen und der Schleimhäute.	1760
-	T11	TP2 TP27	F-A, S-B	Staukategorie B SW2	-	Siehe Eintrag oben.	1760
-	T7	TP1 TP28	F-A, S-B	Staukategorie A SW2	-	Siehe Eintrag oben.	1760
-	T7	TP2	F-A, S-B	Staukategorie A	SG35	Dunkelpurpurfarbene Flüssigkeit mit ammoniakartigem Geruch. Greift Kupfer, Aluminium, Zink und Zinn an. Giftig beim Verschlucken, bei Berührung mit der Haut oder beim Einatmen. Verursacht Verätzungen der Haut, der Augen und der Schleimhäute.	1761
-	T7	TP1 TP28	F-A, S-B	Staukategorie A	SG35	Siehe Eintrag oben.	1761
-	T10	TP2 TP7 TP13	F-A, S-B	Staukategorie C SW2	SGG1 SG36 SG49	Farblose Flüssigkeit mit stechendem Geruch. Reagiert heftig mit Wasser unter Entwicklung von Chlorwasserstoff, einem ätzenden Gas mit Reizwirkung. Das Gas ist als weißer Nebel sichtbar. Entwickelt bei Feuereinwirkung giftige Gase. Greift in Gegenwart von Feuchtigkeit die meisten Metalle stark an. Verursacht Verätzungen der Haut, der Augen und der Schleimhäute.	1762
-	T10	TP2 TP7 TP13	F-A, S-B	Staukategorie C SW2	SGG1 SG36 SG49	Farblose Flüssigkeit mit stechendem Geruch. Reagiert heftig mit Wasser unter Entwicklung von Chlorwasserstoff, einem ätzenden Gas mit Reizwirkung. Das Gas ist als weißer Nebel sichtbar. Entwickelt bei Feuereinwirkung giftige Gase. Greift in Gegenwart von Feuchtigkeit die meisten Metalle stark an. Dampf wirkt reizend auf Schleimhäute.	1763
-	T8	TP2	F-A, S-B	Staukategorie A	SGG1 SG36 SG49	Farblose Flüssigkeit. Schmelzpunkt: -4 °C. Greift die meisten Metalle stark an. Verursacht Verätzungen der Haut, der Augen und der Schleimhäute.	1764
-	T7	TP2	F-A, S-B	Staukategorie D SW2	SGG1 SG36 SG49	Farblose Flüssigkeit mit äußerst reizverursachendem Geruch, ruft Tränenbildung hervor. Reagiert heftig mit Wasser unter Entwicklung von Chlorwasserstoff, einem ätzenden Gas mit Reizwirkung. Das Gas ist als weißer Nebel sichtbar. Greift in Gegenwart von Feuchtigkeit die meisten Metalle stark an. Verursacht Verätzungen der Haut, der Augen und der Schleimhäute.	1765
-	T10	TP2 TP7 TP13	F-A, S-B	Staukategorie C SW2	SGG1 SG36 SG49	Farblose Flüssigkeit mit stechendem Geruch. Reagiert heftig mit Wasser unter Entwicklung von Chlorwasserstoff, einem ätzenden Gas mit Reizwirkung. Das Gas ist als weißer Nebel sichtbar. Entwickelt bei Feuereinwirkung giftige Gase. Greift in Gegenwart von Feuchtigkeit die meisten Metalle stark an. Wirkt reizend auf Haut, Augen und Schleimhäute.	1766
-	T10	TP2 TP7 TP13	F-E, S-C	Staukategorie C SW2	SGG1 SG36 SG49	Farblose, entzündbare Flüssigkeit mit stechendem Geruch. Flammpunkt: 25 °C c.c. Reagiert heftig mit Wasser unter Bildung von Chlorwasserstoff, einem ätzenden Gas mit Reizwirkung. Das Gas ist als weißer Nebel sichtbar. Entwickelt bei Feuereinwirkung giftige Gase. Greift in Gegenwart von Feuchtigkeit die meisten Metalle stark an. Dampf wirkt reizend auf Schleimhäute.	1767
-	T8	TP2	F-A, S-B	Staukategorie A SW2	SGG1 SG36 SG49	Farblose Flüssigkeit. Greift bei Feuchtigkeit Glas und andere siliziumhaltige Materialien stark an. Gesundheitsschädlich beim Verschlucken.	1768
-	T10	TP2 TP7 TP13	F-A, S-B	Staukategorie C SW2	SGG1 SG36 SG49	Farblose Flüssigkeit mit stechendem Geruch. Reagiert heftig mit Wasser unter Entwicklung von Chlorwasserstoff, einem ätzenden Gas mit Reizwirkung. Das Gas ist als weißer Nebel sichtbar. Entwickelt bei Feuereinwirkung giftige Gase. Greift in Gegenwart von Feuchtigkeit die meisten Metalle stark an. Dampf wirkt reizend auf Schleimhäute.	1769
-	T3	TP33	F-A, S-B	Staukategorie D SW2	SGG1 SG36 SG49	Fester Stoff, Geruch wirkt reizend. Ruft Tränenbildung hervor. Schmelzpunkt: 45 °C. Greift bei Feuchtigkeit die meisten Metalle an. Dampf wirkt reizend auf Schleimhäute.	1770

UN-Nr.	Richtiger technischer Name	Klasse	Zusatzgefahr	Verpackungsgruppe	Sondervorschriften	Begrenzte und freigestellte Mengen		Verpackungen		IBC	
						Begrenzte Mengen	Freigestellte Mengen	Anweisung(en)	Sondervorschriften	Anweisung(en)	Sondervorschriften
(1)	(2) 3.1.2	(3) 2.0	(4) 2.0	(5) 2.0.1.3	(6) 3.3	(7a) 3.4	(7b) 3.5	(8) 4.1.4	(9) 4.1.4	(10) 4.1.4	(11) 4.1.4
1771	DODECYLTRICHLORSILAN DODECYLTRICHLOROSILANE	8	-	II	-	0	E0	P010	-	-	-
1773	EISENCHLORID, WASSERFREI FERRIC CHLORIDE, ANHYDROUS	8	-	III	-	5 kg	E1	P002 LP02	-	IBC08	B3
1774	FEUERLÖSCHER-LADUNGEN, ätzender flüssiger Stoff FIRE EXTINGUISHER CHARGES corrosive liquid	8	-	II	-	1 L	E0	P001	PP4	-	-
1775	FLUORBORSÄURE FLUOROBORIC ACID	8	-	II	-	1 L	E2	P001	-	IBC02	-
1776	FLUORPHOSPHORSÄURE, WASSERFREI FLUOROPHOSPHORIC ACID, ANHYDROUS	8	-	II	-	1 L	E2	P001	-	IBC02	B20
1777	FLUORSULFONSÄURE FLUOROSULPHONIC ACID	8	-	I	-	0	E0	P001	-	-	-
1778	FLUORKIESELSÄURE FLUOROSILICIC ACID	8	-	II	-	1 L	E2	P001	-	IBC02	B20
1779	AMEISENSÄURE mit mehr als 85 Masse-% Säure FORMIC ACID with more than 85 % acid, by mass	8	3	II	-	1 L	E2	P001	-	IBC02	-
1780	FUMARYLCHLORID FUMARYL CHLORIDE	8	-	II	-	1 L	E2	P001	-	IBC02	-
1781	HEXADECYLTRICHLORSILAN HEXADECYLTRICHLOROSILANE	8	-	II	-	0	E0	P010	-	-	-
1782	HEXAFLUORPHOSPHORSÄURE HEXAFLUOROPHOSPHORIC ACID	8	-	II	-	1 L	E2	P001	-	IBC02	B20
1783	HEXAMETHYLENDIAMIN, LÖSUNG HEXAMETHYLENEDIAMINE SOLUTION	8	-	II	-	1 L	E2	P001	-	IBC02	-
1783	HEXAMETHYLENDIAMIN, LÖSUNG HEXAMETHYLENEDIAMINE SOLUTION	8	-	III	223	5 L	E1	P001 LP01	-	IBC03	-
1784	HEXYLTRICHLORSILAN HEXYLTRICHLOROSILANE	8	-	II	-	0	E0	P010	-	-	-

Ortsbewegliche Tanks und Schüttgut-Container			EmS	Stauung und Handhabung	Trennung	Eigenschaften und Bemerkung	UN-Nr.	
	Tank Anweisung(en)	Vorschriften						
(12)	(13)	(14)	(15)	(16a)	(16b)	(17)	(18)	
	4.2.5 4.3	4.2.5	5.4.3.2 7.8	7.1, 7.3 bis 7.7	7.2 bis 7.7			
-	T10	TP2 TP7 TP13	F-A, S-B	Staukategorie C SW2	SGG1 SG36 SG49	Farblose Flüssigkeit mit stechendem Geruch. Reagiert heftig mit Wasser unter Entwicklung von Chlorwasserstoff, einem ätzenden Gas mit Reizwirkung. Das Gas ist als weißer Nebel sichtbar. Entwickelt bei Feuereinwirkung giftige Gase. Greift in Gegenwart von Feuchtigkeit die meisten Metalle stark an. Verursacht Verätzungen der Haut, der Augen und der Schleimhäute.	1771	
-	T1	TP33	F-A, S-B	Staukategorie A	SGG1 SG36 SG49	Brauner fester Stoff. Greift in Gegenwart von Feuchtigkeit die meisten Metalle stark an. Die hydratisierte feste Form dieses Stoffes unterliegt nicht den Vorschriften dieses Codes.	1773	
-	-	-	F-A, S-B	Staukategorie A	-	In der Regel verdünnte Schwefelsäure in kleinen Glasgefäßen.	1774	
-	T7	TP2	F-A, S-B	Staukategorie A	SGG1 SG36 SG49	Farblose, klare Flüssigkeit. Greift die meisten Metalle an. Kann schwere Verätzungen der Haut, der Augen und der Schleimhäute verursachen, wenn freie Fluorwasserstoffsäure enthalten ist.	1775	
-	T8	TP2	F-A, S-B	Staukategorie A	SGG1 SG36 SG49	Farblose Flüssigkeit. Greift bei Feuchtigkeit Glas, andere siliziumhaltige Materialien und die meisten Metalle stark an. Verursacht Verätzungen der Haut, der Augen und der Schleimhäute.	1776	
-	T10	TP2	F-A, S-B	Staukategorie D SW2	SGG1a SG36 SG49	Farblose Flüssigkeit mit stechendem Geruch. Reagiert heftig mit Wasser, entwickelt Fluorwasserstoff, ein äußerst reizendes und ätzendes Gas, das als weißer Nebel sichtbar wird. Greift bei Feuchtigkeit Glas, andere siliziumhaltige Materialien und die meisten Metalle stark an. Verursacht schwere Verätzungen der Haut, der Augen und der Schleimhäute.	1777	
-	T8	TP2	F-A, S-B	Staukategorie A	SGG1 SG36 SG49	Farblose Flüssigkeit. Greift die meisten Metalle stark an. Kann schwere Verätzungen der Haut, der Augen und der Schleimhäute verursachen, wenn freie Fluorwasserstoffsäure enthalten ist.	1778	
-	T7	TP2	F-E, S-C	Staukategorie A SW2	SGG1 SG36 SG49	Farblose entzündbare Flüssigkeit mit stechendem Geruch. Reine AMEISENSÄURE: Flammpunkt: 42 °C c.c. Greift die meisten Metalle an. Verursacht Verätzungen der Haut, der Augen und der Schleimhäute.	1779	*→ UN 3412*
-	T7	TP2	F-A, S-B	Staukategorie C SW2	SGG1 SG36 SG49	Gelbe Flüssigkeit. Reagiert heftig mit Wasser unter Entwicklung von Chlorwasserstoff, einem ätzenden Gas mit Reizwirkung. Das Gas ist als weißer Nebel sichtbar. Greift in Gegenwart von Feuchtigkeit die meisten Metalle stark an. Verursacht Verätzungen der Haut, der Augen und der Schleimhäute.	1780	
-	T10	TP2 TP7 TP13	F-A, S-B	Staukategorie C SW2	SGG1 SG36 SG49	Farblose Flüssigkeit mit stechendem Geruch. Reagiert heftig mit Wasser unter Entwicklung von Chlorwasserstoff, einem ätzenden Gas mit Reizwirkung. Das Gas ist als weißer Nebel sichtbar. Entwickelt bei Feuereinwirkung giftige Gase. Greift bei Feuchtigkeit die meisten Metalle an. Dampf wirkt reizend auf Schleimhäute.	1781	
-	T8	TP2	F-A, S-B	Staukategorie A	SGG1 SG36 SG49	Farblose Flüssigkeit. Greift bei Feuchtigkeit Glas, andere siliziumhaltige Materialien und die meisten Metalle stark an. Verursacht Verätzungen der Haut, der Augen und der Schleimhäute. Gesundheitsschädlich beim Verschlucken.	1782	
-	T7	TP2	F-A, S-B	Staukategorie A	SG35	Farblose Flüssigkeit. Verursacht Verätzungen der Haut, der Augen und der Schleimhäute.	1783	
-	T4	TP1	F-A, S-B	Staukategorie A	SG35	Siehe Eintrag oben.	1783	
-	T10	TP2 TP7 TP13	F-A, S-B	Staukategorie C SW2	SGG1 SG36 SG49	Farblose Flüssigkeit mit stechendem Geruch. Reagiert heftig mit Wasser unter Entwicklung von Chlorwasserstoff, einem ätzenden Gas mit Reizwirkung. Das Gas ist als weißer Nebel sichtbar. Entwickelt bei Feuereinwirkung giftige Gase. Greift in Gegenwart von Feuchtigkeit die meisten Metalle stark an. Verursacht Verätzungen der Haut, der Augen und der Schleimhäute.	1784	

UN-Nr.	Richtiger technischer Name	Klasse	Zusatzgefahr	Verpackungsgruppe	Sondervorschriften	Begrenzte und freigestellte Mengen		Verpackungen		IBC	
						Begrenzte Mengen	Freigestellte Mengen	Anweisung(en)	Sondervorschriften	Anweisung(en)	Sondervorschriften
(1)	(2) 3.1.2	(3) 2.0	(4) 2.0	(5) 2.0.1.3	(6) 3.3	(7a) 3.4	(7b) 3.5	(8) 4.1.4	(9) 4.1.4	(10) 4.1.4	(11) 4.1.4
1786	FLUORWASSERSTOFFSÄURE UND SCHWEFELSÄURE, MISCHUNG HYDROFLUORIC ACID AND SULPHURIC ACID MIXTURE	8	6.1	I	-	0	E0	P001	-	-	-
1787	IODWASSERSTOFFSÄURE HYDRIODIC ACID	8	-	II	-	1 L	E2	P001	-	IBC02	-
1787	IODWASSERSTOFFSÄURE HYDRIODIC ACID	8	-	III	223	5 L	E1	P001 LP01	-	IBC03	-
1788	BROMWASSERSTOFFSÄURE HYDROBROMIC ACID	8	-	II	-	1 L	E2	P001	-	IBC02	-
1788	BROMWASSERSTOFFSÄURE HYDROBROMIC ACID	8	-	III	223	5 L	E1	P001 LP01	-	IBC03	-
1789	CHLORWASSERSTOFFSÄURE HYDROCHLORIC ACID	8	-	II	-	1 L	E2	P001	-	IBC02	B20
1789	CHLORWASSERSTOFFSÄURE HYDROCHLORIC ACID	8	-	III	223	5 L	E1	P001 LP01	-	IBC03	-
1790	FLUORWASSERSTOFFSÄURE, Lösung mit mehr als 60 % Fluorwasserstoff HYDROFLUORIC ACID solution, with more than 60 % hydrogen fluoride	8	6.1	I	-	0	E0	P802	PP79 PP81	-	-
1790	FLUORWASSERSTOFFSÄURE, Lösung mit höchstens 60 % Fluorwasserstoff HYDROFLUORIC ACID solution, with not more than 60 % hydrogen fluoride	8	6.1	II	-	1 L	E2	P001	PP81	IBC02	B20
1791	HYPOCHLORITLÖSUNG HYPOCHLORITE SOLUTION	8	- **P**	II	274 900	1 L	E2	P001	PP10	IBC02	B5
1791	HYPOCHLORITLÖSUNG HYPOCHLORITE SOLUTION	8	- **P**	III	223 274 900	5 L	E1	P001 LP01	-	IBC03	-
1792	IODMONOCHLORID, FEST IODINE MONOCHLORIDE, SOLID	8	-	II	-	1 kg	E0	P002	-	IBC08	B4 B21
1793	ISOPROPYLPHOSPHAT ISOPROPYL ACID PHOSPHATE	8	-	III	-	5 L	E1	P001 LP01	-	IBC02	-
1794	BLEISULFAT, mit mehr als 3 % freier Säure LEAD SULPHATE with more than 3 % free acid	8	-	II	-	1 kg	E2	P002	-	IBC08	B4 B21

Ortsbewegliche Tanks und Schüttgut-Container			EmS	Stauung und Handhabung	Trennung	Eigenschaften und Bemerkung	UN-Nr.	
	Tank Anweisung(en)	Vorschriften						
(12)	(13)	(14)	(15)	(16a)	(16b)	(17)	(18)	
	4.2.5 4.3	4.2.5	5.4.3.2 7.8	7.1, 7.3 bis 7.7	7.2 bis 7.7			
-	T10	TP2 TP13	F-A, S-B	Staukategorie D SW2	SGG1a SG36 SG49	Farblose, sirupartige Flüssigkeit mit stechendem Geruch. Diese Mischungen enthalten 70 bis 80 Masse-% Säuren, davon mindestens 25 Masse-% Fluorwasserstoffsäure. Reagiert heftig mit Wasser unter Wärmeentwicklung. Greift Glas, andere siliziumhaltige Materialien und die meisten Metalle stark an. Giftig beim Verschlucken, bei Berührung mit der Haut und beim Einatmen. Verursacht schwere Verätzungen der Haut, der Augen und der Schleimhäute.	1786	
-	T7	TP2	F-A, S-B	Staukategorie C	SGG1a SG36 SG49	Farblose Flüssigkeit. Wässerige Lösung von Iodwasserstoff. Greift die meisten Metalle stark an. Verursacht Verätzungen der Haut, der Augen und der Schleimhäute.	1787	
-	T4	TP1	F-A, S-B	Staukategorie C	SGG1a SG36 SG49	Siehe Eintrag oben.	1787	
-	T7	TP2	F-A, S-B	Staukategorie C	SGG1a SG36 SG49	Farblose Flüssigkeit. Wässerige Lösung von Bromwasserstoff. Greift die meisten Metalle stark an. Verursacht Verätzungen der Haut, der Augen und der Schleimhäute.	1788	
-	T4	TP1	F-A, S-B	Staukategorie C	SGG1a SG36 SG49	Siehe Eintrag oben.	1788	
-	T8	TP2	F-A, S-B	Staukategorie C	SGG1a SG36 SG49	Farblose Flüssigkeit. Wässerige Lösung von Chlorwasserstoff. Greift die meisten Metalle stark an. Verursacht Verätzungen der Haut, der Augen und der Schleimhäute.	1789	
-	T4	TP1	F-A, S-B	Staukategorie C	SGG1a SG36 SG49	Siehe Eintrag oben.	1789	
-	T10	TP2 TP13	F-A, S-B	Staukategorie D SW1 SW2 H2	SGG1a SG36 SG49	Farblose Flüssigkeit mit reizverursachendem Geruch. Greift Glas, andere siliziumhaltige Materialien und die meisten Metalle stark an. Giftig beim Verschlucken, bei Berührung mit der Haut oder beim Einatmen. Sowohl die Flüssigkeit als auch die Dämpfe verursachen schwere Verätzungen der Haut, der Augen und der Schleimhäute.	1790	
-	T8	TP2	F-A, S-B	Staukategorie D SW1 SW2 H2	SGG1a SG36 SG49	Siehe Eintrag oben.	1790	
-	T7	TP2 TP24	F-A, S-B	Staukategorie B	SGG8 SG20	Flüssigkeit mit chlorartigem Geruch. Entwickelt in Berührung mit Säuren stark reizende und ätzende Gase. Greift die meisten Metalle schwach an. Verursacht Verätzungen der Haut, der Augen und der Schleimhäute.	1791	
-	T4	TP2 TP24	F-A, S-B	Staukategorie B	SGG8 SG20	Siehe Eintrag oben.	1791	
-	T7	TP2	F-A, S-B	Staukategorie D SW2	SGG1 SG6 SG16 SG17 SG19 SG36 SG49	Rote, braune oder schwarze Kristalle. Reagiert heftig mit Wasser unter Bildung reizender und ätzender Gase, die als weißer Nebel sichtbar werden. Starkes Oxidationsmittel; kann in Berührung mit organischen Materialien wie Holz, Baumwolle oder Stroh einen Brand verursachen. Greift bei Feuchtigkeit die meisten Metalle stark an. Dampf wirkt reizend auf Schleimhäute.	1792	→ *UN 3498*
-	T4	TP1	F-A, S-B	Staukategorie A	SGG1 SG36 SG49	Ölige Flüssigkeit. Greift die meisten Metalle schwach an.	1793	
-	T3	TP33	F-A, S-B	Staukategorie A	SGG1 SGG7 SGG9 SG36 SG49	Trockener fester oder breiiger Stoff. Greift die meisten Metalle an. Gesundheitsschädlich beim Verschlucken.	1794	

UN-Nr.	Richtiger technischer Name	Klasse	Zusatzgefahr	Verpackungsgruppe	Sondervorschriften	Begrenzte und freigestellte Mengen		Verpackungen		IBC	
						Begrenzte Mengen	Freigestellte Mengen	Anweisung(en)	Sondervorschriften	Anweisung(en)	Sondervorschriften
(1)	(2) 3.1.2	(3) 2.0	(4) 2.0	(5) 2.0.1.3	(6) 3.3	(7a) 3.4	(7b) 3.5	(8) 4.1.4	(9) 4.1.4	(10) 4.1.4	(11) 4.1.4
1796	NITRIERSÄUREMISCHUNG, mit mehr als 50 % Salpetersäure NITRATING ACID MIXTURE with more than 50 % nitric acid	8	5.1	I	-	0	E0	P001	-	-	-
1796	NITRIERSÄUREMISCHUNG, mit höchstens 50 % Salpetersäure NITRATING ACID MIXTURE with not more than 50 % nitric acid	8	-	II	-	1 L	E0	P001	-	IBC02	B20
1798	GEMISCHE AUS SALPETERSÄURE UND SALZSÄURE NITROHYDROCHLORIC ACID	8	-	I	-	0	E0	P802	-	-	-
1799	NONYLTRICHLORSILAN NONYLTRICHLOROSILANE	8	-	II	-	0	E0	P010	-	-	-
1800	OCTADECYLTRICHLORSILAN OCTADECYLTRICHLOROSILANE	8	-	II	-	0	E0	P010	-	-	-
1801	OCTYLTRICHLORSILAN OCTYLTRICHLOROSILANE	8	-	II	-	0	E0	P010	-	-	-
1802	PERCHLORSÄURE, mit höchstens 50 Masse-% Säure PERCHLORIC ACID with not more than 50 % acid, by mass	8	5.1	II	-	1 L	E0	P001	-	IBC02	-
1803	PHENOLSULFONSÄURE, FLÜSSIG PHENOLSULPHONIC ACID, LIQUID	8	-	II	-	1 L	E2	P001	-	IBC02	-
1804	PHENYLTRICHLORSILAN PHENYLTRICHLOROSILANE	8	-	II	-	0	E0	P010	-	-	-
1805	PHOSPHORSÄURE, LÖSUNG PHOSPHORIC ACID SOLUTION	8	-	III	223	5 L	E1	P001 LP01	-	IBC03	-
1806	PHOSPHORPENTACHLORID PHOSPHORUS PENTACHLORIDE	8	-	II	-	1 kg	E0	P002	-	IBC08	B4 B21
1807	PHOSPHORPENTOXID PHOSPHORUS PENTOXIDE	8	-	II	-	1 kg	E2	P002	-	IBC08	B4 B21
1808	PHOSPHORTRIBROMID PHOSPHORUS TRIBROMIDE	8	-	II	-	1 L	E0	P001	-	IBC02	-

Ortsbewegliche Tanks und Schüttgut-Container			EmS	Stauung und Handhabung	Trennung	Eigenschaften und Bemerkung	UN-Nr.
	Tank Anweisung(en)	Vorschriften					
(12)	(13)	(14)	(15)	(16a)	(16b)	(17)	(18)
	4.2.5 4.3	4.2.5	5.4.3.2 7.8	7.1, 7.3 bis 7.7	7.2 bis 7.7		
-	T10	TP2 TP13	F-A, S-Q	Staukategorie D SW2	SGG1a SG16 SG36 SG49	Mischung von konzentrierter Salpeter- und Schwefelsäure. Oxidationsmittel; kann in Berührung mit organischen Materialien wie Holz, Baumwolle oder Stroh einen Brand verursachen, unter Bildung hochgiftiger Gase (braune Dämpfe). Greift die meisten Metalle stark an. Verursacht schwere Verätzungen der Haut, der Augen und der Schleimhäute.	1796
-	T8	TP2 TP13	F-A, S-B	Staukategorie D SW2	SGG1a SG36 SG49	Siehe Eintrag oben.	1796
-	T10	TP2 TP13	F-A, S-B	Staukategorie D SW2	SGG1a SG6 SG16 SG17 SG19 SG36 SG49	Gelbe Flüssigkeit; eine Mischung von Salpeter- und Chlorwasserstoffsäure, in der Regel in einem Verhältnis von 1:3. Starkes Oxidationsmittel; kann in Berührung mit organischen Materialien wie Holz, Baumwolle oder Stroh einen Brand verursachen, unter Bildung von erstickenden und hochgiftigen Gasen. Greift alle Metalle stark an. Verursacht schwere Verätzungen der Haut, der Augen und der Schleimhäute.	1798
-	T10	TP2 TP7 TP13	F-A, S-B	Staukategorie C SW2	SGG1 SG36 SG49	Farblose Flüssigkeit mit stechendem Geruch. Reagiert heftig mit Wasser unter Entwicklung von Chlorwasserstoff, einem ätzenden Gas mit Reizwirkung. Das Gas ist als weißer Nebel sichtbar. Entwickelt bei Feuereinwirkung giftige Gase. Greift bei Feuchtigkeit die meisten Metalle stark an. Verursacht Verätzungen der Haut, der Augen und der Schleimhäute.	1799
-	T10	TP2 TP7 TP13	F-A, S-B	Staukategorie C SW2	SGG1 SG36 SG49	Farblose Flüssigkeit mit stechendem Geruch. Reagiert heftig mit Wasser unter Entwicklung von Chlorwasserstoff, einem ätzenden Gas mit Reizwirkung. Das Gas ist als weißer Nebel sichtbar. Entwickelt bei Feuereinwirkung giftige Gase. Greift bei Feuchtigkeit die meisten Metalle stark an. Dampf wirkt reizend auf Schleimhäute.	1800
-	T10	TP2 TP7 TP13	F-A, S-B	Staukategorie C SW2	SGG1 SG36 SG49	Farblose Flüssigkeit mit stechendem Geruch. Reagiert heftig mit Wasser unter Entwicklung von Chlorwasserstoff, einem ätzenden Gas mit Reizwirkung. Das Gas ist als weißer Nebel sichtbar. Entwickelt bei Feuereinwirkung giftige Gase. Greift bei Feuchtigkeit die meisten Metalle stark an. Dampf wirkt reizend auf Schleimhäute.	1801
-	T7	TP2	F-H, S-Q	Staukategorie C	SGG1a SG16 SG36 SG49	Farblose Flüssigkeit. Oxidationsmittel. Greift die meisten Metalle stark an.	1802
-	T7	TP2	F-A, S-B	Staukategorie C SW15	SGG1 SG36 SG49	Gelbe, ölige Flüssigkeit. Greift die meisten Metalle an.	1803
-	T10	TP2 TP7 TP13	F-A, S-B	Staukategorie C SW2	SGG1 SG36 SG49	Farblose Flüssigkeit mit stechendem Geruch. Reagiert heftig mit Wasser unter Entwicklung von Chlorwasserstoff, einem ätzenden Gas mit Reizwirkung. Das Gas ist als weißer Nebel sichtbar. Entwickelt bei Feuereinwirkung giftige Gase. Greift bei Feuchtigkeit die meisten Metalle stark an. Dampf wirkt reizend auf Schleimhäute.	1804
-	T4	TP1	F-A, S-B	Staukategorie A	SGG1 SG36 SG49	Mischbar in Wasser. Greift die meisten Metalle schwach an.	1805 → *UN 3453*
-	T3	TP33	F-A, S-B	Staukategorie C SW2	SGG1 SG6 SG8 SG10 SG12 SG36 SG49	Farbloses, kristallines Pulver. Reagiert heftig mit Wasser unter Entwicklung von Chlorwasserstoff, einem ätzenden Gas mit Reizwirkung. Das Gas ist als weißer Nebel sichtbar. Starkes Oxidationsmittel; kann in Berührung mit organischen Materialien wie Holz, Baumwolle oder Stroh einen Brand verursachen. Greift bei Feuchtigkeit die meisten Metalle stark an.	1806
-	T3	TP33	F-A, S-B	Staukategorie A	SGG1 SG36 SG49	Kristallines Pulver, sehr zerfließlich. Reagiert heftig mit Wasser und organischen Materialien wie Holz, Baumwolle oder Stroh mit Wärmeentwicklung. Greift bei Feuchtigkeit die meisten Metalle schwach an.	1807
-	T7	TP2	F-A, S-B	Staukategorie C SW2	SGG1 SG36 SG49	Farblose Flüssigkeit mit stechendem Geruch. Reagiert heftig mit Wasser unter Bildung von Bromwasserstoff, einem reizenden und ätzenden Gas, das als weißer Nebel sichtbar wird. Greift in Gegenwart von Feuchtigkeit die meisten Metalle stark an. Verursacht Verätzungen der Haut, der Augen und der Schleimhäute.	1808

UN-Nr.	Richtiger technischer Name	Klasse	Zusatzgefahr	Verpackungsgruppe	Sondervorschriften	Begrenzte und freigestellte Mengen		Verpackungen		IBC	
						Begrenzte Mengen	Freigestellte Mengen	Anweisung(en)	Sondervorschriften	Anweisung(en)	Sondervorschriften
(1)	(2) 3.1.2	(3) 2.0	(4) 2.0	(5) 2.0.1.3	(6) 3.3	(7a) 3.4	(7b) 3.5	(8) 4.1.4	(9) 4.1.4	(10) 4.1.4	(11) 4.1.4
1809	PHOSPHORTRICHLORID PHOSPHORUS TRICHLORIDE	6.1	8	I	354	0	E0	P602	-	-	-
1810	PHOSPHOROXYCHLORID PHOSPHORUS OXYCHLORIDE	6.1	8	I	354	0	E0	P602	-	-	-
1811	KALIUMHYDROGENDIFLUORID, FEST POTASSIUM HYDROGEN DIFLUORIDE, SOLID	8	6.1	II	-	1 kg	E2	P002	-	IBC08	B4 B21
1812	KALIUMFLUORID, FEST POTASSIUM FLUORIDE, SOLID	6.1	-	III	-	5 kg	E1	P002 LP02	-	IBC08	B3
1813	KALIUMHYDROXID, FEST POTASSIUM HYDROXIDE, SOLID	8	-	II	-	1 kg	E2	P002	-	IBC08	B4 B21
1814	KALIUMHYDROXIDLÖSUNG POTASSIUM HYDROXIDE SOLUTION	8	-	II	-	1 L	E2	P001	-	IBC02	-
1814	KALIUMHYDROXIDLÖSUNG POTASSIUM HYDROXIDE SOLUTION	8	-	III	223	5 L	E1	P001 LP01	-	IBC03	-
1815	PROPIONYLCHLORID PROPIONYL CHLORIDE	3	8	II	-	1 L	E2	P001	-	IBC02	-
1816	PROPYLTRICHLORSILAN PROPYLTRICHLOROSILANE	8	3	II	-	0	E0	P010	-	-	-
1817	PYROSULFURYLCHLORID PYROSULPHURYL CHLORIDE	8	-	II	-	1 L	E2	P001	-	IBC02	-
1818	SILICIUMTETRACHLORID SILICON TETRACHLORIDE	8	-	II	-	0	E0	P010	-	-	-
1819	NATRIUMALUMINATLÖSUNG SODIUM ALUMINATE SOLUTION	8	-	II	-	1 L	E2	P001	-	IBC02	-
1819	NATRIUMALUMINATLÖSUNG SODIUM ALUMINATE SOLUTION	8	-	III	223	5 L	E1	P001 LP01	-	IBC03	-

Ortsbewegliche Tanks und Schüttgut-Container			EmS	Stauung und Handhabung	Trennung	Eigenschaften und Bemerkung	UN-Nr.	
	Tank Anwei-sung(en)	Vor-schrif-ten						
(12)	(13)	(14)	(15)	(16a)	(16b)	(17)	(18)	
	4.2.5 4.3	4.2.5	5.4.3.2 7.8	7.1, 7.3 bis 7.7	7.2 bis 7.7			
-	T20	TP2 TP13 TP35	F-A, S-B	Staukategorie D SW2	SGG1 SG36 SG49	Farblose Flüssigkeit mit stechendem Geruch. Reagiert heftig mit Wasser unter Entwicklung von Chlorwasserstoff, einem ätzenden Gas mit Reizwirkung. Das Gas ist als weißer Nebel sichtbar. Greift in Gegenwart von Feuchtigkeit die meisten Metalle stark an. Hochgiftig beim Verschlucken, bei Berührung mit der Haut oder beim Einatmen. Verursacht Verätzungen der Haut, der Augen und der Schleimhäute.	1809	
-	T20	TP2 TP13 TP37	F-A, S-B	Staukategorie D SW2	SGG1 SG36 SG49	Farblose Flüssigkeit mit stechendem Geruch. Reagiert heftig mit Wasser unter Entwicklung von Chlorwasserstoff, einem ätzenden Gas mit Reizwirkung. Das Gas ist als weißer Nebel sichtbar. Greift in Gegenwart von Feuchtigkeit die meisten Metalle stark an. Verursacht Verätzungen der Haut, der Augen und der Schleimhäute. Hochgiftig beim Verschlucken, bei Berührung mit der Haut oder beim Einatmen.	1810	
-	T3	TP33	F-A, S-B	Staukategorie A SW1 SW2	SGG1 SG35 SG36 SG49	Weißer kristalliner fester Stoff. Wird durch Wärmeeinwirkung oder Säuren zersetzt, entwickelt Fluorwasserstoff, ein giftiges, äußerst reizendes und ätzendes Gas, das als weißer Nebel sichtbar wird. Greift bei Feuchtigkeit Glas, andere siliziumhaltige Materialien und die meisten Metalle stark an. Giftig beim Verschlucken, bei Berührung mit der Haut oder beim Einatmen. Verursacht Verätzungen der Haut, der Augen und der Schleimhäute.	1811	→ *UN 3421*
-	T1	TP33	F-A, S-A	Staukategorie A	SG35	Weiße, zerfließliche Kristalle oder Pulver. Wird durch Säuren zersetzt, entwickelt Fluorwasserstoff, ein reizendes und ätzendes Gas. Giftig beim Verschlucken, bei Berührung mit der Haut oder beim Einatmen.	1812	→ *UN 3422*
-	T3	TP33	F-A, S-B	Staukategorie A	SGG18 SG35	Weiße Pellets, Flocken, Klumpen oder feste Blöcke, zerfließlich. Reagiert mit Ammoniumsalzen unter Bildung von Ammoniakgas. Greift bei Feuchtigkeit Aluminium, Zink und Zinn an. Verursacht Verätzungen der Haut, der Augen und der Schleimhäute. Reagiert heftig mit Säuren.	1813	
-	T7	TP2	F-A, S-B	Staukategorie A	SGG18 SG35	Farblose Flüssigkeit. Reagiert mit Ammoniumsalzen unter Bildung von Ammoniakgas. Greift Aluminium, Zink und Zinn an. Verursacht Verätzungen der Haut, der Augen und der Schleimhäute. Reagiert heftig mit Säuren.	1814	
-	T4	TP1	F-A, S-B	Staukategorie A	SGG18 SG35	Siehe Eintrag oben.	1814	
-	T7	TP1	F-E, S-C	Staukategorie B SW2	SGG1 SG36 SG49	Farblose Flüssigkeit. Flammpunkt: 12 °C c.c. Reagiert heftig mit Wasser unter Entwicklung von Chlorwasserstoff, einem ätzenden Gas mit Reizwirkung. Das Gas ist als weißer Nebel sichtbar. Greift in Gegenwart von Feuchtigkeit die meisten Metalle stark an. Verursacht Verätzungen der Haut, der Augen und der Schleimhäute.	1815	
-	T10	TP2 TP7 TP13	F-E, S-C	Staukategorie C SW2	SGG1 SG36 SG49	Farblose, entzündbare Flüssigkeit, mit stechendem Geruch. Flammpunkt: 38 °C c.c. Reagiert heftig mit Wasser unter Entwicklung von Chlorwasserstoff, einem ätzenden Gas mit Reizwirkung. Das Gas ist als weißer Nebel sichtbar. Entwickelt bei Feuereinwirkung giftige Gase. Greift bei Feuchtigkeit die meisten Metalle stark an. Dampf wirkt reizend auf Schleimhäute.	1816	
-	T8	TP2	F-A, S-B	Staukategorie C SW2	SGG1 SG36 SG49	Farblose Flüssigkeit mit stechendem Geruch. Reagiert heftig mit Wasser unter Entwicklung von Chlorwasserstoff, einem ätzenden Gas mit Reizwirkung. Das Gas ist als weißer Nebel sichtbar. Greift in Gegenwart von Feuchtigkeit die meisten Metalle stark an. Dampf wirkt reizend auf Schleimhäute.	1817	
-	T10	TP2 TP7 TP13	F-A, S-B	Staukategorie C SW2	SGG1 SG36 SG49 SG72	Farblose, äußerst bewegliche Flüssigkeit mit erstickendem Geruch. Reagiert heftig mit Wasser unter Entwicklung von Chlorwasserstoff, einem ätzenden Gas mit Reizwirkung. Das Gas ist als weißer Nebel sichtbar. Greift in Gegenwart von Feuchtigkeit die meisten Metalle stark an. Dampf wirkt reizend auf Schleimhäute.	1818	
-	T7	TP2	F-A, S-B	Staukategorie A	SGG18 SG35	Farblose Flüssigkeit. Reagiert mit Ammoniumsalzen unter Bildung von Ammoniakgas. Greift Aluminium, Zink und Zinn an. Verursacht Verätzungen der Haut, der Augen und der Schleimhäute. Reagiert heftig mit Säuren.	1819	
-	T4	TP1	F-A, S-B	Staukategorie A	SGG18 SG35	Siehe Eintrag oben.	1819	

UN-Nr.	Richtiger technischer Name	Klasse	Zusatzgefahr	Verpackungsgruppe	Sondervorschriften	Begrenzte und freigestellte Mengen		Verpackungen		IBC	
						Begrenzte Mengen	Freigestellte Mengen	Anweisung(en)	Sondervorschriften	Anweisung(en)	Sondervorschriften
(1)	(2) 3.1.2	(3) 2.0	(4) 2.0	(5) 2.0.1.3	(6) 3.3	(7a) 3.4	(7b) 3.5	(8) 4.1.4	(9) 4.1.4	(10) 4.1.4	(11) 4.1.4
1823	NATRIUMHYDROXID, FEST SODIUM HYDROXIDE, SOLID	8	-	II	-	1 kg	E2	P002	-	IBC08	B4 B21
1824	NATRIUMHYDROXIDLÖSUNG SODIUM HYDROXIDE SOLUTION	8	-	II	-	1 L	E2	P001	-	IBC02	-
1824	NATRIUMHYDROXIDLÖSUNG SODIUM HYDROXIDE SOLUTION	8	-	III	223	5 L	E1	P001 LP01	-	IBC03	-
1825	NATRIUMMONOXID SODIUM MONOXIDE	8	-	II	-	1 kg	E2	P002	-	IBC08	B4 B21
1826	ABFALLNITRIERSÄUREMISCHUNG, mit mehr als 50 % Salpetersäure NITRATING ACID MIXTURE, SPENT with more than 50 % nitric acid	8	5.1	I	113	0	E0	P001	-	-	-
1826	ABFALLNITRIERSÄUREMISCHUNG, mit höchstens 50 % Salpetersäure NITRATING ACID MIXTURE, SPENT with not more than 50 % nitric acid	8	-	II	113	1 L	E0	P001	-	IBC02	B20
1827	ZINNTETRACHLORID, WASSERFREI STANNIC CHLORIDE, ANHYDROUS	8	-	II	-	1 L	E2	P001	-	IBC02	-
1828	SCHWEFELCHLORIDE SULPHUR CHLORIDES	8	-	I	-	0	E0	P602	-	-	-
1829	SCHWEFELTRIOXID, STABILISIERT SULPHUR TRIOXIDE, STABILIZED	8	-	I	386	0	E0	P001	-	-	-
1830	SCHWEFELSÄURE, mit mehr als 51 % Säure SULPHURIC ACID with more than 51 % acid	8	-	II	-	1 L	E2	P001	-	IBC02	B20
1831	SCHWEFELSÄURE, RAUCHEND SULPHURIC ACID, FUMING	8	6.1	I	-	0	E0	P602	-	-	-
1832	SCHWEFELSÄURE, GEBRAUCHT SULPHURIC ACID, SPENT	8	-	II	113	1 L	E0	P001	-	IBC02	B20
1833	SCHWEFELIGE SÄURE SULPHUROUS ACID	8	-	II	-	1 L	E2	P001	-	IBC02	-

Ortsbewegliche Tanks und Schüttgut-Container			EmS	Stauung und Handhabung	Trennung	Eigenschaften und Bemerkung	UN-Nr.
	Tank Anweisung(en)	Vorschriften					
(12)	(13)	(14)	(15)	(16a)	(16b)	(17)	(18)
	4.2.5 4.3	4.2.5	5.4.3.2 7.8	7.1, 7.3 bis 7.7	7.2 bis 7.7		
-	T3	TP33	F-A, S-B	Staukategorie A	SGG18 SG35	Weiße Pellets, Flocken, Klumpen oder feste Blöcke, zerfließlich. Reagiert mit Ammoniumsalzen unter Bildung von Ammoniakgas. Greift bei Feuchtigkeit Aluminium, Zink und Zinn an. Verursacht Verätzungen der Haut, der Augen und der Schleimhäute. Reagiert heftig mit Säuren.	1823
-	T7	TP2	F-A, S-B	Staukategorie A	SGG18 SG35	Farblose Flüssigkeit. Greift Aluminium, Zink und Zinn an. Reagiert mit Ammoniumsalzen unter Bildung von Ammoniakgas. Verursacht Verätzungen der Haut, der Augen und der Schleimhäute. Reagiert heftig mit Säuren.	1824
-	T4	TP1	F-A, S-B	Staukategorie A	SGG18 SG35	Siehe Eintrag oben.	1824
-	T3	TP33	F-A, S-B	Staukategorie A	SGG18 SG35	Zerfließlicher kristalliner fester Stoff. Reagiert heftig mit Wasser und Säuren unter Wärmeentwicklung. Reagiert mit Ammoniumsalzen unter Bildung von Ammoniakgas. Greift bei Feuchtigkeit Aluminium, Zink und Zinn an. Verursacht Verätzungen der Haut, der Augen und der Schleimhäute.	1825
-	T10	TP2 TP13	F-A, S-Q	Staukategorie D SW2	SGG1a SG16 SG36 SG49	In der Regel Mischung von Säuren, die für Nitrierungen verwendet wird. Greift die meisten Metalle stark an. Verursacht schwere Verätzungen der Haut, der Augen und der Schleimhäute. Der Stoff ist zur Beförderung verboten, 1. wenn die Mischung nicht chemisch stabil ist und 2. wenn nicht bescheinigt ist, dass er keine explosionsfähigen Verunreinigungen enthält.	1826
-	T8	TP2	F-A, S-B	Staukategorie D SW2	SGG1a SG36 SG49	Siehe Eintrag oben.	1826
-	T7	TP2	F-A, S-B	Staukategorie C	SGG1 SG36 SG49	Farblose Flüssigkeit. Greift beim Vorhandensein von Wasser die meisten Metalle an. Dampf wirkt reizend auf Schleimhäute.	1827
-	T20	TP2	F-A, S-B	Staukategorie C SW2	SGG1 SG36 SG49	Rote Flüssigkeiten mit erstickendem Geruch. Reagieren heftig mit Wasser, unter Bildung von Chlorwasserstoff und Schwefeldioxid, reizende und ätzende Gase. Greifen bei Feuchtigkeit die meisten Metalle stark an. Verursachen schwere Verätzungen der Haut, der Augen und der Schleimhäute.	1828
-	T20	TP4 TP13 TP25 TP26	F-A, S-B	Staukategorie C SW1 SW2	SGG1 SG36 SG49	Sehr zerfließlicher fester Stoff. Schmelzpunkt kann bei 17 °C liegen. Reagiert heftig mit Wasser unter Wärmeentwicklung. Kann in Berührung mit organischen Materialien wie Holz, Baumwolle oder Stroh einen Brand verursachen. Greift in Gegenwart von Feuchtigkeit die meisten Metalle stark an. Verursacht schwere Verätzungen der Haut, der Augen und der Schleimhäute.	1829
-	T8	TP2	F-A, S-B	Staukategorie C SW15	SGG1a SG36 SG49	Farblose, ölige Flüssigkeit, Mischung mit relativer Dichte von 1,41 bis zu 1,84. Greift in Gegenwart von Feuchtigkeit die meisten Metalle stark an. Verursacht Verätzungen der Haut, der Augen und der Schleimhäute.	1830
-	T20	TP2 TP13	F-A, S-B	Staukategorie C SW2 SW15	SGG1a SG36 SG49	Farblose, ölige Flüssigkeit. Kann teilweise auskristallisieren. Lösung mit verschiedenen Mengen Schwefeltrioxid und Schwefelsäure. Reagiert heftig mit Wasser und organischem Material unter Wärmeentwicklung. Greift in Gegenwart von Feuchtigkeit die meisten Metalle stark an. Giftig beim Verschlucken, bei Berührung mit der Haut und beim Einatmen. Verursacht schwere Verätzungen der Haut, der Augen und der Schleimhäute.	1831
-	T8	TP2	F-A, S-B	Staukategorie C SW15	SGG1a SG36 SG49	Schwefelsäure, in der Regel in hoher Konzentration, die für chemische Prozesse verwendet wurde. Greift die meisten Metalle stark an.	1832
-	T7	TP2	F-A, S-B	Staukategorie B SW2	SGG1 SG36 SG49	Lösung von Schwefeldioxid in Wasser, mit erstickendem Geruch. Greift die meisten Metalle an. Dampf wirkt reizend auf Schleimhäute.	1833

UN-Nr.	Richtiger technischer Name	Klasse	Zusatz-gefahr	Verpa-ckungs-gruppe	Sonder-vor-schrif-ten	Begrenzte und freige-stellte Mengen		Verpackungen		IBC	
						Be-grenzte Men-gen	Freige-stellte Men-gen	Anwei-sung(en)	Sonder-vor-schriften	Anwei-sung(en)	Sonder-vor-schriften
(1)	(2) 3.1.2	(3) 2.0	(4) 2.0	(5) 2.0.1.3	(6) 3.3	(7a) 3.4	(7b) 3.5	(8) 4.1.4	(9) 4.1.4	(10) 4.1.4	(11) 4.1.4
1834	SULFURYLCHLORID SULPHURYL CHLORIDE	6.1	8	I	354	0	E0	P602	-	-	-
1835	TETRAMETHYLAMMONIUMHYDRO-XID, LÖSUNG TETRAMETHYLAMMONIUM HYDRO-XIDE SOLUTION	8	-	II	-	1 L	E2	P001	-	IBC02	-
1835	TETRAMETHYLAMMONIUMHYDRO-XID, LÖSUNG TETRAMETHYLAMMONIUM HYDRO-XIDE SOLUTION	8	-	III	223	5 L	E1	P001 LP01	-	IBC03	-
1836	THIONYLCHLORID THIONYL CHLORIDE	8	-	I	-	0	E0	P802	-	-	-
1837	THIOPHOSPHORYLCHLORID THIOPHOSPHORYL CHLORIDE	8	-	II	-	1 L	E0	P001	-	IBC02	-
1838	TITANTETRACHLORID TITANIUM TETRACHLORIDE	6.1	8	I	354	0	E0	P602	-	-	-
1839	TRICHLORESSIGSÄURE, FEST TRICHLOROACETIC ACID, SOLID	8	-	II	-	1 kg	E2	P002	-	IBC08	B4 B21
1840	ZINKCHLORID, LÖSUNG ZINC CHLORIDE SOLUTION	8	- **P**	III	223	5 L	E1	P001 LP01	-	IBC03	-
1841	ACETALDEHYDAMMONIAK ACETALDEHYDE AMMONIA	9	-	III	-	5 kg	E1	P002 LP02	-	IBC08	B3 B6
1843	AMMONIUMDINITRO-o-CRESOLAT, FEST AMMONIUM DINITRO-o-CRESOLATE, SOLID	6.1	- **P**	II	-	500 g	E4	P002	-	IBC08	B4 B21
1845	KOHLENDIOXID, FEST (TROCKENEIS) CARBON DIOXIDE, SOLID (DRY ICE)	9	-	-	-	0	E0	P003	PP18	-	-
1846	TETRACHLORKOHLENSTOFF CARBON TETRACHLORIDE	6.1	- **P**	II	-	100 ml	E4	P001	-	IBC02	-
1847	KALIUMSULFID, HYDRAT, mit mindes-tens 30 % Kristallwasser POTASSIUM SULPHIDE, HYDRATED with not less than 30 % water of crys-tallization	8	-	II	-	1 kg	E2	P002	-	IBC08	B4 B21

Ortsbewegliche Tanks und Schüttgut-Container			EmS	Stauung und Handhabung	Trennung	Eigenschaften und Bemerkung	UN-Nr.	
	Tank Anweisung(en)	Vorschriften						
(12)	(13)	(14)	(15)	(16a)	(16b)	(17)	(18)	
	4.2.5 4.3	4.2.5	5.4.3.2 7.8	7.1, 7.3 bis 7.7	7.2 bis 7.7			
-	T20	TP2 TP13	F-A, S-B	Staukategorie D SW2	SGG1 SG36 SG49	Farblose Flüssigkeit mit stechendem Geruch. Siedepunkt: 69 °C. Reagiert heftig mit Wasser unter Entwicklung von Chlorwasserstoff, einem ätzenden Gas mit Reizwirkung. Das Gas ist als weißer Nebel sichtbar. Greift in Gegenwart von Feuchtigkeit die meisten Metalle stark an. Verursacht schwere Verätzungen der Haut, der Augen und der Schleimhäute. Hochgiftig beim Verschlucken, bei Berührung mit der Haut oder beim Einatmen.	1834	
-	T7	TP2	F-A, S-B	Staukategorie A	SGG2 SGG18 SG35	Mischbar mit Wasser. Reagiert heftig mit Säuren.	1835	→ *UN 3423*
-	T7	TP2	F-A, S-B	Staukategorie A	SGG2 SGG18 SG35	Siehe Eintrag oben.	1835	→ *UN 3423*
-	T10	TP2 TP13	F-A, S-B	Staukategorie C SW2	SGG1 SG36 SG49	Gelbe oder rote Flüssigkeit. Siedepunkt: 79 °C. Reagiert heftig mit Wasser, unter Bildung von Chlorwasserstoff und Schwefeldioxid, reizende und ätzende Gase. Greift in Gegenwart von Feuchtigkeit die meisten Metalle stark an. Verursacht schwere Verätzungen der Haut, der Augen und der Schleimhäute.	1836	
-	T7	TP2	F-A, S-B	Staukategorie C SW2	SGG1 SG36 SG49	Farblose Flüssigkeit mit stechendem Geruch. Reagiert heftig mit Wasser unter Entwicklung von Chlorwasserstoff, einem ätzenden Gas mit Reizwirkung. Das Gas ist als weißer Nebel sichtbar. Greift in Gegenwart von Feuchtigkeit die meisten Metalle stark an. Dampf wirkt reizend auf Schleimhäute.	1837	
-	T20	TP2 TP13 TP37	F-A, S-B	Staukategorie D SW2	SGG1 SGG7 SG36 SG49	Farblose Flüssigkeit. Reagiert heftig mit Wasser unter Entwicklung von Chlorwasserstoff, einem ätzenden Gas mit Reizwirkung. Das Gas ist als weißer Nebel sichtbar. Greift in Gegenwart von Feuchtigkeit die meisten Metalle stark an. Hochgiftig beim Verschlucken, bei Berührung mit der Haut oder beim Einatmen. Verursacht Verätzungen der Haut, der Augen und der Schleimhäute.	1838	
-	T3	TP33	F-A, S-B	Staukategorie A	SGG1 SG36 SG49	Farblose, zerfließliche Kristalle. Schmelzpunkt des reinen Stoffs: 58 °C. Greift bei Feuchtigkeit die meisten Metalle an. Verursacht Verätzungen der Haut, der Augen und der Schleimhäute.	1839	
-	T4	TP2	F-A, S-B	Staukategorie A	SGG1 SGG7 SG36 SG49	Farblose Flüssigkeit. Greift schwach die meisten Metalle an. Verursacht Verätzungen der Haut, der Augen und der Schleimhäute.	1840	
-	T1	TP33	F-A, S-B	Staukategorie A	SG29	Weißer kristalliner fester Stoff. Löslich in Wasser. Zersetzt sich bei Erwärmung zu Ammoniak und Acetaldehyd.	1841	
-	T3	TP33	F-A, S-A	Staukategorie B	SGG2 SG15 SG16 SG30 SG63	Kann die Verbrennung unterstützen und ohne Sauerstoff brennen. Unter Feuereinwirkung bilden sich giftige Gase und Dämpfe. Bildet äußerst empfindliche, explosive Verbindungen mit Blei, Silber oder anderen Schwermetallen und deren Verbindungen. Giftig beim Verschlucken, bei Berührung mit der Haut oder beim Einatmen.	1843	→ *UN 3424*
-	-	-	F-C, S-V	Staukategorie C SW2	-	Nicht entzündbares Gas. In festem Zustand, weiß. Entwickelt langsam Dämpfe, die schwerer sind als Luft (1,5). Einatmen der Dämpfe kann zur Bewusstlosigkeit führen. Kann schwere Verbrennungen bei Berührung mit der Haut verursachen.	1845	→ *5.5.3*
-	T7	TP2	F-A, S-A	Staukategorie A SW2	SGG10	Farblose, flüchtige Flüssigkeit mit stark betäubend wirkenden Dämpfen. Nicht entzündbar; entwickelt unter Feuereinwirkung äußerst giftige Dämpfe (Phosgene). Giftig beim Verschlucken, bei Berührung mit der Haut oder beim Einatmen.	1846	
-	T3	TP33	F-A, S-B	Staukategorie A	SGG18 SG35	Kristalliner fester Stoff. Schmelzpunkt: 60 °C. Reagiert heftig mit Säuren unter Bildung von Schwefelwasserstoff, einem giftigen und entzündbaren Gas. Greift schwach die meisten Metalle an. Verursacht Verätzungen der Haut, der Augen und der Schleimhäute.	1847	

UN-Nr.	Richtiger technischer Name	Klasse	Zusatzgefahr	Verpackungsgruppe	Sondervorschriften	Begrenzte und freigestellte Mengen		Verpackungen		IBC	
						Begrenzte Mengen	Freigestellte Mengen	Anweisung(en)	Sondervorschriften	Anweisung(en)	Sondervorschriften
(1)	(2) 3.1.2	(3) 2.0	(4) 2.0	(5) 2.0.1.3	(6) 3.3	(7a) 3.4	(7b) 3.5	(8) 4.1.4	(9) 4.1.4	(10) 4.1.4	(11) 4.1.4
1848	PROPIONSÄURE, mit mindestens 10 % und weniger als 90 Masse-% Säure PROPIONIC ACID with not less than 10 % and less than 90 % acid, by mass	8	-	III	-	5 L	E1	P001 LP01	-	IBC03	-
1849	NATRIUMSULFID, HYDRAT, mit mindestens 30 % Wasser SODIUM SULPHIDE, HYDRATED with not less than 30 % water	8	-	II	-	1 kg	E2	P002	-	IBC08	B4 B21
1851	MEDIKAMENT, FLÜSSIG, GIFTIG, N.A.G. MEDICINE, LIQUID, TOXIC, N.O.S.	6.1	-	II	221	100 ml	E4	P001	-	-	-
1851	MEDIKAMENT, FLÜSSIG, GIFTIG, N.A.G. MEDICINE, LIQUID, TOXIC, N.O.S.	6.1	-	III	221 223	5 L	E1	P001 LP01	-	-	-
1854	BARIUMLEGIERUNGEN, PYROPHOR BARIUM ALLOYS, PYROPHORIC	4.2	-	I	-	0	E0	P404	PP31	-	-
1855	CALCIUM, PYROPHOR oder CALCIUMLEGIERUNGEN, PYROPHOR CALCIUM, PYROPHORIC or CALCIUM ALLOYS, PYROPHORIC	4.2	-	I	-	0	E0	P404	PP31	-	-
1856	LAPPEN, PUTZWOLLE, ÖLIG RAGS, OILY	4.2	-	-	29 117 973	0	E0	P003	PP19	IBC08	B3 B6
1857	TEXTILABFALL, NASS TEXTILE WASTE, WET	4.2	-	III	117	0	E1	P410	-	-	-
1858	HEXAFLUORPROPYLEN (GAS ALS KÄLTEMITTEL R 1216) HEXAFLUOROPROPYLENE (REFRIGERANT GAS R 1216)	2.2	-	-	-	120 ml	E1	P200	-	-	-
1859	SILICIUMTETRAFLUORID SILICON TETRAFLUORIDE	2.3	8	-	-	0	E0	P200	-	-	-
1860	VINYLFLUORID, STABILISIERT VINYL FLUORIDE, STABILIZED	2.1	-	-	386	0	E0	P200	-	-	-
1862	ETHYLCROTONAT ETHYL CROTONATE	3	-	II	-	1 L	E2	P001	-	IBC02	-
1863	DÜSENKRAFTSTOFF FUEL, AVIATION, TURBINE ENGINE	3	-	I	-	500 ml	E3	P001	-	-	-
1863	DÜSENKRAFTSTOFF FUEL, AVIATION, TURBINE ENGINE	3	-	II	-	1 L	E2	P001	-	IBC02	-
1863	DÜSENKRAFTSTOFF FUEL, AVIATION, TURBINE ENGINE	3	-	III	223	5 L	E1	P001 LP01	-	IBC03	-
1865	n-PROPYLNITRAT n-PROPYL NITRATE	3	-	II	26	1 L	E2	P001	-	-	-
1866	HARZLÖSUNG, entzündbar RESIN SOLUTION flammable	3	-	I	-	500 ml	E3	P001	-	-	-

Ortsbewegliche Tanks und Schüttgut-Container			EmS	Stauung und Handhabung	Trennung	Eigenschaften und Bemerkung	UN-Nr.	
	Tank Anwei- sung(en)	Vor- schrif- ten						
(12)	(13)	(14)	(15)	(16a)	(16b)	(17)	(18)	
	4.2.5 4.3	4.2.5	5.4.3.2 7.8	7.1, 7.3 bis 7.7	7.2 bis 7.7			
-	T4	TP1	F-A, S-B	Staukategorie A	SGG1 SG36 SG49	Farblose Flüssigkeit mit stechendem Geruch. Mischbar mit Wasser. Greift Blei und die meisten anderen Metalle an. Verursacht Verätzungen der Haut. Dampf wirkt reizend auf Schleimhäute.	1848	→ *UN 3463*
-	T3	TP33	F-A, S-B	Staukategorie A	SGG18 SG35	Gelb-pinkfarbene oder weiße zerfließliche Kristalle, Flocken oder Brocken. Schmelzpunkt: 50 °C. Löslich in Wasser. Reagiert heftig mit Säuren unter Bildung von Schwefelwasserstoff, einem giftigen und entzündbaren Gas. Greift schwach die meisten Metalle an. Verursacht Verätzungen der Haut, der Augen und der Schleimhäute.	1849	
-	-	-	F-A, S-A	Staukategorie C SW2	-	Giftig beim Verschlucken, bei Berührung mit der Haut oder beim Einatmen.	1851	
-	-	-	F-A, S-A	Staukategorie C SW2	-	Siehe Eintrag oben.	1851	
-	T21	TP7 TP33	F-G, S-M	Staukategorie D H1	SGG15 SG26	Neigt an Luft zur Selbstentzündung. Beim Schütteln können sich Funken bilden. Entwickelt in Berührung mit Wasser Wasserstoff, ein entzündbares Gas.	1854	
-	-	-	F-G, S-M	Staukategorie D H1	SG26	Neigt an Luft zur Selbstentzündung. Beim Schütteln können sich Funken bilden. Entwickelt in Berührung mit Wasser Wasserstoff, ein entzündbares Gas.	1855	
-	-	-	F-A, S-J	Staukategorie A	-	Neigt an Luft zur Selbstentzündung, je nach Ölgehalt.	1856	
-	-	-	F-A, S-J	Staukategorie A	-	Neigt an Luft zur Selbstentzündung, je nach Feuchtigkeitsgehalt.	1857	
-	T50	-	F-C, S-V	Staukategorie A	-	Nicht entzündbares Gas. Viel schwerer als Luft (5,2).	1858	
-	-	-	F-C, S-U	Staukategorie D SW2	-	Nicht entzündbares, giftiges und ätzendes Gas mit stechendem Geruch. Greift Metalle an. In feuchter Luft bildet sich Fluorwasserstoff. Viel schwerer als Luft (3,6). Wirkt stark reizend auf Haut, Augen und Schleimhäute.	1859	
-	-	-	F-D, S-U	Staukategorie E SW1 SW2	-	Entzündbares Gas. Explosionsgrenzen: 2,9 % bis 29 %. Schwerer als Luft (1,6).	1860	
-	T4	TP2	F-E, S-D	Staukategorie B	-	Farblose Flüssigkeit mit stechendem Geruch. Flammpunkt: 2 °C c.c. Nicht mischbar mit Wasser.	1862	
-	T11	TP1 TP8 TP28	F-E, S-E	Staukategorie E	-	Siedebereich: -14 °C aufwärts. Nicht mischbar mit Wasser.	1863	
-	T4	TP1 TP8	F-E, S-E	Staukategorie B	-	Nicht mischbar mit Wasser.	1863	
-	T2	TP1	F-E, S-E	Staukategorie A	-	Siehe Eintrag oben.	1863	→ *D: D/BAM/ IMDG-Code*
-	-	-	F-E, S-D	Staukategorie D	SG6 SG8 SG10 SG12	Weiße bis strohgelbe Flüssigkeit mit etherartigem Geruch. Flammpunkt: 20 °C c.c. Explosionsgrenzen: 2 % bis 100 %. Nicht mischbar mit Wasser. Oxidierend wirkender Stoff. Kann bei Erwärmung explodieren. Gesundheitsschädlich beim Verschlucken oder beim Einatmen.	1865	
-	T11	TP1 TP8 TP28	F-E, S-E	Staukategorie E	-	Die Mischbarkeit mit Wasser hängt von der Zusammensetzung ab.	1866	

3.2 Gefahrgutliste

UN-Nr.	Richtiger technischer Name	Klasse	Zusatzgefahr	Verpackungsgruppe	Sondervorschriften	Begrenzte und freigestellte Mengen		Verpackungen		IBC	
						Begrenzte Mengen	Freigestellte Mengen	Anweisung(en)	Sondervorschriften	Anweisung(en)	Sondervorschriften
(1)	(2) 3.1.2	(3) 2.0	(4) 2.0	(5) 2.0.1.3	(6) 3.3	(7a) 3.4	(7b) 3.5	(8) 4.1.4	(9) 4.1.4	(10) 4.1.4	(11) 4.1.4
1866	HARZLÖSUNG, entzündbar RESIN SOLUTION flammable	3	-	II	-	5 L	E2	P001	PP1	IBC02	-
1866	HARZLÖSUNG, entzündbar RESIN SOLUTION flammable	3	-	III	223 955	5 L	E1	P001 LP01	PP1	IBC03	-
1868	DECABORAN DECABORANE	4.1	6.1	II	-	1 kg	E0	P002	PP31	IBC06	B21
1869	MAGNESIUM oder MAGNESIUMLEGIERUNGEN, mit mehr als 50 % Magnesium in Form von Pellets, Spänen oder Bändern MAGNESIUM or MAGNESIUM ALLOYS with more than 50 % magnesium in pellets, turnings or ribbons	4.1	-	III	59 920	5 kg	E1	P002 LP02	PP100 L3	IBC08	B4
1870	KALIUMBORHYDRID POTASSIUM BOROHYDRIDE	4.3	-	I	-	0	E0	P403	PP31	-	-
1871	TITANIUMHYDRID TITANIUM HYDRIDE	4.1	-	II	-	1 kg	E2	P410	PP31 PP40	IBC04	-
1872	BLEIDIOXID LEAD DIOXIDE	5.1	-	III	-	5 kg	E1	P002 LP02	-	IBC08	B3
1873	PERCHLORSÄURE, mit mehr als 50 Masse-%, aber höchstens 72 Masse-% Säure PERCHLORIC ACID with more than 50 % but not more than 72 % acid, by mass	5.1	8	I	900	0	E0	P502	PP28	-	-
1884	BARIUMOXID BARIUM OXIDE	6.1	-	III	-	5 kg	E1	P002 LP02	-	IBC08	B3
1885	BENZIDIN BENZIDINE	6.1	-	II	-	500 g	E4	P002	-	IBC08	B4 B21
1886	BENZYLIDENCHLORID BENZYLIDENE CHLORIDE	6.1	-	II	-	100 ml	E4	P001	-	IBC02	-
1887	BROMCHLORMETHAN BROMOCHLOROMETHANE	6.1	-	III	-	5 L	E1	P001 LP01	-	IBC03	-
1888	CHLOROFORM CHLOROFORM	6.1	-	III	-	5 L	E1	P001 LP01	-	IBC03	-
1889	CYANBROMID CYANOGEN BROMIDE	6.1	8 **P**	I	-	0	E0	P002	PP31	-	-
1891	ETHYLBROMID ETHYL BROMIDE	6.1	-	II	-	100 ml	E4	P001	-	IBC02	B8
1892	ETHYLDICHLORARSIN ETHYLDICHLOROARSINE	6.1	- **P**	I	354	0	E0	P602	-	-	-

Ortsbewegliche Tanks und Schüttgut-Container			EmS	Stauung und Handhabung	Trennung	Eigenschaften und Bemerkung	UN-Nr.
	Tank Anwei-sung(en)	Vor-schrif-ten					
(12)	(13) 4.2.5 4.3	(14) 4.2.5	(15) 5.4.3.2 7.8	(16a) 7.1, 7.3 bis 7.7	(16b) 7.2 bis 7.7	(17)	(18)
-	T4	TP1 TP8	F-E, S-E	Staukategorie B	-	Siehe Eintrag oben.	1866
-	T2	TP1	F-E, S-E	Staukategorie A	-	Siehe Eintrag oben.	1866
-	T3	TP33	F-A, S-G	Staukategorie A	SG17	Farblose Kristalle. Schwach löslich in Wasser. Dämpfe können mit Luft explosionsfähige Gemische bilden. Bildet mit entzündend (oxidierend) wirkenden Stoffen explosionsfähige und äußerst empfindliche Gemische. Giftig beim Verschlucken, bei Berührung mit der Haut oder beim Einatmen von Staub.	1868
-	T1	TP33	F-G, S-G	Staukategorie A H1	SG17 SG25 SG26 SG32 SG35 SG36 SG52	Silbriges weißes Metall. Brennt mit sehr heller weißer Flamme und Hitze. Kann in Berührung mit Wasser, insbesondere mit Seewasser, Wasserstoff, ein entzündbares Gas, entwickeln. Reagiert sehr leicht mit Säuren und ätzenden Alkalien unter Bildung von Wasserstoff. Reagiert leicht mit Eisenoxid (Thermit-Effekt). Bildet mit entzündend (oxidierend) wirkenden Stoffen explosionsfähige Gemische.	1869
-	-	-	F-G, S-O	Staukategorie E H1	SG26 SG35	Weißes, kristallines Pulver. Entwickelt in Berührung mit Wasser, Säuren oder Feuchtigkeit Wasserstoff, der sich durch die Reaktionswärme entzünden kann.	1870
-	T3	TP33	F-A, S-G	Staukategorie E	-	Dunkelgraues Pulver oder dunkelgraue Kristalle.	1871
-	T1	TP33	F-A, S-Q	Staukategorie A	SGG7 SGG9	Braunes Pulver oder Kristalle. Nicht löslich in Wasser. Gesundheitsschädlich beim Verschlucken.	1872
-	T10	TP1	F-A, S-Q	Staukategorie D	SGG1a SG16 SG36 SG49	Farblose Flüssigkeit. Gemische mit brennbaren Stoffen können sich selbst entzünden und unter Einwirkung von Feuer, Schlag oder Reibung eine Explosion verursachen. Greift die meisten Metalle stark an. Verursacht Verätzungen der Haut, der Augen und der Schleimhäute. Beförderung von PERCHLORSÄURE mit mehr als 72 Masse-% Säure ist **verboten**.	1873
-	T1	TP33	F-A, S-A	Staukategorie A	-	Weißer fester Stoff. Entwickelt in Berührung mit Wasser Wärme. Giftig beim Verschlucken, bei Berührung mit der Haut oder beim Einatmen von Staub.	1884
-	T3	TP33	F-A, S-A	Staukategorie A	-	Weißer, kristalliner fester Stoff. Giftig beim Verschlucken, bei Berührung mit der Haut oder beim Einatmen.	1885
-	T7	TP2	F-A, S-A	Staukategorie D SW2	-	Farblose Flüssigkeit, entwickelt Dämpfe, die reizend auf Augen und Haut wirken („Tränengas"). Giftig beim Verschlucken, bei Berührung mit der Haut oder beim Einatmen.	1886
-	T4	TP1	F-A, S-A	Staukategorie A	SGG10	Klare, farblose, flüchtige Flüssigkeit mit chloroformartigem Geruch. Nicht mischbar mit Wasser. Entwickelt unter Feuereinwirkung äußerst giftige Dämpfe (Phosgen). Giftig beim Verschlucken, bei Berührung mit der Haut oder beim Einatmen.	1887
-	T7	TP2	F-A, S-A	Staukategorie A SW2	SGG10	Farblose, flüchtige Flüssigkeit. Siedepunkt: 61 °C. Nicht entzündbar. Entwickelt unter Feuereinwirkung äußerst giftige Dämpfe (Phosgen). Giftig beim Verschlucken, bei Berührung mit der Haut oder beim Einatmen. Betäubend.	1888
-	T6	TP33	F-A, S-B	Staukategorie D SW2	SGG6 SG35	Farblose Kristalle. Bildet giftige Dämpfe, die Reizwirkung haben und Tränenbildung verursachen. Schmelzpunkt: etwa 52 °C. Siedepunkt: etwa 62 °C. Bildet in Berührung mit Wasser Bromwasserstoff und Cyanwasserstoff, hochgiftige, entzündbare und ätzende Gase. Hochgiftig beim Verschlucken, bei Berührung mit der Haut oder beim Einatmen. Verursacht Verätzungen der Haut, der Augen und der Schleimhäute.	1889
-	T7	TP2 TP13	F-A, S-A	Staukategorie B SW2 SW5	SGG10	Farblose flüchtige Flüssigkeit, entwickelt reizende Dämpfe mit narkotisierender Wirkung. Siedepunkt: 38 °C. Dämpfe können durch elektrische Funken oder ähnliche Zündquellen entzündet werden. Giftig beim Verschlucken, bei Berührung mit der Haut oder beim Einatmen.	1891
-	T20	TP2 TP13 TP37	F-A, S-A	Staukategorie D SW2	-	Farblose Flüssigkeit entwickelt reizende Dämpfe („Tränengas"). Hochgiftig beim Verschlucken, bei Berührung mit der Haut oder beim Einatmen.	1892

3.2 Gefahrgutliste

UN-Nr.	Richtiger technischer Name	Klasse	Zusatz-gefahr	Verpa-ckungs-gruppe	Sonder-vor-schrif-ten	Begrenzte und freige-stellte Mengen		Verpackungen		IBC	
						Be-grenzte Men-gen	Freige-stellte Men-gen	Anwei-sung(en)	Sonder-vor-schriften	Anwei-sung(en)	Sonder-vor-schriften
(1)	(2) 3.1.2	(3) 2.0	(4) 2.0	(5) 2.0.1.3	(6) 3.3	(7a) 3.4	(7b) 3.5	(8) 4.1.4	(9) 4.1.4	(10) 4.1.4	(11) 4.1.4
1894	PHENYLQUECKSILBER(II)HYDROXID PHENYLMERCURIC HYDROXIDE	6.1	- **P**	II	-	500 g	E4	P002	-	IBC08	B4 B21
1895	PHENYLQUECKSILBER(II)NITRAT PHENYLMERCURIC NITRATE	6.1	- **P**	II	-	500 g	E4	P002	-	IBC08	B4 B21
1897	TETRACHLORETHYLEN TETRACHLOROETHYLENE	6.1	- **P**	III	-	5 L	E1	P001 LP01	-	IBC03	-
1898	ACETYLIODID ACETYL IODIDE	8	-	II	-	1 L	E2	P001	-	IBC02	-
1902	DIISOOCTYLPHOSPHAT DIISOOCTYL ACID PHOSPHATE	8	-	III	-	5 L	E1	P001 LP01	-	IBC03	-
1903	DESINFEKTIONSMITTEL, FLÜSSIG, ÄTZEND, N.A.G. DISINFECTANT, LIQUID, CORROSIVE, N.O.S.	8	-	I	274	0	E0	P001	-	-	-
1903	DESINFEKTIONSMITTEL, FLÜSSIG, ÄTZEND, N.A.G. DISINFECTANT, LIQUID, CORROSIVE, N.O.S.	8	-	II	274	1 L	E2	P001	-	IBC02	-
1903	DESINFEKTIONSMITTEL, FLÜSSIG, ÄTZEND, N.A.G. DISINFECTANT, LIQUID, CORROSIVE, N.O.S.	8	-	III	223 274	5 L	E1	P001 LP01	-	IBC03	-
1905	SELENSÄURE SELENIC ACID	8	-	I	-	0	E0	P002	-	IBC07	B1
1906	ABFALLSCHWEFELSÄURE SLUDGE ACID	8	-	II	-	1 L	E0	P001	-	IBC02	-
1907	NATRONKALK, mit mehr als 4 % Natriumhydroxid SODA LIME with more than 4 % sodium hydroxide	8	-	III	62	5 kg	E1	P002 LP02	-	IBC08	B3
1908	CHLORITLÖSUNG CHLORITE SOLUTION	8	-	II	274 352	1 L	E2	P001	-	IBC02	-
1908	CHLORITLÖSUNG CHLORITE SOLUTION	8	-	III	223 274 352	5 L	E1	P001 LP01	-	IBC03	-
1910	CALCIUMOXID CALCIUM OXIDE	8	-	-	960	-	-	-	-	-	-
1911	DIBORAN DIBORANE	2.3	2.1	-	-	0	E0	P200	-	-	-

Ortsbewegliche Tanks und Schüttgut-Container			EmS	Stauung und Handhabung	Trennung	Eigenschaften und Bemerkung	UN-Nr.
	Tank Anweisung(en)	Vorschriften					
(12)	(13)	(14)	(15)	(16a)	(16b)	(17)	(18)
	4.2.5 4.3	4.2.5	5.4.3.2 7.8	7.1, 7.3 bis 7.7	7.2 bis 7.7		
-	T3	TP33	F-A, S-A	Staukategorie A	SGG7 SGG11	Weiße Kristalle oder Pulver. Löslich in Wasser. Giftig beim Verschlucken, bei Berührung mit der Haut oder beim Einatmen von Staub.	1894
-	T3	TP33	F-A, S-A	Staukategorie A	SGG7 SGG11	Weiße Kristalle oder Pulver. Giftig beim Verschlucken, bei Berührung mit der Haut oder beim Einatmen.	1895
-	T4	TP1	F-A, S-A	Staukategorie A SW2	SGG10	Farblose Flüssigkeit mit etherartigem Geruch. Entwickelt unter Feuereinwirkung äußerst giftige Dämpfe (Phosgen). Giftig beim Verschlucken, bei Berührung mit der Haut oder beim Einatmen.	1897
-	T7	TP2 TP13	F-A, S-B	Staukategorie C SW2	SGG1 SG36 SG49	Farblose Flüssigkeit. Reagiert heftig mit Wasser unter Bildung von Iodwasserstoff, einem reizenden und ätzenden Gas, das als weißer Nebel sichtbar wird. Greift in Gegenwart von Feuchtigkeit die meisten Metalle stark an. Dampf wirkt reizend auf Schleimhäute.	1898
-	T4	TP1	F-A, S-B	Staukategorie A	SGG1 SG36 SG49	Ölige Flüssigkeit. Greift schwach die meisten Metalle an.	1902
-	-	-	F-A, S-B	Staukategorie B	-	Eine große Anzahl ätzender Flüssigkeiten. Verursacht Verätzungen der Haut, der Augen und der Schleimhäute.	1903
-	-	-	F-A, S-B	Staukategorie B	-	Siehe Eintrag oben.	1903
-	-	-	F-A, S-B	Staukategorie A	-	Siehe Eintrag oben.	1903
-	T6	TP33	F-A, S-B	Staukategorie A	SGG1 SG36 SG49	Weißer, sehr zerfließlicher kristalliner fester Stoff. Schmelzpunkt: 50 °C. Löslich in Wasser. Reagiert heftig mit organischen Materialien wie Holz, Baumwolle oder Stroh. Greift bei Feuchtigkeit die meisten Metalle an. Verursacht schwere Verätzungen der Haut, der Augen und der Schleimhäute.	1905
-	T8	TP2 TP28	F-A, S-B	Staukategorie C SW15	SGG1a SG36 SG49	Abfallschwefelsäure oder gebrauchte Schwefelsäure, in der Regel ein Nebenprodukt bei der Reinigung von Petroleum und Rohbenzen. Greift die meisten Metalle stark an.	1906
-	T1	TP33	F-A, S-B	Staukategorie A	SGG18 SG35	Zerfließliche, granulierte Mischung aus Natriumhydroxid und Calciumhydroxid. Reagiert heftig mit Säuren. Reagiert mit Ammoniumsalzen unter Bildung von Ammoniakgas. Greift bei Feuchtigkeit Aluminium, Zink und Zinn an. Verursacht Verätzungen der Haut, der Augen und der Schleimhäute.	1907
-	T7	TP2 TP24	F-A, S-B	Staukategorie B	SGG5 SG6 SG8 SG10 SG12 SG20	Farblose Flüssigkeit. Entwickelt in Berührung mit Säuren stark reizende und ätzende Gase. Entzündend (oxidierend) wirkende Lösung. Kann in Berührung mit organischen Materialien wie Holz, Baumwolle oder Stroh einen Brand verursachen. Greift schwach die meisten Metalle an. Verursacht Verätzungen der Haut, der Augen und der Schleimhäute.	1908
-	T4	TP2 TP24	F-A, S-B	Staukategorie B	SGG5 SG6 SG8 SG10 SG12 SG20	Siehe Eintrag oben.	1908
-	-	-	-	-	-	Unterliegt nicht den Vorschriften dieses Codes, kann aber Bestimmungen über die Beförderung gefährlicher Güter mit anderen Verkehrsträgern unterliegen.	1910
-	-	-	F-D, S-U	Staukategorie D SW2	SG46	Verflüssigtes, entzündbares, giftiges, farbloses Gas mit unangenehmem Geruch. Explosionsgrenzen: 0,9 % bis 98 %. Leichter als Luft (0,95). Kann sich oberhalb von -18 °C unter Bildung von Wasserstoff und Bor zersetzen. Selbstentzündungstemperatur: 90 °C. Giftig beim Einatmen; durch Hydrolyse in den Lungen entstehen Borsäure und Wasser.	1911

3.2 Gefahrgutliste

UN-Nr.	Richtiger technischer Name	Klasse	Zusatzgefahr	Verpackungsgruppe	Sondervorschriften	Begrenzte und freigestellte Mengen: Begrenzte Mengen	Begrenzte und freigestellte Mengen: Freigestellte Mengen	Verpackungen: Anweisung(en)	Verpackungen: Sondervorschriften	IBC: Anweisung(en)	IBC: Sondervorschriften
(1)	(2) 3.1.2	(3) 2.0	(4) 2.0	(5) 2.0.1.3	(6) 3.3	(7a) 3.4	(7b) 3.5	(8) 4.1.4	(9) 4.1.4	(10) 4.1.4	(11) 4.1.4
1912	METHYLCHLORID UND METHYLENCHLORID, GEMISCH METHYL CHLORIDE AND METHYLENE CHLORIDE MIXTURE	2.1	-	-	228	0	E0	P200	-	-	-
1913	NEON, TIEFGEKÜHLT, FLÜSSIG NEON, REFRIGERATED LIQUID	2.2	-	-	-	120 ml	E1	P203	-	-	-
1914	BUTYLPROPIONATE BUTYL PROPIONATES	3	-	III	-	5 L	E1	P001 LP01	-	IBC03	-
1915	CYCLOHEXANON CYCLOHEXANONE	3	-	III	-	5 L	E1	P001 LP01	-	IBC03	-
1916	2,2'-DICHLORDIETHYLETHER 2,2'-DICHLORODIETHYL ETHER	6.1	3	II	-	100 ml	E4	P001	-	IBC02	-
1917	ETHYLACRYLAT, STABILISIERT ETHYL ACRYLATE, STABILIZED	3	-	II	386	1 L	E2	P001	-	IBC02	-
1918	ISOPROPYLBENZEN ISOPROPYLBENZENE	3	-	III	-	5 L	E1	P001 LP01	-	IBC03	-
1919	METHYLACRYLAT, STABILISIERT METHYL ACRYLATE, STABILIZED	3	-	II	386	1 L	E2	P001	-	IBC02	-
1920	NONANE NONANES	3	- **P**	III	-	5 L	E1	P001 LP01	-	IBC03	-
1921	PROPYLENIMIN, STABILISIERT PROPYLENEIMINE, STABILIZED	3	6.1	I	386	0	E0	P001	-	-	-
1922	PYRROLIDIN PYRROLIDINE	3	8	II	-	1 L	E2	P001	-	IBC02	-
1923	CALCIUMDITHIONIT (CALCIUMHYDROSULFIT) CALCIUM DITHIONITE (CALCIUM HYDROSULPHITE)	4.2	-	II	-	0	E2	P410	PP31	IBC06	B21
1928	METHYLMAGNESIUMBROMID IN ETHYLETHER METHYLMAGNESIUM BROMIDE IN ETHYL ETHER	4.3	3	I	-	0	E0	P402	-	-	-
1929	KALIUMDITHIONIT (KALIUMHYDROSULFIT) POTASSIUM DITHIONITE (POTASSIUM HYDROSULPHITE)	4.2	-	II	-	0	E2	P410	PP31	IBC06	B21
1931	ZINKDITHIONIT (ZINKHYDROSULFIT) ZINC DITHIONITE (ZINC HYDROSULPHITE)	9	-	III	-	5 kg	E1	P002 LP02	-	IBC08	B3
1932	ZIRKONIUMABFALL ZIRCONIUM, SCRAP	4.2	-	III	223	0	E0	P002 LP02	PP31 L4	IBC08	B4
1935	CYANID-LÖSUNG, N.A.G. CYANIDE SOLUTION, N.O.S.	6.1	- **P**	I	274	0	E5	P001	-	-	-

Ortsbewegliche Tanks und Schüttgut-Container			EmS	Stauung und Handhabung	Trennung	Eigenschaften und Bemerkung	UN-Nr.
	Tank Anweisung(en)	Vorschriften					
(12)	(13) 4.2.5 4.3	(14) 4.2.5	(15) 5.4.3.2 7.8	(16a) 7.1, 7.3 bis 7.7	(16b) 7.2 bis 7.7	(17)	(18)
-	T50	-	F-D, S-U	Staukategorie D SW2	-	Lösungen des entzündbaren Gases Methylchlorid, UN-Nr. 1063, in flüssigem Methylenchlorid.	1912
-	T75	TP5	F-C, S-V	Staukategorie D	-	Verflüssigtes Inertgas. Leichter als Luft (0,7).	1913
-	T2	TP1	F-E, S-D	Staukategorie A	-	Farblose Flüssigkeiten. Flammpunkt: 32 °C c.c. Nicht mischbar mit Wasser.	1914
-	T2	TP1	F-E, S-D	Staukategorie A	-	Farblose Flüssigkeit. Flammpunkt: 38 °C bis 44 °C c.c. Explosionsgrenzen: 1,1 % bis 9,4 %. Nicht mischbar mit Wasser.	1915
-	T7	TP2	F-E, S-D	Staukategorie A	-	Farblose entzündbare Flüssigkeit. Flammpunkt: 55 °C c.c. Nicht mischbar mit Wasser, reagiert aber mit Wasser unter Bildung ätzender und giftiger Dämpfe. Giftig beim Verschlucken, bei Berührung mit der Haut oder beim Einatmen.	1916
-	T4	TP1 TP13	F-E, S-D	Staukategorie C SW1 SW2	-	Farblose Flüssigkeit mit stechendem Geruch. Flammpunkt: 16 °C c.c. Explosionsgrenzen: 1,8 % bis 14 %. Nicht mischbar mit Wasser. Wirkt reizend auf Haut, Augen und Schleimhäute.	1917
-	T2	TP1	F-E, S-E	Staukategorie A	-	Farblose Flüssigkeit mit chloroformartigem Geruch. Flammpunkt: 31 °C c.c. Explosionsgrenzen: 0,9 % bis 6,5 %. Nicht mischbar mit Wasser.	1918
-	T4	TP1 TP13	F-E, S-D	Staukategorie C SW1	-	Farblose, flüchtige Flüssigkeit mit stechendem Geruch. Flammpunkt: -3 °C c.c. Explosionsgrenzen: 1,2 % bis 25 %. Nicht mischbar mit Wasser. Gesundheitsschädlich beim Einatmen. Wirkt reizend auf Haut, Augen und Schleimhäute.	1919
-	T2	TP2	F-E, S-E	Staukategorie A	-	Farblose Flüssigkeiten. Explosionsgrenzen: 0,8 % bis 2,9 %. normal-NONAN: Flammpunkt: 31 °C c.c. Nicht mischbar mit Wasser. Wirkt reizend auf Haut, Augen und Schleimhäute.	1920
-	T14	TP2 TP13	F-E, S-D	Staukategorie D SW1 SW2	-	Farblose Flüssigkeit mit ammoniakartigem Geruch. Flammpunkt: -4 °C c.c. Mischbar mit Wasser. Giftig beim Verschlucken, bei Berührung mit der Haut oder beim Einatmen. Verursacht Verätzungen der Haut und der Augen.	1921
-	T7	TP1	F-E, S-C	Staukategorie B SW2	SGG18 SG35	Farblose bis blassgelbe Flüssigkeit mit ammoniakartigem Geruch. Reagiert heftig mit Säuren. Flammpunkt: 3 °C c.c. Mischbar mit Wasser. Gesundheitsschädlich beim Einatmen. Verursacht Verätzungen der Haut, der Augen und der Schleimhäute.	1922
-	T3	TP33	F-A, S-J	Staukategorie E H1	-	Neigt an der Luft zur Selbsterwärmung und zur Selbstentzündung unter Entwicklung von Schwefeldioxid, einem Gas mit Reizwirkung.	1923
-	-	-	F-G, S-L	Staukategorie D H1	SG26	Farblose, gelbliche Flüssigkeit. Zersetzt sich heftig bei Berührung mit Wasser. Ausgelaufener Stoff entzündet sich spontan.	1928
-	T3	TP33	F-A, S-J	Staukategorie E H1	-	Neigt an der Luft zur Selbsterwärmung und zur Selbstentzündung unter Entwicklung von Schwefeldioxid, einem Gas mit Reizwirkung.	1929
-	T1	TP33	F-A, S-J	Staukategorie A H1	SGG7 SG11 SG20	Weißer, amorpher fester Stoff. Löslich in Wasser. Neigt in Berührung mit Feuchtigkeit zur Selbsterhitzung, wobei Schwefeldioxid, ein Gas mit starker Reizwirkung, entwickelt wird. Auch bei Berührung mit Säuren wird Schwefeldioxid freigesetzt.	1931
-	T1	TP33	F-G, S-L	Staukategorie D H1	SG26	Korngröße über 840 Mikron. Leicht entzündbar; kann sich an Luft entzünden. Kann in Berührung mit Wasser Wasserstoff, ein entzündbares Gas, entwickeln.	1932
-	T14	TP2 TP13 TP27	F-A, S-A	Staukategorie B SW2	SGG6 SG35	Flüssigkeit entwickelt giftige Dämpfe. Reagiert mit Säuren oder sauren Dämpfen, entwickelt Blausäure, ein hochgiftiges und entzündbares Gas. Giftig beim Verschlucken, bei Berührung mit der Haut oder beim Einatmen.	1935

3.2 Gefahrgutliste

UN-Nr.	Richtiger technischer Name	Klasse	Zusatzgefahr	Verpackungsgruppe	Sondervorschriften	Begrenzte und freigestellte Mengen		Verpackungen		IBC	
						Begrenzte Mengen	Freigestellte Mengen	Anweisung(en)	Sondervorschriften	Anweisung(en)	Sondervorschriften
(1)	(2) 3.1.2	(3) 2.0	(4) 2.0	(5) 2.0.1.3	(6) 3.3	(7a) 3.4	(7b) 3.5	(8) 4.1.4	(9) 4.1.4	(10) 4.1.4	(11) 4.1.4
1935	CYANID-LÖSUNG, N.A.G. CYANIDE SOLUTION, N.O.S.	6.1	- **P**	II	274	100 ml	E4	P001	-	IBC02	-
1935	CYANID-LÖSUNG, N.A.G. CYANIDE SOLUTION, N.O.S.	6.1	- **P**	III	223 274	5 L	E1	P001 LP01	-	IBC03	-
1938	BROMESSIGSÄURE, LÖSUNG BROMOACETIC ACID SOLUTION	8	-	II	-	1 L	E2	P001	-	IBC02	-
1938	BROMESSIGSÄURE, LÖSUNG BROMOACETIC ACID SOLUTION	8	-	III	223	5 L	E1	P001 LP01	-	IBC03	-
1939	PHOSPHOROXYBROMID PHOSPHORUS OXYBROMIDE	8	-	II	-	1 kg	E0	P002	-	IBC08	B4 B21
1940	THIOGLYCOLSÄURE THIOGLYCOLIC ACID	8	-	II	-	1 L	E2	P001	-	IBC02	-
1941	DIBROMDIFLUORMETHAN DIBROMODIFLUOROMETHANE	9	-	III	-	5 L	E1	P001 LP01	-	-	-
1942	AMMONIUMNITRAT mit höchstens 0,2 % brennbaren Stoffen, einschließlich jedes als Kohlenstoff berechneten organischen Stoffes, unter Ausschluss jedes anderen zugesetzten Stoffes AMMONIUM NITRATE with not more than 0.2 % combustible substances, including any organic substance calculated as carbon, to the exclusion of any other added substance	5.1	-	III	900 952 967	5 kg	E1	P002 LP02	-	IBC08	B3
1944	SICHERHEITSZÜNDHÖLZER (Heftchen, Kärtchen oder Schachteln mit Reibfläche) MATCHES, SAFETY (book, card or strike on box)	4.1	-	III	293 294	5 kg	E1	P407	-	-	-
1945	WACHSZÜNDHÖLZER MATCHES, WAX 'VESTA'	4.1	-	III	293 294	5 kg	E1	P407	-	-	-
1950	DRUCKGASPACKUNGEN AEROSOLS	2	- Siehe SV63	-	63 190 277 327 344 381 959	Siehe SV277	E0	P207 LP200	PP87 L2	-	-
1951	ARGON, TIEFGEKÜHLT, FLÜSSIG ARGON, REFRIGERATED LIQUID	2.2	-	-	-	120 ml	E1	P203	-	-	-
1952	ETHYLENOXID UND KOHLENDIOXID, GEMISCH, mit höchstens 9 % Ethylenoxid ETHYLENE OXIDE AND CARBON DIOXIDE MIXTURE with not more than 9 % ethylene oxide	2.2	-	-	-	120 ml	E1	P200	-	-	-

Ortsbewegliche Tanks und Schüttgut-Container			EmS	Stauung und Handhabung	Trennung	Eigenschaften und Bemerkung	UN-Nr.	
	Tank Anweisung(en)	Vorschriften						
(12)	(13) 4.2.5 4.3	(14) 4.2.5	(15) 5.4.3.2 7.8	(16a) 7.1, 7.3 bis 7.7	(16b) 7.2 bis 7.7	(17)	(18)	
-	T11	TP2 TP13 TP27	F-A, S-A	Staukategorie A SW2	SGG6 SG35	Siehe Eintrag oben.	1935	
-	T7	TP2 TP13 TP28	F-A, S-A	Staukategorie A SW2	SGG6 SG35	Siehe Eintrag oben.	1935	
-	T7	TP2	F-A, S-B	Staukategorie A SW2	SGG1 SG36 SG49	Greift die meisten Metalle an. Gesundheitsschädlich beim Verschlucken. Verursacht Verätzungen der Augen und der Haut.	1938	*→ UN 3425*
-	T7	TP2	F-A, S-B	Staukategorie A SW2	SGG1 SG36 SG49	Siehe Eintrag oben.	1938	*→ UN 3425*
-	T3	TP33	F-A, S-B	Staukategorie C SW1 SW2 H2	SGG1 SG36 SG49	Farblose Kristalle. Schmelzpunkt: 56 °C. Reagiert heftig mit Wasser unter Bildung von Bromwasserstoff, einem giftigen und ätzenden Gas, das als weißer Nebel sichtbar wird. Reagiert sehr heftig mit organischen Stoffen (wie Holz, Baumwolle, Stroh), verursacht dabei einen Brand. Zersetzt sich bei Erwärmung unter Bildung giftiger und ätzender Gase. Entwickelt unter Feuereinwirkung giftige und ätzende Gase. Greift in Gegenwart von Feuchtigkeit die meisten Metalle stark an. Verursacht Verätzungen der Haut, der Augen und der Schleimhäute.	1939	
-	T7	TP2	F-A, S-B	Staukategorie A	SGG1 SG36 SG49	Farblose Flüssigkeit mit starkem, sehr unangenehmem Geruch. Greift die meisten Metalle an. Gesundheitsschädlich beim Verschlucken.	1940	
-	T11	TP2	F-A, S-A	Staukategorie A SW1	-	Farblose, schwere Flüssigkeit. Siedepunkt: 24 °C. Nicht mischbar mit Wasser. Kann unter Feuereinwirkung giftige Dämpfe bilden. Giftig beim Verschlucken, bei Berührung mit der Haut oder beim Einatmen. Wirkt reizend auf Haut, Augen und Schleimhäute.	1941	
-	T1 BK2 BK3	TP33	F-H, S-Q	Staukategorie C SW1 SW14 SW23	SGG2 SG16 SG42 SG45 SG47 SG48 SG51 SG56 SG58 SG59 SG61	Kristalle, Granulate oder Prills. Löslich in Wasser. Brandfördernd. Bei einem Großfeuer an Bord eines Schiffes, das diese Stoffe befördert, besteht die Gefahr einer Explosion, wenn sie z. B. mit Diesel verunreinigt sind oder wenn sie sich unter starker Verdämmung befinden. Eine Detonation in der Nähe kann auch eine Explosion auslösen. Bei starker Erwärmung zersetzen sie sich unter Abgabe giftiger und brandfördernder Gase. Die Beförderung von AMMONIUMNITRAT, dessen Neigung zur Selbsterhitzung so groß ist, dass dies eine Zersetzung einleiten kann, ist **verboten**.	1942	
-	-	-	F-A, S-I	Staukategorie A	-	Werden an einer besonders präparierten Reibfläche entzündet.	1944	
-	-	-	F-A, S-I	Staukategorie B	-	Entzünden sich durch Reibung. Präparierte Reibfläche kann erforderlich sein.	1945	
-	-	-	F-D, S-U	- SW1 SW22	SG69	-	1950	
-	T75	TP5	F-C, S-V	Staukategorie D	-	Verflüssigtes Inertgas. Schwerer als Luft (1,4).	1951	*→ 5.5.3*
-	-	-	F-C, S-V	Staukategorie A	-	Verflüssigtes, nicht enzündbares Gas mit etherähnlichem Geruch. Explosionsgrenzen: 31 % bis 52 %. Schwerer als Luft (1,5).	1952	

UN-Nr.	Richtiger technischer Name	Klasse	Zusatzgefahr	Verpackungsgruppe	Sondervorschriften	Begrenzte und freigestellte Mengen		Verpackungen		IBC	
						Begrenzte Mengen	Freigestellte Mengen	Anweisung(en)	Sondervorschriften	Anweisung(en)	Sondervorschriften
(1)	(2) 3.1.2	(3) 2.0	(4) 2.0	(5) 2.0.1.3	(6) 3.3	(7a) 3.4	(7b) 3.5	(8) 4.1.4	(9) 4.1.4	(10) 4.1.4	(11) 4.1.4
1953	VERDICHTETES GAS, GIFTIG, ENTZÜNDBAR, N.A.G. COMPRESSED GAS, TOXIC, FLAMMABLE, N.O.S.	2.3	2.1	-	274	0	E0	P200	-	-	-
1954	VERDICHTETES GAS, ENTZÜNDBAR, N.A.G. COMPRESSED GAS, FLAMMABLE, N.O.S.	2.1	-	-	274 392	0	E0	P200	-	-	-
1955	VERDICHTETES GAS, GIFTIG, N.A.G. COMPRESSED GAS, TOXIC, N.O.S.	2.3	-	-	274	0	E0	P200	-	-	-
1956	VERDICHTETES GAS, N.A.G. COMPRESSED GAS, N.O.S.	2.2	-	-	274 378	120 ml	E1	P200	-	-	-
1957	DEUTERIUM, VERDICHTET DEUTERIUM, COMPRESSED	2.1	-	-	-	0	E0	P200	-	-	-
1958	1,2-DICHLOR-1,1,2,2-TETRAFLUORETHAN (GAS ALS KÄLTEMITTEL R 114) 1,2-DICHLORO-1,1,2,2-TETRAFLUOROETHANE (REFRIGERANT GAS R 114)	2.2	-	-	-	120 ml	E1	P200	-	-	-
1959	1,1-DIFLUORETHYLEN (GAS ALS KÄLTEMITTEL R 1132a) 1,1-DIFLUOROETHYLENE (REFRIGERANT GAS R 1132a)	2.1	-	-	-	0	E0	P200	-	-	-
1961	ETHAN, TIEFGEKÜHLT, FLÜSSIG ETHANE, REFRIGERATED LIQUID	2.1	-	-	-	0	E0	P203	-	-	-
1962	ETHYLEN ETHYLENE	2.1	-	-	-	0	E0	P200	-	-	-
1963	HELIUM, TIEFGEKÜHLT, FLÜSSIG HELIUM, REFRIGERATED LIQUID	2.2	-	-	-	120 ml	E1	P203	-	-	-
1964	KOHLENWASSERSTOFFGAS, GEMISCH, VERDICHTET, N.A.G. HYDROCARBON GAS MIXTURE, COMPRESSED, N.O.S.	2.1	-	-	274	0	E0	P200	-	-	-
1965	KOHLENWASSERSTOFFGAS, GEMISCH, VERFLÜSSIGT, N.A.G. HYDROCARBON GAS MIXTURE, LIQUEFIED, N.O.S.	2.1	-	-	274 392	0	E0	P200	-	-	-
1966	WASSERSTOFF, TIEFGEKÜHLT, FLÜSSIG HYDROGEN, REFRIGERATED LIQUID	2.1	-	-	-	0	E0	P203	-	-	-
1967	INSEKTENBEKÄMPFUNGSMITTEL, GASFÖRMIG, GIFTIG, N.A.G. INSECTICIDE GAS, TOXIC, N.O.S.	2.3	-	-	274	0	E0	P200	-	-	-
1968	INSEKTENBEKÄMPFUNGSMITTEL, GASFÖRMIG, N.A.G. INSECTICIDE GAS, N.O.S.	2.2	-	-	274	120 ml	E1	P200	-	-	-
1969	ISOBUTAN ISOBUTANE	2.1	-	-	392	0	E0	P200	-	-	-
1970	KRYPTON, TIEFGEKÜHLT, FLÜSSIG KRYPTON, REFRIGERATED LIQUID	2.2	-	-	-	120 ml	E1	P203	-	-	-

Ortsbewegliche Tanks und Schüttgut-Container			EmS	Stauung und Handhabung	Trennung	Eigenschaften und Bemerkung	UN-Nr.
	Tank Anweisung(en)	Vorschriften					
(12)	(13)	(14)	(15)	(16a)	(16b)	(17)	(18)
	4.2.5 4.3	4.2.5	5.4.3.2 7.8	7.1, 7.3 bis 7.7	7.2 bis 7.7		
-	-	-	F-D, S-U	Staukategorie D SW2	-	-	1953
-	-	-	F-D, S-U	Staukategorie D SW2	-	-	1954
-	-	-	F-C, S-U	Staukategorie D SW2	-	-	1955
-	-	-	F-C, S-V	Staukategorie A	-	-	1956
-	-	-	F-D, S-U	Staukategorie E SW2	-	Entzündbares, geruchloses Gas. Viel leichter als Luft (0,14).	1957
-	T50	-	F-C, S-V	Staukategorie A	-	Verflüssigtes, nicht entzündbares Gas mit chloroformartigem Geruch. Viel schwerer als Luft (5,9). Siedepunkt: 4 °C.	1958
-	-	-	F-D, S-U	Staukategorie E SW2	-	Entzündbares Gas. Explosionsgrenzen: 2,3 % bis 25 %. Viel schwerer als Luft (2,2).	1959
-	T75	TP5	F-D, S-U	Staukategorie D SW2	-	Verflüssigtes, entzündbares Gas mit schwachem Geruch. Explosionsgrenzen: 3 % bis 16 %. Etwas schwerer als Luft (1,05).	1961
-	-	-	F-D, S-U	Staukategorie E SW2	-	Entzündbares Gas. Explosionsgrenzen: 3 % bis 34 %. Etwas leichter als Luft (0,98).	1962
-	T75	TP5 TP34	F-C, S-V	Staukategorie D	-	Verflüssigtes Inertgas. Viel leichter als Luft (0,14).	1963
-	-	-	F-D, S-U	Staukategorie E SW2	-	Entzündbares Kohlenwasserstoffgasgemisch, gewonnen aus Erdgas oder durch Destillation von Rohölen oder Kohle usw. Kann Propan, Cyclopropan, Propylen, Butan, Butylen etc. in verschiedenen Anteilen enthalten. Schwerer als Luft.	1964
-	T50	-	F-D, S-U	Staukategorie E SW2	-	Verflüssigtes, entzündbares Kohlenwasserstoffgas, gewonnen aus Erdgas oder durch Destillation von Rohölen oder Kohle usw. Kann Propan, Cyclopropan, Propylen, Butan, Butylen etc. in verschiedenen Anteilen enthalten. Schwerer als Luft.	1965 → UN 1075
-	T75	TP5 TP34	F-D, S-U	Staukategorie D SW2	SG46	Verflüssigtes, entzündbares, geruchloses Gas. Explosionsgrenzen: 4 % bis 75 %. Viel leichter als Luft (0,07).	1966
-	-	-	F-C, S-U	Staukategorie D SW2	-	Giftige Gemische aus Insektenbekämpfungsmitteln (Insektiziden) und verflüssigten Gasen. Diese Gemische können entzündbar sein.	1967
-	-	-	F-C, S-V	Staukategorie A	-	Gemische von nicht entzündbaren und nicht giftigen Insektenbekämpfungsmitteln (Insektiziden) mit verflüssigtem Gas.	1968
-	T50	-	F-D, S-U	Staukategorie E SW2	-	Entzündbares Kohlenwasserstoffgas. Schwerer als Luft.	1969
-	T75	TP5	F-C, S-V	Staukategorie D	-	Verflüssigtes Inertgas. Viel schwerer als Luft (2,9).	1970

UN-Nr.	Richtiger technischer Name	Klasse	Zusatz-gefahr	Verpa-ckungs-gruppe	Sonder-vor-schrif-ten	Begrenzte und freige-stellte Mengen		Verpackungen		IBC	
						Be-grenzte Men-gen	Freige-stellte Men-gen	Anwei-sung(en)	Sonder-vor-schriften	Anwei-sung(en)	Sonder-vor-schriften
(1)	(2) 3.1.2	(3) 2.0	(4) 2.0	(5) 2.0.1.3	(6) 3.3	(7a) 3.4	(7b) 3.5	(8) 4.1.4	(9) 4.1.4	(10) 4.1.4	(11) 4.1.4
1971	METHAN, VERDICHTET oder ERDGAS, VERDICHTET, mit hohem Methangehalt METHANE, COMPRESSED or NATURAL GAS, COMPRESSED with high methane content	2.1	-	-	392 974	0	E0	P200	-	-	-
1972	METHAN, TIEFGEKÜHLT, FLÜSSIG oder ERDGAS, TIEFGEKÜHLT, FLÜSSIG, mit hohem Methangehalt METHANE, REFRIGERATED LIQUID or NATURAL GAS, REFRIGERATED LIQUID with high methane content	2.1	-	-	-	0	E0	P203	-	-	-
1973	CHLORDIFLUORMETHAN UND CHLORPENTAFLUORETHAN, GEMISCH, mit einem konstanten Siedepunkt, mit ca. 49 % Chlordifluormethan (GAS ALS KÄLTEMITTEL R 502) CHLORODIFLUOROMETHANE AND CHLOROPENTAFLUOROETHANE MIXTURE with a fixed boiling point, with approximately 49 % chlorodifluoromethane (REFRIGERANT GAS R 502)	2.2	-	-	-	120 ml	E1	P200	-	-	-
1974	BROMCHLORDIFLUORMETHAN (GAS ALS KÄLTEMITTEL R 12B1) CHLORODIFLUOROBROMOMETHANE (REFRIGERANT GAS R 12B1)	2.2	-	-	-	120 ml	E1	P200	-	-	-
1975	STICKSTOFFMONOXID UND DISTICKSTOFFTETROXID, GEMISCH (STICKSTOFFMONOXID UND STICKSTOFFDIOXID, GEMISCH) NITRIC OXIDE AND DINITROGEN TETROXIDE MIXTURE (NITRIC OXIDE AND NITROGEN DIOXIDE MIXTURE)	2.3	5.1/8	-	-	0	E0	P200	-	-	-
1976	OCTAFLUORCYCLOBUTAN (GAS ALS KÄLTEMITTEL RC 318) OCTAFLUOROCYCLOBUTANE (REFRIGERANT GAS RC 318)	2.2	-	-	-	120 ml	E1	P200	-	-	-
1977	STICKSTOFF, TIEFGEKÜHLT, FLÜSSIG NITROGEN, REFRIGERATED LIQUID	2.2	-	-	345 346	120 ml	E1	P203	-	-	-
1978	PROPAN PROPANE	2.1	-	-	392	0	E0	P200	-	-	-
1982	TETRAFLUORMETHAN (GAS ALS KÄLTEMITTEL R 14) TETRAFLUOROMETHANE (REFRIGERANT GAS R 14)	2.2	-	-	-	120 ml	E1	P200	-	-	-
1983	1-CHLOR-2,2,2-TRIFLUORETHAN (GAS ALS KÄLTEMITTEL R 133a) 1-CHLORO-2,2,2-TRIFLUOROETHANE (REFRIGERANT GAS R 133a)	2.2	-	-	-	120 ml	E1	P200	-	-	-
1984	TRIFLUORMETHAN (GAS ALS KÄLTEMITTEL R 23) TRIFLUOROMETHANE (REFRIGERANT GAS R 23)	2.2	-	-	-	120 ml	E1	P200	-	-	-

Ortsbewegliche Tanks und Schüttgut-Container			EmS	Stauung und Handhabung	Trennung	Eigenschaften und Bemerkung	UN-Nr.	
	Tank Anweisung(en)	Vorschriften						
(12)	(13)	(14)	(15)	(16a)	(16b)	(17)	(18)	
	4.2.5 4.3	4.2.5	5.4.3.2 7.8	7.1, 7.3 bis 7.7	7.2 bis 7.7			
-	-	-	F-D, S-U	Staukategorie E SW2	-	Entzündbares Gas. Explosionsgrenzen: 5 % bis 16 %. Leichter als Luft (Methan 0,55).	1971	
-	T75	TP5	F-D, S-U	Staukategorie D SW2	-	Verflüssigtes, entzündbares Gas. Explosionsgrenzen: 5 % bis 16 %. Leichter als Luft (Methan 0,55).	1972	
-	T50	-	F-C, S-V	Staukategorie A	-	Verflüssigtes, nicht entzündbares Gas. Viel schwerer als Luft (4,2).	1973	
-	T50	-	F-C, S-V	Staukategorie A	-	Verflüssigtes, nicht entzündbares Gas. Viel schwerer als Luft (5,7).	1974	
-	-	-	F-C, S-W	Staukategorie D SW2	SG6 SG19	Nicht entzündbare, giftige und ätzende, braune Gasgemische unterschiedlicher Zusammensetzung mit stechendem Geruch. Stark brandfördernd (oxidierend) wirkender Stoff. Schwerer als Luft. Wirkt stark reizend auf Haut, Augen und Schleimhäute. Giftig beim Einatmen mit Spätfolgen, ähnlich wie bei Phosgen.	1975	→ *5.5.3*
-	T50	-	F-C, S-V	Staukategorie A	-	Verflüssigtes, nicht entzündbares Gas. Viel schwerer als Luft (7,0).	1976	
-	T75	TP5	F-C, S-V	Staukategorie D	-	Verflüssigtes, nicht entzündbares, geruchloses Gas. Leichter als Luft (0,97). Einrichtungen für die Aufnahme des flüssigen Stickstoffes und die verwendete Ausrüstung müssen den möglichen Gefahren für Container und Schiff infolge Missbrauchs oder einer durch einen Unfall verursachten Leckage angemessen sein.	1977	→ *5.5.3*
-	T50	-	F-D, S-U	Staukategorie E SW2	-	Entzündbares Kohlenwasserstoffgas. Explosionsgrenzen: 2,3 % bis 9,5 %. Schwerer als Luft (1,56).	1978	
-	-	-	F-C, S-V	Staukategorie A	-	Nicht entzündbares Gas. Viel schwerer als Luft (3,1).	1982	
-	T50	-	F-C, S-V	Staukategorie A	-	Verflüssigtes, nicht entzündbares Gas. Viel schwerer als Luft (4,1). Siedepunkt: 7 °C.	1983	
-	-	-	F-C, S-V	Staukategorie A	-	Verflüssigtes, nicht entzündbares Gas. Viel schwerer als Luft (2,4).	1984	

UN-Nr.	Richtiger technischer Name	Klasse	Zusatz-gefahr	Verpa-ckungs-gruppe	Sonder-vor-schrif-ten	Begrenzte und freige-stellte Mengen		Verpackungen		IBC	
						Be-grenzte Men-gen	Freige-stellte Men-gen	Anwei-sung(en)	Sonder-vor-schriften	Anwei-sung(en)	Sonder-vor-schriften
(1)	(2) 3.1.2	(3) 2.0	(4) 2.0	(5) 2.0.1.3	(6) 3.3	(7a) 3.4	(7b) 3.5	(8) 4.1.4	(9) 4.1.4	(10) 4.1.4	(11) 4.1.4
1986	ALKOHOLE, ENTZÜNDBAR, GIFTIG, N.A.G. ALCOHOLS, FLAMMABLE, TOXIC, N.O.S.	3	6.1	I	274	0	E0	P001	-	-	-
1986	ALKOHOLE, ENTZÜNDBAR, GIFTIG, N.A.G. ALCOHOLS, FLAMMABLE, TOXIC, N.O.S.	3	6.1	II	274	1 L	E2	P001	-	IBC02	-
1986	ALKOHOLE, ENTZÜNDBAR, GIFTIG, N.A.G. ALCOHOLS, FLAMMABLE, TOXIC, N.O.S.	3	6.1	III	223 274	5 L	E1	P001	-	IBC03	-
1987	ALKOHOLE, N.A.G. ALCOHOLS, N.O.S.	3	-	II	274	1 L	E2	P001	-	IBC02	-
1987	ALKOHOLE, N.A.G. ALCOHOLS, N.O.S.	3	-	III	223 274	5 L	E1	P001 LP01	-	IBC03	-
1988	ALDEHYDE, ENTZÜNDBAR, GIFTIG, N.A.G. ALDEHYDES, FLAMMABLE, TOXIC, N.O.S.	3	6.1	I	274	0	E0	P001	-	-	-
1988	ALDEHYDE, ENTZÜNDBAR, GIFTIG, N.A.G. ALDEHYDES, FLAMMABLE, TOXIC, N.O.S.	3	6.1	II	274	1 L	E2	P001	-	IBC02	-
1988	ALDEHYDE, ENTZÜNDBAR, GIFTIG, N.A.G. ALDEHYDES, FLAMMABLE, TOXIC, N.O.S.	3	6.1	III	223 274	5 L	E1	P001	-	IBC03	-
1989	ALDEHYDE, N.A.G. ALDEHYDES, N.O.S.	3	-	I	274	0	E3	P001	-	-	-
1989	ALDEHYDE, N.A.G. ALDEHYDES, N.O.S.	3	-	II	274	1 L	E2	P001	-	IBC02	-
1989	ALDEHYDE, N.A.G. ALDEHYDES, N.O.S.	3	-	III	223 274	5 L	E1	P001 LP01	-	IBC03	-
1990	BENZALDEHYD BENZALDEHYDE	9	-	III	-	5 L	E1	P001 LP01	-	IBC03	-
1991	CHLOROPREN, STABILISIERT CHLOROPRENE, STABILIZED	3	6.1	I	386	0	E0	P001	-	-	-
1992	ENTZÜNDBARER FLÜSSIGER STOFF, GIFTIG, N.A.G. FLAMMABLE LIQUID, TOXIC, N.O.S.	3	6.1	I	274	0	E0	P001	-	-	-
1992	ENTZÜNDBARER FLÜSSIGER STOFF, GIFTIG, N.A.G. FLAMMABLE LIQUID, TOXIC, N.O.S.	3	6.1	II	274	1 L	E2	P001	-	IBC02	-
1992	ENTZÜNDBARER FLÜSSIGER STOFF, GIFTIG, N.A.G. FLAMMABLE LIQUID, TOXIC, N.O.S.	3	6.1	III	223 274	5 L	E1	P001	-	IBC03	-
1993	ENTZÜNDBARER FLÜSSIGER STOFF, N.A.G. FLAMMABLE LIQUID, N.O.S.	3	-	I	274	0	E3	P001	-	-	-

Ortsbewegliche Tanks und Schüttgut-Container			EmS	Stauung und Handhabung	Trennung	Eigenschaften und Bemerkung	UN-Nr.
	Tank Anweisung(en)	Vorschriften					
(12)	(13) 4.2.5 4.3	(14) 4.2.5	(15) 5.4.3.2 7.8	(16a) 7.1, 7.3 bis 7.7	(16b) 7.2 bis 7.7	(17)	(18)
-	T14	TP2 TP13 TP27	F-E, S-D	Staukategorie E SW2	-	Giftig beim Verschlucken, bei Berührung mit der Haut oder beim Einatmen.	1986
-	T11	TP2 TP27	F-E, S-D	Staukategorie B SW2	-	Siehe Eintrag oben.	1986
-	T7	TP1 TP28	F-E, S-D	Staukategorie A	-	Siehe Eintrag oben.	1986
-	T7	TP1 TP8 TP28	F-E, S-D	Staukategorie B	-	-	1987
-	T4	TP1 TP29	F-E, S-D	Staukategorie A	-	-	1987
-	T14	TP2 TP13 TP27	F-E, S-D	Staukategorie E SW2	-	Giftig beim Verschlucken, bei Berührung mit der Haut oder beim Einatmen.	1988
-	T11	TP2 TP27	F-E, S-D	Staukategorie B SW2	-	Siehe Eintrag oben.	1988
-	T7	TP1 TP28	F-E, S-D	Staukategorie A	-	Siehe Eintrag oben.	1988
-	T11	TP1 TP27	F-E, S-D	Staukategorie E	-	-	1989
-	T7	TP1 TP8 TP28	F-E, S-D	Staukategorie B	-	-	1989
-	T4	TP1 TP29	F-E, S-D	Staukategorie A	-	-	1989
-	T2	TP1	F-A, S-A	Staukategorie A	-	Farbloses oder gelbliches flüchtiges Öl mit bittermandelartigem Geruch. Schwach löslich in Wasser. Wirkt reizend auf Haut, Augen und Schleimhäute.	1990
-	T14	TP2 TP6 TP13	F-E, S-D	Staukategorie D SW1 SW2	SGG10	Farblose Flüssigkeit. Flammpunkt: -20 °C c.c. Explosionsgrenzen: 2,5 % bis 12 %. Schwach löslich in Wasser. Giftig beim Verschlucken, bei Berührung mit der Haut oder beim Einatmen.	1991
-	T14	TP2 TP13 TP27	F-E, S-D	Staukategorie E SW2	-	Entzündbare giftige Flüssigkeit, die weder in dieser Klasse noch wegen ihrer Eigenschaften in anderen Klassen namentlich genannt ist. Giftig beim Verschlucken, bei Berührung mit der Haut oder beim Einatmen.	1992
-	T7	TP2 TP13	F-E, S-D	Staukategorie B SW2	-	Siehe Eintrag oben.	1992
-	T7	TP1 TP28	F-E, S-D	Staukategorie A	-	Siehe Eintrag oben.	1992
-	T11	TP1 TP27	F-E, S-E	Staukategorie E	-	-	1993

UN-Nr.	Richtiger technischer Name	Klasse	Zusatzgefahr	Verpackungsgruppe	Sondervorschriften	Begrenzte und freigestellte Mengen		Verpackungen		IBC	
						Begrenzte Mengen	Freigestellte Mengen	Anweisung(en)	Sondervorschriften	Anweisung(en)	Sondervorschriften
(1)	(2) 3.1.2	(3) 2.0	(4) 2.0	(5) 2.0.1.3	(6) 3.3	(7a) 3.4	(7b) 3.5	(8) 4.1.4	(9) 4.1.4	(10) 4.1.4	(11) 4.1.4
1993	ENTZÜNDBARER FLÜSSIGER STOFF, N.A.G. FLAMMABLE LIQUID, N.O.S.	3	-	II	274	1 L	E2	P001	-	IBC02	-
1993	ENTZÜNDBARER FLÜSSIGER STOFF, N.A.G. FLAMMABLE LIQUID, N.O.S.	3	-	III	223 274 955	5 L	E1	P001 LP01	-	IBC03	-
1994	EISENPENTACARBONYL IRON PENTACARBONYL	6.1	3	I	354	0	E0	P601	-	-	-
1999	TEERE, FLÜSSIG, einschließlich Straßenöle und Cutback-Bitumen (Verschnittbitumen) TARS, LIQUID, including road oils, and cutback bitumens	3	-	II	-	5 L	E2	P001	-	IBC02	-
1999	TEERE, FLÜSSIG, einschließlich Straßenöle und Cutback-Bitumen (Verschnittbitumen) TARS, LIQUID, including road oils, and cutback bitumens	3	-	III	955	5 L	E1	P001 LP01	-	IBC03	-
2000	ZELLULOID, in Blöcken, Stangen, Rollen, Platten, Rohren usw., ausgenommen Abfälle CELLULOID in block, rods, rolls, sheets, tubes, etc., except scrap	4.1	-	III	223 383	5 kg	E1	P002 LP02	PP7	-	-
2001	COBALTNAPHTHENATPULVER COBALT NAPHTHENATES, POWDER	4.1	-	III	-	5 kg	E1	P002 LP02	-	IBC08	B3
2002	ZELLULOID, ABFALL CELLULOID, SCRAP	4.2	-	III	223	0	E0	P002 LP02	PP8	IBC08	B3
2004	MAGNESIUMDIAMID MAGNESIUM DIAMIDE	4.2	-	II	-	0	E2	P410	PP31	IBC06	-
2006	KUNSTSTOFFE AUF NITROCELLULOSEBASIS, SELBSTERHITZUNGSFÄHIG, N.A.G. PLASTICS, NITROCELLULOSE-BASED, SELF-HEATING, N.O.S.	4.2	-	III	274	0	E0	P002	-	-	-
2008	ZIRKONIUM-PULVER, TROCKEN ZIRCONIUM POWDER, DRY	4.2	-	I	-	0	E0	P404	PP31	-	-
2008	ZIRKONIUM-PULVER, TROCKEN ZIRCONIUM POWDER, DRY	4.2	-	II	-	0	E2	P410	PP31	IBC06	B21
2008	ZIRKONIUM-PULVER, TROCKEN ZIRCONIUM POWDER, DRY	4.2	-	III	223	0	E1	P002 LP02	PP31 L4	IBC08	B4
2009	ZIRKONIUM, TROCKEN, Bleche, Streifen oder gerollter Draht ZIRCONIUM, DRY finished sheets, strip or coiled wire	4.2	-	III	223	0	E1	P002 LP02	PP31 L4	-	-
2010	MAGNESIUMHYDRID MAGNESIUM HYDRIDE	4.3	-	I	-	0	E0	P403	PP31	-	-
2011	MAGNESIUMPHOSPHID MAGNESIUM PHOSPHIDE	4.3	6.1	I	-	0	E0	P403	PP31	-	-

Ortsbewegliche Tanks und Schüttgut-Container			EmS	Stauung und Handhabung	Trennung	Eigenschaften und Bemerkung	UN-Nr.
	Tank Anweisung(en)	Vorschriften					
(12)	(13)	(14)	(15)	(16a)	(16b)	(17)	(18)
	4.2.5 4.3	4.2.5	5.4.3.2 7.8	7.1, 7.3 bis 7.7	7.2 bis 7.7		
-	T7	TP1 TP8 TP28	F-E, S-E	Staukategorie B	-	-	1993
-	T4	TP1 TP29	F-E, S-E	Staukategorie A	-	-	1993
-	T22	TP2 TP13	F-E, S-D	Staukategorie D SW2	-	Gelbe bis dunkelrote, flüchtige, entzündbare Flüssigkeit. Flammpunkt: -15 °C c.c. Explosionsgrenzen: 3,7 % bis 12,5 %. Kann mit Wasser oder Wasserdampf unter Bildung von Kohlenmonoxid, einem giftigen Gas, reagieren. Hochgiftig beim Verschlucken, bei Berührung mit der Haut oder beim Einatmen.	1994
-	T3	TP3 TP29	F-E, S-E	Staukategorie B	-	Bewegliche Flüssigkeiten, die durch Mischen von Asphalt mit Erdöldestillaten hergestellt werden. Stechender Geruch. Nicht mischbar mit Wasser.	1999
-	T1	TP3	F-E, S-E	Staukategorie A	-	Siehe Eintrag oben.	1999
-	-	-	F-A, S-I	Staukategorie A	-	Zündet leicht. Unter Feuereinwirkung bilden sich giftige Gase und Dämpfe; in geschlossenen Laderäumen können diese Gase und Dämpfe mit der Luft explosionsfähige Gemische bilden.	2000
-	T1	TP33	F-A, S-I	Staukategorie A	-	Braunes, amorphes Pulver. Nicht löslich in Wasser. Leicht brennbar.	2001
-	-	-	F-A, S-J	Staukategorie D	-	Zündet leicht. Unter Feuereinwirkung bilden sich giftige Gase und Dämpfe; in geschlossenen Räumen können diese Gase und Dämpfe mit der Luft explosionsfähige Gemische bilden.	2002
-	T3	TP33	F-G, S-M	Staukategorie C H1	SG26	Weißes Pulver. Selbstentzündlich an der Luft. Reagiert heftig bei Berührung mit Wasser.	2004
-	-	-	F-A, S-G	Staukategorie C	-	-	2006
-	T21	TP7 TP33	F-G, S-M	Staukategorie D H1	SGG15 SG26	Amorphes Pulver. Neigt an Luft zur Selbstentzündung. Bildet mit entzündend (oxidierend) wirkenden Stoffen explosionsfähige Gemische.	2008
-	T3	TP33	F-G, S-M	Staukategorie D H1	SGG15 SG26	Siehe Eintrag oben.	2008
-	T1	TP33	F-G, S-M	Staukategorie D H1	SGG15 SG26	Siehe Eintrag oben.	2008
-	-	-	F-G, S-M	Staukategorie D H1	SGG15 SG26	Hartes, silbriges Metall, neigt an der Luft zur Selbstentzündung.	2009
-	-	-	F-G, S-O	Staukategorie E H1	SG26 SG35	Weiße Kristalle. Entwickelt in Berührung mit Wasser, Feuchtigkeit oder Säuren Wasserstoff, der sich durch die Reaktionswärme entzünden kann.	2010
-	-	-	F-G, S-N	Staukategorie E SW2 SW5 H1	SG26 SG35	Fester Stoff. Reagiert mit Säuren oder zersetzt sich langsam in Berührung mit Wasser oder feuchter Luft unter Entwicklung von Phosphorwasserstoff (Phosphin), einem selbstentzündlichen und hochgiftigen Gas. Reagiert heftig mit entzündend (oxidierend) wirkenden Stoffen. Giftig beim Verschlucken, bei Berührung mit der Haut oder beim Einatmen von Staub.	2011

3.2 Gefahrgutliste

UN-Nr.	Richtiger technischer Name	Klasse	Zusatzgefahr	Verpackungsgruppe	Sondervorschriften	Begrenzte und freigestellte Mengen		Verpackungen		IBC	
						Begrenzte Mengen	Freigestellte Mengen	Anweisung(en)	Sondervorschriften	Anweisung(en)	Sondervorschriften
(1)	(2) 3.1.2	(3) 2.0	(4) 2.0	(5) 2.0.1.3	(6) 3.3	(7a) 3.4	(7b) 3.5	(8) 4.1.4	(9) 4.1.4	(10) 4.1.4	(11) 4.1.4
2012	KALIUMPHOSPHID POTASSIUM PHOSPHIDE	4.3	6.1	I	-	0	E0	P403	PP31	-	-
2013	STRONTIUMPHOSPHID STRONTIUM PHOSPHIDE	4.3	6.1	I	-	0	E0	P403	PP31	-	-
2014	WASSERSTOFFPEROXID, WÄSSERIGE LÖSUNG, mit mindestens 20 %, aber höchstens 60 % Wasserstoffperoxid (Stabilisierung nach Bedarf) HYDROGEN PEROXIDE, AQUEOUS SOLUTION with not less than 20 % but not more than 60 % hydrogen peroxide (stabilized as necessary)	5.1	8	II	-	1 L	E2	P504	PP10	IBC02	B5
2015	WASSERSTOFFPEROXID, STABILISIERT oder WASSERSTOFFPEROXID, WÄSSERIGE LÖSUNG, STABILISIERT, mit mehr als 60 % Wasserstoffperoxid HYDROGEN PEROXIDE, STABILIZED or HYDROGEN PEROXIDE, AQUEOUS SOLUTION, STABILIZED with more than 60 % hydrogen peroxide	5.1	8	I	-	0	E0	P501	-	-	-
2016	MUNITION, GIFTIG, NICHT EXPLOSIV, ohne Zerleger oder Ausstoßladung, nicht scharf AMMUNITION, TOXIC, NON-EXPLOSIVE without burster or expelling charge, non-fuzed	6.1	-	-	-	0	E0	P600	-	-	-
2017	MUNITION, TRÄNENERZEUGEND, NICHT EXPLOSIV, ohne Zerleger oder Ausstoßladung, nicht scharf AMMUNITION, TEAR-PRODUCING, NON-EXPLOSIVE without burster or expelling charge, non-fuzed	6.1	8	-	-	0	E0	P600	-	-	-
2018	CHLORANILINE, FEST CHLOROANILINES, SOLID	6.1	-	II	-	500 g	E4	P002	-	IBC08	B4 B21
2019	CHLORANILINE, FLÜSSIG CHLOROANILINES, LIQUID	6.1	-	II	-	100 ml	E4	P001	-	IBC02	-
2020	CHLORPHENOLE, FEST CHLOROPHENOLS, SOLID	6.1	-	III	205	5 kg	E1	P002 LP02	-	IBC08	B3
2021	CHLORPHENOLE, FLÜSSIG CHLOROPHENOLS, LIQUID	6.1	-	III	-	5 L	E1	P001 LP01	-	IBC03	-
2022	KRESYLSÄURE CRESYLIC ACID	6.1	8	II	-	100 ml	E4	P001	-	IBC02	-
2023	EPICHLORHYDRIN EPICHLOROHYDRIN	6.1	3 **P**	II	279	100 ml	E4	P001	-	IBC02	-

Ortsbewegliche Tanks und Schüttgut-Container			EmS	Stauung und Handhabung	Trennung	Eigenschaften und Bemerkung	UN-Nr.
	Tank Anweisung(en)	Vorschriften					
(12)	(13)	(14)	(15)	(16a)	(16b)	(17)	(18)
	4.2.5 4.3	4.2.5	5.4.3.2 7.8	7.1, 7.3 bis 7.7	7.2 bis 7.7		
-	-	-	F-G, S-N	Staukategorie E SW2 SW5 H1	SG26 SG35	Fester Stoff. Reagiert mit Säuren oder zersetzt sich langsam in Berührung mit Wasser oder feuchter Luft unter Entwicklung von Phosphorwasserstoff (Phosphin), einem selbstentzündlichen und hochgiftigen Gas. Reagiert heftig mit entzündend (oxidierend) wirkenden Stoffen. Giftig beim Verschlucken, bei Berührung mit der Haut oder beim Einatmen von Staub.	2012
-	-	-	F-G, S-N	Staukategorie E SW2 SW5 H1	SG26 SG35	Fester Stoff. Reagiert mit Säuren oder zersetzt sich langsam in Berührung mit Wasser oder feuchter Luft unter Entwicklung von Phosphorwasserstoff (Phosphin), einem selbstentzündlichen und hochgiftigen Gas. Reagiert heftig mit entzündend (oxidierend) wirkenden Stoffen. Giftig beim Verschlucken, bei Berührung mit der Haut oder beim Einatmen von Staub.	2013
-	T7	TP2 TP6 TP24	F-H, S-Q	Staukategorie D SW1	SGG16 SG16 SG59 SG72	Farblose Flüssigkeit. Zersetzt sich langsam unter Bildung von Sauerstoff. Die Zersetzungsgeschwindigkeit erhöht sich in Berührung mit Metallen, ausgenommen Aluminium. Kann bei Berührung mit brennbaren Stoffen Feuer oder Explosion verursachen. Verursacht Verätzungen der Haut, der Augen und der Schleimhäute. Auch stabilisierte Lösungen können Sauerstoff abgeben.	2014
-	T9	TP2 TP6 TP24	F-H, S-Q	Staukategorie D SW1	SGG16 SG16 SG59	Farblose Flüssigkeit. Zersetzt sich langsam unter Bildung von Sauerstoff. Die Zersetzungsgeschwindigkeit erhöht sich in Berührung mit Metallen, ausgenommen Aluminium. Zersetzt sich heftig in Berührung mit Permanganaten. Unter Feuereinwirkung können Gemische mit brennbaren Stoffen explosionsfähig sein. Verursacht Verätzungen der Haut, der Augen und der Schleimhäute. Auch stabilisierte Lösungen können Sauerstoff abgeben.	2015
-	-	-	F-A, S-A	Staukategorie E SW2 H1	-	Inhalt kann giftige Nebel oder Dämpfe bilden. Die sich bildenden Gase sind giftig bei Berührung mit der Haut oder beim Einatmen.	2016
-	-	-	F-A, S-B	Staukategorie E SW2 H1	-	Inhalt kann Gase oder Dämpfe mit Tränenreizwirkung bilden.	2017
-	T3	TP33	F-A, S-A	Staukategorie A	-	Kristalliner fester Stoff. Schmelzpunkt des reinen para-Chloroanilin: ca. 70 °C. Giftig beim Verschlucken, bei Berührung mit der Haut oder beim Einatmen von Staub.	2018
-	T7	TP2	F-A, S-A	Staukategorie A	SG35	Farblose Flüssigkeit. Kann ein Gemisch von zwei Isomeren (z. B. ortho- und meta-Chloranilin) sein. Reagiert mit Säuren. Giftig beim Verschlucken, bei Berührung mit der Haut oder beim Einatmen.	2019
-	T1	TP33	F-A, S-A	Staukategorie A	-	Ein weiter Bereich giftiger fester Stoffe. Giftig beim Verschlucken, bei Berührung mit der Haut oder beim Einatmen von Staub.	2020
-	T4	TP1	F-A, S-A	Staukategorie A	-	Ein weiter Bereich giftiger Flüssigkeiten. Giftig beim Verschlucken, bei Berührung mit der Haut oder beim Einatmen.	2021
-	T7	TP2 TP13	F-A, S-B	Staukategorie B	-	Farbloses bis bräunlich-gelbes flüssiges Gemisch mit phenolartigem Geruch. Mischbar mit Wasser. Giftig beim Verschlucken, bei Berührung mit der Haut oder beim Einatmen. Verursacht Verätzungen der Haut, der Augen und der Schleimhäute. „Kresylsäure" ist eine Sammelbezeichnung für Gemische aus Kresolen und höheren Alkylphenolen, in unterschiedlichen Anteilen. Sie enthält normalerweise mehr als 95 % Phenolverbindungen.	2022
-	T7	TP2 TP13	F-E, S-D	Staukategorie A SW2	-	Farblose entzündbare Flüssigkeit mit chloroformartigem Geruch. Flammpunkt: ca. 32 °C c.c. Giftig beim Verschlucken, bei Berührung mit der Haut oder beim Einatmen.	2023

3.2 Gefahrgutliste

UN-Nr.	Richtiger technischer Name	Klasse	Zusatzgefahr	Verpackungsgruppe	Sondervorschriften	Begrenzte und freigestellte Mengen		Verpackungen		IBC	
						Begrenzte Mengen	Freigestellte Mengen	Anweisung(en)	Sondervorschriften	Anweisung(en)	Sondervorschriften
(1)	(2) 3.1.2	(3) 2.0	(4) 2.0	(5) 2.0.1.3	(6) 3.3	(7a) 3.4	(7b) 3.5	(8) 4.1.4	(9) 4.1.4	(10) 4.1.4	(11) 4.1.4
2024	QUECKSILBERVERBINDUNG, FLÜSSIG, N.A.G. MERCURY COMPOUND, LIQUID, N.O.S.	6.1	- **P**	I	43 66 274	0	E5	P001	-	-	-
2024	QUECKSILBERVERBINDUNG, FLÜSSIG, N.A.G. MERCURY COMPOUND, LIQUID, N.O.S.	6.1	- **P**	II	43 66 274	100 ml	E4	P001	-	IBC02	-
2024	QUECKSILBERVERBINDUNG, FLÜSSIG, N.A.G. MERCURY COMPOUND, LIQUID, N.O.S.	6.1	- **P**	III	43 66 223 274	5 L	E1	P001 LP01	-	IBC03	-
2025	QUECKSILBERVERBINDUNG, FEST, N.A.G. MERCURY COMPOUND, SOLID, N.O.S.	6.1	- **P**	I	43 66 274	0	E5	P002	-	IBC07	B1
2025	QUECKSILBERVERBINDUNG, FEST, N.A.G. MERCURY COMPOUND, SOLID, N.O.S.	6.1	- **P**	II	43 66 274	500 g	E4	P002	-	IBC08	B4 B21
2025	QUECKSILBERVERBINDUNG, FEST, N.A.G. MERCURY COMPOUND, SOLID, N.O.S.	6.1	- **P**	III	43 66 223 274	5 kg	E1	P002 LP02	-	IBC08	B3
2026	PHENYLQUECKSILBERVERBINDUNG, N.A.G. PHENYLMERCURIC COMPOUND, N.O.S.	6.1	- **P**	I	43 274	0	E5	P002	-	IBC07	B1
2026	PHENYLQUECKSILBERVERBINDUNG, N.A.G. PHENYLMERCURIC COMPOUND, N.O.S.	6.1	- **P**	II	43 274	500 g	E4	P002	-	IBC08	B4 B21
2026	PHENYLQUECKSILBERVERBINDUNG, N.A.G. PHENYLMERCURIC COMPOUND, N.O.S.	6.1	- **P**	III	43 223 274	5 kg	E1	P002 LP02	-	IBC08	B3
2027	NATRIUMARSENIT, FEST SODIUM ARSENITE, SOLID	6.1	-	II	43	500 g	E4	P002	-	IBC08	B4 B21
2028	RAUCHBOMBEN, NEBELBOMBEN, NICHT EXPLOSIV, ätzender flüssiger Stoff, ohne Zünder BOMBS, SMOKE, NON-EXPLOSIVE with corrosive liquid, without initiating device	8	-	II	-	0	E0	P803	-	-	-
2029	HYDRAZIN, WASSERFREI HYDRAZINE, ANHYDROUS	8	3/6.1	I	-	0	E0	P001	-	-	-
2030	HYDRAZIN, WÄSSERIGE LÖSUNG mit mehr als 37 Masse-% Hydrazin HYDRAZINE, AQUEOUS SOLUTION with more than 37 % hydrazine, by mass	8	6.1	I	-	0	E0	P001	-	-	-

Ortsbewegliche Tanks und Schüttgut-Container			EmS	Stauung und Handhabung	Trennung	Eigenschaften und Bemerkung	UN-Nr.
	Tank Anweisung(en)	Vorschriften					
(12)	(13) 4.2.5 4.3	(14) 4.2.5	(15) 5.4.3.2 7.8	(16a) 7.1, 7.3 bis 7.7	(16b) 7.2 bis 7.7	(17)	(18)
-	-	-	F-A, S-A	Staukategorie B SW2	SGG7 SGG11	Giftig beim Verschlucken, bei Berührung mit der Haut oder beim Einatmen.	2024
-	-	-	F-A, S-A	Staukategorie B SW2	SGG7 SGG11	Siehe Eintrag oben.	2024
-	-	-	F-A, S-A	Staukategorie B SW2	SGG7 SGG11	Siehe Eintrag oben.	2024
-	T6	TP33	F-A, S-A	Staukategorie A	SGG7 SGG11	Giftig beim Verschlucken, bei Berührung mit der Haut oder beim Einatmen von Staub.	2025
-	T3	TP33	F-A, S-A	Staukategorie A	SGG7 SGG11	Siehe Eintrag oben.	2025
-	T1	TP33	F-A, S-A	Staukategorie A	SGG7 SGG11	Siehe Eintrag oben.	2025
-	T6	TP33	F-A, S-A	Staukategorie A	SGG7 SGG11	Normalerweise weiße Kristalle oder Pulver. Giftig beim Verschlucken, bei Berührung mit der Haut oder beim Einatmen von Staub.	2026
-	T3	TP33	F-A, S-A	Staukategorie A	SGG7 SGG11	Siehe Eintrag oben.	2026
-	T1	TP33	F-A, S-A	Staukategorie A	SGG7 SGG11	Siehe Eintrag oben.	2026
-	T3	TP33	F-A, S-A	Staukategorie A	-	Gräulich-weißes Pulver. Löslich in Wasser. Reagiert mit entzündend (oxidierend) wirkenden Stoffen unter Wärmeentwicklung. Giftig beim Verschlucken, bei Berührung mit der Haut oder beim Einatmen von Staub.	2027
-	-	-	F-A, S-B	Staukategorie E SW2	-	Bei Berührung mit Luft bildet der ätzende Inhalt einen dichten Nebel. Der ätzende Inhalt kann Verätzungen der Haut wie bei Säure verursachen.	2028
-	-	-	F-E, S-C	Staukategorie D SW2	SGG18 SG5 SG8 SG35	Farblose, entzündbare Flüssigkeit mit ammoniakartigem Geruch. Reagiert heftig mit Säuren. Flammpunkt: 52 °C c.c. Mischbar mit Wasser. Starkes Reduktionsmittel. Entzündet sich in Berührung mit porösen Materialien wie Erde, Holz oder Gewebe selbst. Giftig beim Verschlucken, bei Berührung mit der Haut oder beim Einatmen. Verursacht schwere Verätzungen der Haut, der Augen und der Schleimhäute.	2029
-	T10	TP2 TP13	F-A, S-B	Staukategorie D SW2	SGG18 SG35	Farblose Flüssigkeit. Starkes Reduktionsmittel, brennt leicht. Giftig beim Verschlucken, bei Berührung mit der Haut oder beim Einatmen. Verursacht Verätzungen der Haut, der Augen und der Schleimhäute. Reagiert heftig mit Säuren.	2030

3.2 Gefahrgutliste

UN-Nr.	Richtiger technischer Name	Klasse	Zusatzgefahr	Verpackungsgruppe	Sondervorschriften	Begrenzte und freigestellte Mengen		Verpackungen		IBC	
						Begrenzte Mengen	Freigestellte Mengen	Anweisung(en)	Sondervorschriften	Anweisung(en)	Sondervorschriften
(1)	(2) 3.1.2	(3) 2.0	(4) 2.0	(5) 2.0.1.3	(6) 3.3	(7a) 3.4	(7b) 3.5	(8) 4.1.4	(9) 4.1.4	(10) 4.1.4	(11) 4.1.4
2030	HYDRAZIN, WÄSSERIGE LÖSUNG mit mehr als 37 Masse-% Hydrazin HYDRAZINE, AQUEOUS SOLUTION with more than 37 % hydrazine, by mass	8	6.1	II	-	1 L	E0	P001	-	IBC02	-
2030	HYDRAZIN, WÄSSERIGE LÖSUNG mit mehr als 37 Masse-% Hydrazin HYDRAZINE, AQUEOUS SOLUTION with more than 37 % hydrazine, by mass	8	6.1	III	-	5 L	E1	P001 LP01	-	IBC03	-
2031	SALPETERSÄURE, andere als rotrauchende, mit mehr als 70 % Säure NITRIC ACID other than red fuming, with more than 70 % nitric acid	8	5.1	I	-	0	E0	P001	PP81	-	-
2031	SALPETERSÄURE, andere als rotrauchende, mit mindestens 65 %, aber höchstens 70 % Säure NITRIC ACID other than red fuming, with at least 65 % but with not more than 70 % nitric acid	8	5.1	II	-	1 L	E2	P001	PP81	IBC02	B15 B20
2031	SALPETERSÄURE, andere als rotrauchende, mit weniger als 65 % Säure NITRIC ACID other than red fuming, with less than 65 % nitric acid	8	-	II	-	1 L	E2	P001	PP81	IBC02	B15 B20
2032	SALPETERSÄURE, ROTRAUCHEND NITRIC ACID, RED FUMING	8	5.1/6.1	I	-	0	E0	P602	-	-	-
2033	KALIUMMONOXID POTASSIUM MONOXIDE	8	-	II	-	1 kg	E2	P002	-	IBC08	B4 B21
2034	WASSERSTOFF UND METHAN, GEMISCH, VERDICHTET HYDROGEN AND METHANE MIXTURE, COMPRESSED	2.1	-	-	-	0	E0	P200	-	-	-
2035	1,1,1-TRIFLUORETHAN (GAS ALS KÄLTEMITTEL R 143a) 1,1,1-TRIFLUOROETHANE (REFRIGERANT GAS R 143a)	2.1	-	-	-	0	E0	P200	-	-	-
2036	XENON XENON	2.2	-	-	378	120 ml	E1	P200	-	-	-
2037	GEFÄSSE, KLEIN, MIT GAS (GASPATRONEN), ohne Entnahmeeinrichtung, nicht nachfüllbar RECEPTACLES, SMALL, CONTAINING GAS (GAS CATRIDGES) without a release device, non refillable	2	-	-	191 277 303 344	Siehe SV277	E0	P003	PP17	-	-
2038	DINITROTOLUENE, FLÜSSIG DINITROTOLUENES, LIQUID	6.1	- P	II	-	100 ml	E4	P001	-	IBC02	B20

Ortsbewegliche Tanks und Schüttgut-Container			EmS	Stauung und Handhabung	Trennung	Eigenschaften und Bemerkung	UN-Nr.
	Tank Anweisung(en)	Vorschriften					
(12)	(13) 4.2.5 4.3	(14) 4.2.5	(15) 5.4.3.2 7.8	(16a) 7.1, 7.3 bis 7.7	(16b) 7.2 bis 7.7	(17)	(18)
-	T7	TP2 TP13	F-A, S-B	Staukategorie D SW2	SGG18 SG35	Siehe Eintrag oben.	2030
-	T4	TP1	F-A, S-B	Staukategorie D SW2	SGG18 SG35	Siehe Eintrag oben.	2030
-	T10	TP2 TP13	F-A, S-Q	Staukategorie D	SGG1a SG6 SG16 SG17 SG19 SG36 SG49	Farblose Flüssigkeit. Starkes Oxidationsmittel; kann in Berührung mit organischen Materialien wie Holz, Baumwolle oder Stroh einen Brand verursachen unter Bildung hochgiftiger Gase (braune Dämpfe). Greift die meisten Metalle stark an. Verursacht schwere Verätzungen der Haut, der Augen und der Schleimhäute.	2031
-	T8	TP2	F-A, S-Q	Staukategorie D	SGG1a SG6 SG16 SG17 SG19 SG36 SG49	Farblose Flüssigkeit. Oxidationsmittel; kann in Berührung mit organischen Materialien wie Holz, Baumwolle oder Stroh einen Brand verursachen unter Bildung hochgiftiger Gase (braune Dämpfe). Greift die meisten Metalle stark an. Verursacht schwere Verätzungen der Haut, der Augen und der Schleimhäute.	2031
-	T8	TP2	F-A, S-B	Staukategorie D	SGG1a SG36 SG49	Siehe Eintrag oben.	2031
-	T20	TP2 TP13	F-A, S-Q	Staukategorie D SW2	SGG1a SG6 SG16 SG17 SG19 SG36 SG49	Braune Flüssigkeit. Starkes Oxidationsmittel; kann in Berührung mit organischen Materialien wie Holz, Baumwolle oder Stroh einen Brand verursachen. Greift die meisten Metalle stark an. Giftig beim Verschlucken, bei Berührung mit der Haut oder beim Einatmen. Verursacht schwere Verätzungen der Haut, der Augen und der Schleimhäute.	2032
-	T3	TP33	F-A, S-B	Staukategorie A	SGG18 SG22 SG35	Zerfließlicher kristalliner fester Stoff. Reagiert heftig mit Wasser unter Wärmeentwicklung. Reagiert mit Ammoniumsalzen unter Bildung von Ammoniakgas. Greift bei Feuchtigkeit Aluminium, Zink und Zinn an. Verursacht Verätzungen der Haut, der Augen und der Schleimhäute.	2033
-	-	-	F-D, S-U	Staukategorie E SW2	SG46	Entzündbares, geruchloses Gasgemisch. Viel leichter als Luft.	2034
-	T50	-	F-D, S-U	Staukategorie B SW2	-	Entzündbares Gas mit schwachem Geruch. Viel schwerer als Luft (2,9).	2035
-	-	-	F-C, S-V	Staukategorie A	-	Verflüssigtes Inertgas. Viel schwerer als Luft (4,5).	2036
-	-	-	F-D, S-U	Staukategorie B SW2	-	Enthalten normalerweise Gemische aus verflüssigtem Butan und Propan in verschiedenen Verhältnissen für die Verwendung in Campingkochern usw.	2037
-	T7	TP2	F-A, S-A	Staukategorie A	-	Nicht mischbar mit Wasser. Eine handelsübliche Qualität dieses Stoffes ist eine ölige Flüssigkeit und besteht aus einem Gemisch der 2,4-, 3,4- und 3,5-Isomere. Giftig beim Verschlucken, bei Berührung mit der Haut oder beim Einatmen.	2038 *→ UN 3454*

UN-Nr.	Richtiger technischer Name	Klasse	Zusatzgefahr	Verpackungsgruppe	Sondervorschriften	Begrenzte und freigestellte Mengen		Verpackungen		IBC	
						Begrenzte Mengen	Freigestellte Mengen	Anweisung(en)	Sondervorschriften	Anweisung(en)	Sondervorschriften
(1)	(2) 3.1.2	(3) 2.0	(4) 2.0	(5) 2.0.1.3	(6) 3.3	(7a) 3.4	(7b) 3.5	(8) 4.1.4	(9) 4.1.4	(10) 4.1.4	(11) 4.1.4
2044	2,2-DIMETHYLPROPAN 2,2-DIMETHYLPROPANE	2.1	-	-	-	0	E0	P200	-	-	-
2045	ISOBUTYRALDEHYD ISOBUTYL ALDEHYDE (ISOBUTYRALDEHYDE)	3	-	II	-	1 L	E2	P001	-	IBC02	-
2046	CYMENE CYMENES	3	- P	III	-	5 L	E1	P001 LP01	-	IBC03	-
2047	DICHLORPROPENE DICHLOROPROPENES	3	-	II	-	1 L	E2	P001	-	IBC02	-
2047	DICHLORPROPENE DICHLOROPROPENES	3	-	III	223	5 L	E1	P001 LP01	-	IBC03	-
2048	DICYCLOPENTADIEN DICYCLOPENTADIENE	3	-	III	-	5 L	E1	P001 LP01	-	IBC03	-
2049	DIETHYLBENZEN DIETHYLBENZENE	3	-	III	-	5 L	E1	P001 LP01	-	IBC03	-
2050	DIISOBUTYLENE, ISOMERE VERBINDUNGEN DIISOBUTYLENES, ISOMERIC COMPOUNDS	3	-	II	-	1 L	E2	P001	-	IBC02	-
2051	2-DIMETHYLAMINOETHANOL 2-DIMETHYLAMINOETHANOL	8	3	II	-	1 L	E2	P001	-	IBC02	-
2052	DIPENTEN DIPENTENE	3	- P	III	-	5 L	E1	P001 LP01	-	IBC03	-
2053	METHYLISOBUTYLCARBINOL METHYL ISOBUTYL CARBINOL	3	-	III	-	5 L	E1	P001 LP01	-	IBC03	-
2054	MORPHOLIN MORPHOLINE	8	3	I	-	0	E0	P001	-	-	-
2055	STYREN, MONOMER, STABILISIERT STYRENE MONOMER, STABILIZED	3	-	III	386	5 L	E1	P001	-	IBC03	-
2056	TETRAHYDROFURAN TETRAHYDROFURAN	3	-	II	-	1 L	E2	P001	-	IBC02	-
2057	TRIPROPYLEN TRIPROPYLENE	3	- P	II	-	1 L	E2	P001	-	IBC02	-
2057	TRIPROPYLEN TRIPROPYLENE	3	- P	III	223	5 L	E1	P001 LP01	-	IBC03	-
2058	VALERALDEHYD VALERALDEHYDE	3	-	II	-	1 L	E2	P001	-	IBC02	-
2059	NITROCELLULOSE, LÖSUNG, ENTZÜNDBAR, mit nicht mehr als 12,6 % Stickstoff bezogen auf die Masse des trockenen Stoffes und nicht mehr als 55 % Nitrocellulose NITROCELLULOSE SOLUTION, FLAMMABLE with not more than 12.6 % nitrogen, by dry mass, and not more than 55 % nitrocellulose	3	-	I	198	0	E0	P001	-	-	-

Ortsbewegliche Tanks und Schüttgut-Container			EmS	Stauung und Handhabung	Trennung	Eigenschaften und Bemerkung	UN-Nr.
	Tank Anweisung(en)	Vorschriften					
(12)	(13) 4.2.5 4.3	(14) 4.2.5	(15) 5.4.3.2 7.8	(16a) 7.1, 7.3 bis 7.7	(16b) 7.2 bis 7.7	(17)	(18)
-	-	-	F-D, S-U	Staukategorie E SW2	-	Entzündbares Kohlenwasserstoffgas. Explosionsgrenzen: 1,4 % bis 7,2 %. Schwerer als Luft (2,48).	2044
-	T4	TP1	F-E, S-D	Staukategorie E SW2	-	Farblose Flüssigkeit mit charakteristischem, stechendem Geruch. Flammpunkt: -24 °C c.c. Explosionsgrenzen: 1 % bis 12 %. Nicht mischbar mit Wasser.	2045
-	T2	TP1	F-E, S-D	Staukategorie A	-	Farblose Flüssigkeiten mit aromatischem Geruch. Nicht mischbar mit Wasser. Explosionsgrenzen: 0,7 % bis 5,6 %.	2046
-	T4	TP1	F-E, S-D	Staukategorie B	-	Farblose oder gelbe Flüssigkeiten mit süßlichem Geruch. Explosionsgrenzen: 5 % bis 14 %. Nicht mischbar mit Wasser. Wirkt reizend auf Haut, Augen und Schleimhäute.	2047
-	T2	TP1	F-E, S-D	Staukategorie A	-	Siehe Eintrag oben.	2047
-	T2	TP1	F-E, S-D	Staukategorie A	-	Der reine Stoff ist ein fester Stoff mit einem Schmelzpunkt von 34 °C. Flammpunkt: 26 °C bis 38 °C c.c. Die handelsüblichen Produkte sind Flüssigkeiten. Nicht mischbar mit Wasser. Gesundheitsschädlich beim Verschlucken.	2048
-	T2	TP1	F-E, S-D	Staukategorie A	-	Farblose Flüssigkeiten. Flammpunkt: 49 °C bis 56 °C c.c. Nicht mischbar mit Wasser. Das handelsübliche Produkt ist ein Isomerengemisch.	2049
-	T4	TP1	F-E, S-D	Staukategorie B	-	Farblose Flüssigkeiten. Flammpunkt: -18 °C bis 21 °C c.c. Explosionsgrenzen: 0,8 % bis 4,8 %. Nicht mischbar mit Wasser.	2050
-	T7	TP2	F-E, S-C	Staukategorie A	SG35	Farblose, entzündbare Flüssigkeit mit fischartigem Geruch. Flammpunkt: 31 °C c.c. Mischbar mit Wasser. Verursacht Verätzungen der Haut, der Augen und der Schleimhäute.	2051
-	T2	TP1	F-E, S-E	Staukategorie A	-	Farblose Flüssigkeit mit zitronenartigem Geruch. Flammpunkt: 43 °C c.c. Explosionsgrenzen: 0,7 % bis 6,1 %. Nicht mischbar mit Wasser.	2052
-	T2	TP1	F-E, S-D	Staukategorie A	-	Farblose Flüssigkeit. Flammpunkt: 41 °C c.c. Explosionsgrenzen: 1 % bis 5,5 %. Mischbar mit Wasser. Gesundheitsschädlich beim Einatmen.	2053
-	T10	TP2	F-E, S-C	Staukategorie A	-	Farblose Flüssigkeit mit fischartigem Geruch. Flammpunkt: 38 °C c.c. Explosionsgrenzen: 2 % bis 11,2 %. Mischbar mit Wasser. Gesundheitsschädlich bei Berührung mit der Haut oder beim Einatmen. Verursacht Verätzungen der Haut, der Augen und der Schleimhäute.	2054
-	T2	TP1	F-E, S-D	Staukategorie C SW1	-	Farblose, ölige Flüssigkeit. Flammpunkt: 32 °C c.c. Explosionsgrenzen: 1,1 % bis 6,1 %. Nicht mischbar mit Wasser. Wirkt reizend auf Haut, Augen und Schleimhäute.	2055
-	T4	TP1	F-E, S-D	Staukategorie B	-	Farblose Flüssigkeit mit etherartigem Geruch. Flammpunkt: unter -18 °C c.c. Explosionsgrenzen: 1,5 % bis 12 %. Mischbar mit Wasser.	2056
-	T4	TP2	F-E, S-D	Staukategorie B	-	Farblose Flüssigkeit. Nicht mischbar mit Wasser.	2057
-	T2	TP2	F-E, S-D	Staukategorie A	-	Siehe Eintrag oben.	2057
-	T4	TP1	F-E, S-D	Staukategorie B	-	Farblose Flüssigkeit. Flammpunkt: 12 °C c.c. Teilweise mischbar mit Wasser. Wirkt reizend auf Haut, Augen und Schleimhäute.	2058
-	T11	TP1 TP8 TP27	F-E, S-D	Staukategorie E	-	Entwickelt unter Feuereinwirkung giftige, nitrose Dämpfe.	2059

UN-Nr.	Richtiger technischer Name	Klasse	Zusatzgefahr	Verpackungsgruppe	Sondervorschriften	Begrenzte und freigestellte Mengen		Verpackungen		IBC	
						Begrenzte Mengen	Freigestellte Mengen	Anweisung(en)	Sondervorschriften	Anweisung(en)	Sondervorschriften
(1)	(2) 3.1.2	(3) 2.0	(4) 2.0	(5) 2.0.1.3	(6) 3.3	(7a) 3.4	(7b) 3.5	(8) 4.1.4	(9) 4.1.4	(10) 4.1.4	(11) 4.1.4
2059	NITROCELLULOSE, LÖSUNG, ENTZÜNDBAR, mit nicht mehr als 12,6 % Stickstoff bezogen auf die Masse des trockenen Stoffes und nicht mehr als 55 % Nitrocellulose NITROCELLULOSE SOLUTION, FLAMMABLE with not more than 12.6 % nitrogen, by dry mass, and not more than 55 % nitrocellulose	3	-	II	198	1 L	E0	P001	-	IBC02	-
2059	NITROCELLULOSE, LÖSUNG, ENTZÜNDBAR, mit nicht mehr als 12,6 % Stickstoff bezogen auf die Masse des trockenen Stoffes und nicht mehr als 55 % Nitrocellulose NITROCELLULOSE SOLUTION, FLAMMABLE with not more than 12.6 % nitrogen, by dry mass, and not more than 55 % nitrocellulose	3	-	III	198 223	5 L	E0	P001 LP01	-	IBC03	-
2067	AMMONIUMNITRATHALTIGES DÜNGEMITTEL AMMONIUM NITRATE BASED FERTILIZER	5.1	-	III	306 307 900 967	5 kg	E1	P002 LP02	-	IBC08	B3
2071	AMMONIUMNITRATHALTIGES DÜNGEMITTEL AMMONIUM NITRATE BASED FERTILIZER	9	-	III	193	5 kg	E1	P002 LP02	-	IBC08	B3
2073	AMMONIAKLÖSUNG, relative Dichte kleiner als 0,880 bei 15 °C in Wasser, mit mehr als 35 %, jedoch höchstens 50 % Ammoniak AMMONIA SOLUTION relative density less than 0.880 at 15 °C in water, with more than 35 % but not more than 50 % ammonia	2.2	- **P**	-	-	120 ml	E0	P200	-	-	-
2074	ACRYLAMID, FEST ACRYLAMIDE, SOLID	6.1	-	III	-	5 kg	E1	P002 LP02	-	IBC08	B3
2075	CHLORAL, WASSERFREI, STABILISIERT CHLORAL, ANHYDROUS, STABILIZED	6.1	-	II	-	100 ml	E4	P001	-	IBC02	-
2076	CRESOLE, FLÜSSIG CRESOLS, LIQUID	6.1	8	II	-	100 ml	E4	P001	-	IBC02	-
2077	alpha-NAPHTHYLAMIN alpha-NAPHTHYLAMINE	6.1	-	III	-	5 kg	E1	P002 LP02	-	IBC08	B3
2078	TOLUYLENDIISOCYANAT TOLUENE DIISOCYANATE	6.1	-	II	279	100 ml	E4	P001	-	IBC02	-

Ortsbewegliche Tanks und Schüttgut-Container			EmS	Stauung und Handhabung	Trennung	Eigenschaften und Bemerkung	UN-Nr.	
	Tank Anwei-sung(en)	Vor-schrif-ten						
(12)	(13)	(14)	(15)	(16a)	(16b)	(17)	(18)	
	4.2.5 4.3	4.2.5	5.4.3.2 7.8	7.1, 7.3 bis 7.7	7.2 bis 7.7			
-	T4	TP1 TP8	F-E, S-D	Staukategorie B	-	Siehe Eintrag oben.	2059	
-	T2	TP1	F-E, S-D	Staukategorie A	-	Siehe Eintrag oben.	2059	
-	T1 BK2 BK3	TP33	F-H, S-Q	Staukategorie C SW1 SW14 SW23	SGG2 SG16 SG42 SG45 SG47 SG48 SG51 SG56 SG58 SG59 SG61	Kristalle, Granulate oder Prills. Vollständig oder teilweise löslich in Wasser. Brandfördernd. Bei einem Großfeuer an Bord eines Schiffes, das diese Stoffe befördert, besteht die Gefahr einer Explosion, wenn sie z. B. mit Diesel verunreinigt sind oder wenn sie sich unter starker Verdämmung befinden. Eine Detonation in der Nähe kann auch eine Explosion auslösen. Bei starker Erwärmung zersetzen sie sich unter Abgabe giftiger und brandfördernder Gase. Die Beförderung von AMMONIUMNITRAT, dessen Neigung zur Selbsterhitzung so groß ist, dass dies eine Zersetzung einleiten kann, ist **verboten**.	2067	
-	BK2	-	F-H, S-Q	Staukategorie A SW26	SGG2	In der Regel Granulate. Ganz oder teilweise löslich in Wasser. Diese Gemische können bei Erwärmung der selbstunterhaltenden Zersetzung unterliegen. Die Temperatur bei einer solchen Reaktion kann 500 °C erreichen. Eine Zersetzung, die einmal begonnen hat, kann sich über die ganze Ladung Düngemittel unter Abgabe giftiger Gase ausbreiten. Keine dieser Mischungen kann explodieren. Die Beförderung von AMMONIUMNITRAT, dessen Neigung zur Selbsterhitzung so groß ist, dass dies eine Zersetzung einleiten kann, ist **verboten**.	2071	
-	-	-	F-C, S-U	Staukategorie E SW2	SGG2 SGG18 SG35 SG46	Wässerige Lösung eines nicht entzündbaren Gases mit stechendem Geruch. Reagiert heftig mit Säuren. Äußerst gefährlich für die Augen.	2073	
-	T1	TP33	F-A, S-A	Staukategorie A SW1 H2	-	Kristalle oder Pulver. Löslich in Wasser. Kann beim Schmelzen heftig polymerisieren. Giftig beim Verschlucken, bei Berührung mit der Haut oder beim Einatmen.	2074	→ *UN 3426*
-	T7	TP2	F-A, S-A	Staukategorie D SW2	-	Farblose, bewegliche Flüssigkeit, entwickelt giftige Dämpfe, die bedeutend schwerer sind als Luft. Giftig beim Verschlucken, bei Berührung mit der Haut oder beim Einatmen.	2075	
-	T7	TP2	F-A, S-B	Staukategorie B	-	Farblose bis leicht gelbe Flüssigkeiten. Mischbar mit Wasser. Schmelzpunkt von meta-CRESOL: 12 °C. Giftig beim Verschlucken, bei Berührung mit der Haut oder beim Einatmen. Verursacht Verätzungen der Haut, der Augen und der Schleimhäute.	2076	→ *UN 3455*
-	T1	TP33	F-A, S-A	Staukategorie A	-	Weiße Kristalle. Giftig beim Verschlucken, bei Berührung mit der Haut oder beim Einatmen.	2077	
-	T7	TP2 TP13	F-A, S-A	Staukategorie C SW1 SW2	-	Farblose bis blassgelbe Flüssigkeit mit stechendem Geruch. Nicht mischbar mit Wasser, reagiert aber mit Wasser unter Bildung von Kohlendioxid. Schmelzpunkt: 20 °C (reines Produkt). Giftig beim Verschlucken, bei Berührung mit der Haut oder beim Einatmen. Wirkt reizend auf Haut, Augen und Schleimhäute.	2078	

3.2 Gefahrgutliste

UN-Nr.	Richtiger technischer Name	Klasse	Zusatzgefahr	Verpackungsgruppe	Sondervorschriften	Begrenzte und freigestellte Mengen		Verpackungen		IBC	
						Begrenzte Mengen	Freigestellte Mengen	Anweisung(en)	Sondervorschriften	Anweisung(en)	Sondervorschriften
(1)	(2) 3.1.2	(3) 2.0	(4) 2.0	(5) 2.0.1.3	(6) 3.3	(7a) 3.4	(7b) 3.5	(8) 4.1.4	(9) 4.1.4	(10) 4.1.4	(11) 4.1.4
2079	DIETHYLENTRIAMIN DIETHYLENETRIAMINE	8	-	II	-	1 L	E2	P001	-	IBC02	-
2186	CHLORWASSERSTOFF, TIEFGEKÜHLT, FLÜSSIG HYDROGEN CHLORIDE, REFRIGERATED LIQUID	2.3	8	-	900	-	-	-	-	-	-
2187	KOHLENDIOXID, TIEFGEKÜHLT, FLÜSSIG CARBON DIOXIDE, REFRIGERATED LIQUID	2.2	-	-	-	120 ml	E1	P203	-	-	-
2188	ARSENWASSERSTOFF (ARSIN) ARSINE	2.3	2.1	-	-	0	E0	P200	-	-	-
2189	DICHLORSILAN DICHLOROSILANE	2.3	2.1/8	-	-	0	E0	P200	-	-	-
2190	SAUERSTOFFDIFLUORID, VERDICHTET OXYGEN DIFLUORIDE, COMPRESSED	2.3	5.1/8	-	-	0	E0	P200	-	-	-
2191	SULFURYLFLUORID SULPHURYL FLUORIDE	2.3	-	-	-	0	E0	P200	-	-	-
2192	GERMANIUMWASSERSTOFF (GERMAN) GERMANE	2.3	2.1	-	-	0	E0	P200	-	-	-
2193	HEXAFLUORETHAN (GAS ALS KÄLTEMITTEL R 116) HEXAFLUOROETHANE (REFRIGERANT GAS R 116)	2.2	-	-	-	120 ml	E1	P200	-	-	-
2194	SELENHEXAFLUORID SELENIUM HEXAFLUORIDE	2.3	8	-	-	0	E0	P200	-	-	-
2195	TELLURHEXAFLUORID TELLURIUM HEXAFLUORIDE	2.3	8	-	-	0	E0	P200	-	-	-
2196	WOLFRAMHEXAFLUORID TUNGSTEN HEXAFLUORIDE	2.3	8	-	-	0	E0	P200	-	-	-
2197	IODWASSERSTOFF, WASSERFREI HYDROGEN IODIDE, ANHYDROUS	2.3	8	-	-	0	E0	P200	-	-	-
2198	PHOSPHORPENTAFLUORID PHOSPHORUS PENTAFLUORIDE	2.3	8	-	-	0	E0	P200	-	-	-
2199	PHOSPHORWASSERSTOFF (PHOSPHIN) PHOSPHINE	2.3	2.1	-	-	0	E0	P200	-	-	-

Ortsbewegliche Tanks und Schüttgut-Container			EmS	Stauung und Handhabung	Trennung	Eigenschaften und Bemerkung	UN-Nr.
	Tank Anwei-sung(en)	Vor-schrif-ten					
(12)	(13) 4.2.5 4.3	(14) 4.2.5	(15) 5.4.3.2 7.8	(16a) 7.1, 7.3 bis 7.7	(16b) 7.2 bis 7.7	(17)	(18)
-	T7	TP2	F-A, S-B	Staukategorie A SW2	SGG18 SG35	Gelbe hygroskopische Flüssigkeit mit ammoniakartigem Geruch. Löslich in Wasser. Stark alkalisch, ätzend. Kann mit Salpetersäure explosive Gemische bilden. Reagiert mit entzündend (oxidierend) wirkenden Stoffen. Greift Kupfer und dessen Legierungen an. Reagiert heftig mit Säuren. Flüssigkeit und Dampf können schwere Haut- und Augenverletzungen verursachen.	2079
-	-	-	-	-	-	Beförderung ist **verboten**.	2186
-	T75	TP5	F-C, S-V	Staukategorie D	-	Nicht entzündbares, verflüssigtes Gas, farblos und geruchlos. Schwerer als Luft (1,5). Bleibt oberhalb von 31 °C nicht flüssig.	2187 → *CH: MSC. 1213*
-	-	-	F-D, S-U	Staukategorie D SW2	-	Entzündbares, giftiges, farbloses Gas mit knoblauchartigem Geruch. Explosionsgrenzen: 3,9 % bis 77,8 %. Viel schwerer als Luft (2,8).	2188
-	-	-	F-D, S-U	Staukategorie D SW2	SG4 SG9 SG72	Entzündbares, giftiges und ätzendes Gas. Reagiert mit Wasser unter Bildung von Chlorwasserstoff. Wirkt stark reizend auf Haut, Augen und Schleimhäute.	2189
-	-	-	F-C, S-W	Staukategorie D SW2 H1	SG6 SG19	Nicht entzündbares, giftiges und ätzendes, farbloses Gas mit fauligem Geruch. Stark entzündend (oxidierend) wirkender Stoff. Reagiert langsam mit Wasser oder feuchter Luft unter Bildung von giftigem und ätzendem Nebel. Ätzwirkung auf Glas und die meisten Metalle. Schwerer als Luft (1,9). Wirkt stark reizend auf Haut, Augen und Schleimhäute.	2190
-	-	-	F-C, S-U	Staukategorie D SW2	-	Nicht entzündbares, giftiges, farbloses, geruchloses Gas. Reagiert mit Wasser oder feuchter Luft unter Bildung von giftigem und ätzendem Nebel. Viel schwerer als Luft (3,5). Wirkt reizend auf Haut, Augen und Schleimhäute.	2191
-	-	-	F-D, S-U	Staukategorie D SW2	-	Entzündbares, giftiges, farbloses Gas mit stechendem Geruch. Viel schwerer als Luft (2,6).	2192
-	-	-	F-C, S-V	Staukategorie A	-	Nicht entzündbares, farbloses und geruchloses Gas. Viel schwerer als Luft (4,8). Bleibt oberhalb von 24,3 °C nicht flüssig.	2193
-	-	-	F-C, S-U	Staukategorie D SW2	-	Farbloses, giftiges und ätzendes Gas. Ätzwirkung auf Glas und die meisten Metalle. Schwerer als Luft. Wirkt stark reizend auf Haut, Augen und Schleimhäute.	2194
-	-	-	F-C, S-U	Staukategorie D SW2	-	Nicht entzündbares, giftiges und ätzendes farbloses Gas mit unangenehmem Geruch. Zersetzt sich in Wasser unter Bildung hochgiftiger und ätzender Nebel. Ätzwirkung auf Glas und die meisten Metalle. Viel schwerer als Luft (7,2). Wirkt stark reizend auf Haut, Augen und Schleimhäute.	2195
-	-	-	F-C, S-U	Staukategorie D SW2	-	Nicht entzündbares, giftiges und ätzendes, farbloses Gas oder gelbe Flüssigkeit. Zersetzt sich in Wasser oder feuchter Luft unter Bildung hochgiftiger und ätzender Nebel. Ätzwirkung auf Glas und die meisten Metalle. Viel schwerer als Luft (10,3). Siedepunkt: 19,5 °C. Wirkt stark reizend auf Haut, Augen und Schleimhäute.	2196
-	-	-	F-C, S-U	Staukategorie D SW2	-	Nicht entzündbares, giftiges und ätzendes, farbloses Gas mit stechendem Geruch. Stark ätzend bei Vorhandensein von Wasser. Viel schwerer als Luft (4,4). Wirkt stark reizend auf Haut, Augen und Schleimhäute.	2197
-	-	-	F-C, S-U	Staukategorie D SW2	-	Nicht entzündbares, giftiges und ätzendes Gas. Geruch wirkt reizend. Reagiert mit Wasser oder feuchter Luft unter Bildung von giftiger und ätzender Nebel. Ätzwirkung auf Glas und die meisten Metalle. Viel schwerer als Luft (4,3). Wirkt stark reizend auf Haut, Augen und Schleimhäute.	2198
-	-	-	F-D, S-U	Staukategorie D SW2	-	Entzündbares, giftiges, farbloses Gas mit knoblauchartigem Geruch. Selbstentzündlich an der Luft. Schwerer als Luft (1,2). Wirkt reizend auf Haut, Augen und Schleimhäute.	2199

UN-Nr.	Richtiger technischer Name	Klasse	Zusatzgefahr	Verpackungsgruppe	Sondervorschriften	Begrenzte und freigestellte Mengen		Verpackungen		IBC	
						Begrenzte Mengen	Freigestellte Mengen	Anweisung(en)	Sondervorschriften	Anweisung(en)	Sondervorschriften
(1)	(2) 3.1.2	(3) 2.0	(4) 2.0	(5) 2.0.1.3	(6) 3.3	(7a) 3.4	(7b) 3.5	(8) 4.1.4	(9) 4.1.4	(10) 4.1.4	(11) 4.1.4
2200	PROPADIEN, STABILISIERT PROPADIENE, STABILIZED	2.1	-	-	386	0	E0	P200	-	-	-
2201	DISTICKSTOFFMONOXID, TIEFGEKÜHLT, FLÜSSIG NITROUS OXIDE, REFRIGERATED LIQUID	2.2	5.1	-	-	0	E0	P203	-	-	-
2202	SELENWASSERSTOFF, WASSERFREI HYDROGEN SELENIDE, ANHYDROUS	2.3	2.1	-	-	0	E0	P200	-	-	-
2203	SILICIUMWASSERSTOFF (SILAN) SILANE	2.1	-	-	-	0	E0	P200	-	-	-
2204	CARBONYLSULFID CARBONYL SULPHIDE	2.3	2.1	-	-	0	E0	P200	-	-	-
2205	ADIPONITRIL ADIPONITRILE	6.1	-	III	-	5 L	E1	P001 LP01	-	IBC03	-
2206	ISOCYANATE, GIFTIG, N.A.G. oder ISOCYANAT, LÖSUNG, GIFTIG, N.A.G. ISOCYANATES, TOXIC, N.O.S. or ISOCYANATE SOLUTION, TOXIC, N.O.S.	6.1	-	II	274	100 ml	E4	P001	-	IBC02	-
2206	ISOCYANATE, GIFTIG, N.A.G. oder ISOCYANAT, LÖSUNG, GIFTIG, N.A.G. ISOCYANATES, TOXIC, N.O.S. or ISOCYANATE SOLUTION, TOXIC, N.O.S.	6.1	-	III	223 274	5 L	E1	P001 LP01	-	IBC03	-
2208	CALCIUMHYPOCHLORIT, MISCHUNG, TROCKEN, mit mehr als 10 %, aber höchstens 39 % aktivem Chlor CALCIUM HYPOCHLORITE MIXTURE, DRY with more than 10 % but not more than 39 % available chlorine	5.1	- **P**	III	314	5 kg	E1	P002	PP85	-	-
2209	FORMALDEHYDLÖSUNG, mit mindestens 25 % Formaldehyd FORMALDEHYDE SOLUTION with not less than 25 % formaldehyde	8	-	III	-	5 L	E1	P001 LP01	-	IBC03	-
2210	MANEB oder MANEBZUBEREITUNGEN, mit mindestens 60 Masse-% Maneb MANEB or MANEB PREPARATION with not less than 60 % maneb	4.2	4.3 **P**	III	273	0	E1	P002	PP100	IBC06	-
2211	SCHÄUMBARE POLYMER-KÜGELCHEN, entzündbare Dämpfe abgebend POLYMERIC BEADS, EXPANDABLE evolving flammable vapour	9	-	III	382 965	5 kg	E1	P002	PP14	IBC08	B3 B6

Ortsbewegliche Tanks und Schüttgut-Container			EmS	Stauung und Handhabung	Trennung	Eigenschaften und Bemerkung	UN-Nr.
	Tank Anwei- sung(en)	Vor- schrif- ten					
(12)	(13) 4.2.5 4.3	(14) 4.2.5	(15) 5.4.3.2 7.8	(16a) 7.1, 7.3 bis 7.7	(16b) 7.2 bis 7.7	(17)	(18)
-	-	-	F-D, S-U	Staukategorie B SW1 SW2	-	Verflüssigtes, entzündbares, farbloses Gas. Explosionsgrenzen: 1,7 % bis 12 %. Schwerer als Luft (1,4). Siedepunkt: -34 °C. Wirkt reizend auf Haut, Augen und Schleimhäute.	2200
-	T75	TP5 TP22	F-C, S-W	Staukategorie D SW2	-	Verflüssigtes, nicht entzündbares, farbloses Gas mit leicht süßlichem Geruch. Stark brandfördernd (oxidierend) wirkender Stoff. Schwerer als Luft (1,5). Bleibt oberhalb von 36,5 °C nicht flüssig.	2201
-	-	-	F-D, S-U	Staukategorie D SW2	-	Entzündbares, giftiges, farbloses Gas mit widerlichem Geruch. Viel schwerer als Luft (2,8). Wirkt stark reizend auf Haut, Augen und Schleimhäute.	2202
-	-	-	F-D, S-U	Staukategorie E SW2	SG43 SG46	Entzündbares, farbloses Gas mit fauligem Geruch. Explosionsgrenzen: 1 % bis 100 %. Selbstentzündlich an der Luft. Starkes Reduktionsmittel, reagiert heftig mit entzündend (oxidierend) wirkenden Stoffen. Schwerer als Luft (1,1).	2203
-	-	-	F-D, S-U	Staukategorie D SW2	-	Entzündbares, giftiges, farbloses Gas mit fauligem Geruch. Viel schwerer als Luft (2,1).	2204
-	T3	TP1	F-A, S-A	Staukategorie A	SGG6	Farbloses, geruchloses Öl. Zersetzt sich über 93 °C. Entwickelt Blausäure, ein hochgiftiges und entzündbares Gas. Giftig beim Verschlucken, bei Berührung mit der Haut oder beim Einatmen.	2205
-	T11	TP2 TP13 TP27	F-A, S-A	Staukategorie E SW1 SW2	-	Flüssigkeiten mit stechendem Geruch. Nicht mischbar mit Wasser, reagiert aber mit Wasser unter Bildung von Kohlendioxid. Giftig beim Verschlucken, bei Berührung mit der Haut oder beim Einatmen. Bei Stauung unter Deck mit mechanischer Belüftung ist ein sechsfacher Luftwechsel pro Stunde erforderlich. Bei Transport im geschlossenen Container ist ein 2-facher Luftwechsel pro Stunde ausreichend. Wirkt reizend auf Haut, Augen und Schleimhäute.	2206
-	T7	TP1 TP13 TP28	F-A, S-A	Staukategorie E SW1 SW2	-	Siehe Eintrag oben.	2206
-	-	-	F-H, S-Q	Staukategorie D SW1 SW11	SGG8 SG35 SG38 SG49 SG53 SG60	Weißer oder gelblicher fester Stoff (Pulver, Granulat oder Tabletten) mit chlorartigem Geruch. Löslich in Wasser. Kann in Berührung mit organischen Stoffen oder Ammoniumverbindungen einen Brand verursachen. Stoffe neigen bei erhöhten Temperaturen zur exothermen Zersetzung, was zu einem Brand oder zu einer Explosion führen kann. Die Zersetzung kann durch Wärme oder durch Verunreinigungen durch z. B. pulverförmige Metalle (Eisen, Mangan, Kobalt, Magnesium) und deren Verbindungen ausgelöst werden. Neigt zur langsamen Selbsterhitzung. Reagiert mit Säuren unter Bildung von Chlor, einem reizenden, ätzenden und giftigen Gas. Greift bei Feuchtigkeit die meisten Metalle an. Der Staub wirkt reizend auf die Schleimhäute.	2208
-	T4	TP1	F-A, S-B	Staukategorie A	-	Farblose, klare Flüssigkeit, mit erstickendem, stechendem Geruch. Normalerweise mit Methanol stabilisiert. Mischbar mit Wasser. Verursacht Verätzungen der Haut, der Augen und der Schleimhäute.	2209
-	T1	TP33	F-G, S-L	Staukategorie A H1	SG26 SG29	Gelbes Pulver, neigt zur Selbsterhitzung und Selbstentzündung an der Luft. Kann, wenn es feucht ist, unter Feuereinwirkung oder bei Berührung mit Säuren giftige, reizende oder entzündbare Dämpfe entwickeln. Wird als Fungizid verwendet.	2210
-	T1	TP33	F-A, S-I	Staukategorie E SW1 SW6	SG5 SG14	Eine Kunststoffmasse in Kugelform oder als Granulat, überwiegend bestehend aus Polystyrol, Polymethylmethacrylat oder einem anderen Polymermaterial mit 5 bis 8 % eines flüchtigen Kohlenwasserstoffes, normalerweise Pentan. Während der Beförderung und der Lagerung wird ein kleiner Teil des Pentans an die umgebende Luft abgegeben. Dieser Teil erhöht sich mit steigenden Temperaturen.	2211

UN-Nr.	Richtiger technischer Name	Klasse	Zusatzgefahr	Verpackungsgruppe	Sondervorschriften	Begrenzte und freigestellte Mengen		Verpackungen		IBC	
						Begrenzte Mengen	Freigestellte Mengen	Anweisung(en)	Sondervorschriften	Anweisung(en)	Sondervorschriften
(1)	(2) 3.1.2	(3) 2.0	(4) 2.0	(5) 2.0.1.3	(6) 3.3	(7a) 3.4	(7b) 3.5	(8) 4.1.4	(9) 4.1.4	(10) 4.1.4	(11) 4.1.4
2212	ASBEST, AMPHIBOL (Amosit, Tremolit, Aktinolith, Anthophyllit, Krokydolith) ASBESTOS, AMPHIBOLE (amosite, tremolite, actinolite, anthophyllite, crocidolite)	9	-	II	168 274	1 kg	E0	P002	PP37	IBC08	B4 B21
2213	PARAFORMALDEHYD PARAFORMALDEHYDE	4.1	-	III	223 967	5 kg	E1	P002 LP02	PP12	IBC08	B3
2214	PHTHALSÄUREANHYDRID, mit mehr als 0,05 % Maleinsäureanhydrid PHTHALIC ANHYDRIDE with more than 0.05 % of maleic anhydride	8	-	III	169 939	5 kg	E1	P002 LP02	-	IBC08	B3
2215	MALEINSÄUREANHYDRID MALEIC ANHYDRIDE	8	-	III	-	5 kg	E1	P002	-	IBC08	B3
2215	MALEINSÄUREANHYDRID, GESCHMOLZEN MALEIC ANHYDRIDE, MOLTEN	8	-	III	-	0	E0	-	-	-	-
2216	FISCHMEHL (FISCHABFALL), STABILISIERT, mit Antioxidantien behandelt, Feuchtigkeitsgehalt größer als 5 Masse-%, jedoch nicht mehr als 12 Masse-%. Fettgehalt nicht mehr als 15 Masse-% FISH MEAL (FISH SCRAP), STABILIZED Anti-oxidant treated. Moisture content greater than 5 % but not exceeding 12 %, by mass. Fat content not more than 15 %	9	-	III	29 117 300 308 907 928 973	0	E1	P900	-	IBC08	B3
2217	ÖLKUCHEN, höchstens 1,5 % Öl und 11 % Feuchtigkeit enthaltend SEED CAKE with not more than 1.5 % oil and not more than 11 % moisture	4.2	-	III	29 142 973	0	E0	P002 LP02	PP20	IBC08	B3 B6

Ortsbewegliche Tanks und Schüttgut-Container			EmS	Stauung und Handhabung	Trennung	Eigenschaften und Bemerkung	UN-Nr.
	Tank Anweisung(en)	Vorschriften					
(12)	(13)	(14)	(15)	(16a)	(16b)	(17)	(18)
	4.2.5 4.3	4.2.5	5.4.3.2 7.8	7.1, 7.3 bis 7.7	7.2 bis 7.7		
-	T3	TP33	F-A, S-A	Staukategorie A SW2 H4	SG29	Mineralische Fasern verschiedener Länge. Nicht brennbar. Einatmen des Staubes der Asbestfasern ist gefährlich. Es muss daher in jedem Fall vermieden werden, sich diesem Staub auszusetzen. Die Erzeugung von Asbeststaub ist immer zu verhindern. Durch entsprechende Verpackung kann erreicht werden, dass es nicht zu einer gefährlichen Konzentration von Asbestfasern, die in der Luft aufgewirbelt werden, kommt. Laderäume oder Frachtcontainer, in denen sich Rohasbest befunden hat, müssen sorgfältig gereinigt werden, bevor andere Ladung entladen oder neue Ladung geladen wird oder Reparatur- bzw. Wartungsarbeiten durchgeführt werden. Soweit möglich, ist das Reinigen der Laderäume während der Liegezeiten des Schiffs im Hafen durchzuführen, wo geeignete Einrichtungen und Ausrüstungen, einschließlich geeigneter Atemschutzgeräte und Schutzkleidung, vorhanden sind. Körperteile, die dem Staub ausgesetzt gewesen sein können, müssen sofort und gründlich gewaschen werden. Aller Abfall muss in undurchlässigen und sicher verschlossenen Säcken gesammelt und einer sicheren Beseitigung an Land zugeführt werden. Wenn die Reinigungsarbeiten nicht im Entladehafen durchgeführt werden können, müssen Vorbereitungen getroffen werden, damit diese Arbeiten im nächsten Hafen, in dem geeignete Einrichtungen vorhanden sind, durchgeführt werden können.	2212
-	T1 BK2 BK3	TP33	F-A, S-G	Staukategorie A SW23	-	Weißes Pulver mit stechendem Geruch. Gibt besonders bei Erhitzung Formaldehyd ab, ein die Augen und die Schleimhäute reizendes Gas.	2213
-	T1	TP33	F-A, S-B	Staukategorie A	SGG1 SG36 SG49	Weißes Pulver oder Flocken und Brocken. Enthält einen hohen Anteil Staub. Schmelzpunkt: 131 °C. Der Dampf des geschmolzenen Stoffes hat einen Flammpunkt von 152 °C c.c. und bildet eine entzündbare Atmosphäre mit Explosionsgrenzen von 1,7 % bis 10,4 %. Verursacht Verätzungen der Haut, der Augen und der Schleimhäute. Kann im geschmolzenen Zustand befördert werden. Der geschmolzene Stoff verursacht schwere Verbrennungen der Haut.	2214
-	T1	TP33	F-A, S-B	Staukategorie A	SGG1 SG36 SG49 SG50 SG57	Weißes Pulver, Nadeln, Flocken, Schuppen, Presskörper, Stangen, Briketts, Klumpen, Stücke oder eingeschmolzene Masse. Schmelzpunkt: etwa 53 °C. Dämpfe und Staub haben Wirkt reizend auf Haut, Augen und Schleimhäute. Das Einatmen kann Atembeschwerden verursachen.	2215
-	T4	TP3	F-A, S-B	Staukategorie A	SGG1 SG36 SG49 SG50 SG57	Schmelzpunkt: etwa 53 °C. Der Dampf des geschmolzenen Stoffes hat einen Flammpunkt von 103 °C c.c. und bildet eine entzündbare Atmosphäre mit Explosionsgrenzen von 1,4 % bis 7,1 %. Die Dämpfe haben Wirkt reizend auf Haut, Augen und Schleimhäute.	2215
-	T1 BK2	TP33	F-A, S-J	Staukategorie B SW24	SG18 SG65	Braunes bis grünlich-braunes Produkt, durch Erhitzung und Trocknung von Fischen gewonnenes Erzeugnis, mit strengem Geruch, der sich auf andere Ladungen übertragen kann. Neigt zur Selbsterhitzung. Eine Selbsterhitzung unterbleibt bei niedrigem Fettgehalt oder bei wirksamer Behandlung mit Antioxidantien.	2216
-	BK2	-	F-A, S-J	Staukategorie A SW1 SW4 H1	-	Rückstände der Ölgewinnung durch Extrahieren des Öls aus ölhaltigen Früchten oder Saaten mit Lösemittel. Sie werden hauptsächlich als Viehfutter oder Düngemittel verwendet. Ausgangsprodukte für Ölkuchen sind meistens Kokosnüsse (Copra), Baumwollsaat, Erdnüsse, Leinsaat, Mais, Niger-Saat, Palmkerne, Rapssaat, Reiskleie, Sojabohnen und Sonnenblumenkerne. Sie können in Form von Tafeln, Flocken, Körnern, Mehl usw. befördert werden. Sie können sich langsam selbst erwärmen und entzünden, wenn sie feucht sind. Vor der Beförderung muss die Ladung ausreichend lange abgelagert (gealtert) sein; die Dauer der Alterung ist vom Ölgehalt abhängig. Der Ölkuchen muss im Wesentlichen frei von entzündbaren Lösemitteln sein. Das Rauchen und die Verwendung von offenem Licht während des Ladens und Entladens und während des Begehens der Laderäume zu jeder anderen Zeit sind verboten.	2217

3.2 Gefahrgutliste

UN-Nr.	Richtiger technischer Name	Klasse	Zusatzgefahr	Verpackungsgruppe	Sondervorschriften	Begrenzte und freigestellte Mengen		Verpackungen		IBC	
						Begrenzte Mengen	Freigestellte Mengen	Anweisung(en)	Sondervorschriften	Anweisung(en)	Sondervorschriften
(1)	(2) 3.1.2	(3) 2.0	(4) 2.0	(5) 2.0.1.3	(6) 3.3	(7a) 3.4	(7b) 3.5	(8) 4.1.4	(9) 4.1.4	(10) 4.1.4	(11) 4.1.4
2218	ACRYLSÄURE, STABILISIERT ACRYLIC ACID, STABILIZED	8	3 **P**	II	386	1 L	E2	P001	-	IBC02	-
2219	ALLYLGLYCIDYLETHER ALLYL GLYCIDYL ETHER	3	-	III	-	5 L	E1	P001 LP01	-	IBC03	-
2222	ANISOL ANISOLE	3	-	III	-	5 L	E1	P001 LP01	-	IBC03	-
2224	BENZONITRIL BENZONITRILE	6.1	-	II	-	100 ml	E4	P001	-	IBC02	-
2225	BENZENSULFONYLCHLORID BENZENESULPHONYL CHLORIDE	8	-	III	-	5 L	E1	P001 LP01	-	IBC03	-
2226	BENZOTRICHLORID BENZOTRICHLORIDE	8	-	II	-	1 L	E2	P001	-	IBC02	-
2227	n-BUTYLMETHACRYLAT, STABILISIERT n-BUTYL METHACRYLATE, STABILIZED	3	-	III	386	5 L	E1	P001 LP01	-	IBC03	-
2232	2-CHLORETHANAL 2-CHLOROETHANAL	6.1	-	I	354	0	E0	P602	-	-	-
2233	CHLORANISIDINE CHLOROANISIDINES	6.1	-	III	-	5 kg	E1	P002 LP02	-	IBC08	B3
2234	CHLORBENZOTRIFLUORIDE CHLOROBENZOTRIFLUORIDES	3	-	III	-	5 L	E1	P001 LP01	-	IBC03	-
2235	CHLORBENZYLCHLORIDE, FLÜSSIG CHLOROBENZYL CHLORIDES, LIQUID	6.1	- **P**	III	-	5 L	E1	P001 LP01	-	IBC03	-
2236	3-CHLOR-4-METHYLPHENYLISOCYANAT, FLÜSSIG 3-CHLORO-4-METHYLPHENYL ISOCYANATE, LIQUID	6.1	-	II	-	100 ml	E4	P001	-	IBC02	-
2237	CHLORNITROANILINE CHLORONITROANILINES	6.1	- **P**	III	-	5 kg	E1	P002 LP02	-	IBC08	B3
2238	CHLORTOLUENE CHLOROTOLUENES	3	-	III	-	5 L	E1	P001 LP01	-	IBC03	-
2239	CHLORTOLUIDINE, FEST CHLOROTOLUIDINES, SOLID	6.1	-	III	-	5 kg	E1	P002 LP02	-	IBC08	B3

Ortsbewegliche Tanks und Schüttgut-Container			EmS	Stauung und Handhabung	Trennung	Eigenschaften und Bemerkung	UN-Nr.
	Tank Anweisung(en)	Vorschriften					
(12)	(13)	(14)	(15)	(16a)	(16b)	(17)	(18)
	4.2.5 4.3	4.2.5	5.4.3.2 7.8	7.1, 7.3 bis 7.7	7.2 bis 7.7		
-	T7	TP2	F-E, S-C	Staukategorie C SW1 SW2	SGG1 SG36 SG49	Farblose, entzündbare Flüssigkeit mit beißendem Geruch. Schmelzpunkt: 13 °C. Flammpunkt: 54 °C c.c. Mischbar mit Wasser. Kann heftig polymerisieren und dabei einen Brand oder eine Explosion verursachen, solange nicht ausreichend stabilisiert. Gesundheitsschädlich beim Verschlucken oder beim Einatmen. Ätzwirkung auf Haut, Augen und Schleimhäute.	2218
-	T2	TP1	F-E, S-D	Staukategorie A	-	Farblose Flüssigkeit. Flammpunkt: 48 °C c.c. Mischbar mit Wasser. Gesundheitsschädlich beim Einatmen. Wirkt reizend auf Haut, Augen und Schleimhäute.	2219
-	T2	TP1	F-E, S-D	Staukategorie A	-	Farblose bis gelbe Flüssigkeit. Flammpunkt: 41 °C c.c. Explosionsgrenzen: 0,3 % bis 6,3 %. Nicht mischbar mit Wasser. Wirkt reizend auf Haut, Augen und Schleimhäute.	2222
-	T7	TP2	F-A, S-A	Staukategorie A SW2	SG35	Farblose Flüssigkeit mit einem bittermandelölartigem Geruch. Reagiert mit Säuren, entwickelt Blausäure, ein hochgiftiges und entzündbares Gas. Giftig beim Verschlucken, bei Berührung mit der Haut oder beim Einatmen.	2224
-	T4	TP1	F-A, S-B	Staukategorie A SW2	SGG1	Farblose bis hellgelbe Flüssigkeit mit stechendem Geruch. Schmelzpunkt: 12 °C. Nicht mischbar mit Wasser. Zersetzt sich langsam in Wasser. Gesundheitsschädlich beim Verschlucken oder bei Berührung mit der Haut. Wirkt stark reizend auf Haut, Augen und Schleimhäute.	2225
-	T7	TP2	F-A, S-B	Staukategorie A SW2	SGG1 SG36 SG49	Farblose bis hellgelbe oder braune rauchende Flüssigkeit. Reagiert mit Wasser unter Bildung von Chlorwasserstoff, einem reizverursachenden und ätzenden Gas, das als weißer Nebel sichtbar ist. Greift bei Feuchtigkeit die meisten Metalle an. Gesundheitsschädlich beim Verschlucken, bei Berührung mit der Haut oder beim Einatmen. Verursacht Verätzungen der Haut und der Augen. Dampf wirkt reizend auf Augen und Schleimhäute.	2226
-	T2	TP1	F-E, S-D	Staukategorie C SW1	-	Farblose Flüssigkeit. Flammpunkt: 41 °C c.c. Explosionsgrenzen: 2 % bis 8 %. Nicht mischbar mit Wasser. Wirkt reizend auf Haut, Augen und Schleimhäute.	2227
-	T20	TP2 TP13 TP37	F-A, S-A	Staukategorie D SW2	-	Klare farblose Flüssigkeit mit stechendem Geruch. Mischbar mit Wasser. Hochgiftig beim Verschlucken, bei Berührung mit der Haut oder beim Einatmen.	2232
-	T1	TP33	F-A, S-A	Staukategorie A	-	Kristalliner fester Stoff. Schmelzpunkt: 52 °C. Löslich in Wasser. Giftig beim Verschlucken, bei Berührung mit der Haut oder beim Einatmen von Staub.	2233
-	T2	TP1	F-E, S-D	Staukategorie A SW2	SGG10	Farblose Flüssigkeiten mit aromatischem Geruch. Flammpunkt: 36 °C bis 59 °C c.c. In Verbindung mit Luftfeuchtigkeit kann sich giftiges und ätzendes Fluorwasserstoffgas bilden. Gesundheitsschädlich beim Einatmen.	2234
-	T4	TP1	F-A, S-A	Staukategorie A	-	Farblose Flüssigkeit. Nicht mischbar mit Wasser. Giftig beim Verschlucken, bei Berührung mit der Haut oder beim Einatmen.	2235 → *UN 3427*
-	-	-	F-A, S-A	Staukategorie B SW2	-	Farblose Flüssigkeit mit stechendem Geruch. Nicht mischbar mit Wasser. Reagiert mit Wasser unter Bildung von Kohlendioxid. Giftig beim Verschlucken, bei Berührung mit der Haut oder beim Einatmen. Wirkt reizend auf Haut, Augen und Schleimhäute.	2236 → *UN 3428*
-	T1	TP33	F-A, S-A	Staukategorie A	-	Gelbes oder orangefarbenes kristallines Pulver oder Nadeln. Nicht löslich in Wasser. Giftig beim Verschlucken, bei Berührung mit der Haut oder beim Einatmen von Staub.	2237
-	T2	TP1	F-E, S-D	Staukategorie A	SGG10	Farblose bis braune Flüssigkeiten. Flammpunkt: 43 °C bis 47 °C c.c. Nicht mischbar mit Wasser. Entwickeln unter Feuereinwirkung giftige Gase. Gesundheitsschädlich bei Berührung mit der Haut oder beim Einatmen. Wirkt reizend auf Augen und Schleimhäute.	2238
-	T1	TP33	F-A, S-A	Staukategorie A	-	Kristalline feste Stoffe. Einige Isomere können bei niedrigen Temperaturen schmelzen. Schmelzpunktbereich zwischen 0 °C und 24 °C. Giftig beim Verschlucken, bei Berührung mit der Haut oder beim Einatmen.	2239 → *UN 3429*

UN-Nr.	Richtiger technischer Name	Klasse	Zusatzgefahr	Verpackungsgruppe	Sondervorschriften	Begrenzte und freigestellte Mengen		Verpackungen		IBC	
						Begrenzte Mengen	Freigestellte Mengen	Anweisung(en)	Sondervorschriften	Anweisung(en)	Sondervorschriften
(1)	(2) 3.1.2	(3) 2.0	(4) 2.0	(5) 2.0.1.3	(6) 3.3	(7a) 3.4	(7b) 3.5	(8) 4.1.4	(9) 4.1.4	(10) 4.1.4	(11) 4.1.4
2240	CHROMSCHWEFELSÄURE CHROMOSULPHURIC ACID	8	-	I	-	0	E0	P001	-	-	-
2241	CYCLOHEPTAN CYCLOHEPTANE	3	- P	II	-	1 L	E2	P001	-	IBC02	-
2242	CYCLOHEPTEN CYCLOHEPTENE	3	-	II	-	1 L	E2	P001	-	IBC02	-
2243	CYCLOHEXYLACETAT CYCLOHEXYL ACETATE	3	-	III	-	5 L	E1	P001 LP01	-	IBC03	-
2244	CYCLOPENTANOL CYCLOPENTANOL	3	-	III	-	5 L	E1	P001 LP01	-	IBC03	-
2245	CYCLOPENTANON CYCLOPENTANONE	3	-	III	-	5 L	E1	P001 LP01	-	IBC03	-
2246	CYCLOPENTEN CYCLOPENTENE	3	-	II	-	1 L	E2	P001	-	IBC02	B8
2247	n-DECAN n-DECANE	3	-	III	-	5 L	E1	P001 LP01	-	IBC03	-
2248	DI-n-BUTYLAMIN DI-n-BUTYLAMINE	8	3	II	-	1 L	E2	P001	-	IBC02	-
2249	DICHLORDIMETHYLETHER, SYMMETRISCH DICHLORODIMETHYL ETHER, SYMMETRICAL	6.1	3	I	76	0	E0	P099	-	-	-
2250	DICHLORPHENYLISOCYANATE DICHLOROPHENYL ISOCYANATES	6.1	-	II	-	500 g	E4	P002	-	IBC08	B4 B21
2251	BICYCLO-[2,2,1]-HEPTA-2,5-DIEN, STABILISIERT (2,5-NORBORNADIEN, STABILISIERT) BICYCLO[2.2.1]HEPTA-2,5-DIENE, STABILIZED (2,5-NORBORNADIENE, STABILIZED)	3	-	II	386	1 L	E2	P001	-	IBC02	-
2252	1,2-DIMETHOXYETHAN 1,2-DIMETHOXYETHANE	3	-	II	-	1 L	E2	P001	-	IBC02	-
2253	N,N-DIMETHYLANILIN N,N-DIMETHYLANILINE	6.1	-	II	-	100 ml	E4	P001	-	IBC02	-
2254	STURMZÜNDHÖLZER MATCHES, FUSEE	4.1	-	III	293	5 kg	E0	P407	-	-	-
2256	CYCLOHEXEN CYCLOHEXENE	3	-	II	-	1 L	E2	P001	-	IBC02	-

Ortsbewegliche Tanks und Schüttgut-Container			EmS	Stauung und Handhabung	Trennung	Eigenschaften und Bemerkung	UN-Nr.
	Tank Anweisung(en)	Vorschriften					
(12)	(13) 4.2.5 4.3	(14) 4.2.5	(15) 5.4.3.2 7.8	(16a) 7.1, 7.3 bis 7.7	(16b) 7.2 bis 7.7	(17)	(18)
-	T10	TP2 TP13	F-A, S-B	Staukategorie B SW2	SGG1a SG6 SG16 SG17 SG19 SG36 SG49	Ein flüssiges Gemisch aus Schwefelsäure und Chromverbindung (z. B. Chromtrioxid oder Natriumdichromat) und manchmal auch Wasser. Greift die meisten Metalle stark an. Verursacht schwere Verätzungen der Haut, der Augen und der Schleimhäute.	2240
-	T4	TP2	F-E, S-D	Staukategorie B SW2	-	Ölige Flüssigkeit. Nicht mischbar mit Wasser. Narkotisierend.	2241
-	T4	TP1	F-E, S-D	Staukategorie B	-	Ölige Flüssigkeit. Nicht mischbar mit Wasser.	2242
-	T2	TP1	F-E, S-D	Staukategorie A	-	Farblose Flüssigkeit. Flammpunkt: 56 °C c.c. Nicht mischbar mit Wasser. Wirkt reizend auf Haut, Augen und Schleimhäute.	2243
-	T2	TP1	F-E, S-D	Staukategorie A	-	Farblose, ölige Flüssigkeit. Flammpunkt: 51 °C c.c. Nicht mischbar mit Wasser.	2244
-	T2	TP1	F-E, S-D	Staukategorie A	-	Farblose Flüssigkeit. Flammpunkt: 31 °C c.c. Nicht mischbar mit Wasser.	2245
-	T7	TP2	F-E, S-D	Staukategorie E	-	Farblose Flüssigkeit. Flammpunkt: -30 °C c.c. Siedepunkt: 44 °C. Nicht mischbar mit Wasser. Wirkt reizend auf Haut, Augen und Schleimhäute. Narkotisierend.	2246
-	T2	TP1	F-E, S-E	Staukategorie A	-	Farblose Flüssigkeit. Flammpunkt: 47 °C c.c. Explosionsgrenzen: 0,6 % bis 5,5 %. Nicht mischbar mit Wasser.	2247
-	T7	TP2	F-E, S-C	Staukategorie A	SG35	Farblose, entzündbare Flüssigkeit mit aminartigem Geruch. Flammpunkt: 39 °C c.c. Teilweise mischbar mit Wasser. Zersetzt sich bei Erwärmung unter Bildung entzündbarer und giftiger Gase. Flüssigkeit verursacht Verätzungen der Haut, der Augen und der Schleimhäute. Dampf wirkt reizend auf Schleimhäute.	2248
-	-	-	F-E, S-D	Staukategorie D SW2	-	Farblose, flüchtige, entzündbare Flüssigkeit. Flammpunkt: 42 °C c.c. Nicht mischbar mit Wasser. Wird durch Hitze und Wasser zersetzt. Hochgiftig beim Verschlucken, bei Berührung mit der Haut oder beim Einatmen. Die Beförderung dieses Stoffes ist verboten, ausgenommen mit besonderer Zustimmung der zuständigen Behörde.	2249
-	T3	TP33	F-A, S-A	Staukategorie B SW1 SW2	-	Farbloser bis gelblicher kristalliner fester Stoff. Geruch wirkt reizend. Nicht löslich in Wasser. Reagiert mit Wasser unter Bildung von Kohlendioxid. Giftig beim Verschlucken, bei Berührung mit der Haut oder beim Einatmen. Kann im geschmolzenen Zustand befördert werden. Wirkt reizend auf Haut, Augen und Schleimhäute.	2250
-	T7	TP2	F-E, S-D	Staukategorie D SW1	-	Farblose, flüchtige Flüssigkeit. Flammpunkt: unter -18 °C c.c. Explosionsgrenzen: 1,7 % bis 6,3 %. Nicht mischbar mit Wasser.	2251
-	T4	TP1	F-E, S-D	Staukategorie B	-	Farblose Flüssigkeit mit etherartigem Geruch. Flammpunkt: 1 °C c.c. Mischbar mit Wasser.	2252
-	T7	TP2	F-A, S-A	Staukategorie A	-	Gelbliche bis bräunliche ölige Flüssigkeit. Brennbar. Giftig beim Verschlucken, bei Berührung mit der Haut oder beim Einatmen.	2253
-	-	-	F-A, S-I	Staukategorie A	-	Zündhölzer, deren Köpfe mit einem reibempfindlichen Anzündsatz und einem pyrotechnischen Satz bedeckt sind, der mit kleiner Flamme oder ohne Flamme, jedoch unter großer Wärmeentwicklung unbeeinflusst von Wind oder anderen Witterungsverhältnissen abbrennt.	2254
-	T4	TP1	F-E, S-D	Staukategorie E	-	Farblose Flüssigkeit mit aromatischem Geruch. Nicht mischbar mit Wasser. Wirkt schwach reizend auf Haut, Augen und Schleimhäute.	2256

UN-Nr.	Richtiger technischer Name	Klasse	Zusatzgefahr	Verpackungsgruppe	Sondervorschriften	Begrenzte und freigestellte Mengen		Verpackungen		IBC	
						Begrenzte Mengen	Freigestellte Mengen	Anweisung(en)	Sondervorschriften	Anweisung(en)	Sondervorschriften
(1)	(2) 3.1.2	(3) 2.0	(4) 2.0	(5) 2.0.1.3	(6) 3.3	(7a) 3.4	(7b) 3.5	(8) 4.1.4	(9) 4.1.4	(10) 4.1.4	(11) 4.1.4
2257	KALIUM POTASSIUM	4.3	-	I	-	0	E0	P403	PP31	IBC04	B1
2258	1,2-PROPYLENDIAMIN 1,2-PROPYLENEDIAMINE	8	3	II	-	1 L	E2	P001	-	IBC02	-
2259	TRIETHYLENTETRAMIN TRIETHYLENETETRAMINE	8	-	II	-	1 L	E2	P001	-	IBC02	-
2260	TRIPROPYLAMIN TRIPROPYLAMINE	3	8	III	-	5 L	E1	P001	-	IBC03	-
2261	XYLENOLE, FEST XYLENOLS, SOLID	6.1	-	II	-	500 g	E4	P002	-	IBC08	B4 B21
2262	DIMETHYLCARBAMOYLCHLORID DIMETHYLCARBAMOYL CHLORIDE	8	-	II	-	1 L	E2	P001	-	IBC02	-
2263	DIMETHYLCYCLOHEXANE DIMETHYLCYCLOHEXANES	3	-	II	-	1 L	E2	P001	-	IBC02	-
2264	N,N-DIMETHYLCYCLOHEXYLAMIN N,N-DIMETHYLCYCLOHEXYLAMINE	8	3	II	-	1 L	E2	P001	-	IBC02	-
2265	N,N-DIMETHYLFORMAMID N,N-DIMETHYLFORMAMIDE	3	-	III	-	5 L	E1	P001 LP01	-	IBC03	-
2266	DIMETHYL-N-PROPYLAMIN DIMETHYL-N-PROPYLAMINE	3	8	II	-	1 L	E2	P001	-	IBC02	-
2267	DIMETHYLTHIOPHOSPHORYLCHLORID DIMETHYL THIOPHOSPHORYL CHLORIDE	6.1	8	II	-	100 ml	E4	P001	-	IBC02	-
2269	3,3'-IMINOBISPROPYLAMIN 3,3'-IMINODIPROPYLAMINE	8	-	III	-	5 L	E1	P001 LP01	-	IBC03	-
2270	ETHYLAMIN, WÄSSERIGE LÖSUNG, mit mindestens 50 Masse-% und höchstens 70 Masse-% Ethylamin ETHYLAMINE, AQUEOUS SOLUTION with not less than 50 % but not more than 70 % ethylamine	3	8	II	-	1 L	E2	P001	-	IBC02	-
2271	ETHYLAMYLKETONE ETHYL AMYL KETONES	3	-	III	-	5 L	E1	P001 LP01	-	IBC03	-
2272	N-ETHYLANILIN N-ETHYLANILINE	6.1	-	III	-	5 L	E1	P001 LP01	-	IBC03	-

Ortsbewegliche Tanks und Schüttgut-Container			EmS	Stauung und Handhabung	Trennung	Eigenschaften und Bemerkung	UN-Nr.	
	Tank Anweisung(en)	Vorschriften						
(12)	(13)	(14)	(15)	(16a)	(16b)	(17)	(18)	
	4.2.5 4.3	4.2.5	5.4.3.2 7.8	7.1, 7.3 bis 7.7	7.2 bis 7.7			
-	T9	TP7 TP33	F-G, S-N	Staukategorie D H1	SG26 SG35	Weiches, silbriges Metall, fester Stoff oder Flüssigkeit. Schwimmt auf dem Wasser. Reagiert heftig mit Feuchtigkeit, Wasser oder Säuren unter Entwicklung von Wasserstoff, der sich durch die Reaktionswärme entzünden kann. Sehr reaktionsfähig, manchmal mit explosionsartiger Wirkung.	2257	
-	T7	TP2	F-E, S-C	Staukategorie A SW2	SG35	Farblose, entzündbare Flüssigkeiten mit ammoniakartigem Geruch. Flammpunktbereich: 33 °C bis 48 °C c.c. Mischbar mit Wasser. Entwickelt bei Feuereinwirkung giftige Gase. Gesundheitsschädlich beim Einatmen. Verursacht Verätzungen der Haut und der Augen. Wirkt reizend auf Schleimhäute.	2258	
-	T7	TP2	F-A, S-B	Staukategorie B SW2	SGG18 SG35	Mäßig viskose, gelbe entzündbare Flüssigkeit mit ammoniakartigem Geruch. Mischbar mit Wasser. Stark alkalisch. Kann mit Salpetersäure explosive Gemische bilden. Entwickelt bei Feuereinwirkung giftige Gase. Greift Kupfer und dessen Legierungen an. Reagiert heftig mit Säuren. Flüssigkeit und Dampf verursachen Verätzungen der Haut, der Augen und der Schleimhäute. Verursacht allergische Hautreaktionen.	2259	
-	T4	TP1	F-E, S-C	Staukategorie A SW2	SG35	Farblose Flüssigkeit. Flammpunkt: 35 °C c.c. Teilweise mischbar mit Wasser. Entwickelt bei Feuereinwirkung giftige Gase. Gesundheitsschädlich beim Einatmen. Verursacht Verätzungen der Haut und der Augen. Wirkt reizend auf Schleimhäute.	2260	
-	T3	TP33	F-A, S-A	Staukategorie A	-	Kristalle oder Nadeln. Giftig beim Verschlucken, bei Berührung mit der Haut oder beim Einatmen.	2261	→ *UN 3430*
-	T7	TP2	F-A, S-B	Staukategorie A SW2	SGG1 SG36 SG49	Farblose bis gelbe Flüssigkeit mit stechendem Geruch. Nicht mischbar mit Wasser. Reagiert mit Wasser unter Bildung giftiger und ätzender Dämpfe. Ruft Tränenbildung hervor. Verursacht Verätzungen der Haut, der Augen und der Schleimhäute.	2262	
-	T4	TP1	F-E, S-D	Staukategorie B	-	Farblose Flüssigkeiten. Flammpunkt: 5 °C bis 16 °C c.c. Nicht mischbar mit Wasser.	2263	
-	T7	TP2	F-E, S-C	Staukategorie A SW2	SG35	Farblose entzündbare Flüssigkeit. Flammpunkt: 43 °C c.c. Teilweise mischbar mit Wasser. Verursacht Verätzungen der Haut, der Augen und der Schleimhäute.	2264	
-	T2	TP2	F-E, S-D	Staukategorie A	-	Farblose Flüssigkeit. Flammpunkt: 58 °C c.c. Explosionsgrenzen: 2,2 % bis 16 %. Mischbar mit Wasser. Kann heftig mit entzündend (oxidierend) wirkenden Stoffen reagieren.	2265	
-	T7	TP2 TP13	F-E, S-C	Staukategorie B SW2	SG35	Farblose Flüssigkeit mit fischartigem Geruch. Flammpunkt: -11 °C c.c. Mischbar mit Wasser. Gesundheitsschädlich beim Einatmen. Verursacht Verätzungen der Haut, der Augen und der Schleimhäute.	2266	
-	T7	TP2	F-A, S-B	Staukategorie B SW1	SGG1 SG36 SG49	Farblose, entzündbare Flüssigkeit mit stechendem Geruch. Reagiert langsam mit Wasser unter Bildung von Chlorwasserstoff, einem ätzenden Gas, das als weißer Nebel sichtbar wird. Kann sich zersetzen bei Temperaturen über 60 °C, unter Bildung entzündbarer Gase. Giftig beim Verschlucken, bei Berührung mit der Haut oder beim Einatmen. Verursacht Verätzungen der Haut, der Augen und der Schleimhäute.	2267	
-	T4	TP2	F-A, S-B	Staukategorie A	SG35	Farblose entzündbare Flüssigkeit. Mischbar mit Wasser. Gesundheitsschädlich beim Verschlucken oder beim Einatmen. Verursacht Verätzungen der Haut, der Augen und der Schleimhäute.	2269	
-	T7	TP1	F-E, S-C	Staukategorie B SW2	SGG18 SG35	Wässerige Lösung eines entzündbaren Gases mit ammoniakartigem Geruch. Explosionsgrenzen: 3,5 % bis 14 %. ETHYLAMIN-LÖSUNG, Konzentration 50 %: Flammpunkt: -11 °C c.c.; Siedepunkt: 56 °C. Reines ETHYLAMIN: Siedepunkt: 17 °C. Mischbar mit Wasser. Gesundheitsschädlich beim Einatmen. Verursacht Verätzungen der Haut, der Augen und der Schleimhäute. Reagiert heftig mit Säuren.	2270	
-	T2	TP1	F-E, S-D	Staukategorie A	-	Farblose Flüssigkeiten. Dämpfe viel schwerer als Luft (4,4). ETHYL-normal-AMYLKETON: Flammpunkt: 43 °C c.c. ETHYL-sek.-AMYLKETON: Flammpunkt: 57 °C c.c. Nicht mischbar mit Wasser. Lösen einige Arten von Kunststoffen auf. Wirkt reizend auf Haut, Augen und Schleimhäute.	2271	
-	T4	TP1	F-A, S-A	Staukategorie A	SG17 SG35	Farblose bis gelbliche ölige Flüssigkeit. Reagiert mit Säuren unter Bildung hochgiftiger Anilindämpfe und Stickoxide. Reagiert heftig mit entzündend (oxidierend) wirkenden Stoffen. Giftig beim Verschlucken, bei Berührung mit der Haut oder beim Einatmen.	2272	

UN-Nr.	Richtiger technischer Name	Klasse	Zusatz-gefahr	Verpa-ckungs-gruppe	Sonder-vor-schrif-ten	Begrenzte und freige-stellte Mengen		Verpackungen		IBC	
						Be-grenzte Men-gen	Freige-stellte Men-gen	Anwei-sung(en)	Sonder-vor-schriften	Anwei-sung(en)	Sonder-vor-schriften
(1)	(2) 3.1.2	(3) 2.0	(4) 2.0	(5) 2.0.1.3	(6) 3.3	(7a) 3.4	(7b) 3.5	(8) 4.1.4	(9) 4.1.4	(10) 4.1.4	(11) 4.1.4
2273	2-ETHYLANILIN 2-ETHYLANILINE	6.1	-	III	-	5 L	E1	P001 LP01	-	IBC03	-
2274	N-ETHYL-N-BENZYLANILIN N-ETHYL-N-BENZYLANILINE	6.1	-	III	-	5 L	E1	P001 LP01	-	IBC03	-
2275	2-ETHYLBUTANOL 2-ETHYLBUTANOL	3	-	III	-	5 L	E1	P001 LP01	-	IBC03	-
2276	2-ETHYLHEXYLAMIN 2-ETHYLHEXYLAMINE	3	8	III	-	5 L	E1	P001	-	IBC03	-
2277	ETHYLMETHACRYLAT, STABILISIERT ETHYL METHACRYLATE, STABILIZED	3	-	II	386	1 L	E2	P001	-	IBC02	-
2278	n-HEPTEN n-HEPTENE	3	-	II	-	1 L	E2	P001	-	IBC02	-
2279	HEXACHLORBUTADIEN HEXACHLOROBUTADIENE	6.1	- **P**	III	-	5 L	E1	P001 LP01	-	IBC03	-
2280	HEXAMETHYLENDIAMIN, GE-SCHMOLZEN HEXAMETHYLENEDIAMINE, MOLTEN	8	-	III	-	0	E0	-	-	-	-
2280	HEXAMETHYLENDIAMIN, FEST HEXAMETHYLENEDIAMINE, SOLID	8	-	III	-	5 kg	E1	P002 LP02	-	IBC08	B3
2281	HEXAMETHYLENDIISOCYANAT HEXAMETHYLENE DIISOCYANATE	6.1	-	II	-	100 ml	E4	P001	-	IBC02	-
2282	HEXANOLE HEXANOLS	3	-	III	-	5 L	E1	P001 LP01	-	IBC03	-
2283	ISOBUTYLMETHACRYLAT, STABILI-SIERT ISOBUTYL METHACRYLATE, STABI-LIZED	3	-	III	386	5 L	E1	P001 LP01	-	IBC03	-
2284	ISOBUTYRONITRIL ISOBUTYRONITRILE	3	6.1	II	-	1 L	E2	P001	-	IBC02	-
2285	ISOCYANATOBENZOTRIFLUORIDE ISOCYANATOBENZOTRIFLUORIDES	6.1	3	II	-	100 ml	E4	P001	-	IBC02	-
2286	PENTAMETHYLHEPTAN PENTAMETHYLHEPTANE	3	-	III	-	5 L	E1	P001 LP01	-	IBC03	-
2287	ISOHEPTENE ISOHEPTENES	3	-	II	-	1 L	E2	P001	-	IBC02	-
2288	ISOHEXENE ISOHEXENES	3	-	II	-	1 L	E2	P001	-	IBC02	B8
2289	ISOPHORONDIAMIN ISOPHORONEDIAMINE	8	-	III	-	5 L	E1	P001 LP01	-	IBC03	-
2290	ISOPHORONDIISOCYANAT ISOPHORONE DIISOCYANATE	6.1	-	III	-	5 L	E1	P001 LP01	-	IBC03	-

Ortsbewegliche Tanks und Schüttgut-Container			EmS	Stauung und Handhabung	Trennung	Eigenschaften und Bemerkung	UN-Nr.
	Tank Anweisung(en)	Vorschriften					
(12)	(13)	(14)	(15)	(16a)	(16b)	(17)	(18)
	4.2.5 4.3	4.2.5	5.4.3.2 7.8	7.1, 7.3 bis 7.7	7.2 bis 7.7		
-	T4	TP1	F-A, S-A	Staukategorie A	SG17 SG35	Braune Flüssigkeit. Nicht mischbar mit Wasser. Reagiert mit Säuren unter Bildung hochgiftiger Anilindämpfe und Stickoxide. Reagiert heftig mit entzündend (oxidierend) wirkenden Stoffen. Giftig beim Verschlucken, bei Berührung mit der Haut oder beim Einatmen.	2273
-	T4	TP1	F-A, S-A	Staukategorie A	-	Hellgelbe, ölige Flüssigkeit. Nicht mischbar mit Wasser. Giftig beim Verschlucken, bei Berührung mit der Haut oder beim Einatmen.	2274
-	T2	TP1	F-E, S-D	Staukategorie A	-	Farblose Flüssigkeit. Flammpunkt: 57 °C c.c. Nicht mischbar mit Wasser.	2275
-	T4	TP1	F-E, S-C	Staukategorie A SW2	SG35	Farblose Flüssigkeit. Flammpunkt: 50 °C c.c. Mischbar mit Wasser. Wirkt reizend auf Haut, Augen und Schleimhäute.	2276
-	T4	TP1	F-E, S-D	Staukategorie C SW1	-	Farblose Flüssigkeit mit stechendem Geruch. Flammpunkt: 20 °C c.c. Explosionsgrenzen: 1,8 % bis ... Nicht mischbar mit Wasser. Wirkt reizend auf Haut, Augen und Schleimhäute.	2277
-	T4	TP1	F-E, S-D	Staukategorie B	-	Farblose Flüssigkeit. Flammpunkt: -3 °C c.c. Nicht mischbar mit Wasser.	2278
-	T4	TP1	F-A, S-A	Staukategorie A	SGG10	Farblose Flüssigkeit. Nicht mischbar mit Wasser. Giftig beim Verschlucken, bei Berührung mit der Haut oder beim Einatmen.	2279
-	T4	TP1	F-A, S-B	Staukategorie A SW1 H2	SG35	Weiße Kristalle oder glänzende Flocken mit spezifischem Geruch. Schmelzpunkt: 29 °C. Löslich in Wasser. Lösung ist stark alkalisch. Zersetzt sich bei Erwärmung unter Bildung entzündbarer und giftiger Gase. Verursacht Verätzungen der Haut, der Augen und der Schleimhäute.	2280
-	T1	TP33	F-A, S-B	Staukategorie A SW1 H2	SG35	Siehe Eintrag oben.	2280
-	T7	TP2 TP13	F-A, S-A	Staukategorie C SW2 H1	-	Farblose bis leicht gelbe Flüssigkeit mit stechendem Geruch. Nicht mischbar mit Wasser. Reagiert jedoch mit Wasser unter Wärmeentwicklung und Bildung von Kohlendioxidgas. Entwickelt bei Erwärmung giftige nitrose Dämpfe. Giftig beim Verschlucken, bei Berührung mit der Haut oder beim Einatmen. Wirkt reizend auf Haut, Augen und Schleimhäute.	2281
-	T2	TP1	F-E, S-D	Staukategorie A	-	Farblose Flüssigkeiten. normal-HEXANOL: Flammpunkt: 57 °C c.c. Mischbar mit Wasser.	2282
-	T2	TP1	F-E, S-D	Staukategorie C SW1	-	Farblose Flüssigkeit. Flammpunkt: 49 °C c.c. Nicht mischbar mit Wasser. Wirkt reizend auf Haut, Augen und Schleimhäute.	2283
-	T7	TP2 TP13	F-E, S-D	Staukategorie E SW2	-	Farblose Flüssigkeit. Flammpunkt: 8 °C c.c. Nicht mischbar mit Wasser. Giftig bei Berührung mit der Haut oder beim Einatmen.	2284
-	T7	TP2	F-E, S-D	Staukategorie D SW1 SW2	-	Farblose oder gelbliche Flüssigkeiten mit stechendem Geruch. Flammpunkt des ortho- und des meta-Isomers: 56 °C. Nicht mischbar mit Wasser. Reagiert jedoch mit Wasser unter Bildung von Kohlendioxidgas. Giftig beim Verschlucken, bei Berührung mit der Haut oder beim Einatmen. Wirkt reizend auf Haut, Augen und Schleimhäute.	2285
-	T2	TP1	F-E, S-D	Staukategorie A	-	Farblose Flüssigkeit. Flammpunkt: 43 °C c.c. Nicht mischbar mit Wasser.	2286
-	T4	TP1	F-E, S-D	Staukategorie B	-	Farblose Flüssigkeiten. Nicht mischbar mit Wasser.	2287
-	T11	TP1	F-E, S-D	Staukategorie E	-	Farblose Flüssigkeiten. Siedebereich: 54 °C bis 69 °C. Nicht mischbar mit Wasser.	2288
-	T4	TP1	F-A, S-B	Staukategorie A	SG35	Farblose, schwach hygroskopische Flüssigkeit mit schwachem aminartigem Geruch. Brennbar. Mischbar mit Wasser. Gesundheitsschädlich beim Verschlucken. Wirkt reizend auf Haut, Augen und Schleimhäute.	2289
-	T4	TP2	F-A, S-A	Staukategorie B SW2	-	Farblose oder gelbliche Flüssigkeit. Nicht mischbar mit Wasser. Entwickelt unter Feuereinwirkung nitrose Dämpfe. Giftig beim Verschlucken, bei Berührung mit der Haut oder beim Einatmen. Wirkt reizend auf Haut, Augen und Schleimhäute.	2290

3.2 Gefahrgutliste

UN-Nr.	Richtiger technischer Name	Klasse	Zusatzgefahr	Verpackungsgruppe	Sondervorschriften	Begrenzte und freigestellte Mengen		Verpackungen		IBC	
						Begrenzte Mengen	Freigestellte Mengen	Anweisung(en)	Sondervorschriften	Anweisung(en)	Sondervorschriften
(1)	(2)	(3)	(4)	(5)	(6)	(7a)	(7b)	(8)	(9)	(10)	(11)
	3.1.2	2.0	2.0	2.0.1.3	3.3	3.4	3.5	4.1.4	4.1.4	4.1.4	4.1.4
2291	BLEIVERBINDUNG, LÖSLICH, N.A.G. LEAD COMPOUND, SOLUBLE, N.O.S.	6.1	- **P**	III	199 274	5 kg	E1	P002 LP02	-	IBC08	B3
2293	4-METHOXY-4-METHYLPENTAN-2-ON 4-METHOXY-4-METHYLPENTAN-2-ONE	3	-	III	-	5 L	E1	P001 LP01	-	IBC03	-
2294	N-METHYLANILIN N-METHYLANILINE	6.1	- **P**	III	-	5 L	E1	P001 LP01	-	IBC03	-
2295	METHYLCHLORACETAT METHYL CHLOROACETATE	6.1	3	I	-	0	E0	P001	-	-	-
2296	METHYLCYCLOHEXAN METHYLCYCLOHEXANE	3	- **P**	II	-	1 L	E2	P001	-	IBC02	-
2297	METHYLCYCLOHEXANON METHYLCYCLOHEXANONE	3	-	III	-	5 L	E1	P001 LP01	-	IBC03	-
2298	METHYLCYCLOPENTAN METHYLCYCLOPENTANE	3	-	II	-	1 L	E2	P001	-	IBC02	-
2299	METHYLDICHLORACETAT METHYL DICHLOROACETATE	6.1	-	III	-	5 L	E1	P001 LP01	-	IBC03	-
2300	2-METHYL-5-ETHYLPYRIDIN 2-METHYL-5-ETHYLPYRIDINE	6.1	-	III	-	5 L	E1	P001 LP01	-	IBC03	-
2301	2-METHYLFURAN 2-METHYLFURAN	3	-	II	-	1 L	E2	P001	-	IBC02	-
2302	5-METHYLHEXAN-2-ON 5-METHYLHEXAN-2-ONE	3	-	III	-	5 L	E1	P001 LP01	-	IBC03	-
2303	ISOPROPENYLBENZEN ISOPROPENYLBENZENE	3	-	III	-	5 L	E1	P001 LP01	-	IBC03	-
2304	NAPHTHALIN, GESCHMOLZEN NAPHTHALENE, MOLTEN	4.1	- **P**	III	-	0	E0	-	-	-	-
2305	NITROBENZENSULFONSÄURE NITROBENZENESULPHONIC ACID	8	-	II	-	1 kg	E2	P002	-	IBC08	B4 B21
2306	NITROBENZOTRIFLUORIDE, FLÜSSIG NITROBENZOTRIFLUORIDES, LIQUID	6.1	- **P**	II	-	100 ml	E4	P001	-	IBC02	-
2307	3-NITRO-4-CHLORBENZOTRIFLUORID 3-NITRO-4-CHLOROBENZOTRIFLUORIDE	6.1	- **P**	II	-	100 ml	E4	P001	-	IBC02	-

Ortsbewegliche Tanks und Schüttgut-Container			EmS	Stauung und Handhabung	Trennung	Eigenschaften und Bemerkung	UN-Nr.
	Tank Anwei-sung(en)	Vor-schrif-ten					
(12)	(13)	(14)	(15)	(16a)	(16b)	(17)	(18)
	4.2.5 4.3	4.2.5	5.4.3.2 7.8	7.1, 7.3 bis 7.7	7.2 bis 7.7		
-	T1	TP33	F-A, S-A	Staukategorie A	SGG7 SGG9	Farblose Kristalle oder Pulver. Löslich in Wasser. Giftig beim Verschlucken, bei Berührung mit der Haut oder beim Einatmen von Staub.	2291
-	T2	TP1	F-E, S-D	Staukategorie A	-	Farblose Flüssigkeit. Flammpunkt: 49 °C c.c. Nicht mischbar mit Wasser.	2293
-	T4	TP2	F-A, S-A	Staukategorie A	-	Farblose bis braune brennbare Flüssigkeit. Giftig beim Verschlucken, bei Berührung mit der Haut oder beim Einatmen.	2294
-	T14	TP2 TP13	F-E, S-D	Staukategorie D	-	Farblose, entzündbare Flüssigkeit mit stechendem Geruch. Flammpunkt: 47 °C c.c. Dampf viel schwerer als Luft (Dampfdichte im Verhältnis zur Luft: 3,8). Nicht mischbar mit Wasser. Hochgiftig beim Verschlucken, bei Berührung mit der Haut oder beim Einatmen.	2295
-	T4	TP2	F-E, S-D	Staukategorie B	-	Farblose Flüssigkeit. Flammpunkt: -4 °C c.c. Explosionsgrenzen: 1,2 % bis 6,7 %. Nicht mischbar mit Wasser. Wirkt reizend auf Haut, Augen und Schleimhäute.	2296
-	T2	TP1	F-E, S-D	Staukategorie A	-	Farblose bis blassgelbe Flüssigkeiten mit süßlichem Geruch. 2-METHYLCYCLOHEXANON: Flammpunkt: 46 °C c.c. 3-METHYLCYCLOHEXANON: Flammpunkt: 51 °C c.c. 4-METHYLCYCLOHEXANON: Flammpunkt: 40 °C c.c. Nicht mischbar mit Wasser.	2297
-	T4	TP1	F-E, S-D	Staukategorie B	-	Farblose Flüssigkeit. Flammpunkt: unter -10 °C c.c. Explosionsgrenzen: 1 % bis 8,4 %. Nicht mischbar mit Wasser. Wirkt reizend auf Haut, Augen und Schleimhäute.	2298
-	T4	TP1	F-A, S-A	Staukategorie A	-	Flüssigkeit. Giftig beim Verschlucken, bei Berührung mit der Haut oder beim Einatmen.	2299
-	T4	TP1	F-A, S-A	Staukategorie A	-	Farblose Flüssigkeit mit stechendem Geruch. Giftig beim Verschlucken, bei Berührung mit der Haut oder beim Einatmen.	2300
-	T4	TP1	F-E, S-D	Staukategorie E	-	Farblose Flüssigkeit mit süßlichem Geruch. Flammpunkt: -30 °C c.c. Nicht mischbar mit Wasser. Entwickelt bei Feuereinwirkung giftige Gase. Gesundheitsschädlich beim Verschlucken oder beim Einatmen. Wirkt reizend auf Haut, Augen und Schleimhäute.	2301
-	T2	TP1	F-E, S-D	Staukategorie A	-	Farblose Flüssigkeit. Flammpunkt: 43 °C c.c. Nicht mischbar mit Wasser.	2302
-	T2	TP1	F-E, S-D	Staukategorie A	-	Farblose Flüssigkeit. Flammpunkt: 38 °C bis 54 °C c.c. Explosionsgrenzen: 0,7 % bis 6,6 %. Nicht mischbar mit Wasser. Wirkt reizend auf Haut, Augen und Schleimhäute.	2303
-	T1	TP3	F-A, S-H	Staukategorie C	-	Schmelze mit dauerhaftem Geruch. Schmelzpunkt: 80 °C. Entwickelt entzündbare Dämpfe. Da der Schmelzpunkt des Naphthalins sehr nahe beim Flammpunkt liegt, ist darauf zu achten, dass alle Ursachen, die zur Entzündung führen können, vermieden werden. Die Berührung von geschmolzenem Naphthalin über 110 °C mit Wasser ist zu vermeiden, da dies zu starker Schaumbildung und sogar zu einer Explosion führt.	2304
-	T3	TP33	F-A, S-B	Staukategorie A	SGG1 SG36 SG49	Kristalle. Löslich in Wasser. Verursacht Verätzungen der Haut, der Augen und der Schleimhäute.	2305
-	T7	TP2	F-A, S-A	Staukategorie A SW2	-	Hell-strohfarbene, ölige Flüssigkeiten mit aromatischem Geruch. Nicht mischbar mit Wasser. Giftig beim Verschlucken, bei Berührung mit der Haut oder beim Einatmen.	2306 → *UN 3431*
-	T7	TP2	F-A, S-A	Staukategorie A SW2	-	Gelbliche, ölige Flüssigkeit. Nicht mischbar mit Wasser. Giftig beim Verschlucken, bei Berührung mit der Haut oder beim Einatmen.	2307

UN-Nr.	Richtiger technischer Name	Klasse	Zusatzgefahr	Verpackungsgruppe	Sondervorschriften	Begrenzte und freigestellte Mengen		Verpackungen		IBC	
						Begrenzte Mengen	Freigestellte Mengen	Anweisung(en)	Sondervorschriften	Anweisung(en)	Sondervorschriften
(1)	(2) 3.1.2	(3) 2.0	(4) 2.0	(5) 2.0.1.3	(6) 3.3	(7a) 3.4	(7b) 3.5	(8) 4.1.4	(9) 4.1.4	(10) 4.1.4	(11) 4.1.4
2308	NITROSYLSCHWEFELSÄURE, FLÜSSIG NITROSYLSULPHURIC ACID, LIQUID	8	-	II	-	1 L	E2	P001	-	IBC02	B20
2309	OCTADIENE OCTADIENE	3	-	II	-	1 L	E2	P001	-	IBC02	-
2310	PENTAN-2,4-DION PENTANE-2,4-DIONE	3	6.1	III	-	5 L	E1	P001	-	IBC03	-
2311	PHENETIDINE PHENETIDINES	6.1	-	III	279	5 L	E1	P001 LP01	-	IBC03	-
2312	PHENOL, GESCHMOLZEN PHENOL, MOLTEN	6.1	-	II	-	0	E0	-	-	-	-
2313	PICOLINE PICOLINES	3	-	III	-	5 L	E1	P001 LP01	-	IBC03	-
2315	POLYCHLORIERTE BIPHENYLE, FLÜSSIG POLYCHLORINATED BIPHENYLS, LIQUID	9	- **P**	II	305	1 L	E2	P906	-	IBC02	-
2316	NATRIUMKUPFER(I)CYANID, FEST SODIUM CUPROCYANIDE, SOLID	6.1	- **P**	I	-	0	E5	P002	-	IBC07	B1
2317	NATRIUMKUPFER(I)CYANID, LÖSUNG SODIUM CUPROCYANIDE SOLUTION	6.1	- **P**	I	-	0	E5	P001	-	-	-
2318	NATRIUMHYDROGENSULFID mit weniger als 25 % Kristallwasser SODIUM HYDROSULPHIDE with less than 25 % water of crystallization	4.2	-	II	-	0	E2	P410	PP31	IBC06	B21
2319	TERPENKOHLENWASSERSTOFFE, N.A.G. TERPENE HYDROCARBONS, N.O.S.	3	-	III	-	5 L	E1	P001 LP01	-	IBC03	-
2320	TETRAETHYLENPENTAMIN TETRAETHYLENEPENTAMINE	8	-	III	-	5 L	E1	P001 LP01	-	IBC03	-
2321	TRICHLORBENZENE, FLÜSSIG TRICHLOROBENZENES, LIQUID	6.1	- **P**	III	-	5 L	E1	P001 LP01	-	IBC03	-
2322	TRICHLORBUTEN TRICHLOROBUTENE	6.1	- **P**	II	-	100 ml	E4	P001	-	IBC02	-
2323	TRIETHYLPHOSPHIT TRIETHYL PHOSPHITE	3	-	III	-	5 L	E1	P001 LP01	-	IBC03	-
2324	TRIISOBUTYLEN TRIISOBUTYLENE	3	-	III	-	5 L	E1	P001 LP01	-	IBC03	-

Ortsbewegliche Tanks und Schüttgut-Container			EmS	Stauung und Handhabung	Trennung	Eigenschaften und Bemerkung	UN-Nr.	
	Tank Anwei-sung(en)	Vor-schrif-ten						
(12)	(13)	(14)	(15)	(16a)	(16b)	(17)	(18)	
	4.2.5 4.3	4.2.5	5.4.3.2 7.8	7.1, 7.3 bis 7.7	7.2 bis 7.7			
-	T8	TP2	F-A, S-B	Staukategorie D SW2	SGG1a SG6 SG16 SG17 SG19 SG36 SG49	Klare, strohfarbene, ölige Flüssigkeit. Entzündend (oxidierend) wirkender Stoff, der mit organischen Stoffen (wie Holz, Baumwolle, Stroh usw.) einen Brand verursachen kann. Entwickelt bei Feuereinwirkung giftige Gase. Greift in Gegenwart von Feuchtigkeit die meisten Metalle stark an. Verursacht Verätzungen der Haut, der Augen und der Schleimhäute.	2308	→ *UN 3456*
-	T4	TP1	F-E, S-D	Staukategorie B	-	Farblose Flüssigkeit. Flammpunkt: 9 °C bis 15 °C c.c. Nicht mischbar mit Wasser.	2309	
-	T4	TP1	F-E, S-D	Staukategorie A	-	Farblose Flüssigkeit. Flammpunkt: 34 °C c.c. Explosionsgrenzen: 1,7 % bis ... Mischbar mit Wasser. Giftig beim Verschlucken, bei Berührung mit der Haut oder beim Einatmen.	2310	
-	T4	TP1	F-A, S-A	Staukategorie A	-	Farblose bis gelbliche Flüssigkeiten. Nicht mischbar mit Wasser. Giftig beim Verschlucken, bei Berührung mit der Haut oder beim Einatmen.	2311	
-	T7	TP3	F-A, S-A	Staukategorie B SW2	-	Schmelze mit einem typischen, starken Geruch. Schmelzpunkt: 10 °C bis 43 °C (reines Produkt). Giftig beim Verschlucken, bei Berührung mit der Haut oder beim Einatmen. Wird schnell durch die Haut aufgenommen.	2312	
-	T4	TP1	F-E, S-D	Staukategorie A SW2	-	Farblose bis gelbe Flüssigkeiten mit stechendem oder süßem Geruch. Explosionsgrenzen: 1,3 % bis 8,7 %. Mischbar mit Wasser. Gesundheitsschädlich beim Einatmen. alpha-Picolin Flammpunkt: 28 °C c.c. beta-Picolin Flammpunkt: 40 °C c.c. gamma-Picolin Flammpunkt: 40 °C c.c. Wirkt reizend auf Haut, Augen und Schleimhäute.	2313	
-	T4	TP1	F-A, S-A	Staukategorie A	SG50	Farblose Flüssigkeit (reines Produkt) mit wahrnehmbarem Geruch. Nicht mischbar mit Wasser. Gesundheitsschädlich beim Verschlucken oder bei Berührung mit der Haut. Auslaufen kann eine nachhaltige Gefahr für die Umwelt darstellen. Mit dieser Eintragung sind auch Geräte wie Transformatoren und Kondensatoren erfasst, die freie flüssige Polychlorierte Biphenyle enthalten.	2315	→ *UN 3432*
-	T6	TP33	F-A, S-A	Staukategorie A	SGG6 SG35	Weißes Pulver. Löslich in Wasser. Reagiert mit Säuren oder sauren Dämpfen, entwickelt Blausäure, ein hochgiftiges und entzündbares Gas. Hochgiftig beim Verschlucken, bei Berührung mit der Haut oder beim Einatmen von Staub.	2316	
-	T14	TP2 TP13	F-A, S-A	Staukategorie B SW2	SGG6 SG35	Farblose Flüssigkeit. Mischbar mit Wasser. Wird durch Säuren zersetzt, entwickelt Blausäure, ein hochgiftiges und entzündbares Gas. Hochgiftig beim Verschlucken, bei Berührung mit der Haut oder beim Einatmen.	2317	
-	T3	TP33	F-A, S-J	Staukategorie A	SGG18 SG35	Farblose Nadeln bis zitronenfarbene Flocken. Löslich in Wasser. Reagiert heftig mit Säuren.	2318	
-	T4	TP1 TP29	F-E, S-D	Staukategorie A	-	Farblose oder gelbliche Flüssigkeiten. Flammpunkt: 32 °C bis 49 °C c.c. Nicht mischbar mit Wasser.	2319	
-	T4	TP1	F-A, S-B	Staukategorie A	SGG18 SG35	Viskose Flüssigkeit. Mischbar mit Wasser. Entwickelt bei Feuereinwirkung giftige Gase. Verursacht Verätzungen der Haut, der Augen und der Schleimhäute. Reagiert heftig mit Säuren.	2320	
-	T4	TP1	F-A, S-A	Staukategorie A	SGG10	Farblose Flüssigkeiten. Nicht mischbar mit Wasser. Giftig beim Verschlucken, bei Berührung mit der Haut oder beim Einatmen.	2321	
-	T7	TP2	F-A, S-A	Staukategorie A SW1 SW2	SGG10	Farblose Flüssigkeit. Nicht mischbar mit Wasser. Bei Erwärmen bilden sich giftige Gase mit Reizwirkung, wie Phosgen und Chlorwasserstoff. Flüssigkeit kann beim Erhitzen auch explodieren. Giftig beim Verschlucken, bei Berührung mit der Haut oder beim Einatmen.	2322	
-	T2	TP1	F-E, S-D	Staukategorie A	-	Farblose Flüssigkeit. Flammpunkt: 44 °C c.c. Nicht mischbar mit Wasser. Wirkt reizend auf Haut, Augen und Schleimhäute.	2323	
-	T4	TP1	F-E, S-D	Staukategorie A	-	Farblose Flüssigkeit. Nicht mischbar mit Wasser.	2324	

3.2 Gefahrgutliste

UN-Nr.	Richtiger technischer Name	Klasse	Zusatzgefahr	Verpackungsgruppe	Sondervorschriften	Begrenzte und freigestellte Mengen		Verpackungen		IBC	
						Begrenzte Mengen	Freigestellte Mengen	Anweisung(en)	Sondervorschriften	Anweisung(en)	Sondervorschriften
(1)	(2)	(3)	(4)	(5)	(6)	(7a)	(7b)	(8)	(9)	(10)	(11)
	3.1.2	2.0	2.0	2.0.1.3	3.3	3.4	3.5	4.1.4	4.1.4	4.1.4	4.1.4
2325	1,3,5-TRIMETHYLBENZEN 1,3,5-TRIMETHYLBENZENE	3	- **P**	III	-	5 L	E1	P001 LP01	-	IBC03	-
2326	TRIMETHYLCYCLOHEXYLAMIN TRIMETHYLCYCLOHEXYLAMINE	8	-	III	-	5 L	E1	P001 LP01	-	IBC03	-
2327	TRIMETHYLHEXAMETHYLENDIAMINE TRIMETHYLHEXAMETHYLENEDIAMINES	8	-	III	-	5 L	E1	P001 LP01	-	IBC03	-
2328	TRIMETHYLHEXAMETHYLENDIISOCYANAT TRIMETHYLHEXAMETHYLENE DIISOCYANATE	6.1	-	III	-	5 L	E1	P001 LP01	-	IBC03	-
2329	TRIMETHYLPHOSPHIT TRIMETHYL PHOSPHITE	3	-	III	-	5 L	E1	P001 LP01	-	IBC03	-
2330	UNDECAN UNDECANE	3	-	III	-	5 L	E1	P001 LP01	-	IBC03	-
2331	ZINKCHLORID, WASSERFREI ZINC CHLORIDE, ANHYDROUS	8	- **P**	III	-	5 kg	E1	P002 LP02	-	IBC08	B3
2332	ACETALDEHYDOXIM ACETALDEHYDE OXIME	3	-	III	-	5 L	E1	P001 LP01	-	IBC03	-
2333	ALLYLACETAT ALLYL ACETATE	3	6.1	II	-	1 L	E2	P001	-	IBC02	-
2334	ALLYLAMIN ALLYLAMINE	6.1	3	I	354	0	E0	P602	-	-	-
2335	ALLYLETHYLETHER ALLYL ETHYL ETHER	3	6.1	II	-	1 L	E2	P001	-	IBC02	-
2336	ALLYLFORMIAT ALLYL FORMATE	3	6.1	I	-	0	E0	P001	-	-	-
2337	PHENYLMERCAPTAN PHENYL MERCAPTAN	6.1	3	I	354	0	E0	P602	-	-	-
2338	BENZOTRIFLUORID BENZOTRIFLUORIDE	3	-	II	-	1 L	E2	P001	-	IBC02	-
2339	2-BROMBUTAN 2-BROMOBUTANE	3	-	II	-	1 L	E2	P001	-	IBC02	-
2340	2-BROMETHYLETHYLETHER 2-BROMOETHYL ETHYL ETHER	3	-	II	-	1 L	E2	P001	-	IBC02	-
2341	1-BROM-3-METHYLBUTAN 1-BROMO-3-METHYLBUTANE	3	-	III	-	5 L	E1	P001 LP01	-	IBC03	-
2342	BROMMETHYLPROPANE BROMOMETHYLPROPANES	3	-	II	-	1 L	E2	P001	-	IBC02	-

Ortsbewegliche Tanks und Schüttgut-Container			EmS	Stauung und Handhabung	Trennung	Eigenschaften und Bemerkung	UN-Nr.
	Tank Anweisung(en)	Vorschriften					
(12)	(13)	(14)	(15)	(16a)	(16b)	(17)	(18)
	4.2.5 4.3	4.2.5	5.4.3.2 7.8	7.1, 7.3 bis 7.7	7.2 bis 7.7		
-	T2	TP2	F-E, S-D	Staukategorie A	-	Farblose Flüssigkeit. Flammpunkt: 44 °C c.c. Nicht mischbar mit Wasser. Gesundheitsschädlich beim Einatmen.	2325
-	T4	TP1	F-A, S-B	Staukategorie A	SG35	Farblose, schwach hygroskopische, entzündbare Flüssigkeit mit schwachem aminartigem Geruch. Nicht mischbar mit Wasser. Verursacht Verätzungen der Haut, der Augen und der Schleimhäute.	2326
-	T4	TP1	F-A, S-B	Staukategorie A	SG35	Farblose, schwach hygroskopische, entzündbare Flüssigkeiten. Mischbar mit Wasser. Wirkt reizend auf Haut, Augen und Schleimhäute.	2327
-	T4	TP2 TP13	F-A, S-A	Staukategorie B	-	Farblose oder gelbliche Flüssigkeit. Reagiert mit Wasser unter Bildung von Kohlendioxid. Giftig beim Verschlucken, bei Berührung mit der Haut oder beim Einatmen. Wirkt reizend auf Haut, Augen und Schleimhäute.	2328
-	T2	TP1	F-E, S-D	Staukategorie A	-	Farblose Flüssigkeit. Flammpunkt: 23 °C c.c. Nicht mischbar mit Wasser. Wirkt reizend auf Haut, Augen und Schleimhäute.	2329
-	T2	TP1	F-E, S-E	Staukategorie A	-	Farblose Flüssigkeit. Flammpunkt: 60 °C c.c. Nicht mischbar mit Wasser.	2330
-	T1	TP33	F-A, S-B	Staukategorie A	SGG1 SGG7 SG36 SG49	Weiße, zerfließliche Kristalle. Löslich in Wasser. Staub verursacht Verätzungen der Haut, der Augen und der Schleimhäute.	2331
-	T4	TP1	F-E, S-D	Staukategorie A	-	Farblose Flüssigkeit. Flammpunkt: 40 °C c.c. Explosionsgrenzen: 4,2 % bis 52 %. Erstarrungspunkt: 12 °C. Mischbar mit Wasser. Wirkt reizend auf Haut, Augen und Schleimhäute.	2332
-	T7	TP1 TP13	F-E, S-D	Staukategorie E SW2	-	Farblose Flüssigkeit. Flammpunkt: 7 °C c.c. Teilweise mischbar mit Wasser. Giftig beim Verschlucken, bei Berührung mit der Haut oder beim Einatmen. Gesundheitsschädlich beim Verschlucken.	2333
-	T20	TP2 TP13 TP35	F-E, S-D	Staukategorie D SW2	SG35	Farblose bis hellgelbe flüchtige Flüssigkeit mit stechendem Geruch. Flammpunkt: -29 °C c.c. Explosionsgrenzen: 2,2 % bis 22 %. Siedebereich: 55 °C bis 58 °C. Mischbar mit Wasser. Entwickelt unter Feuereinwirkung hochgiftige Gase. Hochgiftig beim Verschlucken, bei Berührung mit der Haut oder beim Einatmen.	2334
-	T7	TP1 TP13	F-E, S-D	Staukategorie E SW2	-	Farblose Flüssigkeit. Flammpunkt: -11 °C c.c. Dampf schwerer als Luft. Nicht mischbar mit Wasser. Narkotisierend. Giftig beim Verschlucken, bei Berührung mit der Haut oder beim Einatmen.	2335
-	T14	TP2 TP13	F-E, S-D	Staukategorie E SW2	-	Farblose Flüssigkeit. Nicht mischbar mit Wasser. Hochgiftig beim Verschlucken, bei Berührung mit der Haut oder beim Einatmen.	2336
-	T20	TP2 TP13 TP35	F-E, S-D	Staukategorie D SW2	SG35	Farblose entzündbare Flüssigkeit mit fauligem Geruch. Flammpunkt: 50 °C c.c. Nicht mischbar mit Wasser. Entwickelt in Berührung mit Säuren oder unter Feuereinwirkung hochgiftige Schwefeldämpfe. Hochgiftig beim Verschlucken, bei Berührung mit der Haut oder beim Einatmen.	2337
-	T4	TP1	F-E, S-D	Staukategorie B SW2	-	Farblose Flüssigkeit mit aromatischem Geruch. Flammpunkt: 12 °C c.c. Explosionsgrenzen: 2,1 % bis ... Nicht mischbar mit Wasser. Entwickelt in Berührung mit Feuchtigkeit oder Luft Fluorwasserstoff, ein giftiges und ätzendes Gas. Gesundheitsschädlich beim Einatmen. Wirkt reizend auf Haut, Augen und Schleimhäute.	2338
-	T4	TP1	F-E, S-D	Staukategorie B SW2	SGG10	Farblose Flüssigkeit mit angenehmem Geruch. Flammpunkt: 21 °C c.c. Nicht mischbar mit Wasser. Entwickelt unter Feuereinwirkung giftige Dämpfe. Narkotisierend.	2339
-	T4	TP1	F-E, S-D	Staukategorie B SW2	-	Farblose Flüssigkeit mit etherartigem Geruch. Teilweise mischbar mit Wasser. Gesundheitsschädlich beim Einatmen.	2340
-	T2	TP1	F-E, S-D	Staukategorie A	SGG10	Farblose Flüssigkeit. Flammpunkt: 23 °C bis 32 °C c.c. Nicht mischbar mit Wasser.	2341
-	T4	TP1	F-E, S-D	Staukategorie B	SGG10	Farblose Flüssigkeit. Nicht mischbar mit Wasser. Gesundheitsschädlich beim Einatmen.	2342

3.2 Gefahrgutliste

UN-Nr.	Richtiger technischer Name	Klasse	Zusatzgefahr	Verpackungsgruppe	Sondervorschriften	Begrenzte und freigestellte Mengen		Verpackungen		IBC	
						Begrenzte Mengen	Freigestellte Mengen	Anweisung(en)	Sondervorschriften	Anweisung(en)	Sondervorschriften
(1)	(2) 3.1.2	(3) 2.0	(4) 2.0	(5) 2.0.1.3	(6) 3.3	(7a) 3.4	(7b) 3.5	(8) 4.1.4	(9) 4.1.4	(10) 4.1.4	(11) 4.1.4
2343	2-BROMPENTAN 2-BROMOPENTANE	3	-	II	-	1 L	E2	P001	-	IBC02	-
2344	BROMPROPANE BROMOPROPANES	3	-	II	-	1 L	E2	P001	-	IBC02	-
2344	BROMPROPANE BROMOPROPANES	3	-	III	223	5 L	E1	P001 LP01	-	IBC03	-
2345	3-BROMPROPIN 3-BROMOPROPYNE	3	-	II	905	1 L	E2	P001	-	IBC02	-
2346	BUTANDION BUTANEDIONE	3	-	II	-	1 L	E2	P001	-	IBC02	-
2347	BUTYLMERCAPTAN BUTYL MERCAPTAN	3	-	II	-	1 L	E2	P001	-	IBC02	-
2348	BUTYLACRYLATE, STABILISIERT BUTYL ACRYLATES, STABILIZED	3	-	III	386	5 L	E1	P001 LP01	-	IBC03	-
2350	BUTYLMETHYLETHER BUTYL METHYL ETHER	3	-	II	-	1 L	E2	P001	-	IBC02	-
2351	BUTYLNITRITE BUTYL NITRITES	3	-	II	-	1 L	E2	P001	-	IBC02	-
2351	BUTYLNITRITE BUTYL NITRITES	3	-	III	223	5 L	E1	P001 LP01	-	IBC03	-
2352	BUTYLVINYLETHER, STABILISIERT BUTYL VINYL ETHER, STABILIZED	3	-	II	386	1 L	E2	P001	-	IBC02	-
2353	BUTYRYLCHLORID BUTYRYL CHLORIDE	3	8	II	-	1 L	E2	P001	-	IBC02	B20
2354	CHLORMETHYLETHYLETHER CHLOROMETHYL ETHYL ETHER	3	6.1	II	-	1 L	E2	P001	-	IBC02	-
2356	2-CHLORPROPAN 2-CHLOROPROPANE	3	-	I	-	0	E3	P001	-	-	-
2357	CYCLOHEXYLAMIN CYCLOHEXYLAMINE	8	3	II	-	1 L	E2	P001	-	IBC02	-
2358	CYCLOOCTATETRAEN CYCLOOCTATETRAENE	3	-	II	-	1 L	E2	P001	-	IBC02	-

Ortsbewegliche Tanks und Schüttgut-Container			EmS	Stauung und Handhabung	Trennung	Eigenschaften und Bemerkung	UN-Nr.
	Tank Anweisung(en)	Vorschriften					
(12)	(13) 4.2.5 4.3	(14) 4.2.5	(15) 5.4.3.2 7.8	(16a) 7.1, 7.3 bis 7.7	(16b) 7.2 bis 7.7	(17)	(18)
-	T4	TP1	F-E, S-D	Staukategorie B	SGG10	Farblose oder gelbe Flüssigkeit mit starkem Geruch. Flammpunkt: 21 °C c.c. Nicht mischbar mit Wasser. Gesundheitsschädlich beim Einatmen.	2343
-	T4	TP1	F-E, S-D	Staukategorie B SW2	SGG10	Farblose Flüssigkeiten. Nicht mischbar mit Wasser. Entwickeln unter Feuereinwirkung giftige Dämpfe. Gesundheitsschädlich beim Einatmen.	2344
-	T2	TP1	F-E, S-D	Staukategorie A	SGG10	Siehe Eintrag oben.	2344
-	T4	TP1	F-E, S-D	Staukategorie D SW2	-	Farblose bis hell-bernsteinfarbene Flüssigkeit mit scharfem Geruch. Flammpunkt: 10 °C c.c. Explosionsgrenzen: 3 % bis ... Dampf viel schwerer als Luft (4,1). Das reine Produkt ist stoßempfindlich. Bei Erwärmung unter Einschluss zersetzt es sich mit explosionsartiger Heftigkeit und kann dabei detonieren, kann durch Aufprall entzündet werden. Nicht mischbar mit Wasser. Gesundheitsschädlich beim Einatmen. Wirkt reizend auf Haut, Augen und Schleimhäute. Starker Tränenreizstoff.	2345
-	T4	TP1	F-E, S-D	Staukategorie B	-	Grünlich-gelbe Flüssigkeit mit starkem Geruch. Flammpunkt: 6 °C c.c. Mischbar mit Wasser.	2346
-	T4	TP1	F-E, S-D	Staukategorie B	SG35 SG50 SG57	Farblose Flüssigkeiten mit fauligem Geruch. tert.-BUTYLMERCAPTAN: Flammpunkt: -26 °C c.c. sek.-BUTYLMERCAPTAN: Flammpunkt: -23 °C c.c. 1-BUTANETHIOL (normal-BUTYLMERCAPTAN): Flammpunkt: 12 °C c.c. ISOBUTYLMERCAPTAN: Flammpunkt: -9 °C c.c. Nicht mischbar mit Wasser. Entwickelt in Berührung mit Säuren hochgiftige Dämpfe.	2347
-	T2	TP1	F-E, S-D	Staukategorie C SW1	-	Farblose Flüssigkeiten mit unangenehmem Geruch. Flammpunkt: 36 °C bis 41 °C c.c. Explosionsgrenzen: 1,2 % bis 9,9 %. Nicht mischbar mit Wasser. Gesundheitsschädlich beim Einatmen. Wirkt reizend auf Haut, Augen und Schleimhäute.	2348
-	T4	TP1	F-E, S-D	Staukategorie B	-	Farblose Flüssigkeit. Nicht mischbar mit Wasser.	2350
-	T4	TP1	F-E, S-D	Staukategorie B SW2	-	Gelbliche, flüchtige, ölige Flüssigkeiten. Teilweise mischbar mit Wasser. Zersetzen sich, wenn sie Luft, Licht, Wasser oder Wärme ausgesetzt sind, unter Entwicklung giftiger nitroser Dämpfe. Gesundheitsschädlich beim Einatmen.	2351
-	T2	TP1	F-E, S-D	Staukategorie A SW2	-	Siehe Eintrag oben.	2351
-	T4	TP1	F-E, S-D	Staukategorie C SW1 SW2	-	Farblose, flüchtige Flüssigkeit mit scharfem, etherartigem Geruch. Flammpunkt: -9 °C c.c. Nicht mischbar mit Wasser. Gesundheitsschädlich beim Einatmen. Wirkt reizend auf Haut, Augen und Schleimhäute.	2352
-	T8	TP2 TP13	F-E, S-C	Staukategorie C SW2	SGG1 SG36 SG49	Farblose Flüssigkeit mit stechendem Geruch. Reagiert mit Wasser unter Bildung von Chlorwasserstoff, einem reizverursachenden und ätzenden Gas, das als weißer Nebel sichtbar ist. Greift in Gegenwart von Feuchtigkeit die meisten Metalle stark an. Verursacht Verätzungen der Haut, der Augen und der Schleimhäute.	2353
-	T7	TP1 TP13	F-E, S-D	Staukategorie E SW2	-	Farblose Flüssigkeit mit stechendem Geruch. Teilweise mischbar mit Wasser. Bildet an der Luft Dämpfe unter Entwicklung von Chlorwasserstoff, einem reizenden und ätzenden Gas. Giftig beim Einatmen. Starker Tränenreizstoff.	2354
-	T11	TP2 TP13	F-E, S-D	Staukategorie E	SGG10	Farblose Flüssigkeit. Flammpunkt: -32 °C c.c. Explosionsgrenzen: 2,8 % bis 10,7 %. Siedepunkt: 35 °C. Nicht mischbar mit Wasser. In Gegenwart von Hitze oder Flammen werden hochgiftige Phosgendämpfe entwickelt. Kann heftig mit entzündend (oxidierend) wirkenden Stoffen reagieren.	2356
-	T7	TP2	F-E, S-C	Staukategorie A SW2	SG35	Farblose oder gelbliche entzündbare Flüssigkeit mit fischartigem Geruch. Flammpunkt: 27 °C c.c. Explosionsgrenzen: 0,5 % bis 21,7 %. Mischbar mit Wasser. Gesundheitsschädlich beim Einatmen. Verursacht Verätzungen der Haut und der Augen. Wirkt reizend auf Schleimhäute.	2357
-	T4	TP1	F-E, S-D	Staukategorie B	-	Farblose Flüssigkeit. Erstarrungspunkt: -4 °C. Nicht mischbar mit Wasser.	2358

UN-Nr.	Richtiger technischer Name	Klasse	Zusatzgefahr	Verpackungsgruppe	Sondervorschriften	Begrenzte und freigestellte Mengen		Verpackungen		IBC	
						Begrenzte Mengen	Freigestellte Mengen	Anweisung(en)	Sondervorschriften	Anweisung(en)	Sondervorschriften
(1)	(2) 3.1.2	(3) 2.0	(4) 2.0	(5) 2.0.1.3	(6) 3.3	(7a) 3.4	(7b) 3.5	(8) 4.1.4	(9) 4.1.4	(10) 4.1.4	(11) 4.1.4
2359	DIALLYLAMIN DIALLYLAMINE	3	6.1/8	II	-	1 L	E2	P001	-	IBC99	-
2360	DIALLYLETHER DIALLYL ETHER	3	6.1	II	-	1 L	E2	P001	-	IBC02	-
2361	DIISOBUTYLAMIN DIISOBUTYLAMINE	3	8	III	-	5 L	E1	P001	-	IBC03	-
2362	1,1-DICHLORETHAN 1,1-DICHLOROETHANE	3	-	II	-	1 L	E2	P001	-	IBC02	-
2363	ETHYLMERCAPTAN ETHYL MERCAPTAN	3	- **P**	I	-	0	E0	P001	-	-	-
2364	n-PROPYLBENZEN n-PROPYLBENZENE	3	-	III	-	5 L	E1	P001 LP01	-	IBC03	-
2366	DIETHYLCARBONAT DIETHYL CARBONATE	3	-	III	-	5 L	E1	P001 LP01	-	IBC03	-
2367	alpha-METHYLVALERALDEHYD alpha-METHYLVALERALDEHYDE	3	-	II	-	1 L	E2	P001	-	IBC02	-
2368	alpha-PINEN alpha-PINENE	3	- **P**	III	-	5 L	E1	P001 LP01	-	IBC03	-
2370	1-HEXEN 1-HEXENE	3	-	II	-	1 L	E2	P001	-	IBC02	-
2371	ISOPENTENE ISOPENTENES	3	-	I	-	0	E3	P001	-	-	-
2372	1,2-DI-(DIMETHYLAMINO)-ETHAN 1,2-DI-(DIMETHYLAMINO) ETHANE	3	-	II	-	1 L	E2	P001	-	IBC02	-
2373	DIETHOXYMETHAN DIETHOXYMETHANE	3	-	II	-	1 L	E2	P001	-	IBC02	-
2374	3,3-DIETHOXYPROPEN 3,3-DIETHOXYPROPENE	3	-	II	-	1 L	E2	P001	-	IBC02	-
2375	DIETHYLSULFID DIETHYL SULPHIDE	3	-	II	-	1 L	E2	P001	-	IBC02	-
2376	2,3-DIHYDROPYRAN 2,3-DIHYDROPYRAN	3	-	II	-	1 L	E2	P001	-	IBC02	-
2377	1,1-DIMETHOXYETHAN 1,1-DIMETHOXYETHANE	3	-	II	-	1 L	E2	P001	-	IBC02	-
2378	2-DIMETHYLAMINOACETONITRIL 2-DIMETHYLAMINOACETONITRILE	3	6.1	II	-	1 L	E2	P001	-	IBC02	-
2379	1,3-DIMETHYLBUTYLAMIN 1,3-DIMETHYLBUTYLAMINE	3	8	II	-	1 L	E2	P001	-	IBC02	-

Ortsbewegliche Tanks und Schüttgut-Container			EmS	Stauung und Handhabung	Trennung	Eigenschaften und Bemerkung	UN-Nr.
	Tank Anweisung(en)	Vorschriften					
(12)	(13)	(14)	(15)	(16a)	(16b)	(17)	(18)
	4.2.5 4.3	4.2.5	5.4.3.2 7.8	7.1, 7.3 bis 7.7	7.2 bis 7.7		
-	T7	TP1	F-E, S-C	Staukategorie B SW2	SG5 SG8 SG35	Farblose, flüchtige Flüssigkeit mit widerlichem Geruch. Flammpunkt: 7 °C c.c. Teilweise mischbar mit Wasser. Giftig beim Verschlucken, bei Berührung mit der Haut oder beim Einatmen. Verursacht Verätzungen der Haut, der Augen und der Schleimhäute.	2359
-	T7	TP1 TP13	F-E, S-D	Staukategorie E	-	Farblose, flüchtige Flüssigkeit mit wahrnehmbarem Geruch. Flammpunkt: -11 °C c.c. Nicht mischbar mit Wasser. Giftig beim Verschlucken, bei Berührung mit der Haut oder beim Einatmen.	2360
-	T4	TP1	F-E, S-C	Staukategorie A	SG35	Farblose Flüssigkeit mit fischartigem Geruch. Flammpunkt: 29 °C c.c. Nicht mischbar mit Wasser. Gesundheitsschädlich beim Einatmen. Verursacht Verätzungen der Haut und der Augen. Wirkt reizend auf Schleimhäute.	2361
-	T4	TP1	F-E, S-D	Staukategorie B SW2	SGG10	Farblose Flüssigkeit mit aromatischem, etherartigem Geruch. Flammpunkt: -10 °C c.c. Explosionsgrenzen: 5,6 % bis ... Nicht mischbar mit Wasser. Entwickelt unter Feuereinwirkung giftige Phosgendämpfe. Gesundheitsschädlich beim Einatmen.	2362
-	T11	TP2 TP13	F-E, S-D	Staukategorie E	SG50 SG57	Flüchtige Flüssigkeit mit starkem unangenehmem Geruch. Flammpunkt: -45 °C c.c. Explosionsgrenzen: 2,8 % bis 18,2 %. Siedepunkt: 35 °C. Nicht mischbar mit Wasser.	2363
-	T2	TP1	F-E, S-D	Staukategorie A	-	Farblose Flüssigkeit. Flammpunkt: 39 °C c.c. Explosionsgrenzen: 0,8 % bis 6 %. Nicht mischbar mit Wasser.	2364
-	T2	TP1	F-E, S-D	Staukategorie A	-	Farblose Flüssigkeit. Flammpunkt: 25 °C bis 31 °C c.c. Dampf viel schwerer als Luft (4,1). Nicht mischbar mit Wasser. Wirkt reizend auf Haut, Augen und Schleimhäute.	2366
-	T4	TP1	F-E, S-D	Staukategorie B	-	Farblose Flüssigkeit. Flammpunkt: 13 °C c.c. Nicht mischbar mit Wasser. Wirkt reizend auf Haut, Augen und Schleimhäute.	2367
-	T2	TP2	F-E, S-E	Staukategorie A	-	Farblose Flüssigkeit mit terpentinartigem Geruch. Flammpunkt: 33 °C c.c. Explosionsgrenzen: 0,8 % bis 6 %. Nicht mischbar mit Wasser. Gesundheitsschädlich beim Einatmen. Wirkt reizend auf Haut, Augen und Schleimhäute.	2368
-	T4	TP1	F-E, S-D	Staukategorie E	-	Farblose Flüssigkeit. Explosionsgrenzen: 1,2 % bis 6,9 %. Nicht mischbar mit Wasser.	2370
-	T11	TP2	F-E, S-D	Staukategorie E	-	Farblose, flüchtige Flüssigkeiten mit widerlichem Geruch. Flammpunkt: unter -18 °C c.c. Nicht mischbar mit Wasser. Wirkt reizend auf Haut, Augen und Schleimhäute.	2371
-	T4	TP1	F-E, S-D	Staukategorie B	-	Farblose Flüssigkeit. Flammpunkt: 21 °C c.c. Mischbar mit Wasser. Wirkt reizend auf Haut, Augen und Schleimhäute.	2372
-	T4	TP1	F-E, S-D	Staukategorie B	-	Farblose Flüssigkeit. Flammpunkt: unter -5 °C c.c. Mischbar mit Wasser.	2373
-	T4	TP1	F-E, S-D	Staukategorie B	-	Farblose Flüssigkeit. Flammpunkt: 15 °C c.c. Teilweise mischbar mit Wasser. Gesundheitsschädlich beim Einatmen.	2374
-	T7	TP1 TP13	F-E, S-D	Staukategorie E	-	Farblose, flüchtige Flüssigkeit mit knoblauchartigem Geruch. Flammpunkt: -10 °C c.c. Nicht mischbar mit Wasser.	2375
-	T4	TP1	F-E, S-D	Staukategorie B	-	Farblose, flüchtige Flüssigkeit mit etherartigem Geruch. Flammpunkt: -16 °C c.c. Mischbar mit Wasser.	2376
-	T7	TP1	F-E, S-D	Staukategorie B	-	Farblose Flüssigkeit mit starkem aromatischem Geruch. Mischbar mit Wasser.	2377
-	T7	TP1	F-E, S-D	Staukategorie A SW2	SG35	Farblose Flüssigkeit. Flammpunkt: 35 °C c.c. Nicht mischbar mit Wasser. Entwickelt bei Berührung mit Wasser und Säuren giftige Dämpfe. Giftig beim Verschlucken, bei Berührung mit der Haut oder beim Einatmen.	2378
-	T7	TP1	F-E, S-C	Staukategorie B	SGG18 SG35	Farblose Flüssigkeit mit ammoniakartigem Geruch. Flammpunkt: 9 °C bis 13 °C c.c. Nicht mischbar mit Wasser. Reagiert heftig mit Säuren. Gesundheitsschädlich beim Einatmen. Verursacht Verätzungen der Haut und der Augen. Wirkt reizend auf Schleimhäute.	2379

UN-Nr.	Richtiger technischer Name	Klasse	Zusatzgefahr	Verpackungsgruppe	Sondervorschriften	Begrenzte und freigestellte Mengen		Verpackungen		IBC	
						Begrenzte Mengen	Freigestellte Mengen	Anweisung(en)	Sondervorschriften	Anweisung(en)	Sondervorschriften
(1)	(2) 3.1.2	(3) 2.0	(4) 2.0	(5) 2.0.1.3	(6) 3.3	(7a) 3.4	(7b) 3.5	(8) 4.1.4	(9) 4.1.4	(10) 4.1.4	(11) 4.1.4
2380	DIMETHYLDIETHOXYSILAN DIMETHYLDIETHOXYSILANE	3	-	II	-	1 L	E2	P001	-	IBC02	-
2381	DIMETHYLDISULFID DIMETHYL DISULPHIDE	3	6.1 **P**	II	-	1 L	E0	P001	-	IBC02	-
2382	DIMETHYLHYDRAZIN, SYMMETRISCH DIMETHYLHYDRAZINE, SYMMETRICAL	6.1	3 **P**	I	354	0	E0	P602	-	-	-
2383	DIPROPYLAMIN DIPROPYLAMINE	3	8	II	386	1 L	E2	P001	-	IBC02	-
2384	DI-n-PROPYLETHER DI-n-PROPYL ETHER	3	-	II	-	1 L	E2	P001	-	IBC02	-
2385	ETHYLISOBUTYRAT ETHYL ISOBUTYRATE	3	-	II	-	1 L	E2	P001	-	IBC02	-
2386	1-ETHYLPIPERIDIN 1-ETHYLPIPERIDINE	3	8	II	-	1 L	E2	P001	-	IBC02	-
2387	FLUORBENZEN FLUOROBENZENE	3	-	II	-	1 L	E2	P001	-	IBC02	-
2388	FLUORTOLUENE FLUOROTOLUENES	3	-	II	-	1 L	E2	P001	-	IBC02	-
2389	FURAN FURAN	3	-	I	-	0	E3	P001	-	-	-
2390	2-IODBUTAN 2-IODOBUTANE	3	-	II	-	1 L	E2	P001	-	IBC02	-
2391	IODMETHYLPROPANE IODOMETHYLPROPANES	3	-	II	-	1 L	E2	P001	-	IBC02	-
2392	IODPROPANE IODOPROPANES	3	-	III	-	5 L	E1	P001 LP01	-	IBC03	-
2393	ISOBUTYLFORMIAT ISOBUTYL FORMATE	3	-	II	-	1 L	E2	P001	-	IBC02	-
2394	ISOBUTYLPROPIONAT ISOBUTYL PROPIONATE	3	-	III	-	5 L	E1	P001 LP01	-	IBC03	-
2395	ISOBUTYRYLCHLORID ISOBUTYRYL CHLORIDE	3	8	II	-	1 L	E2	P001	-	IBC02	-
2396	METHACRYLALDEHYD, STABILISIERT METHACRYLALDEHYDE, STABILIZED	3	6.1	II	386	1 L	E2	P001	-	IBC02	-
2397	3-METHYLBUTAN-2-ON 3-METHYLBUTAN-2-ONE	3	-	II	-	1 L	E2	P001	-	IBC02	-

Ortsbewegliche Tanks und Schüttgut-Container			EmS	Stauung und Handhabung	Trennung	Eigenschaften und Bemerkung	UN-Nr.
	Tank Anweisung(en)	Vorschriften					
(12)	(13) 4.2.5 4.3	(14) 4.2.5	(15) 5.4.3.2 7.8	(16a) 7.1, 7.3 bis 7.7	(16b) 7.2 bis 7.7	(17)	(18)
-	T4	TP1	F-E, S-D	Staukategorie B	-	Farblose Flüssigkeit. Flammpunkt: 13 °C c.c. Mischbar mit Wasser. Wirkt reizend auf Haut, Augen und Schleimhäute.	2380
-	T7	TP2 TP13 TP39	F-E, S-D	Staukategorie B SW2	-	Gelbe Flüssigkeit mit unangenehmem Geruch. Flammpunkt: 15 °C c.c. Nicht mischbar mit Wasser. Entwickelt bei Feuereinwirkung giftige Gase. Giftig beim Verschlucken, bei Berührung mit der Haut oder beim Einatmen.	2381
-	T20	TP2 TP13 TP37	F-E, S-D	Staukategorie D SW2	SGG18 SG17 SG35	Farblose, entzündbare, flüchtige Flüssigkeit mit ammoniakartigem Geruch. Mischbar mit Wasser. Reagiert heftig mit Säuren. Kann mit entzündend (oxidierend) wirkenden Stoffen gefährlich reagieren. Flammpunkt: -17 °C c.c. Hochgiftig beim Verschlucken, bei Berührung mit der Haut oder beim Einatmen.	2382
-	T7	TP1	F-E, S-C	Staukategorie B SW1	SG35	Farblose Flüssigkeit mit fischartigem Geruch. Flammpunkt: 7 °C c.c. Nicht mischbar mit Wasser. Gesundheitsschädlich beim Einatmen. Verursacht Verätzungen der Haut, der Augen und der Schleimhäute.	2383
-	T4	TP1	F-E, S-D	Staukategorie B	-	Farblose Flüssigkeit. Flammpunkt (reines Produkt): -21 °C c.c. Explosionsgrenzen: 1,7 % bis ... Nicht mischbar mit Wasser.	2384
-	T4	TP1	F-E, S-D	Staukategorie B	-	Farblose, flüchtige Flüssigkeit mit aromatischem Geruch. Flammpunkt: 21 °C c.c. Nicht mischbar mit Wasser.	2385
-	T7	TP1	F-E, S-C	Staukategorie B	SGG18 SG35	Farblose Flüssigkeit. Flammpunkt: 19 °C c.c. Nicht mischbar mit Wasser. Reagiert heftig mit Säuren. Gesundheitsschädlich beim Einatmen. Verursacht Verätzungen der Haut, der Augen und der Schleimhäute. Kann Schädigung der Lunge verursachen.	2386
-	T4	TP1	F-E, S-D	Staukategorie B	SGG10	Farblose Flüssigkeit mit benzenartigem Geruch. Flammpunkt: -15 °C c.c. Nicht mischbar mit Wasser. Gesundheitsschädlich beim Einatmen.	2387
-	T4	TP1	F-E, S-D	Staukategorie B	SGG10	Farblose Flüssigkeiten. ortho-FLUORTOLUEN: Flammpunkt: 9 °C c.c. meta-FLUORTOLUEN: Flammpunkt: 12 °C c.c. para-FLUORTOLUEN: Flammpunkt: 10 °C c.c. Nicht mischbar mit Wasser.	2388
-	T12	TP2 TP13	F-E, S-D	Staukategorie E SW2	-	Farblose Flüssigkeit mit starkem Geruch. Flammpunkt: unter -18 °C c.c. Explosionsgrenzen: 1,3 % bis 14,3 %. Siedepunkt: 31 °C. Nicht mischbar mit Wasser. Gesundheitsschädlich beim Verschlucken, bei Berührung mit der Haut oder beim Einatmen.	2389
-	T4	TP1	F-E, S-D	Staukategorie B	SGG10	Farblose Flüssigkeit. Flammpunkt: 21 °C c.c. Nicht mischbar mit Wasser.	2390
-	T4	TP1	F-E, S-D	Staukategorie B	SGG10	Farblose Flüssigkeiten. Nicht mischbar mit Wasser.	2391
-	T2	TP1	F-E, S-D	Staukategorie A	SGG10	Farblose Flüssigkeiten. 1-IODPROPAN: Flammpunkt: 34 °C c.c. 2-IODPROPAN: Flammpunkt: etwa 25 °C c.c. Nicht mischbar mit Wasser.	2392
-	T4	TP1	F-E, S-D	Staukategorie B	-	Farblose Flüssigkeit. Flammpunkt: 5 °C c.c. Explosionsgrenzen: 1,7 % bis 8 %. Wirkt reizend auf Haut, Augen und Schleimhäute.	2393
-	T2	TP1	F-E, S-D	Staukategorie B	-	Farblose Flüssigkeit. Flammpunkt: 31 °C c.c. Nicht mischbar mit Wasser.	2394
-	T7	TP2	F-E, S-C	Staukategorie C SW2	SGG1 SG36 SG49	Farblose Flüssigkeit mit stechendem Geruch. Reagiert mit Wasser unter Bildung von Chlorwasserstoff, einem reizenden und ätzenden Gas, das als weißer Nebel sichtbar wird. Greift in Gegenwart von Feuchtigkeit die meisten Metalle stark an. Verursacht Verätzungen der Haut, der Augen und der Schleimhäute.	2395
-	T7	TP1 TP13	F-E, S-D	Staukategorie D SW1 SW2	-	Farblose Flüssigkeit. Flammpunkt: 2 °C c.c. Mischbar mit Wasser. Giftig beim Einatmen. Wirkt reizend auf Haut, Augen und Schleimhäute.	2396
-	T4	TP1	F-E, S-D	Staukategorie B	-	Farblose Flüssigkeit. Flammpunkt: -3 °C c.c. Explosionsgrenzen: 1,5 % bis 8 %. Nicht mischbar mit Wasser.	2397

UN-Nr.	Richtiger technischer Name	Klasse	Zusatzgefahr	Verpackungsgruppe	Sondervorschriften	Begrenzte und freigestellte Mengen		Verpackungen		IBC	
						Begrenzte Mengen	Freigestellte Mengen	Anweisung(en)	Sondervorschriften	Anweisung(en)	Sondervorschriften
(1)	(2) 3.1.2	(3) 2.0	(4) 2.0	(5) 2.0.1.3	(6) 3.3	(7a) 3.4	(7b) 3.5	(8) 4.1.4	(9) 4.1.4	(10) 4.1.4	(11) 4.1.4
2398	METHYL-tert-BUTYLETHER METHYL tert-BUTYL ETHER	3	-	II	-	1 L	E2	P001	-	IBC02	-
2399	1-METHYLPIPERIDIN 1-METHYLPIPERIDINE	3	8	II	-	1 L	E2	P001	-	IBC02	-
2400	METHYLISOVALERAT METHYL ISOVALERATE	3	-	II	-	1 L	E2	P001	-	IBC02	-
2401	PIPERIDIN PIPERIDINE	8	3	I	-	0	E0	P001	-	-	-
2402	PROPANTHIOLE PROPANETHIOLS	3	-	II	-	1 L	E2	P001	-	IBC02	-
2403	ISOPROPENYLACETAT ISOPROPENYL ACETATE	3	-	II	-	1 L	E2	P001	-	IBC02	-
2404	PROPIONITRIL PROPIONITRILE	3	6.1	II	-	1 L	E0	P001	-	IBC02	-
2405	ISOPROPYLBUTYRAT ISOPROPYL BUTYRATE	3	-	III	-	5 L	E1	P001 LP01	-	IBC03	-
2406	ISOPROPYLISOBUTYRAT ISOPROPYL ISOBUTYRATE	3	-	II	-	1 L	E2	P001	-	IBC02	-
2407	ISOPROPYLCHLORFORMIAT ISOPROPYL CHLOROFORMATE	6.1	3/8	I	354	0	E0	P602	-	-	-
2409	ISOPROPYLPROPIONAT ISOPROPYL PROPIONATE	3	-	II	-	1 L	E2	P001	-	IBC02	-
2410	1,2,3,6-TETRAHYDROPYRIDIN 1,2,3,6-TETRAHYDROPYRIDINE	3	-	II	-	1 L	E2	P001	-	IBC02	-
2411	BUTYRONITRIL BUTYRONITRILE	3	6.1	II	-	1 L	E2	P001	-	IBC02	-
2412	TETRAHYDROTHIOPHEN TETRAHYDROTHIOPHENE	3	-	II	-	1 L	E2	P001	-	IBC02	-
2413	TETRAPROPYLORTHOTITANAT TETRAPROPYL ORTHOTITANATE	3	-	III	-	5 L	E1	P001 LP01	-	IBC03	-
2414	THIOPHEN THIOPHENE	3	-	II	-	1 L	E2	P001	-	IBC02	-
2416	TRIMETHYLBORAT TRIMETHYL BORATE	3	-	II	-	1 L	E2	P001	-	IBC02	-
2417	CARBONYLFLUORID CARBONYL FLUORIDE	2.3	8	-	-	0	E0	P200	-	-	-
2418	SCHWEFELTETRAFLUORID SULPHUR TETRAFLUORIDE	2.3	8	-	-	0	E0	P200	-	-	-

Ortsbewegliche Tanks und Schüttgut-Container			EmS	Stauung und Handhabung	Trennung	Eigenschaften und Bemerkung	UN-Nr.
	Tank Anwei-sung(en)	Vor-schrif-ten					
(12)	(13)	(14)	(15)	(16a)	(16b)	(17)	(18)
	4.2.5 4.3	4.2.5	5.4.3.2 7.8	7.1, 7.3 bis 7.7	7.2 bis 7.7		
-	T7	TP1	F-E, S-D	Staukategorie E	-	Farblose Flüssigkeit. Flammpunkt: unter -18 °C c.c. Explosionsgrenzen: 1,7 % bis 8,4 %. Siedepunkt: 55 °C. Nicht mischbar mit Wasser.	2398
-	T7	TP1	F-E, S-C	Staukategorie B	SGG18 SG35	Farblose Flüssigkeit. Flammpunkt: 3 °C c.c. Mischbar mit Wasser. Reagiert heftig mit Säuren. Gesundheitsschädlich beim Einatmen. Verursacht Verätzungen der Haut, der Augen und der Schleimhäute.	2399
-	T4	TP1	F-E, S-D	Staukategorie B	-	Farblose Flüssigkeit. Nicht mischbar mit Wasser.	2400
-	T10	TP2	F-E, S-C	Staukategorie D	SGG18 SG35	Farblose Flüssigkeit mit fischartigem Geruch. Mischbar mit Wasser. Reagiert heftig mit Säuren. Die wässerige Lösung ist stark alkalisch, ätzend und entwickelt unter Feuereinwirkung giftige nitrose Dämpfe.	2401
-	T4	TP1 TP13	F-E, S-D	Staukategorie E	SG50 SG57	Farblose oder gelbliche Flüssigkeiten mit starkem unangenehmem Geruch. Flammpunkt: unter -18 °C c.c. Siedebereich: 53 °C bis 67 °C. Nicht mischbar mit Wasser.	2402
-	T4	TP1	F-E, S-D	Staukategorie B	-	Farblose Flüssigkeit. Flammpunkt: 10 °C c.c. Nicht mischbar mit Wasser.	2403
-	T7	TP1 TP13	F-E, S-D	Staukategorie E SW2	-	Farblose, flüchtige Flüssigkeit mit etherartigem Geruch. Flammpunkt: 2 °C c.c. Explosionsgrenzen: 3,1 % bis ... Mischbar mit Wasser. Entwickelt unter Feuereinwirkung hochgiftige Cyaniddämpfe. Giftig beim Verschlucken, bei Berührung mit der Haut oder beim Einatmen.	2404
-	T2	TP1	F-E, S-D	Staukategorie A	-	Farblose Flüssigkeit. Flammpunkt: 25 °C c.c. Nicht mischbar mit Wasser. Wirkt reizend auf Haut, Augen und Schleimhäute.	2405
-	T4	TP1	F-E, S-D	Staukategorie B	-	Farblose Flüssigkeit. Flammpunkt: 20 °C c.c. Nicht mischbar mit Wasser. Narkotisierend. Wirkt reizend auf Haut, Augen und Schleimhäute.	2406
-	-	-	F-E, S-C	Staukategorie D SW2	SGG1 SG5 SG8 SG36 SG49	Farblose entzündbare Flüssigkeit. Flammpunkt: 16 °C c.c. Wird durch Wasser zersetzt, unter Bildung von Chlorwasserstoff, einem reizenden und ätzenden Gas, das als weißer Nebel sichtbar wird. Greift beim Vorhandensein von Feuchtigkeit die meisten Metalle an. Hochgiftig beim Verschlucken, bei Berührung mit der Haut oder beim Einatmen. Verursacht Verätzungen der Haut, der Augen und der Schleimhäute.	2407
-	T4	TP1	F-E, S-D	Staukategorie B	-	Farblose Flüssigkeit. Flammpunkt: 21 °C c.c. Nicht mischbar mit Wasser.	2409
-	T4	TP1	F-E, S-D	Staukategorie B	-	Farblose Flüssigkeit. Flammpunkt: 16 °C c.c. Mischbar mit Wasser. Gesundheitsschädlich beim Einatmen.	2410
-	T7	TP1 TP13	F-E, S-D	Staukategorie E SW2	-	Farblose Flüssigkeit. Flammpunkt: 21 °C c.c. Explosionsgrenzen: 1,6 % bis ... Nicht mischbar mit Wasser. Giftig beim Verschlucken, bei Berührung mit der Haut oder beim Einatmen.	2411
-	T4	TP1	F-E, S-D	Staukategorie B	-	Farblose Flüssigkeit mit angenehmem Geruch. Flammpunkt: 13 °C c.c. Nicht mischbar mit Wasser.	2412
-	T4	TP1	F-E, S-D	Staukategorie A	-	Farblose Flüssigkeit. Flammpunkt: 38 °C c.c.	2413
-	T4	TP1	F-E, S-D	Staukategorie B SW2	-	Farblose Flüssigkeit mit unangenehmem Geruch. Flammpunkt: -9 °C c.c. Explosionsgrenzen: 1,5 % bis 12,5 %. Nicht mischbar mit Wasser. Wirkt reizend auf Haut, Augen und Schleimhäute.	2414
-	T7	TP1	F-E, S-D	Staukategorie B	-	Farblose Flüssigkeit. Reagiert mit Wasser unter Bildung entzündbarer Dämpfe.	2416
-	-	-	F-C, S-U	Staukategorie D SW2	-	Nicht entzündbares, giftiges und ätzendes, farbloses Gas mit stechendem Geruch. Ätzwirkung auf Glas und die meisten Metalle. Ätzend beim Vorhandensein von Wasser. Viel schwerer als Luft (2,3). Wirkt stark reizend auf Haut, Augen und Schleimhäute.	2417
-	-	-	F-C, S-U	Staukategorie D SW2	SG35	Nicht entzündbares, giftiges und ätzendes, farbloses Gas mit stechendem Geruch. Reagiert mit Wasser, feuchter Luft oder Säuren unter Bildung von giftigem und ätzendem Nebel. Ätzwirkung auf Glas und die meisten Metalle. Viel schwerer als Luft (3,7). Wirkt stark reizend auf Haut, Augen und Schleimhäute.	2418

3.2 Gefahrgutliste

UN-Nr.	Richtiger technischer Name	Klasse	Zusatzgefahr	Verpackungsgruppe	Sondervorschriften	Begrenzte und freigestellte Mengen		Verpackungen		IBC	
						Begrenzte Mengen	Freigestellte Mengen	Anweisung(en)	Sondervorschriften	Anweisung(en)	Sondervorschriften
(1)	(2) 3.1.2	(3) 2.0	(4) 2.0	(5) 2.0.1.3	(6) 3.3	(7a) 3.4	(7b) 3.5	(8) 4.1.4	(9) 4.1.4	(10) 4.1.4	(11) 4.1.4
2419	BROMTRIFLUORETHYLEN BROMOTRIFLUOROETHYLENE	2.1	-	-	-	0	E0	P200	-	-	-
2420	HEXAFLUORACETON HEXAFLUOROACETONE	2.3	8	-	-	0	E0	P200	-	-	-
2421	DISTICKSTOFFTRIOXID NITROGEN TRIOXIDE	2.3	5.1/8	-	-	0	E0	P200	-	-	-
2422	OCTAFLUORBUT-2-EN (GAS ALS KÄLTEMITTEL R 1318) OCTAFLUOROBUT-2-ENE (REFRIGERANT GAS R 1318)	2.2	-	-	-	120 ml	E1	P200	-	-	-
2424	OCTAFLUORPROPAN (GAS ALS KÄLTEMITTEL R 218) OCTAFLUOROPROPANE (REFRIGERANT GAS R 218)	2.2	-	-	-	120 ml	E1	P200	-	-	-
2426	AMMONIUMNITRAT, FLÜSSIG (heiße konzentrierte Lösung) AMMONIUM NITRATE, LIQUID (hot concentrated solution)	5.1	-	-	252 942	0	E0	-	-	-	-
2427	KALIUMCHLORAT, WÄSSERIGE LÖSUNG POTASSIUM CHLORATE, AQUEOUS SOLUTION	5.1	-	II	-	1 L	E2	P504	-	IBC02	-
2427	KALIUMCHLORAT, WÄSSERIGE LÖSUNG POTASSIUM CHLORATE, AQUEOUS SOLUTION	5.1	-	III	223	5 L	E1	P504	-	IBC02	-
2428	NATRIUMCHLORAT, WÄSSERIGE LÖSUNG SODIUM CHLORATE, AQUEOUS SOLUTION	5.1	-	II	-	1 L	E2	P504	-	IBC02	-
2428	NATRIUMCHLORAT, WÄSSERIGE LÖSUNG SODIUM CHLORATE, AQUEOUS SOLUTION	5.1	-	III	223	5 L	E1	P504	-	IBC02	-

Ortsbewegliche Tanks und Schüttgut-Container			EmS	Stauung und Handhabung	Trennung	Eigenschaften und Bemerkung	UN-Nr.
	Tank Anwei-sung(en)	Vor-schrif-ten					
(12)	(13) 4.2.5 4.3	(14) 4.2.5	(15) 5.4.3.2 7.8	(16a) 7.1, 7.3 bis 7.7	(16b) 7.2 bis 7.7	(17)	(18)
-	-	-	F-D, S-U	Staukategorie B SW2	-	Verflüssigtes, entzündbares, farbloses Gas. Viel schwerer als Luft (5,6). Siedepunkt: -3 °C.	2419
-	-	-	F-C, S-U	Staukategorie D SW2	-	Nicht entzündbares, giftiges und ätzendes, farbloses, hygroskopisches Gas mit unangenehmem Geruch. Reagiert heftig mit Wasser unter Wärmeentwicklung. Ätzwirkung auf Glas und die meisten Metalle. Bildet in feuchter Luft Nebel. Viel schwerer als Luft (5,7). Wirkt stark reizend auf Haut, Augen und Schleimhäute.	2420
-	-	-	F-C, S-W	Staukategorie D SW2	SG6 SG19	Verflüssigtes, nicht entzündbares, giftiges und ätzendes Gas. Bei niedrigen Temperaturen blaue Flüssigkeit. Stark entzündend (oxidierend) wirkender Stoff. Viel schwerer als Luft (2,6). Siedepunkt: 3,5 °C. Wirkt stark reizend auf Haut, Augen und Schleimhäute.	2421
-	-	-	F-C, S-V	Staukategorie A	-	Verflüssigtes, nicht entzündbares, farbloses Gas. Viel schwerer als Luft (6,9). Siedepunkt: 1,2 °C.	2422
-	T50	-	F-C, S-V	Staukategorie A	-	Verflüssigtes, nicht entzündbares, farbloses Gas. Viel schwerer als Luft (6,6). Siedepunkt: -36 °C.	2424
-	T7	TP1 TP16 TP17	F-H, S-Q	Staukategorie D	SGG2 SG42 SG45 SG47 SG48 SG51 SG56 SG58 SG59 SG61	Heiße wässerige Lösung aus höchstens 93 % Ammoniumnitrat mit nicht mehr als 0,2 % brennbaren Stoffen (einschließlich organischer Stoffe, die als Kohlenstoff gerechnet werden) und frei von anderen Zusätzen, mit mindestens 7 % Wasser. Der Anteil der Chlorionen darf höchstens 0,02 % betragen. Kann bei Berührung mit brennbaren Stoffen (z. B. Holz, Stroh, Baumwolle, Öl, Zucker), starken Säuren und anderen Stoffen der Klasse 5.1 Feuer und Explosion verursachen und heftig brennen. Höchste Beförderungstemperatur der Lösung: 140 °C. Diese Temperatur muss auf der Güterbeförderungseinheit angegeben werden. Der Säuregrad (pH-Wert) der Ladung bei Verdünnung im Verhältnis von 10 Masseteilen Wasser zu 1 Masseteil Ladung muss zwischen 5,0 und 7,0 liegen. Die Konzentration und Temperatur der Lösung zum Zeitpunkt der Verladung, ihr Anteil an brennbaren Stoffen und Chloriden sowie der Gehalt an freier Säure müssen bescheinigt werden.	2426
-	T4	TP1	F-H, S-Q	Staukategorie B	SGG4 SG38 SG49 SG62	Farblose Flüssigkeit. Kann unter Feuereinwirkung eine Explosion verursachen. Leckage und daraus folgendes Verdampfen von Wasser kann erhöhte Gefahren zur Folge haben: 1. In Berührung mit brennbaren Stoffen (insbesondere Faserstoffen wie Jute, Baumwolle oder Sisal) oder Schwefel besteht die Gefahr der Selbstentzündung; 2. in Berührung mit Ammoniumverbindungen, pulverförmigen Metallen oder Ölen Explosionsgefahr.	2427
-	T4	TP1	F-H, S-Q	Staukategorie B	SGG4 SG38 SG49 SG62	Siehe Eintrag oben.	2427
-	T4	TP1	F-H, S-Q	Staukategorie B	SGG4 SG38 SG49 SG62	Farblose Flüssigkeit. Kann unter Feuereinwirkung eine Explosion verursachen. Leckage und daraus folgendes Verdampfen von Wasser kann erhöhte Gefahren zur Folge haben: 1. In Berührung mit brennbaren Stoffen (insbesondere Faserstoffen wie Jute, Baumwolle oder Sisal) oder Schwefel besteht die Gefahr der Selbstentzündung; 2. in Berührung mit Ammoniumverbindungen, pulverförmigen Metallen oder Ölen Explosionsgefahr.	2428
-	T4	TP1	F-H, S-Q	Staukategorie B	SGG4 SG38 SG49 SG62	Siehe Eintrag oben.	2428

UN-Nr.	Richtiger technischer Name	Klasse	Zusatzgefahr	Verpackungsgruppe	Sonder-, vorschriften	Begrenzte und freigestellte Mengen		Verpackungen		IBC	
						Begrenzte Mengen	Freigestellte Mengen	Anweisung(en)	Sondervorschriften	Anweisung(en)	Sondervorschriften
(1)	(2) 3.1.2	(3) 2.0	(4) 2.0	(5) 2.0.1.3	(6) 3.3	(7a) 3.4	(7b) 3.5	(8) 4.1.4	(9) 4.1.4	(10) 4.1.4	(11) 4.1.4
2429	CALCIUMCHLORAT, WÄSSERIGE LÖSUNG CALCIUM CHLORATE, AQUEOUS SOLUTION	5.1	-	II	-	1 L	E2	P504	-	IBC02	-
2429	CALCIUMCHLORAT, WÄSSERIGE LÖSUNG CALCIUM CHLORATE, AQUEOUS SOLUTION	5.1	-	III	223	5 L	E1	P504	-	IBC02	-
2430	ALKYLPHENOLE, FEST, N.A.G. (einschließlich C_2-C_{12}-Homologe) ALKYLPHENOLS, SOLID, N.O.S. (including C_2-C_{12} homologues)	8	-	I	-	0	E0	P002	-	IBC07	B1
2430	ALKYLPHENOLE, FEST, N.A.G. (einschließlich C_2-C_{12}-Homologe) ALKYLPHENOLS, SOLID, N.O.S. (including C_2-C_{12} homologues)	8	-	II	-	1 kg	E2	P002	-	IBC08	B4 B21
2430	ALKYLPHENOLE, FEST, N.A.G. (einschließlich C_2-C_{12}-Homologe) ALKYLPHENOLS, SOLID, N.O.S. (including C_2-C_{12} homologues)	8	-	III	223	5 kg	E1	P002 LP02	-	IBC08	B3
2431	ANISIDINE ANISIDINES	6.1	-	III	-	5 L	E1	P001 LP01	-	IBC03	-
2432	N,N-DIETHYLANILIN N,N-DIETHYLANILINE	6.1	-	III	279	5 L	E1	P001 LP01	-	IBC03	-
2433	CHLORNITROTOLUENE, FLÜSSIG CHLORONITROTOLUENES, LIQUID	6.1	- **P**	III	-	5 L	E1	P001 LP01	-	IBC03	-
2434	DIBENZYLDICHLORSILAN DIBENZYLDICHLOROSILANE	8	-	II	-	0	E0	P010	-	-	-
2435	ETHYLPHENYLDICHLORSILAN ETHYLPHENYLDICHLOROSILANE	8	-	II	-	0	E0	P010	-	-	-
2436	THIOESSIGSÄURE THIOACETIC ACID	3	-	II	-	1 L	E2	P001	-	IBC02	-
2437	METHYLPHENYLDICHLORSILAN METHYLPHENYLDICHLOROSILANE	8	-	II	-	0	E0	P010	-	-	-
2438	TRIMETHYLACETYLCHLORID TRIMETHYLACETYL CHLORIDE	6.1	3/8	I	-	0	E0	P001	-	-	-

Ortsbewegliche Tanks und Schüttgut-Container			EmS	Stauung und Handhabung	Trennung	Eigenschaften und Bemerkung	UN-Nr.	
	Tank Anweisung(en)	Vorschriften						
(12)	(13)	(14)	(15)	(16a)	(16b)	(17)	(18)	
	4.2.5 4.3	4.2.5	5.4.3.2 7.8	7.1, 7.3 bis 7.7	7.2 bis 7.7			
-	T4	TP1	F-H, S-Q	Staukategorie B	SGG4 SG38 SG49 SG62	Farblose Flüssigkeit. Kann unter Feuereinwirkung eine Explosion verursachen. Leckage und daraus folgendes Verdampfen von Wasser kann erhöhte Gefahren zur Folge haben: 1. In Berührung mit brennbaren Stoffen (insbesondere Faserstoffen wie Jute, Baumwolle oder Sisal) oder Schwefel besteht die Gefahr der Selbstentzündung; 2. in Berührung mit Ammoniumverbindungen, pulverförmigen Metallen oder Ölen Explosionsgefahr.	2429	
-	T4	TP1	F-H, S-Q	Staukategorie B	SGG4 SG38 SG49 SG62	Siehe Eintrag oben.	2429	
-	T6	TP33	F-A, S-B	Staukategorie B	-	Ein weiter Bereich farbloser bis hell-strohfarbener fester Stoffe mit durchdringendem Geruch (manchmal kampferartig). Einige haben niedrige Schmelzpunkte. Nicht löslich in Wasser. Verursacht Verätzungen der Haut, der Augen und der Schleimhäute.	2430	→ *UN 3145*
-	T3	TP33	F-A, S-B	Staukategorie B	-	Siehe Eintrag oben.	2430	
-	T1	TP33	F-A, S-B	Staukategorie A	-	Siehe Eintrag oben.	2430	
-	T4	TP1	F-A, S-A	Staukategorie A	-	Rötliche oder gelbliche ölige Flüssigkeit. Nicht mischbar mit Wasser. Giftig beim Verschlucken, bei Berührung mit der Haut oder beim Einatmen.	2431	
-	T4	TP1	F-A, S-A	Staukategorie A	-	Farblose bis gelb-braune ölige Flüssigkeit. Brennbar. Giftig beim Verschlucken, bei Berührung mit der Haut oder beim Einatmen.	2432	
-	T4	TP1	F-A, S-A	Staukategorie A	SG6 SG8 SG10 SG12	Nicht mischbar mit Wasser. Entzündend (oxidierend) wirkender Stoff, der in Berührung mit organischen Stoffen explodieren oder heftig brennen kann. Giftig beim Verschlucken, bei Berührung mit der Haut oder beim Einatmen.	2433	→ *UN 3457*
-	T10	TP2 TP7 TP13	F-A, S-B	Staukategorie C SW2	SGG1 SG36 SG49	Farblose Flüssigkeit mit stechendem Geruch. Reagiert heftig mit Wasser unter Bildung von Chlorwasserstoff, einem ätzenden Gas, das als weißer Nebel sichtbar wird. Entwickelt bei Feuereinwirkung giftige Gase. Greift in Gegenwart von Feuchtigkeit die meisten Metalle stark an. Dampf wirkt reizend auf Haut, Augen und Schleimhäute.	2434	
-	T10	TP2 TP7 TP13	F-A, S-B	Staukategorie C	SGG1 SG36 SG49	Farblose Flüssigkeit mit stechendem Geruch. Reagiert mit Wasser unter Bildung von Chlorwasserstoff, einem ätzenden Gas, das als weißer Nebel sichtbar wird. Entwickelt bei Feuereinwirkung giftige Gase. Greift in Gegenwart von Feuchtigkeit die meisten Metalle stark an. Verursacht Verätzungen der Haut, der Augen und der Schleimhäute.	2435	
-	T4	TP1	F-E, S-D	Staukategorie B	-	Farblose oder gelbe Flüssigkeit mit stechendem Geruch. Mischbar mit Wasser. Gesundheitsschädlich beim Einatmen.	2436	
-	T10	TP2 TP7 TP13	F-A, S-B	Staukategorie C SW2	SGG1 SG36 SG49	Farblose Flüssigkeit. Reagiert mit Wasser unter Bildung von Chlorwasserstoff, einem reizverursachenden und ätzenden Gas, das als weißer Nebel sichtbar ist. Entwickelt bei Feuereinwirkung giftige Gase. Greift in Gegenwart von Feuchtigkeit die meisten Metalle stark an. Verursacht Verätzungen der Haut, der Augen und der Schleimhäute.	2437	
-	T14	TP2 TP13	F-E, S-C	Staukategorie D SW1 SW2	SGG1 SG5 SG8 SG36 SG49	Entzündbare Flüssigkeit. Flammpunkt: 19 °C c.c. Siedepunkt: 108 °C. Reagiert mit Wasser unter Bildung von Chlorwasserstoff, einem ätzenden Gas, das als weißer Nebel sichtbar wird. Greift bei Feuchtigkeit die meisten Metalle an. Hochgiftig beim Verschlucken, bei Berührung mit der Haut oder beim Einatmen. Verursacht Verätzungen der Haut, der Augen und der Schleimhäute.	2438	

UN-Nr.	Richtiger technischer Name	Klasse	Zusatz-gefahr	Verpa-ckungs-gruppe	Sonder-vor-schrif-ten	Begrenzte und freige-stellte Mengen		Verpackungen		IBC	
						Be-grenzte Men-gen	Freige-stellte Men-gen	Anwei-sung(en)	Sonder-vor-schriften	Anwei-sung(en)	Sonder-vor-schriften
(1)	(2) 3.1.2	(3) 2.0	(4) 2.0	(5) 2.0.1.3	(6) 3.3	(7a) 3.4	(7b) 3.5	(8) 4.1.4	(9) 4.1.4	(10) 4.1.4	(11) 4.1.4
2439	NATRIUMHYDROGENDIFLUORID SODIUM HYDROGENDIFLUORIDE	8	-	II	-	1 kg	E2	P002	-	IBC08	B4 B21
2440	ZINNTETRACHLORID-PENTAHYDRAT STANNIC CHLORIDE PENTAHYDRATE	8	-	III	-	5 kg	E1	P002 LP02	-	IBC08	B3
2441	TITANTRICHLORID, PYROPHOR oder TITANTRICHLORIDMISCHUNGEN, PYROPHOR TITANIUM TRICHLORIDE, PYROPHORIC or TITANIUM TRICHLORIDE MIXTURE, PYROPHORIC	4.2	8	I	-	0	E0	P404	PP31	-	-
2442	TRICHLORACETYLCHLORID TRICHLOROACETYL CHLORIDE	8	-	II	-	0	E0	P001	-	-	-
2443	VANADIUMOXYTRICHLORID VANADIUM OXYTRICHLORIDE	8	-	II	-	1 L	E0	P001	-	IBC02	-
2444	VANADIUMTETRACHLORID VANADIUM TETRACHLORIDE	8	-	I	-	0	E0	P802	-	-	-
2446	NITROCRESOLE, FEST NITROCRESOLS, SOLID	6.1	-	III	-	5 kg	E1	P002 LP02	-	IBC08	B3
2447	PHOSPHOR, WEISS, GESCHMOLZEN PHOSPHORUS, WHITE, MOLTEN	4.2	6.1 **P**	I	-	0	E0	-	-	-	-
2448	SCHWEFEL, GESCHMOLZEN SULPHUR, MOLTEN	4.1	-	III	-	0	E0	-	-	IBC01	-
2451	STICKSTOFFTRIFLUORID NITROGEN TRIFLUORIDE	2.2	5.1	-	-	0	E0	P200	-	-	-
2452	ETHYLACETYLEN, STABILISIERT ETHYLACETYLENE, STABILIZED	2.1	-	-	386	0	E0	P200	-	-	-
2453	ETHYLFLUORID (GAS ALS KÄLTEMITTEL R 161) ETHYL FLUORIDE (REFRIGERANT GAS R 161)	2.1	-	-	-	0	E0	P200	-	-	-
2454	METHYLFLUORID (GAS ALS KÄLTEMITTEL R 41) METHYL FLUORIDE (REFRIGERANT GAS R 41)	2.1	-	-	-	0	E0	P200	-	-	-

Ortsbewegliche Tanks und Schüttgut-Container			EmS	Stauung und Handhabung	Trennung	Eigenschaften und Bemerkung	UN-Nr.	
	Tank Anweisung(en)	Vorschriften						
(12)	(13)	(14)	(15)	(16a)	(16b)	(17)	(18)	
	4.2.5 4.3	4.2.5	5.4.3.2 7.8	7.1, 7.3 bis 7.7	7.2 bis 7.7			
-	T3	TP33	F-A, S-B	Staukategorie A SW1 SW2 H2	SGG1 SG35 SG36 SG49	Weißes, kristallines Pulver. Löslich in Wasser. Wird durch Wärmeeinwirkung oder Säuren zersetzt, unter Bildung von Fluorwasserstoff, einem giftigen äußerst reizenden und ätzenden Gas. Greift bei Feuchtigkeit Glas, andere siliziumhaltige Materialien und die meisten Metalle stark an. Verursacht Verätzungen der Haut, der Augen und der Schleimhäute.	2439	
-	T1	TP33	F-A, S-B	Staukategorie A	SGG1 SG36 SG49	Weißer, zerfließlicher fester Stoff. Schmelzpunkt: etwa 60 °C. Löslich in Wasser. Greift beim Vorhandensein von Wasser die meisten Metalle an. Wirkt reizend auf Haut, Augen und Schleimhäute.	2440	
-	-	-	F-G, S-M	Staukategorie D SW2 H1	SGG7 SG26	Feinteiliger violetter, kristalliner fester Stoff. Kann sich an der Luft oder bei Feuchtigkeit entzünden. Greift bei Feuchtigkeit die meisten Metalle an. Verursacht Verätzungen der Haut, der Augen und der Schleimhäute.	2441	
-	T7	TP2	F-A, S-B	Staukategorie D SW2	SGG1 SG36 SG49	Flüssigkeit mit stechendem Geruch, raucht in feuchter Luft. Reagiert heftig mit Wasser, unter Bildung von Chlorwasserstoff, einem ätzenden Gas, das als weißer Nebel sichtbar wird. Entwickelt bei Feuereinwirkung giftige Gase. Greift bei Feuchtigkeit die meisten Metalle an. Flüssigkeit und Dampf verursachen Verätzungen der Haut, der Augen und der Schleimhäute.	2442	
-	T7	TP2	F-A, S-B	Staukategorie C SW2	SGG1 SG36 SG49	Gelbe Flüssigkeit. Zersetzung erfolgt bei Einwirkung feuchter Luft unter Bildung roter Dämpfe von Vanadiumsäure und Chlorwasserstoff, einem ätzenden Gas, das als weißer Nebel sichtbar wird. Reagiert mit oder löst viele organische Verbindungen. Greift in Gegenwart von Feuchtigkeit die meisten Metalle an. Verursacht Verätzungen der Haut, der Augen und der Schleimhäute.	2443	
-	T10	TP2	F-A, S-B	Staukategorie C SW2	SGG1 SG36 SG49	Rötlich-braune Flüssigkeit. Zersetzt sich unter Lichteinwirkung unter Bildung von Chlor, einem hochgiftigen und reizenden Gas. Reagiert heftig mit Wasser, unter Bildung von Chlorwasserstoff, einem ätzenden Gas, das als weißer Nebel sichtbar wird. Greift bei Feuchtigkeit die meisten Metalle an. Flüssigkeit und Dampf verursachen Verätzungen der Haut, der Augen und der Schleimhäute.	2444	
-	T1	TP33	F-A, S-A	Staukategorie A	-	Gelbe Kristalle. Schmelzpunkt: 32 °C oder darüber. Schwach löslich in Wasser. Giftig beim Verschlucken, bei Berührung mit der Haut oder beim Einatmen.	2446	→ UN 3434
-	T21	TP3 TP7 TP26	F-A, S-M	Staukategorie D	-	Schmelze. Schmelzpunkt: 44 °C. Selbstentzündlich an der Luft. Giftig beim Verschlucken, bei Berührung mit der Haut oder beim Einatmen von Staub. Wird bei einer Temperatur oberhalb seines Schmelzpunktes befördert.	2447	
-	T1	TP3	F-A, S-H	Staukategorie C	SG17	Schmelzpunkt: 119 °C. Geschmolzener Schwefel kann Schwefelwasserstoff enthalten, der schon in niedrigen Konzentrationen hochgiftig ist. Unter Feuereinwirkung entwickeln sich giftige, stark reizende und erstickend wirkende Gase. Bildet mit entzündend (oxidierend) wirkenden Stoffen explosionsfähige und äußerst empfindliche Gemische. Wird geschmolzen, bei einer Temperatur oberhalb des Schmelzpunktes befördert.	2448	
-	-	-	F-C, S-W	Staukategorie D SW2	-	Nicht entzündbares, nicht giftiges, farbloses, geruchloses Gas. Stark entzündend (oxidierend) wirkender Stoff, der heftig mit vielen Stoffen, z. B. Fett, Öl usw. reagiert. Viel schwerer als Luft (2,4). Kann leichte Reizwirkung auf Augen verursachen.	2451	
-	-	-	F-D, S-U	Staukategorie B SW1 SW2	-	Verflüssigtes, entzündbares, farbloses Gas mit acetylenartigem Geruch. Schwerer als Luft (1,9). Siedepunkt: 8 °C. Wirkt reizend auf Haut, Augen und Schleimhäute.	2452	
-	-	-	F-D, S-U	Staukategorie E SW2	-	Verflüssigtes, entzündbares, farbloses Gas. Explosionsgrenzen: 5 % bis 10 %. Schwerer als Luft (1,7). Siedepunkt: -37 °C.	2453	
-	-	-	F-D, S-U	Staukategorie E SW2	-	Entzündbares, farbloses Gas. Schwerer als Luft (1,2).	2454	

UN-Nr.	Richtiger technischer Name	Klasse	Zusatzgefahr	Verpackungsgruppe	Sondervorschriften	Begrenzte und freigestellte Mengen		Verpackungen		IBC	
						Begrenzte Mengen	Freigestellte Mengen	Anweisung(en)	Sondervorschriften	Anweisung(en)	Sondervorschriften
(1)	(2) 3.1.2	(3) 2.0	(4) 2.0	(5) 2.0.1.3	(6) 3.3	(7a) 3.4	(7b) 3.5	(8) 4.1.4	(9) 4.1.4	(10) 4.1.4	(11) 4.1.4
2455	METHYLNITRIT METHYL NITRITE	2.2	-	-	900	-	-	-	-	-	-
2456	2-CHLORPROPEN 2-CHLOROPROPENE	3	-	I	-	0	E3	P001	-	-	-
2457	2,3-DIMETHYLBUTAN 2,3-DIMETHYLBUTANE	3	-	II	-	1 L	E2	P001	-	IBC02	-
2458	HEXADIENE HEXADIENES	3	-	II	-	1 L	E2	P001	-	IBC02	-
2459	2-METHYLBUT-1-EN 2-METHYL-1-BUTENE	3	-	I	-	0	E3	P001	-	-	-
2460	2-METHYLBUT-2-EN 2-METHYL-2-BUTENE	3	-	II	-	1 L	E2	P001	-	IBC02	B8
2461	METHYLPENTADIENE METHYLPENTADIENES	3	-	II	-	1 L	E2	P001	-	IBC02	-
2463	ALUMINIUMHYDRID ALUMINIUM HYDRIDE	4.3	-	I	-	0	E0	P403	PP31	-	-
2464	BERYLLIUMNITRAT BERYLLIUM NITRATE	5.1	6.1	II	-	1 kg	E2	P002	-	IBC08	B4 B21
2465	DICHLORISOCYANURSÄURE, TROCKEN oder DICHLORISOCYANURSÄURESALZE DICHLOROISOCYANURIC ACID, DRY or DICHLOROISOCYANURIC ACID SALTS	5.1	-	II	135	1 kg	E2	P002	-	IBC08	B4 B21
2466	KALIUMSUPEROXID POTASSIUM SUPEROXIDE	5.1	-	I	-	0	E0	P503	-	IBC06	B1
2468	TRICHLORISOCYANURSÄURE, TROCKEN TRICHLOROISOCYANURIC ACID, DRY	5.1	-	II	-	1 kg	E2	P002	-	IBC08	B4 B21
2469	ZINKBROMAT ZINC BROMATE	5.1	-	III	-	5 kg	E1	P002 LP02	-	IBC08	B3
2470	PHENYLACETONITRIL, FLÜSSIG PHENYLACETONITRILE, LIQUID	6.1	-	III	-	5 L	E1	P001 LP01	-	IBC03	-
2471	OSMIUMTETROXID OSMIUM TETROXIDE	6.1	- P	I	-	0	E5	P002	PP30 PP31	IBC07	B1

Ortsbewegliche Tanks und Schüttgut-Container			EmS	Stauung und Handhabung	Trennung	Eigenschaften und Bemerkung	UN-Nr.
	Tank Anweisung(en)	Vorschriften					
(12)	(13) 4.2.5 4.3	(14) 4.2.5	(15) 5.4.3.2 7.8	(16a) 7.1, 7.3 bis 7.7	(16b) 7.2 bis 7.7	(17)	(18)
-	-	-	-	-	-	Beförderung ist **verboten**.	2455
-	T11	TP2	F-E, S-D	Staukategorie E	SGG10	Farblose Flüssigkeit. Flammpunkt: unter -18 °C c.c. Explosionsgrenzen: 2,5 % bis 12 %. Siedepunkt: 23 °C. Nicht mischbar mit Wasser. Gesundheitsschädlich beim Verschlucken oder beim Einatmen. Wirkt reizend auf Haut, Augen und Schleimhäute.	2456
-	T7	TP1	F-E, S-D	Staukategorie E	-	Farblose Flüssigkeit. Flammpunkt: -29 °C c.c. Explosionsgrenzen: 1,2 % bis 7 %. Nicht mischbar mit Wasser. Wirkt reizend auf Haut, Augen und Schleimhäute. Narkotisierend in hohen Konzentrationen.	2457
-	T4	TP1	F-E, S-D	Staukategorie B	-	Farblose Flüssigkeiten. 1,3-HEXADIEN: Flammpunkt: -3 °C c.c. 1,4-HEXADIEN: Flammpunkt: -25 °C c.c. 1,5-HEXADIEN: Flammpunkt: -27 °C c.c. 2,4-HEXADIEN: Flammpunkt: -7 °C c.c. Nicht mischbar mit Wasser. Gesundheitsschädlich beim Einatmen. Wirkt reizend auf Haut, Augen und Schleimhäute.	2458
-	T11	TP2	F-E, S-D	Staukategorie E	-	Farblose, flüchtige Flüssigkeit mit widerlichem Geruch. Flammpunkt: unter -18 °C c.c. Nicht mischbar mit Wasser. Wirkt reizend auf Haut, Augen und Schleimhäute.	2459
-	T7	TP1	F-E, S-D	Staukategorie E	-	Farblose, flüchtige Flüssigkeit mit widerlichem Geruch. Flammpunkt: unter -18 °C c.c. Nicht mischbar mit Wasser. Wirkt reizend auf Haut, Augen und Schleimhäute.	2460
-	T4	TP1	F-E, S-D	Staukategorie E	-	Farblose Flüssigkeiten. Flammpunkt: unter -18 °C c.c. Nicht mischbar mit Wasser. Wirkt reizend auf Haut, Augen und Schleimhäute.	2461
-	-	-	F-G, S-O	Staukategorie E H1	SG26	Weißes bis graues Pulver. Entwickelt in Berührung mit Wasser, Säuren oder Feuchtigkeit Wasserstoff, der sich durch die Reaktionswärme entzünden kann.	2463
-	T3	TP33	F-A, S-Q	Staukategorie A	-	Weiße oder hellgelbe zerfließliche Kristalle oder feiner Staub. Gemische mit brennbaren Stoffen sind leicht entzündbar und können sehr heftig brennen. Giftig beim Verschlucken, bei Berührung mit der Haut oder beim Einatmen von Staub.	2464
-	T3	TP33	F-A, S-Q	Staukategorie A H1	-	Weißes kristallines Pulver oder Granulat. Schwach hygroskopisch. Teilweise löslich in Wasser. Gemische mit brennbaren Stoffen sind empfindlich gegen Reibung und neigen zur Entzündung. Gesundheitsschädlich beim Einatmen. Wirkt reizend auf Haut, Augen und Schleimhäute.	2465
-	-	-	F-G, S-Q	Staukategorie D H1	SGG16 SG16 SG26 SG35 SG59	Gelbe Flocken. Ein Gemisch mit brennbaren Stoffen kann, insbesondere wenn mit wenig Wasser angefeuchtet, durch Schlag oder Reibung entzündet werden. Zersetzt sich unter Feuereinwirkung oder in Berührung mit Wasser oder Säuren unter Entwicklung von Sauerstoff. Wirkt stark reizend auf Haut, Augen und Schleimhäute.	2466
-	T3	TP33	F-A, S-Q	Staukategorie A H1	-	Farbloses Pulver oder Granulat. Gemische mit brennbaren Stoffen sind empfindlich gegen Reibung und neigen zur Entzündung. In Berührung mit Stickstoffverbindungen können sich Stickstofftrichloriddämpfe bilden, die sehr explosiv sind. Gesundheitsschädlich beim Einatmen. Wirkt reizend auf Haut, Augen und Schleimhäute.	2468
-	T1	TP33	F-H, S-Q	Staukategorie A	SGG3 SGG7 SG38 SG49	Farbloses Pulver. Löslich in Wasser. Reagiert heftig mit Schwefelsäure. Reagiert sehr heftig mit Cyaniden bei Erwärmung oder Reibung. Kann mit brennbaren Stoffen, pulverförmigen Metallen oder Ammoniumverbindungen explosionsfähige Gemische bilden. Diese Gemische sind empfindlich gegen Reibung und neigen zur Entzündung. Kann unter Feuereinwirkung eine Explosion verursachen.	2469
-	T4	TP1	F-A, S-A	Staukategorie A	SG35	Farblose bis hellbraune Flüssigkeit. Nicht mischbar mit Wasser. Giftig beim Verschlucken, bei Berührung mit der Haut oder beim Einatmen.	2470
-	T6	TP33	F-A, S-A	Staukategorie B SW2	-	Hellgelber, kristalliner, flüchtiger fester Stoff, Geruch wirkt reizend. Hochgiftig beim Verschlucken, bei Berührung mit der Haut oder beim Einatmen.	2471

UN-Nr.	Richtiger technischer Name	Klasse	Zusatz-gefahr	Verpa-ckungs-gruppe	Sonder-vor-schrif-ten	Begrenzte und freige-stellte Mengen		Verpackungen		IBC	
						Be-grenzte Men-gen	Freige-stellte Men-gen	Anwei-sung(en)	Sonder-vor-schriften	Anwei-sung(en)	Sonder-vor-schriften
(1)	(2) 3.1.2	(3) 2.0	(4) 2.0	(5) 2.0.1.3	(6) 3.3	(7a) 3.4	(7b) 3.5	(8) 4.1.4	(9) 4.1.4	(10) 4.1.4	(11) 4.1.4
2473	NATRIUMARSANILAT SODIUM ARSANILATE	6.1	-	III	-	5 kg	E1	P002 LP02	-	IBC08	B3
2474	THIOPHOSGEN THIOPHOSGENE	6.1	-	I	279 354	0	E0	P602	-	-	-
2475	VANADIUMTRICHLORID VANADIUM TRICHLORIDE	8	-	III	-	5 kg	E1	P002 LP02	-	IBC08	B3
2477	METHYLISOTHIOCYANAT METHYL ISOTHIOCYANATE	6.1	3	I	354	0	E0	P602	-	-	-
2478	ISOCYANATE, ENTZÜNDBAR, GIFTIG, N.A.G. oder ISOCYANAT, LÖSUNG, ENTZÜNDBAR, GIFTIG, N.A.G. ISOCYANATES, FLAMMABLE, TOXIC, N.O.S. or ISOCYANATE, SOLUTION, FLAMMABLE, TOXIC, N.O.S.	3	6.1	II	274	1 L	E2	P001	PP31	IBC02	-
2478	ISOCYANATE, ENTZÜNDBAR, GIFTIG, N.A.G. oder ISOCYANAT, LÖSUNG, ENTZÜNDBAR, GIFTIG, N.A.G. ISOCYANATES, FLAMMABLE, TOXIC, N. O. S. or ISOCYANATE, SOLUTION, FLAMMABLE, TOXIC, N.O.S.	3	6.1	III	223 274	5 L	E1	P001	PP31	IBC03	-
2480	METHYLISOCYANAT METHYL ISOCYANATE	6.1	3	I	354	0	E0	P601	-	-	-
2481	ETHYLISOCYANAT ETHYL ISOCYANATE	6.1	3	I	354	0	E0	P602	-	-	-
2482	n-PROPYLISOCYANAT n-PROPYL ISOCYANATE	6.1	3	I	354	0	E0	P602	-	-	-
2483	ISOPROPYLISOCYANAT ISOPROPYL ISOCYANATE	6.1	3	I	354	0	E0	P602	-	-	-
2484	tert-BUTYLISOCYANAT tert-BUTYL ISOCYANATE	6.1	3	I	354	0	E0	P602	-	-	-
2485	n-BUTYLISOCYANAT n-BUTYL ISOCYANATE	6.1	3	I	354	0	E0	P602	-	-	-
2486	ISOBUTYLISOCYANAT ISOBUTYL ISOCYANATE	6.1	3	I	354	0	E0	P602	-	-	-

Ortsbewegliche Tanks und Schüttgut-Container			EmS	Stauung und Handhabung	Trennung	Eigenschaften und Bemerkung	UN-Nr.
	Tank Anweisung(en)	Vorschriften					
(12)	(13) 4.2.5 4.3	(14) 4.2.5	(15) 5.4.3.2 7.8	(16a) 7.1, 7.3 bis 7.7	(16b) 7.2 bis 7.7	(17)	(18)
-	T1	TP33	F-A, S-A	Staukategorie A	-	Weißes, kristallines Pulver. Löslich in Wasser. Giftig beim Verschlucken, bei Berührung mit der Haut oder beim Einatmen von Staub.	2473
-	T20	TP2 TP13 TP37	F-A, S-A	Staukategorie D SW2	SG35	Rotrauchende Flüssigkeit mit fauligem phosgenartigem Geruch. Zersetzt sich langsam in Wasser. Reagiert mit Säuren unter Bildung giftiger und ätzender Dämpfe. Hochgiftig beim Verschlucken, bei Berührung mit der Haut oder beim Einatmen.	2474
-	T1	TP33	F-A, S-B	Staukategorie A SW2	SGG1 SG36 SG49	Pinkfarbene, zerfließliche Kristalle. Zersetzen sich in Wasser unter Bildung von Chlorwasserstoff, einem ätzenden Gas, das als weißer Nebel sichtbar wird. Greift in Gegenwart von Feuchtigkeit die meisten Metalle stark an. Wirkt reizend auf Haut, Augen und Schleimhäute.	2475
-	T20	TP2 TP13 TP37	F-E, S-D	Staukategorie D SW2	-	Weiße Kristalle. Wird üblicherweise als ölige Flüssigkeit mit einem Flammpunkt unter 60 °C c.c. befördert. Schmelzpunkt: 36 °C (reiner Stoff). Flammpunkt: 32 °C c.c. (reiner Stoff). Nicht löslich in Wasser. Entwickelt bei Feuereinwirkung giftige Gase. Hochgiftig beim Verschlucken, bei Berührung mit der Haut oder beim Einatmen.	2477
-	T11	TP2 TP13 TP27	F-E, S-D	Staukategorie D SW2	-	Entzündbare giftige Flüssigkeiten mit stechendem Geruch. Nicht mischbar mit Wasser, reagieren aber mit Wasser unter Bildung von Kohlendioxid. Giftig beim Verschlucken, bei Berührung mit der Haut oder beim Einatmen. Wirkt reizend auf Haut, Augen und Schleimhäute.	2478
-	T7	TP1 TP13 TP28	F-E, S-D	Staukategorie A	-	Siehe Eintrag oben.	2478
-	T22	TP2 TP13	F-E, S-D	Staukategorie D SW2	SG35	Entzündbare Flüssigkeit mit stechendem Geruch. Flammpunkt: -7 °C c.c. (reines Produkt). Siedepunkt: 38 °C (reines Produkt). Dampf schwerer als Luft. Nicht mischbar mit Wasser. Reagiert jedoch heftig mit Wasser. Bei Kontakt mit Wasser oder Säuren Bildung hochgiftiger nitroser Dämpfe. Hochgiftig beim Verschlucken, bei Berührung mit der Haut oder beim Einatmen. Wirkt reizend auf Haut, Augen und Schleimhäute.	2480
-	T20	TP2 TP13 TP37	F-E, S-D	Staukategorie D SW2	SG35	Flüssigkeit mit stechendem Geruch. Flammpunkt: -18 °C bis 0 °C c.c. Siedepunkt: 60 °C. Nicht mischbar mit Wasser, reagiert aber heftig damit. Entwickelt hochgiftige nitrose Dämpfe in Kontakt mit Wasser oder Säuren oder bei Erhitzung über den Siedepunkt. Hochgiftig beim Verschlucken, bei Berührung mit der Haut oder beim Einatmen. Wirkt reizend auf Haut, Augen und Schleimhäute.	2481
-	T20	TP2 TP13 TP37	F-E, S-D	Staukategorie D SW2	-	Entzündbare Flüssigkeit mit stechendem Geruch. Nicht mischbar mit Wasser, reagiert aber heftig damit unter Bildung von Gasen. Flammpunkt: -18 °C bis 23 °C c.c. Hochgiftig beim Verschlucken, bei Berührung mit der Haut oder beim Einatmen. Wirkt reizend auf Haut, Augen und Schleimhäute.	2482
-	T20	TP2 TP13 TP37	F-E, S-D	Staukategorie D SW2	-	Flüssigkeit mit stechendem Geruch. Flammpunkt: -10 °C bis 0 °C c.c. Nicht mischbar mit Wasser, reagiert aber heftig damit unter Bildung von Gasen. Hochgiftig beim Verschlucken, bei Berührung mit der Haut oder beim Einatmen. Wirkt reizend auf Haut, Augen und Schleimhäute.	2483
-	T20	TP2 TP13 TP37	F-E, S-D	Staukategorie D SW2	-	Farblose Flüssigkeit mit stechendem Geruch. Nicht mischbar mit Wasser, reagiert aber heftig damit unter Bildung von Gasen. Flammpunkt: 11 °C c.c. Hochgiftig beim Verschlucken, bei Berührung mit der Haut oder beim Einatmen. Wirkt reizend auf Haut, Augen und Schleimhäute.	2484
-	T20	TP2 TP13 TP37	F-E, S-D	Staukategorie D SW2	-	Farblose Flüssigkeit mit stechendem Geruch. Nicht mischbar mit Wasser, reagiert aber heftig damit unter Bildung von Gasen. Flammpunkt: 19 °C c.c. Hochgiftig beim Verschlucken, bei Berührung mit der Haut oder beim Einatmen. Wirkt reizend auf Haut, Augen und Schleimhäute.	2485
-	T20	TP2 TP13 TP37	F-E, S-D	Staukategorie D SW2	-	Flüssigkeit mit stechendem Geruch. Nicht mischbar mit Wasser, reagiert aber heftig damit unter Bildung von Gasen. Hochgiftig beim Verschlucken, bei Berührung mit der Haut oder beim Einatmen. Wirkt reizend auf Haut, Augen und Schleimhäute.	2486

UN-Nr.	Richtiger technischer Name	Klasse	Zusatzgefahr	Verpackungsgruppe	Sondervorschriften	Begrenzte und freigestellte Mengen		Verpackungen		IBC	
						Begrenzte Mengen	Freigestellte Mengen	Anweisung(en)	Sondervorschriften	Anweisung(en)	Sondervorschriften
(1)	(2) 3.1.2	(3) 2.0	(4) 2.0	(5) 2.0.1.3	(6) 3.3	(7a) 3.4	(7b) 3.5	(8) 4.1.4	(9) 4.1.4	(10) 4.1.4	(11) 4.1.4
2487	PHENYLISOCYANAT PHENYL ISOCYANATE	6.1	3	I	354	0	E0	P602	-	-	-
2488	CYCLOHEXYLISOCYANAT CYCLOHEXYL ISOCYANATE	6.1	3	I	354	0	E0	P602	-	-	-
2490	DICHLORISOPROPYLETHER DICHLOROISOPROPYL ETHER	6.1	-	II	-	100 ml	E4	P001	-	IBC02	-
2491	ETHANOLAMIN oder ETHANOLAMIN, LÖSUNG ETHANOLAMINE or ETHANOLAMINE SOLUTION	8	-	III	223	5 L	E1	P001 LP01	-	IBC03	-
2493	HEXAMETHYLENIMIN HEXAMETHYLENEIMINE	3	8	II	-	1 L	E2	P001	-	IBC02	-
2495	IODPENTAFLUORID IODINE PENTAFLUORIDE	5.1	6.1/8	I	-	0	E0	P200	-	-	-
2496	PROPIONSÄUREANHYDRID PROPIONIC ANHYDRIDE	8	-	III	-	5 L	E1	P001 LP01	-	IBC03	-
2498	1,2,3,6-TETRAHYDROBENZALDEHYD 1,2,3,6-TETRAHYDROBENZALDEHYDE	3	-	III	-	5 L	E1	P001 LP01	-	IBC03	-
2501	TRIS-(1-AZIRIDINYL)-PHOSPHINOXID, LÖSUNG TRIS-(1-AZIRIDINYL) PHOSPHINE OXIDE SOLUTION	6.1	-	II	-	100 ml	E4	P001	-	IBC02	-
2501	TRIS-(1-AZIRIDINYL)-PHOSPHINOXID, LÖSUNG TRIS-(1-AZIRIDINYL) PHOSPHINE OXIDE SOLUTION	6.1	-	III	223	5 L	E1	P001 LP01	-	IBC03	-
2502	VALERYLCHLORID VALERYL CHLORIDE	8	3	II	-	1 L	E2	P001	-	IBC02	-
2503	ZIRKONIUMTETRACHLORID ZIRCONIUM TETRACHLORIDE	8	-	III	-	5 kg	E1	P002 LP02	-	IBC08	B3
2504	TETRABROMETHAN TETRABROMOETHANE	6.1	- **P**	III	-	5 L	E1	P001 LP01	-	IBC03	-
2505	AMMONIUMFLUORID AMMONIUM FLUORIDE	6.1	-	III	-	5 kg	E1	P002 LP02	-	IBC08	B3

Ortsbewegliche Tanks und Schüttgut-Container			EmS	Stauung und Handhabung	Trennung	Eigenschaften und Bemerkung	UN-Nr.
	Tank Anwei-sung(en)	Vor-schrif-ten					
(12)	(13) 4.2.5 4.3	(14) 4.2.5	(15) 5.4.3.2 7.8	(16a) 7.1, 7.3 bis 7.7	(16b) 7.2 bis 7.7	(17)	(18)
-	T20	TP2 TP13 TP37	F-E, S-D	Staukategorie D SW2	-	Farblose bis gelbliche Flüssigkeit mit stechendem Geruch. Flammpunkt: 51 °C c.c. Nicht mischbar mit Wasser. Reagiert mit Wasser unter Bildung von Kohlendioxid. Hochgiftig beim Verschlucken, bei Berührung mit der Haut oder beim Einatmen. Wirkt reizend auf Haut, Augen und Schleimhäute.	2487
-	T20	TP2 TP13 TP37	F-E, S-D	Staukategorie D SW2	-	Gelbliche Flüssigkeit, Geruch wirkt reizend. Flammpunkt: 53 °C c.c. Nicht mischbar mit Wasser. Reagiert mit Wasser unter Bildung von Kohlendioxid. Hochgiftig beim Verschlucken, bei Berührung mit der Haut oder beim Einatmen. Wirkt reizend auf Haut, Augen und Schleimhäute.	2488
-	T7	TP2	F-A, S-A	Staukategorie B	-	Farblose Flüssigkeit. Nicht mischbar mit Wasser. Giftig beim Verschlucken, bei Berührung mit der Haut oder beim Einatmen.	2490
-	T4	TP1	F-A, S-B	Staukategorie A	SGG18 SG35	Farblos. Mischbar mit Wasser. Greift Kupfer, Kupferverbindungen, Kupferlegierungen und Gummi an. Reagiert heftig mit Säuren. Flüssigkeit und Dampf verursachen Verätzungen der Haut, der Augen und der Schleimhäute.	2491
-	T7	TP1	F-E, S-C	Staukategorie B SW2	-	Gelbliche Flüssigkeit mit ammoniakartigem Geruch. Flammpunkt: 18 °C c.c. Mischbar mit Wasser. Gesundheitsschädlich beim Einatmen. Wird durch die Haut aufgenommen. Verursacht Verätzungen der Haut, der Augen und der Schleimhäute.	2493
-	-	-	F-A, S-Q	Staukategorie D SW1 SW2	SGG1 SG6 SG16 SG19 SG35 SG36 SG49	Farblose rauchende Flüssigkeit (Dichte 3,75). Stark entzündend (oxidierend) wirkender Stoff. Kann in Berührung mit organischen Stoffen wie Holz, Baumwolle oder Stroh einen Brand verursachen. Reagiert heftig mit Wasser, entwickelt Fluorwasserstoff, ein giftiges und äußerst ätzendes Gas, das als weißer Nebel sichtbar wird. Entwickelt in Berührung mit Säuren oder sauren Dämpfen hochgiftige Iod- oder Fluordämpfe sowie Dämpfe von deren Verbindungen. Greift die meisten Metalle stark an. Giftig beim Verschlucken, bei Berührung mit der Haut oder beim Einatmen. Verursacht Verätzungen der Haut, der Augen und der Schleimhäute.	2495
-	T4	TP1	F-A, S-B	Staukategorie A	SGG1 SG36 SG49	Farblose, brennbare Flüssigkeit mit stechendem Geruch. Reagiert mit Wasser, unter Bildung von Propionsäure. Verursacht Verätzungen der Haut, der Augen und der Schleimhäute.	2496
-	T2	TP1	F-E, S-D	Staukategorie A	-	Farblose Flüssigkeit. Flammpunkt: 57 °C c.c. Nicht mischbar mit Wasser.	2498
-	T7	TP2	F-A, S-A	Staukategorie A	-	Wässerige Lösung. Mischbar mit Wasser. Giftig beim Verschlucken, bei Berührung mit der Haut oder beim Einatmen.	2501
-	T4	TP1	F-A, S-A	Staukategorie A	-	Siehe Eintrag oben.	2501
-	T7	TP2	F-E, S-C	Staukategorie C SW2	SGG1 SG36 SG49	Flüssigkeit mit durchdringendem Geruch. Flammpunkt: 23 °C c.c. oder darüber. Reagiert mit Wasser unter Bildung von Chlorwasserstoff, einem ätzenden Gas, das als weißer Nebel sichtbar wird. Greift die meisten Metalle an. Verursacht Verätzungen der Haut, der Augen und der Schleimhäute.	2502
-	T1	TP33	F-A, S-B	Staukategorie A	SGG1 SG36 SG49	Weiße, glänzende Kristalle. Reagiert mit Wasser unter Bildung von Chlorwasserstoff, einem ätzenden Gas, das als weißer Nebel sichtbar wird. Greift bei Feuchtigkeit die meisten Metalle an. Wirkt reizend auf Schleimhäute.	2503
-	T4	TP1	F-A, S-A	Staukategorie A	SGG10	Farblose bis gelbliche Flüssigkeit mit kampferartigem Geruch. Giftig beim Verschlucken, bei Berührung mit der Haut oder beim Einatmen.	2504
-	T1	TP33	F-A, S-A	Staukategorie A	SGG2 SG35	Farblose Kristalle oder Pulver mit ammoniakartigem Geruch. Leicht löslich in Wasser. Zersetzt sich in Berührung mit Säuren, entwickelt Fluorwasserstoff, ein ätzendes Gas. Giftig beim Verschlucken, bei Berührung mit der Haut oder beim Einatmen von Staub.	2505

UN-Nr.	Richtiger technischer Name	Klasse	Zusatzgefahr	Verpackungsgruppe	Sondervorschriften	Begrenzte und freigestellte Mengen		Verpackungen		IBC	
						Begrenzte Mengen	Freigestellte Mengen	Anweisung(en)	Sondervorschriften	Anweisung(en)	Sondervorschriften
(1)	(2) 3.1.2	(3) 2.0	(4) 2.0	(5) 2.0.1.3	(6) 3.3	(7a) 3.4	(7b) 3.5	(8) 4.1.4	(9) 4.1.4	(10) 4.1.4	(11) 4.1.4
2506	AMMONIUMHYDROGENSULFAT AMMONIUM HYDROGEN SULPHATE	8	-	II	-	1 kg	E2	P002	-	IBC08	B4 B21
2507	HEXACHLORPLATINSÄURE, FEST CHLOROPLATINIC ACID, SOLID	8	-	III	-	5 kg	E1	P002 LP02	-	IBC08	B3
2508	MOLYBDÄNPENTACHLORID MOLYBDENUM PENTACHLORIDE	8	-	III	-	5 kg	E1	P002 LP02	-	IBC08	B3
2509	KALIUMHYDROGENSULFAT POTASSIUM HYDROGEN SULPHATE	8	-	II	-	1 kg	E2	P002	-	IBC08	B4 B21
2511	alpha-CHLORPROPIONSÄURE 2-CHLOROPROPIONIC ACID	8	-	III	223	5 L	E1	P001 LP01	-	IBC03	-
2512	AMINOPHENOLE (o-, m-, p-) AMINOPHENOLS (o-, m-, p-)	6.1	-	III	279	5 kg	E1	P002 LP02	-	IBC08	B3
2513	BROMACETYLBROMID BROMOACETYL BROMIDE	8	-	II	-	1 L	E2	P001	-	IBC02	B20
2514	BROMBENZEN BROMOBENZENE	3	- P	III	-	5 L	E1	P001 LP01	-	IBC03	-
2515	BROMOFORM BROMOFORM	6.1	- P	III	-	5 L	E1	P001 LP01	-	IBC03	-
2516	TETRABROMKOHLENSTOFF CARBON TETRABROMIDE	6.1	- P	III	-	5 kg	E1	P002 LP02	-	IBC08	B3
2517	1-CHLOR-1,1-DIFLUORETHAN (GAS ALS KÄLTEMITTEL R 142b) 1-CHLORO-1,1-DIFLUOROETHANE (REFRIGERANT GAS R 142b)	2.1	-	-	-	0	E0	P200	-	-	-
2518	1,5,9-CYCLODODECATRIEN 1,5,9-CYCLODODECATRIENE	6.1	- P	III	-	5 L	E1	P001 LP01	-	IBC03	-
2520	CYCLOOCTADIENE CYCLOOCTADIENES	3	-	III	-	5 L	E1	P001 LP01	-	IBC03	-
2521	DIKETEN, STABILISIERT DIKETENE, STABILIZED	6.1	3	I	354 386	0	E0	P602	-	-	-
2522	2-DIMETHYLAMINOETHYLMETH-ACRYLAT 2-DIMETHYLAMINOETHYL METH-ACRYLATE	6.1	-	II	-	100 ml	E4	P001	-	IBC02	-
2524	ETHYLORTHOFORMIAT ETHYL ORTHOFORMATE	3	-	III	-	5 L	E1	P001 LP01	-	IBC03	-

Ortsbewegliche Tanks und Schüttgut-Container			EmS	Stauung und Handhabung	Trennung	Eigenschaften und Bemerkung	UN-Nr.
	Tank Anwei-sung(en)	Vor-schrif-ten					
(12)	(13)	(14)	(15)	(16a)	(16b)	(17)	(18)
	4.2.5 4.3	4.2.5	5.4.3.2 7.8	7.1, 7.3 bis 7.7	7.2 bis 7.7		
-	T3	TP33	F-A, S-B	Staukategorie A SW2	SGG1 SGG2 SG36 SG49	Weiße rhombische Kristalle. Löslich in Wasser. Entwickelt unter Feuereinwirkung äußerst reizende und ätzende Dämpfe. Greift bei Feuchtigkeit die meisten Metalle an. Verursacht Verätzungen der Haut, der Augen und der Schleimhäute.	2506
-	T1	TP33	F-A, S-B	Staukategorie A	SGG1 SG36 SG49	Rot-braune Kristalle. Löslich in Wasser.	2507
-	T1	TP33	F-A, S-B	Staukategorie C SW2	SGG1 SG36 SG49	Schwarze oder grün-schwarze Kristalle. Hygroskopisch. Reagiert heftig mit Wasser, unter Bildung von Chlorwasserstoff, einem ätzenden Gas, das als weißer Nebel sichtbar wird. Gesundheitsschädlich beim Verschlucken. Staub und Dampf haben Wirkt reizend auf Haut, Augen und Schleimhäute.	2508
-	T3	TP33	F-A, S-B	Staukategorie A	SGG1 SG36 SG49	Farblose Kristalle. Löslich in Wasser. Entwickelt unter Feuereinwirkung äußerst reizende und ätzende Dämpfe. Greift bei Feuchtigkeit die meisten Metalle an. Wirkt reizend auf Haut, Augen und Schleimhäute.	2509
-	T4	TP2	F-A, S-B	Staukategorie A	SGG1 SG36 SG49	Farblose, wässerige Lösung mit spezifischem Geruch. Verursacht Verätzungen der Haut, der Augen und der Schleimhäute.	2511
-	T1	TP33	F-A, S-A	Staukategorie A	-	Weiße oder bräunliche (ortho- und para-) oder rötlichgelbe (meta-) Kristalle. Löslich in Wasser. Giftig beim Verschlucken, bei Berührung mit der Haut oder beim Einatmen.	2512
-	T8	TP2	F-A, S-B	Staukategorie C SW2	SGG1 SG36 SG49	Klare Flüssigkeit, farblos. Siedepunkt: 150 °C. Reagiert heftig mit Wasser unter Bildung von Bromwasserstoff, einem reizenden und ätzenden Gas, das als weißer Nebel sichtbar wird. Greift in Gegenwart von Feuchtigkeit die meisten Metalle stark an. Reagiert heftig mit Alkalien wie Ammoniak und Hydrazin. Verursacht schwere Verätzungen der Haut, der Augen und der Schleimhäute. Dampf ruft Tränenbildung hervor.	2513
-	T2	TP1	F-E, S-D	Staukategorie A	-	Farblose Flüssigkeit mit charakteristischem Geruch. Flammpunkt: 51 °C c.c. Explosionsgrenzen: 0,5 % bis 2,8 %. Nicht mischbar mit Wasser.	2514
-	T4	TP1	F-A, S-A	Staukategorie A SW1 SW2 H2	SGG10	Farblose Flüssigkeit oder Kristalle (Schmelzpunkt 9 °C) mit chloroformartigem Geruch. Giftig beim Verschlucken, bei Berührung mit der Haut oder beim Einatmen. Narkotisierende Wirkung.	2515
-	T1	TP33	F-A, S-A	Staukategorie A SW1	-	Farblose Kristalle. Schmelzpunkt: 48 °C. Nicht löslich in Wasser. Giftig beim Verschlucken, bei Berührung mit der Haut oder beim Einatmen des Staubes und.	2516
-	T50	-	F-D, S-U	Staukategorie B SW2	-	Entzündbares Gas. Explosionsgrenzen: 8,5 % bis 14 %. Viel schwerer als Luft (3,5).	2517
-	T4	TP1	F-A, S-A	Staukategorie A SW2	-	Farblose Flüssigkeit. Giftig beim Verschlucken, bei Berührung mit der Haut oder beim Einatmen.	2518
-	T2	TP1	F-E, S-D	Staukategorie A	-	Farblose Flüssigkeiten. Nicht mischbar mit Wasser. 1,5-CYCLOOCTADIEN: Flammpunkt: 38 °C c.c. Wirkt reizend auf Haut, Augen und Schleimhäute.	2520
-	T20	TP2 TP13 TP37	F-E, S-D	Staukategorie D SW1 SW2	SG20 SG21	Farblose entzündbare Flüssigkeit mit stechendem Geruch. Flammpunkt: 44 °C c.c. Nicht mischbar mit Wasser. Hydrolisiert langsam in Berührung mit Wasser. Das Vorhandensein von Säuren, Basen oder Aminen kann eine explosionsartige Polymerisation auslösen. Hochgiftig beim Verschlucken, bei Berührung mit der Haut oder beim Einatmen.	2521
-	T7	TP2	F-A, S-A	Staukategorie D SW2	-	Brennbare Flüssigkeit. Ruft Tränenbildung hervor. Giftig beim Verschlucken, bei Berührung mit der Haut oder beim Einatmen.	2522
-	T2	TP1	F-E, S-D	Staukategorie A	-	Farblose Flüssigkeit mit etherartigem Geruch. Flammpunkt: 30 °C c.c. Nicht mischbar mit Wasser.	2524

3.2 Gefahrgutliste

UN-Nr.	Richtiger technischer Name	Klasse	Zusatzgefahr	Verpackungsgruppe	Sondervorschriften	Begrenzte und freigestellte Mengen		Verpackungen		IBC	
						Begrenzte Mengen	Freigestellte Mengen	Anweisung(en)	Sondervorschriften	Anweisung(en)	Sondervorschriften
(1)	(2) 3.1.2	(3) 2.0	(4) 2.0	(5) 2.0.1.3	(6) 3.3	(7a) 3.4	(7b) 3.5	(8) 4.1.4	(9) 4.1.4	(10) 4.1.4	(11) 4.1.4
2525	ETHYLOXALAT ETHYL OXALATE	6.1	-	III	-	5 L	E1	P001 LP01	-	IBC03	-
2526	FURFURYLAMIN FURFURYLAMINE	3	8	III	-	5 L	E1	P001	-	IBC03	-
2527	ISOBUTYLACRYLAT, STABILISIERT ISOBUTYL ACRYLATE, STABILIZED	3	-	III	386	5 L	E1	P001 LP01	-	IBC03	-
2528	ISOBUTYLISOBUTYRAT ISOBUTYL ISOBUTYRATE	3	-	III	-	5 L	E1	P001 LP01	-	IBC03	-
2529	ISOBUTTERSÄURE ISOBUTYRIC ACID	3	8	III	-	5 L	E1	P001	-	IBC03	-
2531	METHACRYLSÄURE, STABILISIERT METHACRYLIC ACID, STABILIZED	8	-	II	386	1 L	E2	P001	-	IBC02	-
2533	METHYLTRICHLORACETAT METHYL TRICHLOROACETATE	6.1	-	III	-	5 L	E1	P001 LP01	-	IBC03	-
2534	METHYLCHLORSILAN METHYLCHLOROSILANE	2.3	2.1/8	-	-	0	E0	P200	-	-	-
2535	4-METHYLMORPHOLIN (N-METHYL-MORPHOLIN) 4-METHYLMORPHOLINE (N-METHYL-MORPHOLINE)	3	8	II	-	1 L	E2	P001	-	IBC02	-
2536	METHYLTETRAHYDROFURAN METHYLTETRAHYDROFURAN	3	-	II	-	1 L	E2	P001	-	IBC02	-
2538	NITRONAPHTHALIN NITRONAPHTHALENE	4.1	-	III	-	5 kg	E1	P002 LP02	-	IBC08	B3
2541	TERPINOLEN TERPINOLENE	3	-	III	-	5 L	E1	P001 LP01	-	IBC03	-
2542	TRIBUTYLAMIN TRIBUTYLAMINE	6.1	-	II	-	100 ml	E4	P001	-	IBC02	-
2545	HAFNIUMPULVER, TROCKEN HAFNIUM POWDER, DRY	4.2	-	I	-	0	E0	P404	PP31	-	-
2545	HAFNIUMPULVER, TROCKEN HAFNIUM POWDER, DRY	4.2	-	II	-	0	E2	P410	PP31	IBC06	B21
2545	HAFNIUMPULVER, TROCKEN HAFNIUM POWDER, DRY	4.2	-	III	223	0	E1	P002 LP02	PP31 L4	IBC08	B4
2546	TITANPULVER, TROCKEN TITANIUM POWDER, DRY	4.2	-	I	-	0	E0	P404	PP31	-	-
2546	TITANPULVER, TROCKEN TITANIUM POWDER, DRY	4.2	-	II	-	0	E2	P410	PP31	IBC06	B21

Ortsbewegliche Tanks und Schüttgut-Container			EmS	Stauung und Handhabung	Trennung	Eigenschaften und Bemerkung	UN-Nr.
	Tank Anwei-sung(en)	Vor-schrif-ten					
(12)	(13) 4.2.5 4.3	(14) 4.2.5	(15) 5.4.3.2 7.8	(16a) 7.1, 7.3 bis 7.7	(16b) 7.2 bis 7.7	(17)	(18)
-	T4	TP1	F-A, S-A	Staukategorie A	-	Farblose, ölige, aromatische Flüssigkeit. Wird langsam durch Wasser zersetzt. Giftig beim Verschlucken, bei Berührung mit der Haut oder beim Einatmen.	2525
-	T4	TP1	F-E, S-C	Staukategorie A SW2	SG35	Blassgelbe, ölige Flüssigkeit. Flammpunkt: 37 °C c.c. Mischbar mit Wasser. Gesundheitsschädlich beim Einatmen. Verursacht Verätzungen der Haut und der Augen. Wirkt reizend auf Schleimhäute.	2526
-	T2	TP1	F-E, S-D	Staukategorie C SW1	-	Farblose Flüssigkeit mit stechendem Geruch. Flammpunkt: 29 °C c.c. Nicht mischbar mit Wasser. Gesundheitsschädlich beim Einatmen. Wirkt reizend auf Haut, Augen und Schleimhäute.	2527
-	T2	TP1	F-E, S-D	Staukategorie A	-	Farblose Flüssigkeit mit fruchtartigem Geruch. Flammpunkt: 37 °C c.c. Explosionsgrenzen: 0,96 % bis 7,59 %. Nicht mischbar mit Wasser.	2528
-	T4	TP1	F-E, S-C	Staukategorie A	-	Farblose Flüssigkeit mit stechendem Geruch. Flammpunkt: 55 °C c.c. Explosionsgrenzen: 2 % bis 9,2 %. Mischbar mit Wasser. Verursacht Verätzungen der Haut und der Augen. Wirkt reizend auf Haut, Augen und Schleimhäute.	2529
-	T7	TP2 TP18 TP30	F-A, S-B	Staukategorie C SW1 SW2	SGG1 SG36 SG49	Farblose, brennbare Flüssigkeit mit spezifischem Geruch. Mischbar mit Wasser. Polymerisiert leicht oberhalb ihres Schmelzpunktes (15 °C), unter Freisetzung von Wärme mit der Gefahr einer möglichen Explosion und muss daher ausreichend stabilisiert sein. Kühlen unter den Schmelzpunkt (15 °C) und anschließendes Wiedererwärmen kann nicht stabilisierte Monomere freisetzen, die schnell polymerisieren können. Zersetzt sich bei Erwärmung unter Bildung giftiger Gase. Verursacht Verätzungen der Haut, der Augen und der Schleimhäute.	2531
-	T4	TP1	F-A, S-A	Staukategorie A	-	Farblose Flüssigkeit. Nicht mischbar mit Wasser. Giftig beim Verschlucken, bei Berührung mit der Haut oder beim Einatmen.	2533
-	-	-	F-D, S-U	Staukategorie D SW2	SG4 SG9	Verflüssigtes, entzündbares, giftiges und ätzendes farbloses Gas mit stechendem Geruch. Reagiert mit Wasser unter Bildung von Chlorwasserstoff, einem reizenden und ätzenden Gas. Schwerer als Luft. Siedepunkt: 9 °C. Wirkt stark reizend auf Haut, Augen und Schleimhäute.	2534
-	T7	TP1	F-E, S-C	Staukategorie B SW2	-	Farblose Flüssigkeit mit ammoniakartigem Geruch. Flammpunkt: 13 °C c.c. Mischbar mit Wasser. Gesundheitsschädlich beim Einatmen. Verursacht Verätzungen der Haut und der Augen. Wirkt reizend auf Schleimhäute.	2535
-	T4	TP1	F-E, S-D	Staukategorie B	-	Farblose, flüchtige Flüssigkeit mit etherartigem Geruch. Flammpunkt: -11 °C c.c. Nicht mischbar mit Wasser.	2536
-	T1	TP33	F-A, S-G	Staukategorie A	-	Gelbe Kristalle. Nicht löslich in Wasser. Gesundheitsschädlich beim Verschlucken.	2538
-	T2	TP1	F-E, S-E	Staukategorie A	-	Farblose bis blass-bernsteinfarbige Flüssigkeit mit zitronenartigem Geruch. Flammpunkt: 37 °C c.c. Nicht mischbar mit Wasser.	2541
-	T7	TP2	F-A, S-A	Staukategorie A	-	Farblose, brennbare Flüssigkeit mit aminartigem Geruch. Nicht mischbar mit Wasser. Entwickelt bei Feuereinwirkung giftige Gase. Giftig beim Verschlucken, bei Berührung mit der Haut oder beim Einatmen.	2542
-	-	-	F-G, S-M	Staukategorie D H1	SGG15 SG26	Schwarzes amorphes Pulver. Nicht löslich in Wasser. Neigt an Luft zur Selbstentzündung. Bildet mit entzündend (oxidierend) wirkenden Stoffen explosionsfähige Gemische.	2545
-	T3	TP33	F-G, S-M	Staukategorie D H1	SGG15 SG26	Siehe Eintrag oben.	2545
-	T1	TP33	F-G, S-M	Staukategorie D H1	SGG15 SG26	Siehe Eintrag oben.	2545
-	-	-	F-G, S-M	Staukategorie D H1	SGG7 SGG15 SG26	Graues Pulver. Neigt an Luft zur Selbstentzündung. Bildet mit entzündend (oxidierend) wirkenden Stoffen explosionsfähige Gemische.	2546
-	T3	TP33	F-G, S-M	Staukategorie D H1	SGG7 SGG15 SG26	Siehe Eintrag oben.	2546

UN-Nr.	Richtiger technischer Name	Klasse	Zusatzgefahr	Verpackungsgruppe	Sondervorschriften	Begrenzte und freigestellte Mengen		Verpackungen		IBC	
						Begrenzte Mengen	Freigestellte Mengen	Anweisung(en)	Sondervorschriften	Anweisung(en)	Sondervorschriften
(1)	(2) 3.1.2	(3) 2.0	(4) 2.0	(5) 2.0.1.3	(6) 3.3	(7a) 3.4	(7b) 3.5	(8) 4.1.4	(9) 4.1.4	(10) 4.1.4	(11) 4.1.4
2546	TITANPULVER, TROCKEN TITANIUM POWDER, DRY	4.2	-	III	223	0	E1	P002 LP02	PP31 L4	IBC08	B4
2547	NATRIUMSUPEROXID SODIUM SUPEROXIDE	5.1	-	I	-	0	E0	P503	-	IBC06	B1
2548	CHLORPENTAFLUORID CHLORINE PENTAFLUORIDE	2.3	5.1/8	-	-	0	E0	P200	-	-	-
2552	HEXAFLUORACETONHYDRAT, FLÜSSIG HEXAFLUOROACETONE HYDRATE, LIQUID	6.1	-	II	-	100 ml	E4	P001	-	IBC02	-
2554	METHYLALLYLCHLORID METHYLALLYL CHLORIDE	3	-	II	-	1 L	E2	P001	-	IBC02	-
2555	NITROCELLULOSE MIT WASSER, mindestens 25 Masse-% Wasser NITROCELLULOSE WITH WATER (not less than 25 % water, by mass)	4.1	-	II	28	0	E0	P406	PP31	-	-
2556	NITROCELLULOSE MIT ALKOHOL, mindestens 25 Masse-% Alkohol und höchstens 12,6 % Stickstoff bezogen auf die Trockenmasse NITROCELLULOSE WITH ALCOHOL (not less than 25 % alcohol, by mass, and not more than 12.6 % nitrogen, by dry mass)	4.1	-	II	28	0	E0	P406	PP31	-	-
2557	NITROCELLULOSE, MISCHUNG, mit höchstens 12,6 % Stickstoff in der Trockenmasse, MIT oder OHNE PLASTIFIZIERUNGSMITTEL, MIT oder OHNE PIGMENT NITROCELLULOSE with not more than 12.6 % nitrogen, by dry mass, MIXTURE WITH or WITHOUT PLASTICIZER, WITH or WITHOUT PIGMENT	4.1	-	II	241	0	E0	P406	PP31	-	-
2558	EPIBROMHYDRIN EPIBROMOHYDRIN	6.1	3 **P**	I	-	0	E0	P001	-	-	-
2560	2-METHYLPENTAN-2-OL 2-METHYLPENTAN-2-OL	3	-	III	-	5 L	E1	P001 LP01	-	IBC03	-
2561	3-METHYL-1-BUTEN 3-METHYL-1-BUTENE	3	-	I	-	0	E3	P001	-	-	-
2564	TRICHLORESSIGSÄURE, LÖSUNG TRICHLOROACETIC ACID SOLUTION	8	-	II	-	1 L	E2	P001	-	IBC02	-
2564	TRICHLORESSIGSÄURE, LÖSUNG TRICHLOROACETIC ACID SOLUTION	8	-	III	223	5 L	E1	P001 LP01	-	IBC03	-

Ortsbewegliche Tanks und Schüttgut-Container			EmS	Stauung und Handhabung	Trennung	Eigenschaften und Bemerkung	UN-Nr.
	Tank Anwei-sung(en)	Vor-schrif-ten					
(12)	(13)	(14)	(15)	(16a)	(16b)	(17)	(18)
	4.2.5 4.3	4.2.5	5.4.3.2 7.8	7.1, 7.3 bis 7.7	7.2 bis 7.7		
-	T1	TP33	F-G, S-M	Staukategorie D H1	SGG7 SGG15 SG26	Siehe Eintrag oben.	2546
-	-	-	F-G, S-Q	Staukategorie D H1	SGG16 SG16 SG26 SG35 SG59	Blassgelbes grobes Pulver oder Granulat. Ein Gemisch mit brennbaren Stoffen kann, insbesondere wenn mit wenig Wasser angefeuchtet, durch Schlag oder Reibung entzündet werden. Zersetzt sich unter Feuereinwirkung oder in Berührung mit Wasser oder Säuren unter Entwicklung von Sauerstoff. Wirkt stark reizend auf Haut, Augen und Schleimhäute.	2547
-	-	-	F-C, S-W	Staukategorie D SW2	SG6 SG19	Nicht entzündbares, giftiges und ätzendes Gas. Bildet in feuchter Luft dichten, weißen, ätzenden Nebel. Reagiert heftig mit Wasser unter Bildung von Fluorwasserstoff, einem giftigen, reizenden und ätzenden Gas, das als weißer Nebel sichtbar wird. Ätzwirkung auf Glas und die meisten Metalle. Stark entzündend (oxidierend) wirkender Stoff, der mit brennbaren Stoffen heftige Brände verursachen kann. Viel schwerer als Luft (4,5). Wirkt stark reizend auf Haut, Augen und Schleimhäute.	2548
-	T7	TP2	F-A, S-A	Staukategorie B SW2	-	Giftig beim Verschlucken, bei Berührung mit der Haut oder beim Einatmen.	2552 → *UN 3436*
-	T4	TP1 TP13	F-E, S-D	Staukategorie E	SGG10	Farblose bis gelbliche, flüchtige Flüssigkeit mit durchdringendem Geruch. Flammpunkt: -12 °C c.c. Explosionsgrenzen: 2,3 % bis 9,3 %. Nicht mischbar mit Wasser. Kann unter Feuereinwirkung hochgiftiges Phosgengas entwickeln. Gesundheitsschädlich beim Einatmen. Wirkt reizend auf Haut, Augen und Schleimhäute.	2554
-	-	-	F-B, S-J	Staukategorie E	SG7 SG30	Desensibilisierter Explosivstoff. Die Nitrocellulose kann folgende Formen haben: Granulat, Flocken, Blöcke oder Fasern. Unter Feuereinwirkung bilden sich giftige Dämpfe. In geschlossenen Räumen können diese Dämpfe mit der Luft explosionsfähige Gemische bilden. Kann mit Schwermetallen und deren Salzen äußerst empfindliche Verbindungen bilden.	2555
-	-	-	F-B, S-J	Staukategorie D SW1 H2	SG7 SG30	Die Nitrocellulose kann folgende Formen haben: Granulat, Flocken, Blöcke oder Fasern. Bei Leckage entwickeln sich entzündbare Dämpfe, die in geschlossenen Räumen mit der Luft explosionsfähige Gemische bilden. Unter Feuereinwirkung bilden sich giftige Gase und Dämpfe. In geschlossenen Räumen können diese Gase und Dämpfe mit der Luft explosionsfähige Gemische bilden. In trockenem Zustand hochexplosiv. Kann mit Schwermetallen und deren Salzen äußerst empfindliche Verbindungen bilden.	2556
-	-	-	F-B, S-J	Staukategorie D	SG7 SG30	Die Nitrocellulose kann die Form von Granulat oder Flocken haben. Dieser Stoff kann auch zugefügte Farbstoffe enthalten. Unter Feuereinwirkung bilden sich giftige Gase und Dämpfe. In geschlossenen Räumen können diese Gase und Dämpfe mit der Luft explosionsfähige Gemische bilden. Brennt sehr schnell mit starker Hitzeentwicklung. Die Mischung sollte so beschaffen sein, dass sie während des Transports homogen bleibt. Kann mit Schwermetallen und deren Salzen äußerst empfindliche Verbindungen bilden.	2557
-	T14	TP2 TP13	F-E, S-D	Staukategorie D SW2	-	Entzündbare Flüssigkeit. Flammpunkt: 56 °C c.c. Hochgiftig beim Verschlucken, bei Berührung mit der Haut oder beim Einatmen.	2558
-	T2	TP1	F-E, S-D	Staukategorie A	-	Farblose Flüssigkeit. Flammpunkt: 30 °C c.c. Teilweise mischbar mit Wasser. Wirkt reizend auf Haut, Augen und Schleimhäute.	2560
-	T11	TP2	F-E, S-D	Staukategorie E	-	Farblose, flüchtige Flüssigkeit mit widerlichem Geruch. Flammpunkt: unter -18 °C c.c. Nicht mischbar mit Wasser. Wirkt reizend auf Haut, Augen und Schleimhäute.	2561
-	T7	TP2	F-A, S-B	Staukategorie B	SGG1 SG36 SG49	Farblose, klare Lösung mit stechendem Geruch. Greift die meisten Metalle an. Verursacht Verätzungen der Haut, der Augen und der Schleimhäute.	2564
-	T4	TP1	F-A, S-B	Staukategorie B	SGG1 SG36 SG49	Siehe Eintrag oben.	2564

3.2 Gefahrgutliste

UN-Nr.	Richtiger technischer Name	Klasse	Zusatzgefahr	Verpackungsgruppe	Sondervorschriften	Begrenzte und freigestellte Mengen		Verpackungen		IBC	
						Begrenzte Mengen	Freigestellte Mengen	Anweisung(en)	Sondervorschriften	Anweisung(en)	Sondervorschriften
(1)	(2) 3.1.2	(3) 2.0	(4) 2.0	(5) 2.0.1.3	(6) 3.3	(7a) 3.4	(7b) 3.5	(8) 4.1.4	(9) 4.1.4	(10) 4.1.4	(11) 4.1.4
2565	DICYCLOHEXYLAMIN DICYCLOHEXYLAMINE	8	-	III	-	5 L	E1	P001 LP01	-	IBC03	-
2567	NATRIUMPENTACHLORPHENOLAT SODIUM PENTACHLOROPHENATE	6.1	- **P**	II	-	500 g	E4	P002	-	IBC08	B4 B21
2570	CADMIUMVERBINDUNG CADMIUM COMPOUND	6.1	-	I	274	0	E5	P002	-	IBC07	B1
2570	CADMIUMVERBINDUNG CADMIUM COMPOUND	6.1	-	II	274	500 g	E4	P002	-	IBC08	B4 B21
2570	CADMIUMVERBINDUNG CADMIUM COMPOUND	6.1	-	III	223 274	5 kg	E1	P002 LP02	-	IBC08	B3
2571	ALKYLSCHWEFELSÄUREN ALKYLSULPHURIC ACIDS	8	-	II	-	1 L	E2	P001	-	IBC02	-
2572	PHENYLHYDRAZIN PHENYLHYDRAZINE	6.1	-	II	-	100 ml	E4	P001	-	IBC02	-
2573	THALLIUMCHLORAT THALLIUM CHLORATE	5.1	6.1 **P**	II	-	1 kg	E2	P002	-	IBC06	B21
2574	TRICRESYLPHOSPHAT mit mehr als 3 % ortho-Isomer TRICRESYL PHOSPHATE with more than 3 % ortho-isomer	6.1	- **P**	II	-	100 ml	E4	P001	-	IBC02	-
2576	PHOSPHOROXYBROMID, GESCHMOLZEN PHOSPHORUS OXYBROMIDE, MOLTEN	8	-	II	-	0	E0	-	-	-	-
2577	PHENYLACETYLCHLORID PHENYLACETYL CHLORIDE	8	-	II	-	1 L	E2	P001	-	IBC02	-
2578	PHOSPHORTRIOXID PHOSPHORUS TRIOXIDE	8	-	III	-	5 kg	E1	P002 LP02	-	IBC08	B3
2579	PIPERAZIN PIPERAZINE	8	-	III	-	5 kg	E1	P002 LP02	-	IBC08	B3

Ortsbewegliche Tanks und Schüttgut-Container			EmS	Stauung und Handhabung	Trennung	Eigenschaften und Bemerkung	UN-Nr.
	Tank Anweisung(en)	Vorschriften					
(12)	(13) 4.2.5 4.3	(14) 4.2.5	(15) 5.4.3.2 7.8	(16a) 7.1, 7.3 bis 7.7	(16b) 7.2 bis 7.7	(17)	(18)
-	T4	TP1	F-A, S-B	Staukategorie A	SG35	Klare, farblose, entzündbare Flüssigkeit mit fischartigem Geruch, der andere Güter verderben kann. Nicht mischbar mit Wasser. Verursacht Verätzungen der Haut, der Augen und der Schleimhäute.	2565
-	T3	TP33	F-A, S-A	Staukategorie A	-	Weißes oder hellbraunes Pulver mit stechendem Geruch. Löslich in Wasser. Giftig beim Verschlucken, bei Berührung mit der Haut oder beim Einatmen von Staub.	2567
-	T6	TP33	F-A, S-A	Staukategorie A	-	Pulver oder Kristalle in verschiedenen Farben. Kann löslich oder nicht löslich in Wasser sein. Giftig beim Verschlucken, bei Berührung mit der Haut oder beim Einatmen von Staub.	2570
-	T3	TP33	F-A, S-A	Staukategorie A	-	Siehe Eintrag oben.	2570
-	T1	TP33	F-A, S-A	Staukategorie A	-	Siehe Eintrag oben.	2570
-	T8	TP2 TP13 TP28	F-A, S-B	Staukategorie C SW15	SGG1 SG36 SG49	Farblose ölige Flüssigkeiten. Reagieren mit Wasser unter Wärmeentwicklung. Verursacht Verätzungen der Haut, der Augen und der Schleimhäute. Greift Metall stark an.	2571
-	T7	TP2	F-A, S-A	Staukategorie A SW2	-	Hellgelbe ölige Flüssigkeit. Schmelzpunkt: 20 °C. Schwach löslich in Wasser. Giftig beim Verschlucken, bei Berührung mit der Haut oder beim Einatmen.	2572
-	T3	TP33	F-H, S-Q	Staukategorie A	SGG4 SG38 SG49	Farblose Kristalle. Schwach löslich in Wasser. Reagiert heftig mit Schwefelsäure. Reagiert sehr heftig mit Cyaniden bei Erwärmung oder Reibung. Kann mit brennbaren Stoffen, pulverförmigen Metallen oder Ammoniumverbindungen explosionsfähige Gemische bilden. Diese Mischungen sind empfindlich gegen Reibung und neigen zur Entzündung. Kann unter Feuereinwirkung eine Explosion verursachen. Giftig beim Verschlucken, bei Berührung mit der Haut oder beim Einatmen von Staub.	2573
-	T7	TP2	F-A, S-A	Staukategorie A	-	Farblose Flüssigkeit. Ein Gemisch von Isomeren. Nicht mischbar mit Wasser. Giftig beim Verschlucken, bei Berührung mit der Haut oder beim Einatmen.	2574
-	T7	TP3 TP13	F-A, S-B	Staukategorie C SW2	SGG1 SG36 SG49	Farblose Flüssigkeit mit stechendem Geruch. Schmelzpunkt: 56 °C. Reagiert heftig mit Wasser unter Bildung von Bromwasserstoff, einem giftigen und ätzenden Gas, das als weißer Nebel sichtbar wird. Reagiert sehr heftig mit organischen Stoffen (wie Holz, Baumwolle, Stroh), verursacht dabei einen Brand. Entwickelt unter Feuereinwirkung hochgiftige und ätzende Dämpfe. Greift in Gegenwart von Feuchtigkeit die meisten Metalle stark an. Dampf und Flüssigkeit verursachen Verätzungen der Haut, der Augen und der Schleimhäute. Wird im geschmolzenen Zustand oberhalb des Schmelzpunktes befördert.	2576
-	T7	TP2	F-A, S-B	Staukategorie C SW2	SGG1 SG36 SG49	Farblose Flüssigkeit mit stechendem Geruch. Reagiert mit Wasser unter Bildung von Chlorwasserstoff, einem reizverursachenden und ätzenden Gas, das als weißer Nebel sichtbar ist. Entwickelt unter Feuereinwirkung hochgiftige Dämpfe. Greift die meisten Metalle an. Dampf wirkt reizend auf Augen und Schleimhäute. Flüssigkeit verursacht Verätzungen der Haut, der Augen und der Schleimhäute.	2577
-	T1	TP33	F-A, S-B	Staukategorie A SW1 H2	SGG1 SG36 SG49	Farblose Kristalle oder weißes zerfließliches Pulver. Schmelzpunkt: 23 °C. Reagiert mit Wasser unter Wärmeentwicklung und entwickelt bei normalen Temperaturen Phosphorsäure, bei erhöhten Temperaturen jedoch Phosphorwasserstoff, ein hochgiftiges Gas. Greift bei Feuchtigkeit die meisten Metalle an. Verursacht Verätzungen der Haut, der Augen und der Schleimhäute.	2578
-	T1	TP33	F-A, S-B	Staukategorie A SW1 H2	SGG18 SG35	Farblose, zerfließliche Kristalle, die sich unter Lichteinwirkung dunkel verfärben. Löslich in Wasser. Zersetzt sich bei Erwärmung und unter Feuereinwirkung unter Bildung hochgiftiger nitroser Dämpfe. Die wässerige Lösung ist stark basisch und stark ätzend. Reagiert heftig mit Säuren. Hat Wirkt reizend auf Haut, Augen und Schleimhäute.	2579

3.2 Gefahrgutliste

UN-Nr.	Richtiger technischer Name	Klasse	Zusatzgefahr	Verpackungsgruppe	Sondervorschriften	Begrenzte und freigestellte Mengen		Verpackungen		IBC	
						Begrenzte Mengen	Freigestellte Mengen	Anweisung(en)	Sondervorschriften	Anweisung(en)	Sondervorschriften
(1)	(2) 3.1.2	(3) 2.0	(4) 2.0	(5) 2.0.1.3	(6) 3.3	(7a) 3.4	(7b) 3.5	(8) 4.1.4	(9) 4.1.4	(10) 4.1.4	(11) 4.1.4
2580	ALUMINIUMBROMID, LÖSUNG ALUMINIUM BROMIDE, SOLUTION	8	-	III	223	5 L	E1	P001 LP01	-	IBC03	-
2581	ALUMINIUMCHLORID, LÖSUNG ALUMINIUM CHLORIDE, SOLUTION	8	-	III	223	5 L	E1	P001 LP01	-	IBC03	-
2582	EISEN(III)CHLORID, LÖSUNG FERRIC CHLORIDE, SOLUTION	8	-	III	223	5 L	E1	P001 LP01	-	IBC03	-
2583	ALKYLSULFONSÄUREN, FEST oder ARYLSULFONSÄUREN, FEST, mit mehr als 5 % freier Schwefelsäure ALKYLSULPHONIC ACIDS, SOLID or ARYLSULPHONIC ACIDS, SOLID with more than 5 % free sulphuric acid	8	-	II	-	1 kg	E2	P002	-	IBC08	B4 B21
2584	ALKYLSULFONSÄUREN, FLÜSSIG oder ARYLSULFONSÄUREN, FLÜSSIG, mit mehr als 5 % freier Schwefelsäure ALKYLSULPHONIC ACIDS, LIQUID or ARYLSULPHONIC ACIDS, LIQUID with more than 5 % free sulphuric acid	8	-	II	-	1 L	E2	P001	-	IBC02	B20
2585	ALKYLSULFONSÄUREN, FEST oder ARYLSULFONSÄUREN, FEST, mit höchstens 5 % freier Schwefelsäure ALKYLSULPHONIC ACIDS, SOLID or ARYLSULPHONIC ACIDS, SOLID with not more than 5 % free sulphuric acid	8	-	III	-	5 kg	E1	P002 LP02	-	IBC08	B3
2586	ALKYLSULFONSÄUREN, FLÜSSIG oder ARYLSULFONSÄUREN, FLÜSSIG, mit höchstens 5 % freier Schwefelsäure ALKYLSULPHONIC ACIDS, LIQUID or ARYLSULPHONIC ACIDS, LIQUID with not more than 5 % free sulphuric acid	8	-	III	-	5 L	E1	P001 LP01	-	IBC03	-
2587	BENZOCHINON BENZOQUINONE	6.1	-	II	-	500 g	E4	P002	-	IBC08	B4 B21
2588	PESTIZID, FEST, GIFTIG, N.A.G. PESTICIDE, SOLID, TOXIC, N.O.S.	6.1	-	I	61 274	0	E5	P002	-	IBC99	-
2588	PESTIZID, FEST, GIFTIG, N.A.G. PESTICIDE, SOLID, TOXIC, N.O.S.	6.1	-	II	61 274	500 g	E4	P002	-	IBC08	B4 B21
2588	PESTIZID, FEST, GIFTIG, N.A.G. PESTICIDE, SOLID, TOXIC, N.O.S.	6.1	-	III	61 223 274	5 kg	E1	P002 LP02	-	IBC08	B3
2589	VINYLCHLORACETAT VINYL CHLOROACETATE	6.1	3	II	-	100 ml	E4	P001	-	IBC02	-

Ortsbewegliche Tanks und Schüttgut-Container			EmS	Stauung und Handhabung	Trennung	Eigenschaften und Bemerkung	UN-Nr.	
	Tank Anwei-sung(en)	Vor-schrif-ten						
(12)	(13) 4.2.5 4.3	(14) 4.2.5	(15) 5.4.3.2 7.8	(16a) 7.1, 7.3 bis 7.7	(16b) 7.2 bis 7.7	(17)	(18)	
-	T4	TP1	F-A, S-B	Staukategorie A	SGG1 SG36 SG49	Farblose bis gelbliche Flüssigkeit. Greift die meisten Metalle stark an. Dampf hat starke Wirkt reizend auf Haut, Augen und Schleimhäute. Flüssigkeit verursacht schwere Verätzungen der Haut, der Augen und der Schleimhäute.	2580	→ *UN 1725*
-	T4	TP1	F-A, S-B	Staukategorie A	SGG1 SG36 SG49	Farblose bis gelbliche Flüssigkeit. Greift die meisten Metalle stark an. Dampf hat starke Wirkt reizend auf Haut, Augen und Schleimhäute. Flüssigkeit verursacht schwere Verätzungen der Haut, der Augen und der Schleimhäute.	2581	
-	T4	TP1	F-A, S-B	Staukategorie A	SGG1 SG36 SG49	Farblose bis hellbraune Flüssigkeit. Greift die meisten Metalle stark an.	2582	
-	T3	TP33	F-A, S-B	Staukategorie A	SGG1 SG36 SG49	Entwickelt unter Feuereinwirkung hochgiftige Gase. Diese greifen die meisten Metalle an, besonders beim Vorhandensein von Feuchtigkeit. Verursacht Verätzungen der Haut, der Augen und der Schleimhäute.	2583	
-	T8	TP2 TP13	F-A, S-B	Staukategorie B	SGG1 SG36 SG49	Flüssigkeiten normalerweise mit stechendem Geruch. Entwickeln unter Feuereinwirkung hochgiftige Gase. Greifen die meisten Metalle stark an. Verursachen Verätzungen der Haut, der Augen und der Schleimhäute.	2584	
-	T1	TP33	F-A, S-B	Staukategorie A	SGG1 SG36 SG49	Kristalliner fester Stoff. Entwickelt unter Feuereinwirkung hochgiftige Gase. Greift bei Feuchtigkeit die meisten Metalle an. Verursacht Verätzungen der Haut, der Augen und der Schleimhäute.	2585	
-	T4	TP1	F-A, S-B	Staukategorie B	SGG1 SG36 SG49	Flüssigkeiten normalerweise mit stechendem Geruch. Entwickeln unter Feuereinwirkung hochgiftige Gase. Greifen die meisten Metalle an. Verursachen Verätzungen der Haut, der Augen und der Schleimhäute.	2586	
-	T3	TP33	F-A, S-A	Staukategorie A	-	Gelbe Kristalle mit reizendem und durchdringendem chlorartigem Geruch. Schwach löslich in Wasser. Giftig beim Verschlucken, bei Berührung mit der Haut oder beim Einatmen von Staub.	2587	
-	T6	TP33	F-A, S-A	Staukategorie A SW2	-	Feste Pestizide umfassen einen sehr weiten Bereich der Giftigkeit. Giftig beim Verschlucken, bei Berührung mit der Haut oder beim Einatmen.	2588	
-	T3	TP33	F-A, S-A	Staukategorie A SW2	-	Siehe Eintrag oben.	2588	
-	T1	TP33	F-A, S-A	Staukategorie A SW2	-	Siehe Eintrag oben.	2588	
-	T7	TP2	F-E, S-D	Staukategorie A	-	Entzündbare Flüssigkeit. Flammpunkt: 50 °C c.c. Nicht mischbar mit Wasser. Giftig beim Verschlucken, bei Berührung mit der Haut oder beim Einatmen.	2589	

UN-Nr.	Richtiger technischer Name	Klasse	Zusatzgefahr	Verpackungsgruppe	Sondervorschriften	Begrenzte und freigestellte Mengen		Verpackungen		IBC	
						Begrenzte Mengen	Freigestellte Mengen	Anweisung(en)	Sondervorschriften	Anweisung(en)	Sondervorschriften
(1)	(2) 3.1.2	(3) 2.0	(4) 2.0	(5) 2.0.1.3	(6) 3.3	(7a) 3.4	(7b) 3.5	(8) 4.1.4	(9) 4.1.4	(10) 4.1.4	(11) 4.1.4
2590	ASBEST, CHRYSOTIL ASBESTOS, CHRYSOTILE	9	-	III	168	5 kg	E1	P002	PP37	IBC08	B3 B21
2591	XENON, TIEFGEKÜHLT, FLÜSSIG XENON, REFRIGERATED LIQUID	2.2	-	-	-	120 ml	E1	P203	-	-	-
2599	CHLORTRIFLUORMETHAN UND TRIFLUORMETHAN, AZEOTROPES GEMISCH mit ca. 60 % Chlortrifluormethan (GAS ALS KÄLTEMITTEL R 503) CHLOROTRIFLUOROMETHANE AND TRIFLUOROMETHANE AZEOTROPIC MIXTURE with approximately 60 % chlorotrifluoromethane (REFRIGERANT GAS R 503)	2.2	-	-	-	120 ml	E1	P200	-	-	-
2601	CYCLOBUTAN CYCLOBUTANE	2.1	-	-	-	0	E0	P200	-	-	-
2602	DICHLORDIFLUORMETHAN UND DIFLUORETHAN, AZEOTROPES GEMISCH, mit ca. 74 % Dichlordifluormethan (GAS ALS KÄLTEMITTEL R 500) DICHLORODIFLUOROMETHANE AND DIFLUOROETHANE AZEOTROPIC MIXTURE with approximately 74 % dichlorodifluoromethane (REFRIGERANT GAS R 500)	2.2	-	-	-	120 ml	E1	P200	-	-	-
2603	CYCLOHEPTATRIEN CYCLOHEPTATRIENE	3	6.1	II	-	1 L	E2	P001	-	IBC02	-
2604	BORTRIFLUORIDDIETHYLETHERAT BORON TRIFLUORIDE DIETHYL ETHERATE	8	3	I	-	0	E0	P001	PP31	-	-
2605	METHOXYMETHYLISOCYANAT METHOXYMETHYL ISOCYANATE	6.1	3	I	354	0	E0	P602	-	-	-
2606	METHYLORTHOSILICAT METHYL ORTHOSILICATE	6.1	3	I	354	0	E0	P602	-	-	-

Ortsbewegliche Tanks und Schüttgut-Container	Tank Anweisung(en)	Vorschriften	EmS	Stauung und Handhabung	Trennung	Eigenschaften und Bemerkung	UN-Nr.
(12)	(13) 4.2.5 4.3	(14) 4.2.5	(15) 5.4.3.2 7.8	(16a) 7.1, 7.3 bis 7.7	(16b) 7.2 bis 7.7	(17)	(18)
-	T1	TP33	F-A, S-A	Staukategorie A SW2 H4	SG29	Mineralische Fasern verschiedener Länge. Nicht brennbar. Einatmen des Staubes der Asbestfasern ist gefährlich. Es muss daher in jedem Fall vermieden werden, sich diesem Staub auszusetzen. Die Erzeugung von Asbeststaub ist immer zu verhindern. Durch entsprechende Verpackung kann erreicht werden, dass es nicht zu einer gefährlichen Konzentration von Asbestfasern, die in der Luft aufgewirbelt werden, kommt. Laderäume oder Container, in denen sich Rohasbest befunden hat, müssen sorgfältig gereinigt werden, bevor andere Ladung entladen oder neue Ladung geladen wird oder Reparatur- bzw. Wartungsarbeiten durchgeführt werden. Soweit möglich, ist das Reinigen der Laderäume während der Liegezeiten des Schiffs im Hafen durchzuführen, wo geeignete Einrichtungen und Ausrüstungen, einschließlich geeigneter Atemschutzgeräte und Schutzkleidung, vorhanden sind. Körperteile, die dem Staub ausgesetzt gewesen sein können, müssen sofort und gründlich gewaschen werden. Aller Abfall muss in undurchlässigen und sicher verschlossenen Säcken gesammelt und einer sicheren Beseitigung an Land zugeführt werden. Wenn die Reinigungsarbeiten nicht im Entladehafen durchgeführt werden können, müssen Vorbereitungen getroffen werden, damit diese Arbeiten im nächsten Hafen, in dem geeignete Einrichtungen vorhanden sind, durchgeführt werden können.	2590
-	T75	TP5	F-C, S-V	Staukategorie D	-	Verflüssigtes, inertes, farbloses und geruchloses Gas. Viel schwerer als Luft (4,5).	2591
-	-	-	F-C, S-V	Staukategorie A	-	Nicht entzündbares, farbloses Gas mit leichtem, etherartigem Geruch. Viel schwerer als Luft (3,2).	2599
-	-	-	F-D, S-U	Staukategorie B SW2	-	Verflüssigtes, entzündbares, farbloses Gas. Explosionsgrenzen: 1,8 % bis 10 %. Schwerer als Luft (1,9). Siedepunkt: 13 °C.	2601
-	T50	-	F-C, S-V	Staukategorie A	-	Nicht entzündbares, farbloses und geruchloses Gas. Viel schwerer als Luft (3,7).	2602
-	T7	TP1 TP13	F-E, S-D	Staukategorie E SW2	-	Farblose bis dunkelgelbe Flüssigkeit mit charakteristischem Geruch. Flammpunkt: 0 °C bis 4 °C c.c. Nicht mischbar mit Wasser. Reagiert heftig mit entzündend (oxidierend) wirkenden Stoffen. Giftig beim Verschlucken, bei Berührung mit der Haut oder beim Einatmen.	2603
-	T10	TP2	F-E, S-C	Staukategorie D SW2	SGG1 SG36 SG49	Farblose, rauchende, entzündbare Flüssigkeit. Flammpunkt: 59 °C c.c. Durch das Vorhandensein von freiem Ether wird der Flammpunkt gesenkt. Reagiert heftig mit entzündend (oxidierend) wirkenden Stoffen. Zersetzt sich bei Berührung mit Wasser unter Bildung giftiger, ätzender und entzündbarer Dämpfe. Verursacht Verätzungen der Haut, der Augen und der Schleimhäute. Das Einatmen geringer Mengen des Dampfes kann Atembeschwerden verursachen.	2604
-	T20	TP2 TP13 TP37	F-E, S-D	Staukategorie D SW2	-	Farblose Flüssigkeit mit stechendem Geruch. Flammpunkt: 13 °C c.c. Nicht mischbar mit Wasser. Hochgiftig beim Verschlucken, bei Berührung mit der Haut oder beim Einatmen. Wirkt reizend auf Haut, Augen und Schleimhäute.	2605
-	T20	TP2 TP13 TP37	F-E, S-D	Staukategorie D SW2	-	Farblose, entzündbare Flüssigkeit mit etherartigem Geruch. Nicht mischbar mit Wasser. Flammpunkt: -18 °C bis 19 °C c.c. Hochgiftig beim Verschlucken, bei Berührung mit der Haut oder beim Einatmen. Kann Blindheit verursachen.	2606

UN-Nr.	Richtiger technischer Name	Klasse	Zusatz-gefahr	Verpa-ckungs-gruppe	Sonder-vor-schrif-ten	Begrenzte und freige-stellte Mengen		Verpackungen		IBC	
						Be-grenzte Men-gen	Freige-stellte Men-gen	Anwei-sung(en)	Sonder-vor-schriften	Anwei-sung(en)	Sonder-vor-schriften
(1)	(2) 3.1.2	(3) 2.0	(4) 2.0	(5) 2.0.1.3	(6) 3.3	(7a) 3.4	(7b) 3.5	(8) 4.1.4	(9) 4.1.4	(10) 4.1.4	(11) 4.1.4
2607	ACROLEIN, DIMER, STABILISIERT ACROLEIN DIMER, STABILIZED	3	-	III	386	5 L	E1	P001 LP01	-	IBC03	-
2608	NITROPROPANE NITROPROPANES	3	-	III	-	5 L	E1	P001 LP01	-	IBC03	-
2609	TRIALLYLBORAT TRIALLYL BORATE	6.1	-	III	-	5 L	E1	P001 LP01	-	IBC03	-
2610	TRIALLYLAMIN TRIALLYLAMINE	3	8	III	-	5 L	E1	P001	-	IBC03	-
2611	1-CHLORPROPAN-2-OL PROPYLENE CHLOROHYDRIN	6.1	3	II	-	100 ml	E4	P001	-	IBC02	-
2612	METHYLPROPYLETHER METHYL PROPYL ETHER	3	-	II	-	1 L	E2	P001	-	IBC02	B8
2614	METHYLALLYLALKOHOL METHALLYL ALCOHOL	3	-	III	-	5 L	E1	P001 LP01	-	IBC03	-
2615	ETHYLPROPYLETHER ETHYL PROPYL ETHER	3	-	II	-	1 L	E2	P001	-	IBC02	-
2616	TRIISOPROPYLBORAT TRIISOPROPYL BORATE	3	-	II	-	1 L	E2	P001	-	IBC02	-
2616	TRIISOPROPYLBORAT TRIISOPROPYL BORATE	3	-	III	223	5 L	E1	P001 LP01	-	IBC03	-
2617	METHYLCYCLOHEXANOLE, entzündbar METHYLCYCLOHEXANOLS, flammable	3	-	III	-	5 L	E1	P001 LP01	-	IBC03	-
2618	VINYLTOLUENE, STABILISIERT VINYLTOLUENES, STABILIZED	3	-	III	386	5 L	E1	P001 LP01	-	IBC03	-
2619	BENZYLDIMETHYLAMIN BENZYLDIMETHYLAMINE	8	3	II	-	1 L	E2	P001	-	IBC02	-
2620	AMYLBUTYRATE AMYL BUTYRATES	3	-	III	-	5 L	E1	P001 LP01	-	IBC03	-
2621	ACETYLMETHYLCARBINOL ACETYL METHYL CARBINOL	3	-	III	-	5 L	E1	P001 LP01	-	IBC03	-
2622	GLYCIDALDEHYD GLYCIDALDEHYDE	3	6.1	II	-	1 L	E2	P001	-	IBC02	B8
2623	FEUERANZÜNDER (FEST), mit einem entzündbaren flüssigen Stoff FIRELIGHTERS, SOLID with flammable liquid	4.1	-	III	-	5 kg	E1	P002 LP02	PP15	-	-

Ortsbewegliche Tanks und Schüttgut-Container			EmS	Stauung und Handhabung	Trennung	Eigenschaften und Bemerkung	UN-Nr.
	Tank Anweisung(en)	Vorschriften					
(12)	(13) 4.2.5 4.3	(14) 4.2.5	(15) 5.4.3.2 7.8	(16a) 7.1, 7.3 bis 7.7	(16b) 7.2 bis 7.7	(17)	(18)
-	T2	TP1	F-E, S-D	Staukategorie C SW1 SW2	-	Farblose Flüssigkeit mit stechendem Geruch. Flammpunkt: 48 °C c.c. Mischbar mit Wasser. Gesundheitsschädlich beim Einatmen. Wirkt reizend auf Haut, Augen und Schleimhäute.	2607
-	T2	TP1	F-E, S-D	Staukategorie A	-	Farblose Flüssigkeiten. Explosionsgrenzen: 2,2 % bis 11 %. 1-NITROPROPAN: Flammpunkt: etwa 33 °C c.c. 2-NITROPROPAN: Flammpunkt: etwa 28 °C c.c. Teilweise mischbar mit Wasser. Gesundheitsschädlich beim Einatmen.	2608
-	-	-	F-A, S-A	Staukategorie A H1	-	Flüssigkeit. Hydrolisiert in Berührung mit Wasser unter Bildung von Allylalkohol. Giftig beim Verschlucken, bei Berührung mit der Haut oder beim Einatmen.	2609
-	T4	TP1	F-E, S-C	Staukategorie A SW2	SG35	Farblose Flüssigkeit mit fischartigem Geruch. Flammpunkt: 39 °C c.c. Ätzend in Verbindung mit Wasser. Gesundheitsschädlich beim Einatmen. Verursacht Verätzungen der Haut und der Augen. Wirkt reizend auf Schleimhäute.	2610
-	T7	TP2 TP13	F-E, S-D	Staukategorie A SW1 SW2 H2	-	Farblose entzündbare Flüssigkeit mit mildem Geruch. Flammpunkt: 51 °C c.c. Mischbar mit Wasser. Zersetzt sich bei Erwärmung unter Bildung hochgiftiger Dämpfe. Giftig beim Verschlucken, bei Berührung mit der Haut oder beim Einatmen.	2611
-	T7	TP2	F-E, S-D	Staukategorie E SW2	-	Farblose, flüchtige Flüssigkeit mit etherartigem Geruch. Flammpunkt: unter -18 °C c.c. Explosionsgrenzen: 2 % bis ... Siedepunkt: 39 °C. Teilweise mischbar mit Wasser. Narkotisierend. Wirkt reizend auf Haut, Augen und Schleimhäute.	2612
-	T2	TP1	F-E, S-D	Staukategorie A	-	Farblose Flüssigkeit mit stechendem Geruch. Flammpunkt: 34 °C c.c. Mischbar mit Wasser. Wirkt reizend auf Haut, Augen und Schleimhäute.	2614
-	T4	TP1	F-E, S-D	Staukategorie E	-	Farblose, flüchtige Flüssigkeiten. Flammpunkt: unter -18 °C c.c. Explosionsgrenzen: 1,7 % bis 9,0 %. Mischbar mit Wasser. Wirkt reizend auf Haut, Augen und Schleimhäute.	2615
-	T4	TP1	F-E, S-D	Staukategorie B	-	Farblose Flüssigkeit. Flammpunkt: 17 °C bis 60 °C c.c. Reagiert mit Wasser unter Bildung entzündbarer Dämpfe.	2616
-	T2	TP1	F-E, S-D	Staukategorie A	-	Siehe Eintrag oben.	2616
-	T2	TP1	F-E, S-D	Staukategorie A	-	Farblose, viskose Flüssigkeiten mit mentholartigem Geruch. Flammpunkt: 58 °C c.c. Teilweise mischbar mit Wasser.	2617
-	T2	TP1	F-E, S-D	Staukategorie C SW1	-	Farblose Flüssigkeiten. Flammpunkt: 54 °C bis 60 °C c.c. Explosionsgrenzen: 0,9 % bis 6,1 %. Teilweise mischbar mit Wasser. Gesundheitsschädlich beim Einatmen. Wirkt reizend auf Haut, Augen und Schleimhäute.	2618
-	T7	TP2	F-E, S-C	Staukategorie A SW1 SW2	SG35	Farblose, entzündbare Flüssigkeit mit aromatischem Geruch. Flammpunkt: 58 °C c.c. Nicht mischbar mit Wasser. Gesundheitsschädlich beim Verschlucken, bei Berührung mit der Haut oder beim Einatmen. Verursacht Verätzungen der Haut, der Augen und der Schleimhäute.	2619
-	T2	TP1	F-E, S-D	Staukategorie A	-	Farblose Flüssigkeiten. Flammpunkt: 52 °C bis 58 °C c.c. Teilweise mischbar mit Wasser.	2620
-	T2	TP1	F-E, S-D	Staukategorie A	-	Gelbe Flüssigkeit mit angenehmem Geruch. Flammpunkt: 44 °C bis 52 °C c.c. Mischbar mit Wasser. Reagiert heftig mit entzündend (oxidierend) wirkenden Stoffen. Wirkt reizend auf Haut, Augen und Schleimhäute.	2621
-	T7	TP1	F-E, S-D	Staukategorie A SW2	-	Farblose Flüssigkeit mit stechendem Geruch. Flammpunkt: 31 °C c.c. Mischbar mit Wasser. Giftig beim Einatmen. Wirkt reizend auf Haut, Augen und Schleimhäute.	2622
-	-	-	F-A, S-I	Staukategorie A	SG35	Ein poröser Feststoff, z. B. Harnstoff-Formaldehyd-Schaumstoff, hölzerne Pressspan-Körper usw. mit brennbarer Flüssigkeit, normalerweise Rohbenzin oder Kerosin, getränkt und hergestellt, um in kontrollierter Weise zu brennen. Entwickelt beim Erhitzen entzündbare Dämpfe.	2623

UN-Nr.	Richtiger technischer Name	Klasse	Zusatz-gefahr	Verpa-ckungs-gruppe	Sonder-vor-schrif-ten	Begrenzte und freige-stellte Mengen		Verpackungen		IBC	
						Be-grenzte Men-gen	Freige-stellte Men-gen	Anwei-sung(en)	Sonder-vor-schriften	Anwei-sung(en)	Sonder-vor-schriften
(1)	(2) 3.1.2	(3) 2.0	(4) 2.0	(5) 2.0.1.3	(6) 3.3	(7a) 3.4	(7b) 3.5	(8) 4.1.4	(9) 4.1.4	(10) 4.1.4	(11) 4.1.4
2624	MAGNESIUMSILICID MAGNESIUM SILICIDE	4.3	-	II	-	500 g	E2	P410	PP31 PP40	IBC07	B4 B21
2626	CHLORSÄURE, WÄSSERIGE LÖSUNG, mit höchstens 10 % Säure CHLORIC ACID, AQUEOUS SOLUTION with not more than 10 % chloric acid	5.1	-	II	900	1 L	E0	P504	PP31	IBC02	-
2627	NITRITE, ANORGANISCHE, N.A.G. NITRITES, INORGANIC, N.O.S.	5.1	-	II	274 900	1 kg	E2	P002	-	IBC08	B4 B21
2628	KALIUMFLUORACETAT POTASSIUM FLUOROACETATE	6.1	-	I	-	0	E5	P002	-	IBC07	B1
2629	NATRIUMFLUORACETAT SODIUM FLUOROACETATE	6.1	-	I	-	0	E5	P002	-	IBC07	B1
2630	SELENATE oder SELENITE SELENATES or SELENITES	6.1	-	I	274	0	E5	P002	-	IBC07	B1
2642	FLUORESSIGSÄURE FLUOROACETIC ACID	6.1	-	I	-	0	E5	P002	-	IBC07	B1
2643	METHYLBROMACETAT METHYL BROMOACETATE	6.1	-	II	-	100 ml	E4	P001	-	IBC02	-
2644	METHYLIODID METHYL IODIDE	6.1	-	I	354	0	E0	P602	-	-	-
2645	PHENACYLBROMID PHENACYL BROMIDE	6.1	-	II	-	500 g	E4	P002	-	IBC08	B4 B21
2646	HEXACHLORCYCLOPENTADIEN HEXACHLOROCYCLOPENTADIENE	6.1	-	I	354	0	E0	P602	-	-	-
2647	MALONONITRIL MALONONITRILE	6.1	-	II	-	500 g	E4	P002	-	IBC08	B4 B21
2648	1,2-DIBROMBUTAN-3-ON 1,2-DIBROMOBUTAN-3-ONE	6.1	-	II	-	100 ml	E4	P001	-	IBC02	-
2649	1,3-DICHLORACETON 1,3-DICHLOROACETONE	6.1	-	II	-	500 g	E4	P002	-	IBC08	B4 B21
2650	1,1-DICHLOR-1-NITROETHAN 1,1-DICHLORO-1-NITROETHANE	6.1	-	II	-	100 ml	E4	P001	-	IBC02	-
2651	4,4'-DIAMINODIPHENYLMETHAN 4,4'-DIAMINODIPHENYLMETHANE	6.1	- P	III	-	5 kg	E1	P002 LP02	-	IBC08	B3

Ortsbewegliche Tanks und Schüttgut-Container			EmS	Stauung und Handhabung	Trennung	Eigenschaften und Bemerkung	UN-Nr.
	Tank Anwei-sung(en)	Vor-schrif-ten					
(12)	(13)	(14)	(15)	(16a)	(16b)	(17)	(18)
	4.2.5 4.3	4.2.5	5.4.3.2 7.8	7.1, 7.3 bis 7.7	7.2 bis 7.7		
-	T3	TP33	F-G, S-O	Staukategorie B SW5 H1	SG26	Weißes Pulver oder Kristalle. Reagiert mit Wasser oder Wasserdampf unter Entwicklung von Wasserstoff, einem entzündbaren Gas. Entwickelt in Berührung mit Säuren Siliciumwasserstoff (Silan), ein selbstentzündliches Gas.	2624
-	-	-	F-A, S-Q	Staukategorie D	SGG1 SG36 SG38 SG49	Farblose Flüssigkeit. Kann sich unter Bildung von Chlor und Sauerstoff mit giftiger, ätzender und oxidierender Wirkung zersetzen. Kann mit Ammoniumverbindungen, brennbaren Stoffen oder pulverförmigen Metallen explosive Gemische bilden. Greift die meisten Metalle an. Die Beförderung von CHLORSÄURE, WÄSSERIGE LÖSUNG, mit mehr als 10 % Chlorsäure, ist **verboten**.	2626
-	T3	TP33	F-A, S-Q	Staukategorie A	SGG12 SG38 SG49 SG62	Feste Stoffe. Feste Gemische mit brennbaren Stoffen sind leicht entzündbar und können sehr heftig brennen. Feste Gemische mit Ammoniumverbindungen oder Cyaniden können explodieren. Kann sich bei Erwärmung unter Bildung von giftigen nitrosen Dämpfen zersetzen. Gesundheitsschädlich beim Verschlucken. Die Beförderung von AMMONIUMNITRITEN und Mischungen eines anorganischen Nitrits mit einem Ammoniumsalz ist **verboten**.	2627
-	T6	TP33	F-A, S-A	Staukategorie E	-	Fester Stoff. Löslich in Wasser. Giftig beim Verschlucken, bei Berührung mit der Haut oder beim Einatmen von Staub.	2628
-	T6	TP33	F-A, S-A	Staukategorie E	-	Weißes Pulver. Löslich in Wasser. Hochgiftig beim Verschlucken, bei Berührung mit der Haut oder beim Einatmen von Staub.	2629
-	T6	TP33	F-A, S-A	Staukategorie E	-	Ein weiter Bereich giftiger fester Stoffe. Generell löslich in Wasser. Hochgiftig beim Verschlucken, bei Berührung mit der Haut oder beim Einatmen von Staub.	2630
-	T6	TP33	F-A, S-A	Staukategorie E	SGG1 SG36 SG49	Farblose Kristalle. Schmelzpunkt: 33 °C. Löslich in Wasser. Hochgiftig beim Verschlucken, bei Berührung mit der Haut oder beim Einatmen von Staub.	2642
-	T7	TP2	F-A, S-A	Staukategorie D SW2	-	Farblose bis strohfarbene Flüssigkeit. In geringem Maße mischbar mit Wasser. Ruft Tränenbildung hervor. Giftig beim Verschlucken, bei Berührung mit der Haut oder beim Einatmen.	2643
-	T20	TP2 TP13 TP37	F-A, S-A	Staukategorie D SW1 SW2 H2	SGG10	Farblose Flüssigkeit. Siedepunkt: 42 °C bis 43 °C. In geringem Maße mit Wasser mischbar. Entwickelt bei Erwärmung giftige Dämpfe. Hochgiftig beim Verschlucken, bei Berührung mit der Haut oder beim Einatmen. Hat stark narkotisierende Wirkung.	2644
-	T3	TP33	F-A, S-A	Staukategorie B SW2	-	Weiße Kristalle, die sich unter Lichteinwirkung grünlich verfärben. Schmelzpunkt: 50 °C. Nicht löslich in Wasser. Ruft Tränenbildung hervor. Giftig beim Verschlucken, bei Berührung mit der Haut oder beim Einatmen.	2645
-	T20	TP2 TP13 TP35	F-A, S-A	Staukategorie D SW2	SGG10	Hellgelbe Flüssigkeit mit stechendem Geruch. Nicht mischbar mit Wasser. Ruft Tränenbildung hervor. Hochgiftig beim Verschlucken, bei Berührung mit der Haut oder beim Einatmen.	2646
-	T3	TP33	F-A, S-A	Staukategorie A SW1 H2	-	Farblose Kristalle. Schmelzpunkt: 32 °C. Löslich in Wasser. Entwickelt bei Erwärmung hochgiftige Cyandämpfe. Giftig beim Verschlucken, bei Berührung mit der Haut oder beim Einatmen von Staub.	2647
-	-	-	F-A, S-A	Staukategorie B SW2	-	Flüssigkeit. Nicht mischbar mit Wasser. Giftig beim Verschlucken, bei Berührung mit der Haut oder beim Einatmen. Ruft Tränenbildung hervor.	2648
-	T3	TP33	F-A, S-A	Staukategorie B SW1 SW2 H2	-	Kristalle. Schmelzpunkt: 45 °C. Löslich in Wasser. Zersetzt sich bei Erwärmung unter Bildung hochgiftiger Dämpfe. Giftig beim Verschlucken, bei Berührung mit der Haut oder beim Einatmen von Staub. Ruft Tränenbildung hervor.	2649
-	T7	TP2	F-A, S-A	Staukategorie A SW1 SW2 H2	SG17	Flüssigkeit. Nicht mischbar mit Wasser. Kann heftig mit entzündend (oxidierend) wirkenden Stoffen reagieren. Zersetzt sich bei Erwärmung unter Bildung hochgiftiger Dämpfe (Stickoxide). Giftig beim Verschlucken, bei Berührung mit der Haut oder beim Einatmen.	2650
-	T1	TP33	F-A, S-A	Staukategorie A	-	Braun gefärbte Flocken oder Brocken. Schwach löslich in Wasser. Zersetzt sich bei Erwärmung unter Bildung hochgiftiger Dämpfe. Giftig beim Verschlucken, bei Berührung mit der Haut oder beim Einatmen von Staub. Kann im geschmolzenen Zustand befördert werden.	2651 *→ 5.4.1.4.3.4*

UN-Nr.	Richtiger technischer Name	Klasse	Zusatzgefahr	Verpackungsgruppe	Sondervorschriften	Begrenzte und freigestellte Mengen		Verpackungen		IBC	
						Begrenzte Mengen	Freigestellte Mengen	Anweisung(en)	Sondervorschriften	Anweisung(en)	Sondervorschriften
(1)	(2) 3.1.2	(3) 2.0	(4) 2.0	(5) 2.0.1.3	(6) 3.3	(7a) 3.4	(7b) 3.5	(8) 4.1.4	(9) 4.1.4	(10) 4.1.4	(11) 4.1.4
2653	BENZYLIODID BENZYL IODIDE	6.1	-	II	-	100 ml	E4	P001	-	IBC02	-
2655	KALIUMFLUOROSILICAT POTASSIUM FLUOROSILICATE	6.1	-	III	-	5 kg	E1	P002 LP02	-	IBC08	B3
2656	CHINOLIN QUINOLINE	6.1	-	III	-	5 L	E1	P001 LP01	-	IBC03	-
2657	SELENDISULFID SELENIUM DISULPHIDE	6.1	-	II	-	500 g	E4	P002	-	IBC08	B4 B21
2659	NATRIUMCHLORACETAT SODIUM CHLOROACETATE	6.1	-	III	-	5 kg	E1	P002 LP02	-	IBC08	B3
2660	NITROTOLUIDINE (MONO) NITROTOLUIDINES (MONO)	6.1	-	III	-	5 kg	E1	P002 LP02	-	IBC08	B3
2661	HEXACHLORACETON HEXACHLOROACETONE	6.1	-	III	-	5 L	E1	P001 LP01	-	IBC03	-
2664	DIBROMMETHAN DIBROMOMETHANE	6.1	-	III	-	5 L	E1	P001 LP01	-	IBC03	-
2667	BUTYLTOLUENE BUTYLTOLUENES	6.1	-	III	-	5 L	E1	P001 LP01	-	IBC03	-
2668	CHLORACETONITRIL CHLOROACETONITRILE	6.1	3	I	354	0	E0	P602	-	-	-
2669	CHLORCRESOLE, LÖSUNG CHLOROCRESOLS SOLUTION	6.1	-	II	-	100 ml	E4	P001	-	IBC02	-
2669	CHLORCRESOLE, LÖSUNG CHLOROCRESOLS SOLUTION	6.1	-	III	223	5 L	E1	P001 LP01	-	IBC03	-
2670	CYANURCHLORID CYANURIC CHLORIDE	8	-	II	-	1 kg	E2	P002	-	IBC08	B4 B21
2671	AMINOPYRIDINE (o-, m-, p-) AMINOPYRIDINES (o-, m-, p-)	6.1	-	II	-	500 g	E4	P002	-	IBC08	B4 B21
2672	AMMONIAKLÖSUNG, relative Dichte zwischen 0,880 und 0,957 bei 15 °C in Wasser, mit mehr als 10 %, aber höchstens 35 % Ammoniak AMMONIA SOLUTION relative density between 0.880 and 0.957 at 15 °C in water, with more than 10 % but not more than 35 % ammonia	8	- **P**	III	-	5 L	E1	P001 LP01	-	IBC03	B11
2673	2-AMINO-4-CHLORPHENOL 2-AMINO-4-CHLOROPHENOL	6.1	-	II	-	500 g	E4	P002	-	IBC08	B4 B21

Ortsbewegliche Tanks und Schüttgut-Container			EmS	Stauung und Handhabung	Trennung	Eigenschaften und Bemerkung	UN-Nr.	
	Tank Anwei-sung(en)	Vor-schrif-ten						
(12)	(13)	(14)	(15)	(16a)	(16b)	(17)	(18)	
	4.2.5 4.3	4.2.5	5.4.3.2 7.8	7.1, 7.3 bis 7.7	7.2 bis 7.7			
-	T7	TP2	F-A, S-A	Staukategorie B SW1 SW2 H2	-	Farblose Kristalle. Schmelzpunkt: 24 °C. Nicht löslich in Wasser. Giftig beim Verschlucken, bei Berührung mit der Haut oder beim Einatmen von Staub. Ruft Tränenbildung hervor.	2653	
-	T1	TP33	F-A, S-A	Staukategorie A	SG35	Feste Stoffe, die mit Säuren reagieren, entwickeln Fluorwasserstoff und Siliziumtetrafluorid, reizende und ätzende Gase. Giftig beim Verschlucken, bei Berührung mit der Haut oder beim Einatmen von Staub.	2655	
-	T4	TP1	F-A, S-A	Staukategorie A SW1 H2	-	Farblose Flüssigkeit mit stechendem Geruch. Nicht mischbar mit Wasser. Entwickelt bei Erwärmung hochgiftige Dämpfe (Stickoxide). Giftig beim Verschlucken, bei Berührung mit der Haut oder beim Einatmen.	2656	
-	T3	TP33	F-A, S-A	Staukategorie A	-	Leuchtend rot-gelbe Kristalle mit schwachem Geruch. Nicht löslich in Wasser. Giftig beim Verschlucken, bei Berührung mit der Haut oder beim Einatmen.	2657	
-	T1	TP33	F-A, S-A	Staukategorie A	-	Weißes Pulver. Löslich in Wasser. Giftig beim Verschlucken, bei Berührung mit der Haut oder beim Einatmen von Staub.	2659	
-	T1	TP33	F-A, S-A	Staukategorie A	-	Gelbe bis orange-rote kristalline feste Stoffe. Nicht löslich in Wasser. Giftig beim Verschlucken, bei Berührung mit der Haut oder beim Einatmen von Staub.	2660	
-	T4	TP1	F-A, S-A	Staukategorie B SW1 SW2 H2	-	Farblose bis gelbliche Flüssigkeit. In geringem Maße mit Wasser mischbar. Entwickelt bei Erwärmung äußerst giftige Dämpfe (Phosgen). Ruft Tränenbildung hervor. Giftig beim Verschlucken, bei Berührung mit der Haut oder beim Einatmen.	2661	
-	T4	TP1	F-A, S-A	Staukategorie A	SGG10	Klare, farblose Flüssigkeit. Nicht mischbar mit Wasser. Giftig beim Verschlucken, bei Berührung mit der Haut oder beim Einatmen.	2664	
-	T4	TP1	F-A, S-A	Staukategorie A	-	Farblose Flüssigkeiten Nicht mischbar mit Wasser. Giftig beim Verschlucken, bei Berührung mit der Haut oder beim Einatmen.	2667	
-	T20	TP2 TP13 TP37	F-A, S-A	Staukategorie D SW1 SW2 H2	SG35	Farblose entzündbare Flüssigkeit mit stechendem Geruch. Flammpunkt: 56 °C c.c. Nicht mischbar mit Wasser. Zersetzt sich bei Erwärmung unter Bildung hochgiftiger Cyaniddämpfe. Reagiert mit Dampf und Säuren unter Bildung von giftigen und entzündbaren Dämpfen. Hochgiftig beim Verschlucken, bei Berührung mit der Haut oder beim Einatmen.	2668	
-	T7	TP2	F-A, S-A	Staukategorie A SW1 H2	-	Lösungen mit phenolartigem Geruch. In geringem Maße mischbar mit Wasser. Zersetzen sich bei Erwärmung unter Bildung äußerst giftiger Dämpfe (Phosgen). Giftig beim Verschlucken, bei Berührung mit der Haut oder beim Einatmen.	2669	*→ UN 3437*
-	T7	TP2	F-A, S-A	Staukategorie A SW1 H2	-	Siehe Eintrag oben.	2669	*→ UN 3437*
-	T3	TP33	F-A, S-B	Staukategorie A SW1 SW2 H2	SGG1 SG36 SG49	Farblose Kristalle mit stechendem Geruch. Reagiert mit Wasser unter Bildung giftiger und ätzender Säuren. Zersetzt sich bei Erwärmung unter Bildung giftiger und ätzender Gase. Verursacht Verätzungen der Haut, der Augen und der Schleimhäute.	2670	*→ 5.4.1.4.3.4*
-	T3	TP33	F-A, S-A	Staukategorie B SW1 SW2 H2	SGG18 SG35	Weißes Pulver oder Kristalle. Schmelzpunkt: 58 °C bis 64 °C. Löslich in Wasser. Reagiert heftig mit Säuren. Giftig beim Verschlucken, bei Berührung mit der Haut oder beim Einatmen von Staub.	2671	
-	T7	TP2	F-A, S-B	Staukategorie A SW2 SW5	SGG18 SG35	Farblose Flüssigkeit mit stechendem Geruch. Greift Kupfer, Nickel, Zink und Zinn und deren Legierungen, wie Messing, an. Greift Eisen und Stahl kaum an. Reagiert heftig mit Säuren. Flüssigkeit und Dampf verursachen Verätzungen der Haut, der Augen und der Schleimhäute.	2672	
-	T3	TP33	F-A, S-A	Staukategorie A	-	Hellbraune Kristalle. Schwach löslich in Wasser. Giftig beim Verschlucken, bei Berührung mit der Haut oder beim Einatmen von Staub.	2673	

3.2 Gefahrgutliste

UN-Nr.	Richtiger technischer Name	Klasse	Zusatzgefahr	Verpackungsgruppe	Sondervorschriften	Begrenzte und freigestellte Mengen		Verpackungen		IBC	
						Begrenzte Mengen	Freigestellte Mengen	Anweisung(en)	Sondervorschriften	Anweisung(en)	Sondervorschriften
(1)	(2) 3.1.2	(3) 2.0	(4) 2.0	(5) 2.0.1.3	(6) 3.3	(7a) 3.4	(7b) 3.5	(8) 4.1.4	(9) 4.1.4	(10) 4.1.4	(11) 4.1.4
2674	NATRIUMFLUOROSILICAT SODIUM FLUOROSILICATE	6.1	-	III	-	5 kg	E1	P002 LP02	-	IBC08	B3
2676	STIBIN STIBINE	2.3	2.1	-	-	0	E0	P200	-	-	-
2677	RUBIDIUMHYDROXID, LÖSUNG RUBIDIUM HYDROXIDE SOLUTION	8	-	II	-	1 L	E2	P001	-	IBC02	-
2677	RUBIDIUMHYDROXID, LÖSUNG RUBIDIUM HYDROXIDE SOLUTION	8	-	III	223	5 L	E1	P001 LP01	-	IBC03	-
2678	RUBIDIUMHYDROXID RUBIDIUM HYDROXIDE	8	-	II	-	1 kg	E2	P002	-	IBC08	B4 B21
2679	LITHIUMHYDROXID, LÖSUNG LITHIUM HYDROXIDE SOLUTION	8	-	II	-	1 L	E2	P001	-	IBC02	-
2679	LITHIUMHYDROXID, LÖSUNG LITHIUM HYDROXIDE SOLUTION	8	-	III	223	5 L	E1	P001 LP01	-	IBC03	-
2680	LITHIUMHYDROXID LITHIUM HYDROXIDE	8	-	II	-	1 kg	E2	P002	-	IBC08	B4 B21
2681	CAESIUMHYDROXID, LÖSUNG CAESIUM HYDROXIDE SOLUTION	8	-	II	-	1 L	E2	P001	-	IBC02	-
2681	CAESIUMHYDROXID, LÖSUNG CAESIUM HYDROXIDE SOLUTION	8	-	III	223	5 L	E1	P001 LP01	-	IBC03	-
2682	CAESIUMHYDROXID CAESIUM HYDROXIDE	8	-	II	-	1 kg	E2	P002	-	IBC08	B4 B21
2683	AMMONIUMSULFID, LÖSUNG AMMONIUM SULPHIDE SOLUTION	8	3/6.1	II	-	1 L	E2	P001	-	IBC01	-
2684	3-DIETHYLAMINOPROPYLAMIN 3-DIETHYLAMINOPROPYLAMINE	3	8	III	-	5 L	E1	P001	-	IBC03	-
2685	N,N-DIETHYLETHYLENDIAMIN N,N-DIETHYLETHYLENEDIAMINE	8	3	II	-	1 L	E2	P001	-	IBC02	-
2686	2-DIETHYLAMINOETHANOL 2-DIETHYLAMINOETHANOL	8	3	II	-	1 L	E2	P001	-	IBC02	-
2687	DICYCLOHEXYLAMMONIUMNITRIT DICYCLOHEXYLAMMONIUM NITRITE	4.1	-	III	-	5 kg	E1	P002 LP02	-	IBC08	B3
2688	1-BROM-3-CHLORPROPAN 1-BROMO-3-CHLOROPROPANE	6.1	-	III	-	5 L	E1	P001 LP01	-	IBC03	-

Ortsbewegliche Tanks und Schüttgut-Container			EmS	Stauung und Handhabung	Trennung	Eigenschaften und Bemerkung	UN-Nr.
	Tank Anwei- sung(en)	Vor- schrif- ten					
(12)	(13)	(14)	(15)	(16a)	(16b)	(17)	(18)
	4.2.5 4.3	4.2.5	5.4.3.2 7.8	7.1, 7.3 bis 7.7	7.2 bis 7.7		
-	T1	TP33	F-A, S-A	Staukategorie A	SG35	Feste Stoffe, die mit Säuren reagieren, entwickeln Fluorwasserstoff und Siliziumtetrafluorid, reizende und ätzende Gase. Giftig beim Verschlucken, bei Berührung mit der Haut oder beim Einatmen von Staub.	2674
-	-	-	F-D, S-U	Staukategorie D SW2	-	Entzündbares, giftiges, farbloses Gas mit fauligem Geruch. Zersetzt sich heftig beim Vorhandensein von Wasser. Viel schwerer als Luft (4,3).	2676
-	T7	TP2	F-A, S-B	Staukategorie A	SGG18 SG22 SG35	Flüssigkeit. Reagiert heftig mit Säuren. Reagiert mit Ammoniumsalzen unter Bildung von Ammoniakgas. Greift Aluminium, Zink und Zinn an. Verursacht Verätzungen der Haut, der Augen und der Schleimhäute.	2677
-	T4	TP1	F-A, S-B	Staukategorie A	SGG18 SG22 SG35	Siehe Eintrag oben.	2677
-	T3	TP33	F-A, S-B	Staukategorie A	SGG18 SG22 SG35	Gräulich-weißer fester Stoff, sehr hygroskopisch. Reagiert heftig mit Säuren. Reagiert mit Ammoniumsalzen unter Bildung von Ammoniakgas. Greift bei Feuchtigkeit Aluminium, Zink und Zinn an. Verursacht Verätzungen der Haut, der Augen und der Schleimhäute.	2678
-	T7	TP2	F-A, S-B	Staukategorie A	SGG18 SG22 SG35	Farblose Flüssigkeit. Reagiert heftig mit Säuren. Reagiert mit Ammoniumsalzen unter Bildung von Ammoniakgas. Greift Aluminium, Zink und Zinn an. Verursacht Verätzungen der Haut, der Augen und der Schleimhäute.	2679
-	T4	TP2	F-A, S-B	Staukategorie A	SGG18 SG22 SG35	Siehe Eintrag oben.	2679
-	T3	TP33	F-A, S-B	Staukategorie A	SGG18 SG35	Farblose Kristalle. Löslich in Wasser. Reagiert heftig mit Säuren. Verursacht Verätzungen der Haut, der Augen und der Schleimhäute.	2680
-	T7	TP2	F-A, S-B	Staukategorie A	SGG18 SG22 SG35	Farblose Flüssigkeit. Reagiert heftig mit Säuren. Reagiert mit Ammoniumsalzen unter Bildung von Ammoniakgas. Greift Glas, Aluminium, Zink und Zinn an. Verursacht Verätzungen der Haut, der Augen und der Schleimhäute.	2681
-	T4	TP1	F-A, S-B	Staukategorie A	SGG18 SG22 SG35	Siehe Eintrag oben.	2681
-	T3	TP33	F-A, S-B	Staukategorie A	SGG18 SG22 SG35	Farblose oder gelbliche hygroskopische Kristalle. Reagiert heftig mit Säuren. Reagiert mit Ammoniumsalzen unter Bildung von Ammoniakgas. Greift bei Feuchtigkeit Glas, Aluminium, Zink und Zinn an. Verursacht Verätzungen der Haut, der Augen und der Schleimhäute.	2682
-	T7	TP2 TP13	F-E, S-C	Staukategorie B SW1 H2	SGG2 SGG18 SG35 SG68	Gelbe Flüssigkeit mit fauligem Geruch (wie faule Eier). Entwickelt bei Erwärmung giftige und entzündbare Dämpfe. Reagiert heftig mit Säuren unter Bildung von Schwefelwasserstoff, einem giftigen und entzündbaren Gas. Giftig beim Verschlucken, bei Berührung mit der Haut oder beim Einatmen. Hat Wirkt reizend auf Haut, Augen und Schleimhäute.	2683
-	T4	TP1	F-E, S-C	Staukategorie A	SG35	Farblose Flüssigkeit mit fischartigem Geruch. Flammpunkt: 59 °C o.c. Mischbar mit Wasser. Wirkt reizend auf Haut, Augen und Schleimhäute.	2684
-	T7	TP2	F-E, S-C	Staukategorie A	SG35	Farblose, entzündbare Flüssigkeit mit fischartigem Geruch. Flammpunkt: 46 °C o.c. Mischbar mit Wasser. Gesundheitsschädlich bei Berührung mit der Haut. Wirkt reizend auf Augen und Schleimhäute.	2685
-	T7	TP2	F-E, S-C	Staukategorie A	SG35	Farblose Flüssigkeit. Mischbar mit Wasser. Reagiert heftig mit entzündend (oxidierend) wirkenden Stoffen. Explosionsgrenzen: 1,8 % bis 28 %. Flammpunkt: 46 °C bis 60 °C c.c. Verursacht Verätzungen der Haut, der Augen und der Schleimhäute.	2686
-	T1	TP33	F-A, S-G	Staukategorie A	SGG2	Weißes Pulver. Nicht löslich in Wasser. Gesundheitsschädlich beim Verschlucken.	2687
-	T4	TP1	F-A, S-A	Staukategorie A	SGG10	Farblose Flüssigkeit. Nicht mischbar mit Wasser. Zersetzt sich bei Erwärmung unter Bildung hochgiftiger Dämpfe. Giftig beim Verschlucken, bei Berührung mit der Haut oder beim Einatmen.	2688

3.2 Gefahrgutliste

UN-Nr.	Richtiger technischer Name	Klasse	Zusatzgefahr	Verpackungsgruppe	Sondervorschriften	Begrenzte und freigestellte Mengen: Begrenzte Mengen	Begrenzte und freigestellte Mengen: Freigestellte Mengen	Verpackungen: Anweisung(en)	Verpackungen: Sondervorschriften	IBC: Anweisung(en)	IBC: Sondervorschriften
(1)	(2) 3.1.2	(3) 2.0	(4) 2.0	(5) 2.0.1.3	(6) 3.3	(7a) 3.4	(7b) 3.5	(8) 4.1.4	(9) 4.1.4	(10) 4.1.4	(11) 4.1.4
2689	GLYCEROL-alpha-MONOCHLORHYDRIN GLYCEROL-alpha-MONOCHLOROHYDRIN	6.1	-	III	-	5 L	E1	P001 LP01	-	IBC03	-
2690	N,n-BUTYLIMIDAZOL N,n-BUTYLIMIDAZOLE	6.1	-	II	-	100 ml	E4	P001	-	IBC02	-
2691	PHOSPHORPENTABROMID PHOSPHORUS PENTABROMIDE	8	-	II	-	1 kg	E0	P002	-	IBC08	B4 B21
2692	BORTRIBROMID BORON TRIBROMIDE	8	-	I	-	0	E0	P602	-	-	-
2693	HYDROGENSULFIT, WÄSSERIGE LÖSUNG, N.A.G. BISULPHITES, AQUEOUS SOLUTION, N.O.S.	8	-	III	274	5 L	E1	P001 LP01	-	IBC03	-
2698	TETRAHYDROPHTHALSÄUREANHYDRIDE, mit mehr als 0,05 % Maleinsäureanhydrid TETRAHYDROPHTHALIC ANHYDRIDES with more than 0.05 % maleic anhydride	8	-	III	29 169 939 973	5 kg	E1	P002 LP02	PP14	IBC08	B3
2699	TRIFLUORESSIGSÄURE TRIFLUOROACETIC ACID	8	-	I	-	0	E0	P001	-	-	-
2705	1-PENTOL 1-PENTOL	8	-	II	-	1 L	E2	P001	-	IBC02	-
2707	DIMETHYLDIOXANE DIMETHYLDIOXANES	3	-	II	-	1 L	E2	P001	-	IBC02	-
2707	DIMETHYLDIOXANE DIMETHYLDIOXANES	3	-	III	223	5 L	E1	P001 LP01	-	IBC03	-
2709	BUTYLBENZENE BUTYLBENZENES	3	- P	III	-	5 L	E1	P001 LP01	-	IBC03	-
2710	DIPROPYLKETON DIPROPYL KETONE	3	-	III	-	5 L	E1	P001 LP01	-	IBC03	-
2713	ACRIDIN ACRIDINE	6.1	-	III	-	5 kg	E1	P002 LP02	-	IBC08	B3
2714	ZINKRESINAT ZINC RESINATE	4.1	-	III	-	5 kg	E1	P002	-	IBC06	-
2715	ALUMINIUMRESINAT ALUMINIUM RESINATE	4.1	-	III	-	5 kg	E1	P002	-	IBC06	-

Ortsbewegliche Tanks und Schüttgut-Container			EmS	Stauung und Handhabung	Trennung	Eigenschaften und Bemerkung	UN-Nr.
	Tank Anweisung(en)	Vorschriften					
(12)	(13) 4.2.5 4.3	(14) 4.2.5	(15) 5.4.3.2 7.8	(16a) 7.1, 7.3 bis 7.7	(16b) 7.2 bis 7.7	(17)	(18)
-	T4	TP1	F-A, S-A	Staukategorie A	-	Farblose Flüssigkeit. Mischbar mit Wasser. Giftig beim Verschlucken, bei Berührung mit der Haut oder beim Einatmen.	2689
-	T7	TP2	F-A, S-A	Staukategorie A	-	Farblose bis bernsteinfarbene bewegliche Flüssigkeit. Mischbar mit Wasser. Giftig beim Verschlucken, bei Berührung mit der Haut oder beim Einatmen.	2690
-	T3	TP33	F-A, S-B	Staukategorie B SW1 SW2 H2	SGG1 SG36 SG37 SG49	Gelbe hygroskopische Kristalle. Entwickelt an der Luft ätzende Dämpfe, die schwerer als Luft sind. Reagiert heftig mit Wasser unter Bildung von Bromwasserstoff, einem reizenden und ätzenden Gas, das als weißer Nebel sichtbar wird. Reagiert heftig mit Ammoniak, Basen und vielen anderen Stoffen und kann dabei einen Brand oder eine Explosion verursachen. Zersetzt sich bei Wärmeeinwirkung unter Bildung ätzender und giftiger Gase. Greift in Gegenwart von Feuchtigkeit die meisten Metalle stark an. Verursacht Verätzungen der Haut, der Augen und der Schleimhäute.	2691
-	T20	TP2 TP13	F-A, S-B	Staukategorie C SW1 H2	SGG1 SG36 SG49	Farblose rauchende Flüssigkeit. Reagiert heftig mit Wasser unter Bildung giftiger und ätzender Dämpfe. Zersetzt sich bei Erwärmung unter Bildung giftiger Dämpfe. Greift in Gegenwart von Feuchtigkeit die meisten Metalle stark an. Flüssigkeit und Dampf verursachen schwere Verätzungen der Haut, der Augen und der Schleimhäute.	2692
-	T7	TP1 TP28	F-A, S-B	Staukategorie A SW2	SG35	Flüssigkeit mit stechendem Geruch. Reagiert mit Säuren unter Bildung von Schwefeldioxid, einem giftigen Gas. Verursacht Verätzungen der Haut, der Augen und der Schleimhäute.	2693
-	T1	TP33	F-A, S-B	Staukategorie A	SGG1 SG36 SG49	Weißes kristallines Pulver. Reagiert mit Wasser unter Wärmeentwicklung und Bildung von Tetrahydrophthalsäure. Verursacht Verätzungen der Haut, der Augen und der Schleimhäute. Entwickelt bei Erwärmung saure Dämpfe, die Reizwirkung auf Haut, Augen und Schleimhäute haben.	2698
-	T10	TP2	F-A, S-B	Staukategorie B SW1 SW2 H2	SGG1 SG36 SG49	Farblose, rauchende, hygroskopische Flüssigkeit mit stechendem Geruch. Mischbar mit Wasser. Entwickelt bei Zersetzung durch Wärmeeinwirkung oder in Berührung mit Säuren giftige Gase. Greift in Gegenwart von Feuchtigkeit die meisten Metalle stark an. Dämpfe haben starke Wirkt reizend auf Haut, Augen und Schleimhäute. Flüssigkeit verursacht schwere Verätzungen der Haut, der Augen und der Schleimhäute.	2699
-	T7	TP2	F-A, S-B	Staukategorie B	SG20 SG21	Farblose Flüssigkeit mit wahrnehmbarem Geruch. Kann in Berührung mit Säuren und Alkalien reagieren. Verursacht Verätzungen der Haut, der Augen und der Schleimhäute.	2705
-	T4	TP1	F-E, S-D	Staukategorie B	-	Farblose Flüssigkeiten mit stechendem Geruch. Teilweise mischbar mit Wasser. Reagieren heftig mit entzündend (oxidierend) wirkenden Stoffen. Gesundheitsschädlich beim Einatmen. Wirkt reizend auf Haut, Augen und Schleimhäute.	2707
-	T2	TP1	F-E, S-D	Staukategorie A	-	Siehe Eintrag oben.	2707
-	T2	TP2	F-E, S-D	Staukategorie A	-	Farblose Flüssigkeiten mit unangenehmem Geruch. Flammpunkt: 34 °C bis 60 °C c.c. Explosionsgrenzen: 0,7 % bis 6,9 %. Nicht mischbar mit Wasser. Wirkt reizend auf Haut, Augen und Schleimhäute.	2709
-	T2	TP1	F-E, S-D	Staukategorie A	-	Farblose Flüssigkeit. Flammpunkt: 49 °C c.c. Nicht mischbar mit Wasser.	2710
-	T1	TP33	F-A, S-A	Staukategorie A	-	Kleine farblose bis gelbliche Kristalle oder Nadeln. Sublimiert bei 100 °C. Praktisch nicht löslich in Wasser. Giftig beim Verschlucken, bei Berührung mit der Haut oder beim Einatmen.	2713
-	T1	TP33	F-A, S-I	Staukategorie A	SGG7	Pulver oder klare bernsteinfarbene Brocken. Nicht löslich in Wasser. Neigt zur Selbsterhitzung. Wirkt reizend auf Haut und Schleimhäute.	2714
-	T1	TP33	F-A, S-I	Staukategorie A	-	Creme bis braun gefärbte Masse. Nicht löslich in Wasser. Neigt zur Selbsterhitzung. Wirkt reizend auf Haut und Schleimhäute.	2715

UN-Nr.	Richtiger technischer Name	Klasse	Zusatzgefahr	Verpackungsgruppe	Sondervorschriften	Begrenzte und freigestellte Mengen		Verpackungen		IBC	
						Begrenzte Mengen	Freigestellte Mengen	Anweisung(en)	Sondervorschriften	Anweisung(en)	Sondervorschriften
(1)	(2) 3.1.2	(3) 2.0	(4) 2.0	(5) 2.0.1.3	(6) 3.3	(7a) 3.4	(7b) 3.5	(8) 4.1.4	(9) 4.1.4	(10) 4.1.4	(11) 4.1.4
2716	BUTIN-1,4-DIOL 1,4-BUTYNEDIOL	6.1	-	III	-	5 kg	E1	P002 LP02	-	IBC08	B3
2717	CAMPHER, synthetisch CAMPHOR, synthetic	4.1	-	III	-	5 kg	E1	P002 LP02	-	IBC08	B3
2719	BARIUMBROMAT BARIUM BROMATE	5.1	6.1	II	-	1 kg	E2	P002	-	IBC08	B4 B21
2720	CHROMNITRAT CHROMIUM NITRATE	5.1	-	III	-	5 kg	E1	P002 LP02	-	IBC08	B3
2721	KUPFERCHLORAT COPPER CHLORATE	5.1	-	II	-	1 kg	E2	P002	-	IBC08	B4 B21
2722	LITHIUMNITRAT LITHIUM NITRATE	5.1	-	III	-	5 kg	E1	P002 LP02	-	IBC08	B3
2723	MAGNESIUMCHLORAT MAGNESIUM CHLORATE	5.1	-	II	-	1 kg	E2	P002	-	IBC08	B4 B21
2724	MANGANNITRAT MANGANESE NITRATE	5.1	-	III	-	5 kg	E1	P002 LP02	-	IBC08	B3
2725	NICKELNITRAT NICKEL NITRATE	5.1	-	III	-	5 kg	E1	P002 LP02	-	IBC08	B3
2726	NICKELNITRIT NICKEL NITRITE	5.1	-	III	-	5 kg	E1	P002 LP02	-	IBC08	B3
2727	THALLIUMNITRAT THALLIUM NITRATE	6.1	5.1 **P**	II	-	500 g	E4	P002	-	IBC06	B21
2728	ZIRKONIUMNITRAT ZIRCONIUM NITRATE	5.1	-	III	-	5 kg	E1	P002 LP02	-	IBC08	B3
2729	HEXACHLORBENZEN HEXACHLOROBENZENE	6.1	-	III	-	5 kg	E1	P002 LP02	-	IBC08	B3

Ortsbewegliche Tanks und Schüttgut-Container			EmS	Stauung und Handhabung	Trennung	Eigenschaften und Bemerkung	UN-Nr.
	Tank Anwei- sung(en)	Vor- schrif- ten					
(12)	(13)	(14)	(15)	(16a)	(16b)	(17)	(18)
	4.2.5 4.3	4.2.5	5.4.3.2 7.8	7.1, 7.3 bis 7.7	7.2 bis 7.7		
-	T1	TP33	F-A, S-A	Staukategorie A	SG35 SG36 SG55	Weiße Kristalle. Schmelzpunkt: 58 °C. Löslich in Wasser. Bildet mit Quecksilbersalzen, starken Säuren, alkalischen Verbindungen und Halogeniden explosive Gemische. Giftig beim Verschlucken, bei Berührung mit der Haut oder beim Einatmen.	2716
-	T1	TP33	F-A, S-I	Staukategorie A	-	Farblose oder weiße Kristalle, Granulate oder leicht bröckelnde Masse mit einem sehr eindringlichen, stechenden und aromatischen Geruch. Schwach löslich in Wasser. Entwickelt beim Erhitzen entzündbare und explosionsfähige Dämpfe. Gesundheitsschädlich beim Verschlucken.	2717
-	T3	TP33	F-H, S-Q	Staukategorie A	SGG3 SG38 SG49	Weiße Kristalle oder Pulver. Schwach löslich in Wasser. Reagiert heftig mit Schwefelsäure. Reagiert sehr heftig mit Cyaniden bei Erwärmung oder Reibung. Kann mit brennbaren Stoffen, pulverförmigen Metallen oder Ammoniumverbindungen explosionsfähige Gemische bilden. Diese Gemische sind empfindlich gegen Reibung und neigen zur Entzündung. Kann unter Feuereinwirkung eine Explosion verursachen. Giftig beim Verschlucken, bei Berührung mit der Haut oder beim Einatmen von Staub.	2719
-	T1	TP33	F-A, S-Q	Staukategorie A	-	Purpurfarbene Kristalle. Gemische mit brennbaren Stoffen sind leicht entzündbar und können sehr heftig brennen. Wässerige Lösungen sind schwach ätzend. Gesundheitsschädlich beim Verschlucken.	2720
-	T3	TP33	F-H, S-Q	Staukategorie A	SGG4 SG38 SG49	Blau-grünliche zerfließliche Kristalle oder Pulver. Löslich in Wasser. Reagiert heftig mit Schwefelsäure. Reagiert sehr heftig mit Cyaniden bei Erwärmung oder Reibung. Kann mit brennbaren Stoffen, pulverförmigen Metallen oder Ammoniumverbindungen explosionsfähige Gemische bilden. Diese Gemische sind empfindlich gegen Reibung und neigen zur Entzündung. Kann unter Feuereinwirkung eine Explosion verursachen.	2721
-	T1	TP33	F-A, S-Q	Staukategorie A	-	Farblose zerfließliche Kristalle. Löslich in Wasser. Gemische mit brennbaren Stoffen sind leicht entzündbar und können sehr heftig brennen. Gesundheitsschädlich beim Verschlucken.	2722
-	T3	TP33	F-H, S-Q	Staukategorie A	SGG4 SG38 SG49	Weiße zerfließliche Kristalle oder Pulver. Löslich in Wasser. Schmelzpunkt: 35 °C. Reagiert heftig mit Schwefelsäure. Reagiert sehr heftig mit Cyaniden bei Erwärmung oder Reibung. Kann mit brennbaren Stoffen, pulverförmigen Metallen oder Ammoniumverbindungen explosionsfähige Gemische bilden. Diese Gemische sind empfindlich gegen Reibung und neigen zur Entzündung. Kann unter Feuereinwirkung eine Explosion verursachen. Die Ladungen müssen vor und nach der Beladung vor Feuchtigkeit geschützt werden. Bei ungünstigem Wetter müssen die Luken geschlossen werden.	2723
-	T1	TP33	F-A, S-Q	Staukategorie A	-	Blass-pinkfarbene zerfließliche Kristalle. Löslich in Wasser. Schmelzpunkt zwischen 26 °C und 35 °C. Gemische mit brennbaren Stoffen sind leicht entzündbar und können sehr heftig brennen. Wässerige Lösungen sind schwach ätzend. Gesundheitsschädlich beim Verschlucken.	2724
-	T1	TP33	F-A, S-Q	Staukategorie A	-	Grüne zerfließliche Kristalle. Löslich in Wasser. Schmelzpunkt: 55 °C. Gemische mit brennbaren Stoffen sind leicht entzündbar und können sehr heftig brennen. Wässerige Lösungen sind schwach ätzend. Gesundheitsschädlich beim Verschlucken.	2725
-	T1	TP33	F-A, S-Q	Staukategorie A	SGG12 SG38 SG49	Rötlich-gelbe Kristalle. Zersetzen sich bei Erwärmung unter Bildung giftiger nitroser Dämpfe. Gemische mit brennbaren Stoffen sind leicht entzündbar und können sehr heftig brennen. Gemische mit Ammoniumverbindungen oder Cyaniden können explodieren. Gesundheitsschädlich beim Verschlucken.	2726
-	T3	TP33	F-A, S-Q	Staukategorie A	-	Farblose Kristalle. Löslich in Wasser. Gemische mit brennbaren Stoffen sind leicht entzündbar und können sehr heftig brennen. Giftig beim Verschlucken, bei Berührung mit der Haut oder beim Einatmen von Staub.	2727
-	T1	TP33	F-A, S-Q	Staukategorie A	-	Weiße Kristalle, Flocken oder Pulver. Löslich in Wasser. Wässerige Lösungen sind schwach ätzend. Gesundheitsschädlich beim Verschlucken.	2728
-	T1	TP33	F-A, S-A	Staukategorie A	-	Weiße nadelförmige Kristalle. Nicht löslich in Wasser. Zersetzt sich bei Erwärmung unter Bildung hochgiftiger Dämpfe. Giftig beim Verschlucken, bei Berührung mit der Haut oder beim Einatmen von Staub.	2729

UN-Nr.	Richtiger technischer Name	Klasse	Zusatzgefahr	Verpackungsgruppe	Sondervorschriften	Begrenzte und freigestellte Mengen		Verpackungen		IBC	
						Begrenzte Mengen	Freigestellte Mengen	Anweisung(en)	Sondervorschriften	Anweisung(en)	Sondervorschriften
(1)	(2) 3.1.2	(3) 2.0	(4) 2.0	(5) 2.0.1.3	(6) 3.3	(7a) 3.4	(7b) 3.5	(8) 4.1.4	(9) 4.1.4	(10) 4.1.4	(11) 4.1.4
2730	NITROANISOLE, FLÜSSIG NITROANISOLES, LIQUID	6.1	-	III	279	5 L	E1	P001 LP01	-	IBC03	-
2732	NITROBROMBENZENE, FLÜSSIG NITROBROMOBENZENES, LIQUID	6.1	-	III	-	5 L	E1	P001 LP01	-	IBC03	-
2733	AMINE, ENTZÜNDBAR, ÄTZEND, N.A.G. oder POLYAMINE, ENTZÜNDBAR, ÄTZEND, N.A.G. AMINES, FLAMMABLE, CORROSIVE, N.O.S. or POLYAMINES, FLAMMABLE, CORROSIVE, N.O.S.	3	8	I	274	0	E0	P001	-	-	-
2733	AMINE, ENTZÜNDBAR, ÄTZEND, N.A.G. oder POLYAMINE, ENTZÜNDBAR, ÄTZEND, N.A.G. AMINES, FLAMMABLE, CORROSIVE, N.O.S. or POLYAMINES, FLAMMABLE, CORROSIVE, N.O.S.	3	8	II	274	1 L	E2	P001	-	IBC02	-
2733	AMINE, ENTZÜNDBAR, ÄTZEND, N.A.G. oder POLYAMINE, ENTZÜNDBAR, ÄTZEND, N.A.G. AMINES, FLAMMABLE, CORROSIVE, N.O.S. or POLYAMINES, FLAMMABLE, CORROSIVE, N.O.S.	3	8	III	223 274	5 L	E1	P001	-	IBC03	-
2734	AMINE, FLÜSSIG, ÄTZEND, ENTZÜNDBAR, N.A.G. oder POLYAMINE, FLÜSSIG, ÄTZEND, ENTZÜNDBAR, N.A.G. AMINES, LIQUID, CORROSIVE, FLAMMABLE, N.O.S. or POLYAMINES, LIQUID, CORROSIVE, FLAMMABLE, N.O.S.	8	3	I	274	0	E0	P001	-	-	-
2734	AMINE, FLÜSSIG, ÄTZEND, ENTZÜNDBAR, N.A.G. oder POLYAMINE, FLÜSSIG, ÄTZEND, ENTZÜNDBAR, N.A.G. AMINES, LIQUID, CORROSIVE, FLAMMABLE, N.O.S. or POLYAMINES, LIQUID, CORROSIVE, FLAMMABLE, N.O.S.	8	3	II	274	1 L	E2	P001	-	IBC02	-
2735	AMINE, FLÜSSIG, ÄTZEND, N.A.G. oder POLYAMINE, FLÜSSIG, ÄTZEND, N.A.G. AMINES, LIQUID, CORROSIVE, N.O.S. or POLYAMINES, LIQUID, CORROSIVE, N.O.S.	8	-	I	274	0	E0	P001	-	-	-
2735	AMINE, FLÜSSIG, ÄTZEND, N.A.G. oder POLYAMINE, FLÜSSIG, ÄTZEND, N.A.G. AMINES, LIQUID, CORROSIVE, N.O.S. or POLYAMINES, LIQUID, CORROSIVE, N.O.S.	8	-	II	274	1 L	E2	P001	-	IBC02	-
2735	AMINE, FLÜSSIG, ÄTZEND, N.A.G. oder POLYAMINE, FLÜSSIG, ÄTZEND, N.A.G. AMINES, LIQUID, CORROSIVE, N.O.S. or POLYAMINES, LIQUID, CORROSIVE, N.O.S.	8	-	III	223 274	5 L	E1	P001 LP01	-	IBC03	-

Ortsbewegliche Tanks und Schüttgut-Container			EmS	Stauung und Handhabung	Trennung	Eigenschaften und Bemerkung	UN-Nr.	
	Tank Anweisung(en)	Vorschriften						
(12)	(13) 4.2.5 4.3	(14) 4.2.5	(15) 5.4.3.2 7.8	(16a) 7.1, 7.3 bis 7.7	(16b) 7.2 bis 7.7	(17)	(18)	
-	T4	TP1	F-A, S-A	Staukategorie A	-	Hellrote oder bernsteinfarbene Flüssigkeit. Nicht mischbar mit Wasser. Giftig beim Verschlucken, bei Berührung mit der Haut oder beim Einatmen.	2730	→ *UN 3458*
-	T4	TP1	F-A, S-A	Staukategorie A	-	Farblose bis blassgelbe Flüssigkeiten. Schmelzpunkt von 1-BROM-3-NITROBENZEN: 17 °C. Nicht mischbar mit Wasser. Giftig beim Verschlucken, bei Berührung mit der Haut oder beim Einatmen.	2732	→ *UN 3459*
-	T14	TP1 TP27	F-E, S-C	Staukategorie D SW2	SGG18 SG35	Farblose bis gelbliche Flüssigkeiten mit unangenehmem Geruch. Einige sind sehr flüchtig. Mischbar mit Wasser. Greifen die meisten Metalle an, insbesondere Kupfer und seine Legierungen. Entwickeln unter Feuereinwirkung giftige Gase. Reagieren heftig mit Säuren. Gesundheitsschädlich beim Einatmen. Verursachen Verätzungen der Haut, der Augen und der Schleimhäute.	2733	
-	T11	TP1 TP27	F-E, S-C	Staukategorie B SW2	SGG18 SG35	Siehe Eintrag oben.	2733	
-	T7	TP1 TP28	F-E, S-C	Staukategorie A SW2	SGG18 SG35	Siehe Eintrag oben.	2733	
-	T14	TP2 TP27	F-E, S-C	Staukategorie A	SGG18 SG35	Farblose bis gelbliche entzündbare Flüssigkeiten oder Lösungen mit stechendem Geruch. Mischbar mit Wasser. Entwickeln unter Feuereinwirkung giftige Gase. Greifen die meisten Metalle an, insbesondere Kupfer und seine Legierungen. Reagieren heftig mit Säuren. Verursachen Verätzungen der Haut, der Augen und der Schleimhäute.	2734	
-	T11	TP2 TP27	F-E, S-C	Staukategorie A	SGG18 SG35	Siehe Eintrag oben.	2734	
-	T14	TP2 TP27	F-A, S-B	Staukategorie A	SGG18 SG35	Farblose bis gelbliche Flüssigkeiten oder Lösungen mit stechendem Geruch. Mischbar mit oder löslich in Wasser. Entwickeln unter Feuereinwirkung giftige Gase. Greifen die meisten Metalle an, insbesondere Kupfer und seine Legierungen. Reagieren heftig mit Säuren. Verursachen Verätzungen der Haut, der Augen und der Schleimhäute.	2735	
-	T11	TP1 TP27	F-A, S-B	Staukategorie A	SGG18 SG35	Siehe Eintrag oben.	2735	
-	T7	TP1 TP28	F-A, S-B	Staukategorie A	SGG18 SG35	Siehe Eintrag oben.	2735	

UN-Nr.	Richtiger technischer Name	Klasse	Zusatz-gefahr	Verpa-ckungs-gruppe	Sonder-vor-schrif-ten	Begrenzte und freige-stellte Mengen		Verpackungen		IBC	
						Be-grenzte Men-gen	Freige-stellte Men-gen	Anwei-sung(en)	Sonder-vor-schriften	Anwei-sung(en)	Sonder-vor-schriften
(1)	(2) 3.1.2	(3) 2.0	(4) 2.0	(5) 2.0.1.3	(6) 3.3	(7a) 3.4	(7b) 3.5	(8) 4.1.4	(9) 4.1.4	(10) 4.1.4	(11) 4.1.4
2738	N-BUTYLANILIN N-BUTYLANILINE	6.1	-	II	-	100 ml	E4	P001	-	IBC02	-
2739	BUTTERSÄUREANHYDRID BUTYRIC ANHYDRIDE	8	-	III	-	5 L	E1	P001 LP01	-	IBC03	-
2740	n-PROPYLCHLORFORMIAT n-PROPYL CHLOROFORMATE	6.1	3/8	I	-	0	E0	P602	-	-	-
2741	BARIUMHYPOCHLORIT mit mehr als 22 % aktivem Chlor BARIUM HYPOCHLORITE with more than 22 % available chlorine	5.1	6.1	II	-	1 kg	E2	P002	-	IBC08	B4 B21
2742	CHLORFORMIATE, GIFTIG, ÄTZEND, ENTZÜNDBAR, N.A.G. CHLOROFORMATES, TOXIC, CORROSIVE, FLAMMABLE, N.O.S.	6.1	3/8	II	274	100 ml	E4	P001	-	IBC01	-
2743	n-BUTYLCHLORFORMIAT n-BUTYL CHLOROFORMATE	6.1	3/8	II	-	100 ml	E0	P001	-	-	-
2744	CYCLOBUTYLCHLORFORMIAT CYCLOBUTYL CHLOROFORMATE	6.1	3/8	II	-	100 ml	E4	P001	-	IBC01	-
2745	CHLORMETHYLCHLORFORMIAT CHLOROMETHYL CHLOROFORMATE	6.1	8	II	-	100 ml	E4	P001	-	IBC02	-
2746	PHENYLCHLORFORMIAT PHENYL CHLOROFORMATE	6.1	8	II	-	100 ml	E4	P001	-	IBC02	-
2747	tert-BUTYLCYCLOHEXYLCHLORFORMIAT tert-BUTYLCYCLOHEXYL CHLOROFORMATE	6.1	-	III	-	5 L	E1	P001 LP01	-	IBC03	-

Ortsbewegliche Tanks und Schüttgut-Container			EmS	Stauung und Handhabung	Trennung	Eigenschaften und Bemerkung	UN-Nr.
	Tank Anweisung(en)	Vorschriften					
(12)	(13)	(14)	(15)	(16a)	(16b)	(17)	(18)
	4.2.5 4.3	4.2.5	5.4.3.2 7.8	7.1, 7.3 bis 7.7	7.2 bis 7.7		
-	T7	TP2	F-A, S-A	Staukategorie A	SG17	Bernsteinfarbene Flüssigkeit mit wahrnehmbarem Geruch. Nicht mischbar mit Wasser. Kann heftig mit entzündend (oxidierend) wirkenden Stoffen reagieren. Giftig beim Verschlucken, bei Berührung mit der Haut oder beim Einatmen.	2738
-	T4	TP1	F-A, S-B	Staukategorie A	SGG1 SG36 SG49	Farblose Flüssigkeit. Zersetzt sich in Wasser unter Bildung von Buttersäure.	2739
-	T20	TP2 TP13	F-E, S-C	Staukategorie B SW2	SGG1 SG5 SG8 SG36 SG49	Farblose entzündbare Flüssigkeit. Flammpunkt: 28 °C c.c. Wird durch Wasser zersetzt, unter Bildung von Propanol. Hochgiftig beim Verschlucken, bei Berührung mit der Haut oder beim Einatmen. Verursacht Verätzungen der Haut, der Augen und der Schleimhäute.	2740
-	T3	TP33	F-H, S-Q	Staukategorie B	SGG8 SG35 SG38 SG49 SG53 SG60	Weißes Pulver mit stechendem Geruch. Reagiert mit Säuren unter Bildung von Chlor, einem reizenden, ätzenden und giftigen Gas. Reagiert sehr heftig mit Cyaniden bei Erwärmung oder Reibung. Kann mit brennbaren Stoffen, pulverförmigen Metallen oder Ammoniumverbindungen explosionsfähige Gemische bilden. Diese Gemische sind empfindlich gegen Reibung und neigen zur Entzündung. Kann unter Feuereinwirkung eine Explosion verursachen. Giftig beim Verschlucken, bei Berührung mit der Haut oder beim Einatmen von Staub. Staub reizt die Schleimhäute. Berührung mit den Augen verursacht schwere Verletzungen der Hornhaut (Blindheit), wenn nicht sofort mit großen Mengen Wasser gespült wird und ärztliche Behandlung folgt.	2741
-	-	-	F-E, S-C	Staukategorie A SW1 SW2 H1 H2	SGG1 SG5 SG8 SG36 SG49	Ein weiter Bereich von farblosen bis gelblichen entzündbaren Flüssigkeiten. Reagieren und zersetzen sich bei Berührung mit Wasser oder bei Wärmeeinwirkung, unter Bildung von Chlorwasserstoff, einem reizenden und ätzenden Gas, das als weißer Nebel sichtbar wird. Flammpunkt: CYCLOHEXYLCHLORFORMIAT: 53 °C c.c. Giftig beim Verschlucken, bei Berührung mit der Haut oder beim Einatmen. Verursacht Verätzungen der Haut, der Augen und der Schleimhäute.	2742
-	T20	TP2 TP13	F-E, S-C	Staukategorie A SW1 SW2 H1 H2	SGG1 SG5 SG8 SG36 SG49	Ein weiter Bereich von farblosen bis gelblichen entzündbaren Flüssigkeiten. Reagieren und zersetzen sich bei Berührung mit Wasser oder bei Wärmeeinwirkung, unter Bildung von Chlorwasserstoff, einem reizenden und ätzenden Gas, das als weißer Nebel sichtbar wird. Flammpunkt: 32 °C c.c. bis 39 °C c.c. Giftig beim Verschlucken, bei Berührung mit der Haut oder beim Einatmen. Verursacht Verätzungen der Haut, der Augen und der Schleimhäute.	2743
-	T7	TP2 TP13	F-E, S-C	Staukategorie A SW1 SW2 H1 H2	SGG1 SG5 SG8 SG36 SG49	Ein weiter Bereich von farblosen bis gelblichen entzündbaren Flüssigkeiten. Reagieren und zersetzen sich bei Berührung mit Wasser oder bei Wärmeeinwirkung, unter Bildung von Chlorwasserstoff, einem reizenden und ätzenden Gas, das als weißer Nebel sichtbar wird. Flammpunkt: 38 °C c.c. Giftig beim Verschlucken, bei Berührung mit der Haut oder beim Einatmen. Verursacht Verätzungen der Haut, der Augen und der Schleimhäute.	2744
-	T7	TP2 TP13	F-A, S-B	Staukategorie A SW1 SW2 H1 H2	SGG1 SG36 SG49	Ein weiter Bereich von farblosen bis gelblichen Flüssigkeiten. Reagieren und zersetzen sich bei Berührung mit Wasser oder bei Wärmeeinwirkung, unter Bildung von Chlorwasserstoff, einem reizenden und ätzenden Gas, das als weißer Nebel sichtbar wird. Giftig beim Verschlucken, bei Berührung mit der Haut oder beim Einatmen. Verursachen Verätzungen der Haut, der Augen und der Schleimhäute.	2745
-	T7	TP2 TP13	F-A, S-B	Staukategorie A SW1 SW2 H1 H2	SGG1 SG36 SG49	Ein weiter Bereich von farblosen bis gelblichen Flüssigkeiten. Reagieren und zersetzen sich bei Berührung mit Wasser oder bei Wärmeeinwirkung, unter Bildung von Chlorwasserstoff, einem reizenden und ätzenden Gas, das als weißer Nebel sichtbar wird. Giftig beim Verschlucken, bei Berührung mit der Haut oder beim Einatmen. Verursachen Verätzungen der Haut, der Augen und der Schleimhäute.	2746
-	T4	TP1	F-A, S-A	Staukategorie A SW1 H1 H2	-	Farblose bis gelbliche Flüssigkeit. Reagiert mit Wasser oder zersetzt sich bei Wärmeeinwirkung, unter Bildung von Chlorwasserstoff, einem reizenden und ätzenden Gas, das als weißer Nebel sichtbar wird. Giftig beim Verschlucken, bei Berührung mit der Haut oder beim Einatmen.	2747

3.2 Gefahrgutliste

UN-Nr.	Richtiger technischer Name	Klasse	Zusatz-gefahr	Verpa-ckungs-gruppe	Sonder-vor-schrif-ten	Begrenzte und freige-stellte Mengen		Verpackungen		IBC	
						Be-grenzte Men-gen	Freige-stellte Men-gen	Anwei-sung(en)	Sonder-vor-schriften	Anwei-sung(en)	Sonder-vor-schriften
(1)	(2)	(3)	(4)	(5)	(6)	(7a)	(7b)	(8)	(9)	(10)	(11)
	3.1.2	2.0	2.0	2.0.1.3	3.3	3.4	3.5	4.1.4	4.1.4	4.1.4	4.1.4
2748	2-ETHYLHEXYLCHLORFORMIAT 2-ETHYLHEXYL CHLOROFORMATE	6.1	8	II	-	100 ml	E4	P001	-	IBC02	-
2749	TETRAMETHYLSILAN TETRAMETHYLSILANE	3	-	I	-	0	E0	P001	-	-	-
2750	1,3-DICHLORPROPAN-2-OL 1,3-DICHLOROPROPANOL-2	6.1	-	II	-	100 ml	E4	P001	-	IBC02	-
2751	DIETHYLTHIOPHOSPHORYLCHLORID DIETHYLTHIOPHOSPHORYL CHLO-RIDE	8	-	II	-	1 L	E2	P001	-	IBC02	-
2752	1,2-EPOXY-3-ETHOXYPROPAN 1,2-EPOXY-3-ETHOXYPROPANE	3	-	III	-	5 L	E1	P001 LP01	-	IBC03	-
2753	N-ETHYL-N-BENZYLTOLUIDINE, FLÜSSIG N-ETHYLBENZYLTOLUIDINES, LIQUID	6.1	-	III	-	5 L	E1	P001 LP01	-	IBC03	-
2754	N-ETHYLTOLUIDINE N-ETHYLTOLUIDINES	6.1	-	II	-	100 ml	E4	P001	-	IBC02	-
2757	CARBAMAT-PESTIZID, FEST, GIFTIG CARBAMATE PESTICIDE, SOLID, TO-XIC	6.1	-	I	61 274	0	E5	P002	-	IBC07	B1
2757	CARBAMAT-PESTIZID, FEST, GIFTIG CARBAMATE PESTICIDE, SOLID, TO-XIC	6.1	-	II	61 274	500 g	E4	P002	-	IBC08	B4 B21
2757	CARBAMAT-PESTIZID, FEST, GIFTIG CARBAMATE PESTICIDE, SOLID, TO-XIC	6.1	-	III	61 223 274	5 kg	E1	P002 LP02	-	IBC08	B3
2758	CARBAMAT-PESTIZID, FLÜSSIG, ENT-ZÜNDBAR, GIFTIG, Flammpunkt unter 23 °C CARBAMAT-PESTICIDE, LIQUID, FLAMMABLE, TOXIC, flashpoint less than 23 °C	3	6.1	I	61 274	0	E0	P001	-	-	-
2758	CARBAMAT-PESTIZID, FLÜSSIG, ENT-ZÜNDBAR, GIFTIG, Flammpunkt unter 23 °C CARBAMATE PESTICIDE, LIQUID, FLAMMABLE, TOXIC, flashpoint less than 23 °C	3	6.1	II	61 274	1 L	E2	P001	-	IBC02	-
2759	ARSENHALTIGES PESTIZID, FEST, GIFTIG ARSENICAL PESTICIDE, SOLID, TO-XIC	6.1	-	I	61 274	0	E5	P002	-	IBC07	B1
2759	ARSENHALTIGES PESTIZID, FEST, GIFTIG ARSENICAL PESTICIDE, SOLID, TO-XIC	6.1	-	II	61 274	500 g	E4	P002	-	IBC08	B4 B21

Ortsbewegliche Tanks und Schüttgut-Container			EmS	Stauung und Handhabung	Trennung	Eigenschaften und Bemerkung	UN-Nr.
	Tank Anwei-sung(en)	Vor-schrif-ten					
(12)	(13) 4.2.5 4.3	(14) 4.2.5	(15) 5.4.3.2 7.8	(16a) 7.1, 7.3 bis 7.7	(16b) 7.2 bis 7.7	(17)	(18)
-	T7	TP2 TP13	F-A, S-B	Staukategorie A SW1 SW2 H1 H2	SGG1 SG36 SG49	Ein weiter Bereich von farblosen bis gelblichen Flüssigkeiten. Reagieren und zersetzen sich bei Berührung mit Wasser oder bei Wärmeeinwirkung, unter Bildung von Chlorwasserstoff, einem reizenden und ätzenden Gas, das als weißer Nebel sichtbar wird. Giftig beim Verschlucken, bei Berührung mit der Haut oder beim Einatmen. Verursachen Verätzungen der Haut, der Augen und der Schleimhäute.	2748
-	T14	TP2	F-E, S-D	Staukategorie D	-	Farblose, flüchtige Flüssigkeit. Flammpunkt: unter -18 °C c.c. Siedepunkt: 27 °C. Nicht mischbar mit Wasser. Gesundheitsschädlich beim Verschlucken oder beim Einatmen. Wirkt reizend auf Haut, Augen und Schleimhäute.	2749
-	T7	TP2	F-A, S-A	Staukategorie A SW1 SW2 H2	-	Farblose, schwach viskose Flüssigkeit mit chloroformartigem Geruch. Nicht mischbar mit Wasser. Zersetzt sich bei Erwärmung unter Bildung äußerst giftiger Dämpfe (Phosgen). Giftig beim Verschlucken, bei Berührung mit der Haut oder beim Einatmen.	2750
-	T7	TP2	F-A, S-B	Staukategorie D SW1 SW2 H2	SGG1 SG36 SG49	Farblose Flüssigkeit mit wahrnehmbarem Geruch. Reagiert langsam mit Wasser unter Bildung von Chlorwasserstoffsäure. Entwickelt unter Feuereinwirkung giftige Gase (Chlorwasserstoff und Schwefeldioxid). Dampf hat starke Reizwirkung auf Augen und Schleimhäute. Flüssigkeit verursacht Verätzungen der Haut, der Augen und der Schleimhäute.	2751
-	T2	TP1	F-E, S-D	Staukategorie A	-	Nicht mischbar mit Wasser. Flammpunkt: 47 °C c.c. Wirkt reizend auf Haut, Augen und Schleimhäute.	2752
-	T7	TP1	F-A, S-A	Staukategorie A	-	Flüssigkeiten mit einem starken Geruch. Nicht mischbar mit Wasser. Giftig beim Verschlucken, bei Berührung mit der Haut oder beim Einatmen.	2753 → *UN 3460*
-	T7	TP2	F-A, S-A	Staukategorie A	-	Farblose bis hellbernsteinfarbene entzündbare Flüssigkeiten. Nicht mischbar mit Wasser. Giftig beim Verschlucken, bei Berührung mit der Haut oder beim Einatmen.	2754
-	T6	TP33	F-A, S-A	Staukategorie A SW2	-	Feste Pestizide umfassen einen sehr weiten Bereich der Giftigkeit. Giftig beim Verschlucken, bei Berührung mit der Haut oder beim Einatmen.	2757
-	T3	TP33	F-A, S-A	Staukategorie A SW2	-	Siehe Eintrag oben.	2757
-	T1	TP33	F-A, S-A	Staukategorie A SW2	-	Siehe Eintrag oben.	2757
-	T14	TP2 TP13 TP27	F-E, S-D	Staukategorie B SW2	-	Pestizide enthalten häufig Erdöl- oder Steinkohlenteer-Destillate oder andere entzündbare Flüssigkeiten. Die Mischbarkeit mit Wasser hängt von der Zusammensetzung ab. Giftig beim Verschlucken, bei Berührung mit der Haut oder beim Einatmen.	2758
-	T11	TP2 TP13 TP27	F-E, S-D	Staukategorie B SW2	-	Siehe Eintrag oben.	2758
-	T6	TP33	F-A, S-A	Staukategorie A SW2	-	Feste Pestizide umfassen einen sehr weiten Bereich der Giftigkeit. Giftig beim Verschlucken, bei Berührung mit der Haut oder beim Einatmen.	2759
-	T3	TP33	F-A, S-A	Staukategorie A SW2	-	Siehe Eintrag oben.	2759

3.2 Gefahrgutliste

UN-Nr.	Richtiger technischer Name	Klasse	Zusatzgefahr	Verpackungsgruppe	Sondervorschriften	Begrenzte und freigestellte Mengen		Verpackungen		IBC	
						Begrenzte Mengen	Freigestellte Mengen	Anweisung(en)	Sondervorschriften	Anweisung(en)	Sondervorschriften
(1)	(2) 3.1.2	(3) 2.0	(4) 2.0	(5) 2.0.1.3	(6) 3.3	(7a) 3.4	(7b) 3.5	(8) 4.1.4	(9) 4.1.4	(10) 4.1.4	(11) 4.1.4
2759	ARSENHALTIGES PESTIZID, FEST, GIFTIG ARSENICAL PESTICIDE, SOLID, TOXIC	6.1	-	III	61 223 274	5 kg	E1	P002 LP02	-	IBC08	B3
2760	ARSENHALTIGES PESTIZID, FLÜSSIG, ENTZÜNDBAR, GIFTIG, Flammpunkt unter 23 °C ARSENICAL PESTICIDE, LIQUID, FLAMMABLE, TOXIC, flashpoint less than 23 °C	3	6.1	I	61 274	0	E0	P001	-	-	-
2760	ARSENHALTIGES PESTIZID, FLÜSSIG, ENTZÜNDBAR, GIFTIG, Flammpunkt unter 23 °C ARSENICAL PESTICIDE, LIQUID, FLAMMABLE, TOXIC, flashpoint less than 23 °C	3	6.1	II	61 274	1 L	E2	P001	-	IBC02	-
2761	ORGANOCHLOR-PESTIZID, FEST, GIFTIG ORGANOCHLORINE PESTICIDE, SOLID, TOXIC	6.1	-	I	61 274	0	E5	P002	-	IBC07	B1
2761	ORGANOCHLOR-PESTIZID, FEST, GIFTIG ORGANOCHLORINE PESTICIDE, SOLID, TOXIC	6.1	-	II	61 274	500 g	E4	P002	-	IBC08	B4 B21
2761	ORGANOCHLOR-PESTIZID, FEST, GIFTIG ORGANOCHLORINE PESTICIDE, SOLID, TOXIC	6.1	-	III	61 223 274	5 kg	E1	P002 LP02	-	IBC08	B3
2762	ORGANOCHLOR-PESTIZID, FLÜSSIG, ENTZÜNDBAR, GIFTIG, Flammpunkt unter 23 °C ORGANOCHLORINE PESTICIDE, LIQUID, FLAMMABLE, TOXIC, flashpoint less than 23 °C	3	6.1	I	61 274	0	E0	P001	-	-	-
2762	ORGANOCHLOR-PESTIZID, FLÜSSIG, ENTZÜNDBAR, GIFTIG, Flammpunkt unter 23 °C ORGANOCHLORINE PESTICIDE, LIQUID, FLAMMABLE, TOXIC, flashpoint less than 23 °C	3	6.1	II	61 274	1 L	E2	P001	-	IBC02	-
2763	TRIAZIN-PESTIZID, FEST, GIFTIG TRIAZINE PESTICIDE, SOLID, TOXIC	6.1	-	I	61 274	0	E5	P002	-	IBC07	B1
2763	TRIAZIN-PESTIZID, FEST, GIFTIG TRIAZINE PESTICIDE, SOLID, TOXIC	6.1	-	II	61 274	500 g	E4	P002	-	IBC08	B4 B21
2763	TRIAZIN-PESTIZID, FEST, GIFTIG TRIAZINE PESTICIDE, SOLID, TOXIC	6.1	-	III	61 223 274	5 kg	E1	P002	-	IBC08	B3
2764	TRIAZIN-PESTIZID, FLÜSSIG, ENTZÜNDBAR, GIFTIG, Flammpunkt unter 23 °C TRIAZINE PESTICIDE, LIQUID, FLAMMABLE, TOXIC, flashpoint less than 23 °C	3	6.1	I	61 274	0	E0	P001	-	-	-

Ortsbewegliche Tanks und Schüttgut-Container			EmS	Stauung und Handhabung	Trennung	Eigenschaften und Bemerkung	UN-Nr.
	Tank Anwei-sung(en)	Vor-schrif-ten					
(12)	(13) 4.2.5 4.3	(14) 4.2.5	(15) 5.4.3.2 7.8	(16a) 7.1, 7.3 bis 7.7	(16b) 7.2 bis 7.7	(17)	(18)
-	T1	TP33	F-A, S-A	Staukategorie A SW2	-	Siehe Eintrag oben.	2759
-	T14	TP2 TP13 TP27	F-E, S-D	Staukategorie B SW2	-	Pestizide enthalten häufig Erdöl- oder Steinkohlenteer-Destillate oder andere entzündbare Flüssigkeiten. Die Mischbarkeit mit Wasser hängt von der Zusammensetzung ab. Giftig beim Verschlucken, bei Berührung mit der Haut oder beim Einatmen.	2760
-	T11	TP2 TP13 TP27	F-E, S-D	Staukategorie B SW2	-	Siehe Eintrag oben.	2760
-	T6	TP33	F-A, S-A	Staukategorie A SW2	-	Feste Pestizide umfassen einen sehr weiten Bereich der Giftigkeit. Giftig beim Verschlucken, bei Berührung mit der Haut oder beim Einatmen.	2761
-	T3	TP33	F-A, S-A	Staukategorie A SW2	-	Siehe Eintrag oben.	2761
-	T1	TP33	F-A, S-A	Staukategorie A SW2	-	Siehe Eintrag oben.	2761
-	T14	TP2 TP13 TP27	F-E, S-D	Staukategorie B SW2	-	Pestizide enthalten häufig Erdöl- oder Steinkohlenteer-Destillate oder andere entzündbare Flüssigkeiten. Die Mischbarkeit mit Wasser hängt von der Zusammensetzung ab. Giftig beim Verschlucken, bei Berührung mit der Haut oder beim Einatmen.	2762
-	T11	TP2 TP13 TP27	F-E, S-D	Staukategorie B SW2	-	Siehe Eintrag oben.	2762
-	T6	TP33	F-A, S-A	Staukategorie A SW2	-	Feste Pestizide umfassen einen sehr weiten Bereich der Giftigkeit. Giftig beim Verschlucken, bei Berührung mit der Haut oder beim Einatmen.	2763
-	T3	TP33	F-A, S-A	Staukategorie A SW2	-	Siehe Eintrag oben.	2763
-	T1	TP33	F-A, S-A	Staukategorie A SW2	-	Siehe Eintrag oben.	2763
-	T14	TP2 TP13 TP27	F-E, S-D	Staukategorie B SW2	-	Pestizide enthalten häufig Erdöl- oder Steinkohlenteer-Destillate oder andere entzündbare Flüssigkeiten. Die Mischbarkeit mit Wasser hängt von der Zusammensetzung ab. Giftig beim Verschlucken, bei Berührung mit der Haut oder beim Einatmen.	2764

UN-Nr.	Richtiger technischer Name	Klasse	Zusatzgefahr	Verpackungsgruppe	Sondervorschriften	Begrenzte und freigestellte Mengen		Verpackungen		IBC	
			•			Begrenzte Mengen	Freigestellte Mengen	Anweisung(en)	Sondervorschriften	Anweisung(en)	Sondervorschriften
(1)	(2)	(3)	(4)	(5)	(6)	(7a)	(7b)	(8)	(9)	(10)	(11)
	3.1.2	2.0	2.0	2.0.1.3	3.3	3.4	3.5	4.1.4	4.1.4	4.1.4	4.1.4
2764	TRIAZIN-PESTIZID, FLÜSSIG, ENTZÜNDBAR, GIFTIG, Flammpunkt unter 23 °C TRIAZINE PESTICIDE, LIQUID, FLAMMABLE, TOXIC, flashpoint less than 23 °C	3	6.1	II	61 274	1 L	E2	P001	-	IBC02	-
2771	THIOCARBAMAT-PESTIZID, FEST, GIFTIG THIOCARBAMATE PESTICIDE, SOLID, TOXIC	6.1	-	I	61 274	0	E5	P002	-	IBC07	B1
2771	THIOCARBAMAT-PESTIZID, FEST, GIFTIG THIOCARBAMATE PESTICIDE, SOLID, TOXIC	6.1	–	II	61 274	500 g	E4	P002	-	IBC08	B4 B21
2771	THIOCARBAMAT-PESTIZID, FEST, GIFTIG THIOCARBAMATE PESTICIDE, SOLID, TOXIC	6.1	-	III	61 223 274	5 kg	E1	P002 LP02	-	IBC08	B3
2772	THIOCARBAMAT-PESTIZID, FLÜSSIG, ENTZÜNDBAR, GIFTIG, Flammpunkt unter 23 °C THIOCARBAMATE PESTICIDE, LIQUID, FLAMMABLE, TOXIC, flashpoint less than 23 °C	3	6.1	I	61 274	0	E0	P001	-	-	-
2772	THIOCARBAMAT-PESTIZID, FLÜSSIG, ENTZÜNDBAR, GIFTIG, Flammpunkt unter 23 °C THIOCARBAMATE PESTICIDE, LIQUID, FLAMMABLE, TOXIC, flashpoint less than 23 °C	3	6.1	II	61 274	1 L	E2	P001	-	IBC02	-
2775	KUPFERHALTIGES PESTIZID, FEST, GIFTIG COPPER-BASED PESTICIDE, SOLID, TOXIC	6.1	-	I	61 274	0	E5	P002	-	IBC07	B1
2775	KUPFERHALTIGES PESTIZID, FEST, GIFTIG COPPER-BASED PESTICIDE, SOLID, TOXIC	6.1	-	II	61 274	500 g	E4	P002	-	IBC08	B4 B21
2775	KUPFERHALTIGES PESTIZID, FEST, GIFTIG COPPER-BASED PESTICIDE, SOLID, TOXIC	6.1	-	III	61 223 274	5 kg	E1	P002 LP02	-	IBC08	B3
2776	KUPFERHALTIGES PESTIZID, FLÜSSIG, ENTZÜNDBAR, GIFTIG, Flammpunkt unter 23 °C COPPER-BASED PESTICIDE, LIQUID, FLAMMABLE, TOXIC, flashpoint less than 23 °C	3	6.1	I	61 274	0	E0	P001	-	-	-
2776	KUPFERHALTIGES PESTIZID, FLÜSSIG, ENTZÜNDBAR, GIFTIG, Flammpunkt unter 23 °C COPPER-BASED PESTICIDE, LIQUID, FLAMMABLE, TOXIC, flashpoint less than 23 °C	3	6.1	II	61 274	1 L	E2	P001	-	IBC02	-
2777	QUECKSILBERHALTIGES PESTIZID, FEST, GIFTIG MERCURY BASED PESTICIDE, SOLID, TOXIC	6.1	- **P**	I	61 274	0	E5	P002	-	IBC07	B1

Ortsbewegliche Tanks und Schüttgut-Container			EmS	Stauung und Handhabung	Trennung	Eigenschaften und Bemerkung	UN-Nr.
	Tank Anwei-sung(en)	Vor-schrif-ten					
(12)	(13) 4.2.5 4.3	(14) 4.2.5	(15) 5.4.3.2 7.8	(16a) 7.1, 7.3 bis 7.7	(16b) 7.2 bis 7.7	(17)	(18)
-	T11	TP2 TP13 TP27	F-E, S-D	Staukategorie B SW2	-	Siehe Eintrag oben.	2764
-	T6	TP33	F-A, S-A	Staukategorie A SW2	-	Feste Pestizide umfassen einen sehr weiten Bereich der Giftigkeit. Giftig beim Verschlucken, bei Berührung mit der Haut oder beim Einatmen.	2771
-	T3	TP33	F-A, S-A	Staukategorie A SW2	-	Siehe Eintrag oben.	2771
-	T1	TP33	F-A, S-A	Staukategorie A SW2	-	Siehe Eintrag oben.	2771
-	T14	TP2 TP13 TP27	F-E, S-D	Staukategorie B SW2	-	Pestizide enthalten häufig Erdöl- oder Steinkohlenteer-Destillate oder andere entzündbare Flüssigkeiten. Die Mischbarkeit mit Wasser hängt von der Zusammensetzung ab. Giftig beim Verschlucken, bei Berührung mit der Haut oder beim Einatmen.	2772
-	T11	TP2 TP13 TP27	F-E, S-D	Staukategorie B SW2	-	Siehe Eintrag oben.	2772
-	T6	TP33	F-A, S-A	Staukategorie A SW2	-	Feste Pestizide umfassen einen sehr weiten Bereich der Giftigkeit. Giftig beim Verschlucken, bei Berührung mit der Haut oder beim Einatmen.	2775
-	T3	TP33	F-A, S-A	Staukategorie A SW2	-	Siehe Eintrag oben.	2775
-	T1	TP33	F-A, S-A	Staukategorie A SW2	-	Siehe Eintrag oben.	2775
-	T14	TP2 TP13 TP27	F-E, S-D	Staukategorie B SW2	-	Pestizide enthalten häufig Erdöl- oder Steinkohlenteer-Destillate oder andere entzündbare Flüssigkeiten. Die Mischbarkeit mit Wasser hängt von der Zusammensetzung ab. Giftig beim Verschlucken, bei Berührung mit der Haut oder beim Einatmen.	2776
-	T11	TP2 TP13 TP27	F-E, S-D	Staukategorie B SW2	-	Siehe Eintrag oben.	2776
-	T6	TP33	F-A, S-A	Staukategorie A SW2	SGG7 SGG11	Feste Pestizide umfassen einen sehr weiten Bereich der Giftigkeit. Giftig beim Verschlucken, bei Berührung mit der Haut oder beim Einatmen.	2777

UN-Nr.	Richtiger technischer Name	Klasse	Zusatz-gefahr	Verpa-ckungs-gruppe	Sonder-vor-schrif-ten	Begrenzte und freige-stellte Mengen		Verpackungen		IBC	
						Be-grenzte Men-gen	Freige-stellte Men-gen	Anwei-sung(en)	Sonder-vor-schriften	Anwei-sung(en)	Sonder-vor-schriften
(1)	(2) 3.1.2	(3) 2.0	(4) 2.0	(5) 2.0.1.3	(6) 3.3	(7a) 3.4	(7b) 3.5	(8) 4.1.4	(9) 4.1.4	(10) 4.1.4	(11) 4.1.4
2777	QUECKSILBERHALTIGES PESTIZID, FEST, GIFTIG MERCURY BASED PESTICIDE, SOLID, TOXIC	6.1	- **P**	II	61 274	500 g	E4	P002	-	IBC08	B4 B21
2777	QUECKSILBERHALTIGES PESTIZID, FEST, GIFTIG MERCURY BASED PESTICIDE, SOLID, TOXIC	6.1	- **P**	III	61 223 274	5 kg	E1	P002 LP02	-	IBC08	B3
2778	QUECKSILBERHALTIGES PESTIZID, FLÜSSIG, ENTZÜNDBAR, GIFTIG, Flammpunkt unter 23 °C MERCURY BASED PESTICIDE, LIQUID, FLAMMABLE, TOXIC, flashpoint less than 23 °C	3	6.1 **P**	I	61 274	0	E0	P001	-	-	-
2778	QUECKSILBERHALTIGES PESTIZID, FLÜSSIG, ENTZÜNDBAR, GIFTIG, Flammpunkt unter 23 °C MERCURY BASED PESTICIDE, LIQUID, FLAMMABLE, TOXIC, flashpoint less than 23 °C	3	6.1 **P**	II	61 274	1 L	E2	P001	-	IBC02	-
2779	SUBSTITUIERTES NITROPHENOL-PESTIZID, FEST, GIFTIG SUBSTITUTED NITROPHENOL PESTICIDE, SOLID, TOXIC	6.1	-	I	61 274	0	E5	P002	-	IBC07	B1
2779	SUBSTITUIERTES NITROPHENOL-PESTIZID, FEST, GIFTIG SUBSTITUTED NITROPHENOL PESTICIDE, SOLID, TOXIC	6.1	-	II	61 274	500 g	E4	P002	-	IBC08	B4 B21
2779	SUBSTITUIERTES NITROPHENOL-PESTIZID, FEST, GIFTIG SUBSTITUTED NITROPHENOL PESTICIDE, SOLID, TOXIC	6.1	-	III	61 223 274	5 kg	E1	P002 LP02	-	IBC08	B3
2780	SUBSTITUIERTES NITROPHENOL-PESTIZID, FLÜSSIG, ENTZÜNDBAR, GIFTIG, Flammpunkt unter 23 °C SUBSTITUTED NITROPHENOL PESTICIDE, LIQUID, FLAMMABLE, TOXIC, flashpoint less than 23 °C	3	6.1	I	61 274	0	E0	P001	-	-	-
2780	SUBSTITUIERTES NITROPHENOL-PESTIZID, FLÜSSIG, ENTZÜNDBAR, GIFTIG, Flammpunkt unter 23 °C SUBSTITUTED NITROPHENOL PESTICIDE, LIQUID, FLAMMABLE, TOXIC, flashpoint less than 23 °C	3	6.1	II	61 274	1 L	E2	P001	-	IBC02	-
2781	BIPYRIDILIUM-PESTIZID, FEST, GIFTIG BIPYRIDILIUM PESTICIDE, SOLID, TOXIC	6.1	-	I	61 274	0	E5	P002	-	IBC07	B1
2781	BIPYRIDILIUM-PESTIZID, FEST, GIFTIG BIPYRIDILIUM PESTICIDE, SOLID, TOXIC	6.1	-	II	61 274	500 g	E4	P002	-	IBC08	B4 B21
2781	BIPYRIDILIUM-PESTIZID, FEST, GIFTIG BIPYRIDILIUM PESTICIDE, SOLID, TOXIC	6.1	-	III	61 223 274	5 kg	E1	P002 LP02	-	IBC08	B3

Ortsbewegliche Tanks und Schüttgut-Container			EmS	Stauung und Handhabung	Trennung	Eigenschaften und Bemerkung	UN-Nr.
	Tank Anweisung(en)	Vorschriften					
(12)	(13)	(14)	(15)	(16a)	(16b)	(17)	(18)
	4.2.5 4.3	4.2.5	5.4.3.2 7.8	7.1, 7.3 bis 7.7	7.2 bis 7.7		
-	T3	TP33	F-A, S-A	Staukategorie A SW2	SGG7 SGG11	Siehe Eintrag oben.	2777
-	T1	TP33	F-A, S-A	Staukategorie A SW2	SGG7 SGG11	Siehe Eintrag oben.	2777
-	T14	TP2 TP13 TP27	F-E, S-D	Staukategorie B SW2	SGG7 SGG11	Pestizide enthalten häufig Erdöl- oder Steinkohlenteer-Destillate oder andere entzündbare Flüssigkeiten. Die Mischbarkeit mit Wasser hängt von der Zusammensetzung ab. Giftig beim Verschlucken, bei Berührung mit der Haut oder beim Einatmen.	2778
-	T11	TP2 TP13 TP27	F-E, S-D	Staukategorie B SW2	SGG7 SGG11	Siehe Eintrag oben.	2778
-	T6	TP33	F-A, S-A	Staukategorie A SW2	-	Feste Pestizide umfassen einen sehr weiten Bereich der Giftigkeit. Giftig beim Verschlucken, bei Berührung mit der Haut oder beim Einatmen.	2779
-	T3	TP33	F-A, S-A	Staukategorie A SW2	-	Siehe Eintrag oben.	2779
-	T1	TP33	F-A, S-A	Staukategorie A SW2	-	Siehe Eintrag oben.	2779
-	T14	TP2 TP13 TP27	F-E, S-D	Staukategorie B SW2	-	Pestizide enthalten häufig Erdöl- oder Steinkohlenteer-Destillate oder andere entzündbare Flüssigkeiten. Die Mischbarkeit mit Wasser hängt von der Zusammensetzung ab. Giftig beim Verschlucken, bei Berührung mit der Haut oder beim Einatmen.	2780
-	T11	TP2 TP13 TP27	F-E, S-D	Staukategorie B SW2	-	Siehe Eintrag oben.	2780
-	T6	TP33	F-A, S-A	Staukategorie A SW2	-	Feste Pestizide umfassen einen sehr weiten Bereich der Giftigkeit. Giftig beim Verschlucken, bei Berührung mit der Haut oder beim Einatmen.	2781
-	T3	TP33	F-A, S-A	Staukategorie A SW2	-	Siehe Eintrag oben.	2781
-	T1	TP33	F-A, S-A	Staukategorie A SW2	-	Siehe Eintrag oben.	2781

3.2 Gefahrgutliste

UN-Nr.	Richtiger technischer Name	Klasse	Zusatzgefahr	Verpackungsgruppe	Sondervorschriften	Begrenzte und freigestellte Mengen		Verpackungen		IBC	
						Begrenzte Mengen	Freigestellte Mengen	Anweisung(en)	Sondervorschriften	Anweisung(en)	Sondervorschriften
(1)	(2) 3.1.2	(3) 2.0	(4) 2.0	(5) 2.0.1.3	(6) 3.3	(7a) 3.4	(7b) 3.5	(8) 4.1.4	(9) 4.1.4	(10) 4.1.4	(11) 4.1.4
2782	BIPYRIDILIUM-PESTIZID, FLÜSSIG, ENTZÜNDBAR, GIFTIG, Flammpunkt unter 23 °C BIPYRIDILIUM PESTICIDE, LIQUID, FLAMMABLE, TOXIC, flashpoint less than 23 °C	3	6.1	I	61 274	0	E0	P001	-	-	-
2782	BIPYRIDILIUM-PESTIZID, FLÜSSIG, ENTZÜNDBAR, GIFTIG, Flammpunkt unter 23 °C BIPYRIDILIUM PESTICIDE, LIQUID, FLAMMABLE, TOXIC, flashpoint less than 23 °C	3	6.1	II	61 274	1 L	E2	P001	-	IBC02	-
2783	ORGANOPHOSPHOR-PESTIZID, FEST, GIFTIG ORGANOPHOSPHORUS PESTICIDE, SOLID, TOXIC	6.1	-	I	61 274	0	E5	P002	-	IBC07	B1
2783	ORGANOPHOSPHOR-PESTIZID, FEST, GIFTIG ORGANOPHOSPHORUS PESTICIDE, SOLID, TOXIC	6.1	-	II	61 274	500 g	E4	P002	-	IBC08	B4 B21
2783	ORGANOPHOSPHOR-PESTIZID, FEST, GIFTIG ORGANOPHOSPHORUS PESTICIDE, SOLID, TOXIC	6.1	-	III	61 223 274	5 kg	E1	P002 LP02	-	IBC08	B3
2784	ORGANOPHOSPHOR-PESTIZID, FLÜSSIG, ENTZÜNDBAR, GIFTIG, Flammpunkt unter 23 °C ORGANOPHOSPHORUS PESTICIDE, LIQUID, FLAMMABLE, TOXIC, flashpoint less than 23 °C	3	6.1	I	61 274	0	E0	P001	-	-	-
2784	ORGANOPHOSPHOR-PESTIZID, FLÜSSIG, ENTZÜNDBAR, GIFTIG, Flammpunkt unter 23 °C ORGANOPHOSPHORUS PESTICIDE, LIQUID, FLAMMABLE, TOXIC, flashpoint less than 23 °C	3	6.1	II	61 274	1 L	E2	P001	-	IBC02	-
2785	4-THIAPENTANAL 4-THIAPENTANAL	6.1	-	III	-	5 L	E1	P001 LP01	PP31	IBC03	-
2786	ORGANOZINN-PESTIZID, FEST, GIFTIG ORGANOTIN PESTICIDE, SOLID, TOXIC	6.1	- **P**	I	61 274	0	E5	P002	-	IBC07	B1
2786	ORGANOZINN-PESTIZID, FEST, GIFTIG ORGANOTIN PESTICIDE, SOLID, TOXIC	6.1	- **P**	II	61 274	500 g	E4	P002	-	IBC08	B4 B21
2786	ORGANOZINN-PESTIZID, FEST, GIFTIG ORGANOTIN PESTICIDE, SOLID, TOXIC	6.1	- **P**	III	61 223 274	5 kg	E1	P002 LP02	-	IBC08	B3
2787	ORGANOZINN-PESTIZID, FLÜSSIG, ENTZÜNDBAR, GIFTIG, Flammpunkt unter 23 °C ORGANOTIN PESTICIDE, LIQUID, FLAMMABLE, TOXIC, flashpoint less than 23 °C	3	6.1 **P**	I	61 274	0	E0	P001	-	-	-

Ortsbewegliche Tanks und Schüttgut-Container			EmS	Stauung und Handhabung	Trennung	Eigenschaften und Bemerkung	UN-Nr.
	Tank Anweisung(en)	Vorschriften					
(12)	(13) 4.2.5 4.3	(14) 4.2.5	(15) 5.4.3.2 7.8	(16a) 7.1, 7.3 bis 7.7	(16b) 7.2 bis 7.7	(17)	(18)
-	T14	TP2 TP13 TP27	F-E, S-D	Staukategorie B SW2	-	Pestizide enthalten häufig Erdöl- oder Steinkohlenteer-Destillate oder andere entzündbare Flüssigkeiten. Die Mischbarkeit mit Wasser hängt von der Zusammensetzung ab. Giftig beim Verschlucken, bei Berührung mit der Haut oder beim Einatmen.	2782
-	T11	TP2 TP13 TP27	F-E, S-D	Staukategorie B SW2	-	Siehe Eintrag oben.	2782
-	T6	TP33	F-A, S-A	Staukategorie A SW2	-	Feste Pestizide umfassen einen sehr weiten Bereich der Giftigkeit. Giftig beim Verschlucken, bei Berührung mit der Haut oder beim Einatmen.	2783
-	T3	TP33	F-A, S-A	Staukategorie A SW2	-	Siehe Eintrag oben.	2783
-	T1	TP33	F-A, S-A	Staukategorie A SW2	-	Siehe Eintrag oben.	2783
-	T14	TP2 TP13 TP27	F-E, S-D	Staukategorie B SW2	-	Pestizide enthalten häufig Erdöl- oder Steinkohlenteer-Destillate oder andere entzündbare Flüssigkeiten. Die Mischbarkeit mit Wasser hängt von der Zusammensetzung ab. Giftig beim Verschlucken, bei Berührung mit der Haut oder beim Einatmen.	2784
-	T11	TP2 TP13 TP27	F-E, S-D	Staukategorie B SW2	-	Siehe Eintrag oben.	2784
-	T4	TP1	F-A, S-A	Staukategorie D SW1	SG20 SG21	Farblose Flüssigkeit mit äußerst fauligem und lang anhaltendem Geruch. Mischbar mit Wasser. Zersetzt sich schnell bei Berührung mit Säuren und Basen. Giftig beim Verschlucken, bei Berührung mit der Haut oder beim Einatmen.	2785
-	T6	TP33	F-A, S-A	Staukategorie A SW2	-	Feste Pestizide umfassen einen sehr weiten Bereich der Giftigkeit. Giftig beim Verschlucken, bei Berührung mit der Haut oder beim Einatmen.	2786
-	T3	TP33	F-A, S-A	Staukategorie A SW2	-	Siehe Eintrag oben.	2786
-	T1	TP33	F-A, S-A	Staukategorie A SW2	-	Siehe Eintrag oben.	2786
-	T14	TP2 TP13 TP27	F-E, S-D	Staukategorie B SW2	-	Pestizide enthalten häufig Erdöl- oder Steinkohlenteer-Destillate oder andere entzündbare Flüssigkeiten. Die Mischbarkeit mit Wasser hängt von der Zusammensetzung ab. Giftig beim Verschlucken, bei Berührung mit der Haut oder beim Einatmen.	2787

UN-Nr.	Richtiger technischer Name	Klasse	Zusatzgefahr	Verpackungsgruppe	Sondervorschriften	Begrenzte und freigestellte Mengen		Verpackungen		IBC	
						Begrenzte Mengen	Freigestellte Mengen	Anweisung(en)	Sondervorschriften	Anweisung(en)	Sondervorschriften
(1)	(2) 3.1.2	(3) 2.0	(4) 2.0	(5) 2.0.1.3	(6) 3.3	(7a) 3.4	(7b) 3.5	(8) 4.1.4	(9) 4.1.4	(10) 4.1.4	(11) 4.1.4
2787	ORGANOZINN-PESTIZID, FLÜSSIG, ENTZÜNDBAR, GIFTIG, Flammpunkt unter 23 °C ORGANOTIN PESTICIDE, LIQUID, FLAMMABLE, TOXIC, flashpoint less than 23 °C	3	6.1 **P**	II	61 274	1 L	E2	P001	-	IBC02	-
2788	ORGANISCHE ZINNVERBINDUNG, FLÜSSIG, N.A.G. ORGANOTIN COMPOUND, LIQUID, N.O.S.	6.1	- **P**	I	43 274	0	E5	P001	-	-	-
2788	ORGANISCHE ZINNVERBINDUNG, FLÜSSIG, N.A.G. ORGANOTIN COMPOUND, LIQUID, N.O.S.	6.1	- **P**	II	43 274	100 ml	E4	P001	-	IBC02	-
2788	ORGANISCHE ZINNVERBINDUNG, FLÜSSIG, N.A.G. ORGANOTIN COMPOUND, LIQUID, N.O.S.	6.1	- **P**	III	43 223 274	5 L	E1	P001 LP01	-	IBC03	-
2789	ESSIGSÄURE, EISESSIG oder ESSIGSÄURE, LÖSUNG, mit mehr als 80 Masse-% Säure ACETIC ACID, GLACIAL or ACETIC ACID SOLUTION, more than 80 % acid, by mass	8	3	II	-	1 L	E2	P001	-	IBC02	-
2790	ESSIGSÄURE, LÖSUNG, mit mindestens 50 Masse-% und höchstens 80 Masse-% Säure ACETIC ACID SOLUTION not less than 50 % but not more than 80 % acid, by mass	8	-	II	-	1 L	E2	P001	-	IBC02	-
2790	ESSIGSÄURE, LÖSUNG, mit mehr als 10 Masse-% und weniger als 50 Masse-% Säure ACETIC ACID SOLUTION more than 10 % and less than 50 % acid, by mass	8	-	III	-	5 L	E1	P001 LP01	-	IBC03	-
2793	METALLISCHES EISEN als BOHRSPÄNE, FRÄSSPÄNE, DREHSPÄNE oder ABFÄLLE, in selbsterhitzungsfähiger Form FERROUS METAL BORINGS, SHAVINGS, TURNINGS, or CUTTINGS in a form liable to self-heating	4.2	-	III	223 931	0	E1	P003 LP02	PP20 PP100 L3	IBC08	B4 B6
2794	BATTERIEN (AKKUMULATOREN), NASS, GEFÜLLT MIT SÄURE, elektrische Sammler BATTERIES, WET, FILLED WITH ACID electric storage	8	-	-	295	1 L	E0	P801	-	-	-

Ortsbewegliche Tanks und Schüttgut-Container			EmS	Stauung und Handhabung	Trennung	Eigenschaften und Bemerkung	UN-Nr.
	Tank Anwei-sung(en)	Vor-schrif-ten					
(12)	(13)	(14)	(15)	(16a)	(16b)	(17)	(18)
	4.2.5 4.3	4.2.5	5.4.3.2 7.8	7.1, 7.3 bis 7.7	7.2 bis 7.7		
-	T11	TP2 TP13 TP27	F-E, S-D	Staukategorie B SW2	-	Siehe Eintrag oben.	2787
-	T14	TP2 TP13 TP27	F-A; S-A	Staukategorie A SW2	-	Ein weiter Bereich giftiger Flüssigkeiten. Giftig beim Verschlucken, bei Berührung mit der Haut oder Inhalation.	2788
-	T11	TP2 TP13 TP27	F-A, S-A	Staukategorie A SW2	-	Siehe Eintrag oben.	2788
-	T7	TP2 TP28	F-A, S-A	Staukategorie A SW2	-	Siehe Eintrag oben.	2788
-	T7	TP2	F-E, S-C	Staukategorie A	SGG1 SG36 SG49	Farblose entzündbare Flüssigkeit mit stechendem Geruch. Der reine Stoff kristallisiert unter 16 °C. Flammpunkt: 40 °C c.c. (reines Produkt), 60 °C c.c. (80 %ige Lösung) Explosionsgrenzen: 4 % bis 17 %. Mischbar mit Wasser. Greift Blei und die meisten anderen Metalle an. Verursacht Verätzungen der Haut, der Augen und der Schleimhäute.	2789
-	T7	TP2	F-A, S-B	Staukategorie A	SGG1 SG36 SG49	Farblose Flüssigkeit mit stechendem Geruch. Mischbar mit Wasser. Greift Blei und die meisten anderen Metalle an. Verursacht Verätzungen der Haut, der Augen und der Schleimhäute.	2790
-	T4	TP1	F-A, S-B	Staukategorie A	SGG1 SG36 SG49	Siehe Eintrag oben.	2790
-	BK2	-	F-G, S-J	Staukategorie A H1	SG26	Diese Ladungen neigen zur Selbsterhitzung und Selbstentzündung, besonders in feinteiliger Form, oder wenn sie nass sind oder durch ungesättigtes Schneidöl, ölige Lumpen oder andere brennbare Stoffe verunreinigt sind. Selbsterhitzung oder unzureichende Belüftung können in den Laderäumen zu gefährlichem Sauerstoffmangel führen. Große Mengen von Gusseisenbohrspänen oder organischen Materialien können die Selbsterhitzung begünstigen. Die Späne müssen vor und nach der Beladung vor Feuchtigkeit geschützt werden. Bei ungünstigem Wetter während des Ladens müssen die Luken geschlossen oder auf andere Weise abgedeckt werden, damit das Ladegut trocken bleibt.	2793
-	-	-	F-A, S-B	Staukategorie A SW16	SGG1 SG36 SG49	Metallplatten, eingetaucht in einen sauren Elektrolyten in einem Gefäß aus Glas, Hartgummi oder Kunststoff. Im aufgeladenen Zustand kann durch einen Kurzschluss ein Brand verursacht werden. Der saure Elektrolyt greift die meisten Metalle an. Verursacht Verätzungen der Haut, der Augen und der Schleimhäute. Gebrauchte Batterien, die zur Entsorgung oder zur Rückgabe befördert werden sollen, müssen vorher sorgfältig auf Beschädigungen und Transportfähigkeit geprüft werden, um die Integrität jeder Batterie und ihrer Eignung für den Transport sicherzustellen.	2794 → UN 3363

UN-Nr.	Richtiger technischer Name	Klasse	Zusatzgefahr	Verpackungsgruppe	Sondervorschriften	Begrenzte und freigestellte Mengen		Verpackungen		IBC	
						Begrenzte Mengen	Freigestellte Mengen	Anweisung(en)	Sondervorschriften	Anweisung(en)	Sondervorschriften
(1)	(2) 3.1.2	(3) 2.0	(4) 2.0	(5) 2.0.1.3	(6) 3.3	(7a) 3.4	(7b) 3.5	(8) 4.1.4	(9) 4.1.4	(10) 4.1.4	(11) 4.1.4
2795	BATTERIEN (AKKUMULATOREN), NASS, GEFÜLLT MIT ALKALIEN, elektrische Sammler BATTERIES, WET, FILLED WITH ALKALI electric storage	8	-	-	295	1 L	E0	P801	-	-	-
2796	SCHWEFELSÄURE, mit höchstens 51 % freier Säure oder BATTERIEFLÜSSIGKEIT, SAUER SULPHURIC ACID with not more than 51 % acid or BATTERY FLUID, ACID	8	-	II	-	1 L	E2	P001	-	IBC02	B20
2797	BATTERIEFLÜSSIGKEIT, ALKALISCH BATTERY FLUID, ALKALI	8	-	II	-	1 L	E2	P001	-	IBC02	-
2798	PHENYLPHOSPHORDICHLORID PHENYLPHOSPHORUS DICHLORIDE	8	-	II	-	1 L	E0	P001	-	IBC02	-
2799	PHENYLPHOSPHORTHIODICHLORID PHENYLPHOSPHORUS THIODICHLORIDE	8	-	II	-	1 L	E0	P001	-	IBC02	-
2800	BATTERIEN (AKKUMULATOREN), NASS, AUSLAUFSICHER, elektrische Sammler BATTERIES, WET, NON-SPILLABLE electric storage	8	-	-	238	1 L	E0	P003	PP16	-	-
2801	FARBSTOFF, FLÜSSIG, ÄTZEND, N.A.G. oder FARBSTOFFZWISCHENPRODUKT, FLÜSSIG, ÄTZEND, N.A.G. DYE, LIQUID, CORROSIVE, N.O.S. or DYE INTERMEDIATE, LIQUID, CORROSIVE, N.O.S.	8	-	I	274	0	E0	P001	-	-	-
2801	FARBSTOFF, FLÜSSIG, ÄTZEND, N.A.G. oder FARBSTOFFZWISCHENPRODUKT, FLÜSSIG, ÄTZEND, N.A.G. DYE LIQUID, CORROSIVE, N.O.S. or DYE INTERMEDIATE, LIQUID, CORROSIVE, N.O.S.	8	-	II	274	1 L	E2	P001	-	IBC02	-
2801	FARBSTOFF, FLÜSSIG, ÄTZEND, N.A.G. oder FARBSTOFFZWISCHENPRODUKT, FLÜSSIG, ÄTZEND, N.A.G. DYE, LIQUID, CORROSIVE, N.O.S. or DYE INTERMEDIATE, LIQUID, CORROSIVE, N.O.S.	8	-	III	223 274	5 L	E1	P001 LP01	-	IBC03	-
2802	KUPFERCHLORID COPPER CHLORIDE	8	- **P**	III	-	500 g	E1	P002 LP02	-	IBC08	B3
2803	GALLIUM GALLIUM	8	-	III	-	5 kg	E0	P800	PP41	-	-
2805	LITHIUMHYDRID, GESCHMOLZEN UND ERSTARRT LITHIUM HYDRIDE, FUSED SOLID	4.3	-	II	-	500 g	E2	P410	PP31 PP40	IBC04	-

Ortsbewegliche Tanks und Schüttgut-Container			EmS	Stauung und Handhabung	Trennung	Eigenschaften und Bemerkung	UN-Nr.	
	Tank Anweisung(en)	Vorschriften						
(12)	(13) 4.2.5 4.3	(14) 4.2.5	(15) 5.4.3.2 7.8	(16a) 7.1, 7.3 bis 7.7	(16b) 7.2 bis 7.7	(17)	(18)	
-	-	-	F-A, S-B	Staukategorie A SW16	SGG18 SG35	Metallplatten, eingetaucht in einen basischen Elektrolyten in einem Gefäß aus Glas, Hartgummi oder Kunststoff. Im aufgeladenen Zustand kann durch einen Kurzschluss ein Brand verursacht werden. Der basische Elektrolyt greift Aluminium, Zink und Zinn an. Reagiert heftig mit Säuren. Verursacht Verätzungen der Haut, der Augen und der Schleimhäute. Gebrauchte Batterien, die zur Entsorgung oder zur Rückgabe befördert werden sollen, müssen vorher sorgfältig auf Beschädigungen und Transportfähigkeit geprüft werden, um die Integrität jeder Batterie und ihrer Eignung für den Transport sicherzustellen.	2795	→ *UN 3363*
-	T8	TP2	F-A, S-B	Staukategorie B	SGG1a SG36 SG49	Farblose Flüssigkeit. Mischung, deren relative Dichte 1,405 nicht übersteigt. Greift die meisten Metalle stark an. Verursachen Verätzungen der Haut, der Augen und der Schleimhäute.	2796	
-	T7	TP2 TP28	F-A, S-B	Staukategorie A	SGG18 SG22 SG35	Reagiert heftig mit Säuren. Reagiert mit Ammoniumsalzen unter Bildung von Ammoniakgas. Greifen Aluminium, Zink und Zinn an.	2797	
-	T7	TP2	F-A, S-B	Staukategorie B SW2	SGG1 SG36 SG49	Farblose Flüssigkeit. Hydrolisiert in Wasser. Raucht an der Luft. Verursacht Verätzungen der Haut, der Augen und der Schleimhäute.	2798	
-	T7	TP2	F-A, S-B	Staukategorie B SW2	SGG1 SG36 SG49	Farblose Flüssigkeit, die an der Luft schwach raucht. Reagiert mit Wasser oder Dampf unter Bildung giftiger und entzündbarer Dämpfe. Verursacht Verätzungen der Haut, der Augen und der Schleimhäute.	2799	
-	-	-	F-A, S-B	Staukategorie A	-	Metallplatten, eingetaucht in einen gelatinierten sauren oder basischen Elektrolyten in einem auslaufsicheren Gefäß aus Glas, Hartgummi oder Kunststoff. Im aufgeladenen Zustand kann durch einen Kurzschluss ein Brand verursacht werden. Verursacht Verätzungen der Haut, der Augen und der Schleimhäute.	2800	→ *UN 3363*
-	T14	TP2 TP27	F-A, S-B	Staukategorie A	-	Ein weiter Bereich ätzender Flüssigkeiten. Verursacht Verätzungen der Haut, der Augen und der Schleimhäute.	2801	
-	T11	TP2 TP27	F-A, S-B	Staukategorie A	-	Siehe Eintrag oben.	2801	
-	T7	TP1 TP28	F-A, S-B	Staukategorie A	-	Siehe Eintrag oben.	2801	
-	T1	TP33	F-A, S-B	Staukategorie A	SGG1 SG36 SG49	Weiße bis gelb-braune Kristalle oder Pulver. Teilweise bis vollständig löslich in Wasser. Greift Stahl an. Verursachen Verätzungen der Haut, der Augen und der Schleimhäute.	2802	
-	T1	TP33	F-A, S-B	Staukategorie B SW1	-	Silbrig-weißes metallisches Element, das bei 29 °C schmilzt und zu einer hellglänzenden Flüssigkeit wird. Nicht löslich in Wasser. Greift Aluminium stark an. Gesundheitsschädlich beim Verschlucken, bei Berührung mit der Haut oder beim Einatmen. Wird dieser Stoff in Containern aus Aluminium befördert, müssen im Falle einer Leckage besondere Vorsichtsmaßnahmen getroffen werden. Die Beförderung mit Hovercrafts und anderen Schiffen, bei deren Bau Aluminium verwendet wurde, ist verboten.	2803	
-	T3	TP33	F-G, S-N	Staukategorie E H1	SG26 SG35	Weiße, kristalline Masse. Reagiert mit Wasser, Feuchtigkeit oder Säuren unter Entwicklung von Wasserstoff, der sich durch die Reaktionswärme entzünden kann.	2805	

UN-Nr.	Richtiger technischer Name	Klasse	Zusatz-gefahr	Verpa-ckungs-gruppe	Sonder-vor-schrif-ten	Begrenzte und freige-stellte Mengen		Verpackungen		IBC	
						Be-grenzte Men-gen	Freige-stellte Men-gen	Anwei-sung(en)	Sonder-vor-schriften	Anwei-sung(en)	Sonder-vor-schriften
(1)	(2) 3.1.2	(3) 2.0	(4) 2.0	(5) 2.0.1.3	(6) 3.3	(7a) 3.4	(7b) 3.5	(8) 4.1.4	(9) 4.1.4	(10) 4.1.4	(11) 4.1.4
2806	LITHIUMNITRID LITHIUM NITRIDE	4.3	-	I	-	0	E0	P403	PP31	IBC04	B1
2807	MAGNETISIERTE STOFFE MAGNETIZED MATERIAL	9	-	-	960	-	-	-	-	-	-
2809	QUECKSILBER MERCURY	8	6.1	III	365	5 kg	E0	P800	-	-	-
2810	GIFTIGER ORGANISCHER FLÜSSI-GER STOFF, N.A.G. TOXIC LIQUID, ORGANIC, N.O.S.	6.1	-	I	274 315	0	E5	P001	-	-	-
2810	GIFTIGER ORGANISCHER FLÜSSI-GER STOFF, N.A.G. TOXIC LIQUID, ORGANIC, N.O.S.	6.1	-	II	274	100 ml	E4	P001	-	IBC02	-
2810	GIFTIGER ORGANISCHER FLÜSSI-GER STOFF, N.A.G. TOXIC LIQUID, ORGANIC, N.O.S.	6.1	-	III	223 274	5 L	E1	P001 LP01	-	IBC03	-
2811	GIFTIGER ORGANISCHER FESTER STOFF, N.A.G. TOXIC SOLID, ORGANIC, N.O.S.	6.1	-	I	274	0	E5	P002	-	IBC99	-
2811	GIFTIGER ORGANISCHER FESTER STOFF, N.A.G. TOXIC SOLID, ORGANIC, N.O.S.	6.1	-	II	274	500 g	E4	P002	-	IBC08	B4 B21
2811	GIFTIGER ORGANISCHER FESTER STOFF, N.A.G. TOXIC SOLID, ORGANIC, N.O.S.	6.1	-	III	223 274	5 kg	E1	P002	-	IBC08	B3
2812	NATRIUMALUMINAT, FEST SODIUM ALUMINATE, SOLID	8	-	-	960	-	-	-	-	-	-
2813	FESTER STOFF, MIT WASSER REA-GIEREND, N.A.G. WATER-REACTIVE SOLID, N.O.S.	4.3	-	I	274	0	E0	P403	PP31	IBC99	-
2813	FESTER STOFF, MIT WASSER REA-GIEREND, N.A.G. WATER-REACTIVE SOLID, N.O.S.	4.3	-	II	274	500 g	E2	P410	PP31 PP40	IBC07	B4 B21
2813	FESTER STOFF, MIT WASSER REA-GIEREND, N.A.G. WATER-REACTIVE SOLID, N.O.S.	4.3	-	III	223 274	1 kg	E1	P410	PP31	IBC08	B4
2814	ANSTECKUNGSGEFÄHRLICHER STOFF, GEFÄHRLICH FÜR MEN-SCHEN INFECTIOUS SUBSTANCE, AF-FECTING HUMANS	6.2	-	-	318 341	0	E0	P620	-	-	-
2815	N-AMINOETHYLPIPERAZIN N-AMINOETHYLPIPERAZINE	8	6.1	III	-	5 L	E1	P001 LP01	-	IBC03	-
2817	AMMONIUMHYDROGENDIFLUORID, LÖSUNG AMMONIUM HYDROGENDIFLUORIDE SOLUTION	8	6.1	II	-	1 L	E2	P001	-	IBC02	B20

Ortsbewegliche Tanks und Schüttgut-Container			EmS	Stauung und Handhabung	Trennung	Eigenschaften und Bemerkung	UN-Nr.	
	Tank Anweisung(en)	Vorschriften						
(12)	(13) 4.2.5 4.3	(14) 4.2.5	(15) 5.4.3.2 7.8	(16a) 7.1, 7.3 bis 7.7	(16b) 7.2 bis 7.7	(17)	(18)	
-	-	-	F-A, S-O	Staukategorie E	-	Bräunlich-rote Kristalle oder feines, frei fließendes Pulver. Reagiert langsam mit Wasser unter Bildung von Lithiumhydroxid und Ammoniak.	2806	
-	-	-	-	-	-	Unterliegt nicht den Vorschriften dieses Codes, kann aber Bestimmungen über die Beförderung gefährlicher Güter mit anderen Verkehrsträgern unterliegen.	2807	
-	-	-	F-A, S-B	Staukategorie B SW2	SGG7 SGG11 SG24	Silbrig metallisches Element, bei normalen Temperaturen im flüssigen Zustand. Relative Dichte: 13,546. Schmelzpunkt: -39 °C. Greift Aluminium stark an. Giftig beim Verschlucken, bei Berührung mit der Haut oder beim Einatmen. Im Falle einer Leckage während der Beförderung, insbesondere wenn dieser Stoff in zerbrechlichen Gefäßen und in Containern aus Aluminium befördert wird, müssen besondere Vorsichtsmaßnahmen getroffen werden. Die Beförderung mit Hovercrafts und anderen Schiffen, bei deren Bau Aluminium verwendet wurde, ist verboten.	2809	
-	T14	TP2 TP13 TP27	F-A, S-A	Staukategorie B SW2	-	Giftig beim Verschlucken, bei Berührung mit der Haut oder beim Einatmen.	2810	
-	T11	TP2 TP13 TP27	F-A, S-A	Staukategorie B SW2	-	Siehe Eintrag oben.	2810	
-	T7	TP1 TP28	F-A, S-A	Staukategorie A SW2	-	Siehe Eintrag oben.	2810	
-	T6	TP33	F-A, S-A	Staukategorie B	-	Giftig beim Verschlucken, bei Berührung mit der Haut oder beim Einatmen.	2811	→ *5.4.1.4.3.4*
-	T3	TP33	F-A, S-A	Staukategorie B	-	Siehe Eintrag oben.	2811	→ *5.4.1.4.3.4*
-	T1	TP33	F-A, S-A	Staukategorie A	-	Siehe Eintrag oben.	2811	→ *5.4.1.4.3.4*
-	-	-	-	-	-	Unterliegt nicht den Vorschriften dieses Codes, kann aber Bestimmungen über die Beförderung gefährlicher Güter mit anderen Verkehrsträgern unterliegen.	2812	
-	T9	TP7 TP33	F-G, S-N	Staukategorie E SW2 H1	SG26	-	2813	
-	T3	TP33	F-G, S-N	Staukategorie E SW2 H1	SG26	-	2813	
-	T1	TP33	F-G, S-N	Staukategorie E SW2 H1	SG26	-	2813	
-	BK2	-	F-A, S-T	- SW7	-	Stoffe, die für Menschen oder Menschen und Tiere gefährlich sind.	2814	→ *UN 3373* → *UN 2900*
-	T4	TP1	F-A, S-B	Staukategorie B SW1 SW2 H2	SG35	Gelbe Flüssigkeit, mischbar mit Wasser. Ätzwirkung auf Haut, Augen und Schleimhäuten. Giftig beim Verschlucken, bei Hautkontakt oder beim Einatmen.	2815	
-	T8	TP2 TP13	F-A, S-B	Staukategorie B SW2	SGG1 SGG2 SG36 SG49	Farblose Flüssigkeit. Mischbar mit Wasser. Greift die meisten Metalle und Glas stark an. Giftig beim Verschlucken, bei Berührung mit der Haut oder beim Einatmen. Verursacht Verätzungen der Haut, der Augen und der Schleimhäute.	2817	

3.2 Gefahrgutliste

UN-Nr.	Richtiger technischer Name	Klasse	Zusatz-gefahr	Verpa-ckungs-gruppe	Sonder-vor-schrif-ten	Begrenzte und freige-stellte Mengen		Verpackungen		IBC	
						Be-grenzte Men-gen	Freige-stellte Men-gen	Anwei-sung(en)	Sonder-vor-schriften	Anwei-sung(en)	Sonder-vor-schriften
(1)	(2) 3.1.2	(3) 2.0	(4) 2.0	(5) 2.0.1.3	(6) 3.3	(7a) 3.4	(7b) 3.5	(8) 4.1.4	(9) 4.1.4	(10) 4.1.4	(11) 4.1.4
2817	AMMONIUMHYDROGENDIFLUORID, LÖSUNG AMMONIUM HYDROGENDIFLUORIDE SOLUTION	8	6.1	III	223	5 L	E1	P001	-	IBC03	-
2818	AMMONIUMPOLYSULFID, LÖSUNG AMMONIUM POLYSULPHIDE SOLU-TION	8	6.1	II	-	1 L	E2	P001	-	IBC02	-
2818	AMMONIUMPOLYSULFID, LÖSUNG AMMONIUM POLYSULPHIDE SOLU-TION	8	6.1	III	223	5 L	E1	P001	-	IBC03	-
2819	AMYLPHOSPHAT AMYL ACID PHOSPHATE	8	-	III	-	5 L	E1	P001 LP01	-	IBC03	-
2820	BUTTERSÄURE BUTYRIC ACID	8	-	III	-	5 L	E1	P001 LP01	-	IBC03	-
2821	PHENOL LÖSUNG PHENOL SOLUTION	6.1	-	II	-	100 ml	E4	P001	-	IBC02	-
2821	PHENOL LÖSUNG PHENOL SOLUTION	6.1	-	III	223	5 L	E1	P001 LP01	-	IBC03	-
2822	2-CHLORPYRIDIN 2-CHLOROPYRIDINE	6.1	-	II	-	100 ml	E4	P001	-	IBC02	-
2823	CROTONSÄURE, FEST CROTONIC ACID, SOLID	8	-	III	-	5 kg	E1	P002 LP02	-	IBC08	B3 B21
2826	ETHYLCHLORTHIOFORMIAT ETHYL CHLOROTHIOFORMATE	8	3 **P**	II	-	0	E0	P001	-	-	-
2829	KAPRONSÄURE CAPROIC ACID	8	-	III	-	5 L	E1	P001 LP01	-	IBC03	-
2830	LITHIUMFERROSILICID LITHIUM FERROSILICON	4.3	-	II	-	500 g	E2	P410	PP31 PP40	IBC07	B4 B21
2831	1,1,1-TRICHLORETHAN 1,1,1-TRICHLOROETHANE	6.1	-	III	-	5 L	E1	P001 LP01	-	IBC03	-
2834	PHOSPHORIGE SÄURE PHOSPHOROUS ACID	8	-	III	-	5 kg	E1	P002 LP02	-	IBC08	B3
2835	NATRIUMALUMINIUMHYDRID SODIUM ALUMINIUM HYDRIDE	4.3	-	II	-	500 g	E0	P410	PP31 PP40	IBC04	-
2837	HYDROGENSULFATE, WÄSSERIGE LÖSUNG BISULPHATES, AQUEOUS SOLUTION	8	-	II	-	1 L	E2	P001	-	IBC02	-
2837	HYDROGENSULFATE, WÄSSERIGE LÖSUNG BISULPHATES, AQUEOUS SOLUTION	8	–	III	223	5 L	E1	P001 LP01	-	IBC03	-

Ortsbewegliche Tanks und Schüttgut-Container			EmS	Stauung und Handhabung	Trennung	Eigenschaften und Bemerkung	UN-Nr.	
	Tank Anweisung(en)	Vorschriften						
(12)	(13)	(14)	(15)	(16a)	(16b)	(17)	(18)	
	4.2.5 4.3	4.2.5	5.4.3.2 7.8	7.1, 7.3 bis 7.7	7.2 bis 7.7			
-	T4	TP1 TP13	F-A, S-B	Staukategorie B SW2	SGG1 SGG2 SG36 SG49	Siehe Eintrag oben.	2817	
-	T7	TP2 TP13	F-A, S-B	Staukategorie B SW1 SW2 H2	SGG2 SGG18 SG35	Instabile gelbliche Flüssigkeit mit fauligem Geruch (wie faule Eier). Mischbar mit Wasser. Reagiert heftig mit Säuren. Zersetzt sich bei Berührung mit Säuren unter Bildung von Schwefelwasserstoff, einem giftigen und entzündbaren Gas. Giftig beim Verschlucken, bei Berührung mit der Haut oder beim Einatmen. Verursacht Verätzungen der Haut, der Augen und der Schleimhäute.	2818	
-	T4	TP1 TP13	F-A, S-B	Staukategorie B SW1 SW2 H2	SGG2 SGG18 SG35	Siehe Eintrag oben.	2818	
-	T4	TP1	F-A, S-B	Staukategorie A	SGG1 SG36 SG49	Klare farblose Flüssigkeit. Eine Mischung von primären Amylphosphaten mit anderen Amylphosphatisomeren. Nicht mischbar mit Wasser. Verursacht Verätzungen der Haut, der Augen und der Schleimhäute.	2819	
-	T4	TP1	F-A, S-B	Staukategorie A SW1 H2	SGG1 SG36 SG49	Farblose Flüssigkeit mit aufdringlichem und unangenehmem Geruch. Erstarrungspunkt: -5 °C bis -8 °C. Mischbar mit Wasser. Greift die meisten Metalle an. Gesundheitsschädlich beim Verschlucken oder beim Einatmen. Verursacht Verätzungen der Haut, der Augen und der Schleimhäute.	2820	
-	T7	TP2	F-A, S-A	Staukategorie A	-	Gelbliche Lösungen mit wahrnehmbarem Geruch. Giftig beim Verschlucken, bei Berührung mit der Haut oder beim Einatmen. Wird schnell durch die Haut aufgenommen.	2821	
-	T4	TP1	F-A, S-A	Staukategorie A	-	Siehe Eintrag oben.	2821	
-	T7	TP2	F-A, S-A	Staukategorie A SW2	-	Farblose ölige Flüssigkeit. In geringem Maße mit Wasser mischbar. Giftig beim Verschlucken, bei Berührung mit der Haut oder beim Einatmen.	2822	
-	T1	TP33	F-A, S-B	Staukategorie A SW1 H2	SGG1 SG36 SG49	Weißer kristalliner fester Stoff. Löslich in Wasser. Zersetzt sich bei Erwärmung unter Bildung giftiger Dämpfe. Verursacht Verätzungen der Haut, der Augen und der Schleimhäute.	2823	→ *UN 3472*
-	T7	TP2	F-E, S-C	Staukategorie A SW2	SGG1 SG36 SG49	Farblose entzündbare Flüssigkeit. Flammpunkt: 29 °C c.c. Verursacht Verätzungen der Haut, der Augen und der Schleimhäute.	2826	
-	T4	TP1	F-A, S-B	Staukategorie A	SGG1 SG36 SG49	Ölige, farblose oder gelbliche Flüssigkeit. Schmelzpunkt: -4 °C. Teilweise mischbar mit Wasser. Greift Flussstahl an. Verursacht Verätzungen der Haut, der Augen und der Schleimhäute.	2829	
-	T3	TP33	F-G, S-N	Staukategorie E SW2 SW5 H1	SG26	Dunkles, kristallines, metallartiges Pulver oder zerbrechliche Klumpen. Entwickelt in Berührung mit Feuchtigkeit entzündbare und giftige Gase.	2830	
-	T4	TP1	F-A, S-A	Staukategorie A SW2	SGG10	Farblose Flüssigkeit. Nicht mischbar mit Wasser. Zersetzt sich bei Erwärmung unter Bildung hochgiftiger Dämpfe (Phosgen und Chlorwasserstoff). Giftig beim Verschlucken, bei Berührung mit der Haut oder beim Einatmen. Narkotisierend in hohen Konzentrationen.	2831	
-	T1	TP33	F-A, S-B	Staukategorie A SW1	SGG1 SG36 SG49	Farblose bis gelbe zerfließliche Kristalle. Löslich in Wasser. Greift schwach die meisten Metalle an. Verursacht Verätzungen der Haut, der Augen und der Schleimhäute.	2834	
-	T3	TP33	F-G, S-O	Staukategorie E H1	SG26 SG35	Weißer, kristalliner fester Stoff. Reagiert mit Wasser, Feuchtigkeit oder Säuren unter Bildung von Wasserstoff, der sich durch die Reaktionswärme entzünden kann.	2835	
-	T7	TP2	F-A, S-B	Staukategorie A	-	Farblose bis weiße Flüssigkeit. Mischbar mit Wasser. Greift die meisten Metalle an. Verursacht Verätzungen der Haut, der Augen und der Schleimhäute.	2837	
-	T4	TP1	F-A, S-B	Staukategorie A	-	Siehe Eintrag oben.	2837	

3.2 Gefahrgutliste

UN-Nr.	Richtiger technischer Name	Klasse	Zusatzgefahr	Verpackungsgruppe	Sondervorschriften	Begrenzte und freigestellte Mengen		Verpackungen		IBC	
						Begrenzte Mengen	Freigestellte Mengen	Anweisung(en)	Sondervorschriften	Anweisung(en)	Sondervorschriften
(1)	(2) 3.1.2	(3) 2.0	(4) 2.0	(5) 2.0.1.3	(6) 3.3	(7a) 3.4	(7b) 3.5	(8) 4.1.4	(9) 4.1.4	(10) 4.1.4	(11) 4.1.4
2838	VINYLBUTYRAT, STABILISIERT VINYLBUTYRATE, STABILIZED	3	-	II	386	1 L	E2	P001	-	IBC02	-
2839	ALDOL ALDOL	6.1	-	II	-	100 ml	E4	P001	-	IBC02	-
2840	BUTYRALDOXIM BUTYRALDOXIME	3	-	III	-	5 L	E1	P001 LP01	-	IBC03	-
2841	DI-n-AMYLAMIN DI-n-AMYLAMINE	3	6.1	III	-	5 L	E1	P001	-	IBC03	-
2842	NITROETHAN NITROETHANE	3	-	III	-	5 L	E1	P001 LP01	-	IBC03	-
2844	CALCIUMMANGANSILICIUM CALCIUM MANGANESE SILICON	4.3	-	III	-	1 kg	E1	P410	PP31	IBC08	B4
2845	PYROPHORER ORGANISCHER FLÜSSIGER STOFF, N.A.G. PYROPHORIC LIQUID, ORGANIC, N.O.S.	4.2	-	I	274	0	E0	P400	-	-	-
2846	PYROPHORER ORGANISCHER FESTER STOFF, N.A.G. PYROPHORIC SOLID, ORGANIC, N.O.S.	4.2	-	I	274	0	E0	P404	PP31	-	-
2849	3-CHLORPROPAN-1-OL 3-CHLOROPROPANOL-1	6.1	-	III	-	5 L	E1	P001 LP01	-	IBC03	-
2850	PROPYLENTETRAMER PROPYLENE TETRAMER	3	- P	III	-	5 L	E1	P001 LP01	-	IBC03	-
2851	BORTRIFLUORID-DIHYDRAT BORON TRIFLUORIDE DIHYDRATE	8	-	II	-	1 L	E2	P001	-	IBC02	-
2852	DIPIKRYLSULFID, ANGEFEUCHTET mit mindestens 10 Masse-% Wasser DIPICRYL SULPHIDE, WETTED with not less than 10 % water, by mass	4.1	-	I	28	0	E0	P406	PP24 PP31	-	-
2853	MAGNESIUMFLUOROSILICAT MAGNESIUM FLUOROSILICATE	6.1	-	III	-	5 kg	E1	P002 LP02	-	IBC08	B3
2854	AMMONIUMFLUOROSILICAT AMMONIUM FLUOROSILICATE	6.1	-	III	-	5 kg	E1	P002 LP02	-	IBC08	B3
2855	ZINKFLUOROSILICAT ZINC FLUOROSILICATE	6.1	-	III	-	5 kg	E1	P002 LP02	-	IBC08	B3
2856	FLUOROSILICATE, N.A.G. FLUOROSILICATES, N.O.S.	6.1	-	III	274	5 kg	E1	P002 LP02	-	IBC08	B3

Ortsbewegliche Tanks und Schüttgut-Container			EmS	Stauung und Handhabung	Trennung	Eigenschaften und Bemerkung	UN-Nr.
	Tank Anweisung(en)	Vorschriften					
(12)	(13)	(14)	(15)	(16a)	(16b)	(17)	(18)
	4.2.5 4.3	4.2.5	5.4.3.2 7.8	7.1, 7.3 bis 7.7	7.2 bis 7.7		
-	T4	TP1	F-E, S-D	Staukategorie C SW1	-	Farblose Flüssigkeit mit stechendem Geruch. Flammpunkt: 12 °C c.c. Explosionsgrenzen: 1,4 % bis 8,8 %. Nicht mischbar mit Wasser. Wirkt reizend auf Haut, Augen und Schleimhäute.	2838
-	T7	TP2	F-A, S-A	Staukategorie A SW1 H2	-	Klare, farblose bis gelbe viskose Flüssigkeit. Mischbar mit Wasser. Zersetzt sich bei 85 °C unter Bildung giftiger Dämpfe. Kann heftig mit entzündend (oxidierend) wirkenden Stoffen reagieren. Giftig beim Verschlucken, bei Berührung mit der Haut oder beim Einatmen.	2839
-	T2	TP1	F-E, S-D	Staukategorie A	-	Farblose Flüssigkeit. Nicht mischbar mit Wasser. Flammpunkt: 58 °C c.c. Gesundheitsschädlich beim Einatmen. Wirkt reizend auf Haut, Augen und Schleimhäute.	2840
-	T4	TP1	F-E, S-D	Staukategorie A	SG35	Farblose Flüssigkeit mit ammoniakartigem Geruch. Flammpunkt: 52 °C c.c. In geringem Maße mit Wasser mischbar. Giftig beim Verschlucken, bei Berührung mit der Haut oder beim Einatmen.	2841
-	T2	TP1	F-E, S-D	Staukategorie A	-	Farblose, ölige Flüssigkeit. Flammpunkt: 28 °C c.c. Explosionsgrenzen: 3,4 % bis ... Entwickelt unter Feuereinwirkung nitrose, giftige Dämpfe. Schwach löslich in Wasser. Wirkt reizend auf Haut, Augen und Schleimhäute.	2842
-	T1	TP33	F-G, S-N	Staukategorie A SW5 H1	SG26 SG35	Entwickelt in Berührung mit Wasser Wasserstoff, ein entzündbares Gas. Entwickelt bei Berührung mit Säuren Siliciumwasserstoff (Silan), ein selbstentzündliches Gas.	2844
-	T22	TP2 TP7	F-G, S-M	Staukategorie D H1	SG26 SG63	Sehr leicht entzündbare Flüssigkeiten. Können sich in feuchter Luft selbst entzünden. Entwickeln bei Berührung mit Luft schwach giftige Gase mit Reizwirkung.	2845
-	-	-	F-G, S-M	Staukategorie D H1	SG26	Neigt an Luft zur Selbstentzündung. Beim Schütteln können sich Funken bilden. Entwickelt bei Berührung mit Wasser Wasserstoff, ein entzündbares Gas.	2846
-	T4	TP1	F-A, S-A	Staukategorie A	-	Farblose bis hellgelbe Flüssigkeit. Mischbar mit Wasser. Greift schwach Stahl an. Giftig beim Verschlucken, bei Berührung mit der Haut oder beim Einatmen.	2849
-	T2	TP2	F-E, S-E	Staukategorie A	-	Farblose Flüssigkeit. Nicht mischbar mit Wasser. Wirkt reizend auf Haut, Augen und Schleimhäute. 1-Dodecen ist kein Meeresschadstoff.	2850
-	T7	TP2	F-A, S-B	Staukategorie B SW1 SW2 H2	SGG1 SG36 SG49	Farblose, nicht rauchende Flüssigkeit. Siedebereich: 58 °C bis 60 °C. Reagiert mit Wasser unter Bildung ätzender und giftiger Dämpfe. Greift Flussstahl an. Verursacht Verätzungen der Haut, der Augen und der Schleimhäute.	2851
-	-	-	F-B, S-J	Staukategorie D	SG7 SG30	Desensibilisierter Explosivstoff. Goldgelbe kristalline Schuppen. Im trockenen Zustand explosionsfähig und empfindlich gegen Stoß und Wärme. Kann mit Schwermetallen und deren Salzen äußerst empfindliche Verbindungen bilden.	2852
-	T1	TP33	F-A, S-A	Staukategorie A	SG35	Feste Stoffe, die mit Säuren reagieren. Entwickelt Fluorwasserstoff und Siliziumtetrafluorid, reizende und ätzende Gase. Giftig beim Verschlucken, bei Berührung mit der Haut oder beim Einatmen von Staub.	2853
-	T1	TP33	F-A, S-A	Staukategorie A	SGG2 SG35	Feste Stoffe, die mit Säuren reagieren. Entwickelt Fluorwasserstoff und Siliziumtetrafluorid, reizende und ätzende Gase. Giftig beim Verschlucken, bei Berührung mit der Haut oder beim Einatmen von Staub.	2854
-	T1	TP33	F-A, S-A	Staukategorie A	SGG7 SG35	Feste Stoffe, die mit Säuren reagieren. Entwickelt Fluorwasserstoff und Siliziumtetrafluorid, reizende und ätzende Gase. Giftig beim Verschlucken, bei Berührung mit der Haut oder beim Einatmen von Staub.	2855
-	T1	TP33	F-A, S-A	Staukategorie A	SG35	Feste Stoffe, die mit Säuren reagieren. Entwickeln Fluorwasserstoff und Siliziumtetrafluorid, reizende und ätzende Gase. Giftig beim Verschlucken, bei Berührung mit der Haut oder beim Einatmen von Staub.	2856

UN-Nr.	Richtiger technischer Name	Klasse	Zusatz-gefahr	Verpa-ckungs-gruppe	Sonder-vor-schrif-ten	Begrenzte und freige-stellte Mengen		Verpackungen		IBC	
						Be-grenzte Men-gen	Freige-stellte Men-gen	Anwei-sung(en)	Sonder-vor-schriften	Anwei-sung(en)	Sonder-vor-schriften
(1)	(2) 3.1.2	(3) 2.0	(4) 2.0	(5) 2.0.1.3	(6) 3.3	(7a) 3.4	(7b) 3.5	(8) 4.1.4	(9) 4.1.4	(10) 4.1.4	(11) 4.1.4
2857	KÄLTEMASCHINEN mit nicht entzündbaren, nicht giftigen Gasen oder Ammoniaklösungen (UN 2672) REFRIGERATING MACHINES containing non-flammable, non-toxic gases or ammonia solutions (UN 2672)	2.2	-	-	119	0	E0	P003	PP32	-	-
2858	ZIRKONIUM, TROCKEN, gerollter Draht, fertige Bleche, Streifen (dünner als 254 Mikron, aber nicht dünner als 18 Mikron) ZIRCONIUM, DRY coiled wire, finished metal sheets, strip (thinner than 254 microns but not thinner than 18 microns)	4.1	-	III	921	5 kg	E1	P002 LP02	PP100 L3	-	-
2859	AMMONIUMMETAVANADAT AMMONIUM METAVANADATE	6.1	-	II	-	500 g	E4	P002	-	IBC08	B4 B21
2861	AMMONIUMPOLYVANADAT AMMONIUM POLYVANADATE	6.1	-	II	-	500 g	E4	P002	-	IBC08	B4 B21
2862	VANADIUMPENTOXID, nicht geschmolzen VANADIUM PENTOXIDE, non fused form	6.1	-	III	-	5 kg	E1	P002 LP02	-	IBC08	B3
2863	NATRIUMAMMONIUMVANADAT SODIUM AMMONIUM VANADATE	6.1	-	II	-	500 g	E4	P002	-	IBC08	B4 B21
2864	KALIUMMETAVANADAT POTASSIUM METAVANADATE	6.1	-	II	-	500 g	E4	P002	-	IBC08	B4 B21
2865	HYDROXYLAMINSULFAT HYDROXYLAMINE SULPHATE	8	-	III	-	5 kg	E1	P002 LP02	-	IBC08	B3
2869	TITANTRICHLORID, GEMISCH TITANIUM TRICHLORIDE MIXTURE	8	-	II	-	1 kg	E2	P002	-	IBC08	B4 B21
2869	TITANTRICHLORID, GEMISCH TITANIUM TRICHLORIDE MIXTURE	8	-	III	223	5 kg	E1	P002 LP02	-	IBC08	B3
2870	ALUMINIUMBORHYDRID ALUMINIUM BOROHYDRIDE	4.2	4.3	I	-	0	E0	P400	-	-	-
2870	ALUMINIUMBORHYDRID IN GERÄTEN ALUMINIUM BOROHYDRIDE IN DEVICES	4.2	4.3	I	-	0	E0	P002	PP13	-	-
2871	ANTIMON-PULVER ANTIMONY POWDER	6.1	-	III	-	5 kg	E1	P002 LP02	-	IBC08	B3
2872	DIBROMCHLORPROPANE DIBROMOCHLOROPROPANES	6.1	-	II	-	100 ml	E4	P001	-	IBC02	-

Ortsbewegliche Tanks und Schüttgut-Container			EmS	Stauung und Handhabung	Trennung	Eigenschaften und Bemerkung	UN-Nr.	
	Tank Anweisung(en)	Vorschriften						
(12)	(13)	(14)	(15)	(16a)	(16b)	(17)	(18)	
	4.2.5 4.3	4.2.5	5.4.3.2 7.8	7.1, 7.3 bis 7.7	7.2 bis 7.7			
-	-	-	F-C, S-V	Staukategorie A	-	-	2857	→ *UN 3358*
-	-	-	F-G, S-G	Staukategorie A H1	SG25 SG26	Hartes, silbriges Metall.	2858	
-	T3	TP33	F-A, S-A	Staukategorie A	SGG2 SG6 SG8 SG10 SG12	Weißes kristallines Pulver. Schwach löslich in Wasser. Kann entzündend (oxidierend) wirken. Giftig beim Verschlucken, bei Berührung mit der Haut oder beim Einatmen.	2859	
-	T3	TP33	F-A, S-A	Staukategorie A	SGG2 SG6 SG8 SG10 SG12	Orangefarbenes Pulver. Schwach löslich in Wasser. Kann entzündend (oxidierend) wirken. Giftig beim Verschlucken, bei Berührung mit der Haut oder beim Einatmen.	2861	
-	T1	TP33	F-A, S-A	Staukategorie A	-	Bräunliches Pulver. Schwach löslich in Wasser. Giftig beim Verschlucken, bei Berührung mit der Haut oder beim Einatmen.	2862	
-	T3	TP33	F-A, S-A	Staukategorie A	SGG2	Orangefarbener feuchter Presskuchen (mit 10 % bis 15 % Wasser). Löslich in Wasser. Giftig beim Verschlucken, bei Berührung mit der Haut oder beim Einatmen von Staub.	2863	
-	T3	TP33	F-A, S-A	Staukategorie A	-	Weißes kristallines Pulver. Schwach löslich in Wasser. Giftig beim Verschlucken, bei Berührung mit der Haut oder beim Einatmen.	2864	
-	T1	TP33	F-A, S-B	Staukategorie A	SGG1 SG35 SG36 SG49	Farbloses bis weißes kristallines Pulver. Löslich in Wasser. Kann sich explosionsartig bei Erwärmung zersetzen. Verursacht Verätzungen der Haut, der Augen und der Schleimhäute.	2865	
-	T3	TP33	F-A, S-B	Staukategorie A SW2	SGG1 SGG7 SG36 SG49	Violetter kristalliner fester Stoff. Reagiert in feuchter Luft oder in Wasser unter Wärmeentwicklung und Bildung von Chlorwasserstoff, einem reizenden und ätzenden Gas, das als weißer Nebel sichtbar wird. Greift bei Feuchtigkeit die meisten Metalle an. Verursacht Verätzungen der Haut, der Augen und der Schleimhäute.	2869	
-	T1	TP33	F-A, S-B	Staukategorie A SW2	SGG1 SGG7 SG36 SG49	Siehe Eintrag oben.	2869	
-	T21	TP7 TP33	F-G, S-M	Staukategorie D H1	SG26	Flüssigkeit. Selbstentzündlich an der Luft. Reagiert mit Wasser oder Wasserdampf unter Entwicklung von Wärme oder Wasserstoff, der mit Luft explosionsfähige Gemische bilden kann.	2870	
-	-	-	F-G, S-M	Staukategorie D H1	SG26	-	2870	
-	T1	TP33	F-A, S-A	Staukategorie A	-	Metallisches Antimon in Form eines feinen grauen Pulvers. Nicht löslich in Wasser. Giftig beim Verschlucken, bei Berührung mit der Haut oder beim Einatmen von Staub.	2871	
-	T7	TP2	F-A, S-A	Staukategorie A	SGG10	Farblose Flüssigkeit mit wahrnehmbarem Geruch. Nicht mischbar mit Wasser. Giftig beim Verschlucken, bei Berührung mit der Haut oder beim Einatmen.	2872	

3.2 Gefahrgutliste

UN-Nr.	Richtiger technischer Name	Klasse	Zusatzgefahr	Verpackungsgruppe	Sondervorschriften	Begrenzte und freigestellte Mengen		Verpackungen		IBC	
						Begrenzte Mengen	Freigestellte Mengen	Anweisung(en)	Sondervorschriften	Anweisung(en)	Sondervorschriften
(1)	(2) 3.1.2	(3) 2.0	(4) 2.0	(5) 2.0.1.3	(6) 3.3	(7a) 3.4	(7b) 3.5	(8) 4.1.4	(9) 4.1.4	(10) 4.1.4	(11) 4.1.4
2872	DIBROMCHLORPROPANE DIBROMOCHLOROPROPANES	6.1	-	III	223	5 L	E1	P001 LP01	-	IBC03	-
2873	DIBUTYLAMINOETHANOL DIBUTYLAMINOETHANOL	6.1	-	III	-	5 L	E1	P001 LP01	-	IBC03	-
2874	FURFURYLALKOHOL FURFURYL ALCOHOL	6.1	-	III	-	5 L	E1	P001 LP01	-	IBC03	-
2875	HEXACHLOROPHEN HEXACHLOROPHENE	6.1	-	III	-	5 kg	E1	P002 LP02	-	IBC08	B3
2876	RESORCINOL RESORCINOL	6.1	-	III	-	5 kg	E1	P002 LP02	-	IBC08	B3
2878	TITANSCHWAMMGRANULATE oder TITANSCHWAMMPULVER TITANIUM SPONGE GRANULES or TITANIUM SPONGE POWDERS	4.1	-	III	223	5 kg	E1	P002 LP02	PP100 L3	IBC08	B4
2879	SELENOXYCHLORID SELENIUM OXYCHLORIDE	8	6.1	I	-	0	E0	P001	-	-	-
2880	CALCIUMHYPOCHLORIT, HYDRATISIERT oder CALCIUMHYPOCHLORIT, HYDRATISIERTE MISCHUNG mit mindestens 5,5 %, aber höchstens 16 % Wasser CALCIUM HYPOCHLORITE, HYDRATED or CALCIUM HYPOCHLORITE, HYDRATED MIXTURE with not less than 5.5 % but not more than 16 % water	5.1	- **P**	II	314 322	1 kg	E2	P002	PP85	-	-
2880	CALCIUMHYPOCHLORIT, HYDRATISIERT oder CALCIUMHYPOCHLORIT, HYDRATISIERTE MISCHUNG mit mindestens 5,5 %, aber höchstens 16 % Wasser CALCIUM HYPOCHLORITE, HYDRATED or CALCIUM HYPOCHLORITE, HYDRATED MIXTURE with not less than 5.5 % but not more than 16 % water	5.1	- **P**	III	223 314	5 kg	E1	P002	PP85	-	-
2881	METALLKATALYSATOR, TROCKEN METAL CATALYST, DRY	4.2	-	I	274	0	E0	P404	PP31	-	-
2881	METALLKATALYSATOR, TROCKEN METAL CATALYST, DRY	4.2	-	II	274	0	E0	P410	PP31	IBC06	B21
2881	METALLKATALYSATOR, TROCKEN METAL CATALYST, DRY	4.2	-	III	223 274	0	E1	P002 LP02	PP31 L4	IBC08	B4

Ortsbewegliche Tanks und Schüttgut-Container			EmS	Stauung und Handhabung	Trennung	Eigenschaften und Bemerkung	UN-Nr.
	Tank Anweisung(en)	Vorschriften					
(12)	(13)	(14)	(15)	(16a)	(16b)	(17)	(18)
	4.2.5 4.3	4.2.5	5.4.3.2 7.8	7.1, 7.3 bis 7.7	7.2 bis 7.7		
-	T4	TP1	F-A, S-A	Staukategorie A	SGG10	Siehe Eintrag oben.	2872
-	T4	TP1	F-A, S-A	Staukategorie A	-	Farblose Flüssigkeit mit wahrnehmbarem Geruch. Mischbar mit Wasser. Giftig beim Verschlucken, bei Berührung mit der Haut oder beim Einatmen.	2873
-	T4	TP1	F-A, S-A	Staukategorie A	SG17 SG35	Klare, farblose, bewegliche Flüssigkeit, die sich unter Einwirkung von Luft und Licht braun bis dunkelrot verfärbt. Mischbar mit Wasser. Reagiert explosionsartig mit entzündend (oxidierend) wirkenden Stoffen. Giftig beim Verschlucken, bei Berührung mit der Haut oder beim Einatmen.	2874
-	T1	TP33	F-A, S-A	Staukategorie A	-	Weißes, geruchloses Pulver oder Kristalle. Nicht löslich in Wasser. Giftig beim Verschlucken, bei Berührung mit der Haut oder beim Einatmen von Staub.	2875
-	T1	TP33	F-A, S-A	Staukategorie A	-	Weiße bis pinkfarbene Kristalle. Löslich in Wasser. Giftig beim Verschlucken, bei Berührung mit der Haut oder beim Einatmen von Staub.	2876
-	T1	TP33	F-G, S-G	Staukategorie D H1	SGG7 SGG15 SG17 SG25 SG26	Silbergraues Granulat oder dunkelgraues, amorphes Pulver. Kann mit Kohlendioxid unter Entwicklung von Sauerstoff reagieren. Bildet mit entzündend (oxidierend) wirkenden Stoffen explosionsfähige Gemische.	2878
-	T10	TP2 TP13	F-A, S-B	Staukategorie E SW2	SGG1 SG36 SG49	Farblose, gelbliche Flüssigkeit. Reagiert heftig mit Wasser unter Entwicklung von Chlorwasserstoff, einem ätzenden Gas mit Reizwirkung. Das Gas ist als weißer Nebel sichtbar. Greift in Gegenwart von Feuchtigkeit die meisten Metalle stark an. Giftig beim Verschlucken, bei Berührung mit der Haut oder beim Einatmen. Verursacht schwere Verätzungen der Haut, der Augen und der Schleimhäute.	2879
-	-	-	F-H, S-Q	Staukategorie D SW1 SW11	SGG8 SG35 SG38 SG49 SG53 SG60	Weißer oder gelblicher fester Stoff (Pulver, Granulat oder Tabletten) mit chlorartigem Geruch. Löslich in Wasser. Kann in Berührung mit organischen Stoffen oder Ammoniumverbindungen einen Brand verursachen. Stoffe neigen bei erhöhten Temperaturen zur exothermen Zersetzung, was zu einem Brand oder zu einer Explosion führen kann. Die Zersetzung kann durch Wärme oder durch Verunreinigungen z. B. durch pulverförmige Metalle (Eisen, Mangan, Kobalt, Magnesium) und deren Verbindungen, ausgelöst werden. Neigt zur langsamen Selbsterhitzung. Reagiert mit Säuren unter Bildung von Chlor, einem reizenden, ätzenden und giftigen Gas. Greift bei Feuchtigkeit die meisten Metalle an. Der Staub wirkt reizend auf die Schleimhäute.	2880
-	-	-	F-H, S-Q	Staukategorie D SW1 SW11	SGG8 SG35 SG38 SG49 SG53 SG60	Siehe Eintrag oben.	2880
-	T21	TP7 TP33	F-G, S-M	Staukategorie C H1	SGG7 SGG15 SG25 SG26	Neigt an Luft zur Selbstentzündung.	2881
-	T3	TP33	F-G, S-M	Staukategorie C H1	SGG7 SGG15 SG25 SG26	Siehe Eintrag oben.	2881
-	T1	TP33	F-G, S-M	Staukategorie C H1	SGG7 SGG15 SG25 SG26	Siehe Eintrag oben.	2881

UN-Nr.	Richtiger technischer Name	Klasse	Zusatz-gefahr	Verpa-ckungs-gruppe	Sonder-vor-schrif-ten	Begrenzte und freige-stellte Mengen		Verpackungen		IBC	
						Be-grenzte Men-gen	Freige-stellte Men-gen	Anwei-sung(en)	Sonder-vor-schriften	Anwei-sung(en)	Sonder-vor-schriften
(1)	(2) 3.1.2	(3) 2.0	(4) 2.0	(5) 2.0.1.3	(6) 3.3	(7a) 3.4	(7b) 3.5	(8) 4.1.4	(9) 4.1.4	(10) 4.1.4	(11) 4.1.4
2900	ANSTECKUNGSGEFÄHRLICHER STOFF, nur GEFÄHRLICH FÜR TIERE INFECTIOUS SUBSTANCE, AFFECTING ANIMALS only	6.2	-	-	318 341	0	E0	P620	-	-	-
2901	BROMCHLORID BROMINE CHLORIDE	2.3	5.1/8	-	-	0	E0	P200	-	-	-
2902	PESTIZID, FLÜSSIG, GIFTIG, N.A.G. PESTICIDE, LIQUID, TOXIC, N.O.S.	6.1	-	I	61 274	0	E5	P001	-	-	-
2902	PESTIZID, FLÜSSIG, GIFTIG, N.A.G. PESTICIDE, LIQUID, TOXIC, N.O.S.	6.1	-	II	61 274	100 ml	E4	P001	-	IBC02	-
2902	PESTIZID, FLÜSSIG, GIFTIG, N.A.G. PESTICIDE, LIQUID, TOXIC, N.O.S.	6.1	-	III	61 223 274	5 L	E1	P001 LP01	-	IBC03	-
2903	PESTIZID, FLÜSSIG, GIFTIG, ENTZÜNDBAR, N.A.G., mit einem Flammpunkt von 23 °C oder darüber PESTICIDE, LIQUID, TOXIC, FLAMMABLE, N.O.S. flashpoint not less than 23 °C	6.1	3	I	61 274	0	E5	P001	-	-	-
2903	PESTIZID, FLÜSSIG, GIFTIG, ENTZÜNDBAR, N.A.G., mit einem Flammpunkt von 23 °C oder darüber PESTICIDE, LIQUID, TOXIC, FLAMMABLE, N.O.S. flashpoint not less than 23 °C	6.1	3	II	61 274	100 ml	E4	P001	-	IBC02	-
2903	PESTIZID, FLÜSSIG, GIFTIG, ENTZÜNDBAR, N.A.G., mit einem Flammpunkt von 23 °C oder darüber PESTICIDE, LIQUID, TOXIC, FLAMMABLE, N.O.S. flashpoint not less than 23 °C	6.1	3	III	61 223 274	5 L	E1	P001	-	IBC03	-
2904	CHLORPHENOLATE, FLÜSSIG oder PHENOLATE, FLÜSSIG CHLOROPHENOLATES, LIQUID or PHENOLATES, LIQUID	8	-	III	-	5 L	E1	P001 LP01	-	IBC03	-
2905	CHLORPHENOLATE, FEST oder PHENOLATE, FEST CHLOROPHENOLATES, SOLID or PHENOLATES, SOLID	8	-	III	-	5 kg	E1	P002 LP02	-	IBC08	B3
2907	ISOSORBIDDINITRAT, MISCHUNG, mit mindestens 60 % Lactose, Mannose, Stärke oder Calciumhydrogenphosphat ISOSORBIDE DINITRATE MIXTURE with not less than 60 % lactose, mannose, starch, or calcium hydrogen phosphate	4.1	-	II	127	0	E0	P406	PP26 PP80	IBC06	B12 B21
2908	RADIOAKTIVE STOFFE, FREIGESTELLTES VERSANDSTÜCK – LEERE VERPACKUNG RADIOACTIVE MATERIAL, EXCEPTED PACKAGE – EMPTY PACKAGING	7	Siehe SV290	-	290 368	0	E0	Siehe 4.1.9	Siehe 4.1.9	Siehe 4.1.9	Siehe 4.1.9

Ortsbewegliche Tanks und Schüttgut-Container			EmS	Stauung und Handhabung	Trennung	Eigenschaften und Bemerkung	UN-Nr.
	Tank Anweisung(en)	Vorschriften					
(12)	(13) 4.2.5 4.3	(14) 4.2.5	(15) 5.4.3.2 7.8	(16a) 7.1, 7.3 bis 7.7	(16b) 7.2 bis 7.7	(17)	(18)
-	BK2	-	F-A, S-T	- SW7	-	Stoffe, die nur für Tiere gefährlich sind. Für Maßnahmen, die im Falle einer Beschädigung oder Leckage eines Versandstücks, das ansteckungsgefährliche Stoffe enthält, zu ergreifen sind, siehe 7.8.3.	2900 → *UN 2814*
-	-	-	F-C, S-W	Staukategorie D SW2	SG6 SG19	Rötlich-gelbes nicht entzündbares, giftiges und ätzendes Gas. Entwickelt bei Erwärmung bis zur Zersetzung hochgiftige und ätzende Brom- und Chlordämpfe. Reagiert mit Wasser unter Bildung giftiger und ätzender Nebel. Stark entzündend (oxidierend) wirkender Stoff, der mit brennbaren Stoffen heftige Brände verursachen kann. Viel schwerer als Luft. Wirkt stark reizend auf Haut, Augen und Schleimhäute.	2901
-	T14	TP2 TP13 TP27	F-A, S-A	Staukategorie B SW2	-	Flüssige Pestizide umfassen einen sehr weiten Bereich der Giftigkeit. Die Mischbarkeit mit Wasser hängt von der Zusammensetzung ab. Giftig beim Verschlucken, bei Berührung mit der Haut oder beim Einatmen.	2902
-	T11	TP2 TP13 TP27	F-A, S-A	Staukategorie B SW2	-	Siehe Eintrag oben.	2902
-	T7	TP2 TP28	F-A, S-A	Staukategorie A SW2	-	Siehe Eintrag oben.	2902
-	T14	TP2 TP13 TP27	F-E, S-D	Staukategorie B SW2	-	Flüssige Pestizide mit einem Flammpunkt zwischen 23 °C und 60 °C c.c. umfassen einen sehr weiten Bereich der Giftigkeit. Sie enthalten häufig Erdöl- und Steinkohlenteer-Destillate oder andere entzündbare Flüssigkeiten. Flammpunkt und die Mischbarkeit mit Wasser hängen von der Zusammensetzung ab. Giftig beim Verschlucken, bei Berührung mit der Haut oder beim Einatmen.	2903
-	T11	TP2 TP13 TP27	F-E, S-D	Staukategorie B SW2	-	Siehe Eintrag oben.	2903
-	T7	TP2	F-E, S-D	Staukategorie A SW2	-	Siehe Eintrag oben.	2903
-	-	-	F-A, S-B	Staukategorie A	-	Ein weiter Bereich ätzender Flüssigkeiten. Verursachen Verätzungen der Haut, der Augen und der Schleimhäute.	2904
-	T1	TP33	F-A, S-B	Staukategorie A	-	Ein weiter Bereich ätzender fester Stoffe. Löslich in Wasser. Verursachen Verätzungen der Haut, der Augen und der Schleimhäute.	2905
-	-	-	F-A, S-J	Staukategorie E	SG7 SG30	Desensibilisierter Explosivstoff. Reines Isosorbitdinitrat ist explosiv. Kann mit Schwermetallen oder deren Salzen äußerst empfindliche Verbindungen bilden.	2907
-	-	-	F-I, S-S	Staukategorie A	-	Siehe 1.5.1 und 5.1.5.4.2.	2908

UN-Nr.	Richtiger technischer Name	Klasse	Zusatzgefahr	Verpackungsgruppe	Sondervorschriften	Begrenzte und freigestellte Mengen		Verpackungen		IBC	
						Begrenzte Mengen	Freigestellte Mengen	Anweisung(en)	Sondervorschriften	Anweisung(en)	Sondervorschriften
(1)	(2) 3.1.2	(3) 2.0	(4) 2.0	(5) 2.0.1.3	(6) 3.3	(7a) 3.4	(7b) 3.5	(8) 4.1.4	(9) 4.1.4	(10) 4.1.4	(11) 4.1.4
2909	RADIOAKTIVE STOFFE, FREIGESTELLTES VERSANDSTÜCK – FABRIKATE AUS NATÜRLICHEM URAN oder AUS ABGEREICHERTEM URAN oder AUS NATÜRLICHEM THORIUM RADIOACTIVE MATERIAL, EXCEPTED PACKAGE – ARTICLES MANUFACTURED FROM NATURAL URANIUM or DEPLETED URANIUM or NATURAL THORIUM	7	Siehe SV290	-	290	0	E0	Siehe 4.1.9	Siehe 4.1.9	Siehe 4.1.9	Siehe 4.1.9
2910	RADIOAKTIVE STOFFE, FREIGESTELLTES VERSANDSTÜCK – BEGRENZTE STOFFMENGE RADIOACTIVE MATERIAL, EXCEPTED PACKAGE – LIMITED QUANTITY OF MATERIAL	7	Siehe SV290	-	290 368	0	E0	Siehe 4.1.9	Siehe 4.1.9	Siehe 4.1.9	Siehe 4.1.9
2911	RADIOAKTIVE STOFFE, FREIGESTELLTES VERSANDSTÜCK – INSTRUMENTE oder FABRIKATE RADIOACTIVE MATERIAL, EXCEPTED PACKAGE – INSTRUMENTS or ARTICLES	7	Siehe SV290	-	290	0	E0	Siehe 4.1.9	Siehe 4.1.9	Siehe 4.1.9	Siehe 4.1.9
2912	RADIOAKTIVE STOFFE MIT GERINGER SPEZIFISCHER AKTIVITÄT (LSA-I), nicht spaltbar oder spaltbar, freigestellt RADIOACTIVE MATERIAL, LOW SPECIFIC ACTIVITY (LSA-I), non fissile or fissile – excepted	7	Siehe SV172	-	172 317 325	0	E0	Siehe 4.1.9	Siehe 4.1.9	Siehe 4.1.9	Siehe 4.1.9
2913	RADIOAKTIVE STOFFE, OBERFLÄCHENKONTAMINIERTE GEGENSTÄNDE (SCO-I oder SCO-II), nicht spaltbar oder spaltbar, freigestellt RADIOACTIVE MATERIAL, SURFACE CONTAMINATED OBJECTS (SCO-I or SCO-II), non fissile or fissile – excepted	7	Siehe SV172	-	172 317 325	0	E0	Siehe 4.1.9	Siehe 4.1.9	Siehe 4.1.9	Siehe 4.1.9
2915	RADIOAKTIVE STOFFE, TYP A-VERSANDSTÜCK, nicht in besonderer Form, nicht spaltbar oder spaltbar, freigestellt RADIOACTIVE MATERIAL, TYPE A PACKAGE, non special form, non fissile or fissile – excepted	7	Siehe SV172	-	172 317 325	0	E0	Siehe 4.1.9	Siehe 4.1.9	Siehe 4.1.9	Siehe 4.1.9
2916	RADIOAKTIVE STOFFE, TYP B(U)-VERSANDSTÜCK, nicht spaltbar oder spaltbar, freigestellt RADIOACTIVE MATERIAL, TYPE B(U) PACKAGE, non fissile or fissile – excepted	7	Siehe SV172	-	172 317 325	0	E0	Siehe 4.1.9	Siehe 4.1.9	Siehe 4.1.9	Siehe 4.1.9
2917	RADIOAKTIVE STOFFE, TYP B(M)-VERSANDSTÜCK, nicht spaltbar oder spaltbar, freigestellt RADIOACTIVE MATERIAL, TYPE B(M) PACKAGE, non fissile or fissile – excepted	7	Siehe SV172	-	172 317 325	0	E0	Siehe 4.1.9	Siehe 4.1.9	Siehe 4.1.9	Siehe 4.1.9
2919	RADIOAKTIVE STOFFE, UNTER SONDERVEREINBARUNG BEFÖRDERT, nicht spaltbar oder spaltbar, freigestellt RADIOACTIVE MATERIAL TRANSPORTED UNDER SPECIAL ARRANGEMENT, non fissile or fissile – excepted	7	Siehe SV172	-	172 317 325	0	E0	Siehe 4.1.9	Siehe 4.1.9	Siehe 4.1.9	Siehe 4.1.9

Ortsbewegliche Tanks und Schüttgut-Container			EmS	Stauung und Handhabung	Trennung	Eigenschaften und Bemerkung	UN-Nr.
	Tank Anweisung(en)	Vorschriften					
(12)	(13) 4.2.5 4.3	(14) 4.2.5	(15) 5.4.3.2 7.8	(16a) 7.1, 7.3 bis 7.7	(16b) 7.2 bis 7.7	(17)	(18)
-	-	-	F-I, S-S	Staukategorie A	-	Siehe 1.5.1 und 5.1.5.4.2.	2909
-	-	-	F-I, S-S	Staukategorie A	-	Siehe 1.5.1 und 5.1.5.4.2.	2910
-	-	-	F-I, S-S	Staukategorie A	-	Siehe 1.5.1 und 5.1.5.4.2.	2911
-	T5	TP4	F-I, S-S	Staukategorie A SW20 SW21	-	Siehe 1.5.1.	2912
-	T5	TP4	F-I, S-S	Staukategorie A	-	Siehe 1.5.1.	2913
-	-	-	F-I, S-S	Staukategorie A SW20 SW21	-	Siehe 1.5.1.	2915
-	-	-	F-I, S-S	Staukategorie A SW12	-	Siehe 1.5.1. Für Schiffe, die eine INF-Ladung nach der Begriffsbestimmung in Regel VII/14 des SOLAS-Übereinkommens von 1974 in der jeweils geltenden Fassung befördern, wird auch auf den INF-Code verwiesen.	2916
-	-	-	F-I, S-S	Staukategorie A SW12	-	Siehe 1.5.1. Für Schiffe, die eine INF-Ladung nach der Begriffsbestimmung in Regel VII/14 des SOLAS-Übereinkommens von 1974 in der jeweils geltenden Fassung befördern, wird auch auf den INF-Code verwiesen.	2917
-	-	-	F-I, S-S	Staukategorie A SW13	-	Siehe 1.5.1. Für Schiffe, die eine INF-Ladung nach der Begriffsbestimmung in Regel VII/14 des SOLAS-Übereinkommens von 1974 in der jeweils geltenden Fassung befördern, wird auch auf den INF-Code verwiesen.	2919

UN-Nr.	Richtiger technischer Name	Klasse	Zusatz-gefahr	Verpa-ckungs-gruppe	Sonder-vor-schrif-ten	Begrenzte und freige-stellte Mengen		Verpackungen		IBC	
						Be-grenzte Men-gen	Freige-stellte Men-gen	Anwei-sung(en)	Sonder-vor-schriften	Anwei-sung(en)	Sonder-vor-schriften
(1)	(2) 3.1.2	(3) 2.0	(4) 2.0	(5) 2.0.1.3	(6) 3.3	(7a) 3.4	(7b) 3.5	(8) 4.1.4	(9) 4.1.4	(10) 4.1.4	(11) 4.1.4
2920	ÄTZENDER FLÜSSIGER STOFF, ENTZÜNDBAR, N.A.G. CORROSIVE LIQUID, FLAMMABLE, N.O.S.	8	3	I	274	0	E0	P001	-	-	-
2920	ÄTZENDER FLÜSSIGER STOFF, ENTZÜNDBAR, N.A.G. CORROSIVE LIQUID, FLAMMABLE, N.O.S.	8	3	II	274	1 L	E2	P001	-	IBC02	-
2921	ÄTZENDER FESTER STOFF, ENTZÜNDBAR, N.A.G. CORROSIVE SOLID, FLAMMABLE, N.O.S.	8	4.1	I	274	0	E0	P002	-	IBC99	-
2921	ÄTZENDER FESTER STOFF, ENTZÜNDBAR, N.A.G. CORROSIVE SOLID, FLAMMABLE, N.O.S.	8	4.1	II	274	1 kg	E2	P002	-	IBC08	B4 B21
2922	ÄTZENDER FLÜSSIGER STOFF, GIFTIG, N.A.G. CORROSIVE LIQUID, TOXIC, N.O.S.	8	6.1	I	274	0	E0	P001	-	-	-
2922	ÄTZENDER FLÜSSIGER STOFF, GIFTIG, N.A.G. CORROSIVE LIQUID, TOXIC, N.O.S.	8	6.1	II	274	1 L	E2	P001	-	IBC02	-
2922	ÄTZENDER FLÜSSIGER STOFF, GIFTIG, N.A.G. CORROSIVE LIQUID, TOXIC, N.O.S.	8	6.1	III	223 274	5 L	E1	P001	-	IBC03	-
2923	ÄTZENDER FESTER STOFF, GIFTIG, N.A.G. CORROSIVE SOLID, TOXIC, N. O. S.	8	6.1	I	274	0	E0	P002	-	IBC99	-
2923	ÄTZENDER FESTER STOFF, GIFTIG, N.A.G. CORROSIVE SOLID, TOXIC, N.O.S.	8	6.1	II	274	1 kg	E2	P002	-	IBC08	B4 B21
2923	ÄTZENDER FESTER STOFF, GIFTIG, N.A.G. CORROSIVE SOLID, TOXIC, N.O.S.	8	6.1	III	223 274	5 kg	E1	P002	-	IBC08	B3
2924	ENTZÜNDBARER FLÜSSIGER STOFF, ÄTZEND, N.A.G. FLAMMABLE LIQUID, CORROSIVE, N.O.S.	3	8	I	274	0	E0	P001	-	-	-
2924	ENTZÜNDBARER FLÜSSIGER STOFF, ÄTZEND, N.A.G. FLAMMABLE LIQUID, CORROSIVE, N.O.S.	3	8	II	274	1 L	E2	P001	-	IBC02	-
2924	ENTZÜNDBARER FLÜSSIGER STOFF, ÄTZEND, N.A.G. FLAMMABLE LIQUID, CORROSIVE, N.O.S.	3	8	III	223 274	5 L	E1	P001	-	IBC03	-
2925	ENTZÜNDBARER ORGANISCHER FESTER STOFF, ÄTZEND, N.A.G. FLAMMABLE SOLID, CORROSIVE, ORGANIC, N.O.S.	4.1	8	II	274	1 kg	E2	P002	-	IBC06	B21
2925	ENTZÜNDBARER ORGANISCHER FESTER STOFF, ÄTZEND, N.A.G. FLAMMABLE SOLID, CORROSIVE, ORGANIC, N.O.S.	4.1	8	III	223 274	5 kg	E1	P002	-	IBC06	-

Ortsbewegliche Tanks und Schüttgut-Container			EmS	Stauung und Handhabung	Trennung	Eigenschaften und Bemerkung	UN-Nr.	
	Tank Anweisung(en)	Vorschriften						
(12)	(13) 4.2.5 4.3	(14) 4.2.5	(15) 5.4.3.2 7.8	(16a) 7.1, 7.3 bis 7.7	(16b) 7.2 bis 7.7	(17)	(18)	
-	T14	TP2 TP27	F-E, S-C	Staukategorie C SW1 SW2	-	Verursacht Verätzungen der Haut, der Augen und der Schleimhäute.	2920	→ *UN 3470*
-	T11	TP2 TP27	F-E, S-C	Staukategorie C SW1 SW2	-	Siehe Eintrag oben.	2920	→ *UN 3470*
-	T6	TP33	F-A, S-G	Staukategorie B SW1 H2	-	Verursacht Verätzungen der Haut, der Augen und der Schleimhäute.	2921	→ *5.4.1.4.3.4*
-	T3	TP33	F-A, S-G	Staukategorie B SW1 H2	-	Siehe Eintrag oben.	2921	→ *5.4.1.4.3.4*
-	T14	TP2 TP13 TP27	F-A, S-B	Staukategorie B SW2	-	Verursacht Verätzungen der Haut, der Augen und der Schleimhäute. Giftig beim Verschlucken, bei Berührung mit der Haut oder beim Einatmen.	2922	
-	T7	TP2	F-A, S-B	Staukategorie B SW2	-	Siehe Eintrag oben.	2922	
-	T7	TP1 TP28	F-A, S-B	Staukategorie B SW2	-	Siehe Eintrag oben.	2922	
-	T6	TP33	F-A, S-B	Staukategorie B SW2	-	Verursacht Verätzungen der Haut, der Augen und der Schleimhäute. Giftig beim Verschlucken, bei Berührung mit der Haut oder beim Einatmen.	2923	→ *5.4.1.4.3.4*
-	T3	TP33	F-A, S-B	Staukategorie B SW2	-	Siehe Eintrag oben.	2923	→ *5.4.1.4.3.4*
-	T1	TP33	F-A, S-B	Staukategorie B SW2	-	Siehe Eintrag oben.	2923	→ *5.4.1.4.3.4*
-	T14	TP2	F-E, S-C	Staukategorie E SW2	-	Verursacht Verätzungen der Haut, der Augen und der Schleimhäute.	2924	→ *UN 3469*
-	T11	TP2 TP27	F-E, S-C	Staukategorie B SW2	-	Siehe Eintrag oben.	2924	→ *UN 3469*
-	T7	TP1 TP28	F-E, S-C	Staukategorie A SW2	-	Siehe Eintrag oben.	2924	→ *UN 3469*
-	T3	TP33	F-A, S-G	Staukategorie D SW2	-	Verursacht Verätzungen der Haut, der Augen und der Schleimhäute.	2925	
-	T1	TP33	F-A, S-G	Staukategorie D SW2	-	Siehe Eintrag oben.	2925	

UN-Nr.	Richtiger technischer Name	Klasse	Zusatzgefahr	Verpackungsgruppe	Sondervorschriften	Begrenzte und freigestellte Mengen		Verpackungen		IBC	
						Begrenzte Mengen	Freigestellte Mengen	Anweisung(en)	Sondervorschriften	Anweisung(en)	Sondervorschriften
(1)	(2) 3.1.2	(3) 2.0	(4) 2.0	(5) 2.0.1.3	(6) 3.3	(7a) 3.4	(7b) 3.5	(8) 4.1.4	(9) 4.1.4	(10) 4.1.4	(11) 4.1.4
2926	ENTZÜNDBARER ORGANISCHER FESTER STOFF, GIFTIG, N.A.G. FLAMMABLE SOLID, TOXIC, ORGANIC, N.O.S.	4.1	6.1	II	274	1 kg	E2	P002	-	IBC06	B21
2926	ENTZÜNDBARER ORGANISCHER FESTER STOFF, GIFTIG, N.A.G. FLAMMABLE SOLID, TOXIC, ORGANIC, N.O.S.	4.1	6.1	III	223 274	5 kg	E1	P002	-	IBC06	-
2927	GIFTIGER ORGANISCHER FLÜSSIGER STOFF, ÄTZEND, N.A.G. TOXIC LIQUID, CORROSIVE, ORGANIC, N.O.S.	6.1	8	I	274 315	0	E5	P001	-	-	-
2927	GIFTIGER ORGANISCHER FLÜSSIGER STOFF, ÄTZEND, N.A.G. TOXIC LIQUID, CORROSIVE, ORGANIC, N.O.S.	6.1	8	II	274	100 ml	E4	P001	-	IBC02	-
2928	GIFTIGER ORGANISCHER FESTER STOFF, ÄTZEND, N.A.G. TOXIC SOLID, CORROSIVE, ORGANIC, N.O.S.	6.1	8	I	274	0	E5	P002	-	IBC99	-
2928	GIFTIGER ORGANISCHER FESTER STOFF, ÄTZEND, N.A.G. TOXIC SOLID, CORROSIVE, ORGANIC, N.O.S.	6.1	8	II	274	500 g	E4	P002	-	IBC06	B21
2929	GIFTIGER ORGANISCHER FLÜSSIGER STOFF, ENTZÜNDBAR, N.A.G. TOXIC LIQUID, FLAMMABLE, ORGANIC, N.O.S.	6.1	3	I	274 315	0	E5	P001	-	-	-
2929	GIFTIGER ORGANISCHER FLÜSSIGER STOFF, ENTZÜNDBAR, N.A.G. TOXIC LIQUID, FLAMMABLE, ORGANIC, N.O.S.	6.1	3	II	274	100 ml	E4	P001	-	IBC02	-
2930	GIFTIGER ORGANISCHER FESTER STOFF, ENTZÜNDBAR, N.A.G. TOXIC SOLID, FLAMMABLE, ORGANIC, N.O.S.	6.1	4.1	I	274	0	E5	P002	-	IBC99	-
2930	GIFTIGER ORGANISCHER FESTER STOFF, ENTZÜNDBAR, N.A.G. TOXIC SOLID, FLAMMABLE, ORGANIC, N.O.S.	6.1	4.1	II	274	500 g	E4	P002	-	IBC08	B4 B21
2931	VANADYLSULFAT VANADYL SULPHATE	6.1	-	II	-	500 g	E4	P002	-	IBC08	B4 B21
2933	METHYL-2-CHLORPROPIONAT METHYL 2-CHLOROPROPIONATE	3	-	III	-	5 L	E1	P001 LP01	-	IBC03	-
2934	ISOPROPYL-2-CHLORPROPIONAT ISOPROPYL 2-CHLOROPROPIONATE	3	-	III	-	5 L	E1	P001 LP01	-	IBC03	-
2935	ETHYL-2-CHLORPROPIONAT ETHYL 2-CHLOROPROPIONATE	3	-	III	-	5 L	E1	P001 LP01	-	IBC03	-
2936	THIOMILCHSÄURE THIOLACTIC ACID	6.1	-	II	-	100 ml	E4	P001	-	IBC02	-

Ortsbewegliche Tanks und Schüttgut-Container			EmS	Stauung und Handhabung	Trennung	Eigenschaften und Bemerkung	UN-Nr.	
	Tank Anweisung(en)	Vorschriften						
(12)	(13)	(14)	(15)	(16a)	(16b)	(17)	(18)	
	4.2.5 4.3	4.2.5	5.4.3.2 7.8	7.1, 7.3 bis 7.7	7.2 bis 7.7			
-	T3	TP33	F-A, S-G	Staukategorie B SW2	-	Giftig beim Verschlucken, bei Berührung mit der Haut oder beim Einatmen von Staub. Stoff ist mit Vorsicht zu handhaben, um Berührungen, insbesondere mit Staub, auf ein Mindestmaß zu beschränken.	2926	
-	T1	TP33	F-A, S-G	Staukategorie B SW2	-	Siehe Eintrag oben.	2926	
-	T14	TP2 TP13 TP27	F-A, S-B	Staukategorie B SW2	-	Giftig beim Verschlucken, bei Berührung mit der Haut oder beim Einatmen. Verursacht Verätzungen der Haut, der Augen und der Schleimhäute.	2927	
-	T11	TP2 TP27	F-A, S-B	Staukategorie B SW2	-	Siehe Eintrag oben.	2927	
-	T6	TP33	F-A, S-B	Staukategorie B SW2	-	Giftig beim Verschlucken, bei Berührung mit der Haut oder beim Einatmen. Verursacht Verätzungen der Haut, der Augen und der Schleimhäute.	2928	→ *5.4.1.4.3.4*
-	T3	TP33	F-A, S-B	Staukategorie B SW2	-	Siehe Eintrag oben.	2928	→ *5.4.1.4.3.4*
-	T14	TP2 TP13 TP27	F-E, S-D	Staukategorie B SW2	-	Giftig beim Verschlucken, bei Berührung mit der Haut oder beim Einatmen.	2929	
-	T11	TP2 TP13 TP27	F-E, S-D	Staukategorie B SW2	-	Siehe Eintrag oben.	2929	
-	T6	TP33	F-A, S-G	Staukategorie B	-	Giftig beim Verschlucken, bei Berührung mit der Haut oder beim Einatmen.	2930	→ *5.4.1.4.3.4*
-	T3	TP33	F-A, S-G	Staukategorie B	-	Siehe Eintrag oben.	2930	→ *5.4.1.4.3.4*
-	T3	TP33	F-A, S-A	Staukategorie A	-	Blaues, kristallines Pulver. Löslich in Wasser. Giftig beim Verschlucken, bei Berührung mit der Haut oder beim Einatmen von Staub.	2931	
-	T2	TP1	F-E, S-D	Staukategorie A	-	Farblose Flüssigkeit mit etherartigem Geruch. Flammpunkt: 32 °C c.c. Schwach löslich in Wasser. Wirkt reizend auf Haut, Augen und Schleimhäute.	2933	
-	T2	TP1	F-E, S-D	Staukategorie A	-	Farblose Flüssigkeit mit süßlichem Geruch. Flammpunkt: 50 °C c.c. Nicht mischbar mit Wasser. Wirkt reizend auf Haut, Augen und Schleimhäute.	2934	
-	T2	TP1	F-E, S-D	Staukategorie A	-	Farblose Flüssigkeit mit stechendem Geruch. Flammpunkt: 38 °C c.c. Nicht mischbar mit Wasser. Wirkt reizend auf Haut, Augen und Schleimhäute.	2935	
-	T7	TP2	F-A, S-A	Staukategorie A	-	Ölige Flüssigkeit mit fauligem Geruch. Schmelzpunkt: 10 °C. Mischbar mit Wasser. Giftig beim Verschlucken, bei Berührung mit der Haut oder beim Einatmen.	2936	

UN-Nr.	Richtiger technischer Name	Klasse	Zusatzgefahr	Verpackungsgruppe	Sondervorschriften	Begrenzte und freigestellte Mengen		Verpackungen		IBC	
						Begrenzte Mengen	Freigestellte Mengen	Anweisung(en)	Sondervorschriften	Anweisung(en)	Sondervorschriften
(1)	(2) 3.1.2	(3) 2.0	(4) 2.0	(5) 2.0.1.3	(6) 3.3	(7a) 3.4	(7b) 3.5	(8) 4.1.4	(9) 4.1.4	(10) 4.1.4	(11) 4.1.4
2937	alpha-METHYLBENZYLALKOHOL, FLÜSSIG alpha-METHYLBENZYL ALCOHOL, LIQUID	6.1	-	III	-	5 L	E1	P001 LP01	-	IBC03	-
2940	9-PHOSPHABICYCLONONANE (CYCLOOCTADIENPHOSPHINE) 9-PHOSPHABICYCLONONANES (CYCLOOCTADIENEPHOSPHINES)	4.2	-	II	-	0	E2	P410	PP31	IBC06	B21
2941	FLUORANILINE FLUOROANILINES	6.1	-	III	-	5 L	E1	P001 LP01	-	IBC03	-
2942	2-TRIFLUORMETHYLANILIN 2-TRIFLUOROMETHYLANILINE	6.1	-	III	-	5 L	E1	P001 LP01	-	IBC03	-
2943	TETRAHYDROFURFURYLAMIN TETRAHYDROFURFURYLAMINE	3	-	III	-	5 L	E1	P001 LP01	-	IBC03	-
2945	N-METHYLBUTYLAMIN N-METHYLBUTYLAMINE	3	8	II	-	1 L	E2	P001	-	IBC02	-
2946	2-AMINO-5-DIETHYLAMINOPENTAN 2-AMINO-5-DIETHYLAMINOPENTANE	6.1	-	III	-	5 L	E1	P001 LP01	-	IBC03	-
2947	ISOPROPYLCHLORACETAT ISOPROPYL CHLOROACETATE	3	-	III	-	5 L	E1	P001 LP01	-	IBC03	-
2948	3-TRIFLUORMETHYLANILIN 3-TRIFLUOROMETHYLANILINE	6.1	-	II	-	100 ml	E4	P001	-	IBC02	-
2949	NATRIUMHYDROGENSULFID, HYDRATISIERT mit mindestens 25 % Kristallwasser SODIUM HYDROSULPHIDE, HYDRATED with not less than 25 % water of crystallization	8	-	II	-	1 kg	E2	P002	-	IBC08	B4 B21
2950	MAGNESIUMGRANULATE, ÜBERZOGEN, mit einer Teilchengröße von mindestens 149 Mikron MAGNESIUM GRANULES, COATED particle size not less than 149 microns	4.3	-	III	920	1 kg	E1	P410	PP100	IBC08	B4
2956	5-tert-BUTYL-2,4,6-TRINITRO-m-XYLEN (XYLENMOSCHUS) 5-tert-BUTYL-2,4,6-TRINITRO-m-XYLENE (MUSK XYLENE)	4.1	-	III	133	0	E0	P409	-	-	-
2965	BORTRIFLUORIDDIMETHYLETHERAT BORON TRIFLUORIDE DIMETHYL ETHERATE	4.3	3/8	I	-	0	E0	P401	PP31	-	-
2966	THIOGLYCOL THIOGLYCOL	6.1	-	II	-	100 ml	E4	P001	-	IBC02	-
2967	SULFAMINSÄURE SULPHAMIC ACID	8	-	III	-	5 kg	E1	P002 LP02	-	IBC08	B3

Ortsbewegliche Tanks und Schüttgut-Container			EmS	Stauung und Handhabung	Trennung	Eigenschaften und Bemerkung	UN-Nr.
	Tank Anwei- sung(en)	Vor- schrif- ten					
(12)	(13) 4.2.5 4.3	(14) 4.2.5	(15) 5.4.3.2 7.8	(16a) 7.1, 7.3 bis 7.7	(16b) 7.2 bis 7.7	(17)	(18)
-	T4	TP1	F-A, S-A	Staukategorie A	-	Farblose Flüssigkeit. In geringem Maße mit Wasser mischbar. Schmelzpunkt: 21 °C (reiner Stoff). Giftig beim Verschlucken, bei Berührung mit der Haut oder beim Einatmen.	2937 → *UN 3438*
-	T3	TP33	F-A, S-J	Staukategorie A	-	Farblose, wachsartige feste Stoffe. Schmelzpunkte: 40 °C bis 60 °C. Reagieren bei Berührung mit Stoffen wie Sägemehl oder anderen cellulosehaltigen Stoffen, wodurch diese verkohlen und giftige Dämpfe entstehen. Wirkt reizend auf Haut, Augen und Schleimhäute.	2940
-	T4	TP1	F-A, S-A	Staukategorie A	-	Flüssigkeiten. Erstarrungspunkte: -28 °C bis -2 °C. Nicht mischbar mit Wasser. Giftig beim Verschlucken, bei Berührung mit der Haut oder beim Einatmen.	2941
-	-	-	F-A, S-A	Staukategorie A	-	Flüssigkeit. Nicht mischbar mit Wasser. Giftig beim Verschlucken, bei Berührung mit der Haut oder beim Einatmen.	2942
-	T2	TP1	F-E, S-D	Staukategorie A	-	Farblose bis gelbliche Flüssigkeit mit ammoniakartigem Geruch. Flammpunkt 45 °C c.c. Mischbar mit Wasser. Gesundheitsschädlich beim Einatmen. Wirkt reizend auf Haut, Augen und Schleimhäute.	2943
-	T7	TP1	F-E, S-C	Staukategorie B SW2	SG35	Farblose Flüssigkeit. Flammpunkt: 0 °C c.c. Mischbar mit Wasser. Gesundheitsschädlich beim Einatmen. Verursacht Verätzungen der Haut und der Augen. Wirkt reizend auf Schleimhäute.	2945
-	T4	TP1	F-A, S-A	Staukategorie A	-	Flüssigkeit mit beißendem Geruch. Mischbar mit Wasser. Giftig beim Verschlucken, bei Berührung mit der Haut oder beim Einatmen.	2946
-	T2	TP1	F-E, S-D	Staukategorie A	-	Farblose Flüssigkeit mit stechendem Geruch. Flammpunkt: 56 °C c.c. Schwach löslich in Wasser. Gesundheitsschädlich beim Einatmen. Wirkt reizend auf Haut, Augen und Schleimhäute.	2947
-	T7	TP2	F-A, S-A	Staukategorie A SW2	-	Farblose bis gelbliche Flüssigkeit. Schmelzpunkt: 5 °C. In geringem Maße mit Wasser mischbar. Giftig beim Verschlucken, bei Berührung mit der Haut oder beim Einatmen.	2948
-	T7	TP2	F-A, S-B	Staukategorie A	SGG18 SG35	Farblose Nadeln oder gelbe Flocken, löslich in Wasser mit fauligem Geruch. Schmelzpunkt: 52 °C. Reagiert heftig mit Säuren unter Bildung von Schwefelwasserstoff, einem giftigen und entzündbaren Gas. Verursacht Verätzungen der Haut, der Augen und der Schleimhäute.	2949
-	T1 BK2	TP33	F-G, S-O	Staukategorie A H1	SGG15 SG26 SG35	Überzogene Körner mit einer Korngröße von 149 bis 2000 Mikron. Entwickeln in Berührung mit Wasser oder Säuren Wasserstoff, ein entzündbares Gas.	2950
-	-	-	F-B, S-G	Staukategorie D SW1 SW2 H2 H3	SG1	Nicht löslich in Wasser. Kann bei Feuereinwirkung und Verdämmung explodieren. Empfindlich gegenüber starkem Detonationsstoß. Gesundheitsschädlich beim Verschlucken oder bei Berührung mit der Haut.	2956
-	T10	TP2 TP7 TP13	F-G, S-O	Staukategorie D SW2 H1	SG5 SG8 SG13 SG25 SG26	Farblose entzündbare Flüssigkeit. Flammpunkt: 20 °C c.c. jedoch sehr unterschiedlich je nach Anteil an freiem Ether. Erstarrungspunkt: -14 °C. Zersetzt sich bei Berührung mit Wasser unter Bildung von Dimethylether, einem entzündbaren Gas. Verursacht Verätzungen der Haut, der Augen und der Schleimhäute.	2965
-	T7	TP2	F-A, S-A	Staukategorie A	-	Farblose Flüssigkeit mit fauligem Geruch. Mischbar mit Wasser. Zersetzt sich bei Erwärmung unter Bildung von Schwefeldioxid. Giftig beim Verschlucken, bei Berührung mit der Haut oder beim Einatmen.	2966
-	T1	TP33	F-A, S-B	Staukategorie A	SGG1 SG36 SG49	Weißes kristallines Pulver. Löslich in Wasser. Zersetzt sich bei Erwärmung unter Bildung giftiger Dämpfe. Verursacht Verätzungen der Haut, der Augen und der Schleimhäute.	2967

UN-Nr.	Richtiger technischer Name	Klasse	Zusatzgefahr	Verpackungsgruppe	Sondervorschriften	Begrenzte und freigestellte Mengen		Verpackungen		IBC	
						Begrenzte Mengen	Freigestellte Mengen	Anweisung(en)	Sondervorschriften	Anweisung(en)	Sondervorschriften
(1)	(2) 3.1.2	(3) 2.0	(4) 2.0	(5) 2.0.1.3	(6) 3.3	(7a) 3.4	(7b) 3.5	(8) 4.1.4	(9) 4.1.4	(10) 4.1.4	(11) 4.1.4
2968	MANEB, STABILISIERT oder MANEB-ZUBEREITUNGEN, STABILISIERT gegen Selbsterhitzung MANEB, STABILIZED or MANEB PREPARATION, STABILIZED against self-heating	4.3	- **P**	III	223 946	1 kg	E1	P002	PP100	IBC08	B4
2969	RIZINUSSAAT oder RIZINUSMEHL oder RIZINUSSAATKUCHEN oder RIZINUSFLOCKEN CASTOR BEANS or CASTOR MEAL or CASTOR POMACE or CASTOR FLAKE	9	-	II	141	5 kg	E2	P002	PP34	IBC08	B4 B21
2977	RADIOAKTIVE STOFFE, URANHEXAFLUORID, SPALTBAR RADIOACTIVE MATERIAL, URANIUM HEXAFLUORIDE, FISSILE	7	6.1/8	-	-	0	E0	Siehe 4.1.9	Siehe 4.1.9	Siehe 4.1.9	Siehe 4.1.9
2978	RADIOAKTIVE STOFFE, URANHEXAFLUORID, nicht spaltbar oder spaltbar, freigestellt RADIOACTIVE MATERIAL, URANIUM HEXAFLUORIDE non fissile or fissile – excepted	7	6.1/8	-	317	0	E0	Siehe 4.1.9	Siehe 4.1.9	Siehe 4.1.9	Siehe 4.1.9
2983	ETHYLENOXID UND PROPYLENOXID, MISCHUNG, mit höchstens 30 % Ethylenoxid ETHYLENE OXIDE AND PROPYLENE OXIDE MIXTURE with not more than 30 % ethylene oxide	3	6.1	I	-	0	E0	P001	-	-	-
2984	WASSERSTOFFPEROXID, WÄSSERIGE LÖSUNG, mit mindestens 8 %, aber weniger als 20 % Wasserstoffperoxid (Stabilisierung nach Bedarf) HYDROGEN PEROXIDE, AQUEOUS SOLUTION with not less than 8 % but less than 20 % hydrogen peroxide (stabilized as necessary)	5.1	-	III	65	5 L	E1	P504	-	IBC02	B5
2985	CHLORSILANE, ENTZÜNDBAR, ÄTZEND, N.A.G. CHLOROSILANES, FLAMMABLE, CORROSIVE, N.O.S.	3	8	II	-	0	E0	P010	-	-	-
2986	CHLORSILANE, ÄTZEND, ENTZÜNDBAR, N.A.G. CHLOROSILANES, CORROSIVE, FLAMMABLE, N.O.S.	8	3	II	-	0	E0	P010	-	-	-
2987	CHLORSILANE, ÄTZEND, N.A.G. CHLOROSILANES, CORROSIVE, N.O.S.	8	-	II	-	0	E0	P010	-	-	-

Ortsbewegliche Tanks und Schüttgut-Container			EmS	Stauung und Handhabung	Trennung	Eigenschaften und Bemerkung	UN-Nr.	
	Tank Anwei-sung(en)	Vor-schrif-ten						
(12)	(13)	(14)	(15)	(16a)	(16b)	(17)	(18)	
	4.2.5 4.3	4.2.5	5.4.3.2 7.8	7.1, 7.3 bis 7.7	7.2 bis 7.7			
-	T1	TP33	F-G, S-L	Staukategorie B H1	SG26 SG29 SG35	Gelbes Pulver. Kann, wenn es feucht ist, unter Feuereinwirkung oder bei Berührung mit Säuren giftige, reizende oder entzündbare Dämpfe entwickeln. Der Versender muss bestätigen, dass dieser Stoff nicht in Klasse 4.2 einzustufen ist.	2968	
-	T3 BK2	TP33	F-A, S-A	Staukategorie E SW2	SG10 SG18 SG29	Ganze Bohnen oder Mehl. Letzteres sind Rückstände nach dem Extrahieren des Öls aus der Saat. Rizinusbohnen enthalten ein starkes Allergen, das beim Einatmen von Staub oder bei Berührung mit der Haut mit Erzeugnissen aus zerstoßenen Bohnen bei einigen Menschen schwere Reizungen der Haut, Augen und Schleimhäute hervorrufen kann. Sie sind außerdem giftig beim Verschlucken. Beim Umgang mit diesen Erzeugnissen sollten mindestens Staubmaske und Schutzbrille getragen werden. Unnötige Berührung mit der Haut ist zu vermeiden.	2969	
-	-	-	F-I, S-S	Staukategorie B SW2 SW12	SG17 SG76 SG78	Siehe 1.5.1.	2977	→ *UN 2978* → *UN 3507*
-	-	-	F-I, S-S	Staukategorie B SW2 SW12	SG17 SG76 SG78	Siehe 1.5.1.	2978	→ *UN 2977* → *UN 3507*
-	T14	TP2 TP7 TP13	F-E, S-D	Staukategorie E SW1 SW2	-	Farblose, flüchtige Flüssigkeit mit etherartigem Geruch. Flammpunkt: unter -18 °C c.c. Explosionsgrenzen: 2,2 % bis 55 %. Siedepunkt: 23 °C bis 28 °C. Mischbar mit Wasser. Greift Aluminium an. Giftig beim Verschlucken, bei Berührung mit der Haut oder beim Einatmen. Wirkt reizend auf Augen und Schleimhäute.	2983	
-	T4	TP1 TP6 TP24	F-H, S-Q	Staukategorie B SW1	SG16 SG59 SG72	Farblose Flüssigkeit. Zersetzt sich langsam unter Bildung von Sauerstoff. Die Zersetzungsgeschwindigkeit erhöht sich in Berührung mit Metallen, ausgenommen Aluminium.	2984	
-	T14	TP2 TP7 TP13 TP27	F-E, S-C	Staukategorie B SW2	SGG1 SG36 SG49	Farblose Flüssigkeiten mit stechendem Geruch. Entwickeln unter Feuereinwirkung giftige Gase. Reagieren heftig mit Wasser unter Bildung von Chlorwasserstoff, einem reizenden und ätzenden Gas. Greift in Gegenwart von Feuchtigkeit die meisten Metalle stark an. Verursachen Verätzungen der Haut, der Augen und der Schleimhäute.	2985	
-	T14	TP2 TP7 TP13 TP27	F-E, S-C	Staukategorie C SW2	SGG1 SG36 SG49	Farblose, entzündbare Flüssigkeiten mit stechendem Geruch. Nicht mischbar mit Wasser. Reagieren heftig mit Wasser oder Dampf, unter Bildung von Chlorwasserstoff, einem reizenden und ätzenden Gas, das als weißer Nebel sichtbar wird. Entwickeln unter Feuereinwirkung giftiges Gas. Greift in Gegenwart von Feuchtigkeit die meisten Metalle stark an. Verursachen Verätzungen der Haut, der Augen und der Schleimhäute.	2986	
-	T14	TP2 TP7 TP13 TP27	F-A, S-B	Staukategorie C SW2	SGG1 SG36 SG49	Farblose Flüssigkeiten mit stechendem Geruch. Nicht mischbar mit Wasser. Reagieren heftig mit Wasser oder Dampf, unter Bildung von Chlorwasserstoff, einem reizenden und ätzenden Gas, das als weißer Nebel sichtbar wird. Entwickeln unter Feuereinwirkung giftige Gase. Greift in Gegenwart von Feuchtigkeit die meisten Metalle stark an. Verursachen Verätzungen der Haut, der Augen und der Schleimhäute.	2987	

3.2 Gefahrgutliste

UN-Nr.	Richtiger technischer Name	Klasse	Zusatz-gefahr	Verpa-ckungs-gruppe	Sonder-vor-schrif-ten	Begrenzte und freige-stellte Mengen		Verpackungen		IBC	
						Be-grenzte Men-gen	Freige-stellte Men-gen	Anwei-sung(en)	Sonder-vor-schriften	Anwei-sung(en)	Sonder-vor-schriften
(1)	(2) 3.1.2	(3) 2.0	(4) 2.0	(5) 2.0.1.3	(6) 3.3	(7a) 3.4	(7b) 3.5	(8) 4.1.4	(9) 4.1.4	(10) 4.1.4	(11) 4.1.4
2988	CHLORSILANE, MIT WASSER REAGIEREND, ENTZÜNDBAR, ÄTZEND, N.A.G. CHLOROSILANES, WATER-REACTIVE, FLAMMABLE, CORROSIVE, N.O.S.	4.3	3/8	I	-	0	E0	P401	PP31	-	-
2989	BLEIPHOSPHIT, ZWEIBASIG LEAD PHOSPHITE, DIBASIC	4.1	-	II	922	1 kg	E2	P002	-	IBC08	B4 B21
2989	BLEIPHOSPHIT, ZWEIBASIG LEAD PHOSPHITE, DIBASIC	4.1	-	III	922	5 kg	E1	P002 LP02	-	IBC08	B3
2990	RETTUNGSMITTEL, SELBSTAUFBLASEND LIFE-SAVING APPLIANCES, SELF-INFLATING	9	-	-	296	0	E0	P905	-	-	-
2991	CARBAMAT-PESTIZID, FLÜSSIG, GIFTIG, ENTZÜNDBAR, mit einem Flammpunkt von 23 °C oder darüber CARBAMATE PESTICIDE, LIQUID, TOXIC, FLAMMABLE, flashpoint not less than 23 °C	6.1	3	I	61 274	0	E5	P001	-	-	-
2991	CARBAMAT-PESTIZID, FLÜSSIG, GIFTIG, ENTZÜNDBAR, mit einem Flammpunkt von 23 °C oder darüber CARBAMATE PESTICIDE, LIQUID, TOXIC, FLAMMABLE, flashpoint not less than 23 °C	6.1	3	II	61 274	100 ml	E4	P001	-	IBC02	-
2991	CARBAMAT-PESTIZID, FLÜSSIG, GIFTIG, ENTZÜNDBAR, mit einem Flammpunkt von 23 °C oder darüber CARBAMATE PESTICIDE, LIQUID, TOXIC, FLAMMABLE, flashpoint not less than 23 °C	6.1	3	III	61 223 274	5 L	E1	P001 LP01	-	IBC03	-
2992	CARBAMAT-PESTIZID, FLÜSSIG, GIFTIG CARBAMATE PESTICIDE, LIQUID, TOXIC	6.1	-	I	61 274	0	E5	P001	-	-	-
2992	CARBAMAT-PESTIZID, FLÜSSIG, GIFTIG CARBAMATE PESTICIDE, LIQUID, TOXIC	6.1	-	II	61 274	100 ml	E4	P001	-	IBC02	-
2992	CARBAMAT-PESTIZID, FLÜSSIG, GIFTIG CARBAMATE PESTICIDE, LIQUID, TOXIC	6.1	-	III	61 223 274	5 L	E1	P001 LP01	-	IBC03	-
2993	ARSENHALTIGES PESTIZID, FLÜSSIG, GIFTIG, ENTZÜNDBAR, mit einem Flammpunkt von 23 °C oder darüber ARSENICAL PESTICIDE, LIQUID, TOXIC, FLAMMABLE, flashpoint not less than 23 °C	6.1	3	I	61 274	0	E5	P001	-	-	-

Ortsbewegliche Tanks und Schüttgut-Container			EmS	Stauung und Handhabung	Trennung	Eigenschaften und Bemerkung	UN-Nr.
	Tank Anwei-sung(en)	Vor-schrif-ten					
(12)	(13)	(14)	(15)	(16a)	(16b)	(17)	(18)
	4.2.5 4.3	4.2.5	5.4.3.2 7.8	7.1, 7.3 bis 7.7	7.2 bis 7.7		
-	T14	TP2 TP7 TP13	F-G, S-N	Staukategorie D SW2 H1	SGG1 SG5 SG8 SG13 SG25 SG26 SG36 SG49	Farblose, sehr flüchtige Flüssigkeiten, entzündbar und ätzend, mit stechendem Geruch. Nicht mischbar mit Wasser. Reagieren heftig mit Wasser oder Wasserdampf unter Wärmeentwicklung, wodurch es zur Selbstentzündung kommen kann, dabei entstehen giftige und ätzende Dämpfe. Können bei Berührung mit entzündend (oxidierend) wirkenden Stoffen heftig reagieren. Verursachen Verätzungen der Haut, der Augen und der Schleimhäute.	2988
-	T3	TP33	F-A, S-G	Staukategorie B	SGG7 SGG9 SG29	Feine weiße Kristalle oder Pulver. Nicht löslich in Wasser. Verbrennung kann sogar unter Luftabschluss anhalten. Gesundheitsschädlich beim Verschlucken.	2989
-	T1	TP33	F-A, S-G	Staukategorie B	SGG7 SGG9 SG29	Siehe Eintrag oben.	2989
-	-	-	F-A, S-V	Staukategorie A	SG18 SG71	Diese Gegenstände können enthalten: .1 Klasse 2.2 verdichtete Gase; .2 Signalkörper (Klasse 1), kann Rauch- und Leuchtsignalkörper einschließen; diese Signalkörper müssen in Kunststoff mit Hartfaserinnenverpackungen verpackt sein; .3 Batterien (Akkumulatoren); .4 Erste-Hilfe-Ausrüstung; oder .5 Zündhölzer, überall entzündbar.	2990 → *UN 3072*
-	T14	TP2 TP13 TP27	F-E, S-D	Staukategorie B SW2	-	Flüssige entzündbare Pestizide mit einem Flammpunkt zwischen 23 °C und 60 °C c.c. umfassen einen sehr weiten Bereich der Giftigkeit. Sie enthalten häufig Erdöl- und Steinkohlenteer-Destillate oder andere entzündbare Flüssigkeiten. Flammpunkt und die Mischbarkeit mit Wasser hängen von der Zusammensetzung ab. Giftig beim Verschlucken, bei Berührung mit der Haut oder beim Einatmen.	2991
-	T11	TP2 TP13 TP27	F-E, S-D	Staukategorie B SW2	-	Siehe Eintrag oben.	2991
-	T7	TP2 TP28	F-E, S-D	Staukategorie A SW2	-	Siehe Eintrag oben.	2991
-	T14	TP2 TP13 TP27	F-A, S-A	Staukategorie B SW2	-	Die Mischbarkeit mit Wasser hängt von der Zusammensetzung ab. Giftig beim Verschlucken, bei Berührung mit der Haut oder beim Einatmen.	2992
-	T11	TP2 TP13 TP27	F-A, S-A	Staukategorie B SW2	-	Siehe Eintrag oben.	2992
-	T7	TP2 TP28	F-A, S-A	Staukategorie A SW2	-	Siehe Eintrag oben.	2992
-	T14	TP2 TP13 TP27	F-E, S-D	Staukategorie B SW2	-	Flüssige Pestizide mit einem Flammpunkt zwischen 23 °C und 60 °C c.c. umfassen einen sehr weiten Bereich der Giftigkeit. Sie enthalten häufig Erdöl- und Steinkohlenteer-Destillate oder andere entzündbare Flüssigkeiten. Flammpunkt und die Mischbarkeit mit Wasser hängen von der Zusammensetzung ab. Giftig beim Verschlucken, bei Berührung mit der Haut oder beim Einatmen.	2993

UN-Nr.	Richtiger technischer Name	Klasse	Zusatzgefahr	Verpackungsgruppe	Sondervorschriften	Begrenzte und freigestellte Mengen		Verpackungen		IBC	
						Begrenzte Mengen	Freigestellte Mengen	Anweisung(en)	Sondervorschriften	Anweisung(en)	Sondervorschriften
(1)	(2) 3.1.2	(3) 2.0	(4) 2.0	(5) 2.0.1.3	(6) 3.3	(7a) 3.4	(7b) 3.5	(8) 4.1.4	(9) 4.1.4	(10) 4.1.4	(11) 4.1.4
2993	ARSENHALTIGES PESTIZID, FLÜSSIG, GIFTIG, ENTZÜNDBAR, mit einem Flammpunkt von 23 °C oder darüber ARSENICAL PESTICIDE, LIQUID, TOXIC, FLAMMABLE, flashpoint not less than 23 °C	6.1	3	II	61 274	100 ml	E4	P001	-	IBC02	-
2993	ARSENHALTIGES PESTIZID, FLÜSSIG, GIFTIG, ENTZÜNDBAR, mit einem Flammpunkt von 23 °C oder darüber ARSENICAL PESTICIDE, LIQUID, TOXIC, FLAMMABLE, flashpoint not less than 23 °C	6.1	3	III	61 223 274	5 L	E1	P001	-	IBC03	-
2994	ARSENHALTIGES PESTIZID, FLÜSSIG, GIFTIG ARSENICAL PESTICIDE, LIQUID, TOXIC	6.1	-	I	61 274	0	E5	P001	-	-	-
2994	ARSENHALTIGES PESTIZID, FLÜSSIG, GIFTIG ARSENICAL PESTICIDE, LIQUID, TOXIC	6.1	-	II	61 274	100 ml	E4	P001	-	IBC02	-
2994	ARSENHALTIGES PESTIZID, FLÜSSIG, GIFTIG ARSENICAL PESTICIDE, LIQUID, TOXIC	6.1	-	III	61 223 274	5 L	E1	P001 LP01	-	IBC03	-
2995	ORGANOCHLOR-PESTIZID, FLÜSSIG, GIFTIG, ENTZÜNDBAR, mit einem Flammpunkt von 23 °C oder darüber ORGANOCHLORINE PESTICIDE, LIQUID, TOXIC, FLAMMABLE, flashpoint not less than 23 °C	6.1	3	I	61 274	0	E5	P001	-	-	-
2995	ORGANOCHLOR-PESTIZID, FLÜSSIG, GIFTIG, ENTZÜNDBAR, mit einem Flammpunkt von 23 °C oder darüber ORGANOCHLORINE PESTICIDE, LIQUID, TOXIC, FLAMMABLE, flashpoint not less than 23 °C	6.1	3	II	61 274	100 ml	E4	P001	-	IBC02	-
2995	ORGANOCHLOR-PESTIZID, FLÜSSIG, GIFTIG, ENTZÜNDBAR, mit einem Flammpunkt von 23 °C oder darüber ORGANOCHLORINE PESTICIDE, LIQUID, TOXIC, FLAMMABLE, flashpoint not less than 23 °C	6.1	3	III	61 223 274	5 L	E1	P001	-	IBC03	-
2996	ORGANOCHLOR-PESTIZID, FLÜSSIG, GIFTIG ORGANOCHLORINE PESTICIDE, LIQUID, TOXIC	6.1	-	I	61 274	0	E5	P001	-	-	-
2996	ORGANOCHLOR-PESTIZID, FLÜSSIG, GIFTIG ORGANOCHLORINE PESTICIDE, LIQUID, TOXIC	6.1	-	II	61 274	100 ml	E4	P001	-	IBC02	-
2996	ORGANOCHLOR-PESTIZID, FLÜSSIG, GIFTIG ORGANOCHLORINE PESTICIDE, LIQUID, TOXIC	6.1	-	III	61 223 274	5 L	E1	P001 LP01	-	IBC03	-

Ortsbewegliche Tanks und Schüttgut-Container			EmS	Stauung und Handhabung	Trennung	Eigenschaften und Bemerkung	UN-Nr.
	Tank Anweisung(en)	Vorschriften					
(12)	(13)	(14)	(15)	(16a)	(16b)	(17)	(18)
	4.2.5 4.3	4.2.5	5.4.3.2 7.8	7.1, 7.3 bis 7.7	7.2 bis 7.7		
-	T11	TP2 TP13 TP27	F-E, S-D	Staukategorie B SW2	-	Siehe Eintrag oben.	2993
-	T7	TP2 TP28	F-E, S-D	Staukategorie A SW2	-	Siehe Eintrag oben.	2993
-	T14	TP2 TP13 TP27	F-A, S-A	Staukategorie B SW2	-	Flüssige Pestizide umfassen einen sehr weiten Bereich der Giftigkeit. Die Mischbarkeit mit Wasser hängt von der Zusammensetzung ab. Giftig beim Verschlucken, bei Berührung mit der Haut oder beim Einatmen.	2994
-	T11	TP2 TP13 TP27	F-A, S-A	Staukategorie B SW2	-	Siehe Eintrag oben.	2994
-	T7	TP2 TP28	F-A, S-A	Staukategorie A SW2	-	Siehe Eintrag oben.	2994
-	T14	TP2 TP13 TP27	F-E, S-D	Staukategorie B SW2	-	Pestizide enthalten häufig Erdöl- und Steinkohlenteer-Destillate oder andere entzündbare Flüssigkeiten. Flammpunkt und die Mischbarkeit mit Wasser hängen von der Zusammensetzung ab. Giftig beim Verschlucken, bei Berührung mit der Haut oder beim Einatmen.	2995
-	T11	TP2 TP13 TP27	F-E, S-D	Staukategorie B SW2	-	Siehe Eintrag oben.	2995
-	T7	TP2 TP28	F-E, S-D	Staukategorie A SW2	-	Siehe Eintrag oben.	2995
-	T14	TP2 TP13 TP27	F-A, S-A	Staukategorie B SW2	-	Die Mischbarkeit mit Wasser hängt von der Zusammensetzung ab. Giftig beim Verschlucken, bei Berührung mit der Haut oder beim Einatmen.	2996
-	T11	TP2 TP13 TP27	F-A, S-A	Staukategorie B SW2	-	Siehe Eintrag oben.	2996
-	T7	TP2 TP28	F-A, S-A	Staukategorie A SW2	-	Siehe Eintrag oben.	2996

UN-Nr.	Richtiger technischer Name	Klasse	Zusatzgefahr	Verpackungsgruppe	Sondervorschriften	Begrenzte und freigestellte Mengen		Verpackungen		IBC	
						Begrenzte Mengen	Freigestellte Mengen	Anweisung(en)	Sondervorschriften	Anweisung(en)	Sondervorschriften
(1)	(2) 3.1.2	(3) 2.0	(4) 2.0	(5) 2.0.1.3	(6) 3.3	(7a) 3.4	(7b) 3.5	(8) 4.1.4	(9) 4.1.4	(10) 4.1.4	(11) 4.1.4
2997	TRIAZIN-PESTIZID, FLÜSSIG, GIFTIG, ENTZÜNDBAR, mit einem Flammpunkt von 23 °C oder darüber TRIAZINE PESTICIDE, LIQUID, TOXIC, FLAMMABLE, flashpoint not less than 23 °C	6.1	3	I	61 274	0	E5	P001	-	-	-
2997	TRIAZIN-PESTIZID, FLÜSSIG, GIFTIG, ENTZÜNDBAR, mit einem Flammpunkt von 23 °C oder darüber TRIAZINE PESTICIDE, LIQUID, TOXIC, FLAMMABLE, flashpoint not less than 23 °C	6.1	3	II	61 274	100 ml	E4	P001	-	IBC02	-
2997	TRIAZIN-PESTIZID, FLÜSSIG, GIFTIG, ENTZÜNDBAR, mit einem Flammpunkt von 23 °C oder darüber TRIAZINE PESTICIDE, LIQUID, TOXIC, FLAMMABLE, flashpoint not less than 23 °C	6.1	3	III	61 223 274	5 L	E1	P001	-	IBC03	-
2998	TRIAZIN-PESTIZID, FLÜSSIG, GIFTIG TRIAZINE PESTICIDE, LIQUID, TOXIC	6.1	-	I	61 274	0	E5	P001	-	-	-
2998	TRIAZIN-PESTIZID, FLÜSSIG, GIFTIG TRIAZINE PESTICIDE, LIQUID, TOXIC	6.1	-	II	61 274	100 ml	E4	P001	-	IBC02	-
2998	TRIAZIN-PESTIZID, FLÜSSIG, GIFTIG TRIAZINE PESTICIDE, LIQUID, TOXIC	6.1	-	III	61 223 274	5 L	E1	P001 LP01	-	IBC03	-
3005	THIOCARBAMAT-PESTIZID, FLÜSSIG, GIFTIG, ENTZÜNDBAR, mit einem Flammpunkt von 23 °C oder darüber THIOCARBAMATE PESTICIDE, LIQUID, TOXIC, FLAMMABLE, flashpoint not less than 23 °C	6.1	3	I	61 274	0	E5	P001	-	-	-
3005	THIOCARBAMAT-PESTIZID, FLÜSSIG, GIFTIG, ENTZÜNDBAR, mit einem Flammpunkt von 23 °C oder darüber THIOCARBAMATE PESTICIDE, LIQUID, TOXIC, FLAMMABLE, flashpoint not less than 23 °C	6.1	3	II	61 274	100 ml	E4	P001	-	IBC02	-
3005	THIOCARBAMAT-PESTIZID, FLÜSSIG, GIFTIG, ENTZÜNDBAR, mit einem Flammpunkt von 23 °C oder darüber THIOCARBAMATE PESTICIDE, LIQUID, TOXIC, FLAMMABLE, flashpoint not less than 23 °C	6.1	3	III	61 223 274	5 L	E1	P001	-	IBC03	-
3006	THIOCARBAMAT-PESTIZID, FLÜSSIG, GIFTIG THIOCARBAMATE PESTICIDE, LIQUID, TOXIC	6.1	-	I	61 274	0	E5	P001	-	-	-
3006	THIOCARBAMAT-PESTIZID, FLÜSSIG, GIFTIG THIOCARBAMATE PESTICIDE, LIQUID, TOXIC	6.1	-	II	61 274	100 ml	E4	P001	-	IBC02	-
3006	THIOCARBAMAT-PESTIZID, FLÜSSIG, GIFTIG THIOCARBAMATE PESTICIDE, LIQUID, TOXIC	6.1	-	III	61 223 274	5 L	E1	P001 LP01	-	IBC03	-

Ortsbewegliche Tanks und Schüttgut-Container			EmS	Stauung und Handhabung	Trennung	Eigenschaften und Bemerkung	UN-Nr.
	Tank Anwei-sung(en)	Vor-schrif-ten					
(12)	(13)	(14)	(15)	(16a)	(16b)	(17)	(18)
	4.2.5 4.3	4.2.5	5.4.3.2 7.8	7.1, 7.3 bis 7.7	7.2 bis 7.7		
-	T14	TP2 TP13 TP27	F-E, S-D	Staukategorie B SW2	-	Pestizide enthalten häufig Erdöl- und Steinkohlenteer-Destillate oder andere entzündbare Flüssigkeiten. Flammpunkt und die Mischbarkeit mit Wasser hängen von der Zusammensetzung ab. Giftig beim Verschlucken, bei Berührung mit der Haut oder beim Einatmen.	2997
-	T11	TP2 TP13 TP27	F-E, S-D	Staukategorie B SW2	-	Siehe Eintrag oben.	2997
-	T7	TP2 TP28	F-E, S-D	Staukategorie A SW2	-	Siehe Eintrag oben.	2997
-	T14	TP2 TP13 TP27	F-A, S-A	Staukategorie B SW2	-	Zur Feststellung, welche Pestizide Meeresschadstoffe sind, siehe Index. Flüssige Pestizide umfassen einen sehr weiten Bereich der Giftigkeit. Die Mischbarkeit mit Wasser hängt von der Zusammensetzung ab. Giftig beim Verschlucken, bei Berührung mit der Haut oder beim Einatmen.	2998
-	T11	TP2 TP13 TP27	F-A, S-A	Staukategorie B SW2	-	Siehe Eintrag oben.	2998
-	T7	TP2 TP28	F-A, S-A	Staukategorie A SW2	-	Siehe Eintrag oben.	2998
-	T14	TP2 TP13	F-E, S-D	Staukategorie B SW2	-	Flüssige Pestizide mit einem Flammpunkt zwischen 23 °C und 60 °C c.c. umfassen einen sehr weiten Bereich der Giftigkeit. Sie enthalten häufig Erdöl- und Steinkohlenteer-Destillate oder andere entzündbare Flüssigkeiten. Flammpunkt und die Mischbarkeit mit Wasser hängen von der Zusammensetzung ab. Giftig beim Verschlucken, bei Berührung mit der Haut oder beim Einatmen.	3005
-	T11	TP2 TP13 TP27	F-E, S-D	Staukategorie B SW2	-	Siehe Eintrag oben.	3005
-	T7	TP2 TP28	F-E, S-D	Staukategorie A SW2	-	Siehe Eintrag oben.	3005
-	T14	TP2 TP13	F-A, S-A	Staukategorie B SW2	-	Flüssige Pestizide umfassen einen sehr weiten Bereich der Giftigkeit. Die Mischbarkeit mit Wasser hängt von der Zusammensetzung ab. Giftig beim Verschlucken, bei Berührung mit der Haut oder beim Einatmen.	3006
-	T11	TP2 TP13 TP27	F-A, S-A	Staukategorie B SW2	-	Siehe Eintrag oben.	3006
-	T7	TP2 TP28	F-A, S-A	Staukategorie A SW2	-	Siehe Eintrag oben.	3006

UN-Nr.	Richtiger technischer Name	Klasse	Zusatzgefahr	Verpackungsgruppe	Sondervorschriften	Begrenzte und freigestellte Mengen		Verpackungen		IBC	
						Begrenzte Mengen	Freigestellte Mengen	Anweisung(en)	Sondervorschriften	Anweisung(en)	Sondervorschriften
(1)	(2) 3.1.2	(3) 2.0	(4) 2.0	(5) 2.0.1.3	(6) 3.3	(7a) 3.4	(7b) 3.5	(8) 4.1.4	(9) 4.1.4	(10) 4.1.4	(11) 4.1.4
3009	KUPFERHALTIGES PESTIZID, FLÜSSIG, GIFTIG, ENTZÜNDBAR, mit einem Flammpunkt von 23 °C oder darüber COPPER-BASED PESTICIDE, LIQUID, TOXIC, FLAMMABLE, flashpoint not less than 23 °C	6.1	3	I	61 274	0	E5	P001	-	-	-
3009	KUPFERHALTIGES PESTIZID, FLÜSSIG, GIFTIG, ENTZÜNDBAR, mit einem Flammpunkt von 23 °C oder darüber COPPER-BASED PESTICIDE, LIQUID, TOXIC, FLAMMABLE, flashpoint not less than 23 °C	6.1	3	II	61 274	100 ml	E4	P001	-	IBC02	-
3009	KUPFERHALTIGES PESTIZID, FLÜSSIG, GIFTIG, ENTZÜNDBAR, mit einem Flammpunkt von 23 °C oder darüber COPPER-BASED PESTICIDE, LIQUID, TOXIC, FLAMMABLE, flashpoint not less than 23 °C	6.1	3	III	61 223 274	5 L	E1	P001	-	IBC03	-
3010	KUPFERHALTIGES PESTIZID, FLÜSSIG, GIFTIG COPPER-BASED PESTICIDE, LIQUID, TOXIC	6.1	-	I	61 274	0	E5	P001	-	-	-
3010	KUPFERHALTIGES PESTIZID, FLÜSSIG, GIFTIG COPPER-BASED PESTICIDE, LIQUID, TOXIC	6.1	-	II	61 274	100 ml	E4	P001	-	IBC02	-
3010	KUPFERHALTIGES PESTIZID, FLÜSSIG, GIFTIG COPPER-BASED PESTICIDE, LIQUID, TOXIC	6.1	-	III	61 223 274	5 L	E1	P001 LP01	-	IBC03	-
3011	QUECKSILBERHALTIGES PESTIZID, FLÜSSIG, GIFTIG, ENTZÜNDBAR, mit einem Flammpunkt von 23 °C oder darüber MERCURY BASED PESTICIDE, LIQUID, TOXIC, FLAMMABLE, flashpoint not less than 23 °C	6.1	3 **P**	I	61 274	0	E5	P001	-	-	-
3011	QUECKSILBERHALTIGES PESTIZID, FLÜSSIG, GIFTIG, ENTZÜNDBAR, mit einem Flammpunkt von 23 °C oder darüber MERCURY BASED PESTICIDE, LIQUID, TOXIC, FLAMMABLE, flashpoint not less than 23 °C	6.1	3 **P**	II	61 274	100 ml	E4	P001	-	IBC02	-
3011	QUECKSILBERHALTIGES PESTIZID, FLÜSSIG, GIFTIG, ENTZÜNDBAR, mit einem Flammpunkt von 23 °C oder darüber MERCURY BASED PESTICIDE, LIQUID, TOXIC, FLAMMABLE, flashpoint not less than 23 °C	6.1	3 **P**	III	61 223 274	5 L	E1	P001	-	IBC03	-
3012	QUECKSILBERHALTIGES PESTIZID, FLÜSSIG, GIFTIG MERCURY BASED PESTICIDE, LIQUID, TOXIC	6.1	- **P**	I	61 274	0	E5	P001	-	-	-
3012	QUECKSILBERHALTIGES PESTIZID, FLÜSSIG, GIFTIG MERCURY BASED PESTICIDE, LIQUID, TOXIC	6.1	- **P**	II	61 274	100 ml	E4	P001	-	IBC02	-

Ortsbewegliche Tanks und Schüttgut-Container	Tank Anweisung(en)	Vorschriften	EmS	Stauung und Handhabung	Trennung	Eigenschaften und Bemerkung	UN-Nr.
(12)	(13) 4.2.5 4.3	(14) 4.2.5	(15) 5.4.3.2 7.8	(16a) 7.1, 7.3 bis 7.7	(16b) 7.2 bis 7.7	(17)	(18)
-	T14	TP2 TP13 TP27	F-E, S-D	Staukategorie B SW2	-	Flüssige Pestizide mit einem Flammpunkt zwischen 23 °C und 60 °C c.c. umfassen einen sehr weiten Bereich der Giftigkeit. Sie enthalten häufig Erdöl- und Steinkohlenteer-Destillate oder andere entzündbare Flüssigkeiten. Flammpunkt und die Mischbarkeit mit Wasser hängen von der Zusammensetzung ab. Giftig beim Verschlucken, bei Berührung mit der Haut oder beim Einatmen.	3009
-	T11	TP2 TP13 TP27	F-E, S-D	Staukategorie B SW2	-	Siehe Eintrag oben.	3009
-	T7	TP2 TP28	F-E, S-D	Staukategorie A SW2	-	Siehe Eintrag oben.	3009
-	T14	TP2 TP13 TP27	F-A, S-A	Staukategorie B SW2	-	Flüssige Pestizide umfassen einen sehr weiten Bereich der Giftigkeit. Die Mischbarkeit mit Wasser hängt von der Zusammensetzung ab. Giftig beim Verschlucken, bei Berührung mit der Haut oder beim Einatmen.	3010
-	T11	TP2 TP13 TP27	F-A, S-A	Staukategorie B SW2	-	Siehe Eintrag oben.	3010
-	T7	TP2 TP28	F-A, S-A	Staukategorie A SW2	-	Siehe Eintrag oben.	3010
-	T14	TP2 TP13 TP27	F-E, S-D	Staukategorie B SW2	SGG7 SGG11	Flüssige entzündbare Pestizide mit einem Flammpunkt zwischen 23 °C und 60 °C c.c. umfassen einen sehr weiten Bereich der Giftigkeit. Sie enthalten häufig Erdöl- und Steinkohlenteer-Destillate oder andere entzündbare Flüssigkeiten. Flammpunkt und die Mischbarkeit mit Wasser hängen von der Zusammensetzung ab. Giftig beim Verschlucken, bei Berührung mit der Haut oder beim Einatmen.	3011
-	T11	TP2 TP13 TP27	F-E, S-D	Staukategorie B SW2	SGG7 SGG11	Siehe Eintrag oben.	3011
-	T7	TP2 TP28	F-E, S-D	Staukategorie A SW2	SGG7 SGG11	Siehe Eintrag oben.	3011
-	T14	TP2 TP13 TP27	F-A, S-A	Staukategorie B SW2	SGG7 SGG11	Flüssige Pestizide umfassen einen sehr weiten Bereich der Giftigkeit. Die Mischbarkeit mit Wasser hängt von der Zusammensetzung ab. Giftig beim Verschlucken, bei Berührung mit der Haut oder beim Einatmen.	3012
-	T11	TP2 TP13 TP27	F-A, S-A	Staukategorie B SW2	SGG7 SGG11	Siehe Eintrag oben.	3012

3.2 Gefahrgutliste

UN-Nr.	Richtiger technischer Name	Klasse	Zusatz-gefahr	Verpa-ckungs-gruppe	Sonder-vor-schrif-ten	Begrenzte und freige-stellte Mengen		Verpackungen		IBC	
						Be-grenzte Men-gen	Freige-stellte Men-gen	Anwei-sung(en)	Sonder-vor-schriften	Anwei-sung(en)	Sonder-vor-schriften
(1)	(2) 3.1.2	(3) 2.0	(4) 2.0	(5) 2.0.1.3	(6) 3.3	(7a) 3.4	(7b) 3.5	(8) 4.1.4	(9) 4.1.4	(10) 4.1.4	(11) 4.1.4
3012	QUECKSILBERHALTIGES PESTIZID, FLÜSSIG, GIFTIG MERCURY BASED PESTICIDE, LIQUID, TOXIC	6.1	- P	III	61 223 274	5 L	E1	P001 LP01	-	IBC03	-
3013	SUBSTITUIERTES NITROPHENOL-PESTIZID, FLÜSSIG, GIFTIG, ENTZÜNDBAR, mit einem Flammpunkt von 23 °C oder darüber SUBSTITUTED NITROPHENOL PESTICIDE, LIQUID, TOXIC, FLAMMABLE, flashpoint not less than 23 °C	6.1	3	I	61 274	0	E5	P001	-	-	-
3013	SUBSTITUIERTES NITROPHENOL-PESTIZID, FLÜSSIG, GIFTIG, ENTZÜNDBAR, mit einem Flammpunkt von 23 °C oder darüber SUBSTITUTED NITROPHENOL PESTICIDE, LIQUID, TOXIC, FLAMMABLE, flashpoint not less than 23 °C	6.1	3	II	61 274	100 ml	E4	P001	-	IBC02	-
3013	SUBSTITUIERTES NITROPHENOL-PESTIZID, FLÜSSIG, GIFTIG, ENTZÜNDBAR, mit einem Flammpunkt von 23 °C oder darüber SUBSTITUTED NITROPHENOL PESTICIDE, LIQUID, TOXIC, FLAMMABLE, flashpoint not less than 23 °C	6.1	3	III	61 223 274	5 L	E1	P001	-	IBC03	-
3014	SUBSTITUIERTES NITROPHENOL-PESTIZID, FLÜSSIG, GIFTIG SUBSTITUTED NITROPHENOL PESTICIDE, LIQUID, TOXIC	6.1	-	I	61 274	0	E5	P001	-	-	-
3014	SUBSTITUIERTES NITROPHENOL-PESTIZID, FLÜSSIG, GIFTIG SUBSTITUTED NITROPHENOL PESTICIDE, LIQUID, TOXIC	6.1	-	II	61 274	100 ml	E4	P001	-	IBC02	-
3014	SUBSTITUIERTES NITROPHENOL-PESTIZID, FLÜSSIG, GIFTIG SUBSTITUTED NITROPHENOL PESTICIDE, LIQUID, TOXIC	6.1	-	III	61 223 274	5 L	E1	P001 LP01	-	IBC03	-
3015	BIPYRIDILIUM-PESTIZID, FLÜSSIG, GIFTIG, ENTZÜNDBAR, mit einem Flammpunkt von 23 °C oder darüber BIPYRIDILIUM PESTICIDE, LIQUID, TOXIC, FLAMMABLE, flashpoint not less than 23 °C	6.1	3	I	61 274	0	E5	P001	-	-	-
3015	BIPYRIDILIUM-PESTIZID, FLÜSSIG, GIFTIG, ENTZÜNDBAR, mit einem Flammpunkt von 23 °C oder darüber BIPYRIDILIUM PESTICIDE, LIQUID, TOXIC, FLAMMABLE, flashpoint not less than 23 °C	6.1	3	II	61 274	100 ml	E4	P001	-	IBC02	-
3015	BIPYRIDILIUM-PESTIZID, FLÜSSIG, GIFTIG, ENTZÜNDBAR, mit einem Flammpunkt von 23 °C oder darüber BIPYRIDILIUM PESTICIDE, LIQUID, TOXIC, FLAMMABLE, flashpoint not less than 23 °C	6.1	3	III	61 223 274	5 L	E1	P001	-	IBC03	-
3016	BIPYRIDILIUM-PESTIZID, FLÜSSIG, GIFTIG BIPYRIDILIUM PESTICIDE, LIQUID, TOXIC	6.1	-	I	61 274	0	E5	P001	-	-	-

Ortsbewegliche Tanks und Schüttgut-Container			EmS	Stauung und Handhabung	Trennung	Eigenschaften und Bemerkung	UN-Nr.
	Tank Anweisung(en)	Vorschriften					
(12)	(13) 4.2.5 4.3	(14) 4.2.5	(15) 5.4.3.2 7.8	(16a) 7.1, 7.3 bis 7.7	(16b) 7.2 bis 7.7	(17)	(18)
-	T7	TP2 TP28	F-A, S-A	Staukategorie A SW2	SGG7 SGG11	Siehe Eintrag oben.	3012
-	T14	TP2 TP13 TP27	F-E, S-D	Staukategorie B SW2	-	Flüssige entzündbare Pestizide mit einem Flammpunkt zwischen 23 °C und 60 °C c.c. umfassen einen sehr weiten Bereich der Giftigkeit. Sie enthalten häufig Erdöl- und Steinkohlenteer-Destillate oder andere entzündbare Flüssigkeiten. Flammpunkt und die Mischbarkeit mit Wasser hängen von der Zusammensetzung ab. Giftig beim Verschlucken, bei Berührung mit der Haut oder beim Einatmen.	3013
-	T11	TP2 TP13 TP27	F-E, S-D	Staukategorie B SW2	-	Siehe Eintrag oben.	3013
-	T7	TP2 TP28	F-E, S-D	Staukategorie A SW2	-	Siehe Eintrag oben.	3013
-	T14	TP2 TP13 TP27	F-A, S-A	Staukategorie B SW2	-	Flüssige Pestizide umfassen einen sehr weiten Bereich der Giftigkeit. Die Mischbarkeit mit Wasser hängt von der Zusammensetzung ab. Giftig beim Verschlucken, bei Berührung mit der Haut oder beim Einatmen.	3014
-	T11	TP2 TP13 TP27	F-A, S-A	Staukategorie B SW2	-	Siehe Eintrag oben.	3014
-	T7	TP2 TP28	F-A, S-A	Staukategorie A SW2	-	Siehe Eintrag oben.	3014
-	T14	TP2 TP13 TP27	F-E, S-D	Staukategorie B SW2	-	Flüssige entzündbare Pestizide mit einem Flammpunkt zwischen 23 °C und 60 °C c.c. umfassen einen sehr weiten Bereich der Giftigkeit. Sie enthalten häufig Erdöl- und Steinkohlenteer-Destillate oder andere entzündbare Flüssigkeiten. Flammpunkt und die Mischbarkeit mit Wasser hängen von der Zusammensetzung ab. Giftig beim Verschlucken, bei Berührung mit der Haut oder beim Einatmen.	3015
-	T11	TP2 TP13 TP27	F-E, S-D	Staukategorie B SW2	-	Siehe Eintrag oben.	3015
-	T7	TP2 TP28	F-E, S-D	Staukategorie A SW2	-	Siehe Eintrag oben.	3015
-	T14	TP2 TP13 TP27	F-A, S-A	Staukategorie B SW2	-	Flüssige Pestizide umfassen einen sehr weiten Bereich der Giftigkeit. Die Mischbarkeit mit Wasser hängt von der Zusammensetzung ab. Giftig beim Verschlucken, bei Berührung mit der Haut oder beim Einatmen.	3016

UN-Nr.	Richtiger technischer Name	Klasse	Zusatzgefahr	Verpackungsgruppe	Sondervorschriften	Begrenzte und freigestellte Mengen		Verpackungen		IBC	
						Begrenzte Mengen	Freigestellte Mengen	Anweisung(en)	Sondervorschriften	Anweisung(en)	Sondervorschriften
(1)	(2) 3.1.2	(3) 2.0	(4) 2.0	(5) 2.0.1.3	(6) 3.3	(7a) 3.4	(7b) 3.5	(8) 4.1.4	(9) 4.1.4	(10) 4.1.4	(11) 4.1.4
3016	BIPYRIDILIUM-PESTIZID, FLÜSSIG, GIFTIG BIPYRIDILIUM PESTICIDE, LIQUID, TOXIC	6.1	-	II	61 274	100 ml	E4	P001	-	IBC02	-
3016	BIPYRIDILIUM-PESTIZID, FLÜSSIG, GIFTIG BIPYRIDILIUM PESTICIDE, LIQUID, TOXIC	6.1	-	III	61 223 274	5 L	E1	P001 LP01	-	IBC03	-
3017	ORGANOPHOSPHOR-PESTIZID, FLÜSSIG, GIFTIG, ENTZÜNDBAR, mit einem Flammpunkt von 23 °C oder darüber ORGANOPHOSPHORUS PESTICIDE, LIQUID, TOXIC, FLAMMABLE, flashpoint not less than 23 °C	6.1	3	I	61 274	0	E5	P001	-	-	-
3017	ORGANOPHOSPHOR-PESTIZID, FLÜSSIG, GIFTIG, ENTZÜNDBAR, mit einem Flammpunkt von 23 °C oder darüber ORGANOPHOSPHORUS PESTICIDE, LIQUID, TOXIC, FLAMMABLE, flashpoint not less than 23 °C	6.1	3	II	61 274	100 ml	E4	P001	-	IBC02	-
3017	ORGANOPHOSPHOR-PESTIZID, FLÜSSIG, GIFTIG, ENTZÜNDBAR, mit einem Flammpunkt von 23 °C oder darüber ORGANOPHOSPHORUS PESTICIDE, LIQUID, TOXIC, FLAMMABLE, flashpoint not less than 23 °C	6.1	3	III	61 223 274	5 L	E1	P001	-	IBC03	-
3018	ORGANOPHOSPHOR-PESTIZID, FLÜSSIG, GIFTIG ORGANOPHOSPHORUS PESTICIDE, LIQUID, TOXIC	6.1	-	I	61 274	0	E5	P001	-	-	-
3018	ORGANOPHOSPHOR-PESTIZID, FLÜSSIG, GIFTIG ORGANOPHOSPHORUS PESTICIDE, LIQUID, TOXIC	6.1	-	II	61 274	100 ml	E4	P001	-	IBC02	-
3018	ORGANOPHOSPHOR-PESTIZID, FLÜSSIG, GIFTIG ORGANOPHOSPHORUS PESTICIDE, LIQUID, TOXIC	6.1	-	III	61 223 274	5 L	E1	P001 LP01	-	IBC03	-
3019	ORGANOZINN-PESTIZID, FLÜSSIG, GIFTIG, ENTZÜNDBAR, mit einem Flammpunkt von 23 °C oder darüber ORGANOTIN PESTICIDE, LIQUID, TOXIC, FLAMMABLE, flashpoint not less than 23 °C	6.1	3 **P**	I	61 274	0	E5	P001	-	-	-
3019	ORGANOZINN-PESTIZID, FLÜSSIG, GIFTIG, ENTZÜNDBAR, mit einem Flammpunkt von 23 °C oder darüber ORGANOTIN PESTICIDE, LIQUID, TOXIC, FLAMMABLE, flashpoint not less than 23 °C	6.1	3 **P**	II	61 274	100 ml	E4	P001	-	IBC02	-
3019	ORGANOZINN-PESTIZID, FLÜSSIG, GIFTIG, ENTZÜNDBAR, mit einem Flammpunkt von 23 °C oder darüber ORGANOTIN PESTICIDE, LIQUID, TOXIC, FLAMMABLE, flashpoint not less than 23 °C	6.1	3 **P**	III	61 223 274	5 L	E1	P001	-	IBC03	-

Ortsbewegliche Tanks und Schüttgut-Container			EmS	Stauung und Handhabung	Trennung	Eigenschaften und Bemerkung	UN-Nr.
	Tank Anwei-sung(en)	Vor-schrif-ten					
(12)	(13)	(14)	(15)	(16a)	(16b)	(17)	(18)
	4.2.5 4.3	4.2.5	5.4.3.2 7.8	7.1, 7.3 bis 7.7	7.2 bis 7.7		
-	T11	TP2 TP13 TP27	F-A, S-A	Staukategorie B SW2	-	Siehe Eintrag oben.	3016
-	T7	TP2 TP28	F-A, S-A	Staukategorie A SW2	-	Siehe Eintrag oben.	3016
-	T14	TP2 TP13 TP27	F-E, S-D	Staukategorie B SW2	-	Flüssige Pestizide mit einem Flammpunkt zwischen 23 °C und 60 °C c.c. umfassen einen sehr weiten Bereich der Giftigkeit. Sie enthalten häufig Erdöl- und Steinkohlenteer-Destillate oder andere entzündbare Flüssigkeiten. Flammpunkt und die Mischbarkeit mit Wasser hängen von der Zusammensetzung ab. Giftig beim Verschlucken, bei Berührung mit der Haut oder beim Einatmen.	3017
-	T11	TP2 TP13 TP27	F-E, S-D	Staukategorie B SW2	-	Siehe Eintrag oben.	3017
-	T7	TP2 TP28	F-E, S-D	Staukategorie A SW2	-	Siehe Eintrag oben.	3017
-	T14	TP2 TP13 TP27	F-A, S-A	Staukategorie B SW2	-	Flüssige Pestizide umfassen einen sehr weiten Bereich der Giftigkeit. Die Mischbarkeit mit Wasser hängt von der Zusammensetzung ab. Giftig beim Verschlucken, bei Berührung mit der Haut oder beim Einatmen.	3018
-	T11	TP2 TP13 TP27	F-A, S-A	Staukategorie B SW2	-	Siehe Eintrag oben.	3018
-	T7	TP2 TP28	F-A, S-A	Staukategorie A SW2	-	Siehe Eintrag oben.	3018
-	T14	TP2 TP13 TP27	F-E, S-D	Staukategorie B SW2	-	Flüssige entzündbare Pestizide mit einem Flammpunkt zwischen 23 °C und 60 °C c.c. umfassen einen sehr weiten Bereich der Giftigkeit. Sie enthalten häufig Erdöl- und Steinkohlenteer-Destillate oder andere entzündbare Flüssigkeiten. Flammpunkt und die Mischbarkeit mit Wasser hängen von der Zusammensetzung ab. Giftig beim Verschlucken, bei Berührung mit der Haut oder beim Einatmen.	3019
-	T11	TP2 TP13 TP27	F-E, S-D	Staukategorie B SW2	-	Siehe Eintrag oben.	3019
-	T7	TP2 TP28	F-E, S-D	Staukategorie A SW2	-	Siehe Eintrag oben.	3019

UN-Nr.	Richtiger technischer Name	Klasse	Zusatz-gefahr	Verpa-ckungs-gruppe	Sonder-vor-schrif-ten	Begrenzte und freige-stellte Mengen		Verpackungen		IBC	
						Be-grenzte Men-gen	Freige-stellte Men-gen	Anwei-sung(en)	Sonder-vor-schriften	Anwei-sung(en)	Sonder-vor-schriften
(1)	(2) 3.1.2	(3) 2.0	(4) 2.0	(5) 2.0.1.3	(6) 3.3	(7a) 3.4	(7b) 3.5	(8) 4.1.4	(9) 4.1.4	(10) 4.1.4	(11) 4.1.4
3020	ORGANOZINN-PESTIZID, FLÜSSIG, GIFTIG ORGANOTIN PESTICIDE, LIQUID, TOXIC	6.1	- **P**	I	61 274	0	E5	P001	-	-	-
3020	ORGANOZINN-PESTIZID, FLÜSSIG, GIFTIG ORGANOTIN PESTICIDE, LIQUID, TOXIC	6.1	- **P**	II	61 274	100 ml	E4	P001	-	IBC02	-
3020	ORGANOZINN-PESTIZID, FLÜSSIG, GIFTIG ORGANOTIN PESTICIDE, LIQUID, TOXIC	6.1	- **P**	III	61 223 274	5 L	E1	P001 LP01	-	IBC03	-
3021	PESTIZID, FLÜSSIG, ENTZÜNDBAR, GIFTIG, N.A.G., Flammpunkt unter 23 °C PESTICIDE, LIQUID, FLAMMABLE, TOXIC, N.O.S. flashpoint less than 23 °C	3	6.1	I	61 274	0	E0	P001	-	-	-
3021	PESTIZID, FLÜSSIG, ENTZÜNDBAR, GIFTIG, N.A.G., Flammpunkt unter 23 °C PESTICIDE, LIQUID, FLAMMABLE, TOXIC, N.O.S. flashpoint less than 23 °C	3	6.1	II	61 274	1 L	E2	P001	-	IBC02	-
3022	1,2-BUTYLENOXID, STABILISIERT 1,2-BUTYLENE OXIDE, STABILIZED	3	-	II	386	1 L	E2	P001	-	IBC02	-
3023	2-METHYL-2-HEPTANTHIOL 2-METHYL-2-HEPTANETHIOL	6.1	3	I	354	0	E0	P602	-	-	-
3024	CUMARIN-PESTIZID, FLÜSSIG, ENTZÜNDBAR, GIFTIG, Flammpunkt unter 23 °C COUMARIN DERIVATIVE PESTICIDE, LIQUID, FLAMMABLE, TOXIC, flashpoint less than 23 °C	3	6.1	I	61 274	0	E0	P001	-	-	-
3024	CUMARIN-PESTIZID, FLÜSSIG, ENTZÜNDBAR, GIFTIG, Flammpunkt unter 23 °C COUMARIN DERIVATIVE PESTICIDE, LIQUID, FLAMMABLE, TOXIC, flashpoint less than 23 °C	3	6.1	II	61 274	1 L	E2	P001	-	IBC02	-
3025	CUMARIN-PESTIZID, FLÜSSIG, GIFTIG, ENTZÜNDBAR, mit einem Flammpunkt von 23 °C oder darüber COUMARIN DERIVATIVE PESTICIDE, LIQUID, TOXIC, FLAMMABLE flashpoint not less than 23 °C	6.1	3	I	61 274	0	E5	P001	-	-	-
3025	CUMARIN-PESTIZID, FLÜSSIG, GIFTIG, ENTZÜNDBAR, mit einem Flammpunkt von 23 °C oder darüber COUMARIN DERIVATIVE PESTICIDE, LIQUID, TOXIC, FLAMMABLE flashpoint not less than 23 °C	6.1	3	II	61 274	100 ml	E4	P001	-	IBC02	-

Ortsbewegliche Tanks und Schüttgut-Container			EmS	Stauung und Handhabung	Trennung	Eigenschaften und Bemerkung	UN-Nr.
	Tank Anweisung(en)	Vorschriften					
(12)	(13) 4.2.5 4.3	(14) 4.2.5	(15) 5.4.3.2 7.8	(16a) 7.1, 7.3 bis 7.7	(16b) 7.2 bis 7.7	(17)	(18)
-	T14	TP2 TP13 TP27	F-A, S-A	Staukategorie B SW2	-	Flüssige Pestizide umfassen einen sehr weiten Bereich der Giftigkeit. Die Mischbarkeit mit Wasser hängt von der Zusammensetzung ab. Giftig beim Verschlucken, bei Berührung mit der Haut oder beim Einatmen.	3020
-	T11	TP2 TP13 TP27	F-A, S-A	Staukategorie B SW2	-	Siehe Eintrag oben.	3020
-	T7	TP2 TP28	F-A, S-A	Staukategorie A SW2	-	Siehe Eintrag oben.	3020
-	T14	TP2 TP13 TP27	F-E, S-D	Staukategorie B SW2	-	Pestizide enthalten häufig Erdöl- oder Steinkohlenteer-Destillate oder andere entzündbare Flüssigkeiten. Die Mischbarkeit mit Wasser hängt von der Zusammensetzung ab. Giftig beim Verschlucken, bei Berührung mit der Haut oder beim Einatmen.	3021
-	T11	TP2 TP13 TP27	F-E, S-D	Staukategorie B SW2	-	Siehe Eintrag oben.	3021
-	T4	TP1	F-E, S-D	Staukategorie C SW1	SG20 SG21	Farblose Flüssigkeit. Flammpunkt: -15 °C c.c. Explosionsgrenzen: 1,5 % bis 18,3 %. Reagiert heftig mit Säuren, Alkalien und entzündend (oxidierend) wirkenden Stoffen (Oxidationsmitteln). Mischbar mit Wasser. Gesundheitsschädlich beim Verschlucken oder beim Einatmen. Wirkt reizend auf Haut, Augen und Schleimhäute.	3022
-	T20	TP2 TP13 TP35	F-E, S-D	Staukategorie D SW2	SG57	Farblose entzündbare Flüssigkeit mit fauligem Geruch. Flammpunkt: 31 °C c.c. Mischbar mit Wasser. Hochgiftig beim Verschlucken, bei Berührung mit der Haut oder beim Einatmen.	3023
-	T14	TP2 TP13 TP27	F-E, S-D	Staukategorie B SW2	-	Pestizide enthalten häufig Erdöl- oder Steinkohlenteer-Destillate oder andere entzündbare Flüssigkeiten. Die Mischbarkeit mit Wasser hängt von der Zusammensetzung ab. Giftig beim Verschlucken, bei Berührung mit der Haut oder beim Einatmen.	3024
-	T11	TP2 TP13 TP27	F-E, S-D	Staukategorie B SW2	-	Siehe Eintrag oben.	3024
-	T14	TP2 TP13 TP27	F-E, S-D	Staukategorie B SW2	-	Flüssige entzündbare Pestizide mit einem Flammpunkt zwischen 23 °C und 60 °C c.c. umfassen einen sehr weiten Bereich der Giftigkeit. Sie enthalten häufig Erdöl- und Steinkohlenteer-Destillate oder andere entzündbare Flüssigkeiten. Flammpunkt und die Mischbarkeit mit Wasser hängen von der Zusammensetzung ab. Giftig beim Verschlucken, bei Berührung mit der Haut oder beim Einatmen.	3025
-	T11	TP2 TP13 TP27	F-E, S-D	Staukategorie B SW2	-	Siehe Eintrag oben.	3025

UN-Nr.	Richtiger technischer Name	Klasse	Zusatz-gefahr	Verpa-ckungs-gruppe	Sonder-vor-schrif-ten	Begrenzte und freige-stellte Mengen		Verpackungen		IBC	
						Be-grenzte Men-gen	Freige-stellte Men-gen	Anwei-sung(en)	Sonder-vor-schriften	Anwei-sung(en)	Sonder-vor-schriften
(1)	(2) 3.1.2	(3) 2.0	(4) 2.0	(5) 2.0.1.3	(6) 3.3	(7a) 3.4	(7b) 3.5	(8) 4.1.4	(9) 4.1.4	(10) 4.1.4	(11) 4.1.4
3025	CUMARIN-PESTIZID, FLÜSSIG, GIFTIG, ENTZÜNDBAR, mit einem Flammpunkt von 23 °C oder darüber COUMARIN DERIVATIVE PESTICIDE, LIQUID, TOXIC, FLAMMABLE flashpoint not less than 23 °C	6.1	3	III	61 223 274	5 L	E1	P001	-	IBC03	-
3026	CUMARIN-PESTIZID, FLÜSSIG, GIFTIG COUMARIN DERIVATIVE PESTICIDE, LIQUID, TOXIC	6.1	-	I	61 274	0	E5	P001	-	-	-
3026	CUMARIN-PESTIZID, FLÜSSIG, GIFTIG COUMARIN DERIVATIVE PESTICIDE, LIQUID, TOXIC	6.1	-	II	61 274	100 ml	E4	P001	-	IBC02	-
3026	CUMARIN-PESTIZID, FLÜSSIG, GIFTIG COUMARIN DERIVATIVE PESTICIDE, LIQUID, TOXIC	6.1	-	III	61 223 274	5 L	E1	P001 LP01	-	IBC03	-
3027	CUMARIN-PESTIZID, FEST, GIFTIG COUMARIN DERIVATIVE PESTICIDE, SOLID, TOXIC	6.1	-	I	61 274	0	E5	P002	-	IBC07	B1
3027	CUMARIN-PESTIZID, FEST, GIFTIG COUMARIN DERIVATIVE PESTICIDE, SOLID, TOXIC	6.1	-	II	61 274	500 g	E4	P002	-	IBC08	B4 B21
3027	CUMARIN-PESTIZID, FEST, GIFTIG COUMARIN DERIVATIVE PESTICIDE, SOLID, TOXIC	6.1	-	III	61 223 274	5 kg	E1	P002 LP02	-	IBC08	B3
3028	BATTERIEN (AKKUMULATOREN), TROCKEN, KALIUMHYDROXID, FEST, ENTHALTEND, elektrische Sammler BATTERIES, DRY, CONTAINING POTASSIUM HYDROXIDE, SOLID electric storage	8	-	III	295 304	5 kg	E0	P801	-	-	-
3048	ALUMINIUMPHOSPHID-PESTIZID ALUMINIUM PHOSPHIDE PESTICIDE	6.1	-	I	153 930	0	E0	P002	PP31	IBC07	B1
3054	CYCLOHEXYLMERCAPTAN CYCLOHEXYL MERCAPTAN	3	-	III	-	5 L	E1	P001 LP01	-	IBC03	-
3055	2-(2-AMINOETHOXY)-ETHANOL 2-(2-AMINOETHOXY)ETHANOL	8	-	III	-	5 L	E1	P001 LP01	-	IBC03	-
3056	n-HEPTALDEHYD n-HEPTALDEHYDE	3	-	III	-	5 L	E1	P001 LP01	-	IBC03	-
3057	TRIFLUORACETYLCHLORID TRIFLUOROACETYL CHLORIDE	2.3	8	-	-	0	E0	P200	-	-	-
3064	NITROGLYCERIN, LÖSUNG IN ALKOHOL mit mehr als 1 %, aber höchstens 5 % Nitroglycerin NITROGLYCERIN SOLUTION IN ALCOHOL with more than 1 % but not more than 5 % nitroglycerin	3	-	II	359	0	E0	P300	-	-	-

Ortsbewegliche Tanks und Schüttgut-Container			EmS	Stauung und Handhabung	Trennung	Eigenschaften und Bemerkung	UN-Nr.	
	Tank Anweisung(en)	Vorschriften						
(12)	(13) 4.2.5 4.3	(14) 4.2.5	(15) 5.4.3.2 7.8	(16a) 7.1, 7.3 bis 7.7	(16b) 7.2 bis 7.7	(17)	(18)	
-	T7	TP1 TP28	F-E, S-D	Staukategorie A SW2	-	Siehe Eintrag oben.	3025	
-	T14	TP2 TP13 TP27	F-A, S-A	Staukategorie B SW2	-	Flüssige Pestizide umfassen einen sehr weiten Bereich der Giftigkeit. Die Mischbarkeit mit Wasser hängt von der Zusammensetzung ab. Giftig beim Verschlucken, bei Berührung mit der Haut oder beim Einatmen.	3026	
-	T11	TP2 TP27	F-A, S-A	Staukategorie B SW2	-	Siehe Eintrag oben.	3026	
-	T7	TP1 TP28	F-A, S-A	Staukategorie A SW2	-	Siehe Eintrag oben.	3026	
-	T6	TP33	F-A, S-A	Staukategorie A SW2	-	Feste Pestizide umfassen einen sehr weiten Bereich der Giftigkeit. Giftig beim Verschlucken, bei Berührung mit der Haut oder beim Einatmen.	3027	
-	T3	TP33	F-A, S-A	Staukategorie A SW2	-	Siehe Eintrag oben.	3027	
-	T1	TP33	F-A, S-A	Staukategorie A SW2	-	Siehe Eintrag oben.	3027	
-	-	-	F-A, S-B	Staukategorie A	SGG18 SG35	Metallplatten, eingetaucht in trockenes Kaliumhydroxid in einem geschlossenen Gefäß. Im aufgeladenen Zustand kann durch einen Kurzschluss ein Brand verursacht werden. Wenn die Palette gekennzeichnet und bezettelt ist, müssen die einzelnen Batterien nicht gekennzeichnet und bezettelt werden. Gebrauchte Batterien, die zur Entsorgung oder zur Rückgabe befördert werden sollen, müssen vorher sorgfältig auf Beschädigungen und Transportfähigkeit geprüft werden, um die Integrität jeder Batterie und ihre Eignung für den Transport sicherzustellen. Reagieren heftig mit Säuren.	3028	*→ auch 3.3.1 SV 296* *→ UN 3363*
-	T6	TP33	F-A, S-A	Staukategorie E SW2 SW5	-	Gewachste Pellets, ausreichend stabilisierte Pulver, Tabletten oder Kristalle. Hochgiftig beim Verschlucken, bei Berührung mit der Haut oder beim Einatmen.	3048	
-	T2	TP1	F-E, S-D	Staukategorie A SW2	SG50 SG57	Farblose Flüssigkeit mit knoblauchartigem Geruch. Flammpunkt: 49 °C c.c. Nicht mischbar mit Wasser. Gesundheitsschädlich beim Einatmen. Wirkt reizend auf Haut, Augen und Schleimhäute.	3054	
-	T4	TP1	F-A, S-B	Staukategorie A	SG35	Farblose, schwach viskose Flüssigkeit mit mildem Geruch. Mischbar mit Wasser. Gesundheitsschädlich beim Verschlucken oder Einatmen. Verursacht Verätzungen der Haut, der Augen und der Schleimhäute.	3055	
-	T2	TP1	F-E, S-D	Staukategorie A	-	Farblose oder blassgelbe, ölige Flüssigkeit mit stechendem Geruch. Flammpunkt: 35 °C bis 45 °C c.c. Explosionsgrenzen: 1,1 % bis 5,2 %. Schwach löslich in Wasser. Wirkt reizend auf Haut, Augen und Schleimhäute.	3056	
-	T50	TP21	F-C, S-U	Staukategorie D SW2	-	Verflüssigtes, nicht entzündbares, giftiges und ätzendes Gas. Reagiert mit Wasser. Ätzwirkung auf Glas und die meisten Metalle, einschließlich Stahl. Schwerer als Luft (1,4 bei 20 °C). Wirkt stark reizend auf Haut, Augen und Schleimhäute.	3057	
-	-	-	F-E, S-D	Staukategorie E	-	Nicht mischbar mit Wasser. Zündet leicht. Entwickelt unter Feuereinwirkung giftige, nitrose Dämpfe. In diesem Zustand nicht explosiv, aber Bruch der Verpackung und Austreten von Inhalt aus der Packung können zum Verdunsten des Lösemittels führen und damit das Nitroglycerin in einen explosiven Zustand versetzen.	3064	

3.2 Gefahrgutliste

UN-Nr.	Richtiger technischer Name	Klasse	Zusatzgefahr	Verpackungsgruppe	Sondervorschriften	Begrenzte und freigestellte Mengen		Verpackungen		IBC	
						Begrenzte Mengen	Freigestellte Mengen	Anweisung(en)	Sondervorschriften	Anweisung(en)	Sondervorschriften
(1)	(2) 3.1.2	(3) 2.0	(4) 2.0	(5) 2.0.1.3	(6) 3.3	(7a) 3.4	(7b) 3.5	(8) 4.1.4	(9) 4.1.4	(10) 4.1.4	(11) 4.1.4
3065	ALKOHOLISCHE GETRÄNKE mit mehr als 70 Vol.-% Alkohol ALCOHOLIC BEVERAGES, with more than 70 % alcohol by volume	3	-	II	-	5 L	E2	P001	PP2	IBC02	-
3065	ALKOHOLISCHE GETRÄNKE mit mehr als 24 Vol.-% und höchstens 70 Vol.-% Alkohol ALCOHOLIC BEVERAGES, with more than 24 % but not more than 70 % alcohol by volume	3	-	III	144 145 247	5 L	E1	P001	PP2	IBC03	-
3066	FARBE (einschließlich Farbe, Lack, Emaille, Beize, Schellack, Firnis, Politur, flüssiger Füllstoff und flüssige Lackgrundlage) oder FARBZUBEHÖRSTOFFE (einschließlich Farbverdünnung und -lösemittel) PAINT (including paint, lacquer, enamel, stain, shellac, varnish, polish, liquid filler and liquid lacquer base) or PAINT RELATED MATERIAL (including paint thinning or reducing compound)	8	-	II	163 367	1 L	E2	P001	-	IBC02	-
3066	FARBE (einschließlich Farbe, Lack, Emaille, Beize, Schellack, Firnis, Politur, flüssiger Füllstoff und flüssige Lackgrundlage) oder FARBZUBEHÖRSTOFFE (einschließlich Farbverdünnung und -lösemittel) PAINT (including paint, lacquer, enamel, stain, shellac, varnish, polish, liquid filler and liquid lacquer base) or PAINT RELATED MATERIAL (including paint thinning or reducing compound)	8	-	III	163 223 367	5 L	E1	P001	-	IBC03	-
3070	ETHYLENOXID UND DICHLORDIFLUORMETHAN, GEMISCH, mit höchstens 12,5 % Ethylenoxid ETHYLENE OXIDE AND DICHLORODIFLUOROMETHANE MIXTURE with not more than 12.5 % ethylene oxide	2.2	-	-	-	120 ml	E1	P200	-	-	-
3071	MERCAPTANE, FLÜSSIG, GIFTIG, ENTZÜNDBAR, N.A.G. oder MERCAPTANE, MISCHUNG, FLÜSSIG, GIFTIG, ENTZÜNDBAR, N.A.G. MERCAPTANS, LIQUID, TOXIC, FLAMMABLE, N.O.S. or MERCAPTAN MIXTURE, LIQUID, TOXIC, FLAMMABLE, N.O.S.	6.1	3	II	274	100 ml	E4	P001	-	IBC02	-

Ortsbewegliche Tanks und Schüttgut-Container			EmS	Stauung und Handhabung	Trennung	Eigenschaften und Bemerkung	UN-Nr.
	Tank Anweisung(en)	Vorschriften					
(12)	(13) 4.2.5 4.3	(14) 4.2.5	(15) 5.4.3.2 7.8	(16a) 7.1, 7.3 bis 7.7	(16b) 7.2 bis 7.7	(17)	(18)
-	T4	TP1	F-E, S-D	Staukategorie A	-	Wässerige Lösungen von Ethanol, die als alkoholische Getränke hergestellt und vertrieben werden. Mischbar mit Wasser. Flammpunkt: -13 °C c.c. oder höher.	3065
-	T2	TP1	F-E, S-D	Staukategorie A	-	Alkoholische Getränke mit einem Alkoholgehalt zwischen 24 % und 70 %, wenn sie als Zwischenprodukte transportiert werden, dürfen in Holzfässern mit einem Fassungsvermögen von mehr als 250 Litern und höchstens 500 Litern, die gegebenenfalls die allgemeinen Vorschriften des Abschnitts 4.1.1 erfüllen, transportiert werden, wenn folgende Bedingungen erfüllt sind: .1 die Holzfässer müssen vor dem Füllen geprüft und abgedichtet sein; .2 der füllfreie Raum (mindestens 3 %) muss für die Ausdehnung der Flüssigkeit ausreichen; .3 die Holzfässer müssen mit dem Spundloch nach oben transportiert werden; .4 die Holzfässer müssen in Containern transportiert werden, die die Anforderungen der aktuellen Version der International Convention for Safe Containers (CSC) erfüllen. Jedes Holzfass muss durch passende Kufen gesichert und entsprechend verkeilt sein, um jegliche Verlagerung während des Transports auszuschließen; .5 bei Beförderung auf Schiffen sollten die Container in offenen Laderäumen gestaut werden oder in geschlossenen Laderäumen, die den Bedingungen der Regel II-2/19 in der geänderten Fassung des SOLAS-Übereinkommens von 1974 für entzündbare flüssige Stoffe der Klasse 3 mit einem Flammpunkt von 23 °C c.c. oder weniger entsprechen.	3065
-	T7	TP2 TP28	F-A, S-B	Staukategorie B SW2	-	Ätzender Inhalt. Verursacht Verätzungen der Haut, der Augen und der Schleimhäute.	3066
-	T4	TP1 TP29	F-A, S-B	Staukategorie A SW2	-	Siehe Eintrag oben.	3066
-	T50	-	F-C, S-V	Staukategorie A	-	Verflüssigtes, nicht entzündbares Gas. Viel schwerer als Luft.	3070
-	T11	TP2 TP13 TP27	F-E, S-D	Staukategorie C SW2	SG57	Farblose bis gelbe entzündbare Flüssigkeiten mit knoblauchartigem Geruch. Nicht mischbar mit Wasser. Giftig beim Verschlucken, bei Berührung mit der Haut oder beim Einatmen.	3071

3.2 Gefahrgutliste

UN-Nr.	Richtiger technischer Name	Klasse	Zusatzgefahr	Verpackungsgruppe	Sondervorschriften	Begrenzte und freigestellte Mengen		Verpackungen		IBC	
						Begrenzte Mengen	Freigestellte Mengen	Anweisung(en)	Sondervorschriften	Anweisung(en)	Sondervorschriften
(1)	(2)	(3)	(4)	(5)	(6)	(7a)	(7b)	(8)	(9)	(10)	(11)
	3.1.2	2.0	2.0	2.0.1.3	3.3	3.4	3.5	4.1.4	4.1.4	4.1.4	4.1.4
3072	RETTUNGSMITTEL, NICHT SELBSTAUFBLASEND, gefährliche Güter als Ausrüstung enthaltend LIFE-SAVING APPLIANCES, NOT SELF-INFLATING containing dangerous goods as equipment	9	-	-	296	0	E0	P905	-	-	-
3073	VINYLPYRIDINE, STABILISIERT VINYLPYRIDINES, STABILIZED	6.1	3/8	II	386	100 ml	E4	P001	-	IBC01	-
3077	UMWELTGEFÄHRDENDER STOFF, FEST, N.A.G. ENVIRONMENTALLY HAZARDOUS SUBSTANCE, SOLID, N.O.S.	9	-	III	274 335 966 967 969	5 kg	E1	P002 LP02	PP12	IBC08	B3
3078	CER, Späne oder Grieß CERIUM turnings or gritty powder	4.3	-	II	-	500 g	E2	P410	PP31 PP40	IBC07	B4 B21
3079	METHACRYLNITRIL, STABILISIERT METHACRYLONITRILE, STABILIZED	6.1	3	I	354 386	0	E0	P602	-	-	-
3080	ISOCYANATE, GIFTIG, ENTZÜNDBAR, N.A.G. oder ISOCYANAT, LÖSUNG, GIFTIG, ENTZÜNDBAR, N.A.G. ISOCYANATES, TOXIC, FLAMMABLE, N.O.S. or ISOCYANATE SOLUTION, TOXIC, FLAMMABLE, N.O.S.	6.1	3	II	274	100 ml	E4	P001	-	IBC02	-
3082	UMWELTGEFÄHRDENDER STOFF, FLÜSSIG, N.A.G. ENVIRONMENTALLY HAZARDOUS SUBSTANCE, LIQUID, N.O.S.	9	-	III	274 335 969	5 L	E1	P001 LP01	PP1	IBC03	-
3083	PERCHLORYLFLUORID PERCHLORYL FLUORIDE	2.3	5.1	-	-	0	E0	P200	-	-	-
3084	ÄTZENDER FESTER STOFF, ENTZÜNDEND (OXIDIEREND) WIRKEND, N.A.G. CORROSIVE SOLID, OXIDIZING, N.O.S.	8	5.1	I	274	0	E0	P002	-	-	-
3084	ÄTZENDER FESTER STOFF, ENTZÜNDEND (OXIDIEREND) WIRKEND, N.A.G. CORROSIVE SOLID, OXIDIZING, N.O.S.	8	5.1	II	274	1 kg	E2	P002	-	IBC06	B21
3085	ENTZÜNDEND (OXIDIEREND) WIRKENDER FESTER STOFF, ÄTZEND, N.A.G. OXIDIZING SOLID, CORROSIVE, N.O.S.	5.1	8	I	274	0	E0	P503	-	-	-

Ortsbewegliche Tanks und Schüttgut-Container			EmS	Stauung und Handhabung	Trennung	Eigenschaften und Bemerkung	UN-Nr.	
	Tank Anweisung(en)	Vorschriften						
(12)	(13)	(14)	(15)	(16a)	(16b)	(17)	(18)	
	4.2.5 4.3	4.2.5	5.4.3.2 7.8	7.1, 7.3 bis 7.7	7.2 bis 7.7			
-	-	-	F-A, S-V	Staukategorie A	SG18 SG71	Diese Gegenstände können enthalten: .1 Klasse 2.2 verdichtete Gase; .2 Signalkörper (Klasse 1), kann Rauch- und Leuchtsignalkörper einschließen; diese Signalkörper müssen in Kunststoff mit Hartfaserinnenverpackungen verpackt sein; .3 Batterien (Akkumulatoren); .4 Erste-Hilfe-Ausrüstung; oder .5 Zündhölzer, überall entzündbar.	3072	→ *UN 2990*
-	T7	TP2 TP13	F-E, S-C	Staukategorie C SW1 SW2	SGG18 SG5 SG8 SG35	Farblose bis strohfarbene entzündbare Flüssigkeiten. Flammpunkte: 42 °C bis 51 °C c.c. Giftig beim Verschlucken, bei Berührung mit der Haut oder beim Einatmen. Verursachen Verätzungen der Haut, der Augen und der Schleimhäute. Reagiert heftig mit Säuren.	3073	
-	T1 BK1 BK2 BK3	TP33	F-A, S-F	Staukategorie A SW23	-	-	3077	→ *2.10.2.7*
-	T3	TP33	F-G, S-O	Staukategorie E H1	SGG15 SG26 SG35	Graues, dehn-streckbares (duktiles) Metall oder Pulver. Zersetzt sich in Wasser und reagiert heftig mit Säuren unter Bildung von Wasserstoff, der sich durch die Reaktionswärme entzünden kann.	3078	
-	T20	TP2 TP13 TP37	F-E, S-D	Staukategorie D SW1 SW2	-	Farblose bewegliche Flüssigkeit mit stechendem Geruch. Flammpunkt: 4 °C c.c. Explosionsgrenzen: 3 % bis 17 %. Teilweise mischbar mit Wasser. Hochgiftig beim Verschlucken, bei Berührung mit der Haut oder beim Einatmen. Es hat sich in der Praxis gezeigt, dass dieser Stoff aus Gefäßen austreten kann, die sonst gegenüber anderen Chemikalien dicht sind.	3079	
-	T11	TP2 TP13 TP27	F-E, S-D	Staukategorie D SW1 SW2	-	Entzündbare Flüssigkeiten oder Lösungen mit stechendem Geruch. Nicht mischbar mit oder nicht löslich in Wasser, reagieren aber mit Wasser unter Bildung von Kohlendioxid. Giftig beim Verschlucken, bei Berührung mit der Haut oder beim Einatmen. Wirkt reizend auf Haut, Augen und Schleimhäute.	3080	
-	T4	TP1 TP29	F-A, S-F	Staukategorie A	-	-	3082	→ *2.10.2.7*
-	-	-	F-C, S-W	Staukategorie D SW2	-	Nicht entzündbares, giftiges, farbloses Gas mit charakteristischem süßem Geruch. Stark entzündend (oxidierend) wirkender Stoff, der in Berührung mit organischen Stoffen Brände verursachen kann. Reagiert mit Wasser oder feuchter Luft unter Bildung von giftigem und ätzendem Nebel. Gemische mit Ölen oder brennbaren Materialien können explodieren. Viel schwerer als Luft (3,6). Wirkt reizend auf Haut, Augen und Schleimhäute.	3083	
-	T6	TP33	F-A, S-Q	Staukategorie C	-	Verursacht Verätzungen der Haut, der Augen und der Schleimhäute.	3084	
-	T3	TP33	F-A, S-Q	Staukategorie C	-	Siehe Eintrag oben.	3084	
-	-	-	F-A, S-Q	Staukategorie D H1	SG38 SG49 SG60	Verursacht Verätzungen der Haut, der Augen und der Schleimhäute. Feucht gewordene Versandstücke sind mit besonderer Vorsicht zu handhaben.	3085	

3.2 Gefahrgutliste

UN-Nr.	Richtiger technischer Name	Klasse	Zusatz-gefahr	Verpa-ckungs-gruppe	Sonder-vor-schrif-ten	Begrenzte und freige-stellte Mengen		Verpackungen		IBC	
						Be-grenzte Men-gen	Freige-stellte Men-gen	Anwei-sung(en)	Sonder-vor-schriften	Anwei-sung(en)	Sonder-vor-schriften
(1)	(2) 3.1.2	(3) 2.0	(4) 2.0	(5) 2.0.1.3	(6) 3.3	(7a) 3.4	(7b) 3.5	(8) 4.1.4	(9) 4.1.4	(10) 4.1.4	(11) 4.1.4
3085	ENTZÜNDEND (OXIDIEREND) WIRKENDER FESTER STOFF, ÄTZEND, N.A.G. OXIDIZING SOLID, CORROSIVE, N.O.S.	5.1	8	II	274	1 kg	E2	P002	-	IBC06	B21
3085	ENTZÜNDEND (OXIDIEREND) WIRKENDER FESTER STOFF, ÄTZEND, N.A.G. OXIDIZING SOLID, CORROSIVE, N.O.S.	5.1	8	III	223 274	5 kg	E1	P002	-	IBC08	B3
3086	GIFTIGER FESTER STOFF, ENTZÜNDEND (OXIDIEREND) WIRKEND, N.A.G. TOXIC SOLID, OXIDIZING, N.O.S.	6.1	5.1	I	274	0	E5	P002	-	-	-
3086	GIFTIGER FESTER STOFF, ENTZÜNDEND (OXIDIEREND) WIRKEND, N.A.G. TOXIC SOLID, OXIDIZING, N.O.S.	6.1	5.1	II	274	500 g	E4	P002	-	IBC06	B21
3087	ENTZÜNDEND (OXIDIEREND) WIRKENDER FESTER STOFF, GIFTIG, N.A.G. OXIDIZING SOLID, TOXIC, N.O.S.	5.1	6.1	I	274 900	0	E0	P503	-	-	-
3087	ENTZÜNDEND (OXIDIEREND) WIRKENDER FESTER STOFF, GIFTIG, N.A.G. OXIDIZING SOLID, TOXIC, N.O.S.	5.1	6.1	II	274 900	1 kg	E2	P002	-	IBC06	B21
3087	ENTZÜNDEND (OXIDIEREND) WIRKENDER FESTER STOFF, GIFTIG, N.A.G. OXIDIZING SOLID, TOXIC, N.O.S.	5.1	6.1	III	223 274 900	5 kg	E1	P002	-	IBC08	B3
3088	SELBSTERHITZUNGSFÄHIGER ORGANISCHER FESTER STOFF, N.A.G. SELF-HEATING SOLID, ORGANIC, N.O.S.	4.2	–	II	274	0	E2	P410	PP31	IBC06	B21
3088	SELBSTERHITZUNGSFÄHIGER ORGANISCHER FESTER STOFF, N.A.G. SELF-HEATING SOLID, ORGANIC, N.O.S.	4.2	-	III	223 274	0	E1	P002 LP02	PP31	IBC08	B3
3089	ENTZÜNDBARES METALLPULVER, N.A.G. METAL POWDER, FLAMMABLE, N.O.S.	4.1	-	II	-	1 kg	E2	P002	PP100	IBC08	B4 B21
3089	ENTZÜNDBARES METALLPULVER, N.A.G. METAL POWDER, FLAMMABLE, N.O.S.	4.1	-	III	223	5 kg	E1	P002	PP100	IBC08	B4 B21
3090	LITHIUM-METALL-BATTERIEN (einschließlich Batterien aus Lithiumlegierung) LITHIUM METAL BATTERIES (including lithium alloy batteries)	9	-	-	188 230 310 376 377 384 387	0	E0	P903 P908 P909 P910 P911 LP903 LP904 LP905 LP906	-	-	-

Ortsbewegliche Tanks und Schüttgut-Container			EmS	Stauung und Handhabung	Trennung	Eigenschaften und Bemerkung	UN-Nr.
	Tank Anweisung(en)	Vorschriften					
(12)	(13) 4.2.5 4.3	(14) 4.2.5	(15) 5.4.3.2 7.8	(16a) 7.1, 7.3 bis 7.7	(16b) 7.2 bis 7.7	(17)	(18)
-	T3	TP33	F-A, S-Q	Staukategorie B H1	SG38 SG49 SG60	Siehe Eintrag oben.	3085
-	T1	TP33	F-A, S-Q	Staukategorie B H1	SG38 SG49 SG60	Siehe Eintrag oben.	3085
-	T6	TP33	F-A, S-Q	Staukategorie C	-	Giftig beim Verschlucken, bei Berührung mit der Haut oder beim Einatmen.	3086
-	T3	TP33	F-A, S-Q	Staukategorie C	-	Siehe Eintrag oben.	3086
-	-	-	F-A, S-Q	Staukategorie D	SG38 SG49 SG60	Giftig beim Verschlucken, bei Berührung mit der Haut oder beim Einatmen von Staub. Mit Vorsicht handhaben, um Berührung mit dem Stoff, insbesondere mit Staub, auf ein Mindestmaß zu verringern.	3087
-	T3	TP33	F-A, S-Q	Staukategorie B	SG38 SG49 SG60	Siehe Eintrag oben.	3087
-	T1	TP33	F-A, S-Q	Staukategorie B	SG38 SG49 SG60	Siehe Eintrag oben.	3087
-	T3	TP33	F-A, S-J	Staukategorie C	-	Fähig zur Selbsterhitzung oder Selbstentzündung.	3088
-	T1	TP33	F-A, S-J	Staukategorie C	-	Siehe Eintrag oben.	3088
-	T3	TP33	F-G, S-G	Staukategorie B H1	SGG7 SGG15 SG17 SG25 SG26	-	3089
-	T1	TP33	F-G, S-G	Staukategorie A H1	SGG7 SGG15 SG17 SG25 SG26	-	3089
-	-	-	F-A, S-I	Staukategorie A SW19	-	Elektrische Batterien, die Lithium enthalten und in einem starren Metallkörper eingeschlossen sind. Lithiumbatterien dürfen auch in Ausrüstungen oder verpackt mit Ausrüstungen versendet werden. Elektrische Lithiumbatterien können durch einen explosionsartigen Bruch der Umschließung einen Brand verursachen, hervorgerufen durch eine unsachgemäße Konstruktion oder durch Reaktionen mit Verunreinigungen.	3090

UN-Nr.	Richtiger technischer Name	Klasse	Zusatzgefahr	Verpackungsgruppe	Sondervorschriften	Begrenzte und freigestellte Mengen		Verpackungen		IBC	
						Begrenzte Mengen	Freigestellte Mengen	Anweisung(en)	Sondervorschriften	Anweisung(en)	Sondervorschriften
(1)	(2)	(3)	(4)	(5)	(6)	(7a)	(7b)	(8)	(9)	(10)	(11)
	3.1.2	2.0	2.0	2.0.1.3	3.3	3.4	3.5	4.1.4	4.1.4	4.1.4	4.1.4
3091	LITHIUM-METALL-BATTERIEN IN AUSRÜSTUNGEN oder LITHIUM-METALL-BATTERIEN, MIT AUSRÜSTUNGEN VERPACKT (einschließlich Batterien aus Lithiumlegierung) LITHIUM METAL BATTERIES CONTAINED IN EQUIPMENT or LITHIUM METAL BATTERIES PACKED WITH EQUIPMENT (including lithium alloy batteries)	9	-	-	188 230 310 360 376 377 384 387	0	E0	P903 P908 P909 P910 P911 LP903 LP904 LP905 LP906	-	-	-
3092	1-METHOXY-2-PROPANOL 1-METHOXY-2-PROPANOL	3	-	III	-	5 L	E1	P001 LP01	-	IBC03	-
3093	ÄTZENDER FLÜSSIGER STOFF, ENTZÜNDEND (OXIDIEREND) WIRKEND, N.A.G. CORROSIVE LIQUID, OXIDIZING, N.O.S.	8	5.1	I	274	0	E0	P001	-	-	-
3093	ÄTZENDER FLÜSSIGER STOFF, ENTZÜNDEND (OXIDIEREND) WIRKEND, N.A.G. CORROSIVE LIQUID, OXIDIZING, N.O.S.	8	5.1	II	274	1 L	E2	P001	-	IBC02	-
3094	ÄTZENDER FLÜSSIGER STOFF, MIT WASSER REAGIEREND, N.A.G. CORROSIVE LIQUID, WATER-REACTIVE, N.O.S.	8	4.3	I	274	0	E0	P001	-	-	-
3094	ÄTZENDER FLÜSSIGER STOFF, MIT WASSER REAGIEREND, N.A.G. CORROSIVE LIQUID, WATER-REACTIVE, N.O.S.	8	4.3	II	274	500 ml	E2	P001	-	-	-
3095	ÄTZENDER FESTER STOFF, SELBSTERHITZUNGSFÄHIG, N.A.G. CORROSIVE SOLID, SELF-HEATING, N.O.S.	8	4.2	I	274	0	E0	P002	-	-	-
3095	ÄTZENDER FESTER STOFF, SELBSTERHITZUNGSFÄHIG, N.A.G. CORROSIVE SOLID, SELF-HEATING, N.O.S.	8	4.2	II	274	1 kg	E2	P002	-	IBC06	B21
3096	ÄTZENDER FESTER STOFF, MIT WASSER REAGIEREND, N.A.G. CORROSIVE SOLID, WATER-REACTIVE, N.O.S.	8	4.3	I	274	0	E0	P002	-	-	-
3096	ÄTZENDER FESTER STOFF, MIT WASSER REAGIEREND, N.A.G. CORROSIVE SOLID, WATER-REACTIVE, N.O.S.	8	4.3	II	274	1 kg	E2	P002	PP100	IBC06	B21
3097	ENTZÜNDBARER FESTER STOFF, ENTZÜNDEND (OXIDIEREND) WIRKEND, N.A.G. FLAMMABLE SOLID, OXIDIZING, N.O.S.	4.1	5.1	II	76 274	0	E0	P099	-	-	-
3097	ENTZÜNDBARER FESTER STOFF, ENTZÜNDEND (OXIDIEREND) WIRKEND, N.A.G. FLAMMABLE SOLID, OXIDIZING, N.O.S.	4.1	5.1	III	76 274	0	E0	P099	-	-	-

Ortsbewegliche Tanks und Schüttgut-Container			EmS	Stauung und Handhabung	Trennung	Eigenschaften und Bemerkung	UN-Nr.	
	Tank Anweisung(en)	Vorschriften						
(12)	(13)	(14)	(15)	(16a)	(16b)	(17)	(18)	
	4.2.5 4.3	4.2.5	5.4.3.2 7.8	7.1, 7.3 bis 7.7	7.2 bis 7.7			
-	-	-	F-A, S-I	Staukategorie A SW19	-	Elektrische Batterien, die Lithium oder Lithiumlegierungen enthalten und in einem starren Metallkörper eingeschlossen sind. Lithiumbatterien dürfen auch in Ausrüstungen oder verpackt mit Ausrüstungen versendet werden. Elektrische Lithiumbatterien können durch einen explosionsartigen Bruch der Umschließung einen Brand verursachen, hervorgerufen durch eine unsachgemäße Konstruktion oder durch Reaktionen mit Verunreinigungen.	3091	→ *auch 3.3.1 SV 296*
-	T2	TP1	F-E, S-D	Staukategorie A	-	Farblose Flüssigkeit. Flammpunkt: 29 °C bis 35 °C c.c. Explosionsgrenzen: 1,7 % bis 11,5 %. Mischbar mit Wasser. Reagiert mit stark entzündend (oxidierend) wirkenden Stoffen. Wirkt reizend auf Haut, Augen und Schleimhäute.	3092	
-	-	-	F-A, S-Q	Staukategorie C	-	Verursacht Verätzungen der Haut, der Augen und der Schleimhäute.	3093	
-	-	-	F-A, S-Q	Staukategorie C	-	Siehe Eintrag oben.	3093	
-	-	-	F-G, S-L	Staukategorie D H1	SG26	Verursacht Verätzungen der Haut, der Augen und der Schleimhäute.	3094	
-	-	-	F-G, S-L	Staukategorie D H1	SG26	Siehe Eintrag oben.	3094	
-	T6	TP33	F-A, S-N	Staukategorie D	-	Verursacht Verätzungen der Haut, der Augen und der Schleimhäute.	3095	
-	T3	TP33	F-A, S-N	Staukategorie D	-	Siehe Eintrag oben.	3095	
-	T6	TP33	F-G, S-L	Staukategorie D H1	SG26	Verursacht Verätzungen der Haut, der Augen und der Schleimhäute.	3096	
-	T3	TP33	F-G, S-L	Staukategorie D H1	SG26	Siehe Eintrag oben.	3096	
-	-	-	F-A, S-Q	-	-	-	3097	
-	T1	TP33	F-A, S-Q	-	-	-	3097	

3.2 Gefahrgutliste

UN-Nr.	Richtiger technischer Name	Klasse	Zusatzgefahr	Verpackungsgruppe	Sondervorschriften	Begrenzte und freigestellte Mengen		Verpackungen		IBC	
						Begrenzte Mengen	Freigestellte Mengen	Anweisung(en)	Sondervorschriften	Anweisung(en)	Sondervorschriften
(1)	(2) 3.1.2	(3) 2.0	(4) 2.0	(5) 2.0.1.3	(6) 3.3	(7a) 3.4	(7b) 3.5	(8) 4.1.4	(9) 4.1.4	(10) 4.1.4	(11) 4.1.4
3098	ENTZÜNDEND (OXIDIEREND) WIRKENDER FLÜSSIGER STOFF, ÄTZEND, N.A.G. OXIDIZING LIQUID, CORROSIVE, N.O.S.	5.1	8	I	274	0	E0	P502	-	-	-
3098	ENTZÜNDEND (OXIDIEREND) WIRKENDER FLÜSSIGER STOFF, ÄTZEND, N.A.G. OXIDIZING LIQUID, CORROSIVE, N.O.S.	5.1	8	II	274	1 L	E2	P504	-	IBC01	-
3098	ENTZÜNDEND (OXIDIEREND) WIRKENDER FLÜSSIGER STOFF, ÄTZEND, N.A.G. OXIDIZING LIQUID, CORROSIVE, N.O.S.	5.1	8	III	223 274	5 L	E1	P504	-	IBC02	-
3099	ENTZÜNDEND (OXIDIEREND) WIRKENDER FLÜSSIGER STOFF, GIFTIG, N.A.G. OXIDIZING LIQUID, TOXIC, N.O.S.	5.1	6.1	I	274	0	E0	P502	-	-	-
3099	ENTZÜNDEND (OXIDIEREND) WIRKENDER FLÜSSIGER STOFF, GIFTIG, N.A.G. OXIDIZING LIQUID, TOXIC, N.O.S.	5.1	6.1	II	274	1 L	E2	P504	-	IBC01	-
3099	ENTZÜNDEND (OXIDIEREND) WIRKENDER FLÜSSIGER STOFF, GIFTIG, N.A.G. OXIDIZING LIQUID, TOXIC, N.O.S.	5.1	6.1	III	223 274	5 L	E1	P504	-	IBC02	-
3100	ENTZÜNDEND (OXIDIEREND) WIRKENDER FESTER STOFF, SELBSTERHITZUNGSFÄHIG, N.A.G. OXIDIZING SOLID, SELF-HEATING, N.O.S.	5.1	4.2	I	76 274	0	E0	P099	-	-	-
3100	ENTZÜNDEND (OXIDIEREND) WIRKENDER FESTER STOFF, SELBSTERHITZUNGSFÄHIG, N.A.G. OXIDIZING SOLID, SELF-HEATING, N.O.S.	5.1	4.2	II	76 274	0	E0	P099	-	-	-
3101	ORGANISCHES PEROXID TYP B, FLÜSSIG ORGANIC PEROXIDE TYPE B, LIQUID	5.2	Siehe SV181	-	122 181 195 274	25 ml	E0	P520	-	-	-
3102	ORGANISCHES PEROXID TYP B, FEST ORGANIC PEROXIDE TYPE B, SOLID	5.2	Siehe SV181	-	122 181 195 274	100 g	E0	P520	-	-	-
3103	ORGANISCHES PEROXID TYP C, FLÜSSIG ORGANIC PEROXIDE TYPE C, LIQUID	5.2	-	-	122 195 274	25 ml	E0	P520	-	-	-
3104	ORGANISCHES PEROXID TYP C, FEST ORGANIC PEROXIDE TYPE C, SOLID	5.2	-	-	122 195 274	100 g	E0	P520	-	-	-
3105	ORGANISCHES PEROXID TYP D, FLÜSSIG ORGANIC PEROXIDE TYPE D, LIQUID	5.2	-	-	122 274	125 ml	E0	P520	-	-	-

Ortsbewegliche Tanks und Schüttgut-Container			EmS	Stauung und Handhabung	Trennung	Eigenschaften und Bemerkung	UN-Nr.
	Tank Anwei-sung(en)	Vor-schrif-ten					
(12)	(13)	(14)	(15)	(16a)	(16b)	(17)	(18)
	4.2.5 4.3	4.2.5	5.4.3.2 7.8	7.1, 7.3 bis 7.7	7.2 bis 7.7		
-	-	-	F-A, S-Q	Staukategorie D H1	SG38 SG49 SG60	Verursacht Verätzungen der Haut, der Augen und der Schleimhäute. Feucht gewordene Versandstücke sind mit besonderer Vorsicht zu handhaben.	3098
-	-	-	F-A, S-Q	Staukategorie B H1	SG38 SG49 SG60	Siehe Eintrag oben.	3098
-	-	-	F-A, S-Q	Staukategorie B H1	SG38 SG49 SG60	Siehe Eintrag oben.	3098
-	-	-	F-A, S-Q	Staukategorie D	SG38 SG49 SG60	Giftig beim Verschlucken, bei Berührung mit der Haut oder beim Einatmen von Staub. Stoff ist mit Vorsicht zu handhaben, um Berührungen, insbesondere mit Staub, auf ein Mindestmaß zu beschränken.	3099
-	-	-	F-A, S-Q	Staukategorie B	SG38 SG49 SG60	Siehe Eintrag oben.	3099
-	-	-	F-A, S-Q	Staukategorie B	SG38 SG49 SG60	Siehe Eintrag oben.	3099
-	-	-	F-A, S-Q	-	-	-	3100
-	-	-	F-A, S-Q	-	-	-	3100
-	-	-	F-J, S-R	Staukategorie D SW1	SG1 SG35 SG36 SG72	Kann bei erhöhten Temperaturen oder unter Feuereinwirkung explodieren. Brennt heftig. Nicht mischbar mit Wasser. Berührung mit der Haut und den Augen ist zu vermeiden. Kann reizende oder giftige Gase oder Dämpfe bilden.	3101
-	-	-	F-J, S-R	Staukategorie D SW1	SG1 SG35 SG36 SG72	Kann bei erhöhten Temperaturen oder unter Feuereinwirkung explodieren. Brennt heftig. Nicht löslich in Wasser. Berührung mit der Haut und den Augen ist zu vermeiden. Die Zugabe von Wasser zu Dibernsteinsäureperoxid verringert dessen thermische Stabilität. Kann reizende oder giftige Gase oder Dämpfe bilden.	3102
-	-	-	F-J, S-R	Staukategorie D SW1	SG35 SG36 SG72	Kann sich bei erhöhten Temperaturen oder unter Feuereinwirkung heftig zersetzen. Brennt heftig. Nicht mischbar mit Wasser, ausgenommen tert-Butylhydroperoxid. Berührung mit der Haut und den Augen ist zu vermeiden. Kann reizende oder giftige Gase oder Dämpfe bilden.	3103
-	-	-	F-J, S-R	Staukategorie D SW1	SG35 SG36 SG72	Kann sich bei erhöhten Temperaturen oder unter Feuereinwirkung heftig zersetzen. Brennt heftig. Nicht löslich in Wasser. Berührung mit der Haut und den Augen ist zu vermeiden. Kann reizende oder giftige Gase oder Dämpfe bilden.	3104
-	-	-	F-J, S-R	Staukategorie D SW1	SG35 SG36 SG72	Zersetzt sich bei erhöhten Temperaturen oder unter Feuereinwirkung. Brennt heftig. Nicht mischbar mit Wasser, ausgenommen Acetylacetonperoxid, tert-Butylhydroperoxid und Peroxyessigsäure, Typ D, stabilisiert. Berührung mit der Haut und den Augen ist zu vermeiden. Kann reizende oder giftige Gase oder Dämpfe bilden.	3105

3.2 Gefahrgutliste

UN-Nr.	Richtiger technischer Name	Klasse	Zusatz-gefahr	Verpa-ckungs-gruppe	Sonder-vor-schrif-ten	Begrenzte und freige-stellte Mengen		Verpackungen		IBC	
						Be-grenzte Men-gen	Freige-stellte Men-gen	Anwei-sung(en)	Sonder-vor-schriften	Anwei-sung(en)	Sonder-vor-schriften
(1)	(2)	(3)	(4)	(5)	(6)	(7a)	(7b)	(8)	(9)	(10)	(11)
	3.1.2	2.0	2.0	2.0.1.3	3.3	3.4	3.5	4.1.4	4.1.4	4.1.4	4.1.4
3106	ORGANISCHES PEROXID TYP D, FEST ORGANIC PEROXIDE TYPE D, SOLID	5.2	-	-	122 274	500 g	E0	P520	-	-	-
3107	ORGANISCHES PEROXID TYP E, FLÜSSIG ORGANIC PEROXIDE TYPE E, LIQUID	5.2	-	-	122 274	125 ml	E0	P520	-	-	-
3108	ORGANISCHES PEROXID TYP E, FEST ORGANIC PEROXIDE TYPE E, SOLID	5.2	-	-	122 274	500 g	E0	P520	-	-	-
3109	ORGANISCHES PEROXID TYP F, FLÜSSIG ORGANIC PEROXIDE TYPE F, LIQUID	5.2	-	-	122 274	125 ml	E0	P520	-	IBC520	-
3110	ORGANISCHES PEROXID TYP F, FEST ORGANIC PEROXIDE TYPE F, SOLID	5.2	-	-	122 274	500 g	E0	P520	-	IBC520	-
3111	ORGANISCHES PEROXID TYP B, FLÜSSIG, TEMPERATURKONTROL-LIERT ORGANIC PEROXIDE TYPE D, LIQUID, TEMPERATURE CONTROLLED	5.2	Siehe SV181	-	122 181 195 274 923	0	E0	P520	-	-	-
3112	ORGANISCHES PEROXID TYP B, FEST, TEMPERATURKONTROLLIERT ORGANIC PEROXIDE TYPE B, SOLID, TEMPERATURE CONTROLLED	5.2	Siehe SV181	-	122 181 195 274 923	0	E0	P520	-	-	-
3113	ORGANISCHES PEROXID TYP C, FLÜSSIG, TEMPERATURKONTROL-LIERT ORGANIC PEROXIDE TYPE C, LIQUID, TEMPERATURE CONTROLLED	5.2	-	-	122 195 274 923	0	E0	P520	-	-	-
3114	ORGANISCHES PEROXID TYP C, FEST, TEMPERATURKONTROLLIERT ORGANIC PEROXIDE TYPE C, SOLID, TEMPERATURE CONTROLLED	5.2	-	-	122 195 274 923	0	E0	P520	-	-	-
3115	ORGANISCHES PEROXID TYP D, FLÜSSIG, TEMPERATURKONTROL-LIERT ORGANIC PEROXIDE TYPE D, LIQUID, TEMPERATURE CONTROLLED	5.2	-	-	122 274 923	0	E0	P520	-	-	-
3116	ORGANISCHES PEROXID TYP D, FEST, TEMPERATURKONTROLLIERT ORGANIC PEROXIDE TYPE D, SOLID, TEMPERATURE CONTROLLED	5.2	-	-	122 274 923	0	E0	P520	-	-	-

Ortsbewegliche Tanks und Schüttgut-Container			EmS	Stauung und Handhabung	Trennung	Eigenschaften und Bemerkung	UN-Nr.	
	Tank Anwei-sung(en)	Vor-schrif-ten						
(12)	(13)	(14)	(15)	(16a)	(16b)	(17)	(18)	
	4.2.5 4.3	4.2.5	5.4.3.2 7.8	7.1, 7.3 bis 7.7	7.2 bis 7.7			
-	-	-	F-J, S-R	Staukategorie D SW1	SG35 SG36 SG72	Zersetzt sich bei erhöhten Temperaturen oder unter Feuereinwirkung. Brennt heftig. Nicht löslich in Wasser, ausgenommen 3-Chlorperoxybenzoesäure. Berührung mit der Haut und den Augen ist zu vermeiden. Kann reizende oder giftige Gase oder Dämpfe bilden.	3106	
-	-	-	F-J, S-R	Staukategorie D SW1	SG35 SG36 SG72	Zersetzt sich bei erhöhten Temperaturen oder unter Feuereinwirkung. Brennt heftig. Nicht mischbar mit Wasser, ausgenommen tert-Amylhydroperoxid, tert-Butylhydroperoxid und Peroxyessigsäure, Typ E, stabilisiert. Berührung mit der Haut und den Augen ist zu vermeiden. Kann reizende oder giftige Gase oder Dämpfe bilden.	3107	
-	-	-	F-J, S-R	Staukategorie D SW1	SG35 SG36 SG72	Zersetzt sich bei erhöhten Temperaturen oder unter Feuereinwirkung. Brennt heftig. Nicht löslich in Wasser. Berührung mit der Haut und den Augen ist zu vermeiden. Kann reizende oder giftige Gase oder Dämpfe bilden.	3108	
-	T23	-	F-J, S-R	Staukategorie D SW1	SG35 SG36 SG72	Zersetzt sich bei erhöhten Temperaturen oder unter Feuereinwirkung. Brennt heftig. Nicht mischbar mit Wasser, ausgenommen tert-Butylhydroperoxid, Dibenzoylperoxid, Dilaurylperoxid und Peroxyessigsäure, Typ F, stabilisiert. Berührung mit der Haut und den Augen ist zu vermeiden. Kann reizende oder giftige Gase oder Dämpfe bilden.	3109	
-	T23	TP33	F-J, S-R	Staukategorie D SW1	SG35 SG36 SG72	Zersetzt sich bei erhöhten Temperaturen oder unter Feuereinwirkung. Brennt heftig. Nicht löslich in Wasser. Berührung mit der Haut und den Augen ist zu vermeiden. Kann reizende oder giftige Gase oder Dämpfe bilden.	3110	
-	-	-	F-F, S-R	Staukategorie D SW1 SW3	SG1 SG35 SG36 SG72	Kann bei Temperaturen über der Notfalltemperatur oder unter Feuereinwirkung explodieren. Brennt heftig. Nicht mischbar mit Wasser. Berührung mit der Haut und den Augen ist zu vermeiden. Die Kontroll- und Notfalltemperaturen für jede Zubereitung sind in 2.5.3.2.4 angegeben. Die Temperatur muss regelmäßig überprüft werden. Kann reizende oder giftige Gase oder Dämpfe bilden.	3111	→ *7.1.4.6* → *7.3.7* → *7.4.2.3.3*
-	-	-	F-F, S-R	Staukategorie D SW1 SW3	SG1 SG35 SG36 SG72	Kann bei Temperaturen über der Notfalltemperatur oder unter Feuereinwirkung explodieren. Brennt heftig. Nicht mischbar mit Wasser. Berührung mit der Haut und den Augen ist zu vermeiden. Die Kontroll- und Notfalltemperaturen für jede Zubereitung sind in 2.5.3.2.4 angegeben. Die Temperatur muss regelmäßig überprüft werden. Kann reizende oder giftige Gase oder Dämpfe bilden.	3112	→ *7.1.4.6* → *7.3.7* → *7.4.2.3.3*
-	-	-	F-F, S-R	Staukategorie D SW1 SW3	SG35 SG36 SG72	Kann sich bei Temperaturen über der Notfalltemperatur oder unter Feuereinwirkung heftig zersetzen. Brennt heftig. Nicht mischbar mit Wasser. Berührung mit der Haut und den Augen ist zu vermeiden. Die Kontroll- und Notfalltemperaturen für jede Zubereitung sind in 2.5.3.2.4 angegeben. Die Temperatur muss regelmäßig überprüft werden. Kann reizende oder giftige Gase oder Dämpfe bilden.	3113	→ *7.1.4.6* → *7.3.7* → *7.4.2.3.3*
-	-	-	F-F, S-R	Staukategorie D SW1 SW3	SG35 SG36 SG72	Kann sich bei Temperaturen über der Notfalltemperatur oder unter Feuereinwirkung heftig zersetzen. Brennt heftig. Nicht löslich in Wasser. Berührung mit der Haut und den Augen ist zu vermeiden. Die Kontroll- und Notfalltemperaturen für jede Zubereitung sind in 2.5.3.2.4 angegeben. Die Temperatur muss regelmäßig überprüft werden. Kann reizende oder giftige Gase oder Dämpfe bilden.	3114	→ *7.1.4.6* → *7.3.7* → *7.4.2.3.3*
-	-	-	F-F, S-R	Staukategorie D SW1 SW3	SG35 SG36 SG72	Zersetzt sich bei Temperaturen über der Notfalltemperatur oder unter Feuereinwirkung. Brennt heftig. Nicht mischbar mit Wasser. Berührung mit der Haut und den Augen ist zu vermeiden. Die Kontroll- und Notfalltemperaturen für jede Zubereitung sind in 2.5.3.2.4 angegeben. Die Temperatur muss regelmäßig überprüft werden. Kann reizende oder giftige Gase oder Dämpfe bilden.	3115	→ *7.1.4.6* → *7.3.7* → *7.4.2.3.3*
-	-	-	F-F, S-R	Staukategorie D SW1 SW3	SG35 SG36 SG72	Zersetzt sich bei Temperaturen über der Notfalltemperatur oder unter Feuereinwirkung. Brennt heftig. Nicht löslich in Wasser, ausgenommen Diperoxyazelainsäure. Berührung mit der Haut und den Augen ist zu vermeiden. Die Kontroll- und Notfalltemperaturen für jede Zubereitung sind in 2.5.3.2.4 angegeben. Die Temperatur muss regelmäßig überprüft werden. Kann reizende oder giftige Gase oder Dämpfe bilden.	3116	→ *7.1.4.6* → *7.3.7* → *7.4.2.3.3*

3.2 Gefahrgutliste

UN-Nr.	Richtiger technischer Name	Klasse	Zusatz-gefahr	Verpa-ckungs-gruppe	Sonder-vor-schrif-ten	Begrenzte und freige-stellte Mengen		Verpackungen		IBC	
						Be-grenzte Men-gen	Freige-stellte Men-gen	Anwei-sung(en)	Sonder-vor-schriften	Anwei-sung(en)	Sonder-vor-schriften
(1)	(2) 3.1.2	(3) 2.0	(4) 2.0	(5) 2.0.1.3	(6) 3.3	(7a) 3.4	(7b) 3.5	(8) 4.1.4	(9) 4.1.4	(10) 4.1.4	(11) 4.1.4
3117	ORGANISCHES PEROXID TYP E, FLÜSSIG, TEMPERATURKONTROL-LIERT ORGANIC PEROXIDE TYPE E, LIQUID, TEMPERATURE CONTROLLED	5.2	-	-	122 274 923	0	E0	P520	-	-	-
3118	ORGANISCHES PEROXID TYP E, FEST, TEMPERATURKONTROLLIERT ORGANIC PEROXIDE TYPE E, SOLID, TEMPERATURE CONTROLLED	5.2	-	-	122 274 923	0	E0	P520	-	-	-
3119	ORGANISCHES PEROXID TYP F, FLÜSSIG, TEMPERATURKONTROL-LIERT ORGANIC PEROXIDE TYPE F, LIQUID, TEMPERATURE CONTROLLED	5.2	-	-	122 274 923	0	E0	P520	-	IBC520	-
3120	ORGANISCHES PEROXID TYP F, FEST, TEMPERATURKONTROLLIERT ORGANIC PEROXIDE TYPE F, SOLID, TEMPERATURE CONTROLLED	5.2	-	-	122 274 923	0	E0	P520	-	IBC520	-
3121	ENTZÜNDEND (OXIDIEREND) WIR-KENDER FESTER STOFF, MIT WAS-SER REAGIEREND, N.A.G. OXIDIZING SOLID, WATER-REACTIVE, N.O.S.	5.1	4.3	I	76 274	0	E0	P099	-	-	-
3121	ENTZÜNDEND (OXIDIEREND) WIR-KENDER FESTER STOFF, MIT WAS-SER REAGIEREND, N.A.G. OXIDIZING SOLID, WATER-REACTIVE, N.O.S.	5.1	4.3	II	76 274	0	E0	P099	-	-	-
3122	GIFTIGER FLÜSSIGER STOFF, ENT-ZÜNDEND (OXIDIEREND) WIRKEND, N.A.G. TOXIC LIQUID, OXIDIZING, N.O.S.	6.1	5.1	I	274 315	0	E0	P001	-	-	-
3122	GIFTIGER FLÜSSIGER STOFF, ENT-ZÜNDEND (OXIDIEREND) WIRKEND, N.A.G. TOXIC LIQUID, OXIDIZING, N.O.S.	6.1	5.1	II	274	100 ml	E4	P001	-	IBC02	-
3123	GIFTIGER FLÜSSIGER STOFF, MIT WASSER REAGIEREND, N.A.G. TOXIC LIQUID, WATER-REACTIVE, N.O.S.	6.1	4.3	I	274 315	0	E0	P099	-	-	-
3123	GIFTIGER FLÜSSIGER STOFF, MIT WASSER REAGIEREND, N.A.G. TOXIC LIQUID, WATER-REACTIVE, N.O.S.	6.1	4.3	II	274	100 ml	E4	P001	-	IBC02	-
3124	GIFTIGER FESTER STOFF, SELBST-ERHITZUNGSFÄHIG, N.A.G. TOXIC SOLID, SELF-HEATING, N.O.S.	6.1	4.2	I	274	0	E5	P002	-	-	-
3124	GIFTIGER FESTER STOFF, SELBST-ERHITZUNGSFÄHIG, N.A.G. TOXIC SOLID, SELF-HEATING, N.O.S.	6.1	4.2	II	274	0	E4	P002	-	IBC06	B21

Ortsbewegliche Tanks und Schüttgut-Container			EmS	Stauung und Handhabung	Trennung	Eigenschaften und Bemerkung	UN-Nr.	
	Tank Anweisung(en)	Vorschriften						
(12)	(13)	(14)	(15)	(16a)	(16b)	(17)	(18)	
	4.2.5 4.3	4.2.5	5.4.3.2 7.8	7.1, 7.3 bis 7.7	7.2 bis 7.7			
-	-	-	F-F, S-R	Staukategorie D SW1 SW3	SG35 SG36 SG72	Zersetzt sich bei Temperaturen über der Notfalltemperatur oder unter Feuereinwirkung. Brennt heftig. Nicht mischbar mit Wasser. Berührung mit der Haut und den Augen ist zu vermeiden. Die Kontroll- und Notfalltemperaturen für jede Zubereitung sind in 2.5.3.2.4 angegeben. Die Temperatur muss regelmäßig überprüft werden. Kann reizende oder giftige Gase oder Dämpfe bilden.	3117	→ 7.1.4.6 → 7.3.7 → 7.4.2.3.3
-	-	-	F-F, S-R	Staukategorie D SW1 SW3	SG35 SG36 SG72	Zersetzt sich bei Temperaturen über der Notfalltemperatur oder unter Feuereinwirkung. Brennt heftig. Nicht löslich in Wasser, ausgenommen Di-(2-Ethylhexyl)-peroxydicarbonat. Berührung mit der Haut und den Augen ist zu vermeiden. Die Kontroll- und Notfalltemperaturen für jede Zubereitung sind in 2.5.3.2.4 angegeben. Die Temperatur muss regelmäßig überprüft werden. Kann reizende oder giftige Gase oder Dämpfe bilden.	3118	→ 7.1.4.6 → 7.3.7 → 7.4.2.3.3
-	T23	-	F-F, S-R	Staukategorie D SW1 SW3	SG35 SG36 SG72	Zersetzt sich bei Temperaturen über der Notfalltemperatur oder unter Feuereinwirkung. Brennt heftig. Nicht mischbar mit Wasser, ausgenommen Di-(4-tert-Butylcyclohexyl)-peroxydicarbonat; Dicetylperoxydicarbonat und Dimyristylperoxydicarbonat. Berührung mit der Haut und den Augen ist zu vermeiden. Die Kontroll- und Notfalltemperaturen für jede Zubereitung sind in 2.5.3.2.4 angegeben. Die Temperatur muss regelmäßig überprüft werden. Kann reizende oder giftige Gase oder Dämpfe bilden.	3119	→ 7.1.4.6 → 7.3.7 → 7.4.2.3.3
-	T23	TP33	F-F, S-R	Staukategorie D SW1 SW3	SG35 SG36 SG72	Zersetzt sich bei Temperaturen über der Notfalltemperatur oder unter Feuereinwirkung. Brennt heftig. Nicht löslich in Wasser. Berührung mit der Haut und den Augen ist zu vermeiden. Die Kontroll- und Notfalltemperaturen für jede Zubereitung sind in 2.5.3.2.4 angegeben. Die Temperatur muss regelmäßig überprüft werden. Kann reizende oder giftige Gase oder Dämpfe bilden.	3120	→ 7.1.4.6 → 7.3.7 → 7.4.2.3.3
-	-	-	F-G, S-L	- H1	SG26	-	3121	
-	-	-	F-G, S-L	- H1	SG26	-	3121	
-	-	-	F-A, S-Q	Staukategorie C	-	Giftig beim Verschlucken, bei Berührung mit der Haut oder beim Einatmen.	3122	
-	-	-	F-A, S-Q	Staukategorie C	-	Siehe Eintrag oben.	3122	
-	-	-	F-G, S-N	Staukategorie D SW2 H1	SG26	Giftig beim Verschlucken, bei Berührung mit der Haut oder beim Einatmen.	3123	
-	-	-	F-G, S-N	Staukategorie D SW2 H1	SG26	Siehe Eintrag oben.	3123	
-	T6	TP33	F-A, S-J	Staukategorie D SW2	-	Hochgiftig beim Verschlucken, bei Berührung mit der Haut oder beim Einatmen.	3124	
-	T3	TP33	F-A, S-J	Staukategorie D SW2	-	Siehe Eintrag oben.	3124	

UN-Nr.	Richtiger technischer Name	Klasse	Zusatzgefahr	Verpackungsgruppe	Sondervorschriften	Begrenzte und freigestellte Mengen		Verpackungen		IBC	
						Begrenzte Mengen	Freigestellte Mengen	Anweisung(en)	Sondervorschriften	Anweisung(en)	Sondervorschriften
(1)	(2) 3.1.2	(3) 2.0	(4) 2.0	(5) 2.0.1.3	(6) 3.3	(7a) 3.4	(7b) 3.5	(8) 4.1.4	(9) 4.1.4	(10) 4.1.4	(11) 4.1.4
3125	GIFTIGER FESTER STOFF, MIT WASSER REAGIEREND, N.A.G. TOXIC SOLID, WATER-REACTIVE, N.O.S.	6.1	4.3	I	274	0	E5	P099	-	-	-
3125	GIFTIGER FESTER STOFF, MIT WASSER REAGIEREND, N.A.G. TOXIC SOLID, WATER-REACTIVE, N.O.S.	6.1	4.3	II	274	500 g	E4	P002	PP100	IBC06	B21
3126	SELBSTERHITZUNGSFÄHIGER ORGANISCHER FESTER STOFF, ÄTZEND, N.A.G. SELF-HEATING SOLID, CORROSIVE, ORGANIC, N.O.S.	4.2	8	II	76 274	0	E2	P410	-	IBC05	B21
3126	SELBSTERHITZUNGSFÄHIGER ORGANISCHER FESTER STOFF, ÄTZEND, N.A.G. SELF-HEATING SOLID, CORROSIVE, ORGANIC, N.O.S.	4.2	8	III	76 223 274	0	E1	P002	-	IBC08	B3
3127	SELBSTERHITZUNGSFÄHIGER FESTER STOFF, ENTZÜNDEND (OXIDIEREND) WIRKEND, N.A.G. SELF-HEATING SOLID, OXIDIZING, N.O.S.	4.2	5.1	II	76 274	0	E0	P099	-	-	-
3127	SELBSTERHITZUNGSFÄHIGER FESTER STOFF, ENTZÜNDEND (OXIDIEREND) WIRKEND, N.A.G. SELF-HEATING SOLID, OXIDIZING, N.O.S.	4.2	5.1	III	76 223 274	0	E0	P099	-	-	-
3128	SELBSTERHITZUNGSFÄHIGER ORGANISCHER FESTER STOFF, GIFTIG, N.A.G. SELF-HEATING SOLID, TOXIC, ORGANIC, N.O.S.	4.2	6.1	II	76 274	0	E2	P410	-	IBC05	B21
3128	SELBSTERHITZUNGSFÄHIGER ORGANISCHER FESTER STOFF, GIFTIG, N.A.G. SELF-HEATING SOLID, TOXIC, ORGANIC, N.O.S.	4.2	6.1	III	76 223 274	0	E1	P002	-	IBC08	B3
3129	MIT WASSER REAGIERENDER FLÜSSIGER STOFF, ÄTZEND, N.A.G. WATER-REACTIVE LIQUID, CORROSIVE, N.O.S.	4.3	8	I	76 274	0	E0	P402	-	-	-
3129	MIT WASSER REAGIERENDER FLÜSSIGER STOFF, ÄTZEND, N.A.G. WATER-REACTIVE LIQUID, CORROSIVE, N.O.S.	4.3	8	II	76 274	0	E0	P402	-	IBC01	-
3129	MIT WASSER REAGIERENDER FLÜSSIGER STOFF, ÄTZEND, N.A.G. WATER-REACTIVE LIQUID, CORROSIVE, N.O.S.	4.3	8	III	76 223 274	0	E1	P001	-	IBC02	-
3130	MIT WASSER REAGIERENDER FLÜSSIGER STOFF, GIFTIG, N.A.G. WATER-REACTIVE LIQUID, TOXIC, N.O.S.	4.3	6.1	I	76 274	0	E0	P402	-	-	-
3130	MIT WASSER REAGIERENDER FLÜSSIGER STOFF, GIFTIG, N.A.G. WATER-REACTIVE LIQUID, TOXIG, N.O.S.	4.3	6.1	II	76 274	0	E0	P402	-	IBC01	-

Ortsbewegliche Tanks und Schüttgut-Container			EmS	Stauung und Handhabung	Trennung	Eigenschaften und Bemerkung	UN-Nr.
	Tank Anwei-sung(en)	Vor-schrif-ten					
(12)	(13)	(14)	(15)	(16a)	(16b)	(17)	(18)
	4.2.5 4.3	4.2.5	5.4.3.2 7.8	7.1, 7.3 bis 7.7	7.2 bis 7.7		
-	T6	TP33	F-G, S-N	Staukategorie D SW2 H1	SG26	Giftig beim Verschlucken, bei Berührung mit der Haut oder beim Einatmen.	3125
-	T3	TP33	F-G, S-N	Staukategorie D SW2 H1	SG26	Siehe Eintrag oben.	3125
-	T3	TP33	F-A, S-J	Staukategorie C	-	-	3126
-	T1	TP33	F-A, S-J	Staukategorie C	-	-	3126
-	T3	TP33	F-A, S-J	-	-	-	3127
-	T1	TP33	F-A, S-J	-	-	-	3127
-	T3	TP33	F-A, S-J	Staukategorie C	-	-	3128
-	T1	TP33	F-A, S-J	Staukategorie C	-	-	3128
-	T14	TP2 TP7 TP13	F-G, S-N	Staukategorie D H1	SG26	-	3129
-	T11	TP2 TP7	F-G, S-N	Staukategorie E SW5 H1	SG26	-	3129
-	T7	TP2 TP7	F-G, S-N	Staukategorie E H1	SG26	-	3129
-	-	-	F-G, S-N	Staukategorie D H1	SG26	-	3130
-	-	-	F-G, S-N	Staukategorie E SW5 H1	SG26	-	3130

UN-Nr.	Richtiger technischer Name	Klasse	Zusatzgefahr	Verpackungsgruppe	Sondervorschriften	Begrenzte und freigestellte Mengen		Verpackungen		IBC	
						Begrenzte Mengen	Freigestellte Mengen	Anweisung(en)	Sondervorschriften	Anweisung(en)	Sondervorschriften
(1)	(2)	(3)	(4)	(5)	(6)	(7a)	(7b)	(8)	(9)	(10)	(11)
	3.1.2	2.0	2.0	2.0.1.3	3.3	3.4	3.5	4.1.4	4.1.4	4.1.4	4.1.4
3130	MIT WASSER REAGIERENDER FLÜSSIGER STOFF, GIFTIG, N.A.G. WATER-REACTIVE LIQUID, TOXIC, N.O.S.	4.3	6.1	III	76 223 274	0	E1	P001	-	IBC02	-
3131	MIT WASSER REAGIERENDER FESTER STOFF, ÄTZEND, N.A.G. WATER-REACTIVE SOLID, CORROSIVE, N.O.S.	4.3	8	I	76 274	0	E0	P403	PP31	-	-
3131	MIT WASSER REAGIERENDER FESTER STOFF, ÄTZEND, N.A.G. WATER-REACTIVE SOLID, CORROSIVE, N.O.S.	4.3	8	II	76 274	0	E2	P410	PP31 PP40	IBC06	B21
3131	MIT WASSER REAGIERENDER FESTER STOFF, ÄTZEND, N.A.G. WATER-REACTIVE SOLID, CORROSIVE, N.O.S.	4.3	8	III	76 223 274	0	E1	P410	PP31	IBC08	B4
3132	MIT WASSER REAGIERENDER FESTER STOFF, ENTZÜNDBAR, N.A.G. WATER-REACTIVE SOLID, FLAMMABLE, N.O.S.	4.3	4.1	I	76 274	0	E0	P403	PP31	IBC99	-
3132	MIT WASSER REAGIERENDER FESTER STOFF, ENTZÜNDBAR, N.A.G. WATER-REACTIVE SOLID, FLAMMABLE, N.O.S.	4.3	4.1	II	76 274	0	E2	P410	PP31 PP40	IBC04	-
3132	MIT WASSER REAGIERENDER FESTER STOFF, ENTZÜNDBAR, N.A.G. WATER-REACTIVE SOLID, FLAMMABLE, N.O.S.	4.3	4.1	III	76 223 274	0	E1	P410	PP31	IBC06	-
3133	MIT WASSER REAGIERENDER FESTER STOFF, ENTZÜNDEND (OXIDIEREND) WIRKEND, N.A.G. WATER-REACTIVE SOLID, OXIDIZING, N.O.S.	4.3	5.1	II	76 274	0	E0	P099	-	-	-
3133	MIT WASSER REAGIERENDER FESTER STOFF, ENTZÜNDEND (OXIDIEREND) WIRKEND, N.A.G. WATER-REACTIVE SOLID, OXIDIZING, N.O.S.	4.3	5.1	III	76 223 274	0	E0	P099	-	-	-
3134	MIT WASSER REAGIERENDER FESTER STOFF, GIFTIG, N.A.G. WATER-REACTIVE SOLID, TOXIC, N.O.S.	4.3	6.1	I	274	0	E0	P403	PP31	-	-
3134	MIT WASSER REAGIERENDER FESTER STOFF, GIFTIG, N.A.G. WATER-REACTIVE SOLID, TOXIC, N.O.S.	4.3	6.1	II	274	500 g	E2	P410	PP31 PP40	IBC05	B21
3134	MIT WASSER REAGIERENDER FESTER STOFF, GIFTIG, N.A.G. WATER-REACTIVE SOLID, TOXIC, N.O.S.	4.3	6.1	III	223 274	1 kg	E1	P410	PP31	IBC08	B4
3135	MIT WASSER REAGIERENDER FESTER STOFF, SELBSTERHITZUNGSFÄHIG, N.A.G. WATER-REACTIVE SOLID, SELF-HEATING, N.O.S.	4.3	4.2	I	76 274	0	E0	P403	PP31	-	-

Ortsbewegliche Tanks und Schüttgut-Container			EmS	Stauung und Handhabung	Trennung	Eigenschaften und Bemerkung	UN-Nr.
	Tank Anwei-sung(en)	Vor-schrif-ten					
(12)	(13)	(14)	(15)	(16a)	(16b)	(17)	(18)
	4.2.5 4.3	4.2.5	5.4.3.2 7.8	7.1, 7.3 bis 7.7	7.2 bis 7.7		
-	-	-	F-G, S-N	Staukategorie E SW5 H1	SG26	-	3130
-	T9	TP7 TP33	F-G, S-L	Staukategorie D H1	SG26	-	3131
-	T3	TP33	F-G, S-L	Staukategorie E SW5 H1	SG26	-	3131
-	T1	TP33	F-G, S-L	Staukategorie E SW5 H1	SG26	-	3131
-	-	-	F-G, S-N	- H1	SG26	-	3132
-	T3	TP33	F-G, S-N	- H1	SG26	-	3132
-	T1	TP33	F-G, S-N	- H1	SG26	-	3132
-	-	-	F-G, S-L	- H1	SG26	-	3133
-	-	-	F-G, S-L	- H1	SG26	-	3133
-	-	-	F-G, S-N	Staukategorie D H1	SG26	-	3134
-	T3	TP33	F-G, S-N	Staukategorie E SW5 H1	SG26	-	3134
-	T1	TP33	F-G, S-N	Staukategorie E SW5 H1	SG26	-	3134
-	-	-	F-G, S-N	- H1	SG26	-	3135

UN-Nr.	Richtiger technischer Name	Klasse	Zusatz-gefahr	Verpa-ckungs-gruppe	Sonder-vor-schrif-ten	Begrenzte und freige-stellte Mengen		Verpackungen		IBC	
						Be-grenzte Men-gen	Freige-stellte Men-gen	Anwei-sung(en)	Sonder-vor-schriften	Anwei-sung(en)	Sonder-vor-schriften
(1)	(2) 3.1.2	(3) 2.0	(4) 2.0	(5) 2.0.1.3	(6) 3.3	(7a) 3.4	(7b) 3.5	(8) 4.1.4	(9) 4.1.4	(10) 4.1.4	(11) 4.1.4
3135	MIT WASSER REAGIERENDER FESTER STOFF, SELBSTERHITZUNGSFÄHIG, N.A.G. WATER-REACTIVE SOLID, SELF-HEATING, N.O.S.	4.3	4.2	II	76 274	0	E2	P410	PP31	IBC05	B21
3135	MIT WASSER REAGIERENDER FESTER STOFF, SELBSTERHITZUNGSFÄHIG, N.A.G. WATER-REACTIVE SOLID, SELF-HEATING, N.O.S.	4.3	4.2	III	76 223 274	0	E1	P410	PP31	IBC08	B4
3136	TRIFLUORMETHAN, TIEFGEKÜHLT, FLÜSSIG TRIFLUOROMETHANE, REFRIGERATED LIQUID	2.2	-	-	-	120 ml	E1	P203	-	-	-
3137	ENTZÜNDEND (OXIDIEREND) WIRKENDER FESTER STOFF, ENTZÜNDBAR, N.A.G. OXIDIZING SOLID, FLAMMABLE, N.O.S.	5.1	4.1	I	76 274	0	E0	P099	-	-	-
3138	ETHYLEN, ACETYLEN UND PROPYLEN, GEMISCH, TIEFGEKÜHLT, FLÜSSIG, mit mindestens 71,5 % Ethylen, höchstens 22,5 % Acetylen und höchstens 6 % Propylen ETHYLENE, ACETYLENE AND PROPYLENE MIXTURE, REFRIGERATED LIQUID containing at least 71.5 % ethylene, with not more than 22.5 % acetylene and not more than 6 % propylene	2.1	-	-	-	0	E0	P203	-	-	-
3139	ENTZÜNDEND (OXIDIEREND) WIRKENDER FLÜSSIGER STOFF, N.A.G. OXIDIZING LIQUID, N.O.S.	5.1	-	I	274	0	E0	P502	-	-	-
3139	ENTZÜNDEND (OXIDIEREND) WIRKENDER FLÜSSIGER STOFF, N.A.G. OXIDIZING LIQUID, N.O.S.	5.1	-	II	274	1 L	E2	P504	-	IBC02	-
3139	ENTZÜNDEND (OXIDIEREND) WIRKENDER FLÜSSIGER STOFF, N.A.G. OXIDIZING LIQUID, N.O.S.	5.1	-	III	223 274	5 L	E1	P504	-	IBC02	-
3140	ALKALOIDE, FLÜSSIG, N.A.G. oder ALKALOIDSALZE, FLÜSSIG, N.A.G. ALKALOIDS, LIQUID, N.O.S. or ALKALOIDS SALTS, LIQUID, N.O.S.	6.1	-	I	43 274	0	E5	P001	-	-	-
3140	ALKALOIDE, FLÜSSIG, N.A.G. oder ALKALOIDSALZE, FLÜSSIG, N.A.G. ALKALOIDS, LIQUID, N.O.S. or ALKALOIDS SALTS, LIQUID, N.O.S.	6.1	-	II	43 274	100 ml	E4	P001	-	IBC02	-
3140	ALKALOIDE, FLÜSSIG, N.A.G. oder ALKALOIDSALZE, FLÜSSIG, N.A.G. ALKALOIDS, LIQUID, N.O.S. or ALKALOIDS SALTS, LIQUID, N.O.S.	6.1	-	III	43 223 274	5 L	E1	P001 LP01	-	IBC03	-
3141	ANORGANISCHE ANTIMONVERBINDUNG, FLÜSSIG, N.A.G. ANTIMONY COMPOUND, INORGANIC, LIQUID, N.O.S.	6.1	-	III	45 274	5 L	E1	P001 LP01	-	IBC03	-

Ortsbewegliche Tanks und Schüttgut-Container			EmS	Stauung und Handhabung	Trennung	Eigenschaften und Bemerkung	UN-Nr.
	Tank Anwei-sung(en)	Vor-schrif-ten					
(12)	(13)	(14)	(15)	(16a)	(16b)	(17)	(18)
	4.2.5 4.3	4.2.5	5.4.3.2 7.8	7.1, 7.3 bis 7.7	7.2 bis 7.7		
-	T3	TP33	F-G, S-N	- H1	SG26	-	3135
-	T1	TP33	F-G, S-N	- H1	SG26	-	3135
-	T75	TP5	F-C, S-V	Staukategorie D	-	Verflüssigtes, nicht entzündbares Gas. Viel schwerer als Luft (2,4).	3136
-	-	-	F-G, S-Q	- H1	SG25 SG26	-	3137
-	T75	TP5	F-D, S-U	Staukategorie D SW2	SG46	Verflüssigtes, entzündbares, farbloses Gasgemisch mit knoblauchartigem Geruch. Explosionsgrenzen: 2,7 % bis 36 %. Leichter als Luft (0,96).	3138
-	-	-	F-A, S-Q	Staukategorie D	SG38 SG49 SG60	-	3139
-	-	-	F-A, S-Q	Staukategorie B	SG38 SG49 SG60	-	3139
-	-	-	F-A, S-Q	Staukategorie B	SG38 SG49 SG60	-	3139
-	-	-	F-A, S-A	Staukategorie A	-	Ein weiter Bereich giftiger Flüssigkeiten, in der Regel pflanzlichen Ursprungs. Giftig beim Verschlucken, bei Berührung mit der Haut oder beim Einatmen.	3140
-	-	-	F-A, S-A	Staukategorie A	-	Siehe Eintrag oben.	3140
-	-	-	F-A, S-A	Staukategorie A	-	Siehe Eintrag oben.	3140
-	-	-	F-A, S-A	Staukategorie A	-	Ein weiter Bereich giftiger Flüssigkeiten. Giftig beim Verschlucken, bei Berührung mit der Haut oder beim Einatmen.	3141

UN-Nr.	Richtiger technischer Name	Klasse	Zusatzgefahr	Verpackungsgruppe	Sondervorschriften	Begrenzte und freigestellte Mengen		Verpackungen		IBC	
						Begrenzte Mengen	Freigestellte Mengen	Anweisung(en)	Sondervorschriften	Anweisung(en)	Sondervorschriften
(1)	(2) 3.1.2	(3) 2.0	(4) 2.0	(5) 2.0.1.3	(6) 3.3	(7a) 3.4	(7b) 3.5	(8) 4.1.4	(9) 4.1.4	(10) 4.1.4	(11) 4.1.4
3142	DESINFEKTIONSMITTEL, FLÜSSIG, GIFTIG, N.A.G. DISINFECTANT, LIQUID, TOXIC, N.O.S.	6.1	-	I	274	0	E5	P001	-	-	-
3142	DESINFEKTIONSMITTEL, FLÜSSIG, GIFTIG, N.A.G. DISINFECTANT, LIQUID, TOXIC, N.O.S.	6.1	-	II	274	100 ml	E4	P001	-	IBC02	-
3142	DESINFEKTIONSMITTEL, FLÜSSIG, GIFTIG, N.A.G. DISINFECTANT, LIQUID, TOXIC, N.O.S.	6.1	-	III	223 274	5 L	E1	P001 LP01	-	IBC03	-
3143	FARBSTOFF, FEST, GIFTIG, N.A.G. oder FARBSTOFFZWISCHENPRODUKT, FEST, GIFTIG, N.A.G. DYE, SOLID, TOXIC, N.O.S. or DYE INTERMEDIATE, SOLID, TOXIC, N.O.S.	6.1	-	I	274	0	E5	P002	-	IBC07	B1
3143	FARBSTOFF, FEST, GIFTIG, N.A.G. oder FARBSTOFFZWISCHENPRODUKT, FEST, GIFTIG, N.A.G. DYE, SOLID, TOXIC, N.O.S. or DYE INTERMEDIATE, SOLID, TOXIC, N.O.S.	6.1	-	II	274	500 g	E4	P002	-	IBC08	B4 B21
3143	FARBSTOFF, FEST, GIFTIG, N.A.G. oder FARBSTOFFZWISCHENPRODUKT, FEST, GIFTIG, N. A. G. DYE, SOLID, TOXIC, N.O.S. or DYE INTERMEDIATE, SOLID, TOXIC, N.O.S.	6.1	-	III	223 274	5 kg	E1	P002 LP02	-	IBC08	B3
3144	NICOTINVERBINDUNG, FLÜSSIG, N.A.G. oder NICOTINZUBEREITUNG, FLÜSSIG, N.A.G. NICOTINE COMPOUND, LIQUID, N.O.S. or NICOTINE PREPARATION, LIQUID, N. O. S.	6.1	-	I	43 274	0	E5	P001	-	-	-
3144	NICOTINVERBINDUNG, FLÜSSIG, N.A.G. oder NICOTINZUBEREITUNG, FLÜSSIG, N.A.G. NICOTINE COMPOUND, LIQUID, N.O.S. or NICOTINE PREPARATION, LIQUID, N.O.S.	6.1	-	II	43 274	100 ml	E4	P001	-	IBC02	-
3144	NICOTINVERBINDUNG, FLÜSSIG, N.A.G. oder NICOTINZUBEREITUNG, FLÜSSIG, N.A.G. NICOTINE COMPOUND, LIQUID, N.O.S. or NICOTINE PREPARATION, LIQUID, N.O.S.	6.1	-	III	43 223 274	5 L	E1	P001 LP01	-	IBC03	-
3145	ALKYLPHENOLE, FLÜSSIG, N.A.G. (einschließlich C_2-C_{12}-Homologe) ALKYLPHENOLS, LIQUID, N.O.S. (including C_2-C_{12} homologues)	8	-	I	-	0	E0	P001	-	-	-
3145	ALKYLPHENOLE, FLÜSSIG, N.A.G. (einschließlich C_2-C_{12}-Homologe) ALKYLPHENOLS, LIQUID, N.O.S. (including C_2-C_{12} homologues)	8	-	II	-	1 L	E2	P001	-	IBC02	-
3145	ALKYLPHENOLE, FLÜSSIG, N.A.G. (einschließlich C_2-C_{12}-Homologe) ALKYLPHENOLS, LIQUID, N.O.S. (including C_2-C_{12} homologues)	8	-	III	223	5 L	E1	P001 LP01	-	IBC03	-

Ortsbewegliche Tanks und Schüttgut-Container			EmS	Stauung und Handhabung	Trennung	Eigenschaften und Bemerkung	UN-Nr.	
	Tank Anwei-sung(en)	Vor-schrif-ten						
(12)	(13) 4.2.5 4.3	(14) 4.2.5	(15) 5.4.3.2 7.8	(16a) 7.1, 7.3 bis 7.7	(16b) 7.2 bis 7.7	(17)	(18)	
-	-	-	F-A, S-A	Staukategorie A SW2	-	Ein weiter Bereich giftiger Flüssigkeiten. Giftig beim Verschlucken, bei Berührung mit der Haut oder beim Einatmen.	3142	
-	-	-	F-A, S-A	Staukategorie A SW2	-	Siehe Eintrag oben.	3142	
-	-	-	F-A, S-A	Staukategorie A SW2	-	Siehe Eintrag oben.	3142	
-	T6	TP33	F-A, S-A	Staukategorie A	-	Ein weiter Bereich giftiger fester Stoffe. Giftig beim Verschlucken, bei Berührung mit der Haut oder beim Einatmen.	3143	
-	T3	TP33	F-A, S-A	Staukategorie A	-	Siehe Eintrag oben.	3143	
-	T1	TP33	F-A, S-A	Staukategorie A	-	Siehe Eintrag oben.	3143	
-	-	-	F-A, S-A	Staukategorie B SW2	-	Ein weiter Bereich giftiger Flüssigkeiten. Giftig beim Verschlucken, bei Berührung mit der Haut oder beim Einatmen.	3144	
-	-	-	F-A, S-A	Staukategorie B SW2	-	Siehe Eintrag oben.	3144	
-	-	-	F-A, S-A	Staukategorie B SW2	-	Siehe Eintrag oben.	3144	
-	T14	TP2	F-A, S-B	Staukategorie B	-	Ein weiter Bereich farbloser bis hellstrohfarbener Flüssigkeiten mit durchdringendem Geruch (manchmal campherartig). Flüssigkeiten in geringem Maße mischbar mit Wasser. Verursachen Verätzungen der Haut, der Augen und der Schleimhäute.	3145	*→ UN 2430*
-	T11	TP2 TP27	F-A, S-B	Staukategorie B	-	Siehe Eintrag oben.	3145	
-	T7	TP1 TP28	F-A, S-B	Staukategorie A	-	Siehe Eintrag oben.	3145	

3.2 Gefahrgutliste

UN-Nr.	Richtiger technischer Name	Klasse	Zusatzgefahr	Verpackungsgruppe	Sondervorschriften	Begrenzte und freigestellte Mengen		Verpackungen		IBC	
						Begrenzte Mengen	Freigestellte Mengen	Anweisung(en)	Sondervorschriften	Anweisung(en)	Sondervorschriften
(1)	(2) 3.1.2	(3) 2.0	(4) 2.0	(5) 2.0.1.3	(6) 3.3	(7a) 3.4	(7b) 3.5	(8) 4.1.4	(9) 4.1.4	(10) 4.1.4	(11) 4.1.4
3146	ORGANISCHE ZINNVERBINDUNG, FEST, N.A.G. ORGANOTIN COMPOUND, SOLID, N.O.S.	6.1	- **P**	I	43 274	0	E5	P002	-	IBC07	B1
3146	ORGANISCHE ZINNVERBINDUNG, FEST, N.A.G. ORGANOTIN COMPOUND, SOLID, N.O.S.	6.1	- **P**	II	43 274	500 g	E4	P002	-	IBC08	B4 B21
3146	ORGANISCHE ZINNVERBINDUNG, FEST, N.A.G. ORGANOTIN COMPOUND, SOLID, N.O.S.	6.1	- **P**	III	43 223 274	5 kg	E1	P002 LP02	-	IBC08	B3
3147	FARBSTOFF, FEST, ÄTZEND, N.A.G. oder FARBSTOFFZWISCHENPRODUKT, FEST, ÄTZEND, N.A.G. DYE, SOLID, CORROSIVE, N.O.S. or DYE INTERMEDIATE, SOLID, CORROSIVE, N.O.S.	8	-	I	274	0	E0	P002	-	IBC07	B1
3147	FARBSTOFF, FEST, ÄTZEND, N.A.G. oder FARBSTOFFZWISCHENPRODUKT, FEST, ÄTZEND, N.A.G. DYE, SOLID, CORROSIVE, N.O.S. or DYE INTERMEDIATE, SOLID, CORROSIVE, N.O.S.	8	-	II	274	1 kg	E2	P002	-	IBC08	B4 B21
3147	FARBSTOFF, FEST, ÄTZEND, N.A.G. oder FARBSTOFFZWISCHENPRODUKT, FEST, ÄTZEND, N.A.G. DYE, SOLID, CORROSIVE, N.O.S. or DYE INTERMEDIATE, SOLID, CORROSIVE, N.O.S.	8	-	III	223 274	5 kg	E1	P002 LP02	-	IBC08	B3
3148	MIT WASSER REAGIERENDER FLÜSSIGER STOFF, N.A.G. WATER-REACTIVE LIQUID, N.O.S.	4.3	-	I	274	0	E0	P402	PP31	-	-
3148	MIT WASSER REAGIERENDER FLÜSSIGER STOFF, N.A.G. WATER-REACTIVE LIQUID, N.O.S.	4.3	-	II	274	500 ml	E2	P402	PP31	IBC01	-
3148	MIT WASSER REAGIERENDER FLÜSSIGER STOFF, N.A.G. WATER-REACTIVE LIQUID, N.O.S.	4.3	-	III	223 274	1 L	E1	P001	PP31	IBC02	-
3149	WASSERSTOFFPEROXID UND PERESSIGSÄURE, MISCHUNG, STABILISIERT mit Säure(n), Wasser und höchstens 5 % Peressigsäure HYDROGEN PEROXIDE AND PEROXYACETIC ACID MIXTURE with acid(s), water and not more than 5 % peroxyacetic acid, STABILIZED	5.1	8	II	196	1 L	E2	P504	PP10	IBC02	B5
3150	GERÄTE, KLEIN, MIT KOHLENWASSERSTOFFGAS, mit Entnahmeeinrichtung oder KOHLENWASSERSTOFFGAS-NACHFÜLLPATRONEN FÜR KLEINE GERÄTE, mit Entnahmeeinrichtung DEVICES, SMALL, HYDROCARBON GAS POWERED or HYDROCARBON GAS REFILLS FOR SMALL DEVICES with release device	2.1	-	-	-	0	E0	P003	-	-	-

Ortsbewegliche Tanks und Schüttgut-Container			EmS	Stauung und Handhabung	Trennung	Eigenschaften und Bemerkung	UN-Nr.
	Tank Anweisung(en)	Vorschriften					
(12)	(13)	(14)	(15)	(16a)	(16b)	(17)	(18)
	4.2.5 4.3	4.2.5	5.4.3.2 7.8	7.1, 7.3 bis 7.7	7.2 bis 7.7		
-	T6	TP33	F-A, S-A	Staukategorie B SW2	-	Ein weiter Bereich giftiger, fester Stoffe. Giftig beim Verschlucken, bei Berührung mit der Haut oder beim Einatmen.	3146
-	T3	TP33	F-A, S-A	Staukategorie A SW2	-	Siehe Eintrag oben.	3146
-	T1	TP33	F-A, S-A	Staukategorie A SW2	-	Siehe Eintrag oben.	3146
-	T6	TP33	F-A, S-B	Staukategorie A	-	Ein weiter Bereich ätzender, fester Stoffe oder Pasten. Verursachen Verätzungen der Haut, der Augen und der Schleimhäute.	3147
-	T3	TP33	F-A, S-B	Staukategorie A	-	Siehe Eintrag oben.	3147
-	T1	TP33	F-A, S-B	Staukategorie A	-	Siehe Eintrag oben.	3147
-	T13	TP2 TP7 TP38	F-G, S-N	Staukategorie E SW2 H1	SG26	-	3148
-	T7	TP2 TP7	F-G, S-N	Staukategorie E SW2 H1	SG26	-	3148
-	T7	TP2 TP7	F-G, S-N	Staukategorie E SW2 H1	SG26	-	3148
-	T7	TP2 TP6 TP24	F-H, S-Q	Staukategorie D SW1	SGG16 SG16 SG59 SG72	Farblose Flüssigkeit. Wird als wässerige Lösung befördert. Zersetzt sich langsam unter Bildung von Sauerstoff. Die Zersetzungsgeschwindigkeit erhöht sich in Berührung mit den meisten Metallen. Kann in Berührung mit brennbaren Stoffen Feuer verursachen. Verursacht Verätzungen der Haut, der Augen und der Schleimhäute. Auch stabilisierte Lösungen können Sauerstoff abgeben.	3149
-	-	-	F-D, S-U	Staukategorie B SW2	-	Verschiedene kleine Geräte für Kosmetik- und sonstige Zwecke und deren Nachfüllpackungen.	3150

UN-Nr.	Richtiger technischer Name	Klasse	Zusatzgefahr	Verpackungsgruppe	Sondervorschriften	Begrenzte und freigestellte Mengen		Verpackungen		IBC	
						Begrenzte Mengen	Freigestellte Mengen	Anweisung(en)	Sondervorschriften	Anweisung(en)	Sondervorschriften
(1)	(2) 3.1.2	(3) 2.0	(4) 2.0	(5) 2.0.1.3	(6) 3.3	(7a) 3.4	(7b) 3.5	(8) 4.1.4	(9) 4.1.4	(10) 4.1.4	(11) 4.1.4
3151	POLYHALOGENIERTE BIPHENYLE, FLÜSSIG oder HALOGENIERTE MONOMETHYLDIPHENYLMETHANE, FLÜSSIG oder POLYHALOGENIERTE TERPHENYLE, FLÜSSIG POLYHALOGENATED BIPHENYLS, LIQUID or HALOGENATED MONOMETHYLDIPHENYLMETHANES, LIQUID or POLYHALOGENATED TERPHENYLS, LIQUID	9	- P	II	203 305	1 L	E2	P906	-	IBC02	-
3152	POLYHALOGENIERTE BIPHENYLE, FEST oder HALOGENIERTE MONOMETHYLDIPHENYLMETHANE, FEST oder POLYHALOGENIERTE TERPHENYLE, FEST POLYHALOGENATED BIPHENYLS, SOLID or HALOGENATED MONOMETHYLDIPHENYLMETHANES, SOLID or POLYHALOGENATED TERPHENYLS, SOLID	9	- P	II	203 305 958	1 kg	E2	P906	-	IBC08	B4 B21
3153	PERFLUOR(METHYLVINYLETHER) PERFLUORO (METHYL VINYL ETHER)	2.1	-	-	-	0	E0	P200	-	-	-
3154	PERFLUOR(ETHYLVINYLETHER) PERFLUORO (ETHYL VINYL ETHER)	2.1	-	-	-	0	E0	P200	-	-	-
3155	PENTACHLORPHENOL PENTACHLOROPHENOL	6.1	- P	II	43	500 g	E4	P002	-	IBC08	B4 B21
3156	VERDICHTETES GAS, OXIDIEREND, N.A.G. COMPRESSED GAS, OXIDIZING, N.O.S.	2.2	5.1	-	274	0	E0	P200	-	-	-
3157	VERFLÜSSIGTES GAS, OXIDIEREND, N.A.G. LIQUEFIED GAS, OXIDIZING, N.O.S.	2.2	5.1	-	274	0	E0	P200	-	-	-
3158	GAS, TIEFGEKÜHLT, FLÜSSIG, N.A.G. GAS, REFRIGERATED LIQUID, N.O.S.	2.2	-	-	274	120 ml	E1	P203	-	-	-
3159	1,1,1,2-TETRAFLUORETHAN (GAS ALS KÄLTEMITTEL R 134a) 1,1,1,2-TETRAFLUOROETHANE (REFRIGERANT GAS R 134a)	2.2	-	-	-	120 ml	E1	P200	-	-	-
3160	VERFLÜSSIGTES GAS, GIFTIG, ENTZÜNDBAR, N.A.G. LIQUEFIED GAS, TOXIC, FLAMMABLE, N.O.S.	2.3	2.1	-	274	0	E0	P200	-	-	-
3161	VERFLÜSSIGTES GAS, ENTZÜNDBAR, N.A.G. LIQUEFIED GAS, FLAMMABLE, N.O.S.	2.1	-	-	274	0	E0	P200	-	-	-
3162	VERFLÜSSIGTES GAS, GIFTIG, N.A.G. LIQUEFIED GAS, TOXIC, N.O.S.	2.3	-	-	274	0	E0	P200	-	-	-
3163	VERFLÜSSIGTES GAS, N.A.G. LIQUEFIED GAS, N.O.S.	2.2	-	-	274	120 ml	E1	P200	-	-	-
3164	GEGENSTÄNDE UNTER PNEUMATISCHEM DRUCK oder GEGENSTÄNDE UNTER HYDRAULISCHEM DRUCK (mit nicht entzündbarem Gas) ARTICLES, PRESSURIZED, PNEUMATIC or HYDRAULIC (containing non-flammable gas)	2.2	-	-	283 371	120 ml	E0	P003	-	-	-

Ortsbewegliche Tanks und Schüttgut-Container			EmS	Stauung und Handhabung	Trennung	Eigenschaften und Bemerkung	UN-Nr.	
	Tank Anweisung(en)	Vorschriften						
(12)	(13)	(14)	(15)	(16a)	(16b)	(17)	(18)	
	4.2.5 4.3	4.2.5	5.4.3.2 7.8	7.1, 7.3 bis 7.7	7.2 bis 7.7			
-	-	-	F-A, S-A	Staukategorie A	SG50	Viskose Flüssigkeiten mit wahrnehmbarem Geruch. Gesundheitsschädlich beim Verschlucken oder bei Berührung mit der Haut. Mit dieser Eintragung sind auch Geräte wie Transformatoren und Kondensatoren erfasst, die freie flüssige Polyhalogenierte Biphenyle oder Polyhalogenierte Terphenyle enthalten.	3151	→ *UN 3432*
-	T3	TP33	F-A, S-A	Staukategorie A	SG50	Fester Stoff mit wahrnehmbarem Geruch. Schmelzpunkt der festen Stoffe variiert von 2 °C bis 164 °C. Gesundheitsschädlich beim Verschlucken oder bei Berührung mit der Haut. Mit dieser Eintragung sind auch Stoffe wie Lappen, Baumwollabfälle, Kleidung, Sägespäne usw. erfasst, die POLYHALOGENIERTE BIPHENYLE oder POLYHALOGENIERTE TERPHENYLE enthalten und bei denen keine freie sichtbare Flüssigkeit vorhanden ist.	3152	→ *UN 3432*
-	T50	-	F-D, S-U	Staukategorie E SW2	-	Explosionsgrenzen: 7 % bis 73 %. Viel schwerer als Luft (4,8). Siedepunkt: -27 °C.	3153	
-	-	-	F-D, S-U	Staukategorie E SW2	-	Explosionsgrenzen: 7 % bis 73 %. Viel schwerer als Luft (6,4). Siedepunkt: 12 °C.	3154	
-	T3	TP33	F-A, S-A	Staukategorie A	-	Giftig beim Verschlucken, bei Berührung mit der Haut oder beim Einatmen von Staub.	3155	
-	-	-	F-C, S-W	Staukategorie D	-	-	3156	
-	-	-	F-C, S-W	Staukategorie D	-	-	3157	
-	T75	TP5	F-C, S-V	Staukategorie D	-	-	3158	
-	T50	-	F-C, S-V	Staukategorie A	-	Nicht entzündbares Gas mit leichtem etherartigem Geruch. Viel schwerer als Luft (3,5).	3159	
-	-	-	F-D, S-U	Staukategorie D SW2	-	-	3160	
-	T50	-	F-D, S-U	Staukategorie D SW2	-	-	3161	
-	-	-	F-C, S-U	Staukategorie D SW2	-	-	3162	
-	T50	-	F-C, S-V	Staukategorie A	-	-	3163	
-	-	-	F-C, S-V	Staukategorie A	-	Gegenstände, die nicht entzündbares, nicht giftiges Gas enthalten, das zu ihrer Funktion benötigt wird.	3164	

UN-Nr.	Richtiger technischer Name	Klasse	Zusatzgefahr	Verpackungsgruppe	Sondervorschriften	Begrenzte und freigestellte Mengen		Verpackungen		IBC	
						Begrenzte Mengen	Freigestellte Mengen	Anweisung(en)	Sondervorschriften	Anweisung(en)	Sondervorschriften
(1)	(2) 3.1.2	(3) 2.0	(4) 2.0	(5) 2.0.1.3	(6) 3.3	(7a) 3.4	(7b) 3.5	(8) 4.1.4	(9) 4.1.4	(10) 4.1.4	(11) 4.1.4
3165	KRAFTSTOFFTANK FÜR HYDRAULISCHES AGGREGAT FÜR FLUGZEUGE (mit einer Mischung von wasserfreiem Hydrazin und Methylhydrazin) (Kraftstoff M86) AIRCRAFT HYDRAULIC POWER UNIT FUEL TANK (containing a mixture of anhydrous hydrazine and methylhydrazine) (M86 fuel)	3	6.1/8	I	-	0	E0	P301	-	-	-
3166	FAHRZEUG MIT ANTRIEB DURCH ENTZÜNDBARES GAS oder FAHRZEUG MIT ANTRIEB DURCH ENTZÜNDBARE FLÜSSIGKEIT oder BRENNSTOFFZELLEN-FAHRZEUG MIT ANTRIEB DURCH ENTZÜNDBARES GAS oder BRENNSTOFFZELLEN-FAHRZEUG MIT ANTRIEB DURCH ENTZÜNDBARE FLÜSSIGKEIT VEHICLE, FLAMMABLE GAS POWERED or VEHICLE, FLAMMABLE LIQUID POWERED or VEHICLE, FUEL CELL, FLAMMABLE GAS POWERED or VEHICLE, FUEL CELL, FLAMMABLE LIQUID POWERED	9	-	-	356 388 961 962	-	-	-	-	-	-
3167	GASPROBE, NICHT UNTER DRUCK STEHEND, ENTZÜNDBAR, N.A.G., nicht tiefgekühlt flüssig GAS SAMPLE, NON-PRESSURIZED, FLAMMABLE, N.O.S., not refrigerated liquid	2.1	-	-	209	0	E0	P201	-	-	-
3168	GASPROBE, NICHT UNTER DRUCK STEHEND, GIFTIG, ENTZÜNDBAR, N.A.G., nicht tiefgekühlt flüssig GAS SAMPLE, NON-PRESSURIZED, TOXIC, FLAMMABLE, N.O.S., not refrigerated liquid	2.3	2.1	-	209	0	E0	P201	-	-	-
3169	GASPROBE, NICHT UNTER DRUCK STEHEND, GIFTIG, N.A.G., nicht tiefgekühlt flüssig GAS SAMPLE, NON-PRESSURIZED, TOXIC, N.O.S., not refrigerated liquid	2.3	-	-	209	0	E0	P201	-	-	-
3170	NEBENPRODUKTE DER ALUMINIUMHERSTELLUNG oder NEBENPRODUKTE DER ALUMINIUMUMSCHMELZUNG ALUMINIUM SMELTING BY-PRODUCTS or ALUMINIUM REMELTING BY-PRODUCTS	4.3	-	II	244	500 g	E2	P410	PP31 PP40	IBC07	B4 B21
3170	NEBENPRODUKTE DER ALUMINIUMHERSTELLUNG oder NEBENPRODUKTE DER ALUMINIUMUMSCHMELZUNG ALUMINIUM SMELTING BY-PRODUCTS or ALUMINIUM REMELTING BY-PRODUCTS	4.3	-	III	223 244	1 kg	E1	P002	PP31	IBC08	B4
3171	BATTERIEBETRIEBENES FAHRZEUG oder BATTERIEBETRIEBENES GERÄT BATTERY-POWERED VEHICLE or BATTERY-POWERED EQUIPMENT	9	-	-	388 961 962 971	-	-	-	-	-	-

Ortsbewegliche Tanks und Schüttgut-Container			EmS	Stauung und Handhabung	Trennung	Eigenschaften und Bemerkung	UN-Nr.	
	Tank Anweisung(en)	Vorschriften						
(12)	(13)	(14)	(15)	(16a)	(16b)	(17)	(18)	
	4.2.5 4.3	4.2.5	5.4.3.2 7.8	7.1, 7.3 bis 7.7	7.2 bis 7.7			
-	-	-	F-E, S-C	Staukategorie D SW2	SG5 SG8 SG13	Das Gemisch ist mit Wasser mischbar und kann mit entzündend (oxidierend) wirkenden Stoffen gefährlich reagieren. Das Gemisch ist sehr giftig beim Verschlucken, bei Berührung mit der Haut oder beim Einatmen. Verursacht Verätzungen der Haut, der Augen und der Schleimhäute.	3165	
-	-	-	F-D, S-U für Gase oder F-E, S-E für Flüssigkeiten	Staukategorie A	-	Zu den Arten von Gegenständen, die unter dieser Eintragung befördert werden, gehören Kraftfahrzeuge, Hybridfahrzeuge, Brennstoffzellenfahrzeuge, Krafträder und Boote.	3166	→ *UN 3171* → *UN 3363* → *UN 3528* → *UN 3529* → *UN 3530*
-	-	-	F-D, S-U	Staukategorie D	-	-	3167	
-	-	-	F-D, S-U	Staukategorie D	-	-	3168	
-	-	-	F-C, S-U	Staukategorie D	-	-	3169	
-	T3 BK2	TP33	F-G, S-P	Staukategorie B SW5 H1	SGG15 SG26	Graues Pulver oder Klumpen mit metallenen Einschlüssen. Zutritt von Wasser kann Wärmeentwicklung verursachen und die mögliche Bildung entzündbarer und giftiger Gase, wie z. B. Wasserstoff und Ammoniak. Dieser Eintrag schließt z. B. Aluminiumkrätze, Aluminiumschmelzrückstände, verbrauchte Kathoden, verbrauchte Ofenauskleidungen und Aluminiumsalzschlacken ein.	3170	
-	T1 BK2	TP33	F-G, S-P	Staukategorie B SW5 H1	SGG15 SG26	Siehe Eintrag oben.	3170	
-	-	-	F-A, S-I	Staukategorie A	-	Zu den Arten von Gegenständen, die unter dieser Eintragung befördert werden, gehören mit eingebauten Nassbatterien, Natriumbatterien oder Lithiumbatterien betriebene Fahrzeuge oder Geräte, wie z. B. Elektrofahrzeuge, Rasenmäher, Rollstühle und sonstige Mobilitätshilfen.	3171	→ *UN 3166* → *UN 3363* → *UN 3528* → *UN 3529* → *UN 3530*

UN-Nr.	Richtiger technischer Name	Klasse	Zusatzgefahr	Verpackungsgruppe	Sondervorschriften	Begrenzte und freigestellte Mengen		Verpackungen		IBC	
						Begrenzte Mengen	Freigestellte Mengen	Anweisung(en)	Sondervorschriften	Anweisung(en)	Sondervorschriften
(1)	(2) 3.1.2	(3) 2.0	(4) 2.0	(5) 2.0.1.3	(6) 3.3	(7a) 3.4	(7b) 3.5	(8) 4.1.4	(9) 4.1.4	(10) 4.1.4	(11) 4.1.4
3172	TOXINE, GEWONNEN AUS LEBENDEN ORGANISMEN, FLÜSSIG, N.A.G. TOXINS, EXTRACTED FROM LIVING SOURCES, LIQUID, N.O.S.	6.1	-	I	210 274	0	E5	P001	-	-	-
3172	TOXINE, GEWONNEN AUS LEBENDEN ORGANISMEN, FLÜSSIG, N.A.G. TOXINS, EXTRACTED FROM LIVING SOURCES, LIQUID, N.O.S.	6.1	-	II	210 274	100 ml	E4	P001	-	IBC02	-
3172	TOXINE, GEWONNEN AUS LEBENDEN ORGANISMEN, FLÜSSIG, N.A.G. TOXINS, EXTRACTED FROM LIVING SOURCES, LIQUID, N.O.S.	6.1	-	III	210 223 274	5 L	E1	P001 LP01	-	IBC03	-
3174	TITANDISULFID TITANIUM DISULPHIDE	4.2	-	III	-	0	E1	P002 LP02	PP31	IBC08	B3
3175	FESTE STOFFE, DIE ENTZÜNDBARE FLÜSSIGE STOFFE ENTHALTEN, N.A.G. SOLIDS CONTAINING FLAMMABLE LIQUID, N.O.S.	4.1	-	II	216 274	1 kg	E2	P002	PP9	IBC06	B21
3176	ENTZÜNDBARER ORGANISCHER FESTER STOFF IN GESCHMOLZENEM ZUSTAND, N.A.G. FLAMMABLE SOLID, ORGANIC, MOLTEN, N.O.S.	4.1	-	II	274	0	E0	-	-	-	-
3176	ENTZÜNDBARER ORGANISCHER FESTER STOFF IN GESCHMOLZENEM ZUSTAND, N.A.G. FLAMMABLE SOLID, ORGANIC, MOLTEN, N.O.S.	4.1	-	III	223 274	0	E0	-	-	-	-
3178	ENTZÜNDBARER ANORGANISCHER FESTER STOFF, N.A.G. FLAMMABLE SOLID, INORGANIC, N.O.S.	4.1	-	II	274	1 kg	E2	P002	-	IBC08	B4 B21
3178	ENTZÜNDBARER ANORGANISCHER FESTER STOFF, N.A.G. FLAMMABLE SOLID, INORGANIC, N.O.S.	4.1	-	III	223 274	5 kg	E1	P002 LP02	-	IBC08	B3
3179	ENTZÜNDBARER ANORGANISCHER FESTER STOFF, GIFTIG, N.A.G. FLAMMABLE SOLID, TOXIC, INORGANIC, N.O.S.	4.1	6.1	II	274	1 kg	E2	P002	-	IBC06	B21
3179	ENTZÜNDBARER ANORGANISCHER FESTER STOFF, GIFTIG, N.A.G. FLAMMABLE SOLID, TOXIC, INORGANIC, N.O.S.	4.1	6.1	III	223 274	5 kg	E1	P002	-	IBC06	-
3180	ENTZÜNDBARER ANORGANISCHER FESTER STOFF, ÄTZEND, N.A.G. FLAMMABLE SOLID, CORROSIVE, INORGANIC, N.O.S.	4.1	8	II	274	1 kg	E2	P002	-	IBC06	B21
3180	ENTZÜNDBARER ANORGANISCHER FESTER STOFF, ÄTZEND, N.A.G. FLAMMABLE SOLID, CORROSIVE, INORGANIC, N.O.S.	4.1	8	III	223 274	5 kg	E1	P002	-	IBC06	-
3181	ENTZÜNDBARE METALLSALZE ORGANISCHER VERBINDUNGEN, N.A.G. METAL SALTS OF ORGANIC COMPOUNDS, FLAMMABLE, N. O. S.	4.1	-	II	274	1 kg	E2	P002	PP31	IBC08	B4 B21

Ortsbewegliche Tanks und Schüttgut-Container			EmS	Stauung und Handhabung	Trennung	Eigenschaften und Bemerkung	UN-Nr.	
	Tank Anweisung(en)	Vorschriften						
(12)	(13)	(14)	(15)	(16a)	(16b)	(17)	(18)	
	4.2.5 4.3	4.2.5	5.4.3.2 7.8	7.1, 7.3 bis 7.7	7.2 bis 7.7			
-	-	-	F-A, S-A	Staukategorie B	-	Toxine von pflanzlichen, tierischen oder bakteriellen Quellen, die infektiöse Stoffe enthalten oder Toxine, die in infektiösen Stoffen enthalten sind, sind in die Klasse 6.2 einzustufen. Giftig beim Verschlucken, bei Berührung mit der Haut oder beim Einatmen.	3172	→ *UN 3462*
-	-	-	F-A, S-A	Staukategorie B	-	Siehe Eintrag oben.	3172	→ *UN 3462*
-	-	-	F-A, S-A	Staukategorie A	-	Siehe Eintrag oben.	3172	→ *UN 3462*
-	T1	TP33	F-A, S-J	Staukategorie A	SGG7	Gelbes oder graues Pulver mit unangenehmem Geruch. In Berührung mit Wasser wird langsam Schwefelwasserstoff entwickelt.	3174	
-	T3 BK2	TP33	F-A, S-I	Staukategorie B	-	Mischung von nicht gefährlichen festen Stoffen (wie Erde, Sand, Produktionsstoffe usw.) und entzündbaren flüssigen Stoffen.	3175	
-	T3	TP3 TP26	F-A, S-H	Staukategorie C	-	Wird geschmolzen oberhalb seines Schmelzpunktes befördert.	3176	
-	T1	TP3 TP26	F-A, S-H	Staukategorie C	-	Siehe Eintrag oben.	3176	
-	T3	TP33	F-A, S-G	Staukategorie B	-	-	3178	
-	T1	TP33	F-A, S-G	Staukategorie B	-	-	3178	
-	T3	TP33	F-A, S-G	Staukategorie B SW2	-	Giftig beim Verschlucken, bei Berührung mit der Haut oder beim Einatmen von Staub. Stoff ist mit Vorsicht zu handhaben, um Berührungen, insbesondere mit Staub, auf ein Mindestmaß zu beschränken.	3179	
-	T1	TP33	F-A, S-G	Staukategorie B SW2	-	Siehe Eintrag oben.	3179	
-	T3	TP33	F-A, S-G	Staukategorie D SW2	-	Verursacht Verätzungen der Haut, der Augen und der Schleimhäute.	3180	
-	T1	TP33	F-A, S-G	Staukategorie D SW2	-	Siehe Eintrag oben.	3180	
-	T3	TP33	F-A, S-I	Staukategorie B SW2	SGG7	Zersetzung in Wasser. Neigt zur Selbsterhitzung. Wirkt reizend auf Haut und Schleimhäute.	3181	

UN-Nr.	Richtiger technischer Name	Klasse	Zusatzgefahr	Verpackungsgruppe	Sondervorschriften	Begrenzte und freigestellte Mengen		Verpackungen		IBC	
						Begrenzte Mengen	Freigestellte Mengen	Anweisung(en)	Sondervorschriften	Anweisung(en)	Sondervorschriften
(1)	(2) 3.1.2	(3) 2.0	(4) 2.0	(5) 2.0.1.3	(6) 3.3	(7a) 3.4	(7b) 3.5	(8) 4.1.4	(9) 4.1.4	(10) 4.1.4	(11) 4.1.4
3181	ENTZÜNDBARE METALLSALZE ORGANISCHER VERBINDUNGEN, N.A.G. METAL SALTS OF ORGANIC COMPOUNDS, FLAMMABLE, N.O.S.	4.1	-	III	223 274	5 kg	E1	P002 LP02	PP31	IBC08	B3
3182	ENTZÜNDBARE METALLHYDRIDE, N.A.G. METAL HYDRIDES, FLAMMABLE, N.O.S.	4.1	-	II	274	1 kg	E2	P410	PP31 PP40	IBC04	-
3182	ENTZÜNDBARE METALLHYDRIDE, N.A.G. METAL HYDRIDES, FLAMMABLE, N.O.S.	4.1	-	III	223 274	5 kg	E1	P002	PP31	IBC04	-
3183	SELBSTERHITZUNGSFÄHIGER ORGANISCHER FLÜSSIGER STOFF, N.A.G. SELF-HEATING LIQUID, ORGANIC, N.O.S.	4.2	-	II	274	0	E2	P001	PP31	IBC02	-
3183	SELBSTERHITZUNGSFÄHIGER ORGANISCHER FLÜSSIGER STOFF, N.A.G. SELF-HEATING LIQUID, ORGANIC, N.O.S.	4.2	-	III	223 274	0	E1	P001	PP31	IBC02	-
3184	SELBSTERHITZUNGSFÄHIGER ORGANISCHER FLÜSSIGER STOFF, GIFTIG, N.A.G. SELF-HEATING LIQUID, TOXIC, ORGANIC, N.O.S.	4.2	6.1	II	274	0	E2	P402	PP31	IBC02	-
3184	SELBSTERHITZUNGSFÄHIGER ORGANISCHER FLÜSSIGER STOFF, GIFTIG, N.A.G. SELF-HEATING LIQUID, TOXIC, ORGANIC, N.O.S.	4.2	6.1	III	223 274	0	E1	P001	PP31	IBC02	-
3185	SELBSTERHITZUNGSFÄHIGER ORGANISCHER FLÜSSIGER STOFF, ÄTZEND, N.A.G. SELF-HEATING LIQUID, CORROSIVE, ORGANIC, N.O.S.	4.2	8	II	274	0	E2	P402	PP31	IBC02	-
3185	SELBSTERHITZUNGSFÄHIGER ORGANISCHER FLÜSSIGER STOFF, ÄTZEND, N.A.G. SELF-HEATING LIQUID, CORROSIVE, ORGANIC, N.O.S.	4.2	8	III	223 274	0	E1	P001	PP31	IBC02	-
3186	SELBSTERHITZUNGSFÄHIGER ANORGANISCHER FLÜSSIGER STOFF, N.A.G. SELF-HEATING LIQUID, INORGANIC, N.O.S.	4.2	-	II	274	0	E2	P001	PP31	IBC02	-
3186	SELBSTERHITZUNGSFÄHIGER ANORGANISCHER FLÜSSIGER STOFF, N.A.G. SELF-HEATING LIQUID, INORGANIC, N.O.S.	4.2	-	III	223 274	0	E1	P001	PP31	IBC02	-
3187	SELBSTERHITZUNGSFÄHIGER ANORGANISCHER FLÜSSIGER STOFF, GIFTIG, N.A.G. SELF-HEATING LIQUID, TOXIC, INORGANIC, N.O.S.	4.2	6.1	II	274	0	E2	P402	PP31	IBC02	-

Ortsbewegliche Tanks und Schüttgut-Container			EmS	Stauung und Handhabung	Trennung	Eigenschaften und Bemerkung	UN-Nr.
	Tank Anweisung(en)	Vorschriften					
(12)	(13)	(14)	(15)	(16a)	(16b)	(17)	(18)
	4.2.5 4.3	4.2.5	5.4.3.2 7.8	7.1, 7.3 bis 7.7	7.2 bis 7.7		
-	T1	TP33	F-A, S-I	Staukategorie B SW2	SGG7	Siehe Eintrag oben.	3181
-	T3	TP33	F-A, S-G	Staukategorie E	-	-	3182
-	T1	TP33	F-A, S-G	Staukategorie E	-	-	3182
-	-	-	F-A, S-J	Staukategorie C	-	-	3183
-	-	-	F-A, S-J	Staukategorie C	-	-	3183
-	-	-	F-A, S-J	Staukategorie C	-	-	3184
-	-	-	F-A, S-J	Staukategorie C	-	-	3184
-	-	-	F-A, S-J	Staukategorie C	-	-	3185
-	-	-	F-A, S-J	Staukategorie C	-	-	3185
-	-	-	F-A, S-J	Staukategorie C	-	-	3186
-	-	-	F-A, S-J	Staukategorie C	-	-	3186
-	-	-	F-A, S-J	Staukategorie C	-	-	3187

UN-Nr.	Richtiger technischer Name	Klasse	Zusatzgefahr	Verpackungsgruppe	Sondervorschriften	Begrenzte und freigestellte Mengen		Verpackungen		IBC	
						Begrenzte Mengen	Freigestellte Mengen	Anweisung(en)	Sondervorschriften	Anweisung(en)	Sondervorschriften
(1)	(2) 3.1.2	(3) 2.0	(4) 2.0	(5) 2.0.1.3	(6) 3.3	(7a) 3.4	(7b) 3.5	(8) 4.1.4	(9) 4.1.4	(10) 4.1.4	(11) 4.1.4
3187	SELBSTERHITZUNGSFÄHIGER ANORGANISCHER FLÜSSIGER STOFF, GIFTIG, N.A.G. SELF-HEATING LIQUID, TOXIC, INORGANIC, N.O.S.	4.2	6.1	III	223 274	0	E1	P001	PP31	IBC02	-
3188	SELBSTERHITZUNGSFÄHIGER ANORGANISCHER FLÜSSIGER STOFF, ÄTZEND, N.A.G. SELF-HEATING LIQUID, CORROSIVE, INORGANIC, N.O.S.	4.2	8	II	274	0	E2	P402	PP31	IBC02	-
3188	SELBSTERHITZUNGSFÄHIGER ANORGANISCHER FLÜSSIGER STOFF, ÄTZEND, N.A.G. SELF-HEATING LIQUID, CORROSIVE, INORGANIC, N.O.S.	4.2	8	III	223 274	0	E1	P001	PP31	IBC02	-
3189	SELBSTERHITZUNGSFÄHIGES METALLPULVER, N.A.G. METAL POWDER, SELF-HEATING, N.O.S.	4.2	-	II	274	0	E2	P410	PP31	IBC06	B21
3189	SELBSTERHITZUNGSFÄHIGES METALLPULVER, N.A.G. METAL POWDER, SELF-HEATING, N.O.S.	4.2	-	III	223 274	0	E1	P002 LP02	PP31 L4	IBC08	B4
3190	SELBSTERHITZUNGSFÄHIGER ANORGANISCHER FESTER STOFF, N.A.G. SELF-HEATING SOLID, INORGANIC, N.O.S.	4.2	-	II	274	0	E2	P410	PP31	IBC06	B21
3190	SELBSTERHITZUNGSFÄHIGER ANORGANISCHER FESTER STOFF, N.A.G. SELF-HEATING SOLID, INORGANIC, N.O.S.	4.2	-	III	223 274	0	E1	P002 LP02	PP31	IBC08	B3
3191	SELBSTERHITZUNGSFÄHIGER ANORGANISCHER FESTER STOFF, GIFTIG, N.A.G. SELF-HEATING SOLID, TOXIC, INORGANIC, N.O.S.	4.2	6.1	II	274	0	E2	P410	-	IBC05	B21
3191	SELBSTERHITZUNGSFÄHIGER ANORGANISCHER FESTER STOFF, GIFTIG, N.A.G. SELF-HEATING SOLID, TOXIC, INORGANIC, N.O.S.	4.2	6.1	III	223 274	0	E1	P002	-	IBC08	B3
3192	SELBSTERHITZUNGSFÄHIGER ANORGANISCHER FESTER STOFF, ÄTZEND, N.A.G. SELF-HEATING SOLID, CORROSIVE, INORGANIC, N.O.S.	4.2	8	II	274	0	E2	P410	-	IBC05	B21
3192	SELBSTERHITZUNGSFÄHIGER ANORGANISCHER FESTER STOFF, ÄTZEND, N.A.G. SELF-HEATING SOLID, CORROSIVE, INORGANIC, N.O.S.	4.2	8	III	274	0	E1	P002	-	IBC08	B3
3194	PYROPHORER ANORGANISCHER FLÜSSIGER STOFF, N.A.G. PYROPHORIC LIQUID, INORGANIC, N.O.S.	4.2	-	I	274	0	E0	P400	-	-	-

Ortsbewegliche Tanks und Schüttgut-Container			EmS	Stauung und Handhabung	Trennung	Eigenschaften und Bemerkung	UN-Nr.
	Tank Anweisung(en)	Vorschriften					
(12)	(13)	(14)	(15)	(16a)	(16b)	(17)	(18)
	4.2.5 4.3	4.2.5	5.4.3.2 7.8	7.1, 7.3 bis 7.7	7.2 bis 7.7		
-	-	-	F-A, S-J	Staukategorie C	-	-	3187
-	-	-	F-A, S-J	Staukategorie C	-	-	3188
-	-	-	F-A, S-J	Staukategorie C	-	-	3188
-	T3	TP33	F-G, S-J	Staukategorie C H1	SGG7 SGG15 SG26	Bildet mit entzündend (oxidierend) wirkenden Stoffen explosionsfähige Gemische.	3189
-	T1	TP33	F-G, S-J	Staukategorie C H1	SGG7 SGG15 SG26	Siehe Eintrag oben.	3189
-	T3	TP33	F-A, S-J	Staukategorie C	-	Fähig zur Selbsterhitzung oder Selbstentzündung.	3190
-	T1	TP33	F-A, S-J	Staukategorie C	-	Siehe Eintrag oben.	3190
-	T3	TP33	F-A, S-J	Staukategorie C	-	-	3191
-	T1	TP33	F-A, S-J	Staukategorie C	-	-	3191
-	T3	TP33	F-A, S-J	Staukategorie C	-	-	3192
-	T1	TP33	F-A, S-J	Staukategorie C	-	-	3192
-	-	-	F-G, S-M	Staukategorie D H1	SG26 SG63	Sehr leicht entzündbare Flüssigkeiten, können sich in feuchter Luft selbst entzünden. Entwickeln bei Berührung mit Luft reizende und schwach giftige Gase.	3194

UN-Nr.	Richtiger technischer Name	Klasse	Zusatz-gefahr	Verpa-ckungs-gruppe	Sonder-vor-schrif-ten	Begrenzte und freige-stellte Mengen		Verpackungen		IBC	
						Be-grenzte Men-gen	Freige-stellte Men-gen	Anwei-sung(en)	Sonder-vor-schriften	Anwei-sung(en)	Sonder-vor-schriften
(1)	(2) 3.1.2	(3) 2.0	(4) 2.0	(5) 2.0.1.3	(6) 3.3	(7a) 3.4	(7b) 3.5	(8) 4.1.4	(9) 4.1.4	(10) 4.1.4	(11) 4.1.4
3200	PYROPHORER ANORGANISCHER FESTER STOFF, N.A.G. PYROPHORIC SOLID, INORGANIC, N.O.S.	4.2	-	I	274	0	E0	P404	PP31	-	-
3205	ERDALKALIMETALLALKOHOLATE, N.A.G. ALKALINE EARTH METAL ALCOHOLATES, N.O.S.	4.2	-	II	183 274	0	E2	P410	PP31	IBC06	B21
3205	ERDALKALIMETALLALKOHOLATE, N.A.G. ALKALINE EARTH METAL ALCOHOLATES, N.O.S.	4.2	-	III	183 223 274	0	E1	P002 LP02	PP31	IBC08	B3
3206	ALKALIMETALLALKOHOLATE, SELBSTERHITZUNGSFÄHIG, ÄTZEND, N.A.G. ALKALI METAL ALCOHOLATES, SELF-HEATING, CORROSIVE, N.O.S.	4.2	8	II	182 274	0	E2	P410	PP31	IBC05	B21
3206	ALKALIMETALLALKOHOLATE, SELBSTERHITZUNGSFÄHIG, ÄTZEND, N.A.G. ALKALI METAL ALCOHOLATES, SELF-HEATING, CORROSIVE, N.O.S.	4.2	8	III	182 223 274	0	E1	P002	PP31	IBC08	B3
3208	METALLISCHER STOFF, MIT WASSER REAGIEREND, N.A.G. METALLIC SUBSTANCE, WATER-REACTIVE, N.O.S.	4.3	-	I	274	0	E0	P403	PP31	IBC99	-
3208	METALLISCHER STOFF, MIT WASSER REAGIEREND, N.A.G. METALLIC SUBSTANCE, WATER-REACTIVE, N.O.S.	4.3	-	II	274	500 g	E0	P410	PP31 PP40	IBC07	B4 B21
3208	METALLISCHER STOFF, MIT WASSER REAGIEREND, N.A.G. METALLIC SUBSTANCE, WATER-REACTIVE, N.O.S.	4.3	-	III	223 274	1 kg	E1	P410	PP31	IBC08	B4
3209	METALLISCHER STOFF, MIT WASSER REAGIEREND, SELBSTERHITZUNGSFÄHIG, N.A.G. METALLIC SUBSTANCE, WATER-REACTIVE, SELF-HEATING, N.O.S.	4.3	4.2	I	274	0	E0	P403	PP31	-	-
3209	METALLISCHER STOFF, MIT WASSER REAGIEREND, SELBSTERHITZUNGSFÄHIG, N.A.G. METALLIC SUBSTANCE, WATER-REACTIVE, SELF-HEATING, N.O.S.	4.3	4.2	II	274	0	E2	P410	PP31 PP40	IBC05	B21
3209	METALLISCHER STOFF, MIT WASSER REAGIEREND, SELBSTERHITZUNGSFÄHIG, N.A.G. METALLIC SUBSTANCE, WATER-REACTIVE, SELF-HEATING, N.O.S.	4.3	4.2	III	223 274	0	E1	P410	PP31	IBC08	B4
3210	CHLORATE, ANORGANISCHE, WÄSSERIGE LÖSUNG, N.A.G. CHLORATES, INORGANIC, AQUEOUS SOLUTION, N.O.S.	5.1	-	II	274 351	1 L	E2	P504	-	IBC02	-

Ortsbewegliche Tanks und Schüttgut-Container			EmS	Stauung und Handhabung	Trennung	Eigenschaften und Bemerkung	UN-Nr.
	Tank Anweisung(en)	Vorschriften					
(12)	(13)	(14)	(15)	(16a)	(16b)	(17)	(18)
	4.2.5 4.3	4.2.5	5.4.3.2 7.8	7.1, 7.3 bis 7.7	7.2 bis 7.7		
-	T21	TP7 TP33	F-G, S-M	Staukategorie D H1	SG26	Neigt an Luft zur Selbstentzündung. Beim Schütteln können sich Funken bilden. Entwickelt bei Berührung mit Wasser Wasserstoff, ein entzündbares Gas.	3200
-	T3	TP33	F-A, S-J	Staukategorie B	-	Frei fließendes, hygroskopisches Pulver. Wirkt reizend auf Haut, Augen und Schleimhäute.	3205
-	T1	TP33	F-A, S-J	Staukategorie B	-	Siehe Eintrag oben.	3205
-	T3	TP33	F-A, S-J	Staukategorie B	-	Frei fließendes, hygroskopisches Pulver. Verursacht Verätzungen der Haut, der Augen und der Schleimhäute.	3206
-	T1	TP33	F-A, S-J	Staukategorie B	-	Siehe Eintrag oben.	3206
-	-	-	F-G, S-N	Staukategorie E SW2 H1	SG26	-	3208
-	T3	TP33	F-G, S-N	Staukategorie E SW2 H1	SG26	-	3208
-	T1	TP33	F-G, S-N	Staukategorie E SW2 H1	SG26	-	3208
-	-	-	F-G, S-N	Staukategorie E SW2 H1	SG26	-	3209
-	T3	TP33	F-G, S-N	Staukategorie E SW2 H1	SG26	-	3209
-	T1	TP33	F-G, S-N	Staukategorie E SW2 H1	SG26	-	3209
-	T4	TP1	F-H, S-Q	Staukategorie B	SG38 SG49 SG62	Kann unter Feuereinwirkung eine Explosion verursachen. Leckage und daraus folgendes Verdampfen von Wasser der Lösung kann erhöhte Gefahren zur Folge haben: 1. In Berührung mit brennbaren Stoffen (insbesondere Faserstoffen wie Jute, Baumwolle oder Sisal) oder Schwefel die Gefahr der Selbstentzündung; 2. in Berührung mit Ammoniumverbindungen, pulverförmigen Metallen oder Ölen, Explosionsgefahr. Die Beförderung von Ammoniumchlorat, wässerige Lösung, ist **verboten**.	3210

UN-Nr.	Richtiger technischer Name	Klasse	Zusatzgefahr	Verpackungsgruppe	Sondervorschriften	Begrenzte und freigestellte Mengen		Verpackungen		IBC	
						Begrenzte Mengen	Freigestellte Mengen	Anweisung(en)	Sondervorschriften	Anweisung(en)	Sondervorschriften
(1)	(2) 3.1.2	(3) 2.0	(4) 2.0	(5) 2.0.1.3	(6) 3.3	(7a) 3.4	(7b) 3.5	(8) 4.1.4	(9) 4.1.4	(10) 4.1.4	(11) 4.1.4
3210	CHLORATE, ANORGANISCHE, WÄSSERIGE LÖSUNG, N.A.G. CHLORATES, INORGANIC, AQUEOUS SOLUTION, N.O.S.	5.1	-	III	223 274 351	5 L	E1	P504	-	IBC02	-
3211	PERCHLORATE, ANORGANISCHE, WÄSSERIGE LÖSUNG, N.A.G. PERCHLORATES, INORGANIC, AQUEOUS SOLUTION, N.O.S.	5.1	-	II	-	1 L	E2	P504	-	IBC02	-
3211	PERCHLORATE, ANORGANISCHE, WÄSSERIGE LÖSUNG, N.A.G. PERCHLORATES, INORGANIC, AQUEOUS SOLUTION, N.O.S.	5.1	-	III	223	5 L	E1	P504	-	IBC02	-
3212	HYPOCHLORITE, ANORGANISCHE, N.A.G. HYPOCHLORITES, INORGANIC, N.O.S.	5.1	-	II	274 349 900 903	1 kg	E2	P002	-	IBC08	B4 B21
3213	BROMATE, ANORGANISCHE, WÄSSERIGE LÖSUNG, N.A.G. BROMATES, INORGANIC, AQUEOUS SOLUTION, N.O.S.	5.1	-	II	274 350	1 L	E2	P504	-	IBC02	-
3213	BROMATE, ANORGANISCHE, WÄSSERIGE LÖSUNG, N.A.G. BROMATES, INORGANIC, AQUEOUS SOLUTION, N.O.S.	5.1	-	III	223 274 350	5 L	E1	P504	-	IBC02	-
3214	PERMANGANATE, ANORGANISCHE, WÄSSERIGE LÖSUNG, N.A.G. PERMANGANATES, INORGANIC, AQUEOUS SOLUTION, N.O.S.	5.1	-	II	274 353	1 L	E2	P504	-	IBC02	-
3215	PERSULFATE, ANORGANISCHE, N.A.G. PERSULPHATES, INORGANIC, N.O.S.	5.1	-	III	-	5 kg	E1	P002 LP02	-	IBC08	B3
3216	PERSULFATE, ANORGANISCHE, WÄSSERIGE LÖSUNG, N.A.G. PERSULPHATES, INORGANIC, AQUEOUS SOLUTION, N.O.S.	5.1	-	III	-	5 L	E1	P504	-	IBC02	-

Ortsbewegliche Tanks und Schüttgut-Container			EmS	Stauung und Handhabung	Trennung	Eigenschaften und Bemerkung	UN-Nr.
	Tank Anwei-sung(en)	Vor-schrif-ten					
(12)	(13) 4.2.5 4.3	(14) 4.2.5	(15) 5.4.3.2 7.8	(16a) 7.1, 7.3 bis 7.7	(16b) 7.2 bis 7.7	(17)	(18)
-	T4	TP1	F-H, S-Q	Staukategorie B	SG38 SG49 SG62	Siehe Eintrag oben.	3210
-	T4	TP1	F-H, S-Q	Staukategorie B	SGG13 SG38 SG49 SG62	Kann unter Feuereinwirkung eine Explosion verursachen. Leckage und daraus folgendes Verdampfen von Wasser der Lösung kann erhöhte Gefahren zur Folge haben: 1. In Berührung mit brennbaren Stoffen (insbesondere Faserstoffen wie Jute, Baumwolle oder Sisal) oder Schwefel die Gefahr der Selbstentzündung; 2. in Berührung mit Ammoniumverbindungen, pulverförmigen Metallen oder Ölen, Explosionsgefahr.	3211
-	T4	TP1	F-H, S-Q	Staukategorie B	SGG13 SG38 SG49 SG62	Siehe Eintrag oben.	3211
-	T3	TP33	F-H, S-Q	Staukategorie D SW1 SW17	SGG8 SG35 SG38 SG49 SG53 SG60	Feste Stoffe. Die unterste Umgebungstemperatur für die Zersetzung kann bei 60 °C liegen. Kann in Berührung mit organischen Stoffen oder Ammoniumverbindungen einen Brand verursachen. Reagiert mit Säuren, unter Bildung von Chlor, einem reizenden, ätzenden und giftigen Gas. Greift bei Feuchtigkeit die meisten Metalle an. Staub reizt die Schleimhäute. Die Beförderung von Ammoniumhypochlorit und Mischungen eines Hypochlorits mit einem Ammoniumsalz ist **verboten**.	3212
-	T4	TP1	F-H, S-Q	Staukategorie B	SGG3 SG38 SG49 SG62	Kann unter Feuereinwirkung eine Explosion verursachen. Leckage und daraus folgendes Verdampfen von Wasser der Lösung kann erhöhte Gefahren zur Folge haben: 1. In Berührung mit brennbaren Stoffen (insbesondere Faserstoffen wie Jute, Baumwolle oder Sisal) oder Schwefel die Gefahr der Selbstentzündung; 2. in Berührung mit Ammoniumverbindungen, pulverförmigen Metallen oder Ölen, Explosionsgefahr. Die Beförderung von Ammoniumbromat, wässerige Lösung, ist **verboten**.	3213
-	T4	TP1	F-H, S-Q	Staukategorie B	SGG3 SG38 SG49 SG62	Siehe Eintrag oben.	3213
-	T4	TP1	F-H, S-Q	Staukategorie D	SGG14 SG38 SG49 SG60 SG62	Kann unter Feuereinwirkung eine Explosion verursachen. Leckage und daraus folgendes Verdampfen von Wasser der Lösung kann erhöhte Gefahren zur Folge haben: 1. In Berührung mit brennbaren Stoffen (insbesondere Faserstoffen wie Jute, Baumwolle oder Sisal) oder Schwefel Gefahr der Selbstentzündung; 2. in Berührung mit Ammoniumverbindungen, pulverförmigen Metallen oder Ölen, Explosionsgefahr. Die Beförderung von Ammoniumpermanganat, wässerige Lösung, ist **verboten**.	3214
-	T1	TP33	F-A, S-Q	Staukategorie A	SG40 SG49	Feste Stoffe. Feste Gemische mit brennbaren Stoffen sind empfindlich gegen Reibung und neigen zur Entzündung. Reagieren sehr heftig mit Cyaniden bei Erwärmung oder Reibung. Können mit pulverförmigen Metallen oder Ammoniumverbindungen explosionsfähiges Gemisch bilden.	3215
-	T4	TP1 TP29	F-A, S-Q	Staukategorie A	SG38 SG49 SG62	Kann unter Feuereinwirkung eine Explosion verursachen. Leckage und daraus folgendes Verdampfen von Wasser der Lösung kann erhöhte Gefahren zur Folge haben: 1. In Berührung mit brennbaren Stoffen (insbesondere Faserstoffen wie Jute, Baumwolle oder Sisal) oder Schwefel Gefahr der Selbstentzündung; 2. in Berührung mit Ammoniumverbindungen, pulverförmigen Metallen oder Ölen, Explosionsgefahr.	3216

3.2 Gefahrgutliste

UN-Nr.	Richtiger technischer Name	Klasse	Zusatzgefahr	Verpackungsgruppe	Sondervorschriften	Begrenzte und freigestellte Mengen		Verpackungen		IBC	
						Begrenzte Mengen	Freigestellte Mengen	Anweisung(en)	Sondervorschriften	Anweisung(en)	Sondervorschriften
(1)	(2) 3.1.2	(3) 2.0	(4) 2.0	(5) 2.0.1.3	(6) 3.3	(7a) 3.4	(7b) 3.5	(8) 4.1.4	(9) 4.1.4	(10) 4.1.4	(11) 4.1.4
3218	NITRATE, ANORGANISCHE, WÄSSERIGE LÖSUNG, N.A.G. NITRATES, INORGANIC, AQUEOUS SOLUTION, N.O.S.	5.1	-	II	270	1 L	E2	P504	-	IBC02	-
3218	NITRATE, ANORGANISCHE, WÄSSERIGE LÖSUNG, N.A.G. NITRATES, INORGANIC, AQUEOUS SOLUTION, N.O.S.	5.1	-	III	223 270	5 L	E1	P504	-	IBC02	-
3219	NITRITE, ANORGANISCHE, WÄSSERIGE LÖSUNG, N.A.G. NITRITES, INORGANIC, AQUEOUS SOLUTION, N.O.S.	5.1	-	II	274	1 L	E2	P504	-	IBC01	-
3219	NITRITE, ANORGANISCHE, WÄSSERIGE LÖSUNG, N.A.G. NITRITES, INORGANIC, AQUEOUS SOLUTION, N.O.S.	5.1	-	III	223 274 900	5 L	E1	P504	-	IBC02	-
3220	PENTAFLUORETHAN (GAS ALS KALTEMITTEL R 125) PENTAFLUOROETHANE (REFRIGERANT GAS R 125)	2.2	-	-	-	120 ml	E1	P200	-	-	-
3221	SELBSTZERSETZLICHER STOFF TYP B, FLÜSSIG SELF-REACTIVE LIQUID TYPE B	4.1	Siehe SV181	-	181 274	25 ml	E0	P520	PP21	-	-
3222	SELBSTZERSETZLICHER STOFF TYP B, FEST SELF-REACTIVE SOLID TYPE B	4.1	Siehe SV181	-	181 274	100 g	E0	P520	PP21	-	-
3223	SELBSTZERSETZLICHER STOFF TYP C, FLÜSSIG SELF-REACTIVE LIQUID TYPE C	4.1	-	-	274	25 ml	E0	P520	PP21 PP94 PP95	-	-
3224	SELBSTZERSETZLICHER STOFF TYP C, FEST SELF-REACTIVE SOLID TYPE C	4.1	-	-	274	100 g	E0	P520	PP21 PP94 PP95	-	-
3225	SELBSTZERSETZLICHER STOFF TYP D, FLÜSSIG SELF-REACTIVE LIQUID TYPE D	4.1	-	-	274	125 ml	E0	P520	-	-	-
3226	SELBSTZERSETZLICHER STOFF TYP D, FEST SELF-REACTIVE SOLID TYPE D	4.1	-	-	274	500 g	E0	P520	-	-	-

Ortsbewegliche Tanks und Schüttgut-Container			EmS	Stauung und Handhabung	Trennung	Eigenschaften und Bemerkung	UN-Nr.
	Tank Anwei-sung(en)	Vor-schrif-ten					
(12)	(13) 4.2.5 4.3	(14) 4.2.5	(15) 5.4.3.2 7.8	(16a) 7.1, 7.3 bis 7.7	(16b) 7.2 bis 7.7	(17)	(18)
-	T4	TP1	F-A, S-Q	Staukategorie B	SG38 SG49 SG62	Kann unter Feuereinwirkung eine Explosion verursachen. Leckage und daraus folgendes Verdampfen von Wasser der Lösung kann erhöhte Gefahren zur Folge haben: 1. In Berührung mit brennbaren Stoffen (insbesondere Faserstoffen wie Jute, Baumwolle oder Sisal) oder Schwefel Gefahr der Selbstentzündung; 2. in Berührung mit Ammoniumverbindungen, pulverförmigen Metallen oder Ölen, Explosionsgefahr.	3218
-	T4	TP1	F-A, S-Q	Staukategorie B	SG38 SG49 SG62	Siehe Eintrag oben.	3218
-	T4	TP1	F-A, S-Q	Staukategorie B	SGG12 SG38 SG49 SG62	Kann unter Feuereinwirkung eine Explosion verursachen. Leckage und daraus folgendes Verdampfen von Wasser der Lösung kann erhöhte Gefahren zur Folge haben: 1. In Berührung mit brennbaren Stoffen (insbesondere Faserstoffen wie Jute, Baumwolle oder Sisal) oder Schwefel die Gefahr der Selbstentzündung; 2. in Berührung mit Ammoniumverbindungen, pulverförmigen Metallen oder Ölen, Explosionsgefahr. Die Beförderung von Ammoniumnitriten, wässerige Lösung, ist **verboten**.	3219
-	T4	TP1	F-A, S-Q	Staukategorie B	SGG12 SG38 SG49 SG62	Siehe Eintrag oben.	3219
-	T50	-	F-C, S-V	Staukategorie A	-	Verflüssigtes, nicht enzündbares Gas mit leichtem etherartigem Geruch. Viel schwerer als Luft (4,2).	3220
-	-	-	F-J, S-G	Staukategorie D SW1	SG1 SG35 SG36	Kann bei erhöhten Temperaturen oder unter Feuereinwirkung explodieren. Brennt heftig. Nicht mischbar mit Wasser. Kontakt mit Alkalien oder Säuren kann eine gefährliche Zersetzung auslösen. Die Produkte der Verbrennung oder der Selbstzersetzung können beim Einatmen giftig sein.	3221
-	-	-	F-J, S-G	Staukategorie D SW1	SG1 SG35 SG36	Kann bei erhöhten Temperaturen oder unter Feuereinwirkung explodieren. Brennt heftig. Nicht löslich in Wasser. Kontakt mit Alkalien oder Säuren kann eine gefährliche Zersetzung auslösen. Die Produkte der Verbrennung oder der Selbstzersetzung können beim Einatmen giftig sein.	3222
-	-	-	F-J, S-G	Staukategorie D SW1	SG35 SG36	Kann sich bei erhöhten Temperaturen oder unter Feuereinwirkung heftig zersetzen. Brennt heftig. Nicht mischbar mit Wasser. Kontakt mit Alkalien oder Säuren kann eine gefährliche Zersetzung auslösen. Die Produkte der Verbrennung oder der Selbstzersetzung können beim Einatmen giftig sein.	3223
-	-	-	F-J, S-G	Staukategorie D SW1	SG35 SG36	Kann sich bei erhöhten Temperaturen oder unter Feuereinwirkung heftig zersetzen. Brennt heftig. Nicht löslich in Wasser. Kontakt mit Alkalien oder Säuren kann eine gefährliche Zersetzung auslösen. Die Produkte der Verbrennung oder der Selbstzersetzung können beim Einatmen giftig sein.	3224
-	-	-	F-J, S-G	Staukategorie D SW1	SG35 SG36	Zersetzt sich bei erhöhten Temperaturen oder unter Feuereinwirkung. Brennt heftig. Nicht mischbar mit Wasser. Kontakt mit Alkalien oder Säuren kann eine gefährliche Zersetzung auslösen. Die Produkte der Verbrennung oder der Selbstzersetzung können beim Einatmen giftig sein.	3225
-	-	-	F-J, S-G	Staukategorie D SW1	SG35 SG36	Zersetzt sich bei erhöhten Temperaturen oder unter Feuereinwirkung. Brennt heftig. Kontakt mit Alkalien oder Säuren kann eine gefährliche Zersetzung auslösen. Die Produkte der Verbrennung oder der Selbstzersetzung können beim Einatmen giftig sein. Nicht löslich in Wasser, ausgenommen: 4-(BENZYL(ETHYL)AMINO)-3-ETHOXYBENZENDIAZONIUM-ZINKCHLORID; 3-CHLOR-4-DIETHYLAMINOBENZENDIAZONIUM-ZINKCHLORID; 4-DIPROPYLAMINOBENZENDIAZONIUM-ZINKCHLORID; NATRIUM-2-DIAZO-1-NAPHTHOL-4-SULFONAT; NATRIUM-2-DIAZO-1-NAPHTHOL-5-SULFONAT	3226

3.2 Gefahrgutliste

UN-Nr.	Richtiger technischer Name	Klasse	Zusatz-gefahr	Verpa-ckungs-gruppe	Sonder-vor-schrif-ten	Begrenzte und freige-stellte Mengen		Verpackungen		IBC	
						Be-grenzte Men-gen	Freige-stellte Men-gen	Anwei-sung(en)	Sonder-vor-schriften	Anwei-sung(en)	Sonder-vor-schriften
(1)	(2) 3.1.2	(3) 2.0	(4) 2.0	(5) 2.0.1.3	(6) 3.3	(7a) 3.4	(7b) 3.5	(8) 4.1.4	(9) 4.1.4	(10) 4.1.4	(11) 4.1.4
3227	SELBSTZERSETZLICHER STOFF TYP E, FLÜSSIG SELF-REACTIVE LIQUID TYPE E	4.1	-	-	274	125 ml	E0	P520	-	-	-
3228	SELBSTZERSETZLICHER STOFF TYP E, FEST SELF-REACTIVE SOLID TYPE E	4.1	-	-	274	500 g	E0	P520	-	-	-
3229	SELBSTZERSETZLICHER STOFF TYP F, FLÜSSIG SELF-REACTIVE LIQUID TYPE F	4.1	-	-	274	125 ml	E0	P520	-	IBC99	-
3230	SELBSTZERSETZLICHER STOFF TYP F, FEST SELF-REACTIVE SOLID TYPE F	4.1	-	-	274	500 g	E0	P520	-	IBC99	-
3231	SELBSTZERSETZLICHER STOFF TYP B, FLÜSSIG, TEMPERATURKON-TROLLIERT SELF-REACTIVE LIQUID TYPE B, TEMPERATURE CONTROLLED	4.1	Siehe SV181	-	181 194 274 923	0	E0	P520	PP21	-	-
3232	SELBSTZERSETZLICHER STOFF TYP B, FEST, TEMPERATURKON-TROLLIERT SELF-REACTIVE SOLID TYPE B, TEM-PERATURE CONTROLLED	4.1	Siehe SV181	-	181 194 274 923	0	E0	P520	PP21	-	-
3233	SELBSTZERSETZLICHER STOFF TYP C, FLÜSSIG, TEMPERATURKON-TROLLIERT SELF-REACTIVE LIQUID TYPE C, TEMPERATURE CONTROLLED	4.1	-	-	194 274 923	0	E0	P520	PP21	-	-
3234	SELBSTZERSETZLICHER STOFF TYP C, FEST, TEMPERATURKON-TROLLIERT SELF-REACTIVE SOLID TYPE C, TEM-PERATURE CONTROLLED	4.1	-	-	194 274 923	0	E0	P520	PP21	-	-
3235	SELBSTZERSETZLICHER STOFF TYP D, FLÜSSIG, TEMPERATURKON-TROLLIERT SELF-REACTIVE LIQUID TYPE D, TEMPERATURE CONTROLLED	4.1	-	-	194 274 923	0	E0	P520	-	-	-
3236	SELBSTZERSETZLICHER STOFF TYP D, FEST, TEMPERATURKON-TROLLIERT SELF-REACTIVE SOLID TYPE D, TEM-PERATURE CONTROLLED	4.1	-	-	194 274 923	0	E0	P520	-	-	-

Ortsbewegliche Tanks und Schüttgut-Container			EmS	Stauung und Handhabung	Trennung	Eigenschaften und Bemerkung	UN-Nr.	
	Tank Anweisung(en)	Vorschriften						
(12)	(13)	(14)	(15)	(16a)	(16b)	(17)	(18)	
	4.2.5 4.3	4.2.5	5.4.3.2 7.8	7.1, 7.3 bis 7.7	7.2 bis 7.7			
-	-	-	F-J, S-G	Staukategorie D SW1	SG35 SG36	Zersetzt sich bei erhöhten Temperaturen oder unter Feuereinwirkung. Brennt heftig. Nicht mischbar mit Wasser. Kontakt mit Alkalien oder Säuren kann eine gefährliche Zersetzung auslösen. Die Produkte der Verbrennung oder der Selbstzersetzung können beim Einatmen giftig sein.	3227	
-	-	-	F-J, S-G	Staukategorie D SW1	SG35 SG36	Zersetzt sich bei erhöhten Temperaturen oder unter Feuereinwirkung. Brennt heftig. Nicht löslich in Wasser. Kontakt mit Alkalien oder Säuren kann eine gefährliche Zersetzung auslösen Die Produkte der Verbrennung oder der Selbstzersetzung können beim Einatmen giftig sein.	3228	
-	T23	-	F-J, S-G	Staukategorie D SW1	SG35 SG36	Zersetzt sich bei erhöhten Temperaturen oder unter Feuereinwirkung. Brennt heftig. Nicht mischbar mit Wasser. Kontakt mit Alkalien oder Säuren kann eine gefährliche Zersetzung auslösen Die Produkte der Verbrennung oder der Selbstzersetzung können beim Einatmen giftig sein.	3229	
-	T23	-	F-J, S-G	Staukategorie D SW1	SG35 SG36	Zersetzt sich bei erhöhten Temperaturen oder unter Feuereinwirkung. Brennt heftig. Nicht löslich in Wasser. Kontakt mit Alkalien oder Säuren kann eine gefährliche Zersetzung auslösen. Die Produkte der Verbrennung oder der Selbstzersetzung können beim Einatmen giftig sein.	3230	
-	-	-	F-F, S-K	Staukategorie D SW1 SW3	SG1 SG35 SG36	Kann bei Temperaturen über der Notfalltemperatur oder unter Feuereinwirkung explodieren. Brennt heftig. Nicht mischbar mit Wasser. Kontakt mit Alkalien oder Säuren kann eine gefährliche Zersetzung auslösen. Die Produkte der Verbrennung oder der Selbstzersetzung können beim Einatmen giftig sein. Die Kontrolltemperatur und die Notfalltemperatur für jede Zubereitung sind in 2.4.2.3.2.3 angegeben. Die Temperaturen müssen regelmäßig kontrolliert werden.	3231	→ *7.1.4.6* → *7.3.7* → *7.4.2.3.3*
-	-	-	F-F, S-K	Staukategorie D SW1 SW3	SG1 SG35 SG36	Kann bei Temperaturen über der Notfalltemperatur oder unter Feuereinwirkung explodieren. Brennt heftig. Nicht löslich in Wasser. Kontakt mit Alkalien oder Säuren kann eine gefährliche Zersetzung auslösen. Die Produkte der Verbrennung oder der Selbstzersetzung können beim Einatmen giftig sein. Die Kontrolltemperatur und die Notfalltemperatur für jede Zubereitung sind in 2.4.2.3.2.3 angegeben. Die Temperaturen müssen regelmäßig kontrolliert werden.	3232	→ *7.1.4.6* → *7.3.7* → *7.4.2.3.3*
-	-	-	F-F, S-K	Staukategorie D SW1 SW3	SG35 SG36	Kann bei Temperaturen über der Notfalltemperatur oder unter Feuereinwirkung explodieren. Brennt heftig. Nicht mischbar mit Wasser. Kontakt mit Alkalien oder Säuren kann eine gefährliche Zersetzung auslösen. Die Produkte der Verbrennung oder der Selbstzersetzung können beim Einatmen giftig sein. Die Kontrolltemperatur und die Notfalltemperatur für jede Zubereitung sind in 2.4.2.3.2.3 angegeben. Die Temperaturen müssen regelmäßig kontrolliert werden.	3233	→ *7.1.4.6* → *7.3.7* → *7.4.2.3.3*
-	-	-	F-F, S-K	Staukategorie D SW1 SW3	SG35 SG36	Kann bei Temperaturen über der Notfalltemperatur oder unter Feuereinwirkung explodieren. Brennt heftig. Nicht löslich in Wasser, ausgenommen: 3-METHYL-4-(PYRROLIDIN-1-YL) BENZENDIAZONIUMTETRAFLUORBORAT; TETRAMINPALLADIUM(II)NITRAT. Kontakt mit Alkalien oder Säuren kann eine gefährliche Zersetzung auslösen. Die Produkte der Verbrennung oder der Selbstzersetzung können beim Einatmen giftig sein. Die Kontrolltemperatur und die Notfalltemperatur für jede Zubereitung sind in 2.4.2.3.2.3 angegeben. Die Temperaturen müssen regelmäßig kontrolliert werden.	3234	→ *7.1.4.6* → *7.3.7* → *7.4.2.3.3*
-	-	-	F-F, S-K	Staukategorie D SW1 SW3	SG35 SG36	Zersetzt sich bei Temperaturen über der Notfalltemperatur oder unter Feuereinwirkung. Brennt heftig. Nicht mischbar mit Wasser. Kontakt mit Alkalien oder Säuren kann eine gefährliche Zersetzung auslösen. Die Produkte der Verbrennung oder der Selbstzersetzung können beim Einatmen giftig sein.	3235	→ *7.1.4.6* → *7.3.7* → *7.4.2.3.3*
-	-	-	F-F, S-K	Staukategorie D SW1 SW3	SG35 SG36	Zersetzt sich bei Temperaturen über der Notfalltemperatur oder unter Feuereinwirkung. Brennt heftig. Löslich in Wasser, ausgenommen: AZOCARBONAMID-ZUBEREITUNG TYP D; 2,2'-AZODI(2,4-DIMETHYL-4-METHOXYVALERONITRIL); 2,2'-AZODI(2,4-DIMETHYLVALERONITRIL); 2,2'-AZODI(2-METHYLBUTYRONITRIL); N-FORMYL-2-(NITROMETHYLEN)-1,3-PERHYDROTHIAZIN; 4-NITROSOPHENOL. Kontakt mit Alkalien oder Säuren kann eine gefährliche Zersetzung auslösen. Die Produkte der Verbrennung oder der Selbstzersetzung können beim Einatmen giftig sein.	3236	→ *7.1.4.6* → *7.3.7* → *7.4.2.3.3*

3.2 Gefahrgutliste

UN-Nr.	Richtiger technischer Name	Klasse	Zusatzgefahr	Verpackungsgruppe	Sondervorschriften	Begrenzte und freigestellte Mengen		Verpackungen		IBC	
						Begrenzte Mengen	Freigestellte Mengen	Anweisung(en)	Sondervorschriften	Anweisung(en)	Sondervorschriften
(1)	(2) 3.1.2	(3) 2.0	(4) 2.0	(5) 2.0.1.3	(6) 3.3	(7a) 3.4	(7b) 3.5	(8) 4.1.4	(9) 4.1.4	(10) 4.1.4	(11) 4.1.4
3237	SELBSTZERSETZLICHER STOFF TYP E, FLÜSSIG, TEMPERATURKONTROLLIERT SELF-REACTIVE LIQUID TYPE E, TEMPERATURE CONTROLLED	4.1	-	-	194 274 923	0	E0	P520	-	-	-
3238	SELBSTZERSETZLICHER STOFF TYP E, FEST, TEMPERATURKONTROLLIERT SELF-REACTIVE SOLID TYPE E, TEMPERATURE CONTROLLED	4.1	-	-	194 274 923	0	E0	P520	-	-	-
3239	SELBSTZERSETZLICHER STOFF TYP F, FLÜSSIG, TEMPERATURKONTROLLIERT SELF-REACTIVE LIQUID TYPE F, TEMPERATURE CONTROLLED	4.1	-	-	194 274 923	0	E0	P520	-	-	-
3240	SELBSTZERSETZLICHER STOFF TYP F, FEST, TEMPERATURKONTROLLIERT SELF-REACTIVE SOLID TYPE F, TEMPERATURE CONTROLLED	4.1	-	-	194 274 923	0	E0	P520	-	-	-
3241	2-BROM-2-NITROPROPAN-1,3-DIOL 2-BROMO-2-NITROPROPANE-1,3-DIOL	4.1	-	III	-	5 kg	E1	P520	PP22	IBC08	B3
3242	AZODICARBONAMID AZODICARBONAMIDE	4.1	-	II	215	500 g	E0	P409	-	-	-
3243	FESTE STOFFE MIT GIFTIGEM FLÜSSIGEM STOFF, N.A.G. SOLIDS CONTAINING TOXIC LIQUID, N.O.S.	6.1	-	II	217 274	500 g	E4	P002	PP9	IBC02	-
3244	FESTE STOFFE MIT ÄTZENDEM FLÜSSIGEM STOFF, N.A.G. SOLIDS CONTAINING CORROSIVE LIQUID, N.O.S.	8	-	II	218 274	1 kg	E2	P002	PP9	IBC05	-
3245	GENETISCH VERÄNDERTE MIKROORGANISMEN oder GENETISCH VERÄNDERTE ORGANISMEN GENETICALLY MODIFIED MICROORGANISMS or GENETICALLY MODIFIED ORGANISMS	9	-	-	219	0	E0	P904	-	IBC99	-
3246	METHANSULFONYLCHLORID METHANESULPHONYL CHLORIDE	6.1	8	I	354	0	E0	P602	-	-	-
3247	NATRIUMPEROXOBORAT, WASSERFREI SODIUM PEROXOBORATE, ANHYDROUS	5.1	-	II	-	1 kg	E2	P002	-	IBC08	B4 B21

Ortsbewegliche Tanks und Schüttgut-Container			EmS	Stauung und Handhabung	Trennung	Eigenschaften und Bemerkung	UN-Nr.	
	Tank Anweisung(en)	Vorschriften						
(12)	(13) 4.2.5 4.3	(14) 4.2.5	(15) 5.4.3.2 7.8	(16a) 7.1, 7.3 bis 7.7	(16b) 7.2 bis 7.7	(17)	(18)	
-	-	-	F-F, S-K	Staukategorie D SW1 SW3	SG35 SG36	Zersetzt sich bei Temperaturen über der Notfalltemperatur oder unter Feuereinwirkung. Brennt heftig. Nicht mischbar mit Wasser. Kontakt mit Alkalien oder Säuren kann eine gefährliche Zersetzung auslösen. Die Produkte der Verbrennung oder der Selbstzersetzung können beim Einatmen giftig sein. Die Kontrolltemperatur und die Notfalltemperatur für jede Zubereitung sind in 2.4.2.3.2.3 angegeben. Die Temperaturen müssen regelmäßig kontrolliert werden.	3237	*→ 7.1.4.6* *→ 7.3.7* *→ 7.4.2.3.3*
-	-	-	F-F, S-K	Staukategorie D SW1 SW3	SG35 SG36	Zersetzt sich bei Temperaturen über der Notfalltemperatur oder unter Feuereinwirkung. Brennt heftig. Nicht löslich in Wasser. Kontakt mit Alkalien oder Säuren kann eine gefährliche Zersetzung auslösen. Die Produkte der Verbrennung oder der Selbstzersetzung können beim Einatmen giftig sein. Die Kontrolltemperatur und die Notfalltemperatur für jede Zubereitung sind in 2.4.2.3.2.3 angegeben. Die Temperaturen müssen regelmäßig kontrolliert werden.	3238	*→ 7.1.4.6* *→ 7.3.7* *→ 7.4.2.3.3*
-	T23	-	F-F, S-K	Staukategorie D SW1 SW3	SG35 SG36	Zersetzt sich bei Temperaturen über der Notfalltemperatur oder unter Feuereinwirkung. Brennt heftig. Nicht mischbar mit Wasser. Kontakt mit Alkalien oder Säuren kann eine gefährliche Zersetzung auslösen. Die Produkte der Verbrennung oder der Selbstzersetzung können beim Einatmen giftig sein. Die Kontrolltemperatur und die Notfalltemperatur für jede Zubereitung sind in 2.4.2.3.2.3 angegeben. Die Temperaturen müssen regelmäßig kontrolliert werden.	3239	*→ 7.1.4.6* *→ 7.3.7* *→ 7.4.2.3.3*
-	T23	-	F-F, S-K	Staukategorie D SW1 SW3	SG35 SG36	Zersetzt sich bei Temperaturen über der Notfalltemperatur oder unter Feuereinwirkung. Brennt heftig. Nicht löslich in Wasser. Kontakt mit Alkalien oder Säuren kann eine gefährliche Zersetzung auslösen. Die Produkte der Verbrennung oder der Selbstzersetzung können beim Einatmen giftig sein. Die Kontrolltemperatur und die Notfalltemperatur für jede Zubereitung sind in 2.4.2.3.2.3 angegeben. Die Temperaturen müssen regelmäßig kontrolliert werden.	3240	*→ 7.1.4.6* *→ 7.3.7* *→ 7.4.2.3.3*
-	-	-	F-J, S-G	Staukategorie C SW1 SW2 H2 H3	-	Weiße Kristalle. Löslich in Wasser. Zersetzung beim Erhitzen unter Entwicklung giftiger Gase. Empfindlich gegenüber starkem Detonationsstoß. Dieser Stoff ist nach der Verpackungsmethode OP6 (siehe anwendbare Verpackungsanweisung) zu verpacken.	3241	
-	T3	TP33	F-J, S-G	Staukategorie D	SG17 SG35 SG36	Gelbes oder orangefarbenes Pulver. Nicht löslich in Wasser. Hitze kann exotherme Zersetzung auslösen, bei der Kohlenmonoxid (giftiges und brennbares Gas) und Stickstoff gebildet werden. Kann bei Feuereinwirkung und Verdämmung explodieren. Die Zugabe von Aktivatoren (z. B. Zinkverbindungen) kann zu einer Verringerung der thermischen Stabilität und/oder zur Veränderung der explosiven Eigenschaften führen.	3242	
-	T3 BK2	TP33	F-A, S-A	Staukategorie B SW2	-	Gemische von nicht gefährlichen festen Stoffen (wie Erde, Sand, Produktionsmaterialien usw.) und giftigen flüssigen Stoffen. Giftig beim Verschlucken, bei Berührung mit der Haut oder beim Einatmen.	3243	
-	T3 BK2	TP33	F-A, S-B	Staukategorie B SW2	-	Gemische aus nicht gefährlichen festen Stoffen (wie Erde, Sand, Produktionsmaterialien usw.) und ätzenden Flüssigkeiten. Verursacht Verätzungen der Haut, der Augen und der Schleimhäute.	3244	
-	-	-	F-A, S-T	- SW7	SG50	-	3245	
-	T20	TP2 TP13 TP37	F-A, S-B	Staukategorie D SW2	SGG1 SG36 SG49	Hellgelbe Flüssigkeit. Hochgiftig beim Verschlucken, bei Berührung mit der Haut oder beim Einatmen. Verursacht Verätzungen der Haut, der Augen und der Schleimhäute.	3246	
-	T3	TP33	F-A, S-Q	Staukategorie A SW1 H1	-	Gelbliche geruchlose Kristalle. Löslich in Wasser. Gemische mit brennbaren Stoffen sind leicht entzündbar und können sehr heftig brennen. Gesundheitsschädlich beim Verschlucken.	3247	

3.2 Gefahrgutliste

UN-Nr.	Richtiger technischer Name	Klasse	Zusatz-gefahr	Verpa-ckungs-gruppe	Sonder-vor-schrif-ten	Begrenzte und freige-stellte Mengen		Verpackungen		IBC	
						Be-grenzte Men-gen	Freige-stellte Men-gen	Anwei-sung(en)	Sonder-vor-schriften	Anwei-sung(en)	Sonder-vor-schriften
(1)	(2) 3.1.2	(3) 2.0	(4) 2.0	(5) 2.0.1.3	(6) 3.3	(7a) 3.4	(7b) 3.5	(8) 4.1.4	(9) 4.1.4	(10) 4.1.4	(11) 4.1.4
3248	MEDIKAMENT, FLÜSSIG, ENTZÜND-BAR, GIFTIG, N.A.G. MEDICINE, LIQUID, FLAMMABLE, TO-XIC, N.O.S.	3	6.1	II	220 221	1 L	E2	P001	-	-	-
3248	MEDIKAMENT, FLÜSSIG, ENTZÜND-BAR, GIFTIG, N.A.G. MEDICINE, LIQUID, FLAMMABLE, TO-XIC, N.O.S.	3	6.1	III	220 221 223	5 L	E1	P001	-	-	-
3249	MEDIKAMENT, FEST, GIFTIG, N.A.G. MEDICINE, SOLID, TOXIC, N.O.S.	6.1	-	II	221	500 g	E4	P002	-	-	-
3249	MEDIKAMENT, FEST, GIFTIG, N.A.G. MEDICINE, SOLID, TOXIC, N.O.S.	6.1	-	III	221 223	5 kg	E1	P002 LP02	-	-	-
3250	CHLORESSIGSÄURE, GESCHMOL-ZEN CHLOROACETIC ACID, MOLTEN	6.1	8	II	-	0	E0	-	-	-	-
3251	ISOSORBID-5-MONONITRAT ISOSORBIDE-5-MONONITRATE	4.1	-	III	226	5 kg	E0	P409	-	-	-
3252	DIFLUORMETHAN (GAS ALS KÄLTE-MITTEL R 32) DIFLUOROMETHANE (REFRIGERANT GAS R 32)	2.1	-	-	-	0	E0	P200	-	-	-
3253	DINATRIUMTRIOXOSILICAT DISODIUM TRIOXOSILICATE	8	-	III	-	5 kg	E1	P002 LP02	-	IBC08	B3
3254	TRIBUTYLPHOSPHAN TRIBUTYLPHOSPHANE	4.2	-	I	-	0	E0	P400	-	-	-
3255	tert-BUTYLHYPOCHLORIT tert-BUTYL HYPOCHLORITE	4.2	8	I	76	0	E0	P099	-	-	-
3256	ERWÄRMTER FLÜSSIGER STOFF, ENTZÜNDBAR, N.A.G., mit einem Flammpunkt über 60 °C, bei oder über seinem Flammpunkt ELEVATED TEMPERATURE LIQUID, FLAMMABLE, N.O.S. with flashpoint above 60 °C, at or above its flash point	3	-	III	274	0	E0	P099	-	IBC01	-
3257	ERWÄRMTER FLÜSSIGER STOFF, N.A.G., bei oder über 100 °C und, bei Stoffen mit einem Flammpunkt, unter seinem Flammpunkt (einschließlich ge-schmolzenes Metall, geschmolzenes Salz usw.) ELEVATED TEMPERATURE LIQUID, N.O.S. at or above 100 °C and below its flash point (including molten metals, molten salts, etc.)	9	-	III	232 274	0	E0	P099	-	IBC01	-

Ortsbewegliche Tanks und Schüttgut-Container			EmS	Stauung und Handhabung	Trennung	Eigenschaften und Bemerkung	UN-Nr.	
	Tank Anwei-sung(en)	Vor-schrif-ten						
(12)	(13)	(14)	(15)	(16a)	(16b)	(17)	(18)	
	4.2.5 4.3	4.2.5	5.4.3.2 7.8	7.1, 7.3 bis 7.7	7.2 bis 7.7			
-	-	-	F-E, S-D	Staukategorie B SW2	-	Giftig beim Verschlucken, bei Berührung mit der Haut oder beim Einatmen.	3248	
-	-	-	F-E, S-D	Staukategorie A	-	Siehe Eintrag oben.	3248	
-	T3	TP33	F-A, S-A	Staukategorie C SW2	-	Giftig beim Verschlucken, bei Berührung mit der Haut oder beim Einatmen von Staub.	3249	
-	T1	TP33	F-A, S-A	Staukategorie C SW2	-	Siehe Eintrag oben.	3249	
-	T7	TP3 TP28	F-A, S-B	Staukategorie C SW2	SGG1 SG36 SG49	Schmelze. Schmelzpunkt kann bei 50 °C liegen. Giftig beim Verschlucken, bei Berührung mit der Haut oder beim Einatmen. Verursacht Verätzungen der Haut, der Augen und der Schleimhäute.	3250	
-	-	-	F-F, S-G	Staukategorie D SW1 SW2 H2 H3	-	Kann bei Feuereinwirkung und Verdämmung explodieren. Empfindlich gegenüber starkem Detonationsstoß.	3251	
-	T50	-	F-D, S-U	Staukategorie D SW2	-	Entzündbares, farbloses Gas. Schwerer als Luft (1,8).	3252	
-	T1	TP33	F-A, S-B	Staukategorie A	SGG18 SG35	Farbloser hygroskopischer fester Stoff. Gefährliche Reaktion mit entzündend (oxidierend) wirkenden Stoffen. Reagiert beim Vorhandensein von Feuchtigkeit mit Aluminium, Zink, Zinn und deren Verbindungen unter Bildung von Wasserstoff, einem entzündbaren Gas. Verursacht Verätzungen der Haut, der Augen und der Schleimhäute. Reagiert heftig mit Säuren.	3253	
-	T21	TP2 TP7	F-A, S-M	Staukategorie D	SG44	Farblose bis gelbliche Flüssigkeit. Nicht löslich in Wasser. Starker knoblauchartiger Geruch (Phosphin). Neigt an der Luft zur Selbsterhitzung und Selbstentzündung. Entwickelt bei Feuereinwirkung Phosphin, ein brennbares und sehr giftiges Gas. Reagiert heftig mit entzündend (oxidierend) wirkenden Stoffen (Peroxiden, Halogenen, Stickstoffoxiden und Kohlenstofftetrachlorid). Wirkt reizend auf Schleimhäute.	3254	
-	-	-	F-A, S-M	Staukategorie D	SGG8	Leicht flüchtige, entzündbare schwach gelbe Flüssigkeit mit stechendem Geruch. Nicht mischbar mit Wasser. Siedepunkt: 77 °C bis 79 °C. Flammpunkt zwischen -15 °C und -10 °C. Einwirkung von Licht verursacht sofort gefährliche Zersetzung. Verursacht Verätzungen der Haut, der Augen und der Schleimhäute.	3255	
-	T3	TP3 TP29	F-E, S-D	Staukategorie A	-	-	3256	*→5.4.1.4.3.4*
-	T3	TP3 TP29	F-A, S-P	Staukategorie A SW5	-	Jede Flüssigkeit, die bei oder über 100 °C aber unter ihrem Flammpunkt befördert wird. Kann in Berührung mit brennbarem Material durch seine extreme Temperatur zum Brand führen.	3257	*→5.4.1.4.3.4*

UN-Nr.	Richtiger technischer Name	Klasse	Zusatzgefahr	Verpackungsgruppe	Sondervorschriften	Begrenzte und freigestellte Mengen		Verpackungen		IBC	
						Begrenzte Mengen	Freigestellte Mengen	Anweisung(en)	Sondervorschriften	Anweisung(en)	Sondervorschriften
(1)	(2) 3.1.2	(3) 2.0	(4) 2.0	(5) 2.0.1.3	(6) 3.3	(7a) 3.4	(7b) 3.5	(8) 4.1.4	(9) 4.1.4	(10) 4.1.4	(11) 4.1.4
3258	ERWÄRMTER FESTER STOFF, N.A.G., bei oder über 240 °C ELEVATED TEMPERATURE SOLID, N.O.S. at or above 240 °C	9	-	III	232 274	0	E0	P099	-	-	-
3259	AMINE, FEST, ÄTZEND, N.A.G. oder POLYAMINE, FEST, ÄTZEND, N.A.G. AMINES, SOLID, CORROSIVE, N.O.S. or POLYAMINES, SOLID, CORROSIVE, N.O.S.	8	-	I	274	0	E0	P002	-	IBC07	B1
3259	AMINE, FEST, ÄTZEND, N.A.G. oder POLYAMINE, FEST, ÄTZEND, N.A.G. AMINES, SOLID, CORROSIVE, N.O.S. or POLYAMINES, SOLID, CORROSIVE, N.O.S.	8	-	II	274	1 kg	E2	P002	-	IBC08	B4 B21
3259	AMINE, FEST, ÄTZEND, N.A.G. oder POLYAMINE, FEST, ÄTZEND, N.A.G. AMINES, SOLID, CORROSIVE, N.O.S. or POLYAMINES, SOLID, CORROSIVE, N.O.S.	8	-	III	223 274	5 kg	E1	P002 LP02	-	IBC08	B3
3260	ÄTZENDER SAURER ANORGANISCHER FESTER STOFF, N.A.G. CORROSIVE SOLID, ACIDIC, INORGANIC, N.O.S.	8	-	I	274	0	E0	P002	-	IBC07	B1
3260	ÄTZENDER SAURER ANORGANISCHER FESTER STOFF, N.A.G. CORROSIVE SOLID, ACIDIC, INORGANIC, N.O.S.	8	-	II	274	1 kg	E2	P002	-	IBC08	B4 B21
3260	ÄTZENDER SAURER ANORGANISCHER FESTER STOFF, N.A.G. CORROSIVE SOLID, ACIDIC, INORGANIC, N.O.S.	8	-	III	223 274	5 kg	E1	P002 LP02	-	IBC08	B3
3261	ÄTZENDER SAURER ORGANISCHER FESTER STOFF, N.A.G. CORROSIVE SOLID, ACIDIC, ORGANIC, N.O.S.	8	-	I	274	0	E0	P002	-	IBC07	B1
3261	ÄTZENDER SAURER ORGANISCHER FESTER STOFF, N.A.G. CORROSIVE SOLID, ACIDIC, ORGANIC, N.O.S.	8	-	II	274	1 kg	E2	P002	-	IBC08	B4 B21
3261	ÄTZENDER SAURER ORGANISCHER FESTER STOFF, N.A.G. CORROSIVE SOLID, ACIDIC, ORGANIC, N.O.S.	8	-	III	223 274	5 kg	E1	P002 LP02	-	IBC08	B3
3262	ÄTZENDER BASISCHER ANORGANISCHER FESTER STOFF, N.A.G. CORROSIVE SOLID, BASIC, INORGANIC, N.O.S.	8	-	I	274	0	E0	P002	-	IBC07	B1
3262	ÄTZENDER BASISCHER ANORGANISCHER FESTER STOFF, N.A.G. CORROSIVE SOLID, BASIC, INORGANIC, N.O.S.	8	-	II	274	1 kg	E2	P002	-	IBC08	B4 B21
3262	ÄTZENDER BASISCHER ANORGANISCHER FESTER STOFF, N.A.G. CORROSIVE SOLID, BASIC, INORGANIC, N.O.S.	8	-	III	223 274	5 kg	E1	P002 LP02	-	IBC08	B3

Ortsbewegliche Tanks und Schüttgut-Container			EmS	Stauung und Handhabung	Trennung	Eigenschaften und Bemerkung	UN-Nr.	
	Tank Anwei-sung(en)	Vor-schrif-ten						
(12)	(13)	(14)	(15)	(16a)	(16b)	(17)	(18)	
	4.2.5 4.3	4.2.5	5.4.3.2 7.8	7.1, 7.3 bis 7.7	7.2 bis 7.7			
-	-	-	F-A, S-P	Staukategorie A SW5	-	Jeder feste Stoff, der bei oder über 240 °C befördert wird. Kann in Berührung mit brennbarem Material durch seine extreme Temperatur zum Brand führen.	3258	→ *5.4.1.4.3.4*
-	T6	TP33	F-A, S-B	Staukategorie A	SGG18 SG35	Farblose bis gelbliche feste Stoffe, mit stechendem Geruch. Mischbar mit oder löslich in Wasser. Entwickeln unter Feuereinwirkung giftige Gase. Greifen die meisten Metalle an, insbesondere Kupfer und seine Legierungen. Verursacht Verätzungen der Haut, der Augen und der Schleimhäute. Reagieren heftig mit Säuren.	3259	
-	T3	TP33	F-A, S-B	Staukategorie A	SGG18 SG35	Siehe Eintrag oben.	3259	
-	T1	TP33	F-A, S-B	Staukategorie A	SGG18 SG35	Siehe Eintrag oben.	3259	
-	T6	TP33	F-A, S-B	Staukategorie B	SGG1 SG36 SG49	Verursacht Verätzungen der Haut, der Augen und der Schleimhäute.	3260	
-	T3	TP33	F-A, S-B	Staukategorie B	SGG1 SG36 SG49	Siehe Eintrag oben.	3260	
-	T1	TP33	F-A, S-B	Staukategorie A	SGG1 SG36 SG49	Siehe Eintrag oben.	3260	
-	T6	TP33	F-A, S-B	Staukategorie B	SGG1 SG36 SG49	Verursacht Verätzungen der Haut, der Augen und der Schleimhäute.	3261	→ *5.4.1.4.3.4*
-	T3	TP33	F-A, S-B	Staukategorie B	SGG1 SG36 SG49	Siehe Eintrag oben.	3261	→ *5.4.1.4.3.4*
-	T1	TP33	F-A, S-B	Staukategorie A	SGG1 SG36 SG49	Siehe Eintrag oben.	3261	→ *5.4.1.4.3.4*
-	T6	TP33	F-A, S-B	Staukategorie B	SGG18 SG35	Reagiert heftig mit Säuren. Verursacht Verätzungen der Haut, der Augen und der Schleimhäute.	3262	
-	T3	TP33	F-A, S-B	Staukategorie B	SGG18 SG35	Siehe Eintrag oben.	3262	
-	T1	TP33	F-A, S-B	Staukategorie A	SGG18 SG35	Siehe Eintrag oben.	3262	

UN-Nr.	Richtiger technischer Name	Klasse	Zusatzgefahr	Verpackungsgruppe	Sondervorschriften	Begrenzte und freigestellte Mengen		Verpackungen		IBC	
						Begrenzte Mengen	Freigestellte Mengen	Anweisung(en)	Sondervorschriften	Anweisung(en)	Sondervorschriften
(1)	(2) 3.1.2	(3) 2.0	(4) 2.0	(5) 2.0.1.3	(6) 3.3	(7a) 3.4	(7b) 3.5	(8) 4.1.4	(9) 4.1.4	(10) 4.1.4	(11) 4.1.4
3263	ÄTZENDER BASISCHER ORGANISCHER FESTER STOFF, N.A.G. CORROSIVE SOLID, BASIC, ORGANIC, N.O.S.	8	-	I	274	0	E0	P002	-	IBC07	B1
3263	ÄTZENDER BASISCHER ORGANISCHER FESTER STOFF, N.A.G. CORROSIVE SOLID, BASIC, ORGANIC, N.O.S.	8	-	II	274	1 kg	E2	P002	-	IBC08	B4 B21
3263	ÄTZENDER BASISCHER ORGANISCHER FESTER STOFF, N.A.G. CORROSIVE SOLID, BASIC, ORGANIC, N.O.S.	8	-	III	223 274	5 kg	E1	P002 LP02	-	IBC08	B3
3264	ÄTZENDER SAURER ANORGANISCHER FLÜSSIGER STOFF, N.A.G. CORROSIVE LIQUID, ACIDIC, INORGANIC, N.O.S.	8	-	I	274	0	E0	P001	-	-	-
3264	ÄTZENDER SAURER ANORGANISCHER FLÜSSIGER STOFF, N.A.G. CORROSIVE LIQUID, ACIDIC, INORGANIC, N.O.S.	8	-	II	274	1 L	E2	P001	-	IBC02	-
3264	ÄTZENDER SAURER ANORGANISCHER FLÜSSIGER STOFF, N.A.G. CORROSIVE LIQUID, ACIDIC, INORGANIC, N.O.S.	8	-	III	223 274	5 L	E1	P001 LP01	-	IBC03	-
3265	ÄTZENDER SAURER ORGANISCHER FLÜSSIGER STOFF, N.A.G. CORROSIVE LIQUID, ACIDIC, ORGANIC, N.O.S.	8	-	I	274	0	E0	P001	-	-	-
3265	ÄTZENDER SAURER ORGANISCHER FLÜSSIGER STOFF, N.A.G. CORROSIVE LIQUID, ACIDIC, ORGANIC, N.O.S.	8	-	II	274	1 L	E2	P001	-	IBC02	-
3265	ÄTZENDER SAURER ORGANISCHER FLÜSSIGER STOFF, N.A.G. CORROSIVE LIQUID, ACIDIC, ORGANIC, N.O.S.	8	-	III	223 274	5 L	E1	P001 LP01	-	IBC03	-
3266	ÄTZENDER BASISCHER ANORGANISCHER FLÜSSIGER STOFF, N.A.G. CORROSIVE LIQUID, BASIC, INORGANIC, N.O.S.	8	-	I	274	0	E0	P001	-	-	-
3266	ÄTZENDER BASISCHER ANORGANISCHER FLÜSSIGER STOFF, N.A.G. CORROSIVE LIQUID, BASIC, INORGANIC, N.O.S.	8	-	II	274	1 L	E2	P001	-	IBC02	-
3266	ÄTZENDER BASISCHER ANORGANISCHER FLÜSSIGER STOFF, N.A.G. CORROSIVE LIQUID, BASIC, INORGANIC, N.O.S.	8	-	III	223 274	5 L	E1	P001 LP01	-	IBC03	-
3267	ÄTZENDER BASISCHER ORGANISCHER FLÜSSIGER STOFF, N.A.G. CORROSIVE LIQUID, BASIC, ORGANIC, N.O.S.	8	-	I	274	0	E0	P001	-	-	-
3267	ÄTZENDER BASISCHER ORGANISCHER FLÜSSIGER STOFF, N.A.G. CORROSIVE LIQUID, BASIC, ORGANIC, N.O.S.	8	-	II	274	1 L	E2	P001	-	IBC02	-

Ortsbewegliche Tanks und Schüttgut-Container			EmS	Stauung und Handhabung	Trennung	Eigenschaften und Bemerkung	UN-Nr.	
	Tank Anwei-sung(en)	Vor-schrif-ten						
(12)	(13)	(14)	(15)	(16a)	(16b)	(17)	(18)	
	4.2.5 4.3	4.2.5	5.4.3.2 7.8	7.1, 7.3 bis 7.7	7.2 bis 7.7			
-	T6	TP33	F-A, S-B	Staukategorie B	SGG18 SG35	Reagiert heftig mit Säuren. Verursacht Verätzungen der Haut, der Augen und der Schleimhäute.	3263	→*5.4.1.4.3.4*
-	T3	TP33	F-A, S-B	Staukategorie B	SGG18 SG35	Siehe Eintrag oben.	3263	→*5.4.1.4.3.4*
-	T1	TP33	F-A, S-B	Staukategorie A	SGG18 SG35	Siehe Eintrag oben.	3263	→*5.4.1.4.3.4*
-	T14	TP2 TP27	F-A, S-B	Staukategorie B SW2	SGG1 SG36 SG49	Verursacht Verätzungen der Haut, der Augen und der Schleimhäute.	3264	→*5.4.1.4.3.4*
-	T11	TP2 TP27	F-A, S-B	Staukategorie B SW2	SGG1 SG36 SG49	Siehe Eintrag oben.	3264	→*5.4.1.4.3.4*
-	T7	TP1 TP28	F-A, S-B	Staukategorie A SW2	SGG1 SG36 SG49	Siehe Eintrag oben.	3264	→*5.4.1.4.3.4*
-	T14	TP2 TP27	F-A, S-B	Staukategorie B SW2	SGG1 SG36 SG49	Verursacht Verätzungen der Haut, der Augen und der Schleimhäute.	3265	
-	T11	TP2 TP27	F-A, S-B	Staukategorie B SW2	SGG1 SG36 SG49	Siehe Eintrag oben.	3265	
-	T7	TP1 TP28	F-A, S-B	Staukategorie A SW2	SGG1 SG36 SG49	Siehe Eintrag oben.	3265	
-	T14	TP2 TP27	F-A, S-B	Staukategorie B SW2	SGG18 SG35	Reagiert heftig mit Säuren. Verursacht Verätzungen der Haut, der Augen und der Schleimhäute.	3266	
-	T11	TP2 TP27	F-A, S-B	Staukategorie B SW2	SGG18 SG35	Siehe Eintrag oben.	3266	
-	T7	TP1 TP28	F-A, S-B	Staukategorie A SW2	SGG18 SG35	Siehe Eintrag oben.	3266	
-	T14	TP2 TP27	F-A, S-B	Staukategorie B SW2	SGG18 SG35	Reagiert heftig mit Säuren. Verursacht Verätzungen der Haut, der Augen und der Schleimhäute.	3267	
-	T11	TP2 TP27	F-A, S-B	Staukategorie B SW2	SGG18 SG35	Siehe Eintrag oben.	3267	

UN-Nr.	Richtiger technischer Name	Klasse	Zusatz-gefahr	Verpa-ckungs-gruppe	Sonder-vor-schrif-ten	Begrenzte und freige-stellte Mengen		Verpackungen		IBC	
						Be-grenzte Men-gen	Freige-stellte Men-gen	Anwei-sung(en)	Sonder-vor-schriften	Anwei-sung(en)	Sonder-vor-schriften
(1)	(2) 3.1.2	(3) 2.0	(4) 2.0	(5) 2.0.1.3	(6) 3.3	(7a) 3.4	(7b) 3.5	(8) 4.1.4	(9) 4.1.4	(10) 4.1.4	(11) 4.1.4
3267	ÄTZENDER BASISCHER ORGANISCHER FLÜSSIGER STOFF, N.A.G. CORROSIVE LIQUID, BASIC, ORGANIC, N.O.S.	8	-	III	223 274	5 L	E1	P001 LP01	-	IBC03	-
3268	SICHERHEITSEINRICHTUNGEN, elektrische Auslösung SAFETY DEVICES, electrically initiated	9	-	-	280 289	0	E0	P902 LP902	-	-	-
3269	POLYESTERHARZ-MEHRKOMPONENTENSYSTEME, flüssiges Grundprodukt POLYESTER RESIN KIT, liquid base material	3	-	II	236 340	5 L	Siehe SV340	P302	-	-	-
3269	POLYESTERHARZ-MEHRKOMPONENTENSYSTEME, flüssiges Grundprodukt POLYESTER RESIN KIT, liquid base material	3	-	III	236 340	5 L	Siehe SV340	P302	-	-	-
3270	MEMBRANFILTER AUS NITROCELLULOSE, mit höchstens 12,6 % Stickstoff in der Trockenmasse NITROCELLULOSE MEMBRANE FILTERS with not more than 12.6 % nitrogen, by mass	4.1	-	II	237 286	1 kg	E2	P411	-	-	-
3271	ETHER, N.A.G. ETHERS, N.O.S.	3	-	II	274	1 L	E2	P001	-	IBC02	-
3271	ETHER, N.A.G. ETHERS, N.O.S.	3	-	III	223 274	5 L	E1	P001 LP01	-	IBC03	-
3272	ESTER, N.A.G. ESTERS, N.O.S.	3	-	II	274	1 L	E2	P001	-	IBC02	-
3272	ESTER, N.A.G. ESTERS, N.O.S.	3	-	III	223 274	5 L	E1	P001 LP01	-	IBC03	-
3273	NITRILE, ENTZÜNDBAR, GIFTIG, N.A.G. NITRILES, FLAMMABLE, TOXIC, N.O.S.	3	6.1	I	274	0	E0	P001	-	-	-
3273	NITRILE, ENTZÜNDBAR, GIFTIG, N.A.G. NITRILES, FLAMMABLE, TOXIC, N.O.S.	3	6.1	II	274	1 L	E2	P001	-	IBC02	-
3274	ALKOHOLATE, LÖSUNG in Alkohol, N.A.G. ALCOHOLATES SOLUTION, N.O.S. in alcohol	3	8	II	274	1 L	E2	P001	-	IBC02	-
3275	NITRILE, GIFTIG, ENTZÜNDBAR, N.A.G. NITRILES, TOXIC, FLAMMABLE, N.O.S.	6.1	3	I	274 315	0	E5	P001	-	-	-
3275	NITRILE, GIFTIG, ENTZÜNDBAR, N.A.G. NITRILES, TOXIC, FLAMMABLE, N.O.S.	6.1	3	II	274	100 ml	E4	P001	-	IBC02	-
3276	NITRILE, FLÜSSIG, GIFTIG, N.A.G. NITRILES, LIQUID, TOXIC, N.O.S.	6.1	-	I	274 315	0	E5	P001	-	-	-

Ortsbewegliche Tanks und Schüttgut-Container			EmS	Stauung und Handhabung	Trennung	Eigenschaften und Bemerkung	UN-Nr.	
	Tank Anweisung(en)	Vorschriften						
(12)	(13) 4.2.5 4.3	(14) 4.2.5	(15) 5.4.3.2 7.8	(16a) 7.1, 7.3 bis 7.7	(16b) 7.2 bis 7.7	(17)	(18)	
-	T7	TP1 TP28	F-A, S-B	Staukategorie A SW2	SGG18 SG35	Siehe Eintrag oben.	3267	
-	-	-	F-B, S-X	Staukategorie A	-	-	3268	
-	-	-	F-E, S-D	Staukategorie B	-	Zweikomponenten Polyesterharze bestehen aus: Grundmaterial (Bindemittel) (brennbare Flüssigkeit) und einem Aktivator (Härter) (organisches Peroxid), jeweils getrennt verpackt in einer Innenverpackung.	3269	→ *UN 3527*
-	-	-	F-E, S-D	Staukategorie A	-	Siehe Eintrag oben.	3269	→ *UN 3527*
-	-	-	F-A, S-I	Staukategorie D	-	Die Filter können kleine runde Blättchen oder große Bögen sein. Unter Feuereinwirkung bilden sich giftige Gase und Dämpfe. In geschlossenen Räumen können diese Gas und Dämpfe mit der Luft explosionsfähige Gemische bilden. Brennt schnell mit starker Wärmestrahlung.	3270	
-	T7	TP1 TP8 TP28	F-E, S-D	Staukategorie B	-	-	3271	
-	T4	TP1 TP29	F-E, S-D	Staukategorie A	-	-	3271	
-	T7	TP1 TP8 TP28	F-E, S-D	Staukategorie B	-	-	3272	
-	T4	TP1 TP29	F-E, S-D	Staukategorie A	-	-	3272	
-	T14	TP2 TP13 TP27	F-E, S-D	Staukategorie E SW2	SG35	Flüssigkeiten, die giftige Dämpfe entwickeln. Reagieren mit Säuren oder sauren Dämpfen unter Bildung von Blausäure, einem hochgiftigen und entzündbaren Gas. Giftig beim Verschlucken, bei Berührung mit der Haut oder beim Einatmen.	3273	
-	T11	TP2 TP13 TP27	F-E, S-D	Staukategorie B SW2	SG35	Siehe Eintrag oben.	3273	
-	-	-	F-E, S-C	Staukategorie B	-	Farblose Lösung. Reagiert heftig mit Wasser. Verursacht Verätzungen der Haut, der Augen und der Schleimhäute.	3274	
-	T14	TP2 TP13 TP27	F-E, S-D	Staukategorie B SW2	SG35	Entzündbare Flüssigkeiten, entwickeln giftige Dämpfe. Reagieren mit Säuren oder sauren Dämpfen, entwickeln Blausäure, ein hochgiftiges und entzündbares Gas. Mischbar mit Wasser. Giftig beim Verschlucken, bei Berührung mit der Haut oder beim Einatmen.	3275	
-	T11	TP2 TP13 TP27	F-E, S-D	Staukategorie B SW2	SG35	Siehe Eintrag oben.	3275	
-	T14	TP2 TP13 TP27	F-A, S-A	Staukategorie B	SG35	Flüssigkeiten, entwickeln giftige Dämpfe. Reagieren mit Säuren oder sauren Dämpfen, entwickeln Blausäure, ein hochgiftiges und entzündbares Gas. Mischbar mit Wasser. Giftig beim Verschlucken, bei Berührung mit der Haut oder beim Einatmen.	3276	→ *UN 3439*

UN-Nr.	Richtiger technischer Name	Klasse	Zusatz-gefahr	Verpa-ckungs-gruppe	Sonder-vor-schrif-ten	Begrenzte und freige-stellte Mengen		Verpackungen		IBC	
						Be-grenzte Men-gen	Freige-stellte Men-gen	Anwei-sung(en)	Sonder-vor-schriften	Anwei-sung(en)	Sonder-vor-schriften
(1)	(2)	(3)	(4)	(5)	(6)	(7a)	(7b)	(8)	(9)	(10)	(11)
	3.1.2	2.0	2.0	2.0.1.3	3.3	3.4	3.5	4.1.4	4.1.4	4.1.4	4.1.4
3276	NITRILE, FLÜSSIG, GIFTIG, N.A.G. NITRILES, LIQUID, TOXIC, N.O.S.	6.1	-	II	274	100 ml	E4	P001	-	IBC02	-
3276	NITRILE, FLÜSSIG, GIFTIG, N.A.G. NITRILES, LIQUID, TOXIC, N.O.S.	6.1	-	III	223 274	5 L	E1	P001 LP01	-	IBC03	-
3277	CHLORFORMIATE, GIFTIG, ÄTZEND, N.A.G. CHLOROFORMATES, TOXIC, CORROSIVE, N.O.S.	6.1	8	II	274	100 ml	E4	P001	-	IBC02	-
3278	ORGANISCHE PHOSPHORVERBINDUNG, FLÜSSIG, GIFTIG, N.A.G. ORGANOPHOSPHORUS COMPOUND, LIQUID, TOXIC, N.O.S.	6.1	-	I	43 274 315	0	E5	P001	-	-	-
3278	ORGANISCHE PHOSPHORVERBINDUNG, FLÜSSIG, GIFTIG, N.A.G. ORGANOPHOSPHORUS COMPOUND, LIQUID, TOXIC, N.O.S.	6.1	-	II	43 274	100 ml	E4	P001	-	IBC02	-
3278	ORGANISCHE PHOSPHORVERBINDUNG, FLÜSSIG, GIFTIG, N.A.G. ORGANOPHOSPHORUS COMPOUND, LIQUID, TOXIC, N.O.S.	6.1	-	III	43 223 274	5 L	E1	P001 LP01	-	IBC03	-
3279	ORGANISCHE PHOSPHORVERBINDUNG, GIFTIG, ENTZÜNDBAR, N.A.G. ORGANOPHOSPHORUS COMPOUND, TOXIC, FLAMMABLE, N.O.S.	6.1	3	I	43 274 315	0	E5	P001	-	-	-
3279	ORGANISCHE PHOSPHORVERBINDUNG, GIFTIG, ENTZÜNDBAR, N.A.G. ORGANOPHOSPHORUS COMPOUND, TOXIC, FLAMMABLE, N.O.S.	6.1	3	II	43 274	100 ml	E4	P001	-	-	-
3280	ORGANISCHE ARSENVERBINDUNG, FLÜSSIG, N.A.G. ORGANOARSENIC COMPOUND, LIQUID, N.O.S.	6.1	-	I	274 315	0	E5	P001	-	-	-
3280	ORGANISCHE ARSENVERBINDUNG, FLÜSSIG, N.A.G. ORGANOARSENIC COMPOUND, LIQUID, N.O.S.	6.1	-	II	274	100 ml	E4	P001	-	IBC02	-
3280	ORGANISCHE ARSENVERBINDUNG, FLÜSSIG, N.A.G. ORGANOARSENIC COMPOUND, LIQUID, N.O.S.	6.1	-	III	223 274	5 L	E1	P001 LP01	-	IBC03	-
3281	METALLCARBONYLE, FLÜSSIG, N.A.G. METAL CARBONYLS, LIQUID, N.O.S.	6.1	-	I	274 315	0	E5	P601	-	-	-
3281	METALLCARBONYLE, FLÜSSIG, N.A.G. METAL CARBONYLS, LIQUID, N.O.S.	6.1	-	II	274	100 ml	E4	P001	-	IBC02	-
3281	METALLCARBONYLE, FLÜSSIG, N.A.G. METAL CARBONYLS, LIQUID, N.O.S.	6.1	-	III	223 274	5 L	E1	P001 LP01	-	IBC03	-
3282	METALLORGANISCHE VERBINDUNG, FLÜSSIG, GIFTIG, N.A.G. ORGANOMETALLIC COMPOUND, LIQUID, TOXIC, N.O.S.	6.1	-	I	274	0	E5	P001	-	-	-

Ortsbewegliche Tanks und Schüttgut-Container			EmS	Stauung und Handhabung	Trennung	Eigenschaften und Bemerkung	UN-Nr.	
	Tank Anwei- sung(en)	Vor- schrif- ten						
(12)	(13)	(14)	(15)	(16a)	(16b)	(17)	(18)	
	4.2.5 4.3	4.2.5	5.4.3.2 7.8	7.1, 7.3 bis 7.7	7.2 bis 7.7			
-	T11	TP2 TP27	F-A, S-A	Staukategorie B	SG35	Siehe Eintrag oben.	3276	→ *UN 3439*
-	T7	TP1 TP28	F-A, S-A	Staukategorie A	SG35	Siehe Eintrag oben.	3276	→ *UN 3439*
-	T8	TP2 TP13 TP28	F-A, S-B	Staukategorie A SW1 SW2 H1 H2	SGG1 SG36 SG49	Reagiert und zersetzt sich in Berührung mit Wasser oder bei Wärmeeinwirkung, unter Bildung von Chlorwasserstoff, einem reizenden und ätzenden Gas, das als weißer Nebel sichtbar wird. Giftig beim Verschlucken, bei Berührung mit der Haut oder beim Einatmen. Verursacht Verätzungen der Haut, der Augen und der Schleimhäute.	3277	
-	T14	TP2 TP13 TP27	F-A, S-A	Staukategorie B	-	Giftig beim Verschlucken, bei Berührung mit der Haut oder beim Einatmen.	3278	→ *UN 3464*
-	T11	TP2 TP27	F-A, S-A	Staukategorie B	-	Giftig beim Verschlucken, bei Berührung mit der Haut oder beim Einatmen.	3278	→ *UN 3464*
-	T7	TP1 TP28	F-A, S-A	Staukategorie A	-	Giftig beim Verschlucken, bei Berührung mit der Haut oder beim Einatmen.	3278	→ *UN 3464*
-	T14	TP2 TP13 TP27	F-E, S-D	Staukategorie B SW2	-	Ein weiter Bereich giftiger entzündbarer Flüssigkeiten. Giftig beim Verschlucken, bei Berührung mit der Haut oder beim Einatmen.	3279	
-	T11	TP2 TP13 TP27	F-E, S-D	Staukategorie B SW2	-	Siehe Eintrag oben.	3279	
-	T14	TP2 TP13 TP27	F-A, S-A	Staukategorie B	-	Giftig beim Verschlucken, bei Berührung mit der Haut oder beim Einatmen.	3280	→ *UN 3465*
-	T11	T2 TP27	F-A, S-A	Staukategorie B	-	Siehe Eintrag oben.	3280	→ *UN 3465*
-	T7	TP1 TP28	F-A, S-A	Staukategorie A	-	Siehe Eintrag oben.	3280	→ *UN 3465*
-	T14	TP2 TP13 TP27	F-A, S-A	Staukategorie D SW2	-	Ein Bereich von Metallcarbonylen, die bei Erwärmung Kohlenmonoxid, ein giftiges Gas, entwickeln können. Nicht mischbar mit Wasser. Giftig beim Verschlucken, bei Berührung mit der Haut oder beim Einatmen.	3281	→ *UN 3466*
-	T11	TP2 TP27	F-A, S-A	Staukategorie B SW2	-	Siehe Eintrag oben.	3281	→ *UN 3466*
-	T7	TP1 TP28	F-A, S-A	Staukategorie B SW2	-	Siehe Eintrag oben.	3281	→ *UN 3466*
-	T14	TP2 TP13 TP27	F-A, S-A	Staukategorie B	-	Giftig beim Verschlucken, bei Berührung mit der Haut oder beim Einatmen.	3282	→ *UN 3467*

3.2 Gefahrgutliste

UN-Nr.	Richtiger technischer Name	Klasse	Zusatz-gefahr	Verpa-ckungs-gruppe	Sonder-vor-schrif-ten	Begrenzte und freige-stellte Mengen		Verpackungen		IBC	
						Be-grenzte Men-gen	Freige-stellte Men-gen	Anwei-sung(en)	Sonder-vor-schriften	Anwei-sung(en)	Sonder-vor-schriften
(1)	(2) 3.1.2	(3) 2.0	(4) 2.0	(5) 2.0.1.3	(6) 3.3	(7a) 3.4	(7b) 3.5	(8) 4.1.4	(9) 4.1.4	(10) 4.1.4	(11) 4.1.4
3282	METALLORGANISCHE VERBINDUNG, FLÜSSIG, GIFTIG, N.A.G. ORGANOMETALLIC COMPOUND, LIQUID, TOXIC, N.O.S.	6.1	-	II	274	100 ml	E4	P001	-	IBC02	-
3282	METALLORGANISCHE VERBINDUNG, FLÜSSIG, GIFTIG, N.A.G. ORGANOMETALLIC COMPOUND, LIQUID, TOXIC, N.O.S.	6.1	-	III	223 274	5 L	E1	P001 LP01	-	IBC03	-
3283	SELENVERBINDUNG, FEST, N.A.G. SELENIUM COMPOUND, SOLID, N.O.S.	6.1	-	I	274	0	E5	P002	-	IBC07	B1
3283	SELENVERBINDUNG, FEST, N.A.G. SELENIUM COMPOUND, SOLID, N.O.S.	6.1	-	II	274	500 g	E4	P002	-	IBC08	B4 B21
3283	SELENVERBINDUNG, FEST, N.A.G. SELENIUM COMPOUND, SOLID, N.O.S.	6.1	-	III	223 274	5 kg	E1	P002 LP02	-	IBC08	B3
3284	TELLURVERBINDUNG, N.A.G. TELLURIUM COMPOUND, N.O.S.	6.1	-	I	274	0	E5	P002	-	IBC07	B1
3284	TELLURVERBINDUNG, N.A.G. TELLURIUM COMPOUND, N.O.S.	6.1	-	II	274	500 g	E4	P002	-	IBC08	B4 B21
3284	TELLURVERBINDUNG, N.A.G. TELLURIUM COMPOUND, N.O.S.	6.1	-	III	223 274	5 kg	E1	P002 LP02	-	IBC08	B3
3285	VANADIUMVERBINDUNG, N.A.G. VANADIUM COMPOUND, N.O.S.	6.1	-	I	274	0	E5	P002	-	IBC07	B1
3285	VANADIUMVERBINDUNG, N.A.G. VANADIUM COMPOUND, N.O.S.	6.1	-	II	274	500 g	E4	P002	-	IBC08	B4 B21
3285	VANADIUMVERBINDUNG, N.A.G. VANADIUM COMPOUND, N.O.S.	6.1	-	III	223 274	5 kg	E1	P002 LP02	-	IBC08	B3
3286	ENTZÜNDBARER FLÜSSIGER STOFF, GIFTIG, ÄTZEND, N.A.G. FLAMMABLE LIQUID, TOXIC, CORROSIVE, N.O.S.	3	6.1/8	I	274	0	E0	P001	-	-	-
3286	ENTZÜNDBARER FLÜSSIGER STOFF, GIFTIG, ÄTZEND, N.A.G. FLAMMABLE LIQUID, TOXIC, CORROSIVE, N.O.S.	3	6.1/8	II	274	1 L	E2	P001	-	IBC99	-
3287	GIFTIGER ANORGANISCHER FLÜSSIGER STOFF, N.A.G. TOXIC LIQUID, INORGANIC, N.O.S.	6.1	-	I	274 315	0	E5	P001	-	-	-
3287	GIFTIGER ANORGANISCHER FLÜSSIGER STOFF, N.A.G. TOXIC LIQUID, INORGANIC, N.O.S.	6.1	-	II	274	100 ml	E4	P001	-	IBC02	-
3287	GIFTIGER ANORGANISCHER FLÜSSIGER STOFF, N.A.G. TOXIC LIQUID, INORGANIC, N.O.S.	6.1	-	III	223 274	5 L	E1	P001 LP01	-	IBC03	-
3288	GIFTIGER ANORGANISCHER FESTER STOFF, N.A.G. TOXIC SOLID, INORGANIC, N.O.S.	6.1	-	I	274	0	E5	P002	-	IBC99	-
3288	GIFTIGER ANORGANISCHER FESTER STOFF, N.A.G. TOXIC SOLID, INORGANIC, N.O.S.	6.1	-	II	274	500 g	E4	P002	-	IBC08	B4 B21

Ortsbewegliche Tanks und Schüttgut-Container			EmS	Stauung und Handhabung	Trennung	Eigenschaften und Bemerkung	UN-Nr.	
	Tank Anwei-sung(en)	Vor-schrif-ten						
(12)	(13) 4.2.5 4.3	(14) 4.2.5	(15) 5.4.3.2 7.8	(16a) 7.1, 7.3 bis 7.7	(16b) 7.2 bis 7.7	(17)	(18)	
-	T11	TP2 TP27	F-A, S-A	Staukategorie B	-	Siehe Eintrag oben.	3282	→ *UN 3467*
-	T7	TP1 TP28	F-A, S-A	Staukategorie A	-	Siehe Eintrag oben.	3282	→ *UN 3467*
-	T6	TP33	F-A, S-A	Staukategorie B	-	Giftig beim Verschlucken, bei Berührung mit der Haut oder beim Einatmen.	3283	→ *UN 3440*
-	T3	TP33	F-A, S-A	Staukategorie B	-	Siehe Eintrag oben.	3283	→ *UN 3440*
-	T1	TP33	F-A, S-A	Staukategorie A	-	Siehe Eintrag oben.	3283	→ *UN 3440*
-	T6	TP33	F-A, S-A	Staukategorie B	-	Giftig beim Verschlucken, bei Berührung mit der Haut oder beim Einatmen.	3284	
-	T3	TP33	F-A, S-A	Staukategorie B	-	Siehe Eintrag oben.	3284	
-	T1	TP33	F-A, S-A	Staukategorie A	-	Siehe Eintrag oben.	3284	
-	T6	TP33	F-A, S-A	Staukategorie B	-	Giftig beim Verschlucken, bei Berührung mit der Haut oder beim Einatmen.	3285	
-	T3	TP33	F-A, S-A	Staukategorie B	-	Siehe Eintrag oben.	3285	
-	T1	TP33	F-A, S-A	Staukategorie A	-	Siehe Eintrag oben.	3285	
-	T14	TP2 TP13 TP27	F-E, S-C	Staukategorie E SW2	SG5 SG8	Entzündbare, giftige, ätzende Flüssigkeit. Giftig beim Verschlucken, bei Berührung mit der Haut oder beim Einatmen. Verursacht Verätzungen der Haut, der Augen und der Schleimhäute.	3286	
-	T11	TP2 TP13 TP27	F-E, S-C	Staukategorie B SW2	SG5 SG8	Siehe Eintrag oben.	3286	
-	T14	TP2 TP13 TP27	F-A, S-A	Staukategorie B SW2	-	Giftig beim Verschlucken, bei Berührung mit der Haut oder beim Einatmen.	3287	
-	T11	TP2 TP27	F-A, S-A	Staukategorie B SW2	-	Siehe Eintrag oben.	3287	
-	T7	TP1 TP28	F-A, S-A	Staukategorie A SW2	-	Siehe Eintrag oben.	3287	
-	T6	TP33	F-A, S-A	Staukategorie B	-	Giftig beim Verschlucken, bei Berührung mit der Haut oder beim Einatmen.	3288	
-	T3	TP33	F-A, S-A	Staukategorie B	-	Siehe Eintrag oben.	3288	

UN-Nr.	Richtiger technischer Name	Klasse	Zusatzgefahr	Verpackungsgruppe	Sondervorschriften	Begrenzte und freigestellte Mengen		Verpackungen		IBC	
						Begrenzte Mengen	Freigestellte Mengen	Anweisung(en)	Sondervorschriften	Anweisung(en)	Sondervorschriften
(1)	(2) 3.1.2	(3) 2.0	(4) 2.0	(5) 2.0.1.3	(6) 3.3	(7a) 3.4	(7b) 3.5	(8) 4.1.4	(9) 4.1.4	(10) 4.1.4	(11) 4.1.4
3288	GIFTIGER ANORGANISCHER FESTER STOFF, N.A.G. TOXIC SOLID, INORGANIC, N.O.S.	6.1	-	III	223 274	5 kg	E1	P002 LP02	-	IBC08	B3
3289	GIFTIGER ANORGANISCHER FLÜSSIGER STOFF, ÄTZEND, N.A.G. TOXIC LIQUID, CORROSIVE, INORGANIC, N.O.S.	6.1	8	I	274 315	0	E5	P001	-	-	-
3289	GIFTIGER ANORGANISCHER FLÜSSIGER STOFF, ÄTZEND, N.A.G. TOXIC LIQUID, CORROSIVE, INORGANIC, N.O.S.	6.1	8	II	274	100 ml	E4	P001	-	IBC02	-
3290	GIFTIGER ANORGANISCHER FESTER STOFF, ÄTZEND, N.A.G. TOXIC SOLID, CORROSIVE, INORGANIC, N.O.S.	6.1	8	I	274	0	E5	P002	-	IBC99	-
3290	GIFTIGER ANORGANISCHER FESTER STOFF, ÄTZEND, N.A.G. TOXIC SOLID, CORROSIVE, INORGANIC, N.O.S.	6.1	8	II	274	500 g	E4	P002	-	IBC06	B21
3291	KLINISCHER ABFALL, UNSPEZIFIZIERT, N.A.G. oder (BIO)MEDIZINISCHER ABFALL, N.A.G. oder UNTER DIE VORSCHRIFTEN FALLENDER MEDIZINISCHER ABFALL, N.A.G. CLINICAL WASTE, UNSPECIFIED, N.O.S. or (BIO) MEDICAL WASTE, N.O.S. or REGULATED MEDICAL WASTE, N.O.S.	6.2	-	II	-	0	E0	P621 LP621	-	IBC620	-
3292	NATRIUMBATTERIEN oder NATRIUMZELLEN BATTERIES, CONTAINING SODIUM or CELLS, CONTAINING SODIUM	4.3	-	-	239	0	E0	P408	-	-	-
3293	HYDRAZIN, WÄSSERIGE LÖSUNG mit höchstens 37 Masse-% Hydrazin HYDRAZINE, AQUEOUS SOLUTION with not more than 37 % hydrazine, by mass	6.1	-	III	223	5 L	E1	P001 LP01	-	IBC03	-
3294	CYANWASSERSTOFF, LÖSUNG IN ALKOHOL mit höchstens 45 % Cyanwasserstoff HYDROGEN CYANIDE, SOLUTION IN ALCOHOL with not more than 45 % hydrogen cyanide	6.1	3 **P**	I	900	0	E0	P601	-	-	-
3295	KOHLENWASSERSTOFFE, FLÜSSIG, N.A.G. HYDROCARBONS, LIQUID, N.O.S.	3	-	I	-	500 ml	E3	P001	-	-	-
3295	KOHLENWASSERSTOFFE, FLÜSSIG, N.A.G. HYDROCARBONS, LIQUID, N.O.S.	3	-	II	-	1 L	E2	P001	-	IBC02	-

Ortsbewegliche Tanks und Schüttgut-Container			EmS	Stauung und Handhabung	Trennung	Eigenschaften und Bemerkung	UN-Nr.	
	Tank Anweisung(en)	Vorschriften						
(12)	(13) 4.2.5 4.3	(14) 4.2.5	(15) 5.4.3.2 7.8	(16a) 7.1, 7.3 bis 7.7	(16b) 7.2 bis 7.7	(17)	(18)	
-	T1	TP33	F-A, S-A	Staukategorie A	-	Siehe Eintrag oben.	3288	
-	T14	TP2 TP13 TP27	F-A, S-B	Staukategorie B SW2	-	Giftig beim Verschlucken, bei Berührung mit der Haut oder beim Einatmen. Verursacht Verätzungen der Haut, der Augen und der Schleimhäute.	3289	
-	T11	TP2 TP27	F-A, S-B	Staukategorie B SW2	-	Siehe Eintrag oben.	3289	
-	T6	TP33	F-A, S-B	Staukategorie B SW2	-	Giftig beim Verschlucken, bei Berührung mit der Haut oder beim Einatmen. Verursacht Verätzungen der Haut, der Augen und der Schleimhäute.	3290	
-	T3	TP33	F-A, S-B	Staukategorie B SW2	-	Siehe Eintrag oben.	3290	
-	BK2	-	F-A, S-T	- SW28	-	Abfälle aus der medizinischen Behandlung von Tieren, Menschen oder aus der biologischen Forschung.	3291	
-	-	-	F-G, S-P	Staukategorie A H1	SG26	Reihen von hermetisch verschlossenen Metallzellen, Natrium enthaltend, die elektrisch leitend miteinander verbunden in einem Metallgehäuse untergebracht sind. „Kalte" Batterien (Batterien, die elementares Natrium nur in festem Zustand enthalten) sind elektrisch inert. Batterien müssen zur Stromerzeugung durch Aufheizen auf 300 °C bis 350 °C aktiviert werden. Aktivierte Batterien (d. h. „heiße" Batterien, die flüssiges elementares Natrium enthalten) können Brände verursachen durch Kurzschluss der Batteriepole. Batterien oder Zellen dürfen zur Beförderung bei einer Temperatur, bei der das Natrium in flüssiger Form in der Batterie oder Zelle vorliegt, nur aufgegeben werden, wenn es durch die zuständige Behörde zugelassen wurde unter den von der zuständigen Behörde festgelegten Bedingungen.	3292	→ D: GGVSee § 12
-	T4	TP1	F-A, S-A	Staukategorie A	SGG18 SG35	Farblose Flüssigkeit. Reagiert heftig mit Säuren. Giftig beim Verschlucken, bei Berührung mit der Haut oder beim Einatmen.	3293	
-	T14	TP2 TP13	F-E, S-D	Staukategorie D SW2	-	Entzündbare Lösung, entwickelt äußerst giftige entzündbare Dämpfe. Mischbar mit Wasser. Hochgiftig beim Verschlucken, bei Berührung mit der Haut oder beim Einatmen. Die Beförderung von CYANWASSERSTOFF, LÖSUNG IN ALKOHOL mit mehr als 45 % Cyanwasserstoff, ist **verboten**.	3294	
-	T11	TP1 TP8 TP28	F-E, S-D	Staukategorie E	-	Nicht mischbar mit Wasser.	3295	
-	T7	TP1 TP8 TP28	F-E, S-D	Staukategorie B	-	Siehe Eintrag oben.	3295	

UN-Nr.	Richtiger technischer Name	Klasse	Zusatzgefahr	Verpackungsgruppe	Sondervorschriften	Begrenzte und freigestellte Mengen		Verpackungen		IBC	
						Begrenzte Mengen	Freigestellte Mengen	Anweisung(en)	Sondervorschriften	Anweisung(en)	Sondervorschriften
(1)	(2) 3.1.2	(3) 2.0	(4) 2.0	(5) 2.0.1.3	(6) 3.3	(7a) 3.4	(7b) 3.5	(8) 4.1.4	(9) 4.1.4	(10) 4.1.4	(11) 4.1.4
3295	KOHLENWASSERSTOFFE, FLÜSSIG, N.A.G. HYDROCARBONS, LIQUID, N.O.S.	3	-	III	223	5 L	E1	P001 LP01	-	IBC03	-
3296	HEPTAFLUORPROPAN (GAS ALS KÄLTEMITTEL R 227) HEPTAFLUOROPROPANE (REFRIGERANT GAS R 227)	2.2	-	-	-	120 ml	E1	P200	-	-	-
3297	ETHYLENOXID UND CHLORTETRAFLUORETHAN, GEMISCH, mit höchstens 8,8 % Ethylenoxid ETHYLENE OXIDE AND CHLOROTETRAFLUOROETHANE MIXTURE, with not more than 8.8 % ethylene oxide	2.2	-	-	-	120 ml	E1	P200	-	-	-
3298	ETHYLENOXID UND PENTAFLUORETHAN, GEMISCH, mit höchstens 7,9 % Ethylenoxid ETHYLENE OXIDE AND PENTAFLUOROETHANE MIXTURE with not more than 7.9 % ethylene oxide	2.2	-	-	-	120 ml	E1	P200	-	-	-
3299	ETHYLENOXID UND TETRAFLUORETHAN, GEMISCH, mit höchstens 5,6 % Ethylenoxid ETHYLENE OXIDE AND TETRAFLUOROETHANE MIXTURE with not more than 5.6 % ethylene oxide	2.2	-	-	-	120 ml	E1	P200	-	-	-
3300	ETHYLENOXID UND KOHLENDIOXID, GEMISCH, mit mehr als 87 % Ethylenoxid ETHYLENE OXIDE AND CARBON DIOXIDE MIXTURE with more than 87 % ethylene oxide	2.3	2.1	-	-	0	E0	P200	-	-	-
3301	ÄTZENDER FLÜSSIGER STOFF, SELBSTERHITZUNGSFÄHIG, N.A.G. CORROSIVE LIQUID, SELF-HEATING, N.O.S.	8	4.2	I	274	0	E0	P001	-	-	-
3301	ÄTZENDER FLÜSSIGER STOFF, SELBSTERHITZUNGSFÄHIG, N.A.G. CORROSIVE LIQUID, SELF-HEATING, N.O.S.	8	4.2	II	274	0	E2	P001	-	-	-
3302	2-DIMETHYLAMINOETHYLACRYLAT, STABILISIERT 2-DIMETHYLAMINOETHYL ACRYLATE, STABILIZED	6.1	-	II	386	100 ml	E4	P001	-	IBC02	-
3303	VERDICHTETES GAS, GIFTIG, OXIDIEREND, N.A.G. COMPRESSED GAS, TOXIC, OXIDIZING, N.O.S.	2.3	5.1	-	274	0	E0	P200	-	-	-
3304	VERDICHTETES GAS, GIFTIG, ÄTZEND, N.A.G. COMPRESSED GAS, TOXIC, CORROSIVE, N.O.S.	2.3	8	-	274	0	E0	P200	-	-	-
3305	VERDICHTETES GAS, GIFTIG, ENTZÜNDBAR, ÄTZEND, N.A.G. COMPRESSED GAS, TOXIC, FLAMMABLE, CORROSIVE, N.O.S.	2.3	2.1/8	-	274	0	E0	P200	-	-	-

Ortsbewegliche Tanks und Schüttgut-Container			EmS	Stauung und Handhabung	Trennung	Eigenschaften und Bemerkung	UN-Nr.
	Tank Anwei-sung(en)	Vor-schrif-ten					
(12)	(13)	(14)	(15)	(16a)	(16b)	(17)	(18)
	4.2.5 4.3	4.2.5	5.4.3.2 7.8	7.1, 7.3 bis 7.7	7.2 bis 7.7		
-	T4	TP1 TP29	F-E, S-D	Staukategorie A	-	Siehe Eintrag oben.	3295
-	T50	-	F-C, S-V	Staukategorie A	-	Nicht entzündbares, verdichtetes Gas. Schwerer als Luft (1,4).	3296
-	T50	-	F-C, S-V	Staukategorie A	-	Verflüssigtes, nicht entzündbares, farbloses Gas mit etherartigem Geruch. Viel schwerer als Luft.	3297
-	T50	-	F-C, S-V	Staukategorie A	-	Verflüssigtes, nicht entzündbares, farbloses Gas mit etherartigem Geruch. Viel schwerer als Luft.	3298
-	T50	-	F-C, S-V	Staukategorie A	-	Verflüssigtes, nicht entzündbares, farbloses Gas mit etherartigem Geruch. Viel schwerer als Luft.	3299
-	-	-	F-D, S-U	Staukategorie D SW2	-	Verflüssigtes, entzündbares, giftiges farbloses Gas mit etherartigem Geruch. Schwerer als Luft (1,5).	3300
-	-	-	F-A, S-J	Staukategorie D	-	Verursacht Verätzungen der Haut, der Augen und der Schleimhäute.	3301
-	-	-	F-A, S-J	Staukategorie D	-	Siehe Eintrag oben.	3301
-	T7	TP2	F-A, S-A	Staukategorie D SW1	-	Farblose bis leicht gelbe Flüssigkeit. Beißender Geruch. Mischbar mit Wasser. Ruft Tränenbildung hervor. Stabilisiert mit Hydrochinonderivaten. Hydrolisiert in Wasser unter Bildung von Acrylsäure und Dimethylaminoethanol. Giftig beim Verschlucken, bei Berührung mit der Haut oder beim Einatmen.	3302
-	-	-	F-C, S-W	Staukategorie D SW2	-	-	3303
-	-	-	F-C, S-U	Staukategorie D SW2	-	-	3304
-	-	-	F-D, S-U	Staukategorie D SW2	SG4 SG9	-	3305

3.2 Gefahrgutliste

UN-Nr.	Richtiger technischer Name	Klasse	Zusatzgefahr	Verpackungsgruppe	Sondervorschriften	Begrenzte und freigestellte Mengen		Verpackungen		IBC	
						Begrenzte Mengen	Freigestellte Mengen	Anweisung(en)	Sondervorschriften	Anweisung(en)	Sondervorschriften
(1)	(2) 3.1.2	(3) 2.0	(4) 2.0	(5) 2.0.1.3	(6) 3.3	(7a) 3.4	(7b) 3.5	(8) 4.1.4	(9) 4.1.4	(10) 4.1.4	(11) 4.1.4
3306	VERDICHTETES GAS, GIFTIG, OXIDIEREND, ÄTZEND, N.A.G. COMPRESSED GAS, TOXIC, OXIDIZING, CORROSIVE, N.O.S.	2.3	5.1/8	-	274	0	E0	P200	-	-	-
3307	VERFLÜSSIGTES GAS, GIFTIG, OXIDIEREND, N.A.G. LIQUEFIED GAS, TOXIC, OXIDIZING, N.O.S.	2.3	5.1	-	274	0	E0	P200	-	-	-
3308	VERFLÜSSIGTES GAS, GIFTIG, ÄTZEND, N.A.G. LIQUEFIED GAS, TOXIC, CORROSIVE, N.O.S.	2.3	8	-	274	0	E0	P200	-	-	-
3309	VERFLÜSSIGTES GAS, GIFTIG, ENTZÜNDBAR, ÄTZEND, N.A.G. LIQUEFIED GAS, TOXIC, FLAMMABLE, CORROSIVE, N.O.S.	2.3	2.1/8	-	274	0	E0	P200	-	-	-
3310	VERFLÜSSIGTES GAS, GIFTIG, OXIDIEREND, ÄTZEND, N.A.G. LIQUEFIED GAS, TOXIC, OXIDIZING, CORROSIVE, N.O.S.	2.3	5.1/8	-	274	0	E0	P200	-	-	-
3311	GAS, TIEFGEKÜHLT, FLÜSSIG, OXIDIEREND, N.A.G. GAS, REFRIGERATED LIQUID, OXIDIZING, N.O.S.	2.2	5.1	-	274	0	E0	P203	-	-	-
3312	GAS, TIEFGEKÜHLT, FLÜSSIG, ENTZÜNDBAR, N.A.G. GAS, REFRIGERATED LIQUID, FLAMMABLE, N.O.S.	2.1	-	-	274	0	E0	P203	-	-	-
3313	SELBSTERHITZUNGSFÄHIGE ORGANISCHE PIGMENTE ORGANIC PIGMENTS, SELF-HEATING	4.2	-	II	-	0	E2	P002	-	IBC08	B4 B21
3313	SELBSTERHITZUNGSFÄHIGE ORGANISCHE PIGMENTE ORGANIC PIGMENTS, SELF-HEATING	4.2	-	III	223	0	E1	P002 LP02	-	IBC08	B3
3314	KUNSTSTOFFPRESSMISCHUNG, in Teig-, Platten- oder Strangpressform, entzündbare Dämpfe abgebend PLASTICS MOULDING COMPOUND in dough, sheet or extruded rope form, evolving flammable vapour	9	-	III	207 965	5 kg	E1	P002	PP14	IBC08	B3 B6
3315	CHEMISCHE PROBE, GIFTIG CHEMICAL SAMPLE, TOXIC	6.1	-	I	250	0	E0	P099	-	-	-
3316	CHEMIE-TESTSATZ oder ERSTE-HILFE-AUSRÜSTUNG CHEMICAL KIT or FIRST AID KIT	9	-	-	251 340	Siehe SV251	Siehe SV340	P901	-	-	-

Ortsbewegliche Tanks und Schüttgut-Container			EmS	Stauung und Handhabung	Trennung	Eigenschaften und Bemerkung	UN-Nr.
	Tank Anweisung(en)	Vorschriften					
(12)	(13)	(14)	(15)	(16a)	(16b)	(17)	(18)
	4.2.5 4.3	4.2.5	5.4.3.2 7.8	7.1, 7.3 bis 7.7	7.2 bis 7.7		
-	-	-	F-C, S-W	Staukategorie D SW2	SG6 SG19	-	3306
-	-	-	F-C, S-W	Staukategorie D SW2	-	-	3307
-	-	-	F-C, S-U	Staukategorie D SW2	-	-	3308
-	-	-	F-D, S-U	Staukategorie D SW2	SG4 SG9	-	3309
-	-	-	F-C, S-W	Staukategorie D SW2	SG6 SG19	-	3310
-	T75	TP5 TP22	F-C, S-W	Staukategorie D	-	-	3311
-	T75	TP5	F-D, S-U	Staukategorie D SW2	-	-	3312
-	T3	TP33	F-A, S-J	Staukategorie C	-	Selbsterhitzungsfähige, farbige Pulver oder Granulate. Geruchlos. Fähig zur Selbsterhitzung oder Selbstentzündung.	3313
-	T1	TP33	F-A, S-J	Staukategorie C	-	Siehe Eintrag oben.	3313
-	-	-	F-A, S-I	Staukategorie E SW1 SW6	SG5 SG14	Eine Kunststoffmasse überwiegend bestehend aus Polystyrol, Polymethylmethacrylat oder einem anderen Polymermaterial und 5 bis 8 % eines flüchtigen Kohlenwasserstoffes, vorwiegend Pentan. Während der Lagerung wird ein kleiner Teil Pentan an die umgebende Luft abgegeben; dieser Teil erhöht sich mit steigenden Temperaturen.	3314
-	-	-	F-A, S-A	Staukategorie D SW2	-	Dieser Eintrag sollte nur für Proben von Chemikalien genutzt werden, die im Rahmen der Konvention über das Verbot der Entwicklung, Herstellung, Lagerung und des Einsatzes chemischer Waffen und über die Vernichtung solcher Waffen zur Analyse gezogen wurden. Die Beförderung dieser Stoffe unter diesem Eintrag sollte entsprechend der Beaufsichtigungsabläufe und Sicherheitsprozeduren erfolgen, die von der Organisation für das Verbot chemischer Waffen spezifiziert wurden. Die chemische Probe sollte nur nach Genehmigung durch die zuständige Behörde oder die Generaldirektion der Organisation für das Verbot chemischer Waffen befördert werden. Für die Zeit der Beförderung ist dem Versandstück eine Kopie der Beförderungsgenehmigung beizufügen, aus der die Mengenbegrenzungen und die Verpackungsanforderungen hervorgehen.	3315
-	-	-	F-A, S-P	Staukategorie A	-	-	3316

3.2 Gefahrgutliste

UN-Nr.	Richtiger technischer Name	Klasse	Zusatzgefahr	Verpackungsgruppe	Sondervorschriften	Begrenzte und freigestellte Mengen		Verpackungen		IBC	
						Begrenzte Mengen	Freigestellte Mengen	Anweisung(en)	Sondervorschriften	Anweisung(en)	Sondervorschriften
(1)	(2) 3.1.2	(3) 2.0	(4) 2.0	(5) 2.0.1.3	(6) 3.3	(7a) 3.4	(7b) 3.5	(8) 4.1.4	(9) 4.1.4	(10) 4.1.4	(11) 4.1.4
3317	2-AMINO-4,6-DINITROPHENOL, ANGEFEUCHTET, mit mindestens 20 Masse-% Wasser 2-AMINO-4,6-DINITROPHENOL, WETTED with not less than 20 % water, by mass	4.1	-	I	28	0	E0	P406	PP26 PP31	-	-
3318	AMMONIAKLÖSUNG, relative Dichte kleiner als 0,880 bei 15 °C in Wasser, mit mehr als 50 % Ammoniak AMMONIA SOLUTION relative density less than 0.880 at 15 °C in water, with more than 50 % ammonia	2.3	8 **P**	-	23	0	E0	P200	-	-	-
3319	NITROGLYCERIN, GEMISCH, DESENSIBILISIERT, FEST, N.A.G., mit mehr als 2 Masse-%, aber höchstens 10 Masse-% Nitroglycerin NITROGLYCERIN MIXTURE, DESENSITIZED, SOLID, N.O.S. with more than 2 % but not more than 10 % nitroglycerin, by mass	4.1	-	II	272 274	0	E0	P099	-	-	-
3320	NATRIUMBORHYDRID UND NATRIUMHYDROXID, LÖSUNG, mit höchstens 12 Masse-% Natriumborhydrid und höchstens 40 Masse-% Natriumhydroxid SODIUM BOROHYDRIDE AND SODIUM HYDROXIDE, SOLUTION with not more than 12 % sodium borohydride and not more than 40 % sodium hydroxide, by mass	8	-	II	-	1 L	E2	P001	-	IBC02	-
3320	NATRIUMBORHYDRID UND NATRIUMHYDROXID, LÖSUNG, mit höchstens 12 Masse-% Natriumborhydrid und höchstens 40 Masse-% Natriumhydroxid SODIUM BOROHYDRIDE AND SODIUM HYDROXIDE, SOLUTION with not more than 12 % sodium borohydride and not more than 40 % sodium hydroxide, by mass	8	-	III	223	5 L	E1	P001 LP01	-	IBC03	-
3321	RADIOAKTIVE STOFFE, GERINGE SPEZIFISCHE AKTIVITÄT (LSA-II), nicht spaltbar oder spaltbar – freigestellt RADIOACTIVE MATERIAL, LOW SPECIFIC ACTIVITY (LSA-II), non-fissile or fissile – excepted	7	Siehe SV172	-	172 317 325	0	E0	Siehe 4.1.9	Siehe 4.1.9	Siehe 4.1.9	Siehe 4.1.9
3322	RADIOAKTIVE STOFFE, GERINGE SPEZIFISCHE AKTIVITÄT (LSA-III), nicht spaltbar oder spaltbar – freigestellt RADIOACTIVE MATERIAL, LOW SPECIFIC ACTIVITY (LSA-III), non-fissile or fissile – excepted	7	Siehe SV172	-	172 317 325	0	E0	Siehe 4.1.9	Siehe 4.1.9	Siehe 4.1.9	Siehe 4.1.9
3323	RADIOAKTIVE STOFFE, TYP C-VERSANDSTÜCK, nicht spaltbar oder spaltbar – freigestellt RADIOACTIVE MATERIAL, TYPE C PACKAGE, non-fissile or fissile – excepted	7	Siehe SV172	-	172 317 325	0	E0	Siehe 4.1.9	Siehe 4.1.9	Siehe 4.1.9	Siehe 4.1.9

Ortsbewegliche Tanks und Schüttgut-Container			EmS	Stauung und Handhabung	Trennung	Eigenschaften und Bemerkung	UN-Nr.
	Tank Anweisung(en)	Vorschriften					
(12)	(13)	(14)	(15)	(16a)	(16b)	(17)	(18)
	4.2.5 4.3	4.2.5	5.4.3.2 7.8	7.1, 7.3 bis 7.7	7.2 bis 7.7		
-	-	-	F-B, S-J	Staukategorie D	SG7 SG30	Desensibilisierter Explosivstoff. Rote Kristalle. Nicht löslich in Wasser. Im trockenen Zustand explosionsfähig. Kann mit Schwermetallen und deren Salzen äußerst empfindliche Verbindungen bilden. Unter Feuereinwirkung bilden sich giftige Gase und Dämpfe. In geschlossenen Räumen können diese Gase und Dämpfe mit der Luft explosionsfähige Gemische bilden. Gesundheitsschädlich beim Verschlucken oder bei Berührung mit der Haut.	3317
-	T50	-	F-C, S-U	Staukategorie D SW2	SGG18 SG35 SG46	Hochkonzentrierte wässerige Lösung eines nicht entzündbaren, giftigen und ätzenden Gases mit stechendem Geruch. Obwohl bei diesem Stoff das Risiko einer Entzündung vorhanden ist, besteht diese Gefahr nur bei besonderer Feuereinwirkung in umschlossenen Bereichen. Reagiert heftig mit Säuren. Wirkt stark reizend auf Haut, Augen und Schleimhäute. Erstickend in niedrigen Konzentrationen.	3318
-	-	-	F-B, S-J	Staukategorie E	-	Desensibilisierter Explosivstoff mit Lactose, Glucose oder Cellulose. Weißer fester Stoff. Löslich in Wasser. Im Feuer kann sich Nitroglycerin ansammeln und explodieren. Berührung mit Wasser kann den phlegmatisierenden Stoff (Laktose, Glukose) herauslösen mit der Folge einer Anreicherung von Nitroglycerin und möglicher Explosion. Nitroglycerin hat eine größere Dichte als Wasser. Unter Feuereinwirkung bilden sich giftige Gase und Dämpfe. In geschlossenen Räumen können diese Gase und Dämpfe mit der Luft explosionsfähige Gemische bilden. Einatmen der Dämpfe kann Kopfschmerzen, Schwindel und Ohnmacht verursachen.	3319
-	T7	TP2	F-A, S-B	Staukategorie A	SGG18 SG35	Grau-weißliche klare Flüssigkeit mit einem leichten kohlenwasserstoffartigen Geruch. Reagiert heftig mit Säuren. Entwickelt in Berührung mit Säuren und bei der Verdünnung mit großen Mengen Wasser Wasserstoffgas und Hitze. Verursacht Verätzungen der Haut, der Augen und der Schleimhäute.	3320
-	T4	TP2	F-A, S-B	Staukategorie A	SGG18 SG35	Siehe Eintrag oben.	3320
-	T5	TP4	F-I, S-S	Staukategorie A SW20 SW21	-	Siehe 1.5.1.	3321
-	T5	TP4	F-I, S-S	Staukategorie A SW21	-	Siehe 1.5.1.	3322
-	-	-	F-I, S-S	Staukategorie A SW12	-	Siehe 1.5.1. Für Schiffe, die eine INF-Ladung nach der Begriffsbestimmung in Regel VII/14 des SOLAS-Übereinkommens von 1974 in der jeweils geltenden Fassung befördern, wird auch auf den INF-Code verwiesen.	3323

3.2 Gefahrgutliste

UN-Nr.	Richtiger technischer Name	Klasse	Zusatzgefahr	Verpackungsgruppe	Sondervorschriften	Begrenzte und freigestellte Mengen		Verpackungen		IBC	
						Begrenzte Mengen	Freigestellte Mengen	Anweisung(en)	Sondervorschriften	Anweisung(en)	Sondervorschriften
(1)	(2) 3.1.2	(3) 2.0	(4) 2.0	(5) 2.0.1.3	(6) 3.3	(7a) 3.4	(7b) 3.5	(8) 4.1.4	(9) 4.1.4	(10) 4.1.4	(11) 4.1.4
3324	RADIOAKTIVE STOFFE, GERINGE SPEZIFISCHE AKTIVITÄT (LSA-II), SPALTBAR RADIOACTIVE MATERIAL, LOW SPECIFIC ACTIVITY (LSA-II), FISSILE	7	Siehe SV172	-	172 326	0	E0	Siehe 4.1.9	Siehe 4.1.9	Siehe 4.1.9	Siehe 4.1.9
3325	RADIOAKTIVE STOFFE, GERINGE SPEZIFISCHE AKTIVITÄT (LSA-III), SPALTBAR RADIOACTIVE MATERIAL, LOW SPECIFIC ACTIVITY, (LSA-III), FISSILE	7	Siehe SV172	-	172 326	0	E0	Siehe 4.1.9	Siehe 4.1.9	Siehe 4.1.9	Siehe 4.1.9
3326	RADIOAKTIVE STOFFE, OBERFLÄCHENKONTAMINIERTE GEGENSTÄNDE (SCO-I oder SCO-II), SPALTBAR RADIOACTIVE MATERIAL, SURFACE CONTAMINATED OBJECTS (SCO-I or SCO-II), FISSILE	7	Siehe SV172	-	172 326	0	E0	Siehe 4.1.9	Siehe 4.1.9	Siehe 4.1.9	Siehe 4.1.9
3327	RADIOAKTIVE STOFFE, TYP A-VERSANDSTÜCK, SPALTBAR, nicht in besonderer Form RADIOACTIVE MATERIAL, TYPE A PACKAGE, FISSILE, non-special form	7	Siehe SV172	-	172 326	0	E0	Siehe 4.1.9	Siehe 4.1.9	Siehe 4.1.9	Siehe 4.1.9
3328	RADIOAKTIVE STOFFE, TYP B(U)-VERSANDSTÜCK, SPALTBAR RADIOACTIVE MATERIAL, TYPE B(U) PACKAGE, FISSILE	7	Siehe SV172	-	172 326	0	E0	Siehe 4.1.9	Siehe 4.1.9	Siehe 4.1.9	Siehe 4.1.9
3329	RADIOAKTIVE STOFFE, TYP B(M)-VERSANDSTÜCK, SPALTBAR RADIOACTIVE MATERIAL, TYPE B(M) PACKAGE, FISSILE	7	Siehe SV172	-	172 326	0	E0	Siehe 4.1.9	Siehe 4.1.9	Siehe 4.1.9	Siehe 4.1.9
3330	RADIOAKTIVE STOFFE, TYP C-VERSANDSTÜCK, SPALTBAR RADIOACTIVE MATERIAL, TYPE C PACKAGE, FISSILE	7	Siehe SV172	-	172 326	0	E0	Siehe 4.1.9	Siehe 4.1.9	Siehe 4.1.9	Siehe 4.1.9
3331	RADIOAKTIVE STOFFE, BEFÖRDERT GEMÄSS EINER SONDERVEREINBARUNG, SPALTBAR RADIOACTIVE MATERIAL, TRANSPORTED UNDER SPECIAL ARRANGEMENT, FISSILE	7	Siehe SV172	-	172 326	0	E0	Siehe 4.1.9	Siehe 4.1.9	Siehe 4.1.9	Siehe 4.1.9
3332	RADIOAKTIVE STOFFE, TYP A-VERSANDSTÜCK, IN BESONDERER FORM, nicht spaltbar oder spaltbar – freigestellt RADIOACTIVE MATERIAL, TYPE A PACKAGE, SPECIAL FORM, non-fissile or fissile – excepted	7	Siehe SV172	-	172 317	0	E0	Siehe 4.1.9	Siehe 4.1.9	Siehe 4.1.9	Siehe 4.1.9
3333	RADIOAKTIVE STOFFE, TYP A-VERSANDSTÜCK, IN BESONDERER FORM, SPALTBAR RADIOACTIVE MATERIAL, TYPE A PACKAGE, SPECIAL FORM, FISSILE	7	Siehe SV172	-	172	0	E0	Siehe 4.1.9	Siehe 4.1.9	Siehe 4.1.9	Siehe 4.1.9
3334	FLÜSSIGER STOFF, DEN FÜR DIE LUFTFAHRT GELTENDEN VORSCHRIFTEN UNTERLIEGEND, N.A.G. AVIATION REGULATED LIQUID, N.O.S.	9	-	-	960	-	-	-	-	-	-
3335	FESTER STOFF, DEN FÜR DIE LUFTFAHRT GELTENDEN VORSCHRIFTEN UNTERLIEGEND, N.A.G. AVIATION REGULATED SOLID, N.O.S.	9	-	-	960	-	-	-	-	-	-

Ortsbewegliche Tanks und Schüttgut-Container			EmS	Stauung und Handhabung	Trennung	Eigenschaften und Bemerkung	UN-Nr.
	Tank Anwei- sung(en)	Vor- schrif- ten					
(12)	(13)	(14)	(15)	(16a)	(16b)	(17)	(18)
	4.2.5 4.3	4.2.5	5.4.3.2 7.8	7.1, 7.3 bis 7.7	7.2 bis 7.7		
-	-	-	F-I, S-S	Staukategorie A SW12 SW20 SW21	-	Siehe 1.5.1.	3324
-	-	-	F-I, S-S	Staukategorie A SW12 SW21	-	Siehe 1.5.1.	3325
-	-	-	F-I, S-S	Staukategorie A SW12	-	Siehe 1.5.1.	3326
-	-	-	F-I, S-S	Staukategorie A SW12 SW20 SW21	-	Siehe 1.5.1.	3327
-	-	-	F-I, S-S	Staukategorie A SW12	-	Siehe 1.5.1. Für Schiffe, die eine INF-Ladung nach der Begriffsbestimmung in Regel VII/14 des SOLAS-Übereinkommens von 1974 in der jeweils geltenden Fassung befördern, wird auch auf den INF-Code verwiesen.	3328
-	-	-	F-I, S-S	Staukategorie A SW12	-	Siehe 1.5.1. Für Schiffe, die eine INF-Ladung nach der Begriffsbestimmung in Regel VII/14 des SOLAS-Übereinkommens von 1974 in der jeweils geltenden Fassung befördern, wird auch auf den INF-Code verwiesen.	3329
-	-	-	F-I, S-S	Staukategorie A SW12	-	Siehe 1.5.1. Für Schiffe, die eine INF-Ladung nach der Begriffsbestimmung in Regel VII/14 des SOLAS-Übereinkommens von 1974 in der jeweils geltenden Fassung befördern, wird auch auf den INF-Code verwiesen.	3330
-	-	-	F-I, S-S	Staukategorie A SW13	-	Siehe 1.5.1. Für Schiffe, die eine INF-Ladung nach der Begriffsbestimmung in Regel VII/14 des SOLAS-Übereinkommens von 1974 in der jeweils geltenden Fassung befördern, wird auch auf den INF-Code verwiesen.	3331
-	-	-	F-I, S-S	Staukategorie A	-	Siehe 1.5.1.	3332
-	-	-	F-I, S-S	Staukategorie A SW12	-	Siehe 1.5.1.	3333
-	-	-	-	-	-	Unterliegt nicht den Vorschriften dieses Codes, kann aber Bestimmungen über die Beförderung gefährlicher Güter mit anderen Verkehrsträgern unterliegen.	3334
-	-	-	-	-	-	Unterliegt nicht den Vorschriften dieses Codes, kann aber Bestimmungen über die Beförderung gefährlicher Güter mit anderen Verkehrsträgern unterliegen.	3335

UN-Nr.	Richtiger technischer Name	Klasse	Zusatzgefahr	Verpackungsgruppe	Sondervorschriften	Begrenzte und freigestellte Mengen		Verpackungen		IBC	
						Begrenzte Mengen	Freigestellte Mengen	Anweisung(en)	Sondervorschriften	Anweisung(en)	Sondervorschriften
(1)	(2) 3.1.2	(3) 2.0	(4) 2.0	(5) 2.0.1.3	(6) 3.3	(7a) 3.4	(7b) 3.5	(8) 4.1.4	(9) 4.1.4	(10) 4.1.4	(11) 4.1.4
3336	MERCAPTANE, FLÜSSIG, ENTZÜNDBAR, N.A.G. oder MERCAPTANE, MISCHUNG, FLÜSSIG, ENTZÜNDBAR, N.A.G. MERCAPTANS, LIQUID, FLAMMABLE, N.O.S. or MERCAPTAN MIXTURE, LIQUID, FLAMMABLE, N.O.S.	3	-	I	274	0	E0	P001	-	-	-
3336	MERCAPTANE, FLÜSSIG, ENTZÜNDBAR, N.A.G. oder MERCAPTANE, MISCHUNG, FLÜSSIG, ENTZÜNDBAR, N.A.G. MERCAPTANS, LIQUID, FLAMMABLE, N.O.S. or MERCAPTAN MIXTURE, LIQUID, FLAMMABLE, N.O.S.	3	-	II	274	1 L	E2	P001	-	IBC02	-
3336	MERCAPTANE, FLÜSSIG, ENTZÜNDBAR, N.A.G. oder MERCAPTANE, MISCHUNG, FLÜSSIG, ENTZÜNDBAR, N.A.G. MERCAPTANS, LIQUID, FLAMMABLE, N.O.S. or MERCAPTAN MIXTURE, LIQUID, FLAMMABLE, N.O.S.	3	-	III	223 274	5 L	E1	P001 LP01	-	IBC03	-
3337	GAS ALS KÄLTEMITTEL R 404A REFRIGERANT GAS R 404A	2.2	-	-	-	120 ml	E1	P200	-	-	-
3338	GAS ALS KÄLTEMITTEL R 407A REFRIGERANT GAS R 407A	2.2	-	-	-	120 ml	E1	P200	-	-	-
3339	GAS ALS KÄLTEMITTEL R 407B REFRIGERANT GAS R 407B	2.2	-	-	-	120 ml	E1	P200	-	-	-
3340	GAS ALS KÄLTEMITTEL R 407C REFRIGERANT GAS R 407C	2.2	-	-	-	120 ml	E1	P200	-	-	-
3341	THIOHARNSTOFFDIOXID THIOUREA DIOXIDE	4.2	-	II	-	0	E2	P002	PP31	IBC06	B21
3341	THIOHARNSTOFFDIOXID THIOUREA DIOXIDE	4.2	-	III	223	0	E1	P002 LP02	PP31	IBC08	B3
3342	XANTHATE XANTHATES	4.2	-	II	-	0	E2	P002	PP31	IBC06	B21
3342	XANTHATE XANTHATES	4.2	-	III	223	0	E1	P002 LP02	PP31	IBC08	B3
3343	NITROGLYCERIN, GEMISCH, DESENSIBILISIERT, FLÜSSIG, ENTZÜNDBAR, N.A.G., mit höchstens 30 Masse-% Nitroglycerin NITROGLYCERIN MIXTURE, DESENSITIZED, LIQUID, FLAMMABLE, N.O.S. with not more than 30 % nitroglycerin, by mass	3	-	-	274 278	0	E0	P099	-	-	-

Ortsbewegliche Tanks und Schüttgut-Container			EmS	Stauung und Handhabung	Trennung	Eigenschaften und Bemerkung	UN-Nr.
	Tank Anwei-sung(en)	Vor-schrif-ten					
(12)	(13)	(14)	(15)	(16a)	(16b)	(17)	(18)
	4.2.5 4.3	4.2.5	5.4.3.2 7.8	7.1, 7.3 bis 7.7	7.2 bis 7.7		
-	T11	TP2	F-E, S-D	Staukategorie E	SG50 SG57	Farblose bis gelbe Flüssigkeiten mit knoblauchartigem Geruch. Nicht mischbar mit Wasser.	3336
-	T7	TP1 TP8 TP28	F-E, S-D	Staukategorie B	SG50 SG57	Siehe Eintrag oben.	3336
-	T4	TP1 TP29	F-E, S-D	Staukategorie B	SG50 SG57	Siehe Eintrag oben.	3336
-	T50	-	F-C, S-V	Staukategorie A	-	Verflüssigtes, nicht entzündbares, farbloses Gas mit schwachem etherartigem Geruch. Schwerer als Luft (1,06). Sehr hohe Konzentrationen können betäubende Wirkungen und Erstickung hervorrufen.	3337
-	T50	-	F-C, S-V	Staukategorie A	-	Verflüssigtes, nicht entzündbares, farbloses Gas mit schwachem etherartigem Geruch. Schwerer als Luft (1,17). Sehr hohe Konzentrationen können betäubende Wirkungen und Erstickung hervorrufen.	3338
-	T50	-	F-C, S-V	Staukategorie A	-	Verflüssigtes, nicht entzündbares, farbloses Gas mit schwachem etherartigem Geruch. Schwerer als Luft (1,19). Sehr hohe Konzentrationen können betäubende Wirkungen und Erstickung hervorrufen.	3339
-	T50	-	F-C, S-V	Staukategorie A	-	Verflüssigtes, nicht entzündbares, farbloses Gas mit schwachem etherartigem Geruch. Schwerer als Luft (1,16). Sehr hohe Konzentrationen können betäubende Wirkungen und Erstickung hervorrufen.	3340
-	T3	TP33	F-A, S-J	Staukategorie D	-	Weißes bis gelblich-weißes kristallines Pulver. Praktisch geruchlos. Stark reduzierender Stoff. Heftige exotherme Zersetzung über 100 °C unter Bildung großer Mengen Schwefeloxide, Ammoniak, Kohlenmonoxid, Kohlendioxid, Stickoxide und Schwefelwasserstoff. Bei längerer Einwirkung von Temperaturen über 50 °C und Feuchtigkeit kann eine sichtbare Zersetzung auftreten. Reizwirkung von Staub auf Haut, Augen und Schleimhäute.	3341
-	T1	TP33	F-A, S-J	Staukategorie D	-	Siehe Eintrag oben.	3341
-	T3	TP33	F-A, S-J	Staukategorie D SW2	-	Hygroskopisches gelbes Pulver mit unangenehmem Geruch. Entwickelt in Berührung mit Feuchtigkeit hochentzündliche Dämpfe wie Kohlenstoffdisulfid (UN-Nr. 1131, mit einem Flammpunkt von -30 °C c.c. und einer sehr niedrigen Zündtemperatur von 100 °C). Verdämmung kann infolge der weiten Explosionsgrenzen der Dämpfe eine Explosion hervorrufen. Fein verteilter Staub bildet explosionsfähige Gemische mit Luft. Vorsicht beim Öffnen von Güterbeförderungseinheiten (CTUs) für den Fall, dass sich Kohlenstoffdisulfid gebildet hat.	3342
-	T1	TP33	F-A, S-J	Staukategorie D SW2	-	Siehe Eintrag oben.	3342
-	-	-	F-E, S-Y	Staukategorie D	-	-	3343

UN-Nr.	Richtiger technischer Name	Klasse	Zusatzgefahr	Verpackungsgruppe	Sondervorschriften	Begrenzte und freigestellte Mengen		Verpackungen		IBC	
						Begrenzte Mengen	Freigestellte Mengen	Anweisung(en)	Sondervorschriften	Anweisung(en)	Sondervorschriften
(1)	(2) 3.1.2	(3) 2.0	(4) 2.0	(5) 2.0.1.3	(6) 3.3	(7a) 3.4	(7b) 3.5	(8) 4.1.4	(9) 4.1.4	(10) 4.1.4	(11) 4.1.4
3344	PENTAERYTHRITTETRANITRAT (PENTAERYTHRITOLTETRANITRAT) (PETN), GEMISCH, DESENSIBILISIERT, FEST, N.A.G., mit mehr als 10 Masse-%, aber höchstens 20 Masse-% PETN PENTAERYTHRITE TETRANITRATE (PENTAERYTHRITOL TETRANITRATE; PETN) MIXTURE, DESENSITIZED, SOLID, N.O.S. with more than 10 % but not more than 20 % PETN, by mass	4.1	-	II	272 274	0	E0	P406	PP26 PP80	-	-
3345	PHENOXYESSIGSÄUREDERIVAT-PESTIZID, FEST, GIFTIG PHENOXYACETIC ACID DERIVATIVE PESTICIDE, SOLID, TOXIC	6.1	-	I	61 274	0	E5	P002	-	IBC07	B1
3345	PHENOXYESSIGSÄUREDERIVAT-PESTIZID, FEST, GIFTIG PHENOXYACETIC ACID DERIVATIVE PESTICIDE, SOLID, TOXIC	6.1	-	II	61 274	500 g	E4	P002	-	IBC08	B4 B21
3345	PHENOXYESSIGSÄUREDERIVAT-PESTIZID, FEST, GIFTIG PHENOXYACETIC ACID DERIVATIVE PESTICIDE, SOLID, TOXIC	6.1	-	III	61 223 274	5 kg	E1	P002 LP02	-	IBC08	B3
3346	PHENOXYESSIGSÄUREDERIVAT-PESTIZID, FLÜSSIG, ENTZÜNDBAR, GIFTIG, Flammpunkt unter 23 °C PHENOXYACETIC ACID DERIVATIVE PESTICIDE, LIQUID, FLAMMABLE, TOXIC flashpoint less than 23 °C	3	6.1	I	61 274	0	E0	P001	-	-	-
3346	PHENOXYESSIGSÄUREDERIVAT-PESTIZID, FLÜSSIG, ENTZÜNDBAR, GIFTIG, Flammpunkt unter 23 °C PHENOXYACETIC ACID DERIVATIVE PESTICIDE, LIQUID, FLAMMABLE, TOXIC flashpoint less than 23 °C	3	6.1	II	61 274	1 L	E2	P001	-	IBC02	-
3347	PHENOXYESSIGSÄUREDERIVAT-PESTIZID, FLÜSSIG, GIFTIG, ENTZÜNDBAR, Flammpunkt nicht niedriger als 23 °C PHENOXYACETIC ACID DERIVATIVE PESTICIDE, LIQUID, TOXIC, FLAMMABLE flashpoint not less than 23 °C	6.1	3	I	61 274	0	E5	P001	-	-	-
3347	PHENOXYESSIGSÄUREDERIVAT-PESTIZID, FLÜSSIG, GIFTIG, ENTZÜNDBAR, Flammpunkt nicht niedriger als 23 °C PHENOXYACETIC ACID DERIVATIVE PESTICIDE, LIQUID, TOXIC, FLAMMABLE flashpoint not less than 23 °C	6.1	3	II	61 274	100 ml	E4	P001	-	IBC02	-
3347	PHENOXYESSIGSÄUREDERIVAT-PESTIZID, FLÜSSIG, GIFTIG, ENTZÜNDBAR, Flammpunkt nicht niedriger als 23 °C PHENOXYACETIC ACID DERIVATIVE PESTICIDE, LIQUID, TOXIC, FLAMMABLE flashpoint not less than 23 °C	6.1	3	III	61 223 274	5 L	E1	P001	-	IBC03	-
3348	PHENOXYESSIGSÄUREDERIVAT-PESTIZID, FLÜSSIG, GIFTIG PHENOXYACETIC ACID DERIVATIVE PESTICIDE, LIQUID, TOXIC	6.1	-	I	61 274	0	E5	P001	-	-	-

Ortsbewegliche Tanks und Schüttgut-Container			EmS	Stauung und Handhabung	Trennung	Eigenschaften und Bemerkung	UN-Nr.
	Tank Anweisung(en)	Vorschriften					
(12)	(13) 4.2.5 4.3	(14) 4.2.5	(15) 5.4.3.2 7.8	(16a) 7.1, 7.3 bis 7.7	(16b) 7.2 bis 7.7	(17)	(18)
-	-	-	F-B, S-J	Staukategorie E	-	-	3344
-	T6	TP33	F-A, S-A	Staukategorie A SW2	-	Feste Pestizide umfassen einen sehr weiten Bereich der Giftigkeit. Giftig beim Verschlucken, bei Berührung mit der Haut oder beim Einatmen.	3345
-	T3	TP33	F-A, S-A	Staukategorie A SW2	-	Siehe Eintrag oben.	3345
-	T1	TP33	F-A, S-A	Staukategorie A SW2	-	Siehe Eintrag oben.	3345
-	T14	TP2 TP13 TP27	F-E, S-D	Staukategorie B SW2	-	Pestizide enthalten häufig Erdöl- oder Steinkohlenteer-Destillate oder andere entzündbare Flüssigkeiten. Die Mischbarkeit mit Wasser hängt von der Zusammensetzung ab. Giftig beim Verschlucken, bei Berührung mit der Haut oder beim Einatmen.	3346
-	T11	TP2 TP13 TP27	F-E, S-D	Staukategorie B SW2	-	Siehe Eintrag oben.	3346
-	T14	TP2 TP13 TP27	F-E, S-D	Staukategorie B SW2	-	Sie enthalten häufig Erdöl- oder Steinkohlenteer-Destillate oder andere entzündbare Flüssigkeiten. Flammpunkt und die Mischbarkeit mit Wasser hängen von der Zusammensetzung ab. Giftig beim Verschlucken, bei Berührung mit der Haut oder beim Einatmen.	3347
-	T11	TP2 TP13 TP27	F-E, S-D	Staukategorie B SW2	-	Siehe Eintrag oben.	3347
-	T7	TP2 TP28	F-E, S-D	Staukategorie A SW2	-	Siehe Eintrag oben.	3347
-	T14	TP2 TP13 TP27	F-A, S-A	Staukategorie B SW2	-	Flüssige Pestizide umfassen einen sehr weiten Bereich der Giftigkeit. Die Mischbarkeit mit Wasser hängt von der Zusammensetzung ab. Giftig beim Verschlucken, bei Berührung mit der Haut oder beim Einatmen.	3348

UN-Nr.	Richtiger technischer Name	Klasse	Zusatz-gefahr	Verpa-ckungs-gruppe	Sonder-vor-schrif-ten	Begrenzte und freige-stellte Mengen		Verpackungen		IBC	
						Be-grenzte Men-gen	Freige-stellte Men-gen	Anwei-sung(en)	Sonder-vor-schriften	Anwei-sung(en)	Sonder-vor-schriften
(1)	(2) 3.1.2	(3) 2.0	(4) 2.0	(5) 2.0.1.3	(6) 3.3	(7a) 3.4	(7b) 3.5	(8) 4.1.4	(9) 4.1.4	(10) 4.1.4	(11) 4.1.4
3348	PHENOXYESSIGSÄUREDERIVAT-PESTIZID, FLÜSSIG, GIFTIG PHENOXYACETIC ACID DERIVATIVE PESTICIDE, LIQUID, TOXIC	6.1	-	II	61 274	100 ml	E4	P001	-	IBC02	-
3348	PHENOXYESSIGSÄUREDERIVAT-PESTIZID, FLÜSSIG, GIFTIG PHENOXYACETIC ACID DERIVATIVE PESTICIDE, LIQUID, TOXIC	6.1	-	III	61 223 274	5 L	E1	P001 LP01	-	IBC03	-
3349	PYRETHROID-PESTIZID, FEST, GIFTIG PYRETHROID PESTICIDE, SOLID, TOXIC	6.1	-	I	61 274	0	E5	P002	-	IBC07	B1
3349	PYRETHROID-PESTIZID, FEST, GIFTIG PYRETHROID PESTICIDE, SOLID, TOXIC	6.1	-	II	61 274	500 g	E4	P002	-	IBC08	B4 B21
3349	PYRETHROID-PESTIZID, FEST, GIFTIG PYRETHROID PESTICIDE, SOLID, TOXIC	6.1	-	III	61 223 274	5 kg	E1	P002 LP02	-	IBC08	B3
3350	PYRETHROID-PESTIZID, FLÜSSIG, ENTZÜNDBAR, GIFTIG, Flammpunkt unter 23 °C PYRETHROID PESTICIDE, LIQUID, FLAMMABLE, TOXIC, flashpoint less than 23 °C	3	6.1	I	61 274	0	E0	P001	-	-	-
3350	PYRETHROID-PESTIZID, FLÜSSIG, ENTZÜNDBAR, GIFTIG, Flammpunkt unter 23 °C PYRETHROID PESTICIDE, LIQUID, FLAMMABLE, TOXIC, flashpoint less than 23 °C	3	6.1	II	61 274	1 L	E2	P001	-	IBC02	-
3351	PYRETHROID-PESTIZID, FLÜSSIG, GIFTIG, ENTZÜNDBAR, Flammpunkt nicht niedriger als 23 °C PYRETHROID PESTICIDE, LIQUID, TOXIC, FLAMMABLE, flashpoint not less than 23 °C	6.1	3	I	61 274	0	E5	P001	-	-	-
3351	PYRETHROID-PESTIZID, FLÜSSIG, GIFTIG, ENTZÜNDBAR, Flammpunkt nicht niedriger als 23 °C PYRETHROID PESTICIDE, LIQUID, TOXIC, FLAMMABLE, flashpoint not less than 23 °C	6.1	3	II	61 274	100 ml	E4	P001	-	IBC02	-
3351	PYRETHROID-PESTIZID, FLÜSSIG, GIFTIG, ENTZÜNDBAR, Flammpunkt nicht niedriger als 23 °C PYRETHROID PESTICIDE, LIQUID, TOXIC, FLAMMABLE, flashpoint not less than 23 °C	6.1	3	III	61 223 274	5 L	E1	P001	-	IBC03	-
3352	PYRETHROID-PESTIZID, FLÜSSIG, GIFTIG PYRETHROID PESTICIDE, LIQUID, TOXIC	6.1	-	I	61 274	0	E5	P001	-	-	-
3352	PYRETHROID-PESTIZID, FLÜSSIG, GIFTIG PYRETHROID PESTICIDE, LIQUID, TOXIC	6.1	-	II	61 274	100 ml	E4	P001	-	IBC02	-

Ortsbewegliche Tanks und Schüttgut-Container			EmS	Stauung und Handhabung	Trennung	Eigenschaften und Bemerkung	UN-Nr.
	Tank Anwei-sung(en)	Vor-schrif-ten					
(12)	(13)	(14)	(15)	(16a)	(16b)	(17)	(18)
	4.2.5 4.3	4.2.5	5.4.3.2 7.8	7.1, 7.3 bis 7.7	7.2 bis 7.7		
-	T11	TP2 TP27	F-A, S-A	Staukategorie B SW2	-	Siehe Eintrag oben.	3348
-	T7	TP2 TP28	F-A, S-A	Staukategorie A SW2	-	Siehe Eintrag oben.	3348
-	T6	TP33	F-A, S-A	Staukategorie A SW2	-	Feste Pestizide umfassen einen sehr weiten Bereich der Giftigkeit. Giftig beim Verschlucken, bei Berührung mit der Haut oder beim Einatmen.	3349
-	T3	TP33	F-A, S-A	Staukategorie A SW2	-	Siehe Eintrag oben.	3349
-	T1	TP33	F-A, S-A	Staukategorie A SW2	-	Siehe Eintrag oben.	3349
-	T14	TP2 TP13 TP27	F-E, S-D	Staukategorie B SW2	-	Die Mischbarkeit mit Wasser hängt von der Zusammensetzung ab. Giftig beim Verschlucken, bei Berührung mit der Haut oder beim Einatmen.	3350
-	T11	TP2 TP13 TP27	F-E, S-D	Staukategorie B SW2	-	Siehe Eintrag oben.	3350
-	T14	TP2 TP13 TP27	F-E, S-D	Staukategorie B SW2	-	Sie enthalten häufig Erdöl- oder Steinkohlenteer-Destillate oder andere entzündbare Flüssigkeiten. Flammpunkt und die Mischbarkeit mit Wasser hängen von der Zusammensetzung ab. Giftig beim Verschlucken, bei Berührung mit der Haut oder beim Einatmen.	3351
-	T11	TP2 TP13 TP27	F-E, S-D	Staukategorie B SW2	-	Siehe Eintrag oben.	3351
-	T7	TP2 TP28	F-E, S-D	Staukategorie A SW2	-	Siehe Eintrag oben.	3351
-	T14	TP2 TP13 TP27	F-A, S-A	Staukategorie B SW2	-	Flüssige Pestizide umfassen einen sehr weiten Bereich der Giftigkeit. Die Mischbarkeit mit Wasser hängt von der Zusammensetzung ab. Giftig beim Verschlucken, bei Berührung mit der Haut oder beim Einatmen.	3352
-	T11	TP2 TP27	F-A, S-A	Staukategorie B SW2	-	Siehe Eintrag oben.	3352

UN-Nr.	Richtiger technischer Name	Klasse	Zusatzgefahr	Verpackungsgruppe	Sondervorschriften	Begrenzte und freigestellte Mengen		Verpackungen		IBC	
						Begrenzte Mengen	Freigestellte Mengen	Anweisung(en)	Sondervorschriften	Anweisung(en)	Sondervorschriften
(1)	(2) 3.1.2	(3) 2.0	(4) 2.0	(5) 2.0.1.3	(6) 3.3	(7a) 3.4	(7b) 3.5	(8) 4.1.4	(9) 4.1.4	(10) 4.1.4	(11) 4.1.4
3352	PYRETHROID-PESTIZID, FLÜSSIG, GIFTIG PYRETHROID PESTICIDE, LIQUID, TOXIC	6.1	-	III	61 223 274	5 L	E1	P001 LP01	-	IBC03	-
3354	INSEKTENBEKÄMPFUNGSMITTEL, GASFÖRMIG, ENTZÜNDBAR, N.A.G. INSECTICIDE GAS, FLAMMABLE, N.O.S.	2.1	-	-	274	0	E0	P200	-	-	-
3355	INSEKTENBEKÄMPFUNGSMITTEL, GASFÖRMIG, GIFTIG, ENTZÜNDBAR, N.A.G. INSECTICIDE GAS, TOXIC, FLAMMABLE, N.O.S.	2.3	2.1	-	274	0	E0	P200	-	-	-
3356	SAUERSTOFFGENERATOR, CHEMISCH OXYGEN GENERATOR, CHEMICAL	5.1	-	-	284	0	E0	P500	-	-	-
3357	NITROGLYCERIN, GEMISCH, DESENSIBILISIERT, FLÜSSIG, N.A.G., mit höchstens 30 Masse-% Nitroglycerin NITROGLYCERIN MIXTURE, DESENSITIZED, LIQUID, N.O.S. with not more than 30 % nitroglycerin, by mass	3	-	II	274 288	0	E0	P099	-	-	-
3358	KÄLTEMASCHINEN mit entzündbarem und nicht giftigem verflüssigtem Gas REFRIGERATING MACHINES containing flammable, non-toxic, liquefied gas	2.1	-	-	291	0	E0	P003	PP32	-	-
3359	BEGASTE GÜTERBEFÖRDERUNGSEINHEIT FUMIGATED CARGO TRANSPORT UNIT	9	-	-	302	0	E0	-	-	-	-
3360	FASERN, PFLANZLICH, TROCKEN FIBRES, VEGETABLE, DRY	4.1	-	-	29 117 299 973	0	E0	P003	PP19	-	-
3361	CHLORSILANE, GIFTIG, ÄTZEND, N.A.G. CHLOROSILANES, TOXIC, CORROSIVE, N.O.S.	6.1	8	II	274	0	E0	P010	-	-	-

Ortsbewegliche Tanks und Schüttgut-Container			EmS	Stauung und Handhabung	Trennung	Eigenschaften und Bemerkung	UN-Nr.
	Tank Anwei-sung(en)	Vor-schrif-ten					
(12)	(13)	(14)	(15)	(16a)	(16b)	(17)	(18)
	4.2.5 4.3	4.2.5	5.4.3.2 7.8	7.1, 7.3 bis 7.7	7.2 bis 7.7		
-	T7	TP2 TP28	F-A, S-A	Staukategorie A SW2	-	Siehe Eintrag oben.	3352
-	-	-	F-D, S-U	Staukategorie D	-	Entzündbare Gemische von Insektenbekämpfungsmitteln mit verflüssigten Gasen.	3354
-	-	-	F-D, S-U	Staukategorie D SW2	-	Giftige entzündbare Gemische von Insektenbekämpfungsmitteln mit verflüssigten Gasen.	3355
-	-	-	F-H, S-Q	Staukategorie D	-	Sauerstoffgeneratoren, chemisch, sind Geräte, die Chemikalien enthalten, welche nach Auslösung als Produkt einer chemischen Reaktion Sauerstoff freisetzen. Chemische Sauerstoffgeneratoren werden für die Erzeugung von Sauerstoff für die Atmung, z. B. in Flugzeugen, Unterseebooten, Raumfahrzeugen, Luftschutzräumen und Atemschutzgeräten genutzt. Oxidierende Salze wie Chlorate und Perchlorate von Lithium, Natrium und Kalium, die in chemischen Sauerstoffgeneratoren verwendet werden, entwickeln bei Erwärmung Sauerstoff. Diese Salze werden mit einem Brennstoff, üblicherweise Eisenpulver, gemischt, um eine „Chlorat-Kerze" zu bilden, die in einer kontinuierlichen Reaktion Sauerstoff erzeugt. Der Brennstoff wird zur Erzeugung von Wärme durch Oxidation benötigt. Wenn die Reaktion begonnen hat, wird von dem heißen Salz durch thermischen Zerfall Sauerstoff freigesetzt (es wird ein thermischer Schutzschild um den Generator herum verwendet). Ein Teil des Sauerstoffs reagiert mit dem Brennstoff und erzeugt so weitere Wärme, welche zur weiteren Freisetzung von Sauerstoff führt usw. Der Start der Reaktion kann durch eine Schlag- oder Reibvorrichtung oder durch einen elektrischen Draht initiiert werden.	3356
-	-	-	F-E, S-Y	Staukategorie D	-	-	3357
-	-	-	F-D, S-U	Staukategorie D	-	-	3358 → *UN 2857*
-	-	-	F-A, S-D	Staukategorie B SW2	-	Eine BEGASTE GÜTERBEFÖRDERUNGSEINHEIT ist eine geschlossene Güterbeförderungseinheit, die Güter oder Stoffe enthält, die in der Einheit begast werden oder darin begast worden sind. Die verwendeten Begasungsmittel sind entweder giftig oder erstickend. Die Gase werden aus festen oder flüssigen Zubereitungen freigesetzt, die der Einheit beigefügt werden. Siehe auch 5.5.2.	3359
-	-	-	F-A, S-I	Staukategorie A	-	Leicht entzündbar. Sendungen von Baumwolle, trocken, mit einer Dichte von mindestens 360 kg/m^3, Flachs, trocken, mit einer Dichte von mindestens 400 kg/m^3 und Sisal, trocken, mit einer Dichte von mindestens 360 kg/m^3 (ISO-Standard 8115 (1986)) unterliegen nicht den Vorschriften dieses Codes, wenn sie in geschlossenen Güterbeförderungseinheiten befördert werden.	3360
-	T14	TP2 TP7 TP13 TP27	F-A, S-B	Staukategorie C SW2	SGG1 SG36 SG49	Farblose bis gelbe Flüssigkeiten mit stechendem Geruch. Nicht mischbar mit Wasser. Reagieren heftig mit Wasser oder Wasserdampf unter Bildung von Chlorwasserstoff, einem reizenden und ätzenden Gas, das als weißer Nebel sichtbar wird. Unter Feuereinwirkung bilden sich giftige Gase. Greift bei Feuchtigkeit die meisten Metalle stark an. Giftig beim Verschlucken, bei Berührung mit der Haut oder beim Einatmen. Verursachen Verätzungen der Haut, der Augen und der Schleimhäute.	3361

3.2 Gefahrgutliste

UN-Nr.	Richtiger technischer Name	Klasse	Zusatzgefahr	Verpackungsgruppe	Sondervorschriften	Begrenzte und freigestellte Mengen		Verpackungen		IBC	
						Begrenzte Mengen	Freigestellte Mengen	Anweisung(en)	Sondervorschriften	Anweisung(en)	Sondervorschriften
(1)	(2) 3.1.2	(3) 2.0	(4) 2.0	(5) 2.0.1.3	(6) 3.3	(7a) 3.4	(7b) 3.5	(8) 4.1.4	(9) 4.1.4	(10) 4.1.4	(11) 4.1.4
3362	CHLORSILANE, GIFTIG, ÄTZEND, ENTZÜNDBAR, N.A.G. CHLOROSILANES, TOXIC, CORROSIVE, FLAMMABLE, N.O.S.	6.1	3/8	II	274	0	E0	P010	-	-	-
3363	GEFÄHRLICHE GÜTER IN MASCHINEN oder GEFÄHRLICHE GÜTER IN APPARATEN DANGEROUS GOODS IN MACHINERY or DANGEROUS GOODS IN APPARATUS	9	-	-	301	Siehe SV301	E0	P907	-	-	-
3364	TRINITROPHENOL (PIKRINSÄURE), ANGEFEUCHTET mit mindestens 10 Masse-% Wasser TRINITROPHENOL (PICRIC ACID), WETTED with not less than 10 % water, by mass	4.1	-	I	28	0	E0	P406	PP24 PP31	-	-
3365	TRINITROCHLORBENZEN (PIKRYLCHLORID), ANGEFEUCHTET mit mindestens 10 Masse-% Wasser TRINITROCHLOROBENZENE (PICRYL CHLORIDE), WETTED with not less than 10 % water, by mass	4.1	-	I	28	0	E0	P406	PP24 PP31	-	-
3366	TRINITROTOLUEN (TNT), ANGEFEUCHTET mit mindestens 10 Masse-% Wasser TRINITROTOLUENE (TNT), WETTED with not less than 10 % water, by mass	4.1	-	I	28	0	E0	P406	PP24 PP31	-	-
3367	TRINITROBENZEN, ANGEFEUCHTET mit mindestens 10 Masse-% Wasser TRINITROBENZENE, WETTED with not less than 10 % water, by mass	4.1	-	I	28	0	E0	P406	PP24 PP31	-	-
3368	TRINITROBENZOESÄURE, ANGEFEUCHTET mit mindestens 10 Masse-% Wasser TRINITROBENZOIC ACID, WETTED with not less than 10 % water, by mass	4.1	-	I	28	0	E0	P406	PP24 PP31	-	-
3369	NATRIUMDINITRO-ortho-CRESOLAT, ANGEFEUCHTET mit mindestens 10 Masse-% Wasser SODIUM DINITRO-o-CRESOLATE, WETTED with not less than 10 % water, by mass	4.1	6.1 **P**	I	28	0	E0	P406	PP24 PP31	-	-
3370	HARNSTOFFNITRAT, ANGEFEUCHTET mit mindestens 10 Masse-% Wasser UREA NITRATE, WETTED with not less than 10 % water, by mass	4.1	-	I	28	0	E0	P406	PP31 PP78	-	-

Ortsbewegliche Tanks und Schüttgut-Container			EmS	Stauung und Handhabung	Trennung	Eigenschaften und Bemerkung	UN-Nr.	
	Tank Anwei- sung(en)	Vor- schrif- ten						
(12)	(13)	(14)	(15)	(16a)	(16b)	(17)	(18)	
	4.2.5 4.3	4.2.5	5.4.3.2 7.8	7.1, 7.3 bis 7.7	7.2 bis 7.7			
-	T14	TP2 TP7 TP13 TP27	F-E, S-C	Staukategorie C SW2	SGG1 SG5 SG8 SG36 SG49	Farblose bis gelbe entzündbare Flüssigkeiten mit stechendem Geruch. Nicht mischbar mit Wasser. Reagieren heftig mit Wasser oder Wasserdampf unter Bildung von Chlorwasserstoff, einem reizenden und ätzenden Gas, das als weißer Nebel sichtbar wird. Unter Feuereinwirkung bilden sich giftige Gase. Greift bei Feuchtigkeit die meisten Metalle stark an. Giftig beim Verschlucken, bei Berührung mit der Haut oder beim Einatmen. Verursachen Verätzungen der Haut, der Augen und der Schleimhäute.	3362	
-	-	-	F-A, S-P	Staukategorie A	-	Die Typen der unter diesem Eintrag beförderten Gegenstände enthalten nur gefährliche Güter in begrenzten Mengen.	3363	→ *UN 2794* → *UN 2795* → *UN 2800* → *UN 3028* → *UN 3166* → *UN 3171* → *UN 3528* → *UN 3529* → *UN 3530*
-	-	-	F-B, S-J	Staukategorie E	SG7 SG30	Desensibilisierter explosiver Stoff. In reiner Form besteht der Stoff aus gelben Kristallen. Löslich in Wasser. Im trockenen Zustand explosionsfähig und empfindlich gegen Reibung. Kann mit Schwermetallen und deren Salzen äußerst empfindliche Verbindungen bilden. Gesundheitsschädlich beim Verschlucken oder bei Berührung mit der Haut.	3364	→ *UN 1344*
-	-	-	F-B, S-J	Staukategorie E	SG7 SG30	Desensibilisierter explosiver Stoff. Im trockenen Zustand explosionsfähig und empfindlich gegen Stoß und Wärme. Reagiert heftig mit Schwermetallen und deren Salzen.	3365	
-	-	-	F-B, S-J	Staukategorie E	SG7 SG30	Desensibilisierter explosiver Stoff. In reiner Form besteht der Stoff aus gelben Kristallen. Unter Feuereinwirkung bilden sich giftige Dämpfe; in geschlossenen Räumen können diese Dämpfe mit der Luft explosionsfähige Gemische bilden. Im trockenen Zustand explosionsfähig und empfindlich gegen Stoß und Wärme. Reagiert heftig mit Schwermetallen und deren Salzen.	3366	
-	-	-	F-B, S-J	Staukategorie E	SG7 SG30	Desensibilisierter explosiver Stoff. In reiner Form besteht der Stoff aus geruchlosen gelben Kristallen. Unter Feuereinwirkung bilden sich giftige Dämpfe; in geschlossenen Räumen können diese Dämpfe mit der Luft explosionsfähige Gemische bilden. Im trockenen Zustand explosionsfähig und empfindlich gegen Stoß und Wärme. Gesundheitsschädlich beim Verschlucken oder bei Berührung mit der Haut. Reagiert heftig mit Schwermetallen und deren Salzen.	3367	
-	-	-	F-B, S-J	Staukategorie E	SG7 SG30	Desensibilisierter explosiver Stoff. In reiner Form besteht der Stoff aus gelben Kristallen. Löslich in Wasser. Unter Feuereinwirkung bilden sich giftige Dämpfe; in geschlossenen Räumen können diese Dämpfe mit der Luft explosionsfähige Gemische bilden. Im trockenen Zustand explosionsfähig und empfindlich gegen Stoß und Wärme. Gesundheitsschädlich beim Verschlucken oder bei Berührung mit der Haut. Reagiert heftig mit Schwermetallen und deren Salzen.	3368	
-	-	-	F-B, S-J	Staukategorie E	SG7 SG30	Desensibilisierter explosiver Stoff. In reiner Form ist der Stoff ein gelbes Pulver. Kann mit Schwermetallen und deren Salzen äußerst empfindliche Verbindungen bilden. Unter Feuereinwirkung bilden sich giftige Dämpfe; in geschlossenen Räumen können diese Dämpfe mit der Luft explosionsfähige Gemische bilden. Im trockenen Zustand explosionsfähig und empfindlich gegen Reibung. Giftig beim Verschlucken, bei Berührung mit der Haut oder beim Einatmen.	3369	
-	-	-	F-B, S-J	Staukategorie E	SG7 SG30	Desensibilisierter explosiver Stoff. Kann mit Schwermetallen und deren Salzen äußerst empfindliche Verbindungen bilden. Im trockenen Zustand explosionsfähig und empfindlich gegen Reibung. Gesundheitsschädlich beim Verschlucken oder bei Berührung mit der Haut.	3370	

3.2 Gefahrgutliste

UN-Nr.	Richtiger technischer Name	Klasse	Zusatzgefahr	Verpackungsgruppe	Sondervorschriften	Begrenzte und freigestellte Mengen		Verpackungen		IBC	
						Begrenzte Mengen	Freigestellte Mengen	Anweisung(en)	Sondervorschriften	Anweisung(en)	Sondervorschriften
(1)	(2) 3.1.2	(3) 2.0	(4) 2.0	(5) 2.0.1.3	(6) 3.3	(7a) 3.4	(7b) 3.5	(8) 4.1.4	(9) 4.1.4	(10) 4.1.4	(11) 4.1.4
3371	2-METHYLBUTANAL 2-METHYLBUTANAL	3	-	II	-	1 L	E2	P001	-	IBC02	-
3373	BIOLOGISCHER STOFF, KATEGORIE B BIOLOGICAL SUBSTANCE, CATEGORY B	6.2	-	-	319 341	0	E0	P650	-	-	-
3374	ACETYLEN, LÖSUNGSMITTELFREI ACETYLENE, SOLVENT FREE	2.1	-	-	-	0	E0	P200	-	-	-
3375	AMMONIUMNITRAT-EMULSION oder AMMONIUMNITRAT-SUSPENSION oder AMMONIUMNITRAT-GEL, Zwischenprodukt für die Herstellung von Sprengstoffen AMMONIUM NITRATE EMULSION or SUSPENSION or GEL intermediate for blasting explosives	5.1	-	II	309	0	E2	P505	-	IBC02	B16
3376	4-NITROPHENYLHYDRAZIN, mit mindestens 30 Masse-% Wasser 4-NITROPHENYL HYDRAZINE, with not less than 30 % water, by mass	4.1	-	I	28	0	E0	P406	PP26 PP31	-	-
3377	NATRIUMPERBORAT-MONOHYDRAT SODIUM PERBORATE MONOHYDRATE	5.1	-	III	967	5 kg	E1	P002 LP02	-	IBC08	B3
3378	NATRIUMCARBONAT-PEROXYHYDRAT SODIUM CARBONATE PEROXYHYDRATE	5.1	-	II	-	1 kg	E2	P002	-	IBC08	B4 B21
3378	NATRIUMCARBONAT-PEROXYHYDRAT SODIUM CARBONATE PEROXYHYDRATE	5.1	-	III	967	5 kg	E1	P002 LP02	-	IBC08	B3
3379	DESENSIBILISIERTER EXPLOSIVER FLÜSSIGER STOFF, N.A.G. DESENSITIZED EXPLOSIVE, LIQUID, N.O.S.	3	-	I	274 311	0	E0	P099	-	-	-
3380	DESENSIBILISIERTER EXPLOSIVER FESTER STOFF, N.A.G. DESENSITIZED EXPLOSIVE, SOLID, N.O.S.	4.1	-	I	274 311	0	E0	P099	-	-	-

Ortsbewegliche Tanks und Schüttgut-Container			EmS	Stauung und Handhabung	Trennung	Eigenschaften und Bemerkung	UN-Nr.	
	Tank Anwei-sung(en)	Vor-schrif-ten						
(12)	(13) 4.2.5 4.3	(14) 4.2.5	(15) 5.4.3.2 7.8	(16a) 7.1, 7.3 bis 7.7	(16b) 7.2 bis 7.7	(17)	(18)	
-	T4	TP1	F-E, S-D	Staukategorie B	-	Farblose Flüssigkeit. Flammpunkt: -3,5 C. Explosionsgrenzen: 1,3 % bis 13,9 %. In geringem Maße mischbar mit Wasser.	3371	
-	T1 BK2	TP1	F-A, S-T	Staukategorie C SW2 SW18	-	Stoffe, von denen bekannt oder anzunehmen ist, dass sie Krankheitserreger enthalten, und die in einer solchen Form befördert werden, dass sie bei einer Exposition bei Menschen oder Tieren weder eine dauerhafte Behinderung noch eine lebensbedrohende oder tödliche Krankheit hervorrufen können. Proben von Menschen oder Tieren, bei denen nur eine minimale Wahrscheinlichkeit besteht, dass Krankheitserreger vorhanden sind, unterliegen nicht den Vorschriften dieses Codes (siehe 2.6.3.2.3.6). Sonstige Ausnahmen sind in 2.6.3.2.3 genannt.	3373	*→ UN 2814*
-	-	-	F-D, S-U	Staukategorie D SW1 SW2	SG46	Entzündbares Gas mit leichtem Geruch. Explosionsgrenzen: 2,1 % bis 80 %. Leichter als Luft (0,907). Acetylen ohne Lösungsmittel. Grobe Behandlung und örtliche Erwärmung müssen vermieden werden. Die Auswirkung einer solchen Behandlung oder Erwärmung kann eine verzögerte Explosion sein. Leere Flaschen (Zylinder) müssen unter den gleichen Vorsichtsmaßnahmen wie gefüllte befördert werden.	3374	
-	T1	TP1 TP9 TP17 TP32	F-H, S-Q	Staukategorie D SW1	SGG2 SG16 SG42 SG45 SG47 SG48 SG51 SG56 SG58 SG59 SG61	Nicht sensibilisierte Emulsionen, Suspensionen und Gele, die sich hauptsächlich aus einem Gemisch aus Ammoniumnitrat und einem Brennstoff zusammensetzen und die für die Herstellung eines Sprengstoffs Typ E nur nach einer zwingenden Vorbehandlung vor der Verwendung bestimmt sind. Diese Stoffe müssen die Prüfreihe 8 im Handbuch Prüfungen und Kriterien Teil I Abschnitt 18 bestehen und von der zuständigen Behörde zugelassen sein.	3375	
-	-	-	F-B, S-J	Staukategorie E	SG7 SG30	Desensibilisierter explosiver Stoff. Dunkel-oranger fester Stoff. Im trockenen Zustand explosionsfähig und empfindlich gegen Reibung. Kann mit Schwermetallen und deren Salzen äußerst empfindliche Verbindungen bilden. Gesundheitsschädlich beim Verschlucken oder bei Berührung mit der Haut.	3376	
-	T1 BK2 BK3	TP33	F-A, S-Q	Staukategorie A SW1 SW23 H1	SGG16 SG59	Weiße Kristalle oder Pulver. Teilweise löslich in Wasser. Gemische mit brennbaren Stoffen sind leicht entzündbar und können sehr heftig brennen. Gefahr der Zersetzung bei dauerhafter Wärmeeinwirkung (Exotherme Zersetzung ≥ 60 °C). Unter Feuereinwirkung oder wenn es hohen Temperaturen ausgesetzt ist, kann es sich unter Freisetzung von Sauerstoff und Wasserdampf zersetzen. Gesundheitsschädlich beim Verschlucken.	3377	
-	T3 BK2	TP33	F-A, S-Q	Staukategorie A SW1 H1	SGG16 SG59	Weiße Kristalle oder Pulver. Löslich in Wasser. Gemische mit brennbaren Stoffen sind leicht entzündbar. Zersetzt sich in Berührung mit Wasser und Säuren unter Entwicklung von Wasserstoffperoxid. Gefahr der Zersetzung bei dauerhafter Wärmeeinwirkung (Exotherme Zersetzung ≥ 60 °C). Unter Feuereinwirkung oder wenn es hohen Temperaturen ausgesetzt ist, kann es sich unter Freisetzung von Sauerstoff und Wasserdampf zersetzen. Wirkt reizend auf Haut, Augen und Schleimhäute. Gesundheitsschädlich beim Verschlucken.	3378	
-	T1 BK2 BK3	TP33	F-A, S-Q	Staukategorie A SW1 SW23 H1	SGG16 SG59	Siehe Eintrag oben.	3378	
-	-	-	F-E, S-Y	Staukategorie D	SG30	Desensibilisierter explosiver Stoff. Explosiv und empfindlich gegenüber Reibung im trockenen Zustand. Kann mit Schwermetallen und deren Salzen äußerst empfindliche Verbindungen bilden.	3379	
-	-	-	F-B, S-J	Staukategorie D	SG7 SG30	Desensibilisierter explosiver Stoff. Explosiv und empfindlich gegenüber Reibung im trockenen Zustand. Kann mit Schwermetallen und deren Salzen äußerst empfindliche Verbindungen bilden.	3380	

UN-Nr.	Richtiger technischer Name	Klasse	Zusatzgefahr	Verpackungsgruppe	Sondervorschriften	Begrenzte und freigestellte Mengen		Verpackungen		IBC	
						Begrenzte Mengen	Freigestellte Mengen	Anweisung(en)	Sondervorschriften	Anweisung(en)	Sondervorschriften
(1)	(2) 3.1.2	(3) 2.0	(4) 2.0	(5) 2.0.1.3	(6) 3.3	(7a) 3.4	(7b) 3.5	(8) 4.1.4	(9) 4.1.4	(10) 4.1.4	(11) 4.1.4
3381	BEIM EINATMEN GIFTIGER FLÜSSIGER STOFF, N.A.G., mit einem LC_{50}-Wert von höchstens 200 ml/m^3 und einer gesättigten Dampfkonzentration von mindestens 500 LC_{50} TOXIC BY INHALATION LIQUID, N.O.S. with an LC_{50} lower than or equal to 200 ml/m^3 and saturated vapour concentration greater than or equal to 500 LC_{50}	6.1	-	I	274	0	E0	P601	-	-	-
3382	BEIM EINATMEN GIFTIGER FLÜSSIGER STOFF, N.A.G., mit einem LC_{50}-Wert von höchstens 1 000 ml/m^3 und einer gesättigten Dampfkonzentration von mindestens 10 LC_{50} TOXIC BY INHALATION LIQUID, N.O.S. with an LC_{50} lower than or equal to 1 000 ml/m^3 and saturated vapour concentration greater than or equal to 10 LC_{50}	6.1	-	I	274	0	E0	P602	-	-	-
3383	BEIM EINATMEN GIFTIGER FLÜSSIGER STOFF, ENTZÜNDBAR, N.A.G., mit einem LC_{50}-Wert von höchstens 200 ml/m^3 und einer gesättigten Dampfkonzentration von mindestens 500 LC_{50} TOXIC BY INHALATION LIQUID, FLAMMABLE, N.O.S. with an LC_{50} lower than or equal to 200 ml/m^3 and saturated vapour concentration greater than or equal to 500 LC_{50}	6.1	3	I	274	0	E0	P601	-	-	-
3384	BEIM EINATMEN GIFTIGER FLÜSSIGER STOFF, ENTZÜNDBAR, N.A.G., mit einem LC_{50}-Wert von höchstens 1 000 ml/m^3 und einer gesättigten Dampfkonzentration von mindestens 10 LC_{50} TOXIC BY INHALATION LIQUID, FLAMMABLE, N.O.S. with an LC_{50} lower than or equal to 1 000 ml/m^3 and saturated vapour concentration greater than or equal to 10 LC_{50}	6.1	3	I	274	0	E0	P602	-	-	-
3385	BEIM EINATMEN GIFTIGER FLÜSSIGER STOFF, MIT WASSER REAGIEREND, N.A.G., mit einem LC_{50}-Wert von höchstens 200 ml/m^3 und einer gesättigten Dampfkonzentration von mindestens 500 LC_{50} TOXIC BY INHALATION LIQUID, WATER-REACTIVE, N.O.S. with an LC_{50} lower than or equal to 200 ml/m^3 and saturated vapour concentration greater than or equal to 500 LC_{50}	6.1	4.3	I	274	0	E0	P601	-	-	-
3386	BEIM EINATMEN GIFTIGER FLÜSSIGER STOFF, MIT WASSER REAGIEREND, N.A.G., mit einem LC_{50}-Wert von höchstens 1 000 ml/m^3 und einer gesättigten Dampfkonzentration von mindestens 10 LC_{50} TOXIC BY INHALATION LIQUID, WATER-REACTIVE, N.O.S. with an LC_{50} lower than or equal to 1 000 ml/m^3 and saturated vapour concentration greater than or equal to 10 LC_{50}	6.1	4.3	I	274	0	E0	P602	-	-	-

Ortsbewegliche Tanks und Schüttgut-Container			EmS	Stauung und Handhabung	Trennung	Eigenschaften und Bemerkung	UN-Nr.
	Tank Anwei-sung(en)	Vor-schrif-ten					
(12)	(13)	(14)	(15)	(16a)	(16b)	(17)	(18)
	4.2.5 4.3	4.2.5	5.4.3.2 7.8	7.1, 7.3 bis 7.7	7.2 bis 7.7		
-	T22	TP2 TP13	F-A, S-A	Staukategorie D SW2	-	Eine Vielzahl giftiger Flüssigkeiten, welche eine hohe Gefahr der Vergiftung beim Einatmen darstellen. Hochgiftig beim Verschlucken, bei Berührung mit der Haut oder beim Einatmen.	3381
-	T20	TP2 TP13	F-A, S-A	Staukategorie D SW2	-	Eine Vielzahl giftiger Flüssigkeiten, welche eine hohe Gefahr der Vergiftung beim Einatmen darstellen. Hochgiftig beim Verschlucken, bei Berührung mit der Haut oder beim Einatmen.	3382
-	T22	TP2 TP13	F-E, S-D	Staukategorie D SW2	-	Eine Vielzahl giftiger Flüssigkeiten, welche eine hohe Gefahr der Vergiftung beim Einatmen darstellen und auch entzündbar sind. Hochgiftig beim Verschlucken, bei Berührung mit der Haut oder beim Einatmen.	3383
-	T20	TP2 TP13	F-E, S-D	Staukategorie D SW2	-	Eine Vielzahl giftiger Flüssigkeiten, welche eine hohe Gefahr der Vergiftung beim Einatmen darstellen und auch entzündbar sind. Hochgiftig beim Verschlucken, bei Berührung mit der Haut oder beim Einatmen.	3384
-	T22	TP2 TP13	F-G, S-N	Staukategorie D SW2 H1	SG26	Eine Vielzahl giftiger Flüssigkeiten, welche eine hohe Gefahr der Vergiftung beim Einatmen darstellen und auch mit Wasser reagieren. Hochgiftig beim Verschlucken, bei Berührung mit der Haut oder beim Einatmen.	3385
-	T20	TP2 TP13	F-G, S-N	Staukategorie D SW2 H1	SG26	Eine Vielzahl giftiger Flüssigkeiten, welche eine hohe Gefahr der Vergiftung beim Einatmen darstellen und auch mit Wasser reagieren. Hochgiftig beim Verschlucken, bei Berührung mit der Haut oder beim Einatmen.	3386

UN-Nr.	Richtiger technischer Name	Klasse	Zusatzgefahr	Verpackungsgruppe	Sondervorschriften	Begrenzte und freigestellte Mengen		Verpackungen		IBC	
						Begrenzte Mengen	Freigestellte Mengen	Anweisung(en)	Sondervorschriften	Anweisung(en)	Sondervorschriften
(1)	(2) 3.1.2	(3) 2.0	(4) 2.0	(5) 2.0.1.3	(6) 3.3	(7a) 3.4	(7b) 3.5	(8) 4.1.4	(9) 4.1.4	(10) 4.1.4	(11) 4.1.4
3387	BEIM EINATMEN GIFTIGER FLÜSSIGER STOFF, ENTZÜNDEND (OXIDIEREND) WIRKEND, N.A.G., mit einem LC_{50}-Wert von höchstens 200 ml/m³ und einer gesättigten Dampfkonzentration von mindestens 500 LC_{50} TOXIC BY INHALATION LIQUID, OXIDIZING, N.O.S. with an LC_{50} lower than or equal to 200 ml/m³ and saturated vapour concentration greater than or equal to 500 LC_{50}	6.1	5.1	I	274	0	E0	P601	-	-	-
3388	BEIM EINATMEN GIFTIGER FLÜSSIGER STOFF, ENTZÜNDEND (OXIDIEREND) WIRKEND, N.A.G., mit einem LC_{50}-Wert von höchstens 1 000 ml/m³ und einer gesättigten Dampfkonzentration von mindestens 10 LC_{50} TOXIC BY INHALATION LIQUID, OXIDIZING, N.O.S. with an LC_{50} lower than or equal to 1 000 ml/m³ and saturated vapour concentration greater than or equal to 10 LC_{50}	6.1	5.1	I	274	0	E0	P602	-	-	-
3389	BEIM EINATMEN GIFTIGER FLÜSSIGER STOFF, ÄTZEND, N.A.G., mit einem LC_{50}-Wert von höchstens 200 ml/m³ und einer gesättigten Dampfkonzentration von mindestens 500 LC_{50} TOXIC BY INHALATION LIQUID, CORROSIVE, N.O.S. with an LC_{50} lower than or equal to 200 ml/m³ and saturated vapour concentration greater than or equal to 500 LC_{50}	6.1	8	I	274	0	E0	P601	-	-	-
3390	BEIM EINATMEN GIFTIGER FLÜSSIGER STOFF, ÄTZEND, N.A.G., mit einem LC_{50}-Wert von höchstens 1 000 ml/m³ und einer gesättigten Dampfkonzentration von mindestens 10 LC_{50} TOXIC BY INHALATION LIQUID, CORROSIVE, N.O.S. with an LC_{50} lower than or equal to 1 000 ml/m³ and saturated vapour concentration greater than or equal to 10 LC_{50}	6.1	8	I	274	0	E0	P602	-	-	-
3391	PYROPHORER METALLORGANISCHER FESTER STOFF ORGANOMETALLIC SUBSTANCE, SOLID, PYROPHORIC	4.2	-	I	274	0	E0	P404	PP86	-	-
3392	PYROPHORER METALLORGANISCHER FLÜSSIGER STOFF ORGANOMETALLIC SUBSTANCE, LIQUID, PYROPHORIC	4.2	-	I	274	0	E0	P400	PP86	-	-
3393	PYROPHORER METALLORGANISCHER FESTER STOFF, MIT WASSER REAGIEREND ORGANOMETALLIC SUBSTANCE, SOLID, PYROPHORIC, WATER-REACTIVE	4.2	4.3	I	274	0	E0	P404	PP86	-	-
3394	PYROPHORER METALLORGANISCHER FLÜSSIGER STOFF, MIT WASSER REAGIEREND ORGANOMETALLIC SUBSTANCE, LIQUID, PYROPHORIC, WATER-REACTIVE	4.2	4.3	I	274	0	E0	P400	PP86	-	-

Ortsbewegliche Tanks und Schüttgut-Container			EmS	Stauung und Handhabung	Trennung	Eigenschaften und Bemerkung	UN-Nr.
	Tank Anwei- sung(en)	Vor- schrif- ten					
(12)	(13) 4.2.5 4.3	(14) 4.2.5	(15) 5.4.3.2 7.8	(16a) 7.1, 7.3 bis 7.7	(16b) 7.2 bis 7.7	(17)	(18)
-	T22	TP2 TP13	F-A, S-Q	Staukategorie D SW2	-	Eine Vielzahl giftiger Flüssigkeiten, welche eine hohe Gefahr der Vergiftung beim Einatmen darstellen und auch Oxidationsmittel sind. Hochgiftig beim Verschlucken, bei Berührung mit der Haut oder beim Einatmen.	3387
-	T20	TP2 TP13	F-A, S-Q	Staukategorie D SW2	-	Eine Vielzahl giftiger Flüssigkeiten, welche eine hohe Gefahr der Vergiftung beim Einatmen darstellen und auch Oxidationsmittel sind. Hochgiftig beim Verschlucken, bei Berührung mit der Haut oder beim Einatmen.	3388
-	T22	TP2 TP13	F-A, S-B	Staukategorie D SW2	-	Eine Vielzahl giftiger Flüssigkeiten, welche eine hohe Gefahr der Vergiftung beim Einatmen darstellen und auch ätzend sind. Hochgiftig beim Verschlucken, bei Berührung mit der Haut oder beim Einatmen.	3389
-	T20	TP2 TP13	F-A, S-B	Staukategorie D SW2	-	Eine Vielzahl giftiger Flüssigkeiten, welche eine hohe Gefahr der Vergiftung beim Einatmen darstellen und auch ätzend sind. Hochgiftig beim Verschlucken, bei Berührung mit der Haut oder beim Einatmen.	3390
-	T21	TP7 TP33 TP36	F-G, S-M	Staukategorie D H1	SG26 SG72	Neigt an Luft zur Selbstentzündung. Beim Schütteln können sich Funken bilden.	3391
-	T21	TP2 TP7 TP36	F-G, S-M	Staukategorie D H1	SG26 SG63 SG72	Leichtentzündliche Flüssigkeit. Neigt an Luft zur Selbstentzündung. Bei Berührung mit Luft entwickeln sich schwach giftige Gase mit Reizwirkung.	3392
-	T21	TP7 TP33 TP36 TP41	F-G, S-M	Staukategorie D H1	SG26 SG35 SG72	Neigen an Luft zur Selbstentzündung. Beim Schütteln können sich Funken bilden. Reagieren heftig mit Feuchtigkeit, Wasser und Säuren unter Bildung entzündbarer Gase.	3393
-	T21	TP2 TP7 TP36 TP41	F-G, S-M	Staukategorie D H1	SG26 SG35 SG63 SG72	Leichtentzündliche Flüssigkeiten. Neigen an Luft zur Selbstentzündung. Bei Berührung mit Luft entwickeln sich schwach giftige Gase mit Reizwirkung. Reagieren heftig mit Feuchtigkeit, Wasser und Säuren unter Bildung entzündbarer Gase.	3394

UN-Nr.	Richtiger technischer Name	Klasse	Zusatzgefahr	Verpackungsgruppe	Sondervorschriften	Begrenzte und freigestellte Mengen		Verpackungen		IBC	
						Begrenzte Mengen	Freigestellte Mengen	Anweisung(en)	Sondervorschriften	Anweisung(en)	Sondervorschriften
(1)	(2) 3.1.2	(3) 2.0	(4) 2.0	(5) 2.0.1.3	(6) 3.3	(7a) 3.4	(7b) 3.5	(8) 4.1.4	(9) 4.1.4	(10) 4.1.4	(11) 4.1.4
3395	MIT WASSER REAGIERENDER METALLORGANISCHER FESTER STOFF ORGANOMETALLIC SUBSTANCE, SOLID, WATER-REACTIVE	4.3	-	I	274	0	E0	P403	PP31	-	-
3395	MIT WASSER REAGIERENDER METALLORGANISCHER FESTER STOFF ORGANOMETALLIC SUBSTANCE, SOLID, WATER-REACTIVE	4.3	-	II	274	500 g	E2	P410	PP31	IBC04	-
3395	MIT WASSER REAGIERENDER METALLORGANISCHER FESTER STOFF ORGANOMETALLIC SUBSTANCE, SOLID, WATER-REACTIVE	4.3	-	III	223 274	1 kg	E1	P410	PP31	IBC06	-
3396	MIT WASSER REAGIERENDER METALLORGANISCHER FESTER STOFF, ENTZÜNDBAR ORGANOMETALLIC SUBSTANCE, SOLID, WATER-REACTIVE, FLAMMABLE	4.3	4.1	I	274	0	E0	P403	PP31	-	-
3396	MIT WASSER REAGIERENDER METALLORGANISCHER FESTER STOFF, ENTZÜNDBAR ORGANOMETALLIC SUBSTANCE, SOLID, WATER-REACTIVE, FLAMMABLE	4.3	4.1	II	274	500 g	E2	P410	PP31	IBC04	-
3396	MIT WASSER REAGIERENDER METALLORGANISCHER FESTER STOFF, ENTZÜNDBAR ORGANOMETALLIC SUBSTANCE, SOLID, WATER-REACTIVE, FLAMMABLE	4.3	4.1	III	223 274	1 kg	E1	P410	PP31	IBC06	-
3397	MIT WASSER REAGIERENDER METALLORGANISCHER FESTER STOFF, SELBSTERHITZUNGSFÄHIG ORGANOMETALLIC SUBSTANCE, SOLID, WATER-REACTIVE, SELF-HEATING	4.3	4.2	I	274	0	E0	P403	PP31	-	-
3397	MIT WASSER REAGIERENDER METALLORGANISCHER FESTER STOFF, SELBSTERHITZUNGSFÄHIG ORGANOMETALLIC SUBSTANCE, SOLID, WATER-REACTIVE, SELF-HEATING	4.3	4.2	II	274	500 g	E2	P410	PP31	IBC04	-
3397	MIT WASSER REAGIERENDER METALLORGANISCHER FESTER STOFF, SELBSTERHITZUNGSFÄHIG ORGANOMETALLIC SUBSTANCE, SOLID, WATER-REACTIVE, SELF-HEATING	4.3	4.2	III	223 274	1 kg	E1	P410	PP31	IBC06	-
3398	MIT WASSER REAGIERENDER METALLORGANISCHER FLÜSSIGER STOFF ORGANOMETALLIC SUBSTANCE, LIQUID, WATER-REACTIVE	4.3	-	I	274	0	E0	P402	PP31	-	-
3398	MIT WASSER REAGIERENDER METALLORGANISCHER FLÜSSIGER STOFF ORGANOMETALLIC SUBSTANCE, LIQUID, WATER-REACTIVE	4.3	-	II	274	500 ml	E2	P001	PP31	IBC01	-

Ortsbewegliche Tanks und Schüttgut-Container			EmS	Stauung und Handhabung	Trennung	Eigenschaften und Bemerkung	UN-Nr.
	Tank Anwei-sung(en)	Vor-schrif-ten					
(12)	(13)	(14)	(15)	(16a)	(16b)	(17)	(18)
	4.2.5 4.3	4.2.5	5.4.3.2 7.8	7.1, 7.3 bis 7.7	7.2 bis 7.7		
-	T9	TP7 TP33 TP36 TP41	F-G, S-N	Staukategorie E SW2 H1	SG26 SG35 SG72	Reagiert heftig mit Feuchtigkeit, Wasser und Säuren unter Bildung entzündbarer Gase.	3395
-	T3	TP33 TP36 TP41	F-G, S-N	Staukategorie E SW2 H1	SG26 SG35 SG72	Siehe Eintrag oben.	3395
-	T1	TP33 TP36 TP41	F-G, S-N	Staukategorie E SW2 H1	SG26 SG35 SG72	Siehe Eintrag oben.	3395
-	T9	TP7 TP33 TP36 TP41	F-G, S-N	Staukategorie E SW2 H1	SG26 SG35 SG72	Entzündbarer fester Stoff. Reagiert heftig mit Feuchtigkeit, Wasser und Säuren unter Bildung entzündbarer Gase.	3396
-	T3	TP33 TP36 TP41	F-G, S-N	Staukategorie E SW2 H1	SG26 SG35 SG72	Siehe Eintrag oben.	3396
-	T1	TP33 TP36 TP41	F-G, S-N	Staukategorie E SW2 H1	SG26 SG35 SG72	Siehe Eintrag oben.	3396
-	T9	TP7 TP33 TP36 TP41	F-G, S-N	Staukategorie E SW2 H1	SG26 SG35 SG72	Neigt zur Selbsterhitzung oder Selbstentzündung. Reagieren heftig mit Feuchtigkeit, Wasser und Säuren unter Bildung entzündbarer Gase.	3397
-	T3	TP33 TP36 TP41	F-G, S-N	Staukategorie E SW2 H1	SG26 SG35 SG72	Siehe Eintrag oben.	3397
-	T1	TP33 TP36 TP41	F-G, S-N	Staukategorie E SW2 H1	SG26 SG35 SG72	Siehe Eintrag oben.	3397
-	T13	TP2 TP7 TP36 TP41	F-G, S-N	Staukategorie E SW2 H1	SG26 SG35 SG72	Reagiert heftig mit Feuchtigkeit, Wasser und Säuren unter Bildung entzündbarer Gase.	3398
-	T7	TP2 TP7 TP36 TP41	F-G, S-N	Staukategorie E SW2 H1	SG26 SG35 SG72	Siehe Eintrag oben.	3398

UN-Nr.	Richtiger technischer Name	Klasse	Zusatzgefahr	Verpackungsgruppe	Sondervorschriften	Begrenzte und freigestellte Mengen		Verpackungen		IBC	
						Begrenzte Mengen	Freigestellte Mengen	Anweisung(en)	Sondervorschriften	Anweisung(en)	Sondervorschriften
(1)	(2) 3.1.2	(3) 2.0	(4) 2.0	(5) 2.0.1.3	(6) 3.3	(7a) 3.4	(7b) 3.5	(8) 4.1.4	(9) 4.1.4	(10) 4.1.4	(11) 4.1.4
3398	MIT WASSER REAGIERENDER METALLORGANISCHER FLÜSSIGER STOFF ORGANOMETALLIC SUBSTANCE, LIQUID, WATER-REACTIVE	4.3	-	III	223 274	1 L	E1	P001	PP31	IBC02	-
3399	MIT WASSER REAGIERENDER METALLORGANISCHER FLÜSSIGER STOFF, ENTZÜNDBAR ORGANOMETALLIC SUBSTANCE, LIQUID, WATER-REACTIVE, FLAMMABLE	4.3	3	I	274	0	E0	P402	PP31	-	-
3399	MIT WASSER REAGIERENDER METALLORGANISCHER FLÜSSIGER STOFF, ENTZÜNDBAR ORGANOMETALLIC SUBSTANCE, LIQUID, WATER-REACTIVE, FLAMMABLE	4.3	3	II	274	500 ml	E2	P001	PP31	IBC01	-
3399	MIT WASSER REAGIERENDER METALLORGANISCHER FLÜSSIGER STOFF, ENTZÜNDBAR ORGANOMETALLIC SUBSTANCE, LIQUID, WATER-REACTIVE, FLAMMABLE	4.3	3	III	223 274	1 L	E1	P001	PP31	IBC02	-
3400	SELBSTERHITZUNGSFÄHIGER METALLORGANISCHER FESTER STOFF ORGANOMETALLIC SUBSTANCE, SOLID, SELF-HEATING	4.2	-	II	274	500 g	E2	P410	-	IBC06	-
3400	SELBSTERHITZUNGSFÄHIGER METALLORGANISCHER FESTER STOFF ORGANOMETALLIC SUBSTANCE, SOLID, SELF-HEATING	4.2	-	III	223 274	1 kg	E1	P002	-	IBC08	-
3401	ALKALIMETALLAMALGAM, FEST ALKALI METAL AMALGAM, SOLID	4.3	-	I	182	0	E0	P403	PP31	-	-
3402	ERDALKALIMETALLAMALGAM, FEST ALKALINE EARTH METAL AMALGAM, SOLID	4.3	-	I	183	0	E0	P403	PP31	-	-
3403	KALIUMMETALLLEGIERUNGEN, FEST POTASSIUM METAL ALLOYS, SOLID	4.3	-	I	-	0	E0	P403	PP31	-	-
3404	KALIUM-NATRIUM-LEGIERUNGEN, FEST POTASSIUM SODIUM ALLOYS, SOLID	4.3	-	I	-	0	E0	P403	PP31	-	-
3405	BARIUMCHLORAT, LÖSUNG BARIUM CHLORATE SOLUTION	5.1	6.1	II	-	1 L	E2	P504	-	IBC02	-

Ortsbewegliche Tanks und Schüttgut-Container			EmS	Stauung und Handhabung	Trennung	Eigenschaften und Bemerkung	UN-Nr.	
	Tank Anweisung(en)	Vorschriften						
(12)	(13)	(14)	(15)	(16a)	(16b)	(17)	(18)	
	4.2.5 4.3	4.2.5	5.4.3.2 7.8	7.1, 7.3 bis 7.7	7.2 bis 7.7			
-	T7	TP2 TP7 TP36 TP41	F-G, S-N	Staukategorie E SW2 H1	SG26 SG35 SG72	Siehe Eintrag oben.	3398	
-	T13	TP2 TP7 TP36 TP41	F-G, S-N	Staukategorie D SW2 H1	SG26 SG35 SG72	Entzündbare Flüssigkeit. Reagiert heftig mit Feuchtigkeit, Wasser und Säuren unter Bildung entzündbarer Gase.	3399	
-	T7	TP2 TP7 TP36 TP41	F-G, S-N	Staukategorie D SW2 H1	SG26 SG35 SG72	Siehe Eintrag oben.	3399	
-	T7	TP2 TP7 TP36 TP41	F-G, S-N	Staukategorie E SW2 H1	SG26 SG35 SG72	Siehe Eintrag oben.	3399	
-	T3	TP33 TP36	F-A, S-J	Staukategorie C	SG72	Neigt zur Selbsterhitzung oder Selbstentzündung.	3400	
-	T1	TP33 TP36	F-A, S-J	Staukategorie C	SG72	Siehe Eintrag oben.	3400	
-	T9	TP7 TP33	F-G, S-N	Staukategorie D H1	SGG7 SGG11 SG26 SG35	Silbriger fester Stoff, bestehend aus mit Quecksilber legiertem Metall. Reagiert mit Feuchtigkeit, Wasser oder Säuren unter Bildung von Wasserstoff, einem entzündbaren Gas. Entwickelt beim Erhitzen giftige Dämpfe.	3401	→ *UN 1389*
-	T9	TP7 TP33	F-G, S-N	Staukategorie D H1	SGG7 SGG11 SG26 SG35	Besteht aus mit Quecksilber legiertem Metall. Enthält 2 % bis 10 % Erdalkalimetalle und kann bis zu 98 % Quecksilber enthalten. Reagiert mit Feuchtigkeit, Wasser oder Säuren unter Bildung von Wasserstoff, einem entzündbaren Gas. Entwickelt beim Erhitzen giftige Dämpfe.	3402	→ *UN 1392*
-	T9	TP7 TP33	F-G, S-L	Staukategorie D H1	SG26 SG35	Weiches, silbriges Metall. Schwimmt auf dem Wasser. Reagiert heftig mit Feuchtigkeit, Wasser oder Säuren unter Bildung von Wasserstoff, der sich durch die Reaktionswärme entzünden kann. Sehr reaktionsfähig, manchmal mit explosionsartiger Wirkung.	3403	→ *UN 1420*
-	T9	TP7 TP33	F-G, S-L	Staukategorie D H1	SG26 SG35	Weiches, silbriges Metall. Schwimmt auf dem Wasser. Reagiert heftig mit Feuchtigkeit, Wasser oder Säuren unter Bildung von Wasserstoff, der sich durch die Reaktionswärme entzünden kann. Sehr reaktionsfähig, manchmal mit explosionsartiger Wirkung.	3404	→ *UN 1422*
-	T4	TP1	F-H, S-Q	Staukategorie A	SGG4 SG38 SG49 SG62	Farblose wässerige Lösungen. Reagiert heftig mit Schwefelsäure. Reagiert sehr heftig mit Cyaniden bei Erwärmung. Kann mit brennbaren Stoffen, pulverförmigen Metallen oder Ammoniumverbindungen explosionsfähige Gemische bilden. Diese Gemische neigen zur Entzündung. Kann unter Feuereinwirkung eine Explosion verursachen. Giftig beim Verschlucken, bei Berührung mit der Haut oder beim Einatmen. Leckage und daraus folgendes Verdampfen von Wasser der Lösungen kann erhöhte Gefahren zur Folge haben: 1. In Berührung mit brennbaren Stoffen (insbesondere Faserstoffen wie Jute, Baumwolle oder Sisal) oder Schwefel die Gefahr der Selbstentzündung; 2. in Berührung mit Ammoniumverbindungen, pulverförmigen Metallen oder Ölen Explosionsgefahr.	3405	→ *UN 1445*

UN-Nr.	Richtiger technischer Name	Klasse	Zusatzgefahr	Verpackungsgruppe	Sondervorschriften	Begrenzte und freigestellte Mengen		Verpackungen		IBC	
						Begrenzte Mengen	Freigestellte Mengen	Anweisung(en)	Sondervorschriften	Anweisung(en)	Sondervorschriften
(1)	(2)	(3)	(4)	(5)	(6)	(7a)	(7b)	(8)	(9)	(10)	(11)
	3.1.2	2.0	2.0	2.0.1.3	3.3	3.4	3.5	4.1.4	4.1.4	4.1.4	4.1.4
3405	BARIUMCHLORAT, LÖSUNG BARIUM CHLORATE SOLUTION	5.1	6.1	III	223	5 L	E1	P001	-	IBC02	-
3406	BARIUMPERCHLORAT, LÖSUNG BARIUM PERCHLORATE SOLUTION	5.1	6.1	II	-	1 L	E2	P504	-	IBC02	-
3406	BARIUMPERCHLORAT, LÖSUNG BARIUM PERCHLORATE SOLUTION	5.1	6.1	III	223	5 L	E1	P001	-	IBC02	-
3407	CHLORAT UND MAGNESIUMCHLORID, MISCHUNG, LÖSUNG CHLORATE AND MAGNESIUM CHLORIDE MIXTURE SOLUTION	5.1	-	II	-	1 L	E2	P504	-	IBC02	-
3407	CHLORAT UND MAGNESIUMCHLORID, MISCHUNG, LÖSUNG CHLORATE AND MAGNESIUM CHLORIDE MIXTURE SOLUTION	5.1	-	III	223	5 L	E1	P504	-	IBC02	-
3408	BLEIPERCHLORAT, LÖSUNG LEAD PERCHLORATE SOLUTION	5.1	6.1 **P**	II	-	1 L	E2	P504	-	IBC02	-
3408	BLEIPERCHLORAT, LÖSUNG LEAD PERCHLORATE SOLUTION	5.1	6.1 **P**	III	223	5 L	E1	P001	-	IBC02	-
3409	CHLORNITROBENZENE, FLÜSSIG CHLORONITROBENZENES, LIQUID	6.1	-	II	279	100 ml	E4	P001	-	IBC02	-
3410	4-CHLOR-o-TOLUIDINHYDROCHLORID, LÖSUNG 4-CHLORO-o-TOLUIDINE HYDROCHLORIDE SOLUTION	6.1	-	III	223	5 L	E1	P001	-	IBC03	-
3411	beta-NAPHTHYLAMIN, LÖSUNG beta-NAPHTHYLAMINE SOLUTION	6.1	-	II	-	100 ml	E4	P001	-	IBC02	-
3411	beta-NAPHTHYLAMIN, LÖSUNG beta-NAPHTHYLAMINE SOLUTION	6.1	-	III	223	5 L	E1	P001	-	IBC02	-
3412	AMEISENSÄURE mit mindestens 10 Masse-%, aber höchstens 85 Masse-% Säure FORMIC ACID with not less than 10 % but not more than 85 % acid by mass	8	-	II	-	1 L	E2	P001	-	IBC02	-

Ortsbewegliche Tanks und Schüttgut-Container			EmS	Stauung und Handhabung	Trennung	Eigenschaften und Bemerkung	UN-Nr.	
	Tank Anweisung(en)	Vorschriften						
(12)	(13)	(14)	(15)	(16a)	(16b)	(17)	(18)	
	4.2.5 4.3	4.2.5	5.4.3.2 7.8	7.1, 7.3 bis 7.7	7.2 bis 7.7			
-	T4	TP1	F-H, S-Q	Staukategorie A	SGG4 SG38 SG49 SG62	Siehe Eintrag oben.	3405	→ *UN 1445*
-	T4	TP1	F-H, S-Q	Staukategorie A	SGG13 SG38 SG49 SG62	Reagiert heftig mit Schwefelsäure. Reagiert sehr heftig mit Cyaniden bei Erwärmung oder Reibung. Kann mit brennbaren Stoffen, pulverförmigen Metallen oder Ammoniumverbindungen explosionsfähige Gemische bilden. Diese Gemische neigen zur Entzündung. Kann unter Feuereinwirkung eine Explosion verursachen. Giftig beim Verschlucken, bei Berührung mit der Haut oder beim Einatmen. Leckage und daraus folgendes Verdampfen von Wasser der Lösungen kann erhöhte Gefahren zur Folge haben: 1. In Berührung mit brennbaren Stoffen (insbesondere Faserstoffen wie Jute, Baumwolle oder Sisal) oder Schwefel die Gefahr der Selbstentzündung; 2. in Berührung mit Ammoniumverbindungen, pulverförmigen Metallen oder Ölen Explosionsgefahr.	3406	→ *UN 1447*
-	T4	TP1	F-H, S-Q	Staukategorie A	SGG13 SG38 SG49 SG62	Siehe Eintrag oben.	3406	→ *UN 1447*
-	T4	TP1	F-H, S-Q	Staukategorie A	SGG4 SG38 SG49 SG62	Reagiert heftig mit Schwefelsäure. Reagiert sehr heftig mit Cyaniden bei Erwärmung. Kann mit brennbaren Stoffen, pulverförmigen Metallen oder Ammoniumverbindungen explosionsfähige Gemische bilden. Diese Gemische neigen zur Entzündung. Kann unter Feuereinwirkung eine Explosion.verursachen. Leckage und daraus folgendes Verdampfen von Wasser der Lösungen kann erhöhte Gefahren zur Folge haben: 1. In Berührung mit brennbaren Stoffen (insbesondere Faserstoffen wie Jute, Baumwolle oder Sisal) oder Schwefel die Gefahr der Selbstentzündung; 2. in Berührung mit Ammoniumverbindungen, pulverförmigen Metallen oder Ölen Explosionsgefahr.	3407	→ *UN 1459*
-	T4	TP1	F-H, S-Q	Staukategorie A	SGG4 SG38 SG49 SG62	Siehe Eintrag oben.	3407	→ *UN 1459*
-	T4	TP1	F-H, S-Q	Staukategorie A	SGG7 SGG9 SGG13 SG38 SG49	Reagiert heftig mit Schwefelsäure. Reagiert sehr heftig mit Cyaniden bei Erwärmung. Kann mit brennbaren Stoffen, pulverförmigen Metallen oder Ammoniumverbindungen explosionsfähige Gemische bilden. Diese Gemische neigen zur Entzündung. Kann unter Feuereinwirkung eine Explosion verursachen.	3408	→ *UN 1470*
-	T4	TP1	F-H, S-Q	Staukategorie A	SGG7 SGG9 SGG13 SG38 SG49	Siehe Eintrag oben.	3408	→ *UN 1470*
-	T7	TP2	F-A, S-A	Staukategorie A	-	Gelbe Flüssigkeit. Giftig beim Verschlucken, bei Berührung mit der Haut oder beim Einatmen.	3409	→ *UN 1578*
-	T4	TP1	F-A, S-A	Staukategorie A	-	Giftig beim Verschlucken, bei Berührung mit der Haut oder beim Einatmen.	3410	→ *UN 1579*
-	T7	TP2	F-A, S-A	Staukategorie A	-	Giftig beim Verschlucken, bei Berührung mit der Haut oder beim Einatmen.	3411	→ *UN 1650*
-	T7	TP2	F-A, S-A	Staukategorie A	-	Siehe Eintrag oben.	3411	→ *UN 1650*
-	T7	TP2	F-A, S-B	Staukategorie A SW2	SGG1 SG36 SG49	Farbloser flüssiger Stoff mit einem stechenden Geruch. Wirkt auf die meisten Metalle ätzend. Verursacht Verätzungen der Haut, der Augen und der Schleimhäute.	3412	→ *UN 1779*

UN-Nr.	Richtiger technischer Name	Klasse	Zusatzgefahr	Verpackungsgruppe	Sondervorschriften	Begrenzte und freigestellte Mengen		Verpackungen		IBC	
						Begrenzte Mengen	Freigestellte Mengen	Anweisung(en)	Sondervorschriften	Anweisung(en)	Sondervorschriften
(1)	(2)	(3)	(4)	(5)	(6)	(7a)	(7b)	(8)	(9)	(10)	(11)
	3.1.2	2.0	2.0	2.0.1.3	3.3	3.4	3.5	4.1.4	4.1.4	4.1.4	4.1.4
3412	AMEISENSÄURE mit mindestens 5 Masse-%, aber weniger als 10 Masse-% Säure FORMIC ACID with not less than 5 % but less than 10 % acid by mass	8	-	III	-	5 L	E1	P001 LP01	-	IBC03	-
3413	KALIUMCYANID, LÖSUNG POTASSIUM CYANIDE SOLUTION	6.1	- **P**	I	-	0	E5	P001	PP31	-	-
3413	KALIUMCYANID, LÖSUNG POTASSIUM CYANIDE SOLUTION	6.1	- **P**	II	-	100 ml	E4	P001	PP31	IBC02	-
3413	KALIUMCYANID, LÖSUNG POTASSIUM CYANIDE SOLUTION	6.1	- **P**	III	223	5 L	E1	P001 LP01	PP31	IBC03	-
3414	NATRIUMCYANID, LÖSUNG SODIUM CYANIDE SOLUTION	6.1	- **P**	I	-	0	E5	P001	PP31	-	-
3414	NATRIUMCYANID, LÖSUNG SODIUM CYANIDE SOLUTION	6.1	- **P**	II	-	100 ml	E4	P001	PP31	IBC02	-
3414	NATRIUMCYANID, LÖSUNG SODIUM CYANIDE SOLUTION	6.1	- **P**	III	223	5 L	E1	P001 LP01	PP31	IBC03	-
3415	NATRIUMFLUORID, LÖSUNG SODIUM FLUORIDE SOLUTION	6.1	-	III	223	5 L	E1	P001 LP01	-	IBC03	-
3416	CHLORACETOPHENON, FLÜSSIG CHLOROACETOPHENONE, LIQUID	6.1	-	II	-	0	E0	P001	-	IBC02	-
3417	XYLYLBROMID, FEST XYLYL BROMIDE, SOLID	6.1	-	II	-	0	E4	P002	-	IBC08	B4 B21
3418	2,4-TOLUYLENDIAMIN, LÖSUNG 2,4-TOLUYLENEDIAMINE SOLUTION	6.1	-	III	223	5 L	E1	P001 LP01	-	IBC03	-
3419	BORTRIFLUORID-ESSIGSÄURE-KOMPLEX, FEST BORON TRIFLUORIDE ACETIC ACID COMPLEX, SOLID	8	-	II	-	1 kg	E2	P002	-	IBC08	B4 B21
3420	BORTRIFLUORID-PROPIONSÄURE-KOMPLEX, FEST BORON TRIFLUORIDE PROPIONIC ACID COMPLEX, SOLID	8	-	II	-	1 kg	E2	P002	-	IBC08	B4 B21
3421	KALIUMHYDROGENDIFLUORID, LÖSUNG POTASSIUM HYDROGEN DIFLUORIDE SOLUTION	8	6.1	II	-	1 L	E2	P001	-	IBC02	-
3421	KALIUMHYDROGENDIFLUORID, LÖSUNG POTASSIUM HYDROGEN DIFLUORIDE SOLUTION	8	6.1	III	223	5 L	E1	P001	-	IBC03	-
3422	KALIUMFLUORID, LÖSUNG POTASSIUM FLUORIDE SOLUTION	6.1	-	III	223	5 L	E1	P001 LP01	-	IBC03	-

Ortsbewegliche Tanks und Schüttgut-Container			EmS	Stauung und Handhabung	Trennung	Eigenschaften und Bemerkung	UN-Nr.	
	Tank Anweisung(en)	Vorschriften						
(12)	(13)	(14)	(15)	(16a)	(16b)	(17)	(18)	
	4.2.5 4.3	4.2.5	5.4.3.2 7.8	7.1, 7.3 bis 7.7	7.2 bis 7.7			
-	T4	TP1	F-A, S-B	Staukategorie A SW2	SGG1 SG36 SG49	Siehe Eintrag oben.	3412	→ UN 1779
-	T14	TP2 TP13	F-A, S-A	Staukategorie B	SGG6 SG35	Reagiert mit Säuren oder sauren Dämpfen, entwickelt Blausäure, ein hochgiftiges und entzündbares Gas. Hochgiftig beim Verschlucken oder bei Berührung mit der Haut.	3413	→ UN 1680
-	T11	TP2 TP13 TP27	F-A, S-A	Staukategorie B	SGG6 SG35	Siehe Eintrag oben.	3413	→ UN 1680
-	T7	TP2 TP13 TP28	F-A, S-A	Staukategorie A	SGG6 SG35	Siehe Eintrag oben.	3413	→ UN 1680
-	T14	TP2 TP13	F-A, S-A	Staukategorie B	SGG6 SG35	Reagiert mit Säuren oder sauren Dämpfen, entwickelt Blausäure, ein hochgiftiges und entzündbares Gas. Hochgiftig beim Verschlucken oder bei Berührung mit der Haut.	3414	→ UN 1689
-	T11	TP2 TP13 TP27	F-A, S-A	Staukategorie B	SGG6 SG35	Siehe Eintrag oben.	3414	→ UN 1689
-	T7	TP2 TP13 TP28	F-A, S-A	Staukategorie A	SGG6 SG35	Siehe Eintrag oben.	3414	→ UN 1689
-	T4	TP1	F-A, S-A	Staukategorie A	SG35	Farblose Flüssigkeit. Reagiert mit Säuren, entwickelt Fluorwasserstoff, ein giftiges, reizendes und ätzendes Gas, das als weißer Nebel sichtbar wird. Giftig beim Verschlucken, bei Berührung mit der Haut oder beim Einatmen.	3415	→ UN 1690
-	T7	TP2 TP13	F-A, S-A	Staukategorie D SW1 SW2 H2	-	Flüssigkeit, entwickelt reizende Dämpfe („Tränengas"). Giftig beim Verschlucken, bei Berührung mit der Haut oder beim Einatmen.	3416	→ UN 1697
-	T3	TP33	F-A, S-G	Staukategorie D SW2	-	Kristalle oder Pulver, entwickelt reizende Dämpfe („Tränengas"). Giftig beim Verschlucken, bei Berührung mit der Haut oder beim Einatmen.	3417	→ UN 1701
-	T4	TP1	F-A, S-A	Staukategorie A	-	Giftig beim Verschlucken, bei Berührung mit der Haut oder beim Einatmen.	3418	→ UN 1709
-	T3	TP33	F-A, S-B	Staukategorie A	SGG1 SG36 SG49	Weißer kristalliner fester Stoff. Schmelzpunkt: 23 °C. Greift die meisten Metalle stark an. Verursacht Verätzungen der Haut, der Augen und der Schleimhäute.	3419	→ UN 1742
-	T3	TP33	F-A, S-B	Staukategorie A	SGG1 SG36 SG49	Weißer kristalliner fester Stoff. Schmelzpunkt: 28 °C. Greift die meisten Metalle stark an. Verursacht Verätzungen der Haut, der Augen und der Schleimhäute.	3420	→ UN 1743
-	T7	TP2	F-A, S-B	Staukategorie A SW1 SW2	SGG1 SG35 SG36 SG49	Wird durch Wärmeeinwirkung oder Säuren zersetzt, entwickelt Fluorwasserstoff, ein giftiges, äußerst reizendes und ätzendes Gas, das als weißer Nebel sichtbar wird. Greift bei Feuchtigkeit Glas, andere siliziumhaltige Materialien und die meisten Metalle stark an. Giftig beim Verschlucken, bei Berührung mit der Haut oder beim Einatmen. Verursacht Verätzungen der Haut, der Augen und der Schleimhäute.	3421	→ UN 1811
-	T4	TP1	F-A, S-B	Staukategorie A SW1 SW2	SGG1 SG35 SG36 SG49	Siehe Eintrag oben.	3421	→ UN 1811
-	T4	TP1	F-A, S-A	Staukategorie A	SG35	Wird durch Säuren zersetzt, entwickelt Fluorwasserstoff, ein reizendes und ätzendes Gas. Giftig beim Verschlucken, bei Berührung mit der Haut oder beim Einatmen.	3422	→ UN 1812

UN-Nr.	Richtiger technischer Name	Klasse	Zusatzgefahr	Verpackungsgruppe	Sondervorschriften	Begrenzte und freigestellte Mengen		Verpackungen		IBC	
						Begrenzte Mengen	Freigestellte Mengen	Anweisung(en)	Sondervorschriften	Anweisung(en)	Sondervorschriften
(1)	(2) 3.1.2	(3) 2.0	(4) 2.0	(5) 2.0.1.3	(6) 3.3	(7a) 3.4	(7b) 3.5	(8) 4.1.4	(9) 4.1.4	(10) 4.1.4	(11) 4.1.4
3423	TETRAMETHYLAMMONIUMHYDROXID, FEST TETRAMETHYLAMMONIUM HYDROXIDE, SOLID	8	-	II	-	1 kg	E2	P002	-	IBC08	B4 B21
3424	AMMONIUMDINITRO-o-CRESOLAT, LÖSUNG AMMONIUM DINITRO-o-CRESOLATE SOLUTION	6.1	- P	II	-	100 ml	E4	P001	-	IBC02	-
3424	AMMONIUMDINITRO-o-CRESOLAT, LÖSUNG AMMONIUM DINITRO-o-CRESOLATE SOLUTION	6.1	- P	III	223	5 L	E1	P001	-	IBC02	-
3425	BROMESSIGSÄURE, FEST BROMOACETIC ACID, SOLID	8	-	II	-	1 kg	E2	P002	-	IBC08	B4 B21
3426	ACRYLAMID, LÖSUNG ACRYLAMIDE SOLUTION	6.1	-	III	223	5 L	E1	P001 LP01	-	IBC03	-
3427	CHLORBENZYLCHLORIDE, FEST CHLOROBENZYL CHLORIDES, SOLID	6.1	- P	III	-	5 kg	E1	P002 LP02	-	IBC08	B3
3428	3-CHLOR-4-METHYLPHENYLISOCYANAT, FEST 3-CHLORO-4-METHYLPHENYL ISOCYANATE, SOLID	6.1	-	II	-	500 g	E4	P002	-	IBC08	B4 B21
3429	CHLORTOLUIDINE, FLÜSSIG CHLOROTOLUIDINES, LIQUID	6.1	-	III	-	5 L	E1	P001 LP01	-	IBC03	-
3430	XYLENOLE, FLÜSSIG XYLENOLS, LIQUID	6.1	-	II	-	100 ml	E4	P001	-	IBC02	-
3431	NITROBENZOTRIFLUORIDE, FEST NITROBENZOTRIFLUORIDES, SOLID	6.1	- P	II	-	500 g	E4	P002	-	IBC08	B4 B21
3432	POLYCHLORIERTE BIPHENYLE, FEST POLYCHLORINATED BIPHENYLS, SOLID	9	- P	II	305 958	1 kg	E2	P906	-	IBC08	B4 B21
3434	NITROCRESOLE, FLÜSSIG NITROCRESOLS, LIQUID	6.1	-	III	-	5 L	E1	P001 LP01	-	IBC03	-
3436	HEXAFLUORACETONHYDRAT, FEST HEXAFLUOROACETONE HYDRATE, SOLID	6.1	-	II	-	500 g	E4	P002	-	IBC08	B4 B21
3437	CHLORCRESOLE, FEST CHLOROCRESOLS, SOLID	6.1	-	II	-	500 g	E4	P002	-	IBC08	B4 B21
3438	alpha-METHYLBENZYLALKOHOL, FEST alpha-METHYLBENZYL ALCOHOL, SOLID	6.1	-	III	-	5 kg	E1	P002 LP02	-	IBC08	B3

Ortsbewegliche Tanks und Schüttgut-Container			EmS	Stauung und Handhabung	Trennung	Eigenschaften und Bemerkung	UN-Nr.	
	Tank Anwei- sung(en)	Vor- schrif- ten						
(12)	(13)	(14)	(15)	(16a)	(16b)	(17)	(18)	
	4.2.5 4.3	4.2.5	5.4.3.2 7.8	7.1, 7.3 bis 7.7	7.2 bis 7.7			
-	T3	TP33	F-A, S-B	Staukategorie A	SGG2 SGG18 SG35	Stark löslich in Wasser. Reagiert heftig mit Säuren.	3423	→ *UN 1835*
-	T7	TP2	F-A, S-A	Staukategorie B	SGG2 SG15 SG16 SG30 SG63	Das handelsübliche Produkt ist eine 50 %ige Suspension in Wasser. Kann die Verbrennung unterstützen und ohne Sauerstoff brennen. Unter Feuereinwirkung bilden sich giftige Gase und Dämpfe. Bildet äußerst empfindliche Verbindungen mit Blei, Silber, anderen Schwermetallen und deren Verbindungen. Giftig beim Verschlucken, bei Berührung mit der Haut oder beim Einatmen.	3424	→ *UN 1843*
-	T7	TP2	F-A, S-A	Staukategorie A	SGG2 SG15 SG16 SG30 SG63	Siehe Eintrag oben.	3424	→ *UN 1843*
-	T3	TP33	F-A, S-B	Staukategorie A	SGG1 SG36 SG49	Farblose, zerfließliche Kristalle. Schmelzpunkt: 51 °C. Greift die meisten Metalle an. Gesundheitsschädlich beim Verschlucken. Verursacht Verätzungen der Augen und der Haut.	3425	→ *UN 1938*
-	T4	TP1	F-A, S-A	Staukategorie A SW1 H2	-	Giftig beim Verschlucken, bei Berührung mit der Haut oder beim Einatmen.	3426	
-	T1	TP33	F-A, S-A	Staukategorie A	-	Farbloser kristalliner fester Stoff. Schmelzpunkt: 29 °C. Nicht mischbar mit oder löslich in Wasser. Giftig beim Verschlucken, bei Berührung mit der Haut oder beim Einatmen.	3427	→ *UN 2235*
-	T3	TP33	F-A, S-A	Staukategorie B SW2	-	Farbloser fester Stoff mit stechendem Geruch. Schmelzpunkt: 23 °C. Nicht löslich in Wasser. Reagiert mit Wasser unter Bildung von Kohlendioxid. Giftig beim Verschlucken, bei Berührung mit der Haut oder beim Einatmen. Wirkt reizend auf Haut, Augen und Schleimhäute.	3428	→ *UN 2236*
-	T4	TP1	F-A, S-A	Staukategorie A	-	Braune Flüssigkeit. Giftig beim Verschlucken, bei Berührung mit der Haut oder beim Einatmen.	3429	→ *UN 2239*
-	T7	TP2	F-A, S-A	Staukategorie A	-	Die handelsüblichen Produkte sind Flüssigkeiten mit stechendem Teergeruch. Giftig beim Verschlucken, bei Berührung mit der Haut oder beim Einatmen.	3430	→ *UN 2261*
-	T3	TP33	F-A, S-A	Staukategorie A SW2	-	Feste Stoffe mit niedrigem Schmelzpunkt (31 °C bis 32 °C) mit aromatischem Geruch. Nicht löslich in Wasser. Giftig beim Verschlucken, bei Berührung mit der Haut oder beim Einatmen.	3431	→ *UN 2306*
-	T3	TP33	F-A, S-A	Staukategorie A	SG50	Fester Stoff mit wahrnehmbarem Geruch. Nicht löslich in Wasser. Gesundheitsschädlich beim Verschlucken oder bei Berührung mit der Haut. Auslaufen kann eine nachhaltige Gefahr für die Umwelt darstellen. Mit dieser Eintragung sind auch Stoffe wie Lumpen, Baumwollabfälle, Kleidung, Sägespäne erfasst, die polychlorierte Biphenyle enthalten und bei denen keine frei sichtbare Flüssigkeit vorhanden ist.	3432	→ *UN 2315*
-	T4	TP1	F-A, S-A	Staukategorie A	-	In geringem Maße mit Wasser mischbar. Giftig beim Verschlucken, bei Berührung mit der Haut oder beim Einatmen.	3434	→ *UN 2446*
-	T3	TP33	F-A, S-A	Staukategorie B SW2	-	Dieser Eintrag schließt das feste Hydrat und Hexafluoraceton ein. Schmelzpunkt des reinen Stoffs: 23 °C. Giftig beim Verschlucken, bei Berührung mit der Haut oder beim Einatmen.	3436	→ *UN 2552*
-	T3	TP33	F-A, S-A	Staukategorie A SW1 H2	-	Weiße oder pinkfarbene Kristalle mit phenolartigem Geruch. Schmelzpunkt: 45 °C bis 68 °C. In geringem Maße in Wasser löslich. Zersetzt sich bei Erwärmung unter Bildung äußerst giftiger Dämpfe (Phosgen). Giftig beim Verschlucken, bei Berührung mit der Haut oder beim Einatmen.	3437	→ *UN 2669*
-	T1	TP33	F-A, S-A	Staukategorie A	-	In geringem Maße in Wasser löslich. Schmelzpunkt: 21 °C (reiner Stoff). Giftig beim Verschlucken, bei Berührung mit der Haut oder beim Einatmen.	3438	→ *UN 2937*

UN-Nr.	Richtiger technischer Name	Klasse	Zusatz-gefahr	Verpa-ckungs-gruppe	Sonder-vor-schrif-ten	Begrenzte und freige-stellte Mengen		Verpackungen		IBC	
						Be-grenzte Men-gen	Freige-stellte Men-gen	Anwei-sung(en)	Sonder-vor-schriften	Anwei-sung(en)	Sonder-vor-schriften
(1)	(2) 3.1.2	(3) 2.0	(4) 2.0	(5) 2.0.1.3	(6) 3.3	(7a) 3.4	(7b) 3.5	(8) 4.1.4	(9) 4.1.4	(10) 4.1.4	(11) 4.1.4
3439	NITRILE, FEST, GIFTIG, N.A.G. NITRILES, SOLID, TOXIC, N.O.S.	6.1	-	I	274	0	E5	P002	-	IBC07	B1
3439	NITRILE, FEST, GIFTIG, N.A.G. NITRILES, SOLID, TOXIC, N.O.S.	6.1	-	II	274	500 g	E4	P002	-	IBC08	B4 B21
3439	NITRILE, FEST, GIFTIG, N.A.G. NITRILES, SOLID, TOXIC, N.O.S.	6.1	-	III	223 274	5 kg	E1	P002 LP02	-	IBC08	B3
3440	SELENVERBINDUNG, FLÜSSIG, N.A.G. SELENIUM COMPOUND, LIQUID, N.O.S.	6.1	-	I	274	0	E5	P001	-	-	-
3440	SELENVERBINDUNG, FLÜSSIG, N.A.G. SELENIUM COMPOUND, LIQUID, N.O.S.	6.1	-	II	274	100 ml	E4	P001	-	IBC02	-
3440	SELENVERBINDUNG, FLÜSSIG, N.A.G. SELENIUM COMPOUND, LIQUID, N.O.S.	6.1	-	III	223 274	5 L	E1	P001	-	IBC03	-
3441	CHLORDINITROBENZENE, FEST CHLORODINITROBENZENES, SOLID	6.1	- **P**	II	279	500 g	E4	P002	-	IBC08	B4 B21
3442	DICHLORANILINE, FEST DICHLOROANILINES, SOLID	6.1	- **P**	II	279	500 g	E4	P002	-	IBC08	B4 B21
3443	DINITROBENZENE, FEST DINITROBENZENES, SOLID	6.1	-	II	-	500 g	E4	P002	-	IBC08	B4 B21
3444	NICOTINHYDROCHLORID, FEST NICOTINE HYDROCHLORIDE, SOLID	6.1	-	II	43	500 g	E4	P002	-	IBC08	B4 B21
3445	NICOTINSULFAT, FEST NICOTINE SULPHATE, SOLID	6.1	-	II	-	500 g	E4	P002	-	IBC08	B4 B21
3446	NITROTOLUENE, FEST NITROTOLUENES, SOLID	6.1	-	II	-	500 g	E4	P002	-	IBC08	B4 B21
3447	NITROXYLENE, FEST NITROXYLENES, SOLID	6.1	-	II	-	500 g	E4	P002	-	IBC08	B4 B21
3448	STOFF ZUR HERSTELLUNG VON TRÄNENGASEN, FEST, N.A.G. TEAR GAS SUBSTANCE, SOLID, N.O.S.	6.1	-	I	274	0	E0	P002	PP31	-	-
3448	STOFF ZUR HERSTELLUNG VON TRÄNENGASEN, FEST, N.A.G. TEAR GAS SUBSTANCE, SOLID, N.O.S.	6.1	-	II	274	0	E0	P002	PP31	IBC08	B4 B21
3449	BROMBENZYLCYANIDE, FEST BROMOBENZYL CYANIDES, SOLID	6.1	-	I	138	0	E5	P002	PP31	-	-

Ortsbewegliche Tanks und Schüttgut-Container			EmS	Stauung und Handhabung	Trennung	Eigenschaften und Bemerkung	UN-Nr.	
	Tank Anweisung(en)	Vorschriften						
(12)	(13) 4.2.5 4.3	(14) 4.2.5	(15) 5.4.3.2 7.8	(16a) 7.1, 7.3 bis 7.7	(16b) 7.2 bis 7.7	(17)	(18)	
-	T6	TP33	F-A, S-A	Staukategorie B	SG35	Fester Stoff, entwickelt giftige Dämpfe. Reagiert mit Säuren oder sauren Dämpfen, entwickelt Blausäure, ein hochgiftiges und entzündbares Gas. Löslich in Wasser. Giftig beim Verschlucken, bei Berührung mit der Haut oder beim Einatmen.	3439	→ *UN 3276*
-	T3	TP33	F-A, S-A	Staukategorie B	SG35	Siehe Eintrag oben.	3439	→ *UN 3276*
-	T1	TP33	F-A, S-A	Staukategorie A	SG35	Siehe Eintrag oben.	3439	→ *UN 3276*
-	T14	TP2 TP27	F-A, S-A	Staukategorie B	-	Giftig beim Verschlucken, bei Berührung mit der Haut oder beim Einatmen.	3440	→ *UN 3283*
-	T11	TP2 TP27	F-A, S-A	Staukategorie B	-	Siehe Eintrag oben.	3440	→ *UN 3283*
-	T7	TP1 TP28	F-A, S-A	Staukategorie A	-	Siehe Eintrag oben.	3440	→ *UN 3283*
-	T3	TP33	F-A, S-A	Staukategorie A	SG15	Kristalle. Schmelzpunkt: 27 °C bis 53 °C. Können unter Feuereinwirkung explodieren. Giftig beim Verschlucken, bei Berührung mit der Haut oder beim Einatmen.	3441	→ *UN 1577*
-	T3	TP33	F-A, S-A	Staukategorie A SW2	-	Fester Stoff mit sehr unangenehmem Geruch. Flüssige Gemische verschiedener Isomere von Dichloranilinen, von denen einige in reiner Form fest sein können, mit einem Schmelzpunkt zwischen 24 °C und 72 °C. Giftig beim Verschlucken, bei Berührung mit der Haut oder beim Einatmen.	3442	→ *UN 1590*
-	T3	TP33	F-A, S-A	Staukategorie A	SG15	Können unter Feuereinwirkung explodieren. Giftig beim Verschlucken, bei Berührung mit der Haut oder beim Einatmen.	3443	→ *UN 1597*
-	T3	TP33	F-A, S-A	Staukategorie A	-	Zerfließliche Kristalle, feste Stoffe oder Pasten. Löslich in Wasser. Giftig beim Verschlucken, bei Berührung mit der Haut oder beim Einatmen.	3444	→ *UN 1656*
-	T3	TP33	F-A, S-A	Staukategorie A	-	Fester Stoff oder Paste. Löslich in Wasser. Giftig beim Verschlucken, bei Berührung mit der Haut oder beim Einatmen.	3445	→ *UN 1658*
-	T3	TP33	F-A, S-A	Staukategorie A	-	Gelbe feste Stoffe. Schmelzpunkt: para-NITROTOLUEN: 52 °C bis 54 °C. Giftig beim Verschlucken, bei Berührung mit der Haut oder beim Einatmen.	3446	→ *UN 1664*
-	T3	TP33	F-A, S-A	Staukategorie A	-	Gelbe feste Stoffe. Schmelzpunkte: 4-NITRO-2-XYLEN: 29 °C bis 31 °C, 5-NITRO-3-XYLEN: 72 °C bis 74 °C. Nicht löslich in Wasser. Giftig beim Verschlucken, bei Berührung mit der Haut oder beim Einatmen.	3447	→ *UN 1665*
-	T6	TP33	F-A, S-A	Staukategorie D SW2	-	Tränengas ist ein Sammelbegriff für Stoffe, die bereits in geringen in der Luft verteilten Mengen die Augen sehr stark reizen und starke Tränenbildung hervorrufen. Giftig beim Verschlucken, bei Berührung mit der Haut oder beim Einatmen.	3448	→ *UN 1693*
-	T3	TP33	F-A, S-A	Staukategorie D SW2	-	Siehe Eintrag oben.	3448	→ *UN 1693*
-	T6	TP33	F-A, S-A	Staukategorie D SW1 SW2 H2	SGG6 SG35	Flüchtige, gelbe Kristalle, entwickelt reizende Dämpfe („Tränengas"). Schmelzpunkt: meta-BROMBENZYLCYANID: 25 °C. Hochgiftig beim Verschlucken, bei Berührung mit der Haut oder beim Einatmen.	3449	→ *UN 1694*

3.2 Gefahrgutliste

UN-Nr.	Richtiger technischer Name	Klasse	Zusatzgefahr	Verpackungsgruppe	Sondervorschriften	Begrenzte und freigestellte Mengen		Verpackungen		IBC	
						Begrenzte Mengen	Freigestellte Mengen	Anweisung(en)	Sondervorschriften	Anweisung(en)	Sondervorschriften
(1)	(2)	(3)	(4)	(5)	(6)	(7a)	(7b)	(8)	(9)	(10)	(11)
	3.1.2	2.0	2.0	2.0.1.3	3.3	3.4	3.5	4.1.4	4.1.4	4.1.4	4.1.4
3450	DIPHENYLCHLORARSIN, FEST DIPHENYLCHLOROARSINE, SOLID	6.1	- **P**	I	-	0	E0	P002	PP31	IBC07	B1
3451	TOLUIDINE, FEST TOLUIDINES, SOLID	6.1	- **P**	II	279	500 g	E4	P002	-	IBC08	B4 B21
3452	XYLIDINE, FEST XYLIDINES, SOLID	6.1	-	II	-	500 g	E4	P002	-	IBC08	B4 B21
3453	PHOSPHORSÄURE, FEST PHOSPHORIC ACID, SOLID	8	-	III	-	5 kg	E1	P002 LP02	-	IBC08	B3
3454	DINITROTOLUENE, FEST DINITROTOLUENES, SOLID	6.1	- **P**	II	-	500 g	E4	P002	-	IBC08	B4 B21
3455	CRESOLE, FEST CRESOLS, SOLID	6.1	8	II	-	500 g	E4	P002	-	IBC08	B4 B21
3456	NITROSYLSCHWEFELSÄURE, FEST NITROSYLSULPHURIC ACID, SOLID	8	-	II	-	1 kg	E2	P002	-	IBC08	B4 B21
3457	CHLORNITROTOLUENE, FEST CHLORONITROTOLUENES, SOLID	6.1	- **P**	III	-	5 kg	E1	P002 LP02	-	IBC08	B3
3458	NITROANISOLE, FEST NITROANISOLES, SOLID	6.1	-	III	279	5 kg	E1	P002 LP02	-	IBC08	B3
3459	NITROBROMBENZENE, FEST NITROBROMOBENZENES, SOLID	6.1	-	III	-	5 kg	E1	P002 LP02	-	IBC08	B3
3460	N-ETHYL-N-BENZYLTOLUIDINE, FEST N-ETHYLBENZYLTOLUIDINES, SOLID	6.1	-	III	-	5 kg	E1	P002 LP02	-	IBC08	B3
3462	TOXINE, GEWONNEN AUS LEBENDEN ORGANISMEN, FEST, N.A.G. TOXINS, EXTRACTED FROM LIVING SOURCES, SOLID, N.O.S.	6.1	-	I	210 274	0	E5	P002	-	IBC07	B1
3462	TOXINE, GEWONNEN AUS LEBENDEN ORGANISMEN, FEST, N.A.G. TOXINS, EXTRACTED FROM LIVING SOURCES, SOLID, N.O.S.	6.1	-	II	210 274	500 g	E4	P002	-	IBC08	B4 B21
3462	TOXINE, GEWONNEN AUS LEBENDEN ORGANISMEN, FEST, N.A.G. TOXINS, EXTRACTED FROM LIVING SOURCES, SOLID, N.O.S.	6.1	-	III	210 223 274	5 kg	E1	P002	-	IBC08	B3
3463	PROPIONSÄURE mit mindestens 90 Masse-% Säure PROPIONIC ACID with not less than 90 % acid, by mass	8	3	II	-	1 L	E2	P001	-	IBC02	-

Ortsbewegliche Tanks und Schüttgut-Container	Tank Anweisung(en)	Vorschriften	EmS	Stauung und Handhabung	Trennung	Eigenschaften und Bemerkung	UN-Nr.	
(12)	(13) 4.2.5 4.3	(14) 4.2.5	(15) 5.4.3.2 7.8	(16a) 7.1, 7.3 bis 7.7	(16b) 7.2 bis 7.7	(17)	(18)	
-	T6	TP33	F-A, S-A	Staukategorie D SW2	-	In reiner Form, entwickeln flüchtige, farblose Kristalle reizende Dämpfe („Tränengas"). Schmelzpunkt: 41 °C. Hochgiftig beim Verschlucken, bei Berührung mit der Haut oder beim Einatmen.	3450	→ *UN 1699*
-	T3	TP33	F-A, S-A	Staukategorie A	-	para-TOLUIDIN ist ein fester Stoff in reiner Form, mit einem Schmelzpunkt von etwa 45 °C. Giftig beim Verschlucken, bei Berührung mit der Haut oder beim Einatmen.	3451	→ *UN 1708*
-	T3	TP33	F-A, S-A	Staukategorie A	-	3,4-Dimethylanilin ist ein fester Stoff mit einem Schmelzpunkt von 47 °C. Giftig beim Verschlucken, bei Berührung mit der Haut oder beim Einatmen.	3452	→ *UN 1711*
-	T1	TP33	F-A, S-B	Staukategorie A	SGG1 SG36 SG49	Sehr zerfließlicher, kristalliner fester Stoff. Schmelzpunkt: 42 °C. Löslich in Wasser. Greift die meisten Metalle schwach an.	3453	→ *UN 1805*
-	T3	TP33	F-A, S-A	Staukategorie A	-	Gelbe Kristalle oder Flocken, nicht löslich in Wasser. Giftig beim Verschlucken, bei Berührung mit der Haut oder beim Einatmen.	3454	→ *UN 2038*
-	T3	TP33	F-A, S-B	Staukategorie B	-	Leicht gelbe feste Stoffe. Löslich in Wasser. Schmelzpunkte der CRESOLE: ortho-CRESOL: 30 °C, para-CRESOL: 35 °C. Giftig beim Verschlucken, bei Berührung mit der Haut oder beim Einatmen. Verursachen Verätzungen der Haut, der Augen und der Schleimhäute.	3455	
-	T3	TP33	F-A, S-B	Staukategorie D SW2	SGG1 SG6 SG16 SG17 SG19 SG36 SG49	Kristalliner fester Stoff. Entzündend (oxidierend) wirkender Stoff, der mit organischen Stoffen (wie Holz, Stroh usw.) einen Brand verursachen kann. Entwickelt bei Feuereinwirkung giftige Gase. Greift in Gegenwart von Feuchtigkeit die meisten Metalle stark an. Verursacht Verätzungen der Haut, der Augen und der Schleimhäute.	3456	→ *UN 2038*
-	T1	TP33	F-A, S-A	Staukategorie A	SG6 SG8 SG10 SG12	Schmelzpunktbereich: 20 °C bis 40 °C. Nicht löslich in Wasser. Entzündend (oxidierend) wirkender Stoff, der in Berührung mit organischen Stoffen explodieren oder heftig brennen kann. Giftig beim Verschlucken, bei Berührung mit der Haut oder beim Einatmen.	3457	→ *UN 2433*
-	T1	TP33	F-A, S-A	Staukategorie A	-	Hellrote oder bernsteinfarbene Kristalle. Schmelzpunkte: 38 °C bis 54 °C. Nicht löslich in Wasser. Giftig beim Verschlucken, bei Berührung mit der Haut oder beim Einatmen.	3458	→ *UN 2730*
-	T1	TP33	F-A, S-A	Staukategorie A	-	Farblose bis blassgelbe Kristalle, die sich unter Beförderungsbedingungen verflüssigen können. Schmelzpunkte: 1-BROM-2-NITROBENZEN: 43 °C. 1-BROM-4-NITROBENZEN: 127 °C. Nicht löslich in Wasser. Giftig beim Verschlucken, bei Berührung mit der Haut oder beim Einatmen.	3459	→ *UN 2732*
-	T1	TP33	F-A, S-A	Staukategorie A	-	Fester Stoff, der sich unter Beförderungsbedingungen verflüssigen kann. Starker Geruch. Nicht löslich in Wasser. Giftig beim Verschlucken, bei Berührung mit der Haut oder beim Einatmen.	3460	→ *UN 2753*
-	T6	TP33	F-A, S-A	Staukategorie B	-	Toxine von pflanzlichen, tierischen oder bakteriellen Quellen, die infektiöse Stoffe enthalten oder Toxine, die in infektiösen Stoffen enthalten sind, sind in die Klasse 6.2 einzustufen. Giftig beim Verschlucken, bei Berührung mit der Haut oder beim Einatmen.	3462	→ *UN 3172*
-	T3	TP33	F-A, S-A	Staukategorie B	-	Siehe Eintrag oben.	3462	→ *UN 3172*
-	T1	TP33	F-A, S-A	Staukategorie A	-	Siehe Eintrag oben.	3462	→ *UN 3172*
-	T7	TP2	F-E, S-C	Staukategorie A	SGG1 SG36 SG49	Farbloser entzündbarer flüssiger Stoff mit einem stechenden Geruch. Mit Wasser mischbar. Wirkt auf Blei und die meisten anderen Metalle ätzend. Verursacht Verätzungen der Haut. Dämpfe reizen die Schleimhäute. Reine PROPIONSÄURE: Flammpunkt 50 °C c.c.	3463	→ *UN 1848*

UN-Nr.	Richtiger technischer Name	Klasse	Zusatz-gefahr	Verpa-ckungs-gruppe	Sonder-vor-schrif-ten	Begrenzte und freige-stellte Mengen		Verpackungen		IBC	
						Be-grenzte Men-gen	Freige-stellte Men-gen	Anwei-sung(en)	Sonder-vor-schriften	Anwei-sung(en)	Sonder-vor-schriften
(1)	(2)	(3)	(4)	(5)	(6)	(7a)	(7b)	(8)	(9)	(10)	(11)
	3.1.2	2.0	2.0	2.0.1.3	3.3	3.4	3.5	4.1.4	4.1.4	4.1.4	4.1.4
3464	ORGANISCHE PHOSPHORVERBINDUNG, FEST, GIFTIG, N.A.G. ORGANOPHOSPHORUS COMPOUND, SOLID, TOXIC, N.O.S.	6.1	-	I	43 274	0	E5	P002	-	IBC07	B1
3464	ORGANISCHE PHOSPHORVERBINDUNG, FEST, GIFTIG, N.A.G. ORGANOPHOSPHORUS COMPOUND, SOLID, TOXIC, N.O.S.	6.1	-	II	43 274	500 g	E4	P002	-	IBC08	B4 B21
3464	ORGANISCHE PHOSPHORVERBINDUNG, FEST, GIFTIG, N.A.G. ORGANOPHOSPHORUS COMPOUND, SOLID, TOXIC, N.O.S.	6.1	-	III	43 223 274	5 kg	E1	P002 LP02	-	IBC08	B3
3465	ORGANISCHE ARSENVERBINDUNG, FEST, N.A.G. ORGANOARSENIC COMPOUND, SOLID, N.O.S.	6.1	-	I	274	0	E5	P002	-	IBC07	B1
3465	ORGANISCHE ARSENVERBINDUNG, FEST, N.A.G. ORGANOARSENIC COMPOUND, SOLID, N.O.S.	6.1	-	II	274	500 g	E4	P002	-	IBC08	B4 B21
3465	ORGANISCHE ARSENVERBINDUNG, FEST, N.A.G. ORGANOARSENIC COMPOUND, SOLID, N.O.S.	6.1	-	III	223 274	5 kg	E1	P002 LP02	-	IBC08	B3
3466	METALLCARBONYLE, FEST, N.A.G. METAL CARBONYLS, SOLID, N.O.S.	6.1	-	I	274	0	E5	P002	-	IBC07	B1
3466	METALLCARBONYLE, FEST, N.A.G. METAL CARBONYLS, SOLID, N.O.S.	6.1	-	II	274	500 g	E4	P002	-	IBC08	B4 B21
3466	METALLCARBONYLE, FEST, N.A.G. METAL CARBONYLS, SOLID, N.O.S.	6.1	-	III	223 274	5 kg	E1	P002 LP02	-	IBC08	B3
3467	METALLORGANISCHE VERBINDUNG, FEST, GIFTIG, N.A.G. ORGANOMETALLIC COMPOUND, SOLID, TOXIC, N.O.S.	6.1	-	I	274	0	E5	P002	-	IBC07	B1
3467	METALLORGANISCHE VERBINDUNG, FEST, GIFTIG, N.A.G. ORGANOMETALLIC COMPOUND, SOLID, TOXIC, N.O.S.	6.1	-	II	274	500 g	E4	P002	-	IBC08	B4 B21
3467	METALLORGANISCHE VERBINDUNG, FEST, GIFTIG, N.A.G. ORGANOMETALLIC COMPOUND, SOLID, TOXIC, N.O.S.	6.1	-	III	223 274	5 kg	E1	P002 LP02	-	IBC08	B3
3468	WASSERSTOFF IN EINEM METALLHYDRID-SPEICHERSYSTEM oder WASSERSTOFF IN EINEM METALLHYDRID-SPEICHERSYSTEM IN AUSRÜSTUNGEN oder WASSERSTOFF IN EINEM METALLHYDRID-SPEICHERSYSTEM, MIT AUSRÜSTUNGEN VERPACKT HYDROGEN IN A METAL HYDRIDE STORAGE SYSTEM or HYDROGEN IN A METAL HYDRIDE STORAGE SYSTEM CONTAINED IN EQUIPMENT or HYDROGEN IN A METAL HYDRIDE STORAGE SYSTEM PACKED WITH EQUIPMENT	2.1	-	-	321 356	0	E0	P205	-	-	-

Ortsbewegliche Tanks und Schüttgut-Container			EmS	Stauung und Handhabung	Trennung	Eigenschaften und Bemerkung	UN-Nr.	
	Tank Anwei-sung(en)	Vor-schrif-ten						
(12)	(13) 4.2.5 4.3	(14) 4.2.5	(15) 5.4.3.2 7.8	(16a) 7.1, 7.3 bis 7.7	(16b) 7.2 bis 7.7	(17)	(18)	
-	T6	TP33	F-A, S-A	Staukategorie B	-	Giftig beim Verschlucken, bei Berührung mit der Haut oder beim Einatmen.	3464	→ *UN 3278*
-	T3	TP33	F-A, S-A	Staukategorie B	-	Siehe Eintrag oben.	3464	→ *UN 3278*
-	T1	TP33	F-A, S-A	Staukategorie A	-	Siehe Eintrag oben.	3464	→ *UN 3278*
-	T6	TP33	F-A, S-A	Staukategorie B	-	Giftig beim Verschlucken, bei Berührung mit der Haut oder beim Einatmen.	3465	→ *UN 3280*
-	T3	TP33	F-A, S-A	Staukategorie B	-	Siehe Eintrag oben.	3465	→ *UN 3280*
-	T1	TP33	F-A, S-A	Staukategorie A	-	Siehe Eintrag oben.	3465	→ *UN 3280*
-	T6	TP33	F-A, S-A	Staukategorie D SW2	-	Nicht löslich in Wasser. Giftig beim Verschlucken, bei Berührung mit der Haut oder beim Einatmen von Staub.	3466	→ *UN 3281*
-	T3	TP33	F-A, S-A	Staukategorie D SW2	-	Siehe Eintrag oben.	3466	→ *UN 3281*
-	T1	TP33	F-A, S-A	Staukategorie D SW2	-	Siehe Eintrag oben.	3466	→ *UN 3281*
-	T6	TP33	F-A, S-A	Staukategorie B	-	Giftig beim Verschlucken, bei Berührung mit der Haut oder beim Einatmen.	3467	→ *UN 3282*
-	T3	TP33	F-A, S-A	Staukategorie B	-	Siehe Eintrag oben.	3467	→ *UN 3282*
-	T1	TP33	F-A, S-A	Staukategorie A	-	Siehe Eintrag oben.	3467	→ *UN 3282*
-	-	-	F-D, S-U	Staukategorie D	-	Gegenstand enthält flammbares geruchloses Gas, das viel leichter als Luft ist.	3468	

UN-Nr.	Richtiger technischer Name	Klasse	Zusatz-gefahr	Verpa-ckungs-gruppe	Sonder-vor-schrif-ten	Begrenzte und freige-stellte Mengen		Verpackungen		IBC	
						Be-grenzte Men-gen	Freige-stellte Men-gen	Anwei-sung(en)	Sonder-vor-schriften	Anwei-sung(en)	Sonder-vor-schriften
(1)	(2) 3.1.2	(3) 2.0	(4) 2.0	(5) 2.0.1.3	(6) 3.3	(7a) 3.4	(7b) 3.5	(8) 4.1.4	(9) 4.1.4	(10) 4.1.4	(11) 4.1.4
3469	FARBE, ENTZÜNDBAR, ÄTZEND (einschließlich Farbe, Lack, Emaille, Beize, Schellack, Firnis, Politur, flüssiger Füllstoff und flüssige Lackgrundlage) oder FARBZUBEHÖRSTOFFE, ENTZÜNDBAR, ÄTZEND (einschließlich Farbverdünnung und -lösemittel) PAINT, FLAMMABLE, CORROSIVE (including paint, lacquer, enamel, stain, shellac, varnish, polish, liquid filler and liquid lacquer base) or PAINT RELATED MATERIAL, FLAMMABLE, CORROSIVE (including paint thinning or reducing compound)	3	8	I	163 367	0	E0	P001	-	-	-
3469	FARBE, ENTZÜNDBAR, ÄTZEND (einschließlich Farbe, Lack, Emaille, Beize, Schellack, Firnis, Politur, flüssiger Füllstoff und flüssige Lackgrundlage) oder FARBZUBEHÖRSTOFFE, ENTZÜNDBAR, ÄTZEND (einschließlich Farbverdünnung und -lösemittel) PAINT, FLAMMABLE, CORROSIVE (including paint, lacquer, enamel, stain, shellac, varnish, polish, liquid filler and liquid lacquer base) or PAINT RELATED MATERIAL, FLAMMABLE, CORROSIVE (including paint thinning or reducing oompound)	3	8	II	163 367	1 L	E2	P001	-	IBC02	-
3469	FARBE, ENTZÜNDBAR, ÄTZEND (einschließlich Farbe, Lack, Emaille, Beize, Schellack, Firnis, Politur, flüssiger Füllstoff und flüssige Lackgrundlage) oder FARBZUBEHÖRSTOFFE, ENTZÜNDBAR, ÄTZEND (einschließlich Farbverdünnung und -lösemittel) PAINT, FLAMMABLE, CORROSIVE (including paint, lacquer, enamel, stain, shellac, varnish, polish, liquid filler and liquid lacquer base) or PAINT RELATED MATERIAL, FLAMMABLE, CORROSIVE (including paint thinning or reducing compound)	3	8	III	163 223 367	5 L	E1	P001	-	IBC03	-
3470	FARBE, ÄTZEND, ENTZÜNDBAR (einschließlich Farbe, Lack, Emaille, Beize, Schellack, Firnis, Politur, flüssiger Füllstoff und flüssige Lackgrundlage) oder FARBZUBEHÖRSTOFFE, ÄTZEND, ENTZÜNDBAR (einschließlich Farbverdünnung und -lösemittel) PAINT, CORROSIVE, FLAMMABLE (including paint, lacquer, enamel, stain, shellac, varnish, polish, liquid filler and liquid lacquer base) or PAINT RELATED MATERIAL CORROSIVE, FLAMMABLE (including paint thinning or reducing compound)	8	3	II	163 367	1 L	E2	P001	-	IBC02	-
3471	HYDROGENDIFLUORIDE, LÖSUNG, N.A.G. HYDROGENDIFLUORIDES SOLUTION, N.O.S.	8	6.1	II	-	1 L	E2	P001	-	IBC02	-
3471	HYDROGENDIFLUORIDE, LÖSUNG, N.A.G. HYDROGENDIFLUORIDES SOLUTION, N.O.S.	8	6.1	III	223	5 L	E1	P001	-	IBC03	-

Ortsbewegliche Tanks und Schüttgut-Container			EmS	Stauung und Handhabung	Trennung	Eigenschaften und Bemerkung	UN-Nr.	
	Tank Anwei-sung(en)	Vor-schrif-ten						
(12)	(13)	(14)	(15)	(16a)	(16b)	(17)	(18)	
	4.2.5 4.3	4.2.5	5.4.3.2 7.8	7.1, 7.3 bis 7.7	7.2 bis 7.7			
-	T11	TP2 TP27	F-E, S-C	Staukategorie E SW2	-	Die Mischbarkeit mit Wasser hängt von der Zusammensetzung ab. Ätzende Bestandteile verursachen Verätzungen der Haut, der Augen und der Schleimhäute.	3469	→ *UN 2924*
-	T7	TP2 TP8 TP28	F-E, S-C	Staukategorie B SW2	-	Siehe Eintrag oben.	3469	→ *UN 2924*
-	T4	TP1 TP29	F-E, S-C	Staukategorie A SW2	-	Siehe Eintrag oben.	3469	→ *UN 2924*
-	T7	TP2 TP8 TP28	F-E, S-C	Staukategorie B SW2	-	Die Mischbarkeit mit Wasser hängt von der Zusammensetzung ab. Ätzende Bestandteile verursachen Verätzungen der Haut, der Augen und der Schleimhäute.	3470	→ *UN 2920*
-	T7	TP2	F-A, S-B	Staukategorie A SW1 SW2	SG35	Unter Feuereinwirkung oder bei Kontakt mit Säuren bildet sich Fluorwasserstoff, ein extrem reizerzeugendes und ätzendes Gas. Wirkt auf Glas, sonstige kieselsäurehaltige Stoffe und die meisten Metalle ätzend. Giftig beim Verschlucken, bei Hautkontakt oder beim Einatmen. Verursacht Verätzungen der Haut, der Augen und der Schleimhäute.	3471	→ *UN 1740*
-	T4	TP1	F-A, S-B	Staukategorie A SW1 SW2	SG35	Siehe Eintrag oben.	3471	→ *UN 1740*

UN-Nr.	Richtiger technischer Name	Klasse	Zusatzgefahr	Verpackungsgruppe	Sondervorschriften	Begrenzte und freigestellte Mengen		Verpackungen		IBC	
						Begrenzte Mengen	Freigestellte Mengen	Anweisung(en)	Sondervorschriften	Anweisung(en)	Sondervorschriften
(1)	(2) 3.1.2	(3) 2.0	(4) 2.0	(5) 2.0.1.3	(6) 3.3	(7a) 3.4	(7b) 3.5	(8) 4.1.4	(9) 4.1.4	(10) 4.1.4	(11) 4.1.4
3472	CROTONSÄURE, FLÜSSIG CROTONIC ACID, LIQUID	8	-	III	-	5 L	E1	P001 LP01	-	IBC03	-
3473	BRENNSTOFFZELLEN-KARTUSCHEN oder BRENNSTOFFZELLEN-KARTUSCHEN IN AUSRÜSTUNGEN oder BRENNSTOFFZELLEN-KARTUSCHEN, MIT AUSRÜSTUNGEN VERPACKT, mit entzündbaren flüssigen Stoffen FUEL CELL CARTRIDGES or FUEL CELL CARTRIDGES CONTAINED IN EQUIPMENT or FUEL CELL CARTRIDGES PACKED WITH EQUIPMENT, containing flammable liquids	3	-	-	328	1 L	E0	P004	-	-	-
3474	1-HYDROXYBENZOTRIAZOL-MONOHYDRAT 1-HYDROXYBENZOTRIAZOLE MONOHYDRATE	4.1	-	I	-	0	E0	P406	PP48	-	-
3475	ETHANOL UND BENZIN, GEMISCH oder ETHANOL UND OTTOKRAFTSTOFF, GEMISCH mit mehr als 10 % Ethanol ETHANOL AND GASOLINE MIXTURE or ETHANOL AND MOTOR SPIRIT MIXTURE or ETHANOL AND PETROL MIXTURE, with more than 10 % ethanol	3	-	II	333	1 L	E2	P001	-	IBC02	-
3476	BRENNSTOFFZELLEN-KARTUSCHEN oder BRENNSTOFFZELLEN-KARTUSCHEN IN AUSRÜSTUNGEN oder BRENNSTOFFZELLEN-KARTUSCHEN, MIT AUSRÜSTUNGEN VERPACKT, mit Wasser reagierende Stoffe enthaltend FUEL CELL CARTRIDGES or FUEL CELL CARTRIDGES CONTAINED IN EQUIPMENT or FUEL CELL CARTRIDGES PACKED WITH EQUIPMENT, containing water-reactive substances	4.3	-	-	328 334	500 ml oder 500 g	E0	P004	-	-	-
3477	BRENNSTOFFZELLEN-KARTUSCHEN oder BRENNSTOFFZELLEN-KARTUSCHEN IN AUSRÜSTUNGEN oder BRENNSTOFFZELLEN-KARTUSCHEN, MIT AUSRÜSTUNGEN VERPACKT, ätzende Stoffe enthaltend FUEL CELL CARTRIDGES or FUEL CELL CARTRIDGES CONTAINED IN EQUIPMENT or FUEL CELL CARTRIDGES PACKED WITH EQUIPMENT, containing corrosive substances	8	-	-	328 334	1 L oder 1 kg	E0	P004	-	-	-
3478	BRENNSTOFFZELLEN-KARTUSCHEN oder BRENNSTOFFZELLEN-KARTUSCHEN IN AUSRÜSTUNGEN oder BRENNSTOFFZELLEN-KARTUSCHEN, MIT AUSRÜSTUNGEN VERPACKT, verflüssigtes entzündbares Gas enthaltend FUEL CELL CARTRIDGES or FUEL CELL CARTRIDGES CONTAINED IN EQUIPMENT or FUEL CELL CARTRIDGES PACKED WITH EQUIPMENT, containing liquefied flammable gas	2.1	-	-	328 338	120 mL	E0	P004	-	-	-

Ortsbewegliche Tanks und Schüttgut-Container			EmS	Stauung und Handhabung	Trennung	Eigenschaften und Bemerkung	UN-Nr.	
	Tank Anwei-sung(en)	Vor-schrif-ten						
(12)	(13)	(14)	(15)	(16a)	(16b)	(17)	(18)	
	4.2.5 4.3	4.2.5	5.4.3.2 7.8	7.1, 7.3 bis 7.7	7.2 bis 7.7			
-	T4	TP1	F-A, S-B	Staukategorie A SW1 H2	SGG1 SG36 SG49	Verursacht Verätzungen der Haut, der Augen und der Schleimhäute.	3472	→ *UN 2823*
-	-	-	F-E, S-D	Staukategorie A	-	Brennstoffzellen-Kartuschen, die entzündbare flüssige Stoffe, einschließlich Methanol oder Methanol/Wasser-Lösungen, enthalten. Brennstoffzellen-Kartuschen dürfen auch in Ausrüstungen oder verpackt mit Ausrüstungen versendet werden.	3473	
-	-	-	F-B, S-J	Staukategorie D	SG7 SG30	Desensibilisierter explosiver Stoff. Weißes bis hellbeiges Pulver. In trockenem Zustand explosiv und empfindlich gegen Reibung. Entwickelt unter Feuereinwirkung giftige Dämpfe; in geschlossenen Räumen können diese Dämpfe mit der Luft explosionsfähige Gemische bilden. Kann mit Schwermetallen oder deren Salzen äußerst empfindliche Verbindungen bilden.	3474	
-	T4	TP1	F-E, S-E	Staukategorie E	-	Farblose, flüchtige Flüssigkeiten. Mischbarkeit mit Wasser hängt von der Zusammensetzung ab.	3475	
-	-	-	F-G, S-P	Staukategorie A H1	SG26	Brennstoffzellen-Kartuschen, die mit Wasser reagierende Stoffe enthalten, dürfen auch in Ausrüstungen oder verpackt mit Ausrüstungen versendet werden.	3476	
-	-	-	F-A, S-B	Staukategorie A	-	Brennstoffzellen-Kartuschen, die ätzende Stoffe enthalten, dürfen auch in Ausrüstungen oder verpackt mit Ausrüstungen versendet werden.	3477	
-	-	-	F-D, S-U	Staukategorie B	-	Brennstoffzellen-Kartuschen, die Butan oder ein anderes verflüssigtes entzündbares Gas enthalten, dürfen auch in Ausrüstungen oder mit Ausrüstungen verpackt versendet werden.	3478	

3.2 Gefahrgutliste

UN-Nr.	Richtiger technischer Name	Klasse	Zusatzgefahr	Verpackungsgruppe	Sondervorschriften	Begrenzte und freigestellte Mengen		Verpackungen		IBC	
						Begrenzte Mengen	Freigestellte Mengen	Anweisung(en)	Sondervorschriften	Anweisung(en)	Sondervorschriften
(1)	(2) 3.1.2	(3) 2.0	(4) 2.0	(5) 2.0.1.3	(6) 3.3	(7a) 3.4	(7b) 3.5	(8) 4.1.4	(9) 4.1.4	(10) 4.1.4	(11) 4.1.4
3479	BRENNSTOFFZELLEN-KARTUSCHEN oder BRENNSTOFFZELLEN-KARTUSCHEN IN AUSRÜSTUNGEN oder BRENNSTOFFZELLEN-KARTUSCHEN, MIT AUSRÜSTUNGEN VERPACKT, Wasserstoff in Metallhydrid enthaltend FUEL CELL CARTRIDGES or FUEL CELL CARTRIDGES CONTAINED IN EQUIPMENT or FUEL CELL CARTRIDGES PACKED WITH EQUIPMENT, containing hydrogen in metal hydride	2.1	-	-	328 339	120 mL	E0	P004	-	-	-
3480	LITHIUM-IONEN-BATTERIEN (einschließlich Lithium-Ionen-Polymer-Batterien) LITHIUM ION BATTERIES (including lithium ion polymer batteries)	9	-	-	188 230 310 348 376 377 384 387	0	E0	P903 P908 P909 P910 P911 LP903 LP904 LP905 LP906	-	-	-
3481	LITHIUM-IONEN-BATTERIEN IN AUSRÜSTUNGEN oder LITHIUM-IONEN-BATTERIEN, MIT AUSRÜSTUNGEN VERPACKT (einschließlich Lithium-Ionen-Polymer-Batterien) LITHIUM ION BATTERIES CONTAINED IN EQUIPMENT or LITHIUM ION BATTERIES PACKED WITH EQUIPMENT (including lithium ion polymer batteries)	9	-	-	188 230 310 348 360 376 377 384 387	0	E0	P903 P908 P909 P910 P911 LP903 LP904 LP905 LP906	-	-	-
3482	ALKALIMETALLDISPERSION, ENTZÜNDBAR oder ERDALKALIMETALLDISPERSION, ENTZÜNDBAR ALKALI METAL DISPERSION, FLAMMABLE or ALKALINE EARTH METAL DISPERSION, FLAMMABLE	4.3	3	I	182 183	0	E0	P402	PP31	-	-
3483	ANTIKLOPFMISCHUNG FÜR MOTORKRAFTSTOFF, ENTZÜNDBAR MOTOR FUEL ANTI-KNOCK MIXTURE, FLAMMABLE	6.1	3 **P**	I	-	0	E0	P602	-	-	-
3484	HYDRAZIN, WÄSSERIGE LÖSUNG, ENTZÜNDBAR mit mehr als 37 Masse-% Hydrazin HYDRAZINE AQUEOUS SOLUTION, FLAMMABLE with more than 37 % hydrazine, by mass	8	3 6.1	I	-	0	E0	P001	-	-	-
3485	CALCIUMHYPOCHLORIT, TROCKEN, ÄTZEND oder CALCIUMHYPOCHLORIT, MISCHUNG, TROCKEN, ÄTZEND mit mehr als 39 % aktivem Chlor (8,8 % aktivem Sauerstoff) CALCIUM HYPOCHLORITE, DRY, CORROSIVE or CALCIUM HYPOCHLORITE MIXTURE, DRY, CORROSIVE with more than 39 % available chlorine (8,8 % available oxygen)	5.1	8 **P**	II	314	1 kg	E2	P002	PP85	-	-

Ortsbewegliche Tanks und Schüttgut-Container			EmS	Stauung und Handhabung	Trennung	Eigenschaften und Bemerkung	UN-Nr.
	Tank Anweisung(en)	Vorschriften					
(12)	(13) 4.2.5 4.3	(14) 4.2.5	(15) 5.4.3.2 7.8	(16a) 7.1, 7.3 bis 7.7	(16b) 7.2 bis 7.7	(17)	(18)
-	-	-	F-D, S-U	Staukategorie B	-	Brennstoffzellen-Kartuschen, die Wasserstoff, Butan oder ein anderes entzündbares geruchloses Gas enthalten, das wesentlich leichter als Luft ist, dürfen auch in Ausrüstungen oder verpackt mit Ausrüstungen versendet werden.	3479
-	-	-	F-A, S-I	Staukategorie A SW19	-	Elektrische Batterien, die Lithium-Ionen enthalten und in einem starren Metallkörper eingeschlossen sind. Lithium-Ionen-Batterien dürfen auch in Ausrüstungen oder verpackt mit Ausrüstungen versendet werden. Elektrische Lithiumbatterien können durch einen explosionsartigen Bruch einen Brand verursachen, hervorgerufen durch eine unsachgemäße Konstruktion oder Reaktionen mit Verunreinigungen.	3480
-	-	-	F-A, S-I	Staukategorie A SW19	-	Elektrische Batterien, die Lithium-Ionen enthalten und in einem starren Metallkörper eingeschlossen sind. Lithium-Ionen-Batterien dürfen auch in Ausrüstungen oder verpackt mit Ausrüstungen versendet werden. Elektrische Lithiumbatterien können durch einen explosionsartigen Bruch einen Brand verursachen, hervorgerufen durch eine unsachgemäße Konstruktion oder Reaktionen mit Verunreinigungen.	3481
-	-	-	F-G, S-N	Staukategorie D H1	SG26 SG35	Feinteilige Alkali- oder Erdalkalimetalle suspendiert in einer entzündbaren Flüssigkeit. Reagiert heftig mit Feuchtigkeit, Wasser oder Säuren unter Bildung von Wasserstoff, der sich durch die Wärme der Reaktion entzünden kann.	3482
-	T14	TP2 TP13	F-E, S-D	Staukategorie D SW1 SW2	SGG7 SGG9	Flüchtige entzündbare Flüssigkeiten, die giftige Dämpfe entwickeln. Mischung aus Tetraethylblei oder Tetramethylblei mit Ethylendibromid und Ethylendichlorid. Unlöslich in Wasser. Hochgiftig beim Verschlucken, bei Berührung mit der Haut oder beim Einatmen.	3483
-	T10	TP2 TP13	F-E, S-C	Staukategorie D SW2	SGG18 SG5 SG8 SG35	Farblose entzündbare Flüssigkeit. Starkes Reduktionsmittel, brennt leicht. Giftig beim Verschlucken, bei Berührung mit der Haut oder beim Einatmen. Verursacht Verätzungen der Haut, der Augen und der Schleimhäute. Reagiert heftig mit Säuren.	3484
-	-	-	F-H, S-Q	Staukategorie D SW1 SW11	SGG8 SG35 SG38 SG49 SG53 SG60	Weißer oder gelblicher ätzender fester Stoff (Pulver, Granulat oder Tabletten) mit chlorartigem Geruch. Löslich in Wasser. Kann in Berührung mit organischen Stoffen oder Ammoniumverbindungen einen Brand verursachen. Stoffe neigen bei erhöhten Temperaturen zur exothermen Zersetzung. Dieser Zustand kann zu einem Brand oder zu einer Explosion führen. Die Zersetzung kann durch Wärme oder durch Unreinheiten (z. B. pulverförmige Metalle (Eisen, Mangan, Kobalt, Magnesium) und deren Verbindungen) ausgelöst werden. Neigt zur langsamen Erhitzung. Reagiert mit Säuren unter Bildung von Chlor, einem reizenden, ätzenden und giftigen Gas. Greift bei Feuchtigkeit die meisten Metalle an. Verursacht Verätzungen der Haut, der Augen und der Schleimhäute.	3485

UN-Nr.	Richtiger technischer Name	Klasse	Zusatz-gefahr	Verpa-ckungs-gruppe	Sonder-vor-schrif-ten	Begrenzte und freige-stellte Mengen		Verpackungen		IBC	
						Be-grenzte Men-gen	Freige-stellte Men-gen	Anwei-sung(en)	Sonder-vor-schriften	Anwei-sung(en)	Sonder-vor-schriften
(1)	(2) 3.1.2	(3) 2.0	(4) 2.0	(5) 2.0.1.3	(6) 3.3	(7a) 3.4	(7b) 3.5	(8) 4.1.4	(9) 4.1.4	(10) 4.1.4	(11) 4.1.4
3486	CALCIUMHYPOCHLORIT, MISCHUNG, TROCKEN, ÄTZEND mit mehr als 10 %, aber höchstens 39 % aktivem Chlor CALCIUM HYPOCHLORITE MIXTURE, DRY, CORROSIVE with more than 10 % but not more than 39 % available chlorine	5.1	8 **P**	III	314	5 kg	E1	P002	PP85	-	-
3487	CALCIUMHYPOCHLORIT, HYDRATISIERT, ÄTZEND oder CALCIUMHYPOCHLORIT, HYDRATISIERTE MISCHUNG, ÄTZEND mit mindestens 5,5 %, aber höchstens 16 % Wasser CALCIUM HYPOCHLORITE, HYDRATED, CORROSIVE or CALCIUM HYPOCHLORITE, HYDRATED MIXTURE, CORROSIVE with not less than 5,5 % but not more than 16 % water	5.1	8 **P**	II	314 322	1 kg	E2	P002	PP85	-	-
3487	CALCIUMHYPOCHLORIT, HYDRATISIERT, ÄTZEND oder CALCIUMHYPOCHLORIT, HYDRATISIERTE MISCHUNG, ÄTZEND mit mindestens 5,5 %, aber höchstens 16 % Wasser CALCIUM HYPOCHLORITE, HYDRATED, CORROSIVE or CALCIUM HYPOCHLORITE, HYDRATED MIXTURE, CORROSIVE with not less than 5,5 % but not more than 16 % water	5.1	8 **P**	III	223 314	5 kg	E1	P002	PP85	-	-
3488	BEIM EINATMEN GIFTIGER FLÜSSIGER STOFF, ENTZÜNDBAR, ÄTZEND, N.A.G. mit einem LC_{50}-Wert von höchstens 200 ml/m^3 und einer gesättigten Dampfkonzentration von mindestens 500 LC_{50} TOXIC BY INHALATION LIQUID, FLAMMABLE, CORROSIVE, N.O.S. with an LC_{50} lower than or equal to 200 ml/m^3 and saturated vapour concentration greater than or equal to 500 LC_{50}	6.1	3 8	I	274	0	E0	P601	-	-	-
3489	BEIM EINATMEN GIFTIGER FLÜSSIGER STOFF, ENTZÜNDAR, ÄTZEND, N.A.G. mit einem LC_{50}-Wert von höchstens 1 000 ml/m^3 und einer gesättigten Dampfkonzentration von mindestens 10 LC_{50} TOXIC BY INHALATION LIQUID, FLAMMABLE, CORROSIVE, N.O.S. with an LC_{50} lower than or equal to 1 000 ml/m^3 and saturated vapour concentration greater than or equal to 10 LC_{50}	6.1	3 8	I	274	0	E0	P602	-	-	-

Ortsbewegliche Tanks und Schüttgut-Container			EmS	Stauung und Handhabung	Trennung	Eigenschaften und Bemerkung	UN-Nr.
	Tank Anweisung(en)	Vorschriften					
(12)	(13)	(14)	(15)	(16a)	(16b)	(17)	(18)
	4.2.5 4.3	4.2.5	5.4.3.2 7.8	7.1, 7.3 bis 7.7	7.2 bis 7.7		
-	-	-	F-H, S-Q	Staukategorie D SW1 SW11	SGG8 SG35 SG38 SG49 SG53 SG60	Weißer oder gelblicher fester Stoff (Pulver, Granulat oder Tabletten) mit chlorartigem Geruch. Löslich in Wasser. Kann in Berührung mit organischen Stoffen oder Ammoniumverbindungen einen Brand verursachen. Stoffe neigen bei erhöhten Temperaturen zur exothermen Zersetzung, was zu einem Brand oder zu einer Explosion führen kann. Die Zersetzung kann durch Wärme oder durch Unreinheiten, durch z. B. pulverförmige Metalle (Eisen, Mangan, Kobalt, Magnesium) und deren Verbindungen, ausgelöst werden. Neigt zur langsamen Erhitzung. Reagiert mit Säuren unter Bildung von Chlor, einem reizenden, ätzenden und giftigen Gas. Greift bei Feuchtigkeit die meisten Metalle an. Verursacht Verätzungen der Haut, der Augen und der Schleimhäute.	3486
-	-	-	F-H, S-Q	Staukategorie D SW1 SW11	SGG8 SG35 SG38 SG49 SG53 SG60	Weißer oder gelblicher fester Stoff (Pulver, Granulat oder Tabletten) mit chlorartigem Geruch. Löslich in Wasser. Kann in Berührung mit organischen Stoffen oder Ammoniumverbindungen einen Brand verursachen. Stoffe neigen bei erhöhten Temperaturen zur exothermen Zersetzung, was zu einem Brand oder zu einer Explosion führen kann. Die Zersetzung kann durch Wärme oder durch Unreinheiten, durch z. B. pulverförmige Metalle (Eisen, Mangan, Kobalt, Magnesium) und deren Verbindungen, ausgelöst werden. Neigt zur langsamen Erhitzung. Reagiert mit Säuren unter Bildung von Chlor, einem reizenden, ätzenden und giftigen Gas. Greift bei Feuchtigkeit die meisten Metalle an. Verursacht Verätzungen der Haut, der Augen und der Schleimhäute.	3487
-	-	-	F-H, S-Q	Staukategorie D SW1 SW11	SGG8 SG35 SG38 SG49 SG53 SG60	Siehe Eintrag oben.	3487
-	T22	TP2 TP13	F-E, S-D	Staukategorie D SW2	SG5 SG8	Eine Vielzahl giftiger Flüssigkeiten, welche eine hohe Gefahr der Vergiftung beim Einatmen darstellen und auch entzündbar und ätzend sind. Hochgiftig beim Verschlucken, bei Berührung mit der Haut oder beim Einatmen. Verursacht Verätzungen der Haut, der Augen und der Schleimhäute.	3488
-	T20	TP2 TP13	F-E, S-D	Staukategorie D SW2	SG5 SG8	Eine Vielzahl giftiger Flüssigkeiten, welche eine hohe Gefahr der Vergiftung beim Einatmen darstellen und auch entzündbar und ätzend sind. Hochgiftig beim Verschlucken, bei Berührung mit der Haut oder beim Einatmen. Verursacht Verätzungen der Haut, der Augen und der Schleimhäute.	3489

3.2 Gefahrgutliste

UN-Nr.	Richtiger technischer Name	Klasse	Zusatzgefahr	Verpackungsgruppe	Sondervorschriften	Begrenzte und freigestellte Mengen		Verpackungen		IBC	
						Begrenzte Mengen	Freigestellte Mengen	Anweisung(en)	Sondervorschriften	Anweisung(en)	Sondervorschriften
(1)	(2)	(3)	(4)	(5)	(6)	(7a)	(7b)	(8)	(9)	(10)	(11)
	3.1.2	2.0	2.0	2.0.1.3	3.3	3.4	3.5	4.1.4	4.1.4	4.1.4	4.1.4
3490	BEIM EINATMEN GIFTIGER FLÜSSIGER STOFF, MIT WASSER REAGIEREND, ENTZÜNDBAR, N.A.G. mit einem LC_{50}-Wert von höchstens 200 ml/m^3 und einer gesättigten Dampfkonzentration von mindestens 500 LC_{50} TOXIC BY INHALATION LIQUID, WATER-REACTIVE, FLAMMABLE, N.O.S. with an LC_{50} lower than or equal to 200 ml/m^3 and saturated vapour concentration greater than or equal to 500 LC_{50}	6.1	4.3 3	I	274	0	E0	P601	-	-	-
3491	BEIM EINATMEN GIFTIGER FLÜSSIGER STOFF, MIT WASSER REAGIEREND, ENTZÜNDBAR, N.A.G. mit einem LC_{50}-Wert von höchstens 1 000 ml/m^3 und einer gesättigten Dampfkonzentration von mindestens 10 LC_{50} TOXIC BY INHALATION LIQUID, WATER-REACTIVE, FLAMMABLE, N.O.S. with an LC_{50} lower than or equal to 1 000 ml/m^3 and saturated vapour concentration greater than or equal to 10 LC_{50}	6.1	4.3 3	I	274	0	E0	P602	-	-	-
3494	SCHWEFELREICHES ROHERDÖL, ENTZÜNDBAR, GIFTIG PETROLEUM SOUR CRUDE OIL, FLAMMABLE, TOXIC	3	6.1	I	343	0	E0	P001	-	-	-
3494	SCHWEFELREICHES ROHERDÖL, ENTZÜNDBAR, GIFTIG PETROLEUM SOUR CRUDE OIL, FLAMMABLE, TOXIC	3	6.1	II	343	1 L	E2	P001	-	IBC02	-
3494	SCHWEFELREICHES ROHERDÖL, ENTZÜNDBAR, GIFTIG PETROLEUM SOUR CRUDE OIL, FLAMMABLE, TOXIC	3	6.1	III	343	5 L	E1	P001	-	IBC03	-
3495	IOD IODINE	8	6.1	III	279	5 kg	E1	P002	-	IBC08	B3
3496	BATTERIEN, NICKEL-METALLHYDRID BATTERIES, NICKEL-METAL HYDRIDE	9	-	-	117 963	0	E0	Siehe SV963	-	-	-
3497	KRILLMEHL KRILL MEAL	4.2	-	II	300	0	E2	P410	-	IBC06	B21
3497	KRILLMEHL KRILL MEAL	4.2	-	III	223 300	0	E1	P002 LP02	-	IBC08	B3
3498	IODMONOCHLORID, FLÜSSIG IODINE MONOCHLORIDE, LIQUID	8	-	II	-	1 L	E0	P001	-	IBC02	-

Ortsbewegliche Tanks und Schüttgut-Container			EmS	Stauung und Handhabung	Trennung	Eigenschaften und Bemerkung	UN-Nr.	
	Tank Anwei-sung(en)	Vor-schrif-ten						
(12)	(13) 4.2.5 4.3	(14) 4.2.5	(15) 5.4.3.2 7.8	(16a) 7.1, 7.3 bis 7.7	(16b) 7.2 bis 7.7	(17)	(18)	
-	T22	TP2 TP13	F-G, S-N	Staukategorie D SW2 H1	SG5 SG13 SG25 SG26	Eine Vielzahl giftiger Flüssigkeiten, welche eine hohe Gefahr der Vergiftung beim Einatmen darstellen und auch mit Wasser reagieren und entzündbar sind. Hochgiftig beim Verschlucken, bei Berührung mit der Haut oder beim Einatmen.	3490	
-	T20	TP2 TP13	F-G, S-N	Staukategorie D SW2 H1	SG5 SG13 SG25 SG26	Eine Vielzahl giftiger Flüssigkeiten, welche eine hohe Gefahr der Vergiftung beim Einatmen darstellen und auch mit Wasser reagieren und entzündbar sind. Hochgiftig beim Verschlucken, bei Berührung mit der Haut oder beim Einatmen.	3491	
-	T14	TP2 TP13	F-E, S-E	Staukategorie D SW2	-	Nicht mischbar mit Wasser. Bildet Schwefelwasserstoff, ein entzündbares, giftiges Gas mit fauligem Geruch, schwerer als Luft (1,2). Giftig beim Verschlucken, bei Berührung mit der Haut oder beim Einatmen.	3494	
-	T7	TP2	F-E, S-E	Staukategorie D SW2	-	Siehe Eintrag oben.	3494	
-	T4	TP1	F-E, S-E	Staukategorie C SW2	-	Siehe Eintrag oben.	3494	
-	T1	TP33	F-A, S-B	Staukategorie B SW2	SG37	Blauschwarzer fester Stoff mit metallischem Glanz und stechendem Geruch. Schmelzpunkt: 114 °C. Unter seinem Schmelzpunkt kann er Dämpfe entwickeln, die reizend auf Haut, Augen und Schleimhäute wirken. Schwach löslich in Wasser, jedoch löslich in den meisten organischen Lösungsmitteln. Greift die meisten Metalle an.	3495	
-	-	-	F-A, S-I	Staukategorie A SW1	-	Nickel-Metallhydrid-Zellen oder -Batterien mit Ausrüstungen verpackt oder in Ausrüstungen und Nickel-Metallhydrid-Knopfzellen unterliegen nicht den Vorschriften dieses Codes.	3496	
-	T3	TP33	F-A, S-J	Staukategorie B SW27	SG65	Rosafarbenes bis rotes Mehl aus Krill, einem Garnelen ähnlichen Meeresorganismus. Mittelstarker Geruch, der andere empfindliche Ladung beeinträchtigen kann. Neigt zur Selbsterhitzung. Von Natur aus reich an Antioxidantien, die die Gefahr der Selbsterhitzung verringern.	3497	
-	T1	TP33	F-A, S-J	Staukategorie A	-	Siehe Eintrag oben.	3497	
-	T7	TP2	F-A, S-B	Staukategorie D SW2	SGG1 SG6 SG16 SG17 SG19 SG36 SG49	Roter flüssiger Stoff. Reagiert heftig mit Wasser unter Bildung reizender und ätzender Gase, die als weißer Nebel sichtbar werden. Starkes Oxidationsmittel: Kann in Berührung mit organischen Stoffen wie Holz, Baumwolle oder Stroh einen Brand verursachen. Greift bei Feuchtigkeit die meisten Metalle stark an. Dampf wirkt reizend auf Schleimhäute.	3498	→ *UN 1792*

3.2 Gefahrgutliste

UN-Nr.	Richtiger technischer Name	Klasse	Zusatzgefahr	Verpackungsgruppe	Sondervorschriften	Begrenzte und freigestellte Mengen		Verpackungen		IBC	
						Begrenzte Mengen	Freigestellte Mengen	Anweisung(en)	Sondervorschriften	Anweisung(en)	Sondervorschriften
(1)	(2) 3.1.2	(3) 2.0	(4) 2.0	(5) 2.0.1.3	(6) 3.3	(7a) 3.4	(7b) 3.5	(8) 4.1.4	(9) 4.1.4	(10) 4.1.4	(11) 4.1.4
3499	KONDENSATOR, ELEKTRISCHE DOPPELSCHICHT (mit einer Energiespeicherkapazität von mehr als 0,3 Wh) CAPACITOR, ELECTRIC DOUBLE LAYER (with an energy storage capacity greater than 0.3 Wh)	9	-	-	361	0	E0	P003	-	-	-
3500	CHEMIKALIE UNTER DRUCK, N.A.G. CHEMICAL UNDER PRESSURE, N.O.S.	2.2	-	-	274 362	0	E0	P206	-	-	-
3501	CHEMIKALIE UNTER DRUCK, ENTZÜNDBAR, N.A.G. CHEMICAL UNDER PRESSURE, FLAMMABLE, N.O.S.	2.1	-	-	274 362	0	E0	P206	PP89	-	-
3502	CHEMIKALIE UNTER DRUCK, GIFTIG, N.A.G. CHEMICAL UNDER PRESSURE, TOXIC, N.O.S.	2.2	6.1	-	274 362	0	E0	P206	PP89	-	-
3503	CHEMIKALIE UNTER DRUCK, ÄTZEND, N.A.G. CHEMICAL UNDER PRESSURE, CORROSIVE, N.O.S.	2.2	8	-	274 362	0	E0	P206	PP89	-	-
3504	CHEMIKALIE UNTER DRUCK, ENTZÜNDBAR, GIFTIG, N.A.G. CHEMICAL UNDER PRESSURE, FLAMMABLE, TOXIC, N.O.S.	2.1	6.1	-	274 362	0	E0	P206	PP89	-	-
3505	CHEMIKALIE UNTER DRUCK, ENTZÜNDBAR, ÄTZEND, N.A.G. CHEMICAL UNDER PRESSURE, FLAMMABLE, CORROSIVE, N.O.S.	2.1	8	-	274 362	0	E0	P206	PP89	-	-
3506	QUECKSILBER IN HERGESTELLTEN GEGENSTÄNDEN MERCURY CONTAINED IN MANUFACTURED ARTICLES	8	6.1	-	366	5 kg	E0	P003	PP90	-	-
3507	URANHEXAFLUORID, RADIOAKTIVE STOFFE, FREIGESTELLTES VERSANDSTÜCK mit weniger als 0,1 kg je Versandstück, nicht spaltbar oder spaltbar, freigestellt URANIUM HEXAFLUORIDE, RADIOACTIVE MATERIAL, EXCEPTED PACKAGE, less than 0.1 kg per package, nonfissile or fissile-excepted	6.1	7/8	I	317 369	0	E0	P603	-	-	-
3508	KONDENSATOR, ASYMMETRISCH (mit einer Energiespeicherkapazität von mehr als 0,3 Wh) CAPACITOR, ASYMMETRIC (with an energy storage capacity greater than 0.3 Wh)	9	-	-	372	0	E0	P003	-	-	-
3509	ALTVERPACKUNGEN, LEER, UNGEREINIGT PACKAGINGS, DISCARDED, EMPTY, UNCLEANED	9	-	-	968	0	E0	-	-	-	-

Ortsbewegliche Tanks und Schüttgut-Container			EmS	Stauung und Handhabung	Trennung	Eigenschaften und Bemerkung	UN-Nr.	
	Tank Anweisung(en)	Vorschriften						
(12)	(13)	(14)	(15)	(16a)	(16b)	(17)	(18)	
	4.2.5 4.3	4.2.5	5.4.3.2 7.8	7.1, 7.3 bis 7.7	7.2 bis 7.7			
-	-	-	F-A, S-I	Staukategorie A	-	Gegenstände, die zur Speicherung von Strom dienen und eine ungefährliche aktivierte Kohle und einen Elektrolyt enthalten. In Ausrüstungen eingebaute elektrische Doppelschicht-Kondensatoren dürfen in geladenem Zustand befördert werden.	3499	→ *UN 3508*
-	T50	TP4 TP40	F-C, S-V	Staukategorie B	-	Flüssige Stoffe, Pasten oder Pulver, die mit einem Treibmittel beaufschlagt sind, das der Begriffsbestimmung eines Gases entspricht.	3500	
-	T50	TP4 TP40	F-D, S-U	Staukategorie D SW2	-	Flüssige Stoffe, Pasten oder Pulver, die mit einem Treibmittel beaufschlagt sind, das der Begriffsbestimmung eines Gases entspricht.	3501	
-	T50	TP4 TP40	F-C, S-V	Staukategorie D SW2	-	Flüssige Stoffe, Pasten oder Pulver, die mit einem Treibmittel beaufschlagt sind, das der Begriffsbestimmung eines Gases entspricht.	3502	
-	T50	TP4 TP40	F-C, S-V	Staukategorie D SW2	-	Flüssige Stoffe, Pasten oder Pulver, die mit einem Treibmittel beaufschlagt sind, das der Begriffsbestimmung eines Gases entspricht.	3503	
-	T50	TP4 TP40	F-D, S-U	Staukategorie D SW2	-	Flüssige Stoffe, Pasten oder Pulver, die mit einem Treibmittel beaufschlagt sind, das der Begriffsbestimmung eines Gases entspricht.	3504	
-	T50	TP4 TP40	F-D, S-U	Staukategorie D SW2	-	Flüssige Stoffe, Pasten oder Pulver, die mit einem Treibmittel beaufschlagt sind, das der Begriffsbestimmung eines Gases entspricht.	3505	
-	-	-	F-A, S-B	Staukategorie B SW2	SG24	Gegenstände, die Quecksilber enthalten (UN 2809), sollen nicht in Luftkissenfahrzeugen und anderen mit Aluminium gebauten Schiffen befördert werden.	3506	
-	-	-	F-I, S-S	Staukategorie A SW12	SG77	Siehe 1.5.1.	3507	→ *UN 2977* → *UN 2978*
-	-	-	F-A, S-I	Staukategorie A	-	Gegenstände, die zur Speicherung von Strom dienen und positive und negative Elektroden aus verschiedenen Materialien und einen Elektrolyt enthalten. Asymmetrische Kondensatoren dürfen in aufgeladenem Zustand befördert werden.	3508	→ *UN 3499*
-	-	-	-	-	-	Diese Eintragung darf nicht für die Beförderung auf See verwendet werden. Altverpackungen müssen den Vorschriften in 4.1.1.11 entsprechen. Altverpackungen sind Verpackungen, Großverpackungen oder Großpackmittel (IBC), oder Teile davon, die gefährliche Güter mit Ausnahme von radioaktiven Stoffen enthalten haben, zur Entsorgung, zum Recycling oder zur Wiederverwendung ihrer Werkstoffe, nicht aber zur Rekonditionierung, Reparatur, regelmäßigen Wartung, Wiederaufarbeitung oder Wiederverwendung befördert werden und die so weit entleert wurden, dass nur an den Verpackungsbestandteilen anhaftende Rückstände gefährlicher Güter vorhanden sind.	3509	

UN-Nr.	Richtiger technischer Name	Klasse	Zusatzgefahr	Verpackungsgruppe	Sondervorschriften	Begrenzte und freigestellte Mengen		Verpackungen		IBC	
						Begrenzte Mengen	Freigestellte Mengen	Anweisung(en)	Sondervorschriften	Anweisung(en)	Sondervorschriften
(1)	(2) 3.1.2	(3) 2.0	(4) 2.0	(5) 2.0.1.3	(6) 3.3	(7a) 3.4	(7b) 3.5	(8) 4.1.4	(9) 4.1.4	(10) 4.1.4	(11) 4.1.4
3510	ADSORBIERTES GAS, ENTZÜNDBAR, N.A.G. ADSORBED GAS, FLAMMABLE, N.O.S.	2.1	-	-	274	0	E0	P208	-	-	-
3511	ADSORBIERTES GAS, N.A.G. ADSORBED GAS, N.O.S.	2.2	-	-	274	0	E0	P208	-	-	-
3512	ADSORBIERTES GAS, GIFTIG, N.A.G. ADSORBED GAS, TOXIC, N.O.S.	2.3	-	-	274	0	E0	P208	-	-	-
3513	ADSORBIERTES GAS, OXIDIEREND, N.A.G. ADSORBED GAS, OXIDIZING, N.O.S.	2.2	5.1	-	274	0	E0	P208	-	-	-
3514	ADSORBIERTES GAS, GIFTIG, ENTZÜNDBAR, N.A.G. ADSORBED GAS, TOXIC, FLAMMABLE, N.O.S.	2.3	2.1	-	274	0	E0	P208	-	-	-
3515	ADSORBIERTES GAS, GIFTIG, OXIDIEREND, N.A.G. ADSORBED GAS, TOXIC, OXIDIZING, N.O.S.	2.3	5.1	-	274	0	E0	P208	-	-	-
3516	ADSORBIERTES GAS, GIFTIG, ÄTZEND, N.A.G. ADSORBED GAS, TOXIC, CORROSIVE, N.O.S.	2.3	8	-	274 379	0	E0	P208	-	-	-
3517	ADSORBIERTES GAS, GIFTIG, ENTZÜNDBAR, ÄTZEND, N.A.G. ADSORBED GAS, TOXIC, FLAMMABLE, CORROSIVE, N.O.S.	2.3	2.1 8	-	274	0	E0	P208	-	-	-
3518	ADSORBIERTES GAS, GIFTIG, OXIDIEREND, ÄTZEND, N.A.G. ADSORBED GAS, TOXIC, OXIDIZING, CORROSIVE, N.O.S.	2.3	5.1 8	-	274	0	E0	P208	-	-	-
3519	BORTRIFLUORID, ADSORBIERT BORON TRIFLUORIDE, ADSORBED	2.3	8	-	-	0	E0	P208	-	-	-
3520	CHLOR, ADSORBIERT CHLORINE, ADSORBED	2.3	5.1 8	-	-	0	E0	P208	-	-	-
3521	SILICIUMTETRAFLUORID, ADSORBIERT SILICON TETRAFLUORIDE, ADSORBED	2.3	8	-	-	0	E0	P208	-	-	-
3522	ARSENWASSERSTOFF (ARSIN), ADSORBIERT ARSINE, ADSORBED	2.3	2.1	-	-	0	E0	P208	-	-	-
3523	GERMANIUMWASSERSTOFF (GERMAN), ADSORBIERT GERMANE, ADSORBED	2.3	2.1	-	-	0	E0	P208	-	-	-
3524	PHOSPHORPENTAFLUORID, ADSORBIERT PHOSPHORUS PENTAFLUORIDE, ADSORBED	2.3	8	-	-	0	E0	P208	-	-	-

Ortsbewegliche Tanks und Schüttgut-Container			EmS	Stauung und Handhabung	Trennung	Eigenschaften und Bemerkung	UN-Nr.
	Tank Anweisung(en)	Vorschriften					
(12)	(13)	(14)	(15)	(16a)	(16b)	(17)	(18)
	4.2.5 4.3	4.2.5	5.4.3.2 7.8	7.1, 7.3 bis 7.7	7.2 bis 7.7		
-	-	-	F-D, S-U	Staukategorie D SW2	-	-	3510
-	-	-	F-C, S-V	Staukategorie A	-	-	3511
-	-	-	F-C, S-U	Staukategorie D SW2	-	-	3512
-	-	-	F-C, S-W	Staukategorie D	-	-	3513
-	-	-	F-D, S-U	Staukategorie D SW2	-	-	3514
-	-	-	F-C, S-W	Staukategorie D SW2	-	-	3515
-	-	-	F-C, S-U	Staukategorie D SW2	-	-	3516
-	-	-	F-D, S-U	Staukategorie D SW2	SG4 SG9	-	3517
-	-	-	F-C, S-W	Staukategorie D SW2	SG6 SG19	-	3518
-	-	-	F-C, S-U	Staukategorie D SW2	-	Nicht entzündbares, giftiges und ätzendes Gas. Bildet bei feuchter Luft dichten, weißen, ätzenden Nebel. Reagiert heftig mit Wasser unter Bildung von Fluorwasserstoff, einem reizverursachenden und ätzenden Gas, das als weißer Nebel sichtbar wird. Greift bei Feuchtigkeit Glas und die meisten Metalle stark an. Viel schwerer als Luft (2,35). Wirkt stark reizend auf Haut, Augen und Schleimhäute.	3519
-	-	-	F-C, S-W	Staukategorie D SW2	SG6 SG19	Nicht entzündbares, giftiges und ätzendes gelbes Gas mit stechendem Geruch. Greift Glas und die meisten Metalle an. Viel schwerer als Luft (2,4). Wirkt stark reizend auf Haut, Augen und Schleimhäute. Starkes Oxidationsmittel; kann einen Brand verursachen.	3520
-	-	-	F-C, S-U	Staukategorie D SW2	-	Nicht entzündbares, giftiges und ätzendes Gas mit stechendem Geruch. Greift Metalle an. In feuchter Luft bildet sich Fluorwasserstoff. Viel schwerer als Luft (3,6). Wirkt stark reizend auf Haut, Augen und Schleimhäute.	3521
-	-	-	F-D, S-U	Staukategorie D SW2	-	Entzündbares, giftiges, farbloses Gas mit knoblauchartigem Geruch. Explosionsgrenzen: 3,9 % bis 77,8 %. Viel schwerer als Luft (2,8).	3522
-	-	-	F-D, S-U	Staukategorie D SW2	-	Entzündbares, giftiges, farbloses Gas mit stechendem Geruch. Viel schwerer als Luft (2,6).	3523
-	-	-	F-C, S-U	Staukategorie D SW2	-	Nicht entzündbares, giftiges und ätzendes Gas mit reizend wirkendem Geruch. Reagiert mit Wasser oder feuchter Luft unter Bildung von giftigem und ätzendem Nebel. Greift Glas und die meisten Metalle an. Viel schwerer als Luft (4,3). Wirkt stark reizend auf Haut, Augen und Schleimhäute.	3524

3.2 Gefahrgutliste

UN-Nr.	Richtiger technischer Name	Klasse	Zusatzgefahr	Verpackungsgruppe	Sondervorschriften	Begrenzte und freigestellte Mengen		Verpackungen		IBC	
						Begrenzte Mengen	Freigestellte Mengen	Anweisung(en)	Sondervorschriften	Anweisung(en)	Sondervorschriften
(1)	(2)	(3)	(4)	(5)	(6)	(7a)	(7b)	(8)	(9)	(10)	(11)
	3.1.2	2.0	2.0	2.0.1.3	3.3	3.4	3.5	4.1.4	4.1.4	4.1.4	4.1.4
3525	PHOSPHORWASSERSTOFF (PHOSPHIN), ADSORBIERT PHOSPHINE, ADSORBED	2.3	2.1	-	-	0	E0	P208	-	-	-
3526	SELENWASSERSTOFF, ADSORBIERT HYDROGEN SELENIDE, ADSORBED	2.3	2.1	-	-	0	E0	P208	-	-	-
3527	POLYESTERHARZ-MEHRKOMPONENTENSYSTEME, festes Grundprodukt POLYESTER RESIN KIT, solid base material	4.1	-	II	236 340	5 kg	E0	P412	-	-	-
3527	POLYESTERHARZ-MEHRKOMPONENTENSYSTEME, festes Grundprodukt POLYESTER RESIN KIT, solid base material	4.1	-	III	236 340	5 kg	E0	P412	-	-	-
3528	VERBRENNUNGSMOTOR MIT ANTRIEB DURCH ENTZÜNDBARE FLÜSSIGKEIT oder BRENSTOFFZELLEN-MOTOR MIT ANTRIEB DURCH ENTZÜNDBARE FLÜSSIGKEIT oder VERBRENNUNGSMASCHINE MIT ANTRIEB DURCH ENTZÜNDBARE FLÜSSIGKEIT oder MASCHINE MIT BRENNSTOFFZELLEN-MOTOR MIT ANTRIEB DURCH ENTZÜNDBARE FLÜSSIGKEIT ENGINE, INTERNAL COMBUSTION, FLAMMABLE LIQUID POWERED or ENGINE, FUEL CELL, FLAMMABLE LIQUID POWERED or MACHINERY, INTERNAL COMBUSTION, FLAMMABLE LIQUID POWERED or MACHINERY, FUEL CELL, FLAMMABLE LIQUID POWERED	3	-	-	363 972	0	E0	P005	-	-	-
3529	VERBRENNUNGSMOTOR MIT ANTRIEB DURCH ENTZÜNDBARES GAS oder BRENSTOFFZELLEN-MOTOR MIT ANTRIEB DURCH ENTZÜNDBARES GAS oder VERBRENNUNGSMASCHINE MIT ANTRIEB DURCH ENTZÜNDBARES GAS oder MASCHINE MIT BRENNSTOFFZELLEN-MOTOR MIT ANTRIEB DURCH ENTZÜNDBARES GAS ENGINE, INTERNAL COMBUSTION, FLAMMABLE GAS POWERED or ENGINE, FUEL CELL, FLAMMABLE GAS POWERED or MACHINERY, INTERNAL COMBUSTION, FLAMMABLE GAS POWERED or MACHINERY, FUEL CELL, FLAMMABLE GAS POWERED	2.1	-	-	363 972	0	E0	P005	-	-	-
3530	VERBRENNUNGSMOTOR oder VERBRENNUNGSMASCHINE ENGINE, INTERNAL COMBUSTION or MACHINERY, INTERNAL COMBUSTION	9	- **P**	-	363 972	0	E0	P005	-	-	-
3531	POLYMERISIERENDER STOFF, FEST, STABILISIERT, N.A.G POLYMERIZING SUBSTANCE, SOLID, STABILIZED, N.O.S.	4.1	-	III	274 386	0	E0	P002	PP92	IBC07	B18

Ortsbewegliche Tanks und Schüttgut-Container			EmS	Stauung und Handhabung	Trennung	Eigenschaften und Bemerkung	UN-Nr.	
	Tank Anwei-sung(en)	Vor-schrif-ten						
(12)	(13) 4.2.5 4.3	(14) 4.2.5	(15) 5.4.3.2 7.8	(16a) 7.1, 7.3 bis 7.7	(16b) 7.2 bis 7.7	(17)	(18)	
-	-	-	F-D, S-U	Staukategorie D SW2	-	Entzündbares, giftiges, farbloses Gas mit knoblauchartigem Geruch. Selbstentzündlich an der Luft. Schwerer als Luft (1,2). Wirkt reizend auf Haut, Augen und Schleimhäute.	3525	
-	-	-	F-D, S-U	Staukategorie D SW2	-	Entzündbares, giftiges, farbloses Gas mit widerlichem Geruch. Viel schwerer als Luft (2,8). Wirkt stark reizend auf Haut, Augen und Schleimhäute.	3526	
-	-	-	F-A, S-G	Staukategorie B	-	Polyesterharz-Mehrkomponentensysteme bestehen aus zwei Komponenten: einem Grundprodukt (entzündbarer fester Stoff) und einem Aktivierungsmittel (organisches Peroxid), die jeweils einzeln in einer Innenverpackung verpackt sind.	3527	→ *UN 3269*
-	-	-	F-A, S-G	Staukategorie B	-	Siehe Eintrag oben.	3527	→ *UN 3269*
-	-	-	F-E, S-E	Staukategorie E SW29	-	Zu den Arten von Gegenständen, die unter dieser Eintragung befördert werden, gehören Motoren oder Maschinen, die durch als gefährliche Güter klassifizierte Brennstoffe über Verbrennungssysteme oder Brennstoffzellen angetrieben werden (z. B. Verbrennungsmotoren, Generatoren, Kompressoren, Turbinen, Heizvorrichtungen usw.).	3528	→ *UN 3166* → *UN 3171* → *UN 3363* → *UN 3529* → *UN 3530*
-	-	-	F-D, S-U	Staukategorie E	-	Zu den Arten von Gegenständen, die unter dieser Eintragung befördert werden, gehören Motoren oder Maschinen, die durch als gefährliche Güter klassifizierte Brennstoffe über Verbrennungssysteme oder Brennstoffzellen angetrieben werden (z. B. Verbrennungsmotoren, Generatoren, Kompressoren, Turbinen, Heizvorrichtungen usw.).	3529	→ *UN 3166* → *UN 3171* → *UN 3363* → *UN 3528* → *UN 3530*
-	-	-	F-A, S-F	Staukategorie A	-	Zu den Arten von Gegenständen, die unter dieser Eintragung befördert werden, gehören Motoren oder Maschinen, die durch als gefährliche Güter klassifizierte Brennstoffe über Verbrennungssysteme angetrieben werden (z. B. Verbrennungsmotoren, Generatoren, Kompressoren, Turbinen, Heizvorrichtungen usw.).	3530	→ *UN 3166* → *UN 3171* → *UN 3363* → *UN 3528* → *UN 3529*
-	T7	TP4 TP6 TP33	F-J, S-G	Staukategorie D SW1	SG35 SG36	Polymerisiert bei erhöhten Temperaturen oder unter Feuereinwirkung. Brennt heftig. Nicht löslich in Wasser. Kontakt mit Alkalien oder Säuren kann eine gefährliche Polymerisation auslösen. Die Produkte der Verbrennung oder der selbstbeschleunigenden Polymerisation können beim Einatmen giftig sein.	3531	

UN-Nr.	Richtiger technischer Name	Klasse	Zusatzgefahr	Verpackungsgruppe	Sondervorschriften	Begrenzte und freigestellte Mengen		Verpackungen		IBC	
						Begrenzte Mengen	Freigestellte Mengen	Anweisung(en)	Sondervorschriften	Anweisung(en)	Sondervorschriften
(1)	(2) 3.1.2	(3) 2.0	(4) 2.0	(5) 2.0.1.3	(6) 3.3	(7a) 3.4	(7b) 3.5	(8) 4.1.4	(9) 4.1.4	(10) 4.1.4	(11) 4.1.4
3532	POLYMERISIERENDER STOFF, FLÜSSIG, STABILISIERT, N.A.G POLYMERIZING SUBSTANCE, LIQUID, STABILIZED, N.O.S.	4.1	-	III	274 386	0	E0	P001	PP93	IBC03	B19
3533	POLYMERISIERENDER STOFF, FEST, TEMPERATURKONTROLLIERT, N.A.G. POLYMERIZING SUBSTANCE, SOLID, TEMPERATURE CONTROLLED, N.O.S.	4.1	-	III	274 386	0	E0	P002	PP92	IBC07	B18
3534	POLYMERISIERENDER STOFF, FLÜSSIG, TEMPERATURKONTROLLIERT, N.A.G. POLYMERIZING SUBSTANCE, LIQUID, TEMPERATURE CONTROLLED, N.O.S.	4.1	-	III	274 386	0	E0	P001	PP93	IBC03	B19
3535	GIFTIGER ANORGANISCHER FESTER STOFF, ENTZÜNDBAR, N.A.G. TOXIC SOLID, FLAMMABLE, INORGANIC, N.O.S.	6.1	4.1	I	274	0	E5	P002	-	IBC99	-
3535	GIFTIGER ANORGANISCHER FESTER STOFF, ENTZÜNDBAR, N.A.G. TOXIC SOLID, FLAMMABLE, INORGANIC, N.O.S.	6.1	4.1	II	274	500 g	E4	P002	-	IBC08	B4 D21
3536	LITHIUMBATTERIEN, IN GÜTERBEFÖRDERUNGSEINHEITEN EINGEBAUT, Lithium-Ionen-Batterien oder Lithium-Metall-Batterien LITHIUM BATTERIES INSTALLED IN CARGO TRANSPORT UNIT lithium ion batteries or lithium metal batteries	9	-	-	389	0	E0	-	-	-	-
3537	GEGENSTÄNDE, DIE ENTZÜNDBARES GAS ENTHALTEN, N.A.G. ARTICLES CONTAINING FLAMMABLE GAS, N.O.S.	2.1	Siehe 2.0.6.6	-	274 391	0	E0	P006 LP03	-	-	-
3538	GEGENSTÄNDE, DIE NICHT ENTZÜNDBARES, NICHT GIFTIGES GAS ENTHALTEN, N.A.G. ARTICLES CONTAINING NON-FLAMMABLE, NON-TOXIC GAS, N.O.S.	2.2	Siehe 2.0.6.6	-	274 391	0	E0	P006 LP03	-	-	-
3539	GEGENSTÄNDE, DIE GIFTIGES GAS ENTHALTEN, N.A.G. ARTICLES CONTAINING TOXIC GAS, N.O.S.	2.3	Siehe 2.0.6.6	-	274 391	0	E0	-	-	-	-
3540	GEGENSTÄNDE, DIE EINEN ENTZÜNDBAREN FLÜSSIGEN STOFF ENTHALTEN, N.A.G. ARTICLES CONTAINING FLAMMABLE LIQUID, N.O.S.	3	Siehe 2.0.6.6	-	274 391	0	E0	P006 LP03	-	-	-
3541	GEGENSTÄNDE, DIE EINEN ENTZÜNDBAREN FESTEN STOFF ENTHALTEN, N.A.G. ARTICLES CONTAINING FLAMMABLE SOLID, N.O.S.	4.1	Siehe 2.0.6.6	-	274 391	0	E0	P006 LP03	-	-	-

Ortsbewegliche Tanks und Schüttgut-Container			EmS	Stauung und Handhabung	Trennung	Eigenschaften und Bemerkung	UN-Nr.	
	Tank Anweisung(en)	Vorschriften						
(12)	(13) 4.2.5 4.3	(14) 4.2.5	(15) 5.4.3.2 7.8	(16a) 7.1, 7.3 bis 7.7	(16b) 7.2 bis 7.7	(17)	(18)	
-	T7	TP4 TP6	F-J, S-G	Staukategorie D SW1	SG35 SG36	Polymerisiert bei erhöhten Temperaturen oder unter Feuereinwirkung. Brennt heftig. Nicht mischbar mit Wasser. Kontakt mit Alkalien oder Säuren kann eine gefährliche Polymerisation auslösen. Die Produkte der Verbrennung oder der selbstbeschleunigenden Polymerisation können beim Einatmen giftig sein.	3532	
-	T7	TP4 TP6 TP33	F-F, S-K	Staukategorie D SW1 SW3	SG35 SG36	Polymerisiert bei Temperaturen über der Temperatur der selbstbeschleunigenden Polymerisation oder unter Feuereinwirkung. Brennt heftig. Nicht löslich in Wasser. Kontakt mit Alkalien oder Säuren kann eine gefährliche Polymerisation auslösen. Die Produkte der Verbrennung oder der selbstbeschleunigenden Polymerisation können beim Einatmen giftig sein. Die Kontroll- und Notfalltemperaturen sind wie in 5.4.1.5.5 vorgeschrieben im Beförderungsdokument enthalten. Die Temperatur muss regelmäßig kontrolliert werden.	3533	
-	T7	TP4 TP6	F-F, S-K	Staukategorie D SW1 SW3	SG35 SG36	Polymerisiert bei Temperaturen über der Temperatur der selbstbeschleunigenden Polymerisation oder unter Feuereinwirkung. Brennt heftig. Nicht mischbar mit Wasser. Kontakt mit Alkalien oder Säuren kann eine gefährliche Polymerisation auslösen. Die Produkte der Verbrennung oder der selbstbeschleunigenden Polymerisation können beim Einatmen giftig sein. Die Kontroll- und Notfalltemperaturen sind wie in 5.4.1.5.5 vorgeschrieben im Beförderungsdokument enthalten. Die Temperatur muss regelmäßig kontrolliert werden.	3534	
-	T6	TP33	F-A, S-G	Staukategorie B	-	Giftig beim Verschlucken, bei Berührung mit der Haut und beim Einatmen von Staub.	3535	
-	T3	TP33	F-A, S-G	Staukategorie B	-	Siehe Eintrag oben.	3535	
-	-	-	F-A, S-I	Staukategorie A	-	Güterbeförderungseinheit mit Lithium-Metall-Batterien oder Lithium-Ionen-Batterien, die dafür ausgelegt ist, als ortsbewegliche Stromversorgungseinheit zu dienen.	3536	
-	-	-	F-D, S-U	Staukategorie D SW2	-	-	3537	→ *5.2.2.1.13*
-	-	-	F-C, S-V	Staukategorie A	-	-	3538	→ *5.2.2.1.13*
-	-	-	F-C, S-U	-	-	-	3539	→ *5.2.2.1.13*
-	-	-	F-E, S-D	Staukategorie B	-	-	3540	→ *5.2.2.1.13*
-	-	-	F-A, S-G	Staukategorie B	-	-	3541	→ *5.2.2.1.13*

UN-Nr.	Richtiger technischer Name	Klasse	Zusatzgefahr	Verpackungsgruppe	Sondervorschriften	Begrenzte und freigestellte Mengen		Verpackungen		IBC	
						Begrenzte Mengen	Freigestellte Mengen	Anweisung(en)	Sondervorschriften	Anweisung(en)	Sondervorschriften
(1)	(2)	(3)	(4)	(5)	(6)	(7a)	(7b)	(8)	(9)	(10)	(11)
	3.1.2	2.0	2.0	2.0.1.3	3.3	3.4	3.5	4.1.4	4.1.4	4.1.4	4.1.4
3542	GEGENSTÄNDE, DIE EINEN SELBSTENTZÜNDLICHEN STOFF ENTHALTEN, N.A.G. ARTICLES CONTAINING A SUBSTANCE LIABLE TO SPONTANEOUS COMBUSTION, N.O.S.	4.2	Siehe 2.0.6.6	-	274 391	0	E0	-	-	-	-
3543	GEGENSTÄNDE, DIE EINEN STOFF ENTHALTEN, DER IN BERÜHRUNG MIT WASSER ENTZÜNDBARE GASE ENTWICKELT, N.A.G. ARTICLES CONTAINING A SUBSTANCE WHICH EMITS FLAMMABLE GAS IN CONTACT WITH WATER, N.O.S.	4.3	Siehe 2.0.6.6	-	274 391	0	E0	-	-	-	-
3544	GEGENSTÄNDE, DIE EINEN ENTZÜNDEND (OXIDIEREND) WIRKENDEN STOFF ENTHALTEN, N.A.G. ARTICLES CONTAINING OXIDIZING SUBSTANCE, N.O.S.	5.1	Siehe 2.0.6.6	-	274 391	0	E0	-	-	-	-
3545	GEGENSTÄNDE, DIE ORGANISCHES PEROXID ENTHALTEN, N.A.G. ARTICLES CONTAINING ORGANIC PEROXIDE, N.O.S.	5.2	Siehe 2.0.6.6	-	274 391	0	E0	-	-	-	-
3546	GEGENSTÄNDE, DIE EINEN GIFTIGEN STOFF ENTHALTEN, N.A.G. ARTICLES CONTAINING TOXIC SUBSTANCE, N.O.S.	6.1	Siehe 2.0.6.6	-	274 391	0	E0	P006 LP03	-	-	-
3547	GEGENSTÄNDE, DIE EINEN ÄTZENDEN STOFF ENTHALTEN, N.A.G. ARTICLES CONTAINING CORROSIVE SUBSTANCE, N.O.S.	8	Siehe 2.0.6.6	-	274 391	0	E0	P006 LP03	-	-	-
3548	GEGENSTÄNDE, DIE VERSCHIEDENE GEFÄHRLICHE GÜTER ENTHALTEN, N.A.G. ARTICLES CONTAINING MISCELLANEOUS DANGEROUS GOODS, N.O.S.	9	Siehe 2.0.6.6	-	274 391	0	E0	P006 LP03	-	-	-

63 Die Unterteilung der Klasse 2 und die Zusatzgefahr(en) hängen von der Art des Inhalts der Druckgaspackung ab. 3.3.1 (Forts.)

Die folgenden Vorschriften sind einzuhalten:

.1 Die Klasse 2.1 ist zutreffend, wenn der Inhalt mindestens 85 Masse-% entzündbare Bestandteile enthält und die chemische Verbrennungswärme mindestens 30 kJ/g beträgt.

.2 Die Klasse 2.2 ist zutreffend, wenn der Inhalt höchstens 1 Masse-% entzündbare Bestandteile enthält und die Verbrennungswärme geringer als 20 kJ/g ist.

.3 In allen anderen Fällen ist das Produkt nach den im Handbuch Prüfungen und Kriterien, Teil III, Abschnitt 31 beschriebenen Prüfungen zu prüfen und zu klassifizieren. Hochentzündbare und entzündbare Druckgaspackungen sind der Klasse 2.1 zuzuordnen; nicht entzündbare Druckgaspackungen sind der Klasse 2.2 zuzuordnen.

.4 Gase der Klasse 2.3 sind nicht als Treibmittel in einer Druckgaspackung zugelassen.

.5 Sind die auszustoßenden Inhalte andere als die Treibmittel der Druckgaspackung und sind diese in die Klasse 6.1, Verpackungsgruppen II oder III, oder in die Klasse 8, Verpackungsgruppen II oder III, einzustufen, muss die Druckgaspackung eine Zusatzgefahr der Klasse 6.1 oder 8 aufweisen.

.6 Druckgaspackungen mit Inhalten, die die Kriterien für Verpackungsgruppe I für Giftigkeit oder Ätzwirkung erfüllen, dürfen nicht befördert werden.

.7 Mit Ausnahme von Sendungen, die in begrenzten Mengen befördert werden (siehe Kapitel 3.4), müssen Versandstücke, die Druckgaspackungen enthalten, mit Gefahrzetteln für die Hauptgefahr und gegebenenfalls mit Gefahrzetteln für die Zusatzgefahr(en) versehen sein.

Entzündbare Bestandteile umfassen entzündbare Flüssigkeiten, entzündbare feste Stoffe und entzündbare Gase und Gasgemische, wie in den Bemerkungen 1 bis 3 des Unterabschnitts 31.1.3, Teil III, Handbuch Prüfungen und Kriterien bestimmt. Diese Bezeichnung umfasst keine pyrophoren, selbsterhitzungsfähigen oder mit Wasser reagierenden Stoffe. Die chemische Verbrennungswärme ist durch eines der folgenden Verfahren zu ermitteln: ASTM D 240, ISO/FDIS 13943:1999 (E/F) 86.1 bis 86.3 oder NFPA 30B.

65 Wasserstoffperoxid, wässerige Lösungen, mit weniger als 8 % Wasserstoffperoxid, unterliegt nicht den Vorschriften dieses Codes.

66 Zinnober unterliegt nicht den Vorschriften dieses Codes.

76 Die Beförderung dieses Stoffes ist verboten, außer unter den von den zuständigen Behörden festgelegten Bedingungen der Länder, die von dieser Beförderung betroffen sind.

105 Nitrocellulose, die den Beschreibungen der UN-Nummern 2556 oder 2557 entspricht, darf der Klasse 4.1 zugeordnet werden.

113 Die Beförderung chemisch instabiler Gemische ist nicht zugelassen.

117 Unterliegt nur den Vorschriften, wenn im Seeverkehr befördert wird.

119 Kältemaschinen und Bauteile für Kältemaschinen einschließlich Maschinen oder andere Geräte, die speziell dafür ausgelegt sind, Lebensmittel oder andere Produkte in einem Innenabteil auf geringer Temperatur zu halten, sowie Klimaanlagen. Kältemaschinen und Bauteile von Kältemaschinen unterliegen nicht den Vorschriften dieses Codes, wenn sie weniger als 12 kg Gas der Klasse 2.2 oder weniger als 12 Liter Ammoniaklösung (UN 2672) enthalten.

122 Die Zusatzgefahr(en) und, soweit erforderlich, die Kontroll- und Notfalltemperaturen sowie die UN-Nummer der Gattungseintragung für jede bereits zugeordnete Zubereitung organischer Peroxide sind in 2.5.3.2.4, 4.1.4.2 Verpackungsanweisung IBC520 und 4.2.5.2.6 Anweisung für ortsbewegliche Tanks T23 angegeben.

127 Ein anderer inerter Stoff oder ein anderes inertes Stoffgemisch darf mit Erlaubnis der zuständigen Behörde verwendet werden, vorausgesetzt, dieser inerte Stoff hat gleiche Phlegmatisierungseigenschaften.

131 Der phlegmatisierte Stoff muss deutlich unempfindlicher sein als das trockene PETN.

133 Wenn dieser Stoff in Verpackungen zu stark verdämmt ist, kann er explosive Eigenschaften besitzen. Verpackungen, die gemäß der Verpackungsanweisung P409 zugelassen sind, sollen eine zu starke Verdämmung verhindern. Sofern eine andere als die unter Verpackungsanweisung P409 vorgeschriebene Verpackung von der zuständigen Behörde des Ursprungslandes gemäß

3.3.1 (Forts.) 4.1.3.7 genehmigt ist, muss das Versandstück den Zusatzgefahrzettel „EXPLOSIV" (Muster 1, siehe 5.2.2.2.2) tragen, es sei denn, die zuständige Behörde des Ursprungslandes hat zugestimmt, dass auf diesen Gefahrzettel für diese besondere Verpackung verzichtet werden kann, weil die Prüfdaten ergeben haben, dass der Stoff in dieser Verpackung keine explosiven Eigenschaften aufweist (siehe 5.4.1.5.5.1). Die Vorschriften gemäß 7.2.3.3, 7.1.3.1 und 7.1.4.4 müssen ebenfalls berücksichtigt werden.

135 Natriumdihydratsalz von Dichlorisocyanursäure entspricht nicht den Kriterien für eine Aufnahme in Klasse 5.1 und unterliegt nicht den Vorschriften dieses Codes, es sei denn, es entspricht den Kriterien für die Aufnahme in eine andere Klasse oder Unterklasse.

138 *p*-Brombenzylcyanid unterliegt nicht den Vorschriften dieses Codes.

141 Produkte, die einer ausreichenden Wärmebehandlung unterzogen wurden, so dass sie während der Beförderung keine Gefahr darstellen, unterliegen nicht den Vorschriften dieses Codes.

142 Sojabohnenmehl, das mit Lösungsmitteln extrahiert wurde, höchstens 1,5 % Öl und 11 % Feuchtigkeit und praktisch keine entzündbaren Lösungsmittel enthält, unterliegt nicht den Vorschriften dieses Codes, wenn ein Zertifikat des Versenders beigefügt ist und bestätigt, dass dieser Stoff, wie für die Beförderung aufgegeben, diese Vorschriften erfüllt.

144 Eine wässerige Lösung mit höchstens 24 Vol.-% Alkohol unterliegt nicht den Vorschriften dieses Codes.

145 Alkoholische Getränke der Verpackungsgruppe III unterliegen nicht den Vorschriften dieses Codes, wenn sie in Behältern mit einem Fassungsraum von höchstens 250 Litern befördert werden.

152 Die Einstufung dieses Stoffes hängt von der Partikelgröße und der Verpackung ab, Grenzwerte wurden bisher nicht experimentell bestimmt. Die entsprechende Einstufung muss, wie gefordert, nach 2.1.3 erfolgen.

153 Diese Eintragung gilt nur, wenn auf der Grundlage von Prüfungen nachgewiesen wird, dass der Stoff in Berührung mit Wasser weder brennbar noch eine Tendenz zur Selbstentzündung zeigt und das entwickelte Gasgemisch nicht entzündbar ist.

163 Ein in der Gefahrgutliste namentlich genannter Stoff darf nicht unter dieser Eintragung befördert werden. Stoffe, die unter dieser Eintragung befördert werden, dürfen höchstens 20 % Nitrocellulose enthalten, vorausgesetzt, die Nitrocellulose enthält höchstens 12,6 % Stickstoff (in der Trockenmasse).

168 Asbest, der so in ein natürliches oder künstliches Bindemittel (wie Zement, Kunststoff, Asphalt, Harze oder Mineralien) eingebettet oder daran befestigt ist, dass es während der Beförderung nicht zum Freiwerden gefährlicher Mengen lungengängiger Asbestfasern kommen kann, unterliegt nicht den Vorschriften dieses Codes. Fertigprodukte, die Asbest enthalten und dieser Vorschrift nicht entsprechen, unterliegen nicht den Vorschriften dieses Codes, wenn sie so verpackt sind, dass es während der Beförderung nicht zum Freiwerden gefährlicher Mengen lungengängiger Asbestfasern kommen kann.

169 Phthalsäureanhydrid im festen Zustand und Tetrahydrophthalsäureanhydrid mit höchstens 0,05 % Maleinsäureanhydrid unterliegt nicht den Vorschriften dieses Codes. Phthalsäureanhydrid mit höchstens 0,05 % Maleinsäureanhydrid, das in geschmolzenem Zustand über seinen Flammpunkt erwärmt zur Beförderung aufgegeben oder befördert wird, ist der UN-Nummer 3256 zuzuordnen.

172 Wenn ein radioaktiver Stoff eine oder mehrere Zusatzgefahren hat:

.1 muss der Stoff gegebenenfalls unter Anwendung der in Teil 2 vorgesehenen und der Art der überwiegenden Zusatzgefahr entsprechenden Kriterien für die Verpackungsgruppe der Verpackungsgruppe I, II oder III zugeordnet werden;

.2 müssen die Versandstücke mit den Gefahrzetteln bezettelt werden, die den einzelnen, von den Stoffen ausgehenden Zusatzgefahren entsprechen; entsprechende Placards müssen in Übereinstimmung mit den anwendbaren Vorschriften in 5.3.1 an den Güterbeförderungseinheiten angebracht werden;

.3 muss für Zwecke der Dokumentation und der Kennzeichnung des Versandstücks der richtige technische Name mit dem Namen der Bestandteile, die am überwiegendsten für diese Zusatzgefahr(en) verantwortlich sind, in Klammern ergänzt werden;

.4 müssen im Beförderungsdokument die Zusatzgefahr oder Unterklasse und, sofern eine Verpackungsgruppe zugeordnet ist, die Verpackungsgruppe gemäß 5.4.1.4.1.4 und 5.4.1.4.1.5, angegeben werden. **3.3.1** (Forts.)

Für das Verpacken siehe auch 4.1.9.1.5.

177 Bariumsulfat unterliegt nicht den Vorschriften dieses Codes.

178 Diese Bezeichnung darf nur mit Zustimmung der zuständigen Behörde des Ursprungslandes verwendet werden und nur dann, wenn keine andere geeignete Bezeichnung in der Gefahrgutliste enthalten ist.

181 Versandstücke mit diesem Stoff sind mit dem Zusatzgefahrzettel „EXPLOSIVE" (Muster 1, siehe 5.2.2.2.2) zu versehen, es sei denn, die zuständige Behörde des Ursprungslandes hat zugelassen, dass auf diesen Gefahrzettel beim geprüften Verpackungstyp verzichtet werden kann, weil Prüfungsergebnisse gezeigt haben, dass der Stoff in einer solchen Verpackung kein explosives Verhalten aufweist (siehe 5.4.1.5.5.1). Die Vorschriften von 7.2.3.3 müssen auch eingehalten werden. *→ auch 5.4.1.5.5.1*

182 Die Gruppe der Alkalimetalle umfasst Lithium, Natrium, Kalium, Rubidium und Caesium.

183 Die Gruppe der Erdalkalimetalle umfasst Magnesium, Calcium, Strontium und Barium.

188 Die zur Beförderung aufgegebenen Zellen und Batterien unterliegen nicht den übrigen Vorschriften dieses Codes, wenn folgende Vorschriften erfüllt sind:

.1 Eine Zelle mit Lithiummetall oder Lithiumlegierung enthält höchstens 1 g Lithium und eine Zelle mit Lithiumionen hat eine Nennenergie in Wattstunden von höchstens 20 Wh.

.2 Eine Batterie mit Lithiummetall oder Lithiumlegierung enthält höchstens eine Gesamtmenge von 2 g Lithium und eine Batterie mit Lithiumionen hat eine Nennenergie in Wattstunden von höchstens 100 Wh. Batterien mit Lithiumionen, die unter diese Vorschrift fallen, müssen auf dem Außengehäuse mit der Nennenergie in Wattstunden gekennzeichnet sein; ausgenommen hiervon sind vor dem 1. Januar 2009 gebaute Batterien.

.3 Jede Zelle oder Batterie entspricht den Vorschriften von 2.9.4.1, 2.9.4.5, gegebenenfalls 2.9.4.6, und 2.9.4.7.

.4 Die Zellen und Batterien müssen, sofern sie nicht in Ausrüstungen eingebaut sind, in Innenverpackungen verpackt sein, welche die Zelle oder Batterie vollständig einschließen. Die Zellen und Batterien müssen so geschützt sein, dass Kurzschlüsse verhindert werden. Dies schließt den Schutz vor Kontakt mit elektrisch leitfähigen Werkstoffen innerhalb derselben Verpackung ein, der zu einem Kurzschluss führen kann. Die Innenverpackungen müssen in starken Außenverpackungen verpackt sein, die den Vorschriften von 4.1.1.1, 4.1.1.2 und 4.1.1.5 entsprechen.

.5 Zellen und Batterien, die in Ausrüstungen eingebaut sind, müssen gegen Beschädigung und Kurzschluss geschützt sein; die Ausrüstungen müssen mit wirksamen Mitteln zur Verhinderung einer unbeabsichtigten Auslösung ausgestattet sein. Diese Vorschrift gilt nicht für Einrichtungen, die während der Beförderung absichtlich aktiv sind (Sender für die Identifizierung mit Hilfe elektromagnetischer Wellen (RFID), Uhren, Sensoren usw.) und die nicht in der Lage sind, eine gefährliche Hitzeentwicklung zu erzeugen. Wenn Batterien in Ausrüstungen eingebaut sind, müssen die Ausrüstungen in starken Außenverpackungen verpackt sein, die aus einem geeigneten Werkstoff gefertigt sind, der in Bezug auf den Fassungsraum der Verpackung und die beabsichtigte Verwendung der Verpackung ausreichend stark und dimensioniert ist, es sei denn, die Batterie ist durch die Ausrüstung, in der sie enthalten ist, selbst entsprechend geschützt.

.6 Jedes Versandstück muss mit dem entsprechenden in 5.2.1.10 abgebildeten Kennzeichen für Lithiumbatterien gekennzeichnet sein.

Bemerkung 1: *Die Kennzeichnungsvorschriften in Sondervorschrift 188 dieses Codes in der Fassung des Amendments 37-14 dürfen bis zum 31. Dezember 2018 weiterhin angewendet werden.*

3.3.1 (Forts.)

__Bemerkung 2:__ Versandstücke mit Lithiumbatterien, die in Übereinstimmung mit den Vorschriften des Teils 4 Kapitel 11 Verpackungsanweisung 965 oder 968 Abschnitt IB der Technischen Anweisungen für die sichere Beförderung gefährlicher Güter im Luftverkehr der ICAO verpackt sind und mit dem Kennzeichen gemäß 5.2.1.10 (Kennzeichen für Lithiumbatterien) und dem Gefahrzettel nach Muster 9A gemäß 5.2.2.2.2 versehen sind, gelten als den Vorschriften dieser Sondervorschrift entsprechend.

Diese Vorschrift gilt nicht für:

.1 Versandstücke, die nur in Ausrüstungen (einschließlich Platinen) eingebaute Knopfzellen-Batterien enthalten, und

.2 Versandstücke, die höchstens vier in Ausrüstungen eingebaute Zellen oder zwei in Ausrüstungen eingebaute Batterien enthalten, sofern die Sendung höchstens zwei solcher Versandstücke umfasst.

Wenn Versandstücke in eine Umverpackung eingesetzt werden, muss das Kennzeichen für Lithiumbatterien entweder deutlich sichtbar sein oder auf der Außenseite der Umverpackung wiederholt werden und die Umverpackung muss mit dem Ausdruck „UMVERPACKUNG"/„OVERPACK" gekennzeichnet sein. Die Buchstabenhöhe des Ausdrucks „UMVERPACKUNG"/„OVERPACK" muss mindestens 12 mm sein.

.7 Jedes Versandstück muss, sofern die Batterien nicht in Ausrüstungen eingebaut sind, in der Lage sein, einer Fallprüfung aus 1,2 m Höhe, unabhängig von seiner Ausrichtung, ohne Beschädigung der darin enthaltenen Zellen oder Batterien, ohne Verschiebung des Inhalts, die zu einer Berührung der Batterien (oder der Zellen) führt, und ohne Freisetzen des Inhalts standzuhalten.

.8 Die Bruttomasse der Versandstücke darf 30 kg nicht überschreiten, es sei denn, die Batterien sind in Ausrüstungen eingebaut oder mit Ausrüstungen verpackt.

In den oben aufgeführten Vorschriften und an anderer Stelle in diesem Code versteht man unter „Lithiummenge" die Masse des Lithiums in der Anode einer Zelle mit Lithiummetall oder Lithiumlegierung. „Ausrüstung" im Sinne dieser Sondervorschrift ist ein Gerät, für dessen Betrieb die Lithiumzellen oder -batterien elektrische Energie liefern.

Es bestehen verschiedene Eintragungen für Lithium-Metall-Batterien und Lithium-Ionen-Batterien, um für besondere Verkehrsträger die Beförderung dieser Batterien zu erleichtern und die Anwendung unterschiedlicher Notfalleinsatzmaßnahmen zu ermöglichen.

Eine aus einer einzelnen Zelle bestehende Batterie gemäß der Definition in Teil III Unterabschnitt 38.3.2.3 des Handbuchs Prüfungen und Kriterien gilt als „Zelle" und muss für Zwecke dieser Sondervorschrift gemäß den Vorschriften für „Zellen" befördert werden.

190 Druckgaspackungen sind mit einem Schutz gegen unbeabsichtigtes Entleeren zu versehen. Druckgaspackungen mit einem Fassungsraum von höchstens 50 ml, die nur nicht giftige Bestandteile enthalten, unterliegen nicht den Vorschriften dieses Codes.

191 Gefäße, mit einem Fassungsraum von höchstens 50 ml, die nur nicht giftige Bestandteile enthalten, unterliegen nicht den Vorschriften dieses Codes.

193 Diese Eintragung darf nur für ammoniumnitrathaltige Mehrnährstoffdüngemittel verwendet werden. Diese müssen in Übereinstimmung mit dem im Handbuch Prüfungen und Kriterien Teil III Abschnitt 39 festgelegten Verfahren klassifiziert werden.

194 Die Kontroll- und Notfalltemperaturen, soweit erforderlich, und die UN-Nummer (Gattungseintragung) für jeden bereits zugeordneten selbstzersetzlichen Stoff sind in 2.4.2.3.2.3 angegeben.

195 Für gewisse organische Peroxide des Typs B oder C müssen kleinere Verpackungen als die durch die Verpackungsmethoden OP5 oder OP6 vorgegebenen verwendet werden (siehe 4.1.7 und 2.5.3.2.4).

196 Zubereitungen, die bei Laborversuchen im cavitierten Zustand weder detonieren noch deflagrieren und die bei Erhitzung unter Verdämmung keine Reaktion zeigen und keine explosive Eigenschaft aufweisen, dürfen unter dieser Eintragung befördert werden. Die Zubereitung muss auch thermisch stabil sein (d. h. für ein 50 kg Versandstück muss die SADT mindestens 60 °C betragen). Zubereitungen, die diesen Kriterien nicht entsprechen, müssen unter den Vorschriften der Klasse 5.2 befördert werden (siehe 2.5.3.2.4).

198 Nitrocellulose, Lösungen, mit höchstens 20 % Nitrocellulose, dürfen als Farbe, Druckfarbe bzw. Parfümerieerzeugnisse befördert werden (siehe UN-Nummern 1210, 1263, 1266, 3066, 3469 und 3470). **3.3.1** (Forts.)

199 Bleiverbindungen, die, wenn sie im Verhältnis von 1:1 000 mit 0,07 M-Salzsäure gemischt und die während einer Stunde bei einer Temperatur von 23 °C ±2 °C umgerührt werden, eine Löslichkeit von höchstens 5 % aufweisen (siehe Norm ISO 3711:1990 „Bleichromat-Pigmente und Bleichromat/molybdat-Pigmente – Anforderungen und Prüfung"), gelten als nicht löslich und unterliegen nicht den Vorschriften dieses Codes, es sei denn, sie entsprechen den Kriterien für die Aufnahme in eine andere Klasse.

201 Feuerzeuge und Nachfüllpatronen für Feuerzeuge müssen den Vorschriften der Länder, in welchen sie befüllt werden, entsprechen. Sie müssen mit einer Schutzvorrichtung gegen unbeabsichtigte Entleerung versehen sein. Die flüssige Phase des Gases darf 85 % des Fassungsraumes des Gefäßes bei 15 °C nicht übersteigen. Die Gefäße, einschließlich der Verschlüsse, müssen einem Innendruck standhalten können, der dem zweifachen Druck des verflüssigten Kohlenwasserstoffgases bei einer Temperatur von 55 °C entspricht. Der Ventilmechanismus und die Zündeinrichtung müssen dicht verschlossen, mit einem Klebeband umschlossen oder durch ein anderes Mittel gesichert oder so konstruiert sein, dass Entleerung oder Auslaufen vom Inhalt während des Transports ausgeschlossen ist. Die gefüllten Feuerzeuge dürfen nicht mehr als 10 g verflüssigtes Kohlenwasserstoffgas enthalten. Nachfüllpatronen für Feuerzeuge dürfen nicht mehr als 65 g verflüssigtes Kohlenwasserstoffgas enthalten.

203 Diese Eintragung darf nicht für UN 2315 Polychlorierte Biphenyle verwendet werden.

204 Gegenstände, die einen oder mehrere Rauch bildende Stoffe enthalten, welche nach den Kriterien für die Klasse 8 ätzend sind, sind mit einem „ÄTZEND"/„CORROSIVE"-Zusatzgefahrzettel (Muster 8, siehe Absatz 5.2.2.2.2) zu versehen.

Gegenstände, die einen Nebelstoff (Nebelstoffe) enthalten, der (die) nach den Kriterien der Klasse 6.1 beim Einatmen giftig ist (sind), müssen mit einem Zusatzgefahrzettel „GIFTIG"/„TOXIC" (Muster 6.1, siehe 5.2.2.2.2) versehen sein; davon ausgenommen sind vor dem 31. Dezember 2016 hergestellte Gegenstände, die bis zum 1. Januar 2019 ohne einen Zusatzgefahrzettel „GIFTIG"/„TOXIC" befördert werden dürfen.

205 Diese Eintragung darf nicht für UN 3155 Pentachlorphenol verwendet werden.

207 Kunststoffpressmischungen können aus Polystyrol, Polymethylmethacrylat oder einem anderen Polymer gefertigt sein.

208 Die handelsübliche Form von calciumnitrathaltigem Düngemittel, bestehend hauptsächlich aus einem Doppelsalz (Calciumnitrat und Ammoniumnitrat), das höchstens 10 % Ammoniumnitrat und mindestens 12 % Kristallwasser enthält, unterliegt nicht den Vorschriften dieses Codes.

209 Das Gas kann einen Druck entsprechend dem atmosphärischen Druck der Umgebung zum Zeitpunkt, an dem das Umschließungssystem geschlossen wird, haben, darf aber 105 kPa absolut nicht überschreiten.

210 Toxine aus Pflanzen, Tieren oder Bakterien, die ansteckungsgefährliche Stoffe enthalten, oder Toxine, die in ansteckungsgefährlichen Stoffen enthalten sind, sind Stoffe der Klasse 6.2.

215 Diese Eintragung gilt nur für den technisch reinen Stoff oder für Zubereitungen mit diesem Stoff, die eine SADT über 75 °C haben; sie gilt deshalb nicht für Zubereitungen, die selbstzersetzliche Stoffe sind (selbstzersetzliche Stoffe siehe 2.4.2.3.2.3). Homogene Gemische mit höchstens 35 Masse-% Azodicarbonamid und mindestens 65 % eines inerten Stoffes unterliegen nicht den Vorschriften des Codes, sofern nicht die Kriterien einer anderen Klasse erfüllt werden.

216 Gemische fester Stoffe, die den Vorschriften dieses Codes nicht unterliegen, mit entzündbaren flüssigen Stoffen dürfen unter dieser Eintragung befördert werden, ohne dass zuvor die Einstufungskriterien der Klasse 4.1 angewendet werden, vorausgesetzt, zum Zeitpunkt des Verladens des Stoffes oder des Verschließens der Verpackung oder der Güterbeförderungseinheit ist keine freie Flüssigkeit sichtbar. Jede Güterbeförderungseinheit muss, wenn sie als Schüttgut-Container verwendet wird, flüssigkeitsdicht sein. Dicht verschlossene Päckchen und Gegenstände, die weniger als 10 ml eines in einem festen Stoff absorbierten entzündbaren flüssigen Stoffes der Verpackungsgruppe II oder III enthalten, unterliegen nicht den Vorschriften dieses Codes, vorausgesetzt, das Päckchen oder der Gegenstand enthält keine freie Flüssigkeit.

3.3.1 (Forts.)

217 Gemische fester Stoffe, die den Vorschriften dieses Codes nicht unterliegen, mit giftigen flüssigen Stoffen dürfen unter dieser Eintragung befördert werden, ohne dass zuvor die Einstufungskriterien der Klasse 6.1 angewendet werden, vorausgesetzt, zum Zeitpunkt des Verladens des Stoffes oder des Verschließens der Verpackung oder der Güterbeförderungseinheit ist keine freie Flüssigkeit sichtbar. Jede Güterbeförderungseinheit muss, wenn sie als Schüttgut-Container verwendet wird, flüssigkeitsdicht sein. Diese Eintragung darf nicht für feste Stoffe verwendet werden, die einen flüssigen Stoff der Verpackungsgruppe I enthalten.

218 Gemische fester Stoffe, die den Vorschriften dieses Codes nicht unterliegen, mit ätzenden flüssigen Stoffen dürfen unter dieser Eintragung befördert werden, ohne dass zuvor die Einstufungskriterien der Klasse 8 angewendet werden, vorausgesetzt, zum Zeitpunkt des Verladens des Stoffes oder des Verschließens der Verpackung oder der Güterbeförderungseinheit ist keine freie Flüssigkeit sichtbar. Jede Güterbeförderungseinheit muss, wenn sie als Schüttgut-Container verwendet wird, flüssigkeitsdicht sein. Diese Eintragung darf nicht für feste Stoffe verwendet werden, die einen flüssigen Stoff der Verpackungsgruppe I enthalten.

219 Genetisch veränderte Mikroorganismen (GMMO) und genetisch veränderte Organismen (GMO), die in Übereinstimmung mit der Verpackungsanweisung P904 verpackt und gekennzeichnet sind, unterliegen nicht den übrigen Vorschriften dieses Codes.

Wenn GMMO oder GMO die Begriffsbestimmungen für einen giftigen oder einen ansteckungsgefährlichen Stoff in Kapitel 2.6 erfüllen und den Kriterien für eine Aufnahme in die Klasse 6.1 oder 6.2 entsprechen, gelten die Vorschriften dieses Codes für die Beförderung giftiger oder ansteckungsgefährlicher Stoffe.

220 Unmittelbar nach dem richtigen technischen Namen ist nur der technische Name des entzündbaren flüssigen Bestandteils dieser Lösung oder dieses Gemisches in Klammern anzugeben.

221 Stoffe, die unter diese Eintragung fallen, dürfen nicht der Verpackungsgruppe I angehören.

223 Wenn die chemischen oder physikalischen Eigenschaften eines Stoffes, auf den diese Beschreibung zutrifft, derart sind, dass er bei der Prüfung nicht die festgelegten Kriterien für die in Spalte 3 aufgeführte Klasse oder Unterklasse oder für eine andere Klasse oder Unterklasse erfüllt, unterliegt er nicht den Vorschriften dieses Codes, es sei denn, es handelt sich um einen Meeresschadstoff, auf den 2.10.3 anzuwenden ist.

224 Der Stoff muss unter normalen Beförderungsbedingungen flüssig bleiben, es sei denn, durch Versuche kann nachgewiesen werden, dass die Empfindlichkeit in gefrorenem Zustand nicht größer ist als in flüssigem Zustand. Bei Temperaturen über -15 °C darf er nicht gefrieren.

225 Feuerlöscher, die unter diese Eintragung fallen, dürfen zur Sicherstellung ihrer Funktion mit Kartuschen ausgerüstet sein (Kartuschen für technische Zwecke der Unterklasse 1.4C oder 1.4S), ohne dass dadurch die Einstufung zur Unterklasse 2.2 verändert wird, vorausgesetzt, die Gesamtmenge deflagrierender Explosivstoffe (Treibstoffe) beträgt höchstens 3,2 g je Feuerlöscher. Feuerlöscher müssen nach den im Herstellungsland angewendeten Vorschriften hergestellt, geprüft, zugelassen und bezettelt sein.

Bemerkung: *„Im Herstellungsland angewendete Vorschriften" bedeutet im Herstellungsland oder im Verwendungsland anwendbare Vorschriften.*

Feuerlöscher unter dieser Eintragung umfassen:

.1 tragbare Feuerlöscher für manuelle Handhabung und manuellen Betrieb;

.2 Feuerlöscher für den Einbau in Flugzeugen;

.3 auf Rädern montierte Feuerlöscher für manuelle Handhabung;

.4 Feuerlöschausrüstungen oder -geräte, die auf Rädern oder auf Plattformen oder Einheiten mit Rädern montiert sind und die ähnlich wie (kleine) Anhänger befördert werden, und

.5 Feuerlöscher, die aus einem nicht rollbaren Druckfass und einer Ausrüstung zusammengesetzt sind und deren Handhabung beispielsweise beim Be- oder Entladen mit einer Hubgabel oder einem Kran erfolgt.

Bemerkung: *Druckgefäße, die Gase für die Verwendung in oben genannten Feuerlöschern oder in stationären Feuerlöschanlagen enthalten, müssen, wenn sie getrennt befördert werden, den Vorschriften des Kapitels 6.2 und allen für das jeweilige gefährliche Gut anwendbaren Vorschriften entsprechen.*

226 Zubereitungen dieser Stoffe, die mindestens 30 % nicht flüchtige, nicht entzündbare Phlegmatisierungsmittel enthalten, unterliegen nicht den Vorschriften dieses Codes. **3.3.1** (Forts.)

227 Der Harnstoffnitratgehalt darf bei Phlegmatisierung mit Wasser und anorganischen inerten Materialien 75 Masse-% nicht überschreiten, und das Gemisch darf durch den Test der Prüfreihe 1 Typ (a) des Handbuchs Prüfungen und Kriterien, Teil I, nicht zur Explosion gebracht werden können.

228 Gemische, die nicht den Kriterien für entzündbare Gase entsprechen (Klasse 2.1), sind unter der UN-Nr. 3163 zu befördern.

230 Lithiumzellen und -batterien dürfen unter dieser Eintragung befördert werden, wenn sie den Vorschriften von 2.9.4 entsprechen.

232 Diese Eintragung darf nur verwendet werden, wenn der Stoff nicht die Kriterien einer anderen Klasse erfüllt. Die Beförderung in Güterbeförderungseinheiten außer in Tanks hat wie von der zuständigen Behörde des Ursprungslandes festgelegt, zu erfolgen.

235 Diese Eintragung gilt für Gegenstände, die explosive Stoffe der Klasse 1 enthalten und die auch gefährliche Güter anderer Klassen enthalten können. Diese Gegenstände werden zur Erhöhung der Sicherheit in Fahrzeugen, Schiffen oder Flugzeugen, z. B. als Airbag-Gasgeneratoren, Airbag-Module, Gurtstraffer und pyromechanische Einrichtungen verwendet.

236 Polyesterharz-Mehrkomponentensysteme bestehen aus zwei Komponenten: einem Grundprodukt (entweder Klasse 3 oder Klasse 4.1, jeweils Verpackungsgruppe II oder III) und einem Aktivierungsmittel (organisches Peroxid). Das organische Peroxid muss vom Typ D, E oder F sein und darf keine Temperaturkontrolle erfordern. Die Verpackungsgruppe nach den auf das Grundprodukt angewendeten Kriterien der Klasse 3 bzw. 4.1 muss II oder III sein. Die in Spalte 7a der Gefahrgutliste in Kapitel 3.2 angegebene Mengenbegrenzung gilt für das Grundprodukt.

237 Die Membranfilter einschließlich der Papiertrennblätter und der Überzugs- und Verstärkungswerkstoffe usw., die während der Beförderung vorhanden sind, dürfen nach einer der im Handbuch Prüfungen und Kriterien, Teil I, Unterabschnitt 1 (a), beschriebenen Prüfungen nicht dazu neigen, eine Explosion zu übertragen. *→ D: GGVSee § 12 (1) 1b)*

Darüber hinaus kann die zuständige Behörde auf der Grundlage der Ergebnisse von geeigneten Prüfungen der Abbrandgeschwindigkeit unter Berücksichtigung der Standardprüfungen im Handbuch Prüfungen und Kriterien, Teil III, Unterabschnitt 33.2.1, festlegen, dass Membranfilter aus Nitrocellulose in der Form, in der sie befördert werden sollen, in Bezug auf entzündbare feste Stoffe der Klasse 4.1 nicht den Vorschriften dieses Codes unterliegen.

238 .1 Batterien gelten als auslaufsicher, wenn sie ohne Batterieflüssigkeitsverlust die unten angegebene Vibrations- und Druckprüfung überstehen.

Vibrationsprüfung: Die Batterie wird auf der Prüfplatte eines Vibrationsgeräts festgeklemmt und einer einfachen sinusförmigen Bewegung mit einer Amplitude von 0,8 mm (1,6 mm Gesamtausschlag) ausgesetzt. Die Frequenz wird in Stufen von 1 Hz/min zwischen 10 Hz und 55 Hz verändert. Die gesamte Bandbreite der Frequenzen wird in beiden Richtungen in 95 ± 5 Minuten für jede Befestigungslage (Vibrationsrichtung) der Batterie durchlaufen. Die Batterie wird in drei zueinander senkrechten Positionen (einschließlich einer Position, bei der sich die Füll- und Entlüftungsöffnungen, soweit vorhanden, in umgekehrter Lage befinden) in Zeitabschnitten gleicher Dauer geprüft.

Druckprüfung: Im Anschluss an die Vibrationsprüfung wird die Batterie bei 24 °C ± 4 °C sechs Stunden lang einem Druckunterschied von mindestens 88 kPa ausgesetzt. Die Batterie wird in drei zueinander senkrechten Positionen (einschließlich einer Position, bei der sich die Füll- und Entlüftungsöffnungen, soweit vorhanden, in umgekehrter Lage befinden) jeweils mindestens sechs Stunden lang geprüft.

Auslaufsichere Batterien, die einen untrennbaren Bestandteil einer mechanischen oder elektronischen Ausrüstung bilden und für deren Betrieb verwendet werden, müssen sicher in diesen Ausrüstungen in den Batteriehalterungen befestigt und so geschützt sein, dass eine Beschädigung und Kurzschlüsse vermieden werden.

3.3.1 (Forts.)

.2 Auslaufsichere Batterien unterliegen nicht den Vorschriften dieses Codes, wenn bei einer Temperatur von 55 °C im Falle eines Gehäusebruchs oder eines Risses im Gehäuse der Elektrolyt nicht austritt, keine freie Flüssigkeit vorhanden ist, die austreten kann, und die Pole der Batterien in versandfertiger Verpackung gegen Kurzschluss geschützt sind.

239 Die Batterien oder Zellen dürfen mit Ausnahme von Natrium, Schwefel oder Natriumverbindungen (z. B. Natriumpolysulfide und Natriumtetrachloraluminat) keine gefährlichen Stoffe enthalten. Die Batterien oder Zellen dürfen bei einer Temperatur, bei der sich das in ihnen enthaltene elementare Natrium verflüssigen kann, nur mit Zustimmung der zuständigen Behörde des Ursprungslandes und unter den von dieser festgelegten Bedingungen zur Beförderung aufgegeben werden.

Die Zellen müssen aus hermetisch (dicht) verschlossenen Metallgehäusen bestehen, die die gefährlichen Stoffe vollständig umschließen und die so gebaut und verschlossen sind, dass ein Freisetzen der gefährlichen Stoffe unter normalen Beförderungsbedingungen verhindert wird.

Die Batterien müssen aus Zellen bestehen, die in einem Metallgehäuse gesichert und vollständig eingeschlossen sind, welches so gebaut und verschlossen ist, dass ein Freisetzen der gefährlichen Stoffe unter normalen Beförderungsbedingungen verhindert wird.

Batterien, die in Fahrzeugen eingebaut sind, unterliegen nicht den Vorschriften dieses Codes.

241 Die Zubereitung muss so hergestellt sein, dass sie homogen bleibt und während der Beförderung keine Phasentrennung erfolgt. Nicht den Vorschriften dieses Codes unterliegen Zubereitungen mit niedrigen Nitrocellulosegehalten, die keine gefährlichen Eigenschaften aufweisen, wenn sie den Prüfungen für die Bestimmung ihrer Detonations-, Deflagrations- oder Explosionsfähigkeit bei Erwärmung unter Einschluss nach den Prüfungen der Prüfreihen 1 (a), 2 (b) und 2 (c) des Handbuchs Prüfungen und Kriterien unterzogen werden, und die sich nicht wie entzündbare feste Stoffe verhalten, wenn sie der Prüfung Nr. 1 des Handbuchs Prüfungen und Kriterien, Teil III, 33.2.1.4, unterzogen werden (für diese Prüfungen muss der Stoff in Plättchenform – soweit erforderlich – gemahlen und gesiebt werden, um die Korngröße auf weniger als 1,25 mm zu reduzieren).

242 Schwefel unterliegt in besonderer Form (z. B. Perlen, Granulat, Pellets, Tabletten oder Flocken) nicht den Vorschriften dieses Codes.

243 Benzin und Ottokraftstoff für die Verwendung in Ottomotoren (z. B. in Kraftfahrzeugen, ortsfesten Motoren und anderen Motoren) sind ungeachtet der Bandbreite der Flüchtigkeit dieser Eintragung zuzuordnen.

244 Diese Eintragung umfasst z. B. Aluminiumkrätze, Aluminiumschlacke, gebrauchte Kathoden, gebrauchte Behälterauskleidungen und Aluminiumsalzschlacke.

Vor der Verladung müssen diese Nebenprodukte auf Umgebungstemperatur abgekühlt werden, es sei denn, sie wurden zum Entziehen der Feuchtigkeit kalziniert. Güterbeförderungseinheiten, die eine Ladung in loser Schüttung enthalten, müssen über eine angemessene Belüftung verfügen und während der Beförderung gegen das Eindringen von Wasser geschützt sein.

247 Alkoholische Getränke mit mehr als 24 Vol.-%, aber höchstens 70 Vol.-% Alkohol dürfen, soweit sie im Rahmen des Herstellungsverfahrens befördert werden, abweichend von den Vorschriften des Kapitels 6.1 unter den nachfolgend genannten Bedingungen in Holzfässern mit einem Fassungsraum von mehr als 250 Litern und höchstens 500 Litern, die, soweit anwendbar, den allgemeinen Vorschriften in 4.1.1 entsprechen, befördert werden:

.1 die Holzfässer müssen vor dem Befüllen auf Dichtheit geprüft werden,

.2 für die Ausdehnung der Flüssigkeit muss genügend füllungsfreier Raum (mindestens 3 %) vorgesehen werden,

.3 die Holzfässer müssen mit nach oben gerichteten Spundlöchern befördert werden,

.4 die Holzfässer müssen in Containern befördert werden, welche die Vorschriften des Internationalen Übereinkommens über sichere Container (CSC 1972) in der jeweils gültigen Fassung erfüllen. Jedes Holzfass muss auf einem speziellen Schlitten befestigt und mit Hilfe geeigneter Mittel so verkeilt sein, dass jegliches Verschieben während der Beförderung ausgeschlossen wird und

.5 bei der Beförderung an Bord von Schiffen müssen die Container in offene Laderäume gestaut werden oder in geschlossene Laderäume, die den Vorschriften für entzündbare flüssige Stoffe der Klasse 3 mit einem Flammpunkt von höchstens 23 °C c.c. in Regel II-2/19 von SOLAS 1974, in der jeweils geltenden Fassung, oder Regel II-2/54 von SOLAS 1974, in der durch die Entschließungen II-2/1.2.1 jeweils geänderten Fassung, entsprechen. 3.3.1 (Forts.)

249 Gegen Korrosion stabilisiertes Eisencer mit einem Eisengehalt von mindestens 10 % unterliegt nicht den Vorschriften dieses Codes.

250 Diese Eintragung darf nur für Proben chemischer Substanzen verwendet werden, die in Zusammenhang mit der Anwendung des Übereinkommens über das Verbot der Entwicklung, Herstellung, Lagerung und des Einsatzes chemischer Waffen und über die Vernichtung solcher Waffen zu Analysezwecken genommen wurden. Die Beförderung von Stoffen, die unter diese Eintragung fallen, muss nach der Verfahrenskette für den Schutz und die Sicherheit, die von der Organisation für das Verbot chemischer Waffen festgelegt wurde, erfolgen.

Die chemische Probe darf erst befördert werden, nachdem die zuständige Behörde oder der Generaldirektor der Organisation für das Verbot chemischer Waffen eine Genehmigung erteilt hat und sofern die Probe folgenden Vorschriften entspricht:

.1 sie muss nach der Verpackungsanweisung 623 (siehe Tabelle S-3-8 des Ergänzungsbandes) der Technischen Anweisungen der ICAO verpackt sein und

.2 bei der Beförderung muss dem Beförderungsdokument eine Kopie des Dokuments über die Genehmigung der Beförderung, in der die Mengenbeschränkungen und die Verpackungsvorschriften angegeben sind, beigefügt sein.

251 Die Eintragung UN 3316 CHEMIE-TESTSATZ oder UN 3316 ERSTE-HILFE-AUSRÜSTUNG bezieht sich auf Kästen, Kassetten usw., die kleine Mengen gefährlicher Güter, die z. B. für medizinische Zwecke, Analyse-, Prüf- oder Reparaturzwecke verwendet werden, enthalten. Diese Testsätze oder Ausrüstungen dürfen nur gefährliche Güter enthalten,

.1 die als freigestellte Mengen zugelassen sind, welche die durch den Code in Spalte 7b der Gefahrgutliste in Kapitel 3.2 angegebene Menge nicht überschreiten, vorausgesetzt, die Nettomenge je Innenverpackung und die Nettomenge je Versandstück entsprechen den Vorschriften in 3.5.1.2 und 3.5.1.3, oder

.2 die als begrenzte Mengen, wie in Spalte 7a der Gefahrgutliste in Kapitel 3.2 angegeben, zugelassen sind, vorausgesetzt, die Nettomenge je Innenverpackung ist nicht größer als 250 ml oder 250 g.

Die Bestandteile dieser Testsätze oder Ausrüstungen dürfen nicht gefährlich miteinander reagieren (siehe 4.1.1.6). Die Gesamtmenge gefährlicher Güter je Testsatz oder Ausrüstung darf nicht größer sein als 1 Liter oder 1 kg.

Für Zwecke der Beschreibung der gefährlichen Güter im Beförderungsdokument gemäß 5.4.1.4.1 muss die im Beförderungsdokument angegebene Verpackungsgruppe der strengsten Verpackungsgruppe entsprechen, die einem der im Testsatz oder in der Ausrüstung enthaltenen Stoffe zugeordnet ist. Wenn der Testsatz oder die Ausrüstung nur gefährliche Güter enthält, denen keine Verpackungsgruppe zugeordnet ist, muss im Beförderungsdokument keine Verpackungsgruppe angegeben werden.

Testsätze oder Ausrüstungen, die auf Fahrzeugen zu Zwecken der Ersten Hilfe oder der Verwendung an Ort und Stelle befördert werden, unterliegen nicht den Vorschriften dieses Codes.

Testsätze oder Ausrüstungen in Innenverpackungen mit gefährlichen Gütern, die nicht die Mengen für begrenzte Mengen bezogen auf die einzelnen Stoffe wie in Spalte 7a der Gefahrgutliste, überschreiten, dürfen in Übereinstimmung mit Kapitel 3.4 befördert werden.

252 Wässerige Lösungen von Ammoniumnitrat mit höchstens 0,2 % brennbarer Stoffe und mit einer Konzentration von höchstens 80 % unterliegen nicht den Vorschriften dieses Codes, wenn das Ammoniumnitrat unter allen Beförderungsbedingungen gelöst bleibt.

266 Dieser Stoff darf, wenn er weniger Alkohol, Wasser oder Phlegmatisierungsmittel als angegeben enthält, nicht befördert werden, es sei denn, die zuständige Behörde hat eine besondere Genehmigung erteilt. *→ D: GGVSee § 11 Nr. 2* *→ D: GGVSee § 12 (1) Nr. 1 b)*

267 Sprengstoffe, Typ C, die Chlorate enthalten, müssen von explosiven Stoffen, die Ammoniumnitrat oder andere Ammoniumsalze enthalten, getrennt werden.

3.3 Sondervorschriften

3.3.1 (Forts.)

270 Wässerige Lösungen anorganischer fester Nitrate der Klasse 5.1 entsprechen nicht den Kriterien der Klasse 5.1, wenn die Konzentration der Stoffe in der Lösung bei der geringsten während der Beförderung erreichbaren Temperatur 80 % der Sättigungsgrenze nicht übersteigt.

→ D: GGVSee § 11 Nr. 2 → D: GGVSee § 12 (1) Nr. 1 b)

271 Als Phlegmatisierungsmittel dürfen Lactose, Glucose oder ähnliche Mittel verwendet werden, vorausgesetzt, der Stoff enthält mindestens 90 Masse-% Phlegmatisierungsmittel. Die zuständige Behörde kann auf der Grundlage von Prüfungen nach dem Handbuch Prüfungen und Kriterien, Teil I, Prüfreihe 6 (c), die an mindestens drei versandfertig vorbereiteten Verpackungen durchgeführt wurden, die Zuordnung dieser Gemische unter der Klasse 4.1 zulassen. Gemische mit mindestens 98 Masse-% Phlegmatisierungsmittel unterliegen nicht den Vorschriften dieses Codes. Versandstücke, die Gemische mit mindestens 90 Masse-% Phlegmatisierungsmittel enthalten, müssen nicht mit einem „GIFTIG" („TOXIC")-Zusatzgefahrzettel versehen sein.

→ D: GGVSee § 11 Nr. 2 → D: GGVSee § 12 (1) Nr. 1 b)

272 Dieser Stoff darf unter den Vorschriften der Klasse 4.1 nur mit besonderer Genehmigung der zuständigen Behörde befördert werden (siehe UN-Nummer 0143 bzw. 0150).

273 Maneb und Manebzubereitungen, die gegen Selbsterhitzung stabilisiert sind, müssen nicht der Klasse 4.2 zugeordnet werden, wenn durch Prüfungen nachgewiesen werden kann, dass sich ein kubisches Volumen von 1 m^3 des Stoffes nicht selbst entzündet und die Temperatur in der Mitte der Probe 200 °C nicht übersteigt, wenn die Probe während 24 Stunden auf einer Temperatur von mindestens 75 °C ± 2 °C gehalten wird.

274 Für den Zweck der Dokumentation und der Kennzeichnung des Versandstückes muss der richtige technische Name um die technische Benennung ergänzt werden (siehe 3.1.2.8.1).

277 Für Druckgaspackungen oder Gefäße, die giftige Stoffe enthalten, beträgt die begrenzte Menge 120 ml. Für alle anderen Druckgaspackungen oder Gefäße beträgt die begrenzte Menge 1 000 ml.

278 Diese Stoffe dürfen nur mit Zustimmung der zuständigen Behörde auf der Grundlage der Ergebnisse der Prüfungen der Prüfreihen 2 und 6 (c) von Teil I des Handbuchs Prüfungen und Kriterien an versandfertigen Versandstücken eingestuft und befördert werden (siehe 2.1.3.1). Die zuständige Behörde muss die Verpackungsgruppe auf der Grundlage der Kriterien des Kapitels 2.3 und des für die Prüfreihe 6 (c) verwendeten Verpackungstyps festlegen.

279 Anstelle der strikten Anwendung der Einstufungskriterien dieses Codes wurde dieser Stoff auf Grund von Erfahrungen in Bezug auf den Menschen klassifiziert oder einer Verpackungsgruppe zugeordnet.

280 Diese Eintragung gilt für Sicherheitseinrichtungen für Fahrzeuge, Schiffe oder Flugzeuge, z. B. Airbag-Gasgeneratoren, Airbag-Module, Gurtstraffer und pyromechanische Einrichtungen, die gefährliche Güter der Klasse 1 oder anderer Klassen enthalten, sofern diese als Bauteile befördert werden und sofern diese Gegenstände im versandfertigen Zustand in Übereinstimmung mit der Prüfreihe 6 (c) des Handbuchs Prüfungen und Kriterien Teil I geprüft worden sind, ohne dass eine Explosion der Einrichtung, eine Zertrümmerung des Einrichtungsgehäuses oder des Druckgefäßes und weder eine Splitterwirkung noch eine thermische Reaktion festgestellt wurde, die Maßnahmen zur Feuerbekämpfung oder andere Notfallmaßnahmen in unmittelbarer Umgebung wesentlich behindern könnten. Diese Eintragung gilt nicht für die in der Sondervorschrift 296 beschriebenen Rettungsmittel (UN-Nummern 2990 und 3072).

281 Die Beförderung von Heu, Stroh und Bhusa ist, wenn nass, feucht oder mit Öl verunreinigt, verboten. Wenn es nicht nass, feucht oder mit Öl verunreinigt ist, unterliegt es den Vorschriften dieses Codes.

283 Gegenstände, die ein Gas enthalten und als Stoßdämpfer dienen, einschließlich Stoßenergie absorbierende Einrichtungen oder Druckluftfedern unterliegen nicht den Vorschriften dieses Codes, vorausgesetzt:

.1 jeder Gegenstand hat einen Gasbehälter mit einem Fassungsraum von höchstens 1,6 Liter und einen Ladedruck von höchstens 280 bar, wobei das Produkt aus Fassungsraum (Liter) und Ladedruck (bar) 80 nicht überschreitet (d. h. 0,5 Liter Fassungsraum und 160 bar Ladedruck, 1 Liter Fassungsraum und 80 bar Ladedruck, 1,6 Liter Fassungsraum und 50 bar Ladedruck, 0,28 Liter Fassungsraum und 280 bar Ladedruck),

.2 jeder Gegenstand hat einen Berstdruck, der bei Produkten mit einem Fassungsraum des Gasbehälters von höchstens 0,5 Liter mindestens dem vierfachen Ladedruck und bei Produkten mit einem Fassungsraum des Gasbehälters von mehr ais 0,5 Liter mindestens dem fünffachen Ladedruck bei 20 °C entspricht, **3.3.1** (Forts.)

.3 jeder Gegenstand ist aus einem Werkstoff hergestellt, der bei Bruch nicht splittert,

.4 jeder Gegenstand ist nach einer für die zuständige Behörde annehmbaren Qualitätssicherungsnorm gefertigt und

.5 die Bauart wurde einem Brandtest unterzogen, bei dem nachgewiesen wurde, dass der Innendruck des Gegenstandes mittels einer Schmelzsicherung oder einer anderen Druckentlastungseinrichtung abgebaut wird, so dass der Gegenstand nicht splittern oder hochschießen kann.

284 Ein Sauerstoffgenerator, chemisch, der entzündend (oxidierend) wirkende Stoffe enthält, muss folgenden Bedingungen entsprechen:

.1 der Generator darf, wenn er eine Vorrichtung zur Auslösung von Explosivstoffen enthält, unter dieser Eintragung nur befördert werden, wenn er in Übereinstimmung mit 2.1.3 dieses Codes von der Klasse 1 ausgeschlossen ist,

.2 der Generator muss ohne seine Verpackung einer Fallprüfung aus 1,8 m Höhe auf eine starre, nicht federnde, ebene und horizontale Oberfläche in der Stellung, in der die Wahrscheinlichkeit eines Schadens am größten ist, ohne Austreten von Füllgut und ohne Auslösen standhalten und

.3 wenn ein Generator mit einer Auslösevorrichtung ausgerüstet ist, muss er mindestens zwei wirksame Sicherungsvorrichtungen gegen unbeabsichtigtes Auslösen haben.

286 Membranfilter aus Nitrocellulose, die unter diese Eintragung fallen und jeweils eine Masse von höchstens 0,5 g haben, unterliegen den Vorschriften dieses Codes nicht, wenn sie einzeln in einem Gegenstand oder in einem dicht verschlossenen Päckchen enthalten sind.

288 Diese Stoffe dürfen nur mit Zustimmung der zuständigen Behörde auf der Grundlage der Ergebnisse der Prüfungen der Prüfreihe 2 und 6 (c) von Teil I des Handbuchs Prüfungen und Kriterien an versandfertigen Versandstücken eingestuft und befördert werden (siehe 2.1.3).

289 Sicherheitseinrichtungen, elektrische Auslösung, und Sicherheitseinrichtungen, pyrotechnisch, die in Fahrzeugen, Schiffen oder Flugzeugen oder einbaufertigen Teilen, wie Lenksäulen, Türfüllungen, Sitze usw. montiert sind, unterliegen nicht den Vorschriften dieses Codes.

290 Wenn dieser radioaktive Stoff den Begriffsbestimmungen und Kriterien anderer in Teil 2 aufgeführter Klassen oder Unterklassen entspricht, ist er wie folgt zu klassifizieren:

.1 Wenn der Stoff den in Kapitel 3.5 aufgeführten Kriterien für gefährliche Güter in freigestellten Mengen entspricht, müssen die Verpackungen 3.5.2 entsprechen und die Prüfvorschriften in 3.5.3 erfüllen. Alle übrigen für freigestellte Versandstücke radioaktiver Stoffe in 1.5.1.5 aufgeführten anwendbaren Vorschriften gelten ohne Verweis auf die andere Klasse oder Unterklasse.

.2 Wenn die Menge die in 3.5.1.2 festgelegten Grenzwerte überschreitet, muss der Stoff nach der überwiegenden Zusatzgefahr klassifiziert werden. Das Beförderungsdokument muss den Stoff mit der UN-Nummer und dem richtigen technischen Namen beschreiben, die für die andere Klasse gelten, und durch die gemäß Kapitel 3.2 Gefahrgutliste Spalte 2 für das freigestellte Versandstück radioaktiver Stoffe geltende Benennung ergänzt werden; der Stoff muss nach den für diese UN-Nummer anwendbaren Vorschriften befördert werden. Nachfolgend ist ein Beispiel für die Angaben im Beförderungsdokument dargestellt:

UN 1993 ENTZÜNDBARER FLÜSSIGER STOFF, N.A.G. (Mischung aus Ethanol und Toluen), radioaktive Stoffe, freigestelltes Versandstück – begrenzte Stoffmenge, 3, VG II.

Darüber hinaus gelten die Vorschriften in 2.7.2.4.1.

.3 Die Vorschriften des Kapitels 3.4 für die Beförderung von in begrenzten Mengen verpackten gefährlichen Gütern gelten nicht für gemäß Unterabsatz .2 klassifizierte Stoffe.

.4 Wenn der Stoff einer Sondervorschrift entspricht, welche diesen Stoff von allen Vorschriften für gefährliche Güter der übrigen Klassen freistellt, muss er in Übereinstimmung mit der anwendbaren UN-Nummer der Klasse 7 zugeordnet werden und es gelten alle in 1.5.1.5 festgelegten Vorschriften.

3.3.1 (Forts.)

291 Verflüssigte entzündbare Gase müssen in Bauteilen von Kältemaschinen enthalten sein. Diese Bauteile müssen mindestens für den dreifachen Betriebsdruck der Kältemaschine ausgelegt und geprüft sein. Die Kältemaschinen und Bauteile von Kältemaschinen müssen so ausgelegt und gebaut sein, dass unter normalen Beförderungsbedingungen das verflüssigte Gas zurückgehalten und das Risiko des Berstens oder der Rissbildung der unter Druck stehenden Bauteile ausgeschlossen wird. Kältemaschinen und Bauteile von Kältemaschinen unterliegen nicht den Vorschriften dieses Codes, wenn sie weniger als 12 kg Gas enthalten.

293 Für Zündhölzer gelten folgende Begriffsbestimmungen:

.1 Sturmzündhölzer sind Zündhölzer, deren Köpfe mit einer reibungsempfindlichen Zündzusammensetzung und einer pyrotechnischen Zusammensetzung vorbereitet sind, die mit kleiner oder ohne Flamme, jedoch mit starker Hitze brennt;

.2 Sicherheitszündhölzer sind Zündholzer, die mit dem Heftchen, dem Briefchen oder der Schachtel kombiniert oder verbunden sind und nur auf einer vorbereiteten Oberfläche durch Reibung entzündet werden können,

.3 Zündhölzer, überall zündbar, sind Zündhölzer, die auf einer festen Oberfläche durch Reibung entzündet werden können,

.4 Wachszündhölzer sind Zündhölzer, die sowohl auf einer vorbereiteten als auch auf einer festen Oberfläche durch Reibung entzündet werden können.

294 Sicherheitszündhölzer und Wachs-„VESTA"-Zündhölzer in Außenverpackungen, bei denen eine Nettomasse von 25 kg nicht überschritten wird, unterliegen nicht anderen Vorschriften dieses Codes (außer der Kennzeichnung), wenn sie in Übereinstimmung mit der Verpackungsanweisung P407 verpackt sind.

295 Es ist nicht erforderlich, jede Batterie mit einem Kennzeichen und einem Gefahrzettel zu versehen, wenn auf der palettierten Ladung ein entsprechendes Kennzeichen und ein entsprechender Gefahrzettel angebracht sind.

296 Diese Eintragungen gelten für Rettungsmittel, wie Rettungsinseln oder -flöße, Auftriebshilfen und selbstaufblasende Rutschen. UN 2990 gilt für selbstaufblasende Rettungsmittel. UN 3072 gilt für nicht selbstaufblasende Rettungsmittel. Rettungsmittel dürfen enthalten:

.1 Signalkörper (Klasse 1), die Rauch- und Leuchtkugeln enthalten dürfen und die in Verpackungen eingesetzt sind, die sie vor einer unbeabsichtigten Auslösung schützen;

.2 nur die UN-Nummer 2990 darf Patronen – Antriebseinrichtungen der Unterklasse 1.4 Verträglichkeitsgruppe S – für den Selbstaufblas-Mechanismus enthalten, vorausgesetzt die Explosivstoffmenge je Rettungsmittel ist nicht größer als 3,2 g;

.3 verdichtete oder verflüssigte Gase der Klasse 2.2;

.4 Batterien (Akkumulatoren) (Klasse 8) und Lithiumbatterien (Klasse 9);

.5 Erste-Hilfe-Ausrüstungen oder Reparaturausrüstungen, die geringe Mengen gefährlicher Güter enthalten (z. B. Stoffe der Klasse 3, 4.1, 5.2, 8 oder 9), oder

.6 Zündhölzer, überall zündbar, die in Verpackungen eingesetzt sind, die sie vor einer unbeabsichtigten Auslösung schützen.

Rettungsmittel, die in widerstandsfähigen starren Außenverpackungen mit einer höchsten Gesamtbruttomasse von 40 kg verpackt sind und keine anderen gefährlichen Güter als verdichtete oder verflüssigte Gase der Klasse 2.2 ohne Zusatzgefahr in Gefäßen mit einem Fassungsraum von höchstens 120 ml enthalten, die ausschließlich zum Zweck der Aktivierung des Rettungsmittels eingebaut sind, unterliegen nicht den Vorschriften dieses Codes.

299 Sendungen von:

.1 Baumwolle, trocken, mit einer Dichte von mindestens 360 kg/m^3

.2 Flachs, trocken, mit einer Dichte von mindestens 400 kg/m^3

.3 Sisal, trocken, mit einer Dichte von mindestens 360 kg/m^3

.4 Tampico Fibre, trocken, mit einer Dichte von mindestens 360 kg/m^3

nach ISO 8115:1986 unterliegen nicht den Vorschriften dieses Codes, wenn sie in geschlossenen Güterbeförderungseinheiten befördert werden.

300 Fischmehl, Fischabfall oder Krillmehl darf nicht befördert werden, wenn die Verladetemperatur 35 °C übersteigt oder 5 °C über der Umgebungstemperatur liegt, wobei der höhere Wert anzusetzen ist. **3.3.1** (Forts.)

301 Die Eintragung ist nur für Maschinen oder Apparate, die gefährliche Güter als Rückstand enthalten oder für ein nicht trennbares Element einer Maschine oder eines Apparates anzuwenden. Sie darf nicht für Maschinen oder Apparate verwendet werden, für die ein technischer Name schon in der Gefahrgutliste aufgeführt ist. Maschinen und Apparate, die unter dieser Eintragung befördert werden, dürfen nur gefährliche Güter, die in Übereinstimmung mit den Vorschriften des Kapitels 3.4 erlaubt sind (begrenzte Mengen), enthalten. Die Menge der gefährlichen Güter in den Maschinen oder Apparaten darf nicht die Menge, wie sie in Spalte 7a der Gefahrgutliste für jedes gefährliche enthaltene Gut aufgeführt ist, überschreiten. Wenn die Maschine oder das Gerät mehrere gefährliche Güter enthält, muss jedes gefährliche Gut getrennt eingeschlossen sein, um zu verhindern, dass diese während der Beförderung gefährlich miteinander reagieren (siehe 4.1.1.6). Wenn sichergestellt werden muss, dass flüssige gefährliche Güter in ihrer vorgesehenen Ausrichtung verbleiben, müssen Ausrichtungspfeile gemäß den Vorschriften in 5.2.1.7.1 mindestens auf zwei gegenüberliegenden senkrechten Seiten angebracht sein, wobei die Pfeile in die richtige Richtung zeigen.

302 Begaste Güterbeförderungseinheiten, die keine anderen gefährlichen Güter enthalten, unterliegen nur den Vorschriften gemäß 5.5.2.

303 Die Gefäße müssen der Klasse und gegebenenfalls der Zusatzgefahr des darin enthaltenen Gases oder Gasgemisches zugeordnet werden, die nach den Vorschriften des Kapitels 2.2 zu bestimmen ist.

304 Diese Eintragung darf nur für die Beförderung nicht aktivierter Batterien verwendet werden, die Kaliumhydroxid, trocken, enthalten und die dazu bestimmt sind, vor der Verwendung durch die Hinzufügung einer geeigneten Menge von Wasser in die einzelnen Zellen aktiviert zu werden.

305 Diese Stoffe unterliegen in Konzentrationen von höchstens 50 mg/kg nicht den Vorschriften dieses Codes.

306 Diese Eintragung darf nur für Stoffe verwendet werden, die bei den Prüfungen gemäß Prüfreihe 2 (siehe Handbuch Prüfungen und Kriterien Teil I) zu unempfindlich für eine Zuordnung zur Klasse 1 sind.

307 Diese Eintragung darf nur für ammoniumnitrathaltige Düngemittel verwendet werden. Diese müssen in Übereinstimmung mit dem im Handbuch Prüfungen und Kriterien Teil III Abschnitt 39 festgelegten Verfahren klassifiziert werden.

308[1] Eine Stabilisierung des Fischmehls muss durch Zugabe von Ethoxyquin, BHT (Butylhydroxytoluol) oder Tocopherolen (auch verwendet in einer Mischung mit Rosmarinextrakt) während der Herstellung erreicht werden, um eine Selbsterhitzung zu verhindern. Diese Zugabe muss innerhalb von 12 Monaten vor der Beförderung erfolgen. Fischabfall oder Fischmehl muss wenigstens 50 ppm (mg/kg) Ethoxyquin, 100 ppm (mg/kg) BHT oder 250 ppm (mg/kg) tocopherolbasierte Antioxidantien zum Zeitpunkt der Beförderung enthalten.

309 Diese Eintragung gilt für nicht sensibilisierte Emulsionen, Suspensionen und Gele, die sich hauptsächlich aus einem Gemisch von Ammoniumnitrat und einem Brennstoff zusammensetzen und die für die Herstellung des Sprengstoffs Typ E nach einer zwingenden Vorbehandlung vor der Verwendung bestimmt sind.

Das Gemisch für Emulsionen hat typischerweise folgende Zusammensetzung: 60 bis 85 % Ammoniumnitrat, 5 bis 30 % Wasser, 2 bis 8 % Brennstoff, 0,5 bis 4 % Emulgator, 0 bis 10 % lösliche Flammenunterdrücker sowie Spurenzusätze. Ammoniumnitrat darf teilweise durch andere anorganische Nitratsalze ersetzt werden.

Das Gemisch für Suspensionen und Gele hat typischerweise folgende Zusammensetzung: 60 bis 85 % Ammoniumnitrat, 0 bis 5 % Natrium- oder Kaliumperchlorat, 0 bis 17 % Hexaminnitrat oder Monomethylaminnitrat, 5 bis 30 % Wasser, 2 bis 15 % Brennstoff, 0,5 bis 4 % Verdickungsmittel, 0 bis 10 % lösliche Flammenunterdrücker sowie Spurenzusätze. Ammoniumnitrat darf teilweise durch andere anorganische Nitratsalze ersetzt werden.

---

[1] Für die Beförderung von Fischmehl als Schüttgut siehe den IMSBC-Code.

3.3.1 (Forts.) Diese Stoffe müssen die Prüfungen 8 (a), (b) und (c) der Prüfreihe 8 des Handbuchs Prüfungen und Kriterien Teil I Abschnitt 18 bestehen und von der zuständigen Behörde zugelassen sein.

310 Die Prüfvorschriften des Handbuchs Prüfungen und Kriterien Teil III Unterabschnitt 38.3 gelten nicht für Produktionsserien von höchstens 100 Zellen oder Batterien oder für Vorproduktionsprototypen von Zellen oder Batterien, sofern diese Prototypen für die Prüfung befördert werden und gemäß Verpackungsanweisung P910 in 4.1.4.1 bzw. Verpackungsanweisung LP905 in 4.1.4.3 verpackt sind.

Das Beförderungsdokument muss folgenden Vermerk enthalten: „Beförderung nach Sondervorschrift 310".

Beschädigte oder defekte Zellen und Batterien oder Ausrüstungen mit solchen Zellen und Batterien müssen in Übereinstimmung mit der Sondervorschrift 376 befördert werden und gemäß Verpackungsanweisung P908 in 4.1.4.1 bzw. LP904 in 4.1.4.3 verpackt sein.

Zellen, Batterien oder Ausrüstungen mit Zellen und Batterien, die zur Entsorgung oder zum Recycling befördert werden, dürfen gemäß Sondervorschrift 377 und Verpackungsanweisung P909 in 4.1.4.1 verpackt sein.

311 Die Stoffe dürfen nur mit Genehmigung der zuständigen Behörde auf der Grundlage der Ergebnisse der entsprechenden Prüfungen gemäß Handbuch Prüfungen und Kriterien Teil I unter dieser Eintragung befördert werden. Die Verpackung muss sicherstellen, dass der Prozentsatz des Lösungsmittels zu keinem Zeitpunkt während der Beförderung unter den in der Genehmigung der zuständigen Behörde festgelegten Wert fällt.

314 .1 Diese Stoffe neigen bei erhöhten Temperaturen zur exothermen Zersetzung. Die Zersetzung kann durch Wärme oder durch Unreinheiten (d. h. pulverförmige Metalle (Eisen, Mangan, Kobalt, Magnesium) und ihre Verbindungen) ausgelöst werden.

.2 Während der Beförderung dürfen diese Stoffe keiner direkten Sonneneinstrahlung und keinen Wärmequellen ausgesetzt sein und müssen an ausreichend belüfteten Stellen abgestellt sein.

315 Diese Eintragung darf nicht für Stoffe der Klasse 6.1 verwendet werden, welche den in 2.6.2.2.4.3 beschriebenen Kriterien für die Giftigkeit beim Einatmen für die Verpackungsgruppe I entsprechen.

316 Diese Eintragung gilt nur für Calciumhypochlorit, trocken, das in Form nicht krümelnder Tabletten befördert wird.

317 „Spaltbar, freigestellt" gilt nur für solche spaltbaren Stoffe und Versandstücke, die spaltbare Stoffe enthalten, die gemäß 2.7.2.3.5 ausgenommen sind.

318 Für Zwecke der Dokumentation ist der richtige technische Name durch die technische Benennung zu ergänzen (siehe 3.1.2.8). Technische Benennungen müssen auf dem Versandstück nicht angegeben werden. Wenn die zu befördernden ansteckungsgefährlichen Stoffe nicht bekannt sind, jedoch der Verdacht besteht, dass sie den Kriterien für eine Aufnahme in Kategorie A und für eine Zuordnung zur UN 2814 oder UN 2900 entsprechen, muss im Beförderungsdokument der Wortlaut „Verdacht auf ansteckungsgefährlichen Stoff der Kategorie A" nach dem richtigen technischen Namen im Beförderungsdokument, jedoch nicht auf der Außenverpackung, angegeben werden.

319 Stoffe, die in Übereinstimmung mit der Verpackungsanweisung P650 verpackt bzw. gekennzeichnet sind, unterliegen keinen weiteren Vorschriften dieses Codes.

321 Bei diesen Speichersystemen ist immer davon auszugehen, dass sie Wasserstoff enthalten.

322 Diese Güter sind, wenn sie in Form nicht krümelnder Tabletten befördert werden, der Verpackungsgruppe III zugeordnet.

324 Dieser Stoff muss in Konzentrationen von höchstens 99 % stabilisiert werden.

325 Im Falle von Uranhexafluorid, nicht spaltbar oder spaltbar, freigestellt, ist der Stoff der UN-Nummer 2978 zuzuordnen.

326 Im Falle von Uranhexafluorid, spaltbar, ist der Stoff der UN-Nummer 2977 zuzuordnen.

327 Abfall-Druckgaspackungen, die gemäß 5.4.1.4.3.3 versandt werden, dürfen für Wiederaufarbeitungs- oder Entsorgungszwecke unter dieser Eintragung befördert werden. Sie müssen nicht

gegen Bewegung und unbeabsichtigtes Entleeren geschützt sein, vorausgesetzt, es werden Maßnahmen getroffen, um einen gefährlichen Druckaufbau und die Bildung einer gefährlichen Atmosphäre zu verhindern. Abfall-Druckgaspackungen mit Ausnahme von undichten oder stark verformten müssen gemäß Verpackungsanweisung P207 und PP87 oder Verpackungsanweisung LP200 und L2 verpackt sein. Undichte oder stark verformte Abfall-Druckgaspackungen müssen in Bergungsverpackungen befördert werden, vorausgesetzt, es werden geeignete Maßnahmen ergriffen, um einen gefährlichen Druckaufbau zu verhindern. Abfall-Druckgaspackungen dürfen nicht in geschlossenen Frachtcontainern befördert werden. **3.3.1** (Forts.)

328 Diese Eintragung gilt für Brennstoffzellen-Kartuschen, einschließlich Brennstoffzellen in Ausrüstungen oder mit Ausrüstungen verpackt. Brennstoffzellen-Kartuschen, die in ein Brennstoffzellen-System eingebaut oder Bestandteil eines solchen Systems sind, gelten als Brennstoffzellen in Ausrüstungen. Eine Brennstoffzellen-Kartusche ist ein Gegenstand, in dem Brennstoff gespeichert wird, der über ein oder mehrere Ventile in die Brennstoffzelle abgegeben wird, welche die Abgabe von Brennstoff in die Brennstoffzelle steuern. Brennstoffzellen-Kartuschen, einschließlich solche, die in Ausrüstungen enthalten sind, müssen so ausgelegt und gebaut sein, dass unter normalen Beförderungsbedingungen ein Freiwerden des Brennstoffs verhindert wird.

Bauarten von Brennstoffzellen-Kartuschen, bei denen flüssige Stoffe als Brennstoffe verwendet werden, müssen einer Innendruckprüfung bei einem Druck von 100 kPa (Überdruck) unterzogen werden, ohne dass es zu einer Undichtheit kommt.

Mit Ausnahme von Brennstoffzellen-Kartuschen, die Wasserstoff in einem Metallhydrid enthalten und die der Sondervorschrift 339 entsprechen, muss für jede Bauart von Brennstoffzellen-Kartuschen nachgewiesen werden, dass sie einer Fallprüfung aus 1,2 Metern Höhe auf eine unnachgiebige Oberfläche in der Ausrichtung, die mit größter Wahrscheinlichkeit zu einem Versagen des Umschließungssystems führt, standhalten, ohne dass es zu einem Freiwerden des Inhalts kommt.

Wenn Lithium-Metall- oder Lithium-Ionen-Batterien im Brennstoffzellen-System enthalten sind, muss die Sendung unter dieser Eintragung und unter der jeweils geeigneten Eintragung UN 3091 LITHIUM-METALL-BATTERIEN IN AUSRÜSTUNGEN oder UN 3481 LITHIUM-IONEN-BATTERIEN IN AUSRÜSTUNGEN versandt werden.

332 Magnesiumnitrat-Hexahydrat unterliegt nicht den Vorschriften dieses Codes.

333 Gemische von Ethanol und Benzin oder Ottokraftstoff für die Verwendung in Ottomotoren (z. B. in Kraftfahrzeugen, ortsfesten Motoren und anderen Motoren) sind ungeachtet der Bandbreite der Flüchtigkeit dieser Eintragung zuzuordnen.

334 Eine Brennstoffzellen-Kartusche darf einen Aktivator enthalten, vorausgesetzt, dieser ist mit zwei voneinander unabhängigen Vorrichtungen ausgerüstet, die während der Beförderung eine unbeabsichtigte Mischung mit dem Brennstoff verhindern.

335 Gemische fester Stoffe, die nicht den Vorschriften dieses Codes unterliegen, und umweltgefährdender flüssiger oder fester Stoffe sind der UN-Nummer 3077 zuzuordnen und dürfen unter dieser Eintragung befördert werden, vorausgesetzt, zum Zeitpunkt des Verladens des Stoffes oder des Verschließens der Verpackung oder der Güterbeförderungseinheit ist keine freie Flüssigkeit sichtbar. Wenn zum Zeitpunkt des Verladens des Gemisches oder des Verschließens der Verpackung oder der Güterbeförderungseinheit freie Flüssigkeit sichtbar ist, ist das Gemisch der UN-Nummer 3082 zuzuordnen. Jede Güterbeförderungseinheit muss bei der Verwendung als Schüttgut-Container flüssigkeitsdicht sein. Dicht verschlossene Päckchen und Gegenstände, die weniger als 10 ml eines in einem festen Stoff absorbierten umweltgefährdenden flüssigen Stoffes der UN 3082 enthalten, wobei das Päckchen oder der Gegenstand jedoch keine freie Flüssigkeit enthalten darf, oder die weniger als 10 g eines umweltgefährdenden festen Stoffes der UN 3077 enthalten, unterliegen nicht den Vorschriften diseses Codes.

338 Jede Brennstoffzellen-Kartusche, die unter dieser Eintragung befördert wird und für die Aufnahme eines verflüssigten entzündbaren Gases ausgelegt ist, muss folgenden Vorschriften entsprechen:

.1 Sie muss in der Lage sein, einem Druck standzuhalten, der mindestens dem Zweifachen des Gleichgewichtsdrucks des Inhalts bei 55 °C entspricht, ohne dass es zu einer Undichtheit oder einem Zerbersten kommt;

3.3.1 (Forts.)

.2 sie darf höchstens 200 ml verflüssigtes entzündbares Gas enthalten, dessen Dampfdruck bei 55 °C 1 000 kPa nicht übersteigen darf, und

.3 sie muss die in 6.2.4.1 beschriebene Prüfung in einem Heißwasserbad bestehen.

339 Brennstoffzellen-Kartuschen, die Wasserstoff in einem Metallhydrid enthalten und unter dieser Eintragung befördert werden, müssen einen mit Wasser ausgeliterten Fassungsraum von höchstens 120 ml haben.

Der Druck in der Brennstoffzellen-Kartusche darf bei 55 °C 5 MPa nicht überschreiten. Das Baumuster muss einem Druck standhalten, der dem zweifachen Auslegungsdruck der Kartusche bei 55 °C oder dem um 200 kPa erhöhten Auslegungsdruck der Kartusche bei 55 °C entspricht, je nachdem, welcher der beiden Werte höher ist, ohne dass es zu einer Undichtheit oder einem Zerbersten kommt. Der Druck, bei dem diese Prüfung durchgeführt wird, ist in der Freifallprüfung und der Prüfung der zyklischen Wasserstoffbefüllung und -entleerung als „Mindestberstdruck des Gehäuses" bezeichnet.

Brennstoffzellen-Kartuschen müssen nach den vom Hersteller vorgegebenen Verfahren befüllt werden. Der Hersteller muss für jede Brennstoffzellen-Kartusche folgende Informationen zur Verfügung stellen:

.1 vor der ersten Befüllung und vor der Wiederbefüllung der Brennstoffzellen-Kartusche durchzuführende Prüfverfahren;

.2 zu beachtende Sicherheitsvorkehrungen und potenzielle Gefahren;

.3 Methode für die Bestimmung, wann der nominale Fassungsraum erreicht ist;

.4 minimaler und maximaler Druckbereich;

.5 minimaler und maximaler Temperaturbereich und

.6 sonstige Vorschriften, die bei der ersten Befüllung und der Wiederbefüllung einzuhalten sind, einschließlich der Art der für die erste Befüllung und die Wiederbefüllung zu verwendenden Ausrüstung.

Die Brennstoffzellen-Kartuschen müssen so ausgelegt und gebaut sein, dass unter normalen Beförderungsbedingungen ein Austreten von Brennstoff verhindert wird. Jedes Kartuschen-Baumuster, einschließlich Kartuschen, die Bestandteil einer Brennstoffzelle sind, muss folgenden Prüfungen erfolgreich unterzogen werden:

Freifallprüfung

Eine Freifallprüfung aus 1,8 Metern Höhe auf eine unnachgiebige Oberfläche in vier verschiedenen Ausrichtungen:

.1 vertikal auf das Ende, welches das Absperrventil enthält;

.2 vertikal auf das Ende, welches dem Absperrventil gegenüber liegt;

.3 horizontal auf eine nach oben zeigende Stahlspitze mit einem Durchmesser von 38 mm und

.4 in einem 45°-Winkel auf das Ende, welches das Absperrventil enthält.

Beim Aufbringen einer Seifenlösung oder anderer gleichwertiger Mittel auf allen möglichen Undichtheitspunkten darf keine Undichtheit festgestellt werden, wenn die Kartusche bis zu ihrem nominalen Fülldruck aufgeladen wird. Die Brennstoffzellen-Kartusche muss anschließend bis zur Zerstörung hydrostatisch unter Druck gesetzt werden. Der aufgezeichnete Berstdruck muss 85 % des Mindestberstdrucks des Gehäuses überschreiten.

Brandprüfung

Eine Brennstoffzellen-Kartusche, die bis zum nominalen Fassungsraum mit Wasserstoff gefüllt ist, muss einer Brandprüfung unter Flammeneinschluss unterzogen werden. Es wird davon ausgegangen, dass das Kartuschen-Baumuster, das eine eingebaute Lüftungseinrichtung enthalten darf, die Brandprüfung bestanden hat, wenn:

.1 der innere Druck ohne Zerbersten der Kartusche auf 0 bar Überdruck entlastet wird oder

.2 die Kartusche dem Brand ohne Zerbersten mindestens 20 Minuten standhält.

Prüfung der zyklischen Wasserstoffbefüllung und -entleerung

Durch diese Prüfung soll sichergestellt werden, dass die Auslegungsbeanspruchungsgrenzwerte einer Brennstoffzellen-Kartusche während der Verwendung nicht überschritten werden.

Die Brennstoffzellen-Kartusche muss zyklisch von höchstens 5 % des nominalen Wasserstofffassungsraums auf mindestens 95% des nominalen Wasserstofffassungsraums aufgefüllt und auf höchstens 5 % des nominalen Wasserstofffassungsraums entleert werden. Bei der Befüllung muss der nominale Fülldruck verwendet werden, und die Temperaturen müssen innerhalb des Betriebstemperaturbereichs liegen. Die zyklische Befüllung und Entleerung muss mindestens 100 Mal durchgeführt werden. 3.3.1 (Forts.)

Nach der zyklischen Prüfung muss die Brennstoffzellen-Kartusche aufgefüllt und das durch die Kartusche verdrängte Wasservolumen gemessen werden. Es wird davon ausgegangen, dass das Kartuschen-Baumuster die Prüfung der zyklischen Wasserstoffbefüllung und -entleerung bestanden hat, wenn das Wasservolumen, das durch die der zyklischen Befüllung und Entleerung unterzogenen Kartusche verdrängt wird, nicht das Wasservolumen überschreitet, das von einer nicht der zyklischen Befüllung und Entleerung unterzogenen Kartusche, die zu 95 % ihres nominalen Fassungsraums aufgefüllt und zu 75 % des Mindestberstdrucks des Gehäuses unter Druck gesetzt ist, verdrängt wird.

Produktionsdichtheitsprüfung

Jede Brennstoffzellen-Kartusche muss, während sie mit ihrem nominalen Fülldruck unter Druck gesetzt ist, bei 15 °C ± 5 °C auf Undichtheiten geprüft werden. Beim Aufbringen einer Seifenlösung oder anderer gleichwertiger Mittel auf allen möglichen Undichtheitspunkten darf keine Undichtheit festgestellt werden.

Jede Brennstoffzellen-Kartusche muss dauerhaft mit folgenden Informationen gekennzeichnet sein:

.1 dem nominalen Fülldruck in MPa;

.2 der vom Hersteller vergebenen Seriennummer der Brennstoffzellen-Kartusche oder einer einmal vergebenen Identifizierungsnummer und

.3 dem auf der höchsten Lebensdauer basierenden Ablaufdatum (Angabe des Jahres in vier Ziffern, des Monats in zwei Ziffern).

340 Chemie-Testsätze, Erste-Hilfe-Ausrüstungen und Polyesterharz-Mehrkomponentensysteme, die gefährliche Stoffe in Innenverpackungen in Mengen enthalten, welche die für einzelne Stoffe anwendbaren, in Spalte 7b der Gefahrgutliste festgelegten Mengengrenzwerte für freigestellte Mengen nicht überschreiten, dürfen in Übereinstimmung mit Kapitel 3.5 befördert werden. Obwohl Stoffe der Klasse 5.2 in Spalte 7b der Gefahrgutliste nicht als freigestellte Mengen zugelassen sind, sind sie in solchen Testsätzen, Ausrüstungen oder Systemen zugelassen und dem Code E2 zugeordnet (siehe 3.5.1.2).

341 Die Beförderung von ansteckungsgefährlichen Stoffen in loser Schüttung in Schüttgut-Containern BK2 ist nur für ansteckungsgefährliche Stoffe zugelassen, die in tierischen Stoffen nach der Begriffsbestimmung in 1.2.1 enthalten sind (siehe 4.3.2.4.1).

342 Innengefäße aus Glas (wie Ampullen oder Kapseln), die nur für die Verwendung in Sterilisationsgeräten vorgesehen sind, dürfen, wenn sie weniger als 30 ml Ethylenoxid je Innenverpackung und höchstens 300 ml je Außenverpackung enthalten, unabhängig von der Angabe „E0" in Spalte 7b der Gefahrgutliste nach den Vorschriften des Kapitels 3.5 befördert werden, vorausgesetzt:

.1 nach dem Befüllen wurde für jedes Innengefäß aus Glas die Dichtheit wie folgt festgestellt: Das Innengefäß aus Glas wird in ein Heißwasserbad mit einer Temperatur und für eine Dauer eingesetzt, die ausreichend sind, um sicherzustellen, dass ein Innendruck erreicht wird, der dem Dampfdruck von Ethylenoxid bei 55 °C entspricht. Innengefäße aus Glas, die bei dieser Prüfung Anzeichen für eine Undichtheit, eine Verformung oder einen anderen Mangel liefern, dürfen nicht nach dieser Sondervorschrift befördert werden;

.2 zusätzlich zu der in 3.5.2 vorgeschriebenen Verpackung wird jedes Innengefäß aus Glas in einen dichten Kunststoffsack eingesetzt, der mit Ethylenoxid verträglich und in der Lage ist, den Inhalt im Fall eines Bruches oder einer Undichtheit des Innengefäßes aus Glas aufzunehmen, und

.3 jedes Innengefäß aus Glas ist durch Mittel (z. B. Schutzhülsen oder Polsterung) geschützt, die ein Durchstoßen des Kunststoffsackes im Fall einer Beschädigung der Verpackung (z. B. durch Zerdrücken) verhindern.

3.3.1 (Forts.)

343 Diese Eintragung gilt für Roherdöl, das Schwefelwasserstoff in ausreichender Konzentration enthält, dass die vom Roherdöl entwickelten Dämpfe eine Gefahr beim Einatmen darstellen können. Die Verpackungsgruppe muss anhand der Gefahr der Entzündbarkeit und der Gefahr beim Einatmen nach dem Gefahrengrad bestimmt werden.

344 Die Vorschriften gemäß 6.2.4 müssen eingehalten werden.

345 Dieses Gas, das in offenen Kryo-Behältern mit einem höchsten Fassungsraum von einem Liter und Doppelwänden aus Glas enthalten ist, bei denen der Zwischenraum zwischen der Innen- und Außenwand luftleer (vakuumisoliert) ist, unterliegt nicht den Vorschriften dieses Codes, vorausgesetzt, jeder Behälter wird in einer Außenverpackung mit ausreichendem Polstermaterial oder saugfähigem Material befördert, um ihn vor Beschädigungen durch Stoß zu schützen.

346 Offene Kryo-Behälter, die den Vorschriften der Verpackungsanweisung P203 entsprechen und keine gefährlichen Güter mit Ausnahme von UN 1977 Stickstoff, tiefgekühlt, flüssig, der vollständig von einem porösen Material aufgesaugt ist, enthalten, unterliegen keinen weiteren Vorschriften dieses Codes.

→ D: GGVSee § 11 Nr. 2
→ D: GGVSee § 12 (1) Nr. 1 b)

347 Diese Eintragung darf nur verwendet werden, wenn die Ergebnisse der Prüfreihe 6 (d) des Handbuchs Prüfungen und Kriterien Teil I gezeigt haben, dass alle aus der Funktion herrührenden Gefahren auf das Innere des Versandstücks beschränkt bleiben.

348 Batterien, die nach dem 31. Dezember 2011 hergestellt werden, müssen auf dem Außengehäuse mit der Nennenergie in Wattstunden gekennzeichnet sein.

→ D: GGVSee § 17 Nr. 1
→ D: GGVSee § 21 Nr. 1

349 Mischungen eines Hypochlorits mit einem Ammoniumsalz sind zur Beförderung nicht zugelassen. UN 1791 Hypochloritlösung ist ein Stoff der Klasse 8.

→ D: GGVSee § 17 Nr. 1
→ D: GGVSee § 21 Nr. 1

350 Ammoniumbromat und seine wässerigen Lösungen sowie Mischungen eines Bromats mit einem Ammoniumsalz sind zur Beförderung nicht zugelassen.

→ D: GGVSee § 17 Nr. 1
→ D: GGVSee § 21 Nr. 1

351 Ammoniumchlorat und seine wässerigen Lösungen sowie Mischungen eines Chlorats mit einem Ammoniumsalz sind zur Beförderung nicht zugelassen.

→ D: GGVSee § 17 Nr. 1
→ D: GGVSee § 21 Nr. 1

352 Ammoniumchlorit und seine wässerigen Lösungen sowie Mischungen eines Chlorits mit einem Ammoniumsalz sind zur Beförderung nicht zugelassen.

→ D: GGVSee § 17 Nr. 1
→ D: GGVSee § 21 Nr. 1

353 Ammoniumpermanganat und seine wässerigen Lösungen sowie Mischungen eines Permanganats mit einem Ammoniumsalz sind zur Beförderung nicht zugelassen.

354 Dieser Stoff ist beim Einatmen giftig.

355 Sauerstoffflaschen für Notfallzwecke, die unter dieser Eintragung befördert werden, dürfen eingebaute Auslösekartuschen (Kartusche mit Antriebseinrichtung der Unterklasse 1.4 Verträglichkeitsgruppe C oder S) enthalten, ohne dass dadurch die Klassifizierung der Klasse 2.2 verändert wird, vorausgesetzt, die Gesamtmenge der deflagrierenden (antreibenden) explosiven Stoffe je Sauerstoffflasche überschreitet nicht 3,2 g. Die versandfertigen Flaschen mit den eingebauten Auslösekartuschen müssen über eine wirksame Vorrichtung zum Schutz vor unbeabsichtigtem Auslösen versehen sein.

356 Metallhydrid-Speichersysteme, die in Fahrzeugen, Schiffen oder Flugzeugen oder in einbaufertigen Teilen eingebaut sind oder für einen Einbau in Fahrzeuge, Schiffe oder Flugzeuge vorgesehen sind, müssen vor der Annahme zur Beförderung von der zuständigen Behörde zugelassen werden. Das Beförderungsdokument muss die Angabe enthalten, dass das Versandstück von der zuständigen Behörde des Herstellungslandes zugelassen wurde, oder jede Sendung muss durch eine Kopie der Zulassung der zuständigen Behörde des Herstellungslandes begleitet werden.

357 Roherdöl, das Schwefelwasserstoff in ausreichender Konzentration enthält, so dass die vom Roherdöl entwickelten Dämpfe eine Gefahr beim Einatmen darstellen können, muss unter der Eintragung UN 3494 SCHWEFELREICHES ROHERDÖL, ENTZÜNDBAR, GIFTIG versandt werden.

358 Nitroglycerin, Lösung in Alkohol mit mehr als 1 %, aber höchstens 5 % Nitroglycerin darf der Klasse 3 und UN 3064 zugeordnet werden, vorausgesetzt, alle Vorschriften der Verpackungsanweisung P300 werden erfüllt.

359 Nitroglycerin, Lösung in Alkohol mit mehr als 1 %, aber höchstens 5 % Nitroglycerin muss der Klasse 1 und UN 0144 zugeordnet werden, wenn nicht alle Vorschriften der Verpackungsanweisung P300 erfüllt werden. **3.3.1** (Forts.)

360 Fahrzeuge, die nur durch Lithium-Metall- oder Lithium-Ionen-Batterien angetrieben werden, müssen unter der Eintragung UN 3171 BATTERIEBETRIEBENES FAHRZEUG befördert werden.

361 Diese Eintragung gilt für Doppelschicht-Kondensatoren mit einer Energiespeicherkapazität von mehr als 0,3 Wh. Kondensatoren mit einer Energiespeicherkapazität von höchstens 0,3 Wh unterliegen nicht den Vorschriften dieses Codes. Unter Energiespeicherkapazität versteht man die aus der Nennspannung und Nennkapazität errechnete Energie, die von dem Kondensator gespeichert wird. Alle Kondensatoren, für die diese Eintragung anwendbar ist, einschließlich Kondensatoren, die einen Elektrolyt enthalten, welcher nicht den Klassifizierungskriterien einer Gefahrgutklasse oder Unterklasse entspricht, müssen den folgenden Vorschriften entsprechen:

.1 Kondensatoren, die nicht in Ausrüstungen eingebaut sind, müssen in ungeladenem Zustand befördert werden. Kondensatoren, die in Ausrüstungen eingebaut sind, müssen entweder in ungeladenem Zustand befördert werden oder gegen Kurzschluss geschützt sein;

.2 jeder Kondensator muss gegen die potenzielle Gefahr eines Kurzschlusses während der Beförderung wie folgt geschützt sein:

 .1 wenn die Energiespeicherkapazität eines Kondensators höchstens 10 Wh beträgt oder wenn die Energiespeicherkapazität jedes Kondensators in einem Modul höchstens 10 Wh beträgt, muss der Kondensator oder das Modul gegen Kurzschluss geschützt sein oder mit einem Metallbügel ausgestattet sein, der die Pole miteinander verbindet; und

 .2 wenn die Energiespeicherkapazität eines Kondensators oder eines Kondensators in einem Modul mehr als 10 Wh beträgt, muss der Kondensator oder das Modul mit einem Metallbügel ausgestattet sein, der die Pole miteinander verbindet;

.3 Kondensatoren, die gefährliche Güter enthalten, müssen so ausgelegt sein, dass sie einem Druckunterschied von 95 kPa standhalten;

.4 Kondensatoren müssen so ausgelegt und gebaut sein, dass sie den Druck, der sich bei der Verwendung aufbauen kann, über ein Ventil oder über eine Sollbruchstelle im Kondensatorgehäuse sicher abbauen. Die bei der Entlüftung eventuell freiwerdende Flüssigkeit muss durch die Verpackung oder die Ausrüstung, in die der Kondensator eingebaut ist, zurückgehalten werden; und

.5 nach dem 31. Dezember 2013 hergestellte Kondensatoren müssen mit der Energiespeicherkapazität in Wh gekennzeichnet sein.

Kondensatoren, die einen Elektrolyt enthalten, der den Klassifizierungskriterien keiner Gefahrgutklasse oder Unterklasse entspricht, einschließlich Kondensatoren in Ausrüstungen, unterliegen nicht den übrigen Vorschriften dieses Codes.

Kondensatoren, die einen den Klassifizierungskriterien einer Gefahrgutklasse oder Unterklasse entsprechenden Elektrolyt enthalten und eine Energiespeicherkapazität von höchstens 10 Wh haben, unterliegen nicht den übrigen Vorschriften dieses Codes, wenn sie in der Lage sind, in unverpacktem Zustand einer Fallprüfung aus 1,2 Metern Höhe auf eine unnachgiebige Oberfläche ohne Verlust von Inhalt standzuhalten.

Kondensatoren, die einen den Klassifizierungskriterien einer Gefahrgutklasse oder Unterklasse entsprechenden Elektrolyt enthalten, nicht in Ausrüstungen eingebaut sind und eine Energiespeicherkapazität von mehr als 10 Wh haben, unterliegen den Vorschriften dieses Codes.

Kondensatoren, die in Ausrüstungen eingebaut sind und einen den Klassifizierungskriterien einer Gefahrgutklasse oder Unterklasse entsprechenden Elektrolyt enthalten, unterliegen nicht den übrigen Vorschriften dieses Codes, vorausgesetzt, die Ausrüstung ist in einer widerstandsfähigen Außenverpackung verpackt, die aus einem geeigneten Werkstoff hergestellt ist und hinsichtlich ihrer beabsichtigten Verwendung eine geeignete Festigkeit und Auslegung aufweist; die Außenverpackung muss außerdem so gebaut sein, dass ein unbeabsichtigter Betrieb der Kondensatoren während der Beförderung verhindert wird. Große widerstandsfähige Ausrüstungen mit Kondensatoren dürfen unverpackt oder auf Paletten zur Beförderung aufgegeben wer-

3.3.1 (Forts.) den, wenn die Kondensatoren durch die Ausrüstung, in der sie enthalten sind, in gleichwertiger Weise geschützt werden.

Bemerkung: *Kondensatoren, die aufgrund ihrer Auslegung eine Endspannung aufrecht erhalten (z. B. asymmetrische Kondensatoren) fallen nicht unter diese Eintragung.*

362 Diese Eintragung gilt für flüssige Stoffe, Pasten oder Pulver, die mit einem Treibmittel beaufschlagt sind, das der Begriffsbestimmung für Gase gemäß 2.2.1.1 und 2.2.1.2.1 oder 2.2.1.2.2 entspricht

Bemerkung: *Eine Chemikalie unter Druck in einer Druckgaspackung ist unter der UN-Nummer 1950 zu befördern.*

Die folgenden Bestimmungen finden Anwendung:

.1 Die Chemikalie unter Druck ist auf Grundlage der Gefahreneigenschaften der Bestandteile in den verschiedenen Zuständen zu klassifizieren:

– das Treibmittel,

– der flüssige Stoff oder

– der feste Stoff.

Muss einer dieser Bestandteile, bei dem es sich um einen reinen Stoff oder ein Mischung handeln kann, als entzündbar klassifiziert werden, so ist die Chemikalie unter Druck als entzündbar zu klassifizieren und der Unterklasse 2.1 zuzuordnen. Entzündbare Bestandteile sind entzündbare flüssige Stoffe und Mischungen flüssiger Stoffe, entzündbare feste Stoffe und Mischungen fester Stoffe oder entzündbare Gase und Gasmischungen, die die folgenden Kriterien erfüllen:

.1 Ein entzündbarer flüssiger Stoff ist ein flüssiger Stoff mit einem Flammpunkt von höchstens 93 °C.

.2 Ein entzündbarer fester Stoff ist ein fester Stoff, der die Kriterien in 2.4.2.2 dieses Codes erfüllt.

.3 Ein entzündbares Gas ist ein Gas, das die Kriterien in 2.2.2.1 dieses Codes erfüllt.

.2 Gase der Klasse 2.3 und Gase mit einer Zusatzgefahr der Klasse 5.1 dürfen nicht als Treibmittel in einer Chemikalie unter Druck verwendet werden.

.3 Sind die flüssigen oder festen Bestandteile als gefährliche Güter der Klasse 6.1 Verpackungsgruppe II oder III oder der Klasse 8 Verpackungsgruppe II oder III klassifiziert, so sind der Chemikalie unter Druck eine Zusatzgefahr der Klasse 6.1 oder der Klasse 8 und die entsprechende UN-Nummer zuzuordnen. Bestandteile, die der Klasse 6.1 Verpackungsgruppe I oder der Klasse 8 Verpackungsgruppe I zugeordnet sind, dürfen nicht für die Beförderung unter diesem richtigen technischen Namen verwendet werden.

.4 Des Weiteren dürfen Chemikalien unter Druck mit Bestandteilen, die die Eigenschaften der Klasse 1 (explosive Stoffe und Gegenstände mit Explosivstoff), Klasse 3 (desensibilisierte explosive flüssige Stoffe), Klasse 4.1 (selbstzersetzliche Stoffe und desensibilisierte explosive feste Stoffe), Klasse 4.2 (selbstentzündliche Stoffe), Klasse 4.3 (Stoffe, die in Berührung mit Wasser entzündbare Gase entwickeln), Klasse 5.1 (entzündend (oxidierend) wirkende Stoffe), Klasse 5.2 (organische Peroxide), Klasse 6.2 (ansteckungsgefährliche Stoffe) oder Klasse 7 (radioaktive Stoffe) aufweisen, nicht unter diesem richtigen technischen Namen befördert werden.

.5 Stoffe, denen in den Spalten 9 und 14 der Gefahrgutliste in Kapitel 3.2 die Sondervorschriften PP86 bzw. TP7 zugeordnet sind und bei denen daher die Luft aus dem Dampfraum zu entfernen ist, dürfen nicht für die Beförderung unter dieser UN-Nummer verwendet werden, sondern sind unter ihren jeweiligen UN-Nummern in Übereinstimmung mit der Gefahrgutliste in Kapitel 3.2 zu befördern.

363 Diese Eintragung darf nur verwendet werden, wenn die Bedingungen dieser Sondervorschrift erfüllt werden. Die übrigen Vorschriften dieses Codes gelten nicht, ausgenommen Sondervorschrift 972, Kapitel 5.4, Teil 7 und die Spalten 16a und 16b der Gefahrgutliste.

.1 Diese Eintragung gilt für Motoren oder Maschinen, die durch als gefährliche Güter klassifizierte Brennstoffe über Verbrennungssysteme oder Brennstoffzellen angetrieben werden

(z. B. Verbrennungsmotoren, Generatoren, Kompressoren, Turbinen, Heizvorrichtungen usw.), ausgenommen solche, die der UN-Nummer 3166 oder 3363 zugeordnet sind. **3.3.1** (Forts.)

.2 Motoren oder Maschinen, die frei von flüssigen oder gasförmigen Brennstoffen sind und keine anderen gefährlichen Güter enthalten, unterliegen nicht diesem Code.

Bemerkung 1: *Ein Motor oder eine Maschine gilt als frei von flüssigen Brennstoffen, wenn der Flüssigbrennstoffbehälter entleert wurde und der Motor oder die Maschine wegen Brennstoffmangels nicht betrieben werden kann. Motoren- oder Maschinenbauteile wie Brennstoffleitungen, -filter und -einspritzer müssen nicht gereinigt, entleert oder entgast werden, damit sie als frei von flüssigen Brennstoffen gelten. Darüber hinaus muss der Flüssigbrennstoffbehälter nicht gereinigt oder entgast werden.*

Bemerkung 2: *Ein Motor oder eine Maschine gilt als frei von gasförmigen Brennstoffen, wenn die Behälter für gasförmige Brennstoffe frei von Flüssigkeiten (bei verflüssigten Gasen) sind, der Überdruck in den Behältern nicht größer als 2 bar ist und der Brennstoffabsperrhahn oder das Brennstoffabsperrventil geschlossen und gesichert ist.*

.3 Motoren und Maschinen, die Brennstoffe enthalten, die den Klassifizierungskriterien der Klasse 3 entsprechen, müssen unter der Eintragung UN 3528 VERBRENNUNGSMOTOR MIT ANTRIEB DURCH ENTZÜNDBARE FLÜSSIGKEIT oder UN 3528 BRENSTOFFZELLEN-MOTOR MIT ANTRIEB DURCH ENTZÜNDBARE FLÜSSIGKEIT oder UN 3528 VERBRENNUNGSMASCHINE MIT ANTRIEB DURCH ENTZÜNDBARE FLÜSSIGKEIT oder UN 3528 MASCHINE MIT BRENNSTOFFZELLEN-MOTOR MIT ANTRIEB DURCH ENTZÜNDBARE FLÜSSIGKEIT versendet werden.

.4 Motoren und Maschinen, die Brennstoffe enthalten, die den Klassifizierungskriterien der Klasse 2.1 entsprechen, müssen unter der Eintragung UN 3529 VERBRENNUNGSMOTOR MIT ANTRIEB DURCH ENTZÜNDBARES GAS oder UN 3529 BRENSTOFFZELLEN-MOTOR MIT ANTRIEB DURCH ENTZÜNDBARES GAS oder UN 3529 VERBRENNUNGSMASCHINE MIT ANTRIEB DURCH ENTZÜNDBARES GAS oder UN 3529 MASCHINE MIT BRENNSTOFFZELLEN-MOTOR MIT ANTRIEB DURCH ENTZÜNDBARES GAS versendet werden.

Motoren und Maschinen, die sowohl durch ein entzündbares Gas als auch durch eine entzündbare Flüssigkeit angetrieben werden, müssen unter der entsprechenden Eintragung der UN-Nummer 3529 versendet werden.

.5 Motoren und Maschinen, die flüssige Brennstoffe enthalten, die den Klassifizierungskriterien von 2.9.3 für umweltgefährdende Stoffe und nicht den Klassifizierungskriterien einer anderen Klasse oder Unterklasse entsprechen, müssen unter der Eintragung UN 3530 VERBRENNUNGSMOTOR bzw. UN 3530 VERBRENNUNGSMASCHINE versendet werden.

.6 Sofern in diesem Code nichts anderes vorgeschrieben ist, dürfen Motoren oder Maschinen neben Brennstoffen auch andere gefährliche Güter enthalten (z. B. Batterien, Feuerlöscher, Druckgasspeicher oder Sicherheitseinrichtungen), die für ihre Funktion oder ihren sicheren Betrieb erforderlich sind, ohne dass sie in Bezug auf diese anderen gefährlichen Güter zusätzlichen Vorschriften unterliegen.

.7 Der Motor oder die Maschine, einschließlich des Umschließungsmittels, das die gefährlichen Güter enthält, muss den Bauvorschriften der zuständigen Behörde entsprechen.

.8 Alle Ventile oder Öffnungen (z. B. Lüftungseinrichtungen) müssen während der Beförderung geschlossen sein.

.9 Die Motoren oder Maschinen müssen so ausgerichtet sein, dass ein unbeabsichtigtes Freiwerden gefährlicher Güter verhindert wird, und sie müssen durch Mittel gesichert sein, mit denen die Motoren oder Maschinen so fixiert werden können, dass Bewegungen während der Beförderung, die zu einer Veränderung der Ausrichtung oder zu einer Beschädigung führen können, verhindert werden.

.10 Für UN 3528 und UN 3530:

– Wenn der Motor oder die Maschine mehr als 60 Liter flüssigen Brennstoff bei einem Fassungsraum von höchstens 450 Litern enthält, sind die Bezettelungsvorschriften in 5.2.2 anwendbar.

3.3.1 (Forts.)

– Wenn der Motor oder die Maschine mehr als 60 Liter flüssigen Brennstoff bei einem Fassungsraum von mehr als 450 Litern, aber höchstens 3 000 Litern enthält, muss der Motor oder die Maschine gemäß 5.2.2 an zwei gegenüberliegenden Seiten bezettelt sein.

– Wenn der Motor oder die Maschine mehr als 60 Liter flüssigen Brennstoff bei einem Fassungsraum von mehr als 3 000 Litern enthält, muss der Motor oder die Maschine gemäß 5.3.1.1.2 an zwei gegenüberliegenden Seiten mit Placards versehen sein.

– Für UN 3530 gilt zusätzlich zu den oben genannten Vorschriften Folgendes: Wenn der Motor oder die Maschine mehr als 60 Liter flüssigen Brennstoff bei einem Fassungsraum von höchstens 3 000 Litern enthält, sind die Kennzeichnungsvorschriften in 5.2.1.6 anwendbar; und wenn der Motor oder die Maschine mehr als 60 Liter flüssigen Brennstoff bei einem Fassungsraum von mehr als 3 000 Litern enthält, sind die Kennzeichnungsvorschriften in 5.3.2.3.2 anwendbar.

.11 Für UN 3529:

– Wenn der Brennstoffbehälter des Motors oder der Maschine einen mit Wasser ausgeliterten Fassungsraum von höchstens 450 Litern hat, sind die Bezettelungsvorschriften in 5.2.2 anwendbar.

– Wenn der Brennstoffbehälter des Motors oder der Maschine einen mit Wasser ausgeliterten Fassungsraum von mehr als 450 Litern, aber höchstens 1 000 Litern hat, muss der Motor oder die Maschine gemäß 5.2.2 an zwei gegenüberliegenden Seiten bezettelt sein.

– Wenn der Brennstoffbehälter des Motors oder der Maschine einen mit Wasser ausgeliterten Fassungsraum von mehr als 1 000 Litern hat, muss der Motor oder die Maschine gemäß 5.3.1.1.2 an zwei gegenüberliegenden Seiten mit Placards versehen sein.

.12 Das Beförderungsdokument muss zusätzlich folgenden Vermerk enthalten: „Beförderung nach Sondervorschrift 363"/„Transport in accordance with special provision 363".

.13 Die in der Verpackungsanweisung P005 in 4.1.4.1 festgelegten Vorschriften müssen erfüllt werden.

→ D: GGVSee § 11 Nr. 2
→ D: GGVSee § 12 (1) Nr. 1 b)

364 Dieser Gegenstand darf unter den Vorschriften des Kapitels 3.4 nur dann befördert werden, wenn das versandfertige Versandstück in der Lage ist, die Prüfreihe 6 (d) des Handbuchs Prüfungen und Kriterien Teil I nach den Bestimmungen der zuständigen Behörde erfolgreich zu bestehen.

365 Für hergestellte Instrumente und Gegenstände, die Quecksilber enthalten, siehe UN 3506.

366 Hergestellte Instrumente und Gegenstände, die höchstens 1 kg Quecksilber enthalten, unterliegen nicht den Vorschriften dieses Codes.

367 Für Zwecke der Dokumentation und der Kennzeichnung von Versandstücken gilt Folgendes:

Der richtige technische Name „Farbzubehörstoffe" darf für Sendungen von Versandstücken verwendet werden, die „Farbe" und „Farbzubehörstoffe" in ein und demselben Versandstück enthalten.

Der richtige technische Name „Farbzubehörstoffe, ätzend, entzündbar" darf für Sendungen von Versandstücken verwendet werden, die „Farbe, ätzend, entzündbar" und „Farbzubehörstoffe, ätzend, entzündbar" in ein und demselben Versandstück enthalten.

Der richtige technische Name „Farbzubehörstoffe, entzündbar, ätzend" darf für Sendungen von Versandstücken verwendet werden, die „Farbe, entzündbar, ätzend" und „Farbzubehörstoffe, entzündbar, ätzend" in ein und demselben Versandstück enthalten.

Der richtige technische Name „Druckfarbzubehörstoffe" darf für Sendungen von Versandstücken verwendet werden, die „Druckfarbe" und „Druckfarbzubehörstoffe" in ein und demselben Versandstück enthalten.

368 Im Fall von nicht spaltbarem oder spaltbarem freigestelltem Uranhexafluorid muss der Stoff der UN-Nummer 3507 oder 2978 zugeordnet werden.

369 Gemäß 2.0.3.5 ist dieser radioaktive Stoff in einem freigestellten Versandstück, der giftige und ätzende Eigenschaften besitzt, der Klasse 6.1 mit den Zusatzgefahren der Radioaktivität und der Ätzwirkung zugeordnet.

Uranhexafluorid darf dieser Eintragung nur zugeordnet werden, wenn die Vorschriften in 2.7.2.4.1.2, 2.7.2.4.1.5, 2.7.2.4.5.2 und für spaltbare freigestellte Stoffe in 2.7.2.3.5 erfüllt sind. **3.3.1** (Forts.)

Zusätzlich zu den für die Beförderung von Stoffen der Klasse 6.1 mit einer Zusatzgefahr der Ätzwirkung anwendbaren Vorschriften gelten die Vorschriften in 5.1.3.2, 5.1.5.2.2, 5.1.5.4.1.2, 7.1.4.5.9, 7.1.4.5.10, 7.1.4.5.12 und 7.8.4.1 bis 7.8.4.6.

Das Anbringen eines Gefahrzettels der Klasse 7 ist nicht erforderlich.

370 Diese Eintragung gilt für:

- Ammoniumnitrat mit mehr als 0,2 % brennbaren Stoffen, einschließlich jedes als Kohlenstoff berechneten organischen Stoffes, unter Ausschluss jedes anderen zugesetzten Stoffes und
- Ammoniumnitrat mit nicht mehr als 0,2 % brennbaren Stoffen, einschließlich jedes als Kohlenstoff berechneten organischen Stoffes, unter Ausschluss jedes anderen zugesetzten Stoffes, das bei den Prüfungen gemäß Prüfreihe 2 (siehe Handbuch Prüfungen und Kriterien Teil I) ein positives Ergebnis liefert. Siehe auch UN-Nummer 1942.

371 .1 Diese Eintragung gilt auch für Gegenstände, die ein kleines Druckgefäß mit einer Auslöseeinrichtung enthalten. Diese Gegenstände müssen folgenden Vorschriften entsprechen:

.1 Der mit Wasser ausgeliterte Fassungsraum des Druckgefäßes darf 0,5 Liter und der Betriebsdruck bei 15 °C 25 bar nicht übersteigen.

.2 Der Mindestberstdruck des Druckgefäßes muss mindestens dem vierfachen Gasdruck bei 15 °C entsprechen.

.3 Jeder Gegenstand muss so hergestellt sein, dass unter normalen Handhabungs-, Verpackungs-, Beförderungs- und Verwendungsbedingungen ein unbeabsichtigtes Abfeuern oder Auslösen vermieden wird. Dies kann durch eine zusätzliche mit dem Auslöser verbundene Verschlusseinrichtung erfüllt werden.

.4 Jeder Gegenstand muss so hergestellt sein, dass ein gefährliches Wegschleudern des Druckgefäßes oder Teile des Druckgefäßes verhindert wird.

.5 Jedes Druckgefäß muss aus einem Werkstoff hergestellt sein, der bei Bruch nicht splittert.

.6 Die Bauart des Gegenstands muss einer Brandprüfung unterzogen werden. Für diese Prüfung müssen die Vorschriften des Unterabschnitts 16.6.1.2 mit Ausnahme des Absatzes g) und die Vorschriften der Absätze 16.6.1.3.1 bis 16.6.1.3.6, 16.6.1.3.7 b) und 16.6.1.3.8 des Handbuchs Prüfungen und Kriterien angewendet werden. Es muss nachgewiesen werden, dass der Druck im Gegenstand mittels einer Schmelzsicherung oder einer anderen Druckentlastungseinrichtung abgebaut wird, so dass das Druckgefäß nicht splittern kann und der Gegenstand oder Splitter des Gegenstandes nicht mehr als 10 Meter hochschießen können.

.7 Die Bauart des Gegenstandes muss der folgenden Prüfung unterzogen werden. Für die Auslösung eines Gegenstands in der Mitte der Verpackung muss ein Aktivierungsmechanismus verwendet werden. Außerhalb des Versandstücks darf es zu keinen gefährlichen Auswirkungen kommen, wie Bersten des Versandstücks oder Austreten von Metallteilen oder des Gefäßes selbst aus der Verpackung.

.2 Der Hersteller muss eine technische Dokumentation über die Bauart, die Herstellung sowie die Prüfungen und deren Ergebnisse anfertigen. Der Hersteller muss Verfahren anwenden, um sicherzustellen, dass in Serie hergestellte Gegenstände von guter Qualität sind, der Bauart entsprechen und in der Lage sind, die Vorschriften in .1 zu erfüllen. Der Hersteller muss diese Informationen der zuständigen Behörde auf Verlangen zur Verfügung stellen.

372 Diese Eintragung gilt für asymmetrische Kondensatoren mit einer Energiespeicherkapazität von mehr als 0,3 Wh. Kondensatoren mit einer Energiespeicherkapazität von höchstens 0,3 Wh unterliegen nicht den Vorschriften dieses Codes.

Unter Energiespeicherkapazität versteht man die in einem Kondensator gespeicherte Energie, die anhand folgender Formel berechnet wird:

$$Wh = \frac{1}{2} C_N (U_R^2 - U_L^2) \times \frac{1}{3600}$$

unter Verwendung der Nennkapazität (C_N), der Nennspannung (U_R) und der Nennspannungsuntergrenze (U_L).

3.3.1 (Forts.) Alle asymmetrischen Kondensatoren, für die diese Eintragung anwendbar ist, müssen den folgenden Vorschriften entsprechen:

.1 Kondensatoren oder Module müssen gegen Kurzschluss geschützt sein;

.2 Kondensatoren müssen so ausgelegt und gebaut sein, dass sie den Druck, der sich bei der Verwendung aufbauen kann, über ein Ventil oder über eine Sollbruchstelle im Kondensatorgehäuse sicher abbauen. Die bei der Entlüftung eventuell freiwerdende Flüssigkeit muss durch die Verpackung oder die Ausrüstung, in die der Kondensator eingebaut ist, zurückgehalten werden;

.3 Nach dem 31. Dezember 2015 hergestellte Kondensatoren müssen mit der Energiespeicherkapazität in Wh gekennzeichnet sein;

.4 Kondensatoren, die einen den Klassifizierungskriterien einer Gefahrgutklasse oder -unterklasse entsprechenden Elektrolyt enthalten, müssen so ausgelegt sein, dass sie einem Druckunterschied von 95 kPa standhalten.

Kondensatoren, die einen Elektrolyt enthalten, der nicht den Klassifizierungskriterien einer Gefahrgutklasse oder -unterklasse entspricht, einschließlich in einem Modul konfigurierte oder in Ausrüstungen eingebaute Kondensatoren, unterliegen nicht den übrigen Vorschriften dieses Codes.

Kondensatoren, die einen den Klassifizierungskriterien einer Gefahrgutklasse oder -unterklasse entsprechenden Elektrolyt enthalten und eine Energiespeicherkapazität von höchstens 20 Wh haben, einschließlich in einem Modul konfigurierte Kondensatoren, unterliegen nicht den übrigen Vorschriften dieses Codes, wenn die Kondensatoren in der Lage sind, in unverpacktem Zustand einer Fallprüfung aus 1,2 Metern Höhe auf eine unnachgiebige Oberfläche ohne Verlust von Inhalt standzuhalten.

Kondensatoren, die einen den Klassifizierungskriterien einer Gefahrgutklasse oder -unterklasse entsprechenden Elektrolyt enthalten, nicht in Ausrüstungen eingebaut sind und eine Energiespeicherkapazität von mehr als 20 Wh haben, unterliegen den Vorschriften dieses Codes.

Kondensatoren, die in Ausrüstungen eingebaut sind und einen den Klassifizierungskriterien einer Gefahrgutklasse oder -unterklasse entsprechenden Elektrolyt enthalten, unterliegen nicht den übrigen Vorschriften dieses Codes, vorausgesetzt, die Ausrüstung ist in einer widerstandsfähigen Außenverpackung verpackt, die aus einem geeigneten Werkstoff hergestellt ist und hinsichtlich ihrer beabsichtigten Verwendung eine geeignete Festigkeit und Auslegung aufweist; die Außenverpackung muss außerdem so gebaut sein, dass ein unbeabsichtigter Betrieb der Kondensatoren während der Beförderung verhindert wird. Große widerstandsfähige Ausrüstungen mit Kondensatoren dürfen unverpackt oder auf Paletten zur Beförderung aufgegeben werden, wenn die Kondensatoren durch die Ausrüstung, in der sie enthalten sind, in gleichwertiger Weise geschützt werden.

Bemerkung: *Ungeachtet der Bestimmungen dieser Sondervorschrift müssen asymmetrische Nickel-Kohlenstoff-Kondensatoren, die alkalische Elektrolyte der Klasse 8 enthalten, unter UN 2795 BATTERIEN (AKKUMULATOREN), NASS, GEFÜLLT MIT ALKALIEN, elektrische Sammler, befördert werden.*

373 Neutronenstrahlungsdetektoren, die druckloses Bortrifluorid-Gas enthalten, dürfen unter dieser Eintragung befördert werden, vorausgesetzt, die folgenden Vorschriften werden erfüllt.

.1 Jeder Strahlungsdetektor muss folgende Vorschriften erfüllen:

- .1 der Absolutdruck bei 20 °C in jedem Detektor darf nicht größer sein als 105 kPa;
- .2 die Gasmenge je Detektor darf nicht größer sein als 13 g;
- .3 jeder Detektor muss gemäß einem registrierten Qualitätssicherungsprogramm hergestellt werden;

  Bemerkung: *Die Norm ISO 9001:2008 darf für diesen Zweck verwendet werden.*
- .4 jeder Neutronenstrahlungsdetektor muss aus einer geschweißten Metallkonstruktion mit hartgelötetem Metall an keramischen Durchführungsbauteilen bestehen. Diese Detektoren müssen einen durch eine Bauartqualifizierungsprüfung nachgewiesenen Mindestberstdruck von 1 800 kPa haben und
- .5 jeder Detektor muss vor dem Befüllen auf einen Dichtheitsstandard von 1×10^{-10} cm^3/s geprüft werden.

.2 Strahlungsdetektoren, die in Einzelteilen befördert werden, müssen wie folgt befördert werden: 3.3.1 (Forts.)

.1 die Detektoren müssen in einer dicht verschlossenen Zwischenauskleidung aus Kunststoff mit mit absorbierendem oder adsorbierendem Material verpackt sein, das ausreichend ist, um den gesamten Gasinhalt zu absorbieren oder zu adsorbieren;

.2 sie müssen in widerstandsfähigen Außenverpackungen verpackt sein. Das fertige Versandstück muss in der Lage sein, einer Fallprüfung aus 1,8 m Höhe ohne Verlust von Gasinhalt aus den Detektoren standzuhalten;

.3 die Gesamtmenge an Gas aller Detektoren je Außenverpackung darf nicht größer sein als 52 g.

.3 Fertiggestellte Neutronenstrahlungsdetektionssysteme, die den Vorschriften des Absatzes .1 entsprechende Detektoren enthalten, müssen wie folgt befördert werden:

.1 die Detektoren müssen in einem widerstandsfähigen dicht verschlossenen Außengehäuse enthalten sein;

.2 das Gehäuse muss absorbierendes oder adsorbierendes Material Material enthalten, das ausreichend ist, um den gesamten Gasinhalt zu absorbieren oder zu adsorbieren;

.3 die fertiggestellten Systeme müssen in widerstandsfähigen Außenverpackungen verpackt sein, die in der Lage sind, einer Fallprüfung aus 1,8 m Höhe ohne Verlust von Inhalt standzuhalten, es sei denn, das Außengehäuse des Systems bietet einen gleichwertigen Schutz.

Die Verpackungsanweisung P200 in 4.1.4.1 ist nicht anwendbar.

Das Beförderungsdokument muss folgende Angabe enthalten: „Beförderung gemäß Sondervorschrift 373"/„Transport in accordance with special provision 373".

Neutronenstrahlungsdetektoren, die höchstens 1 g Bortrifluorid enthalten, einschließlich solche mit gelöteter Glasverbindung, unterliegen nicht diesem Code, vorausgesetzt, sie entsprechen den Vorschriften in Absatz .1 und sind in Übereinstimmung mit Absatz .2 verpackt. Strahlungsdetektionssysteme, die solche Detektoren enthalten, unterliegen nicht diesem Code, vorausgesetzt, sie sind in Übereinstimmung mit Absatz .3 verpackt.

Neutronenstrahlungsdetektoren müssen in Übereinstimmung mit Staukategorie A gestaut werden.

376 Lithium-Ionen-Zellen oder -Batterien und Lithium-Metall-Zellen oder -Batterien, bei denen festgestellt wurde, dass sie so beschädigt oder defekt sind, dass sie nicht mehr dem nach den anwendbaren Vorschriften des Handbuchs Prüfungen und Kriterien geprüften Typ entsprechen, müssen den Vorschriften dieser Sondervorschrift entsprechen.

Für Zwecke dieser Sondervorschrift können dazu unter anderem gehören:

- Zellen oder Batterien, die aus Sicherheitsgründen als defekt identifiziert worden sind;
- ausgelaufene oder entgaste Zellen oder Batterien;
- Zellen oder Batterien, die vor der Beförderung nicht diagnostiziert werden können, oder
- Zellen oder Batterien, die eine äußerliche oder mechanische Beschädigung erlitten haben.

Bemerkung: *Bei der Beurteilung, ob eine Batterie beschädigt oder defekt ist, muss der Batterietyp und die vorherige Verwendung und Fehlnutzung der Batterie berücksichtigt werden.*

Sofern in dieser Sondervorschrift nichts anderes festgelegt ist, müssen Zellen und Batterien nach den für die UN-Nummern 3090, 3091, 3480 und 3481 geltenden Vorschriften mit Ausnahme der Sondervorschrift 230 befördert werden.

Zellen und Batterien müssen in Übereinstimmung mit der Verpackungsanweisung P908 in 4.1.4.1 bzw. LP904 in 4.1.4.3 verpackt sein.

Zellen und Batterien, bei denen festgestellt wurde, dass sie beschädigt oder defekt sind und unter normalen Beförderungsbedingungen zu einer schnellen Zerlegung, gefährlichen Reaktion, Flammenbildung, gefährlichen Wärmeentwicklung oder einem gefährlichen Ausstoß giftiger, ätzender oder entzündbarer Gase oder Dämpfe neigen, müssen in Übereinstimmung mit der Verpackungsanweisung P911 in 4.1.4.1 bzw. LP906 in 4.1.4.3 befördert werden. Alternative Verpackungs- und/oder Beförderungsbedingungen dürfen von der zuständigen Behörde zugelassen werden.

3.3.1 (Forts.) Versandstücke müssen zusätzlich zum richtigen technischen Namen wie in 5.2.1 festgelegt mit der Aufschrift „BESCHÄDIGT/DEFEKT"/„DAMAGED/DEFECTIVE" gekennzeichnet sein.

Im Beförderungsdokument muss folgende Angabe enthalten sein: „Beförderung nach Sondervorschrift 376"/„Transport in accordance with special provision 376".

Sofern zutreffend, muss eine Kopie der Zulassung der zuständigen Behörde die Beförderung begleiten.

377 Lithium-Ionen- und Lithium-Metall-Zellen und -Batterien und Ausrüstungen mit solchen Zellen und Batterien, die zur Entsorgung oder zum Recycling befördert werden und die mit oder ohne andere Batterien verpackt sind, die keine Lithiumbatterien sind, dürfen gemäß Verpackungsanweisung P909 in 4.1.4.1 verpackt sein.

Diese Zellen und Batterien unterliegen nicht den Vorschriften in Abschnitt 2.9.4.

Die Versandstücke müssen mit „LITHIUMBATTERIEN ZUR ENTSORGUNG"/„LITHIUM BATTERIES FOR DISPOSAL" oder „LITHIUMBATTERIEN ZUM RECYCLING"/„LITHIUM BATTERIES FOR RECYCLING" gekennzeichnet sein.

Batterien, bei denen eine Beschädigung oder ein Defekt festgestellt wurde, müssen in Übereinstimmung mit Sondervorschrift 376 befördert und in Übereinstimmung mit der Verpackungsanweisung P908 in 4.1.4.1 bzw. LP904 in 4.1.4.3 verpackt sein.

Im Beförderungsdokument muss folgende Angabe enthalten sein: „Beförderung nach Sondervorschrift 377"/„Transport in accordance with special provision 377".

378 Strahlungsdetektoren, die dieses Gas in nicht nachfüllbaren Druckgefäßen enthalten, welche die Vorschriften des Kapitels 6.2 und der Verpackungsanweisung P200 in 4.1.4.1 nicht erfüllen, dürfen unter dieser Eintragung befördert werden, vorausgesetzt:

.1 der Betriebsdruck in jedem Gefäß überschreitet nicht 50 bar;

.2 der Fassungsraum des Gefäßes überschreitet nicht 12 Liter;

.3 jedes Gefäß hat, sofern eine Entlastungseinrichtung angebracht ist, einen Mindestberstdruck von mindestens dem Dreifachen des Betriebsdrucks oder, sofern keine Entlastungseinrichtung angebracht ist, einen Mindestberstdruck von mindestens dem Vierfachen des Betriebsdrucks;

.4 jedes Gefäß ist aus einem Werkstoff hergestellt, der bei Bruch nicht splittert;

.5 jeder Detektor ist gemäß einem registrierten Qualitätssicherungsprogramm hergestellt;

Bemerkung: *Die Norm ISO 9001:2008 darf für diesen Zweck verwendet werden.*

.6 die Detektoren werden in widerstandsfähigen Außenverpackungen befördert. Das fertige Versandstück muss in der Lage sein, einer Fallprüfung aus 1,2 m Höhe ohne Bruch des Detektors oder der Außenverpackung standzuhalten. Geräte, die einen Detektor enthalten, müssen in einer widerstandsfähigen Außenverpackung verpackt sein, es sei denn, der Detektor wird durch das Gerät, in dem er enthalten ist, in gleichwertiger Weise geschützt, und

.7 das Beförderungsdokument enthält folgende Angabe: „Beförderung gemäß Sondervorschrift 378"/„Transport in accordance with special provision 378".

Strahlungsdetektoren, einschließlich Detektoren in Strahlungsdetektionssystemen, unterliegen nicht den übrigen Vorschriften dieses Codes, wenn sie den Vorschriften der Absätze .1 bis .6 entsprechen und der Fassungsraum der Detektorgefäße 50 ml nicht überschreitet.

379 Ammoniak, wasserfrei, das an einem festen Stoff adsorbiert oder von einem festen Stoff absorbiert ist, der in Ammoniak-Dosiersystemen oder in Gefäßen, die als Bestandteile solcher Systeme vorgesehen sind, enthalten ist, unterliegt nicht den übrigen Vorschriften dieses Codes, wenn folgende Vorschriften beachtet werden:

.1 Die Adsorption oder Absorption führt zu folgenden Eigenschaften:

   .1 bei einer Temperatur von 20 °C ist der Druck im Gefäß kleiner als 0,6 bar;

   .2 bei einer Temperatur von 35 °C ist der Druck im Gefäß kleiner als 1 bar;

   .3 bei einer Temperatur von 85 °C ist der Druck im Gefäß kleiner als 12 bar;

.2 der adsorbierende oder absorbierende Stoff hat keine gefährlichen Eigenschaften der Klassen 1 bis 8;

.3 der höchstzulässige Inhalt eines Gefäßes beträgt 10 kg Ammoniak und

.4 die Gefäße, die adsorbiertes oder absorbiertes Ammoniak enthalten, müssen folgenden Vorschriften entsprechen: 3.3.1 (Forts.)

.1 die Gefäße müssen aus einem Werkstoff hergestellt sein, der gemäß Norm ISO 11114-1:2012 mit Ammoniak verträglich ist;

.2 die Gefäße und ihre Verschlussmittel müssen luftdicht verschlossen und in der Lage sein, das gebildete Ammoniak zurückzuhalten;

.3 jedes Gefäß muss in der Lage sein, dem bei 85 °C gebildeten Druck mit einer volumetrischen Ausdehnung von höchstens 0,1 % standzuhalten;

.4 jedes Gefäß muss mit einer Einrichtung versehen sein, die ohne Gewaltbruch, Explosion oder Splittern eine Gasfreisetzung ermöglicht, sobald der Druck 15 bar überschreitet, und

.5 jedes Gefäß muss bei deaktivierter Druckentlastungseinrichtung einem Druck von 20 bar ohne Undichtheit standhalten.

Bei der Beförderung in einem Ammoniak-Dosiersystem müssen die Gefäße so mit der Dosiereinrichtung verbunden sein, dass diese Einheit dieselbe Festigkeit wie ein einzelnes Gefäß gewährleistet.

Die in dieser Sondervorschrift genannten mechanischen Festigkeitseigenschaften müssen unter Verwendung eines Prototyps eines bis zu seinem nominalen Fassungsraums gefüllten Gefäßes oder Dosiersystems geprüft werden, indem die Temperatur erhöht wird, bis die festgelegten Drücke erreicht sind.

Die Prüfergebnisse müssen dokumentiert werden, nachverfolgbar sein und den zutreffenden Behörden auf Anfrage mitgeteilt werden.

381 Großverpackungen, die den Prüfanforderungen für die Verpackungsgruppe III entsprechen und gemäß Verpackungsanweisung LP02 in 4.1.4.3 in der Fassung des IMDG-Codes Amendment 37-14 verwendet werden, dürfen bis zum 31. Dezember 2022 weiterverwendet werden.

382 Polymer-Kügelchen können aus Polystyrol, Poly(methylmethacrylat) oder anderen polymeren Werkstoffen hergestellt sein. Wenn nachgewiesen werden kann, dass gemäß der Prüfung U1 (Prüfmethode für Stoffe, die entzündbare Dämpfe entwickeln können) des Handbuchs Prüfungen und Kriterien Teil III Unterabschnitt 38.4.4 keine entzündbaren Dämpfe entwickelt werden, die zu einer entzündbaren Atmosphäre führen, müssen schäumbare Polymer-Kügelchen nicht dieser UN-Nummer zugeordnet werden. Diese Prüfung sollte nur vorgenommen werden, wenn eine Ausstufung in Betracht gezogen wird.

383 Aus Zelluloid hergestellte Tischtennisbälle unterliegen nicht den Vorschriften dieses Codes, wenn die Nettomasse jedes einzelnen Tischtennisballs höchstens 3,0 g und die Gesamtnettomasse der Tischtennisbälle je Versandstück höchstens 500 g beträgt.

384 Gefahrzettelmuster Nr. 9A (siehe 5.2.2.2.2) ist zu verwenden. Bei der Plakatierung von Güterbeförderungseinheiten muss das Placard jedoch dem Gefahrzettelmuster Nr. 9 entsprechen.

386 Wenn Stoffe durch Temperaturkontrolle stabilisiert werden, finden die Vorschriften in 7.3.7 Anwendung. Wenn eine chemische Stabilisierung angewendet wird, muss die Person, welche die Verpackung, das Großpackmittel (IBC) oder den Tank zur Beförderung übergibt, sicherstellen, dass das Ausmaß der Stabilisierung ausreichend ist, um eine gefährliche Polymerisation des Stoffes in der Verpackung, dem Großpackmittel (IBC) oder dem Tank bei einer mittleren Temperatur des Füllguts von 50 °C oder bei ortsbeweglichen Tanks von 45 °C zu verhindern. Wenn eine chemische Stabilisierung bei geringeren Temperaturen während der vorhergesehenen Beförderungsdauer unwirksam wird, ist eine Temperaturkontrolle erforderlich. Zu den Faktoren, die bei dieser Bestimmung zu berücksichtigen sind, zählen unter anderem der Fassungsraum und die Geometrie der Verpackung, des Großpackmittels (IBC) oder des Tanks, die Wirkung einer gegebenenfalls vorhandenen Isolierung, die Temperatur des Stoffes bei der Übergabe zur Beförderung, die Dauer der Beförderung und die während der Beförderung üblicherweise auftretenden Temperaturbedingungen (auch unter Berücksichtigung der Jahreszeit), die Wirksamkeit und die übrigen Eigenschaften des verwendeten Stabilisators, die vorgeschriebenen an-

3.3.1 (Forts.) wendbaren betrieblichen Verfahren (z. B. Vorschriften in Bezug auf den Schutz vor Wärmequellen, einschließlich anderer Ladungen, die über der Umgebungstemperatur befördert werden) sowie alle übrigen relevanten Faktoren.

387 Lithiumbatterien gemäß 2.9.4.6, die sowohl Lithium-Metall-Primärzellen als auch wiederaufladbare Lithium-Ionen-Zellen enthalten, müssen der UN-Nummer 3090 bzw. 3091 zugeordnet werden. Wenn solche Batterien in Übereinstimmung mit der Sondervorschrift 188 befördert werden, darf die Gesamtmenge an Lithium aller in der Batterie enthaltenen Lithium-Metall-Zellen nicht größer sein als 1,5 g und die Gesamtkapazität aller in der Batterie enthaltenen Lithium-Ionen-Zellen darf nicht größer sein als 10 Wh.

388 Die Eintragungen der UN-Nummer 3166 gelten für Fahrzeuge, die durch Verbrennungsmotoren oder Brennstoffzellen mit entzündbarer Flüssigkeit oder entzündbarem Gas angetrieben werden.

Fahrzeuge, die durch einen Brennstoffzellen-Motor angetrieben werden, müssen der Eintragung UN 3166 BRENNSTOFFZELLEN-FAHRZEUG MIT ANTRIEB DURCH ENTZÜNDBARES GAS bzw. UN 3166 BRENNSTOFFZELLEN-FAHRZEUG MIT ANTRIEB DURCH ENTZÜNDBARE FLÜSSIGKEIT zugeordnet werden. Diese Eintragungen schließen elektrische Hybridfahrzeuge ein, die sowohl durch eine Brennstoffzelle als auch durch einen Verbrennungsmotor mit Nassbatterien, Natriumbatterien, Lithium-Metall-Batterien oder Lithium-Ionen-Batterien angetrieben und mit diesen Batterien im eingebauten Zustand befördert werden.

Andere Fahrzeuge, die einen Verbrennungsmotor enthalten, müssen der Eintragung UN 3166 FAHRZEUG MIT ANTRIEB DURCH ENTZÜNDBARES GAS bzw. UN 3166 FAHRZEUG MIT ANTRIEB DURCH ENTZÜNDBARE FLÜSSIGKEIT zugeordnet werden. Diese Eintragungen schließen elektrische Hybridfahrzeuge ein, die sowohl durch einen Verbrennungsmotor als auch durch Nassbatterien, Natriumbatterien, Lithium-Metall-Batterien oder Lithium-Ionen-Batterien angetrieben und mit diesen Batterien im eingebauten Zustand befördert werden.

Ein Fahrzeug, das durch einen Verbrennungsmotor mit Antrieb durch entzündbare Flüssigkeit und entzündbares Gas angetrieben wird, muss der Eintragung UN 3166 FAHRZEUG MIT ANTRIEB DURCH ENTZÜNDBARES GAS zugeordnet werden.

Die Eintragung der UN-Nummer 3171 gilt nur für Fahrzeuge, die durch Nassbatterien, Natriumbatterien, Lithium-Metall-Batterien oder Lithium-Ionen-Batterien, und für Geräte, die durch Nassbatterien oder Natriumbatterien angetrieben und mit diesen Batterien im eingebauten Zustand befördert werden.

„Fahrzeuge" im Sinne dieser Sondervorschrift sind selbstfahrende Geräte, die für die Beförderung einer oder mehrerer Personen oder von Gütern ausgelegt sind. Beispiele solcher Fahrzeuge sind Personenkraftwagen, Motorräder, Motorroller, Drei- oder Vierradfahrzeuge oder -motorräder, Lastkraftwagen, Lokomotiven, Fahrräder (mit Motor) oder andere Fahrzeuge dieser Art (z. B. selbstausbalancierende Fahrzeuge oder Fahrzeuge, die nicht mit mindestens einer Sitzgelegenheit ausgerüstet sind), Rollstühle, Aufsitzrasenmäher, selbstfahrende Landwirtschaftsgeräte und Baumaschinen, Boote und Flugzeuge. Dies schließt Fahrzeuge ein, die in einer Verpackung befördert werden. In diesem Fall dürfen einige Teile des Fahrzeugs vom Rahmen abgebaut werden, damit sie in die Verpackung passen.

Beispiele für Geräte sind Rasenmäher, Reinigungsmaschinen, Modellboote oder Modellflugzeuge. Geräte, die durch Lithium-Metall-Batterien oder Lithium-Ionen-Batterien angetrieben werden, müssen der Eintragung UN 3091 LITHIUM-METALL-BATTERIEN IN AUSRÜSTUNGEN, UN 3091 LITHIUM-METALL-BATTERIEN, MIT AUSRÜSTUNGEN VERPACKT, UN 3481 LITHIUM-IONEN-BATTERIEN IN AUSRÜSTUNGEN bzw. UN 3481 LITHIUM-IONEN-BATTERIEN, MIT AUSRÜSTUNGEN VERPACKT zugeordnet werden.

Gefährliche Güter, wie Batterien, Airbags, Feuerlöscher, Druckgasspeicher, Sicherheitseinrichtungen und andere integrale Bauteile des Fahrzeugs, die für den Betrieb des Fahrzeugs oder für die Sicherheit seines Bedienpersonals oder der Fahrgäste erforderlich sind, müssen sicher im Fahrzeug eingebaut sein und unterliegen nicht den übrigen Vorschriften dieses Codes.

389 Diese Eintragung gilt nur für in eine Güterbeförderungseinheit eingebaute Lithium-Ionen-Batterien oder Lithium-Metall-Batterien, die dafür ausgelegt sind, Energie außerhalb der Güterbeförderungseinheit bereitzustellen. Die Lithiumbatterien müssen den Vorschriften in 2.9.4.1 bis 2.9.4.7 entsprechen und die Systeme enthalten, die für die Verhinderung einer Überladung oder Tiefentladung der Batterien erforderlich sind.

Die Batterien müssen sicher am Innenaufbau der Güterbeförderungseinheit befestigt sein (z. B. in Gestellen oder Schränken), so dass bei Stößen, Belastungen und Vibrationen, die normalerweise während der Beförderung auftreten, Kurzschlüsse, eine unbeabsichtigte Bedienung und nennenswerte Bewegungen in der Güterbeförderungseinheit verhindert werden. Gefährliche Güter, die für den sicheren und ordnungsgemäßen Betrieb der Güterbeförderungseinheit erforderlich sind (z. B. Feuerlöschsysteme und Klimaanlagen), müssen in der Güterbeförderungseinheit ordnungsgemäß befestigt oder eingebaut sein und unterliegen nicht den übrigen Vorschriften dieses Codes. Gefährliche Güter, die für den sicheren und ordnungsgemäßen Betrieb der Güterbeförderungseinheit nicht erforderlich sind, dürfen nicht in der Güterbeförderungseinheit befördert werden. 3.3.1 (Forts.)

Die Batterien in der Güterbeförderungseinheit unterliegen nicht den Vorschriften für die Kennzeichnung oder Bezettelung. Die Güterbeförderungseinheit muss mit der UN-Nummer in Übereinstimmung mit 5.3.2.1.2 und auf zwei gegenüberliegenden Seiten mit Placards in Übereinstimmung mit 5.3.1.1.2 versehen sein.

391 Gegenstände, die gefährliche Güter der Klasse 2.3, der Klasse 4.2, der Klasse 4.3, der Klasse 5.1, der Klasse 5.2 oder der Klasse 6.1, wenn diese aufgrund ihrer Inhalationstoxizität der Verpackungsgruppe I zuzuordnen sind, enthalten, sowie Gegenstände, von denen mehr als eine der in 2.0.3.4.2 bis 2.0.3.4.4 aufgeführten Gefahren ausgeht, müssen gemäß von der zuständigen Behörde genehmigten Bedingungen befördert werden.

392 Bei der Beförderung von Gasspeichersystemen, die für den Einbau in Kraftfahrzeugen ausgelegt und zugelassen sind und dieses Gas enthalten, zur Entsorgung, zum Recycling, zur Reparatur, zur Prüfung, zur Wartung oder vom Herstellungsort zum Fahrzeugmontagewerk müssen die Vorschriften in 4.1.4.1 und Kapitel 6.2 nicht angewendet werden, vorausgesetzt, die folgenden Vorschriften werden erfüllt:

.1 Die Gasspeichersysteme entsprechen den jeweils zutreffenden Normen bzw. Vorschriften für Kraftstoffbehälter von Fahrzeugen. Beispiele anwendbarer Normen und Vorschriften sind:[2)]

Flüssiggas-Behälter	
UN-Regelung Nr. 67 Revision 2	Einheitliche Bedingungen über die: I. Genehmigung der speziellen Ausrüstung von Fahrzeugen der Klassen M und N, in deren Antriebssystem verflüssigte Gase verwendet werden; II. Genehmigung von Fahrzeugen der Klassen M und N, die mit der speziellen Ausrüstung für die Verwendung von verflüssigten Gasen in ihrem Antriebssystem ausgestattet sind, in Bezug auf den Einbau dieser Ausrüstung
UN-Regelung Nr. 115	Einheitliche Bedingungen für die Genehmigung der: I. speziellen Nachrüstsysteme für Flüssiggas (LPG) zum Einbau in Kraftfahrzeuge zur Verwendung von Flüssiggas in ihrem Antriebssystem; II. speziellen Nachrüstsysteme für komprimiertes Erdgas (CNG) zum Einbau in Kraftfahrzeuge zur Verwendung von komprimiertem Erdgas in ihrem Antriebssystem
Behälter für verdichtetes Erdgas (CNG)	
UN-Regelung Nr. 110	Einheitliche Bedingungen für die Genehmigung: I. der speziellen Bauteile von Kraftfahrzeugen, in deren Antriebssystem komprimiertes Erdgas (CNG) und/oder Flüssigerdgas (LNG) verwendet wird; II. von Fahrzeugen hinsichtlich des Einbaus spezieller Bauteile eines genehmigten Typs für die Verwendung von komprimiertem Erdgas (CNG) und/oder Flüssigerdgas (LNG) in ihrem Antriebssystem

2) Hinweis: Die Normen und Vorschriften der Wirtschaftskommission der Vereinten Nationen für Europa, die bisher als ECE-Regelung bezeichnet wurden, werden nachfolgend mit aktueller Bezeichnung zitiert.

3.3.1
(Forts.)

UN-Regelung Nr. 115	Einheitliche Bedingungen für die Genehmigung der: I. speziellen Nachrüstsysteme für Flüssiggas (LPG) zum Einbau in Kraftfahrzeuge zur Verwendung von Flüssiggas in ihrem Antriebssystem; II. speziellen Nachrüstsysteme für komprimiertes Erdgas (CNG) zum Einbau in Kraftfahrzeuge zur Verwendung von komprimiertem Erdgas in ihrem Antriebssystem
ISO 11439:2013	Gasflaschen – Hochdruck-Flaschen für die fahrzeuginterne Speicherung von Erdgas als Treibstoff für Kraftfahrzeuge
ISO-15500-Reihe	Road vehicles – Compressed natural gas (CNG) fuel system components – several parts as applicable
ANSI NGV 2	Compressed natural gas vehicle fuel containers
CSA B51 Part 2:2014	Boiler, pressure vessel, and pressure piping code – Part 2 Requirements for high-pressure cylinders for on-board storage of fuels for automotive vehicles (Norm für Kessel, Druckbehälter und Druckrohrleitungen – Teil 2: Vorschriften für Hochdruckflaschen zur fahrzeuginternen Speicherung von Kraftstoffen für Kraftfahrzeuge)
Wasserstoff-Druckbehälter	
Global Technical Regulation (GTR) No. 13	Global technical regulation on hydrogen and fuel cell vehicles (Globale technische Regelung über mit Wasserstoff und mit Brennstoffzellen angetriebene Kraftfahrzeuge) (ECE/TRANS/180/Add.13)
ISO/TS 15869:2009	Gasförmiger Wasserstoff und Wasserstoffgemische – Kraftstofftanks für Landfahrzeuge
Verordnung (EG) Nr. 79/2009	Verordnung (EG) Nr. 79/2009 des Europäischen Parlaments und des Rates vom 14. Januar 2009 über die Typgenehmigung von wasserstoffbetriebenen Kraftfahrzeugen und zur Änderung der Richtlinie 2007/46/EG
Verordnung (EU) Nr. 406/2010	Verordnung (EU) Nr. 406/2010 der Kommission vom 26. April 2010 zur Durchführung der Verordnung (EG) Nr. 79/2009 des Europäischen Parlaments und des Rates über die Typgenehmigung von wasserstoffbetriebenen Kraftfahrzeugen
UN-Regelung Nr. 134	Einheitliche Bedingungen für die Genehmigung der Kraftfahrzeuge und ihrer Bauteile hinsichtlich der Sicherheitsvorschriften für Fahrzeuge, die mit Wasserstoff betrieben werden
CSA B51 Part 2:2014	Boiler, pressure vessel, and pressure piping code – Part 2: Requirements for high-pressure cylinders for on-board storage of fuels for automotive vehicles (Norm für Kessel, Druckbehälter und Druckrohrleitungen – Teil 2: Vorschriften für Hochdruckflaschen zur fahrzeuginternen Speicherung von Kraftstoffen für Kraftfahrzeuge)

Gasbehälter, die in Übereinstimmung mit früheren Ausgaben entsprechender Normen oder Vorschriften für Gasbehälter von Kraftfahrzeugen ausgelegt und gebaut wurden, die zum Zeitpunkt der Zulassung der Fahrzeuge, für welche die Gasbehälter ausgelegt und gebaut wurden, anwendbar waren, dürfen weiterhin befördert werden,

.2 Die Gasspeichersysteme sind dicht und weisen keine Zeichen äußerer Beschädigung auf, welche ihre Sicherheit beeinträchtigen könnte.

Bemerkung 1: *Kriterien können der Norm ISO 11623:2015 „Gasflaschen – Verbundbauweise (Composite-Bauweise) – Wiederkehrende Inspektion und Prüfung" (oder ISO 19078:2013*

„Gasflaschen – Prüfung der Flascheninstallation und Wiederholungsprüfung von Gashochdruck-Flaschen zum Mitführen für den Brennstoff bei erdgasbetriebenen Fahrzeugen") entnommen werden. **3.3.1** (Forts.)

Bemerkung 2: *Wenn die Gasspeichersysteme nicht dicht oder überfüllt sind oder Beschädigungen aufweisen, die ihre Sicherheit beeinträchtigen könnten (z. B. im Falle eines sicherheitstechnischen Rückrufs), dürfen sie nur in Bergungsdruckgefäßen gemäß diesem Code befördert werden.*

.3 Wenn das Gasspeichersystem mit mindestens zwei hintereinander eingebauten Ventilen ausgerüstet ist, sind die beiden Ventile so verschlossen, dass sie unter normalen Beförderungsbedingungen gasdicht sind. Wenn nur ein Ventil vorhanden oder funktionsfähig ist, sind alle Öffnungen mit Ausnahme der Öffnung der Druckentlastungseinrichtung so verschlossen, dass sie unter normalen Beförderungsbedingungen gasdicht sind.

.4 Die Gasspeichersysteme werden so befördert, dass eine Behinderung der Druckentlastungseinrichtung oder eine Beschädigung der Ventile und aller übrigen unter Druck stehenden Teile der Gasspeichersysteme und ein unbeabsichtigtes Freiwerden des Gases unter normalen Beförderungsbedingungen verhindert werden. Die Gasspeichersysteme sind gegen Verrutschen, Rollen oder vertikale Bewegung gesichert.

.5 Die Ventile sind in Übereinstimmung mit einer der in 4.1.6.1.8.1 bis 4.1.6.1.8.5 beschriebenen Methoden geschützt.

.6 Die Gasspeichersysteme, ausgenommen solche, die zur Entsorgung, zum Recycling, zur Reparatur, zur Prüfung oder zur Wartung ausgebaut wurden, sind nicht zu mehr als 20 % ihres nominalen Füllungsgrades bzw. ihres nominalen Betriebsdrucks befüllt.

.7 Sofern die Gasspeichersysteme in einer Handhabungseinrichtung versandt werden, dürfen die Kennzeichen und Gefahrzettel ungeachtet der Vorschriften des Kapitels 5.2 auf der Handhabungseinrichtung angebracht werden.

.8 Ungeachtet der Vorschriften in 5.4.1.5 darf die Angabe der Gesamtmenge der gefährlichen Güter durch folgende Angaben ersetzt werden:

.1 die Anzahl der Gasspeichersysteme und

.2 bei verflüssigten Gasen die gesamte Nettomasse (kg) des Gases jedes Gasspeichersystems und bei verdichteten Gasen der gesamte mit Wasser ausgeliterte Fassungsraum (l) jedes Gasspeichersystems, dem der nominale Betriebsdruck nachgestellt ist.

Beispiele für die Angaben im Beförderungsdokument:

Beispiel 1: „UN 1971 Erdgas, verdichtet, 2.1, 1 Gasspeichersystem mit insgesamt 50 l, 200 bar".

Beispiel 2: „UN 1965 Kohlenwasserstoffgas, Gemisch, verflüssigt, n.a.g., 2.1, 3 Gasspeichersysteme mit einer Nettomasse des Gases von jeweils 15 kg".

900 Die Beförderung nachfolgender Stoffe ist verboten: → D: GGVSee § 3 (1) Nr. 1 → D: GGVSee § 17 Nr. 1 → D: GGVSee § 21 Nr. 1

AMMONIUMHYPOCHLORIT

AMMONIUMNITRAT in der Lage so selbsterhitzungsfähig zu sein, um eine Zersetzung einzuleiten

AMMONIUMNITRITE und Mischungen von anorganischen Nitriten mit einem Ammoniumsalz

CHLORSÄURE, WÄSSERIGE LÖSUNG mit mehr als 10 % Chlorsäure

CHLORWASSERSTOFF, TIEFGEKÜHLT, FLÜSSIG

ETHYLNITRIT rein

CYANWASSERSTOFFSÄURE, WÄSSERIGE LÖSUNG (CYANWASSERSTOFF, WÄSSERIGE LÖSUNG) mit mehr als 20 % Cyanwasserstoff

CYANWASSERSTOFF, LÖSUNG IN ALKOHOL mit mehr als 45 % Cyanwasserstoff

QUECKSILBEROXICYANID rein

METHYLNITRIT

PERCHLORSÄURE mit mehr als 72 Masse-% Säure

SILBERPIKRAT trocken oder angefeuchtet mit weniger als 30 Masse-% Wasser

ZINKAMMONIUMNITRIT

Siehe auch Sondervorschriften 349, 350, 351, 352 und 353.

3.3 Sondervorschriften

3.3.1 (Forts.)

903 HYPOCHLORIT MISCHUNGEN, mit 10 % oder weniger aktivem CHLOR, unterliegen nicht den Vorschriften dieses Codes.

904 Die Vorschriften dieses Codes, außer für den Bereich der Meeresschadstoffe, sind nicht auf diese Stoffe anzuwenden, wenn sie vollständig mit Wasser mischbar sind, dies gilt nicht, wenn sie in Gefäßen mit einem Fassungsraum von über 250 Liter oder in Tanks befördert werden.

905 Darf nur als 80 %-Lösung in TOLUOL versendet werden. Der reine Stoff ist stoßempfindlich und zersetzt sich mit explosiver Heftigkeit, mit der Möglichkeit einer Detonation, wenn erwärmt und verdämmt. Kann sich durch Stoß entzünden.

907 Der Sendung muss eine Bescheinigung von einer anerkannten Behörde beigegeben werden, die folgende Angaben enthält:

- Feuchtigkeitsgehalt,
- Fettgehalt,
- genaue Angaben über die Behandlung mit Antioxidantien bei Mehl, das älter als 6 Monate ist (nur für UN 2216),
- Konzentration an Antioxidantien bei der Verladung, siehe Sondervorschrift 308 (nur für UN 2216) ,
- Verpackung, Anzahl der Säcke, Gesamtmasse der Partie,
- Temperatur des Fischmehls beim Abtransport vom Hersteller und
- Datum der Herstellung.

Eine Lagerung/Alterung vor der Verschiffung ist nicht erforderlich. Fischmehl der UN-Nummer 1374 muss vor der Verschiffung mindestens 28 Tage gelagert werden.

Wenn Fischmehl in Containern befördert wird, sind die Container so zu packen, dass der freie Luftraum auf ein Minimum reduziert ist.

912 Diese Eintragung umfasst auch wässerige Lösungen mit Konzentrationen über 70 %.

916 Die Vorschriften dieses Codes sind für diese Stoffe nicht anzuwenden, wenn:

- mechanisch hergestellt, diese eine Korngröße von mindestens 53 Micron oder
- chemisch hergestellt, eine Korngröße von mindestens 840 Micron aufweisen.

917 Abfälle mit einem Gummianteil von weniger als 45 % oder mit mehr als 840 Micron und vollständig vulkanisierter Hartgummi unterliegen nicht den Vorschriften dieses Codes.

920 Barren, Stangen oder Stäbe unterliegen nicht den Vorschriften dieses Codes.

921 Zirconium, trocken, mit einer Dicke von mindestens 254 Microns unterliegt nicht den Vorschriften dieses Codes.

922 Sendungen mit BLEIPHOSPHIT, ZWEIBASIG, unterliegen nicht den Vorschriften dieses Codes, wenn ihnen eine Erklärung des Versenders beigegeben wird, aus der hervorgeht, dass der zu befördernde Stoff so stabilisiert worden ist, dass er nicht die Eigenschaften eines Stoffes der Klasse 4.1 besitzt.

→ D: GGVSee § 23 Nr. 4

923 Die Temperatur muss regelmäßig überprüft werden.

925 Die Vorschriften dieses Codes gelten nicht für:

- nicht aktivierten Ruß mineralischen Ursprungs,
- eine Sendung von Kohle, die die Prüfung für selbsterhitzungsfähige Stoffe, wie im Handbuch Prüfungen und Kriterien (siehe 33.3.1.3.3) beschrieben, bestanden haben und wenn eine entsprechende Bescheinigung eines durch die zuständige Behörde akkreditierten Labors vorliegt, aus der hervorgeht, dass aus der zur Beförderung vorgesehenen Sendung die Proben durch geschultes Personal des Labors korrekt entnommen und geprüft wurden, und dass diese Proben korrekt geprüft die Prüfung bestanden haben und
- Kohle, die durch Wasserdampf aktiviert wurde.

926 Dieser Stoff muss nach Möglichkeit vor der Verladung mindestens einen Monat lang an der Luft gelagert werden, es sei denn, aus der Bescheinigung einer von der zuständigen Behörde des Verschiffungslandes geht hervor, dass der Feuchtigkeitsgehalt höchstens 5 % beträgt.

927 p-Nitrosodimethylanilin, angefeuchtet mit mindestens 50 % Wasser unterliegt nicht den Vorschriften dieses Codes.

928 Die Vorschriften dieses Codes sind nicht anzuwenden auf: 3.3.1 (Forts.)

- Fischmehl mit Säure versetzt und mit mindestens 40 Masse-% Wasser angefeuchtet, unabhängig von anderen Einflüssen,
- Fischmehlsendungen, denen eine von einer anerkannten Behörde des Verschiffungslandes oder einer anderen anerkannten Behörde ausgestellte Bescheinigung beigegeben ist, aus der hervorgeht, dass bei dem versandfertigen Stoff keine Selbsterhitzung auftritt, wenn er verpackt befördert wird,
- Fischmehl, das aus „Weißfisch" hergestellt ist und höchstens 12 Masse-% Feuchtigkeit und 5 Masse-% Fett enthält.

929 Die zuständige Behörde kann, wenn durch die Ergebnisse der Prüfungen Abweichungen gerechtfertigt sind, Folgendes erlauben:

- Ölkuchen, beschrieben als „ÖLKUCHEN" oder „ÖLSAATKUCHEN" („SEED CAKE"), die pflanzliches Öl (a) mechanische behandelte Früchte oder Saaten mit mehr als 10 % Öl oder mehr als 20 % Öl und Feuchtigkeit zusammen enthalten, können unter den Bedingungen der „ÖLKUCHEN" bzw. „ÖLSAATKUCHEN" („SEED CAKE") oder, wenn sie pflanzliches Öl (b) durch Lösemittelextraktionen behandelte Früchte und Saaten mit nicht mehr als 10 % Öl und wenn der gesamte Feuchtigkeitsgehalt größer als 10 % und nicht mehr als 20 % Öl und Feuchtigkeit zusammen enthalten sind, befördert werden, und
- Ölkuchen, beschrieben als „ÖLKUCHEN" oder „ÖLSAATKUCHEN" („SEED CAKE"), die pflanzliches Öl (b) durch Lösemittelextraktionen behandelte Früchte und Saaten mit nicht mehr als 10 % Öl und wenn der gesamte Feuchtigkeitsgehalt größer als 10 % und nicht mehr als 20 % Öl und Feuchtigkeit zusammen enthalten sind, unter den Bedingungen von „ÖLKUCHEN" oder „ÖLSAATKUCHEN" („SEED CAKE"), UN 2217, befördert werden.

Der Sendung ist eine Bescheinigung des Versenders mit Angabe des Öl- und Feuchtigkeitsgehalts beizugeben.

930 Pestizide können nur unter den Vorschriften dieser Klasse befördert werden, wenn in einer beigefügten Bescheinigung durch den Versender bestätigt wird, dass in Berührung mit Wasser diese nicht brennbar sind und auch keine Fähigkeit zur Selbstentzündung besteht und dass die freigesetzten Mischungen von Gasen nicht entzündbar sind. In allen anderen Fällen sind die Vorschriften der Klasse 4.3 anzuwenden.

931 Eine Sendung dieses Stoffes, der eine Bescheinigung des Versenders beigefügt wird, aus der hervorgeht, dass der Stoff keine selbsterhitzungsfähigen Eigenschaften besitzt, unterliegt nicht den Vorschriften dieses Codes.

932 Es wird eine Bescheinigung des Versenders gefordert, aus der hervorgeht, dass die Ladung unter Abdeckung aber in offener Luft in der Art und Weise in der verpackt wurde für nicht weniger als drei Tage vor der Versendung gelagert wurde. → D: MoU § 11 (5)

934 Der in Prozent angegebene Bereich der Verunreinigung an Calciumcarbid muss aus den Beförderungsdokumenten ersichtlich sein.

935 Stoffe, die in feuchtem Zustand keine entzündbaren Gase entwickeln und denen vom Versender eine Bescheinigung beigefügt wird, in der von diesem bescheinigt wird, dass der Stoff, wie befördert, keine entzündbaren Gase bei Feuchtigkeit entwickelt, unterliegen nicht den Vorschriften dieses Codes.

937 Die feste hydratisierte Form dieses Stoffes unterliegt nicht den Vorschriften dieses Codes.

939 Eine Sendung dieses Stoffes unterliegt nicht den Vorschriften dieses Codes, wenn der Versender in einer beigefügten Bescheinigung bestätigt, dass er nicht mehr als 0,05 % Maleinsäureanhydrid enthält.

942 Die Konzentration und die Temperatur der Lösung zum Zeitpunkt der Verladung, ihr Anteil an brennbaren Stoffen und Chloriden sowie der Gehalt an freier Säure müssen bescheinigt werden.

943 Durch Wasser aktivierte Gegenstände müssen den Zusatzgefahrzettel der Klasse 4.3 tragen.

946 Es wird eine Bescheinigung vom Versender verlangt, dass dieser Stoff nicht der Klasse 4.2 unterliegt.

3.3 Sondervorschriften

3.3.1 (Forts.)

948 Diese Stoffe dürfen nur in loser Schüttung in Güterbeförderungseinheiten befördert werden, wenn der Schmelzpunkt 75 °C oder mehr beträgt.

951 Schüttgut-Container müssen hermetisch (dicht) verschlossen und unter Stickstoffüberlagerung sein.

952 Die UN-Nummer 1942 darf in Schüttgut-Containern mit Zustimmung der zuständigen Behörde befördert werden.

954 Die Vorschriften dieses Codes gelten nicht für Sendungen von zu Ballen gepresstem Heu mit einem Feuchtigkeitsgehalt von weniger als 14 %, das in geschlossenen Güterbeförderungseinheiten befördert wird und dem eine Bescheinigung vom Verlader beigefügt wird, aus der hervorgeht, dass von dem Produkt bei der Beförderung keine Gefahr der Klasse 4.1, UN 1327, ausgeht und sein Feuchtigkeitsgehalt weniger als 14 % beträgt.

955 Sofern ein viskoser Stoff und seine Verpackung die Vorschriften von 2.3.2.5 erfüllt, sind die Verpackungsvorschriften von Kapitel 4.1, die Kennzeichnungs- und Bezettelungsvorschriften des Kapitels 5.2 und die Prüfvorschriften für Versandstücke des Kapitels 6.1 nicht anzuwenden.

958 Dieser Eintrag gilt auch für Gegenstände (wie Lumpen, Baumwollabfälle, Kleidung oder Sägespäne), die polychlorierte Biphenyle, polyhalogenierte Biphenyle oder polyhalogenierte Terphenyle enthalten, und bei denen keine freie sichtbare Flüssigkeit vorhanden ist.

959 Abfall-Druckgaspackungen, die für die Beförderung gemäß Sondervorschrift 327 zugelassen sind, dürfen nur auf kurzen internationalen Seereisen befördert werden. Lange internationale Seereisen sind nur mit Genehmigung der zuständigen Behörde zulässig. Verpackungen sind mit den entsprechenden Kennzeichen und Gefahrzetteln und Güterbeförderungseinheiten mit den entsprechenden Kennzeichen und Placards für die Unterteilung der Klasse 2 und gegebenenfalls die Zusatzgefahr(en) zu versehen.

960 Unterliegt nicht den Vorschriften dieses Codes, kann aber Bestimmungen über die Beförderung gefährlicher Güter mit anderen Verkehrsträgern unterliegen.

→ D: MoU § 3 (3) 961 Fahrzeuge unterliegen nicht den übrigen Vorschriften dieses Codes, wenn eine der folgenden Bedingungen erfüllt ist:

.1 Fahrzeuge sind auf dem Fahrzeugdeck, in Sonderräumen und Ro/Ro-Räumen oder auf dem Wetterdeck eines Ro/Ro-Schiffs oder in einem von der Verwaltung (Flaggenstaat) gemäß SOLAS 74 Kapitel II-2 Regel 20 als speziell für die Beförderung von Fahrzeugen gebaut und genehmigt eingestuften Laderaum gestaut und es gibt keine Anzeichen für eine Undichtheit der Batterie, des Motors, der Brennstoffzelle, der Druckgasflasche, des Druckgasspeichers oder des Brennstoffbehälters, sofern vorhanden. Wenn sie in eine Güterbeförderungseinheit gepackt sind, gilt die Ausnahme nicht für Containerladeräume eines Ro/Ro-Schiffs.

Bei Fahrzeugen, die ausschließlich durch Lithiumbatterien angetrieben werden und bei Hybrid-Elektrofahrzeugen, die sowohl von einem Verbrennungsmotor als auch von Lithium-Metall-Batterien oder Lithium-Ionen-Batterien angetrieben werden, entsprechen die Lithiumbatterien darüber hinaus den Vorschriften in 2.9.4, mit der Ausnahme, dass 2.9.4.1 und 2.9.4.7 nicht anwendbar sind, wenn Vorproduktionsprototypen von Batterien oder Batterien aus einer Kleinserie von höchstens 100 Batterien in das Fahrzeug eingebaut sind und das Fahrzeug gemäß den im Herstellungsland oder dem Verwendungsland anwendbaren Vorschriften hergestellt und zugelassen ist. Ist eine in ein Fahrzeug eingebaute Lithiumbatterie beschädigt oder defekt, ist die Batterie zu entfernen.

.2 Bei Fahrzeugen mit Antrieb durch entzündbaren flüssigen Brennstoff mit einem Flammpunkt von 38 °C oder darüber gibt es in keinem Teil des Brennstoffsystems Undichtheiten, der (die) Brennstoffbehälter enthält (enthalten) höchstens 450 L Brennstoff und eingebaute Batterien sind gegen Kurzschluss geschützt.

.3 Bei Fahrzeugen mit Antrieb durch entzündbaren flüssigen Brennstoff mit einem Flammpunkt von weniger als 38 °C ist (sind) der (die) Brennstoffbehälter entleert und die eingebauten Batterien sind gegen Kurzschluss geschützt. Ein Fahrzeug gilt als frei von flüssigen Brennstoffen, wenn der Flüssigbrennstoffbehälter entleert wurde und das Fahrzeug wegen Brennstoffmangels nicht betrieben werden kann. Motorenkomponenten wie Brennstoffleitungen, Brennstofffilter und Einspritzdüsen müssen nicht gereinigt, entleert oder entgast werden, um als leer zu gelten. Der Brennstoffbehälter muss nicht gereinigt oder entgast werden.

.4 Bei Fahrzeugen mit Antrieb durch entzündbares Gas (verflüssigt oder verdichtet) ist (sind) der (die) Brennstoffbehälter leer und der Überdruck im Behälter übersteigt nicht 2 bar, das Brennstoff-Absperrventil ist geschlossen und gesichert und eingebaute Batterien sind gegen Kurzschluss geschützt. 3.3.1 (Forts.)

.5 Bei Fahrzeugen, die ausschließlich mit einer Nass- oder Trockenbatterie oder einer Natriumbatterie betrieben werden, ist die Batterie gegen Kurzschluss geschützt.

962 Fahrzeuge, die die Bedingungen der Sondervorschrift 961 nicht erfüllen, sind der Klasse 9 zuzuordnen und haben die folgenden Anforderungen zu erfüllen:

.1 Fahrzeuge dürfen keine Anzeichen für eine Undichtheit der Batterien, Motoren, Brennstoffzellen, Druckgasflaschen oder Druckgasspeicher oder Brennstoffbehälter, sofern vorhanden, aufweisen;

.2 bei Fahrzeugen mit Antrieb durch entzündbare Flüssigkeit darf (dürfen) der (die) Brennstoffbehälter zu nicht mehr als einem Viertel gefüllt sein und die entzündbare Flüssigkeit darf keinesfalls 250 L übersteigen, sofern von der zuständigen Behörde nichts anderes zugelassen ist;

.3 bei Fahrzeugen mit Antrieb durch entzündbares Gas muss das Absperrventil des (der) Brennstoffbehälters (Brennstoffbehälter) sicher geschlossen sein;

.4 eingebaute Batterien müssen gegen Beschädigung, Kurzschluss und unbeabsichtigtes Auslösen während der Beförderung geschützt sein. Lithiumbatterien müssen den Vorschriften in 2.9.4 entsprechen, mit der Ausnahme, dass 2.9.4.1 und 2.9.4.7 nicht anwendbar sind, wenn Vorproduktionsprototypen von Batterien oder Batterien aus einer Kleinserie von höchstens 100 Batterien in das Fahrzeug eingebaut sind und das Fahrzeug gemäß den im Herstellungsland oder dem Verwendungsland anwendbaren Vorschriften hergestellt und zugelassen ist. Ist eine in ein Fahrzeug eingebaute Lithiumbatterie beschädigt oder defekt, so ist die Batterie zu entfernen und gemäß Sondervorschrift 376 zu befördern, sofern von der zuständigen Behörde nichts anderes zugelassen ist.

Die Vorschriften dieses Codes für die Kennzeichnung, Bezettelung und Plakatierung sowie für Meeresschadstoffe finden keine Anwendung.

963 Nickel-Metallhydrid-Zellen oder -Batterien mit Ausrüstungen verpackt oder in Ausrüstungen und Nickel-Metallhydrid-Knopfzellen unterliegen nicht den Vorschriften dieses Codes.

Alle anderen Nickel-Metallhydrid-Zellen oder -Batterien müssen sicher verpackt und gegen Kurzschluss geschützt sein. Sie unterliegen nicht den anderen Bestimmungen dieses Codes, vorausgesetzt, sie sind in eine Güterbeförderungseinheit in einer gesamten Menge von weniger als 100 kg Bruttomasse geladen. Sind sie in einer gesamten Menge von 100 kg Bruttomasse oder mehr in eine Güterbeförderungseinheit geladen, unterliegen sie nicht den anderen Bestimmungen dieses Codes mit Ausnahme der Bestimmungen von 5.4.1, 5.4.3 und Spalte 16a und 16b der Gefahrgutliste in Kapitel 3.2.

964 Dieser Stoff unterliegt nicht den Bestimmungen dieses Codes, wenn er in Form nicht krümelnder Prills oder Granulate befördert wird und er das Prüfverfahren für entzündend (oxidierend) wirkende feste Stoffe gemäß Handbuch Prüfungen und Kriterien (siehe 34.4.1) besteht und von einer Bescheinigung eines von einer zuständigen Behörde zugelassenen Labors begleitet wird, in der erklärt wird, dass dem Produkt von ausgebildeten Mitarbeitern eine Probe entnommen wurde und die Probe ordnungsgemäß geprüft wurde und die Prüfung bestanden hat.

965 .1 Bei der Beförderung in Güterbeförderungseinheiten müssen die Güterbeförderungseinheiten einen angemessenen Luftaustausch in der Einheit bieten (z. B. durch den Einsatz belüfteter Container, Container mit offenem Dach oder Container mit einer ausgehängten Tür), um den Aufbau einer explosionsfähigen Atmosphäre zu vermeiden. Alternativ hat die Beförderung unter diesen Eintragungen unter Temperaturkontrolle gemäß den Vorschriften in 7.3.7.6 in gekühlten Güterbeförderungseinheiten zu erfolgen. Werden Güterbeförderungseinheiten mit Lüftungseinrichtungen eingesetzt, sind diese Einrichtungen frei und betriebsbereit zu halten. Werden mechanische Einrichtungen zur Belüftung eingesetzt, müssen diese explosionsgeschützt sein, um eine Entzündung der von den Stoffen freigesetzten entzündbaren Dämpfe zu vermeiden.

3.3.1 (Forts.)

.2 Die Vorschriften im ersten Absatz finden keine Anwendung, wenn

.1 der Stoff in luftdicht verschlossenen Verpackungen oder IBC verpackt ist, die den Prüfanforderungen für die Verpackungsgruppe II für flüssige gefährliche Güter gemäß den Vorschriften in 6.1 bzw. 6.5 entsprechen, und

.2 der angegebene Prüfdruck der Flüssigkeitsdruckprüfung das 1,5-fache des Gesamtüberdrucks in den Verpackungen oder IBC bei 55 °C für die entsprechenden Füllgüter gemäß 4.1.1.10.1 übersteigt.

.3 Wenn der Stoff in geschlossenen Güterbeförderungseinheiten gestaut ist, müssen die Vorschriften in 7.3.6.1 eingehalten werden.

.4 Güterbeförderungseinheiten müssen mit einem Warnzeichen einschließlich der Worte „VORSICHT – KANN ENTZÜNDBARE DÄMPFE ENTHALTEN"/„CAUTION – MAY CONTAIN FLAMMABLE VAPOUR" versehen sein, wobei die Buchstabenhöhe mindestens 25 mm betragen muss. Dieses Kennzeichen ist an jedem Zugang an einer von Personen, die die Güterbeförderungseinheit öffnen oder betreten, leicht einsehbaren Stelle anzubringen und muss so lange auf der Güterbeförderungseinheit verbleiben, bis folgende Vorschriften erfüllt sind:

.1 Die Güterbeförderungseinheit wurde vollständig belüftet, um etwaige gefährliche Dampf- oder Gaskonzentration zu entfernen.

.2 Die unmittelbare Umgebung der Güterbeförderungseinheit ist frei von Zündquellen.

.3 Die Güter wurden entladen.

966 Bedeckte Schüttgut-Container (BK1) sind nur gemäß den Vorschriften von 4.3.3 zugelassen.

967 Flexible Schüttgut-Container (BK3) sind nur gemäß den Vorschriften von 4.3.4 zugelassen.

968 Diese Eintragung darf nicht für die Beförderung auf See verwendet werden. Altverpackungen müssen den Vorschriften in 4.1.1.11 entsprechen.

969 Gemäß 2.9.3 klassifizierte Stoffe unterliegen den Vorschriften für Meeresschadstoffe. Stoffe, die unter den UN-Nummern 3077 und 3082 befördert werden, aber nicht den Kriterien in 2.9.3 entsprechen (siehe 2.9.2.2), unterliegen nicht den Vorschriften für Meeresschadstoffe. Jedoch gelten für Stoffe, die in diesem Code als Meeresschadstoffe eingestuft sind (siehe Index), den Kriterien in 2.9.3 aber nicht mehr entsprechen, die Vorschriften in 2.10.2.6.

971 Batteriebetriebene Geräte dürfen nur unter der Voraussetzung befördert werden, dass die Batterie keine Anzeichen für eine Undichtheit aufweist und gegen Kurzschluss geschützt ist. In diesem Fall finden die übrigen Vorschriften dieses Codes keine Anwendung.

972 Lithiumbatterien müssen den Vorschriften in 2.9.4 entsprechen, mit der Ausnahme, dass 2.9.4.1 und 2.9.4.7 nicht anwendbar sind, wenn Vorproduktionsprototypen von Batterien oder Batterien einer Kleinserie von höchstens 100 Batterien in das Fahrzeug oder die Maschine eingebaut sind. Ist eine in ein Fahrzeug oder eine Maschine eingebaute Lithiumbatterie beschädigt oder defekt, ist die Batterie zu entfernen.

973 Mit Ausnahme von Ballen sind gemäß 5.2.1 an Versandstücken auch der richtige technische Name und die UN-Nummer des im Versandstück enthaltenen Stoffes anzubringen. In jedem Fall sind die Versandstücke, einschließlich Ballen, von der Klassenkennzeichnung freigestellt, vorausgesetzt, dass sie in eine Güterbeförderungseinheit geladen werden und ausschließlich Güter enthalten, denen nur eine UN-Nummer zugeordnet wurde. An Güterbeförderungseinheiten, in die die Versandstücke, einschließlich Ballen, geladen werden, müssen alle entsprechenden Gefahrzettel, Placards und Kennzeichen gemäß Kapitel 5.3 angebracht sein.

974 Diese Stoffe dürfen in IMO-Tanks vom Typ 9 befördert werden.

Kapitel 3.4
In begrenzten Mengen verpackte gefährliche Güter

Allgemeines 3.4.1

[Anwendungsbereich] 3.4.1.1

Dieses Kapitel enthält die Vorschriften, die für die Beförderung von in begrenzten Mengen verpackten gefährlichen Gütern bestimmter Klassen anzuwenden sind. Die für die Innenverpackung oder den Gegenstand anwendbare Mengengrenze ist für jeden Stoff in der Spalte 7a der Gefahrgutliste in Kapitel 3.2 festgelegt. Darüber hinaus ist in dieser Spalte bei jeder Eintragung, die nicht für die Beförderung nach diesem Kapitel zugelassen ist, die Menge „0" angegeben.

[Nichtanwendung von Vorschriften] 3.4.1.2

In derartigen begrenzten Mengen verpackte gefährlicher Güter, die den Vorschriften dieses Kapitels entsprechen, unterliegen keinen anderen Vorschriften dieses Codes mit Ausnahme der einschlägigen Vorschriften von:

.1 Teil 1, Kapitel 1.1, 1.2 und 1.3;

.2 Teil 2;

.3 Teil 3, Kapitel 3.1, 3.2 und 3.3;

.4 Teil 4, 4.1.1.1, 4.1.1.2 und 4.1.1.4 bis 4.1.1.8;

.5 Teil 5, 5.1.1 mit Ausnahme von 5.1.1.6, 5.1.2.3, 5.2.1.7, 5.2.1.9, 5.3.2.4 sowie Kapitel 5.4;

.6 Teil 6, Bauvorschriften in 6.1.4, 6.2.1.2 und 6.2.4;

.7 Teil 7, 7.1.3.2, 7.6.3.1 und Kapitel 7.3 mit Ausnahme von 7.3.3.15 und 7.3.4.1.

Verpacken 3.4.2

[Versandstücke] 3.4.2.1

Gefährliche Güter sind in Innenverpackungen zu verpacken, die in geeignete Außenverpackungen eingesetzt werden. Zwischenverpackungen dürfen verwendet werden. Darüber hinaus müssen bei Gegenständen der Unterklasse 1.4 Verträglichkeitsgruppe S die Vorschriften in 4.1.5 vollständig eingehalten werden. Für die Beförderung von Gegenständen, wie Druckgaspackungen oder „Gefäße, klein, mit Gas", ist die Verwendung von Innenverpackungen nicht erforderlich. Die gesamte Bruttomasse des Versandstückes darf 30 kg nicht überschreiten.

[Paletten] 3.4.2.2

Mit Ausnahme von Gegenständen der Unterklasse 1.4 Verträglichkeitsgruppe S können mit Schrumpf- oder Stretchfolie umhüllte Paletten („Trays"), die die Bedingungen von 4.1.1.1, 4.1.1.2 und 4.1.1.4 bis 4.1.1.8 erfüllen, als Außenverpackungen für Gegenstände oder Innenverpackungen mit gefährlichen Gütern, die nach den Vorschriften dieses Kapitels befördert werden, verwendet werden. Innenverpackungen, die bruchanfällig sind oder leicht durchstoßen werden können, wie Innenverpackungen aus Glas, Porzellan, Steinzeug oder gewissen Kunststoffen, müssen in geeignete Zwischenverpackungen eingesetzt sein, die den Bestimmungen von 4.1.1.1, 4.1.1.2 und 4.1.1.4 bis 4.1.1.8 entsprechen, und müssen so ausgelegt sein, dass sie den Bauvorschriften in 6.1.4 entsprechen. Die gesamte Bruttomasse des Versandstücks darf 20 kg nicht überschreiten.

[Flüssige Stoffe der Klasse 8, VG II] 3.4.2.3

Flüssige Stoffe der Klasse 8 Verpackungsgruppe II in Innenverpackungen aus Glas, Porzellan oder Steinzeug müssen in einer verträglichen und starren Zwischenverpackung eingeschlossen sein.

Stauung 3.4.3

In begrenzten Mengen verpackte gefährliche Güter werden der Staukategorie A gemäß 7.1.3.2 zugeordnet. Die anderen in Spalte 16a der Gefahrgutliste angegebenen Stauvorschriften finden keine Anwendung.

3.4.4 Trennung

3.4.4.1 [Außenverpackung]

→ D: GGVSee § 17 Nr. 7
→ D: MoU § 3

Verschiedene gefährliche Stoffe in begrenzten Mengen dürfen zusammen in derselben Außenverpackung verpackt sein, vorausgesetzt:

.1 die Stoffe erfüllen die Vorschriften in 7.2.6.1; und

.2 die Trennvorschriften des Kapitels 7.2, einschließlich der Vorschriften in Spalte 16b der Gefahrgutliste, werden berücksichtigt. Ungeachtet der einzelnen Vorschriften in der Gefahrgutliste dürfen jedoch Stoffe der Verpackungsgruppe III innerhalb derselben Klasse zusammengepackt werden, sofern 3.4.4.1.1 des IMDG-Codes eingehalten wird. Die folgende Erklärung ist in das Beförderungsdokument aufzunehmen: „Beförderung in Übereinstimmung mit 3.4.4.1.2 des IMDG-Codes" (siehe 5.4.1.5.2.2).

3.4.4.2 [Nichtanwendbarkeit]

Die Trennvorschriften der Kapitel 7.2 bis 7.7, einschließlich der Trennvorschriften in Spalte 16b der Gefahrgutliste, gelten nicht für die Stauung von Verpackungen mit gefährlichen Gütern in begrenzten Mengen und auch nicht für die Stauung von Verpackungen mit gefährlichen Gütern in begrenzten Mengen zusammen mit anderen gefährlichen Gütern. Gegenstände der Unterklasse 1.4, Verträglichkeitsgruppe S, dürfen jedoch nicht in derselben Abteilung, demselben Laderaum oder in derselben Güterbeförderungseinheit wie gefährliche Güter der Klasse 1, Verträglichkeitsgruppen A und L, gestaut werden.

3.4.5 Kennzeichnung und Plakatierung

3.4.5.1 [Kennzeichnung außer Luftverkehr]

Ausgenommen für die Luftbeförderung müssen Versandstücke mit gefährlichen Gütern in begrenzten Mengen mit dem unten dargestellten Kennzeichen versehen sein.

Kennzeichen für Versandstücke, die begrenzte Mengen enthalten

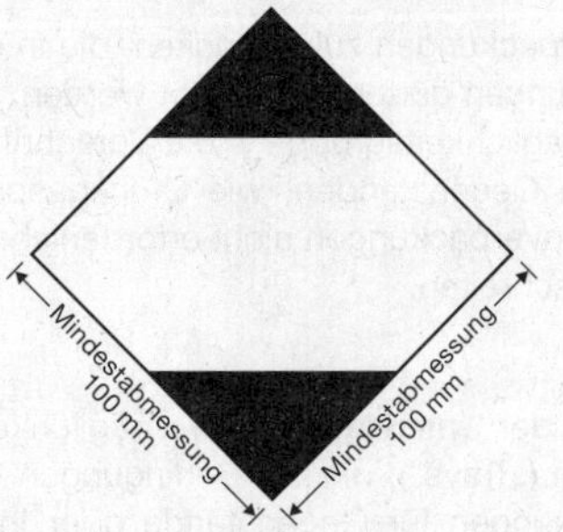

Das Kennzeichen muss leicht erkennbar und lesbar sein und der Witterung ohne nennenswerte Beeinträchtigung seiner Wirkung standhalten können. Das Kennzeichen muss die Form eines auf die Spitze gestellten Quadrats (Raute) haben. Die oberen und unteren Teilbereiche und die Randlinie müssen schwarz sein. Der mittlere Bereich muss weiß oder ein ausreichend kontrastierender Hintergrund sein. Die Mindestabmessungen müssen 100 mm × 100 mm und die Mindestbreite der Begrenzungslinie der Raute 2 mm betragen. Wenn Abmessungen nicht näher spezifiziert sind, müssen die Proportionen aller Merkmale den abgebildeten in etwa entsprechen. Wenn es die Größe des Versandstücks erfordert, dürfen die oben angegebenen äußeren Mindestabmessungen auf nicht weniger als 50 mm × 50 mm reduziert werden, sofern das Kennzeichen deutlich sichtbar bleibt. Die Mindestbreite der Begrenzungslinie der Raute darf auf ein Minimum von 1 mm reduziert werden.

3.4.5.2 [Kennzeichnung Luftverkehr]

Versandstücke mit gefährlichen Gütern, die in Übereinstimmung mit den Vorschriften des Teils 3 Kapitel 4 der Technischen Anweisungen für die sichere Beförderung gefährlicher Güter im Luftverkehr der ICAO verpackt sind, dürfen zur Bestätigung der Übereinstimmung mit diesen Vorschriften mit dem unten dargestellten Kennzeichen versehen sein:

Kennzeichen für Versandstücke, die begrenzte Mengen enthalten, gemäß Teil 3 Kapitel 4 der Technischen Anweisungen für die sichere Beförderung gefährlicher Güter im Luftverkehr der ICAO 3.4.5.2 (Forts.)

Das Kennzeichen muss leicht erkennbar und lesbar sein und der Witterung ohne nennenswerte Beeinträchtigung seiner Wirkung standhalten können. Das Kennzeichen muss die Form eines auf die Spitze gestellten Quadrats (Raute) haben. Die oberen und unteren Teilbereiche und die Randlinie müssen schwarz sein. Der mittlere Bereich muss weiß oder ein ausreichend kontrastierender Hintergrund sein. Die Mindestabmessungen müssen 100 mm × 100 mm und die Mindestbreite der Begrenzungslinie der Raute 2 mm betragen. Das Symbol „Y“ muss in der Mitte des Kennzeichens angebracht und deutlich erkennbar sein. Wenn Abmessungen nicht näher spezifiziert sind, müssen die Proportionen aller Merkmale den abgebildeten in etwa entsprechen. Wenn es die Größe des Versandstücks erfordert, dürfen die oben angegebenen äußeren Mindestabmessungen auf nicht weniger als 50 mm × 50 mm reduziert werden, sofern das Kennzeichen deutlich sichtbar bleibt. Die Mindestbreite der Begrenzungslinie der Raute darf auf ein Minimum von 1 mm reduziert werden. Die Proportionen des Symbols „Y“ müssen der Darstellung oben in etwa entsprechen.

Anerkennung von Kennzeichen im multimodalen Verkehr 3.4.5.3

[Anerkennung Kennzeichnung Luftverkehr] 3.4.5.3.1

Versandstücke mit gefährlichen Gütern, die mit dem in 3.4.5.2 abgebildeten Kennzeichen mit oder ohne die zusätzlichen Gefahrzettel und Kennzeichen für den Luftverkehr versehen sind, gelten als den jeweils zutreffenden Vorschriften des Abschnitts 3.4.2 entsprechend und müssen nicht mit dem in 3.4.5.1 abgebildeten Kennzeichen versehen sein.

[Anerkennung Kennzeichnung Luftverkehr (begrenzte Mengen)] 3.4.5.3.2

Versandstücke mit gefährlichen Gütern in begrenzten Mengen, die mit dem in 3.4.5.1 abgebildeten Kennzeichen versehen sind und die den Vorschriften der Technischen Anweisungen für die sichere Beförderung gefährlicher Güter im Luftverkehr der ICAO, einschließlich aller in den Teilen 5 und 6 festgelegten notwendigen Kennzeichen und Gefahrzettel, entsprechen, gelten als den jeweils zutreffenden Vorschriften des Abschnitts 3.4.1, sofern zutreffend, und den Vorschriften des Abschnitts 3.4.2 entsprechend.

[Umverpackung] 3.4.5.4

Werden Versandstücke, die gefährliche Güter in begrenzten Mengen enthalten, in eine Umverpackung oder Ladeeinheit eingesetzt, so ist die Umverpackung oder die Ladeeinheit mit den nach diesem Kapitel erforderlichen Kennzeichen zu versehen, es sei denn, die für alle in der Umverpackung oder der Ladeeinheit enthaltenen gefährlichen Güter repräsentativen Kennzeichen sind sichtbar. Zudem muss eine Umverpackung mit dem Ausdruck „UMVERPACKUNG“/„OVERPACK“ gekennzeichnet sein, es sei denn, die für alle in der Umverpackung enthaltenen gefährlichen Güter repräsentativen Kennzeichen, wie in diesem Kapitel vorgeschrieben, sind sichtbar. Die Buchstabenhöhe des Kennzeichens „UMVERPACKUNG“/„OVERPACK“ muss mindestens 12 mm sein. Die anderen Vorschriften in 5.2.1.2 gelten nur, wenn andere gefährliche Güter, die nicht in begrenzten Mengen verpackt sind, in der Umverpackung oder einer Ladeeinheit enthalten sind, und nur in Bezug auf diese anderen gefährlichen Güter.

3.4.5.5 Plakatierung und Kennzeichnung von Güterbeförderungseinheiten

→ D: MoU § 3 (1)

3.4.5.5.1 [Nur begrenzte Mengen]

→ 2.10.2.7

Güterbeförderungseinheiten, die gefährliche Güter enthalten, die in begrenzten Mengen mit keinen anderen gefährlichen Gütern verpackt sind, sind weder zu plakatieren noch gemäß 5.3.2.0 und 5.3.2.1 zu kennzeichnen. Sie müssen jedoch an der Außenseite in geeigneter Weise mit dem in 3.4.5.5.4 abgebildeten Kennzeichen versehen sein.

3.4.5.5.2 [Begrenzte Menge und weitere gefährliche Güter]

Güterbeförderungseinheiten, die gefährliche Güter und in begrenzten Mengen verpackte gefährliche Güter enthalten, müssen gemäß den für die nicht in begrenzten Mengen verpackten gefährlichen Güter geltenden Vorschriften plakatiert und gekennzeichnet werden. Ist jedoch für das nicht in begrenzten Mengen verpackte gefährliche Gut kein Placard oder kein Kennzeichen erforderlich, so sind die Güterbeförderungseinheiten wie in 3.4.5.5.4 angegeben zu kennzeichnen.

3.4.5.5.3 (bleibt offen)

3.4.5.5.4 [Kennzeichen]

Sofern in 3.4.5.5.1 oder 3.4.5.5.2 vorgeschrieben, müssen Güterbeförderungseinheiten mit dem folgenden Kennzeichen versehen sein:

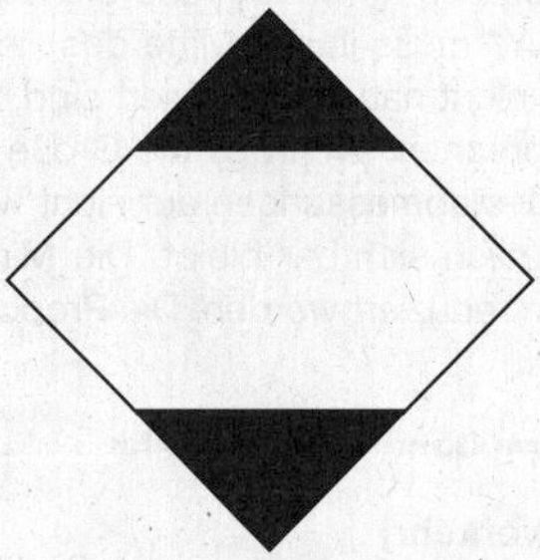

Das Kennzeichen muss leicht erkennbar und lesbar sein und derart sein, dass die Angaben noch auf Güterbeförderungseinheiten erkennbar sind, die sich mindestens drei Monate im Seewasser befunden haben. Bei Überlegungen bezüglich geeigneter Kennzeichnungsmethoden muss berücksichtigt werden, wie leicht sich das Kennzeichen auf die Oberfläche der Güterbeförderungseinheit aufbringen lässt. Die oberen und unteren Teilbereiche und die Randlinie müssen schwarz sein. Der mittlere Bereich muss weiß oder der mit den Randlinien kontrastierende Hintergrund sein. Die Mindestabmessungen müssen an Stellen, die in 5.3.1.1.4.1 angegeben sind, 250 mm × 250 mm betragen.

3.4.6 Dokumentation

→ D: MoU § 3

3.4.6.1 [Zusatzeintrag]

Außer den Angaben, die nach den Vorschriften für Beförderungsdokumente in Kapitel 5.4 erforderlich sind, muss die Bezeichnung „limited quantity" oder „LTD QTY" zusammen mit der Beschreibung der Sendung in das Beförderungsdokument für gefährliche Güter aufgenommen werden.

Kapitel 3.5
In freigestellten Mengen verpackte gefährliche Güter

Freigestellte Mengen 3.5.1

[Anwendbare Vorschriften] 3.5.1.1

Freigestellte Mengen gefährlicher Güter bestimmter Klassen – ausgenommen Gegenstände –, die den Vorschriften dieses Kapitels entsprechen, unterliegen keinen anderen Vorschriften dieses Codes mit Ausnahme:

.1 der Vorschriften für die Unterweisung des Kapitels 1.3;

.2 der Klassifizierungsverfahren und der Kriterien für die Verpackungsgruppen in Teil 2, Klassifizierung;

.3 der Verpackungsvorschriften in 4.1.1.1, 4.1.1.2, 4.1.1.4, 4.1.1.4.1 und 4.1.1.6 und

.4 der in Kapitel 5.4 aufgeführten Vorschriften für die Dokumentation.

Bemerkung: *Für radioaktive Stoffe finden die Vorschriften für radioaktive Stoffe in freigestellten Versandstücken in 1.5.1.5 Anwendung.*

[Höchstzulässige Bruttomasse] 3.5.1.2

Gefährliche Güter, die in Übereinstimmung mit den Vorschriften dieses Kapitels in freigestellten Mengen befördert werden dürfen, sind in Spalte 7b der Gefahrgutliste durch einen alphanumerischen Code wie folgt dargestellt:

Code	**höchste Nettomenge je Innenverpackung** (für feste Stoffe in Gramm und für flüssige Stoffe und Gase in ml)	**höchste Nettomenge je Außenverpackung** (für feste Stoffe in Gramm und für flüssige Stoffe und Gase in ml oder bei Zusammenpackung die Summe aus Gramm und ml)
E0	in freigestellten Mengen nicht zugelassen	
E1	30	1 000
E2	30	500
E3	30	300
E4	1	500
E5	1	300

Bei Gasen bezieht sich das für Innenverpackungen angegebene Volumen auf den mit Wasser ausgeliterten Fassungsraum des Innengefäßes und das für Außenverpackungen angegebene Volumen auf den mit Wasser ausgeliterten Gesamtfassungsraum aller Innenverpackungen innerhalb einer einzigen Außenverpackung.

[Mengenbegrenzung bei Zusammenpackung] 3.5.1.3

Wenn gefährliche Güter in freigestellten Mengen, denen unterschiedliche Codes zugeordnet sind, zusammengepackt werden, muss die Gesamtmenge je Außenverpackung auf den Wert begrenzt werden, der dem restriktivsten Code entspricht.

[Kleinstmengen ≤ 1 ml oder ≤ 1 g] 3.5.1.4

Freigestellte Mengen gefährlicher Güter, die den Codes E1, E2, E4 und E5 zugeordnet sind, unterliegen nicht den Bestimmungen dieses Codes, sofern:

.1 die höchste Nettomenge des Materials je Innenverpackung auf 1 ml für flüssige Stoffe und Gase und 1 g für feste Stoffe begrenzt ist;

.2 die Vorschriften in 3.5.2 erfüllt sind, mit der Ausnahme, dass eine Zwischenverpackung nicht erforderlich ist, wenn die Innenverpackungen unter Verwendung von Polstermaterial sicher in eine Außenverpackung eingesetzt sind, so dass es unter normalen Beförderungsbedingungen nicht zu einem Zubruchgehen, Durchstoßen oder Freiwerden des Inhalts kommen kann, und bei flüssigen Stoffen die Außenverpackung eine für die Aufnahme des gesamten Inhalts der Innenverpackungen ausreichende Menge eines saugfähigen Materials enthält;

3.5.1.4 (Forts.)

.3 die Vorschriften von 3.5.3 erfüllt sind; und

.4 die höchste Nettomasse der gefährlichen Güter je Außenverpackung 100 g bei festen Stoffen und 100 ml bei flüssigen Stoffen und Gasen nicht überschreitet.

3.5.2 Verpackungen

3.5.2.1 Verpackungen, die für die Beförderung gefährlicher Güter in freigestellten Mengen verwendet werden, müssen nachfolgende Vorschriften erfüllen:

.1 Sie müssen eine Innenverpackung enthalten, die aus Kunststoff (mit einer Dicke von mindestens 0,2 mm bei der Verwendung für flüssige Stoffe) oder aus Glas, Porzellan, Steinzeug, Ton oder Metall (siehe auch 4.1.1.2) hergestellt sein muss und deren Verschluss mit Draht, Klebeband oder anderen wirksamen Mitteln sicher fixiert sein muss; Gefäße, die einen Hals mit gegossenem Schraubgewinde haben, müssen eine flüssigkeitsdichte Schraubkappe haben. Der Verschluss muss gegenüber dem Inhalt beständig sein.

.2 Jede Innenverpackung muss unter Verwendung von Polstermaterial sicher in eine Zwischenverpackung verpackt sein, so dass es unter normalen Beförderungsbedingungen nicht zu einem Zubruchgehen, Durchstoßen oder Freiwerden von Inhalt kommen kann. Bei flüssigen Stoffen muss die Zwischenverpackung oder Außenverpackung genügend saugfähiges Material enthalten, um den gesamten Inhalt der Innenverpackungen aufzunehmen. Beim Einsetzen in eine Zwischenverpackung darf das saugfähige Material gleichzeitig als Polstermaterial verwendet werden. Die gefährlichen Güter dürfen weder mit dem Polstermaterial, dem saugfähigen Material und dem Verpackungsmaterial gefährlich reagieren noch die Unversehrtheit oder Funktion der Werkstoffe beeinträchtigen. Das Versandstück muss im Falle eines Bruches oder einer Undichtheit unabhängig von der Versandstückausrichtung den Inhalt vollständig zurückhalten.

.3 Die Zwischenverpackung muss sicher in eine starke, starre Außenverpackung (aus Holz, aus Pappe oder aus einem anderen ebenso starken Werkstoff) verpackt sein.

.4 Jedes Versandstück-Baumuster muss den Vorschriften in 3.5.3 entsprechen.

.5 Jedes Versandstück muss eine Größe haben, die ausreichend Platz für die Anbringung aller notwendigen Kennzeichen bietet.

.6 Umverpackungen dürfen verwendet werden und dürfen auch Versandstücke mit gefährlichen Gütern oder Gütern, die den Vorschriften dieses Codes nicht unterliegen, enthalten.

3.5.3 Prüfungen für Versandstücke

3.5.3.1 [Prüfmethoden]

Für das vollständige versandfertige Versandstück mit Innenverpackungen, die bei festen Stoffen mindestens zu 95 % ihres Fassungsraumes und bei flüssigen Stoffen mindestens zu 98 % ihres Fassungsraumes gefüllt sind, muss der Nachweis erbracht werden, dass es in der Lage ist, ohne Zubruchgehen oder Undichtheit einer Innenverpackung und ohne nennenswerte Verringerung der Wirksamkeit folgenden entsprechend dokumentierten Prüfungen standzuhalten:

.1 Freifallversuche auf eine starre, nicht federnde, ebene und horizontale Oberfläche aus einer Höhe von 1,8 m:

(i) Wenn das Prüfmuster die Form einer Kiste hat, muss es in jeder der folgenden Ausrichtungen fallen gelassen werden:

- flach auf den Boden;
- flach auf das Oberteil;
- flach auf die längste Seite;
- flach auf die kürzeste Seite;
- auf eine Ecke.

(ii) Wenn das Prüfmuster die Form eines Fasses hat, muss es in jeder der folgenden Ausrichtungen fallen gelassen werden:

- diagonal auf die obere Zarge, wobei der Schwerpunkt direkt über der Aufprallstelle liegt;
- diagonal auf die untere Zarge;
- flach auf die Seite.

Bemerkung: *Jeder der oben aufgeführten Freifallversuche darf mit verschiedenen, jedoch identischen Versandstücken durchgeführt werden.* 3.5.3.1 (Forts.)

.2 Eine auf die Fläche der oberen Seite wirkende Kraft für eine Dauer von 24 Stunden, die dem Gesamtgewicht bis zu einer Höhe von 3 m gestapelter identischer Versandstücke (einschließlich Prüfmuster) entspricht.

[Ersatzstoffe] 3.5.3.2

Für Zwecke der Prüfung dürfen die in der Verpackung zu befördernden Stoffe durch andere Stoffe ersetzt werden, sofern dadurch die Prüfergebnisse nicht verfälscht werden. Werden feste Stoffe durch andere Stoffe ersetzt, müssen diese die gleichen physikalischen Eigenschaften (Masse, Korngröße usw.) haben wir der zu befördernde Stoff. Wird bei den Freifallversuchen für flüssige Stoffe ein anderer Stoff verwendet, so muss dieser eine vergleichbare relative Dichte (volumenbezogene Masse) und Viskosität haben wie der zu befördernde Stoff.

Kennzeichnung der Versandstücke 3.5.4

[Anbringung, Information über Versender oder Empfänger] 3.5.4.1

In Übereinstimmung mit diesem Kapitel vorbereitete Versandstücke, die gefährliche Güter in freigestellten Mengen enthalten, müssen dauerhaft und lesbar mit dem unten dargestellten Kennzeichen versehen sein. Die Klasse der Hauptgefahr jedes im Versandstück enthaltenen gefährlichen Guts muss auf dem Kennzeichen angegeben werden. Sofern der Name des Versenders oder des Empfängers nicht an einer anderen Stelle des Versandstücks angegeben ist, muss das Kennzeichen diese Information enthalten.

[Kennzeichen] 3.5.4.2

Kennzeichen für freigestellte Mengen

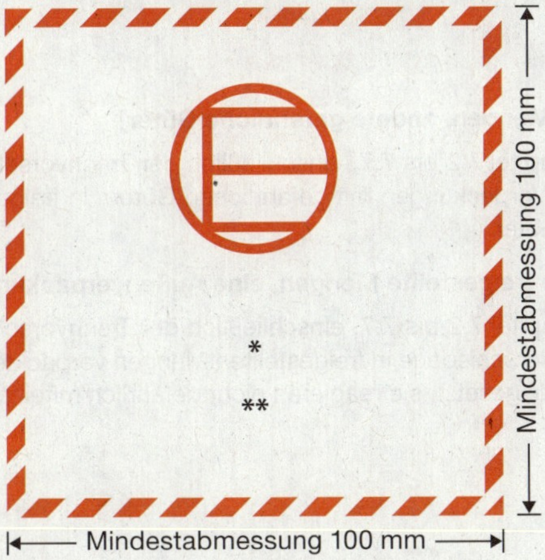

* *An dieser Stelle ist/sind die Nummer(n) der Klasse oder gegebenenfalls der Unterklasse anzugeben.*

** *Sofern nicht bereits an anderer Stelle auf dem Versandstück angegeben, ist an dieser Stelle der Name des Versenders oder des Empfängers anzugeben.*

Das Kennzeichen muss die Form eines Quadrates haben. Die Schraffierung und das Symbol müssen in derselben Farbe, schwarz oder rot, sein und auf einem weißen oder ausreichend kontrastierenden Grund erscheinen. Die Mindestabmessungen müssen 100 mm × 100 mm betragen. Wenn Abmessungen nicht näher spezifiziert sind, müssen die Proportionen aller Merkmale den abgebildeten in etwa entsprechen.

[Kennzeichnung bei Umverpackungen] 3.5.4.3

Werden Versandstücke, die gefährliche Güter in freigestellten Mengen enthalten, in eine Umverpackung oder Ladeeinheit eingesetzt, so ist die Umverpackung oder die Ladeeinheit mit dem nach diesem Kapitel erforderlichen Kennzeichen zu versehen, es sei denn, die für alle in der Umverpackung oder der

3.5.4.3 (Forts.) Ladeeinheit enthaltenen gefährlichen Güter repräsentativen Kennzeichen sind sichtbar. Zudem muss eine Umverpackung mit dem Ausdruck „UMVERPACKUNG"/„OVERPACK" gekennzeichnet sein, es sei denn, die für alle in der Umverpackung enthaltenen gefährlichen Güter repräsentativen Kennzeichen, wie in diesem Kapitel vorgeschrieben, sind sichtbar. Die Buchstabenhöhe des Kennzeichens „UMVERPACKUNG"/„OVERPACK" muss mindestens 12 mm sein. Die anderen Vorschriften in 5.2.1.2 gelten nur, wenn andere gefährliche Güter, die nicht in freigestellten Mengen verpackt sind, in der Umverpackung oder einer Ladeeinheit enthalten sind, und nur in Bezug auf diese anderen gefährlichen Güter.

3.5.5 Höchste Anzahl Versandstücke in jeder Güterbeförderungseinheit

3.5.5.1 [Grenzwert]

Die Anzahl der Versandstücke, die gefährliche Güter in freigestellten Mengen enthalten, in jeder Güterbeförderungseinheit darf 1 000 nicht überschreiten.

3.5.6 Dokumentation

→ *D: MoU § 3*

3.5.6.1 [Vermerk]

Außer den Angaben, die nach den Vorschriften für Beförderungsdokumente in Kapitel 5.4 erforderlich sind, ist in das Beförderungsdokument für gefährliche Güter der Vermerk „gefährliche Güter in freigestellten Mengen"/„dangerous goods in excepted quantities" gemeinsam mit der Beschreibung des Ladeguts einzutragen.

3.5.7 Stauung

3.5.7.1 [Staukategorie A]

In freigestellten Mengen verpackte gefährliche Güter werden der Staukategorie A gemäß 7.1.3.2 zugeordnet. Die anderen in Spalte 16a der Gefahrgutliste angegebenen Stauvorschriften finden keine Anwendung.

3.5.8 Trennung

3.5.8.1 [Ausnahme – freigestellte Mengen, andere gefährliche Güter]

Die Trennvorschriften der Kapitel 7.2 bis 7.7, einschließlich der Trennvorschriften in Spalte 16b der Gefahrgutliste, gelten nicht für Verpackungen mit gefährlichen Gütern in freigestellten Mengen oder in Bezug auf andere gefährliche Güter.

3.5.8.2 [Ausnahme – verschiedene freigestellte Mengen, eine Außenverpackung]

→ *D: GGVSee § 17 Nr. 7*

Die Trennvorschriften der Kapitel 7.2 bis 7.7, einschließlich der Trennvorschriften in Spalte 16b der Gefahrgutliste, gelten nicht für verschiedene in freigestellten Mengen verpackte gefährliche Güter in derselben Außenverpackung, vorausgesetzt, sie reagieren nicht gefährlich miteinander (siehe 4.1.1.6).

TEIL 4
VORSCHRIFTEN FÜR DIE VERWENDUNG VON VERPACKUNGEN UND TANKS

Kapitel 4.1
Verwendung von Verpackungen, einschließlich Großpackmittel (IBC) und Großverpackungen

→ D: GGVSee § 12 (1) Nr. 1 c)
→ D: GGVSee § 17 Nr. 4

Begriffsbestimmungen 4.1.0

→ D: MoU § 6

Hermetisch (dicht) verschlossen: Luftdichter Verschluss.

Sicher verschlossen: So verschlossen, dass trockener Inhalt bei normaler Handhabung nicht austreten kann; Mindestanforderung an jeden Verschluss.

Wirksam verschlossen: Flüssigkeitsdichter Verschluss.

Allgemeine Vorschriften für das Verpacken gefährlicher Güter in Verpackungen, einschließlich IBC und Großverpackungen 4.1.1

Bemerkung: *Für das Verpacken von Gütern der Klassen 2, 6.2 und 7 gelten die allgemeinen Vorschriften dieses Abschnitts nur, wenn dies in 4.1.8.2 (Klasse 6.2), 4.1.9.1.5 (Klasse 7) und in den anwendbaren Verpackungsanweisungen in 4.1.4 (P201 und LP02 für Klasse 2 und P620, P621, P650, IBC620 und LP621 für Klasse 6.2) angegeben ist.*

[Grundanforderung] 4.1.1.1

→ 4.1.5.19

Gefährliche Güter müssen in Verpackungen, einschließlich IBC und Großverpackungen, in guter Qualität verpackt sein. Diese müssen ausreichend stark sein, damit sie den Stößen und Belastungen, die unter normalen Beförderungsbedingungen auftreten können, standhalten, einschließlich des Umschlags zwischen Güterbeförderungseinheiten und zwischen Güterbeförderungseinheiten und Lagerhäusern sowie jeder Entnahme von einer Palette oder aus einer Umverpackung zur nachfolgenden manuellen oder mechanischen Handhabung. Die Verpackungen, einschließlich IBC und Großverpackungen, müssen für die Beförderung so hergestellt und so verschlossen sein, dass unter normalen Beförderungsbedingungen das Austreten des Inhalts aus der versandfertigen Verpackung, insbesondere infolge von Vibration, Temperaturwechsel, Feuchtigkeits- oder Druckänderung (z. B. hervorgerufen durch Höhenunterschiede) vermieden wird. Verpackungen, einschließlich Großpackmittel (IBC) und Großverpackungen, müssen gemäß den vom Hersteller gelieferten Informationen verschlossen sein. Während der Beförderung dürfen an der Außenseite von Versandstücken, einschließlich IBC und Großverpackungen, keine gefährlichen Rückstände anhaften. Diese Vorschriften gelten jeweils für neue, wieder verwendete, rekonditionierte und wieder aufgearbeitete Verpackungen und für neue, wieder verwendete, reparierte oder wieder aufgearbeitete IBC sowie für neue, wieder verwendete oder wieder aufgearbeitete Großverpackungen.

[Widerstandsfähigkeit] 4.1.1.2

Die Teile der Verpackungen, einschließlich IBC und Großverpackungen, die unmittelbar mit gefährlichen Gütern in Berührung kommen:

.1 dürfen durch diese gefährlichen Güter nicht angegriffen oder erheblich geschwächt werden,

.2 dürfen keinen gefährlichen Effekt auslösen, z. B. eine katalytische Reaktion oder eine Reaktion mit den gefährlichen Gütern und

.3 dürfen keine Permeation der gefährlichen Güter ermöglichen, die unter normalen Beförderungsbedingungen eine Gefahr darstellen könnte.

Sofern erforderlich, müssen sie mit einer geeigneten Innenauskleidung oder -behandlung versehen sein.

[Bauartkonformität] 4.1.1.3

Sofern in diesem Code nichts anderes vorgeschrieben ist, muss jede Verpackung, einschließlich IBC und Großverpackungen, ausgenommen Innenverpackungen, einer Bauart entsprechen, die, je nach Fall, in Übereinstimmung mit den Vorschriften in 6.1.5, 6.3.5, 6.5.6 oder 6.6.5 erfolgreich geprüft wurde. IBC, die vor dem 1. Januar 2011 gebaut wurden und einer Bauart entsprechen, für die die Vibrations-

4.1.1.3 (Forts.) prüfung gemäß 6.5.6.13 nicht durchgeführt wurde oder die zu dem Zeitpunkt, als sie der Fallprüfung unterzogen wurde, die Kriterien in 6.5.6.9.5.4 nicht erfüllen musste, dürfen jedoch weiter verwendet werden.

4.1.1.4 [Füllungsfreier Raum]

Werden Verpackungen, einschließlich IBC und Großverpackungen, mit flüssigen Stoffen[1] befüllt, so muss ein ausreichender füllungsfreier Raum bleiben, um sicherzustellen, dass die Ausdehnung des flüssigen Stoffes infolge der Temperaturen, die bei der Beförderung auftreten können, weder das Austreten des flüssigen Stoffes noch eine dauerhafte Verformung der Verpackung bewirkt. Sofern nicht besondere Vorschriften bestehen, dürfen Verpackungen bei einer Temperatur von 55 °C nicht vollständig mit flüssigen Stoffen ausgefüllt sein. In einem IBC muss jedoch ausreichend füllungsfreier Raum vorhanden sein, um sicherzustellen, dass er bei einer mittleren Temperatur des Inhalts von 50 °C zu höchstens 98 % seines Fassungsraums für Wasser gefüllt ist.[2]

4.1.1.4.1 [Lufttransport]

Für den Lufttransport müssen die für flüssige Stoffe vorgesehenen Verpackungen in der Lage sein, dem in den internationalen Vorschriften für den Lufttransport festgelegten Differenzdruck standzuhalten, ohne undicht zu werden.

4.1.1.5 [Innenverpackungen]

Innenverpackungen müssen in einer Außenverpackung so verpackt sein, dass sie unter normalen Beförderungsbedingungen nicht zerbrechen oder durchstoßen werden können oder ihr Inhalt nicht in die Außenverpackung austreten kann. Innenverpackungen, die flüssige Stoffe enthalten, müssen so verpackt werden, dass ihre Verschlüsse nach oben gerichtet sind, und in Übereinstimmung mit dem in 5.2.1.7.1 beschriebenen Ausrichtungszeichen in Außenverpackungen eingesetzt werden. Zerbrechliche Innenverpackungen oder solche, die leicht durchstoßen werden können, wie diejenigen aus Glas, Porzellan oder Steinzeug oder gewissen Kunststoffen usw. müssen mit geeignetem Polstermaterial in die Außenverpackung eingebettet werden. Beim Austreten des Inhalts dürfen die schützenden Eigenschaften des Polstermaterials und der Außenverpackung nicht wesentlich beeinträchtigt werden.

4.1.1.5.1 [Innenverpackungen]

Wenn die Außenverpackung einer zusammengesetzten Verpackung oder einer Großverpackung erfolgreich mit verschiedenen Typen von Innenverpackungen geprüft worden ist, dürfen auch verschiedene der Letztgenannten in dieser Außenverpackung oder Großverpackung zusammengefasst werden. Außerdem sind, ohne dass das Versandstück weiteren Prüfungen unterzogen werden muss, folgende Veränderungen bei den Innenverpackungen zugelassen, soweit ein gleichwertiges Leistungsniveau beibehalten wird:

.1 Innenverpackungen mit gleichen oder kleineren Abmessungen dürfen verwendet werden, vorausgesetzt:

- die Innenverpackungen entsprechen der Gestaltung der geprüften Innenverpackungen (zum Beispiel: Form – rund, rechteckig usw.),
- der für die Innenverpackungen verwendete Werkstoff (Glas, Kunststoff, Metall usw.) weist gegenüber Stoß oder Stapelkräften eine gleiche oder größere Festigkeit auf als die ursprünglich geprüfte Innenverpackung,

---

[1] Für zähflüssige Stoffe, deren Auslaufzeit bei Verwendung eines DIN-Prüfbechers mit einem Ausgussdurchmesser von 4 mm bei 20 °C mehr als 10 Minuten beträgt (was bei einem Ford-Prüfbecher 4 einer Auslaufzeit von mehr als 690 s bei 20 °C bzw. einer Viskosität von über 2680 mm²/s entspricht), gelten nur bezüglich der Füllungsgrenzen die Vorschriften für die Verpackungen fester Stoffe.

[2] Für abweichende Temperaturen kann der maximale Füllungsgrad wie folgt bestimmt werden:

$$\text{Füllungsgrad} = \frac{98}{1 + \alpha(50 - t_F)}\text{ \% des Fassungsraums des IBC.}$$

In dieser Formel bedeutet „α“ den mittleren kubischen Ausdehnungskoeffizienten des flüssigen Stoffes zwischen 15 °C und 50 °C, d. h. für eine maximale Temperaturerhöhung von 35 °C wird „α“ nach der Formel berechnet:

$$\alpha = \frac{d_{15} - d_{50}}{35 \times d_{50}}$$

Dabei bedeuten: d_{15} und d_{50} die relativen Dichten des flüssigen Stoffes bei 15 °C bzw. 50 °C und t_F die mittlere Temperatur des flüssigen Stoffes zum Zeitpunkt der Befüllung.

4.1.1.5.1 (Forts.)

- die Innenverpackungen haben gleiche oder kleinere Öffnungen, und der Verschluss ist ähnlich gestaltet (z. B. Schraubkappe, eingepasster Verschluss usw.),
- zusätzliches Polstermaterial wird in ausreichender Menge verwendet, um die leeren Zwischenräume aufzufüllen und um jede nennenswerte Bewegung der Innenverpackungen zu verhindern,
- die Innenverpackungen haben innerhalb der Außenverpackung die gleiche Ausrichtung wie im geprüften Versandstück und

.2 eine geringere Anzahl geprüfter Innenverpackungen oder anderer in .1 beschriebenen Arten von Innenverpackungen darf verwendet werden, vorausgesetzt, eine ausreichende Polsterung zur Auffüllung des Zwischenraums (der Zwischenräume) und zur Verhinderung jeder nennenswerten Bewegung der Innenverpackungen wird vorgenommen.

[zusätzliche Verpackungen innerhalb einer Außenverpackung] 4.1.1.5.2

Die Verwendung zusätzlicher Verpackungen innerhalb einer Außenverpackung (z. B. eine Zwischenverpackung oder ein Gefäß innerhalb einer vorgeschriebenen Innenverpackung) ergänzend zu den durch die Verpackungsanweisungen geforderten Verpackungen ist zugelassen, vorausgesetzt, alle entsprechenden Vorschriften, einschließlich der Vorschriften in 4.1.1.3, werden erfüllt und es wird, sofern zutreffend, geeignetes Polstermaterial verwendet, um Bewegungen innerhalb der Verpackung zu verhindern.

[Polstermitteleignung] 4.1.1.5.3

Polstermittel und absorbierendes Material müssen inert und der Eigenart des Inhalts angepasst sein.

[Beschaffenheit Außenverpackungen] 4.1.1.5.4

Beschaffenheit und Dicke der Außenverpackungen müssen derart sein, dass durch die während der Beförderung auftretende Reibung keine Wärme erzeugt wird, die die chemische Stabilität des Füllguts in gefährlicher Weise verändern kann.

[Unverträgliche Güter] 4.1.1.6 → D: GGVSee § 17 Nr. 7

Gefährliche Güter dürfen nicht mit gefährlichen oder anderen Gütern zusammen in dieselbe Außenverpackung oder in Großverpackungen verpackt werden, wenn sie miteinander gefährlich reagieren und dabei Folgendes verursachen:

.1 eine Verbrennung und/oder eine Entwicklung beträchtlicher Wärme,

.2 eine Entwicklung entzündbarer, giftiger oder erstickend wirkender Gase,

.3 die Bildung ätzender Stoffe oder

.4 die Bildung instabiler Stoffe.

[Verschlüsse] 4.1.1.7

Die Verschlüsse von Verpackungen mit angefeuchteten oder verdünnten Stoffen müssen so beschaffen sein, dass der prozentuale Anteil des flüssigen Stoffes (Wasser, Lösungs- oder Phlegmatisierungsmittel) während der Beförderung nicht unter die vorgeschriebenen Grenzwerte absinkt.

[Schließreihenfolge] 4.1.1.7.1

Sind an einem IBC zwei oder mehrere Verschlusssysteme hintereinander angebracht, ist das dem beförderten Stoff am nächsten angeordnete zuerst zu schließen.

[Hermetischer Verschluss] 4.1.1.7.2

Sofern in der Gefahrgutliste nicht etwas anderes angegeben ist, sollten Versandstücke mit Stoffen, die:

.1 entzündbare Gase oder Dämpfe entwickeln;

.2 wenn sie austrocknen, explosiv werden können;

.3 giftige Gase oder Dämpfe entwickeln;

.4 ätzende Gase oder Dämpfe entwickeln oder

.5 an der Luft gefährlich reagieren können

hermetisch (dicht) verschlossen werden.

4.1.1.8 [Lüftungseinrichtung]

Wenn in einem Versandstück das Füllgut Gas ausscheidet (durch Temperaturanstieg oder aus anderen Gründen) und dadurch ein Überdruck entstehen kann, darf die Verpackung oder das Großpackmittel (IBC) mit einer Lüftungseinrichtung versehen sein, vorausgesetzt, das austretende Gas verursacht z. B. aufgrund seiner Giftigkeit, seiner Entzündbarkeit oder der freigesetzten Menge keine Gefahr.

Eine Lüftungseinrichtung muss eingebaut werden, wenn sich aufgrund der normalen Zersetzung von Stoffen ein gefährlicher Überdruck bilden kann. Die Lüftungseinrichtung muss so ausgelegt sein, dass das Austreten von flüssigen Stoffen sowie das Eindringen von Fremdstoffen in der für die Beförderung vorgesehenen Lage der Verpackung oder des Großpackmittels (IBC) unter normalen Beförderungsbedingungen vermieden wird.

4.1.1.8.1 [Widerstandsfähigkeit Innenverpackung]

Flüssige Stoffe dürfen nur in Innenverpackungen gefüllt werden, die eine ausreichende Widerstandsfähigkeit gegenüber dem Innendruck haben, der unter normalen Beförderungsbedingungen entstehen kann.

4.1.1.9 [Prüfpflicht]

Neue, wieder aufgearbeitete oder wieder verwendete Verpackungen, einschließlich IBC und Großverpackungen, oder rekonditionierte Verpackungen und reparierte oder regelmäßig gewartete IBC müssen, je nach Fall, den in 6.1.5, 6.3.5, 6.5.6 bzw. 6.6.5 vorgeschriebenen Prüfungen standhalten können. Vor der Befüllung und der Aufgabe zur Beförderung muss jede Verpackung, einschließlich IBC und Großverpackungen, überprüft werden, um sicherzustellen, dass sie frei von Korrosion, Verunreinigung oder anderen Schäden ist, und jeder IBC muss bezüglich der ordnungsgemäßen Funktion der Bedienungsausrüstung überprüft werden. Jede Verpackung, die Anzeichen verminderter Widerstandsfähigkeit gegenüber der zugelassenen Bauart aufweist, darf nicht mehr verwendet oder sie muss so rekonditioniert werden, dass sie den Bauartprüfungen standhalten kann. Jeder IBC, der Anzeichen verminderter Widerstandsfähigkeit gegenüber der geprüften Bauart aufweist, darf nicht mehr verwendet oder er muss so repariert oder regelmäßig gewartet werden, dass er den Bauartprüfungen standhalten kann.

4.1.1.10 [Druckfestigkeit]

Flüssige Stoffe dürfen nur in Verpackungen, einschließlich IBC, gefüllt werden, die eine ausreichende Widerstandsfähigkeit gegenüber dem Innendruck haben, der unter normalen Beförderungsbedingungen entstehen kann. Da der Dampfdruck bei Flüssigkeiten mit niedrigem Siedepunkt gewöhnlich hoch ist, muss die Stärke der Gefäße für diese Flüssigkeiten ausreichend sein, um dem möglicherweise entstehenden Innendruck, unter Berücksichtigung eines genügenden Sicherheitsfaktors, widerstehen zu können. Verpackungen und IBC, auf denen der jeweils zutreffende Prüfdruck der Flüssigkeitsdruckprüfung nach 6.1.3.1 (d) bzw. 6.5.2.2.1 im Kennzeichen angegeben ist, dürfen nur mit einem flüssigen Stoff befüllt werden, dessen Dampfdruck:

.1 so groß ist, dass der Gesamtüberdruck in der Verpackung oder im IBC (d. h. Dampfdruck des Füllgutes plus Partialdruck von Luft oder sonstigen inerten Gasen, vermindert um 100 kPa) bei 55 °C, gemessen unter Zugrundelegung eines maximalen Füllungsgrades gemäß 4.1.1.4 und einer Fülltemperatur von 15 °C, 2/3 des im Kennzeichen angegebenen Prüfdruckes nicht überschreitet, oder

.2 bei 50 °C geringer ist als 4/7 der Summe aus dem im Kennzeichen angegebenen Prüfdruck plus 100 kPa oder

.3 bei 55 °C geringer ist als 2/3 der Summe aus dem im Kennzeichen angegebenen Prüfdruck plus 100 kPa.

IBC für die Beförderung flüssiger Stoffe dürfen nur für flüssige Stoffe eingesetzt werden, deren Dampfdruck 110 kPa (1,1 bar) bei 50 °C oder 130 kPa (1,3 bar) bei 55 °C nicht überschreitet.

Beispiele für auf den Verpackungen, einschließlich IBC, anzugebende Prüfdrücke, die nach 4.1.1.10.3 berechnet wurden 4.1.1.10 (Forts.)

UN-Nummer	Name	Klasse	Verpackungsgruppe	Vp_{55} (kPa)	Vp_{55} × 1,5 (kPa)	(Vp_{55} × 1,5) minus 100 (kPa)	vorgeschriebener Mindestprüfdruck (Überdruck) nach 6.1.5.5.4.3 (kPa)	Mindestprüfdruck (Überdruck), der auf der Verpackung anzugeben ist (kPa)
2056	Tetrahydrofuran	3	II	70	105	5	100	100
2247	*n*-Decan	3	III	1,4	2,1	-97,9	100	100
1593	Dichlormethan	6.1	III	164	246	146	146	150
1155	Diethylether	3	I	199	299	199	199	250

Bemerkung 1: *Für reine flüssige Stoffe kann der Dampfdruck bei 55 °C (Vp_{55}) oft aus Tabellen entnommen werden, die in der wissenschaftlichen Literatur veröffentlicht sind.*

Bemerkung 2: *Die in der Tabelle angegebenen Mindestprüfdrücke beziehen sich nur auf die Anwendung der Angaben unter 4.1.1.10.3, das bedeutet, dass der angegebene Prüfdruck größer sein muss als der 1,5-fache Dampfdruck bei 55 °C minus 100 kPa. Wenn beispielsweise der Prüfdruck für n-Decan gemäß 6.1.5.5.4.1 bestimmt wird, kann der anzugebende Mindestprüfdruck geringer sein.*

Bemerkung 3: Für Diethylether beträgt der nach 6.1.5.5.5 vorgeschriebene Mindestprüfdruck 250 kPa.

[Leerverpackungen] 4.1.1.11

Leere Verpackungen, einschließlich leere IBC und leere Großverpackungen, die ein gefährliches Gut enthalten haben, müssen in der gleichen Art und Weise behandelt werden, wie sie für gefüllte Verpackungen von den Vorschriften dieses Codes gefordert werden, es sei denn, es wurden entsprechende Maßnahmen getroffen, um jede Gefahr auszuschließen.

[Dichtheitsprüfung] 4.1.1.12

Jede Verpackung gemäß Kapitel 6.1, die für flüssige Stoffe vorgesehen ist, muss erfolgreich einer geeigneten Dichtheitsprüfung unterzogen werden. Diese Prüfung ist Teil eines in 6.1.1.3 festgelegten Qualitätssicherungsprogramms, mit dem nachgewiesen wird, dass die Verpackung in der Lage ist, die entsprechenden in 6.1.5.4.4 angegebenen Prüfanforderungen zu erfüllen:

.1 vor der erstmaligen Verwendung zur Beförderung;

.2 nach Wiederaufarbeitung oder Rekonditionierung jeder Verpackung vor Wiederverwendung zur Beförderung.

Für diese Prüfung ist es nicht erforderlich, die Verpackung mit ihren Verschlüssen zu versehen. Das Innengefäß einer Kombinationsverpackung darf ohne Außenverpackung geprüft werden, vorausgesetzt, die Prüfergebnisse werden nicht beeinträchtigt. Diese Prüfung ist nicht erforderlich für Innenverpackungen von zusammengesetzten Verpackungen oder Großverpackungen.

[Verflüssigende Stoffe] 4.1.1.13

Verpackungen, einschließlich IBC, für feste Stoffe, die sich bei den während der Beförderung auftretenden Temperaturen verflüssigen können, müssen diesen Stoff auch im flüssigen Zustand zurückhalten.

[Staubdichtheit] 4.1.1.14

Verpackungen, einschließlich IBC, für pulverförmige oder körnige Stoffe müssen staubdicht oder mit einem Innensack versehen sein.

[Zulässige Verwendungsdauer] 4.1.1.15

Sofern von der zuständigen Behörde nicht etwas anderes festgelegt wurde, beträgt die zulässige Verwendungsdauer für Fässer und Kanister aus Kunststoff, starre Kunststoff-IBC und Kombinations-IBC mit Kunststoff-Innenbehälter zur Beförderung gefährlicher Güter, vom Datum ihrer Herstellung an gerechnet, fünf Jahre, es sei denn, wegen der Art des zu befördernden Stoffes ist eine kürzere Verwendungsdauer vorgeschrieben.

4.1.1.16 [Eis als Kühlmittel]

Wenn Eis als Kühlmittel verwendet wird, darf dieses nicht die Funktionsfähigkeit der Verpackung beeinträchtigen.

4.1.1.17 Explosive Stoffe und Gegenstände mit Explosivstoff, selbstzersetzliche Stoffe und organische Peroxide

Sofern in diesem Code nichts anderes vorgeschrieben ist, müssen die für Güter der Klasse 1, für selbstzersetzliche Stoffe der Klasse 4.1 und für organische Peroxide der Klasse 5.2 verwendeten Verpackungen, einschließlich IBC und Großverpackungen, den Vorschriften für die mittlere Gefahrengruppe (Verpackungsgruppe II) entsprechen.

4.1.1.18 Verwendung von Bergungsverpackungen und Bergungsgroßverpackungen

4.1.1.18.1 [Verwendungszweck]

Beschädigte, defekte, undichte oder nicht den Vorschriften entsprechende Versandstücke oder gefährliche Güter, die verschüttet wurden oder ausgetreten sind, dürfen in Bergungsverpackungen nach 6.1.5.1.11 und 6.6.5.1.9 befördert werden. Die Verwendung einer Verpackung mit größeren Abmessungen oder einer Großverpackung eines geeigneten Typs und geeigneter Prüfanforderungen wird dadurch nicht ausgeschlossen, vorausgesetzt, die Vorschriften von 4.1.1.18.2 und 4.1.1.18.3 werden erfüllt.

4.1.1.18.2 [Vorsichtsmaßnahmen]

Geeignete Maßnahmen müssen ergriffen werden, um übermäßige Bewegungen der beschädigten oder undichten Versandstücke innerhalb der Bergungsverpackung zu verhindern. Sofern die Bergungsverpackung flüssige Stoffe enthält, muss eine ausreichende Menge inerten saugfähigen Materials beigefügt werden, um das Auftreten freier Flüssigkeit auszuschließen.

4.1.1.18.3 [Maßnahmen gegen Druckaufbau]

Es sind geeignete Maßnahmen zu ergreifen, um einen gefährlichen Druckaufbau zu verhindern.

4.1.1.19 Verwendung von Bergungsdruckgefäßen

4.1.1.19.1 [Anwendungsbereich]

Für beschädigte, defekte, undichte oder nicht den Vorschriften entsprechende Druckgefäße dürfen Bergungsdruckgefäße gemäß 6.2.3 verwendet werden.

Bemerkung: *Ein Bergungsdruckgefäß darf als Umverpackung gemäß 5.1.2 verwendet werden. Bei der Verwendung als Umverpackung müssen die Kennzeichen nicht 5.2.1.3, sondern 5.1.2.1 entsprechen.*

4.1.1.19.2 [Einsetzen von Druckgefäßen in Bergungsdruckgefäße]

Druckgefäße müssen in Bergungsdruckgefäße geeigneter Größe eingesetzt werden. Die höchstzulässige Größe des eingesetzten Druckgefäßes ist auf einen mit Wasser ausgeliterten Fassungsraum von 1000 Litern begrenzt. Mehrere Druckgefäße dürfen nur dann in dasselbe Bergungsdruckgefäß eingesetzt werden, wenn deren Füllgüter bekannt sind und diese nicht gefährlich miteinander reagieren (siehe 4.1.1.6). In diesem Fall darf die Gesamtsumme der mit Wasser ausgeliterten Fassungsräume der eingesetzten Druckgefäße 1000 Liter nicht überschreiten. Es müssen geeignete Maßnahmen ergriffen werden, um Bewegungen der Druckgefäße im Bergungsdruckgefäß zu verhindern, z. B. durch Unterteilen, Sichern oder Polstern.

4.1.1.19.3 [Voraussetzungen]

Ein Druckgefäß darf nur dann in ein Bergungsdruckgefäß eingesetzt werden, wenn:

.1 das Bergungsdruckgefäß den Vorschriften von 6.2.3.5 entspricht und eine Kopie der Zulassungsbescheinigung vorliegt;

.2 die Teile des Bergungsdruckgefäßes, die in direktem Kontakt mit den gefährlichen Gütern stehen oder stehen können, nicht durch diese angegriffen oder geschwächt werden und keine gefährliche Wirkungen verursachen, z. B. Katalyse einer Reaktion oder Reaktion mit den gefährlichen Gütern, und

.3 der Druck und das Volumen des Füllguts des (der) enthaltenen Druckgefäßes (Druckgefäße) so begrenzt sind, dass bei einer vollständigen Entleerung in das Bergungsdruckgefäß der Druck im Bergungsdruckgefäß bei 65 °C nicht höher ist als der Prüfdruck des Bergungsdruckgefäßes (für Gase siehe 4.1.4.1 Verpackungsanweisung P200 (3)). Dabei muss die Verringerung des mit Wasser ausgeliterten nutzbaren Fassungsraums, z. B. durch eventuell enthaltene Ausrüstungen und Polsterungen, berücksichtigt werden. 4.1.1.19.3 (Forts.)

[Kennzeichnung] 4.1.1.19.4

Der in Kapitel 5.2 für Versandstücke vorgeschriebene richtige technische Name, die UN-Nummer mit vorangestellten Buchstaben „UN" und die Gefahrzettel der gefährlichen Güter im (in den) enthaltenen Druckgefäß(en) müssen bei der Beförderung auf dem Bergungsdruckgefäß angegeben sein.

[Reinigung, Entgasung, Prüfung nach Verwendung] 4.1.1.19.5

Bergungsdruckgefäße müssen nach jeder Verwendung gereinigt, entgast und innen und außen einer Sichtprüfung unterzogen werden. Sie müssen spätestens alle fünf Jahre gemäß 6.2.1.6 einer wiederkehrenden Prüfung unterzogen werden.

[Ladungssicherung] 4.1.1.20 → *CTU-Code Anlage 7*

Während der Beförderung müssen Verpackungen, einschließlich IBC und Großverpackungen, sicher an der Güterbeförderungseinheit befestigt oder sicher von ihr umschlossen werden, so dass Quer- oder Längsbewegungen oder ein Zusammenstoßen verhindert werden und eine angemessene Abstützung erfolgt.

Zusätzliche allgemeine Vorschriften für die Verwendung von IBC 4.1.2

[Elektrostatische Sicherheit] 4.1.2.1

Wenn IBC für die Beförderung flüssiger Stoffe mit einem Flammpunkt von höchstens 60 °C (geschlossener Tiegel) oder von zu Staubexplosion neigenden Pulvern verwendet werden, sind Maßnahmen zu treffen, um eine gefährliche elektrostatische Entladung zu verhindern.

[Prüfpflicht][*)] 4.1.2.2

[Prüfdaten] 4.1.2.2.1

Alle metallenen IBC, alle starren Kunststoff-IBC und alle Kombinations-IBC müssen gemäß 6.5.4.4 oder 6.5.4.5 einer entsprechenden Prüfung unterzogen werden:

.1 vor Inbetriebnahme;

.2 anschließend, je nach Fall, in Abständen von höchstens zweieinhalb oder fünf Jahren und

.3 nach Reparatur oder Wiederaufarbeitung vor Wiederverwendung zur Beförderung.

[Nach Fristablauf] 4.1.2.2.2

Ein IBC darf nach dem Ablauf der Frist für die wiederkehrende Prüfung nicht befüllt oder zur Beförderung aufgegeben werden. Jedoch darf ein IBC, der vor dem Ablauf der Frist für die wiederkehrende Prüfung befüllt wurde, innerhalb eines Zeitraums von höchstens drei Monaten nach Ablauf der Frist für die wiederkehrende Prüfung befördert werden. Darüber hinaus darf ein IBC nach Ablauf der Frist für die wiederkehrende Prüfung befördert werden:

.1 nach der Entleerung, jedoch vor der Reinigung zur Durchführung der nächsten vorgeschriebenen Prüfung vor der Wiederbefüllung und,

.2 wenn von der zuständigen Behörde nichts anderes festgelegt ist, für einen Zeitraum von höchstens sechs Monaten nach Ablauf der Frist für die wiederkehrende Prüfung um die Rücksendung der gefährlichen Güter oder Rückstände zum Zwecke der ordnungsgemäßen Entsorgung oder Wiederverwertung zu ermöglichen. Im Beförderungsdokument ist auf diese Ausnahmeregelung Bezug zu nehmen.

*) *Anmerkung des Verlags: Diese Gliederungsnummer fehlt im Originaltext.*

4.1.2.3 [Kombinations-IBC]

Kombinations-IBC des Typs 31HZ2 müssen bei der Beförderung flüssiger Stoffe mindestens zu 80 % des Fassungsraums der äußeren Umhüllung befüllt sein und dürfen nur in geschlossenen Güterbeförderungseinheiten befördert werden.

4.1.2.4 [Regelmäßige Wartung]

Mit Ausnahme der Fälle, in denen die regelmäßige Wartung eines metallenen IBC, eines starren Kunststoff-IBC oder eines Kombinations-IBC oder eines flexiblen IBC durch den Eigentümer des IBC durchgeführt wird, dessen Sitzstaat und Name oder zugelassenes Zeichen dauerhaft auf dem IBC angebracht sind, muss die Stelle, welche die regelmäßige Wartung eines IBC durchführt, auf dem IBC in der Nähe des UN-Bauartkennzeichens des Herstellers folgendes dauerhaftes Kennzeichen anbringen:

.1 der Staat, in dem die regelmäßige Wartung durchgeführt wurde, und

.2 der Name oder das zugelassene Zeichen der Stelle, die die regelmäßige Wartung durchgeführt hat.

4.1.3 Allgemeine Vorschriften für Verpackungsanweisungen

4.1.3.1 [Gliederung]

Die für die gefährlichen Güter der Klassen 1 bis 9 geltenden Verpackungsanweisungen sind in 4.1.4 aufgeführt. Sie werden je nach Art der Verpackung, für die sie gelten, in drei Unterabschnitte unterteilt:

Unterabschnitt 4.1.4.1	für Verpackungen, ausgenommen IBC und Großverpackungen: diese Verpackungsanweisungen sind durch einen mit dem Buchstaben „P“ beginnenden alphanumerischen Code bezeichnet;
Unterabschnitt 4.1.4.2	für IBC: diese Verpackungsanweisungen sind durch einen mit den Buchstaben „IBC“ beginnenden alphanumerischen Code bezeichnet;
Unterabschnitt 4.1.4.3	für Großverpackungen: diese Verpackungsanweisungen sind durch einen mit den Buchstaben „LP“ beginnenden alphanumerischen Code bezeichnet.

Im Allgemeinen wird in den Verpackungsanweisungen festgelegt, dass die allgemeinen Vorschriften von 4.1.1, 4.1.2 und/oder 4.1.3, wenn zutreffend, anzuwenden sind. Die Verpackungsanweisungen können, sofern zutreffend, auch eine Übereinstimmung mit den besonderen Vorschriften von 4.1.5, 4.1.6, 4.1.7, 4.1.8 oder 4.1.9 erfordern. In den Verpackungsanweisungen für bestimmte Stoffe oder Gegenstände können auch Sondervorschriften festgelegt sein. Diese werden ebenfalls durch einen mit den folgenden Buchstaben beginnenden alphanumerischen Code bezeichnet:

„PP“	für Verpackungen, ausgenommen IBC und Großverpackungen
„B“	für IBC
„L“	für Großverpackungen.

Sofern nichts anderes festgelegt ist, muss jede Verpackung den anwendbaren Vorschriften des Teils 6 entsprechen. Im Allgemeinen sagen die Verpackungsanweisungen nichts über die Verträglichkeit aus, weswegen der Verwender keine Verpackungen auswählen darf, ohne zu überprüfen, ob der Stoff mit dem gewählten Verpackungsmaterial verträglich ist (z. B. sind Glasgefäße für die meisten Fluoride ungeeignet). Wenn in den Verpackungsanweisungen Gefäße aus Glas zugelassen sind, sind Verpackungen aus Porzellan, Ton und Steinzeug ebenfalls zugelassen.

4.1.3.2 [Festlegung in Gefahrgutliste]

Die Spalte 8 der Gefahrgutliste enthält für jeden Gegenstand oder Stoff die zu verwendende(n) Verpackungsanweisung(en). Die Spalte 9 enthält die für die einzelnen Stoffe oder Gegenstände anwendbaren Sondervorschriften für die Verpackung.

4.1.3.3 [Inhalte]

In jeder Verpackungsanweisung sind, sofern zutreffend, die zulässigen Einzelverpackungen und zusammengesetzten Verpackungen aufgeführt. Für zusammengesetzte Verpackungen werden die zulässigen Außenverpackungen, Innenverpackungen und, sofern zutreffend, die zugelassene Höchstmenge für jede Innen- oder Außenverpackung aufgeführt. Die *höchste Nettomasse* und der *höchste Fassungsraum* sind in 1.2.1 definiert.

[Verwendungsverbote] 4.1.3.4

Die folgenden Verpackungen dürfen nicht verwendet werden, wenn sich die zu befördernden Stoffe während der Beförderung verflüssigen können:

Verpackungen

Fässer:	1D und 1G
Kisten:	4C1, 4C2, 4D, 4F, 4G und 4H1
Säcke:	5L1, 5L2, 5L3, 5H1, 5H2, 5H3, 5H4, 5M1 und 5M2
Kombinationsverpackungen:	6HC, 6HD1, 6HD2, 6HG1, 6HG2, 6PC, 6PD1, 6PD2, 6PG1, 6PG2 und 6PH1

Großverpackungen

aus flexiblem Kunststoff: 51H (Außenverpackung)

IBC

für Stoffe der Verpackungsgruppe I:

alle Typen von IBC

für Stoffe der Verpackungsgruppen II und III:

IBC aus Holz:	11C, 11D und 11F
IBC aus Pappe:	11G
flexible IBC:	13H1, 13H2, 13H3, 13H4, 13H5, 13L1, 13L2, 13L3, 13L4, 13M1 und 13M2
Kombinations-IBC:	11HZ2 und 21HZ2

[Alternativverpackungen] 4.1.3.5

Wenn die Verpackungsanweisungen in diesem Kapitel die Verwendung einer besonderen Art einer Verpackung erlauben (z. B. 4G bzw. 1A2), dürfen Verpackungen mit den gleichen Verpackungscodierungen, ergänzt durch die Buchstaben „V“, „U“ oder „W“ gemäß den Vorschriften des Teils 6 (z. B. 4GV, 4GU oder 4GW bzw. 1A2V, 1A2U oder 1A2W) ebenfalls verwendet werden, wenn sie denselben Bedingungen und Einschränkungen genügen, die für die Verwendung dieses Verpackungstyps gemäß den geltenden Verpackungsanweisungen anwendbar sind. Beispielsweise darf eine mit der Verpackungscodierung „4GV“ gekennzeichnete zusammengesetzte Verpackung als eine mit „4G“ gekennzeichnete zusammengesetzte Verpackung verwendet werden, wenn die Vorschriften der geltenden Verpackungsanweisung hinsichtlich der Art der Innenverpackungen und der Mengenbegrenzungen eingehalten werden.

Druckgefäße für flüssige und feste Stoffe 4.1.3.6

[Verwendungszulassung] 4.1.3.6.1

Sofern im Code nichts anderes angegeben ist, sind Druckgefäße, die:

.1 den anwendbaren Vorschriften des Kapitels 6.2 entsprechen oder

.2 den im Land der Herstellung der Druckgefäße angewendeten nationalen oder internationalen Normen für die Auslegung, den Bau, die Prüfung, die Herstellung und die Inspektion entsprechen, vorausgesetzt, die Vorschriften in 4.1.3.6 und 6.2.3.3 werden eingehalten,

für die Beförderung aller flüssigen oder festen Stoffe mit Ausnahme von explosiven Stoffen, thermisch instabilen Stoffen, organischen Peroxiden, selbstzersetzlichen Stoffen, Stoffen, bei denen sich durch die Entwicklung einer chemischen Reaktion ein bedeutender Druck entwickeln kann, und radioaktiven Stoffen (sofern nicht gemäß 4.1.9 erlaubt) zugelassen.

Dieser Unterabschnitt ist für die in 4.1.4.1 Verpackungsanweisung P200 Tabelle 3 aufgeführten Stoffe nicht anwendbar.

[Bauartzulassung] 4.1.3.6.2

Jede Bauart von Druckgefäßen muss von der zuständigen Behörde des Herstellungslandes oder nach den Vorschriften des Kapitels 6.2 zugelassen sein.

4.1.3.6.3 [Mindestprüfdruck]

Sofern nichts anderes angegeben ist, müssen Druckgefäße mit einem Mindestprüfdruck von 0,6 MPa verwendet werden.

4.1.3.6.4 [Druckentlastungseinrichtung]

Sofern nichts anderes angegeben ist, dürfen Druckgefäße mit einer Notfall-Druckentlastungseinrichtung versehen sein, die so ausgelegt ist, dass bei einem Überfüllen oder einem Brand ein Zerbersten verhindert wird.

Die Verschlussventile von Druckgefäßen müssen so ausgelegt und gebaut sein, dass sie von sich aus in der Lage sind, Beschädigungen ohne Freiwerden von Füllgut standzuhalten, oder sie müssen durch eine der in 4.1.6.1.8.1 bis 4.1.6.1.8.5 angegebenen Methoden gegen Beschädigungen, die zu einem unbeabsichtigten Freiwerden von Füllgut des Druckgefäßes führen können, geschützt sein.

4.1.3.6.5 [Maximaler Füllungsgrad]

Der Füllungsgrad darf 95 % des Fassungsraumes des Druckgefäßes bei 50 °C nicht überschreiten. Es muss genügend füllungsfreier Raum verbleiben, um sicherzustellen, dass das Druckgefäß bei einer Temperatur von 55 °C nicht vollständig mit Flüssigkeit gefüllt ist.

4.1.3.6.6 [Wiederkehrende Prüfung]

Sofern nichts anderes angegeben ist, müssen Druckgefäße alle fünf Jahre einer wiederkehrenden Prüfung unterzogen werden. Die wiederkehrende Prüfung muss eine äußere Untersuchung, eine innere Untersuchung oder eine von der zuständigen Behörde zugelassene alternative Methode, eine Druckprüfung oder mit Genehmigung der zuständigen Behörde eine ebenso wirksame zerstörungsfreie Prüfung, einschließlich einer Inspektion aller Zubehörteile (z. B. Dichtheit der Verschlussventile, Notfall-Druckentlastungsventile oder Schmelzsicherungen) umfassen. Druckgefäße dürfen nach Ablauf der Frist für die wiederkehrende Prüfung nicht befüllt werden, dürfen jedoch nach Ablauf der Frist befördert werden. Reparaturen von Druckgefäßen müssen den Vorschriften in 4.1.6.1.11 entsprechen.

4.1.3.6.7 [Kontrolle vor Befüllen]

Vor dem Befüllen muss der Verpacker eine Inspektion des Druckgefäßes durchführen und sicherstellen, dass das Druckgefäß für den zu befördernden Stoff zugelassen ist und die Vorschriften des Codes erfüllt sind. Nach dem Befüllen müssen die Verschlussventile geschlossen werden und während der Beförderung verschlossen bleiben. Der Versender muss überprüfen, dass die Verschlüsse und die Ausrüstung nicht undicht sind.

4.1.3.6.8 [Produktwechselverbot]

Nachfüllbare Druckgefäße dürfen nicht mit einem Stoff befüllt werden, der von dem zuvor enthaltenen Stoff abweicht, es sei denn, die notwendigen Maßnahmen für einen Wechsel der Verwendung wurden durchgeführt.

4.1.3.6.9 [Kennzeichnung]

Die Kennzeichnung von Druckgefäßen für flüssige und feste Stoffe gemäß 4.1.3.6 (die nicht den Vorschriften des Kapitels 6.2 entsprechen) muss in Übereinstimmung mit den Vorschriften der zuständigen Behörde des Herstellungslandes erfolgen.

4.1.3.7 [Einzelgenehmigungen]

Verpackungen, einschließlich IBC und Großverpackungen, die nicht ausdrücklich in der anwendbaren Verpackungsanweisung zugelassen sind, dürfen nicht zur Beförderung eines Stoffes oder Gegenstandes verwendet werden, es sei denn, dass die zuständige Behörde dies im Einzelnen genehmigt hat und unter folgenden Voraussetzungen:

.1 die alternative Verpackung erfüllt die allgemeinen Vorschriften dieses Kapitels;

.2 die alternative Verpackung erfüllt die Vorschriften des Teils 6, wenn die in der Gefahrgutliste aufgeführte Verpackungsanweisung dies festlegt;

.3 die zuständige Behörde stellt fest, dass die alternative Verpackung mindestens das gleiche Sicherheitsniveau vorsieht, als wenn der Stoff in Übereinstimmung mit einer Methode verpackt wäre, die in der speziellen Verpackungsanweisung in der Gefahrgutliste aufgeführt ist, und

.4 eine Kopie der Zulassung durch die zuständige Behörde begleitet jede Sendung, oder das Beförderungsdokument enthält einen Hinweis, dass die alternative Verpackung durch die zuständige Behörde zugelassen wurde. 4.1.3.7 (Forts.)

Bemerkung: *Die zuständigen Behörden, die solche Zulassungen erteilen, müssen dafür sorgen, dass die Bestimmungen, die durch die Zulassung abgedeckt sind, in geeigneter Weise in den Code aufgenommen werden.*

Unverpackte Gegenstände mit Ausnahme von Gegenständen der Klasse 1 **4.1.3.8**

[Große Gegenstände] **4.1.3.8.1**

→ *D: GGVSee § 11 Nr. 3*
→ *D: BAM-Ausnahme*

Wenn große und robuste Gegenstände nicht nach den Vorschriften des Kapitels 6.1 oder 6.6 verpackt werden können und diese leer, ungereinigt und unverpackt befördert werden müssen, kann die zuständige Behörde des Ursprungslandes eine solche Beförderung zulassen. Dabei muss die zuständige Behörde berücksichtigen, dass:

.1 große und robuste Gegenstände genügend widerstandsfähig sein müssen, um den Stößen und Belastungen, die unter normalen Beförderungsbedingungen auftreten können, standzuhalten, einschließlich des Umschlags zwischen Güterbeförderungseinheiten und zwischen Güterbeförderungseinheiten und Lagerhäusern sowie jeder Entnahme von einer Palette zur nachfolgenden manuellen oder mechanischen Handhabung;

.2 alle Verschlüsse und Öffnungen so dicht verschlossen sein müssen, um unter normalen Beförderungsbedingungen ein Austreten des Inhalts infolge von Vibration, Temperaturwechsel, Feuchtigkeits- und Druckänderung (z. B. hervorgerufen durch Höhenunterschiede) zu vermeiden. An der Außenseite der großen und robusten Gegenstände dürfen keine gefährlichen Rückstände anhaften;

.3 Teile der großen und robusten Gegenstände, die unmittelbar mit den gefährlichen Gütern in Berührung kommen:

  .1 durch diese gefährlichen Güter nicht angegriffen oder erheblich geschwächt werden dürfen und

  .2 keinen gefährlichen Effekt auslösen dürfen, z. B. eine katalytische Reaktion oder eine Reaktion mit den gefährlichen Gütern;

.4 große und robuste Gegenstände, die flüssige Stoffe enthalten, so verstaut und gesichert werden müssen, dass ein Austreten des Inhalts oder eine dauerhafte Verformung des Gegenstandes während der Beförderung verhindert wird;

.5 sie so auf Schlitten, in Verschlägen oder in anderen Handhabungsvorrichtungen befestigt sind, dass sie sich unter normalen Beförderungsbedingungen nicht lösen können.

[Dokumentation, Beschreibung] **4.1.3.8.2**

Unverpackte Gegenstände, die von der zuständigen Behörde nach den Vorschriften von 4.1.3.8.1 zugelassen sind, unterliegen den Vorschriften für den Versand des Teils 5. Der Versender muss darüber hinaus sicherstellen, dass eine Kopie einer solchen Genehmigung bei der Beförderung von großen und robusten Gegenständen mitgeführt wird.

Bemerkung: *Ein großer und robuster Gegenstand kann ein flexibler Treibstofftank, eine militärische Ausrüstung, eine Maschine oder eine Ausrüstung sein, der/die gefährliche Güter über den Grenzwerten für begrenzte Mengen enthält.* → *4.1.5.19*

[Druckgefäße] **4.1.3.9**

Wenn in 4.1.3.6 und in den einzelnen Verpackungsanweisungen Flaschen und andere Druckgasgefäße für die Beförderung irgendeines flüssigen oder festen Stoffes erlaubt sind, dürfen auch Flaschen und Druckgefäße der Art verwendet werden, die normalerweise für Gase eingesetzt werden und die den Anforderungen der zuständigen Behörde des Landes genügen, in dem die Flasche oder das Druckgefäß gefüllt wurde. Ventile müssen in geeigneter Weise geschützt werden. Druckgefäße mit einem Fassungsraum von höchstens 1 Liter müssen in Außenverpackungen, die aus einem geeigneten Werkstoff angemessener Festigkeit und Auslegung in Bezug auf den Fassungsraum der Verpackung und ihrer vorgesehenen Verwendung gebaut sind, verpackt und so gesichert oder gepolstert werden, dass wesentliche Bewegungen in der Außenverpackung unter normalen Beförderungsbedingungen verhindert werden.

4.1.4 Verzeichnis der Verpackungsanweisungen

4.1.4.1 Verpackungsanweisungen für die Verwendung von Verpackungen (außer IBC und Großverpackungen)

P001	VERPACKUNGSANWEISUNG (FLÜSSIGE STOFFE)			P001
Folgende Verpackungen sind zugelassen, wenn die allgemeinen Vorschriften nach 4.1.1 und 4.1.3 erfüllt sind:				
Zusammengesetzte Verpackungen		**Höchste(r) Fassungsraum/Nettomasse (siehe 4.1.3.3)**		
Innenverpackungen	**Außenverpackungen**	**Verpackungsgruppe I**	**Verpackungsgruppe II**	**Verpackungsgruppe III**
aus Glas 10 l aus Kunststoff 30 l aus Metall 40 l	**Fässer**			
	aus Stahl (1A1, 1A2)	75 kg	400 kg	400 kg
	aus Aluminium (1B1, 1B2)	75 kg	400 kg	400 kg
	aus einem anderen Metall (1N1, 1N2)	75 kg	400 kg	400 kg
	aus Kunststoff (1H1, 1H2)	75 kg	400 kg	400 kg
	aus Sperrholz (1D)	75 kg	400 kg	400 kg
	aus Pappe (1G)	75 kg	400 kg	400 kg
	Kisten			
	aus Stahl (4A)	75 kg	400 kg	400 kg
	aus Aluminium (4B)	75 kg	400 kg	400 kg
	aus einem anderen Metall (4N)	75 kg	400 kg	400 kg
	aus Naturholz (4C1, 4C2)	75 kg	400 kg	400 kg
	aus Sperrholz (4D)	75 kg	400 kg	400 kg
	aus Holzfaserwerkstoff (4F)	75 kg	400 kg	400 kg
	aus Pappe (4G)	75 kg	400 kg	400 kg
	aus Schaumstoff (4H1)	40 kg	60 kg	60 kg
	aus massivem Kunststoff (4H2)	75 kg	400 kg	400 kg
	Kanister			
	aus Stahl (3A1, 3A2)	60 kg	120 kg	120 kg
	aus Aluminium (3B1, 3B2)	60 kg	120 kg	120 kg
	aus Kunststoff (3H1, 3H2)	30 kg	120 kg	120 kg
Einzelverpackungen				
Fässer				
aus Stahl, mit nicht abnehmbarem Deckel (1A1)		250 l	450 l	450 l
aus Stahl, mit abnehmbarem Deckel (1A2)		verboten	250 l	250 l
aus Aluminium, mit nicht abnehmbarem Deckel (1B1)		250 l	450 l	450 l
aus Aluminium, mit abnehmbarem Deckel (1B2)		verboten	250 l	250 l
aus Metall (außer Stahl oder Aluminium), mit nicht abnehmbarem Deckel (1N1)		250 l	450 l	450 l
aus Metall (außer Stahl oder Aluminium), mit abnehmbarem Deckel (1N2)		verboten	250 l	250 l
aus Kunststoff, mit nicht abnehmbarem Deckel (1H1)		250 l*)	450 l	450 l
aus Kunststoff, mit abnehmbarem Deckel (1H2)		verboten	250 l	250 l
Kanister				
aus Stahl, mit nicht abnehmbarem Deckel (3A1)		60 l	60 l	60 l
aus Stahl, mit abnehmbarem Deckel (3A2)		verboten	60 l	60 l
aus Aluminium, mit nicht abnehmbarem Deckel (3B1)		60 l	60 l	60 l
aus Aluminium, mit abnehmbarem Deckel (3B2)		verboten	60 l	60 l
aus Kunststoff, mit nicht abnehmbarem Deckel (3H1)		60 l*)	60 l	60 l
aus Kunststoff, mit abnehmbarem Deckel (3H2)		verboten	60 l	60 l

*) Nicht zulässig für Stoffe der Klasse 3, Verpackungsgruppe I.

4.1.4.1 (Forts.)

P001	VERPACKUNGSANWEISUNG (FLÜSSIGE STOFFE) *(Forts.)*		P001
Kombinationsverpackungen			
Kunststoffgefäß in einem Fass aus Stahl, Aluminium oder Kunststoff (6HA1, 6HB1, 6HH1)	250 l	250 l	250 l
Kunststoffgefäß in einem Fass aus Pappe oder Sperrholz (6HG1, 6HD1)	120 l*)	250 l	250 l
Kunststoffgefäß in einem Verschlag oder einer Kiste aus Stahl oder Aluminium oder Kunststoffgefäß in einer Kiste aus Naturholz, Sperrholz, Pappe oder starrem Kunststoff (6HA2, 6HB2, 6HC, 6HD2, 6HG2 oder 6HH2)	60 l*)	60 l	60 l
Glasgefäß in einem Fass aus Stahl, Aluminium, Pappe, Sperrholz, starrem Kunststoff oder Schaumstoff (6PA1, 6PB1, 6PG1, 6PD1, 6PH1 oder 6PH2) oder einer Kiste aus Stahl, Aluminium, Naturholz oder Pappe oder in einem Weidenkorb (6PA2, 6PB2, 6PC, 6PG2 oder 6PD2)	60 l	60 l	60 l
Druckgefäße, vorausgesetzt, die allgemeinen Vorschriften von 4.1.3.6 werden erfüllt.			

Sondervorschriften für die Verpackung:

PP1 Die UN-Nummern 1133, 1210, 1263 und 1866 sowie Klebstoffe, Druckfarben, Druckfarbzubehörstoffe, Farben, Farbzubehörstoffe und Harzlösungen, die der UN-Nummer 3082 zugeordnet sind, dürfen als Stoffe der Verpackungsgruppen II und III in Mengen von höchstens 5 Litern je Verpackung in Verpackungen aus Metall oder Kunststoff, die nicht die Prüfungen nach Kapitel 6.1 bestehen müssen, verpackt werden, wenn sie wie folgt befördert werden:

→ CTU-Code 10.2.9

(a) als Palettenladung, in Gitterboxpaletten oder Ladeeinheiten (unit loads), z. B. einzelne Verpackungen, die auf eine Palette gestellt oder gestapelt sind und die mit Gurten, Dehn- oder Schrumpffolie oder einer anderen geeigneten Methode auf der Palette befestigt sind; für den Seetransport müssen die Palettenladungen, Gitterboxpaletten oder Ladeeinheiten (unit loads) in einer geschlossenen Güterbeförderungseinheit festgestaut und gesichert werden. Auf Roll-on/Roll-off-Schiffen dürfen die Ladeeinheiten (unit loads) in Fahrzeugen befördert werden, die keine gedeckten Fahrzeuge sind, sofern sie bis zur vollen Höhe der beförderten Ladung sicher vergittert sind; oder

(b) als Innenverpackungen von zusammengesetzten Verpackungen mit einer höchsten Nettomasse von 40 kg.

PP2 Für die UN-Nummer 3065 dürfen Holzfässer mit einem höchsten Fassungsraum von 250 Litern, die nicht den Vorschriften des Kapitels 6.1 entsprechen, verwendet werden.

PP4 Für die UN-Nummer 1774 müssen die Verpackungen den Prüfanforderungen der Verpackungsgruppe II entsprechen.

PP5 Für die UN-Nummer 1204 müssen die Verpackungen so gebaut sein, dass eine Explosion durch den Anstieg des Innendrucks nicht möglich ist. Gasflaschen und Gasbehälter dürfen für diese Stoffe nicht verwendet werden.

PP10 Für die UN-Nummer 1791, Verpackungsgruppe II, muss die Verpackung mit einer Lüftungseinrichtung versehen sein.

PP31 Für die UN-Nummern 1131, 1553, 1693, 1694, 1699, 1701, 2478, 2604, 2785, 3148, 3183, 3184, 3185, 3186, 3187, 3188, 3398 (Verpackungsgruppe II und III), 3399 (Verpackungsgruppe II und III), 3413 und 3414 müssen die Verpackungen luftdicht verschlossen sein.

PP33 Für die UN-Nummer 1308, Verpackungsgruppen I und II, sind nur zusammengesetzte Verpackungen mit einer höchsten Bruttomasse von 75 kg zugelassen.

PP81 Für die UN-Nummer 1790 mit mehr als 60 %, aber höchstens 85 % Fluorwasserstoff und die UN-Nummer 2031 mit mehr als 55 % Salpetersäure darf die zulässige Verwendungsdauer von Fässern und Kanistern aus Kunststoff als Einzelverpackung, vom Datum ihrer Herstellung an gerechnet, zwei Jahre nicht überschreiten.

PP93 Für die UN-Nummern 3532 und 3534 müssen die Verpackungen so ausgelegt und gebaut sein, dass sie das Freisetzen von Gas oder Dampf ermöglichen, um einen Druckaufbau zu verhindern, der bei einem Verlust der Stabilisierung zu einem Zubruchgehen der Verpackung führen könnte.

*) Nicht zulässig für Stoffe der Klasse 3, Verpackungsgruppe I.

4.1.4.1 (Forts.)

P002	VERPACKUNGSANWEISUNG (FESTE STOFFE)			P002
Folgende Verpackungen sind zugelassen, wenn die allgemeinen Vorschriften nach 4.1.1 und 4.1.3 erfüllt sind:				
Zusammengesetzte Verpackungen		**Höchste Nettomasse (siehe 4.1.3.3)**		
Innenverpackungen	**Außenverpackungen**	**Verpackungsgruppe I**	**Verpackungsgruppe II**	**Verpackungsgruppe III**
aus Glas 10 kg	**Fässer**			
aus Kunststoff[1] 30 kg	aus Stahl (1A1, 1A2)	125 kg	400 kg	400 kg
aus Metall 40 kg	aus Aluminium (1B1, 1B2)	125 kg	400 kg	400 kg
aus Papier[1,2,3] 50 kg	aus einem anderen Metall (1N1, 1N2)	125 kg	400 kg	400 kg
aus Pappe[1,2,3] 50 kg	aus Kunststoff (1H1, 1H2)	125 kg	400 kg	400 kg
1) Diese Innenverpackungen müssen staubdicht sein.	aus Sperrholz (1D)	125 kg	400 kg	400 kg
2) Diese Innenverpackungen dürfen nicht verwendet werden, wenn sich die zu befördernden Stoffe während der Beförderung verflüssigen können.	aus Pappe (1G)	125 kg	400 kg	400 kg
3) Innenverpackungen aus Papier und Pappe dürfen für Stoffe der Verpackungsgruppe I nicht verwendet werden.	**Kisten**			
	aus Stahl (4A)	125 kg	400 kg	400 kg
	aus Aluminium (4B)	125 kg	400 kg	400 kg
	aus einem anderen Metall (4N)	125 kg	400 kg	400 kg
	aus Naturholz (4C1)	125 kg	400 kg	400 kg
	aus Naturholz, mit staubdichten Wänden (4C2)	250 kg	400 kg	400 kg
	aus Sperrholz (4D)	125 kg	400 kg	400 kg
	aus Holzfaserwerkstoff (4F)	125 kg	400 kg	400 kg
	aus Pappe (4G)	75 kg	400 kg	400 kg
	aus Schaumstoff (4H1)	40 kg	60 kg	60 kg
	aus massivem Kunststoff (4H2)	125 kg	400 kg	400 kg
	Kanister			
	aus Stahl (3A1, 3A2)	75 kg	120 kg	120 kg
	aus Aluminium (3B1, 3B2)	75 kg	120 kg	120 kg
	aus Kunststoff (3H1, 3H2)	75 kg	120 kg	120 kg
Einzelverpackungen				
Fässer				
aus Stahl (1A1 oder 1A2[4])		400 kg	400 kg	400 kg
aus Aluminium (1B1 oder 1B2[4])		400 kg	400 kg	400 kg
aus Metall (außer Stahl oder Aluminium) (1N1 oder 1N2[4])		400 kg	400 kg	400 kg
aus Kunststoff (1H1 oder 1H2[4])		400 kg	400 kg	400 kg
aus Pappe (1G[5])		400 kg	400 kg	400 kg
aus Sperrholz (1D[5])		400 kg	400 kg	400 kg
Kanister				
aus Stahl (3A1 oder 3A2[4])		120 kg	120 kg	120 kg
aus Aluminium (3B1 oder 3B2[4])		120 kg	120 kg	120 kg
aus Kunststoff (3H1 oder 3H2[4])		120 kg	120 kg	120 kg
Kisten				
aus Stahl (4A)[5]		nicht zulässig	400 kg	400 kg
aus Aluminium (4B)[5]		nicht zulässig	400 kg	400 kg
aus einem anderen Metall (4N)[5]		nicht zulässig	400 kg	400 kg
aus Naturholz (4C1)[5]		nicht zulässig	400 kg	400 kg
aus Naturholz, mit staubdichten Wänden (4C2)[5]		nicht zulässig	400 kg	400 kg
aus Sperrholz (4D)[5]		nicht zulässig	400 kg	400 kg
aus Holzfaserwerkstoff (4F)[5]		nicht zulässig	400 kg	400 kg
aus Pappe (4G)[5]		nicht zulässig	400 kg	400 kg
aus massivem Kunststoff (4H2)[5]		nicht zulässig	400 kg	400 kg
Säcke				
Säcke (5H3, 5H4, 5L3, 5M2)[5]		nicht zulässig	50 kg	50 kg

4.1.4.1 (Forts.)

P002	VERPACKUNGSANWEISUNG (FESTE STOFFE) *(Forts.)*		P002
Kombinationsverpackungen			
Kunststoffgefäß in einem Fass aus Stahl, Aluminium, Sperrholz, Pappe oder Kunststoff (6HA1, 6HB1, 6HG1[5], 6HD1[5] oder 6HH1)	400 kg	400 kg	400 kg
Kunststoffgefäß in einem Verschlag oder einer Kiste aus Stahl oder Aluminium oder in einer Kiste aus Naturholz, Sperrholz, Pappe oder massivem Kunststoff (6HA2, 6HB2, 6HC, 6HD2[5], 6HG2[5] oder 6HH2)	75 kg	75 kg	75 kg
Glasgefäß in einem Fass aus Stahl, Aluminium, Sperrholz oder Pappe (6PA1, 6PB1, 6PD1[5] oder 6PG1[5]) oder in einer Kiste aus Stahl, Aluminium, Naturholz oder Pappe oder in einem Weidenkorb (6PA2, 6PB2, 6PC, 6PG2[5] oder 6PD2[5]) oder in einer Verpackung aus massivem Kunststoff oder aus Schaumstoff (6PH2 oder 6PH1[5])	75 kg	75 kg	75 kg
[4] Diese Verpackungen dürfen nicht für Stoffe der Verpackungsgruppe I verwendet werden, die sich während der Beförderung verflüssigen können (siehe 4.1.3.4). [5] Diese Verpackungen dürfen nicht verwendet werden, wenn sich die zu befördernden Stoffe während der Beförderung verflüssigen können (siehe 4.1.3.4).			
Druckgefäße, vorausgesetzt, die allgemeinen Vorschriften von 4.1.3.6 werden erfüllt.			

Sondervorschriften für die Verpackung:

PP7 UN 2000, Celluloid darf auch unverpackt mit Kunststofffolie umhüllt und mit geeigneten Mitteln, wie Stahlbändern, gesichert auf Paletten als geschlossene Ladung in geschlossenen Güterbeförderungseinheiten befördert werden. Die Bruttomasse einer Palette darf 1 000 kg nicht übersteigen.

PP8 Für die UN-Nummer 2002 müssen die Verpackungen so gebaut sein, dass eine Explosion durch den Anstieg des Innendrucks nicht möglich ist. Gasflaschen und Gasbehälter dürfen für diese Stoffe nicht verwendet werden.

PP9 Für die UN-Nummern 3175, 3243 und 3244 müssen die Verpackungen einer Bauart entsprechen, welche die Dichtheitsprüfung für die Verpackungsgruppe II bestanden hat. Für die UN-Nummer 3175 ist die Dichtheitsprüfung nicht erforderlich, wenn die flüssigen Stoffe vollständig in einem festen Stoff aufgesaugt und in dicht verschlossenen Säcken enthalten sind.

PP11 Für die UN-Nummern 1309, Verpackungsgruppe III, und 1362 sind Säcke 5H1, 5L1 und 5M1 zugelassen, wenn diese in Kunststoffsäcken und mit einer Schrumpf- oder Dehnfolie auf Paletten umverpackt sind.

PP12 Für die UN-Nummern 1361, 2213 und 3077 sind Säcke 5H1, 5L1 und 5M1 zugelassen, wenn diese in geschlossenen Güterbeförderungseinheiten befördert werden.

PP13 Für Gegenstände der UN-Nummer 2870 sind nur zusammengesetzte Verpackungen zugelassen, welche die Prüfanforderungen für die Verpackungsgruppe I erfüllen.

PP14 Für die UN-Nummern 2211, 2698 und 3314 müssen die Verpackungen nicht die Prüfungen nach Kapitel 6.1 bestehen.

PP15 Für die UN-Nummern 1324 und 2623 müssen die Verpackungen die Prüfanforderungen für die Verpackungsgruppe III erfüllen.

PP20 Für die UN-Nummer 2217 darf jedes staubdichte, reißfeste Gefäß verwendet werden.

PP30 Für die UN-Nummer 2471 sind Innenverpackungen aus Papier oder Pappe nicht zugelassen.

PP31 Für die UN-Nummern 1362, 1463, 1565, 1575, 1626, 1680, 1689, 1698, 1868, 1889, 1932, 2471, 2545, 2546, 2881, 3048, 3088, 3170, 3174, 3181, 3182, 3189, 3190, 3205, 3206, 3341, 3342, 3348, 3349 und 3450 müssen die Verpackungen luftdicht verschlossen sein.

PP34 Für die UN-Nummer 2969 Rizinussaat (ganze Bohnen) sind Säcke 5H1, 5L1 und 5M1 zugelassen.

PP37 Für die UN-Nummern 2590 und 2212 sind Säcke 5M1 zugelassen. Alle Arten von Säcken müssen in geschlossenen Güterbeförderungseinheiten befördert oder in geschlossene starre Umverpackungen eingesetzt werden.

PP38 Für die UN-Nummer 1309 sind Säcke nur in geschlossenen Güterbeförderungseinheiten oder als Ladeeinheiten (unit loads) zugelassen.

PP84 Für die UN-Nummer 1057 sind starre Außenverpackungen zu verwenden, die den Prüfanforderungen für die Verpackungsgruppe II entsprechen. Die Verpackungen sind so auszulegen, herzustellen und einzurichten, dass eine Bewegung, eine unbeabsichtigte Zündung der Einrichtungen oder ein unbeabsichtigtes Freiwerden entzündbarer Gase oder entzündbarer flüssiger Stoffe verhindert wird.

4.1.4.1 (Forts.)

P002	VERPACKUNGSANWEISUNG (FESTE STOFFE) *(Forts.)* P002
PP85	Für die UN-Nummern 1748, 2208, 2880, 3485, 3486 und 3487 sind Säcke nicht zugelassen.
PP92	Für die UN-Nummern 3531 und 3533 müssen die Verpackungen so ausgelegt und gebaut sein, dass sie das Freisetzen von Gas oder Dampf ermöglichen, um einen Druckaufbau zu verhindern, der bei einem Verlust der Stabilisierung zu einem Zubruchgehen der Verpackung führen könnte.
PP100	Für die UN-Nummern 1309, 1323, 1333, 1376, 1435, 1449, 1457, 1472, 1476, 1483, 1509, 1516, 1567, 1869, 2210, 2858, 2878, 2968, 3089, 3096 und 3125 müssen flexible Verpackungen oder Verpackungen aus Pappe oder Holz staubdicht und wasserbeständig sein oder mit einer staubdichten oder wasserbeständigen Auskleidung versehen sein.

P003	VERPACKUNGSANWEISUNG P003
	Die gefährlichen Güter müssen in geeignete Außenverpackungen eingesetzt sein. Die Verpackungen müssen die Vorschriften nach 4.1.1.1, 4.1.1.2, 4.1.1.4, 4.1.1.8 und 4.1.3 erfüllen und so ausgelegt sein, dass sie den Bauvorschriften nach 6.1.4 entsprechen. Es müssen Außenverpackungen verwendet werden, die aus geeignetem Werkstoff hergestellt sind und hinsichtlich ihres Fassungsraums und der vorgesehenen Verwendung eine ausreichende Festigkeit aufweisen und entsprechend ausgelegt sind. Bei der Anwendung dieser Verpackungsanweisung für die Beförderung von Gegenständen oder Innenverpackungen von zusammengesetzten Verpackungen muss die Verpackung so ausgelegt und gebaut sein, dass ein unbeabsichtigter Austritt der Gegenstände aus der Verpackung unter normalen Beförderungsbedingungen verhindert wird.
	***Sondervorschriften für die Verpackung*:**
PP16	Für die UN-Nummer 2800 müssen die Batterien in der Verpackung gegen Kurzschluss geschützt sein.
PP17	Für die UN-Nummer 2037 dürfen Versandstücke bei Verpackungen aus Pappe die Nettomasse von 55 kg und bei anderen Verpackungen die Nettomasse von 125 kg nicht überschreiten.
PP18	Für die UN-Nummer 1845 müssen die Verpackungen so ausgelegt und gebaut sein, dass Kohlendioxidgas abgegeben werden kann, um einen Druckaufbau zu verhindern, der die Verpackung zerreißt.
PP19	Für die UN-Nummern 1327, 1364, 1365, 1856 und 3360 ist die Beförderung in Ballen zugelassen.
PP20	Für die UN-Nummern 1363, 1386, 1408 und 2793 darf jedes staubdichte und reißfeste Gefäß verwendet werden.
PP32	Die UN-Nummern 2857 und 3358 dürfen unverpackt, in Verschlägen oder geeigneten Umverpackungen befördert werden.
PP90	Für die UN-Nummer 3506 müssen dicht verschlossene Innenauskleidungen oder Säcke aus einem widerstandsfähigen, flüssigkeitsdichten, durchstoßfesten und für Quecksilber undurchlässigen Werkstoff verwendet werden, die unabhängig von der Lage oder Ausrichtung des Versandstücks ein Freiwerden des Stoffes aus dem Versandstück verhindern.
PP91	Für die UN-Nummer 1044 dürfen große Feuerlöscher auch unverpackt befördert werden, vorausgesetzt, die Vorschriften in 4.1.3.8.1.1 bis 4.1.3.8.1.5 werden erfüllt, die Ventile sind durch eine der Methoden gemäß 4.1.6.1.8.1 bis 4.1.6.1.8.4 geschützt und andere auf dem Feuerlöscher angebrachte Ausrüstungen sind geschützt, um eine unbeabsichtigte Auslösung zu verhindern. „Große Feuerlöscher" im Sinne dieser Sondervorschrift sind die in den Absätzen .3 bis .5 der Sondervorschrift 225 des Kapitels 3.3 beschriebenen Feuerlöscher.
PP100	Für die UN-Nummern 1408 und 2793 müssen flexible Verpackungen oder Verpackungen aus Pappe oder Holz staubdicht und wasserbeständig sein oder mit einer staubdichten und wasserbeständigen Auskleidung versehen sein.

4.1.4.1 (Forts.)

P004	VERPACKUNGSANWEISUNG	P004
Diese Anweisung gilt für die UN-Nummern 3473, 3476, 3477, 3478 und 3479.		
Folgende Verpackungen sind zugelassen: (1) Für Brennstoffzellen-Kartuschen, wenn die allgemeinen Vorschriften nach 4.1.1.1, 4.1.1.2, 4.1.1.3 und 4.1.1.6 sowie 4.1.3 erfüllt sind: Fässer (1A2, 1B2, 1N2, 1H2, 1D, 1G); Kisten (4A, 4B, 4N, 4C1, 4C2, 4D, 4F, 4G, 4H1, 4H2); Kanister (3A2, 3B2, 3H2). Die Verpackungen müssen den Prüfanforderungen für die Verpackungsgruppe II entsprechen. (2) Für Brennstoffzellen-Kartuschen mit Ausrüstungen verpackt: widerstandsfähige Außenverpackungen, die die allgemeinen Vorschriften nach 4.1.1.1, 4.1.1.2 und 4.1.1.6 sowie 4.1.3 erfüllen. Wenn Brennstoffzellen-Kartuschen mit Ausrüstungen verpackt werden, müssen sie in Innenverpackungen verpackt werden oder so mit Polstermaterial oder einer Trennwand (Trennwänden) in die Außenverpackung eingesetzt werden, dass die Brennstoffzellen-Kartuschen gegen Beschädigungen geschützt sind, die durch eine Bewegung des Inhalts in der Außenverpackung oder das Einsetzen des Inhalts in die Außenverpackung verursacht werden können. Die Ausrüstungen müssen gegen Bewegungen in der Außenverpackung gesichert werden. „Ausrüstung" im Sinne dieser Verpackungsanweisung ist ein Gerät, für dessen Betrieb die mit ihm verpackten Brennstoffzellen-Kartuschen erforderlich sind. (3) Für Brennstoffzellen-Kartuschen in Ausrüstungen: widerstandsfähige Außenverpackungen, die die allgemeinen Vorschriften nach 4.1.1.1, 4.1.1.2 und 4.1.1.6 sowie 4.1.3 erfüllen. Große robuste Ausrüstungen (siehe 4.1.3.8), die Brennstoffzellen-Kartuschen enthalten, dürfen unverpackt befördert werden. Bei Brennstoffzellen-Kartuschen in Ausrüstungen muss das gesamte System gegen Kurzschluss und gegen unbeabsichtigte Inbetriebsetzung geschützt sein.		

P005	VERPACKUNGSANWEISUNG	P005
Diese Anweisung gilt für die UN-Nummern 3528, 3529 und 3530.		
Wenn der Motor oder die Maschine so gebaut und ausgelegt ist, dass das Umschließungsmittel, das die gefährlichen Güter enthält, einen angemessenen Schutz bietet, ist eine Außenverpackung nicht erforderlich. In den übrigen Fällen müssen gefährliche Güter in Motoren oder Maschinen in Außenverpackungen verpackt sein, die aus einem geeigneten Werkstoff hergestellt sind und hinsichtlich ihres Fassungsraums und ihrer vorgesehenen Verwendung eine ausreichende Festigkeit aufweisen und entsprechend ausgelegt sind und welche die anwendbaren Vorschriften nach 4.1.1.1 erfüllen, oder die Motoren oder Maschinen müssen so befestigt sein, dass sie sich unter normalen Beförderungsbedingungen nicht lösen können, z. B. auf Schlitten, in Verschlägen oder in anderen Handhabungsvorrichtungen. Darüber hinaus müssen die Umschließungsmittel so im Motor oder in der Maschine enthalten sein, dass unter normalen Beförderungsbedingungen eine Beschädigung des Umschließungsmittels, das die gefährlichen Güter enthält, verhindert wird und dass bei einer Beschädigung des Umschließungsmittels, das flüssige gefährliche Güter enthält, ein Austreten der gefährlichen Güter aus dem Motor oder der Maschine unmöglich ist (für das Erfüllen dieser Vorschrift darf eine dichte Auskleidung verwendet werden). Umschließungsmittel, die gefährliche Güter enthalten, müssen so eingebaut, gesichert oder gepolstert sein, dass ein Zubruchgehen oder eine Undichtheit verhindert und ihre Bewegung innerhalb des Motors oder der Maschine unter normalen Beförderungsbedingungen eingeschränkt wird. Das Polstermaterial darf mit dem Inhalt der Umschließungsmittel nicht gefährlich reagieren. Ein eventuelles Austreten des Inhalts darf die Schutzeigenschaften des Polstermaterials nicht wesentlich beeinträchtigen.		
Zusätzliche Vorschrift: Andere gefährliche Güter (z. B. Batterien, Feuerlöscher, Druckgasspeicher oder Sicherheitseinrichtungen), die für die Funktion oder den sicheren Betrieb des Motors oder der Maschine erforderlich sind, müssen sicher in den Motor oder die Maschine eingebaut sein.		

4.1.4.1 (Forts.)

P006	VERPACKUNGSANWEISUNG	P006
Diese Anweisung gilt für die UN-Nummern 3537, 3538, 3540, 3541, 3546, 3547 und 3548.		

(1) Folgende Verpackungen sind zugelassen, wenn die allgemeinen Vorschriften nach 4.1.1 und 4.1.3 erfüllt sind:
Fässer (1A2, 1B2, 1N2, 1H2, 1D, 1G);
Kisten (4A, 4B, 4N, 4C1, 4C2, 4D, 4F, 4G, 4H1, 4H2) und
Kanister (3A2, 3B2, 3H2).
Die Verpackungen müssen den Prüfanforderungen für die Verpackungsgruppe II entsprechen.

(2) Darüber hinaus sind für robuste Gegenstände folgende Verpackungen zugelassen:
Starke Außenverpackungen, die aus einem geeigneten Werkstoff hergestellt sind und hinsichtlich ihres Fassungsraums und ihrer beabsichtigten Verwendung eine geeignete Festigkeit und Auslegung aufweisen. Die Verpackungen müssen den Vorschriften in 4.1.1.1, 4.1.1.2 und 4.1.1.8 sowie 4.1.3 entsprechen, um ein Schutzniveau zu erzielen, das zumindest dem des Kapitels 6.1 entspricht. Gegenstände dürfen unverpackt oder auf Paletten befördert werden, sofern die gefährlichen Güter durch den Gegenstand, in dem sie enthalten sind, gleichwertig geschützt werden.

(3) Darüber hinaus müssen folgende Vorschriften erfüllt sein:

(a) In Gegenständen enthaltene Gefäße, die flüssige oder feste Stoffe enthalten, müssen aus geeigneten Werkstoffen hergestellt und im Gegenstand so gesichert sein, dass sie unter normalen Beförderungsbedingungen nicht zerbrechen oder durchstoßen werden können oder ihr Inhalt nicht in den Gegenstand oder die Außenverpackung austreten kann.

(b) Gefäße, die flüssige Stoffe enthalten und mit Verschlüssen ausgerüstet sind, müssen so verpackt werden, dass die Verschlüsse richtig ausgerichtet sind. Die Gefäße müssen darüber hinaus den Vorschriften für die Innendruckprüfung in 6.1.5.5 entsprechen.

(c) Gefäße, die zerbrechlich sind oder leicht durchstoßen werden können, wie Gefäße aus Glas, Porzellan oder Steinzeug oder aus gewissen Kunststoffen, müssen in geeigneter Weise gesichert werden. Beim Austreten des Inhalts dürfen die schützenden Eigenschaften des Gegenstandes oder der Außenverpackung nicht wesentlich beeinträchtigt werden.

(d) In Gegenständen enthaltene Gefäße, die Gase enthalten, müssen den Vorschriften in 4.1.6 bzw. Kapitel 6.2 entsprechen oder in der Lage sein, ein gleichwertiges Schutzniveau wie die Verpackungsanweisung P200 oder P208 zu erzielen.

(e) Wenn innerhalb des Gegenstandes kein Gefäß vorhanden ist, muss der Gegenstand die gefährlichen Stoffe vollständig umschließen und ihre Freisetzung unter normalen Beförderungsbedingungen verhindern.

(4) Die Gegenstände müssen so verpackt sein, dass Bewegungen und eine unbeabsichtigte Inbetriebsetzung unter normalen Beförderungsbedingungen verhindert werden.

4.1.4.1 (Forts.)

P010	VERPACKUNGSANWEISUNG	P010
Folgende Verpackungen sind zugelassen, wenn die allgemeinen Vorschriften nach 4.1.1 und 4.1.3 erfüllt sind:		
Zusammengesetzte Verpackungen		**Höchste Nettomasse (siehe 4.1.3.3)**
Innenverpackungen	**Außenverpackungen**	
aus Glas 1 l	**Fässer**	
aus Stahl 40 l	aus Stahl (1A1, 1A2)	400 kg
	aus Kunststoff (1H1, 1H2)	400 kg
	aus Sperrholz (1D)	400 kg
	aus Pappe (1G)	400 kg
	Kisten	
	aus Stahl (4A)	400 kg
	aus Naturholz (4C1, 4C2)	400 kg
	aus Sperrholz (4D)	400 kg
	aus Holzfaserwerkstoff (4F)	400 kg
	aus Pappe (4G)	400 kg
	aus Schaumstoff (4H1)	60 kg
	aus massivem Kunststoff (4H2)	400 kg
Einzelverpackungen		**Höchster Fassungsraum (siehe 4.1.3.3)**
Fässer		
aus Stahl, mit nicht abnehmbarem Deckel (1A1)		450 l
Kanister		
aus Stahl, mit nicht abnehmbarem Deckel (3A1)		60 l
Kombinationsverpackungen		
Kunststoffgefäß in einem Fass aus Stahl (6HA1)		250 l
Druckgefäße aus Stahl, vorausgesetzt, die allgemeinen Vorschriften von 4.1.3.6 werden erfüllt.		

P099	VERPACKUNGSANWEISUNG	P099
Es dürfen nur von der zuständigen Behörde für diese Güter zugelassene Verpackungen verwendet werden (siehe 4.1.3.7). Jeder Sendung muss eine Kopie der Zulassung der zuständigen Behörde beigefügt werden, oder das Beförderungsdokument muss eine Angabe enthalten, dass die Verpackung durch die zuständige Behörde zugelassen ist.		

P101	VERPACKUNGSANWEISUNG	P101
Es dürfen nur von der zuständigen Behörde zugelassene Verpackungen verwendet werden. Das für Kraftfahrzeuge im internationalen Verkehr verwendete Unterscheidungszeichen[1)] des Staates, in dessen Auftrag die zuständige Behörde handelt, muss wie folgt im Beförderungsdokument angegeben werden: „Verpackung von der zuständigen Behörde von … zugelassen."		
[1)] Das für Kraftfahrzeuge und Anhänger im internationalen Straßenverkehr verwendete Unterscheidungszeichen des Zulassungsstaates, z. B. gemäß dem Genfer Übereinkommen über den Straßenverkehr von 1949 oder dem Wiener Übereinkommen über den Straßenverkehr von 1968.		

4.1.4.1 (Forts.)

P110(a)	VERPACKUNGSANWEISUNG	P110(a)
Folgende Verpackungen sind zugelassen, wenn die allgemeinen Verpackungsvorschriften nach 4.1.1 und 4.1.3 und die besonderen Verpackungsvorschriften nach 4.1.5 erfüllt sind:		
Innenverpackungen	**Zwischenverpackungen**	**Außenverpackungen**
Säcke aus Kunststoff aus Textilgewebe, mit Auskleidung oder Beschichtung aus Kunststoff aus Gummi aus Textilgewebe, gummiert aus Textilgewebe **Behälter** aus Holz	**Säcke** aus Kunststoff aus Textilgewebe, mit Auskleidung oder Beschichtung aus Kunststoff aus Gummi aus Textilgewebe, gummiert **Behälter** aus Kunststoff aus Metall aus Holz	**Fässer** aus Stahl (1A1, 1A2) aus Metall (außer Stahl oder Aluminium) (1N1, 1N2) aus Kunststoff (1H1, 1H2)
***Zusätzliche Vorschriften*:** 1 Die Zwischenverpackungen müssen mit wassergesättigtem Material, wie einer Frostschutzlösung oder befeuchtetem Polstermaterial, gefüllt sein. 2 Die Außenverpackungen müssen mit wassergesättigtem Material, wie einer Frostschutzlösung oder befeuchtetem Polstermaterial, gefüllt sein. Die Außenverpackungen müssen so gebaut und versiegelt sein, dass ein Verdampfen der Befeuchtungslösung verhindert wird, ausgenommen für UN-Nummer 0224, wenn trocken befördert wird.		

P110(b)	VERPACKUNGSANWEISUNG	P110(b)
Folgende Verpackungen sind zugelassen, wenn die allgemeinen Verpackungsvorschriften nach 4.1.1 und 4.1.3 und die besonderen Verpackungsvorschriften nach 4.1.5 erfüllt sind:		
Innenverpackungen	**Zwischenverpackungen**	**Außenverpackungen**
Behälter aus Metall aus Holz aus leitfähigem Gummi aus leitfähigem Kunststoff **Säcke** aus leitfähigem Gummi aus leitfähigem Kunststoff	**Unterteilungen** aus Metall aus Holz aus Kunststoff aus Pappe	**Kisten** aus Naturholz, mit staubdichten Wänden (4C2) aus Sperrholz (4D) aus Holzfaserwerkstoff (4F)
Sondervorschrift für die Verpackung: **PP42** Für die UN-Nummern 0074, 0113, 0114, 0129, 0130, 0135 und 0224 müssen folgende Bedingungen erfüllt sein: .1 In einer Innenverpackung dürfen nicht mehr als 50 g an explosivem Stoff (Menge als Trockensubstanz) enthalten sein; .2 in einem Abteil zwischen unterteilenden Trennwänden darf nicht mehr als eine Innenverpackung sein, die fest eingesetzt sein muss; .3 die Außenverpackung darf in nicht mehr als 25 Abteile unterteilt sein.		

4.1.4.1 (Forts.)

P111	VERPACKUNGSANWEISUNG	P111
Folgende Verpackungen sind zugelassen, wenn die allgemeinen Verpackungsvorschriften nach 4.1.1 und 4.1.3 und die besonderen Verpackungsvorschriften nach 4.1.5 erfüllt sind:		
Innenverpackungen	**Zwischenverpackungen**	**Außenverpackungen**
Säcke aus wasserbeständigem Papier aus Kunststoff aus Textilgewebe, gummiert **Einwickler** aus Kunststoff aus Textilgewebe, gummiert **Behälter** aus Holz	nicht erforderlich	**Kisten** aus Stahl (4A) aus Aluminium (4B) aus einem anderen Metall (4N) aus Naturholz, einfach (4C1) aus Naturholz, mit staubdichten Wänden (4C2) aus Sperrholz (4D) aus Holzfaserwerkstoff (4F) aus Pappe (4G) aus Schaumstoff (4H1) aus massivem Kunststoff (4H2) **Fässer** aus Stahl (1A1, 1A2) aus Aluminium (1B1, 1B2) aus einem anderen Metall (1N1, 1N2) aus Sperrholz (1D) aus Pappe (1G) aus Kunststoff (1H1, 1H2)
Sondervorschrift für die Verpackung:		
PP43 Für die UN-Nummer 0159 sind keine Innenverpackungen erforderlich, wenn Fässer aus Metall (1A1, 1A2, 1B1, 1B2, 1N1 oder 1N2) oder aus Kunststoff (1H1 oder 1H2) als Außenverpackungen verwendet werden.		

4.1.4.1 (Forts.)

P112(a)	**VERPACKUNGSANWEISUNG (angefeuchteter fester Stoff 1.1D)**	**P112(a)**
Folgende Verpackungen sind zugelassen, wenn die allgemeinen Verpackungsvorschriften nach 4.1.1 und 4.1.3 und die besonderen Verpackungsvorschriften nach 4.1.5 erfüllt sind:		
Innenverpackungen	**Zwischenverpackungen**	**Außenverpackungen**
Säcke aus Papier, mehrlagig, wasserbeständig aus Kunststoff aus Textilgewebe aus Textilgewebe, gummiert aus Kunststoffgewebe **Behälter** aus Metall aus Kunststoff aus Holz	**Säcke** aus Kunststoff aus Textilgewebe, mit Auskleidung oder Beschichtung aus Kunststoff **Behälter** aus Metall aus Kunststoff aus Holz	**Kisten** aus Stahl (4A) aus Aluminium (4B) aus einem anderen Metall (4N) aus Naturholz, einfach (4C1) aus Naturholz, mit staubdichten Wänden (4C2) aus Sperrholz (4D) aus Holzfaserwerkstoff (4F) aus Pappe (4G) aus Schaumstoff (4H1) aus massivem Kunststoff (4H2) **Fässer** aus Stahl (1A1, 1A2) aus Aluminium (1B1, 1B2) aus einem anderen Metall (1N1, 1N2) aus Sperrholz (1D) aus Pappe (1G) aus Kunststoff (1H1, 1H2)
Zusätzliche Vorschrift: Bei der Verwendung von dichten Fässern mit abnehmbarem Deckel als Außenverpackung sind keine Zwischenverpackungen erforderlich.		
Sondervorschriften für die Verpackung: **PP26** Für die UN-Nummern 0004, 0076, 0078, 0154, 0219 und 0394 müssen die Verpackungen bleifrei sein. **PP45** Für die UN-Nummern 0072 und UN 0226 sind keine Zwischenverpackungen erforderlich.		

4.1.4.1 (Forts.)

P112(b)	VERPACKUNGSANWEISUNG (trockener, nicht pulverförmiger fester Stoff 1.1D)	P112(b)
Folgende Verpackungen sind zugelassen, wenn die allgemeinen Verpackungsvorschriften nach 4.1.1 und 4.1.3 und die besonderen Verpackungsvorschriften nach 4.1.5 erfüllt sind:		
Innenverpackungen	**Zwischenverpackungen**	**Außenverpackungen**
Säcke aus Kraftpapier aus Papier, mehrlagig, wasserbeständig aus Kunststoff aus Textilgewebe aus Textilgewebe, gummiert aus Kunststoffgewebe	**Säcke** (nur für UN-Nummer 0150) aus Kunststoff aus Textilgewebe, mit Auskleidung oder Beschichtung aus Kunststoff	**Säcke** aus Kunststoffgewebe, staubdicht (5H2) aus Kunststoffgewebe, wasserbeständig (5H3) aus Kunststofffolie (5H4) aus Textilgewebe, staubdicht (5L2) aus Textilgewebe, wasserbeständig (5L3) aus Papier, mehrlagig, wasserbeständig (5M2) **Kisten** aus Stahl (4A) aus Aluminium (4B) aus einem anderen Metall (4N) aus Naturholz, einfach (4C1) aus Naturholz, mit staubdichten Wänden (4C2) aus Sperrholz (4D) aus Holzfaserwerkstoff (4F) aus Pappe (4G) aus Schaumstoff (4H1) aus massivem Kunststoff (4H2) **Fässer** aus Stahl (1A1, 1A2) aus Aluminium (1B1, 1B2) aus einem anderen Metall (1N1, 1N2) aus Sperrholz (1D) aus Pappe (1G) aus Kunststoff (1H1, 1H2)

Sondervorschriften für die Verpackung:

PP26 Für die UN-Nummern 0004, 0076, 0078, 0154, 0216, 0219 und 0386 müssen die Verpackungen bleifrei sein.

PP46 Für die UN-Nummer 0209 für geschupptes oder geprilltes TNT in trockenem Zustand und einer höchsten Nettomasse von 30 kg werden staubdichte Säcke (5H2) empfohlen.

PP47 Für die UN-Nummer 0222 ist keine Innenverpackung erforderlich, wenn die Außenverpackung ein Sack ist.

4.1.4.1 (Forts.)

P112(c)	VERPACKUNGSANWEISUNG (trockener pulverförmiger fester Stoff 1.1D)	P112(c)
Folgende Verpackungen sind zugelassen, wenn die allgemeinen Verpackungsvorschriften nach 4.1.1 und 4.1.3 und die besonderen Verpackungsvorschriften nach 4.1.5 erfüllt sind:		
Innenverpackungen	**Zwischenverpackungen**	**Außenverpackungen**
Säcke aus Papier, mehrlagig, wasserbeständig aus Kunststoff aus Kunststoffgewebe **Behälter** aus Pappe aus Metall aus Kunststoff aus Holz	**Säcke** aus Papier, mehrlagig, wasserbeständig mit Innenbeschichtung aus Kunststoff **Behälter** aus Metall aus Kunststoff aus Holz	**Kisten** aus Stahl (4A) aus Aluminium (4B) aus einem anderen Metall (4N) aus Naturholz, einfach (4C1) aus Naturholz, mit staubdichten Wänden (4C2) aus Sperrholz (4D) aus Holzfaserwerkstoff (4F) aus Pappe (4G) aus massivem Kunststoff (4H2) **Fässer** aus Stahl (1A1, 1A2) aus Aluminium (1B1, 1B2) aus einem anderen Metall (1N1, 1N2) aus Sperrholz (1D) aus Pappe (1G) aus Kunststoff (1H1, 1H2)

Zusätzliche Vorschriften:

1 Bei der Verwendung von Fässern als Außenverpackung sind keine Innenverpackungen erforderlich.

2 Die Verpackung muss staubdicht sein.

Sondervorschriften für die Verpackung:

PP26 Für die UN-Nummern 0004, 0076, 0078, 0154, 0216, 0219 und 0386 müssen die Verpackungen bleifrei sein.

PP46 Für die UN-Nummer 0209 für geschupptes oder geprilltes TNT in trockenem Zustand und einer höchsten Nettomasse von 30 kg werden staubdichte Säcke (5H2) empfohlen.

PP48 Für die UN-Nummer 0504 dürfen keine Verpackungen aus Metall verwendet werden. Verpackungen aus anderen Werkstoffen mit einer geringen Menge Metall, z. B. Metallverschlüsse oder andere Zubehörteile aus Metall, wie die in 6.1.4 genannten, gelten nicht als Verpackungen aus Metall.

4.1.4.1 (Forts.)

P113	VERPACKUNGSANWEISUNG	P113
Folgende Verpackungen sind zugelassen, wenn die allgemeinen Verpackungsvorschriften nach 4.1.1 und 4.1.3 und die besonderen Verpackungsvorschriften nach 4.1.5 erfüllt sind:		
Innenverpackungen	**Zwischenverpackungen**	**Außenverpackungen**
Säcke aus Papier aus Kunststoff aus Textilgewebe, gummiert **Behälter** aus Pappe aus Metall aus Kunststoff aus Holz	nicht erforderlich	**Kisten** aus Stahl (4A) aus Aluminium (4B) aus einem anderen Metall (4N) aus Naturholz, einfach (4C1) aus Naturholz, mit staubdichten Wänden (4C2) aus Sperrholz (4D) aus Holzfaserwerkstoff (4F) aus Pappe (4G) aus massivem Kunststoff (4H2) **Fässer** aus Stahl (1A1, 1A2) aus Aluminium (1B1, 1B2) aus einem anderen Metall (1N1, 1N2) aus Sperrholz (1D) aus Pappe (1G) aus Kunststoff (1H1, 1H2)
Zusätzliche Vorschrift: Die Verpackung muss staubdicht sein.		
Sondervorschriften für die Verpackung: **PP49** Für die UN-Nummern 0094 und UN 0305 dürfen in einer Innenverpackung nicht mehr als 50 g des Stoffes enthalten sein. **PP50** Für die UN-Nummer 0027 sind keine Innenverpackungen erforderlich, wenn Fässer als Außenverpackung verwendet werden. **PP51** Für die UN-Nummer 0028 dürfen Einwickler aus Kraftpapier oder Wachspapier als Innenverpackung verwendet werden.		

4.1.4.1 (Forts.)

P114(a)	VERPACKUNGSANWEISUNG (angefeuchteter fester Stoff)	P114(a)
Folgende Verpackungen sind zugelassen, wenn die allgemeinen Verpackungsvorschriften nach 4.1.1 und 4.1.3 und die besonderen Verpackungsvorschriften nach 4.1.5 erfüllt sind:		
Innenverpackungen	**Zwischenverpackungen**	**Außenverpackungen**
Säcke aus Kunststoff aus Textilgewebe aus Kunststoffgewebe **Behälter** aus Metall aus Kunststoff aus Holz	**Säcke** aus Kunststoff aus Textilgewebe mit Auskleidung oder Beschichtung aus Kunststoff **Behälter** aus Metall aus Kunststoff **Unterteilungen** aus Holz	**Kisten** aus Stahl (4A) aus Metall (außer Stahl oder Aluminium) (4N) aus Naturholz, einfach (4C1) aus Naturholz, mit staubdichten Wänden (4C2) aus Sperrholz (4D) aus Holzfaserwerkstoff (4F) aus Pappe (4G) aus massivem Kunststoff (4H2) **Fässer** aus Stahl (1A1, 1A2) aus Aluminium (1B1, 1B2) aus einem anderen Metall (1N1, 1N2) aus Sperrholz (1D) aus Pappe (1G) aus Kunststoff (1H1, 1H2)
Zusätzliche Vorschrift: Bei der Verwendung von dichten Fässern mit abnehmbarem Deckel als Außenverpackung sind keine Zwischenverpackungen erforderlich.		
Sondervorschriften für die Verpackung: **PP26** Für die UN-Nummern 0077, 0132, 0234, 0235 und 0236 müssen die Verpackungen bleifrei sein. **PP43** Für die UN-Nummer 0342 sind keine Innenverpackungen erforderlich, wenn Fässer aus Metall (1A1, 1A2, 1B1, 1B2, 1N1 oder 1N2) oder aus Kunststoff (1H1 oder 1H2) als Außenverpackungen verwendet werden.		

4.1.4.1 (Forts.)

P114(b) VERPACKUNGSANWEISUNG (trockener fester Stoff) P114(b)

Folgende Verpackungen sind zugelassen, wenn die allgemeinen Verpackungsvorschriften nach 4.1.1 und 4.1.3 und die besonderen Verpackungsvorschriften nach 4.1.5 erfüllt sind:

Innenverpackungen	Zwischenverpackungen	Außenverpackungen
Säcke aus Kraftpapier aus Kunststoff aus Textilgewebe, staubdicht aus Kunststoffgewebe, staubdicht **Behälter** aus Pappe aus Metall aus Papier aus Kunststoff aus Kunststoffgewebe, staubdicht aus Holz	nicht erforderlich	**Kisten** aus Naturholz, einfach (4C1) aus Naturholz, mit staubdichten Wänden (4C2) aus Sperrholz (4D) aus Holzfaserwerkstoff (4F) aus Pappe (4G) **Fässer** aus Stahl (1A1, 1A2) aus Aluminium (1B1, 1B2) aus einem anderen Metall (1N1, 1N2) aus Sperrholz (1D) aus Pappe (1G) aus Kunststoff (1H1, 1H2)

Sondervorschriften für die Verpackung:

PP26 Für die UN-Nummern 0077, 0132, 0234, 0235 und 0236 müssen die Verpackungen bleifrei sein.

PP48 Für die UN-Nummern 0508 und 0509 dürfen keine Metallverpackungen verwendet werden. Verpackungen aus anderen Werkstoffen mit einer geringen Menge Metall, z. B. Metallverschlüsse oder andere Zubehörteile aus Metall, wie die in 6.1.4 genannten, gelten nicht als Verpackungen aus Metall.

PP50 Für die UN-Nummern 0160, 0161 und 0508 sind keine Innenverpackungen erforderlich, wenn als Außenverpackung Fässer verwendet werden.

PP52 Werden für die UN-Nummern 0160 und 0161 Fässer aus Metall (1A1, 1A2, 1B1, 1B2, 1N1 oder 1N2) als Außenverpackung verwendet, so müssen diese so hergestellt sein, dass ein Explosionsrisiko infolge eines Anstiegs des Innendrucks aufgrund innerer oder äußerer Ursachen verhindert wird.

4.1.4.1
(Forts.)

P115	VERPACKUNGSANWEISUNG	P115
Folgende Verpackungen sind zugelassen, wenn die allgemeinen Verpackungsvorschriften nach 4.1.1 und 4.1.3 und die besonderen Verpackungsvorschriften nach 4.1.5 erfüllt sind:		
Innenverpackungen	**Zwischenverpackungen**	**Außenverpackungen**
Behälter aus Kunststoff aus Holz	**Säcke** aus Kunststoff in Behältern aus Metall **Fässer** aus Metall **Behälter** aus Holz	**Kisten** aus Naturholz, einfach (4C1) aus Naturholz, mit staubdichten Wänden (4C2) aus Sperrholz (4D) aus Holzfaserwerkstoff (4F) **Fässer** aus Stahl (1A1, 1A2) aus Aluminium (1B1, 1B2) aus einem anderen Metall (1N1, 1N2) aus Sperrholz (1D) aus Pappe (1G) aus Kunststoff (1H1, 1H2)

Sondervorschriften für die Verpackung:

PP45 Für die UN-Nummer 0144 sind Zwischenverpackungen nicht erforderlich.

PP53 Bei der Verwendung von Kisten als Außenverpackung für die UN-Nummern 0075, 0143, 0495 und 0497 müssen die Innenverpackungen mit Kapseln und Schraubkappen verschlossen sein und ihr Fassungsraum darf nicht größer als 5 Liter sein. Die Innenverpackungen müssen mit saugfähigem und nicht brennbarem Polstermaterial umgeben sein. Die Menge des saugfähigen Polstermaterials muss ausreichend sein, um die enthaltenen flüssigen Stoffe vollständig aufzusaugen. Die Metallbehälter müssen durch ein Polstermaterial voneinander getrennt sein. Werden Kisten als Außenverpackung verwendet, so ist die Nettomasse des Treibsatzes auf 30 kg je Versandstück begrenzt.

PP54 Bei der Verwendung von Fässern als Außen- und Zwischenverpackung für die UN-Nummern 0075, 0143, 0495 und 0497 müssen die Zwischenverpackungen mit nicht brennbarem saugfähigem Polstermaterial in einer Menge umgeben sein, die ausreichend ist, um die enthaltenen flüssigen Stoffe aufzusaugen. Anstelle der Innen- und Zwischenverpackungen darf eine aus einem Kunststoffgefäß in einem Fass aus Metall bestehende Kombinationsverpackung verwendet werden. Das Nettovolumen des Treibstoffs darf nicht mehr als 120 Liter je Versandstück betragen.

PP55 Für die UN-Nummer 0144 muss saugfähiges Polstermaterial beigefügt werden.

PP56 Für die UN-Nummer 0144 dürfen Metallbehälter als Innenverpackungen verwendet werden.

PP57 Für die UN-Nummern 0075, 0143, 0495 und 0497 müssen bei der Verwendung von Kisten als Außenverpackungen Säcke als Zwischenverpackungen verwendet werden.

PP58 Für die UN-Nummern 0075, 0143, 0495 und 0497 müssen bei der Verwendung von Fässern als Außenverpackungen Fässer als Zwischenverpackungen verwendet werden.

PP59 Für die UN-Nummer 0144 dürfen Kisten aus Pappe (4G) als Außenverpackungen verwendet werden.

PP60 Für die UN-Nummer 0144 dürfen Fässer aus Aluminium (1B1 oder 1B2) und aus einem anderen Metall als Stahl oder Aluminium (1N1 oder 1N2) nicht verwendet werden.

4.1.4.1 (Forts.)

P116	VERPACKUNGSANWEISUNG	P116
Folgende Verpackungen sind zugelassen, wenn die allgemeinen Verpackungsvorschriften nach 4.1.1 und 4.1.3 und die besonderen Verpackungsvorschriften nach 4.1.5 erfüllt sind:		
Innenverpackungen	**Zwischenverpackungen**	**Außenverpackungen**
Säcke aus Papier, wasser- und ölbeständig aus Kunststoff aus Textilgewebe, mit Auskleidung oder Beschichtung aus Kunststoff aus Kunststoffgewebe, staubdicht **Behälter** aus Pappe, wasserbeständig aus Metall aus Kunststoff aus Holz, staubdicht **Einwickler** aus Papier, wasserbeständig aus Wachspapier aus Kunststoff	nicht erforderlich	**Säcke** aus Kunststoffgewebe (5H1, 5H2, 5H3) aus Papier, mehrlagig, wasserbeständig (5M2) aus Kunststofffolie (5H4) aus Textilgewebe, staubdicht (5L2) aus Textilgewebe, wasserbeständig (5L3) **Kisten** aus Stahl (4A) aus Aluminium (4B) aus einem anderen Metall (4N) aus Naturholz, einfach (4C1) aus Naturholz, mit staubdichten Wänden (4C2) aus Sperrholz (4D) aus Holzfaserwerkstoff (4F) aus Pappe (4G) aus massivem Kunststoff (4H2) **Fässer** aus Stahl (1A1, 1A2) aus Aluminium (1B1, 1B2) aus einem anderen Metall (1N1, 1N2) aus Sperrholz (1D) aus Pappe (1G) aus Kunststoff (1H1, 1H2) **Kanister** aus Stahl (3A1, 3A2) aus Kunststoff (3H1, 3H2)

Sondervorschriften für die Verpackung:

PP61 Für die UN-Nummern 0082, 0241, 0331 und 0332 sind keine Innenverpackungen erforderlich, wenn als Außenverpackungen dichte Fässer mit abnehmbarem Deckel verwendet werden.

PP62 Für die UN-Nummern 0082, 0241, 0331 und 0332 sind keine Innenverpackungen erforderlich, sofern der explosive Stoff in einem flüssigkeitsundurchlässigen Werkstoff enthalten ist.

PP63 Für die UN-Nummer 0081 sind keine Innenverpackungen erforderlich, sofern dieser Stoff in starrem Kunststoff enthalten ist, der gegen Salpetersäureester undurchlässig ist.

PP64 Für die UN-Nummer 0331 sind keine Innenverpackungen erforderlich, wenn als Außenverpackungen Säcke (5H2, 5H3 oder 5H4) verwendet werden.

PP65 (gestrichen)

PP66 Für die UN-Nummer 0081 dürfen als Außenverpackungen keine Säcke verwendet werden.

4.1.4.1
(Forts.)
→ 4.1.5.19

P130	VERPACKUNGSANWEISUNG	P130
Folgende Verpackungen sind zugelassen, wenn die allgemeinen Verpackungsvorschriften nach 4.1.1 und 4.1.3 und die besonderen Verpackungsvorschriften nach 4.1.5 erfüllt sind:		
Innenverpackungen	**Zwischenverpackungen**	**Außenverpackungen**
nicht erforderlich	nicht erforderlich	**Kisten** aus Stahl (4A) aus Aluminium (4B) aus einem anderen Metall (4N) aus Naturholz, einfach (4C1) aus Naturholz, mit staubdichten Wänden (4C2) aus Sperrholz (4D) aus Holzfaserwerkstoff (4F) aus Pappe (4G) aus Schaumstoff (4H1) aus massivem Kunststoff (4H2) **Fässer** aus Stahl (1A1, 1A2) aus Aluminium (1B1, 1B2) aus einem anderen Metall (1N1, 1N2) aus Sperrholz (1D) aus Pappe (1G) aus Kunststoff (1H1, 1H2)

Sondervorschrift für die Verpackung:

PP67 Folgende Vorschriften gelten für die UN-Nummern 0006, 0009, 0010, 0015, 0016, 0018, 0019, 0034, 0035, 0038, 0039, 0048, 0056, 0137, 0138, 0168, 0169, 0171, 0181, 0182, 0183, 0186, 0221, 0243, 0244, 0245, 0246, 0254, 0280, 0281, 0286, 0287, 0297, 0299, 0300, 0301, 0303, 0321, 0328, 0329, 0344, 0345, 0346, 0347, 0362, 0363, 0370, 0412, 0424, 0425, 0434, 0435, 0436, 0437, 0438, 0451, 0488, 0502 und 0510: Große und robuste Gegenstände mit Explosivstoff, die normalerweise für militärische Verwendung vorgesehen sind und die keine Zündmittel enthalten oder deren Zündmittel mit mindestens zwei wirksamen Sicherungsvorrichtungen ausgerüstet sind, dürfen ohne Verpackung befördert werden. Enthalten diese Gegenstände Treibladungen oder sind die Gegenstände selbstantreibend, müssen ihre Zündungssysteme gegenüber Belastungen geschützt sein, die unter normalen Beförderungsbedingungen auftreten können. Ist das Ergebnis der an einem unverpackten Gegenstand durchgeführten Prüfungen der Prüfreihe 4 negativ, kann eine Beförderung des Gegenstands ohne Verpackung vorgesehen werden. Solche unverpackten Gegenstände dürfen auf Schlitten befestigt oder in Verschlägen oder anderen geeigneten Handhabungseinrichtungen eingesetzt sein.

4.1.4.1 (Forts.)

P131	VERPACKUNGSANWEISUNG	P131
Folgende Verpackungen sind zugelassen, wenn die allgemeinen Verpackungsvorschriften nach 4.1.1 und 4.1.3 und die besonderen Verpackungsvorschriften nach 4.1.5 erfüllt sind:		
Innenverpackungen	**Zwischenverpackungen**	**Außenverpackungen**
Säcke aus Papier aus Kunststoff **Behälter** aus Pappe aus Metall aus Kunststoff aus Holz **Spulen**	nicht erforderlich	**Kisten** aus Stahl (4A) aus Aluminium (4B) aus einem anderen Metall (4N) aus Naturholz, einfach (4C1) aus Naturholz, mit staubdichten Wänden (4C2) aus Sperrholz (4D) aus Holzfaserwerkstoff (4F) aus Pappe (4G) aus starrem Kunststoff (4H2) **Fässer** aus Stahl (1A1, 1A2) aus Aluminium (1B1, 1B2) aus einem anderen Metall (1N1, 1N2) aus Sperrholz (1D) aus Pappe (1G) aus Kunststoff (1H1, 1H2)
Sondervorschrift für die Verpackung:		
PP68 Für die UN-Nummern 0029, 0267 und 0455 dürfen Säcke und Spulen nicht als Innenverpackungen verwendet werden.		

P132(a)	VERPACKUNGSANWEISUNG **(Gegenstände, die aus einer geschlossenen Umhüllung aus Metall, Kunststoff oder Pappe bestehen und einen detonierenden Explosivstoff enthalten oder die aus einem kunststoffgebundenen detonierenden Explosivstoff bestehen)**	P132(a)
Folgende Verpackungen sind zugelassen, wenn die allgemeinen Verpackungsvorschriften nach 4.1.1 und 4.1.3 und die besonderen Verpackungsvorschriften nach 4.1.5 erfüllt sind:		
Innenverpackungen	**Zwischenverpackungen**	**Außenverpackungen**
nicht erforderlich	nicht erforderlich	**Kisten** aus Stahl (4A) aus Aluminium (4B) aus einem anderen Metall (4N) aus Naturholz, einfach (4C1) aus Naturholz, mit staubdichten Wänden (4C2) aus Sperrholz (4D) aus Holzfaserwerkstoff (4F) aus Pappe (4G) aus massivem Kunststoff (4H2)

4.1.4.1 (Forts.)

P132(b)	**VERPACKUNGSANWEISUNG (Gegenstände ohne geschlossene Umhüllung)**	P132(b)
Folgende Verpackungen sind zugelassen, wenn die allgemeinen Verpackungsvorschriften nach 4.1.1 und 4.1.3 und die besonderen Verpackungsvorschriften nach 4.1.5 erfüllt sind:		
Innenverpackungen	**Zwischenverpackungen**	**Außenverpackungen**
Behälter aus Pappe aus Metall aus Kunststoff aus Holz **Einwickler** aus Papier aus Kunststoff	nicht erforderlich	**Kisten** aus Stahl (4A) aus Aluminium (4B) aus einem anderen Metall (4N) aus Naturholz, einfach (4C1) aus Naturholz, mit staubdichten Wänden (4C2) aus Sperrholz (4D) aus Holzfaserwerkstoff (4F) aus Pappe (4G) aus massivem Kunststoff (4H2)

P133	**VERPACKUNGSANWEISUNG**	P133
Folgende Verpackungen sind zugelassen, wenn die allgemeinen Verpackungsvorschriften nach 4.1.1 und 4.1.3 und die besonderen Verpackungsvorschriften nach 4.1.5 erfüllt sind:		
Innenverpackungen	**Zwischenverpackungen**	**Außenverpackungen**
Behälter aus Pappe aus Metall aus Kunststoff aus Holz **Horden mit unterteilenden Trennwänden** aus Pappe aus Kunststoff aus Holz	**Behälter** aus Pappe aus Metall aus Kunststoff aus Holz	**Kisten** aus Stahl (4A) aus Aluminium (4B) aus einem anderen Metall (4N) aus Naturholz, einfach (4C1) aus Naturholz, mit staubdichten Wänden (4C2) aus Sperrholz (4D) aus Holzfaserwerkstoff (4F) aus Pappe (4G) aus massivem Kunststoff (4H2)
Zusätzliche Vorschrift: Behälter sind als Zwischenverpackungen nur erforderlich, sofern die Innenverpackungen Horden sind.		
Sondervorschrift für die Verpackung: **PP69** Für die UN-Nummern 0043, 0212, 0225, 0268 und 0306 dürfen Horden nicht als Innenverpackungen verwendet werden.		

4.1.4.1 (Forts.)

P134	VERPACKUNGSANWEISUNG	P134
Folgende Verpackungen sind zugelassen, wenn die allgemeinen Verpackungsvorschriften nach 4.1.1 und 4.1.3 und die besonderen Verpackungsvorschriften nach 4.1.5 erfüllt sind:		
Innenverpackungen	**Zwischenverpackungen**	**Außenverpackungen**
Säcke wasserbeständig **Behälter** aus Pappe aus Metall aus Kunststoff aus Holz **Einwickler** aus Wellpappe **Hülsen** aus Pappe	nicht erforderlich	**Kisten** aus Stahl (4A) aus Aluminium (4B) aus einem anderen Metall (4N) aus Naturholz, einfach (4C1) aus Naturholz, mit staubdichten Wänden (4C2) aus Sperrholz (4D) aus Holzfaserwerkstoff (4F) aus Pappe (4G) aus Schaumstoff (4H1) aus massivem Kunststoff (4H2) **Fässer** aus Stahl (1A1, 1A2) aus Aluminium (1B1, 1B2) aus einem anderen Metall (1N1, 1N2) aus Sperrholz (1D) aus Pappe (1G) aus Kunststoff (1H1, 1H2)

P135	VERPACKUNGSANWEISUNG	P135
Folgende Verpackungen sind zugelassen, wenn die allgemeinen Verpackungsvorschriften nach 4.1.1 und 4.1.3 und die besonderen Verpackungsvorschriften nach 4.1.5 erfüllt sind:		
Innenverpackungen	**Zwischenverpackungen**	**Außenverpackungen**
Säcke aus Papier aus Kunststoff **Behälter** aus Pappe aus Metall aus Kunststoff aus Holz **Einwickler** aus Papier aus Kunststoff	nicht erforderlich	**Kisten** aus Stahl (4A) aus Aluminium (4B) aus einem anderen Metall (4N) aus Naturholz, einfach (4C1) aus Naturholz, mit staubdichten Wänden (4C2) aus Sperrholz (4D) aus Holzfaserwerkstoff (4F) aus Pappe (4G) aus Schaumstoff (4H1) aus massivem Kunststoff (4H2) **Fässer** aus Stahl (1A1, 1A2) aus Aluminium (1B1, 1B2) aus einem anderen Metall (1N1, 1N2) aus Sperrholz (1D) aus Pappe (1G) aus Kunststoff (1H1, 1H2)

4.1.4.1
(Forts.)

P136	VERPACKUNGSANWEISUNG	P136
Folgende Verpackungen sind zugelassen, wenn die allgemeinen Verpackungsvorschriften nach 4.1.1 und 4.1.3 und die besonderen Verpackungsvorschriften nach 4.1.5 erfüllt sind:		
Innenverpackungen	**Zwischenverpackungen**	**Außenverpackungen**
Säcke aus Kunststoff aus Textilgewebe **Kisten** aus Pappe aus Kunststoff aus Holz **Unterteilende Trennwände in der Außenverpackung**	nicht erforderlich	**Kisten** aus Stahl (4A) aus Aluminium (4B) aus einem anderen Metall (4N) aus Naturholz, einfach (4C1) aus Naturholz, mit staubdichten Wänden (4C2) aus Sperrholz (4D) aus Holzfaserwerkstoff (4F) aus Pappe (4G) aus massivem Kunststoff (4H2) **Fässer** aus Stahl (1A1, 1A2) aus Aluminium (1B1, 1B2) aus einem anderen Metall (1N1, 1N2) aus Sperrholz (1D) aus Pappe (1G) aus Kunststoff (1H1, 1H2)

P137	VERPACKUNGSANWEISUNG	P137
Folgende Verpackungen sind zugelassen, wenn die allgemeinen Verpackungsvorschriften nach 4.1.1 und 4.1.3 und die besonderen Verpackungsvorschriften nach 4.1.5 erfüllt sind:		
Innenverpackungen	**Zwischenverpackungen**	**Außenverpackungen**
Säcke aus Kunststoff **Kisten** aus Pappe aus Holz **Hülsen** aus Pappe aus Metall aus Kunststoff **Unterteilende Trennwände in der Außenverpackung**	nicht erforderlich	**Kisten** aus Stahl (4A) aus Aluminium (4B) aus einem anderen Metall (4N) aus Naturholz, einfach (4C1) aus Naturholz, mit staubdichten Wänden (4C2) aus Sperrholz (4D) aus Holzfaserwerkstoff (4F) aus Pappe (4G) aus starrem Kunststoff (4H2) **Fässer** aus Stahl (1A1, 1A2) aus Aluminium (1B1, 1B2) aus einem anderen Metall (1N1, 1N2) aus Sperrholz (1D) aus Pappe (1G) aus Kunststoff (1H1; 1H2)
Sondervorschrift für die Verpackung: **PP70** Werden für die UN-Nummern 0059, 0439, 0440 und 0441 die Hohlladungen einzeln verpackt, müssen die konischen Höhlungen nach unten gerichtet und das Versandstück gemäß 5.2.1.7.1 gekennzeichnet sein. Werden die Hohlladungen paarweise verpackt, müssen die konischen Höhlungen der Hohlladungen einander zugewandt sein, um den Hohlladungseffekt im Falle einer ungewollten Auslösung möglichst gering zu halten.		

4.1.4.1 (Forts.)

P138	VERPACKUNGSANWEISUNG	P138
Folgende Verpackungen sind zugelassen, wenn die allgemeinen Verpackungsvorschriften nach 4.1.1 und 4.1.3 und die besonderen Verpackungsvorschriften nach 4.1.5 erfüllt sind:		
Innenverpackungen	**Zwischenverpackungen**	**Außenverpackungen**
Säcke aus Kunststoff	nicht erforderlich	**Kisten** aus Stahl (4A) aus Aluminium (4B) aus einem anderen Metall (4N) aus Naturholz, einfach (4C1) aus Naturholz, mit staubdichten Wänden (4C2) aus Sperrholz (4D) aus Holzfaserwerkstoff (4F) aus Pappe (4G) aus massivem Kunststoff (4H2) **Fässer** aus Stahl (1A1, 1A2) aus Aluminium (1B1, 1B2) aus einem anderen Metall (1N1, 1N2) aus Sperrholz (1D) aus Pappe (1G) aus Kunststoff (1H1, 1H2)
Zusätzliche Vorschrift: Wenn die Enden der Gegenstände dicht verschlossen sind, sind keine Innenverpackungen erforderlich.		

P139	VERPACKUNGSANWEISUNG	P139
Folgende Verpackungen sind zugelassen, wenn die allgemeinen Verpackungsvorschriften nach 4.1.1 und 4.1.3 und die besonderen Verpackungsvorschriften nach 4.1.5 erfüllt sind:		
Innenverpackungen	**Zwischenverpackungen**	**Außenverpackungen**
Säcke aus Kunststoff **Behälter** aus Pappe aus Metall aus Kunststoff aus Holz **Spulen** **Einwickler** aus Papier aus Kunststoff	nicht erforderlich	**Kisten** aus Stahl (4A) aus Aluminium (4B) aus einem anderen Metall (4N) aus Naturholz, einfach (4C1) aus Naturholz, mit staubdichten Wänden (4C2) aus Sperrholz (4D) aus Holzfaserwerkstoff (4F) aus Pappe (4G) aus massivem Kunststoff (4H2) **Fässer** aus Stahl (1A1, 1A2) aus Aluminium (1B1, 1B2) aus einem anderen Metall (1N1, 1N2) aus Sperrholz (1D) aus Pappe (1G) aus Kunststoff (1H1, 1H2)
Sondervorschriften für die Verpackung: **PP71** Für die UN-Nummern 0065, 0102, 0104, 0289 und 0290 müssen die Enden der Sprengschnur dicht verschlossen sein, z. B. mit Hilfe einer Verschlusseinrichtung, die so fest verschlossen ist, dass kein explosiver Stoff entweichen kann. Die Enden der „SPRENGSCHNUR, biegsam" müssen sicher befestigt sein. **PP72** Für die UN-Nummern 0065 und 0289 sind keine Innenverpackungen erforderlich, sofern die Gegenstände in Rollen vorliegen.		

4.1.4.1 (Forts.)

P140	VERPACKUNGSANWEISUNG	P140
Folgende Verpackungen sind zugelassen, wenn die allgemeinen Verpackungsvorschriften nach 4.1.1 und 4.1.3 und die besonderen Verpackungsvorschriften nach 4.1.5 erfüllt sind:		
Innenverpackungen	**Zwischenverpackungen**	**Außenverpackungen**
Säcke aus Kunststoff **Spulen** **Einwickler** aus Kraftpapier aus Kunststoff **Behälter** aus Holz	nicht erforderlich	**Kisten** aus Stahl (4A) aus Aluminium (4B) aus einem anderen Metall (4N) aus Naturholz, einfach (4C1) aus Naturholz, mit staubdichten Wänden (4C2) aus Sperrholz (4D) aus Holzfaserwerkstoff (4F) aus Pappe (4G) aus massivem Kunststoff (4H2) **Fässer** aus Stahl (1A1, 1A2) aus Aluminium (1B1, 1B2) aus einem anderen Metall (1N1, 1N2) aus Sperrholz (1D) aus Pappe (1G) aus Kunststoff (1H1, 1H2)
Sondervorschriften für die Verpackung:		
PP73 Wenn die Enden für die UN-Nummer 0105 dicht verschlossen sind, sind keine Innenverpackungen erforderlich.		
PP74 Die Verpackung für die UN-Nummer 0101 muss staubdicht sein, es sei denn, die Stoppine befindet sich in einer Hülse aus Papier und die beiden Enden der Hülse sind mit abnehmbaren Kappen abgedeckt.		
PP75 Für die UN-Nummer 0101 dürfen keine Fässer oder Kisten aus Stahl, Aluminium oder einem anderen Metall verwendet werden.		

P141	VERPACKUNGSANWEISUNG	P141
Folgende Verpackungen sind zugelassen, wenn die allgemeinen Verpackungsvorschriften nach 4.1.1 und 4.1.3 und die besonderen Verpackungsvorschriften nach 4.1.5 erfüllt sind:		
Innenverpackungen	**Zwischenverpackungen**	**Außenverpackungen**
Behälter aus Pappe aus Metall aus Kunststoff aus Holz **Horden mit unterteilenden Trennwänden** aus Kunststoff aus Holz **Unterteilende Trennwände in der Außenverpackung**	nicht erforderlich	**Kisten** aus Stahl (4A) aus Aluminium (4B) aus einem anderen Metall (4N) aus Naturholz, einfach (4C1) aus Naturholz, mit staubdichten Wänden (4C2) aus Sperrholz (4D) aus Holzfaserwerkstoff (4F) aus Pappe (4G) aus massivem Kunststoff (4H2) **Fässer** aus Stahl (1A1, 1A2) aus Aluminium (1B1, 1B2) aus einem anderen Metall (1N1, 1N2) aus Sperrholz (1D) aus Pappe (1G) aus Kunststoff (1H1, 1H2)

4.1.4.1 (Forts.)

P142	VERPACKUNGSANWEISUNG	P142
Folgende Verpackungen sind zugelassen, wenn die allgemeinen Verpackungsvorschriften nach 4.1.1 und 4.1.3 und die besonderen Verpackungsvorschriften nach 4.1.5 erfüllt sind:		
Innenverpackungen	**Zwischenverpackungen**	**Außenverpackungen**
Säcke aus Papier aus Kunststoff **Behälter** aus Pappe aus Metall aus Kunststoff aus Holz **Einwickler** aus Papier **Horden mit unterteilenden Trennwänden** aus Kunststoff	nicht erforderlich	**Kisten** aus Stahl (4A) aus Aluminium (4B) aus einem anderen Metall (4N) aus Naturholz, einfach (4C1) aus Naturholz, mit staubdichten Wänden (4C2) aus Sperrholz (4D) aus Holzfaserwerkstoff (4F) aus Pappe (4G) aus massivem Kunststoff (4H2) **Fässer** aus Stahl (1A1, 1A2) aus Aluminium (1B1, 1B2) aus einem anderen Metall (1N1, 1N2) aus Sperrholz (1D) aus Pappe (1G) aus Kunststoff (1H1, 1H2)

P143	VERPACKUNGSANWEISUNG	P143
Folgende Verpackungen sind zugelassen, wenn die allgemeinen Verpackungsvorschriften nach 4.1.1 und 4.1.3 und die besonderen Verpackungsvorschriften nach 4.1.5 erfüllt sind:		
Innenverpackungen	**Zwischenverpackungen**	**Außenverpackungen**
Säcke aus Kraftpapier aus Kunststoff aus Textilgewebe aus Textilgewebe, gummiert **Behälter** aus Pappe aus Metall aus Kunststoff aus Holz **Horden mit unterteilenden Trennwänden** aus Kunststoff aus Holz	nicht erforderlich	**Kisten** aus Stahl (4A) aus Aluminium (4B) aus einem anderen Metall (4N) aus Naturholz, einfach (4C1) aus Naturholz, mit staubdichten Wänden (4C2) aus Sperrholz (4D) aus Holzfaserwerkstoff (4F) aus Pappe (4G) aus massivem Kunststoff (4H2) **Fässer** aus Stahl (1A1, 1A2) aus Aluminium (1B1, 1B2) aus einem anderen Metall (1N1, 1N2) aus Sperrholz (1D) aus Pappe (1G) aus Kunststoff (1H1, 1H2)
Zusätzliche Vorschrift: Anstelle der oben genannten Innen- und Außenverpackungen dürfen Kombinationsverpackungen (6HH2) (Kunststoffgefäß mit einer Außenverpackung aus massivem Kunststoff in Kistenform) verwendet werden.		
Sondervorschrift für die Verpackung: **PP76** Werden für die UN-Nummern 0271, 0272, 0415 und 0491 Verpackungen aus Metall verwendet, so müssen diese so hergestellt sein, dass ein Explosionsrisiko infolge eines Anstiegs des Innendrucks aufgrund innerer oder äußerer Ursachen verhindert wird.		

4.1.4.1 (Forts.)

P144	VERPACKUNGSANWEISUNG	P144
Folgende Verpackungen sind zugelassen, wenn die allgemeinen Verpackungsvorschriften nach 4.1.1 und 4.1.3 und die besonderen Verpackungsvorschriften nach 4.1.5 erfüllt sind:		
Innenverpackungen	**Zwischenverpackungen**	**Außenverpackungen**
Behälter aus Pappe aus Metall aus Kunststoff aus Holz **Unterteilende Trennwände in der Außenverpackung**	nicht erforderlich	**Kisten** aus Stahl (4A) aus Aluminium (4B) aus einem anderen Metall (4N) aus Naturholz, einfach, mit Auskleidung aus Metall (4C1) aus Sperrholz (4D), mit Auskleidung aus Metall aus Holzfaserwerkstoff (4F), mit Auskleidung aus Metall aus Schaumstoff (4H1) aus massivem Kunststoff (4H2) **Fässer** aus Stahl (1A1, 1A2) aus Aluminium (1B1, 1B2) aus einem anderen Metall (1N1, 1N2) aus Kunststoff (1H1, 1H2)

Sondervorschrift für die Verpackung:

PP77 Für die UN-Nummern 0248 und 0249 müssen die Verpackungen gegen das Eindringen von Wasser geschützt sein. Werden die Vorrichtungen, durch Wasser aktivierbar, ohne Verpackung befördert, müssen sie mindestens zwei voneinander unabhängige Sicherungsvorrichtungen enthalten, um das Eindringen von Wasser zu verhindern.

4.1.4.1 (Forts.)

P200	VERPACKUNGSANWEISUNG	P200

Für Druckgefäße müssen die allgemeinen Verpackungsvorschriften von 4.1.6.1 eingehalten werden. Zusätzlich müssen für Gascontainer mit mehreren Elementen (MEGC) die Anforderungen von 4.2.4 eingehalten werden.

Flaschen, Großflaschen, Druckfässer und Flaschenbündel, die gemäß den Spezifikationen des Kapitels 6.2 gebaut werden, und Gascontainer mit mehreren Elementen (MEGC), die gemäß den Spezifikationen von 6.7.5 gebaut werden, sind für die Beförderung eines in den folgenden Tabellen genau bezeichneten Stoffes unter den dort genannten Bedingungen zugelassen. Für einige Stoffe kann in den Sondervorschriften für die Verpackung eine bestimmte Art von Flaschen, Großflaschen, Druckfässern und Flaschenbündeln verboten sein.

(1) Druckgefäße, die giftige Stoffe mit einem LC_{50}-Wert von höchstens 200 ml/m^3 (ppm) gemäß Tabelle enthalten, dürfen mit keiner Druckentlastungseinrichtung ausgerüstet sein. Druckentlastungseinrichtungen müssen auf Druckgefäßen angebracht sein, die für die Beförderung von UN 1013 Kohlendioxid und von UN 1070 Distickstoffmonoxid verwendet werden. Andere Druckgefäße müssen dann mit einer Druckentlastungseinrichtung ausgerüstet sein, wenn dies von der zuständigen Behörde des Verwendungslandes festgelegt wurde. Die Art der Druckentlastungseinrichtung und, wenn erforderlich, der Ansprechdruck und die Abblasleistung der Druckentlastungseinrichtungen muss von der zuständigen Behörde des Verwendungslandes festgelegt werden.

(2) Die folgenden drei Tabellen umfassen verdichtete Gase (Tabelle 1), verflüssigte und gelöste Gase (Tabelle 2) und Stoffe, die nicht unter die Klasse 2 fallen (Tabelle 3). Sie enthalten Angaben über:

(a) die UN-Nummer, den richtigen technischen Namen sowie die Klassifizierung des Stoffes;

(b) den LC_{50}-Wert für giftige Stoffe;

(c) die durch den Buchstaben „X" bezeichneten Arten von Druckgefäßen, die für den Stoff zugelassen sind;

(d) die höchstzulässige Prüffrist für die wiederkehrende Prüfung der Druckgefäße;

Bemerkung: *Bei Druckgefäßen, für die Verbundwerkstoffe verwendet wurden, beträgt die höchstzulässige Prüffrist 5 Jahre. Die Prüffrist darf auf die in den Tabellen 1 und 2 festgelegte Prüffrist (d. h. auf bis zu 10 Jahre) ausgedehnt werden, wenn dies von der zuständigen Behörde des Verwendungslandes zugelassen ist.*

(e) den Mindestprüfdruck der Druckgefäße;

(f) den höchstzulässigen Betriebsdruck (wo kein Wert angegeben ist, darf der Betriebsdruck zwei Drittel des Prüfdrucks nicht überschreiten) der Druckgefäße für verdichtete Gase oder den (die) höchstzulässigen Füllungsgrad(e) in Abhängigkeit vom Prüfdruck für verflüssigte und gelöste Gase;

(g) die Sondervorschriften für die Verpackung, die für den Stoff gelten.

(3) Druckgefäße dürfen in keinem Fall über den in den nachfolgenden Vorschriften zugelassenen Grenzwert befüllt werden:

(a) Für verdichtete Gase darf der Betriebsdruck nicht größer sein als zwei Drittel des Prüfdrucks der Druckgefäße. Die Sondervorschrift für die Verpackung „o" in (5) legt Einschränkungen bezüglich dieser Obergrenze des Betriebsdrucks fest. Der Innendruck bei 65 °C darf in keinem Fall den Prüfdruck überschreiten.

(b) Für unter hohem Druck verflüssigte Gase ist der Füllungsgrad so zu wählen, dass der bei 65 °C entwickelte Druck den Prüfdruck der Druckgefäße nicht überschreitet.

Mit Ausnahme der Fälle, in denen die Sondervorschrift für die Verpackung „o" in (5) gilt, ist die Verwendung anderer als der in der Tabelle angegebenen Prüfdrücke und Füllungsgrade zugelassen, vorausgesetzt,

(i) das Kriterium der Sondervorschrift für die Verpackung „r" in (5) ist, sofern anwendbar, erfüllt oder

(ii) das oben genannte Kriterium ist in allen anderen Fällen erfüllt.

Für unter hohem Druck verflüssigte Gase oder Gasgemische, für die entsprechende Daten nicht verfügbar sind, ist der höchstzulässige Füllungsgrad *(FR)* wie folgt zu bestimmen:

$$FR = 8{,}5 \times 10^{-4} \times d_g \times P_h$$

wobei FR = höchstzulässiger Füllungsgrad
d_g = Gasdichte (bei 15 °C, 1 bar) (in g/l)
P_h = Mindestprüfdruck (in bar)

Ist die Dichte des Gases nicht bekannt, ist der höchstzulässige Füllungsgrad wie folgt zu bestimmen:

$$FR = \frac{P_h \times MM \times 10^{-3}}{R \times 338}$$

wobei FR = höchstzulässiger Füllungsgrad
P_h = Mindestprüfdruck (in bar)
MM = Molekularmasse (in g/Mol)
R = 8,31451 × 10^{-2} bar·l/Mol·K (Gaskonstante).

Für Gasgemische ist die durchschnittliche Molekularmasse unter Berücksichtigung der Volumenkonzentrationen der einzelnen Komponenten zu verwenden.

4.1.4.1 (Forts.)

P200	VERPACKUNGSANWEISUNG *(Forts.)*	P200

(c) Für unter niedrigem Druck verflüssigte Gase ist die höchstzulässige Masse der Füllung je Liter Fassungsraum gleich der 0,95-fachen Dichte der flüssigen Phase bei 50 °C; außerdem darf die flüssige Phase bei Temperaturen bis zu 60 °C das Druckgefäß nicht ausfüllen. Der Prüfdruck des Druckgefäßes muss mindestens gleich dem Dampfdruck (absolut) des flüssigen Stoffes bei 65 °C minus 100 kPa (1 bar) sein.
Für unter niedrigem Druck verflüssigte Gase oder Gasgemische, für die entsprechende Daten nicht verfügbar sind, ist der höchstzulässige Füllungsgrad wie folgt zu bestimmen:

$$FR = (0{,}0032 \times BP - 0{,}24) \times d_1$$

wobei FR = höchstzulässiger Füllungsgrad
BP = Siedepunkt (in Kelvin)
d_1 = Dichte des flüssigen Stoffes beim Siedepunkt (in kg/l).

(d) Für UN 1001 Acetylen, gelöst und UN 3374 Acetylen, lösungsmittelfrei siehe (5), Sondervorschrift für die Verpackung „p".

(e) Bei verflüssigten Gasen, die mit verdichteten Gasen überlagert sind, müssen bei der Berechnung des Innendrucks des Druckgefäßes beide Bestandteile – das verflüssigte Gas und das verdichtete Gas – berücksichtigt werden.
Die höchstzulässige Masse des Inhalts je Liter Fassungsraum darf nicht größer als die 0,95-fache Dichte der flüssigen Phase bei 50 °C sein; außerdem darf die flüssige Phase bei Temperaturen bis zu 60 °C das Druckgefäß nicht vollständig ausfüllen.
Im gefüllten Zustand darf der Innendruck bei 65 °C den Prüfdruck des Druckgefäßes nicht überschreiten. Es müssen die Dampfdrücke und die volumetrischen Ausdehnungen aller Stoffe im Druckgefäß berücksichtigt werden. Wenn keine Versuchsdaten verfügbar sind, müssen folgende Schritte durchgeführt werden:

(i) Berechnung des Dampfdrucks des verflüssigten Gases und des partiellen Drucks des verdichteten Gases bei 15 °C (Fülltemperatur);

(ii) Berechnung der volumetrischen Ausdehnung der flüssigen Phase, die aus einer Erwärmung von 15 °C auf 65 °C resultiert, und Berechnung des für die gasförmige Phase verbleibenden Volumens;

(iii) Berechnung des partiellen Drucks des verdichteten Gases bei 65 °C unter Berücksichtigung der volumetrischen Ausdehnung der flüssigen Phase.
Bemerkung: *Der Kompressibilitätsfaktor des verdichteten Gases bei 15 °C und 65 °C muss berücksichtigt werden.*

(iv) Berechnung des Dampfdrucks des verflüssigten Gases bei 65 °C;

(v) der Gesamtdruck ist die Summe aus Dampfdruck des verflüssigten Gases und partiellem Druck des verdichteten Gases bei 65 °C;

(vi) Berücksichtigung der Löslichkeit des verdichteten Gases bei 65 °C in der flüssigen Phase.

Der Prüfdruck des Druckgefäßes darf nicht kleiner sein als der berechnete Gesamtdruck minus 100 kPa (1 bar).
Wenn für die Berechnung die Löslichkeit des verdichteten Gases in der flüssigen Phase nicht bekannt ist, darf der Prüfdruck ohne Berücksichtigung der Gaslöslichkeit (Unterabsatz (vi)) berechnet werden.

(4) Das Befüllen der Druckgefäße muss durch qualifiziertes Personal mit geeigneter Ausrüstung und geeigneten Verfahren vorgenommen werden.
Die Verfahren müssen folgende Kontrollen beinhalten:

- Übereinstimmung der Gefäße und der Zubehörteile mit den Bestimmungen dieses Codes;
- Verträglichkeit der Gefäße und der Zubehörteile mit dem zu befördernden Produkt;
- Nichtvorhandensein von Schäden, welche die Sicherheit beeinträchtigen können;
- Einhaltung des Füllungsgrades oder des Fülldrucks, abhängig davon, welcher von beiden anwendbar ist;
- Kennzeichen und Erkennungszeichen.

Die Bestimmungen gelten bei Anwendung nachstehender Normen als erfüllt:

ISO 10691:2004	Gasflaschen – Wiederbefüllbare geschweißte Flaschen aus Stahl für Flüssiggas (LPG) – Verfahren für das Prüfen vor, während und nach dem Füllen
ISO 11372:2011	Gasflaschen – Acetylenflaschen – Füllbedingungen und Inspektion beim Füllen
ISO 11755:2005	Gasflaschen – Flaschenbündel für verdichtete und verflüssigte Gase (ausgenommen Acetylen) – Prüfung zum Zeitpunkt des Füllens
ISO 13088:2011	Gasflaschen – Acetylenflaschenbündel – Füllbedingungen und Inspektion beim Füllen
ISO 24431:2006	Gasflaschen – Flaschen für verdichtete und verflüssigte Gase (ausgenommen Acetylen) – Prüfung zum Zeitpunkt des Füllens

4.1.4.1 (Forts.)

P200	VERPACKUNGSANWEISUNG *(Forts.)*	P200

(5) Sondervorschriften für die Verpackung:

Werkstoffverträglichkeit

a: Druckgefäße aus Aluminiumlegierungen dürfen nicht verwendet werden.

b: Ventile aus Kupfer dürfen nicht verwendet werden.

c: Metallteile, die mit dem Inhalt in Berührung kommen, dürfen höchstens 65 % Kupfer enthalten.

d: Werden Druckgefäße aus Stahl verwendet, sind nur solche zugelassen, welche gemäß 6.2.2.7.4 (p) mit dem Kennzeichen „H“ versehen sind.

Vorschriften für giftige Stoffe mit einem LC_{50}-Wert von höchstens 200 ml/m^3 (ppm)

k: Die Ventilöffnungen müssen mit druckfesten gasdichten Stopfen oder Kappen mit einem zu den Ventilöffnungen passenden Gewinde versehen sein.
Jede Flasche eines Bündels muss mit einem eigenen Ventil ausgerüstet sein, das während der Beförderung geschlossen sein muss. Nach dem Befüllen muss die Sammelleitung entleert, gereinigt und verschlossen werden.
Flaschenbündel, die UN 1045 Fluor, verdichtet, enthalten, dürfen mit Trennventilen an Gruppen von Flaschen mit einem (mit Wasser) ausgeliterten Gesamtfassungsraum von höchstens 150 Litern anstatt mit Trennventilen an jeder Flasche ausgerüstet sein.
Flaschen und die einzelnen Flaschen eines Flaschenbündels müssen einen Prüfdruck von mindestens 200 bar und eine Mindestwanddicke von 3,5 mm für Aluminiumlegierung oder 2 mm für Stahl haben. Einzelne Flaschen, die dieser Vorschrift nicht entsprechen, müssen in einer starren Außenverpackung befördert werden, welche die Flasche und ihre Armaturen ausreichend schützt und den Prüfanforderungen der Verpackungsgruppe I entspricht. Druckfässer müssen eine von der zuständigen Behörde festgelegte Mindestwanddicke haben.
Druckgefäße dürfen nicht mit einer Druckentlastungseinrichtung ausgerüstet sein.
Der Fassungsraum von Flaschen und einzelnen Flaschen eines Bündels ist auf höchstens 85 Liter zu begrenzen.
Jedes Ventil muss dem Prüfdruck des Druckgefäßes standhalten können und muss entweder durch ein kegeliges Gewinde oder durch andere Mittel, die den Anforderungen der Norm ISO 10692-2:2001 entsprechen, direkt mit dem Druckgefäß verbunden sein.
Jedes Ventil muss entweder ein packungsloser Typ mit einer unperforierten Membran oder eines Typs sein, der Undichtheiten durch die oder hinter der Packung verhindert.
Jedes Druckgefäß muss nach dem Befüllen auf Dichtheit geprüft werden.

Gasspezifische Vorschriften

l: UN 1040 Ethylenoxid darf auch in luftdicht verschlossenen Innenverpackungen aus Glas oder Metall verpackt sein, die mit geeignetem Polstermaterial in Kisten aus Pappe, Holz oder Metall, die den Anforderungen für die Verpackungsgruppe I genügen, eingesetzt sind. Die höchstzulässige Menge in Innenverpackungen aus Glas beträgt 30 g, die höchstzulässige Menge in Innenverpackungen aus Metall 200 g. Nach dem Befüllen muss jede Innenverpackung durch Einsetzen in ein Heißwasserbad auf Dichtheit geprüft werden, wobei Temperatur und Dauer ausreichend sein müssen, um sicherzustellen, dass ein Innendruck in der Höhe des Dampfdrucks von Ethylenoxid bei 55 °C erreicht wird. Die höchste Nettomasse in einer Außenverpackung darf 2,5 kg nicht überschreiten.

m: Die Druckgefäße müssen bis zu einem Betriebsdruck befüllt werden, der 5 bar nicht überschreitet.

n: Flaschen und einzelne Flaschen eines Flaschenbündels dürfen höchstens 5 kg des Gases enthalten. Wenn Flaschenbündel mit UN 1045 Fluor, verdichtet, gemäß Sondervorschrift für die Verpackung „k“ in Gruppen von Flaschen unterteilt sind, darf jede Gruppe höchstens 5 kg des Gases enthalten.

o: Der in den Tabellen angegebene Betriebsdruck oder Füllungsgrad darf in keinem Fall überschritten werden.

p: Für UN 1001 Acetylen, gelöst, und UN 3374 Acetylen, lösungsmittelfrei: Die Flaschen müssen mit einem homogenen monolithischen porösen Material gefüllt sein; der Betriebsdruck und die Menge Acetylen dürfen, je nach Fall, die in der Zulassung oder in der Norm ISO 3807-1:2000, ISO 3807-2:2000 bzw. ISO 3807:2013 beschriebenen Werte nicht überschreiten.
Für die UN-Nummer 1001 Acetylen, gelöst: Die Flaschen müssen eine in der Zulassung festgelegte Menge Aceton oder eines geeigneten Lösungsmittels enthalten (siehe Norm ISO 3807-1:2000, ISO 3807-2:2000 bzw. ISO 3807:2013); Flaschen, die mit Druckentlastungseinrichtungen ausgerüstet sind oder die durch ein Sammelrohr miteinander verbunden sind, müssen in vertikaler Lage befördert werden.
Ein Prüfdruck von 52 bar ist nur bei den Flaschen anzuwenden, die mit einer Schmelzsicherung ausgerüstet sind.

4.1.4.1 (Forts.)

P200 VERPACKUNGSANWEISUNG *(Forts.)* **P200**

q: Die Ventilöffnungen von Druckgefäßen für pyrophore Gase oder entzündbare Gemische von Gasen, die mehr als 1 % pyrophore Verbindungen enthalten, müssen mit gasdichten Stopfen oder Kappen ausgestattet sein. Wenn diese Druckgefäße in einem Bündel mit einer Sammelleitung verbunden sind, muss jedes Druckgefäß mit einem eigenen Ventil, das während der Beförderung geschlossen sein muss, und die Öffnung des Sammelleitungsventils mit einem druckfesten gasdichten Stopfen oder einer druckfesten gasdichten Kappe ausgestattet sein. Gasdichte Stopfen oder Kappen müssen mit zu den Ventilöffnungen passenden Gewinden versehen sein.

r: Der Füllungsgrad dieses Gases ist so zu begrenzen, dass der Druck im Falle des vollständigen Zerfalls zwei Drittel des Prüfdrucks des Druckgefäßes nicht übersteigt.

ra: Dieses Gas darf unter den folgenden Bedingungen auch in Kapseln verpackt werden:

(i) Die Masse des Gases darf 150 g je Kapsel nicht überschreiten.

(ii) Die Kapseln müsen frei von Fehlern sein, die ihre Festigkeit verringern könnten.

(iii) Die Dichtheit des Verschlusses muss durch eine zusätzliche Vorrichtung (Deckel, Kappe, Versiegelung, Umwicklung usw.) sichergestellt werden, die geeignet ist, Undichtheiten des Verschlusssystems während der Beförderung zu verhindern.

(iv) Die Kapseln müssen in eine Außenverpackung von ausreichender Festigkeit eingesetzt werden. Ein Versandstück darf nicht schwerer sein als 75 kg.

s: Druckgefäße aus Aluminiumlegierungen:

- dürfen nur mit Ventilen aus Messing oder aus rostfreiem Stahl ausgerüstet sein und
- müssen gemäß Norm ISO 11621:1997 gereinigt sein und dürfen nicht mit Öl verunreinigt sein.

t: (i) Die Wanddicke von Druckgefäßen darf nicht weniger als 3 mm betragen.

(ii) Vor der Beförderung muss sichergestellt sein, dass der Druck aufgrund möglicher Wasserstoffbildung nicht angestiegen ist.

Wiederkehrende Prüfung

u: Die Frist zwischen den wiederkehrenden Prüfungen darf für Gefäße aus Aluminiumlegierungen auf 10 Jahre verlängert werden, wenn die Legierung des Druckgefäßes einer Prüfung auf Spannungsrisskorrosion gemäß Norm ISO 7866:2012 + Cor 1:2014 unterzogen worden ist.

v: Die Frist zwischen den wiederkehrenden Prüfungen für Flaschen aus Stahl darf auf 15 Jahre ausgedehnt werden, wenn die zuständige Behörde des Verwendungslandes dies zugelassen hat.

Vorschriften für n.a.g.-Eintragungen und Gemische

z: Die Werkstoffe der Druckgefäße und ihrer Ausrüstungsteile müssen mit dem Inhalt verträglich sein und dürfen mit ihm keine schädlichen oder gefährlichen Verbindungen bilden.
Der Prüfdruck und der Füllungsgrad sind nach den zutreffenden Vorschriften des Absatzes (3) zu berechnen.
Giftige Stoffe mit einem LC_{50}-Wert von höchstens 200 ml/m^3 dürfen nicht in Großflaschen, Druckfässern oder MEGC befördert werden und müssen der Sondervorschrift für die Verpackung „k" entsprechen. UN 1975 Stickstoffmonoxid und Distickstofftetroxid, Gemisch, darf jedoch in Druckfässern befördert werden.
Druckgefäße, die pyrophore Gase oder entzündbare Gemische von Gasen mit mehr als 1 % pyrophore Verbindungen enthalten, müssen der Sondervorschrift für die Verpackung „q" entsprechen.
Notwendige Maßnahmen zur Verhinderung gefährlicher Reaktionen (d. h. Polymerisation oder Zerfall) während der Beförderung sind zu treffen. Soweit erforderlich ist eine Stabilisierung durchzuführen oder ein Inhibitor hinzuzufügen.
Gemische mit UN 1911 Diboran sind bis zu einem Druck zu befüllen, bei dem im Falle des vollständigen Zerfalls des Diborans zwei Drittel des Prüfdrucks des Druckgefäßes nicht überschritten werden.
Gemische mit UN 2192 Germaniumwasserstoff (German), ausgenommen Gemische mit bis zu 35 % Germaniumwasserstoff (German) in Wasserstoff oder Stickstoff oder bis zu 28 % Germaniumwasserstoff (German) in Helium oder Argon, sind bis zu einem Druck zu befüllen, bei dem im Falle des vollständigen Zerfalls des Germaniumwasserstoffs (German) zwei Drittel des Prüfdrucks des Druckgefäßes nicht überschritten werden.

4.1.4.1 (Forts.)

P200				VERPACKUNGSANWEISUNG *(Forts.)*									P200
				Tabelle 1: VERDICHTETE GASE									
UN-Nummer	Richtiger technischer Name	Klasse	Zusatzgefahr	LC_{50}, ml/m^3	Flaschen	Großflaschen	Druckfässer	Flaschenbündel	MEGC	Prüffrist, Jahre	Prüfdruck, bar[1)]	höchstzulässiger Betriebsdruck, bar[1)]	Sondervorschriften für die Verpackung
1002	LUFT, VERDICHTET (DRUCKLUFT)	2.2			X	X	X	X	X	10			
1006	ARGON, VERDICHTET	2.2			X	X	X	X	X	10			
1016	KOHLENMONOXID, VERDICHTET	2.3	2.1	3760	X	X	X	X	X	5			u
1023	STADTGAS, VERDICHTET	2.3	2.1		X	X	X	X	X	5			
1045	FLUOR, VERDICHTET	2.3	5.1, 8	185	X			X		5	200	30	a, k, n, o
1046	HELIUM, VERDICHTET	2.2			X	X	X	X	X	10			
1049	WASSERSTOFF, VERDICHTET	2.1			X	X	X	X	X	10			d
1056	KRYPTON, VERDICHTET	2.2			X	X	X	X	X	10			
1065	NEON, VERDICHTET	2.2			X	X	X	X	X	10			
1066	STICKSTOFF, VERDICHTET	2.2			X	X	X	X	X	10			
1071	ÖLGAS, VERDICHTET	2.3	2.1		X	X	X	X	X	5			
1072	SAUERSTOFF, VERDICHTET	2.2	5.1		X	X	X	X		10			s
1612	HEXAETHYLTETRAPHOSPHAT UND VERDICHTETES GAS, GEMISCH	2.3			X	X	X	X		5			z
1660	STICKSTOFFMONOXID, VERDICHTET (STICKSTOFFOXID, VERDICHTET)	2.3	5.1, 8	115	X			X		5	225	33	k, o
1953	VERDICHTETES GAS, GIFTIG, ENTZÜNDBAR, N.A.G.	2.3	2.1	≤ 5000	X	X	X	X	X	5			z
1954	VERDICHTETES GAS, ENTZÜNDBAR, N.A.G.	2.1			X	X	X	X	X	10			z
1955	VERDICHTETES GAS, GIFTIG, N.A.G.	2.3		≤ 5000	X	X	X	X	X	5			z
1956	VERDICHTETES GAS, N.A.G.	2.2			X	X	X	X	X	10			z
1957	DEUTERIUM, VERDICHTET	2.1			X	X	X	X	X	10			d
1964	KOHLENWASSERSTOFFGAS, GEMISCH, VERDICHTET, N.A.G.	2.1			X	X	X	X	X	10			z
1971	METHAN, VERDICHTET, oder ERDGAS, VERDICHTET, mit hohem Methangehalt	2.1			X	X	X	X	X	10			
2034	WASSERSTOFF UND METHAN, GEMISCH, VERDICHTET	2.1			X	X	X	X	X	10			d
2190	SAUERSTOFFDIFLUORID, VERDICHTET	2.3	5.1, 8	2,6	X			X		5	200	30	a, k, n, o
3156	VERDICHTETES GAS, OXIDIEREND, N.A.G.	2.2	5.1		X	X	X	X	X	10			z
3303	VERDICHTETES GAS, GIFTIG, OXIDIEREND, N.A.G.	2.3	5.1	≤ 5000	X	X	X	X	X	5			z

4.1.4.1 (Forts.)

P200	VERPACKUNGSANWEISUNG *(Forts.)*												P200
	Tabelle 1: VERDICHTETE GASE *(Forts.)*												
UN-Nummer	**Richtiger technischer Name**	**Klasse**	**Zusatzgefahr**	**LC_{50}, ml/m^3**	**Flaschen**	**Großflaschen**	**Druckfässer**	**Flaschenbündel**	**MEGC**	**Prüffrist, Jahre**	**Prüfdruck, bar**[1]	**höchstzulässiger Betriebsdruck, bar**[1]	**Sondervorschriften für die Verpackung**
3304	VERDICHTETES GAS, GIFTIG, ÄTZEND, N.A.G.	2.3	8	≤ 5000	X	X	X	X	X	5			z
3305	VERDICHTETES GAS, GIFTIG, ENTZÜNDBAR, ÄTZEND, N.A.G.	2.3	2.1, 8	≤ 5000	X	X	X	X	X	5			z
3306	VERDICHTETES GAS, GIFTIG, OXIDIEREND, ÄTZEND, N.A.G.	2.3	5.1, 8	≤ 5000	X	X	X	X	X	5			z

[1] Wenn keine Eintragung vorhanden ist, darf der Betriebsdruck nicht größer sein als zwei Drittel des Prüfdrucks.

P200	VERPACKUNGSANWEISUNG *(Forts.)*												P200
	Tabelle 2: VERFLÜSSIGTE UND GELÖSTE GASE												
UN-Nummer	**Richtiger technischer Name**	**Klasse**	**Zusatzgefahr**	**LC_{50}, ml/m^3**	**Flaschen**	**Großflaschen**	**Druckfässer**	**Flaschenbündel**	**MEGC**	**Prüffrist, Jahre**	**Prüfdruck, bar**	**Füllungsgrad**	**Sondervorschriften für die Verpackung**
1001	ACETYLEN, GELÖST	2.1			X			X		10	60 52		c, p
1005	AMMONIAK, WASSERFREI	2.3	8	4000	X	X	X	X	X	5	29	0,54	b
1008	BORTRIFLUORID	2.3	8	387	X	X	X	X	X	5	225 300	0,715 0,86	a
1009	BROMTRIFLUORMETHAN (GAS ALS KÄLTEMITTEL R 13B1)	2.2			X	X	X	X	X	10	42 120 250	1,13 144 1,60	
1010	BUTADIENE, STABILISIERT (Buta-1,2-dien) oder	2.1			X	X	X	X	X	10	10	0,59	
1010	BUTADIENE, STABILISIERT (Buta-1,3-dien) oder	2.1			X	X	X	X	X	10	10	0,55	
1010	BUTADIENE UND KOHLENWASSERSTOFF, GEMISCH STABILISIERT mit mehr als 40 % Butadiene	2.1			X	X	X	X	X	10			v, z
1011	BUTAN	2.1			X	X	X	X	X	10	10	0,52	v
1012	BUTENE, GEMISCH oder	2.1			X	X	X	X	X	10	10	0,50	z
1012	BUT-1-EN oder	2.1			X	X	X	X	X	10	10	0,53	
1012	cis-BUT-2-EN oder	2.1			X	X	X	X	X	10	10	0,55	
1012	trans-BUT-2-EN	2.1			X	X	X	X	X	10	10	0,54	
1013	KOHLENDIOXID	2.2			X	X	X	X	X	10	190 250	0,68 0,76	
1017	CHLOR	2.3	5.1, 8	293	X	X	X	X	X	5	22	1,25	a

4.1.4.1 (Forts.)

P200	VERPACKUNGSANWEISUNG *(Forts.)*												P200
	Tabelle 2: VERFLÜSSIGTE UND GELÖSTE GASE *(Forts.)*												
UN-Nummer	**Richtiger technischer Name**	**Klasse**	**Zusatzgefahr**	**LC_{50}, ml/m^3**	**Flaschen**	**Großflaschen**	**Druckfässer**	**Flaschenbündel**	**MEGC**	**Prüffrist, Jahre**	**Prüfdruck, bar**	**Füllungsgrad**	**Sondervorschriften für die Verpackung**
1018	CHLORDIFLUORMETHAN (GAS ALS KÄLTEMITTEL R 22)	2.2			X	X	X	X	X	10	27	1,03	
1020	CHLORPENTAFLUORETHAN (GAS ALS KÄLTEMITTEL R 115)	2.2			X	X	X	X	X	10	25	1,05	
1021	1-CHLOR-1,2,2,2-TETRAFLUOR-ETHAN (GAS ALS KÄLTEMITTEL R 124)	2.2			X	X	X	X	X	10	11	1,20	
1022	CHLORTRIFLUORMETHAN (GAS ALS KÄLTEMITTEL R 13)	2.2			X	X	X	X	X	10	100 120 190 250	0,83 0,90 1,04 1,11	
1026	DICYAN	2.3	2.1	350	X	X	X	X	X	5	100	0,70	u
1027	CYCLOPROPAN	2.1			X	X	X	X	X	10	18	0,55	
1028	DICHLORDIFLUORMETHAN (GAS ALS KÄLTEMITTEL R 12)	2.2			X	X	X	X	X	10	16	1,15	
1029	DICHLORMONOFLUORMETHAN (GAS ALS KÄLTEMITTEL R 21)	2.2			X	X	X	X	X	10	10	1,23	
1030	1,1-DIFLUORETHAN (GAS ALS KÄLTEMITTEL R 152a)	2.1			X	X	X	X	X	10	16	0,79	
1032	DIMETHYLAMIN, WASSERFREI	2.1			X	X	X	X	X	10	10	0,59	b
1033	DIMETHYLETHER	2.1			X	X	X	X	X	10	18	0,58	
1035	ETHAN	2.1			X	X	X	X	X	10	95 120 300	0,25 0,30 0,40	
1036	ETHYLAMIN	2.1			X	X	X	X	X	10	10	0,61	b
1037	ETHYLCHLORID	2.1			X	X	X	X	X	10	10	0,80	a, ra
1039	ETHYLMETHYLETHER	2.1			X	X	X	X	X	10	10	0,64	
1040	ETHYLENOXID oder ETHYLENOXID MIT STICKSTOFF bis zu einem höchstzulässigen Gesamtdruck von 1 MPa (10 bar) bei 50 °C	2.3	2.1	2900	X	X	X	X	X	5	15	0,78	l
1041	ETHYLENOXID UND KOHLENDIOXID, GEMISCH mit mehr als 9 %, aber höchstens 87 % Ethylenoxid	2.1			X	X	X	X	X	10	190 250	0,66 0,75	
1043	DÜNGEMITTEL, LÖSUNG mit freiem Ammoniak	2.2			X		X	X		5			b, z
1048	BROMWASSERSTOFF, WASSERFREI	2.3	8	2860	X	X	X	X	X	5	60	1,51	a, d
1050	CHLORWASSERSTOFF, WASSERFREI	2.3	8	2810	X	X	X	X	X	5	100 120 150 200	0,30 0,56 0,67 0,74	a, d a, d a, d a, d

4.1.4.1
(Forts.)

P200 **VERPACKUNGSANWEISUNG** *(Forts.)* **P200**

Tabelle 2: VERFLÜSSIGTE UND GELÖSTE GASE *(Forts.)*

UN-Nummer	Richtiger technischer Name	Klasse	Zusatzgefahr	LC_{50}, ml/m^3	Flaschen	Großflaschen	Druckfässer	Flaschenbündel	MEGC	Prüffrist, Jahre	Prüfdruck, bar	Füllungsgrad	Sondervorschriften für die Verpackung
1053	SCHWEFELWASSERSTOFF	2.3	2.1	712	X	X	X	X	X	5	48	0,67	d, u
1055	ISOBUTEN	2.1			X	X	X	X	X	10	10	0,52	
1058	VERFLÜSSIGTE GASE, nicht entzündbar, überlagert mit Stickstoff, Kohlendioxid oder Luft	2.2			X	X	X	X	X	10			z
1060	METHYLACETYLEN UND PROPADIEN, GEMISCH, STABILISIERT oder	2.1			X	X	X	X	X	10			c, z
1060	METHYLACETYLEN UND PROPADIEN, GEMISCH, STABILISIERT (Propadien mit 1 % bis 4 % Methylacetylen)	2.1			X	X	X	X	X	10	22	0,52	c
1061	METHYLAMIN, WASSERFREI	2.1			X	X	X	X	X	10	13	0,58	b
1062	METHYLBROMID mit höchstens 2 % Chlorpikrin	2.3		850	X	X	X	X	X	5	10	1,51	a
1063	METHYLCHLORID (GAS ALS KÄLTEMITTEL R 40)	2.1			X	X	X	X	X	10	17	0,81	a
1064	METHYLMERCAPTAN	2.3	2.1	1350	X	X	X	X	X	5	10	0,78	d, u
1067	DISTICKSTOFFTETROXID (STICKSTOFFDIOXID)	2.3	5.1, 8	115	X		X	X		5	10	1,30	k
1069	NITROSYLCHLORID	2.3	8	35	X			X		5	13	1,10	k
1070	DISTICKSTOFFMONOXID (Lachgas)	2.2	5.1		X	X	X	X	X	10	180 225 250	0,68 0,74 0,75	
1075	PETROLEUMGASE, VERFLÜSSIGT	2.1			X	X	X	X	X	10			v, z
1076	PHOSGEN	2.3	8	5	X		X	X		5	20	1,23	a, k
1077	PROPEN	2.1			X	X	X	X	X	10	27	0,43	
1078	GAS ALS KÄLTEMITTEL, N.A.G.	2.2			X	X	X	X	X	10			z
1079	SCHWEFELDIOXID	2.3	8	2520	X	X	X	X	X	5	12	1,23	
1080	SCHWEFELHEXAFLUORID	2.2			X	X	X	X	X	10	70 140 160	1,06 1,34 1,38	
1081	TETRAFLUORETHYLEN, STABILISIERT	2.1			X	X	X	X	X	10	200		m, o
1082	CHLORTRIFLUORETHYLEN, STABILISIERT (Trifluorchlorethylen, stabilisiert)	2.3	2.1	2000	X	X	X	X	X	5	19	1,13	u
1083	TRIMETHYLAMIN, WASSERFREI	2.1			X	X	X	X	X	10	10	0,56	b
1085	VINYLBROMID, STABILISIERT	2.1			X	X	X	X	X	10	10	1,37	a
1086	VINYLCHLORID, STABILISIERT	2.1			X	X	X	X	X	10	12	0,81	a

4.1.4.1 (Forts.)

P200	**VERPACKUNGSANWEISUNG** *(Forts.)*												**P200**
Tabelle 2: VERFLÜSSIGTE UND GELÖSTE GASE *(Forts.)*													
UN-Nummer	**Richtiger technischer Name**	**Klasse**	**Zusatzgefahr**	**LC_{50}, ml/m³**	**Flaschen**	**Großflaschen**	**Druckfässer**	**Flaschenbündel**	**MEGC**	**Prüffrist, Jahre**	**Prüfdruck, bar**	**Füllungsgrad**	**Sondervorschriften für die Verpackung**
1087	VINYLMETHYLETHER, STABILISIERT	2.1			X	X	X	X	X	10	10	0,67	
1581	CHLORPIKRIN UND METHYLBROMID, GEMISCH mit mehr als 2 % Chlorpikrin	2.3		850	X	X	X	X	X	5	10	1,51	a
1582	CHLORPIKRIN UND METHYLCHLORID, GEMISCH	2.3			X	X	X	X	X	5	17	0,81	a
1589	CHLORCYAN, STABILISIERT	2.3	8	80	X			X		5	20	1,03	k
1741	BORTRICHLORID	2.3	8	2 541	X	X	X	X	X	5	10	1,19	a
1749	CHLORTRIFLUORID	2.3	5.1, 8	299	X	X	X	X	X	5	30	1,40	a
1858	HEXAFLUORPROPYLEN (GAS ALS KÄLTEMITTEL R 1216)	2.2			X	X	X	X	X	10	22	1,11	
1859	SILICIUMTETRAFLUORID	2.3	8	450	X	X	X	X	X	5	200 300	0,74 1,10	a
1860	VINYLFLUORID, STABILISIERT	2.1			X	X	X	X	X	10	250	0,64	a
1911	DIBORAN	2.3	2.1	80	X			X		5	250	0,07	d, k, o
1912	METHYLCHLORID UND DICHLORMETHAN, GEMISCH	2.1			X	X	X	X	X	10	17	0,81	a
1952	ETHYLENOXID UND KOHLENDIOXID, GEMISCH mit höchstens 9 % Ethylenoxid	2.2			X	X	X	X	X	10	190 250	0,66 0,75	
1958	1,2-DICHLOR-1,1,2,2-TETRAFLUORETHAN (GAS ALS KÄLTEMITTEL R 114)	2.2			X	X	X	X	X	10	10	1,30	
1959	1,1-DIFLUORETHYLEN (GAS ALS KÄLTEMITTEL R 1132a)	2.1			X	X	X	X	X	10	250	0,77	
1962	ETHYLEN	2.1			X	X	X	X	X	10	225 300	0,34 0,38	
1965	KOHLENWASSERSTOFFGAS, GEMISCH, VERFLÜSSIGT, N.A.G.	2.1			X	X	X	X	X	10			v, z
1967	INSEKTENBEKÄMPFUNGSMITTEL, GASFÖRMIG, GIFTIG, N.A.G.	2.3			X	X	X	X	X	5			z
1968	INSEKTENBEKÄMPFUNGSMITTEL, GASFÖRMIG, N.A.G.	2.2			X	X	X	X	X	10			z
1969	ISOBUTAN	2.1			X	X	X	X	X	10	10	0,49	v
1973	CHLORDIFLUORMETHAN UND CHLORPENTAFLUORETHAN, GEMISCH mit einem konstanten Siedepunkt, mit ca. 49 % Chlordifluormethan (GAS ALS KÄLTEMITTEL R 502)	2.2			X	X	X	X	X	10	31	1,01	

4.1.4.1 (Forts.)

P200 **VERPACKUNGSANWEISUNG** *(Forts.)* **P200**

Tabelle 2: VERFLÜSSIGTE UND GELÖSTE GASE *(Forts.)*

UN-Nummer	Richtiger technischer Name	Klasse	Zusatzgefahr	LC_{50}, ml/m^3	Flaschen	Großflaschen	Druckfässer	Flaschenbündel	MEGC	Prüffrist, Jahre	Prüfdruck, bar	Füllungsgrad	Sondervorschriften für die Verpackung
1974	BROMCHLORDIFLUORMETHAN (GAS ALS KÄLTEMITTEL R 12B1)	2.2			X	X	X	X		10	10	1,61	
1975	STICKSTOFFMONOXID UND DISTICKSTOFFTETROXID, GEMISCH (STICKSTOFFMONOXID UND STICKSTOFFDIOXID, GEMISCH)	2.3	5.1, 8	115	X		X	X		5			k, z
1976	OCTAFLUORCYCLOBUTAN (GAS ALS KÄLTEMITTEL RC 318)	2.2			X	X	X	X	X	10	11	1,32	
1978	PROPAN	2.1			X	X	X	X	X	10	23	0,43	v
1982	TETRAFLUORMETHAN (GAS ALS KÄLTEMITTEL R 14)	2.2			X	X	X	X	X	10	200 300	0,71 0,90	
1983	1-CHLOR-2,2,2-TRIFLUORETHAN (GAS ALS KÄLTEMITTEL R 133a)	2.2			X	X	X	X	X	10	10	1,18	
1984	TRIFLUORMETHAN (GAS ALS KÄLTEMITTEL R 23)	2.2			X	X	X	X	X	10	190 250	0,88 0,96	
2035	1,1,1-TRIFLUORETHAN (GAS ALS KÄLTEMITTEL R 143a)	2.1			X	X	X	X	X	10	35	0,73	
2036	XENON	2.2			X	X	X	X	X	10	130	1,28	
2044	2,2-DIMETHYLPROPAN	2.1			X	X	X	X	X	10	10	0,53	
2073	AMMONIAKLÖSUNG in Wasser, relative Dichte kleiner als 0,880 bei 15 °C,	2.2											
	mit mehr als 35 %, aber höchstens 40 % Ammoniak				X	X	X	X	X	5	10	0,80	b
	mit mehr als 40 %, aber höchstens 50 % Ammoniak				X	X	X	X	X	5	12	0,77	b
2188	ARSENWASSERSTOFF (ARSIN)	2.3	2.1	20	X			X		5	42	1,10	d, k
2189	DICHLORSILAN	2.3	2.1, 8	314	X	X	X	X	X	5	10 200	0,90 1,08	a
2191	SULFURYLFLUORID	2.3		3 020	X	X	X	X	X	5	50	1,10	u
2192	GERMANIUMWASSERSTOFF (GERMAN)	2.3	2.1	620	X	X	X	X	X	5	250	0,064	d, q, r
2193	HEXAFLUORETHAN (GAS ALS KÄLTEMITTEL R 116)	2.2			X	X	X	X	X	10	200	1,13	
2194	SELENHEXAFLUORID	2.3	8	50	X			X		5	36	1,46	k
2195	TELLURHEXAFLUORID	2.3	8	25	X			X		5	20	1,00	k
2196	WOLFRAMHEXAFLUORID	2.3	8	160	X			X		5	10	3,08	a, k
2197	IODWASSERSTOFF, WASSERFREI	2.3	8	2 860	X	X	X	X	X	5	23	2,25	a, d
2198	PHOSPHORPENTAFLUORID	2.3	8	190	X			X		5	200 300	0,90 1,25	k k
2199	PHOSPHORWASSERSTOFF (PHOSPHIN)	2.3	2.1	20	X			X		5	225 250	0,30 0,45	d, k, q d, k, q

4.1.4.1 (Forts.)

P200	VERPACKUNGSANWEISUNG *(Forts.)*												P200
	Tabelle 2: VERFLÜSSIGTE UND GELÖSTE GASE *(Forts.)*												
UN-Nummer	Richtiger technischer Name	Klasse	Zusatzgefahr	LC_{50}, ml/m^3	Flaschen	Großflaschen	Druckfässer	Flaschenbündel	MEGC	Prüffrist, Jahre	Prüfdruck, bar	Füllungsgrad	Sondervorschriften für die Verpackung
2200	PROPADIEN, STABILISIERT	2.1			X	X	X	X	X	10	22	0,50	
2202	SELENWASSERSTOFF, WASSERFREI	2.3	2.1	2	X			X		5	31	1,60	k
2203	SILICIUMWASSERSTOFF (SILAN)	2.1			X	X	X	X	X	10	225 250	0,32 0,36	q q
2204	CARBONYLSULFID	2.3	2.1	1 700	X	X	X	X	X	5	30	0,87	u
2417	CARBONYLFLUORID	2.3	8	360	X	X	X	X	X	5	200 300	0,47 0,70	
2418	SCHWEFELTETRAFLUORID	2.3	8	40	X			X		5	30	0,91	a, k
2419	BROMTRIFLUORETHYLEN	2.1			X	X	X	X	X	10	10	1,19	
2420	HEXAFLUORACETON	2.3	8	470	X	X	X	X	X	5	22	1,08	
2421	DISTICKSTOFFTRIOXID	2.3	5.1, 8	57	X			X		5			k
2422	OCTAFLUORBUT-2-EN (GAS ALS KÄLTEMITTEL R 1318)	2.2			X	X	X	X	X	10	12	1,34	
2424	OCTAFLUORPROPAN (GAS ALS KÄLTEMITTEL R 218)	2.2			X	X	X	X	X	10	25	1,04	
2451	STICKSTOFFTRIFLUORID	2.2	5.1		X	X	X	X	X	10	200	0,50	
2452	ETHYLACETYLEN, STABILISIERT	2.1			X	X	X	X	X	10	10	0,57	c
2453	ETHYLFLUORID (GAS ALS KÄLTEMITTEL R 161)	2.1			X	X	X	X	X	10	30	0,57	
2454	METHYLFLUORID (GAS ALS KÄLTEMITTEL R 41)	2.1			X	X	X	X	X	10	300	0,63	
2455	METHYLNITRIT	2.2			(siehe Sondervorschrift 900)								
2517	1-CHLOR-1,1-DIFLUORETHAN (GAS ALS KÄLTEMITTEL R 142b)	2.1			X	X	X	X	X	10	10	0,99	
2534	METHYLCHLORSILAN	2.3	2.1, 8	600	X	X	X	X	X	5			z
2548	CHLORPENTAFLUORID	2.3	5.1, 8	122	X			X		5	13	1,49	a, k
2599	CHLORTRIFLUORMETHAN UND TRIFLUORMETHAN, AZEOTROPES GEMISCH, mit ca. 60 % Chlortrifluormethan (GAS ALS KÄLTEMITTEL R 503)	2.2			X	X	X	X	X	10	31 42 100	0,12 0,17 0,64	
2601	CYCLOBUTAN	2.1			X	X	X	X	X	10	10	0,63	
2602	DICHLORDIFLUORMETHAN UND 1,1-DIFLUORETHAN, AZEOTROPES GEMISCH mit ca. 74 % Dichlordifluormethan (GAS ALS KÄLTEMITTEL R 500)	2.2			X	X	X	X	X	10	22	1,01	
2676	ANTIMONWASSERSTOFF (STIBIN)	2.3	2.1	20	X			X		5	200	0,49	k, r
2901	BROMCHLORID	2.3	5.1, 8	290	X	X	X	X	X	5	10	1,50	a

4.1.4.1 (Forts.)

P200	VERPACKUNGSANWEISUNG *(Forts.)*													P200
	Tabelle 2: VERFLÜSSIGTE UND GELÖSTE GASE *(Forts.)*													
UN-Nummer	**Richtiger technischer Name**	**Klasse**	**Zusatzgefahr**	**LC_{50}, ml/m³**	**Flaschen**	**Großflaschen**	**Druckfässer**	**Flaschenbündel**	**MEGC**	**Prüffrist, Jahre**	**Prüfdruck, bar**	**Füllungsgrad**	**Sondervorschriften für die Verpackung**	
3057	TRIFLUORACETYLCHLORID	2.3	8	10	X		X	X		5	17	1,17	k	
3070	ETHYLENOXID UND DICHLORDIFLUORMETHAN, GEMISCH mit höchstens 12,5 % Ethylenoxid	2.2			X	X	X	X	X	10	18	1,09		
3083	PERCHLORYLFLUORID	2.3	5.1	770	X	X	X	X	X	5	33	1,21	u	
3153	PERFLUOR(METHYLVINYLETHER)	2.1			X	X	X	X	X	10	20	0,75		
3154	PERFLUOR(ETHYLVINYLETHER)	2.1			X	X	X	X	X	10	10	0,98		
3157	VERFLÜSSIGTES GAS, OXIDIEREND, N.A.G.	2.2	5.1		X	X	X	X	X	10			z	
3159	1,1,1,2-TETRAFLUORETHAN (GAS ALS KÄLTEMITTEL R 134a)	2.2			X	X	X	X	X	10	18	1,05		
3160	VERFLÜSSIGTES GAS, GIFTIG, ENTZÜNDBAR, N.A.G.	2.3	2.1	≤ 5000	X	X	X	X	X	5			z	
3161	VERFLÜSSIGTES GAS, ENTZÜNDBAR, N.A.G.	2.1			X	X	X	X	X	10			z	
3162	VERFLÜSSIGTES GAS, GIFTIG, N.A.G.	2.3		≤ 5000	X	X	X	X	X	5			z	
3163	VERFLÜSSIGTES GAS, N.A.G.	2.2			X	X	X	X	X	10			z	
3220	PENTAFLUORETHAN (GAS ALS KÄLTEMITTEL R 125)	2.2			X	X	X	X	X	10	49 35	0,95 0,87		
3252	DIFLUORMETHAN (GAS ALS KÄLTEMITTEL R 32)	2.1			X	X	X	X	X	10	48	0,78		
3296	HEPTAFLUORPROPAN (GAS ALS KÄLTEMITTEL R 227)	2.2			X	X	X	X	X	10	13	1,21		
3297	ETHYLENOXID UND CHLORTETRAFLUORETHAN, GEMISCH mit höchstens 8,8 % Ethylenoxid	2.2			X	X	X	X	X	10	10	1,16		
3298	ETHYLENOXID UND PENTAFLUORETHAN, GEMISCH mit höchstens 7,9 % Ethylenoxid	2.2			X	X	X	X	X	10	26	1,02		
3299	ETHYLENOXID UND TETRAFLUORETHAN, GEMISCH mit höchstens 5,6 % Ethylenoxid	2.2			X	X	X	X	X	10	17	1,03		
3300	ETHYLENOXID UND KOHLENDIOXID, GEMISCH mit mehr als 87 % Ethylenoxid	2.3	2.1	Mehr als 2900	X	X	X	X	X	5	28	0,73		
3307	VERFLÜSSIGTES GAS, GIFTIG, OXIDIEREND, N.A.G.	2.3	5.1	≤ 5000	X	X	X	X	X	5			z	
3308	VERFLÜSSIGTES GAS, GIFTIG, ÄTZEND, N.A.G.	2.3	8	≤ 5000	X	X	X	X	X	5			z	
3309	VERFLÜSSIGTES GAS, GIFTIG, ENTZÜNDBAR, ÄTZEND, N.A.G.	2.3	2.1, 8	≤ 5000	X	X	X	X	X	5			z	

4.1.4.1 (Forts.)

P200	VERPACKUNGSANWEISUNG *(Forts.)*												P200
	Tabelle 2: VERFLÜSSIGTE UND GELÖSTE GASE *(Forts.)*												
UN-Nummer	**Richtiger technischer Name**	**Klasse**	**Zusatzgefahr**	**LC_{50}, ml/m³**	**Flaschen**	**Großflaschen**	**Druckfässer**	**Flaschenbündel**	**MEGC**	**Prüffrist, Jahre**	**Prüfdruck, bar**	**Füllungsgrad**	**Sondervorschriften für die Verpackung**
3310	VERFLÜSSIGTES GAS, GIFTIG, OXIDIEREND, ÄTZEND, N.A.G.	2.3	5.1, 8	≤ 5000	X	X	X	X	X	5			z
3318	AMMONIAKLÖSUNG, in Wasser, relative Dichte kleiner als 0,880 bei 15 °C, mit mehr als 50 % Ammoniak	2.3	8		X	X	X	X		5			b
3337	GAS ALS KÄLTEMITTEL R 404A	2.2			X	X	X	X	X	10	36	0,82	
3338	GAS ALS KÄLTEMITTEL R 407A	2.2			X	X	X	X	X	10	32	0,94	
3339	GAS ALS KÄLTEMITTEL R 407B	2.2			X	X	X	X	X	10	33	0,93	
3340	GAS ALS KÄLTEMITTEL R 407C	2.2			X	X	X	X	X	10	30	0,95	
3354	INSEKTENBEKÄMPFUNGSMITTEL, GASFÖRMIG, ENTZÜNDBAR, N.A.G.	2.1			X	X	X	X	X	10			z
3355	INSEKTENBEKÄMPFUNGSMITTEL, GASFÖRMIG, GIFTIG, ENTZÜNDBAR, N.A.G.	2.3	2.1		X	X	X	X	X	5			z
3374	ACETYLEN, LÖSUNGSMITTELFREI	2.1			X			X		5	60 52		c, p

P200	VERPACKUNGSANWEISUNG *(Forts.)*												P200
	Tabelle 3: STOFFE, DIE NICHT UNTER DIE KLASSE 2 FALLEN												
UN-Nummer	**Richtiger technischer Name**	**Klasse**	**Zusatzgefahr**	**LC_{50}, ml/m³**	**Flaschen**	**Großflaschen**	**Druckfässer**	**Flaschenbündel**	**MEGC**	**Prüffrist, Jahre**	**Prüfdruck, (bar)**	**Füllungsgrad**	**Sondervorschriften für die Verpackung**
1051	CYANWASSERSTOFF, STABILISIERT, mit weniger als 3 % Wasser	6.1	3	140	X			X		5	100	0,55	k
1052	FLUORWASSERSTOFF, WASSERFREI	8	6.1	966	X		X	X		5	10	0,84	a, t
1745	BROMPENTAFLUORID	5.1	6.1, 8	25	X		X	X		5	10	1)	k
1746	BROMTRIFLUORID	5.1	6.1, 8	50	X		X	X		5	10	1)	k
2495	IODPENTAFLUORID	5.1	6.1, 8	120	X		X	X		5	10	1)	k

1) Ein füllungsfreier Raum von mindestens 8 Volumen-% ist erforderlich.

4.1.4.1
(Forts.)

P201	VERPACKUNGSANWEISUNG	P201
Diese Anweisung gilt für die UN-Nummern 3167, 3168 und 3169.		
Die folgenden Verpackungen sind zugelassen: (1) Flaschen und Gasgefäße, die hinsichtlich Bau, Prüfung und Füllung den von der zuständigen Behörde festgelegten Vorschriften entsprechen. (2) Folgende zusammengesetzte Verpackungen, wenn die allgemeinen Vorschriften von 4.1.1 und 4.1.3 erfüllt sind: Außenverpackungen: Fässer (1A1, 1A2, 1B1, 1B2, 1N1, 1N2, 1H1, 1H2, 1D, 1G); Kisten (4A, 4B, 4N, 4C1, 4C2, 4D, 4F, 4G, 4H1, 4H2); Kanister (3A1, 3A2, 3B1, 3B2, 3H1, 3H2). Innenverpackungen: (a) Für nicht giftige Gase dicht verschlossene Innenverpackungen aus Glas oder Metall mit einem höchstzulässigen Fassungsraum von 5 Litern je Versandstück; (b) für giftige Gase dicht verschlossene Innenverpackungen aus Glas oder Metall mit einem höchstzulässigen Fassungsraum von einem Liter je Versandstück. Die Verpackungen müssen den Prüfanforderungen für die Verpackungsgruppe III entsprechen.		

P202	VERPACKUNGSANWEISUNG	P202
(bleibt offen)		

P203	VERPACKUNGSANWEISUNG	P203
Diese Anweisung gilt für tiefgekühlt verflüssigte Gase der Klasse 2.		
Vorschriften für verschlossene Kryo-Behälter (1) Die allgemeinen Vorschriften nach 4.1.6.1 müssen eingehalten werden. (2) Die Vorschriften des Kapitels 6.2 müssen eingehalten werden. (3) Die verschlossenen Kryo-Behälter müssen so isoliert sein, dass kein Reifbeschlag auftreten kann. (4) Prüfdruck Tiefgekühlte flüssige Stoffe sind in verschlossene Kryo-Behälter mit den folgenden Mindestprüfdrücken einzufüllen: (a) Für verschlossene Kryo-Behälter mit Vakuumisolierung darf der Prüfdruck nicht geringer sein als das 1,3-fache der Summe aus höchstem inneren Druck des gefüllten Behälters, einschließlich des inneren Drucks während des Füllens und Entleerens, plus 100 kPa (1 bar); (b) für andere verschlossene Kryo-Behälter darf der Prüfdruck nicht geringer sein als das 1,3-fache des höchsten inneren Drucks des gefüllten Behälters, wobei der während des Füllens und Entleerens entwickelte Druck zu berücksichtigen ist. (5) Füllungsgrad Für tiefgekühlt verflüssigte nicht entzündbare und nicht giftige Gase darf das Volumen der flüssigen Phase bei der Fülltemperatur und einem Druck von 100 kPa (1 bar) 98 % des (mit Wasser) ausgeliterten Fassungsraumes des Druckgefäßes nicht überschreiten. Für tiefgekühlt verflüssigte entzündbare Gase muss bei Erwärmung des Inhalts auf diejenige Temperatur, bei der der Dampfdruck dem Öffnungsdruck der Druckentlastungsventile entspricht, der Füllungsgrad unter einem Wert bleiben, bei dem das Volumen der flüssigen Phase 98 % des (mit Wasser) ausgeliterten Fassungsraumes bei dieser Temperatur erreicht. (6) Druckentlastungseinrichtungen Verschlossene Kryo-Behälter müssen mit mindestens einer Druckentlastungseinrichtung ausgerüstet sein. (7) Verträglichkeit Die zur Gewährleistung der Dichtheit von Verbindungsstellen oder zur Wartung der Verschlusseinrichtungen verwendeten Werkstoffe müssen mit dem Inhalt verträglich sein. Bei Behältern für die Beförderung von oxidierenden Gasen (das heißt, mit einer Zusatzgefahr 5.1) dürfen diese Werkstoffe mit den Gasen nicht gefährlich reagieren. (8) Wiederkehrende Prüfung Die wiederkehrende Prüfung der Druckentlastungseinrichtungen gemäß 6.2.1.6.3 muss spätestens alle fünf Jahre durchgeführt werden.		

4.1.4.1 (Forts.)

P203	VERPACKUNGSANWEISUNG *(Forts.)*	P203

Vorschriften für offene Kryo-Behälter

Nur die folgenden nicht oxidierenden tiefgekühlt verflüssigten Gase der Klasse 2.2 dürfen in offenen Kryo-Behältern befördert werden: UN-Nummern 1913, 1951, 1963, 1970, 1977, 2591, 3136 und 3158.

Offene Kryo-Behälter müssen so gebaut sein, dass sie den folgenden Vorschriften entsprechen:

(1) Die Behälter sind so auszulegen, herzustellen, zu prüfen und auszurüsten, dass sie allen Bedingungen, einschließlich Ermüdung, standhalten, denen sie während ihres normalen Gebrauchs und unter normalen Beförderungsbedingungen ausgesetzt sind.

(2) Der Fassungsraum darf nicht größer als 450 Liter sein.

(3) Der Behälter muss eine Doppelwandkonstruktion haben, bei welcher der Raum zwischen der Innen- und Außenwand luftleer ist (Vakuumisolierung). Die Isolierung muss die Bildung von Raureif auf der Außenseite des Behälters verhindern.

(4) Die Bauwerkstoffe müssen bei der Betriebstemperatur geeignete mechanische Eigenschaften haben.

(5) Werkstoffe in direktem Kontakt mit den gefährlichen Gütern dürfen durch die zur Beförderung vorgesehenen gefährlichen Güter nicht angegriffen oder geschwächt werden und dürfen keine gefährliche Wirkungen verursachen, z. B. Katalyse einer Reaktion oder Reaktion mit den gefährlichen Gütern.

(6) Behälter mit einer Doppelwandkonstruktion aus Glas müssen mit einer Außenverpackung mit geeignetem Polstermaterial oder saugfähigem Material versehen sein, das den Drücken und Stößen standhält, die unter normalen Beförderungsbedingungen auftreten können.

(7) Der Behälter muss so ausgelegt sein, dass er während der Beförderung in aufrechter Position verbleibt, z. B. durch einen Boden, dessen kleinere horizontale Abmessung größer als die Höhe des Schwerpunktes des vollständig befüllten Behälters ist, oder durch Anbringung in einem Tragrahmen.

(8) Die Öffnungen der Behälter müssen mit gasdurchlässigen Einrichtungen versehen sein, die das Herausspritzen von Flüssigkeit verhindern und so angeordnet sind, dass sie während der Beförderung an Ort und Stelle verbleiben.

(9) Offene Kryo-Behälter müssen mit folgenden Kennzeichen versehen sein, die dauerhaft angebracht sind, z. B. gestempelt, graviert oder geätzt:
- Name und Adresse des Herstellers;
- Modellnummer oder -bezeichnung;
- Serien- oder Chargennummer;
- UN-Nummer und richtiger technischer Name der Gase, für die der Behälter vorgesehen ist;
- Fassungsraum des Behälters in Litern.

P205	VERPACKUNGSANWEISUNG	P205

Diese Anweisung gilt für die UN-Nummer 3468.

(1) Für Metallhydrid-Speichersysteme sind die allgemeinen Verpackungsvorschriften in 4.1.6.1 einzuhalten.

(2) Durch diese Verpackungsanweisung sind nur Druckgefäße abgedeckt, deren mit Wasser ausgeliterter Fassungsraum 150 Liter und deren höchster entwickelter Druck 25 MPa nicht übersteigt.

(3) Metallhydrid-Speichersysteme, die den anwendbaren Vorschriften für den Bau und die Prüfung von Gas-Druckgefäßen des Kapitels 6.2 entsprechen, sind nur für die Beförderung von Wasserstoff zugelassen.

(4) Sofern Druckgefäße aus Stahl oder Druckgefäße aus Verbundwerkstoff mit Stahlauskleidung verwendet werden, dürfen nur solche eingesetzt werden, die gemäß 6.2.2.9.2 (j) mit dem Kennzeichen „H" versehen sind.

(5) Metallhydrid-Speichersysteme müssen den Betriebsbedingungen, den Auslegungskriterien, dem nominalen Fassungsraum, den Bauartprüfungen, den Losprüfungen, den Routineprüfungen, dem Prüfdruck, dem nominalen Füllungsdruck und den Vorschriften für Druckentlastungseinrichtungen für ortsbewegliche Metallhydrid-Speichersysteme entsprechen, wie sie in der Norm ISO 16111:2008 festgelegt sind, und ihre Konformität und Zulassung muss in Übereinstimmung mit 6.2.2.5 bewertet werden.

(6) Metallhydrid-Speichersysteme müssen mit Wasserstoff bei einem Druck befüllt werden, der den gemäß Norm ISO 16111:2008 festgelegten und in dem dauerhaften Kennzeichen auf dem System angegebenen nominalen Füllungsdruck nicht überschreitet.

(7) Die Vorschriften für die wiederkehrende Prüfung von Metallhydrid-Speichersystemen müssen der Norm ISO 16111:2008 entsprechen und in Übereinstimmung mit 6.2.2.6 durchgeführt werden; die Frist zwischen den wiederkehrenden Prüfungen darf fünf Jahre nicht überschreiten.

4.1.4.1 (Forts.)

P206	VERPACKUNGSANWEISUNG	P206

Diese Anweisung gilt für die UN-Nummern 3500, 3501, 3502, 3503, 3504 und 3505.

Soweit in diesen Vorschriften nichts anderes angegeben ist, sind Flaschen und Druckfässer, die den anwendbaren Vorschriften des Kapitels 6.2 entsprechen, zugelassen.

(1) Die allgemeinen Vorschriften für das Verpacken in 4.1.6.1 sind einzuhalten.

(2) Die höchstzulässige Frist zwischen den wiederkehrenden Prüfungen beträgt 5 Jahre.

(3) Flaschen und Druckfässer müssen so gefüllt werden, dass bei 50 °C die nicht gasförmige Phase nicht mehr als 95 % ihres mit Wasser ausgeliterten Fassungsraumes einnimmt und sie bei 60 °C nicht vollständig gefüllt sind. In gefülltem Zustand darf der Innendruck bei 65 °C den Prüfdruck der Flaschen oder Druckfässer nicht übersteigen. Die Dampfdrücke und Volumenausdehnungen aller Stoffe in den Flaschen oder Druckfässern müssen berücksichtigt werden. Bei flüssigen Stoffen, die mit verdichteten Gasen überlagert sind, müssen bei der Berechnung des Innendrucks des Druckgefäßes beide Bestandteile – das verflüssigte Gas und das verdichtete Gas – berücksichtigt werden. Wenn keine Versuchsdaten verfügbar sind, müssen folgende Schritte durchgeführt werden:

(a) Berechnung des Dampfdrucks des verflüssigten Gases und des partiellen Drucks des verdichteten Gases bei 15 °C (Fülltemperatur);

(b) Berechnung der volumetrischen Ausdehnung der flüssigen Phase, die aus einer Erwärmung von 15 °C auf 65 °C resultiert, und Berechnung des für die gasförmige Phase verbleibenden Volumens;

(c) Berechnung des partiellen Drucks des verdichteten Gases bei 65 °C unter Berücksichtigung der volumetrischen Ausdehnung der flüssigen Phase;

Bemerkung: *Der Kompressibilitätsfaktor des verdichteten Gases bei 15 °C und 65 °C muss berücksichtigt werden.*

(d) Berechnung des Dampfdrucks des verflüssigten Gases bei 65 °C;

(e) der Gesamtdruck ist die Summe aus Dampfdruck des verflüssigten Gases und partiellem Druck des verdichteten Gases bei 65 °C;

(f) Berücksichtigung der Löslichkeit des verdichteten Gases bei 65 °C in der flüssigen Phase.

Der Prüfdruck der Flasche oder des Druckfasses darf nicht kleiner sein als der berechnete Gesamtdruck minus 100 kPa (1 bar).

Wenn für die Berechnung die Löslichkeit des verdichteten Gases in der flüssigen Phase nicht bekannt ist, darf der Prüfdruck ohne Berücksichtigung der Gaslöslichkeit (Unterabsatz (f)) berechnet werden.

(4) Der Mindestprüfdruck muss dem in der Verpackungsanweisung P200 für das Treibmittel angegebenen Prüfdruck entsprechen, darf jedoch nicht geringer als 20 bar sein.

Zusätzliche Vorschrift:

Flaschen und Druckfässer dürfen nicht zur Beförderung aufgegeben werden, wenn sie mit einer Sprühausrüstung, wie einem Schlauch und einem Handrohr, verbunden sind.

Sondervorschrift für die Verpackung:

PP89 Für die UN-Nummern 3501, 3502, 3503, 3504 und 3505 verwendete nicht nachfüllbare Flaschen dürfen ungeachtet von 4.1.6.1.9.2 einen mit Wasser ausgeliterten Fassungsraum von höchstens 1 000 Litern dividiert durch den in bar ausgedrückten Prüfdruck haben, vorausgesetzt, die Fassungsraum- und Druckbeschränkungen der Baunorm entsprechen der Norm ISO 11118:1999, die den höchsten Fassungsraum auf 50 Liter beschränkt.

P207	VERPACKUNGSANWEISUNG	P207

Diese Anweisung gilt für die UN-Nummer 1950.

Folgende Verpackungen sind zugelassen, wenn die allgemeinen Vorschriften nach 4.1.1 und 4.1.3 erfüllt sind:

(a) Fässer (1A1, 1A2, 1B1, 1B2, 1N1, 1N2, 1H1, 1H2, 1D, 1G);
Kisten (4A, 4B, 4N, 4C1, 4C2, 4D, 4F, 4G, 4H1, 4H2).
Die Verpackungen müssen den Prüfanforderungen für die Verpackungsgruppe II entsprechen.

(b) Starre Außenverpackungen mit folgender höchstzulässiger Nettomasse:

aus Pappe	55 kg
aus einem anderen Werkstoff als Pappe	125 kg

Die Vorschriften von 4.1.1.3 müssen nicht erfüllt werden.

Die Verpackungen müssen so ausgelegt und gebaut sein, dass übermäßige Bewegungen der Druckgaspackungen und ein unbeabsichtigtes Entleeren unter normalen Beförderungsbedingungen verhindert werden.

4.1.4.1 (Forts.)

P207	VERPACKUNGSANWEISUNG *(Forts.)*	P207
Sondervorschrift für die Verpackung:		
PP87	Bei UN 1950 Abfall-Druckgaspackungen, die gemäß Sondervorschrift 327 befördert werden, müssen die Verpackungen mit einem Mittel versehen sein, das jegliche freie Flüssigkeit, die während der Beförderung frei werden kann, zurückhält, z. B. absorbierendes Material. Die Verpackungen müssen ausreichend belüftet sein, um die Bildung einer entzündbaren Atmosphäre und einen Druckaufbau zu verhindern.	

P208 VERPACKUNGSANWEISUNG P208

Diese Anweisung gilt für adsorbierte Gase der Klasse 2.

(1) Folgende Verpackungen sind zugelassen, wenn die allgemeinen Vorschriften nach 4.1.6.1 erfüllt sind:

(a) Flaschen, die gemäß den Spezifikationen in 6.2.2 und der Norm ISO 11513:2011 oder ISO 9809-1:2010 gebaut wurden und

(b) Flaschen, die vor dem 1. Januar 2016 gemäß 6.2.3 und einer von den zuständigen Behörden der Beförderungs- und Verwendungsländer zugelassenen Spezifikation gebaut wurden.

(2) Der Druck jeder befüllten Flasche muss bei 20 °C geringer als 101,3 kPa und bei 50 °C geringer als 300 kPa sein.

(3) Der Mindestprüfdruck der Flasche muss 21 bar betragen.

(4) Der Mindestberstdruck der Flasche muss 94,5 bar betragen.

(5) Der Innendruck der gefüllten Flasche bei 65 °C darf nicht größer als der Prüfdruck der Flasche sein.

(6) Das adsorbierende Material muss mit der Flasche verträglich sein und darf mit dem zu adsorbierenden Gas keine schädlichen oder gefährlichen Verbindungen bilden. Das Gas darf in Kombination mit dem adsorbierenden Material die Flasche nicht angreifen oder schwächen oder eine gefährliche Reaktion (z. B. eine katalytische Reaktion) verursachen.

(7) Die Qualität des adsorbierenden Materials muss bei jeder Befüllung überprüft werden, um sicherzustellen, dass die Vorschriften dieser Verpackungsanweisung bezüglich des Drucks und der chemischen Stabilität bei der Aufgabe eines Versandstücks mit einem adsorbierten Gas zur Beförderung erfüllt werden.

(8) Das adsorbierende Material darf nicht unter die Kriterien einer Klasse oder Unterklasse dieses Codes fallen.

(9) Für Flaschen und Verschlüsse, die giftige Gase mit einem LC_{50}-Wert von höchstens 200 ml/m^3 (ppm) (siehe Tabelle 1) enthalten, gelten folgende Vorschriften:

(a) Ventilöffnungen müssen mit druckfesten gasdichten Stopfen oder Kappen mit zu den Ventilöffnungen passenden Gewinden versehen sein.

(b) Jedes Ventil muss entweder ein Membranventil mit einer unperforierten Membran oder ein Typ sein, bei dem Undichtheiten durch die oder an der Dichtung vorbei verhindert werden.

(c) Jede Flasche und jeder Verschluss müssen nach dem Befüllen auf Dichtheit geprüft werden.

(d) Jedes Ventil muss dem Prüfdruck der Flasche standhalten können und entweder durch ein kegeliges Gewinde oder durch andere Mittel, die den Anforderungen der Norm ISO 10692-2:2001 entsprechen, direkt mit der Flasche verbunden sein.

(e) Flaschen und Ventile dürfen nicht mit einer Druckentlastungseinrichtung ausgerüstet sein.

(10) Ventilöffnungen von Flaschen, die pyrophore Gase enthalten, müssen mit gasdichten Stopfen oder Kappen mit zu den Ventilöffnungen passenden Gewinden versehen sein.

(11) Das Befüllverfahren muss der Anlage A der Norm ISO 11513:2011 entsprechen.

(12) Die Frist zwischen den wiederkehrenden Prüfungen darf höchstens 5 Jahre betragen.

(13) Stoffspezifische Sondervorschriften für die Verpackung (siehe Tabelle 1):

Werkstoffverträglichkeit

a: Flaschen aus Aluminiumlegierungen dürfen nicht verwendet werden.

d: Werden Flaschen aus Stahl verwendet, sind nur solche zugelassen, welche gemäß 6.2.2.7.4 (p) mit dem Kennzeichen „H" versehen sind.

Gasspezifische Vorschriften

r: Die Füllung mit diesem Gas ist so zu begrenzen, dass der Druck im Falle des vollständigen Zerfalls zwei Drittel des Prüfdrucks der Flasche nicht übersteigt.

Werkstoffverträglichkeit für n.a.g.-Eintragungen von adsorbierten Gasen

z: Die Werkstoffe der Flaschen und ihrer Ausrüstungsteile müssen mit dem Inhalt verträglich sein und dürfen mit ihm keine schädlichen oder gefährlichen Verbindungen bilden.

4.1.4.1
(Forts.)

P208	VERPACKUNGSANWEISUNG *(Forts.)*				P208
	Tabelle 1: ADSORBIERTE GASE				
UN-Nummer	**Richtiger technischer Name**	**Klasse oder Unterklasse**	**Zusatzgefahr**	**LC_{50} ml/m^3**	**Sondervorschriften für die Verpackung**
(1)	**(2)**	**(3)**	**(4)**	**(5)**	**(6)**
3510	ADSORBIERTES GAS, ENTZÜNDBAR, N.A.G.	2.1			z
3511	ADSORBIERTES GAS, N.A.G.	2.2			z
3512	ADSORBIERTES GAS, GIFTIG, N.A.G.	2.3		≤ 5000	z
3513	ADSORBIERTES GAS, OXIDIEREND, N.A.G.	2.2	5.1		z
3514	ADSORBIERTES GAS, GIFTIG, ENTZÜNDBAR, N.A.G.	2.3	2.1	≤ 5000	z
3515	ADSORBIERTES GAS, GIFTIG, OXIDIEREND, N.A.G.	2.3	5.1	≤ 5000	z
3516	ADSORBIERTES GAS, GIFTIG, ÄTZEND, N.A.G.	2.3	8	≤ 5000	z
3517	ADSORBIERTES GAS, GIFTIG, ENTZÜNDBAR, ÄTZEND, N.A.G.	2.3	2.1 8	≤ 5000	z
3518	ADSORBIERTES GAS, GIFTIG, OXIDIEREND, ÄTZEND, N.A.G.	2.3	5.1 8	≤ 5000	z
3519	BORTRIFLUORID, ADSORBIERT	2.3	8	387	a
3520	CHLOR, ADSORBIERT	2.3	5.1 8	293	a
3521	SILICIUMTETRAFLUORID, ADSORBIERT	2.3	8	450	a
3522	ARSENWASSERSTOFF (ARSIN), ADSORBIERT	2.3	2.1	20	d
3523	GERMANIUMWASSERSTOFF (GERMAN), ADSORBIERT	2.3	2.1	620	d, r
3524	PHOSPHORPENTAFLUORID, ADSORBIERT	2.3	8	190	
3525	PHOSPHORWASSERSTOFF (PHOSPHIN), ADSORBIERT	2.3	2.1	20	d
3526	SELENWASSERSTOFF, ADSORBIERT	2.3	2.1	2	

P300	VERPACKUNGSANWEISUNG	P300
Diese Anweisung gilt für die UN-Nummer 3064.		
Folgende Verpackungen sind zugelassen, wenn die allgemeinen Verpackungsvorschriften nach 4.1.1 und 4.1.3 erfüllt sind: Zusammengesetzte Verpackungen, bestehend aus Dosen aus Metall mit einem Fassungsraum von höchstens 1 Liter als Innenverpackungen und Kisten aus Holz (4C1, 4C2, 4D oder 4F) als Außenverpackung, die nicht mehr als 5 Liter Lösung enthält.		
Zusätzliche Vorschriften: 1 Die Dosen aus Metall müssen vollständig von saugfähigem Polstermaterial umgeben sein. 2 Die Kisten aus Holz müssen vollständig mit einem geeigneten wasser- und nitroglycerinundurchlässigen Material ausgekleidet sein.		

4.1.4.1 (Forts.)

P301	VERPACKUNGSANWEISUNG	P301
Diese Anweisung gilt für die UN-Nummer 3165.		

Folgende Verpackungen sind zugelassen, wenn die allgemeinen Verpackungsvorschriften nach 4.1.1 und 4.1.3 erfüllt sind:

(1) Aluminium-Druckgefäß, das nahtlos gezogen und an den Enden verschweißt ist
Das Hauptbehältnis für den Kraftstoff innerhalb dieses Gefäßes muss aus einer geschweißten Aluminiumblase mit einem maximalen Innenvolumen von 46 Litern bestehen. Das Außengefäß muss einen Mindestberechnungsdruck (Überdruck) von 1275 kPa und einen Mindestberstdruck von 2755 kPa haben. Jedes Gefäß muss während der Herstellung und vor dem Versand auf Dichtheit geprüft werden; es darf nicht undicht sein. Die vollständige innere Einheit muss sicher mit einem nicht brennbaren Polstermaterial, wie Vermiculit, in einer starken, dicht verschlossenen Außenverpackung aus Metall verpackt sein, die alle Armaturen wirksam schützt. Die maximale Kraftstoffmenge je Einheitsbehälter und Versandstück beträgt 42 Liter.

(2) Aluminium-Druckgefäß
Das Hauptbehältnis für den Kraftstoff innerhalb dieses Gefäßes muss aus einem dampfdicht verschweißten Kraftstoffabteil mit einer Blase aus Elastomer mit einem höchsten Innenvolumen von 46 Litern bestehen. Das Druckgefäß muss einen Mindestberechnungsdruck (Überdruck) von 2680 kPa und einen Mindestberstdruck von 5170 kPa haben. Jedes Gefäß muss während der Herstellung und vor dem Versand auf Dichtheit geprüft werden und sicher in nicht brennbares Polstermaterial, wie Vermiculit, in einer starken, dicht verschlossenen Außenverpackung aus Metall verpackt sein, die alle Armaturen wirksam schützt. Die maximale Kraftstoffmenge je Einheitsbehälter und Versandstück beträgt 42 Liter.

P302	VERPACKUNGSANWEISUNG	P302
Diese Anweisung gilt für die UN-Nummer 3269.		

Folgende zusammengesetzte Verpackungen sind zugelassen, wenn die allgemeinen Vorschriften nach 4.1.1 und 4.1.3 erfüllt sind:

Außenverpackungen:

Fässer (1A1, 1A2, 1B1, 1B2, 1N1, 1N2, 1H1, 1H2, 1D, 1G);
Kisten (4A, 4B, 4N, 4C1, 4C2, 4D, 4F, 4G, 4H1, 4H2);
Kanister (3A1, 3A2, 3B1, 3B2, 3H1, 3H2).

Innenverpackungen:

Das Aktivierungsmittel (organisches Peroxid) muss auf eine Menge von 125 ml für flüssige Stoffe und 500 g für feste Stoffe je Innenverpackung beschränkt sein.
Das Grundprodukt und das Aktivierungsmittel müssen in getrennten Innenverpackungen verpackt sein.

Die Komponenten dürfen in dieselbe Außenverpackung eingesetzt sein, vorausgesetzt, sie reagieren im Falle des Freiwerdens nicht gefährlich miteinander.

Die Verpackungen müssen den Prüfanforderungen für die Verpackungsgruppe II oder III in Übereinstimmung mit den auf das Grundprodukt angewendeten Kriterien der Klasse 3 entsprechen.

P400	VERPACKUNGSANWEISUNG	P400

Folgende Verpackungen sind zugelassen, wenn die allgemeinen Verpackungsvorschriften nach 4.1.1 und 4.1.3 erfüllt sind:

(1) Druckgefäße, vorausgesetzt, die allgemeinen Vorschriften von 4.1.3.6 werden erfüllt. Diese müssen aus Stahl sein und einer erstmaligen und alle 10 Jahre einer wiederkehrenden Prüfung mit einem Druck von mindestens 1 MPa (10 bar) (Überdruck) unterzogen werden. Während der Beförderung muss sich der flüssige Stoff unter einer Schicht inerten Gases mit einem Überdruck von mindestens 20 kPa (0,2 bar) befinden.

(2) Kisten (4A, 4B, 4N, 4C1, 4C2, 4D, 4F oder 4G), Fässer (1A1, 1A2, 1B1, 1B2, 1N1, 1N2, 1D oder 1G) oder Kanister (3A1, 3A2, 3B1 oder 3B2), die luftdicht verschlossene Dosen aus Metall mit Innenverpackungen aus Glas oder Metall enthalten. Die Innenverpackungen dürfen einen Fassungsraum von nicht mehr als je 1 Liter haben und müssen Schraubverschlüsse mit Dichtung haben. Die Innenverpackungen müssen von allen Seiten mit einem trockenen, saugfähigen, nicht brennbaren Material in einer für die Aufnahme des gesamten Inhalts ausreichenden Menge gepolstert sein. Die Innenverpackungen dürfen mit höchstens bis zu 90 % ihres Fassungsraums befüllt sein. Die Außenverpackungen dürfen eine höchste Nettomasse von 125 kg enthalten.

(3) Fässer aus Stahl, Aluminium oder einem anderem Metall (1A1, 1A2, 1B1, 1B2, 1N1 oder 1N2), Kanister (3A1, 3A2, 3B1 oder 3B2) oder Kisten (4A, 4B oder 4N) mit einer höchsten Nettomasse von je 150 kg, die luftdicht verschlossene Dosen aus Metall enthalten, die einen Fassungsraum von jeweils höchstens 4 Liter und einen Schraubverschluss mit Dichtung haben. Die Innenverpackungen müssen von allen Seiten mit einem trockenen, saugfähigen,

4.1.4.1 (Forts.)

P400	VERPACKUNGSANWEISUNG *(Forts.)*	P400
	nicht brennbaren Material in einer für die Aufnahme des gesamten Inhalts ausreichenden Menge gepolstert sein. Die einzelnen Lagen der Innenverpackungen müssen zusätzlich zum Polstermaterial durch Unterteilungen voneinander getrennt sein. Die Innenverpackungen dürfen höchstens bis zu 90 % ihres Fassungsraums befüllt sein.	
Sondervorschrift für die Verpackung:		
PP86	Für die UN-Nummern 3392 und 3394 ist die in der Dampfphase vorhandene Luft durch Stickstoff oder andere Mittel zu beseitigen.	

P401 **VERPACKUNGSANWEISUNG** **P401**

Folgende Verpackungen sind zugelassen, wenn die allgemeinen Vorschriften nach 4.1.1 und 4.1.3 erfüllt sind:

(1) Druckgefäße, vorausgesetzt, die allgemeinen Vorschriften von 4.1.3.6 werden erfüllt. Diese müssen aus Stahl sein und einer erstmaligen und alle 10 Jahre einer wiederkehrenden Prüfung mit einem Druck von mindestens 0,6 MPa (6 bar) (Überdruck) unterzogen werden. Während der Beförderung muss sich der flüssige Stoff unter einer Schicht inerten Gases mit einem Überdruck von mindestens 20 kPa (0,2 bar) befinden.

(2) Zusammengesetzte Verpackungen:
Außenverpackungen:
Fässer (1A1, 1A2, 1B1, 1B2, 1N1, 1N2, 1H1, 1H2, 1D, 1G);
Kisten (4A, 4B, 4N, 4C1, 4C2, 4D, 4F, 4G, 4H1, 4H2);
Kanister (3A1, 3A2, 3B1, 3B2, 3H1, 3H2).
Innenverpackungen:
aus Glas, Metall oder Kunststoff, die Schraubverschlüsse und einen höchsten Fassungsraum von einem Liter haben.
Jede Innenverpackung muss von inertem, saugfähigem Polstermaterial in einer für die Aufnahme des gesamten Inhalts ausreichenden Menge umgeben sein.
Die höchste Nettomasse je Außenverpackung darf 30 kg nicht überschreiten.

Sondervorschrift für die Verpackung:

PP31 Für die UN-Nummern 1183, 1242, 1295, 2965 und 2988 müssen die Verpackungen luftdicht verschlossen sein.

P402 **VERPACKUNGSANWEISUNG** **P402**

Folgende Verpackungen sind zugelassen, wenn die allgemeinen Vorschriften nach 4.1.1 und 4.1.3 erfüllt sind:

(1) Druckgefäße, vorausgesetzt, die allgemeinen Vorschriften von 4.1.3.6 werden erfüllt. Diese müssen aus Stahl sein und einer erstmaligen und alle 10 Jahre einer wiederkehrenden Prüfung mit einem Druck von mindestens 0,6 MPa (6 bar) (Überdruck) unterzogen werden. Während der Beförderung muss sich der flüssige Stoff unter einer Schicht inerten Gases mit einem Überdruck von mindestens 20 kPa (0,2 bar) befinden.

(2) Zusammengesetzte Verpackungen:
Außenverpackungen:
Fässer (1A1, 1A2, 1B1, 1B2, 1N1, 1N2, 1H1, 1H2, 1D, 1G);
Kisten (4A, 4B, 4N, 4C1, 4C2, 4D, 4F, 4G, 4H1, 4H2);
Kanister (3A1, 3A2, 3B1, 3B2, 3H1, 3H2).
Innenverpackungen mit einer höchsten Nettomasse wie folgt:
aus Glas: 10 kg
aus Metall oder Kunststoff: 15 kg
Jede Innenverpackung muss mit Schraubverschlüssen versehen sein.
Jede Innenverpackung muss von inertem, saugfähigem Polstermaterial in einer für die Aufnahme des gesamten Inhalts ausreichenden Menge umgeben sein.
Die höchste Nettomasse je Außenverpackung darf 125 kg nicht überschreiten.

(3) Fässer aus Stahl (1A1) mit einem Fassungsraum von höchstens 250 Litern.

(4) Kombinationsverpackungen, bestehend aus einem Kunststoffgefäß in einem Fass aus Stahl oder Aluminium (6HA1 oder 6HB1), mit einem Fassungsraum von höchstens 250 Litern.

Sondervorschrift für die Verpackung:

PP31 Für die UN-Nummern 1389, 1391, 1392, 1420, 1421, 1422, 3148, 3184 (Verpackungsgruppe II), 3185 (Verpackungsgruppe II), 3187 (Verpackungsgruppe II), 3188 (Verpackungsgruppe II), 3398 (Verpackungsgruppe I), 3399 (Verpackungsgruppe I) und 3482 müssen die Verpackungen luftdicht verschlossen sein.

4.1.4.1 (Forts.)

P403 VERPACKUNGSANWEISUNG P403

Folgende Verpackungen sind zugelassen, wenn die allgemeinen Verpackungsvorschriften nach 4.1.1 und 4.1.3 erfüllt sind:

Zusammengesetzte Verpackungen		
Innenverpackungen	**Außenverpackungen**	**höchste Nettomasse**
aus Glas 2 kg aus Kunststoff 15 kg aus Metall 20 kg Innenverpackungen müssen luftdicht verschlossen sein (z. B. durch ein Klebeband oder durch Schraubverschlüsse).	**Fässer**	
	aus Stahl (1A1, 1A2)	400 kg
	aus Aluminium (1B1, 1B2)	400 kg
	aus einem anderen Metall (1N1, 1N2)	400 kg
	aus Kunststoff (1H1, 1H2)	400 kg
	aus Sperrholz (1D)	400 kg
	aus Pappe (1G)	400 kg
	Kisten	
	aus Stahl (4A)	400 kg
	aus Aluminium (4B)	400 kg
	aus einem anderen Metall (4N)	400 kg
	aus Naturholz (4C1)	250 kg
	aus Naturholz, mit staubdichten Wänden (4C2)	250 kg
	aus Sperrholz (4D)	250 kg
	aus Holzfaserwerkstoff (4F)	125 kg
	aus Pappe (4G)	125 kg
	aus Schaumstoff (4H1)	60 kg
	aus massivem Kunststoff (4H2)	250 kg
	Kanister	
	aus Stahl (3A1, 3A2)	120 kg
	aus Aluminium (3B1, 3B2)	120 kg
	aus Kunststoff (3H1, 3H2)	120 kg

Einzelverpackungen	
Fässer	
aus Stahl (1A1, 1A2)	250 kg
aus Aluminium (1B1, 1B2)	250 kg
aus Metall (außer Stahl oder Aluminium) (1N1, 1N2)	250 kg
aus Kunststoff (1H1, 1H2)	250 kg
Kanister	
aus Stahl (3A1, 3A2)	120 kg
aus Aluminium (3B1, 3B2)	120 kg
aus Kunststoff (3H1, 3H2)	120 kg
Kombinationsverpackungen	
Kunststoffgefäß in einem Fass aus Stahl oder Aluminium (6HA1 oder 6HB1)	250 kg
Kunststoffgefäß in einem Fass aus Pappe, Kunststoff oder Sperrholz (6HG1, 6HH1 oder 6HD1)	75 kg
Kunststoffgefäß in einer Kiste aus Stahl, Aluminium, Naturholz, Sperrholz, Pappe oder massivem Kunststoff (6HA2, 6HB2, 6HC, 6HD2, 6HG2 oder 6HH2)	75 kg

Druckgefäße, vorausgesetzt, die allgemeinen Vorschriften von 4.1.3.6 werden erfüllt.

Sondervorschriften für die Verpackung:

PP31 Für die UN-Nummern 1360, 1397, 1402, 1404, 1407, 1409, 1410, 1413, 1414, 1415, 1418, 1419, 1423, 1426, 1427, 1428, 1432, 1433, 1436, 1714, 1870, 2010, 2011, 2012, 2013, 2257, 2463, 2806, 2813, 3131, 3132, 3134, 3135, 3208, 3209, 3395, 3396, 3397, 3401, 3402, 3403 und 3404 müssen die Verpackungen luftdicht verschlossen sein .

PP83 (gestrichen)

4.1.4.1 (Forts.)

P404	VERPACKUNGSANWEISUNG	P404

Diese Anweisung gilt für pyrophore feste Stoffe: UN-Nummern 1383, 1854, 1855, 2008, 2441, 2545, 2546, 2846, 2881, 3200, 3391 und 3393.

Folgende Verpackungen sind zugelassen, wenn die allgemeinen Vorschriften nach 4.1.1 und 4.1.3 erfüllt sind:

(1) zusammengesetzte Verpackungen

Außenverpackungen: (1A1, 1A2, 1B1, 1B2, 1N1, 1N2, 1H1, 1H2, 1D, 1G, 4A, 4B, 4N, 4C1, 4C2, 4D, 4F, 4G oder 4H2)

Innenverpackungen: Gefäße aus Metall mit einer Nettomasse von jeweils höchstens 15 kg. Die Innenverpackungen müssen luftdicht verschlossen sein und Schraubverschlüsse haben.
Gefäße aus Glas mit einer Nettomasse von jeweils höchstens 1 kg, die Schraubverschlüsse mit Dichtungen haben, an allen Seiten gepolstert sind und in luftdicht verschlossenen Dosen aus Metall enthalten sind.

Außenverpackungen dürfen eine höchste Nettomasse von 125 kg haben.

(2) Verpackungen aus Metall: (1A1, 1A2, 1B1, 1N1, 1N2, 3A1, 3A2, 3B1 und 3B2)
höchste Bruttomasse: 150 kg

(3) Kombinationsverpackungen: Kunststoffgefäß in einem Fass aus Stahl oder Aluminium (6HA1 oder 6HB1)
höchste Bruttomasse: 150 kg

Druckgefäße, vorausgesetzt, die allgemeinen Vorschriften von 4.1.3.6 werden erfüllt.

Sondervorschriften für die Verpackung:

PP31 Für die UN-Nummern 1383, 1854, 1855, 2008, 2441, 2545, 2546, 2846, 2881 und 3200 müssen die Verpackungen luftdicht verschlossen sein.

PP86 Für die UN-Nummern 3391 und 3393 ist die in der Dampfphase vorhandene Luft durch Stickstoff oder andere Mittel zu beseitigen.

P405	VERPACKUNGSANWEISUNG	P405

Diese Anweisung gilt für die UN-Nummer 1381.

Folgende Verpackungen sind zugelassen, wenn die allgemeinen Vorschriften nach 4.1.1 und 4.1.3 erfüllt sind:

(1) Für UN 1381 Phosphor, unter Wasser:

.1 Zusammengesetzte Verpackungen
Außenverpackung: (4A, 4B, 4N, 4C1, 4C2, 4D oder 4F); höchste Nettomasse: 75 kg
Innenverpackungen:

(i) luftdicht verschlossene Dosen aus Metall mit einer höchsten Nettomasse von 15 kg oder

(ii) Innenverpackungen aus Glas, die von allen Seiten mit einem trockenen, saugfähigen, nicht brennbaren Material in einer für die Aufnahme des gesamten Inhalts ausreichenden Menge gepolstert sind, mit einer höchsten Nettomasse von 2 kg; oder

.2 Fässer (1A1, 1A2, 1B1, 1B2, 1N1 oder 1N2) mit einer höchsten Nettomasse von 400 kg, Kanister (3A1 oder 3B1) mit einer höchsten Nettomasse von 120 kg.

Diese Verpackungen müssen in der Lage sein, die in 6.1.5.4 beschriebene Dichtheitsprüfung mit den Prüfanforderungen für die Verpackungsgruppe II zu bestehen.

(2) Für UN 1381 Phosphor, trocken:

.1 Wenn er als erstarrte Schmelze befördert wird: Fässer (1A2, 1B2 oder 1N2) mit einer höchsten Nettomasse von 400 kg; oder

.2 in Geschossen oder in Gegenständen mit fester Umschließung bei Beförderung ohne explosive Bestandteile der Klasse 1, wie von der zuständigen Behörde festgelegte Verpackungen.

Sondervorschrift für die Verpackung:

PP31 Für die UN-Nummer 1381 müssen die Verpackungen luftdicht verschlossen sein.

4.1.4.1 (Forts.)

P406 VERPACKUNGSANWEISUNG P406

Folgende Verpackungen sind zugelassen, wenn die allgemeinen Vorschriften nach 4.1.1 und 4.1.3 erfüllt sind:

(1) Zusammengesetzte Verpackungen
Außenverpackungen: (4C1, 4C2, 4D, 4F, 4G, 4H1, 4H2, 1G, 1D, 1H1, 1H2, 3H1 oder 3H2)
Innenverpackungen müssen wasserbeständig sein.

(2) Fässer aus Kunststoff, Sperrholz oder Pappe (1H2, 1D oder 1G) oder Kisten (4A, 4B, 4N, 4C1, 4C2, 4D, 4F, 4G und 4H2) mit wasserbeständigem Innensack, Auskleidung aus Kunststofffolie oder wasserbeständiger Beschichtung.

(3) Fässer aus Metall (1A1, 1A2, 1B1, 1B2, 1N1 oder 1N2), Fässer aus Kunststoff (1H1 oder 1H2), Kanister aus Metall (3A1, 3A2, 3B1 oder 3B2), Kanister aus Kunststoff (3H1 oder 3H2), Kunststoffgefäß in einem Fass aus Stahl oder Aluminium (6HA1 oder 6HB1), Kunststoffgefäß in einem Fass aus Pappe, Kunststoff oder Sperrholz (6HG1, 6HH1 oder 6HD1), Kunststoffgefäß in einer Kiste aus Stahl, Aluminium, Naturholz, Sperrholz, Pappe oder massivem Kunststoff (6HA2, 6HB2, 6HC, 6HD2, 6HG2 oder 6HH2).

Zusätzliche Vorschriften:

1 Die Verpackungen müssen so ausgelegt und hergestellt sein, dass ein Verlust von Wasser, Alkohol oder Phlegmatisierungsmittel aus dem Inhalt verhindert wird.

2 Die Verpackungen müssen so hergestellt und verschlossen sein, dass ein Explosionsüberdruck oder ein Druckaufbau von mehr als 300 kPa (3 bar) verhindert wird.

3 Der Typ der Verpackung und die höchstzulässige Menge je Versandstück sind durch die Vorschriften in 2.1.3.4 begrenzt.

Sondervorschriften für die Verpackung:

PP24 Für die UN-Nummern 2852, 3364, 3365, 3366, 3367, 3368 und 3369 darf die Stoffmenge 500 g je Versandstück nicht überschreiten.

PP25 Für die UN-Nummer 1347 darf die Stoffmenge 15 kg je Versandstück nicht überschreiten.

PP26 Für die UN-Nummern 1310, 1320, 1321, 1322, 1344, 1347, 1348, 1349, 1517, 2907, 3317, 3344 und 3376 müssen die Verpackungen bleifrei sein.

PP31 Für die UN-Nummern 1310, 1320, 1321, 1322, 1336, 1337, 1344, 1347, 1348, 1349, 1354, 1355, 1356, 1357, 1517, 1571, 2555, 2556, 2557, 2852, 3317, 3364, 3365, 3366, 8367, 3368, 3369, 3370 und 3376 müssen die Verpackungen luftdicht verschlossen sein.

PP48 Für die UN-Nummer 3474 dürfen keine Metallverpackungen verwendet werden. Verpackungen aus anderen Werkstoffen mit einer geringen Menge Metall, z. B. Metallverschlüsse oder andere Zubehörteile aus Metall, wie die in 6.1.4 genannten, gelten nicht als Verpackungen aus Metall.

PP78 Für die UN-Nummer 3370 darf die Stoffmenge 11,5 kg je Versandstück nicht überschreiten.

PP80 Für die UN-Nummern 2907 und 3344 müssen die Verpackungen den Prüfanforderungen der Verpackungsgruppe II entsprechen. Verpackungen, die den Prüfkriterien der Verpackungsgruppe I entsprechen, dürfen nicht verwendet werden.

P407 VERPACKUNGSANWEISUNG P407

Diese Anweisung gilt für die UN-Nummern 1331, 1944, 1945 und 2254.

Folgende Verpackungen sind zugelassen, wenn die allgemeinen Vorschriften nach 4.1.1 und 4.1.3 erfüllt sind:

Außenverpackungen:
Fässer (1A1, 1A2, 1B1, 1B2, 1N1, 1N2, 1H1, 1H2, 1D, 1G);
Kisten (4A, 4B, 4N, 4C1, 4C2, 4D, 4F, 4G, 4H1, 4H2);
Kanister (3A1, 3A2, 3B1, 3B2, 3H1, 3H2).

Innenverpackungen:
Die Zündhölzer müssen in sicher verschlossenen Innenverpackungen dicht gepackt sein, um eine unbeabsichtigte Zündung unter normalen Beförderungsbedingungen zu verhindern.

Die höchste Bruttomasse des Versandstücks darf 45 kg nicht überschreiten, ausgenommen Kisten aus Pappe, deren höchste Bruttomasse 30 kg nicht überschreiten darf.

Die Verpackungen müssen den Prüfanforderungen für die Verpackungsgruppe III entsprechen.

Sondervorschrift für die Verpackung:

PP27 UN-Nummer 1331 Zündhölzer, überall zündbar, dürfen nicht mit anderen gefährlichen Gütern zusammen in dieselbe Außenverpackung verpackt werden, ausgenommen mit Sicherheitszündhölzern oder Wachszündhölzern, die in getrennten Innenverpackungen verpackt sein müssen. Innenverpackungen dürfen höchstens 700 Zündhölzer, überall zündbar, enthalten.

4.1.4.1 (Forts.)

P408	VERPACKUNGSANWEISUNG	P408
Diese Anweisung gilt für die UN-Nummer 3292.		
Folgende Verpackungen sind zugelassen, wenn die allgemeinen Vorschriften nach 4.1.1 und 4.1.3 erfüllt sind: (1) Für Zellen: Fässer (1A2, 1B2, 1N2, 1H2, 1D, 1G); Kisten (4A, 4B, 4N, 4C1, 4C2, 4D, 4F, 4G, 4H1, 4H2); Kanister (3A2, 3B2, 3H2). Es muss ausreichend Polstermaterial vorhanden sein, um eine Berührung der Zellen untereinander und der Zellen mit der Innenfläche der Außenverpackung sowie gefährliche Bewegungen der Zellen in der Außenverpackung während der Beförderung zu verhindern. Die Verpackungen müssen den Prüfanforderungen für die Verpackungsgruppe II entsprechen. (2) Batterien dürfen unverpackt oder in Schutzumschließungen (z. B. vollständig umschlossen oder Lattenverschläge aus Holz) befördert werden. Die Pole dürfen nicht mit dem Gewicht anderer Batterien oder des mit den Batterien zusammengepackten Materials belastet werden. Die Verpackungen müssen den Vorschriften nach 4.1.1.3 nicht entsprechen.		
Zusätzliche Vorschrift:		
Die Zellen und Batterien müssen gegen Kurzschluss geschützt und auf solche Art und Weise isoliert sein, dass Kurzschlüsse verhindert werden.		

P409	VERPACKUNGSANWEISUNG	P409
Diese Anweisung gilt für die UN-Nummern 2956, 3242 und 3251.		
Folgende Verpackungen sind zugelassen, wenn die allgemeinen Vorschriften nach 4.1.1 und 4.1.3 erfüllt sind: (1) Fass aus Pappe (1G), das mit einer Auskleidung oder Beschichtung versehen sein darf; höchste Nettomasse: 50 kg. (2) Zusammengesetzte Verpackungen: einzelner Innensack aus Kunststoff in einer Kiste aus Pappe (4G); höchste Nettomasse: 50 kg. (3) Zusammengesetzte Verpackungen: Innenverpackungen aus Kunststoff mit einer Nettomasse von jeweils höchstens 5 kg in einer Kiste aus Pappe (4G) oder einem Fass aus Pappe (1G); höchste Nettomasse: 25 kg.		

4.1.4.1 (Forts.)

P410	VERPACKUNGSANWEISUNG		P410
Folgende Verpackungen sind zugelassen, wenn die allgemeinen Vorschriften nach 4.1.1 und 4.1.3 erfüllt sind:			
Zusammengesetzte Verpackungen		**Höchste Nettomasse**	
Innenverpackungen	**Außenverpackungen**	**Verpackungsgruppe II**	**Verpackungsgruppe III**
Glas 10 kg	**Fässer**		
Kunststoff[1)] 30 kg	aus Stahl (1A1, 1A2)	400 kg	400 kg
Metall 40 kg	aus Aluminium (1B1, 1B2)	400 kg	400 kg
Papier[1), 2)] 10 kg	aus einem anderen Metall (1N1, 1N2)	400 kg	400 kg
Pappe[1), 2)] 10 kg	aus Kunststoff (1H1, 1H2)	400 kg	400 kg
	aus Sperrholz (1D)	400 kg	400 kg
	aus Pappe (1G)[1)]	400 kg	400 kg
	Kisten		
	aus Stahl (4A)	400 kg	400 kg
	aus Aluminium (4B)	400 kg	400 kg
	aus einem anderen Metall (4N)	400 kg	400 kg
	aus Naturholz (4C1)	400 kg	400 kg
	aus Naturholz, mit staubdichten Wänden (4C2)	400 kg	400 kg
	aus Sperrholz (4D)	400 kg	400 kg
	aus Holzfaserwerkstoff (4F)	400 kg	400 kg
	aus Pappe (4G)[1)]	400 kg	400 kg
1) Die Verpackungen müssen staubdicht sein.	aus Schaumstoff (4H1)	60 kg	60 kg
2) Diese Innenverpackungen dürfen nicht verwendet werden, wenn sich die beförderten Stoffe während der Beförderung verflüssigen können.	aus massivem Kunststoff (4H2)	400 kg	400 kg
	Kanister		
	aus Stahl (3A1, 3A2)	120 kg	120 kg
	aus Aluminium (3B1, 3B2)	120 kg	120 kg
	aus Kunststoff (3H1, 3H2)	120 kg	120 kg
Einzelverpackungen			
Fässer			
aus Stahl (1A1 oder 1A2)		400 kg	400 kg
aus Aluminium (1B1 oder 1B2)		400 kg	400 kg
aus Metall (außer Stahl oder Aluminium) (1N1 oder 1N2)		400 kg	400 kg
aus Kunststoff (1H1 oder 1H2)		400 kg	400 kg
Kanister			
aus Stahl (3A1 oder 3A2)		120 kg	120 kg
aus Aluminium (3B1 oder 3B2)		120 kg	120 kg
aus Kunststoff (3H1 oder 3H2)		120 kg	120 kg
Kisten			
aus Stahl (4A)[3)]		400 kg	400 kg
aus Aluminium (4B)[3)]		400 kg	400 kg
aus einem anderen Metall (4N)[3)]		400 kg	400 kg
aus Naturholz (4C1)[3)]		400 kg	400 kg
aus Naturholz, mit staubdichten Wänden (4C2)[3)]		400 kg	400 kg
aus Sperrholz (4D)[3)]		400 kg	400 kg
aus Holzfaserwerkstoff (4F)[3)]		400 kg	400 kg
aus Pappe (4G)[3)]		400 kg	400 kg
aus massivem Kunststoff (4H2)[3)]		400 kg	400 kg
Säcke			
Säcke (5H3, 5H4, 5L3, 5M2)[3), 4)]		50 kg	50 kg

4.1.4.1 (Forts.)

P410	VERPACKUNGSANWEISUNG *(Forts.)*	P410
Kombinationsverpackungen		
Kunststoffgefäß in einem Fass aus Stahl, Aluminium, Sperrholz, Pappe oder Kunststoff (6HA1, 6HB1, 6HG1, 6HD1 oder 6HH1)	400 kg	400 kg
Kunststoffgefäß in einem Verschlag oder einer Kiste aus Stahl oder Aluminium, in einer Kiste aus Naturholz, Sperrholz, Pappe oder massivem Kunststoff (6HA2, 6HB2, 6HC, 6HD2, 6HG2 oder 6HH2)	75 kg	75 kg
Glasgefäß in einem Fass aus Stahl, Aluminium, Sperrholz oder Pappe (6PA1, 6PB1, 6PD1 oder 6PG1) oder in einer Kiste aus Stahl, Aluminium, Naturholz, Sperrholz oder Pappe oder in einem Weidenkorb (6PA2, 6PB2, 6PC, 6PD2 oder 6PG2) oder in einer Verpackung aus Schaumstoff oder starrem Kunststoff (6PH1 oder 6PH2)	75 kg	75 kg
[3] Diese Verpackungen dürfen nicht verwendet werden, wenn sich die beförderten Stoffe während der Beförderung verflüssigen können.		
[4] Für Stoffe der Verpackungsgruppe II dürfen diese Verpackungen nur verwendet werden, wenn die Beförderung in einer geschlossenen Güterbeförderungseinheit erfolgt.		

Druckgefäße, vorausgesetzt, die allgemeinen Vorschriften von 4.1.3.6 werden erfüllt.

Sondervorschriften für die Verpackung:

PP31 Für die UN-Nummern 1326, 1339, 1340, 1341, 1343, 1352, 1358, 1373, 1374, 1378, 1379, 1382, 1384, 1385, 1390, 1393, 1394, 1395, 1396, 1398, 1400, 1401, 1402, 1405, 1409, 1417, 1418, 1431, 1436, 1437, 1871, 1923, 1929, 2004, 2008, 2318, 2545, 2546, 2624, 2805, 2813, 2830, 2835, 2844, 2881, 2940, 3078, 3088, 3131, 3132, 3134, 3135, 3170, 3182, 3189, 3190, 3205, 3206, 3208, 3209, 3395, 3396 und 3397 müssen die Verpackungen hermetisch luftdicht verschlossen sein.

PP39 Für die UN-Nummer 1378 ist bei der Verwendung von Verpackungen aus Metall eine Lüftungseinrichtung erforderlich.

PP40 Für die folgenden UN-Nummern der Verpackungsgruppe II sind Säcke nicht zugelassen: 1326, 1340, 1352, 1358, 1374, 1378, 1382, 1390, 1393, 1394, 1395, 1396, 1400, 1401, 1402, 1405, 1409, 1417, 1418, 1436, 1437, 1871, 2624, 2805, 2813, 2830, 2835, 3078, 3131, 3132, 3134, 3170, 3182, 3208 und 3209.

PP83 (gestrichen)

PP100 Für die UN-Nummer 2950 müssen flexible Verpackungen oder Verpackungen aus Pappe oder Holz staubdicht und wasserbeständig sein oder mit einer staubdichten und wasserbeständigen Auskleidung versehen sein.

P411	VERPACKUNGSANWEISUNG	P411

Diese Anweisung gilt für die UN-Nummer 3270.

Folgende Verpackungen sind zugelassen, wenn die allgemeinen Vorschriften nach 4.1.1 und 4.1.3 erfüllt sind:

Fässer (1A2, 1B2, 1N2, 1H2, 1D, 1G);
Kisten (4A, 4B, 4N, 4C1, 4C2, 4D, 4F, 4G, 4H1, 4H2);
Kanister (3A2, 3B2, 3H2);

vorausgesetzt, eine Explosion infolge des Anstiegs des Innendrucks ist nicht möglich.

Die höchste Nettomasse darf 30 kg nicht übersteigen.

4.1.4.1 (Forts.)

P412	VERPACKUNGSANWEISUNG	P412

Diese Anweisung gilt für die UN-Nummer 3257.

Folgende zusammengesetzte Verpackungen sind zugelassen, wenn die allgemeinen Vorschriften nach 4.1.1 und 4.1.3 erfüllt sind:

(1) Außenverpackungen:

Fässer (1A1, 1A2, 1B1, 1B2, 1N1, 1N2, 1H1, 1H2, 1D, 1G);
Kisten (4A, 4B, 4N, 4C1, 4C2, 4D, 4F, 4G, 4H1, 4H2);
Kanister (3A1, 3A2, 3B1, 3B2, 3H1, 3H2);

(2) Innenverpackungen:

(a) Das Aktivierungsmittel (organisches Peroxid) muss auf eine Menge von 125 ml für flüssige Stoffe und 500 g für feste Stoffe je Innenverpackung beschränkt sein.

(b) Das Grundprodukt und das Aktivierungsmittel müssen in getrennten Innenverpackungen verpackt sein.

Die Komponenten dürfen in dieselbe Außenverpackung eingesetzt sein, vorausgesetzt, sie reagieren im Falle des Freiwerdens nicht gefährlich miteinander.

Die Verpackungen müssen den Prüfanforderungen für die Verpackungsgruppe II oder III in Übereinstimmung mit den auf das Grundprodukt angewendeten Kriterien der Klasse 4.1 entsprechen.

P500	VERPACKUNGSANWEISUNG	P500

Diese Anweisung gilt für die UN-Nummer 3356.

Folgende Verpackungen sind zugelassen, wenn die allgemeinen Vorschriften nach 4.1.1 und 4.1.3 erfüllt sind:

Fässer (1A2, 1B2, 1N2, 1H2, 1D, 1G);
Kisten (4A, 4B, 4N, 4C1, 4C2, 4D, 4F, 4G, 4H1, 4H2);
Kanister (3A2, 3B2, 3H2).

Die Verpackungen müssen den Prüfanforderungen für die Verpackungsgruppe II entsprechen.

Der (die) Generator(en) muss (müssen) in einem Versandstück befördert werden, das für den Fall, dass im Versandstück ein Generator ausgelöst wird, folgende Anforderungen erfüllt:

(a) andere Generatoren im Versandstück werden nicht ausgelöst;
(b) der Verpackungswerkstoff entzündet sich nicht und
(c) die Temperatur an der äußeren Oberfläche des gesamten Versandstücks übersteigt nicht 100 °C.

4.1.4.1 (Forts.)

P501	VERPACKUNGSANWEISUNG	P501
Diese Anweisung gilt für die UN-Nummer 2015.		
Folgende Verpackungen sind zugelassen, wenn die allgemeinen Vorschriften nach 4.1.1 und 4.1.3 erfüllt sind:		
Zusammengesetzte Verpackungen	**Innenverpackung höchster Fassungsraum**	**Außenverpackung höchster Fassungsraum**
(1) Kisten (4A, 4B, 4N, 4C1, 4C2, 4D, 4H2) oder Fässer (1A1, 1A2, 1B1, 1B2, 1N1, 1N2, 1H1, 1H2, 1D) oder Kanister (3A1, 3A2, 3B1, 3B2, 3H1, 3H2) mit Innenverpackungen aus Glas, Kunststoff oder Metall	5 l	125 kg
(2) Kiste aus Pappe (4G) oder Fass aus Pappe (1G) mit Innenverpackungen aus Kunststoff oder Metall, jede in einem Sack aus Kunststoff	2 l	50 kg
Einzelverpackungen		**höchster Fassungsraum**
Fässer		
aus Stahl (1A1)		250 l
aus Aluminium (1B1)		250 l
aus Metall (außer Stahl oder Aluminium) (1N1)		250 l
aus Kunststoff (1H1)		250 l
Kanister		
aus Stahl (3A1)		60 l
aus Aluminium (3B1)		60 l
aus Kunststoff (3H1)		60 l
Kombinationsverpackungen		
Kunststoffgefäß in einem Fass aus Stahl oder Aluminium (6HA1, 6HB1)		250 l
Kunststoffgefäß in einem Fass aus Pappe, Kunststoff oder Sperrholz (6HG1, 6HH1, 6HD1)		250 l
Kunststoffgefäß in einem Verschlag oder einer Kiste aus Stahl oder Aluminium oder Kunststoffgefäß in einer Kiste aus Naturholz, Sperrholz, Pappe oder massivem Kunststoff (6HA2, 6HB2, 6HC, 6HD2, 6HG2 oder 6HH2)		60 l
Glasgefäß in einem Fass aus Stahl, Aluminium, Pappe oder Sperrholz (6PA1, 6PB1, 6PG1 oder 6PD1) oder in einer Kiste aus Stahl, Aluminium, Naturholz oder Pappe oder in einem Weidenkorb (6PA2, 6PB2, 6PC, 6PG2 oder 6PD2) oder in einer Außenverpackung aus Schaumstoff oder starrem Kunststoff (6PH1 oder 6PH2)		60 l
Zusätzliche Vorschriften:		
1 Die Verpackungen müssen einen füllungsfreien Raum von mindestens 10 % haben.		
2 Die Verpackungen müssen mit einer Lüftungseinrichtung versehen sein.		

4.1.4.1 (Forts.)

P502	VERPACKUNGSANWEISUNG	P502
Folgende Verpackungen sind zugelassen, wenn die allgemeinen Vorschriften nach 4.1.1 und 4.1.3 erfüllt sind:		
Zusammengesetzte Verpackungen		**Höchste Nettomasse**
Innenverpackungen	**Außenverpackungen**	
aus Glas 5 l aus Metall 5 l aus Kunststoff 5 l	**Fässer** aus Stahl (1A1, 1A2) aus Aluminium (1B1, 1B2) aus einem anderen Metall (1N1, 1N2) aus Sperrholz (1D) aus Pappe (1G) aus Kunststoff (1H1, 1H2)	 125 kg 125 kg 125 kg 125 kg 125 kg 125 kg
	Kisten aus Stahl (4A) aus Aluminium (4B) aus einem anderen Metall (4N) aus Naturholz (4C1) aus Naturholz, mit staubdichten Wänden (4C2) aus Sperrholz (4D) aus Holzfaserwerkstoff (4F) aus Pappe (4G) aus Schaumstoff (4H1) aus massivem Kunststoff (4H2)	 125 kg 125 kg 125 kg 125 kg 125 kg 125 kg 125 kg 125 kg 60 kg 125 kg
Einzelverpackungen		**Höchster Fassungsraum**
Fässer aus Stahl (1A1) aus Aluminium (1B1) aus Kunststoff (1H1)		 250 l 250 l 250 l
Kanister aus Stahl (3A1) aus Aluminium (3B1) aus Kunststoff (3H1)		 60 l 60 l 60 l
Kombinationsverpackungen		
Kunststoffgefäß in einem Fass aus Stahl oder Aluminium (6HA1, 6HB1)		250 l
Kunststoffgefäß in einem Fass aus Pappe, Kunststoff oder Sperrholz (6HG1, 6HH1, 6HD1)		250 l
Kunststoffgefäß in einer Kiste oder einem Verschlag aus Stahl oder Aluminium oder Kunststoffgefäß in einer Kiste aus Holz, Sperrholz, Pappe oder massivem Kunststoff (6HA2, 6HB2, 6HC, 6HD2, 6HG2 oder 6HH2)		60 l
Glasgefäß in einem Fass aus Stahl, Aluminium, Pappe oder Sperrholz (6PA1, 6PB1, 6PG1 oder 6PD1) oder in einer Kiste aus Stahl, Aluminium, Naturholz oder Pappe oder in einem Weidenkorb (6PA2, 6PB2, 6PC, 6PG2 oder 6PD2) oder in einer Außenverpackung aus Schaumstoff oder starrem Kunststoff (6PH1 oder 6PH2)		60 l
Sondervorschrift für die Verpackung:		
PP28 Für die UN-Nummer 1873 müssen Verpackungsteile, die in direktem Kontakt mit der Perchlorsäure stehen, aus Glas oder Kunststoff hergestellt sein.		

4.1.4.1 (Forts.)

P503	VERPACKUNGSANWEISUNG	P503
Folgende Verpackungen sind zugelassen, wenn die allgemeinen Vorschriften nach 4.1.1 und 4.1.3 erfüllt sind:		
Zusammengesetzte Verpackungen		**Höchste Nettomasse**
Innenverpackungen	**Außenverpackungen**	
aus Glas 5 kg aus Metall 5 kg aus Kunststoff 5 kg	**Fässer**	
	aus Stahl (1A1, 1A2)	125 kg
	aus Aluminium (1B1, 1B2)	125 kg
	aus einem anderen Metall (1N1, 1N2)	125 kg
	aus Sperrholz (1D)	125 kg
	aus Pappe (1G)	125 kg
	aus Kunststoff (1H1, 1H2)	125 kg
	Kisten	
	aus Stahl (4A)	125 kg
	aus Aluminium (4B)	125 kg
	aus einem anderen Metall (4N)	125 kg
	aus Naturholz (4C1)	125 kg
	aus Naturholz, mit staubdichten Wänden (4C2)	125 kg
	aus Sperrholz (4D)	125 kg
	aus Holzfaserwerkstoff (4F)	125 kg
	aus Pappe (4G)	40 kg
	aus Schaumstoff (4H1)	60 kg
	aus massivem Kunststoff (4H2)	125 kg
Einzelverpackungen		**Höchste Nettomasse**
Fässer aus Metall (1A1, 1A2, 1B1, 1B2, 1N1 oder 1N2).		250 kg
Fässer aus Pappe (1G) oder Sperrholz (1D) mit Innenauskleidung.		200 kg

P504	VERPACKUNGSANWEISUNG	P504
Folgende Verpackungen sind zugelassen, wenn die allgemeinen Vorschriften nach 4.1.1 und 4.1.3 erfüllt sind:		
Zusammengesetzte Verpackungen		**Höchste Nettomasse**
(1) Außenverpackungen: 1A1, 1A2, 1B1, 1B2, 1N1, 1N2, 1H1, 1H2, 1D, 1G, 4A, 4B, 4N, 4C1, 4C2, 4D, 4F, 4G, 4H2 Innenverpackungen: Gefäße aus Glas mit einem höchsten Fassungsraum von 5 L		75 kg
(2) Außenverpackungen: 1A1, 1A2, 1B1, 1B2, 1N1, 1N2, 1H1, 1H2, 1D, 1G, 4A, 4B, 4N, 4C1, 4C2, 4D, 4F, 4G oder 4H2 Innenverpackungen: Gefäße aus Kunststoff mit einem höchsten Fassungsraum von 30 L		75 kg
(3) Außenverpackungen: 1G, 4F oder 4G Innenverpackungen: Gefäße aus Metall mit einem höchsten Fassungsraum von 40 L		125 kg
(4) Außenverpackungen: 1A1, 1A2, 1B1, 1B2, 1N1, 1N2, 1H1, 1H2, 1D, 4A, 4B, 4N, 4C1, 4C2, 4D, 4H2 Innenverpackungen: Gefäße aus Metall mit einem höchsten Fassungsraum von 40 L		225 kg
Einzelverpackungen		**Höchster Fassungsraum**
Fässer		
aus Stahl, mit nicht abnehmbarem Deckel (1A1)		250 l
aus Aluminium, mit nicht abnehmbarem Deckel (1B1)		250 l
aus Metall (außer Stahl oder Aluminium), mit nicht abnehmbarem Deckel (1N1)		250 l
aus Kunststoff, mit nicht abnehmbarem Deckel (1H1)		250 l
Kanister		
aus Stahl, mit nicht abnehmbarem Deckel (3A1)		60 l
aus Aluminium, mit nicht abnehmbarem Deckel (3B1)		60 l
aus Kunststoff, mit nicht abnehmbarem Deckel (3H1)		60 l

4.1.4.1 (Forts.)

P504	VERPACKUNGSANWEISUNG *(Forts.)*	P504
Kombinationsverpackungen		
Kunststoffgefäß in einem Fass aus Stahl oder Aluminium (6HA1, 6HB1)		250 l
Kunststoffgefäß in einem Fass aus Pappe, Kunststoff oder Sperrholz (6HG1, 6HH1, 6HD1)		120 l
Kunststoffgefäß in einer Kiste oder einem Verschlag aus Stahl oder Aluminium oder Kunststoffgefäß in einer Kiste aus Holz, Sperrholz, Pappe oder massivem Kunststoff (6HA2, 6HB2, 6HC, 6HD2, 6HG2 oder 6HH2)		60 l
Glasgefäß in einem Fass aus Stahl, Aluminium, Pappe oder Sperrholz (6PA1, 6PB1, 6PG1 oder 6PD1) oder in einer Kiste aus Stahl, Aluminium, Naturholz oder Pappe oder in einem Weidenkorb (6PA2, 6PB2, 6PC, 6PG2 oder 6PD2) oder in einer Außenverpackung aus Schaumstoff oder starrem Kunststoff (6PH1 oder 6PH2)		60 l
Sondervorschriften für die Verpackung:		
PP10 Für die UN-Nummern 2014 und 3149 müssen die Verpackungen mit einer Lüftungseinrichtung versehen sein.		
PP31 Für die UN-Nummer 2626 müssen die Verpackungen luftdicht verschlossen sein.		

P505	VERPACKUNGSANWEISUNG	P505
Diese Anweisung gilt für die UN-Nummer 3375.		
Folgende Verpackungen sind zugelassen, wenn die allgemeinen Vorschriften nach 4.1.1 und 4.1.3 erfüllt sind:		
Zusammengesetzte Verpackungen	**Innenverpackung höchster Fassungsraum**	**Außenverpackung höchste Nettomasse**
Kisten (4B, 4C1, 4C2, 4D, 4G, 4H2) oder Fässer (1B2, 1G, 1N2, 1H2, 1D) oder Kanister (3B2, 3H2) mit Innenverpackungen aus Glas, Kunststoff oder Metall	5 l	125 kg
Einzelverpackungen		**höchster Fassungsraum**
Fässer		
aus Aluminium (1B1, 1B2)		250 l
aus Kunststoff (1H1, 1H2)		250 l
Kanister		
aus Aluminium (3B1, 3B2)		60 l
aus Kunststoff (3H1, 3H2)		60 l
Kombinationsverpackungen		
Kunststoffgefäß in einem Fass aus Aluminium (6HB1)		250 l
Kunststoffgefäß in einem Fass aus Pappe, Kunststoff oder Sperrholz (6HG1, 6HH1, 6HD1)		250 l
Kunststoffgefäß in einem Verschlag oder einer Kiste aus Aluminium oder Kunststoffgefäß in einer Kiste aus Naturholz, Sperrholz, Pappe oder starrem Kunststoff (6HB2, 6HC, 6HD2, 6HG2 oder 6HH2)		60 l
Glasgefäß in einem Fass aus Aluminium, Pappe, Sperrholz (6PB1, 6PG1, 6PD1) oder in einem Gefäß aus Schaumstoff oder starrem Kunststoff (6PH1 oder 6PH2) oder in einem Verschlag oder einer Kiste aus Aluminium, in einer Kiste aus Naturholz oder Pappe oder in einem Weidenkorb (6PB2, 6PC, 6PG2 oder 6PD2)		60 l

4.1.4.1 (Forts.)

P520	VERPACKUNGSANWEISUNG	P520

Diese Anweisung gilt für organische Peroxide der Klasse 5.2 und selbstzersetzliche Stoffe der Klasse 4.1.

Folgende Verpackungen sind zugelassen, wenn die allgemeinen Vorschriften nach 4.1.1 und 4.1.3 und die besonderen Vorschriften nach 4.1.7 erfüllt sind.

Die Verpackungsmethoden sind mit OP1 bis OP8 bezeichnet. Die für die einzelnen organischen Peroxide und selbstzersetzlichen Stoffe zutreffenden Verpackungsmethoden sind in 2.4.2.3.2.3 und 2.5.3.2.4 aufgeführt. Die für jede Verpackungsmethode angegebenen Mengen sind die maximal zulässigen Mengen je Versandstück. Die folgenden Verpackungen sind zugelassen:

(1) Zusammengesetzte Verpackungen mit Kisten (4A, 4B, 4N, 4C1, 4C2, 4D, 4F, 4G, 4H1 und 4H2), Fässern (1A1, 1A2, 1B1, 1B2, 1G, 1H1, 1H2 und 1D) oder Kanistern (3A1, 3A2, 3B1, 3B2, 3H1 und 3H2) als Außenverpackungen;

(2) Fässer (1A1, 1A2, 1B1, 1B2, 1G, 1H1, 1H2, 1D) oder Kanister (3A1, 3A2, 3B1, 3B2, 3H1 und 3H2) als Einzelverpackungen;

(3) Kombinationsverpackungen mit Innengefäßen aus Kunststoff (6HA1, 6HA2, 6HB1, 6HB2, 6HC, 6HD1, 6HD2, 6HG1, 6HG2, 6HH1 und 6HH2).

höchstzulässige Menge je Verpackung/Versandstück[1] für die Verpackungsmethoden OP1 bis OP8

höchstzulässige Menge	Verpackungsmethode							
	OP1	**OP2[1]**	**OP3**	**OP4[1]**	**OP5**	**OP6**	**OP7**	**OP8**
höchstzulässige Masse (kg) für feste Stoffe und für zusammengesetzte Verpackungen (flüssige und feste Stoffe)	0,5	0,5/10	5	5/25	25	50	50	400[2]
höchstzulässiger Inhalt in Litern für flüssige Stoffe[3]	0,5	–	5	–	30	60	60	225[4]

1) Wenn zwei Werte angegeben sind, gilt der erste für die höchstzulässige Nettomasse je Innenverpackung und der zweite für die höchstzulässige Nettomasse des vollständigen Versandstücks.
2) 60 kg für Kanister/200 kg für Kisten und für feste Stoffe 400 kg in zusammengesetzten Verpackungen mit Kisten als Außenverpackungen (4C1, 4C2, 4D, 4F, 4G, 4H1 und 4H2) und mit Innenverpackungen aus Kunststoff oder Pappe mit einer höchsten Nettomasse von 25 kg.
3) Viskose flüssige Stoffe werden wie feste Stoffe behandelt, wenn die in der Begriffsbestimmung für „flüssige Stoffe“ in 1.2.1 angegebenen Kriterien nicht erfüllt werden.
4) 60 Liter für Kanister.

Zusätzliche Vorschriften:

1 Verpackungen aus Metall, einschließlich Innenverpackungen von zusammengesetzten Verpackungen und Außenverpackungen von zusammengesetzten Verpackungen oder Kombinationsverpackungen dürfen nur für die Verpackungsmethoden OP7 und OP8 verwendet werden.

2 In zusammengesetzten Verpackungen dürfen Gefäße aus Glas nur mit einer höchstzulässigen Menge je Gefäß von 0,5 kg für feste Stoffe oder 0,5 Liter für flüssige Stoffe als Innenverpackungen verwendet werden.

3 In zusammengesetzten Verpackungen darf das Polstermaterial nicht leicht entzündbar sein.

4 Die Verpackung für ein organisches Peroxid oder einen selbstzersetzlichen Stoff, für die der Zusatzgefahrzettel „EXPLOSIV“ (Muster 1, siehe 5.2.2.2.2) erforderlich ist, muss auch den Vorschriften nach 4.1.5.10 und 4.1.5.11 entsprechen.

Sondervorschriften für die Verpackung:

PP21 Für bestimmte selbstzersetzliche Stoffe des Typs B oder C, UN-Nummern 3221, 3222, 3223, 3224, 3231, 3232, 3233 und 3234 muss eine kleinere Verpackung, als in der Verpackungsmethode OP5 bzw. OP6 zugelassen, verwendet werden (siehe 4.1.7 und 2.4.2.3.2.3).

PP22 UN 3241, 2-Brom-2-nitropropan-1,3-diol, muss in Übereinstimmung mit der Verpackungsmethode OP6 verpackt werden.

PP94 Sehr geringe Mengen der energetischen Proben gemäß 2.0.4.3 dürfen unter der UN-Nummer 3223 bzw. 3224 befördert werden, vorausgesetzt:

.1 es werden nur zusammengesetzte Verpackungen mit Kisten (4A, 4B, 4N, 4C1, 4C2, 4D, 4F, 4G, 4H1 und 4H2) als Außenverpackungen verwendet;

.2 die Proben werden in Mikrotiterplatten oder Multititerplatten aus Kunststoff, Glas, Porzellan oder Steinzeug als Innenverpackungen befördert;

.3 die Höchstmenge je einzelnem inneren Hohlraum ist für feste Stoffe nicht größer als 0,01 g und für flüssige Stoffe nicht größer als 0,01 ml;

4.1.4.1 (Forts.)

P520	VERPACKUNGSANWEISUNG *(Forts.)*	P520

.4 die höchste Nettomenge je Außenverpackung beträgt für feste Stoffe 20 g und für flüssige Stoffe 20 ml oder die Summe von Gramm und Millilitern ist im Falle einer Zusammenpackung nicht größer als 20 und

.5 die Vorschriften nach 5.5.3 werden bei der optionalen Verwendung von Trockeneis oder flüssigem Stickstoff als Kühlmittel für Qualitätssicherungsmaßnahmen erfüllt. Es müssen innenliegende Stützmittel vorhanden sein, um die Innenverpackungen in ihrer ursprünglichen Lage zu sichern. Die Innen- und Außenverpackungen müssen bei der Temperatur des verwendeten Kühlmittels sowie bei den Temperaturen und Drücken, die bei einem Ausfall der Kühlung auftreten können, unversehrt bleiben.

PP95 Geringe Mengen der energetischen Proben gemäß 2.0.4.3 dürfen unter der UN-Nummer 3223 bzw. 3224 befördert werden, vorausgesetzt:

.1 die Außenverpackung besteht ausschließlich aus einer Verpackung aus Wellpappe des Typs 4G von mindestens 60 cm Länge, 40,5 cm Breite und 30 cm Höhe und einer Mindestwanddicke von 1,3 cm;

.2 der einzelne Stoff ist in einer Innenverpackung aus Glas oder Kunststoff mit einem höchsten Fassungsraum von 30 ml enthalten, die in ein Fixierungsmittel aus expandierbarem Polyethylen-Schaumstoff mit einer Dicke von mindestens 130 mm und einer Dichte von 18 ± 1 g/l eingesetzt ist;

.3 die Innenverpackungen sind innerhalb des Schaumstoffträgers durch einen Mindestabstand von 40 mm voneinander und von der Wand der Außenverpackung durch einen Mindestabstand von 70 mm getrennt. Das Versandstück darf bis zu zwei Lagen dieser Fixierungsmittel aus Schaumstoff mit jeweils bis zu 28 Innenverpackungen enthalten;

.4 der höchste Inhalt jeder Innenverpackung beträgt nicht mehr als 1 g für feste Stoffe oder 1 ml für flüssige Stoffe;

.5 die höchste Nettomenge je Außenverpackung beträgt für feste Stoffe 56 g oder für flüssige Stoffe 56 ml oder die Summe von Gramm und Millilitern ist im Falle einer Zusammenpackung nicht größer als 56 und

.6 die Vorschriften nach 5.5.3 werden bei der optionalen Verwendung von Trockeneis oder flüssigem Stickstoff als Kühlmittel für Qualitätssicherungsmaßnahmen erfüllt. Es müssen innenliegende Stützmittel vorhanden sein, um die Innenverpackungen in ihrer ursprünglichen Lage zu sichern. Die Innen- und Außenverpackungen müssen bei der Temperatur des verwendeten Kühlmittels sowie bei den Temperaturen und Drücken, die bei einem Ausfall der Kühlung auftreten können, unversehrt bleiben.

P600	VERPACKUNGSANWEISUNG	P600

Diese Anweisung gilt für die UN-Nummern 1700, 2016 und 2017.

Folgende Verpackungen sind zugelassen, wenn die allgemeinen Vorschriften nach 4.1.1 und 4.1.3 erfüllt sind:

Außenverpackungen (1A1, 1A2, 1B1, 1B2, 1N1, 1N2, 1H1, 1H2, 1D, 1G, 4A, 4B, 4N, 4C1, 4C2, 4D 4F, 4G, 4H2), welche die Prüfanforderungen für die Verpackungsgruppe II erfüllen. Die Gegenstände müssen einzeln verpackt sein und durch Unterteilungen, Trennwände, Innenverpackungen oder Polstermaterial voneinander getrennt sein, um unter normalen Beförderungsbedingungen eine unbeabsichtigte Auslösung zu verhindern.

Höchste Nettomasse: 75 kg

P601	VERPACKUNGSANWEISUNG	P601

Folgende Verpackungen sind zugelassen, wenn die allgemeinen Vorschriften nach 4.1.1 und 4.1.3 erfüllt sind und die Verpackungen luftdicht verschlossen sind:

(1) Zusammengesetzte Verpackungen mit einer höchsten Bruttomasse von 15 kg, bestehend aus:

- einer oder mehreren Innenverpackung(en) aus Glas mit einer höchsten Nettomenge von einem Liter je Innenverpackung, die höchstens zu 90 % ihres Fassungsraumes gefüllt sind; der Verschluss (die Verschlüsse) jeder Innenverpackung muss durch eine Vorrichtung physisch fixiert sein, die in der Lage ist, ein Abschlagen oder ein Lösen durch Schlag oder Vibration während der Beförderung zu verhindern; die Innenverpackung(en) müssen einzeln eingesetzt sein in
- Metallgefäßen zusammen mit Polstermaterial und saugfähigem Material in einer für die Aufnahme des gesamten Inhalts der Innenverpackung(en) aus Glas ausreichenden Menge, die wiederum verpackt sind in
- Außenverpackungen 1A1, 1A2, 1B1, 1B2, 1N1, 1N2, 1H1, 1H2, 1D, 1G, 4A, 4B, 4N, 4C1, 4C2, 4D, 4F, 4G oder 4H2.

4.1.4.1 (Forts.)

P601 — **VERPACKUNGSANWEISUNG** *(Forts.)* — **P601**

(2) Zusammengesetzte Verpackungen mit Innenverpackungen aus Metall oder Kunststoff, deren Fassungsraum 5 Liter nicht übersteigt und die einzeln mit einem saugfähigen Material in einer für die Aufnahme des gesamten Inhalts ausreichenden Menge und in inertem Polstermaterial in Außenverpackungen 1A1, 1A2, 1B1, 1B2, 1N1, 1N2, 1H1, 1H2, 1D, 1G, 4A, 4B, 4N, 4C1, 4C2, 4D, 4F, 4G oder 4H2 mit einer höchsten Bruttomasse von 75 kg verpackt sind. Die Innenverpackungen dürfen höchstens bis zu 90 % ihres Fassungsraums gefüllt sein. Der Verschluss jeder Innenverpackung muss durch eine Vorrichtung physisch fixiert sein, die in der Lage ist, ein Abschlagen oder ein Lösen des Verschlusses durch Schlag oder Vibration während der Beförderung zu verhindern.

(3) Verpackungen, bestehend aus:
Außenverpackungen: Fässer aus Stahl oder Kunststoff (1A1, 1A2, 1H1 oder 1H2), die nach den Prüfvorschriften in 6.1.5 mit einer Masse, die der Masse des zusammengestellten Versandstücks entspricht, entweder als Verpackung für die Aufnahme von Innenverpackungen oder als Einzelverpackung für feste oder flüssige Stoffe geprüft und entsprechend gekennzeichnet wurden;
Innenverpackungen: Fässer und Kombinationsverpackungen (1A1, 1B1, 1N1, 1H1 oder 6HA1), die den Vorschriften des Kapitels 6.1 für Einzelverpackungen entsprechen und folgende Bedingungen erfüllen:

.1 die Innendruckprüfung (hydraulisch) muss bei einem Druck von mindestens 3 bar (Überdruck) durchgeführt werden;

.2 die Dichtheitsprüfungen im Rahmen der Auslegung und der Herstellung müssen bei einem Prüfdruck von 0,3 bar durchgeführt werden;

.3 sie müssen vom äußeren Fass durch die Verwendung stoßabsorbierenden Polstermaterials, das die Innenverpackung von allen Seiten umgibt, isoliert sein;

.4 ihr Fassungsraum darf 125 Liter nicht übersteigen;

.5 die Verschlüsse müssen Schraubkappen sein, die:
  (i) durch eine Vorrichtung physisch fixiert sind, die in der Lage ist, ein Abschlagen oder Lösen des Verschlusses durch Schlag oder Vibration während der Beförderung zu verhindern; und
  (ii) die mit einer Siegelklappe ausgerüstet sind;

.6 die Außen- und Innenverpackung müssen mindestens alle zweieinhalb Jahre einer wiederkehrenden Dichtheitsprüfung gemäß .2 unterzogen werden und

.7 auf der Außen- und Innenverpackung muss gut lesbar und dauerhaft angebracht sein:
  (i) das Datum (Monat, Jahr) der erstmaligen und der zuletzt durchgeführten wiederkehrenden Prüfung;
  (ii) der Name oder das genehmigte Symbol der Institution, die die Prüfungen durchgeführt hat.

(4) Druckgefäße, vorausgesetzt, die allgemeinen Vorschriften von 4.1.3.6 werden erfüllt. Diese müssen einer erstmaligen und alle 10 Jahre einer wiederkehrenden Prüfung mit einem Druck von mindestens 1 MPa (10 bar) (Überdruck) unterzogen werden. Die Druckgefäße dürfen nicht mit Druckentlastungseinrichtungen ausgerüstet sein. Jedes Druckgefäß, das einen beim Einatmen giftigen flüssigen Stoff mit einem LC_{50}-Wert von höchstens 200 ml/m^3 (ppm) enthält, muss mit einer Verschlusskappe oder einem Verschlussventil versehen sein, die/das folgenden Anforderungen entsprechen muss:

(a) Jede Verschlusskappe oder jedes Verschlussventil muss über ein kegeliges Gewinde direkt mit dem Druckgefäß verbunden und in der Lage sein, dem Prüfdruck des Druckgefäßes ohne Beschädigung oder Undichtheit standzuhalten;

(b) jedes Verschlussventil muss ein packungsloser Typ mit einer unperforierten Membran sein mit der Ausnahme, dass bei ätzenden Stoffen ein Verschlussventil ein Packungstyp mit einer Anordnung sein darf, die mit Hilfe einer mit einer Dichtung am Ventilrumpf oder am Druckgefäß befestigten Dichtkappe gasdicht gemacht wurde, um ein Austreten von Stoffen durch die Packung oder an der Packung vorbei zu verhindern;

(c) jede Austrittsöffnung von Verschlussventilen muss durch einen Gewindedeckel oder durch eine stabile Gewindekappe und inertem Dichtungswerkstoff abgedichtet werden;

(d) die Konstruktionswerkstoffe des Druckgefäßes, der Verschlussventile, der Verschlusskappen, der Auslaufdeckel, des Dichtungskitts und der Dichtungen müssen untereinander und mit dem Füllgut verträglich sein.

Jedes Druckgefäß, dessen Wanddicke an irgendeiner Stelle geringer als 2,0 mm ist, und jedes Druckgefäß, das nicht mit einem Ventilschutz ausgerüstet ist, muss in einer Außenverpackung befördert werden. Druckgefäße dürfen nicht mit einem Sammelrohr ausgestattet oder miteinander verbunden sein.

4.1.4.1 (Forts.)

P602	VERPACKUNGSANWEISUNG	P602

Folgende Verpackungen sind zugelassen, wenn die allgemeinen Vorschriften nach 4.1.1 und 4.1.3 erfüllt und die Verpackungen luftdicht verschlossen sind:

(1) Zusammengesetzte Verpackungen mit einer höchsten Bruttomasse von 15 kg, bestehend aus:

- einer oder mehreren Innenverpackung(en) aus Glas mit einer höchsten Nettomenge von einem Liter je Innenverpackung, die höchstens zu 90 % ihres Fassungsraumes gefüllt sind; der Verschluss (die Verschlüsse) jeder Innenverpackung muss durch eine Vorrichtung physisch fixiert sein, die in der Lage ist, ein Abschlagen oder ein Lösen durch Schlag oder Vibration während der Beförderung zu verhindern; die Innenverpackung(en) müssen einzeln eingesetzt sein in
- Metallgefäßen zusammen mit Polstermaterial und saugfähigem Material in einer für die Aufnahme des gesamten Inhalts der Innenverpackung(en) aus Glas ausreichenden Menge, die wiederum verpackt sind in
- Außenverpackungen 1A1, 1A2, 1B1, 1B2, 1N1, 1N2, 1H1, 1H2, 1D, 1G, 4A, 4B, 4N, 4C1, 4C2, 4D, 4F, 4G oder 4H2.

(2) Zusammengesetzte Verpackungen mit Innenverpackungen aus Metall oder Kunststoff, die einzeln mit saugfähigem Material in einer für die Aufnahme des gesamten Inhalts ausreichender Menge und inertem Polstermaterial in Außenverpackungen 1A1, 1A2, 1B1, 1B2, 1N1, 1N2, 1H1, 1H2, 1D, 1G, 4A, 4B, 4N, 4C1, 4C2, 4D, 4F, 4G oder 4H2 mit einer höchsten Bruttomasse von 75 kg verpackt sind. Die Innenverpackungen dürfen höchstens bis zu 90 % ihres Fassungsraums gefüllt sein. Der Verschluss jeder Innenverpackung muss durch eine Vorrichtung physisch fixiert sein, die in der Lage ist, ein Abschlagen oder ein Lösen des Verschlusses durch Schlag oder Vibration während der Beförderung zu verhindern. Der Fassungsraum der Innenverpackungen darf 5 Liter nicht übersteigen.

(3) Fässer und Kombinationsverpackungen (1A1, 1B1, 1N1, 1H1, 6HA1 oder 6HH1), die folgende Bedingungen erfüllen:

.1 Die Innendruckprüfung (hydraulisch) muss bei einem Druck von mindestens 3 bar (Überdruck) durchgeführt werden;

.2 die Dichtheitsprüfungen im Rahmen der Auslegung und der Herstellung müssen bei einem Prüfdruck von 0,3 bar durchgeführt werden;

.3 Die Verschlüsse müssen Schraubdeckel sein, die

(i) durch eine Vorrichtung physisch fixiert sind, die in der Lage ist, ein Abschlagen oder ein Lösen des Verschlusses durch Schlag oder Vibration während der Beförderung zu verhindern; und

(ii) die mit einer Siegelkappe ausgerüstet sind.

(4) Druckgefäße, vorausgesetzt, die allgemeinen Vorschriften von 4.1.3.6 werden erfüllt. Diese müssen einer erstmaligen und alle 10 Jahre einer wiederkehrenden Prüfung mit einem Druck von mindestens 1 MPa (10 bar) (Überdruck) unterzogen werden. Die Druckgefäße dürfen nicht mit Druckentlastungseinrichtungen ausgerüstet sein. Jedes Druckgefäß, das einen beim Einatmen giftigen flüssigen Stoff mit einem LC_{50}-Wert von höchstens 200 ml/m^3 (ppm) enthält, muss mit einer Verschlusskappe oder einem Verschlussventil versehen sein, die/das folgenden Anforderungen entsprechen muss:

(a) Jede Verschlusskappe oder jedes Verschlussventil muss über ein kegeliges Gewinde direkt mit dem Druckgefäß verbunden und in der Lage sein, dem Prüfdruck des Druckgefäßes ohne Beschädigung oder Undichtheit standzuhalten;

(b) jedes Verschlussventil muss ein packungsloser Typ mit einer unperforierten Membran sein mit der Ausnahme, dass bei ätzenden Stoffen ein Verschlussventil ein Packungstyp mit einer Anordnung sein darf, die mit Hilfe einer mit einer Dichtung am Ventilrumpf oder am Druckgefäß befestigten Dichtkappe gasdicht gemacht wurde, um ein Austreten von Stoffen durch die Packung oder an der Packung vorbei zu verhindern;

(c) jede Austrittsöffnung von Verschlussventilen muss durch einen Gewindedeckel oder durch eine stabile Gewindekappe und inertem Dichtungswerkstoff abgedichtet werden;

(d) die Konstruktionswerkstoffe des Druckgefäßes, der Verschlussventile, der Verschlusskappen, der Auslaufdeckel, des Dichtungskitts und der Dichtungen müssen untereinander und mit dem Füllgut verträglich sein.

Jedes Druckgefäß, dessen Wanddicke an irgendeiner Stelle geringer als 2,0 mm ist, und jedes Druckgefäß, das nicht mit einem Ventilschutz ausgerüstet ist, muss in einer Außenverpackung befördert werden. Druckgefäße dürfen nicht mit einem Sammelrohr ausgestattet oder miteinander verbunden sein.

4.1.4.1 (Forts.)

P603	VERPACKUNGSANWEISUNG	P603
Diese Anweisung gilt für die UN-Nummer 3507.		
Folgende Verpackungen sind zugelassen, wenn die allgemeinen Vorschriften nach 4.1.1 und 4.1.3 und die besonderen Verpackungsvorschriften nach 4.1.9.1.2, 4.1.9.1.4 und 4.1.9.1.7 erfüllt sind: Verpackungen, bestehend aus: (a) einem oder mehreren Primärgefäßen aus Metall oder Kunststoff in (b) einer oder mehreren flüssigkeitsdichten starren Sekundärverpackungen in (c) einer starren Außenverpackung: Fässer (1A2, 1B2, 1N2, 1H2, 1D, 1G), Kisten (4A, 4B, 4C1, 4C2, 4D, 4F, 4G, 4H1, 4H2), Kanister (3A2, 3B2, 3H2).		
Zusätzliche Vorschriften: 1 Die Primärgefäße sind so in die Sekundärverpackungen zu verpacken, dass unter normalen Beförderungsbedingungen ein Zubruchgehen, Durchstoßen oder Austreten von Inhalt in die Sekundärverpackung verhindert wird. Die Sekundärverpackungen müssen mit geeignetem Polstermaterial gesichert werden, um Bewegungen in den Außenverpackungen zu verhindern. Wenn mehrere Primärgefäße in eine einzige Sekundärverpackung eingesetzt werden, müssen diese entweder einzeln eingewickelt oder so voneinander getrennt werden, dass eine gegenseitige Berührung verhindert wird. 2 Der Inhalt muss den Vorschriften von 2.7.2.4.5.2 entsprechen. 3 Die Vorschriften von 6.4.4 müssen erfüllt sein.		
Sondervorschrift für die Verpackung: Bei spaltbaren freigestellten Stoffen müssen die in 2.7.2.3.5 festgelegten Grenzwerte eingehalten werden.		

P620	VERPACKUNGSANWEISUNG	P620
Diese Anweisung gilt für die UN-Nummern 2814 und 2900.		
Folgende Verpackungen sind zugelassen, wenn die besonderen Vorschriften nach 4.1.8 erfüllt sind: Verpackungen, welche die Vorschriften des Kapitels 6.3 erfüllen und entsprechend zugelassen sind und die bestehen aus: .1 Innenverpackungen, bestehend aus: (i) (einem) flüssigkeitsdichten Primärgefäß; (ii) einer flüssigkeitsdichten Sekundärverpackung; (iii) ausgenommen für ansteckungsgefährliche feste Stoffe, saugfähigem Material in einer für die Aufnahme des gesamten Inhalts ausreichenden Menge, zwischen dem (den) Primärgefäß(en) und der Sekundärverpackung; wenn mehrere Primärgefäße in eine einzelne Sekundärverpackung eingesetzt werden, müssen sie entweder einzeln eingewickelt oder voneinander getrennt werden, damit eine gegenseitige Berührung ausgeschlossen ist; .2 einer starren Außenverpackung: Fässer (1A1, 1A2, 1B1, 1B2, 1N1, 1N2, 1H1, 1H2, 1D, 1G); Kisten (4A, 4B, 4N, 4C1, 4C2, 4D, 4F, 4G, 4H1, 4H2); Kanister (3A1, 3A2, 3B1, 3B2, 3H1, 3H2). Die kleinste äußere Abmessung muss mindestens 100 mm betragen.		
Zusätzliche Vorschriften: 1 Innenverpackungen, die ansteckungsgefährliche Stoffe enthalten, dürfen nicht mit Innenverpackungen, die andere Arten von Gütern enthalten, zusammengepackt werden. Vollständige Versandstücke dürfen in einer Umverpackung gemäß den Vorschriften von 1.2.1 und 5.1.2 enthalten sein; eine solche Umverpackung darf Trockeneis enthalten. 2 Abgesehen von Ausnahmesendungen, z. B. beim Versand vollständiger Organe, die eine besondere Verpackung erfordern, gelten folgende zusätzliche Vorschriften: (a) *Stoffe, die bei Umgebungstemperatur oder einer höheren Temperatur versandt werden:* Die Primärgefäße müssen aus Glas, Metall oder Kunststoff sein. Wirksame Mittel zur Sicherstellung eines dichten Verschlusses sind vorzusehen, z. B. ein Heißsiegelverschluss, ein umsäumter Stopfen oder ein Metallbördelverschluss. Werden Schraubkappen verwendet, müssen diese durch wirksame Mittel, wie z. B. Band, Paraffin-Abdichtband oder zu diesem Zweck hergestellter Sicherungsverschluss, gesichert werden;		

4.1.4.1 (Forts.)

P620 VERPACKUNGSANWEISUNG *(Forts.)* **P620**

(b) *Stoffe, die gekühlt oder gefroren versandt werden:* Um die Sekundärverpackung(en) oder wahlweise in einer Umverpackung mit einem oder mehreren vollständigen Versandstücken, die gemäß 6.3.3 gekennzeichnet sind, ist Eis, Trockeneis oder ein anderes Kühlmittel anzuordnen. Damit die Sekundärverpackung(en) oder die Versandstücke nach dem Schmelzen des Eises oder dem Verdampfen des Trockeneises sicher in ihrer ursprünglichen Lage verbleibt (verbleiben), sind Innenhalterungen vorzusehen. Bei Verwendung von Eis muss die Außenverpackung oder Umverpackung wasserdicht sein. Bei Verwendung von Trockeneis muss das Kohlendioxidgas aus der Außenverpackung oder Umverpackung entweichen können. Das Primärgefäß und die Sekundärverpackung dürfen durch die Temperatur des verwendeten Kühlmittels in ihrer Funktionsfähigkeit nicht beeinträchtigt werden;

(c) *Stoffe, die in flüssigem Stickstoff versandt werden:* Es sind Primärgefäße aus Kunststoff zu verwenden, der gegenüber sehr niedrigen Temperaturen beständig ist. Die Sekundärverpackung muss ebenfalls gegenüber sehr niedrigen Temperaturen beständig sein und wird in den meisten Fällen an die einzelnen Primärgefäße angepasst sein müssen. Die Vorschriften für den Versand von flüssigem Stickstoff sind ebenfalls zu beachten. Das Primärgefäß und die Sekundärverpackung dürfen durch die Temperatur des flüssigen Stickstoffs in ihrer Funktionsfähigkeit nicht beeinträchtigt werden;

(d) lyophilisierte Stoffe dürfen auch in Primärgefäßen befördert werden, die aus zugeschmolzenen Ampullen aus Glas oder mit Gummistopfen verschlossenen Phiolen aus Glas mit Metalldichtungen bestehen.

3 Unabhängig von der vorgesehenen Versandtemperatur muss das Primärgefäß oder die Sekundärverpackung einem Innendruck, der einem Druckunterschied von mindestens 95 kPa entspricht, ohne Undichtheiten standhalten können. Dieses Primärgefäß oder diese Sekundärverpackung muss auch Temperaturen von -40 °C bis +55 °C standhalten können.

4 Andere gefährliche Güter dürfen nicht mit ansteckungsgefährlichen Stoffen der Klasse 6.2 in ein und derselben Verpackung zusammengepackt werden, sofern diese nicht für die Aufrechterhaltung der Lebensfähigkeit, für die Stabilisierung, für die Verhinderung des Abbaus oder für die Neutralisierung der Gefahren der ansteckungsgefährlichen Stoffe erforderlich sind. Gefährliche Güter der Klasse 3, 8 oder 9 dürfen in Mengen von höchstens 30 ml in jedes Primärgefäß, das ansteckungsgefährliche Stoffe enthält, verpackt werden. Diese geringen Mengen gefährlicher Güter der Klasse 3, 8 oder 9 unterliegen keinen zusätzlichen Vorschriften dieses Codes, wenn sie in Übereinstimmung mit dieser Verpackungsanweisung verpackt sind.

5 Alternative Verpackungen für die Beförderung von tierischen Stoffen dürfen nach den Vorschriften gemäß 4.1.3.7 von der zuständigen Behörde zugelassen werden.

P621 VERPACKUNGSANWEISUNG P621

Diese Anweisung gilt für die UN-Nummer 3291.

Folgende Verpackungen sind zugelassen, wenn die allgemeinen Vorschriften nach 4.1.1, ausgenommen 4.1.1.15, und 4.1.3 erfüllt sind:

(1) Unter der Voraussetzung, dass genügend saugfähiges Material vorhanden ist, um die gesamte Menge der vorhandenen flüssigen Stoffe aufzunehmen, und die Verpackung in der Lage ist, flüssige Stoffe zurückzuhalten:

Fässer (1A2, 1B2, 1N2, 1H2, 1D, 1G);
Kisten (4A, 4B, 4N, 4C1, 4C2, 4D, 4F, 4G, 4H1, 4H2);
Kanister (3A2, 3B2, 3H2).

Die Verpackungen müssen den Prüfanforderungen für die Verpackungsgruppe II für feste Stoffe entsprechen.

(2) Für Versandstücke, die größere Mengen flüssiger Stoffe enthalten:

Fässer (1A1, 1A2, 1B1, 1B2, 1N1, 1N2, 1H1, 1H2, 1D, 1G);
Kanister (3A1, 3A2, 3B1, 3B2, 3H1, 3H2);
Kombinationsverpackungen (6HA1, 6HB1, 6HG1, 6HH1, 6HD1, 6HA2, 6HB2, 6HC, 6HD2, 6HG2, 6HH2, 6PA1, 6PB1, 6PG1, 6PD1, 6PH1, 6PH2, 6PA2, 6PB2, 6PC, 6PG2 oder 6PD2).

Die Verpackungen müssen den Prüfanforderungen für die Verpackungsgruppe II für flüssige Stoffe entsprechen.

Zusätzliche Vorschrift:

Verpackungen, die für scharfe oder spitze Gegenstände, wie Glasscherben oder Nadeln, vorgesehen sind, müssen durchstoßfest und in der Lage sein, flüssige Stoffe unter den Prüfbedingungen des Kapitels 6.1 zurückzuhalten.

4.1.4.1 (Forts.)

P650	VERPACKUNGSANWEISUNG	P650

Diese Anweisung gilt für die UN-Nummer 3373.

(1) Die Verpackungen müssen von guter Qualität und genügend widerstandsfähig sein, dass sie den Stößen und Belastungen, die unter normalen Beförderungsbedingungen auftreten können, standhalten, einschließlich des Umschlags zwischen Güterbeförderungseinheiten und zwischen Güterbeförderungseinheiten und Lagerhäusern sowie jeder Entnahme von einer Palette oder aus einer Umverpackung zur nachfolgenden manuellen oder mechanischen Handhabung. Die Verpackungen müssen so gebaut und verschlossen sein, dass unter normalen Beförderungsbedingungen ein Austreten des Inhalts infolge von Vibration, Temperaturwechsel, Feuchtigkeits- und Druckänderung verhindert wird.

(2) Die Verpackung muss aus mindestens drei Bestandteilen bestehen:
(a) einem Primärgefäß;
(b) einer Sekundärverpackung und
(c) einer Außenverpackung
wobei entweder die Sekundärverpackung oder die Außenverpackung starr sein muss.

(3) Die Primärgefäße sind so in die Sekundärverpackungen zu verpacken, dass unter normalen Beförderungsbedingungen ein Zubruchgehen, Durchstoßen oder Austreten von Inhalt in die Sekundärverpackung verhindert wird. Die Sekundärverpackungen sind mit geeignetem Polstermaterial in die Außenverpackungen einzusetzen. Ein Austreten des Inhalts darf nicht zu einer Beeinträchtigung der Unversehrtheit des Polstermaterials oder der Außenverpackung führen.

(4) Für die Beförderung ist das nachstehend abgebildete Kennzeichen auf der äußeren Oberfläche der Außenverpackung auf einem kontrastierenden Hintergrund anzubringen; sie muss deutlich sichtbar und lesbar sein. Das Kennzeichen muss die Form eines auf die Spitze gestellten Quadrats (Raute) mit einer Mindestabmessung von 50 mm × 50 mm haben; die Linie muss mindestens 2 mm breit sein und die Buchstaben und Ziffern müssen eine Zeichenhöhe von mindestens 6 mm haben. Direkt neben dem rautenförmigen Kennzeichen muss auf der Außenverpackung der richtige technische Name „BIOLOGISCHER STOFF, KATEGORIE B"/„BIOLOGICAL SUBSTANCE, CATEGORY B" mit einer Buchstabenhöhe von mindestens 6 mm angegeben werden.

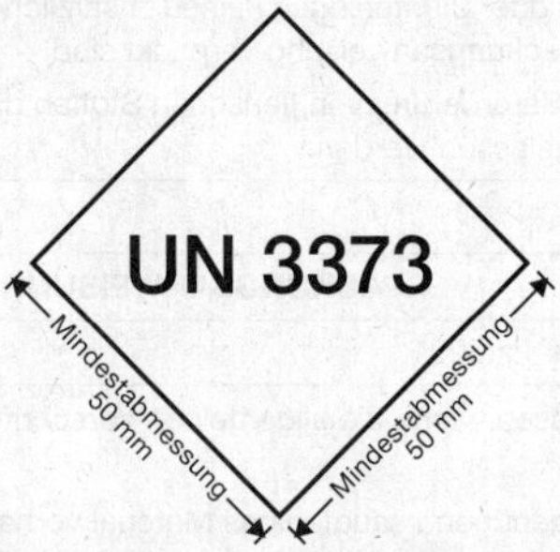

(5) Mindestens eine der Oberflächen der Außenverpackung muss eine Mindestabmessung von 100 mm × 100 mm haben.

(6) Das vollständige Versandstück muss in der Lage sein, die Fallprüfung in 6.3.5.3 nach den Vorschriften in 6.3.5.2 dieses Codes bei einer Fallhöhe von 1,2 m erfolgreich zu bestehen. Nach der jeweiligen Fallversuchsreihe darf aus dem (den) Primärgefäß(en), das (die), sofern vorgeschrieben, durch das absorbierende Material geschützt bleiben muss (müssen), nichts in die Sekundärverpackung gelangen.

(7) Für flüssige Stoffe gilt:
(a) Das (die) Primärgefäß(e) muss (müssen) dicht sein.
(b) Die Sekundärverpackung muss dicht sein.
(c) Wenn mehrere zerbrechliche Primärgefäße in eine einzige Sekundärverpackung eingesetzt werden, müssen diese entweder einzeln eingewickelt oder so voneinander getrennt werden, dass eine gegenseitige Berührung verhindert wird.
(d) Zwischen dem (den) Primärgefäß(en) und der Sekundärverpackung muss absorbierendes Material eingesetzt werden. Das absorbierende Material muss ausreichend sein, um die gesamte im (in den) Primärgefäß(en) enthaltene Menge aufzunehmen, so dass ein Austreten des flüssigen Stoffes nicht zu einer Beeinträchtigung der Unversehrtheit des Polstermaterials oder der Außenverpackung führt.
(e) Das Primärgefäß oder die Sekundärverpackung muss in der Lage sein, einem Innendruck von 95 kPa (0,95 bar) ohne Verlust von Füllgut standzuhalten.

4.1.4.1 (Forts.)

P650	VERPACKUNGSANWEISUNG *(Forts.)*	P650

(8) Für feste Stoffe gilt:

(a) Das (die) Primärgefäß(e) muss (müssen) staubdicht sein.

(b) Die Sekundärverpackung muss staubdicht sein.

(c) Wenn mehrere zerbrechliche Primärgefäße in eine einzige Sekundärverpackung eingesetzt werden, müssen diese entweder einzeln eingewickelt oder so voneinander getrennt werden, dass eine gegenseitige Berührung verhindert wird.

(d) Wenn Zweifel darüber bestehen, ob während der Beförderung Restflüssigkeit im Primärgefäß vorhanden sein kann, muss eine für flüssige Stoffe geeignete Verpackung mit absorbierendem Material verwendet werden.

(9) Gekühlte oder gefrorene Proben: Eis, Trockeneis und flüssiger Stickstoff

(a) Wenn Trockeneis oder flüssiger Stickstoff als Kühlmittel verwendet wird, gelten die Vorschriften von 5.5.3. Wenn Eis verwendet wird, muss dieses außerhalb der Sekundärverpackungen, in der Außenverpackung oder in einer Umverpackung eingesetzt werden. Damit die Sekundärverpackungen sicher in ihrer ursprünglichen Lage verbleiben, müssen Innenhalterungen vorgesehen werden. Bei Verwendung von Eis muss die Außenverpackung oder Umverpackung flüssigkeitsdicht sein.

(b) Das Primärgefäß und die Sekundärverpackung dürfen durch die Temperatur des verwendeten Kühlmittels sowie durch die Temperaturen und Drücke, die bei einem Ausfall der Kühlung entstehen können, in ihrer Funktionsfähigkeit nicht beeinträchtigt werden.

(10) Wenn Versandstücke in eine Umverpackung eingesetzt werden, müssen die in dieser Verpackungsanweisung vorgeschriebenen Versandstück-Kennzeichen entweder deutlich sichtbar sein oder auf der Außenseite der Umverpackung wiedergegeben werden.

(11) Ansteckungsgefährliche Stoffe, die der UN-Nummer 3373 zugeordnet sind und die in Übereinstimmung mit dieser Verpackungsanweisung verpackt sind, und Versandstücke, die in Übereinstimmung mit dieser Verpackungsanweisung gekennzeichnet sind, unterliegen keinen weiteren Vorschriften dieses Codes.

(12) Hersteller und nachfolgende Verteiler von Verpackungen müssen dem Versender oder der Person, welche das Versandstück vorbereitet (z. B. Patient), klare Anweisungen für das Befüllen und Verschließen dieser Versandstücke liefern, um eine richtige Vorbereitung des Versandstücks für die Beförderung zu ermöglichen.

(13) Andere gefährliche Güter dürfen nicht mit ansteckungsgefährlichen Stoffen der Klasse 6.2 in ein und derselben Verpackung zusammengepackt werden, sofern diese nicht für die Aufrechterhaltung der Lebensfähigkeit, für die Stabilisierung, für die Verhinderung des Abbaus oder für die Neutralisierung der Gefahren der ansteckungsgefährlichen Stoffe erforderlich sind. Gefährliche Güter der Klassen 3, 8 oder 9 dürfen in Mengen von höchstens 30 ml in jedes Primärgefäß, das ansteckungsgefährliche Stoffe enthält, verpackt werden. Wenn diese geringen Mengen gefährlicher Güter in Übereinstimmung mit dieser Verpackungsanweisung zusammen mit ansteckungsgefährlichen Stoffen verpackt werden, müssen die übrigen Vorschriften dieses Codes nicht erfüllt werden.

Zusätzliche Vorschrift:

Alternative Verpackungen für die Beförderung von tierischen Stoffen dürfen nach den Vorschriften gemäß 4.1.3.7 von der zuständigen Behörde zugelassen werden.

P800	VERPACKUNGSANWEISUNG	P800

Diese Anweisung gilt für die UN-Nummern 2803 und 2809.

Folgende Verpackungen sind zugelassen, wenn die allgemeinen Vorschriften nach 4.1.1 und 4.1.3 erfüllt sind:

(1) Druckgefäße, vorausgesetzt, die allgemeinen Vorschriften von 4.1.3.6 werden erfüllt; oder

(2) Kolben oder Flaschen aus Stahl, mit Schraubverschlüssen und einem Fassungsraum von höchstens 3 Litern; oder

(3) zusammengesetzte Verpackungen, die folgenden Vorschriften entsprechen:

(a) Die Innenverpackungen müssen aus Glas, Metall oder starrem Kunststoff bestehen und jede dafür geeignet sein, flüssige Stoffe mit einer höchsten Nettomasse von jeweils 15 kg aufzunehmen.

(b) Die Innenverpackungen müssen mit ausreichend Polstermaterial verpackt sein, um ein Zubruchgehen zu verhindern.

(c) Entweder die Innenverpackungen oder die Außenverpackungen müssen völlig dichte, durchstoßfeste und für den Inhalt undurchlässige Innenauskleidungen oder Säcke haben, die den Inhalt vollständig umschließen und unabhängig von Lage und Ausrichtung ein Entweichen aus dem Versandstück verhindern.

(d) Die folgenden Außenverpackungen und höchsten Nettomassen sind zugelassen:

4.1.4.1 (Forts.)

P800	VERPACKUNGSANWEISUNG *(Forts.)*	P800
Außenverpackungen	**Höchste Nettomasse**	
Fässer		
aus Stahl (1A1, 1A2)	400 kg	
aus einem anderen Metall als Stahl oder Aluminium (1N1, 1N2)	400 kg	
aus Kunststoff (1H1, 1H2)	400 kg	
aus Sperrholz (1D)	400 kg	
aus Pappe (1G)	400 kg	
Kisten		
aus Stahl (4A)	400 kg	
aus einem anderen Metall als Stahl oder Aluminium (4N)	400 kg	
aus Naturholz (4C1)	250 kg	
aus Naturholz, mit staubdichten Wänden (4C2)	250 kg	
aus Sperrholz (4D)	250 kg	
aus Holzfaserwerkstoff (4F)	125 kg	
aus Pappe (4G)	125 kg	
aus Schaumstoff (4H1)	60 kg	
aus massivem Kunststoff (4H2)	125 kg	

Sondervorschrift für die Verpackung:

PP41 Wenn es notwendig ist, UN 2803 Gallium bei niedrigen Temperaturen zu befördern, um es in vollständig festem Zustand zu halten, dürfen die oben aufgeführten Verpackungen mit einer festen, wasserbeständigen Außenverpackung umverpackt werden, die Trockeneis oder ein anderes Kühlmittel enthält. Wenn ein Kühlmittel verwendet wird, müssen alle oben aufgeführten für die Verpackung von Gallium verwendeten Werkstoffe chemisch und physikalisch gegen das Kühlmittel widerstandsfähig und bei den niedrigen Temperaturen des verwendeten Kühlmittels schlagfest sein. Wird Trockeneis verwendet, so muss aus der Außenverpackung gasförmiges Kohlendioxid entweichen können.

P801	VERPACKUNGSANWEISUNG	P801

Diese Anweisung gilt für neue und gebrauchte Batterien (Akkumulatoren) der UN-Nummern 2794, 2795 oder 3028.

Folgende Verpackungen sind zugelassen, wenn die allgemeinen Vorschriften nach 4.1.1, ausgenommen 4.1.1.3, und 4.1.3 erfüllt sind, mit der Ausnahme, dass Verpackungen nicht den Vorschriften des Teils 6 entsprechen müssen:

(1) starre Außenverpackungen;

(2) Verschläge aus Holz;

(3) Paletten.

Gebrauchte Batterien (Akkumulatoren) dürfen auch lose in Akkukästen aus rostfreiem Stahl oder Kunststoff befördert werden, die in der Lage sind, jede freie Flüssigkeit aus den gebrauchten Batterien aufzunehmen.

Zusätzliche Vorschriften:

1 Batterien (Akkumulatoren) müssen gegen Kurzschluss geschützt sein.

2 Gestapelte Batterien (Akkumulatoren) müssen in Lagen, getrennt durch Unterlagen, aus nicht elektrisch leitendem Material angemessen gesichert sein.

3 Die Pole der Batterien (Akkumulatoren) dürfen nicht dem Gewicht anderer darüber liegender Einheiten ausgesetzt werden.

4 Die Batterien (Akkumulatoren) müssen so verpackt oder gesichert sein, dass eine unbeabsichtigte Bewegung verhindert wird.

5 Batterien (Akkumulatoren) der UN-Nummern 2794 und 2795 müssen in der Lage sein, einen Kipptest bei einem Winkel von 45° zu überstehen, ohne dass Flüssigkeit austritt.

4.1.4.1 (Forts.)

P802	VERPACKUNGSANWEISUNG	P802
Folgende Verpackungen sind zugelassen, wenn die allgemeinen Vorschriften nach 4.1.1 und 4.1.3 erfüllt sind:		
(1) Zusammengesetzte Verpackungen Außenverpackungen: 1A1, 1A2, 1B1, 1B2, 1N1, 1N2, 1H1, 1H2, 1D, 1G, 4A, 4B, 4N, 4C1, 4C2, 4D, 4F, 4G oder 4H2; höchste Nettomasse: 75 kg. Innenverpackungen: aus Glas oder Kunststoff; höchster Fassungsraum: 10 Liter. (2) Zusammengesetzte Verpackungen Außenverpackungen: 1A1, 1A2, 1B1, 1B2, 1N1, 1N2, 1H1, 1H2, 1D, 1G, 4A, 4B, 4N, 4C1, 4C2, 4D, 4F, 4G oder 4H2; höchste Nettomasse: 125 kg. Innenverpackungen: aus Metall; höchster Fassungsraum: 40 Liter. (3) Kombinationsverpackungen: Glasgefäß in einem Fass aus Stahl, Aluminium oder Sperrholz (6PA1, 6PB1 oder 6PD1) oder in einer Kiste aus Stahl, Aluminium oder Naturholz oder in einem Weidenkorb (6PA2, 6PB2, 6PC oder 6PD2) oder in einer Außenverpackung aus starrem Kunststoff (6PH2); höchster Fassungsraum: 60 Liter. (4) Fässer aus Stahl (1A1) mit einem höchsten Fassungsraum von 250 Liter. (5) Druckgefäße, vorausgesetzt, die allgemeinen Vorschriften nach 4.1.3.6 werden erfüllt.		
Sondervorschriften für die Verpackung: **PP79** Für die UN-Nummer 1790 mit mehr als 60 %, aber höchstens 85 % Fluorwasserstoff, siehe Verpackungsanweisung P001. **PP81** Für die UN-Nummer 1790 mit höchstens 85 % Fluorwasserstoff und die UN-Nummer 2031 mit mehr als 55 % Salpetersäure beträgt die zulässige Verwendungsdauer für Fässer und Kanister aus Kunststoff als Einzelverpackung, vom Datum ihrer Herstellung an gerechnet, zwei Jahre.		

P803	VERPACKUNGSANWEISUNG	P803
Diese Anweisung gilt für die UN-Nummer 2028.		
Folgende Verpackungen sind zugelassen, wenn die allgemeinen Vorschriften nach 4.1.1 und 4.1.3 erfüllt sind: (1) Fässer (1A2, 1B2, 1N2, 1H2, 1D, 1G); (2) Kisten (4A, 4B, 4N, 4C1, 4C2, 4D, 4F, 4G, 4H2); Höchste Nettomasse: 75 kg. Die Gegenstände müssen einzeln verpackt und voneinander durch Unterteilungen, Trennwände, Innenverpackungen oder Polstermaterial getrennt sein, um eine unbeabsichtigte Entladung unter normalen Beförderungsbedingungen zu verhindern.		

P804	VERPACKUNGSANWEISUNG	P804
Diese Anweisung gilt für die UN-Nummer 1744.		
Folgende Verpackungen sind zugelassen, wenn die allgemeinen Vorschriften nach 4.1.1 und 4.1.3 erfüllt und die Verpackungen luftdicht verschlossen sind: (1) Zusammengesetzte Verpackungen mit einer höchsten Bruttomasse von 25 kg bestehend aus einer oder mehreren Innenverpackung(en) aus Glas mit einem höchsten Fassungsraum von 1,3 Litern je Innenverpackung, die höchstens zu 90 % ihres Fassungsraumes gefüllt ist (sind) und deren Verschluss (Verschlüsse) durch eine Vorrichtung physisch fixiert sein muss (müssen), die in der Lage ist, ein Abschlagen oder ein Lösen durch Schlag oder Vibration während der Beförderung zu verhindern; die Innenverpackung(en) muss (müssen) einzeln eingesetzt sein in: – Gefäßen aus Metall oder starrem Kunststoff zusammen mit Polstermaterial und saugfähigem Material in einer für die Aufnahme des gesamten Inhalts der Innenverpackung(en) aus Glas ausreichenden Menge, die wiederum verpackt sind in – Außenverpackungen 1A1, 1A2, 1B1, 1B2, 1N1, 1N2, 1H1, 1H2, 1D, 1G, 4A, 4B, 4N, 4C1, 4C2, 4D, 4F, 4G oder 4H2. (2) Zusammengesetzte Verpackungen, bestehend aus Innenverpackungen aus Metall oder Polyvinyldifluorid (PVDF), deren Fassungsraum 5 Liter nicht übersteigt und die einzeln mit einem saugfähigen Material in einer für die Aufnahme des gesamten Inhalts ausreichenden Menge und inertem Polstermaterial in Außenverpackungen 1A1, 1A2, 1B1, 1B2, 1N1, 1N2, 1H1, 1H2, 1D, 1G, 4A, 4B, 4N, 4C1, 4C2, 4D, 4F, 4G oder 4H2 mit einer höchsten Bruttomasse von 75 kg verpackt sind. Die Innenverpackungen dürfen höchstens zu 90 % ihres Fassungsraums gefüllt sein. Der Verschluss jeder Innenverpackung muss durch eine Vorrichtung physisch fixiert sein, die in der Lage ist, ein Abschlagen oder ein Lösen des Verschlusses durch Schlag oder Vibration während der Beförderung zu verhindern.		

4.1.4.1 (Forts.)

P804	VERPACKUNGSANWEISUNG *(Forts.)*	P804

(3) Verpackungen, bestehend aus:
Außenverpackungen:
Fässer aus Stahl oder Kunststoff (1A1, 1A2, 1H1 oder 1H2), die nach den Prüfvorschriften in 6.1.5 mit einer Masse, die der Masse des zusammengestellten Versandstücks entspricht, entweder als Verpackung für die Aufnahme von Innenverpackungen oder als Einzelverpackung für die Aufnahme flüssiger oder fester Stoffe geprüft und entsprechend gekennzeichnet sind.
Innenverpackungen:
Fässer und Kombinationsverpackungen (1A1, 1B1, 1N1, 1H1 oder 6HA1), die den Vorschriften des Kapitels 6.1 für Einzelverpackungen entsprechen und folgende Bedingungen erfüllen:
(a) die Innendruckprüfung (hydraulisch) muss bei einem Druck von mindestens 300 kPa (3 bar) (Überdruck) durchgeführt werden;
(b) die Dichtheitsprüfungen im Rahmen der Auslegung und der Herstellung müssen bei einem Prüfdruck von 30 kPa (0,3 bar) durchgeführt werden;
(c) sie müssen vom äußeren Fass durch die Verwendung eines inerten stoßdämpfenden Polstermaterials, das die Innenverpackung von allen Seiten umgibt, isoliert sein;
(d) ihr Fassungsraum darf 125 Liter nicht übersteigen;
(e) die Verschlüsse müssen Schraubkappen sein, die:
 (i) durch eine Vorrichtung physisch fixiert sind, die in der Lage ist, ein Abschlagen oder ein Lösen des Verschlusses durch Schlag oder Vibration während der Beförderung zu verhindern, und
 (ii) mit einer Deckeldichtung ausgerüstet sind;
(f) die Außen- und Innenverpackungen müssen mindestens alle zweieinhalb Jahre einer wiederkehrenden inneren Inspektion und Dichtheitsprüfung gemäß (b) unterzogen werden und
(g) auf den Außen- und Innenverpackungen muss gut lesbar und dauerhaft angebracht sein:
 (i) das Datum (Monat, Jahr) der erstmaligen und der zuletzt durchgeführten wiederkehrenden Prüfung und Inspektion der Innenverpackung;
 (ii) der Name oder das zugelassene Symbol des Sachverständigen, der die Prüfungen und Inspektionen vorgenommen hat.

(4) Druckgefäße, vorausgesetzt, die allgemeinen Vorschriften von 4.1.3.6 werden erfüllt.
(a) Sie müssen einer erstmaligen und alle 10 Jahre einer wiederkehrenden Prüfung mit einem Druck von mindestens 1 MPa (10 bar) (Überdruck) unterzogen werden.
(b) Sie müssen mindestens alle zweieinhalb Jahre einer wiederkehrenden inneren Inspektion und Dichtheitsprüfung unterzogen werden.
(c) Sie dürfen nicht mit Druckentlastungseinrichtungen ausgerüstet sein.
(d) Jedes Druckgefäß muss mit einer Verschlusskappe oder einem oder mehreren Verschlussventilen verschlossen sein, die mit einer zweiten Verschlusseinrichtung ausgerüstet sind.
(e) Die Konstruktionswerkstoffe des Druckgefäßes, der Verschlussventile, der Verschlusskappen, der Auslaufdeckel, des Dichtungskitts und der Dichtungen müssen untereinander und mit dem Füllgut verträglich sein.

P900	VERPACKUNGSANWEISUNG	P900

Diese Anweisung gilt für die UN-Nummer 2216.

Folgende Verpackungen sind zugelassen, wenn die allgemeinen Vorschriften nach 4.1.1 und 4.1.3 erfüllt sind:
(1) Verpackungen gemäß Verpackungsanweisung P002; oder
(2) Säcke (5H1, 5H2, 5H3, 5H4, 5L1, 5L2, 5L3, 5M1 oder 5M2) mit einer höchsten Nettomasse von 50 kg.

Fischmehl kann auch unverpackt befördert werden, wenn es in geschlossenen Güterbeförderungseinheiten befördert wird und der freie Luftraum auf ein Minimum begrenzt ist.

4.1.4.1 (Forts.)

P901 — **VERPACKUNGSANWEISUNG** — **P901**

Diese Anweisung gilt für die UN-Nummer 3316.

Folgende zusammengesetzte Verpackungen sind zugelassen, wenn die allgemeinen Vorschriften nach 4.1.1 und 4.1.3 erfüllt sind:

Fässer (1A1, 1A2, 1B1, 1B2, 1N1, 1N2, 1H1, 1H2, 1D, 1G);
Kisten (4A, 4B, 4N, 4C1, 4C2, 4D, 4F, 4G, 4H1, 4H2);
Kanister (3A1, 3A2, 3B1, 3B2, 3H1, 3H2).

Die Verpackungen müssen den Prüfanforderungen für diejenige Verpackungsgruppe entsprechen, die dem gesamten Testsatz oder der gesamten Ausrüstung zugeordnet ist (siehe 3.3.1, Sondervorschrift 251). Wenn der Testsatz oder die Ausrüstung nur gefährliche Güter enthält, denen keine Verpackungsgruppe zugeordnet ist, müssen die Verpackungen den Prüfanforderungen für die Verpackungsgruppe II entsprechen.

Höchstmenge gefährlicher Güter je Außenverpackung: 10 kg, wobei die Masse für gegebenenfalls vorhandenes Kohlendioxid, fest (Trockeneis), das als Kühlmittel verwendet wird, unberücksichtigt bleibt.

Zusätzliche Vorschrift:

Die gefährlichen Güter in den Testsätzen oder Ausrüstungen müssen in Innenverpackungen verpackt und vor den anderen Stoffen, die in den Testsätzen oder Ausrüstungen enthalten sind, geschützt sein.

P902 — **VERPACKUNGSANWEISUNG** — **P902**

Diese Anweisung gilt für die UN-Nummer 3268.

Verpackte Gegenstände:

Folgende Verpackungen sind zugelassen, wenn die allgemeinen Vorschriften nach 4.1.1 und 4.1.3 erfüllt sind:

Fässer (1A2, 1B2, 1N2, 1H2, 1D, 1G);
Kisten (4A, 4B, 4N, 4C1, 4C2, 4D, 4F, 4G, 4H1, 4H2);
Kanister (3A2, 3B2, 3H2).

Die Verpackungen müssen den Prüfanforderungen für die Verpackungsgruppe III entsprechen.

Die Verpackungen müssen so ausgelegt und gebaut sein, dass Bewegungen der Gegenstände und eine unbeabsichtigte Auslösung unter normalen Beförderungsbedingungen verhindert werden.

Unverpackte Gegenstände:

Die Gegenstände dürfen zum, vom oder zwischen dem Herstellungsort und einer Montagefabrik, einschließlich Orten der Zwischenbehandlung, auch unverpackt in besonders ausgerüsteten Handhabungseinrichtungen, Fahrzeugen oder Containern befördert werden.

Zusätzliche Vorschrift:

Druckgefäße müssen den Vorschriften der zuständigen Behörde für den (die) im Druckgefäß enthaltenen Stoff(e) entsprechen.

4.1.4.1 (Forts.)

P903	VERPACKUNGSANWEISUNG	P903
Diese Anweisung gilt für die UN-Nummern 3090, 3091, 3480 und 3481.		

„Ausrüstung" im Sinne dieser Verpackungsanweisung ist ein Gerät, für dessen Betrieb die Lithiumzellen oder -batterien elektrische Energie liefern. Folgende Verpackungen sind zugelassen, wenn die allgemeinen Vorschriften nach 4.1.1 und 4.1.3 erfüllt sind:

(1) Für Zellen und Batterien:

Fässer (1A2, 1B2, 1N2, 1H2, 1D, 1G);
Kisten (4A, 4B, 4N, 4C1, 4C2, 4D, 4F, 4G, 4H1, 4H2);
Kanister (3A2, 3B2, 3H2).

Die Zellen oder Batterien müssen so in Verpackungen verpackt werden, dass die Zellen oder Batterien vor Beschädigungen geschützt sind, die durch Bewegungen der Zellen oder Batterien in der Verpackung oder durch das Einsetzen der Zellen oder Batterien in die Verpackung verursacht werden können.
Die Verpackungen müssen den Prüfanforderungen für die Verpackungsgruppe II entsprechen.

(2) Zusätzlich für Zellen oder Batterien mit einer Bruttomasse von mindestens 12 kg mit einem widerstandsfähigen, stoßfesten Gehäuse sowie für Zusammenstellungen solcher Zellen oder Batterien:

(a) widerstandsfähige Außenverpackungen,
(b) Schutzumschließungen (z. B. vollständig umschlossen oder Lattenverschläge aus Holz) oder
(c) Paletten oder andere Handhabungseinrichtungen.

Die Zellen oder Batterien müssen gegen unbeabsichtigte Bewegung gesichert sein, und die Pole dürfen nicht mit dem Gewicht anderer darüber liegender Elemente belastet werden.
Die Verpackungen müssen den Vorschriften nach 4.1.1.3 nicht entsprechen.

(3) Für Zellen oder Batterien, mit Ausrüstungen verpackt:
Verpackungen, die den Vorschriften des Absatzes (1) dieser Verpackungsanweisung entsprechen und anschließend mit der Ausrüstung in eine Außenverpackung eingesetzt werden, oder
Verpackungen, welche die Zellen oder Batterien vollständig umschließen und anschließend mit der Ausrüstung in eine Verpackung eingesetzt werden, die den Vorschriften des Absatzes (1) dieser Verpackungsanweisung entspricht.
Die Ausrüstung muss gegen Bewegungen in der Außenverpackung gesichert werden.

(4) Für Zellen oder Batterien in Ausrüstungen:
Widerstandsfähige Außenverpackungen, die aus einem geeigneten Werkstoff hergestellt sind und hinsichtlich ihres Fassungsraums und ihrer beabsichtigten Verwendung eine geeignete Festigkeit und Auslegung aufweisen. Sie müssen so gebaut sein, dass eine unbeabsichtigte Inbetriebsetzung während der Beförderung verhindert wird. Die Verpackungen müssen den Vorschriften nach 4.1.1.3 nicht entsprechen.
Große Ausrüstungen dürfen unverpackt oder auf Paletten zur Beförderung aufgegeben werden, sofern die Zellen oder Batterien durch die Ausrüstung, in der sie enthalten sind, gleichwertig geschützt werden.
Einrichtungen, die während der Beförderung absichtlich aktiv sind, wie Sender für die Identifizierung mit Hilfe elektromagnetischer Wellen (RFID), Uhren und Temperaturmesswerterfasser, und die nicht in der Lage sind, eine gefährliche Hitzeentwicklung zu erzeugen, dürfen in widerstandsfähigen Außenverpackungen befördert werden.

Zusätzliche Vorschrift:

Die Zellen oder Batterien müssen gegen Kurzschluss geschützt werden.

4.1.4.1 (Forts.)

P904	VERPACKUNGSANWEISUNG	P904

Diese Anweisung gilt für die UN-Nummer 3245.

Die folgenden Verpackungen sind zugelassen:

(1) Verpackungen, die den Vorschriften in 4.1.1.1, 4.1.1.2, 4.1.1.4, 4.1.1.8 und 4.1.3 entsprechen und so ausgelegt sind, dass sie den Bauvorschriften in 6.1.4 entsprechen. Es müssen Außenverpackungen verwendet werden, die aus geeignetem Werkstoff hergestellt sind und hinsichtlich ihres Fassungsraums und der vorgesehenen Verwendung eine ausreichende Festigkeit aufweisen und entsprechend ausgelegt sind. Wenn diese Verpackungsanweisung für die Beförderung von Innenverpackungen von zusammengesetzten Verpackungen verwendet wird, muss die Verpackung so ausgelegt und gebaut sein, dass unter normalen Beförderungsbedingungen eine unbeabsichtigte Entleerung verhindert wird.

(2) Verpackungen, die nicht den Prüfvorschriften für Verpackungen des Teils 6 entsprechen müssen, aber folgenden Vorschriften entsprechen:

(a) Eine Innenverpackung, bestehend aus:

(i) (einem) Primärgefäß(en) und einer Sekundärverpackung, wobei das (die) Primärgefäß(e) oder die Sekundärverpackung für flüssige Stoffe flüssigkeitsdicht oder für feste Stoffe staubdicht sein muss (müssen);

(ii) bei flüssigen Stoffen absorbierendem Material, das zwischen dem (den) Primärgefäß(en) und der Sekundärverpackung eingesetzt ist. Das absorbierende Material muss ausreichend sein, um die gesamte im (in den) Primärgefäß(en) enthaltene Menge aufzunehmen, so dass ein Austreten des flüssigen Stoffes nicht zu einer Beeinträchtigung der Unversehrtheit des Polstermaterials oder der Außenverpackung führt;

(iii) wenn mehrere zerbrechliche Primärgefäße in eine einzige Sekundärverpackung eingesetzt werden, müssen diese entweder einzeln eingewickelt oder so voneinander getrennt werden, dass eine gegenseitige Berührung verhindert wird.

(b) Eine Außenverpackung muss in Bezug auf ihren Fassungsraum, ihre Masse und ihren vorgesehenen Verwendungszweck ausreichend widerstandsfähig sein, und ihre kleinste Außenabmessung muss mindestens 100 mm betragen.

Für die Beförderung ist das nachstehend abgebildete Kennzeichen auf der äußeren Oberfläche der Außenverpackung auf einem kontrastierenden Hintergrund anzubringen; es muss deutlich sichtbar und lesbar sein. Das Kennzeichen muss die Form eines auf die Spitze gestellten Quadrats (Raute) mit einer Mindestabmessung von 50 mm x 50 mm haben; die Linie muss mindestens 2 mm breit sein und die Buchstaben und Ziffern müssen eine Zeichenhöhe von mindestens 6 mm haben.

Zusätzliche Vorschrift:

Eis, Trockeneis und flüssiger Stickstoff

Wenn Trockeneis oder flüssiger Stickstoff als Kühlmittel verwendet wird, gelten die Vorschriften von 5.5.3. Wenn Eis verwendet wird, muss dieses außerhalb der Sekundärverpackungen, in der Außenverpackung oder in einer Umverpackung eingesetzt werden. Damit die Sekundärverpackungen sicher in ihrer ursprünglichen Lage verbleiben, müssen Innenhalterungen vorgesehen werden. Bei Verwendung von Eis muss die Außenverpackung oder Umverpackung flüssigkeitsdicht sein.

4.1.4.1 (Forts.)

P905	VERPACKUNGSANWEISUNG	P905
Diese Anweisung gilt für die UN-Nummern 2990 und 3072.		

Jede geeignete Verpackung ist zugelassen, wenn die allgemeinen Vorschriften nach 4.1.1 und 4.1.3 erfüllt sind, mit der Ausnahme, dass die Verpackungen nicht den Vorschriften des Teils 6 entsprechen müssen.

Wenn die Lebensrettungseinrichtungen für den Einbau in starre, wetterfeste Gehäuse (wie Rettungsboote) hergestellt oder in diesen enthalten sind, dürfen sie unverpackt befördert werden.

Zusätzliche Vorschriften:

1 Alle gefährlichen Stoffe und Gegenstände, die als Ausrüstung in den Geräten vorhanden sind, müssen gegen unbeabsichtigte Bewegung geschützt werden, darüber hinaus müssen:

(a) Signalkörper der Klasse 1 in Innenverpackungen aus Kunststoff oder Pappe verpackt sein;

(b) nicht entzündbare und nicht giftige Gase (Klasse 2.2) in von der zuständigen Behörde vorgeschriebenen Flaschen enthalten sein, die mit dem Gerät verbunden sein dürfen;

(c) Batterien (Akkumulatoren) (Klasse 8) und Lithiumbatterien (Klasse 9) abgeklemmt oder elektrisch isoliert und gegen Flüssigkeitsverlust gesichert sein; und

(d) kleine Mengen anderer gefährlicher Güter (z. B. Klassen 3, 4.1 und 5.2) müssen in starken Innenverpackungen verpackt sein.

2 Die Vorbereitung für die Beförderung und die Verpackung müssen Vorkehrungen zur Verhinderung von unbeabsichtigten Funktionsauslösungen der Geräte beinhalten.

P906	VERPACKUNGSANWEISUNG	P906
Diese Anweisung gilt für die UN-Nummern 2315, 3151, 3152 und 3432.		

Folgende Verpackungen sind zugelassen, wenn die allgemeinen Vorschriften nach 4.1.1 und 4.1.3 erfüllt sind:

(1) Für feste und flüssige Stoffe, die PCB, polyhalogenierte Biphenyle, polyhalogenierte Terphenyle oder halogenierte Monomethyldiphenylmethane enthalten oder damit kontaminiert sind: Verpackungen gemäß Verpackungsanweisung P001 bzw. P002.

(2) Für Transformatoren und Kondensatoren und andere Gegenstände:

(a) Verpackungen gemäß Verpackungsanweisung P001 oder P002. Die Gegenstände müssen mit geeignetem Polstermaterial gesichert werden, um unter normalen Beförderungsbedingungen unbeabsichtigte Bewegungen zu verhindern; oder

(b) dichte Verpackungen, die in der Lage sind, neben den Gegenständen mindestens das 1,25-fache Volumen der darin enthaltenen flüssigen PCB, polyhalogenierten Biphenyle, polyhalogenierten Terphenyle oder halogenierten Monomethyldiphenylmethane aufzunehmen. In den Verpackungen muss ausreichend saugfähiges Material vorhanden sein, um das 1,1-fache Volumen der in den Gegenständen enthaltenen Flüssigkeit aufnehmen zu können. Im Allgemeinen müssen Transformatoren und Kondensatoren in dichten Verpackungen aus Metall befördert werden, die in der Lage sind, zusätzlich zu den Transformatoren und Kondensatoren mindestens das 1,25-fache Volumen der darin enthaltenen Flüssigkeit aufzunehmen.

Ungeachtet der oben aufgeführten Vorschriften, dürfen feste und flüssige Stoffe, die nicht gemäß Verpackungsanweisung P001 oder P002 verpackt sind, sowie unverpackte Transformatoren und Kondensatoren in Güterbeförderungseinheiten befördert werden, die mit einer dichten Wanne aus Metall mit einer Mindesthöhe von 800 mm ausgerüstet sind, welche saugfähiges, inertes Material in einer mindestens für die Aufnahme des 1,1-fachen Volumens jeglicher freien Flüssigkeit ausreichenden Menge enthält.

Zusätzliche Vorschrift:

Für die Abdichtung von Transformatoren und Kondensatoren müssen geeignete Maßnahmen getroffen werden, um Undichtheiten unter normalen Beförderungsbedingungen zu verhindern.

4.1.4.1 (Forts.)

P907	VERPACKUNGSANWEISUNG	P907
Diese Anweisung gilt für die UN-Nummer 3363.		
Wenn die Maschinen und Apparate so ausgelegt und hergestellt sind, dass sie den Gefäßen, die gefährliche Güter enthalten, einen ausreichenden Schutz bieten, ist eine Außenverpackung nicht erforderlich. Anderenfalls müssen gefährliche Güter in Maschinen oder Apparaten in Außenverpackungen verpackt werden, die im Hinblick auf ihren Fassungsraum und ihren vorgesehenen Einsatz ausreichend stark ausgelegt sind und die den zutreffenden Anforderungen von 4.1.1.1 entsprechen. Gefäße, die gefährliche Güter enthalten, müssen den Anforderungen von 4.1.1 mit Ausnahme von 4.1.1.3, 4.1.1.4, 4.1.1.12 und 4.1.1.14 entsprechen. Für Gase der Klasse 2.2 müssen die inneren Flaschen oder Gefäße, ihr Inhalt und ihre maximale Füllung den Anforderungen der zuständigen Behörde entsprechen, in deren Land die Flaschen oder Gefäße befüllt werden. Zusätzlich muss die Art und Weise, wie Gefäße in den Maschinen oder Apparaten enthalten sind, so sein, dass eine Beschädigung der Gefäße, die gefährliche Güter enthalten, unter normalen Beförderungsbedingungen nicht zu erwarten ist: Im Fall einer Beschädigung der Gefäße, die feste oder flüssige gefährliche Güter enthalten, muss ein Austreten von gefährlichen Gütern aus der Maschine oder dem Apparat unmöglich sein (zu diesem Zweck kann eine dichte Auskleidung verwendet werden). Gefäße mit gefährlichen Gütern sind so zu installieren, zu sichern oder zu polstern, dass ein Bruch oder Undichtwerden unter normalen Beförderungsbedingungen verhindert und ihre Bewegung innerhalb der Maschine oder des Apparats begrenzt wird. Polstermaterial darf mit dem Inhalt der Gefäße nicht gefährlich reagieren. Jeglicher austretender Inhalt darf die schützenden Eigenschaften des Polstermaterials nicht wesentlich beeinträchtigen.		

P908	VERPACKUNGSANWEISUNG	P908
Diese Anweisung gilt für beschädigte oder defekte Lithium-Ionen-Zellen und -Batterien sowie beschädigte oder defekte Lithium-Metall-Zellen und -Batterien der UN-Nummern 3090, 3091, 3480 und 3481, auch wenn sie in Ausrüstungen enthalten sind.		
Folgende Verpackungen sind zugelassen, wenn die allgemeinen Vorschriften nach 4.1.1 und 4.1.3 erfüllt sind: Für Zellen und Batterien und Ausrüstungen, die Zellen und Batterien enthalten: Fässer (1A2, 1B2, 1N2, 1H2, 1D, 1G); Kisten (4A, 4B, 4N, 4C1, 4C2, 4D, 4F, 4G, 4H1, 4H2); Kanister (3A2, 3B2, 3H2). Die Verpackungen müssen den Prüfanforderungen für die Verpackungsgruppe II entsprechen. (1) Jede beschädigte oder defekte Zelle oder Batterie oder jede Ausrüstung, die solche Zellen oder Batterien enthält, muss einzeln in einer Innenverpackung verpackt und in eine Außenverpackung eingesetzt sein. Die Innen- oder Außenverpackung muss dicht sein, um ein mögliches Austreten des Elektrolyts zu verhindern. (2) Jede Innenverpackung muss zum Schutz vor gefährlicher Wärmeentwicklung mit einer ausreichenden Menge eines nicht brennbaren und nicht elektrisch leitfähigen Wärmedämmstoffs umschlossen sein. (3) Dicht verschlossene Verpackungen müssen gegebenenfalls mit einer Entlüftungseinrichtung ausgestattet sein. (4) Es müssen geeignete Maßnahmen ergriffen werden, um die Auswirkungen von Vibrationen und Stößen gering zu halten und Bewegungen der Zellen oder Batterien im Versandstück, die zu weiteren Schäden und gefährlichen Bedingungen während der Beförderung führen können, zu verhindern. Für die Erfüllung dieser Vorschrift darf auch nicht brennbares und nicht elektrisch leitfähiges Polstermaterial verwendet werden. (5) Die Nichtbrennbarkeit muss in Übereinstimmung mit einer Norm festgestellt werden, die in dem Land, in dem die Verpackung ausgelegt oder hergestellt wird, anerkannt ist. Im Fall von auslaufenden Zellen oder Batterien muss der Innen- oder Außenverpackung ausreichend inertes saugfähiges Material beigegeben werden, um freiwerdenden Elektrolyt aufzusaugen. Wenn die Nettomasse einer Zelle oder Batterie 30 kg überschreitet, darf die Außenverpackung nur eine einzelne Zelle oder Batterie enthalten.		
Zusätzliche Vorschrift: Die Zellen oder Batterien müssen gegen Kurzschluss geschützt sein.		

4.1.4.1 (Forts.)

P909	VERPACKUNGSANWEISUNG	P909
Diese Anweisung gilt für die UN-Nummern 3090, 3091, 3480 und 3481, die zur Entsorgung oder zum Recycling befördert werden und die mit oder ohne andere Batterien verpackt sind, die keine Lithiumbatterien sind.		

(1) Zellen und Batterien müssen wie folgt verpackt sein:

(a) Folgende Verpackungen sind zugelassen, wenn die allgemeinen Vorschriften nach 4.1.1 und 4.1.3 erfüllt sind:
Fässer (1A2, 1B2, 1N2, 1H2, 1D, 1G),
Kisten (4A, 4B, 4N, 4C1, 4C2, 4D, 4F, 4G, 4H2),
Kanister (3A2, 3B2, 3H2).

(b) Die Verpackungen müssen den Prüfanforderungen für die Verpackungsgruppe II entsprechen.

(c) Metallverpackungen müssen mit einem nicht elektrisch leitfähigen Werkstoff (z. B. Kunststoff) von einer für die vorgesehene Verwendung angemessenen Stärke ausgekleidet sein.

(2) Lithium-Ionen-Zellen mit einer Nennenergie in Wattstunden von höchstens 20 Wh, Lithium-Ionen-Batterien mit einer Nennenergie in Wattstunden von höchstens 100 Wh, Lithium-Metall-Zellen mit einer Menge von höchstens 1 g Lithium und Lithium-Metall-Batterien mit einer Gesamtmenge von höchstens 2 g Lithium dürfen jedoch wie folgt verpackt werden:

(a) In einer widerstandsfähigen Außenverpackung mit einer Bruttomasse von höchstens 30 kg, welche die allgemeinen Vorschriften nach 4.1.1, ausgenommen 4.1.1.3, und 4.1.3 erfüllt.

(b) Metallverpackungen müssen mit einem nicht elektrisch leitfähigen Werkstoff (z. B. Kunststoff) von einer für die vorgesehen Verwendung angemessenen Stärke ausgekleidet sein.

(3) Für Zellen und Batterien in Ausrüstungen dürfen widerstandsfähige Außenverpackungen verwendet werden, die aus einem geeigneten Werkstoff hergestellt sind und hinsichtlich ihres Fassungsraums und ihrer beabsichtigten Verwendung eine geeignete Festigkeit und Auslegung aufweisen. Die Verpackungen müssen den Vorschriften nach 4.1.1.3 nicht entsprechen. Ausrüstungen dürfen auch unverpackt oder auf Paletten zur Beförderung aufgegeben werden, sofern die Zellen oder Batterien durch die Ausrüstung, in der sie enthalten sind, gleichwertig geschützt werden.

(4) Zusätzlich dürfen für Zellen oder Batterien mit einer Bruttomasse von mindestens 12 kg mit einem widerstandsfähigen, stoßfesten Gehäuse widerstandsfähige Außenverpackungen verwendet werden, die aus einem geeigneten Werkstoff hergestellt sind und hinsichtlich ihres Fassungsraums und ihrer beabsichtigten Verwendung eine geeignete Festigkeit und Auslegung aufweisen. Die Verpackungen müssen den Vorschriften nach 4.1.1.3 nicht entsprechen.

Zusätzliche Vorschriften:

1 Die Zellen und Batterien müssen so ausgelegt oder verpackt sein, dass Kurzschlüsse und eine gefährliche Wärmeentwicklung verhindert werden.

2 Der Schutz gegen Kurzschlüsse und gefährliche Wärmeentwicklung umfasst unter anderem:
- den Schutz der einzelnen Batteriepole;
- Innenverpackungen, um einen Kontakt zwischen Zellen und Batterien zu verhindern;
- Batterien mit eingelassenen Polen, die für den Schutz gegen Kurzschlüsse ausgelegt sind, oder
- die Verwendung nicht elektrisch leitfähigen und nicht brennbaren Polstermaterials, um den Leerraum zwischen den Zellen oder Batterien in der Verpackung aufzufüllen.

3 Zellen und Batterien müssen innerhalb der Außenverpackung gesichert werden, um übermäßige Bewegungen während der Beförderung zu verhindern (z. B. durch die Verwendung nicht brennbaren und nicht elektrisch leitfähigen Polstermaterials oder eines dicht verschlossenen Kunststoffsacks).

P910	VERPACKUNGSANWEISUNG	P910
Diese Anweisung gilt für Produktionsserien von höchstens 100 Zellen oder Batterien der UN-Nummern 3090, 3091, 3480 und 3481 und für Vorproduktionsprototypen von Zellen oder Batterien dieser UN-Nummern, sofern diese Prototypen für die Prüfung befördert werden.		

Folgende Verpackungen sind zugelassen, wenn die allgemeinen Vorschriften nach 4.1.1 und 4.1.3 erfüllt sind:

(1) Für Zellen und Batterien, einschließlich solcher, die mit Ausrüstungen verpackt sind:

Fässer (1A2, 1B2, 1N2, 1H2, 1D, 1G);

Kisten (4A, 4B, 4N, 4C1, 4C2, 4D, 4F, 4G, 4H1, 4H2);

Kanister (3A2, 3B2, 3H2).

Die Verpackungen müssen den Prüfanforderungen für die Verpackungsgruppe II und folgenden Vorschriften entsprechen:

4.1.4.1 (Forts.)

P910 VERPACKUNGSANWEISUNG *(Forts.)* **P910**

(a) Batterien und Zellen, einschließlich Ausrüstungen, unterschiedlicher Größen, Formen oder Massen müssen in einer Außenverpackung einer der oben aufgeführten geprüften Bauarten verpackt sein, vorausgesetzt, die Gesamtbruttomasse des Versandstücks ist nicht größer als die Bruttomasse, für welche die Bauart geprüft worden ist.

(b) Jede Zelle oder Batterie muss einzeln in einer Innenverpackung verpackt und in eine Außenverpackung eingesetzt sein.

(c) Jede Innenverpackung muss zum Schutz vor gefährlicher Wärmeentwicklung vollständig durch ausreichend nicht brennbares und nicht elektrisch leitfähiges Wärmedämmmaterial umgeben sein.

(d) Es müssen geeignete Maßnahmen ergriffen werden, um die Auswirkungen von Vibrationen und Stößen zu minimieren und Bewegungen der Zellen oder Batterien innerhalb des Versandstücks zu verhindern, die zu Schäden und gefährlichen Bedingungen während der Beförderung führen können. Für die Einhaltung dieser Vorschrift darf Polstermaterial verwendet werden, das nicht brennbar und nicht elektrisch leitfähig ist.

(e) Die Nichtbrennbarkeit muss gemäß einer Norm ermittelt werden, die in dem Land, in dem die Verpackung ausgelegt oder hergestellt wurde, anerkannt ist.

(f) Wenn die Nettomasse einer Zelle oder Batterie 30 kg überschreitet, darf die Außenverpackung nur eine einzelne Zelle oder Batterie enthalten.

(2) Für Zellen oder Batterien in Ausrüstungen:

Fässer (1A2, 1B2, 1N2, 1H2, 1D, 1G);

Kisten (4A, 4B, 4N, 4C1, 4C2, 4D, 4F, 4G, 4H1, 4H2);

Kanister (3A2, 3B2, 3H2).

Die Verpackungen müssen den Prüfanforderungen für die Verpackungsgruppe II und folgenden Vorschriften entsprechen:

(a) Ausrüstungen unterschiedlicher Größen, Formen oder Massen müssen in einer Außenverpackung einer der oben aufgeführten geprüften Bauarten verpackt sein, vorausgesetzt, die Gesamtbruttomasse des Versandstücks ist nicht größer als die Bruttomasse, für welche die Bauart geprüft worden ist;

(b) die Ausrüstung muss so gebaut oder verpackt sein, dass ein unbeabsichtigter Betrieb während der Beförderung verhindert wird;

(c) es müssen geeignete Maßnahmen ergriffen werden, um die Auswirkungen von Vibrationen und Stößen zu minimieren und Bewegungen der Ausrüstungen innerhalb des Versandstücks zu verhindern, die zu Schäden und gefährlichen Bedingungen während der Beförderung führen können. Wenn für die Einhaltung dieser Vorschrift Polstermaterial verwendet wird, muss dieses nicht brennbar und nicht elektrisch leitfähig sein, und

(d) die Nichtbrennbarkeit muss gemäß einer Norm ermittelt werden, die in dem Land, in dem die Verpackung ausgelegt oder hergestellt wurde, anerkannt ist.

(3) Die Ausrüstungen oder Batterien dürfen unter den von der zuständigen Behörde festgelegten Bedingungen unverpackt befördert werden. Zusätzliche Bedingungen, die im Zulassungsverfahren berücksichtigt werden können, sind unter anderem:

(a) die Ausrüstung oder die Batterie muss ausreichend widerstandsfähig sein, um Stößen und Belastungen standzuhalten, die normalerweise während der Beförderung, einschließlich des Umschlags zwischen Güterbeförderungseinheiten und zwischen Güterbeförderungseinheiten und Lagerhallen sowie jedes Entfernens von einer Palette zur nachfolgenden manuellen oder mechanischen Handhabung, auftreten, und

(b) die Ausrüstung oder die Batterie muss so auf Schlitten oder in Verschlägen oder anderen Handhabungseinrichtungen befestigt werden, dass sie sich unter normalen Beförderungsbedingungen nicht lösen kann.

Zusätzliche Vorschriften:

Die Zellen oder Batterien müssen gegen Kurzschluss geschützt sein.

Der Schutz gegen Kurzschluss umfasst unter anderem:

- den Schutz der einzelnen Batteriepole;
- Innenverpackungen, um einen Kontakt zwischen Zellen und Batterien zu verhindern;
- Batterien mit eingelassenen Polen, die für den Schutz gegen Kurzschluss ausgelegt sind, oder
- die Verwendung nicht elektrisch leitfähigen und nicht brennbaren Polstermaterials, um den Leerraum zwischen den Zellen oder Batterien in der Verpackung aufzufüllen.

4.1.4.1 (Forts.)

P911	VERPACKUNGSANWEISUNG	P911

Diese Anweisung gilt für beschädigte oder defekte Zellen und Batterien der UN-Nummern 3090, 3091, 3480 und 3481, die unter normalen Beförderungsbedingungen zu einer schnellen Zerlegung, gefährlichen Reaktion, Flammenbildung, gefährlichen Wärmeentwicklung oder einem gefährlichen Ausstoß giftiger, ätzender oder entzündbarer Gase oder Dämpfe neigen.

Folgende Verpackungen sind zugelassen, wenn die allgemeinen Vorschriften nach 4.1.1 und 4.1.3 erfüllt sind:

Für Zellen und Batterien und Ausrüstungen, die Zellen und Batterien enthalten:

Fässer (1A2, 1B2, 1N2, 1H2, 1D, 1G);

Kisten (4A, 4B, 4N, 4C1, 4C2, 4D, 4F, 4G, 4H1, 4H2) und

Kanister (3A2, 3B2, 3H2).

Die Verpackungen müssen den Prüfanforderungen für die Verpackungsgruppe I entsprechen.

(1) Die Verpackung muss bei einer schnellen Zerlegung, einer gefährlichen Reaktion, einer Flammenbildung, einer gefährlichen Wärmeentwicklung oder einem gefährlichen Ausstoß giftiger, ätzender oder entzündbarer Gase oder Dämpfe der Zellen oder Batterien in der Lage sein, die folgenden zusätzlichen Prüfanforderungen zu erfüllen:
   - (a) Die Temperatur der äußeren Oberfläche des vollständigen Versandstücks darf nicht größer sein als 100 °C. Eine kurzzeitige Temperaturspitze von bis zu 200 °C ist zulässig;
   - (b) außerhalb des Versandstücks darf sich keine Flamme bilden;
   - (c) aus dem Versandstück dürfen keine Splitter austreten;
   - (d) die bauliche Unversehrtheit des Versandstücks muss aufrechterhalten werden und
   - (e) die Verpackungen müssen gegebenenfalls über ein Gasmanagementsystem (z. B. Filtersystem, Luftzirkulation, Gasbehälter, gasdichte Verpackung) verfügen.

(2) Die zusätzlichen Prüfanforderungen an die Verpackung müssen durch eine von der zuständigen Behörde festgelegte Prüfung überprüft werden[a].
Auf Anfrage muss ein Überprüfungsbericht zur Verfügung gestellt werden. In dem Überprüfungsbericht müssen mindestens der Name, die Nummer, die Masse, der Typ und der Energiegehalt der Zellen oder Batterien sowie die Identifikation der Verpackung und die Prüfdaten gemäß der von der zuständigen Behörde festgelegten Überprüfungsmethode aufgeführt sein.

(3) Bei Verwendung von Trockeneis oder flüssigem Stickstoff als Kühlmittel gelten die Vorschriften in 5.5.3. Die Innen- und Außenverpackungen müssen bei der Temperatur des verwendeten Kühlmittels sowie bei den Temperaturen und Drücken, die bei einem Ausfall der Kühlung auftreten können, unversehrt bleiben

Zusätzliche Vorschrift:

Die Zellen oder Batterien müssen gegen Kurzschluss geschützt sein.

[a] Folgende Kriterien können, sofern zutreffend, für die Bewertung der Verpackung herangezogen werden:
- (a) Die Bewertung muss unter einem Qualitätssicherungssystem (wie z. B. in 2.9.4.5 beschrieben) vorgenommen werden, das die Nachvollziehbarkeit der Prüfergebnisse, der Bezugsdaten und der verwendeten Charakterisierungsmodelle ermöglicht.
- (b) Die voraussichtlichen Gefahren im Falle einer thermischen Instabilität des Zellen- oder Batterietyps in dem Zustand, in dem er befördert wird (z. B. Verwendung einer Innenverpackung, Ladezustand, Verwendung von ausreichend nicht brennbarem, nicht elektrisch leitfähigem und absorbierendem Polstermaterial), müssen klar bestimmt und quantifiziert werden; die Referenzliste möglicher Gefahren für Lithiumzellen oder -batterien (schnelle Zerlegung, gefährliche Reaktion, Flammenbildung, gefährliche Wärmeentwicklung oder gefährlicher Ausstoß giftiger, ätzender oder entzündbarer Gase oder Dämpfe) kann für diesen Zweck verwendet werden. Die Quantifizierung dieser Gefahren muss auf der Grundlage verfügbarer wissenschaftlicher Literatur erfolgen.
- (c) Die Eindämmungswirkungen der Verpackung müssen auf der Grundlage der Art des vorhandenen Schutzes und der Eigenschaften der Bauwerkstoffe bestimmt und charakterisiert werden. Für die Untermauerung der Bewertung muss eine Aufstellung technischer Eigenschaften und Zeichnungen (Dichte [$kg \cdot m^{-3}$], spezifische Wärmekapazität ($J \cdot kg^{-1} \cdot K^{-1}$), Heizwert ($kJ \cdot kg^{-1}$), Wärmeleitfähigkeit ($W \cdot m^{-1} \cdot K^{-1}$), Schmelztemperatur und Entzündungstemperatur (K), Wärmeübergangskoeffizient der Außenverpackung ($W \cdot m^{-2} \cdot K^{-1}$) ...) verwendet werden.
- (d) Die Prüfung und alle unterstützenden Berechnungen müssen die Folgen einer thermischen Instabilität der Zelle oder Batterie innerhalb der Verpackung unter normalen Beförderungsbedingungen bewerten.
- (e) Wenn der Ladezustand der Zelle oder Batterie unbekannt ist, muss die Bewertung mit dem höchstmöglichen Ladezustand, der den Verwendungsbedingungen der Zelle oder Batterie entspricht, erfolgen.
- (f) Die Umgebungsbedingungen, in denen die Verpackung verwendet und befördert werden darf, müssen gemäß dem Gasmanagementsystem der Verpackung beschrieben werden (einschließlich möglicher Folgen von Gas- oder Rauchemissionen für die Umgebung, wie Entlüftung oder andere Methoden).
- (g) Die Prüfungen oder Modellberechnungen müssen für die Auslösung und die Ausbreitung der thermischen Instabilität innerhalb der Zelle oder Batterie den schlimmsten Fall berücksichtigen; dieses Szenario schließt das denkbar schlimmste Versagen unter normalen Beförderungsbedingungen, die größte Wärme und die größten Flammenemissionen bei einer möglichen Ausbreitung der Reaktion ein.
- (h) Diese Szenarien müssen über einen ausreichend langen Zeitraum bewertet werden, um das Eintreten aller möglichen Auswirkungen zu ermöglichen (z. B. ein Zeitraum von 24 Stunden).

Verpackungsanweisungen für IBC 4.1.4.2

IBC01	VERPACKUNGSANWEISUNG	IBC01
Folgende IBC dürfen verwendet werden, wenn die allgemeinen Vorschriften nach 4.1.1, 4.1.2 und 4.1.3 erfüllt sind:		
Metallene IBC (31A, 31B und 31N).		

IBC02	VERPACKUNGSANWEISUNG	IBC02
Folgende IBC dürfen verwendet werden, wenn die allgemeinen Vorschriften nach 4.1.1, 4.1.2 und 4.1.3 erfüllt sind:		
(1) Metallene IBC (31A, 31B und 31N); (2) Starre Kunststoff-IBC (31H1 und 31H2); (3) Kombinations-IBC (31HZ1).		
Sondervorschriften für die Verpackung:		
B5	Für die UN-Nummern 1791, 2014, 2984 und 3149 müssen die IBC mit einer Einrichtung zur Entlüftung während der Beförderung versehen sein. Der Einlass der Lüftungseinrichtung muss sich bei höchster Befüllung während der Beförderung in der Dampfphase des IBC befinden.	
B8	Dieser Stoff darf nicht in reiner Form in IBC befördert werden, da bekannt ist, dass er einen Dampfdruck von mehr als 110 kPa bei 50 °C oder von mehr als 130 kPa bei 55 °C besitzt.	
B15	Für die UN-Nummer 2031 mit mehr als 55 % Salpetersäure beträgt die zulässige Verwendungsdauer von starren Kunststoff-IBC und Kombinations-IBC mit starrem Kunststoff-Innenbehälter zwei Jahre ab dem Datum der Herstellung.	
B16	Für die UN-Nummer 3375 sind IBC der Typen 31A und 31N nur mit Zustimmung der zuständigen Behörde zugelassen.	
B20	Für die UN-Nummern 1716, 1717, 1736, 1737, 1738, 1742, 1743, 1755, 1764, 1768, 1776, 1778, 1782, 1789, 1790, 1796, 1826, 1830, 1832, 2031, 2308, 2353, 2513, 2584, 2796 und 2817, die unter die Verpackungsgruppe II fallen, müssen die IBC mit zwei hintereinander liegenden Verschlusseinrichtungen versehen sein.	

IBC03	VERPACKUNGSANWEISUNG	IBC03
Folgende IBC dürfen verwendet werden, wenn die allgemeinen Vorschriften nach 4.1.1, 4.1.2 und 4.1.3 erfüllt sind:		
(1) Metallene IBC (31A, 31B, und 31N); (2) Starre Kunststoff-IBC (31H1 und 31H2); (3) Kombinations-IBC (31HZ1 und 31HA2, 31HB2, 31HN2, 31HD2 und 31HH2).		
Sondervorschriften für die Verpackung:		
B8	Diese Stoffe dürfen nicht in reiner Form in IBC befördert werden, da bekannt ist, dass sie einen Dampfdruck von mehr als 110 kPa bei 50 °C oder von mehr als 130 kPa bei 55 °C besitzen.	
B11	Unbeschadet der Vorschriften von 4.1.1.10 darf UN 2672 AMMONIAKLÖSUNG in Konzentrationen von höchstens 25 % in starren Kunststoff-IBC oder in Kombinations-IBC mit einem Kunststoff-Innenbehälter (31H1, 31H2 und 31HZ1) befördert werden.	
B19	Für die UN-Nummern 3532 und 3534 müssen die Großpackmittel (IBC) so ausgelegt und gebaut sein, dass sie das Freisetzen von Gas oder Dampf ermöglichen, um einen Druckaufbau zu verhindern, der bei einem Verlust der Stabilisierung zu einem Zubruchgehen des Großpackmittels (IBC) führen könnte.	

IBC04	VERPACKUNGSANWEISUNG	IBC04
Folgende IBC dürfen verwendet werden, wenn die allgemeinen Vorschriften nach 4.1.1, 4.1.2 und 4.1.3 erfüllt sind:		
Metallene IBC (11A, 11B, 11N, 21A, 21B, 21N, 31A, 31B und 31N).		
Sondervorschrift für die Verpackung:		
B1	Für Stoffe der Verpackungsgruppe I müssen die IBC in geschlossenen Güterbeförderungseinheiten oder in Frachtcontainern/Fahrzeugen, die starre Wände oder Gitter mindestens bis zur Bauhöhe des IBC haben, befördert werden.	

4.1.4.2 (Forts.)

IBC05	VERPACKUNGSANWEISUNG	IBC05
Folgende IBC dürfen verwendet werden, wenn die allgemeinen Vorschriften nach 4.1.1, 4.1.2 und 4.1.3 erfüllt sind: (1) Metallene IBC (11A, 11B, 11N, 21A, 21B, 21N, 31A, 31B und 31N); (2) Starre Kunststoff-IBC (11H1, 11H2, 21H1, 21H2, 31H1 und 31H2); (3) Kombinations-IBC (11HZ1, 21HZ1 und 31HZ1).		
Sondervorschriften für die Verpackung:		
B1	Für Stoffe der Verpackungsgruppe I müssen die IBC in geschlossenen Güterbeförderungseinheiten oder in Frachtcontainern/Fahrzeugen, die starre Wände oder Gitter mindestens bis zur Bauhöhe des IBC haben, befördert werden.	
B21	Für feste Stoffe müssen die IBC, ausgenommen metallene und starre Kunststoff-IBC, in geschlossenen Güterbeförderungseinheiten oder in Frachtcontainern/Fahrzeugen, die starre Wände oder Gitter mindestens bis zur Bauhöhe des IBC haben, befördert werden.	

IBC06	VERPACKUNGSANWEISUNG	IBC06
Folgende IBC dürfen verwendet werden, wenn die allgemeinen Vorschriften nach 4.1.1, 4.1.2 und 4.1.3 erfüllt sind: (1) Metallene IBC (11A, 11B, 11N, 21A, 21B, 21N, 31A, 31B und 31N); (2) Starre Kunststoff-IBC (11H1, 11H2, 21H1, 21H2, 31H1 und 31H2); (3) Kombinations-IBC (11HZ1, 11HZ2, 21HZ1, 21HZ2 und 31HZ1).		
Zusätzliche Vorschrift: Wenn sich der feste Stoff während der Beförderung verflüssigen kann, siehe 4.1.3.4.		
Sondervorschriften für die Verpackung:		
B1	Für Stoffe der Verpackungsgruppe I müssen die IBC in geschlossenen Güterbeförderungseinheiten oder in Frachtcontainern/Fahrzeugen, die starre Wände oder Gitter mindestens bis zur Bauhöhe des IBC haben, befördert werden.	
B12	Für die UN-Nummer 2907 müssen die IBC den Anforderungen der Verpackungsgruppe II entsprechen. IBC, welche die Prüfkriterien der Verpackungsgruppe I erfüllen, dürfen nicht verwendet werden.	
B21	Für feste Stoffe müssen die IBC, ausgenommen metallene und starre Kunststoff-IBC, in geschlossenen Güterbeförderungseinheiten oder in Frachtcontainern/Fahrzeugen, die starre Wände oder Gitter mindestens bis zur Bauhöhe des IBC haben, befördert werden.	

IBC07	VERPACKUNGSANWEISUNG	IBC07
Folgende IBC dürfen verwendet werden, wenn die allgemeinen Vorschriften nach 4.1.1, 4.1.2 und 4.1.3 erfüllt sind: (1) Metallene IBC (11A, 11B, 11N, 21A, 21B, 21N, 31A, 31B und 31N); (2) Starre Kunststoff-IBC (11H1, 11H2, 21H1, 21H2, 31H1 und 31H2); (3) Kombinations-IBC (11HZ1, 11HZ2, 21HZ1, 21HZ2 und 31HZ1); (4) IBC aus Holz (11C, 11D und 11F).		
Zusätzliche Vorschriften: 1 Wenn sich der feste Stoff während der Beförderung verflüssigen kann, siehe 4.1.3.4. 2 Die Auskleidungen der IBC aus Holz müssen staubdicht sein.		
Sondervorschriften für die Verpackung:		
B1	Für Stoffe der Verpackungsgruppe I müssen die IBC in geschlossenen Güterbeförderungseinheiten oder in Frachtcontainern/Fahrzeugen, die starre Wände oder Gitter mindestens bis zur Bauhöhe des IBC haben, befördert werden.	
B4	Flexible IBC, IBC aus Pappe und IBC aus Holz müssen staubdicht und wasserbeständig oder mit einer staubdichten und wasserbeständigen Auskleidung versehen sein.	
B18	Für die UN-Nummern 3531 und 3533 müssen die Großpackmittel (IBC) so ausgelegt und gebaut sein, dass sie das Freisetzen von Gas oder Dampf ermöglichen, um einen Druckaufbau zu verhindern, der bei einem Verlust der Stabilisierung zu einem Zubruchgehen des Großpackmittels (IBC) führen könnte.	
B21	Für feste Stoffe müssen die IBC, ausgenommen metallene und starre Kunststoff-IBC, in geschlossenen Güterbeförderungseinheiten oder in Frachtcontainern/Fahrzeugen, die starre Wände oder Gitter mindestens bis zur Bauhöhe des IBC haben, befördert werden.	

4.1.4.2 (Forts.)

IBC08	VERPACKUNGSANWEISUNG	IBC08

Folgende IBC dürfen verwendet werden, wenn die allgemeinen Vorschriften nach 4.1.1, 4.1.2 und 4.1.3 erfüllt sind:

(1) Metallene IBC (11A, 11B, 11N, 21A, 21B, 21N, 31A, 31B und 31N);
(2) Starre Kunststoff-IBC (11H1, 11H2, 21H1, 21H2, 31H1 und 31H2);
(3) Kombinations-IBC (11HZ1, 11HZ2, 21HZ1, 21HZ2 und 31HZ1);
(4) IBC aus Pappe (11G);
(5) IBC aus Holz (11C, 11D und 11F);
(6) Flexible IBC (13H1, 13H2, 13H3, 13H4, 13H5, 13L1, 13L2, 13L3, 13L4, 13M1 oder 13M2).

Zusätzliche Vorschrift:

Wenn sich der feste Stoff während der Beförderung verflüssigen kann, siehe 4.1.3.4.

Sondervorschriften für die Verpackung:

B3 Flexible IBC müssen staubdicht und wasserbeständig oder mit einer staubdichten und wasserbeständigen Auskleidung versehen sein.

B4 Flexible IBC, IBC aus Pappe und IBC aus Holz müssen staubdicht und wasserbeständig oder mit einer staubdichten und wasserbeständigen Auskleidung versehen sein.

B6 Für die UN-Nummern 1327, 1363, 1364, 1365, 1386, 1408, 1841, 2211, 2217, 2793 und 3314 ist es nicht erforderlich, dass die IBC die Prüfanforderungen nach Kapitel 6.5 erfüllen.

B21 Für feste Stoffe müssen die IBC, ausgenommen metallene und starre Kunststoff-IBC, in geschlossenen Güterbeförderungseinheiten oder in Frachtcontainern/Fahrzeugen, die starre Wände oder Gitter mindestens bis zur Bauhöhe des IBC haben, befördert werden.

IBC99	VERPACKUNGSANWEISUNG	IBC99

Es dürfen nur von der zuständigen Behörde für diese Güter zugelassene IBC verwendet werden (siehe 4.1.3.7). Jeder Sendung muss eine Kopie der Zulassung der zuständigen Behörde beigefügt werden, oder das Beförderungsdokument muss eine Angabe enthalten, dass die Verpackung durch die zuständige Behörde zugelassen ist.

IBC100	VERPACKUNGSANWEISUNG	IBC100

Diese Anweisung gilt für die UN-Nummern 0082, 0222, 0241, 0331 und 0332.

Folgende IBC dürfen verwendet werden, wenn die allgemeinen Vorschriften nach 4.1.1, 4.1.2 und 4.1.3 und die besonderen Vorschriften nach 4.1.5 erfüllt sind:

(1) Metallene IBC (11A, 11B, 11N, 21A, 21B, 21N, 31A, 31B und 31N);
(2) Flexible IBC (13H2, 13H3, 13H4, 13L2, 13L3, 13L4 und 13M2);
(3) Starre Kunststoff-IBC (11H1, 11H2, 21H1, 21H2, 31H1 und 31H2);
(4) Kombinations-IBC (11HZ1, 11HZ2, 21HZ1, 21HZ2, 31HZ1 und 31HZ2).

Zusätzliche Vorschriften:

1 IBC dürfen nur für frei fließende Stoffe verwendet werden.
2 Flexible IBC dürfen nur für feste Stoffe verwendet werden.

Sondervorschriften für die Verpackung:

B2 Für die UN-Nummer 0222 in IBC, ausgenommen metallene oder starre Kunststoff-IBC, müssen die IBC in geschlossenen Güterbeförderungseinheiten befördert werden.

B3 Für die UN-Nummer 0222 müssen flexible IBC staubdicht und wasserbeständig oder mit einer staubdichten und wasserbeständigen Auskleidung versehen sein.

B9 Für die UN-Nummer 0082 darf diese Verpackungsanweisung nur verwendet werden, wenn die Stoffe aus Gemischen von Ammoniumnitrat oder anderen anorganischen Nitraten mit anderen brennbaren Stoffen, die keine explosiven Bestandteile sind, bestehen. Solche explosiven Stoffe dürfen kein Nitroglycerin, keine ähnlichen flüssigen organischen Nitrate und keine Chlorate enthalten. Metallene IBC sind nicht zugelassen.

B10 Für die UN-Nummer 0241 darf diese Verpackungsanweisung nur für Stoffe verwendet werden, die Wasser als wesentlichen Bestandteil und große Anteile von Ammoniumnitrat oder anderen oxidierenden Stoffen enthalten, von denen sich einige oder alle in Lösung befinden. Die anderen Bestandteile dürfen Kohlenwasserstoffe oder Aluminiumpulver, jedoch keine Nitroverbindungen, wie Trinitrotoluen (TNT), beinhalten. Metallene IBC sind nicht zugelassen.

B17 Für die UN-Nummer 0222 sind metallene IBC nicht zugelassen.

4.1.4.2 (Forts.)

IBC520	VERPACKUNGSANWEISUNG				IBC520
Diese Anweisung gilt für organische Peroxide und selbstzersetzliche Stoffe des Typs F.					
Folgende IBC sind für die aufgeführten Zusammensetzungen zugelassen, wenn die allgemeinen Vorschriften nach 4.1.1, 4.1.2 und 4.1.3 und die besonderen Vorschriften nach 4.1.7.2 erfüllt sind. Die nachstehend aufgeführten Zubereitungen dürfen, gegebenenfalls mit denselben Kontroll- und Notfalltemperaturen, auch gemäß 4.1.4.1 Verpackungsanweisung P520 Verpackungsmethode OP8 verpackt befördert werden. Für nicht aufgeführte Zusammensetzungen dürfen nur von der zuständigen Behörde zugelassene IBC verwendet werden (siehe 4.1.7.2.2).					

UN-Nummer	Organisches Peroxid	IBC-Typ	Höchstmenge (Liter)	Kontrolltemperatur	Notfalltemperatur
3109	**ORGANISCHES PEROXID TYP F, FLÜSSIG** tert-Butylcumylperoxid	31HA1	1 000		
	tert-Butylhydroperoxid, höchstens 72 %, mit Wasser	31A 31HA1	1 250 1 000		
	tert-Butylperoxyacetat, höchstens 32 %, in Verdünnungsmittel Typ A	31HA1	1 000		
	tert-Butylperoxybenzoat, höchstens 32 %, in Verdünnungsmittel Typ A	31A	1 250		
	tert-Butylperoxy-3,5,5-trimethylhexanoat, höchstens 37 %, in Verdünnungsmittel Typ A	31A 31HA1	1 250 1 000		
	Cumylhydroperoxid, höchstens 90 %, in Verdünnungsmittel Typ A	31HA1	1 250		
	Dibenzoylperoxid, höchstens 42 %, stabile Dispersion in Wasser	31H1	1 000		
	Di-tert-butylperoxid, höchstens 52 %, in Verdünnungsmittel Typ A	31A 31HA1	1 250 1 000		
	1,1-Di-(tert-butylperoxy)-cyclohexan, höchstens 37 %, in Verdünnungsmittel Typ A	31A	1 250		
	1,1-Di-(tert-butylperoxy)-cyclohexan, höchstens 42 %, in Verdünnungsmittel Typ A	31H1	1 000		
	Dilauroylperoxid, höchstens 42 %, stabile Dispersion in Wasser	31HA1	1 000		
	2,5-Dimethyl-2,5-di-(tert-butylperoxy)-hexan, höchstens 52 %, in Verdünnungsmittel Typ A	31HA1	1 000		
	Isopropylcumylhydroperoxid, höchstens 72 %, in Verdünnungsmittel Typ A	31HA1	1 250		
	p-Menthylhydroperoxid, höchstens 72 %, in Verdünnungsmittel Typ A	31HA1	1 250		
	Peroxyessigsäure, stabilisiert, höchstens 17 %	31H1 31H2 31HA1 31A	1 500 1 500 1 500 1 500		
	3,6,9-Triethyl-3,6,9-trimethyl-1,4,7-triperoxonan, höchstens 27 %, in Verdünnungsmittel Typ A	31HA1	1 000		

4.1.4.2 (Forts.)

IBC520	VERPACKUNGSANWEISUNG *(Forts.)*				IBC520
UN-Nummer	**Organisches Peroxid**	**IBC-Typ**	**Höchstmenge (Liter)**	**Kontrolltemperatur**	**Notfalltemperatur**
3110	**ORGANISCHES PEROXID TYP F, FEST** Dicumylperoxid	31A 31H1 31HA1	2000		
3119	**ORGANISCHES PEROXID TYP F, FLÜSSIG, TEMPERATURKONTROLLIERT**				
	tert-Amylperoxy-2-ethylhexanoat, höchstens 62 % in Verdünnungsmittel Typ A	31HA1	1000	+15 °C	+20 °C
	tert-Amylperoxypivalat, höchstens 32 %, in Verdünnungsmittel Typ A	31A	1250	+10 °C	+15 °C
	tert-Butylperoxy-2-ethylhexanoat, höchstens 32 %, in Verdünnungsmittel Typ B	31HA1 31A	1000 1250	+30 °C +30 °C	+35 °C +35 °C
	tert-Butylperoxyneodecanoat, höchstens 42 %, stabile Dispersion in Wasser	31A	1250	-5 °C	+5 °C
	tert-Butylperoxyneodecanoat, höchstens 52 %, als stabile Dispersion in Wasser	31A	1250	-5 °C	+5 °C
	tert-Butylperoxyneodecanoat, höchstens 32 %, in Verdünnungsmittel Typ A	31A	1250	0 °C	+10 °C
	tert-Butylperoxypivalat, höchstens 27 %, in Verdünnungsmittel Typ B	31HA1 31A	1000 1250	+10 °C +10 °C	+15 °C +15 °C
	Cumylperoxyneodecanoat, höchstens 52 %, stabile Dispersion in Wasser	31A	1250	-15 °C	-5 °C
	Di-(4-tert-butylcyclohexyl)-peroxydicarbonat, höchstens 42 %, stabile Dispersion in Wasser	31HA1	1000	+30 °C	+35 °C
	Dicetylperoxydicarbonat, höchstens 42 %, stabile Dispersion in Wasser	31HA1	1000	+30 °C	+35 °C
	Dicyclohexylperoxydicarbonat, höchstens 42 %, als stabile Dispersion in Wasser	31A	1250	+10 °C	+15 °C
	Di-(2-ethylhexyl)-peroxydicarbonat, höchstens 62 %, stabile Dispersion in Wasser	31A 31HA1	1250 1000	-20 °C -20 °C	-10 °C -10 °C
	Diisobutyrylperoxid, höchstens 28 %, stabile Dispersion in Wasser	31HA1 31A	1000 1250	-20 °C -20 °C	-10 °C -10 °C
	Diisobutyrylperoxid, höchstens 42 %, stabile Dispersion in Wasser	31HA1 31A	1000 1250	-25 °C -25 °C	-15 °C -15 °C
	Dimyristylperoxydicarbonat, höchstens 42 %, stabile Dispersion in Wasser	31HA1	1000	+15 °C	+20 °C
	Di-(2-neodecanoylperoxyisopropyl)-benzen, höchstens 42 %, als stabile Dispersion in Wasser	31A	1250	-15 °C	-5 °C
	Di-(3,5,5-trimethylhexanoyl)-peroxid, höchstens 52 %, in Verdünnungsmittel Typ A	31HA1 31A	1000 1250	+10 °C +10 °C	+15 °C +15 °C
	Di-(3,5,5-trimethylhexanoyl)-peroxid, höchstens 52 %, stabile Dispersion in Wasser	31A	1250	+10 °C	+15 °C

4.1.4.2 (Forts.)

IBC520	VERPACKUNGSANWEISUNG *(Forts.)*					IBC520
UN-Nummer	**Organisches Peroxid**	**IBC-Typ**	**Höchstmenge (Liter)**	**Kontrolltemperatur**	**Notfalltemperatur**	
3119 *(Forts.)*	3-Hydroxy-1,1-dimethylbutylperoxyneodecanoat, höchstens 52 %, als stabile Dispersion in Wasser	31A	1250	-15 °C	-5 °C	
	1,1,3,3-Tetramethylbutylperoxy-2-ethylhexanoat, höchstens 67 %, in Verdünnungsmittel Typ A	31HA1	1000	+15 °C	+20 °C	
	1,1,3,3-Tetramethylbutylperoxyneodecanoat, höchstens 52 %, stabile Dispersion in Wasser	31A 31HA1	1250 1000	-5 °C -5 °C	+5 °C +5 °C	
3120	**ORGANISCHES PEROXID TYP F, FEST, TEMPERATURKONTROLLIERT**					

Zusätzliche Vorschriften:

1 Die IBC müssen mit einer Einrichtung zur Entlüftung während der Beförderung versehen sein. Der Einlass der Druckentlastungseinrichtung muss sich bei höchster Befüllung während der Beförderung in der Dampfphase des IBC befinden.

→ D: GGVSee § 2 (1) Nr. 23

2 Um ein explosionsartiges Zerbersten des metallenen IBC oder Kombinations-IBC mit vollwandigem Metallgehäuse zu vermeiden, müssen die Notfall-Druckentlastungseinrichtungen so ausgelegt sein, dass alle Zersetzungsprodukte und Dämpfe abgeführt werden, die bei selbstbeschleunigender Zersetzung oder bei Feuereinwirkung von mindestens 1 Stunde, berechnet nach der in 4.2.1.13.8 angegebenen Formel, entwickelt werden. Die in dieser Verpackungsanweisung angegebenen Kontroll- und Notfalltemperaturen beziehen sich auf einen nicht wärmeisolierten IBC. Beim Versand eines organischen Peroxids in einem IBC gemäß dieser Verpackungsanweisung hat der Versender die Pflicht, sicherzustellen, dass

(a) die am IBC angebrachten Druck- und Notfall-Druckentlastungseinrichtungen unter entsprechender Berücksichtigung der selbstbeschleunigenden Zersetzung des organischen Peroxids und einer Feuereinwirkung ausgelegt sind und

(b) sofern zutreffend, die angegebenen Kontroll- und Notfalltemperaturen unter Berücksichtigung der Auslegung (z. B. Wärmeisolierung) des zu verwendenden IBC geeignet sind.

IBC620	VERPACKUNGSANWEISUNG	IBC620

Diese Anweisung gilt für die UN-Nummer 3291.

Folgende IBC sind zugelassen, wenn die allgemeinen Vorschriften nach 4.1.1, ausgenommen 4.1.1.15, 4.1.2 und 4.1.3 erfüllt sind:

Starre, dichte IBC, die den Anforderungen für die Verpackungsgruppe II entsprechen.

Zusätzliche Vorschriften:

1 Es muss genügend saugfähiges Material vorhanden sein, um die gesamte Menge der im IBC enthaltenen flüssigen Stoffe aufzunehmen.

2 Die IBC müssen in der Lage sein, flüssige Stoffe zurückzuhalten.

3 IBC, die für scharfe oder spitze Gegenstände, wie Glasscherben und Nadeln vorgesehen sind, müssen durchstoßfest sein.

Verpackungsanweisungen für Großverpackungen 4.1.4.3

LP01	VERPACKUNGSANWEISUNG (FLÜSSIGE STOFFE)			LP01
Folgende Großverpackungen sind zugelassen, wenn die allgemeinen Vorschriften nach 4.1.1 und 4.1.3 erfüllt sind:				
Innenverpackungen	**Großverpackungen als Außenverpackungen**	**Verpackungsgruppe I**	**Verpackungsgruppe II**	**Verpackungsgruppe III**
aus Glas 10 Liter aus Kunststoff 30 Liter aus Metall 40 Liter	aus Stahl (50A) aus Aluminium (50B) aus einem anderen Metall als Stahl oder Aluminium (50N) aus starrem Kunststoff (50H) aus Naturholz (50C) aus Sperrholz (50D) aus Holzfaserwerkstoff (50F) aus starrer Pappe (50G)	nicht zugelassen	nicht zugelassen	3 m^3

LP02	VERPACKUNGSANWEISUNG (FESTE STOFFE)			LP02
Folgende Großverpackungen sind zugelassen, wenn die allgemeinen Vorschriften nach 4.1.1 und 4.1.3 erfüllt sind:				
Innenverpackungen	**Großverpackungen als Außenverpackungen**	**Verpackungsgruppe I**	**Verpackungsgruppe II**	**Verpackungsgruppe III**
aus Glas 10 kg aus Kunststoff[2)] 50 kg aus Metall 50 kg aus Papier[1), 2)] 50 kg aus Pappe[1), 2)] 50 kg	aus Stahl (50A) aus Aluminium (50B) aus einem anderen Metall als Stahl oder Aluminium (50N) aus starrem Kunststoff (50H) aus Naturholz (50C) aus Sperrholz (50D) aus Holzfaserwerkstoff (50F) aus starrer Pappe (50G) aus flexiblem Kunststoff (51H)[3)]	nicht zugelassen	nicht zugelassen	3 m^3

1) Diese Verpackungen dürfen nicht verwendet werden, wenn sich der zu befördernde Stoff während der Beförderung verflüssigen kann.
2) Diese Verpackungen müssen staubdicht sein.
3) Nur mit flexiblen Innenverpackungen zu verwenden.

Sondervorschrift für die Verpackung:

L2 (gestrichen)

L3 Für die UN-Nummern 1309, 1376, 1483, 1869, 2793, 2858 und 2878 müssen flexible Innenverpackungen oder Innenverpackungen aus Pappe staubdicht und wasserbeständig oder mit einer staubdichten und wasserbeständigen Auskleidung versehen sein.

L4 Für die UN-Nummern 1932, 2008, 2009, 2545, 2546, 2881 und 3189 müssen flexible Innenverpackungen oder Innenverpackungen aus Pappe luftdicht verschlossen sein.

4.1.4.3 (Forts.)

LP03	VERPACKUNGSANWEISUNG	LP03

Diese Anweisung gilt für die UN-Nummern 3537, 3538, 3540, 3541, 3546, 3547 und 3548.

(1) Folgende Großverpackungen sind zugelassen, wenn die allgemeinen Vorschriften nach 4.1.1 und 4.1.3 erfüllt sind:
starre Großverpackungen, die den Prüfanforderungen für die Verpackungsgruppe II entsprechen:
aus Stahl (50A)
aus Aluminium (50B)
aus einem anderen Metall als Stahl oder Aluminium (50N)
aus starrem Kunststoff (50H)
aus Naturholz (50C)
aus Sperrholz (50D)
aus Holzfaserwerkstoff (50F)
aus starrer Pappe (50G)

(2) Darüber hinaus müssen folgende Vorschriften erfüllt sein:

(a) In Gegenständen enthaltene Gefäße, die flüssige oder feste Stoffe enthalten, müssen aus geeigneten Werkstoffen hergestellt und im Gegenstand so gesichert sein, dass sie unter normalen Beförderungsbedingungen nicht zerbrechen oder durchstoßen werden können oder ihr Inhalt nicht in den Gegenstand oder die Außenverpackung austreten kann.

(b) Gefäße, die flüssige Stoffe enthalten und mit Verschlüssen ausgerüstet sind, müssen so verpackt werden, dass die Verschlüsse richtig ausgerichtet sind. Die Gefäße müssen darüber hinaus den Vorschriften für die Innendruckprüfung in 6.1.5.5 entsprechen.

(c) Gefäße, die zerbrechlich sind oder leicht durchstoßen werden können, wie Gefäße aus Glas, Porzellan oder Steinzeug oder aus gewissen Kunststoffen, müssen in geeigneter Weise gesichert werden. Beim Austreten des Inhalts dürfen die schützenden Eigenschaften des Gegenstandes oder der Außenverpackung nicht wesentlich beeinträchtigt werden.

(d) In Gegenständen enthaltene Gefäße, die Gase enthalten, müssen den Vorschriften in 4.1.6 bzw. Kapitel 6.2 entsprechen oder in der Lage sein, ein gleichwertiges Schutzniveau wie die Verpackungsanweisung P200 oder P208 zu erzielen.

(e) Wenn innerhalb des Gegenstandes kein Gefäß vorhanden ist, muss der Gegenstand die gefährlichen Stoffe vollständig umschließen und ihre Freisetzung unter normalen Beförderungsbedingungen verhindern.

(3) Die Gegenstände müssen so verpackt sein, dass Bewegungen und eine unbeabsichtigte Inbetriebsetzung unter normalen Beförderungsbedingungen verhindert werden.

LP99	VERPACKUNGSANWEISUNG	LP99

Es dürfen nur von der zuständigen Behörde für diese Güter zugelassene Großverpackungen verwendet werden (siehe 4.1.3.7). Jeder Sendung muss eine Kopie der Zulassung der zuständigen Behörde beigefügt werden, oder das Beförderungsdokument muss eine Angabe enthalten, dass die Verpackung durch die zuständige Behörde zugelassen ist.

4.1.4.3 (Forts.)
→ 4.1.5.19

LP101	VERPACKUNGSANWEISUNG	LP101
Folgende Großverpackungen sind zugelassen, wenn die allgemeinen Vorschriften nach 4.1.1 und 4.1.3 sowie die besonderen Vorschriften nach 4.1.5 erfüllt sind:		
Innenverpackungen	**Zwischenverpackungen**	**Großverpackungen**
nicht erforderlich	nicht erforderlich	aus Stahl (50A) aus Aluminium (50B) aus einem anderen Metall als Stahl oder Aluminium (50N) aus starrem Kunststoff (50H) aus Naturholz (50C) aus Sperrholz (50D) aus Holzfaserwerkstoff (50F) aus starrer Pappe (50G)

Sondervorschriften für die Verpackung:

L1 Folgendes gilt für die UN-Nummern 0006, 0009, 0010, 0015, 0016, 0018, 0019, 0034, 0035, 0038, 0039, 0048, 0056, 0137, 0138, 0168, 0169, 0171, 0181, 0182, 0183, 0186, 0221, 0243, 0244, 0245, 0246, 0254, 0280, 0281, 0286, 0287, 0297, 0299, 0300, 0301, 0303, 0321, 0328, 0329, 0344, 0345, 0346, 0347, 0362, 0363, 0370, 0412, 0424, 0425, 0434, 0435, 0436, 0437, 0438, 0451, 0488, 0502 und 0510:
Große und robuste Gegenstände mit Explosivstoff, die normalerweise für militärische Verwendung vorgesehen sind und keine Zündmittel enthalten oder deren Zündmittel mit mindestens zwei wirksamen Schutzvorrichtungen ausgerüstet sind, dürfen ohne Verpackung befördert werden. Enthalten diese Gegenstände Treibladungen oder sind die Gegenstände selbstantreibend, müssen ihre Zündsysteme gegenüber Belastungen geschützt sein, die unter normalen Beförderungsbedingungen auftreten können. Ist das Ergebnis der an einem unverpackten Gegenstand durchgeführten Prüfungen der Prüfreihe 4 negativ, kann eine Beförderung des Gegenstands ohne Verpackung vorgesehen werden. Solche unverpackten Gegenstände dürfen auf Schlitten befestigt oder in Verschlägen oder anderen geeigneten Handhabungseinrichtungen eingesetzt sein.

LP102	VERPACKUNGSANWEISUNG	LP102
Folgende Großverpackungen sind zugelassen, wenn die allgemeinen Vorschriften nach 4.1.1 und 4.1.3 sowie die besonderen Vorschriften nach 4.1.5 erfüllt sind:		
Innenverpackungen	**Zwischenverpackungen**	**Außenverpackungen**
Säcke wasserbeständig **Behälter** aus Pappe aus Metall aus Kunststoff aus Holz **Einwickler** aus Wellpappe **Hülsen** aus Pappe	nicht erforderlich	aus Stahl (50A) aus Aluminium (50B) aus einem anderen Metall als Stahl oder Aluminium (50N) aus starrem Kunststoff (50H) aus Naturholz (50C) aus Sperrholz (50D) aus Holzfaserwerkstoff (50F) aus starrer Pappe (50G)

4.1.4.3 (Forts.)

LP200	VERPACKUNGSANWEISUNG	LP200
Diese Anweisung gilt für die UN-Nummer 1950.		
Folgende Großverpackungen sind für Druckgaspackungen zugelassen, wenn die allgemeinen Vorschriften nach 4.1.1 und 4.1.3 erfüllt sind: starre Großverpackungen, die den Prüfanforderungen für die Verpackungsgruppe II entsprechen: aus Stahl (50A) aus Aluminium (50B) aus einem anderen Metall als Stahl oder Aluminium (50N) aus starrem Kunststoff (50H) aus Naturholz (50C) aus Sperrholz (50D) aus Holzfaserwerkstoff (50F) aus starrer Pappe (50G)		
Sondervorschriften für die Verpackung: **L2** Die Großverpackungen müssen so ausgelegt und gebaut sein, dass gefährliche Bewegungen der Druckgaspackungen und eine unbeabsichtigte Entleerung unter normalen Beförderungsbedingungen verhindert werden. Großverpackungen für Abfall-Druckgaspackungen, die gemäß Sondervorschrift 327 befördert werden, müssen außerdem mit einem Mittel versehen sein, das jegliche freie Flüssigkeit, die während der Beförderung frei werden kann, zurückhält, z. B. saugfähiges Material. Die Großverpackungen müssen ausreichend belüftet sein, um die Bildung einer entzündbaren Atmosphäre und einen Druckaufbau zu verhindern.		

LP621	VERPACKUNGSANWEISUNG	LP621
Diese Anweisung gilt für die UN-Nummer 3291.		
Folgende Großverpackungen sind zugelassen, wenn die allgemeinen Vorschriften nach 4.1.1 und 4.1.3 erfüllt sind: (1) Für klinische Abfälle, die in Innenverpackungen verpackt sind: starre, dichte Großverpackungen, die den Vorschriften des Kapitels 6.6 für feste Stoffe entsprechen und die Prüfanforderungen für die Verpackungsgruppe II erfüllen, vorausgesetzt, es ist genügend saugfähiges Material vorhanden, um die gesamte Menge der enthaltenen Flüssigkeit aufzunehmen, und die Großverpackung ist in der Lage, flüssige Stoffe zurückzuhalten. (2) Für Versandstücke, die größere Mengen flüssiger Stoffe enthalten: starre Großverpackungen, die den Vorschriften des Kapitels 6.6 für flüssige Stoffe entsprechen und die Prüfanforderungen für die Verpackungsgruppe II erfüllen.		
Zusätzliche Vorschrift: Großverpackungen, die für scharfe oder spitze Gegenstände, wie Glasscherben oder Nadeln, vorgesehen sind, müssen durchstoßfest und in der Lage sein, die flüssigen Stoffe unter den Prüfbedingungen des Kapitels 6.6 zurückzuhalten.		

4.1.4.3 (Forts.)

LP902	VERPACKUNGSANWEISUNG	LP902
Diese Anweisung gilt für die UN-Nummer 3268.		
Verpackte Gegenstände: Folgende Großverpackungen sind zugelassen, wenn die allgemeinen Vorschriften nach 4.1.1 und 4.1.3 erfüllt sind: starre Großverpackungen, die den Prüfanforderungen für die Verpackungsgruppe III entsprechen: aus Stahl (50A) aus Aluminium (50B) aus einem anderen Metall als Stahl oder Aluminium (50N) aus starrem Kunststoff (50H) aus Naturholz (50C) aus Sperrholz (50D) aus Holzfaserwerkstoff (50F) aus starrer Pappe (50G) Die Verpackungen müssen so ausgelegt und gebaut sein, dass Bewegungen der Gegenstände und eine unbeabsichtigte Auslösung unter normalen Beförderungsbedingungen verhindert werden. Unverpackte Gegenstände: Die Gegenstände dürfen zum, vom oder zwischen dem Herstellungsort und einer Montagefabrik, einschließlich Orten der Zwischenbehandlung, auch unverpackt in besonders ausgerüsteten Handhabungseinrichtungen, Fahrzeugen, Containern oder Wagen befördert werden.		
Zusätzliche Vorschrift:		
Druckgefäße müssen den Vorschriften der zuständigen Behörde für den (die) im Druckgefäß enthaltenen Stoff(e) entsprechen.		

LP903	VERPACKUNGSANWEISUNG	LP903
Diese Anweisung gilt für die UN-Nummern 3090, 3091, 3480 und 3481.		
Folgende Großverpackungen sind für eine einzelne Batterie und für eine einzelne Ausrüstung, die Zellen oder Batterien enthält, zugelassen, wenn die allgemeinen Vorschriften nach 4.1.1 und 4.1.3 erfüllt sind: starre Großverpackungen, die den Prüfanforderungen für die Verpackungsgruppe II entsprechen: aus Stahl (50A) aus Aluminium (50B) aus einem anderen Metall als Stahl oder Aluminium (50N) aus starrem Kunststoff (50H) aus Naturholz (50C) aus Sperrholz (50D) aus Holzfaserwerkstoff (50F) aus starrer Pappe (50G) Die Batterie muss so verpackt werden, dass die Batterie vor Beschädigungen geschützt ist, die durch Bewegungen der Batterie in der Großverpackung oder durch das Einsetzen der Batterie in die Großverpackung verursacht werden können.		
Zusätzliche Vorschrift:		
Die Batterien müssen gegen Kurzschluss geschützt sein.		

4.1.4.3 (Forts.)

LP904	**VERPACKUNGSANWEISUNG**	**LP904**

Diese Anweisung gilt für einzelne beschädigte oder defekte Batterien der UN-Nummern 3090, 3091, 3480 und 3481 und für einzelne Ausrüstungen, die beschädigte oder defekte Zellen oder Batterien dieser UN-Nummern enthalten.

Folgende Großverpackungen sind für eine einzelne beschädigte oder defekte Batterie und für eine einzelne Ausrüstung, die beschädigte oder defekte Zellen oder Batterien enthält, zugelassen, wenn die allgemeinen Vorschriften nach 4.1.1 und 4.1.3 erfüllt sind:

Für Batterien und Ausrüstungen, die Zellen und Batterien enthalten :

starre Großverpackungen, die den Prüfanforderungen für die Verpackungsgruppe II entsprechen:

Stahl (50A)
Aluminium (50B)
einem anderen Metall als Stahl oder Aluminium (50N)
starrem Kunststoff (50H)
Sperrholz (50D)

1. Die beschädigte oder defekte Batterie oder die Ausrüstung, die solche Zellen oder Batterien enthält, muss einzeln in einer Innenverpackung verpackt und in eine Außenverpackung eingesetzt sein. Die Innen- oder Außenverpackung muss dicht sein, um ein mögliches Austreten des Elektrolyts zu verhindern.
2. Die Innenverpackung muss zum Schutz vor gefährlicher Wärmeentwicklung mit einer ausreichenden Menge nicht brennbaren und nicht elektrisch leitfähigen Wärmedämmstoffs umschlossen sein.
3. Dicht verschlossene Verpackungen müssen gegebenenfalls mit einer Entlüftungseinrichtung ausgestattet sein.
4. Es müssen geeignete Maßnahmen ergriffen werden, um die Auswirkungen von Vibrationen und Stößen gering zu halten und Bewegungen der Batterien oder der Ausrüstung im Versandstück, die zu weiteren Schäden und gefährlichen Bedingungen während der Beförderung führen können, zu verhindern. Für die Erfüllung dieser Vorschrift darf auch nicht brennbares und nicht elektrisch leitfähiges Polstermaterial verwendet werden.
5. Die Nichtbrennbarkeit muss in Übereinstimmung mit einer Norm festgestellt werden, die in dem Land, in dem die Verpackung ausgelegt oder hergestellt wird, anerkannt ist.

Im Fall von auslaufenden Batterien und Zellen muss der Innen- oder Außenverpackung ausreichend inertes saugfähiges Material beigegeben werden, um freiwerdenden Elektrolyt aufzusaugen.

Zusätzliche Vorschrift:

Die Batterien und Zellen müssen gegen Kurzschluss geschützt sein.

4.1.4.3 (Forts.)

LP905	VERPACKUNGSANWEISUNG	LP905

Diese Anweisung gilt für Produktionsserien von höchstens 100 Zellen und Batterien der UN-Nummern 3090, 3091, 3480 und 3481 und für Vorproduktionsprototypen von Zellen und Batterien dieser UN-Nummern, sofern diese Prototypen für die Prüfung befördert werden.

Folgende Großverpackungen sind für eine einzelne Batterie oder für eine einzelne Ausrüstung, die Zellen oder Batterien enthält, zugelassen, wenn die allgemeinen Vorschriften nach 4.1.1 und 4.1.3 erfüllt sind:

(1) Für eine einzelne Batterie:
starre Großverpackungen, die den Prüfanforderungen für die Verpackungsgruppe II entsprechen:

aus Stahl (50A)
aus Aluminium (50B)
aus einem anderen Metall als Stahl oder Aluminium (50N)
aus starrem Kunststoff (50H)
aus Naturholz (50C)
aus Sperrholz (50D)
aus Holzfaserwerkstoff (50F)
aus starrer Pappe (50G)

Die Großverpackungen müssen auch den folgenden Vorschriften entsprechen:

(a) Eine Batterie unterschiedlicher Größe, Form oder Masse darf in einer Außenverpackung einer der oben aufgeführten geprüften Bauarten verpackt sein, vorausgesetzt, die Gesamtbruttomasse des Versandstücks ist nicht größer als die Bruttomasse, für welche die Bauart geprüft worden ist.

(b) Die Batterie muss in einer Innenverpackung verpackt und in eine Außenverpackung eingesetzt sein.

(c) Die Innenverpackung muss zum Schutz vor gefährlicher Wärmeentwicklung vollständig durch ausreichend nicht brennbares und nicht elektrisch leitfähiges Wärmedämmmaterial umgeben sein.

(d) Es müssen geeignete Maßnahmen ergriffen werden, um die Auswirkungen von Vibrationen und Stößen zu minimieren und Bewegungen der Batterie innerhalb des Versandstücks zu verhindern, die zu Schäden und gefährlichen Bedingungen während der Beförderung führen können. Wenn für die Einhaltung dieser Vorschrift Polstermaterial verwendet wird, muss dieses nicht brennbar und nicht elektrisch leitfähig sein.

(e) Die Nichtbrennbarkeit muss gemäß einer Norm ermittelt werden, die in dem Land, in dem die Großverpackung ausgelegt oder hergestellt wurde, anerkannt ist.

(2) Für eine einzelne Ausrüstung:
starre Großverpackungen, die den Prüfanforderungen für die Verpackungsgruppe II entsprechen:

aus Stahl (50A)
aus Aluminium (50B)
aus einem anderen Metall als Stahl oder Aluminium (50N)
aus starrem Kunststoff (50H)
aus Naturholz (50C)
aus Sperrholz (50D)
aus Holzfaserwerkstoff (50F)
aus starrer Pappe (50G)

Die Großverpackungen müssen auch den folgenden Vorschriften entsprechen:

(a) Eine einzelne Ausrüstung unterschiedlicher Größe, Form oder Masse muss in einer Außenverpackung einer der oben aufgeführten geprüften Bauarten verpackt sein, vorausgesetzt, die Gesamtbruttomasse des Versandstücks ist nicht größer als die Bruttomasse, für welche die Bauart geprüft worden ist.

(b) Die Ausrüstung muss so gebaut oder verpackt sein, dass eine unbeabsichtigte Inbetriebsetzung während der Beförderung verhindert wird.

(c) Es müssen geeignete Maßnahmen ergriffen werden, um die Auswirkungen von Vibrationen und Stößen zu minimieren und Bewegungen der Ausrüstung innerhalb des Versandstücks zu verhindern, die zu Schäden und gefährlichen Bedingungen während der Beförderung führen können. Wenn für die Einhaltung dieser Vorschrift Polstermaterial verwendet wird, darf dieses nicht brennbar und nicht elektrisch leitfähig sein.

(d) Die Nichtbrennbarkeit muss gemäß einer Norm ermittelt werden, die in dem Land, in dem die Großverpackung ausgelegt oder hergestellt wurde, anerkannt ist.

Zusätzliche Vorschrift:

Die Zellen und Batterien müssen gegen Kurzschluss geschützt sein.

4.1.4.3 (Forts.)

LP906	VERPACKUNGSANWEISUNG	LP906
Diese Anweisung gilt für beschädigte oder defekte Batterien der UN-Nummern 3090, 3091, 3480 und 3481, die unter normalen Beförderungsbedingungen zu einer schnellen Zerlegung, gefährlichen Reaktion, Flammenbildung, gefährlichen Wärmeentwicklung oder einem gefährlichen Ausstoß giftiger, ätzender oder entzündbarer Gase oder Dämpfe neigen.		

Folgende Großverpackungen sind zugelassen, wenn die allgemeinen Vorschriften nach 4.1.1 und 4.1.3 erfüllt sind:

Für eine einzelne Batterie und eine einzelne Ausrüstung, die Zellen oder Batterien enthält:

starre Großverpackungen, die den Prüfanforderungen für die Verpackungsgruppe I entsprechen:

- aus Stahl (50A)
- aus Aluminium (50B)
- aus einem anderen Metall als Stahl oder Aluminium (50N)
- aus starrem Kunststoff (50H)
- aus Sperrholz (50D)
- aus starrer Pappe (50G)

(1) Die Großverpackung muss bei einer schnellen Zerlegung, einer gefährlichen Reaktion, einer Flammenbildung, einer gefährlichen Wärmeentwicklung oder einem gefährlichen Ausstoß giftiger, ätzender oder entzündbarer Gase oder Dämpfe der Batterie in der Lage sein, die folgenden zusätzlichen Prüfanforderungen zu erfüllen:

- (a) Die Temperatur der äußeren Oberfläche des vollständigen Versandstücks darf nicht größer sein als 100 °C. Eine kurzzeitige Temperaturspitze von bis zu 200 °C ist zulässig;
- (b) außerhalb des Versandstücks darf sich keine Flamme bilden;
- (c) aus dem Versandstück dürfen keine Splitter austreten;
- (d) die bauliche Unversehrtheit des Versandstücks muss aufrechterhalten werden und
- (e) die Großverpackungen müssen gegebenenfalls über ein Gasmanagementsystem (z. B. Filtersystem, Luftzirkulation, Gasbehälter, gasdichte Verpackung) verfügen.

(2) Die zusätzlichen Prüfanforderungen an die Großverpackung müssen durch eine von der zuständigen Behörde festgelegte Prüfung überprüft werden[a].
Auf Anfrage muss ein Überprüfungsbericht zur Verfügung gestellt werden. In dem Überprüfungsbericht müssen mindestens der Name, die Nummer, die Masse, der Typ und der Energiegehalt der Batterie sowie die Identifikation der Großverpackung und die Prüfdaten gemäß der von der zuständigen Behörde festgelegten Überprüfungsmethode aufgeführt sein.

(3) Bei Verwendung von Trockeneis oder flüssigem Stickstoff als Kühlmittel gelten die Vorschriften in 5.5.3. Die Innen- und Außenverpackungen müssen bei der Temperatur des verwendeten Kühlmittels sowie bei den Temperaturen und Drücken, die bei einem Ausfall der Kühlung auftreten können, unversehrt bleiben.

Zusätzliche Vorschrift:

Die Batterien müssen gegen Kurzschluss geschützt sein.

[a] Folgende Kriterien können, sofern zutreffend, für die Bewertung der Großverpackung herangezogen werden:

- (a) Die Bewertung muss unter einem Qualitätssicherungssystem (wie z. B. in Unterabschnitt 2.9.4.5 beschrieben) vorgenommen werden, das die Nachvollziehbarkeit der Prüfergebnisse, der Bezugsdaten und der verwendeten Charakterisierungsmodelle ermöglicht.
- (b) Die voraussichtlichen Gefahren im Falle einer thermischen Instabilität des Batterietyps in dem Zustand, in dem er befördert wird (z. B. Verwendung einer Innenverpackung, Ladezustand, Verwendung von ausreichend nicht brennbarem, nicht elektrisch leitfähigem und absorbierendem Polstermaterial), müssen klar bestimmt und quantifiziert werden; die Referenzliste möglicher Gefahren für Lithiumbatterien (schnelle Zerlegung, gefährliche Reaktion, Flammenbildung, gefährliche Wärmeentwicklung oder gefährlicher Ausstoß giftiger, ätzender oder entzündbarer Gase oder Dämpfe) kann für diesen Zweck verwendet werden. Die Quantifizierung dieser Gefahren muss auf der Grundlage verfügbarer wissenschaftlicher Literatur erfolgen.
- (c) Die Eindämmungswirkungen der Großverpackung müssen auf der Grundlage der Art des vorhandenen Schutzes und der Eigenschaften der Bauwerkstoffe bestimmt und charakterisiert werden. Für die Untermauerung der Bewertung muss eine Aufstellung technischer Eigenschaften und Zeichnungen (Dichte [$kg \cdot m^{-3}$], spezifische Wärmekapazität ($J \cdot kg^{-1} \cdot K^{-1}$), Heizwert ($kJ \cdot kg^{-1}$), Wärmeleitfähigkeit ($W \cdot m^{-1} \cdot K^{-1}$), Schmelztemperatur und Entzündungstemperatur (K), Wärmeübergangskoeffizient der Außenverpackung ($W \cdot m^{-2} \cdot K^{-1}$) …) verwendet werden.
- (d) Die Prüfung und alle unterstützenden Berechnungen müssen die Folgen einer thermischen Instabilität der Batterie innerhalb der Großverpackung unter normalen Beförderungsbedingungen bewerten.
- (e) Wenn der Ladezustand der Batterie unbekannt ist, muss die Bewertung mit dem höchstmöglichen Ladezustand, der den Verwendungsbedingungen der Batterie entspricht, erfolgen.
- (f) Die Umgebungsbedingungen, in denen die Großverpackung verwendet und befördert werden darf, müssen gemäß dem Gasmanagementsystem der Großverpackung beschrieben werden (einschließlich möglicher Folgen von Gas- oder Rauchemissionen für die Umgebung, wie Entlüftung oder andere Methoden).
- (g) Die Prüfungen oder Modellberechnungen müssen für die Auslösung und die Ausbreitung der thermischen Instabilität innerhalb der Batterie den schlimmsten Fall berücksichtigen; dieses Szenario schließt das denkbar schlimmste Versagen unter normalen Beförderungsbedingungen, die größte Wärme und die größten Flammenemissionen bei einer möglichen Ausbreitung der Reaktion ein.
- (h) Diese Szenarien müssen über einen ausreichend langen Zeitraum bewertet werden, um das Eintreten aller möglichen Auswirkungen zu ermöglichen (z. B. ein Zeitraum von 24 Stunden)

Besondere Vorschriften für das Verpacken von Gütern der Klasse 1 4.1.5

[Allgemeine Anforderungen] 4.1.5.1

Die allgemeinen Vorschriften nach 4.1.1 müssen erfüllt sein.

[Grundanforderungen] 4.1.5.2

Alle Verpackungen für Güter der Klasse 1 müssen so ausgelegt und ausgeführt sein, dass:

.1 die explosiven Stoffe und Gegenstände mit Explosivstoff geschützt werden, ihr Entweichen verhindert wird und unter normalen Beförderungsbedingungen, einschließlich vorhersehbarer Temperatur-, Feuchtigkeits- oder Druckänderungen, keine Erhöhung des Risikos einer unbeabsichtigten Entzündung oder Zündung eintritt;

.2 das vollständige Versandstück unter normalen Beförderungsbedingungen sicher gehandhabt werden kann;

.3 die Versandstücke jeder Belastung durch zu erwartende Stapelung, die während der Beförderung erfolgen kann, standhalten, ohne dass die von den explosiven Stoffen oder den Gegenständen mit Explosivstoff ausgehenden Risiken erhöht werden, ohne dass die Umschließungsfunktion der Verpackungen beeinträchtigt wird und ohne dass die Versandstücke so verformt werden, dass ihre Festigkeit verringert wird oder dies zu einer Instabilität eines Stapels von Versandstücken führt.

[Zuordnung der Güter] 4.1.5.3

Alle explosiven Stoffe und Gegenstände mit Explosivstoff müssen in versandfertigem Zustand nach dem in 2.1.3 beschriebenen Verfahren zugeordnet werden.

[Verpackung] 4.1.5.4 → 4.1.5.19

Die Güter der Klasse 1 müssen in Übereinstimmung mit der entsprechenden in den Spalten 8 und 9 der Gefahrgutliste angegebenen und in 4.1.4 im Detail beschriebenen Verpackungsanweisung verpackt werden.

[Verpackungsgruppenfestlegung] 4.1.5.5

Sofern in diesem Code nicht etwas anderes festgelegt ist, müssen Verpackungen, einschließlich Großpackmittel (IBC) und Großverpackungen, den Vorschriften der Kapitel 6.1, 6.5 bzw. 6.6 entsprechen und deren Prüfvorschriften für die Verpackungsgruppe II erfüllen.

[Leckageschutz] 4.1.5.6

Die Verschlusseinrichtung der Verpackungen für flüssige explosive Stoffe muss einen doppelten Schutz gegen Leckagen bieten.

[Verschluss] 4.1.5.7

Die Verschlusseinrichtung von Fässern aus Metall muss eine geeignete Dichtung enthalten; weist die Verschlusseinrichtung ein Gewinde auf, muss das Eindringen von explosiven Stoffen in das Gewinde verhindert werden.

[Wasserbeständigkeit] 4.1.5.8

Wasserlösliche Stoffe müssen in wasserbeständige Verpackungen verpackt sein. Die Verpackungen für desensibilisierte oder phlegmatisierte Stoffe müssen so verschlossen sein, dass Konzentrationsänderungen während der Beförderung verhindert werden.

[Frostschutz] 4.1.5.9

Enthält eine Verpackung eine mit Wasser gefüllte doppelte Umhüllung und könnte das Wasser während der Beförderung gefrieren, ist das Wasser mit einer genügenden Menge Frostschutzmittel zu versetzen, um das Gefrieren zu verhindern. Frostschutzmittel, die wegen ihrer Entzündbarkeit eine Brandgefahr darstellen könnten, dürfen nicht verwendet werden.

[Metallteile] 4.1.5.10

Nägel, Klammern und andere Verschlusseinrichtungen aus Metall ohne Schutzüberzug dürfen nicht in das Innere der Außenverpackung eindringen, es sei denn, die explosiven Stoffe und Gegenstände mit Explosivstoff sind durch die Innenverpackung vor einem Kontakt mit dem Metall wirksam geschützt.

4.1.5.11 [Festlegung des Inhalts]

Die Innenverpackungen, die Abstandhalter und das Polstermaterial sowie die Anordnung der explosiven Stoffe oder der Gegenstände mit Explosivstoff in den Versandstücken müssen so sein, dass sich die explosiven Stoffe unter normalen Beförderungsbedingungen nicht in der Außenverpackung verteilen können. Die metallenen Teile der Gegenstände dürfen mit den Metallverpackungen nicht in Kontakt kommen. Gegenstände mit Explosivstoffen, die nicht in einer äußeren Umhüllung eingeschlossen sind, müssen so voneinander getrennt werden, dass Reibung und Stöße verhindert werden. Zu diesem Zweck dürfen Polstermaterial, Horden/Trays, unterteilende Trennwände in der Innen- oder Außenverpackung, Formpressteile oder Behälter verwendet werden.

4.1.5.12 [Werkstoffeignung]

Die Verpackungen müssen so aus Werkstoffen, die mit den im Versandstück enthaltenen explosiven Stoffen verträglich und gegenüber diesen undurchlässig sind, hergestellt sein, dass weder eine Wechselwirkung zwischen den explosiven Stoffen und den Werkstoffen der Verpackung noch ein Austreten aus der Verpackung dazu führt, dass die explosiven Stoffe oder die Gegenstände mit Explosivstoff die Sicherheit der Beförderung beeinträchtigen oder sich die Gefahrenunterklasse oder die Verträglichkeitsgruppe ändert.

4.1.5.13 [Falze]

Das Eindringen von explosiven Stoffen in die Zwischenräume der Verbindungsstellen von gefalzten Metallverpackungen muss verhindert werden.

4.1.5.14 [Elektrostatische Sicherheit]

Bei Kunststoffverpackungen darf nicht die Gefahr der Erzeugung oder der Ansammlung solcher Mengen elektrostatischer Ladung gegeben sein, dass eine Entladung die Zündung, die Entzündung oder das Auslösen des verpackten explosiven Stoffes oder des Gegenstandes mit Explosivstoff verursachen könnte.

4.1.5.15 [Große Gegenstände]

→ D: GGVSee § 11 Nr. 3
→ 4.1.5.19

Große und robuste Gegenstände mit Explosivstoff, die normalerweise für eine militärische Verwendung vorgesehen sind und die keine Zündmittel enthalten oder deren Zündmittel mit mindestens zwei wirksamen Sicherungsvorrichtungen ausgerüstet sind, dürfen ohne Verpackung befördert werden. Enthalten diese Gegenstände Treibladungen oder sind die Gegenstände selbstantreibend, müssen ihre Zündungssysteme gegenüber Belastungen geschützt sein, die unter normalen Beförderungsbedingungen auftreten können. Ist das Ergebnis der an einem unverpackten Gegenstand durchgeführten Prüfungen der Prüfreihe 4 negativ, kann eine Beförderung des Gegenstands ohne Verpackung vorgesehen werden. Solche unverpackten Gegenstände dürfen auf Schlitten so befestigt oder in Verschlägen oder anderen geeigneten Handhabungs-, Lagerungs- oder Abschusseinrichtungen so eingesetzt sein, dass sie sich unter normalen Beförderungsbedingungen nicht lockern können. Werden solche großen Gegenstände mit Explosivstoff im Rahmen der Prüfung ihrer Betriebssicherheit und Eignung Prüfverfahren unterworfen, die den Anforderungen dieses Codes entsprechen, und haben diese Gegenstände diese Prüfungen bestanden, darf die zuständige Behörde diese Gegenstände zur Beförderung nach diesem Code zulassen.

4.1.5.16 [Bruchtoleranz]

Explosive Stoffe dürfen nicht in Innen- oder Außenverpackungen verpackt werden, in denen Unterschiede zwischen Innen- und Außendruck aufgrund thermischer oder anderer Wirkungen eine Explosion oder ein Zubruchgehen des Versandstücks zur Folge haben können.

4.1.5.17 [Metallbeschichtung]

Sofern freie explosive Stoffe oder Explosivstoffe eines nicht oder nur teilweise mit einer Umhüllung versehenen Gegenstands mit der inneren Oberfläche der Metallverpackungen (1A1, 1A2, 1B1, 1B2, 4A, 4B und Behälter aus Metall) in Kontakt kommen können, muss die Metallverpackung mit einer Innenauskleidung oder -beschichtung ausgestattet sein (siehe 4.1.1.2).

[P101] 4.1.5.18

Die Verpackungsanweisung P101 darf für jeden explosiven Stoff oder Gegenstand mit Explosivstoff verwendet werden, sofern die Verpackung von einer zuständigen Behörde genehmigt wurde und unabhängig davon, ob die Verpackung der in der Gefahrgutliste zugeordneten Verpackungsanweisung entspricht oder nicht.

[Altverpackungen] 4.1.5.19

Stoffe und Gegenstände, die den Streitkräften eines Staates gehören und die vor dem 1. Januar 1990 in Übereinstimmung mit den damals geltenden Vorschriften des IMDG-Codes verpackt wurden, dürfen befördert werden, sofern die Verpackungen unversehrt sind und in einer Erklärung angegeben wird, dass es sich um vor dem 1. Januar 1990 verpackte militärische Stoffe und Gegenstände handelt, die den Streitkräften eines Staates gehören.

Besondere Vorschriften für das Verpacken von Gütern der Klasse 2 4.1.6

Allgemeine Vorschriften 4.1.6.1

[Allgemeine Anforderungen] 4.1.6.1.1

Dieser Abschnitt enthält allgemeine Vorschriften für die Verwendung von Druckgefäßen zur Beförderung von Gasen der Klasse 2 und Gütern anderer Klassen in Druckgefäßen (z. B. UN 1051 Cyanwasserstoff, stabilisiert). Druckgefäße sind so herzustellen und zu verschließen, dass ein Austreten des Inhalts unter normalen Beförderungsbedingungen, einschließlich Vibration, Temperaturwechsel, Feuchtigkeits- oder Druckänderung (z. B. hervorgerufen durch Höhenunterschiede), verhindert wird.

[Materialverträglichkeit] 4.1.6.1.2

Die Teile der Druckgefäße, die unmittelbar mit gefährlichen Gütern in Berührung kommen, dürfen durch diese gefährlichen Güter nicht angegriffen oder geschwächt werden und dürfen keinen gefährlichen Effekt auslösen (z. B. eine katalytische Reaktion oder eine Reaktion mit den gefährlichen Gütern). Die Vorschriften von ISO 11114-1:2012 und ISO 11114-2:2013 müssen gegebenenfalls eingehalten werden.

[Auswahl] 4.1.6.1.3

Die Druckgefäße, einschließlich ihrer Verschlüsse, sind für die Aufnahme eines Gases oder eines Gasgemisches nach den Vorschriften von 6.2.1.2 und den Vorschriften der zutreffenden Verpackungsanweisungen in 4.1.4.1 auszuwählen. Dieses gilt auch für Druckgefäße, die Elemente eines MEGC sind.

[Verwendungswechsel] 4.1.6.1.4

Nachfüllbare Druckgefäße dürfen nicht mit einem Gas oder Gasgemisch befüllt werden, das von dem zuvor enthaltenen abweicht, es sei denn, die notwendigen Maßnahmen für einen Wechsel der Gasart wurden durchgeführt. Der Wechsel der Gasart für verdichtete und verflüssigte Gase muss nach ISO 11621:1997 erfolgen, sofern zutreffend. Darüber hinaus darf ein Druckgefäß, das zuvor einen ätzenden Stoff der Klasse 8 oder einen Stoff einer anderen Klasse mit der Zusatzgefahr ätzend enthalten hat, nicht für die Beförderung eines Stoffes der Klasse 2 zugelassen werden, es sei denn, die in 6.2.1.6 festgelegte Prüfung wurde durchgeführt.

[Füllkontrollen] 4.1.6.1.5
→ D: GGVSee § 2 (1) Nr. 23

Vor dem Befüllen muss der Befüller eine Inspektion des Druckgefäßes durchführen und sicherstellen, dass das Druckgefäß für den zu befördernden Stoff und bei einer Chemikalie unter Druck für das Treibmittel zugelassen ist und die Vorschriften erfüllt sind. Nach dem Befüllen müssen die Verschlussventile geschlossen werden und während der Beförderung verschlossen bleiben. Der Versender muss überprüfen, dass die Verschlüsse und die Ausrüstung nicht undicht sind.

[Fülldruck] 4.1.6.1.6

Die Druckgefäße müssen entsprechend den in der für den einzufüllenden Stoff zutreffenden Verpackungsanweisung festgelegten Betriebsdrücken, Füllungsgraden und Vorschriften befüllt werden. Reaktionsfähige Gase und Gasgemische müssen mit einem solchen Druck eingefüllt werden, damit bei einer vollständigen Zersetzung des Gases der Betriebsdruck des Druckgefäßes nicht überschritten wird. Flaschenbündel dürfen nicht mit einem Druck befüllt werden, der den niedrigsten Betriebsdruck einer der Flaschen des Bündels überschreitet.

4.1.6.1.7 [Verschlüsse, Außenverpackungen]

Die Druckgefäße, einschließlich ihre Verschlüsse, müssen den in Kapitel 6.2 aufgeführten Vorschriften für die Auslegung, den Bau, die Inspektion und die Prüfung entsprechen. Sofern Außenverpackungen vorgeschrieben sind, sind die Druckgefäße darin sicher und fest zu verpacken. Sofern in den einzelnen Verpackungsanweisungen nichts anderes vorgeschrieben ist, dürfen eine oder mehrere Innenverpackungen in eine Außenverpackung eingesetzt werden.

4.1.6.1.8 [Verschlussventile]

Die Verschlussventile müssen so ausgelegt und gebaut sein, dass sie von sich aus in der Lage sind, Beschädigungen ohne Freiwerden von Füllgut standzuhalten, oder sie müssen durch eine oder mehrere der folgenden Methoden gegen Beschädigungen, die zu einem unbeabsichtigten Freiwerden von Füllgut des Druckgefäßes führen können, geschützt sein:

.1 die Verschlussventile sind im Innern des Gefäßhalses angebracht und durch einen aufgeschraubten Stopfen oder eine Schutzkappe geschützt;

.2 die Verschlussventile sind durch Schutzkappen geschützt. Die Schutzkappen müssen mit Entlüftungslöchern mit genügendem Querschnitt versehen sein, damit bei einem Undichtwerden der Verschlussventile die Gase entweichen können;

.3 die Verschlussventile sind durch einen Verstärkungsrand oder durch andere Schutzvorrichtungen geschützt;

.4 die Druckgefäße werden in Schutzrahmen befördert (z. B. Flaschen in Bündeln) oder

.5 die Druckgefäße werden in einer Außenverpackung befördert. Die versandfertige Verpackung muss in der Lage sein, die Fallprüfung gemäß 6.1.5.3 beim Prüfniveau der Verpackungsgruppe I zu bestehen.

Für Druckgefäße mit Verschlussventilen nach 4.1.6.1.8.2 und 4.1.6.1.8.3 müssen die Anforderungen von entweder ISO 11117:1998 oder ISO 11117:2008 + Korr. 1:2009 eingehalten werden. Für Verschlussventile mit inhärentem Schutz müssen die Bestimmungen des Anhangs A von ISO 10297:2006 oder des Anhangs A von ISO 10297:2014 eingehalten werden.

Bei Metallhydrid-Speichersystemen müssen die Anforderungen bezüglich des Ventilschutzes der Norm ISO 16111:2008 eingehalten werden.

4.1.6.1.9 [Nicht nachfüllbare Druckgefäße]

Nicht nachfüllbare Druckgefäße:

.1 müssen in einer Außenverpackung, wie einer Kiste, einem Verschlag oder in Trays mit Dehn- oder Schrumpffolie, befördert werden;

.2 müssen, wenn sie mit einem entzündbaren oder giftigen Gas befüllt sind, einen Fassungsraum von höchstens 1,25 Liter haben;

.3 dürfen nicht für giftige Gase mit einem LC_{50}-Wert von höchstens 200 ml/m^3 verwendet werden und

.4 dürfen nach der Inbetriebnahme nicht repariert werden.

4.1.6.1.10 [Nachfüllbare Druckgefäße]

Nachfüllbare Druckgefäße, mit Ausnahme von Kryo-Behältern, sind wiederkehrenden Prüfungen entsprechend den Vorschriften von 6.2.1.6 und der jeweils geltenden Verpackungsanweisung P200, P205 oder P206 zu unterziehen. Die Druckentlastungseinrichtungen von verschlossenen Kryo-Behältern müssen nach den Vorschriften von 6.2.1.6.3 und der Verpackungsanweisung P203 wiederkehrenden Prüfungen unterzogen werden. Druckgefäße dürfen nach Fälligkeit der wiederkehrenden Prüfung nicht befüllt werden, jedoch dürfen sie nach Ablauf der Frist befördert werden.

4.1.6.1.11 [Reparaturen]

Reparaturen müssen in Übereinstimmung mit den Vorschriften für die Herstellung und die Prüfung der anwendbaren Auslegungs- und Baunormen durchgeführt werden und sind nur zugelassen, wenn dies in den entsprechenden, in 6.2.2.4 aufgeführten Normen für die wiederkehrende Prüfung angegeben ist. Druckgefäße, mit Ausnahme der Umhüllung von verschlossenen Kryo-Behältern dürfen keinen Reparaturen der nachfolgenden Mängel unterzogen werden:

.1 Schweißnahtrisse oder andere Schweißnahtmängel;

.2 Risse in der Gefäßwand;

.3 Undichtheiten oder Mängel des Werkstoffes der Wand, des Oberteils oder des Bodens der Gefäße.

[Befüllverbot] 4.1.6.1.12

→ D: GGVSee § 20 Nr. 3

Druckgefäße dürfen nicht zur Befüllung übergeben werden:

.1 wenn sie so stark beschädigt sind, dass die Unversehrtheit des Druckgefäßes oder seiner Bedienungsausrüstung beeinträchtigt sein könnte;

.2 wenn bei der Untersuchung der Betriebszustand des Druckgefäßes oder seiner Bedienungsausrüstung nicht für gut befunden wurde oder

.3 wenn die vorgeschriebenen Kennzeichen für die Zertifizierung, die wiederkehrende Prüfung oder die Füllung nicht lesbar sind.

[Beförderungsverbot] 4.1.6.1.13

→ D: GGVSee § 20 Nr. 3

Befüllte Druckgefäße dürfen nicht zur Beförderung übergeben werden:

.1 wenn sie undicht sind;

.2 wenn sie so stark beschädigt sind, dass die Unversehrtheit des Druckgefäßes oder seiner Bedienungsausrüstung beeinträchtigt sein könnte;

.3 wenn bei der Untersuchung der Betriebszustand des Druckgefäßes oder seiner Bedienungsausrüstung nicht für gut befunden wurde oder

.4 wenn die vorgeschriebenen Kennzeichen für die Zertifizierung, die wiederkehrende Prüfung oder die Füllung nicht lesbar sind.

[Flaschen, Festlegung] 4.1.6.1.14

Wenn in Verpackungsanweisung P200 Flaschen und andere Druckgasgefäße in Übereinstimmung mit den Anforderungen dieses Unterabschnitts und des Kapitels 6.2 zugelassen sind, ist auch die Verwendung von Flaschen und Druckgefäßen zugelassen, die den Anforderungen der zuständigen Behörde des Landes entsprechen, in dem die Flasche oder der Druckbehälter befüllt wird. Verschlussventile müssen in geeigneter Weise geschützt sein. Druckgefäße mit einem Fassungsraum von höchstens 1 Liter müssen in Außenverpackungen verpackt werden, die aus geeignetem Werkstoff angemessener Stärke und Bauart bezüglich ihres Fassungsvermögens und vorgesehenen Verwendung gebaut und so gesichert oder gepolstert sind, dass unter normalen Beförderungsbedingungen eine wesentliche Bewegung in der Außenverpackung verhindert wird.

Besondere Vorschriften für das Verpacken organischer Peroxide (Klasse 5.2) und selbstzersetzlicher Stoffe der Klasse 4.1 4.1.7

Allgemeines 4.1.7.0

[Verschluss, Lüftung] 4.1.7.0.1

Bei organischen Peroxiden müssen alle Gefäße „wirksam verschlossen“ sein. Wenn in einem Versandstück durch die Entwicklung von Gas ein bedeutender Innendruck entstehen kann, darf eine Lüftungseinrichtung angebracht werden, vorausgesetzt, das ausströmende Gas stellt keine Gefahr dar; andernfalls ist der Füllungsgrad zu begrenzen. Lüftungseinrichtungen müssen so gebaut sein, dass kein flüssiger Stoff entweichen kann, wenn sich das Versandstück in aufrechter Position befindet, und müssen das Eindringen von Verunreinigungen verhindern. Die Außenverpackung muss, soweit vorhanden, so ausgelegt sein, dass sie die Funktion der Lüftungseinrichtung nicht beeinträchtigt.

Verwendung von Verpackungen (ausgenommen Großpackmittel (IBC)) 4.1.7.1

[Verpackungsgruppenfestlegung] 4.1.7.1.1

Verpackungen für organische Peroxide und selbstzersetzliche Stoffe müssen den Vorschriften des Kapitels 6.1 entsprechen und dessen Prüfvorschriften für die Verpackungsgruppe II erfüllen.

[Höchstmengen] 4.1.7.1.2

Die Verpackungsmethoden für organische Peroxide und selbstzersetzliche Stoffe sind in der Verpackungsanweisung P520 aufgeführt und werden mit OP1 bis OP8 bezeichnet. Die für jede Verpackungsmethode angegebenen Mengen stellen die für die Versandstücke zugelassenen Höchstmengen dar.

4.1.7.1.3 [Zugeordnete Peroxide und selbstzersetzliche Stoffe]

Für alle bereits zugeordneten selbstzersetzlichen Stoffe und organischen Peroxide sind die anzuwendenden Verpackungsmethoden in 2.4.2.3.2.3 und 2.5.3.2.4 aufgeführt.

4.1.7.1.4 [Neue Peroxide und selbstzersetzliche Stoffe]

Für neue organische Peroxide, neue selbstzersetzliche Stoffe oder neue Zubereitungen von bereits zugeordneten organischen Peroxiden oder von bereits zugeordneten selbstzersetzlichen Stoffen ist die geeignete Verpackungsmethode wie folgt zu bestimmen:

.1 ORGANISCHES PEROXID TYP B oder SELBSTZERSETZLICHER STOFF TYP B:

Die Verpackungsmethode OP5 ist anzuwenden, wenn das organische Peroxid oder der selbstzersetzliche Stoff die Kriterien von 2.5.3.3.2.2 (bzw. 2.4.2.3.3.2.2) in einer durch die Verpackungsmethode zugelassenen Verpackung erfüllt. Kann das organische Peroxid oder der selbstzersetzliche Stoff diese Kriterien nur in einer kleineren Verpackung als der durch die Verpackungsmethode OP5 zugelassenen erfüllen (d. h. in einer der für OP1 bis OP4 aufgeführten Verpackungen), ist die entsprechende Verpackungsmethode mit der niedrigeren OP-Nummer anzuwenden.

.2 ORGANISCHES PEROXID TYP C oder SELBSTZERSETZLICHER STOFF TYP C:

Die Verpackungsmethode OP6 ist anzuwenden, wenn das organische Peroxid oder der selbstzersetzliche Stoff die Kriterien von 2.5.3.3.2.3 (bzw. 2.4.2.3.3.2.3) in einer durch die Verpackungsmethode zugelassenen Verpackung erfüllt. Kann das organische Peroxid oder der selbstzersetzliche Stoff diese Kriterien nur in einer kleineren Verpackung als der durch die Verpackungsmethode OP6 zugelassenen erfüllen, ist die entsprechende Verpackungsmethode mit der niedrigeren OP-Nummer anzuwenden.

.3 ORGANISCHES PEROXID TYP D oder SELBSTZERSETZLICHER STOFF TYP D:

Die Verpackungsmethode OP7 ist bei diesem Typ des organischen Peroxids oder des selbstzersetzlichen Stoffs anzuwenden.

.4 ORGANISCHES PEROXID TYP E oder SELBSTZERSETZLICHER STOFF TYP E:

Die Verpackungsmethode OP8 ist bei diesem Typ des organischen Peroxids oder des selbstzersetzlichen Stoffs anzuwenden.

.5 ORGANISCHES PEROXID TYP F oder SELBSTZERSETZLICHER STOFF TYP F:

Die Verpackungsmethode OP8 ist bei diesem Typ des organischen Peroxids oder des selbstzersetzlichen Stoffs anzuwenden.

4.1.7.2 Verwendung von IBC

4.1.7.2.1 [Zugeordnete Peroxide]

Die bereits zugeordneten organischen Peroxide, die in Verpackungsanweisung IBC520 aufgeführt sind, dürfen in Großpackmitteln (IBC) gemäß dieser Verpackungsanweisung befördert werden. Großpackmittel (IBC) müssen den Vorschriften des Kapitels 6.5 entsprechen und dessen Prüfvorschriften für die Verpackungsgruppe II erfüllen.

4.1.7.2.2 [Neue Peroxide, selbstzersetzliche Stoffe Typ F]

Die anderen organischen Peroxide und die selbstzersetzlichen Stoffe des Typs F dürfen in IBC unter den von der zuständigen Behörde des Ursprungslandes festgesetzten Bedingungen befördert werden, wenn die zuständige Behörde aufgrund von Prüfungen bestätigt, dass eine solche Beförderung sicher durchgeführt werden kann. Die Prüfungen müssen Folgendes ermöglichen:

.1 den Nachweis, dass das organische Peroxid (oder der selbstzersetzliche Stoff) den Grundsätzen der Klassifizierung entspricht;

.2 den Nachweis der Verträglichkeit mit allen Werkstoffen, die mit dem Stoff während der Beförderung normalerweise in Berührung kommen;

.3 soweit erforderlich, die Bestimmung der für die Beförderung des Stoffes im vorgesehenen IBC geltenden, von der SADT abgeleiteten Kontroll- und Notfalltemperaturen;

.4 soweit erforderlich, die Auslegung der Druck- und Notfall-Druckentlastungseinrichtungen, und

.5 Festsetzung eventuell erforderlicher Sondervorschriften, die für die sichere Beförderung des Stoffes notwendig sind.

[Temperaturkontrolle] 4.1.7.2.3

Für selbstzersetzliche Stoffe ist die Temperaturkontrolle gemäß 2.4.2.3.4 erforderlich. Für organische Peroxide ist die Temperaturkontrolle gemäß 2.5.3.4.1 erforderlich. Die Vorschriften für die Temperaturkontrolle sind in 7.3.7 angegeben.

[Vorhersehbare Notfälle] 4.1.7.2.4

Selbstbeschleunigende Zersetzung und Feuereinwirkung sind als Notfälle zu berücksichtigen. Um ein explosionsartiges Zerbersten von metallenen IBC oder Kombinations-IBC mit vollwandigem Metallgehäuse zu vermeiden, müssen die Notfall-Druckentlastungseinrichtungen so ausgelegt sein, dass alle Zersetzungsprodukte und Dämpfe abgeführt werden, die bei selbstbeschleunigender Zersetzung oder bei Feuereinwirkung während eines Zeitraums von mindestens einer Stunde, berechnet nach der in 4.2.1.13.8 angegebenen Formel, entwickelt werden.

Besondere Vorschriften für das Verpacken ansteckungsgefährlicher Stoffe der Kategorie A (Klasse 6.2, UN 2814 und UN 2900) 4.1.8

[Gefahrvermeidung] 4.1.8.1

Der Versender von ansteckungsgefährlichen Stoffen muss sicherstellen, dass die Versandstücke so vorbereitet sind, dass sie ihren Bestimmungsort in gutem Zustand erreichen und keine Gefahr für Personen oder Tiere während der Beförderung darstellen.

[Geltende allgemeine Vorschriften] 4.1.8.2

Die Begriffsbestimmungen in 1.2.1 und die allgemeinen Verpackungsvorschriften von 4.1.1.1 bis 4.1.1.14, ausgenommen 4.1.1.10 bis 4.1.1.12, gelten für Versandstücke mit ansteckungsgefährlichen Stoffen. Flüssige Stoffe dürfen jedoch nur in Verpackungen eingefüllt werden, die gegenüber einem Innendruck, der sich unter normalen Beförderungsbedingungen entwickeln kann, ausreichend fest sind.

[Inhaltsauflistung] 4.1.8.3

Eine detaillierte Auflistung des Inhalts muss zwischen der Sekundärverpackung und der Außenverpackung enthalten sein. Wenn die zu befördernden ansteckungsgefährlichen Stoffe nicht bekannt sind, jedoch unter dem Verdacht stehen, dass sie den Kriterien für eine Aufnahme in Kategorie A entsprechen, muss im Dokument innerhalb der Außenverpackung der Wortlaut „Verdacht auf ansteckungsgefährlichen Stoff der Kategorie A" nach dem richtigen technischen Namen in Klammern angegeben werden.

[Desinfektion, Sterilisation] 4.1.8.4

Bevor eine leere Verpackung dem Versender zurückgesandt wird oder an einen anderen Empfänger versandt wird, muss sie desinfiziert oder sterilisiert werden, um jegliche Gefahr auszuschließen. Gefahrzettel und Kennzeichen, die darauf hinweisen, dass die Verpackung ansteckungsgefährliche Stoffe enthalten hat, müssen entfernt oder unkenntlich gemacht werden.

[Toleranz der Abweichungen] 4.1.8.5

Sofern eine gleichwertige Leistungsfähigkeit sichergestellt ist, sind folgende Abweichungen für die Primärgefäße, die in eine Sekundärverpackung eingesetzt sind, zulässig, ohne dass das gesamte Versandstück weiteren Prüfungen unterzogen werden muss:

.1 Primärgefäße gleicher oder kleinerer Größe als die geprüften Primärgefäße dürfen verwendet werden, vorausgesetzt:
   - (a) die Primärgefäße sind ähnlich ausgeführt wie die geprüften Primärgefäße (z. B. Form: rund, rechteckig usw.);
   - (b) der Werkstoff der Primärgefäße (z. B. Glas, Kunststoff, Metall usw.) weist eine gleiche oder höhere Festigkeit gegenüber Aufprall- und Stapelkräften auf wie die geprüften Primärgefäße;
   - (c) die Primärgefäße haben gleiche oder kleinere Öffnungen und der Verschluss ist ähnlich ausgeführt (z. B. Schraubkappe, Stopfen usw.);
   - (d) zusätzliches Polstermaterial wird in ausreichender Menge verwendet, um Hohlräume auszufüllen und bedeutsame Bewegungen der Primärgefäße zu verhindern, und

4.1.8.5 (Forts.) (e) die Primärgefäße sind in der Sekundärverpackung in gleicher Weise ausgerichtet wie im geprüften Versandstück.

.2 Eine geringere Anzahl der geprüften Primärgefäße oder anderer Arten von Primärgefäßen nach 4.1.8.5.1 darf verwendet werden, vorausgesetzt, es wird genügend Polstermaterial hinzugefügt, um den Hohlraum (die Hohlräume) aufzufüllen und bedeutsame Bewegungen der Primärgefäße zu verhindern.

4.1.9 Besondere Vorschriften für das Verpacken von radioaktiven Stoffen

4.1.9.1 Allgemeines

4.1.9.1.1 [Anforderungen, Grenzwerte]

Radioaktive Stoffe, Verpackungen und Versandstücke müssen die Vorschriften des Kapitels 6.4 erfüllen. Die Menge radioaktiver Stoffe in einem Versandstück darf die in 2.7.2.2, 2.7.2.4.1, 2.7.2.4.4, 2.7.2.4.5, 2.7.2.4.6 und 4.1.9.3 festgelegten Grenzwerte nicht überschreiten.

Die von diesem Code erfassten Typen von Versandstücken für radioaktive Stoffe sind:

.1 freigestelltes Versandstück (siehe 1.5.1.5);
.2 Industrieversandstück des Typs 1 (Typ IP-1-Versandstück);
.3 Industrieversandstück des Typs 2 (Typ IP-2-Versandstück);
.4 Industrieversandstück des Typs 3 (Typ IP-3-Versandstück);
.5 Typ A-Versandstück;
.6 Typ B(U)-Versandstück;
.7 Typ B(M)-Versandstück;
.8 Typ C-Versandstück.

Versandstücke, die spaltbare Stoffe oder Uranhexafluorid enthalten, unterliegen zusätzlichen Vorschriften.

4.1.9.1.2 [Kontamination]

Die nicht festhaftende Kontamination an den Außenseiten eines Versandstückes muss so gering wie möglich sein und darf unter normalen Beförderungsbedingungen folgende Grenzwerte nicht überschreiten:

(a) 4 Bq/cm^2 für Beta- und Gammastrahler sowie für Alphastrahler geringer Toxizität und
(b) 0,4 Bq/cm^2 für alle anderen Alphastrahler.

Diese Grenzwerte sind anwendbar, wenn sie über eine Fläche von 300 cm^2 jedes Teils der Oberfläche gemittelt werden.

4.1.9.1.3 [Zusammenpackverbot]

Außer Gegenständen, die für die Verwendung radioaktiver Stoffe notwendig sind, darf ein Versandstück keine anderen Gegenstände enthalten. Die Wechselwirkung zwischen diesen Gegenständen und dem Versandstück darf unter den für das Baumuster anwendbaren Beförderungsbedingungen die Sicherheit des Versandstückes nicht verringern.

4.1.9.1.4 [Kontamination außer Versandstücken]

Sofern in 7.1.4.5.11 nichts anderes vorgeschrieben ist, darf die Höhe der nicht festhaftenden Kontamination an den Außen- und Innenflächen von Umverpackungen, Güterbeförderungseinheiten, Tanks, IBC und Beförderungsmitteln die in 4.1.9.1.2 aufgeführten Grenzwerte nicht überschreiten.

4.1.9.1.5 [Berücksichtigung anderer gefährlicher Eigenschaften, Zusatzgefahren]

Bei radioaktiven Stoffen mit anderen gefährlichen Eigenschaften müssen diese Eigenschaften bei der Auslegung des Versandstückes berücksichtigt werden. Radioaktive Stoffe mit einer Zusatzgefahr, die in Versandstücken verpackt sind, für die keine Zulassung der zuständigen Behörde erforderlich ist, müssen in Verpackungen, Großpackmitteln (IBC), Tanks oder Schüttgut-Containern befördert werden, die vollständig dem jeweils zutreffenden Kapitel des Teils 6 sowie den für diese Zusatzgefahr anwendbaren Vorschriften des Kapitels 4.1, 4.2 oder 4.3 entsprechen.

[Vor der ersten Beförderung] 4.1.9.1.6

Bevor eine Verpackung erstmalig für die Beförderung radioaktiver Stoffe verwendet wird, ist zu bestätigen, dass sie in Übereinstimmung mit den Bauartspezifikationen hergestellt wurde, um die Einhaltung der zutreffenden Vorschriften dieses Codes und eines eventuell anwendbaren Zulassungszeugnisses sicherzustellen. Die folgenden Vorschriften sind, sofern anwendbar, ebenfalls zu erfüllen:

.1 Überschreitet der Auslegungsdruck der dichten Umschließung 35 kPa (Überdruck), so ist sicherzustellen, dass die dichte Umschließung jeder Verpackung den Vorschriften in Bezug auf die Erhaltung seiner Unversehrtheit unter diesem Druck der zugelassenen Bauart entspricht.

.2 Für jede Verpackung, die für die Verwendung als Typ B(U)-, Typ B(M)- oder Typ C-Versandstück vorgesehen ist, und für jede Verpackung, die für die Aufnahme spaltbarer Stoffe vorgesehen ist, ist sicherzustellen, dass die Wirksamkeit der Abschirmung und der dichten Umschließung und, soweit erforderlich, der Wärmeübertragungseigenschaften und die Wirksamkeit des Einschließungssystems innerhalb der Grenzen liegen, die auf die zugelassene Bauart anwendbar oder für diese festgelegt sind.

.3 Für jede Verpackung, die für die Aufnahme spaltbarer Stoffe vorgesehen ist, ist sicherzustellen, dass die Wirksamkeit der Kritikalitätssicherheitseinrichtungen innerhalb der Grenzwerte liegt, die für die Bauart anwendbar sind oder festgelegt wurden, und in Fällen, in denen Neutronengifte ausdrücklich einbezogen sind, um den Vorschriften gemäß 6.4.11.1 zu genügen, sind zur Bestätigung des Vorhandenseins und der Verteilung dieser Neutronengifte Kontrollen durchzuführen.

[Zulässigkeit Versandstück] 4.1.9.1.7

Vor jeder Beförderung eines Versandstücks ist sicherzustellen, dass das Versandstück

.1 weder Radionuklide enthält, die von den für das Versandstückmuster festgelegten abweichen,

.2 noch Inhalte in einer Form oder in einem physikalischen oder chemischen Zustand enthält, die von den für das Versandstückmuster festgelegten abweichen.

[Vor jeder Beförderung] 4.1.9.1.8

Vor jeder Beförderung eines Versandstücks ist sicherzustellen, dass alle in den zutreffenden Vorschriften dieses Codes und in den anwendbaren Zulassungszeugnissen festgelegten Anforderungen erfüllt worden sind. Die folgenden Vorschriften sind, sofern anwendbar, ebenfalls zu erfüllen:

.1 Es ist sicherzustellen, dass Lastanschlagvorrichtungen, welche die Vorschriften nach 6.4.2.2 nicht erfüllen, nach 6.4.2.3 entfernt oder auf andere Art für das Anheben des Versandstücks unbrauchbar gemacht worden sind.

.2 Jedes Typ B(U)-, Typ B(M)- und Typ C-Versandstück ist so lange zurückzuhalten, bis sich annähernd ein Gleichgewichtszustand für den Nachweis der Übereinstimmung mit den Temperatur- und Druckvorschriften eingestellt hat, sofern nicht eine Freistellung von diesen Vorschriften unilateral zugelassen wurde.

.3 Für jedes Typ B(U)-, Typ B(M)- und Typ C-Versandstück ist durch Inspektion und/oder durch geeignete Prüfungen sicherzustellen, dass alle Verschlüsse, Ventile und andere Öffnungen der dichten Umschließung, durch die der radioaktive Inhalt entweichen könnte, in der Weise ordnungsgemäß verschlossen und gegebenenfalls abgedichtet sind, für die der Nachweis der Übereinstimmung mit den Vorschriften nach 6.4.8.8 und 6.4.10.3 erbracht wurde.

.4 Für Versandstücke, die spaltbare Stoffe enthalten, sind die in 6.4.11.5 (b) aufgeführte Messung und die in 6.4.11.8 aufgeführten Prüfungen für den Nachweis des Verschlusses jedes Versandstücks durchzuführen.

[Kopien der Anweisungen] 4.1.9.1.9 → *D: GGVSee § 17 Nr. 12*

Der Versender muss auch eine Kopie der Anweisungen zum richtigen Verschließen des Versandstückes und anderer Vorbereitungen für die Beförderung haben, bevor er eine Beförderung nach den Vorschriften dieser Zeugnisse vornimmt.

4.1.9.1.10 [Grenzwerte]

Mit Ausnahme von Sendungen unter ausschließlicher Verwendung darf weder die Transportkennzahl für jedes einzelne Versandstück oder jede einzelne Umverpackung 10 noch die Kritikalitätssicherheitskennzahl für jedes einzelne Versandstück oder jede einzelne Umverpackung 50 überschreiten.

4.1.9.1.11 [Höchste Dosisleistung]
→ 1.5.6.1

Mit Ausnahme von Versandstücken oder Umverpackungen, die unter ausschließlicher Verwendung auf der Schiene oder Straße unter den in 7.1.4.5.5.1 genannten Bedingungen oder unter ausschließlicher Verwendung und aufgrund einer Sondervereinbarung mit dem Schiff unter den in 7.1.4.5.7 genannten Bedingungen befördert werden, darf die höchste Dosisleistung an keinem Punkt der Außenfläche eines Versandstückes oder einer Umverpackung 2 mSv/h überschreiten.

4.1.9.1.12 [Ausschließliche Verwendung – höchste Dosisleistung]
→ 1.5.6.1

Die höchste Dosisleistung darf an keinem Punkt der Außenfläche eines unter ausschließlicher Verwendung beförderten Versandstücks oder einer unter ausschließlicher Verwendung beförderten Umverpackung 10 mSv/h überschreiten.

4.1.9.1.13 [Inertisierung]

Pyrophore radioaktive Stoffe müssen in Typ A-, Typ B(U)-, Typ B(M)- oder Typ C-Versandstücken verpackt und in geeigneter Weise inertisiert werden.

4.1.9.2 Vorschriften und Kontrollmaßnahmen für die Beförderung radioaktiver Stoffe mit geringer spezifischer Aktivität (LSA-Stoffe) und oberflächenkontaminierter Gegenstände (SCO-Gegenstände)

4.1.9.2.1 [Mengenbeschränkung]

Die Menge der LSA-Stoffe und SCO-Gegenstände in einem Typ IP-1-Versandstück, Typ IP-2-Versandstück, Typ IP-3-Versandstück oder Gegenstand oder gegebenenfalls in einer Gesamtheit von Gegenständen, ist so zu beschränken, dass die äußere Strahlung in einem Abstand von 3 m von dem nicht abgeschirmten Stoff oder Gegenstand oder der Gesamtheit von Gegenständen 10 mSv/h nicht überschreitet.

4.1.9.2.2 [Spaltbare Stoffe, wenn nicht freigestellt]

Für LSA-Stoffe und SCO-Gegenstände, die spaltbare Stoffe sind oder solche enthalten, sofern diese nicht gemäß 2.7.2.3.5 freigestellt sind, müssen die anwendbaren Vorschriften von 7.1.4.5.15 und 7.1.4.5.16 eingehalten werden.

4.1.9.2.3 [Spaltbare Stoffe]

Für LSA-Stoffe und SCO-Gegenstände, die spaltbare Stoffe sind oder solche enthalten, müssen die anwendbaren Vorschriften von 6.4.11.1 eingehalten werden.

4.1.9.2.4 [Unverpackte Stoffe]

LSA-Stoffe und SCO-Gegenstände in den Gruppen LSA-I und SCO-I dürfen unter folgenden Bedingungen unverpackt befördert werden:

.1 alle unverpackten Stoffe, ausgenommen Erze, die ausschließlich in der Natur vorkommende Radionuklide enthalten, müssen so befördert werden, dass bei normalen Beförderungsbedingungen kein Inhalt aus dem Beförderungsmittel entweicht und keine Abschirmung verloren geht;

.2 jedes Beförderungsmittel muss unter ausschließlicher Verwendung stehen, es sei denn, es werden mit ihm nur SCO-I-Gegenstände befördert, bei denen die Kontamination auf den zugänglichen und unzugänglichen Oberflächen nicht höher als das 10-fache des in 2.7.1.2 angegebenen Wertes ist;

.3 ist bei SCO-I-Gegenständen zu vermuten, dass auf den unzugänglichen Oberflächen mehr nicht festhaftende Kontamination vorhanden ist als in den in 2.7.2.3.2.1.1 festgelegten Werten, so sind Maßnahmen zu treffen, die sicherstellen, dass radioaktive Stoffe nicht in das Beförderungsmittel entweichen können.

.4 unverpackte spaltbare Stoffe müssen den Vorschriften von 2.7.2.3.5.5 entsprechen.

[Industrieversandstück – Zuordnung] 4.1.9.2.5

LSA-Stoffe und SCO-Gegenstände sind, sofern in 4.1.9.2.4 nichts anderes bestimmt ist, gemäß nachstehender Tabelle 4.1.9.2.5 zu verpacken.

Tabelle 4.1.9.2.5 – Vorschriften für Industrieversandstücke, die LSA-Stoffe und oberflächenkontaminierte SCO-Gegenstände enthalten

radioaktiver Inhalt	Typ des Industrieversandstücks	
	ausschließliche Verwendung	nicht unter ausschließlicher Verwendung
LSA-I fest[a)] flüssig	 Typ IP-1 Typ IP-1	 Typ IP-1 Typ IP-2
LSA-II fest flüssig und gasförmig	 Typ IP-2 Typ IP-2	 Typ IP-2 Typ IP-3
LSA-III	Typ IP-2	Typ IP-3
SCO-I[a)]	Typ IP-1	Typ IP-1
SCO-II	Typ IP-2	Typ IP-2

a) Unter den Bedingungen von 4.1.9.2.4 dürfen LSA-I-Stoffe und SCO-I-Gegenstände unverpackt befördert werden.

Versandstücke, die spaltbare Stoffe enthalten 4.1.9.3

Der Inhalt von Versandstücken, die spaltbare Stoffe enthalten, muss entweder dem direkt in diesem Code oder im Zulassungszeugnis für die Bauart des Versandstücks festgelegten Inhalt entsprechen.

→ D: GGVSee § 28 (6)
→ D: GGVSee § 17 Nr. 4

Kapitel 4.2
Verwendung ortsbeweglicher Tanks und Gascontainer mit mehreren Elementen (MEGC)

Die Vorschriften dieses Kapitels sind auch auf Straßentankfahrzeuge in dem in Kapitel 6.8 angegebenen Umfang anzuwenden.

4.2.0 Übergangsbestimmungen

4.2.0.1 [Tanks gemäß Amdt. 29-98]

Die Vorschriften über die Verwendung und den Bau ortsbeweglicher Tanks dieses Kapitels und des Kapitels 6.7 beruhen auf den UN-Empfehlungen für die Beförderung gefährlicher Güter. Ortsbewegliche Tanks und Straßentankfahrzeuge nach der IMO-Typeneinteilung, die vor dem 1. Januar 2003 nach den am 1. Juli 1999 gültigen Vorschriften des IMDG-Codes (29. Amendment) bescheinigt und zugelassen wurden, dürfen weiterhin verwendet werden, vorausgesetzt, dass befunden wurde, dass sie die geltenden Vorschriften für wiederkehrende Prüfungen erfüllen. Sie müssen den Vorschriften in den Spalten 13 und 14 in Kapitel 3.2 entsprechen. Ausführliche Erklärungen und Bauvorschriften sind in Dokument CCC.1/Circ.3 (Überarbeitete Hinweise zu weiteren Verwendung von vorhandenen ortsbeweglichen Tanks und Straßentankfahrzeugen nach der IMO-Typeneinteilung für die Beförderung gefährlicher Güter) zu finden.

Bemerkung: *Für einen leichteren Bezug sind die folgenden Beschreibungen vorhandener IMO-Tank-Typen beigefügt:*

IMO-Tank Typ 1 *bezeichnet einen ortsbeweglichen Tank für die Beförderung von Stoffen der Klassen 3 bis 9 ausgerüstet mit Druckentlastungseinrichtungen, der einen höchstzulässigen Betriebsdruck von 1,75 bar oder mehr hat.*

IMO-Tank Typ 2 *bezeichnet einen ortsbeweglichen Tank ausgerüstet mit Druckentlastungseinrichtungen, der einen höchstzulässigen Betriebsdruck von 1 bar oder mehr, aber weniger als 1,75 bar hat und für die Beförderung gefährlicher Flüssigkeiten mit geringer Gefahr und bestimmter fester Stoffe vorgesehen ist.*

IMO-Tank Typ 4 *bezeichnet ein Straßentankfahrzeug für die Beförderung gefährlicher Güter der Klassen 3 bis 9 einschließlich eines Sattelaufliegers mit einem festverbundenen Tank oder einen Tank mit mindestens vier Verriegelungszapfen gemäß ISO-Normen (z. B. Internationale ISO-Norm 1161:1984), der mit einem Chassis verbunden ist.*

IMO-Tank Typ 5 *bezeichnet einen ortsbeweglichen Tank ausgerüstet mit Druckentlastungseinrichtungen, der für nicht gekühlt verflüssigte Gase der Klasse 2 verwendet wird.*

IMO-Tank Typ 6 *bezeichnet ein Straßentankfahrzeug für die Beförderung von nicht gekühlt verflüssigten Gasen der Klasse 2 einschließlich eines Sattelaufliegers mit einem festverbundenen Tank oder einen mit dem Chassis verbundenen Tank, der mit Bedienungsausrüstungen und baulicher Ausrüstung ausgestattet ist, die für die Beförderung von Gasen notwendig sind.*

IMO-Tank Typ 7 *bedeutet einen wärmeisolierten ortsbeweglichen Tank, der mit Bedienungsausrüstungen und baulicher Ausrüstung ausgestattet ist, die für die Beförderung von gekühlt verflüssigten Gasen notwendig sind. Der ortsbewegliche Tank muss befördert, befüllt und entleert werden können, ohne dass eine Entfernung seiner baulichen Ausrüstung erforderlich ist und er muss im befüllten Zustand angehoben werden können. Er darf nicht dauerhaft an Bord des Schiffes befestigt sein.*

IMO-Tank Typ 8 *bezeichnet ein Straßentankfahrzeug für die Beförderung gekühlt verflüssigter Gase der Klasse 2 einschließlich eines Sattelaufliegers mit einem festverbundenen wärmeisolierten Tank, der mit Bedienungsausrüstungen und baulicher Ausrüstung ausgestattet ist, die für die Beförderung von gekühlt verflüssigten Gasen notwendig sind.*

IMO-Tank Typ 9 *bezeichnet ein Straßen-Gaselemente-Fahrzeug für die Beförderung von verdichteten Gasen der Klasse 2, das aus Elementen besteht, die durch ein Sammelrohr verbunden und fest mit dem Chassis verbunden sind, und das mit Bedienungsausrüstungen und baulicher Ausrüstung, die für die Beförderung von Gasen notwendig sind, ausgerüstet ist. Elemente sind Flaschen, Großflaschen und Flaschenbündel, die für die Beförderung von Gasen gemäß der Begriffsbestimmung in 2.2.1.1 bestimmt sind.*

Bemerkung: *Straßentankfahrzeuge der IMO-Typen 4, 6 und 8 können nach dem 1. Januar 2003 gemäß den Vorschriften des Kapitels 6.8 gebaut werden.*

[Vor 1. Januar 2008 gebaute Tanks] 4.2.0.2

Ortsbewegliche UN-Tanks und UN-MEGC, die nach einer vor dem 1. Januar 2008 ausgestellten Baumusterzulassungsbescheinigung gebaut wurden, dürfen weiterhin verwendet werden, vorausgesetzt, dass befunden wurde, dass sie die geltenden Bestimmungen über die wiederkehrende Prüfung erfüllen.

[Vor 1. Januar 2003, 1. Januar 2012 oder 1. Januar 2014 gebaute Tanks] 4.2.0.3

Ortsbewegliche Tanks und MEGC, die vor dem 1. Januar 2012 gebaut wurden und den einschlägigen Vorschriften für die Kennzeichnung in 6.7.2.20.1, 6.7.3.16.1, 6.7.4.15.1 oder 6.7.5.13.1 des am 1. Januar 2010 geltenden IMDG-Codes (Amendment 34-08) entsprechen, dürfen weiter verwendet werden, wenn sie alle sonstigen einschlägigen Bestimmungen der aktuellen Ausgabe des Codes erfüllen, einschließlich, soweit anwendbar, der Anforderung in 6.7.2.20.1 (g), dass das Schild mit dem Symbol „S" versehen sein muss, wenn der Tankkörper oder die Kammer durch Schwallwände in Abschnitte von höchstens 7500 Liter Fassungsraum unterteilt ist. War der Tankkörper oder die Kammer bereits vor dem 1. Januar 2012 durch Schwallwände in Abschnitte von höchstens 7500 Liter Fassungsraum unterteilt, muss die Angabe des Fassungsraumes des Tankkörpers oder der Kammer erst bei Durchführung der nächsten wiederkehrenden Prüfung nach 6.7.2.19.5 durch das Symbol „S" ergänzt werden.

Ortsbewegliche Tanks, die vor dem 1. Januar 2014 gebaut wurden, müssen erst bei der nächsten wiederkehrenden Prüfung mit der nach 6.7.2.20.2, 6.7.3.16.2 und 6.7.4.15.2 vorgeschriebenen Anweisung für ortsbewegliche Tanks gekennzeichnet werden.

Ortsbewegliche Tanks und MEGC, die vor dem 1. Januar 2014 gebaut wurden, brauchen nicht den Anforderungen in 6.7.2.13.1.6, 6.7.3.9.1.5, 6.7.4.8.1.5 und 6.7.5.6.1 (d) über die Kennzeichnung von Druckentlastungseinrichtungen zu entsprechen.

Ortsbewegliche IMO-Tanks, die vor dem 1. Januar 2003 gebaut wurden, müssen gemäß 6.7.2.20.2, 6.7.3.16.2 und 6.7.4.15.2 mit der Angabe der Anweisung für ortsbewegliche Tanks gekennzeichnet sein, für die sie den in 4.2.5.2.6 angegebenen Mindestprüfdruck, die Mindestwanddicke, Druckentlastungsanforderungen und Bodenöffnungsanforderungen erfüllen. Diese ortsbeweglichen Tanks müssen bis zur nächsten wiederkehrenden Prüfung nicht mit der Anweisung für ortsbewegliche Tanks gekennzeichnet sein.

Allgemeine Vorschriften für die Verwendung ortsbeweglicher Tanks zur Beförderung von Stoffen der Klassen 1 und 3 bis 9 4.2.1

[Überblick] 4.2.1.1

Dieser Abschnitt beschreibt allgemeine Vorschriften für die Verwendung ortsbeweglicher Tanks zur Beförderung von Stoffen der Klassen 1, 3, 4, 5, 6, 7, 8 und 9. Zusätzlich zu diesen allgemeinen Vorschriften müssen ortsbewegliche Tanks die in 6.7.2 beschriebenen Vorschriften für die Auslegung, den Bau und die Prüfung erfüllen. Stoffe müssen in ortsbeweglichen Tanks gemäß den jeweiligen Tankanweisungen und den Sondervorschriften für ortsbewegliche Tanks, die jedem Stoff in der Gefahrgutliste zugeordnet sind, befördert werden.

[Stoßbelastungen] 4.2.1.2

Während der Beförderung müssen die ortsbeweglichen Tanks gegen Beschädigung des Tankkörpers und der Bedienungsausrüstung durch Längs- oder Querstöße oder durch Umkippen ausreichend geschützt sein. Sind der Tankkörper und die Bedienungsausrüstung so gebaut, dass sie den Stößen oder dem Umkippen standhalten, ist ein solcher Schutz nicht erforderlich. Beispiele für einen solchen Schutz sind in 6.7.2.17.5 beschrieben.

[Instabile Stoffe] 4.2.1.3

Bestimmte Stoffe sind chemisch instabil. Sie sind zur Beförderung nur zugelassen, wenn die notwendigen Maßnahmen zur Verhinderung ihrer gefährlichen Zersetzung, Umwandlung oder Polymerisation während der Beförderung getroffen wurden. Zu diesem Zweck muss insbesondere dafür gesorgt werden, dass die Tankkörper keine Stoffe enthalten, die solche Reaktionen begünstigen können.

[Tankoberflächentemperatur] 4.2.1.4

Die Temperatur der Außenfläche des Tankkörpers, ausgenommen Öffnungen und ihre Verschlüsse, oder der Wärmeisolierung darf während der Beförderung 70 °C nicht übersteigen. Die Tankkörper müssen, soweit erforderlich, wärmeisoliert sein.

4.2.1.5 **[Leere Tanks]**

Ungereinigte leere und nicht entgaste ortsbewegliche Tanks müssen denselben Vorschriften entsprechen wie ortsbewegliche Tanks, die mit dem vorherigen Stoff befüllt sind.

4.2.1.6 **[Zusammenladen]**

Stoffe dürfen nicht in benachbarten Tankkammern befördert werden, wenn sie gefährlich miteinander reagieren und Folgendes bewirken können:

.1 eine Verbrennung und/oder Entwicklung beträchtlicher Wärme;
.2 eine Entwicklung entzündbarer, giftig oder erstickend wirkender Gase;
.3 die Bildung ätzender Stoffe;
.4 die Bildung instabiler Stoffe;
.5 einen gefährlichen Druckanstieg.

4.2.1.7 **[Aufbewahren der Zulassung]**

Die Baumusterzulassung, der Prüfbericht und die Bescheinigung mit den Ergebnissen der erstmaligen Prüfung, die von der zuständigen Behörde oder einer von ihr bestimmten Stelle für jeden ortsbeweglichen Tank ausgestellt wird, sind sowohl von dieser Behörde oder Stelle als auch vom Eigentümer aufzubewahren. Die Eigentümer müssen in der Lage sein, diese Dokumente auf Anforderung einer zuständigen Behörde vorzulegen.

4.2.1.8 **[Stoffzulassung]**

Außer wenn die Benennung des beförderten Stoffes auf dem in 6.7.2.20.2 beschriebenen Metallschild angegeben ist, muss auf Anforderung einer zuständigen Behörde oder einer von ihr bestimmten Stelle eine Kopie der in 6.7.2.18.1 genannten Bescheinigung vom Versender, Empfänger oder Vertreter unverzüglich vorgelegt werden.

4.2.1.9 **Füllungsgrad**

4.2.1.9.1 **[Tankeignungsfeststellung]**

→ *D: GGVSee § 17 Nr. 5*

Vor dem Befüllen muss der Versender sicherstellen, dass der zutreffende ortsbewegliche Tank verwendet wird, der geeignet ist und nicht mit Stoffen befüllt wird, die bei Berührung mit den Werkstoffen des Tankkörpers, der Dichtungen, der Bedienungsausrüstung und der gegebenenfalls vorhandenen Schutzauskleidungen gefährlich reagieren können, so dass gefährliche Stoffe entstehen oder diese Werkstoffe merklich geschwächt werden. Der Versender muss dazu gegebenenfalls den Hersteller des Stoffes sowie die zuständige Behörde konsultieren, um Auskunft über die Verträglichkeit des Stoffes mit den Werkstoffen des ortsbeweglichen Tanks zu erhalten.

4.2.1.9.1.1 **[Füllgrenzen]**

Ortsbewegliche Tanks dürfen nicht über die in 4.2.1.9.2 bis 4.2.1.9.6 festgelegten Grenzen hinaus befüllt werden. Die Anwendbarkeit von 4.2.1.9.2, 4.2.1.9.3 oder 4.2.1.9.5.1 auf einzelne Stoffe ist festgelegt in den anwendbaren Tankanweisungen oder Sondervorschriften in 4.2.5.2.6 oder 4.2.5.3 und in den Spalten 13 und 14 der Gefahrgutliste.

4.2.1.9.2 **[Füllungsgrad allgemein]**

Für die allgemeine Verwendung wird der höchste Füllungsgrad (in %) durch folgende Formel bestimmt:

$$\text{Füllungsgrad} = \frac{97}{1 + \alpha\,(t_r - t_f)}$$

4.2.1.9.3 **[Füllungsgrad Flüssigkeiten]**

Der höchste Füllungsgrad (in %) für flüssige Stoffe der Klassen 6.1 und 8 Verpackungsgruppen I und II sowie für flüssige Stoffe mit einem absoluten Dampfdruck bei 65 °C von mehr als 175 kPa (1,75 bar) oder für flüssige Stoffe, die als Meeresschadstoffe eingestuft sind, wird durch folgende Formel bestimmt:

$$\text{Füllungsgrad} = \frac{95}{1 + \alpha\,(t_r - t_f)}$$

[Ausdehnungskoeffizient] 4.2.1.9.4

In diesen Formeln ist α der mittlere kubische Ausdehnungskoeffizient des flüssigen Stoffes zwischen der mittleren Temperatur des flüssigen Stoffes beim Befüllen (t_f) und der höchsten mittleren Temperatur des Füllguts während der Beförderung (t_r) (beide in °C). Bei flüssigen Stoffen, die unter Umgebungsbedingungen befördert werden, kann α mit folgender Formel berechnet werden:

$$\alpha = \frac{d_{15} - d_{50}}{35 \times d_{50}}$$

wobei d_{15} und d_{50} die Dichten des flüssigen Stoffes bei 15 °C bzw. 50 °C sind.

[Höchste mittlere Temperatur] 4.2.1.9.4.1

Als höchste mittlere Temperatur des Füllguts (t_r) wird 50 °C festgelegt, ausgenommen bei Beförderungen unter gemäßigten oder extremen klimatischen Bedingungen, für die die betreffenden zuständigen Behörden einer niedrigeren Temperatur zustimmen bzw. eine höhere Temperatur vorschreiben können.

[Beheizte Tanks] 4.2.1.9.5

Die Vorschriften von 4.2.1.9.2 bis 4.2.1.9.4.1 gelten nicht für ortsbewegliche Tanks, deren Inhalt während der Beförderung über 50 °C (z. B. durch eine Heizeinrichtung) gehalten wird. Bei ortsbeweglichen Tanks, die mit einer Heizeinrichtung ausgerüstet sind, muss ein Temperaturregler verwendet werden, um sicherzustellen, dass während der Beförderung der höchste Füllungsgrad niemals mehr als 95 % beträgt.

[Füllungsgrad erwärmte Stoffe] 4.2.1.9.5.1

Der höchste Füllungsgrad (in %) für feste Stoffe, die über ihrem Schmelzpunkt befördert werden, und für erwärmte flüssige Stoffe wird durch folgende Formel bestimmt:

$$\text{Füllungsgrad} = 95 \frac{d_r}{d_f}$$

wobei d_f und d_r die Dichten des flüssigen Stoffes bei der mittleren Temperatur des flüssigen Stoffes während des Befüllens bzw. der höchsten mittleren Temperatur des Füllguts während der Beförderung sind.

[Beförderungsverbot] 4.2.1.9.6 → D: GGVSee § 20 Nr. 3 → D: GGVSee § 5

Ortsbewegliche Tanks dürfen nicht zur Beförderung aufgegeben werden:

.1 mit einem Füllungsgrad, der für flüssige Stoffe mit einer Viskosität bei 20 °C von weniger als 2 680 mm^2/s oder im Fall von erwärmten Stoffen bei der höchsten Temperatur des Stoffes während der Beförderung mehr als 20 %, aber weniger als 80 % beträgt, es sei denn, die Tankkörper der ortsbeweglichen Tanks sind durch Trenn- oder Schwallwände in Abteile mit einem Fassungsraum von höchstens 7 500 Liter unterteilt;

.2 wenn Rückstände der zuvor beförderten Stoffe an der Außenseite des Tankkörpers oder an der Bedienungsausrüstung haften;

.3 wenn sie undicht oder in einem Ausmaß beschädigt sind, dass die Unversehrtheit des ortsbeweglichen Tanks oder seiner Hebe- oder Befestigungseinrichtungen beeinträchtigt sein kann, und

.4 wenn die Bedienungsausrüstung nicht geprüft und für in gutem betriebsfähigem Zustand befunden worden ist.

Für einige gefährliche Stoffe kann ein geringerer Füllungsgrad vorgeschrieben werden.

[Verschluss der Gabeltaschen] 4.2.1.9.7

Gabeltaschen von ortsbeweglichen Tanks müssen bei befüllten Tanks geschlossen sein. Diese Vorschrift gilt nicht für ortsbewegliche Tanks, deren Gabeltaschen nach 6.7.2.17.4 nicht mit Verschlusseinrichtungen versehen sein müssen.

[Befüll-/Entleerverbot] 4.2.1.9.8

Ortsbewegliche Tanks dürfen an Bord weder befüllt noch entleert werden.

Zusätzliche Vorschriften für die Beförderung von Stoffen der Klasse 3 in ortsbeweglichen Tanks 4.2.1.10

Alle für die Beförderung entzündbarer flüssiger Stoffe vorgesehenen ortsbeweglichen Tanks müssen verschlossen und mit Entlastungseinrichtungen gemäß 6.7.2.8 bis 6.7.2.15 ausgerüstet sein.

4.2.1.11 Zusätzliche Vorschriften für die Beförderung von Stoffen der Klasse 4 (ausgenommen selbstzersetzliche Stoffe der Klasse 4.1) in ortsbeweglichen Tanks

(bleibt offen)

Bemerkung: *Für selbstzersetzliche Stoffe der Klasse 4.1 siehe 4.2.1.13.*

4.2.1.12 Zusätzliche Vorschriften für die Beförderung von Stoffen der Klasse 5.1 in ortsbeweglichen Tanks

(bleibt offen)

4.2.1.13 Zusätzliche Vorschriften für die Beförderung von Stoffen der Klasse 5.2 und selbstzersetzlichen Stoffen der Klasse 4.1 in ortsbeweglichen Tanks

4.2.1.13.1 [Stoffprüfpflicht]

Alle Stoffe müssen geprüft sein. Der zuständigen Behörde des Ursprungslandes muss für die Zulassung ein Prüfbericht eingereicht worden sein. An die zuständige Behörde des Bestimmungslandes ist eine Mitteilung über die Zulassung zu senden. Diese Mitteilung muss die anwendbaren Beförderungsbedingungen und den Bericht mit den Prüfergebnissen enthalten. Die durchgeführten Prüfungen müssen Folgendes ermöglichen:

.1 den Nachweis der Verträglichkeit aller Werkstoffe, die mit dem Stoff während der Beförderung normalerweise in Berührung kommen;

.2 die Lieferung von Daten für die Auslegung der Druckentlastungs- und Notfall-Druckentlastungseinrichtungen unter Berücksichtigung der Auslegungsmerkmale des ortsbeweglichen Tanks.

Alle Sondervorschriften, die für die sichere Beförderung des Stoffes notwendig sind, müssen eindeutig im Bericht beschrieben sein.

4.2.1.13.2 [SADT ≥ 55 °C]

Die folgenden Vorschriften gelten für ortsbewegliche Tanks, die für die Beförderung organischer Peroxide oder selbstzersetzlicher Stoffe des Typs F mit einer Temperatur der selbstbeschleunigenden Zersetzung (SADT) von mindestens 55 °C vorgesehen sind. Sofern diese Vorschriften in Widerspruch zu den Vorschriften in 6.7.2 stehen, haben sie Vorrang. Zu berücksichtigende Notfallsituationen sind die selbstbeschleunigende Zersetzung des Stoffes sowie die in 4.2.1.13.8 beschriebene Feuereinwirkung.

4.2.1.13.3 [Zusätzliche Vorschriften]

Zusätzliche Vorschriften für die Beförderung organischer Peroxide oder selbstzersetzlicher Stoffe mit einer SADT unter 55 °C in ortsbeweglichen Tanks sind von der zuständigen Behörde des Ursprungslandes festzulegen. An die zuständige Behörde des Bestimmungslandes ist eine diesbezügliche Mitteilung zu senden.

4.2.1.13.4 [Prüfdruck]

Der ortsbewegliche Tank muss für einen Prüfdruck von mindestens 0,4 MPa (4 bar) ausgelegt sein.

4.2.1.13.5 [Temperaturfühler]

Ortsbewegliche Tanks müssen mit Temperaturfühlern ausgerüstet sein.

4.2.1.13.6 [Druckentlastung]

Ortsbewegliche Tanks müssen mit Druckentlastungs- und Notfall-Druckentlastungseinrichtungen ausgerüstet sein. Vakuumventile dürfen ebenfalls verwendet werden. Druckentlastungseinrichtungen müssen bei Drücken ansprechen, die den Eigenschaften des Stoffes und den Konstruktionsmerkmalen des ortsbeweglichen Tanks entsprechend festgesetzt werden. Schmelzsicherungen sind an Tankkörpern nicht zugelassen.

4.2.1.13.7 [Ventile]

Die Druckentlastungseinrichtungen müssen aus federbelasteten Ventilen bestehen, die so eingestellt sind, dass ein wesentlicher Druckanstieg im Tank durch Zersetzungsprodukte und Dämpfe, die bei einer Temperatur von 50 °C gebildet werden, verhindert wird. Die Abblasmenge und der Ansprechdruck der Entlastungsventile muss aufgrund der Ergebnisse der in 4.2.1.13.1 festgelegten Prüfungen bestimmt werden. Der Ansprechdruck darf jedoch auf keinen Fall so eingestellt sein, dass bei einem Umkippen des ortsbeweglichen Tanks Flüssigkeit aus dem (den) Ventil(en) entweicht.

[Durchsatzberechnung] 4.2.1.13.8

Die Notfall-Druckentlastungseinrichtungen dürfen als federbelastete Ventile oder Berstscheiben oder als Kombination aus beiden ausgeführt sein, die so ausgelegt sind, dass sämtliche entstehenden Zersetzungsprodukte und Dämpfe abgeführt werden, die sich bei vollständiger Feuereinwirkung während eines Zeitraums von mindestens einer Stunde unter Bedingungen entwickeln, die durch folgende Formel definiert werden:

$$q = 70961\ FA^{0,82}$$

wobei:

q = Wärmeaufnahme [W]
A = benetzte Fläche [m^2]
F = Isolierungsfaktor
$F = 1$ für nicht isolierte Tanks oder
$F = \frac{U\,(923 - T)}{47023}$ für isolierte Tankkörper

wobei:

K = Wärmeleitfähigkeit der Isolierungsschicht [$W \cdot m^{-1} \cdot K^{-1}$]
L = Dicke der Isolierungsschicht [m]
U = K/L = Wärmeleitkoeffizient der Isolierung [$W \cdot m^{-2} \cdot K^{-1}$]
T = Temperatur des Stoffes unter Entlastungsbedingungen [K]

Der Ansprechdruck der Notfall-Druckentlastungseinrichtung(en) muss höher sein als der in 4.2.1.13.7 genannte und aufgrund der Prüfergebnisse nach 4.2.1.13.1 festgelegt sein. Die Notfall-Druckentlastungseinrichtungen müssen so bemessen sein, dass der höchste Druck im Tank zu keinem Zeitpunkt den Prüfdruck des ortsbeweglichen Tanks übersteigt.

***Bemerkung:** Im Handbuch Prüfungen und Kriterien, Anhang 5 ist ein Beispiel für eine Methode zur Dimensionierung der Notfall-Druckentlastungseinrichtungen angegeben.*

[Isolierungsverlust] 4.2.1.13.9

Für isolierte ortsbewegliche Tanks ist zur Ermittlung der Abblasmenge und der Einstellung der Notfall-Druckentlastungseinrichtung(en) von einem Isolierungsverlust von 1 % der Oberfläche auszugehen.

[Flammendurchschlagsicherung] 4.2.1.13.10

Vakuumventile und federbelastete Ventile sind mit Flammendurchschlagsicherungen auszurüsten. Die Verminderung der Entlastungskapazität durch diese Flammendurchschlagsicherung ist zu berücksichtigen.

[Restevermeidung] 4.2.1.13.11

Bedienungsausrüstungen wie Absperreinrichtungen und äußere Rohrleitungen sind so anzuordnen, dass nach dem Befüllen des ortsbeweglichen Tanks kein Stoffrest in ihnen zurückbleibt.

[Wärmeisolierung/Sonnenschutz] 4.2.1.13.12

Ortsbewegliche Tanks dürfen entweder wärmeisoliert oder mit einem Sonnenschutz ausgeführt sein. Wenn die SADT des Stoffes im ortsbeweglichen Tank höchstens 55 °C beträgt oder wenn der ortsbewegliche Tank aus Aluminium hergestellt ist, muss er vollständig isoliert sein. Die Außenfläche muss einen weißen Anstrich haben oder in blankem Metall ausgeführt sein.

[Füllungsgrad] 4.2.1.13.13

Der Füllungsgrad darf bei 15 °C 90 % nicht übersteigen.

[Kennzeichnung] 4.2.1.13.14

Das in 6.7.2.20.2 vorgeschriebene Kennzeichen muss die UN-Nummer und die technische Bezeichnung mit der zugelassenen Konzentration des betreffenden Stoffes enthalten.

4.2.1.13.15 **[Stoffe nach T23]**

Die in der Anweisung für ortsbewegliche Tanks T23 in 4.2.5.2.6 aufgeführten organischen Peroxide und selbstzersetzlichen Stoffe dürfen in ortsbeweglichen Tanks befördert werden.

4.2.1.14 **Zusätzliche Vorschriften für die Beförderung von Stoffen der Klasse 6.1 in ortsbeweglichen Tanks**

(bleibt offen)

4.2.1.15 **Zusätzliche Vorschriften für die Beförderung von Stoffen der Klasse 6.2 in ortsbeweglichen Tanks**

(bleibt offen)

4.2.1.16 **Zusätzliche Vorschriften für die Beförderung von Stoffen der Klasse 7 in ortsbeweglichen Tanks**

4.2.1.16.1 **[Beförderungsausschluss]**

Die für die Beförderung radioaktiver Stoffe verwendeten ortsbeweglichen Tanks dürfen nicht für die Beförderung anderer Güter verwendet werden.

4.2.1.16.2 **[Füllungsgrad]**

Der Füllungsgrad für ortsbewegliche Tanks darf 90 % bzw. einen anderen, von der zuständigen Behörde zugelassenen Wert nicht übersteigen.

4.2.1.17 **Zusätzliche Vorschriften für die Beförderung von Stoffen der Klasse 8 in ortsbeweglichen Tanks**

4.2.1.17.1 **[Prüfung Druckentlastungseinrichtungen]**

Die Druckentlastungseinrichtungen von ortsbeweglichen Tanks, die für die Beförderung von Stoffen der Klasse 8 verwendet werden, müssen in regelmäßigen Abständen von höchstens einem Jahr überprüft werden.

4.2.1.18 **Zusätzliche Vorschriften für die Beförderung von Stoffen der Klasse 9 in ortsbeweglichen Tanks**

(bleibt offen)

4.2.1.19 **Zusätzliche Vorschriften für die Beförderung von festen Stoffen, die über ihrem Schmelzpunkt befördert werden**

4.2.1.19.1 **[Stoffe ohne Tankanweisung]**

Feste Stoffe, die über ihrem Schmelzpunkt befördert oder zur Beförderung aufgegeben werden und denen in Spalte 13 der Gefahrgutliste in Kapitel 3.2 keine Anweisung für ortsbewegliche Tanks zugeordnet ist oder bei denen sich die zugeordnete Anweisung für ortsbewegliche Tanks nicht auf eine Beförderung bei Temperaturen über dem Schmelzpunkt bezieht, dürfen in ortsbeweglichen Tanks befördert werden, vorausgesetzt, die festen Stoffe sind der Klasse 4.1, 4.2, 4.3, 5.1, 6.1, 8 oder 9 zugeordnet, haben mit Ausnahme der Zusatzgefahr der Klasse 6.1 oder 8 keine weitere Zusatzgefahr und sind der Verpackungsgruppe II oder III zugeordnet.

4.2.1.19.2 **[Anwendung der T4 und T7]**

Sofern in der Gefahrgutliste nichts anderes angegeben ist, müssen ortsbewegliche Tanks, die für die Beförderung dieser festen Stoffe über ihrem Schmelzpunkt verwendet werden, für feste Stoffe der Verpackungsgruppe III den Vorschriften der Anweisung für ortsbewegliche Tanks T4 und für feste Stoffe der Verpackungsgruppe II den Vorschriften der Anweisung für ortsbewegliche Tanks T7 entsprechen. Nach 4.2.5.2.5 darf auch ein ortsbeweglicher Tank, der ein gleichwertiges oder höheres Sicherheitsniveau bietet, ausgewählt werden. Der höchste Füllungsgrad (in %) ist nach 4.2.1.9.5 (Sondervorschrift TP3) zu bestimmen.

4.2.2 **Allgemeine Vorschriften für die Verwendung ortsbeweglicher Tanks zur Beförderung nicht tiefgekühlt verflüssigter Gase und von Chemikalien unter Druck**

4.2.2.1 **[Überblick]**

Dieser Abschnitt enthält die allgemeinen Vorschriften, die für die Verwendung ortsbeweglicher Tanks zur Beförderung nicht tiefgekühlt verflüssigter Gase der Klasse 2 und von Chemikalien unter Druck anzuwenden sind.

[Vorschriftenkonformität] 4.2.2.2

Die ortsbeweglichen Tanks müssen den in 6.7.3 angegebenen Vorschriften für die Auslegung, den Bau und die Prüfung entsprechen. Nicht tiefgekühlt verflüssigte Gase und Chemikalien unter Druck müssen in ortsbeweglichen Tanks befördert werden, die der in 4.2.5.2.6 beschriebenen Anweisung für ortsbewegliche Tanks T50 und bestimmten nicht tiefgekühlt verflüssigten Gasen in der Gefahrgutliste zugeordneten und in 4.2.5.3 beschriebenen Sondervorschriften für ortsbewegliche Tanks entsprechen.

[Stoßbelastungen] 4.2.2.3

Während der Beförderung müssen die ortsbeweglichen Tanks gegen Beschädigung des Tankkörpers und der Bedienungsausrüstung durch Längs- oder Querstöße oder durch Umkippen ausreichend geschützt sein. Sind der Tankkörper und die Bedienungsausrüstung so gebaut, dass sie den Stößen oder dem Umkippen standhalten, ist ein solcher Schutz nicht erforderlich. Beispiele für einen solchen Schutz sind in 6.7.3.13.5 beschrieben.

[Polymerisationsvermeidung] 4.2.2.4

Bestimmte nicht tiefgekühlt verflüssigte Gase sind chemisch instabil. Sie sind zur Beförderung nur zugelassen, wenn die notwendigen Maßnahmen zur Verhinderung ihrer gefährlichen Zersetzung, Umwandlung oder Polymerisation während der Beförderung getroffen wurden. Zu diesem Zweck muss dafür gesorgt werden, dass die ortsbeweglichen Tanks keine nicht tiefgekühlt verflüssigten Gase enthalten, die solche Reaktionen begünstigen können.

[Stoffzulassung] 4.2.2.5

Außer wenn die Benennung des beförderten Gases auf dem in 6.7.3.16.2 beschriebenen Metallschild angegeben ist, muss auf Anforderung einer zuständigen Behörde oder einer von ihr bestimmten Stelle eine Kopie der in 6.7.3.14.1 genannten Bescheinigung vom Versender, Empfänger oder Vertreter unverzüglich vorgelegt werden.

[Leere Tanks] 4.2.2.6

Ungereinigte leere und nicht entgaste ortsbewegliche Tanks müssen denselben Vorschriften entsprechen wie ortsbewegliche Tanks, die mit dem vorherigen nicht tiefgekühlt verflüssigten Gas befüllt sind.

Befüllen 4.2.2.7

[Prüfpunkte] 4.2.2.7.1

Vor dem Befüllen muss der Versender sicherstellen, dass der verwendete ortsbewegliche Tank für das zu befördernde nicht tiefgekühlt verflüssigte Gas oder das Treibmittel der zu befördernden Chemikalie unter Druck zugelassen ist und nicht mit nicht tiefgekühlt verflüssigten Gasen oder Chemikalien unter Druck befüllt wird, die bei Berührung mit den Werkstoffen des Tankkörpers, der Dichtungen und der Bedienungsausrüstung gefährlich reagieren können, so dass gefährliche Stoffe entstehen oder diese Werkstoffe merklich geschwächt werden. Während des Befüllens muss die Temperatur des nicht tiefgekühlt verflüssigten Gases oder des Treibmittels von Chemikalien unter Druck innerhalb der Grenzen des Auslegungstemperaturbereichs liegen.

[Füllmasse] 4.2.2.7.2

Die höchste Masse des nicht tiefgekühlt verflüssigten Gases je Liter Fassungsraum des Tankkörpers (kg/l) darf die Dichte des nicht tiefgekühlt verflüssigten Gases bei 50 °C, multipliziert mit 0,95, nicht übersteigen. Darüber hinaus darf der Tankkörper bei 60 °C nicht vollständig flüssigkeitsgefüllt sein.

[Höchstfüllmasse] 4.2.2.7.3

Die ortsbeweglichen Tanks dürfen nicht über ihre höchstzulässige Bruttomasse und über die für jedes zu befördernde Gas festgelegte höchstzulässige Masse der Füllung befüllt werden.

[Befüll-/Entleerverbot] 4.2.2.7.4

Ortsbewegliche Tanks dürfen an Bord weder befüllt noch entleert werden.

4.2.2.8 [Beförderungsausschluss]

→ D: GGVSee § 20 Nr. 3
→ D: GGVSee § 5

Ortsbewegliche Tanks dürfen nicht zur Beförderung aufgegeben werden:

.1 mit einem Füllungsgrad, bei dem die Schwallbewegungen des Inhalts unzulässige hydraulische Kräfte hervorrufen können;

.2 wenn sie undicht sind;

.3 wenn sie in einem Ausmaß beschädigt sind, dass die Unversehrtheit des ortsbeweglichen Tanks oder seiner Hebe- oder Befestigungseinrichtungen beeinträchtigt sein kann, und

.4 wenn die Bedienungsausrüstung nicht geprüft und für in gutem betriebsfähigem Zustand befunden worden ist.

4.2.2.9 [Verschluss der Gabeltaschen]

Gabeltaschen von ortsbeweglichen Tanks müssen bei befüllten Tanks geschlossen sein. Diese Vorschrift gilt nicht für ortsbewegliche Tanks, deren Gabeltaschen nach 6.7.3.13.4 nicht mit Verschlusseinrichtungen versehen sein müssen.

4.2.3 Allgemeine Vorschriften für die Verwendung ortsbeweglicher Tanks zur Beförderung tiefgekühlt verflüssigter Gase der Klasse 2

4.2.3.1 [Überblick]

Dieser Abschnitt enthält die allgemeinen Vorschriften, die für die Verwendung ortsbeweglicher Tanks zur Beförderung tiefgekühlt verflüssigter Gase anzuwenden sind.

4.2.3.2 [Vorschriftenkonformität]

Die ortsbeweglichen Tanks müssen den in 6.7.4 angegebenen Vorschriften für die Auslegung, den Bau und die Prüfung entsprechen. Tiefgekühlt verflüssigte Gase müssen in ortsbeweglichen Tanks befördert werden, die der in 4.2.5.2.6 beschriebenen Anweisung für ortsbewegliche Tanks T75 und den Sondervorschriften für ortsbewegliche Tanks entsprechen, die jedem Stoff in Spalte 14 der Gefahrgutliste zugeordnet und in 4.2.5.3 beschrieben sind.

4.2.3.3 [Stoßbelastungen]

Während der Beförderung müssen die ortsbeweglichen Tanks gegen Beschädigung des Tankkörpers und der Bedienungsausrüstung durch Längs- oder Querstöße oder durch Umkippen ausreichend geschützt sein. Sind der Tankkörper und die Bedienungsausrüstung so gebaut, dass sie den Stößen oder dem Umkippen standhalten, ist ein solcher Schutz nicht erforderlich. Beispiele für einen solchen Schutz sind in 6.7.4.12.5 beschrieben.

4.2.3.4 [Stoffzulassung]

Außer wenn die Benennung des beförderten Gases auf dem in 6.7.4.15.2 beschriebenen Metallschild angegeben ist, muss auf Anforderung einer zuständigen Behörde oder einer von ihr bestimmten Stelle eine Kopie der in 6.7.4.13.1 genannten Bescheinigung vom Versender, Empfänger oder Vertreter unverzüglich vorgelegt werden.

4.2.3.5 [Leere Tanks]

Ungereinigte leere und nicht entgaste ortsbewegliche Tanks müssen denselben Vorschriften entsprechen wie ortsbewegliche Tanks, die mit dem vorherigen Stoff befüllt sind.

4.2.3.6 Befüllen

4.2.3.6.1 [Prüfpunkte]

Vor dem Befüllen muss der Versender sicherstellen, dass der verwendete ortsbewegliche Tank für das zu befördernde tiefgekühlt verflüssigte Gas zugelassen ist und nicht mit tiefgekühlt verflüssigten Gasen befüllt wird, die bei Berührung mit den Werkstoffen des Tankkörpers, der Dichtungen und der Bedienungsausrüstung gefährlich reagieren können, so dass gefährliche Stoffe entstehen oder diese Werkstoffe merklich geschwächt werden. Während des Befüllens muss die Temperatur des tiefgekühlt verflüssigten Gases innerhalb der Grenzen des Auslegungstemperaturbereichs liegen.

[Anfangsfüllungsgrad] 4.2.3.6.2

Bei der Ermittlung des Anfangsfüllungsgrades muss die für die vorgesehene Beförderung notwendige Haltezeit einschließlich aller eventuell auftretender Verzögerungen in Betracht gezogen werden. Abgesehen von den Vorschriften in 4.2.3.6.3 und 4.2.3.6.4 muss der Anfangsfüllungsgrad des Tankkörpers so gewählt werden, dass bei einem Temperaturanstieg des Inhalts, ausgenommen Helium, bis zu einer Temperatur, bei der der Dampfdruck gleich dem höchstzulässigen Betriebsdruck ist, das vom flüssigen Stoff eingenommene Volumen 98 % nicht überschreitet.

[Heliumbeförderung] 4.2.3.6.3

Zur Beförderung von Helium vorgesehene Tankkörper dürfen bis zur Einlassöffnung der Druckentlastungseinrichtung, nicht aber darüber hinaus, befüllt werden.

[Haltezeit >> Beförderungsdauer] 4.2.3.6.4 → D: GGVSee § 12 (1) Nr. 1 d)

Ein höherer Anfangsfüllungsgrad kann unter dem Vorbehalt der Genehmigung durch die zuständige Behörde zugelassen werden, wenn die vorgesehene Dauer der Beförderung beträchtlich kürzer ist als die Haltezeit.

[Befüll-/Entleerverbot] 4.2.3.6.5

Ortsbewegliche Tanks dürfen an Bord weder befüllt noch entleert werden.

Tatsächliche Haltezeit 4.2.3.7

[Berechnungsverfahren] 4.2.3.7.1

Für jede Beförderung ist die tatsächliche Haltezeit nach einem von der zuständigen Behörde anerkannten Verfahren zu berechnen, und zwar unter Berücksichtigung:

.1 der Referenzhaltezeit des zu befördernden tiefgekühlt verflüssigten Gases (siehe 6.7.4.2.8.1) (wie auf dem in 6.7.4.15.1 genannten Schild angegeben);

.2 der tatsächlichen Fülldichte;

.3 des tatsächlichen Fülldrucks;

.4 des niedrigsten Ansprechdrucks des (der) Druckbegrenzungseinrichtung(en).

[Angabe] 4.2.3.7.2

Die tatsächliche Haltezeit ist entweder auf dem ortsbeweglichen Tank selbst oder auf einem fest am ortsbeweglichen Tank angebrachten Metallschild gemäß 6.7.4.15.2 anzugeben.

[Beförderungsausschluss] 4.2.3.8 → D: GGVSee § 20 Nr. 3 → D: GGVSee § 5

Ortsbewegliche Tanks dürfen nicht zur Beförderung aufgegeben werden:

.1 mit einem Füllungsgrad, bei dem die Schwallbewegungen des Inhalts unzulässige hydraulische Kräfte hervorrufen können;

.2 wenn sie undicht sind;

.3 wenn sie in einem Ausmaß beschädigt sind, dass die Unversehrtheit des ortsbeweglichen Tanks oder seiner Hebe- oder Befestigungseinrichtungen beeinträchtigt sein kann;

.4 wenn die Bedienungsausrüstung nicht geprüft und für in gutem betriebsfähigem Zustand befunden worden ist;

.5 wenn die tatsächliche Haltezeit des zu befördernden tiefgekühlt verflüssigten Gases nicht gemäß 4.2.3.7 bestimmt und der ortsbewegliche Tank nicht gemäß 6.7.4.15.2 gekennzeichnet worden ist und

.6 wenn die Dauer der Beförderung unter Berücksichtigung aller eventuell auftretenden Verzögerungen die tatsächliche Haltezeit übersteigt.

[Verschluss der Gabeltaschen] 4.2.3.9

Gabeltaschen von ortsbeweglichen Tanks müssen bei befüllten Tanks geschlossen sein. Diese Vorschrift gilt nicht für ortsbewegliche Tanks, deren Gabeltaschen nach 6.7.4.12.4 nicht mit Verschlusseinrichtungen versehen sein müssen.

4.2.4 Allgemeine Vorschriften für die Verwendung von Gascontainern mit mehreren Elementen (MEGC)

4.2.4.1 [Überblick]

Dieser Abschnitt enthält die allgemeinen Vorschriften, die für die Verwendung von Gascontainern mit mehreren Elementen (MEGC) zur Beförderung nicht tiefgekühlter Gase anzuwenden sind.

4.2.4.2 [Vorschriftenkonformität]

Die MEGC müssen den in 6.7.5 angegebenen Vorschriften für die Auslegung, den Bau und die Prüfung entsprechen. Die Elemente der MEGC müssen nach Verpackungsanweisung P200 und 6.2.1.6 wiederkehrend geprüft werden.

4.2.4.3 [Stoßbelastungen]

Während der Beförderung müssen die MEGC gegen Beschädigung der Elemente und der Bedienungsausrüstung durch Längs- oder Querstöße oder durch Umkippen ausreichend geschützt sein. Sind die Elemente und die Bedienungsausrüstung so gebaut, dass sie den Stößen oder dem Umkippen standhalten, ist ein solcher Schutz nicht erforderlich. Beispiele für einen solchen Schutz sind in 6.7.5.10.4 beschrieben.

4.2.4.4 [Prüfung]

Die Vorschriften für die wiederkehrende Prüfung von MEGC sind in 6.7.5.12 aufgeführt. Die MEGC oder deren Elemente dürfen nach der Fälligkeit der wiederkehrenden Prüfung nicht beladen oder befüllt werden, sie dürfen jedoch nach Ablauf der Frist für die wiederkehrende Prüfung befördert werden.

4.2.4.5 Befüllen

4.2.4.5.1 [Eignungsprüfung]

Vor dem Befüllen ist der MEGC zu prüfen, um sicherzustellen, dass er für das zu befördernde Gas zugelassen ist und die anwendbaren Vorschriften dieses Codes eingehalten sind.

4.2.4.5.2 [Anwendung P200]

Die Elemente der MEGC sind entsprechend den Betriebsdrücken, Füllungsgraden und Befüllungsvorschriften zu befüllen, die in Verpackungsanweisung P200 für das in die einzelnen Elemente zu befüllende Gas festgelegt sind. Ein MEGC oder eine Gruppe von Elementen darf als Einheit in keinem Fall über den niedrigsten Betriebsdruck irgendeines der Elemente hinaus befüllt werden.

4.2.4.5.3 [Bruttomasse]

Die MEGC dürfen nicht über ihre höchstzulässige Bruttomasse befüllt werden.

4.2.4.5.4 [Trennventile]

Die Trennventile müssen nach dem Befüllen geschlossen werden und während der Beförderung verschlossen bleiben. Giftige Gase der Klasse 2.3 dürfen nur in MEGC befördert werden, bei denen jedes Element mit einem Trennventil ausgerüstet ist.

4.2.4.5.5 [Verschluss]

Die Öffnung(en) für das Befüllen muss (müssen) durch Kappen oder Stopfen verschlossen werden. Nach dem Befüllen ist die Dichtheit der Verschlüsse und der Ausrüstung durch den Verlader zu überprüfen.

4.2.4.5.6 [Befüllungsausschluss]

MEGC dürfen nicht zur Befüllung übergeben werden:

.1 wenn sie in einem Ausmaß beschädigt sind, dass die Unversehrtheit der Druckgefäße oder deren bauliche Ausrüstung oder Bedienungsausrüstung beeinträchtigt sein kann;

.2 wenn bei der Untersuchung der Betriebszustand der Druckgefäße und ihrer baulichen Ausrüstung oder Bedienungsausrüstung nicht für gut befunden wurde und

.3 wenn die vorgeschriebenen Kennzeichen für die Zulassung, die wiederkehrende Prüfung und die Füllung nicht lesbar sind.

[Beförderungsausschluss] 4.2.4.6 → D: GGVSee § 20 Nr. 3 → D: GGVSee § 5

Befüllte MEGC dürfen nicht zur Beförderung aufgegeben werden:

.1 wenn sie undicht sind;

.2 wenn sie in einem Ausmaß beschädigt sind, dass die Unversehrtheit der Druckgefäße oder deren bauliche Ausrüstung oder Bedienungsausrüstung beeinträchtigt sein kann;

.3 wenn bei der Untersuchung der Betriebszustand der Druckgefäße und ihrer baulichen Ausrüstung oder Bedienungsausrüstung nicht für gut befunden wurde oder

.4 wenn die vorgeschriebenen Kennzeichen für die Zulassung, die wiederkehrende Prüfung und die Füllung nicht lesbar sind.

[Leere MEGC] 4.2.4.7

Ungereinigte leere und nicht entgaste MEGC müssen denselben Vorschriften entsprechen wie MEGC, die mit dem vorher beförderten Stoff befüllt sind.

Anweisungen und Sondervorschriften für ortsbewegliche Tanks 4.2.5

Allgemeines 4.2.5.1

[Überblick] 4.2.5.1.1

Dieser Abschnitt enthält die Anweisungen für ortsbewegliche Tanks und die Sondervorschriften, die für die in ortsbeweglichen Tanks zugelassenen gefährlichen Stoffe anwendbar sind. Jede Anweisung für ortsbewegliche Tanks ist durch einen alphanumerischen Code (T1 bis T75) gekennzeichnet. Die Gefahrgutliste in Kapitel 3.2 enthält die für jeden für die Beförderung in ortsbeweglichen Tanks zugelassenen Stoff anwendbare Anweisung für ortsbewegliche Tanks. Wenn für ein bestimmtes gefährliches Gut in der Gefahrgutliste keine Anweisung für ortsbewegliche Tanks angegeben ist, ist die Beförderung dieses Stoffes in ortsbeweglichen Tanks nicht zugelassen, es sei denn, eine zuständige Behörde hat eine Zulassung gemäß 6.7.1.3 erteilt. In der Gefahrgutliste in Kapitel 3.2 sind bestimmten gefährlichen Stoffen Sondervorschriften für ortsbewegliche Tanks zugeordnet. Jede Sondervorschrift für ortsbewegliche Tanks ist durch einen alphanumerischen Code (z. B. TP1) gekennzeichnet. In 4.2.5.3 ist eine Aufzählung der Sondervorschriften für ortsbewegliche Tanks aufgeführt.

Bemerkung: *Die zur Beförderung in MEGC zugelassenen Gase sind in der Spalte „MEGC" in den Tabellen 1 und 2 der Verpackungsanweisung P200 in 4.1.4.1 angegeben.*

Anweisungen für ortsbewegliche Tanks 4.2.5.2

[Geltung für alle Klassen] 4.2.5.2.1

Die Anweisungen für ortsbewegliche Tanks gelten für gefährliche Stoffe der Klassen 1 bis 9. Die Anweisungen für ortsbewegliche Tanks geben spezifische Auskunft über die für bestimmte Stoffe anwendbaren Vorschriften für ortsbewegliche Tanks. Diese Vorschriften müssen zusätzlich zu den allgemeinen Vorschriften dieses Kapitels und des Kapitels 6.7 erfüllt werden.

[Geltung außer Klasse 2] 4.2.5.2.2

Für Stoffe der Klassen 1 und 3 bis 9 geben die Anweisungen für ortsbewegliche Tanks den anzuwendenden Mindestprüfdruck, die Mindestwanddicke des Tankkörpers (für Bezugsstahl), Vorschriften für die Bodenöffnungen und die Druckentlastungseinrichtung an. In der Anweisung für ortsbewegliche Tanks T23 sind die selbstzersetzlichen Stoffe der Klasse 4.1 und die organischen Peroxide der Klasse 5.2, die zur Beförderung in ortsbeweglichen Tanks zugelassen sind, sowie die anzuwendenden Kontroll- und Notfalltemperaturen angegeben.

[Anweisung T50] 4.2.5.2.3

Nicht tiefgekühlt verflüssigte Gase sind der Anweisung für ortsbewegliche Tanks T50 zugeordnet, die für jedes zur Beförderung in ortsbeweglichen Tanks zugelassene nicht tiefgekühlt verflüssigte Gas den höchstzulässigen Betriebsdruck sowie die Vorschriften für die Bodenöffnungen, die Druckentlastungseinrichtungen und den Füllungsgrad angibt.

4.2.5.2.4 **[Anweisung T75]**

Tiefgekühlt verflüssigte Gase sind der Anweisung für ortsbewegliche Tanks T75 zugeordnet.

4.2.5.2.5 **Bestimmung der entsprechenden Anweisung für ortsbewegliche Tanks**

Wird in der Gefahrgutliste bei einer bestimmten Eintragung eines gefährlichen Gutes eine bestimmte Anweisung für ortsbewegliche Tanks angegeben, dürfen auch andere ortsbewegliche Tanks verwendet werden, die Anweisungen entsprechen, die höhere Prüfdrücke, größere Wanddicken der Tankkörper und strengere Anforderungen für die Bodenöffnungen und Druckentlastungseinrichtungen vorschreiben. Die folgenden Richtlinien dienen zur Bestimmung eines geeigneten ortsbeweglichen Tanks, der für die Beförderung eines bestimmten Stoffes verwendet werden darf:

Anweisung für ortsbewegliche Tanks	Weitere zugelassene Anweisungen für ortsbewegliche Tanks
T1	T2, T3, T4, T5, T6, T7, T8, T9, T10, T11, T12, T13, T14, T15, T16, T17, T18, T19, T20, T21, T22
T2	T4, T5, T7, T8, T9, T10, T11, T12, T13, T14, T15, T16, T17, T18, T19, T20, T21, T22
T3	T4, T5, T6, T7, T8, T9, T10, T11, T12, T13, T14, T15, T16, T17, T18, T19, T20, T21, T22
T4	T5, T7, T8, T9, T10, T11, T12, T13, T14, T15, T16, T17, T18, T19, T20, T21, T22
T5	T10, T14, T19, T20, T22
T6	T7, T8, T9, T10, T11, T12, T13, T14, T15, T16, T17, T18, T19, T20, T21, T22
T7	T8, T9, T10, T11, T12, T13, T14, T15, T16, T17, T18, T19, T20, T21, T22
T8	T9, T10, T13, T14, T19, T20, T21, T22
T9	T10, T13, T14, T19, T20, T21, T22
T10	T14, T19, T20, T22
T11	T12, T13, T14, T15, T16, T17, T18, T19, T20, T21, T22
T12	T14, T16, T18, T19, T20, T22
T13	T14, T19, T20, T21, T22
T14	T19, T20, T22
T15	T16, T17, T18, T19, T20, T21, T22
T16	T18, T19, T20, T22
T17	T18, T19, T20, T21, T22
T18	T19, T20, T22
T19	T20, T22
T20	T22
T21	T22
T22	keine
T23	keine
T50	keine

Anweisungen für ortsbewegliche Tanks 4.2.5.2.6

Die Anweisungen für ortsbewegliche Tanks legen die Anforderungen an einen ortsbeweglichen Tank fest, der für die Beförderung eines bestimmten Stoffes verwendet wird. Die Anweisungen für ortsbewegliche Tanks T1 bis T22 legen die anwendbaren Mindestprüfdrücke, Mindestwanddicken des Tankkörpers (in mm Bezugsstahl) und die Vorschriften für die Druckentlastungseinrichtungen und Bodenöffnungen fest.

T1 – T22		**Anweisungen für ortsbewegliche Tanks**		**T1 – T22**
Diese Anweisungen für ortsbewegliche Tanks gelten für flüssige und feste Stoffe der Klassen 1 und 3 bis 9. Die allgemeinen Vorschriften des Abschnitts 4.2.1 und die Vorschriften des Abschnitts 6.7.2 sind einzuhalten.				
Anweisung für ortsbewegliche Tanks	**Mindestprüfdruck (bar)**	**Mindestwanddicke des Tankkörpers (in mm Bezugsstahl) (siehe 6.7.2.4)**	**Anforderungen an Druckentlastungseinrichtungen[1] (siehe 6.7.2.8)**	**Anforderungen an Bodenöffnungen[2] (siehe 6.7.2.6)**
T1	1,5	siehe 6.7.2.4.2	normal	siehe 6.7.2.6.2
T2	1,5	siehe 6.7.2.4.2	normal	siehe 6.7.2.6.3
T3	2,65	siehe 6.7.2.4.2	normal	siehe 6.7.2.6.2
T4	2,65	siehe 6.7.2.4.2	normal	siehe 6.7.2.6.3
T5	2,65	siehe 6.7.2.4.2	siehe 6.7.2.8.3	nicht zugelassen
T6	4	siehe 6.7.2.4.2	normal	siehe 6.7.2.6.2
T7	4	siehe 6.7.2.4.2	normal	siehe 6.7.2.6.3
T8	4	siehe 6.7.2.4.2	normal	nicht zugelassen
T9	4	6 mm	normal	nicht zugelassen
T10	4	6 mm	siehe 6.7.2.8.3	nicht zugelassen
T11	6	siehe 6.7.2.4.2	normal	siehe 6.7.2.6.3
T12	6	siehe 6.7.2.4.2	siehe 6.7.2.8.3	siehe 6.7.2.6.3
T13	6	6 mm	normal	nicht zugelassen
T14	6	6 mm	siehe 6.7.2.8.3	nicht zugelassen
T15	10	siehe 6.7.2.4.2	normal	siehe 6.7.2.6.3
T16	10	siehe 6.7.2.4.2	siehe 6.7.2.8.3	siehe 6.7.2.6.3
T17	10	6 mm	normal	siehe 6.7.2.6.3
T18	10	6 mm	siehe 6.7.2.8.3	siehe 6.7.2.6.3
T19	10	6 mm	siehe 6.7.2.8.3	nicht zugelassen
T20	10	8 mm	siehe 6.7.2.8.3	nicht zugelassen
T21	10	10 mm	normal	nicht zugelassen
T22	10	10 mm	siehe 6.7.2.8.3	nicht zugelassen

1) Wenn der Ausdruck „normal" angegeben ist, gelten alle Vorschriften von 6.7.2.8 mit Ausnahme von 6.7.2.8.3.

2) Wenn in dieser Spalte „nicht zugelassen" angegeben ist, sind Bodenöffnungen nicht zugelassen, wenn der zu befördernde Stoff flüssig ist (siehe 6.7.2.6.1). Wenn der zu befördernde Stoff bei allen unter normalen Beförderungsbedingungen auftretenden Temperaturen ein fester Stoff ist, sind Bodenöffnungen, die den Vorschriften in 6.7.2.6.2 entsprechen, zugelassen.

4.2.5.2.6 (Forts.)

T23 — **Anweisungen für ortsbewegliche Tanks** — **T23**

Diese Anweisung für ortsbewegliche Tanks gilt für selbstzersetzliche Stoffe der Klasse 4.1 und organische Peroxide der Klasse 5.2. Die allgemeinen Vorschriften von 4.2.1 und die Vorschriften von 6.7.2 sind einzuhalten. Die besonderen Vorschriften für selbstzersetzliche Stoffe der Klasse 4.1 und organische Peroxide der Klasse 5.2 in 4.2.1.13 sind ebenfalls einzuhalten. Die nachstehend aufgeführten Zubereitungen dürfen, gegebenenfalls mit denselben Kontroll- und Notfalltemperaturen, auch gemäß 4.1.4.1 Verpackungsanweisung P520 Verpackungsmethode OP8 verpackt befördert werden.

UN-Nr.	Stoff	Mindestprüfdruck (bar)	Mindestwanddicke des Tankkörpers (in mm Bezugsstahl)	Anforderungen an Bodenöffnungen	Anforderungen an Druckentlastungseinrichtungen	Füllungsgrad	Kontrolltemperatur	Notfalltemperatur
3109	**ORGANISCHES PEROXID TYP F, FLÜSSIG**	4	siehe 6.7.2.4.2	siehe 6.7.2.6.3	siehe 6.7.2.8.2, 4.2.1.13.6, 4.2.1.13.7, 4.2.1.13.8	siehe 4.2.1.13.13		
	tert-Butylhydroperoxid[1], höchstens 72 % mit Wasser							
	Cumylhydroperoxid, höchstens 90 % in Verdünnungsmittel Typ A							
	Di-tert-butylperoxid, höchstens 32 % in Verdünnungsmittel Typ A							
	Isopropylcumylhydroperoxid, höchstens 72 % in Verdünnungsmittel Typ A							
	p-Menthylhydroperoxid, höchstens 72 % in Verdünnungsmittel Typ A							
	Pinanylhydroperoxid, höchstens 56 % in Verdünnungsmittel Typ A							
3110	**ORGANISCHES PEROXID TYP F, FEST**	4	siehe 6.7.2.4.2	siehe 6.7.2.6.3	siehe 6.7.2.8.2, 4.2.1.13.6, 4.2.1.13.7, 4.2.1.13.8	siehe 4.2.1.13.13		
	Dicumylperoxid[2]							
3119	**ORGANISCHES PEROXID TYP F, FLÜSSIG, TEMPERATURKONTROLLIERT**	4	siehe 6.7.2.4.2	siehe 6.7.2.6.3	siehe 6.7.2.8.2, 4.2.1.13.6, 4.2.1.13.7, 4.2.1.13.8	siehe 4.2.1.13.13	[3]	[3]
	tert-Amylperoxyneodecanoat, höchstens 47 % in Verdünnungsmittel Typ A						-10 °C	-5 °C
	tert-Butylperoxyacetat, höchstens 32 % in Verdünnungsmittel Typ B						+30 °C	+35 °C
	tert-Butylperoxy-2-ethylhexanoat, höchstens 32 % in Verdünnungsmittel Typ B						+15 °C	+20 °C
	tert-Butylperoxypivalat, höchstens 27 % in Verdünnungsmittel Typ B						+5 °C	+10 °C

T23 — **Anweisungen für ortsbewegliche Tanks** *(Forts.)* — **T23** 4.2.5.2.6 (Forts.)

UN-Nr.	Stoff	Mindestprüfdruck (bar)	Mindestwanddicke des Tankkörpers (in mm Bezugsstahl)	Anforderungen an Bodenöffnungen	Anforderungen an Druckentlastungseinrichtungen	Füllungsgrad	Kontrolltemperatur	Notfalltemperatur
3119 *(Forts.)*	tert-Butylperoxy-3,5,5-trimethylhexanoat, höchstens 32 % in Verdünnungsmittel Typ B						+35 °C	+40 °C
	Di-(3,5,5-trimethyl-hexanoyl)-peroxid, höchstens 38 % in Verdünnungsmittel Typ A oder Typ B						0 °C	+5 °C
	Peroxyessigsäure, destilliert, stabilisiert[4]						+30 °C	+35 °C
3120	**ORGANISCHES PEROXID TYP F, FEST, TEMPERATURKONTROLLIERT**	4	siehe 6.7.2.4.2	siehe 6.7.2.6.3	siehe 6.7.2.8.2, 4.2.1.13.6, 4.2.1.13.7, 4.2.1.13.8	siehe 4.2.1.13.13	[3]	[3]
3229	**SELBSTZERSETZLICHER STOFF TYP F, FLÜSSIG**	4	siehe 6.7.2.4.2	siehe 6.7.2.6.3	siehe 6.7.2.8.2, 4.2.1.13.6, 4.2.1.13.7, 4.2.1.13.8	siehe 4.2.1.13.13		
3230	**SELBSTZERSETZLICHER STOFF TYP F, FEST**	4	siehe 6.7.2.4.2	siehe 6.7.2.6.3	siehe 6.7.2.8.2, 4.2.1.13.6, 4.2.1.13.7, 4.2.1.13.8	siehe 4.2.1.13.13		
3239	**SELBSTZERSETZLICHER STOFF TYP F, FLÜSSIG, TEMPERATURKONTROLLIERT**	4	siehe 6.7.2.4.2	siehe 6.7.2.6.3	siehe 6.7.2.8.2, 4.2.1.13.6, 4.2.1.13.7, 4.2.1.13.8	siehe 4.2.1.13.13	[3]	[3]
3240	**SELBSTZERSETZLICHER STOFF TYP F, FEST, TEMPERATURKONTROLLIERT**	4	siehe 6.7.2.4.2	siehe 6.7.2.6.3	siehe 6.7.2.8.2, 4.2.1.13.6, 4.2.1.13.7, 4.2.1.13.8	siehe 4.2.1.13.13	[3]	[3]

1) Vorausgesetzt, es wurden Maßnahmen ergriffen, um eine gleichwertige Sicherheit wie bei 65 % tert-Butylhydroperoxid und 35 % Wasser zu erreichen.
2) Höchstmenge je ortsbeweglichen Tank: 2000 kg.
3) Wie von der zuständigen Behörde zugelassen.
4) Eine Zubereitung, die aus der Destillation von Peroxyessigsäure aus Peroxyessigsäure mit einer Konzentration von höchstens 41 % mit Wasser abgeleitet wird, Gesamtgehalt an Aktivsauerstoff (Peroxyessigsäure + H_2O_2) $\leq$ 9,5 %, und die die Kriterien von 2.5.3.3.2.6 erfüllt. Placard für die Zusatzgefahr „ÄTZEND" (Muster Nr. 8, siehe 5.2.2.2.2) erforderlich.

4.2.5.2.6
(Forts.)

T50	Anweisung für ortsbewegliche Tanks				T50
Diese Anweisung für ortsbewegliche Tanks gilt für nicht tiefgekühlt verflüssigte Gase und für Chemikalien unter Druck (UN-Nummern 3500, 3501, 3502, 3503, 3504 und 3505). Die allgemeinen Vorschriften in 4.2.2 und die Vorschriften in 6.7.3 sind einzuhalten.					
UN-Nr.	**Nicht tiefgekühlt verflüssigte Gase**	**Höchstzulässiger Betriebsdruck (bar) klein; ohne Sonnenschutz; mit Sonnenschutz; isoliert[1)]**	**Öffnungen unterhalb des Flüssigkeitsspiegels**	**Anforderungen an Druckentlastungseinrichtungen[2)] (siehe 6.7.3.7)**	**Höchster Füllungsgrad (kg/l)**
1005	Ammoniak, wasserfrei	29,0 25,7 22,0 19,7	zugelassen	siehe 6.7.3.7.3	0,53
1009	Bromtrifluormethan (Gas als Kältemittel R 13B1)	38,0 34,0 30,0 27,5	zugelassen	normal	1,13
1010	Butadiene, stabilisiert	7,5 7,0 7,0 7,0	zugelassen	normal	0,55
1010	Butadiene und Kohlenwasserstoff, Gemisch, stabilisiert, mit mehr als 40 % Butadiene	siehe Begriffsbestimmung für höchstzulässiger Betriebsdruck in 6.7.3.1	zugelassen	normal	siehe 4.2.2.7
1011	Butan	7,0 7,0 7,0 7,0	zugelassen	normal	0,51
1012	But-2-ene	8,0 7,0 7,0 7,0	zugelassen	normal	0,53
1017	Chlor	19,0 17,0 15,0 13,5	nicht zugelassen	siehe 6.7.3.7.3	1,25
1018	Chlordifluormethan (Gas als Kältemittel R 22)	26,0 24,0 21,0 19,0	zugelassen	normal	1,03
1020	Chlorpentafluorethan (Gas als Kältemittel R 115)	23,0 20,0 18,0 16,0	zugelassen	normal	1,06
1021	1-Chlor-1,2,2,2-tetrafluorethan (Gas als Kältemittel R 124)	10,3 9,8 7,9 7,0	zugelassen	normal	1,20
1027	Cyclopropan	18,0 16,0 14,5 13,0	zugelassen	normal	0,53

4.2.5.2.6 (Forts.)

T50	Anweisung für ortsbewegliche Tanks *(Forts.)*				T50
UN-Nr.	**Nicht tiefgekühlt verflüssigte Gase**	**Höchstzulässiger Betriebsdruck (bar) klein; ohne Sonnenschutz; mit Sonnenschutz; isoliert[1)]**	**Öffnungen unterhalb des Flüssigkeitsspiegels**	**Anforderungen an Druckentlastungseinrichtungen[2)] (siehe 6.7.3.7)**	**Höchster Füllungsgrad (kg/l)**
1028	Dichlordifluormethan (Gas als Kältemittel R 12)	16,0 15,0 13,0 11,5	zugelassen	normal	1,15
1029	Dichlormonofluormethan (Gas als Kältemittel R 21)	7,0 7,0 7,0 7,0	zugelassen	normal	1,23
1030	1,1-Difluorethan (Gas als Kältemittel R 152a)	16,0 14,0 12,4 11,0	zugelassen	normal	0,79
1032	Dimethylamin, wasserfrei	7,0 7,0 7,0 7,0	zugelassen	normal	0,59
1033	Dimethylether	15,5 13,8 12,0 10,6	zugelassen	normal	0,58
1036	Ethylamin	7,0 7,0 7,0 7,0	zugelassen	normal	0,61
1037	Ethylchlorid	7,0 7,0 7,0 7,0	zugelassen	normal	0,80
1040	Ethylenoxid mit Stickstoff bis zu einem Gesamtdruck von 1 MPa (10 bar) bei 50 °C	– – – 10,0	nicht zugelassen	siehe 6.7.3.7.3	0,78
1041	Ethylenoxid und Kohlendioxid, Gemisch mit mehr als 9 %, aber höchstens 87 % Ethylenoxid	siehe Begriffsbestimmung für höchstzulässiger Betriebsdruck in 6.7.3.1	zugelassen	normal	siehe 4.2.2.7
1055	Isobuten	8,1 7,0 7,0 7,0	zugelassen	normal	0,52
1060	Methylacetylen und Propadien, Gemisch, stabilisiert	28,0 24,5 22,0 20,0	zugelassen	normal	0,43
1061	Methylamin, wasserfrei	10,8 9,6 7,8 7,0	zugelassen	normal	0,58

4.2.5.2.6 (Forts.)

T50	Anweisung für ortsbewegliche Tanks *(Forts.)*				T50
UN-Nr.	**Nicht tiefgekühlt verflüssigte Gase**	**Höchstzulässiger Betriebsdruck (bar) klein; ohne Sonnenschutz; mit Sonnenschutz; isoliert[1)]**	**Öffnungen unterhalb des Flüssigkeitsspiegels**	**Anforderungen an Druckentlastungseinrichtungen[2)] (siehe 6.7.3.7)**	**Höchster Füllungsgrad (kg/l)**
1062	Methylbromid mit höchstens 2 % Chlorpikrin	7,0 7,0 7,0 7,0	nicht zugelassen	siehe 6.7.3.7.3	1,51
1063	Methylchlorid (Gas als Kältemittel R 40)	14,5 12,7 11,3 10,0	zugelassen	normal	0,81
1064	Methylmercaptan	7,0 7,0 7,0 7,0	nicht zugelassen	siehe 6.7.3.7.3	0,78
1067	Distickstofftetroxid (Stickstoffdioxid)	7,0 7,0 7,0 7,0	nicht zugelassen	siehe 6.7.3.7.3	1,30
1075	Petroleumgas, verflüssigt	siehe Begriffsbestimmung für höchstzulässiger Betriebsdruck in 6.7.3.1	zugelassen	normal	siehe 4.2.2.7
1077	Propen	28,0 24,5 22,0 20,0	zugelassen	normal	0,43
1078	Gas als Kältemittel, n.a.g.	siehe Begriffsbestimmung für höchstzulässiger Betriebsdruck in 6.7.3.1	zugelassen	normal	siehe 4.2.2.7
1079	Schwefeldioxid	11,6 10,3 8,5 7,6	nicht zugelassen	siehe 6.7.3.7.3	1,23
1082	Chlortrifluorethylen, stabilisiert (Gas als Kältemittel R 1113)	17,0 15,0 13,1 11,6	nicht zugelassen	siehe 6.7.3.7.3	1,13
1083	Trimethylamin, wasserfrei	7,0 7,0 7,0 7,0	zugelassen	normal	0,56
1085	Vinylbromid, stabilisiert	7,0 7,0 7,0 7,0	zugelassen	normal	1,37
1086	Vinylchlorid, stabilisiert	10,6 9,3 8,0 7,0	zugelassen	normal	0,81

4.2.5.2.6 (Forts.)

T50	Anweisung für ortsbewegliche Tanks *(Forts.)*				T50
UN-Nr.	**Nicht tiefgekühlt verflüssigte Gase**	**Höchstzulässiger Betriebsdruck (bar) klein; ohne Sonnenschutz; mit Sonnenschutz; isoliert**[1]	**Öffnungen unterhalb des Flüssigkeitsspiegels**	**Anforderungen an Druckentlastungseinrichtungen**[2] **(siehe 6.7.3.7)**	**Höchster Füllungsgrad (kg/l)**
1087	Vinylmethylether, stabilisiert	7,0 7,0 7,0 7,0	zugelassen	normal	0,67
1581	Chlorpikrin und Methylbromid, Gemisch mit mehr als 2 % Chlorpikrin	7,0 7,0 7,0 7,0	nicht zugelassen	siehe 6.7.3.7.3	1,51
1582	Chlorpikrin und Methylchlorid, Gemisch	19,2 16,9 15,1 13,1	nicht zugelassen	siehe 6.7.3.7.3	0,81
1858	Hexafluorpropylen (Gas als Kältemittel R 1216)	19,2 16,9 15,1 13,1	zugelassen	normal	1,11
1912	Methylchlorid und Dichlormethan, Gemisch	15,2 13,0 11,6 10,1	zugelassen	normal	0,81
1958	1,2-Dichlor-1,1,2,2-tetrafluorethan (Gas als Kältemittel R 114)	7,0 7,0 7,0 7,0	zugelassen	normal	1,30
1965	Kohlenwasserstoffgas, Gemisch, verflüssigt, n.a.g.	siehe Begriffsbestimmung für höchstzulässiger Betriebsdruck in 6.7.3.1	zugelassen	normal	siehe 4.2.2.7
1969	Isobutan	8,5 7,5 7,0 7,0	zugelassen	normal	0,49
1973	Chlordifluormethan und Chlorpentafluorethan, Gemisch mit einem konstanten Siedepunkt, mit ca. 49 % Chlordifluormethan (Gas als Kältemittel R 502)	28,3 25,3 22,8 20,3	zugelassen	normal	1,05
1974	Bromchlordifluormethan (Gas als Kältemittel R 12B1)	7,4 7,0 7,0 7,0	zugelassen	normal	1,61
1976	Octafluorcyclobutan (Gas als Kältemittel RC 318)	8,8 7,8 7,0 7,0	zugelassen	normal	1,34

4.2.5.2.6 (Forts.)

T50	Anweisung für ortsbewegliche Tanks *(Forts.)*				T50
UN-Nr.	**Nicht tiefgekühlt verflüssigte Gase**	**Höchstzulässiger Betriebsdruck (bar) klein; ohne Sonnenschutz; mit Sonnenschutz; isoliert[1]**	**Öffnungen unterhalb des Flüssigkeitsspiegels**	**Anforderungen an Druckentlastungseinrichtungen[2] (siehe 6.7.3.7)**	**Höchster Füllungsgrad (kg/l)**
1978	Propan	22,5 20,4 18,0 16,5	zugelassen	normal	0,42
1983	1-Chlor-2,2,2-trifluorethan (Gas als Kältemittel R 133a)	7,0 7,0 7,0 7,0	zugelassen	normal	1,18
2035	1,1,1-Trifluorethan (Gas als Kältemittel R 143a)	31,0 27,5 24,2 21,8	zugelassen	normal	0,76
2424	Octafluorpropan (Gas als Kältemittel R 218)	23,1 20,8 18,6 16,6	zugelassen	normal	1,07
2517	1-Chlor-1,1-difluorethan (Gas als Kältemittel R 142b)	8,9 7,8 7,0 7,0	zugelassen	normal	0,99
2602	Dichlordifluormethan und 1,1-Difluorethan, azeotropes Gemisch mit ca. 74 % Dichlordifluormethan (Gas als Kältemittel R 500)	20,0 18,0 16,0 14,5	zugelassen	normal	1,01
3057	Trifluoracetylchlorid	14,6 12,9 11,3 9,9	nicht zugelassen	siehe 6.7.3.7.3	1,17
3070	Ethylenoxid und Dichlordifluormethan, Gemisch mit höchstens 12,5 % Ethylenoxid	14,0 12,0 11,0 9,0	zugelassen	siehe 6.7.3.7.3	1,09
3153	Perfluor(methylvinylether)	14,3 13,4 11,2 10,2	zugelassen	normal	1,14
3159	1,1,1,2-Tetrafluorethan (Gas als Kältemittel R 134a)	17,7 15,7 13,8 12,1	zugelassen	normal	1,04
3161	Verflüssigtes Gas, entzündbar, n.a.g.	siehe Begriffsbestimmung für höchstzulässiger Betriebsdruck in 6.7.3.1	zugelassen	normal	siehe 4.2.2.7
3163	Verflüssigtes Gas, n.a.g.	siehe Begriffsbestimmung für höchstzulässiger Betriebsdruck in 6.7.3.1	zugelassen	normal	siehe 4.2.2.7

4.2.5.2.6 (Forts.)

T50	Anweisung für ortsbewegliche Tanks *(Forts.)*				T50
UN-Nr.	**Nicht tiefgekühlt verflüssigte Gase**	**Höchstzulässiger Betriebsdruck (bar) klein; ohne Sonnenschutz; mit Sonnenschutz; isoliert[1]**	**Öffnungen unterhalb des Flüssigkeitsspiegels**	**Anforderungen an Druckentlastungseinrichtungen[2] (siehe 6.7.3.7)**	**Höchster Füllungsgrad (kg/l)**
3220	Pentafluorethan (Gas als Kältemittel R 125)	34,4 30,8 27,5 24,5	zugelassen	normal	0,87
3252	Difluormethan (Gas als Kältemittel R 32)	43,0 39,0 34,4 30,5	zugelassen	normal	0,78
3296	Heptafluorpropan (Gas als Kältemittel R 227)	16,0 14,0 12,5 11,0	zugelassen	normal	1,20
3297	Ethylenoxid und Chlortetrafluorethan, Gemisch mit höchstens 8,8 % Ethylenoxid	8,1 7,0 7,0 7,0	zugelassen	normal	1,16
3298	Ethylenoxid und Pentafluorethan, Gemisch mit höchstens 7,9 % Ethylenoxid	25,9 23,4 20,9 18,6	zugelassen	normal	1,02
3299	Ethylenoxid und Tetrafluorethan, Gemisch mit höchstens 5,6 % Ethylenoxid	16,7 14,7 12,9 11,2	zugelassen	normal	1,03
3318	Ammoniaklösung in Wasser, Dichte kleiner als 0,880 bei 15 °C, mit mehr als 50 % Ammoniak	siehe Begriffsbestimmung für höchstzulässiger Betriebsdruck in 6.7.3.1	zugelassen	siehe 6.7.3.7.3	siehe 4.2.2.7
3337	Gas als Kältemittel R 404A	31,6 28,3 25,3 22,5	zugelassen	normal	0,82
3338	Gas als Kältemittel R 407A	31,3 28,1 25,1 22,4	zugelassen	normal	0,94
3339	Gas als Kältemittel R 407B	33,0 29,6 26,5 23,6	zugelassen	normal	0,93
3340	Gas als Kältemittel R 407C	29,9 26,8 23,9 21,3	zugelassen	normal	0,95
3500	Chemikalie unter Druck, n.a.g.	siehe Begriffsbestimmung für höchstzulässiger Betriebsdruck in 6.7.3.1	zugelassen	siehe 6.7.3.7.3	TP4[3]

4.2.5.2.6 (Forts.)

T50	Anweisung für ortsbewegliche Tanks *(Forts.)*				T50
UN-Nr.	**Nicht tiefgekühlt verflüssigte Gase**	**Höchstzulässiger Betriebsdruck (bar) klein; ohne Sonnenschutz; mit Sonnenschutz; isoliert[1)]**	**Öffnungen unterhalb des Flüssigkeitsspiegels**	**Anforderungen an Druckentlastungseinrichtungen[2)] (siehe 6.7.3.7)**	**Höchster Füllungsgrad (kg/l)**
3501	Chemikalie unter Druck, entzündbar, n.a.g.	siehe Begriffsbestimmung für höchstzulässiger Betriebsdruck in 6.7.3.1	zugelassen	siehe 6.7.3.7.3	TP4[3)]
3502	Chemikalie unter Druck, giftig, n.a.g.	siehe Begriffsbestimmung für höchstzulässiger Betriebsdruck in 6.7.3.1	zugelassen	siehe 6.7.3.7.3	TP4[3)]
3503	Chemikalie unter Druck, ätzend, n.a.g.	siehe Begriffsbestimmung für höchstzulässiger Betriebsdruck in 6.7.3.1	zugelassen	siehe 6.7.3.7.3	TP4[3)]
3504	Chemikalie unter Druck, entzündbar, giftig, n.a.g.	siehe Begriffsbestimmung für höchstzulässiger Betriebsdruck in 6.7.3.1	zugelassen	siehe 6.7.3.7.3	TP4[3)]
3505	Chemikalie unter Druck, entzündbar, ätzend, n.a.g.	siehe Begriffsbestimmung für höchstzulässiger Betriebsdruck in 6.7.3.1	zugelassen	siehe 6.7.3.7.3	TP4[3)]

1) „Klein" bedeutet Tanks, die einen Tankkörper mit einem Durchmesser von höchstens 1,5 Meter haben; „ohne Sonnenschutz" bedeutet Tanks, die einen Tankkörper mit einem Durchmesser von mehr als 1,5 Meter ohne Isolierung oder Sonnenschutz haben (siehe 6.7.3.2.12); „mit Sonnenschutz" bedeutet Tanks, die einen Tankkörper mit einem Durchmesser von mehr als 1,5 Meter und einen Sonnenschutz haben (siehe 6.7.3.2.12); „isoliert" bedeutet Tanks, die einen Tankkörper mit einem Durchmesser von mehr als 1,5 Meter und einer Isolierung haben (siehe 6.7.3.2.12); (siehe Begriffsbestimmung für „Auslegungsreferenztemperatur" in 6.7.3.1).

2) Der Ausdruck „normal" in der Spalte „Druckentlastungseinrichtungen" bedeutet, dass eine Berstscheibe gemäß 6.7.3.7.3 nicht vorgeschrieben ist.

3) Bei den UN-Nummern 3500, 3501, 3502, 3503, 3504 und 3505 ist anstelle des höchsten Füllungsgrades in kg/l der Füllungsgrad in Vol.-% zu beachten.

T75	Anweisung für ortsbewegliche Tanks	T75
Diese Anweisung für ortsbewegliche Tanks gilt für tiefgekühlt verflüssigte Gase. Die allgemeinen Vorschriften in 4.2.3 und die Vorschriften in 6.7.4 sind einzuhalten.		

4.2.5.3 Sondervorschriften für ortsbewegliche Tanks

Bestimmten Stoffen sind Sondervorschriften für ortsbewegliche Tanks zugeordnet, die zusätzlich zu den oder anstelle der Vorschriften anzuwenden sind, die in den Anweisungen für ortsbewegliche Tanks oder in den Vorschriften des Kapitels 6.7 angegeben sind. Sondervorschriften für ortsbewegliche Tanks sind mit der alphanumerischen Bezeichnung beginnend mit „TP" für den englischen Ausdruck „tank provision" bezeichnet und bestimmten Stoffen in Kapitel 3.2 der Gefahrgutliste, Spalte 14 zugeordnet. Diese Sondervorschriften sind nachstehend aufgeführt:

TP1 Der in 4.2.1.9.2 vorgeschriebene Füllungsgrad darf nicht überschritten werden.

TP2 Der in 4.2.1.9.3 vorgeschriebene Füllungsgrad darf nicht überschritten werden.

TP3 Der höchste Füllungsgrad (in %) für feste Stoffe, die über ihrem Schmelzpunkt befördert werden, oder für erwärmte flüssige Stoffe ist in Übereinstimmung mit 4.2.1.9.5 zu bestimmen.

TP4 Der Füllungsgrad darf 90 % oder jeden anderen von der zuständigen Behörde genehmigten Wert nicht überschreiten (siehe 4.2.1.16.2).

4.2.5.3 (Forts.)

TP5 Der in 4.2.3.6 vorgeschriebene Füllungsgrad ist einzuhalten.

TP6 Der Tank ist mit Druckentlastungseinrichtungen auszurüsten, die an den Fassungsraum und die Art der beförderten Stoffe angepasst sind, um unter allen Umständen, einschließlich einer vollständigen Feuereinwirkung, das Bersten des Tanks zu verhindern. Die Einrichtungen müssen auch mit dem Stoff verträglich sein.

TP7 Luft ist mit Stickstoff oder anderen Mitteln aus dem Dampfraum zu entfernen.

TP8 Der Prüfdruck des ortsbeweglichen Tanks darf auf 1,5 bar reduziert werden, wenn der Flammpunkt des beförderten Stoffes höher ist als 0 °C.

TP9 Ein Stoff mit dieser Beschreibung darf in einem ortsbeweglichen Tank nur mit Zulassung der zuständigen Behörde befördert werden.

TP10 Eine Bleiauskleidung von mindestens 5 mm Dicke, die jährlich geprüft werden muss, oder ein anderer von der zuständigen Behörde zugelassener geeigneter Auskleidungswerkstoff ist erforderlich. Ein ortsbeweglicher Tank darf nach Ablauf der Frist für die Prüfung der Auskleidung innerhalb von höchstens drei Monaten nach Ablauf dieser Frist nach dem Entleeren, jedoch vor dem Reinigen, zur Beförderung aufgegeben werden, um ihn vor dem Wiederbefüllen der nächsten vorgeschriebenen Prüfung zuzuführen.

TP11 (bleibt offen)

TP12 (bleibt offen)

TP13 Für die Beförderung dieses Stoffes ist ein umluftunabhängiges Atemschutzgerät bereitzustellen, sofern kein gemäß Regel II-2/19 (II-2/54) des SOLAS-Übereinkommens vorgeschriebenes umluftunabhängiges Atemschutzgerät an Bord vorhanden ist.

TP14 (bleibt offen)

TP15 (bleibt offen)

TP16 Der Tank ist mit einer besonderen Einrichtung auszurüsten, um unter normalen Beförderungsbedingungen Unter- und Überdruck zu verhindern. Diese Einrichtung muss von der zuständigen Behörde genehmigt sein. Die Druckentlastungseinrichtung muss den Vorschriften in 6.7.2.8.3 entsprechen, um eine Kristallisation des Produkts in der Druckentlastungseinrichtung zu verhindern.

TP17 Für die Wärmeisolierung des Tanks dürfen nur anorganische nicht brennbare Werkstoffe verwendet werden.

TP18 Die Temperatur muss zwischen 18 °C und 40 °C gehalten werden. Ortsbewegliche Tanks, die erstarrte Methacrylsäure enthalten, dürfen während der Beförderung nicht wieder aufgeheizt werden.

TP19 Die berechnete Wanddicke des Tankkörpers ist um 3 mm zu erhöhen. Die Wanddicke des Tankkörpers ist mit Ultraschall in der Mitte des Intervalls zwischen den wiederkehrenden Wasserdruckprüfungen zu überprüfen.

TP20 Dieser Stoff darf nur in wärmeisolierten Tanks unter Stickstoffüberlagerung befördert werden.

TP21 Die Wanddicke des Tankkörpers darf nicht geringer sein als 8 mm. Die Tanks müssen mindestens alle 2,5 Jahre einer Wasserdruckprüfung und einer Prüfung des inneren Zustands unterzogen werden.

TP22 Schmiermittel für Dichtungen und andere Einrichtungen müssen mit Sauerstoff verträglich sein.

TP23 (bleibt offen)

TP24 Um einen übermäßigen Druckanstieg durch die langsame Zersetzung des beförderten Stoffes zu verhindern, darf der ortsbewegliche Tank mit einer Einrichtung ausgerüstet sein, die unter maximalen Füllbedingungen im Dampfraum des Tankkörpers angeordnet ist. Diese Einrichtung muss auch beim Umkippen des Tanks das Austreten einer unzulässigen Menge flüssigen Stoffes oder das Eindringen von Fremdstoffen in den Tank verhindern. Diese Einrichtung muss von der zuständigen Behörde oder einer von ihr bestimmten Stelle genehmigt sein.

TP25 Schwefeltrioxid, mindestens 99,95 % rein, darf ohne Inhibitor in Tanks befördert werden, vorausgesetzt, seine Temperatur wird bei 32,5 °C oder darüber gehalten.

4.2.5.3 (Forts.)

TP26 Bei der Beförderung in beheiztem Zustand muss die Heizeinrichtung außen am Tankkörper angebracht sein. Für die UN-Nummer 3176 gilt diese Vorschrift nur, wenn der Stoff gefährlich mit Wasser reagiert.

TP27 Ein ortsbeweglicher Tank mit einem Mindestprüfdruck von 4 bar darf verwendet werden, wenn nachgewiesen ist, dass nach der Begriffsbestimmung für Prüfdruck in 6.7.2.1 ein Prüfdruck von 4 bar oder weniger zulässig ist.

TP28 Ein ortsbeweglicher Tank mit einem Mindestprüfdruck von 2,65 bar darf verwendet werden, wenn nachgewiesen ist, dass nach der Begriffsbestimmung für Prüfdruck in 6.7.2.1 ein Prüfdruck von 2,65 bar oder weniger zulässig ist.

TP29 Ein ortsbeweglicher Tank mit einem Mindestprüfdruck von 1,5 bar darf verwendet werden, wenn nachgewiesen ist, dass nach der Begriffsbestimmung für Prüfdruck in 6.7.2.1 ein Prüfdruck von 1,5 bar oder weniger zulässig ist.

TP30 Dieser Stoff muss in isolierten Tanks befördert werden.

TP31 Dieser Stoff muss in festem Zustand in Tanks befördert werden.

TP32 Für die UN-Nummern 0331, 0332 und 3375 dürfen unter folgenden Bedingungen ortsbewegliche Tanks verwendet werden:

.1 Um einen unnötigen Einschluss zu vermeiden, muss jeder ortsbewegliche Tank aus Metall mit einer federbelasteten Druckentlastungseinrichtung, einer Berstscheibe oder einer Schmelzsicherung ausgerüstet sein. Der Ansprechdruck bzw. Berstdruck darf für ortsbewegliche Tanks mit einem Mindestprüfdruck über 4 bar nicht größer als 2,65 bar sein.

.2 Nur für die UN-Nummer 3375 muss die Eignung für eine Beförderung in Tanks nachgewiesen sein. Eine Methode für die Feststellung der Eignung ist die Prüfung 8 (d) der Prüfreihe 8 (siehe Handbuch Prüfungen und Kriterien, Teil 1, Unterabschnitt 18.7).

.3 Die Stoffe dürfen nicht über einen Zeitraum im ortsbeweglichen Tank verbleiben, bei dem es zur Verkrustung kommen kann. Es sind geeignete Maßnahmen zu ergreifen, um ein Verklumpen oder eine Anhaftung der Stoffe im Tank zu vermeiden (z. B. Reinigung usw.).

TP33 Die diesem Stoff zugeordnete Anweisung für ortsbewegliche Tanks gilt für körnige und pulverförmige Stoffe und für feste Stoffe, die bei einer Temperatur über ihrem Schmelzpunkt eingefüllt und entleert, abgekühlt und als feste Masse befördert werden. Für feste Stoffe, die über ihrem Schmelzpunkt befördert werden, siehe 4.2.1.19.

TP34 Ortsbewegliche Tanks müssen nicht der Auflaufprüfung gemäß 6.7.4.14.1 unterzogen werden, wenn sie auf dem Schild gemäß 6.7.4.15.1 und außerdem mit einer Schriftgröße von mindestens 10 cm auf beiden Seiten der äußeren Umhüllung gekennzeichnet sind mit:
„NICHT FÜR DEN EISENBAHNTRANSPORT"/„NOT FOR RAIL TRANSPORT".

TP35 Die Anweisung für ortsbewegliche Tanks T14 darf bis zum 31. Dezember 2014 angewendet werden.

TP36 In ortsbeweglichen Tanks dürfen Schmelzsicherungen im Dampfraum verwendet werden.

TP37 Die Anweisung für ortsbewegliche Tanks T14 darf bis zum 31. Dezember 2016 weiter angewendet werden, mit der Ausnahme, dass bis zu diesem Zeitpunkt:

.1 für die UN-Nummern 1810, 2474 und 2668 die Anweisung für ortsbewegliche Tanks T7 angewendet werden darf;

.2 für die UN-Nummer 2486 die Anweisung für ortsbewegliche Tanks T8 angewendet werden darf;

.3 für die UN-Nummer 1838 die Anweisung für ortsbewegliche Tanks T10 angewendet werden darf.

TP38 Die Anweisung für ortsbewegliche Tanks T9 darf bis zum 31. Dezember 2018 weiter angewendet werden.

TP39 Die Anweisung für ortsbewegliche Tanks T4 darf bis zum 31. Dezember 2018 weiter angewendet werden.

TP40 Ortsbewegliche Tanks dürfen nicht mit angeschlossener Sprühausrüstung befördert werden.

TP41 Mit Zustimmung der zuständigen Behörde oder einer von ihr bestimmten Stelle kann die alle zweieinhalb Jahre durchzuführende innere Untersuchung entfallen oder durch andere Prüfverfahren ersetzt werden, vorausgesetzt, der ortsbewegliche Tank ist für die ausschließliche Beförderung der metallorganischen Stoffe vorgesehen, denen diese Sondervorschrift zugeordnet ist. Diese Untersuchung ist jedoch erforderlich, wenn die Voraussetzungen von 6.7.2.19.7 vorliegen. 4.2.5.3 (Forts.)

TP90 Tanks mit Bodenöffnungen können auf kurzen internationalen Seereisen verwendet werden.

TP91 Ortsbewegliche Tanks mit Bodenöffnungen können auch auf langen internationalen Seereisen verwendet werden.

Zusätzliche Vorschriften für die Verwendung von Straßentankfahrzeugen und Straßen-Gaselemente-Fahrzeugen 4.2.6

[Beförderungsanforderungen] 4.2.6.1

Der Tank eines Straßentankfahrzeuges oder die Elemente eines Straßen-Gaselemente-Fahrzeuges müssen während des normalen Befüllungs- und Entleerungsbetriebs und während der Beförderung mit dem Fahrzeug fest verbunden sein. IMO-Tanks vom Typ 4 müssen während der Beförderung auf dem Schiff mit dem Chassis verbunden sein. Straßentankfahrzeuge und Straßen-Gaselemente-Fahrzeuge dürfen an Bord weder befüllt noch entleert werden. Ein Straßentankfahrzeug oder Straßen-Gaselemente-Fahrzeug muss auf seinen eigenen Rädern an Bord gefahren werden und mit dauerhaften Einrichtungen zur Befestigung an Bord des Schiffes ausgestattet sein.

[Anwendbare Vorschriften] 4.2.6.2

Straßentankfahrzeuge und Straßen-Gaselemente-Fahrzeuge müssen den Vorschriften des Kapitels 6.8 entsprechen. IMO-Tanks vom Typ 4, 6 und 8 dürfen in Übereinstimmung mit den Vorschriften in Kapitel 6.8 und nur für kurze internationale Seereisen verwendet werden.

[Zugeordnete Sondervorschrift] 4.2.6.3

Den Stoffen, die in IMO-Tanks vom Typ 9 befördert werden dürfen, ist Sondervorschrift 974 zugeordnet.

→ D: GGVSee § 17 Nr. 4
→ D: GGVSee § 12 (1) Nr. 1 e)

Kapitel 4.3
Verwendung von Schüttgut-Containern

Bemerkung: *Bedeckte Schüttgut-Container (BK1) dürfen nicht für die Beförderung auf See verwendet werden, sofern in 4.3.3 nichts anderes angegeben ist.*

4.3.1 Allgemeine Vorschriften

4.3.1.1 [Anwendungsbereich]

Dieser Abschnitt enthält allgemeine Vorschriften für die Verwendung von Containern zur Beförderung von festen Stoffen in loser Schüttung. Stoffe müssen in Schüttgut-Containern entsprechend der anwendbaren Schüttgut-Container-Anweisung befördert werden, die durch die Buchstaben BK in Spalte 13 der Gefahrgutliste bezeichnet ist; die Codes haben die folgende Bedeutung:

BK1: Die Beförderung in bedeckten Schüttgut-Containern ist zugelassen.

BK2: Die Beförderung in geschlossenen Schüttgut-Containern ist zugelassen.

BK3: Die Beförderung in flexiblen Schüttgut-Containern ist zugelassen.

Der verwendete Schüttgut-Container muss den Bestimmungen des Kapitels 6.9 entsprechen.

4.3.1.2 [Zuordnung in Gefahrgutliste]

Mit Ausnahme der Regelung in 4.3.1.3 dürfen Schüttgut-Container nur verwendet werden, wenn in Spalte 13 der Gefahrgutliste dem Stoff ein Schüttgut-Container-Code zugeordnet ist.

4.3.1.3 [Vorläufige Genehmigung, Ausnahme]

Wenn einem Stoff in Spalte 13 der Gefahrgutliste nicht der Code BK2 oder BK3 zugeordnet ist, kann die zuständige Behörde des Ursprungslandes eine vorläufige Zustimmung zur Beförderung erteilen. Die Zustimmung muss in die Dokumentation der Sendung aufgenommen werden und mindestens die Angaben enthalten, die üblicherweise in den Schüttgut-Container-Anweisungen enthalten sind und sie muss die Beförderungsbedingungen festlegen. Die zuständige Behörde sollte die erforderlichen Maßnahmen ergreifen, damit diese Zuordnung in die Gefahrgutliste aufgenommen wird. Wenn ein Stoff nicht für die Beförderung in einem Schüttgut-Container des Typs BK1 zugelassen ist, kann eine Ausnahme gemäß 7.9.1 erteilt werden.

4.3.1.4 [Verflüssigende Stoffe]

Stoffe, die bei während der Beförderung wahrscheinlich auftretenden Temperaturen flüssig werden können, sind nicht zur Beförderung in loser Schüttung zugelassen.

4.3.1.5 [Dichtheit]

Schüttgut-Container müssen staubdicht und so verschlossen sein, dass unter normalen Beförderungsbedingungen, einschließlich der Auswirkungen von Vibration oder Temperatur-, Feuchtigkeits- oder Druckänderungen, vom Inhalt nichts nach außen gelangen kann.

4.3.1.6 [Verladung, Verteilung]

Feste Stoffe in loser Schüttung müssen so verladen und gleichmäßig verteilt werden, dass Bewegungen, die zu einer Beschädigung des Schüttgut-Containers oder zu einem Austreten der gefährlichen Güter führen können, auf ein Minimum reduziert werden.

4.3.1.7 [Lüftungseinrichtungen]

Sofern Lüftungseinrichtungen angebracht sind, müssen diese durchgängig und betriebsbereit sein.

4.3.1.8 [Verträglichkeit]

Feste Stoffe in loser Schüttung dürfen nicht gefährlich mit dem Werkstoff des Schüttgut-Containers, der Dichtungen und der Ausrüstung, einschließlich Deckel und Planen, sowie mit den Schutzauskleidungen, die mit dem Ladegut in Kontakt stehen, reagieren oder diese bedeutsam schwächen. Schüttgut-Container müssen so gebaut oder angepasst sein, dass die Güter nicht zwischen Bodenabdeckungen aus Holz gelangen oder in Berührung mit den Teilen des Schüttgut-Containers kommen können, die durch die gefährlichen Güter oder deren Rückstände angegriffen werden können.

[Prüfpunkte] 4.3.1.9

Vor der Befüllung und der Übergabe zur Beförderung muss jeder Schüttgut-Container untersucht und gereinigt werden, um sicherzustellen, dass innerhalb und außerhalb des Schüttgut-Containers keine Rückstände verbleiben, die

- eine gefährliche Reaktion mit dem für die Beförderung vorgesehenen Stoff verursachen können;
- die bauliche Unversehrtheit des Schüttgut-Containers schädigen können oder
- die Tauglichkeit des Schüttgut-Containers, die gefährlichen Güter zurückzuhalten, beeinträchtigen können.

[Anhaftungen] 4.3.1.10

Während der Beförderung dürfen an der äußeren Oberfläche des Schüttgut-Containers keine gefährlichen Rückstände anhaften.

[Verschlusssysteme] 4.3.1.11

Wenn mehrere Verschlusssysteme hintereinander angebracht sind, ist das System, das sich am nächsten zu dem zu befördernden Stoff befindet, vor dem Befüllen zu verschließen.

[Leere Schüttgut-Container] 4.3.1.12

Leere Schüttgut-Container, mit denen ein gefährlicher fester Stoff befördert wurde, sind in derselben Weise zu behandeln, wie es dieser Code für befüllte Schüttgut-Container vorschreibt, es sei denn, es wurden angemessene Maßnahmen ergriffen, um eine Gefahr auszuschließen.

[Elektrostatische Sicherheit] 4.3.1.13

Wenn Schüttgut-Container für die Beförderung von Gütern in loser Schüttung verwendet werden, die eine Staubexplosion verursachen oder entzündbare Dämpfe abgeben können (z. B. im Fall von bestimmten Abfällen), sind Maßnahmen zu ergreifen, um Zündquellen auszuschließen und eine gefährliche elektrostatische Entladung während der Beförderung, dem Befüllen oder Entladen zu verhindern.

[Vermischungsverbot] 4.3.1.14

Stoffe, z. B. Abfälle, die gefährlich miteinander reagieren können, sowie Stoffe verschiedener Klassen und nicht diesem Code unterliegende Güter, die gefährlich miteinander reagieren können, dürfen in ein und demselben Schüttgut-Container nicht miteinander vermischt werden. Gefährliche Reaktionen sind:

.1 eine Verbrennung und/oder Entwicklung beträchtlicher Wärme;
.2 eine Entwicklung entzündbarer und/oder giftiger Gase;
.3 die Bildung ätzender flüssiger Stoffe oder
.4 die Bildung instabiler Stoffe.

[Prüfung vor Befüllung] 4.3.1.15
→ *D: GGVSee § 17 Nr. 6*

Bevor ein Schüttgut-Container befüllt wird, ist eine Sichtprüfung vorzunehmen, um sicherzustellen, dass er in bautechnischer Hinsicht geeignet ist, seine Innenwände, seine Decke und sein Boden frei von Ausbuchtungen oder Beschädigungen sind und dass die Innenbeschichtungen oder Rückhalteeinrichtungen frei von Schlitzen, Rissen oder anderen Beschädigungen sind, welche die Tauglichkeit des Schüttgut-Containers, die Ladung zurückzuhalten, beeinträchtigen können. „In bautechnischer Hinsicht geeignet" bedeutet, dass die Bauelemente des Schüttgut-Containers, wie obere und untere seitliche Längsträger, obere und untere Querträger, Türschwelle und Türträger, Bodenquerträger, Eckpfosten und Eckbeschläge, keine größeren Beschädigungen aufweisen. „Größere Beschädigungen" umfassen:

.1 Ausbuchtungen, Risse oder Bruchstellen in Bauelementen oder tragenden Elementen, welche die Unversehrtheit des Schüttgut-Containers beeinträchtigen können;
.2 mehr als eine Verbindungsstelle oder eine untaugliche Verbindungsstelle (z. B. überlappende Verbindungsstelle) in oberen oder unteren Querträgern oder Türträgern;
.3 mehr als zwei Verbindungsstellen in einem der oberen oder unteren seitlichen Längsträger;
.4 eine Verbindungsstelle in einer Türschwelle oder in einem Eckpfosten;
.5 Türscharniere und Beschläge, die verklemmt, verdreht, zerbrochen, nicht vorhanden oder in anderer Art und Weise nicht funktionsfähig sind;
.6 undichte Dichtungen und Verschlüsse;

4.3.1.15 (Forts.)

.7 jede Verwindung der Konstruktion, die stark genug ist, um eine ordnungsgemäße Positionierung des Umschlaggeräts, ein Aufsetzen und ein Sichern auf Fahrgestellen oder Fahrzeugen oder ein Einsetzen in Schiffsladeräumen zu verhindern;

.8 jede Beschädigung an Hebeeinrichtungen oder an den Aufnahmepunkten für die Umschlagseinrichtungen;

.9 jede Beschädigung an der Bedienungsausrüstung oder der betrieblichen Ausrüstung.

4.3.1.16 [Sichtprüfung vor Verwendung]

Bevor ein flexibler Schüttgut-Container befüllt wird, ist eine Sichtprüfung vorzunehmen, um sicherzustellen, dass er in bautechnischer Hinsicht geeignet ist, seine Gewebeschlaufen, seine lasttragenden Gurtbänder, sein Gewebe und die Teile der Verschlusseinrichtung, einschließlich Metall- und Textilteile, keine Ausbuchtungen oder Schäden aufweisen und dass die Innenauskleidungen keine Schlitze, Risse oder anderen Beschädigungen aufweisen.

4.3.1.16.1 [Zugelassene Verwendungsdauer]

Die zugelassene Verwendungsdauer von flexiblen Schüttgut-Containern für die Beförderung gefährlicher Güter beträgt zwei Jahre ab dem Zeitpunkt der Herstellung.

4.3.1.16.2 [Gefährliche Anreicherung von Gasen, Lüftungseinrichtung]

Wenn sich innerhalb des flexiblen Schüttgut-Containers eine gefährliche Anreicherung von Gasen entwickeln kann, muss eine Lüftungseinrichtung angebracht sein. Das Ventil muss so ausgelegt sein, dass unter normalen Beförderungsbedingungen das Eindringen fremder Stoffe oder von Wasser verhindert wird.

4.3.2 Zusätzliche Vorschriften für die Beförderung von Gütern der Klassen 4.2, 4.3, 5.1, 6.2, 7 und 8 in loser Schüttung

4.3.2.1 Güter der Klasse 4.2 in loser Schüttung

Nur geschlossene Schüttgut-Container (BK2) dürfen verwendet werden. Die in einem Schüttgut-Container beförderte Gesamtmasse muss so bemessen sein, dass die Selbstentzündungstemperatur höher als 55 °C ist.

4.3.2.2 Güter der Klasse 4.3 in loser Schüttung

Nur geschlossene Schüttgut-Container (BK2) dürfen verwendet werden. Diese Güter müssen in wasserdichten Schüttgut-Containern befördert werden.

4.3.2.3 Güter der Klasse 5.1 in loser Schüttung

Die Schüttgut-Container müssen so gebaut oder angepasst sein, dass die Güter nicht mit Holz oder anderen unverträglichen Werkstoffen in Berührung kommen.

4.3.2.4 Güter der Klasse 6.2 in loser Schüttung

4.3.2.4.1 Beförderung von tierischen Stoffen der Klasse 6.2 in Schüttgut-Containern

Tierische Stoffe, die ansteckungsgefährliche Stoffe (UN-Nummern 2814, 2900 und 3373) enthält, sind zur Beförderung in Schüttgut-Containern zugelassen, sofern folgende Vorschriften erfüllt werden:

.1 Geschlossene Schüttgut-Container und ihre Öffnungen müssen bauartbedingt dicht sein oder durch Anbringen einer geeigneten Auskleidung abgedichtet werden.

.2 Die tierischen Stoffe müssen vollständig mit einem geeigneten Desinfektionsmittel behandelt werden, bevor sie für die Beförderung verladen werden.

.3 Geschlossene Schüttgut-Container dürfen erst nach gründlicher Reinigung und Desinfektion wieder verwendet werden.

Bemerkung: *Zusätzliche Vorschriften können von den entsprechenden nationalen Gesundheitsbehörden festgelegt werden.*

4.3.2.4.2 Abfälle der Klasse 6.2 in loser Schüttung (UN-Nummer 3291)

.1 Es sind nur geschlossene Schüttgut-Container (BK2) erlaubt;

.2 Geschlossene Schüttgut-Container und ihre Öffnungen müssen bauartbedingt dicht sein. Diese Schüttgut-Container müssen nicht poröse innere Oberflächen haben und müssen frei von Rissen oder anderen Eigenschaften sein, die zu einer Beschädigung der darin enthaltenen Verpackungen, einer Verhinderung der Desinfektion oder einer unbeabsichtigten Freisetzung führen könnten; **4.3.2.4.2** (Forts.)

.3 Abfälle der UN-Nummer 3291 müssen innerhalb der geschlossenen Schüttgut-Container in UN-bauartgeprüften und -zugelassenen flüssigkeitsdicht verschlossenen Kunststoffsäcken enthalten sein, die für feste Stoffe der Verpackungsgruppe II geprüft und gemäß 6.1.3.1 gekennzeichnet sind. Diese Kunststoffsäcke müssen in der Lage sein, den Prüfungen für die Reiß- und Schlagfestigkeit gemäß ISO 7765-1:1988 „Kunststofffolien und -bahnen – Bestimmung der Schlagfestigkeit nach dem Fallhammerverfahren – Teil 1: Eingrenzungsverfahren“ und ISO 6383-2:1983 „Kunststoffe – Folien und Bahnen – Bestimmung der Reißfestigkeit – Teil 2: Elmendorf-Verfahren“ standzuhalten. Jeder Kunststoffsack muss eine Schlagfestigkeit von mindestens 165 g und eine Reißfestigkeit von mindestens 480 g sowohl in paralleler als auch in senkrechter Ebene zur Länge des Kunststoffsacks haben. Die Nettomasse jedes Kunststoffsacks darf höchstens 30 kg betragen;

.4 Einzelne Gegenstände mit einer Masse von mehr als 30 kg, wie verschmutzte Matratzen, dürfen mit Genehmigung der zuständigen Behörde ohne Kunststoffsack befördert werden;

.5 Abfälle der UN-Nummer 3291, die flüssige Stoffe enthalten, dürfen nur in Kunststoffsäcken befördert werden, die ausreichend absorbierendes Material enthalten, um die gesamte Menge flüssiger Stoffe aufzusaugen, ohne dass davon etwas in den Schüttgut-Container gelangt;

.6 Abfälle der UN-Nummer 3291, die scharfe Gegenstände enthalten, dürfen nur in UN-bauartgeprüften und -zugelassenen starren Verpackungen befördert werden, die den Vorschriften der Verpackungsanweisung P621, IBC620 oder LP621 entsprechen;

.7 Starre Verpackungen gemäß Verpackungsanweisung P621, IBC620 oder LP621 dürfen ebenfalls verwendet werden. Sie müssen ordnungsgemäß gesichert sein, um unter normalen Beförderungsbedingungen Beschädigungen zu verhindern. Abfälle in starren Verpackungen und Kunststoffsäcken, die zusammen in demselben geschlossenen Schüttgut-Container befördert werden, müssen ausreichend voneinander getrennt sein, z. B. durch geeignete starre Absperrungen oder Trennwände, Maschennetze oder andere Mittel zur Sicherung, um eine Beschädigung der Verpackungen unter normalen Beförderungsbedingungen zu verhindern;

.8 Abfälle der UN-Nummer 3291 in Kunststoffsäcken dürfen in geschlossenen Schüttgut-Containern nicht so stark komprimiert werden, dass die Säcke nicht mehr dicht bleiben;

.9 Nach jeder Beförderung muss der geschlossene Schüttgut-Container auf ausgetretenes oder verschüttetes Ladegut untersucht werden. Wenn Abfälle der UN-Nummer 3291 in einem geschlossenen Schüttgut-Container ausgetreten sind und verschüttet wurden, darf dieser erst nach gründlicher Reinigung und, soweit erforderlich, nach Desinfektion oder Dekontamination mit einem geeigneten Mittel wieder verwendet werden. Mit Ausnahme von medizinischen oder veterinärmedizinischen Abfällen dürfen keine anderen Güter zusammen mit Abfällen der UN-Nummer 3291 befördert werden. Diese anderen, in demselben geschlossenen Schüttgut-Container beförderten Abfälle müssen auf eventuelle Kontaminationen untersucht werden.

Stoffe der Klasse 7 in loser Schüttung **4.3.2.5**

Für die Beförderung unverpackter radioaktiver Stoffe siehe 4.1.9.2.3.

Güter der Klasse 8 in loser Schüttung **4.3.2.6**

Nur geschlossene Schüttgut-Container (BK2) dürfen verwendet werden. Diese Güter müssen in wasserdichten Schüttgut-Containern befördert werden.

Zusätzliche Vorschriften für die Verwendung bedeckter Schüttgut-Container (BK1) **4.3.3**

[Kurze internationale Seereise] **4.3.3.1**

Bedeckte Schüttgut-Container (BK1) dürfen nicht für die Beförderung im Seeverkehr verwendet werden, mit Ausnahme von UN-Nummer 3077, wenn die Kriterien von 2.9.3 nicht erfüllt sind, bei der Beförderung auf einer kurzen internationalen Seereise.

Zusätzliche Vorschriften für die Verwendung flexibler Schüttgut-Container (BK3) **4.3.4**

[Beschränkung auf Laderäume] **4.3.4.1**

Flexible Schüttgut-Container sind nur in Laderäumen von Stückgutschiffen zulässig. Sie dürfen nicht in Güterbeförderungseinheiten befördert werden.

TEIL 5
VERFAHREN FÜR DEN VERSAND

Kapitel 5.1
Allgemeine Vorschriften

Anwendung und allgemeine Vorschriften 5.1.1
→ D: GGVSee § 17 Nr. 8

[Überblick] 5.1.1.1

Dieser Teil enthält die Vorschriften für Sendungen mit gefährlichen Gütern, die sich auf die Genehmigung von Sendungen und die vorherigen Benachrichtigungen, auf die Kennzeichnung, Bezettelung, Dokumentation (manuelle Verfahren, elektronische Datenverarbeitung (EDV) oder elektronischer Datenaustausch) und Plakatierung beziehen.

[Beförderungsvoraussetzungen] 5.1.1.2

Soweit in diesem Code nicht etwas anderes vorgesehen ist, dürfen gefährliche Güter nur dann zur Beförderung aufgegeben werden, wenn sie ordnungsgemäß gekennzeichnet, bezettelt, plakatiert und in einem Beförderungsdokument beschrieben und erklärt sind und wenn sie sich im Übrigen für die Beförderung in einem Zustand befinden, der den in diesem Teil vorgeschriebenen Bedingungen entspricht.

***Bemerkung:** In Übereinstimmung mit dem GHS sollte ein nach diesem Code nicht vorgeschriebenes GHS-Piktogramm während der Beförderung nur als vollständiges GHS-Kennzeichnungsetikett und nicht eigenständig erscheinen (siehe 1.4.10.4.4 GHS).*

[Informationspflicht an Beförderer] 5.1.1.3
→ CTU-Code Kap. 4
→ D: GGVSee § 23 Nr. 9
→ D: GGVSee § 6 (6)
→ D: GGVSee § 6 (7)

Ein Beförderer darf gefährliche Güter nicht zur Beförderung annehmen, es sei denn:

.1 eine Kopie des Beförderungsdokuments für gefährliche Güter und andere Dokumente oder Informationen wie nach den Vorschriften dieses Codes vorgeschrieben werden bereitgestellt oder

.2 die für die gefährlichen Güter geltenden Informationen werden in elektronischer Form bereitgestellt.

[Begleitpflicht für Informationen] 5.1.1.4

Die für die gefährlichen Güter geltenden Informationen müssen die gefährlichen Güter bis zum endgültigen Bestimmungsort begleiten. Diese Informationen können im Beförderungsdokument für gefährliche Güter oder in einem anderen Dokument enthalten sein. Diese Informationen sind dem Empfänger bei Lieferung der gefährlichen Güter zur Verfügung zu stellen.

[Verfügbarkeit der Informationen] 5.1.1.5
→ D: GGVSee § 6 (8)

Werden die für die gefährlichen Güter geltenden Informationen dem Beförderer in elektronischer Form zur Verfügung gestellt, so muss der Beförderer während der gesamten Beförderung zum endgültigen Bestimmungsort jederzeit auf diese Informationen zugreifen können. Die Informationen müssen ohne Verzögerung in Papierform erstellt werden können.

[Identifizierung] 5.1.1.6
→ D: GGVSee § 4 (9)

Durch die Angabe des richtigen technischen Namens (siehe 3.1.2.1 und 3.1.2.2) und der UN-Nummer des zu befördernden Stoffes oder Gegenstandes und im Falle eines Meeresschadstoffs durch den Zusatz „Meeresschadstoff"/„marine pollutant" in den Beförderungsdokumenten sowie durch die Kennzeichnung der die Güter enthaltenden Versandstücke einschließlich IBC mit dem richtigen technischen Namen nach 5.2.1 wird sichergestellt, dass der Stoff oder Gegenstand während der Beförderung schnell identifiziert werden kann. Diese schnelle Identifizierung ist besonders wichtig bei einem Unfall mit gefährlichen Gütern, damit festgestellt werden kann, welche Unfallmaßnahmen erforderlich sind, um ein situationsgerechtes Eingreifen zu ermöglichen, und damit im Fall von Meeresschadstoffen der Kapitän den Meldevorschriften nach dem Protokoll I von MARPOL 73/78 entsprechen kann.

5.1.2 Verwendung von Umverpackungen und Ladeeinheiten (unit loads)

→ D: GGVSee § 17 Nr. 8

5.1.2.1 [Kennzeichnung]

Umverpackungen und Ladeeinheiten (unit loads) müssen mit dem richtigen technischen Namen und der UN-Nummer und den für die Versandstücke in Kapitel 5.2 vorgeschriebenen Kennzeichen und Gefahrzetteln aller in der Umverpackung oder Ladeeinheit (unit load) enthaltenen Güter versehen sein, sofern nicht die Kennzeichen und Gefahrzettel von allen gefährlichen Gütern in der Umverpackung oder Ladeeinheit (unit load) sichtbar sind. Mit Ausnahme der Vorschriften in 5.2.2.1.12 muss eine Umverpackung mit dem Ausdruck „UMVERPACKUNG"/„OVERPACK" gekennzeichnet sein, es sei denn, die für alle in der Umverpackung enthaltenen gefährlichen Güter repräsentativen Kennzeichen und Gefahrzettel entsprechend Kapitel 5.2 bleiben sichtbar. Die Buchstabenhöhe des Kennzeichens „UMVERPACKUNG"/„OVERPACK" muss mindestens 12 mm sein.

5.1.2.2 [Versandstücke]

Die einzelnen in einer Ladeeinheit (unit load) oder Umverpackung zusammengefassten Versandstücke müssen gemäß Kapitel 5.2 gekennzeichnet und bezettelt sein. Jedes in der Ladeeinheit (unit load) oder Umverpackung enthaltene Versandstück mit gefährlichen Gütern muss allen anwendbaren Vorschriften des Codes entsprechen. Das Kennzeichen „UMVERPACKUNG"/„OVERPACK" zeigt die Übereinstimmung mit diesen Vorschriften an. Die vorgesehene Funktion jedes Versandstücks darf durch die Ladeeinheit (unit load) oder Umverpackung nicht beeinträchtigt werden.

5.1.2.3 [Ausrichtung]

Jedes Versandstück, das mit den in 5.2.1.7.1 beschriebenen Ausrichtungszeichen versehen und in eine Umverpackung, in eine Ladeeinheit oder in eine Großverpackung eingesetzt ist, muss gemäß diesen Kennzeichen ausgerichtet sein.

5.1.3 Leere ungereinigte Verpackungen oder Einheiten

→ D: GGVSee § 17 Nr. 8

5.1.3.1 [Kennzeichnung außer Klasse 7]

Verpackungen einschließlich IBC, die gefährliche Güter außer Gütern der Klasse 7 enthalten haben, müssen ebenso, wie für diese Güter vorgeschrieben, bezeichnet, gekennzeichnet, bezettelt und plakatiert sein, es sei denn, es werden Maßnahmen wie Reinigung, Spülungen zur Entfernung von Dämpfen oder Wiederbefüllung mit ungefährlichen Stoffen zur Beseitigung der Gefahren durchgeführt.

5.1.3.2 [Kennzeichnung Klasse 7]

Frachtcontainer, Tanks, IBC sowie andere Verpackungen und Umverpackungen für die Beförderung radioaktiver Stoffe dürfen nicht für die Beförderung anderer Güter verwendet werden, sofern sie nicht auf einen Wert unter 0,4 Bq/cm^2 bei Beta- und Gammastrahlern und Alphastrahlern niedriger Toxizität sowie 0,04 Bq/cm^2 bei allen anderen Alphastrahlern dekontaminiert werden.

5.1.3.3 [Leere Güterbeförderungseinheiten]

Leere Güterbeförderungseinheiten, die noch Rückstände gefährlicher Güter enthalten oder mit leeren ungereinigten Verpackungen beladen sind, oder leere ungereinigte Schüttgut-Container müssen den Vorschriften entsprechen, die für die zuletzt in der Einheit, in den Verpackungen oder in den Schüttgut-Containern enthaltenen Güter gelten.

5.1.4 Zusammenpackung

→ D: GGVSee § 17 Nr. 8

Werden zwei oder mehrere gefährliche Güter zusammen in derselben Außenverpackung verpackt, muss das Versandstück mit den für jeden Stoff vorgeschriebenen Gefahrzetteln und Kennzeichen versehen sein. Gefahrzettel für Zusatzgefahren brauchen nicht angebracht zu werden, wenn die betreffende Gefahr schon durch einen Gefahrzettel für die Hauptgefahr angegeben wird.

Allgemeine Vorschriften für die Klasse 7 5.1.5

Beförderungsgenehmigung und Anmeldung 5.1.5.1

Allgemeines 5.1.5.1.1

Zusätzlich zu der in Kapitel 6.4 beschriebenen Zulassung der Bauart des Versandstücks ist in bestimmten Fällen (5.1.5.1.2 und 5.1.5.1.3) auch eine multilaterale Beförderungsgenehmigung erforderlich. In einigen Fällen ist es auch erforderlich, eine Beförderung bei den zuständigen Behörden im Voraus anzumelden (5.1.5.1.4).

Beförderungsgenehmigungen 5.1.5.1.2

Eine multilaterale Genehmigung ist erforderlich für:

.1 die Beförderung von Typ B(M)-Versandstücken, die nicht den Vorschriften nach 6.4.7.5 entsprechen oder die für eine kontrollierte zeitweilige Entlüftung ausgelegt sind,

.2 die Beförderung von Typ B(M)-Versandstücken mit radioaktiven Stoffen, deren Aktivität größer ist als 3000 A_1 bzw. 3000 A_2 oder 1000 TBq; der niedrigere Wert ist jeweils maßgebend,

.3 die Beförderung von Versandstücken mit spaltbaren Stoffen, wenn die Summe der Kritikalitätssicherheitskennzahlen der Versandstücke in einem einzigen Frachtcontainer oder in einem einzigen Beförderungsmittel 50 übersteigt. Von dieser Bestimmung ausgenommen sind Beförderungen mit Seeschiffen, wenn die Summe der Kritikalitätssicherheitskennzahlen für jeden Laderaum, jede Abteilung oder jeden gekennzeichneten Decksbereich 50 nicht übersteigt und der nach Tabelle 7.1.4.5.3.4 vorgeschriebene Abstand von 6 Metern zwischen Gruppen von Versandstücken und Umverpackungen eingehalten wird, und

.4 Strahlenschutzprogramme für die Beförderung mit Spezialschiffen in Übereinstimmung mit 7.1.4.5.7. → D: GGVSee § 13 Nr. 2

Die zuständige Behörde kann jedoch die Beförderung ohne Beförderungsgenehmigung in oder durch ihr Land aufgrund einer besonderen Bestimmung in ihrer Bauartzulassung genehmigen (siehe 5.1.5.3.1). → D: GGVSee § 13 Nr. 6

Beförderungsgenehmigung durch Sondervereinbarung 5.1.5.1.3

→ D: GGVSee § 13 Nr. 3

Von der zuständigen Behörde dürfen Vorschriften genehmigt werden, nach denen eine Sendung, die nicht allen anwendbaren Vorschriften dieses Codes entspricht, aufgrund einer Sondervereinbarung befördert werden darf (siehe 1.5.4).

Anmeldungen 5.1.5.1.4

→ D: GGVSee § 13 Nr. 4
→ D: GGVSee § 17 Nr. 11

Eine Anmeldung bei den zuständigen Behörden ist in den folgenden Fällen erforderlich:

.1 Vor der ersten Beförderung eines Versandstückes, für das die Zulassung einer zuständigen Behörde erforderlich ist, muss der Versender sicherstellen, dass Abdrucke aller Zeugnisse der zuständigen Behörden, die für das betreffende Versandstückmuster erforderlich sind, der zuständigen Behörde des Ursprungslandes der Beförderung und der zuständigen Behörde jedes Landes vorgelegt werden, durch oder in das die Sendung befördert werden soll. Der Versender braucht keine Bestätigung dieser zuständigen Behörde abzuwarten; ebenso braucht die zuständige Behörde den Erhalt des Zeugnisses nicht zu bestätigen.

.2 Jede der im Folgenden aufgeführten Beförderungen muss der Versender bei der zuständigen Behörde des Ursprungslandes der Beförderung und der zuständigen Behörde jedes Landes, durch oder in das die Sendung befördert werden soll, im Voraus anmelden. Diese Voranmeldung muss jeder zuständigen Behörde vor Absendung, möglichst jedoch mindestens 7 Tage vorher, vorliegen:

  .1 Typ C-Versandstücke, die radioaktive Stoffe mit einer Aktivität von mehr als 3000 A_1 bzw. 3000 A_2 oder 1000 TBq enthalten; der niedrigere Wert ist jeweils maßgebend;

  .2 Typ B(U)-Versandstücke, die radioaktive Stoffe mit einer Aktivität von mehr als 3000 A_1 bzw. 3000 A_2 oder 1000 TBq enthalten; der niedrigere Wert ist jeweils maßgebend;

  .3 Typ B(M)-Versandstücke;

  .4 Beförderung aufgrund einer Sondervereinbarung.

.3 Der Versender braucht keine gesonderte Anmeldung zu übersenden, wenn die erforderlichen Angaben in dem Antrag auf Erteilung einer Genehmigung für die Beförderung (siehe 6.4.23.2) enthalten sind.

5.1.5.1.4 (Forts.) .4 Die Anmeldung zur Beförderung muss enthalten:

.1 ausreichende Angaben, die eine Identifizierung des Versandstückes oder der Versandstücke ermöglichen, einschließlich aller zutreffenden Nummern der Zeugnisse und Kennzeichen,

.2 Angaben über das Absendedatum, das voraussichtliche Ankunftsdatum und den vorgesehenen Beförderungsweg,

.3 Namen der radioaktiven Stoffe oder der Nuklide,

.4 Beschreibung des physikalischen Zustands und der chemischen Form der radioaktiven Stoffe oder Angaben darüber, ob es sich um radioaktive Stoffe in besonderer Form oder gering dispergierbare Stoffe handelt, und

.5 die höchste Aktivität des radioaktiven Inhalts während der Beförderung in Becquerel (Bq) mit dem zugehörigen SI-Vorsatzzeichen (siehe 1.2.2.1). Bei spaltbaren Stoffen kann anstelle der Aktivität die Masse des spaltbaren Stoffes (oder gegebenenfalls bei Mischungen die Masse jedes spaltbaren Nuklids) in Gramm (g) oder in einem Vielfachen davon angegeben werden.

5.1.5.2 Zulassung/Genehmigung durch die zuständige Behörde

5.1.5.2.1 [Erforderliche Zulassung/Genehmigung]

→ D: GGVSee § 13 Nr. 5

Die Zulassung/Genehmigung durch die zuständige Behörde ist erforderlich für:

.1 Bauarten von:

.1 radioaktiven Stoffen in besonderer Form,

.2 gering dispergierbaren radioaktiven Stoffen,

.3 gemäß 2.7.2.3.5.6 freigestellten spaltbaren Stoffen;

.4 Versandstücken, die 0,1 kg oder mehr Uranhexafluorid enthalten,

.5 Versandstücken mit spaltbaren Stoffen, sofern diese nicht durch 2.7.2.3.5, 6.4.11.2 oder 6.4.11.3 ausgenommen sind,

.6 Typ B(U)- und Typ B(M)-Versandstücken,

.7 Typ C-Versandstücken,

.2 Sondervereinbarungen,

.3 bestimmte Beförderungen (siehe 5.1.5.2.2),

.4 die Bestimmung der in 2.7.2.2.1 genannten grundlegenden Radionuklidwerte für einzelne Radionuklide, die in der Tabelle 2.7.2.2.1 nicht aufgeführt sind (siehe 2.7.2.2.2.1),

.5 alternative Aktivitätsgrenzwerte für eine freigestellte Sendung von Instrumenten oder Fabrikaten (siehe 2.7.2.2.2.2).

Durch das Zulassungs-/Genehmigungszeugnis wird bescheinigt, dass die anwendbaren Vorschriften erfüllt sind, und bei Bauartzulassungen ein Zulassungskennzeichen erteilt ist.

Das Zulassungszeugnis für die Bauart des Versandstücks und das Genehmigungszeugnis für die Beförderung dürfen in einem Zeugnis zusammengefasst werden.

Das Zulassungszeugnis und die Anträge auf Zulassung müssen den Vorschriften nach 6.4.23 entsprechen.

5.1.5.2.2 [Abdruck Zeugnisse]

→ D: GGVSee § 17 Nr. 12

Der Versender muss im Besitz einer Kopie jedes erforderlichen Zeugnisses sein.

5.1.5.2.3 [Versandstückmuster ohne Zulassungszeugnis]

→ D: GGVSee § 17 Nr. 12

Für Versandstückmuster, für die die Ausstellung eines Zulassungszeugnisses durch die zuständige Behörde nicht erforderlich ist, muss der Versender alle Unterlagen, durch die der Nachweis der Übereinstimmung der Bauart des Versandstücks mit allen anwendbaren Vorschriften erbracht wird, für die Überprüfung durch die zuständige Behörde auf Anfrage zur Verfügung stellen.

Bestimmung der Transportkennzahl (TI) und der Kritikalitätssicherheitskennzahl (CSI) 5.1.5.3

[Transportkennzahl] 5.1.5.3.1

Die Transportkennzahl (TI) für ein Versandstück, eine Umverpackung oder einen Container oder für unverpackte LSA-I-Stoffe oder für unverpackte SCO-I-Gegenstände ist nach folgendem Verfahren zu ermitteln:

.1 Die höchste Dosisleistung in Millisievert pro Stunde (mSv/h) in einem Abstand von 1 m von den Außenflächen des Versandstücks, der Umverpackung, des Containers oder der unverpackten LSA-I-Stoffe oder SCO-I-Gegenständen ist zu ermitteln. Der ermittelte Wert ist mit 100 zu multiplizieren; diese Zahl ist die Transportkennzahl. Bei Uran- und Thoriumerzen und deren Konzentraten dürfen für die höchsten Dosisleistungen an jedem Punkt im Abstand von 1 m von den Außenflächen der Ladung folgende Werte angenommen werden:

0,4 mSv/h für Erze und physikalische Konzentrate von Uran und Thorium;

0,3 mSv/h für chemische Thoriumkonzentrate;

0,02 mSv/h für chemische Urankonzentrate außer Uranhexafluorid.

.2 Für Tanks, Container und unverpackte LSA-I-Stoffe und SCO-I-Gegenstände ist der gemäß 5.1.5.3.1.1 ermittelte Wert mit dem entsprechenden Faktor aus der Tabelle 5.1.5.3.1 zu multiplizieren.

.3 Die gemäß 5.1.5.3.1.1 und 5.1.5.3.1.2 ermittelten Werte sind auf die erste Dezimalstelle aufzurunden (z. B. aus 1,13 wird 1,2) mit der Ausnahme, dass ein Wert von 0,05 oder kleiner gleich Null gesetzt werden darf.

Tabelle 5.1.5.3.1 – Multiplikationsfaktoren für Tanks, Container und unverpackte LSA-I-Stoffe und SCO-I-Gegenstände

Fläche der Ladung[a)]	Multiplikationsfaktor
Fläche der Ladung $\leq 1\ m^2$	1
$1\ m^2 <$ Fläche der Ladung $\leq 5\ m^2$	2
$5\ m^2 <$ Fläche der Ladung $\leq 20\ m^2$	3
$20\ m^2 <$ Fläche der Ladung	10

a) Größte gemessene Querschnittsfläche der Ladung.

[Bestimmung der Transportkennzahl] 5.1.5.3.2

Die Transportkennzahl für jede Umverpackung, jeden Container oder jedes Fahrzeug wird entweder durch die Summe der Transportkennzahlen aller enthaltenen Versandstücke oder durch direkte Messung der Dosisleistung bestimmt, außer für den Fall der nicht formstabilen Umverpackungen, für die die Transportkennzahl nur durch die Summe der Transportkennzahlen aller Versandstücke bestimmt wird.

[Kritikalitätssicherheitskennzahl] 5.1.5.3.3

Für jede Umverpackung oder für jeden Container ist die Kritikalitätssicherheitskennzahl (CSI) als Summe der CSI aller enthaltenen Versandstücke zu ermitteln. Das gleiche Verfahren ist für die Bestimmung der Gesamtsumme der CSI in einer Sendung oder in einem Fahrzeug anzuwenden.

[Zuordnung] 5.1.5.3.4

Versandstücke, Umverpackungen und Frachtcontainer sind in Übereinstimmung mit den in Tabelle 5.1.5.3.4 festgelegten Bedingungen und mit den nachstehenden Vorschriften einer der Kategorien I-WEISS, II-GELB oder III-GELB zuzuordnen:

.1 Bei der Bestimmung der zugehörigen Kategorie für ein Versandstück, eine Umverpackung oder einen Frachtcontainer müssen die Transportkennzahl und die Oberflächendosisleistung berücksichtigt werden. Erfüllt die Transportkennzahl die Bedingung für eine Kategorie, die Oberflächendosisleistung aber die einer anderen Kategorie, so ist das Versandstück, die Umverpackung oder der Frachtcontainer der höheren Kategorie zuzuordnen. Für diesen Zweck ist die Kategorie I-WEISS als die unterste Kategorie anzusehen.

5.1.5.3.4 (Forts.)

.2 Die Transportkennzahl ist entsprechend den in 5.1.5.3.1 und 5.1.5.3.2 festgelegten Verfahren zu bestimmen.

.3 Ist die Oberflächendosisleistung höher als 2 mSv/h, muss das Versandstück oder die Umverpackung unter ausschließlicher Verwendung und nach den Vorschriften in 7.1.4.5.6 oder 7.1.4.5.7 befördert werden.

.4 Mit Ausnahme von Beförderungen nach den Vorschriften in 5.1.5.3.5 ist ein Versandstück, das aufgrund einer Sondervereinbarung befördert wird, der Kategorie III-GELB zuzuordnen.

.5 Mit Ausnahme von Beförderungen nach den Vorschriften in 5.1.5.3.5 ist eine Umverpackung oder ein Frachtcontainer, die/der aufgrund einer Sondervereinbarung zu befördernde Versandstücke enthält, der Kategorie III-GELB zuzuordnen.

Tabelle 5.1.5.3.4 – Kategorien der Versandstücke, Umverpackungen und Frachtcontainer

Bedingungen		
Transportkennzahl (TI)	**höchste Dosisleistung an jedem Punkt einer Außenfläche**	**Kategorie**
0[a)]	nicht größer als 0,005 mSv/h	I-WEISS
größer als 0, aber nicht größer als 1[a)]	größer als 0,005 mSv/h, aber nicht größer als 0,5 mSv/h	II-GELB
größer als 1, aber nicht größer als 10	größer als 0,5 mSv/h, aber nicht größer als 2 mSv/h	III-GELB
größer als 10	größer als 2 mSv/h, aber nicht größer als 10 mSv/h	III-GELB[b)]

a) Ist die gemessene Transportkennzahl nicht größer als 0,05, darf ihr Wert entsprechend 5.1.5.3.1.3 gleich Null gesetzt werden.
b) Ist mit Ausnahme von Frachtcontainern (siehe Tabelle 7.1.4.5.3 außerdem unter ausschließlicher Verwendung zu befördern.

5.1.5.3.5 [Übereinstimmung der Kategoriezuordnung mit Zulassungszeugnis]

→ D: GGVSee § 13 Nr. 5

Bei allen internationalen Beförderungen von Versandstücken, für die eine Zulassung der Bauart oder eine Genehmigung der Beförderung durch die zuständige Behörde erforderlich ist und für die in den verschiedenen von der Beförderung berührten Staaten unterschiedliche Zulassungs- oder Genehmigungstypen gelten, muss die vorgeschriebene Zuordnung zu den Kategorien in Übereinstimmung mit dem Zulassungszeugnis des Ursprungslandes der Bauart erfolgen.

5.1.5.4 Besondere Vorschriften für freigestellte Versandstücke radioaktiver Stoffe der Klasse 7

5.1.5.4.1 [Kennzeichnung]

→ D: GGVSee § 17 Nr. 8

Freigestellte Versandstücke radioaktiver Stoffe der Klasse 7 müssen auf der Außenseite der Verpackung deutlich lesbar und dauerhaft gekennzeichnet sein mit:

.1 der UN-Nummer, der die Buchstaben „UN" vorangestellt werden;
.2 der Angabe des Versenders und/oder des Empfängers und
.3 der höchstzulässigen Bruttomasse, sofern diese 50 kg überschreitet.

5.1.5.4.2 [Dokumentation]

→ D: GGVSee § 17 Nr. 3
→ D: GGVSee § 21 Nr. 3

Die Dokumentationsvorschriften in 5.4.1 und 5.4.5 gelten nicht für freigestellte Versandstücke radioaktiver Stoffe der Klasse 7, mit der Ausnahme, dass:

.1 die UN-Nummer, der die Buchstaben „UN" vorangestellt sind, sowie der Name und die Adresse des Versenders und des Empfängers und, sofern zutreffend, das Identifizierungskennzeichen für jedes Zulassungs-/Genehmigungszeugnis der zuständigen Behörde (siehe 5.4.1.5.7.1.7) in einem besonderen Beförderungsdokument, wie ein Konnossement, Luftfrachtbrief oder anderes ähnliches Dokument, entsprechend den Vorschriften in 5.4.1.2.1 bis 5.4.1.2.4 angegeben werden müssen, und

.2 die Vorschriften von 5.4.1.6.2 und, sofern zutreffend, die Vorschriften von 5.4.1.5.7.1.7, 5.4.1.5.7.3 und 5.4.1.5.7.4 anwendbar sind.

[Internationale Beförderung] 5.1.5.4.3

Die Vorschriften von 5.2.1.5.8 und 5.2.2.1.12.5 sind, sofern zutreffend, anwendbar.

Besondere Vorschriften für die Beförderung von spaltbaren Stoffen 5.1.5.5

Spaltbare Stoffe, die eine der Vorschriften von 2.7.2.3.5.1 bis 2.7.2.3.5.6 erfüllen, müssen folgenden Anforderungen entsprechen:

.1 je Sendung darf nur eine der Vorschriften von 2.7.2.3.5.1 bis 2.7.2.3.5.6 angewendet werden;

.2 je Sendung ist nur ein gemäß 2.7.2.3.5.6 zugeordneter, zugelassener spaltbarer Stoff in Versandstücken zugelassen, es sei denn im Zulassungszeugnis sind mehrere Stoffe zugelassen;

.3 gemäß 2.7.2.3.5.3 zugeordnete spaltbare Stoffe in Versandstücken müssen in einer Sendung mit höchstens 45 g spaltbaren Nukliden befördert werden;

.4 gemäß 2.7.2.3.5.4 zugeordnete spaltbare Stoffe in Versandstücken müssen in einer Sendung mit höchstens 15 g spaltbaren Nukliden befördert werden;

.5 gemäß 2.7.2.3.5.5 zugeordnete unverpackte oder verpackte spaltbare Stoffe müssen in einem Beförderungsmittel unter ausschließlicher Verwendung mit höchstens 45 g spaltbaren Nukliden befördert werden.

In eine Güterbeförderungseinheit geladene Versandstücke 5.1.6

→ D: GGVSee § 17 Nr. 8

[Kennzeichnung, Bezettelung] 5.1.6.1

Ungeachtet der Vorschriften für die Plakatierung und Kennzeichnung von Güterbeförderungseinheiten muss jedes Versandstück mit gefährlichen Gütern, das in eine Güterbeförderungseinheit gepackt wird, gemäß den Vorschriften nach Kapitel 5.2 gekennzeichnet und bezettelt sein.

→ D: GGVSee § 17 Nr. 8

Kapitel 5.2
Kennzeichnung und Bezettelung von Versandstücken einschließlich Großpackmittel (IBC)

Bemerkung: *Diese Vorschriften beziehen sich im Wesentlichen auf die Kennzeichnung und Bezettelung gefährlicher Güter entsprechend ihren Eigenschaften. Jedoch dürfen die Versandstücke, soweit erforderlich, mit zusätzlichen Kennzeichen oder Symbolen versehen sein, die auf Vorsichtsmaßnahmen bei der Handhabung oder Lagerung von Versandstücken hinweisen (wie z. B. das Symbol eines Regenschirms, das darauf hinweist, dass das Versandstück vor Feuchtigkeit geschützt werden muss).*

5.2.1 Kennzeichnung von Versandstücken einschließlich IBC

5.2.1.1 [Richtiger technischer Name, UN-Nummer]

Sofern in diesem Code nicht etwas anderes vorgeschrieben ist, muss jedes Versandstück mit dem nach 3.1.2 festgelegten richtigen technischen Namen der gefährlichen Güter und der entsprechenden UN-Nummer, der die Buchstaben „UN" vorangestellt werden, gekennzeichnet werden. Die UN-Nummer und die Buchstaben „UN" müssen eine Zeichenhöhe von mindestens 12 mm haben, ausgenommen an Versandstücken mit einem Fassungsraum von höchstens 30 Litern oder einer Nettomasse von höchstens 30 kg und ausgenommen an Flaschen mit einem mit Wasser ausgeliterten Fassungsraum von höchstens 60 Litern, bei denen die Zeichenhöhe mindestens 6 mm betragen muss, und ausgenommen an Versandstücken mit einem Fassungsraum von höchstens 5 Litern oder einer Nettomasse von höchstens 5 kg, bei denen sie eine angemessene Größe aufweisen müssen. Bei unverpackten Gegenständen muss das Kennzeichen auf dem Gegenstand, auf dem Schlitten oder auf der Handhabungs-, Lagerungs- oder Abschusseinrichtung angebracht werden. Bei Gütern der Unterklasse 1.4, Verträglichkeitsgruppe S, müssen auch die Unterklasse und der Buchstabe der Verträglichkeitsgruppe angegeben werden, sofern nicht der Gefahrzettel 1.4S angebracht ist. Ein typisches Kennzeichen auf einem Versandstück ist:

ÄTZENDER SAURER ORGANISCHER FLÜSSIGER STOFF, N.A.G.
(Caprylylchlorid) UN 3265 /
CORROSIVE LIQUID, ACIDIC, ORGANIC, N.O.S.
(caprylyl chloride) UN 3265

***Bemerkung:** Flaschen mit einem mit Wasser ausgeliterten Fassungsraum von höchstens 60 Litern, die gemäß den Bestimmungen des IMDG-Codes in der bis zum 31. Dezember 2013 gültigen Fassung mit einer UN-Nummer gekennzeichnet sind und nicht den ab dem 1. Januar 2014 geltenden Vorschriften in 5.2.1.1 über die Größe der UN-Nummer und der Buchstaben „UN" entsprechen, dürfen bis zur nächsten wiederkehrenden Prüfung, längstens jedoch bis zum 1. Juli 2018 weiterverwendet werden.*

5.2.1.2 [Kennzeichnungseigenschaften]

→ 1.1.2.2.1 Regel 3 Nr. 2

Alle nach 5.2.1.1 erforderlichen Kennzeichen auf Versandstücken müssen:

.1 gut sichtbar und lesbar sein;

.2 so beschaffen sein, dass die Angaben auf den Versandstücken noch erkennbar sind, wenn diese sich mindestens drei Monate im Seewasser befunden haben. Bei Überlegungen bezüglich geeigneter Kennzeichnungsmethoden müssen die Haltbarkeit des verwendeten Verpackungsmaterials und die Oberfläche des Versandstücks berücksichtigt werden;

.3 auf einem kontrastierenden Untergrund auf der Außenseite des Versandstücks aufgebracht sein und

.4 von anderen Versandstückkennzeichen, die ihre Wirkung wesentlich beeinträchtigen könnten, örtlich getrennt sein.

5.2.1.3 [Bergungsverpackungen, Bergungsgroßverpackungen, Bergungsdruckgefäße]

Bergungsverpackungen, einschließlich Bergungsgroßverpackungen, und Bergungsdruckgefäße müssen zusätzlich mit dem Kennzeichen „BERGUNG"/„SALVAGE" versehen sein. Die Buchstabenhöhe des Kennzeichens „BERGUNG"/„SALVAGE" muss mindestens 12 mm sein.

[IBC > 450 Liter] 5.2.1.4

IBC mit einem Fassungsraum von mehr als 450 Litern und Großverpackungen müssen auf zwei gegenüberliegenden Seiten mit Kennzeichen versehen werden.

Besondere Kennzeichnungsvorschriften für radioaktive Stoffe 5.2.1.5

→ D: GGVSee § 3 (1) Nr. 5

[Versender-/Empfängeridentifikation] 5.2.1.5.1

Jedes Versandstück ist auf der Außenseite der Verpackung deutlich lesbar und dauerhaft mit einer Identifikation des Versenders und/oder des Empfängers zu kennzeichnen. Jede Umverpackung ist auf der Außenseite der Umverpackung deutlich lesbar und dauerhaft mit einer Identifikation des Versenders und/oder des Empfängers zu kennzeichnen, es sei denn, diese Kennzeichen aller Versandstücke innerhalb der Umverpackung sind deutlich sichtbar.

[Freigestellte Versandstücke] 5.2.1.5.2

Die Kennzeichnung freigestellter Versandstücke radioaktiver Stoffe der Klasse 7 muss 5.1.5.4.1 entsprechen.

[Zulässige Bruttomasse] 5.2.1.5.3

Jedes Versandstück mit einer Bruttomasse von mehr als 50 kg muss mit der zulässigen Bruttomasse auf der Außenseite der Verpackung lesbar und dauerhaft gekennzeichnet werden.

[Typ-Angabe] 5.2.1.5.4

Jedes Versandstück, das:

.1 einem Typ IP1-, Typ IP 2- oder Typ IP 3-Versandstückmuster entspricht, muss mit der Aufschrift „TYP IP-1"/„TYPE IP-1", „TYP IP-2"/„TYPE IP-2" bzw. „TYP IP-3"/„TYPE IP-3" auf der Außenseite der Verpackung gut lesbar und dauerhaft gekennzeichnet werden.

.2 einem Typ A-Versandstückmuster entspricht, muss mit der Aufschrift „TYP A"/„TYPE A" auf der Außenseite der Verpackung gut lesbar und dauerhaft gekennzeichnet werden.

.3 einem Typ IP 2- oder Typ IP 3-Versandstückmuster oder einem Typ A-Versandstückmuster entspricht, ist mit dem Fahrzeugzulassungscode (VRI-Code) des Ursprungslandes der Bauart und entweder dem Namen des Herstellers oder anderen von der zuständigen Behörde des Ursprungslandes der Bauart festgelegten Identifikationen der Verpackung zu kennzeichnen.

[Zulassungskennzeichen] 5.2.1.5.5

Jedes Versandstück, das einer Bauart entspricht, die nach einem oder mehreren der Absätze und Unterabschnitte 5.1.5.2.1, 6.4.22.1 bis 6.4.22.4, 6.4.23.4 bis 6.4.23.7 und 6.4.24.2 zugelassen sind, ist auf der Außenseite des Versandstücks deutlich lesbar und dauerhaft mit folgenden Angaben zu kennzeichnen:

.1 das Kennzeichen, das dieser Bauart von der zuständigen Behörde zugeteilt wurde,

.2 eine Seriennummer, die eine eindeutige Identifizierung jedes dieser Bauart entsprechenden Versandstückes erlaubt,

.3 „TYP B(U)"/„TYPE B(U)", „TYP B(M)"/„TYPE B(M)" oder „TYP C"/„TYPE C" bei einem Typ B(U)-, Typ B(M)- oder Typ C-Versandstückmuster.

[Strahlensymbol] 5.2.1.5.6

Jedes Versandstück, das einem Typ B(U)-, Typ B(M)- oder Typ C-Versandstückmuster entspricht, muss auf der Außenseite des äußersten feuerfesten und wasserbeständigen Behälters mit dem unten abgebildeten Strahlensymbol versehen werden. Dies muss deutlich erkennbar und durch Prägen, Stanzen oder durch eine andere feuerfeste und wasserbeständige Methode angebracht sein.

5.2.1.5.6 (Forts.) **Strahlensymbol mit den Proportionen auf der Grundlage eines Innenkreises mit dem Radius X. X muss mindestens 4 mm betragen.**

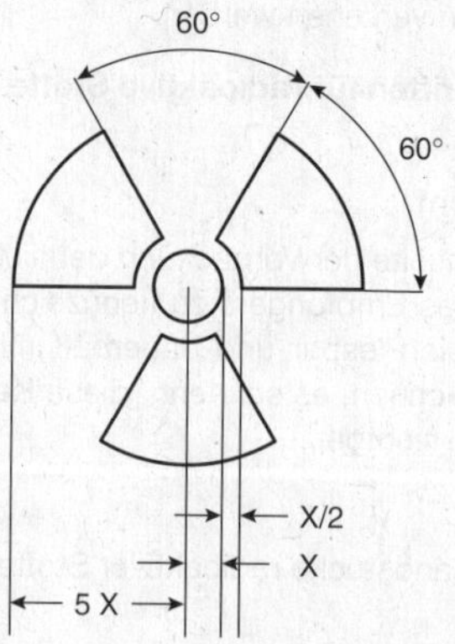

5.2.1.5.7 [LSA/SCO]

Wenn LSA-I-Stoffe oder SCO-I-Gegenstände in Behältern oder in Verpackungsmaterial enthalten sind und unter ausschließlicher Verwendung gemäß 4.1.9.2.4 befördert werden, kann die Außenseite dieser Behälter oder Verpackungsmaterialien das Kennzeichen „RADIOACTIVE LSA-I" bzw. „RADIOACTIVE SCO-I" tragen.

5.2.1.5.8 [Unterschiedliche Zulassungs- oder Genehmigungstypen]

→ D: GGVSee § 3 (1) Nr. 5

Bei allen internationalen Beförderungen von Versandstücken, für die eine Zulassung der Bauart oder eine Genehmigung der Beförderung durch die zuständige Behörde erforderlich ist und für die in den verschiedenen von der Beförderung berührten Staaten unterschiedliche Zulassungs- oder Genehmigungstypen gelten, muss die Kennzeichnung in Übereinstimmung mit dem Zulassungszeugnis des Ursprungslandes der Bauart erfolgen.

5.2.1.6 Besondere Kennzeichnungsvorschriften für Meeresschadstoffe

→ A: Vollzugserlass 2017

5.2.1.6.1 [Ausgenommene Versandstücke]

Sofern in 2.10.2.7 nichts anderes vorgesehen ist, müssen Versandstücke mit Meeresschadstoffen, die den Kriterien in 2.9.3 entsprechen, dauerhaft mit dem Kennzeichen für Meeresschadstoffe gekennzeichnet sein.

5.2.1.6.2 [Anbringungsort]

Das Kennzeichen für Meeresschadstoffe ist neben den gemäß 5.2.1.1 vorgeschriebenen Kennzeichen anzuordnen. Die Vorschriften von 5.2.1.2 und 5.2.1.4 sind zu erfüllen.

5.2.1.6.3 [Kennzeichen für Meeresschadstoffe]

→ 5.3.2.3

Das Kennzeichen für Meeresschadstoffe muss der nachstehend aufgeführten Abbildung entsprechen.

Kennzeichen für Meeresschadstoffe

Das Kennzeichen muss die Form eines auf die Spitze gestellten Quadrats (Raute) haben. Das Symbol (Fisch und Baum) muss schwarz sein und auf einem weißen oder ausreichend kontrastierenden Grund erscheinen. Die Mindestabmessungen müssen 100 mm × 100 mm und die Mindestbreite der Begrenzungslinie der Raute 2 mm betragen. Wenn es die Größe des Versandstücks erfordert, dürfen die Abmessungen/Linienbreite reduziert werden, sofern das Kennzeichen deutlich sichtbar bleibt. Wenn Abmessungen nicht näher spezifiziert sind, müssen die Proportionen aller Merkmale den abgebildeten in etwa entsprechen. 5.2.1.6.3 (Forts.)

Bemerkung: *Die Bezettelungsvorschriften von 5.2.2 gelten zusätzlich zu den möglicherweise anwendbaren Vorschriften für das Anbringen des Kennzeichens für Meeresschadstoffe an Versandstücken.*

Ausrichtungspfeile 5.2.1.7

[Grundsatz] 5.2.1.7.1

Sofern in 5.2.1.7.2 nichts anderes vorgeschrieben ist, müssen:

- zusammengesetzte Verpackungen mit Innenverpackungen, die flüssige gefährliche Güter enthalten,
- Einzelverpackungen, die mit Lüftungseinrichtungen ausgerüstet sind,
- Kryo-Behälter zur Beförderung tiefgekühlt verflüssigter Gase und
- Maschinen oder Geräte, die flüssige gefährliche Güter enthalten, wenn sichergestellt werden muss, dass die flüssigen gefährlichen Güter in ihrer vorgesehenen Ausrichtung verbleiben (siehe Kapitel 3.3 Sondervorschrift 301),

lesbar mit Pfeilen für die Ausrichtung des Versandstücks gekennzeichnet sein, die der nachstehenden Abbildung ähnlich sind oder die den Spezifikationen der ISO-Norm 780:1997 entsprechen. Die Ausrichtungspfeile müssen auf zwei gegenüberliegenden senkrechten Seiten des Versandstückes angebracht sein, wobei die Pfeile korrekt nach oben zeigen. Sie müssen rechtwinklig und so groß sein, dass sie entsprechend der Größe des Versandstücks deutlich sichtbar sind. Die Abbildung einer rechteckigen Abgrenzung um die Pfeile ist optional.

oder

Zwei schwarze oder rote Pfeile auf weißem oder ausreichend kontrastierendem Grund.
Der rechteckige Rahmen ist optional.
Die Proportionen aller charakteristischen Merkmale müssen den abgebildeten in etwa entsprechen.

[Ausnahme] 5.2.1.7.2

Ausrichtungspfeile sind nicht erforderlich an:

.1 Außenverpackungen, die Druckgefäße mit Ausnahme von Kryo-Behältern enthalten;

.2 Außenverpackungen, die gefährliche Güter in Innenverpackungen enthalten, wobei jede einzelne Innenverpackung nicht mehr als 120 ml enthält, mit einer für die Aufnahme des gesamten flüssigen Inhalts ausreichenden Menge saugfähigen Materials zwischen den Innen- und Außenverpackungen;

.3 Außenverpackungen, die ansteckungsgefährliche Stoffe der Klasse 6.2 in Primärgefäßen enthalten, wobei jedes einzelne Primärgefäß nicht mehr als 50 ml enthält;

.4 Typ IP-2-, Typ IP-3-, Typ A-, Typ B(U)-, Typ B(M)- oder Typ C-Versandstücke, die radioaktive Stoffe der Klasse 7 enthalten;

.5 Außenverpackungen, die Gegenstände enthalten, die unabhängig von ihrer Ausrichtung dicht sind (z. B. Alkohol oder Quecksilber in Thermometern, Druckgaspackungen usw.), oder

.6 Außenverpackungen, die gefährliche Güter in dicht verschlossenen Innenverpackungen enthalten, wobei jede einzelne Innenverpackung nicht mehr als 500 ml enthält.

5.2.1.7.3 [Eindeutigkeit]

Auf einem Versandstück, das in Übereinstimmung mit diesem Unterabschnitt gekennzeichnet ist, dürfen keine Pfeile für andere Zwecke als der Angabe der richtigen Versandstückausrichtung abgebildet sein.

5.2.1.8 Kennzeichen für freigestellte Mengen

5.2.1.8.1 [Verweis]

Versandstücke, die gefährliche Güter in freigestellten Mengen enthalten, müssen gemäß 3.5.4 gekennzeichnet sein.

5.2.1.9 Kennzeichen für begrenzte Mengen

5.2.1.9.1 [Verweis]

Versandstücke, die in begrenzten Mengen verpackte gefährliche Güter enthalten, sind gemäß 3.4.5 zu kennzeichnen.

5.2.1.10 Kennzeichen für Lithiumbatterien

5.2.1.10.1 [Kennzeichnungspflicht]

Versandstücke mit Lithiumzellen oder -batterien, die gemäß Sondervorschrift 188 vorbereitet sind, müssen mit dem unten abgebildeten Kennzeichen versehen sein.

5.2.1.10.2 [Inhalt und Form des Kennzeichens]

Auf dem Kennzeichen muss die UN-Nummer, der die Buchstaben „UN" vorangestellt sind, angegeben werden, d. h. „UN 3090" für Lithium-Metall-Zellen oder -Batterien oder „UN 3480" für Lithium-Ionen-Zellen oder -Batterien. Wenn die Lithiumzellen oder -batterien in Ausrüstungen enthalten oder mit diesen verpackt sind, muss die UN-Nummer, der die Buchstaben „UN" vorangestellt sind, angegeben werden, d. h. „UN 3091" bzw. „UN 3481". Wenn ein Versandstück Lithiumzellen oder -batterien enthält, die unterschiedlichen UN-Nummern zugeordnet sind, müssen alle zutreffenden UN-Nummern auf einem oder mehreren Kennzeichen angegeben werden.

Kennzeichen für Lithiumbatterien

* Platz für die UN-Nummer(n)

** Platz für die Telefonnummer, unter der zusätzliche Informationen zu erhalten sind

Das Kennzeichen muss die Form eines Rechtecks mit einem schraffierten Rand haben. Die Mindestabmessungen müssen 120 mm in der Breite und 110 mm in der Höhe und die Mindestbreite der Schraffierung 5 mm betragen. Das Symbol (Ansammlung von Batterien, von denen eine beschädigt und entflammt ist, über der UN-Nummer für Lithium-Ionen- oder Lithium-Metall-Batterien oder -Zellen) muss schwarz sein und auf einem weißen oder ausreichend kontrastierenden Hintergrund erscheinen. Die Schraffierung muss rot sein. Wenn es die Größe des Versandstücks erfordert, dürfen/darf die Abmessungen/Linienbreite auf bis zu 105 mm in der Breite und 74 mm in der Höhe reduziert werden. Wenn Abmessungen nicht näher spezifiziert sind, müssen die Proportionen aller Merkmale den abgebildeten in etwa entsprechen. 5.2.1.10.2 (Forts.)

Bezettelung von Versandstücken einschließlich IBC 5.2.2

Bezettelungsvorschriften 5.2.2.1

Diese Vorschriften beziehen sich im Wesentlichen auf Gefahrzettel. Jedoch dürfen Versandstücke, soweit erforderlich, mit zusätzlichen Kennzeichen oder Symbolen versehen sein, die auf Vorsichtsmaßnahmen bei der Handhabung oder Lagerung von Versandstücken hinweisen (wie z. B. das Symbol eines Regenschirms, das darauf hinweist, dass das Versandstück vor Feuchtigkeit geschützt werden muss).

[Musterkonformität] 5.2.2.1.1

Die Gefahrzettel zur Angabe der Hauptgefahren und der Zusatzgefahren müssen den in 5.2.2.2.2 abgebildeten Mustern Nr. 1 bis 9 entsprechen. Der Zusatzgefahrzettel „EXPLOSIV" ist das Muster Nr. 1.

[Angaben nach Gefahrgutliste] 5.2.2.1.2

Bei Stoffen oder Gegenständen, die in der Gefahrgutliste besonders aufgeführt sind, ist für die in Spalte 3 angegebene Gefahr ein Gefahrzettel für die Gefahrenklasse anzubringen. Es ist darüber hinaus ein Zusatzgefahrzettel für alle Gefahren anzubringen, die durch eine in Spalte 4 der Gefahrgutliste aufgeführte Klassen- oder Unterklassennummer angegeben sind. Die Sondervorschriften in Spalte 6 können jedoch auch dann einen Zusatzgefahrzettel erfordern, wenn in Spalte 4 keine Zusatzgefahr angegeben ist, oder sie können eine Ausnahme von der Pflicht zur Anbringung eines Zusatzgefahrzettels gestatten, auch wenn eine solche Gefahr in der Gefahrgutliste angegeben ist.

[Sondervorschriften] 5.2.2.1.2.1

Ein Versandstück mit einem gefährlichen Stoff, der einen geringen Gefahrengrad aufweist, kann von diesen Bezettelungsvorschriften ausgenommen werden. In diesem Fall ist in Spalte 6 der Gefahrgutliste für den betreffenden Stoff eine Sondervorschrift angegeben, in der festgelegt ist, dass kein Gefahrzettel erforderlich ist. Bei einigen Stoffen muss das Versandstück jedoch mit dem entsprechenden Wortlaut, wie er in der Sondervorschrift angegeben ist, gekennzeichnet werden. Beispiele:

Stoff	UN-Nr.	Klasse	Erforderliche Kennzeichen auf den Ballen
Heu in Ballen in einer Güterbeförderungseinheit	UN 1327	4.1	keine
Heu in Ballen, das sich nicht in einer Güterbeförderungseinheit befindet	UN 1327	4.1	„Klasse 4.1"/„Class 4.1"
trockene, pflanzliche Fasern in Ballen in einer Güterbeförderungseinheit	UN 3360	4.1	keine

Stoff	UN-Nr.	Klasse	Zusätzlich zum richtigen technischen Namen und der UN-Nummer erforderliche Kennzeichen auf Versandstücken
Fischmehl*	UN 1374	4.2	„Klasse 4.2"/„Class 4.2"**

* Nur anwendbar auf Fischmehl der Verpackungsgruppe III.

** Von der Kennzeichnung mit der Klasse ausgenommen, wenn es in eine Güterbeförderungseinheit geladen wird, die ausschließlich Fischmehl gemäß UN 1374 enthält.

5.2.2.1.3 [Haupt-/Zusatzgefahr]

Wenn in 5.2.2.1.3.1 nicht etwas anderes vorgeschrieben ist, müssen bei einem Stoff, der der Begriffsbestimmung von mehr als einer Klasse entspricht und in der Gefahrgutliste im Kapitel 3.2 nicht namentlich genannt ist, die Vorschriften im Kapitel 2.0 zur Feststellung der Hauptgefahrenklasse der Güter angewendet werden. Außer dem für diese Hauptgefahrenklasse erforderlichen Gefahrzettel müssen auch die Gefahrzettel für die in der Gefahrgutliste angegebenen Zusatzgefahren verwendet werden.

5.2.2.1.3.1 [Sonderregelung Klasse 8]

Bei Verpackungen, die Stoffe der Klasse 8 enthalten, ist der Zusatzgefahrzettel Nr. 6.1 nicht erforderlich, wenn die Toxizität ausschließlich auf gewebezerstörender Wirkung beruht. Für Stoffe der Klasse 4.2 ist der Zusatzgefahrzettel Nr. 4.1 nicht erforderlich.

5.2.2.1.4 Gefahrzettel für Gase der Klasse 2, die Zusatzgefahren aufweisen

Klasse	Zusatzgefahr(en) gemäß Kapitel 2.2	Gefahrzettel für die Hauptgefahr	Gefahrzettel für die Zusatzgefahr(en)
2.1	keine	2.1	keine
2.2	keine	2.2	keine
	5.1	2.2	5.1
2.3	keine	2.3	keine
	2.1	2.3	2.1
	5.1	2.3	5.1
	5.1, 8	2.3	5.1, 8
	8	2.3	8
	2.1, 8	2.3	2.1, 8

5.2.2.1.5 [Auswahl]

Für die Klasse 2 gibt es drei verschiedene Gefahrzettel, eines für entzündbare Gase der Klasse 2.1 (rot), eines für nicht entzündbare, nicht giftige Gase der Klasse 2.2 (grün) und eines für giftige Gase der Klasse 2.3 (weiß). Wenn in der Gefahrgutliste angegeben ist, dass ein Gas der Klasse 2 eine einzelne Zusatzgefahr oder mehrere Zusatzgefahren aufweist, müssen Gefahrzettel entsprechend der Tabelle in 5.2.2.1.4 verwendet werden.

5.2.2.1.6 [Anbringung]

Abgesehen von den Vorschriften von 5.2.2.2.1.2 muss jeder Gefahrzettel:

.1 auf derselben Fläche des Versandstücks neben dem richtigen technischen Namen angebracht werden, sofern die Abmessungen des Versandstücks dies zulassen;

.2 so auf dem Versandstück angebracht werden, dass sie nicht durch einen Teil der Verpackung, eine an der Verpackung angebrachte Vorrichtung, einen anderen Gefahrzettel oder ein Kennzeichen abgedeckt oder verdeckt werden;

.3 nebeneinander angebracht werden, wenn Haupt- und Zusatzgefahrzettel vorgeschrieben sind.

Wenn die Form eines Versandstücks zu unregelmäßig oder das Versandstück zu klein ist, so dass ein Gefahrzettel nicht auf zufriedenstellende Weise angebracht werden kann, darf dieses mittels eines sicher befestigten Anhängers oder durch ein anderes geeignetes Mittel mit dem Versandstück verbunden werden.

5.2.2.1.7 [IBC > 450 Liter]

IBC mit einem Fassungsraum von mehr als 450 Litern und Großverpackungen müssen auf zwei gegenüberliegenden Seiten mit Gefahrzetteln versehen werden.

5.2.2.1.8 [Kontrast]

Gefahrzettel müssen auf einer Oberfläche von kontrastierender Farbe angebracht werden.

Sondervorschriften für die Bezettelung von selbstzersetzlichen Stoffen 5.2.2.1.9

Selbstzersetzliche Stoffe des Typs B müssen mit dem Zusatzgefahrzettel „EXPLOSIV" (Muster Nr. 1) versehen sein, es sei denn, die zuständige Behörde hat zugelassen, dass bei einer bestimmten Verpackung auf diesen Gefahrzettel verzichtet werden kann, da die Prüfergebnisse gezeigt haben, dass der selbstzersetzliche Stoff in einer solchen Verpackung kein explosives Verhalten aufweist.

Sondervorschriften für die Bezettelung organischer Peroxide 5.2.2.1.10

Versandstücke mit organischen Peroxiden der Typen B, C, D, E oder F müssen mit dem Gefahrzettel der Klasse 5.2 (Muster Nr. 5.2) versehen werden. Dieser Gefahrzettel impliziert auch, dass das Produkt entzündbar sein kann, so dass kein Zusatzgefahrzettel „ENTZÜNDBARER FLÜSSIGER STOFF" (Muster Nr. 3) erforderlich ist. Die folgenden Zusatzgefahrzettel müssen jedoch angebracht werden:

.1 bei organischen Peroxiden Typ B ein Zusatzgefahrzettel „EXPLOSIV" (Muster Nr. 1), es sei denn, die zuständige Behörde hat zugelassen, dass bei einer bestimmten Verpackung auf diesen Gefahrzettel verzichtet werden kann, da die Prüfergebnisse gezeigt haben, dass das organische Peroxid in einer solchen Verpackung kein explosives Verhalten aufweist;

.2 ein Zusatzgefahrzettel „ÄTZEND" (Muster Nr. 8) ist erforderlich, wenn die Kriterien für die Verpackungsgruppe I oder II der Klasse 8 erfüllt werden.

Sondervorschriften für die Bezettelung von Versandstücken mit ansteckungsgefährlichen Stoffen 5.2.2.1.11

Zusätzlich zu dem Gefahrzettel für die Hauptgefahr (Muster Nr. 6.2) müssen Versandstücke mit ansteckungsgefährlichen Stoffen mit allen Gefahrzetteln versehen sein, die aufgrund der Eigenschaften des Inhalts erforderlich sind.

Sondervorschriften für die Bezettelung radioaktiver Stoffe 5.2.2.1.12

→ D: GGVSee § 3 (1) Nr. 5

[Überblick] 5.2.2.1.12.1

Abgesehen von den Fällen, in denen gemäß 5.3.1.1.5.1 vergrößerte Gefahrzettel verwendet werden, müssen alle Versandstücke, Umverpackungen und Frachtcontainer, die radioaktive Stoffe enthalten, der Kategorie dieser Stoffe entsprechend mit den Gefahrzetteln nach den anwendbaren Mustern Nr. 7A, 7B und 7C versehen sein. Die Gefahrzettel sind außen an zwei gegenüberliegenden Seiten des Versandstücks oder der Umverpackung oder an allen vier Seiten eines Frachtcontainers oder Tanks anzubringen. Jede Umverpackung mit radioaktiven Stoffen muss mit mindestens zwei Gefahrzetteln an den einander gegenüberliegenden Außenseiten versehen sein. Außerdem müssen alle Versandstücke, Umverpackungen und Frachtcontainer mit spaltbaren Stoffen, außer spaltbaren Stoffen, die nach den Vorschriften in 2.7.2.3.5 freigestellt sind, zusätzlich mit Gefahrzetteln entsprechend dem Muster Nr. 7E versehen sein; soweit erforderlich, müssen diese Gefahrzettel direkt neben den Gefahrzetteln nach dem anwendbaren Muster Nr. 7A, 7B oder 7C angebracht werden. Die Gefahrzettel dürfen die in diesem Kapitel genannten Kennzeichen nicht abdecken. Gefahrzettel, die sich nicht auf den Inhalt beziehen, müssen entfernt oder abgedeckt werden.

[Eintragungen] 5.2.2.1.12.2

Jeder Gefahrzettel, der dem anwendbaren Muster Nr. 7A, 7B und 7C entspricht, muss mit den folgenden Angaben ergänzt werden:

.1 *Inhalt*:

  .1 Außer bei LSA-I-Stoffen muss der Name des Radionuklids (der Radionuklide) gemäß der Tabelle in 2.7.2.2.1 unter Verwendung der darin genannten Symbole angegeben werden. Bei Radionuklidgemischen müssen die Nuklide mit dem restriktivsten Wert angegeben werden, soweit der in der Zeile verfügbare Raum dies zulässt. Die LSA- oder SCO-Gruppe muss hinter dem Namen des Radionuklids (der Radionuklide) eingetragen werden. Hierbei müssen die Bezeichnungen „LSA-II", „LSA-III", „SCO-I" und „SCO-II" verwendet werden.

  .2 Bei LSA-I-Stoffen ist die Bezeichnung „LSA-I" ausreichend; der Name des Radionuklids ist nicht erforderlich.

5.2.2.1.12.2 (Forts.)

.2 *Aktivität:* Die höchste Aktivität des radioaktiven Inhalts während der Beförderung in Becquerel (Bq) mit dem zugehörigen SI-Vorsatzzeichen (siehe 1.2.2.1). Bei spaltbaren Stoffen kann die Gesamtmasse der spaltbaren Nuklide in Einheiten von Gramm (g) oder in Vielfachen davon anstelle der Aktivität angegeben werden.

.3 Bei Umverpackungen und Frachtcontainern müssen die Eintragungen für „Inhalt" und „Aktivität" auf dem Gefahrzettel den nach 5.2.2.1.12.2.1 bzw. 5.2.2.1.12.2.2 erforderlichen Angaben entsprechen, wobei die Werte für den gesamten Inhalt der Umverpackung oder des Frachtcontainers zu addieren sind. Auf den Gefahrzetteln für Umverpackungen oder Frachtcontainer, die gemischte Ladungen von Versandstücken mit verschiedenen Radionukliden enthalten, dürfen die Eintragungen jedoch „Siehe Beförderungsdokumente" lauten.

.4 *Transportkennzahl:* Die nach 5.1.5.3.1 und 5.1.5.3.2 bestimmte Zahl. (Für die Kategorie I-WEISS ist die Eintragung der Transportkennzahl nicht erforderlich.)

5.2.2.1.12.3 [Kritikalitätssicherheitskennzahl]

Jeder Gefahrzettel, der dem Muster Nr. 7E entspricht, muss mit der Kritikalitätssicherheitskennzahl (CSI) ergänzt werden, wie sie in dem von der zuständigen Behörde erteilten Zulassungs-/Genehmigungszeugnis angegeben ist, das in den Ländern anwendbar ist, in oder durch die die Sendung befördert wird, oder wie sie in 6.4.11.2 oder 6.4.11.3 festgelegt ist.

5.2.2.1.12.4 [Umverpackung/Container]

Bei Umverpackungen und Frachtcontainern muss auf dem Gefahrzettel nach Muster Nr. 7E die Summe der Kritikalitätssicherheitskennzahlen (CSI) aller darin enthaltener Versandstücke angegeben sein.

5.2.2.1.12.5 [Unterschiedliche Zulassungs- oder Genehmigungstypen]

Bei allen internationalen Beförderungen von Versandstücken, für die eine Zulassung der Bauart oder eine Genehmigung der Beförderung durch die zuständige Behörde erforderlich ist und für die in den verschiedenen von der Beförderung berührten Staaten unterschiedliche Zulassungs- oder Genehmigungstypen gelten, muss die Bezettelung in Übereinstimmung mit dem Zulassungszeugnis des Ursprungslandes der Bauart erfolgen.

5.2.2.1.13 Gefahrzettel für Gegenstände, die gefährliche Güter enthalten und die unter den UN-Nummern 3537, 3538, 3539, 3540, 3541, 3542, 3543, 3544, 3545, 3546, 3547 und 3548 befördert werden

.1 Versandstücke, die Gegenstände enthalten, oder Gegenstände, die unverpackt befördert werden, müssen gemäß 5.2.2.1.2 mit Gefahrzetteln versehen werden, welche die gemäß 2.0.6 festgestellten Gefahren wiedergeben. Enthält der Gegenstand eine oder mehrere Lithiumbatterien mit einer Gesamtmenge von höchstens 2 g Lithium bei Lithium-Metall-Batterien und einer Nennenergie in Wattstunden von höchstens 100 Wh bei Lithium-Ionen-Batterien, muss das Versandstück oder der unverpackte Gegenstand mit dem Kennzeichen für Lithiumbatterien (5.2.1.10.2) versehen sein. Enthält der Gegenstand eine oder mehrere Lithiumbatterien mit einer Gesamtmenge von mehr als 2 g Lithium bei Lithium-Metall-Batterien und einer Nennenergie in Wattstunden von mehr als 100 Wh bei Lithium-Ionen-Batterien, muss das Versandstück oder der unverpackte Gegenstand mit dem Gefahrzettel für Lithiumbatterien (5.2.2.2.2 Nr. 9A) versehen sein.

.2 Wenn sichergestellt werden muss, dass Gegenstände, die flüssige gefährliche Güter enthalten, in ihrer vorgesehenen Ausrichtung verbleiben, müssen, sofern möglich, Ausrichtungspfeile gemäß den Vorschriften von 5.2.1.7.1 mindestens auf zwei gegenüberliegenden senkrechten Seiten des Versandstücks oder des unverpackten Gegenstands angebracht und sichtbar sein, wobei die Pfeile korrekt nach oben zeigen.

5.2.2.2 Vorschriften für Gefahrzettel

5.2.2.2.1 [Grundsatz]

Die Gefahrzettel müssen den Vorschriften dieses Abschnitts und hinsichtlich Farben, Symbolen, Ziffern und der allgemeinen Form den in 5.2.2.2.2 abgebildeten Gefahrzettelmustern entsprechen.

Bemerkung: *In bestimmten Fällen sind die Gefahrzettel in 5.2.2.2.2 mit einer gestrichelten äußeren Linie gemäß 5.2.2.2.1.1 dargestellt. Diese ist nicht erforderlich, wenn der Gefahrzettel vor einem Hintergrund mit kontrastierender Farbe angebracht ist.*

[Allgemeines Gefahrzettelmuster] 5.2.2.2.1.1

Die Gefahrzettel müssen wie in der Abbildung unten dargestellt gestaltet sein.

Gefahrzettel für die Klasse/Unterklasse

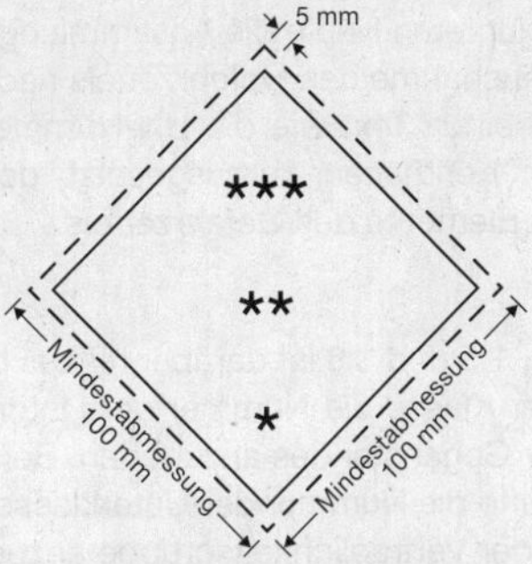

* In der unteren Ecke muss die Nummer der Klasse oder, für die Unterklassen 5.1 und 5.2, die Nummer der Unterklasse angegeben werden.

** In der unteren Hälfte müssen (sofern vorgeschrieben) oder dürfen (sofern nicht verbindlich vorgeschrieben) zusätzlicher Text bzw. zusätzliche Nummern/Symbole/Buchstaben angegeben werden.

*** In der oberen Hälfte muss das Symbol der Klasse oder für die Unterklassen 1.4, 1.5 und 1.6 die Nummer der Unterklasse und bei Gefahrzetteln nach Muster Nr. 7E der Ausdruck „FISSILE" angegeben sein.

[Hintergrund/Begrenzungslinie] 5.2.2.2.1.1.1

Die Gefahrzettel müssen auf einem farblich kontrastierenden Hintergrund angebracht werden oder müssen entweder eine gestrichelte oder eine durchgehende äußere Begrenzungslinie aufweisen.

[Format] 5.2.2.2.1.1.2

Die Gefahrzettel müssen die Form eines auf die Spitze gestellten Quadrats (Raute) haben. Die Mindestabmessungen müssen 100 mm × 100 mm betragen. Innerhalb des Rands der Raute muss parallel zum Rand eine Linie verlaufen, wobei der Abstand zwischen dieser Linie und dem Rand des Gefahrzettels etwa 5 mm betragen muss. In der oberen Hälfte muss die Linie innerhalb des Rands dieselbe Farbe wie das Symbol, in der unteren Hälfte dieselbe Farbe wie die Nummer der Klasse oder Unterklasse in der unteren Ecke haben. Wenn Abmessungen nicht näher spezifiziert sind, müssen die Proportionen aller charakteristischen Merkmale den abgebildeten in etwa entsprechen.

[Verkleinerte Abmessungen] 5.2.2.2.1.1.3

Wenn es die Größe des Versandstücks erfordert, dürfen die Abmessungen proportional reduziert werden, sofern die Symbole und die übrigen Elemente des Gefahrzettels deutlich sichtbar bleiben. Bei Flaschen müssen die Abmessungen den Vorschriften in 5.2.2.2.1.2 entsprechen.

[Flaschen Klasse 2] 5.2.2.2.1.2

Flaschen für Gase der Klasse 2 dürfen, soweit dies wegen ihrer Form, ihrer Ausrichtung und ihres Befestigungssystems für die Beförderung erforderlich ist, mit Gefahrzetteln versehen sein, die den in diesem Abschnitt beschriebenen Gefahrzetteln zwar gleichartig sind, deren Abmessungen aber entsprechend der Norm ISO 7225:2005 „Gasflaschen – Gefahrgutaufkleber"/„Gas cylinders – Precautionary labels" verkleinert sind, um auf dem nicht zylindrischen Teil solcher Flaschen (Flaschenhals) angebracht werden zu können. Die Gefahrzettel dürfen sich bis zu dem in der Norm ISO 7225:2005 vorgesehenen Ausmaß überlappen. Jedoch müssen die Gefahrzettel für die Hauptgefahr und die Ziffern aller Gefahrzettel vollständig sichtbar und die Symbole erkennbar bleiben.

Bemerkung: *Wenn der Durchmesser der Flasche zu gering ist, um das Anbringen von Gefahrzetteln mit verkleinerten Abmessungen auf dem nicht zylindrischen oberen Teil der Flasche zu ermöglichen, dürfen die Gefahrzettel mit verkleinerten Abmessungen auf dem zylindrischen Teil angebracht werden.*

5.2.2.2.1.3 **[Unterteilung]**

Mit Ausnahme der Gefahrzettel für die Unterklassen 1.4, 1.5 und 1.6 der Klasse 1 enthält die obere Hälfte der Gefahrzettel das Bildsymbol und die untere Hälfte die Nummer der Klasse 1, 2, 3, 4, 5.1, 5.2, 6, 7, 8 oder 9. Jedoch darf der Gefahrzettel nach Muster 9A in der oberen Hälfte nur die sieben senkrechten Streifen des Symbols und in der unteren Hälfte die Ansammlung von Batterien des Symbols und die Nummer der Klasse enthalten. Mit Ausnahme des Gefahrzettels nach Muster 9A dürfen die Gefahrzettel in Übereinstimmung mit 5.2.2.2.1.5 einen Text wie die UN-Nummer oder eine textliche Beschreibung der Gefahrklasse (z. B. „entzündbar") enthalten, vorausgesetzt, der Text verdeckt oder beeinträchtigt nicht die anderen vorgeschriebenen Elemente des Gefahrzettels.

5.2.2.2.1.4 **[Klasse 1]**

Mit Ausnahme der Unterklassen 1.4, 1.5 und 1.6 ist darüber hinaus bei Gefahrzetteln der Klasse 1 in der unteren Hälfte über der Nummer der Klasse die Nummer der Unterklasse und der Buchstabe der Verträglichkeitsgruppe des Stoffes oder Gegenstandes anzugeben. Bei den Gefahrzetteln der Unterklassen 1.4, 1.5 und 1.6 ist in der oberen Hälfte die Nummer der Unterklasse und in der unteren Hälfte die Nummer der Klasse und der Buchstabe der Verträglichkeitsgruppe anzugeben. Für die Unterklasse 1.4, Verträglichkeitsgruppe S, ist im Allgemeinen kein Gefahrzettel erforderlich. Wird für diese Güter jedoch ein Gefahrzettel für erforderlich gehalten, muss er dem Muster Nr. 1.4 entsprechen.

5.2.2.2.1.5 **[Textauswahl]**

Falls auf den Gefahrzetteln mit Ausnahme der Gefahrzettel für die radioaktiven Stoffe der Klasse 7 in dem Bereich unter dem Symbol Text (außer Klasse oder Unterklasse) eingefügt wird, muss dieser Text auf Angaben über die Art der Gefahr und die bei der Handhabung zu treffenden Maßnahmen beschränkt bleiben. Bei Gefahrzetteln nach Muster 9A darf der untere Teil des Zettels keinen Text außer der Angabe der Klasse enthalten.

5.2.2.2.1.6 **[Farben]**

Symbole, Text und Ziffern müssen auf allen Gefahrzetteln in schwarz erscheinen außer:

.1 bei dem Gefahrzettel der Klasse 8, auf dem der Text (soweit vorhanden) und die Nummer der Klasse in weiß erscheinen müssen;

.2 bei Gefahrzetteln mit vollständig grünem, rotem oder blauem Grund, bei denen sie weiß sein können;

.3 bei dem Gefahrzettel der Klasse 5.2, bei dem das Symbol weiß dargestellt werden darf, und

.4 bei Gefahrzetteln der Klasse 2.1 auf Flaschen und Gaskartuschen für verflüssigte Petroleumgase, bei denen sie die Hintergrundfarbe des Gefäßes haben dürfen, wenn ausreichender Kontrast vorhanden ist.

5.2.2.2.1.7 **[Anbringungsmethode]**

Das Anbringen der Gefahrzettel auf Versandstücken mit gefährlichen Gütern oder die Bezettelung dieser Versandstücke mittels Schablonen muss durch geeignete Methoden erfolgen, so dass diese Gefahrzettel auf den Versandstücken noch erkennbar sind, wenn diese sich mindestens drei Monate im Seewasser befunden haben. Bei der Auswahl geeigneter Bezettelungsmethoden müssen die Haltbarkeit des verwendeten Verpackungsmaterials und die Oberfläche des Versandstücks berücksichtigt werden.

5.2.2.2.2 **Gefahrzettelmuster**

Bemerkung: *Die Gefahrzettel müssen den nachstehenden Vorschriften und hinsichtlich der Farbe, der Symbole und der allgemeinen Form den Gefahrzettelmustern in 5.2.2.2.2 entsprechen. Entsprechende Muster, die für andere Verkehrsträger vorgeschrieben sind, mit geringfügigen Abweichungen, welche die offensichtliche Bedeutung des Gefahrzettels nicht beeinträchtigen, sind ebenfalls zugelassen.*

5.2.2.2.2 (Forts.)

Gefahrzettelmuster Nr.	Klasse, Unterklasse oder Kategorie	Symbol und Farbe des Symbols	Hintergrund	Ziffer in der unteren Ecke (und Farbe der Ziffer)	Gefahrzettelmuster		Bemerkung
Klasse 1: Explosive Stoffe und Gegenstände mit Explosivstoff							
1	Unterklassen 1.1, 1.2, 1.3	explodierende Bombe: schwarz	orange	1 (schwarz)			** Angabe der Unterklasse – keine Angabe, wenn die explosive Eigenschaft die Zusatzgefahr darstellt * Angabe der Verträglichkeitsgruppe – keine Angabe, wenn die explosive Eigenschaft die Zusatzgefahr darstellt
1.4	Unterklasse 1.4	1.4: schwarz Die Ziffern müssen eine Zeichenhöhe von ca. 30 mm und eine Dicke von ca. 5 mm haben (bei einem Gefahrzettel 100 × 100 mm).	orange	1 (schwarz)			* Angabe der Verträglichkeitsgruppe
1.5	Unterklasse 1.5	1.5: schwarz Die Ziffern müssen eine Zeichenhöhe von ca. 30 mm und eine Dicke von ca. 5 mm haben (bei einem Gefahrzettel 100 × 100 mm).	orange	1 (schwarz)			* Angabe der Verträglichkeitsgruppe
1.6	Unterklasse 1.6	1.6: schwarz Die Ziffern müssen eine Zeichenhöhe von ca. 30 mm und eine Dicke von ca. 5 mm haben (bei einem Gefahrzettel 100 × 100 mm).	orange	1 (schwarz)			* Angabe der Verträglichkeitsgruppe
Klasse 2: Gase							
2.1	Klasse 2.1: Entzündbare Gase (mit Ausnahme der in 5.2.2.2.1.6.4 vorgesehenen Fälle)	Flamme: schwarz oder weiß	rot	2 (schwarz oder weiß)			–
2.2	Klasse 2.2: Nicht entzündbare, nicht giftige Gase	Gasflasche: schwarz oder weiß	grün	2 (schwarz oder weiß)			–
2.3	Klasse 2.3: Giftige Gase	Totenkopf mit gekreuzten Gebeinen: schwarz	weiß	2 (schwarz)			–

5.2.2.2.2 (Forts.)

Gefahrzettelmuster Nr.	Klasse, Unterklasse oder Kategorie	Symbol und Farbe des Symbols	Hintergrund	Ziffer in der unteren Ecke (und Farbe der Ziffer)	Gefahrzettelmuster	Bemerkung
Klasse 3: Entzündbare flüssige Stoffe						
3	–	Flamme: schwarz oder weiß	rot	3 (schwarz oder weiß)	 	–
Klasse 4: Entzündbare feste Stoffe; selbstentzündliche Stoffe; Stoffe, die in Berührung mit Wasser entzündbare Gase entwickeln						
4.1	Klasse 4.1: Entzündbare feste Stoffe, selbstzersetzliche Stoffe, desensibilisierte explosive feste Stoffe und polymerisierende Stoffe	Flamme: schwarz	weiß mit sieben senkrechten roten Streifen	4 (schwarz)		–
4.2	Klasse 4.2: Selbstentzündliche Stoffe	Flamme: schwarz	obere Hälfte weiß, untere Hälfte rot	4 (schwarz)		–
4.3	Klasse 4.3: Stoffe, die in Berührung mit Wasser entzündbare Gase entwickeln	Flamme: schwarz oder weiß	blau	4 (schwarz oder weiß)	 	–
Klasse 5: Entzündend (oxidierend) wirkende Stoffe und organische Peroxide						
5.1	Klasse 5.1: Entzündend (oxidierend) wirkende Stoffe	Flamme über einem Kreis: schwarz	gelb	5.1 (schwarz)		–
5.2	Klasse 5.2: Organische Peroxide	Flamme: schwarz oder weiß	obere Hälfte rot, untere Hälfte gelb	5.2 (schwarz)	 	–
Klasse 6: Giftige Stoffe und ansteckungsgefährliche Stoffe						
6.1	Klasse 6.1: Giftige Stoffe	Totenkopf mit gekreuzten Gebeinen: schwarz	weiß	6 (schwarz)		–
6.2	Klasse 6.2: Ansteckungsgefährliche Stoffe	Kreis, der von drei sichelförmigen Zeichen überlagert wird: schwarz	weiß	6 (schwarz)		In der unteren Hälfte des Gefahrzettels darf in Schwarz angegeben sein: „**INFECTIOUS SUBSTANCE**" und „**In the case of damage or leakage immediately notify Public Health Authority**".

5.2.2.2.2 (Forts.)

Gefahrzettelmuster Nr.	Klasse, Unterklasse oder Kategorie	Symbol und Farbe des Symbols	Hintergrund	Ziffer in der unteren Ecke (und Farbe der Ziffer)	Gefahrzettelmuster	Bemerkung
			Klasse 7: Radioaktive Stoffe			
7A	Kategorie I – WEISS	Strahlensymbol: schwarz	weiß	7 (schwarz)		(vorgeschriebener) Text, schwarz, in der unteren Hälfte des Gefahrzettels: „**RADIOACTIVE**“ „**CONTENTS ...**“ „**ACTIVITY ...**“; dem Ausdruck „**RADIOACTIVE**“ folgt ein senkrechter roter Streifen.
7B	Kategorie II – GELB	Strahlensymbol: schwarz	obere Hälfte gelb mit weißem Rand, untere Hälfte weiß	7 (schwarz)		(vorgeschriebener) Text, schwarz, in der unteren Hälfte des Gefahrzettels: „**RADIOACTIVE**“ „**CONTENTS ...**“ „**ACTIVITY ...**“; in einem schwarz eingerahmten Feld: „**TRANSPORT INDEX ...**“; dem Ausdruck „**RADIOACTIVE**“ folgen zwei senkrechte rote Streifen.
7C	Kategorie III – GELB	Strahlensymbol: schwarz	obere Hälfte gelb mit weißem Rand, untere Hälfte weiß	7 (schwarz)		(vorgeschriebener) Text, schwarz, in der unteren Hälfte des Gefahrzettels: „**RADIOACTIVE**“ „**CONTENTS ...**“ „**ACTIVITY ...**“; in einem schwarz eingerahmten Feld: „**TRANSPORT INDEX ...**“; dem Ausdruck „**RADIOACTIVE**“ folgen drei senkrechte rote Streifen.
7E	Spaltbare Stoffe	–	weiß	7 (schwarz)	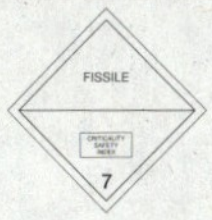	(vorgeschriebener) Text, schwarz, in der oberen Hälfte des Gefahrzettels: „**FISSILE**“; in einem schwarz eingerahmten Feld in der unteren Hälfte des Gefahrzettels: „**CRITICALITY SAFETY INDEX ...**“

5.2 Kennzeichnung und Bezettelung von Versandstücken

5.2.2.2.2 (Forts.)

Gefahrzettelmuster Nr.	Klasse, Unterklasse oder Kategorie	Symbol und Farbe des Symbols	Hintergrund	Ziffer in der unteren Ecke (und Farbe der Ziffer)	Gefahrzettelmuster	Bemerkung
Klasse 8: Ätzende Stoffe						
8	–	Flüssigkeiten, die aus zwei Reagenzgläsern ausgeschüttet werden und eine Hand und ein Metall angreifen: schwarz	obere Hälfte weiß, untere Hälfte schwarz mit weißem Rand	8 (weiß)		–
Klasse 9: Verschiedene gefährliche Stoffe und Gegenstände, einschließlich umweltgefährdende Stoffe						
9	–	sieben senkrechte Streifen in der oberen Hälfte: schwarz	weiß	9, unterstrichen (schwarz)		–
9A	–	sieben senkrechte Streifen in der oberen Hälfte: schwarz; Ansammlung von Batterien, von denen eine beschädigt und entflammt ist, in der unteren Hälfte: schwarz	weiß	9, unterstrichen (schwarz)		–

Kapitel 5.3
Plakatierung und Kennzeichnung von Güterbeförderungseinheiten und Schüttgut-Containern

→ MoU § 14
→ D: GGVSee § 17 Nr. 8

Plakatierung 5.3.1

Vorschriften für die Plakatierung 5.3.1.1

Allgemeine Vorschriften 5.3.1.1.1

.1 Vergrößerte Gefahrzettel (Placards), Kennzeichen und Warnzeichen müssen an den Außenflächen einer Güterbeförderungseinheit oder eines Schüttgut-Containers angebracht werden. Sie sollen darauf hinweisen, dass ihr Inhalt aus gefährlichen Gütern besteht, von denen Gefahren ausgehen. Auf diese Plakatierung und Kennzeichnung kann verzichtet werden, wenn die auf den Versandstücken angebrachten Gefahrzettel und sonstigen Kennzeichen außerhalb der Güterbeförderungseinheit oder des Schüttgut-Containers deutlich zu erkennen sind.

.2 Die Plakatierung und Kennzeichnung der Güterbeförderungseinheiten und Schüttgut-Container gemäß 5.3.1.1.4 und 5.3.2 muss durch geeignete Methoden erfolgen, so dass diese Angaben auf den Güterbeförderungseinheiten und Schüttgut-Containern noch erkennbar sind, wenn diese sich mindestens drei Monate im Seewasser befunden haben. Bei Überlegungen bezüglich geeigneter Kennzeichnungsmethoden muss berücksichtigt werden, wie leicht die Oberfläche der Güterbeförderungseinheit oder des Schüttgut-Containers gekennzeichnet werden kann.

.3 Alle Placards, orangefarbenen Tafeln, Kennzeichen und Warnzeichen müssen von den Güterbeförderungseinheiten und Schüttgut-Containern entfernt oder abgedeckt werden, sobald die gefährlichen Güter oder ihre Rückstände, welche die Anwendung dieser Placards, orangefarbenen Tafeln, Kennzeichen und Warnzeichen erforderlich gemacht haben, entladen worden sind.

[Ausnahmen] 5.3.1.1.2

Die Placards müssen an der Außenfläche von Güterbeförderungseinheiten und Schüttgut-Containern angebracht werden. Sie sollen darauf hinweisen, dass ihr Inhalt aus gefährlichen Gütern besteht, von denen Gefahren ausgehen. Die Placards müssen der von den Gütern in der Güterbeförderungseinheit und dem Schüttgut-Container ausgehenden Hauptgefahr entsprechen. Folgende Ausnahmen sind zulässig:

.1 Placards sind nicht erforderlich auf Güterbeförderungseinheiten, die explosive Stoffe und Gegenstände mit Explosivstoff der Unterklasse 1.4, Verträglichkeitsgruppe S, enthalten, unabhängig von der beförderten Menge, und

.2 Placards, welche die höchste Gefahr anzeigen, brauchen nur auf solchen Güterbeförderungseinheiten angebracht zu werden, die Stoffe und Gegenstände enthalten, die mehr als einer Unterklasse der Klasse 1 angehören.

Die Placards müssen vor einem Hintergrund mit kontrastierender Farbe angebracht werden oder müssen entweder eine gestrichelte oder eine durchgehende äußere Begrenzungslinie aufweisen.

Für gefährliche Güter der Klasse 9 muss das Placard dem Gefahrzettel nach Muster 9 gemäß 5.2.2.2.2 entsprechen; der Gefahrzettel nach Muster 9A darf nicht für Zwecke der Plakatierung verwendet werden.

[Zusatzgefahren] 5.3.1.1.3

Placards müssen auch für solche Zusatzgefahren angebracht werden, für die ein Zusatzgefahrzettel gemäß 5.2.2.1.2 vorgeschrieben ist. Jedoch brauchen Güterbeförderungseinheiten und Schüttgut-Container, die Güter von mehr als einer Klasse enthalten, nicht mit einem Placard für eine Zusatzgefahr versehen zu werden, wenn die durch dieses Placard angezeigte Gefahr bereits durch das Placard für die Hauptgefahr angezeigt wird.

Vorschriften für das Anbringen von Placards 5.3.1.1.4

[Anbringungsort] 5.3.1.1.4.1

→ 5.3.2.3

An eine Güterbeförderungseinheit oder einen Schüttgut-Container, die bzw. der gefährliche Güter oder Rückstände gefährlicher Güter enthält, müssen deutlich erkennbare Placards wie folgt angebracht werden:

5.3.1.1.4.1 (Forts.)

.1 bei *Frachtcontainern, Sattelanhängern, geschlossenen oder bedeckten Schüttgut-Containern oder ortsbeweglichen Tanks* eins an jeder Seite und eins an beiden Enden der Einheit. An ortsbeweglichen Tanks mit einem Fassungsraum von höchstens 3000 Litern dürfen Placards angebracht werden oder es dürfen stattdessen an nur zwei gegenüberliegenden Seiten Gefahrzettel angebracht werden;

.2 bei *Eisenbahnwagen* mindestens an jeder Seite;

.3 bei *Mehrkammertanks, die mehr als einen gefährlichen Stoff oder deren Rückstände enthalten,* an jeder Seite in Höhe der betreffenden Kammern. Wenn an allen Tankabteilen die gleichen Placards anzubringen sind, müssen diese Placards an beiden Längsseiten nur einmal angebracht werden;

.4 bei *flexiblen Schüttgut-Containern* an mindestens zwei gegenüberliegenden Stellen und

.5 bei *allen anderen Güterbeförderungseinheiten* zumindest an beiden Seiten und am rückwärtigen Ende der Einheit.

5.3.1.1.5 Sondervorschriften für die Klasse 7

5.3.1.1.5.1 [Frachtcontainer, Tanks]

Große Frachtcontainer, die Versandstücke außer freigestellten Versandstücken enthalten, und Tanks müssen mit vier Placards versehen werden, die dem Muster Nr. 7D gemäß Abbildung entsprechen. Die Placards müssen an den beiden Seitenwänden sowie an der Stirn- und Rückwand des großen Frachtcontainers oder Tanks senkrecht angebracht sein. Alle Placards, die sich nicht auf den Inhalt beziehen, müssen entfernt werden. Es ist auch zulässig, anstelle eines Gefahrzettels und eines Placards nur vergrößerte Gefahrzettel entsprechend den Mustern Nr. 7A, 7B und 7C zu verwenden, wobei die Gefahrzettel die in 5.3.1.2.2 angegebene Mindestgröße aufweisen müssen.

5.3.1.1.5.2 [Schienen- und Straßenfahrzeuge]

Schienen- und Straßenfahrzeuge, die Versandstücke, Umverpackungen und Frachtcontainer befördern, die mit den in 5.2.2.2.2 als Muster Nr. 7A, 7B, 7C und 7E abgebildeten Gefahrzetteln versehen sind, oder die Sendungen unter ausschließlicher Verwendung befördern, müssen mit dem Placard gemäß Abbildung (Muster Nr. 7D) versehen sein, und zwar:

.1 an den beiden seitlichen Außenwänden im Falle eines Schienenfahrzeugs,

.2 an den beiden seitlichen Außenwänden und an der hinteren Außenwand im Falle eines Straßenfahrzeugs.

Bei einem Fahrzeug ohne Seitenwände dürfen die Placards direkt an der Güterbeförderungseinheit angebracht werden, vorausgesetzt, sie sind deutlich sichtbar. Bei großen Tanks oder großen Frachtcontainern sind die Placards an den Tanks oder Frachtcontainern ausreichend. Bei Fahrzeugen, bei denen für die Anbringung größerer Placards kein ausreichender Platz vorhanden ist, dürfen die Abmessungen des in der Abbildung beschriebenen Placards auf 100 mm verringert werden. Alle Placards, die sich nicht auf den Inhalt beziehen, müssen entfernt werden.

5.3.1.2 Beschreibung der Placards

5.3.1.2.1 [Außer Klasse 7]

→ A: Vollzugserlass 2017

Mit Ausnahme des in 5.3.1.2.2 beschriebenen Placards für die Klasse 7 und des in 5.3.2.3.2 beschriebenen Kennzeichens für Meeresschadstoffe muss ein Placard der Abbildung unten entsprechen.

Placard (ausgenommen für Klasse 7)

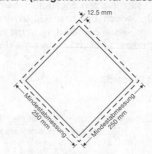

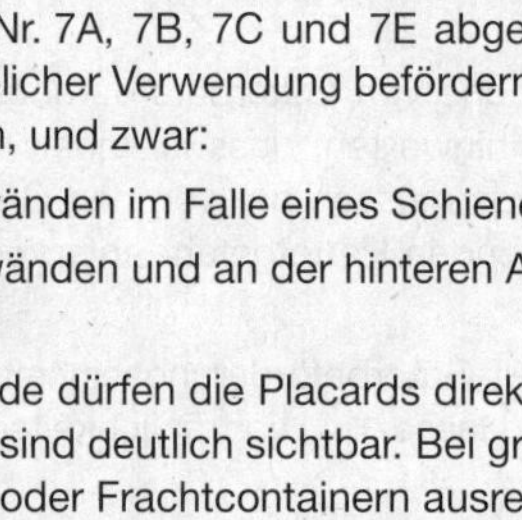

Das Placard muss die Form eines auf die Spitze gestellten Quadrats (Raute) haben. Die Mindestabmessungen müssen 250 mm × 250 mm (bis zum Rand des Placards) betragen. Die Linie innerhalb des Rands muss parallel zum Rand des Placards verlaufen, wobei der Abstand zwischen dieser Linie und dem Rand 12,5 mm betragen muss. Die Farbe des Symbols und der Linie innerhalb des Rands muss derjenigen des Gefahrzettels für die Klasse oder Unterklasse des jeweiligen gefährlichen Guts entsprechen. Die Position und die Größe des Symbols/der Ziffer der Klasse oder Unterklasse muss proportional zu dem Symbol/der Ziffer sein, das/die in 5.2.2.2 für die entsprechende Klasse oder Unterklasse des jeweiligen gefährlichen Guts vorgeschrieben ist. Auf dem Placard muss die Nummer der Klasse oder Unterklasse (und für Güter der Klasse 1 der Buchstabe der Verträglichkeitsgruppe) des jeweiligen gefährlichen Guts in derselben Art angezeigt werden, wie es in 5.2.2.2 für den entsprechenden Gefahrzettel vorgeschrieben ist, jedoch mit einer Zeichenhöhe von mindestens 25 mm. Wenn Abmessungen nicht näher spezifiziert sind, müssen die Proportionen aller charakteristischen Merkmale den abgebildeten in etwa entsprechen. 5.3.1.2.1 (Forts.)

[Klasse 7] 5.3.1.2.2

Die Placards für die Klasse 7 müssen Gesamtabmessungen von mindestens 250 mm × 250 mm haben (ausgenommen wie in 5.3.1.1.5.2 zugelassen); innerhalb des Placards verläuft parallel zum Rand und in einem Abstand von 5 mm vom Rand eine schwarze Linie. Im Übrigen müssen sie der nachstehenden Abbildung entsprechen. Bei anderen Abmessungen müssen die relativen Proportionen eingehalten werden. Die Ziffer „7" muss mindestens 25 mm hoch sein. Die Farbe des Hintergrundes in der oberen Hälfte des Placards muss gelb und in der unteren Hälfte weiß sein; die Farbe des Strahlensymbols und des Aufdrucks müssen schwarz sein. Die Verwendung des Ausdrucks „RADIOACTIVE" in der unteren Hälfte ist freigestellt, so dass auf diesem Placard die für die Sendung zutreffende UN-Nummer eingesetzt werden kann.

Placard für radioaktive Stoffe der Klasse 7

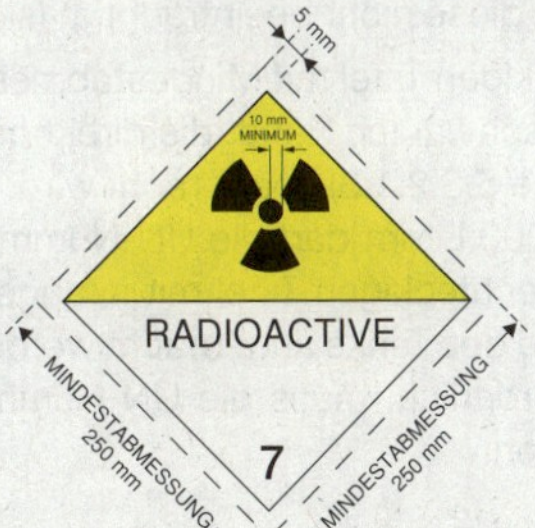

(Nr. 7D)

Strahlensymbol: schwarz.

Hintergrund: obere Hälfte gelb mit weißem Rand, untere Hälfte weiß.

Die untere Hälfte muss den Ausdruck „**RADIOACTIVE**" oder an seiner Stelle, sofern vorgeschrieben (siehe 5.3.2.1), die entsprechende UN-Nummer und die Ziffer **7** in der unteren Ecke enthalten.

Kennzeichnung 5.3.2

Angabe des richtigen technischen Namens 5.3.2.0

[Tanks, Schüttgut-Container, Güterbeförderungseinheiten] 5.3.2.0.1

Der richtige technische Name des Inhalts muss auf mindestens zwei Seiten der folgenden Einheiten dauerhaft angegeben sein:

.1 Tankgüterbeförderungseinheiten mit gefährlichen Gütern,

.2 Schüttgut-Container mit gefährlichen Gütern oder

.3 allen anderen Güterbeförderungseinheiten, die nur ein verpacktes gefährliches Gut enthalten, für das kein Placard, keine UN-Nummer oder kein Kennzeichen für Meeresschadstoffe erforderlich ist. Alternativ kann die UN-Nummer angegeben werden.

5.3.2.0.2 [Größe und Farbe]

Der richtige technische Name der Güter muss in mindestens 65 mm großen Zeichen abgebildet sein. Die Zeichengröße kann bei ortsbeweglichen Tankcontainern mit einem Fassungsraum von höchstens 3 000 Litern auf 12 mm reduziert werden. Die Farbe des richtigen technischen Namens muss mit der Farbe des Hintergrunds kontrastieren.

5.3.2.1 Angabe von UN-Nummern

5.3.2.1.1 [Geltungsbereich]

Außer bei Gütern der Klasse 1 muss die UN-Nummer, wie in diesem Kapitel vorgeschrieben, auf folgenden Sendungen angegeben werden:

.1 feste und flüssige Stoffe sowie Gase, die in Tankgüterbeförderungseinheiten befördert werden, einschließlich auf jeder Kammer einer Mehrkammertankgüterbeförderungseinheit,

.2 verpackte gefährliche Güter von mehr als 4 000 kg Bruttomasse, denen nur eine UN-Nummer zugeordnet wurde und die die einzigen gefährlichen Güter in der Güterbeförderungseinheit sind,

.3 unverpackte LSA-I-Stoffe oder SCO-I-Gegenstände der Klasse 7 in oder auf einem Fahrzeug oder in einem Frachtcontainer oder Tank,

.4 verpackte radioaktive Stoffe mit einer einzigen UN-Nummer in oder auf einem Fahrzeug oder in einem Frachtcontainer, wenn diese Stoffe unter ausschließlicher Verwendung zu befördern sind,

.5 feste gefährliche Güter in einem Schüttgut-Container.

5.3.2.1.2 [Größe und Farbe]

Die UN-Nummer der Güter muss in schwarzen Zeichen von mindestens 65 mm Höhe wie folgt angegeben sein, entweder:

.1 auf weißem Grund unterhalb des Bildsymbols und über der Nummer der Klasse und dem Buchstaben der Verträglichkeitsgruppe in einer Art und Weise, die die anderen vorgeschriebenen Elementen des Placards nicht verdeckt oder diese nicht beeinträchtigt (siehe 5.3.2.1.3), oder

.2 auf einer orangefarbenen rechteckigen Tafel mit Mindestabmessungen von 120 mm Höhe × 300 mm Breite und einem 10 mm breiten schwarzen Rand, die direkt neben dem Placard oder dem Kennzeichen für Meeresschadstoffe (siehe 5.3.2.1.3) angebracht wird. Bei ortsbeweglichen Tanks mit einem Fassungsraum von höchstens 3 000 Litern darf die UN-Nummer in Zeichen von mindestens 25 mm Höhe auf einer orangefarbenen rechteckigen Tafel mit in angemessener Weise reduzierten Abmessungen an der äußeren Oberfläche des Tanks angebracht werden. Ist kein Placard oder kein Kennzeichen für Meeresschadstoffe erforderlich, muss die UN-Nummer direkt neben dem richtigen technischen Namen angegeben werden.

5.3.2.1.3 Beispiele für die Angabe der UN-Nummern

* Platz für die Nummer der Klasse oder Unterklasse

** Platz für die UN-Nummer

Kennzeichen für erwärmte Stoffe 5.3.2.2

[Kennzeichen] 5.3.2.2.1

Güterbeförderungseinheiten, die einen Stoff enthalten, der in flüssigem Zustand bei einer Temperatur von 100 °C oder höher oder in festem Zustand bei einer Temperatur von 240 °C oder höher befördert oder zur Beförderung aufgegeben wird, müssen auf beiden Seiten sowie auf der Stirn- und Rückwand mit dem unten abgebildeten Kennzeichen versehen sein.

Kennzeichen für die Beförderung erwärmter Stoffe

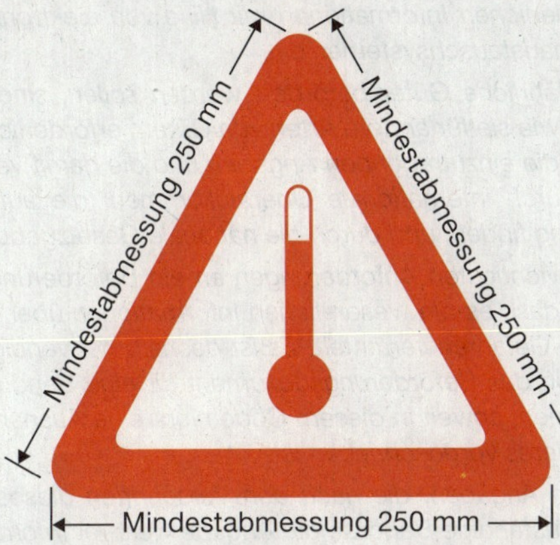

Das Kennzeichen muss die Form eines gleichseitigen Dreiecks haben. Die Farbe des Kennzeichens muss rot sein. Die Mindestabmessung der Seiten muss 250 mm betragen; bei ortsbeweglichen Tanks mit einem Fassungsraum von höchstens 3000 Litern können die Seitenlängen des Kennzeichens auf 100 mm reduziert werden. Wenn Abmessungen nicht näher spezifiziert sind, müssen die Proportionen aller Merkmale den abgebildeten in etwa entsprechen.

[Temperaturangabe] 5.3.2.2.2

Außer dem Kennzeichen für erwärmte Stoffe muss die während der Beförderung voraussichtlich erreichte Höchsttemperatur auf beiden Seiten des ortsbeweglichen Tanks oder der der Isolierung dienenden Ummantelung direkt neben dem Kennzeichen für erwärmte Stoffe mit Zeichen von mindestens 100 mm Höhe dauerhaft angegeben werden.

Kennzeichen für Meeresschadstoffe 5.3.2.3

[Anbringungsort] 5.3.2.3.1

Sofern in 2.10.2.7 nichts anderes angegeben ist, müssen Güterbeförderungseinheiten oder Schüttgut-Container, die Meeresschadstoffe enthalten, an den in 5.3.1.1.4.1 angegebenen Stellen deutlich mit dem Kennzeichen für Meeresschadstoffe gekennzeichnet sein.

[Größe] 5.3.2.3.2

Das Kennzeichen für Meeresschadstoffe für Güterbeförderungseinheiten und Schüttgut-Container muss der Beschreibung in 5.2.1.6.3 entsprechen, mit der Ausnahme, dass es eine Mindestabmessung von 250 mm × 250 mm aufweisen muss. Bei ortsbeweglichen Tanks mit einem Fassungsraum von höchstens 3000 Litern können die Abmessungen auf 100 mm × 100 mm reduziert werden.

Begrenzte Mengen 5.3.2.4

Güterbeförderungseinheiten, die in begrenzten Mengen verpackte gefährliche Güter enthalten, müssen gemäß 3.4.5.5 plakatiert und gekennzeichnet werden.

→ D: GGVSee § 6

Kapitel 5.4 Dokumentation

→ D: MoU § 3

Bemerkung 1: *Der Einsatz elektronischer Datenverarbeitungssysteme (EDV) und Übertragungsverfahren unter Nutzung des elektronischen Datenaustauschs (EDI – Electronic data interchange) als Alternative zur Dokumentation auf Papier wird durch die Vorschriften dieses Codes nicht ausgeschlossen. Sämtliche Bezugnahmen auf „Beförderungsdokument für gefährliche Güter" in diesem Kapitel schließen auch die Bereitstellung der erforderlichen Informationen mit Hilfe von elektronischen Datenverarbeitungs- und Datenaustauschsystemen ein.*

Bemerkung 2: *Wenn gefährliche Güter befördert werden sollen, sind ähnliche Dokumente auszustellen, wie sie für andere Arten von Gütern erforderlich sind. Die Form dieser Dokumente, die einzutragenden Angaben und die damit verbundenen Verpflichtungen können durch internationale Übereinkommen, die auf bestimmte Verkehrsträger Anwendung finden, und durch die nationale Gesetzgebung festgelegt sein.*

Bemerkung 3: *Eine der wichtigsten Anforderungen an ein Beförderungsdokument für gefährliche Güter ist, dass es die wesentlichen Informationen über die von diesen Gütern ausgehenden Gefahren vermittelt. Es ist deshalb notwendig, bestimmte grundlegende Angaben in das Beförderungsdokument für eine Sendung mit gefährlichen Gütern aufzunehmen, soweit in diesem Code nicht eine Ausnahme davon zugelassen oder etwas anderes vorgeschrieben ist.*

→ D: GGVSee § 8 ff.

Bemerkung 4: *Außer den Angaben, die nach den Vorschriften dieses Kapitels erforderlich sind, kann die zuständige Behörde die Angabe weiterer Informationen vorschreiben.*

→ D: GGVSee § 5 (1)

Bemerkung 5: *Außer den Angaben, die nach den Vorschriften dieses Kapitels erforderlich sind, können zusätzliche Informationen hinzugefügt werden. Diese Informationen dürfen jedoch:*

.1 nicht von den gemäß diesem Kapitel oder von der zuständigen Behörde vorgeschriebenen Sicherheitsinformationen ablenken,

.2 nicht im Widerspruch zu den gemäß diesem Kapitel oder von der zuständigen Behörde vorgeschriebenen Sicherheitsinformationen stehen oder

.3 sich nicht mit bereits vorliegenden Informationen überschneiden.

5.4.1 Informationen für die Beförderung gefährlicher Güter

→ D: GGVSee § 19 Nr. 1
→ D: GGVSee § 21 Nr. 3
→ D: GGVSee § 17 Nr. 2

5.4.1.1 Allgemeines

5.4.1.1.1 [Informationspflicht für Versender]

Soweit nicht etwas anderes vorgeschrieben ist, muss der Versender, der gefährliche Güter befördern lassen will, dem Beförderer für diese gefährlichen Güter geltende Informationen zur Verfügung stellen, einschließlich der in diesem Code aufgeführten zusätzlichen Informationen und Dokumente. Diese Informationen können in einem Beförderungsdokument für gefährliche Güter oder, mit Zustimmung des Beförderers, unter Verwendung elektronischer Datenverarbeitungs- und Datenaustauschverfahren bereitgestellt werden.

5.4.1.1.2 [EDV und Papierform]

Werden die Informationen für die Beförderung gefährlicher Güter dem Beförderer unter Verwendung elektronischer Datenverarbeitungs- und Datenaustauschverfahren zur Verfügung gestellt, so muss der Versender in der Lage sein, die Informationen ohne Verzögerung in Papierform zu erstellen, wobei die Informationen in der in diesem Kapitel vorgeschriebenen Reihenfolge erscheinen müssen.

Form des Beförderungsdokuments 5.4.1.2

[Beliebige Form] 5.4.1.2.1

Ein Beförderungsdokument für gefährliche Güter kann jede Form haben, sofern es alle nach den Vorschriften dieses Codes erforderlichen Angaben enthält.

[Gefahrgut-Vorrang] 5.4.1.2.2

Wenn sowohl gefährliche als auch ungefährliche Güter in einem Beförderungsdokument aufgeführt werden, müssen die gefährlichen Güter zuerst genannt oder in anderer Weise hervorgehoben werden.

Fortsetzungsseite 5.4.1.2.3

Ein Beförderungsdokument für gefährliche Güter darf aus mehreren Seiten bestehen; dabei müssen die Seiten fortlaufend nummeriert sein.

[Lesbarkeit] 5.4.1.2.4

Die Angaben in einem Beförderungsdokument für gefährliche Güter müssen leicht erkennbar, lesbar und dauerhaft sein.

Beispiel eines Beförderungsdokuments für gefährliche Güter 5.4.1.2.5

Das in 5.4.5 abgebildete Formular ist ein Beispiel für ein Beförderungsdokument für gefährliche Güter.[1]

Versender, Empfänger und Datum 5.4.1.3

Name und Adresse des Versenders und des Empfängers der gefährlichen Güter müssen in dem Beförderungsdokument für gefährliche Güter enthalten sein. Ebenso muss das Datum, an dem das Beförderungsdokument für gefährliche Güter oder eine elektronische Kopie davon erstellt oder dem Erstbeförderer übergeben wurde, enthalten sein.

Angaben, die im Beförderungsdokument für gefährliche Güter enthalten sein müssen 5.4.1.4

→ D: GGVSee § 21 Nr. 2

Angaben über die gefährlichen Güter 5.4.1.4.1

→ A: Vollzugserlass 2017

Das Beförderungsdokument für gefährliche Güter muss für jeden Stoff oder Gegenstand, der befördert werden soll, die folgenden Angaben enthalten:

.1 die UN-Nummer, der die Buchstaben „UN“ vorangestellt werden;

.2 den gemäß 3.1.2 bestimmten richtigen technischen Namen, sofern zutreffend (siehe 3.1.2.8.1) ergänzt durch die technische Benennung in Klammern (siehe 3.1.2.8.1.1);

.3 Klasse der Hauptgefahr oder, falls zugeordnet, Unterklasse der Güter sowie bei Klasse 1 der Buchstabe für die Verträglichkeitsgruppe. Den Nummern für die Klasse oder Unterklasse der Hauptgefahr können die Wörter „Klasse“/„Class“ oder „Unterklasse“/„Division“ vorangestellt werden;

.4 die gegebenenfalls zugeordnete(n) Nummer(n) für die Klasse oder Unterklasse der Zusatzgefahr, die mit dem (den) anzubringenden Gefahrzettel(n) für die Zusatzgefahr übereinstimmen, sind nach der Klasse oder Unterklasse der Hauptgefahr einzutragen und in Klammern zu setzen. Den Nummern für die Klasse oder Unterklasse der Zusatzgefahr können die Wörter „Klasse“/„Class“ oder „Unterklasse“/„Division“ vorangestellt werden;

.5 gegebenenfalls die dem Stoff oder Gegenstand zugeordnete Verpackungsgruppe, der „VG“/„PG“ vorangestellt werden kann (z. B. „VG II“/„PG II“).

[1] Für die Verwendung dieses Dokuments können die entsprechenden Empfehlungen des UNECE United Nations Centre for Trade Facilitation and Electronic Business (Zentrum der Vereinten Nationen für Handelserleichterungen und elektronischen Geschäftsverkehr) (UN/CEFACT) herangezogen werden, insbesondere Empfehlung Nr. 1 (United Nations Layout Key for Trade Documents – Formularentwurf der Vereinten Nationen für Handelsdokumente) (ECE/TRADE/137, Ausgabe 81.3), UN Layout Key for Trade Documents – Guidelines for Applications (Formularentwurf der Vereinten Nationen für Handelsdokumente – Leitfaden für Anwendungsmöglichkeiten) (ECE/TRADE/270, Ausgabe 2002), überarbeitete Empfehlungen Nr. 11 (Documentary Aspects of the International Transport of Dangerous Goods – Aspekte der Dokumentation bei der internationalen Beförderung gefährlicher Güter) (ECE/TRADE/C/CEFACT/2008/8) und Empfehlung Nr. 22 (Layout Key for Standard Consignment Instructions – Formularentwurf für standardisierte Versandanweisungen) (ECE/TRADE/168, Ausgabe 1989). Siehe auch UN/CEFACT Summary of Trade Facilitation Recommentations (Zusammenfassung der Empfehlungen für Handelserleichterungen (ECE/TRADE/346, Ausgabe 2006) und United Nations Trade Data Elements Directory (Verzeichnis der Handelsdatenelemente der Vereinten Nationen) (UNTDED) (ECE/TRADE/362, Ausgabe 2005).

5.4.1.4.2 Reihenfolge der Angaben über die gefährlichen Güter

Die fünf Bestandteile der Angaben über die gefährlichen Güter nach 5.4.1.4.1 müssen in der oben verwendeten Reihenfolge (d. h. .1, .2, .3, .4 und .5) ohne weitere eingeschobene Angaben, mit Ausnahme der in diesem Code vorgesehenen Angaben, erscheinen. Sofern nicht anders nach diesem Code zugelassen oder vorgeschrieben sind zusätzliche Informationen nach den Angaben über die gefährlichen Güter aufzuführen.

5.4.1.4.3 Ergänzungen zum richtigen technischen Namen in den Angaben über die gefährlichen Güter

Der richtige technische Name (siehe 3.1.2) in den Angaben über die gefährlichen Güter muss wie folgt ergänzt werden:

.1 *Technische Benennungen für n.a.g.-Bezeichnungen und andere Gattungsbezeichnungen:* Richtige technische Namen, denen in Spalte 6 der Gefahrgutliste die Sondervorschrift 274 oder 318 zugeordnet wurde, sind, wie in 3.1.2.8 beschrieben, durch ihre technische Benennung oder die Benennung der chemischen Gruppe zu ergänzen;

.2 *Leere ungereinigte Verpackungen, Schüttgut-Container und Tanks:* Leere Umschließungsmittel (einschließlich Verpackungen, IBC, Schüttgut-Container, ortsbewegliche Tanks, Straßentankfahrzeuge und Kesselwagen), die Rückstände gefährlicher Güter außer Klasse 7 enthalten, müssen als solche bezeichnet werden, indem zum Beispiel die Wörter „LEER, UNGEREINIGT"/„EMPTY, UNCLEANED" oder „RÜCKSTÄNDE DES ZULETZT ENTHALTENEN STOFFES"/„RESIDUE LAST CONTAINED" den Angaben über die gefährlichen Güter gemäß 5.4.1.4.1.1 bis .5 vorangestellt oder an diese angefügt werden;

.3 *Abfälle:* Bei gefährlichen Abfällen (außer radioaktiven Abfällen), die zum Zwecke der Entsorgung oder der Aufbereitung für die Entsorgung befördert werden, muss dem richtigen technischen Namen der Begriff „ABFÄLLE"/„WASTE" vorangestellt werden, sofern dies nicht schon Bestandteil des richtigen technischen Namens ist;

→ 5.3.2.2 .4 *Erwärmte Stoffe:* Wenn dem richtigen technischen Namen eines Stoffes, der in flüssigem Zustand bei einer Temperatur von 100 °C oder darüber oder in festem Zustand bei einer Temperatur von 240 °C oder darüber befördert wird oder befördert werden soll, nicht zu entnehmen ist, dass es sich um einen Stoff in erwärmtem Zustand handelt (z. B. durch Verwendung des Begriffes „GESCHMOLZEN"/„MOLTEN" oder „ERWÄRMT"/„ELEVATED TEMPERATURE" als Bestandteil des richtigen technischen Namens), muss das Wort „HEISS"/„HOT" dem richtigen technischen Namen unmittelbar vorangestellt werden;

→ Index Bemerkung 1 → 3.4.1.2.5 .5 *Meeresschadstoffe:* Sofern in 2.10.2.7 nichts anderes angegeben ist, müssen, wenn es sich bei den zu befördernden Stoffen um Meeresschadstoffe handelt, die Stoffe als „MEERESSCHADSTOFF"/„MARINE POLLUTANT" bezeichnet werden, und für Gattungs- oder „Nicht Anderweitig Genannt" (N.A.G.)-Eintragungen muss der richtige technische Name durch den anerkannten chemischen Namen des Meeresschadstoffs ergänzt werden (siehe 3.1.2.9). Der Begriff „MEERESSCHADSTOFF"/„MARINE POLLUTANT" kann durch den Begriff „UMWELTGEFÄHRDEND"/„ENVIRONMENTALLY HAZARDOUS" ergänzt werden;

.6 *Flammpunkt:* Wenn die zu befördernden gefährlichen Güter einen Flammpunkt von 60 °C oder darunter (in °C geschlossener Tiegel (c.c.)) aufweisen, muss der niedrigste Flammpunkt angegeben werden. Sind Verunreinigungen vorhanden, kann der Flammpunkt höher oder niedriger sein als die in der Gefahrgutliste für den Stoff angegebene Bezugstemperatur. Bei organischen Peroxiden der Klasse 5.2, die auch entzündbar sind, braucht der Flammpunkt nicht angegeben zu werden.

5.4.1.4.4 Beispiele für Beschreibungen gefährlicher Güter

UN 1098, ALLYLALKOHOL 6.1 (3) I (21 °C c.c.)

UN 1098, ALLYLALKOHOL, Klasse 6.1, (Klasse 3), VG I, (21 °C c.c.)

UN 1092, Acrolein, stabilisiert, Klasse 6.1 (3), VG I, (-24 °C c.c.) MEERESSCHADSTOFF/UMWELTGEFÄHRDEND

UN 2761, Organochlorpestizid, fest, giftig (Aldrin 19 %), Klasse 6.1, VG III, MEERESSCHADSTOFF

5.4.1.5 Informationen, die zusätzlich zu den Angaben über die gefährlichen Güter erforderlich sind

→ 4.1.2.2.2.2 → 4.1.3.7.4 → D: GGVSee § 21 Nr. 2 Nach den Angaben über die gefährlichen Güter müssen in dem Beförderungsdokument für gefährliche Güter zusätzlich die folgenden Informationen angefügt werden.

Gesamtmenge der gefährlichen Güter 5.4.1.5.1

Außer bei leeren ungereinigten Verpackungen muss die Gesamtmenge der gefährlichen Güter angegeben sein, die erfasst sind durch die Angaben (als Volumen oder als Masse) zu jedem einzelnen Gefahrgut mit einem unterschiedlichen richtigen technischen Namen, unterschiedlicher UN-Nummer oder unterschiedlicher Verpackungsgruppe. Bei gefährlichen Gütern der Klasse 1 ist die Menge die Nettoexplosivstoffmasse. Bei gefährlichen Gütern, die in Bergungsverpackungen befördert werden, muss die Menge der gefährlichen Güter geschätzt werden. Anzahl und Art (z. B. Fass, Kiste usw.) der Verpackungen müssen ebenfalls angegeben werden. UN-Verpackungscodes dürfen nur als Ergänzung zur Beschreibung der Art der Versandstücke angegeben werden (z. B. eine Kiste (4G)). Zur Angabe der Maßeinheit für die Gesamtmenge dürfen Abkürzungen verwendet werden.

Bemerkung: *Die Anzahl der Innenverpackungen, die in einer zusammengesetzten Verpackung enthalten sind, sowie ihre Art und ihr Fassungsraum müssen nicht angegeben werden.*

Begrenzte Mengen 5.4.1.5.2

[LQ-Eintrag] 5.4.1.5.2.1

Werden gefährliche Güter nach den Ausnahmeregelungen für in begrenzten Mengen verpackte gefährliche Güter, die in der Spalte 7a der Gefahrgutliste und im Kapitel 3.4 aufgeführt sind, befördert, müssen die Wörter „limited quantity" oder „LTD QTY" hinzugefügt werden.

[Trennvorschriften – Vermerk] 5.4.1.5.2.2

→ 2.10.2.3
→ D: GGVSee § 6 (1) Nr. 1

Wird eine Sendung nach 3.4.4.1.2 zur Beförderung aufgegeben, so muss die folgende Erklärung in das Beförderungsdokument aufgenommen werden: „Beförderung in Übereinstimmung mit 3.4.4.1.2 des IMDG-Codes"/„Transport in accordance with 3.4.4.1.2 of the IMDG Code".

Bergungsverpackungen, einschließlich Bergungsgroßverpackungen, und Bergungsdruckgefäße 5.4.1.5.3

Bei gefährlichen Gütern, die in Bergungsverpackungen, einschließlich Bergungsgroßverpackungen, oder Bergungsdruckgefäßen befördert werden, müssen die Wörter „BERGUNGSVERPACKUNG"/„SALVAGE PACKAGING" oder „BERGUNGSDRUCKGEFÄSS"/„SALVAGE PRESSURE RECEPTACLE" hinzugefügt werden.

Stoffe, die durch Temperaturkontrolle stabilisiert werden 5.4.1.5.4

Wenn das Wort „STABILISIERT"/„STABILIZED" Bestandteil des richtigen technischen Namens ist (siehe auch 3.1.2.6) und die Stabilisierung mittels Temperaturkontrolle erfolgt, müssen die Kontroll- und die Notfalltemperatur (siehe 7.3.7.2) in dem Beförderungsdokument für gefährliche Güter wie folgt angegeben werden:

„Kontrolltemperatur: . . . °C Notfalltemperatur: . . . °C"/
„Control temperature: . . . °C Emergency temperature: . . . °C".

Selbstzersetzliche Stoffe, polymerisierende Stoffe und organische Peroxide 5.4.1.5.5

Bei selbstzersetzlichen Stoffen, organischen Peroxiden und polymerisierenden Stoffen , bei denen während der Beförderung Temperaturkontrolle erforderlich ist, müssen die Kontroll- und die Notfalltemperatur (siehe 7.3.7.2) in dem Beförderungsdokument für gefährliche Güter wie folgt angegeben werden:

„Kontrolltemperatur: . . . °C Notfalltemperatur: . . . °C"/
„Control temperature: . . . °C Emergency temperature: . . . °C".

[Zusatzgefahr „EXPLOSIV"] 5.4.1.5.5.1

Wenn bei bestimmten selbstzersetzlichen Stoffen der Klasse 4.1 und organischen Peroxiden der Klasse 5.2 die zuständige Behörde erlaubt hat, dass bei dem betreffenden Versandstück der Gefahrzettel „EXPLOSIV" für die Zusatzgefahr (Muster Nr. 1) entfallen kann, muss eine entsprechende Erklärung hinzugefügt werden.

[Genehmigung] 5.4.1.5.5.2

Werden organische Peroxide und selbstzersetzliche Stoffe unter Bedingungen befördert, für die eine Genehmigung erforderlich ist (organische Peroxide siehe 2.5.3.2.5, 4.1.7.2.2, 4.2.1.13.1 und 4.2.1.13.3; selbstzersetzliche Stoffe siehe 2.4.2.3.2.4 und 4.1.7.2.2), ist eine entsprechende Erklärung in das Beför-

5.4.1.5.5.2 (Forts.) derungsdokument für gefährliche Güter aufzunehmen. Eine Ausfertigung der Klassifizierungszulassung und der Beförderungsbedingungen für nicht in der Liste aufgeführte organische Peroxide und selbstzersetzliche Stoffe muss dem Beförderungsdokument für gefährliche Güter beigefügt werden.

5.4.1.5.5.3 [Muster]

Wird ein Muster eines organischen Peroxids (siehe 2.5.3.2.5.1) oder eines selbstzersetzlichen Stoffes (siehe 2.4.2.3.2.4.2) befördert, ist eine entsprechende Erklärung in das Beförderungsdokument für gefährliche Güter aufzunehmen.

5.4.1.5.6 Ansteckungsgefährliche Stoffe

Die vollständige Anschrift des Empfängers muss in dem Dokument zusammen mit dem Namen und der Telefonnummer einer verantwortlichen Person angegeben sein.

5.4.1.5.7 Radioaktive Stoffe

5.4.1.5.7.1 [Reihenfolge]

→ *D: GGVSee § 3 (1) Nr. 5*

Die folgenden Angaben müssen, soweit zutreffend, für jede Sendung mit radioaktiven Stoffen der Klasse 7 in der angegebenen Reihenfolge aufgenommen werden:

.1 Name oder Symbol jedes Radionuklids oder bei Radionuklidgemischen die geeignete allgemeine Bezeichnung oder eine Aufzählung der unter die strengsten Vorschriften fallenden Nuklide;

.2 Beschreibung der physikalischen und chemischen Form des Stoffes oder einen Vermerk, dass es sich bei dem Stoff um einen radioaktiven Stoff in besonderer Form oder um einen gering dispergierbaren radioaktiven Stoff handelt. Für die chemische Form ist eine Gattungsbezeichnung ausreichend;

.3 höchste Aktivität des radioaktiven Inhalts der Sendung während der Beförderung in Becquerel (Bq) mit dem zutreffenden SI-Vorsatzzeichen (siehe 1.2.2.1). Bei spaltbaren Stoffen kann anstelle der Aktivität die Masse der spaltbaren Stoffe (oder gegebenenfalls bei Mischungen die Masse jedes spaltbaren Nuklids) in Gramm (g) oder einem Vielfachen davon angegeben werden;

.4 Kategorie des Versandstücks, d. h. I-WEISS/I-WHITE, II-GELB/II-YELLOW, III-GELB/III-YELLOW;

.5 Transportkennzahl (nur bei den Kategorien II-GELB/II-YELLOW und III-GELB/III-YELLOW);

.6 für spaltbare Stoffe,

  .1 die unter einer der Freistellungen von 2.7.2.3.5.1 bis 2.7.2.3.5.6 befördert werden, der Verweis auf den zutreffenden Absatz;

  .2 die unter 2.7.2.3.5.1 bis 2.7.2.3.5.5 befördert werden, die Gesamtmasse der spaltbaren Nuklide;

  .3 die in einem Versandstück enthalten sind, für das eine der Vorschriften von 6.4.11.2 (a) bis 6.4.11.2 (c) oder 6.4.11.3 angewendet wird, der Verweis auf den zutreffenden Absatz;

  .4 soweit anwendbar, die Kritikalitätssicherheitskennzahl;

.7 das Kennzeichen jedes Zulassungs-/Genehmigungszeugnisses einer zuständigen Behörde (radioaktive Stoffe in besonderer Form, gering dispergierbare radioaktive Stoffe, gemäß 2.7.2.3.5.6 freigestellte spaltbare Stoffe, Sondervereinbarung, Bauart des Versandstücks oder Beförderung), soweit für die Sendung zutreffend;

.8 bei Sendungen mit mehr als einem Versandstück sind für jedes Versandstück die in 5.4.1.4.1.1 bis 5.4.1.4.1.3 und 5.4.1.5.7.1.1 bis 5.4.1.5.7.1.7 enthaltenen Angaben aufzunehmen. Bei Versandstücken in einer Umverpackung, einem Frachtcontainer oder einem Beförderungsmittel sind ausführliche Angaben über den Inhalt jedes Versandstücks in der Umverpackung, dem Frachtcontainer oder dem Beförderungsmittel und, sofern zutreffend, jeder Umverpackung, jedes Frachtcontainers und jedes Beförderungsmittels aufzunehmen. Wenn Versandstücke an einer Zwischenentladestelle aus der Umverpackung, dem Frachtcontainer oder dem Beförderungsmittel entladen werden sollen, müssen entsprechende Beförderungsdokumente vorliegen;

.9 bei Sendungen, die unter ausschließlicher Verwendung zu befördern sind, der Vermerk „BEFÖRDERUNG UNTER AUSSCHLIESSLICHER VERWENDUNG“/„EXCLUSIVE USE SHIPMENT“ und

.10 bei LSA-II- und LSA-III-Stoffen sowie bei SCO-I- und SCO-II-Gegenständen die Gesamtaktivität der Sendung als ein Vielfaches des A_2-Wertes. Bei radioaktiven Stoffen, bei denen der A_2-Wert unbegrenzt ist, muss das Vielfache des A_2-Wertes Null sein.

[Hinweise] 5.4.1.5.7.2

Das Beförderungsdokument muss Hinweise auf Maßnahmen enthalten, die gegebenenfalls vom Beförderer zu treffen sind. Diese Hinweise müssen in den Sprachen abgefasst sein, die vom Beförderer oder von den betreffenden Behörden für erforderlich gehalten werden, und müssen mindestens folgende Informationen enthalten:

.1 zusätzliche Maßnahmen bei der Verladung, Stauung, Beförderung, Handhabung und Entladung der Versandstücke, Umverpackungen oder Frachtcontainer einschließlich besonderer Staumaßnahmen zur sicheren Wärmeableitung (siehe 7.1.4.5.2) oder eine Erklärung, dass keine zusätzlichen Maßnahmen erforderlich sind;

.2 Beschränkungen bezüglich des Verkehrsträgers oder Beförderungsmittels und erforderliche Anweisungen für den Beförderungsweg;

.3 für die Sendung geeignete Notfallvorkehrungen.

[Unterschiedliche Zulassungs- oder Genehmigungstypen] 5.4.1.5.7.3

Bei allen internationalen Beförderungen von Versandstücken, für die eine Zulassung der Bauart oder eine Genehmigung der Beförderung durch die zuständige Behörde erforderlich ist und für die in den verschiedenen von der Beförderung berührten Staaten unterschiedliche Zulassungs- oder Genehmigungstypen gelten, muss die in 5.4.1.4.1 vorschriebene Angabe der UN-Nummer und des richtigen technischen Namens in Übereinstimmung mit dem Zulassungszeugnis des Ursprungslandes der Bauart erfolgen.

[Zeugnisse] 5.4.1.5.7.4

Die erforderlichen Zeugnisse der zuständigen Behörden brauchen der Sendung nicht unbedingt beigefügt zu werden. Der Versender muss sie dem Beförderer (den Beförderern) vor dem Verladen oder Entladen vorgelegen.

Druckgaspackungen 5.4.1.5.8

Beträgt der Fassungsraum einer Druckgaspackung mehr als 1 000 ml, muss dies im Beförderungsdokument angegeben werden.

Explosive Stoffe und Gegenstände mit Explosivstoff 5.4.1.5.9

Die folgenden Angaben müssen, soweit zutreffend, für jede Sendung mit Gütern der Klasse 1 aufgenommen werden:

.1 Es wurden Eintragungen aufgenommen für „EXPLOSIVE STOFFE, N.A.G.“, „GEGENSTÄNDE MIT EXPLOSIVSTOFF, N.A.G.“ und „BESTANDTEILE, ZÜNDKETTE, N.A.G.“. Wenn es keine spezifische Eintragung gibt, muss die zuständige Behörde des Ursprungslandes die Eintragung verwenden, die der Unterklasse und der Verträglichkeitsgruppe entspricht. Das Beförderungsdokument muss die Erklärung enthalten: „Beförderung unter dieser Eintragung zugelassen durch die zuständige Behörde von . . .“/„Transport under this entry approved by the competent authority of . . .“. Anzufügen ist hier das für Kraftfahrzeuge im internationalen Verkehr verwendete Unterscheidungszeichen[2] des Landes der zuständigen Behörde.

.2 Die Beförderung explosiver Stoffe, für die in der jeweiligen Eintragung ein Mindestgehalt an Wasser oder Phlegmatisierungsmittel vorgeschrieben ist, ist verboten, wenn sie weniger Wasser oder Phlegmatisierungsmittel als die vorgeschriebene Mindestmenge enthalten. Diese Stoffe dürfen nur mit einer von der zuständigen Behörde des Ursprungslandes erteilten besonderen Genehmigung befördert werden. Das Beförderungsdokument muss die Erklärung enthalten: „Beförderung unter dieser Eintragung zugelassen durch die zuständige Behörde von . . .“/„Transport under this entry approved by the competent authority of . . .“. Anzufügen ist hier das für Kraftfahrzeuge im internationalen Verkehr verwendete Unterscheidungszeichen[2] des Landes der zuständigen Behörde.

[2] Das für Kraftfahrzeuge und Anhänger im internationalen Straßenverkehr verwendete Unterscheidungszeichen des Zulassungsstaates, z. B. gemäß dem Genfer Übereinkommen über den Straßenverkehr von 1949 oder dem Wiener Übereinkommen über den Straßenverkehr von 1968.

5.4.1.5.9 (Forts.) .3 Werden explosive Stoffe oder Gegenstände mit Explosivstoff „wie von der zuständigen Behörde zugelassen" verpackt, muss das Beförderungsdokument die Erklärung enthalten: „Verpackung zugelassen durch die zuständige Behörde von . . ."/„Packaging approved by the competent authority of . . .". Anzufügen ist hier das für Kraftfahrzeuge im internationalen Verkehr verwendete Unterscheidungszeichen[2] des Landes der zuständigen Behörde.

.4 Es gibt einige Gefahren, auf die die Unterklasse und die Verträglichkeitsgruppe eines Stoffes nicht hinweisen. Der Versender muss einen Hinweis auf diese Gefahren in die Dokumente für gefährliche Güter aufnehmen.

5.4.1.5.10 Viskose Stoffe

Werden viskose Stoffe gemäß 2.3.2.5 befördert, muss die folgende Erklärung in das Beförderungsdokument aufgenommen werden: „Beförderung gemäß 2.3.2.5 des IMDG-Codes"/„Transport in accordance with 2.3.2.5 of the IMDG Code".

5.4.1.5.11 Sondervorschriften für die Trennung

5.4.1.5.11.1 [Trenngruppen-Eintragung]

Für Stoffe, Mischungen, Lösungen oder Zubereitungen, die N.A.G.-Eintragungen zugeordnet sind, die zwar nicht in den Trenngruppen in 3.1.4.4 aufgeführt sind, aber nach Ansicht des Versenders zu einer dieser Gruppen gehören (siehe 3.1.4.2), muss der entsprechende Trenngruppenname, dem die Formulierung „IMDG-Code-Trenngruppe"/„IMDG Code segregation group" vorangestellt wird, nach der Beschreibung der gefährlichen Güter in das Beförderungsdokument aufgenommen werden. Zum Beispiel:

UN 1760 ÄTZENDER FLÜSSIGER STOFF, N.A.G. (Phosphorsäure, Essigsäure) 8 III IMDG-Code-Trenngruppe 1 – Säuren

5.4.1.5.11.2 [Trenngruppen-Vermerk]

Werden Stoffe nach 7.2.6.3 zusammen in eine Güterbeförderungseinheit verladen, so muss die folgende Erklärung in das Beförderungsdokument aufgenommen werden: „Beförderung in Übereinstimmung mit 7.2.6.3 des IMDG-Codes"/„Transport in accordance with 7.2.6.3 of the IMDG Code".

5.4.1.5.11.3 [Trenngruppen-Vermerk Klasse 8]

Werden saure und alkalische Stoffe der Klasse 8 unabhängig davon, ob sie sich in derselben Verpackung befinden, nach 7.2.6.5 in derselben Güterbeförderungseinheit befördert, so muss die folgende Erklärung in das Beförderungsdokument aufgenommen werden: „Beförderung in Übereinstimmung mit 7.2.6.5 des IMDG-Codes"/„Transport in accordance with 7.2.6.5 of the IMDG Code".

5.4.1.5.12 Beförderung fester gefährlicher Güter in Schüttgut-Containern

Für Schüttgut-Container, die keine Frachtcontainer sind, ist ins Beförderungsdokument folgende Angabe aufzunehmen (siehe 6.9.4.6):

„Schüttgut-Container BK(*x*) von der zuständigen Behörde von . . . zugelassen"/„Bulk container BK(*x*) approved by the competent authority of . . .".

Bemerkung: *„(x)" muss durch „1" bzw. „2" ersetzt werden.*

5.4.1.5.13 Beförderung von IBC oder ortsbeweglichen Tanks nach dem Ablauf der Frist für die wiederkehrende Prüfung

Für Beförderungen gemäß 4.1.2.2.2.2, 6.7.2.19.6.2, 6.7.3.15.6.2 oder 6.7.4.14.6.2 ist im Beförderungsdokument zu vermerken: „Beförderung gemäß 4.1.2.2.2.2"/„Transport in accordance with 4.1.2.2.2.2", „Beförderung gemäß 6.7.2.19.6.2"/„Transport in accordance with 6.7.2.19.6.2", „Beförderung gemäß 6.7.3.15.6.2"/„Transport in accordance with 6.7.3.15.6.2" oder „Beförderung gemäß 6.7.4.14.6.2"/„Transport in accordance with 6.7.4.14.6.2".

[2] Das für Kraftfahrzeuge und Anhänger im internationalen Straßenverkehr verwendete Unterscheidungszeichen des Zulassungsstaates, z. B. gemäß dem Genfer Übereinkommen über den Straßenverkehr von 1949 oder dem Wiener Übereinkommen über den Straßenverkehr von 1968.

Gefährliche Güter in freigestellten Mengen 5.4.1.5.14

[Vermerk im Beförderungsdokument] 5.4.1.5.14.1

Werden gefährliche Güter gemäß den Ausnahmen für in freigestellten Mengen verpackte gefährliche Güter befördert, die in Spalte 7b der Gefahrgutliste und in Kapitel 3.5 angegeben sind, ist im Beförderungsdokument zu vermerken: „Gefährliche Güter in freigestellten Mengen"/„dangerous goods in excepted quantities".

Referenznummern für die Klassifizierung von Feuerwerkskörpern 5.4.1.5.15

Bei der Beförderung von Feuerwerkskörpern der UN-Nummern 0333, 0334, 0335, 0336 und 0337 ist im Beförderungsdokument eine von der (den) zuständigen Behörde(n) erteilte Klassifizierungsreferenz anzugeben.

Die Klassifizierungsreferenz(en) muss (müssen) aus der Angabe des Staates der zuständigen Behörde, angegeben durch das für Kraftfahrzeuge im internationalen Verkehr verwendete Unterscheidungszeichen[2], der Identifikation der zuständigen Behörde und einer einmal vergebenen Serienreferenz bestehen. Beispiele solcher Klassifizierungsreferenzen:

- GB/HSE123456
- D/BAM1234
- USA EX20091234.

Klassifizierung bei Vorliegen neuer Daten (siehe 2.0.0.2) 5.4.1.5.16

Bei Beförderungen gemäß 2.0.0.2 ist im Beförderungsdokument zu vermerken: „Gemäß 2.0.0.2 klassifiziert"/„Classified in accordance with 2.0.0.2".

Beförderung der UN-Nummern 3528, 3529 und 3530 5.4.1.5.17

Für die Beförderung von UN 3528, UN 3529 und UN 3530 ist im Beförderungsdokument zusätzlich zu vermerken: „Beförderung nach Sondervorschrift 363"/„Transport in accordance with special provision 363".

Erklärung 5.4.1.6

→ *A: Vollzugserlass 2017*

[Konformitätserklärung] 5.4.1.6.1

Das Beförderungsdokument für gefährliche Güter muss eine Bestätigung oder Erklärung enthalten, dass die Sendung für die Beförderung geeignet ist und dass die Güter ordnungsgemäß verpackt, gekennzeichnet und bezettelt sind und dass sie sich in einem für die Beförderung geeigneten Zustand in Übereinstimmung mit den geltenden Regelungen befinden. Der Wortlaut dieser Bestätigung ist wie folgt:

> „Hiermit erkläre ich, dass der Inhalt dieser Sendung mit dem (den) richtigen technischen Namen vollständig und genau bezeichnet ist. Die Güter sind nach den geltenden internationalen und nationalen Vorschriften klassifiziert, verpackt, gekennzeichnet und bezettelt/plakatiert und befinden sich in jeder Hinsicht in einem für die Beförderung geeigneten Zustand." oder

> „I hereby declare that the contents of this consignment are fully and accurately described above/below[3] by the proper shipping name, and are classified, packaged, marked and labelled/placarded, and are in all respects in proper condition for transport according to applicable international and national government regulations."

Die Erklärung muss vom Versender unterzeichnet und mit Datum versehen werden. Faksimile-Unterschriften sind ausreichend, sofern diese aufgrund der geltenden Vorschriften und Regelungen als rechtsgültig anerkannt werden.

---

[2] Das für Kraftfahrzeuge und Anhänger im internationalen Straßenverkehr verwendete Unterscheidungszeichen des Zulassungsstaates, z. B. gemäß dem Genfer Übereinkommen über den Straßenverkehr von 1949 oder dem Wiener Übereinkommen über den Straßenverkehr von 1968.

[3] As appropriate.

5.4.1.6.2 [EDV]

→ D: GGVSee § 19
→ D: GGVSee § 6 (4)

Wenn die Dokumentation über gefährliche Güter dem Beförderer durch Arbeitsverfahren der elektronischen Datenverarbeitung (EDV) oder des elektronischen Datenaustauschs (EDI) übermittelt wird, darf (dürfen) die Unterschrift(en) elektronisch erfolgen oder durch den (die) Namen der zur Unterzeichnung berechtigten Person (in Großbuchstaben) ersetzt werden.

5.4.1.6.3 [Papierform]

Wenn die Informationen für die Beförderung gefährlicher Güter dem Beförderer durch EDV- oder EDI-Arbeitsverfahren übermittelt werden und die gefährlichen Güter anschließend einem Beförderer übergeben werden, der ein Beförderungsdokument für gefährliche Güter in Papierform benötigt, muss der Beförderer sicherstellen, dass auf dem Papierdokument die Angabe „ursprünglich elektronisch erhalten"/„Original received electronically" und der Name des Unterzeichners in Großbuchstaben erscheint.

5.4.2 Container-/Fahrzeugpackzertifikat

→ D: GGVSee § 18 Nr. 3

5.4.2.1 [Inhalt]

→ D: GGVSee § 19 Nr. 2
→ D: GGVSee § 21 Nr. 3
→ MoU § 11 (2) f.

Werden gefährliche Güter in einen Container[4] oder ein Fahrzeug gepackt oder verladen, müssen die für das Packen des Containers oder Fahrzeugs verantwortlichen Personen ein „Container-/Fahrzeugpackzertifikat" vorlegen, in dem die Identifikationsnummer(n) des Containers oder Fahrzeugs angegeben wird (werden) und in dem bescheinigt wird, dass das Packen gemäß den folgenden Bedingungen durchgeführt wurde:

.1 Der Container/das Fahrzeug war sauber, trocken und offensichtlich für die Aufnahme der Güter geeignet;

.2 Versandstücke, die nach den anwendbaren Trennvorschriften voneinander getrennt werden müssen, wurden nicht zusammen in den Container/das Fahrzeug gepackt (es sei denn, dies wurde von der zuständigen Behörde gemäß 7.3.4.1 zugelassen);

.3 Alle Versandstücke wurden äußerlich auf Schäden überprüft, und es wurden nur Versandstücke in einwandfreiem Zustand geladen;

.4 Fässer wurden aufrecht gestaut, es sei denn, es wurde von der zuständigen Behörde etwas anderes zugelassen, und alle Güter wurden ordnungsgemäß geladen und, soweit erforderlich, mit Sicherungsmitteln angemessen verzurrt, damit sie für den (die) Verkehrsträger[5] der vorgesehenen Beförderung geeignet sind;

.5 In loser Schüttung geladene Güter wurden gleichmäßig im Container/Fahrzeug verteilt;

.6 Für Sendungen mit Gütern der Klasse 1 außer Unterklasse 1.4: Der Container/das Fahrzeug befindet sich in einem bautechnisch einwandfreien Zustand gemäß 7.1.2;

.7 Der Container/das Fahrzeug und die Versandstücke sind ordnungsgemäß gekennzeichnet, bezettelt und plakatiert;

.8 Werden Stoffe, die ein Erstickungsrisiko darstellen, zu Kühl- oder Konditionierungszwecken verwendet (wie Trockeneis (UN 1845) oder Stickstoff, tiefgekühlt, flüssig (UN 1977) oder Argon, tiefgekühlt, flüssig (UN 1951)), ist der Container/das Fahrzeug außen gemäß 5.5.3.6 gekennzeichnet;

.9 Ein Beförderungsdokument für gefährliche Güter, wie in 5.4.1 angegeben, liegt für jede in den Container/das Fahrzeug gepackte Sendung mit gefährlichen Gütern vor.

***Bemerkung:** Für ortsbewegliche Tanks sind Container-/Fahrzeugpackzertifikate nicht erforderlich.*

5.4.2.2 [Zusammenfassung]

Die für das Beförderungsdokument für gefährliche Güter und das Container-/Fahrzeugpackzertifikat erforderlichen Angaben können in einem einzelnen Dokument zusammengefasst werden; andernfalls müssen diese Dokumente miteinander verbunden werden. Werden die Angaben in einem einzelnen Dokument zusammengefasst, muss das Dokument eine unterzeichnete Erklärung mit dem Wortlaut „Es

[4] Siehe Begriffsbestimmung für „Frachtcontainer" in 1.2.1.
[5] Siehe CTU-Code.

wird erklärt, dass das Packen der Güter in den Container/das Fahrzeug gemäß den anwendbaren Bestimmungen durchgeführt wurde"/„It is declared that the packing of the goods into the container/vehicle has been carried out in accordance with the applicable provisions" enthalten. Diese Erklärung muss mit dem Datum versehen sein, und die Person, die diese Erklärung unterzeichnet, muss auf dem Dokument genannt werden. Faksimileunterschriften sind zulässig, wenn die geltenden Gesetze und sonstige Vorschriften die Rechtsgültigkeit von Faksimileunterschriften anerkennen. 5.4.2.2 (Forts.)

[EDV] 5.4.2.3

Wenn das Container-/Fahrzeugpackzertifikat dem Beförderer durch Arbeitsverfahren der elektronischen Datenverarbeitung (EDV) oder des elektronischen Datenaustauschs (EDI) übermittelt wird, darf (dürfen) die Unterschrift(en) elektronisch erfolgen oder durch den (die) Namen der zur Unterzeichnung berechtigten Person (in Großbuchstaben) ersetzt werden.

[Papierform] 5.4.2.4

Wenn das Container-/Fahrzeugpackzertifikat dem Beförderer durch EDV- oder EDI-Arbeitsverfahren übermittelt wird und die gefährlichen Güter anschließend einem Beförderer übergeben werden, der ein Container-/Fahrzeugpackzertifikat in Papierform benötigt, muss der Beförderer sicherstellen, dass auf dem Papierdokument die Angabe „ursprünglich elektronisch erhalten"/„Original received electronically" und der Name des Unterzeichners in Großbuchstaben erscheint.

Auf Schiffen erforderliche Dokumentation 5.4.3

→ D: GGVSee § 6 (7)

[Inhalt] 5.4.3.1

→ D: GGVSee § 20 Nr. 2
→ D: GGVSee § 6 (1) Nr. 2
→ D: GGVSee § 6 (5)
→ D: GGVSee § 5 (1)
→ MoU § 11 (4) a)

Jedes Schiff, das gefährliche Güter und Meeresschadstoffe befördert, muss eine besondere Liste, ein Manifest[6)] oder einen Stauplan mitführen, worin gemäß Regel VII/4.2 von SOLAS 1974, in der jeweils geänderten Fassung, und gemäß Regel 4 Absatz 2 der Anlage III von MARPOL 73/78 die gefährlichen Güter (ausgenommen gefährliche Güter in freigestellten Versandstücke der Klasse 7) und Meeresschadstoffe sowie ihr Stauplatz aufgeführt sind. Grundlage für diese besondere Liste oder dieses Manifest sind die nach diesem Code erforderlichen Beförderungsdokumente und Bescheinigungen. Außer den nach 5.4.1.4, 5.4.1.5 und für die UN-Nummer 3359 nach 5.5.2.4.1.1 erforderlichen Angaben müssen der Stauplatz und die Gesamtmenge der gefährlichen Güter und Meeresschadstoffe angegeben sein. Anstelle der besonderen Liste oder des Manifestes kann ein ausführlicher Stauplan verwendet werden, in dem alle gefährlichen Güter und Meeresschadstoffe nach Klassen bezeichnet sind und ihr Stauplatz angegeben ist.

[Stauplatz freigesteller Versandstücke (Klasse 7)] 5.4.3.2

Jedes Schiff, das freigestellte Versandstücke der Klasse 7 befördert, muss eine besondere Liste, ein Manifest oder einen Stauplan mitführen, worin diese freigestellten Versandstücke sowie ihr Stauplatz aufgeführt sind. Grundlage für diese besondere Liste oder dieses Manifest sind die in 5.1.5.4.2.1 aufgeführten Dokumente.

[Ausfertigung für Behörde] 5.4.3.3

Eine Ausfertigung der Dokumente gemäß 5.4.3.1 und, sofern anwendbar, 5.4.3.2 ist der von der Hafenstaatbehörde bezeichneten Person oder Organisation vor dem Auslaufen des Schiffes zur Verfügung zu stellen.

Informationen über Notfallmaßnahmen 5.4.3.4

[Bereithaltung] 5.4.3.4.1

Für Sendungen mit gefährlichen Gütern müssen geeignete Informationen über Notfallmaßnahmen bei Unfällen und Zwischenfällen mit gefährlichen Gütern während der Beförderung jederzeit sofort verfügbar sein. Diese Informationen müssen getrennt von den Versandstücken mit gefährlichen Gütern bereitgehalten werden und müssen bei einem Zwischenfall sofort zugänglich sein. Es gibt folgende Möglichkeiten, diese Anforderung zu erfüllen:

6) Entschließung FAL.12(40), angenommen am 8. April 2016, Änderungen der Anlage des Übereinkommens von 1965 zur Erleichterung des Internationalen Seeverkehrs.

5.4.3.4.1 (Forts.)

.1 entsprechende Eintragungen in der besonderen Liste, dem Manifest oder der Erklärung für gefährliche Güter oder

.2 Bereitstellung eines gesonderten Dokuments wie z. B. eines Sicherheitsdatenblatts oder

.3 Bereitstellung einer gesonderten Dokumentation wie der *EmS-Leitfaden – Überarbeitete Unfallbekämpfungsmaßnahmen für Schiffe, die gefährliche Güter befördern* zur Verwendung in Verbindung mit dem Beförderungsdokument und dem *Leitfaden für medizinische Erste-Hilfe-Maßnahmen bei Unfällen mit gefährlichen Gütern (MFAG)*.

5.4.4 Sonstige erforderliche Informationen und Dokumente

→ D: GGVSee § 19 Nr. 4
→ D: GGVSee § 21 Nr. 3
→ A: Vollzugserlass 2017

5.4.4.1 [Beispiele]

Unter bestimmten Bedingungen sind besondere Bescheinigungen oder andere Dokumente erforderlich wie z. B.:

.1 Wetterungsbescheinigung, soweit bei den einzelnen Eintragungen in der Gefahrgutliste gefordert,

→ D: GGVSee § 7 (7)

.2 Bescheinigung, nach der ein Stoff oder Gegenstand von den Vorschriften des IMDG-Codes ausgenommen ist (siehe z. B. die einzelnen Eintragungen für Holzkohle, Fischmehl, Ölkuchen),

.3 für neue selbstzersetzliche Stoffe und organische Peroxide oder neue Zubereitungen bereits zugeordneter selbstzersetzlicher Stoffe und organischer Peroxide eine Erklärung der zuständigen Behörde des Herstellungslandes über die zugelassene Klassifizierung und über Beförderungsbedingungen.

5.4 Dokumentation

Formular für die Beförderung gefährlicher Güter im multimodalen Verkehr 5.4.5
→ 1.1.1.5

[Formfreiheit] 5.4.5.1

Dieses Formular erfüllt die Bestimmungen von SOLAS 74, Kapitel VII, Regel 4 sowie MARPOL 73/78, Anlage III, Regel 4 und die Vorschriften dieses Kapitels. Die nach diesem Kapitel erforderlichen Angaben sind obligatorisch, jedoch ist die Gestaltung des Formulars nicht obligatorisch.

Dieses Formular darf für die multimodale Beförderung gefährlicher Güter als kombiniertes Beförderungsdokument für gefährliche Güter und Container-/Fahrzeugpackzertifikat verwendet werden.

FORMULAR FÜR DIE MULTIMODALE BEFÖRDERUNG GEFÄHRLICHER GÜTER

1 Versender	2 Beförderungsdokument-Nr.	
	3 Seite 1 von ... Seiten	4 Referenznummer des Versenders
		5 Referenznummer des Spediteurs
6 Empfänger	7 Beförderer (vom Beförderer einzutragen)	
	ERKLÄRUNG DES VERSENDERS	
	Hiermit erkläre ich, dass der Inhalt dieser Sendung mit dem (den) richtigen technischen Namen vollständig und genau bezeichnet ist. Die Güter sind nach den geltenden internationalen und nationalen Vorschriften klassifiziert, verpackt, gekennzeichnet und bezettelt/plakatiert und befinden sich in jeder Hinsicht in einem für die Beförderung geeigneten Zustand.	
8 Für die Sendung sind die vorgeschriebenen Beschränkungen berücksichtigt. (Nichtzutreffendes streichen)	9 Zusätzliche Handhabungshinweise	
PASSAGIER- UND FRACHTFLUGZEUG / NUR FRACHTFLUGZEUG		
10 Schiff/Flugnummer und Datum	11 Hafen/Ladestelle	
12 Hafen/Entladestelle	13 Bestimmungsort	

14 Versandkennzeichen	Anzahl und Art der Versandstücke, Beschreibung der Güter[1]	Bruttomasse (kg)	Nettomasse (kg)	Volumen (m³)

15 Containeridentifikations-Nr./amtl. Fahrzeugkennzeichen	16 Siegelnummer(n)	17 Container/Fahrzeug: Größe & Typ	18 Taramasse (kg)	19 Bruttogesamtmasse (einschl. Tara) (kg)

CONTAINER-/FAHRZEUGPACKZERTIFIKAT	21 EMPFANGSBESTÄTIGUNG	
Hiermit erkläre ich, dass die oben aufgeführten Güter nach den geltenden Vorschriften[2] in den Container gepackt/auf das Fahrzeug geladen wurden. **FÜR ALLE CONTAINER-/FAHRZEUGBELADUNGEN DURCH DIE FÜR DAS PACKEN/BELADEN VERANTWORTLICHE PERSON AUSZUFÜLLEN UND ZU UNTERZEICHNEN**	Die oben angeführte Anzahl von Versandstücken/Containern/Trailern in augenscheinlich gutem Zustand erhalten, sofern nachfolgend keine Bemerkungen aufgeführt sind:	
20 Name der Firma	Name des Fuhrunternehmens	22 Name der Firma (DES VERSENDERS, DER DIESE ERKLÄRUNG ERSTELLT HAT)
Name und Funktion des Erklärenden	Amtl. Fahrzeugkennzeichen	Name und Funktion des Erklärenden
Ort und Datum	Unterschrift und Datum	Ort und Datum
Unterschrift des Erklärenden	UNTERSCHRIFT DES FAHRERS	Unterschrift des Erklärenden

[1] **Gefährliche Güter:** Es sind anzugeben: UN-Nummer, richtiger technischer Name, Gefahrenklasse, Verpackungsgruppe, Meeresschadstoff/Marine Pollutant (wenn als solcher eingestuft). Die verbindlichen Anforderungen, die sich aus den geltenden nationalen und internationalen Vorschriften ergeben, sind zu beachten. Die Anforderungen des IMDG-Codes ergeben sich aus 5.4.1.4.

[2] Die Anforderungen des IMDG-Codes ergeben sich aus 5.4.2.

→ D: GGVSee § 8 (1) Nr. 3

Hinweise zur Dokumentation für die internationale Beförderung gefährlicher Güter Container-/Fahrzeugpackzertifikat

Im Kästchen 20 hat diejenige Person zu unterschreiben, die die Beladung des Fahrzeugs/Containers abnimmt.

Es wird bescheinigt, dass:

der Container/das Fahrzeug sauber, trocken und zur Aufnahme der Güter augenscheinlich geeignet war;

sofern die Sendung Güter der Klasse 1 außer Unterklasse 1.4 enthält, der Container/das Fahrzeug in bautechnischer Hinsicht geeignet ist;

keine unverträglichen Güter in den Container/das Fahrzeug gepackt wurden, es sei denn, dies wurde von der zuständigen Behörde ausdrücklich zugelassen;

alle Versandstücke auf äußere Schäden überprüft und nur unbeschädigte Versandstücke geladen wurden;

Fässer aufrecht gestaut wurden, es sei denn, es wurde von der zuständigen Behörde ausdrücklich etwas anderes zugelassen;

alle Versandstücke ordnungsgemäß in den Container/das Fahrzeug gepackt und gesichert wurden;

bei Beförderung der Güter in loser Schüttung die Ladung gleichmäßig im Container/Fahrzeug verteilt wurde;

Versandstücke und Container/Fahrzeug ordnungsgemäß gekennzeichnet, bezettelt und plakatiert wurden. Nichtzutreffende Kennzeichen, Gefahrzettel und Placards wurden entfernt;

werden Stoffe, die ein Erstickungsrisiko darstellen, zu Kühl- oder Konditionierungszwecken verwendet (wie Trockeneis (UN 1845) oder Stickstoff, tiefgekühlt, flüssig (UN 1977) oder Argon, tiefgekühlt, flüssig (UN 1951)), ist der Container/das Fahrzeug außen gemäß 5.5.3.6 gekennzeichnet ;

sofern dieses Formblatt für gefährliche Güter nur als Container-/Fahrzeugpackzertifikat und nicht als kombiniertes Dokument verwendet wird, eine vom Versender unterzeichnete Erklärung für gefährliche Güter ausgestellt wurde/vorliegt, die alle in den Container/das Fahrzeug gepackten Sendungen mit gefährlichen Gütern erfasst.

Bemerkung: *Für Tanks ist das Container-/Fahrzeugpackzertifikat nicht erforderlich.*

1 Versender		2 Beförderungsdokument-Nr.		
		3 Seite . . . von . . . Seiten	4 Referenznummer des Versenders	
			5 Referenznummer des Spediteurs	
14 Versandkennzeichen	Anzahl und Art der Versandstücke, Beschreibung der Güter[1)]	Bruttomasse (kg)	Nettomasse (kg)	Volumen (m^3)

1) **Gefährliche Güter:** Es sind anzugeben: UN-Nummer, richtiger technischer Name, Gefahrenklasse, Verpackungsgruppe, Meeresschadstoff/Marine Pollutant (wenn als solcher eingestuft). Die verbindlichen Anforderungen, die sich aus den geltenden nationalen und internationalen Vorschriften ergeben, sind zu beachten. Die Anforderungen des IMDG-Codes ergeben sich aus 5.4.1.4.

Aufbewahrung von Informationen für die Beförderung gefährlicher Güter 5.4.6

[Zeitraum] 5.4.6.1

→ D: GGVSee § 17 Nr. 10

Der Versender und der Beförderer müssen eine Kopie des Beförderungsdokumentes für gefährliche Güter und der in diesem Code festgelegten zusätzlichen Informationen und Dokumentation für einen Mindestzeitraum von drei Monaten aufbewahren.

[EDV und Papierform] 5.4.6.2

Wenn die Dokumente elektronisch oder in einem EDV-System gespeichert werden, müssen der Versender und der Beförderer in der Lage sein, einen Ausdruck herzustellen.

Kapitel 5.5 Sondervorschriften

5.5.1 (bleibt offen)

5.5.2 Sondervorschriften für begaste Güterbeförderungseinheiten (UN 3359)[1]

5.5.2.1 Allgemeines

5.5.2.1.1 [Nichtgeltung IMDG-Code]

Begaste Güterbeförderungseinheiten (UN 3359), die keine anderen gefährlichen Güter enthalten, unterliegen neben den Vorschriften dieses Abschnitts keinen weiteren Vorschriften dieses Codes.

5.5.2.1.2 [Geltung IMDG-Code]

Wenn die begaste Güterbeförderungseinheit zusätzlich zu dem Begasungsmittel auch mit gefährlichen Gütern beladen wird, gelten neben den Vorschriften dieses Abschnitts alle für diese Güter anwendbaren Vorschriften dieses Codes (einschließlich Plakatierung, Kennzeichnung und Dokumentation).

5.5.2.1.3 [Anforderung an Güterbeförderungseinheiten]

Für die Beförderung von Gütern unter Begasung dürfen nur Güterbeförderungseinheiten verwendet werden, die so verschlossen werden können, dass das Entweichen von Gas auf ein Minimum reduziert wird.

5.5.2.1.4 [UN 3359]

Die Vorschriften in 3.2 und 5.4.3 gelten für alle begasten Güterbeförderungseinheiten (UN 3359).

5.5.2.2 Unterweisung

→ D: GGVSee § 26 (3) Nr. 2

Die mit der Handhabung von begasten Güterbeförderungseinheiten befassten Personen müssen entsprechend ihren Pflichten unterwiesen sein.

5.5.2.3 Kennzeichnung und Anbringen von Placards

5.5.2.3.1 [Anbringung des Begasungswarnzeichens]

→ D: GGVSee § 17 Nr. 9

Eine begaste Güterbeförderungseinheit muss an jedem Zugang an einer von Personen, welche die Güterbeförderungseinheit öffnen oder betreten, leicht einsehbaren Stelle mit einem Warnzeichen gemäß 5.5.2.3.2 versehen sein. Das vorgeschriebene Warnzeichen muss so lange auf der Güterbeförderungseinheit verbleiben, bis folgende Vorschriften erfüllt sind:

.1 Die begaste Güterbeförderungseinheit wurde belüftet, um schädliche Konzentrationen des Begasungsmittels abzubauen, und

.2 die begasten Güter oder Werkstoffe wurden entladen.

5.5.2.3.2 [Beschreibung des Begasungswarnzeichens]

Das Begasungswarnzeichen muss der Abbildung unten entsprechen.

[1] Siehe die Überarbeiteten Empfehlungen für die sichere Anwendung von Schädlingsbekämpfungsmitteln auf Schiffen für die Begasung von Güterbeförderungseinheiten (MSC.1/Circ.1361)

Begasungswarnzeichen 5.5.2.3.2 (Forts.)

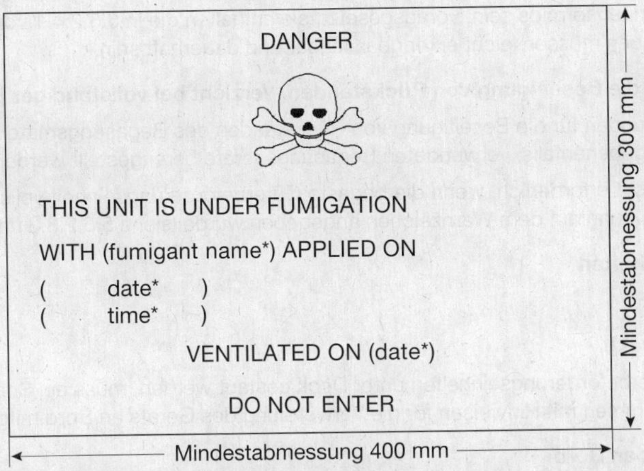

* entsprechende Angaben einfügen

Das Kennzeichen muss rechteckig sein. Die Mindestabmessungen müssen 400 mm in der Breite und 300 mm in der Höhe und die Mindestbreite der Außenlinie 2 mm betragen. Das Kennzeichen muss schwarz auf weißem Grund sein, die Buchstabenhöhe muss mindestens 25 mm betragen. Wenn Abmessungen nicht näher spezifiziert sind, müssen die Proportionen aller Merkmale den abgebildeten in etwa entsprechen.

Die Kennzeichnungsmethode muss derart sein, dass die Angaben noch auf Güterbeförderungseinheiten erkennbar sind, die sich mindestens drei Monate im Seewasser befunden haben. Bei Überlegungen bezüglich geeigneter Kennzeichnungsmethoden muss berücksichtigt werden, wie leicht die Oberfläche der Güterbeförderungseinheit gekennzeichnet werden kann.

[Angabe des Belüftungsdatums] 5.5.2.3.3

Wenn die begaste Güterbeförderungseinheit entweder durch Öffnen der Türen oder durch mechanische Belüftung nach der Begasung vollständig belüftet wurde, muss das Datum der Belüftung auf dem Begasungswarnzeichen angegeben werden.

[Entfernen des Begasungswarnzeichens] 5.5.2.3.4

Wenn die begaste Güterbeförderungseinheit belüftet und entladen wurde, muss das Begasungswarnzeichen entfernt werden.

[Nichtanbringung Placards für Klasse 9] 5.5.2.3.5

Placards für die Klasse 9 (Muster Nr. 9, siehe 5.2.2.2.2) dürfen nicht an einer begasten Güterbeförderungseinheit angebracht werden, sofern sie nicht für andere in der Güterbeförderungseinheit verladenen Stoffe oder Gegenstände der Klasse 9 erforderlich sind.

Dokumentation 5.5.2.4
→ *D: GGVSee § 21 Nr. 3*
→ *D: GGVSee § 19 Nr. 4*
→ *D: GGVSee § 17 Nr. 3*

[Erforderliche Angaben] 5.5.2.4.1
→ *D: GGVSee § 6 (1) Nr. 1*

Dokumente im Zusammenhang mit der Beförderung von Güterbeförderungseinheiten, die begast und vor der Beförderung nicht vollständig belüftet wurden, müssen folgende Angaben enthalten:

.1 „UN 3359 BEGASTE GÜTERBEFÖRDERUNGSEINHEIT, 9“/„UN 3359 FUMIGATED CARGO TRANSPORT UNIT, 9“ oder „UN 3359 BEGASTE GÜTERBEFÖRDERUNGSEINHEIT, Klasse 9“/„UN 3359 FUMIGATED CARGO TRANSPORT UNIT, class 9“;

.2 das Datum und den Zeitpunkt der Begasung und

.3 Typ und Menge des verwendeten Begasungsmittels.

5.5.2.4.2 **[Form]**

Die Dokumente können formlos sein, vorausgesetzt, sie enthalten die in 5.5.2.4.1 vorgeschriebenen Angaben. Diese Angaben müssen leicht erkennbar, lesbar und dauerhaft sein.

5.5.2.4.3 **[Anweisungen für die Beseitigung von Rückständen, Verzicht bei vollständiger Belüftung]**

Es müssen Anweisungen für die Beseitigung von Rückständen des Begasungsmittels einschließlich Angaben über die (gegebenenfalls) verwendeten Begasungsgeräte bereitgestellt werden.

5.5.2.4.4 Dokumente sind nicht erforderlich, wenn die begaste Güterbeförderungseinheit vollständig belüftet und das Datum der Belüftung auf dem Warnzeichen angegeben wurde (siehe 5.5.2.3.3 und 5.5.2.3.4).

5.5.2.5 Zusätzliche Vorschriften

5.5.2.5.1 **[Stauung unter Deck]**

Wenn begaste Güterbeförderungseinheiten unter Deck gestaut werden, muss ein Spürgerät für das Gas oder die Gase zusammen mit Hinweisen für die Verwendung des Geräts an Bord mitgeführt werden.

5.5.2.5.2 **[Begasungsverbot an Bord]**

Sobald eine Güterbeförderungseinheit an Bord eines Schiffes geladen worden ist, dürfen keine Begasungsmittel mehr angewendet werden.

5.5.2.5.3 **[Wartezeit vor An-Bord-Bringen]**

Eine begaste Güterbeförderungseinheit darf erst an Bord gebracht werden, wenn ausreichend Zeit vergangen ist, um in der Ladung eine einigermaßen gleichmäßige Gaskonzentration zu erreichen. Auf Grund der Unterschiede in Abhängigkeit von Arten und Mengen von Begasungsmitteln, Waren und Temperaturen, ist die Zeitspanne, die zwischen der Anwendung des Begasungsmittels und dem Verladen der Güterbeförderungseinheit an Bord des Schiffes vergehen muss, von der zuständigen Behörde festzulegen. Vierundzwanzig Stunden sind für diesen Zweck im Allgemeinen ausreichend. Sofern die Türen einer begasten Güterbeförderungseinheit nicht geöffnet wurden, um zu ermöglichen, dass sich das/die Begasungsmittel oder die Rückstände des/der Begasungsmittel verflüchtigen, oder die Einheit nicht mechanisch belüftet wurde, muss die Sendung den für die UN-Nummer 3359 geltenden Vorschriften dieses Codes entsprechen. Bei belüfteten Güterbeförderungseinheiten muss auf dem Begasungswarnzeichen das Belüftungsdatum angegeben sein. Nach dem Entladen der begasten Güter oder Stoffe ist das Begasungswarnzeichen zu entfernen.

5.5.2.5.4 **[Information an Schiffsführer]**

Der Schiffsführer ist vor der Verladung über begaste Güterbeförderungseinheiten in Kenntnis zu setzen.

5.5.3 Sondervorschriften für Versandstücke und Güterbeförderungseinheiten mit Stoffen, die bei der Verwendung zu Kühl- oder Konditionierungszwecken ein Erstickungsrisiko darstellen können (wie Trockeneis (UN 1845), Stickstoff, tiefgekühlt, flüssig (UN 1977) oder Argon, tiefgekühlt, flüssig (UN 1951))

Bemerkung: *Siehe auch 1.1.1.7.*

5.5.3.1 Anwendungsbereich

5.5.3.1.1 **[Nichtanwendbarkeit]**

Dieser Abschnitt ist nicht anwendbar für zu Kühl- oder Konditionierungszwecken einsetzbare Stoffe, wenn sie als Sendung gefährlicher Güter befördert werden. Bei der Beförderung als Sendung müssen diese Stoffe unter der entsprechenden Eintragung der Gefahrgutliste in Kapitel 3.2 in Übereinstimmung mit den damit verbundenen Beförderungsbedingungen befördert werden.

5.5.3.1.2 **[Gase in Kühlkreisläufen (Nichtgeltung)]**

Dieser Abschnitt gilt nicht für Gase in Kühlkreisläufen.

5.5.3.1.3 **[Tanks oder MEGC (Nichtgeltung)]**

Gefährliche Güter, die während der Beförderung zur Kühlung oder Konditionierung von ortsbeweglichen Tanks oder MEGC verwendet werden, unterliegen nicht den Vorschriften dieses Abschnitts.

[Gefährliche Güter – verpackt oder unverpackt] 5.5.3.1.4

Güterbeförderungseinheiten, die zu Kühl- oder Konditionierungszwecken verwendete Stoffe enthalten, schließen sowohl Güterbeförderungseinheiten, die zu Kühl- oder Konditionierungszwecken verwendete Stoffe innerhalb von Versandstücken enthalten, als auch Güterbeförderungseinheiten, die zu Kühl- oder Konditionierungszwecken verwendete unverpackte Stoffe enthalten, ein.

Allgemeine Vorschriften 5.5.3.2

[Freistellung von den übrigen Vorschriften dieses Codes] 5.5.3.2.1

Güterbeförderungseinheiten mit Stoffen, die zu Kühl- oder Konditionierungszwecken (ausgenommen zur Begasung) während der Beförderung verwendet werden, unterliegen neben den Vorschriften dieses Abschnitts keinen weiteren Vorschriften dieses Codes.

[Beförderung gefährlicher Güter] 5.5.3.2.2

Wenn gefährliche Güter in Güterbeförderungseinheiten, die zu Kühl- oder Konditionierungszwecken verwendete Stoffe enthalten, verladen werden, gelten neben den Vorschriften dieses Abschnitts alle für diese gefährlichen Güter anwendbaren Vorschriften dieses Codes. Für gefährliche Güter, für die eine Temperaturkontrolle erforderlich ist, siehe auch 7.3.7.

(bleibt offen) 5.5.3.2.3

[Unterweisung] 5.5.3.2.4

→ D: GGVSee § 26 (3) Nr. 2

Die mit der Handhabung oder Beförderung von Güterbeförderungseinheiten, die zu Kühl- oder Konditionierungszwecken verwendete Stoffe enthalten, befassten Personen müssen entsprechend ihren Pflichten unterwiesen sein.

Versandstücke, die ein Kühl- oder Konditionierungsmittel enthalten 5.5.3.3

[Verpackungsanweisungskonformität] 5.5.3.3.1

Verpackte gefährliche Güter, für die eine Kühlung oder Konditionierung erforderlich ist und denen die Verpackungsanweisung P203, P620, P650, P800, P901 oder P904 in 4.1.4.1 zugeordnet ist, müssen den entsprechenden Vorschriften der jeweiligen Verpackungsanweisung entsprechen.

[Anforderungen an Versandstücke] 5.5.3.3.2

Bei verpackten gefährlichen Gütern, für die eine Kühlung oder Konditionierung erforderlich ist und denen eine andere Verpackungsanweisung zugeordnet ist, müssen die Versandstücke in der Lage sein, sehr geringen Temperaturen standzuhalten, und dürfen durch das Kühl- oder Konditionierungsmittel nicht beeinträchtigt oder bedeutsam geschwächt werden. Die Versandstücke müssen so ausgelegt und gebaut sein, dass eine Gasentlastung zur Verhinderung eines Druckaufbaus, der zu einem Bersten der Verpackung führen könnte, ermöglicht wird. Die gefährlichen Güter müssen so verpackt sein, dass nach der Verflüchtigung des Kühl- oder Konditionierungsmittels Bewegungen verhindert werden.

[Belüftete Güterbeförderungseinheiten] 5.5.3.3.3

Versandstücke, die ein Kühl- oder Konditionierungsmittel enthalten, müssen in gut belüfteten Güterbeförderungseinheiten befördert werden.

Kennzeichnung von Versandstücken, die ein Kühl- oder Konditionierungsmittel enthalten 5.5.3.4

[Bestandteile der Kennzeichnung] 5.5.3.4.1

Versandstücke, die gefährliche Güter für die Kühlung oder Konditionierung enthalten, müssen mit dem richtigen technischen Namen dieser gefährlichen Güter, gefolgt von dem Ausdruck „ALS KÜHLMITTEL"/„AS COOLANT" bzw. „ALS KONDITIONIERUNGSMITTEL"/„AS CONDITIONER", gekennzeichnet sein.

[Anforderungen an die Kennzeichnung] 5.5.3.4.2

Die Kennzeichen müssen dauerhaft und lesbar sein und an einer Stelle und in einer in Bezug auf das Versandstück verhältnismäßigen Größe angebracht sein, dass sie leicht sichtbar sind.

5.5.3.5 **Güterbeförderungseinheiten, die unverpacktes Trockeneis enthalten**

5.5.3.5.1 **[Isolierung des Trockeneises]**

Wenn Trockeneis in unverpackter Form verwendet wird, darf es nicht in direkten Kontakt mit dem Metallaufbau der Güterbeförderungseinheit gelangen, um eine Versprödung des Metalls zu verhindern. Um eine ausreichende Isolierung zwischen dem Trockeneis und der Güterbeförderungseinheit sicherzustellen, muss ein Abstand von mindestens 30 mm eingehalten werden (z. B. durch Verwendung von Werkstoffen mit geringer Wärmeleitfähigkeit, wie Holzbohlen, Paletten usw.).

5.5.3.5.2 **[Ladungssicherung, Verflüchtigung]**

Wenn Trockeneis um Versandstücke angeordnet wird, müssen Maßnahmen ergriffen werden, um sicherzustellen, dass nach der Verflüchtigung des Trockeneises die Versandstücke während der Beförderung in ihrer ursprünglichen Lage verbleiben.

5.5.3.6 **Kennzeichnung der Güterbeförderungseinheiten**

5.5.3.6.1 **[Anbringung des Warnzeichens]**

→ D: GGVSee § 17 Nr. 9

Güterbeförderungseinheiten, die gefährliche Güter zu Kühl- oder Konditionierungszwecken enthalten, müssen an jedem Zugang an einer für Personen, welche die Güterbeförderungseinheit öffnen oder betreten, leicht einsehbaren Stelle mit einem Warnzeichen gemäß 5.5.3.6.2 versehen sein. Dieses Kennzeichen muss so lange auf der Güterbeförderungseinheit verbleiben, bis folgende Vorschriften erfüllt sind:

.1 die Güterbeförderungseinheit wurde belüftet, um schädliche Konzentrationen des Kühl- oder Konditionierungsmittels abzubauen, und

.2 die gekühlten oder konditionierten Güter wurden entladen.

5.5.3.6.2 **[Anforderungen an das Warnzeichen]**

Das Warnzeichen muss der Abbildung unten entsprechen.

Warnzeichen für Kühlung/Konditionierung für Güterbeförderungseinheiten

* Den richtigen technischen Namen des Kühl-/Konditionierungsmittels einfügen. Die Angabe muss in Großbuchstaben mit einer Zeichenhöhe von mindestens 25 mm in einer Zeile erfolgen. Wenn die Länge des richtigen technischen Namens zu groß für den zur Verfügung stehenden Platz ist, darf die Angabe auf die größtmögliche passende Größe reduziert werden. Zum Beispiel: „KOHLENDIOXID, FEST"/„CARBON DIOXIDE, SOLID".

** „ALS KÜHLMITTEL"/„AS COOLANT" bzw. „ALS KONDITIONIERUNGSMITTEL"/„AS CONDITIONER" einfügen. Die Angabe muss in Großbuchstaben mit einer Zeichenhöhe von mindestens 25 mm in einer Zeile erfolgen.

Das Kennzeichen muss rechteckig sein. Die Mindestabmessungen müssen 150 mm in der Breite und 250 mm in der Höhe betragen. Der Ausdruck „WARNUNG“/„WARNING“ muss in roten oder weißen Buchstaben mit einer Buchstabenhöhe von mindestens 25 mm erscheinen. Wenn Abmessungen nicht näher spezifiziert sind, müssen die Proportionen aller Merkmale den abgebildeten in etwa entsprechen. **5.5.3.6.2** (Forts.)

Die Kennzeichnungsmethode muss derart sein, dass die Angaben noch auf Güterbeförderungseinheiten erkennbar sind, die sich mindestens drei Monate im Seewasser befunden haben. Bei Überlegungen bezüglich geeigneter Kennzeichnungsmethoden muss berücksichtigt werden, wie leicht die Oberfläche der Güterbeförderungseinheit gekennzeichnet werden kann.

Dokumentation **5.5.3.7**

→ D: GGVSee § 17 Nr. 3
→ D: GGVSee § 19 Nr. 4
→ D: GGVSee § 21 Nr. 3

[Erforderliche Angaben] **5.5.3.7.1**

Dokumente im Zusammenhang mit der Beförderung von Güterbeförderungseinheiten, die zu Kühl- oder Konditionierungszwecken verwendete Stoffe enthalten oder enthalten haben und vor der Beförderung nicht vollständig belüftet wurden, müssen folgende Angaben enthalten:

.1 die UN-Nummer, der die Buchstaben „UN“ vorangestellt sind, und

.2 den richtigen technischen Namen, gefolgt von dem Ausdruck „ALS KÜHLMITTEL“/„AS COOLANT“ bzw. „ALS KONDITIONIERUNGSMITTEL“/„AS CONDITIONER“.

Beispiel: UN 1845, KOHLENDIOXID, FEST, ALS KÜHLMITTEL
UN 1845, CARBON DIOXIDE, SOLID, AS COOLANT

[Anforderungen an das Beförderungsdokument] **5.5.3.7.2**

Das Beförderungsdokument kann formlos sein, vorausgesetzt, es enthält die in 5.5.3.7.1 vorgeschriebenen Angaben. Diese Angaben müssen leicht erkennbar, lesbar und dauerhaft sein.

TEIL 6
BAU- UND PRÜFVORSCHRIFTEN FÜR VERPACKUNGEN, GROSSPACKMITTEL (IBC), GROSSVERPACKUNGEN, ORTSBEWEGLICHE TANKS, GASCONTAINER MIT MEHREREN ELEMENTEN (MEGC) UND STRASSENTANKFAHRZEUGE

Kapitel 6.1
Bau- und Prüfvorschriften für Verpackungen

→ D: GGVSee § 12 (1) Nr. 4

Anwendungsbereich und allgemeine Vorschriften 6.1.1

Anwendungsbereich 6.1.1.1

Die Vorschriften dieses Kapitels gelten nicht für:

.1 Druckgefäße,

.2 Versandstücke mit radioaktiven Stoffen, die den Regelungen der Internationalen Atomenergie-Organisation (IAEO) entsprechen müssen, jedoch: → 6.4

(i) müssen radioaktive Stoffe mit anderen gefährlichen Eigenschaften (Zusatzgefahren) außerdem der Sondervorschrift 172 in Kapitel 3.3 entsprechen,

(ii) dürfen Stoffe mit geringer spezifischer Aktivität (LSA) und oberflächenkontaminierte Gegenstände (SCO) in bestimmten, in diesem Code beschriebenen Verpackungen befördert werden, vorausgesetzt, es werden die ergänzenden Vorschriften in den IAEO-Regelungen ebenfalls eingehalten,

.3 Versandstücke, deren Nettomasse 400 kg überschreitet,

.4 Verpackungen für flüssige Stoffe, ausgenommen zusammengesetzte Verpackungen, die einen Fassungsraum von mehr als 450 Litern haben, und

.5 Verpackungen für ansteckungsgefährliche Stoffe der Kategorie A der Klasse 6.2.

Allgemeine Vorschriften 6.1.1.2

[Fortentwicklung] 6.1.1.2.1

Die Vorschriften für Verpackungen in 6.1.4 stützen sich auf die derzeit verwendeten Verpackungen. Um den wissenschaftlichen und technischen Fortschritt zu berücksichtigen, dürfen Verpackungen verwendet werden, deren Spezifikationen von denen in 6.1.4 abweichen, vorausgesetzt, sie sind ebenso wirksam, von der zuständigen Behörde anerkannt und bestehen erfolgreich die in 6.1.1.2 und 6.1.5 beschriebenen Prüfungen. Andere als die in diesem Kapitel beschriebenen Prüfverfahren sind zulässig, vorausgesetzt, sie sind gleichwertig.

[Dichtheitsprüfung] 6.1.1.2.2

Jede Verpackung, die für flüssige Stoffe vorgesehen ist, muss erfolgreich einer geeigneten Dichtheitsprüfung unterzogen werden. Diese Prüfung ist Teil eines in 6.1.1.3 festgelegten Qualitätssicherungsprogramms, mit dem nachgewiesen wird, dass die Verpackung in der Lage ist, die entsprechenden in 6.1.5.4.4 angegebenen Prüfanforderungen zu erfüllen:

.1 vor der erstmaligen Verwendung zur Beförderung,

.2 nach der Wiederaufarbeitung oder Rekonditionierung vor der Wiederverwendung zur Beförderung.

Für diese Prüfung müssen die Verpackungen nicht mit ihren eigenen Verschlüssen ausgerüstet sein.

Das Innengefäß einer Kombinationsverpackung darf ohne Außenverpackung geprüft werden, vorausgesetzt, die Prüfergebnisse werden hierdurch nicht beeinträchtigt. Diese Prüfung ist für eine Innenverpackung einer zusammengesetzten Verpackung nicht erforderlich.

[Werkstoffverträglichkeit] 6.1.1.2.3

Gefäße, Teile von Gefäßen und Verschlüsse (Stopfen) aus Kunststoff, die mit gefährlichen Stoffen unmittelbar in Berührung kommen können, dürfen von diesen Stoffen nicht angegriffen werden und dürfen keine Werkstoffe enthalten, die mit ihnen gefährlich reagieren oder gefährliche Verbindungen bilden

6.1.1.2.3 (Forts.) oder zu einer Erweichung, zu einer Beeinträchtigung der Festigkeit oder zu einer Fehlfunktion des Gefäßes oder Verschlusses führen können.

6.1.1.2.4 **[Alterungsbeständigkeit, Permeation]**

Verpackungen aus Kunststoff müssen ausreichend widerstandsfähig sein gegen Alterung und gegen Qualitätsverlust, der entweder durch das Füllgut oder durch ultraviolette Strahlung verursacht wird. Die Permeation des Füllguts darf unter normalen Beförderungsbedingungen keine Gefahr begründen.

6.1.1.3 **[QS-System]**

Die Verpackungen müssen nach einem von der zuständigen Behörde zufriedenstellend erachteten Qualitätssicherungsprogramm hergestellt, rekonditioniert und geprüft sein, um sicherzustellen, dass jede Verpackung den Vorschriften dieses Kapitels entspricht.

Bemerkung: *Die Norm ISO 16106:2006 „Verpackung – Verpackungen zur Beförderung gefährlicher Güter – Gefahrgutverpackungen, Großpackmittel (IBC) und Großverpackungen – Leitfaden für die Anwendung der ISO 9001" enthält zufriedenstellende Leitlinien für Verfahren, die angewendet werden dürfen.*

6.1.1.4 **[Dokumentation]**

Hersteller und nachfolgende Verteiler von Verpackungen müssen Informationen über die zu befolgenden Verfahren sowie eine Beschreibung der Arten und Abmessungen der Verschlüsse (einschließlich der erforderlichen Dichtungen) und aller anderen Bestandteile liefern, die notwendig sind, um sicherzustellen, dass die versandfertigen Versandstücke in der Lage sind, die anwendbaren Leistungsprüfungen dieses Kapitels zu erfüllen.

6.1.2 Codierung für die Bezeichnung des Verpackungstyps

6.1.2.1 **[Beschreibung]**

Der Code besteht aus:

.1 einer arabischen Ziffer für die Verpackungsart, z. B. Fass, Kanister usw., gefolgt von

.2 einem oder mehreren lateinischen Großbuchstaben für die Art des Werkstoffes, z. B. Stahl, Holz usw., gegebenenfalls gefolgt von

.3 einer arabischen Ziffer für die Ausführung der Verpackung innerhalb der Verpackungsart.

6.1.2.2 **[Kombinationsverpackungen]**

Für Kombinationsverpackungen sind an der zweiten Stelle des Codes zwei lateinische Großbuchstaben hintereinander zu verwenden. Der erste bezeichnet den Werkstoff des Innengefäßes und der zweite den der Außenverpackung.

6.1.2.3 **[Zusammengesetzte Verpackungen]**

Bei zusammengesetzten Verpackungen ist lediglich die Codenummer für die Außenverpackung zu verwenden.

6.1.2.4 **[Sonderbuchstaben]**

Auf den Verpackungscode können die Buchstaben „T", „V" oder „W" folgen. Der Buchstabe „T" bezeichnet eine Bergungsverpackung nach 6.1.5.1.11. Der Buchstabe „V" bezeichnet eine Sonderverpackung nach 6.1.5.1.7. Der Buchstabe „W" bedeutet, dass die Verpackung zwar dem durch den Code bezeichneten Verpackungstyp angehört, jedoch nach einer von 6.1.4 abweichenden Spezifikation hergestellt wurde und nach den Vorschriften in 6.1.1.2 als gleichwertig gilt.

6.1.2.5 **[Ziffern]**

Die folgenden Ziffern sind für die Verpackungsart zu verwenden:

1 Fass
2 (bleibt offen)
3 Kanister
4 Kiste
5 Sack
6 Kombinationsverpackung

[Großbuchstaben] 6.1.2.6

Die folgenden Großbuchstaben sind für die Werkstoffart zu verwenden:

A Stahl (alle Typen und Oberflächenbehandlungen)
B Aluminium
C Naturholz
D Sperrholz
F Holzfaserwerkstoff
G Pappe
H Kunststoff
L Textilgewebe
M Papier, mehrlagig
N Metall (außer Stahl oder Aluminium)
P Glas, Porzellan oder Steinzeug

Bemerkung: *Der Ausdruck „Kunststoff" schließt auch andere polymere Werkstoffe wie Gummi ein.*

[Tabelle Verpackungstypen] 6.1.2.7

In der folgenden Tabelle sind die Codes angegeben, die zur Bezeichnung der Verpackungstypen in Abhängigkeit von der Verpackungsart, des für die Herstellung verwendeten Werkstoffs und der Kategorie zu verwenden sind; es wird auch auf die Unterabschnitte verwiesen, in denen die betreffenden Vorschriften nachzulesen sind.

Art	Werkstoff	Kategorie	Code	Unterabschnitt
1 Fässer	A Stahl	nicht abnehmbarer Deckel	1A1	6.1.4.1
		abnehmbarer Deckel	1A2	
	B Aluminium	nicht abnehmbarer Deckel	1B1	6.1.4.2
		abnehmbarer Deckel	1B2	
	D Sperrholz	–	1D	6.1.4.5
	G Pappe	–	1G	6.1.4.7
	H Kunststoff	nicht abnehmbarer Deckel	1H1	6.1.4.8
		abnehmbarer Deckel	1H2	
	N Metall, außer Stahl oder Aluminium	nicht abnehmbarer Deckel	1N1	6.1.4.3
		abnehmbarer Deckel	1N2	
2 (bleibt offen)				
3 Kanister	A Stahl	nicht abnehmbarer Deckel	3A1	6.1.4.4
		abnehmbarer Deckel	3A2	
	B Aluminium	nicht abnehmbarer Deckel	3B1	6.1.4.4
		abnehmbarer Deckel	3B2	
	H Kunststoff	nicht abnehmbarer Deckel	3H1	6.1.4.8
		abnehmbarer Deckel	3H2	
4 Kisten	A Stahl	–	4A	6.1.4.14
	B Aluminium	–	4B	6.1.4.14
	C Naturholz	einfach	4C1	6.1.4.9
		mit staubdichten Wänden	4C2	
	D Sperrholz	–	4D	6.1.4.10
	F Holzfaserwerkstoff	–	4F	6.1.4.11

6.1.2.7 (Forts.)

Art		Werkstoff		Kategorie	Code	Unterabschnitt
4	Kisten *(Forts.)*	G	Pappe	–	4G	6.1.4.12
		H	Kunststoff	Schaumstoffe	4H1	6.1.4.13
				massive Kunststoffe	4H2	
		N	Metall, außer Stahl oder Aluminium	–	4N	6.1.4.14
5	Säcke	H	Kunststoffgewebe	ohne Innenauskleidung oder Beschichtung	5H1	6.1.4.16
				staubdicht	5H2	
				wasserbeständig	5H3	
		H	Kunststofffolie	–	5H4	6.1.4.17
		L	Textilgewebe	ohne Innenauskleidung oder Beschichtung	5L1	6.1.4.15
				staubdicht	5L2	
				wasserbeständig	5L3	
		M	Papier	mehrlagig	5M1	6.1.4.18
				mehrlagig, wasserbeständig	5M2	
6	Kombinationsverpackungen	H	Kunststoffgefäß	in einem Fass aus Stahl	6HA1	6.1.4.19
				in einem Verschlag oder einer Kiste aus Stahl	6HA2	6.1.4.19
				in einem Fass aus Aluminium	6HB1	6.1.4.19
				in einem Verschlag oder einer Kiste aus Aluminium	6HB2	6.1.4.19
				in einer Kiste aus Naturholz	6HC	6.1.4.19
				in einem Fass aus Sperrholz	6HD1	6.1.4.19
				in einer Kiste aus Sperrholz	6HD2	6.1.4.19
				in einem Fass aus Pappe	6HG1	6.1.4.19
				in einer Kiste aus Pappe	6HG2	6.1.4.19
				in einem Fass aus Kunststoff	6HH1	6.1.4.19
				in einer Kiste aus massivem Kunststoff	6HH2	6.1.4.19
		P	Gefäß aus Glas, Porzellan oder Steinzeug	in einem Fass aus Stahl	6PA1	6.1.4.20
				in einem Verschlag oder einer Kiste aus Stahl	6PA2	6.1.4.20
				in einem Fass aus Aluminium	6PB1	6.1.4.20
				in einem Verschlag oder einer Kiste aus Aluminium	6PB2	6.1.4.20
				in einer Kiste aus Naturholz	6PC	6.1.4.20
				in einem Fass aus Sperrholz	6PD1	6.1.4.20
				in einem Korb aus Weidengeflecht	6PD2	6.1.4.20
				in einem Fass aus Pappe	6PG1	6.1.4.20
				in einer Kiste aus Pappe	6PG2	6.1.4.20
				in einer Außenverpackung aus Schaumstoff	6PH1	6.1.4.20
				in einer Außenverpackung aus massivem Kunststoff	6PH2	6.1.4.20

Kennzeichnung 6.1.3

Bemerkung 1: *Die Kennzeichen auf der Verpackung geben an, dass diese einer erfolgreich geprüften Bauart entspricht und die Vorschriften dieses Kapitels erfüllt, soweit diese sich auf die Herstellung und nicht auf die Verwendung der Verpackung beziehen. Folglich sagen die Kennzeichen nicht unbedingt aus, dass die Verpackung für irgendeinen Stoff verwendet werden darf. Die Verpackungsart (z. B. Stahlfass), der maximale Fassungsraum und/oder die maximale Masse der Verpackung sowie etwaige Sondervorschriften sind für jeden Stoff oder Gegenstand im Teil 3 dieses Codes festgelegt.*

Bemerkung 2: *Die Kennzeichen sind dazu bestimmt, Aufgaben der Verpackungshersteller, der Rekonditionierer, der Verpackungsverwender, der Beförderer und der Regelungsbehörden zu erleichtern. Bei der Verwendung einer neuen Verpackung sind die Originalkennzeichen ein Hilfsmittel für den Hersteller zur Identifizierung des Typs und um anzugeben, welche Prüfvorschriften diese erfüllt.*

Bemerkung 3: *Die Kennzeichen liefern nicht immer vollständige Einzelheiten beispielsweise über das Prüfniveau; es kann daher notwendig sein, diesem Gesichtspunkt auch unter Bezugnahme auf ein Prüfzertifikat, Prüfberichte oder ein Verzeichnis erfolgreich geprüfter Verpackungen Rechnung zu tragen. Zum Beispiel kann eine Verpackung, die mit einem X oder Y gekennzeichnet ist, für Stoffe verwendet werden, denen eine Verpackungsgruppe mit einem geringeren Gefahrengrad zugeordnet ist und deren höchstzulässiger Wert für die relative Dichte[1)], der in den Vorschriften für die Prüfungen der Verpackungen in 6.1.5 angegeben ist, unter Berücksichtigung des entsprechenden Faktors 1,5 oder 2,25 bestimmt wird; d. h. Verpackungen der Verpackungsgruppe I, die für Stoffe mit einer relativen Dichte von 1,2 geprüft sind, dürfen als Verpackungen der Verpackungsgruppe II für Stoffe mit einer relativen Dichte von 1,8 oder als Verpackungen der Verpackungsgruppe III für Stoffe mit einer relativen Dichte von 2,7 verwendet werden, natürlich vorausgesetzt, alle Funktionskriterien werden auch für den Stoff mit der höheren relativen Dichte erfüllt.*

[Dauerhafte Kennzeichnung] 6.1.3.1

Jede Verpackung, die für eine Verwendung gemäß diesem Code vorgesehen ist, muss mit Kennzeichen versehen sein, die dauerhaft und lesbar sind und an einer Stelle in einem zur Verpackung verhältnismäßigen Format so angebracht sind, dass sie gut sichtbar sind. Bei Versandstücken mit einer Bruttomasse von mehr als 30 kg müssen die Kennzeichen oder ein Doppel davon auf der Oberseite oder auf einer Seite der Verpackung erscheinen. Die Buchstaben, Ziffern und Zeichen müssen mindestens 12 mm hoch sein, ausgenommen an Verpackungen mit einem Fassungsvermögen von höchstens 30 Litern oder 30 kg, bei denen die Höhe mindestens 6 mm betragen muss, und ausgenommen Verpackungen mit einem Fassungsvermögen von höchstens 5 Litern oder 5 kg, bei denen sie eine angemessene Größe aufweisen müssen.

Die Kennzeichen bestehen:

(a) Aus dem Symbol der Vereinten Nationen für Verpackungen (u/n)

Dieses Symbol darf nur zum Zweck der Bestätigung verwendet werden, dass eine Verpackung, ein flexibler Schüttgut-Container, ein ortsbeweglicher Tank oder ein MEGC den entsprechenden Vorschriften des Kapitels 6.1, 6.2, 6.3, 6.5, 6.6, 6.7 oder 6.9 entspricht. Für Metallverpackungen, auf denen die Kennzeichen durch Prägen angebracht werden, dürfen anstelle des Symbols die Buchstaben „UN" verwendet werden.

(b) Aus dem Code für die Bezeichnung des Verpackungstyps nach 6.1.2.

(c) Aus einem zweiteiligen Code:

(i) aus einem Buchstaben, welcher die Verpackungsgruppe(n) angibt, für welche die Bauart erfolgreich geprüft worden ist:

X für Verpackungsgruppe I, II und III,

Y für Verpackungsgruppe II und III,

Z nur für Verpackungsgruppe III,

(ii) bei Verpackungen ohne Innenverpackungen, die für flüssige Stoffe Verwendung finden, aus der Angabe der auf die erste Dezimalstelle gerundeten relativen Dichte, für die die Bauart

1) Der Ausdruck relative Dichte (*d*) gilt als Synonym für spezifisches Gewicht (SG) und wird in diesem Text durchgehend verwendet.

6.1.3.1 (Forts.) geprüft worden ist; diese Angabe kann entfallen, wenn die relative Dichte 1,2 nicht überschreitet. Bei Verpackungen, die für feste Stoffe oder Innenverpackungen Verwendung finden, aus der Angabe der Bruttohöchstmasse in Kilogramm.

(d) Entweder aus dem Buchstaben „S“, wenn die Verpackung für die Beförderung von festen Stoffen oder für Innenverpackungen vorgesehen ist, oder, wenn die Verpackung zur Aufnahme von flüssigen Stoffen vorgesehen ist (ausgenommen zusammengesetzte Verpackungen), aus der Angabe des auf die nächsten 10 kPa abgerundeten hydraulischen Prüfdrucks in kPa, dem die Verpackung nachweislich standgehalten hat.

(e) Aus den letzten beiden Ziffern des Jahres der Herstellung der Verpackung. Bei Verpackungen der Verpackungsarten 1H und 3H zusätzlich aus dem Monat der Herstellung; dieser Teil der Kennzeichen darf an anderer Stelle als die übrigen Angaben angebracht sein. Eine geeignete Weise ist:

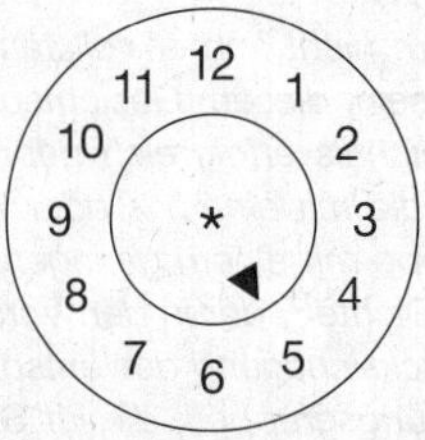

* Die letzten beiden Ziffern des Jahres der Herstellung dürfen an dieser Stelle angegeben werden. In diesem Fall müssen die beiden Ziffern des Jahres im Bauartkennzeichen und im inneren Kreis der Uhr identisch sein.

Bemerkung: *Andere Methoden zur Angabe der erforderlichen Mindestinformationen in dauerhafter, sichtbarer und lesbarer Form sind ebenfalls zulässig.*

(f) Aus dem Zeichen des Staates, in dem die Erteilung des Kennzeichens zugelassen wurde, angegeben durch das für Kraftfahrzeuge im internationalen Verkehr verwendete Unterscheidungszeichen[2].

(g) Aus dem Namen des Herstellers oder einer sonstigen von der zuständigen Behörde festgelegten Identifizierung der Verpackung.

6.1.3.2 [Nennmaterialstärke]

Zusätzlich zu den in 6.1.3.1 vorgeschriebenen dauerhaften Kennzeichen müssen neue Metallfässer mit einem Fassungsvermögen von mehr als 100 Litern die in 6.1.3.1 (a) bis (e) angegebenen Kennzeichen zusammen mit der Angabe der Nennmaterialstärke zumindest des für den Mantel verwendeten Metalls (in mm, ± 0,1 mm) in bleibender Form (z. B. durch Prägen) auf dem Unterboden aufweisen. Wenn die Nennmaterialstärke von mindestens einem der beiden Böden eines Metallfasses geringer ist als die des Mantels, ist die Nennmaterialstärke des Oberbodens, des Mantels und des Unterbodens in bleibender Form (z. B. durch Prägen) auf dem Unterboden anzugeben. Beispiel: „1,0 – 1,2 – 1,0“ oder „0,9 – 1,0 – 1,0“. Die Nennmaterialstärken des Metalls sind nach der entsprechenden ISO-Norm zu bestimmen, z. B. ISO 3574:1999 für Stahl. Die in 6.1.3.1 (f) und (g) angegebenen Kennzeichen dürfen, soweit in 6.1.3.5 nichts anderes vorgesehen ist, nicht in bleibender Form (z. B. durch Prägen) angebracht sein.

6.1.3.3 [Rekonditionierte Verpackungen]

Jede Verpackung, mit Ausnahme der in 6.1.3.2 genannten, die einem Rekonditionierungsverfahren unterzogen werden kann, muss mit den in 6.1.3.1 (a) bis (e) angegebenen Kennzeichen in bleibender Form versehen sein. Kennzeichen sind bleibend, wenn sie dem Rekonditionierungsverfahren standhalten können (z. B. durch Prägen angebrachte Kennzeichen). Diese bleibenden Kennzeichen dürfen bei Verpackungen, mit Ausnahme von Metallfässern mit einem Fassungsvermögen von mehr als 100 Litern, anstelle der in 6.1.3.1 vorgeschriebenen dauerhaften Kennzeichen verwendet werden.

6.1.3.4 [Wiederaufgearbeitete Metallfässer]

Bei wiederaufgearbeiteten Metallfässern müssen die vorgeschriebenen Kennzeichen nicht bleibend sein (z. B. durch Prägen), wenn weder eine Änderung des Verpackungstyps noch ein Austausch oder eine

---

[2] Das für Kraftfahrzeuge und Anhänger im internationalen Straßenverkehr verwendete Unterscheidungszeichen des Zulassungsstaates, z. B. gemäß dem Genfer Übereinkommen über den Straßenverkehr von 1949 oder dem Wiener Übereinkommen über den Straßenverkehr von 1968.

Entfernung fest eingebauter Konstruktionsbestandteile vorgenommen wurde. Alle anderen wiederaufgearbeiteten Metallfässer müssen auf dem Oberboden oder an den Seiten mit den in 6.1.3.1 (a) bis (e) aufgeführten Kennzeichen in bleibender Form (z. B. durch Prägen) versehen sein. 6.1.3.4 (Forts.)

[Mehrmalige Verwendung] 6.1.3.5

Metallfässer aus Werkstoffen (wie z. B. rostfreier Stahl), die für eine mehrmalige Wiederverwendung ausgelegt sind, dürfen mit den in 6.1.3.1 (f) und (g) angegebenen Kennzeichen in bleibender Form (z. B. durch Prägen) versehen sein.

[Recycling-Kunststoffe] 6.1.3.6

Aus Recycling-Kunststoffen gemäß Begriffsbestimmung in 1.2.1 hergestellte Verpackungen müssen mit „REC" gekennzeichnet sein. Dieses Kennzeichen muss neben den in 6.1.3.1 vorgeschriebenen Kennzeichen angebracht sein.

[Reihenfolge] 6.1.3.7

Die Kennzeichen müssen in der Reihenfolge der Absätze in 6.1.3.1 angebracht werden; jedes der in diesen Absätzen und gegebenenfalls in 6.1.3.8 Absätze (h) bis (j) vorgeschriebenen Kennzeichen muss zur leichteren Identifizierung deutlich getrennt werden, z. B. durch einen Schrägstrich oder eine Leerstelle. Beispiele siehe 6.1.3.10. Alle zusätzlichen, von einer zuständigen Behörde zugelassenen Kennzeichen dürfen die korrekte Identifizierung der anderen in 6.1.3.1 vorgeschriebenen Kennzeichen nicht beeinträchtigen.

[Rekonditionierer] 6.1.3.8

Der Rekonditionierer einer Verpackung muss nach der Rekonditionierung auf den Verpackungen folgende dauerhafte Kennzeichen in nachstehender Reihenfolge anbringen:

(h) das Zeichen des Staates, in dem die Rekonditionierung vorgenommen worden ist, angegeben durch das für Kraftfahrzeuge im internationalen Verkehr verwendete Unterscheidungszeichen[2];

(i) der Name des Rekonditionierers oder eine sonstige, von der zuständigen Behörde festgelegte Identifizierung der Verpackung;

(j) das Jahr der Rekonditionierung; den Buchstaben „R" und für jede Verpackung, die der Dichtheitsprüfung nach 6.1.1.2.2 mit Erfolg unterzogen worden ist, den zusätzlichen Buchstaben „L".

[Erhalt der Kennzeichen] 6.1.3.9

Wenn nach einer Rekonditionierung die in 6.1.3.1 (a) bis (d) vorgeschriebenen Kennzeichen weder auf dem Oberboden noch auf dem Mantel des Metallfasses sichtbar sind, muss der Rekonditionierer auch diese in dauerhafter Form anbringen, gefolgt von den in 6.1.3.8 (h), (i) und (j) vorgeschriebenen Kennzeichen. Diese Kennzeichen dürfen keine größere Leistungsfähigkeit angeben als die, für die die ursprüngliche Bauart geprüft und gekennzeichnet wurde.

Beispiele für die Kennzeichnung von NEUEN Verpackungen 6.1.3.10

un	**4G/Y145/S/02** **NL/VL823**	wie in 6.1.3.1 (a), (b), (c), (d) und (e) wie in 6.1.3.1 (f) und (g)	für eine neue Kiste aus Pappe
un	**1A1/Y1.4/150/98** **NL/VL824**	wie in 6.1.3.1 (a), (b), (c), (d) und (e) wie in 6.1.3.1 (f) und (g)	für ein neues Stahlfass für die Beförderung von flüssigen Stoffen
un	**1A2/Y150/S/01** **NL/VL825**	wie in 6.1.3.1 (a), (b), (c), (d) und (e) wie in 6.1.3.1 (f) und (g)	für eine neues Stahlfass für die Beförderung von festen Stoffen oder Innenverpackungen
un	**4HW/Y136/S/98** **NL/VL826**	wie in 6.1.3.1 (a), (b), (c), (d) und (e) wie in 6.1.3.1 (f) und (g)	für eine neue Kiste aus Kunststoff, die nach gleichwertigen Spezifikationen hergestellt wurde

[2] Das für Kraftfahrzeuge und Anhänger im internationalen Straßenverkehr verwendete Unterscheidungszeichen des Zulassungsstaates, z. B. gemäß dem Genfer Übereinkommen über den Straßenverkehr von 1949 oder dem Wiener Übereinkommen über den Straßenverkehr von 1968.

6.1.3.10 (Forts.)

(u/n)	**1A2/Y/100/01** **USA/MM5**	wie in 6.1.3.1 (a), (b), (c), (d) und (e) wie in 6.1.3.1 (f) und (g)	für ein wiederaufgearbeitetes Stahlfass für die Beförderung von flüssigen Stoffen, deren relative Dichte 1,2 nicht überschreitet ***Bemerkung:*** *Für flüssige Stoffe ist die Angabe der relativen Dichte, die 1,2 nicht überschreitet, gemäß 6.1.3.1 (c) (ii) freigestellt.*

6.1.3.11 Beispiele für die Kennzeichnung von REKONDITIONIERTEN Verpackungen

(u/n)	**1A1/Y1.4/150/97** **NL/RB/01 RL**	wie in 6.1.3.1 (a), (b), (c), (d) und (e) wie in 6.1.3.8 (h), (i) und (j)
(u/n)	**1A2/Y150/S/99** **USA/RB/00 R**	wie in 6.1.3.1 (a), (b), (c), (d) und (e) wie in 6.1.3.8 (h), (i) und (j)

6.1.3.12 Beispiele für die Kennzeichnung von BERGUNGSVERPACKUNGEN

(u/n)	**1A2T/Y300/S/01** **USA/abc**	wie in 6.1.3.1 (a), (b), (c), (d) und (e) wie in 6.1.3.1 (f) und (g)

Bemerkung: *Die in 6.1.3.10, 6.1.3.11 und 6.1.3.12 beispielhaft dargestellte Kennzeichnung darf in einer Zeile oder in mehreren Zeilen angebracht werden, vorausgesetzt, die richtige Reihenfolge wird beachtet.*

6.1.4 Vorschriften für Verpackungen

6.1.4.0 Allgemeine Vorschriften

Eine Permeation des in der Verpackung enthaltenen Stoffes darf unter normalen Beförderungsbedingungen keine Gefahr darstellen.

6.1.4.1 Fässer aus Stahl

1A1 mit nicht abnehmbarem Deckel

1A2 mit abnehmbarem Deckel

6.1.4.1.1 [Werkstoff]

Mantel und Böden müssen aus Stahlblech eines geeigneten Typs hergestellt sein und eine für den Fassungsraum und den Verwendungszweck des Fasses ausreichende Dicke aufweisen.

Bemerkung: *Für Fässer aus Kohlenstoffstahl sind „geeignete" Stähle in den Normen ISO 3573:1999 („Warmgewalztes Band und Blech aus weichen unlegierten Stählen") und ISO 3574:1999 („Kaltgewalztes Band und Blech aus weichen unlegierten Stählen") ausgewiesen.*

Für Fässer aus Kohlenstoffstahl mit einem Fassungsraum unter 100 Liter sind „geeignete" Stähle zusätzlich zu den oben genannten auch in den Normen ISO 11949:1995 („Kaltgewalztes elektrolytisch verzinntes Weißblech"), ISO 11950:1995 („Kaltgewalzter elektrolytisch spezialverchromter Stahl") und ISO 11951:1995 („Kaltgewalztes Feinstblech in Rollen zur Herstellung von Weißblech oder von elektrolytisch spezialverchromtem Stahl") ausgewiesen.

6.1.4.1.2 [Mantelnähte]

Die Mantelnähte der Fässer, die zur Aufnahme von mehr als 40 Liter flüssiger Stoffe bestimmt sind, müssen geschweißt sein. Die Mantelnähte der Fässer, die für feste Stoffe und zur Aufnahme von höchstens 40 Liter flüssiger Stoffe bestimmt sind, müssen mechanisch gefalzt oder geschweißt sein.

6.1.4.1.3 [Verbindungen]

Die Verbindungen zwischen Böden und Mantel müssen mechanisch gefalzt oder geschweißt sein. Getrennte Verstärkungsreifen dürfen verwendet werden.

[Rollreifen/-sicken] 6.1.4.1.4

Der Mantel von Fässern mit einem Fassungsraum von mehr als 60 Litern muss im Allgemeinen mit mindestens zwei Rollsicken oder mindestens zwei getrennten Rollreifen versehen sein. Sind getrennte Rollreifen vorhanden, so müssen sie auf dem Mantel fest anliegen und so befestigt sein, dass sie sich nicht verschieben können. Die Rollreifen dürfen nicht durch Punktschweißungen befestigt werden.

[Öffnungen] 6.1.4.1.5

Der Durchmesser von Öffnungen zum Füllen, Entleeren oder Entlüften im Mantel oder in den Böden der Fässer mit nicht abnehmbarem Deckel (1A1) darf 7 cm nicht überschreiten. Fässer mit größeren Öffnungen gelten als Fässer mit abnehmbarem Deckel (1A2). Verschlüsse für Mantel- oder Bodenöffnungen von Fässern müssen so ausgelegt und angebracht sein, dass sie unter normalen Beförderungsbedingungen fest verschlossen und dicht bleiben. Flansche können durch mechanisches Falzen angebracht oder angeschweißt sein. Die Verschlüsse müssen mit Dichtungen oder sonstigen Abdichtungsmitteln versehen sein, sofern sie nicht von sich aus dicht sind.

[Verschlüsse] 6.1.4.1.6

Die Verschlusseinrichtungen der Fässer mit abnehmbarem Deckel müssen so ausgelegt und angebracht sein, dass sie unter normalen Beförderungsbedingungen fest verschlossen und die Fässer dicht bleiben. Abnehmbare Deckel müssen mit Dichtungen oder sonstigen Abdichtungsmitteln versehen sein.

[Schutzauskleidung] 6.1.4.1.7

Wenn die für Mantel, Böden, Verschlüsse und sonstige Ausrüstungsteile verwendeten Werkstoffe nicht mit dem zu befördernden Stoff verträglich sind, müssen innen geeignete Schutzauskleidungen aufgebracht oder geeignete Oberflächenbehandlungen durchgeführt werden. Diese Auskleidungen oder Oberflächenbehandlungen müssen ihre Schutzeigenschaften unter normalen Beförderungsbedingungen beibehalten.

[Höchster Fassungsraum] 6.1.4.1.8

Höchster Fassungsraum der Fässer: 450 Liter

[Höchste Nettomasse] 6.1.4.1.9

Höchste Nettomasse: 400 kg

Fässer aus Aluminium 6.1.4.2

1B1 mit nicht abnehmbarem Deckel

1B2 mit abnehmbarem Deckel

[Werkstoff] 6.1.4.2.1

Der Mantel und die Böden müssen aus Aluminium mit einem Reinheitsgrad von mindestens 99 % oder aus einer Aluminiumlegierung hergestellt sein. Der Werkstoff muss geeignet sein und eine für den Fassungsraum und den Verwendungszweck des Fasses ausreichende Dicke aufweisen.

[Schweißung] 6.1.4.2.2

Alle Nähte müssen geschweißt sein. Nähte müssen, soweit vorhanden, durch aufgepresste Verstärkungsreifen verstärkt werden.

[Mantel] 6.1.4.2.3

Der Mantel von Fässern mit einem Fassungsraum von mehr als 60 Litern muss im Allgemeinen mit mindestens zwei Rollsicken oder mindestens zwei getrennten Rollreifen versehen sein. Sind getrennte Rollreifen vorhanden, so müssen sie auf dem Mantel fest anliegen und so befestigt sein, dass sie sich nicht verschieben können. Die Rollreifen dürfen nicht durch Punktschweißungen befestigt werden.

6.1.4.2.4 [Öffnungen]

Der Durchmesser von Öffnungen zum Füllen, Entleeren oder Entlüften im Mantel oder in den Böden der Fässer mit nicht abnehmbarem Deckel (1B1) darf 7 cm nicht überschreiten. Fässer mit größeren Öffnungen gelten als Fässer mit abnehmbarem Deckel (1B2). Verschlüsse für Mantel- oder Bodenöffnungen von Fässern müssen so ausgelegt und angebracht sein, dass sie unter normalen Beförderungsbedingungen fest verschlossen und dicht bleiben. Flansche müssen angeschweißt sein und die Schweißnaht muss eine dichte Verbindung bilden. Die Verschlüsse müssen mit Dichtungen oder sonstigen Abdichtungsmitteln versehen sein, sofern sie nicht von sich aus dicht sind.

6.1.4.2.5 [Verschlüsse]

Die Verschlusseinrichtungen der Fässer mit abnehmbarem Deckel müssen so ausgelegt und angebracht sein, dass sie unter normalen Beförderungsbedingungen fest verschlossen und die Fässer dicht bleiben. Abnehmbare Deckel müssen mit Dichtungen oder sonstigen Abdichtungsmitteln versehen sein.

6.1.4.2.6 [Höchster Fassungsraum]

Höchster Fassungsraum der Fässer: 450 Liter.

6.1.4.2.7 [Höchste Nettomasse]

Höchste Nettomasse: 400 kg.

6.1.4.3 Fässer aus einem anderen Metall als Stahl oder Aluminium

1N1 mit nicht abnehmbarem Deckel

1N2 mit abnehmbarem Deckel

6.1.4.3.1 [Werkstoff]

Der Mantel und die Böden müssen aus einem anderen Metall oder einer anderen Metalllegierung als Stahl oder Aluminium hergestellt sein. Der Werkstoff muss geeignet sein und eine für den Fassungsraum und den Verwendungszweck des Fasses ausreichende Dicke aufweisen.

6.1.4.3.2 [Nähte]

Die Nähte der umgebogenen Ränder müssen, soweit vorhanden, durch die Verwendung eines gesonderten Verstärkungsringes verstärkt sein. Alle Nähte müssen, soweit vorhanden, nach dem neuesten Stand der Technik für das verwendete Metall oder die verwendete Metalllegierung ausgeführt (geschweißt, gelötet usw.) sein.

6.1.4.3.3 [Mantel]

Der Mantel von Fässern mit einem Fassungsraum von mehr als 60 Litern muss im Allgemeinen mit mindestens zwei Rollsicken oder mindestens zwei getrennten Rollreifen versehen sein. Sind getrennte Rollreifen vorhanden, so müssen sie auf dem Mantel fest anliegen und so befestigt sein, dass sie sich nicht verschieben können. Die Rollreifen dürfen nicht durch Punktschweißungen befestigt werden.

6.1.4.3.4 [Öffnungen]

Der Durchmesser von Öffnungen zum Füllen, Entleeren oder Entlüften im Mantel oder in den Böden der Fässer mit nicht abnehmbarem Deckel (1N1) darf 7 cm nicht überschreiten. Fässer mit größeren Öffnungen gelten als Fässer mit abnehmbarem Deckel (1N2). Verschlüsse für Mantel- oder Bodenöffnungen von Fässern müssen so ausgelegt und angebracht sein, dass sie unter normalen Beförderungsbedingungen fest verschlossen und dicht bleiben. Flansche müssen nach dem neuesten Stand der Technik für das verwendete Metall oder die verwendete Metalllegierung angebracht (geschweißt, gelötet usw.) sein, um die Dichtheit der Naht sicherzustellen. Die Verschlüsse müssen mit Dichtungen oder sonstigen Abdichtungsmitteln versehen sein, sofern sie nicht von sich aus dicht sind.

6.1.4.3.5 [Verschlüsse]

Die Verschlusseinrichtungen der Fässer mit abnehmbarem Deckel müssen so ausgelegt und angebracht sein, dass sie unter normalen Beförderungsbedingungen fest verschlossen und die Fässer dicht bleiben. Abnehmbare Deckel müssen mit Dichtungen oder sonstigen Abdichtungsmitteln versehen sein.

[Höchster Fassungsraum] 6.1.4.3.6

Höchster Fassungsraum der Fässer: 450 Liter.

[Höchste Nettomasse] 6.1.4.3.7

Höchste Nettomasse: 400 kg.

Kanister aus Stahl oder Aluminium 6.1.4.4

3A1 aus Stahl, mit nicht abnehmbarem Deckel

3A2 aus Stahl, mit abnehmbarem Deckel

3B1 aus Aluminium, mit nicht abnehmbarem Deckel

3B2 aus Aluminium, mit abnehmbarem Deckel

[Werkstoff] 6.1.4.4.1

Das Blech für den Mantel und die Böden muss aus Stahl, aus Aluminium mit einem Reinheitsgrad von mindestens 99 % oder aus einer Legierung auf Aluminiumbasis bestehen. Der Werkstoff muss geeignet sein und eine für den Fassungsraum und den Verwendungszweck des Kanisters ausreichende Dicke aufweisen.

[Verbindungen] 6.1.4.4.2

Die Verbindungen zwischen Böden und Mantel aller Kanister aus Stahl müssen mechanisch gefalzt oder geschweißt sein. Die Mantelnähte von Kanistern aus Stahl, die zur Aufnahme von mehr als 40 Litern flüssiger Stoffe bestimmt sind, müssen geschweißt sein. Die Mantelnähte von Kanistern aus Stahl, die zur Aufnahme von höchstens 40 Litern flüssiger Stoffe bestimmt sind, müssen mechanisch gefalzt oder geschweißt sein. Bei Kanistern aus Aluminium müssen alle Nähte geschweißt sein. Die Verbindungen zwischen Böden und Mantel müssen, soweit vorhanden, durch die Verwendung eines gesonderten Verstärkungsringes verstärkt sein.

[Öffnungen] 6.1.4.4.3

Der Durchmesser der Öffnungen der Kanister mit nicht abnehmbarem Deckel (3A1 und 3B1) darf nicht größer sein als 7 cm. Kanister mit größeren Öffnungen gelten als Kanister mit abnehmbarem Deckel (3A2 und 3B2). Die Verschlüsse müssen so ausgelegt sein, dass sie unter normalen Beförderungsbedingungen fest verschlossen und dicht bleiben. Die Verschlüsse müssen mit Dichtungen oder sonstigen Abdichtungsmitteln versehen sein, sofern sie nicht von sich aus dicht sind.

[Schutzauskleidungen] 6.1.4.4.4

Wenn die für Mantel, Böden, Verschlüsse und sonstige Ausrüstungsteile verwendeten Werkstoffe nicht mit dem zu befördernden Stoff verträglich sind, müssen innen geeignete Schutzauskleidungen aufgebracht oder geeignete Oberflächenbehandlungen durchgeführt werden. Diese Auskleidungen oder Oberflächenbehandlungen müssen ihre Schutzeigenschaften unter normalen Beförderungsbedingungen beibehalten.

[Höchster Fassungsraum] 6.1.4.4.5

Höchster Fassungsraum der Kanister: 60 Liter.

[Höchste Nettomasse] 6.1.4.4.6

Höchste Nettomasse: 120 kg.

Fässer aus Sperrholz 6.1.4.5

1D

[Werkstoff] 6.1.4.5.1

Das verwendete Holz muss gut abgelagert und handelsüblich trocken und frei von Mängeln sein, welche die Verwendbarkeit des Fasses für den beabsichtigten Verwendungszweck beeinträchtigen können. Falls ein anderer Werkstoff als Sperrholz für die Herstellung der Böden verwendet wird, muss dieser Eigenschaften besitzen, die denen von Sperrholz gleichwertig sind.

6.1.4.5.2 [Anzahl der Lagen]

Das für den Mantel verwendete Sperrholz muss aus mindestens zwei Lagen und das für die Böden mindestens aus drei Lagen bestehen; die einzelnen Lagen müssen kreuzweise zur Faserrichtung mit wasserbeständigem Klebstoff fest miteinander verleimt sein.

6.1.4.5.3 [Auslegung]

Die Auslegung des Fassmantels und der Böden sowie ihrer Verbindungen muss dem Fassungsraum und dem Verwendungszweck des Fasses angepasst sein.

6.1.4.5.4 [Auskleidung]

Um ein Durchrieseln des Inhalts zu verhindern, sind die Deckel mit Kraftpapier oder einem gleichwertigen Werkstoff auszukleiden, das/der am Deckel sicher zu befestigen ist und rundum überstehen muss.

6.1.4.5.5 [Höchster Fassungsraum]

Höchster Fassungsraum der Fässer: 250 Liter.

6.1.4.5.6 [Höchste Nettomasse]

Höchste Nettomasse: 400 kg.

6.1.4.6 (bleibt offen)

6.1.4.7 Fässer aus Pappe

1G

6.1.4.7.1 [Mantel]

Der Fassmantel muss aus mehreren Lagen Kraftpapier oder Vollpappe (nicht gewellt), die fest verleimt oder gepresst sind, bestehen und kann eine oder mehrere Schutzlagen aus Bitumen, gewachstem Kraftpapier, Metallfolie, Kunststoff usw. enthalten.

6.1.4.7.2 [Böden]

Die Böden müssen aus Naturholz, Pappe, Metall, Sperrholz, Kunststoff oder einem anderen geeigneten Werkstoff bestehen und können eine oder mehrere Schutzlagen aus Bitumen, gewachstem Kraftpapier, Metallfolie, Kunststoff usw. enthalten.

6.1.4.7.3 [Auslegung]

Die Auslegung des Fassmantels und der Böden sowie ihrer Verbindungen muss dem Fassungsraum und dem Verwendungszweck des Fasses angepasst sein.

6.1.4.7.4 [Wasserbeständigkeit]

Die zusammengebaute Verpackung muss ausreichend wasserbeständig sein, so dass sich die Schichten unter normalen Beförderungsbedingungen nicht abspalten.

6.1.4.7.5 [Höchster Fassungsraum]

Höchster Fassungsraum der Fässer: 450 Liter.

6.1.4.7.6 [Höchste Nettomasse]

Höchste Nettomasse: 400 kg.

6.1.4.8 Fässer und Kanister aus Kunststoff

1H1 Fässer, mit nicht abnehmbarem Deckel
1H2 Fässer, mit abnehmbarem Deckel
3H1 Kanister, mit nicht abnehmbarem Deckel
3H2 Kanister, mit abnehmbarem Deckel

6.1.4.8.1 [Werkstoff]

Die Verpackung muss aus geeignetem Kunststoff hergestellt werden, und ihre Festigkeit muss dem Fassungsraum und dem Verwendungszweck angemessen sein. Ausgenommen für Recyclingkunststoffe gemäß Begriffsbestimmung in 1.2.1 darf kein gebrauchter Werkstoff außer Produktionsrückständen oder Kunststoffregenerat aus demselben Fertigungsprozess verwendet werden. Die Verpackung muss ausreichend widerstandsfähig sein gegen Alterung und gegen Qualitätsverlust, der entweder durch das Füllgut oder durch ultraviolette Strahlung verursacht wird. 6.1.4.8.1 (Forts.)

[Zusätze] 6.1.4.8.2

Ist ein Schutz gegen ultraviolette Strahlung erforderlich, so muss dies durch Beimischung von Ruß oder anderen geeigneten Pigmenten oder Inhibitoren erfolgen. Diese Zusätze müssen mit dem Füllgut verträglich sein und ihre Wirkung während der gesamten Verwendungsdauer der Verpackung behalten. Bei Verwendung von Ruß, Pigmenten oder Inhibitoren, die sich von denen unterscheiden, die für die Herstellung der geprüften Bauart verwendet wurden, kann auf die Wiederholung der Prüfungen verzichtet werden, wenn der Rußgehalt 2 Masse-% oder der Pigmentgehalt 3 Masse-% nicht überschreitet; der Inhibitorengehalt gegen ultraviolette Strahlung ist nicht beschränkt.

[Wanddicke] 6.1.4.8.3

Zusätze für andere Zwecke als zum Schutz gegen ultraviolette Strahlung dürfen dem Kunststoff unter der Voraussetzung beigemischt werden, dass sie die chemischen und physikalischen Eigenschaften des Verpackungswerkstoffes nicht beeinträchtigen. In diesem Fall kann auf die Wiederholung der Prüfung verzichtet werden.

[Öffnungen] 6.1.4.8.4

Die Wanddicke muss an jeder Stelle der Verpackung dem Fassungsraum und dem Verwendungszweck angepasst sein, wobei die Beanspruchungen der einzelnen Stellen zu berücksichtigen sind.

[Verschlüsse] 6.1.4.8.5

Der Durchmesser von Öffnungen zum Füllen, Entleeren oder Entlüften im Mantel oder in den Böden der Fässer mit nicht abnehmbarem Deckel (1H1) und Kanistern mit nicht abnehmbarem Deckel (3H1) darf 7 cm nicht überschreiten. Fässer und Kanister mit größeren Öffnungen gelten als Fässer und Kanister mit abnehmbarem Deckel (1H2 und 3H2). Verschlüsse für Mantel- oder Bodenöffnungen von Fässern und Kanistern müssen so ausgelegt und angebracht sein, dass sie unter normalen Beförderungsbedingungen fest verschlossen und dicht bleiben. Die Verschlüsse müssen mit Dichtungen oder sonstigen Abdichtungsmitteln versehen sein, sofern sie nicht von sich aus dicht sind.

[Höchster Fassungsraum] 6.1.4.8.6

Verschlusseinrichtungen für Fässer und Kanister mit abnehmbarem Deckel müssen so ausgelegt und angebracht sein, dass sie unter normalen Beförderungsbedingungen fest verschlossen und dicht bleiben. Bei allen abnehmbaren Deckeln müssen Dichtungen verwendet werden, es sei denn, das Fass oder der Kanister ist von sich aus dicht, wenn der abnehmbare Deckel ordnungsgemäß befestigt wird.

[Höchster Fassungsraum] 6.1.4.8.7

Höchster Fassungsraum der Fässer und Kanister: 1H1, 1H2: 450 Liter
3H1, 3H2: 60 Liter

[Höchste Nettomasse] 6.1.4.8.8

Höchste Nettomasse: 1H1, 1H2: 400 kg
3H1, 3H2: 120 kg

Kisten aus Naturholz 6.1.4.9

4C1 einfach
4C2 mit staubdichten Wänden

[Werkstoff] 6.1.4.9.1

Das verwendete Holz muss gut abgelagert, handelsüblich trocken und frei von Mängeln sein, damit eine wesentliche Verminderung der Festigkeit jedes einzelnen Teils der Kiste verhindert wird. Die Festigkeit des verwendeten Werkstoffes und die Art der Fertigung müssen dem Fassungsraum und dem Verwendungszweck der Kiste angepasst sein. Die Deckel und Böden können aus wasserbeständigen Holzfaserwerkstoffen wie Holzfaserplatten oder Spanplatten oder anderen geeigneten Ausführungen bestehen.

6.1.4.9.2 [Befestigungselemente]

Die Befestigungselemente müssen gegen Vibrationen, die erfahrungsgemäß unter normalen Beförderungsbedingungen auftreten, beständig sein. Das Anbringen von Nägeln in Faserrichtung des Holzes am Ende von Brettern ist möglichst zu vermeiden. Verbindungen, bei denen die Gefahr einer starken Beanspruchung besteht, müssen unter Verwendung von umgenieteten Nägeln oder Ringschaftnägeln oder gleichwertigen Befestigungsmitteln hergestellt werden.

6.1.4.9.3 [Verbindungen]

Kiste 4C2: Jeder Teil der Kiste muss aus einem Stück bestehen oder diesem gleichwertig sein. Teile sind als einem Stück gleichwertig anzusehen, wenn folgende Arten von Leimverbindungen angewendet werden: Lindermann-Verbindung (Schwalbenschwanz-Verbindung), Nut- und Federverbindung, überlappende Verbindung oder Stoßverbindung mit mindestens zwei gewellten Metallbefestigungselementen an jeder Verbindung.

6.1.4.9.4 [Höchste Nettomasse]

Höchste Nettomasse: 400 kg.

6.1.4.10 Kisten aus Sperrholz

4D

6.1.4.10.1 [Werkstoff]

Das verwendete Sperrholz muss mindestens aus drei Lagen bestehen. Es muss aus gut abgelagertem Schälfurnier, Schnittfurnier oder Sägefurnier hergestellt sein. Es muss handelsüblich trocken und frei von Mängeln sein, welche die Festigkeit der Kiste wesentlich beeinträchtigen können. Die Festigkeit des verwendeten Werkstoffes und die Art der Fertigung müssen dem Fassungsraum und dem Verwendungszweck der Kiste angepasst sein. Die einzelnen Lagen müssen mit einem wasserbeständigen Klebstoff verleimt sein. Bei der Herstellung der Kisten dürfen auch andere geeignete Werkstoffe zusammen mit Sperrholz verwendet werden. Die Kisten müssen an den Eckleisten oder Stirnseiten fest vernagelt oder festgehalten oder durch andere gleichwertige Befestigungsmittel zusammengefügt sein.

6.1.4.10.2 [Höchste Nettomasse]

Höchste Nettomasse: 400 kg.

6.1.4.11 Kisten aus Holzfaserwerkstoffen

4F

6.1.4.11.1 [Werkstoff Wände]

Die Kistenwände müssen aus wasserbeständigen Holzfaserwerkstoffen wie Holzfaserplatten oder Spanplatten oder anderen geeigneten Ausführungen bestehen. Die Festigkeit des verwendeten Werkstoffes und die Art der Fertigung müssen dem Fassungsraum und dem Verwendungszweck der Kiste angepasst sein.

6.1.4.11.2 [Werkstoff]

Die anderen Teile der Kisten dürfen aus anderen geeigneten Werkstoffen bestehen.

6.1.4.11.3 [Zusammenfügung]

Die Kisten müssen mit geeigneten Mitteln fest zusammengefügt sein.

6.1.4.11.4 [Höchste Nettomasse]

Höchste Nettomasse: 400 kg.

6.1.4.12 Kisten aus Pappe

4G

6.1.4.12.1 [Werkstoff]

Es ist Vollpappe oder zweiseitige Wellpappe (ein- oder mehrwellig) von guter und fester Qualität, die dem Fassungsraum und dem Verwendungszweck der Kiste angepasst ist, zu verwenden. Die Wasserbeständigkeit der Außenfläche muss so sein, dass die Erhöhung der Masse während der 30 Minuten dauernden Prüfung auf Wasseraufnahme nach der Cobb-Methode nicht mehr als 155 g/m^2 ergibt – siehe ISO-Norm 535:1991. Die Pappe muss eine geeignete Biegefestigkeit haben. Sie muss so zugeschnitten, ohne Ritzen gerillt und geschlitzt sein, dass sie beim Zusammenbau nicht bricht, ihre Oberfläche nicht einreißt, und sie nicht zu stark ausbaucht. Die Wellen der Wellpappe müssen fest mit den Außenschichten verklebt sein. 6.1.4.12.1 (Forts.)

[Stirnseiten] 6.1.4.12.2

Die Stirnseiten der Kisten können einen Holzrahmen haben oder vollständig aus Holz oder einem anderen geeigneten Werkstoff bestehen. Zur Verstärkung dürfen Holzleisten oder andere geeignete Werkstoffe verwendet werden.

[Fabrikkanten] 6.1.4.12.3

Die Fabrikkanten der Kisten müssen mit Klebeband geklebt, überlappt und geklebt oder überlappt und mit Metallklammern geheftet sein. Bei überlappten Verbindungen muss die Überlappung entsprechend groß sein.

[Verschluss] 6.1.4.12.4

Erfolgt der Verschluss durch Verkleben oder mit einem Klebeband, muss der Klebstoff wasserbeständig sein.

[Abmessungen] 6.1.4.12.5

Die Abmessungen der Kisten müssen dem Inhalt angepasst sein.

[Höchste Nettomasse] 6.1.4.12.6

Höchste Nettomasse: 400 kg.

Kisten aus Kunststoff 6.1.4.13

4H1 Kisten aus Schaumstoffen

4H2 Kisten aus massiven Kunststoffen

[Werkstoff] 6.1.4.13.1

Die Kisten müssen aus geeigneten Kunststoffen hergestellt sein und ihre Festigkeit muss dem Fassungsraum und dem Verwendungszweck angepasst sein. Die Kisten müssen ausreichend widerstandsfähig sein gegenüber Alterung und Abbau, der entweder durch das Füllgut oder durch ultraviolette Strahlung verursacht wird.

[Schaumstoffteile] 6.1.4.13.2

Die Schaumstoffkisten müssen aus zwei geformten Schaumstoffteilen bestehen: einem unteren Teil mit Aussparungen zur Aufnahme der Innenverpackungen und einem oberen Teil, der ineinandergreifend den unteren Teil abdeckt. Ober- und Unterteil müssen so ausgelegt sein, dass die Innenverpackungen festsitzen. Die Verschlusskappen der Innenverpackungen dürfen nicht mit der Innenseite des Oberteils der Kiste in Berührung kommen.

[Verschluss] 6.1.4.13.3

Für den Versand sind die Kisten aus Schaumstoff mit selbstklebendem Band zu verschließen, das genügend reißfest sein muss, um ein Öffnen der Kiste zu verhindern. Das selbstklebende Band muss wetterfest und der Klebstoff muss mit dem Schaumstoff der Kiste verträglich sein. Andere Verschlusseinrichtungen, die mindestens ebenso wirksam sind, dürfen verwendet werden.

[Alterungsbeständigkeit] 6.1.4.13.4

Bei Kisten aus massiven Kunststoffen muss der Schutz gegen ultraviolette Strahlung, falls erforderlich, durch Beimischung von Ruß oder anderen geeigneten Pigmenten oder Inhibitoren erfolgen. Diese Zusätze müssen mit dem Füllgut verträglich sein und ihre Wirkung während der gesamten Verwendungsdauer der Kiste behalten. Bei Verwendung von Ruß, Pigmenten oder Inhibitoren, die sich von jenen unterscheiden, die für die Herstellung der geprüften Bauart verwendet wurden, kann auf die Wiederholung der Prüfung verzichtet werden, wenn der Rußanteil 2 Masse-% oder der Pigmentanteil 3 Masse-% nicht überschreitet; der Inhibitorenanteil gegen ultraviolette Strahlung ist nicht beschränkt.

6.1.4.13.5 [Zusätze]

Zusätze für andere Zwecke als zum Schutz gegen ultraviolette Strahlung dürfen dem Kunststoff unter der Voraussetzung beigemischt werden, dass sie die chemischen und physikalischen Eigenschaften des Werkstoffes der Kiste nicht beeinträchtigen. In diesem Fall kann auf die Wiederholung der Prüfungen verzichtet werden.

6.1.4.13.6 [Verschlusseinrichtungen]

Kisten aus massiven Kunststoffen müssen Verschlusseinrichtungen aus einem geeigneten Werkstoff von ausreichender Festigkeit haben und sie müssen so ausgelegt sein, dass unbeabsichtigtes Öffnen verhindert wird.

6.1.4.13.7 [Höchste Nettomasse]

Höchste Nettomasse 4H1: 60 kg.

Höchste Nettomasse 4H2: 400 kg.

6.1.4.14 Kisten aus Stahl, Aluminium oder einem anderen Metall

4A aus Stahl

4B aus Aluminium

4N aus einem anderen Metall als Stahl oder Aluminium

6.1.4.14.1 [Eignung]

Die Festigkeit des Metalls und die Fertigung der Kisten müssen dem Fassungsraum und dem Verwendungszweck der Kisten angepasst sein.

6.1.4.14.2 [Auskleidung]

Die Kisten müssen, soweit erforderlich, mit Pappe oder Filzpolstern ausgelegt oder mit einer Innenauskleidung oder Innenbeschichtung aus geeignetem Werkstoff versehen sein. Wird eine doppelt gefalzte Metallauskleidung verwendet, so muss verhindert werden, dass Stoffe, insbesondere explosive Stoffe, in die Hohlräume der Falze eindringen.

6.1.4.14.3 [Verschlüsse]

Verschlüsse jeden geeigneten Typs sind zulässig; sie müssen unter normalen Beförderungsbedingungen fest verschlossen bleiben.

6.1.4.14.4 [Höchste Nettomasse]

Höchste Nettomasse: 400 kg.

6.1.4.15 Säcke aus Textilgewebe

5L1 ohne Auskleidung oder Beschichtung

5L2 staubdicht

5L3 wasserbeständig

6.1.4.15.1 [Werkstoff]

Die verwendeten Textilien müssen von guter Qualität sein. Die Festigkeit des Gewebes und die Fertigung des Sackes müssen dem Fassungsraum und dem Verwendungszweck angepasst sein.

6.1.4.15.2 [Staubdichtheit]

Säcke, staubdicht, 5L2: Die Staubdichtheit des Sackes muss erreicht werden z. B. durch:

.1 Papier, das mit einem wasserbeständigen Klebemittel wie Bitumen an die Innenseite des Sackes geklebt wird, oder

.2 Kunststofffolien, die an die Innenseite des Sackes angeklebt werden, oder

.3 eine oder mehrere Innenauskleidungen aus Papier oder Kunststoff.

6.1.4.15.3 [Wasserdichtheit]

Säcke, wasserbeständig, 5L3: Die Dichtheit des Sackes gegen Eindringen von Feuchtigkeit muss erreicht werden z. B. durch:

.1 getrennte Innenauskleidungen aus wasserbeständigem Papier (z. B. gewachstem Kraftpapier, Bitumenpapier oder mit Kunststoff beschichtetem Kraftpapier) oder 6.1.4.15.3 (Forts.)

.2 Kunststofffolie, die an die Innenseite des Sackes geklebt wird, oder

.3 eine oder mehrere Innenauskleidungen aus Papier oder Kunststoff.

[Höchste Nettomasse] 6.1.4.15.4

Höchste Nettomasse: 50 kg.

Säcke aus Kunststoffgewebe 6.1.4.16

5H1 ohne Auskleidung oder Beschichtung

5H2 staubdicht

5H3 wasserbeständig

[Werkstoff] 6.1.4.16.1

Die Säcke müssen entweder aus gereckten Bändern oder gereckten Einzelfäden aus geeignetem Kunststoff hergestellt sein. Die Festigkeit des verwendeten Werkstoffes und die Fertigung des Sackes müssen dem Fassungsraum und dem Verwendungszweck angepasst sein.

[Bodenverschluss] 6.1.4.16.2

Bei Verwendung von flachen Gewebebahnen müssen die Säcke so hergestellt sein, dass der Verschluss des Bodens und einer Seite entweder durch Nähen oder durch eine andere Methode sichergestellt wird. Ist das Gewebe als Schlauch hergestellt, so ist der Boden des Sackes durch Vernähen, Verweben oder eine andere Verschlussmethode mit gleicher Festigkeit zu verschließen.

[Staubdichtheit] 6.1.4.16.3

Säcke, staubdicht, 5H2: Die Staubdichtheit des Sackes muss erreicht werden z. B. durch:

.1 auf die Innenseite des Sackes geklebtes Papier oder Kunststofffolie oder

.2 eine oder mehrere getrennte Innenauskleidungen aus Papier oder Kunststoff.

[Wasserdichtheit] 6.1.4.16.4

Säcke, wasserbeständig, 5H3: Die Dichtheit des Sackes gegen Eindringen von Feuchtigkeit muss erreicht werden z. B. durch:

.1 getrennte Innenauskleidungen aus wasserbeständigem Papier (z. B. gewachstes Kraftpapier, beidseitiges Bitumenpapier oder mit Kunststoff beschichtetes Kraftpapier) oder

.2 auf die Innen- oder Außenseite des Sackes geklebte Kunststofffolie oder

.3 eine oder mehrere Innenauskleidungen aus Kunststoff.

[Höchste Nettomasse] 6.1.4.16.5

Höchste Nettomasse: 50 kg.

Säcke aus Kunststofffolie 6.1.4.17

5H4

[Werkstoff] 6.1.4.17.1

Die Säcke müssen aus einem geeigneten Kunststoff hergestellt sein. Die Festigkeit des verwendeten Werkstoffs und die Fertigung des Sackes müssen dem Fassungsraum und dem Verwendungszweck angepasst sein. Die Nähte und Verschlüsse müssen den unter normalen Beförderungsbedingungen auftretenden Druck- und Stoßbeanspruchungen standhalten.

[Höchste Nettomasse] 6.1.4.17.2

Höchste Nettomasse: 50 kg.

Säcke aus Papier 6.1.4.18

5M1 mehrlagig

5M2 mehrlagig, wasserbeständig

6.1.4.18.1 [Werkstoff]

Die Säcke müssen aus geeignetem Kraftpapier oder einem gleichwertigen Papier aus mindestens drei Lagen hergestellt sein, wobei die mittlere Lage aus einem mit den äußeren Papierlagen verbundenen Netzgewebe und Klebstoff bestehen darf. Die Festigkeit des Papiers und die Fertigung der Säcke müssen dem Fassungsraum und dem Verwendungszweck der Säcke angepasst sein. Die Nähte und Verschlüsse müssen staubdicht sein.

6.1.4.18.2 [Wasserdichtheit]

Säcke aus Papier 5M2: Um den Eintritt von Feuchtigkeit zu verhindern, muss ein Sack aus vier oder mehr Lagen entweder durch die Verwendung einer wasserbeständigen Lage anstelle einer der beiden äußeren Lagen oder durch die Verwendung einer wasserbeständigen Schicht aus geeignetem Schutzmaterial zwischen den beiden äußeren Lagen wasserdicht gemacht werden; ein Sack aus drei Lagen muss durch die Verwendung einer wasserbeständigen Lage anstelle der äußeren Lage wasserdicht gemacht werden. Wenn die Gefahr einer Reaktion des Füllguts mit Feuchtigkeit besteht oder dieses Füllgut in feuchtem Zustand verpackt wird, muss eine wasserdichte Lage oder Schicht, z. B. beidseitiges Bitumenpapier, kunststoffbeschichtetes Kraftpapier, Kunststofffolie, mit dem die innere Oberfläche des Sacks überzogen ist, oder eine oder mehrere Kunststoffinnenbeschichtungen, auch in direktem Kontakt zum Füllgut, angebracht werden. Die Nähte und Verschlüsse müssen wasserdicht sein.

6.1.4.18.3 [Höchste Nettomasse]

Höchste Nettomasse: 50 kg.

6.1.4.19 Kombinationsverpackungen (Kunststoff)

6HA1	Kunststoffgefäß in einem Fass aus Stahl
6HA2	Kunststoffgefäß in einem Verschlag oder einer Kiste aus Stahl
6HB1	Kunststoffgefäß in einem Fass aus Aluminium
6HB2	Kunststoffgefäß in einem Verschlag oder einer Kiste aus Aluminium
6HC	Kunststoffgefäß in einer Kiste aus Naturholz
6HD1	Kunststoffgefäß in einem Fass aus Sperrholz
6HD2	Kunststoffgefäß in einer Kiste aus Sperrholz
6HG1	Kunststoffgefäß in einem Fass aus Pappe
6HG2	Kunststoffgefäß in einer Kiste aus Pappe
6HH1	Kunststoffgefäß in einem Fass aus Kunststoff
6HH2	Kunststoffgefäß in einer Kiste aus massivem Kunststoff

6.1.4.19.1 Innengefäß

.1 Für das Kunststoffinnengefäß gelten die Bestimmungen von 6.1.4.8.1 und 6.1.4.8.3 bis 6.1.4.8.6.

.2 Das Kunststoffinnengefäß muss ohne Spielraum in die Außenverpackung eingepasst sein, die keine hervorspringenden Teile aufweisen darf, die den Kunststoff abscheuern können.

.3 Höchster Fassungsraum des Innengefäßes:

6HA1, 6HB1, 6HD1, 6HG1, 6HH1:	250 Liter
6HA2, 6HB2, 6HC, 6HD2, 6HG2, 6HH2:	60 Liter

.4 Höchste Nettomasse:

6HA1, 6HB1, 6HD1, 6HG1, 6HH1:	400 kg
6HA2, 6HB2, 6HC, 6HD2, 6HG2, 6HH2:	75 kg

6.1.4.19.2 Außenverpackung

.1 Kunststoffinnengefäß in einem Fass aus Stahl oder Aluminium (6HA1 oder 6HB1): für die Fertigung der Außenverpackung gelten die betreffenden Bestimmungen von 6.1.4.1 oder 6.1.4.2.

.2 Kunststoffinnengefäß in einem Verschlag oder einer Kiste aus Stahl oder Aluminium (6HA2 oder 6HB2): für die Fertigung der Außenverpackung gelten die betreffenden Bestimmungen von 6.1.4.14.

.3 Kunststoffinnengefäß in einer Kiste aus Holz 6HC: für die Fertigung der Außenverpackung gelten die betreffenden Bestimmungen von 6.1.4.9.

.4 Kunststoffinnengefäß in einem Fass aus Sperrholz 6HD1: für die Fertigung der Außenverpackung gelten die betreffenden Bestimmungen von 6.1.4.5. 6.1.4.19.2 (Forts.)

.5 Kunststoffinnengefäß in einer Kiste aus Sperrholz 6HD2: für die Fertigung der Außenverpackung gelten die betreffenden Bestimmungen von 6.1.4.10.

.6 Kunststoffinnengefäß in einem Fass aus Pappe 6HG1: für die Fertigung der Außenverpackung gelten die Bestimmungen von 6.1.4.7.1 bis 6.1.4.7.4.

.7 Kunststoffinnengefäß in einer Kiste aus Pappe 6HG2: für die Fertigung der Außenverpackung gelten die betreffenden Bestimmungen von 6.1.4.12.

.8 Kunststoffinnengefäß in einem Fass aus Kunststoff 6HH1: für die Fertigung der Außenverpackung gelten die Bestimmungen von 6.1.4.8.1 und 6.1.4.8.2 bis 6.1.4.8.6.

.9 Kunststoffinnengefäß in einer Kiste aus massivem Kunststoff (einschließlich Wellkunststoff) 6HH2: für die Fertigung der Außenverpackung gelten die Bestimmungen von 6.1.4.13.1 und 6.1.4.13.4 bis 6.1.4.13.6.

Kombinationsverpackungen (Glas, Porzellan oder Steinzeug) **6.1.4.20**

6PA1	Gefäß in einem Fass aus Stahl
6PA2	Gefäß in einem Verschlag oder einer Kiste aus Stahl
6PB1	Gefäß in einem Fass aus Aluminium
6PB2	Gefäß in einem Verschlag oder einer Kiste aus Aluminium
6PC	Gefäß in einer Kiste aus Naturholz
6PD1	Gefäß in einem Fass aus Sperrholz
6PD2	Gefäß in einem Weidenkorb
6PG1	Gefäß in einem Fass aus Pappe
6PG2	Gefäß in einer Kiste aus Pappe
6PH1	Gefäß in einer Außenverpackung aus Schaumstoff
6PH2	Gefäß in einer Außenverpackung aus massivem Kunststoff

Innengefäß **6.1.4.20.1**

.1 Die Gefäße müssen in geeigneter Weise geformt (zylindrisch oder birnenförmig) sowie aus einem Material guter Qualität und frei von Mängeln hergestellt sein, die ihre Festigkeit verringern können. Die Wände müssen an allen Stellen ausreichend dick sein.

.2 Als Verschlüsse der Gefäße sind Schraubverschlüsse aus Kunststoff, eingeschliffene Glasstopfen oder Verschlüsse mindestens gleicher Wirksamkeit zu verwenden. Jeder Teil des Verschlusses, der mit dem Füllgut des Gefäßes in Berührung kommen kann, muss diesem gegenüber widerstandsfähig sein. Bei den Verschlüssen ist auf dichten Sitz zu achten; sie sind durch geeignete Maßnahmen so zu sichern, dass jede Lockerung während der Beförderung verhindert wird. Sind Verschlüsse mit Lüftungseinrichtungen erforderlich, so müssen diese 4.1.1.8 entsprechen.

.3 Das Gefäß muss unter Verwendung von Polstermaterial und/oder absorbierendem Material festsitzend in die Außenverpackung eingebettet sein.

.4 Höchster Fassungsraum der Gefäße: 60 Liter.

.5 Höchste Nettomasse: 75 kg.

Außenverpackung **6.1.4.20.2**

.1 Gefäß in einem Fass aus Stahl 6PA1: Für die Fertigung der Außenverpackung gelten die entsprechenden Bestimmungen von 6.1.4.1. Der bei dieser Verpackungsart notwendige abnehmbare Deckel kann jedoch die Form einer Haube haben.

.2 Gefäß in einem Verschlag oder einer Kiste aus Stahl 6PA2: Für die Fertigung der Außenverpackung gelten die entsprechenden Bestimmungen von 6.1.4.14. Bei zylindrischen Gefäßen muss die Außenverpackung in vertikaler Richtung über das Gefäß und dessen Verschluss hinausragen. Umschließt die verschlagförmige Außenverpackung ein birnenförmiges Gefäß und ist sie an dessen Form angepasst, so ist die Außenverpackung mit einer schützenden Abdeckung (Haube) zu versehen.

.3 Gefäß in einem Fass aus Aluminium 6PB1: Für die Fertigung der Außenverpackung gelten die entsprechenden Bestimmungen von 6.1.4.2.

6.1.4.20.2 (Forts.)

.4 Gefäß in einem Verschlag oder einer Kiste aus Aluminium 6PB2: Für die Fertigung der Außenverpackung gelten die entsprechenden Bestimmungen von 6.1.4.14.

.5 Gefäß in einer Kiste aus Naturholz 6PC: Für die Fertigung der Außenverpackung gelten die entsprechenden Bestimmungen von 6.1.4.9.

.6 Gefäß in einem Fass aus Sperrholz 6PD1: Für die Fertigung der Außenverpackung gelten die entsprechenden Bestimmungen von 6.1.4.5.

.7 Gefäß in einem Weidenkorb 6PD2: Die Weidenkörbe müssen aus einem Material einwandfreier Qualität hergestellt sein. Sie sind mit einer schützenden Abdeckung (Haube) zu versehen, damit Beschädigungen des Gefäßes vermieden werden.

.8 Gefäß in einem Fass aus Pappe 6PG1: Für den Mantel der Außenverpackung gelten die entsprechenden Bestimmungen von 6.1.4.7.1 bis 6.1.4.7.4.

.9 Gefäß in einer Kiste aus Pappe 6PG2: Für die Fertigung der Außenverpackung gelten die entsprechenden Bestimmungen von 6.1.4.12.

.10 Gefäß in einer Außenverpackung aus Schaumstoff oder massivem Kunststoff (6PH1 oder 6PH2): Für die Werkstoffe dieser beiden Außenverpackungen gelten die entsprechenden Bestimmungen von 6.1.4.13. Außenverpackungen aus massivem Kunststoff sind aus Polyethylen hoher Dichte oder einem anderen vergleichbaren Kunststoff herzustellen. Der abnehmbare Deckel dieser Verpackungsart kann jedoch die Form einer Haube haben.

6.1.5 Vorschriften für die Prüfungen der Verpackungen

6.1.5.1 Durchführung und Wiederholung der Prüfungen

6.1.5.1.1 [Bauartprüfung]

→ D: BAM-GGR 006
→ D: BAM-GGR 013

Die Bauart jeder Verpackung muss den in diesem Abschnitt vorgesehenen Prüfungen nach den von der zuständigen Behörde festgelegten Verfahren unterzogen werden.

6.1.5.1.2 [Elemente der Bauart]

Vor der Verwendung muss jede Bauart einer Verpackung die in diesem Kapitel vorgeschriebenen Prüfungen erfolgreich bestanden haben. Die Bauart der Verpackung wird durch Auslegung, Größe, verwendeten Werkstoff und dessen Dicke, Art der Fertigung und Zusammenbau bestimmt, kann aber auch verschiedene Oberflächenbehandlungen einschließen. Hierzu gehören auch Verpackungen, die sich von der Bauart nur durch ihre geringere Bauhöhe unterscheiden.

6.1.5.1.3 [Stichproben]

Die Prüfungen müssen mit Mustern aus der Produktion in Abständen wiederholt werden, die von der zuständigen Behörde festgelegt werden. Werden solche Prüfungen an Verpackungen aus Papier oder Pappe durchgeführt, gilt eine Vorbereitung bei Umgebungsbedingungen als gleichwertig zu den in 6.1.5.2.3 angegebenen Vorschriften.

6.1.5.1.4 [Erneute Prüfung]

Die Prüfungen müssen auch nach jeder Änderung der Auslegung, des Werkstoffs oder der Art der Fertigung einer Verpackung wiederholt werden.

6.1.5.1.5 [Selektive Prüfung]

→ D: BAM-GGR 006
→ D: BAM-GGR 013

Die zuständige Behörde kann die selektive Prüfung von Verpackungen zulassen, die sich nur geringfügig von einer geprüften Bauart unterscheiden, wie z. B. Verpackungen, die Innenverpackungen kleinerer oder geringerer Nettomasse enthalten, oder auch Verpackungen wie Fässer, Säcke und Kisten, bei denen ein oder mehrere Außenmaß(e) etwas verringert ist (sind).

6.1.5.1.6 (bleibt offen)

Bemerkung: *Für die Vorschriften zur Verwendung verschiedener Innenverpackungen in einer Außenverpackung und der zulässigen Variationen von Innenverpackungen siehe 4.1.1.5.1. Diese Vorschriften führen bei Anwendung von 6.1.5.1.7 nicht zu einer Einschränkung der Verwendung von Innenverpackungen.*

[Prüfungsfreiheit Innenverpackungen] 6.1.5.1.7

Gegenstände oder Innenverpackungen jeden Typs für feste oder flüssige Stoffe dürfen zusammengefasst und befördert werden, ohne dass sie Prüfungen in einer Außenverpackung unterzogen worden sind, wenn sie folgende Bedingungen erfüllen:

.1 Die Außenverpackung muss gemäß 6.1.5.3 erfolgreich mit zerbrechlichen Innenverpackungen (z. B. aus Glas), die flüssige Stoffe enthalten, bei einer der Verpackungsgruppe I entsprechenden Fallhöhe geprüft worden sein.

.2 Die gesamte Bruttomasse aller Innenverpackungen darf die Hälfte der Bruttomasse der Innenverpackungen, die für die in 6.1.5.1.7.1 genannte Fallprüfung verwendet werden, nicht überschreiten.

.3 Die Dicke des Polstermaterials zwischen den Innenverpackungen und zwischen den Innenverpackungen und der Außenseite der Verpackung darf nicht auf einen Wert verringert werden, der unterhalb der entsprechenden Dicken in der ursprünglich geprüften Verpackung liegt; wenn bei der ursprünglichen Prüfung eine einzige Innenverpackung verwendet wurde, darf die Dicke der Polsterung zwischen den Innenverpackungen nicht geringer sein als die Dicke der Polsterung zwischen der Außenseite der Verpackung und der Innenverpackung bei der ursprünglichen Prüfung. Bei Verwendung von weniger oder kleineren Innenverpackungen (verglichen mit den bei der Fallprüfung verwendeten Innenverpackungen) muss genügend Polstermaterial hinzugefügt werden, um die Zwischenräume aufzufüllen.

.4 Die Außenverpackung muss die in 6.1.5.6 beschriebene Stapeldruckprüfung in ungefülltem Zustand bestanden haben. Die Gesamtmasse gleicher Versandstücke ergibt sich aus der Gesamtmasse der Innenverpackungen, die für die in 6.1.5.1.7.1 genannte Fallprüfung verwendet werden.

.5 Innenverpackungen, die flüssige Stoffe enthalten, müssen vollständig mit einer für die Aufnahme der gesamten in den Innenverpackungen enthaltenen Flüssigkeit ausreichenden Menge eines saugfähigen Materials umschlossen sein.

.6 Wenn die Außenverpackung zur Aufnahme von Innenverpackungen für flüssige Stoffe vorgesehen und nicht flüssigkeitsdicht ist, oder wenn die Außenverpackung zur Aufnahme von Innenverpackungen für feste Stoffe vorgesehen und nicht staubdicht ist, ist es erforderlich, ein Mittel in Form einer dichten Beschichtung, eines Kunststoffsacks oder eines anderen ebenso wirksamen Mittels zu verwenden, um den flüssigen oder festen Inhalt im Fall des Freiwerdens zurückzuhalten. Bei Verpackungen, die flüssige Stoffe enthalten, muss sich das in 6.1.5.1.7.5 vorgeschriebene saugfähige Material innerhalb des für das Zurückhalten des Inhalts verwendeten Mittels befinden.

.7 Die Verpackungen müssen mit Kennzeichen entsprechend den Vorschriften in 6.1.3 versehen sein, aus denen ersichtlich ist, dass die Verpackungen den Prüfungen der Verpackungsgruppe I für zusammengesetzte Verpackungen unterzogen wurden. Die in Kilogramm angegebene Bruttomasse muss der Summe aus Masse der Außenverpackung und halber Masse der in der Fallprüfung gemäß 6.1.5.1.7.1 verwendeten Innenverpackung(en) entsprechen. Das Kennzeichen der Verpackung muss auch den Buchstaben „V" gemäß 6.1.2.4 enthalten.

[Bedarfsprüfung] 6.1.5.1.8

Die zuständige Behörde kann jederzeit verlangen, dass durch Prüfungen nach diesem Abschnitt nachgewiesen wird, dass die Verpackungen aus der Serienherstellung die Vorschriften der Bauartprüfungen erfüllen.

[Beschichtung] 6.1.5.1.9

Wenn aus Sicherheitsgründen eine Innenbehandlung oder Innenbeschichtung erforderlich ist, muss sie ihre schützenden Eigenschaften auch nach den Prüfungen beibehalten.

[Einzelnes Prüfmuster] 6.1.5.1.10

Unter der Voraussetzung, dass die Gültigkeit der Prüfergebnisse nicht beeinträchtigt wird, und mit Zustimmung der zuständigen Behörde dürfen mehrere Prüfungen mit einem einzigen Muster durchgeführt werden.

6.1.5.1.11 Bergungsverpackungen

6.1.5.1.11.1 [Prüfung und Kennzeichnung]

Bergungsverpackungen (siehe 1.2.1) müssen nach den Vorschriften geprüft und gekennzeichnet werden, die für Verpackungen der Verpackungsgruppe II zur Beförderung von festen Stoffen oder Innenverpackungen gelten, mit folgenden Abweichungen:

.1 Die für die Durchführung der Prüfungen verwendete Prüfsubstanz ist Wasser, und die Verpackungen müssen zu mindestens 98 % ihres maximalen Fassungsraums gefüllt sein. Um die erforderliche Gesamtmasse des Versandstücks zu erreichen, dürfen beispielsweise Säcke mit Bleischrot beigefügt werden, sofern diese so eingesetzt sind, dass die Prüfergebnisse nicht beeinträchtigt werden. Alternativ darf bei der Durchführung der Fallprüfung die Fallhöhe in Übereinstimmung mit 6.1.5.3.5 (b) variiert werden.

.2 Die Verpackungen müssen außerdem erfolgreich der Dichtheitsprüfung bei 30 kPa unterzogen worden sein; die Ergebnisse dieser Prüfung sind im Prüfbericht nach 6.1.5.7 zu vermerken.

.3 Die Verpackungen sind, wie in 6.1.2.4 angegeben, mit dem Buchstaben „T“ zu kennzeichnen.

6.1.5.2 Vorbereitung der Verpackungen für die Prüfungen

6.1.5.2.1 [Umstände]

Die Prüfungen sind an versandfertigen Verpackungen, bei zusammengesetzten Verpackungen einschließlich der verwendeten Innenverpackungen, durchzuführen. Die Innenverpackungen oder -gefäße oder Einzelverpackungen oder -gefäße mit Ausnahme von Säcken müssen bei flüssigen Stoffen zu mindestens 98 % ihres maximalen Fassungsraums, bei festen Stoffen zu mindestens 95 % ihres maximalen Fassungsraums gefüllt sein. Säcke müssen bis zur höchsten Masse, bei der sie verwendet werden dürfen, gefüllt sein. Bei zusammengesetzten Verpackungen, deren Innenverpackung für die Beförderung von flüssigen oder festen Stoffen vorgesehen ist, sind getrennte Prüfungen für den flüssigen und für den festen Inhalt erforderlich. Die in den Verpackungen zu befördernden Stoffe oder Gegenstände dürfen durch andere Stoffe oder Gegenstände ersetzt werden, sofern dadurch die Prüfergebnisse nicht verfälscht werden. Werden feste Stoffe durch andere Stoffe ersetzt, müssen diese die gleichen physikalischen Eigenschaften (Masse, Korngröße usw.) haben wie der zu befördernde Stoff. Es ist zulässig, Zusätze wie Säcke mit Bleischrot zu verwenden, um die erforderliche Gesamtmasse des Versandstücks zu erreichen, sofern diese so eingebracht werden, dass sie die Prüfergebnisse nicht beeinträchtigen.

6.1.5.2.2 [Ersatzstoff]

Wenn bei den Fallprüfungen für flüssige Stoffe ein anderer Stoff verwendet wird, muss dieser vergleichbare relative Dichte und Viskosität haben wie der zu befördernde Stoff. Unter den Bedingungen in 6.1.5.3.5 darf auch Wasser für die Fallprüfung verwendet werden.

6.1.5.2.3 [Konditionierung]

Verpackungen aus Papier oder Pappe müssen mindestens 24 Stunden lang in einem Klima konditioniert werden, dessen Temperatur und relative Luftfeuchtigkeit gesteuert sind. Es gibt drei Möglichkeiten, von denen eine gewählt werden muss. Das bevorzugte Klima ist 23 °C ± 2 °C und 50 % ± 2 % relative Luftfeuchtigkeit. Die beiden anderen Möglichkeiten sind 20 °C ± 2 °C und 65 % ± 2 % relative Luftfeuchtigkeit oder 27 °C ± 2 °C und 65 % ± 2 % relative Luftfeuchtigkeit.

Bemerkung: *Die Mittelwerte müssen innerhalb dieser Grenzwerte liegen. Schwankungen kurzer Dauer und Messgrenzen können Abweichungen von den individuellen Messungen bis zu ± 5 % für die relative Luftfeuchtigkeit zur Folge haben, ohne dass dies eine bedeutende Auswirkung auf die Reproduzierbarkeit der Prüfergebnisse hat.*

6.1.5.2.4 [Kunststoffeignung]

Durch zusätzliche erforderliche Schritte ist sicherzustellen, dass der Kunststoff, der bei der Herstellung von Fässern, Kanistern und Kombinationsverpackungen (Kunststoff) verwendet wird, die zur Aufnahme von flüssigen Stoffen vorgesehen sind, den Vorschriften in 6.1.1.2, 6.1.4.8.1 und 6.1.4.8.3 entspricht. Dies kann zum Beispiel in der Weise geschehen, dass Prüfmuster der Gefäße oder Verpackungen über einen langen Zeitraum, z. B. 6 Monate, einer Vorprüfung unterzogen werden, bei der sie mit den Stoffen gefüllt bleiben, für deren Beförderung sie bestimmt sind. Im Anschluss daran müssen die Prüfmuster den betreffenden Prüfungen in 6.1.5.3, 6.1.5.4, 6.1.5.5 und 6.1.5.6 unterzogen werden. Bei Stoffen, die Spannungsrisse oder eine Schwächung des Werkstoffs bei Fässern oder Kanistern aus Kunststoff verursachen können, ist das Prüfmuster, das mit diesem oder einem anderen Stoff, von dem bekannt ist, dass er mindestens die gleiche spannungsrissauslösende Wirkung auf den betreffenden Kunststoff hat, gefüllt ist, einer überlagerten Last zu unterziehen, die der Gesamtmasse gleicher Versandstücke entspricht, wie sie während der Beförderung auf einer solchen Verpackung gestapelt werden können. Die Stapelhöhe muss einschließlich des Prüfmusters mindestens 3 m betragen. **6.1.5.2.4** (Forts.)

Fallprüfung **6.1.5.3**

Anzahl der Prüfmuster (je Bauart und Hersteller) und Fallausrichtung **6.1.5.3.1**

Bei anderen Versuchen als dem flachen Fall muss sich der Schwerpunkt senkrecht über der Aufprallstelle befinden.

Verpackung	Anzahl der Prüfmuster	Fallausrichtung
Fässer aus Stahl Fässer aus Aluminium Fässer aus einem anderen Metall als Stahl oder Aluminium Kanister aus Stahl Kanister aus Aluminium Fässer aus Sperrholz Fässer aus Pappe Fässer und Kanister aus Kunststoff fassförmige Kombinationsverpackungen	sechs (drei je Fallversuch)	*Erster Fallversuch* (an 3 Prüfmustern): Die Verpackung muss diagonal zur Aufprallplatte auf den Bodenfalz oder, wenn keiner vorhanden ist, auf eine Rundnaht oder Kante fallen. *Zweiter Fallversuch* (an den 3 anderen Prüfmustern): Die Verpackung muss mit der schwächsten Stelle, die beim ersten Fallversuch nicht geprüft wurde, auf der Aufprallfläche auftreffen, z. B. mit einem Verschluss oder bei bestimmten zylindrischen Fässern mit der geschweißten Längsnaht des Fassmantels.
Kisten aus Naturholz Kisten aus Sperrholz Kisten aus Holzfaserwerkstoffen Kisten aus Pappe Kisten aus Kunststoff Kisten aus Stahl oder Aluminium kistenförmige Kombinationsverpackungen	fünf (eins für jeden Fallversuch)	*Erster Fallversuch*: flach auf den Boden *Zweiter Fallversuch*: flach auf den Deckel *Dritter Fallversuch*: flach auf eine Längsseite *Vierter Fallversuch*: flach auf eine Querseite *Fünfter Fallversuch*: auf eine Ecke
Säcke – einlagig mit Seitennaht	drei (drei Fallversuche je Sack)	*Erster Fallversuch*: flach auf eine Breitseite des Sackes *Zweiter Fallversuch*: flach auf eine Schmalseite des Sackes *Dritter Fallversuch*: auf den Sackboden
Säcke – einlagig ohne Seitennaht oder mehrlagig	drei (zwei Fallversuche je Sack)	*Erster Fallversuch*: flach auf eine Breitseite des Sackes *Zweiter Fallversuch*: auf den Sackboden

Ist bei einem aufgeführten Fallversuch mehr als eine Ausrichtung möglich, so ist die Ausrichtung zu wählen, bei der die Gefahr des Versagens der Verpackung am größten ist.

6.1.5.3.2 Besondere Vorbereitung der Prüfmuster für die Fallprüfung

Bei den nachstehend aufgeführten Verpackungen ist das Prüfmuster und dessen Inhalt auf eine Temperatur von -18 °C oder darunter zu konditionieren:

.1 Fässer aus Kunststoff (siehe 6.1.4.8),

.2 Kanister aus Kunststoff (siehe 6.1.4.8),

.3 Kisten aus Kunststoff, ausgenommen Kisten aus Schaumstoffen (siehe 6.1.4.13),

.4 Kombinationsverpackungen (Kunststoff) (siehe 6.1.4.19) und

.5 zusammengesetzte Verpackungen mit Innenverpackungen aus Kunststoff, ausgenommen Säcke und Beutel aus Kunststoff für feste Stoffe oder Gegenstände.

Werden die Prüfmuster auf diese Weise konditioniert, ist die Konditionierung nach 6.1.5.2.3 nicht erforderlich. Die Prüfflüssigkeiten müssen, wenn notwendig durch Zusatz von Frostschutzmitteln, in flüssigem Zustand gehalten werden.

6.1.5.3.3 [Dichtungsspannung]

Verpackungen mit abnehmbarem Deckel für flüssige Stoffe dürfen erst 24 Stunden nach dem Befüllen und Verschließen der Fallprüfung unterzogen werden, um einem möglichen Nachlassen der Dichtungsspannung Rechnung zu tragen.

6.1.5.3.4 Aufprallplatte

Die Aufprallplatte muss eine nicht federnde und horizontale Oberfläche besitzen und:

.1 fest eingebaut und ausreichend massiv sein, dass sie sich nicht verschieben kann,

.2 eben sein, wobei die Oberfläche frei von lokalen Mängeln sein muss, welche die Prüfergebnisse beeinflussen können,

.3 ausreichend starr sein, dass sie unter den Prüfbedingungen nicht verformbar ist und durch die Prüfungen nicht beschädigt werden kann, und

.4 ausreichend groß sein, um sicherzustellen, dass das zu prüfende Versandstück vollständig auf die Oberfläche fällt.

6.1.5.3.5 Fallhöhe

Für feste Stoffe und flüssige Stoffe, wenn die Prüfung mit dem zu befördernden festen oder flüssigen Stoff oder mit einem anderen Stoff, der im Wesentlichen dieselben physikalischen Eigenschaften besitzt, durchgeführt wird:

Verpackungsgruppe I	Verpackungsgruppe II	Verpackungsgruppe III
1,8 m	1,2 m	0,8 m

Für flüssige Stoffe in Einzelverpackungen und für Innenverpackungen von zusammengesetzten Verpackungen, wenn die Prüfung mit Wasser durchgeführt wird:

Bemerkung: *Der Begriff Wasser umfasst Wasser/Frostschutzmittel-Lösungen mit einer relativen Dichte von mindestens 0,95 für die Prüfung bei -18 °C.*

(a) wenn der zu befördernde Stoff eine relative Dichte von höchstens 1,2 hat:

Verpackungsgruppe I	Verpackungsgruppe II	Verpackungsgruppe III
1,8 m	1,2 m	0,8 m

(b) wenn der zu befördernde Stoff eine relative Dichte von mehr als 1,2 hat, ist die Fallhöhe aufgrund der relativen Dichte (*d*) des zu befördernden Stoffes, aufgerundet auf die erste Dezimalstelle, wie folgt zu berechnen:

Verpackungsgruppe I	Verpackungsgruppe II	Verpackungsgruppe III
$d \times 1{,}5$ m	$d \times 1{,}0$ m	$d \times 0{,}67$ m

Kriterien für das Bestehen der Prüfung 6.1.5.3.6

.1 Jede Verpackung mit flüssigem Inhalt muss dicht sein, nachdem der Ausgleich zwischen dem inneren Druck und dem äußeren Druck hergestellt worden ist. Für Innenverpackungen von zusammengesetzten Verpackungen ist dieser Druckausgleich nicht erforderlich.

.2 Wenn eine Verpackung für feste Stoffe einer Fallprüfung unterzogen wurde und dabei mit dem Oberteil auf die Aufprallplatte aufgetroffen ist, hat das Prüfmuster die Prüfung bestanden, wenn der Inhalt durch eine Innenverpackung oder ein Innengefäß (z. B. Kunststoffsack) vollständig zurückgehalten wird, auch wenn der Verschluss unter Aufrechterhaltung seiner Rückhaltefunktion nicht mehr staubdicht ist.

.3 Die Verpackung oder die Außenverpackung von Kombinationsverpackungen oder zusammengesetzten Verpackungen darf keine Beschädigungen aufweisen, welche die Sicherheit während der Beförderung beeinträchtigen können. Innengefäße, Innenverpackungen oder Gegenstände müssen vollständig in der Außenverpackung verbleiben, und aus dem (den) Innengefäß(en) oder der (den) Innenverpackung(en) darf kein Füllgut austreten.

.4 Weder die äußere Lage eines Sackes noch eine Außenverpackung darf eine Beschädigung aufweisen, welche die Sicherheit der Beförderung beeinträchtigen kann.

.5 Ein geringfügiges Austreten des Füllgutes aus dem Verschluss (den Verschlüssen) beim Aufprall gilt nicht als Versagen der Verpackung, vorausgesetzt, es tritt kein weiteres Füllgut aus.

.6 Bei Verpackungen für Güter der Klasse 1 ist kein Riss erlaubt, der das Austreten von losen explosiven Stoffen und Gegenständen mit Explosivstoff aus der Außenverpackung ermöglichen könnte.

Dichtheitsprüfung 6.1.5.4

[Betroffene Bauarten] 6.1.5.4.1

Die Dichtheitsprüfung ist bei allen Verpackungsbauarten durchzuführen, die zur Aufnahme von flüssigen Stoffen bestimmt sind; sie ist jedoch bei Innenverpackungen von zusammengesetzten Verpackungen nicht erforderlich.

[Zahl der Prüfmuster] 6.1.5.4.2

Zahl der Prüfmuster: drei Prüfmuster je Bauart und Hersteller.

[Vorbereitung der Prüfmuster] 6.1.5.4.3

Besondere Vorbereitung der Prüfmuster für die Prüfung: Verschlüsse mit einer Lüftungseinrichtung sind entweder durch ähnliche Verschlüsse ohne Lüftungseinrichtung zu ersetzen oder die Lüftungseinrichtungen sind dicht zu verschließen.

[Prüfverfahren] 6.1.5.4.4

Prüfverfahren und anzuwendender Prüfdruck: Die Verpackungen einschließlich ihrer Verschlüsse müssen, während sie einem inneren Luftdruck ausgesetzt sind, fünf Minuten lang unter Wasser getaucht werden; die Tauchmethode darf die Prüfergebnisse nicht beeinflussen.

Folgender Luftdruck (Überdruck) ist anzuwenden:

Verpackungsgruppe I	Verpackungsgruppe II	Verpackungsgruppe III
mindestens 30 kPa (0,3 bar)	mindestens 20 kPa (0,2 bar)	mindestens 20 kPa (0,2 bar)

Andere Verfahren dürfen angewendet werden, wenn sie mindestens gleich wirksam sind.

[Prüfkriterium] 6.1.5.4.5

Kriterium für das Bestehen der Prüfung: Es darf keine Undichtigkeit festgestellt werden.

6.1.5.5 Innendruckprüfung (hydraulisch)

6.1.5.5.1 [Betroffene Bauarten]

Zu prüfende Verpackungen: Die hydraulische Innendruckprüfung ist bei allen Verpackungsbauarten aus Metall, Kunststoff und allen Kombinationsverpackungen, die zur Aufnahme von flüssigen Stoffen bestimmt sind, durchzuführen. Diese Prüfung ist nicht erforderlich für Innenverpackungen von zusammengesetzten Verpackungen.

6.1.5.5.2 [Zahl der Prüfmuster]

Zahl der Prüfmuster: drei Prüfmuster je Bauart und Hersteller.

6.1.5.5.3 [Vorbereitung der Prüfmuster]

Besondere Vorbereitung der Verpackungen für die Prüfung: Verschlüsse mit Lüftungseinrichtung sind durch Verschlüsse ohne Lüftungseinrichtung zu ersetzen oder die Lüftungseinrichtung ist dicht zu verschließen.

6.1.5.5.4 [Prüfverfahren]

Prüfverfahren und anzuwendender Prüfdruck: Verpackungen aus Metall und Kombinationsverpackungen (Glas, Porzellan oder Steinzeug) einschließlich ihrer Verschlüsse sind dem Prüfdruck für die Dauer von 5 Minuten auszusetzen. Verpackungen aus Kunststoff und Kombinationsverpackungen (Kunststoff) einschließlich ihrer Verschlüsse sind dem Prüfdruck für die Dauer von 30 Minuten auszusetzen. Dieser Druck ist derjenige, der gemäß 6.1.3.1 (d) im Kennzeichen anzugeben ist. Die Art des Abstützens der Verpackung darf die Prüfungsergebnisse nicht verfälschen. Der Druck muss kontinuierlich und gleichmäßig aufgebracht werden; er muss während der ganzen Prüfdauer konstant gehalten werden. Der anzuwendende hydraulische Überdruck, der nach einer der folgenden Methoden bestimmt wird, darf nicht weniger betragen als:

.1 der gemessene Gesamtüberdruck in der Verpackung (d. h. Dampfdruck des flüssigen Stoffes und Partialdruck von Luft oder sonstigen inerten Gasen, vermindert um 100 kPa) bei 55 °C, multipliziert mit einem Sicherheitsfaktor von 1,5; der Bestimmung des Gesamtüberdrucks ist ein maximaler Füllungsgrad nach 4.1.1.4 und eine Fülltemperatur von 15 °C zugrunde zu legen oder

.2 das um 100 kPa verminderte 1,75fache des Dampfdruckes des zu befördernden flüssigen Stoffes bei 50 °C, mindestens jedoch mit einem Prüfdruck von 100 kPa, oder

.3 das um 100 kPa verminderte 1,5fache des Dampfdruckes des zu befördernden flüssigen Stoffes bei 55 °C, mindestens jedoch mit einem Prüfdruck von 100 kPa.

6.1.5.5.5 [Mindestprüfdruck für VG I]

Zusätzlich müssen Verpackungen, die zur Aufnahme von Stoffen der Verpackungsgruppe I bestimmt sind, für die Dauer von 5 oder 30 Minuten mit einem Mindestprüfdruck von 250 kPa (Überdruck) geprüft werden; die Dauer ist abhängig von dem Werkstoff, aus dem die Verpackung hergestellt ist.

6.1.5.5.6 [Prüfkriterium]

Kriterium für das Bestehen der Prüfung: Keine Verpackung darf undicht werden.

6.1.5.6 Stapeldruckprüfung

Alle Verpackungsbauarten mit Ausnahme der Säcke sind der Stapeldruckprüfung zu unterziehen.

6.1.5.6.1 [Zahl der Prüfmuster]

Zahl der Prüfmuster: drei Prüfmuster je Bauart und Hersteller.

6.1.5.6.2 [Prüfverfahren]

Prüfverfahren: Das Prüfmuster muss einer Kraft ausgesetzt werden, die auf die Fläche der oberen Seite des Prüfmusters wirkt und die der Gesamtmasse gleicher Versandstücke entspricht, die während der Beförderung darauf gestapelt werden könnten; enthält das Prüfmuster flüssigen Stoff, dessen relative Dichte sich von der Dichte des zu befördernden flüssigen Stoffes unterscheidet, so ist die Kraft in Abhängigkeit des letztgenannten flüssigen Stoffes zu berechnen. Die Höhe des Stapels einschließlich des Prüfmusters muss mindestens 3 m betragen. Die Prüfdauer beträgt 24 Stunden, ausgenommen sind

Fässer und Kanister aus Kunststoff und Kombinationsverpackungen 6HH1 und 6HH2 für flüssige Stoffe, die der Stapeldruckprüfung für eine Dauer von 28 Tagen bei einer Temperatur von mindestens 40 °C ausgesetzt werden müssen. 6.1.5.6.2 (Forts.)

[Prüfkriterium] 6.1.5.6.3

Kriterien für das Bestehen der Prüfung: Kein Prüfmuster darf undicht werden. Bei Kombinationsverpackungen oder zusammengesetzten Verpackungen darf aus den Innengefäßen oder -verpackungen kein Füllgut austreten. Kein Prüfmuster darf Beschädigungen aufweisen, welche die Sicherheit der Beförderung beeinträchtigen können oder Verformungen zeigen, die seine Festigkeit mindern oder Instabilität in Stapeln von Versandstücken verursachen können. Kunststoffverpackungen müssen vor der Beurteilung des Ergebnisses auf Raumtemperatur abgekühlt werden.

Prüfbericht 6.1.5.7

[Inhalt] 6.1.5.7.1

Über die Prüfung ist ein Prüfbericht zu erstellen, der mindestens folgende Angaben enthält und der den Benutzern der Verpackung zur Verfügung stehen muss:

.1 Name und Adresse der Prüfeinrichtung,

.2 Name und Adresse des Antragstellers (soweit erforderlich),

.3 eine nur einmal vergebene Prüfbericht-Kennnummer,

.4 Datum des Prüfberichts,

.5 Hersteller der Verpackung,

.6 Beschreibung der Verpackungsbauart (z. B. Abmessungen, Werkstoffe, Verschlüsse, Wanddicke usw.), einschließlich des Herstellungsverfahrens (z. B. Blasformverfahren), gegebenenfalls mit Zeichnung(en) und/oder Foto(s),

.7 maximaler Fassungsraum,

.8 charakteristische Merkmale des Prüfinhalts, z. B. Viskosität und relative Dichte bei flüssigen Stoffen und Teilchengröße bei festen Stoffen. Für Verpackungen aus Kunststoff, die der Innendruckprüfung gemäß 6.1.5.5 unterliegen, die Temperatur des verwendeten Wassers,

.9 Beschreibung der Prüfung und Prüfergebnisse,

.10 Unterschrift, mit Name und Funktionsbezeichnung des Unterzeichners.

[Gültigkeitsvorbehalt] 6.1.5.7.2

Der Prüfbericht muss eine Erklärung enthalten, dass die versandfertige Verpackung in Übereinstimmung mit den entsprechenden Vorschriften dieses Kapitels geprüft worden ist und dass dieser Prüfbericht bei Anwendung anderer Verpackungsmethoden oder Verpackungskomponenten ungültig werden kann. Eine Ausfertigung des Prüfberichts ist der zuständigen Behörde zur Verfügung zu stellen.

→ D: GGVSee § 2 (1) Nr. 19
→ D: GGVSee § 12 (1) Nr. 1 f)

Kapitel 6.2
Vorschriften für den Bau und die Prüfung von Druckgefäßen, Druckgaspackungen, Gefäßen, klein, mit Gas (Gaspatronen) und Brennstoffzellen-Kartuschen mit verflüssigtem entzündbarem Gas

Bemerkung: *Druckgaspackungen, Gefäße, klein, mit Gas (Gaspatronen) und Brennstoffzellen-Kartuschen, die verflüssigtes entzündbares Gas enthalten, unterliegen nicht den Vorschriften von 6.2.1 bis 6.2.3.*

6.2.1 Allgemeine Vorschriften

6.2.1.1 Auslegung und Bau

6.2.1.1.1 [Grundanforderung]

Druckgefäße und deren Verschlüsse müssen so ausgelegt, hergestellt, geprüft und ausgerüstet sein, dass sie allen Beanspruchungen, einschließlich Ermüdung, denen sie unter normalen Beförderungsbedingungen ausgesetzt sind, standhalten.

6.2.1.1.2 [Zulässige Weiterentwicklung]

In Anbetracht des wissenschaftlichen und technischen Fortschritts und der Tatsache, dass andere als die mit „UN"-Zertifizierungskennzeichen versehenen Druckgefäße national oder regional verwendet werden können, dürfen Druckgefäße, die anderen als den in diesem Code festgelegten Vorschriften entsprechen, verwendet werden, sofern sie von den zuständigen Behörden in den Ländern, in denen sie befördert und verwendet werden, zugelassen sind.

6.2.1.1.3 [Wanddickenminimum]

In keinem Fall darf die minimale Wanddicke geringer sein als die in den technischen Normen für Auslegung und Bau festgelegte Wanddicke.

6.2.1.1.4 [Schweißbare Metalle]

Für geschweißte Druckgefäße dürfen nur Metalle schweißbarer Qualität verwendet werden.

6.2.1.1.5 [Prüfdruck]

Der Prüfdruck von Flaschen, Großflaschen, Druckfässern und Flaschenbündeln muss in Übereinstimmung mit der Verpackungsanweisung P200 oder bei einer Chemikalie unter Druck mit der Verpackungsanweisung P206 sein. Der Prüfdruck für geschlossene Kryo-Behälter muss in Übereinstimmung mit der Verpackungsanweisung P203 sein. Der Prüfdruck eines Metallhydrid-Speichersystems muss mit der Verpackungsanweisung P205 übereinstimmen. Der Prüfdruck einer Flasche für ein adsorbiertes Gas muss mit der Verpackungsanweisung P208 übereinstimmen.

6.2.1.1.6 [Gefäßbündel]

Druckgefäße, die in Bündeln zusammengefasst sind, müssen durch eine Tragkonstruktion verstärkt sein und als Einheit zusammengehalten werden. Die Druckgefäße müssen so gesichert sein, dass Bewegungen in Bezug auf die gesamte Tragkonstruktion und Bewegungen, die zu einer Konzentration schädlicher lokaler Spannungen führen, verhindert werden. Anordnungen von Rohrleitungen (z. B. Rohrleitungen, Ventile und Druckanzeiger) sind so auszulegen und zu bauen, dass sie vor Beschädigungen durch Stöße und vor Beanspruchungen, die unter normalen Beförderungsbedingungen auftreten, geschützt sind. Die Rohrleitungen müssen mindestens denselben Prüfdruck haben wie die Flaschen. Für verflüssigte giftige Gase muss jedes Druckgefäß ein Trennventil haben, um sicherzustellen, dass jedes Druckgefäß des Bündels getrennt befüllt werden kann und während der Beförderung kein gegenseitiger Austausch des Inhalts der Druckgefäße auftreten kann.

6.2.1.1.7 [Galvanische Reaktion]

Berührungen zwischen verschiedenen Metallen, die zu Beschädigungen durch galvanische Reaktion führen können, müssen vermieden werden.

[Kryo-Behälter] 6.2.1.1.8

Für den Bau von verschlossenen Kryo-Behältern für tiefgekühlt verflüssigte Gase gelten zusätzlich folgende Vorschriften:

.1 Für jedes Druckgefäß müssen die mechanischen Eigenschaften des verwendeten Metalls, einschließlich Kerbschlagzähigkeit und Biegekoeffizient, nachgewiesen werden.

.2 Die Druckgefäße müssen wärmeisoliert sein. Die Wärmeisolierung ist durch eine Ummantelung vor Stößen zu schützen. Ist der Raum zwischen Druckgefäß und Ummantelung luftentleert (Vakuumisolierung), muss die Ummantelung so ausgelegt sein, dass sie einem äußeren Druck von mindestens 100 kPa (1 bar), berechnet in Übereinstimmung mit einem anerkannten technischen Regelwerk oder einem rechnerischen kritischen Verformungsdruck von mindestens 200 kPa (2 bar) Überdruck, ohne bleibende Verformung standhält. Wenn die Ummantelung gasdicht verschlossen ist (z. B. bei Vakuumisolierung), muss durch eine Einrichtung verhindert werden, dass bei ungenügender Gasdichtheit des Druckgefäßes oder dessen Ausrüstungsteilen in der Isolierschicht ein gefährlicher Druck entsteht. Die Einrichtung muss das Eindringen von Feuchtigkeit in die Isolierung verhindern.

.3 Verschlossene Kryo-Behälter, die für die Beförderung tiefgekühlt verflüssigter Gase mit einem Siedepunkt unter -182 °C bei Atmosphärendruck ausgelegt sind, dürfen keine Werkstoffe enthalten, die mit Sauerstoff oder mit Sauerstoff angereicherter Atmosphäre in gefährlicher Weise reagieren können, wenn sich diese Werkstoffe in Teilen der Wärmeisolierung befinden, wo ein Risiko der Berührung mit Sauerstoff oder mit Sauerstoff angereicherter Flüssigkeit besteht.

.4 Verschlossene Kryo-Behälter müssen mit geeigneten Hebe- und Sicherungseinrichtungen ausgelegt und gebaut sein.

Zusätzliche Vorschriften für den Bau von Druckgefäßen für Acetylen 6.2.1.1.9

→ D: GGVSee § 12 (1) Nr. 9

Die Druckgefäße für UN 1001 Acetylen, gelöst, und UN 3374 Acetylen, lösungsmittelfrei, müssen mit einem gleichmäßig verteilten porösen Material eines Typs gefüllt sein, der den Vorschriften und Prüfungen entspricht, die durch eine von der zuständigen Behörde anerkannte Norm oder ein von der zuständigen Behörde anerkanntes Regelwerk festgelegt sind, wobei dieses poröse Material:

.1 mit dem Druckgefäß verträglich ist und weder mit dem Acetylen noch im Falle der UN-Nummer 1001 mit dem Lösungsmittel schädliche oder gefährliche Verbindungen eingeht und

.2 geeignet sein muss, die Ausbreitung einer Zersetzung des Acetylens im porösen Material zu verhindern.

Im Falle der UN-Nummer 1001 muss das Lösungsmittel mit dem Druckgefäß verträglich sein.

Werkstoffe 6.2.1.2

[Verträglichkeit] 6.2.1.2.1

Im unmittelbaren Kontakt mit gefährlichen Gütern stehende Werkstoffe von Druckgefäßen und deren Verschlüssen dürfen von den zur Beförderung vorgesehenen gefährlichen Gütern nicht angegriffen oder geschwächt werden und dürfen keine gefährliche Wirkung hervorrufen, wie z. B. eine katalytische Reaktion oder eine Reaktion mit den gefährlichen Gütern.

[Beständigkeit] 6.2.1.2.2

Druckgefäße und ihre Verschlüsse müssen aus denjenigen Werkstoffen hergestellt sein, die in den technischen Normen für Auslegung und Bau und in der für die zur Beförderung im Druckgefäß vorgesehenen Stoffe anwendbaren Verpackungsanweisung festgelegt sind. Der Werkstoff muss gegen Sprödbruch und Spannungsrisskorrosion beständig sein, wie in den technischen Normen für Auslegung und Bau angegeben.

Bedienungsausrüstung 6.2.1.3

[Druckführende Teile] 6.2.1.3.1

Ventile, Rohrleitungen und andere unter Druck stehende Ausrüstungsteile mit Ausnahme von Druckentlastungseinrichtungen müssen so ausgelegt und gebaut sein, dass der Berstdruck mindestens dem 1,5-fachen Prüfdruck des Druckgefäßes entspricht.

6.2.1.3.2 [Schutz]

Die Bedienungsausrüstung muss so angeordnet oder ausgelegt sein, dass Schäden verhindert werden, die zur Freisetzung des Druckgefäßinhalts während der normalen Handhabungs- und Beförderungsbedingungen führen können. Die zu den Absperrventilen führende Sammelrohrleitung muss ausreichend flexibel sein, um die Ventile und die Rohrleitung gegen Abscheren und gegen Freisetzen des Druckgefäßinhalts zu schützen. Die Füll- und Entleerungsventile und alle Schutzkappen müssen gegen unbeabsichtigtes Öffnen gesichert werden können. Ventile müssen nach 4.1.6.1.8 geschützt werden.

6.2.1.3.3 [Handhabung]

Druckgefäße, bei denen eine manuelle Handhabung nicht möglich ist, oder nicht rollbare Druckgefäße müssen mit Einrichtungen versehen sein (Gleiteinrichtungen, Ösen, Traggurte), die eine sichere Handhabung mit mechanischen Mitteln gewährleisten und die so angebracht sind, dass sie weder eine Schwächung des Druckgefäßes noch eine unzulässige Beanspruchung des Druckgefäßes zur Folge haben.

6.2.1.3.4 [Druckentlastung]

Einzelne Druckgefäße müssen mit Druckentlastungseinrichtungen ausgerüstet sein gemäß Verpackungsanweisung P200 (1), P205 oder 6.2.1.3.6.4 und 6.2.1.3.6.5. Druckentlastungseinrichtungen müssen so ausgelegt sein, dass sie das Eindringen von Fremdstoffen, die Freisetzung von Gas und die Entwicklung eines gefährlichen Überdrucks verhindern. Im eingebauten Zustand müssen die Druckentlastungseinrichtungen an horizontalen Druckgefäßen, die mit einem Sammelrohr miteinander verbunden und mit einem entzündbaren Gas gefüllt sind, so angeordnet sein, dass sie frei in die Luft abblasen können und unter normalen Beförderungsbedingungen eine Einwirkung des ausströmenden Gases auf das betroffene Druckgefäß verhindert wird.

6.2.1.3.5 [Füllstandsanzeige]

Druckgefäße, die volumetrisch gefüllt werden, müssen mit einer Füllstandsanzeige versehen sein.

6.2.1.3.6 Zusätzliche Vorschriften für verschlossene Kryo-Behälter

6.2.1.3.6.1 [Verschlüsse]

Jede Füll- und Entleerungsöffnung von verschlossenen Kryo-Behältern für die Beförderung tiefgekühlt verflüssigter entzündbarer Gase muss mit mindestens zwei hintereinander liegenden und voneinander unabhängigen Verschlüssen ausgerüstet sein, wobei der erste eine Absperreinrichtung und der zweite eine Kappe oder eine gleichwertige Einrichtung sein muss.

6.2.1.3.6.2 [Druckentlastung]

Bei Rohrleitungsabschnitten, die beidseitig geschlossen werden können und in denen Flüssigkeit eingeschlossen sein kann, muss ein System zur selbsttätigen Druckentlastung vorgesehen sein, um einen übermäßigen Druckaufbau innerhalb der Rohrleitung zu verhindern.

6.2.1.3.6.3 [Funktionskennzeichnung]

Jede Verbindung eines verschlossenen Kryo-Behälters muss eindeutig mit ihrer Funktion (z. B. Dampfphase oder flüssige Phase) gekennzeichnet sein.

6.2.1.3.6.4 Druckentlastungseinrichtung

6.2.1.3.6.4.1 [Anzahl]

Verschlossene Kryo-Behälter müssen mindestens mit einer Druckentlastungseinrichtung ausgerüstet sein. Die Druckentlastungseinrichtung muss von einer Bauart sein, die dynamischen Kräften, einschließlich Schwall, standhält.

6.2.1.3.6.4.2 [Berstscheibe]

Verschlossene Kryo-Behälter dürfen parallel zu der (den) federbelasteten Einrichtung(en) zusätzlich mit einer Berstscheibe versehen sein, um den Vorschriften von 6.2.1.3.6.5 zu entsprechen.

[Abblasmenge] 6.2.1.3.6.4.3

Die Anschlüsse für Druckentlastungseinrichtungen müssen ausreichend dimensioniert sein, damit die erforderliche Abblasmenge ungehindert zur Druckentlastungseinrichtung gelangen kann.

[Einlassöffnungen] 6.2.1.3.6.4.4

Alle Einlassöffnungen der Druckentlastungseinrichtungen müssen sich bei maximalen Füllungsbedingungen in der Dampfphase des verschlossenen Kryo-Behälters befinden; die Einrichtungen sind so anzuordnen, dass der Dampf ungehindert entweichen kann.

Abblasmenge und Einstellung der Druckentlastungseinrichtungen 6.2.1.3.6.5

Bemerkung: *In Zusammenhang mit Druckentlastungseinrichtungen von verschlossenen Kryo-Behältern bedeutet höchstzulässiger Betriebsdruck der höchstzulässige effektive Überdruck im Scheitel des befüllten verschlossenen Kryo-Behälters im Betriebszustand, einschließlich der höchste effektive Druck während des Füllens und Entleerens.*

[Öffnungsdruck] 6.2.1.3.6.5.1

Die Druckentlastungseinrichtungen müssen sich selbsttätig bei einem Druck öffnen, der nicht geringer sein darf als der höchstzulässige Betriebsdruck, und bei einem Druck von 110 % des höchstzulässigen Betriebsdrucks vollständig geöffnet sein. Sie müssen sich nach der Entlastung bei einem Druck wieder schließen, der höchstens 10 % unter dem Ansprechdruck liegt, und bei allen niedrigeren Drücken geschlossen bleiben.

[Berstscheiben] 6.2.1.3.6.5.2

Berstscheiben müssen so eingestellt sein, dass sie bei einem Nenndruck bersten, der entweder niedriger als der Prüfdruck oder niedriger als 150 % des höchstzulässigen Betriebsdrucks ist.

[Gesamtabblasmenge] 6.2.1.3.6.5.3

Bei Verlust des Vakuums in einem vakuumisolierten verschlossenen Kryo-Behälter muss die Gesamtabblasmenge aller eingebauten Druckentlastungseinrichtungen ausreichend sein, damit der Druck (einschließlich Druckanstieg) im verschlossenen Kryo-Behälter 120 % des höchstzulässigen Betriebsdrucks nicht übersteigt.

[Druckentlastungseinrichtung] 6.2.1.3.6.5.4

→ D: GGVSee § 12 (1) 9

Die erforderliche Abblasmenge der Druckentlastungseinrichtungen ist nach einem von der zuständigen Behörde anerkannten bewährten technischen Regelwerk zu berechnen.[1)]

Zulassung von Druckgefäßen 6.2.1.4

→ D: GGVSee § 10 (2) 1

→ D: GGVSee § 12 (1) 8a)

[Konformität] 6.2.1.4.1

→ D: GGVSee § 16 (1)

Die Konformität der Druckgefäße ist zum Zeitpunkt der Herstellung nach den Vorschriften der zuständigen Behörde festzustellen. Druckgefäße müssen von einer Prüfstelle kontrolliert, geprüft und zugelassen werden. Die technische Dokumentation muss vollständige Spezifikationen für die Auslegung und den Bau und eine vollständige Dokumentation der Herstellung und Prüfung umfassen.

[Qualitätssicherungssysteme] 6.2.1.4.2

Die Qualitätssicherungssysteme müssen in Übereinstimmung mit den Anforderungen der zuständigen Behörde sein.

---

1) Siehe zum Beispiel CGA-Veröffentlichungen S-1.2-2003 „Pressure Relief Device Standards – Part 2 – Cargo and Portable Tanks for Compressed Gases" (Normen für Druckentlastungseinrichtungen – Teil 2 – Frachttanks und ortsbewegliche Tanks für verdichtete Gase) und S-1.1-2003 „Pressure Relief Device Standards – Part 1 – Cylinders for Compressed Gases" (Normen für Druckentlastungseinrichtungen – Teil 1 – Flaschen für verdichtete Gase).

6.2.1.5 Erstmalige Prüfung

→ D: GGVSee § 10 (2) 1
→ D: GGVSee § 16 (1)
→ D: GGVSee § 12 (1) 8a)

6.2.1.5.1 [Prüfumfang]

Neue Druckgefäße, mit Ausnahme geschlossener Kryo-Behälter und von Metallhydrid-Speichersystemen, sind nach den anwendbaren Auslegungsnormen während und nach der Herstellung Prüfungen zu unterziehen, die Folgendes umfassen:

An einer ausreichenden Anzahl von Druckgefäßen:

.1 Prüfung der mechanischen Eigenschaften des Werkstoffs;

.2 Überprüfung der Mindestwanddicke;

.3 Überprüfung der Gleichmäßigkeit des Werkstoffes innerhalb jeder Fertigungsreihe;

.4 Prüfung der äußeren und inneren Beschaffenheit der Druckgefäße;

.5 Prüfung des Halsgewindes;

.6 Überprüfung auf Übereinstimmung mit der Auslegungsnorm.

An allen Druckgefäßen:

.7 eine Flüssigkeitsdruckprüfung. Die Druckgefäße müssen die in der technischen Norm oder dem technischen Regelwerk für die Auslegung und den Bau festgelegten Akzeptanzkriterien erfüllen;

***Bemerkung:** Mit Zustimmung der zuständigen Behörde darf die Flüssigkeitsdruckprüfung durch eine Prüfung mit einem Gas ersetzt werden, sofern dieses Vorgehen nicht gefährlich ist.*

.8 Prüfung und Bewertung von Herstellungsfehlern und entweder Reparatur oder Unbrauchbarmachen des Druckgefäßes. Bei geschweißten Druckgefäßen ist der Qualität der Schweißnähte besondere Beachtung zu schenken;

.9 eine Prüfung der Kennzeichen auf den Druckgefäßen;

.10 an Druckgefäßen für UN 1001 Acetylen, gelöst, und UN 3374 Acetylen, lösungsmittelfrei, außerdem eine Prüfung der richtigen Einbringung und der Beschaffenheit des porösen Materials sowie gegebenenfalls der Menge des Lösemittels.

6.2.1.5.2 [Kryo-Behälter]

An einer angemessenen Probe von verschlossenen Kryo-Behältern sind die in 6.2.1.5.1.1, .2, .4 und .6 festgelegten Prüfungen durchzuführen. Darüber hinaus sind an einer Probe verschlossener Kryo-Behälter die Schweißnähte durch Röntgen-, Ultraschall- oder andere geeignete zerstörungsfreie Prüfmethoden gemäß der anwendbaren Norm für die Auslegung und den Bau zu kontrollieren. Diese Prüfung der Schweißnähte findet keine Anwendung auf die Ummantelung.

Darüber hinaus sind alle verschlossenen Kryo-Behälter den in 6.2.1.5.1.7, .8 und .9 festgelegten erstmaligen Prüfungen sowie nach dem Zusammenbau einer Dichtheitsprüfung und einer Prüfung der genügenden Funktion der Bedienungsausrüstung zu unterziehen.

6.2.1.5.3 [Metallhydrid-Speichersysteme]

Bei Metallhydrid-Speichersystemen muss überprüft werden, ob die in 6.2.1.5.1.1, .2, .3, .4, .5 (sofern anwendbar), .6, .7, .8 und .9 festgelegten Prüfungen an einem angemessenen Prüfmuster der im Metallhydrid-Speichersystem verwendeten Gefäße durchgeführt wurden. Darüber hinaus müssen an einem angemessenen Prüfmuster von Metallhydrid-Speichersystemen die in 6.2.1.5.1.3 und .6 und, sofern anwendbar, in 6.2.1.5.1.5 vorgeschriebenen Prüfungen und die Prüfung der äußeren Beschaffenheit des Metallhydrid-Speichersystems durchgeführt werden.

Außerdem müssen alle Metallhydrid-Speichersysteme den in 6.2.1.5.1.8 und .9 festgelegten erstmaligen Prüfungen sowie einer Dichtheitsprüfung und einer Prüfung der zufriedenstellenden Funktion ihrer Bedienungseinrichtung unterzogen werden.

Wiederkehrende Prüfung **6.2.1.6**
→ D: GGVSee § 10 (2) 1
→ D: GGVSee § 12 (1) 8a)
→ D: GGVSee § 16 (1)

[Prüfumfang] **6.2.1.6.1**

Mit Ausnahme von Kryo-Behältern sind nachfüllbare Druckgefäße durch eine von der zuständigen Behörde zugelassenen Stelle wiederkehrenden Prüfungen zu unterziehen, die Folgendes umfassen:

.1 Prüfung des äußeren Zustandes des Druckgefäßes und Überprüfung der Ausrüstung und der Kennzeichen;

.2 Prüfung des inneren Zustandes des Druckgefäßes (z. B. innere Sichtprüfung, Überprüfung der Mindestwanddicke);

.3 Überprüfung der Gewinde, sofern Anzeichen von Korrosion vorliegen oder sofern die Ausrüstungsteile entfernt werden;

.4 Flüssigkeitsdruckprüfung und gegebenenfalls Prüfung der Werkstoffbeschaffenheit durch geeignete Prüfverfahren;

Bemerkung 1: *Mit Zustimmung der zuständigen Behörde darf die Flüssigkeitsdruckprüfung durch eine Prüfung mit einem Gas ersetzt werden, sofern dieses Vorgehen nicht gefährlich ist.*

Bemerkung 2: *Bei nahtlosen Flaschen und Großflaschen aus Stahl dürfen die Prüfung in 6.2.1.6.1.2 und die Flüssigkeitsdruckprüfung in 6.2.1.6.1.4 durch ein Verfahren entsprechend der Norm ISO 16148:2016 „Gasflaschen – Wiederbefüllbare nahtlose Gasflaschen und Großflaschen aus Stahl – Schallemissionsprüfung und nachfolgende Ultraschallprüfung für die wiederkehrende Inspektion und Prüfung" ersetzt werden.*

Bemerkung 3: *Die Prüfung nach 6.2.1.6.1.2 und die Flüssigkeitsdruckprüfung nach 6.2.1.6.1.4 können durch eine Ultraschalluntersuchung ersetzt werden, die für nahtlose Gasflaschen aus Aluminiumlegierung gemäß ISO 10461:2005 + A1:2006 und für nahtlose Gasflaschen aus Stahl gemäß ISO 6406:2005 durchzuführen ist.*

.5 Prüfung der Bedienungsausrüstung, anderer Zubehörteile und Druckentlastungseinrichtungen bei der Wiederinbetriebnahme.

Bemerkung: *Für die Häufigkeit der wiederkehrenden Prüfungen siehe Verpackungsanweisung P200 oder bei einer Chemikalie unter Druck Verpackungsanweisung P206 in 4.1.4.1.*

[Erleichterung UN 1001 und 3374] **6.2.1.6.2**

Bei Druckgefäßen, die für die Beförderung von UN 1001 Acetylen, gelöst, und UN 3374 Acetylen, lösungsmittelfrei, vorgesehen sind, sind nur die in 6.2.1.6.1.1, 6.2.1.6.1.3 und 6.2.1.6.1.5 festgelegten Untersuchungen vorzunehmen. Darüber hinaus ist der Zustand des porösen Materials (z. B. Risse, oberer Freiraum, Lockerung, Zusammensinken) zu untersuchen.

[Druckentlastungseinrichtungen] **6.2.1.6.3**

Druckentlastungseinrichtungen von verschlossenen Kryo-Behältern müssen wiederkehrenden Prüfungen unterzogen werden.

Anforderungen an die Hersteller **6.2.1.7**

[Personalanforderungen] **6.2.1.7.1**

Der Hersteller muss zur zufriedenstellenden Herstellung von Druckgefäßen technisch in der Lage sein und über sämtliche dafür notwendigen Mittel verfügen; hierzu benötigt er insbesondere entsprechend qualifiziertes Personal:

.1 zur Überwachung des gesamten Fertigungsprozesses,

.2 zur Herstellung von Werkstoffverbindungen,

.3 zur Durchführung der entsprechenden Prüfungen.

6.2.1.7.2 [Eignungsbewertung]

Die Bewertung der Eignung des Herstellers ist in allen Fällen von einer von der zuständigen Behörde des Zulassungslandes anerkannten Prüfstelle durchzuführen.

6.2.1.8 Anforderungen an Prüfstellen

6.2.1.8.1 [Unabhängigkeit, fachliche Kompetenz]

Prüfstellen müssen ausreichend Unabhängigkeit von Herstellerbetrieben und fachliche Kompetenz für die vorgeschriebene Durchführung der Prüfungen und Zulassungen aufweisen.

6.2.2 Vorschriften für UN-Druckgefäße

Zusätzlich zu den allgemeinen Vorschriften in 6.2.1 müssen UN-Druckgefäße den Vorschriften dieses Abschnitts, soweit anwendbar, einschließlich der Normen entsprechen. Die Herstellung von neuen Druckgefäßen oder Bedienungsausrüstungen entsprechend einer in 6.2.2.1 und 6.2.2.3 aufgeführten Norm ist nach dem in der rechten Spalte der Tabellen angegebenen Datum nicht mehr zugelassen.

Bemerkung 1: *Mit Zustimmung der zuständigen Behörde dürfen, soweit veröffentlicht, neuere Fassungen der Normen angewendet werden.*

Bemerkung 2: *UN-Druckgefäße und Bedienungsausrüstungen, die nach Normen gebaut wurden, die zum Zeitpunkt der Herstellung anwendbar waren, dürfen unter Vorbehalt der Vorschriften für die wiederkehrende Prüfung dieses Codes weiterverwendet werden.*

6.2.2.1 Auslegung, Bau sowie erstmalige Prüfung

6.2.2.1.1 [Normen für Flaschen]

Für die Auslegung, den Bau sowie die erstmalige Prüfung von UN-Flaschen gelten folgende Normen, mit der Ausnahme, dass die Prüfvorschriften in Zusammenhang mit dem System für die Konformitätsbewertung und Zulassung 6.2.2.5 entsprechen müssen:

Referenz	Titel	für die Herstellung anwendbar
ISO 9809-1:1999	Gasflaschen – Wiederbefüllbare nahtlose Flaschen aus Stahl – Gestaltung, Konstruktion und Prüfung – Teil 1: Flaschen aus vergütetem Stahl mit einer Zugfestigkeit von weniger als 1 100 MPa ***Bemerkung:*** *Die Bemerkung bezüglich des Faktors F in Abschnitt 7.3 dieser Norm gilt nicht für UN-Flaschen.*	bis zum 31. Dezember 2018
ISO 9809-1:2010	Gasflaschen – Wiederbefüllbare nahtlose Gasflaschen aus Stahl – Gestaltung, Konstruktion und Prüfung – Teil 1: Flaschen aus vergütetem Stahl mit einer Zugfestigkeit kleiner als 1 100 MPa	bis auf Weiteres
ISO 9809-2:2000	Gasflaschen – Wiederbefüllbare nahtlose Flaschen aus Stahl – Gestaltung, Konstruktion und Prüfung – Teil 2: Normalgeglühte und angelassene Flaschen mit einer Zugfestigkeit größer oder gleich 1 100 MPa	bis zum 31. Dezember 2018
ISO 9809-2:2010	Gasflaschen – Wiederbefüllbare nahtlose Gasflaschen aus Stahl – Gestaltung, Konstruktion und Prüfung – Teil 2: Flaschen aus vergütetem Stahl mit einer Zugfestigkeit größer oder gleich 1 100 MPa	bis auf Weiteres
ISO 9809-3:2000	Gasflaschen – Wiederbefüllbare nahtlose Flaschen aus Stahl – Gestaltung, Konstruktion und Prüfung – Teil 3: Normalisierte Flaschen aus Stahl	bis zum 31. Dezember 2018
ISO 9809-3:2010	Gasflaschen – Wiederbefüllbare nahtlose Gasflaschen aus Stahl – Gestaltung, Konstruktion und Prüfung – Teil 3: Flaschen aus normalisiertem Stahl	bis auf Weiteres

6.2.2.1.1 (Forts.)

Referenz	Titel	für die Herstellung anwendbar
ISO 9809-4:2014	Gasflaschen – Wiederbefüllbare, nahtlose Gasflaschen aus Stahl – Gestaltung, Konstruktion und Prüfung – Teil 4: Flaschen aus Edelstahl mit einer Zugfestigkeit von weniger als 1 100 MPa	bis auf Weiteres
ISO 7866:1999	Gasflaschen – Wiederbefüllbare nahtlose Flaschen aus Aluminiumlegierung – Gestaltung, Konstruktion und Prüfung ***Bemerkung:*** *Die Bemerkung bezüglich des Faktors F in Abschnitt 7.2 dieser Norm gilt nicht für UN-Flaschen. Die Aluminiumlegierung 6351A-T6 oder gleichwertige Legierungen sind nicht zugelassen.*	bis zum 31. Dezember 2020
ISO 7866:2012 + Cor 1:2014	Gasflaschen – Wiederbefüllbare nahtlose Gasflaschen aus Aluminiumlegierungen – Auslegung, Bau und Prüfung ***Bemerkung:*** *Die Aluminiumlegierung 6351A oder gleichwertige Legierungen dürfen nicht verwendet werden.*	bis auf Weiteres
ISO 4706:2008	Nachfüllbare, geschweißte Stahlgasflaschen – Teil 1: Prüfdruck bis 60 bar	bis auf Weiteres
ISO 18172-1:2007	Gasflaschen – Wiederbefüllbare, geschweißte Flaschen aus nichtrostendem Stahl – Teil 1: bis zu einem Prüfdruck von 6 MPa	bis auf Weiteres
ISO 20703:2006	Gasflaschen – Wiederbefüllbare geschweißte Gasflaschen aus Aluminium und Aluminiumlegierungen – Gestaltung, Konstruktion und Prüfung	bis auf Weiteres
ISO 11118:1999	Gasflaschen – Metallene Einwegflaschen – Festlegungen und Prüfverfahren	bis zum 31. Dezember 2020
ISO 11118:2015	Gasflaschen – Metallische Einwegflaschen – Festlegungen und Prüfverfahren	bis auf Weiteres
ISO 11119-1:2002	Gasflaschen aus Verbundwerkstoffen – Festlegungen und Prüfverfahren – Teil 1: Umfangsgewickelte Gasflaschen aus Verbundwerkstoffen	bis zum 31. Dezember 2020
ISO 11119-1:2012	Gasflaschen – Wiederbefüllbare Flaschen und Großflaschen aus Verbundwerkstoffen – Auslegung, Bau und Prüfungen – Teil 1: Umfangsumwickelte faserverstärkte Flaschen und Großflaschen aus Verbundwerkstoffen bis 450 l	bis auf Weiteres
ISO 11119-2:2002	Gasflaschen aus Verbundwerkstoffen – Festlegungen und Prüfverfahren – Teil 2: Vollumwickelte, faserverstärkte Gasflaschen aus Verbundwerkstoffen mit lasttragenden metallischen Linern	bis zum 31. Dezember 2020
ISO 11119-2:2012 + Amd 1:2014	Gasflaschen – Wiederbefüllbare Gasflaschen und Großflaschen aus Verbundwerkstoffen – Auslegung, Bau und Prüfung – Teil 2: Vollumwickelte, faserverstärkte Gasflaschen und Großflaschen bis 450 l aus Verbundwerkstoffen mit lasttragenden metallischen Linern	bis auf Weiteres
ISO 11119-3:2002	Gasflaschen aus Verbundwerkstoffen – Festlegungen und Prüfverfahren – Teil 3: Volumenumwickelte, faserverstärkte Gasflaschen aus Verbundwerkstoffen mit nichtmetallischen Linern und nicht-lasttragenden Linern	bis zum 31. Dezember 2020
ISO 11119-3:2013	Gasflaschen – Wiederbefüllbare Flaschen und Großflaschen aus Verbundwerkstoffen – Auslegung, Bau und Prüfungen – Teil 3: Vollumwickelte faserverstärkte Gasflaschen und Großflaschen bis 450 l aus Verbundwerkstoffen mit nicht lasttragenden metallischen oder nicht metallischen Linern	bis auf Weiteres

6.2.2.1.1 (Forts.) ***Bemerkung 1:*** *In den Normen, auf die oben verwiesen wird, müssen Flaschen aus Verbundwerkstoffen für eine Auslegungslebensdauer von mindestens 15 Jahren ausgelegt sein.*

Bemerkung 2: *Flaschen aus Verbundwerkstoffen mit einer Auslegungslebensdauer von mehr als 15 Jahren dürfen 15 Jahre nach dem Datum der Herstellung nicht mehr befüllt werden, es sei denn, das Baumuster wurde erfolgreich einem Betriebsdauer-Prüfprogramm unterzogen. Das Programm muss Teil der ursprünglichen Baumusterzulassung sein und muss Prüfungen festlegen, mit denen nachgewiesen wird, dass die entsprechend hergestellten Flaschen bis zum Ende ihrer Auslegungslebensdauer sicher bleiben. Das Betriebsdauer-Prüfprogramm und die Ergebnisse müssen von der zuständigen Behörde des Zulassungslandes, die für die ursprüngliche Zulassung des Baumusters der Flasche verantwortlich war, zugelassen sein. Die Betriebsdauer einer Flasche aus Verbundwerkstoffen darf nicht über ihre ursprüngliche Auslegungslebensdauer hinaus verlängert werden.*

6.2.2.1.2 [Normen für Großflaschen]

Für die Auslegung, den Bau sowie die erstmalige Prüfung von UN-Großflaschen gelten folgende Normen, mit der Ausnahme, dass die Prüfvorschriften in Zusammenhang mit dem System für die Konformitätsbewertung und Zulassung 6.2.2.5 entsprechen müssen:

Referenz	Titel	für die Herstellung anwendbar
ISO 11120:1999	Gasflaschen – Nahtlose wiederbefüllbare Großflaschen aus Stahl für den Transport verdichteter Gase mit einem Fassungsraum zwischen 150 l und 3000 l – Gestaltung, Konstruktion und Prüfung ***Bemerkung:*** *Die Bemerkung bezüglich des Faktors F in Abschnitt 7.1 dieser Norm gilt nicht für UN-Großflaschen.*	bis zum 31. Dezember 2022
ISO 11120:2015	Gasflaschen – Wiederbefüllbare nahtlose Großflaschen aus Stahl mit einem Fassungsraum zwischen 150 l und 3000 l – Auslegung, Bau und Prüfung	bis auf Weiteres
ISO 11119-1:2012	Gasflaschen – Wiederbefüllbare Flaschen und Großflaschen aus Verbundwerkstoffen – Auslegung, Bau und Prüfungen – Teil 1: Umfangsumwickelte faserverstärkte Flaschen und Großflaschen aus Verbundwerkstoffen bis 450 l	bis auf Weiteres
ISO 11119-2:2012 + Amd 1:2014	Gasflaschen – Wiederbefüllbare Gasflaschen und Großflaschen aus Verbundwerkstoffen – Auslegung, Bau und Prüfung – Teil 2: Vollumwickelte, faserverstärkte Gasflaschen und Großflaschen bis 450 l aus Verbundwerkstoffen mit lasttragenden metallischen Linern	bis auf Weiteres
ISO 11119-3:2013	Gasflaschen – Wiederbefüllbare Flaschen und Großflaschen aus Verbundwerkstoffen – Auslegung, Bau und Prüfungen – Teil 3: Vollumwickelte, faserverstärkte Gasflaschen und Großflaschen bis 450 l aus Verbundwerkstoffen mit nicht lasttragenden metallischen oder nicht metallischen Linern	bis auf Weiteres
ISO 11515:2013	Gasflaschen – Wiederbefüllbare verstärkte Flaschen mit einer Kapazität zwischen 450 l und 3000 l – Gestaltung, Konstruktion und Prüfung	bis auf Weiteres

Bemerkung 1: *In den oben in Bezug genommenen Normen müssen die Großflaschen aus Verbundwerkstoffen für eine Auslegungslebensdauer von mindestens 15 Jahren ausgelegt sein.*

Bemerkung 2: *Großflaschen aus Verbundwerkstoffen mit einer Auslegungslebensdauer von mehr als 15 Jahren dürfen 15 Jahre nach dem Datum der Herstellung nicht mehr befüllt werden, es sei denn, das Baumuster wurde erfolgreich einem Betriebsdauer-Prüfprogramm unterzogen. Das Programm muss Teil der ursprünglichen Baumusterzulassung sein und muss Prüfungen festlegen, mit denen nachgewiesen wird, dass die entsprechend hergestellten Großflaschen bis zum Ende ihrer Auslegungslebensdauer sicher bleiben. Das Betriebsdauer-Prüfprogramm und die Ergebnisse müssen von der zuständigen Behörde des Zulassungslandes, die für die ursprüngliche Zulassung des Baumusters der Großflasche verantwortlich war, zugelassen sein. Die Betriebsdauer einer Großflasche aus Verbundwerkstoffen darf nicht über ihre ursprüngliche Auslegungslebensdauer hinaus verlängert werden.*

[Normen für Acetylen-Flaschen] 6.2.2.1.3

Für die Auslegung, den Bau sowie die erstmalige Prüfung von UN-Acetylen-Flaschen gelten folgende Normen, mit der Ausnahme, dass die Prüfvorschriften in Zusammenhang mit dem System für die Konformitätsbewertung und Zulassung 6.2.2.5 entsprechen müssen:

Für die Flaschenwand:

Referenz	Titel	für die Herstellung anwendbar
ISO 9809-1:1999	Gasflaschen – Wiederbefüllbare nahtlose Flaschen aus Stahl – Gestaltung, Konstruktion und Prüfung – Teil 1: Flaschen aus vergütetem Stahl mit einer Zugfestigkeit von weniger als 1100 MPa ***Bemerkung:*** *Die Bemerkung bezüglich des Faktors F in Abschnitt 7.3 dieser Norm gilt nicht für UN-Flaschen.*	bis zum 31. Dezember 2018
ISO 9809-1:2010	Gasflaschen – Wiederbefüllbare nahtlose Gasflaschen aus Stahl – Gestaltung, Konstruktion und Prüfung – Teil 1: Flaschen aus vergütetem Stahl mit einer Zugfestigkeit kleiner als 1100 MPa	bis auf Weiteres
ISO 9809-3:2000	Gasflaschen – Wiederbefüllbare nahtlose Flaschen aus Stahl – Gestaltung, Konstruktion und Prüfung – Teil 3: Normalisierte Flaschen aus Stahl	bis zum 31. Dezember 2018
ISO 9809-3:2010	Gasflaschen – Wiederbefüllbare nahtlose Flaschen aus Stahl – Gestaltung, Konstruktion und Prüfung – Teil 3: Flaschen aus normalisiertem Stahl	bis auf Weiteres

Für das poröse Material in der Flasche:

Referenz	Titel	für die Herstellung anwendbar
ISO 3807-1:2000	Acetylen-Flaschen – Grundanforderungen – Teil 1: Flaschen ohne Schmelzsicherungen	bis zum 31. Dezember 2020
ISO 3807-2:2000	Acetylen-Flaschen – Grundanforderungen – Teil 2: Flaschen mit Schmelzsicherungen	bis zum 31. Dezember 2020
ISO 3807:2013	Gasflaschen – Acetylenflaschen – Grundlegende Anforderungen und Baumusterprüfung	bis auf Weiteres

[Norm für Kryo-Behälter] 6.2.2.1.4

Für die Auslegung, den Bau sowie die erstmalige Prüfung von UN-Kryo-Behältern gilt folgende Norm, mit der Ausnahme, dass die Prüfvorschriften in Zusammenhang mit dem System für die Konformitätsbewertung und Zulassung 6.2.2.5 entsprechen müssen:

Referenz	Titel	für die Herstellung anwendbar
ISO 21029-1:2004	Kryo-Behälter – Ortsbewegliche vakuumisolierte Behälter mit einem Fassungsraum bis zu 1000 Liter – Teil 1: Gestaltung, Herstellung und Prüfung	bis auf Weiteres

[Norm für Metallhydrid-Speichersysteme] 6.2.2.1.5

Für die Auslegung, den Bau und die erstmalige Prüfung von UN-Metallhydrid-Speichersystemen gilt folgende Norm, mit der Ausnahme, dass die Prüfvorschriften in Zusammenhang mit dem System für die Konformitätsbewertung und Zulassung 6.2.2.5 entsprechen müssen:

Referenz	Titel	für die Herstellung anwendbar
ISO 16111:2008	Ortsbewegliche Gasspeichereinrichtungen – In reversiblen Metallhydriden absorbierter Wasserstoff	bis auf Weiteres

6.2.2.1.6 [Norm für Flaschenbündel]

Für die Auslegung, den Bau und die erstmalige Prüfung von UN-Flaschenbündeln gilt folgende Norm. Jede Flasche eines UN-Flaschenbündels muss eine UN-Flasche sein, die den Vorschriften von 6.2.2 entspricht. Die Prüfvorschriften in Zusammenhang mit dem System für die Konformitätsbewertung und Zulassung von UN-Flaschenbündeln müssen 6.2.2.5 entsprechen.

Referenz	Titel	für die Herstellung anwendbar
ISO 10961:2010	Gasflaschen – Flaschenbündel – Auslegung, Herstellung, Prüfung und Inspektion	bis auf Weiteres

***Bemerkung:** Das Auswechseln einer oder mehrerer Flaschen desselben Typs, einschließlich desselben Prüfdrucks, in einem bestehenden UN-Flaschenbündel erfordert keine erneute Zertifizierung des bestehenden Bündels.*

6.2.2.1.7 [Normen für Flaschen für adsorbierte Gase]

Für die Auslegung, den Bau und die erstmalige Prüfung von UN-Flaschen für adsorbierte Gase gelten folgende Normen mit der Ausnahme, dass die Prüfvorschriften in Zusammenhang mit dem System für die Konformitätsbewertung und Zulassung 6.2.2.5 entsprechen müssen.

Referenz	Titel	für die Herstellung anwendbar
ISO 11513:2011	Gasflaschen – Wiederbefüllbare geschweißte Stahlflaschen, die Adsorptionsmaterial zur Gasverpackung unterhalb des atmosphärischen Drucks beinhalten – Auslegung, Bau und Prüfung	bis auf Weiteres
ISO 9809-1:2010	Gasflaschen – Wiederbefüllbare nahtlose Gasflaschen aus Stahl – Gestaltung, Konstruktion und Prüfung – Teil 1: Flaschen aus vergütetem Stahl mit einer Zugfestigkeit kleiner als 1 100 MPa	bis auf Weiteres

6.2.2.1.8 [Normen für UN-Druckfässer]

Für die Auslegung, den Bau und die erstmalige Prüfung von UN-Druckfässern gelten die folgenden Normen mit der Ausnahme, dass die Prüfvorschriften in Zusammenhang mit dem System für die Konformitätsbewertung und der Zulassung 6.2.2.5 entsprechen müssen.

Referenz	Titel	für die Herstellung anwendbar
ISO 21172-1:2015	Gasflaschen – Geschweißte Druckfässer aus Stahl mit einem Fassungsraum von bis zu 3 000 l zur Beförderung von Gasen – Teil 1: Fassungsraum bis 1 000 l ***Bemerkung:** Ungeachtet des Abschnitts 6.3.3.4 dieser Norm dürfen geschweißte Gas-Druckfässer aus Stahl mit nach innen gewölbten Böden für die Beförderung ätzender Stoffe verwendet werden, vorausgesetzt, alle Vorschriften dieses Codes werden erfüllt.*	bis auf Weiteres
ISO 4706:2008	Gasflaschen – Nachfüllbare, geschweißte Stahlgasflaschen – Prüfdruck bis 60 bar	bis auf Weiteres
ISO 18172-1:2007	Gasflaschen – Wiederbefüllbare, geschweißte Flaschen aus nichtrostendem Stahl – Teil 1: bis zu einem Prüfdruck von 60 bar	bis auf Weiteres

6.2.2.2 Werkstoffe

Zusätzlich zu den in den Normen für die Auslegung und den Bau von Druckgefäßen enthaltenen Werkstoffvorschriften und den in der anwendbaren Verpackungsanweisung für das (die) zu befördernde(n) Gas(e) (z. B. Verpackungsanweisung P200 oder P205) festgelegten Einschränkungen gelten folgende Normen für die Werkstoffverträglichkeit:

6.2.2.2 (Forts.)

ISO 11114-1:2012	Gasflaschen – Verträglichkeit von Werkstoffen für Gasflaschen und Ventile mit den in Berührung kommenden Gasen – Teil 1: Metallene Werkstoffe
ISO 11114-2:2013	Gasflaschen – Verträglichkeit von Flaschen- und Ventilwerkstoffen mit den in Berührung kommenden Gasen – Teil 2: Nichtmetallische Werkstoffe

Bedienungsausrüstung 6.2.2.3

Für die Verschlüsse und ihren Schutz gelten folgende Normen:

Referenz	Titel	für die Herstellung anwendbar
ISO 11117:1998	Gasflaschen – Ventilschutzkappen und Ventilschutzvorrichtungen für Gasflaschen in industriellem und medizinischem Einsatz – Gestaltung, Konstruktion und Prüfungen	bis zum 31. Dezember 2014
ISO 11117:2008 + Cor 1:2009	Gasflaschen – Ventilschutzkappen und Ventilschutzkörbe – Auslegung, Bau und Prüfungen	bis auf Weiteres
ISO 10297:1999	Ortsbewegliche Gasflaschen – Ventile für wiederbefüllbare Gasflaschen – Spezifikation und Typprüfung	bis zum 31. Dezember 2008
ISO 10297:2006	Ortsbewegliche Gasflaschen – Flaschenventile – Spezifikation und Typprüfung	bis zum 31. Dezember 2020
ISO 10297:2014	Gasflaschen – Flaschenventile – Spezifikation und Baumusterprüfungen	bis auf Weiteres
ISO 13340:2001	Ortsbewegliche Gasflaschen – Flaschenventile für Einwegflaschen – Spezifikation und Typprüfung	bis zum 31. Dezember 2020
ISO 14246:2014	Gasflaschen – Flaschenventile – Herstellungsprüfungen und -überprüfungen	bis auf Weiteres
ISO 17871:2015	Gasflaschen – Schnellöffnungs-Flaschenventile – Spezifikation und Baumusterprüfung	bis auf Weiteres

Für UN-Metallhydrid-Speichersysteme gelten die in der folgenden Norm festgelegten Vorschriften für die Verschlüsse und deren Schutz:

Referenz	Titel	für die Herstellung anwendbar
ISO 16111:2008	Ortsbewegliche Gasspeichereinrichtungen – In reversiblen Metallhydriden absorbierter Wasserstoff	bis auf Weiteres

Wiederkehrende Prüfung 6.2.2.4

Für die wiederkehrende Prüfung von UN-Flaschen und ihren Verschlüssen gelten folgende Normen:

Referenz	Titel	anwendbar
ISO 6406:2005	Nahtlose Gasflaschen aus Stahl – Wiederkehrende Prüfung	bis auf Weiteres
ISO 10460:2005	Gasflaschen – Geschweißte Gasflaschen aus Kohlenstoffstahl – Wiederkehrende Prüfung ***Bemerkung:*** *Die in Absatz 12.1 dieser Norm beschriebene Reparatur von Schweißnähten ist nicht zugelassen. Die in Absatz 12.2 beschriebenen Reparaturen erfordern die Genehmigung durch die zuständige Behörde, welche die Stelle für die wiederkehrende Prüfung in Übereinstimmung mit 6.2.2.6 zugelassen hat.*	bis auf Weiteres
ISO 10461:2005 + A1:2006	Nahtlose Gasflaschen aus Aluminiumlegierungen – Wiederkehrende Prüfung	bis auf Weiteres
ISO 10462:2005	Gasflaschen – Ortsbewegliche Flaschen für gelöstes Acetylen – Wiederkehrende Prüfung und Instandhaltung	bis zum 31. Dezember 2018

6.2.2.4 (Forts.)

Referenz	Titel	anwendbar
ISO 10462:2013	Gasflaschen – Acetylenflaschen – Wiederkehrende Inspektion und Wartung	bis auf Weiteres
ISO 11513:2011	Gasflaschen – Wiederbefüllbare geschweißte Stahlflaschen, die Adsorptionsmaterial zur Gasverpackung unterhalb des atmosphärischen Drucks beinhalten – Auslegung, Bau und Prüfung	bis auf Weiteres
ISO 11623:2002	Ortsbewegliche Gasflaschen – Wiederkehrende Prüfung von Gasflaschen aus Verbundwerkstoffen	bis zum 31. Dezember 2020
ISO 11623:2015	Gasflaschen – Verbundbauweise (Composite-Bauweise) – Wiederkehrende Inspektion und Prüfung	bis auf Weiteres
ISO 22434:2006	Ortsbewegliche Gasflaschen – Prüfung und Wartung von Flaschenventilen ***Bemerkung:** Diese Vorschriften dürfen auch zu einem anderen Zeitpunkt als dem der wiederkehrenden Prüfung von UN-Flaschen erfüllt werden.*	bis auf Weiteres

Für die wiederkehrende Prüfung von UN-Metallhydrid-Speichersystemen gilt folgende Norm:

Referenz	Titel	anwendbar
ISO 16111:2008	Ortsbewegliche Gasspeichereinrichtungen – In reversiblen Metallhydriden absorbierter Wasserstoff	bis auf Weiteres

6.2.2.5 System für die Konformitätsbewertung und Zulassung für die Herstellung von Druckgefäßen

→ D: GGVSee § 16 (1)

6.2.2.5.1 Begriffsbestimmungen

Im Sinne dieses Abschnitts bedeutet:

Baumuster: Ein durch eine besondere Druckgefäßnorm festgelegtes Druckgefäßbaumuster.

System für die Konformitätsbewertung: Ein System für die Zulassung eines Herstellers durch die zuständige Behörde, welches die Zulassung des Druckgefäßbaumusters, die Zulassung des Qualitätssicherungssystems des Herstellers und die Zulassung der Prüfstellen umfasst.

Überprüfen: Durch Untersuchung oder Vorlage objektiver Beweise bestätigen, dass die festgelegten Anforderungen erfüllt worden sind.

6.2.2.5.2 Allgemeine Vorschriften

Zuständige Behörde

6.2.2.5.2.1 [Konformitätsbewertung]

Die zuständige Behörde, die das Druckgefäß zulässt, muss das System für die Konformitätsbewertung zulassen, um sicherzustellen, dass die Druckgefäße den Vorschriften dieses Codes entsprechen. In den Fällen, in denen die zuständige Behörde, die ein Druckgefäß zulässt, nicht die zuständige Behörde des Herstellungslandes ist, müssen die Kennzeichen des Zulassungslandes und des Herstellungslandes in den Kennzeichen des Druckgefäßes angegeben sein (siehe 6.2.2.7 und 6.2.2.8).

Die zuständige Behörde des Zulassungslandes muss der entsprechenden Behörde des Verwendungslandes auf Anforderung Beweise für die Erfüllung dieses Systems für die Konformitätsbewertung vorlegen.

6.2.2.5.2.2 [Delegation]

Die zuständige Behörde darf ihre Aufgaben in dem System für die Konformitätsbewertung ganz oder teilweise delegieren.

[Liste der Stellen] 6.2.2.5.2.3

Die zuständige Behörde muss sicherstellen, dass eine aktuelle Liste über die zugelassenen Prüfstellen und deren Kennzeichen sowie über die zugelassenen Hersteller und deren Kennzeichen zur Verfügung steht.

Prüfstelle

[Prüfstelle] 6.2.2.5.2.4

Die Prüfstelle muss von der zuständigen Behörde für die Prüfung von Druckgefäßen zugelassen sein und muss:

.1 über in eine Organisationsstruktur eingebundenes, geeignetes, geschultes, sachkundiges und erfahrenes Personal verfügen, das seine technischen Aufgaben in zufriedenstellender Weise ausüben kann;

.2 Zugang zu geeigneten und hinreichenden Einrichtungen und Ausrüstungen haben;

.3 in unabhängiger Art und Weise arbeiten und frei von Einflüssen sein, die sie daran hindern könnten;

.4 geschäftliche Verschwiegenheit über die unternehmerischen und eigentumsrechtlich geschützten Tätigkeiten des Herstellers und anderer Stellen bewahren;

.5 eine klare Trennung zwischen den eigentlichen Aufgaben als Prüfstelle und den damit nicht zusammenhängenden Aufgaben ziehen;

.6 ein dokumentiertes Qualitätssicherungssystem betreiben;

.7 sicherstellen, dass die in der entsprechenden Druckgefäßnorm und in diesem Code festgelegten Prüfungen durchgeführt werden, und

.8 ein wirksames und geeignetes Berichts- und Aufzeichnungssystem in Übereinstimmung mit 6.2.2.5.6 unterhalten.

[Prüfungen und Kontrollen] 6.2.2.5.2.5

Um die Übereinstimmung mit der entsprechenden Druckgefäßnorm sicherzustellen, muss die Prüfstelle Baumusterzulassungen durchführen, Prüfungen der Druckgefäßproduktion durchführen und Bescheinigungen ausstellen (siehe 6.2.2.5.4 und 6.2.2.5.5).

Hersteller

[QS-System] 6.2.2.5.2.6

Der Hersteller muss:

.1 ein dokumentiertes Qualitätssicherungssystem gemäß 6.2.2.5.3 betreiben;

.2 Baumusterzulassungen gemäß 6.2.2.5.4 beantragen;

.3 eine Prüfstelle aus dem von der zuständigen Behörde des Zulassungslandes aufgestellten Verzeichnis der zugelassenen Prüfstellen auswählen und

.4 Aufzeichnungen gemäß 6.2.2.5.6 aufbewahren.

Prüflabor

[Prüflabor] 6.2.2.5.2.7

Das Prüflabor muss:

.1 über genügend, in eine Organisationsstruktur eingebundenes Personal mit ausreichender Kompetenz und Erfahrung verfügen und

.2 über geeignete und hinreichende Einrichtungen und Ausrüstungen verfügen, um die in der Herstellungsnorm vorgeschriebenen Prüfungen zur Zufriedenheit der Prüfstelle durchzuführen.

Qualitätssicherungssystem des Herstellers 6.2.2.5.3

[Anforderungen] 6.2.2.5.3.1

Das Qualitätssicherungssystem muss alle Elemente, Anforderungen und Vorschriften umfassen, die vom Hersteller übernommen werden. Es muss auf eine systematische und ordentliche Weise in Form schriftlich niedergelegter Grundsätze, Verfahren und Anweisungen dokumentiert werden.

6.2.2.5.3.1 (Forts.) Der Inhalt muss insbesondere geeignete Beschreibungen umfassen über:

.1 die Organisationsstruktur und Verantwortlichkeiten des Personals hinsichtlich der Auslegung und der Produktqualität;

.2 die bei der Auslegung der Druckgefäße verwendeten Techniken, Prozesse und Verfahren für die Auslegungskontrolle und -überprüfung;

.3 die entsprechenden Anweisungen, die für die Herstellung der Druckgefäße, die Qualitätskontrolle, die Qualitätssicherung und die Arbeitsabläufe verwendet werden;

.4 Aufzeichnungen zur Bewertung der Qualität, z. B. Kontrollberichte, Prüf- und Kalibrierungsdaten;

.5 Überprüfungen des Managements zur Sicherstellung der wirksamen Anwendung des Qualitätssicherungssystems gemäß der in 6.2.2.5.3.2 festgelegten Überprüfungen;

.6 das Verfahren, das die Art und Weise der Erfüllung von Kundenanforderungen beschreibt;

.7 das Verfahren für die Kontrolle der Dokumente und deren Überarbeitung;

.8 die Mittel für die Kontrolle nicht konformer Druckgefäße, Zukaufteile, Zwischenprodukte und Fertigteile und

.9 Schulungsprogramme und Qualifizierungsprogramme für das entsprechende Personal.

6.2.2.5.3.2 Überprüfung des Qualitätssicherungssystems

→ D: GGVSee § 12 (1) 8a)

Das Qualitätssicherungssystem ist erstmalig zu bewerten, um festzustellen, ob es die Anforderungen gemäß 6.2.2.5.3.1 zur Zufriedenheit der zuständigen Behörde erfüllt.

Der Hersteller ist über die Ergebnisse der Überprüfung in Kenntnis zu setzen. Die Mitteilung muss die Schlussfolgerungen der Überprüfung und die eventuell erforderlichen Korrekturmaßnahmen umfassen.

Wiederkehrende Überprüfungen sind zur Zufriedenheit der zuständigen Behörde durchzuführen, um sicherzustellen, dass der Hersteller das Qualitätssicherungssystem aufrecht erhält und anwendet. Berichte über die wiederkehrenden Überprüfungen sind dem Hersteller zur Verfügung zu stellen.

6.2.2.5.3.3 Aufrechterhaltung des Qualitätssicherungssystems

Der Hersteller muss das Qualitätssicherungssystem in der zugelassenen Form so aufrecht erhalten, dass es geeignet und effizient bleibt.

Der Hersteller hat die zuständige Behörde, die das Qualitätssicherungssystem zugelassen hat, über alle beabsichtigten Änderungen in Kenntnis zu setzen. Die vorgeschlagenen Änderungen sind zu bewerten, um festzustellen, ob das geänderte Qualitätssicherungssystem die Anforderungen gemäß 6.2.2.5.3.1 weiterhin erfüllt.

6.2.2.5.4 Zulassungsverfahren

Erstmalige Baumusterzulassung

6.2.2.5.4.1 [Erstmalige Baumusterzulassung]

Die erstmalige Baumusterzulassung muss aus einer Zulassung des Qualitätssicherungssystems des Herstellers und einer Zulassung der Auslegung des herzustellenden Druckgefäßes bestehen. Ein Antrag für eine erstmalige Baumusterzulassung muss den Anforderungen gemäß 6.2.2.5.3, 6.2.2.5.4.2 bis 6.2.2.5.4.6 und 6.2.2.5.4.9 entsprechen.

6.2.2.5.4.2 [Baumusterzulassungsbescheinigung]

Ein Hersteller, der beabsichtigt, Druckgefäße in Übereinstimmung mit einer Druckgefäßnorm und in Übereinstimmung mit diesem Code herzustellen, muss eine Baumusterzulassungsbescheinigung beantragen, erlangen und aufbewahren, die von der zuständigen Behörde des Zulassungslandes für mindestens ein Druckgefäßbaumuster nach dem in 6.2.2.5.4.9 angegebenen Verfahren ausgestellt wird. Diese Bescheinigung muss der zuständigen Behörde des Verwendungslandes auf Anfrage vorgelegt werden.

6.2.2.5.4.3 [Antrag]

Für jede Produktionsstätte ist ein Antrag zu stellen, der Folgendes umfassen muss:

.1 den Namen und den eingetragenen Sitz des Herstellers und, falls der Antrag durch einen bevollmächtigten Vertreter vorgelegt wird, dessen Name und Adresse;

.2 die Adresse der Produktionsstätte (sofern vom oben genannten Sitz abweichend);

.3 den Namen und den Titel der für das Qualitätssicherungssystem verantwortlichen Person(en); 6.2.2.5.4.3 (Forts.)

.4 die Bezeichnung des Druckgefäßes und der entsprechenden Druckgefäßnorm;

.5 Einzelheiten einer eventuellen Ablehnung der Zulassung eines ähnlichen Antrags durch eine andere zuständige Behörde;

.6 den Namen der Prüfstelle für die Baumusterzulassung;

.7 Dokumentation über die Produktionsstätte, wie in 6.2.2.5.3.1 festgelegt, und

.8 die für die Baumusterzulassung erforderliche technische Dokumentation, durch die die Überprüfung der Konformität der Druckgefäße mit den Vorschriften der entsprechenden Auslegungsnorm für Druckgefäße ermöglicht wird. Die technische Dokumentation muss die Auslegung und das Herstellungsverfahren abdecken und, sofern dies für die Bewertung erforderlich ist, mindestens Folgendes umfassen:

  .1 Norm für die Auslegung des Druckgefäßes sowie Zeichnungen über die Auslegung und die Herstellung, aus denen, soweit vorhanden, Einzelteile und Baueinheiten hervorgehen;

  .2 Beschreibungen und Erläuterungen, die für das Verständnis der Zeichnungen und der vorgesehenen Verwendung der Druckgefäße notwendig sind;

  .3 ein Verzeichnis der Normen, die für die vollständige Festlegung des Herstellungsverfahrens notwendig sind;

  .4 Auslegungsberechnungen und Werkstoffspezifikationen und

  .5 Prüfberichte der Baumusterzulassung, in denen die Ergebnisse der gemäß 6.2.2.5.4.9 durchgeführten Untersuchungen und Prüfungen beschrieben sind.

[Erstmalige Überprüfung] 6.2.2.5.4.4

Es ist eine erstmalige Überprüfung gemäß 6.2.2.5.3.2 zur Zufriedenheit der zuständigen Behörde durchzuführen.

[Versagung der Zulassung] 6.2.2.5.4.5

Wird dem Hersteller die Zulassung versagt, muss die zuständige Behörde schriftliche detaillierte Gründe für eine derartige Ablehnung vorlegen.

[Änderungsmitteilungen] 6.2.2.5.4.6

Nach der Zulassung sind der zuständigen Behörde Änderungen an Informationen, die gemäß 6.2.2.5.4.3 bezüglich der erstmaligen Zulassung mitgeteilt wurden, vorzulegen.

Nachfolgende Baumusterzulassungen

[Nachfolgende Baumusterzulassung] 6.2.2.5.4.7

Ein Antrag für eine nachfolgende Baumusterzulassung muss den Vorschriften in 6.2.2.5.4.8 und 6.2.2.5.4.9 entsprechen, vorausgesetzt, der Hersteller ist im Besitz einer erstmaligen Baumusterzulassung. In diesem Fall muss das Qualitätssicherungssystem des Herstellers gemäß 6.2.2.5.3 während der erstmaligen Baumusterzulassung zugelassen worden und auf das neue Baumuster anwendbar sein.

[Antrag] 6.2.2.5.4.8

Der Antrag muss enthalten:

.1 den Namen und den Sitz des Herstellers und, falls der Antrag durch einen bevollmächtigten Vertreter vorgelegt wird, dessen Name und Adresse;

.2 Einzelheiten einer eventuellen Ablehnung der Zulassung eines ähnlichen Antrags durch eine andere zuständige Behörde;

.3 den Nachweis, dass die erstmalige Baumusterzulassung erteilt worden ist, und

.4 die in 6.2.2.5.4.3.8 beschriebene technische Dokumentation.

Verfahren für die Baumusterzulassung

6.2.2.5.4.9 [Prüfumfang]

→ D: GGVSee § 12 (1) 8a)

Die Prüfstelle muss:

.1 die technische Dokumentation prüfen, um festzustellen, ob:

.1 das Baumuster mit den anwendbaren Vorschriften der Norm übereinstimmt und

.2 die Prototyp-Produktionscharge in Übereinstimmung mit der technischen Dokumentation hergestellt worden ist und für das Baumuster repräsentativ ist;

.2 überprüfen, ob die Produktionskontrollen nach den Vorschriften in 6.2.2.5.5 durchgeführt worden sind;

.3 Druckgefäße aus einer Prototyp-Produktionscharge auswählen und die für die Baumusterzulassung erforderlichen Prüfungen dieser Druckgefäße beaufsichtigen;

.4 die in der Druckgefäßnorm festgelegten Untersuchungen und Prüfungen durchführen oder durchgeführt haben, um zu bestimmen, ob:

.1 die Norm angewendet und erfüllt worden ist und

.2 die vom Hersteller angewendeten Verfahren die Anforderungen der Norm erfüllen, und

.5 sicherstellen, dass die verschiedenen Baumusteruntersuchungen und -prüfungen korrekt und fachkundig durchgeführt werden.

Nachdem die Prototypprüfung mit zufriedenstellenden Ergebnissen durchgeführt worden ist und alle anwendbaren Anforderungen gemäß 6.2.2.5.4 erfüllt worden sind, ist eine Baumusterzulassungsbescheinigung auszustellen, die den Namen und die Adresse des Herstellers, die Ergebnisse und Schlussfolgerungen der Untersuchung und die notwendigen Erkennungsmerkmale des Baumusters umfassen muss.

Wird dem Hersteller eine Baumusterzulassung versagt, so muss die zuständige Behörde eine ausführliche schriftliche Begründung für diese Ablehnung vorlegen.

6.2.2.5.4.10 Änderungen an zugelassenen Baumustern

Der Hersteller muss:

(a) entweder die ausstellende zuständige Behörde über Änderungen des zugelassenen Baumusters, sofern diese Änderungen nach den Definitionen der Druckgefäßnorm keine neue Auslegung darstellen, in Kenntnis setzen,

(b) oder eine nachfolgende Baumusterzulassung anfordern, sofern diese Änderungen gemäß der anwendbaren Druckgefäßnorm eine neue Auslegung darstellen. Diese Ergänzungszulassung ist in Form eines Nachtrags zur ursprünglichen Baumusterzulassungsbescheinigung auszustellen.

6.2.2.5.4.11 [Behördliche Auskunftspflicht]

Die zuständige Behörde muss den anderen zuständigen Behörden Informationen über die Baumusterzulassung, Änderungen der Zulassung und zurückgezogene Zulassungen auf Anfrage mitteilen.

6.2.2.5.5 Produktionskontrolle und Bescheinigung

Die Kontrolle und Bescheinigung jedes Druckgefäßes ist von einer Prüfstelle oder deren Vertreter durchzuführen. Die vom Hersteller für die Kontrollen und Prüfungen während der Produktion ausgewählte Prüfstelle darf von der für die Baumusterzulassungsprüfung herangezogenen Prüfstelle abweichen.

Sofern zur Zufriedenheit der Prüfstelle nachgewiesen werden kann, dass der Hersteller über geschulte und fachkundige, vom Herstellungsprozess unabhängige Kontrolleure verfügt, darf die Kontrolle durch diese Kontrolleure durchgeführt werden. In diesem Fall muss der Hersteller Aufzeichnungen über die Schulung der Kontrolleure aufbewahren.

Die Prüfstelle muss überprüfen, ob die Kontrollen des Herstellers und die an den Druckgefäßen vorgenommenen Prüfungen vollständig der Norm und den Vorschriften dieses Codes entsprechen. Sollte in Verbindung mit dieser Kontrolle und Prüfung eine Nichtübereinstimmung festgestellt werden, so kann die Erlaubnis, Kontrollen von Kontrolleuren des Herstellers durchführen zu lassen, zurückgezogen werden.

Der Hersteller muss nach der Zulassung durch die Prüfstelle eine Erklärung über die Konformität mit dem zugelassenen Baumuster abgeben. Die Anbringung der Zertifizierungskennzeichen auf dem Druckgefäß gilt als Erklärung, dass das Druckgefäß den anwendbaren Druckgefäßnormen, den Anforderungen dieses Konformitätsbewertungssystems und den Vorschriften dieses Codes entspricht. Auf jedem zugelassenen Druckgefäß muss die Prüfstelle oder der von der Prüfstelle dazu beauftragte Hersteller die Druckgefäßzertifizierungskennzeichen und das registrierte Kennzeichen der Prüfstelle anbringen. 6.2.2.5.5 (Forts.)

Vor dem Befüllen der Druckgefäße ist eine von der Prüfstelle und dem Hersteller unterzeichnete Übereinstimmungsbescheinigung auszustellen.

Aufzeichnungen 6.2.2.5.6

Aufzeichnungen über die Baumusterzulassung und die Übereinstimmungsbescheinigung sind vom Hersteller und der Prüfstelle mindestens 20 Jahre lang aufzubewahren.

Zulassungssystem für die wiederkehrende Prüfung von Druckgefäßen 6.2.2.6

Begriffsbestimmung 6.2.2.6.1

Für Zwecke dieses Unterabschnitts versteht man unter:

Zulassungssystem: Ein System für die Zulassung einer Stelle, welche die wiederkehrende Prüfung von Druckgefäßen durchführt (nachstehend „Stelle für die wiederkehrende Prüfung" genannt), durch die zuständige Behörde, einschließlich der Zulassung des Qualitätssicherungssystems dieser Stelle.

Allgemeine Vorschriften 6.2.2.6.2

Zuständige Behörde

[Zulassungssystem] 6.2.2.6.2.1

Die zuständige Behörde hat ein Zulassungssystem aufzustellen, um sicherzustellen, dass die wiederkehrende Prüfung von Druckgefäßen den Vorschriften dieses Codes entspricht. In den Fällen, in denen die zuständige Behörde, welche eine Stelle für die wiederkehrende Prüfung von Druckgefäßen zulässt, nicht die zuständige Behörde des Staates ist, welche den Hersteller des Druckgefäßes zulässt, muss das Kennzeichen des Zulassungsstaates für die wiederkehrende Prüfung in den Druckgefäßkennzeichen (siehe 6.2.2.7) angegeben werden. Die zuständige Behörde des Zulassungsstaates für die wiederkehrende Prüfung muss auf Anfrage den Nachweis für die Übereinstimmung mit diesem Zulassungssystem, einschließlich der Aufzeichnungen der wiederkehrenden Prüfung, der zuständigen Behörde im Verwendungsland zur Verfügung stellen. Die zuständige Behörde des Zulassungsstaates kann die Zulassungsbescheinigung gemäß 6.2.2.6.4.1 auf Nachweis der Nichtübereinstimmung mit dem Zulassungssystem zurückziehen.

[Delegation] 6.2.2.6.2.2

Die zuständige Behörde darf ihre Aufgaben in diesem Zulassungssystem ganz oder teilweise delegieren.

[Liste der Stellen] 6.2.2.6.2.3

Die zuständige Behörde muss sicherstellen, dass ein aktuelles Verzeichnis der zugelassenen Stellen für die wiederkehrende Prüfung und ihrer Kennzeichen verfügbar ist.

Stellen für die wiederkehrende Prüfung

[Prüfstelle] 6.2.2.6.2.4

Die Stelle für die wiederkehrende Prüfung muss von der zuständigen Behörde zugelassen sein und muss:

.1 über in eine Organisationsstruktur eingebundenes, geeignetes, geschultes, sachkundiges und erfahrenes Personal verfügen, das seine technischen Aufgaben in zufriedenstellender Weise ausüben kann;

.2 Zugang zu geeigneten und hinreichenden Einrichtungen und Ausrüstungen haben;

.3 in unabhängiger Art und Weise arbeiten und frei von Einflüssen sein, die sie daran hindern könnten;

.4 geschäftliche Verschwiegenheit bewahren;

.5 eine klare Trennung zwischen den eigentlichen Aufgaben der Stelle für die wiederkehrende Prüfung und den damit nicht zusammenhängenden Aufgaben ziehen;

.6 ein dokumentiertes Qualitätssicherungssystem gemäß 6.2.2.6.3 betreiben;

6.2.2.6.2.4 (Forts.)

.7 eine Zulassung gemäß 6.2.2.6.4 beantragen;

.8 sicherstellen, dass die wiederkehrenden Prüfungen in Übereinstimmung mit 6.2.2.6.5 durchgeführt werden, und

.9 ein wirksames und geeignetes Berichts- und Aufzeichnungssystem in Übereinstimmung mit 6.2.2.6.6 unterhalten.

6.2.2.6.3 Qualitätssicherungssystem und Überprüfung der Stelle für die wiederkehrende Prüfung

6.2.2.6.3.1 [QS-System]

Qualitätssicherungssystem. Das Qualitätssicherungssystem muss alle Elemente, Anforderungen und Vorschriften umfassen, die von der Stelle für die wiederkehrende Prüfung übernommen werden. Es muss auf eine systematische und ordentliche Weise in Form schriftlich niedergelegter Grundsätze, Verfahren und Anweisungen dokumentiert werden. Das Qualitätssicherungssystem muss umfassen:

.1 eine Beschreibung der Organisationsstruktur und der Verantwortlichkeiten;

.2 die entsprechenden Anweisungen, die für die Prüfung, die Qualitätskontrolle, die Qualitätssicherung und die Arbeitsabläufe verwendet werden;

.3 Qualitätsaufzeichnungen, wie Prüfberichte, Prüf- und Kalibrierungsdaten und Nachweise;

.4 Nachprüfungen des Managements als Folge der Überprüfungen gemäß 6.2.2.6.3.2, um die erfolgreiche Wirkungsweise des Qualitätssicherungssystems sicherzustellen;

.5 ein Verfahren für die Kontrolle der Dokumente und deren Überarbeitung;

.6 ein Mittel für die Kontrolle nicht konformer Druckgefäße und

.7 Schulungsprogramme und Qualifizierungsverfahren für das entsprechende Personal.

6.2.2.6.3.2 [Überprüfung]

Überprüfung. Die Stelle für die wiederkehrende Prüfung sowie ihr Qualitätssicherungssystem sind zu überprüfen, um festzustellen, ob sie die Anforderungen dieses Codes zur Zufriedenheit der zuständigen Behörde erfüllt. Eine Überprüfung ist als Teil des erstmaligen Zulassungsverfahrens (siehe 6.2.2.6.4.3) durchzuführen. Eine Überprüfung kann als Teil des Verfahrens für die Änderung der Zulassung (siehe 6.2.2.6.4.6) erforderlich sein. Wiederkehrende Überprüfungen sind zur Zufriedenheit der zuständigen Behörde durchzuführen, um sicherzustellen, dass die Stelle für die wiederkehrende Prüfung den Vorschriften dieses Codes weiterhin entspricht. Die Stelle für die wiederkehrende Prüfung ist über die Ergebnisse der Überprüfung in Kenntnis zu setzen. Die Mitteilung muss die Schlussfolgerungen der Überprüfung und eventuell erforderliche Korrekturmaßnahmen umfassen.

6.2.2.6.3.3 [Aufrechterhaltung]

Aufrechterhaltung des Qualitätssicherungssystems. Die Stelle für die wiederkehrende Prüfung muss das Qualitätssicherungssystem in der zugelassenen Form so aufrechterhalten, dass es geeignet und effizient bleibt. Die Stelle für die wiederkehrende Prüfung hat die zuständige Behörde, die das Qualitätssicherungssystem zugelassen hat, über beabsichtigte Änderungen in Übereinstimmung mit dem Verfahren für die Änderung einer Zulassung gemäß 6.2.2.6.4.6 in Kenntnis zu setzen.

6.2.2.6.4 Zulassungsverfahren für Stellen für die wiederkehrende Prüfung

Erstmalige Zulassung

6.2.2.6.4.1 [Zulassungserfordernis]

Eine Stelle, die beabsichtigt, wiederkehrende Prüfungen von Druckgefäßen in Übereinstimmung mit einer Druckgefäßnorm und diesem Code durchzuführen, muss eine Zulassungsbescheinigung beantragen, erlangen und aufbewahren, die von der zuständigen Behörde ausgestellt wird. Diese Bescheinigung muss der zuständigen Behörde eines Verwendungslandes auf Anfrage vorgelegt werden.

6.2.2.6.4.2 [Antrag]

Für jede Stelle für die wiederkehrende Prüfung ist ein Antrag zu stellen, der Folgendes umfassen muss:

.1 den Namen und die Adresse der Stelle für die wiederkehrende Prüfung und, falls der Antrag durch einen bevollmächtigten Vertreter vorgelegt wird, dessen Name und Adresse;

.2 die Adresse jeder Einrichtung, welche wiederkehrende Prüfungen durchführt;

.3 den Namen und den Titel der für das Qualitätssicherungssystem verantwortlichen Person(en); 6.2.2.6.4.2 (Forts.)

.4 die Bezeichnung der Druckgefäße, der Prüfmethoden für die wiederkehrende Prüfung und die entsprechende Druckgefäßnorm, die im Qualitätssicherungssystem berücksichtigt wird;

.5 Dokumentation über jede Einrichtung, die Ausrüstung und das in 6.2.2.6.3.1 beschriebene Qualitätssicherungssystem;

.6 die Qualifizierungs- und Schulungsaufzeichnungen des Personals für die wiederkehrende Prüfung und

.7 Einzelheiten einer eventuellen Ablehnung der Zulassung eines ähnlichen Antrags durch eine andere zuständige Behörde.

[Pflichten der Behörde] 6.2.2.6.4.3

Die zuständige Behörde muss:

.1 die Dokumentation untersuchen, um festzustellen, ob die Verfahren in Übereinstimmung mit den Vorschriften der entsprechenden Druckgefäßnormen und dieses Codes sind, und

.2 eine Überprüfung in Übereinstimmung mit 6.2.2.6.3.2 durchführen, um festzustellen, ob die Prüfungen nach den Vorschriften der entsprechenden Druckgefäßnormen und dieses Codes zur Zufriedenheit der zuständigen Behörde durchgeführt werden.

[Zulassungsbescheinigung] 6.2.2.6.4.4

Nach der Durchführung der Überprüfung mit zufriedenstellenden Ergebnissen und der Erfüllung aller Vorschriften gemäß 6.2.2.6.4 ist eine Zulassungsbescheinigung auszustellen. Sie muss den Namen der Stelle für die wiederkehrende Prüfung, das eingetragene Kennzeichen, die Adresse jeder Einrichtung und die notwendigen Daten für den Nachweis ihrer zugelassenen Tätigkeiten (z. B. Bezeichnung der Druckgefäße, Prüfverfahren für die wiederkehrende Prüfung und Druckgefäßnormen) umfassen.

[Versagungsgründe] 6.2.2.6.4.5

Wird der Stelle für die wiederkehrende Prüfung die Zulassung versagt, muss die zuständige Behörde schriftliche detaillierte Gründe für eine derartige Ablehnung vorlegen.

Änderungen an Zulassungen für Stellen für die wiederkehrende Prüfung

[Änderungsmitteilungen] 6.2.2.6.4.6

Nach der Zulassung muss die Stelle für die wiederkehrende Prüfung die ausstellende zuständige Behörde über alle Änderungen an den Informationen, die gemäß 6.2.2.6.4.2 im Rahmen der erstmaligen Zulassung unterbreitet wurden, in Kenntnis setzen. Diese Änderungen sind zu bewerten, um festzustellen, ob die Vorschriften der entsprechenden Druckgefäßnormen und dieses Codes erfüllt werden. Eine Überprüfung gemäß 6.2.2.6.3.2 kann vorgeschrieben werden. Die zuständige Behörde muss diese Änderungen schriftlich genehmigen oder ablehnen; soweit notwendig ist eine geänderte Zulassungsbescheinigung auszustellen.

[Behördliche Auskunftspflicht] 6.2.2.6.4.7

Die zuständige Behörde muss den anderen zuständigen Behörden Informationen über die erstmalige Zulassung, Änderungen der Zulassung und zurückgezogene Zulassungen auf Anfrage mitteilen.

Wiederkehrende Prüfung sowie Bescheinigung 6.2.2.6.5

Die Anbringung der Kennzeichen für die wiederkehrende Prüfung an einem Druckgefäß gilt als Erklärung, dass das Druckgefäß den anwendbaren Druckgefäßnormen und den Vorschriften dieses Codes entspricht. Die Stelle für die wiederkehrende Prüfung muss die Kennzeichen für die wiederkehrende Prüfung einschließlich ihres eingetragenen Kennzeichens an jedem zugelassenen Druckgefäß anbringen (siehe 6.2.2.7.7). Bevor das Druckgefäß befüllt wird, muss von der Stelle für die wiederkehrende Prüfung ein Dokument ausgestellt werden, mit dem bestätigt wird, dass das Druckgefäß der wiederkehrenden Prüfung unterzogen worden ist.

6.2.2.6.6 Aufzeichnungen

Die Stelle für die wiederkehrende Prüfung muss die Aufzeichnungen über die Prüfungen an Druckgefäßen (unabhängig davon, ob sie erfolgreich oder nicht erfolgreich verlaufen sind) einschließlich des Standortes der Prüfeinrichtung mindestens 15 Jahre aufbewahren. Der Eigentümer eines Druckgefäßes muss bis zur nächsten wiederkehrenden Prüfung eine identische Aufzeichnung aufbewahren, es sei denn, das Druckgefäß wird dauerhaft außer Dienst gestellt.

6.2.2.7 Kennzeichnung von nachfüllbaren UN-Druckgefäßen

Bemerkung: *Die Kennzeichnungsvorschriften für UN-Metallhydrid-Speichersysteme sind in 6.2.2.9 und für UN-Flaschenbündel in 6.2.2.10 enthalten.*

6.2.2.7.1 [Anbringung der Kennzeichen]

Nachfüllbare UN-Druckgefäße sind deutlich und lesbar mit Zertifizierungskennzeichen, betrieblichen Kennzeichen und Herstellungskennzeichen zu versehen. Diese Kennzeichen müssen auf dem Druckgefäß dauerhaft angebracht sein (z. B. geprägt, graviert oder geätzt). Die Kennzeichen müssen auf der Schulter, dem oberen Ende oder dem Hals des Druckgefäßes oder auf einem dauerhaft angebrachten Bestandteil des Druckgefäßes (z. B. angeschweißter Kragen oder an der äußeren Ummantelung eines verschlossenen Kryo-Behälters angeschweißte korrosionsbeständige Platte) erscheinen. Mit Ausnahme des UN-Verpackungssymbols beträgt die Mindestgröße der Kennzeichen 5 mm für Druckgefäße mit einem Durchmesser von mindestens 140 mm und 2,5 mm für Druckgefäße mit einem Durchmesser von weniger als 140 mm. Die Mindestgröße des UN-Verpackungssymbols beträgt 10 mm für Druckgefäße mit einem Durchmesser von mindestens 140 mm und 5 mm für Druckgefäße mit einem Durchmesser von weniger als 140 mm.

6.2.2.7.2 [Zertifizierungskennzeichen]

Folgende Zertifizierungskennzeichen sind anzubringen:

(a) das UN-Symbol für Verpackungen (u n)

Dieses Symbol darf nur zum Zweck der Bestätigung verwendet werden, dass eine Verpackung, ein flexibler Schüttgut-Container, ein ortsbeweglicher Tank oder ein MEGC den entsprechenden Vorschriften des Kapitels 6.1, 6.2, 6.3, 6.5, 6.6, 6.7 oder 6.9 entspricht.

(b) die für die Auslegung, den Bau und die Prüfung verwendete technische Norm (z. B. ISO 9809-1);

(c) der (die) Buchstabe(n) für die Angabe des Zulassungslandes, angegeben durch das für Kraftfahrzeuge im internationalen Verkehr verwendete Unterscheidungszeichen[2];

(d) das Unterscheidungszeichen oder der Stempel der Prüfstelle, das bei der zuständigen Behörde des Landes, in dem die Kennzeichnung zugelassen wurde, registriert ist;

(e) das Datum der erstmaligen Prüfung durch Angabe des Jahres (vier Ziffern), gefolgt von der Angabe des Monats (zwei Ziffern) und getrennt durch einen Schrägstrich (d. h. „/").

6.2.2.7.3 [Betriebliche Kennzeichen]

Folgende betriebliche Kennzeichen sind anzubringen:

(f) der Prüfdruck in bar, dem die Buchstaben „PH" vorangestellt und die Buchstaben „BAR" hinzugefügt werden;

(g) die Masse des leeren Druckgefäßes einschließlich aller dauerhaft angebrachter Bestandteile (z. B. Halsring, Fußring usw.) in Kilogramm, der die Buchstaben „KG" hinzugefügt werden. Diese Masse darf die Masse des Ventils, der Ventilkappe oder des Ventilschutzes, einer eventuellen Beschichtung oder des porösen Materials für Acetylen nicht enthalten. Die Masse ist in drei signifikanten Ziffern, aufgerundet auf die letzte Stelle, auszudrücken. Bei Flaschen mit einer Masse von weniger als 1 kg ist die Masse in zwei signifikanten Ziffern, aufgerundet auf die letzte Stelle, auszudrücken. Bei Druckgefäßen für UN 1001 Acetylen, gelöst, und UN 3374 Acetylen, lösungsmittelfrei, müssen mindestens eine Nachkommastelle und bei Druckgefäßen mit einer leeren Masse von weniger als 1 kg mindestens zwei Nachkommastellen angegeben werden;

2) Das für Kraftfahrzeuge und Anhänger im internationalen Straßenverkehr verwendete Unterscheidungszeichen des Zulassungsstaates, z. B. gemäß dem Genfer Übereinkommen über den Straßenverkehr von 1949 oder dem Wiener Übereinkommen über den Straßenverkehr von 1968.

(h) die garantierte Mindestwanddicke des Druckgefäßes in Millimetern, der die Buchstaben „MM" hinzugefügt werden. Dieses Kennzeichen ist nicht erforderlich für Druckgefäße mit einem Fassungsraum von höchstens 1 Liter oder für Flaschen aus Verbundwerkstoffen oder für verschlossene Kryo-Behälter; 6.2.2.7.3 (Forts.)

(i) bei Druckgefäßen für verdichtete Gase, UN 1001 Acetylen, gelöst, und UN 3374 Acetylen, lösungsmittelfrei, der Betriebsdruck in bar, dem die Buchstaben „PW" vorangestellt werden; bei verschlossenen Kryo-Behältern der höchstzulässige Betriebsdruck, dem die Buchstaben „MAWP" vorangestellt werden;

(j) bei Druckgefäßen für verflüssigte und tiefgekühlt verflüssigte Gase der Fassungsraum in Liter, der in drei signifikanten Ziffern, abgerundet auf die letzte Stelle, ausgedrückt ist und dem der Buchstabe „L" hinzugefügt wird. Ist der Wert für den minimalen oder nominalen Fassungsraum eine ganze Zahl, dürfen die Nachkommastellen vernachlässigt werden;

(k) bei Druckgefäßen für UN 1001 Acetylen, gelöst, die Gesamtmasse des leeren Druckgefäßes, der während der Befüllung nicht entfernten Ausrüstungs- und Zubehörteile, einer eventuellen Beschichtung, des porösen Materials, des Lösungsmittels und des Sättigungsgases, die in drei signifikanten Ziffern, abgerundet auf die letzte Stelle, ausgedrückt ist und der die Buchstaben „KG" hinzugefügt werden. Es muss mindestens eine Nachkommastelle angegeben werden. Bei Druckgefäßen mit einer Gesamtmasse von weniger als 1 kg muss die Gesamtmasse in zwei signifikanten Ziffern, abgerundet auf die letzte Stelle, angegeben werden;

(l) bei Druckgefäßen für UN 3374 Acetylen, lösungsmittelfrei, die Gesamtmasse des leeren Druckgefäßes, der während der Befüllung nicht entfernten Ausrüstungs- und Zubehörteile, einer eventuellen Beschichtung und des porösen Materials, die in drei signifikanten Ziffern, abgerundet auf die letzte Stelle, ausgedrückt ist und der die Buchstaben „KG" hinzugefügt werden. Es muss mindestens eine Nachkommastelle angegeben werden. Bei Druckgefäßen mit einer Gesamtmasse von weniger als 1 kg muss die Gesamtmasse in zwei signifikanten Ziffern, abgerundet auf die letzte Stelle, angegeben werden.

[Herstellungskennzeichen] 6.2.2.7.4

Folgende Herstellungskennzeichen sind anzubringen:

(m) Identifikation des Flaschengewindes (z. B. 25E). Dieses Kennzeichen ist für verschlossene Kryo-Behälter nicht erforderlich;

__Bemerkung:__ Informationen zu Kennzeichen, die für die Identifikation von Flaschengewinden verwendet werden können, sind in der Norm ISO/TR 11364 „Gasflaschen – Zusammenstellung von nationalen und internationalen Ventil-/Gasflaschen-Halsgewinden und ihre Identifizierung und Kennzeichnungssystem" enthalten.

(n) das von der zuständigen Behörde registrierte Kennzeichen des Herstellers. Ist das Herstellungsland mit dem Zulassungsland nicht identisch, ist (sind) dem Kennzeichen des Herstellers der (die) Buchstabe(n) für die Angabe des Herstellungslandes, angegeben durch das für Kraftfahrzeuge im internationalen Verkehr verwendete Unterscheidungszeichen[2], voranzustellen. Das Kennzeichen des Landes und das Kennzeichen des Herstellers sind durch eine Leerstelle oder einen Schrägstrich zu trennen;

(o) die vom Hersteller zugeordnete Seriennummer;

(p) bei Druckgefäßen aus Stahl und Druckgefäßen aus Verbundwerkstoffen mit Stahlauskleidung, die für die Beförderung von Gasen mit einem Risiko der Wasserstoffversprödung vorgesehen sind, der Buchstabe „H", der die Verträglichkeit des Stahls angibt (siehe ISO-Norm 11114-1:2012);

(q) bei Flaschen und Großflaschen aus Verbundwerkstoffen mit einer begrenzten Auslegungslebensdauer die Buchstaben „FINAL", gefolgt von der Auslegungslebensdauer durch Angabe des Jahres (vier Ziffern) und, getrennt durch einen Schrägstrich (d. h. „/"), des Monats (zwei Ziffern);

(r) bei Flaschen und Großflaschen aus Verbundwerkstoffen mit einer begrenzten Auslegungslebensdauer von mehr als 15 Jahren und für Flaschen und Großflaschen aus Verbundwerkstoffen mit

[2] Das für Kraftfahrzeuge und Anhänger im internationalen Straßenverkehr verwendete Unterscheidungszeichen des Zulassungsstaates, z. B. gemäß dem Genfer Übereinkommen über den Straßenverkehr von 1949 oder dem Wiener Übereinkommen über den Straßenverkehr von 1968.

6.2.2.7.4 (Forts.) einer unbegrenzten Auslegungslebensdauer die Buchstaben „SERVICE", gefolgt von dem 15 Jahre nach dem Herstellungsdatum (erstmalige Prüfung) liegenden Datum durch Angabe des Jahres (vier Ziffern) und, getrennt durch einen Schrägstrich (d. h. „/"), des Monats (zwei Ziffern).

Bemerkung: *Sobald das ursprüngliche Baumuster die Vorschriften des Betriebsdauer-Prüfprogramms gemäß 6.2.2.1.1 Bemerkung 2 oder 6.2.2.1.2 Bemerkung 2 erfüllt hat, ist dieses Kennzeichen der ursprünglichen Betriebsdauer für die weitere Produktion nicht mehr erforderlich. An Flaschen und Großflaschen eines Baumusters, welches die Vorschriften des Betriebsdauer-Prüfprogramms erfüllt hat, muss das Kennzeichen der ursprünglichen Betriebsdauer unkenntlich gemacht werden.*

6.2.2.7.5 [Anordnung]

Die oben aufgeführten Kennzeichen sind in drei Gruppen anzuordnen.

- Die Herstellungskennzeichen bilden die oberste Gruppe und müssen in der in 6.2.2.7.4 angegebenen Reihenfolge nacheinander erscheinen, ausgenommen davon sind die in 6.2.2.7.4 (q) und (r) beschriebenen Kennzeichen, die direkt neben den Kennzeichen für die wiederkehrenden Prüfungen in 6.2.2.7.7 erscheinen müssen.
- Die betrieblichen Kennzeichen in 6.2.2.7.3 bilden die mittlere Gruppe, wobei der Prüfdruck (f) unmittelbar dem Betriebsdruck (i), sofern dieser vorgeschrieben ist, vorangestellt ist.
- Die Zertifizierungskennzeichen bilden die unterste Gruppe und müssen in der in 6.2.2.7.2 angegebenen Reihenfolge erscheinen.

Nachstehend ist ein Beispiel für die an einer Flasche angebrachten Kennzeichen dargestellt:

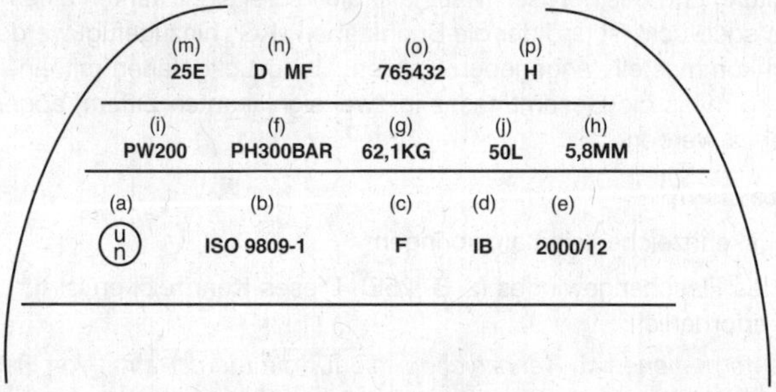

6.2.2.7.6 [Andere Kennzeichen]

Andere Kennzeichen in anderen Bereichen als der Seitenwand sind zugelassen, vorausgesetzt, sie sind in Bereichen mit niedrigen Spannungen angebracht und haben keine Größe und Tiefe, die zu schädlichen Spannungskonzentrationen führen. Bei verschlossenen Kryo-Behältern dürfen solche Kennzeichen auf einer getrennten Platte angegeben sein, die an der äußeren Ummantelung angebracht ist. Solche Kennzeichen dürfen zu den vorgeschriebenen Kennzeichen nicht in Widerspruch stehen.

6.2.2.7.7 [Länderkennung, Prüfstelle und Prüfdatum]

Zusätzlich zu den vorausgehenden Kennzeichen muss jedes nachfüllbare Druckgefäß, das die Vorschriften für die wiederkehrende Prüfung gemäß 6.2.2.4 erfüllt, mit Kennzeichen in nachfolgender Reihenfolge versehen sein:

(a) der (die) Buchstabe(n) des Unterscheidungszeichens des Staates, der die Stelle, welche die wiederkehrende Prüfung durchführt, zugelassen hat, angegeben durch das für Kraftfahrzeuge im internationalen Verkehr verwendete Unterscheidungszeichen[2]. Dieses Kennzeichen ist nicht erforderlich, wenn die Stelle von der zuständigen Behörde des Staates zugelassen wurde, in dem die Zulassung der Herstellung erfolgt ist;

(b) das eingetragene Zeichen der von der zuständigen Behörde für die Durchführung von wiederkehrenden Prüfungen zugelassenen Stelle;

[2] Das für Kraftfahrzeuge und Anhänger im internationalen Straßenverkehr verwendete Unterscheidungszeichen des Zulassungsstaates, z. B. gemäß dem Genfer Übereinkommen über den Straßenverkehr von 1949 oder dem Wiener Übereinkommen über den Straßenverkehr von 1968.

(c) das Datum der wiederkehrenden Prüfung durch Angabe des Jahres (zwei Ziffern), gefolgt von der Angabe des Monats (zwei Ziffern) und getrennt durch einen Schrägstrich (d. h. „/“). Für die Angabe des Jahres dürfen auch vier Ziffern verwendet werden. 6.2.2.7.7 (Forts.)

[Alternative Anbringung] 6.2.2.7.8

Bei Acetylen-Flaschen dürfen mit Zustimmung der zuständigen Behörde das Datum der zuletzt durchgeführten wiederkehrenden Prüfung und der Stempel der Stelle, welche die wiederkehrende Prüfung durchführt, auf einem Ring eingraviert sein, der durch das Ventil an der Flasche befestigt ist. Der Ring muss so gestaltet sein, dass er nur durch Demontage des Ventils von der Flasche entfernt werden kann.

Kennzeichnung von nicht nachfüllbaren UN-Druckgefäßen 6.2.2.8

[Anbringung der Kennzeichen] 6.2.2.8.1

Nicht nachfüllbare UN-Druckgefäße sind deutlich und lesbar mit Zertifizierungskennzeichen und spezifischen Kennzeichen für Gase und Druckgefäße zu versehen. Diese Kennzeichen müssen auf dem Druckgefäß dauerhaft angebracht sein (z. B. schabloniert, geprägt, graviert oder geätzt). Die Kennzeichen sind, sofern sie nicht mittels Schablone angebracht sind, auf der Schulter, dem oberen Ende oder dem Hals des Druckgefäßes oder auf einem dauerhaft befestigten Bestandteil des Druckgefäßes (z. B. angeschweißter Kragen) anzubringen. Mit Ausnahme des „UN“-Symbols und der Beschriftung „NICHT NACHFÜLLEN“/„DO NOT REFILL“ beträgt die Mindestgröße der Kennzeichen 5 mm für Druckgefäße mit einem Durchmesser von mindestens 140 mm und 2,5 mm für Druckgefäße mit einem Durchmesser von weniger als 140 mm. Die Mindestgröße des „UN“-Symbols beträgt 10 mm für Druckgefäße mit einem Durchmesser von mindestens 140 mm und 5 mm für Druckgefäße mit einem Durchmesser von weniger als 140 mm. Die Mindestgröße für die Beschriftung „NICHT NACHFÜLLEN“/„DO NOT REFILL“ beträgt 5 mm.

[Chargennummer, Beschriftung] 6.2.2.8.2

Die in 6.2.2.7.2 bis 6.2.2.7.4 aufgeführten Kennzeichen mit Ausnahme von (g), (h) und (m) sind anzubringen. Die Seriennummer (o) darf durch die Chargennummer ersetzt werden. Zusätzlich ist die Beschriftung „NICHT NACHFÜLLEN“/„DO NOT REFILL“ mit einer Buchstabenhöhe von mindestens 5 mm vorgeschrieben.

[Zettel als Ersatz] 6.2.2.8.3

Es gelten die Vorschriften in 6.2.2.7.5.

Bemerkung: *Wegen der Größe von nicht nachfüllbaren Druckgefäßen dürfen diese dauerhaften Kennzeichen durch einen Zettel ersetzt werden.*

[Andere Kennzeichen] 6.2.2.8.4

Andere Kennzeichen sind zugelassen, vorausgesetzt, sie sind in Bereichen mit niedrigen Spannungen mit Ausnahme der Seitenwand angebracht und haben keine Größe und Tiefe, die zu schädlichen Spannungskonzentrationen führen. Solche Kennzeichen dürfen zu den vorgeschriebenen Kennzeichen nicht in Widerspruch stehen.

Kennzeichnung von UN-Metallhydrid-Speichersystemen 6.2.2.9

[Anbringung der Kennzeichen] 6.2.2.9.1

UN-Metallhydrid-Speichersysteme sind deutlich und lesbar mit den nachstehenden Kennzeichen zu versehen. Diese Kennzeichen müssen auf dem Metallhydrid-Speichersystem dauerhaft angebracht sein (z. B. geprägt, graviert oder geätzt). Die Kennzeichen müssen auf der Schulter, dem oberen Ende oder dem Hals des Metallhydrid-Speichersystems oder auf einem dauerhaft angebrachten Bestandteil des Metallhydrid-Speichersystems erscheinen. Mit Ausnahme des Symbols der Vereinten Nationen für Verpackungen beträgt die Mindestgröße der Kennzeichen 5 mm für Metallhydrid-Speichersysteme, deren geringste Abmessung über alles mindestens 140 mm beträgt, und 2,5 mm für Metallhydrid-Speichersysteme, deren geringste Abmessung über alles weniger als 140 mm beträgt. Die Mindestgröße des Symbols der Vereinten Nationen für Verpackungen beträgt 10 mm für Metallhydrid-Speichersysteme, deren geringste Abmessung über alles mindestens 140 mm beträgt, und 5 mm für Metallhydrid-Speichersysteme, deren geringste Abmessung über alles weniger als 140 mm beträgt.

6.2.2.9.2 [Anzubringende Kennzeichen]

Folgende Kennzeichen sind anzubringen:

(a) das Symbol der Vereinten Nationen für Verpackungen (u/n)

Dieses Symbol darf nur zum Zweck der Bestätigung verwendet werden, dass eine Verpackung, ein flexibler Schüttgut-Container, ein ortsbeweglicher Tank oder ein MEGC den entsprechenden Vorschriften des Kapitels 6.1, 6.2, 6.3, 6.5, 6.6, 6.7 oder 6.9 entspricht.

(b) „ISO 16111" (die für die Auslegung, die Herstellung und die Prüfung verwendete technische Norm);

(c) der (die) Buchstabe(n) für die Angabe des Zulassungslandes, angegeben durch das für Kraftfahrzeuge im internationalen Verkehr verwendete Unterscheidungszeichen[2];

(d) das Unterscheidungszeichen oder der Stempel der Prüfstelle, das/der bei der zuständigen Behörde des Landes, in dem die Kennzeichnung zugelassen wurde, registriert ist;

(e) das Datum der erstmaligen Prüfung durch Angabe des Jahres (vier Ziffern), gefolgt von der Angabe des Monats (zwei Ziffern) und getrennt durch einen Schrägstrich (d. h. „/");

(f) der Prüfdruck des Gefäßes in bar, dem die Buchstaben „PH" vorangestellt und die Buchstaben „BAR" hinzugefügt werden;

(g) der nominale Füllungsdruck des Metallhydrid-Speichersystems in bar, dem die Buchstaben „RCP" vorangestellt und die Buchstaben „BAR" hinzugefügt werden;

(h) das von der zuständigen Behörde registrierte Kennzeichen des Herstellers. Ist das Herstellungsland mit dem Zulassungsland nicht identisch, ist (sind) dem Kennzeichen des Herstellers der (die) Buchstabe(n) für die Angabe des Herstellungslandes, angegeben durch das für Kraftfahrzeuge im internationalen Verkehr verwendete Unterscheidungszeichen[2], voranzustellen. Das Kennzeichen des Landes und das Kennzeichen des Herstellers sind durch eine Leerstelle oder einen Schrägstrich zu trennen;

(i) die vom Hersteller zugeordnete Seriennummer;

(j) bei Druckgefäßen aus Stahl und Druckgefäßen aus Verbundwerkstoff mit Stahlauskleidung der Buchstabe „H", der die Verträglichkeit des Stahls angibt (siehe ISO-Norm 11114-1:2012), und

(k) bei Metallhydrid-Speichersystemen mit einer begrenzten Lebensdauer das Ablaufdatum, angegeben durch die Buchstaben „FINAL", gefolgt durch die Angabe des Jahres (vier Ziffern) und des Monats (zwei Ziffern) und getrennt durch einen Schrägstrich (d. h. „/").

Die in (a) bis (e) festgelegten Zertifizierungskennzeichen müssen nacheinander in der angegebenen Reihenfolge erscheinen. Dem Prüfdruck (f) muss der nominale Füllungsdruck (g) unmittelbar vorangestellt sein. Die in (h) bis (k) festgelegten Herstellungskennzeichen müssen in der angegebenen Reihenfolge erscheinen.

6.2.2.9.3 [Andere Kennzeichen]

Andere Kennzeichen in anderen Bereichen als der Seitenwand sind zugelassen, vorausgesetzt, sie sind in Bereichen mit niedrigen Spannungen angebracht und ihre Größe und Tiefe führen nicht zu schädlichen Spannungskonzentrationen. Solche Kennzeichen dürfen nicht in Widerspruch zu den vorgeschriebenen Kennzeichen stehen.

6.2.2.9.4 [Kennzeichen nach wiederkehrender Prüfung]

Zusätzlich zu den vorausgehenden Kennzeichen muss jedes Metallhydrid-Speichersystem, das die Vorschriften für die wiederkehrende Prüfung gemäß 6.2.2.4 erfüllt, mit Kennzeichen versehen sein, die folgende Angaben enthalten:

(a) der (die) Buchstabe(n) für die Angabe des Staates, der die Stelle, welche die wiederkehrende Prüfung durchführt, zugelassen hat, angegeben durch das für Kraftfahrzeuge im internationalen Verkehr verwendete Unterscheidungszeichen[2]. Dieses Kennzeichen ist nicht erforderlich, wenn diese Stelle von der zuständigen Behörde des Landes zugelassen wurde, in dem die Zulassung der Herstellung erfolgt ist;

---

[2] Das für Kraftfahrzeuge und Anhänger im internationalen Straßenverkehr verwendete Unterscheidungszeichen des Zulassungsstaates, z. B. gemäß dem Genfer Übereinkommen über den Straßenverkehr von 1949 oder dem Wiener Übereinkommen über den Straßenverkehr von 1968.

(b) das eingetragene Zeichen der von der zuständigen Behörde für die Durchführung von wiederkehrenden Prüfungen zugelassenen Stelle; 6.2.2.9.4 (Forts.)

(c) das Datum der wiederkehrenden Prüfung durch Angabe des Jahres (zwei Ziffern), gefolgt von der Angabe des Monats (zwei Ziffern) und getrennt durch einen Schrägstrich (d. h. „/"). Für die Angabe des Jahres dürfen auch vier Ziffern verwendet werden.

Die oben angegebenen Kennzeichen müssen nacheinander in der angegebenen Reihenfolge erscheinen.

Kennzeichnung von UN-Flaschenbündeln 6.2.2.10

[Kennzeichen für einzelne Flaschen] 6.2.2.10.1

Einzelne Flaschen eines Flaschenbündels müssen in Übereinstimmung mit 6.2.2.7 gekennzeichnet sein.

[Anbringung der Kennzeichen] 6.2.2.10.2

Nachfüllbare UN-Flaschenbündel sind deutlich und lesbar mit Zertifizierungskennzeichen, betrieblichen Kennzeichen und Herstellungskennzeichen zu versehen. Diese Kennzeichen müssen auf einem dauerhaft am Rahmen des Flaschenbündels befestigten Schild dauerhaft angebracht sein (z. B. geprägt, graviert oder geätzt). Mit Ausnahme des UN-Verpackungssymbols beträgt die Mindestgröße der Kennzeichen 5 mm. Die Mindestgröße des UN-Verpackungssymbols beträgt 10 mm.

[Anzubringende Kennzeichen] 6.2.2.10.3

Folgende Kennzeichen sind anzubringen:

(a) die in 6.2.2.7.2 (a), (b), (c), (d) und (e) festgelegten Zertifizierungskennzeichen;

(b) die in 6.2.2.7.3 (f), (i) und (j) festgelegten betrieblichen Kennzeichen und die Gesamtmasse des Rahmens des Flaschenbündels und aller dauerhaft angebrachten Teile (Flaschen, Sammelrohr, Ausrüstungsteile und Ventile). Flaschenbündel zur Beförderung von UN 1001 Acetylen, gelöst, und UN 3374 Acetylen, lösungsmittelfrei, müssen mit der Taramasse gemäß Norm ISO 10961:2010 Bestimmung B.4.2 versehen sein; und

(c) die in 6.2.2.7.4 (n), (o) und, sofern anwendbar, (p) festgelegten Herstellungskennzeichen.

[Anordnung] 6.2.2.10.4

Die Kennzeichen müssen in drei Gruppen angeordnet werden:

(a) die Herstellungskennzeichen müssen die oberste Gruppe bilden und nacheinander in der in 6.2.2.10.3 (c) angegebenen Reihenfolge erscheinen;

(b) die betrieblichen Kennzeichen in 6.2.2.10.3 (b) müssen die mittlere Gruppe bilden, wobei dem betrieblichen Kennzeichen gemäß 6.2.2.7.3 (f) unmittelbar das betriebliche Kennzeichen gemäß 6.2.2.7.3 (i), sofern dieses vorgeschrieben ist, vorangestellt sein muss;

(c) die Zertifizierungskennzeichen müssen die unterste Gruppe bilden und in der in 6.2.2.10.3 (a) angegebenen Reihenfolge erscheinen.

Vorschriften für andere als UN-Druckgefäße 6.2.3 → *D: GGVSee § 12 (1) 9*

[Regelwerk] 6.2.3.1 → *D: ATR 1/14* → *D: ATR 1/16*

Druckgefäße, die nicht gemäß 6.2.2 ausgelegt, gebaut, kontrolliert, geprüft und zugelassen sind, müssen nach einem von der zuständigen Behörde anerkannten technischen Regelwerk und den allgemeinen Vorschriften in 6.2.1 ausgelegt, gebaut, kontrolliert, geprüft und zugelassen sein.

[Kein Verpackungssymbol] 6.2.3.2

Nach den Vorschriften dieses Abschnitts ausgelegte, gebaute, kontrollierte, geprüfte und zugelassene Druckgefäße sind nicht mit dem UN-Symbol für Verpackungen zu kennzeichnen.

[Berstverhältnis] 6.2.3.3

Metallene Flaschen, Großflaschen, Druckfässer, Flaschenbündel und Bergungsdruckgefäße müssen so gebaut sein, dass das Berstverhältnis (Berstdruck dividiert durch Prüfdruck) mindestens:

1,50 bei nachfüllbaren Druckgefäßen und

2,00 bei nicht nachfüllbaren Druckgefäßen beträgt.

6.2.3.4 [Nationale Kennzeichnung]

Die Kennzeichnung muss im Einklang mit den Vorschriften der zuständigen Behörde des Verwendungslandes sein.

6.2.3.5 Bergungsdruckgefäße

Bemerkung: *Die Vorschriften in 6.2.3.5 für Bergungsdruckgefäße dürfen, sofern nicht anderweitig zugelassen, ab dem 1. Januar 2013 auf neue Bergungsdruckgefäße angewendet werden und müssen ab dem 1. Januar 2014 auf alle neuen Bergungsdruckgefäße angewendet werden. Gemäß nationalen Vorschriften zugelassene Bergungsdruckgefäße dürfen mit Zulassung der zuständigen Behörden der Verwendungsländer verwendet werden.*

6.2.3.5.1 [Zugelassene Ausrüstungen]

Um eine sichere Handhabung und Entsorgung der in dem Bergungsdruckgefäß beförderten Druckgefäße zu ermöglichen, darf die Auslegung Ausrüstungen umfassen, die sonst nicht für Flaschen oder Druckfässer verwendet werden, wie flache Gefäßböden, Schnellöffnungseinrichtungen und Öffnungen im zylindrischen Teil.

6.2.3.5.2 [Anweisungen für Handhabung und Verwendung]

Anweisungen für die sichere Handhabung und Verwendung des Bergungsdruckgefäßes müssen in der Dokumentation des Antrags an die zuständige Behörde klar angegeben und Bestandteil der Zulassungsbescheinigung sein. In der Zulassungsbescheinigung müssen die zur Beförderung in einem Bergungsdruckgefäß zugelassenen Druckgefäße angegeben sein. Darüber hinaus muss ein Verzeichnis der Werkstoffe aller Teile, die mit den gefährlichen Gütern in Kontakt kommen können, eingeschlossen sein.

6.2.3.5.3 [Kopie der Zulassungsbescheinigung]

Der Hersteller muss dem Eigentümer eines Bergungsdruckgefäßes eine Kopie der Zulassungsbescheinigung zur Verfügung stellen.

6.2.3.5.4 [Kennzeichnung]

Die Kennzeichnung von Bergungsdruckgefäßen gemäß 6.2.3 muss von der zuständigen Behörde des Zulassungslandes unter Berücksichtigung der jeweils anwendbaren geeigneten Kennzeichnungsvorschriften nach 6.2.2.7 festgelegt werden. Die Kennzeichnung muss den mit Wasser ausgeliterten Fassungsraum und den Prüfdruck des Bergungsdruckgefäßes enthalten.

6.2.4 Vorschriften für Druckgaspackungen, Gefäße, klein, mit Gas (Gaspatronen) und Brennstoffzellen-Kartuschen mit verflüssigtem entzündbarem Gas

Jede gefüllte Druckgaspackung, jede Gaspatrone oder jede Brennstoffzellen-Kartusche muss einer Prüfung in einem Heißwasserbad gemäß 6.2.4.1 oder einer zugelassenen Alternative zur Prüfung im Wasserbad gemäß 6.2.4.2 unterzogen werden.

6.2.4.1 Prüfung in einem Heißwasserbad

6.2.4.1.1 [Prüfverfahren]

Die Temperatur des Wasserbades und die Dauer der Prüfung sind so zu wählen, dass der Innendruck mindestens den Wert erreicht, der bei 55 °C (50 °C, wenn die flüssige Phase bei 50 °C nicht mehr als 95 % des Fassungsraums der Druckgaspackung, der Gaspatrone oder der Brennstoffzellen-Kartusche einnimmt) erreicht werden würde. Wenn der Inhalt wärmeempfindlich ist oder die Druckgaspackungen, Gaspatronen oder Brennstoffzellen-Kartuschen aus Kunststoff hergestellt sind, der bei dieser Temperatur weich wird, ist die Temperatur des Wasserbades zwischen 20 °C und 30 °C einzustellen, wobei jedoch außerdem eine von 2000 Druckgaspackungen, Gaspatronen oder Brennstoffzellen-Kartuschen bei der höheren Temperatur zu prüfen ist.

6.2.4.1.2 [Kriterien]

An einer Druckgaspackung, Gaspatrone oder Brennstoffzellen-Kartusche dürfen weder Undichtheiten noch bleibende Verformungen auftreten, mit der Ausnahme, dass Druckgaspackungen, Gaspatronen oder Brennstoffzellen-Kartuschen aus Kunststoff sich durch Weichwerden verformen dürfen, sofern sie dicht bleiben.

Alternative Methoden 6.2.4.2

Mit Zustimmung der zuständigen Behörde dürfen alternative Methoden, die ein gleichwertiges Sicherheitsniveau gewährleisten, angewendet werden, vorausgesetzt, die Vorschriften von 6.2.4.2.1 und 6.2.4.2.2 bzw. 6.2.4.2.3 werden erfüllt.

Qualitätssicherungssystem 6.2.4.2.1

Die Befüller von Druckgaspackungen, Gaspatronen oder Brennstoffzellen-Kartuschen und die Hersteller von Bauteilen für Druckgaspackungen, Gaspatronen oder Brennstoffzellen-Kartuschen müssen über ein Qualitätssicherungssystem verfügen. Das Qualitätssicherungssystem muss Verfahren zur Anwendung bringen, um sicherzustellen, dass alle Druckgaspackungen, Gaspatronen oder Brennstoffzellen-Kartuschen, die undicht oder verformt sind, aussortiert und nicht zur Beförderung aufgegeben werden.

Das Qualitätssicherungssystem muss Folgendes umfassen:

(a) eine Beschreibung der Organisationsstruktur und der Verantwortlichkeiten;
(b) die entsprechenden Anweisungen, die für die Prüfung, die Qualitätskontrolle, die Qualitätssicherung und die Arbeitsabläufe verwendet werden;
(c) Qualitätsaufzeichnungen, wie Prüfberichte, Prüf- und Kalibrierungsdaten und Nachweise;
(d) Nachprüfungen des Managements, um die erfolgreiche Wirkungsweise des Qualitätssicherungssystem sicherzustellen;
(e) ein Verfahren für die Kontrolle der Dokumente und deren Überarbeitung;
(f) ein Mittel für die Kontrolle nicht konformer Druckgaspackungen , Gaspatronen oder Brennstoffzellen-Kartuschen;
(g) Schulungsprogramme und Qualifizierungsverfahren für das entsprechende Personal und
(h) Verfahren für die Sicherstellung, dass am Endprodukt keine Schäden vorhanden sind.

Es sind eine erstmalige Bewertung und wiederkehrende Bewertungen zur Zufriedenheit der zuständigen Behörde durchzuführen. Diese Bewertungen müssen sicherstellen, dass das zugelassene System geeignet und effizient ist und bleibt. Die zuständige Behörde ist vorab über alle vorgeschlagenen Änderungen am zugelassenen System in Kenntnis zu setzen.

Druckgaspackungen 6.2.4.2.2

Druck- und Dichtheitsprüfung von Druckgaspackungen vor dem Befüllen 6.2.4.2.2.1

Jede leere Druckgaspackung muss einem Druck ausgesetzt werden, der mindestens so hoch sein muss, wie der bei 55 °C (50 °C, wenn die flüssige Phase bei 50 °C nicht mehr als 95 % des Fassungsraums der Druckgaspackung einnimmt) in einer gefüllten Druckgaspackung erwartete Druck. Dieser muss mindestens zwei Drittel des Auslegungsdrucks der Druckgaspackung betragen. Wenn eine Druckgaspackung beim Prüfdruck Anzeichen einer Undichtheit von mindestens $3{,}3 \times 10^{-2}$ $mbar \cdot l \cdot s^{-1}$, von Verformungen oder anderer Mängel liefert, muss sie aussortiert werden.

Prüfung der Druckgaspackung nach dem Befüllen 6.2.4.2.2.2

Vor dem Befüllen muss der Befüller sicherstellen, dass die Crimp-Einrichtung richtig eingestellt ist und das festgelegte Treibmittel verwendet wird.

Jede befüllte Druckgaspackung muss gewogen und auf Dichtheit geprüft werden. Die Einrichtung zur Feststellung von Undichtheiten muss genügend empfindlich sein, um bei 20 °C mindestens eine Undichtheit von $2{,}0 \times 10^{-3}$ $mbar \cdot l \cdot s^{-1}$ festzustellen.

Alle Druckgaspackungen, die Anzeichen einer Undichtheit, einer Verformung oder einer überhöhten Masse liefern, müssen aussortiert werden.

Gaspatronen und Brennstoffzellen-Kartuschen 6.2.4.2.3

Druckprüfung von Gaspatronen und Brennstoffzellen-Kartuschen 6.2.4.2.3.1

Jede Gaspatrone oder jede Brennstoffzellen-Kartusche muss einem Prüfdruck ausgesetzt werden, der mindestens so hoch sein muss, wie der bei 55 °C (50 °C, wenn die flüssige Phase bei 50 °C nicht mehr als 95 % des Fassungsraums des Gefäßes einnimmt) im gefüllten Gefäß erwartete höchste Druck. Dieser Prüfdruck muss dem für die Gaspatrone oder Brennstoffzellen-Kartusche festgelegten Druck

6.2.4.2.3.1 (Forts.) entsprechen und muss mindestens zwei Drittel des Auslegungsdrucks der Gaspatrone oder der Brennstoffzellen-Kartusche betragen. Wenn eine Gaspatrone oder Brennstoffzellen-Kartusche beim Prüfdruck Anzeichen einer Undichtheit von mindestens $3{,}3 \times 10^{-2}$ $\text{mbar} \cdot \text{l} \cdot \text{s}^{-1}$, von Verformungen oder anderer Mängel aufweist, muss sie aussortiert werden.

6.2.4.2.3.2 Dichtheitsprüfung von Gaspatronen und Brennstoffzellen-Kartuschen

Vor dem Befüllen und Abdichten muss der Befüller sicherstellen, dass die (gegebenenfalls vorhandenen) Verschlüsse und die dazugehörige Dichtungseinrichtung entsprechend verschlossen sind und das festgelegte Gas verwendet wird.

Jede befüllte Gaspatrone oder Brennstoffzellen-Kartusche muss auf korrekte Gasmasse und auf Dichtheit geprüft werden. Die Einrichtung zur Feststellung von Undichtheiten muss genügend empfindlich sein, um bei 20 °C mindestens eine Undichtheit von $2{,}0 \times 10^{-3}$ $\text{mbar} \cdot \text{l} \cdot \text{s}^{-1}$ festzustellen.

Alle Gaspatronen oder Brennstoffzellen-Kartuschen, deren Gasmasse nicht mit den ausgewiesenen Massengrenzwerten übereinstimmt oder die Anzeichen einer Undichtheit oder einer Verformung aufweisen, müssen aussortiert werden.

6.2.4.3 [Prüfungsbefreiung]

Mit Zustimmung der zuständigen Behörde unterliegen Druckgaspackungen und Gefäße, klein, nicht den Vorschriften in 6.2.4.1 und 6.2.4.2, wenn sie steril sein müssen, jedoch durch eine Prüfung im Wasserbad nachteilig beeinflusst werden können, vorausgesetzt:

(a) sie enthalten ein nicht entzündbares Gas und
  - (i) sie enthalten entweder andere Stoffe, die Bestandteile pharmazeutischer Produkte für medizinische, veterinärmedizinische oder ähnliche Zwecke sind, oder
  - (ii) sie enthalten andere Stoffe, die im Herstellungsverfahren für pharmazeutische Produkte verwendet werden, oder
  - (iii) sie werden in medizinischen, veterinärmedizinischen oder ähnlichen Anwendungen eingesetzt;

(b) durch die vom Hersteller verwendeten alternativen Methoden für die Feststellung von Undichtheiten und für die Druckfestigkeit wird ein gleichwertiges Sicherheitsniveau erreicht, wie Heliumnachweis und Prüfung einer statistischen Probe von mindestens 1 von 2000 jeder Fertigungscharge im Wasserbad, und

(c) sie werden für pharmazeutische Produkte gemäß (a) (i) und (iii) unter der Ermächtigung einer staatlichen Gesundheitsverwaltung hergestellt. Sofern dies von der zuständigen Behörde vorgeschrieben wird, müssen die von der Weltgesundheitsorganisation (WHO)[3] aufgestellten Grundsätze der „guten Herstellungspraxis" (GMP) eingehalten werden.

[3] WHO-Veröffentlichung: „Quality assurance of pharmaceuticals. A compendium of guidelines and related materials. Volume 2: Good manufacturing practices and inspection" (Qualitätssicherung von pharmazeutischen Produkten. Eine Übersicht von Richtlinien und ähnlichen Dokumenten. Band 2: Gute Herstellungspraxis und Inspektion).

Kapitel 6.3
Bau- und Prüfvorschriften für Verpackungen für ansteckungsgefährliche Stoffe der Kategorie A der Klasse 6.2

Allgemeines 6.3.1

→ D: GGVSee § 12 (1) Nr. 4

[Anwendbarkeit] 6.3.1.1

Die Vorschriften dieses Kapitels gelten für Verpackungen zur Beförderung von ansteckungsgefährlichen Stoffen der Kategorie A.

Vorschriften für Verpackungen 6.3.2

[Verwendung gleichwertiger Verpackungen] 6.3.2.1

Die Vorschriften in diesem Abschnitt stützen sich auf die derzeit verwendeten Verpackungen, wie sie in 6.1.4 definiert sind. Um den wissenschaftlichen und technischen Fortschritt zu berücksichtigen, dürfen Verpackungen verwendet werden, deren Spezifikationen von denen in diesem Kapitel abweichen, vorausgesetzt, sie sind ebenso wirksam, von der zuständigen Behörde anerkannt und sie bestehen erfolgreich die in 6.3.5 beschriebenen Prüfungen. Andere als in diesem Code beschriebenen Prüfverfahren sind zulässig, vorausgesetzt, sie sind gleichwertig und von der zuständigen Behörde anerkannt.

[Qualitätssicherungsprogramm] 6.3.2.2

→ D: BAM-GGR 001

Die Verpackungen müssen nach einem von der zuständigen Behörde als zufriedenstellend erachteten Qualitätssicherungsprogramm hergestellt und geprüft sein, um sicherzustellen, dass jede Verpackung den Vorschriften dieses Kapitels entspricht.

Bemerkung: *Die Norm ISO 16106:2006 „Verpackung – Verpackungen zur Beförderung gefährlicher Güter – Gefahrgutverpackungen, Großpackmittel (IBC) und Großverpackungen – Leitfaden für die Anwendung der ISO 9001" enthält zufriedenstellende Leitlinien für Verfahren, die angewendet werden dürfen.*

[Informationspflicht] 6.3.2.3

Hersteller und nachfolgende Verteiler von Verpackungen müssen Informationen über die zu befolgenden Verfahren sowie eine Beschreibung der Arten und Abmessungen der Verschlüsse (einschließlich der erforderlichen Dichtungen) und aller anderen Bestandteile liefern, die notwendig sind, um sicherzustellen, dass die versandfertigen Versandstücke in der Lage sind, die anwendbare Leistungsprüfung dieses Kapitels zu erfüllen.

Codierung für die Bezeichnung des Verpackungstyps 6.3.3

[Grundsatz] 6.3.3.1

Die Codes für die Bezeichnung des Verpackungstyps sind in 6.1.2.7 aufgeführt.

[Sonderverpackung, abweichende Spezifikation] 6.3.3.2

Auf den Verpackungscode kann der Buchstabe „U" oder „W" folgen. Der Buchstabe „U" bezeichnet eine Sonderverpackung nach 6.3.5.1.6. Der Buchstabe „W" bedeutet, dass die Verpackung zwar dem durch den Code bezeichneten Verpackungstyp angehört, jedoch nach einer von 6.1.4 abweichenden Spezifikation hergestellt wurde und nach den Vorschriften gemäß 6.3.2.1 als gleichwertig gilt.

Kennzeichnung 6.3.4

Bemerkung 1: *Die Kennzeichen auf der Verpackung geben an, dass diese einer erfolgreich geprüften Bauart entspricht und die Vorschriften dieses Kapitels erfüllt, soweit diese sich auf die Herstellung und nicht auf die Verwendung der Verpackung beziehen.*

Bemerkung 2: *Die Kennzeichen sind dazu bestimmt, die Aufgaben der Verpackungshersteller, der Rekonditionierer, der Verpackungsverwender, der Beförderer und der Regelungsbehörden zu erleichtern.*

Bemerkung 3: *Die Kennzeichen liefern nicht immer vollständige Einzelheiten beispielsweise über das Prüfniveau; es kann daher notwendig sein, diesem Gesichtspunkt auch unter Bezugnahme auf ein Prüfzertifikat, Prüfberichte oder ein Verzeichnis erfolgreich geprüfter Verpackungen Rechnung zu tragen.*

6.3.4.1 [Anbringung und Beschaffenheit der Kennzeichnung]

Jede Verpackung, die für eine Verwendung gemäß den Vorschriften dieses Codes vorgesehen ist, muss mit Kennzeichen versehen sein, die dauerhaft und lesbar und an einer Stelle in einem zur Verpackung verhältnismäßigen Format so angebracht sind, dass sie gut sichtbar sind. Bei Versandstücken mit einer Bruttomasse von mehr als 30 kg müssen die Kennzeichen oder ein Doppel davon auf der Oberseite oder auf einer Seite der Verpackung erscheinen. Die Buchstaben, Ziffern und Zeichen müssen eine Zeichenhöhe von mindestens 12 mm haben, ausgenommen an Verpackungen mit einem Fassungsvermögen von höchstens 30 Litern oder 30 kg, bei denen die Zeichenhöhe mindestens 6 mm betragen muss, und ausgenommen an Verpackungen mit einem Fassungsvermögen von höchstens 5 Litern oder 5 kg, bei denen sie eine angemessene Größe aufweisen müssen.

6.3.4.2 [Beschreibung]

Verpackungen, die den Vorschriften dieses Abschnitts und von 6.3.5 entsprechen, müssen mit folgenden Kennzeichen versehen sein:

(a) dem Symbol der Vereinten Nationen für Verpackungen (u n)

Dieses Symbol darf nur zum Zweck der Bestätigung verwendet werden, dass eine Verpackung, ein flexibler Schüttgut-Container, ein ortsbeweglicher Tank oder ein MEGC den entsprechenden Vorschriften des Kapitels 6.1, 6.2, 6.3, 6.5, 6.6, 6.7 oder 6.9 entspricht;

(b) dem Code zur Bezeichnung des Verpackungstyps gemäß 6.1.2;

(c) der Angabe „CLASS 6.2“;

(d) den letzten beiden Ziffern des Jahres der Herstellung der Verpackung;

(e) dem Zeichen des Staates, in dem die Erteilung des Kennzeichens zugelassen wurde, angegeben durch das für Kraftfahrzeuge im internationalen Verkehr verwendete Unterscheidungszeichen[1];

(f) dem Namen des Herstellers oder einer sonstigen, von der zuständigen Behörde festgelegten Identifizierung der Verpackung und

(g) bei Verpackungen, die den Vorschriften von 6.3.5.1.6 entsprechen, dem Buchstaben „U“ unmittelbar nach dem in (b) vorgeschriebenen Kennzeichen.

6.3.4.3 [Reihenfolge der Kennzeichnung]

Die Kennzeichen müssen in der Reihenfolge nach 6.3.4.2 (a) bis (g) angebracht werden; jedes der in diesen Absätzen vorgeschriebenen Kennzeichen muss zur leichteren Identifizierung deutlich getrennt werden, z. B. durch einen Schrägstrich oder eine Leerstelle. Beispiele, siehe 6.3.4.4.

Alle zusätzlichen, von einer zuständigen Behörde zugelassenen Kennzeichen dürfen die korrekte Identifizierung der in 6.3.4.1 vorgeschriebenen Kennzeichen nicht beeinträchtigen.

6.3.4.4 Beispiel für die Kennzeichnung

(u n)	**4G/Class 6.2/06**	nach 6.3.4.2 (a), (b), (c) und (d)
	S/SP-9989-ERIKSSON	nach 6.3.4.2 (e) und (f)

6.3.5 Prüfvorschriften für Verpackungen

6.3.5.1 Durchführung und Wiederholung der Prüfungen

6.3.5.1.1 [Grundsatz]

Die Bauart jeder Verpackung muss den in diesem Abschnitt vorgesehenen Prüfungen nach den von der zuständigen Behörde festgelegten Verfahren unterzogen werden.

6.3.5.1.2 [Prüfung der Bauart vor der Verwendung]

Vor der Verwendung muss jede Bauart einer Verpackung die in diesem Kapitel vorgeschriebenen Prüfungen mit Erfolg bestanden haben. Die Bauart der Verpackung wird durch Auslegung, Größe, verwendeten Werkstoff und dessen Dicke, Art der Fertigung und Zusammenbau bestimmt, kann aber auch ver-

[1] Das für Kraftfahrzeuge und Anhänger im internationalen Straßenverkehr verwendete Unterscheidungszeichen des Zulassungsstaates, z. B. gemäß dem Genfer Übereinkommen über den Straßenverkehr von 1949 oder dem Wiener Übereinkommen über den Straßenverkehr von 1968.

schiedene Oberflächenbehandlungen einschließen. Hierzu gehören auch Verpackungen, die sich von der Bauart nur durch ihre geringere Bauhöhe unterscheiden. 6.3.5.1.2 (Forts.)

[Regelmäßige Prüfung an Mustern aus der Produktion] 6.3.5.1.3

Die Prüfungen müssen mit Mustern aus der Produktion in Abständen durchgeführt werden, die von der zuständigen Behörde festgelegt werden.

[Wiederholung der Prüfung nach Änderungen] 6.3.5.1.4

Die Prüfungen müssen auch nach jeder Änderung der Auslegung, des Werkstoffs oder der Art der Fertigung einer Verpackung wiederholt werden.

[Geringfügige Abweichungen] 6.3.5.1.5

Die zuständige Behörde darf die selektive Prüfung von Verpackungen zulassen, die nur geringfügig von einem bereits geprüften Typ abweichen, z. B. Primärgefäße kleinerer Größe oder geringerer Nettomasse sowie Verpackungen wie Fässer und Kisten mit leicht reduzierten Außenabmessungen.

[Kombination] 6.3.5.1.6

Alle Arten von Primärgefäßen dürfen in einer Sekundärverpackung zusammengefasst und unter folgenden Bedingungen ohne Prüfung in der starren Außenverpackung befördert werden:

.1 die starre Außenverpackung ist erfolgreich der Prüfung nach 6.3.5.2.2 mit zerbrechlichen Primärgefäßen (z. B. aus Glas) unterzogen worden;

.2 die gesamte kombinierte Bruttomasse der Primärgefäße darf die Hälfte der Bruttomasse der Primärgefäße, die für die Fallprüfung nach 6.3.5.1.6.1 verwendet wurden, nicht überschreiten;

.3 die Dicke der Polsterung zwischen den Primärgefäßen und zwischen den Primärgefäßen und der Außenseite der Sekundärverpackung darf nicht geringer sein als die entsprechenden Dicken in der ursprünglich geprüften Verpackung; wenn bei der ursprünglichen Prüfung ein einziges Primärgefäß verwendet wurde, darf die Dicke der Polsterung zwischen den Primärgefäßen nicht geringer sein als die Dicke der Polsterung zwischen der Außenseite der Sekundärverpackung und der Primärgefäße bei der ursprünglichen Prüfung. Wenn im Vergleich zu den Bedingungen bei der Fallprüfung entweder weniger oder kleinere Primärgefäße verwendet werden, ist zusätzliches Polstermaterial zu verwenden, um die Hohlräume aufzufüllen;

.4 die starre Außenverpackung muss in leerem Zustand erfolgreich die Stapeldruckprüfung gemäß 6.1.5.6 bestanden haben. Die Gesamtmasse der gleichen Versandstücke muss auf der kombinierten Masse der Verpackungen beruhen, die in der Fallprüfung nach 6.3.5.1.6.1 verwendet wurden;

.5 Primärgefäße mit flüssigen Stoffen müssen mit einer ausreichenden Menge saugfähigen Materials umgeben sein, um den gesamten flüssigen Inhalt der Primärgefäße aufzusaugen;

.6 wenn die starre Außenverpackung für die Aufnahme von Primärgefäßen für flüssige Stoffe vorgesehen ist und selbst nicht flüssigkeitsdicht ist, oder wenn die starre Außenverpackung für die Aufnahme von Primärgefäßen für feste Stoffe vorgesehen ist und selbst nicht staubdicht ist, müssen Maßnahmen in Form einer dichten Auskleidung, eines Kunststoffsacks oder eines anderen ebenso wirksamen Mittels zur Umschließung getroffen werden, um bei einer Undichtheit alle flüssigen oder festen Stoffe zurückzuhalten, und

.7 neben den in 6.3.4.2 (a) bis (f) vorgeschriebenen Kennzeichen sind die Verpackungen mit dem Kennzeichen gemäß 6.3.4.2 (g) zu versehen.

[Behördlich verlangte Prüfung aus der Serienherstellung] 6.3.5.1.7

Die zuständige Behörde kann jederzeit verlangen, dass durch Prüfungen nach diesem Abschnitt nachgewiesen wird, dass die Verpackungen aus der Serienherstellung die Vorschriften der Bauartprüfung erfüllen.

[Mehrere Prüfungen mit einem Muster] 6.3.5.1.8

Unter der Voraussetzung, dass die Gültigkeit der Prüfergebnisse nicht beeinträchtigt wird, und mit Zustimmung der zuständigen Behörde dürfen mehrere Prüfungen mit einem einzigen Muster durchgeführt werden.

6.3.5.2 Vorbereitung der Verpackungen für die Prüfungen

6.3.5.2.1 [Füllung, Ersatzstoff]

Die Prüfmuster der Verpackungen sind versandfertig vorzubereiten; mit der Ausnahme, dass ein ansteckungsgefährlicher flüssiger oder fester Stoff durch Wasser oder, wenn eine Temperierung auf -18 °C vorgeschrieben ist, durch Wasser mit Frostschutzmittel zu ersetzen ist. Jedes Primärgefäß muss zu mindestens 98 % seines Fassungsraums gefüllt sein.

Bemerkung: *Der Begriff Wasser umfasst Wasser/Frostschutzmittel-Lösungen mit einer relativen Dichte von mindestens 0,95 für die Prüfung bei -18 °C.*

6.3.5.2.2 Geforderte Prüfungen und Anzahl der Prüfmuster

Für Verpackungsarten geforderte Prüfungen

Verpackungstyp[a]			vorgeschriebene Prüfungen					
starre Außenverpackung	Primärgefäß		Beregnung mit Wasser 6.3.5.3.6.1	Konditionierung unter Kälte 6.3.5.3.6.2	Fall 6.3.5.3	zusätzlicher Fall 6.3.5.3.6.3	Durchstoßen 6.3.5.4	Stapel 6.1.5.6
	Kunststoff	anderer Werkstoff	Anzahl der Prüfmuster	Anzahl der Prüfmuster	Anzahl der Prüfmuster	Anzahl der Prüfmuster	Anzahl der Prüfmuster	Anzahl der Prüfmuster
Kiste aus Pappe	X		5	5	10	an einem Prüfmuster vorgeschrieben, wenn die Verpackung für die Aufnahme von Trockeneis vorgesehen ist	2	an drei Prüfmustern bei der Prüfung einer gemäß 6.3.5.1.6 mit „U" gekennzeichneten Verpackung für besondere Vorschriften vorgeschrieben
		X	5	0	5		2	
Fass aus Pappe	X		3	3	6		2	
		X	3	0	3		2	
Kiste aus Kunststoff	X		0	5	5		2	
		X	0	5	5		2	
Fass/Kanister aus Kunststoff	X		0	3	3		2	
		X	0	3	3		2	
Kiste aus anderem Werkstoff	X		0	5	5		2	
		X	0	0	5		2	
Fass/Kanister aus anderem Werkstoff	X		0	3	3		2	
		X	0	0	3		2	

[a] Der „Verpackungstyp" kategorisiert Verpackungen für Prüfzwecke nach der Art der Verpackung und ihren Werkstoffeigenschaften.

Bemerkung 1: *In den Fällen, in denen das Primärgefäß aus mindestens zwei Werkstoffen besteht, bestimmt der Werkstoff, der am leichtesten zur Beschädigung neigt, die anzuwendende Prüfung.*

Bemerkung 2: *Der Werkstoff der Sekundärverpackungen bleibt bei der Auswahl der Prüfung oder der Konditionierung für die Prüfung unberücksichtigt.*

Erläuterung zur Anwendung der Tabelle:

Wenn die zu prüfende Verpackung aus einer äußeren Kiste aus Pappe mit einem Primärgefäß aus Kunststoff besteht, müssen fünf Prüfmuster vor der Fallprüfung der Beregnungsprüfung mit Wasser (siehe 6.3.5.3.6.1) unterzogen werden und weitere fünf Prüfmuster müssen vor der Fallprüfung auf -18 °C konditioniert werden (siehe 6.3.5.3.6.2). Wenn die Verpackung für die Aufnahme von Trockeneis vorgesehen ist, muss ein weiteres einzelnes Prüfmuster nach einer Konditionierung gemäß 6.3.5.3.6.3 fünfmal der Fallprüfung unterzogen werden.

Versandfertige Verpackungen sind den Prüfungen nach 6.3.5.3 und 6.3.5.4 zu unterziehen. Für Außenverpackungen beziehen sich die Eintragungen in der Tabelle auf Pappe oder ähnliche Werkstoffe, deren Leistungsfähigkeit durch Feuchtigkeit schnell beeinträchtigt werden kann, auf Kunststoffe, die bei niedrigen Temperaturen spröde werden können, und auf andere Werkstoffe wie Metalle, deren Leistungsfähigkeit durch Feuchtigkeit oder Temperatur nicht beeinträchtigt wird. 6.3.5.2.2 (Forts.)

Fallprüfung 6.3.5.3

[Durchführung, Bedingungen] 6.3.5.3.1

Die Prüfmuster sind Freifallversuchen auf eine nicht federnde, horizontale, ebene, massive und starre Oberfläche aus einer Höhe von 9 m gemäß 6.1.5.3.4 zu unterziehen.

[Kiste als Prüfmuster] 6.3.5.3.2

Wenn die Prüfmuster die Form einer Kiste haben, sind fünf Muster fallen zu lassen, und zwar jeweils eines in folgender Ausrichtung:

.1 flach auf den Boden,
.2 flach auf das Oberteil,
.3 flach auf die längste Seite,
.4 flach auf die kürzeste Seite,
.5 auf eine Ecke.

[Fass als Prüfmuster] 6.3.5.3.3

Wenn die Prüfmuster die Form eines Fasses haben, sind drei Muster fallen zu lassen, und zwar jeweils eines in folgender Ausrichtung:

.1 diagonal auf die obere Zarge, wobei der Schwerpunkt direkt über der Aufprallstelle liegt,
.2 diagonal auf die untere Zarge,
.3 flach auf die Seite.

[Ausrichtung] 6.3.5.3.4

Die Prüfmuster müssen in der vorgeschriebenen Ausrichtung fallen gelassen werden, es ist jedoch zulässig, dass der Aufprall aus aerodynamischen Gründen nicht in dieser Ausrichtung erfolgt.

[Bestehenskriterium] 6.3.5.3.5

Nach der jeweiligen Fallversuchsreihe darf aus dem (den) Primärgefäß(en), das (die) durch das Polstermaterial/absorbierende Material in der Sekundärverpackung geschützt bleiben muss (müssen), nichts nach außen gelangen.

Besondere Vorbereitung der Prüfmuster für die Fallprüfung 6.3.5.3.6

Pappe – Beregnungsprüfung mit Wasser 6.3.5.3.6.1

Außenverpackungen aus Pappe: Das Prüfmuster muss mindestens eine Stunde einer Beregnung mit Wasser unterzogen werden, die eine Regeneinwirkung von ungefähr 5 cm je Stunde simuliert. Es ist danach der in 6.3.5.3.1 beschriebenen Prüfung zu unterziehen.

Kunststoff – Konditionierung unter Kälte 6.3.5.3.6.2

Primärgefäße oder Außenverpackungen aus Kunststoff: Die Temperatur des Prüfmusters und seines Inhalts ist mindestens 24 Stunden auf -18 °C oder darunter zu reduzieren; innerhalb von 15 Minuten nach der Entfernung aus dieser Umgebung ist das Prüfmuster der in 6.3.5.3.1 beschriebenen Prüfung zu unterziehen. Enthält das Prüfmuster Trockeneis, ist die Dauer der Konditionierung auf vier Stunden zu verkürzen.

Versandstücke, die für die Aufnahme von Trockeneis vorgesehen sind – Zusätzliche Fallprüfung 6.3.5.3.6.3

Wenn die Verpackung für die Aufnahme von Trockeneis vorgesehen ist, ist eine zusätzliche Prüfung zu der Prüfung nach 6.3.5.3.1 und gegebenenfalls zusätzlich zu den Prüfungen nach 6.3.5.3.6.1 oder 6.3.5.3.6.2 durchzuführen. Ein Prüfmuster ist so zu lagern, dass das Trockeneis vollständig entweicht, und anschließend in einer der in 6.3.5.3.2 beschriebenen Ausrichtungen, bei der die Gefahr des Zubruchgehens der Verpackung am größten ist, fallen zu lassen.

6.3.5.4 Durchstoßprüfung

6.3.5.4.1 Verpackungen mit einer Bruttomasse von höchstens 7 kg

Die Prüfmuster sind auf eine harte und ebene Oberfläche zu legen. Eine zylindrische Stange aus Stahl mit einer Masse von mindestens 7 kg, einem Durchmesser von 38 mm und einem Aufprallende mit einem Radius von höchstens 6 mm (siehe Abbildung in 6.3.5.4.2) ist in freiem senkrechten Fall aus einer Höhe von 1 m, gemessen vom Aufprallende bis zur Aufprallfläche des Prüfmusters, fallen zu lassen. Ein Prüfmuster ist auf seine Grundfläche zu legen, ein zweites rechtwinklig zur Lage des ersten. Die Stahlstange ist jeweils so auszurichten, dass sie auf das (die) Primärgefäß(e) zielt. Bei jedem Aufprall ist ein Durchstoßen der Sekundärverpackung zulässig, vorausgesetzt, aus dem (den) Primärgefäß(en) tritt kein Inhalt aus.

6.3.5.4.2 Verpackungen mit einer Bruttomasse von mehr als 7 kg

Die Prüfmuster sind auf das Ende einer zylindrischen Stange aus Stahl fallen zu lassen. Die Stange muss senkrecht in einer harten und ebenen Fläche eingesetzt sein. Sie muss einen Durchmesser von 38 mm haben, und der Radius des oberen Endes darf nicht größer sein als 6 mm (siehe unten). Die Stange muss aus der Oberfläche mindestens so weit herausragen, wie es dem Abstand zwischen dem Mittelpunkt des Primärgefäßes (den Primärgefäßen) und der Außenfläche der Außenverpackung entspricht, mindestens jedoch 200 mm. Ein Prüfmuster ist mit seiner Oberseite nach unten in senkrechtem freiem Fall aus einer Höhe von 1 m, gemessen vom oberen Ende der Stahlstange, fallen zu lassen. Ein zweites Prüfmuster ist aus der gleichen Höhe rechtwinklig zur Lage des ersten Prüfmusters fallen zu lassen. Die Verpackung ist jeweils so auszurichten, dass die Stahlstange in der Lage wäre, das (die) Primärgefäß(e) zu durchdringen. Bei jedem Aufprall ist ein Eindringen in die Sekundärverpackung zulässig, vorausgesetzt, aus dem (den) Primärgefäß(en) gelangt nichts nach außen.

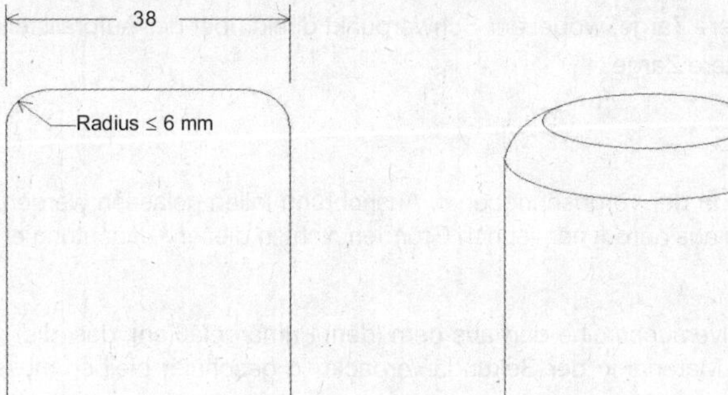

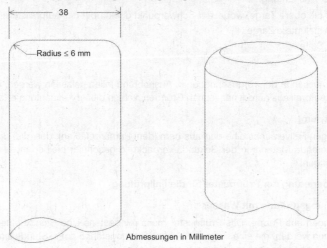

Abmessungen in Millimeter

6.3.5.5 Prüfbericht

6.3.5.5.1 [Inhalt]

Über die Prüfung ist ein schriftlicher Prüfbericht zu erstellen, der mindestens folgende Angaben enthält und der den Benutzern der Verpackung zur Verfügung stehen muss:

.1 Name und Adresse der Prüfeinrichtung;

.2 Name und Adresse des Antragstellers (soweit erforderlich);

.3 eine nur einmal vergebene Prüfbericht-Kennnummer;

.4 Datum der Prüfung und des Prüfberichts;

.5 Hersteller der Verpackung;

.6 Beschreibung der Verpackungsbauart (z. B. Abmessungen, Werkstoffe, Verschlüsse, Wanddicke usw.) einschließlich des Herstellungsverfahrens (z. B. Blasformverfahren), gegebenenfalls mit Zeichnung(en) und/oder Foto(s);

6.3.5.5.1 (Forts.)

.7 maximaler Fassungsraum;

.8 Prüfinhalt;

.9 Beschreibung der Prüfung und Prüfergebnisse;

.10 der Prüfbericht muss mit Namen und Funktionsbezeichnung des Unterzeichners unterschrieben sein.

[Geltungsvorbehalt] 6.3.5.5.2

Der Prüfbericht muss eine Erklärung enthalten, dass die versandfertige Verpackung in Übereinstimmung mit den anwendbaren Vorschriften dieses Kapitels geprüft worden ist und dass dieser Prüfbericht bei Anwendung anderer Verpackungsmethoden oder bei Verwendung anderer Verpackungsbestandteile ungültig werden kann. Eine Ausfertigung des Prüfberichts ist der zuständigen Behörde zur Verfügung zu stellen.

→ D: GGVSee § 3 (1) Nr. 5
→ D: GGVSee § 12 (1) Nr. 5 f.
→ D: BAM-GGR 011

Kapitel 6.4
Vorschriften für den Bau, die Prüfung und die Zulassung von Versandstücken für radioaktive Stoffe sowie für die Zulassung solcher Stoffe

Bemerkung: *Dieses Kapitel enthält Vorschriften, die für den Bau, die Prüfung und die Zulassung von bestimmten, auf dem Luftweg beförderten Versandstücken und Stoffen gelten. Obwohl diese Vorschriften nicht für mit Seeschiffen beförderte Versandstücke/Stoffe gelten, sind sie zu Informations-/Identifikationszwecken wiedergegeben, da die für die Beförderung auf dem Luftweg ausgelegten, geprüften und zugelassenen Versandstücke/Stoffe auch mit Seeschiffen befördert werden können.*

6.4.1 (bleibt offen)

6.4.2 Allgemeine Vorschriften

6.4.2.1 [Grundanforderung]

Ein Versandstück muss im Hinblick auf seine Masse, sein Volumen und seine Form so ausgelegt sein, dass es leicht und sicher befördert werden kann. Außerdem muss das Versandstück so ausgelegt sein, dass es in oder auf dem Beförderungsmittel ausreichend gesichert werden kann.

6.4.2.2 [Bauart]

Die Bauart muss so beschaffen sein, dass keine der Lastanschlagvorrichtungen am Versandstück bei vorgesehener Benutzung versagt und dass das Versandstück im Falle des Versagens der Lastanschlagvorrichtungen andere Vorschriften dieses Codes uneingeschränkt erfüllen kann. Die Bauart muss einen ausreichenden Sicherheitsbeiwert vorsehen, um dem ruckweise erfolgenden Anheben Rechnung zu tragen.

6.4.2.3 [Lastanschlagpunkte]

→ D: BAM-GGR 012

Lastanschlagpunkte oder andere Vorrichtungen an der Außenfläche des Versandstücks, die zum Anheben verwendet werden könnten, müssen so ausgelegt sein, dass sie entweder die Masse des Versandstücks gemäß den Vorschriften gemäß 6.4.2.2 tragen oder während der Beförderung entfernt oder anderweitig außer Funktion gesetzt werden können.

6.4.2.4 [Vorstehende Bauteile]

Soweit durchführbar, muss die Verpackung so ausgelegt und ausgeführt sein, dass die äußere Oberfläche frei von vorstehenden Bauteilen ist und leicht dekontaminiert werden kann.

6.4.2.5 [Pfützenbildung]

Soweit durchführbar, muss die Außenseite des Versandstücks so beschaffen sein, dass Wasser nicht angesammelt und zurückgehalten werden kann.

6.4.2.6 [Zusätzliche Teile]

Alle Teile, die dem Versandstück bei der Beförderung beigefügt werden und nicht Bestandteil des Versandstücks sind, dürfen dessen Sicherheit nicht beeinträchtigen.

6.4.2.7 [Dynamische Belastungen, Verbindungen]

Das Versandstück muss allen Einwirkungen von Beschleunigung, Schwingung oder Schwingungsresonanz, die unter Routinebeförderungsbedingungen auftreten können, ohne Beeinträchtigung der Wirksamkeit der Verschlussvorrichtungen der verschiedenen Behälter oder der Unversehrtheit des Versandstücks als Ganzes standhalten können. Insbesondere müssen Muttern, Schrauben und andere Befestigungsmittel so beschaffen sein, dass sie sich auch nach wiederholtem Gebrauch nicht unbeabsichtigt lösen oder verloren gehen.

6.4.2.8 [Werkstoffverträglichkeit]

Die Werkstoffe der Verpackung und deren Bau- und Strukturteile müssen untereinander und mit dem radioaktiven Inhalt physikalisch und chemisch verträglich sein. Dabei ist auch das Verhalten der Werkstoffe bei Bestrahlung zu berücksichtigen.

[Ventile] 6.4.2.9

Alle Ventile, durch die der radioaktive Inhalt entweichen könnte, sind gegen unerlaubten Betrieb zu schützen.

[Temperaturen, Drücke] 6.4.2.10

Die Auslegung des Versandstücks muss Umgebungstemperaturen und -drücke, wie sie unter Routinebeförderungsbedingungen wahrscheinlich vorkommen, berücksichtigen.

[Abschirmung] 6.4.2.11

Ein Versandstück muss so ausgelegt sein, dass es eine ausreichende Abschirmung bietet, um sicherzustellen, dass unter Routine-Beförderungsbedingungen und mit dem größten radioaktiven Inhalt, für den das Versandstück ausgelegt ist, die Dosisleistung an keinem Punkt der äußeren Oberfläche des Versandstücks die Werte überschreitet, die in den jeweils anwendbaren Absätzen 2.7.2.4.1.2, 4.1.9.1.11 und 4.1.9.1.12 unter Berücksichtigung von 7.1.4.5.3.3 und 7.1.4.5.5 festgelegt sind.

[Zusatzgefahren] 6.4.2.12

Für radioaktive Stoffe mit anderen gefährlichen Eigenschaften müssen diese bei der Auslegung des Versandstücks berücksichtigt werden; siehe 4.1.9.1.5, 2.0.3.1 und 2.0.3.2.

[Informationspflicht] 6.4.2.13

Wer Verpackungen herstellt oder vertreibt, muss Informationen über die zu befolgenden Verfahren sowie eine Beschreibung der Arten und Abmessungen der Verschlüsse (einschließlich der erforderlichen Dichtungen) und aller anderen Bestandteile liefern, die notwendig sind, um sicherzustellen, dass die versandfertigen Versandstücke in der Lage sind, die anwendbaren Leistungsprüfungen dieses Kapitels zu erfüllen.

Zusätzliche Vorschriften für Versandstücke für die Luftbeförderung 6.4.3

[Oberflächentemperatur] 6.4.3.1

Bei Versandstücken für die Luftbeförderung darf die Temperatur der zugänglichen Oberflächen bei einer Umgebungstemperatur von 38 °C und ohne Berücksichtigung der Sonneneinstrahlung 50 °C nicht übersteigen.

[Luftbeförderung] 6.4.3.2

Versandstücke für die Luftbeförderung müssen so ausgelegt werden, dass die Integrität der dichten Umschließung bei Umgebungstemperaturen von -40 °C bis +55 °C nicht beeinträchtigt wird.

[Druckdifferenz] 6.4.3.3

Versandstücke mit radioaktiven Stoffen für die Luftbeförderung müssen, ohne Verlust oder Verbreitung des radioaktiven Inhalts aus der dichten Umschließung, einem Innendruck standhalten, der eine Druckdifferenz von mindestens dem höchsten normalen Betriebsdruck plus 95 kPa erzeugt.

Vorschriften für freigestellte Versandstücke 6.4.4

Ein freigestelltes Versandstück ist so auszulegen, dass es die Vorschriften gemäß 6.4.2 und bei Luftbeförderung zusätzlich die Vorschriften gemäß 6.4.3 erfüllt.

Vorschriften für Industrieversandstücke 6.4.5

[Typ IP-1] 6.4.5.1

Ein Typ IP-1-Versandstück ist so auszulegen, dass es die Vorschriften gemäß 6.4.2 und 6.4.7.2 und bei Luftbeförderung zusätzlich die Vorschriften gemäß 6.4.3 erfüllt.

[Typ IP-2] 6.4.5.2

Ein Typ IP-2-Versandstück ist so auszulegen, dass es die Vorschriften für Versandstücke vom Typ IP-1 gemäß 6.4.5.1 erfüllt, und muss, wenn es den Prüfungen gemäß 6.4.15.4 und 6.4.15.5 unterzogen wird, Folgendes verhindern:

.1 den Verlust oder die Verbreitung des radioaktiven Inhalts und

.2 einen Anstieg der höchsten Dosisleistung an irgendeiner Stelle der äußeren Oberfläche des Versandstücks von mehr als 20 %.

6.4.5.3 [Typ IP-3]

Ein Typ IP-3-Versandstück ist so auszulegen, dass es die für den Typ IP-1 in 6.4.5.1 festgelegten Vorschriften und darüber hinaus die Vorschriften in 6.4.7.2 bis 6.4.7.15 erfüllt.

6.4.5.4 Alternative Vorschriften für Typ IP-2- und Typ IP-3-Versandstücke

6.4.5.4.1 [Typ IP-2]

Versandstücke können unter folgenden Voraussetzungen als Typ IP-2-Versandstücke verwendet werden:

.1 sie erfüllen die für den Typ IP-1 in 6.4.5.1 festgelegten Vorschriften;

.2 sie sind so ausgelegt, dass die für die Verpackungsgruppe I oder II genannten Vorschriften des Kapitels 6.1 erfüllt werden, und

.3 sie müssen, wenn sie den Prüfungen für die UN-Verpackungsgruppe I oder II in Kapitel 6.1 unterzogen werden, Folgendes verhindern:

(i) den Verlust oder die Verbreitung des radioaktiven Inhalts und

(ii) einen Anstieg der höchsten Dosisleistung an irgendeiner Stelle der äußeren Oberfläche des Versandstücks von mehr als 20 %.

6.4.5.4.2 [Ortsbewegliche Tanks]

Ortsbewegliche Tanks dürfen unter folgenden Voraussetzungen ebenfalls als Typ IP-2- oder Typ IP-3-Versandstück verwendet werden:

.1 sie erfüllen die für den Typ IP-1 in 6.4.5.1 festgelegten Vorschriften;

.2 sie sind so ausgelegt, dass die in Kapitel 6.7 genannten Vorschriften erfüllt werden und dass sie einem Prüfdruck von 265 kPa standhalten, und

.3 sie sind so ausgelegt, dass jede gegebenenfalls vorhandene zusätzliche Abschirmung den statischen und dynamischen Beanspruchungen bei der Handhabung und Routine-Beförderungsbedingungen standhält und dass ein Anstieg der höchsten Dosisleistung an irgendeiner Stelle der äußeren Oberfläche des ortsbeweglichen Tanks von mehr als 20 % verhindert wird.

6.4.5.4.3 [Tanks]

Mit Ausnahme von ortsbeweglichen Tanks dürfen Tanks im Einklang mit der Tabelle unter 4.1.9.2.4 ebenfalls als Typ IP-2- oder Typ IP-3-Versandstück zur Beförderung von LSA-I- und LSA-II-Flüssigkeiten und -Gasen verwendet werden, vorausgesetzt:

.1 sie erfüllen die Vorschriften von 6.4.5.1,

.2 sie sind so ausgelegt, dass sie den Bestimmungen regionaler oder nationaler Vorschriften für die Beförderung von gefährlichen Gütern entsprechen und in der Lage sind, einem Prüfdruck von 265 kPa standzuhalten, und

.3 sie sind so ausgelegt, dass jede gegebenenfalls vorhandene zusätzliche Abschirmung den statischen und dynamischen Beanspruchungen bei der Handhabung und Routine-Beförderungsbedingungen standhält und dass ein Anstieg der höchsten Dosisleistung an irgendeiner Stelle der äußeren Oberfläche der Tanks von mehr als 20 % verhindert wird.

6.4.5.4.4 [Frachtcontainer]

Frachtcontainer mit den Eigenschaften einer dauerhaften Umschließung können unter folgenden Voraussetzungen ebenfalls als Typ IP-2- oder Typ IP-3-Versandstück verwendet werden:

.1 der radioaktive Inhalt ist auf feste Stoffe begrenzt,

.2 sie erfüllen die für den Typ IP-1 in 6.4.5.1 festgelegten Vorschriften und

.3 sie sind so ausgelegt, dass sie mit Ausnahme von Abmessungen und Gesamtgewichten die Vorschriften der ISO-Norm 1496-1:1990(E) „Series 1 Freight Containers – Specifications and Testing – Part 1: General Cargo Containers" („ISO-Frachtcontainer der Baureihe 1 – Spezifikation und Prüfung – Teil 1: Universalfrachtcontainer") und die späteren Änderungen 1:1993, 2:1998, 3:2005, 4:2006 und 5:2006 der Internationalen Organisation für Normung erfüllen. Sie müssen so ausgelegt sein, dass sie, wenn sie den nach diesem Dokument vorgeschriebenen Prüfungen unterzogen und den bei einer Routinebeförderung auftretenden Beschleunigungen ausgesetzt werden, Folgendes verhindern: 6.4.5.4.4 (Forts.)

.1 den Verlust oder die Verbreitung des radioaktiven Inhalts und

.2 einen Anstieg der höchsten Dosisleistung an irgendeiner Stelle der äußeren Oberfläche des Versandstücks von mehr als 20 %.

[IBC] 6.4.5.4.5

IBC aus Metall dürfen unter folgenden Voraussetzungen ebenfalls als Typ IP-2- oder Typ IP-3-Versandstück verwendet werden:

.1 sie erfüllen die für den Typ IP-1 in 6.4.5.1 festgelegten Vorschriften und

.2 sie sind so ausgelegt, dass die in Kapitel 6.5 für die Verpackungsgruppe I oder II genannten Vorschriften erfüllt werden und dass sie, wenn sie den in Kapitel 6.5 vorgeschriebenen Prüfungen unterzogen werden, wobei jedoch die Fallprüfung in einer zum größtmöglichen Schaden führenden Ausrichtung durchgeführt wird, Folgendes verhindern:

  .1 den Verlust oder die Verbreitung des radioaktiven Inhalts und

  .2 einen Anstieg der höchsten Dosisleistung an irgendeiner Stelle der äußeren Oberfläche des IBC von mehr als 20 %.

Vorschriften für Versandstücke, die Uranhexafluorid enthalten 6.4.6

[Normen] 6.4.6.1

Versandstücke, die für Uranhexafluorid ausgelegt sind, müssen den an anderer Stelle dieses Codes angegebenen Vorschriften entsprechen, die sich auf die radioaktiven und spaltbaren Eigenschaften des Stoffes beziehen. Sofern in 6.4.6.4 nicht anderes zugelassen ist, muss Uranhexafluorid in Mengen von mindestens 0,1 kg auch in Übereinstimmung mit den Vorschriften der ISO-Norm 7195:2005 „Nuclear Energy – Packaging of uranium hexafluoride (UF_6) for transport" („Kernenergie – Verpackung von Uranhexafluorid (UF_6) für den Transport") und den Vorschriften von 6.4.6.2 und 6.4.6.3 verpackt und befördert werden.

[Prüfungen] 6.4.6.2

Jedes Versandstück, das für mindestens 0,1 kg Uranhexafluorid ausgelegt ist, muss so beschaffen sein, dass es:

.1 der Festigkeitsprüfung von 6.4.21 ohne Undichtheiten und ohne unzulässige Beanspruchungen gemäß ISO-Norm 7195:2005(E) standhält, sofern in 6.4.6.4 nicht etwas anderes zugelassen ist;

.2 der Fallprüfung von 6.4.15.4 ohne Verlust oder Verstreuung von Uranhexafluorid standhält und

.3 der Erhitzungsprüfung von 6.4.17.3 ohne Bruch der dichten Umschließung standhält, sofern in 6.4.6.4 nicht etwas anderes zugelassen ist.

[Druckentlastungseinrichtungen] 6.4.6.3

Versandstücke, die für mindestens 0,1 kg Uranhexafluorid ausgelegt sind, dürfen nicht mit Druckentlastungseinrichtungen ausgerüstet sein.

[Sonderzulassung] 6.4.6.4

Vorbehaltlich einer multilateralen Zulassung dürfen Versandstücke, die für mindestens 0,1 kg Uranhexafluorid ausgelegt sind, befördert werden, wenn die Versandstücke:

(a) nach anderen internationalen oder nationalen Normen als der Norm ISO 7195:2005 ausgelegt sind, vorausgesetzt, ein gleichwertiges Sicherheitsniveau wird beibehalten, und/oder

(b) so ausgelegt sind, dass sie gemäß 6.4.21 einem Prüfdruck von weniger als 2,76 MPa ohne Undichtheiten und ohne unzulässige Beanspruchungen standhalten, und/oder

(c) für mindestens 9000 kg Uranhexafluorid ausgelegt sind und die Versandstücke die Vorschrift von 6.4.6.2.3 nicht erfüllen.

Ansonsten müssen die Vorschriften von 6.4.6.1 bis 6.4.6.3 erfüllt werden.

6.4.7 Vorschriften für Typ A-Versandstücke

6.4.7.1 [Auslegung]

Typ A-Versandstücke müssen so ausgelegt sein, dass sie die allgemeinen Vorschriften gemäß 6.4.2, die Vorschriften gemäß 6.4.7.2 bis 6.4.7.17 und bei Luftbeförderung die Vorschriften gemäß 6.4.3 erfüllen.

6.4.7.2 [Mindestabmessung]

Die kleinste äußere Abmessung des Versandstücks darf nicht weniger als 10 cm betragen.

6.4.7.3 [Siegel]

An der Außenseite des Versandstücks muss eine Vorrichtung (z. B. ein Siegel) angebracht sein, die nicht leicht zerbrechen kann und im unversehrten Zustand nachweist, dass das Versandstück nicht geöffnet worden ist.

6.4.7.4 [Festhaltevorrichtungen]

Alle Festhaltevorrichtungen am Versandstück müssen so ausgelegt sein, dass die an diesen Vorrichtungen wirkenden Kräfte unter normalen Beförderungsbedingungen und Unfall-Beförderungsbedingungen nicht dazu führen, dass das Versandstück den Vorschriften dieses Codes nicht mehr entspricht.

6.4.7.5 [Temperaturbereich]

Die Bauart des Versandstücks muss für die Bauteile der Verpackung Temperaturen von -40 °C bis +70 °C berücksichtigen. Zu beachten sind die Gefrierpunkte von flüssigen Stoffen und die mögliche Verschlechterung der Eigenschaften von Verpackungsstoffen innerhalb des angegebenen Temperaturbereichs.

6.4.7.6 [Normkonformität]

Die Bauart und die Herstellungsverfahren müssen nationalen oder internationalen Normen oder anderen Vorschriften, die für die zuständige Behörde annehmbar sind, entsprechen.

6.4.7.7 [Dichtheit]

Die Bauart muss eine dichte Umschließung aufweisen, die mit einer Verschlusseinrichtung sicher verschlossen wird, die nicht unbeabsichtigt oder durch einen etwaigen, im Innern des Versandstücks entstehenden Druck geöffnet werden kann.

6.4.7.8 [Besondere Form]

Radioaktive Stoffe in besonderer Form dürfen als Bestandteil der dichten Umschließung angesehen werden.

6.4.7.9 [Unabhängige Verschlusseinrichtung]

Wenn die dichte Umschließung einen eigenständigen Bestandteil des Versandstücks bildet, muss sie mit einer Verschlusseinrichtung sicher verschlossen werden können, die von allen anderen Teilen der Verpackung unabhängig ist.

6.4.7.10 [Radiolytische Zersetzung]

Die Auslegung aller Teile der dichten Umschließung muss, sofern zutreffend, die radiolytische Zersetzung von Flüssigkeiten und anderen empfindlichen Werkstoffen und die Gasbildung durch chemische Reaktion und Radiolyse berücksichtigen.

6.4.7.11 [Druckbereich]

Die dichte Umschließung muss ihren radioaktiven Inhalt bei Senkung des Umgebungsdruckes auf 60 kPa einschließen.

6.4.7.12 [Ventile]

Mit Ausnahme von Druckentlastungsventilen müssen alle Ventile mit einer Umschließung versehen sein, die alle aus dem Ventil austretenden Undichtigkeiten auffängt.

[Strahlungsabschirmung] 6.4.7.13

Eine Strahlungsabschirmung, die ein als Teil der dichten Umschließung spezifiziertes Bauteil des Versandstücks umgibt, muss so ausgelegt sein, dass ein unbeabsichtigter Verlust dieses Bauteils aus der Abschirmung verhindert wird. Wenn die Strahlungsabschirmung und ein solches darin enthaltenes Bauteil eine eigenständige Einheit bilden, muss die Strahlungsabschirmung mit einer Verschlusseinrichtung, die von jedem anderen Teil der Verpackung unabhängig ist, sicher verschlossen werden können.

[Prüfkriterien] 6.4.7.14

Ein Versandstück muss so ausgelegt sein, dass, wenn es den Prüfungen gemäß 6.4.15 unterzogen wird, Folgendes verhindert wird:

(a) der Verlust oder die Verbreitung des radioaktiven Inhalts und

(b) einen Anstieg der höchsten Dosisleistung an irgendeiner Stelle der äußeren Oberfläche des Versandstücks von mehr als 20 %.

[Leerraum] 6.4.7.15

Die Bauart eines Versandstücks für flüssige radioaktive Stoffe muss über einen Leerraum verfügen, mit dem Temperaturschwankungen des Inhalts, dynamische Effekte und Befüllungsdynamik ausgeglichen werden.

Typ A-Versandstücke für flüssige Stoffe

Ein Typ A-Versandstück, das für flüssige radioaktive Stoffe ausgelegt ist, muss zusätzlich: 6.4.7.16

.1 die in 6.4.7.14 (a) festgelegten Bedingungen erfüllen, wenn das Versandstück den Prüfungen gemäß 6.4.16 unterzogen wird, und

.2 entweder:

(i) genügend saugfähiges Material enthalten, um das Doppelte des flüssigen Inhalts aufzunehmen. Dieses saugfähige Material muss so angeordnet sein, dass es bei einer Undichtigkeit mit dem flüssigen Stoff in Berührung kommt, oder

(ii) mit einer dichten Umschließung ausgerüstet sein, die aus primären inneren und sekundären äußeren Umschließungsbestandteilen besteht, wobei die sekundären äußeren Umschließungsbestandteile so ausgelegt sein müssen, dass sie auch im Falle der Undichtheit der primären inneren Umschließungsbestandteile den flüssigen Inhalt vollständig umschließen und dessen Rückhaltung gewährleisten.

Typ A-Versandstücke für Gase

Ein Versandstück, das für Gase ausgelegt ist, muss den Verlust oder die Verbreitung des radioaktiven Inhalts verhindern, wenn das Versandstück den Prüfungen gemäß 6.4.16 unterzogen wird. Ein Typ A-Versandstück, das für gasförmiges Tritium oder Edelgase ausgelegt ist, ist von dieser Anforderung ausgenommen. 6.4.7.17

Vorschriften für Typ B(U)-Versandstücke 6.4.8

→ *D: BAM-GGR 012*

[Auslegung] 6.4.8.1

Typ B(U)-Versandstücke müssen so ausgelegt sein, dass sie die Vorschriften gemäß 6.4.2, die Vorschriften gemäß 6.4.3, wenn sie auf dem Luftweg befördert werden, und die Vorschriften gemäß 6.4.7.2 bis 6.4.7.15 mit Ausnahme von 6.4.7.14 (a) und zusätzlich die Vorschriften in 6.4.8.2 bis 6.4.8.15 erfüllen.

[Wärmeabführung] 6.4.8.2

Ein Versandstück muss so ausgelegt sein, dass bei Umgebungsbedingungen gemäß 6.4.8.5 und 6.4.8.6 die durch den radioaktiven Inhalt innerhalb des Versandstücks erzeugte Wärme unter normalen Beförderungsbedingungen, wie durch die Prüfungen gemäß 6.4.15 nachgewiesen, sich nicht nachteilig auf die Erfüllung der zutreffenden Anforderungen an die Umschließung und Abschirmung auswirkt, wenn es eine Woche lang unbeaufsichtigt bleibt. Insbesondere sind Auswirkungen der Wärme zu beachten, die eine oder mehrere der nachfolgenden Auswirkungen verursachen können:

(a) Veränderung der Anordnung, der geometrischen Form oder des Aggregatzustands des radioaktiven Inhalts, oder, wenn der radioaktive Stoff gekapselt oder in einem Behälter eingeschlossen ist

6.4.8.2 (Forts.) (z. B. umhüllte Brennelemente), Verformung oder Schmelzen der Kapselung, des Behälters oder des radioaktiven Stoffs;

(b) Verminderung der Wirksamkeit der Verpackung durch unterschiedliche Wärmeausdehnung oder Rissbildung oder Schmelzen des Werkstoffs der Strahlungsabschirmung;

(c) zusammen mit Feuchtigkeit Beschleunigung der Korrosion.

6.4.8.3 [Oberflächentemperatur]

Ein Versandstück muss so ausgelegt sein, dass bei der Umgebungsbedingung gemäß 6.4.8.5 und bei nicht vorhandener Sonneneinstrahlung die Temperatur der zugänglichen Oberfläche eines Versandstücks 50 °C nicht übersteigt, es sei denn, das Versandstück wird unter ausschließlicher Verwendung befördert.

6.4.8.4 [Temperatur leicht zugänglicher Oberflächen]

Mit Ausnahme der Vorschriften für die Luftbeförderung von Versandstücken in 6.4.3.1 darf die höchste Temperatur jeder während der Beförderung leicht zugänglichen Oberfläche eines Versandstücks unter ausschließlicher Verwendung ohne Sonneneinstrahlung und unter den in 6.4.8.5 festgelegten Umgebungsbedingungen 85 °C nicht übersteigen. Barrieren oder Schutzwände zum Schutz von Personen dürfen berücksichtigt werden, ohne dass diese Barrieren oder Schutzwände einer Prüfung unterzogen werden müssen.

6.4.8.5 [Referenztemperatur]

Die Umgebungstemperatur ist mit 38 °C anzunehmen.

6.4.8.6 [Sonneneinstrahlung]

Die Bedingungen für die Sonneneinstrahlung sind entsprechend der unten stehenden Tabelle anzunehmen.

Daten für die Sonneneinstrahlung

Fall	Form oder Lage der Oberfläche	Sonneneinstrahlung während 12 Stunden pro Tag (W/m²)
1	ebene Oberfläche während der Beförderung waagerecht – nach unten gerichtet	0
2	ebene Oberfläche während der Beförderung waagerecht – nach oben gerichtet	800
3	Oberflächen während der Beförderung senkrecht	200[a)]
4	andere nach unten gerichtete Oberflächen (nicht waagerecht)	200[a)]
5	alle anderen Oberflächen	400[a)]

a) Alternativ darf eine Sinusfunktion mit einem entsprechend gewählten Absorptionskoeffizienten verwendet werden, wobei die Auswirkungen einer möglichen Reflexion von benachbarten Gegenständen vernachlässigt werden.

6.4.8.7 [Wärmeschutz]

Ein Versandstück mit einem Wärmeschutz zur Erfüllung der Vorschriften der Erhitzungsprüfung gemäß 6.4.17.3 muss so ausgelegt sein, dass dieser Schutz wirksam bleibt, wenn das Versandstück den Prüfungen gemäß 6.4.15 und 6.4.17.2 (a) und (b) oder, sofern zutreffend, 6.4.17.2 (b) und (c) unterzogen wird. Jeder derartige Schutz an der Außenfläche des Versandstücks darf nicht durch Aufschlitzen, Schneiden, Verrutschen, Verschleiß, Abrieb oder grobe Handhabung unwirksam gemacht werden.

6.4.8.8 [Prüfkriterien]

Ein Versandstück muss so ausgelegt sein, dass es:

.1 wenn es den Prüfungen gemäß 6.4.15 unterzogen wurde, den Verlust des radioaktiven Inhalts auf höchstens 10^{-6} A_2 pro Stunde beschränkt, und

.2 wenn es den Prüfungen gemäß 6.4.17.1, 6.4.17.2 (b), 6.4.17.3 und 6.4.17.4 unterzogen wurde und entweder der Prüfung:

(i) gemäß 6.4.17.2 (c), wenn das Versandstück eine Masse von höchstens 500 kg besitzt, die auf die Außenabmessungen bezogene Gesamtdichte höchstens 1 000 kg/m^3 beträgt und der radioaktive Inhalt, der kein radioaktiver Stoff in besonderer Form ist, 1 000 A_2 übersteigt, oder 6.4.8.8 (Forts.)

(ii) gemäß 6.4.17.2 (a) bei allen anderen Versandstücken unterzogen wird,

den folgenden Vorschriften genügt:

- die Wirkung der Abschirmung muss so groß bleiben, dass in 1 m Abstand von der Oberfläche des Versandstücks die Dosisleistung 10 mSv/h nicht überschreitet, wenn das Versandstück den maximalen für das Versandstück ausgelegten radioaktiven Inhalt enthält, und
- der in einem Zeitraum von einer Woche akkumulierte Verlust an radioaktivem Inhalt darf 10 A_2 für Krypton-85 und A_2 für alle anderen Radionuklide nicht übersteigen.

Sind Gemische verschiedener Radionuklide vorhanden, so sind die Vorschriften in 2.7.2.2.4 bis 2.7.2.2.6 anzuwenden, außer, dass für Krypton-85 ein effektiver $A_2(i)$-Wert von 10 A_2 benutzt werden kann. Für den unter 6.4.8.8.1 genannten Fall sind bei der Bewertung die äußeren Kontaminationsgrenzwerte gemäß 4.1.9.1.2 zu berücksichtigen.

[Dichtheit] 6.4.8.9

Ein Versandstück für radioaktiven Inhalt mit einer Aktivität von mehr als 10^5 A_2 muss so ausgelegt sein, dass die dichte Umschließung nicht bricht, wenn es der gesteigerten Wassertauchprüfung gemäß 6.4.18 unterzogen wurde.

[Filter, Kühlung] 6.4.8.10

Die Einhaltung der zulässigen Grenzwerte für die Aktivitätsfreisetzung darf weder von Filtern noch von einem mechanischen Kühlsystem abhängig sein.

[Druckausgleich] 6.4.8.11

Die dichte Umschließung eines Versandstücks darf keine Druckentlastungsvorrichtung enthalten, durch die radioaktive Stoffe unter den Bedingungen der Prüfungen gemäß 6.4.15 und 6.4.17 in die Umwelt entweichen können.

[Spannungen] 6.4.8.12

Ein Versandstück muss so ausgelegt sein, dass, wenn es unter dem höchsten normalen Betriebsdruck steht und es den Prüfungen gemäß 6.4.15 und 6.4.17 unterzogen wird, die Spannungen in der dichten Umschließung keine Werte erreichen, die das Versandstück so beeinträchtigen, dass es die anwendbaren Vorschriften nicht erfüllt.

[Betriebsdruck] 6.4.8.13

Der höchste normale Betriebsdruck eines Versandstücks darf einen Überdruck von 700 kPa nicht übersteigen.

[Gering dispergierbare Stoffe] 6.4.8.14

Ein Versandstück, das einen gering dispergierbaren radioaktiven Stoff enthält, muss so ausgelegt sein, dass alle dem gering dispergierbaren radioaktiven Stoff hinzugefügten Vorrichtungen, die nicht dessen Bestandteil sind, und alle inneren Bauteile der Verpackung keine schädlichen Auswirkungen auf das Verhalten des gering dispergierbaren radioaktiven Stoffes haben.

[Referenztemperaturbereich] 6.4.8.15

Ein Versandstück ist für einen Umgebungstemperaturbereich von -40 °C bis +38 °C auszulegen.

Vorschriften für Typ B(M)-Versandstücke 6.4.9

[Anwendung Typ B(U)-Vorschriften] 6.4.9.1

Mit Ausnahme der Versandstücke, die ausschließlich innerhalb eines bestimmten Landes oder ausschließlich zwischen bestimmten Ländern befördert werden sollen und für die mit der Zulassung der zuständigen Behörden dieser Länder andere als die in 6.4.7.5, 6.4.8.4 bis 6.4.8.6 und 6.4.8.9 bis 6.4.8.15 aufgeführten Bedingungen angenommen werden dürfen, müssen Typ B(M)-Versandstücke die Vorschriften für Typ B(U)-Versandstücke in 6.4.8.1 erfüllen. Ungeachtet dessen müssen die Vorschriften für Typ B(U)-Versandstücke in 6.4.8.4 und 6.4.8.9 bis 6.4.8.15 so weit wie möglich eingehalten werden.

6.4.9.2 [Druckausgleich]

Der periodische Druckausgleich bei Typ B(M)-Versandstücken darf während der Beförderung zugelassen werden, vorausgesetzt, die Überwachungsmaßnahmen für den Druckausgleich sind für die jeweils zuständige Behörde annehmbar.

6.4.10 Vorschriften für Typ C-Versandstücke

6.4.10.1 [Auslegung]

Typ C-Versandstücke müssen so ausgelegt sein, dass sie die Vorschriften gemäß 6.4.2 und 6.4.3 und 6.4.7.2 bis 6.4.7.15, mit Ausnahme von 6.4.7.14 erfüllen, und die Vorschriften in 6.4.8.2 bis 6.4.8.6, 6.4.8.10 bis 6.4.8.15 und zusätzlich 6.4.10.2 bis 6.4.10.4 erfüllen.

6.4.10.2 [Kriterien nach Unfall]

Ein Versandstück muss nach dem Eindringen in den Erdboden in einer Umgebung, die im Gleichgewichtszustand durch eine Wärmeleitfähigkeit von 0,33 W/(m·K) und eine Temperatur von 38 °C bestimmt ist, die Bewertungskriterien erfüllen, die für die Prüfungen gemäß 6.4.8.8.2 und 6.4.8.12 vorgeschrieben sind. Bei der Bewertung sind als Ausgangsbedingungen anzunehmen, dass jeder Wärmeschutz des Versandstücks wirksam bleibt, das Versandstück den höchsten normalen Betriebsdruck aufweist und die Umgebungstemperatur 38 °C beträgt.

6.4.10.3 [Inhaltsverlust, Abschirmung]

Ein Versandstück muss so ausgelegt sein, dass es bei höchstem normalen Betriebsdruck:

(a) wenn es den Prüfungen gemäß 6.4.15 unterzogen wird, den Verlust des radioaktiven Inhalts auf höchstens 10^{-6} A_2 pro Stunde beschränkt, und

(b) wenn es den Prüfungen in der gemäß 6.4.20.1 vorgeschriebenen Folge unterzogen wird,

  (i) die Wirkung der Abschirmung so groß bleibt, dass in 1 m Abstand von der Oberfläche des Versandstücks die Dosisleistung 10 mSv/h nicht überschreitet, wenn das Versandstück den maximalen für das Versandstück ausgelegten radioaktiven Inhalt enthält, und

  (ii) der akkumulierte Verlust an radioaktivem Inhalt für den Zeitraum von einer Woche 10 A_2 für Krypton-85 und A_2 für alle anderen Radionuklide nicht übersteigt.

Sind Gemische verschiedener Radionuklide vorhanden, so sind die Vorschriften gemäß 2.7.2.2.4 bis 2.7.2.2.6 anzuwenden, außer dass für Krypton-85 ein effektiver $A_2(i)$-Wert von 10 A_2 verwendet werden kann. Für den unter 6.4.10.3 (a) genannten Fall sind bei der Bewertung die äußeren Kontaminationsgrenzwerte gemäß 4.1.9.1.2 zu berücksichtigen.

6.4.10.4 [Wassertauchprüfung]

Ein Versandstück muss so ausgelegt sein, dass die dichte Umschließung nicht bricht, wenn es der gesteigerten Wassertauchprüfung gemäß 6.4.18 unterzogen wird

6.4.11 Vorschriften für Versandstücke, die spaltbare Stoffe enthalten

6.4.11.1 [Unterkritikalität]

Spaltbare Stoffe sind so zu befördern, dass:

(a) bei Routine-Beförderungsbedingungen, normalen Beförderungsbedingungen und Unfall-Beförderungsbedingungen die Unterkritikalität gewährleistet bleibt; insbesondere sind folgende mögliche Ereignisse zu berücksichtigen:

  (i) Eindringen von Wasser in Versandstücke oder Auslaufen von Wasser aus diesen;

  (ii) Verlust von Wirksamkeit eingebauter Neutronenabsorber oder -moderatoren;

  (iii) Veränderung der Anordnung des Inhalts entweder im Innern des Versandstücks oder als Ergebnis des Verlustes aus dem Versandstück;

  (iv) Verringerung von Abständen innerhalb oder zwischen Versandstücken;

  (v) Eintauchen der Versandstücke in Wasser oder Bedecken der Versandstücke durch Schnee und

  (vi) Temperaturänderungen und

(b) folgende Vorschriften erfüllt werden: 6.4.11.1 (Forts.)

(i) die Vorschriften in 6.4.7.2, ausgenommen für unverpackte Stoffe, wenn dies in 2.7.2.3.5.5 ausdrücklich zugelassen ist;

(ii) die an anderer Stelle in diesem Code festgelegten Vorschriften, welche die radioaktiven Eigenschaften der Stoffe betreffen;

(iii) die Vorschriften in 6.4.7.3, sofern die Stoffe nicht durch 2.7.2.3.5 ausgenommen sind;

(iv) die Vorschriften in 6.4.11.4 bis 6.4.11.14, sofern die Stoffe nicht durch 2.7.2.3.5, 6.4.11.2 oder 6.4.11.3 ausgenommen sind.

[Ausnahmearten] 6.4.11.2

Versandstücke, die spaltbare Stoffe enthalten, welche die Vorschriften des Absatzes (d) und eine der Vorschriften der Absätze (a) bis (c) erfüllen, sind von den Vorschriften nach 6.4.11.4 bis 6.4.11.14 ausgenommen.

(a) Versandstücke, die spaltbare Stoffe in irgendeiner Form enthalten, vorausgesetzt:

(i) die kleinste äußere Abmessung des Versandstücks ist nicht kleiner als 10 cm;

(ii) die Kritikalitätssicherheitskennzahl (CSI) des Versandstücks wird unter Verwendung der folgenden Formel berechnet:

$$\mathrm{CSI} = 50 \times 5 \times \left(\frac{\text{U-235-Masse im Versandstück (g)}}{Z} + \frac{\text{Masse der anderen spaltbaren Nuklide* im Versandstück (g)}}{280} \right),$$

* Plutonium darf jeden Isotopenaufbau haben, vorausgesetzt, die Menge an Pu-241 im Versandstück ist geringer als die Menge an Pu-240.

wobei die Werte für Z dabei der Tabelle 6.4.11.2 entnommen werden;

(iii) die Kritikalitätssicherheitskennzahl jedes Versandstücks ist nicht größer als 10;

(b) Versandstücke, die spaltbare Stoffe in irgendeiner Form enthalten, vorausgesetzt:

(i) die kleinste äußere Abmessung des Versandstücks ist nicht kleiner als 30 cm;

(ii) nach der Durchführung der in 6.4.15.1 bis 6.4.15.6 festgelegten Prüfungen

– hält das Versandstück seinen spaltbaren Inhalt zurück;

– werden die äußeren Mindestgesamtabmessungen des Versandstücks von mindestens 30 cm beibehalten;

– verhindert das Versandstück das Eindringen eines Würfels von 10 cm Kantenlänge;

(iii) die Kritikalitätssicherheitskennzahl (CSI) des Versandstücks wird unter Verwendung der folgenden Formel berechnet:

$$\mathrm{CSI} = 50 \times 2 \times \left(\frac{\text{U-235-Masse im Versandstück (g)}}{Z} + \frac{\text{Masse der anderen spaltbaren Nuklide* im Versandstück (g)}}{280} \right),$$

* Plutonium darf jeden Isotopenaufbau haben, vorausgesetzt, die Menge an Pu-241 im Versandstück ist geringer als die Menge an Pu-240.

wobei die Werte für Z dabei der Tabelle 6.4.11.2 entnommen werden;

(iv) die Kritikalitätssicherheitskennzahl jedes Versandstücks ist nicht größer als 10;

6.4.11.2 (Forts.)

(c) Versandstücke, die spaltbare Stoffe in irgendeiner Form enthalten, vorausgesetzt:

(i) die kleinste äußere Abmessung des Versandstücks ist nicht kleiner als 10 cm;

(ii) nach der Durchführung der in 6.4.15.1 bis 6.4.15.6 festgelegten Prüfungen

– hält das Versandstück seinen spaltbaren Inhalt zurück;

– werden die äußeren Mindestgesamtabmessungen des Versandstücks von mindestens 10 cm beibehalten;

– verhindert das Versandstück das Eindringen eines Würfels von 10 cm Kantenlänge;

(iii) die Kritikalitätssicherheitskennzahl (CSI) des Versandstücks wird unter Verwendung der folgenden Formel berechnet:

$$CSI = 50 \times 2 \times \left(\frac{\text{U-235-Masse im Versandstück (g)}}{450} + \frac{\text{Masse der anderen spaltbaren Nuklide* im Versandstück (g)}}{280} \right);$$

* Plutonium darf jeden Isotopenaufbau haben, vorausgesetzt, die Menge an Pu-241 im Versandstück ist geringer als die Menge an Pu-240.

(iv) die größte Masse spaltbarer Nuklide in einem Versandstück ist nicht größer als 15 g;

(d) die Gesamtmasse von Beryllium, mit Deuterium angereicherten wasserstoffhaltigen Stoffen, Graphit und anderen allotropischen Formen von Kohlenstoff in einem einzelnen Versandstück darf nicht größer sein als die Masse spaltbarer Nuklide im Versandstück, es sei denn, ihre Gesamtkonzentration ist nicht größer als 1 g in 1 000 g des Stoffes. In Kupferlegierungen enthaltenes Beryllium muss bis zu 4 Masse-% der Legierung nicht berücksichtigt werden.

Tabelle 6.4.11.2 – Werte von Z für die Berechnung der Kritikalitätssicherheitskennzahl gemäß 6.4.11.2

Anreicherung[a)]	Z
bis zu 1,5 % angereichertes Uran	2200
bis zu 5 % angereichertes Uran	850
bis zu 10 % angereichertes Uran	660
bis zu 20 % angereichertes Uran	580
bis zu 100 % angereichertes Uran	450

a) Wenn ein Versandstück Uran mit variierenden Anreicherungen von U-235 enthält, muss für Z der Wert verwendet werden, welcher der höchsten Anreicherung entspricht.

6.4.11.3 [Ausnahmen für Plutonium]

Versandstücke, die höchstens 1 000 g Plutonium enthalten, sind von der Anwendung nach 6.4.11.4 bis 6.4.11.14 ausgenommen, vorausgesetzt:

(a) höchstens 20 Masse-% des Plutoniums sind spaltbare Nuklide;

(b) die Kritikalitätssicherheitskennzahl des Versandstücks wird unter Verwendung der folgenden Formel berechnet:

$$CSI = 50 \times 2 \times \left(\frac{\text{Masse an Plutonium (g)}}{1\,000} \right);$$

(c) in Fällen, in denen Uran zusammen mit dem Plutonium vorhanden ist, ist die Masse an Uran nicht größer als 1 % der Masse an Plutonium.

6.4.11.4 [Neutronenvermehrung]

Wenn die chemische oder physikalische Form, die Isotopenzusammensetzung, die Masse oder die Konzentration, das Moderationsverhältnis oder die Dichte oder die geometrische Anordnung nicht bekannt ist, müssen die Bewertungen gemäß 6.4.11.8 bis 6.4.11.13 unter der Annahme durchgeführt werden, dass jeder einzelne unbekannte Parameter den Wert aufweist, der unter Zugrundelegung mit den bei diesen Bewertungen bekannten Bedingungen und Parametern zur höchsten Neutronenvermehrung führt.

[Bestrahlter Kernbrennstoff] 6.4.11.5

→ *D: AtG Anl. 1 (1)*

Bei bestrahltem Kernbrennstoff müssen die Bewertungen gemäß 6.4.11.8 bis 6.4.11.13 auf einer Isotopenzusammensetzung beruhen, die nachweislich entweder:

(a) zur höchsten Neutronenvermehrung während der Bestrahlungsgeschichte führt oder

(b) zu einer vorsichtigen Abschätzung der Neutronenvermehrung für die Bewertungen des Versandstücks führt. Nach der Bestrahlung, jedoch vor der Beförderung müssen Messungen durchgeführt werden, um die Konservativität der Isotopenzusammensetzung zu bestätigen.

[Eindringwiderstandsfähigkeit] 6.4.11.6

Das Versandstück muss, nachdem es den Prüfungen gemäß 6.4.15 unterzogen wurde,

(a) die Mindestaußenabmessungen des Versandstücks über alles auf mindestens 10 cm erhalten und

(b) das Eindringen eines Würfels mit 10 cm Seitenlänge verhindern.

[Referenztemperaturbereich] 6.4.11.7

Das Versandstück muss für einen Umgebungstemperaturbereich von -40 °C bis +38 °C ausgelegt sein, sofern die zuständige Behörde im Zulassungszeugnis für die Bauart des Versandstücks nichts anderes festlegt.

[Wasserdichtheit] 6.4.11.8

Für ein einzelnes Versandstück muss angenommen werden, dass Wasser in alle Hohlräume des Versandstücks, einschließlich solcher innerhalb der dichten Umschließung, eindringen oder aus diesen ausfließen kann. Wenn jedoch die Bauart besondere Vorrichtungen aufweist, die das Eindringen von Wasser in bestimmte Hohlräume oder das Ausfließen aus diesen auch bei Versagen verhindern, darf bezüglich dieser Hohlräume das Nichtvorhandensein einer Undichtigkeit unterstellt werden. Die besonderen Vorrichtungen müssen eine der Folgenden umfassen:

(a) mehrfache hochwirksame Wasserbarrieren, von denen mindestens zwei wasserdicht bleiben, wenn das Versandstück den Prüfungen gemäß 6.4.11.13 (b) unterzogen wird, eine strenge Qualitätskontrolle bei Herstellung, Wartung und Instandsetzung von Verpackungen sowie Prüfungen zum Nachweis des Verschlusses jedes Versandstücks vor jeder Beförderung oder

(b) nur bei Versandstücken mit Uranhexafluorid mit einer höchsten Anreicherung von 5 Masse-% Uran-235:

 (i) Versandstücke, bei denen im Anschluss an die Prüfungen gemäß 6.4.11.13 (b) kein physischer Kontakt zwischen dem Ventil und einem sonstigen Bauteil der Verpackung, außer seinem ursprünglichen Verbindungspunkt besteht und bei denen zusätzlich im Anschluss an die Prüfung gemäß 6.4.17.3 die Ventile dicht bleiben, und

 (ii) eine strenge Qualitätskontrolle bei Herstellung, Wartung und Instandsetzung von Verpackungen, verbunden mit Prüfungen zum Nachweis des Verschlusses jedes Versandstücks vor jeder Beförderung.

[Reflexion] 6.4.11.9

Es ist eine unmittelbare Reflexion des Einschließungssystems durch mindestens 20 cm Wasser oder eine größere Reflexion, die zusätzlich durch das die Verpackung umgebende Material erbracht werden kann, anzunehmen. Wenn jedoch nachgewiesen werden kann, dass das Einschließungssystem im Anschluss an die Prüfungen gemäß 6.4.11.13 (b) innerhalb der Verpackung verbleibt, kann bei 6.4.11.10 (c) eine unmittelbare Reflexion des Versandstücks durch mindestens 20 cm Wasser angenommen werden.

[Prüfungen Unterkritikalität] 6.4.11.10

Das Versandstück muss unter den Bedingungen gemäß 6.4.11.8 und 6.4.11.9 und unter Versandstückbedingungen, die unter Zugrundelegung der folgenden Punkte zur maximalen Neutronenvermehrung führen, unterkritisch sein:

(a) Routine-Beförderungsbedingungen (zwischenfallfrei);

(b) die Prüfungen gemäß 6.4.11.12 (b);

(c) die Prüfungen gemäß 6.4.11.13 (b).

6.4.11.11 [Luftbeförderung]

Bei Versandstücken für die Luftbeförderung:

(a) muss das Versandstück unter Bedingungen nach den Prüfungen für Typ C-Versandstücke gemäß 6.4.20.1 und unter Annahme einer Reflexion durch mindestens 20 cm Wasser, jedoch ohne Eindringen von Wasser, unterkritisch sein; und

(b) bei der Bewertung gemäß 6.4.11.10 sind besondere Merkmale gemäß 6.4.11.8 nicht zu berücksichtigen, es sei denn, nach den Prüfungen für Typ C-Versandstücke gemäß 6.4.20.1 und der Wassereindringprüfung gemäß 6.4.19.3 wird das Eindringen von Wasser in die Hohlräume oder das Ausfließen von Wasser aus diesen verhindert.

6.4.11.12 [Anordnung, Zustand]

Es ist eine Anzahl „*N*" so zu bestimmen, dass fünfmal „*N*" Versandstücke für die Anordnung und Versandstückbedingungen, die zur maximalen Neutronenvermehrung führen, bei Berücksichtigung des Folgenden unterkritisch sind:

(a) es darf sich nichts zwischen den Versandstücken befinden und die Anordnung der Versandstücke wird allseitig durch mindestens 20 cm Wasser reflektiert und

(b) der Zustand der Versandstücke entspricht dem eingeschätzten oder nachgewiesenen Zustand, nachdem sie den Prüfungen gemäß 6.4.15 unterzogen wurden.

6.4.11.13 [Moderator, Prüfungen]

Es ist eine Anzahl „*N*" so zu bestimmen, dass zweimal „*N*" Versandstücke für die Anordnung und Versandstückbedingungen, die zur maximalen Neutronenvermehrung führen, bei Berücksichtigung des Folgenden unterkritisch sind:

(a) wasserstoffhaltiger Moderator zwischen den Versandstücken und die Anordnung von Versandstücken wird allseitig durch mindestens 20 cm Wasser reflektiert und

(b) die Prüfungen gemäß 6.4.15 und anschließend die einschränkendere der nachstehenden Prüfungen:

  (i) die Prüfungen gemäß 6.4.17.2 (b) und entweder 6.4.17.2 (c) bei Versandstücken mit einer Masse von höchstens 500 kg und einer auf die Außenabmessungen bezogene Gesamtdichte von höchstens 1 000 kg/m^3 oder 6.4.17.2 (a) bei allen anderen Versandstücken und anschließend die Prüfung gemäß 6.4.17.3 und vervollständigt durch die Prüfungen gemäß 6.4.19.1 bis 6.4.19.3 oder

  (ii) die Prüfung gemäß 6.4.17.4 und

(c) wenn nach den Prüfungen gemäß 6.4.11.13 (b) irgendein Teil des spaltbaren Stoffes aus der dichten Umschließung entweicht, muss angenommen werden, dass spaltbare Stoffe aus jedem Versandstück in der Anordnung entweichen, und die gesamten spaltbaren Stoffe müssen in einer Konfiguration und unter Moderationsbedingungen angeordnet werden, die bei einer unmittelbaren Reflexion durch mindestens 20 cm Wasser zur maximalen Neutronenvermehrung führt.

6.4.11.14 [Kritikalitätssicherheitskennzahl]

Die Kritikalitätssicherheitskennzahl (CSI) für Versandstücke mit spaltbaren Stoffen ist durch Division der Zahl 50 durch den kleineren der beiden Werte für „*N*" zu ermitteln, die aus 6.4.11.12 und 6.4.11.13 abgeleitet werden (d. h. CSI = 50/*N*). Der Wert der Kritikalitätssicherheitskennzahl kann Null sein, vorausgesetzt, eine unbegrenzte Anzahl von Versandstücken ist unterkritisch (d. h. *N* ist tatsächlich in beiden Fällen unendlich).

6.4.12 Prüfmethoden und Nachweisverfahren

6.4.12.1 [Verfahren]

→ D: BAM-GGR 008

Der Nachweis der Einhaltung der nach 2.7.2.3.1.3, 2.7.2.3.1.4, 2.7.2.3.3.1, 2.7.2.3.3.2, 2.7.2.3.4.1, 2.7.2.3.4.2 und 6.4.2 bis 6.4.11 geforderten Auslegungskriterien muss durch eines oder mehrere der nachstehend genannten Verfahren erbracht werden.

(a) Durchführung von Prüfungen mit Proben, die LSA-III-Stoffe oder radioaktive Stoffe in besonderer Form oder gering dispergierbare radioaktive Stoffe repräsentieren, oder mit Prototypen oder Serienmustern der Verpackung, wobei der Inhalt der zur Prüfung vorgesehenen Probe oder Verpackung so weit wie möglich die zu erwartende Bandbreite des radioaktiven Inhalts simulieren muss und die zu prüfende Probe oder Verpackung so vorbereitet wird, wie sie zur Beförderung aufgegeben wird.

(b) Bezugnahme auf frühere zufriedenstellende und ausreichend ähnliche Nachweise. 6.4.12.1 (Forts.)

(c) Durchführung der Prüfungen mit Modellen eines geeigneten Maßstabes, die alle für den zu untersuchenden Aspekt wesentlichen Merkmale enthalten, sofern die technische Erfahrung gezeigt hat, dass die Ergebnisse derartiger Prüfungen für die Auslegung geeignet sind. Bei Verwendung von maßstabgerechten Modellen ist zu berücksichtigen, dass bestimmte Prüfparameter, wie z. B. der Durchmesser der Durchstoßstange oder die Stapeldrucklast, einer Anpassung bedürfen.

(d) Berechnung oder begründete Betrachtung, wenn die Berechnungsverfahren und Parameter allgemein als belastbar und konservativ anerkannt sind.

[Bewertung] 6.4.12.2

Nachdem die Probe, der Prototyp oder das Serienmuster den Prüfungen unterzogen wurde, sind geeignete Bewertungsmethoden anzuwenden, um sicherzustellen, dass die Vorschriften dieses Kapitels in Übereinstimmung mit den in diesem Kapitel vorgeschriebenen Auslegungs- und Akzeptanzkriterien erfüllt wurden (siehe 2.7.2.3.1.3, 2.7.2.3.1.4, 2.7.2.3.3.1, 2.7.2.3.3.2, 2.7.2.3.4.1, 2.7.2.3.4.2 und 6.4.2 bis 6.4.11).

[Kontrolle vor Prüfung] 6.4.12.3

Vor der Prüfung sind alle Prüfmuster zu kontrollieren, um Mängel oder Schäden festzustellen und zu protokollieren, einschließlich:

(a) Abweichungen von der Bauart,

(b) Fertigungsfehler,

(c) Korrosion oder andere Beeinträchtigungen und

(d) Verformung einzelner Teile.

Die dichte Umschließung des Versandstücks muss eindeutig festgelegt sein. Die äußeren Teile des Prüfmusters müssen eindeutig gekennzeichnet sein, so dass leicht und zweifelsfrei auf jeden Teil des Prüfmusters Bezug genommen werden kann.

Prüfung der Unversehrtheit der dichten Umschließung und der Strahlungsabschirmung und Bewertung der Kritikalitätssicherheit 6.4.13

Nach jeder anwendbaren Prüfung gemäß 6.4.15 bis 6.4.21:

(a) sind Mängel und Schäden festzustellen und zu protokollieren;

(b) ist zu ermitteln, ob die Unversehrtheit der dichten Umschließung und der Abschirmung in dem in diesem Kapitel für die getesteten Versandstücke geforderten Maße erhalten geblieben ist, und

(c) ist bei Versandstücken mit spaltbaren Stoffen ist zu ermitteln, ob die für die Bewertung einzelner oder mehrerer Versandstücke gemäß 6.4.11.1 bis 6.4.11.14 getroffenen Annahmen und Bedingungen gültig sind.

Aufprallfundament für die Fallprüfungen 6.4.14

Das Aufprallfundament für die Fallprüfungen gemäß 2.7.2.3.3.5, 6.4.15.4, 6.4.16 (a), 6.4.17.2 und 6.4.20.2 muss eine ebene, horizontale Oberfläche aufweisen, die so beschaffen sein muss, dass jede Steigerung ihres Widerstands gegen Verschiebung oder Verformung beim Aufprall des Prüfmusters zu keiner signifikant größeren Beschädigung des Prüfmusters führen würde.

Prüfungen zum Nachweis der Widerstandsfähigkeit unter normalen Beförderungsbedingungen 6.4.15

[Aufzählung] 6.4.15.1

Bei diesen Prüfungen handelt es sich um die Wassersprühprüfung, die Fallprüfung, die Stapeldruckprüfung und die Durchstoßprüfung. Die Prüfmuster des Versandstücks müssen der Fallprüfung, der Stapeldruckprüfung und der Durchstoßprüfung unterzogen werden, wobei in jedem Fall vorher die Wassersprühprüfung durchgeführt werden muss. Für alle diese Prüfungen darf dasselbe Prüfmuster verwendet werden, sofern die Vorschriften in 6.4.15.2 erfüllt sind.

[Wartezeit] 6.4.15.2

Die Zeitspanne zwischen dem Abschluss der Wassersprühprüfung und der anschließenden Prüfung muss so gewählt werden, dass das Wasser in größtmöglichem Umfang eingedrungen ist, ohne dass die

6.4.15.2 (Forts.) Außenseite des Prüfmusters merklich getrocknet ist. Sofern nichts anderes dagegen spricht, beträgt diese Zeitspanne 2 Stunden, wenn das Sprühwasser gleichzeitig aus vier Richtungen einwirkt. Allerdings ist keine Zwischenpause vorzusehen, wenn das Sprühwasser aus jeder der vier Richtungen nacheinander einwirkt.

6.4.15.3 [Wassersprühprüfung]

Wassersprühprüfung: Das Prüfmuster ist einer Wassersprühprüfung zu unterziehen, die eine mindestens einstündige Beregnung mit einer Niederschlagsmenge von ungefähr 5 cm pro Stunde simuliert.

6.4.15.4 [Fallprüfung]

Fallprüfung: Das Prüfmuster muss so auf das Aufprallfundament fallen, dass es hinsichtlich der zu prüfenden Sicherheitsmerkmale den größtmöglichen Schaden erleidet.

(a) Die Fallhöhe, gemessen vom untersten Punkt des Prüfmusters bis zur Oberfläche des Aufprallfundaments, muss in Abhängigkeit von der zutreffenden Masse mindestens dem Abstand in der nachfolgenden Tabelle entsprechen. Das Aufprallfundament muss 6.4.14 entsprechen.

(b) Bei rechteckigen Versandstücken aus Pappe oder Holz mit einer Masse von höchstens 50 kg ist ein gesondertes Prüfmuster dem freien Fall auf jede Ecke aus einer Höhe von 0,3 m zu unterziehen.

(c) Bei zylindrischen Versandstücken aus Pappe mit einer Masse von höchstens 100 kg ist ein gesondertes Prüfmuster dem freien Fall auf jedes Viertel der beiden Ränder aus einer Höhe von 0,3 m zu unterziehen.

Freifallhöhe zur Prüfung von Versandstücken unter normalen Beförderungsbedingungen

Masse des Versandstücks (kg)	Freifallhöhe (m)
Masse des Versandstücks < 5000	1,2
5000 ≤ Masse des Versandstücks < 10000	0,9
10000 ≤ Masse des Versandstücks < 15000	0,6
15000 ≤ Masse des Versandstücks	0,3

6.4.15.5 [Stapeldruckprüfung]

Stapeldruckprüfung: Sofern die Form der Verpackung ein Stapeln nicht wirksam ausschließt, ist das Prüfmuster für einen Zeitraum von 24 Stunden einer Druckbelastung auszusetzen, die dem größeren der nachstehenden Werte entspricht:

(a) dem Äquivalent des Fünffachen der Höchstmasse des Versandstücks und

(b) dem Äquivalent von 13 kPa multipliziert mit der senkrecht projizierten Fläche des Versandstücks.

Die Belastung muss gleichmäßig auf zwei gegenüberliegende Seiten des Prüfmusters einwirken, von denen eine die normalerweise als Auflagefläche benutzte Seite des Versandstücks ist.

6.4.15.6 [Durchstoßprüfung]

Durchstoßprüfung: Das Prüfmuster wird auf eine starre, flache, horizontale Unterlage gestellt, die sich während der Prüfung nicht merklich verschieben darf.

(a) Eine Stange mit einem Durchmesser von 3,2 cm, mit einem halbkugelförmigen Ende und einer Masse von 6 kg muss mit senkrecht stehender Längsachse so auf die Mitte der schwächsten Stelle des Prüfmusters gerichtet und fallen gelassen werden, dass sie bei genügend weitem Eindringen die dichte Umschließung trifft. Durch die Prüfung darf die Stange nicht merklich verformt werden.

(b) Die Fallhöhe, vom unteren Ende der Stange bis zur vorgesehenen Aufschlagstelle auf der Oberfläche des Prüfmusters gemessen, muss 1 m betragen.

6.4.16 Zusätzliche Prüfungen für Typ A-Versandstücke für flüssige Stoffe und Gase

Ein Prüfmuster oder gesonderte Prüfmuster sind jeder der folgenden Prüfungen zu unterziehen, es sei denn, dass eine der Prüfungen nachweisbar strenger für das Prüfmuster ist als die andere; in diesem Fall ist ein Prüfmuster der strengeren Prüfung zu unterziehen.

(a) Fallprüfung: Das Prüfmuster muss so auf das Aufprallfundament fallen, dass die dichte Umschließung den größtmöglichen Schaden erleidet. Die Fallhöhe, vom untersten Teil des Prüfmusters bis zur Oberfläche des Aufprallfundaments gemessen, beträgt 9 m. Das Aufprallfundament muss 6.4.14 entsprechen. 6.4.16 (Forts.)

(b) Durchstoßprüfung: Das Prüfmuster muss der in 6.4.15.6 beschriebenen Prüfung unterzogen werden, wobei die in 6.4.15.6 (b) genannte Fallhöhe von 1 m auf 1,7 m zu erhöhen ist.

Prüfungen zum Nachweis der Widerstandsfähigkeit unter Unfall-Beförderungsbedingungen 6.4.17

[Kumulierung] 6.4.17.1

Das Prüfmuster wird den kumulativen Wirkungen der Prüfungen gemäß 6.4.17.2 und 6.4.17.3 in der hier angegebenen Reihenfolge ausgesetzt. Im Anschluss an diese Prüfungen muss dieses Prüfmuster oder ein gesondertes Prüfmuster den Einflüssen der Wassertauchprüfung(en) gemäß 6.4.17.4 und, sofern zutreffend, gemäß 6.4.18 ausgesetzt werden.

[Mechanische Prüfung] 6.4.17.2

Mechanische Prüfung: Die mechanische Prüfung besteht aus drei verschiedenen Fallprüfungen. Jedes Prüfmuster ist den anwendbaren Fallprüfungen gemäß 6.4.8.8 oder 6.4.11.13 zu unterziehen. Die Reihenfolge der Fallprüfungen ist so zu wählen, dass bei Abschluss der mechanischen Prüfung das Prüfmuster eine derartige Beschädigung erlitten hat, dass in der darauf folgenden Erhitzungsprüfung die größtmögliche Beschädigung eintritt.

(a) Bei der Fallprüfung I muss das Prüfmuster so auf das Aufprallfundament fallen, dass es den größtmöglichen Schaden erleidet und die Fallhöhe, vom untersten Teil des Prüfmusters bis zur Oberfläche des Aufprallfundaments gemessen, muss 9 m betragen. Das Aufprallfundament muss 6.4.14 entsprechen.

(b) Bei der Fallprüfung II muss das Prüfmuster so auf eine auf dem Aufprallfundament fest und senkrecht montierte Stange fallen, dass es den größtmöglichen Schaden erleidet. Die Fallhöhe, von der vorgesehenen Aufschlagstelle am Prüfmuster bis zur Oberseite der Stange gemessen, muss 1 m betragen. Die Stange muss aus einem massiven Baustahlzylinder mit einem runden Querschnitt und einem Durchmesser von 15,0 ± 0,5 cm und einer Länge von 20 cm, sofern nicht eine längere Stange einen größeren Schaden verursachen würde, bestehen; in diesem Fall ist eine Stange zu verwenden, die so lang ist, dass sie den größtmöglichen Schaden verursacht. Die Stirnfläche der Stange muss flach und horizontal sein, wobei deren Kanten auf einen Radius von höchstens 6 mm abgerundet sind. Das Aufprallfundament, auf dem die Stange befestigt ist, muss 6.4.14 entsprechen.

(c) Bei der Fallprüfung III muss das Prüfmuster einer dynamischen Quetschprüfung unterzogen werden; dazu ist das Prüfmuster so auf dem Aufprallfundament zu positionieren, dass es den größtmöglichen Schaden erleidet, wenn eine Masse von 500 kg aus 9 m Höhe auf das Prüfmuster fällt. Die Masse besteht aus einer massiven Baustahlplatte mit einer Grundfläche von 1 m mal 1 m und muss in waagerechter Lage fallen. Die Kanten und Ecken der unteren Fläche der Stahlplatte müssen auf einen Radius von höchstens 6 mm abgerundet sein. Die Fallhöhe ist von der Unterseite der Platte zum obersten Punkt des Prüfmusters zu messen. Das Aufprallfundament, auf dem das Prüfmuster liegt, muss 6.4.14 entsprechen.

[Erhitzungsprüfung] 6.4.17.3

Erhitzungsprüfung: Das Prüfmuster muss sich bei einer Umgebungstemperatur von 38 °C, bei den Sonneneinstrahlungsbedingungen gemäß Tabelle in 6.4.8.5 und bei der durch den radioaktiven Inhalt des Versandstücks erzeugten höchsten inneren Wärmeleistung, für die es ausgelegt ist, im thermischen Gleichgewicht befinden. Alternativ darf von diesen Parametern vor und während der Prüfung unter der Voraussetzung abgewichen werden, dass sie bei der anschließenden Bewertung der Auswirkungen auf das Versandstück berücksichtigt werden.

Für die Erhitzungsprüfung gilt:

(a) Das Prüfmuster ist für die Dauer von 30 Minuten einer thermischen Umgebung auszusetzen, die einen Wärmestrom aufweist, der mindestens einem Feuer aus einem Kohlenwasserstoff-Luft-Gemisch entspricht, das bei ausreichend ruhigen Umgebungsbedingungen einen minimalen durchschnittlichen Strahlungskoeffizienten des Feuers von 0,9 und eine durchschnittliche Temperatur von mindestens 800 °C gewährleistet und die das Prüfmuster vollständig einschließt; der Oberflächenabsorptionskoeffizient ist mit 0,8 oder dem Wert anzunehmen, den das Versandstück nachweislich aufweist, wenn es dem beschriebenen Feuer ausgesetzt wird.

6.4.17.3 (Forts.) (b) Anschließend ist das Prüfmuster einer Umgebungstemperatur von 38 °C, den Sonneneinstrahlungsbedingungen gemäß Tabelle in 6.4.8.5 und der durch den radioaktiven Inhalt des Versandstücks erzeugten höchsten inneren Wärmeleistung, für die es ausgelegt ist, so lange auszusetzen, bis an jeder Stelle des Prüfmusters die Temperaturen sinken und/oder sich dem ursprünglichen Gleichgewichtszustand nähern. Alternativ darf von diesen Parametern nach Beendigung der Erhitzungsphase unter der Voraussetzung abgewichen werden, dass sie bei der anschließenden Bewertung der Auswirkungen auf das Versandstück berücksichtigt werden.

Während und nach der Prüfung darf das Prüfmuster nicht künstlich gekühlt werden und die von selbst fortdauernde Verbrennung von Werkstoffen des Prüfmusters ist zuzulassen.

6.4.17.4 [Wassertauchprüfung]

Wassertauchprüfung: Das Prüfmuster muss in einer Lage, die zur größtmöglichen Beschädigung führt, für die Dauer von mindestens acht Stunden mindestens 15 m tief in Wasser eingetaucht werden. Für die Einhaltung dieser Bedingungen ist für Nachweiszwecke ein äußerer Überdruck von mindestens 150 kPa anzunehmen.

6.4.18 Gesteigerte Wassertauchprüfung für Typ B(U)- und Typ B(M)-Versandstücke mit einem Inhalt von mehr als 10^5 A_2 und für Typ C-Versandstücke

Gesteigerte Wassertauchprüfung: Das Prüfmuster muss für die Dauer von mindestens einer Stunde mindestens 200 m tief in Wasser eingetaucht werden. Bei Nachweisen ist ein äußerer Überdruck von mindestens 2 MPa anzunehmen, um diesen Bedingungen zu entsprechen.

6.4.19 Wassereindringprüfung für Versandstücke mit spaltbaren Stoffen

6.4.19.1 [Ausgenommene Versandstücke]

Versandstücke, bei denen zur Beurteilung gemäß 6.4.11.8 bis 6.4.11.13 ein Eindringen oder Auslaufen von Wasser in dem Umfang angenommen wurde, der zur höchsten Reaktivität führt, sind von der Prüfung ausgenommen.

6.4.19.2 [Vorprüfungen]

Bevor das Prüfmuster der nachstehenden Wassereindringprüfung unterzogen wird, muss es den Prüfungen gemäß 6.4.17.2 (b) und, wie in 6.4.11.13 gefordert, entweder 6.4.17.2 (a) oder (c) und der Prüfung gemäß 6.4.17.3 unterzogen werden.

6.4.19.3 [Bedingungen]

Das Prüfmuster muss in einer Lage, in der die größte Undichtigkeit zu erwarten ist, für die Dauer von mindestens 8 Stunden mindestens 0,9 m tief in Wasser eingetaucht werden.

6.4.20 Prüfungen für Typ C-Versandstücke

6.4.20.1 [Kumulierung]

Prüfmuster sind den Wirkungen jeder der nachstehenden Prüfungen in der angegebenen Reihenfolge auszusetzen:

(a) den Prüfungen gemäß 6.4.17.2 (a), 6.4.17.2 (c), 6.4.20.2 und 6.4.20.3 und
(b) der Prüfung gemäß 6.4.20.4.

Für jede Prüffolge (a) und (b) kann ein gesondertes Prüfmuster verwendet werden.

6.4.20.2 [Eindring-/Zerreißprüfung]

Eindring-/Zerreißprüfung: Das Prüfmuster muss den schädigenden Wirkungen eines senkrechten massiven Baustahlkörpers ausgesetzt werden. Die Lage des Prüfmusters des Versandstücks und die Aufprallstelle auf der Oberfläche des Versandstücks ist so zu wählen, dass nach Abschluss der Prüffolge gemäß 6.4.20.1 (a) die größtmögliche Beschädigung erzielt wird.

(a) Das Prüfmuster, das ein Versandstück mit einer Masse von weniger als 250 kg repräsentiert, ist auf das Aufprallfundament zu stellen und dem Fall eines Körpers mit einer Masse von 250 kg aus einer Höhe von 3 m über der vorgesehenen Aufprallstelle zu unterziehen. Bei dieser Prüfung ist der Körper eine zylindrische Stange mit einem Durchmesser von 20 cm, dessen auftreffendes Ende ein Kreiskegelstumpf mit folgenden Abmessungen ist: 30 cm Höhe und 2,5 cm Durchmesser am Ende, wobei eine Kante auf einen Radius von höchstens 6 mm abgerundet ist. Das Aufprallfundament, auf dem das Prüfmuster steht, muss 6.4.14 entsprechen. 6.4.20.2 (Forts.)

(b) Bei Versandstücken mit einer Masse von 250 kg ist der Körper mit dem Boden auf das Aufprallfundament zu stellen, und das Prüfmuster muss auf den Körper fallen. Die Fallhöhe, von der Aufschlagstelle am Prüfmuster bis zur Oberseite des Körpers gemessen, muss 3 m betragen. Bei dieser Prüfung hat der Körper die gleichen Eigenschaften und Abmessungen wie in (a), jedoch müssen die Länge und die Masse des Körpers so sein, dass am Prüfmuster die größtmögliche Beschädigung erzielt wird. Das Aufprallfundament, auf dem der Boden des Körpers steht, muss 6.4.14 entsprechen.

[Gesteigerte Erhitzungsprüfung] 6.4.20.3

Gesteigerte Erhitzungsprüfung: Die Bedingungen dieser Prüfung müssen 6.4.17.3 entsprechen, jedoch muss die Dauer, die das Prüfmuster der thermischen Umgebung ausgesetzt ist, 60 Minuten betragen.

[Aufprallprüfung] 6.4.20.4

Aufprallprüfung: Das Prüfmuster muss mit einer Geschwindigkeit von mindestens 90 m/s und in einer Lage, die zur größtmöglichen Beschädigung führt, auf das Aufprallfundament aufschlagen. Das Aufprallfundament muss 6.4.14 entsprechen, mit der Ausnahme, dass die Aufpralloberfläche eine beliebige Ausrichtung haben darf, solange die Oberfläche senkrecht zur Aufprallrichtung des Prüfmusters steht.

Prüfungen für Verpackungen, die für Uranhexafluorid ausgelegt sind 6.4.21

Prüfmuster, die Verpackungen darstellen oder simulieren, die für mindestens 0,1 kg Uranhexafluorid ausgelegt sind, müssen einer Wasserdruckprüfung bei einem Innendruck von mindestens 1,38 MPa unterzogen werden; wenn jedoch der Prüfdruck kleiner ist als 2,76 MPa, bedarf die Bauart einer multilateralen Zulassung. Für die Wiederholungsprüfung der Verpackungen kann, vorbehaltlich der multilateralen Zulassung, eine andere gleichwertige zerstörungsfreie Prüfung angewendet werden.

Zulassung von Versandstückmustern und Stoffen 6.4.22

→ D: GGVSee § 13 Nr. 5

[UF_6] 6.4.22.1

Für die Zulassung der Bauarten von Versandstücken, die mindestens 0,1 kg Uranhexafluorid enthalten, gilt:

(a) für jede Bauart, die die Vorschriften nach 6.4.6.4 erfüllt, ist eine multilaterale Zulassung erforderlich;

(b) für jede Bauart, die die Vorschriften nach 6.4.6.1 bis 6.4.6.3 erfüllt, ist eine unilaterale Zulassung durch die zuständige Behörde des Ursprungslandes der Bauart erforderlich, sofern nicht eine multilaterale Zulassung in diesem Code vorgeschrieben ist.

[Typ B(U)- und Typ C-Versandstückmuster] 6.4.22.2

Für jedes Typ B(U)- und Typ C-Versandstückmuster ist eine unilaterale Zulassung erforderlich, es sei denn:

(a) ein Versandstückmuster für spaltbare Stoffe, das auch 6.4.22.4, 6.4.23.7 und 5.1.5.2.1 unterliegt, erfordert eine multilaterale Zulassung und

(b) ein Typ B(U)-Versandstückmuster für gering dispergierbare radioaktive Stoffe erfordert eine multilaterale Zulassung.

[Typ B(M)-Versandstückmuster] 6.4.22.3

Für jedes Typ B(M)-Versandstückmuster, einschließlich der Versandstückmuster für spaltbare Stoffe, die außerdem 6.4.22.4, 6.4.23.7 und 5.1.5.2.1 unterliegen, und einschließlich der Versandstückmuster für gering dispergierbare radioaktive Stoffe, ist eine multilaterale Zulassung erforderlich.

[Nicht ausgenommene Versandstückmuster] 6.4.22.4

Für jedes Versandstückmuster für spaltbare Stoffe, das nicht nach einem der Absätze oder Unterabschnitte 2.7.2.3.5.1 bis 2.7.2.3.5.6, 6.4.11.2 und 6.4.11.3 ausgenommen ist, ist eine multilaterale Zulassung erforderlich.

[Besondere Form] 6.4.22.5

Die Bauart radioaktiver Stoffe in besonderer Form bedarf einer unilateralen Zulassung. Die Bauart gering dispergierbarer radioaktiver Stoffe bedarf einer multilateralen Zulassung (siehe auch 6.4.23.8).

6.4.22.6 [Spaltbarer Stoff]

Die Bauart eines spaltbaren Stoffes, der gemäß 2.7.2.3.5.6 von der Klassifizierung als „SPALTBAR" ausgenommen ist, bedarf einer multilateralen Zulassung.

6.4.22.7 [Instrumente, Fabrikate]

Alternative Aktivitätsgrenzwerte für eine freigestellte Sendung von Instrumenten oder Fabrikaten gemäß 2.7.2.2.2.2 bedürfen einer multilateralen Zulassung.

6.4.23 Zulassungsanträge und Beförderungsgenehmigungen für radioaktive Stoffe

6.4.23.1 (bleibt offen)

6.4.23.2 [Inhalt]

Ein Antrag auf Beförderungsgenehmigung muss enthalten:

(a) den Zeitraum der Beförderung, für den die Genehmigung beantragt wird,

(b) den tatsächlichen radioaktiven Inhalt, die vorgesehenen Beförderungsarten, das Beförderungsmittel und den voraussichtlichen oder vorgesehenen Beförderungsweg und

(c) ausführliche Angaben darüber, wie die in den gegebenenfalls nach 5.1.5.2.1.1.3, 5.1.5.2.1.1.6 oder 5.1.5.2.1.1.7 ausgestellten Zulassungszeugnissen für Bauarten von Versandstücken genannten Vorsichtsmaßnahmen und administrativen Überwachungen oder Betriebsüberwachungen durchgeführt werden.

6.4.23.3 [Sondervereinbarung]

Ein Antrag auf Beförderungsgenehmigung aufgrund einer Sondervereinbarung muss alle erforderlichen Angaben enthalten, die die zuständige Behörde davon überzeugen, dass die Gesamtsicherheit bei der Beförderung zumindest derjenigen Sicherheit entspricht, die gegeben wäre, wenn alle anwendbaren Vorschriften dieses Codes erfüllt wären. Der Antrag muss außerdem enthalten:

(a) Angaben darüber, inwieweit und aus welchen Gründen die Beförderung nicht in volle Übereinstimmung mit den anwendbaren Vorschriften gebracht werden kann, und

(b) Angaben über alle besonderen Vorsichtsmaßnahmen oder besonderen administrativen Überwachungen oder Betriebsüberwachungen, die während der Beförderung durchzuführen sind, um die Nichterfüllung der anwendbaren Vorschriften auszugleichen.

6.4.23.4 [B(U)- und C-Versandstückmuster]

Ein Antrag auf Zulassung von Typ B(U)- und Typ C-Versandstückmustern muss enthalten:

(a) eine genaue Beschreibung des vorgesehenen radioaktiven Inhalts mit Angabe seines physikalischen und chemischen Zustands und der Art der abgegebenen Strahlung;

(b) eine genaue Beschreibung der Bauart, einschließlich vollständiger Konstruktionszeichnungen, Werkstoffdatenblätter und Fertigungsverfahren;

(c) einen Bericht über die durchgeführten Prüfungen und deren Ergebnisse oder einen auf rechnerischen Methoden basierenden Nachweis oder andere Nachweise, dass die Bauart die anwendbaren Vorschriften erfüllt;

(d) die vorgesehenen Gebrauchs- und Wartungsanweisungen für die Verpackung;

(e) wenn das Versandstück für einen höchsten normalen Betriebsdruck von mehr als 100 kPa Überdruck ausgelegt ist, Angaben über die für die Fertigung der dichten Umschließung verwendeten Werkstoffe, die Entnahme von Proben und die durchzuführenden Prüfungen;

(f) wenn der vorgesehene radioaktive Inhalt bestrahlter Kernbrennstoff ist, Angabe und Begründung aller in der Sicherheitsanalyse getroffenen Annahmen, die sich auf die Eigenschaften des Brennstoffs beziehen, sowie Beschreibung aller in 6.4.11.5 (b) vorgeschriebenen beförderungsvorbereitenden Messungen;

(g) alle besonderen Stauvorschriften, die zur Gewährleistung einer sicheren Wärmeableitung vom Versandstück unter Berücksichtigung der verschiedenen zur Anwendung kommenden Beförderungsarten und Arten von Beförderungsmitteln oder Frachtcontainern notwendig sind;

(h) eine höchstens 21 cm × 30 cm große vervielfältigungsfähige Abbildung, die die Beschaffenheit des Versandstücks zeigt, und

(i) eine Beschreibung des nach 1.5.3.1 vorgeschriebenen anwendbaren Managementsystems.

[B(M)-Versandstückmuster] 6.4.23.5

Ein Antrag auf Zulassung eines Typ B(M)-Versandstückmusters muss zusätzlich zu den nach 6.4.23.4 für Typ B(U)-Versandstücke geforderten Angaben Folgendes enthalten:

(a) eine Liste der in 6.4.7.5, 6.4.8.4 bis 6.4.8.6 und 6.4.8.9 bis 6.4.8.15 festgelegten Vorschriften, denen das Versandstück nicht entspricht;

(b) alle vorgesehenen zusätzlichen Betriebsüberwachungen während der Beförderung, die nicht generell in diesem Code vorgeschrieben sind, die aber notwendig sind, um die Sicherheit des Versandstücks zu gewährleisten oder die unter (a) angegebenen Mängel auszugleichen;

(c) eine Angabe über Beschränkungen hinsichtlich der Beförderungsart und über besondere Belade-, Beförderungs-, Entlade- oder Handhabungsverfahren und

(d) eine Angabe über den Bereich der Umgebungsbedingungen (Temperatur, Sonneneinstrahlung), die während der Beförderung zu erwarten sind und die bei der Bauart berücksichtigt wurden.

[UF_6-Versandstücke] 6.4.23.6

Ein Antrag auf Zulassung von Bauarten von Versandstücken, die 0,1 kg oder mehr Uranhexafluorid enthalten, muss alle Angaben, die die zuständige Behörde davon überzeugen, dass die Bauart den Vorschriften in 6.4.6.1 entspricht, und eine Beschreibung des nach 1.5.3.1 vorgeschriebenen anwendbaren Managementsystems enthalten.

[Spaltbare Stoffe] 6.4.23.7

Der Antrag auf Zulassung von Versandstücken für spaltbare Stoffe muss alle Angaben, die die zuständige Behörde davon überzeugen, dass die Bauart den Vorschriften in 6.4.11.1 entspricht, und eine Beschreibung des nach 1.5.3.1 vorgeschriebenen anwendbaren Managementsystems enthalten.

[Besondere Form, gering dispergierbare Stoffe] 6.4.23.8

Der Antrag auf Zulassung der Bauart für radioaktive Stoffe in besonderer Form und der Bauart gering dispergierbarer radioaktiver Stoffe muss enthalten:

(a) eine genaue Beschreibung der radioaktiven Stoffe oder, wenn es sich um eine Kapsel handelt, des Inhalts; insbesondere sind Angaben zum physikalischen und chemischen Zustand aufzuführen;

(b) eine genaue Angabe zur Bauart jeder zu verwendenden Kapsel;

(c) einen Bericht über die durchgeführten Prüfungen und deren Ergebnisse oder einen auf rechnerischen Methoden basierenden Nachweis, der zeigt, dass die radioaktiven Stoffe den Auslegungskriterien genügen, oder andere Nachweise, dass die radioaktiven Stoffe in besonderer Form oder die gering dispergierbaren radioaktiven Stoffe die anwendbaren Vorschriften dieses Codes erfüllen;

(d) eine Beschreibung des in 1.5.3.1 vorgeschriebenen anwendbaren Managementsystems und

(e) alle im Zusammenhang mit bei der Sendung von radioaktiven Stoffen in besonderer Form oder von gering dispergierbaren radioaktiven Stoffen vorgesehenen beförderungsvorbereitenden Maßnahmen.

[Bauart spaltbare Stoffe] 6.4.23.9

Der Antrag auf Zulassung der Bauart spaltbarer Stoffe, die gemäß 2.7.2.3.5.6 von der Klassifizierung als „SPALTBAR" nach der Tabelle 2.7.2.1.1 ausgenommen sind, muss enthalten:

(a) eine genaue Beschreibung der Stoffe; insbesondere sind Angaben zum physikalischen und chemischen Zustand aufzuführen;

(b) einen Bericht über die durchgeführten Prüfungen und deren Ergebnisse oder einen auf rechnerischen Methoden basierenden Nachweis, der zeigt, dass die Stoffe den in 2.7.2.3.6 festgelegten Anforderungen genügen;

(c) eine Beschreibung des in 1.5.3.1 vorgeschriebenen anwendbaren Managementsystems;

(d) Angaben zu den vor der Beförderung zu ergreifenden besonderen Maßnahmen.

[Instrumente, Fabrikate] 6.4.23.10

Der Antrag auf Zulassung alternativer Aktivitätsgrenzwerte für eine freigestellte Sendung von Instrumenten oder Fabrikaten muss enthalten:

(a) eine Bezeichnung und genaue Beschreibung des Instruments oder Fabrikats, dessen vorgesehene Verwendungen und das oder die enthaltenen Radionuklide;

6.4.23.10 (Forts.)

(b) die höchste Aktivität des oder der Radionuklide im Instrument oder Fabrikat;

(c) die vom Instrument oder Fabrikat ausgehenden höchsten äußeren Dosisleistungen;

(d) die chemischen und physikalischen Formen des oder der im Instrument oder Fabrikat enthaltenen Radionuklide;

(e) Einzelheiten über den Bau und die Bauart des Instruments oder Fabrikats, insbesondere in Bezug auf die Umschließung und Abschirmung des Radionuklids unter Routine-Beförderungsbedingungen, normalen Beförderungsbedingungen und Unfall-Beförderungsbedingungen;

(f) das anwendbare Managementsystem, einschließlich der für Strahlenquellen, Bauteile und Endprodukte anzuwendenden Qualitätsprüfungs- und Nachweisverfahren, um zu gewährleisten, dass die höchste festgelegte Aktivität der radioaktiven Stoffe oder die für das Instrument oder Fabrikat festgelegten höchsten Dosisleistungen nicht überschritten werden und dass die Instrumente oder Fabrikate gemäß den Bauartspezifikationen gebaut sind;

(g) die höchste Anzahl von Instrumenten oder Fabrikaten, die voraussichtlich je Sendung und jährlich zu befördern sind;

(h) Dosiseinschätzungen in Übereinstimmung mit den Grundsätzen und der Methodik, die in den „International Basic Safety Standards for Protection against Ionizing Radiation and for the Safety of Radiation Sources" (Internationale grundlegende Sicherheitsnormen für den Schutz vor ionisierender Strahlung und für die Sicherheit von Strahlungsquellen), Safety Series No. 115, IAEA, Wien (1996) enthalten sind, einschließlich der Individualdosen für Transportarbeiter und die Öffentlichkeit und, sofern zutreffend, der Kollektivdosen, die bei Routine-Beförderungsbedingungen, normalen Beförderungsbedingungen und Unfall-Beförderungsbedingungen auftreten, auf der Grundlage von repräsentativen Beförderungsszenarien, denen die Sendungen ausgesetzt sind.

6.4.23.11 **[Kennzeichnung]**

Jedem von einer zuständigen Behörde ausgestellten Zulassungs-/Genehmigungszeugnis ist ein Identifizierungskennzeichen zuzuordnen. Das Identifizierungskennzeichen muss folgende allgemeine Form haben:

VRI/Nummer/Typenschlüssel

(a) Sofern in 6.4.23.12 (b) nichts anderes vorgesehen ist, entspricht der VRI dem für Kraftfahrzeuge im internationalen Verkehr verwendeten Unterscheidungszeichen[1)] desjenigen Staates, der das Zeugnis ausstellt.

(b) Die Nummer ist von der zuständigen Behörde zuzuteilen, ist nur einmal zu vergeben und darf sich nur auf die bestimmte Bauart, die bestimmte Beförderung oder den alternativen Aktivitätsgrenzwert bei freigestellten Sendungen beziehen. Das Identifizierungskennzeichen für die Beförderungsgenehmigung muss sich eindeutig auf das Kennzeichen der Bauartzulassung beziehen.

(c) Die folgenden Typenschlüssel sind in nachstehender Reihenfolge zu verwenden, um die Arten der ausgestellten Zulassungs-/Genehmigungszeugnisse zu kennzeichnen:

AF	Typ A-Versandstückmuster für spaltbare Stoffe
B(U)	Typ B(U)-Versandstückmuster [B(U)F, wenn für spaltbare Stoffe]
B(M)	Typ B(M)-Versandstückmuster [B(M)F, wenn für spaltbare Stoffe]
C	Typ C-Versandstückmuster [CF, wenn für spaltbare Stoffe]
IF	Industrieversandstückmuster für spaltbare Stoffe
S	radioaktive Stoffe in besonderer Form
LD	gering dispergierbare radioaktive Stoffe
FE	spaltbare Stoffe, die den Vorschriften nach 2.7.2.3.6 entsprechen
T	Beförderung
X	Sondervereinbarung
AL	alternative Aktivitätsgrenzwerte für eine freigestellte Sendung von Instrumenten oder Fabrikaten

1) Das für Kraftfahrzeuge und Anhänger im internationalen Straßenverkehr verwendete Unterscheidungszeichen des Zulassungsstaates, z. B. gemäß dem Genfer Übereinkommen über den Straßenverkehr von 1949 oder dem Wiener Übereinkommen über den Straßenverkehr von 1968.

Im Falle von Versandstückmustern für nicht spaltbares oder spaltbares freigestelltes Uranhexafluorid, für die keiner der oben genannten Schlüssel zutrifft, ist folgender Typenschlüssel zu verwenden: **6.4.23.11** (Forts.)

H(U) unilaterale Zulassung

H(M) multilaterale Zulassung

(d) Bei Zulassungszeugnissen für die Bauart von Versandstücken und radioaktive Stoffe in besonderer Form, die nicht nach den Vorschriften in 6.4.24.2 bis 6.4.24.5 ausgestellt wurden, und bei Zulassungszeugnissen für gering dispergierbare radioaktive Stoffe ist dem Typenschlüssel das Symbol „-96" hinzuzufügen.

[Typenschlüssel] **6.4.23.12**

Diese Identifizierungskennzeichen sind wie folgt zu verwenden:

(a) Jedes Zeugnis und jedes Versandstück muss mit den zutreffenden Identifizierungskennzeichen versehen sein, welche die in 6.4.23.11 (a), (b), (c) und (d) vorgeschriebenen Symbole enthalten, mit der Ausnahme, dass bei Versandstücken nach dem zweiten Schrägstrich nur der anwendbare Bauart-Typenschlüssel, gegebenenfalls einschließlich des Symbols „-96" erscheint, d. h. „T" oder „X" darf nicht in den Identifizierungskennzeichen auf dem Versandstück erscheinen. Wenn Bauartzulassung und Beförderungsgenehmigung zusammengefasst sind, brauchen die anwendbaren Typenschlüssel nicht wiederholt zu werden. Zum Beispiel:

A/132/B(M)F-96: Typ B(M)-Versandstückmuster, zugelassen für spaltbare Stoffe, für das eine multilaterale Zulassung erforderlich ist und dem die zuständige Behörde Österreichs die Versandstückmusternummer 132 zugeteilt hat (sowohl am Versandstück anzubringen als auch in das Zulassungszeugnis für die Bauart des Versandstücks einzutragen);

A/132/B(M)F-96T: Beförderungsgenehmigung, die für ein Versandstück mit den oben beschriebenen Identifizierungskennzeichen ausgestellt wurde (nur in dem Zeugnis einzutragen);

A/137/X: Genehmigung für eine Sondervereinbarung, die von der zuständigen Behörde Österreichs ausgestellt und der die Nummer 137 zugeteilt wurde (nur in dem Zeugnis einzutragen);

A/139/IF-96: Industrieversandstückmuster für spaltbare Stoffe, das von der zuständigen Behörde Österreichs zugelassen und dem die Versandstückmusternummer 139 zugeteilt wurde (sowohl am Versandstück anzubringen als auch in das Zulassungszeugnis für die Bauart des Versandstücks einzutragen);

A/145/H(U)-96: Versandstückmuster für spaltbares freigestelltes Uranhexafluorid, das von der zuständigen Behörde Österreichs zugelassen und dem die Versandstückmusternummer 145 zugeteilt wurde (sowohl am Versandstück anzubringen als auch in das Zulassungszeugnis für die Bauart des Versandstücks einzutragen).

(b) Wenn eine multilaterale Zulassung/Genehmigung durch Anerkennung nach 6.4.23.20 erfolgt, sind nur die Identifizierungskennzeichen zu verwenden, die vom Ursprungsland der Bauart oder der Beförderung zugeteilt wurde. Wenn eine multilaterale Zulassung/Genehmigung durch Ausstellung von Zeugnissen durch nachfolgende Staaten erfolgt, muss jedes Zeugnis die entsprechenden Identifizierungskennzeichen aufweisen, und das Versandstück, dessen Bauart auf diese Weise zugelassen wurde, muss mit allen entsprechenden Identifizierungskennzeichen versehen sein.

Zum Beispiel wäre:

A/132/B(M)F-96

CH/28/B(M)F-96

das Identifizierungskennzeichen eines Versandstücks, das ursprünglich von Österreich und anschließend durch ein gesondertes Zeugnis von der Schweiz zugelassen wurde. Zusätzliche Identifizierungskennzeichen würden in gleicher Weise auf dem Versandstück angeordnet werden.

(c) Die Neufassung eines Zeugnisses muss durch einen Klammerausdruck hinter den Identifizierungskennzeichen in dem Zeugnis angegeben werden. Zum Beispiel würde **A/132/B(M)F-96(Rev.2)** die zweite Neufassung des österreichischen Zulassungszeugnisses für die Bauart eines Versandstücks oder **A/132/B(M)F-96(Rev.0)** die Erstausstellung des österreichischen Zulassungszeugnisses für die Bauart eines Versandstücks bezeichnen. Bei Erstausstellungen ist der Klammerausdruck freigestellt; anstelle von „Rev.0" dürfen auch andere Ausdrücke wie „Erstausstellung" verwendet werden. Die Nummern der Neufassung eines Zeugnisses dürfen nur von dem Staat vergeben werden, der die Erstausstellung des Zulassungs-/Genehmigungszeugnisses vorgenommen hat.

6.4.23.12 (Forts.)

(d) Zusätzliche Symbole (die aufgrund nationaler Vorschriften erforderlich sein können) dürfen am Ende des Identifizierungskennzeichens in Klammern hinzugefügt werden, zum Beispiel **A/132/B(M)F-96(SP503)**.

(e) Es ist nicht notwendig, die Identifizierungskennzeichen auf der Verpackung bei jeder Neufassung des Zeugnisses der Bauart zu ändern. Eine derartige Änderung des Identifizierungskennzeichens ist nur in solchen Fällen erforderlich, in denen die Neufassung des Zeugnisses der Bauart mit einer Änderung des Buchstabencodes für die Bauart nach dem zweiten Schrägstrich verbunden ist.

6.4.23.13 [Zulassungszeugnis besondere Form]

Jedes von einer zuständigen Behörde für radioaktive Stoffe in besonderer Form oder gering dispergierbare radioaktive Stoffe ausgestellte Zulassungszeugnis muss folgende Angaben enthalten:

(a) Art des Zeugnisses;

(b) Identifizierungskennzeichen der zuständigen Behörde;

(c) Datum der Ausstellung und des Ablaufs der Gültigkeit;

(d) Aufstellung der anwendbaren nationalen und internationalen Vorschriften, einschließlich der Ausgabe der IAEO-Vorschriften über die sichere Beförderung radioaktiver Stoffe (IAEA Regulations for the Safe Transport of Radioactive Material), nach denen die radioaktiven Stoffe in besonderer Form oder die gering dispergierbaren radioaktiven Stoffe zugelassen sind;

(e) Herstellerbezeichnung der radioaktiven Stoffe in besonderer Form oder der gering dispergierbaren radioaktiven Stoffe;

(f) Beschreibung der radioaktiven Stoffe in besonderer Form oder der gering dispergierbaren radioaktiven Stoffe;

(g) Angaben zur Bauart der radioaktiven Stoffe in besonderer Form oder der gering dispergierbaren radioaktiven Stoffe, die Verweise auf Zeichnungen beinhalten dürfen;

(h) Beschreibung des radioaktiven Inhalts, einschließlich Angabe der entsprechenden Aktivitäten und gegebenenfalls der physikalischen und chemischen Form;

(i) Beschreibung des nach 1.5.3.1 vorgeschriebenen Managementsystems;

(j) Hinweis auf Informationen des Antragstellers erstellt über vor der Beförderung zu ergreifende besondere Maßnahmen;

(k) Angabe der Identität des Antragstellers, sofern dies von der zuständigen Behörde für erforderlich erachtet wird;

(l) Unterschrift und Identität des Zuständigen, der das Zeugnis ausstellt.

6.4.23.14 [Zulassungszeugnis spaltbarer Stoff, freigestellt]

Jedes von einer zuständigen Behörde für einen Stoff, der von der Klassifizierung als „SPALTBAR" ausgenommen ist, ausgestellte Zulassungszeugnis muss folgende Angaben enthalten:

(a) Art des Zeugnisses;

(b) Identifizierungskennzeichen der zuständigen Behörde;

(c) Datum der Ausstellung und des Ablaufs der Gültigkeit;

(d) Aufstellung der anwendbaren nationalen und internationalen Vorschriften, einschließlich der Ausgabe der IAEA Regulations for the Safe Transport of Radioactive Material, nach denen die Freistellung zugelassen ist;

(e) Beschreibung des freigestellten Stoffes;

(f) einschränkende Spezifikationen des freigestellten Stoffes;

(g) Beschreibung des in Abschnitt 1.5.3.1 vorgeschriebenen anwendbaren Managementsystems;

(h) Verweis auf Angaben des Antragstellers in Zusammenhang mit besonderen Maßnahmen, die vor der Beförderung zu treffen sind;

(i) Angabe zur Identität des Antragstellers, sofern dies von der zuständigen Behörde für erforderlich erachtet wird;

(j) Unterschrift und Identität des Beamten, der das Zeugnis ausstellt;

(k) Verweis auf Unterlagen, die den Nachweis für die Übereinstimmung mit Absatz 2.7.2.3.6 liefern.

[Zulassungszeugnis Sondervereinbarung] 6.4.23.15

Jedes von einer zuständigen Behörde für eine Sondervereinbarung ausgestellte Zulassungszeugnis muss folgende Angaben enthalten:

(a) Art des Zeugnisses;

(b) Identifizierungskennzeichen der zuständigen Behörde;

(c) Datum der Ausstellung und des Ablaufs der Gültigkeit;

(d) Beförderungsart(en);

(e) alle Einschränkungen hinsichtlich Beförderungsart, Art des Beförderungsmittels oder des Frachtcontainers und alle notwendigen Angaben über den Beförderungsweg;

(f) Aufstellung der anwendbaren nationalen und internationalen Vorschriften, einschließlich der Ausgabe der IAEO-Vorschriften über die sichere Beförderung radioaktiver Stoffe (IAEA Regulations for the Safe Transport of Radioactive Material), nach denen die Sondervereinbarung genehmigt ist;

(g) folgende Erklärung: „Dieses Zeugnis befreit den Versender nicht von der Verpflichtung, etwaige Vorschriften der Regierung eines Staates, durch den oder in den das Versandstück befördert wird, einzuhalten.“;

(h) Verweise auf Zeugnisse für einen alternativen radioaktiven Inhalt, auf eine andere Anerkennung einer zuständigen Behörde oder auf zusätzliche technische Daten oder Angaben, sofern diese von der zuständigen Behörde für erforderlich erachtet werden;

(i) Beschreibung der Verpackung durch Verweis auf Zeichnungen oder Angaben zur Bauart. Sofern dies von der zuständigen Behörde für notwendig erachtet wird, muss zusätzlich eine höchstens 21 cm × 30 cm große vervielfältigungsfähige Abbildung beigefügt werden, die die Beschaffenheit des Versandstücks zeigt, verbunden mit einer kurzen Beschreibung der Verpackung, einschließlich der Herstellungswerkstoffe, der Bruttomasse, der Hauptaußenabmessungen und des Aussehens;

(j) Beschreibung des zulässigen radioaktiven Inhalts einschließlich aller Einschränkungen bezüglich des radioaktiven Inhalts, die möglicherweise aus der Art der Verpackung nicht ersichtlich sind. Dies umfasst die physikalischen und chemischen Formen, die entsprechenden Aktivitäten (sofern zutreffend, einschließlich der Aktivitäten der verschiedenen Isotope), die Masse in Gramm (für spaltbare Stoffe oder gegebenenfalls für jedes spaltbare Nuklid) und, sofern zutreffend, die Angabe, ob es sich um radioaktive Stoffe in besonderer Form, um gering dispergierbare radioaktive Stoffe oder um spaltbare Stoffe, die gemäß 2.7.2.3.5.6 ausgenommen sind, handelt;

(k) zusätzlich bei Versandstücken, die spaltbare Stoffe enthalten:

  (i) genaue Beschreibung des zulässigen radioaktiven Inhalts;

  (ii) Wert für die Kritikalitätssicherheitskennzahl;

  (iii) Verweis auf die Dokumentation, die die Kritikalitätssicherheit des Inhalts nachweist;

  (iv) alle besonderen Merkmale, aufgrund derer bei der Kritikalitätsbewertung das Nichtvorhandensein von Wasser in bestimmten Hohlräumen angenommen wurde;

  (v) jede Erlaubnis (auf der Grundlage von 6.4.11.5 (b)) für eine Änderung der bei der Kritikalitätsbewertung angenommenen Neutronenvermehrung als Ergebnis der tatsächlichen Bestrahlungspraxis und

  (vi) Umgebungstemperaturbereich, für den die Sondervereinbarung genehmigt wurde;

(l) genaue Auflistung aller zusätzlichen Betriebsüberwachungen, die bei der Vorbereitung, Beladung, Beförderung, Entladung und Handhabung der Sendung erforderlich sind, einschließlich besonderer Stauvorschriften für die sichere Wärmeableitung;

(m) Gründe für die Sondervereinbarung, sofern dies von der zuständigen Behörde für erforderlich erachtet wird;

(n) Beschreibung der Ausgleichsmaßnahmen, die ergriffen werden müssen, weil die Beförderung aufgrund einer Sondervereinbarung erfolgt;

(o) Verweis auf Angaben des Antragstellers im Zusammenhang mit der Verwendung der Verpackung oder mit besonderen Maßnahmen, die vor der Beförderung zu ergreifen sind;

(p) Erklärung über die Umgebungsbedingungen, die für die Zwecke der Bauart angenommen wurden, sofern diese Bedingungen nicht den Vorschriften in 6.4.8.5, 6.4.8.6 und 6.4.8.15, soweit anwendbar, entsprechen;

6.4.23.15 (Forts.)

(q) alle von der zuständigen Behörde für erforderlich erachteten Notfallmaßnahmen;

(r) Beschreibung des nach 1.5.3.1 vorgeschriebenen anwendbaren Managementsystems;

(s) Angabe der Identität des Antragstellers und des Beförderers, sofern dies von der zuständigen Behörde für erforderlich erachtet wird;

(t) Unterschrift und Identität des Zuständigen, der das Zeugnis ausstellt.

6.4.23.16 [Genehmigungszeugnis]

Jedes von einer zuständigen Behörde für eine Beförderung ausgestellte Genehmigungszeugnis muss folgende Angaben enthalten:

(a) Art des Zeugnisses;

(b) Identifizierungskennzeichen der zuständigen Behörde;

(c) Datum der Ausstellung und des Ablaufs der Gültigkeit;

(d) Aufstellung der anwendbaren nationalen und internationalen Vorschriften, einschließlich der Ausgabe der IAEO-Vorschriften über die sichere Beförderung radioaktiver Stoffe (IAEA Regulations for the Safe Transport of Radioactive Material), nach denen die Beförderung genehmigt ist;

(e) alle Einschränkungen hinsichtlich Beförderungsart, der Art des Beförderungsmittels oder des Frachtcontainers und notwendige Angaben über den Beförderungsweg;

(f) folgende Erklärung: „Dieses Zeugnis befreit den Versender nicht von der Verpflichtung, etwaige Vorschriften der Regierung eines Staates, durch den oder in den das Versandstück befördert wird, einzuhalten.";

(g) genaue Auflistung aller zusätzlichen Betriebsüberwachungen, die bei der Vorbereitung, Beladung, Beförderung, Entladung und Handhabung der Sendung erforderlich sind, einschließlich aller besonderen Stauvorschriften für die sichere Wärmeableitung oder Erhaltung der Kritikalitätssicherheit;

(h) Hinweis auf Informationen des Antragstellers über vor der Beförderung zu ergreifende besondere Maßnahmen;

(i) Verweis auf das (die) anwendbare(n) Zulassungszeugnis(se) der Bauart;

(j) Beschreibung des tatsächlichen radioaktiven Inhalts, einschließlich aller Einschränkungen bezüglich des radioaktiven Inhalts, die möglicherweise aus der Art der Verpackung nicht ersichtlich sind. Dies umfasst die physikalischen und chemischen Formen, die entsprechenden Gesamtaktivitäten (sofern zutreffend, einschließlich der Aktivitäten der verschiedenen Isotope), die Masse in Gramm (für spaltbare Stoffe oder gegebenenfalls für jedes spaltbare Nuklid) und, sofern zutreffend, die Angabe, ob es sich um radioaktive Stoffe in besonderer Form, um gering dispergierbare radioaktive Stoffe oder um spaltbare Stoffe, die gemäß 2.7.2.3.5.6 ausgenommen sind, handelt;

(k) alle von der zuständigen Behörde für erforderlich erachteten Notfallmaßnahmen;

(l) Beschreibung des nach 1.5.3.1 vorgeschriebenen anwendbaren Managementsystems;

(m) Angabe der Identität des Antragstellers, sofern dies von der zuständigen Behörde für erforderlich erachtet wird;

(n) Unterschrift und Identität des Zuständigen, der das Zeugnis ausstellt.

6.4.23.17 [Zulassungszeugnis Bauart Versandstück]

Jedes von einer zuständigen Behörde für die Bauart des Versandstücks ausgestellte Zulassungszeugnis muss folgende Angaben enthalten:

(a) Art des Zeugnisses;

(b) Identifizierungskennzeichen der zuständigen Behörde;

(c) Datum der Ausstellung und des Ablaufs der Gültigkeit;

(d) alle Einschränkungen hinsichtlich der Beförderungsart, sofern zutreffend;

(e) Aufstellung der anwendbaren nationalen und internationalen Vorschriften, einschließlich der Ausgabe der IAEO-Vorschriften über die sichere Beförderung radioaktiver Stoffe (IAEA Regulations for the Safe Transport of Radioactive Material), nach denen die Bauart zugelassen ist;

(f) folgende Erklärung: „Dieses Zeugnis befreit den Versender nicht von der Verpflichtung, etwaige Vorschriften der Regierung eines Staates, durch den oder in den das Versandstück befördert wird, einzuhalten.";

(g) Verweise auf Zeugnisse für einen alternativen radioaktiven Inhalt, auf eine andere Anerkennung einer zuständigen Behörde oder auf zusätzliche technische Daten oder Angaben, sofern diese von der zuständigen Behörde für erforderlich gehalten werden; **6.4.23.17** (Forts.)

(h) Erklärung über die Erlaubnis der Beförderung, sofern gemäß 5.1.5.1.2 eine Beförderungsgenehmigung erforderlich ist und sofern eine solche Erklärung geeignet erscheint;

(i) Herstellerbezeichnung der Verpackung;

(j) Beschreibung der Verpackung durch Verweis auf Zeichnungen oder Angaben zur Bauart. Sofern dies von der zuständigen Behörde für notwendig erachtet wird, muss zusätzlich eine höchstens 21 cm × 30 cm große vervielfältigungsfähige Abbildung beigefügt werden, die die Beschaffenheit des Versandstücks zeigt, verbunden mit einer kurzen Beschreibung der Verpackung, einschließlich der Herstellungswerkstoffe, der Bruttomasse, der Hauptaußenabmessungen und des Aussehens;

(k) Angaben zur Bauart durch Verweis auf Zeichnungen;

(l) Beschreibung des zulässigen radioaktiven Inhalts, einschließlich aller Einschränkungen bezüglich des radioaktiven Inhalts, die möglicherweise aus der Art der Verpackung nicht ersichtlich sind. Dies umfasst die physikalischen und chemischen Formen, die entsprechenden Aktivitäten (sofern zutreffend, einschließlich der Aktivitäten der verschiedenen Isotope), die Masse in Gramm (für spaltbare Stoffe die Gesamtmasse spaltbarer Nuklide oder gegebenenfalls für jedes spaltbare Nuklid die Masse) und, sofern zutreffend, die Feststellung, ob es sich um radioaktive Stoffe in besonderer Form, um gering dispergierbare radioaktive Stoffe oder um spaltbare Stoffe, die gemäß 2.7.2.3.5.6 ausgenommen sind, handelt;

(m) Beschreibung der dichten Umschließung;

(n) bei Versandstückmustern mit spaltbaren Stoffen, für die gemäß 6.4.22.4 eine multilaterale Zulassung des Versandstückmusters erforderlich ist:

- (i) genaue Beschreibung des zulässigen radioaktiven Inhalts;
- (ii) Beschreibung des Einschließungssystems;
- (iii) Wert für die Kritikalitätssicherheitskennzahl;
- (iv) Verweis auf die Dokumentation, die die Kritikalitätssicherheit des Inhalts nachweist;
- (v) alle speziellen Merkmale, aufgrund derer bei der Kritikalitätsbewertung das Nichtvorhandensein von Wasser in bestimmten Hohlräumen angenommen wurde;
- (vi) jede Erlaubnis (auf der Grundlage von 6.4.11.5 (b)) für eine Änderung der bei der Kritikalitätsbewertung angenommenen Neutronenvermehrung als Ergebnis der tatsächlichen Bestrahlungspraxis und
- (vii) Umgebungstemperaturbereich, für den das Versandstückmuster zugelassen wurde;

(o) bei Typ B(M)-Versandstücken eine Aufstellung derjenigen Vorschriften in 6.4.7.5, 6.4.8.4, 6.4.8.5, 6.4.8.6 und 6.4.8.9 bis 6.4.8.15, denen das Versandstück nicht entspricht, und alle ergänzenden Informationen, die für andere zuständige Behörden nützlich sein können;

(p) bei Versandstücken, die mehr als 0,1 kg Uranhexafluorid enthalten, gegebenenfalls eine Angabe der geltenden Vorschriften gemäß 6.4.6.4 und aller darüber hinausgehender Informationen, die für andere zuständige Behörden nützlich sein können;

(q) genaue Auflistung aller zusätzlichen Betriebsüberwachungen, die bei der Vorbereitung, Verladung, Beförderung, Entladung und Handhabung der Sendung erforderlich sind, einschließlich besonderer Stauvorschriften für die sichere Wärmeableitung;

(r) Verweis auf Angaben des Antragstellers im Zusammenhang mit der Verwendung der Verpackung oder mit besonderen Maßnahmen, die vor der Beförderung zu ergreifen sind;

(s) Erklärung über die Umgebungsbedingungen, die für Zwecke der Bauart angenommen wurden, sofern diese nicht denen in 6.4.8.5, 6.4.8.6 und 6.4.8.15, soweit anwendbar, entsprechen;

(t) Beschreibung des nach 1.5.3.1 vorgeschriebenen anwendbaren Managementsystems;

(u) alle von der zuständigen Behörde für erforderlich erachteten Notfallmaßnahmen;

(v) Angabe der Identität des Antragstellers, sofern dies von der zuständigen Behörde für erforderlich erachtet wird;

(w) Unterschrift und Identität des Zuständigen, der das Zeugnis ausstellt.

6.4.23.18 [Zulassungszeugnis Instrumente, Fabrikate]

Jedes von einer zuständigen Behörde für alternative Aktivitätsgrenzwerte für eine freigestellte Sendung von Instrumenten oder Fabrikaten gemäß 5.1.5.2.1.4 ausgestellte Zulassungszeugnis muss folgende Angaben enthalten:

(a) Art des Zeugnisses;
(b) Identifizierungskennzeichen der zuständigen Behörde;
(c) Datum der Ausstellung und des Ablaufs der Gültigkeit;
(d) Aufstellung der anwendbaren nationalen und internationalen Vorschriften, einschließlich der Ausgabe der IAEA Regulations for the Safe Transport of Radioactive Material, nach denen die Freistellung zugelassen ist;
(e) Bezeichnung des Instruments oder Fabrikats;
(f) Beschreibung des Instruments oder Fabrikats;
(g) Spezifikationen der Bauart des Instruments oder Fabrikats;
(h) Spezifikation des oder der Radionuklide, der (die) zugelassene(n) alternative(n) Aktivitätsgrenzwert(e) für die freigestellte Sendung(en) des oder der Instrumente oder Fabrikate;
(i) Verweis auf Unterlagen, die den Nachweis für die Übereinstimmung mit 2.7.2.2.2.2 liefern;
(j) Angabe zur Identität des Antragstellers, sofern dies von der zuständigen Behörde für erforderlich erachtet wird;
(k) Unterschrift und Identität des Beamten, der das Zeugnis ausstellt.

6.4.23.19 [Seriennummern]

Der zuständigen Behörde muss die Seriennummer jeder Verpackung, die nach einer gemäß 6.4.22.2, 6.4.22.3, 6.4.22.4 und 6.4.24.2 zugelassenen Bauart hergestellt wurde, mitgeteilt werden.

6.4.23.20 [Anerkennung Originalzeugnis]

Eine multilaterale Zulassung/Genehmigung darf durch Anerkennung des von der zuständigen Behörde des Ursprungslandes der Bauart oder der Beförderung ausgestellten Originalzeugnisses erfolgen. Eine solche Anerkennung kann durch die zuständige Behörde des Staates, durch den oder in den die Beförderung erfolgt, in Form einer Bestätigung auf dem Originalzeugnis oder der Ausstellung einer gesonderten Bestätigung, Anlage, Ergänzung usw. erfolgen.

6.4.24 Übergangsvereinbarungen für Klasse 7

Versandstücke, für die nach den Ausgaben der IAEA Safety Series No. 6 von 1985 und 1985 (in der 1990 geänderten Fassung) keine Bauartzulassung der zuständigen Behörde erforderlich ist

6.4.24.1 [Versandstücke ohne Bauartzulassung]

Versandstücke, für die eine Bauartzulassung durch die zuständige Behörde nicht erforderlich ist (freigestellte Versandstücke, Industrieversandstücke Typ IP-1, Typ IP-2 und Typ IP-3 sowie Typ A-Versandstücke), müssen den Vorschriften dieses Codes vollständig entsprechen, mit der Ausnahme, dass Versandstücke, die den Vorschriften der Ausgabe 1985 oder 1985 (in der Fassung 1990) der IAEA Regulations for the Safe Transport of Radioactive Material (IAEA Safety Series No. 6) entsprechen:

(a) weiter befördert werden dürfen, vorausgesetzt, sie wurden vor dem 31. Dezember 2003 für den Versand vorbereitet und sie unterliegen, sofern anwendbar, den Vorschriften von 6.4.24.4;
(b) weiterverwendet werden dürfen, vorausgesetzt:
  (i) sie sind nicht für die Aufnahme von Uranhexafluorid ausgelegt;
  (ii) die anwendbaren Vorschriften von 1.5.3.1 dieses Codes werden angewendet;
  (iii) die Aktivitätsgrenzwerte und die Zuordnung in Kapitel 2.7 werden angewendet;
  (iv) die Vorschriften und Beförderungskontrollen in den Teilen 1, 3, 4, 5 und 7 dieses Codes werden angewendet;
  (v) die Verpackung wurde nicht nach dem 31. Dezember 2003 hergestellt oder verändert.

Versandstücke, die nach den Ausgaben der IAEA Safety Series No. 6 von 1973, 1973 (in der geänderten Fassung), 1985 und 1985 (in der 1990 geänderten Fassung) zugelassen sind

[Zugelassene Versandstücke] 6.4.24.2

Versandstücke, für die eine Bauartzulassung durch die zuständige Behörde erforderlich ist, müssen den Vorschriften dieses Codes vollständig entsprechen, es sei denn, die folgenden Bedingungen werden erfüllt:

(a) die Verpackungen wurden nach einem Versandstückmuster hergestellt, das von der zuständigen Behörde nach den Vorschriften der Ausgabe 1973 oder 1973 (in der geänderten Fassung) oder der Ausgabe 1985 oder 1985 (in der Fassung 1990) der IAEA Safety Series No. 6 zugelassen wurde;
(b) das Versandstückmuster unterliegt einer multilateralen Zulassung;
(c) die anwendbaren Vorschriften von 1.5.3.1 dieses Codes werden angewendet;
(d) die Aktivitätsgrenzwerte und die Zuordnung in Kapitel 2.7 werden angewendet;
(e) die Vorschriften und Beförderungskontrollen in den Teilen 1, 3, 4, 5 und 7 dieses Codes werden angewendet;
(f) für ein Versandstück, das spaltbare Stoffe enthält und auf dem Luftweg befördert wird, sind die Vorschriften von 6.4.11.11 erfüllt;
(g) für Versandstücke, die den Vorschriften der Ausgabe 1973 oder 1973 (in der geänderten Fassung) der IAEA Safety Series No. 6 entsprechen:
    (i) die Versandstücke behalten eine ausreichende Abschirmung, um sicherzustellen, dass bei den in der Ausgabe 1973 oder 1973 (in der geänderten Fassung) der IAEA Safety Series No. 6 definierten Unfall-Beförderungsbedingungen mit dem höchsten radioaktiven Inhalt, für den das Versandstück zugelassen ist, die Dosisleistung in 1 m Abstand von der Oberfläche des Versandstücks nicht größer als 10 mSv/h ist;
    (ii) die Versandstücke verfügen nicht über eine dauerhafte Belüftung;
    (iii) nach den Vorschriften von 5.2.1.5.5 ist jeder Verpackung eine Seriennummer zugeteilt und diese ist an der Außenseite der Verpackung angebracht.

[Weiterverwendung] 6.4.24.3

Die Neuaufnahme der Herstellung von Verpackungen eines Versandstückmusters, das den Vorschriften der Ausgaben 1973, 1973 (in der geänderten Fassung), 1985 und 1985 (in der Fassung 1990) der IAEA Safety Series No. 6 entspricht, darf nicht genehmigt werden.

Versandstücke, die nach der 16. überarbeiteten Ausgabe oder der 17. überarbeiteten Ausgabe der UN-Empfehlungen für die Beförderung gefährlicher Güter (Ausgabe 2009 der IAEA Safety Standard Series No. TS-R-1) von den Vorschriften für spaltbare Stoffe freigestellt waren

[Weiterverwendung, spaltbarer Stoff, freigestellt] 6.4.24.4

Versandstücke mit spaltbaren Stoffen, die nach den Vorschriften von 2.7.2.3.5.1 (i) oder (iii) des IMDG-Codes Amendment 35-10 oder Amendment 36-12 (Absatz 417 (a) (i) oder (iii) der Ausgabe 2009 der IAEA-Vorschriften für die sichere Beförderung radioaktiver Stoffe) von der Klassifizierung als „SPALTBAR" freigestellt sind und die vor dem 31. Dezember 2014 für den Versand vorbereitet wurden, dürfen weiter befördert und weiterhin als „nicht spaltbar oder spaltbar, freigestellt" klassifiziert werden, mit der Ausnahme, dass die Begrenzungen je Sendung in der Tabelle 2.7.2.3.5 dieser Ausgaben für das Beförderungsmittel gelten. Die Sendung muss unter ausschließlicher Verwendung befördert werden.

Radioaktive Stoffe in besonderer Form, die nach den Ausgaben der IAEO-Sicherheitsserie Nr. 6 von 1973, 1973 (in der geänderten Fassung), 1985 und 1985 (in der 1990 geänderten Fassung) zugelassen sind

[Besondere Form] 6.4.24.5

Radioaktive Stoffe in besonderer Form, die nach einer Bauart hergestellt sind, die eine unilaterale Zulassung durch die zuständige Behörde nach den Ausgaben der IAEO-Sicherheitsserie Nr. 6 von 1973, 1973 (in der geänderten Fassung), 1985 und 1985 (in der 1990 geänderten Fassung) erhalten hat, dürfen weiterverwendet werden, wenn das gemäß 1.5.3.1 vorgeschriebene Managementsystem erfüllt wird. Die Neuaufnahme der Herstellung solcher radioaktiver Stoffe in besonderer Form darf nicht genehmigt werden.

Kapitel 6.5 Bau- und Prüfvorschriften für Großpackmittel (IBC)

6.5.1 Allgemeine Vorschriften

→ D: GGVSee § 12 (1) Nr. 4

6.5.1.1 Anwendungsbereich

6.5.1.1.1 [Einschränkung]

Die Vorschriften dieses Kapitels gelten für IBC, die für die Beförderung bestimmter gefährlicher Stoffe vorgesehen sind.

6.5.1.1.2 [Varianten]

Die zuständige Behörde darf ausnahmsweise die Zulassung von IBC und ihren Bedienungsausrüstungen in Betracht ziehen, die den hier aufgestellten Vorschriften zwar nicht genau entsprechen, aber annehmbare Varianten darstellen. Um dem Fortschritt in Wissenschaft und Technik Rechnung zu tragen, darf die zuständige Behörde außerdem die Verwendung anderer Lösungen in Betracht ziehen, die hinsichtlich der Verträglichkeit mit den darin zu befördernden Stoffen mindestens die gleiche Sicherheit während der Beförderung und eine mindestens gleichwertige Widerstandsfähigkeit gegenüber Stoß beim Umschlag und Feuer bieten.

6.5.1.1.3 [Genehmigungsvorbehalt]

Der Bau, die Ausrüstungen, die Prüfungen, die Kennzeichnung und der Betrieb von IBC unterliegen der Genehmigung durch die zuständige Behörde des Landes, in dem die IBC zugelassen werden.

6.5.1.1.4 [Informationspflicht]

Hersteller und nachfolgende Verteiler von IBC müssen Informationen über die zu befolgenden Verfahren sowie eine Beschreibung der Arten und Abmessungen der Verschlüsse (einschließlich der erforderlichen Dichtungen) und aller anderen Bestandteile liefern, die notwendig sind, um sicherzustellen, dass die versandfertigen IBC in der Lage sind, die anwendbaren Leistungsprüfungen dieses Kapitels zu erfüllen.

6.5.1.2 Begriffsbestimmungen

Bauliche Ausrüstung (für alle Arten von IBC ausgenommen flexible IBC): Verstärkungs-, Befestigungs-, Handhabungs-, Schutz- oder Stabilisierungsteile des Packmittelkörpers, einschließlich des Palettensockels für Kombinations-IBC mit Kunststoff-Innenbehälter sowie für IBC aus Pappe und Holz.

Bedienungsausrüstung; Befüllungs- und Entleerungseinrichtungen und, je nach Art des IBC, Druckentlastungs- oder Lüftungseinrichtungen, Sicherheits-, Heizungs- und Wärmeschutzeinrichtungen sowie Messinstrumente.

Geschützter IBC (für metallene IBC): Ein IBC, der mit einem zusätzlichen Schutz gegen Stöße ausgestattet ist; dieser Schutz kann z. B. aus einer Mehrschicht- (Sandwich-) oder Doppelwandkonstruktion oder aus einem Rahmen mit Gitter aus Metall bestehen.

Handhabungseinrichtungen (für flexible IBC): Traggurte, Schlingen, Ösen oder Rahmen, die am Packmittelkörper des IBC befestigt sind oder aus dem Werkstoff des Packmittelkörpers heraus gebildet sind.

Höchstzulässige Bruttomasse: Die Summe aus Masse des IBC und der gesamten Bedienungsausrüstung oder baulichen Ausrüstung und höchstzulässiger Nettomasse.

Kunststoffmaterial: Schließt, wenn dieser Begriff im Zusammenhang mit Innenbehältern von Kombinations-IBC verwendet wird, auch andere polymere Werkstoffe wie Gummi ein.

Kunststoffgewebe (für flexible IBC): Werkstoff aus gedehnten Bändern oder Einzelfasern eines geeigneten Kunststoffes.

Packmittelkörper (für alle Arten von IBC außer Kombinations-IBC): Eigentlicher Behälter einschließlich der Öffnungen und deren Verschlüsse, jedoch ohne Bedienungsausrüstung.

Arten von IBC 6.5.1.3

[Metallene IBC] 6.5.1.3.1

Metallene IBC: IBC, die aus einem Packmittelkörper aus Metall sowie der geeigneten Bedienungsausrüstung und baulichen Ausrüstung bestehen.

[Flexible IBC] 6.5.1.3.2

Flexible IBC: IBC, die aus einem mit geeigneten Bedienungsausrüstungen und Handhabungsvorrichtungen versehenen Packmittelkörper bestehen, der aus einer Folie, einem Gewebe oder einem anderen flexiblen Werkstoff oder aus Zusammensetzungen dieser Werkstoffe gebildet wird, und, soweit erforderlich, einer inneren Beschichtung oder einer Auskleidung.

[Starre Kunststoff-IBC] 6.5.1.3.3

Starre Kunststoff-IBC: IBC, die aus einem starren Packmittelkörper aus Kunststoff bestehen und mit einer baulichen Ausrüstung und einer geeigneten Bedienungsausrüstung versehen sein können.

[Kombinations-IBC] 6.5.1.3.4

Kombinations-IBC: IBC, die aus einer baulichen Ausrüstung in Form einer starren äußeren Umhüllung um einen Kunststoff-Innenbehälter mit den Bedienungs- oder anderen baulichen Ausrüstungen bestehen. Sie sind so ausgelegt, dass der Innenbehälter und die äußere Umhüllung nach der Zusammensetzung eine untrennbare Einheit bilden, die als solche gefüllt, gelagert, befördert oder entleert wird.

[Pappe-IBC] 6.5.1.3.5

IBC aus *Pappe:* IBC, die aus einem Packmittelkörper aus Pappe mit oder ohne getrennten oberen und unteren Deckel, gegebenenfalls mit einer Innenauskleidung (aber keinen Innenverpackungen), sowie der geeigneten Bedienungsausrüstung und baulichen Ausrüstung bestehen.

[Holz-IBC] 6.5.1.3.6

IBC aus *Holz:* IBC, die aus einem starren oder zerlegbaren Packmittelkörper aus Holz mit einer Innenauskleidung (aber keinen Innenverpackungen) sowie der geeigneten Bedienungsausrüstung und baulichen Ausrüstung bestehen.

Codierungssystem für die Kennzeichnung von IBC 6.5.1.4

[Zusammensetzung] 6.5.1.4.1

Der Code besteht aus zwei arabischen Ziffern, wie unter .1 beschrieben, gefolgt von einem oder mehreren Großbuchstaben, die den Werkstoffen gemäß .2 entsprechen, und, sofern dies in einem besonderen Abschnitt angegeben ist, gefolgt von einer arabischen Ziffer, die die IBC-Variante bezeichnet.

.1

Art	Für feste Stoffe bei Füllung oder Entleerung		Für flüssige Stoffe
	durch Schwerkraft	unter Druck von mehr als 10 kPa (0,1 bar)	
Starr	11	21	31
Flexibel	13	–	–

.2 Werkstoffe

- A Stahl (alle Arten und Oberflächenbehandlungen)
- B Aluminium
- C Naturholz
- D Sperrholz
- F Holzfaserwerkstoff
- G Pappe
- H Kunststoff
- L Textilgewebe
- M Papier, mehrlagig
- N Metall (außer Stahl oder Aluminium)

6.5.1.4.2 [Kombinations-IBC]

Für Kombinations-IBC sind an der zweiten Stelle des Codes zwei Großbuchstaben (lateinische Buchstaben) zu verwenden, wobei der erste Buchstabe den Werkstoff des Innenbehälters des IBC und der zweite den der Außenverpackung des IBC bezeichnet.

6.5.1.4.3 [Code-Zuordnung]

Die nachstehenden Codes sind den folgenden IBC-Arten zugeordnet:

Werkstoff	Variante	Code	Unter-abschnitt
Metall			6.5.5.1
A Stahl	für feste Stoffe bei Befüllung oder Entleerung durch Schwerkraft	11A	
	für feste Stoffe bei Befüllung oder Entleerung unter Druck	21A	
	für flüssige Stoffe	31A	
B Aluminium	für feste Stoffe bei Befüllung oder Entleerung durch Schwerkraft	11B	
	für feste Stoffe bei Befüllung oder Entleerung unter Druck	21B	
	für flüssige Stoffe	31B	
N andere, außer Stahl oder Aluminium	für feste Stoffe bei Befüllung oder Entleerung durch Schwerkraft	11N	
	für feste Stoffe bei Befüllung oder Entleerung unter Druck	21N	
	für flüssige Stoffe	31N	
Flexibel			6.5.5.2
H Kunststoff	Kunststoffgewebe ohne Beschichtung oder Innenauskleidung	13H1	
	Kunststoffgewebe, beschichtet	13H2	
	Kunststoffgewebe, mit Innenauskleidung	13H3	
	Kunststoffgewebe, beschichtet und mit Innenauskleidung	13H4	
	Kunststofffolie	13H5	
L Textilgewebe	ohne Beschichtung oder Innenauskleidung	13L1	
	beschichtet	13L2	
	mit Innenauskleidung	13L3	
	beschichtet und mit Innenauskleidung	13L4	
M Papier	mehrlagig	13M1	
	mehrlagig, wasserbeständig	13M2	
H Starrer Kunststoff	für feste Stoffe bei Befüllung oder Entleerung durch Schwerkraft, mit baulicher Ausrüstung	11H1	6.5.5.3
	für feste Stoffe bei Befüllung oder Entleerung durch Schwerkraft, freitragend	11H2	
	für feste Stoffe bei Befüllung oder Entleerung unter Druck, mit baulicher Ausrüstung	21H1	
	für feste Stoffe bei Befüllung oder Entleerung unter Druck, freitragend	21H2	
	für flüssige Stoffe, mit baulicher Ausrüstung	31H1	
	für flüssige Stoffe, freitragend	31H2	

6.5.1.4.3 (Forts.)

Werkstoff	Variante	Code	Unterabschnitt
HZ Kombination mit einem Kunststoff-Innenbehälter[1]	für feste Stoffe bei Befüllung oder Entleerung durch Schwerkraft, mit starrem Kunststoff-Innenbehälter	11HZ1	6.5.5.4
	für feste Stoffe bei Befüllung oder Entleerung durch Schwerkraft, mit flexiblem Kunststoff-Innenbehälter	11HZ2	
	für feste Stoffe bei Befüllung oder Entleerung unter Druck, mit starrem Kunststoff-Innenbehälter	21HZ1	
	für feste Stoffe bei Befüllung oder Entleerung unter Druck, mit flexiblem Kunststoff-Innenbehälter	21HZ2	
	für flüssige Stoffe, mit starrem Kunststoff-Innenbehälter	31HZ1	
	für flüssige Stoffe, mit flexiblem Kunststoff-Innenbehälter	31HZ2	
G Pappe	für feste Stoffe bei Befüllung oder Entleerung durch Schwerkraft	11G	6.5.5.5
Holz			6.5.5.6
C Naturholz	für feste Stoffe bei Befüllung oder Entleerung durch Schwerkraft, mit Innenauskleidung	11C	
D Sperrholz	für feste Stoffe bei Befüllung oder Entleerung durch Schwerkraft, mit Innenauskleidung	11D	
F Holzfaserwerkstoff	für feste Stoffe bei Befüllung oder Entleerung durch Schwerkraft, mit Innenauskleidung	11F	

[1] Dieser Code muss durch Ersetzen des Buchstabens „Z" durch einen Großbuchstaben gemäß 6.5.1.4.1.2 ergänzt werden, der den für die äußere Umhüllung verwendeten Werkstoff angibt.

[Gleichwertige Spezifikation] 6.5.1.4.4

Der IBC-Code kann durch den Buchstaben „W" ergänzt werden. Der Buchstabe „W" bedeutet, dass der IBC zwar dem durch den Code bezeichneten IBC-Typ angehört, jedoch nach einer von 6.5.5 abweichenden Spezifikation hergestellt wurde und nach den Vorschriften in 6.5.1.1.2 als gleichwertig gilt.

Kennzeichnung 6.5.2

Grundkennzeichnung 6.5.2.1

[Zusammensetzung] 6.5.2.1.1

Jeder IBC, der für die Verwendung gemäß diesen Vorschriften gebaut und bestimmt ist, muss mit dauerhaften, lesbaren und an einer gut sichtbaren Stelle angebrachten Kennzeichen versehen sein. Die Buchstaben, Ziffern und Symbole müssen eine Zeichenhöhe von mindestens 12 mm aufweisen und folgende Angaben umfassen:

.1 das Verpackungssymbol der Vereinten Nationen: (u/n)

Dieses Symbol darf nur zum Zweck der Bestätigung verwendet werden, dass eine Verpackung, ein flexibler Schüttgut-Container, ein ortsbeweglicher Tank oder ein MEGC den entsprechenden Vorschriften des Kapitels 6.1, 6.2, 6.3, 6.5, 6.6, 6.7 oder 6.9 entspricht. Für metallene IBC, auf denen die Kennzeichen durch Stempeln oder Prägen angebracht werden, dürfen anstelle des Symbols die Buchstaben „UN" verwendet werden;

.2 der Code, der die Art des IBC gemäß 6.5.1.4 angibt;

.3 einen Großbuchstaben, der die Verpackungsgruppe(n) angibt, für die die Bauart zugelassen worden ist:

X für die Verpackungsgruppe I, II und III (nur IBC für feste Stoffe),

Y für die Verpackungsgruppe II und III oder

Z nur für die Verpackungsgruppe III.

.4 Monat und Jahr (die letzten zwei Ziffern) der Herstellung;

6.5.2.1.1 (Forts.)

.5 das Zeichen des Staates, in dem die Zuordnung des Kennzeichens zugelassen wurde, angegeben durch das für Kraftfahrzeuge im internationalen Verkehr verwendete Unterscheidungszeichen[1];

.6 Name oder Zeichen des Herstellers und jede andere von der zuständigen Behörde festgelegte Identifizierung des IBC;

.7 Prüflast der Stapeldruckprüfung[2] in kg. Bei IBC, die nicht für die Stapelung ausgelegt sind, ist „0" anzugeben;

.8 höchstzulässige Bruttomasse in kg.

Die Grundkennzeichen müssen in der Reihenfolge der vorstehenden Unterabsätze angebracht werden. Die nach 6.5.2.2 vorgeschriebenen Kennzeichen sowie jedes weitere von der zuständigen Behörde genehmigte Kennzeichen dürfen die korrekte Identifizierung der Grundkennzeichen nicht beeinträchtigen.

Jedes der gemäß .1 bis .8 und gemäß 6.5.2.2 angebrachten Kennzeichen muss zur leichteren Identifizierung deutlich getrennt werden, z. B. durch einen Schrägstrich oder eine Leerstelle.

6.5.2.1.2 **[Beispiele]**

Beispiele für die Kennzeichnung von verschiedenen IBC-Arten nach 6.5.2.1.1.1 bis 6.5.2.1.1.8:

u n	**11A/Y/02 99/ NL/. . .* 007/5500/1500**	IBC aus Stahl für die Beförderung von festen Stoffen, die durch Schwerkraft entleert werden/für die Verpackungsgruppen II und III/hergestellt im Februar 1999/zugelassen durch die Niederlande/hergestellt durch . . .* (Name des Herstellers) entsprechend einer Bauart, für welche die zuständige Behörde die Seriennummer 007 zugeteilt hat/verwendete Last bei der Stapeldruckprüfung in kg/höchstzulässige Bruttomasse in kg.
u n	**13H3/Z/03 01/ F/. . .* 1713/0/1500**	Flexibler IBC für die Beförderung von festen Stoffen, die durch Schwerkraft entleert werden, hergestellt aus Kunststoffgewebe mit Innenauskleidung/nicht für die Stapelung ausgelegt.
u n	**31H1/Y/04 99/ GB/. . .* 9099/10800/1200**	Starrer Kunststoff-IBC für die Beförderung von flüssigen Stoffen, hergestellt aus Kunststoff mit einer baulichen Ausrüstung, die der Stapellast standhält.
u n	**31HA1/Y/05 01/ D/. . .* 1683/10800/1200**	Kombinations-IBC für die Beförderung von flüssigen Stoffen mit starrem Kunststoff-Innenbehälter und äußerer Umhüllung aus Stahl.
u n	**11C/X/01 02/ S/. . .* 9876/3000/910**	IBC aus Holz für die Beförderung von festen Stoffen, mit Innenauskleidung und zugelassen für feste Stoffe der Verpackungsgruppe I.
u n	**11G/Z/06 02/ I/. . .* 962/0/500**	IBC aus Pappe/nicht für die Stapelung ausgelegt.
u n	**11D/Y/07 02/ E/. . .* 261/ 3240/600**	IBC aus Sperrholz mit Innenauskleidung.

6.5.2.2 **Zusätzliche Kennzeichnung**

6.5.2.2.1 **[Einzelheiten]**

Jeder IBC muss neben den in 6.5.2.1 vorgeschriebenen Kennzeichen mit den folgenden Angaben versehen sein, die auf einem Schild aus korrosionsbeständigem Werkstoff, das dauerhaft an einem für die Inspektion leicht zugänglichen Ort befestigt ist, angebracht sein dürfen:

Bemerkung: *Für metallene IBC muss ein korrosionsbeständiges Metallschild verwendet werden.*

---

[1] Das für Kraftfahrzeuge und Anhänger im internationalen Straßenverkehr verwendete Unterscheidungszeichen des Zulassungsstaates, z. B. gemäß dem Genfer Übereinkommen über den Straßenverkehr von 1949 oder dem Wiener Übereinkommen über den Straßenverkehr von 1968.

[2] Die Prüflast der Stapeldruckprüfung in Kilogramm, die auf den IBC gestellt wird, muss das 1,8-fache der addierten höchstzulässigen Bruttomasse so vieler gleichartiger IBC betragen, wie während der Beförderung auf den IBC gestapelt werden dürfen (siehe 6.5.6.6.4).

6.5.2.2.1 (Forts.)

Zusätzliche Kennzeichen	IBC-Art				
	Metall	Starrer Kunststoff	Kombination	Pappe	Holz
Fassungsraum in Liter[a] bei 20 °C	X	X	X		
Eigenmasse in kg[a]	X	X	X	X	X
Prüfdruck (Überdruck) in kPa oder in bar[a], falls zutreffend		X	X		
höchstzulässiger Füllungs-/Entleerungsdruck in kPa oder in bar[a], falls zutreffend	X	X	X		
verwendeter Werkstoff für den Packmittelkörper und Mindestdicke in mm	X				
Datum der letzten Dichtheitsprüfung (Monat und Jahr), falls zutreffend	X	X	X		
Datum der letzten Inspektion (Monat und Jahr)	X	X	X		
Seriennummer des Herstellers	X				
höchstzulässige Stapellast[b]	X	X	X	X	X

[a] Die verwendeten Maßeinheiten sind anzugeben.
[b] Siehe 6.5.2.2.2. Dieses zusätzliche Kennzeichen gilt für alle ab dem 1. Januar 2011 hergestellten, reparierten oder wiederaufgearbeiteten IBC.

[Piktogramm Stapellast] 6.5.2.2.2

Die höchstzulässige anwendbare Stapellast bei der Verwendung des IBC muss auf einem der unten gezeigten Abbildungen entsprechenden Piktogramm angegeben werden. Das Piktogramm muss dauerhaft und deutlich sichtbar sein.

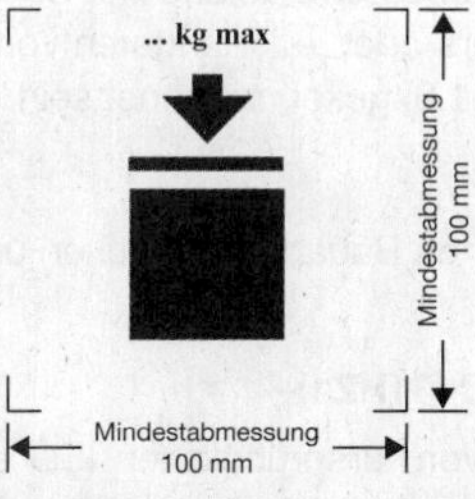

IBC, die gestapelt werden können

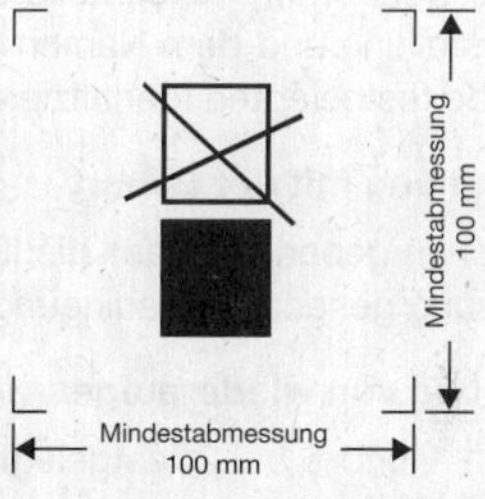

IBC, die NICHT gestapelt werden können

Die Mindestabmessungen müssen 100 mm × 100 mm sein. Die Buchstaben und Ziffern für die Angabe der Masse müssen eine Zeichenhöhe von mindestens 12 mm haben. Der durch die Abmessungspfeile angegebene Druckbereich muss quadratisch sein. Wenn Abmessungen nicht näher spezifiziert sind, müssen die Proportionen aller Merkmale den abgebildeten in etwa entsprechen. Die über dem Piktogramm angegebene Masse darf nicht größer sein als die bei der Bauartprüfung aufgebrachte Last (siehe 6.5.6.6.4), dividiert durch 1,8.

***Bemerkung:** Die Vorschriften in 6.5.2.2.2 gelten für alle IBC, die ab dem 1. Januar 2011 hergestellt, repariert oder wiederaufgearbeitet werden. Die Vorschriften in 6.5.2.2.2 des IMDG-Codes (Amendment 36-12) dürfen weiterhin auf alle IBC angewendet werden, die zwischen dem 1. Januar 2011 und dem 31. Dezember 2016 gebaut, repariert oder wiederaufgearbeitet werden.*

[Hebemethoden] 6.5.2.2.3

Flexible IBC dürfen auch mit Piktogrammen versehen sein, auf denen die empfohlenen Hebemethoden angegeben sind.

6.5.2.2.4 [Innenbehälter]

Der Innenbehälter von nach dem 1. Januar 2011 hergestellten Kombinations-IBC muss mit den Kennzeichen versehen sein, die in 6.5.2.1.1.2, .3, .4, .5 und .6 angegeben sind, wobei das Datum gemäß .4 das Datum der Herstellung des Kunststoff-Innenbehälters ist. Das Verpackungssymbol der Vereinten Nationen darf nicht angebracht werden. Die Kennzeichen müssen in der in 6.5.2.1.1 angegebenen Reihenfolge angebracht werden. Sie müssen dauerhaft, lesbar und an einer Stelle angebracht sein, die gut sichtbar ist, wenn der Innenbehälter in die äußere Umhüllung eingesetzt ist.

Alternativ darf das Datum der Herstellung des Kunststoff-Innenbehälters auf dem Innenbehälter neben den übrigen Kennzeichen angebracht werden. In diesem Fall müssen die beiden Ziffern des Jahres im Kennzeichen und im inneren Kreis der Uhr identisch sein. Beispiel für eine geeignete Kennzeichnungsmethode:

Bemerkung 1: *Andere Methoden zur Angabe der erforderlichen Mindestinformationen in dauerhafter, sichtbarer und lesbarer Form sind ebenfalls zulässig.*

Bemerkung 2: *Das Datum der Herstellung des Innenbehälters darf von dem auf dem Kombinations-IBC angebrachten Datum der Herstellung (siehe 6.5.2.1), der Reparatur (siehe 6.5.4.5.3) oder Wiederaufarbeitung (siehe 6.5.2.4) abweichen.*

6.5.2.2.5 [Abnehmbare Teile]

Wenn ein Kombinations-IBC so ausgelegt ist, dass die äußere Umhüllung für die Beförderung in leerem Zustand abgebaut werden kann (z. B. für die Rücksendung eines IBC an den ursprünglichen Versender zur Wiederverwendung), müssen alle abnehmbaren Teile im abgebauten Zustand mit dem Monat und Jahr der Herstellung und dem Namen oder Symbol des Herstellers oder jeder anderen von der zuständigen Behörde festgelegten Identifizierung des IBC (siehe 6.5.2.1.1.6) gekennzeichnet sein.

6.5.2.3 Übereinstimmung mit der Bauart

Die Kennzeichen geben an, dass die IBC einer erfolgreich geprüften Bauart entsprechen und die in der Bauartzulassung genannten Bedingungen erfüllt sind.

6.5.2.4 Kennzeichnung von wiederaufgearbeiteten Kombinations-IBC (31HZ1)

Die in 6.5.2.1.1 und 6.5.2.2 festgelegten Kennzeichen müssen vom ursprünglichen IBC entfernt oder dauerhaft unlesbar gemacht werden; an einem in Übereinstimmung mit den Vorschriften dieses Codes wiederaufgearbeiteten IBC müssen neue Kennzeichen angebracht werden.

6.5.3 Bauvorschriften

6.5.3.1 Allgemeine Vorschriften

6.5.3.1.1 [Beständigkeit]

IBC müssen gegen umgebungsbedingte Schädigungen beständig oder müssen angemessen geschützt sein.

6.5.3.1.2 [Dichtheit]

IBC müssen so gebaut und verschlossen sein, dass vom Inhalt unter normalen Beförderungsbedingungen, insbesondere durch die Einwirkung von Vibrationen oder Temperaturveränderungen, Feuchtigkeit oder Druck, nichts nach außen gelangen kann.

6.5.3.1.3 [Werkstoffe]

IBC und ihre Verschlüsse müssen aus Werkstoffen hergestellt sein, die mit dem Füllgut verträglich sind, oder innen so geschützt sein, dass diese Werkstoffe:

.1 nicht durch das Füllgut in einer Weise angegriffen werden, dass die Verwendung des IBC zu einer Gefahr wird; 6.5.3.1.3 (Forts.)

.2 keine Reaktion oder Zersetzung des Füllgutes verursachen oder sich durch Einwirkung des Füllgutes auf diese Werkstoffe gesundheitsschädliche oder gefährliche Verbindungen bilden.

[Dichtungen] 6.5.3.1.4

Werden Dichtungen verwendet, müssen sie aus einem Werkstoff hergestellt sein, der nicht vom Füllgut des IBC angegriffen wird.

[Bedienungsausrüstung] 6.5.3.1.5

Die gesamte Bedienungsausrüstung muss so angebracht oder geschützt sein, dass die Gefahr des Austretens des Füllgutes bei Beschädigungen während der Handhabung und der Beförderung auf ein Mindestmaß beschränkt wird.

[Auslegung] 6.5.3.1.6

IBC, ihre Zusatzeinrichtungen sowie ihre Bedienungsausrüstung und bauliche Ausrüstung müssen so ausgelegt sein, dass sie ohne Verlust von Füllgut dem Innendruck des Füllgutes und den Beanspruchungen bei normalen Handhabungs- und Beförderungsbedingungen standhalten. IBC, die zur Stapelung bestimmt sind, müssen hierfür ausgelegt sein. Hebe- und Befestigungseinrichtungen der IBC müssen eine ausreichende Festigkeit aufweisen, um den normalen Handhabungs- und Beförderungsbedingungen ohne wesentliche Verformung oder Beschädigung zu widerstehen, und so angebracht sein, dass keine übermäßigen Beanspruchungen irgendeines Teils des IBC entstehen.

[Rahmen] 6.5.3.1.7

Besteht ein IBC aus einem Packmittelkörper innerhalb eines Rahmens, muss er so ausgelegt sein, dass

.1 der Packmittelkörper nicht gegen den Rahmen scheuert oder reibt und dadurch beschädigt wird,

.2 der Packmittelkörper stets innerhalb des Rahmens bleibt,

.3 die Ausrüstungsteile so befestigt sind, dass sie nicht beschädigt werden können, wenn die Verbindungen zwischen Packmittelkörper und Rahmen eine relative Ausdehnung oder Bewegung zulassen.

[Auslaufventil] 6.5.3.1.8

Wenn der IBC mit einem Bodenauslaufventil ausgerüstet ist, muss dieses in geschlossener Stellung gesichert werden können und das gesamte Entleerungssystem muss wirksam vor Beschädigung geschützt sein. Ventile mit Hebelverschlüssen müssen gegen unbeabsichtigtes Öffnen gesichert werden können, und der geöffnete oder geschlossene Zustand muss leicht erkennbar sein. Bei IBC für flüssige Stoffe muss die Auslauföffnung mit einer zusätzlichen Verschlusseinrichtung, z. B. einem Blindflansch oder einer gleichwertigen Einrichtung, versehen sein.

Prüfung, Bauartzulassung und Inspektion 6.5.4

Qualitätssicherung 6.5.4.1

Um sicherzustellen, dass jeder hergestellte, wiederaufgearbeitete oder reparierte IBC die Vorschriften dieses Kapitels erfüllt, müssen die IBC nach einem Qualitätssicherungsprogramm hergestellt, wiederaufgearbeitet oder repariert und geprüft werden, das den Anforderungen der zuständigen Behörde genügt.

Bemerkung: *Die Norm ISO 16106:2006 „Verpackung – Verpackungen zur Beförderung gefährlicher Güter – Gefahrgutverpackungen, Großpackmittel (IBC) und Großverpackungen – Leitfaden für die Anwendung der ISO 9001" enthält zufriedenstellende Leitlinien für Verfahren, die angewendet werden dürfen.*

Prüfvorschriften 6.5.4.2

Die IBC müssen den Bauartprüfungen und gegebenenfalls den erstmaligen und wiederkehrenden Inspektionen und Prüfungen gemäß 6.5.4.4 unterzogen werden.

Bauartzulassung 6.5.4.3

Für jede IBC-Bauart ist eine Bauartzulassung und ein Kennzeichen (nach den Vorschriften gemäß 6.5.2) zu erteilen, wodurch bestätigt wird, dass die Bauart einschließlich ihrer Ausrüstung den Prüfvorschriften entspricht.

6.5.4.4 Inspektion und Prüfung

→ D: GGVSee § 10 (2) Nr. 2

Bemerkung: *Für Prüfungen und Inspektionen von reparierten IBC siehe auch 6.5.4.5.*

6.5.4.4.1 [Inspektion]

Alle metallenen IBC, alle starren Kunststoff-IBC und alle Kombinations-IBC müssen einer die zuständige Behörde zufriedenstellenden Inspektion unterzogen werden:

.1 vor Inbetriebnahme (einschließlich nach der Wiederaufarbeitung) und danach in Abständen von nicht mehr als fünf Jahren im Hinblick auf:

.1 die Übereinstimmung mit der Bauart, einschließlich der Kennzeichen,

.2 den inneren und äußeren Zustand,

.3 die einwandfreie Funktion der Bedienungsausrüstung.

Eine gegebenenfalls vorhandene Wärmeisolierung braucht nur so weit entfernt zu werden, wie dies für eine einwandfreie Untersuchung des IBC-Packmittelkörpers erforderlich ist.

.2 in Zeitabständen von höchstens zweieinhalb Jahren im Hinblick auf:

.1 den äußeren Zustand,

.2 die einwandfreie Funktion der Bedienungsausrüstung.

Eine gegebenenfalls vorhandene Wärmeisolierung braucht nur so weit entfernt zu werden, wie dies für eine einwandfreie Untersuchung des IBC-Packmittelkörpers erforderlich ist.

Jeder IBC muss in jeder Hinsicht seiner Bauart entsprechen.

6.5.4.4.2 [Dichtheitsprüfung]

→ D: BAM-GGR 002

Alle metallenen IBC, alle starren Kunststoff-IBC und alle Kombinations-IBC für feste Stoffe, die unter Druck eingefüllt oder entleert werden, oder für flüssige Stoffe müssen einer geeigneten Dichtheitsprüfung unterzogen werden. Diese Prüfung ist Teil des in 6.5.4.1 festgelegten Qualitätssicherungsprogramms, mit dem nachgewiesen wird, dass der IBC in der Lage ist, die entsprechenden in 6.5.6.7.3 angegebenen Prüfanforderungen zu erfüllen:

(a) vor ihrer ersten Verwendung für die Beförderung;

(b) in Abständen von höchstens zweieinhalb Jahren.

Für diese Prüfung muss der IBC mit dem ersten Bodenverschluss ausgerüstet sein. Das Innengefäß eines Kombinations-IBC darf ohne die äußere Umhüllung geprüft werden, vorausgesetzt, die Prüfergebnisse werden nicht beeinträchtigt.

6.5.4.4.3 [Bericht]

Ein Bericht über jede Inspektion und Prüfung ist mindestens bis zur nächsten Inspektion oder Prüfung vom Eigentümer des IBC aufzubewahren. Der Bericht muss die Ergebnisse der Inspektion und Prüfung enthalten und die Stelle angeben, welche die Inspektion und Prüfung durchgeführt hat (siehe auch die Kennzeichnungsvorschriften in 6.5.2.2.1).

6.5.4.4.4 [Nachweis]

Die zuständige Behörde kann jederzeit durch Prüfungen nach diesem Kapitel den Nachweis verlangen, dass die IBC den Vorschriften der Bauartprüfung genügen.

6.5.4.5 Reparierte IBC

6.5.4.5.1 [Instandsetzung]

Ist ein IBC durch einen Stoß (z. B. bei einem Unfall) oder durch andere Ursachen beschädigt worden, muss er repariert oder anderweitig instand gesetzt werden (siehe Begriffsbestimmung für „regelmäßige Wartung eines IBC“ in 1.2.1), um dem Bauartmuster zu entsprechen. Beschädigte Packmittelkörper eines starren Kunststoff-IBC und beschädigte Innengefäße eines Kombinations-IBC müssen ersetzt werden.

6.5.4.5.2 [Prüfungen]

Zusätzlich zu den sonstigen Prüfungen und Inspektionen dieses Codes muss ein IBC, wenn er repariert worden ist, den vollständigen, in 6.5.4.4 vorgesehenen Prüfungen und Inspektionen unterzogen werden; die vorgeschriebenen Prüfberichte sind zu erstellen.

[Kennzeichnung] 6.5.4.5.3

Die Stelle, welche die Prüfungen und Inspektionen nach der Reparatur durchführt, muss den IBC in der Nähe der UN-Bauartkennzeichen des Herstellers mit folgenden dauerhaften Angaben kennzeichnen:

.1 Staat, in dem die Prüfungen und Inspektionen durchgeführt wurden;

.2 Name oder zugelassenes Zeichen der Stelle, welche die Prüfungen und Inspektionen durchgeführt hat, und

.3 Datum (Monat, Jahr) der Prüfungen und Inspektionen.

[Periodische Prüfungen] 6.5.4.5.4

Für gemäß 6.5.4.5.2 durchgeführte Prüfungen und Inspektionen kann angenommen werden, dass sie den Vorschriften der alle zweieinhalb und alle fünf Jahre durchzuführenden wiederkehrenden Prüfungen und Inspektionen entsprechen.

Besondere Vorschriften für IBC 6.5.5

Besondere Vorschriften für metallene IBC 6.5.5.1

[Arten] 6.5.5.1.1

Diese Vorschriften gelten für metallene IBC zur Beförderung von festen und flüssigen Stoffen. Es gibt drei Arten von metallenen IBC:

IBC für feste Stoffe, die durch Schwerkraft gefüllt oder entleert werden (11A, 11B, 11N),

IBC für feste Stoffe, die durch einen Überdruck von mehr als 10 kPa gefüllt oder entleert werden (21A, 21B, 21N), und

IBC für flüssige Stoffe (31A, 31B, 31N).

[Packmittelkörper] 6.5.5.1.2

Die Packmittelkörper müssen aus geeignetem verformbarem Metall hergestellt sein, dessen Schweißbarkeit einwandfrei feststeht. Die Schweißverbindungen müssen fachmännisch ausgeführt sein und vollständige Sicherheit bieten. Die Leistungsfähigkeit des Werkstoffes bei niedrigen Temperaturen muss gegebenenfalls berücksichtigt werden.

[Galvanische Schäden] 6.5.5.1.3

Es ist darauf zu achten, dass Schäden durch galvanische Wirkungen aufgrund sich berührender unterschiedlicher Metalle vermieden werden.

[Aluminium-IBC] 6.5.5.1.4

IBC aus Aluminium zur Beförderung von entzündbaren flüssigen Stoffen dürfen keine beweglichen Teile, wie Deckel, Verschlüsse usw., aus ungeschütztem, rostanfälligem Stahl haben, die eine gefährliche Reaktion bei Kontakt durch Reibung oder Stoß mit dem Aluminium auslösen könnten.

[Metallene IBC] 6.5.5.1.5

Metallene IBC müssen aus einem Metall hergestellt sein, das folgenden Anforderungen genügt:

.1 bei Stahl darf die Bruchdehnung in Prozent nicht weniger als $10000/R_m$ mit einem absoluten Minimum von 20 % betragen, wobei

R_m = garantierte Mindestzugfestigkeit des zu verwendenden Stahls in N/mm^2,

.2 bei Aluminium und seinen Legierungen darf die Bruchdehnung in Prozent nicht weniger als 10000/6 R_m mit einem absoluten Minimum von 8 % betragen.

Prüfmuster, die zur Bestimmung der Bruchdehnung verwendet werden, müssen quer zur Walzrichtung entnommen und so befestigt werden, dass

$$L_0 = 5\,d \text{ oder } L_0 = 5{,}65\sqrt{A}$$

ist, wobei:

L_0 = Messlänge des Prüfmusters vor der Prüfung,

d = Durchmesser und

A = Querschnittsfläche des Prüfmusters.

6.5.5.1.6 Mindestwanddicke

.1 Bei einem Bezugsstahl, bei dem das Produkt aus $R_m \times A_0 = 10000$ beträgt, darf die Wanddicke nicht weniger betragen als:

Fassungsraum (*C*) in Litern	Wanddicke (*T*) in mm			
	Arten: 11A, 11B, 11N		Arten: 21A, 21B, 21N, 31A, 31B, 31N	
	ungeschützt	geschützt	ungeschützt	geschützt
$C \leq 1000$	2,0	1,5	2,5	2,0
$1000 < C \leq 2000$	$T = C/2000 + 1{,}5$	$T = C/2000 + 1{,}0$	$T = C/2000 + 2{,}0$	$T = C/2000 + 1{,}5$
$2000 < C \leq 3000$	$T = C/2000 + 1{,}5$	$T = C/2000 + 1{,}0$	$T = C/2000 + 1{,}0$	$T = C/2000 + 1{,}5$

wobei: A_0 = Mindestdehnung (in Prozent) des verwendeten Bezugsstahls bei Bruch unter Zugbeanspruchung (siehe 6.5.5.1.5).

.2 bei anderen Metallen als dem unter .1 genannten Bezugsstahl wird die Mindestwanddicke mit folgender Formel errechnet:

$$e_1 = \frac{21.4 \times e_0}{\sqrt[3]{R_{m1} \times A_1}}$$

wobei:

e_1 = erforderliche gleichwertige Wanddicke des zu verwendenden Metalls (in mm)

e_0 = erforderliche Mindestwanddicke für den Bezugsstahl (in mm)

R_{m1} = garantierte Mindestzugfestigkeit des zu verwendenden Metalls (in N/mm^2) (siehe .3)

A_1 = Mindestdehnung (in Prozent) des zu verwendenden Metalls bei Bruch unter Zugbeanspruchung (siehe 6.5.5.1.5).

Die Wanddicke darf jedoch in keinem Fall weniger als 1,5 mm betragen.

.3 Für Zwecke der Berechnung nach .2 ist die garantierte Mindestzugfestigkeit des verwendeten Metalls (R_{m1}) der durch die nationalen oder internationalen Werkstoffnormen festgelegte Mindestwert. Für austenitischen Stahl darf der nach den Werkstoffnormen definierte Mindestwert für R_m jedoch um bis zu 15 % erhöht werden, wenn im Prüfzeugnis des Werkstoffs ein höherer Wert bescheinigt wird. Bestehen für den fraglichen Werkstoff keine Normen, entspricht der Wert R_m dem im Prüfzeugnis des Werkstoffs bescheinigten Mindestwert.

6.5.5.1.7 Vorschriften für die Druckentlastung

IBC für flüssige Stoffe müssen eine ausreichende Menge Dampf abgeben können, um zu vermeiden, dass es unter Feuereinwirkung zum Bersten des Packmittelkörpers kommt. Dies kann durch herkömmliche Druckentlastungseinrichtungen oder andere konstruktive Mittel erreicht werden. Der Ansprechdruck dieser Einrichtungen darf nicht mehr als 65 kPa und nicht weniger als der ermittelte Gesamtüberdruck im IBC (d. h. Dampfdruck des Füllgutes plus Partialdruck der Luft oder anderen inerten Gasen, vermindert um 100 kPa) bei 55 °C betragen, ermittelt auf der Grundlage eines maximalen Füllungsgrades nach 4.1.1.4. Die erforderlichen Druckentlastungseinrichtungen müssen im Gasbereich angebracht sein.

6.5.5.2 Besondere Vorschriften für flexible IBC

6.5.5.2.1 [Arten]

Diese Vorschriften gelten für folgende Arten von IBC:

13H1 Kunststoffgewebe ohne Beschichtung oder Innenauskleidung

13H2 Kunststoffgewebe, beschichtet

13H3 Kunststoffgewebe mit Innenauskleidung

13H4 Kunststoffgewebe, beschichtet und mit Innenauskleidung

13H5 Kunststofffolie

13L1 Textilgewebe ohne Beschichtung oder Innenauskleidung

13L2 Textilgewebe, beschichtet

13L3 Textilgewebe mit Innenauskleidung 6.5.5.2.1 (Forts.)
13L4 Textilgewebe, beschichtet und mit Innenauskleidung
13M1 Papier, mehrlagig
13M2 Papier, mehrlagig, wasserbeständig

Flexible IBC sind ausschließlich für die Beförderung fester Stoffe bestimmt.

[Packmittelkörper] 6.5.5.2.2

Die Packmittelkörper müssen aus geeigneten Werkstoffen hergestellt sein. Die Festigkeit des Werkstoffes und die Ausführung des flexiblen IBC müssen seinem Fassungsraum und der vorgesehenen Verwendung angepasst sein.

[Reißfestigkeit] 6.5.5.2.3

Alle für die Herstellung der flexiblen IBC der Arten 13M1 und 13M2 verwendeten Werkstoffe müssen nach mindestens 24-stündigem vollständigem Eintauchen in Wasser noch mindestens 85 % der Reißfestigkeit aufweisen, die ursprünglich nach Konditionierung des Werkstoffes bis zum Gleichgewicht bei einer relativen Feuchtigkeit von höchstens 67 % gemessen wurde.

[Nähte] 6.5.5.2.4

Verbindungen müssen durch Nähen, Heißsiegeln, Kleben oder andere gleichwertige Verfahren hergestellt sein. Alle genähten Verbindungen müssen gesichert sein.

[Alterungsbeständigkeit] 6.5.5.2.5

Flexible IBC müssen eine angemessene Widerstandsfähigkeit gegenüber Alterung und Festigkeitsabbau durch ultraviolette Strahlen, klimatische Bedingungen oder das Füllgut aufweisen, um für die vorgesehene Verwendung geeignet zu sein.

[UV-Beständigkeit] 6.5.5.2.6

Bei flexiblen Kunststoff-IBC, bei denen ein Schutz vor ultravioletter Strahlung erforderlich ist, muss dies durch Zugabe von Ruß oder anderen geeigneten Pigmenten oder Inhibitoren erfolgen. Diese Zusätze müssen mit dem Füllgut verträglich sein und während der gesamten Verwendungsdauer des Packmittelkörpers ihre Wirkung behalten. Bei Verwendung von Ruß, Pigmenten oder Inhibitoren, die sich von den für die Herstellung des geprüften Baumusters verwendeten unterscheiden, kann auf eine Wiederholung der Prüfungen verzichtet werden, wenn der veränderte Gehalt an Ruß, Pigmenten oder Inhibitoren die physikalischen Eigenschaften des Werkstoffes nicht beeinträchtigt.

[Werkstoffzusätze] 6.5.5.2.7

Dem Werkstoff des Packmittelkörpers dürfen Zusätze beigemischt werden, um die Beständigkeit gegenüber Alterung zu verbessern, oder für andere Zwecke, vorausgesetzt, sie beeinträchtigen nicht die physikalischen oder chemischen Eigenschaften des Werkstoffes.

[Abfallverwendung] 6.5.5.2.8

Für die Herstellung von IBC-Packmittelkörpern darf kein Werkstoff aus bereits benutzten Behältern verwendet werden. Produktionsrückstände oder Abfälle aus demselben Herstellungsverfahren dürfen jedoch verwendet werden. Teile, wie Zubehörteile und Palettensockel, dürfen jedoch wiederverwendet werden, sofern sie bei ihrem vorhergehenden Einsatz in keiner Weise beschädigt wurden.

[Höhe/Breite-Verhältnis] 6.5.5.2.9

Ist der Behälter gefüllt, darf das Verhältnis von Höhe zu Breite nicht mehr als 2:1 betragen.

[Innenauskleidung] 6.5.5.2.10

Die Innenauskleidung muss aus einem geeigneten Werkstoff bestehen. Die Festigkeit des verwendeten Werkstoffs und die Ausführung der Innenauskleidung müssen dem Fassungsraum des IBC und seiner vorgesehenen Verwendung angepasst sein. Die Verbindungen und Verschlüsse müssen staubdicht und in der Lage sein, den Drücken und Stößen, die unter normalen Handhabungs- und Beförderungsbedingungen auftreten können, standzuhalten.

6.5.5.3 Besondere Vorschriften für starre Kunststoff-IBC

6.5.5.3.1 [Arten]

Diese Vorschriften gelten für starre Kunststoff-IBC zur Beförderung von festen oder flüssigen Stoffen. Es gibt folgende Arten von starren Kunststoff-IBC:

11H1 für feste Stoffe, die durch Schwerkraft gefüllt oder entleert werden, versehen mit einer baulichen Ausrüstung, die so ausgelegt ist, dass sie der bei Stapelung auftretenden Gesamtbelastung standhält;

11H2 für feste Stoffe, die durch Schwerkraft gefüllt oder entleert werden, freitragend;

21H1 für feste Stoffe, die unter Druck gefüllt oder entleert werden, versehen mit einer baulichen Ausrüstung, die so ausgelegt ist, dass sie der bei Stapelung der IBC auftretenden Gesamtbelastung standhält;

21H2 für feste Stoffe, die unter Druck gefüllt oder entleert werden, freitragend;

31H1 für flüssige Stoffe, versehen mit einer baulichen Ausrüstung, die so ausgelegt ist, dass sie der bei Stapelung der IBC auftretenden Gesamtbelastung standhält;

31H2 für flüssige Stoffe, freitragend.

6.5.5.3.2 [Packmittelkörper]

Der Packmittelkörper muss aus geeignetem Kunststoff bekannter Spezifikationen hergestellt sein, und seine Festigkeit muss seinem Fassungsraum und seiner vorgesehenen Verwendung angepasst sein. Der Werkstoff muss in geeigneter Weise widerstandsfähig sein gegen Alterung und Festigkeitsabbau, der durch das Füllgut oder gegebenenfalls durch ultraviolette Strahlung verursacht wird. Die Leistungsfähigkeit bei niedrigen Temperaturen muss gegebenenfalls berücksichtigt werden. Eine Permeation von Füllgut darf unter normalen Beförderungsbedingungen keine Gefahr darstellen.

6.5.5.3.3 [UV-Beständigkeit]

Ist ein Schutz gegen ultraviolette Strahlung erforderlich, so muss dieser durch Zugabe von Ruß oder anderen geeigneten Pigmenten oder Inhibitoren erfolgen. Diese Zusätze müssen mit dem Inhalt verträglich sein und während der gesamten Verwendungsdauer des Packmittelkörpers ihre Wirkung behalten. Bei Verwendung von Ruß, Pigmenten oder Inhibitoren, die sich von den für die Herstellung des geprüften Baumusters verwendeten unterscheiden, kann auf die Wiederholung der Prüfungen verzichtet werden, wenn der veränderte Gehalt an Ruß, Pigmenten oder Inhibitoren die physikalischen Eigenschaften des Werkstoffes nicht beeinträchtigt.

6.5.5.3.4 [Werkstoffzusätze]

Dem Werkstoff des Packmittelkörpers dürfen Zusätze beigemischt werden, um die Beständigkeit gegenüber Alterung zu verbessern, oder für andere Zwecke, vorausgesetzt, sie beeinträchtigen nicht die physikalischen oder chemischen Eigenschaften des Werkstoffes.

6.5.5.3.5 [Abfallverwendung]

Für die Herstellung starrer Kunststoff-IBC darf außer aufbereiteten Abfällen, Rückständen oder Kunststoffregeneraten aus demselben Herstellungsverfahren kein anderer gebrauchter Werkstoff verwendet werden.

6.5.5.4 Besondere Vorschriften für Kombinations-IBC mit Kunststoff-Innenbehälter

6.5.5.4.1 [Arten]

Diese Vorschriften gelten für Kombinations-IBC zur Beförderung von festen oder flüssigen Stoffen folgender Arten:

11HZ1 Kombinations-IBC mit starrem Kunststoff-Innenbehälter für feste Stoffe, die durch Schwerkraft gefüllt oder entleert werden;

11HZ2 Kombinations-IBC mit flexiblem Kunststoff-Innenbehälter für feste Stoffe, die durch Schwerkraft gefüllt oder entleert werden;

21HZ1 Kombinations-IBC mit starrem Kunststoff-Innenbehälter für feste Stoffe, die unter Druck gefüllt oder entleert werden;

21HZ2 Kombinations-IBC mit flexiblem Kunststoff-Innenbehälter für feste Stoffe, die unter Druck gefüllt oder entleert werden; 6.5.5.4.1 (Forts.)

31HZ1 Kombinations-IBC mit starrem Kunststoff-Innenbehälter für flüssige Stoffe;

31HZ2 Kombinations-IBC mit flexiblem Kunststoff-Innenbehälter für flüssige Stoffe.

Dieser Code muss durch Ersetzen des Buchstabens „Z“ durch einen Großbuchstaben gemäß 6.5.1.4.1.2 ergänzt werden, der den für die äußere Umhüllung verwendeten Werkstoff angibt.

[Innenbehälter] 6.5.5.4.2

Der Innenbehälter ist ohne seine äußere Umhüllung nicht dafür vorgesehen, eine Umschließungsfunktion auszuüben. Ein „starrer“ Innenbehälter ist ein Behälter, der seine gewöhnliche Form im leeren Zustand beibehält, ohne dass die Verschlüsse am richtigen Ort sind und ohne dass er durch die äußere Umhüllung gestützt wird. Innenbehälter, die nicht „starr“ sind, gelten als „flexibel“.

[Äußere Umhüllung] 6.5.5.4.3

Die äußere Umhüllung besteht in der Regel aus einem starren Werkstoff, der so geformt ist, dass er den Innenbehälter vor physischen Beschädigungen bei der Handhabung und der Beförderung schützt, ist aber nicht dafür ausgelegt, eine Umschließungsfunktion auszuüben. Sie umfasst gegebenenfalls die Palettensockel.

[Beurteilung des Innenbehälters] 6.5.5.4.4

Ein Kombinations-IBC, dessen äußere Umhüllung den Innenbehälter vollständig umschließt, ist so auszulegen, dass die Unversehrtheit des Innenbehälters nach der Dichtheitsprüfung und der hydraulischen Innendruckprüfung leicht beurteilt werden kann.

[31HZ2] 6.5.5.4.5

Der Fassungsraum von IBC der Art 31HZ2 muss auf 1 250 Liter begrenzt sein.

[Innenbehälter] 6.5.5.4.6

Der Innenbehälter muss aus geeignetem Kunststoff bekannter Spezifikationen hergestellt sein, und seine Festigkeit muss seinem Fassungsraum und seiner vorgesehenen Verwendung angepasst sein. Der Werkstoff muss in geeigneter Weise widerstandsfähig sein gegen Alterung und Festigkeitsabbau, der durch das Füllgut oder gegebenenfalls durch ultraviolette Strahlung verursacht wird. Die Leistungsfähigkeit bei niedrigen Temperaturen muss gegebenenfalls berücksichtigt werden. Eine Permeation von Füllgut darf unter normalen Beförderungsbedingungen keine Gefahr darstellen.

[UV-Beständigkeit] 6.5.5.4.7

Ist ein Schutz gegen ultraviolette Strahlung erforderlich, so muss dieser entweder durch Zugabe von Ruß oder anderen geeigneten Pigmenten oder Inhibitoren erfolgen. Diese Zusätze müssen mit dem Inhalt verträglich sein und während der gesamten Verwendungsdauer des Innenbehälters ihre Wirkung behalten. Bei Verwendung von Ruß, Pigmenten oder Inhibitoren, die sich von den für die Herstellung des geprüften Baumusters verwendeten unterscheiden, kann auf die Wiederholung der Prüfungen verzichtet werden, wenn der veränderte Gehalt an Ruß, Pigmenten oder Inhibitoren die physikalischen Eigenschaften des Werkstoffes nicht beeinträchtigt.

[Werkstoffzusätze] 6.5.5.4.8

Dem Werkstoff des Innenbehälters dürfen Zusätze beigemischt werden, um die Beständigkeit gegenüber Alterung zu verbessern, oder für andere Zwecke, vorausgesetzt, sie beeinträchtigen nicht die physikalischen oder chemischen Eigenschaften des Werkstoffes.

[Abfallverwendung] 6.5.5.4.9

Für die Herstellung von Innenbehältern darf außer aufbereiteten Abfällen, Rückständen oder Kunststoffregeneraten aus demselben Herstellungsverfahren kein anderer gebrauchter Werkstoff verwendet werden.

[31HZ2-Innenbehälter] 6.5.5.4.10

Die Innenbehälter von IBC der Art 31HZ2 müssen aus mindestens drei Lagen Folie bestehen.

6.5.5.4.11 [Äußere Umhüllung]

Die Festigkeit des Werkstoffes und die Konstruktion der äußeren Umhüllung müssen dem Fassungsraum des Kombinations-IBC und der vorgesehenen Verwendung angepasst sein.

6.5.5.4.12 [Vorstehende Teile]

Die äußere Umhüllung darf keine vorstehenden Teile haben, die den Innenbehälter beschädigen können.

6.5.5.4.13 [Geeignetes Metall]

Äußere Umhüllungen aus Stahl oder Aluminium sind aus einem geeigneten Metall ausreichender Dicke herzustellen.

6.5.5.4.14 [Holz]

Äußere Umhüllungen aus Naturholz müssen aus gut abgelagertem, handelsüblich trockenem und aus fehlerfreiem Holz sein, um eine wesentliche Verminderung der Festigkeit jedes einzelnen Teils der Umhüllung zu verhindern. Die Ober- und Unterteile dürfen aus wasserbeständigen Holzfaserwerkstoffen, wie Holzfaserplatten, Spanplatten oder anderen geeigneten Arten, bestehen.

6.5.5.4.15 [Sperrholz]

Äußere Umhüllungen aus Sperrholz müssen aus gut abgelagertem Schälfurnier, Schnittfurnier oder aus Sägefurnier hergestellt, handelsüblich trocken und frei von Mängeln sein, um eine wesentliche Verminderung der Festigkeit der Umhüllung zu verhindern. Die einzelnen Lagen müssen mit einem wasserbeständigem Klebstoff miteinander verleimt sein. Für die Herstellung der Umhüllung dürfen auch andere geeignete Werkstoffe zusammen mit Sperrholz verwendet werden. Die Platten der Umhüllungen müssen an den Eckleisten oder Stirnseiten fest vernagelt oder gesichert oder durch andere ebenfalls geeignete Mittel zusammengefügt sein.

6.5.5.4.16 [Holzfaser]

Die Wände der äußeren Umhüllungen aus Holzfaserwerkstoffen müssen aus wasserbeständigen Holzfaserwerkstoffen, wie Spanplatten, Holzfaserplatten oder anderen geeigneten Werkstoffen, bestehen. Andere Teile der Umhüllungen dürfen aus anderen geeigneten Werkstoffen hergestellt sein.

6.5.5.4.17 [Pappe]

Für äußere Umhüllungen aus Pappe muss feste Vollpappe oder feste zweiseitige Wellpappe (ein- oder mehrwellig) von guter Qualität verwendet werden, die dem Fassungsraum der Umhüllung und der vorgesehenen Verwendung angepasst ist. Die Wasserbeständigkeit der Außenfläche muss so sein, dass die Erhöhung der Masse während der 30 Minuten dauernden Prüfung auf Wasseraufnahme nach der Cobb-Methode nicht mehr als 155 g/m^2 ergibt – siehe ISO-Norm 535:1991. Die Pappe muss eine geeignete Biegefestigkeit haben. Die Pappe muss so zugeschnitten, ohne Ritzen gerillt und geschlitzt sein, dass sie beim Zusammenbau nicht knickt, ihre Oberfläche nicht einreißt oder sie nicht zu stark ausbaucht. Die Wellen der Wellpappe müssen mit einem wasserbeständigen Klebstoff fest mit den Außenschichten verklebt sein.

6.5.5.4.18 [Rahmen, Leisten]

Die Enden der äußeren Umhüllungen aus Pappe dürfen einen Holzrahmen haben oder vollständig aus Holz bestehen. Zur Verstärkung dürfen Holzleisten verwendet werden.

6.5.5.4.19 [Fabrikkanten]

Die Fabrikkanten der äußeren Umhüllungen aus Pappe müssen mit Klebestreifen geklebt, überlappt und geklebt oder überlappt und mit Metallklammern geheftet sein. Bei überlappten Verbindungen muss die Überlappung entsprechend groß sein. Wenn der Verschluss durch Verleimung oder mit einem Klebestreifen erfolgt, muss der Klebstoff wasserbeständig sein.

6.5.5.4.20 [Kunststoff]

Besteht die äußere Umhüllung aus Kunststoff, so gelten die entsprechenden Vorschriften von 6.5.5.4.6 bis 6.5.5.4.9.

[31HZ2-Umhüllung] 6.5.5.4.21

Die äußere Umhüllung eines IBC der Art 31HZ2 muss alle Seiten des Innenbehälters umschließen.

[Palettensockel] 6.5.5.4.22

Ein Palettensockel, der einen festen Bestandteil des IBC bildet, oder eine abnehmbare Palette muss für die mechanische Handhabung des mit der höchstzulässigen Bruttomasse befüllten IBC geeignet sein.

[Palette] 6.5.5.4.23

Die abnehmbare Palette oder der Palettensockel muss so ausgelegt sein, dass Verformungen am Boden des IBC, die bei der Handhabung Schäden verursachen können, vermieden werden.

[Abnehmbare Palette] 6.5.5.4.24

Bei einer abnehmbaren Palette muss die äußere Umhüllung fest mit der Palette verbunden sein, um die Stabilität bei Handhabung und Beförderung sicherzustellen. Darüber hinaus muss die Oberfläche der abnehmbaren Palette frei von Unebenheiten sein, die den IBC beschädigen können.

[Verstärkungseinrichtungen] 6.5.5.4.25

Um die Stapelfähigkeit zu erhöhen, dürfen Verstärkungseinrichtungen, wie Holzstützen, verwendet werden, die sich jedoch außerhalb des Innenbehälters befinden müssen.

[Tragende Fläche] 6.5.5.4.26

Sind IBC zum Stapeln vorgesehen, muss die tragende Fläche so beschaffen sein, dass die Last sicher verteilt wird. Solche IBC müssen so ausgelegt sein, dass die Last nicht vom Innenbehälter getragen wird.

Besondere Vorschriften für IBC aus Pappe 6.5.5.5

[Art] 6.5.5.5.1

Diese Vorschriften gelten für IBC aus Pappe zur Beförderung von festen Stoffen, die durch Schwerkraft gefüllt oder entleert werden. Die Art der IBC aus Pappe ist 11G.

[Hebeeinrichtungen] 6.5.5.5.2

IBC aus Pappe dürfen nicht mit Einrichtungen zum Heben von oben versehen sein.

[Packmittelkörper] 6.5.5.5.3

Der Packmittelkörper muss aus fester Vollpappe oder fester zweiseitiger Wellpappe (ein- oder mehrwellig) von guter Qualität hergestellt sein, die dem Fassungsraum des IBC und der vorgesehenen Verwendung angepasst sind. Die Wasserbeständigkeit der Außenfläche muss so sein, dass die Erhöhung der Masse während der 30 Minuten dauernden Prüfung auf Wasseraufnahme nach der Cobb-Methode nicht mehr als 155 g/m^2 ergibt (siehe ISO-Norm 535:1991). Die Pappe muss eine geeignete Biegefestigkeit haben. Die Pappe muss so zugeschnitten, ohne Ritzen gerillt und geschlitzt sein, dass sie beim Zusammenbau nicht knickt, ihre Oberfläche nicht einreißt oder sie nicht zu stark ausbaucht. Die Wellen der Wellpappe müssen fest mit den Außenschichten verklebt sein.

[Wände] 6.5.5.5.4

Die Wände, einschließlich Deckel und Boden, müssen eine Durchstoßfestigkeit von mindestens 15 J, gemessen nach der ISO-Norm 3036:1975, aufweisen.

[Fabrikkanten] 6.5.5.5.5

Die Fabrikkanten des IBC-Packmittelkörpers müssen eine ausreichende Überlappung aufweisen und durch Klebestreifen, Verkleben, Heften mittels Metallklammern oder andere mindestens gleichwertige Befestigungssysteme hergestellt sein. Erfolgt die Verbindung durch Verkleben oder durch Verwendung von Klebeband, ist ein wasserbeständiger Klebstoff zu verwenden. Metallklammern müssen durch alle zu befestigenden Teile durchgeführt und so geformt oder geschützt sein, dass die Innenauskleidung weder abgerieben noch durchstoßen werden kann.

6.5.5.5.6 [Innenauskleidung]

Die Innenauskleidung muss aus einem geeigneten Werkstoff hergestellt sein. Die Festigkeit des verwendeten Werkstoffes und die Ausführung der Auskleidung müssen dem Fassungsraum des IBC und der vorgesehenen Verwendung angepasst sein. Die Verbindungen und Verschlüsse müssen staubdicht sein und den unter normalen Handhabungs- und Beförderungsbedingungen auftretenden Druck- und Stoßbeanspruchungen widerstehen können.

6.5.5.5.7 [Palettensockel]

Ein Palettensockel, der einen festen Bestandteil des IBC bildet, oder eine abnehmbare Palette muss für die mechanische Handhabung des mit der höchstzulässigen Bruttomasse befüllten IBC geeignet sein.

6.5.5.5.8 [Palette]

Die abnehmbare Palette oder der Palettensockel muss so ausgelegt sein, dass Verformungen am Boden des IBC, die bei der Handhabung Schäden verursachen können, vermieden werden.

6.5.5.5.9 [Abnehmbare Palette]

Bei einer abnehmbaren Palette muss der Packmittelkörper fest mit der Palette verbunden sein, um die Stabilität bei Handhabung und Beförderung sicherzustellen. Darüber hinaus muss die Oberfläche der abnehmbaren Palette frei von Unebenheiten sein, die den IBC beschädigen können.

6.5.5.5.10 [Verstärkungseinrichtungen]

Um die Stapelfähigkeit zu erhöhen, dürfen Verstärkungseinrichtungen, wie Holzstützen, verwendet werden, die sich jedoch außerhalb der Innenauskleidung befinden müssen.

6.5.5.5.11 [Tragende Fläche]

Sind IBC zum Stapeln vorgesehen, muss die tragende Fläche so beschaffen sein, dass die Last sicher verteilt wird.

6.5.5.6 Besondere Vorschriften für IBC aus Holz

6.5.5.6.1 [Arten]

Diese Vorschriften gelten für IBC aus Holz zur Beförderung von festen Stoffen, die durch Schwerkraft gefüllt und entleert werden. Es gibt folgende Arten von IBC aus Holz:

- 11C Naturholz mit Innenauskleidung
- 11D Sperrholz mit Innenauskleidung
- 11F Holzfaserwerkstoffe mit Innenauskleidung.

6.5.5.6.2 [Hebeeinrichtungen]

IBC aus Holz dürfen nicht mit Einrichtungen zum Heben von oben versehen sein.

6.5.5.6.3 [Werkstofffestigkeit]

Die Festigkeit der verwendeten Werkstoffe und die Art der Fertigung müssen dem Fassungsraum und der vorgesehenen Verwendung der IBC angepasst sein.

6.5.5.6.4 [Holz]

Naturholz muss gut abgelagert, handelsüblich trocken und frei von Mängeln sein, um eine wesentliche Verminderung der Festigkeit jedes einzelnen Teils des IBC zu verhindern. Jedes Teil des IBC muss aus einem Stück bestehen oder diesem gleichwertig sein. Teile sind als einem Stück gleichwertig anzusehen, wenn:

eine geeignete Klebeverbindung, wie z. B. Lindermann-Verbindung, Nut- und Federverbindung, überlappende Verbindung oder Falzverbindung, oder

eine Stoßverbindung mit mindestens zwei gewellten Metallbefestigungselementen an jeder Verbindung oder

andere gleich wirksame Verfahren angewendet werden.

[Sperrholz] 6.5.5.6.5

Bestehen die Packmittelkörper aus Sperrholz, so muss dieses mindestens aus drei Lagen bestehen und aus gut abgelagertem Schälfurnier, Schnittfurnier oder Sägefurnier hergestellt, handelsüblich trocken und frei von Mängeln sein, die die Festigkeit des Packmittelkörpers erheblich beeinträchtigen können. Die einzelnen Lagen müssen mit einem wasserbeständigen Klebstoff miteinander verleimt sein. Für die Herstellung der Packmittelkörper dürfen auch andere geeignete Werkstoffe zusammen mit Sperrholz verwendet werden.

[Holzfaser] 6.5.5.6.6

Bestehen die Packmittelkörper aus Holzfaserwerkstoff, so muss dieser wasserbeständig sein, wie Spanplatten, Holzfaserplatten oder andere geeignete Werkstoffe.

[Zusammenfügen] 6.5.5.6.7

Die IBC müssen an den Eckleisten oder Stirnseiten fest vernagelt oder gesichert oder durch andere ebenfalls geeignete Mittel zusammengefügt sein.

[Innenauskleidung] 6.5.5.6.8

Die Innenauskleidung muss aus einem geeigneten Werkstoff hergestellt sein. Die Festigkeit des verwendeten Werkstoffes und die Ausführung der Auskleidung müssen dem Fassungsraum des IBC und der vorgesehenen Verwendung angepasst sein. Die Verbindungen und Verschlüsse müssen staubdicht sein und den unter normalen Handhabungs- und Beförderungsbedingungen auftretenden Druck- und Stoßbeanspruchungen widerstehen können.

[Palettensockel] 6.5.5.6.9

Ein Palettensockel, der einen festen Bestandteil des IBC bildet, oder eine abnehmbare Palette muss für die mechanische Handhabung des mit der höchstzulässigen Bruttomasse befüllten IBC geeignet sein.

[Palettenbegrenzung] 6.5.5.6.10

Die abnehmbare Palette oder der Palettensockel muss so ausgelegt sein, dass Verformungen am Boden des IBC, die bei der Handhabung Schäden verursachen können, vermieden werden.

[Abnehmbare Palette] 6.5.5.6.11

Bei einer abnehmbaren Palette muss der Packmittelkörper fest mit der Palette verbunden sein, um die Stabilität bei Handhabung und Beförderung sicherzustellen. Darüber hinaus muss die Oberfläche der abnehmbaren Palette frei von Unebenheiten sein, die den IBC beschädigen können.

[Verstärkungseinrichtungen] 6.5.5.6.12

Um die Stapelfähigkeit zu erhöhen, dürfen Verstärkungseinrichtungen, wie Holzstützen, verwendet werden, die sich jedoch außerhalb der Innenauskleidung befinden müssen.

[Tragende Fläche] 6.5.5.6.13

Sind IBC zum Stapeln vorgesehen, muss die tragende Fläche so beschaffen sein, dass die Last sicher verteilt wird.

Prüfvorschriften für IBC 6.5.6

Durchführung und Wiederholung der Prüfungen 6.5.6.1

[Prüferfordernis] 6.5.6.1.1

Vor der Verwendung muss jede Bauart eines IBC die in diesem Kapitel vorgeschriebenen Prüfungen erfolgreich bestanden haben. Die Bauart eines IBC wird bestimmt durch die Ausführung, die Größe, den verwendeten Werkstoff und seine Dicke, die Fertigungsart und die Füll- und Entleerungseinrichtungen; sie kann aber auch verschiedene Oberflächenbehandlungen einschließen. Ebenfalls eingeschlossen sind IBC, die sich von der Bauart lediglich durch geringere äußere Abmessungen unterscheiden.

6.5.6.1.2 [Vorbereitung]

Die Prüfungen müssen an versandfertigen IBC durchgeführt werden. Die IBC müssen entsprechend den Angaben in den jeweiligen Abschnitten befüllt werden. Die in den IBC zu befördernden Stoffe können durch andere Stoffe ersetzt werden, sofern dadurch die Prüfergebnisse nicht verfälscht werden. Werden feste Stoffe durch andere Stoffe ersetzt, müssen diese die gleichen physikalischen Eigenschaften (Masse, Korngröße usw.) haben wie der zu befördernde Stoff. Es ist zulässig, Zusätze, wie Beutel mit Bleischrot, zu verwenden, um die erforderliche Gesamtmasse der Versandstücke zu erhalten, sofern diese so eingeordnet werden, dass sie das Prüfergebnis nicht verfälschen.

6.5.6.2 Bauartprüfungen

6.5.6.2.1 [Reihenfolge]

Für jede Bauart, Größe, Wanddicke und Fertigungsart ist ein einziger IBC den Prüfungen gemäß 6.5.6.4 bis 6.5.6.13 in der in 6.5.6.3.5 aufgeführten Reihenfolge zu unterziehen. Diese Bauartprüfungen müssen in Übereinstimmung mit den von der zuständigen Behörde festgelegten Verfahren durchgeführt werden.

6.5.6.2.2 [Selektives Prüfen]

Die zuständige Behörde kann das selektive Prüfen von IBC, die sich nur geringfügig von der geprüften Art unterscheiden, zulassen, z. B. bei geringen Verkleinerungen der äußeren Abmessungen.

6.5.6.2.3 [Abnehmbare Paletten]

Werden für die Prüfungen abnehmbare Paletten verwendet, muss der nach 6.5.6.14 erstellte Prüfbericht eine technische Beschreibung der verwendeten Paletten enthalten.

6.5.6.3 Vorbereitung der IBC für die Prüfungen

6.5.6.3.1 [Konditionierung]

IBC aus Papier, IBC aus Pappe und Kombinations-IBC mit äußerer Umhüllung aus Pappe müssen mindestens 24 Stunden lang in einem Klima konditioniert werden, dessen Temperatur und relative Luftfeuchtigkeit gesteuert sind. Es gibt drei Möglichkeiten, von denen eine auszuwählen ist. Das bevorzugte Klima ist 23 °C ± 2 °C und 50 % ± 2 % relative Luftfeuchtigkeit. Die beiden anderen Möglichkeiten sind 20 °C ± 2 °C und 65 % ± 2 % relative Luftfeuchtigkeit oder 27 °C ± 2 °C und 65 % ± 2 % relative Luftfeuchtigkeit.

***Bemerkung:** Die Durchschnittswerte müssen innerhalb dieser Grenzwerte liegen. Kurzfristige Schwankungen und Messgrenzen können zu Messwertabweichungen von ±5 % für die relative Luftfeuchtigkeit führen, ohne dass dies die Reproduzierbarkeit der Prüfungen bedeutsam beeinträchtigt.*

6.5.6.3.2 [Kunststoff]

Zusätzliche Maßnahmen müssen ergriffen werden, um sicherzustellen, dass der bei der Herstellung von starren Kunststoff-IBC der Arten 31H1 und 31H2 sowie von Kombinations-IBC der Arten 31HZ1 und 31HZ2 verwendete Kunststoff den Vorschriften nach 6.5.5.3.2 bis 6.5.5.3.4 bzw. 6.5.5.4.6 bis 6.5.5.4.9 entspricht.

6.5.6.3.3 [Vorprüfung]

Dies kann zum Beispiel in der Weise geschehen, dass Prüfmuster der IBC über einen längeren Zeitraum, z. B. 6 Monate, einer Vorprüfung unterzogen werden, bei der die Muster mit den vorgesehenen Füllgütern oder mit Stoffen, von denen bekannt ist, dass sie mindestens gleichartige spannungsrissauslösende, anquellende oder molekular abbauende Einflüsse auf die jeweiligen Kunststoffe haben, befüllt sind, und nach der die Muster den in der Tabelle in 6.5.6.3.5 aufgeführten Prüfungen unterzogen werden.

6.5.6.3.4 [Alternative Verfahren]

Wurde das zufriedenstellende Verhalten des Kunststoffs nach einem anderen Verfahren nachgewiesen, kann auf die vorgenannte Verträglichkeitsprüfung verzichtet werden.

[Reihenfolge] 6.5.6.3.5

Reihenfolge der Durchführung der erforderlichen Bauartprüfungen:

IBC-Art	Vibration[f]	Heben von unten	Heben von oben[a]	Stapeldruck[b]	Dichtheit	Innendruck, hydraulisch	Fall	Weiterreißen	Kippfall	Aufrichten[c]
Metall:										
11A, 11B, 11N	–	1.[a]	2.	3.	–	–	4.[e]	–	–	–
21A, 21B, 21N	–	1.[a]	2.	3.	4.	5.	6.[e]	–	–	–
31A, 31B, 31N	1.	2.[a]	3.	4.	5.	6.	7.[e]	–	–	–
Flexibel[d]	–	–	X[c]	X	–	–	X	X	X	X
starrer Kunststoff:										
11H1, 11H2	–	1.[a]	2.	3.	–	–	4.	–	–	–
21H1, 21H2	–	1.[a]	2.	3.	4.	5.	6.	–	–	–
31H1, 31H2	1.	2.[a]	3.	4.	5.	6.	7.	–	–	–
Kombination:										
11HZ1, 11HZ2	–	1.[a]	2.	3.	–	–	4.[e]	–	–	–
21HZ1, 21HZ2	–	1.[a]	2.	3.	4.	5.	6.[e]	–	–	–
31HZ1, 31HZ2	1.	2.[a]	3.	4.	5.	6.	7.[e]	–	–	–
Pappe	–	1.	–	2.	–	–	3.	–	–	–
Holz	–	1.	–	2.	–	–	3.	–	–	–

a) Sofern die IBC für diese Art der Handhabung ausgelegt sind.
b) Sofern die IBC für die Stapelung ausgelegt sind.
c) Sofern die IBC für das Heben von oben oder von der Seite ausgelegt sind.
d) Die durchzuführende Prüfung ist durch „X" gekennzeichnet; ein IBC, der einer Prüfung unterzogen wurde, darf für andere Prüfungen in beliebiger Reihenfolge verwendet werden.
e) Ein anderer IBC gleicher Bauart darf für die Fallprüfung verwendet werden.
f) Ein anderer IBC gleicher Bauart darf für die Vibrationsprüfung verwendet werden.

Hebeprüfung von unten 6.5.6.4

Anwendungsbereich 6.5.6.4.1

Für alle IBC aus Pappe und Holz sowie für alle IBC-Arten, die mit einer Vorrichtung zum Heben von unten versehen sind, als Bauartprüfung.

Vorbereitung der IBC für die Prüfung 6.5.6.4.2

Der IBC ist zu befüllen. Eine Last ist anzubringen und gleichmäßig zu verteilen. Die Masse des befüllten IBC und der angebrachten Last muss dem 1,25-fachen der höchstzulässigen Bruttomasse entsprechen.

Prüfverfahren 6.5.6.4.3

Der IBC muss zweimal von einem Gabelstapler hochgehoben und heruntergelassen werden, wobei die Gabel zentral anzusetzen ist und einen Abstand von 3/4 der Einführungsseitenabmessung haben muss (es sei denn, die Einführungspunkte sind vorgegeben). Die Gabel muss bis zu 3/4 in der Einführungsrichtung eingeführt werden. Die Prüfung muss in jeder möglichen Einführungsrichtung wiederholt werden.

Kriterien für das Bestehen der Prüfung 6.5.6.4.4

Keine dauerhafte Verformung des IBC, einschließlich eines gegebenenfalls vorhandenen Palettensockels, der die Sicherheit der Beförderung beeinträchtigt, und kein Verlust von Füllgut.

6.5.6.5 Hebeprüfung von oben

6.5.6.5.1 Anwendungsbereich

Für alle IBC-Arten, die für das Heben von oben oder bei flexiblen IBC für das Heben von oben oder von der Seite ausgelegt sind, als Bauartprüfung.

6.5.6.5.2 Vorbereitung der IBC für die Prüfung

Metallene IBC, starre Kunststoff-IBC und Kombinations-IBC sind zu befüllen. Eine Last ist anzubringen und gleichmäßig zu verteilen. Die Masse des befüllten IBC und der angebrachen Last muss dem Zweifachen der höchstzulässigen Bruttomasse entsprechen. Flexible IBC sind mit einem repräsentativen Stoff zu befüllen und anschließend bis zum Sechsfachen ihrer höchstzulässigen Bruttomasse zu beladen, wobei die Last gleichmäßig zu verteilen ist.

6.5.6.5.3 Prüfverfahren

Metallene und flexible IBC müssen in der Weise hochgehoben werden, für die sie ausgelegt sind, bis sie sich frei über dem Boden befinden, und für die Dauer von fünf Minuten in dieser Stellung gehalten werden.

Starre Kunststoff-IBC und Kombinations-IBC sind:

.1 für eine Dauer von fünf Minuten an jedem Paar sich diagonal gegenüberliegender Hebeeinrichtungen so anzuheben, dass die Hebekräfte senkrecht wirken, und

.2 für eine Dauer von fünf Minuten an jedem Paar sich diagonal gegenüberliegender Hebeeinrichtungen so anzuheben, dass die Hebekräfte zur Mitte des IBC in einem Winkel von 45° zur Senkrechten wirken.

6.5.6.5.4 [Gleichwertige Verfahren]

Für flexible IBC dürfen auch andere, mindestens gleichwertige Verfahren für die Hebeprüfung von oben und für die Vorbereitung für die Prüfung angewendet werden.

6.5.6.5.5 Kriterien für das Bestehen der Prüfung

.1 Metallene IBC, starre Kunststoff-IBC und Kombinations-IBC: der IBC bleibt unter normalen Beförderungsbedingungen sicher, keine feststellbare dauerhafte Verformung des IBC einschließlich eines gegebenenfalls vorhandenen Palettensockels und kein Verlust von Füllgut;

.2 flexible IBC: keine Beschädigung des IBC oder seiner Hebeeinrichtungen, durch die der IBC für die Beförderung oder Handhabung ungeeignet wird und kein Verlust von Füllgut.

6.5.6.6 Stapeldruckprüfung

6.5.6.6.1 Anwendungsbereich

Für alle IBC-Arten, die für das Stapeln ausgelegt sind, als Bauartprüfung.

6.5.6.6.2 Vorbereitung der IBC für die Prüfung

Der IBC ist bis zu seiner höchstzulässigen Bruttomasse zu befüllen. Wenn die Dichte des für die Prüfung verwendeten Produktes dies nicht zulässt, ist eine zusätzliche Last anzubringen, damit der IBC bei seiner höchstzulässigen Bruttomasse geprüft werden kann, wobei die Last gleichmäßig zu verteilen ist.

6.5.6.6.3 Prüfverfahren

.1 Der IBC muss mit seinem Boden auf einen horizontalen harten Untergrund gestellt und einer gleichmäßig verteilten überlagerten Prüflast ausgesetzt werden (siehe 6.5.6.6.4). Die IBC sind der Prüflast mindestens auszusetzen:

- fünf Minuten bei metallenen IBC,
- 28 Tage bei 40 °C bei starren Kunststoff-IBC der Arten 11H2, 21H2 und 31H2 und bei Kombinations-IBC mit äußeren Kunststoff-Umhüllungen, die der Stapellast standhalten (d. h. die Arten 11HH1, 11HH2, 21HH1, 21HH2, 31HH1 und 31HH2),
- 24 Stunden bei allen anderen IBC-Arten.

.2 Die Prüflast muss nach einer der folgenden Methoden aufgebracht werden:

- ein oder mehrere IBC der gleichen Bauart, die bis zur höchstzulässigen Bruttomasse befüllt sind, werden auf den zu prüfenden IBC gestapelt;
- geeignete Gewichte werden auf eine flache Platte oder auf eine Nachbildung des Bodens des IBC gestellt, die auf den zu prüfenden IBC aufgelegt wird.

Berechnung der überlagerten Prüflast 6.5.6.6.4

Die Last, die auf den IBC gestellt wird, muss das 1,8-fache der addierten höchstzulässigen Bruttomasse so vieler gleichartiger IBC betragen, wie während der Beförderung auf den IBC gestapelt werden dürfen.

Kriterien für das Bestehen der Prüfung 6.5.6.6.5

.1 Alle IBC-Arten, ausgenommen flexible IBC: keine dauerhafte Verformung des IBC, einschließlich eines gegebenenfalls vorhandenen Palettensockels, die die Sicherheit der Beförderung beeinträchtigt, und kein Verlust von Füllgut;

.2 flexible IBC: keine Beschädigung des Packmittelkörpers, die die Sicherheit der Beförderung beeinträchtigt, und kein Verlust von Füllgut.

Dichtheitsprüfung 6.5.6.7

Anwendungsbereich 6.5.6.7.1

Für die IBC-Arten zur Beförderung von flüssigen Stoffen oder von festen Stoffen, die unter Druck gefüllt oder entleert werden, als Bauartprüfung und wiederkehrende Prüfung.

Vorbereitung der IBC für die Prüfung 6.5.6.7.2

Die Prüfung muss vor dem Anbringen der gegebenenfalls vorhandenen Wärmeisolierung durchgeführt werden. Verschlüsse mit Lüftungseinrichtungen sind entweder durch gleichartige Verschlüsse ohne Lüftungseinrichtung zu ersetzen, oder die Lüftungseinrichtung ist luftdicht zu verschließen.

Prüfverfahren und Prüfdruck 6.5.6.7.3

Die Prüfung muss mindestens 10 Minuten mit Luft mit einem Überdruck von mindestens 20 kPa (0,2 bar) durchgeführt werden. Die Luftdichtheit des IBC muss durch eine geeignete Methode bestimmt werden, wie z. B. Luftdruckdifferenzialprüfung oder Eintauchen des IBC in Wasser oder bei metallenen IBC Überstreichen der Nähte und Verbindungen mit einer Seifenlösung. Im Fall des Eintauchens muss ein Korrekturfaktor für den hydrostatischen Druck angewendet werden.

Kriterium für das Bestehen der Prüfung 6.5.6.7.4

Keine Undichtheit.

Hydraulische Innendruckprüfung 6.5.6.8

Anwendungsbereich 6.5.6.8.1

Für IBC-Arten zur Beförderung von flüssigen und von festen Stoffen, die unter Druck gefüllt oder entleert werden, als Bauartprüfung.

Vorbereitung der IBC für die Prüfung 6.5.6.8.2

Die Prüfung muss vor dem Anbringen einer gegebenenfalls vorhandenen Wärmeisolierung durchgeführt werden. Druckentlastungseinrichtungen müssen außer Betrieb gesetzt oder entfernt und die entstehenden Öffnungen verschlossen werden.

Prüfverfahren 6.5.6.8.3

Die Prüfung muss mindestens 10 Minuten mit einem hydraulischen Druck durchgeführt werden, der nicht geringer sein darf als der in 6.5.6.8.4 angegebene Druck. Der IBC darf während der Prüfung nicht mechanisch abgestützt werden.

Prüfdruck 6.5.6.8.4

[Metallene IBC] 6.5.6.8.4.1

Metallene IBC:

.1 für IBC der Arten 21A, 21B und 21N zur Beförderung von festen Stoffen der Verpackungsgruppe I: Prüfdruck (Überdruck) von 250 kPa (2,5 bar);

.2 für IBC der Arten 21A, 21B, 21N, 31A, 31B und 31N zur Beförderung von Stoffen der Verpackungsgruppen II und III: Prüfdruck (Überdruck) von 200 kPa (2 bar);

.3 außerdem für IBC der Arten 31A, 31B und 31N: Prüfdruck (Überdruck) von 65 kPa (0,65 bar). Diese Prüfung muss vor der Prüfung mit 200 kPa (2 bar) durchgeführt werden.

6.5.6.8.4.2 [Andere IBC]

Starre Kunststoff-IBC und Kombinations-IBC:

.1 für IBC der Arten 21H1, 21H2, 21HZ1 und 21HZ2: Prüfdruck (Überdruck) von 75 kPa (0,75 bar);

.2 für IBC der Arten 31H1, 31H2, 31HZ1 und 31HZ2 der jeweils höhere der beiden Werte, von denen der erste durch eine der folgenden Methoden bestimmt wird:

– der im IBC gemessene Gesamtüberdruck (d. h. Dampfdruck des zu befördernden Stoffes und Partialdruck der Luft oder anderer inerter Gase minus 100 kPa) bei 55 °C, multipliziert mit einem Sicherheitsfaktor von 1,5; dieser Gesamtüberdruck wird auf der Grundlage eines maximalen Füllungsgrades gemäß 4.1.1.4 und einer Fülltemperatur von 15 °C ermittelt, oder

– der 1,75-fache Wert des Dampfdruckes des zu befördernden Stoffes bei 50 °C minus 100 kPa, mindestens aber 100 kPa, oder

– der 1,5-fache Wert des Dampfdruckes des zu befördernden Stoffes bei 55 °C minus 100 kPa, mindestens aber 100 kPa,

und der zweite durch folgende Methode bestimmt wird:

– der doppelte statische Druck des zu befördernden Stoffes, mindestens aber der doppelte Wert des statischen Wasserdruckes.

6.5.6.8.5 Kriterien für das Bestehen der Prüfung(en)

.1 für IBC der Arten 21A, 21B, 21N, 31A, 31B und 31N, die dem in 6.5.6.8.4.1.1 oder 6.5.6.8.4.1.2 angegebenen Prüfdruck unterzogen werden: es darf keine Undichtheit auftreten;

.2 für IBC der Arten 31A, 31B und 31N, die dem in 6.5.6.8.4.1.3 angegebenen Prüfdruck unterzogen werden: es darf weder eine bleibende Verformung, durch die der IBC für die Beförderung ungeeignet wird, noch eine Undichtheit auftreten;

.3 für starre Kunststoff-IBC und Kombinations-IBC: es darf weder eine bleibende Verformung, durch die der IBC für die Beförderung ungeeignet wird, noch eine Undichtheit auftreten.

6.5.6.9 Fallprüfung

6.5.6.9.1 Anwendungsbereich

Für alle IBC als Bauartprüfung.

6.5.6.9.2 Vorbereitung des IBC für die Prüfung

.1 Metallene IBC: Der IBC muss für feste Stoffe bis mindestens 95 % und für flüssige Stoffe bis mindestens 98 % seines höchsten Fassungsraums gefüllt werden. Druckentlastungseinrichtungen müssen außer Betrieb gesetzt oder entfernt und die entstehenden Öffnungen verschlossen werden.

.2 Flexible IBC: Der IBC muss bis zu seiner höchstzulässigen Bruttomasse gefüllt werden, wobei der Inhalt gleichmäßig zu verteilen ist.

.3 Starre Kunststoff-IBC und Kombinations-IBC: Der IBC muss für feste Stoffe bis mindestens 95 % und für flüssige Stoffe bis mindestens 98 % seines höchsten Fassungsraums gefüllt werden. Druckentlastungseinrichtungen dürfen außer Betrieb gesetzt oder entfernt und die entstehenden Öffnungen verschlossen werden. Die Prüfung der IBC ist vorzunehmen, nachdem die Temperatur des Prüfmusters und seines Inhalts auf -18 °C oder darunter abgesenkt wurde. Sofern die Prüfmuster der Kombinations-IBC nach diesem Verfahren vorbereitet werden, kann auf die in 6.5.6.3.1 vorgeschriebene Konditionierung verzichtet werden. Die für die Prüfung verwendeten flüssigen Stoffe sind, gegebenenfalls durch Zugabe von Frostschutzmitteln, in flüssigem Zustand zu halten. Auf die Konditionierung kann verzichtet werden, falls die Werkstoffe eine ausreichende Verformbarkeit und Zugfestigkeit bei niedrigen Temperaturen aufweisen.

.4 IBC aus Pappe oder aus Holz: Der IBC muss bis mindestens 95 % seines höchsten Fassungsraums gefüllt werden.

6.5.6.9.3 Prüfverfahren

Der IBC muss mit seinem Boden so auf eine nicht federnde, horizontale, ebene, massive und starre Oberfläche nach den Vorschriften von 6.1.5.3.4 fallen gelassen werden, dass der IBC auf die schwächste Stelle seines Bodens aufschlägt. Ein IBC mit einem Fassungsraum von höchstens 0,45 m^3 muss auch fallen gelassen werden:

.1 metallene IBC: auf die schwächste Stelle, abgesehen von der Stelle des Bodens, die beim ersten Fallversuch geprüft wurde; 6.5.6.9.3 (Forts.)

.2 flexible IBC: auf die schwächste Seite;

.3 starre Kunststoff-IBC, Kombinations-IBC sowie IBC aus Pappe und aus Holz: flach auf eine Seite, flach auf das Oberteil und auf eine Ecke.

Für jeden Fallversuch darf derselbe IBC oder ein anderer IBC derselben Auslegung verwendet werden.

Fallhöhe 6.5.6.9.4

Für feste Stoffe und flüssige Stoffe, wenn die Prüfung mit dem zu befördernden festen oder flüssigen Stoff oder mit einem anderen Stoff, der im Wesentlichen dieselben physikalischen Eigenschaften hat, durchgeführt wird:

Verpackungsgruppe I	Verpackungsgruppe II	Verpackungsgruppe III
1,8 m	1,2 m	0,8 m

Für flüssige Stoffe, wenn die Prüfung mit Wasser durchgeführt wird:

(a) wenn der zu befördernde Stoff eine relative Dichte von höchstens 1,2 hat:

Verpackungsgruppe II	Verpackungsgruppe III
1,2 m	0,8 m

(b) wenn der zu befördernde Stoff eine relative Dichte von mehr als 1,2 hat, ist die Fallhöhe aufgrund der relativen Dichte (*d*) des zu befördernden Stoffes, aufgerundet auf die erste Dezimalstelle, wie folgt zu berechnen:

Verpackungsgruppe II	Verpackungsgruppe III
$d \times 1{,}0$ m	$d \times 0{,}67$ m

Kriterium für das Bestehen der Prüfung(en) 6.5.6.9.5

.1 Metallene IBC: kein Verlust von Füllgut;

.2 flexible IBC: kein Verlust von Füllgut. Ein geringfügiges Austreten aus Verschlüssen oder Nahtstellen beim Aufprall gilt nicht als Versagen des IBC, vorausgesetzt, es kommt nicht zu weiterer Undichtheit, nachdem der IBC vom Boden abgehoben worden ist;

.3 starre Kunststoff-IBC, Kombinations-IBC sowie IBC aus Pappe und aus Holz: kein Verlust von Füllgut. Ein geringfügiges Austreten aus Verschlüssen beim Aufprall gilt nicht als Versagen des IBC, vorausgesetzt, es kommt nicht zu weiterer Undichtheit;

.4 alle IBC: keine Beschädigung, durch die der IBC für eine Beförderung zur Bergung oder Entsorgung unsicher wird und kein Verlust von Füllgut. Darüber hinaus muss der IBC in der Lage sein, durch geeignete Mittel für eine Dauer von fünf Minuten angehoben zu werden, so dass er sich frei über dem Boden befindet.

Bemerkung: *Das Kriterium in 6.5.6.9.5.4 gilt für ab dem 1. Januar 2011 gebaute IBC-Bauarten.*

Weiterreißprüfung 6.5.6.10

Anwendungsbereich 6.5.6.10.1

Für alle Arten von flexiblen IBC als Bauartprüfung.

Vorbereitung des IBC für die Prüfung 6.5.6.10.2

Der IBC muss bis mindestens 95 % seines Fassungsraums und bis zu seiner höchstzulässigen Bruttomasse gefüllt werden, wobei der Inhalt gleichmäßig zu verteilen ist.

Prüfverfahren 6.5.6.10.3

Wenn sich der IBC auf dem Boden befindet, wird mit einem Messer die Breitseite in einer Länge von 100 mm in einem Winkel von 45° zur Hauptachse in halber Höhe zwischen dem Boden des IBC und dem oberen Füllgutspiegel vollständig durchschnitten. Der IBC ist dann einer gleichmäßig verteilten

6.5.6.10.3 (Forts.) überlagerten Last auszusetzen, die dem Zweifachen der höchstzulässigen Bruttomasse entspricht. Die Last muss mindestens fünf Minuten wirken. IBC, die für das Heben von oben oder von der Seite ausgelegt sind, müssen dann nach Entfernung der überlagerten Last hochgehoben werden, bis sie sich frei über dem Boden befinden, und für fünf Minuten in dieser Stellung gehalten werden.

6.5.6.10.4 Kriterium für das Bestehen der Prüfung

Der Schnitt darf sich nicht um mehr als 25 % seiner ursprünglichen Länge vergrößern.

6.5.6.11 Kippfallprüfung

6.5.6.11.1 Anwendungsbereich

Für alle Arten von flexiblen IBC als Bauartprüfung.

6.5.6.11.2 Vorbereitung des IBC für die Prüfung

Der IBC muss bis mindestens 95 % seines Fassungsraums und bis zu seiner höchstzulässigen Bruttomasse gefüllt werden, wobei der Inhalt gleichmäßig zu verteilen ist.

6.5.6.11.3 Prüfverfahren

Der IBC muss so gekippt werden, dass eine beliebige Stelle seines Oberteils auf eine starre, nicht federnde, glatte, flache und horizontale Fläche fällt.

6.5.6.11.4 Kippfallhöhe

Verpackungsgruppe I	Verpackungsgruppe II	Verpackungsgruppe III
1,8 m	1,2 m	0,8 m

6.5.6.11.5 Kriterium für das Bestehen der Prüfung

Kein Austreten von Füllgut. Ein geringfügiges Austreten aus Verschlüssen oder Nahtstellen beim Aufprall gilt nicht als Versagen des IBC, vorausgesetzt, es kommt nicht zu weiterer Undichtheit.

6.5.6.12 Aufrichtprüfung

6.5.6.12.1 Anwendungsbereich

Für alle flexiblen IBC, die für das Heben von oben oder von der Seite ausgelegt sind, als Bauartprüfung.

6.5.6.12.2 Vorbereitung des IBC für die Prüfung

Der IBC muss bis mindestens 95 % seines Fassungsraums und bis zu seiner höchstzulässigen Bruttomasse gefüllt werden, wobei der Inhalt gleichmäßig zu verteilen ist.

6.5.6.12.3 Prüfverfahren

Der auf der Seite liegende IBC muss an einer Hebeeinrichtung oder zwei Hebeeinrichtungen, wenn vier vorhanden sind, mit einer Geschwindigkeit von mindestens 0,1 m/s angehoben werden, bis er aufrecht frei über dem Boden hängt.

6.5.6.12.4 Kriterium für das Bestehen der Prüfung

Keine Beschädigung des IBC oder seiner Hebeeinrichtungen, welche die Sicherheit des IBC bei der Beförderung oder Handhabung beeinträchtigt.

6.5.6.13 Vibrationsprüfung

6.5.6.13.1 Anwendungsbereich

Für alle IBC, die für flüssige Stoffe verwendet werden, als Bauartprüfung.

Bemerkung: *Diese Prüfung gilt für ab dem 1. Januar 2011 gebaute IBC-Bauarten.*

6.5.6.13.2 Vorbereitung des IBC für die Prüfung

Ein IBC-Prüfmuster muss nach dem Zufallsprinzip ausgewählt werden und für die Beförderung ausgerüstet und verschlossen werden. Der IBC muss bis mindestens 98 % seines höchsten Fassungsraums mit Wasser gefüllt werden.

Prüfverfahren und -dauer 6.5.6.13.3

Der IBC muss in der Mitte der Auflagefläche der Prüfmaschine mit einer senkrechten Sinusschwingung doppelter Amplitude von 25 mm ± 5 % (Phasenverschiebung) aufgesetzt werden. Sofern notwendig müssen an der Auflagefläche Rückhalteeinrichtungen befestigt werden, die eine horizontale Bewegung des Prüfmusters von der Auflagefläche ohne Beschränkung der senkrechten Bewegung verhindern. 6.5.6.13.3.1

Die Prüfung ist für die Dauer von einer Stunde bei einer Frequenz durchzuführen, die dazu führt, dass ein Teil des IBC-Bodens vorübergehend für einen Teil jeder Periode so stark von der Vibrationsauflagefläche angehoben wird, dass ein Distanzplättchen aus Metall zeitweise an mindestens einem Punkt vollständig zwischen dem IBC-Boden und der Prüfauflagefläche eingeschoben werden kann. Es kann notwendig sein, die Frequenz nach dem ursprünglichen Sollwert anzupassen, um Resonanzschwingungen der Verpackung zu verhindern. Dennoch muss die Prüffrequenz das in diesem Absatz beschriebenen Einbringen des Distanzplättchens aus Metall unter dem IBC weiterhin zulassen. Die ständige Möglichkeit des Einschiebens des Distanzplättchens aus Metall ist für das Bestehen der Prüfung unbedingt erforderlich. Das für diese Prüfung verwendete Distanzplättchen aus Metall muss eine Dicke von mindestens 1,6 mm, eine Breite von mindestens 50 mm und eine ausreichende Länge haben, damit es für die Durchführung der Prüfung mindestens 100 mm zwischen dem IBC und der Auflagefläche eingeschoben werden kann. 6.5.6.13.3.2

Kriterien für das Bestehen der Prüfung 6.5.6.13.4

Es darf keine Undichtheit und kein Bruch festgestellt werden. Darüber hinaus darf kein Zubruchgehen oder Versagen der baulichen Ausrüstungsteile wie Brechen von Schweißverbindungen oder Versagen von Befestigungen festgestellt werden.

Prüfbericht 6.5.6.14

[Inhalt] 6.5.6.14.1

Über die Prüfung ist ein Prüfbericht zu erstellen, der mindestens folgende Angaben enthält und den Benutzern des IBC zur Verfügung gestellt werden muss:

.1 Name und Anschrift der Prüfeinrichtung,

.2 Name und Anschrift des Antragstellers (soweit erforderlich),

.3 eine nur einmal vergebene Prüfbericht-Kennnummer,

.4 Datum des Prüfberichts,

.5 Hersteller des IBC,

.6 Beschreibung der IBC-Bauart (z. B. Abmessungen, Werkstoffe, Verschlüsse, Wanddicke usw.), einschließlich des Herstellungsverfahrens (z. B. Blasformverfahren), gegebenenfalls mit Zeichnung(en) und/oder Foto(s),

.7 maximaler Fassungsraum,

.8 charakteristische Merkmale des Prüfinhalts, z. B. Viskosität und relative Dichte bei flüssigen Stoffen und Teilchengröße bei festen Stoffen. Für starre Kunststoff-IBC und Kombinations-IBC, die der Innendruckprüfung gemäß 6.5.6.8 unterliegen, die Temperatur des verwendeten Wassers,

.9 Beschreibung und Ergebnis der Prüfungen und

.10 der Prüfbericht muss mit Namen und Funktionsbezeichnung des Unterzeichners unterschrieben sein.

[Weitergabe] 6.5.6.14.2

Der Prüfbericht muss Erklärungen enthalten, dass der versandfertige IBC nach den entsprechenden Vorschriften dieses Kapitels geprüft wurde und dass dieser Prüfbericht bei Anwendung anderer Verpackungsmethoden oder bei Verwendung anderer Verpackungsbestandteile ungültig werden kann. Eine Ausfertigung dieses Prüfberichts muss der zuständigen Behörde zur Verfügung gestellt werden.

Kapitel 6.6
Bau- und Prüfvorschriften für Großverpackungen

6.6.1 Allgemeines

→ D: GGVSee § 12 (1) Nr. 4

6.6.1.1 [Betroffene Klassen]

Die Vorschriften dieses Kapitels gelten nicht für:

- Klasse 2, ausgenommen Gegenstände einschließlich Druckgaspackungen,
- Klasse 6.2, ausgenommen klinische Abfälle der UN-Nummer 3291,
- Klasse 7-Versandstücke, die radioaktive Stoffe enthalten.

6.6.1.2 [QS-Programm]

Großverpackungen müssen nach einem von der zuständigen Behörde zufriedenstellend erachteten Qualitätssicherungsprogramm hergestellt, geprüft und wiederaufgearbeitet sein, um sicherzustellen, dass jede hergestellte oder wiederaufgearbeitete Großverpackung den Vorschriften dieses Kapitels entspricht.

Bemerkung: *Die Norm ISO 16106:2006 „Verpackung – Verpackungen zur Beförderung gefährlicher Güter – Gefahrgutverpackungen, Großpackmittel (IBC) und Großverpackungen – Leitfaden für die Anwendung der ISO 9001" enthält zufriedenstellende Leitlinien für Verfahren, die angewendet werden dürfen.*

6.6.1.3 [Abweichende Spezifikationen]

Die besonderen Vorschriften für Großverpackungen in 6.6.4 stützen sich auf die derzeit verwendeten Großverpackungen. Um den wissenschaftlichen und technischen Fortschritt zu berücksichtigen, dürfen Großverpackungen verwendet werden, deren Spezifikationen von denen in 6.6.4 abweichen, vorausgesetzt, sie sind ebenso wirksam, von der zuständigen Behörde anerkannt und sie bestehen erfolgreich die in 6.6.5 beschriebenen Prüfungen. Andere als die in diesem Code beschriebenen Prüfungen sind zulässig, vorausgesetzt, sie sind gleichwertig.

6.6.1.4 [Informationspflicht]

Hersteller und nachfolgende Verteiler von Verpackungen müssen Informationen über die zu befolgenden Verfahren sowie eine Beschreibung der Arten und Abmessungen der Verschlüsse (einschließlich der erforderlichen Dichtungen) und aller anderen Bestandteile liefern, die notwendig sind, um sicherzustellen, dass die versandfertigen Versandstücke in der Lage sind, die anwendbaren Qualitätsprüfungen dieses Kapitels zu erfüllen.

6.6.2 Codierung für die Bezeichnung der Art von Großverpackungen

6.6.2.1 [Codebuchstaben]

Der für Großverpackungen verwendete Code besteht aus:

(a) zwei arabischen Ziffern, und zwar:
„50" für starre Großverpackungen oder
„51" für flexible Großverpackungen und

(b) einem lateinischen Großbuchstaben für die Art des Werkstoffes, wie Holz, Stahl usw. Es müssen die in 6.1.2.6 aufgeführten Großbuchstaben verwendet werden.

6.6.2.2 [Abweichende Spezifikation]

Der Code der Großverpackung kann durch den Buchstaben „T" oder „W" ergänzt werden. Der Buchstabe „T" bezeichnet eine Bergungsgroßverpackung nach den Vorschriften in 6.6.5.1.9. Der Buchstabe „W" bedeutet, dass die Großverpackung zwar der durch den Code bezeichneten Art angehört, jedoch nach einer von 6.6.4 abweichenden Spezifikation hergestellt wurde und nach den Vorschriften in 6.6.1.3 als gleichwertig gilt.

Kennzeichnung 6.6.3

Grundkennzeichnung 6.6.3.1

Jede Großverpackung, die für eine Verwendung gemäß diesem Code gebaut und bestimmt ist, muss mit dauerhaften, lesbaren und an einer gut sichtbaren Stelle angebrachten Kennzeichen versehen sein. Die Buchstaben, Ziffern und Symbole müssen eine Zeichenhöhe von mindestens 12 mm aufweisen und folgende Angaben umfassen:

(a) das Symbol der Vereinten Nationen für Verpackungen: (u n)

Dieses Symbol darf nur zum Zweck der Bestätigung verwendet werden, dass eine Verpackung, ein flexibler Schüttgut-Container, ein ortsbeweglicher Tank oder ein MEGC den entsprechenden Vorschriften des Kapitels 6.1, 6.2, 6.3, 6.5, 6.6, 6.7 oder 6.9 entspricht. Für Großverpackungen aus Metall, auf denen die Kennzeichen durch Stempeln oder Prägen angebracht werden, dürfen anstelle des Symbols die Buchstaben „UN" verwendet werden;

(b) die Zahl „50" für eine starre Großverpackung oder „51" für eine flexible Großverpackung, gefolgt vom Buchstaben für den Werkstoff gemäß 6.5.1.4.1.2;

(c) einen Großbuchstaben, der die Verpackungsgruppe(n) angibt, für die die Bauart zugelassen worden ist:

X für die Verpackungsgruppen I, II und III
Y für die Verpackungsgruppen II und III
Z nur für die Verpackungsgruppe III;

(d) der Monat und das Jahr (die beiden letzten Ziffern) der Herstellung;

(e) das Zeichen des Staates, in dem die Zuordnung des Kennzeichens zugelassen wurde, angegeben durch das für Kraftfahrzeuge im internationalen Verkehr verwendete Unterscheidungszeichen[1];

(f) der Name oder das Zeichen des Herstellers oder jede andere von der zuständigen Behörde festgelegte Identifizierung der Großverpackung;

(g) die Prüflast der Stapeldruckprüfung[2] in Kilogramm. Bei Großverpackungen, die nicht für die Stapelung ausgelegt sind, ist „0" anzugeben;

(h) höchstzulässige Bruttomasse in Kilogramm.

Das Grundkennzeichen muss in der Reihenfolge der vorstehenden Unterabsätze angebracht werden. Jedes der gemäß den Unterabsätzen (a) bis (h) angebrachten Kennzeichen muss zur leichteren Identifizierung deutlich getrennt werden, z. B. durch einen Schrägstrich oder eine Leerstelle.

Beispiele für die Kennzeichnung 6.6.3.2

(u n)	**50A/X/05 01/N/PQRS 2500/1000**	Großverpackung aus Stahl, die gestapelt werden darf; Stapellast: 2 500 kg; höchste Bruttomasse: 1 000 kg.
(u n)	**50AT/Y/05/01/B/PQRS 2500/1000**	Bergungsgroßverpackung aus Stahl, die gestapelt werden darf; Stapellast: 2 500 kg; höchste Bruttomasse: 1 000 kg.
(u n)	**50H/Y/04 02/D/ABCD 987 0/800**	Großverpackung aus Kunststoff, die nicht gestapelt werden darf; höchste Bruttomasse: 800 kg.
(u n)	**51H/Z/06 01/S/1999 0/500**	flexible Großverpackung, die nicht gestapelt werden darf; höchste Bruttomasse: 500 kg.

[Piktogramm Stapellast] 6.6.3.3

Die höchstzulässige anwendbare Stapellast bei der Verwendung der Großverpackung muss auf einem der unten gezeigten Abbildungen entsprechenden Piktogramm angegeben werden. Das Piktogramm muss dauerhaft und deutlich sichtbar sein.

---

1) Das für Kraftfahrzeuge und Anhänger im internationalen Straßenverkehr verwendete Unterscheidungszeichen des Zulassungsstaates, z. B. gemäß dem Genfer Übereinkommen über den Straßenverkehr von 1949 oder dem Wiener Übereinkommen über den Straßenverkehr von 1968.

2) Die Prüflast der Stapeldruckprüfung in Kilogramm, die auf die Großverpackung gestellt wird, muss das 1,8-fache der addierten höchstzulässigen Bruttomasse so vieler gleichartiger Großverpackungen betragen, wie während der Beförderung auf die Großverpackung gestapelt werden dürfen (siehe 6.6.5.3.3.4).

6.6.3.3 (Forts.)

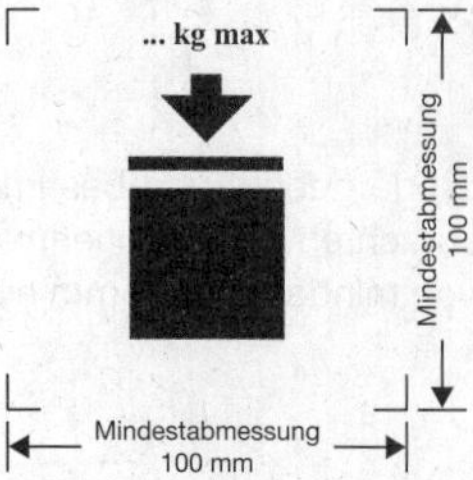

Großverpackung, die gestapelt werden kann

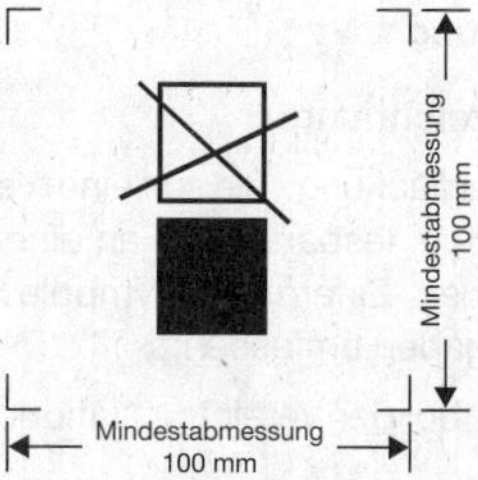

Großverpackung, die NICHT gestapelt werden kann

Die Mindestabmessungen müssen 100 mm × 100 mm sein. Die Buchstaben und Ziffern für die Angabe der Masse müssen eine Zeichenhöhe von mindestens 12 mm haben. Der durch die Abmessungspfeile angegebene Druckbereich muss quadratisch sein. Wenn Abmessungen nicht näher spezifiziert sind, müssen die Proportionen aller Merkmale den abgebildeten in etwa entsprechen. Die über dem Piktogramm angegebene Masse darf nicht größer sein als die bei der Bauartprüfung aufgebrachte Last (siehe 6.6.5.3.3.4) dividiert durch 1,8.

Bemerkung: *Die Vorschriften in 6.6.3.3 gelten für alle Großverpackungen, die ab dem 1. Januar 2015 gebaut, repariert oder wiederaufgearbeitet werden. Die Vorschriften in 6.6.3.3 des IMDG-Codes (Amendment 36-12) dürfen weiterhin auf alle Großverpackungen angewendet werden, die zwischen dem 1. Januar 2015 und dem 31. Dezember 2016 gebaut, repariert oder wiederaufgearbeitet werden.*

6.6.4 Besondere Vorschriften für Großverpackungen

6.6.4.1 Besondere Vorschriften für Großverpackungen aus Metall

50A aus Stahl
50B aus Aluminium
50N aus Metall (außer Stahl oder Aluminium)

6.6.4.1.1 [Werkstoff]

Die Großverpackungen müssen aus einem geeigneten verformbaren Metall hergestellt sein, dessen Schweißbarkeit einwandfrei feststeht. Die Schweißverbindungen müssen fachmännisch ausgeführt sein und vollständige Sicherheit bieten. Die Leistungsfähigkeit des Werkstoffs bei niedrigen Temperaturen muss gegebenenfalls berücksichtigt werden.

6.6.4.1.2 [Galvanische Schäden]

Es ist darauf zu achten, dass Schäden durch galvanische Wirkungen aufgrund sich berührender unterschiedlicher Metalle vermieden werden.

6.6.4.2 Besondere Vorschriften für flexible Großverpackungen

51H flexibel, Kunststoff
51M flexibel, Papier

6.6.4.2.1 [Werkstoff]

Die Großverpackungen müssen aus geeigneten Werkstoffen hergestellt sein. Die Festigkeit des Werkstoffes und die Ausführung der flexiblen Großverpackungen müssen dem Fassungsraum und der vorgesehenen Verwendung angepasst sein.

6.6.4.2.2 [Reißfestigkeit]

Alle für die Herstellung der flexiblen Großverpackungen der Art 51M verwendeten Werkstoffe müssen nach mindestens 24-stündigem vollständigem Eintauchen in Wasser noch mindestens 85 % der Reißfestigkeit aufweisen, die ursprünglich nach Konditionierung des Werkstoffes bis zum Gleichgewicht bei einer relativen Feuchtigkeit von höchstens 67 % gemessen wurde.

[Nähte] 6.6.4.2.3

Verbindungen müssen durch Nähen, Heißsiegeln, Kleben oder andere gleichwertige Verfahren hergestellt sein. Alle genähten Verbindungen müssen gesichert sein.

[Alterungsbeständigkeit] 6.6.4.2.4

Flexible Großverpackungen müssen eine angemessene Widerstandsfähigkeit gegenüber Alterung und Festigkeitsabbau durch ultraviolette Strahlung, klimatische Bedingungen oder das Füllgut aufweisen, um für die vorgesehene Verwendung geeignet zu sein.

[UV-Beständigkeit] 6.6.4.2.5

Bei flexiblen Großverpackungen aus Kunststoff, bei denen ein Schutz vor ultravioletter Strahlung erforderlich ist, muss dies durch Zugabe von Ruß oder anderen geeigneten Pigmenten oder Inhibitoren erfolgen. Diese Zusätze müssen mit dem Füllgut verträglich sein und während der gesamten Verwendungsdauer der Großverpackung ihre Wirkung behalten. Bei Verwendung von Ruß, Pigmenten oder Inhibitoren, die sich von den für die Herstellung des geprüften Baumusters verwendeten unterscheiden, kann auf eine Wiederholung der Prüfungen verzichtet werden, wenn der veränderte Gehalt an Ruß, Pigmenten oder Inhibitoren die physikalischen Eigenschaften des Werkstoffes nicht beeinträchtigt.

[Zusätze] 6.6.4.2.6

Dem Werkstoff der Großverpackung dürfen Zusätze beigemischt werden, um die Beständigkeit gegenüber Alterung zu verbessern, oder für andere Zwecke, vorausgesetzt, sie beeinträchtigen nicht die physikalischen oder chemischen Eigenschaften des Werkstoffes.

[Höhe/Breite-Verhältnis] 6.6.4.2.7

Ist die Großverpackung gefüllt, darf das Verhältnis von Höhe zu Breite nicht mehr als 2:1 betragen.

Besondere Vorschriften für Großverpackungen aus Kunststoff 6.6.4.3

50H starr, Kunststoff

[Werkstoff] 6.6.4.3.1

Die Großverpackung muss aus geeignetem Kunststoff bekannter Spezifikationen hergestellt sein, und seine Festigkeit muss seinem Fassungsraum und seiner vorgesehenen Verwendung angepasst sein. Der Werkstoff muss in geeigneter Weise widerstandsfähig sein gegen Alterung und Festigkeitsabbau, der durch das Füllgut oder gegebenenfalls durch ultraviolette Strahlung verursacht wird. Die Leistungsfähigkeit bei niedrigen Temperaturen muss gegebenenfalls berücksichtigt werden. Eine Permeation von Füllgut darf unter normalen Beförderungsbedingungen keine Gefahr darstellen.

[UV-Beständigkeit] 6.6.4.3.2

Ist ein Schutz gegen ultraviolette Strahlung erforderlich, so muss dieser durch Zugabe von Ruß oder anderen geeigneten Pigmenten oder Inhibitoren erfolgen. Diese Zusätze müssen mit dem Inhalt verträglich sein und während der gesamten Verwendungsdauer der Außenverpackung ihre Wirkung behalten. Bei Verwendung von Ruß, Pigmenten oder Inhibitoren, die sich von den für die Herstellung des geprüften Baumusters verwendeten unterscheiden, kann auf die Wiederholung der Prüfungen verzichtet werden, wenn der veränderte Gehalt an Ruß, Pigmenten oder Inhibitoren die physikalischen Eigenschaften des Werkstoffes nicht beeinträchtigt.

[Zusätze] 6.6.4.3.3

Dem Werkstoff der Großverpackung dürfen Zusätze beigemischt werden, um die Beständigkeit gegen Alterung zu verbessern, oder für andere Zwecke, vorausgesetzt, sie beeinträchtigen nicht die physikalischen oder chemischen Eigenschaften des Werkstoffes.

Besondere Vorschriften für Großverpackungen aus Pappe 6.6.4.4

50G starr, Pappe

[Werkstoff] 6.6.4.4.1

Die Großverpackung muss aus fester Vollpappe oder fester zweiseitiger Wellpappe (ein- oder mehrwellig) von guter Qualität hergestellt sein, die dem Fassungsraum und der vorgesehenen Verwendung angepasst

6.6.4.4.1 (Forts.) sind. Die Wasserbeständigkeit der Außenfläche muss so sein, dass die Erhöhung der Masse während der 30 Minuten dauernden Prüfung auf Wasseraufnahme nach der Cobb-Methode nicht mehr als 155 g/m^2 ergibt (siehe ISO-Norm 535:1991). Die Pappe muss eine geeignete Biegefestigkeit haben. Die Pappe muss so zugeschnitten, ohne Ritze gerillt und geschlitzt sein, dass sie beim Zusammenbau nicht knickt, ihre Oberfläche nicht einreißt oder sie nicht zu stark ausbaucht. Die Wellen der Wellpappe müssen fest mit den Außenschichten verklebt sein.

6.6.4.4.2 **[Durchstoßfestigkeit]**

Die Wände, einschließlich Deckel und Boden, müssen eine Durchstoßfestigkeit von mindestens 15 J, gemessen nach der ISO-Norm 3036:1975, aufweisen.

6.6.4.4.3 **[Fabrikkanten]**

Die Fabrikkanten der Außenverpackung von Großverpackungen müssen eine ausreichende Überlappung aufweisen und durch Klebeband, Verkleben, Heften mittels Metallklammern oder andere mindestens gleichwertige Befestigungssysteme hergestellt sein. Erfolgt die Verbindung durch Verkleben oder durch Verwendung von Klebeband, ist ein wasserbeständiger Klebstoff zu verwenden. Metallklammern müssen durch alle zu befestigenden Teile durchgeführt und so geformt oder geschützt sein, dass die Innenauskleidung weder abgerieben noch durchstoßen werden kann.

6.6.4.4.4 **[Palettenbemessung]**

Ein Palettensockel, der einen festen Bestandteil der Großverpackung bildet, oder eine abnehmbare Palette muss für die mechanische Handhabung der mit der höchstzulässigen Bruttomasse befüllten Großverpackung geeignet sein.

6.6.4.4.5 **[Palettenauslegung]**

Die abnehmbare Palette oder der Palettensockel muss so ausgelegt sein, dass Verformungen am Boden der Großverpackung, die bei der Handhabung Schäden verursachen können, vermieden werden.

6.6.4.4.6 **[Abnehmbare Palette]**

Bei einer abnehmbaren Palette muss der Packmittelkörper fest mit der Palette verbunden sein, um die Stabilität bei Handhabung und Beförderung sicherzustellen. Darüber hinaus muss die Oberfläche der abnehmbaren Palette frei von Unebenheiten sein, die die Großverpackung beschädigen können.

6.6.4.4.7 **[Stapelfestigkeit]**

Um die Stapelfestigkeit zu erhöhen, dürfen Verstärkungseinrichtungen, wie Holzstützen, verwendet werden, die sich jedoch außerhalb der Innenauskleidung befinden müssen.

6.6.4.4.8 **[Lastverteilung]**

Sind die Großverpackungen zum Stapeln vorgesehen, muss die tragende Fläche so beschaffen sein, dass die Last sicher verteilt wird.

6.6.4.5 **Besondere Vorschriften für Großverpackungen aus Holz**

50C aus Naturholz

50D aus Sperrholz

50F aus Holzfaserwerkstoff

6.6.4.5.1 **[Werkstoff]**

Die Festigkeit der verwendeten Werkstoffe und die Art der Fertigung müssen dem Fassungsraum und der vorgesehenen Verwendung der Großverpackung angepasst sein.

6.6.4.5.2 **[Naturholz]**

Besteht die Großverpackung aus Naturholz, so muss dieses gut abgelagert, handelsüblich trocken und frei von Mängeln sein, um eine wesentliche Verminderung der Festigkeit jedes einzelnen Teils der Großverpackungen zu verhindern. Jedes Teil der Großverpackung muss aus einem Stück bestehen oder diesem gleichwertig sein. Teile sind als einem Stück gleichwertig anzusehen, wenn eine geeignete Klebeverbindung, wie z. B. Lindermann-Verbindung, Nut- und Federverbindung, überlappende Verbindung oder eine Stoßverbindung mit mindestens zwei gewellten Metallbefestigungselementen an jeder Verbindung oder andere gleich wirksame Verfahren angewendet werden.

[Sperrholz] 6.6.4.5.3

Besteht die Großverpackung aus Sperrholz, so muss dieses mindestens aus drei Lagen bestehen und aus gut abgelagertem Schälfurnier, Schnittfurnier oder Sägefurnier hergestellt, handelsüblich trocken und frei von Mängeln sein, die die Festigkeit der Großverpackung erheblich beeinträchtigen können. Die einzelnen Lagen müssen mit einem wasserbeständigen Klebstoff miteinander verleimt sein. Für die Herstellung der Großverpackungen dürfen auch andere geeignete Werkstoffe zusammen mit Sperrholz verwendet werden.

[Holzfaserwerkstoff] 6.6.4.5.4

Besteht die Großverpackung aus Holzfaserwerkstoff, so muss dieser wasserbeständig sein, wie Spanplatten, Holzfaserplatten oder andere geeignete Werkstoffe.

[Zusammenfügung] 6.6.4.5.5

Die Großverpackungen müssen an den Eckleisten oder Stirnseiten fest vernagelt oder gesichert oder durch andere ebenfalls geeignete Mittel zusammengefügt sein.

[Palettenbemessung] 6.6.4.5.6

Ein Palettensockel, der einen festen Bestandteil der Großverpackung bildet, oder eine abnehmbare Palette muss für die mechanische Handhabung der Großverpackung nach Befüllung mit der höchstzulässigen Bruttomasse geeignet sein.

[Palettenauslegung] 6.6.4.5.7

Die abnehmbare Palette oder der Palettensockel muss so ausgelegt sein, dass Verformungen am Boden der Großverpackung, die bei der Handhabung Schäden verursachen können, vermieden werden.

[Abnehmbare Palette] 6.6.4.5.8

Bei einer abnehmbaren Palette muss der Packmittelkörper fest mit der Palette verbunden sein, um die Stabilität bei Handhabung und Beförderung sicherzustellen. Darüber hinaus muss die Oberfläche der abnehmbaren Palette frei von Unebenheiten sein, die die Großverpackung beschädigen können.

[Stapelfähigkeit] 6.6.4.5.9

Um die Stapelfähigkeit zu erhöhen, dürfen Verstärkungseinrichtungen, wie Holzstützen, verwendet werden, die sich jedoch außerhalb der Innenauskleidung befinden müssen.

[Lastverteilung] 6.6.4.5.10

Sind die Großverpackungen zum Stapeln vorgesehen, muss die tragende Fläche so beschaffen sein, dass die Last sicher verteilt wird.

Prüfvorschriften für Großverpackungen 6.6.5

Durchführung und Häufigkeit der Prüfungen 6.6.5.1

[Prüfpflicht] 6.6.5.1.1

→ *D: BAM-GGR 006*

Die Bauart einer Großverpackung muss den in 6.6.5.3 vorgesehenen Prüfungen nach den von der zuständigen Behörde festgelegten Verfahren unterzogen werden.

[Bauart] 6.6.5.1.2

Vor der Verwendung muss jede Bauart einer Großverpackung die in diesem Kapitel vorgeschriebenen Prüfungen erfolgreich bestanden haben. Die Bauart der Großverpackung wird durch Auslegung, Größe, verwendeten Werkstoff und dessen Dicke, Art der Fertigung und Zusammenbau bestimmt, kann aber auch verschiedene Oberflächenbehandlungen einschließen. Hierzu gehören auch Großverpackungen, die sich von der Bauart nur durch ihre geringere Bauhöhe unterscheiden.

[Prüfmuster] 6.6.5.1.3

Die Prüfungen müssen mit Mustern aus der Produktion in Abständen wiederholt werden, die von der zuständigen Behörde festgelegt werden. Werden solche Prüfungen an Großverpackungen aus Pappe durchgeführt, gilt eine Vorbereitung bei Umgebungsbedingungen als gleichwertig zu den in 6.6.5.2.4 angegebenen Vorschriften.

6.6.5.1.4 [Erneute Prüfung]

→ D: BAM-GGR 006

Die Prüfungen müssen auch nach jeder Änderung der Auslegung, des Werkstoffs oder der Art der Fertigung einer Großverpackung wiederholt werden.

6.6.5.1.5 [Selektive Prüfung]

→ D: BAM-GGR 006

Die zuständige Behörde kann die selektive Prüfung von Großverpackungen zulassen, die sich nur geringfügig von einer bereits geprüften Bauart unterscheiden, z. B. Großverpackungen, die Innenverpackungen kleinerer Größe oder geringerer Nettomasse enthalten, oder auch Großverpackungen, bei denen ein oder mehrere Außenmaß(e) etwas verringert ist (sind).

6.6.5.1.6 [Innenverpackungen]

(bleibt offen)

Bemerkung: *Für die Vorschriften zur Anordnung verschiedener Innenverpackungen in einer Großverpackung und die zulässigen Variationen von Innenverpackungen siehe 4.1.1.5.1.*

6.6.5.1.7 [Serienkonformität]

Die zuständige Behörde kann jederzeit verlangen, dass durch Prüfungen nach diesem Abschnitt nachgewiesen wird, dass die Großverpackungen aus der Serienherstellung die Vorschriften der Bauartprüfungen erfüllen.

6.6.5.1.8 [Mehrfachprüfung an einem Muster]

Unter der Voraussetzung, dass die Gültigkeit der Prüfergebnisse nicht beeinträchtigt wird, und mit Zustimmung der zuständigen Behörde dürfen mehrere Prüfungen mit einem einzigen Muster durchgeführt werden.

6.6.5.1.9 Bergungsgroßverpackungen

Bergungsgroßverpackungen müssen nach den Vorschriften geprüft und gekennzeichnet werden, die für Großverpackungen der Verpackungsgruppe II zur Beförderung von festen Stoffen oder Innenverpackungen gelten, mit folgenden Abweichungen:

(a) Die für die Durchführung der Prüfungen verwendete Prüfsubstanz ist Wasser; die Bergungsgroßverpackungen müssen zu mindestens 98 % ihres maximalen Fassungsraums gefüllt sein. Um die erforderliche Gesamtmasse des Versandstücks zu erreichen, dürfen beispielsweise Säcke mit Bleischrot beigefügt werden, sofern diese so eingesetzt sind, dass die Prüfergebnisse nicht beeinträchtigt werden. Alternativ darf bei der Durchführung der Fallprüfung die Fallhöhe in Übereinstimmung mit 6.6.5.3.4.4.2 (b) variiert werden.

(b) Die Bergungsgroßverpackungen müssen außerdem erfolgreich der Dichtheitsprüfung bei 30 kPa unterzogen worden sein; die Ergebnisse dieser Prüfung sind im Prüfbericht nach 6.6.5.4 zu vermerken.

(c) Die Bergungsgroßverpackungen sind, wie in 6.6.2.2 angegeben, mit dem Buchstaben „T“ zu kennzeichnen.

6.6.5.2 Vorbereitung für die Prüfung

6.6.5.2.1 [Inhalte]

Die Prüfungen sind an versandfertigen Großverpackungen, einschließlich der Innenverpackungen oder der beförderten Gegenstände, durchzuführen. Die Innenverpackungen müssen bei flüssigen Stoffen zu mindestens 98 % ihres maximalen Fassungsraums, bei festen Stoffen zu mindestens 95 % ihres maximalen Fassungsraums gefüllt sein. Bei Großverpackungen, deren Innenverpackungen für die Beförderung von flüssigen oder festen Stoffen vorgesehen sind, sind getrennte Prüfungen für den flüssigen und für den festen Inhalt erforderlich. Die in den Innenverpackungen enthaltenen Stoffe oder die in den Großverpackungen enthaltenen zu befördernden Gegenstände dürfen durch andere Stoffe oder Gegenstände ersetzt werden, sofern dadurch die Prüfergebnisse nicht verfälscht werden. Wenn andere Innenverpackungen oder Gegenstände verwendet werden, müssen sie die gleichen physikalischen Eigenschaften (Masse usw.) haben wie die zu befördernden Innenverpackungen oder Gegenstände. Es ist zulässig, Zusätze wie Säcke mit Bleischrot zu verwenden, um die erforderliche Gesamtmasse des Versandstücks zu erreichen, sofern diese so eingebracht werden, dass sie die Prüfergebnisse nicht beeinträchtigen.

[Ersatzflüssigkeit] 6.6.5.2.2

Wird bei der Fallprüfung für flüssige Stoffe ein anderer Stoff verwendet, so muss dieser eine vergleichbare relative Dichte und Viskosität haben wie der zu befördernde Stoff. Unter den Bedingungen gemäß 6.6.5.3.4.4 darf auch Wasser für die Fallprüfung für flüssige Stoffe verwendet werden.

[Kunststoffkonditionierung] 6.6.5.2.3

Großverpackungen aus Kunststoff und Großverpackungen, die Innenverpackungen aus Kunststoff enthalten – ausgenommen Säcke, die für die Aufnahme von festen Stoffen oder Gegenständen vorgesehen sind –, sind der Fallprüfung zu unterziehen, nachdem die Temperatur des Prüfmusters und seines Inhalts auf -18 °C oder darunter abgesenkt wurde. Auf die Konditionierung kann verzichtet werden, falls die Werkstoffe eine ausreichende Verformbarkeit und Zugfestigkeit bei niedrigen Temperaturen aufweisen. Werden die Prüfmuster auf diese Weise konditioniert, kann auf die Konditionierung nach 6.6.5.2.4 verzichtet werden. Die für die Prüfung verwendeten flüssigen Stoffe sind, gegebenenfalls durch Zugabe von Frostschutzmitteln, in flüssigem Zustand zu halten.

[Pappekonditionierung] 6.6.5.2.4

Großverpackungen aus Pappe müssen mindestens 24 Stunden in einem Klima konditioniert werden, dessen Temperatur und relative Luftfeuchtigkeit gesteuert sind. Es gibt drei Möglichkeiten von denen eine gewählt werden muss. Das bevorzugte Klima ist 23 °C ± 2 °C und 50 % ± 2 % relative Luftfeuchtigkeit. Die beiden anderen Möglichkeiten sind 20 °C ± 2 °C und 65 % ± 2 % relative Luftfeuchtigkeit oder 27 °C ± 2 °C und 65 % ± 2 % relative Luftfeuchtigkeit.

Bemerkung: *Die Mittelwerte müssen innerhalb dieser Grenzwerte liegen. Schwankungen kurzer Dauer und Messgrenzen können Abweichungen von den individuellen Messungen bis zu ±5 % für die relative Luftfeuchtigkeit zur Folge haben, ohne dass dies eine nennenswerte Auswirkung auf die Reproduzierbarkeit der Prüfergebnisse hat.*

Prüfvorschriften 6.6.5.3

Hebeprüfung von unten 6.6.5.3.1

Anwendungsbereich 6.6.5.3.1.1

Bei allen Arten von Großverpackungen, die mit einer Vorrichtung zum Heben von unten ausgerüstet sind, als Bauartprüfung.

Vorbereiten der Großverpackung für die Prüfung 6.6.5.3.1.2

Die Großverpackung ist bis zum 1,25-fachen ihrer höchstzulässigen Bruttomasse zu befüllen, wobei die Last gleichmäßig zu verteilen ist.

Prüfverfahren 6.6.5.3.1.3

Die Großverpackung muss zweimal von einem Gabelstapler hochgehoben und heruntergelassen werden, wobei die Gabel zentral anzusetzen ist und einen Abstand von 3/4 der Einführungsseitenabmessung haben muss (es sei denn, die Einführungspunkte sind vorgegeben). Die Gabel muss bis zu 3/4 in der Einführungsrichtung eingeführt werden. Die Prüfung muss in jeder möglichen Einführungsrichtung wiederholt werden.

Kriterien für das Bestehen der Prüfung 6.6.5.3.1.4

Keine dauerhafte Verformung der Großverpackung, die die Sicherheit der Beförderung beeinträchtigt, und kein Verlust von Füllgut.

Hebeprüfung von oben 6.6.5.3.2

Anwendungsbereich 6.6.5.3.2.1

Für alle Arten von Großverpackungen, die für das Heben von oben ausgelegt und mit einer Vorrichtung zum Heben von oben ausgerüstet sind, als Bauartprüfung.

6.6.5.3.2.2 Vorbereitung der Großverpackung für die Prüfung

Die Großverpackung muss mit dem Zweifachen ihrer höchstzulässigen Bruttomasse befüllt werden. Eine flexible Großverpackung muss mit dem Sechsfachen ihrer höchstzulässigen Bruttomasse befüllt werden, wobei die Last gleichmäßig zu verteilen ist.

6.6.5.3.2.3 Prüfverfahren

Die Großverpackung muss in der Weise hochgehoben werden, für die sie ausgelegt ist, bis sie sich frei über dem Boden befindet, und für eine Dauer von fünf Minuten in dieser Stellung gehalten werden.

6.6.5.3.2.4 Kriterien für das Bestehen der Prüfung

.1 Großverpackungen aus Metall, Großverpackungen aus starrem Kunststoff: keine dauerhafte Verformung der Großverpackung, einschließlich eines gegebenenfalls vorhandenen Palettensockels, die die Sicherheit der Beförderung beeinträchtigt, und kein Verlust von Füllgut.

.2 Flexible Großverpackungen: keine Beschädigung der Großverpackung oder ihrer Hebeeinrichtungen, durch die die Großverpackung für die Beförderung oder Handhabung ungeeignet wird, und kein Verlust von Füllgut.

6.6.5.3.3 Stapeldruckprüfung

6.6.5.3.3.1 Anwendungsbereich

Für alle Arten von Großverpackungen, die für das Stapeln ausgelegt sind, als Bauartprüfung.

6.6.5.3.3.2 Vorbereitung der Großverpackung für die Prüfung

Die Großverpackung ist bis zu ihrer höchstzulässigen Bruttomasse zu befüllen.

6.6.5.3.3.3 Prüfverfahren

Die Großverpackung muss mit ihrem Boden auf einen horizontalen, harten Untergrund gestellt und einer gleichmäßig verteilten überlagerten Prüflast (siehe 6.6.5.3.3.4) für eine Dauer von mindestens fünf Minuten ausgesetzt werden; Großverpackungen aus Holz, Pappe oder Kunststoff müssen dieser Prüflast mindestens 24 Stunden ausgesetzt werden.

6.6.5.3.3.4 Berechnung der überlagerten Prüflast

Die Last, die auf die Großverpackung gestellt wird, muss mindestens das 1,8-fache der addierten höchstzulässigen Bruttomasse so vieler gleichartiger Großverpackungen betragen, wie während der Beförderung auf die Großverpackung gestapelt werden dürfen.

6.6.5.3.3.5 Kriterien für das Bestehen der Prüfung

.1 Alle Arten von Großverpackungen, ausgenommen flexible Großverpackungen: keine dauerhafte Verformung der Großverpackung, einschließlich eines gegebenenfalls vorhandenen Palettensockels, die die Sicherheit der Beförderung beeinträchtigt, und kein Verlust von Füllgut.

.2 Flexible Großverpackungen: keine Beschädigung des Packmittelkörpers, die die Sicherheit der Beförderung beeinträchtigt, und kein Verlust von Füllgut.

6.6.5.3.4 Fallprüfung

6.6.5.3.4.1 Anwendungsbereich

Für alle Arten von Großverpackungen als Bauartprüfung.

6.6.5.3.4.2 Vorbereitung der Großverpackung für die Prüfung

Die Großverpackung muss gemäß 6.6.5.2.1 befüllt werden.

6.6.5.3.4.3 Prüfverfahren

Die Großverpackung muss so auf eine nicht federnde, horizontale, ebene, massive und starre Oberfläche nach den Vorschriften von 6.1.5.3.4 fallengelassen werden, dass die Großverpackung auf die schwächste Stelle ihrer Grundfläche aufschlägt.

Fallhöhe 6.6.5.3.4.4

Bemerkung: *Großverpackungen für Stoffe und Gegenstände der Klasse 1 müssen nach den Prüfanforderungen für die Verpackungsgruppe II geprüft werden.*

[Zu befördernder Stoff/Gegenstand] 6.6.5.3.4.4.1

Für Innenverpackungen, die feste oder flüssige Stoffe oder Gegenstände enthalten, wenn die Prüfung mit dem zu befördernden festen oder flüssigen Stoff oder Gegenstand oder mit einem anderen Stoff durchgeführt wird, der im Wesentlichen dieselben Eigenschaften hat:

Verpackungsgruppe I	Verpackungsgruppe II	Verpackungsgruppe III
1,8 m	1,2 m	0,8 m

[Wasser] 6.6.5.3.4.4.2

Für Innenverpackungen, die flüssige Stoffe enthalten, wenn die Prüfung mit Wasser durchgeführt wird:

(a) wenn der zu befördernde Stoff eine relative Dichte von höchstens 1,2 hat:

Verpackungsgruppe I	Verpackungsgruppe II	Verpackungsgruppe III
1,8 m	1,2 m	0,8 m

(b) wenn der zu befördernde Stoff eine relative Dichte von mehr als 1,2 hat, ist die Fallhöhe auf Grund der relativen Dichte (*d*) des zu befördernden Stoffes, aufgerundet auf die erste Dezimalstelle, wie folgt zu berechnen:

Verpackungsgruppe I	Verpackungsgruppe II	Verpackungsgruppe III
$d \times 1{,}5$ m	$d \times 1{,}0$ m	$d \times 0{,}67$ m

Kriterien für das Bestehen der Prüfung 6.6.5.3.4.5

[Beschädigungen] 6.6.5.3.4.5.1

Die Großverpackung darf keine Beschädigungen aufweisen, welche die Sicherheit während der Beförderung beeinträchtigen können. Aus der (den) Innenverpackung(en) oder dem (den) Gegenstand (Gegenständen) darf kein Füllgut austreten.

[Risse Klasse 1] 6.6.5.3.4.5.2

Bei Großverpackungen für Gegenstände der Klasse 1 ist kein Riss erlaubt, der das Austreten von losen explosiven Stoffen und Gegenständen mit Explosivstoff aus der Großverpackung ermöglichen könnte.

[Staubdichtheit] 6.6.5.3.4.5.3

Wenn eine Großverpackung einer Fallprüfung unterzogen wurde, hat das Prüfmuster die Prüfung bestanden, wenn der Inhalt vollständig zurückgehalten wird, auch wenn der Verschluss nicht mehr staubdicht ist.

Zulassung und Prüfbericht 6.6.5.4

[Ausstellung] 6.6.5.4.1

Für jede Bauart einer Großverpackung ist eine Zulassung auszustellen und ein Kennzeichen (gemäß 6.6.3) zuzuordnen, die angeben, dass die Bauart einschließlich ihrer Ausrüstung den Prüfvorschriften entspricht.

[Inhalt] 6.6.5.4.2

Über die Prüfung ist ein Prüfbericht zu erstellen, der mindestens folgende Angaben enthält und der den Benutzern der Großverpackungen zur Verfügung gestellt werden muss:

.1 Name und Anschrift der Prüfeinrichtung,

.2 Name und Anschrift des Antragstellers (soweit erforderlich),

.3 eine nur einmal vergebene Prüfbericht-Kennnummer,

.4 Datum des Prüfberichts,

6.6.5.4.2 (Forts.)

.5 Hersteller der Großverpackung,

.6 Beschreibung der Bauart der Großverpackung (z. B. Abmessungen, Werkstoffe, Verschlüsse, Wanddicke usw.) und/oder Foto(s),

.7 maximaler Fassungsraum/höchstzulässige Bruttomasse,

.8 charakteristische Merkmale des Prüfinhalts, z. B. Arten und Beschreibungen der verwendeten Innenverpackungen oder Gegenstände,

.9 Beschreibung und Ergebnis der Prüfungen,

.10 der Prüfbericht muss mit Namen und Funktionsbezeichnung des Unterzeichners unterschrieben sein.

6.6.5.4.3 **[Bestätigung]**

Der Prüfbericht muss Erklärungen enthalten, dass die versandfertige Großverpackung nach den entsprechenden Vorschriften dieses Kapitels geprüft worden ist und dass dieser Prüfbericht bei Anwendung anderer Verpackungsmethoden oder bei Verwendung anderer Verpackungsbestandteile ungültig werden kann. Eine Ausfertigung dieses Prüfberichts ist der zuständigen Behörde zur Verfügung zu stellen.

Kapitel 6.7
Vorschriften für Auslegung, Bau und Prüfung von ortsbeweglichen Tanks und von Gascontainern mit mehreren Elementen (MEGC)

→ *D: GGVSee § 2 (1) Nr. 19*
→ *D: GGVSee § 12 (1) Nr. 9*
→ *D: GGVSee § 12 (1) Nr. 1 g)*

Bemerkung: *Die Vorschriften dieses Kapitels gelten auch für Straßentankfahrzeuge in dem in Kapitel 6.8 angegebenen Umfang.*

Geltungsbereich und allgemeine Vorschriften 6.7.1

[Betroffene Klassen] 6.7.1.1

Die Vorschriften dieses Kapitels gelten für ortsbewegliche Tanks für die Beförderung gefährlicher Güter sowie für MEGC zur Beförderung nicht tiefgekühlter Gase der Klasse 2 mit allen Verkehrsträgern. Sofern nicht etwas anderes bestimmt ist, muss jeder multimodale ortsbewegliche Tank oder MEGC, welcher der Begriffsbestimmung für „Container" nach dem Internationalen Übereinkommen über sichere Container (CSC) von 1972 in der jeweils geänderten Fassung entspricht, außer den Vorschriften dieses Kapitels die Vorschriften dieses Übereinkommens erfüllen. Für ortsbewegliche Offshore-Tanks, die auf offener See umgeladen werden, können zusätzliche Vorschriften anwendbar sein.

[Offshore-Tanks] 6.7.1.1.1

Das Internationale Übereinkommen über sichere Container gilt nicht für Offshore-Tankcontainer, die auf offener See umgeladen werden. Bei der Konstruktion und Prüfung von Offshore-Tankcontainern müssen die dynamischen Kräfte berücksichtigt werden, die beim Heben sowie beim Aufprall auftreten können, wenn die Tanks bei schlechtem Wetter und rauer See umgeladen werden. Die Anforderungen für diese Tanks müssen von der Zulassungsbehörde festgelegt werden (siehe auch MSC/Circ.860 „Guidelines for the approval of offshore containers handled in open seas").

[Alternative Regelungen] 6.7.1.2

Damit dem Fortschritt in Wissenschaft und Technik Rechnung getragen wird, können die technischen Vorschriften dieses Kapitels durch alternative Regelungen abgeändert werden. Bei Anwendung dieser alternativen Regelungen darf der Umfang der Sicherheit in Bezug auf die Verträglichkeit mit den beförderten Stoffen und die Widerstandsfähigkeit der ortsbeweglichen Tanks oder MEGC gegenüber Stoß, Belastungen und Feuer nicht geringer sein als bei Anwendung der Vorschriften dieses Kapitels. Für internationale Beförderungen müssen die nach alternativen Regelungen hergestellten ortsbeweglichen Tanks oder MEGC von den zuständigen Behörden zugelassen sein.

[Vorläufige Genehmigung] 6.7.1.3

Die zuständige Behörde des Ursprungslandes kann für die Beförderung eines Stoffes, dem in der Gefahrgutliste in Kapitel 3.2 keine Anweisung für ortsbewegliche Tanks (T1 bis T75) zugeordnet wurde, eine vorläufige Genehmigung ausstellen. Diese Genehmigung muss den Beförderungsdokumenten für die Sendung beigefügt werden und muss mindestens die normalerweise in den Anweisungen für ortsbewegliche Tanks aufgeführten Angaben sowie die Bedingungen enthalten, unter denen der Stoff zu befördern ist. Von der zuständigen Behörde müssen entsprechende Maßnahmen für die Aufnahme dieser Zuordnung in die Gefahrgutliste eingeleitet werden.

Vorschriften für Auslegung, Bau und Prüfung von ortsbeweglichen Tanks für die Beförderung von Stoffen der Klassen 1 und 3 bis 9 6.7.2

Begriffsbestimmungen 6.7.2.1

Im Sinne dieses Abschnitts bedeutet:

Auslegungstemperaturbereich: Der Auslegungstemperaturbereich des Tankkörpers muss für Stoffe, die bei Umgebungsbedingungen befördert werden, zwischen -40 °C und 50 °C liegen. Für andere Stoffe, die über 50 °C befüllt, entleert oder transportiert werden, darf die Auslegungstemperatur nicht geringer sein als die Höchsttemperatur des Stoffes während der Befüllung, Entleerung und Beförderung. Für ortsbewegliche Tanks, die extremen klimatischen Bedingungen ausgesetzt sind, müssen entsprechend extreme Auslegungstemperaturen in Betracht gezogen werden.

6.7.2.1 (Forts.) *Bauliche Ausrüstung:* Außen am Tankkörper angebrachte Versteifungs-, Befestigungs-, Schutz- und Stabilisierungselemente.

Baustahl: Stahl mit einer garantierten Mindestzugfestigkeit von 360 N/mm^2 bis 440 N/mm^2 und einer garantierten Mindestbruchdehnung gemäß 6.7.2.3.3.3.

Bedienungsausrüstung: Messinstrumente sowie die Befüllungs- und Entleerungs-, Lüftungs-, Sicherheits-, Heizungs-, Kühl- und Isolierungseinrichtungen.

Berechnungsdruck: Druck, der den Berechnungen nach einem anerkannten Regelwerk für Druckbehälter zugrunde gelegt wird. Der Berechnungsdruck darf nicht niedriger sein als der höchste der folgenden Drücke:

.1 der höchstzulässige effektive Überdruck im Tankkörper während der Befüllung oder Entleerung oder

.2 die Summe aus:

  .1 dem absoluten Dampfdruck (in bar) des Stoffes bei 65 °C (bei der höchsten Temperatur während der Befüllung, Entleerung oder des Transports für Stoffe, die über 65 °C befüllt, entleert oder transportiert werden) abzüglich 1 bar;

  .2 dem Partialdruck (in bar) von Luft oder anderen Gasen im füllungsfreien Raum, der mittels einer Höchsttemperatur von 65 °C im füllungsfreien Raum und einer Flüssigkeitsausdehnung infolge der Erhöhung der mittleren Temperatur des Füllguts von t_r - t_f (t_f = Befüllungstemperatur, gewöhnlich 15 °C; t_r = 50 °C, höchste mittlere Temperatur des Füllguts) bestimmt wird, und

  .3 einem Höchstdruck, der auf der Grundlage der in 6.7.2.2.12 genannten statischen Kräfte bestimmt wird, jedoch mindestens 0,35 bar beträgt, oder

.3 zwei Drittel des Mindestprüfdrucks, der in der anwendbaren Anweisung für ortsbewegliche Tanks in 4.2.5.2.6 festgelegt ist.

Bezugsstahl: Stahl mit einer Zugfestigkeit von 370 N/mm^2 und einer Bruchdehnung von 27 %.

Dichtheitsprüfung: Prüfung, bei der der Tankkörper und seine Bedienungsausrüstung unter Verwendung eines Gases mit einem effektiven Innendruck von mindestens 25 % des höchstzulässigen Betriebsdrucks belastet werden.

Feinkornstahl: Ein Stahl, der nach Bestimmung gemäß ASTM E 112-96 oder nach der Definition in der Norm EN 10028-3 Teil 3 eine ferritische Korngröße von höchstens 6 hat.

Höchstzulässige Bruttomasse: Summe aus der Leermasse des ortsbeweglichen Tanks und der höchsten für die Beförderung zugelassenen Ladung.

Höchstzulässiger Betriebsdruck: Druck, der nicht geringer sein darf als der höhere der folgenden Drücke, die im oberen Bereich des Tankkörpers im Betriebszustand gemessen werden:

.1 der höchstzulässige effektive Überdruck im Tankkörper während der Befüllung oder Entleerung oder

.2 der höchste effektive Überdruck, für den der Tankkörper ausgelegt ist und der nicht geringer sein darf als die Summe aus:

  .1 dem absoluten Dampfdruck (in bar) des Stoffes bei 65 °C (bei der höchsten Temperatur während der Befüllung, Entladung oder des Transports für Stoffe, die über 65 °C befüllt, entleert oder transportiert werden) abzüglich 1 bar und

  .2 dem Partialdruck (in bar) von Luft oder anderen Gasen im füllungsfreien Raum, der mittels einer Höchsttemperatur von 65 °C im füllungsfreien Raum und einer Flüssigkeitsausdehnung infolge der Erhöhung der mittleren Temperatur des Füllguts von $t_r - t_f$ (t_f = Befüllungstemperatur, normalerweise 15 °C; t_r = 50 °C, höchste mittlere Temperatur des Füllguts) bestimmt wird.

Ortsbeweglicher Offshore-Tank: Ein ortsbeweglicher Tank, der besonders für die wiederholte Verwendung für die Beförderung von und zwischen Offshore-Einrichtungen ausgelegt ist. Ein ortsbeweglicher Offshore-Tank wird nach den Richtlinien für die Zulassung von auf hoher See eingesetzten Offshore-Containern, die von der Internationalen Seeschifffahrts-Organisation (IMO) im Dokument MSC/Circ.860 festgelegt wurden, ausgelegt und gebaut.

Ortsbeweglicher Tank: Multimodaler Tank für die Beförderung von Stoffen der Klassen 1 und 3 bis 9. Der ortsbewegliche Tank besteht aus einem Tankkörper, der mit der für die Beförderung gefährlicher

Stoffe erforderlichen Bedienungsausrüstung und baulichen Ausrüstung versehen ist. Der ortsbewegliche Tank muss befüllt und entleert werden können, ohne dass dazu die bauliche Ausrüstung entfernt werden muss. Er muss mit außen am Tankkörper angebrachten Stabilisierungselementen versehen sein und muss in befülltem Zustand angehoben werden können. Er muss hauptsächlich dafür ausgelegt sein, um auf einen Wagen, ein Fahrzeug, ein See- oder Binnenschiff verladen werden zu können, und mit Kufen, Tragelementen oder Zubehörteilen ausgerüstet sein, um die mechanische Handhabung zu erleichtern. Straßentankfahrzeuge, Kesselwagen, nicht metallene Tanks und IBC fallen nicht unter die Begriffsbestimmung für ortsbewegliche Tanks. 6.7.2.1 (Forts.)

Prüfdruck: Höchster Überdruck im oberen Bereich des Tankkörpers während der hydraulischen Druckprüfung, der mindestens das 1,5-fache des Berechnungsdrucks betragen muss. Der Mindestprüfdruck für ortsbewegliche Tanks, die für bestimmte Stoffe vorgesehen sind, ist in der anwendbaren Anweisung für ortsbewegliche Tanks in 4.2.5.2.6 angegeben.

Schmelzsicherung: Eine nicht wieder verschließbare Druckentlastungseinrichtung, die durch Wärme aktiviert wird.

Tankkörper: Teil des ortsbeweglichen Tanks, der den zu befördernden Stoff aufnimmt (eigentlicher Tank), einschließlich der Öffnungen und ihrer Verschlüsse, jedoch ausschließlich der Bedienungsausrüstung und äußeren baulichen Ausrüstung.

Allgemeine Konstruktions- und Bauvorschriften **6.7.2.2**

[Anerkanntes Regelwerk] **6.7.2.2.1**

Tankkörper sind in Übereinstimmung mit den Vorschriften eines von der zuständigen Behörde anerkannten Regelwerkes für Druckbehälter auszulegen und zu bauen. Sie müssen aus verformungsfähigen metallenen Werkstoffen hergestellt werden. Die Werkstoffe müssen grundsätzlich den nationalen oder internationalen Werkstoffnormen entsprechen. Für geschweißte Tankkörper darf nur ein Werkstoff verwendet werden, dessen Schweißbarkeit vollständig nachgewiesen worden ist. Die Schweißnähte müssen fachgerecht ausgeführt sein und volle Sicherheit bieten. Wenn der Herstellungsprozess oder der Werkstoff es erfordern, müssen die Tankkörper einer geeigneten Wärmebehandlung unterzogen werden, damit gewährleistet ist, dass Schweißnähte und Wärmeeinflusszonen eine ausreichende Festigkeit aufweisen. Bei der Wahl des Werkstoffs muss im Hinblick auf die Gefahr von Sprödbruch, Spannungsrisskorrosion und Schlagfestigkeit der Auslegungstemperaturbereich berücksichtigt werden. Bei Verwendung von Feinkornstahl darf nach den Werkstoffspezifikationen der garantierte Wert für die Streckgrenze nicht mehr als 460 N/mm^2 und der garantierte Wert für die obere Grenze der Zugfestigkeit nicht mehr als 725 N/mm^2 betragen. Aluminium darf als Werkstoff für den Bau nur dann verwendet werden, wenn dies in einer in der Gefahrgutliste einem bestimmten Stoff zugeordneten Sondervorschrift für ortsbewegliche Tanks angegeben oder von der zuständigen Behörde zugelassen ist. Wenn Aluminium zugelassen ist, muss der Tank mit einer Isolierung versehen sein, damit eine wesentliche Verringerung der physikalischen Eigenschaften bei einer Wärmebelastung von 110 kW/m^2 über einen Zeitraum von mindestens 30 Minuten verhindert wird. Die Isolierung muss bei einer Temperatur unter 649 °C wirksam bleiben und muss mit einem Werkstoff mit einem Schmelzpunkt von mindestens 700 °C ummantelt sein. Die Werkstoffe von ortsbeweglichen Tanks müssen für die äußeren Umgebungsbedingungen, die während der Beförderung auftreten können, geeignet sein.

[Werkstoff] **6.7.2.2.2**

Tankkörper, Ausrüstungsteile und Rohrleitungen ortsbeweglicher Tanks müssen aus Werkstoffen hergestellt werden, die:

.1 in starkem Maße gegenüber dem (den) zu befördernden Stoff(en) widerstandsfähig sind oder

.2 durch chemische Reaktion ausreichend passiviert oder neutralisiert worden sind oder

.3 mit einem korrosionsbeständigen Werkstoff ausgekleidet worden sind, der direkt auf den Tankkörper aufgeklebt oder durch eine gleichwertige Methode aufgebracht ist.

[Dichtungswerkstoff] **6.7.2.2.3**

Dichtungen müssen aus Werkstoffen hergestellt sein, die von den zu befördernden Stoffen nicht angegriffen werden können.

6.7.2.2.4 **[Auskleidung]**

Werden Tankkörper mit einer Auskleidung versehen, darf diese im Wesentlichen von den zu befördernden Stoffen nicht angegriffen werden und muss homogen, nicht porös, frei von Perforationen, ausreichend elastisch und mit den Wärmeausdehnungseigenschaften des Tankkörpers verträglich sein. Die Auskleidung der Tankkörper, Tankausrüstungsteile und Rohrleitungen muss durchgehend sein und muss sich über die Fläche um die Vorderseite der Flansche herum erstrecken. Sind äußere Ausrüstungsteile am Tank angeschweißt, muss sich die Auskleidung durchgehend über das Ausrüstungsteil und über die Fläche um die Vorderseite der äußeren Flansche herum erstrecken.

6.7.2.2.5 **[Verbindungsstellen]**

Die Verbindungsstellen und Nähte der Auskleidung müssen durch Schmelzschweißen des Werkstoffs oder durch andere ebenso wirksame Methoden hergestellt werden.

6.7.2.2.6 **[Galvanik]**

Das Aneinandergrenzen verschiedener Metalle, das zu Schäden infolge eines galvanischen Prozesses führen könnte, muss vermieden werden.

6.7.2.2.7 **[Verträglichkeit]**

Die Stoffe, die in dem ortsbeweglichen Tank befördert werden sollen, dürfen von den Werkstoffen des ortsbeweglichen Tanks einschließlich aller Einrichtungen, Dichtungen, Auskleidungen und Zubehörteile nicht angegriffen werden.

6.7.2.2.8 **[Auflager]**

Ortsbewegliche Tanks müssen mit Auflagern, die einen sicheren Stand während der Beförderung gewährleisten, sowie mit geeigneten Hebe- und Befestigungsvorrichtungen konstruiert und gebaut sein.

6.7.2.2.9 **[Auslegung]**

Ortsbewegliche Tanks müssen so ausgelegt sein, dass sie mindestens dem von der Ladung ausgehenden Innendruck sowie den statischen, dynamischen und thermischen Belastungen unter den normalen Umschlags- und Beförderungsbedingungen ohne Verlust von Füllgut standhalten. Aus der Auslegung muss zu erkennen sein, dass die Auswirkungen der Ermüdung infolge dieser wiederholt auftretenden Belastungen während der voraussichtlichen Nutzungsdauer des ortsbeweglichen Tanks berücksichtigt worden sind.

6.7.2.2.9.1 **[Dynamische Belastungen]**

Bei ortsbeweglichen Tanks, die zur Verwendung als Offshore-Tankcontainer vorgesehen sind, müssen die dynamischen Belastungen beim Umladen auf offener See berücksichtigt werden.

6.7.2.2.10 **[Unterdruck-Auslegung]**

Tankkörper, die mit einem Vakuumventil auszurüsten sind, müssen so ausgelegt sein, dass sie einem äußeren Überdruck von mindestens 21 kPa (0,21 bar) über dem Innendruck ohne bleibende Verformung standhalten. Das Vakuumventil muss auf einen Ansprechdruck von höchstens -21 kPa (-0,21 bar) eingestellt sein, es sei denn, der Tankkörper ist für einen höheren äußeren Überdruck ausgelegt. In diesem Fall darf der Ansprechdruck des anzubringenden Vakuumventils nicht größer sein als der Unterdruck, für den der Tankkörper ausgelegt ist. Tankkörper, die nur für die Beförderung fester Stoffe der Verpackungsgruppe II oder III, die sich während der Beförderung nicht verflüssigen, verwendet werden, dürfen mit Zustimmung der zuständigen Behörde für einen niedrigeren äußeren Überdruck ausgelegt sein. In diesem Fall muss das Vakuumventil so eingestellt sein, dass es bei diesem niedrigeren Druck anspricht. Tankkörper, die nicht mit einem Vakuumventil auszurüsten sind, müssen so ausgelegt sein, dass sie einem äußeren Überdruck von mindestens 40 kPa (0,4 bar) über dem Innendruck ohne bleibende Verformung standhalten.

6.7.2.2.11 **[Flammendurchschlag]**

Vakuumventile, die für ortsbewegliche Tanks zur Beförderung von Stoffen verwendet werden, die wegen ihres Flammpunktes die Kriterien der Klasse 3 erfüllen, einschließlich der Stoffe, die auf oder über ihren Flammpunkt erwärmt befördert werden, müssen den unmittelbaren Flammendurchschlag in den Tankkörper verhindern, oder der Tankkörper des ortsbeweglichen Tanks muss in der Lage sein, einer Explosion standzuhalten, die durch einen direkten Flammendurchschlag in den Tankkörper entsteht, ohne dabei undicht zu werden.

[Statische Kräfte] 6.7.2.2.12

Ortsbewegliche Tanks und ihre Befestigungen müssen bei der höchstzulässigen Beladung die folgenden jeweils getrennt einwirkenden statischen Kräfte aufnehmen können:

.1 in Fahrtrichtung: das Zweifache der höchstzulässigen Bruttomasse, multipliziert mit der Erdbeschleunigung (*g*)[1],

.2 horizontal senkrecht zur Fahrtrichtung: die höchstzulässige Bruttomasse (das Zweifache der höchstzulässigen Bruttomasse, wenn die Fahrtrichtung nicht eindeutig bestimmt ist), multipliziert mit der Erdbeschleunigung (*g*)[1],

.3 vertikal aufwärts: die höchstzulässige Bruttomasse, multipliziert mit der Erdbeschleunigung (*g*)[1], und

.4 vertikal abwärts: das Zweifache der höchstzulässigen Bruttomasse (Gesamtbeladung einschließlich der Wirkung der Schwerkraft), multipliziert mit der Erdbeschleunigung (*g*)[1].

[Sicherheitskoeffizienten] 6.7.2.2.13

Bei jeder der in 6.7.2.2.12 genannten Kräfte müssen die folgenden Sicherheitskoeffizienten beachtet werden:

.1 bei Metallen mit ausgeprägter Streckgrenze ein Sicherheitskoeffizient von 1,5 bezogen auf die garantierte Streckgrenze oder

.2 bei Metallen ohne ausgeprägte Streckgrenze ein Sicherheitskoeffizient von 1,5 bezogen auf die garantierte 0,2 %-Dehngrenze und bei austenitischen Stählen auf die 1 %-Dehngrenze.

[Streckgrenze, Dehngrenze] 6.7.2.2.14

Als Werte für die Streckgrenze oder die Dehngrenze gelten die in nationalen oder internationalen Werkstoffnormen festgelegten Werte. Bei austenitischen Stählen dürfen die in den Werkstoffnormen festgelegten Mindestwerte für die Streckgrenze oder die Dehngrenze um bis zu 15 % erhöht werden, sofern diese höheren Werte in der Werkstoffprüfbescheinigung bescheinigt werden. Wenn es für das betreffende Metall keine Werkstoffnormen gibt, muss der für die Streckgrenze oder die Dehngrenze verwendete Wert von der zuständigen Behörde genehmigt werden.

[Erdung] 6.7.2.2.15

Ortsbewegliche Tanks, die für die Beförderung von Stoffen vorgesehen sind, die wegen ihres Flammpunktes die Kriterien der Klasse 3 erfüllen, einschließlich der Stoffe, die über ihren Flammpunkt erwärmt befördert werden, müssen elektrisch geerdet werden können. Es müssen Maßnahmen zur Verhinderung elektrostatischer Entladung getroffen werden.

[Zusätzlicher Schutz] 6.7.2.2.16

Wenn es in der anzuwendenden Anweisung für ortsbewegliche Tanks in Spalte 13 der Gefahrgutliste oder in der Sondervorschrift für ortsbewegliche Tanks in Spalte 14 der Gefahrgutliste für bestimmte Stoffe vorgeschrieben ist, müssen ortsbewegliche Tanks mit einem zusätzlichen Schutz versehen sein, der aus einer höheren Wanddicke des Tankkörpers oder einem höheren Prüfdruck bestehen kann. Die höhere Wanddicke oder der höhere Prüfdruck muss in Abhängigkeit von den Gefahren festgelegt werden, die jeweils von den Stoffen bei der Beförderung ausgehen.

[Wärmeisolierung] 6.7.2.2.17

Wärmeisolierungen, die in unmittelbarer Verbindung mit dem Tankkörper stehen, der für den Transport von erwärmten Stoffen vorgesehen ist, müssen eine Zündtemperatur haben, die mindestens 50 °C höher ist als die maximale Auslegungstemperatur des Tanks.

Auslegungskriterien 6.7.2.3

[Spannungsanalyse] 6.7.2.3.1

Die Tankkörper müssen so konstruiert sein, dass die Spannungen mathematisch oder experimentell mit Hilfe von Dehnungsmessungen oder anderen von der zuständigen Behörde zugelassenen Methoden analysiert werden können.

---

[1] Für Berechnungszwecke gilt: $g = 9{,}81\ m/s^2$.

6.7.2.3.2 [Hydraulischer Prüfdruck]

Die Tankkörper müssen so konstruiert und gebaut sein, dass sie einem hydraulischen Prüfdruck standhalten, der mindestens dem 1,5-fachen Berechnungsdruck entspricht. Für bestimmte Stoffe sind spezielle Vorschriften in der jeweils anwendbaren Anweisung für ortsbewegliche Tanks, die in Spalte 13 der Gefahrgutliste aufgeführt und in 4.2.5 beschrieben ist, oder in einer in Spalte 14 der Gefahrgutliste aufgeführten und in 4.2.5.3 beschriebenen Sondervorschrift für ortsbewegliche Tanks festgelegt. Die in 6.7.2.4.1 bis 6.7.2.4.10 festgelegte Mindestwanddicke der Tankkörper soll nicht unterschritten werden.

6.7.2.3.3 [Membranspannung]

Bei Metallen, die eine ausgeprägte Streckgrenze aufweisen oder durch eine garantierte Dehngrenze (im Allgemeinen 0,2 %-Dehngrenze oder bei austenitischen Stählen 1 %-Dehngrenze) gekennzeichnet sind, darf die primäre Membranspannung σ (sigma) des Tankkörpers beim Prüfdruck den niedrigeren der Werte 0,75 R_e oder 0,50 R_m nicht überschreiten. Es bedeuten:

R_e = Streckgrenze in N/mm^2 oder 0,2 %-Dehngrenze oder bei austenitischen Stählen 1 %-Dehngrenze,

R_m = Mindestzugfestigkeit in N/mm^2.

6.7.2.3.3.1 [Werkstoffnormen]

Die zu verwendenden Werte R_e und R_m sind die in den nationalen oder internationalen Werkstoffnormen festgelegten Mindestwerte. Bei austenitischen Stählen dürfen die in den Werkstoffnormen für R_e oder R_m festgelegten Mindestwerte um bis zu 15 % erhöht werden, sofern diese höheren Werte im Werkstoffabnahmezeugnis bescheinigt werden. Wenn es für das betreffende Metall keine Werkstoffnormen gibt, müssen die verwendeten Werte R_e und R_m von der zuständigen Behörde oder einer von ihr beauftragten Stelle genehmigt werden.

6.7.2.3.3.2 [Bestimmte Stähle]

Stähle, bei denen das Verhältnis R_e/R_m mehr als 0,85 beträgt, dürfen nicht für den Bau von geschweißten Tankkörpern verwendet werden. Bei der Berechnung dieses Verhältnisses müssen die im Werkstoffabnahmezeugnis für R_e und R_m festgelegten Werte zugrunde gelegt werden.

6.7.2.3.3.3 [Bruchdehnung]

Die für den Bau von Tankkörpern verwendeten Stähle müssen eine Bruchdehnung in % von mindestens 10 000/R_m aufweisen, wobei der absolute Mindestwert bei Feinkornstählen 16 % und bei anderen Stählen 20 % beträgt. Aluminium und Aluminiumlegierungen, die beim Bau von Tankkörpern verwendet werden, müssen eine Bruchdehnung in % von mindestens 10 000/6 R_m aufweisen, wobei der absolute Mindestwert 12 % beträgt.

6.7.2.3.3.4 [Walzbleche]

Bei der Bestimmung der tatsächlichen Werkstoffwerte muss im Fall von Walzblechen beachtet werden, dass bei dem Versuch zur Bestimmung der Zugfestigkeit die Achse des Probestücks quer zur Walzrichtung liegt. Die bleibende Bruchdehnung muss an Probestücken mit rechteckigem Querschnitt gemäß ISO-Norm 6892:1998 unter Verwendung einer Messlänge von 50 mm gemessen werden.

6.7.2.4 Mindestwanddicke des Tankkörpers

6.7.2.4.1 [Mindestwerte]

Die Mindestwanddicke des Tankkörpers muss dem größten der folgenden Werte entsprechen:

.1 der nach den Vorschriften in 6.7.2.4.2 bis 6.7.2.4.10 ermittelten Mindestwanddicke,

.2 der gemäß einem anerkannten Regelwerk für Druckbehälter unter Berücksichtigung der Vorschriften in 6.7.2.3 ermittelten Mindestwanddicke,

.3 der Mindestwanddicke, die in der anzuwendenden Anweisung für ortsbewegliche Tanks in Spalte 13 der Gefahrgutliste oder in der Sondervorschrift für ortsbewegliche Tanks in Spalte 14 der Gefahrgutliste.

6.7.2.4.2 [Zylindrische Teile]

Die zylindrischen Teile, Endböden und Mannlochabdeckungen von Tankkörpern mit einem Durchmesser von höchstens 1,80 m müssen bei Verwendung des Bezugsstahls eine Wanddicke von mindestens 5 mm oder bei Verwendung eines anderen Metalls eine gleichwertige Dicke aufweisen. Tankkörper mit einem Durchmesser von mehr als 1,80 m müssen bei Verwendung des Bezugsstahls eine Wanddicke von mindestens 6 mm oder bei Verwendung eines anderen Metalls eine gleichwertige Dicke aufweisen. Bei Tanks für pulverförmige oder körnige feste Stoffe der Verpackungsgruppe II oder III darf die erforderliche Mindestwanddicke bei Verwendung des Bezugsstahls jedoch auf einen Wert von mindestens 5 mm oder bei Verwendung eines anderen Metalls auf eine gleichwertige Dicke verringert werden. 6.7.2.4.2 (Forts.)

[Erleichterung] 6.7.2.4.3

Wenn der Tankkörper einen zusätzlichen Schutz gegen Beschädigung hat, dürfen ortsbewegliche Tanks mit einem Prüfdruck unter 2,65 bar mit Zustimmung der zuständigen Behörde eine in Abhängigkeit von dem angebrachten Schutz geringere Mindestwanddicke des Tankkörpers haben. Jedoch müssen Tankkörper mit einem Durchmesser von höchstens 1,80 m bei Verwendung des Bezugsstahls eine Wanddicke von mindestens 3 mm oder bei Verwendung eines anderen Metalls eine gleichwertige Dicke haben. Tankkörper mit einem Durchmesser von mehr als 1,80 m müssen bei Verwendung des Bezugsstahls eine Wanddicke von mindestens 4 mm oder bei Verwendung eines anderen Metalls eine gleichwertige Dicke aufweisen.

[Wanddickenminimum] 6.7.2.4.4

Die Wanddicke der zylindrischen Teile, Endböden und Mannlochabdeckungen aller Tankkörper darf unabhängig von dem Werkstoff, aus dem sie hergestellt sind, nicht geringer als 3 mm sein.

[Zusätzlicher Schutz] 6.7.2.4.5

Der zusätzliche Schutz nach 6.7.2.4.3 kann erreicht werden durch einen vollständigen äußeren baulichen Schutz wie z. B. eine geeignete „Sandwich"-Konstruktion, bei der der äußere Mantel mit dem Tankkörper fest verbunden ist, durch eine Doppelwandkonstruktion oder durch eine Konstruktion, bei der der Tankkörper von einem vollständigen Rahmenwerk mit Längs- und Querträgern umschlossen ist.

[Gleichwertige Wanddicke] 6.7.2.4.6

Bei Verwendung eines anderen Metalls als Bezugsstahl, dessen Wanddicke in 6.7.2.4.3 festgelegt ist, muss die gleichwertige Wanddicke anhand der folgenden Formel bestimmt werden:

$$e_1 = \frac{21,4 \times e_0}{\sqrt[3]{R_{m1} \times A_1}}$$

Hierin bedeuten:

e_1 = erforderliche gleichwertige Wanddicke (in mm) des zu verwendenden Metalls,

e_0 = Mindestwanddicke (in mm) des Bezugsstahls, festgelegt in der anwendbaren Anweisung für ortsbewegliche Tanks oder in einer Sondervorschrift für ortsbewegliche Tanks, angegeben in Spalte 13 oder 14 der Gefahrgutliste,

R_{m1} = garantierte Mindestzugfestigkeit (in N/mm^2) des zu verwendenden Metalls (siehe 6.7.2.3.3),

A_1 = garantierte Mindestbruchdehnung (in %) des zu verwendenden Metalls gemäß den nationalen oder internationalen Normen.

[Mindestwanddicke] 6.7.2.4.7

Wenn in der anzuwendenden Anweisung für ortsbewegliche Tanks nach 4.2.5.2.6 eine Mindestwanddicke von 8 mm, 10 mm oder 12 mm festgelegt ist, ist zu beachten, dass diesem Wert die Eigenschaften des Bezugsstahls und ein Tankkörperdurchmesser von 1,80 m zugrunde gelegt wurden. Wird ein anderes Metall als Baustahl verwendet (siehe 6.7.2.1) oder hat der Tankkörper einen Durchmesser von mehr als 1,80 m, muss die Wanddicke anhand der folgenden Formel bestimmt werden:

$$e_1 = \frac{21,4 \times e_0 d_1}{1,8 \sqrt[3]{R_{m1} \times A_1}}$$

Hierin bedeuten:

e_1 = erforderliche gleichwertige Dicke (in mm) des zu verwendenden Metalls,

e_0 = Mindestwanddicke (in mm) des Bezugsstahls, festgelegt in der anwendbaren Anweisung für ortsbewegliche Tanks oder in einer Sondervorschrift für ortsbewegliche Tanks, angegeben in Spalte 13 oder 14 der Gefahrgutliste,

6.7.2.4.7 (Forts.)

d_1 = Durchmesser des Tankkörpers (in m), mindestens jedoch 1,80 m,

R_{m1} = garantierte Mindestzugfestigkeit (in N/mm^2) des zu verwendenden Metalls (siehe 6.7.2.3.3),

A_1 = garantierte Mindestbruchdehnung (in %) des zu verwendenden Metalls gemäß den nationalen oder internationalen Normen.

6.7.2.4.8 [Absolute Untergrenze]

Die Wanddicke darf in keinem Fall geringer sein als die in 6.7.2.4.2, 6.7.2.4.3 und 6.7.2.4.4 vorgeschriebenen Werte. Alle Teile des Tankkörpers müssen die in 6.7.2.4.2 bis 6.7.2.4.4 festgelegte Mindestwanddicke aufweisen. In dieser Dicke darf kein Korrosionszuschlag enthalten sein.

6.7.2.4.9 [Erleichterung für Baustahl]

Bei Verwendung von Baustahl (siehe 6.7.2.1) ist die Berechnung nach der Gleichung in 6.7.2.4.6 nicht erforderlich.

6.7.2.4.10 [Blechdickenänderung]

An der Verbindung zwischen den Tankböden und dem zylindrischen Teil des Tankkörpers darf sich die Blechdicke nicht plötzlich ändern.

6.7.2.5 Bedienungsausrüstung

6.7.2.5.1 [Anordnung]

Die Bedienungsausrüstung muss so angeordnet sein, dass sie während der Beförderung und des Umschlags gegen das Risiko des Abreißens oder der Beschädigung geschützt ist. Wenn die Verbindung zwischen Rahmen und Tankkörper eine relative Bewegung zwischen den Baugruppen zulässt, muss die Ausrüstung so befestigt sein, dass durch eine solche Bewegung kein Risiko der Beschädigung von Teilen besteht. Die äußeren Entleerungseinrichtungen (Rohranschlüsse, Verschlusseinrichtungen), das innere Absperrventil und sein Sitz müssen so geschützt sein, dass sie durch äußere Beanspruchungen nicht abgerissen werden können (z. B. durch die Verwendung von Sollbruchstellen). Die Befüllungs- und Entleerungseinrichtungen (einschließlich Flanschen oder Schraubverschlüssen) sowie alle Schutzkappen müssen gegen unbeabsichtigtes Öffnen gesichert werden können.

6.7.2.5.1.1 [Offshore-Tankcontainer]

Im Fall von Offshore-Tankcontainern ist bei der Anordnung der Bedienungsausrüstung und bei der Konstruktion und Widerstandsfähigkeit der Schutzeinrichtungen für diese Ausrüstung die erhöhte Gefahr von Beschädigungen durch Aufprall während des Umladens dieser Tanks auf offener See zu berücksichtigen.

6.7.2.5.2 [Handbetätigte Absperreinrichtung]

Alle für die Befüllung und Entleerung der ortsbeweglichen Tanks im Tankkörper vorgesehenen Öffnungen müssen mit einer handbetätigten Absperreinrichtung versehen sein, die sich so nah wie möglich am Tankkörper befindet. Die übrigen Öffnungen mit Ausnahme der Öffnungen für Entlüftungs- und Druckentlastungseinrichtungen müssen entweder mit einer Absperreinrichtung oder einer anderen geeigneten Verschlusseinrichtung versehen sein, die sich so nahe wie möglich am Tankkörper befindet.

6.7.2.5.3 [Innenbesichtigung]

Alle ortsbeweglichen Tanks müssen mit einem Mannloch oder anderen ausreichend großen Untersuchungsöffnungen versehen sein, so dass die Untersuchung des Tankinneren und der ungehinderte Zugang zum Tankinneren für Wartungs- und Instandsetzungsarbeiten möglich ist. Ortsbewegliche Mehrkammertanks müssen ein Mannloch oder andere Untersuchungsöffnungen für jede Kammer haben.

6.7.2.5.4 [Äußere Ausrüstungsteile]

Die äußeren Ausrüstungsteile müssen soweit wie möglich gruppenweise angeordnet werden. Bei isolierten ortsbeweglichen Tanks müssen die oberen Ausrüstungsteile von einer Überlaufeinrichtung umgeben sein, die mit geeigneten Abläufen versehen sind.

[Kennzeichnung der Anschlüsse] 6.7.2.5.5

Alle Anschlüsse an einem ortsbeweglichen Tank müssen ihrer Funktion entsprechend deutlich gekennzeichnet sein.

[Auslegung der Absperreinrichtung] 6.7.2.5.6

Die Absperreinrichtung oder sonstige Verschlusseinrichtung muss unter Berücksichtigung der während der Beförderung voraussichtlich auftretenden Temperaturen für einen Nenndruck ausgelegt und gebaut sein, der mindestens dem höchstzulässigen Betriebsdruck des Tankkörpers entspricht. Alle Absperreinrichtungen mit Gewindespindeln müssen sich durch Drehen des Handrades im Uhrzeigersinn schließen lassen. Bei anderen Absperreinrichtungen müssen die Stellung (offen oder geschlossen) und die Drehrichtung für das Schließen deutlich angezeigt sein. Alle Absperreinrichtungen müssen so ausgelegt sein, dass ein unbeabsichtigtes Öffnen ausgeschlossen ist.

[Bewegliche Teile] 6.7.2.5.7

Bewegliche Teile wie Abdeckungen, Teile von Verschlüssen usw. dürfen nicht aus ungeschütztem korrosionsanfälligem Stahl hergestellt sein, wenn sie durch Reibung oder Stoß mit ortsbeweglichen Tanks aus Aluminium in Berührung kommen können, die für die Beförderung von Stoffen, welche wegen ihres Flammpunktes die Kriterien der Klasse 3 erfüllen, sowie von Stoffen, die über ihren Flammpunkt erwärmt befördert werden, vorgesehen sind.

[Rohrleitungen] 6.7.2.5.8

Rohrleitungen müssen so ausgelegt, gebaut und montiert sein, dass das Risiko der Beschädigung durch Wärmespannungen, mechanische Erschütterungen und Schwingungen ausgeschlossen ist. Sämtliche Rohrleitungen müssen aus einem geeigneten metallenen Werkstoff bestehen. Soweit möglich, müssen die Rohrleitungsverbindungen geschweißt sein.

[Kupferrohre] 6.7.2.5.9

Die Verbindungen von Kupferrohrleitungen müssen hartgelötet oder durch eine metallene Verbindung gleicher Festigkeit hergestellt sein. Der Schmelzpunkt von hartgelöteten Werkstoffen darf nicht unter 525 °C liegen. Durch diese Verbindungen darf die Festigkeit der Rohrleitungen nicht verringert werden, was beim Gewindeschneiden der Fall sein kann.

[Rohr-Berstdruck] 6.7.2.5.10

Der Berstdruck aller Rohrleitungen und Rohrleitungsbauteile darf nicht niedriger sein als der höhere der beiden folgenden Werte: das Vierfache des höchstzulässigen Betriebsdrucks des Tankkörpers oder das Vierfache des Drucks, dem der Tankkörper durch den Betrieb einer Pumpe oder einer anderen Einrichtung (außer Druckentlastungseinrichtungen) ausgesetzt sein kann.

[Verformungsfähige Metalle] 6.7.2.5.11

Bei der Herstellung von Verschlusseinrichtungen, Ventilen und Zubehörteilen müssen verformungsfähige Metalle verwendet werden.

[Heizsystem] 6.7.2.5.12

Das Heizsystem muss so konstruiert sein oder kontrolliert werden, dass ein Stoff nicht eine Temperatur erreichen kann, bei der der Druck im Tank den höchstzulässigen Betriebsdruck überschreitet oder andere Gefahren verursacht (z. B. thermische Zersetzung).

[Heiztemperaturgrenze] 6.7.2.5.13

Das Heizsystem muss so konstruiert sein oder kontrolliert werden, dass der Strom für interne Heizelemente nicht verfügbar ist, bevor die Heizelemente vollständig untergetaucht sind. Die Temperatur an der Oberfläche der Heizelemente für interne Heizung oder die Temperatur am Tankkörper bei externer Heizausrüstung darf unter keinen Umständen 80 % der Selbstentzündungstemperatur (in °C) des beförderten Stoffes überschreiten.

[Erdung bei Heizsystem] 6.7.2.5.14

Wenn ein elektrisches Heizungssystem in einem Tank eingebaut ist, muss es mit einer Erdung mit einem Stromabfluss von weniger als 100 mA ausgerüstet sein.

6.7.2.5.15 [Schaltkästen]

Elektrische Schaltkästen, die an einem Tank angebracht sind, dürfen keine direkte Verbindung mit dem Inneren des Tanks haben und müssen einen Schutz gewährleisten, der mindestens IP 56 nach IEC 144 oder IEC 529 entspricht.

6.7.2.6 Bodenöffnungen

6.7.2.6.1 [Verbot]

Bestimmte Stoffe dürfen nicht in ortsbeweglichen Tanks mit Bodenöffnungen befördert werden. Wenn nach der in der Gefahrgutliste aufgeführten und in 4.2.5.2.6 beschriebenen anzuwendenden Anweisung für ortsbewegliche Tanks Bodenöffnungen verboten sind, dürfen sich keine Öffnungen unterhalb des Flüssigkeitsspiegels des Tankkörpers befinden, wenn er bis zur höchstzulässigen Füllgrenze befüllt ist. Wird eine vorhandene Öffnung geschlossen, muss innen und außen an den Tankkörper eine Platte angeschweißt werden.

6.7.2.6.2 [Untenentleerung]

Ortsbewegliche Tanks mit Untenentleerung, in denen bestimmte feste, kristallisationsfähige oder stark viskose Stoffe befördert werden, müssen mit mindestens zwei hintereinander angeordneten und voneinander unabhängigen Absperreinrichtungen versehen sein. Die Konstruktion dieser Einrichtungen muss den Anforderungen der zuständigen Behörde oder der von ihr beauftragten Stelle entsprechen und muss aus folgenden Teilen bestehen:

.1 einem äußeren Absperrventil, das so nahe wie möglich am Tankkörper angebracht ist, und so ausgelegt ist, dass ein unbeabsichtigtes Öffnen durch Stoß oder andere unachtsame Handlungen verhindert wird, und

.2 einem flüssigkeitsdichten Verschluss am Ende der Entleerungsleitung, der ein verschraubter Blindflansch oder eine Schraubkappe sein kann.

6.7.2.6.3 [Öffnungen]

Jede Öffnung für Untenentleerung mit Ausnahme der in 6.7.2.6.2 genannten muss mit drei hintereinander angeordneten und voneinander unabhängigen Absperreinrichtungen versehen sein. Die Konstruktion dieser Einrichtungen muss den Anforderungen der zuständigen Behörde oder der von ihr beauftragten Stelle entsprechen und muss aus folgenden Teilen bestehen:

.1 einem selbstschließenden inneren Absperrventil, d. h. einem Absperrventil innerhalb des Tankkörpers oder innerhalb eines geschweißten Flansches oder seines Gegenflansches, das wie folgt beschaffen ist:

  .1 die Vorrichtungen für die Betätigung des Ventils sind so ausgelegt, dass ein unbeabsichtigtes Öffnen durch einen Stoß oder ein anderes zufälliges Ereignis ausgeschlossen ist,

  .2 das Ventil kann von oben oder unten betätigt werden,

  .3 die Stellung des Ventils (offen oder geschlossen) muss nach Möglichkeit vom Boden aus überprüft werden können,

  .4 das Ventil muss, außer bei ortsbeweglichen Tanks mit einem Fassungsraum von höchstens 1000 Litern, von einer zugänglichen Stelle des ortsbeweglichen Tanks, die vom Ventil selbst entfernt ist, geschlossen werden können und

  .5 das Ventil muss bei Beschädigung der äußeren Vorrichtung zur Betätigung des Ventils weiterhin funktionsfähig sein,

.2 einem äußeren Absperrventil, das so nah wie möglich am Tankkörper angebracht ist, und

.3 einem flüssigkeitsdichten Verschluss am Ende des Entleerungsrohrs, der ein verschraubter Blindflansch oder eine Schraubkappe sein kann.

6.7.2.6.4 [Zusätzliches Absperrventil]

Bei einem Tankkörper mit Auskleidung kann das nach 6.7.2.6.3.1 erforderliche innere Absperrventil durch ein zusätzliches äußeres Absperrventil ersetzt werden. Der Hersteller muss die Anforderungen der zuständigen Behörde oder der von ihr beauftragten Stelle erfüllen.

Sicherheitseinrichtungen 6.7.2.7

[Anforderungen] 6.7.2.7.1

Alle ortsbeweglichen Tanks müssen mit mindestens einer Druckentlastungseinrichtung ausgerüstet sein. Alle Druckentlastungseinrichtungen müssen nach den Anforderungen der zuständigen Behörde oder der von ihr beauftragten Stelle konstruiert, hergestellt und gekennzeichnet sein.

Druckentlastungseinrichtungen 6.7.2.8

[Anforderungen] 6.7.2.8.1

Jeder ortsbewegliche Tank mit einem Fassungsraum von mindestens 1 900 Litern und jede unabhängige Kammer eines ortsbeweglichen Tanks mit einem vergleichbaren Fassungsraum muss mit mindestens einem federbelasteten Überdruckventil ausgerüstet sein und kann zusätzlich mit einer parallel geschalteten Berstscheibe oder Schmelzsicherung ausgerüstet sein, sofern dies durch den Verweis auf 6.7.2.8.3 in der anwendbaren Anweisung für ortsbewegliche Tanks nach 4.2.5.2.6 nicht verboten ist. Die Druckentlastungseinrichtungen müssen ausreichend dimensioniert sein, damit ein Bersten des Tankkörpers durch einen beim Befüllen, Entleeren oder infolge der Erwärmung des Inhalts entstehenden Überdruck oder Unterdruck verhindert wird.

[Beschaffenheit] 6.7.2.8.2

Druckentlastungseinrichtungen müssen so beschaffen sein, dass das Eindringen von Fremdstoffen, das Auslaufen von Flüssigkeit und die Entwicklung eines gefährlichen Überdrucks ausgeschlossen sind.

[Konstruktion] 6.7.2.8.3

Wenn es nach der in der Gefahrgutliste genannten und in 4.2.5.2.6 beschriebenen jeweils zutreffenden Anweisung für ortsbewegliche Tanks für bestimmte Stoffe vorgeschrieben ist, müssen ortsbewegliche Tanks mit einer von der zuständigen Behörde zugelassenen Druckentlastungseinrichtung ausgerüstet sein. Die Entlastungseinrichtung muss aus einer Berstscheibe bestehen, die einem federbelasteten Überdruckventil vorgeschaltet ist, es sei denn, ein für die ausschließliche Beförderung eines Stoffes eingesetzter ortsbeweglicher Tank ist mit einer zugelassenen Druckentlastungseinrichtung aus Werkstoffen ausgerüstet, die mit der Ladung verträglich sind. Wird eine Berstscheibe mit der vorgeschriebenen federbelasteten Druckentlastungseinrichtung in Reihe geschaltet, muss zwischen der Berstscheibe und der Druckentlastungseinrichtung ein Druckmessgerät oder eine sonstige geeignete Anzeigeeinrichtung angebracht werden, mit denen das Bersten der Scheibe, Porenbildung oder undichte Stellen festgestellt werden können, durch die das Druckentlastungssystem funktionsunfähig werden kann. Die Berstscheibe muss bei einem Nenndruck bersten, der 10 % über dem Ansprechdruck der Druckentlastungseinrichtung liegt.

[Tanks < 1900 l] 6.7.2.8.4

Ortsbewegliche Tanks mit einem Fassungsraum von weniger als 1 900 Litern müssen mit einer Druckentlastungseinrichtung ausgerüstet sein, die aus einer Berstscheibe bestehen kann, die den Anforderungen in 6.7.2.11.1 genügt. Wird keine federbelastete Druckentlastungseinrichtung verwendet, muss die Berstscheibe bei einem Nenndruck bersten, der gleich dem Prüfdruck ist. Darüber hinaus dürfen auch Schmelzsicherungen gemäß 6.7.2.10.1 verwendet werden.

[Zuführungsleitung] 6.7.2.8.5

Ist der Tankkörper für Druckentleerung ausgerüstet, muss die Zuführungsleitung mit einer geeigneten Druckentlastungseinrichtung versehen sein, die auf einen Ansprechdruck eingestellt ist, der nicht über dem höchstzulässigen Betriebsdruck des Tankkörpers liegt. Ein Absperrventil muss so nah wie möglich am Tankkörper angebracht sein.

6.7.2.9 Einstellung der Druckentlastungseinrichtungen

6.7.2.9.1 [Temperaturkriterien]

Es muss beachtet werden, dass die Druckentlastungseinrichtungen nur im Falle eines übermäßigen Temperaturanstiegs ansprechen, da der Tankkörper unter normalen Beförderungsbedingungen keinen übermäßigen Druckschwankungen ausgesetzt sein darf (siehe 6.7.2.12.2).

6.7.2.9.2 [Druckwerte]

Die erforderliche Druckentlastungseinrichtung muss bei Tankkörpern mit einem Prüfdruck von höchstens 4,5 bar auf einen nominalen Ansprechdruck von fünf Sechsteln des Prüfdrucks und bei Tankkörpern mit einem Prüfdruck von mehr als 4,5 bar auf einen nominalen Ansprechdruck von 110 % von zwei Dritteln des Prüfdrucks eingestellt sein. Die Einrichtung muss sich nach dem Abblasen bei einem Druck schließen, der höchstens 10 % unter dem Ansprechdruck liegt. Die Einrichtung muss bei allen niedrigeren Drücken geschlossen bleiben. Die Verwendung von Unterdruckventilen oder einer Kombination von Überdruck- und Unterdruckventil wird durch diese Vorschrift nicht ausgeschlossen.

6.7.2.10 Schmelzsicherungen

6.7.2.10.1 [Anforderungen]

Schmelzsicherungen müssen bei einer Temperatur zwischen 100 °C und 149 °C unter der Voraussetzung ansprechen, dass der Druck im Tankkörper bei der Schmelztemperatur nicht höher ist als der Prüfdruck. Schmelzsicherungen müssen im oberen Bereich des Tankkörpers angebracht sein und dürfen, wenn sie für Zwecke der Beförderungssicherheit verwendet werden, nicht gegen äußere Wärmeeinwirkung abgeschirmt werden; ihre Eintrittsöffnungen müssen sich im Ausdehnungsraum befinden. Schmelzsicherungen dürfen nicht bei ortsbeweglichen Tanks mit einem Prüfdruck über 2,65 bar verwendet werden, sofern dies nicht in Kapitel 3.2 Gefahrgutliste Spalte 14 durch die Sondervorschrift TP36 festgelegt ist. Schmelzsicherungen, die bei ortsbeweglichen Tanks für die Beförderung erwärmter Stoffe verwendet werden, müssen so ausgelegt sein, dass sie bei einer Temperatur ansprechen, die höher ist als die höchste während der Beförderung auftretende Temperatur. Sie müssen den Anforderungen der zuständigen Behörde oder der von ihr beauftragten Stelle genügen.

6.7.2.11 Berstscheiben

6.7.2.11.1 [Berstdruck]

Außer wie in 6.7.2.8.3 vorgeschrieben müssen Berstscheiben im Auslegungstemperaturbereich bei einem Nenndruck bersten, der gleich dem Prüfdruck ist. Wenn Berstscheiben verwendet werden, müssen die Vorschriften in 6.7.2.5.1 und 6.7.2.8.3 besonders beachtet werden.

6.7.2.11.2 [Unterdruck]

Berstscheiben müssen den Unterdrücken angemessen sein, die in dem ortsbeweglichen Tank auftreten können.

6.7.2.12 Abblasleistung von Druckentlastungseinrichtungen

6.7.2.12.1 [Strömungsquerschnitt]

Die in 6.7.2.8.1 vorgeschriebene federbelastete Druckentlastungseinrichtung muss einen Strömungsquerschnitt haben, der mindestens einer Öffnung mit einem Durchmesser von 31,75 mm entspricht. Werden Unterdruckventile verwendet, müssen diese einen Strömungsquerschnitt von mindestens 284 mm^2 haben.

6.7.2.12.2 [Gesamtabblasmenge]

Die Gesamtabblasmenge des Druckentlastungssystems (unter Berücksichtigung des Strömungsabfalls, wenn der ortsbewegliche Tank mit Berstscheiben ausgerüstet ist, die den federbelasteten Druckentlastungseinrichtungen vorgeschaltet sind, oder wenn die federbelasteten Druckentlastungseinrichtungen mit einer Flammendurchschlagsicherung ausgerüstet sind) bei vollständiger Feuereinwirkung auf den ortsbeweglichen Tank muss ausreichen, um den Druck im Tankkörper auf einen Wert von höchstens 20 % über dem Ansprechdruck der Druckentlastungseinrichtung zu begrenzen. Um die vorgeschriebene Abblasmenge zu erreichen, dürfen Notfall-Druckentlastungseinrichtungen verwendet werden. Diese

Einrichtungen können Schmelzsicherungen, federbelastete Einrichtungen oder Berstscheiben oder eine Kombination aus einer federbelasteten Einrichtung und einer Berstscheibe sein. Die erforderliche Gesamtabblasmenge der Entlastungseinrichtungen kann mit Hilfe der Formel in 6.7.2.12.2.1 oder der Tabelle in 6.7.2.12.2.3 bestimmt werden. **6.7.2.12.2** (Forts.)

[Grundformel] **6.7.2.12.2.1**

Für die Bestimmung der erforderlichen Gesamtabblasmenge der Druckentlastungseinrichtungen, die als Summe der einzelnen Abblasmengen aller dazu beitragenden Einrichtungen anzusehen ist, muss die folgende Formel angewendet werden:

$$Q = 12,4 \frac{FA^{0,82}}{LC} \sqrt{\frac{ZT}{M}}$$

Hierin bedeuten:

Q = die mindestens erforderliche Abblasmenge in Kubikmetern Luft pro Sekunde (m^3/s) unter den Normbedingungen von 1 bar und 0 °C (273 K);

F = Koeffizient mit folgendem Wert:

bei nicht isolierten Tankkörpern $F = 1$

bei isolierten Tankkörpern $F = U (649 - t)/13,6$, jedoch in keinem Fall kleiner als 0,25,

es bedeuten:

U = Wärmeleitfähigkeit der Isolierung bei 38 °C in $kW \cdot m^{-2} \cdot K^{-1}$,

t = tatsächliche Temperatur des Stoffes beim Befüllen (in °C) (ist diese Temperatur nicht bekannt: $t = 15$ °C).

Der oben genannte Wert F für isolierte Tankkörper kann unter der Voraussetzung verwendet werden, dass die Isolierung den Vorschriften gemäß 6.7.2.12.2.4 entspricht.

A = gesamte Außenfläche des Tankkörpers in m^2,

Z = Kompressibilitätsfaktor des Gases bei Abblasbedingungen (ist dieser Faktor nicht bekannt, kann für $Z = 1,0$ eingesetzt werden),

T = absolute Temperatur in Kelvin (°C + 273) oberhalb der Druckentlastungseinrichtungen bei Abblasbedingungen,

L = latente Verdampfungswärme des flüssigen Stoffes in kJ/kg bei Abblasbedingungen,

M = Molekularmasse des abgeblasenen Gases,

C = Konstante, die als Funktion des Verhältnisses k von Werten für spezifische Wärme aus einer der folgenden Formeln abgeleitet wird:

$$k = \frac{C_p}{C_v}$$

Hierin bedeuten:

C_p = spezifische Wärme bei konstantem Druck und

C_v = spezifische Wärme bei konstantem Volumen.

Wenn $k > 1$:

$$C = \sqrt{k\left(\frac{2}{k+1}\right)^{\frac{k+1}{k-1}}}$$

Wenn $k = 1$ oder wenn k unbekannt ist:

$$C = \frac{1}{\sqrt{e}} = 0,607$$

Hierin ist e die mathematische Konstante 2,7183.

6.7.2.12.2.1 (Forts.) *C* kann auch der folgenden Tabelle entnommen werden:

k	*C*	*k*	*C*	*k*	*C*
1,00	0,607	1,26	0,660	1,52	0,704
1,02	0,611	1,28	0,664	1,54	0,707
1,04	0,615	1,30	0,667	1,56	0,710
1,06	0,620	1,32	0,671	1,58	0,713
1,08	0,624	1,34	0,674	1,60	0,716
1,10	0,628	1,36	0,678	1,62	0,719
1,12	0,633	1,38	0,681	1,64	0,722
1,14	0,637	1,40	0,685	1,66	0,725
1,16	0,641	1,42	0,688	1,68	0,728
1,18	0,645	1,44	0,691	1,70	0,731
1,20	0,649	1,46	0,695	2,00	0,770
1,22	0,652	1,48	0,698	2,20	0,793
1,24	0,656	1,50	0,701		

6.7.2.12.2.2 **[Formel für Flüssigkeiten]**

An Stelle der oben genannten Formel kann für die Dimensionierung der Druckentlastungseinrichtungen von Tankkörpern für die Beförderung flüssiger Stoffe auch die Tabelle in 6.7.2.12.2.3 verwendet werden. Bei dieser Tabelle wird für die Isolierung ein Wert von $F = 1$ angenommen, und sie muss für isolierte Tankkörper entsprechend angepasst werden. Die Werte der übrigen für die Tabelle verwendeten Parameter sind:

$M = 86{,}7$ $T = 394$ K $L = 334{,}94$ kJ/kg $C = 0{,}607$ $Z = 1$

6.7.2.12.2.3 **[Mindestabblasleistung]**

Erforderliche Mindestabblasleistung *Q* in Kubikmetern Luft pro Sekunde bei 1 bar und 0 °C (273 K):

A Außenfläche (Quadratmeter)	*Q* (Kubikmeter Luft pro Sekunde)	*A* Außenfläche (Quadratmeter)	*Q* (Kubikmeter Luft pro Sekunde)
2	0,230	37,5	2,539
3	0,320	40	2,677
4	0,405	42,5	2,814
5	0,487	45	2,949
6	0,565	47,5	3,082
7	0,641	50	3,215
8	0,715	52,5	3,346
9	0,788	55	3,476
10	0,859	57,5	3,605
12	0,998	60	3,733
14	1,132	62,5	3,860
16	1,263	65	3,987
18	1,391	67,5	4,112
20	1,517	70	4,236
22,5	1,670	75	4,483
25	1,821	80	4,726
27,5	1,969	85	4,967
30	2,115	90	5,206
32,5	2,258	95	5,442
35	2,400	100	5,676

[Isolierungssystem] 6.7.2.12.2.4

Die zur Verringerung der Abblasmenge verwendeten Isolierungssysteme müssen von der zuständigen Behörde oder der von ihr beauftragten Stelle zugelassen sein. In jedem Fall müssen die für diesen Zweck zugelassenen Isolierungssysteme:

(a) bei allen Temperaturen bis 649 °C wirksam bleiben und

(b) mit einem Werkstoff ummantelt sein, der einen Schmelzpunkt von mindestens 700 °C aufweist.

Kennzeichnung von Druckentlastungseinrichtungen 6.7.2.13

[Angaben] 6.7.2.13.1

Jede Druckentlastungseinrichtung muss mit den folgenden Angaben deutlich und dauerhaft gekennzeichnet sein:

.1 Ansprechdruck (in bar oder kPa) oder Ansprechtemperatur (in °C),

.2 zulässiger Toleranzbereich für den Abblasdruck bei federbelasteten Einrichtungen,

.3 Bezugstemperatur, die dem Nenndruck von Berstscheiben entspricht,

.4 zulässiger Temperaturtoleranzbereich bei Schmelzsicherungen und

.5 nominale Abblasmenge der federbelasteten Druckentlastungseinrichtungen, Berstscheiben oder Schmelzsicherungen in Kubikmetern Luft pro Sekunde (m^3/s) unter Normbedingungen;

.6 die Strömungsquerschnitte der federbelasteten Druckentlastungseinrichtungen, Berstscheiben und Schmelzsicherungen in mm^2.

Nach Möglichkeit muss auch Folgendes angegeben werden:

.7 Name des Herstellers und zutreffende Registriernummer.

[Referenznorm] 6.7.2.13.2

Die auf den federbelasteten Druckentlastungseinrichtungen angegebene nominale Abblasmenge muss nach ISO 4126-1:2004 und ISO 4126-7:2004 bestimmt werden.

Anschlüsse für Druckentlastungseinrichtungen 6.7.2.14

[Dimensionierung] 6.7.2.14.1

Die Anschlüsse für Druckentlastungseinrichtungen müssen ausreichend dimensioniert sein, damit die erforderliche Abblasmenge ungehindert zur Sicherheitseinrichtung gelangen kann. Zwischen dem Tankkörper und den Druckentlastungseinrichtungen darf keine Absperreinrichtung angebracht sein, es sei denn, es sind doppelte Einrichtungen für Wartungszwecke oder für sonstige Zwecke vorhanden, und die Absperrventile für die jeweils verwendeten Druckentlastungseinrichtungen sind in geöffneter Stellung verriegelt oder die Absperrventile sind so miteinander gekoppelt, dass mindestens eine der doppelt vorhandenen Einrichtungen immer in Betrieb ist. In einer Öffnung, die zu einer Lüftungs- oder Druckentlastungseinrichtung führt, darf sich kein Hindernis befinden, durch das die Strömung vom Tankkörper zu dieser Einrichtung begrenzt oder unterbrochen werden könnte. Werden Lüftungseinrichtungen oder von den Austrittsöffnungen der Druckentlastungseinrichtungen abgehende Abblasleitungen verwendet, müssen diese die frei werdenden Dämpfe oder Flüssigkeiten bei minimalem Gegendruck auf die Druckentlastungseinrichtungen in die Luft entweichen lassen.

Anordnung von Druckentlastungseinrichtungen 6.7.2.15

[Öffnungen] 6.7.2.15.1

Die Eintrittsöffnungen der Druckentlastungseinrichtungen müssen im oberen Bereich des Tankkörpers so nahe wie möglich am Schnittpunkt von Längs- und Querachse des Tankkörpers angeordnet sein. Sämtliche Öffnungen der Druckentlastungseinrichtungen müssen bei höchster Befüllung im Gasraum des Tankkörpers liegen; die Einrichtungen müssen so angeordnet sein, dass gewährleistet ist, dass die entweichenden Dämpfe ungehindert abgeleitet werden. Bei entzündbaren Stoffen müssen die entweichenden Dämpfe so vom Tankkörper abgelenkt werden, dass sie nicht gegen den Tankkörper geblasen werden. Schutzeinrichtungen, die die Strömung der entweichenden Dämpfe ablenken, sind zulässig, sofern die erforderliche Abblasmenge dadurch nicht verringert wird.

6.7.2.15.2 [Unbefugte]

Es müssen Vorkehrungen getroffen werden, die den Zugang unbefugter Personen zu den Druckentlastungseinrichtungen verhindern und die Druckentlastungseinrichtungen vor Beschädigung beim Umkippen des ortsbeweglichen Tanks schützen.

6.7.2.16 Füllstandsanzeigevorrichtungen

6.7.2.16.1 [Werkstoffverbot]

Füllstandsanzeigevorrichtungen aus Glas oder anderen zerbrechlichen Werkstoffen, die mit dem Füllgut des Tanks direkt in Verbindung kommen, dürfen nicht verwendet werden.

6.7.2.17 Auflager, Rahmen, Hebe- und Befestigungseinrichtungen für ortsbewegliche Tanks

6.7.2.17.1 [Anforderungen]

Ortsbewegliche Tanks sind mit einem Traglager auszulegen und zu bauen, das eine sichere Auflage während der Beförderung gewährleistet. Die in 6.7.2.2.12 aufgeführten Kräfte und der in 6.7.2.2.13 genannte Sicherheitsfaktor müssen dabei berücksichtigt werden. Kufen, Rahmen, Schlitten oder sonstige vergleichbare Einrichtungen sind zulässig.

6.7.2.17.2 [Beanspruchungen]

Die von den Auflagerkonsolen der ortsbeweglichen Tanks (z. B. Schlitten, Rahmen usw.) und den Hebe- und Befestigungseinrichtungen der ortsbeweglichen Tanks ausgehenden kombinierten Beanspruchungen dürfen in keinem Bereich des Tankkörpers zu einer übermäßigen Beanspruchung führen. Alle ortsbeweglichen Tanks müssen mit dauerhaften Hebe- und Befestigungseinrichtungen ausgerüstet sein. Diese müssen vorzugsweise an den Tankauflagern befestigt sein, können aber auch an Verstärkungsblechen befestigt sein, die an den Auflagepunkten am Tankkörper angebracht sind.

6.7.2.17.3 [Korrosionsberücksichtigung]

Bei der Auslegung von Tankauflagern und Rahmen müssen die Auswirkungen der umweltbedingten Korrosion berücksichtigt werden.

6.7.2.17.4 [Gabeltaschen]

Gabeltaschen müssen verschließbar sein. Die Einrichtungen zum Verschließen der Gabeltaschen müssen ein dauerhafter Bestandteil des Rahmens sein, oder sie müssen am Rahmen dauerhaft befestigt sein. Ortsbewegliche Einkammertanks mit einer Länge von weniger als 3,65 m brauchen nicht mit verschließbaren Gabeltaschen ausgerüstet zu sein, sofern:

.1 der Tankkörper einschließlich aller Ausrüstungsteile gegen eine Beschädigung durch die Gabeln ausreichend geschützt ist und

.2 der Abstand zwischen den Gabeltaschen, gemessen von Mitte zu Mitte, mindestens die Hälfte der größten Länge des ortsbeweglichen Tanks beträgt.

6.7.2.17.5 [Kippschutz]

Sind die ortsbeweglichen Tanks während der Beförderung nicht gemäß 4.2.1.2 geschützt, müssen die Tankkörper und die Bedienungsausrüstung gegen Beschädigung durch Längs- oder Querstöße oder beim Umkippen geschützt sein. Äußere Ausrüstungsteile müssen so geschützt sein, dass ein Austreten des Tankkörperinhalts durch Stöße oder durch Umkippen des ortsbeweglichen Tanks auf seine Ausrüstungsteile ausgeschlossen ist. Beispiele für Schutzmaßnahmen sind:

.1 Schutz gegen seitliche Stöße, der aus Längsträgern bestehen kann, welche den Tankkörper auf beiden Seiten in Höhe der Mittellinie schützen,

.2 Schutz des ortsbeweglichen Tanks gegen Umkippen, der aus Verstärkungsreifen oder quer am Rahmen befestigten Verstärkungsstangen bestehen kann,

.3 Schutz gegen Stöße von hinten, der aus einer Stoßstange oder einem Rahmen bestehen kann,

.4 Schutz des Tankkörpers gegen Beschädigung durch Stöße oder Umkippen durch Verwendung eines ISO-Rahmens gemäß ISO 1496-3:1995.

Baumusterzulassung 6.7.2.18

[Ausstellung] 6.7.2.18.1

Für jedes neue Baumuster eines ortsbeweglichen Tanks muss von der zuständigen Behörde oder der von ihr beauftragten Stelle eine Baumusterzulassungsbescheinigung ausgestellt werden. Durch diese Bescheinigung muss bestätigt werden, dass der ortsbewegliche Tank von dieser Behörde geprüft wurde, dass er für den vorgesehenen Verwendungszweck geeignet ist und den Vorschriften dieses Kapitels sowie gegebenenfalls den stoffbezogenen Vorschriften nach Kapitel 4.2 sowie in der Gefahrgutliste in Kapitel 3.2 entspricht. Werden ortsbewegliche Tanks ohne Änderung des Baumusters in Serie hergestellt, gilt diese Bescheinigung für die ganze Serie. In der Bescheinigung müssen der Prüfbericht über die Baumusterprüfung, die zur Beförderung zugelassenen Stoffe oder Stoffgruppen, die für die Herstellung des Tankkörpers und der Auskleidung (sofern vorhanden) verwendeten Werkstoffe und eine Zulassungsnummer aufgeführt werden. Die Zulassungsnummer muss aus dem Unterscheidungszeichen oder Kennzeichen des Staates, in dessen Hoheitsgebiet die Zulassung erteilt wurde, angegeben durch das für Kraftfahrzeuge im internationalen Verkehr verwendete Unterscheidungszeichen[2], und einer Registriernummer bestehen. Andere Regelungen gemäß 6.7.1.2 müssen in der Bescheinigung angegeben werden. Eine Baumusterzulassung darf auch für die Zulassung kleinerer ortsbeweglicher Tanks herangezogen werden, die aus Werkstoffen der gleichen Art und Dicke und nach demselben Verfahren hergestellt sind sowie mit den gleichen Tankauflagern, gleichwertigen Verschlüssen und sonstigen Zubehörteilen ausgerüstet sind.

[Prüfbericht] 6.7.2.18.2

Der Prüfbericht für die Baumusterzulassung muss mindestens die folgenden Angaben enthalten:

.1 Ergebnisse der nach ISO 1496-3:1995 durchzuführenden Prüfung des Rahmens,

.2 Ergebnisse der erstmaligen Prüfung nach 6.7.2.19.3 und

.3 Ergebnisse der Auflaufprüfung nach 6.7.2.19.1, soweit erforderlich.

Prüfung 6.7.2.19

→ D: GGVSee § 10 (2) Nr. 3
→ D: GGVSee § 12 (1) Nr. 8 b)
→ D: GGVSee § 16 (2) Nr. 1

[Normen] 6.7.2.19.1

Ortsbewegliche Tanks, die der Begriffsbestimmung für *Container* des Internationalen Übereinkommens über sichere Container (CSC) von 1972 in der jeweils geltenden Fassung entsprechen, dürfen nicht verwendet werden, es sei denn, sie werden erfolgreich qualifiziert, nachdem ein repräsentatives Baumuster jeder Bauart der im Handbuch Prüfungen und Kriterien Teil IV Abschnitt 41 beschriebenen dynamischen Auflaufprüfung unterzogen wurde. Diese Vorschrift findet nur auf ortsbewegliche Tanks Anwendung, die nach einer am oder nach dem 1. Januar 2008 ausgestellten Baumusterzulassungsbescheinigung gebaut worden sind.

[Besichtigungsrhythmus] 6.7.2.19.2

Tankkörper und Ausrüstungsteile jedes ortsbeweglichen Tanks müssen einer Prüfung unterzogen werden, und zwar das erste Mal vor der Indienststellung (erstmalige Prüfung) und danach im Abstand von jeweils höchstens fünf Jahren (5-jährliche wiederkehrende Prüfung) mit einer wiederkehrenden Zwischenprüfung (2,5-jährliche Zwischenprüfung) jeweils in der Mitte zwischen den 5-jährlichen Prüfungen. Die 2,5-jährliche Prüfung kann innerhalb von drei Monaten vor oder nach dem angegebenen Datum durchgeführt werden. Unabhängig vom Datum der letzten wiederkehrenden Prüfung muss eine außerordentliche Prüfung durchgeführt werden, wenn sich dies nach 6.7.2.19.7 als erforderlich erweist.

---

[2] Das für Kraftfahrzeuge und Anhänger im internationalen Straßenverkehr verwendete Unterscheidungszeichen des Zulassungsstaates, z. B. gemäß dem Genfer Übereinkommen über den Straßenverkehr von 1949 oder dem Wiener Übereinkommen über den Straßenverkehr von 1968.

6.7.2.19.3 [Erstmalige Prüfung]

Die erstmalige Prüfung eines ortsbeweglichen Tanks muss eine Prüfung der Konstruktionsmerkmale, eine innere und äußere Untersuchung des ortsbeweglichen Tanks und seiner Ausrüstungsteile unter besonderer Berücksichtigung der zu befördernden Stoffe sowie eine Druckprüfung umfassen. Vor der Indienststellung des ortsbeweglichen Tanks müssen ebenfalls eine Dichtheitsprüfung und eine Funktionsprüfung der gesamten Bedienungsausrüstung durchgeführt werden. Sind bei dem Tankkörper und seinen Ausrüstungsteilen getrennte Druckprüfungen durchgeführt worden, müssen diese nach dem Zusammenbau gemeinsam einer Dichtheitsprüfung unterzogen werden.

6.7.2.19.4 [Wiederkehrende Prüfung]

Die 5-jährliche wiederkehrende Prüfung muss eine innere und äußere Untersuchung sowie in der Regel eine hydraulische Druckprüfung umfassen. Bei Tanks, die nur für die Beförderung von festen Stoffen außer giftigen und ätzenden Stoffen, die sich während der Beförderung nicht verflüssigen, eingesetzt werden, kann anstelle der hydraulischen Druckprüfung mit Zustimmung der zuständigen Behörde eine geeignete Druckprüfung mit dem 1,5-fachen des höchstzulässigen Betriebsdrucks durchgeführt werden. Ummantelung, Wärmeschutz und ähnliche Ausrüstungen müssen nur in dem Umfang entfernt werden, wie es für die zuverlässige Beurteilung des Zustands des ortsbeweglichen Tanks erforderlich ist. Sind bei dem Tankkörper und seiner Ausrüstung getrennte Druckprüfungen durchgeführt worden, müssen diese nach dem Zusammenbau gemeinsam einer Dichtheitsprüfung unterzogen werden.

6.7.2.19.4.1 [Heizeinrichtung]

Die Heizeinrichtung muss im Rahmen der 5-jährlichen wiederkehrenden Prüfung einer Prüfung einschließlich Druckprüfungen der Heizschlangen oder -leitungen unterzogen werden.

6.7.2.19.5 [Zwischenprüfung]

Die 2,5-jährliche wiederkehrende Zwischenprüfung muss mindestens eine innere und äußere Untersuchung des ortsbeweglichen Tanks und seiner Ausrüstungsteile unter besonderer Berücksichtigung der zur Beförderung vorgesehenen Stoffe sowie eine Dichtheitsprüfung und eine Funktionsprüfung der gesamten Bedienungsausrüstung umfassen. Ummantelung, Wärmeschutz und ähnliche Ausrüstungen müssen nur in dem Umfang entfernt werden, wie es für die zuverlässige Beurteilung des Zustands des ortsbeweglichen Tanks erforderlich ist. Bei ortsbeweglichen Tanks, die für die Beförderung eines einzigen Stoffes vorgesehen sind, kann die zuständige Behörde oder die von ihr beauftragte Stelle auf die 2,5-jährliche innere Untersuchung verzichten oder statt dessen andere Prüfverfahren festlegen.

6.7.2.19.6 [Benutzungsverbot]

Nach Ablauf der Frist für die in 6.7.2.19.2 vorgeschriebene 5-jährliche oder 2,5-jährliche wiederkehrende Prüfung dürfen ortsbewegliche Tanks weder befüllt noch zur Beförderung bereitgestellt werden. Jedoch dürfen ortsbewegliche Tanks, die vor Ablauf der Frist für die wiederkehrende Prüfung befüllt wurden, für einen Zeitraum von höchstens 3 Monaten nach Überschreitung dieser Frist befördert werden. Außerdem dürfen sie nach Ablauf dieser Frist befördert werden:

.1 nach dem Entleeren, jedoch vor dem Reinigen zur Durchführung der nächsten vorgeschriebenen Prüfung vor dem Wiederbefüllen und

.2 wenn von der zuständigen Behörde nicht etwas anderes genehmigt wurde, für einen Zeitraum von höchstens 6 Monaten nach Ablauf der Frist für die letzte wiederkehrende Prüfung, um die Rücksendung gefährlicher Güter zur ordnungsgemäßen Entsorgung oder Wiederverwertung zu ermöglichen. In das Beförderungsdokument muss ein Hinweis auf diese Ausnahme aufgenommen werden.

6.7.2.19.7 [Außerordentliche Prüfung]

Die außerordentliche Prüfung ist erforderlich, wenn bei dem ortsbeweglichen Tank Anzeichen von Beschädigung, Korrosion, undichten Stellen oder anderen auf einen Mangel hinweisenden Zuständen zu erkennen sind, die die Unversehrtheit des ortsbeweglichen Tanks beeinträchtigen könnten. Der Umfang der außerordentlichen Prüfung hängt vom Ausmaß der Beschädigung oder Qualitätsminderung des ortsbeweglichen Tanks ab. Es muss zumindest die 2,5-jährliche Prüfung nach 6.7.2.19.5 durchgeführt werden.

[Untersuchungen] 6.7.2.19.8

Bei den inneren und äußeren Untersuchungen muss sichergestellt werden, dass:

.1 der Tankkörper auf Lochfraß, Korrosion oder Abrieb, Dellen, Verformungen, schadhafte Schweißnähte oder sonstige Zustände, einschließlich undichter Stellen, untersucht wird, durch die die Sicherheit des ortsbeweglichen Tanks bei der Beförderung beeinträchtigt werden könnte. Wenn bei dieser Untersuchung Anzeichen einer Verringerung der Wanddicke festgestellt werden, muss die Wanddicke durch geeignete Messungen überprüft werden,

.2 die Rohrleitungen, Ventile, Heiz-/Kühleinrichtungen und Dichtungen auf Korrosion, Beschädigungen oder sonstige Zustände, einschließlich undichter Stellen, untersucht werden, durch die die Sicherheit des Tanks beim Befüllen, Entleeren und bei der Beförderung beeinträchtigt werden könnte,

.3 die Einrichtungen, mit denen der feste Sitz von Mannlochabdeckungen erreicht wird, funktionsfähig sind und dass diese Abdeckungen oder ihre Dichtungen keine undichten Stellen aufweisen,

.4 fehlende oder lockere Bolzen oder Muttern an Flanschverbindungen oder Blindflanschen ersetzt bzw. festgezogen werden,

.5 alle Sicherheitseinrichtungen und -ventile frei von Korrosion, Verformung und sonstigen Beschädigungen oder Mängeln sind, die ihre normale Funktion verhindern könnten. Fernbetätigte Verschlusseinrichtungen und selbstschließende Absperrventile müssen zum Nachweis ihres einwandfreien Funktionierens betätigt werden,

.6 Auskleidungen, soweit vorhanden, nach den vom Hersteller der Auskleidung festgelegten Kriterien überprüft werden,

.7 die vorgeschriebenen Kennzeichen an dem ortsbeweglichen Tank lesbar sind und den anzuwendenden Vorschriften entsprechen und

.8 sich Rahmen, Auflager und Hebevorrichtungen des ortsbeweglichen Tanks in zufriedenstellendem Zustand befinden.

[Sachverständige, Prüfdruck] 6.7.2.19.9

Die Prüfungen nach 6.7.2.19.1, 6.7.2.19.3, 6.7.2.19.4, 6.7.2.19.5 und 6.7.2.19.7 müssen von einem Sachverständigen durchgeführt oder bestätigt werden, der von der zuständigen Behörde oder der von ihr beauftragten Stelle zugelassen ist. Ist die Druckprüfung Bestandteil der Prüfung, muss diese mit dem auf dem Tankschild des ortsbeweglichen Tanks angegebenen Prüfdruck durchgeführt werden. Der unter Druck stehende ortsbewegliche Tank muss auf undichte Stellen im Tankkörper, in den Rohrleitungen und in der Ausrüstung untersucht werden.

[Heißarbeiten] 6.7.2.19.10

In allen Fällen, in denen Schneid-, Brenn- oder Schweißarbeiten am Tankkörper durchgeführt werden, müssen diese den Anforderungen der zuständigen Behörde oder der von ihr beauftragten Stelle unter Beachtung des bei der Herstellung des Tankkörpers angewendeten Regelwerks für Druckbehälter entsprechen. Nach Abschluss der Arbeiten muss eine Druckprüfung mit dem ursprünglichen Prüfdruck durchgeführt werden.

[Sicherheitsmängel] 6.7.2.19.11

Werden Anzeichen für einen die Sicherheit beeinträchtigenden Zustand festgestellt, darf der ortsbewegliche Tank erst wieder in Betrieb genommen werden, nachdem dieser Zustand behoben und die Prüfung mit Erfolg wiederholt wurde.

Kennzeichnung 6.7.2.20

[Angaben auf dem Kennzeichenschild aus Metall] 6.7.2.20.1

Jeder ortsbewegliche Tank muss mit einem korrosionsbeständigen Metallschild ausgerüstet sein, das dauerhaft an einer auffallenden und für die Prüfung leicht zugänglichen Stelle angebracht ist. Wenn das Schild aus Gründen der Anordnung von Einrichtungen am ortsbeweglichen Tank nicht dauerhaft am Tankkörper angebracht werden kann, muss der Tankkörper mindestens mit den im Regelwerk für Druckbehälter vorgeschriebenen Informationen gekennzeichnet sein. Auf dem Schild müssen mindestens die folgenden Angaben eingeprägt oder durch ein ähnliches Verfahren angebracht sein:

6.7.2.20.1 (Forts.)

(a) Eigentümerinformationen
  (i) Registriernummer des Eigentümers;

(b) Herstellungsinformationen
  (i) Herstellungsland;
  (ii) Herstellungsjahr;
  (iii) Name oder Zeichen des Herstellers;
  (iv) Seriennummer des Herstellers;

(c) Zulassungsinformationen
  (i) das Symbol der Vereinten Nationen für Verpackungen (un);
  dieses Symbol darf nur zum Zweck der Bestätigung verwendet werden, dass eine Verpackung, ein flexibler Schüttgut-Container, ein ortsbeweglicher Tank oder ein MEGC den entsprechenden Vorschriften des Kapitels 6.1, 6.2, 6.3, 6.5, 6.6, 6.7 oder 6.9 entspricht;
  (ii) Zulassungsland;
  (iii) für die Baumusterzulassung zugelassene Stelle;
  (iv) Baumusterzulassungsnummer;
  (v) die Buchstaben „AA“, wenn das Baumuster nach alternativen Vereinbarungen zugelassen wurde (siehe 6.7.1.2);
  (vi) Regelwerk für Druckbehälter, nach dem der Tankkörper ausgelegt wurde;

(d) Drücke
  (i) höchstzulässiger Betriebsdruck (in bar oder kPa (Überdruck))[3];
  (ii) Prüfdruck (in bar oder kPa (Überdruck))[3];
  (iii) Datum der erstmaligen Druckprüfung (Monat und Jahr);
  (iv) Identifizierungskennzeichen des Sachverständigen der erstmaligen Druckprüfung;
  (v) äußerer Auslegungsdruck[4] (in bar oder kPa (Überdruck))[3];
  (vi) höchstzulässiger Betriebsdruck für das Heizungs-/Kühlsystem (in bar oder kPa (Überdruck))[3] (sofern vorhanden);

(e) Temperaturen
  (i) Auslegungstemperaturbereich (in °C)[3];

(f) Werkstoffe
  (i) Werkstoff(e) des Tankkörpers und Verweis(e) auf Werkstoffnorm(en);
  (ii) gleichwertige Wanddicke für Bezugsstahl (in mm)[3];
  (iii) Werkstoff der Auskleidung (sofern vorhanden);

(g) Fassungsraum
  (i) mit Wasser ausgeliterter Fassungsraum des Tanks bei 20 °C (in Litern)[3].
  Auf diese Angabe muss das Symbol „S“ folgen, wenn der Tankkörper durch Schwallwände in Abschnitte von höchstens 7 500 Liter Fassungsraum unterteilt ist;
  (ii) mit Wasser ausgeliterter Fassungsraum der einzelnen Kammern bei 20 °C (in Litern)[3] (sofern vorhanden, bei Mehrkammertanks).
  Auf diese Angabe muss das Symbol „S“ folgen, wenn die Kammer durch Schwallwände in Abschnitte von höchstens 7 500 Liter Fassungsraum unterteilt ist;

(h) wiederkehrende Prüfungen
  (i) Art der zuletzt durchgeführten wiederkehrenden Prüfung (2,5-Jahres-, 5-Jahres-Prüfung oder außerordentliche Prüfung);
  (ii) Datum der zuletzt durchgeführten wiederkehrenden Prüfung (Monat und Jahr);
  (iii) Prüfdruck (in bar oder kPa (Überdruck))[3] der zuletzt durchgeführten wiederkehrenden Prüfung (sofern anwendbar);
  (iv) Identifizierungskennzeichen der zugelassenen Stelle, welche die letzte Prüfung durchgeführt oder beglaubigt hat.

---

[3] Die verwendete Einheit ist anzugeben.

[4] Siehe 6.7.2.2.10.

6.7.2.20.1 (Forts.)

Abbildung 6.7.2.20.1: Beispiel eines Kennzeichenschilds

Registriernummer des Eigentümers			
HERSTELLUNGSINFORMATIONEN			
Herstellungsland			
Herstellungsjahr			
Hersteller			
Seriennummer des Herstellers			
ZULASSUNGSINFORMATIONEN			
u n	Zulassungsland		
	für die Baumusterzulassung zugelassene Stelle		
	Baumusterzulassungsnummer		„AA" *(sofern anwendbar)*
Regelwerk für die Auslegung des Tankkörpers (Druckbehälter-Regelwerk)			
DRÜCKE			
höchstzulässiger Betriebsdruck			bar *oder* kPa
Prüfdruck			bar *oder* kPa
Datum der erstmaligen Druckprüfung:	*(MM/JJJJ)*	Stempel des Sachverständigen:	
äußerer Auslegungsdruck			bar *oder* kPa
höchstzulässiger Betriebsdruck für das Heizungs-/Kühlsystem *(sofern vorhanden)*			bar *oder* kPa
TEMPERATUREN			
Auslegungstemperaturbereich		°C bis	°C
WERKSTOFFE			
Werkstoff(e) des Tankkörpers und Verweis(e) auf Werkstoffnorm(en)			
gleichwertige Wanddicke für Bezugsstahl			mm
Werkstoff der Auskleidung *(sofern vorhanden)*			
FASSUNGSRAUM			
mit Wasser ausgeliterter Fassungsraum des Tanks bei 20 °C		Liter	„S" *(sofern anwendbar)*
mit Wasser ausgeliterter Fassungsraum der Kammer ____ bei 20 °C *(sofern vorhanden, bei Mehrkammertanks)*		Liter	„S" *(sofern anwendbar)*

WIEDERKEHRENDE PRÜFUNGEN

Art der Prüfung	Prüfdatum	Stempel des Sachverständigen und Prüfdruck[a)]		Art der Prüfung	Prüfdatum	Stempel des Sachverständigen und Prüfdruck[a)]	
	(MM/JJJJ)		bar *oder* kPa		*(MM/JJJJ)*		bar *oder* kPa

a) Prüfdruck (sofern anwendbar).

6.7.2.20.2 [Metallschild]

Die folgenden Angaben müssen entweder auf dem ortsbeweglichen Tank selbst oder auf einem am ortsbeweglichen Tank fest angebrachten Metallschild dauerhaft angegeben werden:

Name des Betreibers

höchstzulässige Bruttomasse .... kg

Leergewicht (Tara) .... kg

Anweisung für ortsbewegliche Tanks gemäß 4.2.5.2.6

6.7.2.20.3 [Offshore-Tanks]

Ist ein ortsbeweglicher Tank für das Umladen auf offener See ausgelegt und zugelassen, muss das Kennzeichenschild mit „OFFSHORE PORTABLE TANK" gekennzeichnet werden.

6.7.3 Vorschriften für Auslegung, Bau und Prüfung von ortsbeweglichen Tanks für die Beförderung von nicht tiefgekühlt verflüssigten Gasen der Klasse 2

Bemerkung: *Diese Vorschriften gelten auch für ortsbewegliche Tanks zur Beförderung von Chemikalien unter Druck (UN-Nummern 3500, 3501, 3502, 3503, 3504 und 3505).*

6.7.3.1 Begriffsbestimmungen

Im Sinne dieses Abschnitts bedeutet:

Auslegungsreferenztemperatur: Die Temperatur, bei der der Dampfdruck des Füllguts zur Berechnung des höchstzulässigen Betriebsdrucks bestimmt wird. Damit sichergestellt ist, dass das Gas jederzeit verflüssigt bleibt, muss die Auslegungsbezugstemperatur niedriger sein als die kritische Temperatur des zu befördernden nicht tiefgekühlt verflüssigten Gases oder der verflüssigten Treibgase der zu befördernden Chemikalien unter Druck. Für die einzelnen Typen von ortsbeweglichen Tanks gelten folgende Werte:

.1 für einen Tankkörper mit einem Durchmesser von höchstens 1,5 m: 65 °C,

.2 für einen Tankkörper mit einem Durchmesser von mehr als 1,5 m:

  .1 ohne Isolierung oder Sonnenschutz: 60 °C,

  .2 mit Sonnenschutz (siehe 6.7.3.2.12): 55 °C,

  .3 mit Isolierung (siehe 6.7.3.2.12): 50 °C.

Auslegungstemperaturbereich: Der Auslegungstemperaturbereich des Tankkörpers muss für nicht tiefgekühlt verflüssigte Gase, die bei Umgebungsbedingungen befördert werden, zwischen -40 °C und 50 °C liegen. Für ortsbewegliche Tanks, die extremen klimatischen Bedingungen ausgesetzt sind, müssen entsprechend extreme Auslegungstemperaturen in Betracht gezogen werden.

Bauliche Ausrüstung: Die außen am Tankkörper angebrachten Versteifungs-, Befestigungs-, Schutz- und Stabilisierungselemente.

Baustahl: Einen Stahl mit einer garantierten Mindestzugfestigkeit zwischen 360 N/mm^2 und 440 N/mm^2 und einer garantierten Bruchdehnung gemäß 6.7.3.3.3.3.

Bedienungsausrüstung: Die Messinstrumente sowie die Befüllungs- und Entleerungs-, Lüftungs-, Sicherheits- und Isolierungseinrichtungen.

Berechnungsdruck: Der Druck, der den Berechnungen nach einem anerkannten Regelwerk für Druckbehälter zugrunde gelegt wird. Der Berechnungsdruck darf nicht geringer sein als der höchste der folgenden Drücke:

.1 der höchstzulässige effektive Überdruck im Tankkörper während des Befüllens oder Entleerens oder

.2 die Summe aus:

  .1 dem höchsten effektiven Überdruck, für den der Tankkörper gemäß .2 der Begriffsbestimmung für den höchstzulässigen Betriebsdruck (siehe unten) ausgelegt ist, und

  .2 einem Höchstdruck, der auf der Grundlage der in 6.7.3.2.9 aufgeführten statischen Kräfte ermittelt wird, und der mindestens 0,35 bar betragen muss.

Bezugsstahl: Ein Stahl mit einer Zugfestigkeit von 370 N/mm^2 und einer Bruchdehnung von 27 %.

Dichtheitsprüfung: Eine Prüfung, bei der der Tankkörper und seine Bedienungsausrüstung unter Verwendung eines Gases mit einem effektiven Innendruck von mindestens 25 % des höchstzulässigen Betriebsdrucks belastet werden.

Fülldichte: Die durchschnittliche Masse des nicht tiefgekühlt verflüssigten Gases je Liter Fassungsraum des Tankkörpers (kg/l). Die Fülldichte ist in der Anweisung für ortsbewegliche Tanks T50 in 4.2.5.2.6 aufgeführt. **6.7.3.1** (Forts.)

Höchstzulässige Bruttomasse: Die Summe aus dem Leergewicht des ortsbeweglichen Tanks und der höchsten für die Beförderung zugelassenen Ladung.

Höchstzulässiger Betriebsdruck: Ein Druck, der nicht geringer sein darf als der höchste der folgenden Drücke, die im oberen Bereich des Tankkörpers im Betriebszustand gemessen werden, und der mindestens 7 bar betragen muss:

.1 der höchstzulässige effektive Überdruck im Tankkörper während des Befüllens oder Entleerens oder

.2 der höchste effektive Überdruck, für den der Tankkörper ausgelegt ist, und der:

  .1 bei einem in der Anweisung für ortsbewegliche Tanks T50 in 4.2.5.2.6 aufgeführten nicht tiefgekühlt verflüssigten Gas der für dieses Gas in der Anweisung für ortsbewegliche Tanks T50 vorgeschriebene höchstzulässige Betriebsdruck (in bar) ist,

  .2 bei anderen nicht tiefgekühlt verflüssigten Gasen nicht geringer sein darf als die Summe aus:

  - dem absoluten Dampfdruck (in bar) des nicht tiefgekühlt verflüssigten Gases bei der Auslegungsreferenztemperatur abzüglich 1 bar und
  - dem Partialdruck (in bar) von Luft oder anderen Gasen im füllungsfreien Raum, der ermittelt wird anhand der Auslegungsreferenztemperatur und der Flüssigkeitsausdehnung infolge der Erhöhung der mittleren Temperatur des Füllguts von t_r - t_f (t_f = Befüllungstemperatur, normalerweise 15 °C; t_r = 50 °C, höchste mittlere Temperatur des Füllguts);

  .3 für Chemikalien unter Druck der höchstzulässige Betriebsdruck (in bar) ist, der in der Anweisung für ortsbewegliche Tanks T50 in 4.2.5.2.6 für die verflüssigten Gase angegeben ist, die Teil des Treibmittels sind.

Ortsbeweglicher Tank: Einen multimodalen Tank mit einem Fassungsraum von mehr als 450 Litern für die Beförderung von nicht tiefgekühlt verflüssigten Gasen der Klasse 2. Der ortsbewegliche Tank besteht aus einem Tankkörper, der mit der für die Beförderung von Gasen erforderlichen Bedienungsausrüstung und baulichen Ausrüstung versehen ist. Der ortsbewegliche Tank muss befüllt und entleert werden können, ohne dass dazu die bauliche Ausrüstung entfernt werden muss. Er muss mit außen am Tankkörper angebrachten Stabilisierungselementen versehen sein und muss in befülltem Zustand angehoben werden können. Er muss in erster Linie so ausgelegt sein, dass er auf ein Transportfahrzeug oder Schiff verladen werden kann, und muss mit Kufen, Tragelementen und Zubehörteilen ausgerüstet sein, die die Handhabung mit mechanischen Mitteln erleichtern. Straßentankfahrzeuge, Kesselwagen, nicht metallene Tanks und IBC, Flaschen (Zylinder) für Gase und Großgefäße fallen nicht unter die Begriffsbestimmung für ortsbewegliche Tanks.

Prüfdruck: Der höchste Überdruck im oberen Bereich des Tankkörpers während der Druckprüfung.

Tankkörper: Den Teil des ortsbeweglichen Tanks, der das zu befördernde nicht tiefgekühlt verflüssigte Gas aufnimmt (eigentlicher Tank), einschließlich der Öffnungen und ihrer Verschlüsse, jedoch ausschließlich der Bedienungsausrüstung und äußeren baulichen Ausrüstung.

Allgemeine Auslegungs- und Bauvorschriften **6.7.3.2**

[Regelwerk] **6.7.3.2.1**

Tankkörper müssen nach einem Regelwerk für Druckbehälter ausgelegt und gebaut werden, die von der zuständigen Behörde anerkannt sind. Sie müssen aus verformungsfähigen Stählen hergestellt werden. Die Werkstoffe müssen grundsätzlich den nationalen oder internationalen Werkstoffnormen entsprechen. Für geschweißte Tankkörper darf nur ein Werkstoff verwendet werden, dessen Schweißbarkeit vollständig nachgewiesen wurde. Die Schweißnähte müssen fachgerecht ausgeführt sein und volle Sicherheit bieten. Wenn der Herstellungsprozess oder der Werkstoff es erfordern, müssen die Tankkörper einer geeigneten Wärmebehandlung unterzogen werden, damit gewährleistet ist, dass Schweißnähte und Wärmeeinflusszonen eine ausreichende Festigkeit aufweisen. Bei der Wahl des Werkstoffs muss im Hinblick auf die Gefahr von Sprödbruch, Spannungsrisskorrosion und Schlagfestigkeit der Auslegungstemperaturbereich berücksichtigt werden. Bei Verwendung von Feinkornstahl darf nach den Werkstoffspezifikationen der garantierte Wert für die Streckgrenze nicht mehr als 460 N/mm^2 und der

6.7.3.2.1 (Forts.) garantierte Wert für die obere Grenze der Zugfestigkeit nicht mehr als 725 N/mm^2 betragen. Die Werkstoffe für ortsbewegliche Tanks müssen für die äußeren Umgebungsbedingungen, die während der Beförderung auftreten können, geeignet sein.

6.7.3.2.2 **[Werkstoffe]**

Tankkörper, Ausrüstungsteile und Rohrleitungen ortsbeweglicher Tanks müssen aus Werkstoffen hergestellt werden, die:

.1 in hohem Maße gegenüber dem (den) zu befördernden nicht tiefgekühlt verflüssigten Gas(en) widerstandsfähig sind oder

.2 durch chemische Reaktion ausreichend passiviert oder neutralisiert worden sind.

6.7.3.2.3 **[Dichtungen]**

Dichtungen müssen aus Werkstoffen hergestellt sein, die mit dem (den) zu befördernden nicht tiefgekühlt verflüssigten Gas(en) verträglich sind.

6.7.3.2.4 **[Galvanik]**

Das Aneinandergrenzen verschiedener Metalle, das zu Schäden infolge eines galvanischen Prozesses führen könnte, muss vermieden werden.

6.7.3.2.5 **[Verträglichkeit]**

Die nicht tiefgekühlt verflüssigten Gase, die in dem ortsbeweglichen Tank befördert werden sollen, dürfen von den Werkstoffen des ortsbeweglichen Tanks einschließlich aller Einrichtungen, Dichtungen und Zubehörteile nicht angegriffen werden.

6.7.3.2.6 **[Auflager]**

Ortsbewegliche Tanks müssen mit Auflagern, die einen sicheren Stand während der Beförderung gewährleisten, sowie mit geeigneten Hebe- und Befestigungsvorrichtungen konstruiert und gebaut sein.

6.7.3.2.7 **[Druckbelastungen]**

Ortsbewegliche Tanks müssen so ausgelegt sein, dass sie mindestens dem von der Ladung ausgehenden Innendruck sowie den statischen, dynamischen und thermischen Belastungen unter normalen Umschlags- und Beförderungsbedingungen ohne Verlust von Füllgut standhalten. Aus der Auslegung muss zu erkennen sein, dass die Auswirkungen der Ermüdung infolge dieser während der voraussichtlichen Nutzungsdauer des ortsbeweglichen Tanks wiederholt auftretenden Belastungen berücksichtigt worden sind.

6.7.3.2.7.1 **[Offshore-Tankcontainer]**

Bei ortsbeweglichen Tanks, die zur Verwendung als Offshore-Tankcontainer vorgesehen sind, müssen die dynamischen Belastungen beim Umladen auf offener See berücksichtigt werden.

6.7.3.2.8 **[Überdruckbelastungen]**

Die Tankkörper müssen so ausgelegt sein, dass sie einem äußeren Überdruck von mindestens 0,4 bar über dem Innendruck ohne bleibende Verformung standhalten. Wenn vor dem Befüllen oder während des Entleerens ein erheblicher Unterdruck in dem Tankkörper entsteht, muss er so ausgelegt sein, dass er einem äußeren Druck von mindestens 0,9 bar (Überdruck) über dem Innendruck standhält, und mit diesem Druck geprüft sein.

6.7.3.2.9 **[Statische Kräfte]**

Ortsbewegliche Tanks und ihre Befestigungen müssen bei der höchstzulässigen Beladung die folgenden jeweils getrennt einwirkenden statischen Kräfte aufnehmen können:

.1 in Fahrtrichtung: das Zweifache der höchstzulässigen Bruttomasse, multipliziert mit der Erdbeschleunigung (g)[1],

.2 horizontal senkrecht zur Fahrtrichtung: die höchstzulässige Bruttomasse (das Zweifache der höchstzulässigen Bruttomasse, wenn die Fahrtrichtung nicht eindeutig bestimmt ist), multipliziert mit der Erdbeschleunigung (g)[1],

[1] Für Berechnungszwecke gilt: $g = 9{,}81\ m/s^2$.

.3 vertikal aufwärts: die höchstzulässige Bruttomasse, multipliziert mit der Erdbeschleunigung (g)[1], und 6.7.3.2.9 (Forts.)

.4 vertikal abwärts: das Zweifache der höchstzulässigen Bruttomasse (Gesamtbeladung einschließlich der Wirkung der Schwerkraft), multipliziert mit der Erdbeschleunigung (g)[1].

[Sicherheitskoeffizienten] 6.7.3.2.10

Bei jeder der in 6.7.3.2.9 genannten Kräfte müssen die folgenden Sicherheitskoeffizienten beachtet werden:

.1 bei Stählen mit ausgeprägter Streckgrenze ein Sicherheitskoeffizient von 1,5 bezogen auf die garantierte Streckgrenze oder

.2 bei Stählen ohne ausgeprägte Streckgrenze ein Sicherheitskoeffizient von 1,5 bezogen auf die garantierte 0,2 %-Dehngrenze und bei austenitischen Stählen auf die 1 %-Dehngrenze.

[Streckgrenze, Dehngrenze] 6.7.3.2.11

Als Werte für die Streckgrenze oder die Dehngrenze gelten die in nationalen oder internationalen Werkstoffnormen festgelegten Werte. Bei austenitischen Stählen dürfen die in den Werkstoffnormen festgelegten Mindestwerte für die Streckgrenze oder die Dehngrenze um bis zu 15 % erhöht werden, sofern diese höheren Werte im Werkstoffabnahmezeugnis bescheinigt werden. Wenn es für den betreffenden Stahl keine Werkstoffnormen gibt, muss der für die Streckgrenze oder die Dehngrenze verwendete Wert von der zuständigen Behörde genehmigt werden.

[Wärmeisolierung] 6.7.3.2.12

Wenn die Tankkörper für die Beförderung von nicht tiefgekühlt verflüssigten Gasen mit einer wärmeisolierenden Einrichtung ausgerüstet sind, muss diese den folgenden Vorschriften entsprechen:

.1 sie muss aus einem Schutzdach bestehen, das mindestens das obere Drittel, jedoch höchstens die obere Hälfte der Tankkörperoberfläche bedeckt und von dieser durch eine etwa 4 cm dicke Luftschicht getrennt ist;

.2 sie muss aus einer vollständigen Umhüllung aus Isolierwerkstoffen von ausreichender Dicke bestehen, die so geschützt ist, dass das Eindringen von Feuchtigkeit sowie Beschädigungen unter normalen Beförderungsbedingungen ausgeschlossen sind und dass eine Wärmeleitfähigkeit von höchstens 0,67 W/m·K erzielt wird;

.3 wenn die Schutzummantelung gasdicht verschlossen ist, muss eine Einrichtung vorgesehen werden, die verhindert, dass sich bei ungenügender Gasdichtheit des Tankkörpers oder seiner Ausrüstungsteile ein gefährlicher Druck in der Isolierschicht entwickeln kann, und

.4 die wärmeisolierende Einrichtung darf den Zugang zu den Ausrüstungsteilen und Entleerungseinrichtungen nicht behindern.

[Erdung] 6.7.3.2.13

Ortsbewegliche Tanks für die Beförderung nicht tiefgekühlt verflüssigter entzündbarer Gase müssen elektrisch geerdet werden können.

Auslegungskriterien 6.7.3.3

[Querschnitt] 6.7.3.3.1

Tankkörper müssen einen runden Querschnitt haben.

[Prüfdruck] 6.7.3.3.2

Tankkörper müssen so ausgelegt und gebaut sein, dass sie einem Prüfdruck von mindestens dem 1,3-fachen Berechnungsdruck standhalten. Bei der Konstruktion des Tankkörpers müssen die Mindestwerte für den höchstzulässigen Betriebsdruck berücksichtigt werden, die in der Anweisung für ortsbewegliche Tanks T50 in 4.2.5.2.6 für jedes zur Beförderung vorgesehene nicht tiefgekühlt verflüssigte Gas angegeben sind. Es wird auf die in 6.7.3.4 vorgeschriebenen Mindestwerte für die Wanddicke der Tankkörper hingewiesen.

---

[1] Für Berechnungszwecke gilt: $g = 9{,}81\ m/s^2$.

6.7.3.3.3 **[Membranspannung]**

Bei Stählen, die eine ausgeprägte Streckgrenze aufweisen oder durch eine garantierte Dehngrenze (im Allgemeinen 0,2 %-Dehngrenze oder bei austenitischen Stählen 1 %-Dehngrenze) gekennzeichnet sind, darf die primäre Membranspannung σ (sigma) des Tankkörpers beim Prüfdruck den niedrigeren der Werte 0,75 R_e oder 0,50 R_m nicht überschreiten. Es bedeuten:

R_e = Streckgrenze in N/mm^2 oder 0,2 %-Dehngrenze oder bei austenitischen Stählen 1 %-Dehngrenze,

R_m = Mindestzugfestigkeit in N/mm^2.

6.7.3.3.3.1 **[Werkstoffnormen]**

Die zu verwendenden Werte R_e und R_m sind die in den nationalen oder internationalen Werkstoffnormen festgelegten Mindestwerte. Bei austenitischen Stählen dürfen die in den Werkstoffnormen für R_e oder R_m festgelegten Werte um bis zu 15 % erhöht werden, sofern diese höheren Werte in der Werkstoffabnahmezeugnis bescheinigt werden. Wenn es für den betreffenden Stahl keine Werkstoffnormen gibt, müssen die verwendeten Werte R_e und R_m von der zuständigen Behörde oder einer von ihr beauftragten Stelle genehmigt werden.

6.7.3.3.3.2 **[Bestimmte Stähle]**

Stähle, bei denen das Verhältnis R_e/R_m mehr als 0,85 beträgt, dürfen nicht für den Bau von geschweißten Tankkörpern verwendet werden. Bei der Berechnung dieses Verhältnisses müssen die im Werkstoffabnahmezeugnis für R_e und R_m festgelegten Werte zugrunde gelegt werden.

6.7.3.3.3.3 **[Bruchdehnung]**

Die für den Bau von Tankkörpern verwendeten Stähle müssen eine Bruchdehnung in % von mindestens 10 000/R_m aufweisen, wobei der absolute Mindestwert bei Feinkornstählen 16 % und bei anderen Stählen 20 % beträgt.

6.7.3.3.3.4 **[Walzbleche]**

Bei der Bestimmung der tatsächlichen Werte der Werkstoffe muss im Fall von Walzblechen darauf geachtet werden, dass bei dem Versuch zur Bestimmung der Zugfestigkeit die Achse des Probestücks senkrecht (quer) zur Walzrichtung liegt. Die bleibende Bruchdehnung muss an Probestücken mit rechteckigem Querschnitt gemäß ISO-Norm 6892:1998 unter Verwendung einer Messlänge von 50 mm gemessen werden.

6.7.3.4 **Mindestwanddicke des Tankkörpers**

6.7.3.4.1 **[Mindestwerte]**

Die Mindestwanddicke des Tankkörpers muss dem größeren der beiden folgenden Werte entsprechen:

.1 der nach den Vorschriften in 6.7.3.4 ermittelten Mindestwanddicke und

.2 der gemäß dem anerkannten Regelwerk für Druckbehälter unter Berücksichtigung der Vorschriften in 6.7.3.3 ermittelten Mindestwanddicke.

6.7.3.4.2 **[Zylindrische Teile]**

Die zylindrischen Teile, Endböden und Mannlochabdeckungen von Tankkörpern mit einem Durchmesser von höchstens 1,80 m müssen bei Verwendung des Bezugsstahls eine Wanddicke von mindestens 5 mm oder bei Verwendung eines anderen Stahls eine gleichwertige Dicke aufweisen. Tankkörper mit einem Durchmesser von mehr als 1,80 m müssen bei Verwendung des Bezugsstahls eine Wanddicke von mindestens 6 mm oder bei Verwendung eines anderen Stahls eine gleichwertige Dicke aufweisen.

6.7.3.4.3 **[Wanddickenminimum]**

Die Wanddicke der zylindrischen Teile, Endböden und Mannlochabdeckungen aller Tankkörper darf unabhängig von dem Werkstoff, aus dem sie hergestellt sind, nicht geringer als 4 mm sein.

[Gleichwertige Wanddicke] 6.7.3.4.4

Bei Verwendung eines anderen Stahls als Bezugsstahl, dessen Wanddicke in 6.7.3.4.2 festgelegt ist, muss die gleichwertige Wanddicke anhand der folgenden Formel bestimmt werden:

$$e_1 = \frac{21,4 \times e_0}{\sqrt[3]{R_{m1} \times A_1}}$$

Hierin bedeuten:

e_1 = erforderliche gleichwertige Dicke (in mm) des zu verwendenden Stahls,

e_0 = Mindestdicke (in mm) des Bezugsstahls gemäß 6.7.3.4.2,

R_{m1} = garantierte Mindestzugfestigkeit (in N/mm^2) des zu verwendenden Stahls (siehe 6.7.3.3.3),

A_1 = garantierte Mindestbruchdehnung (in %) des zu verwendenden Stahls gemäß den nationalen oder internationalen Normen.

[Mindestwanddicke] 6.7.3.4.5

Die Wanddicke darf in keinem Fall geringer sein als die in 6.7.3.4.1 bis 6.7.3.4.3 vorgeschriebenen Werte. Alle Teile des Tankkörpers müssen die in 6.7.3.4.1 bis 6.7.3.4.3 festgelegte Mindestwanddicke aufweisen. In dieser Dicke darf kein Korrosionszuschlag enthalten sein.

[Erleichterung für Baustahl] 6.7.3.4.6

Bei Verwendung von Baustahl (siehe 6.7.3.1) ist die Berechnung nach der Gleichung in 6.7.3.4.4 nicht erforderlich.

[Blechdickenänderung] 6.7.3.4.7

An der Verbindung zwischen den Tankböden und dem zylindrischen Teil des Tankkörpers darf sich die Blechdicke nicht plötzlich ändern.

Bedienungsausrüstung 6.7.3.5

[Anordnung] 6.7.3.5.1

Die Bedienungsausrüstung muss so angeordnet sein, dass sie während der Beförderung und des Umschlags gegen das Risiko des Abreißens oder der Beschädigung geschützt ist. Wenn die Verbindung zwischen Rahmen und Tankkörper eine relative Bewegung zwischen den Baugruppen zulässt, muss die Ausrüstung so befestigt sein, dass durch eine solche Bewegung kein Risiko der Beschädigung von Teilen besteht. Die äußeren Entleerungseinrichtungen (Rohranschlüsse, Verschlusseinrichtungen), das innere Absperrventil und sein Sitz müssen so geschützt sein, dass sie durch äußere Beanspruchungen nicht abgerissen werden können (z. B. durch Verwendung von Sollbruchstellen). Die Befüllungs- und Entleerungseinrichtungen (einschließlich Flanschen oder Schraubverschlüssen) sowie alle Schutzkappen müssen gegen unbeabsichtigtes Öffnen gesichert werden können.

[Offshore-Tankcontainer] 6.7.3.5.1.1

Im Fall von Offshore-Tankcontainern ist bei der Anordnung der Bedienungsausrüstung und bei der Konstruktion und Widerstandsfähigkeit der Schutzeinrichtungen für diese Ausrüstung die erhöhte Gefahr von Beschädigungen durch Aufprall während des Umladens dieser Tanks auf offener See zu berücksichtigen.

[Absperreinrichtungen] 6.7.3.5.2

Alle Öffnungen mit einem Durchmesser von mehr als 1,5 mm in den Tankkörpern von ortsbeweglichen Tanks mit Ausnahme von Öffnungen für Druckentlastungseinrichtungen, von Untersuchungsöffnungen und verschlossenen Entlüftungsöffnungen müssen mit mindestens drei hintereinander angeordneten und voneinander unabhängigen Absperreinrichtungen versehen sein: 1. einem inneren Absperrventil, Durchflussbegrenzungsventil oder einer gleichwertigen Einrichtung, 2. einem äußeren Absperrventil und 3. einem Blindflansch oder einer gleichwertigen Einrichtung.

6.7.3.5.2.1 [Durchflussbegrenzungsventil]

Ist ein ortsbeweglicher Tank mit einem Durchflussbegrenzungsventil ausgerüstet, muss sich sein Sitz im Innern des Tankkörpers oder innerhalb eines geschweißten Flansches befinden; wenn es außen angebracht ist, muss seine Halterung so beschaffen sein, dass seine Funktionsfähigkeit bei Stößen erhalten bleibt. Die Durchflussbegrenzungsventile müssen so gewählt und angebracht sein, dass sie sich bei Erreichen der vom Hersteller festgelegten Durchflussmenge automatisch schließen. Verbindungen und Zubehörteile, die zu einem solchen Ventil führen oder von diesem wegführen, müssen für einen höheren Durchsatz als die Nenndurchflussmenge des Durchflussbegrenzungsventils ausgelegt sein.

6.7.3.5.3 [Aufbau]

Bei den Öffnungen für das Befüllen und Entleeren muss die erste Absperreinrichtung aus einem inneren Absperrventil und die zweite aus einem Absperrventil bestehen, das an jedem Füll- und Auslaufstutzen an einer zugänglichen Stelle angebracht sein muss.

6.7.3.5.4 [Schnellschluss]

Bei den Bodenöffnungen für das Befüllen und Entleeren ortsbeweglicher Tanks, die für die Beförderung von entzündbaren und/oder giftigen nicht tiefgekühlt verflüssigten Gasen oder von Chemikalien unter Druck bestimmt sind, muss das innere Absperrventil eine schnell schließende Sicherheitseinrichtung sein, die bei einem unbeabsichtigten Verschieben des ortsbeweglichen Tanks während des Befüllens oder Entleerens oder bei Feuereinwirkung selbsttätig schließt. Außer bei ortsbeweglichen Tanks mit einem Fassungsraum von höchstens 1 000 Litern muss das Schließen dieser Einrichtung durch Fernbedienung ausgelöst werden können.

6.7.3.5.5 [Zusätzliche Öffnungen]

Zusätzlich zu den Öffnungen für das Befüllen, Entleeren und den Gasdruckausgleich dürfen die Tankkörper mit Öffnungen für das Anbringen von Füllstandsanzeigern, Thermometern und Manometern versehen sein. Die Anschlüsse für diese Instrumente müssen aus geeigneten geschweißten Stutzen oder Taschen bestehen und dürfen keine durch den Tankkörper führenden Schraubanschlüsse sein.

6.7.3.5.6 [Besichtigungsöffnungen]

Alle ortsbeweglichen Tanks müssen mit Mannlöchern oder anderen ausreichend großen Untersuchungsöffnungen versehen sein, so dass die Untersuchung des Tankinneren und der ungehinderte Zugang zum Tankinneren für Wartungs- und Instandsetzungsarbeiten möglich ist.

6.7.3.5.7 [Äußere Ausrüstungsteile]

Die äußeren Ausrüstungsteile müssen soweit wie möglich gruppenweise angeordnet werden.

6.7.3.5.8 [Kennzeichnung der Anschlüsse]

Alle Anschlüsse an einem ortsbeweglichen Tank müssen ihrer Funktion entsprechend deutlich gekennzeichnet sein.

6.7.3.5.9 [Auslegung der Absperreinrichtung]

Jede Absperreinrichtung oder sonstige Verschlusseinrichtung muss unter Berücksichtigung der während der Beförderung voraussichtlich auftretenden Temperaturen für einen Nenndruck ausgelegt und gebaut sein, der mindestens dem höchstzulässigen Betriebsdruck des Tankkörpers entspricht. Alle Absperreinrichtungen mit Gewindespindeln müssen sich durch Drehen des Handrades im Uhrzeigersinn schließen lassen. Bei anderen Absperreinrichtungen müssen die Stellung (offen und geschlossen) und die Drehrichtung für das Schließen deutlich angezeigt sein. Alle Absperreinrichtungen müssen so ausgelegt sein, dass ein unbeabsichtigtes Öffnen ausgeschlossen ist.

6.7.3.5.10 [Rohrleitungen]

Rohrleitungen müssen so ausgelegt, gebaut und angebracht sein, dass das Risiko der Beschädigung durch Wärmespannungen, mechanische Erschütterungen und Schwingungen ausgeschlossen ist. Sämtliche Rohrleitungen müssen aus einem geeigneten metallenen Werkstoff bestehen. Soweit möglich, müssen die Rohrverbindungen geschweißt sein.

[Kupferrohre] 6.7.3.5.11

Die Verbindungen von Kupferrohrleitungen müssen hartgelötet oder durch eine metallene Verbindung gleicher Festigkeit hergestellt sein. Der Schmelzpunkt des Hartlots darf nicht unter 525 °C liegen. Durch diese Verbindungen darf die Festigkeit der Rohrleitungen nicht verringert werden, was beim Gewindeschneiden der Fall sein kann.

[Rohr-Berstdruck] 6.7.3.5.12

Der Berstdruck aller Rohrleitungen und Rohrleitungsbauteile darf nicht niedriger sein als der höhere der beiden folgenden Werte: das Vierfache des höchstzulässigen Betriebsdrucks des Tankkörpers oder das Vierfache des Drucks, dem der Tankkörper durch den Betrieb einer Pumpe oder einer anderen Einrichtung (außer Druckentlastungseinrichtungen) ausgesetzt sein kann.

[Verformungsfähige Metalle] 6.7.3.5.13

Bei der Herstellung von Verschlusseinrichtungen, Ventilen und Zubehörteilen müssen verformungsfähige Metalle verwendet werden.

Bodenöffnungen 6.7.3.6

[Verbote] 6.7.3.6.1

Bestimmte nicht tiefgekühlt verflüssigte Gase dürfen nicht in ortsbeweglichen Tanks mit Bodenöffnungen befördert werden, wenn in der Anweisung für ortsbewegliche Tanks T50 in 4.2.5.2.6 angegeben ist, dass Bodenöffnungen nicht zulässig sind. Es dürfen sich keine Öffnungen unterhalb des Flüssigkeitsspiegels des Tankkörpers befinden, wenn er bis zur höchstzulässigen Füllgrenze gefüllt ist.

Druckentlastungseinrichtungen 6.7.3.7

[Anforderungen] 6.7.3.7.1

Ortsbewegliche Tanks müssen mit einer oder mehreren federbelasteten Druckentlastungseinrichtungen versehen sein. Die Druckentlastungseinrichtungen müssen sich bei einem Druck, der nicht geringer ist als der höchstzulässige Betriebsdruck, selbsttätig öffnen und müssen bei einem Druck, der 110 % des höchstzulässigen Betriebsdrucks entspricht, vollständig geöffnet sein. Diese Einrichtungen müssen sich nach dem Abblasen bei einem Druck wieder schließen, der höchstens 10 % unter dem Ansprechdruck liegt, und müssen bei allen niedrigeren Drücken geschlossen bleiben. Bei den Druckentlastungseinrichtungen muss es sich um eine Bauart handeln, die dynamischen Kräften einschließlich Flüssigkeitsschwall standhält. Berstscheiben, die nicht mit einer federbelasteten Druckentlastungseinrichtung in Reihe geschaltet sind, sind nicht zulässig.

[Beschaffenheit] 6.7.3.7.2

Druckentlastungseinrichtungen müssen so beschaffen sein, dass das Eindringen von Fremdstoffen, das Entweichen von Gas und die Entwicklung eines gefährlichen Überdrucks ausgeschlossen sind.

[Stoffe gemäß T50] 6.7.3.7.3

Ortsbewegliche Tanks für die Beförderung bestimmter nicht tiefgekühlt verflüssigter Gase, die in der Anweisung für ortsbewegliche Tanks T50 in 4.2.5.2.6 aufgeführt sind, müssen mit einer von der zuständigen Behörde zugelassenen Druckentlastungseinrichtung ausgerüstet sein. Die Entlastungseinrichtung muss aus einer Berstscheibe bestehen, die einem federbelasteten Überdruckventil vorgeschaltet ist, es sei denn, ein für die ausschließliche Beförderung eines Stoffes eingesetzter ortsbeweglicher Tank ist mit einer zugelassenen Druckentlastungseinrichtung aus Werkstoffen ausgerüstet, die mit der Ladung verträglich sind. Zwischen der Berstscheibe und dieser Einrichtung muss ein Druckmessgerät oder eine sonstige geeignete Anzeigeeinrichtung angebracht sein, mit denen das Bersten der Scheibe, Porenbildung oder undichte Stellen festgestellt werden können, durch die das Druckentlastungssystem funktionsunfähig werden kann. Die Berstscheibe muss bei einem Nenndruck bersten, der 10 % über dem Ansprechdruck der Druckentlastungseinrichtung liegt.

[Öffnungsdruck] 6.7.3.7.4

Bei ortsbeweglichen Tanks für die Beförderung verschiedener Gase müssen die Druckentlastungseinrichtungen bei dem Druck öffnen, der in 6.7.3.7.1 für das Gas mit dem höchstzulässigen Betriebsdruck der zur Beförderung in dem ortsbeweglichen Tank zugelassenen Gase angegeben ist.

6.7.3.8 Abblasleistung von Druckentlastungseinrichtungen

6.7.3.8.1 [Gesamtabblasmenge]

Die Gesamtabblasmenge der Druckentlastungseinrichtungen muss ausreichend sein, damit bei einem vollständig von Feuer umgebenen ortsbeweglichen Tank der Druck (einschließlich der Druckakkumulation) im Tankkörper den Wert von 120 % des höchstzulässigen Betriebsdrucks nicht überschreitet. Zur Erzielung der vollen vorgeschriebenen Abblasmenge müssen federbelastete Druckentlastungseinrichtungen verwendet werden. Bei Tanks zur Beförderung verschiedener Gase muss die Gesamtabblasmenge der Druckentlastungseinrichtungen für das Gas errechnet werden, für das die höchste Abblasmenge der zur Beförderung in dem ortsbeweglichen Tank zugelassenen Gase erforderlich ist.

6.7.3.8.1.1 [Abblasmenge]

Für die Bestimmung der erforderlichen Gesamtabblasmenge der Druckentlastungseinrichtungen, die als Summe der einzelnen Abblasmengen aller dazu beitragenden Einrichtungen anzusehen ist, muss die folgende Formel[5] angewendet werden:

$$Q = 12{,}4\frac{FA^{0{,}82}}{LC}\sqrt{\frac{ZT}{M}}$$

Hierin bedeuten:

Q = die mindestens erforderliche Abblasmenge in Kubikmetern Luft pro Sekunde (m^3/s) unter den Normbedingungen: 1 bar und 0 °C (273 K);

F = Koeffizient mit folgendem Wert:

bei nicht isolierten Tankkörpern $F = 1$

bei isolierten Tankkörpern $F = U\,(649 - t)/13{,}6$, jedoch in keinem Fall kleiner als 0,25,

es bedeuten:

U = Wärmeleitfähigkeit der Isolierung bei 38 °C in $kW \cdot m^{-2} \cdot K^{-1}$,

t = tatsächliche Temperatur des nicht tiefgekühlt verflüssigten Gases beim Befüllen (in °C); ist diese Temperatur nicht bekannt: $t = 15$ °C,

Der oben genannte Wert F für isolierte Tankkörper kann unter der Voraussetzung verwendet werden, dass die Isolierung den Vorschriften gemäß 6.7.3.8.1.2 entspricht.

A = gesamte Außenfläche des Tankkörpers in Quadratmeter,

Z = Kompressibilitätsfaktor des Gases bei Abblasbedingungen (ist dieser Faktor nicht bekannt, kann für $Z = 1{,}0$ eingesetzt werden),

T = absolute Temperatur in Kelvin (°C + 273) oberhalb der Druckentlastungseinrichtungen bei Abblasbedingungen,

L = latente Verdampfungswärme des flüssigen Stoffes in kJ/kg bei Abblasbedingungen,

M = Molekülmasse des abgeblasenen Gases,

C = eine Konstante, die aus einer der folgenden Formeln als Funktion des Verhältnisses k für die spezifische Wärme abgeleitet wird:

$$k = \frac{C_p}{C_v}$$

Hierin bedeuten:

C_p = spezifische Wärme bei konstantem Druck und

C_v = spezifische Wärme bei konstantem Volumen.

[5] Diese Formel gilt nur für nicht tiefgekühlt verflüssigte Gase, deren kritische Temperatur weit über der Temperatur bei Abblasbedingungen liegt. Bei Gasen, deren kritische Temperatur nahe oder unter der Temperatur bei Abblasbedingungen liegt, müssen bei der Berechnung der Abblasleistung der Druckentlastungseinrichtungen weitere thermodynamische Eigenschaften der Gase berücksichtigt werden (siehe z. B. CGA S-1.2-2003 „Pressure Relief Device Standards – Part 2 – Cargo and Portable Tanks for Compressed Gases" (Normen für Druckentlastungseinrichtungen – Teil 2 – Frachttanks und ortsbewegliche Tanks für verdichtete Gase)).

Wenn $k > 1$: 6.7.3.8.1.1 (Forts.)

$$C = \sqrt{k\left(\frac{2}{k+1}\right)^{\frac{k+1}{k-1}}}$$

Wenn $k = 1$ oder wenn k unbekannt ist:

$$C = \frac{1}{\sqrt{e}} = 0,607$$

Hierin ist e die mathematische Konstante 2,7183.

C kann auch der folgenden Tabelle entnommen werden:

k	*C*	*k*	*C*	*k*	*C*
1,00	0,607	1,26	0,660	1,52	0,704
1,02	0,611	1,28	0,664	1,54	0,707
1,04	0,615	1,30	0,667	1,56	0,710
1,06	0,620	1,32	0,671	1,58	0,713
1,08	0,624	1,34	0,674	1,60	0,716
1,10	0,628	1,36	0,678	1,62	0,719
1,12	0,633	1,38	0,681	1,64	0,722
1,14	0,637	1,40	0,685	1,66	0,725
1,16	0,641	1,42	0,688	1,68	0,728
1,18	0,645	1,44	0,691	1,70	0,731
1,20	0,649	1,46	0,695	2,00	0,770
1,22	0,652	1,48	0,698	2,20	0,793
1,24	0,656	1,50	0,701		

[Isolierungssystem] 6.7.3.8.1.2

Die zur Verringerung der Abblasmenge verwendeten Isolierungssysteme müssen von der zuständigen Behörde oder der von ihr beauftragten Stelle zugelassen sein. In jedem Fall müssen die für diesen Zweck zugelassenen Isolierungssysteme:

.1 bei allen Temperaturen bis 649 °C wirksam bleiben,

.2 mit einem Werkstoff ummantelt sein, der einen Schmelzpunkt von mindestens 700 °C aufweist.

Kennzeichnung von Druckentlastungseinrichtungen 6.7.3.9

[Angaben] 6.7.3.9.1

Jede Druckentlastungseinrichtung muss mit den folgenden Angaben deutlich und dauerhaft gekennzeichnet sein:

.1 Ansprechdruck (in bar oder kPa),

.2 zulässiger Toleranzbereich für den Abblasdruck bei federbelasteten Einrichtungen,

.3 Bezugstemperatur, die dem Nenndruck für Berstscheiben entspricht und

.4 nominale Abblasmenge der Einrichtung in Kubikmetern Luft pro Sekunde (m^3/s) unter Normbedingungen;

.5 die Strömungsquerschnitte der federbelasteten Druckentlastungseinrichtungen und Berstscheiben in mm^2.

Nach Möglichkeit muss auch Folgendes angegeben werden:

.6 Name des Herstellers und zutreffende Registriernummer.

[Referenznorm] 6.7.3.9.2

Die auf den Druckentlastungseinrichtungen angegebene nominale Abblasmenge muss nach ISO 4126-1:2004 und ISO 4126-7:2004 bestimmt werden.

6.7.3.10 Anschlüsse für Druckentlastungseinrichtungen

6.7.3.10.1 [Dimensionierung]

Die Anschlüsse für Druckentlastungseinrichtungen müssen ausreichend dimensioniert sein, damit die erforderliche Abblasmenge ungehindert zur Sicherheitseinrichtung gelangen kann. Zwischen dem Tankkörper und den Druckentlastungseinrichtungen darf keine Absperreinrichtung angebracht sein, es sei denn, es sind doppelte Einrichtungen für Wartungszwecke oder für sonstige Zwecke vorhanden, und die Absperrventile für die jeweils verwendeten Druckentlastungseinrichtungen sind in geöffneter Stellung verriegelt oder die Absperrventile sind so miteinander gekoppelt, dass mindestens eine der doppelt vorhandenen Einrichtungen immer in Betrieb ist und den Anforderungen gemäß 6.7.3.8 genügen kann. In einer Öffnung, die zu einer Lüftungs- oder Druckentlastungseinrichtung führt, darf sich kein Hindernis befinden, durch das die Strömung vom Tankkörper zu dieser Einrichtung begrenzt oder unterbrochen werden könnte. Werden von den Druckentlastungseinrichtungen abgehende Abblasleitungen verwendet, müssen diese die frei werdenden Dämpfe oder Flüssigkeiten bei minimalem Gegendruck auf die Entlastungseinrichtung in die Luft entweichen lassen.

6.7.3.11 Anordnung von Druckentlastungseinrichtungen

6.7.3.11.1 [Öffnungen]

Die Eintrittsöffnungen der Druckentlastungseinrichtungen müssen im oberen Bereich des Tankkörpers so nahe wie möglich am Schnittpunkt von Längs- und Querachse des Tankkörpers angeordnet sein. Sämtliche Öffnungen der Druckentlastungseinrichtungen müssen bei höchster Befüllung im Gasraum des Tankkörpers liegen; die Einrichtungen müssen so angeordnet sein, dass gewährleistet ist, dass die entweichenden Dämpfe ungehindert abgeblasen werden. Bei entzündbaren nicht tiefgekühlt verflüssigten Gasen müssen die entweichenden Dämpfe so vom Tankkörper abgelenkt werden, dass sie nicht gegen den Tankkörper geblasen werden. Schutzeinrichtungen, die die Strömung der entweichenden Dämpfe ablenken, sind zulässig, sofern die erforderliche Abblasmenge dadurch nicht verringert wird.

6.7.3.11.2 [Unbefugte]

Es müssen Vorkehrungen getroffen werden, die den Zugang unbefugter Personen zu den Druckentlastungseinrichtungen verhindern und die Druckentlastungseinrichtungen vor Beschädigung beim Umkippen des ortsbeweglichen Tanks schützen.

6.7.3.12 Füllstandsanzeigevorrichtungen

6.7.3.12.1 [Werkstoffverbot]

Ortsbewegliche Tanks, die nicht nach Masse befüllt werden sollen, müssen mit einer oder mehreren Füllstandsanzeigevorrichtungen ausgerüstet werden. Füllstandsanzeigevorrichtungen aus Glas oder anderen zerbrechlichen Werkstoffen, die mit dem Inhalt des Tankkörpers direkt in Verbindung kommen, dürfen nicht verwendet werden.

6.7.3.13 Auflager, Rahmen, Hebe- und Befestigungseinrichtungen für ortsbewegliche Tanks

6.7.3.13.1 [Anforderungen]

Ortsbewegliche Tanks sind mit einem Traglager auszulegen und zu bauen, das eine sichere Auflage während der Beförderung gewährleistet. Die in 6.7.3.2.9 aufgeführten Kräfte und der in 6.7.3.2.10 genannte Sicherheitsfaktor müssen dabei berücksichtigt werden. Kufen, Rahmen, Schlitten oder sonstige vergleichbare Einrichtungen sind zulässig.

6.7.3.13.2 [Beanspruchungen]

Die von den Auflagerkonsolen (z. B. Schlitten, Rahmen usw.) und Hebe- und Befestigungseinrichtungen der ortsbeweglichen Tanks ausgehenden kombinierten Beanspruchungen dürfen in keinem Bereich des Tankkörpers zu einer übermäßigen Beanspruchung führen. Alle ortsbeweglichen Tanks müssen mit dauerhaften Hebe- und Befestigungseinrichtungen ausgerüstet sein. Diese müssen vorzugsweise an den Tankauflagern befestigt sein, können aber auch an Verstärkungsblechen befestigt sein, die an den Auflagepunkten am Tankkörper angebracht sind.

[Korrosionsberücksichtigung] 6.7.3.13.3

Bei der Auslegung von Tankauflagern und Rahmen müssen die Auswirkungen der umweltbedingten Korrosion berücksichtigt werden.

[Gabeltaschen] 6.7.3.13.4

Gabeltaschen müssen verschließbar sein. Die Einrichtungen zum Verschließen der Gabeltaschen müssen ein dauerhafter Bestandteil des Rahmens sein, oder sie müssen am Rahmen dauerhaft befestigt sein. Ortsbewegliche Einkammertanks mit einer Länge von weniger als 3,65 m brauchen nicht mit verschließbaren Gabeltaschen ausgerüstet zu sein, sofern:

.1 der Tankkörper einschließlich aller Ausrüstungsteile gegen eine Beschädigung durch die Gabeln ausreichend geschützt ist und

.2 der Abstand zwischen den Gabeltaschen, gemessen von Mitte zu Mitte, mindestens die Hälfte der größten Länge des ortsbeweglichen Tanks beträgt.

[Kippschutz] 6.7.3.13.5

Sind die ortsbeweglichen Tanks während der Beförderung nicht gemäß 4.2.2.3 geschützt, müssen die Tankkörper und die Bedienungsausrüstung gegen Beschädigung durch Längs- oder Querstöße oder beim Umkippen geschützt sein. Äußere Ausrüstungsteile müssen so geschützt sein, dass ein Austreten des Tankkörperinhalts durch Stöße oder durch Umkippen des ortsbeweglichen Tanks auf seine Ausrüstungsteile ausgeschlossen ist. Beispiele für Schutzmaßnahmen sind:

.1 Schutz gegen seitliche Stöße, der aus Längsträgern bestehen kann, welche den Tankkörper auf beiden Seiten in Höhe der Mittellinie schützen,

.2 Schutz des ortsbeweglichen Tanks gegen Umkippen, der aus Verstärkungsreifen oder quer am Rahmen befestigten Verstärkungsstangen bestehen kann,

.3 Schutz gegen Stöße von hinten, der aus einer Stoßstange oder einem Rahmen bestehen kann,

.4 Schutz des Tankkörpers gegen Beschädigung durch Stöße oder durch Umkippen durch Verwendung eines ISO-Rahmens gemäß ISO 1496-3:1995.

Baumusterzulassung 6.7.3.14

[Ausstellung] 6.7.3.14.1

Für jedes neue Baumuster eines ortsbeweglichen Tanks muss von der zuständigen Behörde oder der von ihr beauftragten Stelle eine Baumusterzulassungsbescheinigung ausgestellt werden. Durch diese Bescheinigung muss bestätigt werden, dass der ortsbewegliche Tank von dieser Behörde geprüft wurde, dass er für den vorgesehenen Verwendungszweck geeignet ist und den Vorschriften dieses Kapitels sowie gegebenenfalls den Vorschriften für Gase gemäß der Anweisung für ortsbewegliche Tanks T50 in 4.2.5.2.6 entspricht. Werden ortsbewegliche Tanks ohne Änderung des Baumusters in Serie hergestellt, gilt diese Bescheinigung für die ganze Serie. In der Bescheinigung müssen der Prüfbericht über die Baumusterprüfung, die zur Beförderung zugelassenen Gase, die für die Herstellung des Tankkörpers verwendeten Werkstoffe und eine Zulassungsnummer aufgeführt werden. Die Zulassungsnummer muss aus dem Unterscheidungszeichen oder Kennzeichen des Staates, in dessen Hoheitsgebiet die Zulassung erteilt wurde, angegeben durch das für Kraftfahrzeuge im internationalen Verkehr verwendete Unterscheidungszeichen[2], und einer Registriernummer bestehen. Andere Regelungen gemäß 6.7.1.2 müssen in der Bescheinigung angegeben werden. Eine Baumusterzulassung kann für die Zulassung kleinerer ortsbeweglicher Tanks herangezogen werden, die aus Werkstoffen der gleichen Art und Dicke und nach dem gleichen Herstellungsverfahren hergestellt werden sowie mit den gleichen Tankauflagern, gleichwertigen Verschlüssen und sonstigen Zubehörteilen ausgerüstet sind.

[Prüfbericht] 6.7.3.14.2

Der Prüfbericht für die Baumusterzulassung muss mindestens die folgenden Angaben enthalten:

.1 Ergebnisse der nach ISO 1496-3:1995 durchzuführenden Prüfung des Rahmens,

.2 Ergebnisse der erstmaligen Prüfung nach 6.7.3.15.3 und

.3 Ergebnisse der Auflaufprüfung nach 6.7.3.15.1, soweit erforderlich.

---

[2] Das für Kraftfahrzeuge und Anhänger im internationalen Straßenverkehr verwendete Unterscheidungszeichen des Zulassungsstaates, z. B. gemäß dem Genfer Übereinkommen über den Straßenverkehr von 1949 oder dem Wiener Übereinkommen über den Straßenverkehr von 1968.

6.7.3.15 Prüfung

→ D: GGVSee § 10 (2) Nr. 3
→ D: GGVSee § 12 (1) Nr. 8 b)
→ D: GGVSee § 16 (2) Nr. 1

6.7.3.15.1 [Normen]

Ortsbewegliche Tanks, die der Begriffsbestimmung für *Container* des Internationalen Übereinkommens über sichere Container (CSC) von 1972 in der jeweils geltenden Fassung entsprechen, dürfen nicht verwendet werden, es sei denn, sie werden erfolgreich qualifiziert, nachdem ein repräsentatives Baumuster jeder Bauart der im Handbuch Prüfungen und Kriterien Teil IV Abschnitt 41 beschriebenen dynamischen Auflaufprüfung unterzogen wurde. Diese Vorschrift findet nur auf ortsbewegliche Tanks Anwendung, die nach einer am oder nach dem 1. Januar 2008 ausgestellten Baumusterzulassungsbescheinigung gebaut worden sind.

6.7.3.15.2 [Besichtigungsrhythmus]

Tankkörper und Ausrüstungsteile jedes ortsbeweglichen Tanks müssen einer Prüfung unterzogen werden, und zwar das erste Mal vor der Indienststellung (erstmalige Prüfung) und danach im Abstand von jeweils höchstens fünf Jahren (5-jährliche wiederkehrende Prüfung) mit einer wiederkehrenden Zwischenprüfung (2,5-jährliche Zwischenprüfung) in der Mitte zwischen den 5-jährlichen Prüfungen. Die 2,5-jährliche Prüfung kann innerhalb von drei Monaten vor oder nach dem angegebenen Datum durchgeführt werden. Unabhängig vom Datum der letzten wiederkehrenden Prüfung muss eine außerordentliche Prüfung durchgeführt werden, wenn sich dies nach 6.7.3.15.7 als erforderlich erweist.

6.7.3.15.3 [Erstmalige Prüfung]

Die erstmalige Prüfung eines ortsbeweglichen Tanks muss eine Prüfung der Konstruktionsmerkmale, eine innere und äußere Untersuchung des ortsbeweglichen Tanks und seiner Ausrüstungsteile unter besonderer Berücksichtigung der zu befördernden nicht tiefgekühlt verflüssigten Gase sowie eine Druckprüfung unter Beachtung der Prüfdrücke nach 6.7.3.3.2 umfassen. Die Druckprüfung kann als hydraulische Druckprüfung oder mit Zustimmung der zuständigen Behörde oder der von ihr beauftragten Stelle unter Verwendung einer anderen Flüssigkeit oder eines anderen Gases durchgeführt werden. Vor der Indienststellung des ortsbeweglichen Tanks müssen ebenfalls eine Dichtheitsprüfung und eine Funktionsprüfung der gesamten Bedienungsausrüstung durchgeführt werden. Sind bei dem Tankkörper und seinen Ausrüstungsteilen getrennte Druckprüfungen durchgeführt worden, müssen diese nach dem Zusammenbau gemeinsam einer Dichtheitsprüfung unterzogen werden. Alle Schweißnähte, die den vollen im Tankkörper auftretenden Beanspruchungen ausgesetzt sind, müssen bei der erstmaligen Prüfung mittels Durchstrahlung, Ultraschall oder eines anderen zerstörungsfreien Verfahrens geprüft werden. Dies gilt nicht für die Ummantelung.

6.7.3.15.4 [Wiederkehrende Prüfung]

Die 5-jährliche wiederkehrende Prüfung muss eine innere und eine äußere Untersuchung und in der Regel eine hydraulische Druckprüfung umfassen. Ummantelung, Wärmeschutz und ähnliche Ausrüstungen müssen nur in dem Umfang entfernt werden, wie es für die zuverlässige Beurteilung des Zustands des ortsbeweglichen Tanks erforderlich ist. Sind bei dem Tankkörper und seiner Ausrüstung getrennte Druckprüfungen durchgeführt worden, müssen diese nach dem Zusammenbau gemeinsam einer Dichtheitsprüfung unterzogen werden.

6.7.3.15.5 [Zwischenprüfung]

Die 2,5-jährliche wiederkehrende Zwischenprüfung muss mindestens eine innere und äußere Untersuchung des ortsbeweglichen Tanks und seiner Ausrüstungsteile unter besonderer Berücksichtigung der zur Beförderung vorgesehenen nicht tiefgekühlt verflüssigten Gase sowie eine Dichtheitsprüfung und eine Funktionsprüfung der gesamten Bedienungsausrüstung umfassen. Ummantelung, Wärmeschutz und ähnliche Ausrüstungen müssen nur in dem Umfang entfernt werden, wie es für die zuverlässige Beurteilung des Zustands des ortsbeweglichen Tanks erforderlich ist. Bei ortsbeweglichen Tanks, die für die Beförderung eines einzigen nicht tiefgekühlt verflüssigten Gases vorgesehen sind, kann die zuständige Behörde oder die von ihr beauftragte Stelle auf die 2,5-jährliche innere Untersuchung verzichten oder statt dessen andere Prüfverfahren anwenden.

[Benutzungsverbot] 6.7.3.15.6

Nach Ablauf der Frist für die in 6.7.3.15.2 vorgeschriebene 5-jährliche oder 2,5-jährliche wiederkehrende Prüfung dürfen ortsbewegliche Tanks weder befüllt noch zur Beförderung aufgegeben werden. Jedoch dürfen ortsbewegliche Tanks, die vor Ablauf der Frist für die wiederkehrende Prüfung befüllt wurden, für einen Zeitraum von höchstens 3 Monaten nach Überschreitung dieser Frist befördert werden. Außerdem dürfen sie nach Ablauf dieser Frist befördert werden:

.1 nach dem Entleeren, jedoch vor dem Reinigen zur Durchführung der nächsten vorgeschriebenen Prüfung vor dem Wiederbefüllen und

.2 wenn von der zuständigen Behörde nicht etwas anderes zugelassen wurde, für einen Zeitraum von höchstens 6 Monaten nach Ablauf der Frist für die wiederkehrende Prüfung, um die Rücksendung der gefährlichen Güter zur ordnungsgemäßen Entsorgung oder Wiederverwertung zu ermöglichen. In das Beförderungsdokument muss ein Hinweis auf diese Ausnahme aufgenommen werden.

[Außerordentliche Prüfung] 6.7.3.15.7

Die außerordentliche Prüfung ist erforderlich, wenn bei dem ortsbeweglichen Tank Anzeichen von Beschädigung, Korrosion, undichten Stellen oder anderen auf einen Mangel hinweisenden Zuständen zu erkennen sind, die die Unversehrtheit des ortsbeweglichen Tanks beeinträchtigen könnten. Der Umfang der außerordentlichen Prüfung hängt vom Ausmaß der Beschädigung oder Qualitätsminderung des ortsbeweglichen Tanks ab. Es muss zumindest die 2,5-jährliche Prüfung nach 6.7.3.15.5 durchgeführt werden.

[Untersuchungen] 6.7.3.15.8

Bei den inneren und äußeren Untersuchungen muss sichergestellt werden, dass:

.1 der Tankkörper auf Lochfraß, Korrosion oder Abrieb, Dellen, Verformungen, schadhafte Schweißnähte oder sonstige Zustände, einschließlich undichter Stellen, untersucht wird, durch die die Sicherheit des ortsbeweglichen Tanks bei der Beförderung beeinträchtigt werden könnte. Wenn bei dieser Untersuchung Anzeichen einer Verringerung der Wanddicke festgestellt werden, muss die Wanddicke durch geeignete Messungen überprüft werden,

.2 die Rohrleitungen, Ventile und Dichtungen auf Korrosion, Beschädigungen oder sonstige Zustände, einschließlich undichter Stellen, untersucht werden, durch die die Sicherheit des Tanks beim Befüllen, Entleeren und bei der Beförderung beeinträchtigt werden könnte,

.3 die Einrichtungen, mit denen der feste Sitz von Mannlochabdeckungen erreicht wird, funktionsfähig sind und dass diese Abdeckungen oder ihre Dichtungen keine undichten Stellen aufweisen,

.4 fehlende oder lockere Bolzen oder Muttern an Flanschverbindungen oder Blindflanschen ersetzt bzw. festgezogen werden,

.5 alle Sicherheitseinrichtungen und Ventile frei von Korrosion, Verformung und sonstigen Beschädigungen oder Mängeln sind, die ihre normale Funktion verhindern könnten. Fernbetätigte Verschlusseinrichtungen und selbstschließende Absperrventile müssen zum Nachweis ihres einwandfreien Funktionierens betätigt werden,

.6 die vorgeschriebenen Kennzeichen an dem ortsbeweglichen Tank lesbar sind und den anzuwendenden Vorschriften entsprechen und

.7 sich Rahmen, Auflager und Hebevorrichtungen des ortsbeweglichen Tanks in zufriedenstellendem Zustand befinden.

[Sachverständige, Druckprüfung] 6.7.3.15.9

Die Prüfungen nach 6.7.3.15.1, 6.7.3.15.3, 6.7.3.15.4, 6.7.3.15.5 und 6.7.3.15.7 müssen von einem Sachverständigen durchgeführt oder bestätigt werden, der von der zuständigen Behörde oder der von ihr beauftragten Stelle anerkannt ist. Ist die Druckprüfung Bestandteil der Prüfung, muss diese mit dem auf dem Tankschild des ortsbeweglichen Tanks angegebenen Prüfdruck durchgeführt werden. Der unter Druck stehende ortsbewegliche Tank muss auf undichte Stellen im Tankkörper, in den Rohrleitungen und in der Ausrüstung untersucht werden.

[Heißarbeiten] 6.7.3.15.10

In allen Fällen, in denen Schneid-, Brenn- oder Schweißarbeiten am Tankkörper durchgeführt werden, müssen diese den Anforderungen der zuständigen Behörde oder der von ihr beauftragten Stelle unter

6.7.3.15.10 (Forts.) Beachtung des bei der Herstellung des Tankkörpers angewendeten Regelwerks für Druckbehälter entsprechen. Nach Abschluss der Arbeiten muss eine Druckprüfung mit dem ursprünglichen Prüfdruck durchgeführt werden.

6.7.3.15.11 **[Sicherheitsmängel]**

Werden Anzeichen für einen die Sicherheit beeinträchtigenden Zustand festgestellt, darf der ortsbewegliche Tank erst wieder in Betrieb genommen werden, nachdem dieser Zustand behoben und die Druckprüfung mit Erfolg wiederholt wurde.

6.7.3.16 **Kennzeichnung**

6.7.3.16.1 **[Angaben auf dem Kennzeichenschild aus Metall]**

Jeder ortsbewegliche Tank muss mit einem korrosionsbeständigen Metallschild ausgerüstet sein, das dauerhaft an einer auffallenden und für die Prüfung leicht zugänglichen Stelle angebracht ist. Wenn das Schild aus Gründen der Anordnung von Einrichtungen am ortsbeweglichen Tank nicht dauerhaft am Tankkörper angebracht werden kann, muss der Tankkörper mindestens mit den im Regelwerk für Druckbehälter vorgeschriebenen Informationen gekennzeichnet sein. Auf dem Schild müssen mindestens die folgenden Angaben eingeprägt oder durch ein ähnliches Verfahren angebracht sein:

(a) Eigentümerinformationen
- (i) Registriernummer des Eigentümers;

(b) Herstellungsinformationen
- (i) Herstellungsland;
- (ii) Herstellungsjahr;
- (iii) Name oder Zeichen des Herstellers;
- (iv) Seriennummer des Herstellers;

(c) Zulassungsinformationen
- (i) das Symbol der Vereinten Nationen für Verpackungen (u/n);

  dieses Symbol darf nur zum Zweck der Bestätigung verwendet werden, dass eine Verpackung, ein flexibler Schüttgut-Container, ein ortsbeweglicher Tank oder ein MEGC den entsprechenden Vorschriften des Kapitels 6.1, 6.2, 6.3, 6.5, 6.6, 6.7 oder 6.9 entspricht;
- (ii) Zulassungsland;
- (iii) für die Baumusterzulassung zugelassene Stelle;
- (iv) Baumusterzulassungsnummer;
- (v) die Buchstaben „AA", wenn das Baumuster nach alternativen Vereinbarungen zugelassen wurde (siehe 6.7.1.2);
- (vi) Regelwerk für Druckbehälter, nach dem der Tankkörper ausgelegt wurde;

(d) Drücke
- (i) höchstzulässiger Betriebsdruck (in bar oder kPa (Überdruck))[3];
- (ii) Prüfdruck (in bar oder kPa (Überdruck))[3];
- (iii) Datum der erstmaligen Druckprüfung (Monat und Jahr);
- (iv) Identifizierungskennzeichen des Sachverständigen der erstmaligen Druckprüfung;
- (v) äußerer Auslegungsdruck[6] (in bar oder kPa (Überdruck))[3];

(e) Temperaturen
- (i) Auslegungstemperaturbereich (in °C)[3];
- (ii) Auslegungsreferenztemperatur (in °C)[3];

(f) Werkstoffe
- (i) Werkstoff(e) des Tankkörpers und Verweis(e) auf Werkstoffnorm(en);
- (ii) gleichwertige Wanddicke für Bezugsstahl (in mm)[3];

---

[3] Die verwendete Einheit ist anzugeben.

[6] Siehe 6.7.3.2.8.

6.7.3.16.1 (Forts.)

(g) Fassungsraum

  (i) mit Wasser ausgeliterter Fassungsraum des Tanks bei 20 °C (in Litern)[3];

(h) wiederkehrende Prüfungen

  (i) Art der zuletzt durchgeführten wiederkehrenden Prüfung (2,5-Jahres-, 5-Jahres-Prüfung oder außerordentliche Prüfung);

  (ii) Datum der zuletzt durchgeführten wiederkehrenden Prüfung (Monat und Jahr);

  (iii) Prüfdruck (in bar oder kPa (Überdruck))[3] der zuletzt durchgeführten wiederkehrenden Prüfung (sofern anwendbar);

  (iv) Identifizierungskennzeichen der zugelassenen Stelle, welche die letzte Prüfung durchgeführt oder beglaubigt hat.

Abbildung 6.7.3.16.1: Beispiel eines Kennzeichenschilds

Registriernummer des Eigentümers			
HERSTELLUNGSINFORMATIONEN			
Herstellungsland			
Herstellungsjahr			
Hersteller			
Seriennummer des Herstellers			
ZULASSUNGSINFORMATIONEN			
u n	Zulassungsland		
	für die Baumusterzulassung zugelassene Stelle		
	Baumusterzulassungsnummer		„AA“ *(sofern anwendbar)*
Regelwerk für die Auslegung des Tankkörpers (Druckbehälter-Regelwerk)			
DRÜCKE			
höchstzulässiger Betriebsdruck			bar *oder* kPa
Prüfdruck			bar *oder* kPa
Datum der erstmaligen Druckprüfung:	*(MM/JJJJ)*	Stempel des Sachverständigen:	
äußerer Auslegungsdruck			bar *oder* kPa
TEMPERATUREN			
Auslegungstemperaturbereich		°C bis	°C
Auslegungsreferenztemperatur			°C
WERKSTOFFE			
Werkstoff(e) des Tankkörpers und Verweis(e) auf Werkstoffnorm(en)			
gleichwertige Wanddicke für Bezugsstahl			mm
FASSUNGSRAUM			
mit Wasser ausgeliterter Fassungsraum des Tanks bei 20 °C			Liter

[3] Die verwendete Einheit ist anzugeben.

6.7.3.16.1 (Forts.)

WIEDERKEHRENDE PRÜFUNGEN							
Art der Prüfung	Prüfdatum	Stempel des Sachverständigen und Prüfdruck[a)]		Art der Prüfung	Prüfdatum	Stempel des Sachverständigen und Prüfdruck[a)]	
	(MM/JJJJ)		bar *oder* kPa		*(MM/JJJJ)*		bar *oder* kPa

a) Prüfdruck (sofern anwendbar).

6.7.3.16.2 [Metallschild]

Die folgenden Angaben müssen entweder auf dem ortsbeweglichen Tank selbst oder auf einem am ortsbeweglichen Tank befestigten Metallschild dauerhaft angegeben werden:

Name des Betreibers

Name des (der) zur Beförderung zugelassenen nicht tiefgekühlt verflüssigten Gase(s)

höchstzulässige Masse der Ladung für jedes zur Beförderung zugelassene nicht tiefgekühlt verflüssigte Gas .... kg

höchstzulässige Bruttomasse .... kg

Leergewicht (Tara) .... kg

Anweisung für ortsbewegliche Tanks gemäß 4.2.5.2.6

6.7.3.16.3 [Offshore-Tanks]

Ist ein ortsbeweglicher Tank für das Umladen auf offener See ausgelegt und zugelassen, muss das Kennzeichenschild mit „OFFSHORE PORTABLE TANK" gekennzeichnet werden.

6.7.4 Vorschriften für Auslegung, Bau und Prüfung von ortsbeweglichen Tanks für die Beförderung von tiefgekühlt verflüssigten Gasen der Klasse 2

6.7.4.1 Begriffsbestimmungen

Im Sinne dieses Abschnitts bedeutet:

Bauliche Ausrüstung: Die außen am Tankkörper angebrachten Versteifungs-, Befestigungs-, Schutz- und Stabilisierungselemente.

Bedienungsausrüstung: Die Messinstrumente sowie die Befüllungs-, Entleerungs-, Lüftungs-, Sicherheits-, Druckerzeugungs- und Isolierungseinrichtungen.

Bezugsstahl: Ein Stahl mit einer Zugfestigkeit von 370 N/mm^2 und einer Bruchdehnung von 27 %.

Dichtheitsprüfung: Eine Prüfung, bei der der Tankkörper und seine Bedienungsausrüstung unter Verwendung von Gas mit einem effektiven Innendruck von mindestens 90 % des höchstzulässigen Betriebsdrucks belastet werden.

Haltezeit: Die Zeitspanne von der Herstellung des anfänglichen Befüllungszustands bis zu dem Zeitpunkt, an dem der Druck infolge Wärmezufluss auf den niedrigsten Ansprechdruck der Druckbegrenzungseinrichtung(en) angestiegen ist.

Höchstzulässige Bruttomasse: Die Summe aus der Leermasse des ortsbeweglichen Tanks und der höchsten für die Beförderung zugelassenen Ladung.

Höchstzulässiger Betriebsdruck: Der höchstzulässige effektive Überdruck im oberen Bereich des Tankkörpers eines befüllten ortsbeweglichen Tanks im Betriebszustand einschließlich des höchsten effektiven Drucks während des Befüllens oder Entleerens.

Mindestauslegungstemperatur: Die Temperatur, die für die Auslegung und den Bau des Tankkörpers verwendet wird und die nicht höher ist als die niedrigste (kälteste) Temperatur (Betriebstemperatur) des Füllguts unter normalen Befüllungs-, Entleerungs- und Beförderungsbedingungen.

Ortsbeweglicher Tank: Ein wärmeisolierter multimodaler Tank mit einem Fassungsraum von mehr als 450 Litern, der mit der für die Beförderung tiefgekühlt verflüssigter Gase erforderlichen Bedienungsausrüstung und baulichen Ausrüstung ausgestattet ist. Der ortsbewegliche Tank muss befüllt und entleert werden können, ohne dass dazu die bauliche Ausrüstung entfernt werden muss. Er muss mit außen am Tankkörper angebrachten Stabilisierungselementen versehen sein und muss in befülltem Zustand angehoben werden können. Er muss in erster Linie so ausgelegt sein, dass er auf ein Transportfahrzeug oder Schiff verladen werden kann, und muss mit Kufen, Tragelementen und Zubehörteilen ausgerüstet sein, die die Handhabung mit mechanischen Mitteln erleichtern. Straßentankfahrzeuge, Kesselwagen, nicht metallene Tanks und IBC, Flaschen (Zylinder) für Gase und Großgefäße fallen nicht unter die Begriffsbestimmung für ortsbewegliche Tanks. 6.7.4.1 (Forts.)

Prüfdruck: Der höchste Überdruck im Scheitel des Tankkörpers während der Druckprüfung.

Tank: Eine Konstruktion, die normalerweise besteht aus entweder:

(a) einer Ummantelung und einem oder mehreren inneren Tankkörpern; der Zwischenraum zwischen dem (den) Tankkörper(n) und der Ummantelung ist luftleer (Vakuumisolierung) und kann eine Wärmeisolierung enthalten oder

(b) einer Ummantelung und einem inneren Tankkörper mit einer Zwischenschicht aus festen Isolierwerkstoffen (z. B. fester Schaum).

Tankkörper: Der Teil des ortsbeweglichen Tanks, der das zu befördernde tiefgekühlt verflüssigte Gas aufnimmt, einschließlich der Öffnungen und ihrer Verschlüsse, jedoch ausschließlich der Bedienungsausrüstung und der äußeren baulichen Ausrüstung.

Ummantelung: Die äußere Abdeckung oder Verkleidung der Isolierung, die Teil des Isolierungssystems sein kann.

Allgemeine Auslegungs- und Bauvorschriften 6.7.4.2

[Regelwerk] 6.7.4.2.1

Tankkörper müssen nach einem Regelwerk für Druckbehälter ausgelegt und gebaut werden, die von der zuständigen Behörde anerkannt sind. Tankkörper und Ummantelungen müssen aus geeigneten verformungsfähigen metallenen Werkstoffen hergestellt werden. Ummantelungen müssen aus Stahl hergestellt werden. Für die Befestigungseinrichtungen und Halterungen zwischen dem Tankkörper und der Ummantelung dürfen nicht metallene Werkstoffe verwendet werden, sofern der Nachweis erbracht wurde, dass die Werkstoffeigenschaften bei der Mindestauslegungstemperatur den Anforderungen genügen. Die Werkstoffe müssen grundsätzlich den nationalen oder internationalen Werkstoffnormen entsprechen. Für geschweißte Tankkörper und Ummantelungen darf nur ein Werkstoff verwendet werden, dessen Schweißbarkeit vollständig nachgewiesen wurde. Die Schweißnähte müssen fachgerecht ausgeführt sein und volle Sicherheit bieten. Wenn der Herstellungsprozess oder der Werkstoff es erfordern, müssen die Tankkörper einer geeigneten Wärmebehandlung unterzogen werden, damit gewährleistet ist, dass Schweißnähte und Wärmeeinflusszonen eine ausreichende Festigkeit aufweisen. Bei der Wahl des Werkstoffs muss im Hinblick auf die Gefahr von Sprödbruch, Wasserstoffversprödung, Spannungsrisskorrosion und Schlagfestigkeit die Mindestauslegungstemperatur berücksichtigt werden. Bei Verwendung von Feinkornstahl darf nach den Werkstoffspezifikationen der garantierte Wert der Streckgrenze nicht mehr als 460 N/mm^2 und der garantierte Wert für die obere Grenze der Zugfestigkeit nicht mehr als 725 N/mm^2 betragen. Die Werkstoffe für ortsbewegliche Tanks müssen für die äußeren Umgebungsbedingungen geeignet sein, die während der Beförderung auftreten können.

[Verträglichkeit] 6.7.4.2.2

Alle Teile eines ortsbeweglichen Tanks, einschließlich der Ausrüstungsteile, Dichtungen und Rohrleitungen, die voraussichtlich mit dem beförderten tiefgekühlt verflüssigten Gas in Berührung kommen, müssen mit diesem verträglich sein.

[Galvanik] 6.7.4.2.3

Das Aneinandergrenzen verschiedener Metalle, das zu Schäden infolge eines galvanischen Prozesses führen könnte, muss vermieden werden.

[Wärmeisolierung] 6.7.4.2.4

Die Wärmeisolierung muss aus einer vollständigen Abdeckung des (der) Tankkörper(s) mit wirksamen Isolierwerkstoffen bestehen. Die äußere Isolierung muss durch eine Ummantelung geschützt sein, so

6.7.4.2.4 (Forts.) dass das Eindringen von Feuchtigkeit und sonstige Beschädigungen unter normalen Beförderungsbedingungen ausgeschlossen sind.

6.7.4.2.5 **[Gasdichte Umschließung]**

Ist die Ummantelung gasdicht verschlossen, muss eine Einrichtung vorhanden sein, die verhindert, dass sich ein gefährlicher Druck in der Isolierschicht entwickeln kann.

6.7.4.2.6 **[Sauerstoff-Verträglichkeit]**

Ortsbewegliche Tanks, die für die Beförderung tiefgekühlt verflüssigter Gase mit einem Siedepunkt unter -182 °C bei atmosphärischem Druck vorgesehen sind, dürfen keine Werkstoffe enthalten, die mit Sauerstoff oder mit einer sauerstoffangereicherten Atmosphäre gefährlich reagieren können, wenn sich diese in Teilen der Wärmeisolierung befinden und wenn das Risiko besteht, dass sie mit Sauerstoff oder mit sauerstoffangereicherter Flüssigkeit in Berührung kommen.

6.7.4.2.7 **[Isolierwerkstoffe]**

Bei den Isolierwerkstoffen darf während des Betriebes keine übermäßige Qualitätsminderung eintreten.

6.7.4.2.8 **[Bezugshaltezeit]**

Für jedes tiefgekühlt verflüssigte Gas, das in einem ortsbeweglichen Tank befördert werden soll, muss eine Referenzhaltezeit ermittelt werden.

6.7.4.2.8.1 **[Faktoren]**

Die Referenzhaltezeit muss unter Zugrundelegung folgender Faktoren nach einer von der zuständigen Behörde anerkannten Methode ermittelt werden:

.1 Wirksamkeit der Isolierung, die gemäß 6.7.4.2.8.2 ermittelt wird,
.2 niedrigster Ansprechdruck der Druckbegrenzungseinrichtung(en),
.3 anfänglicher Befüllungszustand,
.4 eine angenommene Umgebungstemperatur von 30 °C,
.5 physikalische Eigenschaften des jeweiligen zur Beförderung vorgesehenen tiefgekühlt verflüssigten Gases.

6.7.4.2.8.2 **[Wärmezufluss]**

Die Wirksamkeit der Wärmeisolierung (Wärmezufluss in Watt) muss durch eine Typprüfung des ortsbeweglichen Tanks nach einem von der zuständigen Behörde anerkannten Verfahren bestimmt werden. Diese Prüfung muss bestehen aus entweder:

.1 einer Prüfung mit konstantem Druck (zum Beispiel bei atmosphärischem Druck), bei der über einen bestimmten Zeitraum der Verlust an tiefgekühlt verflüssigtem Gas gemessen wird, oder
.2 einer Prüfung im geschlossenen System, bei der über einen bestimmten Zeitraum der Druckanstieg im Tankkörper gemessen wird.

Bei der Durchführung der Prüfung mit konstantem Druck müssen die Schwankungen des atmosphärischen Drucks berücksichtigt werden. Bei beiden Prüfungen müssen für alle Abweichungen der Umgebungstemperatur von dem angenommenen Bezugswert von 30 °C für die Umgebungstemperatur Korrekturen vorgenommen werden.

Bemerkung: *Zur Bestimmung der tatsächlichen Haltezeit vor jeder Reise siehe 4.2.3.7.*

6.7.4.2.9 **[Ummantelung]**

Die Ummantelung eines vakuumisolierten doppelwandigen Tanks muss entweder für einen äußeren Berechnungsdruck von mindestens 100 kPa (1 bar) (Überdruck), der nach einem anerkannten technischen Regelwerk berechnet wird, oder für einen berechneten kritischen Druck gegen plastisches Einbeulen von mindestens 200 kPa (2 bar) (Überdruck) ausgelegt sein. Bei der Berechnung der Widerstandsfähigkeit der Ummantelung gegenüber dem äußeren Druck können innere und äußere Verstärkungselemente berücksichtigt werden.

6.7.4.2.10 **[Auflager]**

Ortsbewegliche Tanks müssen mit Auflagern, die einen sicheren Stand während der Beförderung gewährleisten, sowie mit geeigneten Hebe- und Befestigungsvorrichtungen konstruiert und hergestellt sein.

[Auslegung] 6.7.4.2.11

Ortsbewegliche Tanks müssen so ausgelegt sein, dass sie mindestens dem von der Ladung ausgehenden Innendruck sowie den statischen, dynamischen und thermischen Belastungen unter normalen Umschlags- und Beförderungsbedingungen ohne Verlust des Füllguts standhalten. Aus der Auslegung muss zu erkennen sein, dass die Auswirkungen der Ermüdung infolge dieser wiederholt auftretenden Belastungen während der voraussichtlichen Nutzungsdauer des ortsbeweglichen Tanks berücksichtigt worden sind.

[Offshore-Tankcontainer] 6.7.4.2.11.1

Bei ortsbeweglichen Tanks, die zur Verwendung als Offshore-Tankcontainer vorgesehen sind, müssen die dynamischen Belastungen beim Umladen auf offener See berücksichtigt werden.

[Statische Kräfte] 6.7.4.2.12

Ortsbewegliche Tanks und ihre Befestigungen müssen bei der höchstzulässigen Beladung die folgenden jeweils getrennt einwirkenden statischen Kräfte aufnehmen können:

.1 in Fahrtrichtung: das Zweifache der höchstzulässigen Bruttomasse, multipliziert mit der Erdbeschleunigung (g)[1],

.2 horizontal senkrecht zur Fahrtrichtung: die höchstzulässige Bruttomasse (das Zweifache der höchstzulässigen Bruttomasse, wenn die Fahrtrichtung nicht eindeutig bestimmt ist), multipliziert mit der Erdbeschleunigung (g)[1],

.3 vertikal aufwärts: die höchstzulässige Bruttomasse, multipliziert mit der Erdbeschleunigung (g)[1], und

.4 vertikal abwärts: das Zweifache der höchstzulässigen Bruttomasse (Gesamtbeladung einschließlich der Wirkung der Schwerkraft), multipliziert mit der Erdbeschleunigung (g)[1].

[Sicherheitsfaktoren] 6.7.4.2.13

Bei jeder der in 6.7.4.2.12 genannten Kräfte müssen die folgenden Sicherheitskoeffizienten beachtet werden:

.1 bei Werkstoffen mit ausgeprägter Streckgrenze ein Sicherheitskoeffizient von 1,5 bezogen auf die garantierte Streckgrenze,

.2 bei Werkstoffen ohne ausgeprägte Streckgrenze ein Sicherheitskoeffizient von 1,5 bezogen auf die garantierte 0,2 %-Dehngrenze und bei austenitischen Stählen auf die 1 %-Dehngrenze.

[Streckgrenze, Dehngrenze] 6.7.4.2.14

Als Werte für die Streckgrenze oder die Dehngrenze gelten die in nationalen oder internationalen Werkstoffnormen festgelegten Werte. Bei austenitischen Stählen dürfen die in den Werkstoffnormen angegebenen Mindestwerte um bis zu 15 % erhöht werden, sofern diese höheren Werte im Werkstoffabnahmezeugnis bescheinigt werden. Wenn es für das betreffende Metall keine Werkstoffnormen gibt oder wenn nicht metallene Werkstoffe verwendet werden, müssen die für die Streckgrenze oder die Dehngrenze verwendeten Werte von der zuständigen Behörde genehmigt werden.

[Erdung] 6.7.4.2.15

Ortsbewegliche Tanks für die Beförderung tiefgekühlt verflüssigter entzündbarer Gase müssen elektrisch geerdet werden können.

Auslegungskriterien 6.7.4.3

[Querschnitt] 6.7.4.3.1

Tankkörper müssen einen runden Querschnitt haben.

[Prüfdruck] 6.7.4.3.2

Tankkörper müssen so ausgelegt und gebaut sein, dass sie einem Prüfdruck von mindestens dem 1,3-fachen des höchstzulässigen Betriebsdrucks standhalten. Bei vakuumisolierten Tankkörpern darf der Prüfdruck nicht geringer sein als das 1,3-fache der Summe aus höchstzulässigem Betriebsdruck

[1] Für Berechnungszwecke gilt: $g = 9{,}81\ m/s^2$.

6.7.4.3.2 (Forts.) und 100 kPa (1 bar). Der Prüfdruck darf auf keinen Fall geringer sein als 300 kPa (3 bar) (Überdruck). Es wird auf die in 6.7.4.4.2 bis 6.7.4.4.7 vorgeschriebenen Mindestwerte für die Wanddicke dieser Tankkörper hingewiesen.

6.7.4.3.3 [Membranspannung]

Bei Metallen, die eine ausgeprägte Streckgrenze aufweisen oder durch eine garantierte Dehngrenze (im Allgemeinen 0,2 %-Dehngrenze oder bei austenitischen Stählen 1 %-Dehngrenze) gekennzeichnet sind, darf die primäre Membranspannung σ (sigma) des Tankkörpers beim Prüfdruck den niedrigeren der Werte 0,75 R_e oder 0,50 R_m nicht überschreiten. Es bedeuten:

R_e = Streckgrenze in N/mm^2 oder 0,2 %-Dehngrenze oder bei austenitischen Stählen 1 %-Dehngrenze,

R_m = Mindestzugfestigkeit in N/mm^2.

6.7.4.3.3.1 [Werkstoffnormen]

Die zu verwendenden Werte R_e und R_m sind die in den nationalen oder internationalen Werkstoffnormen festgelegten Mindestwerte. Bei austenitischen Stählen dürfen die in den Werkstoffnormen für R_e oder R_m festgelegten Werte um bis zu 15 % erhöht werden, sofern im Werkstoffabnahmezeugnis höhere Werte bescheinigt werden. Wenn es für das betreffende Metall keine Werkstoffnormen gibt, müssen die verwendeten Werte R_e und R_m von der zuständigen Behörde oder einer von ihr beauftragten Stelle genehmigt werden.

6.7.4.3.3.2 [Bestimmte Stähle]

Stähle, bei denen das Verhältnis R_e/R_m mehr als 0,85 beträgt, dürfen nicht für den Bau von geschweißten Tankkörpern verwendet werden. Bei der Berechnung dieses Verhältnisses müssen die im Werkstoffabnahmezeugnis für R_e und R_m festgelegten Werte zugrunde gelegt werden.

6.7.4.3.3.3 [Bruchdehnung]

Die für den Bau von Tankkörpern verwendeten Stähle müssen eine Bruchdehnung in % von mindestens 10 000/R_m haben, wobei der absolute Mindestwert bei Feinkornstählen 16 % und bei anderen Stählen 20 % beträgt. Aluminium und Aluminiumlegierungen, die beim Bau von Tankkörpern verwendet werden, müssen eine Bruchdehnung in % von mindestens 10 000/6 R_m aufweisen, wobei der absolute Mindestwert 12 % beträgt.

6.7.4.3.3.4 [Walzbleche]

Bei der Bestimmung der tatsächlichen Werkstoffwerte muss im Fall von Walzblechen beachtet werden, dass bei dem Versuch zur Bestimmung der Zugfestigkeit die Achse des Probestücks senkrecht (quer) zur Walzrichtung liegt. Die bleibende Bruchdehnung muss an Probestücken mit rechteckigem Querschnitt gemäß ISO-Norm 6892:1998 unter Verwendung einer Messlänge von 50 mm gemessen werden.

6.7.4.4 Mindestwanddicke des Tankkörpers

6.7.4.4.1 [Mindestwerte]

Die Mindestwanddicke des Tankkörpers muss dem größeren der beiden folgenden Werte entsprechen:

.1 der nach den Vorschriften in 6.7.4.4.2 bis 6.7.4.4.7 ermittelten Mindestwanddicke und

.2 der gemäß dem anerkannten Regelwerk für Druckbehälter unter Berücksichtigung der Vorschriften in 6.7.4.3 ermittelten Mindestwanddicke.

6.7.4.4.2 [Nicht isolierte Tanks]

Tankkörper mit einem Durchmesser von höchstens 1,80 m müssen bei Verwendung des Bezugsstahls eine Wanddicke von mindestens 5 mm oder bei Verwendung eines anderen Metalls eine gleichwertige Dicke aufweisen. Tankkörper mit einem Durchmesser von mehr als 1,80 m müssen bei Verwendung des Bezugsstahls eine Wanddicke von mindestens 6 mm oder bei Verwendung eines anderen Metalls eine gleichwertige Dicke aufweisen.

6.7.4.4.3 [Isolierte Tanks]

Tankkörper von vakuumisolierten Tanks mit einem Durchmesser von höchstens 1,80 m müssen bei Verwendung des Bezugsstahls eine Wanddicke von mindestens 3 mm oder bei Verwendung eines anderen

Metalls eine gleichwertige Dicke aufweisen. Tankkörper von vakuumisolierten Tanks mit einem Durchmesser von mehr als 1,80 m müssen bei Verwendung des Bezugsstahls eine Wanddicke von mindestens 4 mm oder bei Verwendung eines anderen Metalls eine gleichwertige Dicke aufweisen. 6.7.4.4.3 (Forts.)

[Gesamtdicke der Ummantelung] 6.7.4.4.4

Bei vakuumisolierten Tanks muss die Gesamtwanddicke der Ummantelung und des Tankkörpers der in 6.7.4.4.2 vorgeschriebenen Mindestwanddicke entsprechen, wobei die Wanddicke des Tankkörpers selbst nicht geringer sein darf als die in 6.7.4.4.3 vorgeschriebene Mindestwanddicke.

[Mindestwanddicke] 6.7.4.4.5

Die Wanddicke des Tankkörpers darf unabhängig von dem Werkstoff, aus dem er hergestellt ist, nicht geringer als 3 mm sein.

[Gleichwertige Wanddicke] 6.7.4.4.6

Bei Verwendung eines anderen Metalls als Bezugsstahl, dessen Wanddicke in 6.7.4.4.2 und 6.7.4.4.3 festgelegt ist, muss die gleichwertige Wanddicke anhand der folgenden Gleichung bestimmt werden:

$$e_1 = \frac{21{,}4 \times e_0}{\sqrt[3]{R_{m1} \times A_1}}$$

Hierin bedeuten:

e_1 = erforderliche gleichwertige Dicke (in mm) des zu verwendenden Metalls,

e_0 = Mindestdicke (in mm) des Bezugsstahls gemäß 6.7.4.4.2 und 6.7.4.4.3,

R_{m1} = garantierte Mindestzugfestigkeit (in N/mm^2) des zu verwendenden Metalls (siehe 6.7.4.3.3),

A_1 = garantierte Mindestbruchdehnung (in %) des zu verwendenden Metalls nach den nationalen oder internationalen Normen.

[Einheitlichkeit] 6.7.4.4.7

Die Wanddicke darf in keinem Fall geringer sein als die in 6.7.4.4.1 bis 6.7.4.4.5 vorgeschriebenen Werte. Alle Teile des Tankkörpers müssen die in 6.7.4.4.1 bis 6.7.4.4.6 festgelegte Mindestwanddicke aufweisen. In dieser Dicke darf kein Korrosionszuschlag enthalten sein.

[Blechdickenänderung] 6.7.4.4.8

An der Verbindung zwischen den Tankböden und dem zylindrischen Teil des Tankkörpers darf sich die Blechdicke nicht plötzlich ändern.

Bedienungsausrüstung 6.7.4.5

[Anordnung] 6.7.4.5.1

Die Bedienungsausrüstung muss so angeordnet sein, dass sie gegen Abreißen oder Beschädigung während der Beförderung und des Umschlags geschützt ist. Wenn die Verbindung zwischen Rahmen und Tank oder Ummantelung und Tankkörper eine relative Bewegung zwischen den Baugruppen zulässt, muss die Ausrüstung so befestigt sein, dass durch eine solche Bewegung kein Risiko der Beschädigung von Teilen besteht. Die äußeren Entleerungseinrichtungen (Rohranschlüsse, Verschlusseinrichtungen), das Absperrventil und sein Sitz müssen so geschützt sein, dass sie durch äußere Beanspruchungen nicht abgerissen werden können (z. B. durch Verwendung von Sollbruchstellen). Die Befüllungs- und Entleerungseinrichtungen (einschließlich Flanschen oder Schraubverschlüssen) sowie alle Schutzkappen müssen gegen unbeabsichtigtes Öffnen gesichert werden können.

[Offshore-Tankcontainer] 6.7.4.5.1.1

Im Fall von Offshore-Tankcontainern ist bei der Anordnung der Bedienungsausrüstung und bei der Auslegung und Widerstandsfähigkeit der Schutzeinrichtungen für diese Ausrüstung die erhöhte Gefahr von Beschädigungen durch Aufprall während des Umladens dieser Tanks auf offener See zu berücksichtigen.

[Absperreinrichtungen] 6.7.4.5.2

Jede Befüllungs- und Entleerungsöffnung von ortsbeweglichen Tanks für die Beförderung tiefgekühlt verflüssigter entzündbarer Gase muss mit mindestens drei hintereinander angeordneten und vonein-

6.7.4.5.2 (Forts.) ander unabhängigen Absperreinrichtungen versehen sein: 1. einem so dicht wie möglich an der Ummantelung angebrachten Absperrventil, 2. einem Absperrventil und 3. einem Blindflansch oder einer gleichwertigen Einrichtung. Bei der am dichtesten an der Ummantelung angeordneten Absperreinrichtung muss es sich um eine schnell schließende Einrichtung handeln, die selbsttätig schließt, wenn der ortsbewegliche Tank beim Befüllen oder Entleeren oder bei Feuereinwirkung unbeabsichtigt bewegt wird. Die Betätigung dieser Einrichtung muss auch durch Fernbedienung möglich sein.

6.7.4.5.3 [Aufbau]

Jede Befüllungs- und Entleerungsöffnung von ortsbeweglichen Tanks für die Beförderung tiefgekühlt verflüssigter nicht entzündbarer Gase muss mit mindestens zwei hintereinander angeordneten und voneinander unabhängigen Absperreinrichtungen versehen sein: 1. einem so dicht wie möglich an der Ummantelung angebrachten Absperrventil, 2. einem Blindflansch oder einer gleichwertigen Einrichtung.

6.7.4.5.4 [Druckentlastung]

Bei Rohrleitungsabschnitten, die an beiden Enden geschlossen werden können und in denen Flüssigkeit eingeschlossen sein kann, muss eine Einrichtung zur selbsttätigen Druckentlastung vorgesehen werden, so dass ein übermäßiger Druckaufbau innerhalb der Rohrleitung ausgeschlossen ist.

6.7.4.5.5 [Verzicht auf Besichtigungsöffnung]

Bei vakuumisolierten Tanks ist eine Untersuchungsöffnung nicht erforderlich.

6.7.4.5.6 [Äußere Ausrüstungsteile]

Die äußeren Ausrüstungsteile müssen soweit wie möglich gruppenweise angeordnet werden.

6.7.4.5.7 [Kennzeichnung der Anschlüsse]

Alle Anschlüsse an einem ortsbeweglichen Tank müssen ihrer Funktion entsprechend deutlich gekennzeichnet sein.

6.7.4.5.8 [Auslegung der Absperreinrichtung]

Jede Absperreinrichtung oder sonstige Verschlusseinrichtung muss unter Berücksichtigung der während der Beförderung voraussichtlich auftretenden Temperaturen für einen Nenndruck ausgelegt und gebaut sein, der mindestens dem höchstzulässigen Betriebsdruck des Tankkörpers entspricht. Alle Absperreinrichtungen mit Gewindespindeln müssen sich durch Drehung des Handrades im Uhrzeigersinn schließen lassen. Bei anderen Absperreinrichtungen müssen die Stellung (offen oder geschlossen) und die Drehrichtung für das Schließen deutlich angezeigt sein. Alle Absperreinrichtungen müssen so ausgelegt sein, dass ein unbeabsichtigtes Öffnen ausgeschlossen ist.

6.7.4.5.9 [Einrichtungen zum Druckaufbau]

Wenn Einrichtungen zum Druckaufbau verwendet werden, müssen die Verbindungsleitungen für Flüssigkeiten und Dämpfe zu diesen Einrichtungen mit einem so dicht wie möglich an der Ummantelung angeordneten Ventil versehen sein, damit der Verlust an Füllgut bei Beschädigung der Einrichtung zum Druckaufbau verhindert wird.

6.7.4.5.10 [Rohrleitungen]

Rohrleitungen müssen so ausgelegt, gebaut und montiert sein, dass das Risiko der Beschädigung durch Wärmespannungen, mechanische Erschütterungen und Schwingungen ausgeschlossen ist. Sämtliche Rohrleitungen müssen aus einem geeigneten Werkstoff bestehen. Zur Verhinderung von Undichtheiten infolge eines Brandes sind zwischen der Ummantelung und der Verbindung zum ersten Verschluss einer Auslauföffnung nur Stahlrohrleitungen und geschweißte Verbindungsstücke zulässig. Die Art der Befestigung des Verschlusses an diese Verbindung muss den Anforderungen der zuständigen Behörde oder der von ihr beauftragten Stelle genügen. An anderen Stellen müssen Rohrleitungsverbindungen, soweit erforderlich, geschweißt sein.

6.7.4.5.11 [Kupferrohre]

Die Verbindungen von Kupferrohrleitungen müssen hartgelötet oder durch eine metallene Verbindung gleicher Festigkeit hergestellt sein. Der Schmelzpunkt von hartgelöteten Werkstoffen darf nicht unter 525 °C liegen. Durch diese Verbindungen darf die Festigkeit der Rohrleitungen nicht verringert werden, was beim Gewindeschneiden der Fall sein kann.

[Temperaturbeständigkeit] 6.7.4.5.12

Die bei der Herstellung von Ventilen und Zubehörteilen verwendeten Werkstoffe müssen bei der niedrigsten Betriebstemperatur des ortsbeweglichen Tanks zufriedenstellende Eigenschaften aufweisen.

[Rohr-Berstdruck] 6.7.4.5.13

Der Berstdruck aller Rohrleitungen und Rohrleitungsbauteile darf nicht niedriger sein als der höhere der beiden folgenden Werte: das Vierfache des höchstzulässigen Betriebsdrucks des Tankkörpers oder das Vierfache des Drucks, dem der Tankkörper durch den Betrieb einer Pumpe oder einer anderen Einrichtung (außer Druckentlastungseinrichtungen) ausgesetzt sein kann.

Druckentlastungseinrichtungen 6.7.4.6

[Anforderungen] 6.7.4.6.1

Jeder Tankkörper muss mit mindestens zwei voneinander unabhängigen federbelasteten Druckentlastungseinrichtungen versehen sein. Die Druckentlastungseinrichtungen müssen sich bei einem Druck, der nicht geringer ist als der höchstzulässige Betriebsdruck, selbsttätig öffnen und müssen bei einem Druck, der 110 % des höchstzulässigen Betriebsdrucks entspricht, vollständig geöffnet sein. Diese Einrichtungen müssen sich nach dem Abblasen bei einem Druck wieder schließen, der höchstens 10 % unter dem Ansprechdruck liegt, und müssen bei allen niedrigeren Drücken geschlossen bleiben. Bei den Druckentlastungseinrichtungen muss es sich um eine Bauart handeln, die dynamischen Kräften einschließlich Flüssigkeitsschwall standhält.

[Zusätzliche Berstscheiben] 6.7.4.6.2

Tankkörper für tiefgekühlt verflüssigte nicht entzündbare Gase und Wasserstoff können zusätzlich mit Berstscheiben gemäß 6.7.4.7.2 und 6.7.4.7.3 ausgerüstet sein, die parallel zu den federbelasteten Ventilen angeordnet sind.

[Dichtheit] 6.7.4.6.3

Druckentlastungseinrichtungen müssen so beschaffen sein, dass das Eindringen von Fremdstoffen, das Entweichen von Gas und die Entwicklung eines gefährlichen Überdrucks ausgeschlossen sind.

[Zulassungspflicht] 6.7.4.6.4

Druckentlastungseinrichtungen müssen von der zuständigen Behörde oder der von ihr beauftragten Stelle zugelassen sein.

Abblasleistung und Einstellung von Druckentlastungseinrichtungen 6.7.4.7

[Gesamtabblasleistung] 6.7.4.7.1

Bei Verlust des Vakuums bei einem vakuumisolierten Tank oder bei Verlust von 20 % der Isolierung bei einem mit festen Werkstoffen isolierten Tank muss die Gesamtabblasmenge aller eingebauten Druckentlastungseinrichtungen ausreichend sein, damit der Druck (einschließlich der Druckakkumulation) im Tankkörper den Wert von 120 % des höchstzulässigen Betriebsdrucks nicht überschreitet.

[Berstscheiben] 6.7.4.7.2

Bei tiefgekühlt verflüssigten nicht entzündbaren Gasen (außer Sauerstoff) und Wasserstoff kann diese Abblasmenge durch die Verwendung von Berstscheiben erreicht werden, die parallel zu den vorgeschriebenen Sicherheitseinrichtungen angeordnet sind. Berstscheiben müssen bei einem Nenndruck bersten, der gleich dem Prüfdruck des Tankkörpers ist.

[Notfall-Leistung] 6.7.4.7.3

In den in 6.7.4.7.1 und 6.7.4.7.2 beschriebenen Fällen und bei einem vollständig von Feuer umgebenen Tank muss die Gesamtabblasmenge aller eingebauten Druckentlastungseinrichtungen ausreichend sein, um den Druck im Tankkörper auf den Prüfdruck zu begrenzen.

[Berechnung] 6.7.4.7.4

Die erforderliche Abblasleistung der Entlastungseinrichtungen muss nach einem von der zuständigen Behörde anerkannten bewährten technischen Regelwerk[7] berechnet werden.

---

[7] Siehe beispielsweise CGA-Pamphlet S-1.2-2003 „Pressure Relief Device Standards – Part 2 – Cargo and Portable Tanks for Compressed Gases (Normen für Druckentlastungseinrichtungen – Teil 2 – Frachttanks und ortsbewegliche Tanks für verdichtete Gase)".

6.7.4.8 Kennzeichnung von Druckentlastungseinrichtungen

6.7.4.8.1 [Angaben]

Jede Druckentlastungseinrichtung muss mit den folgenden Angaben deutlich und dauerhaft gekennzeichnet sein:

.1 Ansprechdruck (in bar oder kPa),

.2 zulässiger Toleranzbereich für den Abblasdruck bei federbelasteten Einrichtungen,

.3 Bezugstemperatur, die dem Nenndruck für Berstscheiben entspricht, und

.4 nominale Abblasmenge der Einrichtung in Kubikmeter Luft pro Sekunde (m^3/s) unter Normbedingungen;

.5 die Strömungsquerschnitte der federbelasteten Druckentlastungseinrichtungen und Berstscheiben in mm^2.

Nach Möglichkeit muss auch Folgendes angegeben werden:

.6 Name des Herstellers und zutreffende Registriernummer.

6.7.4.8.2 [Referenznorm]

Die auf den Druckentlastungseinrichtungen angegebene nominale Abblasmenge muss nach ISO 4126-1:2004 und ISO 4126-7:2004 bestimmt werden.

6.7.4.9 Anschlüsse für Druckentlastungseinrichtungen

6.7.4.9.1 [Dimensionierung]

Die Anschlüsse für Druckentlastungseinrichtungen müssen ausreichend dimensioniert sein, damit die erforderliche Abblasmenge ungehindert zur Sicherheitseinrichtung gelangen kann. Zwischen dem Tankkörper und den Druckentlastungseinrichtungen darf keine Absperreinrichtung angebracht sein, es sei denn, es sind doppelte Einrichtungen für Wartungszwecke oder für sonstige Zwecke vorhanden, und die Absperrventile der jeweils verwendeten Druckentlastungseinrichtungen sind in geöffneter Stellung verriegelt oder die Absperrventile sind so miteinander gekoppelt, so dass die Anforderungen nach 6.7.4.7 immer erfüllt werden. In einer Öffnung, die zu einer Lüftungs- oder Druckentlastungseinrichtung führt, darf sich kein Hindernis befinden, durch das die Strömung vom Tankkörper zu dieser Einrichtung begrenzt oder unterbrochen werden könnte. Werden von den Austrittsöffnungen der Druckentlastungseinrichtungen abgehende Rohrleitungen zum Ableiten der Gase oder der Flüssigkeit verwendet, müssen diese die frei werdenden Gase oder Flüssigkeiten bei minimalem Gegendruck auf die Entlastungseinrichtung in die Luft entweichen lassen.

6.7.4.10 Anordnung von Druckentlastungseinrichtungen

6.7.4.10.1 [Öffnungen]

Jede Eintrittsöffnung der Druckentlastungseinrichtung muss im oberen Bereich des Tankkörpers so nahe wie möglich am Schnittpunkt von Längs- und Querachse des Tankkörpers angeordnet sein. Alle Öffnungen der Druckentlastungseinrichtungen müssen bei höchster Befüllung im Gasraum des Tankkörpers liegen; die Einrichtungen müssen so angeordnet sein, dass gewährleistet ist, dass die entweichenden Dämpfe ungehindert abgeblasen werden. Bei tiefgekühlt verflüssigten Gasen müssen die entweichenden Dämpfe so vom Tank abgelenkt werden, dass sie nicht gegen den Tank geblasen werden. Schutzeinrichtungen, die die Strömung der entweichenden Dämpfe ablenken, sind zulässig, sofern die erforderliche Abblasmenge dadurch nicht verringert wird.

6.7.4.10.2 [Unbefugte]

Es müssen Vorkehrungen getroffen werden, die den Zugang unbefugter Personen zu den Einrichtungen verhindern und die Einrichtungen vor Beschädigung beim Umkippen des ortsbeweglichen Tanks schützen.

6.7.4.11 Füllstandsanzeigevorrichtungen

6.7.4.11.1 [Werkstoffverbot]

Ortsbewegliche Tanks, die nicht nach Masse befüllt werden sollen, müssen mit einer oder mehreren Füllstandsanzeigevorrichtungen ausgerüstet werden. Füllstandsanzeigevorrichtungen aus Glas oder anderen zerbrechlichen Werkstoffen, die mit dem Inhalt des Tankkörpers direkt in Verbindung kommen, dürfen nicht verwendet werden. 6.7.4.11.1 (Forts.)

[Vakuummeter] 6.7.4.11.2

In der Ummantelung eines vakuumisolierten Tanks muss ein Anschluss für ein Vakuummeter vorgesehen werden.

Auflager, Rahmen, Hebe- und Befestigungsvorrichtungen für ortsbewegliche Tanks 6.7.4.12

[Anforderungen] 6.7.4.12.1

Ortsbewegliche Tanks sind mit einem Traglager auszulegen und zu bauen, das eine sichere Auflage während der Beförderung gewährleistet. Die in 6.7.4.2.12 angeführten Kräfte und der in 6.7.4.2.13 genannte Sicherheitskoeffizient müssen dabei berücksichtigt werden. Kufen, Rahmen, Schlitten oder sonstige vergleichbare Einrichtungen sind zulässig.

[Beanspruchungen] 6.7.4.12.2

Die von den Auflagerkonsolen (z. B. Schlitten, Rahmen usw.) und Hebe- und Befestigungseinrichtungen der ortsbeweglichen Tanks ausgehenden kombinierten Beanspruchungen dürfen in keinem Bereich des Tankkörpers zu einer übermäßigen Beanspruchung führen. Alle ortsbeweglichen Tanks müssen mit dauerhaften Hebe- und Befestigungseinrichtungen ausgerüstet sein. Diese müssen vorzugsweise an den Tankauflagern befestigt sein, können aber auch an Verstärkungsblechen befestigt sein, die an den Auflagepunkten am Tankkörper angebracht sind.

[Korrosionsberücksichtigung] 6.7.4.12.3

Bei der Auslegung von Tankauflagern und Rahmen müssen die Auswirkungen der umweltbedingten Korrosion berücksichtigt werden.

[Gabeltaschen] 6.7.4.12.4

Gabeltaschen müssen verschließbar sein. Die Einrichtungen zum Verschließen der Gabeltaschen müssen ein dauerhafter Bestandteil des Rahmens sein, oder sie müssen am Rahmen dauerhaft befestigt sein. Ortsbewegliche Einkammertanks mit einer Länge von weniger als 3,65 m brauchen nicht mit verschließbaren Gabeltaschen ausgerüstet zu sein, sofern:

.1 der Tankkörper einschließlich aller Ausrüstungsteile gegen eine Beschädigung durch die Gabeln ausreichend geschützt ist und

.2 der Abstand zwischen den Gabeltaschen, gemessen von Mitte zu Mitte, mindestens die Hälfte der maximalen Länge des ortsbeweglichen Tanks beträgt.

[Kippschutz] 6.7.4.12.5

Sind die ortsbeweglichen Tanks während der Beförderung nicht gemäß 4.2.3.3 geschützt, müssen die Tankkörper und die Bedienungsausrüstung gegen Beschädigung durch Längs- oder Querstöße oder beim Umkippen geschützt sein. Äußere Ausrüstungsteile müssen so geschützt sein, dass ein Austreten des Tankkörperinhalts durch Stöße oder durch Umkippen des ortsbeweglichen Tanks auf seine Ausrüstungsteile ausgeschlossen ist. Beispiele für Schutzmaßnahmen sind:

.1 Schutz gegen seitliche Stöße, der aus Längsträgern bestehen kann, welche den Tankkörper auf beiden Seiten in Höhe der Mittellinie schützen,

.2 Schutz des ortsbeweglichen Tanks gegen Umkippen, der aus Verstärkungsreifen oder quer am Rahmen befestigten Verstärkungsstangen bestehen kann,

.3 Schutz gegen Stöße von hinten, der aus einer Stoßstange oder einem Rahmen bestehen kann,

.4 Schutz des Tankkörpers gegen Beschädigung durch Stöße oder durch Umkippen durch Verwendung eines ISO-Rahmens gemäß ISO 1496-3:1995,

.5 Schutz des ortsbeweglichen Tanks gegen Stöße oder Umkippen durch eine vakuumisolierte Ummantelung.

6.7.4.13 Baumusterzulassung

6.7.4.13.1 [Ausstellung]

Für jedes neue Baumuster eines ortsbeweglichen Tanks muss von der zuständigen Behörde oder ihrer beauftragten Stelle eine Baumusterzulassungsbescheinigung ausgestellt werden. Durch diese Bescheinigung muss bestätigt werden, dass der ortsbewegliche Tank von dieser Behörde geprüft wurde, dass er für den vorgesehenen Verwendungszweck geeignet ist und den Vorschriften dieses Kapitels entspricht. Werden ortsbewegliche Tanks ohne Änderung des Baumusters in Serie hergestellt, gilt diese Zulassung für die ganze Serie. In der Bescheinigung müssen der Prüfbericht über die Baumusterprüfung, die zur Beförderung zugelassenen tiefgekühlt verflüssigten Gase, der für die Herstellung des Tankkörpers und der Ummantelung verwendete Werkstoff und eine Zulassungsnummer aufgeführt werden. Die Zulassungsnummer muss aus dem Unterscheidungszeichen oder Kennzeichen des Staates, in dessen Hoheitsgebiet die Zulassung erteilt wurde, angegeben durch das für Kraftfahrzeuge im internationalen Verkehr verwendete Unterscheidungszeichen[2], und einer Registriernummer bestehen, Andere Regelungen gemäß 6.7.1.2 müssen in der Bescheinigung angegeben werden. Eine Baumusterzulassung kann für die Zulassung kleinerer ortsbeweglicher Tanks herangezogen werden, die aus Werkstoffen der gleichen Art und Dicke und nach dem gleichen Herstellungsverfahren hergestellt werden sowie mit den gleichen Tankauflagern, gleichwertigen Verschlüssen und sonstigen Zubehörteilen ausgerüstet sind.

6.7.4.13.2 [Prüfbericht]

Der Prüfbericht für die Baumusterzulassung muss mindestens die folgenden Angaben enthalten:

.1 Ergebnisse der nach ISO 1496-3:1995 durchzuführenden Prüfung des Rahmens und

.2 Ergebnisse der erstmaligen Prüfung nach 6.7.4.14.3 und

.3 Ergebnisse der Auflaufprüfung nach 6.7.4.14.1 soweit erforderlich.

6.7.4.14 Prüfung

→ D: GGVSee § 10 (2) Nr. 3
→ D: GGVSee § 12 (1) Nr. 8 b)
→ D: GGVSee § 16 (2) Nr. 1

6.7.4.14.1 [Normen]

Ortsbewegliche Tanks, die der Begriffsbestimmung für *Container* des Internationalen Übereinkommens über sichere Container (CSC) von 1972 in der jeweils geltenden Fassung entsprechen, dürfen nicht verwendet werden, es sei denn, sie werden erfolgreich qualifiziert, nachdem ein repräsentatives Baumuster jeder Bauart der im Handbuch Prüfungen und Kriterien Teil IV Abschnitt 41 beschriebenen dynamischen Auflaufprüfung unterzogen wurde. Diese Vorschrift findet nur auf ortsbewegliche Tanks Anwendung, die nach einer am oder nach dem 1. Januar 2008 ausgestellten Baumusterzulassungsbescheinigung gebaut worden sind.

6.7.4.14.2 [Besichtigungsrhythmus]

Tankkörper und Ausrüstungsteile jedes ortsbeweglichen Tanks müssen einer Prüfung unterzogen werden, und zwar das erste Mal vor der Indienststellung (erstmalige Prüfung) und danach im Abstand von jeweils höchstens fünf Jahren (5-jährliche wiederkehrende Prüfung) mit einer wiederkehrenden Zwischenprüfung (2,5-jährliche Zwischenprüfung) in der Mitte zwischen den 5-jährlichen Prüfungen. Die 2,5-jährliche Prüfung kann innerhalb von drei Monaten vor oder nach dem angegebenen Datum durchgeführt werden. Unabhängig vom Datum der letzten wiederkehrenden Prüfung muss eine außerordentliche Prüfung durchgeführt werden, wenn sich dies nach 6.7.4.14.7 als erforderlich erweist.

6.7.4.14.3 [Erstmalige Prüfung]

Die erstmalige Prüfung eines ortsbeweglichen Tanks muss eine Prüfung der Konstruktionsmerkmale, eine innere und äußere Untersuchung des Tankkörpers des ortsbeweglichen Tanks und seiner Ausrüstungsteile unter besonderer Berücksichtigung der zu befördernden tiefgekühlt verflüssigten Gase sowie eine Druckprüfung unter Beachtung der Prüfdrücke nach 6.7.4.3.2 umfassen. Die Druckprüfung kann

[2] Das für Kraftfahrzeuge und Anhänger im internationalen Straßenverkehr verwendete Unterscheidungszeichen des Zulassungsstaates, z. B. gemäß dem Genfer Übereinkommen über den Straßenverkehr von 1949 oder dem Wiener Übereinkommen über den Straßenverkehr von 1968.

als hydraulische Druckprüfung oder mit Zustimmung der zuständigen Behörde oder der von ihr beauftragten Stelle unter Verwendung einer anderen Flüssigkeit oder eines anderen Gases durchgeführt werden. Vor der Indienststellung des ortsbeweglichen Tanks müssen ebenfalls eine Dichtheitsprüfung und eine Funktionsprüfung der gesamten Bedienungsausrüstung durchgeführt werden. Sind bei dem Tankkörper und seinen Ausrüstungsteilen getrennte Druckprüfungen durchgeführt worden, müssen diese nach dem Zusammenbau gemeinsam einer Dichtheitsprüfung unterzogen werden. Alle Schweißnähte, die den vollen im Tankkörper auftretenden Beanspruchungen ausgesetzt sind, müssen bei der erstmaligen Prüfung mittels Durchstrahlung, Ultraschall oder eines anderen zerstörungsfreien Verfahrens geprüft werden. Dies gilt nicht für die Ummantelung. 6.7.4.14.3 (Forts.)

[Wiederkehrende Prüfung] 6.7.4.14.4

Die 5-jährlichen und die 2,5-jährlichen wiederkehrenden Prüfungen müssen eine äußere Untersuchung des ortsbeweglichen Tanks und seiner Ausrüstungsteile unter besonderer Berücksichtigung der zur Beförderung vorgesehenen tiefgekühlt verflüssigten Gase, eine Dichtheitsprüfung, eine Funktionsprüfung der gesamten Bedienungsausrüstung und, soweit erforderlich, eine Messung des Vakuums umfassen. Bei nicht vakuumisolierten Tanks müssen die Ummantelung und die Isolierung während den 2,5-jährlichen und den 5-jährlichen wiederkehrenden Prüfungen entfernt werden, jedoch nur in dem Umfang, wie es für eine zuverlässige Beurteilung erforderlich ist.

(bleibt offen) 6.7.4.14.5

[Benutzungsverbot] 6.7.4.14.6

Nach Ablauf der Frist für die in 6.7.4.14.2 vorgeschriebene 5-jährliche oder 2,5-jährliche wiederkehrende Prüfung dürfen ortsbewegliche Tanks weder befüllt noch zur Beförderung aufgegeben werden. Jedoch dürfen ortsbewegliche Tanks, die vor Ablauf der Frist für die wiederkehrende Prüfung befüllt wurden, für einen Zeitraum von höchstens 3 Monaten nach Überschreitung dieser Frist befördert werden. Außerdem dürfen sie nach Ablauf dieser Frist befördert werden:

.1 nach dem Entleeren, jedoch vor dem Reinigen zur Durchführung der nächsten vorgeschriebenen Prüfung vor dem Wiederbefüllen und

.2 wenn von der zuständigen Behörde nicht etwas anderes zugelassen wurde, für einen Zeitraum von höchstens 6 Monaten nach Ablauf der Frist für die wiederkehrende Prüfung, um die Rücksendung der gefährlichen Güter zur ordnungsgemäßen Entsorgung oder Wiederverwertung zu ermöglichen. In das Beförderungsdokument muss ein Hinweis auf diese Ausnahme aufgenommen werden.

[Außerordentliche Prüfung] 6.7.4.14.7

Die außerordentliche Prüfung ist erforderlich, wenn bei dem ortsbeweglichen Tank Anzeichen von Beschädigung oder Korrosion, undichten Stellen oder anderen auf einen Mangel hinweisenden Zuständen zu erkennen sind, die die Unversehrtheit des ortsbeweglichen Tanks beeinträchtigen könnten. Der Umfang der außerordentlichen Prüfung hängt vom Ausmaß der Beschädigung oder Qualitätsminderung des ortsbeweglichen Tanks ab. Es muss zumindest die 2,5-jährliche Prüfung nach 6.7.4.14.4 durchgeführt werden.

[Innere Untersuchung] 6.7.4.14.8

Bei der inneren Untersuchung während der erstmaligen Prüfung muss sichergestellt werden, dass der Tankkörper auf Lochfraß, Korrosion oder Abrieb, Dellen, Verformungen, schadhafte Schweißnähte oder sonstige Zustände, insbesondere undichte Stellen, untersucht wird, durch die die Sicherheit des ortsbeweglichen Tanks bei der Beförderung beeinträchtigt werden könnte.

[Äußere Untersuchung] 6.7.4.14.9

Bei der äußeren Untersuchung muss sichergestellt werden, dass:

.1 die äußeren Rohrleitungen, Ventile, gegebenenfalls die Druckerzeugungs-/Kühleinrichtungen und die Dichtungen auf Korrosion, Beschädigungen oder sonstige Zustände, einschließlich undichter Stellen, untersucht werden, durch die die Sicherheit des Tanks beim Befüllen, Entleeren und Beförderung beeinträchtigt werden könnte,

.2 die Mannlochabdeckungen oder -dichtungen keine undichten Stellen aufweisen,

.3 fehlende oder lockere Bolzen oder Muttern an Flanschverbindungen oder Blindflanschen ersetzt bzw. festgezogen werden,

6.7.4.14.9 (Forts.)

.4 alle Sicherheitseinrichtungen und Ventile frei von Korrosion, Verformung und sonstigen Beschädigungen oder Mängeln sind, die ihre normale Funktion verhindern könnten. Fernbetätigte Verschlusseinrichtungen und selbstschließende Absperrventile müssen zum Nachweis ihres einwandfreien Funktionierens betätigt werden,

.5 die vorgeschriebenen Kennzeichen an dem ortsbeweglichen Tank lesbar sind und den anzuwendenden Vorschriften entsprechen und

.6 sich Rahmen, Auflager und Hebevorrichtungen des ortsbeweglichen Tanks in zufriedenstellendem Zustand befinden.

6.7.4.14.10 **[Sachverständiger, Druckprüfung]**

Die Prüfungen nach 6.7.4.14.1, 6.7.4.14.3, 6.7.4.14.4 und 6.7.4.14.7 müssen von einem Sachverständigen durchgeführt oder bestätigt werden, der von der zuständigen Behörde oder der von ihr beauftragten Stelle anerkannt ist. Ist die Druckprüfung Bestandteil der Prüfung, muss die Prüfung mit dem auf dem Tankschild angegebenen Prüfdruck durchgeführt werden. Der unter Druck stehende ortsbewegliche Tank muss auf undichte Stellen im Tankkörper, in den Rohrleitungen und in der Ausrüstung untersucht werden.

6.7.4.14.11 **[Heißarbeiten]**

In allen Fällen, in denen Schneid-, Brenn- oder Schweißarbeiten am Tankkörper eines ortsbeweglichen Tanks durchgeführt werden, müssen diese den Anforderungen der zuständigen Behörde oder der von ihr beauftragten Stelle unter Beachtung des bei der Herstellung des Tankkörpers angewendeten Regelwerks für Druckbehälter entsprechen. Nach Abschluss der Arbeiten muss eine Druckprüfung mit dem ursprünglichen Prüfdruck durchgeführt werden.

6.7.4.14.12 **[Sicherheitsmängel]**

Werden Anzeichen für einen die Sicherheit beeinträchtigenden Zustand festgestellt, darf der ortsbewegliche Tank erst wieder in Betrieb genommen werden, nachdem dieser Zustand behoben und die Prüfung mit Erfolg wiederholt wurde.

6.7.4.15 Kennzeichnung

6.7.4.15.1 **[Angaben auf dem Kennzeichenschild aus Metall]**

Jeder ortsbewegliche Tank muss mit einem korrosionsbeständigen Metallschild ausgerüstet sein, das dauerhaft an einer auffallenden und für die Prüfung leicht zugänglichen Stelle angebracht ist. Wenn das Schild aus Gründen der Anordnung von Einrichtungen am ortsbeweglichen Tank nicht dauerhaft am Tankkörper angebracht werden kann, muss der Tankkörper mindestens mit den im Regelwerk für Druckbehälter vorgeschriebenen Informationen gekennzeichnet sein. Auf dem Schild müssen mindestens die folgenden Angaben eingeprägt oder durch ein ähnliches Verfahren angebracht sein:

(a) Eigentümerinformationen
 (i) Registriernummer des Eigentümers;

(b) Herstellungsinformationen
 (i) Herstellungsland;
 (ii) Herstellungsjahr;
 (iii) Name oder Zeichen des Herstellers;
 (iv) Seriennummer des Herstellers;

(c) Zulassungsinformationen
 (i) das Symbol der Vereinten Nationen für Verpackungen (u/n);
 dieses Symbol darf nur zum Zweck der Bestätigung verwendet werden, dass eine Verpackung, ein flexibler Schüttgut-Container, ein ortsbeweglicher Tank oder ein MEGC den entsprechenden Vorschriften des Kapitels 6.1, 6.2, 6.3, 6.5, 6.6, 6.7 oder 6.9 entspricht;
 (ii) Zulassungsland;
 (iii) für die Baumusterzulassung zugelassene Stelle;
 (iv) Baumusterzulassungsnummer;

(v) die Buchstaben „AA“, wenn das Baumuster nach alternativen Vereinbarungen zugelassen wurde (siehe 6.7.1.2); 6.7.4.15.1 (Forts.)

(vi) Regelwerk für Druckbehälter, nach dem der Tankkörper ausgelegt wurde;

(d) Drücke

(i) höchstzulässiger Betriebsdruck (in bar oder kPa (Überdruck))[3];

(ii) Prüfdruck (in bar oder kPa (Überdruck))[3];

(iii) Datum der erstmaligen Druckprüfung (Monat und Jahr);

(iv) Identifizierungskennzeichen des Sachverständigen der erstmaligen Druckprüfung;

(e) Temperaturen

(i) Mindestauslegungstemperatur (in °C)[3];

(f) Werkstoffe

(i) Werkstoff(e) des Tankkörpers und Verweis(e) auf Werkstoffnorm(en);

(ii) gleichwertige Wanddicke für Bezugsstahl (in mm)[3];

(g) Fassungsraum

(i) mit Wasser ausgeliterter Fassungsraum des Tanks bei 20 °C (in Litern)[3];

(h) Isolierung

(i) die Angabe „wärmeisoliert“ bzw. „vakuumisoliert“;

(ii) Wirksamkeit des Isolierungssystems (Wärmezufuhr) (in Watt)[3];

(i) Haltezeiten – für jedes zur Beförderung im ortsbeweglichen Tank zugelassene tiefgekühlt verflüssigte Gas

(i) vollständige Bezeichnung des tiefgekühlt verflüssigten Gases;

(ii) Referenzhaltezeit (in Tagen oder Stunden)[3];

(iii) ursprünglicher Druck (in bar oder kPa (Überdruck))[3];

(iv) Füllungsgrad (in kg)[3];

(j) wiederkehrende Prüfungen

(i) Art der zuletzt durchgeführten wiederkehrenden Prüfung (2,5-Jahres-, 5-Jahres-Prüfung oder außerordentliche Prüfung);

(ii) Datum der zuletzt durchgeführten wiederkehrenden Prüfung (Monat und Jahr);

(iii) Identifizierungskennzeichen der zugelassenen Stelle, welche die letzte Prüfung durchgeführt oder beglaubigt hat.

Abbildung 6.7.4.15.1: Beispiel eines Kennzeichenschilds

<table>
<tr><td colspan="2">Registriernummer des Eigentümers</td><td colspan="2"></td></tr>
<tr><td colspan="4">HERSTELLUNGSINFORMATIONEN</td></tr>
<tr><td colspan="2">Herstellungsland</td><td colspan="2"></td></tr>
<tr><td colspan="2">Herstellungsjahr</td><td colspan="2"></td></tr>
<tr><td colspan="2">Hersteller</td><td colspan="2"></td></tr>
<tr><td colspan="2">Seriennummer des Herstellers</td><td colspan="2"></td></tr>
<tr><td colspan="4">ZULASSUNGSINFORMATIONEN</td></tr>
<tr><td rowspan="3">u n</td><td>Zulassungsland</td><td colspan="2"></td></tr>
<tr><td>für die Baumusterzulassung zugelassene Stelle</td><td colspan="2"></td></tr>
<tr><td>Baumusterzulassungsnummer</td><td></td><td>„AA“ (sofern anwendbar)</td></tr>
<tr><td colspan="2">Regelwerk für die Auslegung des Tankkörpers (Druckbehälter-Regelwerk)</td><td colspan="2"></td></tr>
</table>

[3] Die verwendete Einheit ist anzugeben.

6.7.4.15.1 (Forts.)

DRÜCKE			
höchstzulässiger Betriebsdruck			bar *oder* kPa
Prüfdruck			bar *oder* kPa
Datum der erstmaligen Druckprüfung:	*(MM/JJJJ)*	Stempel des Sachverständigen:	
TEMPERATUREN			
Mindestauslegungstemperatur			°C
WERKSTOFFE			
Werkstoff(e) des Tankkörpers und Verweis(e) auf Werkstoffnorm(en)			
gleichwertige Wanddicke für Bezugsstahl			mm
FASSUNGSRAUM			
mit Wasser ausgeliterter Fassungsraum des Tanks bei 20 °C			Liter
ISOLIERUNG			
„wärmeisoliert“ bzw. „vakuumisoliert“			
Wärmezufuhr			Watt
HALTEZEITEN			
zugelassene(s) tiefgekühlt verflüssigte(s) Gas(e)	Referenzhaltezeit	ursprünglicher Druck	Füllungsgrad
	Tage *oder* Stunden	bar *oder* kPa	kg

WIEDERKEHRENDE PRÜFUNGEN

Art der Prüfung	Prüfdatum	Stempel des Sachverständigen	Art der Prüfung	Prüfdatum	Stempel des Sachverständigen
	(MM/JJJJ)			*(MM/JJJJ)*	

6.7.4.15.2 [Metallschild]

Die folgenden Angaben müssen entweder auf dem ortsbeweglichen Tank selbst oder auf einem am ortsbeweglichen Tank befestigten Metallschild angegeben werden:

Name des Eigentümers und Betreibers

Name des beförderten tiefgekühlt verflüssigten Gases (und niedrigste mittlere Temperatur des Füllguts)

höchstzulässige Bruttomasse .... kg

Leergewicht .... kg

tatsächliche Haltezeit des beförderten Gases .... Tage (oder Stunden)

Anweisung für ortsbewegliche Tanks gemäß 4.2.5.2.6

[Offshore-Tanks] 6.7.4.15.3

Ist ein ortsbeweglicher Tank für das Umladen auf offener See ausgelegt und zugelassen, muss das Kennzeichenschild mit „OFFSHORE PORTABLE TANK“ gekennzeichnet werden.

Vorschriften für Auslegung, Bau und Prüfung von Gascontainern mit mehreren Elementen (MEGC) für die Beförderung von nicht tiefgekühlten Gasen 6.7.5

Begriffsbestimmungen 6.7.5.1

Für Zwecke dieses Abschnitts gelten folgende Begriffsbestimmungen:

Bauliche Ausrüstung: Die außen an den Elementen angebrachten Versteifungselemente, Elemente für die Befestigung, den Schutz und die Stabilisierung.

Bedienungsausrüstung: Die Messinstrumente sowie die Füll-, Entleerungs-, Lüftungs- und Sicherheitseinrichtungen.

Dichtheitsprüfung: Eine Prüfung, bei der die Elemente und die Bedienungsausrüstung des MEGC unter Verwendung eines Gases mit einem effektiven Innendruck von mindestens 20 % des Prüfdrucks belastet werden.

Elemente sind Flaschen, Großflaschen und Flaschenbündel.

Höchstzulässige Bruttomasse: Die Summe aus Leermasse des MEGC und der höchsten für die Beförderung zugelassenen Ladung.

Sammelrohr: Eine Baueinheit von Rohren und Ventilen, welche die Befüllungs- und/oder Entleerungsöffnungen der Elemente miteinander verbindet.

Allgemeine Vorschriften für die Auslegung und den Bau 6.7.5.2

[Konstruktionsprinzipien] 6.7.5.2.1

Der MEGC muss befüllt und entleert werden können, ohne dass dazu die bauliche Ausrüstung entfernt werden muss. Er muss außen an den Elementen angebrachte Elemente zur Stabilisierung besitzen, um eine bauliche Unversehrtheit bei der Handhabung und Beförderung sicherzustellen. MEGC sind mit einem Traglager, das eine sichere Auflage während der Beförderung gewährleistet, und mit geeigneten Hebe- und Befestigungsmöglichkeiten auszulegen und zu bauen, die für das Anheben des bis zu seiner höchstzulässigen Bruttomasse befüllten MEGC geeignet sind. Der MEGC muss dafür ausgelegt sein, um auf ein Fahrzeug oder ein Schiff verladen werden zu können, und mit Kufen, Tragelementen oder Zubehörteilen ausgerüstet sein, um die mechanische Handhabung zu erleichtern.

[Belastungen] 6.7.5.2.2

MEGC sind so auszulegen, herzustellen und auszurüsten, dass sie allen während normaler Handhabung und Beförderung auftretenden Bedingungen standhalten. Bei der Auslegung sind die Einflüsse dynamischer Belastung und Ermüdung zu berücksichtigen.

[Werkstoff, Konformität] 6.7.5.2.3

Die Elemente eines MEGC müssen aus nahtlosem Stahl hergestellt und gemäß Kapitel 6.2 gebaut und geprüft sein. Alle Elemente eines MEGC müssen demselben Baumuster entsprechen.

[Verträglichkeit] 6.7.5.2.4

Die Elemente eines MEGC sowie die Ausrüstungsteile und Rohrleitungen müssen:

.1 mit dem (den) für die Beförderung vorgesehenen Stoff(en) verträglich sein (für Gase siehe ISO 11114-1:2012 und ISO 11114-2:2013) oder

.2 wirksam passiviert oder durch chemische Reaktion neutralisiert sein.

[Kontaktkorrosion] 6.7.5.2.5

Der Kontakt zwischen verschiedenen Metallen, der zu Schäden durch Kontaktkorrosion führen könnte, ist zu vermeiden.

[Neutralität zum Gas] 6.7.5.2.6

Die Werkstoffe des MEGC, einschließlich aller Einrichtungen, Dichtungen und Zubehörteile, dürfen das Gas (die Gase), für dessen (deren) Beförderung der MEGC vorgesehen ist, nicht beeinträchtigen.

6.7.5.2.7 [Lebenszyklus]

MEGC sind so auszulegen, dass sie ohne Verlust ihres Inhaltes in der Lage sind, mindestens dem auf ihren Inhalt zurückzuführenden Innendruck sowie den unter normalen Handhabungs- und Beförderungsbedingungen entstehenden statischen, dynamischen und thermischen Belastungen standzuhalten. Aus der Auslegung muss zu erkennen sein, dass die Einflüsse der durch die wiederholte Einwirkung dieser Belastungen während der vorgesehenen Lebensdauer des MEGC verursachten Ermüdung berücksichtigt worden sind.

6.7.5.2.8 [Statische Belastungen]

MEGC und ihre Befestigungseinrichtungen müssen bei der höchstzulässigen Beladung in der Lage sein, folgende getrennt wirkenden statischen Kräfte aufzunehmen:

.1 in Fahrtrichtung: das Zweifache der höchstzulässigen Bruttomasse, multipliziert mit der Erdbeschleunigung (g)[1];

.2 horizontal, im rechten Winkel zur Fahrtrichtung: die höchstzulässige Bruttomasse (das Zweifache der höchstzulässigen Bruttomasse, wenn die Fahrtrichtung nicht eindeutig bestimmt ist), multipliziert mit der Erdbeschleunigung (g)[1];

.3 vertikal aufwärts: die höchstzulässige Bruttomasse, multipliziert mit der Erdbeschleunigung (g)[1], und

.4 vertikal abwärts: das Zweifache der höchstzulässigen Bruttomasse (Gesamtbeladung einschließlich Wirkung der Schwerkraft), multipliziert mit der Erdbeschleunigung (g)[1].

6.7.5.2.9 [Spannungen]

Unter den im vorigen Absatz definierten Kräften darf die Spannung an der am stärksten beanspruchten Stelle der Elemente die Werte nicht überschreiten, die entweder in der anwendbaren Norm gemäß 6.2.2.1 oder, wenn die Elemente nicht nach diesen Normen ausgelegt, gebaut oder geprüft sind, in dem technischen Regelwerk oder in der Norm genannt sind, das/die von der zuständigen Behörde des Verwendungslandes anerkannt oder genehmigt ist (siehe 6.2.3.1).

6.7.5.2.10 [Sicherheitskoeffizienten]

Unter Wirkung jeder der in 6.7.5.2.8 genannten Kräfte sind folgende Sicherheitskoeffizienten für das Rahmenwerk und die Befestigung zu beachten:

.1 bei Stählen mit ausgeprägter Streckgrenze ein Sicherheitskoeffizient von 1,5 bezogen auf die garantierte Streckgrenze oder

.2 bei Stählen ohne ausgeprägte Streckgrenze ein Sicherheitskoeffizient von 1,5 bezogen auf die garantierte 0,2 %-Dehngrenze und bei austenitischen Stählen auf die 1 %-Dehngrenze.

6.7.5.2.11 [Erdung]

MEGC, die für die Beförderung entzündbarer Gase vorgesehen sind, müssen elektrisch geerdet werden können.

6.7.5.2.12 [Sichern]

Die Elemente müssen so gesichert sein, dass Bewegungen in Bezug auf die bauliche Gesamtanordnung und Bewegungen, die zu einer Konzentration schädlicher lokaler Spannungen führen, verhindert werden.

6.7.5.3 Bedienungsausrüstung

6.7.5.3.1 [Anordnung]

Die Bedienungsausrüstung muss so angeordnet oder ausgelegt sein, dass Schäden, die zu einem Freisetzen des Druckgefäßinhalts unter normalen Handhabungs- und Beförderungsbedingungen führen könnten, verhindert werden. Wenn die Verbindung zwischen dem Rahmen und den Elementen eine relative Bewegung zwischen den Baugruppen zulässt, muss die Ausrüstung so befestigt sein, dass durch eine solche Bewegung keine Beschädigung von Teilen erfolgt. Die Sammelrohre, die Entleerungseinrichtungen (Rohranschlüsse, Verschlusseinrichtungen) und die Absperreinrichtungen müssen gegen Ab-

[1] Für Berechnungszwecke gilt: $g = 9,81\ m/s^2$.

reißen durch äußere Beanspruchung geschützt sein. Die zu den Absperrventilen führende Sammelrohrleitung muss ausreichend flexibel sein, um die Ventile und die Rohrleitung gegen Abscheren und gegen Freisetzen des Druckgefäßinhalts zu schützen. Die Füll- und Entleerungseinrichtungen (einschließlich der Flansche oder Schraubverschlüsse) und alle Schutzkappen müssen gegen unbeabsichtigtes Öffnen gesichert werden können. 6.7.5.3.1 (Forts.)

[Klassen 2.1 und 2.3] 6.7.5.3.2

Jedes Element, das für die Beförderung von Gasen der Unterklasse 2.3 vorgesehen ist, muss mit einem Ventil ausgerüstet sein. Die Rohrleitungen für verflüssigte Gase der Unterklasse 2.3 müssen so ausgelegt sein, dass jedes Element getrennt befüllt und durch ein dicht verschließbares Ventil abgetrennt gehalten werden kann. Bei der Beförderung von Gasen der Unterklasse 2.1 müssen die Elemente in Gruppen von höchstens 3000 Litern unterteilt werden, die jeweils durch ein Ventil getrennt sind.

[Ventile] 6.7.5.3.3

Bei den Öffnungen für das Füllen und Entleeren von MEGC müssen zwei hintereinanderliegende Ventile an einer zugänglichen Stelle jedes Entleerungs- oder Füllstutzens angebracht sein. Eines der Ventile darf ein Rückschlagventil sein. Die Füll- und Entleerungseinrichtungen dürfen an einem Sammelrohr angebracht sein. Bei Rohrleitungsabschnitten, die beidseitig geschlossen werden können und in denen ein flüssiges Produkt eingeschlossen sein kann, muss eine Druckentlastungseinrichtung vorgesehen sein, um einen übermäßigen Druckaufbau zu verhindern. Die Haupttrennventile eines MEGC müssen deutlich mit Angabe der Drehrichtung für das Schließen gekennzeichnet sein. Jede Absperreinrichtung oder sonstige Verschlusseinrichtung ist so auszulegen und zu bauen, dass sie einem Druck standhält, der mindestens dem 1,5-fachen des Prüfdrucks des MEGC entspricht. Alle Absperreinrichtungen mit einer Gewindespindel müssen sich durch Drehen des Handrades im Uhrzeigersinn schließen. Bei den übrigen Absperreinrichtungen muss die Stellung (offen und geschlossen) und die Drehrichtung für das Schließen eindeutig angezeigt werden. Alle Absperreinrichtungen sind so auszulegen und anzuordnen, dass ein unbeabsichtigtes Öffnen verhindert wird. Für den Bau von Verschlusseinrichtungen, Ventilen und Zubehörteilen sind verformungsfähige Metalle zu verwenden.

[Rohrleitungen] 6.7.5.3.4

Die Rohrleitungen sind so auszulegen, zu bauen und zu montieren, dass eine Beschädigung infolge Ausdehnung und Schrumpfung, mechanischer Erschütterung und Vibration vermieden wird. Verbindungen und Rohrleitungen müssen hartgelötet oder durch eine metallene Verbindung gleicher Festigkeit hergestellt sein. Der Schmelzpunkt von hartgelöteten Werkstoffen darf nicht niedriger als 525 °C sein. Der Nenndruck der Bedienungsausrüstung und des Sammelrohrs darf nicht geringer sein als zwei Drittel des Prüfdrucks der Elemente.

Druckentlastungseinrichtungen 6.7.5.4

[Anforderung] 6.7.5.4.1

Die Elemente von MEGC, die für die Beförderung von UN 1013 Kohlendioxid und UN 1070 Distickstoffmonoxid verwendet werden, müssen in Gruppen von höchstens 3000 Litern unterteilt werden, die jeweils durch ein Ventil getrennt sind. Jede Gruppe muss mit einer oder mehreren Druckentlastungseinrichtungen ausgerüstet sein. Sofern dies von der zuständigen Behörde des Verwendungslandes vorgeschrieben ist, müssen MEGC für andere Gase mit den von dieser zuständigen Behörde festgelegten Druckentlastungseinrichtungen ausgerüstet sein.

[Elemente] 6.7.5.4.2

Wenn Druckentlastungseinrichtungen angebracht sind, muss jedes abtrennbare Element oder jede abtrennbare Gruppe von Elementen eines MEGC mit einer oder mehreren Druckentlastungseinrichtungen ausgerüstet sein. Die Druckentlastungseinrichtungen müssen von einer Bauart sein, die dynamischen Kräften einschließlich Flüssigkeitsschwall standhält, und müssen so augelegt sein, dass keine Fremdstoffe eindringen und keine Gase austreten können und sich kein gefährlicher Überdruck bilden kann.

[Gase nach T50] 6.7.5.4.3

MEGC, die für die Beförderung von bestimmten, in der Anweisung für ortsbewegliche Tanks T50 in 4.2.5.2.6 genannten nicht tiefgekühlten Gasen verwendet werden, dürfen, wie von der zuständigen Behörde des Verwendungslandes vorgeschrieben, mit einer Druckentlastungseinrichtung ausgerüstet sein.

6.7.5.4.3 (Forts.) Die Entlastungseinrichtung muss aus einer Berstscheibe bestehen, die einer federbelasteten Druckentlastungseinrichtung vorgeschaltet ist, es sei denn, der MEGC ist für die Beförderung eines einzigen Gases vorgesehen und mit einer genehmigten Druckentlastungseinrichtung aus einem Werkstoff ausgerüstet, der mit dem beförderten Gas verträglich ist. Zwischen der Berstscheibe und der federbelasteten Einrichtung darf ein Druckmessgerät oder eine andere geeignete Anzeigeeinrichtung angebracht sein. Diese Anordnung erlaubt das Feststellen von Brüchen, Perforationen oder Undichtheiten der Scheibe, durch die das Druckentlastungssystem funktionsunfähig werden kann. Die Berstscheibe muss bei einem Nenndruck, der 10 % über dem Ansprechdruck der Druckentlastungseinrichtung liegt, bersten.

6.7.5.4.4 [Einstellung aufgrund Gas]

Bei MEGC, die für die Beförderung verschiedener unter niedrigem Druck verflüssigter Gase verwendet werden, müssen die Druckentlastungseinrichtungen bei einem Druck öffnen, der in 6.7.3.7.1 für dasjenige der zur Beförderung im MEGC zugelassenen Gase mit dem größten höchstzulässigen Betriebsdruck angegeben ist.

6.7.5.5 Abblasmenge von Druckentlastungseinrichtungen

6.7.5.5.1 [Gesamtabblasmenge]

Wenn Druckentlastungseinrichtungen angebracht sind, muss die Gesamtabblasmenge der Druckentlastungseinrichtungen bei vollständiger Feuereinwirkung auf den MEGC ausreichen, damit der Druck (einschließlich Druckakkumulation) in den Elementen höchstens 120 % des Ansprechdrucks der Druckentlastungseinrichtung beträgt. Für die Bestimmung der minimalen Gesamtdurchflussmenge des Systems von Druckentlastungseinrichtungen ist die in CGA S-1.2-2003 „Pressure Relief Device Standards – Part 2 – Cargo and Portable Tanks for Compressed Gases" (Normen für Druckentlastungseinrichtungen – Teil 2 – Frachttanks und ortsbewegliche Tanks für verdichtete Gase) vorgesehene Formel zu verwenden. Für die Bestimmung der Abblasmenge einzelner Elemente darf CGA S-1.1-2003 „Pressure Relief Device Standards – Part 1 – Cylinders for Compressed Gases" (Normen für Druckentlastungseinrichtungen – Teil 1 – Flaschen für verdichtete Gase) verwendet werden. Bei unter geringem Druck verflüssigten Gasen dürfen federbelastete Druckentlastungseinrichtungen verwendet werden, um die vorgeschriebene Abblasmenge zu erreichen. Bei MEGC, die für die Beförderung verschiedener Gase vorgesehen sind, muss die Gesamtabblasmenge der Druckentlastungseinrichtungen für dasjenige der zur Beförderung im MEGC zugelassenen Gase berechnet werden, das die höchste Abblasmenge erfordert.

6.7.5.5.2 [Thermodynamik]

Bei der Bestimmung der erforderlichen Gesamtabblasmenge der an den Elementen für die Beförderung verflüssigter Gase angebrachten Druckentlastungseinrichtungen sind die thermodynamischen Eigenschaften des Gases zu berücksichtigen (siehe z. B. CGA S-1.2-2003 „Pressure Relief Device Standards – Part 2 – Cargo and Portable Tanks for Compressed Gases" (Normen für Druckentlastungseinrichtungen – Teil 2 – Frachttanks und ortsbewegliche Tanks für verdichtete Gase) für unter geringem Druck verflüssigte Gase und CGA S-1.1-2003 „Pressure Relief Device Standards – Part 1 – Cylinders for Compressed Gases" (Normen für Druckentlastungseinrichtungen – Teil 1 – Flaschen für verdichtete Gase) für unter hohem Druck verflüssigte Gase).

6.7.5.6 Kennzeichnung von Druckentlastungseinrichtungen

6.7.5.6.1 [Umfang]

Druckentlastungseinrichtungen müssen mit folgenden Angaben deutlich und dauerhaft gekennzeichnet sein:

(a) der Name des Herstellers und die entsprechende Registriernummer der Druckentlastungseinrichtung;

(b) der Ansprechdruck und/oder die Ansprechtemperatur;

(c) das Datum der letzten Prüfung;

(d) die Strömungsquerschnitte der federbelasteten Druckentlastungseinrichtungen und Berstscheiben in mm^2.

6.7.5.6.2 [Abblasmenge Druckentlastungseinrichtung]

Die auf den federbelasteten Druckentlastungseinrichtungen für unter geringem Druck verflüssigte Gase angegebene nominale Abblasmenge ist nach ISO 4126-1:2004 und ISO 4126-7:2004 zu bestimmen.

Anschlüsse für Druckentlastungseinrichtungen 6.7.5.7

[Dimensionierung, Auslegung] 6.7.5.7.1

Die Anschlüsse für Druckentlastungseinrichtungen müssen ausreichend dimensioniert sein, damit die erforderliche Abblasmenge ungehindert zur Druckentlastungseinrichtung gelangen kann. Zwischen dem Element und den Druckentlastungseinrichtungen dürfen keine Absperreinrichtungen angebracht sein, es sei denn, es sind doppelte Einrichtungen für die Wartung oder für andere Zwecke vorhanden, und die Absperreinrichtungen für die jeweils verwendeten Druckentlastungseinrichtungen sind in geöffneter Stellung verriegelt oder die Absperreinrichtungen sind so miteinander gekoppelt, dass mindestens eine der doppelt vorhandenen Einrichtungen immer in Betrieb und in der Lage ist, die Vorschriften gemäß 6.7.5.5 zu erfüllen. In einer Öffnung, die zu einer Lüftungs- und Druckentlastungseinrichtung führt, dürfen keine Hindernisse vorhanden sein, welche die Strömung vom Element zu diesen Einrichtungen begrenzen oder unterbrechen könnten. Die Durchgangsöffnungen aller Rohrleitungen und Ausrüstungen müssen mindestens denselben Durchflussquerschnitt haben wie der Einlass der Druckentlastungseinrichtung, mit der sie verbunden sind. Die Nenngröße der Abblasleitungen muss mindestens so groß sein wie die des Auslasses der Druckentlastungseinrichtung. Abblasleitungen der Druckentlastungseinrichtungen müssen, sofern sie verwendet werden, die Dämpfe oder Flüssigkeiten so in die Atmosphäre ableiten, dass nur ein minimaler Gegendruck auf die Druckentlastungseinrichtungen wirkt.

Anordnung von Druckentlastungseinrichtungen 6.7.5.8

[Abblasrichtung] 6.7.5.8.1

Jede Druckentlastungseinrichtung muss unter maximalen Füllungsbedingungen mit der Dampfphase der Elemente zur Beförderung verflüssigter Gase in Verbindung stehen. Die Einrichtungen müssen, sofern sie angebracht sind, so angeordnet sein, dass der Dampf ungehindert nach oben entweichen kann und eine Einwirkung des ausströmenden Gases oder der ausströmenden Flüssigkeit auf den MEGC, seine Elemente oder das Personal verhindert wird. Bei entzündbaren, pyrophoren und oxidierenden Gasen muss das Gas so vom Element abgeleitet werden, dass es nicht auf die übrigen Elemente einwirken kann. Hitzebeständige Schutzeinrichtungen, die die Strömung des Gases umleiten, sind zugelassen, vorausgesetzt, die geforderte Abblasmenge wird dadurch nicht vermindert.

[Unbefugte] 6.7.5.8.2

Es sind Maßnahmen zu treffen, um den Zugang unbefugter Personen zu den Druckentlastungseinrichtungen zu verhindern und die Druckentlastungseinrichtungen bei einem Umkippen des MEGC vor Beschädigung zu schützen.

Füllstandsanzeigevorrichtungen 6.7.5.9

[Anforderungen] 6.7.5.9.1

Wenn ein MEGC für das Befüllen nach Masse vorgesehen ist, ist dieser mit einer oder mehreren Füllstandsanzeigevorrichtungen auszurüsten. Füllstandsanzeiger aus Glas oder anderen zerbrechlichen Werkstoffen dürfen nicht verwendet werden.

Traglager, Rahmen, Hebe- und Befestigungseinrichtungen für MEGC 6.7.5.10

[Traglager] 6.7.5.10.1

MEGC sind mit einem Traglager, das eine sichere Auflage während der Beförderung gewährleistet, auszulegen und zu bauen. Die in 6.7.5.2.8 festgelegten Kräfte und der in 6.7.5.2.10 festgelegte Sicherheitskoeffizient sind bei diesem Aspekt der Auslegung zu berücksichtigen. Kufen, Rahmen, Schlitten oder andere ähnliche Konstruktionen sind zugelassen.

[Spannungen] 6.7.5.10.2

Die von den Anbauten an Elementen (z. B. Schlitten, Rahmen usw.) sowie von den Hebe- und Befestigungseinrichtungen des MEGC verursachten kombinierten Spannungen dürfen in keinem Element zu übermäßigen Spannungen führen. Alle MEGC sind mit dauerhaften Hebe- und Befestigungseinrichtungen auszurüsten. Anbauten oder Befestigungen dürfen in keinem Fall an den Elementen festgeschweißt werden.

6.7.5.10.3 [Umweltkorrosion]

Bei der Auslegung der Traglager und der Rahmenwerke sind die Einflüsse von Umweltkorrosion zu berücksichtigen.

6.7.5.10.4 [Mechanischer Schutz]

Wenn MEGC während der Beförderung nicht gemäß 4.2.4.3 geschützt sind, müssen die Elemente und die Bedienungsausrüstung gegen Beschädigung durch Längs- oder Querstöße oder Umkippen geschützt sein. Äußere Ausrüstungsteile müssen so geschützt sein, dass ein Austreten des Inhalts der Elemente durch Stöße oder Umkippen des MEGC auf seine Ausrüstungsteile ausgeschlossen ist. Besondere Aufmerksamkeit ist auf den Schutz des Sammelrohrs zu richten. Beispiele für Schutzmaßnahmen:

.1 Schutz gegen seitliche Stöße, der aus Längsträgern bestehen kann;

.2 Schutz vor dem Umkippen, der aus Verstärkungsringen oder quer am Rahmen befestigten Stäben bestehen kann;

.3 Schutz gegen Stöße von hinten, der aus einer Stoßstange oder einem Rahmen bestehen kann;

.4 Schutz der Elemente und der Bedienungsausrüstung gegen Beschädigungen durch Stöße oder Umkippen durch Verwendung eines ISO-Rahmens nach den anwendbaren Vorschriften der Norm ISO 1496-3:1995.

6.7.5.11 Baumusterzulassung

6.7.5.11.1 [Ausstellung]

Für jedes neue Baumuster eines MEGC ist durch die zuständige Behörde oder eine von ihr bestimmte Stelle eine Baumusterzulassungsbescheinigung auszustellen. Diese Bescheinigung muss bestätigen, dass der MEGC von der Behörde begutachtet worden ist, für die beabsichtigte Verwendung geeignet ist und den Vorschriften dieses Kapitels und den für Gase anwendbaren Vorschriften des Kapitels 4.1 und der Verpackungsanweisung P200 entspricht. Werden die MEGC ohne Änderung in der Bauart in Serie gefertigt, gilt die Bescheinigung für die gesamte Serie. In dieser Bescheinigung sind der Baumusterprüfbericht, die Werkstoffe des Sammelrohrs, die Normen, nach denen die Elemente hergestellt sind, und eine Zulassungsnummer anzugeben. Die Zulassungsnummer muss aus dem Unterscheidungszeichen oder -symbol des Staates, in dem die Zulassung erfolgte, angegeben durch das für Kraftfahrzeuge im internationalen Verkehr verwendete Unterscheidungszeichen[2], und einer Registriernummer bestehen. In der Bescheinigung sind eventuelle alternative Vereinbarungen gemäß 6.7.1.2 anzugeben. Eine Baumusterzulassung darf auch für die Zulassung kleinerer MEGC herangezogen werden, die aus Werkstoffen gleicher Art und Dicke, nach derselben Fertigungstechnik, mit identischem Traglager sowie gleichwertigen Verschlüssen und sonstigen Zubehörteilen hergestellt werden.

6.7.5.11.2 [Prüfbericht]

Der Baumusterprüfbericht für die Baumusterzulassung muss mindestens folgende Angaben enthalten:

.1 die Ergebnisse der in ISO 1496-3:1995 beschriebenen anwendbaren Prüfung des Rahmens;

.2 die Ergebnisse der erstmaligen Prüfung nach 6.7.5.12.3;

.3 die Ergebnisse der Auflaufprüfung nach 6.7.5.12.1 und

.4 Bescheinigungen, die bestätigen, dass die Flaschen und Großflaschen den anwendbaren Normen entsprechen.

6.7.5.12 Prüfung

→ D: GGVSee § 10 (2) Nr. 3
→ D: GGVSee § 12 (1) Nr. 8 b)
→ D: GGVSee § 16 (2) Nr. 1

6.7.5.12.1 [Auflaufprüfung]

MEGC, die der Begriffsbestimmung für *Container* des Internationalen Übereinkommens über sichere Container (CSC) von 1972 in der jeweils geltenden Fassung entsprechen, dürfen nicht verwendet wer-

[2] Das für Kraftfahrzeuge und Anhänger im internationalen Straßenverkehr verwendete Unterscheidungszeichen des Zulassungsstaates, z. B. gemäß dem Genfer Übereinkommen über den Straßenverkehr von 1949 oder dem Wiener Übereinkommen über den Straßenverkehr von 1968.

den, es sei denn, sie werden erfolgreich qualifiziert, nachdem ein repräsentatives Baumuster jeder Bauart der im Handbuch Prüfungen und Kriterien Teil IV Abschnitt 41 beschriebenen dynamischen Auflaufprüfung unterzogen wurde. Diese Vorschrift findet nur auf MEGC Anwendung, die nach einer am oder nach dem 1. Januar 2008 ausgestellten Baumusterzulassungsbescheinigung gebaut worden sind. **6.7.5.12.1** (Forts.)

[Prüfung vor Inbetriebnahme] **6.7.5.12.2**

Die Elemente und Ausrüstungsteile jedes MEGC müssen vor der erstmaligen Inbetriebnahme geprüft werden (erstmalige Prüfung). Danach müssen die MEGC regelmäßig spätestens alle 5 Jahre geprüft werden (wiederkehrende 5-Jahres-Prüfung). Unabhängig von der zuletzt durchgeführten wiederkehrenden Prüfung ist, wenn es sich gemäß 6.7.5.12.5 als erforderlich erweist, eine außerordentliche Prüfung durchzuführen.

[Erstmalige Prüfung] **6.7.5.12.3**

Die erstmalige Prüfung eines MEGC muss eine Überprüfung der Auslegungsmerkmale, eine äußere Untersuchung des MEGC und seiner Ausrüstungsteile unter Berücksichtigung der zu befördernden Gase sowie eine Druckprüfung unter Verwendung der Prüfdrücke gemäß Verpackungsanweisung P200 umfassen. Die Druckprüfung des Sammelrohrsystems darf als Wasserdruckprüfung oder mit Zustimmung der zuständigen Behörde oder einer von ihr bestimmten Stelle unter Verwendung einer anderen Flüssigkeit oder eines anderen Gases durchgeführt werden. Vor der Inbetriebnahme des MEGC ist eine Dichtheitsprüfung und eine Funktionsprüfung der gesamten Bedienungsausrüstung durchzuführen. Wenn die Elemente und ihre Ausrüstungsteile getrennt einer Druckprüfung unterzogen worden sind, müssen sie nach dem Zusammenbau gemeinsam einer Dichtheitsprüfung unterzogen werden.

[Wiederkehrende Prüfung] **6.7.5.12.4**

Die wiederkehrende 5-Jahres-Prüfung muss eine äußere Untersuchung des Aufbaus, der Elemente und der Bedienungsausrüstung gemäß 6.7.5.12.6 umfassen. Die Elemente und Rohrleitungen sind innerhalb der in Verpackungsanweisung P200 festgelegten Fristen und in Übereinstimmung mit den Vorschriften in 6.2.1.6 zu prüfen. Wenn die Elemente und die Ausrüstung getrennt einer Druckprüfung unterzogen worden sind, müssen sie nach dem Zusammenbau gemeinsam einer Dichtheitsprüfung unterzogen werden.

[Außerordentliche Prüfung] **6.7.5.12.5**

Eine außerordentliche Prüfung ist erforderlich, wenn der MEGC Anzeichen von Beschädigung, Korrosion, Undichtheit oder anderen auf einen Mangel hinweisenden Zuständen aufweist, die die Unversehrtheit des MEGC beeinträchtigen könnten. Der Umfang der außerordentlichen Prüfung hängt vom Ausmaß der Beschädigung oder der Verschlechterung des Zustands des MEGC ab. Sie muss mindestens die in 6.7.5.12.6 vorgeschriebenen Prüfungen umfassen.

[Prüfpunkte] **6.7.5.12.6**

Die Untersuchungen müssen sicherstellen, dass:

.1 die Elemente äußerlich auf Lochfraß, Korrosion, Abrieb, Beulen, Verformungen, Fehler in Schweißnähten oder andere Zustände einschließlich Undichtheiten geprüft sind, durch die der MEGC bei der Beförderung unsicher werden könnte;

.2 die Rohrleitungen, die Ventile und die Dichtungen auf Korrosion, Defekte und andere Zustände einschließlich Undichtheiten geprüft sind, durch die der MEGC beim Befüllen, Entleeren oder der Beförderung unsicher werden könnte;

.3 fehlende oder lose Bolzen oder Muttern bei geflanschten Verbindungen oder Blindflanschen ersetzt oder festgezogen sind;

.4 alle Sicherheitseinrichtungen und -ventile frei von Korrosion, Verformung, Beschädigung oder Defekten sind, die ihre normale Funktion behindern können. Fernbediente und selbstschließende Verschlusseinrichtungen sind zu betätigen, um ihre ordnungsgemäße Funktion nachzuweisen;

.5 die auf dem MEGC vorgeschriebenen Kennzeichen lesbar sind und den anwendbaren Vorschriften entsprechen und

.6 der Rahmen, das Traglager und die Hebeeinrichtungen des MEGC sich in einem zufriedenstellenden Zustand befinden.

6.7.5.12.7 [Zuständige Stelle, Druck]

Die in 6.7.5.12.1, 6.7.5.12.3, 6.7.5.12.4 und 6.7.5.12.5 angegebenen Prüfungen sind von einer von der zuständigen Behörde bestimmten Stelle durchzuführen oder zu beglaubigen. Wenn eine Druckprüfung Bestandteil der Prüfung ist, ist diese mit dem auf dem Tankschild des MEGC angegebenen Prüfdruck durchzuführen. Der unter Druck stehende MEGC ist auf Undichtheiten der Elemente, der Rohrleitungen oder der Ausrüstung zu untersuchen.

6.7.5.12.8 [Sicherheitsmängel]

Wird eine die Sicherheit gefährdende Fehlerhaftigkeit festgestellt, darf der MEGC vor der Ausbesserung und dem erfolgreichen Bestehen der anwendbaren Prüfungen nicht wieder in Betrieb genommen werden.

6.7.5.13 Kennzeichnung

6.7.5.13.1 [Angaben auf dem Kennzeichenschild aus Metall]

Jeder MEGC muss mit einem korrosionsbeständigen Metallschild ausgerüstet sein, das dauerhaft an einer auffallenden und für die Prüfung leicht zugänglichen Stelle angebracht ist. Das Metallschild darf nicht an den Elementen angebracht sein. Die Elemente müssen gemäß Kapitel 6.2 gekennzeichnet sein. Auf dem Schild müssen mindestens die folgenden Angaben eingeprägt oder durch ein ähnliches Verfahren angebracht sein:

(a) Eigentümerinformationen
- (i) Registriernummer des Eigentümers;

(b) Herstellungsinformationen
- (i) Herstellungsland;
- (ii) Herstellungsjahr;
- (iii) Name oder Zeichen des Herstellers;
- (iv) Seriennummer des Herstellers;

(c) Zulassungsinformationen
- (i) das Symbol der Vereinten Nationen für Verpackungen (u n);

  dieses Symbol darf nur zum Zweck der Bestätigung verwendet werden, dass eine Verpackung, ein flexibler Schüttgut-Container, ein ortsbeweglicher Tank oder ein MEGC den entsprechenden Vorschriften des Kapitels 6.1, 6.2, 6.3, 6.5, 6.6, 6.7 oder 6.9 entspricht;
- (ii) Zulassungsland;
- (iii) für die Baumusterzulassung zugelassene Stelle;
- (iv) Baumusterzulassungsnummer;
- (v) die Buchstaben „AA", wenn das Baumuster nach alternativen Vereinbarungen zugelassen wurde (siehe 6.7.1.2);

(d) Drücke
- (i) Prüfdruck (in bar (Überdruck))[3];
- (ii) Datum der erstmaligen Druckprüfung (Monat und Jahr);
- (iii) Identifizierungskennzeichen des Sachverständigen der erstmaligen Druckprüfung;

(e) Temperaturen
- (i) Auslegungstemperaturbereich (in °C)[3];

(f) Elemente/Fassungsraum
- (i) Anzahl der Elemente;
- (ii) gesamter mit Wasser ausgeliterter Fassungsraum (in Litern)[3];

[3] Die verwendete Einheit ist anzugeben.

(g) wiederkehrende Prüfungen **6.7.5.13.1** (Forts.)

(i) Art der zuletzt durchgeführten wiederkehrenden Prüfung (5-Jahres-Prüfung oder außerordentliche Prüfung);

(ii) Datum der zuletzt durchgeführten wiederkehrenden Prüfung (Monat und Jahr);

(iii) Identifizierungskennzeichen der zugelassenen Stelle, welche die letzte Prüfung durchgeführt oder beglaubigt hat.

Abbildung 6.7.5.13.1: Beispiel eines Kennzeichenschilds

Registriernummer des Eigentümers					
HERSTELLUNGSINFORMATIONEN					
Herstellungsland					
Herstellungsjahr					
Hersteller					
Seriennummer des Herstellers					
ZULASSUNGSINFORMATIONEN					
un	Zulassungsland				
	für die Baumusterzulassung zugelassene Stelle				
	Baumusterzulassungsnummer			„AA“ *(sofern anwendbar)*	
DRÜCKE					
Prüfdruck					bar
Datum der erstmaligen Druckprüfung:	*(MM/JJJJ)*	Stempel des Sachverständigen:			
TEMPERATUREN					
Auslegungstemperaturbereich			°C	bis	°C
ELEMENTE/FASSUNGSRAUM					
Anzahl der Elemente					
gesamter mit Wasser ausgeliterter Fassungsraum					Liter
WIEDERKEHRENDE PRÜFUNGEN					
Art der Prüfung	Prüfdatum	Stempel des Sachverständigen	Art der Prüfung	Prüfdatum	Stempel des Sachverständigen
	(MM/JJJJ)			*(MM/JJJJ)*	

[Metallschild] **6.7.5.13.2**

Folgende Angaben müssen auf einem am MEGC fest angebrachten Metallschild dauerhaft angegeben sein:

Name des Betreibers

höchstzulässige Masse der Füllung .... kg

Betriebsdruck bei 15 °C .... bar (Überdruck)

höchstzulässige Bruttomasse .... kg

Leermasse (Tara) .... kg

→ D: GGVSee § 12 (1) Nr. 1 h)

Kapitel 6.8
Vorschriften für Straßentankfahrzeuge und Straßen-Gaselemente-Fahrzeuge

6.8.1 Allgemeines

6.8.1.1 Tank- und Elementeauflagerrahmenwerke, Befestigungs- und Haltevorrichtungen[1]

6.8.1.1.1 [Sicherer Stand]

Bei der Auslegung und dem Bau von Straßentankfahrzeugen und Straßen-Gaselemente-Fahrzeugen müssen Stabilisierungseinrichtungen und geeignete Befestigungsvorrichtungen vorgesehen werden, damit ein sicherer Stand während der Beförderung gewährleistet ist. Die Befestigungsvorrichtungen müssen an dem Tank- oder Elementeauflager oder an der Fahrzeugstruktur so angeordnet sein, dass das Federungssystem kein freies Spiel hat.

6.8.1.1.2 [Fahrzeugeignung]

Tanks dürfen nur auf Fahrzeugen befördert werden, deren Haltevorrichtungen geeignet sind, bei der höchstzulässigen Beladung der Tanks die in 6.7.2.2.12, 6.7.3.2.9 und 6.7.4.2.12 genannten Kräfte aufzunehmen.

6.8.2 Straßentankfahrzeuge für lange internationale Seereisen für Stoffe der Klassen 3 bis 9

6.8.2.1 Auslegung und Bau

6.8.2.1.1 [Anzuwendende Bestimmungen]

Ein Straßentankfahrzeug für lange internationale Seereisen muss mit einem Tank ausgerüstet sein, der den Vorschriften der Kapitel 4.2 und 6.7 entspricht; es muss den betreffenden Vorschriften für Tankauflager, Rahmenwerke und Hebe- und Befestigungsvorrichtungen[1] mit Ausnahme der Vorschriften für Gabeltaschen und zusätzlich den Vorschriften in 6.8.1.1.1 entsprechen.

6.8.2.2 Zulassung, Prüfung und Kennzeichnung

6.8.2.2.1 [Anzuwendende Bestimmung]

→ D: GGVSee § 10 (2) Nr. 4 → D: GGVSee § 12 (1) Nr. 8 c) → D: GGVSee § 16 (2) Nr. 2

Zulassung, Prüfung und Kennzeichnung von Tanks siehe 6.7.2.

6.8.2.2.2 [Äußere Besichtigung]

→ D: GGVSee § 10 (2) Nr. 4 → D: GGVSee § 12 (1) Nr. 8 c) → D: GGVSee § 16 (2) Nr. 2

Die Tankauflager und Befestigungsvorrichtungen[1] von Fahrzeugen für lange internationale Seereisen müssen in die in 6.7.2.19 vorgeschriebene äußere Untersuchung einbezogen werden.

6.8.2.2.3 [Zugmaschine]

Die Zugmaschine eines Straßentankfahrzeugs muss gemäß den Vorschriften für den Straßenverkehr geprüft werden, die von der zuständigen Behörde des Landes, in dem das Fahrzeug betrieben wird, festgelegt worden sind.

6.8.3 Straßentankfahrzeuge und Straßen-Gaselemente-Fahrzeuge für kurze internationale Seereisen

6.8.3.1 Straßentankfahrzeuge für Stoffe der Klassen 3 bis 9 (IMO Typ 4)

6.8.3.1.1 Allgemeine Vorschriften

6.8.3.1.1.1 [Anzuwendende Bestimmungen]

IMO-Tanks vom Typ 4 müssen den folgenden Vorschriften entsprechen:

.1 den Vorschriften in 6.8.2 oder

.2 den Vorschriften in 6.8.3.1.2 und 6.8.3.1.3.

---

[1] Siehe auch Entschließung A.581(14) der IMO-Versammlung vom 20. November 1985 „Guidelines for securing arrangements for the transport of road vehicles on ro-ro ships".

Auslegung und Bau 6.8.3.1.2

[Sonderbestimmungen] 6.8.3.1.2.1

IMO-Tanks vom Typ 4 müssen den Vorschriften in 6.7.2 entsprechen mit Ausnahme von:

.1 6.7.2.3.2; sie müssen jedoch einer Druckprüfung mit einem Druck unterzogen werden, der nicht geringer ist als der Druck, der in der dem jeweiligen Stoff zugeordneten Tankanweisung angegeben ist,

.2 6.7.2.4; die Dicke des zylindrischen Teils und der Böden bei Bezugsstahl:

  .1 darf jedoch höchstens 2 mm weniger als die Dicke betragen, die in der dem jeweiligen Stoff zugeordneten Tankanweisung angegeben ist,

  .2 muss jedoch eine absolute Mindestdicke von 4 mm bei Bezugsstahl aufweisen und

  .3 muss bei anderen Werkstoffen eine absolute Mindestdicke von 3 mm aufweisen,

.3 6.7.2.2.13; jedoch muss der Sicherheitskoeffizient mindestens 1,3 betragen,

.4 6.7.2.2.1 bis 6.7.2.2.7; jedoch müssen die Werkstoffe für die Herstellung den Vorschriften der zuständigen Behörde für die Beförderung auf der Straße entsprechen,

.5 6.7.2.5.1; jedoch muss der Schutz von Ventilen und Zubehörteilen den Vorschriften der zuständigen Behörde für die Beförderung auf der Straße entsprechen,

.6 6.7.2.5.3; jedoch müssen IMO-Tanks Typ 4 mit Mannlöchern oder anderen Öffnungen im Tank versehen sein, die den Vorschriften der zuständigen Behörde für die Beförderung auf der Straße entsprechen,

.7 6.7.2.5.2 und 6.7.2.5.4; jedoch müssen Tankstutzen und äußere Ausrüstungsteile den Vorschriften, die die zuständige Behörde für die Beförderung auf der Straße festgelegt hat, entsprechen,

.8 6.7.2.6; jedoch dürfen IMO-Tanks Typ 4 mit Bodenöffnungen nicht für Stoffe verwendet werden, für die Bodenöffnungen in der dem Stoff zugeordneten entsprechenden Tankanweisung nicht erlaubt sind. Zusätzlich müssen vorhandene Öffnungen und Handuntersuchungsöffnungen entweder durch innen und außen befestigte Schraubflansche, versehen mit Dichtungen, die mit dem Füllgut verträglich sind, oder durch Schweißen gemäß 6.7.2.6.1 geschlossen werden. Das Verschließen von Öffnungen und Handuntersuchungsöffnungen muss von der für die Beförderung mit Seeschiffen zuständigen Behörde zugelassen sein,

.9 6.7.2.7 bis 6.7.2.15; jedoch müssen IMO-Tanks Typ 4 mit Druckentlastungseinrichtungen des Typs ausgerüstet sein, die nach der dem jeweiligen Stoff zugeordneten Tankanweisung vorgeschrieben sind. Diese Einrichtungen müssen von der zuständigen Behörde für den Straßentransport dieser Stoffe zugelassen sein. Der Ansprechdruck der federbelasteten Druckentlastungseinrichtungen darf auf keinen Fall geringer sein als der höchstzulässige Betriebsdruck und darf nicht mehr als 25 % über diesem Druck liegen und

.10 6.7.2.17; jedoch müssen Tankauflager an festverbundenen IMO-Tanks vom Typ 4 den Vorschriften entsprechen, die von der zuständigen Behörde für den Straßentransport festgelegt worden sind.

[Höchster effektiver Überdruck] 6.8.3.1.2.2

Bei IMO-Tanks vom Typ 4 darf der höchste effektive Überdruck, der von den zu befördernden Stoffen entwickelt wird, den höchstzulässigen Betriebsdruck des Tanks nicht überschreiten.

Zulassung, Prüfung und Kennzeichnung 6.8.3.1.3

[Zulassungspflicht] 6.8.3.1.3.1

IMO-Tanks vom Typ 4 müssen von der zuständigen Behörde für den Straßentransport zugelassen sein.

[Bescheinigung] 6.8.3.1.3.2

→ D: GGVSee § 10 (2) Nr. 4
→ D: GGVSee § 12 (1) Nr. 8 c)
→ D: GGVSee § 16 (2) Nr. 2

Für einen IMO-Tank vom Typ 4 muss von der für den Seetransport zuständigen Behörde zusätzlich eine Bescheinigung ausgestellt werden, mit der die Einhaltung der Vorschriften dieses Unterabschnitts über Auslegung, Bau und Ausrüstung und, soweit erforderlich, der Sondervorschriften für bestimmte Stoffe bestätigt wird.

6.8.3.1.3.3 [Wiederkehrende Prüfung]

IMO-Tanks vom Typ 4 müssen gemäß den Vorschriften der zuständigen Behörde für den Straßentransport wiederkehrend geprüft werden.

6.8.3.1.3.4 [Kennzeichnung]

IMO-Tanks vom Typ 4 müssen gemäß 6.7.2.20 gekennzeichnet werden. Wenn jedoch die von der zuständigen Behörde für die Beförderung auf der Straße geforderte Kennzeichnung im Wesentlichen mit der Kennzeichnung gemäß 6.7.2.20 übereinstimmt, ist es ausreichend, wenn das an dem IMO-Tank vom Typ 4 befestigte Metallschild mit der Aufschrift „IMO 4" versehen wird.

6.8.3.1.3.5 [Aufschrift]

IMO-Tanks vom Typ 4, die nicht dauerhaft mit dem Chassis verbunden sind, müssen mit der Aufschrift „IMO Typ 4" in Buchstaben von mindestens 32 mm Höhe versehen werden.

6.8.3.2 Straßentankfahrzeuge für nicht tiefgekühlt verflüssigte Gase der Klasse 2 (IMO Typ 6)

6.8.3.2.1 Allgemeine Vorschriften

6.8.3.2.1.1 [Anzuwendende Bestimmungen]

IMO-Tanks vom Typ 6 müssen den folgenden Vorschriften entsprechen:

.1 den Vorschriften in 6.7.3 oder

.2 den Vorschriften in 6.8.3.2.2 und 6.8.3.2.3.

6.8.3.2.1.2 [Auslegungstemperatur]

Für IMO-Tanks vom Typ 6 muss der Bereich der Auslegungstemperatur gemäß der Begriffsbestimmung in 6.7.3.1 von der zuständigen Behörde für den Straßentransport festgelegt werden.

6.8.3.2.2 Auslegung und Bau

6.8.3.2.2.1 [Sonderbestimmungen]

IMO-Tanks vom Typ 6 müssen den Vorschriften in 6.7.3 entsprechen mit Ausnahme:

.1 des Sicherheitskoeffizienten von 1,5 gemäß 6.7.3.2.10. Der Sicherheitskoeffizient darf jedoch nicht weniger als 1,3 betragen,

.2 von 6.7.3.5.7,

.3 von 6.7.3.6.1, sofern Bodenöffnungen von der für den Seetransport zuständigen Behörde zugelassen sind,

.4 von 6.7.3.7.1, jedoch müssen sich die Druckentlastungseinrichtungen bei einem Druck, der nicht unter dem höchstzulässigen Betriebsdruck liegt, öffnen und bei einem Druck, der den Prüfdruck des Tanks nicht überschreitet, vollständig geöffnet sein,

.5 von 6.7.3.8, wenn die Abblasmenge der Druckentlastungseinrichtungen von den für den Straßentransport und den Seetransport zuständigen Behörden zugelassen ist,

.6 der Anordnung der Einlassöffnung der Druckentlastungseinrichtungen nach 6.7.3.11.1, die sich nicht in der Mitte in Längsrichtung des Tankkörpers befinden müssen,

.7 der Vorschriften für Gabeltaschen und

.8 von 6.7.3.13.5.

6.8.3.2.2.2 [Standbeine, Biegespannung]

Wenn die Standbeine eines IMO-Tanks vom Typ 6 als Auflager dienen sollen, müssen die in 6.7.3.2.9 genannten Beanspruchungen bei der Auslegung und bei der Befestigungsmethode berücksichtigt werden. Die im Tankkörper durch die Art des Auflagers hervorgerufene Biegespannung muss ebenfalls in die Auslegungsberechnungen einbezogen werden.

6.8.3.2.2.3 [Ladungssicherungs-Vorrichtungen]

Befestigungsvorrichtungen müssen am Tragrahmen und am Zugfahrzeug eines IMO-Tanks vom Typ 6 angebracht sein. Sattelauflieger ohne Zugmaschine dürfen nur dann zur Beförderung angenommen werden, wenn die Aufliegerstützen und die Befestigungsvorrichtungen und die Stauposition von der für den

Seetransport zuständigen Behörde zugelassen sind, sofern diese Anordnung nicht in dem Ladungssicherungshandbuch aufgeführt ist. 6.8.3.2.2.3 (Forts.)

Zulassung, Prüfung und Kennzeichnung 6.8.3.2.3

[Zulassungspflicht] 6.8.3.2.3.1

IMO-Tanks vom Typ 6 müssen von der für den Straßentransport zuständigen Behörde für den Straßentransport zugelassen sein.

[Bescheinigung] 6.8.3.2.3.2

Die für die Seebeförderung zuständige Behörde muss für einen IMO-Tank vom Typ 6 zusätzlich eine Bescheinigung ausstellen, in der die Einhaltung der entsprechenden Vorschriften für die Bauart, den Bau und die Ausrüstung nach diesem Kapitel und, sofern zutreffend, die Sondervorschriften für die in der Gefahrgutliste aufgeführten Gase bestätigt wird. In der Bescheinigung müssen die zur Beförderung zugelassenen Gase genannt sein.

→ D: GGVSee § 10 (2) Nr. 4
→ D: GGVSee § 12 (1) Nr. 8 c)
→ D: GGVSee § 16 (2) Nr. 2

[Wiederkehrende Prüfung] 6.8.3.2.3.3

IMO-Tanks vom Typ 6 müssen gemäß den Vorschriften der für den Straßentransport zuständigen Behörde wiederkehrend geprüft werden.

[Beschriftung] 6.8.3.2.3.4

IMO-Tanks vom Typ 6 müssen gemäß 6.7.3.16 gekennzeichnet werden. Wenn jedoch die von der für den Straßentransport zuständigen Behörde vorgeschriebene Kennzeichnung im Wesentlichen mit der in 6.7.3.16.1 geforderten übereinstimmt, ist es ausreichend, wenn das am IMO-Tank vom Typ 6 befestigte Metallschild die Kennzeichnung „IMO 6“ trägt.

Straßentankfahrzeuge für tiefgekühlt verflüssigte Gase der Klasse 2 (IMO Typ 8) 6.8.3.3

Allgemeine Vorschriften 6.8.3.3.1

[Anzuwendende Bestimmungen] 6.8.3.3.1.1

IMO-Tanks vom Typ 8 müssen den folgenden Vorschriften entsprechen:

.1 den Vorschriften in 6.7.4 oder

.2 den Vorschriften in 6.8.3.3.2 und 6.8.3.3.3.

[Entlüftungsverbot] 6.8.3.3.1.2

IMO-Tanks vom Typ 8 dürfen nicht zur Beförderung mit Seeschiffen in einem Zustand bereitgestellt werden, bei dem unter normalen Beförderungsbedingungen während der Reise eine Entlüftung ausgelöst würde.

Auslegung und Bau 6.8.3.3.2

[Sonderbestimmungen] 6.8.3.3.2.1

IMO-Tanks vom Typ 8 müssen den Vorschriften in 6.7.4 mit folgenden Ausnahmen entsprechen:

.1 Ummantelungen aus Aluminium dürfen mit Zustimmung der für die Seebeförderung zuständigen Behörde verwendet werden,

.2 IMO-Tanks vom Typ 8 dürfen eine Wanddicke des Tankkörpers von weniger als 3 mm haben, sofern dies von der für die Seebeförderung zuständigen Behörde zugelassen wird,

.3 bei IMO-Tanks vom Typ 8, die für nicht entzündbare tiefgekühlte Gase verwendet werden, darf eines der Ventile durch eine Berstscheibe ersetzt werden. Die Berstscheibe muss bei einem Nominaldruck bersten, der gleich dem Prüfdruck ist,

.4 der Vorschriften in 6.7.4.7.3 für die Gesamtabblasleistung aller Druckentlastungseinrichtungen, wenn der Tank vollständig vom Feuer eingeschlossen ist,

.5 Sicherheitskoeffizient von 1,5 gemäß 6.7.4.2.13. Der Sicherheitskoeffizient darf jedoch nicht geringer sein als 1,3,

.6 6.7.4.8 und

.7 den Vorschriften für Gabeltaschen.

6.8.3.3.2.2 **[Standbeine, Biegespannung]**

Wenn die Standbeine eines IMO-Tanks vom Typ 8 als Auflager dienen sollen, müssen die in 6.7.4.2.12 festgelegten Beanspruchungen bei der Auslegung und bei der Befestigungsmethode berücksichtigt werden. Die im Tankkörper durch diese Art des Auflagers hervorgerufene Biegespannung muss ebenfalls in die Auslegungsberechnungen einbezogen werden.

6.8.3.3.2.3 **[Ladungssicherungs-Vorrichtungen]**

Befestigungsvorrichtungen müssen am Tragrahmen und am Zugfahrzeug eines IMO-Tanks vom Typ 8 angebracht sein. Sattelauflieger ohne Zugmaschine dürfen nur dann zur Beförderung angenommen werden, wenn die Aufliegerstützen und die Befestigungsvorrichtungen und die Stauposition von der für den Seetransport zuständigen Behörde zugelassen sind, sofern diese Anordnung nicht in dem Ladungssicherungshandbuch aufgeführt ist.

6.8.3.3.3 Zulassung, Prüfung und Kennzeichnung

6.8.3.3.3.1 **[Zulassungspflicht]**

IMO-Tanks vom Typ 8 müssen von der für den Straßentransport zuständigen Behörde für den Straßentransport zugelassen sein.

6.8.3.3.3.2 **[Bescheinigung]**

→ D: GGVSee § 10 (2) Nr. 4
→ D: GGVSee § 12 (1) Nr. 8 c)
→ D: GGVSee § 16 (2) Nr. 2

Die für die Seebeförderung zuständige Behörde muss für einen IMO-Tank vom Typ 8 zusätzlich eine Bescheinigung ausstellen, in der die Einhaltung der entsprechenden Vorschriften für die Auslegung, den Bau und die Ausrüstung nach diesem Unterabschnitt und, sofern zutreffend, die Sondervorschriften für die in der Gefahrgutliste aufgeführten Gase bestätigt wird. In der Bescheinigung müssen die zur Beförderung zugelassenen Gase genannt sein.

6.8.3.3.3.3 **[Wiederkehrende Prüfung]**

IMO-Tanks vom Typ 8 müssen gemäß den Vorschriften der für den Straßentransport zuständigen Behörde wiederkehrend geprüft werden.

6.8.3.3.3.4 **[Beschriftung]**

IMO-Tanks vom Typ 8 müssen gemäß 6.7.4.15 gekennzeichnet werden. Wenn jedoch die von der für den Straßentransport zuständigen Behörde vorgeschriebene Kennzeichnung im Wesentlichen mit der in 6.7.4.15.1 geforderten übereinstimmt, ist es ausreichend, wenn das am IMO-Tank vom Typ 8 befestigte Metallschild die Kennzeichnung „IMO 8" trägt. Auf die Angabe der Haltezeit kann verzichtet werden.

6.8.3.4 Straßen-Gaselemente-Fahrzeuge für verdichtete Gase der Klasse 2 (IMO Typ 9)

6.8.3.4.1 Allgemeine Vorschriften

6.8.3.4.1.1 **[Anzuwendende Bestimmungen]**

IMO-Tanks vom Typ 9 müssen den Vorschriften in 6.8.3.4.2 und 6.8.3.4.3 entsprechen.

6.8.3.4.1.2 **[Entlüftungsverbot]**

IMO-Tanks vom Typ 9 dürfen nicht zur Beförderung mit Seeschiffen in einem Zustand bereitgestellt werden, bei dem unter normalen Beförderungsbedingungen während der Reise eine Entlüftung ausgelöst würde.

6.8.3.4.2 Auslegung und Bau

6.8.3.4.2.1 **[Sonderbestimmungen]**

IMO-Tanks vom Typ 9 müssen den Vorschriften in 6.7.5 entsprechen mit der Ausnahme, dass die horizontalen Kräfte im rechten Winkel zur Fahrtrichtung die höchstzulässige Bruttomasse multipliziert mit der Erdbeschleunigung (g)[2] sind und die Prüfung gemäß den Festlegungen der zuständigen Behörde, die das Straßen-Gaselemente-Fahrzeug zugelassen hat, erfolgen muss.

[2] Für Berechnungszwecke gilt: $g = 9{,}81\ m/s^2$.

[Standbeine, Biegespannung] 6.8.3.4.2.2

Wenn die Standbeine eines IMO-Tanks vom Typ 9 als Auflager dienen sollen, müssen die in 6.7.5.2.8 genannten Beanspruchungen bei der Auslegung und bei der Befestigungsmethode berücksichtigt werden. Die im Tankkörper oder in den Elementen durch die Art des Auflagers hervorgerufene Biegespannung muss ebenfalls in die Auslegungsberechnungen einbezogen werden.

[Ladungssicherungs-Vorrichtungen] 6.8.3.4.2.3

Befestigungsvorrichtungen müssen am Tragrahmen des Straßen-Gaselemente-Fahrzeugs und am Zugfahrzeug eines IMO-Tanks vom Typ 9 angebracht sein. Sattelauflieger ohne Zugmaschine dürfen nur dann zur Beförderung angenommen werden, wenn die Aufliegerstützen und die Befestigungsvorrichtungen und die Stauposition von der für den Seetransport zuständigen Behörde zugelassen sind, sofern diese Anordnung nicht in dem Ladungssicherungshandbuch aufgeführt ist.

Zulassung, Prüfung und Kennzeichnung 6.8.3.4.3

[Zulassungspflicht] 6.8.3.4.3.1

IMO-Tanks vom Typ 9 müssen von der für den Straßentransport zuständigen Behörde für den Straßentransport zugelassen sein.

[Bescheinigung] 6.8.3.4.3.2

Die für die Seebeförderung zuständige Behörde muss für einen IMO-Tank vom Typ 9 zusätzlich eine Bescheinigung ausstellen, in der die Einhaltung der entsprechenden Vorschriften für die Bauart, den Bau und die Ausrüstung nach diesem Kapitel und, sofern zutreffend, die Sondervorschriften für die in der Gefahrgutliste aufgeführten Gase bestätigt wird. In der Bescheinigung müssen die zur Beförderung zugelassenen Gase genannt sein.

[Wiederkehrende Prüfung] 6.8.3.4.3.3

IMO-Tanks vom Typ 9 müssen gemäß den Vorschriften der für den Straßentransport zuständigen Behörde, die das Straßen-Gaselemente-Fahrzeug zugelassen hat, wiederkehrend geprüft werden.

[Beschriftung] 6.8.3.4.3.4

IMO-Tanks vom Typ 9 müssen, soweit anwendbar, gemäß 6.7.5.13 gekennzeichnet werden. Wenn jedoch die von der für den Straßentransport zuständigen Behörde vorgeschriebene Kennzeichnung im Wesentlichen mit der in 6.7.5.13.1 geforderten übereinstimmt, ist es ausreichend, wenn das am IMO-Tank vom Typ 9 befestigte Metallschild die Kennzeichnung „IMO 9" trägt.

→ D: GGVSee § 12 (1) Nr. 1 i)

Kapitel 6.9
Vorschriften für Auslegung, Bau und Prüfung von Schüttgut-Containern

Bemerkung: *Bedeckte Schüttgut-Container (BK1) dürfen nicht für die Beförderung auf See verwendet werden, sofern in 4.3.3 nichts anderes angegeben ist.*

6.9.1 Begriffsbestimmungen

Für Zwecke dieses Kapitels versteht man unter:

Bedeckter Schüttgut-Container: Ein oben offener Schüttgut-Container mit starrem Boden (einschließlich trichterförmiger Böden), starren Seitenwänden und starren Stirnseiten und einer nicht starren Abdeckung.

Flexiber Schüttgut-Container: Ein flexibler Container mit einem Fassungsraum von höchstens 15 m^3, einschließlich Auskleidungen, angebrachte Handhabungseinrichtungen und Bedienungsausrüstung.

Geschlossener Schüttgut-Container: Ein vollständig geschlossener Schüttgut-Container mit einem starren Dach, starren Seitenwänden, starren Stirnseiten und einem Boden (einschließlich trichterförmiger Böden). Der Begriff umfasst Schüttgut-Container mit einem öffnungsfähigen Dach, öffnungsfähigen Seitenwänden oder öffnungsfähigen Stirnseiten, das/die während der Beförderung geschlossen werden kann/können. Geschlossene Schüttgut-Container dürfen mit Öffnungen ausgerüstet sein, die einen Austausch von Dämpfen und Gasen mit Luft ermöglichen und die unter normalen Beförderungsbedingungen ein Freiwerden fester Stoffe sowie ein Eindringen von Regen- oder Spritzwasser verhindern.

6.9.2 Anwendungsbereich und allgemeine Vorschriften

6.9.2.1 [Auslegung]

Schüttgut-Container und ihre Bedienungsausrüstung und bauliche Ausrüstung müssen so ausgelegt und gebaut sein, dass sie dem Innendruck des Füllguts und den Beanspruchungen durch normale Handhabung und Beförderung ohne Verlust von Füllgut standhalten.

6.9.2.2 [Entleerungsventil]

Sofern ein Entleerungsventil angebracht ist, muss dieses in geschlossener Stellung gesichert werden können, und das gesamte Entleerungssystem muss in geeigneter Weise vor Beschädigung geschützt werden. Ventile mit Hebelverschlüssen müssen gegen unbeabsichtigtes Öffnen gesichert werden können, und die offene und geschlossene Stellung müssen leicht erkennbar sein.

6.9.2.3 Code für die Bezeichnung der Schüttgut-Container-Typen

In der folgenden Tabelle sind die für die Bezeichnung der Schüttgut-Container-Typen zu verwendenden Codes angegeben:

Schüttgut-Container-Typ	Code
bedeckter Schüttgut-Container	BK1
geschlossener Schüttgut-Container	BK2
flexibler Schüttgut-Container	BK3

6.9.2.4 [Alternative Vereinbarungen]

Um dem Fortschritt von Wissenschaft und Technik Rechnung zu tragen, kann von der zuständigen Behörde die Anwendung alternativer Vereinbarungen, die mindestens eine den Vorschriften dieses Kapitels gleichwertige Sicherheit bieten, in Betracht gezogen werden.

Vorschriften für die Auslegung, den Bau und die Prüfung von Frachtcontainern, die als Schüttgut-Container des Typs BK1 oder BK2 verwendet werden 6.9.3

Vorschriften für die Auslegung und den Bau 6.9.3.1

[Referenznorm] 6.9.3.1.1

Die allgemeinen Vorschriften dieses Unterabschnittes für die Auslegung und den Bau gelten als erfüllt, wenn der Schüttgut-Container den Anforderungen der ISO-Norm 1496-4:1991 („ISO-Container der Serie 1; Anforderungen und Prüfung; Teil 4: Drucklose Schüttgut-Container") entspricht und staubdicht ist.

[Frachtcontainer-Norm] 6.9.3.1.2

Frachtcontainer, die in Übereinstimmung mit der ISO-Norm 1496-1:1990 („ISO-Container der Baureihe 1; Spezifikation und Prüfung; Teil 1: Universalfrachtcontainer") ausgelegt und geprüft sind, müssen mit einer betrieblichen Ausrüstung ausgestattet sein, die einschließlich ihrer Verbindung zum Frachtcontainer so ausgelegt ist, dass die Stirnseiten verstärkt und der Widerstand gegen Beanspruchungen in Längsrichtung in dem Maße erhöht wird, wie es für die Erfüllung der entsprechenden Prüfanforderungen der ISO-Norm 1496-4:1991 notwendig ist.

[Staubdichtheit] 6.9.3.1.3

Schüttgut-Container müssen staubdicht sein. Sofern für die Herstellung der Staubdichtheit eine Auskleidung verwendet wird, muss diese aus einem geeigneten Werkstoff sein. Die Festigkeit des verwendeten Werkstoffs und die Bauart der Auskleidung müssen für den Fassungsraum des Containers und für die beabsichtigte Verwendung geeignet sein. Verbindungen und Verschlüsse der Auskleidung müssen den Drücken und Stößen standhalten, die unter normalen Handhabungs- und Beförderungsbedingungen auftreten können. Für belüftete Schüttgut-Container darf die Auskleidung die Funktion der Lüftungseinrichtungen nicht behindern.

[Mechanische Festigkeit] 6.9.3.1.4

Die betriebliche Ausrüstung von Schüttgut-Containern, die für eine Kippentleerung ausgelegt sind, müssen in der Lage sein, der Gesamtfüllmasse in Kipprichtung standzuhalten.

[Bewegliche Außenflächen] 6.9.3.1.5

Bewegliche Dächer oder bewegliche Abschnitte von Seiten- oder Stirnwänden oder Dächern müssen mit Verschlusseinrichtungen, die eine Sicherungseinrichtung umfassen, ausgerüstet sein, die so ausgelegt sind, dass der geschlossene Zustand für einen am Boden stehenden Beobachter sichtbar ist.

Bedienungsausrüstung 6.9.3.2

[Auslegung] 6.9.3.2.1

Füll- und Entleerungseinrichtungen sind so zu bauen und anzuordnen, dass sie während der Beförderung und Handhabung gegen Abreißen oder Beschädigung geschützt sind. Die Füll- und Entleerungseinrichtungen müssen gegen unbeabsichtigtes Öffnen gesichert werden können. Die geöffnete und geschlossene Stellung sowie die Schließrichtung müssen klar angegeben sein.

[Dichtungen] 6.9.3.2.2

Dichtungen von Öffnungen müssen so angeordnet sein, dass Beschädigungen durch den Betrieb sowie das Befüllen und Entleeren des Schüttgut-Containers vermieden werden.

[Belüftung] 6.9.3.2.3

Wenn eine Belüftung vorgeschrieben ist, müssen Schüttgut-Container mit Mitteln für den Luftaustausch entweder durch natürliche Konvektion (z. B. durch Öffnungen) oder durch aktive Bauteile (z. B. Ventilatoren) ausgerüstet sein. Die Belüftung muss so ausgelegt sein, dass im Container zu keinem Zeitpunkt ein Unterdruck entsteht. Belüftungsbauteile von Schüttgut-Containern für die Beförderung von entzündbaren Stoffen oder von Stoffen, die entzündbare Gase oder Dämpfe abgeben, müssen so ausgelegt sein, dass die keine Zündquelle bilden.

6.9.3.3 Prüfung

6.9.3.3.1 [Zulassung nach CSC]

Frachtcontainer, die nach den Vorschriften dieses Abschnitts als Schüttgut-Container verwendet, unterhalten und qualifiziert werden, müssen in Übereinstimmung mit dem Internationalen Übereinkommen über sichere Container (CSC) von 1972 in der jeweils geltenden Fassung geprüft und zugelassen werden.

6.9.3.3.2 [Wiederkehrende Prüfung nach CSC]

Frachtcontainer, die als Schüttgut-Container verwendet und qualifiziert werden, müssen in Übereinstimmung mit dem CSC wiederkehrend geprüft werden.

6.9.3.4 Kennzeichnung

6.9.3.4.1 [Sicherheitszulassungsschild nach CSC]

Frachtcontainer, die als Schüttgut-Container verwendet werden, müssen in Übereinstimmung mit dem CSC mit einem Sicherheitszulassungsschild („Safety Approval Plate") gekennzeichnet sein.

6.9.4 Vorschriften für die Auslegung, den Bau und die Zulassung von Schüttgut-Containern des Typs BK1 oder BK2, die keine Frachtcontainer sind

6.9.4.1 [Begriffsbestimmung]

→ D: BAM-GGR 009
→ D: CTU-Code Nr. 6.4

Die in diesem Abschnitt behandelten Schüttgut-Container schließen Kippkübel, Offshore-Schüttgut-Container, Silos für Güter in loser Schüttung, Wechselaufbauten (Wechselbehälter), muldenförmige Container, Rollcontainer und Ladeabteile von Fahrzeugen ein.

6.9.4.2 [Auslegung]

Diese Schüttgut-Container sind so auszulegen und zu bauen, dass sie genügend widerstandsfähig sind, um den Stößen und Beanspruchungen standzuhalten, die normalerweise während der Beförderung, gegebenenfalls einschließlich des Umschlags zwischen verschiedenen Beförderungsmitteln, auftreten.

6.9.4.3 [Ladeabteile]

Ladeabteile von Fahrzeugen müssen den Anforderungen der für die Landbeförderung der gefährlichen Güter zuständigen Behörde entsprechen und für diese annehmbar sein.

6.9.4.4 [Zulassungspflicht]

Diese Schüttgut-Container müssen von der zuständigen Behörde zugelassen sein; die Zulassung muss den Code für die Typenbezeichnung des Schüttgut-Containers gemäß 6.9.2.3 und, sofern angemessen, die Vorschriften für die Prüfung enthalten.

6.9.4.5 [Auskleidung]

Sofern die Verwendung einer Auskleidung notwendig ist, um die gefährlichen Güter zurückzuhalten, muss diese den Vorschriften von 6.9.3.1.3 entsprechen.

6.9.4.6 [Eintrag im Beförderungsdokument]

Das Beförderungsdokument muss folgende Angaben enthalten: „Schüttgut-Container BK(*x*) von der zuständigen Behörde von … zugelassen"/„Bulk container BK(*x*) approved by the competent authority of …".

Bemerkung: *„(x)" muss durch „1" bzw. „2" ersetzt werden.*

6.9.5 Vorschriften für die Auslegung, den Bau und die Prüfung von flexiblen Schüttgut-Containern des Typs BK3

6.9.5.1 Vorschriften für die Auslegung und den Bau

6.9.5.1.1 [Staubdichheit]

Flexible Schüttgut-Container müssen staubdicht sein.

6.9.5.1.2 [Kein Austritt von Füllgut]

Flexible Schüttgut-Container müssen vollständig verschlossen sein, um ein Austreten von Füllgut zu verhindern.

[Wasserdichtheit] 6.9.5.1.3

Flexible Schüttgut-Container müssen wasserdicht sein.

[Keine Wechselwirkung mit gefährlichen Gütern] 6.9.5.1.4

Teile des flexiblen Schüttgut-Containers, die unmittelbar mit gefährlichen Gütern in Berührung kommen:

(a) dürfen durch diese gefährlichen Güter nicht angegriffen oder erheblich geschwächt werden;

(b) dürfen keinen gefährlichen Effekt auslösen, z. B. eine katalytische Reaktion oder eine Reaktion mit den gefährlichen Gütern; und

(c) dürfen keine Permeation der gefährlichen Güter zulassen, die unter normalen Beförderungsbedingungen eine Gefahr darstellen könnte.

Bedienungsausrüstung und Handhabungseinrichtungen 6.9.5.2

[Schutz von Befüll- und Entleerungseinrichtungen] 6.9.5.2.1

Füll- und Entleerungseinrichtungen müssen so gebaut sein, dass sie während der Beförderung und Handhabung gegen Beschädigung geschützt sind. Die Füll- und Entleerungseinrichtungen müssen gegen unbeabsichtigtes Öffnen gesichert werden können.

[Schlaufen] 6.9.5.2.2

Die Schlaufen des flexiblen Schüttgut-Containers müssen, sofern sie angebracht sind, den Drücken und dynamischen Kräften standhalten, die unter normalen Handhabungs- und Beförderungsbedingungen auftreten können.

[Handhabungseinrichtungen] 6.9.5.2.3

Die Handhabungseinrichtungen müssen ausreichend widerstandsfähig sein, um einer wiederholten Verwendung standzuhalten.

Prüfung 6.9.5.3

[Baumuster] 6.9.5.3.1

Jedes Baumuster eines flexiblen Schüttgut-Containers muss vor der Verwendung die in diesem Kapitel vorgeschriebenen Prüfungen erfolgreich bestanden haben.

[Änderung des Baumusters] 6.9.5.3.2

Die Prüfungen müssen auch nach jeder Änderung des Baumusters, die zu einer Veränderung der Auslegung, des Werkstoffs oder der Art der Fertigung eines flexiblen Schüttgut-Containers führt, wiederholt werden.

[Versandfertige flexible Schüttgut-Container] 6.9.5.3.3

Die Prüfungen müssen an versandfertigen flexiblen Schüttgut-Containern durchgeführt werden. Die flexiblen Schüttgut-Container müssen bis zur höchsten Masse, für die sie verwendet werden dürfen, befüllt werden, wobei das Füllgut gleichmäßig verteilt werden muss. Die im flexiblen Schüttgut-Container zu befördernden Stoffe dürfen durch andere Stoffe ersetzt werden, sofern dadurch die Prüfergebnisse nicht verfälscht werden. Wird ein anderer Stoff verwendet, muss dieser die gleichen physikalischen Eigenschaften (Masse, Korngröße usw.) haben wie der zu befördernde Stoff. Es ist zulässig, Zusätze wie Säcke mit Bleischrot zu verwenden, um die erforderliche Gesamtmasse des flexiblen Schüttgut-Containers zu erreichen, sofern diese so eingebracht werden, dass sie die Prüfergebnisse nicht beeinträchtigen.

[Qualitätssicherungsprogramm] 6.9.5.3.4

Flexible Schüttgut-Container müssen nach einem von der zuständigen Behörde als zufriedenstellend erachteten Qualitätssicherungsprogramm hergestellt werden, um sicherzustellen, dass jeder hergestellte flexible Schüttgut-Container den Vorschriften dieses Kapitels entspricht.

6.9.5.3.5 Fallprüfung

6.9.5.3.5.1 Anwendungsbereich

Für alle Arten flexibler Schüttgut-Container als Bauartprüfung.

6.9.5.3.5.2 Vorbereitung für die Prüfung

Der flexible Schüttgut-Container muss bis zu seiner höchstzulässigen Bruttomasse gefüllt werden.

6.9.5.3.5.3 [Prüfverfahren]

Der flexible Schüttgut-Container muss auf eine nicht federnde und horizontale Aufprallplatte fallen gelassen werden. Die Aufprallplatte muss:

(a) fest eingebaut und ausreichend massiv sein, dass sie sich nicht verschieben kann,

(b) eben sein, wobei die Oberfläche frei von lokalen Mängeln sein muss, welche die Prüfergebnisse beeinflussen können,

(c) ausreichend starr sein, dass sie unter den Prüfbedingungen nicht verformbar ist und durch die Prüfungen nach Möglichkeit nicht beschädigt werden kann, und

(d) ausreichend groß sein, um sicherzustellen, dass der zu prüfende flexible Schüttgut-Container vollständig auf die Platte fällt.

Nach dem Fall muss der flexible Schüttgut-Container zur Begutachtung wieder in aufrechte Lage verbracht werden.

6.9.5.3.5.4 [Fallhöhe]

Die Fallhöhe beträgt:

Verpackungsgruppe III: 0,8 m

6.9.5.3.5.5 [Kriterien für das Bestehen der Prüfung]

Kriterien für das Bestehen der Prüfung:

(a) Es darf kein Füllgut austreten. Ein geringfügiges Austreten des Füllgutes beispielsweise aus Verschlüssen oder Nahtstellen beim Aufprall gilt nicht als Versagen des flexiblen Schüttgut-Containers, vorausgesetzt, es tritt kein weiteres Füllgut aus, nachdem der Container wieder in aufrechte Lage verbracht wurde.

(b) Es darf keine Beschädigung vorhanden sein, welche die Sicherheit des flexiblen Schüttgut-Containers für die Beförderung zur Bergung oder Entsorgung beeinträchtigen kann.

6.9.5.3.6 Hebeprüfung von oben

6.9.5.3.6.1 Anwendungsbereich

Für alle Arten flexibler Schüttgut-Container als Bauartprüfung.

6.9.5.3.6.2 Vorbereitung für die Prüfung

Flexible Schüttgut-Container sind mit dem Sechsfachen der höchsten Nettomasse zu befüllen, wobei die Last gleichmäßig zu verteilen ist.

6.9.5.3.6.3 [Prüfverfahren]

Flexible Schüttgut-Container müssen in der Weise hochgehoben werden, für die sie ausgelegt sind, bis sie sich frei über dem Boden befinden, und für eine Dauer von fünf Minuten in dieser Stellung gehalten werden.

6.9.5.3.6.4 [Kriterien für das Bestehen der Prüfung]

Kriterien für das Bestehen der Prüfung: Es darf keine Beschädigung des flexiblen Schüttgut-Containers oder seiner Handhabungseinrichtungen, durch die der flexible Schüttgut-Container für die Beförderung oder Handhabung ungeeignet wird, und kein Verlust von Füllgut auftreten.

Kippfallprüfung 6.9.5.3.7

Anwendungsbereich 6.9.5.3.7.1

Für alle Arten flexibler Schüttgut-Container als Bauartprüfung.

Vorbereitung für die Prüfung 6.9.5.3.7.2

Der flexible Schüttgut-Container muss bis zu seiner höchstzulässigen Bruttomasse gefüllt werden.

[Prüfverfahren] 6.9.5.3.7.3

Der flexible Schüttgut-Container muss so gekippt werden, dass er mit einer beliebigen Stelle seines Oberteils auf eine nicht federnde und horizontale Aufprallplatte fällt; zu diesem Zweck muss der flexible Schüttgut-Container an der am weitesten von der Aufprallkante entfernten Seite angehoben werden. Die Aufprallplatte muss:

(a) fest eingebaut und ausreichend massiv sein, dass sie sich nicht verschieben kann,

(b) eben sein, wobei die Oberfläche frei von lokalen Mängeln sein muss, welche die Prüfergebnisse beeinflussen können,

(c) ausreichend starr sein, dass sie unter den Prüfbedingungen nicht verformbar ist und durch die Prüfungen nach Möglichkeit nicht beschädigt werden kann, und

(d) ausreichend groß sein, um sicherzustellen, dass der zu prüfende flexible Schüttgut-Container vollständig auf die Platte fällt.

[Kippfallhöhe] 6.9.5.3.7.4

Für alle flexiblen Schüttgut-Container ist folgende Kippfallhöhe festgelegt:

Verpackungsgruppe III: 0,8 m

[Kriterien für das Bestehen der Prüfung] 6.9.5.3.7.5

Kriterium für das Bestehen der Prüfung: Es darf kein Füllgut austreten. Ein geringfügiges Austreten aus Verschlüssen oder Nahtstellen beim Aufprall gilt nicht als Versagen des flexiblen Schüttgut-Containers, vorausgesetzt, es kommt nicht zu weiterer Undichtheit.

Aufrichtprüfung 6.9.5.3.8

Anwendungsbereich 6.9.5.3.8.1

Für alle Arten flexibler Schüttgut-Container, die für das Heben von oben oder von der Seite ausgelegt sind, als Bauartprüfung.

Vorbereitung für die Prüfung 6.9.5.3.8.2

Der flexible Schüttgut-Container muss bis mindestens 95 % seines Fassungsraumes und bis zu seiner höchstzulässigen Bruttomasse gefüllt werden.

[Prüfverfahren] 6.9.5.3.8.3

Der auf der Seite liegende flexible Schüttgut-Container muss an höchstens der Hälfte der Hebeeinrichtungen mit einer Geschwindigkeit von mindestens 0,1 m/s angehoben werden, bis er aufrecht frei über dem Boden hängt.

[Kriterien für das Bestehen der Prüfung] 6.9.5.3.8.4

Kriterium für das Bestehen der Prüfung: Es darf keine Beschädigung des flexiblen Schüttgut-Containers oder seiner Handhabungseinrichtungen auftreten, durch die der flexible Schüttgut-Container für die Beförderung oder Handhabung ungeeignet wird.

Weiterreißprüfung 6.9.5.3.9

Anwendungsbereich 6.9.5.3.9.1

Für alle Arten flexibler Schüttgut-Container als Bauartprüfung.

Vorbereitung für die Prüfung 6.9.5.3.9.2

Der flexible Schüttgut-Container muss bis zu seiner höchstzulässigen Bruttomasse gefüllt werden.

6.9.5.3.9.3 [Prüfverfahren]

Bei dem auf dem Boden befindlichen flexiblen Schüttgut-Container müssen auf einer Breitseite in einer Länge von 300 mm alle Lagen des flexiblen Schüttgut-Containers vollständig durchschnitten werden. Der Schnitt ist in einem Winkel von 45° zur Hauptachse des flexiblen Schüttgut-Containers in halber Höhe zwischen dem Boden und dem oberen Füllgutspiegel vorzunehmen. Der flexible Schüttgut-Container ist dann einer gleichmäßig verteilten überlagerten Last auszusetzen, die dem Zweifachen der höchstzulässigen Bruttomasse entspricht. Die Last muss mindestens fünfzehn Minuten wirken. Ein flexibler Schüttgut-Container, der für das Heben von oben oder von der Seite ausgelegt ist, muss nach Entfernen der überlagerten Last hochgehoben werden, bis er sich frei über dem Boden befindet, und fünfzehn Minuten in dieser Stellung gehalten werden.

6.9.5.3.9.4 [Kriterien für das Bestehen der Prüfung]

Kriterium für das Bestehen der Prüfung: Der Schnitt darf sich nicht um mehr als 25 % seiner ursprünglichen Länge vergrößern.

6.9.5.3.10 Stapeldruckprüfung

6.9.5.3.10.1 Anwendungsbereich

Für alle Arten flexibler Schüttgut-Container als Bauartprüfung.

6.9.5.3.10.2 Vorbereitung für die Prüfung

Der flexible Schüttgut-Container muss bis zu seiner höchstzulässigen Bruttomasse gefüllt werden.

6.9.5.3.10.3 [Prüfverfahren]

Der flexible Schüttgut-Container muss für eine Dauer von 24 Stunden einer auf die Oberseite des flexiblen Schüttgut-Containers aufgebrachten Last ausgesetzt werden, die dem Vierfachen der Auslegungstragfähigkeit entspricht.

6.9.5.3.10.4 [Kriterien für das Bestehen der Prüfung]

Kriterium für das Bestehen der Prüfung: Es darf kein Verlust von Füllgut während der Prüfung oder nach dem Entfernen der Last auftreten.

6.9.5.4 Prüfbericht

6.9.5.4.1 [Inhalt]

Es ist ein Prüfbericht zu erstellen, der mindestens folgende Angaben enthält und der den Benutzern des flexiblen Schüttgut-Containers zur Verfügung gestellt werden muss:

.1 Name und Anschrift der Prüfeinrichtung,
.2 Name und Anschrift des Antragstellers (soweit erforderlich),
.3 eine nur einmal vergebene Prüfbericht-Kennnummer,
.4 Datum des Prüfberichts,
.5 Hersteller des flexiblen Schüttgut-Containers,
.6 Beschreibung der Bauart des flexiblen Schüttgut-Containers (z. B. Abmessungen, Werkstoffe, Verschlüsse, Wanddicke usw.) und/oder Foto(s),
.7 maximaler Fassungsraum/höchstzulässige Bruttomasse,
.8 charakteristische Merkmale des Prüfinhalts, z. B. Teilchengröße bei festen Stoffen,
.9 Beschreibung und Ergebnis der Prüfungen,
.10 der Prüfbericht muss mit Namen und Funktionsbezeichnung des Unterzeichners unterschrieben sein.

6.9.5.4.2 [Weitergabe]

Der Prüfbericht muss Erklärungen enthalten, dass der versandfertige flexible Schüttgut-Container in Übereinstimmung mit den entsprechenden Vorschriften dieses Kapitels geprüft worden ist und dass dieser Prüfbericht bei Anwendung anderer Umschließungsmethoden oder bei Verwendung anderer Umschließungsbestandteile ungültig werden kann. Eine Ausfertigung des Prüfberichts ist der zuständigen Behörde zur Verfügung zu stellen.

Kennzeichnung 6.9.5.5

[Zusammensetzung] 6.9.5.5.1

Jeder flexible Schüttgut-Container, der für die Verwendung gemäß diesen Bestimmungen gebaut und bestimmt ist, muss mit dauerhaften, lesbaren und an einer gut sichtbaren Stelle angebrachten Kennzeichen versehen sein. Die Buchstaben, Ziffern und Symbole müssen eine Zeichenhöhe von mindestens 24 mm aufweisen und folgende Angaben umfassen:

(a) Das Symbol der Vereinten Nationen für Verpackungen (u/n)

Dieses Symbol darf nur zum Zweck der Bestätigung verwendet werden, dass eine Verpackung, ein flexibler Schüttgut-Container, ein ortsbeweglicher Tank oder ein MEGC den entsprechenden Vorschriften des Kapitels 6.1, 6.2, 6.3, 6.5, 6.6, 6.7 oder 6.9 entspricht;

(b) den Code BK3;

(c) einen Großbuchstaben, der die Verpackungsgruppe(n) angibt, für die die Bauart zugelassen worden ist: Z nur für die Verpackungsgruppe III;

(d) Monat und Jahr (die beiden letzten Ziffern) der Herstellung;

(e) das Zeichen des Staates, in dem die Zuordnung des Kennzeichens zugelassen wurde, angegeben durch das für Kraftfahrzeuge im internationalen Verkehr verwendete Unterscheidungszeichen[1];

(f) Name oder Zeichen des Herstellers und jede andere von der zuständigen Behörde festgelegte Identifizierung des flexiblen Schüttgut-Containers;

(g) Prüflast der Stapeldruckprüfung in kg;

(h) höchstzulässige Bruttomasse in kg.

Die Kennzeichen müssen in der Reihenfolge (a) bis (h) angebracht werden; jedes in diesen Absätzen vorgeschriebene Kennzeichen muss zur leichteren Identifizierung deutlich getrennt werden, z. B. durch einen Schrägstrich oder eine Leerstelle.

[Beispiele] 6.9.5.5.2

Beispiel für die Kennzeichnung:

(u/n) **BK3/Z/11 09**
RUS/NTT/MK-14-10
56000/14000

[1] Das für Kraftfahrzeuge und Anhänger im internationalen Straßenverkehr verwendete Unterscheidungszeichen des Zulassungsstaates, z. B. gemäß dem Genfer Übereinkommen über den Straßenverkehr von 1949 oder dem Wiener Übereinkommen über den Straßenverkehr von 1968.

TEIL 7 VORSCHRIFTEN FÜR DIE BEFÖRDERUNG

Kapitel 7.1 Allgemeine Stauvorschriften

→ D: GGVSee § 5

Einleitung

7.1.1 → D: GGVSee § 23 Nr. 10 → D: GGVSee § 24

Dieses Kapitel enthält allgemeine Vorschriften für die Stauung gefährlicher Güter in Schiffen aller Art. Besondere Stauvorschriften für Containerschiffe, Ro/Ro-Schiffe, Stückgutschiffe und Trägerschiffe sind in den Kapiteln 7.4 bis 7.7 festgelegt.

Begriffsbestimmungen

7.1.2 → D: GGVSee § 3 (2)

Bemerkung 1: *Der Begriff „Magazin" wird im Rahmen des IMDG-Codes nicht mehr verwendet. Ein Magazin, das nicht fest in das Schiff eingebaut ist, muss den Vorschriften für eine geschlossene Güterbeförderungseinheit für Klasse 1 (siehe 7.1.2) entsprechen. Ein Magazin, das fest in das Schiff eingebaut ist, wie eine Abteilung, ein Bereich unter Deck oder ein Laderaum, muss den Vorschriften von 7.6.2.4 entsprechen.*

Bemerkung 2: *Laderäume können nicht als geschlossene Güterbeförderungseinheiten verstanden werden.*

Brennbarer Stoff bezeichnet einen Stoff, bei dem es sich um ein gefährliches Gut handeln kann oder nicht, der aber leicht entzündbar ist und die Verbrennung unterhält. Beispiele brennbarer Stoffe sind Holz, Papier, Stroh, Fasern pflanzlichen Ursprungs, Produkte aus solchen Stoffen, Kohle, Schmieröle und Öle. Diese Begriffsbestimmung gilt nicht für Verpackungsstoffe oder Stauholz.

Frei von Wohn- und Aufenthaltsräumen bedeutet, dass bei der Stauung von Versandstücken oder Güterbeförderungseinheiten ein Mindestabstand von 3 m zu Wohn- und Aufenthaltsräumen, Lufteintrittsöffnungen, Maschinenräumen und anderen geschlossenen Arbeitsbereichen einzuhalten ist.

Geschlossene Güterbeförderungseinheit für Klasse 1 bezeichnet eine Einheit, die den Inhalt durch bleibende Bauteile vollständig umschließt, auf dem Schiff befestigt werden kann und, mit Ausnahme der Unterklasse 1.4, gemäß Begriffsbestimmung in diesem Abschnitt in bautechnischer Hinsicht geeignet ist. Güterbeförderungseinheiten mit Seiten- oder Dachplanen sind keine geschlossenen Güterbeförderungseinheiten. Der Boden jeder geschlossenen Güterbeförderungseinheit muss entweder aus einem geschlossenen Holzboden bestehen oder so beschaffen sein, dass die Güter auf Lattengitter, Holzpaletten oder Stauholz gestaut werden.

Geschützt vor Wärmequellen bedeutet, dass Versandstücke und Güterbeförderungseinheiten mindestens 2,4 m entfernt von erwärmten Bauteilen des Schiffes, deren Oberflächentemperatur höher als 55 °C sein kann, gestaut werden müssen. Beispiele für erwärmte Bauteile sind Dampfleitungen, Heizrohre sowie die Decken oder Seitenwände beheizter Treibstoff- und Ladetanks und die Schotten von Maschinenräumen. Darüber hinaus müssen Versandstücke, die nicht in eine Güterbeförderungseinheit verladen und an Deck gestaut sind, vor direkter Sonneneinstrahlung geschützt sein. Die Oberfläche einer Güterbeförderungseinheit kann sich bei direkter Sonneneinstrahlung und nahezu Windstille schnell erwärmen und die Ladung kann sich ebenfalls erwärmen. In Abhängigkeit von der Art der Güter in der Güterbeförderungseinheit und der geplanten Reise sind Vorkehrungen zu treffen, um sicherzustellen, dass die direkte Sonneneinstrahlung vermindert wird.

In bautechnischer Hinsicht für Klasse 1 geeignet bedeutet, dass die Bauelemente der Güterbeförderungseinheit, wie obere und untere seitliche Längsträger, obere und untere Querträger, Türschwelle und Türträger, Bodenquerträger, Eckpfosten und Eckbeschläge eines Frachtcontainers, keine größeren Beschädigungen aufweisen dürfen. Größere Beschädigungen sind: Beulen oder Verbiegungen in den Bauteilen, die tiefer als 19 mm sind, ungeachtet ihrer Länge; Risse oder Bruchstellen in Bauteilen; mehr als eine Verbindungsstelle (z. B. überlappende Verbindungsstelle) in oberen oder unteren Querträgern oder Türträgern; mehr als zwei Verbindungsstellen in einem unteren oder oberen seitlichen Längsträger oder eine Verbindungsstelle in einer Türschwelle oder in einem Eckpfosten; Türscharniere oder Beschläge, die verklemmt, verdreht, zerbrochen, nicht vorhanden oder anderweitig nicht funktionsfähig sind; Dichtungen oder Verschlüsse, die undicht sind; oder bei Frachtcontainern jede Verwindung der Konstruktion, die so stark ist, dass die ordnungsgemäße Positionierung des Umschlaggeräts, das Aufsetzen

7.1.2 (Forts.) auf dem Chassis oder Fahrzeug und das Verzurren darauf oder das Einsetzen in die Schiffszellen nicht möglich ist. Darüber hinaus ist, ungeachtet des verwendeten Werkstoffes, Verschleiß bei einem Bauelement der Güterbeförderungseinheit, wie durchrostete Stellen in Metallseitenwänden oder zerfaserte Stellen in Bauteilen aus Glasfaser, unzulässig. Normale Abnutzung einschließlich Oxidation (Rost), kleine Beulen und Schrammen und sonstige Beschädigungen, die die Eignung oder Wetterfestigkeit der Einheiten nicht beeinträchtigen, sind jedoch zulässig.

Mögliche Zündquellen bezeichnet unter anderem offenes Feuer, Abgasaustritte von Maschinen, Küchenabzüge, Elektroanschlüsse und elektrische Ausrüstung, einschließlich derjenigen an gekühlten oder beheizten Güterbeförderungseinheiten, es sei denn, sie sind vom Typ „bescheinigte Sicherheit“[1].

Stauung bedeutet die ordnungsgemäße Platzierung gefährlicher Güter an Bord eines Schiffes zur Gewährleistung der Sicherheit und des Umweltschutzes während der Beförderung.

Stauung an Deck bedeutet Stauung auf dem Wetterdeck. Bezüglich offener Ro/Ro-Laderäume siehe 7.5.2.6.

Stauung unter Deck bedeutet Stauung an einem Ort mit Ausnahme des Wetterdecks. Bezüglich offener Containerschiffe siehe 7.4.2.1.

7.1.3 Staukategorien

7.1.3.1 Staukategorien für Klasse 1

Gefährliche Güter der Klasse 1 mit Ausnahme von Gütern der Unterklasse 1.4 Verträglichkeitsgruppe S, die in begrenzten Mengen verpackt sind, sind unter Berücksichtigung der unten aufgeführten Staukategorien so zu stauen, wie es in Spalte 16a der Gefahrgutliste angegeben ist.

Staukategorie 01	Frachtschiffe (bis 12 Fahrgäste)	An Deck in geschlossener Güterbeförderungseinheit oder unter Deck
	Fahrgastschiffe	An Deck in geschlossener Güterbeförderungseinheit oder unter Deck
Staukategorie 02	Frachtschiffe (bis 12 Fahrgäste)	An Deck in geschlossener Güterbeförderungseinheit oder unter Deck
	Fahrgastschiffe	An Deck in geschlossener Güterbeförderungseinheit oder unter Deck in geschlossener Güterbeförderungseinheit nach Maßgabe von 7.1.4.4.6
Staukategorie 03	Frachtschiffe (bis 12 Fahrgäste)	An Deck in geschlossener Güterbeförderungseinheit oder unter Deck
	Fahrgastschiffe	Verboten soweit nicht nach Maßgabe von 7.1.4.4.6 erlaubt
Staukategorie 04	Frachtschiffe (bis 12 Fahrgäste)	An Deck in geschlossener Güterbeförderungseinheit oder unter Deck in geschlossener Güterbeförderungseinheit
	Fahrgastschiffe	Verboten soweit nicht nach Maßgabe von 7.1.4.4.6 erlaubt
Staukategorie 05	Frachtschiffe (bis 12 Fahrgäste)	An Deck nur in geschlossener Güterbeförderungseinheit
	Fahrgastschiffe	Verboten soweit nicht nach Maßgabe von 7.1.4.4.6 erlaubt

7.1.3.2 Staukategorien für die Klassen 2 bis 9

→ *MoU § 12*

Gefährliche Güter der Klassen 2 bis 9 sowie gefährliche Güter der Unterklasse 1.4 Verträglichkeitsgruppe S, die in begrenzten Mengen verpackt sind, sind unter Berücksichtigung der unten aufgeführten Staukategorien so zu stauen, wie es in Spalte 16a der Gefahrgutliste angegeben ist.

[1] Für Laderäume siehe SOLAS II-2/19.3.2 und für gekühlte oder beheizte Güterbeförderungseinheiten siehe die Empfehlungen der Internationalen Elektrotechnischen Kommission, insbesondere IEC 60079.

Staukategorie A 7.1.3.2 (Forts.)

Frachtschiffe oder Fahrgastschiffe, deren Fahrgastzahl auf höchstens 25 oder 1 Fahrgast je 3 m der Gesamtschiffslänge begrenzt ist, je nachdem, welche Anzahl größer ist.	AN DECK ODER UNTER DECK
Andere Fahrgastschiffe, deren Fahrgastzahl die vorgenannte Höchstzahl überschreitet.	AN DECK ODER UNTER DECK

Staukategorie B

Frachtschiffe oder Fahrgastschiffe, deren Fahrgastzahl auf höchstens 25 oder 1 Fahrgast je 3 m der Gesamtschiffslänge begrenzt ist, je nachdem, welche Anzahl größer ist.	AN DECK ODER UNTER DECK
Andere Fahrgastschiffe, deren Fahrgastzahl die vorgenannte Höchstzahl überschreitet.	NUR AN DECK

Staukategorie C

Frachtschiffe oder Fahrgastschiffe, deren Fahrgastzahl auf höchstens 25 oder 1 Fahrgast je 3 m der Gesamtschiffslänge begrenzt ist, je nachdem, welche Anzahl größer ist.	NUR AN DECK
Andere Fahrgastschiffe, deren Fahrgastzahl die vorgenannte Höchstzahl überschreitet.	NUR AN DECK

Staukategorie D

Frachtschiffe oder Fahrgastschiffe, deren Fahrgastzahl auf höchstens 25 oder 1 Fahrgast je 3 m der Gesamtschiffslänge begrenzt ist, je nachdem, welche Anzahl größer ist.	NUR AN DECK
Andere Fahrgastschiffe, deren Fahrgastzahl die vorgenannte Höchstzahl überschreitet.	**VERBOTEN**

Staukategorie E

Frachtschiffe oder Fahrgastschiffe, deren Fahrgastzahl auf höchstens 25 oder 1 Fahrgast je 3 m der Gesamtschiffslänge begrenzt ist, je nachdem, welche Anzahl größer ist.	AN DECK ODER UNTER DECK
Andere Fahrgastschiffe, deren Fahrgastzahl die vorgenannte Höchstzahl überschreitet.	**VERBOTEN**

Besondere Stauvorschriften 7.1.4

Stauung von ungereinigten leeren Verpackungen einschließlich IBC und Großverpackungen 7.1.4.1

Ungeachtet der Stauvorschriften in der Gefahrgutliste dürfen ungereinigte leere Verpackungen einschließlich IBC und Großverpackungen, die in gefülltem Zustand nur an Deck gestaut werden dürfen, an Deck oder unter Deck in einem mechanisch belüfteten Laderaum gestaut werden. Ungereinigte leere Druckgefäße mit dem Gefahrzettel der Klasse 2.3 dürfen jedoch nur an Deck gestaut werden (siehe auch 4.1.1.11) und Abfall-Druckgaspackungen dürfen nur gemäß den Angaben in Spalte 16a der Gefahrgutliste gestaut werden.

Stauung von Meeresschadstoffen 7.1.4.2

Wenn die Stauung an Deck oder unter Deck erlaubt ist, ist die Stauung unter Deck vorzuziehen. Wenn die Stauung nur an Deck vorgeschrieben ist, ist der Stauung auf gut geschützten Decks oder innerhalb geschützter Bereiche auf freiliegenden Decks der Vorzug zu geben.

Stauung von begrenzten Mengen und freigestellten Mengen 7.1.4.3

Bezüglich der Stauung begrenzter Mengen und freigestellter Mengen siehe Kapitel 3.4 und 3.5.

7.1.4.4 Stauung von Gütern der Klasse 1

7.1.4.4.1 [Nur an Deck-Stauung]

In Frachtschiffen mit einer Bruttoraumzahl von 500 oder darüber und vor dem 1. September 1984 gebauten Fahrgastschiffen sowie in vor dem 1. Februar 1992 gebauten Frachtschiffen mit einer Bruttoraumzahl von unter 500 dürfen Güter der Klasse 1 mit Ausnahme der Unterklasse 1.4 Verträglichkeitsgruppe S nur an Deck gestaut werden, sofern die Verwaltung nichts anderes genehmigt hat.

7.1.4.4.2 [Abstand zu Wohn- und Aufenthaltsräumen, Rettungsmitteln, allgemein zugänglichen Bereichen]

→ D: RM zu Erläuterungen zum IMDG-Code

Bei der Stauung von Gütern der Klasse 1 mit Ausnahme der Unterklasse 1.4 muss ein horizontaler Abstand von mindestens 12 m zu den Wohn- und Aufenthaltsräumen, Rettungsmitteln und allgemein zugänglichen Bereichen eingehalten werden.

7.1.4.4.3 [Abstand zur Bordwand]

Der Abstand zwischen Gütern der Klasse 1 mit Ausnahme der Unterklasse 1.4 und der Bordwand muss mindestens ein Achtel der Länge der Schiffsbreite oder 2,4 m betragen, je nachdem, welches der kleinere Wert ist.

7.1.4.4.4 [Abstand zu Zündquellen]

Bei der Stauung von Gütern der Klasse 1 muss ein horizontaler Abstand von mindestens 6 m zu möglichen Zündquellen eingehalten werden.

7.1.4.4.5 Beförderungen zu oder von Offshore-Ölplattformen, beweglichen Offshore-Bohreinheiten und anderen Offshore-Einrichtungen

Ungeachtet der in Spalte 16a der Gefahrgutliste angegebenen Staukategorie dürfen UN 0124 PERFORATIONSHOHLLADUNGSTRÄGER, GELADEN und UN 0494 PERFORATIONSHOHLLADUNGSTRÄGER, GELADEN, die zu oder von Offshore-Ölplattformen, beweglichen Offshore-Bohreinheiten und anderen Offshore-Einrichtungen befördert werden, an Deck in Paletten, Verschlägen oder Körben für Offshore-Bohrwerkzeuge gestaut werden, vorausgesetzt:

.1 die Zündeinrichtungen sind voneinander und von jeglichen Perforationshohlladungsträgern gemäß 7.2.7 sowie von jeglichen anderen gefährlichen Gütern gemäß 7.2.4 und 7.6.3.2 getrennt, sofern von der zuständigen Behörde nichts anderes zugelassen ist;

.2 die Perforationshohlladungsträger sind während der Beförderung sicher fixiert;

.3 jede an einem Träger angebrachte Hohlladung enthält höchstens 112 g explosive Stoffe;

.4 jede Hohlladung, die nicht vollständig von Glas oder Metall umschlossen ist, ist nach dem Einbau in den Träger vollständig von einer Abdeckung aus Metall geschützt;

.5 beide Enden von Perforationshohlladungsträgern sind durch Abdeckkappen aus Stahl geschützt, die im Falle eines Brandes eine Druckentlastung ermöglichen;

.6 der Gesamtinhalt an Explosivstoff überschreitet nicht 95 kg je Palette, Verschlag oder Korb für Bohrwerkzeuge und

.7 wenn mehr als eine Palette, ein Verschlag oder ein Korb für Bohrwerkzeuge „an Deck" gestaut wird, wird ein horizontaler Abstand von mindestens 3 m zwischen diesen eingehalten.

7.1.4.4.6 Stauung auf Fahrgastschiffen

7.1.4.4.6.1 [Erlaubte explosive Stoffe und Gegenstände mit Explosivstoff]

Güter der Unterklasse 1.4 Verträglichkeitsgruppe S dürfen auf Fahrgastschiffen in beliebiger Menge befördert werden. Andere Güter der Klasse 1 dürfen auf Fahrgastschiffen nicht befördert werden; ausgenommen sind folgende Güter:

.1 Güter der Verträglichkeitsgruppen C, D und E und Gegenstände der Verträglichkeitsgruppe G, sofern die gesamte Nettoexplosivstoffmasse 10 kg je Schiff nicht überschreitet und die Güter in geschlossenen Güterbeförderungseinheiten an Deck oder unter Deck befördert werden;

.2 Gegenstände der Verträglichkeitsgruppe B, sofern die gesamte Nettoexplosivstoffmasse 10 kg je Schiff nicht überschreitet und die Güter nur an Deck in geschlossenen Güterbeförderungseinheiten befördert werden.

[Abweichende Vereinbarungen] 7.1.4.4.7

Die Verwaltung kann von den Vorschriften in Kapitel 7.1 abweichende Vereinbarungen zulassen.

Stauung von Gütern der Klasse 7 7.1.4.5

[IP-Versandstücke] 7.1.4.5.1

Bei der Beförderung von LSA-Stoffen oder SCO-Gegenständen, die sich in Typ IP-1-, Typ IP-2-, Typ IP-3-Versandstücken befinden oder unverpackt sind, darf die Gesamtaktivität in einem einzelnen Laderaum eines Seeschiffes die in der nachfolgenden Tabelle angegebenen Werte nicht übersteigen.

Aktivitätsgrenzwerte je Beförderungsmittel für LSA-Stoffe und SCO-Gegenstände in Industrieversandstücken oder unverpackt

Art der Stoffe/Gegenstände	Aktivitätsgrenzwerte für ein Seeschiff
LSA-I	unbegrenzt
LSA-II und LSA-III nicht brennbare feste Stoffe	unbegrenzt
LSA-II und LSA-III brennbare feste Stoffe und alle flüssigen Stoffe und Gase	100 A_2
SCO	100 A_2

[Wärmefluss, Zusammenstauung] 7.1.4.5.2

Vorausgesetzt, dass der mittlere Wärmefluss der Oberfläche 15 W/m^2 nicht überschreitet und die Ladung in der unmittelbaren Umgebung nicht aus Sackware besteht, dürfen Versandstücke und Umverpackungen zusammen mit anderen verpackten Stückgütern ohne besondere Staumaßnahmen befördert oder gelagert werden, es sei denn, die zuständige Behörde verlangt etwas anderes in einem anwendbaren Zulassungszeugnis.

[Beladebeschränkungen] 7.1.4.5.3

Die Beladung von Frachtcontainern und das Zusammenladen von Versandstücken, Umverpackungen und Frachtcontainern muss wie folgt beschränkt werden:

.1 Mit Ausnahme von Beförderungen unter ausschließlicher Verwendung muss die Gesamtzahl der Versandstücke, Umverpackungen und Frachtcontainer in einem einzelnen Beförderungsmittel so begrenzt sein, dass die Gesamtsumme der Transportkennzahlen (TI) in dem Beförderungsmittel die in der nachstehenden Tabelle angegebenen Werte nicht überschreitet. Für Sendungen mit LSA-I-Stoffen gibt es keine Begrenzung der Summe der Transportkennzahlen.

7.1.4.5.3 (Forts.)

TI-Grenzwerte für Frachtcontainer und Beförderungsmittel bei nicht ausschließlicher Verwendung

Art des Frachtcontainers oder Beförderungsmittels	Grenzwert der Gesamtsumme der Transportkennzahlen in einem Frachtcontainer oder in einem Beförderungsmittel
Frachtcontainer	
Kleiner Frachtcontainer	50
Großer Frachtcontainer	50
Fahrzeug	50
Binnenschiff (Leichter)	50
Seeschiff[a)] 1 *Laderaum, Abteilung oder festgelegter Decksbereich:* Versandstücke, Umverpackungen, kleine Frachtcontainer Große Frachtcontainer (geschlossene Container)	 50 200
2 *Ganzes Schiff:* Versandstücke, Umverpackungen, kleine Frachtcontainer Große Frachtcontainer (geschlossene Container)	 200 unbegrenzt

a) Versandstücke oder Umverpackungen, die in einem Fahrzeug in Übereinstimmung mit den Bestimmungen von 7.1.4.5.5 befördert werden, dürfen mit einem Schiff unter der Voraussetzung befördert werden, dass sie, solange sie sich auf dem Schiff befinden, zu keinem Zeitpunkt aus dem Fahrzeug entfernt werden.

.2 Wenn eine Sendung unter ausschließlicher Verwendung befördert wird, gibt es keine Begrenzung der Summe der Transportkennzahlen in einem Beförderungsmittel.

→ 1.5.6.1 .3 Unter den normalen Bedingungen einer Beförderung darf die Dosisleistung an keinem Punkt der Außenflächen des Beförderungsmittels 2 mSv/h und im Abstand von 2 m von den Außenflächen 0,1 mSv/h überschreiten. Hiervon ausgenommen sind Sendungen unter ausschließlicher Verwendung, die auf der Straße oder Schiene befördert werden und für die Dosisleistungsgrenzwerte in der Umgebung des Fahrzeugs in 7.1.4.5.5.2 und 7.1.4.5.5.3 festgelegt sind.

.4 Die Gesamtsumme der Kritikalitätssicherheitskennzahlen (CSI) in einem Frachtcontainer und in einem Beförderungsmittel darf die in nachstehender Tabelle angegebenen Werte nicht überschreiten.

CSI-Grenzwerte für Frachtcontainer und Beförderungsmittel, die spaltbare Stoffen enthalten 7.1.4.5.3 (Forts.)

Art des Frachtcontainers oder Beförderungsmittels	Grenzwert der Gesamtsumme der CSI in einem Frachtcontainer oder in einem Beförderungsmittel	
	Nicht unter ausschließlicher Verwendung	**Unter ausschließlicher Verwendung**
Frachtcontainer		
Kleiner Frachtcontainer	50	nicht zutreffend
Großer Frachtcontainer	50	100
Fahrzeug	50	100
Binnenschiff (Leichter)	50	100
Seeschiff[a)] 1 *Laderaum, Abteilung oder festgelegter Decksbereich:* Versandstücke, Umverpackungen, kleine Frachtcontainer	50	100
Große Frachtcontainer (geschlossene Container)	50	100
2 *Ganzes Schiff:* Versandstücke, Umverpackungen, kleine Frachtcontainer	200[b)]	200[c]
Große Frachtcontainer (geschlossene Container)	unbegrenzt[b)]	unbegrenzt[c)]

a) Versandstücke oder Umverpackungen, die in oder auf einem Fahrzeug in Übereinstimmung mit den Bestimmungen von 7.1.4.5.5 befördert werden, dürfen mit Schiffen unter der Voraussetzung befördert werden, dass sie, solange sie sich auf dem Schiff befinden, zu keinem Zeitpunkt aus dem Fahrzeug entfernt werden. In diesem Fall sind die Eintragungen der Rubrik „Unter ausschließlicher Verwendung" anzuwenden.

b) Die Sendung muss so gehandhabt und gestaut werden, dass die Gesamtsumme der CSI in jeder einzelnen Gruppe 50 nicht überschreitet und dass jede Gruppe so gehandhabt und gestaut wird, dass ein Mindestabstand von 6 m zu anderen Gruppen eingehalten wird.

c) Die Sendung muss so gehandhabt und gestaut werden, dass die Gesamtsumme der CSI in jeder einzelnen Gruppe 100 nicht überschreitet und dass jede Gruppe so gehandhabt und gestaut wird, dass ein Mindestabstand von 6 m zu anderen Gruppen eingehalten wird. Der zwischen den Gruppen liegende Raum kann mit anderer Ladung ausgefüllt sein.

[Ausschließliche Verwendung] 7.1.4.5.4

Jedes Versandstück oder jede Umverpackung mit einer Transportkennzahl größer als 10 oder jede Sendung mit einer Kritikalitätssicherheitskennzahl größer als 50 darf nur unter ausschließlicher Verwendung befördert werden.

[Dosisleistung] 7.1.4.5.5 → *1.5.6.1*

Bei Sendungen unter ausschließlicher Verwendung darf die Dosisleistung folgende Werte nicht überschreiten:

.1 10 mSv/h an jedem Punkt der Außenflächen eines Versandstücks oder einer Umverpackung; sie darf 2 mSv/h nur überschreiten, wenn

  .1 das Fahrzeug mit einer Ummantelung ausgerüstet ist, die während den normalen Bedingungen der Beförderung den Zutritt unbefugter Personen in das Innere der Ummantelung verhindert, und

  .2 Vorkehrungen getroffen worden sind, das Versandstück oder die Umverpackung derart zu sichern, dass dessen/deren Lage innerhalb der Ummantelung des Fahrzeugs während den normalen Bedingungen der Beförderung fixiert ist, und

  .3 während der Beförderung kein Be- oder Entladen erfolgt;

.2 2 mSv/h an jedem Punkt der Außenflächen des Fahrzeugs, einschließlich der oberen und unteren Flächen, oder, im Falle eines offenen Fahrzeugs, an jedem Punkt der vertikalen Fläche, die sich als Projektion vom äußeren Ende des Fahrzeugs zur oberen Fläche der Ladung ergibt und der unteren äußeren Oberfläche;

7.1.4.5.5 (Forts.) .3 0,1 mSv/h an jedem Punkt in 2 m Entfernung von den vertikalen Flächen, die von den seitlichen Außenflächen des Fahrzeugs gebildet werden, oder, wenn die Ladung in einem offenen Fahrzeug befördert wird, an jedem Punkt in 2 m Entfernung von den vertikalen Flächen, die ausgehend von den äußeren Enden des Fahrzeugs projiziert werden.

7.1.4.5.6 [Verbotene Personen]

Bei Straßenfahrzeugen, die Versandstücke, Umverpackungen oder Frachtcontainer mit Gefahrzetteln der Kategorie II-GELB oder III-GELB befördern, dürfen sich keine anderen Personen als der Fahrer sowie Beifahrer im Fahrzeug befinden.

7.1.4.5.7 [Sondervereinbarungen]

Versandstücke oder Umverpackungen mit einer Dosisleistung an der Oberfläche von mehr als 2 mSv/h dürfen mit einem Schiff nur gemäß Sondervereinbarung befördert werden, es sei denn, sie werden in oder auf einem Fahrzeug unter ausschließlicher Verwendung in Übereinstimmung mit der Tabelle in 7.1.4.5.3, Fußnote a), befördert.

7.1.4.5.8 [Spezialschiffe]

→ D: GGVSee § 13 Nr. 6

Die Beförderung von Sendungen mit einem Schiff in besonderem Einsatz, das aufgrund seiner Bauart oder weil es gechartert ist, ausdrücklich zur Beförderung radioaktiver Stoffe bestimmt ist, ist von den Bestimmungen in 7.1.4.5.3 ausgenommen, vorausgesetzt, dass die folgenden Bedingungen erfüllt sind:

.1 Ein Strahlenschutzprogramm für die Beförderung muss von der Verwaltung, und auf Antrag, durch die zuständige Behörde eines jeden Anlaufhafens genehmigt werden.

.2 Die Staumaßnahmen sind für die gesamte Seereise im Voraus festzulegen; dabei sind auch Sendungen zu berücksichtigen, die in Häfen geladen werden, die während der Reise angelaufen werden.

.3 Das Laden, die Beförderung und das Entladen der Sendungen muss von Personen überwacht werden, die für die Beförderung radioaktiver Stoffe ausgebildet sind.

7.1.4.5.9 [Wiederkehrende Prüfung]

Alle Beförderungsmittel und Ausrüstungen, die regelmäßig für die Beförderung radioaktiver Stoffe eingesetzt werden, müssen wiederkehrend überprüft werden, um die Stärke der Kontamination zu bestimmen. Die Häufigkeit derartiger Überprüfungen ist abhängig zu machen von der Wahrscheinlichkeit einer Kontamination und dem Umfang der Beförderung radioaktiver Stoffe.

7.1.4.5.10 [Dekontamination]

→ 1.5.6.1

Sofern nicht in 7.1.4.5.11 etwas anderes bestimmt ist, sind alle Beförderungsmittel und deren Ausrüstungen oder Teile davon, die im Verlauf der Beförderung radioaktiver Stoffe über die in 4.1.9.1.2 angegebenen Grenzwerte hinaus kontaminiert worden sind oder die eine Dosisleistung von mehr als 5 μSv/h an der Oberfläche aufweisen, sobald wie möglich durch eine hierfür ausgebildete Person zu dekontaminieren; sie dürfen erst wieder verwendet werden, wenn die folgenden Bedingungen erfüllt sind:

.1 die nicht festhaftende Kontamination überschreitet nicht die in 4.1.9.1.2 angegebenen Grenzwerte;

.2 die Dosisleistung infolge der festhaftenden Kontamination beträgt nicht mehr als 5 μSv/h an der Oberfläche.

7.1.4.5.11 [Unverpackte radioaktive Stoffe]

Frachtcontainer, Tanks, Großpackmittel (IBC) oder Beförderungsmittel, die für die Beförderung von unverpackten radioaktiven Stoffen unter ausschließlicher Verwendung bestimmt sind, sind von den Bestimmungen in 4.1.9.1.4 und 7.1.4.5.10 nur hinsichtlich der Innenflächen und nur, solange diese ausschließliche Verwendung besteht, ausgenommen.

7.1.4.5.12 [Unzustellbare Sendung]

Falls eine Sendung unzustellbar ist, ist die Sendung an einem sicheren Ort aufzubewahren, die zuständige Behörde schnellstmöglich zu unterrichten und um Anweisungen für das weitere Vorgehen zu bitten.

[Personen] 7.1.4.5.13

Radioaktive Stoffe müssen von Besatzung und Fahrgästen ausreichend getrennt werden. Für die Berechnung der Trennabstände und der Dosisleistung sind die folgenden Dosiswerte zugrunde zu legen:

.1 für Besatzungsmitglieder in regelmäßig benutzten Arbeitsbereichen eine Dosis von 5 mSv im Jahr,

.2 für Fahrgäste in Bereichen, zu denen Fahrgäste regelmäßig Zutritt haben, eine Dosis von 1 mSv im Jahr, unter Berücksichtigung der Expositionen, die von allen anderen kontrollierbaren Quellen und Praktiken erwartet werden.

[II-GELB und III-GELB] 7.1.4.5.14

Versandstücke oder Umverpackungen der Kategorie II-GELB oder III-GELB dürfen nicht in Räumen befördert werden, in denen sich Fahrgäste aufhalten, ausgenommen sind Räume, die für die zur Begleitung solcher Versandstücke und Umverpackungen besonders befugten Personen vorgesehen sind.

[Maximum Kritikalitätssicherheitskennzahl] 7.1.4.5.15

Jede Gruppe von Versandstücken, Umverpackungen und Frachtcontainern mit spaltbaren Stoffen, die in einem Ladungsbereich zwischengelagert werden, muss so begrenzt werden, dass die Gesamtsumme der Kritikalitätssicherheitskennzahlen in der Gruppe den Wert 50 nicht übersteigt. Jede Gruppe ist so zu lagern, dass zwischen diesen Gruppen ein Abstand von mindestens 6 Metern eingehalten wird.

[Kritikalitätsabstand] 7.1.4.5.16

Wenn die Gesamtsumme der Kritikalitätssicherheitskennzahlen in einem Beförderungsmittel oder in einem Frachtcontainer den Wert 50 übersteigt, wie in der Tabelle in 7.1.4.5.3.4 zugelassen, muss bei der Lagerung zu anderen Gruppen von Versandstücken, Umverpackungen oder Frachtcontainern, die spaltbare Stoffe enthalten, oder zu anderen Beförderungsmitteln, die radioaktive Stoffen enthalten, ein Mindestabstand von 6 Metern eingehalten werden.

[Genehmigungsvorbehalt] 7.1.4.5.17

Jede Abweichung von den Vorschriften in 7.1.4.5.15 und 7.1.4.5.16 muss von der Verwaltung und, auf Antrag, von der zuständigen Behörde jedes angelaufenen Hafens genehmigt werden.

[Methoden] 7.1.4.5.18

Die in 7.1.4.5.13 genannten Trennanforderungen können nach einer der beiden folgenden Methoden ermittelt werden:

- Durch Anwendung der Trenntabelle für Personen (Tabelle 1 unten) in Bezug auf Wohn- und Aufenthaltsräume oder durch Personen regelmäßig genutzte Bereiche.
- Indem nachgewiesen wird, dass während der folgenden Dauer der Strahlenexposition die direkte Messung der Dosisleistung in regelmäßig genutzten Bereichen und in Wohn- und Aufenthaltsräumen niedriger ist als:

  für Besatzungsmitglieder:

  0,0070 mSv/h bis zu 700 Stunden im Jahr oder

  0,0018 mSv/h bis zu 2 750 Stunden im Jahr und

  für Fahrgäste:

  0,0018 mSv/h bis zu 550 Stunden im Jahr,

  unter Berücksichtigung einer etwaigen Umstauung der Ladung während der Seereise. In allen Fällen müssen die Messungen der Dosisleistung von einer ausreichend qualifizierten Person vorgenommen und aufgezeichnet werden.

7.1.4.5.18
(Forts.)

Tabelle 1 – KLASSE 7 – Radioaktive Stoffe
Trenntabelle für Personen

Summe der Transportkennzahlen (TI)	Trennabstand zwischen radioaktiven Stoffen und Fahrgästen und Besatzung			
	Stückgutschiff[1)]		Fährschiff usw.[2)]	Versorgungsschiff für Offshore-Anlagen[3)]
	Konventionelle Ladung (m)	Container (TEU)[4)]		
bis 10	6	1	Am Heck oder Bug so weit wie möglich von Wohn- und Aufenthaltsräumen und regelmäßig benutzten Arbeitsbereichen entfernt stauen	Am Heck oder in der Mitte der Plattform stauen
Mehr als 10, jedoch nicht mehr als 20	8	1	wie oben	wie oben
Mehr als 20, jedoch nicht mehr als 50	13	2	wie oben	nicht zutreffend
Mehr als 50, jedoch nicht mehr als 100	18	3	wie oben	nicht zutreffend
Mehr als 100, jedoch nicht mehr als 200	26	4	wie oben	nicht zutreffend
Mehr als 200, jedoch nicht mehr als 400	36	6	wie oben	nicht zutreffend

1) Stückgutschiff oder Ro/Ro-Containerschiff mit einer Mindestlänge von 150 m.
2) Fährschiff oder Kanalschiff, Küstenschiff oder Schiff für den Verkehr zwischen den Inseln mit einer Mindestlänge von 100 m.
3) Versorgungsschiff für Offshore-Anlagen mit einer Mindestlänge von 50 m. (In diesem Fall ist die Höchstsumme der Transportkennzahlen praktisch 20.)
4) TEU bedeutet „20-Fuß-Container-Äquivalent-Einheit" (diese entspricht einem Normcontainer von 6 m Nominallänge).

Stauung von gefährlichen Gütern unter Temperaturkontrolle 7.1.4.6

[Notfallmaßnahmen, Temperaturüberwachung] 7.1.4.6.1

Wenn Staumaßnahmen getroffen werden, ist zu berücksichtigen, dass es notwendig werden kann, angemessene Notfallmaßnahmen, wie beispielsweise Überbordwerfen oder Fluten des Containers mit Wasser, zu treffen und dass die Temperatur gemäß 7.3.7 überwacht werden muss. Wird während des Transports die Kontrolltemperatur überschritten, sind sofort Maßnahmen einzuleiten, die entweder die Reparatur der Kühlanlage oder die Erhöhung der Kühlleistung (z. B. durch Hinzufügen von flüssigen oder festen Kältemitteln) einschließen. Kann eine ausreichende Kühlleistung nicht wieder hergestellt werden, sind Notfallmaßnahmen einzuleiten.

Stauung von stabilisierten gefährlichen Gütern 7.1.4.7

Für Stoffe, bei denen gemäß 3.1.2.6 der Ausdruck „STABILISIERT"/„STABILIZED" dem richtigen technischen Namen des Stoffes hinzugefügt wird, gelten Staukategorie D und SW1.

Staucodes 7.1.5

Die in Spalte 16a der Gefahrgutliste enthaltenen Staucodes werden im Folgenden beschrieben:

Staucode	Beschreibung
SW1	Geschützt vor Wärmequellen.
SW2	Frei von Wohn- und Aufenthaltsräumen.
SW3	Muss unter Temperaturkontrolle befördert werden.
SW4	Belüftung der Oberfläche erforderlich, um Reste der Lösemitteldämpfe zu entfernen.
SW5	Wenn unter Deck, Stauung in einem mechanisch belüfteten Raum.
SW6	Bei Stauung unter Deck muss die mechanische Lüftung die Anforderungen der SOLAS-Regel II-2/19 (II-2/54) für entzündbare flüssige Stoffe mit einem Flammpunkt unter 23 °C c.c. erfüllen.
SW7	Wie von den zuständigen Behörden der an der Beförderung beteiligten Länder zugelassen.
SW8	Lüftung kann erforderlich sein. Vor der Beladung ist in Betracht zu ziehen, dass es erforderlich sein kann, im Falle eines Brandes die Luken zu öffnen, um eine größtmögliche Durchlüftung zu erreichen, und im Notfall Wasser einzusetzen; dabei ist zu beachten, dass durch das Fluten der Laderäume eine Gefahr für die Stabilität des Schiffes entstehen kann.
SW9	Bei gesackter Ladung ist für eine gute Durchlüftung zu sorgen. Es wird Doppelreihenstauung empfohlen. Wie dies zu erreichen ist, wird durch die Zeichnung in 7.6.2.7.2.3 veranschaulicht. Während der Seereise müssen regelmäßig Temperaturmessungen in verschiedenen Tiefen des Laderaums durchgeführt und aufgezeichnet werden. Wenn die Temperatur der Ladung die Umgebungstemperatur überschritten hat und weiter ansteigt, muss die Belüftung eingestellt werden.
SW10	Die Ballen müssen mit Persenningen oder ähnlichem Material ordnungsgemäß abgedeckt werden, sofern sie nicht in geschlossenen Güterbeförderungseinheiten befördert werden. Die Laderäume müssen sauber, trocken und frei von Öl oder Fett sein. Die Lüfteröffnungen, die zum Laderaum führen, müssen mit funkensicherem Drahtgewebe versehen sein. Alle anderen zum Laderaum führenden Öffnungen, Zugänge und Luken müssen sicher verschlossen sein. Bei zeitweiliger Unterbrechung des Ladens ist bei offenen Luken eine Feuerwache aufzustellen. Beim Laden und Entladen ist das Rauchen in der Umgebung verboten und die Feuerlöscheinrichtungen sind zum sofortigen Einsatz klarzuhalten.
SW11	Die Güterbeförderungseinheiten müssen vor direkter Sonneneinstrahlung geschützt sein. Versandstücke in Güterbeförderungseinheiten sind so zu stauen, dass eine angemessene Luftzirkulation durch die Ladung hindurch möglich ist.
SW12	Unter Berücksichtigung ergänzender in den Beförderungsdokumenten festgelegter Anforderungen.
SW13	Unter Berücksichtigung ergänzender in von der zuständigen Behörde erteilten Genehmigung(en) festgelegten Anforderungen.

→ *D: GGVSee § 23 Nr. 4*

7.1.5 (Forts.)

Staucode	Beschreibung
SW14	Staukategorie A ist nur zulässig, wenn die besonderen Stauvorschriften in 7.4.1.4 und 7.6.2.8.4 erfüllt sind.
SW15	Für Fässer aus Metall, Staukategorie B.
SW16	Für Ladeeinheiten (unit loads) in offenen Güterbeförderungseinheiten ist Staukategorie B anwendbar.
SW17	Staukategorie E nur für geschlossene Güterbeförderungseinheiten und Paletten-Boxen. Lüftung kann erforderlich sein. Vor der Beladung ist in Betracht zu ziehen, dass es erforderlich sein kann, im Falle eines Brandes die Luken zu öffnen, um eine größtmögliche Durchlüftung zu erreichen, und im Notfall Wasser einzusetzen; dabei ist zu beachten, dass durch das Fluten der Laderäume eine Gefahr für die Stabilität des Schiffes entstehen kann.
SW18	Staukategorie A bei Beförderung gemäß P650.
SW19	Staukategorie C für Batterien, die in Übereinstimmung mit Sondervorschrift 376 oder Sondervorschrift 377 befördert werden, es sei denn, dass diese auf einer kurzen internationale Seereise befördert werden.
SW20	Für Uranylnitrathexahydrat-Lösung gilt Staukategorie D.
SW21	Für metallisches, pyrophores Uran und metallisches, pyrophores Thorium gilt Staukategorie D.
SW22	Für DRUCKGASPACKUNGEN mit einem Fassungsvermögen von maximal 1 Liter: Staukategorie A. Für DRUCKGASPACKUNGEN mit einem Fassungsvermögen von über 1 Liter: Staukategorie B. Für ABFALL-DRUCKGASPACKUNGEN: Staukategorie C, frei von Wohn- und Aufenthaltsräumen.
SW23	Bei Beförderung in Schüttgut-Containern des Typs BK3 siehe 7.6.2.12 und 7.7.3.9.
SW24	Für Sonderstauvorschriften siehe 7.4.1.3 und 7.6.2.7.2.
SW25	Für Sonderstauvorschriften siehe 7.6.2.7.3.
SW26	Für Sonderstauvorschriften siehe 7.4.1.4 und 7.6.2.11.1.1.
SW27	Für Sonderstauvorschriften siehe 7.6.2.7.2.1.
SW28	Wie von der zuständigen Behörde des Ursprungslandes zugelassen.
SW29	Für Motoren oder Maschinen, die Brennstoffe mit einem Flammpunkt von 23 °C oder darüber enthalten, Staukategorie A.
SW30	Für Sonderstauvorschriften siehe 7.1.4.4.5.

7.1.6 Handhabungscodes

→ 5.5.3.3.3 Die in Spalte 16a der Gefahrgutliste enthaltenen Handhabungscodes werden im Folgenden beschrieben:

Handhabungscode	Beschreibung
H1	So trocken wie möglich.
H2	So kühl wie möglich.
H3	Während der Beförderung möglichst an einem kühlen, gut belüfteten Ort stauen (oder halten).
H4	Wenn das Reinigen der Laderäume auf See durchgeführt werden muss, müssen die Sicherheitsmaßnahmen und die Qualität der verwendeten Ausrüstung mindestens so wirksam sein wie die in einem Hafen als bewährte Verfahren angewendeten. Bis zur Durchführung solcher Reinigungsarbeiten sind die Laderäume, in denen Asbest befördert worden ist, zu verschließen und der Zugang zu ihnen zu verbieten.

Kapitel 7.2
Allgemeine Trennvorschriften

→ D: GGVSee § 5
→ D: GGVSee § 17 Nr. 7
→ D: GGVSee § 23 Nr. 10
→ 3.4.4.2
→ Bilddarstellung

Einleitung 7.2.1

Dieses Kapitel enthält allgemeine Vorschriften für die Trennung von miteinander unverträglichen Gütern.

Zusätzliche Trennvorschriften sind festgelegt in:

7.3 Packen und Verwendung von Güterbeförderungseinheiten und damit zusammenhängende Vorschriften (Versandvorgänge);

7.4 Stauung und Trennung auf Containerschiffen;

7.5 Stauung und Trennung auf Ro/Ro-Schiffen;

7.6 Stauung und Trennung auf Stückgutschiffen; und

7.7 Trägerschiffsleichter auf Trägerschiffen.

Begriffsbestimmungen 7.2.2

Trennung 7.2.2.1

Trennung bezeichnet das Verfahren, zwei oder mehr Stoffe oder Gegenstände voneinander zu trennen, die als miteinander unverträglich gelten, da infolge ihrer Zusammenpackung oder Zusammenstauung im Fall einer Leckage oder einem Austritt des Inhalts oder bei einem sonstigen Unfall unvertretbare Gefahren entstehen könnten.

Da das Ausmaß der Gefahr jedoch unterschiedlich groß sein kann, können ggf. auch die zur Trennung geforderten Maßnahmen unterschiedlich sein. Die Trennung kann durch die Einhaltung bestimmter Abstände zwischen unverträglichen gefährlichen Gütern erzielt werden oder dadurch, dass ein oder mehrere stählerne Schotte oder Decks zwischen ihnen vorhanden sein müssen, oder durch eine Kombination dieser Maßnahmen. Zwischenräume zwischen solchen gefährlichen Gütern können mit anderer Ladung, die mit den jeweiligen gefährlichen Stoffen oder Gegenständen verträglich ist, aufgefüllt werden.

Trennbegriffe 7.2.2.2

Die folgenden Trennbegriffe, die durchgehend in diesem Code verwendet werden, sind in anderen Kapiteln dieses Teils bestimmt, da sie für das Packen von Güterbeförderungseinheiten und die Trennung an Bord von Schiffen unterschiedlicher Art gelten:

.1 „Entfernt von“,

.2 „Getrennt von“,

.3 „Getrennt durch eine ganze Abteilung oder einen Laderaum von“,

.4 „In Längsrichtung getrennt durch eine dazwischenliegende ganze Abteilung oder einen dazwischenliegenden Laderaum von“.

Trennbegriffe wie „Entfernt von Klasse …“, die in der Gefahrgutliste verwendet werden, bedeuten in Bezug auf „Klasse …“:

.1 alle Stoffe in „Klasse …“ und

.2 alle Stoffe, für die ein Zusatzgefahrzettel der „Klasse …“ erforderlich ist.

Trennvorschriften 7.2.3

[Vorrangregelung] 7.2.3.1

Um festzustellen, welche Anforderungen bezüglich der Trennung zweier oder mehrerer gefährlicher Güter bestehen, sind die Trennvorschriften einschließlich der Trenntabelle (7.2.4) und Spalte 16b der Gefahrgutliste heranzuziehen (siehe auch Anhang zu diesem Kapitel). Bei widersprüchlichen Vorschriften haben immer die Vorschriften in Spalte 16b der Gefahrgutliste Vorrang.

7.2.3.2 [Verbot Zusammenpacken und Zusammenladen]

Immer, wenn ein Trennbegriff Anwendung findet (siehe 7.2.2.2), dürfen die entsprechenden Güter:

.1 nicht in dieselbe Außenverpackung verpackt werden und

.2 nicht in derselben Güterbeförderungseinheit befördert werden, soweit in 7.2.6 und 7.3.4 nichts anderes bestimmt ist.

Für „begrenzte Mengen" und „freigestellte Mengen" siehe Kapitel 3.4 und 3.5

7.2.3.3 [Vorrangregelung]

Wenn die Bestimmungen dieses Codes eine einzelne Zusatzgefahr (ein Zusatzgefahrzettel) angeben, sind die für diese Gefahr geltenden Trennvorschriften vorrangig einzuhalten, wenn sie strenger sind als die Trennvorschriften für die Hauptgefahr. Für eine Zusatzgefahr der Klasse 1 gelten die Trennvorschriften für Klasse 1 Unterklasse 1.3.

7.2.3.4 [Mehrfachgefahren]
→ *7.2.3.3*

Die Trennvorschriften für Stoffe oder Gegenstände, die mehr als zwei Gefahren (zwei oder mehrere Zusatzgefahrzettel) aufweisen, sind in Spalte 16b der Gefahrgutliste aufgeführt.

Zum Beispiel:

In der Gefahrgutliste enthält die Eintragung für BROMCHLORID, Klasse 2.3, UN 2901, Zusatzgefahren 5.1 und 8, die folgende besondere Trennvorschrift:

„SG6 (Trennung wie für Klasse 5.1) und SG19 („Getrennt von" Klasse 7 stauen)".

7.2.4 Trenntabelle

Die allgemeinen Vorschriften für die Trennung zwischen den verschiedenen Klassen gefährlicher Güter sind in der nachstehenden „Trenntabelle" angegeben.

Da die Eigenschaften der Stoffe oder Gegenstände in den einzelnen Klassen sehr unterschiedlich sein können, ist immer in der Gefahrgutliste nachzusehen, ob besondere Trennvorschriften anzuwenden sind; im Falle sich widersprechender Vorschriften haben diese den Vorrang vor den allgemeinen Vorschriften. **7.2.4** (Forts.)

Für die Trennung ist auch ein einzelner Zusatzgefahrzettel zu berücksichtigen.

→ 7.2.3.4

KLASSE		**1.1 1.2 1.5**	**1.3 1.6**	**1.4**	**2.1**	**2.2**	**2.3**	**3**	**4.1**	**4.2**	**4.3**	**5.1**	**5.2**	**6.1**	**6.2**	**7**	**8**	**9**
Explosive Stoffe und Gegenstände mit Explosivstoff	**1.1, 1.2, 1.5**	*	*	*	4	2	2	4	4	4	4	4	4	2	4	2	4	X
	1.3, 1.6	*	*	*	4	2	2	4	3	3	4	4	4	2	4	2	2	X
	1.4	*	*	*	2	1	1	2	2	2	2	2	2	X	4	2	2	X
Entzündbare Gase	**2.1**	4	4	2	X	X	X	2	1	2	2	2	2	X	4	2	1	X
Nicht giftige, nicht entzündbare Gase	**2.2**	2	2	1	X	X	X	1	X	1	X	X	1	X	2	1	X	X
Giftige Gase	**2.3**	2	2	1	X	X	X	2	X	2	X	X	2	X	2	1	X	X
Entzündbare flüssige Stoffe	**3**	4	4	2	2	1	2	X	X	2	2	2	2	X	3	2	X	X
Entzündbare feste Stoffe (einschließlich selbstzersetzliche Stoffe sowie desensibilisierte explosive feste Stoffe)	**4.1**	4	3	2	1	X	X	X	X	1	X	1	2	X	3	2	1	X
Selbstentzündliche Stoffe	**4.2**	4	3	2	2	1	2	2	1	X	1	2	2	1	3	2	1	X
Stoffe, die in Berührung mit Wasser entzündbare Gase entwickeln	**4.3**	4	4	2	2	X	X	2	X	1	X	2	2	X	2	2	1	X
Entzündend (oxidierend) wirkende Stoffe	**5.1**	4	4	2	2	X	X	2	1	2	2	X	2	1	3	1	2	X
Organische Peroxide	**5.2**	4	4	2	2	1	2	2	2	2	2	2	X	1	3	2	2	X
Giftige Stoffe	**6.1**	2	2	X	X	X	X	X	X	1	X	1	1	X	1	X	X	X
Ansteckungsgefährliche Stoffe	**6.2**	4	4	4	4	2	2	3	3	3	2	3	3	1	X	3	3	X
Radioaktive Stoffe	**7**	2	2	2	2	1	1	2	2	2	2	1	2	X	3	X	2	X
Ätzende Stoffe	**8**	4	2	2	1	X	X	X	1	1	1	2	2	X	3	2	X	X
Verschiedene gefährliche Stoffe und Gegenstände	**9**	X	X	X	X	X	X	X	X	X	X	X	X	X	X	X	X	X

Die Zahlen und Zeichen in der Tabelle haben die folgende Bedeutung:

1 – „Entfernt von“

2 – „Getrennt von“

3 – „Getrennt durch eine ganze Abteilung oder einen Laderaum von“

4 – „In Längsrichtung getrennt durch eine dazwischenliegende ganze Abteilung oder einen dazwischenliegenden Laderaum von“

X – Die Gefahrgutliste ist heranzuziehen, um festzustellen, ob besondere Trennvorschriften anzuwenden sind.

*– Siehe 7.2.7.1 in diesem Kapitel im Hinblick auf Vorschriften für die Trennung von Stoffen oder Gegenständen der Klasse 1.

7.2.5 Trenngruppen

7.2.5.1 [Anwendbare Bestimmungen]

Zum Zweck der Trennung werden gefährliche Güter, die ähnliche chemische Eigenschaften haben, in Trenngruppen zusammengefasst; die Trenngruppen sind in 7.2.5.2 aufgeführt. Die Eintragungen, die den jeweiligen Trenngruppen zugeordnet sind, sind in 3.1.4.4 aufgeführt und in Spalte 16b der Gefahrgutliste durch einen Trenngruppencode angegeben.

7.2.5.2 [Trenngruppencodes]

Die in Spalte 16b der Gefahrgutliste enthaltenen Trenngruppencodes werden im Folgenden beschrieben:

Trenngruppen-code	Trenngruppe	Beschreibung
SGG1	1	Säuren
SGG1a	1, Eintragungen gekennzeichnet mit *)	*) kennzeichnet starke Säuren
SGG2	2	Ammoniumverbindungen
SGG3	3	Bromate
SGG4	4	Chlorate
SGG5	5	Chlorite
SGG6	6	Cyanide
SGG7	7	Schwermetalle und ihre Salze (einschließlich ihrer metallorganischen Verbindungen)
SGG8	8	Hypochlorite
SGG9	9	Blei und Bleiverbindungen
SGG10	10	flüssige halogenierte Kohlenwasserstoffe
SGG11	11	Quecksilber und Quecksilberverbindungen
SGG12	12	Nitrite und ihre Gemische
SGG13	13	Perchlorate
SGG14	14	Permanganate
SGG15	15	pulverförmige Metalle
SGG16	16	Peroxide
SGG17	17	Azide
SGG18	18	Alkalien

7.2.5.3 [N.A.G.-Eintragungen]

Anerkanntermaßen sind nicht alle Stoffe, Mischungen, Lösungen oder Zubereitungen, die in eine Trenngruppe fallen, im IMDG-Code namentlich aufgeführt. Diese werden unter N.A.G.-Eintragungen befördert. Wenn diese N.A.G.-Eintragungen in den Trenngruppen nicht selbst aufgeführt sind (siehe 3.1.4.4), muss der Versender entscheiden, ob eine Zuordnung zu einer Trenngruppe vorzunehmen ist, und dies gegebenenfalls im Beförderungsdokument angeben (siehe 5.4.1.5.11).

[Nicht gefährliche Stoffe] 7.2.5.4

Die Trenngruppen in diesem Code decken nicht diejenigen Stoffe ab, die nicht die Einstufungskriterien dieses Codes erfüllen. Es ist bekannt, dass einige nicht gefährliche Stoffe ähnliche chemische Eigenschaften haben wie Stoffe, die in den Trenngruppen aufgeführt sind. Der Versender oder die Person, die für das Packen der Güter in eine Güterbeförderungseinheit verantwortlich ist und Kenntnisse über die chemischen Eigenschaften solcher nicht gefährlicher Güter hat, kann auf freiwilliger Basis entscheiden, die Bestimmungen für die entsprechenden Trenngruppen anzuwenden.

Besondere Trennvorschriften und Ausnahmen 7.2.6

[Gefährliche Reaktion] 7.2.6.1

Ungeachtet der Vorschriften in 7.2.3.3 und 7.2.3.4 dürfen Stoffe derselben Klasse ohne Berücksichtigung der Trennung, die aufgrund von Zusatzgefahren (Zusatzgefahrzettel) erforderlich ist, zusammengestaut werden, vorausgesetzt, die Stoffe reagieren nicht gefährlich miteinander und verursachen keine:

.1 Verbrennung und/oder Entwicklung beträchtlicher Wärme,

.2 Entwicklung entzündbarer, giftiger oder erstickender Gase,

.3 Bildung ätzender Stoffe oder

.4 Bildung instabiler Stoffe.

[Anwendung Gefahrgutliste] 7.2.6.2

Wenn in der Gefahrgutliste festgelegt ist, dass „Trennung wie für Klasse …" anzuwenden ist, müssen die für diese Klasse zutreffenden Trennvorschriften gemäß 7.2.4 angewendet werden. Jedoch müssen im Sinne der Auslegung von 7.2.6.1, die erlaubt, dass Stoffe derselben Klasse zusammengestaut werden dürfen, vorausgesetzt, sie reagieren nicht gefährlich miteinander, die Trennvorschriften für die Klasse, die als Hauptgefahr in der Gefahrgutliste angegeben ist, angewendet werden.

Zum Beispiel:

UN 2965 – BORTRIFLUORIDDIMETHYLETHERAT, Klasse 4.3

In der Eintragung in der Gefahrgutliste ist angegeben „SG5 (Trennung wie für Klasse 3), SG8 („Entfernt von" Klasse 4.1 stauen) und SG13 („Entfernt von" Klasse 8 stauen)".

Zur Ermittlung der Trennvorschriften entsprechend 7.2.4 muss die Spalte für Klasse 3 hinzugezogen werden.

Der Stoff darf zusammen mit anderen Stoffen der Klasse 4.3 gestaut werden, wenn sie nicht gefährlich miteinander reagieren (siehe 7.2.6.1).

[Ausnahmen vom Trenngebot] 7.2.6.3

Eine Trennung ist nicht erforderlich:

.1 zwischen gefährlichen Gütern, die zwar in unterschiedlichen Klassen eingestuft sind, aber aus dem gleichen Stoff bestehen, wenn der Unterschied nur auf dem unterschiedlichen Wassergehalt beruht, wie z. B. Natriumsulfid in den Klassen 4.2 und 8, oder für Klasse 7, wenn es sich nur um unterschiedliche Mengen handelt;

.2 zwischen gefährlichen Gütern, die zwar zu einer in unterschiedlichen Klassen eingestuften Gruppe von Stoffen gehören, aber für die wissenschaftlich nachgewiesen wurde, dass sie nicht gefährlich reagieren, wenn sie miteinander in Kontakt kommen. Stoffe, die innerhalb derselben Tabelle 7.2.6.3.1, 7.2.6.3.2 oder 7.2.6.3.3 erscheinen, sind miteinander verträglich;

.3 bei Stoffen in der Tabelle 7.2.6.3.4 mit der Ausnahme, dass die in 7.2.6.1.1 bis 7.2.6.1.4 aufgeführten gefährlichen Reaktionen weiterhin gebührend berücksichtigt werden müssen.

7.2.6.3
(Forts.)

Tabelle 7.2.6.3.1

UN-Nr.	Richtiger technischer Name	Klasse	Zusatzgefahr(en)	Verpackungsgruppe
2014	WASSERSTOFFPEROXID, WÄSSERIGE LÖSUNG mit mindestens 20 %, aber höchstens 60 % Wasserstoffperoxid (Stabilisierung nach Bedarf)	5.1	8	II
2984	WASSERSTOFFPEROXID, WÄSSERIGE LÖSUNG mit mindestens 8 %, aber weniger als 20 % Wasserstoffperoxid (Stabilisierung nach Bedarf)	5.1		III
3105	ORGANISCHES PEROXID TYP D, FLÜSSIG (Peroxyessigsäure, Typ D, stabilisiert)	5.2	8	
3107	ORGANISCHES PEROXID TYP E, FLÜSSIG (Peroxyessigsäure, Typ E, stabilisiert)	5.2	8	
3109	ORGANISCHES PEROXID TYP F, FLÜSSIG (Peroxyessigsäure, Typ F, stabilisiert)	5.2	8	
3149	WASSERSTOFFPEROXID UND PEROXYESSIGSÄURE, MISCHUNG, STABILISIERT mit Säure(n), Wasser und höchstens 5 % Peroxyessigsäure	5.1	8	II

Tabelle 7.2.6.3.2

UN-Nr.	Richtiger technischer Name	Klasse	Zusatzgefahr(en)	Verpackungsgruppe
1295	TRICHLORSILAN	4.3	3/8	I
1818	SILICIUMTETRACHLORID	8	–	II
2189	DICHLORSILAN	2.3	2.1/8	–

Tabelle 7.2.6.3.3

UN-Nr.	Richtiger technischer Name	Klasse	Zusatzgefahr(en)	Verpackungsgruppe
3391	PYROPHORER METALLORGANISCHER FESTER STOFF	4.2		I
3392	PYROPHORER METALLORGANISCHER FLÜSSIGER STOFF	4.2		I
3393	PYROPHORER METALLORGANISCHER FESTER STOFF, MIT WASSER REAGIEREND	4.2	4.3	I
3394	PYROPHORER METALLORGANISCHER FLÜSSIGER STOFF, MIT WASSER REAGIEREND	4.2	4.3	I
3395	MIT WASSER REAGIERENDER METALLORGANISCHER FESTER STOFF	4.3		I, II, III
3396	MIT WASSER REAGIERENDER METALLORGANISCHER FESTER STOFF, ENTZÜNDBAR	4.3	4.1	I, II, III
3397	MIT WASSER REAGIERENDER METALLORGANISCHER FESTER STOFF, SELBSTERHITZUNGSFÄHIG	4.3	4.2	I, II, III
3398	MIT WASSER REAGIERENDER METALLORGANISCHER FLÜSSIGER STOFF	4.3		I, II, III
3399	MIT WASSER REAGIERENDER METALLORGANISCHER FLÜSSIGER STOFF, ENTZÜNDBAR	4.3	3	I, II, III
3400	SELBSTERHITZUNGSFÄHIGER METALLORGANISCHER FESTER STOFF	4.2		II, III

Tabelle 7.2.6.3.4 7.2.6.3 (Forts.)

UN-Nr.*	Richtiger technischer Name	Klasse	Zusatzgefahr(en)	Verpackungsgruppe
3101	ORGANISCHES PEROXID TYP B, FLÜSSIG	5.2	1 und/oder 8	–
3102	ORGANISCHES PEROXID TYP B, FEST	5.2	1 und/oder 8	–
3103	ORGANISCHES PEROXID TYP C, FLÜSSIG	5.2	keine oder 8	–
3104	ORGANISCHES PEROXID TYP C, FEST	5.2	keine oder 8	–
3105	ORGANISCHES PEROXID TYP D, FLÜSSIG	5.2	keine oder 8	–
3106	ORGANISCHES PEROXID TYP D, FEST	5.2	keine oder 8	–
3107	ORGANISCHES PEROXID TYP E, FLÜSSIG	5.2	keine oder 8	–
3108	ORGANISCHES PEROXID TYP E, FEST	5.2	keine oder 8	–
3109	ORGANISCHES PEROXID TYP F, FLÜSSIG	5.2	keine oder 8	–
3110	ORGANISCHES PEROXID TYP F, FEST	5.2	keine oder 8	–
3111	ORGANISCHES PEROXID TYP B, FLÜSSIG, TEMPERATURKONTROLLIERT	5.2	1 und/oder 8	–
3112	ORGANISCHES PEROXID TYP B, FEST, TEMPERATURKONTROLLIERT	5.2	1 und/oder 8	–
3113	ORGANISCHES PEROXID TYP C, FLÜSSIG, TEMPERATURKONTROLLIERT	5.2	keine oder 8	–
3114	ORGANISCHES PEROXID TYP C, FEST, TEMPERATURKONTROLLIERT	5.2	keine oder 8	–
3115	ORGANISCHES PEROXID TYP D, FLÜSSIG, TEMPERATURKONTROLLIERT	5.2	keine oder 8	–
3116	ORGANISCHES PEROXID TYP D, FEST, TEMPERATURKONTROLLIERT	5.2	keine oder 8	–
3117	ORGANISCHES PEROXID TYP E, FLÜSSIG, TEMPERATURKONTROLLIERT	5.2	keine oder 8	–
3118	ORGANISCHES PEROXID TYP E, FEST, TEMPERATURKONTROLLIERT	5.2	keine oder 8	–
3119	ORGANISCHES PEROXID TYP F, FLÜSSIG, TEMPERATURKONTROLLIERT	5.2	keine oder 8	–
3120	ORGANISCHES PEROXID TYP F, FEST, TEMPERATURKONTROLLIERT	5.2	keine oder 8	–
1325	ENTZÜNDBARER ORGANISCHER FESTER STOFF, N.A.G. mit einer in 2.5.3.2.4 unter „freigestellt" aufgeführten technischen Benennung	4.1	keine	II, III

* Ausgenommen Stoffe mit der technischen Benennung PEROXYESSIGSÄURE.

[Berücksichtigung gefährlicher Reaktionen] 7.2.6.4

Ungeachtet der Tabelle 7.2.6.3.4 müssen die in 7.2.6.1.1 bis 7.2.6.1.4 aufgeführten gefährlichen Reaktionen weiterhin gebührend berücksichtigt werden.

[Ausnahmen vom Trenngebot Klasse 8] 7.2.6.5

Ungeachtet der Vorschriften in 7.2.5 dürfen Stoffe der Klasse 8, Verpackungsgruppe II oder III, die ansonsten aufgrund der Vorschriften betreffend die Trenngruppen, wie in Spalte 16b der Gefahrgutliste mit einem Eintrag „Entfernt von" oder „Getrennt von" „Säuren" oder „Entfernt von" oder „Getrennt von" „Alkalien" angegeben, voneinander getrennt werden müssten, unabhängig davon, ob sie sich in derselben Verpackung befinden, in derselben Güterbeförderungseinheit befördert werden, vorausgesetzt, dass:

7.2.6.5 (Forts.)

.1 die Stoffe den Vorschriften in 7.2.6.1 entsprechen;

.2 das Versandstück höchstens 30 Liter an flüssigen Stoffen oder 30 kg an festen Stoffen enthält;

.3 das Beförderungsdokument die nach 5.4.1.5.11.3 erforderliche Erklärung enthält und

.4 eine Kopie des Prüfberichts, mit dem nachgewiesen wird, dass die Stoffe nicht gefährlich miteinander reagieren, auf Verlangen der zuständigen Behörde zur Verfügung gestellt wird.

7.2.7 Trennung von Gütern der Klasse 1

7.2.7.1 Trennung zwischen Gütern der Klasse 1

7.2.7.1.1 [Anwendbare Bestimmung]

Güter der Klasse 1 dürfen nach den Vorgaben in 7.2.7.1.4 in derselben Abteilung, demselben Laderaum oder in derselben geschlossenen Güterbeförderungseinheit gestaut werden. In den anderen Fällen sind sie in unterschiedlichen Abteilungen oder Laderäumen oder in unterschiedlichen geschlossenen Güterbeförderungseinheiten zu stauen.

7.2.7.1.2 [Vorrangregelung]

Wenn Güter, für die unterschiedliche Staumethoden vorgeschrieben sind, gemäß 7.2.7.1.4 in derselben Abteilung, demselben Laderaum oder derselben geschlossenen Güterbeförderungseinheit befördert werden dürfen, so gilt die Staumethode mit den strengsten Bestimmungen für die gesamte Ladung.

7.2.7.1.3 [Behandlung gemischter Ladung]

Wird eine gemischte Ladung von Gütern verschiedener Unterklassen in derselben Abteilung, demselben Laderaum oder derselben geschlossenen Güterbeförderungseinheit befördert, so ist die gesamte Ladung so zu behandeln, als gehöre sie der Unterklasse in der Reihenfolge 1.1 (höchste Gefahr), 1.5, 1.2, 1.3, 1.6, und 1.4 (geringste Gefahr) an und die Staumethode mit den strengsten Bestimmungen gilt für die gesamten Ladung.

7.2.7.1.4 Zulässige gemischte Stauung für Güter der Klasse 1

Verträglichkeitsgruppe	A	B	C	D	E	F	G	H	J	K	L	N	S
A	X												
B		X											X
C			X	X[6]	X[6]		X[1]					X[4]	X
D			X[6]	X	X[6]		X[1]					X[4]	X
E			X[6]	X[6]	X		X[1]					X[4]	X
F						X							X
G			X[1]	X[1]	X[1]		X						X
H								X					X
J									X				X
K										X			X
L											X[2]		
N			X[4]	X[4]	X[4]							X[3]	X[5]
S		X	X	X	X	X	X	X	X	X		X[5]	X

„X“ bedeutet, dass Güter der betreffenden Verträglichkeitsgruppen in derselben Abteilung, demselben Laderaum oder derselben geschlossenen Güterbeförderungseinheit gestaut werden dürfen.

Bemerkungen: 7.2.7.1.4 (Forts.)

1 *Gegenstände mit Explosivstoff der Verträglichkeitsgruppe G (außer Feuerwerkskörpern und solchen Gegenständen, für die eine besondere Stauung erforderlich ist) dürfen zusammen mit Gegenständen mit Explosivstoff der Verträglichkeitsgruppen C, D und E gestaut werden, vorausgesetzt, dass keine explosiven Stoffe in derselben Abteilung, demselben Laderaum oder derselben geschlossenen Güterbeförderungseinheit befördert werden.*

2 *Eine Sendung mit einer Art von Gütern der Verträglichkeitsgruppe L darf nur zusammen mit einer Sendung derselben Art von Gütern der Verträglichkeitsgruppe L gestaut werden.*

3 *Verschiedene Arten von Gegenständen der Unterklasse 1.6 Verträglichkeitsgruppe N dürfen nur zusammen befördert werden, wenn nachgewiesen ist, dass keine zusätzliche Gefahr einer sympathetischen Detonation der Gegenstände besteht. Anderenfalls müssen sie wie Unterklasse 1.1 behandelt werden.*

4 *Wenn Gegenstände der Verträglichkeitsgruppe N mit Gegenständen oder Stoffen der Verträglichkeitsgruppen C, D oder E befördert werden, müssen die Güter der Verträglichkeitsgruppe N wie Verträglichkeitsgruppe D behandelt werden.*

5 *Wenn Gegenstände der Verträglichkeitsgruppe N zusammen mit Gegenständen oder Stoffen der Verträglichkeitsgruppe S befördert werden, muss die gesamte Ladung wie Verträglichkeitsgruppe N behandelt werden.*

6 *Jede Kombination von Gegenständen der Verträglichkeitsgruppen C, D und E muss wie Verträglichkeitsgruppe E behandelt werden. Jede Kombination von Stoffen der Verträglichkeitsgruppen C und D muss wie die am besten passende Verträglichkeitsgruppe gemäß 2.1.2.3 unter Berücksichtigung der Haupteigenschaften der zusammengeladenen Stoffe behandelt werden. Dieser Gesamtklassifizierungscode muss auf jedem Gefahrzettel oder Placard auf einer Ladeeinheit oder geschlossenen Güterbeförderungseinheit gemäß 5.2.2.2.2 erscheinen.*

[Geschlossene Güterbeförderungseinheiten] 7.2.7.1.5

Geschlossene Güterbeförderungseinheiten mit verschiedenen Gütern der Klasse 1 bedürfen keiner Trennung, sofern die Güter nach 7.2.7.1.4 zusammen befördert werden dürfen. Wenn dies nicht erlaubt ist, müssen geschlossene Güterbeförderungseinheiten „Getrennt von“ einander gestaut werden.

Trennung von Gütern anderer Klassen 7.2.7.2

[Erleichterung für bestimmte Stoffe Klasse 5.1] 7.2.7.2.1

Unbeschadet der Trennvorschriften dieses Kapitels dürfen AMMONIUMNITRAT (UN 1942), AMMONIUMNITRATHALTIGES DÜNGEMITTEL (UN 2067), Alkalimetallnitrate (z. B. UN 1486) und Erdalkalimetallnitrate (z. B. UN 1454) zusammen mit Sprengstoffen (ausgenommen SPRENGSTOFF, TYP C, UN 0083) gestaut werden, vorausgesetzt, dass die zusammengestauten Stoffe insgesamt als Sprengstoffe der Klasse 1 behandelt werden.

Bemerkung: *Zu den Alkalimetallnitraten gehören Caesiumnitrat (UN 1451), Kaliumnitrat (UN 1486), Lithiumnitrat (UN 2722), Natriumnitrat (UN 1498) und Rubidiumnitrat (UN 1477). Zu den Erdalkalimetallnitraten gehören Bariumnitrat (UN 1446), Berylliumnitrat (UN 2464), Calciumnitrat (UN 1454), Magnesiumnitrat (UN 1474) und Strontiumnitrat (UN 1507).*

Trenncodes 7.2.8 *→ 3.4.4.2 Satz 1*

Die in Spalte 16b der Gefahrgutliste enthaltenen Trenncodes werden im Folgenden beschrieben:

Trenncode	Beschreibung
SG1	Für Versandstücke mit einem Zusatzgefahrzettel der Klasse 1, Trennung wie für Klasse 1, Unterklasse 1.3. In Bezug auf Stoffe der Klasse 1 jedoch Trennung wie für die Hauptgefahr.
SG2	Trennung wie für Klasse 1.2G.
SG3	Trennung wie für Klasse 1.3G.
SG4	Trennung wie für Klasse 2.1.
SG5	Trennung wie für Klasse 3.
SG6	Trennung wie für Klasse 5.1.
SG7	„Entfernt von“ Klasse 3 stauen.
SG8	„Entfernt von“ Klasse 4.1 stauen.
SG9	„Entfernt von“ Klasse 4.3 stauen.
SG10	„Entfernt von“ Klasse 5.1 stauen.
SG11	„Entfernt von“ Klasse 6.2 stauen.
SG12	„Entfernt von“ Klasse 7 stauen.
SG13	„Entfernt von“ Klasse 8 stauen.

7.2.8 (Forts.)

Trenncode	Beschreibung
SG14	„Getrennt von" Klasse 1 mit Ausnahme von Unterklasse 1.4S stauen.
SG15	„Getrennt von" Klasse 3 stauen.
SG16	„Getrennt von" Klasse 4.1 stauen.
SG17	„Getrennt von" Klasse 5.1 stauen.
SG18	„Getrennt von" Klasse 6.2 stauen.
SG19	„Getrennt von" Klasse 7 stauen.
SG20	„Entfernt von" SGG1 – Säuren stauen.
SG21	„Entfernt von" SGG18 – Alkalien stauen.
SG22	„Entfernt von" Ammoniumsalzen stauen.
SG23	„Entfernt von" tierischen und pflanzlichen Ölen stauen.
SG24	„Entfernt von" SGG17 – Aziden stauen.
SG25	„Getrennt von" Klassen 2.1 und 3 stauen.
SG26	Zusätzlich: Von Stoffen der Klassen 2.1 und 3 muss bei Stauung an Deck eines Containerschiffs ein Mindestabstand in Querrichtung von zwei Container-Stellplätzen, bei Stauung auf Ro/Ro-Schiffen ein Abstand in Querrichtung von 6 m eingehalten werden.
SG27	„Entfernt von" explosiven Stoffen und Gegenständen mit Explosivstoff, die Chlorate oder Perchlorate enthalten, stauen.
SG28	„Entfernt von" SGG2 – Ammoniumverbindungen und explosiven Stoffen und Gegenständen mit Explosivstoff, die Ammoniumverbindungen oder Ammoniumsalze enthalten, stauen.
SG29	Trennung von Nahrungs- und Futtermitteln gemäß 7.3.4.2.2, 7.6.3.1.2 oder 7.7.3.7.
SG30	„Entfernt von" SGG7 – Schwermetallen und deren Salzen stauen.
SG31	„Entfernt von" SGG9 – Blei und seinen Verbindungen stauen.
SG32	„Entfernt von" SGG10 – flüssigen halogenierten Kohlenwasserstoffen stauen.
SG33	„Entfernt von" SGG15 – pulverförmigen Metallen stauen.
SG34	Wenn Ammoniumverbindungen enthalten sind, „Entfernt von" SGG4 – Chloraten oder SGG13 – Perchloraten und explosiven Stoffen und Gegenständen mit Explosivstoff, die Chlorate oder Perchlorate enthalten, stauen.
SG35	„Getrennt von" SGG1 – Säuren stauen.
SG36	„Getrennt von" SGG18 – Alkalien stauen.
SG37	„Getrennt von" Ammoniak stauen.
SG38	„Getrennt von" SGG2 – Ammoniumverbindungen stauen.
SG39	„Getrennt von" SGG2 – Ammoniumverbindungen, anderen als AMMONIUMPERSULFAT (UN 1444), stauen.
SG40	„Getrennt von" SGG2 – Ammoniumverbindungen, anderen als Gemische von Ammoniumpersulfaten und/oder Kaliumpersulfaten und/oder Natriumpersulfaten, stauen.
SG41	„Getrennt von" tierischen und pflanzlichen Ölen stauen.
SG42	„Getrennt von" SGG3 – Bromaten stauen.
SG43	„Getrennt von" Brom stauen.
SG44	„Getrennt von" TETRACHLORKOHLENSTOFF (UN 1846) stauen.
SG45	„Getrennt von" SGG4 – Chloraten stauen.
SG46	„Getrennt von" Chlor stauen.
SG47	„Getrennt von" SGG5 – Chloriten stauen.

7.2.8 (Forts.)

Trenncode	Beschreibung
SG48	„Getrennt von“ brennbaren Stoffen (insbesondere von flüssigen Stoffen) stauen. Brennbare Stoffe umfassen nicht Verpackungs- oder Staumaterial.
SG49	„Getrennt von“ SGG6 – Cyaniden stauen.
SG50	Trennung von Nahrungs- und Futtermitteln gemäß 7.3.4.2.1, 7.6.3.1.2 oder 7.7.3.6.
SG51	„Getrennt von“ SGG8 – Hypochloriten stauen.
SG52	„Getrennt von“ Eisenoxid stauen.
SG53	„Getrennt von“ flüssigen organischen Stoffen stauen.
SG54	„Getrennt von“ SGG11 – Quecksilber und seinen Verbindungen stauen.
SG55	„Getrennt von“ Quecksilbersalzen stauen.
SG56	„Getrennt von“ SGG12 – Nitriten stauen.
SG57	„Getrennt von“ geruchsempfindlichen Ladungen stauen.
SG58	„Getrennt von“ SGG13 – Perchloraten stauen.
SG59	„Getrennt von“ SGG14 – Permanganaten stauen.
SG60	„Getrennt von“ SGG16 – Peroxiden stauen.
SG61	„Getrennt von“ SGG15 – pulverförmigen Metallen stauen.
SG62	„Getrennt von“ Schwefel stauen.
SG63	„In Längsrichtung getrennt durch eine dazwischenliegende ganze Abteilung oder einen dazwischenliegenden Laderaum von“ Klasse 1 stauen.
SG64	(bleibt offen)
SG65	„Getrennt durch eine dazwischenliegende ganze Abteilung oder einen dazwischenliegenden Laderaum von“ Klasse 1 außer Unterklasse 1.4 stauen.
SG66	(bleibt offen)
SG67	„Getrennt von“ Unterklasse 1.4 und „In Längsrichtung getrennt durch eine dazwischenliegende ganze Abteilung oder einen dazwischenliegenden Laderaum von“ Unterklassen 1.1, 1.2, 1.3, 1.5 und 1.6 außer den explosiven Stoffen und Gegenständen mit Explosivstoff der Verträglichkeitsgruppe J stauen.
SG68	Wenn Flammpunkt 60 °C c.c. oder darunter, Trennung wie für Klasse 3, jedoch „Entfernt von“ Klasse 4.1.
SG69	Für DRUCKGASPACKUNGEN mit einem Fassungsvermögen von maximal 1 Liter: Trennung wie für Klasse 9. „Getrennt von“ Klasse 1 mit Ausnahme von Unterklasse 1.4 stauen. Für DRUCKGASPACKUNGEN mit einem Fassungsvermögen von über 1 Liter: Trennung wie für die entsprechende Unterklasse der Klasse 2. Für ABFALL-DRUCKGASPACKUNGEN: Trennung wie für die entsprechende Unterklasse der Klasse 2.
SG70	Für Arsensulfide, „Getrennt von“ SGG1 – Säuren.
SG71	Gefährliche Güter, die Bestandteil des vollständigen Rettungsgeräts sind, sind von den Trennvorschriften in Kapitel 7.2 ausgenommen.
SG72	Siehe Tabellen in 7.2.6.3.
SG73	(bleibt offen)
SG74	Trennung wie für Klasse 1.4G.
SG75	„Getrennt von“ SGG1a – starken Säuren stauen.
SG76	Trennung wie für Klasse 7.
SG77	Trennung wie für Klasse 8. In Bezug auf Klasse 7 ist jedoch keine Trennung erforderlich.
SG78	„In Längsrichtung getrennt durch eine dazwischenliegende ganze Abteilung oder einen dazwischenliegenden Laderaum von“ Unterklasse 1.1, 1.2 und 1.5 stauen.

Anlage
→ *1.1.1.5*

Anlage
Flussdiagramm Trennung

Die Verwendung dieses Flussdiagramms ist nicht zwingend vorgeschrieben und es wird ausschließlich zu Informationszwecken dargestellt.

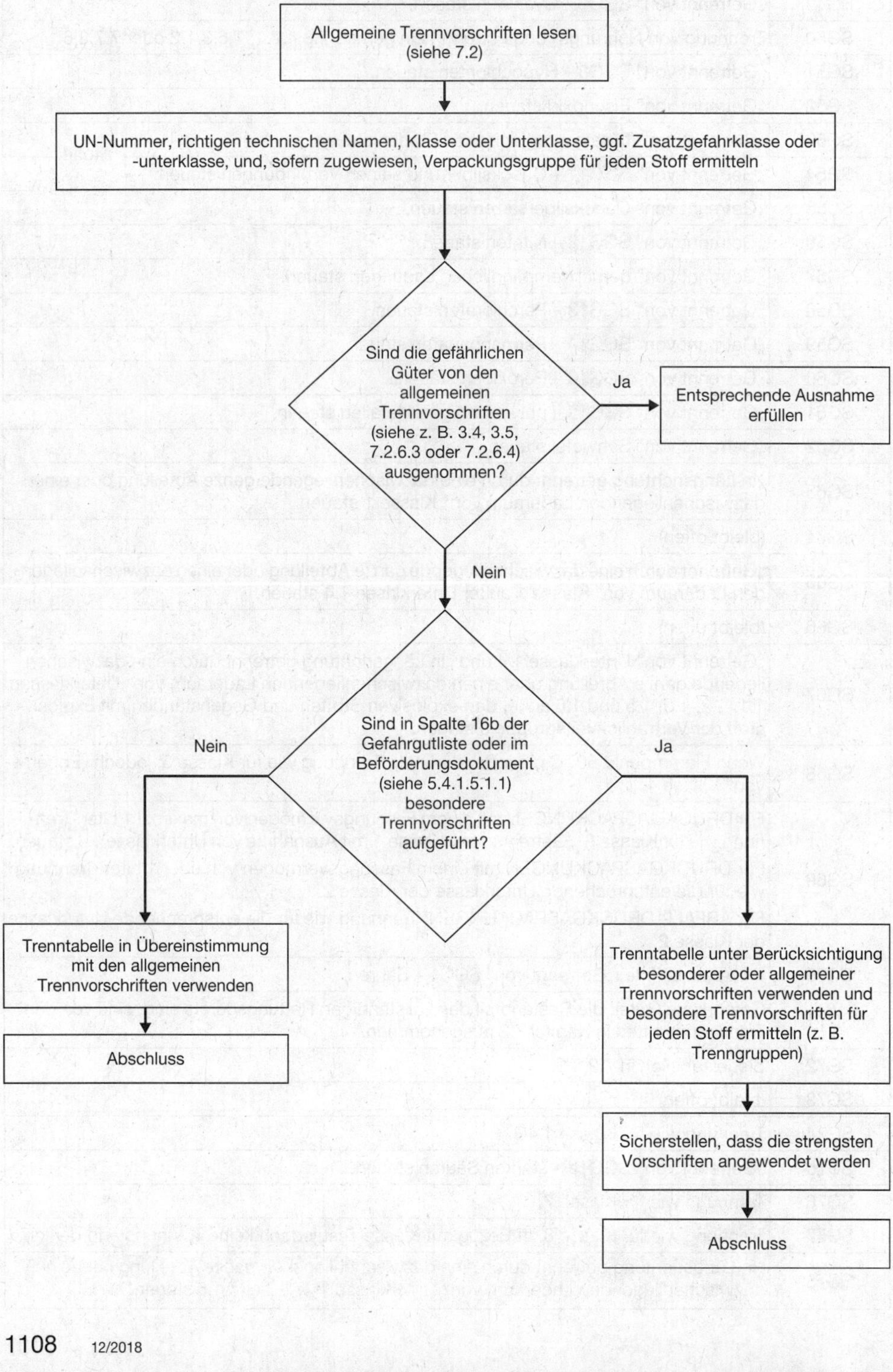

Beispiele **Anlage** (Forts.)

Die folgenden Beispiele veranschaulichen lediglich den Ablauf der Trennung. Weiter unten in diesem Code aufgeführte zusätzliche Vorschriften können anwendbar sein (z. B. 7.3.4).

1 Trennung von 300 kg Zelluloid, Abfall (UN 2002) in einem Fass und 200 l Epibromhydrin (UN 2558) in einem Fass

.1 Gemäß der Gefahrgutliste ist UN 2002 der Klasse 4.2, Verpackungsgruppe III, zugeordnet und UN 2558 der Klasse 6.1, Verpackungsgruppe I, mit einer Zusatzgefahr der Klasse 3.

.2 Keine der UN-Nummern unterliegt Ausnahmen gemäß den Vorschriften in 3.4, 3.5, 7.2.6.3 und 7.2.6.4.

.3 Spalte 16b der Gefahrgutliste enthält keine besonderen Trennvorschriften für diese Stoffe.

.4 In der Trenntabelle in 7.2.4 steht an der Schnittstelle für die Klassen 4.2 und 6.1 die Zahl 1, während für die Klassen 4.2 und 3 an der Schnittstelle die Zahl 2 steht. 2 ist der strengere Wert; daher müssen die Stoffe „Getrennt von" einander sein.

2 Trennung von 50 kg Kaliumperchlorat (UN 1489) in einem Fass und 50 kg Nickelcyanid (UN 1653) in einem Fass

.1 Gemäß der Gefahrgutliste ist UN 1489 der Klasse 5.1, Verpackungsgruppe II, und UN 1653 der Klasse 6.1, Verpackungsgruppe II, zugeordnet.

.2 Keine der UN-Nummern unterliegt Ausnahmen gemäß den Vorschriften in 3.4, 3.5, 7.2.6.3 und 7.2.6.4.

.3 Bei UN 1489 enthält Spalte 16b der Gefahrgutliste die Angaben „SG38" („Getrennt von" Ammoniumverbindungen) und „SG49" („Getrennt von" Cyaniden).

.4 Bei UN 1653 enthält Spalte 16b der Gefahrgutliste die Angabe „SG35" („Getrennt von" Säuren).

.5 In der Trenntabelle in 7.2.4 steht an der Schnittstelle für die Klassen 5.1 und 6.1 eine „1".

.6 Gemäß den Trenngruppen in Abschnitt 3.1.4 ist UN 1653 in Gruppe 6 (Cyanide) aufgeführt.

.7 Daher müssen die Stoffe „Getrennt von" einander sein.

3 Trennung von 10 kg Aceton (UN 1090) in einer Kiste und 20 kg Ethyldichlorsilan (UN 1183) in einer anderen Kiste.

.1 Gemäß der Gefahrgutliste ist UN 1090 der Klasse 3, Verpackungsgruppe II, zugeordnet.

.2 Gemäß der Gefahrgutliste ist UN 1183 der Klasse 4.3, Verpackungsgruppe I, zugeordnet mit Zusatzgefahren der Klassen 3 und 8.

.3 Keine der UN-Nummern unterliegt Ausnahmen gemäß den Vorschriften in 3.4, 3.5, 7.2.6.3 und 7.2.6.4.

.4 Bei UN 1090 sind in Spalte 16b keine besonderen Trennvorschriften angegeben.

.5 Bei UN 1183 enthält Spalte 16b der Gefahrgutliste die Angaben „SG5" (Trennung wie für Klasse 3), „SG8" („Entfernt von" Klasse 4.1), „SG13" („Entfernt von" Klasse 8), „SG25" („Getrennt von" Klassen 2.1 und 3) und „SG26" (Zusätzlich: Von Stoffen der Klassen 2.1 und 3 muss bei Stauung an Deck eines Containerschiffs ein Mindestabstand in Querrichtung von zwei Container-Stellplätzen, bei Stauung auf Ro/Ro-Schiffen ein Abstand in Querrichtung von 6 m eingehalten werden).

.6 In der Trenntabelle in 7.2.4 steht an der Schnittstelle für die Klassen 3 und 3 ein „X"; da jedoch UN 1183 „Getrennt von" Klasse 3 sein muss, müssen die Stoffe „Getrennt von" einander sein. Zusätzlich muss bei Stauung dieser Stoffe an Deck eines Containerschiffs ein Mindestabstand in Querrichtung von zwei Container-Stellplätzen eingehalten werden und bei Stauung auf Ro/Ro-Schiffen muss ein Abstand in Querrichtung von 6 m eingehalten werden.

4 Trennung von 10 kg Klebstoffe (UN 1133, VG III) in begrenzten Mengen und 40 kg Berylliumnitrat (UN 2464) in demselben Frachtcontainer

.1 Gemäß der Gefahrgutliste ist UN 1133 der Klasse 3, Verpackungsgruppe III, zugeordnet.

.2 Gemäß der Gefahrgutliste ist UN 2464 der Klasse 5.1, Verpackungsgruppe II, zugeordnet mit einer Zusatzgefahr der Klasse 6.1.

.3 Gemäß Kapitel 3.4 unterliegt UN 1133 in begrenzten Mengen nicht den Trennvorschriften des Teils 7.

.4 Aus diesem Grund sind keine Trennvorschriften anzuwenden.

→ D: GGVSee § 17 Nr. 4
→ D: GGVSee § 18
→ CTU-Code Kap. 9
→ CTU-Code Kap. 6
→ CTU-Code Kap. 7

Kapitel 7.3

Packen und Verwendung von Güterbeförderungseinheiten und damit zusammenhängende Vorschriften (Versandvorgänge)

7.3.1 Einleitung

Dieses Kapitel enthält Vorschriften für die Personen, die für die Versandvorgänge in der Gefahrgutbeförderungslieferkette verantwortlich sind, einschließlich Vorschriften für das Packen von gefährlichen Gütern in Güterbeförderungseinheiten.

7.3.2 Allgemeine Bestimmungen für Güterbeförderungseinheiten

→ CTU-Code Nr. 8.2

7.3.2.1 [Mechanische Belastungen, Festigkeit, Instandhaltung]

Versandstücke, die gefährliche Güter enthalten, dürfen nur in Güterbeförderungseinheiten geladen werden, die genügend widerstandsfähig sind, um den Stößen und Beanspruchungen standzuhalten, die normalerweise während der Beförderung auftreten, wobei die während der geplanten Reise zu erwartenden Bedingungen zu berücksichtigen sind. Die Güterbeförderungseinheit muss so gebaut sein, dass ein Verlust von Füllgut vermieden wird. Die Güterbeförderungseinheit muss gegebenenfalls mit Einrichtungen ausgerüstet sein, um die Sicherung und Handhabung der gefährlichen Güter zu erleichtern. Die Güterbeförderungseinheiten müssen angemessen instand gehalten werden.

7.3.2.2 [CSC]

→ CTU-Code Nr. 6.2.2 ff.
→ CTU-Code Nr. 7.3.1
→ CTU-Code Anlage 4

Die anwendbaren Vorschriften des Internationalen Übereinkommens über sichere Container (CSC) von 1972 in der jeweils geltenden Fassung sind, soweit nichts anderes bestimmt ist, bei der Verwendung von Güterbeförderungseinheiten, die „Container" im Sinne dieses Übereinkommens sind, zu befolgen.

7.3.2.3 [Offshore-Container]

Das Internationale Übereinkommen über sichere Container gilt nicht für Offshore-Container, die auf See umgeladen werden. Bei der Auslegung und Prüfung von Offshore-Containern müssen die dynamischen Kräfte berücksichtigt werden, die beim Heben sowie beim Aufprall auftreten können, wenn ein Container bei schlechtem Wetter und rauer See umgeladen wird. Die Anforderungen für diese Container sind von der zuständigen Zulassungsbehörde festzulegen. Solche Bestimmungen sollen auf MSC/Circ.860 „Guidelines for the approval of offshore containers handled in open seas" beruhen. Das Sicherheits-Zulassungsschild dieser Container ist mit dem Ausdruck „OFFSHORE-CONTAINER" deutlich zu kennzeichnen.

7.3.3 Packen von Güterbeförderungseinheiten[1)]

7.3.3.1 [Eignungsprüfung]

→ CTU-Code Kap. 9
→ CTU-Code Anlage 7

Eine Güterbeförderungseinheit muss vor der Verwendung überprüft werden, um sicherzustellen, dass sie augenscheinlich für den vorgesehenen Zweck geeignet ist.[2)]

7.3.3.2 [Prüfen auf Beschädigungen]

Vor dem Beladen muss die Güterbeförderungseinheit von innen und außen untersucht werden, um sicherzustellen, dass keine Beschädigungen vorliegen, welche ihre Unversehrtheit oder die der zu verladenden Versandstücke beeinträchtigen könnten.

7.3.3.3 [Ausgeschlossene Versandstücke]

Die Versandstücke müssen überprüft werden; beschädigte, leckende oder undichte Versandstücke dürfen nicht in eine Güterbeförderungseinheit gepackt werden. Es muss darauf geachtet werden, dass

---

1) Siehe CTU-Code.

2) Für Sicherheits-Zulassungsschilder und die Instandhaltung und Prüfung von Containern siehe das Internationale Übereinkommen über sichere Container (CSC), 1972, in seiner jeweils geltenden Fassung, Anlage I, Regeln 1 und 2 (siehe 1.1.2.3).

übermäßige Mengen an Wasser, Schnee, Eis oder Fremdstoffen auf oder an Versandstücken entfernt werden, bevor sie in die Güterbeförderungseinheit gepackt werden. Immer wenn in Spalte 16a der Gefahrgutliste die Handhabungsvorschrift „So trocken wie möglich" (H1) zugeordnet ist, müssen die Güterbeförderungseinheit sowie alle darin enthaltenen Güter, Sicherungs- oder Verpackungsmaterialien so trocken wie möglich gehalten werden. 7.3.3.3 (Forts.)

[Stauung von Fässern] 7.3.3.4

Fässer mit gefährlichen Gütern sind immer aufrecht zu stauen, es sei denn, die zuständigen Behörde hat etwas anderes zugelassen.

[Zusammenladeverbote, besondere Ladeanweisungen] 7.3.3.5

Güterbeförderungseinheiten müssen gemäß 7.3.4 beladen werden, so dass nicht miteinander verträgliche gefährliche oder sonstige Güter getrennt sind. Besondere Ladeanweisungen wie Ausrichtungspfeile, nicht übereinander stapeln, trocken halten oder Temperaturkontrollanforderungen sind einzuhalten. Flüssige gefährliche Güter müssen, sofern möglich, unter trockenen gefährlichen Gütern verladen werden.

[Ladungssicherung] 7.3.3.6 → CTU-Code Anl. 7 Kap. 3 → CTU-Code Nr. 5.3

Versandstücke, die gefährliche Güter enthalten, und unverpackte gefährliche Gegenstände müssen durch geeignete Mittel gesichert werden, die in der Lage sind, die Güter in der Güterbeförderungseinheit zurückzuhalten (z. B. Befestigungsgurte, Schiebewände, verstellbare Halterungen), so dass eine Bewegung während der Beförderung, durch die die Ausrichtung der Versandstücke verändert wird oder die zu einer Beschädigung der Versandstücke führt, verhindert wird. Wenn gefährliche Güter zusammen mit anderen Gütern (z. B. schwere Maschinen oder Verschläge) befördert werden, müssen alle Güter in der Güterbeförderungseinheit so gesichert oder verpackt werden, dass das Austreten gefährlicher Güter verhindert wird. Die Bewegung der Versandstücke kann auch durch das Auffüllen von Hohlräumen mit Hilfe von Stauhölzern oder durch Blockieren und Verspannen verhindert werden. Wenn Verspannungen wie Bänder oder Gurte verwendet werden, dürfen diese nicht überspannt werden, so dass es zu einer Beschädigung oder Verformung des Versandstücks oder der Anschlagpunkte (wie D-Ringe) in der Güterbeförderungseinheit kommt. Die Versandstücke sind so zu packen, dass eine Beschädigung ihrer Ausrüstungsteile während der Beförderung wenig wahrscheinlich ist. Die Ausrüstungsteile an Versandstücken müssen ausreichend geschützt sein. Wenn Verspannungen wie Bänder oder Gurte mit eingebauten Containerbeschlägen verwendet werden, ist darauf zu achten, dass die Einsatzfestigkeit der Beschläge nicht überschritten wird.

[Stapelverträglichkeit] 7.3.3.7 → CTU-Code Anl. 7 Nr. 3.2.4

Versandstücke dürfen nicht gestapelt werden, es sei denn, sie sind für diesen Zweck ausgelegt. Wenn unterschiedliche für die Stapelung ausgelegte Versandstücke zusammen geladen werden sollen, ist auf die gegenseitige Stapelverträglichkeit Rücksicht zu nehmen. Soweit erforderlich, muss durch die Verwendung tragender Hilfsmittel verhindert werden, dass gestapelte Versandstücke die unteren Versandstücke beschädigen.

[Ladung vollständig in der Güterbeförderungseinheit] 7.3.3.8 → CTU-Code Nr. 11.3.4 → CTU-Code Anlage 7 Nr. 1.12

Die Ladung muss sich vollständig in der Güterbeförderungseinheit befinden, ohne Überhänge oder vorstehende Teile. Übergroße Maschinen (wie Zugmaschinen und Fahrzeuge) dürfen über die Güterbeförderungseinheit hinaushängen oder aus dieser herausragen, vorausgesetzt, dass die in den Maschinen enthaltenen gefährlichen Güter nicht aus der Güterbeförderungseinheit austreten oder auslaufen können.

[Schutz vor Beschädigung während des Be- und Entladens] 7.3.3.9 → CTU-Code Kap. 8

Während des Be- und Entladens müssen Versandstücke mit gefährlichen Gütern gegen Beschädigung geschützt werden. Besondere Beachtung ist der Handhabung der Versandstücke bei der Vorbereitung zur Beförderung, der Art der Güterbeförderungseinheit, mit der die Versandstücke befördert werden sollen, und der Be- und Entlademethode zu schenken, so dass eine unbeabsichtigte Beschädigung durch Ziehen der Versandstücke über den Boden oder durch falsche Behandlung der Versandstücke vermieden wird. Versandstücke, die Leckagen oder Beschädigungen aufzuweisen scheinen, die zu einem Freiwerden des Inhalts führen können, dürfen nicht zur Beförderung angenommen werden. Wird festgestellt, dass ein Versandstück so beschädigt ist, dass der Inhalt austritt, darf das beschädigte Ver-

7.3.3.9 (Forts.) sandstück nicht befördert werden, sondern muss gemäß den Anweisungen einer zuständigen Behörde oder einer benannten verantwortlichen Person, die mit den gefährlichen Gütern, den damit verbundenen Risiken und den in einem Notfall zu treffenden Maßnahmen vertraut ist, an einen sicheren Ort verbracht werden.

Bemerkung 1: *Zusätzliche Betriebsanforderungen für die Beförderung von Verpackungen und IBC sind in den besonderen Vorschriften für die Verpackung für Verpackungen und IBC (siehe 4.1) enthalten.*

7.3.3.10 [Gefährliche Güter in Türnähe]

→ CTU-Code Nr. 3.4

Wenn eine Sendung mit gefährlichen Gütern nur einen Teil der Ladung der Güterbeförderungseinheit ausmacht, sollte sie, wenn möglich, in die Nähe der Tür gepackt werden, wobei die Kennzeichen und Gefahrzettel sichtbar sein sollen, so dass sie im Notfall oder für Kontrollen zugänglich sind.

7.3.3.11 [Verriegelungsvorrichtung]

→ CTU-Code Nr. 11.1.1
→ CTU-Code Nr. 6.5.2

Falls die Türen einer Güterbeförderungseinheit verriegelt werden, muss die Verriegelungsvorrichtung so beschaffen sein, dass die Türen im Notfall sofort geöffnet werden können.

7.3.3.12 [Lüftungseinrichtungen]

→ CTU-Code Nr. 6.2.7

Sofern die Güterbeförderungseinheit belüftet werden muss, müssen die Lüftungseinrichtungen durchgängig und betriebsbereit gehalten werden.

7.3.3.13 [Kennzeichnung]

Güterbeförderungseinheiten mit gefährlichen Gütern müssen gemäß Kapitel 5.3 gekennzeichnet und plakatiert sein. Unzutreffende Kennzeichen, Gefahrzettel, Placards, orangefarbene Tafeln und Kennzeichen für Meeresschadstoffe müssen vor dem Packen der Güterbeförderungseinheit entfernt, verdeckt oder auf andere Art und Weise unkenntlich gemacht werden.

7.3.3.14 [Ladung gleichmäßig verteilt]

Güterbeförderungseinheiten müssen entsprechend dem CTU-Code gepackt werden, so dass die Ladung gleichmäßig verteilt ist.

7.3.3.15 [Klasse 1]

Werden Güter der Klasse 1 gepackt, muss die Güterbeförderungseinheit der Begriffsbestimmung in 7.1.2 für geschlossene Güterbeförderungseinheiten für Klasse 1 entsprechen.

7.3.3.16 [Klasse 7]

Werden Güter der Klasse 7 gepackt, muss die Transportkennzahl und ggf. die Kritikalitätssicherheitskennzahl gemäß 7.1.4.5.3 beschränkt werden.

7.3.3.17 [Container-/Fahrzeugpackzertifikat]

Die für das Packen gefährlicher Güter in eine Güterbeförderungseinheit Verantwortlichen müssen ein „Container-/Fahrzeugpackzertifikat" ausstellen (siehe 5.4.2). Dieses Dokument ist für Tanks nicht erforderlich.

7.3.3.18 [Verbot für flexible Schüttgut-Container]

Flexible Schüttgut-Container dürfen nicht in Güterbeförderungseinheiten befördert werden (siehe 4.3.4).

7.3.4 Vorschriften für die Trennung in Güterbeförderungseinheiten

7.3.4.1 [Trennung in Güterbeförderungseinheiten]

Gefährliche Güter, die gemäß den Vorschriften in Kapitel 7.2 voneinander getrennt werden müssen, dürfen nicht in derselben Güterbeförderungseinheit befördert werden; ausgenommen sind gefährliche Güter, die „Entfernt von" einander zu halten sind, welche mit Genehmigung der zuständigen Behörde in derselben Güterbeförderungseinheit befördert werden dürfen. In diesen Fällen muss ein gleicher Sicherheitsstandard gewährleistet werden.

Trennung bezogen auf Nahrungs- und Futtermittel 7.3.4.2

[Klassen 2.3, 6.1, 6.2, 7 und 8] 7.3.4.2.1

Gefährliche Güter mit einer Haupt- oder Zusatzgefahr der Klassen 2.3, 6.1, 6.2, 7 (mit Ausnahme von UN 2908, 2909, 2910 und 2911), 8 und gefährliche Güter, bei denen in Spalte 16b der Gefahrgutliste auf 7.3.4.2.1 verwiesen wird, dürfen nicht zusammen mit Nahrungs- und Futtermitteln (siehe 1.2.1) in derselben Güterbeförderungseinheit befördert werden.

[Mindestabstand] 7.3.4.2.2

Ungeachtet der Vorschriften in 7.3.4.2.1 dürfen die folgenden gefährlichen Güter mit Nahrungs- und Futtermitteln befördert werden, sofern sie nicht innerhalb eines Abstands von 3 m oder weniger zu Nahrungs- und Futtermitteln verladen sind:

.1 gefährliche Güter der Verpackungsgruppe III der Klassen 6.1 und 8;

.2 gefährliche Güter der Verpackungsgruppe II der Klasse 8;

.3 alle anderen gefährlichen Güter der Verpackungsgruppe III mit einer Zusatzgefahr der Klasse 6.1 oder 8; und

.4 gefährliche Güter, bei denen in Spalte 16b der Gefahrgutliste auf 7.3.4.2.2 verwiesen wird.

Verfolgungs- und Überwachungseinrichtungen 7.3.5

→ CTU-Code Nr. 11.1.3

Werden Sicherungsvorrichtungen, Antwortbaken oder sonstige Verfolgungs- und Überwachungseinrichtungen eingesetzt, so müssen diese sicher an der Güterbeförderungseinheit angebracht und vom Typ „bescheinigte Sicherheit“[3] für das in der Güterbeförderungseinheit beförderte gefährliche Gut sein.

Öffnen und Entladen von Güterbeförderungseinheiten 7.3.6

→ CTU-Code Nr. 12.2
→ CTU-Code Anlage 5
→ CTU-Code Nr. 12.1.6

[Vorsichtsregel] 7.3.6.1

Bei der Annäherung an Güterbeförderungseinheiten ist Vorsicht geboten. Vor dem Öffnen der Türen sind die Art des Inhalts und die Möglichkeit zu berücksichtigen, dass durch Leckage unsichere Bedingungen, eine gefährliche Konzentration giftiger oder entzündbarer Gase/Dämpfe oder eine Atmosphäre mit erhöhtem oder verminderten Sauerstoffgehalt entstanden ist.

[Verunreinigungen] 7.3.6.2

→ CTU-Code Nr. 12.3

Nachdem eine Güterbeförderungseinheit, in der gefährliche Güter befördert wurden, entpackt oder entladen wurde, ist dafür zu sorgen, dass keine Gefahr durch Verunreinigungen der Güterbeförderungseinheit besteht.

[Reinigung] 7.3.6.3

→ CTU-Code Kap. 2 „Saubere CTU“

Nach dem Entpacken oder Entladen von ätzenden Stoffen ist der Container sorgfältig zu reinigen, da Rückstände die Bauteile aus Metall stark angreifen können.

[Kennzeichnung unkenntlich machen] 7.3.6.4

→ CTU-Code Nr. 12.3.4

Wenn von der Güterbeförderungseinheit keine Gefahr mehr ausgeht, müssen die Placards und andere Kennzeichen bezüglich gefährlicher Güter entfernt, verdeckt oder auf andere Art und Weise unkenntlich gemacht werden.

---

[3] Siehe die von der Internationalen Elektrotechnischen Kommission veröffentlichten Empfehlungen, insbesondere Veröffentlichung IEC 60079.

7.3.7 Güterbeförderungseinheiten unter Temperaturkontrolle

→ *CTU-Code Nr. 4.2.4*
→ *CTU-Code Nr. 6.2.12*
→ *CTU-Code Nr. 7.2.4*

7.3.7.1 Einleitung

7.3.7.1.1 [Problembeschreibung]

Wenn die Temperatur bestimmter Stoffe (z. B. organische Peroxide und polymerisierende oder selbstzersetzliche Stoffe) einen Wert überschreitet, der für den versandmäßig verpackten Stoff charakteristisch ist, kann eine selbstbeschleunigende Zersetzung oder Polymerisation, möglicherweise mit explosionsartiger Heftigkeit, die Folge sein. Zur Verhinderung einer solchen Selbstzersetzung oder Polymerisation ist die Kontrolle der Temperatur dieser Stoffe während der Beförderung erforderlich. Bei anderen Stoffen, bei denen keine Temperaturkontrolle aus Sicherheitsgründen erforderlich ist, kann aus wirtschaftlichen Erwägungen eine Beförderung unter Temperaturkontrolle erfolgen.

7.3.7.1.2 [Temperaturannahmen]

Den Vorschriften über die Temperaturkontrolle für bestimmte Stoffe liegt die Annahme zugrunde, dass die Temperatur in der unmittelbaren Umgebung der Ladung während der Beförderung 55 °C nicht überschreitet und dass dieser Wert nur für relativ kurze Zeit innerhalb jedes Zeitraums von 24 Stunden erreicht wird.

7.3.7.2 Allgemeine Bestimmungen

7.3.7.2.1 [Ausschluss Explosionsgefahr]

Wenn in einer geschlossenen Güterbeförderungseinheit mehrere Versandstücke mit selbstzersetzlichen Stoffen, organischen Peroxiden und polymerisierenden Stoffen zusammen verladen werden, darf die Gesamtmenge des Stoffes, die Art und die Anzahl der Versandstücke und die Anordnung in Stapeln keine Explosionsgefahr verursachen.

7.3.7.2.2 [Temperaturkontrolle]

Diese Vorschriften gelten für bestimmte selbstzersetzliche Stoffe, sofern dies gemäß 2.4.2.3.4 vorgeschrieben ist, für bestimmte organische Peroxide, sofern dies gemäß 2.5.3.4.1 vorgeschrieben ist, und für bestimmte polymerisierende Stoffe, sofern dies gemäß 2.4.2.5.2 oder gemäß Kapitel 3.3 Sondervorschrift 386 vorgeschrieben ist, die nur unter Bedingungen befördert werden dürfen, bei denen die Temperatur kontrolliert wird.

7.3.7.2.3 [Betroffene Stoffe]

Diese Vorschriften finden auch Anwendung auf die Beförderung von Stoffen:

.1 deren richtiger technischer Name wie in Spalte 2 der Gefahrgutliste in Kapitel 3.2 aufgeführt oder gemäß 3.1.2.6 das Wort „STABILISIERT“ enthält und

.2 deren Temperatur der selbstbeschleunigenden Zersetzung (SADT) oder Temperatur der selbstbeschleunigenden Polymerisation (SAPT)[4], ermittelt für diesen Stoff (mit oder ohne chemische Stabilisierung) im versandfertigen Zustand,

  .1 bei Einzelverpackungen oder IBC höchstens 50 °C oder

  .2 bei ortsbeweglichen Tanks höchstens 45 °C beträgt.

Wenn zur Stabilisierung eines reaktiven Stoffes, der unter normalen Beförderungsbedingungen gefährliche Mengen Wärme und Gase oder Dämpfe erzeugen kann, keine chemische Stabilisierung verwendet wird, muss dieser Stoff unter Temperaturkontrolle befördert werden. Diese Vorschriften gelten nicht für Stoffe, die durch Hinzufügen chemischer Inhibitoren stabilisiert werden, so dass die SADT oder SAPT höher ist als in 7.3.7.2.3.2.1 oder 7.3.7.2.3.2.2 vorgeschrieben.

[4] Die SAPT ist nach den für die SADT von selbstzersetzlichen Stoffen im Handbuch Prüfungen und Kriterien Teil II Abschnitt 28 festgelegten Prüfverfahren zu bestimmen.

[Stabilisierte Stoffe] 7.3.7.2.4

Wird ein selbstzersetzlicher Stoff oder ein organisches Peroxid oder ein Stoff, dessen richtiger technischer Name das Wort „STABILISIERT" enthält und der normalerweise nicht unter Temperaturkontrolle befördert werden muss, unter Bedingungen befördert, bei denen die Temperatur 55 °C überschreiten kann, kann darüber hinaus Temperaturkontrolle erforderlich sein.

[Kontrolltemperatur, Notfalltemperatur (Begriffsbestimmung)] 7.3.7.2.5

Die „Kontrolltemperatur" ist die höchste Temperatur, bei der der Stoff sicher befördert werden kann. Bei Ausfall der Temperaturkontrolle kann es erforderlich werden, Notfallmaßnahmen zu ergreifen. Die „Notfalltemperatur" ist die Temperatur, bei der diese Maßnahmen einzuleiten sind.

[Kontrolltemperatur, Notfalltemperatur (Ableitung)] 7.3.7.2.6

→ *D: GGVSee § 4 (6)*
→ *D: GGVSee § 23 Nr. 4*

Ableitung von Kontroll- und Notfalltemperatur

Art des Gefäßes	SADT[a)]/SAPT[a)]	Kontrolltemperatur	Notfalltemperatur
Einzelverpackungen und IBC	20 °C oder weniger	20 °C unter SADT/SAPT	10 °C unter SADT/SAPT
	über 20 °C bis 35 °C	15 °C unter SADT/SAPT	10 °C unter SADT/SAPT
	über 35 °C	10 °C unter SADT/SAPT	5 °C unter SADT/SAPT
Ortsbewegliche Tanks	≤ 45 °C	10 °C unter SADT/SAPT	5 °C unter SADT/SAPT

a) Die Temperatur der selbstbeschleunigenden Zersetzung (SADT) oder die Temperatur der selbstbeschleunigenden Polymerisation (SAPT) des für die Beförderung verpackten Stoffes.

[SADT, SAPT] 7.3.7.2.7

Die Kontrolltemperatur und die Notfalltemperatur werden unter Verwendung der Tabelle in 7.3.7.2.6 von der Temperatur der selbstbeschleunigenden Zersetzung (SADT) oder der Temperatur der selbstbeschleunigenden Polymerisation (SAPT) abgeleitet, die als die niedrigsten Temperaturen definiert sind, bei denen bei einem Stoff in den für die Beförderung verwendeten Verpackungen, IBC oder ortsbeweglichen Tanks eine selbstbeschleunigende Zersetzung oder Polymerisation auftreten kann. Die SADT oder SAPT wird ermittelt, um zu entscheiden, ob ein Stoff unter Temperaturkontrolle befördert werden muss. Vorschriften für die Ermittlung der SADT und SAPT sind in 2.4.2.3.4, 2.5.3.4.2 und 2.4.2.5.2 für selbstzersetzliche Stoffe, organische Peroxide und polymerisierende Stoffe sowie Gemische enthalten.

[Kontrolltemperatur, Notfalltemperatur (zugeordnete Stoffe und Zubereitungen)] 7.3.7.2.8

Kontroll- und Notfalltemperaturen sind, sofern zutreffend, für die momentan zugeordneten selbstzersetzlichen Stoffe in 2.4.2.3.2.3 und für die momentan zugeordneten Zubereitungen organischer Peroxide in 2.5.3.2.4 angegeben.

[Tatsächliche Temperatur] 7.3.7.2.9

Die tatsächliche Temperatur während der Beförderung darf niedriger sein als die Kontrolltemperatur; sie ist jedoch so zu wählen, dass keine gefährliche Phasentrennung eintritt.

Beförderung unter Temperaturkontrolle 7.3.7.3

[Prüfung der Kühlanlage] 7.3.7.3.1

Vor der Verwendung einer Güterbeförderungseinheit ist die Kühlanlage einer gründlichen Untersuchung sowie einer Prüfung zu unterziehen, um sicherzustellen, dass alle Teile der Anlage ordnungsgemäß funktionieren.

[Austausch des Kältemittels] 7.3.7.3.2

Gas als Kältemittel darf nur in Übereinstimmung mit den Betriebsanweisungen des Herstellers für die Kühlanlage ausgetauscht werden. Vor dem Austausch von Gas als Kältemittel ist eine Analysebescheinigung vom Lieferanten einzuholen und zu prüfen, um sicherzustellen, dass das Gas den Spezifikationen der Kühlanlage entspricht. Wenn darüber hinaus Bedenken hinsichtlich der Zuverlässigkeit des Lieferanten bzw. der Lieferkette des Gases als Kältemittel Grund zu der Annahme geben, dass das Gas verunreinigt sein könnte, ist das für den Austausch vorgesehene Gas vor der Verwendung auf mögliche Verunreinigungen zu überprüfen. Werden bei dem Gas als Kältemittel Verunreinigungen festgestellt, darf

7.3.7.3.2 (Forts.) es nicht verwendet werden, die Flasche ist deutlich mit „VERUNREINIGT"/„CONTAMINATED" zu kennzeichnen, zu verschließen und zum Recycling oder zur Entsorgung zu übersenden und eine diesbezügliche Mitteilung ist an den Lieferanten des Gases als Kältemittel und den autorisierten Händler und die zuständige(n) Behörde(n) der Länder, in denen der Lieferant und der Händler ihren Sitz haben, zu übermitteln. Das Datum des letzten Kältemittelaustausches ist in die Wartungsaufzeichnungen der Kühlanlage aufzunehmen.

Bemerkung: *Verunreinigungen können mit Hilfe von Flammen-Halogenprüfungen (Beilsteinprobe), Gasspürröhrchenprüfungen oder Gaschromatografie ermittelt werden. Austauschflaschen mit Gas als Kältemittel können mit den Prüfergebnissen und dem Prüfdatum gekennzeichnet werden.*

7.3.7.3.3 [Kühlen vor Beladung]

Wenn eine Güterbeförderungseinheit mit Versandstücken befüllt werden soll, die Stoffe enthalten, für die unterschiedliche Kontrolltemperaturen gelten, sind alle Versandstücke vorher zu kühlen, um zu verhindern, dass die niedrigste Kontrolltemperatur überschritten wird.

7.3.7.3.3.1 [Zusammenladen mit anderen Stoffen]

Wenn Stoffe, die nicht unter Temperaturkontrolle befördert werden müssen, in derselben Güterbeförderungseinheit befördert werden wie Stoffe, die unter Temperaturkontrolle befördert werden müssen, sind die Versandstücke, für die Kühlung erforderlich ist, so zu stauen, dass sie von den Türen der Güterbeförderungseinheit aus leicht zugänglich sind.

7.3.7.3.3.2 [Unterschiedliche Kontrolltemperaturen]

Werden Stoffe, für die unterschiedliche Kontrolltemperaturen gelten, in die Güterbeförderungseinheit geladen, sind die Stoffe mit der niedrigsten Kontrolltemperatur an der von den Türen der Güterbeförderungseinheit aus am leichtesten zugänglichen Stelle zu stauen.

7.3.7.3.3.3 [Türen]

Die Türen müssen sich in einem Notfall leicht öffnen lassen, so dass die Versandstücke entfernt werden können. Der Beförderer ist über den Stauplatz der verschiedenen Stoffe in der Güterbeförderungseinheit in Kenntnis zu setzen. Die Ladung ist zu sichern, so dass keine Versandstücke herausfallen können, wenn die Türen geöffnet werden. Die Versandstücke sind sicher zu stauen, so dass überall im Bereich der Ladung eine ausreichende Luftzirkulation möglich ist.

7.3.7.3.4 [Kühlanlage]

Dem Kapitän sind eine Bedienungsanleitung für die Kühlanlage, Informationen über die bei Ausfall der Temperaturkontrolle zu treffenden Maßnahmen sowie Anweisungen für die regelmäßige Überwachung der Betriebstemperaturen zur Verfügung zu stellen. Für die Anlagen gemäß 7.3.7.4.2.3, 7.3.7.4.2.4 und 7.3.7.4.2.5 sind Ersatzteile mitzuführen, so dass Störungen an der Kühlanlage während der Beförderung behoben werden können.

7.3.7.3.5 [Genehmigungsvorbehalt]

In Fällen, in denen bestimmte Stoffe nach den allgemeinen Bestimmungen nicht befördert werden können, sind die Detailinformationen zur vorgeschlagenen Beförderungsart der zuständigen Behörde zur Genehmigung vorzulegen.

7.3.7.4 Methoden der Temperaturkontrolle

7.3.7.4.1 [Faktoren]

Die Eignung eines bestimmten Mittels zur Temperaturkontrolle bei der Beförderung hängt von einer Reihe von Faktoren ab. Hierbei sind zu berücksichtigen:

.1 die Kontrolltemperatur(en) des (der) zu befördernden Stoffes (Stoffe);

.2 die Differenz zwischen der Kontrolltemperatur und den zu erwartenden Umgebungstemperaturen;

.3 die Wirksamkeit der Wärmedämmung in der Güterbeförderungseinheit. Die Wärmedurchgangszahl darf insgesamt 0,4 W/(m^2·K) bei Güterbeförderungseinheiten und 0,6 W/(m^2·K) bei Tanks nicht überschreiten und

.4 die Reisedauer.

[Rangordnung der Methoden] 7.3.7.4.2

Geeignete Methoden, die verhindern, dass die Kontrolltemperatur überschritten wird, sind in der Reihenfolge zunehmender Wirksamkeit:

.1 Wärmedämmung, vorausgesetzt, dass die Anfangstemperatur des Stoffes ausreichend tief unter der Kontrolltemperatur liegt;

.2 Wärmedämmung mit einer Kühlmethode, vorausgesetzt :

- eine ausreichende Menge eines nicht entzündbaren Kühlmittels (z. B. flüssiger Stickstoff oder festes Kohlendioxid) wird mitgeführt, wobei eine ausreichende Reserve für mögliche Verzögerungen zu berücksichtigen ist;
- als Kühlmittel wird weder flüssiger Sauerstoff noch flüssige Luft verwendet ;
- eine gleichmäßige Kühlwirkung ist selbst dann gewährleistet , wenn der größte Teil des Kühlmittels verbraucht ist, und
- auf der Tür (den Türen) ist ein deutlicher Hinweis angebracht , dass die Güterbeförderungseinheit vor dem Betreten belüftet werden muss (siehe 5.5.3);

.3 einzelne mechanische Kühlanlage, vorausgesetzt, dass bei der Güterbeförderungseinheit eine Wärmedämmung vorhanden ist und bei Stoffen mit einem Flammpunkt, der niedriger ist als die Summe aus Notfalltemperatur zuzüglich 5 °C, im Inneren des Kühlraums eine explosionsgeschützte elektrische Ausrüstung verwendet wird, um zu verhindern, dass sich die von den Stoffen entwickelten entzündbaren Dämpfe entzünden;

.4 Kombination von mechanischer Kühlanlage und Kühlmethode, vorausgesetzt :

- die beiden Systeme sind voneinander unabhängig und
- die Vorschriften in 7.3.7.4.2.2 und 7.3.7.4.2.3 sind erfüllt;

.5 mechanische Doppelkühlanlage, vorausgesetzt :

- beide Systeme sind bis auf die eingebaute Stromversorgung voneinander unabhängig ;
- jedes System ist für sich allein in der Lage , die Temperaturkontrolle in ausreichendem Maße aufrechtzuerhalten, und
- bei Stoffen mit einem Flammpunkt, der niedriger ist als die Summe aus Notfalltemperatur zuzüglich 5 °C, wird im Inneren des Kühlraums eine explosionsgeschützte elektrische Ausrüstung verwendet , um zu verhindern, dass sich die von den Stoffen entwickelten entzündbaren Dämpfe entzünden.

[Kühlanlage] 7.3.7.4.3

Die Kühlanlage und die zugehörigen Bedienungseinrichtungen müssen leicht und gefahrlos zugänglich sein, und alle elektrischen Verbindungen müssen wetterfest sein. Die Temperatur im Inneren der Güterbeförderungseinheit ist fortlaufend zu messen. Die Messungen sind im Luftraum der Güterbeförderungseinheit unter Verwendung zweier voneinander unabhängiger Messgeräte durchzuführen. Die Art der Messgeräte und die Stelle, an der die Messgeräte angebracht sind, sind so auszuwählen, dass die Messergebnisse für die tatsächliche Temperatur in der Ladung repräsentativ sind. Zumindest eine der beiden Messreihen ist so aufzuzeichnen, dass Temperaturänderungen leicht erkennbar sind. Die Temperatur muss alle vier bis sechs Stunden kontrolliert und aufgezeichnet werden.

[Alarmvorrichtung] 7.3.7.4.4

Bei der Beförderung von Stoffen mit einer Kontrolltemperatur von unter +25 °C muss die Güterbeförderungseinheit mit einer optischen und akustischen Alarmvorrichtung ausgerüstet sein, die auf eine Temperatur eingestellt ist, die nicht über der Kontrolltemperatur liegt. Die Alarmvorrichtung muss von der Stromversorgung der Kühlanlage unabhängig sein.

[Elektrischer Anschluss] 7.3.7.4.5

Muss die Güterbeförderungseinheit zum Betrieb der Heiz- oder Kühleinrichtung über einen Stromanschluss verfügen, ist sicherzustellen, dass die richtigen Verbindungsstecker verwendet werden. Bei Unter-Deck-Stauung müssen diese Stecker mindestens ein Gehäuse der Schutzart IP 55 gemäß IEC-

7.3.7.4.5 (Forts.) Veröffentlichung 60529[5] aufweisen und die Anforderungen für elektrische Ausrüstungen der Temperaturklasse T4 und Explosionsgruppe IIB erfüllen. Bei Stauung an Deck müssen diese Stecker jedoch ein Gehäuse der Schutzart IP 56 gemäß IEC-Veröffentlichung 60529[5] aufweisen.

7.3.7.5 Besondere Vorschriften für selbstzersetzliche Stoffe, organische Peroxide und polymerisierende Stoffe

7.3.7.5.1 [UN 3111, 3112, 3231 und 3232]

Für selbstzersetzliche Stoffe (Klasse 4.1) der UN-Nummern 3231 und 3232 und organische Peroxide (Klasse 5.2) der UN-Nummern 3111 und 3112 ist eine der folgenden in 7.3.7.4.2 beschriebenen Methoden für die Temperaturkontrolle anzuwenden:

.1 die Methoden gemäß 7.3.7.4.2.4 oder 7.3.7.4.2.5 oder

.2 die Methode gemäß 7.3.7.4.2.3, wenn die während der Beförderung zu erwartende höchste Umgebungstemperatur mindestens 10 °C unter der Kontrolltemperatur liegt.

7.3.7.5.2 [UN 3113 bis 3120, 3233 bis 3240 sowie 3533 und 3534]

Für selbstzersetzliche Stoffe (Klasse 4.1) der UN-Nummern 3233 bis 3240, organische Peroxide (Klasse 5.2) der UN-Nummern 3113 bis 3120 und polymerisierende Stoffe der UN-Nummern 3533 und 3534 oder die Stoffe, bei denen der Ausdruck „TEMPERATURKONTROLLIERT"/„TEMPERATURE CONTROLLED" gemäß 3.1.2.6.2 als Teil des richtigen technischen Namens hinzugefügt wurde, ist eine der folgenden Methoden anzuwenden:

.1 die Methoden gemäß 7.3.7.4.2.4 oder 7.3.7.4.2.5,

.2 die Methode gemäß 7.3.7.4.2.3, wenn die während der Beförderung zu erwartende höchste Umgebungstemperatur die Kontrolltemperatur um nicht mehr als 10 °C überschreitet, oder

.3 nur bei kurzen internationalen Seereisen (siehe 1.2.1) die Methoden gemäß 7.3.7.4.2.1 und 7.3.7.4.2.2, wenn die während der Beförderung zu erwartende höchste Umgebungstemperatur mindestens 10 °C unter der Kontrolltemperatur liegt.

7.3.7.6 Besondere Vorschriften für entzündbare Gase oder flüssige Stoffe mit einem Flammpunkt unter 23 °C c.c., die unter Temperaturkontrolle befördert werden

7.3.7.6.1 [Kühlsystemanforderungen]

Werden entzündbare Gase oder flüssige Stoffe mit einem Flammpunkt unter 23 °C c.c. in eine mit einem Kühl- oder Heizsystem ausgerüstete Güterbeförderungseinheit gepackt oder verladen, muss die Kühl- oder Heizeinrichtung 7.3.7.4 entsprechen.

7.3.7.6.2 [Freiwillige Kühlung, entzündbare flüssige Stoffe]

Werden entzündbare flüssige Stoffe mit einem Flammpunkt unter 23 °C c.c., für die keine Temperaturkontrolle aus Sicherheitsgründen erforderlich ist, aus gewerblichen Gründen unter Temperaturkontrolle befördert, ist eine explosionsgeschützte elektrische Ausrüstung erforderlich, es sei denn, die Stoffe sind auf eine Kontrolltemperatur von mindestens 10 °C unterhalb des Flammpunkts vorgekühlt und werden bei dieser Temperatur befördert. Bei Ausfall eines nicht explosionsgeschützten Kühlsystems ist das System von der Stromversorgung zu trennen. Das System darf nicht wieder angeschlossen werden, wenn die Temperatur auf eine Temperatur gestiegen ist, die weniger als 10° C unter dem Flammpunkt liegt.

7.3.7.6.3 [Freiwillige Kühlung, entzündbare Gase]

Werden entzündbare Gase, für die keine Temperaturkontrolle aus Sicherheitsgründen erforderlich ist, aus gewerblichen Gründen unter Temperaturkontrolle befördert, ist eine explosionsgeschützte elektrische Ausrüstung erforderlich.

[5] Es wird auf die von der Internationalen Elektrotechnischen Kommission (IEC) veröffentlichten Empfehlungen und insbesondere Veröffentlichung 60529 „Classification of Degrees of Protection provided by Enclosures" verwiesen.

Besondere Vorschriften für Fahrzeuge, die mit Schiffen befördert werden 7.3.7.7

Fahrzeuge mit Wärmedämmung, Kühlfahrzeuge und Fahrzeuge mit mechanischer Kühleinrichtung müssen den Vorschriften in 7.3.7.4 bzw. 7.3.7.5 entsprechen. Außerdem muss das Kühlaggregat von Fahrzeugen mit mechanischer Kühleinrichtung unabhängig von dem Motor betrieben werden können, der dem Antrieb des Fahrzeugs dient.

Genehmigung 7.3.7.8

Die zuständige Behörde kann unter bestimmten Beförderungsbedingungen wie kurzen internationalen Seereisen oder niedrigen Umgebungstemperaturen eine weniger strenge Anwendung der Temperaturkontrolle oder den Verzicht auf künstliche Kühlung genehmigen.

Verladen von Güterbeförderungseinheiten auf Schiffe 7.3.8

→ CTU-Code Kap. 8

Vor der Verladung müssen Güterbeförderungseinheiten, die für die Beförderung gefährlicher Güter verwendet werden, auf äußere Anzeichen von Beschädigungen, Leckage oder Undichtheit überprüft werden. Jede Güterbeförderungseinheit mit Beschädigungen, Leckagen oder Undichtheit darf erst auf ein Schiff verladen werden, wenn die erforderlichen Reparaturen ausgeführt oder die beschädigten Versandstücke herausgenommen wurden.

→ D: GGVSee § 23 Nr. 10
→ Bilddarstellung

Kapitel 7.4
Stauung und Trennung auf Containerschiffen

Bemerkung: *Zur Erleichterung der Einarbeitung in diese Vorschriften und zur Unterstützung der Unterweisung des betroffenen Personals sind in MSC.1/Circ.1440 bildliche Darstellungen der Vorschriften für die Trennung auf Containerschiffen enthalten.*

7.4.1 Einleitung

7.4.1.1 [CSC, Stauplätze]

Die Vorschriften dieses Kapitels finden Anwendung auf die Stauung und Trennung von Containern, die der Begriffsbestimmung eines Containers im Sinne des Internationalen Übereinkommens über sichere Container (CSC) von 1972 in der jeweils geltenden Fassung entsprechen und an Deck und in den Laderäumen von Containerschiffen oder an Deck und in den Laderäumen anderer Arten von Schiffen befördert werden, vorausgesetzt, dass diese Stauplätze so eingerichtet sind, dass für die Container während der Beförderung eine dauerhafte Stauung gewährleistet ist.

7.4.1.2 [Stauplätze für konventionelle Stauung]

Für Schiffe, die Container an Stauplätzen für konventionelle Stauung befördern, die nicht so eingerichtet sind, dass eine dauerhafte Stauung der Container gewährleistet ist, gelten die Vorschriften des Kapitels 7.6.

7.4.1.3 [UN 1374, 2216 und 3497]

Für die Stauung von FISCHMEHL, NICHT STABILISIERT (UN 1374), FISCHMEHL, STABILISIERT (UN 2216) und KRILLMEHL (UN 3497) in Containern gelten auch die Vorschriften in 7.6.2.7.2.2.

7.4.1.4 [UN 1942, 2067 und 2071]

Für die Stauung von AMMONIUMNITRAT (UN 1942), AMMONIUMNITRATHALTIGES DÜNGEMITTEL (UN 2067 und 2071) in Containern gelten auch die anwendbaren Vorschriften in 7.6.2.8.4 und 7.6.2.11.1.

7.4.2 Stauvorschriften

7.4.2.1 Vorschriften für offene Containerschiffe

Gefährliche Güter dürfen in oder senkrecht über offenen Containerladeräumen nur befördert werden, wenn:

.1 die gefährlichen Güter gemäß der Gefahrgutliste unter Deck gestaut werden dürfen und

.2 die offenen Containerladeräume den Vorschriften nach Regel II-2/19 des SOLAS-Übereinkommens von 1974 in der jeweils geltenden Fassung bzw. nach Regel II-2/54 des SOLAS-Übereinkommens von 1974 in der durch die Entschließungen nach II-2/1.2.1 jeweils geänderten Fassung in vollem Umfang entsprechen.

7.4.2.2 Vorschriften für Schiffe mit teilweise wetterdichten Lukendeckeln

7.4.2.2.1 Vorschriften für teilweise wetterdichte Lukendeckel mit wirksamen Drainagewinkeln[1)]

7.4.2.2.1.1 [Gleichwertigkeit]

Teilweise wetterdichte Lukendeckel, die mit wirksamen Drainagewinkeln[1)] ausgerüstet sind, können zum Zweck der Stauung und Trennung von Containern mit gefährlichen Gütern auf mit solchen Lukendeckeln ausgerüsteten Containerschiffen als „gegen Feuer widerstandsfähig und flüssigkeitsdicht" angesehen werden. Des Weiteren muss die Trennung den Vorschriften in Absatz 7.4.3.2 entsprechen.

7.4.2.2.1.2 [In keiner Ebene direkt über einem lichten Spalt]

Wenn „nicht in derselben vertikalen Reihe außer bei Trennung durch ein Deck" vorgeschrieben ist, dürfen Container mit gefährlichen Gütern in keiner Ebene direkt über einem lichten Spalt[1)] gestaut werden, es sei denn, der Laderaum entspricht den maßgeblichen Vorschriften für die Klasse und den Flammpunkt der gefährlichen Güter nach Regel II-2/19 des SOLAS-Übereinkommens von 1974 in der jeweils

[1)] Für Begriffsbestimmungen und Einzelheiten siehe MSC/Circ.1087 im Ergänzungsband des englischen IMDG Codes.

geltenden Fassung bzw. nach Regel II-2/54 des SOLAS-Übereinkommens von 1974 in der durch die Entschließungen nach II-2/1.2.1 jeweils geänderten Fassung. Zusätzlich dürfen Container mit unverträglichen gefährlichen Gütern nicht in den entsprechenden gefährdeten vertikalen Reihen[1] unter Deck gestaut werden. 7.4.2.2.1.2 (Forts.)

Vorschriften für teilweise wetterdichte Lukendeckel ohne wirksame Drainagewinkel[1] 7.4.2.2.2

[Stauverbot] 7.4.2.2.2.1

Wenn die Lukendeckel nicht mit wirksamen Drainagewinkeln[1] ausgerüstet sind, dürfen Container mit gefährlichen Gütern nicht auf solchen Lukendeckeln gestaut werden, es sei denn, der Laderaum entspricht den maßgeblichen Vorschriften für die Klasse und den Flammpunkt der gefährlichen Güter nach Regel II-2/19 des SOLAS-Übereinkommens von 1974 in der jeweils geltenden Fassung bzw. nach Regel II-2/54 des SOLAS-Übereinkommens von 1974 in der durch die Entschließungen nach II-2/1.2.1 jeweils geänderten Fassung.

[Stauung nicht in derselben vertikalen Reihe] 7.4.2.2.2.2

Wenn Lukendeckel nicht mit wirksamen Drainagewinkeln[1] ausgerüstet sind, gilt das Nachfolgende, wenn in 7.4.3.3 für die Stauung „nicht in derselben vertikalen Reihe" vorgeschrieben ist.

[An Deck-Stauung] 7.4.2.2.2.3

Werden Container mit gefährlichen Gütern an Deck gestaut, dürfen Container mit unverträglichen gefährlichen Gütern nicht in der entsprechenden gefährdeten vertikalen Reihe[1] eines lichten Spalts[1] beiderseits des Lukendeckels unter Deck gestaut werden.

[Unter Deck-Stauung] 7.4.2.2.2.4

Werden Container mit gefährlichen Gütern unter Deck in den entsprechenden gefährdeten vertikalen Reihen eines lichten Spalts gestaut, dürfen Container mit unverträglichen gefährlichen Gütern nicht auf den Luken über dem Laderaum gestaut werden[1].

Vorschriften für Container mit entzündbaren Gasen und leicht entzündbaren flüssigen Stoffen 7.4.2.3

[An Deck-Stauung] 7.4.2.3.1

In Frachtschiffen mit einer Bruttoraumzahl von 500 oder darüber und vor dem 1. September 1984 gebauten Fahrgastschiffen und in vor dem 1. Februar 1992 gebauten Frachtschiffen mit einer Bruttoraumzahl von weniger als 500 dürfen Container mit entzündbaren Gasen oder mit entzündbaren flüssigen Stoffen mit einem Flammpunkt unter 23 °C c.c. nur an Deck gestaut werden, sofern von der Verwaltung nichts anderes genehmigt wurde.

[Abstand von Zündquellen] 7.4.2.3.2

Ein an Deck beförderter Container mit entzündbaren Gasen oder entzündbaren flüssigen Stoffen mit einem Flammpunkt unter 23 °C c.c. muss in einem horizontalen Abstand von mindestens 2,4 m, auch bei vertikaler Projektion, von möglichen Zündquellen gestaut werden.

[Temperaturkontrolle, unter Deck-Stauung] 7.4.2.3.3

Ein Container unter Temperaturkontrolle, der nicht vom Typ „bescheinigte Sicherheit" ist, darf nicht unter Deck zusammen mit Containern, die entzündbare Gase enthalten, oder mit flüssigen Stoffen mit einem Flammpunkt von unter 23 °C c.c. gestaut werden.

Vorschriften über die Lüftung 7.4.2.4

[Unter Deck-Stauung] 7.4.2.4.1

In Frachtschiffen mit einer Bruttoraumzahl von 500 oder darüber und vor dem 1. September 1984 gebauten Fahrgastschiffen und in vor dem 1. Februar 1992 gebauten Frachtschiffen mit einer Bruttoraumzahl von weniger als 500 dürfen Container mit den folgenden gefährlichen Gütern nur unter Deck gestaut werden, wenn der Laderaum mit einer mechanischen Lüftung ausgestattet ist und die Stauung unter Deck gemäß der Gefahrgutliste zulässig ist:

---

1) Für Begriffsbestimmungen und Einzelheiten siehe MSC/Circ.1087 im Ergänzungsband des englischen IMDG Codes.

7.4.2.4.1 (Forts.)

- gefährliche Güter der Klasse 2.1,
- gefährliche Güter der Klasse 3 mit einem Flammpunkt unter 23 °C c.c.,
- gefährliche Güter der Klasse 4.3,
- gefährliche Güter der Klasse 6.1 mit einer Zusatzgefahr der Klasse 3,
- gefährliche Güter der Klasse 8 mit einer Zusatzgefahr der Klasse 3 und
- gefährliche Güter, denen in Spalte 16a der Gefahrgutliste eine besondere Stauvorschrift, die eine mechanische Lüftung vorschreibt, zugewiesen ist.

Andernfalls dürfen Container nur an Deck gestaut werden.

7.4.2.4.2 [Mechanische Lüftung]

Die Leistungsfähigkeit der mechanischen Lüftung (Anzahl der Luftwechsel je Stunde) muss den Anforderungen der Verwaltung entsprechen.

7.4.3 Trennvorschriften

→ Bilddarstellung

7.4.3.1 Begriffsbestimmungen und Anwendung

7.4.3.1.1 [Mindestabstand]

Unter Container-Stellplatz ist ein Abstand von mindestens 6 m in Längsrichtung oder von mindestens 2,4 m in Querrichtung zu verstehen.

7.4.3.1.2 [Verweis]

Die Vorschriften für die Trennung zwischen Containern auf Containerschiffen mit geschlossenen Laderäumen und auf offenen Containerschiffen finden sich in den Tabellen in 7.4.3.2 bzw. 7.4.3.3.

7.4.3.2 → *Bilddarstellung 2*

7.4.3.2 Trenntabelle für Container an Bord von Containerschiffen mit geschlossenen Laderäumen

TRENN-ANFORDERUNG	VERTIKAL			HORIZONTAL						
	GESCHLOSSEN GEGEN GESCHLOSSEN	GESCHLOSSEN GEGEN OFFEN	OFFEN GEGEN OFFEN		GESCHLOSSEN GEGEN GESCHLOSSEN		GESCHLOSSEN GEGEN OFFEN		OFFEN GEGEN OFFEN	
					AN DECK	UNTER DECK	AN DECK	UNTER DECK	AN DECK	UNTER DECK
„ENTFERNT VON“ .1	ÜBEREINANDER ERLAUBT	OFFEN AUF GESCHLOSSEN ERLAUBT; SONST WIE „OFFEN GEGEN OFFEN“	*NICHT* IN DERSELBEN VERTIKALEN REIHE *AUSSER* BEI TRENNUNG DURCH EIN DECK	**LÄNGSSCHIFFS**	KEINE TRENNUNG	KEINE TRENNUNG	KEINE TRENNUNG	KEINE TRENNUNG	*EIN* CONTAINER-STELLPLATZ	*EIN* CONTAINER-STELLPLATZ *ODER EIN* SCHOTT
				QUERSCHIFFS	KEINE TRENNUNG	KEINE TRENNUNG	KEINE TRENNUNG	KEINE TRENNUNG	*EIN* CONTAINER-STELLPLATZ	*EIN* CONTAINER-STELLPLATZ
„GETRENNT VON“ .2	*NICHT* IN DERSELBEN VERTIKALEN REIHE *AUSSER* BEI TRENNUNG DURCH EIN DECK	WIE „OFFEN GEGEN OFFEN“		**LÄNGSSCHIFFS**	*EIN* CONTAINER-STELLPLATZ	*EIN* CONTAINER-STELLPLATZ *ODER EIN* SCHOTT	*EIN* CONTAINER-STELLPLATZ	*EIN* CONTAINER-STELLPLATZ *ODER EIN* SCHOTT	*EIN* CONTAINER-STELLPLATZ	*EIN* SCHOTT
				QUERSCHIFFS	*EIN* CONTAINER-STELLPLATZ	*EIN* CONTAINER-STELLPLATZ	*EIN* CONTAINER-STELLPLATZ	*ZWEI* CONTAINER-STELLPLÄTZE	*ZWEI* CONTAINER-STELLPLÄTZE	*EIN* SCHOTT
„GETRENNT DURCH EINE GANZE ABTEILUNG ODER EINEN LADERAUM VON“ .3				**LÄNGSSCHIFFS**	*EIN* CONTAINER-STELLPLATZ	*EIN* SCHOTT	*EIN* CONTAINER-STELLPLATZ	*EIN* SCHOTT	*ZWEI* CONTAINER-STELLPLÄTZE	*ZWEI* SCHOTTE
				QUERSCHIFFS	*ZWEI* CONTAINER-STELLPLÄTZE	*EIN* SCHOTT	*ZWEI* CONTAINER-STELLPLÄTZE	*EIN* SCHOTT	*DREI* CONTAINER-STELLPLÄTZE	*ZWEI* SCHOTTE
„IN LÄNGSRICHTUNG GETRENNT DURCH EINE DAZWISCHENLIEGENDE GANZE ABTEILUNG ODER EINEN DAZWISCHENLIEGENDEN LADERAUM VON“ .4	**VERBOTEN**			**LÄNGSSCHIFFS**	HORIZONTAL MINDESTENS 24 METER ABSTAND	*EIN* SCHOTT *UND* HORIZONTAL MINDESTENS 24 METER ABSTAND*	HORIZONTAL MINDESTENS 24 METER ABSTAND	*ZWEI* SCHOTTE	HORIZONTAL MINDESTENS 24 METER ABSTAND	*ZWEI* SCHOTTE
				QUERSCHIFFS	**VERBOTEN**	**VERBOTEN**	**VERBOTEN**	**VERBOTEN**	**VERBOTEN**	**VERBOTEN**

* Container müssen mindestens einen Abstand von 6 Metern zum dazwischenliegenden Schott haben.

Bemerkung: *Alle Schotten und Decks müssen gegen Feuer widerstandsfähig und flüssigkeitsdicht sein.*

7.4.3.3
→ *Bilddarstellung 3*

7.4.3.3 Trenntabelle für Container an Bord von offenen Containerschiffen

TRENNANFORDERUNG	VERTIKAL				HORIZONTAL					
	GESCHLOSSEN GEGEN GESCHLOSSEN	GESCHLOSSEN GEGEN OFFEN	OFFEN GEGEN OFFEN		GESCHLOSSEN GEGEN GESCHLOSSEN		GESCHLOSSEN GEGEN OFFEN		OFFEN GEGEN OFFEN	
					AN DECK	UNTER DECK	AN DECK	UNTER DECK	AN DECK	UNTER DECK
„ENTFERNT VON“ .1	ÜBEREINANDER ERLAUBT	OFFEN AUF GESCHLOSSEN ERLAUBT; SONST WIE „OFFEN GEGEN OFFEN“	*NICHT* IN DERSELBEN VERTIKALEN REIHE	**LÄNGSSCHIFFS**	KEINE TRENNUNG	KEINE TRENNUNG	KEINE TRENNUNG	KEINE TRENNUNG	*EIN* CONTAINER-STELLPLATZ	*EIN* CONTAINER-STELLPLATZ *ODER EIN* SCHOTT
				QUERSCHIFFS	KEINE TRENNUNG	KEINE TRENNUNG	KEINE TRENNUNG	KEINE TRENNUNG	*EIN* CONTAINER-STELLPLATZ	*EIN* CONTAINER-STELLPLATZ
„GETRENNT VON“ .2	*NICHT* IN DERSELBEN VERTIKALEN REIHE	WIE „OFFEN GEGEN OFFEN“		**LÄNGSSCHIFFS**	*EIN* CONTAINER-STELLPLATZ	*EIN* CONTAINER-STELLPLATZ ODER *EIN* SCHOTT	*EIN* CONTAINER-STELLPLATZ	*EIN* CONTAINER-STELLPLATZ ODER *EIN* SCHOTT	*EIN* CONTAINER-STELLPLATZ UND NICHT IN ODER ÜBER DEMSELBEN LADERAUM	*EIN* SCHOTT
				QUERSCHIFFS	*EIN* CONTAINER-STELLPLATZ	*EIN* CONTAINER-STELLPLATZ	*ZWEI* CONTAINER-STELLPLÄTZE	*ZWEI* CONTAINER-STELLPLÄTZE	*ZWEI* CONTAINER-STELLPLÄTZE UND NICHT IN ODER ÜBER DEMSELBEN LADERAUM	*EIN* SCHOTT
„GETRENNT DURCH EINE GANZE ABTEILUNG ODER EINEN LADERAUM VON“ .3				**LÄNGSSCHIFFS**	*EIN* CONTAINER-STELLPLATZ UND NICHT IN ODER ÜBER DEMSELBEN LADERAUM	*EIN* SCHOTT	*EIN* CONTAINER-STELLPLATZ UND NICHT IN ODER ÜBER DEMSELBEN LADERAUM	*EIN* SCHOTT	*ZWEI* CONTAINER-STELLPLÄTZE UND NICHT IN ODER ÜBER DEMSELBEN LADERAUM	*ZWEI* SCHOTTE
				QUERSCHIFFS	*ZWEI* CONTAINER-STELLPLÄTZE UND NICHT IN ODER ÜBER DEMSELBEN LADERAUM	*EIN* SCHOTT	*ZWEI* CONTAINER-STELLPLÄTZE UND NICHT IN ODER ÜBER DEMSELBEN LADERAUM	*EIN* SCHOTT	*DREI* CONTAINER-STELLPLÄTZE UND NICHT IN ODER ÜBER DEMSELBEN LADERAUM	*ZWEI* SCHOTTE
„IN LÄNGSRICHTUNG GETRENNT DURCH EINE DAZWISCHENLIEGENDE GANZE ABTEILUNG ODER EINEN DAZWISCHENLIEGENDEN LADERAUM VON“ .4	**VERBOTEN**			**LÄNGSSCHIFFS**	HORIZONTAL MINDESTENS 24 METER ABSTAND UND NICHT IN ODER ÜBER DEMSELBEN LADERAUM	*EIN* SCHOTT *UND* HORIZONTAL MINDESTENS 24 METER ABSTAND*	HORIZONTAL MINDESTENS 24 METER ABSTAND UND NICHT IN ODER ÜBER DEMSELBEN LADERAUM	*ZWEI* SCHOTTE	HORIZONTAL MINDESTENS 24 METER ABSTAND UND NICHT IN ODER ÜBER DEMSELBEN LADERAUM	*ZWEI* SCHOTTE
				QUERSCHIFFS	**VERBOTEN**	**VERBOTEN**	**VERBOTEN**	**VERBOTEN**	**VERBOTEN**	**VERBOTEN**

* Container müssen mindestens einen Abstand von 6 Metern zum dazwischenliegenden Schott haben.

Bemerkung: *Alle Schotten und Decks müssen gegen Feuer widerstandsfähig und flüssigkeitsdicht sein.*

Kapitel 7.5
Stauung und Trennung auf Ro/Ro-Schiffen

→ CTU-Code Nr. 6.5
→ CTU-Code Nr. 7.3.4
→ D: GGVSee § 23 Nr. 10

Bemerkung: *Zur Erleichterung der Einarbeitung in diese Vorschriften und zur Unterstützung der Unterweisung des betroffenen Personals sind in MSC.1/Circ.1440 bildliche Darstellungen der Vorschriften für die Trennung auf Ro/Ro-Schiffen enthalten.*

Einleitung 7.5.1

[Geltungsbereich] 7.5.1.1

Die Vorschriften dieses Kapitels gelten für die Stauung und Trennung von Güterbeförderungseinheiten, die in Ro/Ro-Laderäumen befördert werden.

[Stauplätze] 7.5.1.2

Bei Ro/Ro-Schiffen, die über Stauplätze verfügen, die so eingerichtet sind, dass für Container während der Beförderung eine dauerhafte Stauung gewährleistet ist, gelten die Vorschriften in Kapitel 7.4 für an diesen Plätzen beförderte Container.

[Stauplätze für konventionelle Stauung] 7.5.1.3

Für Ro/Ro-Schiffe, die über Stauplätze für eine konventionelle Stauung verfügen, gelten die Vorschriften des Kapitels 7.6 an diesen Plätzen.

[Chassis] 7.5.1.4

Wird mehr als ein Container auf dasselbe Chassis in einem Ro/Ro-Laderaum verladen, gelten die Vorschriften in Kapitel 7.4 für die Trennung zwischen diesen Containern.

Stauvorschriften 7.5.2

→ MoU § 12

[Verantwortlichkeiten] 7.5.2.1

Lade- und Entladearbeiten müssen in allen Ro/Ro-Laderäumen entweder unter der Aufsicht einer Arbeitsgruppe aus Offizieren und anderen Besatzungsmitgliedern oder von verantwortlichen Personen, die vom Kapitän dazu beauftragt wurden, durchgeführt werden.

[Unbefugte Personen] 7.5.2.2

Während der Reise ist Fahrgästen und anderen unbefugten Personen der Zutritt zu diesen Laderäumen nur in Begleitung eines dazu befugten Besatzungsmitglieds erlaubt.

[Türen, Zugangsverbot] 7.5.2.3

Alle Türen, die direkt zu diesen Laderäumen führen, müssen während der Seereise sicher verschlossen sein, und es sind Hinweise oder Schilder mit dem Verbot, diese Laderäume zu betreten, deutlich sichtbar anzubringen.

[Verbotene Laderäume] 7.5.2.4

In Laderäumen, in denen die vorgenannten Vorschriften nicht eingehalten werden können, ist die Beförderung gefährlicher Güter nicht erlaubt.

[Verschlussvorrichtungen in Öffnungen] 7.5.2.5

Verschlussvorrichtungen in Öffnungen zwischen Ro/Ro-Laderäumen und Maschinen- und Wohn- und Aufenthaltsräumen müssen so beschaffen sein, dass gefährliche Dämpfe und flüssige Stoffe nicht in diese Räume eindringen können. Die Öffnungen müssen normalerweise so lange sicher geschlossen sein, wie sich gefährliche Ladung an Bord befindet; der Zutritt ist nur befugten Personen oder in Notfällen erlaubt.

[Nur an Deck-Güter] 7.5.2.6

Gefährliche Güter, die nur an Deck befördert werden dürfen, dürfen in geschlossenen Ro/Ro-Laderäumen nicht befördert werden; mit Zustimmung der Verwaltung dürfen sie jedoch in offenen Ro/Ro-Laderäumen befördert werden.

7.5.2.7 [Entzündbare Gase und entzündbare flüssige Stoffe]

Entzündbare Gase oder flüssige Stoffe mit einem Flammpunkt unter 23 °C c.c. dürfen nicht in geschlossenen Ro/Ro-Laderäumen oder in Sonderräumen auf einem Fahrgastschiff gestaut werden, es sei denn:

- Auslegung, Bau und Ausrüstung des Raums erfüllen die Vorschriften nach Regel II-2/19 des SOLAS-Übereinkommens von 1974 in der jeweils geltenden Fassung bzw. nach Regel II-2/54 des SOLAS-Übereinkommens von 1974 in der durch die Entschließungen nach II-2/1.2.1 jeweils geänderten Fassung und das Belüftungssystem arbeitet so, dass mindestens ein 6-facher Luftwechsel pro Stunde aufrechterhalten wird, oder
- das Belüftungssystem des Raums arbeitet so, dass mindestens ein 10-facher Luftwechsel pro Stunde aufrechterhalten wird und die elektrischen Einrichtungen im Raum, die nicht dem Typ „bescheinigte Sicherheit" entsprechen, können beim Ausfall des Belüftungssystems oder bei sonstigen Ereignissen, die die Ansammlung entzündbarer Dämpfe verursachen können, durch andere Mittel als das Entfernen von Sicherungen spannungslos gemacht werden.

Andernfalls darf die Stauung nur an Deck erfolgen.

7.5.2.8 [Abstand von Zündquellen]

Güterbeförderungseinheiten, die entzündbare Gase oder flüssige Stoffe mit einem Flammpunkt unter 23 °C c. c. enthalten und an Deck befördert werden, müssen mindestens 3 m entfernt von möglichen Zündquellen gestaut werden.

7.5.2.9 [Temperaturregelsysteme]

Mechanisch angetriebene Kühl- oder Heizsysteme, die an einer Güterbeförderungseinheit angebracht sind, dürfen nicht während der Reise in Betrieb genommen werden, wenn die Güterbeförderungseinheit in einem geschlossenem Ro/Ro-Laderaum oder in einem Sonderraum auf einem Fahrgastschiff gestaut ist.

7.5.2.10 [Temperaturregelsysteme an Güterbeförderungseinheiten]

Elektrisch angetriebene Kühl- oder Heizsysteme, die an einer Güterbeförderungseinheit angebracht sind, die in einem geschlossenen Ro/Ro-Laderaum oder einem Sonderraum auf einem Fahrgastschiff gestaut ist, dürfen nicht in Betrieb genommen werden, wenn entzündbare Gase oder flüssige Stoffe mit einem Flammpunkt unter 23 °C c.c. in der Güterbeförderungseinheit oder in demselben Raum vorhanden sind, es sei denn:

- Auslegung, Bau und Ausrüstung des Raums erfüllen die Vorschriften nach Regel II-2/19 des SOLAS-Übereinkommens von 1974, in der jeweils geltenden Fassung bzw. nach Regel II-2/54 des SOLAS-Übereinkommens von 1974 in der durch die Entschließungen nach II-2/1.2.1 jeweils geänderten Fassung oder
- das Lüftungssystem des Raums arbeitet so, dass mindestens ein 10-facher Luftwechsel pro Stunde aufrechterhalten wird und alle elektrischen Einrichtungen im Raum können beim Ausfall des Belüftungssystems oder bei sonstigen Ereignissen, die die Ansammlung entzündbarer Dämpfe verursachen können, durch andere Mittel als das Entfernen von Sicherungen spannungslos gemacht werden,
- und in beiden Fällen muss das Kühl- oder Heizsystem der Güterbeförderungseinheit den Vorschriften in 7.3.7.6 entsprechen.

7.5.2.11 [Mechanische Lüftung]

In Schiffen, deren Kiel vor dem 1. September 1984 gelegt wurde und bei denen die Regel II-2/20 des SOLAS-Übereinkommens von 1974 in der jeweils geänderten Fassung oder die Regeln II-2/37 und 38 des SOLAS-Übereinkommens von 1974 in der durch die Entschließungen nach II-2/1.2.1 jeweils geänderten Fassung nicht auf einen geschlossenen Ro/Ro-Laderaum Anwendung finden, ist eine mechanische Lüftung vorzusehen, die den Anforderungen der Verwaltung entspricht. Die Lüfter müssen jederzeit, wenn sich Fahrzeuge in solchen Räumen befinden, in Betrieb sein.

[Zeitweise Belüftung] 7.5.2.12

Wenn auf einem Fahrgastschiff in geschlossenen Ro/Ro-Laderäumen, die keine Sonderräume sind, eine ununterbrochene Lüftung nicht möglich ist, müssen die Lüfter täglich für eine begrenzte Zeit betrieben werden, soweit es das Wetter erlaubt. Auf jeden Fall müssen die Lüfter vor dem Entladen eine ausreichende Zeit lang betrieben werden. Der Ro/Ro-Laderaum muss nach dem Ablauf dieser Zeit nachweislich gasfrei sein. Erfolgt die Belüftung nicht ununterbrochen, müssen elektrische Einrichtungen, die nicht dem Typ „bescheinigte Sicherheit" entsprechen, spannungslos sein.

[Kontrollen während der Lade- und Entladearbeiten] 7.5.2.13

→ D: GGVSee § 23 Nr. 4

Der Kapitän eines Schiffes, welches gefährliche Güter in Ro/Ro-Laderäumen befördert, muss sicherstellen, dass während der Lade- und Entladearbeiten und während der Reise regelmäßig von einem befugten Besatzungsmitglied oder einer verantwortlichen Person Kontrollen in diesen Laderäumen durchgeführt werden, um das Entstehen einer Gefahr so früh wie möglich zu erkennen.

Trennvorschriften 7.5.3

→ Bilddarstellung
→ MoU § 13

[Verweis] 7.5.3.1

Die Vorschriften für die Trennung zwischen Güterbeförderungseinheiten auf Ro/Ro-Schiffen sind in der Tabelle in 7.5.3.2 aufgeführt.

Trenntabelle für Güterbeförderungseinheiten auf Ro/Ro-Schiffen 7.5.3.2

→ MoU § 13
→ Bilddarstellung

TRENN-ANFORDERUNG		Horizontal					
		GESCHLOSSEN GEGEN GESCHLOSSEN		GESCHLOSSEN GEGEN OFFEN		OFFEN GEGEN OFFEN	
		AN DECK	UNTER DECK	AN DECK	UNTER DECK	AN DECK	UNTER DECK
„ENTFERNT VON" .1	LÄNGS-SCHIFFS	KEINE TRENNUNG	KEINE TRENNUNG	KEINE TREN-NUNG	KEINE TRENNUNG	MINDESTENS 3 METER ABSTAND	MINDESTENS 3 METER ABSTAND
	QUER-SCHIFFS	KEINE TRENNUNG	KEINE TRENNUNG	KEINE TRENNUNG	KEINE TRENNUNG	MINDESTENS 3 METER ABSTAND	MINDESTENS 3 METER ABSTAND
„GETRENNT VON" .2	LÄNGS-SCHIFFS	MINDESTENS 6 METER ABSTAND	MINDESTENS 6 METER ABSTAND oder *EIN* SCHOTT	MINDESTENS 6 METER ABSTAND	MINDESTENS 6 METER ABSTAND oder *EIN* SCHOTT	MINDESTENS 6 METER ABSTAND	MINDESTENS 12 METER ABSTAND oder *EIN* SCHOTT
	QUER-SCHIFFS	MINDESTENS 3 METER ABSTAND	MINDESTENS 3 METER ABSTAND oder *EIN* SCHOTT	MINDESTENS 3 METER ABSTAND	MINDESTENS 6 METER ABSTAND oder *EIN* SCHOTT	MINDESTENS 6 METER ABSTAND	MINDESTENS 12 METER ABSTAND oder *EIN* SCHOTT
„GETRENNT DURCH EINE GANZE ABTEILUNG ODER EINEN LADERAUM VON" .3	LÄNGS-SCHIFFS	MINDESTENS 12 METER ABSTAND	MINDESTENS 24 METER AB-STAND + DECK	MINDESTENS 24 METER ABSTAND	MINDESTENS 24 METER AB-STAND + DECK	MINDESTENS 36 METER ABSTAND	*ZWEI* DECKS oder *ZWEI* SCHOTTE
	QUER-SCHIFFS	MINDESTENS 12 METER AB-STAND	MINDESTENS 24 METER AB-STAND + DECK	MINDESTENS 24 METER ABSTAND	MINDESTENS 24 METER ABSTAND + DECK	**VERBOTEN**	**VERBOTEN**
„IN LÄNGSRICHTUNG GETRENNT DURCH EINE DAZWISCHENLIEGENDE GANZE ABTEILUNG ODER EINEN DAZWISCHENLIEGENDEN LADERAUM VON" .4	LÄNGS-SCHIFFS	MINDESTENS 36 METER ABSTAND	*ZWEI* SCHOT-TE oder MINDESTENS 36 METER ABSTAND + *ZWEI* DECKS	MINDESTENS 36 METER ABSTAND	MINDESTENS 48 METER ABSTAND EIN-SCHLIESSLICH *ZWEI* SCHOTTE	MINDESTENS 48 METER ABSTAND	**VERBOTEN**
	QUER-SCHIFFS	**VERBOTEN**	**VERBOTEN**	**VERBOTEN**	**VERBOTEN**	**VERBOTEN**	**VERBOTEN**

Bemerkung: *Alle Schotten und Decks müssen gegen Feuer widerstandsfähig und flüssigkeitsdicht sein.*

→ D: GGVSee § 23 Nr. 10

Kapitel 7.6
Stauung und Trennung auf Stückgutschiffen

7.6.1 Einleitung

7.6.1.1 [Anwendungsbereich]

Die Vorschriften dieses Kapitels finden Anwendung auf die Stauung und Trennung von gefährlichen Gütern, die konventionell auf Stückgutschiffen gestaut werden. Sie finden auch Anwendung auf Container, die an Stauplätzen für konventionelle Stauung, einschließlich Plätzen auf dem Wetterdeck, befördert werden, die nicht so eingerichtet sind, dass für die Container während der Beförderung eine dauerhafte Stauung gewährleistet ist.

7.6.1.2 [Stauplätze]

Für Schiffe, die Container an Stauplätzen befördern, die so eingerichtet sind, dass eine dauerhafte Stauung der Container gewährleistet ist, gelten die Vorschriften des Kapitels 7.4.

7.6.2 Vorschriften für die Stauung und die Handhabung

7.6.2.1 Vorschriften für alle Klassen

7.6.2.1.1 [Mindeststapelhöhe]

Die Mindeststapelhöhe für die Prüfung von Verpackungen, die für gefährliche Güter verwendet werden sollen, beträgt in Übereinstimmung mit Kapitel 6.1 3 m. Für IBC und Großverpackungen muss die überlagerte Prüflast in Übereinstimmung mit 6.5.6.6.4 bzw. 6.6.5.3.3.4 bestimmt werden.

7.6.2.1.2 [Stauung von Fässern]

Fässer mit gefährlichen Gütern sind immer aufrecht zu stauen, es sei denn, die zuständige Behörde hat etwas anderes zugelassen.

7.6.2.1.3 [Durchgänge, Zugänge]

Die Stauung gefährlicher Güter hat so zu erfolgen, dass alle Durchgänge frei bleiben und ungehinderter Zugang zu allen für den sicheren Betrieb des Schiffes erforderlichen Einrichtungen sichergestellt ist. Wenn gefährliche Güter an Deck gestaut werden, müssen Hydranten, Peilrohre und dergleichen und der Zugang zu diesen frei von solchen Gütern bleiben.

7.6.2.1.4 [Schutz vor Wetter und Seewasser]

Verpackungen aus Pappe, Säcke aus Papier und andere Versandstücke, die durch Wasser beschädigt werden können, müssen unter Deck gestaut werden; werden sie jedoch an Deck gestaut, müssen sie so geschützt sein, dass sie zu keiner Zeit dem Wetter oder dem Seewasser ausgesetzt sind.

7.6.2.1.5 [Überstauung von Tanks]

Ortsbewegliche Tanks dürfen nicht durch andere Ladung überstaut werden, es sei denn, sie sind für diesen Zweck ausgelegt oder es sei denn, sie sind nach den Anforderungen der zuständigen Behörde besonders geschützt.

7.6.2.1.6 [Sauberkeit, Trockenheit von Laderäumen]

Laderäume und Decks müssen entsprechend den von den zu befördernden gefährlichen Gütern ausgehenden Gefahren sauber und trocken sein. Um das Risiko einer Entzündung zu verringern, muss der Raum frei vom Staub anderer Ladungen wie Getreide oder Kohlenstaub sein.

7.6.2.1.7 [Keine Beschädigungen, Leckagen]

Versandstücke und Güterbeförderungseinheiten mit Beschädigungen, Leckagen oder Undichtheit dürfen nicht auf ein Stückgutschiff verladen werden. Es muss darauf geachtet werden, dass übermäßige Mengen an Wasser, Schnee oder Eis oder Fremdstoffen auf oder an den Verpackungen und Güterbeförderungseinheiten vor der Verladung entfernt werden.

[Ladungssicherung] 7.6.2.1.8

Die Versandstücke und Güterbeförderungseinheiten sowie alle anderen Güter sind für die Reise ausreichend abzusteifen und zu sichern[1]. Die Versandstücke sind so zu laden, dass eine Beschädigung der Versandstücke und ihrer Ausrüstungsteile während der Beförderung wenig wahrscheinlich ist. Die Ausrüstungsteile an Versandstücken oder ortsbeweglichen Tanks müssen ausreichend geschützt sein.

Vorschriften für entzündbare Gase und leicht entzündbare flüssige Stoffe 7.6.2.2

[Nur an Deck-Stauung] 7.6.2.2.1

In Frachtschiffen mit einer Bruttoraumzahl von 500 oder darüber und vor dem 1. September 1984 gebauten Fahrgastschiffen und in vor dem 1. Februar 1992 gebauten Frachtschiffen mit einer Bruttoraumzahl von weniger als 500 dürfen entzündbare Gase oder entzündbare flüssige Stoffe mit einem Flammpunkt unter 23 °C c.c. nur an Deck gestaut werden, sofern von der Verwaltung nichts anderes genehmigt wurde.

[Abstand von Zündquellen] 7.6.2.2.2

An Deck beförderte entzündbare Gase oder entzündbare flüssige Stoffe mit einem Flammpunkt unter 23 °C c.c. müssen mindestens 3 m entfernt von möglichen Zündquellen gestaut werden.

Vorschriften über die Lüftung 7.6.2.3

[Unter Deck-Stauung] 7.6.2.3.1

In Frachtschiffen mit einer Bruttoraumzahl von 500 oder darüber und vor dem 1. September 1984 gebauten Fahrgastschiffen und in vor dem 1. Februar 1992 gebauten Frachtschiffen mit einer Bruttoraumzahl von weniger als 500 dürfen die folgenden gefährlichen Gütern nur unter Deck gestaut werden, wenn der Laderaum mit einer mechanischen Lüftung ausgestattet ist und die Stauung unter Deck gemäß der Gefahrgutliste zulässig ist:

- gefährliche Güter der Klasse 2.1,
- gefährliche Güter der Klasse 3 mit einem Flammpunkt unter 23 °C c.c.,
- gefährliche Güter der Klasse 4.3,
- gefährliche Güter der Klasse 6.1 mit einer Zusatzgefahr der Klasse 3,
- gefährliche Güter der Klasse 8 mit einer Zusatzgefahr der Klasse 3 und
- gefährliche Güter, denen in Spalte 16a der Gefahrgutliste eine besondere Stauvorschrift, die eine mechanische Lüftung vorschreibt, zugewiesen ist.

Andernfalls dürfen Container nur an Deck gestaut werden.

[Mechanische Lüftung] 7.6.2.3.2

Die Leistungsfähigkeit der mechanischen Lüftung (Anzahl der Luftwechsel je Stunde) muss den Anforderungen der Verwaltung entsprechen.

Vorschriften für die Klasse 1 7.6.2.4

[Zutritt Unbefugter] 7.6.2.4.1

Alle Abteilungen oder Räume und Güterbeförderungseinheiten müssen verschlossen oder in geeigneter Weise gesichert sein, um den Zutritt Unbefugter zu verhindern. Die Verschluss- und Sicherungsmittel müssen derart sein, dass der Zutritt im Notfall ohne Verzögerung möglich ist.

[Funkenfreiheit, Risiken, Vorsichtsmaßnahmen] 7.6.2.4.2

Die Be- und Entladeverfahren sowie die dafür eingesetzte Ausrüstung sollen so ausgelegt sein, dass keine Funken erzeugt werden, insbesondere wenn die Böden der Laderäume nicht aus dichtgefügtem Holz beschaffen sind. Das Umschlagpersonal soll vor dem Beginn des Umschlags der explosiven Stoffe und Gegenstände mit Explosivstoff vom Versender oder Empfänger über die möglichen Risiken und erforderlichen Vorsichtsmaßnahmen informiert werden. Falls der Inhalt von Versandstücken an Bord nass wird, ist sofort der Versender zu Rate zu ziehen; bis entsprechende Anweisungen vorliegen, ist die Handhabung der Versandstücke zu vermeiden.

---
[1] Siehe Regel VII/5 des SOLAS-Übereinkommens von 1974 in der jeweils geltenden Fassung.

7.6.2.4.3 Trennung an Deck

Wenn Güter verschiedener Verträglichkeitsgruppen an Deck befördert werden, müssen sie mindestens 6 m voneinander entfernt gestaut werden, es sei denn, ihre gemischte Stauung ist nach 7.2.7 erlaubt.

7.6.2.4.4 Trennung in Schiffen mit nur einem Laderaum2

Auf einem Schiff mit nur einem Laderaum müssen gefährliche Güter der Klasse 1 gemäß 7.2.7 getrennt werden, außer dass:

.1 Güter der Unterklasse 1.1 oder 1.2, Verträglichkeitsgruppe B, in demselben Laderaum gestaut werden dürfen wie Stoffe der Verträglichkeitsgruppe D, vorausgesetzt, dass:
- die Nettoexplosivstoffmasse von Gütern der Verträglichkeitsgruppe B 50 kg nicht überschreitet und
- diese Güter in einer geschlossenen Güterbeförderungseinheit gestaut werden, die mindestens 6 Meter von den Stoffen der Verträglichkeitsgruppe D entfernt gestaut wird;

.2 Güter der Unterklasse 1.4, Verträglichkeitsgruppe B, in demselben Laderaum wie Stoffe der Verträglichkeitsgruppe D gestaut werden dürfen, vorausgesetzt, dass sie entweder durch einen Abstand von mindestens 6 Metern oder durch eine Trennwand aus Stahl voneinander getrennt sind.

7.6.2.4.5 [Bruchstellen, Undichtheit]

Für den Fall, dass bei einem Versandstück mit Gütern der Klasse 1 Bruchstellen oder Undichtheit festgestellt werden, soll der Rat eines Sachverständigen hinsichtlich der sicheren Handhabung und Entsorgung dieses Versandstückes eingeholt werden.

7.6.2.5 Vorschriften für die Klasse 2

7.6.2.5.1 [Druckgefäße, Ladungssicherung]

Wenn Druckgefäße in senkrechter Stellung gestaut werden, müssen sie in einem Block, in einem Verschlag oder in einer Kiste aus geeignetem Holz gestaut werden, und die Kiste oder der Verschlag muss mit Stauholz unterlegt werden, um Abstand vom Stahldeck zu gewährleisten. Druckgefäße in einer Kiste oder einem Verschlag müssen abgesteift werden, um jede Bewegung der Druckgefäße auszuschließen. Die Kiste oder der Verschlag (Gasgestell) muss sicher verkeilt und gelascht werden, um eine Bewegung nach irgendeiner Seite zu verhindern.

7.6.2.5.2 [Schutz vor Wärmequellen]

An Deck gestaute Druckgefäße müssen vor Wärmequellen geschützt sein.

7.6.2.6 Vorschriften für die Klasse 3

7.6.2.6.1 [An Deck-Stauung]

Stoffe der Klasse 3 mit einem Flammpunkt unter 23 °C c.c., die in Kanistern aus Kunststoff (3H1, 3H2), Fässern aus Kunststoff (1H1, 1H2), Gefäßen aus Kunststoff in einem Fass aus Kunststoff (6HH1, 6HH2) und Kunststoff-IBC (IBC 31H1 und 31H2) verpackt sind, dürfen nur an Deck gestaut werden, es sei denn, sie sind in eine geschlossene Güterbeförderungseinheit gepackt.

7.6.2.6.2 [Schutz vor Wärmequellen]

An Deck gestaute Versandstücke müssen vor Wärmequellen geschützt sein.

7.6.2.7 Vorschriften für die Klassen 4.1, 4.2 und 4.3

7.6.2.7.1 [Schutz vor Wärmequellen]

An Deck gestaute Versandstücke müssen vor Wärmequellen geschützt sein.

7.6.2.7.2 Stauvorschriften für FISCHMEHL, NICHT STABILISIERT (UN 1374), FISCHMEHL, STABILISIERT (UN 2216, Klasse 9) und KRILLMEHL (UN 3497)

7.6.2.7.2.1 [Lose Versandstücke]

Lose Versandstücke:

.1 Während der Reise muss die Temperatur dreimal täglich gemessen und aufgezeichnet werden.

.2 Wenn die Temperatur der Ladung 55 °C überschritten hat und weiter steigt, muss die Belüftung des Laderaums eingeschränkt werden. Sollte die Selbsterhitzung anhalten, muss Kohlendioxid oder

Inertgas eingesetzt werden. Das Schiff muss mit Einrichtungen ausgerüstet sein, die den Einsatz von Kohlendioxid oder Inertgas in den Laderäumen ermöglichen. **7.6.2.7.2.1** (Forts.)

.3 Die Ladung muss vor Wärmequellen geschützt gestaut werden.

.4 Für UN 1374 und 3497 wird bei der Beförderung in losen Säcken Doppelreihenstauung empfohlen, vorausgesetzt, dass eine gute Oberflächenbelüftung und Durchlüftung gegeben ist. Die Abbildung in 7.6.2.7.2.3 veranschaulicht, wie dies erreicht werden kann. Für UN 2216 ist bei der Beförderung in losen Säcken keine besondere Belüftung der in Blöcken gestauten Säcke erforderlich.

[Container] **7.6.2.7.2.2**

Container:

.1 Nach dem Packen sind die Türen und sonstige Öffnungen der Einheit zu verschließen, um das Eindringen von Luft zu verhindern.

.2 Während der Reise muss die Laderaumtemperatur einmal täglich am frühen Morgen gemessen und aufgezeichnet werden.

.3 Wenn die Laderaumtemperatur übermäßig über die in der Umgebung steigt und weiter steigt, ist in Erwägung zu ziehen, dass es im Notfall notwendig sein kann, große Mengen Wasser zuzuführen; dabei ist zu beachten, dass durch das Fluten der Laderäume eine Gefahr für die Stabilität des Schiffes entstehen kann.

.4 Die Ladung muss vor Wärmequellen geschützt gestaut werden.

[Doppelreihenstauung] **7.6.2.7.2.3**

Doppelreihenstauung

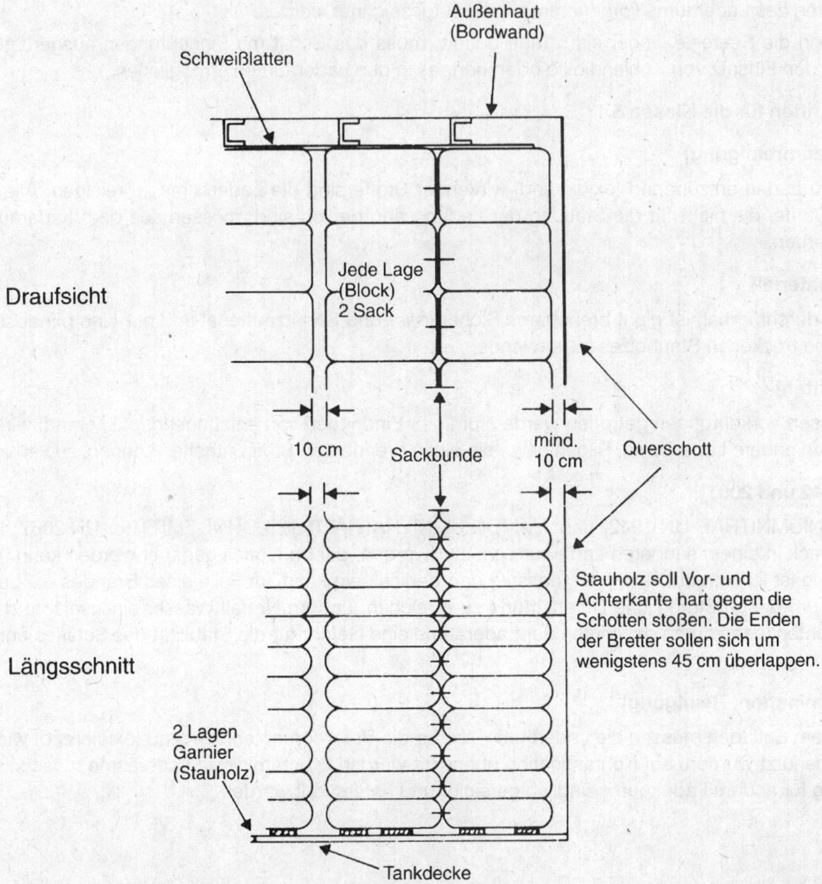

7.6.2.7.3 Stauvorschriften für ÖLKUCHEN (UN 1386)

7.6.2.7.3.1 [Überwachung, > 10 % Öl]

Stauvorschriften für ÖLKUCHEN, pflanzliches Öl enthaltend, (a) durch Pressen gewonnene Ölsaatrückstände, die mehr als 10 % Öl oder mehr als 20 % Öl und Feuchtigkeit zusammen enthalten:

.1 Durchlüftung und Oberflächenbelüftung sind erforderlich.

.2 Wenn die Seereise länger als 5 Tage dauert, muss das Schiff mit Einrichtungen ausgerüstet sein, die den Einsatz von Kohlendioxid oder Inertgas in den Laderäumen ermöglichen.

.3 Säcke müssen immer in Doppelreihen gestaut werden, wie in 7.6.2.7.2.3 für nicht stabilisiertes Fischmehl dargestellt.

.4 Es müssen regelmäßig Temperaturmessungen in verschiedenen Tiefen des Laderaums vorgenommen und aufgezeichnet werden. Wenn die Temperatur der Ladung 55 °C überschritten hat und weiter steigt, muss die Belüftung des Laderaums eingeschränkt werden. Sollte die Selbsterhitzung anhalten, muss Kohlendioxid oder Inertgas eingesetzt werden.

7.6.2.7.3.2 [Überwachung, ≤ 10 % Öl]

Stauvorschriften für ÖLKUCHEN, pflanzliches Öl enthaltend, b) mit Lösemittel extrahierte und durch Pressen gewonnenen Ölsaatenrückstände, die nicht mehr als 10 % Öl und, wenn der Feuchtigkeitsgehalt größer als 10 % ist, nicht mehr als 20 % Öl und Feuchtigkeit zusammen enthalten:

.1 Oberflächenbelüftung ist zur Beseitigung restlicher Lösungsmitteldämpfe erforderlich.

.2 Wenn die Säcke so gestaut sind, dass eine Durchlüftung der ganzen Ladung nicht möglich ist, und die Reisedauer 5 Tage überschreitet, müssen regelmäßig Temperaturmessungen in verschiedenen Tiefen des Laderaums vorgenommen und aufgezeichnet werden.

.3 Wenn die Seereise länger als 5 Tage dauert, muss das Schiff mit Einrichtungen ausgerüstet sein, die den Einsatz von Kohlendioxid oder Inertgas in den Laderäumen ermöglichen.

7.6.2.8 Vorschriften für die Klasse 5.1

7.6.2.8.1 [Laderaumreinigung]

Vor dem Laden entzündend (oxidierend) wirkender Stoffe sind die Laderäume zu reinigen. Alle brennbaren Stoffe, die nicht für die Stauung der Ladung erforderlich sind, müssen aus dem Laderaum entfernt werden.

7.6.2.8.2 [Staumaterial]

Soweit durchführbar, ist nicht brennbares Sicherungs- und Schutzmaterial und nur eine Mindestmenge sauberen trockenen Stauholzes zu verwenden.

7.6.2.8.3 [Abdichten]

Es müssen Vorkehrungen getroffen werden, um das Eindringen von entzündend (oxidierend) wirkenden Stoffen in andere Laderäume, Bilgen usw., die einen brennbaren Stoff enthalten können, zu verhindern.

7.6.2.8.4 [UN 1942 und 2067]

AMMONIUMNITRAT, UN 1942, und AMMONIUMNITRATHALTIGES DÜNGEMITTEL, UN 2067, können unter Deck in einem sauberen Laderaum gestaut werden, der im Notfall geöffnet werden kann. Vor der Beladung ist in Betracht zu ziehen, dass es erforderlich sein kann, im Falle eines Brandes die Luken zu öffnen, um die größtmögliche Durchlüftung zu erreichen, und im Notfall Wasser einzusetzen; dabei ist zu beachten, dass durch das Fluten der Laderäume eine Gefahr für die Stabilität des Schiffes entstehen kann.

7.6.2.8.5 [Kontamination, Reinigung]

Nach dem Entladen müssen die Laderäume, die für die Beförderung entzündend (oxidierend) wirkender Stoffe benutzt wurden, auf Kontamination überprüft werden. Kontaminierte Laderäume müssen vor der Nutzung für andere Ladungen gründlich gereinigt und untersucht werden.

Vorschriften für selbstzersetzliche Stoffe der Klasse 4.1 und für Klasse 5.2 7.6.2.9

[Schutz vor Wärmequellen] 7.6.2.9.1

Die Versandstücke müssen vor Wärmequellen geschützt gestaut werden.

[Überbordwerfen] 7.6.2.9.2

Wenn Staumaßnahmen getroffen werden, ist zu berücksichtigen, dass es notwendig werden kann, ein oder mehrere Versandstücke der Ladung über Bord zu werfen.

Vorschriften für die Klassen 6.1 und 8 7.6.2.10

[Kontamination, Reinigung] 7.6.2.10.1

Nach dem Entladen müssen die Laderäume, die für die Beförderung von Stoffen dieser Klassen benutzt wurden, auf Kontamination überprüft werden. Kontaminierte Laderäume müssen vor der Nutzung für andere Ladungen gründlich gereinigt und untersucht werden.

[Trockenhalten] 7.6.2.10.2

Stoffe der Klasse 8 sind so trocken wie möglich zu halten, da sie bei Feuchtigkeit die meisten Metalle angreifen und einige auch heftig mit Wasser reagieren.

Stauung von Gütern der Klasse 9 7.6.2.11

Stauvorschriften für AMMONIUMNITRATHALTIGES DÜNGEMITTEL, UN 2071 7.6.2.11.1

[Laderaum] 7.6.2.11.1.1

AMMONIUMNITRATHALTIGES DÜNGEMITTEL, UN 2071, muss in einem sauberen Laderaum gestaut werden, der im Notfall geöffnet werden kann. Bei Düngemittel in Säcken, Containern oder Schüttgut-Containern ist es ausreichend, wenn durch freie Zugänge (Einstiegsluken) die Ladung im Notfall erreichbar ist und durch eine mechanische Lüftung eine Abführung entstehender Zersetzungsgase oder -dämpfe erfolgen kann. Vor der Beladung ist in Betracht zu ziehen, dass es erforderlich sein kann, im Falle eines Brandes die Luken zu öffnen, um eine größtmögliche Durchlüftung zu erreichen, und im Notfall Wasser einzusetzen; dabei ist zu beachten, dass durch das Fluten der Laderäume eine Gefahr für die Stabilität des Schiffes entstehen kann.

[Zersetzungsprozess] 7.6.2.11.1.2

Ist es nicht möglich, den Zersetzungsprozess aufzuhalten (z. B. bei schlechtem Wetter), so bedeutet dies nicht unbedingt eine unmittelbare Gefahr für den Festigkeitsverband des Schiffes. Es kann jedoch sein, dass die Zersetzungsrückstände nur noch die Hälfte der Masse der ursprünglichen Ladung haben; dieser Masseverlust kann auch die Stabilität des Schiffes beeinträchtigen und muss vor der Beladung berücksichtigt werden.

[Maschinenraumschott] 7.6.2.11.1.3

AMMONIUMNITRATHALTIGES DÜNGEMITTEL, UN 2071, darf nicht direkt an einen Maschinenraumschott aus Metall gestaut werden. Bei Verpackung in Säcken können beispielsweise Bretter aufgestellt werden, die für einen Zwischenraum zwischen Maschinenraumschott und der Ladung sorgen. Diese Anforderung braucht bei kurzen internationalen Seereisen nicht angewandt zu werden.

[Feuerronden] 7.6.2.11.1.4

Für den Fall, dass ein Schiff nicht mit einer Rauchmeldeanlage oder einer vergleichbaren Einrichtung ausgerüstet ist, muss dafür gesorgt werden, dass während der ganzen Reise die Laderäume, die mit diesen Düngemitteln beladen sind, in Abständen von höchstens 4 Stunden inspiziert werden (indem z. B. der Geruch der Abluft aus den Laderäumen geprüft wird), um so frühzeitig eine Zersetzung zu erkennen.

Stauvorschriften für FISCHMEHL, STABILISIERT (UN 2216, Klasse 9) 7.6.2.11.2

[UN 2216] 7.6.2.11.2.1

Stauvorschriften für FISCHMEHL, STABILISIERT (UN 2216, Klasse 9), siehe 7.6.2.7.2.

7.6.2.12 Stauung von gefährlichen Gütern in flexiblen Schüttgut-Containern

7.6.2.12.1 [Verbot An Deck-Stauung]

Die Stauung gefährlicher Güter in flexiblen Schüttgut-Containern an Deck ist nicht erlaubt.

7.6.2.12.2 [Ladungssicherung]

Flexible Schüttgut-Container müssen so gestaut werden, dass keine Leerräume zwischen den flexiblen Schüttgut-Containern im Laderaum bestehen. Füllen die flexiblen Schüttgut-Container den Laderaum nicht vollständig aus, müssen angemessene Maßnahmen getroffen werden, um ein Verrutschen der Ladung zu verhindern.

7.6.2.12.3 [Maximale Stapelhöhe]

Es dürfen nie mehr als 3 flexible Schüttgut-Container übereinander gestapelt werden.

7.6.2.12.4 [Lüftungseinrichtungen]

Wenn die flexiblen Schüttgut-Container mit Lüftungseinrichtungen ausgerüstet sind, darf die Funktion dieser Einrichtungen nicht durch die Stauung behindert werden.

7.6.3 Trennvorschriften

7.6.3.1 Trennung von Nahrungs- und Futtermitteln

7.6.3.1.1 [Begriffsbestimmungen]

Im Sinne dieses Unterabschnitts sind die Begriffe „Entfernt von", „Getrennt von" und „Getrennt durch eine ganze Abteilung oder einen Laderaum von" in 7.6.3.2 bestimmt.

7.6.3.1.2 [Konventionell gestaute gefährliche Güter]

Konventionell gestaute gefährliche Güter mit einer Haupt- oder Zusatzgefahr der Klassen 2.3, 6.1, 7 (mit Ausnahme von UN 2908, 2909, 2910 und 2911), 8 und gefährliche Güter, bei denen in Spalte 16b der Gefahrgutliste auf 7.6.3.1.2 verwiesen wird, müssen „Getrennt von" konventionell gestauten Nahrungs- und Futtermitteln gestaut werden. Befinden sich entweder die gefährlichen Güter oder die Nahrungs- und Futtermittel in einer geschlossenen Güterbeförderungseinheit, müssen die gefährlichen Güter „Entfernt von" den Nahrungs- und Futtermitteln gestaut werden. Befinden sich die gefährlichen Güter und die Nahrungs- und Futtermittel in unterschiedlichen geschlossenen Güterbeförderungseinheiten, sind keine Trennvorschriften anzuwenden.

7.6.3.1.3 [Konventionell gestaute gefährliche Güter, Klasse 6.2]

Konventionell gestaute gefährliche Güter der Klasse 6.2 müssen „Getrennt durch eine ganze Abteilung oder einen Laderaum von" konventionell gestauten Nahrungs- und Futtermitteln gestaut werden. Befinden sich entweder die gefährlichen Güter oder die Nahrungs- und Futtermittel in einer geschlossenen Güterbeförderungseinheit, müssen die gefährlichen Güter „Getrennt von" den Nahrungs- und Futtermitteln gestaut werden.

7.6.3.2 Trennung von Versandstücken, die gefährliche Güter enthalten und konventionell gestaut werden

Begriffsbestimmungen der Trennbegriffe

Entfernt von:

Räumlich wirksam getrennt, damit unverträgliche Stoffe bei einem Unfall nicht in gefährlicher Weise miteinander reagieren können; sie können jedoch im selben Laderaum, in derselben Abteilung oder an Deck befördert werden, vorausgesetzt, dass ein horizontaler Abstand von mindestens **3 m, auch bei vertikaler Projektion**, eingehalten wird.

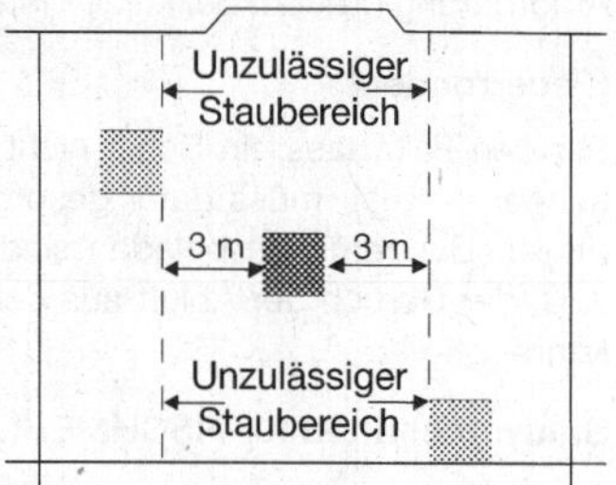

7.6.3.2 (Forts.)

Getrennt von:

In verschiedenen Abteilungen oder Laderäumen, wenn die Stauung unter Deck erfolgt. Unter der Voraussetzung, dass das dazwischenliegende Deck gegen Feuer und Flüssigkeit widerstandsfähig ist, kann eine vertikale Trennung als gleichwertig angesehen werden, z. B. in verschiedenen Abteilungen. Bei Stauung an Deck ist ein **horizontaler Abstand von mindestens 6 m** einzuhalten.

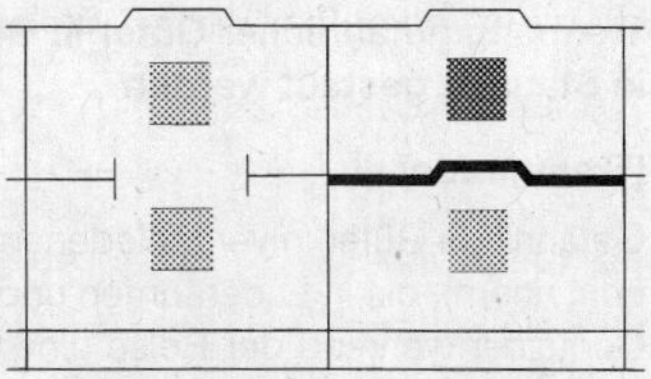

Getrennt durch eine ganze Abteilung oder einen Laderaum von:

Bedeutet entweder eine vertikale oder horizontale Trennung. Wenn die dazwischenliegenden Decks nicht gegen Feuer und Flüssigkeit widerstandsfähig sind, ist nur eine Trennung in Längsrichtung z. B. durch eine dazwischenliegende ganze Abteilung oder einen dazwischenliegenden Laderaum zulässig. Bei Stauung an Deck ist ein **horizontaler Abstand von mindestens 12 m** einzuhalten. Der gleiche Abstand ist einzuhalten, wenn ein Versandstück an Deck gestaut ist und das andere in einer oberen Abteilung.

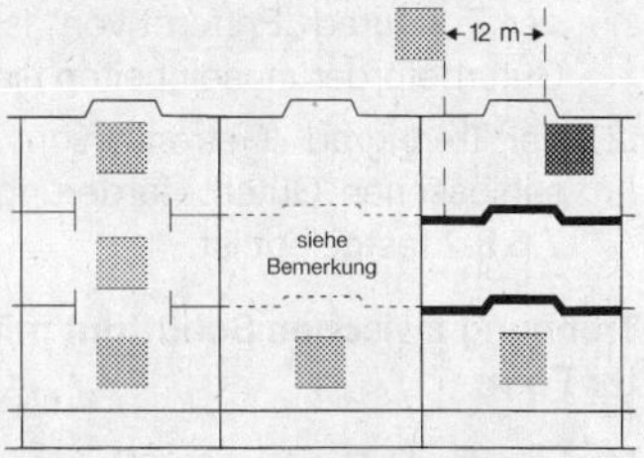

Bemerkung: *Eines der beiden Decks muss widerstandsfähig gegen Feuer und Flüssigkeit sein.*

In Längsrichtung getrennt durch eine dazwischenliegende ganze Abteilung oder einen dazwischenliegenden Laderaum von:

Eine vertikale Trennung allein genügt diesem Erfordernis nicht. Zwischen einem Versandstück unter Deck und einem an Deck muss ein Abstand in Längsrichtung von mindestens 24 m einschließlich einer dazwischenliegenden ganzen Abteilung eingehalten werden. Bei Stauung an Deck ist ein **horizontaler Abstand von mindestens 24 m** einzuhalten.

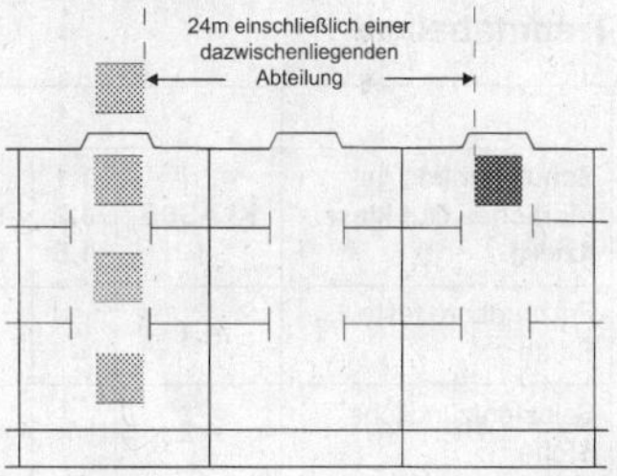

Zeichenerklärung

(1) Referenzversandstück ....

(2) Versandstück mit unverträglichen Gütern ....

(3) Gegen Feuer und Flüssigkeit widerstandsfähiges Deck ....

Bemerkung: *Die senkrechten Linien bezeichnen flüssigkeitsdichte Querschotte zwischen Laderäumen.*

Trennung konventionell gestauter Güter von solchen, die in Güterbeförderungseinheiten befördert werden 7.6.3.3

[Anwendbare Bestimmung] 7.6.3.3.1

Konventionell gestaute gefährliche Güter sind von solchen, die in offenen Güterbeförderungseinheiten befördert werden, gemäß 7.6.3.2 zu trennen.

[Anwendbare Bestimmung, Erleichterung] 7.6.3.3.2

Konventionell gestaute gefährliche Güter sind von solchen, die in geschlossenen Güterbeförderungseinheiten befördert werden, gemäß 7.6.3.2 zu trennen, es sei denn:

.1 der Trenngrad „Entfernt von" ist gefordert; in diesem Fall ist eine Trennung zwischen den Versandstücken und der geschlossenen Güterbeförderungseinheit nicht erforderlich;

.2 der Trenngrad „Getrennt von" ist gefordert; in diesem Fall kann die Trennung zwischen den Versandstücken und der geschlossenen Güterbeförderungseinheiten nach dem Trenngrad „Entfernt von" erfolgen, wie es in 7.6.3.2 festgelegt ist.

7.6.3.4 Trennung gefährlicher Güter in Güterbeförderungseinheiten, die an Stauplätzen für konventionelle Stauung gestaut werden

7.6.3.4.1 [Trenngrade]

Gefährliche Güter in verschiedenen geschlossenen Güterbeförderungseinheiten (geschlossenen Frachtcontainern), die in Laderäumen und Abteilungen gestaut sind, die nicht so eingerichtet sind, dass für die Container während der Reise eine dauerhafte Stauung gewährleistet ist, sind gemäß 7.6.3.2 voneinander zu trennen, es sei denn:

.1 der Trenngrad „Entfernt von“ ist gefordert; in diesem Fall ist eine Trennung zwischen geschlossenen Güterbeförderungseinheiten nicht erforderlich;

.2 der Trenngrad „Getrennt von“ ist gefordert; in diesem Fall kann die Trennung zwischen den geschlossenen Güterbeförderungseinheiten nach dem Trenngrad „Entfernt von“ erfolgen, wie es in 7.6.3.2 festgelegt ist.

7.6.3.5 Trennung zwischen Schüttgut mit Gefahren chemischer Art und gefährlichen Gütern in verpackter Form

7.6.3.5.1 [Anwendbare Bestimmung]

Soweit nicht im vorliegenden Code oder im IMSBC-Code etwas anderes vorgeschrieben ist, sind Schüttgut mit Gefahren chemischer Art und gefährliche Güter in verpackter Form gemäß der folgenden Tabelle zu trennen.

7.6.3.5.2 Trenntabelle

		Gefährliche Güter in verpackter Form															
Schüttgut (als gefährliches Gut klassifiziert)	**KLASSE**	**1.1 1.2 1.5**	**1.3 1.6**	**1.4**	**2.1**	**2.2 2.3**	**3**	**4.1**	**4.2**	**4.3**	**5.1**	**5.2**	**6.1**	**6.2**	**7**	**8**	**9**
Entzündbare feste Stoffe	**4.1**	4	3	2	2	2	2	X	1	X	1	2	X	3	2	1	X
Selbstentzündliche Stoffe	**4.2**	4	3	2	2	2	2	1	X	1	2	2	1	3	2	1	X
Stoffe, die in Berührung mit Wasser entzündbare Gase entwickeln	**4.3**	4	4	2	2	X	2	X	1	X	2	2	X	2	2	1	X
Entzündend (oxidierend) wirkende Stoffe	**5.1**	4	4	2	2	X	2	1	2	2	X	2	1	3	1	2	X
Giftige Stoffe	**6.1**	2	2	X	X	X	X	X	1	X	1	1	X	1	X	X	X
Radioaktive Stoffe	**7**	2	2	2	2	2	2	2	2	2	1	2	X	3	X	2	X
Ätzende Stoffe	**8**	4	2	2	1	X	1	1	1	1	2	2	X	3	2	X	X
Verschiedene gefährliche Stoffe und Gegenstände	**9**	X	X	X	X	X	X	X	X	X	X	X	X	X	X	X	X
Stoffe, die nur als Massengut gefährlich sind (MHB)		X	X	X	X	X	X	X	X	X	X	X	X	3	X	X	X

Die Zahlen und Zeichen beziehen sich auf folgende Begriffe, die in diesem Kapitel definiert sind:

1 – „Entfernt von“

2 – „Getrennt von“

3 – „Getrennt durch eine ganze Abteilung oder einen Laderaum von“

4 – „In Längsrichtung getrennt durch eine dazwischenliegende ganze Abteilung oder einen dazwischenliegenden Laderaum von“

X – Wenn eine Trennung vorgeschrieben ist, ist sie in der Gefahrgutliste oder unter den einzelnen Eintragungen im IMSBC-Code aufgeführt.

Begriffsbestimmungen der Trennbegriffe 7.6.3.5.3

Entfernt von:

Räumlich wirksam getrennt, damit unverträgliche Stoffe bei einem Unfall nicht in gefährlicher Weise miteinander reagieren können; sie können jedoch im selben Laderaum, in derselben Abteilung oder an Deck befördert werden, vorausgesetzt, dass ein horizontaler Abstand von mindestens 3 m, auch bei vertikaler Projektion, eingehalten wird.

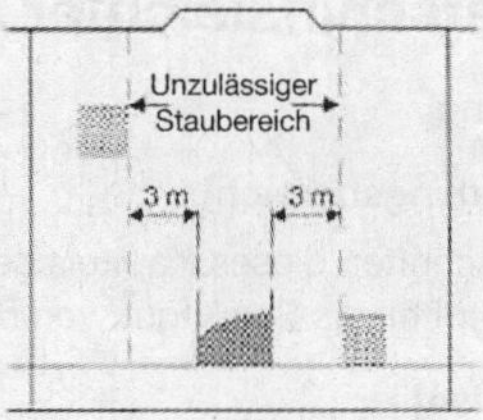

Getrennt von:

In verschiedenen Laderäumen, wenn die Stauung unter Deck erfolgt. Unter der Voraussetzung, dass ein dazwischenliegendes Deck gegen Feuer und Flüssigkeit widerstandsfähig ist, kann eine vertikale Trennung als gleichwertig angesehen werden, z. B. in verschiedenen Abteilungen.

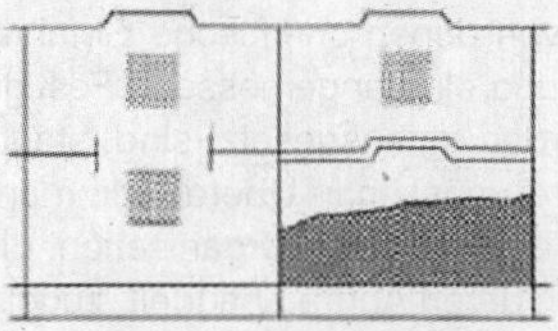

Getrennt durch eine ganze Abteilung oder einen Laderaum von:

Bedeutet entweder eine vertikale oder horizontale Trennung. Wenn die Decks nicht gegen Feuer und Flüssigkeit widerstandsfähig sind, ist nur eine Trennung in Längsrichtung z. B. durch eine dazwischenliegende ganze Abteilung zulässig.

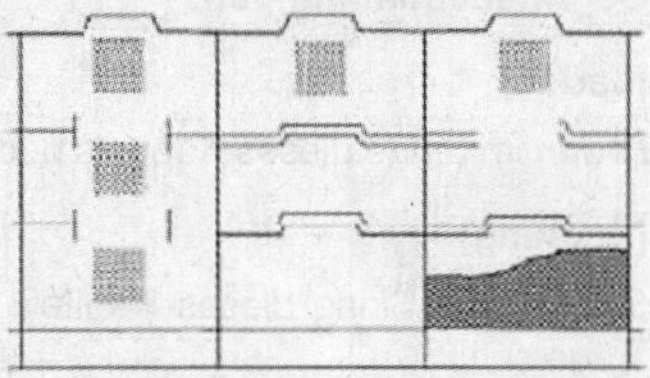

In Längsrichtung getrennt durch eine dazwischenliegende ganze Abteilung oder einen dazwischenliegenden Laderaum von:

Eine vertikale Trennung allein genügt diesem Erfordernis nicht.

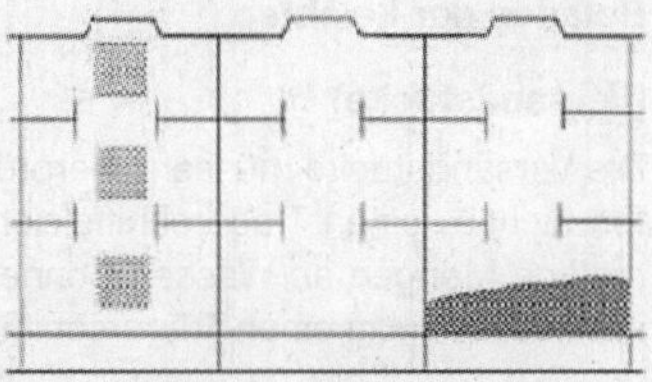

Zeichenerklärung

(1) Referenzschüttgut .... 

(2) Versandstück mit unverträglichen Gütern .... 

(3) Gegen Feuer und Flüssigkeit widerstandsfähiges Deck .... 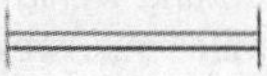

Bemerkung: *Die senkrechten Linien bezeichnen flüssigkeitsdichte Querschotte zwischen Laderäumen.*

→ D: GGVSee § 23 Nr. 10

Kapitel 7.7
Trägerschiffsleichter auf Trägerschiffen

7.7.1 Einleitung

7.7.1.1 [Anwendungsbereich]

Die Vorschriften dieses Kapitels gelten für Trägerschiffsleichter mit verpackten gefährlichen Gütern oder festen Stoffen als Schüttgut, von denen chemische Gefahren ausgehen, an Bord von Trägerschiffen.

7.7.1.2 [Bauweise]

Trägerschiffsleichter, die für die Beförderung verpackter gefährlicher Güter oder fester Stoffe als Schüttgut, von denen chemische Gefahren ausgehen, eingesetzt werden, müssen von geeigneter Bauweise sein und eine angemessene Festigkeit aufweisen, um den Beanspruchungen, denen sie während ihrer Beförderung ausgesetzt sind, standzuhalten; sie müssen angemessen gewartet werden. Trägerschiffsleichter müssen in Übereinstimmung mit den Vorschriften einer anerkannten Klassifikationsgesellschaft oder einer anderen Organisation, die von der zuständigen Behörde der betroffenen Länder anerkannt ist und in deren Auftrag handelt, zugelassen sein.

7.7.2 Begriffsbestimmungen

7.7.2.1 [Laden]

Laden im Sinne dieses Kapitels bedeutet das Einladen von Gütern in einen Trägerschiffsleichter.

7.7.2.2 [Stauung]

Stauung im Sinne dieses Kapitels bedeutet die Unterbringung eines Trägerschiffsleichters auf einem Trägerschiff.

7.7.3 Beladen der Leichter

7.7.3.1 [Versandstücke]

Die Versandstücke müssen überprüft werden; beschädigte, leckende oder undichte Versandstücke dürfen nicht in einen Trägerschiffsleichter geladen werden. Es muss darauf geachtet werden, dass übermäßige Mengen an Wasser, Schnee, Eis oder Fremdstoffen auf oder an Versandstücken entfernt werden, bevor sie in einen Trägerschiffsleichter geladen werden.

7.7.3.2 [Ladungssicherung]

Versandstücke mit gefährlichen Gütern, Güterbeförderungseinheiten sowie alle anderen Güter in einem Trägerschiffsleichter sind für die Reise ausreichend abzusteifen und zu sichern. Die Versandstücke sind so zu laden, dass eine Beschädigung der Versandstücke und ihrer Ausrüstungsteile während der Beförderung wenig wahrscheinlich ist. Die Ausrüstungsteile an Versandstücken oder ortsbeweglichen Tanks müssen ausreichend geschützt sein.

7.7.3.3 [Trimmung]

Bestimmte trockene gefährliche Güter dürfen in Trägerschiffsleichtern als Schüttgut befördert werden; dies ist in Spalte 13 der Gefahrgutliste durch den Code „BK2“ angegeben. Bei der Beförderung solcher fester Stoffe als Schüttgut, von denen chemische Gefahren ausgehen, in Trägerschiffsleichtern ist sicherzustellen, dass die Ladung jederzeit gleichmäßig verteilt, ordnungsgemäß getrimmt und gesichert ist.

7.7.3.4 [Sichtkontrolle]

Trägerschiffsleichter, die mit verpackten gefährlichen Gütern oder festen Stoffen als Schüttgut, von denen chemische Gefahren ausgehen, beladen werden sollen, müssen auf augenscheinliche Beschädigungen des Schiffskörpers oder der Lukendeckel, die die Wasserdichtheit beeinträchtigen können, überprüft werden. Werden solche Beschädigungen festgestellt, dürfen die Trägerschiffsleichter nicht für die Beförderung verpackter gefährlicher Güter oder fester Stoffe als Schüttgut, von denen chemische Gefahren ausgehen, eingesetzt und nicht beladen werden.

[Verbot Zusammenstauung] 7.7.3.5

Gefährliche Güter, die gemäß den Vorschriften in Kapitel 7.2 voneinander getrennt werden müssen, dürfen nicht in demselben Leichter befördert werden; ausgenommen sind gefährliche Güter, die „Entfernt von" einander zu stauen sind, welche mit Genehmigung der zuständigen Behörde in demselben Leichter befördert werden dürfen. In diesen Fällen muss ein gleicher Sicherheitsstandard gewährleistet werden.

[Trennung von Nahrungs- und Futtermitteln] 7.7.3.6

Gefährliche Güter mit einer Haupt- oder Zusatzgefahr der Klassen 2.3, 6.1, 6.2, 7 (mit Ausnahme von UN 2908, 2909, 2910 und 2911), 8 und gefährliche Güter, bei denen in Spalte 16b der Gefahrgutliste auf 7.7.3.6 verwiesen wird, dürfen nicht zusammen mit Nahrungs- und Futtermitteln (siehe 1.2.1) in demselben Leichter befördert werden.

[Abstand von Nahrungs- und Futtermitteln] 7.7.3.7

Ungeachtet der Vorschriften in 7.7.3.6 dürfen die folgenden gefährlichen Güter in demselben Leichter mit Nahrungs- und Futtermitteln befördert werden, sofern sie nicht innerhalb eines Abstands von 3 m oder weniger zu Nahrungs- und Futtermitteln verladen werden:

.1 gefährliche Güter der Verpackungsgruppe III der Klassen 6.1 und 8;

.2 gefährliche Güter der Verpackungsgruppe II der Klasse 8;

.3 alle anderen gefährlichen Güter der Verpackungsgruppe III mit einer Zusatzgefahr der Klasse 6.1 oder 8 und

.4 gefährliche Güter, bei denen in Spalte 16b der Gefahrgutliste auf 7.7.3.7 verwiesen wird.

[Ladungsrückstände] 7.7.3.8

Trägerschiffsleichter, die Rückstände einer gefährlicher Ladung aufweisen, oder Trägerschiffsleichter, die mit leeren Verpackungen beladen sind, die noch Rückstände eines gefährlichen Stoffes enthalten, unterliegen denselben Vorschriften wie die Leichter, die mit diesen Stoff selbst beladen sind.

Stauung von gefährlichen Gütern in flexiblen Schüttgut-Containern 7.7.3.9

[Ladungssicherung] 7.7.3.9.1

Flexible Schüttgut-Container müssen so in dem Leichter gestaut werden, dass keine Leerräume zwischen den flexiblen Schüttgut-Containern im Leichter bestehen. Füllen die flexiblen Schüttgut-Container den Leichter nicht vollständig aus, müssen angemessene Maßnahmen getroffen werden, um ein Verrutschen der Ladung zu verhindern.

[Stapelhöhe] 7.7.3.9.2

Es dürfen nie mehr als 3 flexible Schüttgut-Container übereinander gestapelt werden.

[Lüftungseinrichtungen] 7.7.3.9.3

Wenn die flexiblen Schüttgut-Container mit Lüftungseinrichtungen ausgerüstet sind, darf die Funktion dieser Einrichtungen nicht durch die Stauung in dem Leichter behindert werden.

Stauung von Trägerschiffsleichtern 7.7.4

[An Deck-Stauung] 7.7.4.1

Trägerschiffleichter, die mit verpackten gefährlichen Gütern oder festen Stoffen als Schüttgut, von denen chemische Gefahren ausgehen, beladen sind, sind auf Trägerschiffen so zu stauen, wie es in Kapitel 7.1 und in Spalte 16a der Gefahrgutliste für den jeweiligen Stoff vorgeschrieben ist. Wenn ein Trägerschiffsleichter mit mehr als einem Stoff beladen ist und die Stauplätze für die Stoffe unterschiedlich sind (d. h. einige der Stoffe müssen an Deck gestaut werden, andere unter Deck), muss der Trägerschiffsleichter mit diesen Stoffen an Deck gestaut werden.

[Belüftung] 7.7.4.2

Es sind Vorkehrungen zu treffen, um sicherzustellen, dass Trägerschiffsleichter, die unter Deck gestaut sind und Ladungen enthalten, die wegen ihrer Gefährlichkeit eine Belüftung erfordern, ausreichend belüftet werden.

7.7.4.3 [Schutz vor Wärmequellen]

Ist für ein gefährliches Gut der Schutz vor Wärmequellen vorgeschrieben, ist diese Vorschrift auf den Trägerschiffsleichter als Ganzes anzuwenden, wenn nicht geeignete andere Maßnahmen getroffen werden.

7.7.4.4 [Überwachung]

Wenn verpackte gefährliche Güter oder feste Stoffe als Schüttgut, von denen chemische Gefahren ausgehen, in Trägerschiffsleichtern auf Trägerschiffe verladen werden, auf denen fest eingebaute Feuerlösch- und Feuermeldeeinrichtungen für einzelne Leichter vorhanden sind, ist darauf zu achten, dass die Trägerschiffsleichter an diese Systeme angeschlossen werden und die Systeme ordnungsgemäß arbeiten.

7.7.4.5 [Lüftungsklappen]

Wenn verpackte gefährliche Güter oder feste Stoffe als Schüttgut, von denen chemische Gefahren ausgehen, in Trägerschiffsleichtern auf Trägerschiffe verladen werden, bei denen in einzelnen Laderäumen der Leichter Feuerlösch- und Feuermeldeeinrichtungen fest eingebaut sind, ist darauf zu achten, dass die Lüftungsklappen auf den Trägerschiffsleichtern geöffnet sind, so dass das Löschmittel im Falle eines Brandes in die Leichter gelangen kann.

7.7.4.6 [Belüftungsschächte]

Wenn zu den einzelnen Trägerschiffsleichtern Belüftungsschächte führen, sind die Lüfter abzustellen, wenn das Löschmittel in den Laderaum eingeleitet wird, so dass das Mittel in die Trägerschiffsleichter gelangen kann.

7.7.5 Trennung zwischen Leichtern auf Trägerschiffen

7.7.5.1 [Konventionelle Stauung]

Für Trägerschiffe, die Stauplätze für andere Ladung oder für eine andere Art der Stauung haben, gelten die entsprechenden Kapitel für die betreffenden Stauplätze.

7.7.5.2 [Vorrangregelung]

Wenn ein Trägerschiffsleichter mit zwei oder mehr Stoffen beladen ist, die unterschiedlichen Anforderungen hinsichtlich der Trennung unterliegen, ist die jeweils strengste Trennung anzuwenden.

7.7.5.3 [Erleichterung]

Bei „Entfernt von" und „Getrennt von" müssen die Trägerschiffsleichter nicht voneinander getrennt werden.

7.7.5.4 [Abteilung/Laderaum]

Bei „Getrennt durch eine ganze Abteilung oder einen Laderaum von" ist bei Trägerschiffen mit vertikaler Stauung in Laderäumen eine Stauung in unterschiedlichen Laderäumen erforderlich. Bei Trägerschiffen mit einer Stauung der Leichter in horizontalen Ebenen ist eine Stauung in unterschiedlichen Ebenen erforderlich, wobei die Leichter nicht in derselben vertikalen Reihe stehen dürfen.

7.7.5.5 [Dazwischenliegende Abteilung/dazwischenliegender Laderaum]

Bei „In Längsrichtung getrennt durch eine dazwischenliegende ganze Abteilung oder einen dazwischenliegenden Laderaum von" muss bei Trägerschiffen mit vertikaler Stauung in Laderäumen ein Laderaum oder der Maschinenraum dazwischenliegen. Bei Trägerschiffen mit einer Stauung der Leichter in horizontalen Ebenen muss die Stauung in unterschiedlichen Ebenen erfolgen, wobei in Längsrichtung außerdem ein Abstand von mindestens zwei dazwischenliegenden Leichterlängen eingehalten sein muss.

Kapitel 7.8
Besondere Vorschriften für Unfälle und Brandschutzmaßnahmen bei gefährlichen Gütern

Bemerkung: *Die Vorschriften dieses Kapitels sind völkerrechtlich nicht verbindlich.* → D: GGVSee § 4 (1), (5) → 1.1.1.5 → D: GGVSee § 1 (4) → D: GGVSee § 26 (2)

Allgemeines 7.8.1

[Verweis EmS] 7.8.1.1 → EmS-Leitfaden

Für den Fall eines Unfalls mit gefährlichen Gütern sind ausführliche Empfehlungen im *EmS-Leitfaden: Überarbeitete Unfallbekämpfungsmaßnahmen für Schiffe, die gefährliche Güter befördern* enthalten.

[Verweis MFAG] 7.8.1.2 → D: GGVSee § 4 (7)

Für den Fall, dass Personen bei einem Unfall in Kontakt mit gefährlichen Gütern kommen, sind ausführliche Empfehlungen im *Leitfaden für medizinische Erste-Hilfe-Maßnahmen bei Unfällen mit gefährlichen Gütern (MFAG)* enthalten.

[Bruchstellen, Undichtheit] 7.8.1.3 → D: GGVSee § 4 (8) → D: GGVSee § 4 (9)

Für den Fall, dass bei einem Versandstück mit gefährlichen Gütern Bruchstellen oder Undichtheit festgestellt werden, während das Schiff sich im Hafen befindet, sollen die Hafenbehörde informiert und entsprechende Verfahren angewendet werden.

Allgemeine Bestimmungen für Unfälle 7.8.2

[Einflussfaktoren] 7.8.2.1

Die Empfehlungen für Unfallmaßnahmen können unterschiedlich sein, abhängig davon, ob die Güter an Deck oder unter Deck gestaut sind oder ob ein Stoff gasförmig, flüssig oder fest ist. Bei einem Unfall mit entzündbaren Gasen oder entzündbaren flüssigen Stoffen mit einem Flammpunkt von 60 °C (c.c.) oder darunter sollen alle Zündquellen (wie offenes Licht, ungeschützte Glühbirnen, elektrische Handwerkzeuge) ferngehalten werden.

[Vorrang der Besatzung, Meeresschadstoffe] 7.8.2.2

Im Allgemeinen besteht die Empfehlung, ausgetretene Stoffe an Deck mit viel Wasser über Bord zu spülen; wenn eine gefährliche Reaktion mit Wasser zu erwarten ist, soll dies aus möglichst weitem Abstand erfolgen. Das Über-Bord-Spülen ausgetretener Stoffe ist in das Ermessen des Schiffsführers gestellt; dabei ist zu berücksichtigen, dass die Sicherheit der Besatzung Vorrang hat vor der Vermeidung einer Verschmutzung des Meeres. Freigewordene Stoffe und Gegenstände, die in diesem Code als MEERESSCHADSTOFF gekennzeichnet sind, sollen, sofern dies auf sichere Weise möglich ist, für eine sichere Entsorgung aufgefangen werden. Bei flüssigen Stoffen sollen nicht reagierende Bindemittel verwendet werden.

[Räume unter Gas] 7.8.2.3

Giftige, ätzende und/oder entzündbare Dämpfe in Laderäumen unter Deck sollen, wenn möglich, beseitigt werden, bevor Unfallmaßnahmen ergriffen werden. Wenn hierzu eine mechanische Lüftung verwendet wird, muss sichergestellt sein, dass entzündbare Dämpfe nicht entzündet werden.

[Beurteilung der Sicherheit] 7.8.2.4

Wenn es Anzeichen dafür gibt, dass derartige Stoffe ausgetreten sind, darf das Betreten des Laderaums erst dann erlaubt werden, wenn der Schiffsführer oder ein verantwortlicher Offizier alle sicherheitsrelevanten Aspekte in Erwägung gezogen hat und davon überzeugt ist, dass die Räume gefahrlos betreten werden können.

7.8.2.5 [Schutzausrüstung]

→ D: GGVSee § 3 (2)
→ D: GGVSee § 4 (7)
→ D: GGVSee § 23 Nr. 5

Unter anderen Umständen soll der Raum im Notfall nur von geschultem Personal mit umluftunabhängigem Atemschutzgerät und anderer Schutzkleidung betreten werden.

7.8.2.6 [Schäden am Schiffskörper]

Sind Stoffe, die Stahl angreifen, oder kryogene Flüssigkeiten ausgetreten, muss nach Abschluss der Unfallmaßnahmen sorgfältig geprüft werden, ob strukturelle Schäden am Schiff eingetreten sind.

7.8.3 Besondere Bestimmungen für Unfälle mit ansteckungsgefährlichen Stoffen

7.8.3.1 [Beschädigte Versandstücke]

→ D: GGVSee § 20 (3)

Stellt eine für die Beförderung oder Öffnung von Versandstücken, die ansteckungsgefährliche Stoffe enthalten, verantwortliche Person fest, dass ein Versandstück beschädigt wurde oder Inhalt aus diesem ausgetreten ist, muss sie:

.1 die Handhabung des Versandstücks vermeiden oder auf ein Mindestmaß beschränken,

.2 benachbarte Versandstücke auf Kontamination überprüfen und alle Versandstücke, die kontaminiert worden sind, zur Seite stellen,

→ D: GGVSee § 4 (8)

.3 die zuständige Gesundheitsbehörde oder Veterinärbehörde benachrichtigen und Angaben über die Transitländer machen, in denen möglicherweise Personen gefährdet waren, und

.4 den Versender und/oder Empfänger benachrichtigen.

7.8.3.2 Dekontamination

→ D: GGVSee § 18 Nr. 1

Zur Beförderung ansteckungsgefährlicher Stoffe verwendete Güterbeförderungseinheiten, Schüttgut-Container und Laderäume von Schiffen sind vor der Wiederverwendung auf Freisetzung des Stoffes zu überprüfen. Ist es während der Beförderung zu einer Freisetzung ansteckungsgefährlicher Stoffe gekommen, so ist die Güterbeförderungseinheit, der Schüttgut-Container oder der Laderaum des Schiffes vor der Wiederverwendung zu dekontaminieren. Die Dekontamination kann durch jedes Mittel erreicht werden, das den freigesetzten ansteckungsgefährlichen Stoff wirksam inaktiviert.

7.8.4 Besondere Bestimmungen für Unfälle mit radioaktiven Stoffen

7.8.4.1 [Beschädigte Versandstücke]

→ D: GGVSee § 20 (3)
→ 1.5.6.1

Wenn ein Versandstück offensichtlich beschädigt ist oder Inhalt austritt oder wenn zu vermuten ist, dass es beschädigt wurde oder Stoffe ausgetreten sind, soll der Zugang zu dem Versandstück beschränkt werden und eine besonders ausgebildete Person soll sobald wie möglich das Ausmaß der Kontamination und die Dosisleistung am Versandstück feststellen. Der zu untersuchende Bereich soll das Versandstück, das Beförderungsmittel, die angrenzenden Lade- und Entladebereiche und gegebenenfalls auch die übrige in dem Beförderungsmittel beförderte Ladung umfassen. Erforderlichenfalls sollen entsprechend den Vorschriften der jeweiligen zuständigen Behörden weitere Maßnahmen zum Schutz von Personen, Eigentum und Umwelt ergriffen werden, um die Folgen eines solchen Ladungsaustritts oder Schadens zu bewältigen und zu minimieren.

7.8.4.2 [Instandsetzung]

Versandstücke, die beschädigt sind oder aus denen radioaktiver Inhalt über die für normale Beförderungsbedingungen zulässigen Grenzwerte hinaus entweicht, dürfen unter Aufsicht zu einem geeigneten zeitweiligen Aufenthaltsort verbracht werden, sollen aber erst weiterbefördert werden, nachdem sie repariert oder rekonditioniert und dekontaminiert worden sind.

7.8.4.3 [Anzuwendende Norm]

Bei einem Unfall, der sich bei der Beförderung von radioaktiven Stoffen ereignet, sollen die von der jeweiligen nationalen und/oder internationalen Organisation festgelegten Notfallmaßnahmen beachtet werden, um Personen, Eigentum und Umwelt zu schützen. Entsprechende Richtlinien für derartige Maßnahmen sind in dem IAEO-Dokument „Planning and Preparing for Emergency Response to Transport Accidents involving Radioactive Material", Safety Standards Series No. TS-G-1.2 (ST-3), IAEO, Wien (2002) enthalten.

[Verweis EmS und MFAG] 7.8.4.4

Auf die neueste Fassung des *EmS-Leitfadens: Überarbeitete Unfallbekämpfungsmaßnahmen für Schiffe, die gefährliche Güter befördern* und des *Leitfadens für medizinische Erste-Hilfe-Maßnahmen bei Unfällen mit gefährlichen Gütern (MFAG)* wird besonders hingewiesen. → D: GGVSee § 4 (7) → EmS-Leitfaden → D: StrlSchG § 82

[Reaktionsprodukte] 7.8.4.5

Bei Notfallmaßnahmen ist zu beachten, dass bei einem Unfall durch Reaktionen des Inhalts einer Sendung und der Umgebung andere gefährliche Stoffe entstehen können. → D: GGVSee § 4 (9)

[Behörden] 7.8.4.6

Falls während der Liegezeit eines Schiffes im Hafen ein Versandstück mit radioaktiven Stoffen einen Schaden erleidet oder aus ihm Inhalt austritt, soll die Hafenbehörde informiert und von ihr oder von der zuständigen Behörde Beratung eingeholt werden[1]. In vielen Ländern sind Verfahren zur Erlangung von Strahlenschutzhilfe bei derartigen Notfällen festgelegt worden. → D: GGVSee § 4 (8)

Allgemeine Brandschutzmaßnahmen 7.8.5

[Gute Seemannschaft] 7.8.5.1

Die Verhütung von Bränden in einer Ladung gefährlicher Güter ist durch gute Seemannschaft, insbesondere durch Beachtung der folgenden Vorsichtsmaßnahmen zu erreichen: → D: GGVSee § 4 (6)

.1 brennbare Materialien sind entfernt von Zündquellen zu halten,

.2 entzündbare Stoffe sind durch geeignete Verpackung zu schützen,

.3 beschädigte oder undichte Versandstücke sind zurückzuweisen,

.4 die Versandstücke sind so zu stauen, dass sie gegen unbeabsichtigte Beschädigung oder Erwärmung geschützt sind,

.5 die Versandstücke sind von solchen Gütern zu trennen, die dazu neigen, einen Brand zu verursachen oder zu fördern,

.6 soweit es erforderlich und möglich ist, sind gefährliche Güter an einem zugänglichen Platz zu stauen, so dass Versandstücke in der Nähe eines Brandes geschützt werden können,

.7 die Einhaltung des Rauchverbots in gefährdeten Bereichen ist durchzusetzen und deutlich sichtbare Schilder „RAUCHEN VERBOTEN"/„NO SMOKING" sind anzubringen und → D: GGVSee § 4 (2) → D: GGVSee § 23 Nr. 2

.8 von Kurzschluss, Erdschluss und Funkenbildung gehen Gefahren aus. Beleuchtung, Stromkabel und Anschlüsse sollen in gutem Zustand gehalten werden. Unsichere Kabel oder Ausrüstungen sollen abgetrennt werden. Wenn Schotten in Sinne der Trennvorschriften geeignet sein sollen, sollen Kabeldurchführungen in den Decks und Schotten gegen den Durchtritt von Gasen und Dämpfen abgedichtet sein. → D: GGVSee § 4 (3)

Wenn gefährliche Güter an Deck gestaut werden, sollen die Anordnung und Auslegung von Hilfsmaschinen, elektrischen Einrichtungen und Kabelführungen beachtet werden, um Zündquellen zu vermeiden.

[Anzuwendende Bestimmungen] 7.8.5.2

Die für die einzelnen Klassen und gegebenenfalls für einzelne Stoffe anzuwendenden Brandschutzmaßnahmen werden in 7.8.2 und 7.8.6 bis 7.8.9 sowie in der Gefahrgutliste empfohlen.

Besondere Brandschutzmaßnahmen für Klasse 1 7.8.6

[Vorsichtsmaßnahmen] 7.8.6.1

Die größte Gefahr bei Umschlag und Beförderung von Gütern der Klasse 1 ist das Entstehen von Bränden außerhalb dieser Güter und es ist daher äußert wichtig, dass jeder Brand entdeckt und gelöscht wird, bevor er auf diese Güter übergreifen kann. Daher ist es erforderlich, dass sich Brandschutzmaßnahmen, Brandbekämpfungsmaßnahmen und Ausrüstung auf einem hohen Stand befinden und sofort anwendbar und einsatzbereit sind. → D: GGVSee § 4 (6)

---

[1] Es wird verwiesen auf Kapitel 7.9 und auf das IAEO-Verzeichnis der nationalen zuständigen Behörden für Zulassungen und Genehmigungen für die Beförderung radioaktiver Stoffe. Das Verzeichnis wird jedes Jahr aktualisiert.

7.8.6.2 [Bauliche Ausstattung]

Abteilungen, die Güter der Klasse 1 enthalten, und angrenzende Laderäume sollen mit einer Feuermeldeanlage ausgerüstet sein. Wenn diese Räume nicht durch eine fest eingebaute Feuerlöschanlage geschützt sind, sollen sie für die Brandbekämpfung zugänglich sein.

7.8.6.3 [Vorsichtsmaßnahmen bei Heißarbeiten]

→ D: GGVSee § 1 (5)
→ D: GGVSee § 9
→ D: GGVSee § 10 (1)

In einer Abteilung, in der Güter der Klasse 1 gestaut sind, sollen keine Instandsetzungsarbeiten ausgeführt werden. Besondere Vorsicht ist bei Instandsetzungsarbeiten in angrenzenden Laderäumen geboten. Schweiß, Brenn-, Schneid- oder Nietarbeiten, die den Einsatz von Feuer, Flammen, Funken oder Lichtbogen erzeugenden Geräten erfordern, sollen nur in Maschinenräumen oder Werkstätten ausgeführt werden, in denen Feuerlöscheinrichtungen vorhanden sind, es sei denn, es liegt ein Notfall vor und, falls sich das Schiff in einem Hafen befindet, es wurde zuvor die Genehmigung der Hafenbehörde eingeholt.

7.8.7 Besondere Brandschutzmaßnahmen für Klasse 2

7.8.7.1 [Belüftung]

Eine wirksame Belüftung soll vorgenommen werden, um ausgetretenes Gas aus dem Laderaum zu entfernen; hierbei ist zu beachten, dass einige Gase schwerer als Luft sind und sich in gefährlichen Konzentrationen im unteren Teil des Schiffes ansammeln können.

7.8.7.2 [Gasausbreitung]

Geeignete Maßnahmen sollen ergriffen werden, um das Eindringen von Gas in andere Teile des Schiffes zu verhindern.

7.8.7.3 [Verdacht auf ausgetretenes Gas]

Besteht der Verdacht, dass Gas ausgetreten ist, so soll das Betreten von Laderäumen oder anderen abgeschlossenen Räumen erst dann erlaubt sein, wenn der Schiffsführer oder ein verantwortlicher Offizier alle sicherheitsrelevanten Aspekte in Erwägung gezogen hat und davon überzeugt ist, dass die Räume gefahrlos betreten werden können. Unter anderen Umständen sollen die Räume im Notfall nur von geschultem Personal mit umluftunabhängigem Atemschutzgerät und, sofern empfohlen, mit Schutzkleidung und nur unter Aufsicht eines verantwortlichen Offiziers betreten werden.

7.8.7.4 [Gefahr durch aus Druckgefäßen austretende Gase]

Aus Druckgefäßen entweichende entzündbare Gase können mit Luft explosionsfähige Mischungen bilden. Wird eine solche Mischung entzündet, kann dies eine Explosion und einen Brand zur Folge haben.

7.8.8 Besondere Brandschutzmaßnahmen für Klasse 3

7.8.8.1 [Dampfansammlungen]

Entzündbare flüssige Stoffe entwickeln entzündbare Dämpfe, die insbesondere in geschlossenen Räumen mit Luft eine explosionsfähige Mischung bilden. Derartige Dämpfe können, wenn sie entzündet werden, einen Flammenrückschlag zu der Stelle erzeugen, an der die Stoffe gestaut sind. Eine angemessene Belüftung soll wie vorgeschrieben sichergestellt werden, um die Ansammlung derartiger Dämpfe zu verhindern.

7.8.9 Besondere Brandschutz- und Brandbekämpfungsmaßnahmen für Klasse 7

→ 1.5.2.3

7.8.9.1 [Typ A-Versandstücke]

Der radioaktive Inhalt von freigestellten Versandstücken, Industrieversandstücken und Typ A-Versandstücken ist so begrenzt, dass bei einem Unfall und einer Beschädigung des Versandstücks eine hohe Wahrscheinlichkeit besteht, dass freigewordene Stoffe oder die Beeinträchtigung der Wirksamkeit der Strahlenabschirmung nicht zu einer Gefahr durch radioaktive Strahlung führen, die Brandbekämpfungs- oder Rettungsmaßnahmen behindern würde.

7.8.9.2 [Typ B(U)-, Typ B(M)-, Typ C-Versandstücke]

→ D: GGVSee § 3 (1) Nr. 5

Typ B(U)-Versandstücke, Typ B(M)-Versandstücke und Typ C-Versandstücke sind aufgrund ihrer Bauart stark genug, so dass es auch bei schweren Bränden zu keinem wesentlichen Verlust des Inhalts oder zu einer gefährlichen Beeinträchtigung der Wirksamkeit der Strahlenabschirmung kommt.

Kapitel 7.9 Ausnahmen, Genehmigungen und Bescheinigungen

Ausnahmen 7.9.1

Bemerkung 1: *Die Bestimmungen dieses Abschnitts gelten weder für die in den Kapiteln 1 bis 7.8 dieses Codes genannten Ausnahmen noch für die in den Kapiteln 1 bis 7.8 dieses Codes genannten Genehmigungen (einschließlich Zulassungen, Zustimmungen oder Vereinbarungen) und Bescheinigungen. Für die genannten Genehmigungen und Bescheinigungen, siehe 7.9.2.*

Bemerkung 2: *Die Bestimmungen dieses Abschnitts gelten nicht für die Klasse 7. Für Sendungen mit radioaktiven Stoffen, für die eine Übereinstimmung mit allen für die Klasse 7 geltenden Vorschriften dieses Codes unmöglich ist, siehe 1.5.4.*

[Ermessen zuständiger Behörden] 7.9.1.1

Sofern dieser Code vorschreibt, dass eine bestimmte Vorschrift für die Beförderung gefährlicher Güter einzuhalten ist, kann eine zuständige Behörde bzw. können die zuständigen Behörden (Hafenstaat Abgangshafen, Hafenstaat Ankunftshafen oder Flaggenstaat) mittels einer Ausnahme eine andere Vorschrift genehmigen, wenn sie davon überzeugt ist bzw. sind, dass diese Vorschrift mindestens so wirksam und sicher ist wie die in diesem Code festgelegte Vorschrift. Die Annahme einer nach diesem Abschnitt genehmigten Ausnahme durch eine zuständige Behörde, die diese Ausnahme nicht selbst zugelassen hat, steht im Ermessen jener zuständigen Behörde. Daher hat der Empfänger der Ausnahme vor jedem unter die Ausnahme fallenden Versand andere beteiligte zuständige Behörden zu informieren.

→ D: GGVSee § 7 (2)
→ D: GGVSee § 15
→ MoU § 1

[Rückmeldung an IMO] 7.9.1.2

Eine zuständige Behörde oder zuständige Behörden, die im Hinblick auf die Ausnahme die Initiative ergriffen haben:

.1 müssen eine Abschrift dieser Ausnahme der Internationalen Seeschifffahrts-Organisation zusenden, welche gegebenenfalls die SOLAS- und/oder MARPOL-Vertragsparteien davon in Kenntnis zu setzen hat, und

.2 sorgen gegebenenfalls dafür, dass die Bestimmungen der Ausnahme in den IMDG-Code aufgenommen werden.

[Geltungsdauer] 7.9.1.3

Die Geltungsdauer der Ausnahme darf fünf Jahre ab dem Tag der Genehmigung nicht überschreiten. Ausnahmen, die nicht unter 7.9.1.2.2 fallen, können nach den Vorschriften dieses Abschnitts verlängert werden.

[Dokumentation] 7.9.1.4

Jeder Sendung ist eine Abschrift der Ausnahme beizufügen, wenn die Sendung dem Beförderer nach den Bedingungen der Ausnahme zur Beförderung übergeben wird. Eine Abschrift beziehungsweise eine elektronische Kopie der Ausnahme ist an Bord jedes Schiffes aufzubewahren, mit dem gefährliche Güter gemäß der Ausnahme befördert werden.

→ D: GGVSee § 7 (7)
→ MoU § 11 (4) b)

Genehmigungen (einschl. Zulassungen, Zustimmungen oder Vereinbarungen) und Bescheinigungen 7.9.2

[Anerkennungsvoraussetzungen] 7.9.2.1

Genehmigungen, einschließlich Zulassungen, Zustimmungen oder Vereinbarungen, und Bescheinigungen, die in den Kapiteln 1 bis 7.8 dieses Codes genannt sind und durch die zuständige Behörde (Behörden, wenn der Code eine multilaterale Genehmigung vorschreibt) oder eine von dieser zuständigen Behörde zugelassenen Stelle erteilt bzw. ausgestellt werden (z. B. Genehmigungen für alternative Verpackungen gemäß 4.1.3.7, Genehmigung für die Trennung gemäß 7.3.4.1 oder Bescheinigungen für ortsbewegliche Tanks gemäß 6.7.2.18.1), sind gegebenenfalls anzuerkennen:

.1 durch andere SOLAS-Vertragsparteien, wenn sie den Vorschriften des Internationalen Übereinkommens von 1974 zum Schutz des menschlichen Lebens auf See (SOLAS), in der jeweils geltenden Fassung, entsprechen, und/oder

.2 durch andere MARPOL-Vertragsparteien, wenn sie den Vorschriften des Internationalen Übereinkommens von 1973 zur Verhütung der Meeresverschmutzung durch Schiffe in der Fassung des Protokolls von 1978 zu diesem Übereinkommen (MARPOL 73/78, Anlage III), in der jeweils geltenden Fassung, entsprechen.

7.9.3 Kontaktinformationen der wichtigsten zuständigen nationalen Behörden

→ 1.1.1.5

Dieser Abschnitt enthält die Kontaktinformationen der wichtigsten zuständigen nationalen Behörden[1]. Adresskorrekturen sollten der Organisation[2] zugesandt werden.

Liste der Kontaktinformationen der wichtigsten zuständigen nationalen Behörden

Staat	Kontaktinformationen der wichtigsten zuständigen nationalen Behörden
ALGERIA	Ministère des Transports Direction de la Marine Marchande et des Ports 1, Chemin Ibn Badis El Mouiz (ex Poirson) El Biar – Alger ALGÉRIE Telephone: +213 21 92 98 81, +213 21 92 09 31 Telefax: +213 21 92 30 46, +213 21 92 98 94 Email: benyelles@ministere-transports.gov.dz
AMERICAN SAMOA	Silila Patane Harbour Master Port Administration Pagopago American Samoa 96799 AMERICAN SAMOA
ANGOLA	National Director Marine Safety, Shipping and Ports National Directorate of Merchant Marine and Ports Rua Rainha Ginga 74 4, Andar, Luanda ANGOLA Telephone: +244 2 39 0034, +244 2 39 7984 Telefax: +244 2 31 037 Mobile: +244 924 39 336 Email: ispscode_angola@snet.co.ao
ARGENTINA	Prefectura Naval Argentina (Argentine Coast Guard) Dirección de protección ambiental Departamento de protección ambiental y mercancías peligrosas Division mercancías y residuos peligrosos Avda. Eduardo Madero 235 4º piso, Oficina 4.36 y 4.37 Buenos Aires (C1106ACC) REPÚBLICA ARGENTINA Telephone: +54 11 4318 7669 Telefax: +54 11 4318 7474 Email: dpma-mp@prefecturanaval.gov.ar
AUSTRALIA	Manager – Ship Inspection and Registration Ship Safety Division Australian Maritime Safety Authority GPO Box 2181 Canberra ACT 2601 AUSTRALIA

1) Siehe auch Rundschreiben MSC.1/Circ.1517 in der jeweils aktualisierten Fassung, das eine umfangreichere Liste mit Kontaktinformationen der wichtigsten zuständigen nationalen Behörden enthält.

2) International Maritime Organization (IMO)
4 Albert Embankment
London SE1 7SR
United Kingdom
Tel: +44 20 7735 7611
Fax: +44 20 7587 3210
Email: info@imo.org

7.9.3 (Forts.)

Staat	Kontaktinformationen der wichtigsten zuständigen nationalen Behörden
AUSTRALIA *(Forts.)*	Telephone: +61 2 6279 5048 Telefax: +61 2 6279 5058 Email: psc@amsa.gov.au Website: www.amsa.gov.au
AUSTRIA	Federal Ministry for Transport, Innovation and Technology Transport of Dangerous Goods and Safe Containers Radetzkystr. 2 1030 Vienna AUSTRIA Telephone: +43 1 71162 65 5771 Telefax: +43 1 71162 65 5725 Email: st6@bmvit.gv.at Website: www.bmvit.gv.at
AZERBAIJAN	Ministry of Emergency Situations of the Republic of Azerbaijan State Agency for Safe Working in Industry and Mountain-Mine Control 26 Najafgulu Rafiyev Street Baku Khatai Region AZ 1025 AZERBAIJAN Telephone: +994 12 512 1501 Telefax: +994 12 512 2501 Email: dag-meden@fhn.gov.az
BAHAMAS	Bahamas Maritime Authority 120 Old Broad Street London, EC2N 1AR UNITED KINGDOM Telephone: +44 20 7562 1300 Telefax: +44 20 7614 0650 Email: tech@bahamasmaritime.com Website: www.bahamasmaritime.com
BANGLADESH	Department of Shipping 141-143, Motijheel Commercial Area BIWTA Bhaban (8th Floor) Dhaka-1000 BANGLADESH Telephone: +880 2 955 51 28 Telefax: +880 2 716 83 63 Email: dosdgdbd@bttb.net.bd
BARBADOS	Director of Maritime Affairs Ministry of Tourism and International Transport 2nd Floor, Carlisle House Hincks Street Bridgetown St. Michael BARBADOS Telephone: +1 246 426 2710/3342 Telefax: +1 246 426 7882 Email: ctech@sunbeach.net
BELGIUM	*Antwerp office:* Federale Overheidsdienst Mobiliteit en Vervoer Directoraat-generaal Maritiem Vervoer Scheepvaartcontrole Posthoflei 3 2000 Antwerpen (Berchem) BELGIUM

7.9.3 (Forts.)

Staat	Kontaktinformationen der wichtigsten zuständigen nationalen Behörden
BELGIUM *(Forts.)*	Telephone: +32 3 229 0030 Telefax: +32 3 229 0031 Email: hazmat.mar@mobilit.fgov.be *Ostend office:* Federale Overheidsdienst Mobiliteit en Vervoer Directoraat-generaal Maritiem Vervoer Scheepvaartcontrole Natiënkaai 5 8400 Oostende BELGIUM Telephone: +32 59 56 1450 Telefax: +32 59 56 1474 Email: hazmat.mar@mobilit.fgov.be
BELIZE	Ports Commissioner/Harbour Master 120 Corner North Front and Pickstock Street Belize City BELIZE C.A. Telephone: +501 233 0752, +501 233 0762, +501 233 0743 Telefax: +501 223 0433 Website: www.portauthority.bz
BRAZIL	Diretoria de Portos e Costas (DPC-20) Rua Teófilo Otoni No. 04 Centro Rio de Janeiro CEP 20090-070 BRAZIL Telephone: +55 21 2104 5203 Telefax: +55 21 2104 5202 Email: secom@dpc.mar.mil.br
BULGARIA	*Head office:* Captain Petar Petrov, Director Directorate „Quality Management" Bulgarian Maritime Administration 9 Dyakon Ignatii Str. Sofia 1000 REPUBLIC OF BULGARIA Telephone: +359 2 93 00 910, +359 2 93 00 912 Telefax: +359 2 93 00 920 Email: bma@marad.bg, petrov@marad.bg *Regional offices:* Harbour-Master Directorate „Maritime Administration" – Bourgas 3 Kniaz Alexander Batemberg Str. Bourgas 8000 REPUBLIC OF BULGARIA Telephone: +359 56 875 775 Telefax: +359 56 840 064 Email: hm_bs@marad.bg Harbour-Master Directorate „Maritime Administration" – Varna 5 Primorski Bvd Varna 9000 REPUBLIC OF BULGARIA

7.9.3 (Forts.)

Staat	Kontaktinformationen der wichtigsten zuständigen nationalen Behörden
BULGARIA *(Forts.)*	Telephone: +359 52 684 922 Telefax: +359 52 602 378 Email: hm_vn@marad.bg
BURUNDI	Minister Ministère des Transports, Postes et Télécommunications B.P. 2000 Bujumbura BURUNDI Telephone: +257 219 324 Telefax: +257 217 773
CABO VERDE	The Director General Ministry of Infrastructure and Transport St. Vicente CABO VERDE Telephone: +238 2 328 199, +238 2 585 4643 Email: dgmp@cvtelecom.cv
CANADA	The Chairman Marine Technical Review Board Director, Operations and Environmental Programs Marine Safety, Transport Canada Tower C, Place de Ville 330 Sparks Street, 10th Floor Ottawa, Ontario K1A 0N5 CANADA Telephone: +1 613 991 3132, +1 613 991 3143, +1 613 991 3139, +1 613 991 3140 Telefax: +1 613 993 8196 *Packaging approvals:* Director, Regulatory Affairs Transport Dangerous Goods Directorate Tower C, Place de Ville 330 Sparks Street, 9th Floor Ottawa, Ontario K1A 0N5 CANADA Telephone: +1 613 998 0519, +1 613 990 1163, +1 613 993 5266 Telefax: +1 613 993 5925
CHILE	Dirección General del Territorio Marítimo y de Marina Mercante Empcontra Milton Pizarro Barrella Dirección de Seguridad y Operaciones Marítimas Departamento Policía Marítima y Prevención de Riesgos División Cargas Peligrosas Subida Cementerio No. 300, Playa Ancha Valparaíso 2520000 CHILE Telephone: +56 32 220 8607, +56 32 220 8656 Email: mpizarrob@directemar.cl mmunoza@directemar.cl gsage@directemar.cl Website: www.directemar.cl
CHINA	Maritime Safety Administration People's Republic of China 11 Jianguomen Nei Avenue Beijing 100736 CHINA

7.9.3
(Forts.)

Staat	Kontaktinformationen der wichtigsten zuständigen nationalen Behörden
CHINA *(Forts.)*	Telephone: +86 10 6529 2588, +86 10 6529 2218 Telefax: +86 10 6529 2245 Telex: 222258 CMSAR CN
COMOROS	Ministre d'État Ministère du Développement des Infrastructures des Postes et des Télécommunications et des Transports Internationaux Moroni UNION DES COMORES Telephone: +269 744 287, +269 735 794 Telefax: +269 734 241, +269 834 241 Mobile: +269 340 248 Email: houmedms@yahoo.fr
CROATIA	Ministry of Maritime Affairs, Transport and Infrastructure Marine Safety Directorate MRCC Rijeka Senjsko pristanište 51000 Rijeka REPUBLIC OF CROATIA Telephone: +385 51 195, +385 51 312 301 Telefax: +385 51 312 254 Email: mrcc@pomorstvo.hr *Testing and certification of packagings:* Cargo Superintendence and Testing Services Adriainspekt Ciottina 17/b 51000 Rijeka REPUBLIC OF CROATIA Telephone: +385 51 356 080 Telefax: +385 51 356 090 Email: ai@adriainspekt.hr Website: www.adriainspekt.hr *Classification society for CSC containers (including IMO tanks):* Croatian Register of Shipping Marasovićeva 67 21000 Split REPUBLIC OF CROATIA Telephone: +385 21 408 180 Telefax: +385 51 358 159 Email: constr@crs.hr
CUBA	Ministerio del Transporte Dirección de Seguridad e Inspección Marítima Boyeros y Tulipán Plaza Ciudad de la Habana CUBA Telephone: +537 881 6607, +537 881 9498 Telefax: +537 881 1514 Email: dsim@mitrans.transnet.cu
CYPRUS	Department of Merchant Shipping Ministry of Communications and Works Kylinis Street Mesa Geitonia 4007 Lemesos P.O. Box 56193 3305 Lemesos CYPRUS

7.9.3 (Forts.)

Staat	Kontaktinformationen der wichtigsten zuständigen nationalen Behörden
CYPRUS *(Forts.)*	Telephone: +357 5 848 100 Telefax: +357 5 848 200 Telex: 2004 MERSHIP CY Email: dms@cytanet.com.cy
CZECH REPUBLIC	*Implementation:* Ministry of Transport of the Czech Republic Navigation Department Nábr. L. Svobody 12 110 15 Praha 1 CZECH REPUBLIC Telephone: +420 225 131 151 Telefax: +420 225 131 110 Email: sekretariat.230@mdcr.cz Cesky urad pro zkouseni a streliva (Czech office for weapon and ammunition testing) Jilmova 759/12 130 00 Praha 3 CZECH REPUBLIC Telephone: +420 284 081 831 Email: info@cuzzs.cz, rockai@cuzzs.cz *Examination, testing and assessing functional sustainability of packages or materials used for packaging of dangerous goods:* IMET, s.r.o. Kamýcká 234 160 00 Praha 6 – Sedlec CZECH REPUBLIC Telephone: +420 220 922 085, +420 603 552 565 Telefax: +42 220 921 676 Email: imet@imet.cz *Classification of dangerous goods of class 1 – explosives (interim authorization expiring on 20th November 2010):* Ceskoslovensky Lloyd, spol.s. r.o. (Czechoslovak 184) Vinohradska 184 130 00 Praha 3 – Vinohrady CZECH REPUBLIC Telephone: +420 777 767, +420 777 706 Email: info@cslloyd.cz
DEMOCRATIC PEOPLE'S REPUBLIC OF KOREA (THE)	Maritime Administration of the Democratic People's Republic of Korea Ryonhwa-2 Dong Central District P.O. Box 416, Pyongyang DEMOCRATIC PEOPLE'S REPUBLIC OF KOREA Telephone: +850 2 18111 extension 8059 Telefax: +850 3 381 4410 Email: mab@silibank.com
DENMARK	Danish Maritime Authority Carl Jacobsens Vei 31 2500 Valby DENMARK Telephone: +45 72 19 60 00 Telefax: +45 72 19 60 01 Email: sfs@dma.dk

7.9.3 (Forts.)

Staat	Kontaktinformationen der wichtigsten zuständigen nationalen Behörden
DENMARK *(Forts.)*	*Packing, testing and certification:* Emballage og Transportinstituttet (E.T.I.) Dansk Teknologisk Institut Gregersensvej 2630 Tåstrup DENMARK Packagings in conformity with the IMDG Code will be marked „DK Eti“.
DJIBOUTI	Director of Maritime Affairs Ministère de l'Equipement et des Transports P.O. Box 59 Djibouti DJIBOUTI Telephone: +253 357 913 Telefax: +253 351 538, +253 931, +253 355 879
ECUADOR	Subsecretaria de Puertos y Transporte Maritimo y Fluvial Ing. Ivan Solorzano Villacis Experto en Infraestructura Portuaria Cdla. Los Ceibos – Av. del Bombero y Lepoldo Carrera – Edif. EP-Petroecuador – 1er Piso Guayaquil Guayas ECUADOR Telephone: +593 4259 2080 Email: isolorzano@mtop.gob.ec Website: www.obraspublicas.gob.ec Subsecretaria de Puertos y Transporte Maritimo y Fluvial (SPTMF) Ing. Richard Villacís Jefe de Contaminación Av. del Bombero y Leopoldo Carrera – Cdla. Ceibos. Edif. EP-Petroecuador. 1er Piso Guayaquil ECUADOR Telephone: +593 6272 3008 Email: rvillacis@mtop.gob.ec Website: www.obraspublicas.gob.ec Superintendencia del Terminal Petrolero de „El Salitral“ (SUINSA) CPNV(SP) Raúl Aguirre Baldeón Superintendente Terminal Petrolero de el Salitral Guayaquil ECUADOR Telephone: +593 4550 4901 Telefax: +593 4250 4901 Ext. 102/109 Email: suinsa_operaciones@mtop.gob.ec suinsa_radio@mtop.gob.ec raguirreb2000@hotmail.com Superintendencia del Terminal Petrolero de la Libertad (SUINLI) CPNV(SP) Roberto Ruiz Johns Superintendente Terminal Petrolero de la Libertad La Libertad ECUADOR Telephone: +593 4278 5785 Telefax: +593 4278 5781 Email: suinli_operaciones@mtop.gob.ec suinli_radio@mtop.gob.ec rruiz@mtop.gob.ec

7.9.3 (Forts.)

Staat	Kontaktinformationen der wichtigsten zuständigen nationalen Behörden
EQUATORIAL GUINEA	The Director General (Maritime Affairs) Ministerio de Transportes, Tecnologia, Correos y Telecomunicaciones Malabo REPUBLICA DE GUINEA ECUATORIAL Telephone: +240 275 406 Telefax: +240 092 618
ERITREA	Director General Department of Maritime Transport Ministry of Transport and Communications ERITREA Telephone: +291 1 121 317, +291 1 189 156, +291 1 185 251 Telefax: +291 1 184 690, +291 1 186 541 Email: motcrez@eol.com.er
ESTONIA	Estonian Maritime Administration Maritime Safety Division Valge 4 11413 Tallinn ESTONIA Telephone: +372 6205 700, +372 6205 715 Telefax: +372 6205 706 Email: mot@vta.ee
ETHIOPIA	Maritime Affairs Authority P.O. Box 1B61 Addis Ababa ETHIOPIA Telephone: +251 11 550 36 83, +251 11 550 36 38 Telefax: +251 11 550 39 60 Mobile: +251 91 151 39 73 Email: maritime@ethione.et
FAROES (THE)	Sjóvinnustýriõ Faroese Maritime Authority P.O. Box 26 Á Hálsi 1, P.O. Box 26 Sørvágur FO-380 Faroes, Denmark Inni á Støð, P.O. Box 26 FO-375 Miõvágur FAROE ISLANDS Telephone: +298 35 5600 Telefax: +298 35 5601 Email: fma@fma.fo Website: www.fma.fo
FIJI	The Director of Maritime Safety Fiji Islands Maritime Safety Administration GPO Box 326 Suva FIJI Telephone: +679 331 5266 Telefax: +679 330 3251 Email: fimsa@connect.com.fj
FINLAND	Transport Safety Agency Trafi P.O. Box 320 00101 Helsinki FINLAND

7.9.3 (Forts.)

Staat	Kontaktinformationen der wichtigsten zuständigen nationalen Behörden
FINLAND *(Forts.)*	Telephone: +358 29 534 5000 Telefax: +358 29 534 5095 Email: kirjaamo@trafi.fi *Packaging and certification institute:* Safety Technology Authority (TUKES) P.O. Box 123 00181 Helsinki FINLAND Telephone: +358 9 616 71 Telefax: +358 9 616 7466 Email: kirjaamo@tukes.fi
FRANCE	Ministère de la Transition Ecologique et Solidaire Adjoint au Chef de la Mission Transport de Matières Dangereuses Mr. Pierre Dufour MTES – DGPR – Mission Transport de Matières Dangereuses (MTMD) Tour Séquoia – Pièce 23-39 92055 Paris La Défense Cedex FRANCE Telephone: +33 1 40 81 14 96 Telefax: +33 1 40 81 10 65 Email: pierre.dufour@developpement-durable.gouv.fr *Organizations authorized for packagings, large packagings and intermediate bulk containers (IBCs)*[3]*:* 1 Association des Contrôleurs Indépendants (ACI) 22, rue de l'Est 92100 Boulogne-Billancourt FRANCE 2 APAVE 191, rue de Vaugirard 75738 Paris Cedex 15 FRANCE 3 Association pour la Sécurité des Appareils à Pression (ASAP) Continental Square – BP 16757 95727 Roissy-Charles de Gaulle Cedex FRANCE 4 Bureau de Vérifications Techniques (BVT) ZAC de la Cerisaie – 31, rue de Montjean 94266 Fresnes Cedex FRANCE 5 Bureau Veritas 67-71, rue du Château 92200 Neuilly-sur-Seine FRANCE 6 Centre Français de l'Emballage Agréé (CeFEA) 5, rue Janssen 75019 Paris FRANCE 7 Laboratoire d'Études et de Recherches des Emballages Métalliques (LEREM) Marches de l'Oise – 100, rue Louis-Blanc 60160 Montataire FRANCE 8 Laboratoire National de métrologie et d'Essais (LNE) 1, rue Gaston-Boissier 75724 Paris Cedex 15 FRANCE

[3] Contact competent authority for further details of areas of authorization.

7.9.3 (Forts.)

Staat	Kontaktinformationen der wichtigsten zuständigen nationalen Behörden
FRANCE *(Forts.)*	*Organizations authorized for pressure receptacles[3]:* 1 Association des Contrôleurs Indépendants (ACI) (For contact details see above) 2 APAVE (For contact details see above) 3 Association pour la Sécurité des Appareils à Pression (ASAP) (For contact details see above) 4 Bureau Veritas (For contact details see above) *Organizations authorized for tanks and multiple-element gas containers (MEGCs)[3]:* 1 Association des Contrôleurs Indépendants (ACI) (For contact details see above) 2 APAVE (For contact details see above) 3 Bureau Veritas (For contact details see above)
GAMBIA (ISLAMIC REPUBLIC OF)	The Director General Gambia Port Authority P.O. Box 617 Banjul THE GAMBIA Telephone: +220 4 227 270, +220 4 227 260, +220 4 227 266 Telefax: +220 4 227 268
GEORGIA	Maritime Transport Agency 23 Ninoshvili str. 6000 Batumi GEORGIA Telephone: +995 422 274 925 Telefax: +995 422 273 929 Email: info@mta.gov.ge Website: www.mta.gov.ge State Ships' Registry and Flag State Implementation Department Email: fsi@mta.gov.ge Seafarer's Department Email: stcw@mta.gov.ge Maritime Search and Rescue Centre Email: mrcc@mta.gov.ge
GERMANY	Federal Ministry of Transport and Digital Infrastructure Division G 24 – Transport of Dangerous Goods Robert-Schuman-Platz 1 53175 Bonn GERMANY Telephone: +49 228 300-0 oder 300-extension +49 228 300 2551 Telefax: +49 228 300 807 2551 Email: ref-g24@bmvi.bund.de *Packaging, testing and certification institute:* Federal Institute for Materials Research and Testing (BAM Bundesanstalt für Materialforschung und -prüfung) Unter den Eichen 87 12205 Berlin GERMANY

[3] Contact competent authority for further details of areas of authorization.

7.9.3
(Forts.)

Staat	Kontaktinformationen der wichtigsten zuständigen nationalen Behörden
GERMANY *(Forts.)*	Telephone: +49 30 8104 0 or extension, +49 30 8104 1310, +49 30 8104 3407 Telefax: +49 30 8104 1227 Email: ingo.doering@bam.de Packagings, IBCs, and multimodal tank containers in conformity with the IMDG Code will be marked as specified in section 6 of annex I to the Code (references are to Amendment 29). The markings in accordance with 6.2 (f) will be „D/BAM".
GHANA	The Director General Ghana Maritime Authority P.M.B. 34, Ministries Post Office Ministries – Accra GHANA Telephone: +233 21 662 122, +233 21 684 392 Telefax: +233 21 677 702 Email: info@ghanamaritime.org
GREECE	Ministry of Mercantile Marine Safety of Navigation Division International Relations Department 150 Gr. Lambraki Av. 185 18 Piraeus GREECE Telephone: +30 1 41 911 88 Telefax: +30 1 41 281 50 Telex: +212022, 212239 YEN GR Email: dan@yen.gr
GUINEA BISSAU	The Minister Ministry of Transport & Communication Av. 3 de Agosto, Bissau GUINEA BISSAU Telephone: +245 212 583 +245 211 308
GUYANA	Guyana Maritime Authority/Administration Ministry of Public Works and Communications Building Top Floor Fort Street Kingston Georgetown REPUBLIC OF GUYANA Telephone: +592 226 3356, +592 225 7330, +592 226 7842 Telefax: +592 226 9581 Email: marad@networksgy.com
ICELAND	Icelandic Transport Authority (ICETRA) Armuli 2 Reykjavik 108 ICELAND Telephone: +354 480 6000 Email: samgongustofa@samgongustofa.is Directorate of Shipping Hringbraut 121 P.O. Box 7200 127 Reykjavik ICELAND

7.9.3 (Forts.)

Staat	Kontaktinformationen der wichtigsten zuständigen nationalen Behörden
ICELAND *(Forts.)*	Telephone: +354 1 25 844 Telefax: +354 1 29 835 Telex: 2307 ISINFO
INDIA	The Directorate General of Shipping Jahz Bhawan Walchand Hirachand Marg Bombay 400 001 INDIA Telephone: +91 22 263 651 Telex: +DEGESHIP 2813-BOMBAY *Packaging, testing and certification institute:* Indian Institute of Packaging Bombay Madras Calcutta INDIA
INDONESIA	Director of Marine Safety Directorate-General of Sea Communication (Department Perhubungan) Jl. Medan Merdeka Barat No. 8 Jakarta Pusat INDONESIA Telephone: +62 381 3269 Telefax: +62 384 0788
IRAN (ISLAMIC REPUBLIC OF)	Ports and Maritime Organization PMO. No. 1 Shahidi St., Haghani Exp'way, Vanak Sq. Tehran 1518663111 ISLAMIC REPUBLIC OF IRAN Telephone: +98 21 84 93 20 81/2 Email: info@pmo.ir
IRELAND	The Chief Surveyor Marine Survey Office Department of Transport Leeson Lane Dublin 2 IRELAND Telephone: +353 1 604 14 20 Telefax: +353 1 604 14 08 Email: mso@transport.ie
ISRAEL	Shipping and Ports Inspectorate Itzhak Rabin Government Complex, Building 2 Pal-Yam 15a Haifa 31999 ISRAEL Telephone: +972 4 863 20 80 Telefax: +972 4 863 21 18 Email: techni@mot.gov.il
ITALY	Comando Generale del Corpo delle Capitanerie di Porto Lt. Cdr. (IT.C.G.) Giuseppe Notte Ufficio II – Merci Pericolose Via dell'Arte, 16 Roma 00144 ITALY

7.9.3 (Forts.)

Staat	Kontaktinformationen der wichtigsten zuständigen nationalen Behörden
ITALY *(Forts.)*	Telephone: +39 06 5908 4267, +39 06 5908 4652 Telefax: +39 06 5908 4630 Email: cgcp@pec.mit.gov.it segreteria.reparto6@mit.gov.it Website: www.guardiacostiera.gov.it
JAMAICA	The Maritime Authority of Jamaica 4th Floor, Dyoll Building 40 Knutsford Boulevard Kingston 5 JAMAICA, W.I. Telephone: +1 876 929 2201, +1 876 754 7260, +1 876 754 7265 Telex: +1 876 7256 Email: maj@jamaicaships.com Website: www.jamaicaships.com *Testing and certifying authority:* The Bureau of Standards 6 Winchester Road P.O. Box 113 Kingston JAMAICA Telephone: +1 809 92 631 407 Telex: 2291 STANBUR Jamaica Cable: STANBUREAU
JAPAN	Inspection and Measurement Division Maritime Bureau Ministry of Land, Infrastructure, Transport and Tourism 2-1-3 Kasumigaseki, Chiyoda-ku Tokyo JAPAN Telephone: +81 3 5253 8639 Telefax: +81 3 5253 1644 Email: hqt-mrb_ksk@ml.mlit.go.jp *Packaging, testing and certification institute:* Nippon Hakuyohin Kentei Kyokai (HK) (The Ship Equipment Inspection Society of Japan) 3-32, Kioi-Cho, Chiyoda-ku Tokyo JAPAN Telephone: +81 3 3261 6611 Telefax: +81 3 3261 6979 Packagings, IBCs and large packagings in conformity with the IMDG Code will be marked „J", „J/JG" or „J/HK".
KENYA	Director General Kenya Maritime Authority P.O. Box 95076 (80104) Mombasa KENYA Telephone: +254 041 231 8398, +254 041 231 8399 Telefax: +254 041 231 8397 Email: nkarigithu@yahoo.co.uk, info@maritimeauthority.co.ke, karigithu@ikenya.com

7.9.3 (Forts.)

Staat	Kontaktinformationen der wichtigsten zuständigen nationalen Behörden
KENYA *(Forts.)*	Ministry of Transport & Communications P.O. Box 52692 Nairobi KENYA Telephone: +254 020 272 9200 Telefax: +254 020 272 4553 Email: motc@insightkenya.com peterhuo_2004@yahoo.com
LATVIA	Maritime Administration of Latvia Maritime Safety Department Trijadibas iela, 5 1048 Riga LATVIA Telephone: +371 670 62 177, +371 670 62 142 Telefax: +371 678 60 083 Email: zane.paulovska@lja.lv, lja@lja.lv Website: www.lja.lv *Classification Societies:* American Bureau of Shipping, Bureau Veritas, Det Norske Veritas, Lloyd's Register of Shipping, Russian Maritime Register of Shipping
LIBERIA	Commissioner/Administration Bureau of Maritime Affairs P.O. Box 10-9042 1000 Monrovia 10 LIBERIA Telephone: +231 227 744/377 47/510 201 Telefax: +231 226 069 Email: maritime@liberia.net *Testing and certification:* American Bureau of Shipping, Bureau Veritas, China Classification Society, Det Norske Veritas, Germanischer Lloyd, Korean Register of Shipping, Lloyd's Register of Shipping, Nippon Kaiji Kyokai, Polski Rejestr Statkow, Registro Italiano Navale, Russian Maritime Register of Shipping
LITHUANIA	*Implementation:* Ministry of Transport and Communications Water Transport Department Gedimino Av. 17 01505 Vilnius LITHUANIA Telephone: +370 5 239 3986 Telefax: +370 5 212 4335 Email: d.krivickiene@transp.lt *Inspection:* Lithuanian Maritime Safety Administration J. Janonio Str. 24 92251 Klaipeda LITHUANIA Telephone: +370 46 469 662 Telefax: +370 46 469 600 Email: alvydas.nikolajus@msa.lt
MADAGASCAR	Director Agence Portuaire Maritime et Fluviale (APMF) P.O. Box 581 Antananarivo – 101 MADAGASCAR

7.9.3 (Forts.)

Staat	Kontaktinformationen der wichtigsten zuständigen nationalen Behörden
MADAGASCAR *(Forts.)*	Telephone: +261 20 242 5701 Telephone/Telefax: +261 20 222 5860 Mobile: +261 320 229 259 Email: spapmf.dt@mttpat.gov.mg
MALAWI	Director of Marine Services Marine Department Ministry of Transport & Civil Aviation Private Bag A81 Capital City Lilongwe MALAWI Telephone: +265 1 755 546, +265 1 752 666, Direct line: +265 1 753 531 Telefax: +265 1 750 157, +265 1 758 894 Email: marinedepartment@malawi.net, marinesafety@africa-online.net
MALAYSIA	Director Marine Department, Peninsular Malaysia P.O. Box 12 42009 Port Kelang Selangor MALAYSIA Telex: MA 39748 Director Marine Department, Sabah P.O. Box 5 87007 Labuan Sabah MALAYSIA Director Marine Department, Sarawak P.O. Box 530 93619 Kuching Sarawak MALAYSIA
MARSHALL ISLANDS	Office of the Maritime Administrator Technical Services Republic of the Marshall Islands 11495 Commerce Park Drive Reston, Virginia 20191-1506 USA Telephone: +1 703 620 4880 Telefax: +1 703 476 8522 Email: technical@register-iri.com
MAURITIUS	Director of Shipping Ministry of Land Transport, Shipping and Public Safety New Government Centre, 4th Floor Port Louis MAURITIUS Telephone: +230 201 2115 Telefax: +230 211 7699, +230 216 1612, +230 201 3417 Mobile: +230 774 0764 Email: pseebaluck@mail.gov.mu

7.9.3 (Forts.)

Staat	Kontaktinformationen der wichtigsten zuständigen nationalen Behörden
MEXICO	*Stowage, segregation, labelling and documentation of goods:* Coordinación General de Puertos y Marina Mercante Secretaría de Comunicación y Transportes Boulevard Adolfo López Mateos No. 1990 Col. Los Alpes Tlacopac, Del. Álvaro Obregón, C.P. 01010 México, Distrito Federal MEXICO Telephone: +52 55 5723 9300 Email: coordgral.cgpmm@sct.gob.mx Coordinator General: Ruiz de Teresa Guillermo Raúl *Receipt and processing of notifications in the event of a package falling overboard:* Secretaría de Marina Eje 2 Oriente, Tramo Heroica Escuela Naval Militar No. 861 Colonia Los Cipreses, C.P. 04830 México, Distrito Federal MEXICO Telephone: +52 55 5624 6500 (extension: 6388) Email: ayjemg@semar.gob.mx Jefe del Estado Mayor General de la Armada de México: Vice-almirante C.G. DEM Joaquín Zetina Angulo *Laboratory testing of packagings containing dangerous goods:* Entidad Mexicana de Acreditación, A.C. Mariano Escobedo, No. 564 Col. Nueva Anzures, Delegación Miguel Hidalgo C.P. 11590, Ciudad de México México MEXICO Telephone: +52 55 9148 4300 Email: maribel.lopez@ema.org.mx Directora Ejecutiva: Mtra. María Isabel López Martínez
MONGOLIA	Maritime Administration of Mongolia Division of Ship Registration and Regulation Government Building 11 Sambuu's street 11 Chingeltei district Ulaanbaatar 211238 MONGOLIA Telephone: +976 51 261 490 Telefax: +976 11 310 642 Email: info@monmarad.gov.mn operation@mngship.org Website: monmarad.gov.mn
MONTENEGRO	Ministry of Interior and Public Administration of the Republic of Montenegro Department for Contingency Plans and Civil Security REPUBLIC OF MONTENEGRO Telephone: +382 81 241 590 Telefax: +382 81 246 779 Email: mup.emergency@cg.yu
MOROCCO	Direction de la Marine Marchande et des Pêches Maritimes Boulevard El Hansali Casablanca MOROCCO

7.9.3 (Forts.)

Staat	Kontaktinformationen der wichtigsten zuständigen nationalen Behörden
MOROCCO *(Forts.)*	Telephone: +212 2 278 092, +212 2 221 931 Telex: 24613 MARIMAR M 22824
MOZAMBIQUE	General Director National Maritime Authority (INAMAR) Av. Marquês do Pombal No. 297 P.O. Box 4317 Maputo MOZAMBIQUE Telephone: +258 21 320 552 Telefax: +258 21 324 007 Mobile: +258 82 153 0280 Email: inamar@tvcabo.co.mz *Testing and certification of packaging, intermediate bulk containers and large packaging:* Instituto Nacional de Normalização e Qualidade (INNOQ) Av. 25 de Setembro No. 1179, 2nd Floor Maputo MOZAMBIQUE Telephone: +258 21 303 822/3 Telefax: +258 21 304 206 Mobile: +258 823 228 840 Email: innoq@emilmoz.com
NAMIBIA	Director Maritime Affairs Ministry of Works, Transport and Communications Private Bag 13341 6/19 Bell Street Snyman Circle, Windhoek NAMIBIA Telephone: +264 61 208 8025/6, Direct line: +264 61 208 8111 Telefax: +264 61 240 024, +264 224 060 Mobile: +264 811 220 599 Email: mmnangolo@mwtc.gov.na
NETHERLANDS	Ministry of Infrastructure and the Environment P.O. Box 20901 2500 EX The Hague NETHERLANDS Telephone: +31 70 456 0000 Email: dangerousgoods@minienm.nl *For competent authority approvals under the IMDG Code:* Ministry of Infrastructure and the Environment Human Environment and Transport Inspectorate P.O. Box 90653 2509 LR The Hague NETHERLANDS Telephone: +31 88 489 0000 Telefax: +31 70 456 2413 Email: via: www.ivw.nl/english/contact
NETHERLANDS ANTILLES	Directorate of Shipping and Maritime Affairs Seru Mahuma z/n Curaçao Netherlands Antilles (NETHERLANDS)

7.9.3 (Forts.)

Staat	Kontaktinformationen der wichtigsten zuständigen nationalen Behörden
NETHERLANDS ANTILLES *(Forts.)*	Telephone: +599 9 839 3700, +599 9 839 3701 Telefax: +599 9 868 9964 Email: sina@onenet.an, expertise@dsmz.org, management@dsmz.org
NEW ZEALAND	Maritime New Zealand Level 10 1 Grey Street P.O. Box 25620 Wellington 6146 NEW ZEALAND Telephone: +64 4 473 0111 Telefax: +64 4 494 1263 Email: enquiries@maritimenz.govt.nz Website: www.maritimenz.govt.nz *The authorized organizations which have delegated authority from the Director of Maritime New Zealand for the approval, inspection and testing of all portable tanks, tank containers and freight containers are:* American Bureau of Shipping, Bureau Veritas, Det Norske Veritas, Germanischer Lloyd, Lloyd's Register of Shipping
NIGERIA	Nigerian Maritime Administration and Safety Agency (NIMASA) Marine House 4 Burma Road Apapa P.M.B. 12861, GPO Marina Lagos NIGERIA Telephone: +234 587 2214, +234 580 4800, +234 580 4809 Telefax: +234 587 1329 Telex: 23891 NAMARING Website: www.nimasa.gov.ng
NORWAY	Norwegian Maritime Authority PO Box 2222 5509 Haugesund NORWAY Telephone: +47 52 74 50 00 Telefax: +47 52 74 50 01 Email: post@sdir.no *Certification of packaging and IBCs:* DNV GL AS Veritasveien 1 1322 Høvik NORWAY Telephone: +47 67 57 99 00 Email: moano378@dnvgl.com *Certification of CSC containers:* DNV GL AS Veritasveien 1 1322 Høvik NORWAY Telephone: +47 67 57 99 00 Telefax: +47 67 57 99 11 Email: moano374@dnvgl.com

7.9.3 (Forts.)

Staat	Kontaktinformationen der wichtigsten zuständigen nationalen Behörden	
NORWAY *(Forts.)*	Lloyd's Register EMEA P.O. Box 36 1300 Sandvika NORWAY	
	Telephone:	+47 23 28 22 00
	Email:	oslo@lr.org
	Certification of portable tanks to the IMDG Code: DNV GL AS Veritasveien 1 1322 Høvik NORWAY	
	Telephone:	+47 67 57 99 00
	Telefax:	+47 67 57 99 11
	Email:	moano374@dnvgl.com
PAKISTAN	Mercantile Marine Department 70/4 Timber Hard N.M. Reclamation Keamari, Post Box No. 4534 Karachi 75620 PAKISTAN	
	Telephone:	+92 21 2851 306, +92 21 2851 307
	Telefax:	+92 21 4547 472 (24 hours), +92 21 4547 897
	Telex:	29822 DGPS PK (24 hours)
PANAMA	Autoridad Marítima de Panamá Edificio 5534 Diablo Heights P.O. Box 0816 01548 Panamá PANAMA	
	Telephone:	+507 501 5000
	Telefax:	+507 501 5007
	Email:	ampadmon@amp.gob.pa
	Website:	www.amp.gob.pa
PAPUA NEW GUINEA	First Assistant Secretary Department of Transport Division of Marine P.O. Box 457 Konedobu PAPUA NEW GUINEA	
	Telephone:	+675 211 866
	Telex:	22203
PERU	Dirección General de Capitanías y Guardacostas (DICAPI) Jirón Constitución No. 150 Callao PERU	
	Telephone:	+51 1 209 9300 annex 6757/6792
	Email:	jefemercanciaspeligrosas@dicapi.mil.pe
PHILIPPINES	Philippine Ports Authority Port of Manila Safety Staff P.O. Box 193, Port Area Manila 2803 PHILIPPINES	
	Telephone:	+63 2 47 34 41 to 49

7.9.3 (Forts.)

Staat	Kontaktinformationen der wichtigsten zuständigen nationalen Behörden
POLAND	Ministry of Transport, Construction and Maritime Economy Department of Sea Transport and Shipping Safety 00-928 Warsaw ul. Chałubińskiego 4/6 POLAND Telephone: +48 22 630 1639 Telefax: +48 22 630 1497 *Packaging, testing and certification institute:* Centralny Ośrodek Badawczo-Rozwojowy Opakowań ul. Konstancińska 11 02-942 Warszawa POLAND Telephone: +48 22 42 2011 Telefax: +48 22 42 2303 Email: info@cobro.org.pl Packagings in conformity with the IMDG Code will be marked „PL“. *Classification societies:* For CSC Containers: Polski Rejestr Statków (Polish Register of Shipping) Al. Gen. J. Hallera 126 80-416 Gdańsk POLAND Telephone: +48 58 751 1100, +48 58 751 1204 Telefax: +48 58 346 0392 Email: mailbox@prs.pl
PORTUGAL	Direção-Geral de Recursos Naturais, Segurança e Serviços Marítimos (DGRM) Avenida Brasília Lisboa 1449-030 PORTUGAL Telephone: +351 213 035 700 Telefax: +351 213 035 702 Email: dgrm@dgrm.mm.gov.pt
REPUBLIC OF KOREA	Marine Industry and Technology Division Marine Safety Bureau Ministry of Ocean and Fisheries (MOF) Government Complex Sejong, 5-Dong, 94, Dasom 2-Ro, Sejong-City, 339-012 REPUBLIC OF KOREA Telephone: +82 44 200 5836 Telefax: +82 44 200 5849
RUSSIAN FEDERATION[4)]	Department of State Policy for Maritime and River Transport Ministry of Transport of the Russian Federation Rozhdestvenka Street, 1, bldg. 1 Moscow 109012 RUSSIAN FEDERATION Telephone: +7 495 626 14 23 Telefax: +7 495 626 16 09 Email: rusma@mintrans.ru

4) Except for governmental explosives.

7.9.3 (Forts.)

Staat	Kontaktinformationen der wichtigsten zuständigen nationalen Behörden
RUSSIAN FEDERATION *(Forts.)*	*Classification society has been designated as competent inspector agency for the approval, acceptance and all consequential activities connected with IMO type tanks, CSC containers, Intermediate Bulk Containers (IBCs) and packaging to be registered in the Russian Federation:* Russian Maritime Register of Shipping Dvortsovaya Naberezhnaya, 8 Saint-Petersburg 191186 RUSSIAN FEDERATION Telephone: +7 812 380 20 72 Telefax: +7 812 314 10 87 Email: pobox@rs-class.org
SAINT KITTS AND NEVIS	Department of Maritime Affairs Director of Maritime Affairs Ministry of Transport P.O. Box 186 Needsmust ST. KITTS, W.I. Telephone: +869 466 7032, +869 466 4846 Telefax: +869 465 0604, +869 465 9475 Email: maritimeaffairs@yahoo.com St. Kitts and Nevis International Registrar of Shipping and Seamen West Wing, York House 48-50 Western Road Romford RM1 3LP UNITED KINGDOM Telephone: +44 1708 380 400 Telefax: +44 1708 380 401 Email: mail@stkittsregistry.net
SAO TOME AND PRINCIPE	The Minister Ministry of Public Works, Infrastructure & Land Planning C.P. 171 SAO TOME AND PRINCIPE Telephone: +239 223 203, +239 226 368 Telefax: +239 222 824
SAUDI ARABIA	Port Authority Saudi Arabia Civil Defence Riyadh SAUDI ARABIA Telephone: +966 1 464 9477
SEYCHELLES	Director General Seychelles Maritime Safety Administration P.O. Box 912 Victoria, Mahe SEYCHELLES Telephone: +248 224 866 Telefax: +248 224 829 Email: dg@msa.sc
SIERRA LEONE	The Executive Director Sierra Leone Maritime Administration Maritime House Government Wharf Ferry Terminal P.O. Box 313 Freetown SIERRA LEONE

7.9.3 (Forts.)

Staat	Kontaktinformationen der wichtigsten zuständigen nationalen Behörden
SIERRA LEONE *(Forts.)*	Telephone: +232 22 221 211 Telefax: +232 22 221 215 Email: slma@sierratel.sl slmaoffice@yahoo.com
SINGAPORE	Maritime and Port Authority of Singapore Operations Divison (Marine Environment & Safety) Assistant Director Capt. Charles Alexandar De Souza #19-00 Tanjong Pagar Complex 7B Keppel Road Singapore 089055 SINGAPORE Telephone: +65 6325 2420 Telefax: +65 6325 2454 Email: charles_alexandar_de_souza@mpa.gov.sg
SLOVENIA	Ministry of Infrastructure and Spatial Planning Slovenian Maritime Administration Ukmarjev trg 2 6000 Koper SLOVENIA Telephone: +386 566 32 100, +386 566 32 106 Telefax: +386 566 32 102 Email: ursp.box@gov.si
SOUTH AFRICA	South African Maritime Safety Authority P.O. Box 13186 Hatfield 0028 Pretoria SOUTH AFRICA Telephone: +27 12 342 3049 Telefax: +27 12 342 3160 South African Maritime Safety Authority Hatfield Gardens, Block E (Ground Floor) Corner Arcadia and Grosvenor Street Hatfield 0083 Pretoria SOUTH AFRICA *Head Office Administration:* Chief Director Chief Directorate – Shipping Department of Transport Private Bag X193 0001 Pretoria SOUTH AFRICA Telephone: +27 12 290 2904 Telefax: +27 12 323 7009 *Durban, East London, Port Elizabeth and Richards Bay:* Chief Ship Surveyor Eastern Zone Department of Transport Marine Division Private Bag X54309 Durban SOUTH AFRICA Telephone: +27 12 307 1501 Telefax: +27 23 306 4983

7.9.3 (Forts.)

Staat	Kontaktinformationen der wichtigsten zuständigen nationalen Behörden
SOUTH AFRICA *(Forts.)*	*Cape Town, Saldanha Bay and Mossel Bay:* Chief Ship Surveyor Western Zone Department of Transport Marine Division Private Bag X7025 8012 Roggebaai SOUTH AFRICA Telephone: +27 21 216 170 Telefax: +27 21 419 0730
SPAIN	Dirección General de la Marina Mercante Subdirección General de Seguridad Marítima y Contaminación c/Ruiz de Alarcón, 1 28071 Madrid SPAIN Telephone: +34 91 597 92 69, +34 91 597 92 70 Telefax: +34 91 597 92 87 Email: mercancias.peligrosas@fomento.es pmreal@fomento.es Subdirección General de Calidad y Seguridad Industrial Ministerio de Industria, Turismo y Comercio c/Paseo de la Castellana, 160 28071 Madrid SPAIN Telephone: +34 91 349 4303 Telefax: +34 91 349 4300
SUDAN	Director Maritime Administration Directorate Ministry of Transport Port Sudan P.O. Box 531 SUDAN Telephone: +249 311 825 660, +249 012 361 766 Telefax: +249 311 831 276, +249 183 774 215 Email: smaco22@yahoo.com, info@smacosd.com
SWEDEN	Swedish Transport Agency Civil Aviation and Maritime Department Box 653 601 78 Norrköping SWEDEN Telephone: +46 771 503 503 Telefax: +46 11 239 934 Email: sjofart@transportstyrelsen.se Website: www.transportstyrelsen.se SP, Technical Research Institute of Sweden Box 857 501 15 Borås SWEDEN Telephone: +46 10 516 5000 Telefax: +46 33 135 520 Email: info@sp.se Website: www.sp.se
SWITZERLAND	Office suisse de la navigation maritime Elizabethenstr. 33 4010 Basel SWITZERLAND

7.9.3 (Forts.)

Staat	Kontaktinformationen der wichtigsten zuständigen nationalen Behörden
SWITZERLAND *(Forts.)*	Telephone: +41 61 270 91 20 Telefax: +41 61 270 91 29 Email: dv-ssa@eda.admin.ch
TANZANIA (UNITED REPUBLIC OF	Director General Surface & Marine Transport Regulatory Authority (SUMATRA) P.O. Box 3093 Dar es Salaam UNITED REPUBLIC OF TANZANIA Telephone: +255 22 213 5081 Telefax: +255 22 211 6697 Mobile: +255 744 781 865 Email: dg@sumatra.or.tz Ministry of Infrastructure Development P.O. Box 9144 Dar es Salaam UNITED REPUBLIC OF TANZANIA Telephone: +255 22 212 2268 Telefax: +255 22 211 2751, +255 22 212 2079 Mobile: +254 748 7404, +254 748 5404 Email: brufunjo@yahoo.com
THAILAND	Ministry of Transport and Communications Ratchadamnoen-Nok Avenue Bangkok 10100 THAILAND Telephone: +66 2 281 3422 Telefax: +66 2 280 1714 Telex: 70000 MINOCOM TH
TUNISIA	Ministère du Transport Direction Générale de la Marine Marchande Avenue 7 novembre (près de l'aéroport) 2035 Tunis B.P. 179 Tunis Cedex TUNISIA Telephone: +216 71 806 362 Telefax: +216 71 806 413
TURKEY	Ministry of Transport, Maritime Affairs and Communications Directorate General for Regulation of Dangerous Goods and Combined Transport GMK Bulvarı No:128A/7 Maltepe/Ankara 06570 TURKEY Telephone: +90 312 232 3850, +90 312 232 1249 Telefax: +90 312 231 5189 Email: dangerousgoods@udhb.gov.tr *Packing, Testing and Certification:* Turkish Standards Institution (TSE) 100. Yıl Bulvarı No:99 Kat:2 Ostim/Ankara TURKEY Telephone: +90 312 592 5000-5039 Telefax: +90 312 592 5005 Email: oalper@tse.org.tr

7.9.3 (Forts.)

Staat	Kontaktinformationen der wichtigsten zuständigen nationalen Behörden
TURKEY *(Forts.)*	Türk Loydu Vakfı İktisadi İşletmesi Tersaneler Caddesi 26 34944 TURKEY Telephone: +90 216 581 3700 Telefax: +90 216 581 3800 Email: info@turkloydu.org
UKRAINE	The Ministry of Infrastructure of Ukraine The Division for Safety on Transport and Technical Regulation Peremohy Ave., 14 Kiev 01135 UKRAINE Telephone: +38 044 351 41 93 Email: sd@mtu.gov.ua The authorized person: Ms. Salamatnikova Diana, Chief Specialist of safety and dangeraus goods, environmental safety and insurance policies *Specialized organization regarding train cargo information for its safe maritime transportation according to item 1:* RPE „MORSERVICE" LTD. Preobrazhenska Str. 30, office 2 Odesa 65082 UKRAINE Telephone: +38 048 784 14 93 Email: morservice@te.net.ua The authorized person: Mrs. Afanasyeva Yevgenia, General Director *Specialized organization regarding train cargo information for its safe maritime transportation according to item 2: carrying out testing of packagings, intermediate bulk containers (IBCs) and large packagings:* State Enterprise „Scientific Research and Design Institute of the Maritime Transport of Ukraine" Lanzheronivska Str. 15A Odesa 65026 UKRAINE Telephone: +38 048 734 87 28 Email: unii@ukr.net The authorized person: Mr. Savinkov Sergii, Director
UNITED ARAB EMIRATES	National Transport Authority Marine Affairs Department P.O. Box 900 Abu Dhabi UNITED ARAB EMIRATES Telephone: +971 2 4182 124 Telefax: +971 2 4491 500 Email: marine@nta.gov.ae
UNITED KINGDOM	Maritime and Coastguard Agency Bay 2/21 Spring Place 105 Commercial Road Southampton SO15 1EG UNITED KINGDOM Telephone: +44 23 8032 9100 Telefax: +44 23 8032 9204 Email: dangerous.goods@mcga.gov.uk

7.9.3 (Forts.)

Staat	Kontaktinformationen der wichtigsten zuständigen nationalen Behörden
UNITED KINGDOM (Isle of Man)	Department of Economic Development Mr. David Morter Isle of Man Ship Registry St Georges Court Upper Church Street Douglas IM1 1EE ISLE OF MAN (UNITED KINGDOM) Telephone: +44 1624 688 500 Email: marine.survey@gov.im Website: www.iomshipregistry.com
UNITED STATES	US Department of Transportation Pipeline and Hazardous Materials Safety Administration International Program Coordinator 1200 New Jersey Ave, S.E. Washington, D.C. 20590 UNITED STATES Telephone: +1 202 366 8553 Telefax: +1 202 366 7435 Email: infocntr@dot.gov United States Coast Guard – Commandant (CG-ENG-5) Bulk Solid Cargo-related matters U.S. Coast Guard, Stop 7509 Attn: Chief, Hazardous Materials Division 2703 Martin Luther King Jr. Ave. SE Washington, D.C. 20593-7509 UNITED STATES Telephone: +1 202 372 1420 Email: hazmatstandards@uscg.mil
URUGUAY	Prefectura Nacional Naval Direccion Registral y de Marina Mercante Edificio Aduana 1er. Piso CP 11.000 Montevideo URUGUAY Telephone: +598 2 915 7913, +598 2 916 4914 Telefax: +598 2 916 4914 Email: dirme01@armada.mil.uy, dirme_secretario@armada.mil.uy, delea@armada.mil.uy
VANUATU	Deputy Commissioner of Maritime Affairs c/o Vanuatu Maritime Services Limited 39 Broadway, Suite 2020 New York, N.Y., 10006 USA Telephone: +1 212 425 9600 Telefax: +1 212 425 9652 Email: email@vanuatuships.com Website: www.vanuatuships.com
VENEZUELA (BOLIVARIAN REPUBLIC OF)	Instituto Nacional de los Espacios Acuáticos Avenida Orinoco entre calles Perijá y Mucuchies Edificio INEA, Piso 6, Las Mercedes Caracas 1060 BOLIVARIAN REPUBLIC OF VENEZUELA

7.9.3 (Forts.)

Staat	Kontaktinformationen der wichtigsten zuständigen nationalen Behörden	
VENEZUELA (BOLIVARIAN REPUBLIC OF) *(Forts.)*	Telephone:	+58 212 909 1430, +58 212 909 1450, +58 212 909 1587
	Telefax:	+58 212 909 1461, +58 212 909 1573
	Email:	asuntos_internacionales@inea.gob.ve
	Website:	www.inea.gob.ve
VIET NAM	Shipping and Maritime Services Department Viet Nam Maritime Administration 8, Pham Hung Street Ha Noi VIET NAM	
	Telephone:	+84 4 3768 3065
	Telefax:	+84 4 3768 3058
	Email:	dichvuvantai@vinamarine.gov.vn
	Website:	www.vinamarine.gov.vn
YEMEN	Executive Chairman Maritime Affairs Authority P.O. Box 19395 Sana'a REPUBLIC OF YEMEN	
	Telephone:	+967 1 414 412, +967 1 419 914, +967 1 423 005
	Telefax:	+967 1 414 645
	Email:	maa-headoffice@y.net.ye
	Website:	www.maa.gov.ye
ZAMBIA	Department of Maritime & Inland Waterways Ministry of Communications & Transport P.O. Box 50346 Fairley Road Lusaka ZAMBIA	
	Telephone:	+260 1 250 716, +260 1 251 444, +260 1 251 022
	Telefax:	+260 1 253 165, +260 1 251 795
	Email:	dmiw@zamtel.zm
Associate Member		
HONG KONG, CHINA	The Director of Marine Marine Department GPO Box 4155 HONG KONG, CHINA	
	Telephone:	+852 2852 3085
	Telefax:	+852 2815 8596
	Email:	pfdg@mardep.gov.hk

Anhänge

Anhang A
Liste der „richtigen technischen Namen“ von „Gattungseintragungen“ und „N.A.G.-Eintragungen“

Stoffe und Gegenstände, die nicht in der Gefahrgutliste in Kapitel 3.2 namentlich genannt sind, müssen entsprechend 3.1.1.2 klassifiziert werden. Somit ist der Name der Gefahrgutliste, der den Stoff oder den Gegenstand am genauesten beschreibt, als richtiger technischer Name zu verwenden. Die wichtigsten Gattungseintragungen und alle N.A.G.-Eintragungen, die in der Gefahrgutliste aufgeführt sind, sind nachfolgend aufgelistet. Dieser richtige technische Name muss um die technische Bezeichnung ergänzt werden, wenn die Sondervorschrift 274 oder 318 in der Spalte 6 der Gefahrgutliste angegeben ist. Für Meeresschadstoffe siehe auch 3.1.2.9.

In der nachfolgenden Liste sind die Gattungseintragungen und die N.A.G.-Eintragungen nach ihrer Klasse oder Unterklasse sortiert. Innerhalb jeder Klasse oder Unterklasse sind die Namen in die folgenden drei Gruppen unterteilt:

- spezielle Eintragungen, die eine Gruppe von Stoffen oder Gegenständen besonderer chemischer oder technischer Natur umfassen,
- Pflanzenschutzmittel-Eintragungen für Klasse 3 und Klasse 6.1,
- allgemeine Eintragungen, die eine Gruppe von Stoffen oder Gegenständen, die eine oder mehrere allgemeine gefährliche Eigenschaften aufweisen, umfassen.

ALS NAME IST DERJENIGE EINZUSETZEN, DER DEN STOFF AM GENAUESTEN BESCHREIBT.

[Klasse 1]

Klasse oder Unterklasse	Zusätzliche Gefahr(en)	UN-Nr.	Richtiger technischer Name
			KLASSE 1
1		0190	PROBEN, EXPLOSIVER STOFFE, außer Zündstoffen
			Unterklasse 1.1
1.1A		0473	EXPLOSIVE STOFFE, N.A.G.
1.1B		0461	BESTANDTEILE, ZÜNDKETTE, N.A.G.
1.1C		0462	GEGENSTÄNDE MIT EXPLOSIVSTOFF, N.A.G.
1.1C		0474	EXPLOSIVE STOFFE, N.A.G.
1.1C		0497	TREIBSTOFF, FLÜSSIG
1.1C		0498	TREIBSTOFF, FEST
1.1D		0463	GEGENSTÄNDE MIT EXPLOSIVSTOFF, N.A.G.
1.1D		0475	EXPLOSIVE STOFFE, N.A.G.
1.1E		0464	GEGENSTÄNDE MIT EXPLOSIVSTOFF, N.A.G.
1.1F		0465	GEGENSTÄNDE MIT EXPLOSIVSTOFF, N.A.G.
1.1G		0476	EXPLOSIVE STOFFE, N.A.G.
1.1L		0354	GEGENSTÄNDE MIT EXPLOSIVSTOFF, N.A.G.
1.1L		0357	EXPLOSIVE STOFFE, N.A.G.
			Unterklasse 1.2
1.2B		0382	BESTANDTEILE, ZÜNDKETTE, N.A.G.
1.2C		0466	GEGENSTÄNDE MIT EXPLOSIVSTOFF, N.A.G.
1.2D		0467	GEGENSTÄNDE MIT EXPLOSIVSTOFF, N.A.G.
1.2E		0468	GEGENSTÄNDE MIT EXPLOSIVSTOFF, N.A.G.

Klasse oder Unterklasse	Zusätzliche Gefahr(en)	UN-Nr.	Richtiger technischer Name
1.2F		0469	GEGENSTÄNDE MIT EXPLOSIVSTOFF, N.A.G.
1.2K	6.1	0020	MUNITION, GIFTIG, mit Zerleger, Ausstoß- oder Treibladung
1.2L	4.3	0248	VORRICHTUNGEN, DURCH WASSER AKTIVIERBAR, mit Zerleger, Ausstoß- oder Treibladung
1.2L		0355	GEGENSTÄNDE MIT EXPLOSIVSTOFF, N.A.G.
1.2L		0358	EXPLOSIVE STOFFE, N.A.G.
			Unterklasse 1.3
1.3C		0132	DEFLAGRIERENDE METALLSALZE AROMATISCHER NITROVERBINDUNGEN, N.A.G.
1.3C		0470	GEGENSTÄNDE MIT EXPLOSIVSTOFF, N.A.G.
1.3C		0477	EXPLOSIVE STOFFE, N.A.G.
1.3C		0495	TREIBSTOFF, FLÜSSIG
1.3C		0499	TREIBSTOFF, FEST
1.3.G		0478	EXPLOSIVE STOFFE, N.A.G.
1.3.K	6.1	0021	MUNITION, GIFTIG, mit Zerleger, Ausstoß- oder Treibladung
1.3.L	4.3	0249	VORRICHTUNGEN, DURCH WASSER AKTIVIERBAR, mit Zerleger, Ausstoß- oder Treibladung
1.3.L		0356	GEGENSTÄNDE MIT EXPLOSIVSTOFF, N.A.G.
1.3.L		0359	EXPLOSIVE STOFFE, N.A.G.
			Unterklasse 1.4
1.4B		0350	GEGENSTÄNDE MIT EXPLOSIVSTOFF, N.A.G.
1.4B		0383	BESTANDTEILE, ZÜNDKETTE, N.A.G.
1.4C		0351	GEGENSTÄNDE MIT EXPLOSIVSTOFF, N.A.G.
1.4C		0479	EXPLOSIVE STOFFE, N.A.G.
1.4C		0501	TREIBSTOFF, FEST
1.4D		0352	GEGENSTÄNDE MIT EXPLOSIVSTOFF, N.A.G.
1.4D		0480	EXPLOSIVE STOFFE, N.A.G.
1.4E		0471	GEGENSTÄNDE MIT EXPLOSIVSTOFF, N.A.G.
1.4F		0472	GEGENSTÄNDE MIT EXPLOSIVSTOFF, N.A.G.
1.4G		0353	GEGENSTÄNDE MIT EXPLOSIVSTOFF, N.A.G.
1.4G		0485	EXPLOSIVE STOFFE, N.A.G.
1.4S		0384	BESTANDTEILE, ZÜNDKETTE, N.A.G.
1.4S		0349	GEGENSTÄNDE MIT EXPLOSIVSTOFF, N.A.G.
1.4S		0481	EXPLOSIVE STOFFE, N.A.G.
			Unterklasse 1.5
1.5D		0482	EXPLOSIVE STOFFE, SEHR UNEMPFINDLICH, (STOFFE, EVI), N.A.G.
			Unterklasse 1.6
1.6N		0486	GEGENSTÄNDE MIT EXPLOSIVSTOFF, EXTREM UNEMPFINDLICH (GEGENSTÄNDE, EEI)

[Klasse 2]

Klasse oder Unterklasse	Zusätzliche Gefahr(en)	UN-Nr.	Richtiger technischer Name
			KLASSE 2
			Klasse 2.1
			Spezielle Eintragungen
2.1		1964	KOHLENWASSERSTOFFGASGEMISCH, VERDICHTET, N.A.G.
2.1		1965	KOHLENWASSERSTOFFGASGEMISCH, VERFLÜSSIGT, N.A.G.
2.1		3354	INSEKTENBEKÄMPFUNGSMITTEL, ENTZÜNDBAR, N.A.G.
			Allgemeine Eintragungen
2.1		1954	VERDICHTETES GAS, ENTZÜNDBAR, N.A.G.
2.1		3161	VERFLÜSSIGTES GAS, ENTZÜNDBAR, N.A.G.
2.1		3167	GASPROBE, NICHT UNTER DRUCK STEHEND, ENTZÜNDBAR, N.A.G., nicht tiefgekühlt flüssig
2.1		3312	GAS, TIEFGEKÜHLT, FLÜSSIG, ENTZÜNDBAR, N.A.G.
2.1		3501	CHEMIKALIE UNTER DRUCK, ENTZÜNDBAR, N.A.G.
2.1		3510	ADSORBIERTES GAS, ENTZÜNDBAR, N.A.G.
2.1	Siehe 2.0.6.6	3537	GEGENSTÄNDE, DIE ENTZÜNDBARES GAS ENTHALTEN, N.A.G.
2.1	6.1	3504	CHEMIKALIE UNTER DRUCK, ENTZÜNDBAR, GIFTIG, N.A.G.
2.1	8	3505	CHEMIKALIE UNTER DRUCK, ENTZÜNDBAR, ÄTZEND, N.A.G.
			Klasse 2.2
			Spezielle Eintragungen
2.2		1078	GAS ALS KÄLTEMITTEL, N.A.G.
2.2		1968	INSEKTENBEKÄMPFUNGSMITTEL, N.A.G.
			Allgemeine Eintragungen
2.2		1956	VERDICHTETES GAS, N.A.G.
2.2		3158	GAS, TIEFGEKÜHLT, FLÜSSIG, N.A.G.
2.2		3163	VERFLÜSSIGTES GAS, N.A.G.
2.2		3500	CHEMIKALIE UNTER DRUCK, N.A.G.
2.2		3511	ADSORBIERTES GAS, N.A.G.
2.2	Siehe 2.0.6.6	3538	GEGENSTÄNDE, DIE NICHT ENZÜNDBARES, NICHT GIFTIGES GAS ENTHALTEN, N.A.G.
2.2	5.1	3156	VERDICHTETES GAS, OXIDIEREND, N.A.G.
2.2	5.1	3157	VERFLÜSSIGTES GAS, OXIDIEREND, N.A.G.
2.2	5.1	3311	GAS, TIEFGEKÜHLT, FLÜSSIG, OXIDIEREND, N.A.G.
2.2	5.1	3513	ADSORBIERTES GAS, OXIDIEREND, N.A.G.
2.2	6.1	3502	CHEMIKALIE UNTER DRUCK, GIFTIG, N.A.G.
2.2	8	3503	CHEMIKALIE UNTER DRUCK, ÄTZEND, N.A.G.

Klasse oder Unterklasse	Zusätzliche Gefahr(en)	UN-Nr.	Richtiger technischer Name
			Klasse 2.3
			Spezielle Eintragungen
2.3		1967	INSEKTENBEKÄMPFUNGSMITTEL, GIFTIG, N.A.G.
2.3	2.1	3355	INSEKTENBEKÄMPFUNGSMITTEL, GIFTIG, ENTZÜNDBAR, N.A.G.
			Allgemeine Eintragungen
2.3		1955	VERDICHTETES GAS, GIFTIG, N.A.G.
2.3		3162	VERFLÜSSIGTES GAS, GIFTIG, N.A.G.
2.3		3169	GASPROBE, NICHT UNTER DRUCK STEHEND, GIFTIG, N.A.G., nicht tiefgekühlt flüssig
2.3		3512	ADSORBIERTES GAS, GIFTIG, N.A.G.
2.3	Siehe 2.0.6.6	3539	GEGENSTÄNDE, DIE GIFTIGES GAS ENTHALTEN, N.A.G.
2.3	2.1	1953	VERDICHTETES GAS, GIFTIG, ENTZÜNDBAR, N.A.G.
2.3	2.1	3160	VERFLÜSSIGTES GAS, GIFTIG, ENTZÜNDBAR, N.A.G.
2.3	2.1	3168	GASPROBE, NICHT UNTER DRUCK STEHEND, GIFTIG, ENTZÜNDBAR, N.A.G., nicht tiefgekühlt flüssig
2.3	2.1	3514	ADSORBIERTES GAS, GIFTIG, ENTZÜNDBAR, N.A.G.
2.3	2.1 + 8	3305	VERDICHTETES GAS, GIFTIG, ENTZÜNDBAR, ÄTZEND, N.A.G.
2.3	2.1 + 8	3309	VERFLÜSSIGTES GAS, GIFTIG, ENTZÜNDBAR, ÄTZEND, N.A.G.
2.3	2.1 + 8	3517	ADSORBIERTES GAS, GIFTIG, ENTZÜNDBAR, ÄTZEND, N.A.G.
2.3	5.1	3303	VERDICHTETES GAS, GIFTIG, OXIDIEREND, N.A.G.
2.3	5.1	3307	VERFLÜSSIGTES GAS, GIFTIG, OXIDIEREND, N.A.G.
2.3	5.1	3515	ADSORBIERTES GAS, GIFTIG, OXIDIEREND, N.A.G.
2.3	5.1 + 8	3306	VERDICHTETES GAS, GIFTIG, OXIDIEREND, ÄTZEND, N.A.G.
2.3	5.1 + 8	3310	VERFLÜSSIGTES GAS, GIFTIG, OXIDIEREND, ÄTZEND, N.A.G.
2.3	5.1 + 8	3518	ADSORBIERTES GAS, GIFTIG, OXIDIEREND, ÄTZEND, N.A.G.
2.3	8	3304	VERDICHTETES GAS, GIFTIG, ÄTZEND, N.A.G.
2.3	8	3308	VERFLÜSSIGTES GAS, GIFTIG, ÄTZEND, N.A.G.
2.3	8	3516	ADSORBIERTES GAS, GIFTIG, ÄTZEND, N.A.G.

[Klasse 3]

Klasse oder Unterklasse	Zusätzliche Gefahr(en)	UN-Nr.	Richtiger technischer Name
			KLASSE 3
			Spezielle Eintragungen
3		1224	KETONE, FLÜSSIG, N.A.G
3		1268	ERDÖLPRODUKTE, N.A.G.
3		1268	ERDÖLDESTILLATE, N.A.G.

Klasse oder Unterklasse	Zusätzliche Gefahr(en)	UN-Nr.	Richtiger technischer Name
3		1987	ALKOHOLE, N.A.G.
3		1989	ALDEHYDE, N.A.G.
3		2319	TERPENKOHLENWASSERSTOFFE, N.A.G.
3		3271	ETHER, N.A.G.
3		3272	ESTER, N.A.G.
3		3295	KOHLENWASSERSTOFFE, FLÜSSIG, N.A.G.
3		3336	MERCAPTANE, FLÜSSIG, ENTZÜNDBAR, N.A.G.
3		3336	MERCAPTAN, MISCHUNG, FLÜSSIG, ENTZÜNDBAR, N.A.G.
3		3343	NITROGLYCERIN MISCHUNG, DESENSIBILISIERT, FLÜSSIG, ENTZÜNDBAR, N.A.G., mit höchstens 30 Masse-% Nitroglycerin
3		3357	NITROGLYCERIN MISCHUNG, DESENSIBILISIERT, FLÜSSIG, N.A.G., mit höchstens 30 Masse-% Nitroglycerin
3		3379	DESENSIBILISIERTER EXPLOSIVER FLÜSSIGER STOFF, N.A.G.
3	6.1	1228	MERCAPTANE, FLÜSSIG, ENTZÜNDBAR, GIFTIG, N.A.G.
3	6.1	1228	MERCAPTAN-MISCHUNG, FLÜSSIG, ENTZÜNDBAR, GIFTIG, N.A.G.
3	6.1	1986	ALKOHOLE, ENTZÜNDBAR, GIFTIG, N.A.G.
3	6.1	1988	ALDEHYDE, ENTZÜNDBAR, GIFTIG, N.A.G.
3	6.1	2478	ISOCYANATLÖSUNG, ENTZÜNDBAR, GIFTIG, N.A.G.
3	6.1	3248	MEDIKAMENT, FLÜSSIG, ENTZÜNDBAR, GIFTIG, N.A.G.
3	6.1	3273	NITRILE, ENTZÜNDBAR, GIFTIG, N.A.G.
3	8	2733	AMINE, ENTZÜNDBAR, ÄTZEND, N.A.G.
3	8	2733	POLYAMINE, ENTZÜNDBAR, ÄTZEND, N.A.G.
3	8	2985	CHLORSILANE, ENTZÜNDBAR, ÄTZEND, N.A.G.
3	8	3274	ALKOHOLATE, LÖSUNG, N.A.G. in Alkohol
			Pflanzenschutzmittel
3	6.1	2758	CARBAMAT-PESTIZID, FLÜSSIG, ENTZÜNDBAR, GIFTIG, Flammpunkt < 23 °C
3	6.1	2760	ARSEN-PESTIZID, FLÜSSIG, ENTZÜNDBAR, GIFTIG, Flammpunkt < 23 °C
3	6.1	2762	ORGANOCHLOR-PESTIZID, FLÜSSIG, ENTZÜNDBAR, GIFTIG, Flammpunkt < 23 °C
3	6.1	2764	TRIAZIN-PESTIZID, FLÜSSIG, ENTZÜNDBAR, GIFTIG, Flammpunkt < 23 °C
3	6.1	2772	THIOCARBAMAT-PESTIZID, FLÜSSIG, ENTZÜNDBAR, GIFTIG, Flammpunkt < 23 °C
3	6.1	2776	KUPFERHALTIGES PESTIZID, FLÜSSIG, ENTZÜNDBAR, GIFTIG, Flammpunkt < 23 °C
3	6.1	2778	QUECKSILBERHALTIGES PESTIZID, FLÜSSIG, ENTZÜNDBAR, GIFTIG, Flammpunkt < 23 °C
3	6.1	2780	SUBSTITUIERTES NITROPHENOL-PESTIZID, FLÜSSIG, ENTZÜNDBAR, GIFTIG, Flammpunkt < 23 °C

Klasse oder Unterklasse	Zusätzliche Gefahr(en)	UN-Nr.	Richtiger technischer Name
3	6.1	2782	BIPYRIDILIUM-PESTIZID, FLÜSSIG, ENTZÜNDBAR, GIFTIG, Flammpunkt < 23 °C
3	6.1	2784	ORGANOPHOSPHOR-PESTIZID, FLÜSSIG, ENTZÜNDBAR, GIFTIG, Flammpunkt < 23 °C
3	6.1	2787	ORGANOZINN-PESTIZID, FLÜSSIG, ENTZÜNDBAR, GIFTIG, Flammpunkt < 23 °C
3	6.1	3021	PESTIZID, FLÜSSIG, ENTZÜNDBAR, GIFTIG, N.A.G., Flammpunkt < 23 °C
3	6.1	3024	CUMARIN-PESTIZID, FLÜSSIG, ENTZÜNDBAR, GIFTIG, Flammpunkt < 23 °C
3	6.1	3346	PHENOXYESSIGSÄUREDERIVAT-PESTIZID, FLÜSSIG, ENTZÜNDBAR, GIFTIG, Flammpunkt < 23 °C
3	6.1	3350	PYRETHROID-PESTIZID, FLÜSSIG, ENTZÜNDBAR, GIFTIG, Flammpunkt < 23 °C
			Allgemeine Eintragungen
3		1993	ENTZÜNDBARE FLÜSSIGKEIT, N.A.G.
3		3256	ERWÄRMTER FLÜSSIGER STOFF, ENTZÜNDBAR, N.A.G. mit Flammpunkt über 60 °C c.c., bei oder über seinen Flammpunkt
3	Siehe 2.0.6.6	3540	GEGENSTÄNDE, DIE EINEN ENTZÜNDBAREN FLÜSSIGEN STOFF ENTHALTEN, N.A.G.
3	6.1	1992	ENTZÜNDBARE FLÜSSIGKEIT, GIFTIG, N.A.G.
3	6.1 + 8	3286	ENTZÜNDBARE FLÜSSIGKEIT, GIFTIG, ÄTZEND, N.A.G.
3	8	2924	ENTZÜNDBARE FLÜSSIGKEIT, ÄTZEND, N.A.G.

[Klasse 4]

Klasse oder Unterklasse	Zusätzliche Gefahr(en)	UN-Nr.	Richtiger technischer Name
			KLASSE 4
			Klasse 4.1
			Spezielle Eintragungen
4.1		1353	FASERN oder GEWEBE, IMPRÄGNIERT MIT SCHWACH NITRIERTER NITROCELLULOSE, N.A.G.
4.1		3089	METALLPULVER, ENTZÜNDBAR, N.A.G.
4.1		3182	METALLHYDRIDE, ENTZÜNDBAR, N.A.G.
4.1		3221	SELBSTZERSETZLICHE FLÜSSIGKEIT TYP B
4.1		3222	SELBSTZERSETZLICHER FESTER STOFF TYP B
4.1		3223	SELBSTZERSETZLICHE FLÜSSIGKEIT TYP C
4.1		3224	SELBSTZERSETZLICHER FESTER STOFF TYP C
4.1		3225	SELBSTZERSETZLICHE FLÜSSIGKEIT TYP D
4.1		3226	SELBSTZERSETZLICHER FESTER STOFF TYP D
4.1		3227	SELBSTZERSETZLICHE FLÜSSIGKEIT TYP E
4.1		3228	SELBSTZERSETZLICHER FESTER STOFF TYP E
4.1		3229	SELBSTZERSETZLICHE FLÜSSIGKEIT TYP F

Klasse oder Unterklasse	Zusätzliche Gefahr(en)	UN-Nr.	Richtiger technischer Name
4.1		3230	SELBSTZERSETZLICHER FESTER STOFF TYP F
4.1		3231	SELBSTZERSETZLICHE FLÜSSIGKEIT TYP B, TEMPERATURKONTROLLIERT
4.1		3232	SELBSTZERSETZLICHER FESTER STOFF TYP B, TEMPERATURKONTROLLIERT
4.1		3233	SELBSTZERSETZLICHE FLÜSSIGKEIT TYP C, TEMPERATURKONTROLLIERT
4.1		3234	SELBSTZERSETZLICHER FESTER STOFF TYP C, TEMPERATURKONTROLLIERT
4.1		3235	SELBSTZERSETZLICHE FLÜSSIGKEIT TYP D, TEMPERATURKONTROLLIERT
4.1		3236	SELBSTZERSETZLICHER FESTER STOFF TYP D, TEMPERATURKONTROLLIERT
4.1		3237	SELBSTZERSETZLICHE FLÜSSIGKEIT TYP E, TEMPERATURKONTROLLIERT
4.1		3238	SELBSTZERSETZLICHER FESTER STOFF TYP E, TEMPERATURKONTROLLIERT
4.1		3239	SELBSTZERSETZLICHE FLÜSSIGKEIT TYP F, TEMPERATURKONTROLLIERT
4.1		3240	SELBSTZERSETZLICHER FESTER STOFF TYP F, TEMPERATURKONTROLLIERT
4.1		3319	NITROGLYCERIN, GEMISCH, DESENSIBILISIERT, FEST, N.A.G., mit mehr als 2 Masse-% aber nicht mehr als 10 Masse-% Nitroglycerin
4.1		3344	PENTAERYTHRITTETRANITRAT (PENTAERYTHRITOLTETRANITRAT) (PETN), GEMISCH, DESENSIBILISIERT, FEST, N.A.G., mit mehr als 10 Masse-%, aber höchstens 20 Masse-% PETN
4.1		3380	DESENSIBILISIERTER EXPLOSIVER FESTER STOFF, N.A.G.
4.1		3531	POLYMERISIERENDER STOFF, FEST, STABILISIERT, N.A.G.
4.1		3532	POLYMERISIERENDER STOFF, FLÜSSIG, STABILISIERT, N.A.G.
4.1		3533	POLYMERISIERENDER STOFF, FEST, TEMPERATURKONTROLLIERT, N.A.G.
4.1		3534	POLYMERISIERENDER STOFF, FLÜSSIG, TEMPERATURKONTROLLIERT, N.A.G.
			Allgemeine Eintragungen
4.1		1325	ENTZÜNDBARER FESTER STOFF, ORGANISCH, N.A.G.
4.1		3175	FESTE STOFFE, DIE ENTZÜNDBARE FLÜSSIGKEIT ENTHALTEN, N.A.G.
4.1		3176	ENTZÜNDBARER FESTER STOFF, ORGANISCH, GESCHMOLZEN, N.A.G.
4.1		3178	ENTZÜNDBARER FESTER STOFF, ANORGANISCH, N.A.G.
4.1		3181	METALLSALZE ORGANISCHER VERBINDUNGEN, ENTZÜNDBAR, N.A.G.

Klasse oder Unterklasse	Zusätzliche Gefahr(en)	UN-Nr.	Richtiger technischer Name
4.1	Siehe 2.0.6.6	3541	GEGENSTÄNDE, DIE EINEN ENTZÜNDBAREN FESTEN STOFF ENTHALTEN, N.A.G.
4.1	5.1	3097	ENTZÜNDBARER FESTER STOFF, OXIDIEREND, N.A.G.
4.1	6.1	2926	ENTZÜNDBARER FESTER STOFF, GIFTIG, ORGANISCH, N.A.G.
4.1	6.1	3179	ENTZÜNDBARER FESTER STOFF, GIFTIG, ANORGANISCH, N.A.G.
4.1	8	2925	ENTZÜNDBARER FESTER STOFF, ÄTZEND, ORGANISCH, N.A.G.
4.1	8	3180	ENTZÜNDBARER FESTER STOFF, ÄTZEND, ANORGANISCH, N.A.G.
			Klasse 4.2
			Spezielle Eintragungen
4.2		1373	FASERN oder GEWEBE, TIERISCHEN oder PFLANZLICHEN oder SYNTHETISCHEN URSPRUNGS, N.A.G., imprägniert mit Öl
4.2		1378	METALLKATALYSATOR, ANGEFEUCHTET mit einem sichtbaren Überschuss an Flüssigkeit
4.2		1383	PYROPHORES METALL, N.A.G. oder PYROPHORE LEGIERUNG, N.A.G.
4.2		2006	KUNSTSTOFFE, AUF NITROCELLULOSEBASIS, SELBSTERHITZUNGSFÄHIG, N.A.G.
4.2		2881	METALLKATALYSATOR, TROCKEN
4.2		3189	METALLPULVER, SELBSTERHITZUNGSFÄHIG, N.A.G.
4.2		3205	ERDALKALIMETALLALKOHOLATE, N.A.G.
4.2		3313	SELBSTERHITZUNGSFÄHIGE ORGANISCHE PIGMENTE
4.2		3342	XANTHATE
4.2		3391	PYROPHORER METALLORGANISCHER FESTER STOFF
4.2		3392	PYROPHORER METALLORGANISCHER FLÜSSIGER STOFF
4.2		3400	SELBSTERHITZUNGSFÄHIGER METALLORGANISCHER FESTER STOFF
4.2	4.3	3393	PYROPHORER METALLORGANISCHER FESTER STOFF, MIT WASSER REAGIEREND
4.2	4.3	3394	PYROPHORER METALLORGANISCHER FLÜSSIGER STOFF, MIT WASSER REAGIEREND
4.2	8	3206	ALKALIMETALLALKOHOLATE, SELBSTERHITZUNGSFÄHIG, ÄTZEND, N.A.G.
			Allgemeine Eintragungen
4.2		2845	PYROPHORER ORGANISCHER FLÜSSIGER STOFF, N.A.G.
4.2		2846	PYROPHORER ORGANISCHER FESTER STOFF, N.A.G.
4.2		3088	SELBSTERHITZUNGSFÄHIGER ORGANISCHER FESTER STOFF, N.A.G.
4.2		3183	SELBSTERHITZUNGSFÄHIGER ORGANISCHER FLÜSSIGER STOFF, N.A.G.

Klasse oder Unterklasse	Zusätzliche Gefahr(en)	UN-Nr.	Richtiger technischer Name
4.2		3186	SELBSTERHITZUNGSFÄHIGER ANORGANISCHER FLÜSSIGER STOFF, N.A.G.
4.2		3190	SELBSTERHITZUNGSFÄHIGER ANORGANISCHER FESTER STOFF, N.A.G.
4.2		3194	PYROPHORER ANORGANISCHER FLÜSSIGER STOFF, N.A.G.
4.2		3200	PYROPHORER ANORGANISCHER FESTER STOFF, N.A.G.
4.2	Siehe 2.0.6.6	3542	GEGENSTÄNDE, DIE EINEN SELBSTENTZÜNDLICHEN STOFF ENTHALTEN, N.A.G.
4.2	5.1	3127	SELBSTERHITZUNGSFÄHIGER FESTER STOFF, OXIDIEREND, N.A.G.
4.2	6.1	3128	SELBSTERHITZUNGSFÄHIGER ORGANISCHER FESTER STOFF, GIFTIG, N.A.G.
4.2	6.1	3184	SELBSTERHITZUNGSFÄHIGER ORGANISCHER FLÜSSIGER STOFF, GIFTIG, N.A.G.
4.2	6.1	3187	SELBSTERHITZUNGSFÄHIGER ANORGANISCHER FLÜSSIGER STOFF, GIFTIG, N.A.G.
4.2	6.1	3191	SELBSTERHITZUNGSFÄHIGER ANORGANISCHER FESTER STOFF, GIFTIG, N.A.G.
4.2	8	3126	SELBSTERHITZUNGSFÄHIGER ORGANISCHER FESTER STOFF, ÄTZEND, N.A.G.
4.2	8	3185	SELBSTERHITZUNGSFÄHIGER ORGANISCHER FLÜSSIGER STOFF, ÄTZEND, N.A.G.
4.2	8	3188	SELBSTERHITZUNGSFÄHIGER ANORGANISCHER FLÜSSIGER STOFF, ÄTZEND, N.A.G.
4.2	8	3192	SELBSTERHITZUNGSFÄHIGER ANORGANISCHER FESTER STOFF, ÄTZEND, N.A.G.
			Klasse 4.3
			Spezielle Eintragungen
4.3		1389	ALKALIMETALLAMALGAM, FLÜSSIG
4.3		1390	ALKALIMETALLAMIDE
4.3		1391	ALKALIMETALLDISPERSION oder ERDALKALIMETALLDISPERSION
4.3		1392	ERDALKALIMETALLAMALGAM, FLÜSSIG
4.3		1393	ERDALKALIMETALLLEGIERUNG, N.A.G.
4.3		1409	METALLHYDRIDE, MIT WASSER REAGIEREND, N.A.G.
4.3		1421	ALKALIMETALLLEGIERUNG, FLÜSSIG, N.A.G.
4.3		3208	METALLISCHER STOFF, MIT WASSER REAGIEREND, N.A.G.
4.3		3395	MIT WASSER REAGIERENDER METALLORGANISCHER FESTER STOFF
4.3		3398	MIT WASSER REAGIERENDER METALLORGANISCHER FLÜSSIGER STOFF
4.3		3401	ALKALIMETALLAMALGAM, FEST
4.3		3402	ERDALKALIMETALLAMALGAM, FEST

Klasse oder Unterklasse	Zusätzliche Gefahr(en)	UN-Nr.	Richtiger technischer Name
4.3	3	3399	MIT WASSER REAGIERENDER METALLORGANISCHER FLÜSSIGER STOFF, ENTZÜNDBAR
4.3	3	3482	ALKALIMETALLDISPERSION, ENTZÜNDBAR oder ERDALKALIMETALLDISPERSION, ENTZÜNDBAR
4.3	3 + 8	2988	CHLORSILANE, MIT WASSER REAGIEREND, ENTZÜNDBAR, ÄTZEND, N.A.G.
4.3	4.1	3396	MIT WASSER REAGIERENDER METALLORGANISCHER FESTER STOFF, ENTZÜNDBAR
4.3	4.2	3209	METALLISCHER STOFF, MIT WASSER REAGIEREND, SELBSTERHITZUNGSFÄHIG, N.A.G.
4.3	4.2	3397	MIT WASSER REAGIERENDER METALLORGANISCHER FESTER STOFF, SELBSTERHITZUNGSFÄHIG
			Allgemeine Eintragungen
4.3		2813	FESTER STOFF, MIT WASSER REAGIEREND, N.A.G.
4.3		3148	FLÜSSIGER STOFF, MIT WASSER REAGIEREND, N.A.G.
4.3	Siehe 2.0.6.6	3543	GEGENSTÄNDE, DIE EINEN STOFF ENTHALTEN, DER IN BERÜHRUNG MIT WASSER ENTZÜNDBARE GASE ENTWICKELT, N.A.G.
4.3	4.1	3132	FESTER STOFF, MIT WASSER REAGIEREND, ENTZÜNDBAR, N.A.G.
4.3	4.2	3135	FESTER STOFF, MIT WASSER REAGIEREND, SELBSTERHITZUNGSFÄHIG, N.A.G.
4.3	5.1	3133	FESTER STOFF, MIT WASSER REAGIEREND, OXIDIEREND, N.A.G.
4.3	6.1	3130	FLÜSSIGER STOFF, MIT WASSER REAGIEREND, GIFTIG, N.A.G.
4.3	6.1	3134	FESTER STOFF, MIT WASSER REAGIEREND, GIFTIG, N.A.G.
4.3	8	3129	FLÜSSIGER STOFF, MIT WASSER REAGIEREND, ÄTZEND, N.A.G.
4.3	8	3131	FESTER STOFF, MIT WASSER REAGIEREND, ÄTZEND, N.A.G.

[Klasse 5]

Klasse oder Unterklasse	Zusätzliche Gefahr(en)	UN-Nr.	Richtiger technischer Name
			KLASSE 5
			Klasse 5.1
			Spezielle Eintragungen
5.1		1450	BROMATE, ANORGANISCHE, N.A.G.
5.1		1461	CHLORATE, ANORGANISCHE, N.A.G.
5.1		1462	CHLORITE, ANORGANISCHE, N.A.G.
5.1		1477	NITRATE, ANORGANISCHE, FEST, N.A.G.
5.1		1481	PERCHLORATE, ANORGANISCHE, N.A.G.
5.1		1482	PERMANGANATE, ANORGANISCHE, N.A.G.
5.1		1483	PEROXIDE, ANORGANISCHE, N.A.G.

Klasse oder Unterklasse	Zusätzliche Gefahr(en)	UN-Nr.	Richtiger technischer Name
5.1		2627	NITRITE, ANORGANISCHE, FEST, N.A.G.
5.1		3210	CHLORATE, ANORGANISCHE, WÄSSERIGE LÖSUNG, N.A.G.
5.1		3211	PERCHLORATE, ANORGANISCHE, WÄSSERIGE LÖSUNG, N.A.G.
5.1		3212	HYPOCHLORITE, ANORGANISCHE, N.A.G.
5.1		3213	BROMATE, ANORGANISCHE, WÄSSERIGE LÖSUNG, N.A.G.
5.1		3214	PERMANGANATE, ANORGANISCHE, WÄSSERIGE LÖSUNG, N.A.G.
5.1		3215	PERSULFATE, ANORGANISCHE, N.A.G.
5.1		3216	PERSULFATE, ANORGANISCHE, WÄSSERIGE LÖSUNG, N.A.G.
5.1		3218	NITRATE, ANORGANISCHE, WÄSSERIGE LÖSUNG, N.A.G.
5.1		3219	NITRITE, ANORGANISCHE, WÄSSERIGE LÖSUNG, N.A.G.
			Allgemeine Eintragungen
5.1		1479	ENTZÜNDEND (OXIDIEREND) WIRKENDER FESTER STOFF, N.A.G.
5.1		3139	ENTZÜNDEND (OXIDIEREND) WIRKENDER FLÜSSIGER STOFF, N.A.G.
5.1	Siehe 2.0.6.6	3544	GEGENSTÄNDE, DIE EINEN ENTZÜNDEND (OXIDIEREND) WIRKENDEN STOFF ENTHALTEN, N.A.G.
5.1	4.1	3137	ENTZÜNDEND (OXIDIEREND) WIRKENDER FESTER STOFF, ENTZÜNDBAR, N.A.G.
5.1	4.2	3100	ENTZÜNDEND (OXIDIEREND) WIRKENDER FESTER STOFF, SELBSTERHITZUNGSFÄHIG, N.A.G.
5.1	4.3	3121	ENTZÜNDEND (OXIDIEREND) WIRKENDER FESTER STOFF, MIT WASSER REAGIEREND, N.A.G.
5.1	6.1	3087	ENTZÜNDEND (OXIDIEREND) WIRKENDER FESTER STOFF, GIFTIG, N.A.G.
5.1	6.1	3099	ENTZÜNDEND (OXIDIEREND) WIRKENDER FLÜSSIGER STOFF, GIFTIG, N.A.G.
5.1	8	3085	ENTZÜNDEND (OXIDIEREND) WIRKENDER FESTER STOFF, ÄTZEND, N.A.G.
5.1	8	3098	ENTZÜNDEND (OXIDIEREND) WIRKENDER FLÜSSIGER STOFF, ÄTZEND, N.A.G.
			Klasse 5.2
			Spezielle Eintragungen
5.2		3101	ORGANISCHES PEROXID TYP B, FLÜSSIG
5.2		3102	ORGANISCHES PEROXID TYP B, FEST
5.2		3103	ORGANISCHES PEROXID TYP C, FLÜSSIG
5.2		3104	ORGANISCHES PEROXID TYP C, FEST
5.2		3105	ORGANISCHES PEROXID TYP D, FLÜSSIG
5.2		3106	ORGANISCHES PEROXID TYP D, FEST
5.2		3107	ORGANISCHES PEROXID TYP E, FLÜSSIG

Klasse oder Unterklasse	Zusätzliche Gefahr(en)	UN-Nr.	Richtiger technischer Name
5.2		3108	ORGANISCHES PEROXID TYP E, FEST
5.2		3109	ORGANISCHES PEROXID TYP F, FLÜSSIG
5.2		3110	ORGANISCHES PEROXID TYP F, FEST
5.2		3111	ORGANISCHES PEROXID TYP B, FLÜSSIG, TEMPERATURKONTROLLIERT
5.2		3112	ORGANISCHES PEROXID TYP B, FEST, TEMPERATURKONTROLLIERT
5.2		3113	ORGANISCHES PEROXID TYP C, FLÜSSIG, TEMPERATURKONTROLLIERT
5.2		3114	ORGANISCHES PEROXID TYP C, FEST, TEMPERATURKONTROLLIERT
5.2		3115	ORGANISCHES PEROXID TYP D, FLÜSSIG, TEMPERATURKONTROLLIERT
5.2		3116	ORGANISCHES PEROXID TYP D, FEST, TEMPERATURKONTROLLIERT
5.2		3117	ORGANISCHES PEROXID TYP E, FLÜSSIG, TEMPERATURKONTROLLIERT
5.2		3118	ORGANISCHES PEROXID TYP E, FEST, TEMPERATURKONTROLLIERT
5.2		3119	ORGANISCHES PEROXID TYP F, FLÜSSIG, TEMPERATURKONTROLLIERT
5.2		3120	ORGANISCHES PEROXID TYP F, FEST, TEMPERATURKONTROLLIERT
			Allgemeine Eintragungen
5.2	Siehe 2.0.6.6	3545	GEGENSTÄNDE, DIE ORGANISCHES PEROXID ENTHALTEN, N.A.G.

[Klasse 6]

Klasse oder Unterklasse	Zusätzliche Gefahr(en)	UN-Nr.	Richtiger technischer Name
			KLASSE 6
			Klasse 6.1
			Spezielle Eintragungen
6.1		1544	ALKALOIDE, FEST, N.A.G.
6.1		1544	ALKALOIDSALZE, FEST, N.A.G.
6.1		1549	ANTIMONVERBINDUNG, ANORGANISCH, FEST, N.A.G.
6.1		1556	ARSENVERBINDUNG, FLÜSSIG, N.A.G.
6.1		1557	ARSENVERBINDUNG, FEST, N.A.G.
6.1		1564	BARIUMVERBINDUNG, N.A.G.
6.1		1566	BERYLLIUMVERBINDUNG, N.A.G.
6.1		1583	CHLORPIKRIN, MISCHUNG, N.A.G.
6.1		1588	CYANIDE, ANORGANISCH, FEST, N.A.G.
6.1		1601	DESINFEKTIONSMITTEL, FEST, GIFTIG, N.A.G.
6.1		1602	FARBE, FLÜSSIG, GIFTIG, N.A.G. oder FARBSTOFFZWISCHENPRODUKT, FLÜSSIG, GIFTIG, N.A.G.

Klasse oder Unterklasse	Zusätzliche Gefahr(en)	UN-Nr.	Richtiger technischer Name
6.1		1655	NIKOTIN-VERBINDUNG, FEST, N.A.G. oder NIKOTIN-ZUBEREITUNG, FEST, N.A.G.
6.1		1693	TRÄNENGAS, FLÜSSIGER STOFF, N.A.G. oder TRÄNENGAS, FESTER STOFF, N.A.G.
6.1		1707	THALLIUMVERBINDUNG, N.A.G.
6.1		1851	MEDIKAMENT, FLÜSSIG, GIFTIG, N.A.G.
6.1		1935	CYANID-LÖSUNG, N.A.G.
6.1		2024	QUECKSILBERVERBINDUNG, FLÜSSIG, N.A.G.
6.1		2025	QUECKSILBERVERBINDUNG, FEST, N.A.G.
6.1		2026	PHENYLQUECKSILBERVERBINDUNG, N.A.G.
6.1		2206	ISOCYANATE, GIFTIG, N.A.G. oder ISOCYANATLÖSUNG, GIFTIG, N.A.G.
6.1		2291	BLEIVERBINDUNG, LÖSLICH, N.A.G.
6.1		2570	CADMIUMVERBINDUNG
6.1		2788	ORGANISCHE ZINNVERBINDUNG, FLÜSSIG, N.A.G.
6.1		2856	FLUORSILIKATE, N.A.G.
6.1		3140	ALKALOIDE, FLÜSSIG, N.A.G. oder ALKALOIDSALZE, FLÜSSIG, N.A.G.
6.1		3141	ANTIMONVERBINDUNG, ANORGANISCH, FLÜSSIG, N.A.G.
6.1		3142	DESINFEKTIONSMITTEL, FLÜSSIG, GIFTIG, N.A.G.
6.1		3143	FARBE, FEST, GIFTIG, N.A.G. oder FARBSTOFFZWISCHENPRODUKT, FEST, GIFTIG, N.A.G.
6.1		3144	NIKOTIN-VERBINDUNG, FLÜSSIG, N.A.G. oder NIKOTIN-ZUBEREITUNG, FLÜSSIG, N.A.G.
6.1		3146	ORGANISCHE ZINNVERBINDUNG, FEST, N.A.G.
6.1		3249	MEDIKAMENT, FEST, GIFTIG, N.A.G.
6.1		3276	NITRILE, FLÜSSIG, GIFTIG, N.A.G.
6.1		3278	ORGANISCHE PHOSPHORVERBINDUNG, FLÜSSIG, GIFTIG, N.A.G.
6.1		3280	ORGANISCHE ARSENVERBINDUNG, FLÜSSIG, N.A.G.
6.1		3281	METALLCARBONYLE, FLÜSSIG, N.A.G.
6.1		3282	METALLORGANISCHE VERBINDUNG, FLÜSSIG, GIFTIG, N.A.G.
6.1		3283	SELENVERBINDUNG, FEST, N.A.G.
6.1		3284	TELLURVERBINDUNG, N.A.G.
6.1		3285	VANADIUMVERBINDUNG, N.A.G.
6.1		3439	NITRILE, FEST, GIFTIG, N.A.G.
6.1		3440	SELENVERBINDUNG, FLÜSSIG, N.A.G.
6.1		3448	STOFF ZUR HERSTELLUNG VON TRÄNENGASEN, FEST, N.A.G.
6.1		3462	TOXINE, GEWONNEN AUS LEBENDEN ORGANISMEN, FEST, N.A.G.

Klasse oder Unterklasse	Zusätzliche Gefahr(en)	UN-Nr.	Richtiger technischer Name
6.1		3464	ORGANISCHE PHOSPHORVERBINDUNG, FEST, GIFTIG, N.A.G.
6.1		3465	ORGANISCHE ARSENVERBINDUNG, FEST, N.A.G.
6.1		3466	METALLCARBONYLE, FEST, N.A.G.
6.1		3467	METALLORGANISCHE VERBINDUNG, FEST, GIFTIG, N.A.G.
6.1	3	3071	MERCAPTANE, FLÜSSIG, GIFTIG, ENTZÜNDBAR, N.A.G. oder MERCAPTAN-MISCHUNG, FLÜSSIG, GIFTIG, ENTZÜNDBAR, N.A.G.
6.1	3	3080	ISOCYANATE, GIFTIG, ENTZÜNDBAR, N.A.G. oder ISOCYANATLÖSUNG, GIFTIG, ENTZÜNDBAR, N.A.G.
6.1	3	3275	NITRILE, GIFTIG, ENTZÜNDBAR, N.A.G.
6.1	3	3279	ORGANISCHE PHOSPHORVERBINDUNG, GIFTIG, ENTZÜNDBAR, N.A.G.
6.1	3 + 8	2742	CHLORFORMIATE, GIFTIG, ÄTZEND, ENTZÜNDBAR, N.A.G.
6.1	3 + 8	3362	CHLORSILANE, GIFTIG, ÄTZEND, ENTZÜNDBAR, N.A.G.
6.1	8	3277	CHLORFORMIATE, GIFTIG, ÄTZEND, N.A.G.
6.1	8	3361	CHLORSILANE, GIFTIG, ÄTZEND, N.A.G.
			Pflanzenschutzmittel
			(a) fest
6.1		2588	PESTIZID, FEST, GIFTIG, N.A.G.
6.1		2757	CARBAMAT-PESTIZID, FEST, GIFTIG
6.1		2759	ARSENHALTIGES PESTIZID, FEST, GIFTIG
6.1		2761	ORGANOCHLOR-PESTIZID, FEST, GIFTIG
6.1		2763	TRIAZIN-PESTIZID, FEST, GIFTIG
6.1		2771	THIOCARBAMAT-PESTIZID, FEST, GIFTIG
6.1		2775	KUPFERHALTIGES PESTIZID, FEST, GIFTIG
6.1		2777	QUECKSILBERHALTIGES PESTIZID, FEST, GIFTIG
6.1		2779	SUBSTITUIERTES NITROPHENOL-PESTIZID, FEST, GIFTIG
6.1		2781	BIPYRIDILIUM-PESTIZID, FEST, GIFTIG
6.1		2783	ORGANOPHOSPHOR-PESTIZID, FEST, GIFTIG
6.1		2786	ORGANOZINN-PESTIZID, FEST, GIFTIG
6.1		3027	CUMARIN-PESTIZID, FEST, GIFTIG
6.1		3345	PHENOXYESSIGSÄUREDERIVAT-PESTIZID, FEST, GIFTIG
6.1		3349	PYRETHROID-PESTIZID, FEST, GIFTIG
			(b) flüssig
6.1		2902	PESTIZID, FLÜSSIG, GIFTIG, N.A.G.,
6.1		2992	CARBAMAT-PESTIZID, FLÜSSIG, GIFTIG
6.1		2994	ARSENHALTIGES PESTIZID, FLÜSSIG, GIFTIG
6.1		2996	ORGANOCHLOR-PESTIZID, FLÜSSIG, GIFTIG
6.1		2998	TRIAZIN-PESTIZID, FLÜSSIG, GIFTIG
6.1		3006	THIOCARBAMAT-PESTIZID, FLÜSSIG, GIFTIG

Klasse oder Unterklasse	Zusätzliche Gefahr(en)	UN-Nr.	Richtiger technischer Name
6.1		3010	KUPFERHALTIGES PESTIZID, FLÜSSIG, GIFTIG
6.1		3012	QUECKSILBERHALTIGES PESTIZID, FLÜSSIG, GIFTIG
6.1		3014	SUBSTITUIERTES NITROPHENOL-PESTIZID, FLÜSSIG, GIFTIG
6.1		3016	BIPYRIDILIUM-PESTIZID, FLÜSSIG, GIFTIG
6.1		3018	ORGANOPHOSPHOR-PESTIZID FLÜSSIG, GIFTIG
6.1		3020	ORGANOZINN-PESTIZID, FLÜSSIG, GIFTIG
6.1		3026	CUMARIN-PESTIZID, FLÜSSIG, GIFTIG
6.1		3348	PHENOXYESSIGSÄUREDERIVAT-PESTIZID, FLÜSSIG, GIFTIG
6.1		3352	PYRETHROID-PESTIZID, FLÜSSIG, GIFTIG
6.1	3	2903	PESTIZID, FLÜSSIG, GIFTIG, ENTZÜNDBAR, N.A.G., Flammpunkt ≥ 23 °C
6.1	3	2991	CARBAMAT-PESTIZID, FLÜSSIG, GIFTIG, ENTZÜNDBAR, Flammpunkt ≥ 23 °C
6.1	3	2993	ARSENHALTIGES PESTIZID, FLÜSSIG, GIFTIG, ENTZÜNDBAR, Flammpunkt ≥ 23 °C
6.1	3	2995	ORGANOCHLOR-PESTIZID, FLÜSSIG, GIFTIG, ENTZÜNDBAR, Flammpunkt ≥ 23 °C
6.1	3	2997	TRIAZIN-PESTIZID, FLÜSSIG, GIFTIG, ENTZÜNDBAR, Flammpunkt ≥ 23 °C
6.1	3	3005	THIOCARBAMAT-PESTIZID, FLÜSSIG, GIFTIG, ENTZÜNDBAR, Flammpunkt ≥ 23 °C
6.1	3	3009	KUPFERHALTIGES PESTIZID, FLÜSSIG, GIFTIG, ENTZÜNDBAR, Flammpunkt ≥ 23 °C
6.1	3	3011	QUECKSILBERHALTIGES PESTIZID, FLÜSSIG, GIFTIG, ENTZÜNDBAR, Flammpunkt ≥ 23 °C
6.1	3	3013	SUBSTITUIERTES NITROPHENOL-PESTIZID, FLÜSSIG, GIFTIG, ENTZÜNDBAR, Flammpunkt ≥ 23 °C
6.1	3	3015	BIPYRIDILIUM-PESTIZID, FLÜSSIG, GIFTIG, ENTZÜNDBAR, Flammpunkt ≥ 23 °C
6.1	3	3017	ORGANOPHOSPHOR-PESTIZID, FLÜSSIG, GIFTIG, ENTZÜNDBAR, Flammpunkt ≥ 23 °C
6.1	3	3019	ORGANOZINN-PESTIZID, FLÜSSIG, GIFTIG, ENTZÜNDBAR, Flammpunkt ≥ 23 °C
6.1	3	3025	CUMARIN-PESTIZID, FLÜSSIG, GIFTIG, ENTZÜNDBAR, Flammpunkt ≥ 23 °C
6.1	3	3347	PHENOXYESSIGSÄUREDERIVAT-PESTIZID, FLÜSSIG, GIFTIG, ENTZÜNDBAR, Flammpunkt ≥ 23 °C
6.1	3	3351	PYRETHROID-PESTIZID, FLÜSSIG, GIFTIG, ENTZÜNDBAR, Flammpunkt ≥ 23 °C
			Allgemeine Eintragungen
6.1		2810	GIFTIGER ORGANISCHER FLÜSSIGER STOFF, N.A.G.
6.1		2811	GIFTIGER ORGANISCHER FESTER STOFF, N.A.G.
6.1		3172	TOXINE, GEWONNEN AUS LEBENDEN ORGANISMEN, FLÜSSIG, N.A.G.

Klasse oder Unterklasse	Zusätzliche Gefahr(en)	UN-Nr.	Richtiger technischer Name
6.1		3243	FESTE STOFFE MIT GIFTIGEM FLÜSSIGEM STOFF, N.A.G.
6.1		3287	GIFTIGER ANORGANISCHER FLÜSSIGER STOFF, N.A.G.
6.1		3288	GIFTIGER ANORGANISCHER FESTER STOFF, N.A.G.
6.1		3315	CHEMISCHE PROBE, GIFTIG
6.1		3381	BEIM EINATMEN GIFTIGER FLÜSSIGER STOFF, N.A.G., mit einem LC_{50}-Wert von höchstens 200 ml/m^3 und einer gesättigten Dampfkonzentration von mindestens 500 LC_{50}
6.1		3382	BEIM EINATMEN GIFTIGER FLÜSSIGER STOFF, N.A.G., mit einem LC_{50}-Wert von höchstens 1 000 ml/m^3 und einer gesättigten Dampfkonzentration von mindestens 10 LC_{50}
6.1		3462	TOXINE, GEWONNEN AUS LEBENDEN ORGANISMEN, FEST, N.A.G.
6.1	Siehe 2.0.6.6	3546	GEGENSTÄNDE, DIE EINEN GIFTIGEN STOFF ENTHALTEN, N.A.G.
6.1	3	2929	GIFTIGER ORGANISCHER FLÜSSIGER STOFF, ENTZÜNDBAR, N.A.G.
6.1	3	3383	BEIM EINATMEN GIFTIGER FLÜSSIGER STOFF, ENTZÜNDBAR, N.A.G., mit einem LC_{50}-Wert von höchstens 200 ml/m^3 und einer gesättigten Dampfkonzentration von mindestens 500 LC_{50}
6.1	3	3384	BEIM EINATMEN GIFTIGER FLÜSSIGER STOFF, ENTZÜNDBAR, N.A.G., mit einem LC_{50}-Wert von höchstens 1 000 ml/m^3 und einer gesättigten Dampfkonzentration von mindestens 10 LC_{50}
6.1	3 + 8	3388	BEIM EINATMEN GIFTIGER FLÜSSIGER STOFF, ENTZÜNDBAR, ÄTZEND, N.A.G. mit einem LC_{50}-Wert von höchstens 200 ml/m^3 und einer gesättigten Dampfkonzentration von mindestens 500 LC_{50}
6.1	3 + 8	3389	BEIM EINATMEN GIFTIGER FLÜSSIGER STOFF, ENTZÜNDAR, ÄTZEND, N.A.G. mit einem LC_{50}-Wert von höchstens 1 000 ml/m^3 und einer gesättigten Dampfkonzentration von mindestens 10 LC_{50}
6.1	4.1	2930	GIFTIGER ORGANISCHER FESTER STOFF, ENTZÜNDBAR, N.A.G.
6.1	4.1	3535	GIFTIGER ANORGANISCHER FESTER STOFF, ENTZÜNDBAR, N.A.G.
6.1	4.2	3124	GIFTIGER FESTER STOFF, SELBSTERHITZUNGSFÄHIG, N.A.G.
6.1	4.3	3123	GIFTIGER FLÜSSIGER STOFF, MIT WASSER REAGIEREND, N.A.G.
6.1	4.3	3125	GIFTIGER FESTER STOFF, MIT WASSER REAGIEREND, N.A.G.
6.1	4.3	3385	BEIM EINATMEN GIFTIGER FLÜSSIGER STOFF, MIT WASSER REAGIEREND, N.A.G., mit einem LC_{50}-Wert von höchstens 200 ml/m^3 und einer gesättigten Dampfkonzentration von mindestens 500 LC_{50}
6.1	4.3	3386	BEIM EINATMEN GIFTIGER FLÜSSIGER STOFF, MIT WASSER REAGIEREND, N.A.G., mit einem LC_{50}-Wert von höchstens 1 000 ml/m^3 und einer gesättigten Dampfkonzentration von mindestens 10 LC_{50}

Klasse oder Unterklasse	Zusätzliche Gefahr(en)	UN-Nr.	Richtiger technischer Name
6.1	4.3 + 3	3490	BEIM EINATMEN GIFTIGER FLÜSSIGER STOFF, MIT WASSER REAGIEREND, ENTZÜNDBAR, N.A.G. mit einem LC_{50}-Wert von höchstens 200 ml/m^3 und einer gesättigten Dampfkonzentration von mindestens 500 LC_{50}
6.1	4.3 + 3	3491	BEIM EINATMEN GIFTIGER FLÜSSIGER STOFF, MIT WASSER REAGIEREND, ENTZÜNDBAR, N.A.G. mit einem LC_{50}-Wert von höchstens 1 000 ml/m^3 und einer gesättigten Dampfkonzentration von mindestens 10 LC_{50}
6.1	5.1	3086	GIFTIGER FESTER STOFF, ENTZÜNDEND (OXIDIEREND) WIRKEND, N.A.G.
6.1	5.1	3122	GIFTIGER FLÜSSIGER STOFF, ENTZÜNDEND (OXIDIEREND) WIRKEND, N.A.G.
6.1	5.1	3387	BEIM EINATMEN GIFTIGER FLÜSSIGER STOFF, ENTZÜNDEND (OXIDIEREND) WIRKEND, N.A.G., mit einem LC_{50}-Wert von höchstens 200 ml/m^3 und einer gesättigten Dampfkonzentration von mindestens 500 LC_{50}
6.1	5.1	3388	BEIM EINATMEN GIFTIGER FLÜSSIGER STOFF, ENTZÜNDEND (OXIDIEREND) WIRKEND, N.A.G., mit einem LC_{50}-Wert von höchstens 1 000 ml/m^3 und einer gesättigten Dampfkonzentration von mindestens 10 LC_{50}
6.1	8	2927	GIFTIGER ORGANISCHER FLÜSSIGER STOFF, ÄTZEND, N.A.G.
6.1	8	2928	GIFTIGER ORGANISCHER FESTER STOFF, ÄTZEND, N.A.G.
6.1	8	3289	GIFTIGER ANORGANISCHER FLÜSSIGER STOFF, ÄTZEND, N.A.G.
6.1	8	3290	GIFTIGER ANORGANISCHER FESTER STOFF, ÄTZEND, N.A.G.
6.1	8	3389	BEIM EINATMEN GIFTIGER FLÜSSIGER STOFF, ÄTZEND, N.A.G., mit einem LC_{50}-Wert von höchstens 200 ml/m^3 und einer gesättigten Dampfkonzentration von mindestens 500 LC_{50}
6.1	8	3390	BEIM EINATMEN GIFTIGER FLÜSSIGER STOFF, ÄTZEND, N.A.G., mit einem LC_{50}-Wert von höchstens 1 000 ml/m^3 und einer gesättigten Dampfkonzentration von mindestens 10 LC_{50}
			Klasse 6.2
			Spezielle Eintragungen
6.2		3291	KLINISCHER ABFALL, NICHT SPEZIFIZIERT N.A.G. oder (BIO)MEDIZINISCHER ABFALL, N.A.G. oder GEREGELTER MEDIZINISCHER ABFALL, N.A.G.
6.2		3373	BIOLOGISCHER STOFF, KATEGORIE B
			Allgemeine Eintragungen
6.2		2814	ANSTECKUNGSGEFÄHRLICHE STOFFE, GEFÄHRLICH FÜR MENSCHEN
6.2		2900	ANSTECKUNGSGEFÄHRLICHE STOFFE, nur GEFÄHRLICH FÜR TIERE

[Klasse 7]

Klasse oder Unterklasse	Zusätzliche Gefahr(en)	UN-Nr.	Richtiger technischer Name
			KLASSE 7
			Allgemeine Eintragungen
7		2908	RADIOAKTIVE STOFFE, FREIGESTELLTES VERSANDSTÜCK – LEERE VERPACKUNGEN
7		2909	RADIOAKTIVE STOFFE, FREIGESTELLTES VERSANDSTÜCK – FABRIKATE AUS NATURURAN oder ABGEREICHERTEM URAN oder NATURTHORIUM
7		2910	RADIOAKTIVE STOFFE, FREIGESTELLTES VERSANDSTÜCK – BEGRENZTE STOFFMENGE
7		2911	RADIOAKTIVE STOFFE, FREIGESTELLTES VERSANDSTÜCK – INSTRUMENTE oder FABRIKATE
7		2912	RADIOAKTIVE STOFFE MIT GERINGER SPEZIFISCHER AKTIVITÄT (LSA-I), freigestellt spaltbar oder nicht spaltbar
7		2913	RADIOAKTIVE STOFFE, OBERFLÄCHENKONTAMINIERTE GEGENSTÄNDE (SCO-I oder SCO-II), freigestellt spaltbar oder nicht spaltbar
7		2915	RADIOAKTIVE STOFFE, IN TYP A-VERSANDSTÜCKEN, nicht in besonderer Form, freigestellt spaltbar oder nicht spaltbar
7		2916	RADIOAKTIVE STOFFE, IN TYP B(U)-VERSANDSTÜCKEN, freigestellt spaltbar oder nicht spaltbar
7		2917	RADIOAKTIVE STOFFE, IN TYP B(M)-VERSANDSTÜCKEN, freigestellt spaltbar oder nicht spaltbar
7		2919	RADIOAKTIVE STOFFE, GEMÄSS SONDERVEREINBARUNG, freigestellt spaltbar oder nicht spaltbar
7		3321	RADIOAKTIVE STOFFE MIT GERINGER SPEZIFISCHER AKTIVITÄT (LSA-II), freigestellt spaltbar oder nicht spaltbar
7		3322	RADIOAKTIVE STOFFE MIT GERINGER SPEZIFISCHER AKTIVITÄT (LSA-III), freigestellt spaltbar oder nicht spaltbar
7		3323	RADIOAKTIVE STOFFE, IN TYP C-VERSANDSTÜCKEN, freigestellt spaltbar oder nicht spaltbar
7		3324	RADIOAKTIVE STOFFE MIT GERINGER SPEZIFISCHER AKTIVITÄT (LSA-II), SPALTBAR
7		3325	RADIOAKTIVE STOFFE MIT GERINGER SPEZIFISCHER AKTIVITÄT (LSA-III), SPALTBAR
7		3326	RADIOAKTIVE STOFFE, OBERFLÄCHENKONTAMINIERTE GEGENSTÄNDE (SCO-I oder SCO-II), SPALTBAR
7		3327	RADIOAKTIVE STOFFE, IN TYP A-VERSANDSTÜCKEN, SPALTBAR, nicht in besonderer Form
7		3328	RADIOAKTIVE STOFFE, IN TYP B(U)-VERSANDSTÜCKEN, SPALTBAR
7		3329	RADIOAKTIVE STOFFE, IN TYP B(M)-VERSANDSTÜCKEN, SPALTBAR
7		3330	RADIOAKTIVE STOFFE, IN TYP C-VERSANDSTÜCKEN, SPALTBAR
7		3331	RADIOAKTIVE STOFFE, GEMÄSS SONDERVEREINBARUNG, SPALTBAR

Klasse oder Unterklasse	Zusätzliche Gefahr(en)	UN-Nr.	Richtiger technischer Name
7		3332	RADIOAKTIVE STOFFE, IN TYP A-VERSANDSTÜCKEN, IN BESONDERER FORM, freigestellt spaltbar oder nicht spaltbar
7		3333	RADIOAKTIVE STOFFE, IN TYP A-VERSANDSTÜCKEN, IN BESONDERER FORM, SPALTBAR

[Klasse 8]

Klasse oder Unterklasse	Zusätzliche Gefahr(en)	UN-Nr.	Richtiger technischer Name
			KLASSE 8
			Spezielle Eintragungen
8		1719	ALKALISCHE ÄTZENDE FLÜSSIGKEIT, N.A.G.
8		1740	HYDROGENDIFLUORIDE, FEST, N.A.G.
8		1903	DESINFEKTIONSMITTEL, FLÜSSIG, ÄTZEND, N.A.G.
8		2430	ALKYLPHENOLE, FEST, N.A.G. (einschließlich der C_2-C_{12}-Homologen)
8		2693	BISULFITE, WÄSSERIGE LÖSUNG, N.A.G.
8		2735	AMINE, FLÜSSIG, ÄTZEND, N.A.G.
8		2735	POLYAMINE, FLÜSSIG, ÄTZEND, N.A.G.
8		2801	FARBSTOFF, FLÜSSIG, ÄTZEND, N.A.G. oder FARBSTOFF-ZWISCHENPRODUKT, FLÜSSIG, ÄTZEND, N.A.G.
8		2837	HYDROGENSULFATE, WÄSSERIGE LÖSUNG
8		2987	CHLORSILANE, ÄTZEND, N.A.G.
8		3145	ALKYLPHENOLE, FLÜSSIG, N.A.G. (einschließlich der C_2-C_{12}-Homologen)
8		3147	FARBSTOFF, FEST, ÄTZEND, N.A.G. oder FARBSTOFF-ZWISCHENPRODUKT, FEST, ÄTZEND, N.A.G.
8		3259	AMINE, FEST, ÄTZEND, N.A.G.
8		3259	POLYAMINE, FEST, ÄTZEND, N.A.G.
8	3	2734	AMINE, FLÜSSIG, ÄTZEND, ENTZÜNDBAR, N.A.G. oder POLYAMINE, FLÜSSIG, ÄTZEND, ENTZÜNDBAR, N.A.G.
8	3	2986	CHLORSILANE, ÄTZEND, ENTZÜNDBAR, N.A.G.
8	6.1	3471	HYDROGENDIFLUORIDE, LÖSUNG, N.A.G.
			Allgemeine Eintragungen
8		1759	ÄTZENDER STOFF, FEST, N.A.G.
8		1760	ÄTZENDER FLÜSSIGER STOFF, N.A.G.
8		3244	FESTE STOFFE, MIT ÄTZENDEM FLÜSSIGEM STOFF, N.A.G.
8		3260	ÄTZENDER SAURER ANORGANISCHER FESTER STOFF, N.A.G.
8		3261	ÄTZENDER SAURER ORGANISCHER FESTER STOFF, N.A.G.
8		3262	ÄTZENDER BASISCHER ANORGANISCHER FESTER STOFF, N.A.G.
8		3263	ÄTZENDER BASISCHER ORGANISCHER FESTER STOFF, N.A.G.

Klasse oder Unterklasse	Zusätzliche Gefahr(en)	UN-Nr.	Richtiger technischer Name
8		3264	ÄTZENDER SAURER ANORGANISCHER FLÜSSIGER STOFF, N.A.G.
8		3265	ÄTZENDER SAURER ORGANISCHER FLÜSSIGER STOFF, N.A.G.
8		3266	ÄTZENDER BASISCHER ANORGANISCHER FLÜSSIGER STOFF, N.A.G.
8		3267	ÄTZENDER BASISCHER ORGANISCHER FLÜSSIGER STOFF, N.A.G.
8	Siehe 2.0.6.6	3547	GEGENSTÄNDE, DIE EINEN ÄTZENDEN STOFF ENTHALTEN, N.A.G.
8	3	2920	ÄTZENDER FLÜSSIGER STOFF, ENTZÜNDBAR, N.A.G.
8	4.1	2921	ÄTZENDER STOFF, FEST, ENTZÜNDBAR, N.A.G.
8	4.2	3095	ÄTZENDER FESTER STOFF, SELBSTERHITZUNGSFÄHIG, N.A.G.
8	4.2	3301	ÄTZENDER FLÜSSIGER STOFF, SELBSTERHITZUNGSFÄHIG, N.A.G.
8	4.3	3094	ÄTZENDER FLÜSSIGER STOFF, MIT WASSER REGIEREND, N.A.G.
8	4.3	3096	ÄTZENDER FESTER STOFF, MIT WASSER REGIEREND, N.A.G.
8	5.1	3084	ÄTZENDER FESTER STOFF, ENTZÜNDEND (OXIDIEREND) WIRKEND, N.A.G.
8	5.1	3093	ÄTZENDER FLÜSSIGER STOFF, ENTZÜNDEND (OXIDIEREND) WIRKEND, N.A.G.
8	6.1	2922	ÄTZENDER FLÜSSIGER STOFF, GIFTIG, N.A.G.
8	6.1	2923	ÄTZENDER STOFF, FEST, GIFTIG, N.A.G.

[Klasse 9]

Klasse oder Unterklasse	Zusätzliche Gefahr(en)	UN-Nr.	Richtiger technischer Name
			KLASSE 9
			Allgemeine Eintragungen
9		3077	UMWELTGEFÄHRDENDER STOFF, FEST, N.A.G.
9		3082	UMWELTGEFÄHRDENDER STOFF, FLÜSSIG, N.A.G.
9		3245	GENETISCH VERÄNDERTE MIKROORGANISMEN oder GENETISCH VERÄNDERTE ORGANISMEN
9		3257	ERWÄRMTER FLÜSSIGER STOFF, N.A.G., bei oder über 100 °C (einschließlich geschmolzenes Metall, geschmolzenes Salz usw.)
9		3258	ERWÄRMTER FESTER STOFF, N.A.G., bei oder über 240 °C
	Siehe SV960	3334	FLÜSSIGER STOFF, DEN FÜR DEN LUFTVERKEHR GELTENDEN VORSCHRIFTEN UNTERLIEGEND, N.A.G.
	Siehe SV960	3335	FESTER STOFF, DEN FÜR DEN LUFTVERKEHR GELTENDEN VORSCHRIFTEN UNTERLIEGEND, N.A.G.
9	Siehe 2.0.6.6	3548	GEGENSTÄNDE, DIE VERSCHIEDENE GEFÄHRLICHE GÜTER ENTHALTEN, N.A.G.

Anhang B
Glossar der Benennungen

→ 1.1.1.5
→ 2.1.0
→ 2.1.3.5.5

***Bemerkung:** Die Vorschriften dieses Anhangs sind völkerrechtlich nicht verbindlich.*

***Hinweis:** Dieses Glossar dient nur der Information und darf nicht zum Zweck der Gefahrenklassifizierung benutzt werden.*

ANZÜNDER	Gegenstände, die einen oder mehrere explosive Stoffe enthalten und dazu verwendet werden, eine Deflagration in einer Anzünd- oder Zündkette auszulösen. Sie können chemisch, elektrisch oder mechanisch ausgelöst werden. Die folgenden gesondert aufgeführten Gegenstände fallen nicht unter diese Benennung: ANZÜNDER, ANZÜNDSCHNUR; ANZÜNDHÜTCHEN; ANZÜNDLITZE; ANZÜNDSCHNUR; STOPPINEN, NICHT SPRENGKRÄFTIG; TREIBLADUNGSANZÜNDER; ZÜNDER, NICHT SPRENGKRÄFTIG.
ANZÜNDER, ANZÜNDSCHNUR	Gegenstände unterschiedlichen Aufbaus, die zur Anzündung von Anzündschnur dienen und durch Reibung, Perkussion oder elektrisch ausgelöst werden.
ANZÜNDHÜTCHEN	Gegenstände, die aus Metall- oder Kunststoffkapseln bestehen, in denen eine kleine Menge eines Gemisches aus Zündstoffen, die sich leicht durch Schlag entzünden lassen, enthalten ist. Sie dienen als Anzündmittel in Patronen für Handfeuerwaffen und als Perkussionsanzünder für Treibladungen.
ANZÜNDLITZE	Gegenstand, der entweder aus Textilfäden, die mit Schwarzpulver oder einem anderen pyrotechnischen Satz bedeckt sind und sich in einem biegsamen Schlauch befinden, oder aus einer Seele aus Schwarzpulver in einer biegsamen Textilumspinnung besteht. Er brennt entlang seiner Längenausdehnung mit offener Flamme und dient der Übertragung der Anzündung von einer Einrichtung auf eine Ladung oder einen Anzündverstärker.
Anzündmittel	Allgemeiner Begriff, der im Zusammenhang mit der Methode zum Anzünden einer Anzündkette explosiver oder pyrotechnischer Stoffe verwendet wird (zum Beispiel: ein Treibladungsanzünder; ein Anzünder für einen Raketenmotor; ein nicht sprengkräftiger Zünder).
ANZÜNDSCHNUR, rohrförmig, mit Metallmantel	Gegenstand, der aus einer Metallröhre mit einer Seele aus deflagrierendem Explosivstoff besteht.
ANZÜNDSCHNUR (SICHERHEITSZÜNDSCHNUR)	Gegenstand, der aus einer Seele aus feinkörnigem Schwarzpulver besteht, die von einem biegsamen Textilgewebe mit einem oder mehreren äußeren Schutzüberzügen umhüllt ist. Er brennt nach dem Anzünden mit vorbestimmter Geschwindigkeit ohne jegliche explosive Wirkung ab.
AUSLÖSEVORRICHTUNGEN MIT EXPLOSIVSTOFF	Gegenstände, die aus einer kleinen Explosivstoffladung und einem Zündmittel bestehen. Sie dienen dazu, Einrichtungen durch Durchtrennen des Gestänges oder der Verbindungsstücke rasch auszulösen.
Ausstoßladungen	Eine Ladung eines deflagrierenden Explosivstoffes, die dazu bestimmt ist, die Nutzlast ohne Schaden aus den übergeordneten Gegenständen auszustoßen.
BESTANDTEILE, ZÜNDKETTE, N.A.G.	Gegenstände mit Explosivstoff, die dazu bestimmt sind, eine Detonation oder eine Deflagration in einer Zündkette zu übertragen.
BLITZLICHTPULVER	Pyrotechnischer Stoff, der beim Anzünden intensives Licht aussendet.

Bomben	Gegenstände mit Explosivstoff, die aus Luftfahrzeugen abgeworfen werden. Sie können eine entzündbare Flüssigkeit mit einer Sprengladung, einen Blitzsatz oder eine Sprengladung enthalten. Die Benennung schließt Torpedos (Luftfahrzeug) aus und umfasst: BOMBEN, BLITZLICHT; BOMBEN, DIE ENTZÜNDBARE FLÜSSIGKEIT ENTHALTEN, mit Sprengladung; BOMBEN, mit Sprengladung.
Deflagrierender Explosivstoff	Ein Stoff, z. B. ein Treibstoff, der bei Anzündung und Verwendung in üblicher Art und Weise deflagriert anstatt zu detonieren.
Detonatoren	Gegenstände, die aus kleinen Metall- oder Kunststoffrohren bestehen und Explosivstoffe wie Bleiazid, PETN oder Kombinationen von Explosivstoffen enthalten. Sie sind zur Auslösung von Zündketten bestimmt. Es kann sich um Sprengkapseln mit oder ohne Verzögerungselement handeln. Unter diese Benennung fallen: DETONATOREN FÜR MUNITION und SPRENGKAPSELN, sowohl ELEKTRISCH als auch NICHT ELEKTRISCH. Unter diese Benennung fallen auch Verbindungsstücke ohne biegsame Sprengschnur.
Detonierender Explosivstoff	Ein Stoff, der bei Zündung und Verwendung in üblicher Art und Weise detoniert anstatt zu deflagrieren.
Explodieren	Das Verb wird verwendet, um die explosiven Wirkungen zu bezeichnen, die durch Luftstoß, Hitze und den Ausstoß von Flugkörpern menschliches Leben und Eigentum gefährden können. Es deckt sowohl Deflagration als auch Detonation ab.
Explosion des gesamten Inhalts	Der Ausdruck „Explosion des gesamten Inhalts" wird bei der Prüfung eines einzelnen Gegenstands oder Versandstücks oder eines kleinen Stapels von Gegenständen oder Versandstücken verwendet.
Explosiver Zusatzbestandteil, isoliert	Ein „isolierter explosiver Zusatzbestandteil" ist eine kleine Einrichtung, die einen explosionsartigen Vorgang im Zusammenhang mit der Funktionsweise des Gegenstandes ausführt, der nicht die Leistung der Hauptexplosivladungen des Gegenstands betrifft. Das Funktionieren des Bestandteils löst keine Reaktion der im Gegenstand enthaltenen Hauptexplosivladungen aus.
EXPLOSIVE STOFFE, SEHR UNEMPFINDLICH (STOFFE, EVI), N.A.G.	Massenexplosionsgefährliche Stoffe, die aber so unempfindlich sind, dass (bei normalen Beförderungsbedingungen) nur eine geringe Wahrscheinlichkeit einer Auslösung oder eines Übergangs vom Brand zur Detonation besteht, und die die Prüfreihe 5 bestanden haben.
Explosivstoff, extrem unempfindlicher Stoff (EIS)	Ein Stoff, für den durch Prüfungen nachgewiesen wurde, dass er so unempfindlich ist, dass die Wahrscheinlichkeit einer unbeabsichtigten Zündung sehr gering ist.
Explosivstoff (Sekundärsprengstoff)	Explosiver Stoff, der (verglichen mit Zündstoffen) verhältnismäßig unempfindlich ist und üblicherweise durch Zündstoffe mit oder ohne Zündverstärker oder Verstärkerladungen gezündet wird. Ein solcher Explosivstoff kann als deflagrierender oder detonierender Explosivstoff reagieren.
FALLLOTE, MIT EXPLOSIVSTOFF	Gegenstände, die aus einer Ladung detonierenden Explosivstoffs bestehen. Sie werden von Schiffen über Bord geworfen und explodieren entweder in vorbestimmter Wassertiefe oder wenn sie auf dem Meeresboden auftreffen.

FEUERWERKSKÖRPER — Pyrotechnische Gegenstände, die für Unterhaltungszwecke bestimmt sind.

FÜLLSPRENGKÖRPER — Gegenstände, die aus einem kleinen entfernbaren Zündverstärker bestehen, die in Höhlungen von Geschossen zwischen Zünder und Hauptsprengladung eingesetzt werden.

Gefechtsköpfe — Gegenstände, die aus detonierenden Explosivstoffen bestehen. Sie sind dazu bestimmt, mit einer Rakete, einem Lenkflugkörper oder einem Torpedo verbunden zu werden. Sie können einen Zerleger oder eine Ausstoßladung oder eine Sprengladung enthalten. Unter diese Benennung fallen:

GEFECHTSKÖPFE, RAKETE, mit Sprengladung;

GEFECHTSKÖPFE, RAKETE, mit Zerleger oder Ausstoßladung;

GEFECHTSKÖPFE, TORPEDO, mit Sprengladung.

GEGENSTÄNDE MIT EXPLOSIVSTOFF, EXTREM UNEMPFINDLICH (GEGENSTÄNDE, EEI) — Gegenstände, die nur extrem unempfindliche Stoffe enthalten, nur eine geringfügige Wahrscheinlichkeit einer unbeabsichtigten Zündung oder Fortpflanzung aufweisen (bei normalen Beförderungsbedingungen) und die Prüfreihe 7 bestanden haben.

GEGENSTÄNDE, PYROPHOR — Gegenstände, die einen pyrophoren Stoff (selbstentzündungsfähig in Berührung mit Luft) und einen Explosivstoff oder eine explosive Komponente enthalten. Diese Benennung schließt Gegenstände aus, die weißen Phosphor enthalten.

GEGENSTÄNDE, PYROTECHNISCH, für technische Zwecke — Gegenstände, die pyrotechnische Stoffe enthalten und für technische Anwendungszwecke wie Wärmeentwicklung, Gasentwicklung oder Theatereffekte usw. verwendet werden. Die folgenden gesondert aufgeführten Gegenstände fallen nicht unter diese Benennung: alle Arten von Munition; AUSLÖSEVORRICHTUNGEN, MIT EXPLOSIVSTOFF; FEUERWERKSKÖRPER; LEUCHTKÖRPER, BODEN; LEUCHTKÖRPER, LUFTFAHRZEUG; PATRONEN, SIGNAL; SCHNEIDVORRICHTUNGEN; KABEL, MIT EXPLOSIVSTOFF; KNALLKAPSELN, EISENBAHN; SIGNALKÖRPER, HAND; SIGNALKÖRPER, RAUCH; SIGNALKÖRPER, SEENOT; SPRENGNIETE.

Gesamte Ladung und gesamter Inhalt — Die Ausdrücke „gesamte Ladung" und „gesamter Inhalt" bezeichnen einen so bedeutenden Anteil, dass bei der Gefährdungsabschätzung von einer gleichzeitigen Explosion des gesamten Inhalts an Explosivstoff der Ladung oder des Versandstücks auszugehen ist.

GESCHOSSE — Gegenstände wie Granaten oder Kugeln, die aus Kanonen oder anderen Artilleriegeschützen, Gewehren oder anderen Handfeuerwaffen abgefeuert werden. Sie können inert sein, mit oder ohne Leuchtspurmittel, oder einen Zerleger oder eine Ausstoßladung oder eine Sprengladung enthalten. Unter diese Benennung fallen:

GESCHOSSE, inert, mit Leuchtspurmitteln;

GESCHOSSE, mit Sprengladung;

GESCHOSSE, mit Zerleger oder Ausstoßladung.

GRANATEN, Hand oder Gewehr — Gegenstände, die dazu bestimmt sind, mit der Hand geworfen oder aus einem Gewehr abgefeuert zu werden. Unter diese Benennung fallen:

GRANATEN, Hand oder Gewehr, mit Sprengladung;

GRANATEN, ÜBUNG, Hand oder Gewehr.

Nebelgranaten fallen nicht unter diese Benennung, sondern werden unter MUNITION, NEBEL aufgeführt.

HOHLLADUNGEN, ohne Zündmittel	Gegenstände, die aus einem Gehäuse mit einer Ladung aus detonierendem Explosivstoff mit einer Höhlung, welche mit festem Material ausgekleidet ist, ohne Zündmittel bestehen. Sie sind dazu bestimmt, einen starken, materialdurchschlagenden Hohlladungseffekt zu erzeugen.
KARTUSCHEN, ERDÖLBOHRLOCH	Gegenstände, die aus einem dünnwandigen Gehäuse aus Pappe, Metall oder anderem Material bestehen und ausschließlich Treibstoff enthalten, der dazu dient, ein gehärtetes Geschoss auszustoßen. Die folgenden gesondert aufgeführten Gegenstände fallen nicht unter diese Benennung: HOHLLADUNGEN.
KARTUSCHEN FÜR TECHNISCHE ZWECKE	Gegenstände, die dazu bestimmt sind, mechanische Wirkungen hervorzurufen. Sie bestehen aus einem Gehäuse mit einer Ladung aus deflagrierendem Explosivstoff und einem Anzündmittel. Die gasförmigen Deflagrationsprodukte dienen zum Aufblasen, erzeugen lineare oder rotierende Bewegung oder bewirken die Funktion von Unterbrechern, Ventilen oder Schaltern oder stoßen Befestigungselemente oder Löschmittel aus.
Leuchtkörper	Gegenstände, die pyrotechnische Stoffe enthalten und dazu bestimmt sind, für Beleuchtungs-, Erkennungs-, Signal- oder Warnzwecke verwendet zu werden. Unter diese Benennung fallen: LEUCHTKÖRPER, BODEN; LEUCHTKÖRPER, LUFTFAHRZEUG.
LEUCHTSPURKÖRPER FÜR MUNITION	Geschlossene Gegenstände, die pyrotechnische Stoffe enthalten und dazu dienen, die Flugbahnen von Geschossen sichtbar zu machen.
LOCKERUNGSSPRENGGERÄTE MIT EXPLOSIVSTOFF, für Erdölbohrungen, ohne Zündmittel	Gegenstände, die aus einem Gehäuse mit detonierendem Explosivstoff ohne Zündmittel bestehen. Sie werden zur Auflockerung des Gesteins in der Umgebung eines Bohrlochs eingesetzt, um dadurch den Austritt des Rohöls aus dem Gestein zu erleichtern.
Massenexplosion	Eine Explosion, die nahezu die gesamte Ladung praktisch gleichzeitig erfasst.
MINEN	Gegenstände, die im Allgemeinen aus Behältern aus Metall oder kombinierten Materialien und einer Sprengladung bestehen. Sie sind dazu bestimmt, beim Passieren von Schiffen, Fahrzeugen oder Personen ausgelöst zu werden. Unter diese Benennung fallen auch „Bangalore Torpedos".
→ *4.1.5.19* Munition	Sammelbenennung vorwiegend für militärisch verwendete Gegenstände, die alle Arten von Bomben, Granaten, Raketen, Minen, Geschossen und andere ähnliche Gegenstände und Vorrichtungen umschließt.
MUNITION, AUGENREIZSTOFF, mit Zerleger, Ausstoß- oder Treibladung	Munition, die einen Augenreizstoff enthält. Sie enthält außerdem eine oder mehrere der folgenden Komponenten: einen pyrotechnischen Stoff; eine Treibladung mit Treibladungsanzünder und Anzündladung; einen Zünder mit Zerleger oder einer Ausstoßladung.
MUNITION, BRAND	Munition, die einen Brandstoff enthält, bei dem es sich um einen festen, flüssigen oder gelierten Stoff handeln kann, einschließlich weißen Phosphors. Sofern der Brandstoff selbst kein explosiver Stoff ist, enthält sie außerdem eine oder mehrere der folgenden Komponenten: eine Treibladung mit Treibladungsanzünder und Anzündladung; einen Zünder mit Zerleger oder einer Ausstoßladung. Unter diese Benennung fallen:

	MUNITION, BRAND, mit flüssigem oder geliertem Brandstoff, mit Zerleger, Ausstoß- oder Treibladung: MUNITION, BRAND, mit oder ohne Zerleger, Ausstoß- oder Treibladung; MUNITION, BRAND, WEISSER PHOSPHOR, mit Zerleger, Ausstoß- oder Treibladung.
MUNITION, GIFTIG, mit Zerleger, Ausstoß- oder Treibladung	Munition, die einen giftigen Wirkstoff enthält. Sie enthält außerdem eine oder mehrere der folgenden Komponenten: einen pyrotechnischen Stoff; eine Treibladung mit Treibladungsanzünder und Anzündladung; einen Zünder mit Zerleger oder Ausstoßladung.
MUNITION, LEUCHT, mit oder ohne Zerleger, Ausstoß- oder Treibladung	Munition, die eine intensive Lichtquelle erzeugen kann, die zur Beleuchtung eines Gebietes bestimmt ist. Diese Benennung schließt Leuchtpatronen, Leuchtgranaten und Leuchtgeschosse sowie Leuchtbomben und Zielerkennungsbomben mit ein. Die folgenden gesondert aufgeführten Gegenstände fallen nicht unter diese Benennung: LEUCHTKÖRPER, BODEN; LEUCHTKÖRPER, LUFTFAHRZEUG; PATRONEN, SIGNAL; SIGNALKÖRPER, HAND; SIGNALKÖRPER, SEENOT.
MUNITION, NEBEL	Munition, die einen Nebelstoff wie Chlorsulfonsäuremischung, Titantetrachlorid oder weißer Phosphor, oder einen auf Hexachlorethan oder rotem Phosphor basierenden nebelbildenden pyrotechnischen Satz enthält. Sofern der Stoff selbst kein explosiver Stoff ist, enthält die Munition außerdem eine oder mehrere der folgenden Komponenten: eine Treibladung mit Treibladungsanzünder und Anzündladung; einen Zünder mit Zerleger oder einer Ausstoßladung. Diese Benennung schließt Nebelgranaten mit ein, nicht jedoch SIGNALKÖRPER, RAUCH, die gesondert aufgeführt sind. Unter diese Benennung fallen: MUNITION, NEBEL, mit oder ohne Zerleger, Ausstoß- oder Treibladung; MUNITION, NEBEL, WEISSER PHOSPHOR, mit Zerleger, Ausstoß- oder Treibladung.
MUNITION, PRÜF	Munition, die pyrotechnische Stoffe enthält und die zur Prüfung der Funktionsfähigkeit und Stärke neuer Munition, Waffenteile oder Waffensysteme dient.
MUNITION, ÜBUNG	Munition ohne Hauptsprengladung, aber mit Zerleger oder Ausstoßladung. Im Allgemeinen enthält die Munition auch einen Zünder und eine Treibladung. Die folgenden gesondert aufgeführten Gegenstände fallen nicht unter diese Benennung: GRANATEN, ÜBUNG.
PATRONEN, BLITZLICHT	Gegenstände, die aus einem Gehäuse, einem Anzündelement und Blitzsatz bestehen, alle zu einer Einheit vereinigt und fertig zum Abschuss.
PATRONEN FÜR HANDFEUERWAFFEN	Munition, die aus einer Treibladungshülse mit Zentral- oder Randfeuerung besteht und sowohl eine Treibladung als auch ein festes Geschoss enthält. Sie ist dazu bestimmt, aus Waffen mit einem Kaliber von höchstens 19,1 mm abgefeuert zu werden. Schrotpatronen jeglichen Kalibers fallen unter diese Beschreibung. Nicht unter die Benennung fallen PATRONEN FÜR HANDFEUERWAFFEN, MANÖVER, die getrennt in der Gefahrgutliste aufgeführt sind, sowie einige Patronen für Handfeuerwaffen, die unter PATRONEN FÜR WAFFEN, MIT INERTEM GESCHOSS aufgeführt sind.
Patronen für Waffen	.1 Patronen ohne Ladungswahl oder Patronen mit Ladungswahl, die dazu bestimmt sind, aus Waffen abgefeuert zu werden. Jede Patrone enthält alle für das einmalige Ab-

	feuern der Waffe erforderlichen Bestandteile. Der richtige technische Name ist für Handfeuerwaffenpatronen zu verwenden, die nicht als „Patronen für Handfeuerwaffen" beschrieben werden können. Getrennt zu ladende Rohrwaffenmunition fällt unter diesen richtigen technischen Namen, wenn die Treibladung und das Geschoss zusammengepackt sind (siehe auch „Patronen, ohne Geschoss").
	.2 Brandpatronen, Nebelpatronen sowie Patronen, die giftige oder augenreizende Stoffe enthalten, sind in diesem Glossar unter MUNITION, BRAND usw. beschrieben.
PATRONEN FÜR WAFFEN, MIT INERTEM GESCHOSS	Munition, die aus einem Geschoss ohne Sprengladung, aber mit einer Treibladung besteht. Das Vorhandensein eines Lichtspurmittels kann bei der Klassifizierung vernachlässigt werden, sofern die Hauptgefahr von der Treibladung herrührt.
Patronen, ohne Geschoss	Gegenstände, die aus einer Treibladungshülse mit Zentral- oder Randfeuerung und aus einer eingeschlossenen Ladung aus Treibladungspulver oder aus Schwarzpulver bestehen, aber ohne Geschoss. Für Übungszwecke, zum Salutschießen und für Starterpistolen, Werkzeuge usw.
PATRONEN, SIGNAL	Gegenstände, die dazu bestimmt sind, farbige Lichtzeichen oder andere Signale auszustoßen und aus Signalpistolen usw. abgefeuert zu werden.
PERFORATIONSHOHLLADUNGSTRÄGER, GELADEN, für Erdölbohrlöcher, ohne Zündmittel	Gegenstände, die aus Stahlrohren oder Metallbändern bestehen, in die durch Sprengschnur miteinander verbundene Hohlladungen eingesetzt sind, ohne Zündmittel.
PULVERROHMASSE, ANGEFEUCHTET	Stoff, der aus Nitrocellulose besteht, die mit höchstens 60 Masse-% Nitroglycerin, anderen flüssigen organischen Nitraten oder deren Mischungen imprägniert ist.
RAKETEN	Gegenstände, die aus einem Raketenmotor und einer Nutzlast, bei der es sich um einen explosiven Gefechtskopf oder eine andere Einrichtung handeln kann, bestehen. Unter diese Benennung fallen auch Lenkflugkörper und RAKETEN, FLÜSSIGTREIBSTOFF, mit Sprengladung; RAKETEN, LEINENWURF; RAKETEN, mit Ausstoßladung; RAKETEN, mit inertem Kopf; RAKETEN, mit Sprengladung.
RAKETENMOTOREN	Gegenstände, die aus einem Zylinder mit einer oder mehreren Düsen bestehen und einen festen, flüssigen oder hypergolischen Treibstoff enthalten. Sie sind dazu bestimmt, eine Rakete oder einen Lenkflugkörper anzutreiben. Unter diese Benennung fallen: RAKETENMOTOREN; RAKETENMOTOREN, FLÜSSIGTREIBSTOFF; RAKETENTRIEBWERKE MIT HYPERGOLEN, mit oder ohne Ausstoßladung.
SAUERSTOFFGENERATOREN, CHEMISCH	Sauerstoffgeneratoren, chemisch, sind Geräte, die Chemikalien enthalten, welche nach Auslösung als Produkt einer chemischen Reaktion Sauerstoff freisetzen. Chemische Sauerstoffgeneratoren werden für die Erzeugung von Sauerstoff für die Atmung, z. B. in Flugzeugen, Unterseebooten, Raumfahrzeugen, Luftschutzräumen und Atemschutzgeräten genutzt. Oxidierende Salze wie Chlorate und Perchlorate von Lithium, Natrium und Kalium, die in chemischen Sauerstoffgeneratoren verwendet werden, entwickeln bei Erwärmung Sauerstoff.

	Diese Salze werden mit einem Brennstoff, üblicherweise Eisenpulver, gemischt, um eine „Chlorat-Kerze" zu bilden, die in einer kontinuierlichen Reaktion Sauerstoff erzeugt. Der Brennstoff wird zur Erzeugung von Wärme durch Oxidation benötigt. Wenn die Reaktion begonnen hat, wird von dem heißen Salz durch thermischen Zerfall Sauerstoff freigesetzt (es wird ein thermischer Schutzschild um den Generator herum verwendet). Ein Teil des Sauerstoffs reagiert mit dem Brennstoff und erzeugt so weitere Wärme, welche zur weiteren Freisetzung von Sauerstoff führt usw. Die Reaktion kann durch eine Schlag- oder Reibvorrichtung oder durch einen elektrischen Draht initiiert werden.
SCHNEIDLADUNG, BIEGSAM, GESTRECKT	Gegenstände, die aus einer V-förmigen Seele aus detonierendem Explosivstoff in einem biegsamen Mantel aus Metall bestehen.
SCHNEIDVORRICHTUNGEN, KABEL, MIT EXPLOSIVSTOFF	Gegenstände, die aus einer messerartigen Vorrichtung bestehen, die durch eine kleine Ladung deflagrierenden Explosivstoffs auf ein Widerlager gepresst wird.
SCHWARZPULVER	Stoff, der aus einem innigen Gemisch aus Holzkohle oder einer anderen Kohleart und entweder Kaliumnitrat oder Natriumnitrat mit oder ohne Schwefel besteht. Er kann in Mehlform, gekörnt, gepresst oder als Pellets vorliegen.
SICHERHEITSEINRICHTUNGEN, elektrische Auslösung	Gegenstände, die pyrotechnische Stoffe oder gefährliche Güter anderer Klassen enthalten und in Fahrzeugen, Schiffen oder Luftfahrzeugen verwendet werden, um die Sicherheit von Personen zu erhöhen. Beispiele dafür sind: Airbag-Gasgeneratoren, Airbag-Module, Gurtstraffer und pyromechanische Einrichtungen. Diese pyromechanischen Einrichtungen bestehen aus zusammengesetzten Komponenten für Funktionen wie z. B. Trennung, Verriegelung oder Aufblas- und Verschiebesteuerung oder Insassenrückhaltung. Der Begriff umfasst „SICHERHEITSEINRICHTUNGEN, PYROTECHNISCH".
SIGNALKÖRPER	Gegenstände, die pyrotechnische Stoffe enthalten und dazu bestimmt sind, Signale in Form von Knall, Flammen oder Rauch oder einer Kombination davon auszusenden. Unter diese Benennung fallen: KNALLKAPSELN, EISENBAHN; SIGNALKÖRPER, HAND; SIGNALKÖRPER, RAUCH; SIGNALKÖRPER, SEENOT.
SPRENGKÖRPER	Gegenstände, die eine Ladung aus einem detonierenden Explosivstoff in einem Gehäuse aus Pappe, Kunststoff, Metall oder einem anderen Material enthalten. Die folgenden gesondert aufgeführten Gegenstände fallen nicht unter diese Benennung: Bomben, Minen usw.
Sprengladungen	Gegenstände, die aus einer Ladung eines detonierenden Explosivstoffes wie Hexolit, Oktolit oder kunststoffgebundener Explosivstoff bestehen und dazu bestimmt sind, eine Spreng- oder Splitterwirkung zu entfalten.
SPRENGLADUNGEN, GEWERBLICHE, ohne Detonator	Gegenstände, die aus einer Ladung eines detonierenden Explosivstoffs ohne Zündmittel bestehen und zum Sprengschweißen, Sprengplattieren, Sprengverformen oder für andere metallurgische Prozesse verwendet werden.
SPRENGSCHNUR, biegsam	Gegenstand, der aus einer Seele aus detonierendem Explosivstoff in einer Umspinnung aus Textilfäden besteht, mit Überzug aus Kunststoff oder anderem Material, sofern die Umspinnung nicht staubdicht ist.

SPRENGSCHNUR, mit Metallmantel	Gegenstand, der aus einer Seele aus detonierendem Explosivstoff in einem Rohr aus weichem Metall mit oder ohne Schutzbeschichtung besteht. Wenn die Seele eine hinreichend geringe Menge an Explosivstoff enthält, werden die Worte „MIT GERINGER WIRKUNG“ angefügt.
Sprengstoff	Detonierende explosive Stoffe, die beim Bergbau, Bau und bei ähnlichen Aufgaben verwendet werden. Sprengstoffe werden einem von fünf Typen zugeordnet. Neben den aufgeführten Bestandteilen können Sprengstoffe auch inerte Bestandteile, wie Kieselgur, und geringfügige Zuschläge, wie Farbstoffe und Stabilisatoren, enthalten.
SPRENGSTOFF, TYP A	Stoffe, die aus flüssigen organischen Nitraten wie Nitroglycerin oder einer Mischung derartiger Stoffe bestehen, mit einem oder mehreren der folgenden Bestandteile: Nitrocellulose; Ammoniumnitrat oder andere anorganische Nitrate; aromatische Nitroverbindungen oder brennbare Stoffe wie Holzmehl und Aluminiumpulver. Diese Sprengstoffe haben pulverförmige, gelatinöse oder elastische Konsistenz. Unter diese Benennung fallen auch Dynamite, Sprenggelatine, Gelatinedynamite.
SPRENGSTOFF, TYP B	Stoffe, die aus (a) einer Mischung aus Ammoniumnitrat oder anderen anorganischen Nitraten und Explosivstoffen, wie Trinitrotoluen (TNT), mit oder ohne anderen Stoffen, wie Holzmehl und Aluminiumpulver, oder (b) einer Mischung aus Ammoniumnitraten oder anderen anorganischen Nitraten und anderen brennbaren, nicht explosiven Stoffen bestehen. Diese Sprengstoffe dürfen kein Nitroglycerin, keine ähnlichen flüssigen organischen Nitrate und keine Chlorate enthalten.
SPRENGSTOFF, TYP C	Stoffe, die aus einer Mischung aus Kalium- oder Natriumchlorat oder Kalium-, Natrium- oder Ammoniumperchlorat und organischen Nitroverbindungen oder brennbaren Stoffen, wie Holzmehl, Aluminiumpulver oder Kohlenwasserstoffen, bestehen. Diese Sprengstoffe dürfen kein Nitroglycerin oder ähnliche flüssige organische Nitrate enthalten.
SPRENGSTOFF, TYP D	Stoffe, die aus einer Mischung organischer nitrierter Verbindungen und brennbarer Stoffe, wie Kohlenwasserstoffe und Aluminiumpulver, bestehen. Diese Sprengstoffe dürfen kein Nitroglycerin oder ähnliche flüssige organische Nitrate, keine Chlorate und kein Ammoniumnitrat enthalten. Unter diese Benennung fallen im Allgemeinen die Plastiksprengstoffe.
SPRENGSTOFF, TYP E	Stoffe, die aus Wasser als Hauptbestandteil und einem hohen Anteil an Ammoniumnitrat oder anderen Oxidationsmitteln, die ganz oder teilweise gelöst sind, bestehen. Die anderen Bestandteile können Nitroverbindungen, wie Trinitrotoluen, Kohlenwasserstoffe oder Aluminiumpulver, sein. Unter diese Benennung fallen die Emulsionssprengstoffe, die Slurry-Sprengstoffe und die Wassergele.
STABILISIERT	Stabilisiert bedeutet, dass der Stoff in einem Zustand ist, in dem eine unkontrollierte Reaktion ausgeschlossen ist. Dieser Zustand kann durch unterschiedliche Methoden erreicht werden, wie z. B. durch das Hinzufügen eines chemischen Inhibitors, das Entgasen des Stoffes zur Beseitigung gelösten Sauerstoffs und das Inertisieren der Hohlräume in dem Versandstück, oder durch die Temperaturkontrolle des Stoffes.
STOPPINEN, NICHT SPRENGKRÄFTIG	Gegenstände, die aus Baumwollfäden bestehen, die mit feinem Schwarzpulver imprägniert sind (Zündschnur). Sie brennen mit offener Flamme und werden in Anzündketten für Feuerwerkskörper usw. verwendet.

TORPEDOS	Gegenstände, die ein explosives oder nicht explosives Antriebssystem enthalten und dazu bestimmt sind, durch Wasser bewegt zu werden. Sie können einen inerten Kopf oder einen Gefechtskopf enthalten. Unter diese Benennung fallen: TORPEDOS, MIT FLÜSSIGTREIBSTOFF, mit inertem Kopf; TORPEDOS, MIT FLÜSSIGTREIBSTOFF, mit oder ohne Sprengladung; TORPEDOS, mit Sprengladung.
TREIBLADUNGEN FÜR GESCHÜTZE	Gegenstände, die aus einer Treibladung in beliebiger Form bestehen, mit oder ohne Umhüllung, für die Verwendung in einem Geschütz.
TREIBLADUNGSANZÜNDER	Gegenstände, die aus einem Anzündmittel und einer zusätzlichen Ladung aus deflagrierendem Explosivstoff, wie Schwarzpulver, bestehen und als Anzünder für Treibladungen in Treibladungshülsen für Geschütze usw. dienen.
TREIBLADUNGSHÜLSEN, LEER, MIT TREIBLADUNGSANZÜNDER	Gegenstände, die aus einer Treibladungshülse aus Metall, Kunststoff oder einem anderen nicht entzündbaren Material bestehen, deren einziger explosiver Bestandteil der Treibladungsanzünder ist.
TREIBLADUNGSHÜLSEN, VERBRENNLICH, LEER, OHNE TREIBLADUNGSANZÜNDER	Gegenstände, die aus einer Treibladungshülse bestehen, die teilweise oder vollständig aus Nitrocellulose hergestellt ist.
TREIBLADUNGSPULVER	Stoffe auf Nitrocellulosebasis, die als Treibstoffe verwendet werden. Unter den Begriff fallen einbasige Treibstoffe [Nitrocellulose (NC) allein], zweibasige Treibstoffe [wie NC mit Nitroglycerin (NG)] und dreibasige Treibstoffe (wie NC/NG/Nitroguanidin). Gegossenes, gepresstes oder in Beuteln enthaltenes Treibladungspulver ist unter TREIBLADUNGEN FÜR GESCHÜTZE oder TREIBSÄTZE aufgeführt.
TREIBSÄTZE	Gegenstände, die aus einer Treibladung in beliebiger Form bestehen, mit oder ohne Umhüllung; sie werden als Bestandteile von Raketenmotoren und zur Reduzierung des Luftwiderstands von Geschossen verwendet.
TREIBSTOFFE	Deflagrierende Explosivstoffe, die für den Antrieb oder zur Reduzierung des Luftwiderstands von Geschossen verwendet werden.
TREIBSTOFF, FEST	Stoffe, die aus festem deflagrierendem Explosivstoff bestehen und für den Antrieb verwendet werden.
TREIBSTOFF, FLÜSSIG	Stoffe, die aus flüssigem deflagrierendem Explosivstoff bestehen und für den Antrieb verwendet werden.
VORRICHTUNGEN, DURCH WASSER AKTIVIERBAR, mit Zerleger, Ausstoß- oder Treibladung	Gegenstände, deren Funktion auf einer physikalisch-chemischen Reaktion ihres Inhalts mit Wasser beruht.
WASSERBOMBEN	Gegenstände, die eine Ladung aus einem detonierenden Explosivstoff in einem Fass oder einem Geschoss enthalten. Sie sind dazu bestimmt, unter Wasser zu detonieren.
ZERLEGER, mit Explosivstoff	Gegenstände, die aus einer kleinen Explosivstoffladung bestehen und der Zerlegung von Geschossen oder anderer Munition dienen, um deren Inhalt zu zerstreuen.
ZÜNDEINRICHTUNGEN für Sprengungen, NICHT ELEKTRISCH	Nicht elektrische Sprengkapseln, die aus Anzündschnur, Stoßrohr, Anzündschlauch oder Sprengschnur bestehen und durch diese ausgelöst werden. Dies können Zündeinrichtungen mit oder ohne Verzögerung sein. Unter diese Benennung fallen auch Verbindungsstücke, die eine Sprengschnur enthalten. Andere Verbindungsstücke fallen unter „Sprengkapseln, nicht elektrisch".

Zünder

Gegenstände, die dazu bestimmt sind, eine Detonation oder eine Deflagration in Munition auszulösen. Sie enthalten mechanisch, elektrisch, chemisch oder hydrostatisch aktivierbare Einrichtungen sowie im Allgemeinen Sicherungsvorrichtungen. Unter diese Benennung fallen:

ZÜNDER, NICHT SPRENGKRÄFTIG;

ZÜNDER, SPRENGKRÄFTIG;

ZÜNDER, SPRENGKRÄFTIG, mit Sicherungsvorrichtungen.

Zündmittel

.1 Eine Einrichtung, die dazu bestimmt ist, die Detonation eines Explosivstoffes auszulösen (z. B.: Sprengkapsel; Detonator für Munition; sprengkräftiger Zünder).

.2 Der Ausdruck „mit seinem/ihrem eigenen Zündmittel" bedeutet, dass die Vorrichtung mit einer normalen Zündeinrichtung versehen ist und diese Einrichtung als beträchtliche, wenn auch nicht unannehmbar große Gefahr während der Beförderung eingestuft wird. Der Ausdruck findet jedoch keine Anwendung auf eine Vorrichtung, die mit ihrem Zündmittel verpackt ist, vorausgesetzt, die Einrichtung ist so verpackt, dass eine Detonation der Vorrichtung im Falle einer nicht beabsichtigten Auslösung der Zündeinrichtung ausgeschlossen ist. Das Zündmittel kann sogar an der Vorrichtung angebracht sein, vorausgesetzt, es sind Sicherungsvorrichtungen vorhanden, so dass die Wahrscheinlichkeit, dass die Einrichtung eine Detonation der Vorrichtung unter Bedingungen im Zusammenhang mit der Beförderung auslöst, äußerst gering ist.

.3 Für die Klassifizierung gilt jegliches Zündmittel, welches nicht zwei wirksame Sicherungsvorrichtungen enthält, als Verträglichkeitsgruppe B; ein Gegenstand mit einem eigenen Zündmittel ohne zwei wirksame Sicherungsvorrichtungen ist Verträglichkeitsgruppe F zuzuordnen. Dagegen fällt ein Zündmittel, das zwei eigene wirksame Sicherungsvorrichtungen enthält, unter Verträglichkeitsgruppe D und ein Gegenstand mit einem Zündmittel, das zwei wirksame Sicherungsvorrichtungen enthält, unter Verträglichkeitsgruppe D oder E. Zündmittel, denen zwei wirksame Sicherungseinrichtungen bescheinigt wurden, müssen von der zuständigen nationalen Behörde zugelassen worden sein. Eine gebräuchliche und wirksame Möglichkeit, das erforderliche Sicherheitsniveau zu erreichen, ist die Verwendung eines Zündmittels, das zwei oder mehr unabhängige Sicherungseinrichtungen enthält.

Zündstoff

Explosiver Stoff, der hergestellt wurde, um eine praktische Wirkung durch Explosion hervorzurufen, äußerst empfindlich auf Wärme, Stöße oder Reibung reagiert und schon in geringen Mengen entweder detoniert oder sehr schnell verbrennt. Er kann eine Detonation (im Falle von Initialsprengstoff) oder eine Deflagration auf in der Nähe befindliche Sekundärsprengstoffe übertragen. Die wichtigsten Zündstoffe sind Quecksilberfulminat, Bleiazid und Bleistyphnat.

ZÜNDVERSTÄRKER

Gegenstände, die aus einer Ladung eines detonierenden Explosivstoffs mit oder ohne Zündmittel bestehen. Sie dienen der Verstärkung des Zündimpulses eines Detonators oder einer Sprengschnur.

Index
Alphabetisches Verzeichnis der Stoffe und Gegenstände – deutsch und englisch

In diesem Index bedeutet das Wort „siehe/see“ hinter dem Stoffnamen in der Spalte Stoff oder Gegenstand/Substance, material or article, dass es sich bei diesem um ein Synonym handelt. Einzelheiten der Beförderungsvorschriften sind der Eintragung in der Gefahrgutliste (Kapitel 3.2) unter der UN-Nummer/dem richtigen technischen Namen zu entnehmen, die/der für das Synonym angegeben ist.

Art und Weise der Indexierung *→ 1.1.1.3*

Bei der Alphabetisierung des Index wurden nicht berücksichtigt (unterdrückt), auch innerhalb des Stichwortes:

α-, alpha-, β-, beta-, cis-, d-, γ-, gamma-, H-, m-, meta-, n-, n,n-, N-, N,n-, N,N-, normal-, o-, oder, omega-, or, ortho-, p-, para-, prim-, primär-, s-, sec-, secondary-, sek-, sekundär-, sym-, tert-, tertiär-, tertiary-, trans-, uns-;

Ziffern; Wortzwischenräume; Kommata; – (Bindestrich).

Die Groß- und Kleinschreibung der Stichwörter wurde gleich behandelt.

Außerdem wurden N.A.G., N.O.S., *see* und *siehe* bei der alphabetischen Zuordnung nicht mit einbezogen.

Der Index ist nach Sprachen getrennt sowohl in Deutsch als auch in Englisch aufgeführt.

Bemerkung 1/Note 1

Einige Meeresschadstoffe sind nur in dem Index als solche gekennzeichnet. Diese Meeresschadstoffe sind keiner N.A.G.-Eintragung oder Gattungseintragung zugeordnet. Diese Meeresschadstoffe können Eigenschaften der Klassen 1 bis 8 besitzen und müssen dementsprechend einer Klasse zugeordnet werden. Ein Stoff, der nicht unter die Kriterien dieser Klassen fällt, muss als UMWELTGEFÄHRDENDER STOFF, FEST, N.A.G., UN 3077, oder als UMWELTGEFÄHRDENDER STOFF, FLÜSSIG, N.A.G., UN 3082, unter den betreffenden Eintragungen in Klasse 9 befördert werden.

Index (deutsch)

Stoff oder Gegenstand	MP	Klasse	UN-Nr.
ABFALLNITRIERSÄUREMISCHUNG, mit höchstens 50 % Salpetersäure	-	8	1826
ABFALLNITRIERSÄUREMISCHUNG, mit mehr als 50 % Salpetersäure	-	8	1826
Abfallsäuremischung, Nitriersäure, *siehe*	-	8	1826
ABFALLSCHWEFELSÄURE	-	8	1906
ACETAL	-	3	1088
ACETALDEHYD	-	3	1089
ACETALDEHYDAMMONIAK	-	9	1841
Acetaldehyddiethylacetal, *siehe*	-	3	1088
ACETALDEHYDOXIM	-	3	2332
Acetaldol, *siehe*	-	6.1	2839
beta-Acetaldoxim, *siehe*	-	3	2332
Acetoin, *siehe*	-	3	2621
ACETON	-	3	1090
ACETONCYANHYDRIN, STABILISIERT	P	6.1	1541
Acetonhexafluorid, *siehe*	-	2.3	2420
ACETONITRIL	-	3	1648
ACETONÖLE	-	3	1091
Aceton-pyrogallol Copolymer 2-Diazo-1-naphthol-5-sulfonat, *siehe*	-	4.1	3228
Acetoxid, *siehe*	-	8	1715
3-Acetoxypropen, *siehe*	-	3	2333
Acetylaceton, *siehe*	-	3	2310
Acetylacetonperoxid (Konzentration ≤ 32 %, als Paste), *siehe*	-	5.2	3106
Acetylacetonperoxid (Konzentration ≤ 42 %, mit Verdünnungsmittel Typ A und mit Wasser, Aktivsauerstoffgehalt, ≤ 4,7 %), *siehe*	-	5.2	3105
ACETYLBROMID	-	8	1716
ACETYLCHLORID	-	3	1717
Acetylcyclohexansulfonylperoxid (Konzentration ≤ 32 %, mit Verdünnungsmittel Typ B), *siehe*	-	5.2	3115
Acetylcyclohexansulfonylperoxid (Konzentration ≤ 82 %, mit Wasser), *siehe*	-	5.2	3112
Acetylendichlorid, *siehe*	-	3	1150
Acetylen-, Ethylen- und Propylen-Gemisch, tiefgekühlter flüssiger Stoff, *siehe*	-	2.1	3138
ACETYLEN, ETHYLEN UND PROPYLEN, GEMISCH, TIEFGEKÜHLT, FLÜSSIG, mit mindestens 71,5 % Ethylen, höchstens 22,5 % Acetylen und höchstens 6 % Propylen	-	2.1	3138
ACETYLEN, GELÖST	-	2.1	1001
ACETYLEN, LÖSUNGSMITTELFREI	-	2.1	3374
Acetylentetrabromid, *siehe*	P	6.1	2504
Acetylentetrachlorid, *siehe*	P	6.1	1702
ACETYLIODID	-	8	1898
Acetylketen, stabilisiert, *siehe*	-	6.1	2521
ACETYLMETHYLCARBINOL	-	3	2621
Acraldehyd, stabilisiert, *siehe*	P	6.1	1092
ACRIDIN	-	6.1	2713
Acroleindiethylacetal, *siehe*	-	3	2374
ACROLEIN, DIMER, STABILISIERT	-	3	2607
Acroleinsäure, stabilisiert, *siehe*	P	8	2218
ACROLEIN, STABILISIERT	P	6.1	1092
Acrylaldehyd, stabilisiert, *siehe*	P	6.1	1092
ACRYLAMID, FEST	-	6.1	2074
ACRYLAMID, LÖSUNG	-	6.1	3426
ACRYLNITRIL, STABILISIERT	-	3	1093
Acrylsäurebutylphosphat, *siehe*	-	8	1718
Acrylsäureisobutylester, stabilisiert, *siehe*	-	3	2527
ACRYLSÄURE, STABILISIERT	P	8	2218
ADIPONITRIL	-	6.1	2205
ADSORBIERTES GAS, N.A.G.	-	2.2	3511
ADSORBIERTES GAS, ENTZÜNDBAR, N.A.G.	-	2.1	3510
ADSORBIERTES GAS, GIFTIG, N.A.G.	-	2.3	3512
ADSORBIERTES GAS, GIFTIG, ÄTZEND, N.A.G.	-	2.3	3516
ADSORBIERTES GAS, GIFTIG, ENTZÜNDBAR, N.A.G.	-	2.3	3514
ADSORBIERTES GAS, GIFTIG, ENTZÜNDBAR, ÄTZEND, N.A.G.	-	2.3	3517

Stoff oder Gegenstand	MP	Klasse	UN-Nr.
ADSORBIERTES GAS, GIFTIG, OXIDIEREND, N.A.G.	-	2.3	3515
ADSORBIERTES GAS, GIFTIG, OXIDIEREND, ÄTZEND, N.A.G.	-	2.3	3518
ADSORBIERTES GAS, OXIDIEREND, N.A.G.	-	2.2	3513
Airbag-Gasgeneratoren, *siehe*	-	1.4G	0503
Airbag-Gasgeneratoren, *siehe*	-	9	3268
Airbag-Module, *siehe*	-	1.4G	0503
Airbag-Module, *siehe*	-	9	3268
AKKUMULATOREN, NASS, GEFÜLLT MIT ALKALIEN, elektrische Sammler	-	8	2795
AKKUMULATOREN, NASS, GEFÜLLT MIT SÄURE, elektrische Sammler	-	8	2794
AKKUMULATOREN, TROCKEN, KALIUMHYDROXID, FEST, ENTHALTEND, elektrische Sammler	-	8	3028
Aktinolith, *siehe*	-	9	2212
Aktivierte Holzkohle, *siehe*	-	4.2	1362
Aktivkohle, *siehe*	-	4.2	1362
ALDEHYDE, N.A.G.	-	3	1989
ALDEHYDE, ENTZÜNDBAR, GIFTIG, N.A.G.	-	3	1988
Aldicarb, *siehe* CARBAMAT-PESTIZID	**P**	-	-
Aldrin, *siehe* ORGANOCHLOR-PESTIZID	**P**	-	-
ALKALIMETALLALKOHOLATE, SELBSTERHITZUNGSFÄHIG, ÄTZEND, N.A.G.	-	4.2	3206
ALKALIMETALLAMALGAM, FEST	-	4.3	3401
ALKALIMETALLAMALGAM, FLÜSSIG	-	4.3	1389
ALKALIMETALLAMID	-	4.3	1390
ALKALIMETALLDISPERSION	-	4.3	1391
ALKALIMETALLDISPERSION, ENTZÜNDBAR	-	4.3	3482
ALKALIMETALLLEGIERUNG, FLÜSSIG, N.A.G.	-	4.3	1421
Alkalischer flüssiger Stoff, kaustisch, N.A.G., *siehe*	-	8	1719
ALKALOIDE, FEST, N.A.G.	-	6.1	1544
ALKALOIDE, FLÜSSIG, N.A.G.	-	6.1	3140
ALKALOIDSALZE, FEST, N.A.G.	-	6.1	1544
ALKALOIDSALZE, FLÜSSIG, N.A.G.	-	6.1	3140
ALKOHOLATE, LÖSUNG in Alkohol, N.A.G.	-	3	3274
ALKOHOLE, N.A.G.	-	3	1987
ALKOHOLE, ENTZÜNDBAR, GIFTIG, N.A.G.	-	3	1986
ALKOHOLISCHE GETRÄNKE mit mehr als 70 Vol.-% Alkohol	-	3	3065
ALKOHOLISCHE GETRÄNKE mit mehr als 24 Vol.-% Alkohol und höchstens 70 Vol.-% Alkohol	-	3	3065
Alkohol C_{12}–C_{16} Poly(1-6)ethoxylat, *siehe*	**P**	9	3082
Alkohol C_6–C_{17} (sekundär) Poly(3–6)ethoxylat, *siehe*	**P**	9	3082
Alkylbenzensulfonate, *siehe*	**P**	9	3082
Alkyl (C_{12}–C_{14}) dimethylamin, *siehe* **Bemerkung 1**	**P**	-	-
Alkyl (C_7-C_9) dimethylamin, *siehe* **Bemerkung 1**	**P**	-	-
ALKYLPHENOLE, FEST, N.A.G. (einschließlich C_2–C_{12}-Homologe)	-	8	2430
ALKYLPHENOLE, FLÜSSIG, N.A.G. (einschließlich C_2–C_{12}-Homologe)	-	8	3145
ALKYLSCHWEFELSÄUREN	-	8	2571
ALKYLSULFONSÄUREN, FEST, mit höchstens 5 % freier Schwefelsäure	-	8	2585
ALKYLSULFONSÄUREN, FEST, mit mehr 5 % freier Schwefelsäure	-	8	2583
ALKYLSULFONSÄUREN, FLÜSSIG, mit höchstens 5 % freier Schwefelsäure	-	8	2586
ALKYLSULFONSÄUREN, FLÜSSIG, mit mehr als 5 % freier Schwefelsäure	-	8	2584
Allen, stabilisiert, *siehe*	-	2.1	2200
ALLYLACETAT	-	3	2333
ALLYLALKOHOL	**P**	6.1	1098
ALLYLAMIN	-	6.1	2334
ALLYLBROMID	**P**	3	1099
Allylchlorcarbonat, *siehe*	-	6.1	1722
ALLYLCHLORFORMIAT	-	6.1	1722
ALLYLCHLORID	-	3	1100
ALLYLETHYLETHER	-	3	2335
ALLYLFORMIAT	-	3	2336
ALLYLGLYCIDYLETHER	-	3	2219
ALLYLIODID	-	3	1723
ALLYLISOTHIOCYANAT, STABILISIERT	-	6.1	1545
Allylsenföl, stabilisiert, *siehe*	-	6.1	1545
ALLYLTRICHLORSILAN, STABILISIERT	-	8	1724
ALTVERPACKUNGEN, LEER, UNGEREINIGT	-	9	3509

Stoff oder Gegenstand	MP	Klasse	UN-Nr.
Aluminiumalkyle, *siehe*	-	4.2	3394
Aluminiumalkylhalogenide, fest, *siehe*	-	4.2	3393
Aluminiumalkylhalogenide, flüssig, *siehe*	-	4.2	3394
Aluminiumalkylhydride, *siehe*	-	4.2	3394
ALUMINIUMBORHYDRID	-	4.2	2870
ALUMINIUMBORHYDRID IN GERÄTEN	-	4.2	2870
ALUMINIUMBROMID, LÖSUNG	-	8	2580
ALUMINIUMBROMID, WASSERFREI	-	8	1725
ALUMINIUMCARBID	-	4.3	1394
ALUMINIUMCHLORID, LÖSUNG	-	8	2581
ALUMINIUMCHLORID, WASSERFREI	-	8	1726
ALUMINIUMFERROSILICIUMPULVER	-	4.3	1395
ALUMINIUMHYDRID	-	4.3	2463
Aluminiumkrätze, *siehe*	-	4.3	3170
ALUMINIUMNITRAT	-	5.1	1438
ALUMINIUMPHOSPHID	-	4.3	1397
ALUMINIUMPHOSPHID-PESTIZID	-	6.1	3048
ALUMINIUMPULVER, NICHT ÜBERZOGEN	-	4.3	1396
ALUMINIUMPULVER, ÜBERZOGEN	-	4.1	1309
ALUMINIUMRESINAT	-	4.1	2715
Aluminiumsalzschlacken, *siehe*	-	4.3	3170
Aluminiumschmelzrückstände, *siehe*	-	4.3	3170
ALUMINIUMSILICIUMPULVER, NICHT ÜBERZOGEN	-	4.3	1398
Amatole, *siehe* SPRENGSTOFF, TYP B	-	-	-
Ameisensäurealdehyd Lösung, Entzündbar, *siehe*	-	3	1198
Ameisensäureethylester, *siehe*	-	3	1190
AMEISENSÄURE mit mehr als 85 Masse-% Säure	-	8	1779
AMEISENSÄURE mit mindestens 10 Masse-%, aber höchstens 85 Masse-% Säure	-	8	3412
AMEISENSÄURE mit mindestens 5 Masse-%, aber weniger als 10 Masse-% Säure	-	8	3412
AMINE, ENTZÜNDBAR, ÄTZEND, N.A.G.	-	3	2733
AMINE, FEST, ÄTZEND, N.A.G.	-	8	3259
AMINE, FLÜSSIG, ÄTZEND, N.A.G.	-	8	2735
AMINE, FLÜSSIG, ÄTZEND, ENTZÜNDBAR, N.A.G.	-	8	2734
1-Amino-3-aminomethyl-3,5,5-trimethylcyclohexan, *siehe*	-	8	2289
ortho-Aminoanisol, *siehe*	-	6.1	2431
Aminobenzol, *siehe*	P	6.1	1547
2-Aminobenzotrifluorid, *siehe*	-	6.1	2942
3-Aminobenzotrifluorid, *siehe*	-	6.1	2948
1-Aminobutan, *siehe*	-	3	1125
Aminocarb, *siehe* CARBAMAT-PESTIZID	P	-	-
2-AMINO-4-CHLORPHENOL	-	6.1	2673
Aminocyclohexan, *siehe*	-	8	2357
2-AMINO-5-DIETHYLAMINOPENTAN	-	6.1	2946
Aminodimethylbenzole, fest, *siehe*	-	6.1	3452
Aminodimethylbenzole, flüssig, *siehe*	-	6.1	1711
2-AMINO-4,6-DINITROPHENOL, ANGEFEUCHTET, mit mindestens 20 Masse-% Wasser	-	4.1	3317
Aminoethan, *siehe*	-	2.1	1036
1-Aminoethanol, *siehe*	-	9	1841
2-Aminoethanol, *siehe*	-	8	2491
Aminoethan, wässerige Lösung, *siehe*	-	3	2270
2-(2-AMINOETHOXY)ETHANOL	-	8	3055
N-AMINOETHYLPIPERAZIN	-	8	2815
Aminomethan, wasserfrei, *siehe*	-	2.1	1061
Aminomethan, wässerige Lösung, *siehe*	-	3	1235
1-Amino-2-methylpropan, *siehe*	-	3	1214
3-Aminomethyl-3,5,5-trimethylcyclohexylamin, *siehe*	-	8	2289
1-Amino-2-nitrobenzol, *siehe*	-	6.1	1661
1-Amino-3-nitrobenzol, *siehe*	-	6.1	1661
1-Amino-4-nitrobenzol, *siehe*	-	6.1	1661
Aminophenetole, *siehe*	-	6.1	2311
AMINOPHENOLE (*o*-, *m*-, *p*-)	-	6.1	2512
1-Aminopropan, *siehe*	-	3	1277

Stoff oder Gegenstand	MP	Klasse	UN-Nr.
2-Aminopropan, *siehe*	-	3	1221
3-Aminopropen, *siehe*	-	6.1	2334
AMINOPYRIDINE (*o*-, *m*-, *p*-)	-	6.1	2671
Aminosulfonsäure, *siehe*	-	8	2967
AMMONIAKLÖSUNG, relative Dichte kleiner als 0,880 bei 15 °C in Wasser, mit mehr als 50 % Ammoniak	**P**	2.3	3318
AMMONIAKLÖSUNG, relative Dichte weniger als 0,880 bei 15 °C in Wasser, mit mehr als 35 % jedoch höchstens 50 % Ammoniak	**P**	2.2	2073
AMMONIAKLÖSUNG, relative Dichte zwischen 0,880 und 0,957 bei 15 °C in Wasser, mit mehr als 10 % aber höchstens 35 % Ammoniak	**P**	8	2672
AMMONIAK, WASSERFREI	**P**	2.3	1005
AMMONIUMARSENAT	-	6.1	1546
Ammoniumbichromat, *siehe*	-	5.1	1439
Ammoniumbifluorid, fest, *siehe*	-	8	1727
Ammoniumbifluorid, Lösung, *siehe*	-	8	2817
Ammoniumbisulfat, *siehe*	-	8	2506
Ammoniumbisulfit, Lösung, *siehe*	-	8	2693
Ammoniumbromat **(Beförderung verboten)**	-	-	-
Ammoniumbromat, Lösung **(Beförderung verboten)**	-	-	-
Ammoniumchlorat **(Beförderung verboten)**	-	-	-
Ammoniumchlorat, Lösung **(Beförderung verboten)**	-	-	-
Ammoniumchlorit **(Beförderung verboten)**	-	-	-
AMMONIUMDICHROMAT	-	5.1	1439
AMMONIUMDINITRO-*o*-CRESOLAT, FEST	**P**	6.1	1843
AMMONIUMDINITRO-*o*-CRESOLAT, LÖSUNG	**P**	6.1	3424
AMMONIUMFLUORID	-	6.1	2505
AMMONIUMFLUOROSILICAT	-	6.1	2854
Ammoniumhexafluorosilicat, *siehe*	-	6.1	2854
AMMONIUMHYDROGENDIFLUORID, FEST	-	8	1727
AMMONIUMHYDROGENDIFLUORID, LÖSUNG	-	8	2817
AMMONIUMHYDROGENSULFAT	-	8	2506
Ammoniumhypochlorit **(Beförderung verboten)**	-	-	-
AMMONIUMMETAVANADAT	-	6.1	2859
AMMONIUMNITRAT	-	1.1D	0222
AMMONIUMNITRAT-EMULSION, Zwischenprodukt für die Herstellung von Sprengstoffen	-	5.1	3375
AMMONIUMNITRAT, FLÜSSIG (heiße konzentrierte Lösung)	-	5.1	2426
AMMONIUMNITRAT-GEL, Zwischenprodukt für die Herstellung von Sprengstoffen	-	5.1	3375
AMMONIUMNITRATHALTIGES DÜNGEMITTEL	-	5.1	2067
AMMONIUMNITRATHALTIGES DÜNGEMITTEL	-	9	2071
AMMONIUMNITRAT in der Lage so selbsterhitzungsfähig zu sein, um eine Zersetzung einzuleiten **(Beförderung verboten)**	-	-	-
AMMONIUMNITRAT mit höchstens 0,2 % brennbaren Stoffen, einschließlich jedes als Kohlenstoff berechneten organischen Stoffes, unter Ausschluss jedes anderen zugesetzten Stoffes	-	5.1	1942
AMMONIUMNITRAT-SUSPENSION, Zwischenprodukt für die Herstellung von Sprengstoffen	-	5.1	3375
Ammoniumnitrit **(Beförderung verboten)**	-	-	-
Ammoniumnitrite und Mischungen von anorganischen Nitriten mit einem Ammoniumsalz **(Beförderung verboten)**	-	-	-
AMMONIUMPERCHLORAT	-	1.1D	0402
AMMONIUMPERCHLORAT	-	5.1	1442
Ammoniumpermanganat **(Beförderung verboten)**	-	-	-
Ammoniumpermanganat, Lösung **(Beförderung verboten)**	-	-	-
AMMONIUMPERSULFAT	-	5.1	1444
AMMONIUMPIKRAT, ANGEFEUCHTET, mit mindestens 10 Masse-% Wasser	-	4.1	1310
AMMONIUMPIKRAT, trocken oder angefeuchtet mit weniger als 10 Masse-% Wasser	-	1.1D	0004
AMMONIUMPOLYSULFID, LÖSUNG	-	8	2818
AMMONIUMPOLYVANADAT	-	6.1	2861
Ammoniumsiliciumfluorid, *siehe*	-	6.1	2854
AMMONIUMSULFID, LÖSUNG	-	8	2683
Ammoniumvanadat, *siehe*	-	6.1	2859
Amosit, *siehe*	-	9	2212
Amphiboler Asbest, *siehe*	-	9	2212
Amylacetat, *siehe*	-	3	1104
sek.-Amylacetat, *siehe*	-	3	1104

Stoff oder Gegenstand	MP	Klasse	UN-Nr.
AMYLACETATE	-	3	1104
Amylaldehyd, *siehe*	-	3	2058
Amylalkohole, *siehe*	-	3	1105
AMYLAMIN	-	3	1106
n-Amylbenzol, *siehe* **Bemerkung 1**	P	-	-
sek.-Amylbromid, *siehe*	-	3	2343
AMYLBUTYRATE	-	3	2620
Amylcarbinol, *siehe*	-	3	2282
AMYLCHLORID	-	3	1107
n-AMYLEN	-	3	1108
Amylformiat, *siehe*	-	3	1109
AMYLFORMIATE	-	3	1109
tert-Amylhydroperoxid (Konzentration ≤ 88 %, mit Verdünnungsmittel Typ A und mit Wasser), *siehe*	-	5.2	3107
AMYLMERCAPTAN	-	3	1111
normal-Amylmercaptan, *siehe*	-	3	1111
tert-Amylmercaptan, *siehe*	-	3	1111
n-AMYLMETHYLKETON	-	3	1110
AMYLNITRAT	-	3	1112
AMYLNITRIT	-	3	1113
normal-Amylnitrit, *siehe*	-	3	1113
tert-Amylperoxyacetat (Konzentration ≤ 62 %, mit Verdünnungsmittel Typ A), *siehe*	-	5.2	3105
tert-Amylperoxybenzoat (Konzentration ≤ 100 %), *siehe*	-	5.2	3103
tert-Amylperoxy-2-ethylhexanoat (Konzentration ≤ 100 %), *siehe*	-	5.2	3115
tert-Amylperoxy-2-ethylhexylcarbonat (Konzentration ≤ 100 %), *siehe*	-	5.2	3105
tert-Amylperoxyisopropylcarbonat (Konzentration ≤ 77 %, mit Verdünnungsmittel Typ A), *siehe*	-	5.2	3103
tert-Amylperoxyneodecanoat (Konzentration ≤ 47 %, mit Verdünnungsmittel Typ A), *siehe*	-	5.2	3119
tert-Amylperoxyneodecanoat (Konzentration ≤ 77 %, mit Verdünnungsmittel Typ B), *siehe*	-	5.2	3115
tert-Amylperoxypivalat, (Konzentration ≤ 77 %, mit Verdünnungsmittel Typ B), *siehe*	-	5.2	3113
tert-Amylperoxy-3,5,5-trimethylhexanoat (Konzentration ≤ 100 %), *siehe*	-	5.2	3105
AMYLPHOSPHAT	-	8	2819
AMYLTRICHLORSILAN	-	8	1728
ANILIN	P	6.1	1547
Anilinchlorid, *siehe*	-	6.1	1548
ANILINHYDROCHLORID	-	6.1	1548
Anilinöl, *siehe*	P	6.1	1547
Anilinsalz, *siehe*	-	6.1	1548
ANISIDINE	-	6.1	2431
ANISOL	-	3	2222
ANISOYLCHLORID	-	8	1729
ANORGANISCHE ANTIMONVERBINDUNG, FEST, N.A.G.	-	6.1	1549
ANORGANISCHE ANTIMONVERBINDUNG, FLÜSSIG, N.A.G.	-	6.1	3141
Anthophyllit, *siehe*	-	9	2212
ANTIKLOPFMISCHUNG FÜR MOTORKRAFTSTOFF	P	6.1	1649
ANTIKLOPFMISCHUNG FÜR MOTORKRAFTSTOFF, ENTZÜNDBAR	P	6.1	3483
ANTIMONCHLORID	-	8	1733
Antimonchlorid, fest, *siehe*	-	8	1733
Antimonhydrid, *siehe*	-	2.3	2676
Antimon-(III)-lactat, *siehe*	-	6.1	1550
ANTIMONLAKTAT	-	6.1	1550
ANTIMONPENTACHLORID, FLÜSSIG	-	8	1730
ANTIMONPENTACHLORID, LÖSUNG	-	8	1731
ANTIMONPENTAFLUORID	-	8	1732
Antimonperchlorid, flüssig, *siehe*	-	8	1730
Antimonperchlorid, Lösung, *siehe*	-	8	1731
ANTIMON-PULVER	-	6.1	2871
ANTIMONTRICHLORID	-	8	1733
Antimontrihydrid, *siehe*	-	2.3	2676
Antimonwasserstoff, *siehe*	-	2.3	2676
ANTIMONYLKALIUMTARTRAT	-	6.1	1551
A.n.t.u, *siehe auch* PESTIZID, N.A.G.	-	6.1	1651
ANZÜNDER	-	1.1G	0121
ANZÜNDER	-	1.2G	0314

Stoff oder Gegenstand	MP	Klasse	UN-Nr.
ANZÜNDER	-	1.3G	0315
ANZÜNDER	-	1.4G	0325
ANZÜNDER	-	1.4S	0454
ANZÜNDER, ANZÜNDSCHNUR	-	1.4S	0131
ANZÜNDHÜTCHEN	-	1.1B	0377
ANZÜNDHÜTCHEN	-	1.4B	0378
ANZÜNDHÜTCHEN	-	1.4S	0044
ANZÜNDLITZE	-	1.4G	0066
ANZÜNDSCHNUR	-	1.4S	0105
ANZÜNDSCHNUR, rohrförmig, mit Metallmantel	-	1.4G	0103
ARGON, TIEFGEKÜHLT, FLÜSSIG	-	2.2	1951
ARGON, VERDICHTET	-	2.2	1006
ARSEN	-	6.1	1558
Arsenate, fest, n.a.g., anorganisch, *siehe*	-	6.1	1557
Arsenate, flüssig, n.a.g., anorganisch, *siehe*	-	6.1	1556
ARSENBROMID	-	6.1	1555
Arsenbromid, *siehe*	-	6.1	1555
Arsen-(III)-bromid, *siehe*	-	6.1	1555
Arsenchlorid, *siehe*	-	6.1	1560
ARSENHALTIGES PESTIZID, FEST, GIFTIG	-	6.1	2759
ARSENHALTIGES PESTIZID, FLÜSSIG, ENTZÜNDBAR, GIFTIG, Flammpunkt unter 23 °C	-	3	2760
ARSENHALTIGES PESTIZID, FLÜSSIG, GIFTIG	-	6.1	2994
ARSENHALTIGES PESTIZID, FLÜSSIG, GIFTIG, ENTZÜNDBAR, mit einem Flammpunkt von 23 °C oder darüber	-	6.1	2993
Arsenhydrid, *siehe*	-	2.3	2188
Arsenite, fest, n.a.g., anorganisch, *siehe*	-	6.1	1557
Arsenite, flüssig, n.a.g., anorganisch, *siehe*	-	6.1	1556
Arsen-(III)-oxid, *siehe*	-	6.1	1561
Arsen-(V)-oxid, *siehe*	-	6.1	1559
ARSENPENTOXID	-	6.1	1559
ARSENSÄURE, FEST	-	6.1	1554
ARSENSÄURE, FLÜSSIG	-	6.1	1553
ARSENSTAUB	-	6.1	1562
Arsensulfide, fest, n.a.g., anorganisch, *siehe*	-	6.1	1557
Arsensulfide, flüssig, n.a.g., anorganisch, *siehe*	-	6.1	1556
Arsentribromid, *siehe*	-	6.1	1555
ARSENTRICHLORID	-	6.1	1560
ARSENTRIOXID	-	6.1	1561
Arsenverbindungen (Pestizide), *siehe* ARSENHALTIGES PESTIZID	-	-	-
ARSENVERBINDUNG, FEST, N.A.G., anorganisch, einschließlich: Arsenate, n.a.g., Arsenite, n.a.g. und Arsensulfide, n.a.g.	-	6.1	1557
ARSENVERBINDUNG, FLÜSSIG, N.A.G., anorganisch, einschließlich: Arsenate, n.a.g., Arsenite, n.a.g. und Arsensulfide, n.a.g.	-	6.1	1556
ARSENWASSERSTOFF	-	2.3	2188
ARSENWASSERSTOFF, ADSORBIERT	-	2.3	3522
ARSIN	-	2.3	2188
ARSIN, ADSORBIERT	-	2.3	3522
ARYLSULFONSÄUREN, FEST, mit höchstens 5 % freier Schwefelsäure	-	8	2585
ARYLSULFONSÄUREN, FEST, mit mehr als 5 % freier Schwefelsäure	-	8	2583
ARYLSULFONSÄUREN, FLÜSSIG, mit höchstens 5 % freier Schwefelsäure	-	8	2586
ARYLSULFONSÄUREN, FLÜSSIG, mit mehr als 5 % freier Schwefelsäure	-	8	2584
ASBEST, AMPHIBOL	-	9	2212
ASBEST, CHRYSOTIL	-	9	2590
Asphalt, *siehe*	-	3	1999
ÄTZENDER ALKALISCHER FLÜSSIGER STOFF, N.A.G.	-	8	1719
ÄTZENDER BASISCHER ANORGANISCHER FESTER STOFF, N.A.G.	-	8	3262
ÄTZENDER BASISCHER ANORGANISCHER FLÜSSIGER STOFF, N.A.G.	-	8	3266
ÄTZENDER BASISCHER ORGANISCHER FESTER STOFF, N.A.G.	-	8	3263
ÄTZENDER BASISCHER ORGANISCHER FLÜSSIGER STOFF, N.A.G.	-	8	3267
ÄTZENDER FESTER STOFF, N.A.G.	-	8	1759
ÄTZENDER FESTER STOFF, ENTZÜNDBAR, N.A.G.	-	8	2921
ÄTZENDER FESTER STOFF, ENTZÜNDEND (OXIDIEREND) WIRKEND, N.A.G.	-	8	3084
ÄTZENDER FESTER STOFF, GIFTIG, N.A.G.	-	8	2923

Stoff oder Gegenstand	MP	Klasse	UN-Nr.
ÄTZENDER FESTER STOFF, MIT WASSER REAGIEREND, N.A.G.	-	8	3096
ÄTZENDER FESTER STOFF, SELBSTERHITZUNGSFÄHIG, N.A.G.	-	8	3095
ÄTZENDER FLÜSSIGER STOFF, N.A.G.	-	8	1760
ÄTZENDER FLÜSSIGER STOFF, ENTZÜNDBAR, N.A.G.	-	8	2920
ÄTZENDER FLÜSSIGER STOFF, ENTZÜNDEND (OXIDIEREND) WIRKEND, N.A.G.	-	8	3093
ÄTZENDER FLÜSSIGER STOFF, GIFTIG, N.A.G.	-	8	2922
ÄTZENDER FLÜSSIGER STOFF, MIT WASSER REAGIEREND, N.A.G.	-	8	3094
ÄTZENDER FLÜSSIGER STOFF, SELBSTERHITZUNGSFÄHIG, N.A.G.	-	8	3301
ÄTZENDER SAURER ANORGANISCHER FESTER STOFF, N.A.G.	-	8	3260
ÄTZENDER SAURER ANORGANISCHER FLÜSSIGER STOFF, N.A.G.	-	8	3264
ÄTZENDER SAURER ORGANISCHER FESTER STOFF, N.A.G.	-	8	3261
ÄTZENDER SAURER ORGANISCHER FLÜSSIGER STOFF, N.A.G.	-	8	3265
Ätznatron, *siehe*	-	8	1824
AUSLÖSEVORRICHTUNGEN, MIT EXPLOSIVSTOFF	-	1.4S	0173
Azinphos-ethyl, *siehe* ORGANOPHOSPHOR-PESTIZID	**P**	-	-
Azinphos-methyl, *siehe* ORGANOPHOSPHOR-PESTIZID	**P**	-	-
Aziridin, stabilisiert, *siehe*	-	6.1	1185
AZODICARBONAMID	-	4.1	3242
Azodicarbonamid, Zubereitung Typ C (Konzentration < 100 %), *siehe*	-	4.1	3224
Azodicarbonamid, Zubereitung Typ D (Konzentration < 100 %), *siehe*	-	4.1	3226
Azodicarbonamid, Zubereitung Typ B, temperaturkontrolliert (Konzentration < 100 %), *siehe*	-	4.1	3232
Azodicarbonamid, Zubereitung Typ C, temperaturkontrolliert (Konzentration < 100 %), *siehe*	-	4.1	3234
Azodicarbonamid, Zubereitung Typ D, temperaturkontrolliert (Konzentration < 100 %), *siehe*	-	4.1	3236
2,2'-Azodi-(2,4-dimethyl-4-methoxyvaleronitril) (Konzentration 100 %), *siehe*	-	4.1	3236
2,2'-Azodi-(2,4-dimethylvaleronitril) (Konzentration 100 %), *siehe*	-	4.1	3236
2,2'-Azodi-(ethyl-2-methylpropionat) (Konzentration 100 %), *siehe*	-	4.1	3235
1,1'-Azodi-(hexahydrobenzonitril) (Konzentration 100 %), *siehe*	-	4.1	3226
2,2'-Azodi-(isobutyronitril), als Paste auf Wasserbasis (Konzentration ≤ 50 %), *siehe*	-	4.1	3224
2,2'-Azodi-(isobutyronitril) (Konzentration 100 %), *siehe*	-	4.1	3234
2,2'-Azodi-(2-methylbutyronitril) (Konzentration 100 %), *siehe*	-	4.1	3236
Ballistit, *siehe* Treibladungspulver	-	-	-
Bangalore Torpedos, *siehe* MINEN, MIT SPRENGLADUNGEN	-	-	-
BARIUM	-	4.3	1400
Bariumamalgame, fest, *siehe*	-	4.3	3402
Bariumamalgame, flüssig, *siehe*	-	4.3	1392
BARIUMAZID, ANGEFEUCHTET mit mindestens 50 Masse-% Wasser	-	4.1	1571
BARIUMAZID, trocken oder angefeuchtet mit weniger als 50 Masse-% Wasser	-	1.1A	0224
BARIUMBROMAT	-	5.1	2719
BARIUMCHLORAT, FEST	-	5.1	1445
BARIUMCHLORAT, LÖSUNG	-	5.1	3405
BARIUMCYANID	**P**	6.1	1565
Bariumdispersionen, *siehe*	-	4.3	1391
BARIUMHYPOCHLORIT mit mehr als 22 % aktivem Chlor	-	5.1	2741
Bariumlegierungen, nicht pyrophor, *siehe*	-	4.3	1393
BARIUMLEGIERUNGEN, PYROPHOR	-	4.2	1854
Bariummonoxid, *siehe*	-	6.1	1884
BARIUMNITRAT	-	5.1	1446
BARIUMOXID	-	6.1	1884
BARIUMPERCHLORAT, FEST	-	5.1	1447
BARIUMPERCHLORAT, LÖSUNG	-	5.1	3406
BARIUMPERMANGANAT	-	5.1	1448
BARIUMPEROXID	-	5.1	1449
Bariumpulver, pyrophor, *siehe*	-	4.2	1383
BARIUMVERBINDUNG, N.A.G.	-	6.1	1564
BATTERIEBETRIEBENES FAHRZEUG	-	9	3171
BATTERIEBETRIEBENES GERÄT	-	9	3171
Batterieflüssigkeit (Akkumulatorenflüssigkeit), alkalisch, *siehe*	-	8	2797
Batterieflüssigkeit (Akkumulatorenflüssigkeit), sauer, *siehe*	-	8	2796
BATTERIEFLÜSSIGKEIT, ALKALISCH	-	8	2797
BATTERIEFLÜSSIGKEIT, SAUER	-	8	2796
Batterien, die Lithium enthalten, *siehe*	-	9	3090
BATTERIEN, NASS, AUSLAUFSICHER, elektrische Sammler	-	8	2800

Stoff oder Gegenstand	MP	Klasse	UN-Nr.
BATTERIEN, NASS, GEFÜLLT MIT ALKALIEN, elektrische Sammler	-	8	2795
BATTERIEN, NASS, GEFÜLLT MIT SÄURE, elektrische Sammler	-	8	2794
BATTERIEN, NICKEL-METALLHYDRID	-	9	3496
BATTERIEN, TROCKEN, KALIUMHYDROXID, FEST, ENTHALTEND, elektrische Sammler	-	8	3028
Batteriesäure, *siehe*	-	8	2796
BAUMWOLLABFÄLLE, ÖLHALTIG	-	4.2	1364
BAUMWOLLE, NASS	-	4.2	1365
Baumwolle, Trocken, *siehe*	-	4.1	3360
BEGASTE BEFÖRDERUNGSEINHEIT	-	9	3359
BEIM EINATMEN GIFTIGER FLÜSSIGER STOFF, ÄTZEND, N.A.G., mit einem LC_{50}-Wert von höchstens 1 000 ml/m^3 und einer gesättigten Dampfkonzentration von mindestens 10 LC_{50}	-	6.1	3390
BEIM EINATMEN GIFTIGER FLÜSSIGER STOFF, ÄTZEND, N.A.G., mit einem LC_{50}-Wert von höchstens 200 ml/m^3 und einer gesättigten Dampfkonzentration von mindestens 500 LC_{50}	-	6.1	3389
BEIM EINATMEN GIFTIGER FLÜSSIGER STOFF, ENTZÜNDAR, ÄTZEND, N.A.G. mit einem LC_{50}-Wert von höchstens 1 000 ml/m^3 und einer gesättigten Dampfkonzentration von mindestens 10 LC_{50}	-	6.1	3489
BEIM EINATMEN GIFTIGER FLÜSSIGER STOFF, ENTZÜNDBAR, ÄTZEND, N.A.G. mit einem LC_{50}-Wert von höchstens 200 ml/m^3 und einer gesättigten Dampfkonzentration von mindestens 500 LC_{50}	-	6.1	3488
BEIM EINATMEN GIFTIGER FLÜSSIGER STOFF, ENTZÜNDBAR, N.A.G., mit einem LC_{50}-Wert von höchstens 1 000 ml/m^3 und einer gesättigten Dampfkonzentration von mindestens 10 LC_{50}	-	6.1	3384
BEIM EINATMEN GIFTIGER FLÜSSIGER STOFF, ENTZÜNDBAR, N.A.G., mit einem LC_{50}-Wert von höchstens 200 ml/m^3 und einer gesättigten Dampfkonzentration von mindestens 500 LC_{50}	-	6.1	3383
BEIM EINATMEN GIFTIGER FLÜSSIGER STOFF, ENTZÜNDEND (OXIDIEREND) WIRKEND, N.A.G., mit einem LC_{50}-Wert von höchstens 1 000 ml/m^3 und einer gesättigten Dampfkonzentration von mindestens 10 LC_{50}	-	6.1	3388
BEIM EINATMEN GIFTIGER FLÜSSIGER STOFF, ENTZÜNDEND (OXIDIEREND) WIRKEND, N.A.G., mit einem LC_{50}-Wert von höchstens 200 ml/m^3 und einer gesättigten Dampfkonzentration von mindestens 500 LC_{50}	-	6.1	3387
BEIM EINATMEN GIFTIGER FLÜSSIGER STOFF, N.A.G., mit einem LC_{50}-Wert von höchstens 1 000 ml/m^3 und einer gesättigten Dampfkonzentration von mindestens 10 LC_{50}	-	6.1	3382
BEIM EINATMEN GIFTIGER FLÜSSIGER STOFF, N.A.G., mit einem LC_{50}-Wert von höchstens 200 ml/m^3 und einer gesättigten Dampfkonzentration von mindestens 500 LC_{50}	-	6.1	3381
BEIM EINATMEN GIFTIGER FLÜSSIGER STOFF, MIT WASSER REAGIEREND, ENTZÜNDBAR, N.A.G. mit einem LC_{50}-Wert von höchstens 1 000 ml/m^3 und einer gesättigten Dampfkonzentration von mindestens 10 LC_{50}	-	6.1	3491
BEIM EINATMEN GIFTIGER FLÜSSIGER STOFF, MIT WASSER REAGIEREND, ENTZÜNDBAR, N.A.G. mit einem LC_{50}-Wert von höchstens 200 ml/m^3 und einer gesättigten Dampfkonzentration von mindestens 500 LC_{50}	-	6.1	3490
BEIM EINATMEN GIFTIGER FLÜSSIGER STOFF, MIT WASSER REAGIEREND, N.A.G., mit einem LC_{50}-Wert von höchstens 1000 ml/m^3 und einer gesättigten Dampfkonzentration von mindestens 10 LC_{50}	-	6.1	3386
BEIM EINATMEN GIFTIGER FLÜSSIGER STOFF, MIT WASSER REAGIEREND, N.A.G., mit einem LC_{50}-Wert von höchstens 200 ml/m^3 und einer gesättigten Dampfkonzentration von mindestens 500 LC_{50}	-	6.1	3385
Beize, *siehe* FARBE	-	-	-
Bendiocarb, *siehe* CARBAMAT-PESTIZID	**P**	-	-
Benfuracarb, *siehe* CARBAMAT-PESTIZID	-	-	-
Benomyl, *siehe* **Bemerkung 1**	**P**	-	-
Benquinox, *siehe* PESTIZID, N.A.G.	**P**	-	-
Benzalchlorid, *siehe*	-	6.1	1886
BENZALDEHYD	-	9	1990
BENZEN	-	3	1114
Benzen-1,3-disulfonylhydrazid, als Paste (Konzentration 52 %), *siehe*	-	4.1	3226
BENZENSULFONYLCHLORID	-	8	2225
Benzensulfonylhydrazid (Konzentration 100 %), *siehe*	-	4.1	3226
Benzhydrylbromid, *siehe*	-	8	1770
BENZIDIN	-	6.1	1885
BENZOCHINON	-	6.1	2587
Benzol, *siehe*	-	3	1114
1,3-Benzoldiol, *siehe*	-	6.1	2876
Benzolphosphordichlorid, *siehe*	-	8	2798
Benzolphosphorthiochlorid, *siehe*	-	8	2799
Benzolthiol, *siehe*	-	6.1	2337
BENZONITRIL	-	6.1	2224
Benzosulfochlorid, *siehe*	-	8	2225

Stoff oder Gegenstand	MP	Klasse	UN-Nr.
BENZOTRICHLORID	-	8	2226
BENZOTRIFLUORID	-	3	2338
BENZOYLCHLORID	-	8	1736
BENZYLBROMID	-	6.1	1737
Benzylchlorcarbonat, *siehe*	P	8	1739
BENZYLCHLORFORMIAT	P	8	1739
BENZYLCHLORID	-	6.1	1738
Benzylcyanid, *siehe*	-	6.1	2470
Benzyldichlorid, *siehe*	-	6.1	1886
BENZYLDIMETHYLAMIN	-	8	2619
4-(Benzyl(ethyl)amino)-3-ethoxybenzendiazonium-Zinkchlorid (Konzentration 100 %), *siehe*	-	4.1	3226
BENZYLIDENCHLORID	-	6.1	1886
BENZYLIODID	-	6.1	2653
4-(Benzyl(methyl)-amino)-3-ethoxybenzendiazonium-Zinkchlorid (Konzentration 100 %), *siehe*	-	4.1	3236
BERYLLIUMNITRAT	-	5.1	2464
BERYLLIUM, PULVER	-	6.1	1567
BERYLLIUMVERBINDUNG, N.A.G.	-	6.1	1566
BESTANDTEILE, ZÜNDKETTE, N.A.G.	-	1.1B	0461
BESTANDTEILE, ZÜNDKETTE, N.A.G.	-	1.2B	0382
BESTANDTEILE, ZÜNDKETTE, N.A.G.	-	1.4B	0383
BESTANDTEILE, ZÜNDKETTE, N.A.G.	-	1.4S	0384
gamma-Bhc, *siehe* ORGANOCHLOR-PESTIZID	P	-	-
BHUSA	-	4.1	1327
Bichloressigsäure, *siehe*	-	8	1764
BICYCLO-[2,2,1]-HEPTA-2,5-DIEN, STABILISIERT	-	3	2251
Bifluoride, N.A.G., *siehe*	-	8	1740
Binapacryl, *siehe* SUBSTITUIERTES NITROPHENOL-PESTIZID	P	-	-
BIOLOGISCHER STOFF, KATEGORIE B	-	6.2	3373
(BIO)MEDIZINISCHER ABFALL, N.A.G.	-	6.2	3291
BIOMEDIZINISCHER ABFALL, N.A.G.	-	6.2	3291
BIPYRIDILIUM-PESTIZID, FEST, GIFTIG	-	6.1	2781
BIPYRIDILIUM-PESTIZID, FLÜSSIG, ENTZÜNDBAR, GIFTIG, Flammpunkt unter 23 °C	-	3	2782
BIPYRIDILIUM-PESTIZID, FLÜSSIG, GIFTIG	-	6.1	3016
BIPYRIDILIUM-PESTIZID, FLÜSSIG, GIFTIG, ENTZÜNDBAR, mit einem Flammpunkt von 23 °C oder darüber	-	6.1	3015
Bis-, *siehe* Di-	-	-	-
N,N-Bis(2-hydroxyethyl)oleamid (20A), *siehe* **Bemerkung 1**	P	-	-
Bitumen, *siehe*	-	3	1999
Blasticidin-S-3, *siehe* PESTIZID, N.A.G.	-	-	-
Blausäure, *siehe* CYANWASSERSTOFF	-	-	-
BLEIACETAT	P	6.1	1616
Blei(II)acetat, *siehe*	P	6.1	1616
BLEIARSENATE	P	6.1	1617
BLEIARSENITE	P	6.1	1618
BLEIAZID, ANGEFEUCHTET mit mindestens 20 Masse-% Wasser oder einer Alkohol/Wasser-Mischung	-	1.1A	0129
Bleichlauge, *siehe*	-	8	1791
Bleichlorid, fest, *siehe*	P	6.1	2291
Bleichpulver, *siehe*	P	5.1	2208
BLEICYANID	P	6.1	1620
Blei(II)cyanid, *siehe*	-	6.1	1620
BLEIDIOXID	-	5.1	1872
BLEINITRAT	P	5.1	1469
Blei(II)nitrat, *siehe* BLEINITRAT	-	-	-
Blei(II)perchlorat, *siehe*	-	5.1	1470
BLEIPERCHLORAT, FEST	P	5.1	1470
BLEIPERCHLORAT, LÖSUNG	P	5.1	3408
Bleiperoxid, *siehe*	-	5.1	1872
BLEIPHOSPHIT, ZWEIBASIG	-	4.1	2989
Bleischlacke, *siehe*	-	8	1794
BLEISTYPHNAT, ANGEFEUCHTET mit mindestens 20 Masse-% Wasser oder einer Alkohol/Wasser-Mischung	-	1.1A	0130
BLEISULFAT, mit mehr als 3 % freier Säure	-	8	1794

Stoff oder Gegenstand	MP	Klasse	UN-Nr.
Bleitetraethyl, *siehe*	P	6.1	1649
Bleitetramethyl, *siehe*	P	6.1	1649
BLEITRINITRORESORCINAT, ANGEFEUCHTET mit mindestens 20 Masse-% Wasser oder einer Alkohol/Wasser-Mischung	-	1.1A	0130
BLEIVERBINDUNG, LÖSLICH, N.A.G.	P	6.1	2291
BLITZLICHTPULVER	-	1.1G	0094
BLITZLICHTPULVER	-	1.3G	0305
BOMBEN, BLITZLICHT	-	1.1F	0037
BOMBEN, BLITZLICHT	-	1.1D	0038
BOMBEN, BLITZLICHT	-	1.2G	0039
BOMBEN, BLITZLICHT	-	1.3G	0299
BOMBEN, DIE ENTZÜNDBARE FLÜSSIGKEIT ENTHALTEN, mit Sprengladung	-	1.1J	0399
BOMBEN, DIE ENTZÜNDBARE FLÜSSIGKEIT ENTHALTEN, mit Sprengladung	-	1.2J	0400
BOMBEN, mit Sprengladung	-	1.1F	0033
BOMBEN, mit Sprengladung	-	1.1D	0034
BOMBEN, mit Sprengladung	-	1.2D	0035
BOMBEN, mit Sprengladung	-	1.2F	0291
BORAT UND CHLORAT, MISCHUNG	-	5.1	1458
Borbromid, *siehe*	-	8	2692
Borethan, verdichtet, *siehe*	-	2.3	1911
Borfluorid, verdichtet, *siehe*	-	2.3	1008
BORNEOL	-	4.1	1312
Bornylalkohol, *siehe*	-	4.1	1312
BORTRIBROMID	-	8	2692
BORTRICHLORID	-	2.3	1741
BORTRIFLUORID	-	2.3	1008
BORTRIFLUORID, ADSORBIERT	-	2.3	3519
BORTRIFLUORIDDIETHYLETHERAT	-	8	2604
BORTRIFLUORID-DIHYDRAT	-	8	2851
BORTRIFLUORIDDIMETHYLETHERAT	-	4.3	2965
BORTRIFLUORID-ESSIGSÄURE-KOMPLEX, FEST	-	8	3419
BORTRIFLUORID-ESSIGSÄURE-KOMPLEX, FLÜSSIG	-	8	1742
BORTRIFLUORID-PROPIONSÄURE-KOMPLEX, FEST	-	8	3420
BORTRIFLUORID-PROPIONSÄURE-KOMPLEX, FLÜSSIG	-	8	1743
Brandmunition, (durch Wasser aktivierbare Vorrichtung), *siehe* VORRICHTUNGEN, DURCH WASSER AKTIVIERBAR	-	-	-
Brechweinstein, *siehe*	-	6.1	1551
BRENNSTOFFZELLEN-FAHRZEUG MIT ANTRIEB DURCH ENTZÜNDBARE FLÜSSIGKEIT	-	9	3166
BRENNSTOFFZELLEN-FAHRZEUG MIT ANTRIEB DURCH ENTZÜNDBARES GAS	-	9	3166
BRENNSTOFFZELLEN-KARTUSCHEN, ätzende Stoffe enthaltend	-	8	3477
BRENNSTOFFZELLEN-KARTUSCHEN IN AUSRÜSTUNGEN, ätzende Stoffe enthaltend	-	8	3477
BRENNSTOFFZELLEN-KARTUSCHEN IN AUSRÜSTUNGEN, mit entzÜndbaren flÜssigen Stoffen	-	3	3473
BRENNSTOFFZELLEN-KARTUSCHEN IN AUSRÜSTUNGEN, mit Wasser reagierende Stoffe enthaltend	-	4.3	3476
BRENNSTOFFZELLEN-KARTUSCHEN IN AUSRÜSTUNGEN, verflüssigtes entzündbares Gas enthaltend	-	2.1	3478
BRENNSTOFFZELLEN-KARTUSCHEN IN AUSRÜSTUNGEN, Wasserstoff in Metallhydrid enthaltend	-	2.1	3479
BRENNSTOFFZELLEN-KARTUSCHEN, MIT AUSRÜSTUNGEN VERPACKT, mit entzündbaren flüssigen Stoffen	-	3	3473
BRENNSTOFFZELLEN-KARTUSCHEN, MIT AUSRüSTUNGEN VERPACKT, mit Wasser reagierende Stoffe enthaltend	-	4.3	3476
BRENNSTOFFZELLEN-KARTUSCHEN, MIT AUSRÜSTUNGEN VERPACKT, tzende Stoffe enthaltend	-	8	3477
BRENNSTOFFZELLEN-KARTUSCHEN, MIT AUSRüSTUNGEN VERPACKT, verflüssigtes entzündbares Gas enthaltend	-	2.1	3478
BRENNSTOFFZELLEN-KARTUSCHEN, MIT AUSRÜSTUNGEN VERPACKT, Wasserstoff in Metallhydrid enthaltend	-	2.1	3479
BRENNSTOFFZELLEN-KARTUSCHEN, mit entzündbaren flüssigen Stoffen	-	3	3473
BRENNSTOFFZELLEN-KARTUSCHEN, mit Wasser reagierende Stoffe enthaltend	-	4.3	3476
BRENNSTOFFZELLEN-KARTUSCHEN, verflüssigtes entzündbares Gas enthaltend	-	2.1	3478
BRENNSTOFFZELLEN-KARTUSCHEN, Wasserstoff in Metallhydrid enthaltend	-	2.1	3479
BRENNSTOFFZELLEN-MOTOR MIT ANTRIEB DURCH ENTZÜNDBARE FLÜSSIGKEIT	-	3	3528
BRENNSTOFFZELLEN-MOTOR MIT ANTRIEB DURCH ENTZÜNDBARES GAS	-	2.1	3529
Brodifacoum, *siehe* CUMARIN-PESTIZID	P	-	-
BROM	-	8	1744

Stoff oder Gegenstand	MP	Klasse	UN-Nr.
BROMACETON	P	6.1	1569
omega-Bromaceton, *siehe*	-	6.1	2645
BROMACETYLBROMID	-	8	2513
Bromallylen, *siehe*	P	3	1099
BROMATE, ANORGANISCHE, N.A.G.	-	5.1	1450
BROMATE, ANORGANISCHE, WÄSSERIGE LÖSUNG, N.A.G.	-	5.1	3213
BROMBENZEN	P	3	2514
BROMBENZYLCYANIDE, FEST	-	6.1	3449
BROMBENZYLCYANIDE, FLÜSSIG	-	6.1	1694
BROM oder BROM, LÖSUNG	-	8	1744
1-BROMBUTAN	-	3	1126
2-BROMBUTAN	-	3	2339
BROMCHLORDIFLUORMETHAN	-	2.2	1974
Bromchlordifluormethan, *siehe*	-	2.2	1974
BROMCHLORID	-	2.3	2901
BROMCHLORMETHAN	-	6.1	1887
1-BROM-3-CHLORPROPAN	-	6.1	2688
Bromcyan, *siehe*	P	6.1	1889
Bromcyanid, *siehe*	P	6.1	1889
Bromdiphenylmethan, *siehe*	-	8	1770
1-Brom-2,3-epoxypropan, *siehe*	P	6.1	2558
BROMESSIGSÄURE, FEST	-	8	3425
BROMESSIGSÄURE, LÖSUNG	-	8	1938
Bromethan, *siehe*	-	6.1	1891
2-BROMETHYLETHYLETHER	-	3	2340
BROM, LÖSUNG	-	8	1744
Brommethan, *siehe*	-	2.3	1062
1-BROM-3-METHYLBUTAN	-	3	2341
BROMMETHYLPROPANE	-	3	2342
Bromnitrobenzene, fest, *siehe*	-	6.1	3459
Bromnitrobenzene, flüssig, *siehe*	-	6.1	2732
2-BROM-2-NITROPROPAN-1,3-DIOL	-	4.1	3241
BROMOFORM	P	6.1	2515
Bromophos-ethyl, *siehe* ORGANOPHOSPHOR-PESTIZID	P	-	-
Bromoxynil, *siehe* PESTIZID, N.A.G.	P	-	-
BROMPENTAFLUORID	-	5.1	1745
2-BROMPENTAN	-	3	2343
BROMPROPANE	-	3	2344
3-Brompropen, *siehe*	P	3	1099
3-BROMPROPIN	-	3	2345
3-Brom-1-propin, *siehe*	-	3	2345
alpha-Bromtoluol, *siehe*	-	6.1	1737
BROMTRIFLUORETHYLEN	-	2.1	2419
BROMTRIFLUORID	-	5.1	1746
BROMTRIFLUORMETHAN	-	2.2	1009
BROMWASSERSTOFFSÄURE	-	8	1788
BROMWASSERSTOFF, WASSERFREI	-	2.3	1048
Bronopol, *siehe*	-	4.1	3241
BRUCIN	-	6.1	1570
BUTADIENE UND KOHLENWASSERSTOFF,GEMISCH, STABILISIERT mit mehr als 40 % Butadienen	-	2.1	1010
BUTADIENE, STABILISIERT	-	2.1	1010
BUTAN	-	2.1	1011
Butanal, *siehe*	-	3	1129
Butanaloxim, *siehe*	-	3	2840
BUTANDION	-	3	2346
1-Butanol, *siehe*	-	3	1120
Butan-2-ol, *siehe*	-	3	1120
3-Butanolal, *siehe*	-	6.1	2839
BUTANOLE	-	3	1120
Butanol, sekundär, *siehe*	-	3	1120
Butanol, tertiär, *siehe*	-	3	1120
2-Butanon, *siehe*	-	3	1193

Stoff oder Gegenstand	MP	Klasse	UN-Nr.
Butanoylchlorid, *siehe*	-	3	2353
Butan-1-thiol, *siehe*	-	3	2347
BUTEN	-	2.1	1012
Buten, *siehe*	-	2.1	1012
2-Butenal, stabilisiert, *siehe*	**P**	6.1	1143
2-Buten-1-ol, *siehe*	-	3	2614
But-1-en-3-on, stabilisiert, *siehe*	-	6.1	1251
1,2-Butenoxid, stabilisiert, *siehe*	-	3	3022
2-Butensäure, fest, *siehe*	-	8	2823
2-Butensäure, flüssig, *siehe*	-	8	3472
2-Butin, *siehe*	-	3	1144
BUTIN-1,4-DIOL	-	6.1	2716
2-Butin-1,4-diol, *siehe*	-	6.1	2716
1-Butin, stabilisiert, *siehe*	-	2.1	2452
But-1-in, stabilisiert, *siehe*	-	2.1	2452
Butocarboxim, *siehe* CARBAMAT-PESTIZID	-	-	-
BUTTERSÄURE	-	8	2820
Buttersäure, *siehe*	-	8	2820
BUTTERSÄUREANHYDRID	-	8	2739
Buttersäureanhydrid, *siehe*	-	8	2739
BUTYLACETATE	-	3	1123
Butylacetat, sekundär, *siehe*	-	3	1123
BUTYLACRYLATE, STABILISIERT	-	3	2348
Butylaldehyd, *siehe*	-	3	1129
Butylalkohole, *siehe*	-	3	1120
n-BUTYLAMIN	-	3	1125
N-BUTYLANILIN	-	6.1	2738
BUTYLBENZENE	**P**	3	2709
Butylbenzylphthalat, *siehe*	**P**	9	3082
n-Butylbromid, *siehe*	-	3	1126
sek.-Butylbromid, *siehe*	-	3	2339
tert-Butylbromid, *siehe*	-	3	2342
Butylbutyrat, *siehe*	-	3	3272
n-BUTYLCHLORFORMIAT	-	6.1	2743
n-Butylchlorid, *siehe*	-	3	1127
sek.-Butylchlorid, *siehe*	-	3	1127
tert-Butylchlorid, *siehe*	-	3	1127
tert-Butylcumylperoxid (Konzentration > 42 bis 100 %), *siehe*	-	5.2	3109
tert-Butylcumylperoxid (Konzentration ≤ 52 %, mit inertem festem Stoff), *siehe*	-	5.2	3108
tert-BUTYLCYCLOHEXYLCHLORFORMIAT	-	6.1	2747
N-*tert*-Butyl-*N*-cyclopropyl-6-methylthio-1,3,5-triazin-2,4-diamin, *siehe*	**P**	9	3077
n-Butyl-4,4-di-(*tert*-butylperoxy)-valerat (Konzentration > 52 bis 100 %), *siehe*	-	5.2	3103
n-Butyl-4,4-di-(*tert*-butylperoxy)-valerat (Konzentration ≤ 52 %, mit inertem festem Stoff), *siehe*	-	5.2	3108
1,2-BUTYLENOXID, STABILISIERT	-	3	3022
Butylether, *siehe*	-	3	1149
Butylethylether, *siehe*	-	3	1179
n-BUTYLFORMIAT	-	3	1128
tert-Butylhydroperoxid (Konzentration > 79 bis 90 %, mit Wasser), *siehe*	-	5.2	3103
tert-Butylhydroperoxid (Konzentration < 82 %) + mit Di-*tert*-Butylperoxid (Konzentration > 9 %), mit Wasser, *siehe*	-	5.2	3103
tert-Butylhydroperoxid (Konzentration ≤ 80 %, mit Verdünnungsmittel Typ A), *siehe*	-	5.2	3105
tert-Butylhydroperoxid (Konzentration ≤ 72 %, mit Wasser), *siehe*	-	5.2	3109
tert-Butylhydroperoxid (Konzentration ≤ 79 %, mit Wasser), *siehe*	-	5.2	3107
tert-BUTYLHYPOCHLORIT	-	4.2	3255
N,n-BUTYLIMIDAZOL	-	6.1	2690
N,n-Butyliminazol, *siehe*	-	6.1	2690
sek.-Butyliodid, *siehe*	-	3	2390
tert-Butyliodid, *siehe*	-	3	2391
n-BUTYLISOCYANAT	-	6.1	2485
tert-BUTYLISOCYANAT	-	6.1	2484
BUTYLMERCAPTAN	-	3	2347
n-BUTYLMETHACRYLAT, STABILISIERT	-	3	2227
Butyl-2-methylacrylat, stabilisiert, *siehe*	-	3	2227

Stoff oder Gegenstand	MP	Klasse	UN-Nr.
BUTYLMETHYLETHER	-	3	2350
tert-Butylmonoperoxymaleat (Konzentration ≤ 52 %, als Paste), *siehe*	-	5.2	3108
tert-Butylmonoperoxymaleat (Konzentration > 52 bis 100 %), *siehe*	-	5.2	3102
tert-Butylmonoperoxymaleat (Konzentration ≤ 52 %, mit inertem festem Stoff), *siehe*	-	5.2	3108
tert-Butylmonoperoxymaleat (Konzentration ≤ 52 %, mit Verdünnungsmittel Typ A), *siehe*	-	5.2	3103
BUTYLNITRITE	-	3	2351
tert-Butylperoxyacetat (Konzentration > 32 bis 52 %, mit Verdünnungsmittel Typ A), *siehe*	-	5.2	3103
tert-Butylperoxyacetat (Konzentration > 52 bis 77 %), mit Verdünnungsmittel Typ A), *siehe*	-	5.2	3101
tert-Butylperoxyacetat (Konzentration ≤ 32 %, mit Verdünnungsmittel Typ B), *siehe*	-	5.2	3109
tert-Butylperoxybenzoat (Konzentration > 77 bis 100 %, mit Verdünnungsmittel Typ A), *siehe*	-	5.2	3103
tert-Butylperoxybenzoat (Konzentration > 52 bis 77 %, mit Verdünnungsmittel Typ A), *siehe*	-	5.2	3105
tert-Butylperoxybenzoat (Konzentration ≤ 52 %, mit inertem festem Stoff), *siehe*	-	5.2	3106
tert-Butylperoxybutylfumarat (Konzentration ≤ 52 %, mit Verdünnungsmittel Typ A), *siehe*	-	5.2	3105
tert-Butylperoxycrotonat (Konzentration ≤ 77 %, mit Verdünnungsmittel Typ A), *siehe*	-	5.2	3105
tert-Butylperoxydiethylacetat (Konzentration ≤ 100 %), *siehe*	-	5.2	3113
tert-Butylperoxy-2-ethylhexanoat (Konzentration > 52 bis 100 %), *siehe*	-	5.2	3113
tert-Butylperoxy-2-ethylhexanoat (Konzentration > 32 bis 52 %, mit Verdünnungsmittel Typ B), *siehe*	-	5.2	3117
tert-Butylperoxy-2-ethylhexanoat (Konzentration ≤ 31 %) + 2,2-Di-(tert-butylperoxy)-butan (Konzentration ≤ 36 %), mit Verdünnungsmittel Typ B, *siehe*	-	5.2	3115
tert-Butylperoxy-2-ethylhexanoat (Konzentration ≤ 12 %) + 2,2-Di-(tert-butylperoxy)-butan (Konzentration ≤ 14 %), mit Verdünnungsmittel Typ A und mit inertem festem Stoff, *siehe*	-	5.2	3106
tert-Butylperoxy-2-ethylhexanoat (Konzentration ≤ 52 %, mit inertem festem Stoff), *siehe*	-	5.2	3118
tert-Butylperoxy-2-ethylhexanoat (Konzentration ≤ 32 %, mit Verdünnungsmittel Typ B), *siehe*	-	5.2	3119
tert-Butylperoxy-2-ethylhexylcarbonat (Konzentration ≤ 100 %), *siehe*	-	5.2	3105
tert-Butylperoxyisobutyrat (Konzentration > 52 bis 77 %, mit Verdünnungsmittel Typ B), *siehe*	-	5.2	3111
tert-Butylperoxyisobutyrat (Konzentration ≤ 52 %, mit Verdünnungsmittel Typ B), *siehe*	-	5.2	3115
tert-Butylperoxyisopropylcarbonat (Konzentration ≤ 77 %, mit Verdünnungsmittel Typ A), *siehe*	-	5.2	3103
1-(2-*tert*-Butylperoxyisopropyl)-3-isopropenylbenzen (Konzentration ≤ 42 %, mit inertem festem Stoff), *siehe*	-	5.2	3108
1-(2-*tert*-Butylperoxyisopropyl)-3-isopropenylbenzen (Konzentration ≤ 77 %, mit Verdünnungsmittel Typ A), *siehe*	-	5.2	3105
tert-Butylperoxy-2-methylbenzoat (Konzentration ≤ 100 %), *siehe*	-	5.2	3103
tert-Butylperoxyneodecanoat (Konzentration ≤ 52 %, als stabile Dispersion in Wasser), *siehe*	-	5.2	3119
tert-Butylperoxyneodecanoat (Konzentration ≤ 42 %, als stabile Dispersion in Wasser (gefroren)), *siehe*	-	5.2	3118
tert-Butylperoxyneodecanoat (Konzentration > 77 bis 100 %), *siehe*	-	5.2	3115
tert-Butylperoxyneodecanoat (Konzentration ≤ 32 %, mit Verdünnungsmittel Typ A), *siehe*	-	5.2	3119
tert-Butylperoxyneodecanoat (Konzentration ≤ 77 %, mit Verdünnungsmittel Typ B), *siehe*	-	5.2	3115
tert-Butylperoxyneoheptanoat (Konzentration ≤ 42 %, als stabile Dispersion in Wasser), *siehe*	-	5.2	3117
tert-Butylperoxyneoheptanoat (Konzentration ≤ 77 %, mit Verdünnungsmittel Typ A), *siehe*	-	5.2	3115
tert-Butylperoxypivalat, (Konzentration > 27 bis 67 %, mit Verdünnungsmittel Typ B), *siehe*	-	5.2	3115
tert-Butylperoxypivalat (Konzentration > 67 bis 77 %, mit Verdünnungsmittel Typ A), *siehe*	-	5.2	3113
tert-Butylperoxypivalat (Konzentration ≤ 27 %, mit Verdünnungsmittel Typ B), *siehe*	-	5.2	3119
tert-Butylperoxystearylcarbonat (Konzentration ≤ 100 %), *siehe*	-	5.2	3106
tert-Butylperoxy-3,5,5-trimethylhexanoat (Konzentration > 37 bis 100 %), *siehe*	-	5.2	3105
tert-Butylperoxy-3,5,5-trimethylhexanoat (Konzentration ≤ 42 %, mit inertem festem Stoff), *siehe*	-	5.2	3106
tert-Butylperoxy-3,5,5-trimethylhexanoat (Konzentration ≤ 37 %, mit Verdünnungsmittel Typ B), *siehe*	-	5.2	3109
Butylphenole, fest, N.A.G., *siehe*	-	8	2430
Butylphenole, flüssig, N.A.G., *siehe*	-	8	3145
BUTYLPHOSPHAT	-	8	1718
Butylphosphorsäure, *siehe*	-	8	1718
BUTYLPROPIONATE	-	3	1914
Butylthioalkohole, *siehe*	-	3	2347
BUTYLTOLUENE	-	6.1	2667
BUTYLTRICHLORSILAN	-	8	1747
5-*tert*-BUTYL-2,4,6-TRINITRO-*m*-XYLEN	-	4.1	2956
BUTYLVINYLETHER, STABILISIERT	-	3	2352
BUTYRALDEHYD	-	3	1129
BUTYRALDOXIM	-	3	2840
BUTYRONITRIL	-	3	2411
BUTYRYLCHLORID	-	3	2353
Cadmiumselenid, *siehe*	-	6.1	2570

Stoff oder Gegenstand	MP	Klasse	UN-Nr.
Cadmiumsulfid, *siehe*	**P**	6.1	2570
CADMIUMVERBINDUNG	-	6.1	2570
CAESIUM	-	4.3	1407
Caesiumamalgame, fest, *siehe*	-	4.3	3401
Caesiumamalgame, flüssig, *siehe*	-	4.3	1389
Caesiumamid, *siehe*	-	4.3	1390
Caesiumdispersionen, *siehe*	-	4.3	1391
CAESIUMHYDROXID	-	8	2682
CAESIUMHYDROXID, LÖSUNG	-	8	2681
Caesiumlegierung, flüssig, *siehe*	-	4.3	1421
CAESIUMNITRAT	-	5.1	1451
Caesiumpulver, pyrophor, *siehe*	-	4.2	1383
Calciniertes Blei und Zink, *siehe*	**P**	6.1	2291
CALCIUM	-	4.3	1401
Calciumamalgame, fest, *siehe*	-	4.3	3402
Calciumamalgame, flüssig, *siehe*	-	4.3	1389
CALCIUMARSENAT	**P**	6.1	1573
CALCIUMARSENAT UND CALCIUMARSENIT, MISCHUNG, FEST	**P**	6.1	1574
Calciumbisulfit, Lösung, *siehe*	-	8	2693
CALCIUMCARBID	-	4.3	1402
CALCIUMCHLORAT	-	5.1	1452
CALCIUMCHLORAT, WÄSSERIGE LÖSUNG	-	5.1	2429
CALCIUMCHLORIT	-	5.1	1453
CALCIUMCYANAMID mit mehr als 0,1 Masse-% Calciumcarbid	-	4.3	1403
CALCIUMCYANID	**P**	6.1	1575
Calciumdispersionen, *siehe*	-	4.3	1391
CALCIUMDITHIONIT	-	4.2	1923
CALCIUMHYDRID	-	4.3	1404
Calciumhydrogensulfit, Lösung, *siehe*	-	8	2693
CALCIUMHYDROSULFIT	-	4.2	1923
CALCIUMHYPOCHLORIT, HYDRATISIERT, ÄTZEND mit mindestens 5,5 %, aber höchstens 16 % Wasser	**P**	5.1	3487
CALCIUMHYPOCHLORIT, HYDRATISIERTE MISCHUNG, ÄTZEND mit mindestens 5,5 %, aber höchstens 16 % Wasser	**P**	5.1	3487
CALCIUMHYPOCHLORIT, HYDRATISIERTE MISCHUNG mit mindestens 5,5 %, aber höchstens 16 % Wasser	**P**	5.1	2880
CALCIUMHYPOCHLORIT, HYDRATISIERT mit mindestens 5,5 %, aber höchstens 16 % Wasser	**P**	5.1	2880
CALCIUMHYPOCHLORIT, MISCHUNG, TROCKEN, ÄTZEND mit mehr als 10 %, aber höchstens 39 % aktivem Chlor	**P**	5.1	3486
CALCIUMHYPOCHLORIT, MISCHUNG, TROCKEN, ÄTZEND mit mehr als 39 % aktivem Chlor (8,8 % aktivem Sauerstoff)	**P**	5.1	3485
CALCIUMHYPOCHLORIT, MISCHUNG, TROCKEN, mit mehr als 10 % aktivem Chlor, aber höchstens 39 % aktivem Chlor	**P**	5.1	2208
CALCIUMHYPOCHLORIT, MISCHUNG, TROCKEN, mit mehr als 39 % aktivem Chlor (8,8 % aktivem Sauerstoff)	**P**	5.1	1748
CALCIUMHYPOCHLORIT, TROCKEN, ÄTZEND mit mehr als 39 % aktivem Chlor (8,8 % aktivem Sauerstoff)	**P**	5.1	3485
CALCIUMHYPOCHLORIT, TROCKEN, mit mehr als 39 % aktivem Chlor (8,8 % aktivem Sauerstoff)	**P**	5.1	1748
CALCIUMLEGIERUNGEN, PYROPHOR	-	4.2	1855
Calciumlegierung, nicht pyrophor, fest, *siehe*	-	4.3	1393
CALCIUMMANGANSILICIUM	-	4.3	2844
Calciumnaphthenat in Lösung, *siehe*	**P**	9	3082
CALCIUMNITRAT	-	5.1	1454
CALCIUMOXID	-	8	1910
CALCIUMPERCHLORAT	-	5.1	1455
CALCIUMPERMANGANAT	-	5.1	1456
CALCIUMPEROXID	-	5.1	1457
CALCIUMPHOSPHID	-	4.3	1360
CALCIUM, PYROPHOR	-	4.2	1855
CALCIUMRESINAT	-	4.1	1313
CALCIUMRESINAT, GESCHMOLZEN	-	4.1	1314
Calciumselenat, *siehe*	-	6.1	2630
CALCIUMSILICID	-	4.3	1405
Calciumsilicium, *siehe*	-	4.3	1405

IMDG-Code 2019 Index
deutsch

Stoff oder Gegenstand	MP	Klasse	UN-Nr.
Calciumsuperoxid, *siehe*	-	5.1	1457
2-Camphanol, *siehe*	-	4.1	1312
2-Camphanon, *siehe*	-	4.1	2717
Camphechlor, *siehe* ORGANOCHLOR-PESTIZID	P	-	-
CAMPHERÖL	-	3	1130
CAMPHER, synthetisch	-	4.1	2717
Capronaldehyd, *siehe*	-	3	1207
Caprylylchlorid, *siehe*	-	8	3265
CARBAMAT-PESTIZID, FEST, GIFTIG	-	6.1	2757
CARBAMAT-PESTIZID, FLÜSSIG, ENTZÜNDBAR, GIFTIG, Flammpunkt unter 23 °C	-	3	2758
CARBAMAT-PESTIZID, FLÜSSIG, GIFTIG	-	6.1	2992
CARBAMAT-PESTIZID, FLÜSSIG, GIFTIG, ENTZÜNDBAR, mit einem Flammpunkt von 23 °C oder darüber	-	6.1	2991
Carbanil, *siehe*	-	6.1	2487
Carbaryl, *siehe* CARBAMAT-PESTIZID	P	-	-
Carbendazim, *siehe* **Bemerkung 1**	P	-	-
Carbofuran, *siehe* CARBAMAT-PESTIZID	P	-	-
Carbonbisulfid, *siehe*	-	3	1131
Carbonylchlorid, *siehe*	-	2.3	1076
CARBONYLFLUORID	-	2.3	2417
CARBONYLSULFID	-	2.3	2204
Carbophenothion, *siehe* ORGANOPHOSPHOR-PESTIZID	P	-	-
Cartap-Hydrochlorid, *siehe* CARBAMAT-PESTIZID	P	-	-
Cellulosenitrat, Lösung, *siehe*	-	3	2059
Cellulosenitrat mit Alkohol, *siehe*	-	4.1	2556
Cellulosenitrat mit Plastifizierungsmittel, *siehe*	-	4.1	2557
Cellulosenitrat mit Wasser, *siehe*	-	4.1	2555
CER, Barren	-	4.1	1333
CEREISEN	-	4.1	1323
CER, Grieß	-	4.3	3078
Cer Mischmetall, *siehe*	-	4.1	1323
CER, Platten	-	4.1	1333
Cerpulver, pyrophor, *siehe*	-	4.2	1383
CER, Späne	-	4.3	3078
CER, Stangen	-	4.1	1333
Cesium, *siehe* CAESIUM	-	-	-
CHEMIE-TESTSATZ	-	9	3316
CHEMIKALIE UNTER DRUCK, N.A.G.	-	2.2	3500
CHEMIKALIE UNTER DRUCK, ÄTZEND, N.A.G.	-	2.2	3503
CHEMIKALIE UNTER DRUCK, ENTZÜNDBAR, N.A.G.	-	2.1	3501
CHEMIKALIE UNTER DRUCK, ENTZÜNDBAR, ÄTZEND, N.A.G.	-	2.1	3505
CHEMIKALIE UNTER DRUCK, ENTZÜNDBAR, GIFTIG, N.A.G.	-	2.1	3504
CHEMIKALIE UNTER DRUCK, GIFTIG, N.A.G.	-	2.2	3502
CHEMISCHE, PROBE, GIFTIG	-	6.1	3315
Chilesalpeter, *siehe*	-	5.1	1498
CHINOLIN	-	6.1	2656
Chinomethionat, *siehe* PESTIZID N.A.G.	-	-	-
Chinon, *siehe*	-	6.1	2587
CHLOR	P	2.3	1017
Chloracetaldehyd, *siehe*	-	6.1	2232
CHLORACETONITRIL	-	6.1	2668
CHLORACETON, STABILISIERT	P	6.1	1695
CHLORACETOPHENON, FEST	-	6.1	1697
CHLORACETOPHENON, FLÜSSIG	-	6.1	3416
CHLORACETYLCHLORID	-	6.1	1752
CHLOR, ADSORBIERT	-	2.3	3520
CHLORAL, WASSERFREI, STABILISIERT	-	6.1	2075
para-Chlor-*ortho*-Aminophenol, *siehe*	-	6.1	2673
2-Chloranilin, *siehe*	-	6.1	2019
3-Chloranilin, *siehe*	-	6.1	2019
4-Chloranilin, *siehe*	-	6.1	2018
meta-Chloranilin, *siehe*	-	6.1	2019
ortho-Chloranilin, *siehe*	-	6.1	2019

Stoff oder Gegenstand	MP	Klasse	UN-Nr.
para-Chloranilin, *siehe*	-	6.1	2018
CHLORANILINE, FEST		6.1	2018
CHLORANILINE, FLÜSSIG	-	6.1	2019
CHLORANISIDINE	-	6.1	2233
CHLORAT UND BORAT, MISCHUNG	-	5.1	1458
CHLORATE, ANORGANISCHE, N.A.G.	-	5.1	1461
CHLORATE, ANORGANISCHE, WÄSSERIGE LÖSUNG, N.A.G.	-	5.1	3210
CHLORAT UND MAGNESIUMCHLORID, MISCHUNG, FEST	-	5.1	1459
CHLORAT UND MAGNESIUMCHLORID, MISCHUNG, LÖSUNG	-	5.1	3407
CHLORBENZEN	-	3	1134
CHLORBENZOTRIFLUORIDE	-	3	2234
CHLORBENZYLCHLORIDE, FEST	P	6.1	3427
CHLORBENZYLCHLORIDE, FLÜSSIG	P	6.1	2235
1-Chlor-3-brompropan, *siehe*	-	6.1	2688
2-Chlorbutadien-1,3, stabilisiert, *siehe*	-	3	1991
1-Chlorbutan, *siehe*	-	3	1127
2-Chlorbutan, *siehe*	-	3	1127
CHLORBUTANE	-	3	1127
Chlorcarbonate, Giftig, N.A.G., *siehe*	-	6.1	3277
Chlorcarbonate, Giftig, Ätzend, Entzündbar, N.A.G., *siehe*	-	6.1	2742
CHLORCRESOLE, FEST	-	6.1	3437
CHLORCRESOLE, LÖSUNG	-	6.1	2669
CHLORCYAN, STABILISIERT	P	2.3	1589
Chlordan, *siehe* ORGANOCHLOR-PESTIZID	P	-	-
3-Chlor-4-diethylaminobenzendiazonium-Zinkchlorid (Konzentration 100 %), *siehe*	-	4.1	3226
1-CHLOR-1,1-DIFLUORETHAN	-	2.1	2517
CHLORDIFLUORMETHAN	-	2.2	1018
CHLORDIFLUORMETHAN UND CHLORPENTAFLUORETHAN, GEMISCH, mit einem konstanten Siedepunkt, mit ca. 49 % Chlordifluormethan	-	2.2	1973
3-Chlor-1,2-dihydroxypropan, *siehe*	-	6.1	2689
Chlordimeform, *siehe* ORGANOCHLOR-PESTIZID	-	-	-
Chlordimeform-Hydrochlorid, *siehe* ORGANOCHLOR-PESTIZID	-	-	-
Chlordimethylether, *siehe*	-	6.1	1239
CHLORDINITROBENZENE, FEST	P	6.1	3441
CHLORDINITROBENZENE, FLÜSSIG	P	6.1	1577
CHLORESSIGSÄURE, FEST	-	6.1	1751
CHLORESSIGSÄURE, GESCHMOLZEN	-	6.1	3250
CHLORESSIGSÄURE, LÖSUNG	-	6.1	1750
Chlorethan, *siehe*	-	2.1	1037
2-CHLORETHANAL	-	6.1	2232
Chlorethannitril, *siehe*	-	6.1	2668
2-Chlorethanol, *siehe*	-	6.1	1135
2-Chlorethylalkohol, *siehe*	-	6.1	1135
Chlorfenvinphos, *siehe* ORGANOPHOSPHOR-PESTIZID	P	-	-
CHLORFORMIATE, GIFTIG, ÄTZEND, N.A.G.	-	6.1	3277
CHLORFORMIATE, GIFTIG, ÄTZEND, ENTZÜNDBAR, N.A.G.	-	6.1	2742
Chlorinierte Paraffine (C_{10}–C_{13}), *siehe*	P	9	3082
Chlorinierte Paraffine (C_{14}–C_{17}), mit mehr als 1 % kürzerer Kettenlänge, *siehe*	P	9	3082
CHLORITE, ANORGANISCHE, N.A.G.	-	5.1	1462
CHLORITLÖSUNG	-	8	1908
Chlormephos, *siehe* ORGANOPHOSPHOR-PESTIZID	P	-	-
Chlormethan, *siehe*	-	2.1	1063
1-Chlor-3-methylbutan, *siehe*	-	3	1107
2-Chlor-2-methylbutan, *siehe*	-	3	1107
CHLORMETHYLCHLORFORMIAT	-	6.1	2745
Chlormethylcyanid, *siehe*	-	6.1	2668
CHLORMETHYLETHYLETHER	-	3	2354
Chlormethylmethylether, *siehe*	-	6.1	1239
Chlormethylphenole, fest, *siehe*	-	6.1	3437
Chlormethylphenole, Lösung, *siehe*	-	6.1	2669
3-CHLOR-4-METHYLPHENYLISOCYANAT, FEST	-	6.1	3428
3-CHLOR-4-METHYLPHENYLISOCYANAT, FLÜSSIG	-	6.1	2236
Chlormethylpropane, *siehe*	-	3	1127

Stoff oder Gegenstand	MP	Klasse	UN-Nr.
3-Chlor-2-methylprop-1-en, *siehe*	-	3	2554
CHLORNITROANILINE	P	6.1	2237
CHLORNITROBENZENE, FEST	-	6.1	1578
CHLORNITROBENZENE, FLÜSSIG	-	6.1	3409
2-Chlor-6-nitrotoluen, *siehe* **Bemerkung 1**	P	-	-
CHLORNITROTOLUENE, FEST	P	6.1	3457
CHLORNITROTOLUENE, FLÜSSIG	P	6.1	2433
1-Chloroctan, *siehe*	P	9	3082
CHLOROFORM	-	6.1	1888
CHLOROPREN, STABILISIERT	-	3	1991
CHLORPENTAFLUORETHAN	-	2.2	1020
CHLORPENTAFLUORID	-	2.3	2548
Chlorpentane, *siehe*	-	3	1107
3-Chlorperoxybenzoesäure (Konzentration 57 bis 86 %, mit inertem festem Stoff), *siehe*	-	5.2	3102
3-Chlorperoxybenzoesäure (Konzentration ≤ 57 %, mit inertem festem Stoff und mit Wasser), *siehe*	-	5.2	3106
3-Chlorperoxybenzoesäure (Konzentration ≤ 77 %, mit inertem festem Stoff und mit Wasser), *siehe*	-	5.2	3106
Chlorphacinon, *siehe* ORGANOCHLOR-PESTIZID	-	-	-
CHLORPHENOLATE, FEST oder PHENOLATE, FEST	-	8	2905
CHLORPHENOLATE, FLÜSSIG oder PHENOLATE, FLÜSSIG	-	8	2904
CHLORPHENOLE, FEST	-	6.1	2020
CHLORPHENOLE, FLÜSSIG	-	6.1	2021
CHLORPHENYLTRICHLORSILAN	P	8	1753
CHLORPIKRIN	P	6.1	1580
CHLORPIKRIN UND METHYLBROMID, GEMISCH, mit mehr als 2 % Chlorpikrin	-	2.3	1581
CHLORPIKRIN UND METHYLCHLORID, GEMISCH	-	2.3	1582
CHLORPIKRIN, MISCHUNG, N.A.G.	-	6.1	1583
1-CHLORPROPAN	-	3	1278
2-CHLORPROPAN	-	3	2356
3-Chlorpropandiol-1,2, *siehe*	-	6.1	2689
1-CHLORPROPAN-2-OL	-	6.1	2611
1-Chlor-2-propanol, *siehe*	-	6.1	2611
3-CHLORPROPAN-1-OL	-	6.1	2849
2-CHLORPROPEN	-	3	2456
3-Chlorpropen, *siehe*	-	3	1100
3-Chlorprop-1-en, *siehe*	-	3	1100
alpha-CHLORPROPIONSÄURE	-	8	2511
alpha-Chlorpropionsäure, *siehe*	-	8	2511
2-Chlorpropylen, *siehe*	-	3	2456
alpha-Chlorpropylen, *siehe*	-	3	1100
2-CHLORPYRIDIN	-	6.1	2822
Chlorpyriphos, *siehe* ORGANOPHOSPHOR-PESTIZID	P	-	-
CHLORSÄURE, WÄSSERIGE LÖSUNG, mit mehr als 10 % Säure **(Beförderung verboten)**	-	-	-
CHLORSÄURE, WÄSSERIGE LÖSUNG, mit nicht mehr als 10 % Säure	-	5.1	2626
CHLORSILANE, ÄTZEND, N.A.G.	-	8	2987
CHLORSILANE, ÄTZEND, ENTZÜNDBAR, N.A.G.	-	8	2986
CHLORSILANE, ENTZÜNDBAR, ÄTZEND, N.A.G.	-	3	2985
CHLORSILANE, GIFTIG, ÄTZEND, N.A.G.	-	6.1	3362
CHLORSILANE, GIFTIG, ÄTZEND, ENTZÜNDBAR, N.A.G.	-	6.1	3361
CHLORSILANE, MIT WASSER REAGIEREND, ENTZÜNDBAR, ÄTZEND, N.A.G.	-	4.3	2988
CHLORSULFONSÄURE (mit oder ohne Schwefeltrioxid)	-	8	1754
1-CHLOR-1,2,2,2-TETRAFLUORETHAN	-	2.2	1021
Chlorthiophos, *siehe* ORGANOPHOSPHOR-PESTIZID	P	-	-
meta-Chlortoluen, *siehe*	-	3	2238
ortho-Chlortoluen, *siehe*	P	3	2238
para-Chlortoluen, *siehe*	-	3	2238
CHLORTOLUENE	-	3	2238
CHLORTOLUIDINE, FEST	-	6.1	2239
CHLORTOLUIDINE, FLÜSSIG	-	6.1	3429
4-CHLOR-*o*-TOLUIDINHYDROCHLORID, FEST	-	6.1	1579
4-CHLOR-*o*-TOLUIDINHYDROCHLORID, LÖSUNG	-	6.1	3410
1-CHLOR-2,2,2-TRIFLUORETHAN	-	2.2	1983
Chlortrifluorethylen, stabilisiert, *siehe*	-	2.3	1082

Stoff oder Gegenstand	MP	Klasse	UN-Nr.
CHLORTRIFLUORETHYLEN, STABILISIERT (GAS ALS KÄLTEMITTEL R 1113)	-	2.3	1082
CHLORTRIFLUORID	-	2.3	1749
CHLORTRIFLUORMETHAN	-	2.2	1022
CHLORTRIFLUORMETHAN UND TRIFLUORMETHAN, AZEOTROPES GEMISCH mit ca. 60 % Chlortrifluormethan	-	2.2	2599
2-Chlor-5-trifluormethyl-nitrobenzol, *siehe*	**P**	6.1	2307
Chlorvinylacetat, *siehe*	-	6.1	2589
CHLORWASSERSTOFFSÄURE	-	8	1789
CHLORWASSERSTOFF, TIEFGEKÜHLT, FLÜSSIG **(Beförderung verboten)**	-	2.3	2186
CHLORWASSERSTOFF, WASSERFREI	-	2.3	1050
CHROMFLUORID, FEST	-	8	1756
Chrom(III)-fluorid, fest, *siehe*	-	8	1756
CHROMFLUORID, LÖSUNG	-	8	1757
CHROMNITRAT	-	5.1	2720
Chrom(III)-nitrat, *siehe*	-	5.1	2720
CHROMOXYCHLORID	-	8	1758
Chromsäureanhydrid, *siehe*	-	5.1	1463
Chromsäure, fest, *siehe*	-	5.1	1463
CHROMSÄURE, LÖSUNG	-	8	1755
CHROMSCHWEFELSÄURE	-	8	2240
CHROMTRIOXID, WASSERFREI	-	5.1	1463
Chromylchlorid, *siehe*	-	8	1758
Chrysotil, *siehe*	-	9	2590
COBALTNAPHTHENATPULVER	-	4.1	2001
COBALTRESINAT, NIEDERSCHLAG	-	4.1	1318
Cocculus, *siehe*	**P**	6.1	3172
Coconitril, *siehe*	**P**	9	3082
Coffein, *siehe*	-	6.1	1544
Collodiumwolle (Klasse 1), *siehe* NITROCELLULOSE	-	-	-
Collodiumwolle, Lösung, *siehe*	-	3	2059
Collodiumwolle mit Alkohol, *siehe*	-	4.1	2556
Collodiumwolle mit Plastifizierungsmittel, *siehe*	-	4.1	2557
Collodiumwolle mit Wasser, *siehe*	-	4.1	2555
Container unter Begasung, *siehe*	-	9	3359
COPRA	-	4.2	1363
Cordit, *siehe* TREIBLADUNGSPULVER	-	-	-
Coumachlor, *siehe* CUMARIN-PESTIZID	**P**	-	-
Coumafuryl, *siehe* CUMARIN-PESTIZID	-	-	-
Coumaphos, *siehe* CUMARIN-PESTIZID	**P**	-	-
Coumatetryl, *siehe* CUMARIN-PESTIZID	-	-	-
Creosot, *siehe*	**P**	9	3082
Creosotsalze, *siehe*	**P**	4.1	1334
CRESOLE, FEST	-	6.1	3455
CRESOLE, FLÜSSIG	-	6.1	2076
Cresyldiphenylphosphat, *siehe*	**P**	9	3082
Crimidin, *siehe* ORGANOCHLOR-PESTIZID	-	-	-
CROTONALDEHYD	**P**	6.1	1143
CROTONALDEHYD, STABILISIERT	**P**	6.1	1143
CROTONSÄURE, FEST	-	8	2823
CROTONSÄURE, FLÜSSIG	-	8	3472
CROTONYLEN	-	3	1144
Crotoxyphos, *siehe* ORGANOPHOSPHOR-PESTIZID	**P**	-	-
Crufomat, *siehe* ORGANOPHOSPHOR-PESTIZID	-	-	-
CUMARIN-PESTIZID, FEST, GIFTIG	-	6.1	3027
CUMARIN-PESTIZID, FLÜSSIG, ENTZÜNDBAR, GIFTIG, Flammpunkt unter 23 °C	-	3	3024
CUMARIN-PESTIZID, FLÜSSIG, GIFTIG	-	6.1	3026
CUMARIN-PESTIZID, FLÜSSIG, GIFTIG, ENTZÜNDBAR, mit einem Flammpunkt von 23 °C oder darüber	-	6.1	3025
Cumol, *siehe*	-	3	1918
Cumylhydroperoxid (Konzentration $>$ 90 bis 98 %, mit Verdünnungsmittel Typ A), *siehe*	-	5.2	3107
Cumylhydroperoxid (Konzentration $\leq$ 90 %, mit Verdünnungsmittel Typ A), *siehe*	-	5.2	3109
Cumylperoxyneodecanoat (Konzentration $\leq$ 52 %, als stabile Dispersion in Wasser), *siehe*	-	5.2	3119
Cumylperoxyneodecanoat (Konzentration $\leq$ 77 %, mit Verdünnungsmittel Typ B), *siehe*	-	5.2	3115

Stoff oder Gegenstand	MP	Klasse	UN-Nr.
Cumylperoxyneodecanoat (Konzentration ≤ 87 %, mit Verdünnungsmittel Typ A), *siehe*	-	5.2	3115
Cumylperoxyneoheptanoat (Konzentration ≤ 77 %, mit Verdünnungsmittel Typ A), *siehe*	-	5.2	3115
Cumylperoxypivalat (Konzentration ≤ 77 %, mit Verdünnungsmittel Typ B), *siehe*	-	5.2	3115
Cyanacetonitril, *siehe*	-	6.1	2647
Cyanazin, *siehe* TRIAZIN-PESTIZID	-	-	-
CYANBROMID	**P**	6.1	1889
CYANIDE, ANORGANISCH, FEST, N.A.G.	**P**	6.1	1588
Cyanide, Organisch, Entzündbar, Giftig, N.A.G., *siehe*	-	3	3273
Cyanide, organisch, giftig, N.A.G., *siehe*	-	6.1	3276
Cyanide, Organisch, Giftig, Entzündbar, N.A.G., *siehe*	-	6.1	3275
CYANID-LÖSUNG, N.A.G.	**P**	6.1	1935
Cyanid-Mischungen, Anorganisch, fest, N.A.G., *siehe*	**P**	6.1	1588
Cyanophos, *siehe* ORGANOPHOSPHOR-PESTIZID	**P**	-	-
CYANURCHLORID	-	8	2670
CYANWASSERSTOFF, LÖSUNG IN ALKOHOL, mit höchstens 45 % Cyanwasserstoff	**P**	6.1	3294
CYANWASSERSTOFF, LÖSUNG IN ALKOHOL, mit mehr als 45 % Cyanwasserstoff **(Beförderung verboten)**	-	-	-
CYANWASSERSTOFFSÄURE, mit mehr als 20 Masse-% Säure **(Beförderung verboten)**	-	-	-
CYANWASSERSTOFFSÄURE, WÄSSERIGE LÖSUNGEN mit höchstens 20 % Cyanwasserstoff	**P**	6.1	1613
CYANWASSERSTOFF, STABILISIERT, mit weniger als 3 % Wasser	**P**	6.1	1051
CYANWASSERSTOFF, STABILISIERT, mit weniger als 3 % Wasser und aufgesaugt durch eine inerte poröse Masse	**P**	6.1	1614
CYANWASSERSTOFF, WÄSSERIGE LÖSUNGEN, mit höchstens 20 % Cyanwasserstoff	**P**	6.1	1613
CYCLOBUTAN	-	2.1	2601
CYCLOBUTYLCHLORFORMIAT	-	6.1	2744
1,5,9-CYCLODODECATRIEN	**P**	6.1	2518
CYCLOHEPTAN	**P**	3	2241
CYCLOHEPTATRIEN	-	3	2603
1,3,5-Cycloheptatrien, *siehe*	-	3	2603
CYCLOHEPTEN	-	3	2242
1,4-Cyclohexadiendion, *siehe*	-	6.1	2587
CYCLOHEXAN	-	3	1145
CYCLOHEXANON	-	3	1915
Cyclohexanonperoxid(e) (Konzentration ≤ 72 %, als Paste mit Verdünnungsmittel Typ A und mit oder ohne Wasser, Aktivsauerstoffgehalt ≤ 9 %), *siehe*	-	5.2	3106
Cyclohexanonperoxid(e) (Konzentration ≤ 32 %, mit inertem festem Stoff) **(freigestellt)**	-	-	-
Cyclohexanonperoxid(e) (Konzentration ≤ 72 %, mit Verdünnungsmittel Typ A, Aktivsauerstoffgehalt ≤ 9 %), *siehe*	-	5.2	3105
Cyclohexanonperoxid(e) (Konzentration ≤ 91 %, mit Wasser), *siehe*	-	5.2	3104
Cyclohexanthiol, *siehe*	-	3	3054
CYCLOHEXEN	-	3	2256
CYCLOHEXENYLTRICHLORSILAN	-	8	1762
Cycloheximid, *siehe* PESTIZID, N.A.G.	-	-	-
CYCLOHEXYLACETAT	-	3	2243
CYCLOHEXYLAMIN	-	8	2357
CYCLOHEXYLISOCYANAT	-	6.1	2488
CYCLOHEXYLMERCAPTAN	-	3	3054
CYCLOHEXYLTRICHLORSILAN	-	8	1763
CYCLONIT, ANGEFEUCHTET, mit mindestens 15 Masse-% Wasser	-	1.1D	0072
CYCLONIT, DESENSIBILISIERT	-	1.1D	0483
CYCLONIT, IN MISCHUNG MIT CYCLOTETRAMETHYLENTETRANITRAMIN, ANGEFEUCHTET, mit mindestens 15 Masse-% Wasser	-	1.1D	0391
CYCLONIT, IN MISCHUNG MIT CYCLOTETRAMETHYLENTETRANITRAMIN, DESENSIBILISIERT, mit mindestens 10 Masse-% Phlegmatisierungsmittel	-	1.1D	0391
CYCLONIT, IN MISCHUNG MIT HMX, ANGEFEUCHTET, mit mindestens 15 Masse-% Wasser	-	1.1D	0391
CYCLONIT, IN MISCHUNG MIT HMX, DESENSIBILISIERT, mit mindestens 10 Masse-% Phlegmatisierungsmittel	-	1.1D	0391
CYCLONIT, IN MISCHUNG MIT OKTOGEN, ANGEFEUCHTET, mit mindestens 15 Masse-% Wasser	-	1.1D	0391
CYCLONIT, IN MISCHUNG MIT OKTOGEN, DESENSIBILISIERT, mit mindestens 10 Masse-% Phlegmatisierungsmittel	-	1.1D	0391
CYCLOOCTADIENE	-	3	2520
CYCLOOCTADIENPHOSPHINE	-	4.2	2940
CYCLOOCTATETRAEN	-	3	2358
CYCLOPENTAN	-	3	1146

Stoff oder Gegenstand	MP	Klasse	UN-Nr.
CYCLOPENTANOL	-	3	2244
CYCLOPENTANON	-	3	2245
CYCLOPENTEN	-	3	2246
CYCLOPROPAN	-	2.1	1027
CYCLOTETRAMETHYLENTETRANITRAMIN, ANGEFEUCHTET, mit mindestens 15 Masse-% Wasser	-	1.1D	0226
CYCLOTETRAMETHYLENTETRANITRAMIN, DESENSIBILISIERT	-	1.1D	0484
CYCLOTRIMETHYLENTRINITRAMIN, ANGEFEUCHTET, mit mindestens15 Masse-% Wasser	-	1.1D	0072
CYCLOTRIMETHYLENTRINITRAMIN, DESENSIBILISIERT	-	1.1D	0483
CYCLOTRIMETHYLENTRINITRAMIN, IN MISCHUNG MIT CYCLOTETRAMETHYLENTETRANITRAMIN, ANGEFEUCHTET, mit mindestens 15 Masse-% Wasser	-	1.1D	0391
CYCLOTRIMETHYLENTRINITRAMIN, IN MISCHUNG MIT CYCLOTETRAMETHYLENTETRANITRAMIN, DESENSIBILISIERT, mit mindestens 10 Masse-% Phlegmatisierungsmittel	-	1.1D	0391
CYCLOTRIMETHYLENTRINITRAMIN, IN MISCHUNG MIT HMX, ANGEFEUCHTET, mit mindestens 15 Masse-% Wasser	-	1.1D	0391
CYCLOTRIMETHYLENTRINITRAMIN, IN MISCHUNG MIT HMX, DESENSIBILISIERT, mit mindestens 10 Masse-% Phlegmatisierungsmittel	-	1.1D	0391
CYCLOTRIMETHYLENTRINITRAMIN, IN MISCHUNG MIT OKTOGEN, ANGEFEUCHTET, mit mindestens 15 Masse-% Wasser	-	1.1D	0391
CYCLOTRIMETHYLENTRINITRAMIN, IN MISCHUNG MIT OKTOGEN, DESENSIBILISIERT, mit mindestens 10 Masse-% Phlegmatisierungsmittel	-	1.1D	0391
Cyhexatin, *siehe* ORGANOZINN-PESTIZID	**P**	-	-
CYMENE	**P**	3	2046
Cymol, *siehe*	**P**	3	2046
Cypermethrin, *siehe* PYRETHROID-PESTIZID	**P**	-	
2,4-D, *siehe* PHENOXYESSIGSÄUREDERIVAT-PESTIZID	-	-	-
Dazomet, *siehe* PESTIZID, N.A.G.	-	-	-
2,4-DB, *siehe* PHENOXYESSIGSÄUREDERIVAT-PESTIZID	-	-	-
DDT, *siehe* ORGANOCHLOR-PESTIZID	**P**	-	-
Deanol, *siehe*	-	8	2051
DECABORAN	-	4.1	1868
([3R-(3R,5aS,6S,8aS,9R,10R,12S,12aR**)]-Decahydro-10-methoxy-3,6,9-trimethyl-3,12-epoxy-12H-pyrano[4,3-j]-1,2-benzodioxepin) (Konzentration ≤ 100 %), *siehe*	-	5.2	3106
DECAHYDRONAPHTHALEN	-	3	1147
Decaldehyd, *siehe*	**P**	9	3082
Decalin, *siehe*	-	3	1147
n-DECAN	-	3	2247
Decyl Acrylat, *siehe*	**P**	9	3082
Decyloxytetrahydrothiophendioxid, *siehe* **Bemerkung 1**	**P**	-	-
DEF, *siehe* ORGANOPHOSPHOR-PESTIZID	**P**	-	-
DEFLAGRIERENDE METALLSALZE AROMATISCHER NITROVERBINDUNGEN, N.A.G.	-	1.3C	0132
Demephion, *siehe* ORGANOPHOSPHOR-PESTIZID	-	-	-
Demeton, *siehe* ORGANOPHOSPHOR-PESTIZID	-	-	-
Demeton-O, *siehe* ORGANOPHOSPHOR-PESTIZID	-	-	-
Demeton-O-methyl, Thionisomer, *siehe* ORGANOPHOSPHOR-PESTIZID	-	-	-
Demeton-S-methyl, *siehe* ORGANOPHOSPHOR-PESTIZID	-	-	-
Demeton-S-methylsulfoxyd, *siehe* ORGANOPHOSPHOR-PESTIZID	-	-	-
DESENSIBILISIERTER EXPLOSIVER FESTER STOFF, N.A.G.	-	4.1	3380
DESENSIBILISIERTER EXPLOSIVER FLÜSSIGER STOFF, N.A.G.	-	3	3379
DESINFEKTIONSMITTEL, FEST, GIFTIG, N.A.G.	-	6.1	1601
DESINFEKTIONSMITTEL, FLÜSSIG, ÄTZEND, N.A.G.	-	8	1903
DESINFEKTIONSMITTEL, FLÜSSIG, GIFTIG, N.A.G.	-	6.1	3142
Desmedipham, *siehe* **Bemerkung 1**	**P**	-	-
DETONATOREN FÜR MUNITION	-	1.1B	0073
DETONATOREN FÜR MUNITION	-	1.2B	0364
DETONATOREN FÜR MUNITION	-	1.4B	0365
DETONATOREN FÜR MUNITION	-	1.4S	0366
DEUTERIUM, VERDICHTET	-	2.1	1957
Diaceton, *siehe*	-	3	1148
DIACETONALKOHOL	-	3	1148
Diacetonalkoholperoxide (Konzentration ≤ 57 %, mit Verdünnungsmittel Typ B, mit Wasser und mit Wasserstoffperoxid, Konzentration ≤ 9 %, Aktivsauerstoffgehalt ≤ 10 %), *siehe*	-	5.2	3115
Diacetyl, *siehe*	-	3	2346
Diacetylperoxid (Konzentration ≤ 27 %, mit Verdünnungsmittel Typ B), *siehe*	-	5.2	3115

Stoff oder Gegenstand	MP	Klasse	UN-Nr.
Dialifos, *siehe* ORGANOPHOSPHOR-PESTIZID	P	-	-
Diallat, *siehe* PESTIZID, N.A.G.	P	-	-
DIALLYLAMIN	-	3	2359
DIALLYLETHER	-	3	2360
Diaminobenzole *(ortho-; meta-; para-), siehe*	-	6.1	1673
4,4'-DIAMINODIPHENYLMETHAN	P	6.1	2651
1,2-Diaminoethan, *siehe*	-	8	1604
1,6-Diaminohexan, fest, *siehe*	-	8	2280
1,6-Diaminohexan, Lösung, *siehe*	-	8	1783
Diaminopropylamin, *siehe*	-	8	2269
Diamin, wässerige Lösung, *siehe*	-	6.1	3293
DI-*n*-AMYLAMIN	-	3	2841
Di-*tert*-amylperoxid (Konzentration ≤ 100 %), *siehe*	-	5.2	3107
2,2-Di-(*tert*-amylperoxy)-butan (Konzentration ≤ 57 %, mit Verdünnungsmittel Typ A), *siehe*	-	5.2	3105
1,1-Di-(*tert*-amylperoxy)-cyclohexan (Konzentration ≤ 82 %, mit Verdünnungsmittel Typ A), *siehe*	-	5.2	3103
Diazinon, *siehe* ORGANOPHOSPHOR-PESTIZID	P	-	-
DIAZODINITROPHENOL, ANGEFEUCHTET, mit mindestens 40 Masse-% Wasser oder einer Alkohol/Wasser-Mischung	-	1.1A	0074
2-Diazo-1-naphtholsulfonsäureester, Mischung, Typ D (Konzentration < 100 %), *siehe*	-	4.1	3226
2-Diazo-1-naphthol-4-sulfonylchlorid (Konzentration 100 %), *siehe*	-	4.1	3222
2-Diazo-1-naphthol-5-sulfonylchlorid (Konzentration 100 %), *siehe*	-	4.1	3222
Dibenzopyridin, *siehe*	-	6.1	2713
Dibenzoylperoxid (Konzentration ≤ 52 %, als Paste mit Verdünnungsmittel Typ A und mit oder ohne Wasser), *siehe*	-	5.2	3108
Dibenzoylperoxid (Konzentration ≤ 56,5 %, als Paste mit Wasser), *siehe*	-	5.2	3108
Dibenzoylperoxid (Konzentration ≤ 42 %, als stabile Dispersion in Wasser), *siehe*	-	5.2	3109
Dibenzoylperoxid (Konzentration > 52 bis 100 %, mit inertem festem Stoff), *siehe*	-	5.2	3102
Dibenzoylperoxid (Konzentration > 52 bis 62 %, als Paste mit Verdünnungsmittel Typ A und mit oder ohne Wasser), *siehe*	-	5.2	3106
Dibenzoylperoxid (Konzentration > 35 bis 52 %, mit inertem festem Stoff), *siehe*	-	5.2	3106
Dibenzoylperoxid (Konzentration > 36 bis 42 %, mit Verdünnungsmittel Typ A und mit Wasser), *siehe*	-	5.2	3107
Dibenzoylperoxid (Konzentration > 77 bis 94 %, mit Wasser), *siehe*	-	5.2	3102
Dibenzoylperoxid (Konzentration ≤ 35 %, mit inertem festem Stoff) **(freigestellt)**	-	-	-
Dibenzoylperoxid (Konzentration ≤ 62 %, mit inertem festem Stoff und mit Wasser), *siehe*	-	5.2	3106
Dibenzoylperoxid (Konzentration ≤ 77 %, mit Wasser), *siehe*	-	5.2	3104
DIBENZYLDICHLORSILAN	-	8	2434
Dibernsteinsäureperoxid (Konzentration > 72 bis 100 %), *siehe*	-	5.2	3102
Dibernsteinsäureperoxid (Konzentration ≤ 72 %, mit Wasser), *siehe*	-	5.2	3116
DIBORAN	-	2.3	1911
1,3-Dibrombenzen, *siehe*	P	9	3082
1,2-DIBROMBUTAN-3-ON	-	6.1	2648
DIBROMCHLORPROPANE	-	6.1	2872
1,2-Dibrom-3-chlorpropan (Pestizide), *siehe*	-	6.1	2872
DIBROMDIFLUORMETHAN	-	9	1941
1,2-Dibromethan, *siehe*	-	6.1	1605
DIBROMMETHAN	-	6.1	2664
2,5-Dibutoxy-4-(4-morpholinyl)-benzen-diazonium, Tetrachlorzinkat(2:1) (Konzentration 100 %), *siehe*	-	4.1	3228
DI-*n*-BUTYLAMIN	-	8	2248
DIBUTYLAMINOETHANOL	-	6.1	2873
2-Dibutylaminoethanol, *siehe*	-	6.1	2873
1,4-Di-*tert*-butylbenzen, *siehe*	P	9	3077
Di-(4-tert-butylcyclohexyl)-peroxydicarbonat, *siehe*	-	5.2	3116
Di-(4-*tert*-butylcyclohexyl)-peroxydicarbonat (Konzentration ≤ 100 %), *siehe*	-	5.2	3114
Di-(4-*tert*-butylcyclohexyl)-peroxydicarbonat (Konzentration ≤ 42 %, als stabile Dispersion in Wasser), *siehe*	-	5.2	3119
DIBUTYLETHER	-	3	1149
Di-*normal*-butylketon, *siehe*	P	3	1224
Di-*tert*-butylperoxid (Konzentration > 52 bis 100 %), *siehe*	-	5.2	3107
Di-*tert*-butylperoxid (Konzentration ≤ 52 %, mit Verdünnungsmittel Typ B), *siehe*	-	5.2	3109
Di-*tert*-butylperoxyazelat (Konzentration ≤ 52 %, mit Verdünnungsmittel Typ A), *siehe*	-	5.2	3105
2,2-Di-(*tert*-butylperoxy)-butan (Konzentration ≤ 52 %, mit Verdünnungsmittel Typ A), *siehe*	-	5.2	3103

Stoff oder Gegenstand	MP	Klasse	UN-Nr.
1,6-Di-*tert*-butylperoxycarbonyloxy)-hexan (Konzentration ≤ 72 %, mit Verdünnungsmittel Typ A), *siehe*	-	5.2	3103
1,1-Di-(*tert*-butylperoxy)-cyclohexan + *tert*-Butylperoxy-2-ethylhexanoat (Konzentration ≤ 43 % + ≤ 16 %, mit Verdünnungsmittel Typ A), *siehe*	-	5.2	3105
1,1-Di-(*tert*-butylperoxy)-cyclohexan (Konzentration > 80 bis 100 %), *siehe*	-	5.2	3101
1,1-Di-(*tert*-butylperoxy)-cyclohexan (Konzentration > 42 bis 52 %, mit Verdünnungsmittel Typ A), *siehe*	-	5.2	3105
1,1-Di-(*tert*-butylperoxy)-cyclohexan (Konzentration > 52 bis 80 %, mit Verdünnungsmittel Typ A), *siehe*	-	5.2	3103
1,1-Di-(*tert*-butylperoxy)-cyclohexan (Konzentration ≤ 13 %, mit Verdünnungmittel Typ A und B), *siehe*	-	5.2	3109
1,1-Di-(*tert*-butylperoxy)-cyclohexan (Konzentration ≤ 27 %, mit Verdünnungsmittel Typ A), *siehe*	-	5.2	3107
1,1-Di-(*tert*-butylperoxy)-cyclohexan (Konzentration ≤ 42 %, mit Verdünnungsmittel Typ A), *siehe*	-	5.2	3109
1,1-Di-(*tert*-butylperoxy)-cyclohexan (Konzentration ≤ 72 %, mit Verdünnungsmittel Typ B), *siehe*	-	5.2	3103
1,1-Di-(*tert*-butylperoxy)-cyclohexan (Konzentration ≤ 42 %, mit Verdünnungsmittel Typ A und mit inertem festem Stoff), *siehe*	-	5.2	3106
Di-*n*-butylperoxydicarbonat (Konzentration ≤ 42 %, als stabile Dispersion in Wasser (gefroren)), *siehe*	-	5.2	3118
Di-*sec*-butylperoxydicarbonat (Konzentration > 52 bis 100 %), *siehe*	-	5.2	3113
Di-*n*-butylperoxydicarbonat (Konzentration > 27 bis 52 %, mit Verdünnungsmittel Typ B), *siehe*	-	5.2	3115
Di-*n*-butylperoxydicarbonat (Konzentration ≤ 27 %, mit Verdünnungsmittel Typ B), *siehe*	-	5.2	3117
Di-*sec*-butylperoxydicarbonat (Konzentration ≤ 52 %, mit Verdünnungsmittel Typ B), *siehe*	-	5.2	3115
Di-(*tert*-butylperoxyisopropyl)-benzen(e) (Konzentration > 42 bis 100 %, mit inertem festem Stoff), *siehe*	-	5.2	3106
Di-(2-*tert*-butylperoxyisopropyl)-benzen(e) (Konzentration ≤ 42 %, mit inertem festem Stoff) **(freigestellt)**	-	-	-
Di-(*tert*-butylperoxy)-phthalat (Konzentration ≤ 52 %, als Paste mit Verdünnungsmittel Typ A und mit oder ohne Wasser), *siehe*	-	5.2	3106
Di-(*tert*-butylperoxy)-phthalat (Konzentration > 42 bis 52 %, mit Verdünnungsmittel Typ A), *siehe*	-	5.2	3105
Di-(*tert*-butylperoxy)-phthalat (Konzentration ≤ 42 %, mit Verdünnungsmittel Typ A), *siehe*	-	5.2	3107
2,2-Di-(*tert*-butylperoxy)-propan (Konzentration ≤ 52 %, mit Verdünnungsmittel Typ A), *siehe*	-	5.2	3105
2,2-Di-(*tert*-butylperoxy)-propan (Konzentration ≤ 42 %, mit Verdünnungsmittel Typ A und mit inertem festem Stoff), *siehe*	-	5.2	3106
1,1-Di-(*tert*-butylperoxy)-3,3,5-trimethylcyclohexan (Konzentration > 90 bis 100 %), *siehe*	-	5.2	3101
1,1-Di-(*tert*-butylperoxy)-3,3,5-trimethylcyclohexan (Konzentration > 57 bis 90 %, mit Verdünnungsmittel Typ A), *siehe*	-	5.2	3103
1,1-Di-(*tert*-butylperoxy)-3,3,5-trimethylcyclohexan (Konzentration ≤ 57 %, mit inertem festem Stoff), *siehe*	-	5.2	3110
1,1-Di-(*tert*-butylperoxy)-3,3,5-trimethylcyclohexan (Konzentration ≤ 32 %, mit Verdünnungsmittel Typ A und B), *siehe*	-	5.2	3107
1,1-Di-(*tert*-butylperoxy)-3,3,5-trimethylcyclohexan (Konzentration ≤ 57 %, mit Verdünnungsmittel Typ A), *siehe*	-	5.2	3107
1,1-Di-(*tert*-butylperoxy)-3,3,5-trimethylcyclohexan (Konzentration ≤ 77 %, mit Verdünnungsmittel Typ B), *siehe*	-	5.2	3103
1,1-Di-(*tert*-butylperoxy)-3,3,5-trimethylcyclohexan (Konzentration ≤ 90 %, mit Verdünnungsmittel Typ B), *siehe*	-	5.2	3103
2,4-Di-*tert*-butylphenol, *siehe* **Bemerkung 1**	-	-	-
2,6-Di-*tert*-butylphenol, *siehe* **Bemerkung 1**	-	-	-
Di-*n*-butylphthalat, *siehe*	P	9	3082
Dicetylperoxydicarbonat (Konzentration ≤ 100 %), *siehe*	-	5.2	3120
Dicetylperoxydicarbonat (Konzentration ≤ 42 %, als stabile Dispersion in Wasser), *siehe*	-	5.2	3119
Dichlofenthion, *siehe* ORGANOPHOSPHOR-PESTIZID	P	-	-
1,3-DICHLORACETON	-	6.1	2649
DICHLORACETYLCHLORID	-	8	1765
DICHLORANILINE, FEST	P	6.1	3442
DICHLORANILINE, FLÜSSIG	P	6.1	1590
1,2-Dichlorbenzen, *siehe*	-	6.1	1591
1,3-Dichlorbenzen, *siehe*	P	6.1	2810
1,4-Dichlorbenzen, *siehe*	P	9	3082
meta-Dichlorbenzen, *siehe*	P	6.1	2810
o-DICHLORBENZEN	-	6.1	1591
para-Dichlorbenzen, *siehe*	P	9	3082
Di-(4-chlorbenzoyl)-peroxid (Konzentration ≤ 52 %, als Paste mit Verdünnungsmittel Typ A und mit oder ohne Wasser), *siehe*	-	5.2	3106
Di-(4-chlorbenzoyl)-peroxid (Konzentration ≤ 32 %, mit inertem festem Stoff) **(freigestellt)**	-	-	-

Stoff oder Gegenstand	MP	Klasse	UN-Nr.
Di-(4-chlorbenzoyl)-peroxid (Konzentration ≤ 77 %, mit Wasser), *siehe*	-	5.2	3102
2,2'-DICHLORDIETHYLETHER	-	6.1	1916
DICHLORDIFLUORMETHAN	-	2.2	1028
DICHLORDIFLUORMETHAN UND DIFLUORETHAN, AZEOTROPES GEMISCH mit ca. 74 % Dichlordifluormethan	-	2.2	2602
Dichlordifluormethan und Ethylenoxid, Gemisch, *siehe*	-	2.2	3070
DICHLORDIMETHYLETHER, SYMMETRISCH	-	6.1	2249
DICHLORESSIGSÄURE	-	8	1764
1,1-DICHLORETHAN	-	3	2362
1,2-Dichlorethan, *siehe*	-	3	1184
1,2-DICHLORETHYLEN	-	3	1150
1,1-Dichlorethylen, stabilisiert, *siehe*	P	3	1303
Di-(2-chlorethyl)ether, *siehe*	-	6.1	1916
1,6-Dichlorhexan, *siehe*	P	9	3082
alpha-Dichlorhydrin, *siehe*	-	6.1	2750
DICHLORISOCYANURSÄURESALZE	-	5.1	2465
DICHLORISOCYANURSÄURE, TROCKEN	-	5.1	2465
Dichlorisopropylalkohol, *siehe*	-	6.1	2750
DICHLORISOPROPYLETHER	-	6.1	2490
DICHLORMETHAN	-	6.1	1593
DICHLORMONOFLUORMETHAN	-	2.2	1029
1,1-DICHLOR-1-NITROETHAN	-	6.1	2650
DICHLORPENTANE	-	3	1152
2,4-Dichlorphenol, *siehe*	P	6.1	2020
Dichlorphenole, fest, *siehe*	-	6.1	2020
Dichlorphenole, flüssig, *siehe*	-	6.1	2021
DICHLORPHENYLISOCYANATE	-	6.1	2250
DICHLORPHENYLTRICHLORSILAN	P	8	1766
1,1-Dichlorpropan, *siehe*	-	3	1993
1,2-DICHLORPROPAN	-	3	1279
1,3-Dichlorpropan, *siehe*	-	3	1993
1,3-DICHLORPROPAN-2-OL	-	6.1	2750
1,3-Dichlor-2-propanon, *siehe*	-	6.1	2649
1,3-Dichlorpropen, *siehe*	P	3	2047
DICHLORPROPENE	-	3	2047
DICHLORSILAN	-	2.3	2189
1,2-DICHLOR-1,1,2,2-TETRAFLUORETHAN	-	2.2	1958
Dichlor-*s*-triazin-2,4,6-trion	-	5.1	2465
Dichlorvos, *siehe* ORGANOPHOSPHOR-PESTIZID	P	-	-
Diclofop-methyl, *siehe* **Bemerkung 1**	P	-	-
Dicoumarol, *siehe* CUMARIN-PESTIZID	-	-	-
Dicrotophos, *siehe* ORGANOPHOSPHOR-PESTIZID	P	-	-
Dicumylperoxid (Konzentration > 52 bis 100 %), *siehe*	-	5.2	3110
Dicumylperoxid (Konzentration ≤ 52 %, mit inertem festem Stoff) **(freigestellt)**	-	-	-
DICYAN	-	2.3	1026
1,4-Dicyanobutan, *siehe*	-	6.1	2205
Dicyanogen, *siehe*	-	2.3	1026
Dicycloheptadien, stabilisiert, *siehe*	-	3	2251
DICYCLOHEXYLAMIN	-	8	2565
Dicyclohexylaminnitrit, *siehe*	P	4.1	2687
DICYCLOHEXYLAMMONIUMNITRIT	-	4.1	2687
Dicyclohexylperoxydicarbonat (Konzentration ≤ 42 %, als stabile Dispersion in Wasser), *siehe*	-	5.2	3119
Dicyclohexylperoxydicarbonat (Konzentration > 91 bis 100 %), *siehe*	-	5.2	3112
Dicyclohexylperoxydicarbonat (Konzentration ≤ 91 %, mit Wasser), *siehe*	-	5.2	3114
DICYCLOPENTADIEN	-	3	2048
Didecanoylperoxid (Konzentration ≤ 100 %), *siehe*	-	5.2	3114
2,2-Di-(4,4-di-(*tert*-butylperoxy)-cyclohexyl)-propan (Konzentration ≤ 42 %), mit inertem festem Stoff), *siehe*	-	5.2	3106
2,2-Di-(4,4-di-(*tert*-butylperoxy)-cyclohexyl)-propan (Konzentration ≤ 22 %, mit Wasser), *siehe*	-	5.2	3107
Di-(2,4-dichlorbenzoyl)-peroxid (Konzentration ≤ 52 %, als Paste), *siehe*	-	5.2	3118
Di-(2,4-dichlorbenzoyl)-peroxid (Konzentration ≤ 52 %, als Paste mit Silikonöl), *siehe*	-	5.2	3106
Di-(2,4-dichlorbenzoyl)-peroxid (Konzentration ≤ 77 %, mit Wasser), *siehe*	-	5.2	3102
1,2-DI-(DIMETHYLAMINO)-ETHAN	-	3	2372

Stoff oder Gegenstand	MP	Klasse	UN-Nr.
DIDYMIUMNITRAT	-	5.1	1465
Dieldrin, *siehe* ORGANOCHLOR-PESTIZID	P	-	-
DIESELKRAFTSTOFF	-	3	1202
1,1-Diethoxyethan, *siehe*	-	3	1088
1,2-Diethoxyethan, *siehe*	-	3	1153
Di-(2-ethoxyethyl)-peroxydicarbonat (Konzentration ≤ 52 %, mit Verdünnungsmittel Typ B), *siehe*	-	5.2	3115
DIETHOXYMETHAN	-	3	2373
2,5-Diethoxy-4-morpholinobenzen-diazonium-tetrafluoroborat (Konzentration 100 %), *siehe*	-	4.1	3236
2,5-Diethoxy-4-morpholinobenzendiazonium-Zinkchlorid (Konzentration 66 %), *siehe*	-	4.1	3236
2,5-Diethoxy-4-morpholinobenzendiazonium-Zinkchlorid (Konzentration 67 bis 100 %), *siehe*	-	4.1	3236
2,5-Diethoxy-4-(4-morpholinyl)-benzendiazoniumsulfat (Konzentration 100 %), *siehe*	-	4.1	3226
2,5-Diethoxy-4-(phenylsulfonyl)-benzendiazonium-Zinkchlorid (Konzentration 67 %), *siehe*	-	4.1	3236
3,3-DIETHOXYPROPEN	-	3	2374
Diethylacetaldehyd, *siehe*	-	3	1178
DIETHYLAMIN	-	3	1154
1-Diethylamino-4-aminopentan, *siehe*	-	6.1	2946
Diethylaminoethanol, *siehe*	-	8	2686
2-DIETHYLAMINOETHANOL	-	8	2686
3-DIETHYLAMINOPROPYLAMIN	-	3	2684
N,N-DIETHYLANILIN	-	6.1	2432
DIETHYLBENZEN	-	3	2049
Diethylcarbinol, *siehe*	-	3	1105
DIETHYLCARBONAT	-	3	2366
DIETHYLDICHLORSILAN	-	8	1767
Diethylendiamin, *siehe*	-	8	2579
Diethylendiamin, fest, *siehe*	-	8	2579
1,4-Diethylendioxid, *siehe*	-	3	1165
Diethylenglycol-bis-(allylcarbonat) + Diisopropylperoxydicarbonat (Konzentration ≥ 88 % + ≤ 12 %), *siehe*	-	4.1	3237
DIETHYLENGLYCOLDINITRAT, DESENSIBILISIERT, mit mindestens 25 Masse-% nicht flüchtigem, wasserunlöslichem Phlegmatisierungsmittel	-	1.1D	0075
Diethylenoxid, *siehe*	-	3	1165
DIETHYLENTRIAMIN	-	8	2079
N,N-Diethylethanolamin, *siehe*	-	8	2686
DIETHYLETHER	-	3	1155
N,N-DIETHYLETHYLENDIAMIN	-	8	2685
Diethylformal, *siehe*	-	3	2373
Di-(2-ethylhexyl)-peroxydicarbonat (Konzentration ≤ 62 %, als stabile Dispersion in Wasser), *siehe*	-	5.2	3119
Di-(2-ethylhexyl)-peroxydicarbonat (Konzentration ≤ 52 %, als stabile Dispersion in Wasser (gefroren)), *siehe*	-	5.2	3120
Di-(2-ethylhexyl)-peroxydicarbonat (Konzentration > 77 bis 100 %), *siehe*	-	5.2	3113
Di-(2-ethylhexyl)-peroxydicarbonat (Konzentration ≤ 77 %, mit Verdünnungsmittel Typ B), *siehe*	-	5.2	3115
Di-(2-ethylhexyl)phosphorsäure, *siehe*	-	8	1902
DIETHYLKETON	-	3	1156
Diethyloxalat, *siehe*	-	6.1	2525
Diethylperoxydicarbonat (Konzentration ≤ 27 %, mit Verdünnungsmittel Typ B), *siehe*	-	5.2	3115
N,N-Diethyl-1,3-propandiamin, *siehe*	-	3	2684
DIETHYLSULFAT	-	6.1	1594
DIETHYLSULFID	-	3	2375
DIETHYLTHIOPHOSPHORYLCHLORID	-	8	2751
Diethylzink, *siehe*	-	4.2	3394
Difenacoum, *siehe* CUMARIN-PESTIZID	-	-	-
Difenzoquat, *siehe* PESTIZID, N.A.G.	-	-	-
Difluorchlorethan, *siehe*	-	2.1	2517
Difluordibrommethan, *siehe*	-	9	1941
1,1-DIFLUORETHAN	-	2.1	1030
Difluorethan und Dichlordifluormethan, azeotropes Gemisch mit ca. 74 % Dichlordifluormethan, *siehe* DICHLORDIFLUORMETHAN UND DIFLUORETHAN, AZEOTROPES GEMISCH	-	-	-
1,1-DIFLUORETHYLEN	-	2.1	1959
DIFLUORMETHAN	-	2.1	3252
2,4-Difluoroanilin, *siehe*	-	6.1	2941
DIFLUORPHOSPHORSÄURE, WASSERFREI	-	8	1768
2,2-Dihydroperoxypropan (Konzentration ≤ 27 %, mit inertem festem Stoff), *siehe*	-	5.2	3102

Stoff oder Gegenstand	MP	Klasse	UN-Nr.
2,3-DIHYDROPYRAN	-	3	2376
meta-Dihydroxybenzol, *siehe*	-	6.1	2876
Di-(1-hydroxycyclohexyl)-peroxid (Konzentration ≤ 100 %), *siehe*	-	5.2	3106
DIISOBUTYLAMIN	-	3	2361
DIISOBUTYLENE, ISOMERE VERBINDUNGEN	-	3	2050
DIISOBUTYLKETON	-	3	1157
Diisobutyrylperoxid, *siehe*	-	5.2	3119
Diisobutyrylperoxid (Konzentration > 32 bis 52 %, mit Verdünnungsmittel Typ B), *siehe*	-	5.2	3111
Diisobutyrylperoxid (Konzentration ≤ 32 %, mit Verdünnungsmittel Typ B), *siehe*	-	5.2	3115
DIISOOCTYLPHOSPHAT	-	8	1902
Diisopropyl, *siehe*	-	3	2457
DIISOPROPYLAMIN	-	3	1158
Di-isopropylbenzen-dihydroperoxid (Konzentration ≤ 82 %, mit Verdünnungsmittel Typ A und mit Wasser), *siehe*	-	5.2	3106
Diisopropylbenzole, *siehe*	**P**	9	3082
DIISOPROPYLETHER	-	3	1159
Diisopropylnaphthalene, Isomerengemische, *siehe*	**P**	9	3082
Di-isopropyl-peroxydicarbonat (Konzentration > 52 bis 100 %), *siehe*	-	5.2	3112
Diisopropylperoxydicarbonat (Konzentration ≤ 32 %, mit Verdünnungsmittel Typ A), *siehe*	-	5.2	3115
Diisopropylperoxydicarbonat (Konzentration ≤ 52 %, mit Verdünnungsmittel Typ B), *siehe*	-	5.2	3115
DIKETEN, STABILISIERT	-	6.1	2521
Dilauroylperoxid (Konzentration ≤ 100 %), *siehe*	-	5.2	3106
Dilauroylperoxid (Konzentration ≤ 42 %, als stabile Dispersion in Wasser), *siehe*	-	5.2	3109
Dimefox, *siehe* ORGANOPHOSPHOR-PESTIZID	-	-	-
Dimetan, *siehe* CARBAMAT-PESTIZID	-	-	-
Dimethoat, *siehe* ORGANOPHOSPHOR-PESTIZID	**P**	-	-
Di-(3-methoxybutyl)-peroxydicarbonat (Konzentration ≤ 52 %, mit Verdünnungsmittel Typ B), *siehe*	-	5.2	3115
1,1-DIMETHOXYETHAN	-	3	2377
1,2-DIMETHOXYETHAN	-	3	2252
Dimethoxymethan, *siehe*	-	3	1234
2,5-Dimethoxy-4-(4-methylphenylsulfonyl)-benzendiazonium-Zinkchlorid (Konzentration 79 %), *siehe*	-	4.1	3236
Dimethoxystrychnin, *siehe*	-	6.1	1570
Dimethylacetal, *siehe*	-	3	2377
1,1-Dimethylaceton, *siehe*	-	3	2397
Dimethylacetylen, *siehe*	-	3	1144
2-DIMETHYLAMINOACETONITRIL	-	3	2378
4-(Dimethylamino)benzen-diazoniumtrichlorzinkat(-1) (Konzentration 100 %), *siehe*	-	4.1	3228
4-Dimethylamino-6-(2-dimethylaminoethoxy)toluen-2-diazonium-Zinkchlorid (Konzentration 100 %), *siehe*	-	4.1	3236
2-DIMETHYLAMINOETHANOL	-	8	2051
2-DIMETHYLAMINOETHYLACRYLAT, STABILISIERT	-	6.1	3302
2-DIMETHYLAMINOETHYLMETHACRYLAT	-	6.1	2522
DIMETHYLAMIN, WASSERFREI	-	2.1	1032
DIMETHYLAMIN, WÄSSERIGE LÖSUNG	-	3	1160
3,4-Dimethylanilin, *siehe*	-	6.1	1711
N,N-DIMETHYLANILIN	-	6.1	2253
Dimethylarsensäure, *siehe*	-	6.1	1572
Dimethylbenzene, *siehe*	-	3	1307
Di-(4-methylbenzoyl)-peroxid (Konzentration ≤ 52 %, als Paste mit Silikonöl), *siehe*	-	5.2	3106
Di-(3-methylbenzoyl)-peroxid (Konzentration ≤ 20 %), mit Benzoyl-(3-methylbenzoyl)-peroxid (Konzentration ≤ 18 %), mit Dibenzoylperoxid (Konzentration ≤ 4 %) und mit Verdünnungsmittel Typ B, *siehe*	-	5.2	3115
Di-(2-methylbenzoyl)-peroxid (Konzentration ≤ 87 %, mit Wasser), *siehe*	-	5.2	3112
Dimethylbenzylamin, *siehe*	-	8	2619
n,n-Dimethylbenzylamin, *siehe*	-	8	2619
2,3-DIMETHYLBUTAN	-	3	2457
1,3-DIMETHYLBUTYLAMIN	-	3	2379
DIMETHYLCARBAMOYLCHLORID	-	8	2262
Dimethylcarbinol, *siehe*	-	3	1219
DIMETHYLCARBONAT	-	3	1161
DIMETHYLCYCLOHEXANE	-	3	2263
N,N-DIMETHYLCYCLOHEXYLAMIN	-	8	2264

Stoff oder Gegenstand	MP	Klasse	UN-Nr.
2,5-Dimethyl-2,5-di-(benzoylperoxy)-hexan (Konzentration > 82 bis 100 %), *siehe*	-	5.2	3102
2,5-Dimethyl-2,5-di-(benzoylperoxy)-hexan (Konzentration ≤ 82 %, mit inertem festem Stoff), *siehe*	-	5.2	3106
2,5-Dimethyl-2,5-di-(benzoylperoxy)-hexan (Konzentration ≤ 82 %, mit Wasser), *siehe*	-	5.2	3104
2,5-Dimethyl-2,5-di-(*tert*-butylperoxy)-hexan (Konzentration ≤ 47 %, als Paste), *siehe*	-	5.2	3108
2,5-Dimethyl-2,5-di-(*tert*-butylperoxy)-hexan (Konzentration > 52 bis 90 %), *siehe*	-	5.2	3105
2,5-Dimethyl-2,5-di-(*tert*-butylperoxy)-hexan (Konzentration > 90 bis 100 %), *siehe*	-	5.2	3103
2,5-Dimethyl-2,5-di-(*tert*-butylperoxy)-hexan (Konzentration ≤ 77 %, mit inertem festem Stoff), *siehe*	-	5.2	3108
2,5-Dimethyl-2,5-di-(*tert*-butylperoxy)-hexan (Konzentration ≤ 52 %, mit Verdünnungsmittel Typ A), *siehe*	-	5.2	3109
2,5-Dimethyl-2,5-di-(*tert*-butylperoxy)-hex-3-in (Konzentration > 86 bis 100 %), *siehe*	-	5.2	3101
2,5-Dimethyl-2,5-di-(*tert*-butylperoxy)-hex-3-in (Konzentration > 52 bis 86 %, mit Verdünnungsmittel Typ A), *siehe*	-	5.2	3103
2,5-Dimethyl-2,5-di-(*tert*-butylperoxy)-hex-3-in (Konzentration ≤ 52 %, mit inertem festem Stoff), *siehe*	-	5.2	3106
DIMETHYLDICHLORSILAN	-	3	1162
DIMETHYLDIETHOXYSILAN	-	3	2380
2,5-Dimethyl-2,5-di-(2-ethylhexanoylperoxy)-hexan (Konzentration ≤ 100 %), *siehe*	-	5.2	3113
2,5-Dimethyl-2,5-dihydroperoxyhexan (Konzentration ≤ 82 %, mit Wasser), *siehe*	-	5.2	3104
DIMETHYLDIOXANE	-	3	2707
DIMETHYLDISULFID	**P**	3	2381
2,5-Dimethyl-2,5-di-(3,5,5-trimethylhexanoylperoxy)-hexan (Konzentration ≤ 77 %, mit Verdünnungsmittel Typ A), *siehe*	-	5.2	3105
N,N-Dimethyldodecylamin, *siehe* **Bemerkung 1**	**P**	-	-
Dimethylenimin, stabilisiert, *siehe*	-	6.1	1185
Dimethylethanolamin, *siehe*	-	8	2051
DIMETHYLETHER	-	2.1	1033
N,N-DIMETHYLFORMAMID	-	3	2265
N,N-Dimethylglycinnitril, *siehe*	-	3	2378
Dimethylglyoxal, *siehe*	-	3	2346
2,6-Dimethyl-4-heptanon, *siehe*	-	3	1157
1,1-Dimethylhydrazin, *siehe*	**P**	6.1	1163
1,2-Dimethylhydrazin, *siehe*	**P**	6.1	2382
DIMETHYLHYDRAZIN, ASYMMETRISCH	**P**	6.1	1163
DIMETHYLHYDRAZIN, SYMMETRISCH	**P**	6.1	2382
1,1-Dimethyl-3-hydroxybutylperoxyneoheptanoat (Konzentration ≤ 52 %, mit Verdünnungsmittel Typ A), *siehe*	-	5.2	3117
Dimethylketon, *siehe*	-	3	1090
Dimethylketon, Lösungen, *siehe*	-	3	1090
n,n-Dimethyl-4-nitrosoanilin, *siehe*	-	4.2	1369
para-Dimethylnitrosoanilin, *siehe*	-	4.2	1369
Dimethylphenole, fest, *siehe*	-	6.1	2261
Dimethylphenole, flüssig, *siehe*	-	6.1	3430
Dimethylphosphorchloridthionat, *siehe*	-	6.1	2267
2,2-DIMETHYLPROPAN	-	2.1	2044
DIMETHYL-N-PROPYLAMIN	-	3	2266
N,N-Dimethylpropylamin, *siehe*	-	3	2266
Dimethyl *normal*-propylcarbinol, *siehe*	-	3	2560
DIMETHYLSULFAT	-	6.1	1595
DIMETHYLSULFID	-	3	1164
DIMETHYLTHIOPHOSPHORYLCHLORID	-	6.1	2267
Dimethylzink, *siehe*	-	4.2	3394
Dimetilan, *siehe* CARBAMAT-PESTIZID	-	-	-
Dimexano, *siehe* PESTIZID, N.A.G.	-	-	-
Dimyristylperoxydicarbonat (Konzentration ≤ 100 %), *siehe*	-	5.2	3116
Dimyristylperoxydicarbonat (Konzentration ≤ 42 %, als stabile Dispersion in Wasser), *siehe*	-	5.2	3119
DINATRIUMTRIOXOSILICAT	-	8	3253
Dinatriumtrioxosilicat, Pentahydrat, *siehe*	-	8	3253
Di-(2-neodecanoylperoxyisopropyl)-benzen (Konzentration ≤ 52 %, mit Verdünnungsmittel Typ A), *siehe*	-	5.2	3115
DINGU	-	1.1D	0489
DINITROANILINE	-	6.1	1596
DINITROBENZENE, FEST	-	6.1	3443
DINITROBENZENE, FLÜSSIG	-	6.1	1597

Stoff oder Gegenstand	MP	Klasse	UN-Nr.
Dinitrochlorbenzene, fest, *siehe*	P	6.1	3441
Dinitrochlorbenzene, flüssig, *siehe*	P	6.1	1577
DINITRO-*o*-CRESOL	P	6.1	1598
DINITROGLYCOLURIL	-	1.1D	0489
Dinitrophenate, Angefeuchtet, *siehe*	P	4.1	1321
Dinitrophenate (Klasse 1), *siehe*	P	1.3C	0077
DINITROPHENOL, ANGEFEUCHTET, mit mindestens 15 Masse-% Wasser	P	4.1	1320
DINITROPHENOLATE, ANGEFEUCHTET, mit mindestens 15 Masse-% Wasser	P	4.1	1321
DINITROPHENOLATE der Alkalimetalle, trocken oder angefeuchtet mit weniger als 15 Masse-% Wasser	P	1.3C	0077
DINITROPHENOL, LÖSUNG	P	6.1	1599
DINITROPHENOL, trocken oder angefeuchtet mit weniger als 15 Masse-% Wasser	P	1.1D	0076
DINITRORESORCIN, ANGEFEUCHTET, mit mindestens 15 Masse-% Wasser	-	4.1	1322
DINITRORESORCINOL, trocken oder angefeuchtet mit weniger als 15 Masse-% Wasser	-	1.1D	0078
DINITROSOBENZEN	-	1.3C	0406
N,N'-Dinitroso-*N,N'*- dimethylterephthalamid, als Paste (Konzentration 72 %), *siehe*	-	4.1	3224
N,N'-Dinitrosopentamethylentetramin (Konzentration 82 %), *siehe*	-	4.1	3224
DINITROTOLUENE, FEST	P	6.1	3454
DINITROTOLUENE, FLÜSSIG	P	6.1	2038
DINITROTOLUENE, GESCHMOLZEN	P	6.1	1600
Dinitrotoluol gemischt mit Natriumchlorat, *siehe*	-	1.1D	0083
Dinobuton, *siehe* SUBSTITUIERTES NITROPHENOL-PESTIZID	P	-	-
Di-*n*-nonanoylperoxid (Konzentration ≤ 100 %), *siehe*	-	5.2	3116
Dinoseb, *siehe* SUBSTITUIERTES NITROPHENOL-PESTIZID	P	-	-
Dinoseb-Acetat, *siehe* SUBSTITUIERTES NITROPHENOL-PESTIZID	P	-	-
Dinoterb, *siehe* SUBSTITUIERTES NITROPHENOL-PESTIZID	-	-	-
Dinoterb-Acetat, *siehe* SUBSTITUIERTES NITROPHENOL-PESTIZID	-	-	-
Di-*n*-octanoylperoxid (Konzentration ≤ 100 %), *siehe*	-	5.2	3114
Dioxacarb, *siehe* CARBAMAT-PESTIZID	P	-	-
DIOXAN	-	3	1165
Dioxathion, *siehe* ORGANOPHOSPHOR-PESTIZID	P	-	-
DIOXOLAN	-	3	1166
DIPENTEN	P	3	2052
Di-*normal*-pentylamin, *siehe*	-	3	2841
Diphacion, *siehe* PESTIZID, N.A.G.	P	-	-
Di-(2-phenoxyethyl)-peroxydicarbonat (Konzentration > 85 bis 100 %), *siehe*	-	5.2	3102
Di-(2-phenoxyethyl)-peroxydicarbonat (Konzentration ≤ 85 %, mit Wasser), *siehe*	-	5.2	3106
Diphenyl, *siehe*	P	9	3077
DIPHENYLAMINOCHLORARSIN	P	6.1	1698
DIPHENYLBROMMETHAN	-	8	1770
Diphenylbrommethan, *siehe*	-	8	1770
DIPHENYLCHLORARSIN, FEST	P	6.1	3450
DIPHENYLCHLORARSIN, FLÜSSIG	P	6.1	1699
DIPHENYLDICHLORSILAN	-	8	1769
Diphenyloxid-4,4'-disulfonylhydrazid (Konzentration 100 %), *siehe*	-	4.1	3226
DIPIKRYLAMIN	-	1.1D	0079
DIPIKRYLSULFID, ANGEFEUCHTET mit mindestens 10 Masse-% Wasser	-	4.1	2852
DIPIKRYLSULFID trocken oder angefeuchtet mit weniger als 10 Masse-% Wasser	-	1.1D	0401
Di-2-propenylamin, *siehe*	-	3	2359
Dipropionylperoxid (Konzentration ≤ 27 %, mit Verdünnungsmittel Typ B), *siehe*	-	5.2	3117
DIPROPYLAMIN	-	3	2383
Di-*normal*-propylamin, *siehe*	-	3	2383
4-Dipropylaminobenzendiazonium-Zinkchlorid (Konzentration 100 %), *siehe*	-	4.1	3226
Dipropylentriamin, *siehe*	-	8	2269
DI-*n*-PROPYLETHER	-	3	2384
DIPROPYLKETON	-	3	2710
Di-*n*-propylperoxydicarbonat (Konzentration ≤ 100 %), *siehe*	-	5.2	3113
Di-*n*-propylperoxydicarbonat (Konzentration ≤ 77 %, mit Verdünnungsmittel Typ B), *siehe*	-	5.2	3113
Diquat, *siehe* BIPYRIDILIUM-PESTIZID	-	-	-
Dischwefeldichlorid, *siehe*	-	8	1828
DISTICKSTOFFMONOXID	-	2.2	1070
DISTICKSTOFFMONOXID, TIEFGEKÜHLT, FLÜSSIG	-	2.2	2201
Di-Stickstoffoxid, *siehe*	-	2.2	1070

Stoff oder Gegenstand	MP	Klasse	UN-Nr.
Di-Stickstoffoxid, tiefgekühlt flüssig, *siehe*	-	2.2	2201
Di-Stickstofftetroxid, *siehe*	-	2.3	2421
Distickstofftetroxid und Stickstoffoxid, Gemische, *siehe* STICKSTOFFMONOXID UND DISTICKSTOFFTETROXID, GEMISCH	-	-	-
DISTICKSTOFFTRIOXID	-	2.3	2421
Disulfoton, *siehe* ORGANOPHOSPHOR-PESTIZID	**P**	-	-
Disulphurylchlorid, *siehe*	-	8	1817
Di-(3,5,5-trimethylhexanoyl)-peroxid (Konzentration ≤ 52 %, als stabile Dispersion in Wasser), *siehe*	-	5.2	3119
Di-(3,5,5-trimethylhexanoyl)-peroxid (Konzentration > 38 bis 52 %, mit Verdünnungsmittel Typ A), *siehe*	-	5.2	3119
Di-(3,5,5-trimethylhexanoyl)-peroxid (Konzentration > 52 bis 82 %, mit Verdünnungsmittel Typ A), *siehe*	-	5.2	3115
Di-(3,5,5-trimethylhexanoyl)-peroxid (Konzentration ≤ 38 %, mit Verdünnungsmittel Typ A), *siehe*	-	5.2	3119
DIVINYLETHER, STABILISIERT	-	3	1167
Divinyloxid, stabilisiert, *siehe*	-	3	1167
Divinyl, stabilisiert, *siehe*	-	2.1	1010
DNOC, *siehe*	**P**	6.1	1598
DNOC (Pestizid), *siehe* SUBSTITUIERTES NITROPHENOL-PESTIZID	**P**	-	-
Dodecahydrodiphenylamin, *siehe*	-	8	2565
Dodecen, *siehe*	**P**	3	2850
1-Dodecen, *siehe*	-	3	2850
1-Dodecylamin, *siehe* **Bemerkung 1**	**P**	-	-
Dodecyldiphenyloxiddisulfonat, *siehe*	**P**	9	3077
Dodecylhydroxypropylsulfid, *siehe* **Bemerkung 1**	**P**	-	-
Dodecylphenol, *siehe*	**P**	8	3145
DODECYLTRICHLORSILAN	-	8	1771
Drazoxolon, *siehe* ORGANOCHLOR-PESTIZID	**P**	-	-
DRUCKFARBE, entzündbar	-	3	1210
DRUCKFARBZUBEHÖRSTOFFE (einschließlich Druckfarbverdünnung oder -lösemittel), entzündbar	-	3	1210
DRUCKGASPACKUNGEN	-	2	1950
DRUCKLUFT	-	2.2	1002
Düngemittel, die Ammoniumnitrat enthalten, *siehe* AMMONIUMNITRATHALTIGES DÜNGEMITTEL	-	-	-
DÜNGEMITTEL, LÖSUNG, mit freiem Ammoniak	-	2.2	1043
DÜSENKRAFTSTOFF	-	3	1863
Dynamit, *siehe*	-	1.1D	0081
Edifenphos, *siehe* ORGANOPHOSPHOR-PESTIZID	**P**	-	-
EISEN(II)ARSENAT	**P**	6.1	1608
EISEN(III)ARSENAT	**P**	6.1	1606
EISEN(III)ARSENIT	**P**	6.1	1607
Eisenbahnfackeln, *siehe* SIGNALKÖRPER, HAND	-	-	-
Eisencarbonyl, *siehe*	-	6.1	1994
Eisenchlorid, Lösung, *siehe*	-	8	2582
EISEN(III)CHLORID, LÖSUNG	-	8	2582
Eisen(III)chlorid, Lösung, *siehe*	-	8	2582
EISENCHLORID, WASSERFREI	-	8	1773
Eisenchlorid, wasserfrei, *siehe*	-	8	1773
Eisen(III)chlorid, wasserfrei, *siehe*	-	8	1773
EISENDREHSPÄNE in selbsterhitzungsfähiger Form	-	4.2	2793
EISENFRÄSSPÄNE in selbsterhitzungsfähiger Form	-	4.2	2793
EISENHOBELSPÄNE in selbsterhitzungsfähiger Form	-	4.2	2793
EISEN(III)NITRAT	-	5.1	1466
EISENOXID, GEBRAUCHT aus der Kohlengasreinigung	-	4.2	1376
EISENPENTACARBONYL	-	6.1	1994
Eisenperchlorid, Lösung, *siehe*	-	8	2582
Eisenperchlorid, wasserfrei, *siehe*	-	8	1773
Eisenpulver, *siehe*	-	4.2	1383
Eisenpulver, pyrophor, *siehe*	-	4.2	1383
EISENSCHWAMM, GEBRAUCHT, aus der Kohlengasreinigung	-	4.2	1376
Eisentrichlorid, Lösung, *siehe*	-	8	2582
Eisentrichlorid, wasserfrei, *siehe*	-	8	1773
EISESSIG, LÖSUNG, mit mehr als 80 Masse-% Säure	-	8	2789
elektrische Sammler, *siehe* Batterien	-	-	-
Emaille, *siehe* FARBE	-	-	-

Stoff oder Gegenstand	MP	Klasse	UN-Nr.
Emulsionssprengstoffe, *siehe* SPRENGSTOFF, TYP E	-	-	-
Endosulfan, *siehe* ORGANOCHLOR-PESTIZID	**P**	-	-
Endothal-Natrium, *siehe* PESTIZID N.A.G.	-	-	-
Endothion, *siehe* ORGANOPHOSPHOR-PESTIZID	-	-	-
Endrin, *siehe* ORGANOCHLORIDE PESTIZID	**P**	-	-
ENTZÜNDBARE METALLHYDRIDE, N.A.G.	-	4.1	3182
ENTZÜNDBARE METALLSALZE ORGANISCHER VERBINDUNGEN, N.A.G.	-	4.1	3181
ENTZÜNDBARER ANORGANISCHER FESTER STOFF, N.A.G.	-	4.1	3178
ENTZÜNDBARER ANORGANISCHER FESTER STOFF, ÄTZEND, N.A.G.	-	4.1	3180
ENTZÜNDBARER ANORGANISCHER FESTER STOFF, GIFTIG, N.A.G.	-	4.1	3179
ENTZÜNDBARER FESTER STOFF, ENTZÜNDEND (OXIDIEREND) WIRKEND, N.A.G.	-	4.1	3097
ENTZÜNDBARER FLÜSSIGER STOFF, N.A.G.	-	3	1993
ENTZÜNDBARER FLÜSSIGER STOFF, ÄTZEND, N.A.G.	-	3	2924
ENTZÜNDBARER FLÜSSIGER STOFF, GIFTIG, N.A.G.	-	3	1992
ENTZÜNDBARER FLÜSSIGER STOFF, GIFTIG, ÄTZEND, N.A.G.	-	3	3286
ENTZÜNDBARER ORGANISCHER FESTER STOFF, N.A.G.	-	4.1	1325
ENTZÜNDBARER ORGANISCHER FESTER STOFF, ÄTZEND, N.A.G.	-	4.1	2925
ENTZÜNDBARER ORGANISCHER FESTER STOFF, GIFTIG, N.A.G.	-	4.1	2926
ENTZÜNDBARER ORGANISCHER FESTER STOFF IN GESCHMOLZENEM ZUSTAND, N.A.G.	-	4.1	3176
Entzündbares Gas in Feuerzeugen, *siehe*	-	2.1	1057
ENTZÜNDBARES METALLPULVER, N.A.G.	-	4.1	3089
ENTZÜNDEND (OXIDIEREND) WIRKENDER FESTER STOFF, N.A.G.	-	5.1	1479
ENTZÜNDEND (OXIDIEREND) WIRKENDER FESTER STOFF, ÄTZEND, N.A.G.	-	5.1	3085
ENTZÜNDEND (OXIDIEREND) WIRKENDER FESTER STOFF, ENTZÜNDBAR, N.A.G.	-	5.1	3137
ENTZÜNDEND (OXIDIEREND) WIRKENDER FESTER STOFF, GIFTIG, N.A.G.	-	5.1	3087
ENTZÜNDEND (OXIDIEREND) WIRKENDER FESTER STOFF, MIT WASSER REAGIEREND, N.A.G.	-	5.1	3121
ENTZÜNDEND (OXIDIEREND) WIRKENDER FESTER STOFF, SELBSTERHITZUNGSFÄHIG, N.A.G.	-	5.1	3100
ENTZÜNDEND (OXIDIEREND) WIRKENDER FLÜSSIGER STOFF, N.A.G.	-	5.1	3139
ENTZÜNDEND (OXIDIEREND) WIRKENDER FLÜSSIGER STOFF, ÄTZEND, N.A.G.	-	5.1	3098
ENTZÜNDEND (OXIDIEREND) WIRKENDER FLÜSSIGER STOFF, GIFTIG, N.A.G.	-	5.1	3099
EPIBROMHYDRIN	**P**	6.1	2558
EPICHLORHYDRIN	**P**	6.1	2023
EPN, *siehe* ORGANOPHOSPHOR-PESTIZID	**P**	-	-
1,2-Epoxybutan, stabilisiert, *siehe*	-	3	3022
1,2-Epoxyethan, *siehe*	-	2.3	1040
1,2-Epoxyethan mit Stickstoff bis zu einem Gesamtdruck von 1 MPa (10 bar) bei 50 °C, *siehe*	-	2.3	1040
1,2-EPOXY-3-ETHOXYPROPAN	-	3	2752
1,2-Epoxypropan, *siehe*	-	3	1280
2,3-Epoxy-1-propanal, *siehe*	-	3	2622
2,3-Epoxypropionaldehyd, *siehe*	-	3	2622
2,3-Epoxypropylethylether, *siehe*	-	3	2752
ERDALKALIMETALLALKOHOLATE, N.A.G.	-	4.2	3205
ERDALKALIMETALLAMALGAM, FEST	-	4.3	3402
ERDALKALIMETALLAMALGAM, FLÜSSIG	-	4.3	1392
ERDALKALIMETALLDISPERSION	-	4.3	1391
ERDALKALIMETALLDISPERSION, ENTZÜNDBAR	-	4.3	3482
ERDALKALIMETALLLEGIERUNG, N.A.G.	-	4.3	1393
ERDGAS, TIEFGEKÜHLT, FLÜSSIG, mit hohem Methangehalt	-	2.1	1972
ERDGAS, VERDICHTET, mit hohem Methangehalt	-	2.1	1971
ERDÖLDESTILLATE, N.A.G.	-	3	1268
ERDÖLPRODUKTE, N.A.G.	-	3	1268
ERSTE-HILFE-AUSRÜSTUNG	-	9	3316
ERWÄRMTER FESTER STOFF, N.A.G., bei *oder* über 240 °C	-	9	3258
ERWÄRMTER FLÜSSIGER STOFF, N.A.G., bei oder über 100 °C und, bei Stoffen mit einem Flammpunkt, unter seinem Flammpunkt (einschließlich geschmolzenes Metall, geschmolzenes Salz, usw.)	-	9	3257
ERWÄRMTER FLÜSSIGER STOFF, ENTZÜNDBAR, N.A.G., mit einem Flammpunkt über 60 °C, bei *oder* über seinem Flammpunkt	-	3	3256
Esfenvalerat, *siehe* **Bemerkung 1**	**P**	-	-
ESSIGSÄUREANHYDRID	-	8	1715
ESSIGSÄURE, EISESSIG mit mehr als 80 Masse-% Säure	-	8	2789
ESSIGSÄURE, LÖSUNG, mit mehr als 80 Masse-% Säure	-	8	2789
ESSIGSÄURE, LÖSUNG, mit mehr als 10 Masse-% und weniger als 50 Masse-% Säure	-	8	2790

Stoff oder Gegenstand	MP	Klasse	UN-Nr.
ESSIGSÄURE, LÖSUNG, mit mindestens 50 Masse-% und höchstens 80 Masse-% Säure	-	8	2790
ESTER, N.A.G.	-	3	3272
ETHAN	-	2.1	1035
Ethanal, *siehe*	-	3	1089
ETHANOL	-	3	1170
ETHANOLAMIN	-	8	2491
ETHANOL UND BENZIN, GEMISCH mit mehr als 10 % Ethanol	-	3	3475
ETHANOL, LÖSUNG	-	3	1170
ETHANOL UND OTTOKRAFTSTOFF, GEMISCH mit mehr als 10 % Ethanol	-	3	3475
Ethanoylchlorid, *siehe*	-	3	1717
Ethanthiol, *siehe*	**P**	3	2363
ETHAN, TIEFGEKÜHLT, FLÜSSIG	-	2.1	1961
Ether, *siehe*	-	3	1155
ETHER, N.A.G.	-	3	3271
Ethion, *siehe* ORGANOPHOSPHOR-PESTIZID	**P**	-	-
Ethoat-methyl, *siehe* ORGANOPHOSPHOR-PESTIZID	-	-	-
Ethoprophos, *siehe* ORGANOPHOSPHOR-PESTIZID	**P**	-	-
2-(*N,N*-Ethoxycarbonylphenylamino)-3-methoxy-4-(*N*-methyl-*N*-cyclohexyl- amino)-benzendiazonium-Zinkchlorid (Konzentration 62 %), *siehe*	-	4.1	3236
2-(*N,N*-Ethoxycarbonylphenylamino)-3-methoxy-4-(*N*-methyl-*N*-cyclohexyl- amino)-benzendiazonium-Zinkchlorid (Konzentration 63 bis 92 %), *siehe*	-	4.1	3236
2-Ethoxyethanol, *siehe*	-	3	1171
2-Ethoxyethylacetat, *siehe*	-	3	1172
1-Ethoxypropan, *siehe*	-	3	2615
3-Ethoxy-1-propen, *siehe*	-	3	2335
ETHYLACETAT	-	3	1173
Ethylaceton, *siehe*	-	3	1249
ETHYLACETYLEN, STABILISIERT	-	2.1	2452
ETHYLACRYLAT, STABILISIERT	-	3	1917
Ethylal, *siehe*	-	3	2373
Ethylaldehyd, *siehe*	-	3	1089
ETHYLALKOHOL	-	3	1170
ETHYLALKOHOL, LÖSUNG	-	3	1170
Ethylallylether, *siehe*	-	3	2335
ETHYLAMIN	-	2.1	1036
ETHYLAMIN, WÄSSERIGE LÖSUNG, mit mindestens 50 Masse-% und höchstens 70 Masse-% Ethylamin	-	3	2270
Ethyl *normal*-amylketon, *siehe*	-	3	2271
ETHYLAMYLKETONE	-	3	2271
Ethyl *sekundäres*-amylketon, *siehe*	-	3	2271
2-ETHYLANILIN	-	6.1	2273
N-ETHYLANILIN	-	6.1	2272
ortho-Ethylanilin, *siehe*	-	6.1	2273
ETHYLBENZEN	-	3	1175
Ethylbenzol, *siehe*	-	3	1175
N-ETHYL-*N*-BENZYLANILIN	-	6.1	2274
N-ETHYL-*N*-BENZYLTOLUIDINE, FEST	-	6.1	3460
N-ETHYL-*N*-BENZYLTOLUIDINE, FLÜSSIG	-	6.1	2753
ETHYLBORAT	-	3	1176
ETHYLBROMACETAT	-	6.1	1603
ETHYLBROMID	-	6.1	1891
Ethylbutanoat, *siehe*	-	3	1180
2-ETHYLBUTANOL	-	3	2275
2-ETHYLBUTYLACETAT	-	3	1177
2-Ethylbutylalkohol, *siehe*	-	3	2275
ETHYLBUTYLETHER	-	3	1179
2-ETHYLBUTYRALDEHYD	-	3	1178
ETHYLBUTYRAT	-	3	1180
Ethylcarbonat, *siehe*	-	3	2366
ETHYLCHLORACETAT	-	6.1	1181
Ethylchlorcarbonat, *siehe*	-	6.1	1182
Ethylchlorethanoat, *siehe*	-	6.1	1181
ETHYLCHLORFORMIAT	-	6.1	1182

Stoff oder Gegenstand	MP	Klasse	UN-Nr.
ETHYLCHLORID	-	2.1	1037
ETHYL-2-CHLORPROPIONAT	-	3	2935
ETHYLCHLORTHIOFORMIAT	**P**	8	2826
ETHYLCROTONAT	-	3	1862
Ethylcyanid, *siehe*	-	3	2404
Ethyl-3,3-di-(*tert*-amylperoxy)-butyrat (Konzentration $\leq$ 67 %, mit Verdünnungsmittel Typ A), *siehe*	-	5.2	3105
Ethyl-3,3-di-(*tert*-butylperoxy)-butyrat (Konzentration $>$ 77 bis 100 %), *siehe*	-	5.2	3103
Ethyl-3,3-di-(*tert*-butylperoxy)-butyrat (Konzentration $\leq$ 52 %, mit inertem festem Stoff), *siehe*	-	5.2	3106
Ethyl-3,3-di-(*tert*-butylperoxy)-butyrat (Konzentration $\leq$ 77 %, mit Verdünnungsmittel Typ A), *siehe*	-	5.2	3105
ETHYLDICHLORARSIN	**P**	6.1	1892
ETHYLDICHLORSILAN	-	4.3	1183
ETHYLEN	-	2.1	1962
ETHYLEN	-	2.1	1962
ETHYLEN, ACETYLEN UND PROPYLEN, GEMISCH, TIEFGEKÜHLT, FLÜSSIG, mit mindestens 71,5 % Ethylen, höchstens 22,5 % Acetylen und höchstens 6 % Propylen	-	2.1	3138
ETHYLENCHLORHYDRIN	-	6.1	1135
Ethylenchlorid, *siehe*	**P**	3	1184
ETHYLENDIAMIN	-	8	1604
ETHYLENDIBROMID	-	6.1	1605
Ethylendibromid und Methylbromid Mischung, flüssig, *siehe*	**P**	6.1	1647
ETHYLENDICHLORID	-	3	1184
Ethylenfluorid, *siehe*	-	2.1	1030
ETHYLENGLYCOLDIETHYLETHER	-	3	1153
Ethylenglycoldimethylether, *siehe*	-	3	2252
ETHYLENGLYCOLMONOETHYLETHER	-	3	1171
ETHYLENGLYCOLMONOETHYLETHERACETAT	-	3	1172
ETHYLENGLYCOLMONOMETHYLETHER	-	3	1188
ETHYLENGLYCOLMONOMETHYLETHERACETAT	-	3	1189
ETHYLENIMIN, STABILISIERT	-	6.1	1185
ETHYLENOXID	-	2.3	1040
ETHYLENOXID UND CHLORTETRAFLUORETHAN, GEMISCH, mit höchstens 8,8 % Ethylenoxid	-	2.2	3297
ETHYLENOXID UND DICHLORDIFLUORMETHAN, GEMISCH, mit höchstens 12,5 % Ethylenoxid	-	2.2	3070
ETHYLENOXID UND KOHLENDIOXID, GEMISCH, mit höchstens 9 % Ethylenoxid	-	2.2	1952
ETHYLENOXID UND KOHLENDIOXID, GEMISCH mit mehr als 9 %, aber höchstens 87 % Ethylenoxid	-	2.1	1041
ETHYLENOXID UND KOHLENDIOXID, GEMISCH, mit mehr als 87 % Ethylenoxid	-	2.3	3300
ETHYLENOXID MIT STICKSTOFF bis zu einem Gesamtdruck von 1 MPa (10 bar) bei 50 °C	-	2.3	1040
ETHYLENOXID UND PENTAFLUORETHAN, GEMISCH, mit höchstens 7,9 % Ethylenoxid	-	2.2	3298
ETHYLENOXID UND TETRAFLUORETHAN, GEMISCH, mit höchstens 5,6 % Ethylenoxid	-	2.2	3299
ETHYLEN, TIEFGEKÜHLT, FLÜSSIG	-	2.1	1038
Ethylessigsäure, *siehe*	-	8	2820
Ethylethanoat, *siehe*	-	3	1173
ETHYLETHER	-	3	1155
Ethylfluid, *siehe*	**P**	6.1	1649
ETHYLFLUORID	-	2.1	2453
ETHYLFORMIAT	-	3	1190
Ethylglycol, *siehe*	-	3	1171
Ethylglycolacetat, *siehe*	-	3	1172
2-Ethylhexaldehyd, *siehe*	-	3	1191
3-Ethylhexaldehyd, *siehe*	-	3	1191
2-Ethylhexanal, *siehe*	-	3	1191
3-Ethylhexanal, *siehe*	-	3	1191
1-(2-Ethylhexanoylperoxy)-1,3-dimethylbutylperoxypivalat (Konzentration $\leq$ 52 %, mit Verdünnungsmittel Typ A und B), *siehe*	-	5.2	3115
2-ETHYLHEXYLAMIN	-	3	2276
2-ETHYLHEXYLCHLORFORMIAT	-	6.1	2748
2-Ethylhexylnitrat, *siehe* **Bemerkung 1**	**P**	-	-
Ethylhydrosulfid, *siehe*	**P**	3	2363
Ethylidenchlorid, *siehe*	-	3	2362
Ethylidendichlorid, *siehe*	-	3	2362
Ethylidendiethylether, *siehe*	-	3	1088
Ethylidendifluorid, *siehe*	-	2.1	1030
Ethylidendimethylether, *siehe*	-	3	2377

Stoff oder Gegenstand	MP	Klasse	UN-Nr.
Ethylidenfluorid, *siehe*	-	2.1	1030
ETHYLISOBUTYRAT	-	3	2385
ETHYLISOCYANAT	-	6.1	2481
Ethylisopropylether, *siehe*	-	3	2615
ETHYLLACTAT	-	3	1192
ETHYLMERCAPTAN	**P**	3	2363
ETHYLMETHACRYLAT, STABILISIERT	-	3	2277
Ethylmethanoat, *siehe*	-	3	1190
1-Ethyl-2-methylbenzol, *siehe* **Bemerkung 1**	**P**	-	-
ETHYLMETHYLETHER	-	2.1	1039
ETHYLMETHYLKETON	-	3	1193
ETHYLNITRIT **(Beförderung verboten)**	-	-	-
ETHYLNITRIT, LÖSUNG	-	3	1194
ETHYLORTHOFORMIAT	-	3	2524
ETHYLOXALAT	-	6.1	2525
Ethylphenylamin, *siehe*	-	6.1	2272
N-Ethyl-*N*-phenylbenzylamin, *siehe*	-	6.1	2274
ETHYLPHENYLDICHLORSILAN	-	8	2435
5-Ethyl-2-picolin, *siehe*	-	6.1	2300
N-Ethylpiperdin, *siehe*	-	3	2386
1-ETHYLPIPERIDIN	-	3	2386
Ethylpropenoat, stabilisiert, *siehe*	-	3	1917
ETHYLPROPIONAT	-	3	1195
ETHYLPROPYLETHER	-	3	2615
Ethylsilicat, *siehe*	-	3	1292
Ethylsulfat, *siehe*	-	6.1	1594
Ethylsulfid, *siehe*	-	3	2375
Ethyltetraphosphat, *siehe*	**P**	6.1	1611
Ethylthioalkohol, *siehe*	**P**	3	2363
Ethylthioethan, *siehe*	-	3	2375
N-ETHYLTOLUIDINE	-	6.1	2754
ETHYLTRICHLORSILAN	-	3	1196
Ethylvinylether, *siehe*	-	3	1302
EXPLOSIVE STOFFE, N.A.G.	-	1.1L	0357
EXPLOSIVE STOFFE, N.A.G.	-	1.2L	0358
EXPLOSIVE STOFFE, N.A.G.	-	1.3L	0359
EXPLOSIVE STOFFE, N.A.G.	-	1.1A	0473
EXPLOSIVE STOFFE, N.A.G.	-	1.1C	0474
EXPLOSIVE STOFFE, N.A.G.	-	1.1D	0475
EXPLOSIVE STOFFE, N.A.G.	-	1.1G	0476
EXPLOSIVE STOFFE, N.A.G.	-	1.3C	0477
EXPLOSIVE STOFFE, N.A.G.	-	1.3G	0478
EXPLOSIVE STOFFE, N.A.G.	-	1.4C	0479
EXPLOSIVE STOFFE, N.A.G.	-	1.4D	0480
EXPLOSIVE STOFFE, N.A.G.	-	1.4S	0481
EXPLOSIVE STOFFE, N.A.G.	-	1.4G	0485
EXPLOSIVE STOFFE, SEHR UNEMPFINDLICH, N.A.G.	-	1.5D	0482
Explosivstoffhaltige Gegenstände, N.A.G., *siehe* GEGENSTÄNDE MIT EXPLOSIVSTOFF, N.A.G.	-	-	-
EXPLOSIVSTOFF, MUSTER, außer Initialsprengstoff	-	1	0190
EXTRAKTE, AROMATISCH, FLÜSSIG	-	3	1169
EXTRAKTE, GESCHMACKSTOFFE, FLÜSSIG	-	3	1197
FAHRZEUG MIT ANTRIEB DURCH ENTZÜNDBARE FLÜSSIGKEIT	-	9	3166
FAHRZEUG MIT ANTRIEB DURCH ENTZÜNDBARES GAS	-	9	3166
FALLLOTE, MIT EXPLOSIVSTOFF	-	1.2F	0204
FALLLOTE, MIT EXPLOSIVSTOFF	-	1.1F	0296
FALLLOTE, MIT EXPLOSIVSTOFF	-	1.1D	0374
FALLLOTE, MIT EXPLOSIVSTOFF	-	1.2D	0375
FARBE, ÄTZEND, ENTZÜNDBAR (einschließlich Farbe, Lack, Emaille, Beize, Schellack, Firnis, Politur, flüssiger Füllstoff und flüssige Lackgrundlage)	-	8	3470
FARBE (einschließlich Farbe, Lack, Emaille, Beize, Schellack, Firnis, Politur und flüssige Lackgrundlage)	-	3	1263
FARBE (einschließlich Farbe, Lack, Emaille, Beize, Schellack, Firnis, Politur, flüssiger Füllstoff und flüssige Lackgrundlage)	-	8	3066

Stoff oder Gegenstand	MP	Klasse	UN-Nr.
FARBE, ENTZÜNDBAR, ÄTZEND (einschließlich Farbe, Lack, Emaille, Beize, Schellack, Firnis, Politur, flüssiger Füllstoff und flüssige Lackgrundlage)	-	3	3469
FARBSTOFF, FEST, ÄTZEND, N.A.G.	-	8	3147
FARBSTOFF, FEST, GIFTIG, N.A.G.	-	6.1	3143
FARBSTOFF, FLÜSSIG, ÄTZEND, N.A.G.	-	8	2801
FARBSTOFF, FLÜSSIG, GIFTIG, N.A.G.	-	6.1	1602
FARBSTOFFZWISCHENPRODUKT, FEST, ÄTZEND, N.A.G.	-	8	3147
FARBSTOFFZWISCHENPRODUKT, FEST, GIFTIG, N.A.G.	-	6.1	3143
FARBSTOFFZWISCHENPRODUKT, FLÜSSIG, ÄTZEND, N.A.G.	-	8	2801
FARBSTOFFZWISCHENPRODUKT, FLÜSSIG, GIFTIG, N.A.G.	-	6.1	1602
FARBZUBEHÖRSTOFFE, ÄTZEND, ENTZÜNDBAR (einschließlich Farbverdünnung und -lösemittel)	-	8	3470
FARBZUBEHÖRSTOFFE (einschließlich Farbverdünnung oder -lösemittel)	-	3	1263
FARBZUBEHÖRSTOFFE (einschließlich Farbverdünnung und -lösemittel)	-	8	3066
FARBZUBEHÖRSTOFFE, ENTZÜNDBAR, ÄTZEND (einschließlich Farbverdünnung und -lösemittel)	-	3	3469
FASERN, IMPRÄGNIERT MIT SCHWACH NITRIERTER CELLULOSE, N.A.G.	-	4.1	1353
FASERN, PFLANZLICH, angebrannt	-	4.2	1372
FASERN, PFLANZLICHEN URSPRUNGS, N.A.G., imprägniert mit Öl	-	4.2	1373
FASERN, PFLANZLICH, feucht	-	4.2	1372
FASERN, PFLANZLICH, nass	-	4.2	1372
FASERN, PFLANZLICH, TROCKEN	-	4.1	3360
FASERN, SYNTHETISCHEN URSPRUNGS, N.A.G., imprägniert mit Öl	-	4.2	1373
FASERN, TIERISCH, angebrannt	-	4.2	1372
FASERN, TIERISCHEN URSPRUNGS, N.A.G., imprägniert mit Öl	-	4.2	1373
FASERN, TIERISCH, feucht	-	4.2	1372
FASERN, TIERISCH, nass	-	4.2	1372
Fenaminosulf, *siehe* PESTIZID, N.A.G.	-	-	-
Fenaminphos, *siehe* ORGANOPHOSPHOR-PESTIZID	**P**	-	-
Fenbutatin-Oxid, *siehe* **Bemerkung 1**	**P**	-	-
Fenitrothion, *siehe* ORGANOPHOSPHOR-PESTIZID	**P**	-	-
Fenoxapro-ethyl, *siehe* **Bemerkung 1**	**P**	-	-
Fenoxaprop-P-ethyl, *siehe* **Bemerkung 1**	**P**	-	-
Fenpropathrin, *siehe* PESTIZID, N.A.G.	**P**	-	-
Fensulfothion, *siehe* ORGANOPHOSPHOR-PESTIZID	**P**	-	-
Fenthion, *siehe* ORGANOPHOSPHOR-PESTIZID	**P**	-	-
Fentin-Acetat, *siehe* ORGANOZINN-PESTIZID	**P**	-	-
Fentin-Hydroxid, *siehe* ORGANOZINN-PESTIZID	**P**	-	-
Fermentationsamylalkohol, *siehe*	-	3	1201
FERROSILICIUM, mit mindestens 30 Masse-% aber weniger als 90 Masse-% Silicium	-	4.3	1408
FESTER STOFF, DEN FÜR DEN LUFTVERKEHR GELTENDEN VORSCHRIFTEN UNTERLIEGEND, N.A.G.	-	9	3335
FESTER STOFF, MIT WASSER REAGIEREND, N.A.G.	-	4.3	2813
FESTE STOFFE, DIE ENTZÜNDBARE FLÜSSIGE STOFFE ENTHALTEN, N.A.G.	-	4.1	3175
FESTE STOFFE MIT ÄTZENDEM FLÜSSIGEM STOFF, N.A.G.	-	8	3244
FESTE STOFFE MIT GIFTIGEM FLÜSSIGEM STOFF, N.A.G.	-	6.1	3243
FEUERANZÜNDER (FEST), mit einem entzündbaren flüssigen Stoff	-	4.1	2623
FEUERLÖSCHER-LADUNGEN, ätzender flüssiger Stoff	-	8	1774
FEUERLÖSCHER, mit verdichtetem oder verflüssigtem Gas	-	2.2	1044
FEUERWERKSKÖRPER	-	1.1G	0333
FEUERWERKSKÖRPER	-	1.2G	0334
FEUERWERKSKÖRPER	-	1.3G	0335
FEUERWERKSKÖRPER	-	1.4G	0336
FEUERWERKSKÖRPER	-	1.4S	0337
FEUERZEUGE mit entzündbarem Gas	-	2.1	1057
FILME, AUF NITROCELLULOSEBASIS, gelatine beschichtet, ausgenommen Abfälle	-	4.1	1324
Firnis, *siehe* FARBE	-	-	-
FISCHABFALL, NICHT STABILISIERT. Hohe Gefährlichkeit. Unbeschränkter Feuchtigkeitsgehalt. Unbeschränkter Fettgehalt über 12 Masse-%. Unbeschränkter Fettgehalt über 15 Masse-% bei mit Antioxidantien behandeltem Fischabfall	-	4.2	1374
FISCHABFALL, NICHT STABILISIERT. Nicht mit Antioxidantien behandelt. Feuchtigkeitsgehalt: mehr als 5 Masse-%, jedoch höchstens 12 Masse-%. Fettgehalt: höchstens 12 Masse-%	-	4.2	1374
FISCHABFALL, STABILISIERT mit Antioxidantien behandelt, Feuchtigkeitsgehalt größer als 5 Masse-%, jedoch nicht mehr als 12 Masse-%. Fettgehalt nicht mehr als 15 Masse-%.	-	9	2216

Stoff oder Gegenstand	MP	Klasse	UN-Nr.
FISCHMEHL, NICHT STABILISIERT. Hohe Gefährlichkeit. Unbeschränkter Feuchtigkeitsgehalt. Unbeschränkter Fettgehalt über 12 Masse-%. Unbeschränkter Fettgehalt über 15 Masse-% bei mit Antioxidantien behandeltem Fischmehl	-	4.2	1374
FISCHMEHL, NICHT STABILISIERT. Nicht mit Antioxidantien behandelt. Feuchtigkeitsgehalt: mehr als 5 Masse-%, jedoch höchstens 12 Masse-%. Fettgehalt: höchstens 12 Masse-%	-	4.2	1374
FISCHMEHL STABILISIERT mit Antioxidantien behandelt, Feuchtigkeitsgehalt größer als 5 Masse-%, jedoch nicht mehr als 12 Masse-%. Fettgehalt nicht mehr als 15 Masse-%.	-	9	2216
Flachs, Trocken, *siehe*	-	4.1	3360
Flugasche, arsenhaltig, *siehe*	-	6.1	1562
Flugstaub, Arsenhaltig, *siehe*	-	6.1	1562
FLUORANILINE	-	6.1	2941
FLUORBENZEN	-	3	2387
FLUORBORSÄURE	-	8	1775
FLUORESSIGSÄURE	-	6.1	2642
Fluorethan, *siehe*	-	2.1	2453
Fluorethansäure, *siehe*	-	6.1	2642
Fluorformylfluorid, verdichtet, *siehe*	-	2.3	2417
Fluorin-Verbindungen (Pestizid), *siehe* PESTIZID, N.A.G.	-	-	-
FLUORKIESELSÄURE	-	8	1778
Fluormethan, *siehe*	-	2.1	2454
Fluormonoxid, verdichtet, *siehe*	-	2.3	2190
Fluoroacetamid, *siehe* PESTIZID, N.A.G.	-	-	-
Fluoroform, *siehe*	-	2.2	1984
FLUOROSILICATE, N.A.G.	-	6.1	2856
FLUORPHOSPHORSÄURE, WASSERFREI	-	8	1776
FLUORSULFONSÄURE	-	8	1777
FLUORTOLUENE	-	3	2388
FLUOR, VERDICHTET	-	2.3	1045
FLUORWASSERSTOFFSÄURE, Lösung mit höchstens 60 % Fluorwasserstoff	-	8	1790
FLUORWASSERSTOFFSÄURE, Lösung mit mehr als 60 % Fluorwasserstoff	-	8	1790
FLUORWASSERSTOFFSÄURE UND SCHWEFELSÄURE, MISCHUNG	-	8	1786
FLUORWASSERSTOFF, WASSERFREI	-	8	1052
Flüssige Lackgrundlage, *siehe* FARBE	-	-	-
Flüssiger Füllstoff, *siehe* FARBE	-	-	-
FLÜSSIGER STOFF, DEN FÜR DEN LUFTVERKEHR GELTENDEN VORSCHRIFTEN UNTERLIEGEND, N.A.G.	-	9	3334
Flusssäure, *siehe*	-	8	1790
Flusssäure, wasserfrei, *siehe*	-	8	1052
Fonofos, *siehe* ORGANOPHOSPHOR-PESTIZID	**P**	-	-
Formal, *siehe*	-	3	1234
Formaldehyddimethylacetal, *siehe*	-	3	1234
FORMALDEHYDLÖSUNG, ENTZÜNDBAR	-	3	1198
FORMALDEHYDLÖSUNG, mit mindestens 25 % Formaldehyd	-	8	2209
Formalin Lösung, Entzündbar, *siehe*	-	3	1198
Formalin Lösung, mit nicht weniger als 25 % Formaldehyd, *siehe*	-	8	2209
Formetanat, *siehe* CARBAMAT-PESTIZID	**P**	-	-
Formothion, *siehe* ORGANOPHOSPHOR-PESTIZID	-	-	-
2-Formyl-3,4-dihydro-2*H*-pyran, stabilisiert, *siehe*	-	3	2607
N-Formyl-2-(nitromethylen)-1,3-perhydrothiazin (Konzentration 100 %), *siehe*	-	4.1	3236
Frösche, *siehe* ANZÜNDER, UN-Nrn. 0325 und 0454	-	-	-
FÜLLSPRENGKÖRPER	-	1.1D	0060
Fumarsäuredichlorid, *siehe*	-	8	1780
FUMARYLCHLORID	-	8	1780
FUMARYLCHLORID	-	8	1780
FURALDEHYDE	-	6.1	1199
FURAN	-	3	2389
2-Furanmethylamin, *siehe*	-	3	2526
Furathiocarb (ISO), *siehe* CARBAMAT-PESTIZIDE	**P**	-	-
Furfuran, *siehe*	-	3	2389
FURFURYLALKOHOL	-	6.1	2874
FURFURYLAMIN	-	3	2526
alpha-Furfurylamin, *siehe*	-	3	2526
2-Furylcarbinol, *siehe*	-	6.1	2874

Stoff oder Gegenstand	MP	Klasse	UN-Nr.
FUSELÖL	-	3	1201
GALLIUM	-	8	2803
GAS ALS KÄLTEMITTEL, N.A.G.	-	2.2	1078
GAS ALS KÄLTEMITTEL R 12	-	2.2	1028
GAS ALS KÄLTEMITTEL R 12B1	-	2.2	1974
GAS ALS KÄLTEMITTEL R 13	-	2.2	1022
GAS ALS KÄLTEMITTEL R 13B1	-	2.2	1009
GAS ALS KÄLTEMITTEL R 14	-	2.2	1982
GAS ALS KÄLTEMITTEL R 21	-	2.2	1029
GAS ALS KÄLTEMITTEL R 22	-	2.2	1018
GAS ALS KÄLTEMITTEL R 23	-	2.2	1984
GAS ALS KÄLTEMITTEL R 32	-	2.1	3252
GAS ALS KÄLTEMITTEL R 40	-	2.1	1063
GAS ALS KÄLTEMITTEL R 41	-	2.1	2454
GAS ALS KÄLTEMITTEL R 114	-	2.2	1958
GAS ALS KÄLTEMITTEL R 115	-	2.2	1020
GAS ALS KÄLTEMITTEL R 116	-	2.2	2193
GAS ALS KÄLTEMITTEL R 124	-	2.2	1021
GAS ALS KÄLTEMITTEL R 125	-	2.2	3220
GAS ALS KÄLTEMITTEL R 133a	-	2.2	1983
GAS ALS KÄLTEMITTEL R 134a	-	2.2	3159
GAS ALS KÄLTEMITTEL R 142b	-	2.1	2517
GAS ALS KÄLTEMITTEL R 143a	-	2.1	2035
GAS ALS KÄLTEMITTEL R 152a	-	2.1	1030
GAS ALS KÄLTEMITTEL R 161	-	2.1	2453
GAS ALS KÄLTEMITTEL R 218	-	2.2	2424
GAS ALS KÄLTEMITTEL R 227	-	2.2	3296
GAS ALS KÄLTEMITTEL R 404A	-	2.2	3337
GAS ALS KÄLTEMITTEL R 407A	-	2.2	3338
GAS ALS KÄLTEMITTEL R 407B	-	2.2	3339
GAS ALS KÄLTEMITTEL R 407C	-	2.2	3340
GAS ALS KÄLTEMITTEL R 500	-	2.2	2602
GAS ALS KÄLTEMITTEL R 502	-	2.2	1973
GAS ALS KÄLTEMITTEL R 503	-	2.2	2599
GAS ALS KÄLTEMITTEL R 1113	-	2.3	1082
GAS ALS KÄLTEMITTEL R 1132a	-	2.1	1959
GAS ALS KÄLTEMITTEL R 1216	-	2.2	1858
GAS ALS KÄLTEMITTEL R 1318	-	2.2	2422
GAS ALS KÄLTEMITTEL RC 318	-	2.2	1976
Gaskondensate, Kohlenwasserstoffhaltig, *siehe* KOHLENWASSERSTOFFE, FLÜSSIG, N.A.G.	-	-	-
GASÖL	-	3	1202
GASPATRONEN, ohne Entnahmeeinrichtung, nicht nachfüllbar	-	2	2037
GASPROBE, NICHT UNTER DRUCK STEHEND, ENTZÜNDBAR, N.A.G., nicht tiefgekühlt flüssig	-	2.1	3167
GASPROBE, NICHT UNTER DRUCK STEHEND, GIFTIG, ENTZÜNDBAR, N.A.G., nicht tiefgekühlt flüssig	-	2.3	3168
GASPROBE, NICHT UNTER DRUCK STEHEND, GIFTIG, N.A.G., nicht tiefgekühlt flüssig	-	2.3	3169
GAS, TIEFGEKÜHLT, FLÜSSIG, N.A.G.	-	2.2	3158
GAS, TIEFGEKÜHLT, FLÜSSIG, ENTZÜNDBAR, N.A.G.	-	2.1	3312
GAS, TIEFGEKÜHLT, FLÜSSIG, OXIDIEREND, N.A.G.	-	2.2	3311
GEFÄHRLICHE GÜTER IN APPARATEN	-	9	3363
GEFÄHRLICHE GÜTER IN MASCHINEN	-	9	3363
GEFÄSSE, KLEIN, MIT GAS, ohne Entnahmeeinrichtung, nicht nachfüllbar	-	2	2037
Gefechtsköpfe für Lenkflugkörper, *siehe* GEFECHTSKÖPFE, RAKETE	-	-	-
GEFECHTSKÖPFE, RAKETE, mit Sprengladung	-	1.1D	0286
GEFECHTSKÖPFE, RAKETE, mit Sprengladung	-	1.2D	0287
GEFECHTSKÖPFE, RAKETE, mit Sprengladung	-	1.1F	0369
GEFECHTSKÖPFE, RAKETE, mit Zerleger oder Ausstoßladung	-	1.4D	0370
GEFECHTSKÖPFE, RAKETE, mit Zerleger oder Ausstoßladung	-	1.4F	0371
GEFECHTSKÖPFE, TORPEDO, mit Sprengladung	-	1.1D	0221
GEGENSTÄNDE, DIE EINEN ÄTZENDEN STOFF ENTHALTEN, N.A.G.	-	8	3547
GEGENSTÄNDE, DIE EINEN ENTZÜNDBAREN FESTEN STOFF ENTHALTEN, N.A.G.	-	4.1	3541
GEGENSTÄNDE, DIE EINEN ENTZÜNDBAREN FLÜSSIGEN STOFF ENTHALTEN, N.A.G.	-	3	3540

Stoff oder Gegenstand	MP	Klasse	UN-Nr.
GEGENSTÄNDE, DIE EINEN ENTZÜNDEND (OXIDIEREND) WIRKENDEN STOFF ENTHALTEN, N.A.G.	-	5.1	3544
GEGENSTÄNDE, DIE EINEN GIFTIGEN STOFF ENTHALTEN, N.A.G.	-	6.1	3546
GEGENSTÄNDE, DIE EINEN SELBSTENTZÜNDLICHEN STOFF ENTHALTEN, N.A.G.	-	4.2	3542
GEGENSTÄNDE, DIE EINEN STOFF ENTHALTEN, DER IN BERÜHRUNG MIT WASSER ENTZÜNDBARE GASE ENTWICKELT, N.A.G.	-	4.3	3543
GEGENSTÄNDE, DIE ENTZÜNDBARES GAS ENTHALTEN, N.A.G.	-	2.1	3537
GEGENSTÄNDE, DIE GIFTIGES GAS ENTHALTEN, N.A.G.	-	2.3	3539
GEGENSTÄNDE, DIE NICHT ENTZÜNDBARES, NICHT GIFTIGES GAS ENTHALTEN, N.A.G.	-	2.2	3538
GEGENSTÄNDE, DIE ORGANISCHES PEROXID ENTHALTEN, N.A.G.	-	5.2	3545
GEGENSTÄNDE, DIE VERSCHIEDENE GEFÄHRLICHE GÜTER ENTHALTEN, N.A.G.	-	9	3548
GEGENSTÄNDE, EEI	-	1.6N	0486
GEGENSTÄNDE MIT EXPLOSIVSTOFF, N.A.G.	-	1.4S	0349
GEGENSTÄNDE MIT EXPLOSIVSTOFF, N.A.G.	-	1.4B	0350
GEGENSTÄNDE MIT EXPLOSIVSTOFF, N.A.G.	-	1.4C	0351
GEGENSTÄNDE MIT EXPLOSIVSTOFF, N.A.G.	-	1.4D	0352
GEGENSTÄNDE MIT EXPLOSIVSTOFF, N.A.G.	-	1.4G	0353
GEGENSTÄNDE MIT EXPLOSIVSTOFF, N.A.G.	-	1.1L	0354
GEGENSTÄNDE MIT EXPLOSIVSTOFF, N.A.G.	-	1.2L	0355
GEGENSTÄNDE MIT EXPLOSIVSTOFF, N.A.G.	-	1.3L	0356
GEGENSTÄNDE MIT EXPLOSIVSTOFF, N.A.G.	-	1.1C	0462
GEGENSTÄNDE MIT EXPLOSIVSTOFF, N.A.G.	-	1.1D	0463
GEGENSTÄNDE MIT EXPLOSIVSTOFF, N.A.G.	-	1.1E	0464
GEGENSTÄNDE MIT EXPLOSIVSTOFF, N.A.G.	-	1.1F	0465
GEGENSTÄNDE MIT EXPLOSIVSTOFF, N.A.G.	-	1.2C	0466
GEGENSTÄNDE MIT EXPLOSIVSTOFF, N.A.G.	-	1.2D	0467
GEGENSTÄNDE MIT EXPLOSIVSTOFF, N.A.G.	-	1.2E	0468
GEGENSTÄNDE MIT EXPLOSIVSTOFF, N.A.G.	-	1.2F	0469
GEGENSTÄNDE MIT EXPLOSIVSTOFF, N.A.G.	-	1.3C	0470
GEGENSTÄNDE MIT EXPLOSIVSTOFF, N.A.G.	-	1.4E	0471
GEGENSTÄNDE MIT EXPLOSIVSTOFF, N.A.G.	-	1.4F	0472
GEGENSTÄNDE MIT EXPLOSIVSTOFF, EXTREM UNEMPFINDLICH	-	1.6N	0486
GEGENSTÄNDE, PYROPHOR	-	1.2L	0380
GEGENSTÄNDE UNTER HYDRAULISCHEM DRUCK (mit nicht entzündbarem Gas)	-	2.2	3164
GEGENSTÄNDE UNTER PNEUMATISCHEM DRUCK (mit nicht entzündbarem Gas)	-	2.2	3164
Gelber Phosphor, angefeuchtet, *siehe*	**P**	4.2	1381
Gelber Phosphor, trocken, *siehe*	**P**	4.2	1381
GEMISCHE AUS SALPETERSÄURE UND SALZSÄURE	-	8	1798
GENETISCH VERÄNDERTE MIKRO-ORGANISMEN	-	9	3245
GENETISCH VERÄNDERTE ORGANISMEN	-	9	3245
GERÄTE, KLEIN, MIT KOHLENWASSERSTOFFGAS, mit Entnahmeeinrichtung	-	2.1	3150
GERMAN	-	2.3	2192
GERMAN, ADSORBIERT	-	2.3	3523
Germanhydrid, *siehe*	-	2.3	2192
GERMANIUMWASSERSTOFF	-	2.3	2192
GERMANIUMWASSERSTOFF, ADSORBIERT	-	2.3	3523
GESCHOSSE, inert, mit Leuchtspurmitteln	-	1.4S	0345
GESCHOSSE, inert, mit Leuchtspurmitteln	-	1.3G	0424
GESCHOSSE, inert, mit Leuchtspurmitteln	-	1.4G	0425
GESCHOSSE, mit Sprengladung	-	1.1F	0167
GESCHOSSE, mit Sprengladung	-	1.1D	0168
GESCHOSSE, mit Sprengladung	-	1.2D	0169
GESCHOSSE, mit Sprengladung	-	1.2F	0324
GESCHOSSE, mit Sprengladung	-	1.4D	0344
GESCHOSSE, mit Zerleger oder Ausstoßladung	-	1.2D	0346
GESCHOSSE, mit Zerleger oder Ausstoßladung	-	1.4D	0347
GESCHOSSE, mit Zerleger oder Ausstoßladung	-	1.2F	0426
GESCHOSSE, mit Zerleger oder Ausstoßladung	-	1.4F	0427
GESCHOSSE, mit Zerleger oder Ausstoßladung	-	1.2G	0434
GESCHOSSE, mit Zerleger oder Ausstoßladung	-	1.4G	0435
GEWEBE, IMPRÄGNIERT MIT SCHWACH NITRIERTER CELLULOSE, N.A.G.	-	4.1	1353
GEWEBE, PFLANZLICHEN URSPRUNGS, N.A.G., imprägniert mit Öl	-	4.2	1373
GEWEBE, SYNTHETISCHEN URSPRUNGS, N.A.G., imprägniert mit Öl	-	4.2	1373

Stoff oder Gegenstand	MP	Klasse	UN-Nr.
GEWEBE, TIERISCHEN URSPRUNGS, N.A.G., imprägniert mit Öl	-	4.2	1373
GIFTIGER ANORGANISCHER FESTER STOFF, N.A.G.	-	6.1	3288
GIFTIGER ANORGANISCHER FESTER STOFF, ÄTZEND, N.A.G.	-	6.1	3290
GIFTIGER ANORGANISCHER FESTER STOFF, ENTZÜNDBAR, N.A.G.	-	6.1	3535
GIFTIGER ANORGANISCHER FLÜSSIGER STOFF, N.A.G.	-	6.1	3287
GIFTIGER ANORGANISCHER FLÜSSIGER STOFF, ÄTZEND, N.A.G.	-	6.1	3289
GIFTIGER FESTER STOFF, ENTZÜNDEND (OXIDIEREND) WIRKEND, N.A.G.	-	6.1	3086
GIFTIGER FESTER STOFF, MIT WASSER REAGIEREND, N.A.G.	-	6.1	3125
GIFTIGER FESTER STOFF, SELBSTERHITZUNGSFÄHIG, N.A.G.	-	6.1	3124
GIFTIGER FLÜSSIGER STOFF, ENTZÜNDEND (OXIDIEREND) WIRKEND, N.A.G.	-	6.1	3122
GIFTIGER FLÜSSIGER STOFF, MIT WASSER REAGIEREND, N.A.G.	-	6.1	3123
GIFTIGER ORGANISCHER FESTER STOFF, N.A.G.	-	6.1	2811
GIFTIGER ORGANISCHER FESTER STOFF, ÄTZEND, N.A.G.	-	6.1	2928
GIFTIGER ORGANISCHER FESTER STOFF, ENTZÜNDBAR, N.A.G.	-	6.1	2930
GIFTIGER ORGANISCHER FLÜSSIGER STOFF, N.A.G.	-	6.1	2810
GIFTIGER ORGANISCHER FLÜSSIGER STOFF, ÄTZEND, N.A.G.	-	6.1	2927
GIFTIGER ORGANISCHER FLÜSSIGER STOFF, ENTZÜNDBAR, N.A.G.	-	6.1	2929
Glycerin-1,3-dichlorhydrin, *siehe*	-	6.1	2750
Glycerintrinitrat (Klasse 1), *siehe* NITROGLYCERIN (Klasse 1)	-	-	-
GLYCEROL-*alpha*-MONOCHLORHYDRIN	-	6.1	2689
GLYCIDALDEHYD	-	3	2622
Glycidaldehyd, *siehe*	-	3	2622
Glycolchlorhydrin, *siehe*	-	6.1	1135
Glycoldimethylether, *siehe*	-	3	2252
GRANATEN, Hand oder Gewehr, mit Sprengladung	-	1.1D	0284
GRANATEN, Hand oder Gewehr, mit Sprengladung	-	1.2D	0285
GRANATEN, Hand oder Gewehr, mit Sprengladung	-	1.1F	0292
GRANATEN, Hand oder Gewehr, mit Sprengladung	-	1.2F	0293
GRANATEN, ÜBUNG, Hand oder Gewehr	-	1.4S	0110
GRANATEN, ÜBUNG, Hand oder Gewehr	-	1.3G	0318
GRANATEN, ÜBUNG, Hand oder Gewehr	-	1.2G	0372
GRANATEN, ÜBUNG, Hand oder Gewehr	-	1.4G	0452
Grignard Lösung, *siehe*	-	4.3	1928
GUANIDINNITRAT	-	5.1	1467
GUANYLNITROSAMINOGUANYLIDEN HYDRAZIN, ANGEFEUCHTET mit mindestens 30 Masse-% Wasser	-	1.1A	0113
GUANYLNITROSAMINOGUANYLTETRAZEN, ANGEFEUCHTET mit mindestens 30 Masse-% Wasser oder einer Alkohol/Wasser-Mischung	-	1.1A	0114
GUMMILÖSUNG	-	3	1287
Gurtstraffer, *siehe*	-	1.4G	0503
Gurtstraffer, *siehe*	-	9	3268
Güterbeförderungseinheit unter Begasung, *siehe*	-	9	3359
HAFNIUMPULVER, ANGEFEUCHTET, mit mindestens 25 % Wasser (ein sichtbarer Wasserüberschuss muss vorhanden sein) (a) mechanisch hergestellt mit einer Korngröße unter 53 Mikron	-	4.1	1326
HAFNIUMPULVER, ANGEFEUCHTET, mit mindestens 25 % Wasser (ein sichtbarer Wasserüberschuss muss vorhanden sein) (b) chemisch hergestellt mit einer Korngröße unter 840 Mikron	-	4.1	1326
HAFNIUMPULVER, TROCKEN	-	4.2	2545
HALOGENIERTE MONOMETHYLDIPHENYLMETHANE, FEST	**P**	9	3152
HALOGENIERTE MONOMETHYLDIPHENYLMETHANE, FLÜSSIG	**P**	9	3151
Hanf, trocken, *siehe*	-	4.1	3360
HARNSTOFFNITRAT, ANGEFEUCHTET, mit mindestens 10 Masse-% Wasser	-	4.1	3370
HARNSTOFFNITRAT, ANGEFEUCHTET, mit mindestens 20 Masse-% Wasser	-	4.1	1357
HARNSTOFFNITRAT, trocken oder angefeuchtet mit weniger als 20 Masse-% Wasser	-	1.1D	0220
HARNSTOFFWASSERSTOFFPEROXID	-	5.1	1511
Harnstoffwasserstoffperoxid, fest, *siehe*	-	5.1	1511
HARZLÖSUNG, entzündbar	-	3	1866
HARZÖL	-	3	1286
HEIZÖL (LEICHT)	-	3	1202
HELIUM, TIEFGEKÜHLT, FLÜSSIG	-	2.2	1963
HELIUM, VERDICHTET	-	2.2	1046
Heptachlor, *siehe* ORGANOCHLOR-PESTIZID	**P**	-	-
HEPTAFLUORPROPAN	-	2.2	3296
n-HEPTALDEHYD	-	3	3056

Stoff oder Gegenstand	MP	Klasse	UN-Nr.
Heptanal, *siehe*	-	3	3056
HEPTANE	P	3	1206
2-Heptanon, *siehe*	-	3	1110
4-Heptanon, *siehe*	-	3	2710
n-HEPTEN	-	3	2278
Heptenophos, *siehe* ORGANOPHOSPHOR-PESTIZID	P	-	-
Heptylaldehyd, *siehe*	-	3	3056
Heptylbenzol, *siehe*	P	9	3082
Heptylchlorid, *siehe*	P	3	1993
HETP, *siehe*	P	6.1	1611
HETP (und verdichtete Gase, Mischungen), *siehe*	-	2.3	1612
HEU	-	4.1	1327
HEXACHLORACETON	-	6.1	2661
HEXACHLORBENZEN	-	6.1	2729
HEXACHLORBUTADIEN	P	6.1	2279
Hexachlor-1,3-butadien, *siehe*	P	6.1	2279
1,3-Hexachlorbutadien, *siehe*	P	6.1	2279
HEXACHLORCYCLOPENTADIEN	-	6.1	2646
HEXACHLOROPHEN	-	6.1	2875
Hexachlorphan, *siehe*	-	6.1	2875
HEXACHLORPLATINSÄURE, FEST	-	8	2507
Hexachlor-2-propanon, *siehe*	-	6.1	2661
HEXADECYLTRICHLORSILAN	-	8	1781
1,3-Hexadien, *siehe*	-	3	2458
1,4-Hexadien, *siehe*	-	3	2458
1,5-Hexadien, *siehe*	-	3	2458
2,4-Hexadien, *siehe*	-	3	2458
HEXADIENE	-	3	2458
HEXAETHYLTETRAPHOSPHAT	P	6.1	1611
HEXAETHYLTETRAPHOSPHAT UND VERDICHTETES GAS, GEMISCH	-	2.3	1612
HEXAFLUORACETON	-	2.3	2420
HEXAFLUORACETONHYDRAT, FEST	-	6.1	3436
HEXAFLUORACETONHYDRAT, FLÜSSIG	-	6.1	2552
HEXAFLUORETHAN	-	2.2	2193
HEXAFLUORPHOSPHORSÄURE	-	8	1782
Hexafluor-2-propanon, *siehe*	-	2.3	2420
HEXAFLUORPROPYLEN	-	2.2	1858
Hexahydrobenzol, *siehe*	-	3	1145
Hexahydrocresol, *siehe*	-	3	2617
Hexahydromethylphenol, *siehe*	-	3	2617
Hexahydropyridin, *siehe*	-	8	2401
Hexahydrothiophenol, *siehe*	-	3	3054
Hexahydrotoluol, *siehe*	-	3	2296
HEXALDEHYD	-	3	1207
Hexamethylen, *siehe*	-	3	1145
HEXAMETHYLENDIAMIN, FEST	-	8	2280
HEXAMETHYLENDIAMIN, GESCHMOLZEN	-	8	2280
HEXAMETHYLENDIAMIN, LÖSUNG	-	8	1783
HEXAMETHYLENDIISOCYANAT	-	6.1	2281
HEXAMETHYLENIMIN	-	3	2493
HEXAMETHYLENTETRAMIN	-	4.1	1328
Hexamin, *siehe*	-	4.1	1328
Hexan, *siehe*	P	3	1208
1,6-Hexandiamin, fest, *siehe*	-	8	2280
1,6-Hexandiamin, Lösung, *siehe*	-	8	1783
HEXANE	P	3	1208
HEXANITRODIPHENYLAMIN	-	1.1D	0079
Hexanitrodiphenylsulfid, angefeuchtet, *siehe*	-	4.1	2852
HEXANITROSTILBEN	-	1.1D	0392
HEXANOLE	-	3	2282
1-HEXEN	-	3	2370
HEXOGEN, ANGEFEUCHTET, mit mindestens 15 Masse-% Wasser	-	1.1D	0072

Stoff oder Gegenstand	MP	Klasse	UN-Nr.
HEXOGEN, DESENSIBILISIERT	-	1.1D	0483
HEXOGEN, IN MISCHUNG MIT CYCLOTETRAMETHYLENTETRANITRAMIN, ANGEFEUCHTET, mit mindestens 15 Masse-% Wasser	-	1.1D	0391
HEXOGEN, IN MISCHUNG MIT CYCLOTETRAMETHYLENTETRANITRAMIN, DESENSIBILISIERT, mit mindestens 10 Masse-% Phlegmatisierungsmittel	-	1.1D	0391
HEXOGEN, IN MISCHUNG MIT HMX, ANGEFEUCHTET, mit mindestens 15 Masse-% Wasser	-	1.1D	0391
HEXOGEN, IN MISCHUNG MIT HMX, DESENSIBILISIERT, mit mindestens 10 Masse-% Phlegmatisierungsmittel	-	1.1D	0391
HEXOGEN, IN MISCHUNG MIT OKTOGEN, ANGEFEUCHTET, mit mindestens 15 Masse-% Wasser	-	1.1D	0391
HEXOGEN, IN MISCHUNG MIT OKTOGEN, DESENSIBILISIERT, mit mindestens 10 Masse-% Phlegmatisierungsmittel	-	1.1D	0391
HEXOLIT trocken oder angefeuchtet mit weniger als 15 Masse-% Wasser	-	1.1D	0118
HEXOTOL trocken oder angefeuchtet mit weniger als 15 Masse-% Wasser	-	1.1D	0118
HEXOTONAL	-	1.1D	0393
HEXYL	-	1.1D	0079
Hexylacetat, *siehe*	-	3	1233
Hexylaldehyd, *siehe*	-	3	1207
Hexylbenzol, *siehe*	**P**	9	3082
Hexylchlorid, *siehe*	**P**	3	1993
alpha-Hexylen, *siehe*	-	3	2370
tert-Hexylperoxyneodecanoat (Konzentration ≤ 71 %, mit Verdünnungsmittel Typ A), *siehe*	-	5.2	3115
tert-Hexylperoxypivalat (Konzentration ≤ 72 %, mit Verdünnungsmittel Typ B), *siehe*	-	5.2	3115
Hexylsäure, *siehe*	-	8	2829
HEXYLTRICHLORSILAN	-	8	1784
HMDI, *siehe*	-	6.1	2281
HMX, ANGEFEUCHTET, mit mindestens 15 Masse-% Wasser	-	1.1D	0226
HMX, ANGEFEUCHTET, mit mindestens 15 Masse-% Wasser	-	1.1D	0391
HMX, DESENSIBILISIERT	-	1.1D	0484
HMX, DESENSIBILISIERT, mit mindestens 10 Masse-% Phlegmatisierungsmittel	-	1.1D	0391
HOHLLADUNGEN, ohne Zündmittel	-	1.1D	0059
HOHLLADUNGEN, ohne Zündmittel	-	1.2D	0439
HOHLLADUNGEN, ohne Zündmittel	-	1.4D	0440
HOHLLADUNGEN, ohne Zündmittel	-	1.4S	0441
Holzkohle, aktiviert, *siehe*	-	4.2	1362
Holzkohle, nicht aktiviert, *siehe*	-	4.2	1361
HOLZSCHUTZMITTEL, FLÜSSIG	-	3	1306
Hydrazinhydrat, *siehe*	-	8	2030
Hydrazinobenzol, *siehe*	-	6.1	2572
HYDRAZIN, WASSERFREI	-	8	2029
HYDRAZIN, WÄSSERIGE LÖSUNG, ENTZÜNDBAR mit mehr als 37 Masse-% Hydrazin	-	8	3484
HYDRAZIN, WÄSSERIGE LÖSUNG, mit mehr als 37 Masse-% Hydrazin	-	8	2030
HYDRAZIN, WÄSSERIGE LÖSUNG, mit nicht mehr als 37 Masse-% Hydrazin	-	6.1	3293
HYDROGENDIFLUORIDE, FEST, N.A.G.	-	8	1740
HYDROGENDIFLUORIDE, LÖSUNG, N.A.G.	-	8	3471
HYDROGENSULFATE, WÄSSERIGE LÖSUNG	-	8	2837
HYDROGENSULFIT, WÄSSERIGE LÖSUNG, N.A.G.	-	8	2693
1-HYDROXYBENZOTRIAZOL-MONOHYDRAT	-	4.1	3474
1-HYDROXYBENZOTRIAZOL, WASSERFREI, trocken oder angefeuchtet mit weniger als 20 Masse-% Wasser	-	1.3C	0508
3-Hydroxybutanal, *siehe*	-	6.1	2839
3-Hydroxybutan-2-on, *siehe*	-	3	2621
3-Hydroxybutyraldehyd, *siehe*	-	6.1	2839
2-Hydroxycamphan, *siehe*	-	4.1	1312
Hydroxydimethylbenzole, fest, *siehe*	-	6.1	2261
Hydroxydimethylbenzole, flüssig, *siehe*	-	6.1	3430
3-Hydroxy-1,1-dimethylbutylperoxyneodecanoat (Konzentration ≤ 52%, als stabile Dispersion in Wasser), *siehe*	-	5.2	3119
3-Hydroxy-1,1-dimethylbutylperoxyneodecanoat (Konzentration ≤ 52%, mit Verdünnungsmittel Typ A), *siehe*	-	5.2	3117
3-Hydroxy-1,1-dimethylbutylperoxyneodecanoat (Konzentration ≤ 77%, mit Verdünnungsmittel Typ A), *siehe*	-	5.2	3115
2-(2-Hydroxyethoxy)-1-(pyrrolidin-1-yl)-benzen-4-diazonium-Zinkchlorid (Konzentration 100 %), *siehe*	-	4.1	3236
3-(2-Hydroxyethoxy)-4-(pyrrolidin-1-yl)-benzendiazonium-Zinkchlorid (Konzentration 100 %), *siehe*	-	4.1	3236

Stoff oder Gegenstand	MP	Klasse	UN-Nr.
2-Hydroxyethylamin, *siehe*	-	8	2491
HYDROXYLAMINSULFAT	-	8	2865
Hydroxylammoniumsulfat, *siehe*	-	8	2865
1-Hydroxy-3-methyl-2-Penten-4-yn, *siehe*	-	8	2705
3-Hydroxyphenol, *siehe*	-	6.1	2876
HYPOCHLORITE, ANORGANISCHE, N.A.G.	-	5.1	3212
HYPOCHLORITLÖSUNG	**P**	8	1791
Imazalil, *siehe* PESTIZID, N.A.G.	-	-	-
3,3'-IMINOBISPROPYLAMIN	-	8	2269
Industrielle Munition, *siehe* KARTUSCHEN, FÜR ERDÖLBOHRLOCH, und KARTUSCHEN, FÜR TECHNISCHE ZWECKE	-	-	-
INFEKTIÖSER STOFF, GEFÄHRLICH FÜR MENSCHEN	-	6.2	2814
INFEKTIÖSER STOFF, nur GEFÄHRLICH FÜR TIERE	-	6.2	2900
INSEKTENBEKÄMPFUNGSMITTEL, GASFÖRMIG, N.A.G.	-	2.2	1968
INSEKTENBEKÄMPFUNGSMITTEL, GASFÖRMIG, ENTZÜNDBAR, N.A.G.	-	2.1	3354
INSEKTENBEKÄMPFUNGSMITTEL, GASFÖRMIG, GIFTIG, N.A.G.	-	2.3	1967
INSEKTENBEKÄMPFUNGSMITTEL, GASFÖRMIG, GIFTIG, ENTZÜNDBAR, N.A.G.	-	2.3	3355
IOD	-	8	3495
2-IODBUTAN	-	3	2390
Iodmethan, *siehe*	-	6.1	2644
IODMETHYLPROPANE	-	3	2391
IODMONOCHLORID, FEST	-	8	1792
IODMONOCHLORID, FLÜSSIG	-	8	3498
IODPENTAFLUORID	-	5.1	2495
IODPROPANE	-	3	2392
alpha-Iodtoluol, *siehe*	-	6.1	2653
IODWASSERSTOFFSÄURE	-	8	1787
IODWASSERSTOFF, WASSERFREI	-	2.3	2197
Ioxynil, *siehe* PESTIZID, N.A.G.	**P**	-	-
Iprobenfos, *siehe* ORGANOPHOSPHOR-PESTIZID	-	-	-
Isoamylacetat, *siehe*	-	3	1104
Isoamylalkohol, *siehe*	-	3	1105
Isoamylbromid, *siehe*	-	3	2341
Isoamylbutyrat, *siehe*	-	3	2620
alpha-Isoamylen, *siehe*	-	3	2561
Isoamylformiat, *siehe*	-	3	1109
Isoamylmercaptan, *siehe*	-	3	1111
Isoamylnitrat, *siehe*	-	3	1112
Isoamylnitrit, *siehe*	-	3	1113
Isobenzan, *siehe* ORGANOCHLOR-PESTIZID	**P**	-	-
ISOBUTAN	-	2.1	1969
Isobutanal, *siehe*	-	3	2045
ISOBUTANOL	-	3	1212
ISOBUTEN	-	2.1	1055
Isobuten, *siehe*	-	2.1	1055
Isobutenol, *siehe*	-	3	2614
Isobutenylchlorid, *siehe*	-	3	2554
ISOBUTTERSÄURE	-	3	2529
ISOBUTYLACETAT	-	3	1213
ISOBUTYLACRYLAT, STABILISIERT	-	3	2527
ISOBUTYLALKOHOL	-	3	1212
ISOBUTYLAMIN	-	3	1214
Isobutylbenzen, *siehe*	**P**	3	2709
Isobutylbromid, *siehe*	-	3	2342
ISOBUTYLFORMIAT	-	3	2393
Isobutyliodid, *siehe*	-	3	2391
ISOBUTYLISOBUTYRAT	-	3	2528
ISOBUTYLISOCYANAT	-	6.1	2486
Isobutylmercaptan, *siehe*	-	3	2347
ISOBUTYLMETHACRYLAT, STABILISIERT	-	3	2283
ISOBUTYLPROPIONAT	-	3	2394
Isobutylvinylether, *siehe*	-	3	1304
ISOBUTYRALDEHYD	-	3	2045

Stoff oder Gegenstand	MP	Klasse	UN-Nr.
ISOBUTYRONITRIL	-	3	2284
ISOBUTYRYLCHLORID	-	3	2395
ISOCYANATE, ENTZÜNDBAR, GIFTIG, N.A.G.	-	3	2478
ISOCYANATE, GIFTIG, N.A.G.	-	6.1	2206
ISOCYANATE, GIFTIG, ENTZÜNDBAR, N.A.G.	-	6.1	3080
ISOCYANAT, LÖSUNG, ENTZÜNDBAR, GIFTIG, N.A.G.	-	3	2478
ISOCYANAT, LÖSUNG, GIFTIG, N.A.G.	-	6.1	2206
ISOCYANAT, LÖSUNG, GIFTIG, ENTZÜNDBAR, N.A.G.	-	6.1	3080
ISOCYANATOBENZOTRIFLUORIDE	-	6.1	2285
3-Isocyanatomethyl-3,5,5-trimethylcyclohexyl Isocyanat, *siehe*	-	6.1	2290
Isodecylacrylat, *siehe*	P	9	3082
Isododecan, *siehe*	-	3	2286
Isodrin, *siehe* ORGANOCHLOR-PESTIZID	-	-	-
Isofenphos, *siehe* ORGANOPHOSPHOR-PESTIZID	P	-	-
ISOHEPTENE	-	3	2287
ISOHEXENE	-	3	2288
Isolan, *siehe* CARBAMAT-PESTIZID	-	-	-
Isooctaldehyd, *siehe*	-	3	1191
Isooctan, *siehe*	P	3	1262
ISOOCTENE	-	3	1216
Isooctylnitrat, *siehe*	P	9	3082
Isopentan, *siehe*	-	3	1265
ISOPENTENE	-	3	2371
Isopentylamin, *siehe*	-	3	1106
Isopentylnitrit, *siehe*	-	3	1113
ISOPHORONDIAMIN	-	8	2289
ISOPHORONDIISOCYANAT	-	6.1	2290
ISOPREN, STABILISIERT	P	3	1218
Isoprocarb, *siehe* CARBAMAT-PESTIZID	P	-	-
ISOPROPANOL	-	3	1219
ISOPROPENYLACETAT	-	3	2403
ISOPROPENYLBENZEN	-	3	2303
Isopropenylcarbinol, *siehe*	-	3	2614
Isopropenylchlorid, *siehe*	-	3	2456
2-Isopropoxypropan, *siehe*	-	3	1159
ISOPROPYLACETAT	-	3	1220
ISOPROPYLALKOHOL	-	3	1219
ISOPROPYLAMIN	-	3	1221
ISOPROPYLBENZEN	-	3	1918
Isopropylbromid, *siehe*	-	3	2344
Isopropyl-*sec*-butylperoxydicarbonat (Konzentration ≤ 32 %), mit Di-*sec*-butylperoxydicarbonat (Konzentration ≤ 15 bis 18 %) und mit Di-isopropylperoxydicarbonat (Konzentration ≤ 12 bis 15 %), mit Verdünnungsmittel Typ A, *siehe*	-	5.2	3115
Isopropyl-*sec*-butylperoxydicarbonat (Konzentration ≤ 52 %), mit Di-*sec*-butylperoxydicarbonat (Konzentration ≤ 28 %) und mit Di-isopropylperoxydicarbonat (Konzentration ≤ 22 %), *siehe*	-	5.2	3111
ISOPROPYLBUTYRAT	-	3	2405
Isopropylcarbinol, *siehe*	-	3	1212
ISOPROPYLCHLORACETAT	-	3	2947
Isopropylchlorcarbonat, *siehe*	-	6.1	2407
ISOPROPYLCHLORFORMIAT	-	6.1	2407
Isopropylchlorid, *siehe*	-	3	2356
Isopropylchlormethanoat, *siehe*	-	6.1	2407
ISOPROPYL-2-CHLORPROPIONAT	-	3	2934
alpha-Isopropyl-*alpha*-chlorpropionat, *siehe*	-	3	2934
Isopropylcumylhydroperoxid (Konzentration ≤ 72 %, mit Verdünnungsmittel Typ A), *siehe*	-	5.2	3109
Isopropylcyanid, *siehe*	-	3	2284
Isopropylether, *siehe*	-	3	1159
Isopropylethylen, *siehe*	-	3	2561
Isopropylformiat, *siehe*	-	3	1281
Isopropylidenaceton, *siehe*	-	3	1229
ISOPROPYLISOBUTYRAT	-	3	2406
ISOPROPYLISOCYANAT	-	6.1	2483
Isopropylmercaptan, *siehe*	-	3	2402

Stoff oder Gegenstand	MP	Klasse	UN-Nr.
Isopropylmethanoat, *siehe*	-	3	1281
ISOPROPYLNITRAT	-	3	1222
ISOPROPYLPHOSPHAT	-	8	1793
ISOPROPYLPROPIONAT	-	3	2409
Isopropyltoluol, *siehe*	**P**	3	2046
ISOSORBIDDINITRAT, MISCHUNG, mit mindestens 60 % Lactose, Mannose, Stärke oder Calciumhydrogenphosphat	-	4.1	2907
ISOSORBID-5-MONONITRAT	-	4.1	3251
Isotetramethylbenzol, *siehe*	**P**	9	3082
Isothioat, *siehe* ORGANOPHOSPHOR-PESTIZID	-	-	-
Isovaleraldehyd, *siehe*	-	3	2058
Isovaleron, *siehe*	-	3	1157
Isoxathion, *siehe* ORGANOPHOSPHOR-PESTIZID	**P**	-	-
Jute, Trocken, *siehe*	-	4.1	3360
Kabelschneidvorrichtung mit Explosivstoff, *siehe*	-	1.4S	0070
KAKODYLSÄURE	-	6.1	1572
KALIUM	-	4.3	2257
Kaliumamalgame, fest, *siehe*	-	4.3	3401
Kaliumamalgame, flüssig, *siehe*	-	4.3	1389
Kaliumamid, *siehe*	-	4.3	1390
Kaliumantimontartrat, *siehe*	-	6.1	1551
KALIUMARSENAT	-	6.1	1677
KALIUMARSENIT	-	6.1	1678
Kaliumbifluorid, fest, *siehe*	-	8	1811
Kaliumbifluorid, Lösung, *siehe*	-	8	3421
Kaliumbisulfat, *siehe*	-	8	2509
Kaliumbisulfit, Lösung, *siehe*	-	8	2693
KALIUMBORHYDRID	-	4.3	1870
KALIUMBROMAT	-	5.1	1484
KALIUMCHLORAT	-	5.1	1485
Kaliumchlorat gemischt mit Mineralöl, *siehe*	-	1.1D	0083
KALIUMCHLORAT, WÄSSERIGE LÖSUNG	-	5.1	2427
KALIUMCYANID, FEST	**P**	6.1	1680
KALIUMCYANID, LÖSUNG	**P**	6.1	3413
Kalium Cyanokuprate(I), *siehe*	**P**	6.1	1679
Kaliumdicyanokuprat(I), *siehe*	-	6.1	1679
Kaliumdihydrogenarsenat, *siehe*	-	6.1	1677
Kalium Dispersionen, *siehe*	-	4.3	1391
KALIUMDITHIONIT	-	4.2	1929
KALIUMFLUORACETAT	-	6.1	2628
KALIUMFLUORID, FEST	-	6.1	1812
KALIUMFLUORID, LÖSUNG	-	6.1	3422
KALIUMFLUOROSILICAT	-	6.1	2655
Kaliumfluorsilicat, *siehe*	-	6.1	2655
Kaliumhexafluorsilicat, *siehe*	-	6.1	2655
Kaliumhydrat, *siehe*	-	8	1814
KALIUMHYDROGENDIFLUORID, FEST	-	8	1811
KALIUMHYDROGENDIFLUORID, LÖSUNG	-	8	3421
Kaliumhydrogenfluorid, fest, *siehe*	-	8	1811
Kaliumhydrogenfluorid, Lösung, *siehe*	-	8	3421
KALIUMHYDROGENSULFAT	-	8	2509
KALIUMHYDROSULFIT	-	4.2	1929
KALIUMHYDROXID, FEST	-	8	1813
Kaliumhydroxid, flüssig, *siehe*	-	8	1814
KALIUMHYDROXIDLÖSUNG	-	8	1814
Kaliumhypochlorit, Lösung, *siehe*	-	8	1791
KALIUMKUPFER(I)CYANID	**P**	6.1	1679
Kaliumlegierungen, Metall, *siehe*	-	4.3	1420
KALIUMMETALLLEGIERUNGEN, FEST	-	4.3	3403
KALIUMMETALLLEGIERUNGEN, FLÜSSIG	-	4.3	1420
KALIUMMETAVANADAT	-	6.1	2864
KALIUMMONOXID	-	8	2033
KALIUM-NATRIUM-LEGIERUNGEN, FEST	-	4.3	3404

Stoff oder Gegenstand	MP	Klasse	UN-Nr.
KALIUM-NATRIUM-LEGIERUNGEN, FLÜSSIG	-	4.3	1422
KALIUMNITRAT	-	5.1	1486
Kaliumnitrat und Natriumnitrat, Mischung, *siehe*	-	5.1	1499
KALIUMNITRAT UND NATRIUMNITRIT, MISCHUNG	-	5.1	1487
KALIUMNITRIT	-	5.1	1488
Kaliumoxid, *siehe*	-	8	2033
KALIUMPERCHLORAT	-	5.1	1489
KALIUMPERMANGANAT	-	5.1	1490
KALIUMPEROXID	-	5.1	1491
KALIUMPERSULFAT	-	5.1	1492
KALIUMPHOSPHID	-	4.3	2012
KALIUMQUECKSILBER(II)CYANID	**P**	6.1	1626
KALIUMQUECKSILBER(II)IODID	**P**	6.1	1643
Kaliumquecksilber(II)iodid, *siehe*	**P**	6.1	1643
KALIUMSULFID, HYDRAT, mit mindestens 30 % Kristallwasser	-	8	1847
KALIUMSULFID, mit weniger als 30 % Kristallwasser	-	4.2	1382
KALIUMSULFID, WASSERFREI	-	4.2	1382
KALIUMSUPEROXID	-	5.1	2466
Kaliumvanadat, *siehe*	-	6.1	2864
KÄLTEMASCHINEN mit entzündbarem und nicht giftigem verflüssigtem Gas	-	2.1	3358
KÄLTEMASCHINEN mit nicht entzündbaren, nicht giftigen Gasen oder Ammoniaklösungen (UN-Nr. 2672)	-	2.2	2857
KAMPFERÖL	-	3	1130
Kapok, Trocken, *siehe*	-	4.1	3360
KAPRONSÄURE	-	8	2829
Karbolsäure, fest, *siehe*	-	6.1	1671
Karbolsäure, geschmolzen, *siehe*	-	6.1	2312
Karbolsäure, Lösung, *siehe*	-	6.1	2821
KARTUSCHEN, ERDÖLBOHRLOCH	-	1.3C	0277
KARTUSCHEN, ERDÖLBOHRLOCH	-	1.4C	0278
Kartuschen, Explosiv, *siehe*	-	1.1D	0048
Kartuschen, für Starter, für Düsentriebwerk, *siehe* KARTUSCHEN FÜR TECHNISCHE ZWECKE	-	-	-
KARTUSCHEN FÜR TECHNISCHE ZWECKE	-	1.3C	0275
KARTUSCHEN FÜR TECHNISCHE ZWECKE	-	1.4C	0276
KARTUSCHEN FÜR TECHNISCHE ZWECKE	-	1.4S	0323
KARTUSCHEN FÜR TECHNISCHE ZWECKE	-	1.2C	0381
Kartuschen, Leuchtend, *siehe* MUNITION, LEUCHT	-	-	-
Kaustische Pottasche, fest, *siehe*	-	8	1813
Kaustische Pottasche Lösung, *siehe*	-	8	1814
Kaustische Soda, fest, *siehe*	-	8	1823
Kaustische Soda, Lauge, *siehe*	-	8	1824
Kaustische Soda, Lösung, *siehe*	-	8	1824
KAUTSCHUK (GUMMI) ABFALL, pulverförmig oder granuliert, Korngröße bis 840 Mikron und mehr als 45 % Gummi enthaltend	-	4.1	1345
KAUTSCHUK (GUMMI) RESTE, pulverförmig oder granuliert, Korngröße bis 840 Mikron und mehr als 45 % Gummi enthaltend	-	4.1	1345
Kelevan, *siehe* ORGANOCHLOR-PESTIZID	-	-	-
KEROSIN	-	3	1223
Kerosin, *siehe*	-	3	1223
KETONE, FLÜSSIG, N.A.G.	-	3	1224
KIEFERNÖL	**P**	3	1272
KLEBSTOFFE, entzündbare Flüssigkeit enthaltend	-	3	1133
KLINISCHER ABFALL, UNSPEZIFIZIERT, N.A.G.	-	6.2	3291
Knallerbsen, *siehe* ANZÜNDER, UN-Nrn. 0325 und 0454	-	-	-
KNALLKAPSELN, EISENBAHN	-	1.1G	0192
KNALLKAPSELN, EISENBAHN	-	1.4S	0193
KNALLKAPSELN, EISENBAHN	-	1.3G	0492
KNALLKAPSELN, EISENBAHN	-	1.4G	0493
KOHLE, AKTIVIERT	-	4.2	1362
KOHLENDIOXID	-	2.2	1013
Kohlendioxid und Ethylenoxid, Gemisch, *siehe* ETHYLENOXID UND KOHLENDIOXID, GEMISCH	-	-	-
KOHLENDIOXID, FEST	-	9	1845
KOHLENDIOXID, TIEFGEKÜHLT, FLÜSSIG	-	2.2	2187

Stoff oder Gegenstand	MP	Klasse	UN-Nr.
KOHLENMONOXID, VERDICHTET	-	2.3	1016
Kohlenoxidsulfid, *siehe*	-	2.3	2204
Kohlensäureanhydrid, fest, *siehe*	-	9	1845
KOHLENSTOFFDISULFID	-	3	1131
KOHLENWASSERSTOFFE, FLÜSSIG, N.A.G.	-	3	3295
KOHLENWASSERSTOFFGAS, MISCHUNG, VERDICHTET, N.A.G.	-	2.1	1964
KOHLENWASSERSTOFFGAS, MISCHUNG, VERFLÜSSIGT, N.A.G.	-	2.1	1965
KOHLENWASSERSTOFFGAS-NACHFÜLLPATRONEN FÜR KLEINE GERÄTE, mit Entnahmeeinrichtung	-	2.1	3150
Kohlepapier, *siehe*	-	4.2	1379
KOHLE, pflanzlichen Ursprungs	-	4.2	1361
KOHLE, tierischen Ursprungs	-	4.2	1361
Komposition B, *siehe*	-	1.1D	0118
KONDENSATOR, ASYMMETRISCH (mit einer Energiespeicherkapazität von mehr als 0,3 Wh)	-	9	3508
KONDENSATOR, ELEKTRISCHE DOPPELSCHICHT (mit einer Energiespeicherkapazität von mehr als 0,3 Wh)	-	9	3499
Königswasser, *siehe*	-	8	1798
KOPRA	-	4.2	1363
Kosmetische Produkte, *siehe*	-	3	1266
KRAFTSTOFFTANK FÜR HYDRAULISCHES AGGREGAT FÜR FLUGZEUGE (mit einer Mischung von wasserfreiem Hydrazin und Methylhydrazin) (Kraftstoff M86)	-	3	3165
KRESYLSÄURE	-	6.1	2022
KRILLMEHL	-	4.2	3497
Krokydolith, *siehe*	-	9	2212
KRYPTON, TIEFGEKÜHLT, FLÜSSIG	-	2.2	1970
KRYPTON, VERDICHTET	-	2.2	1056
KUNSTSTOFFE AUF NITROCELLULOSEBASIS, SELBSTERHITZUNGSFÄHIG, N.A.G.	-	4.2	2006
KUNSTSTOFFPRESSMISCHUNG, in Teig-, Platten- oder Strangpressform, entzündbare Dämpfe abgebend	-	9	3314
KUPFERACETOARSENIT	**P**	6.1	1585
Kupferarsenat, *siehe*	-	6.1	1557
KUPFERARSENIT	**P**	6.1	1586
Kupfer(II)-arsenit, *siehe*	-	6.1	1586
KUPFERCHLORAT	-	5.1	2721
Kupfer(II)-chlorat, *siehe*	-	5.1	2721
KUPFERCHLORID	**P**	8	2802
Kupfer(I)-chlorid, *siehe*	**P**	8	2802
Kupfer(II)-chlorid, *siehe*	**P**	8	2802
KUPFERCYANID	**P**	6.1	1587
Kupfer(II)-cyanid, *siehe*	**P**	6.1	1587
KUPFERETHYLENDIAMIN, LÖSUNG	**P**	8	1761
KUPFERHALTIGES PESTIZID, FEST, GIFTIG	-	6.1	2775
KUPFERHALTIGES PESTIZID, FLÜSSIG, ENTZÜNDBAR, GIFTIG, Flammpunkt unter 23 °C	-	3	2776
KUPFERHALTIGES PESTIZID, FLÜSSIG, GIFTIG	-	6.1	3010
KUPFERHALTIGES PESTIZID, FLÜSSIG, GIFTIG, ENTZÜNDBAR, mit einem Flammpunkt von 23 °C oder darüber	-	6.1	3009
Kupfer Metallpulver, *siehe* **Bemerkung 1**	**P**	-	-
Kupfersulfat, wasserfrei, Hydrate und Lösungen, *siehe* **Bemerkung 1**	**P**	-	-
Kupferverbindungen, *siehe* KUPFERHALTIGES PESTIZID	-	-	-
Lack, *siehe* FARBE	-	-	-
LAPPEN, PUTZWOLLE, ÖLIG	-	4.2	1856
Lauge, *siehe*	-	8	1823
Leuchtbomben, *siehe* MUNITION, LEUCHT	-	-	-
Leuchtgeschosse, *siehe* MUNITION, LEUCHT	-	-	-
LEUCHTKÖRPER, BODEN	-	1.1G	0418
LEUCHTKÖRPER, BODEN	-	1.2G	0419
LEUCHTKÖRPER, BODEN	-	1.3G	0092
LEUCHTKÖRPER, LUFTFAHRZEUG	-	1.3G	0093
LEUCHTKÖRPER, LUFTFAHRZEUG	-	1.4G	0403
LEUCHTKÖRPER, LUFTFAHRZEUG	-	1.4S	0404
LEUCHTKÖRPER, LUFTFAHRZEUG	-	1.1G	0420
LEUCHTKÖRPER, LUFTFAHRZEUG	-	1.2G	0421
LEUCHTSPURKÖRPER FÜR MUNITION	-	1.3G	0212

Stoff oder Gegenstand	MP	Klasse	UN-Nr.
LEUCHTSPURKÖRPER FÜR MUNITION	-	1.4G	0306
Ligroin, *siehe* ERDÖLDESTILLATE, N.A.G. *oder* ERDÖLPRODUKTE, N.A.G.	-	-	-
Limonen, *siehe*	**P**	3	2052
Lindan, *siehe* ORGANOCHLOR-PESTIZID	**P**	-	-
Linuron, *siehe* **Bemerkung 1**	**P**	-	-
LITHIUM	-	4.3	1415
Lithiumalkyle, fest, *siehe*	-	4.2	3393
Lithiumalkyle, flüssig, *siehe*	-	4.2	3394
LITHIUMALUMINIUMHYDRID	-	4.3	1410
LITHIUMALUMINIUMHYDRID IN ETHER	-	4.3	1411
Lithiumamalgame, fest, *siehe*	-	4.3	3401
Lithiumamalgame. flüssig, *siehe*	-	4.3	1389
Lithiumamid, *siehe*	-	4.3	1390
LITHIUMBATTERIEN, IN GÜTERBEFÖRDERUNGSEINHEITEN EINGEBAUT, Lithium-Ionen-Batterien oder Lithium-Metall-Batterien	-	9	3536
LITHIUMBORHYDRID	-	4.3	1413
Lithiumdispersionen, *siehe*	-	4.3	1391
LITHIUMFERROSILICID	-	4.3	2830
LITHIUMHYDRID	-	4.3	1414
LITHIUMHYDRID, GESCHMOLZEN	-	4.3	2805
LITHIUMHYDROXID	-	8	2680
Lithiumhydroxid, fest, *siehe*	-	8	2680
LITHIUMHYDROXID, LÖSUNG	-	8	2679
LITHIUMHYPOCHLORIT, MISCHUNG	-	5.1	1471
LITHIUMHYPOCHLORIT, TROCKEN	-	5.1	1471
Lithium in Kartuschen, *siehe*	-	4.3	1415
LITHIUM-IONEN-BATTERIEN (einschließlich Lithium-Ionen-Polymer-Batterien)	-	9	3480
LITHIUM-IONEN-BATTERIEN IN AUSRÜSTUNGEN (einschließlich Lithium-Ionen-Polymer-Batterien)	-	9	3481
LITHIUM-IONEN-BATTERIEN, MIT AUSRÜSTUNGEN VERPACKT (einschließlich Lithium-Ionen-Polymer-Batterien)	-	9	3481
Lithiumlegierung (flüssig), *siehe*	-	2.1	1421
LITHIUM-METALL-BATTERIEN (einschließlich Batterien aus Lithiumlegierung)	-	9	3090
LITHIUM-METALL-BATTERIEN IN AUSRÜSTUNGEN (einschließlich Batterien aus Lithiumlegierung)	-	9	3091
LITHIUM-METALL-BATTERIEN, MIT AUSRÜSTUNGEN VERPACKT (einschließlich Batterien aus Lithiumlegierung)	-	9	3091
LITHIUMNITRAT	-	5.1	2722
LITHIUMNITRID	-	4.3	2806
LITHIUMPEROXID	-	5.1	1472
Lithiumsilicid, *siehe*	-	4.3	1417
LITHIUMSILICIUM	-	4.3	1417
LNG, *siehe*	-	2.1	1972
LOCKERUNGSSPRENGGERÄTE MIT EXPLOSIVSTOFF, für Erdölbohrungen, ohne Zündmittel	-	1.1D	0099
LONDON PURPLE	**P**	6.1	1621
Lösungsmittel, Entzündbar, N.A.G., *siehe*	-	3	1993
Lösungsmittel, Giftig, Entzündbar, N.A.G., *siehe*	-	3	1992
LPG, *siehe*	-	2.1	1075
LUFT, TIEFGEKÜHLT, FLÜSSIG	-	2.2	1003
LUFT, VERDICHTET	-	2.2	1002
M86 Treibstoff, *siehe*	-	3	3165
MAGNESIUM	-	4.1	1869
Magnesium, Abfall, *siehe*	-	4.1	1869
Magnesiumalkyle, *siehe*	-	4.2	3394
MAGNESIUMALUMINIUMPHOSPHID	-	4.3	1419
Magnesiumamalgame, fest, *siehe*	-	4.3	3402
Magnesiumamalgame, flüssig, *siehe*	-	4.3	1392
MAGNESIUMARSENAT	**P**	6.1	1622
Magnesiumbisulfit, Lösung, *siehe*	-	8	2693
MAGNESIUMBROMAT	-	5.1	1473
MAGNESIUMCHLORAT	-	5.1	2723
Magnesiumchlorid und -chlorat, Gemisch, *siehe*	-	5.1	1459
MAGNESIUMDIAMID	-	4.2	2004
Magnesiumdiphenyl, *siehe*	-	4.2	3393
Magnesiumdispersionen, *siehe*	-	4.3	1391

Index
deutsch
IMDG-Code 2019

Stoff oder Gegenstand	MP	Klasse	UN-Nr.
MAGNESIUMFLUOROSILICAT	-	6.1	2853
MAGNESIUMGRANULATE, ÜBERZOGEN, mit einer Teilchengröße von mindestens 149 Mikron	-	4.3	2950
Magnesiumhexafluorosilicat, *siehe*	-	6.1	2853
MAGNESIUMHYDRID	-	4.3	2010
Magnesiumlegierungen, *siehe*	-	4.3	1393
MAGNESIUMLEGIERUNGEN, mit mehr als 50 % Magnesium in Form von Pellets, Spänen oder Bändern	-	4.1	1869
MAGNESIUMLEGIERUNGSPULVER	-	4.3	1418
MAGNESIUMNITRAT	-	5.1	1474
MAGNESIUMPERCHLORAT	-	5.1	1475
MAGNESIUMPEROXID	-	5.1	1476
MAGNESIUMPHOSPHID	-	4.3	2011
MAGNESIUMPULVER	-	4.3	1418
MAGNESIUMSILICID	-	4.3	2624
Magnesiumsilizium, *siehe*	-	4.3	2624
Magnesiumsiliziumfluorid, *siehe*	-	6.1	2853
MAGNETISIERTE STOFFE	-	9	2807
Malathion, *siehe*	P	9	3082
MALEINSÄUREANHYDRID	-	8	2215
MALEINSÄUREANHYDRID, GESCHMOLZEN	-	8	2215
Malonodinitril, *siehe*	-	6.1	2647
MALONONITRIL	-	6.1	2647
Mancozeb (ISO), *siehe*	P	9	3077
MANEB	P	4.2	2210
MANEB, STABILISIERT	P	4.3	2968
MANEBZUBEREITUNGEN, mit mindestens 60 Masse-% Maneb	P	4.2	2210
MANEBZUBEREITUNGEN, STABILISIERT gegen Selbsterhitzung	P	4.3	2968
Manganethylen-bis-Dithiocarbamat, *siehe*	P	4.2	2210
Manganethylen-1,2-bis-Dithiocarbamat, *siehe*	P	4.2	2210
Manganethylen-bis-Dithiocarbamat, stabilisiert, *siehe*	P	4.3	2968
Manganethylen-1,2-bis-Dithiocarbamat, stabilisiert, *siehe*	P	4.3	2968
MANGANNITRAT	-	5.1	2724
Mangan(II)nitrat, *siehe*	-	5.1	2724
MANGANRESINAT	-	4.1	1330
MANNITOLHEXANITRAT, ANGEFEUCHTET, mit mindestens 40 Masse-% Wasser oder einer Alkohol/Wasser-Mischung	-	1.1D	0133
Manövermunition, *siehe* PATRONEN FÜR WAFFEN, MÄNÖVER	-	-	-
MASCHINE MIT BRENNSTOFFZELLEN-MOTOR MIT ANTRIEB DURCH ENTZÜNDBARE FLÜSSIGKEIT	-	3	3528
MASCHINE MIT BRENNSTOFFZELLEN-MOTOR MIT ANTRIEB DURCH ENTZÜNDBARES GAS	-	2.1	3529
Mecarbam, *siehe* ORGANOPHOSPHOR-PESTIZID	P	-	-
MEDIKAMENT, FEST, GIFTIG, N.A.G.	-	6.1	3249
MEDIKAMENT, FLÜSSIG, ENTZÜNDBAR, GIFTIG, N.A.G.	-	3	3248
MEDIKAMENT, FLÜSSIG, GIFTIG, N.A.G.	-	6.1	1851
Medinoterb, *siehe* SUBSTITUIERTES NITROPHENOL-PESTIZID	-	-	-
MEDIZINISCHER ABFALL, N.A.G.	-	6.2	3291
MEMBRANFILTER AUS NITROCELLULOSE, mit höchstens 12,6 % Stickstoff in der Trockenmasse	-	4.1	3270
p-Menthylhydroperoxid (Konzentration > 72 bis 100 %), *siehe*	-	5.2	3105
p-Menthylhydroperoxid (Konzentration ≤ 72 %, mit Verdünnungsmittel Typ A), *siehe*	-	5.2	3109
Mephosfolan, *siehe* ORGANOPHOSPHOR-PESTIZID	P	-	-
MERCAPTANE, FLÜSSIG, ENTZÜNDBAR, N.A.G.	-	3	3336
MERCAPTANE, FLÜSSIG, ENTZÜNDBAR, GIFTIG, N.A.G.	-	3	1228
MERCAPTANE, FLÜSSIG, GIFTIG, ENTZÜNDBAR, N.A.G.	-	6.1	3071
MERCAPTANE, MISCHUNG, FLÜSSIG, ENTZÜNDBAR, N.A.G.	-	3	3336
MERCAPTANE, MISCHUNG, FLÜSSIG, ENTZÜNDBAR, GIFTIG, N.A.G.	-	3	1228
MERCAPTANE, MISCHUNG, FLÜSSIG, GIFTIG, ENTZÜNDBAR, N.A.G.	-	6.1	3071
Mercaptodimethur, *siehe* CARBAMAT-PESTIZID	P	-	-
Mercaptoessigsäure, *siehe*	-	8	1940
2-Mercaptoethanol, *siehe*	-	6.1	2966
2-Mercaptopropionsäure, *siehe*	-	6.1	2936
5-MERCAPTOTETRAZOL-1-ESSIGSÄURE	-	1.4C	0448
Mercurol, *siehe*	P	6.1	1639
Mesitylen, *siehe*	P	3	2325

Stoff oder Gegenstand	MP	Klasse	UN-Nr.
MESITYLOXID	-	3	1229
Metaarsensäure, *siehe*	-	6.1	1554
Metaceton, *siehe*	-	3	1156
METALDEHYD	-	4.1	1332
Metallalkyle, mit Wasser reagierend, N.A.G., *siehe*	-	4.2	3394
Metallalkylhalogenide, mit Wasser reagierend, N.A.G., *siehe*	-	4.2	3394
Metallalkylhydride, mit Wasser reagierend, N.A.G., *siehe*	-	4.2	3394
Metallaryle, mit Wasser reagierend, N.A.G., *siehe*	-	4.2	3394
Metallarylhalogenide, mit Wasser reagierend, N.A.G., *siehe*	-	4.2	3394
Metallarylhydride, mit Wasser reagierend, N.A.G., *siehe*	-	4.2	3394
METALLCARBONYLE, FEST, N.A.G.	-	6.1	3466
METALLCARBONYLE, FLÜSSIG, N.A.G.	-	6.1	3281
METALLHYDRIDE, MIT WASSER REAGIEREND, N.A.G.	-	4.3	1409
METALLISCHER STOFF, MIT WASSER REAGIEREND, N.A.G.	-	4.3	3208
METALLISCHER STOFF, MIT WASSER REAGIEREND, SELBSTERHITZUNGSFÄHIG, N.A.G.	-	4.3	3209
METALLISCHES EISEN als BOHRSPÄNE, FRÄSSPÄNE, DREHSPÄNE, ABFÄLLE in selbsterhitzungsfähiger Form	-	4.2	2793
METALLKATALYSATOR, ANGEFEUCHTET, mit einem sichtbaren Überschuss an Flüssigkeit	-	4.2	1378
METALLKATALYSATOR, TROCKEN	-	4.2	2881
Metallorganische Verbindung, Dispersion, mit Wasser reagierend, entzündbar, *siehe*	-	4.3	3399
METALLORGANISCHE VERBINDUNG, FEST, GIFTIG, N.A.G.	-	6.1	3467
Metallorganische Verbindung, fest, mit Wasser reagierend, entzündbar	-	4.3	3396
METALLORGANISCHE VERBINDUNG, FLÜSSIG, GIFTIG, N.A.G.	-	6.1	3282
Metallorganische Verbindung, Lösung, mit Wasser reagierend, entzündbar	-	4.3	3399
Metam-Natrium, *siehe* THIOCARBAMAT-PESTIZID	**P**	-	-
Methacraldehyd, stabilisiert, *siehe*	-	3	2396
METHACRYLALDEHYD, STABILISIERT	-	3	2396
METHACRYLNITRIL, STABILISIERT	-	6.1	3079
3-Methacrylsäure, fest, *siehe*	-	8	2823
3-Methacrylsäure, flüssig, *siehe*	-	8	3472
METHACRYLSÄURE, STABILISIERT	-	8	2531
Methamidophos, *siehe* ORGANOPHOSPHOR-PESTIZID	**P**	-	-
Methanal, *siehe*	-	3	1198
Methanal, *siehe*	-	8	2209
METHANOL	-	3	1230
METHANSULFONYLCHLORID	-	6.1	3246
Methanthiol, *siehe*	**P**	2.3	1064
METHAN, TIEFGEKÜHLT, FLÜSSIG, mit hohem Methangehalt	-	2.1	1972
METHAN, VERDICHTET, mit hohem Methangehalt	-	2.1	1971
Methan und Wasserstoff, Mischungen, verdichtet, *siehe*	-	2.1	2034
Methasulfocarb, *siehe* CARBAMAT-PESTIZID	-	-	-
Methidathion, *siehe* ORGANOPHOSPHOR-PESTIZID	**P**	-	-
Methomyl, *siehe* CARBAMAT-PESTIZID	**P**	-	-
ortho-Methoxyanilin, *siehe*	-	6.1	2431
Methoxybenzol, *siehe*	-	3	2222
1-Methoxybutan, *siehe*	-	3	2350
Methoxyethan, *siehe*	-	2.1	1039
2-Methoxyethanol, *siehe*	-	3	1188
2-Methoxyethylacetat, *siehe*	-	3	1189
METHOXYMETHYLISOCYANAT	-	6.1	2605
4-Methoxy-4-methyl-2-pentanon, *siehe*	-	3	2293
4-METHOXY-4-METHYLPENTAN-2-ON	-	3	2293
Methoxynitrobenzole, fest, *siehe*	-	6.1	3458
Methoxynitrobenzole, flüssig, *siehe*	-	6.1	2730
1-Methoxypropan, *siehe*	-	3	2612
1-METHOXY-2-PROPANOL	-	3	3092
METHYLACETAT	-	3	1231
METHYLACETYLEN UND PROPADIEN, GEMISCH, STABILISIERT	-	2.1	1060
beta-Methylacrolein, *siehe*	**P**	6.1	1143
2-Methylacrolein, stabilisiert	-	3	2396
3-Methylacrolein, stabilisiert, *siehe*	**P**	6.1	1143
METHYLACRYLAT, STABILISIERT	-	3	1919
METHYLAL	-	3	1234

Index
deutsch

IMDG-Code 2019

Stoff oder Gegenstand	MP	Klasse	UN-Nr.
Methylalkohol, *siehe*	-	3	1230
METHYLALLYLALKOHOL	-	3	2614
METHYLALLYLCHLORID	-	3	2554
2-(*N,N*-Methylaminoethylcarbonyl)-4-(3,4-dimethylphenylsulfonyl)-benzendiazonium-Hydrogensulfat (Konzentration 96 %), *siehe*	-	4.1	3236
METHYLAMIN, WASSERFREI	-	2.1	1061
METHYLAMIN, WÄSSERIGE LÖSUNG	-	3	1235
METHYLAMYLACETAT	-	3	1233
Methylamylalkohol, *siehe*	-	3	2053
Methyl *normal*-amylketon, *siehe*	-	3	1110
N-METHYLANILIN	**P**	6.1	2294
4-Methylbenzensulfonylhydrazid (Konzentration 100 %), *siehe*	-	4.1	3226
Methylbenzol, *siehe*	-	3	1294
alpha-METHYLBENZYLALKOHOL, FEST	-	6.1	3438
alpha-METHYLBENZYLALKOHOL, FLÜSSIG	-	6.1	2937
Methylborat, *siehe*	-	3	2416
METHYLBROMACETAT	-	6.1	2643
Methylbromid und Chlorpikrin, Mischung, *siehe*	-	2.3	1581
METHYLBROMID UND ETHYLENDIBROMID, MISCHUNG, FLÜSSIG	**P**	6.1	1647
METHYLBROMID, mit höchstens 2,0 % Chlorpikrin	-	2.3	1062
2-Methyl-1,3-butadien, stabilisiert, *siehe*	-	3	1218
2-Methylbutan, *siehe*	-	3	1265
2-METHYLBUTANAL	-	3	3371
Methylbutanole, *siehe*	-	3	1105
3-METHYLBUTAN-2-ON	-	3	2397
3-Methyl-2-butanon, *siehe*	-	3	2397
2-METHYLBUT-1-EN	-	3	2459
2-METHYLBUT-2-EN	-	3	2460
3-METHYL-1-BUTEN	-	3	2561
2-Methylbutylacrylat, stabilisiert, *siehe*	-	3	2227
N-METHYLBUTYLAMIN	-	3	2945
METHYL-*tert*-BUTYLETHER	-	3	2398
METHYLBUTYRAT	-	3	1237
Methylcarbonat, *siehe*	-	3	1161
METHYLCHLORACETAT	-	6.1	2295
Methylchlorbenzene, *siehe*	-	3	2238
Methylchlorcarbonat, *siehe*	-	6.1	1238
METHYLCHLORFORMIAT	-	6.1	1238
METHYLCHLORID	-	2.1	1063
Methylchlorid und Chlorpikrin, Mischung, *siehe*	-	2.3	1582
METHYLCHLORID UND METHYLENCHLORID, GEMISCH	-	2.1	1912
METHYLCHLORMETHYLETHER	-	6.1	1239
Methylchloroform, *siehe*	-	6.1	2831
METHYL-2-CHLORPROPIONAT	-	3	2933
alpha-Methyl *alpha*-chlorpropionat, *siehe*	-	3	2933
METHYLCHLORSILAN	-	2.3	2534
Methylcyanid, *siehe*	-	3	1648
METHYLCYCLOHEXAN	**P**	3	2296
METHYLCYCLOHEXANOLE, entzündbar	-	3	2617
METHYLCYCLOHEXANON	-	3	2297
Methylcyclohexanonperoxid(e) (Konzentration ≤ 67 %, mit Verdünnungsmittel Typ B), *siehe*	-	5.2	3115
METHYLCYCLOPENTAN	-	3	2298
METHYLDICHLORACETAT	-	6.1	2299
METHYLDICHLORSILAN	-	4.3	1242
Methyldinitrobenzene, fest, *siehe*	**P**	6.1	3454
Methyldinitrobenzene, flüssig, *siehe*	**P**	6.1	2038
Methyldinitrobenzene, geschmolzen, *siehe*	**P**	6.1	1600
Methyldisulfid, *siehe*	**P**	3	2381
Methyldithiomethan, *siehe*	**P**	3	2381
2,2'-Methylenbis-(3,4,6-trichlorphenol), *siehe*	-	6.1	2875
Methylenbromid, *siehe*	-	6.1	2664
Methylenchlorbromid, *siehe*	-	6.1	1887
Methylenchlorid, *siehe*	-	6.1	1593

Stoff oder Gegenstand	MP	Klasse	UN-Nr.
Methylenchlorid und Methylchlorid, Gemisch, *siehe* METHYLCHLORID UND METHYLENCHLORID, GEMISCH	-	-	-
Methylencyanid, *siehe*	-	6.1	2647
p,p'-Methylendianilin, *siehe*	**P**	6.1	2651
Methylendibromid, *siehe*	-	6.1	2664
Methylessigsäure, *siehe*	-	8	1848
Methylether, *siehe*	-	2.1	1033
Methylethylcarbinol, *siehe*	-	3	1120
Methylethylether, *siehe*	-	2.1	1039
METHYLETHYLKETON	-	3	1193
Methylethylketonperoxid(e) (Konzentration ≤ 40 %, mit Verdünnungsmittel Typ A, Aktivsauerstoffgehalt ≤ 8,2 %), *siehe*	-	5.2	3107
Methylethylketonperoxid(e) (Konzentration ≤ 45 %, mit Verdünnungsmittel Typ A, Aktivsauerstoffgehalt ≤ 10 %), *siehe*	-	5.2	3105
Methylethylketonperoxid(e) (Konzentration ≤ 52 %, mit Verdünnungsmittel Typ A, Aktivsauerstoffgehalt > 10 % und ≤ 10,7 %), *siehe*	-	5.2	3101
2-METHYL-5-ETHYLPYRIDIN	-	6.1	2300
Methylfluorbenzene *(ortho-; meta-; para-), siehe*	-	3	2388
METHYLFLUORID	-	2.1	2454
METHYLFORMIAT	-	3	1243
2-METHYLFURAN	-	3	2301
Methylglycol, *siehe*	-	3	1188
Methylglycolacetat, *siehe*	-	3	1189
2-Methylheptan, *siehe*	**P**	3	1262
2-METHYL-2-HEPTANTHIOL	-	6.1	3023
5-Methyl-2-hexanon, *siehe*	-	3	2302
5-METHYLHEXAN-2-ON	-	3	2302
METHYLHYDRAZIN	-	6.1	1244
METHYLIODID	-	6.1	2644
Methylisobutenylketon, *siehe*	-	3	1229
METHYLISOBUTYLCARBINOL	-	3	2053
Methylisobutylcarbinolacetat, *siehe*	-	3	1233
METHYLISOBUTYLKETON	-	3	1245
Methylisobutylketonperoxid(e) (Konzentration ≤ 62 %, mit ≥ 19 Masse-% Verdünnungsmittel Typ A und Methylisobutylketon), *siehe*	-	5.2	3105
METHYLISOCYANAT	-	6.1	2480
METHYLISOPROPENYLKETON, STABILISIERT	-	3	1246
Methylisopropylketon, *siehe*	-	3	2397
Methylisopropylketonperoxid(e) (mit Verdünnungsmittel Typ A und Aktivsauerstoffgehalt ≤ 6,7 %), *siehe*	-	5.2	3109
METHYLISOTHIOCYANAT	-	6.1	2477
METHYLISOVALERAT	-	3	2400
METHYLMAGNESIUMBROMID IN ETHYLETHER	-	4.3	1928
METHYLMERCAPTAN	**P**	2.3	1064
Methylmercaptopropionaldehyd, *siehe*	-	6.1	2785
METHYLMETHACRYLAT, MONOMER, STABILISIERT	-	3	1247
4-METHYLMORPHOLIN	-	3	2535
N-METHYLMORPHOLIN	-	3	2535
METHYLNITRIT **(Beförderung verboten)**	-	2.2	2455
Methylnitrophenole, *siehe*	-	6.1	2446
METHYLORTHOSILICAT	-	6.1	2606
METHYLPENTADIENE	-	3	2461
2-Methylpentan, *siehe*	**P**	3	1208
3-Methylpentan, *siehe*	-	3	1208
2-METHYLPENTAN-2-OL	-	3	2560
4-Methylpentan-2-ol, *siehe*	-	3	2053
4-Methyl-2-pentanon, *siehe*	-	3	1245
4-Methyl-3-penten-2-on, *siehe*	-	3	1229
3-Methyl-2-penten-4-yn-ol, *siehe*	-	8	2705
METHYLPHENYLDICHLORSILAN	-	8	2437
Methylphenylether, *siehe*	-	3	2222
2-Methyl-2-phenylpropan, *siehe*	**P**	3	2709
1-METHYLPIPERIDIN	-	3	2399

Stoff oder Gegenstand	MP	Klasse	UN-Nr.
N-Methylpiperidin, *siehe*	-	3	2399
2-Methylpropanol-1, *siehe*	-	3	1212
2-Methyl-2-propanol, *siehe*	-	3	1120
2-Methylpropanoylchlorid, *siehe*	-	3	2395
2-Methyl-2-propen-1-ol, *siehe*	-	3	2614
METHYLPROPIONAT	-	3	1248
2-Methylpropionsäure, *siehe*	-	3	2529
Methylpropylacrylat, stabilisiert, *siehe*	-	3	2527
Methylpropylbenzole, *siehe*	**P**	3	2046
METHYLPROPYLETHER	-	3	2612
2-Methylpropylisobutyrat, *siehe*	-	3	2528
METHYLPROPYLKETON	-	3	1249
Methylpyridine (2-; 3-; 4-), *siehe*	-	3	2313
3-Methyl-4-(pyrrolidin-1-yl)-benzendiazonium-tetrafluoroborat (Konzentration 95 %), *siehe*	-	4.1	3234
alpha-Methylstyrol, *siehe*	-	3	2303
Methylstyrole, stabilisiert, *siehe*	-	3	2618
Methylsulfat, *siehe*	-	6.1	1595
Methylsulfid, *siehe*	-	3	1164
METHYLTETRAHYDROFURAN	-	3	2536
METHYLTRICHLORACETAT	-	6.1	2533
METHYLTRICHLORSILAN	-	3	1250
Methyltrithion, *siehe* ORGANOPHOSPHOR-PESTIZID	**P**	-	-
alpha-METHYLVALERALDEHYD	-	3	2367
1-Methylvinylacetat, *siehe*	-	3	2403
Methylvinylbenzene, stabilisiert, *siehe*	-	3	2618
METHYLVINYLKETON, STABILISIERT	-	6.1	1251
Mevinphos, *siehe* ORGANOPHOSPHOR-PESTIZID	**P**	-	-
Mexacarbat, *siehe* CARBAMAT-PESTIZID	**P**	-	-
M.I.B.C., *siehe*	-	3	2053
MINEN, mit Sprengladung	-	1.1F	0136
MINEN, mit Sprengladung	-	1.1D	0137
MINEN, mit Sprengladung	-	1.2D	0138
MINEN, mit Sprengladung	-	1.2F	0294
Mirex, *siehe* ORGANOCHLOR-PESTIZID	**P**	-	-
Mischmetall, *siehe*	-	4.1	1333
Mischsäure, *siehe*	-	8	1796
Mischsäure, gebraucht, *siehe*	-	8	1826
Mischungen eines anorganischen Nitrits mit einem Ammoniumsalz **(Beförderung verboten)**	-	-	-
MISCHUNG, mit höchstens 30 % Ethylenoxid	-	3	2983
Mit Wasser reagierende metallorganische Verbindung, Dispersion, entzündbar, *siehe*	-	4.3	3399
Mit Wasser reagierende metallorganische Verbindung, fest, entzündbar, *siehe*	-	4.3	3396
Mit Wasser reagierende metallorganische Verbindung, Lösung, entzündbar, *siehe*	-	4.3	3399
MIT WASSER REAGIERENDER FESTER STOFF, ÄTZEND, N.A.G.	-	4.3	3131
MIT WASSER REAGIERENDER FESTER STOFF, ENTZÜNDBAR, N.A.G.	-	4.3	3132
MIT WASSER REAGIERENDER FESTER STOFF, ENTZÜNDEND (OXIDIEREND) WIRKEND, N.A.G.	-	4.3	3133
MIT WASSER REAGIERENDER FESTER STOFF, GIFTIG, N.A.G.	-	4.3	3134
MIT WASSER REAGIERENDER FESTER STOFF, SELBSTERHITZUNGSFÄHIG, N.A.G.	-	4.3	3135
MIT WASSER REAGIERENDER FLÜSSIGER STOFF, N.A.G.	-	4.3	3148
MIT WASSER REAGIERENDER FLÜSSIGER STOFF, ÄTZEND, N.A.G.	-	4.3	3129
MIT WASSER REAGIERENDER FLÜSSIGER STOFF, GIFTIG, N.A.G.	-	4.3	3130
MIT WASSER REAGIERENDER METALLORGANISCHER FESTER STOFF	-	4.3	3395
MIT WASSER REAGIERENDER METALLORGANISCHER FESTER STOFF, ENTZÜNDBAR	-	4.3	3396
MIT WASSER REAGIERENDER METALLORGANISCHER FESTER STOFF, SELBSTERHITZUNGS-FÄHIG	-	4.3	3397
MIT WASSER REAGIERENDER METALLORGANISCHER FLÜSSIGER STOFF	-	4.3	3398
MIT WASSER REAGIERENDER METALLORGANISCHER FLÜSSIGER STOFF, ENTZÜNDBAR	-	4.3	3399
Mobam, *siehe* CARBAMAT-PESTIZID	-	-	-
MOLYBDÄNPENTACHLORID	-	8	2508
Monobrombenzen, *siehe*	**P**	3	2514
Monochloraceton, stabilisiert, *siehe*	**P**	6.1	1695
Monochlorbenzol, *siehe*	-	3	1134
Monochlordifluormethan, *siehe*	-	2.2	1018

Stoff oder Gegenstand	MP	Klasse	UN-Nr.
Monochlordifluormethan und Monochlorpentafluorethan Mischung mit einem festgelegten Siedepunkte über 49 % Monochlordifluormethan enthaltend, *siehe*	-	2.2	1973
Monochlordifluormonobrommethan, *siehe*	-	2.2	1974
Monochloressigsäure, fest, *siehe*	-	6.1	1751
Monochloressigsäure, geschmolzen, *siehe*	-	6.1	3250
Monochloressigsäure, Lösung, *siehe*	-	6.1	1750
Monochlorpentafluorethan, *siehe*	-	2.2	1020
Monochlortetrafluorethan, *siehe*	-	2.2	1021
Monochlortrifluormethan, *siehe*	-	2.2	1022
Monocrotophos, *siehe* ORGANOPHOSPHOR-PESTIZID	**P**	-	-
Monoethanolamin, *siehe*	-	8	2491
Monoethylamin, *siehe*	-	2.1	1036
Monoethylamin, wässerige Lösung, *siehe*	-	3	2270
Monomethylamin, wasserfrei, *siehe*	-	2.1	1061
Monomethylamin, wässerige Lösung, *siehe*	-	3	1235
Monomethylanilin, *siehe*	-	6.1	2294
MONONITROTOLUIDINE	-	6.1	2660
Monopropylamin, *siehe*	-	3	1277
MORPHOLIN	-	8	2054
MUNITION, AUGENREIZSTOFF, mit Zerleger, Ausstoß- oder Treibladung	-	1.2G	0018
MUNITION, AUGENREIZSTOFF, mit Zerleger, Ausstoß- oder Treibladung	-	1.3G	0019
MUNITION, AUGENREIZSTOFF, mit Zerleger, Ausstoß- oder Treibladung	-	1.4G	0301
Munition, befestigt, halbbefestigt oder getrennte Ladung, *siehe* PATRONEN FÜR WAFFEN, mit Sprengladung und PATRONEN FÜR WAFFEN, MIT INERTEM GESCHOSS	-	-	-
MUNITION, BRAND, mit flüssigem oder geliertem Brandstoff, mit Zerleger, Ausstoß- oder Treibladung	-	1.3J	0247
MUNITION, BRAND, mit oder ohne Zerleger, Ausstoß- oder Treibladung	-	1.2G	0009
MUNITION, BRAND, mit oder ohne Zerleger, Ausstoß- oder Treibladung	-	1.3G	0010
MUNITION, BRAND, mit oder ohne Zerleger, Ausstoß- oder Treibladung	-	1.4G	0300
MUNITION, BRAND, WEISSER PHOSPHOR, mit Zerleger, Ausstoß- oder Treibladung	-	1.2H	0243
MUNITION, BRAND, WEISSER PHOSPHOR, mit Zerleger, Ausstoß- oder Treibladung	-	1.3H	0244
MUNITION, GIFTIG, mit Zerleger, Ausstoß- oder Treibladung	-	1.2K	0020
MUNITION, GIFTIG, mit Zerleger, Ausstoß- oder Treibladung	-	1.3K	0021
MUNITION, GIFTIG, NICHT EXPLOSIV, ohne Zerleger oder Ausstoßladung, nicht scharf	-	6.1	2016
MUNITION, LEUCHT, mit oder ohne Zerleger, Ausstoß- oder Treibladung	-	1.2G	0171
MUNITION, LEUCHT, mit oder ohne Zerleger, Ausstoß- oder Treibladung	-	1.3G	0254
MUNITION, LEUCHT, mit oder ohne Zerleger, Ausstoß- oder Treibladung	-	1.4G	0297
MUNITION, NEBEL, mit oder ohne Zerleger, Ausstoß- oder Treibladung	-	1.2G	0015
MUNITION, NEBEL, mit oder ohne Zerleger, Ausstoß- oder Treibladung	-	1.3G	0016
MUNITION, NEBEL, mit oder ohne Zerleger, Ausstoß- oder Treibladung	-	1.4G	0303
MUNITION, NEBEL, WEISSER PHOSPHOR, mit Zerleger, Ausstoß- oder Treibladung	-	1.2H	0245
MUNITION, NEBEL, WEISSER PHOSPHOR, mit Zerleger, Ausstoß- oder Treibladung	-	1.3H	0246
MUNITION, PRÜF	-	1.4G	0363
MUNITION, TRÄNENERZEUGEND, NICHT EXPLOSIV, ohne Zerleger oder Ausstoßladung, nicht scharf	-	6.1	2017
MUNITION, ÜBUNG	-	1.3G	0488
MUNITION, ÜBUNG	-	1.4G	0362
Muritan, *siehe* CARBAMAT-PESTIZID	-	-	-
Mysorit, *siehe*	-	9	2212
Nabam, *siehe* **Bemerkung 1**	**P**	-	-
NACHFÜLLPATRONEN FÜR FEUERZEUGE, mit entzündbarem Gas	-	2.1	1057
Naled, *siehe* ORGANOPHOSPHOR-PESTIZID	**P**	-	-
Naphtha, *siehe*	-	3	1268
NAPHTHALIN, GEREINIGT	**P**	4.1	1334
NAPHTHALIN, GESCHMOLZEN	**P**	4.1	2304
NAPHTHALIN, ROH	**P**	4.1	1334
Naphtha, Lösemittel, *siehe*	-	3	1268
Naphtha, Petroleum, *siehe*	-	3	1268
alpha-NAPHTHYLAMIN	-	6.1	2077
beta-NAPHTHYLAMIN, FEST	-	6.1	1650
beta-NAPHTHYLAMIN, LÖSUNG	-	6.1	3411
NAPHTHYLHARNSTOFF	-	6.1	1652
NAPHTHYLTHIOHARNSTOFF	-	6.1	1651

Index
deutsch

IMDG-Code 2019

Stoff oder Gegenstand	MP	Klasse	UN-Nr.
1-Naphthylthioharnstoff, *siehe*	-	6.1	1651
alpha-Naphthylthioharnstoff, *siehe*	-	6.1	1651
NATRIUM	-	4.3	1428
NATRIUMALUMINAT, FEST	-	8	2812
NATRIUMALUMINATLÖSUNG	-	8	1819
NATRIUMALUMINIUMHYDRID	-	4.3	2835
Natriumamalgame, fest, *siehe*	-	4.3	3401
Natriumamalgame, flüssig, *siehe*	-	4.3	1389
Natriumamid, *siehe*	-	4.3	1390
NATRIUMAMMONIUMVANADAT	-	6.1	2863
NATRIUMARSANILAT	-	6.1	2473
NATRIUMARSENAT	-	6.1	1685
NATRIUMARSENIT, FEST	-	6.1	2027
Natriumarsenit (Pestizid), *siehe* ARSENHALTIGES PESTIZID	-	-	-
NATRIUMARSENIT, WÄSSERIGE LÖSUNG	-	6.1	1686
NATRIUMAZID	-	6.1	1687
NATRIUMBATTERIEN	-	4.3	3292
Natriumbifluorid, *siehe*	-	8	2439
Natriumbisulfit, Lösung, *siehe*	-	8	2693
NATRIUMBORHYDRID	-	4.3	1426
NATRIUMBORHYDRID UND NATRIUMHYDROXID, LÖSUNG, mit höchstens 12 Masse-% Natriumborhydrid und höchstens 40 Masse-% Natriumhydroxid	-	8	3320
NATRIUMBROMAT	-	5.1	1494
NATRIUMCARBONAT-PEROXYHYDRAT	-	5.1	3378
NATRIUMCHLORACETAT	-	6.1	2659
NATRIUMCHLORAT	-	5.1	1495
Natriumchlorat gemischt mit Dinitrotoluol, *siehe*	-	1.1D	0083
NATRIUMCHLORAT, WÄSSERIGE LÖSUNG	-	5.1	2428
NATRIUMCHLORIT	-	5.1	1496
NATRIUMCYANID, FEST	**P**	6.1	1689
NATRIUMCYANID, LÖSUNG	**P**	6.1	3414
Natrium-2-diazo-1-naphthol-4-sulfonat (Konzentration 100 %), *siehe*	-	4.1	3226
Natrium-2-diazo-1-naphthol-5-sulfonat (Konzentration 100 %), *siehe*	-	4.1	3226
Natriumdicyanokuprat(I), fest, *siehe*	**P**	6.1	2316
Natriumdicyanokuprat(I), Lösung, *siehe*	-	6.1	2317
NATRIUMDINITRO-*ortho*-CRESOLAT, ANGEFEUCHTET, mit mindestens 10 Masse-% Wasser	**P**	4.1	3369
NATRIUMDINITRO-*o*-CRESOLAT, ANGEFEUCHTET, mit mindestens 15 Masse-% Wasser	**P**	4.1	1348
NATRIUMDINITRO-*o*-CRESOLAT, trocken oder angefeuchtet mit weniger als 15 Masse-% Wasser	**P**	1.3C	0234
Natriumdioxid, *siehe*	-	5.1	1504
Natrium Dispersion, *siehe*	-	4.3	1391
NATRIUMDITHIONIT	-	4.2	1384
NATRIUMFLUORACETAT	-	6.1	2629
NATRIUMFLUORID, FEST	-	6.1	1690
NATRIUMFLUORID, LÖSUNG	-	6.1	3415
NATRIUMFLUOROSILICAT	-	6.1	2674
Natriumhexafluorsilicat, *siehe*	-	6.1	2674
NATRIUMHYDRID	-	4.3	1427
Natriumhydrogen-4-amino-phenylarsenat, *siehe*	-	6.1	2473
NATRIUMHYDROGENDIFLUORID	-	8	2439
NATRIUMHYDROGENSULFID, HYDRATISIERT mit mindestens 25 % Kristallwasser	-	8	2949
NATRIUMHYDROGENSULFID, mit weniger als 25 % Kristallwasser	-	4.2	2318
Natriumhydrogensulfit, Lösung, *siehe*	-	8	2693
NATRIUMHYDROSULFIT	-	4.2	1384
NATRIUMHYDROXID, FEST	-	8	1823
NATRIUMHYDROXIDLÖSUNG	-	8	1824
Natriumhypochlorit, Lösung, *siehe*	**P**	8	1791
NATRIUMKAKODYLAT	-	6.1	1688
Natriumkaliumlegierungen, *siehe*	-	4.3	1422
NATRIUMKUPFER(I)CYANID, FEST	**P**	6.1	2316
Natriumkupfer(I)cyanid, fest, *siehe*	**P**	6.1	2316
NATRIUMKUPFER(I)CYANID, LÖSUNG	**P**	6.1	2317
Natriummetaarsenit, *siehe*	-	6.1	2027
Natriummetasilicat, *siehe*	-	8	3253

Stoff oder Gegenstand	MP	Klasse	UN-Nr.
Natriummetasilicat, Pentahydrat, *siehe*	-	8	3253
NATRIUMMETHYLAT	-	4.2	1431
NATRIUMMETHYLAT, LÖSUNG, in Alkohol	-	3	1289
Natriummonochloracetat, *siehe*	-	6.1	2659
NATRIUMMONOXID	-	8	1825
NATRIUMNITRAT	-	5.1	1498
NATRIUMNITRAT UND KALIUMNITRAT, MISCHUNG	-	5.1	1499
NATRIUMNITRIT	-	5.1	1500
Natriumnitrit und Kaliumnitrat, Mischung, *siehe*	-	5.1	1487
Natriumorthoarsenat, *siehe*	-	6.1	1685
Natriumoxid, *siehe*	-	8	1825
NATRIUMPENTACHLORPHENOLAT	P	6.1	2567
NATRIUMPERBORAT-MONOHYDRAT	-	5.1	3377
Natriumperborat, wasserfrei, *siehe*	-	5.1	3247
Natrium Percarbonat, *siehe*	-	5.1	3378
NATRIUMPERCHLORAT	-	5.1	1502
NATRIUMPERMANGANAT	-	5.1	1503
NATRIUMPEROXID	-	5.1	1504
NATRIUMPEROXOBORAT, WASSERFREI	-	5.1	3247
NATRIUMPERSULFAT	-	5.1	1505
NATRIUMPHOSPHID	-	4.3	1432
NATRIUMPIKRAMAT, ANGEFEUCHTET, mit mindestens 20 Masse-% Wasser	-	4.1	1349
NATRIUMPIKRAMAT, trocken oder angefeuchtet mit weniger als 20 Masse-% Wasser	-	1.3C	0235
NATRIUMSULFID, HYDRAT, mit mindestens 30 % Kristallwasser	-	8	1849
NATRIUMSULFID, mit weniger als 30 % Kristallwasser	-	4.2	1385
NATRIUMSULFID, WASSERFREI *oder* NATRIUMSULFID, mit weniger als 30 % Kristallwasser	-	4.2	1385
Natriumsulfydrat, *siehe*	-	4.2	2318
NATRIUMSUPEROXID	-	5.1	2547
NATRIUMZELLEN	-	4.3	3292
NATRONKALK, mit mehr als 4 % Natriumhydroxid	-	8	1907
NEBELBOMBEN, NICHT EXPLOSIV, ätzender flüssiger Stoff, ohne Zünder	-	8	2028
Nebelmunition (durch Wasser aktivierbare Vorrichtung), *siehe* VORRICHTUNGEN, DURCH WASSER AKTIVIERBAR	-	-	-
NEBENPRODUKTE DER ALUMINIUMHERSTELLUNG *oder* NEBENPRODUKTE DER ALUMINIUM-UMSCHMELZUNG	-	4.3	3170
NEBENPRODUKTE DER ALUMINIUMUMSCHMELZUNG	-	4.3	3170
Neodymnitrat und Praseodymnitrat, Gemisch, *siehe*	-	5.1	1456
Neohexan, *siehe*	-	3	1208
NEON, TIEFGEKÜHLT, FLÜSSIG	-	2.2	1913
Neopentan, *siehe*	-	2.1	2044
Neothyl, *siehe*	-	3	2612
Nicht aktivierte Holzkohle, *siehe*	-	4.2	1361
Nicht aktivierte Kohle, *siehe*	-	4.2	1361
NICKELCYANID	P	6.1	1653
Nickel(II)cyanid, *siehe*	P	6.1	1653
Nickelnitrat, *siehe*	-	5.1	2725
NICKELNITRAT	-	5.1	2725
Nickel(II)nitrat, *siehe*	-	5.1	2725
NICKELNITRIT	-	5.1	2726
Nickel(II)nitrit, *siehe*	-	5.1	2726
NICKELTETRACARBONYL	P	6.1	1259
NICOTIN	-	6.1	1654
NICOTINHYDROCHLORID, FEST	-	6.1	3444
NICOTINHYDROCHLORID, FLÜSSIG	-	6.1	1656
NICOTINHYDROCHLORID, LÖSUNG	-	6.1	1656
NICOTINSALICYLAT	-	6.1	1657
NICOTINSULFAT, FEST	-	6.1	3445
NICOTINSULFAT, LÖSUNG	-	6.1	1658
NICOTINTARTRAT	-	6.1	1659
NICOTINVERBINDUNG, FEST, N.A.G.	-	6.1	1655
NICOTINVERBINDUNG, FLÜSSIG, N.A.G.	-	6.1	3144
NICOTINZUBEREITUNG, FEST, N.A.G.	-	6.1	1655
NICOTINZUBEREITUNG, FLÜSSIG, N.A.G.	-	6.1	3144

Stoff oder Gegenstand	MP	Klasse	UN-Nr.
NITRATE, ANORGANISCHE, N.A.G.	-	5.1	1477
NITRATE, ANORGANISCHE, WÄSSERIGE LÖSUNG, N.A.G.	-	5.1	3218
NITRIERSÄUREMISCHUNG, mit höchstens 50 % Salpetersäure	-	8	1796
NITRIERSÄUREMISCHUNG, mit mehr als 50 % Salpetersäure	-	8	1796
NITRILE, ENTZÜNDBAR, GIFTIG, N.A.G.	-	3	3273
NITRILE, FEST, GIFTIG, N.A.G.	-	6.1	3439
NITRILE, FLÜSSIG, GIFTIG, N.A.G.	-	6.1	3276
NITRILE, GIFTIG, ENTZÜNDBAR, N.A.G.	-	6.1	3275
NITRITE, ANORGANISCHE, N.A.G.	-	5.1	2627
Nitrite, anorganische, Mischungen mit Ammoniumverbindungen **(Beförderung verboten)**	-	-	-
NITRITE, ANORGANISCHE, WÄSSERIGE LÖSUNG, N.A.G.	-	5.1	3219
NITROANILINE (*o*-, *m*-, *p*-)	-	6.1	1661
NITROANISOLE, FEST	-	6.1	3458
NITROANISOL, FLÜSSIG	-	6.1	2730
Nitrobaumwolle mit Alkohol, *siehe*	-	4.1	2556
Nitrobaumwolle mit Plastifizierungsstoffen, *siehe*	-	4.1	2557
Nitrobaumwolle mit Wasser, *siehe*	-	4.1	2555
NITROBENZEN	-	6.1	1662
Nitrobenzenbromide, fest, *siehe*	-	6.1	3459
Nitrobenzenbromide, flüssig, *siehe*	-	6.1	2732
NITROBENZENSULFONSÄURE	-	8	2305
Nitrobenzol, *siehe*	-	6.1	1662
5-NITROBENZOTRIAZOL	-	1.1D	0385
NITROBENZOTRIFLUORIDE, FEST	**P**	6.1	3431
NITROBENZOTRIFLUORIDE, FLÜSSIG	**P**	6.1	2306
NITROBROMBENZENE, FEST	-	6.1	3459
NITROBROMBENZENE, FLÜSSIG	-	6.1	2732
NITROCELLULOSE, ANGEFEUCHTET, mit mindestens 25 Masse-% Alkohol	-	1.3C	0342
NITROCELLULOSE, LÖSUNG, ENTZÜNDBAR, mit nicht mehr als 12,6 % Stickstoff bezogen auf die Masse des trockenen Stoffes und nicht mehr als 55 % Nitrocellulose	-	3	2059
NITROCELLULOSE, MISCHUNG, mit höchstens 12,6 % Stickstoff in der Trockenmasse, MIT PLASTIFIZIERUNGSMITTELN, MIT PIGMENT	-	4.1	2557
NITROCELLULOSE, MISCHUNG, mit höchstens 12,6 % Stickstoff in der Trockenmasse, MIT PLASTIFIZIERUNGSMITTELN, OHNE PIGMENT	-	4.1	2557
NITROCELLULOSE, MISCHUNG, mit höchstens 12,6 % Stickstoff in der Trockenmasse, OHNE PLASTIFIZIERUNGSMITTELN, MIT PIGMENT	-	4.1	2557
NITROCELLULOSE, MISCHUNG, mit höchstens 12,6 % Stickstoff in der Trockenmasse, OHNE PLASTIFIZIERUNGSMITTELN, OHNE PIGMENT	-	4.1	2557
NITROCELLULOSE MIT ALKOHOL, mindestens 25 Masse-% Alkohol und höchstens 12,6 % Stickstoff bezogen auf die Trockenmasse	-	4.1	2556
NITROCELLULOSE MIT WASSER, mindestens 25 Masse-% Wasser	-	4.1	2555
NITROCELLULOSE, nicht behandelt oder plastifiziert, mit weniger als 18 Masse-% Plastifizierungsmittel	-	1.1D	0341
NITROCELLULOSE, PLASTIFIZIERT, mit mindestens 18 Masse-% Plastifizierungsmittel	-	1.3C	0343
NITROCELLULOSE, trocken oder angefeuchtet mit weniger als 25 Masse-% Wasser (oder Alkohol)	-	1.1D	0340
Nitrochlorbenzene, *siehe*	-	6.1	1578
3-NITRO-4-CHLORBENZOTRIFLUORID	**P**	6.1	2307
NITROCRESOLE, FEST	-	6.1	2446
NITROCRESOLE, FLÜSSIG	-	6.1	3434
NITROETHAN	-	3	2842
NITROGLYCERIN, DESENSIBILISIERT, mit mindestens 40 Masse-% nicht flüchtigem, wasserunlöslichem Phlegmatisierungsmittel	-	1.1D	0143
NITROGLYCERIN, GEMISCH, DESENSIBILISIERT, FEST, N.A.G., mit mehr als 2 Masse-%, aber höchstens 10 Masse-% Nitroglycerin	-	4.1	3319
NITROGLYCERIN, GEMISCH, DESENSIBILISIERT, FLÜSSIG, ENTZÜNDBAR, N.A.G., mit höchstens 30 Masse-% Nitroglycerin	-	3	3343
NITROGLYCERIN, GEMISCH, DESENSIBILISIERT, FLÜSSIG, N.A.G., mit höchstens 30 Masse-% Nitroglycerin	-	3	3357
NITROGLYCERIN IN ALKOHOLISCHER LÖSUNG, mit mehr als 1 %, aber nicht mehr als 10 % Nitroglycerin	-	1.1D	0144
NITROGLYCERIN, LÖSUNG IN ALKOHOL, mit höchstens 1 % Nitroglycerin	-	3	1204
NITROGLYCERIN, LÖSUNG IN ALKOHOL mit mehr als 1 %, aber höchstens 5 % Nitroglycerin	-	3	3064
NITROGUANIDIN, ANGEFEUCHTET, mit mindestens 20 Masse-% Wasser	-	4.1	1336
NITROGUANIDIN, trocken oder angefeuchtet mit weniger als 20 Masse-% Wasser	-	1.1D	0282

Stoff oder Gegenstand	MP	Klasse	UN-Nr.
NITROHARNSTOFF	-	1.1D	0147
NITROMANNITOL, ANGEFEUCHTET mit mindestens 40 Masse-% Wasser oder einer Alkohol/Wasser-Mischung	-	1.1D	0133
NITROMETHAN	-	3	1261
NITRONAPHTHALIN	-	4.1	2538
NITROPHENOLE (*o*-, *m*-, *p*-)	-	6.1	1663
4-NITROPHENYLHYDRAZIN, mit mindestens 30 Masse-% Wasser	-	4.1	3376
NITROPROPANE	-	3	2608
p-NITROSODIMETHYLANILIN	-	4.2	1369
4-Nitrosophenol (Konzentration 100 %), *siehe*	-	4.1	3236
NITROSTÄRKE, ANGEFEUCHTET, mit mindestens 20 Masse-% Wasser	-	4.1	1337
NITROSTÄRKE, trocken oder mit weniger als 20 Masse-% Wasser	-	1.1D	0146
NITROSYLCHLORID	-	2.3	1069
NITROSYLSCHWEFELSÄURE, FEST	-	8	3456
NITROSYLSCHWEFELSÄURE, FLÜSSIG	-	8	2308
NITROTOLUENE, FEST	-	6.1	3446
NITROTOLUENE, FLÜSSIG	-	6.1	1664
NITROTOLUIDINE, MONO	-	6.1	2660
Nitrotrichlormethan, *siehe*	-	6.1	1580
NITROXYLENE, FEST	-	6.1	3447
NITROXYLENE, FLÜSSIG	-	6.1	1665
NONANE	**P**	3	1920
Nonylphenol, *siehe*	**P**	8	3145
NONYLTRICHLORSILAN	-	8	1799
Norbormid, *siehe* PESTIZID, N.A.G.	-	-	-
2,5-NORBORNADIEN, STABILISIERT	-	3	2251
OCTADECYLTRICHLORSILAN	-	8	1800
OCTAFLUORBUT-2-EN	-	2.2	2422
Octafluor-2-buten, *siehe*	-	2.2	2422
OCTAFLUORCYCLOBUTAN	-	2.2	1976
OCTAFLUORPROPAN	-	2.2	2424
OCTANE	**P**	3	1262
3-Octanon, *siehe*	-	3	2271
OCTONAL	-	1.1D	0496
OCTYLALDEHYDE	-	3	1191
tert-Octylmercaptan, *siehe*	-	6.1	3023
OCTYLTRICHLORSILAN	-	8	1801
OKTOGEN, ANGEFEUCHTET, mit mindestens 15 Masse-% Wasser	-	1.1D	0226
OKTOGEN, DESENSIBILISIERT	-	1.1D	0484
OKTOLIT, trocken oder angefeuchtet mit weniger als 15 Masse-% Wasser	-	1.1D	0266
OKTOL, trocken oder angefeuchtet mit weniger als 15 Masse-% Wasser	-	1.1D	0266
Oleum, *siehe*	-	8	1831
Oleylamin, *siehe* **Bemerkung 1**	**P**	-	-
ÖLGAS, VERDICHTET	-	2.3	1071
Ölkuchen, *siehe*	-	4.2	1386
ÖLKUCHEN, höchstens 1,5 % Öl und 11 % Feuchtigkeit enthaltend	-	4.2	2217
ÖLKUCHEN, pflanzliches Öl enthaltend, (a) durch Pressen gewonnene Ölsaatrückstände, die mehr als 10 % Öl oder mehr als 20 % Öl und Feuchtigkeit zusammen enthalten	-	4.2	1386
ÖLKUCHEN, pflanzliches Öl enthaltend, (b) mit Lösemittel extrahierte und ausgepresste Saaten, die nicht mehr als 10 % Öl, und, wenn der Feuchtigkeitsgehalt größer als 10 % ist, nicht mehr als 20 % Öl und Feuchtigkeit zusammen enthalten	-	4.2	1386
Omethoat, *siehe* ORGANOPHOSPHOR-PESTIZID	-	-	-
Önanthaldehyd, *siehe*	-	3	3056
ONTA	-	1.1D	0490
ORGANISCHE ARSENVERBINDUNG, FEST, N.A.G.	-	6.1	3465
ORGANISCHE ARSENVERBINDUNG, FLÜSSIG, N.A.G.	-	6.1	3280
ORGANISCHE PHOSPHORVERBINDUNG, FEST, GIFTIG, N.A.G.	-	6.1	3464
ORGANISCHE PHOSPHORVERBINDUNG, FLÜSSIG, GIFTIG, N.A.G.	-	6.1	3278
ORGANISCHE PHOSPHORVERBINDUNG, GIFTIG, ENTZÜNDBAR, N.A.G.	-	6.1	3279
Organisches Peroxid, fest, Muster, *siehe*	-	5.2	3104
Organisches Peroxid, fest, Muster, temperaturkontrolliert, *siehe*	-	5.2	3114
Organisches Peroxid, flüssig, Muster, *siehe*	-	5.2	3103
Organisches Peroxid, flüssig, Muster, temperaturkontrolliert, *siehe*	-	5.2	3113

Stoff oder Gegenstand	MP	Klasse	UN-Nr.
ORGANISCHES PEROXID TYP B, FEST	-	5.2	3102
ORGANISCHES PEROXID TYP C, FEST	-	5.2	3104
ORGANISCHES PEROXID TYP D, FEST	-	5.2	3106
ORGANISCHES PEROXID TYP E, FEST	-	5.2	3108
ORGANISCHES PEROXID TYP F, FEST	-	5.2	3110
ORGANISCHES PEROXID TYP B, FEST, TEMPERATURKONTROLLIERT	-	5.2	3112
ORGANISCHES PEROXID TYP C, FEST, TEMPERATURKONTROLLIERT	-	5.2	3114
ORGANISCHES PEROXID TYP D, FEST, TEMPERATURKONTROLLIERT	-	5.2	3116
ORGANISCHES PEROXID TYP E, FEST, TEMPERATURKONTROLLIERT	-	5.2	3118
ORGANISCHES PEROXID TYP F, FEST, TEMPERATURKONTROLLIERT	-	5.2	3120
ORGANISCHES PEROXID TYP B, FLÜSSIG	-	5.2	3101
ORGANISCHES PEROXID TYP C, FLÜSSIG	-	5.2	3103
ORGANISCHES PEROXID TYP D, FLÜSSIG	-	5.2	3105
ORGANISCHES PEROXID TYP E, FLÜSSIG	-	5.2	3107
ORGANISCHES PEROXID TYP F, FLÜSSIG	-	5.2	3109
ORGANISCHES PEROXID TYP B, FLÜSSIG, TEMPERATURKONTROLLIERT	-	5.2	3111
ORGANISCHES PEROXID TYP C, FLÜSSIG, TEMPERATURKONTROLLIERT	-	5.2	3113
ORGANISCHES PEROXID TYP D, FLÜSSIG, TEMPERATURKONTROLLIERT	-	5.2	3115
ORGANISCHES PEROXID TYP E, FLÜSSIG, TEMPERATURKONTROLLIERT	-	5.2	3117
ORGANISCHES PEROXID TYP F, FLÜSSIG, TEMPERATURKONTROLLIERT	-	5.2	3119
ORGANISCHE ZINNVERBINDUNG, FEST, N.A.G.	**P**	6.1	3146
ORGANISCHE ZINNVERBINDUNG, FLÜSSIG, N.A.G.	**P**	6.1	2788
ORGANOCHLOR-PESTIZID, FEST, GIFTIG	-	6.1	2761
ORGANOCHLOR-PESTIZID, FLÜSSIG, ENTZÜNDBAR, GIFTIG, Flammpunkt unter 23 °C	-	3	2762
ORGANOCHLOR-PESTIZID, FLÜSSIG, GIFTIG	-	6.1	2996
ORGANOCHLOR-PESTIZID, FLÜSSIG, GIFTIG, ENTZÜNDBAR, mit einem Flammpunkt von 23 °C oder darüber	-	6.1	2995
ORGANOPHOSPHOR-PESTIZID, FEST, GIFTIG	-	6.1	2783
ORGANOPHOSPHOR-PESTIZID, FLÜSSIG, ENTZÜNDBAR, GIFTIG, Flammpunkt unter 23 °C	-	3	2784
ORGANOPHOSPHOR-PESTIZID, FLÜSSIG, GIFTIG	-	6.1	3018
ORGANOPHOSPHOR-PESTIZID, FLÜSSIG, GIFTIG, ENTZÜNDBAR, mit einem Flammpunkt von 23 °C oder darüber	-	6.1	3017
ORGANOZINN-PESTIZID, FEST, GIFTIG	**P**	6.1	2786
ORGANOZINN-PESTIZID, FLÜSSIG, ENTZÜNDBAR, GIFTIG, Flammpunkt unter 23 °C	**P**	3	2787
ORGANOZINN-PESTIZID, FLÜSSIG, GIFTIG	**P**	6.1	3020
ORGANOZINN-PESTIZID, FLÜSSIG, GIFTIG, ENTZÜNDBAR, mit einem Flammpunkt von 23 °C oder darüber	**P**	6.1	3019
Organozinnverbindungen (Pestizide), *siehe* ORGANOZINN-PESTIZID	**P**	-	-
Orthoarsensäure, *siehe*	-	6.1	1553
Orthophosphorsäure, fest, *siehe*	-	8	3453
Orthophosphorsäure, flüssig, *siehe*	-	8	1805
OSMIUMTETROXID	**P**	6.1	2471
OTTOKRAFTSTOFF	-	3	1203
Oxamyl, *siehe* CARBAMAT-PESTIZID	**P**	-	-
Oxiran, *siehe*	-	2.3	1040
Oxiran mit Stickstoff bis zu einem Gesamtdruck von 1 MPa (10 bar) bei 50 °C	-	2.3	1040
Oxydemeton-methyl, *siehe* ORGANOPHOSPHOR-PESTIZID	-	-	-
Oxydisulfoton, *siehe* ORGANOPHOSPHOR-PESTIZID	**P**	-	-
1-Oxy-4-nitrobenzen, *siehe*	-	6.1	1662
OXYNITROTRIAZOL	-	1.1D	0490
PAPIER, MIT UNGESÄTTIGTEN ÖLEN BEHANDELT, unvollständig getrocknet (auch Kohlepapier)	-	4.2	1379
Para-Acetaldehyd, *siehe*	-	3	1264
PARAFORMALDEHYD	-	4.1	2213
PARALDEHYD	-	3	1264
Paraoxon, *siehe* ORGANOPHOSPHOR-PESTIZID	**P**	-	-
Paraquat, *siehe* BIPYRIDILIUM-PESTIZID	-	-	-
Parathion, *siehe* ORGANOPHOSPHOR-PESTIZID	**P**	-	-
Parathion-methyl, *siehe* ORGANOPHOSPHOR-PESTIZID	**P**	-	-
PARFÜMERIEERZEUGNISSE, mit entzündbaren Lösungsmitteln	-	3	1266
PATRONEN, BLITZLICHT	-	1.1G	0049
PATRONEN, BLITZLICHT	-	1.3G	0050
PATRONEN FÜR HANDFEUERWAFFEN	-	1.3C	0417
PATRONEN FÜR HANDFEUERWAFFEN	-	1.4C	0339

Stoff oder Gegenstand	MP	Klasse	UN-Nr.
PATRONEN FÜR HANDFEUERWAFFEN	-	1.4S	0012
PATRONEN FÜR HANDFEUERWAFFEN, MANÖVER	-	1.4S	0014
PATRONEN FÜR HANDFEUERWAFFEN, MANÖVER	-	1.3C	0327
PATRONEN FÜR HANDFEUERWAFFEN, MANÖVER	-	1.4C	0338
PATRONEN FÜR WAFFEN, MANÖVER	-	1.1C	0326
PATRONEN FÜR WAFFEN, MANÖVER	-	1.2C	0413
PATRONEN FÜR WAFFEN, MANÖVER	-	1.3C	0327
PATRONEN FÜR WAFFEN, MANÖVER	-	1.4C	0338
PATRONEN FÜR WAFFEN, MANÖVER	-	1.4S	0014
PATRONEN FÜR WAFFEN, MIT INERTEM GESCHOSS	-	1.2C	0328
PATRONEN FÜR WAFFEN, MIT INERTEM GESCHOSS	-	1.4S	0012
PATRONEN FÜR WAFFEN, MIT INERTEM GESCHOSS	-	1.4C	0339
PATRONEN FÜR WAFFEN, MIT INERTEM GESCHOSS	-	1.3C	0417
PATRONEN FÜR WAFFEN, mit Sprengladung	-	1.1F	0005
PATRONEN FÜR WAFFEN, mit Sprengladung	-	1.1E	0006
PATRONEN FÜR WAFFEN, mit Sprengladung	-	1.2F	0007
PATRONEN FÜR WAFFEN, mit Sprengladung	-	1.2E	0321
PATRONEN FÜR WAFFEN mit Sprengladung	-	1.4E	0412
PATRONEN FÜR WAFFEN, mit Sprengladung	-	1.4F	0348
PATRONEN FÜR WERKZEUGE, OHNE GESCHOSS	-	1.4S	0014
PATRONEN, SIGNAL	-	1.3G	0054
PATRONEN, SIGNAL	-	1.4G	0312
PATRONEN, SIGNAL	-	1.4S	0405
PCB, FEST, *siehe*	**P**	9	3432
PCB, FLÜSSIG, *siehe*	**P**	9	2315
PENTABORAN	-	4.2	1380
PENTACHLORETHAN	**P**	6.1	1669
PENTACHLORPHENOL	**P**	6.1	3155
Pentachlorphenol, *siehe* ORGANOCHLOR-PESTIZID	**P**	-	-
PENTAERYTHRITOLTETRANITRAT, ANGEFEUCHTET, mit mindestens 25 Masse-% Wasser	-	1.1D	0150
PENTAERYTHRITOLTETRANITRAT, DESENSIBILISIERT, mit mindestens 15 Masse-% Phlegmatisierungsmittel	-	1.1D	0150
PENTAERYTHRITOLTETRANITRAT, GEMISCH, DESENSIBILISIERT, FEST, N.A.G., mit mindestens 10 %, aber höchstens 20 % PETN in der Masse	-	4.1	3344
PENTAERYTHRITOLTETRANITRAT, mit nicht weniger als 7 Masse-% Wachs	-	1.1D	0411
PENTAERYTHRITTETRANITRAT, ANGEFEUCHTET, mit mindestens 25 Masse-% Wasser	-	1.1D	0150
PENTAERYTHRITTETRANITRAT, DESENSIBILISIERT, mit mindestens 15 Masse-% Phlegmatisierungsmittel	-	1.1D	0150
PENTAERYTHRITTETRANITRAT, GEMISCH, DESENSIBILISIERT, FEST, N.A.G., mit mindestens 10 %, aber höchstens 20 % PETN in der Masse	-	4.1	3344
PENTAERYTHRITTETRANITRAT, mit nicht weniger als 7 Masse-% Wachs	-	1.1D	0411
PENTAFLUORETHAN	-	2.2	3220
Pentafluorethoxytrifluorethylen, *siehe*	-	2.1	3154
Pentafluorethyltrifluorvinylether, *siehe*	-	2.1	3154
Pentalin, *siehe*	**P**	6.1	1669
Pentamethylen, *siehe*	-	3	1146
PENTAMETHYLHEPTAN	-	3	2286
3,3,5,7,7-Pentamethyl-1,2,4-trioxepan (Konzentration ≤ 100 %), *siehe*	-	5.2	3107
Pentan, *siehe*	-	3	1265
Pentanale, *siehe*	-	3	2058
PENTAN-2,4-DION	-	3	2310
2,4-Pentandion, *siehe*	-	3	2310
PENTANE, FLÜSSIG	-	3	1265
PENTANOLE	-	3	1105
2-Pentanon, *siehe*	-	3	1249
3-Pentanon, *siehe*	-	3	1156
Pentanthiole, *siehe*	-	3	1111
PENT-1-EN	-	3	1108
1-PENTOL	-	8	2705
PENTOLIT, trocken oder mit weniger als 15 Masse-% Wasser	-	1.1D	0151
Pentylamine, *siehe*	-	3	1106
n-Pentylbenzol, *siehe* **Bemerkung 1**	**P**	-	-
Pentylbutanoate, *siehe*	-	3	2620

Stoff oder Gegenstand	MP	Klasse	UN-Nr.
Pentylbutyrate, *siehe*	-	3	2620
Pentylformate, *siehe*	-	3	1109
Pentylnitrate, *siehe*	-	3	1112
Pentylnitrit, *siehe*	-	3	1113
PERCHLORATE, ANORGANISCHE, N.A.G.	-	5.1	1481
PERCHLORATE, ANORGANISCHE, WÄSSERIGE LÖSUNG, N.A.G.	-	5.1	3211
Perchlorbenzen, *siehe*	-	6.1	2729
Perchlorcyclopentadien, *siehe*	-	6.1	2646
Perchlorethylen, *siehe*	**P**	6.1	1897
PERCHLORMETHYLMERCAPTAN	**P**	6.1	1670
PERCHLORSÄURE, mit höchstens 50 Masse-% Säure	-	8	1802
PERCHLORSÄURE, mit mehr als 50 Masse-%, aber höchstens 72 Masse-% Säure	-	5.1	1873
PERCHLORSÄURE, mit mehr als 72 Masse-% Säure **(Beförderung verboten)**	-	-	-
PERCHLORYLFLUORID	-	2.3	3083
Perfluoracetylchlorid, *siehe*	-	2.3	3057
Perfluor-2-buten, *siehe*	-	2.2	2422
PERFLUOR(ETHYLVINYLETHER)	-	2.1	3154
PERFLUOR(METHYLVINYLETHER)	-	2.1	3153
Perfluorpropan, *siehe*	-	2.2	2424
PERFORATIONSHOHLLADUNGSTRÄGER, GELADEN, für Erdölbohrlöcher, ohne Zündmittel	-	1.4D	0494
PERFORATIONSHOHLLADUNGSTRÄGER, GELADEN, für Erdölbohrungen, ohne Zündmittel	-	1.1D	0124
PERMANGANATE, ANORGANISCHE, N.A.G.	-	5.1	1482
PERMANGANATE, ANORGANISCHE, WÄSSERIGE LÖSUNG, N.A.G.	-	5.1	3214
PEROXIDE, ANORGANISCHE, N.A.G.	-	5.1	1483
Peroxyessigsäure, Typ D, stabilisiert (Konzentration ≤ 43 %), *siehe*	-	5.2	3105
Peroxyessigsäure, Typ E, stabilisiert, (Konzentration ≤ 43 %), *siehe*	-	5.2	3107
Peroxyessigsäure, Typ F, stabilisiert, (Konzentration ≤ 43 %), *siehe*	-	5.2	3109
Peroxyessigsäure und Wasserstoffperoxid Mischung, *siehe*	-	5.1	3149
Peroxylaurinsäure (Konzentration ≤ 100 %), *siehe*	-	5.2	3118
PERSULFATE, ANORGANISCHE, N.A.G.	-	5.1	3215
PERSULFATE, ANORGANISCHE, WÄSSERIGE LÖSUNG, N.A.G.	-	5.1	3216
PESTIZID, FEST, GIFTIG, N.A.G.	-	6.1	2588
PESTIZID, FLÜSSIG, ENTZÜNDBAR, GIFTIG, N.A.G., Flammpunkt unter 23 °C	-	3	3021
PESTIZID, FLÜSSIG, GIFTIG, N.A.G.	-	6.1	2902
PESTIZID, FLÜSSIG, GIFTIG, ENTZÜNDBAR, N.A.G., mit einem Flammpunkt von 23 °C oder darüber	-	6.1	2903
PETN, ANGEFEUCHTET, mit mindestens 25 Masse-% Wasser	-	1.1D	0150
PETN, DESENSIBILISIERT, mit mindestens 15 Masse-% Phlegmatisierungsmittel	-	1.1D	0150
PETN, GEMISCH, DESENSIBILISIERT, FEST, N.A.G., mit mindestens 10 %, aber höchstens 20 % PETN in der Masse	-	4.1	3344
PETN, mit nicht weniger als 7 Masse-% Wachs	-	1.1D	0411
PETN/TNT, *siehe*	-	1.1D	0151
PETROLEUMGASE, VERFLÜSSIGT	-	2.1	1075
Pflanzliche Fasern, angebrannt, *siehe*	-	4.2	1372
Pflanzliche Fasern, feucht, *siehe*	-	4.2	1372
Pflanzliche Fasern, nass, *siehe*	-	4.2	1372
Pflanzliche Fasern, ölig, *siehe*	-	4.2	1373
Pflanzliche Fasern, trocken, *siehe*	-	4.1	3360
Pflanzliches Gewebe, ölig, *siehe*	-	4.2	1373
PHENACYLBROMID	-	6.1	2645
Phenarsazinchlorid, *siehe*	**P**	6.1	1698
PHENETIDINE	-	6.1	2311
Phenkapton, *siehe* ORGANOPHOSPHOR-PESTIZID	-	-	-
PHENOL, FEST	-	6.1	1671
PHENOL, GESCHMOLZEN	-	6.1	2312
PHENOL LÖSUNG	-	6.1	2821
PHENOLSULFONSÄURE, FLÜSSIG	-	8	1803
d-Phenothrin, *siehe* **Bemerkung 1**	**P**	-	-
PHENOXYESSIGSÄUREDERIVAT-PESTIZID, FEST, GIFTIG	-	6.1	3345
PHENOXYESSIGSÄUREDERIVAT-PESTIZID, FLÜSSIG, ENTZÜNDBAR, GIFTIG, Flammpunkt unter 23 °C	-	3	3346
PHENOXYESSIGSÄUREDERIVAT-PESTIZID, FLÜSSIG, GIFTIG	-	6.1	3348

Stoff oder Gegenstand	MP	Klasse	UN-Nr.
PHENOXYESSIGSÄUREDERIVAT-PESTIZID, FLÜSSIG, GIFTIG, ENTZÜNDBAR, Flammpunkt nicht niedriger als 23 °C	-	6.1	3347
Phenthoat, *siehe* ORGANOPHOSPHOR-PESTIZID	P	-	-
PHENYLACETONITRIL, FLÜSSIG	-	6.1	2470
PHENYLACETYLCHLORID	-	8	2577
Phenylamin, *siehe*	P	6.1	1547
Phenylbromid, *siehe*	P	3	2514
1-Phenylbutan, *siehe*	P	3	2709
2-Phenylbutan, *siehe*	P	3	2709
Phenylcarbimid, *siehe*	-	6.1	2487
PHENYLCARBYLAMINCHLORID	-	6.1	1672
PHENYLCHLORFORMIAT	-	6.1	2746
Phenylchlormethylketon, fest oder flüssig, *siehe*	-	6.1	1697
Phenylchloroform, *siehe*	-	8	2226
Phenylcyanid, *siehe*	-	6.1	2224
Phenylcyclohexan, *siehe*	P	9	3082
Phenyldichlorphosphin, *siehe*	-	8	2798
Phenyldichlorphosphinsulfid, *siehe*	-	8	2799
PHENYLENDIAMINE (*o*-, *m*-, *p*-)	-	6.1	1673
Phenylethan, *siehe*	-	3	1175
Phenylethylen, stabilisiert, *siehe*	-	3	2055
1-Phenylethylhydroperoxid, *siehe*	-	5.2	3109
Phenylfluorid, *siehe*	-	3	2387
PHENYLHYDRAZIN	-	6.1	2572
Phenyliminophosgen, *siehe*	-	6.1	1672
PHENYLISOCYANAT	-	6.1	2487
Phenylisocyanodichlorid, *siehe*	-	6.1	1672
PHENYLMERCAPTAN	-	6.1	2337
Phenylmethylcarbinol, fest oder flüssig, *siehe*	-	6.1	2937
Phenylmethylether, *siehe*	-	3	2222
PHENYLPHOSPHORDICHLORID	-	8	2798
PHENYLPHOSPHORTHIODICHLORID	-	8	2799
2-Phenylpropen, *siehe*	-	3	2303
PHENYLQUECKSILBER(II)ACETAT	P	6.1	1674
PHENYLQUECKSILBER(II)HYDROXID	P	6.1	1894
PHENYLQUECKSILBER(II)NITRAT	P	6.1	1895
PHENYLQUECKSILBERVERBINDUNG, N.A.G.	P	6.1	2026
PHENYLTRICHLORSILAN	-	8	1804
Phenyltrifluormethan, *siehe*	-	3	2338
Phorat, *siehe* ORGANOPHOSPHOR-PESTIZID	P	-	-
Phosalon, *siehe* ORGANOPHOSPHOR-PESTIZID	P	-	-
Phosfolan, *siehe* ORGANOPHOSPHOR-PESTIZID	-	-	-
PHOSGEN	-	2.3	1076
Phosmet, *siehe* ORGANOPHOSPHOR-PESTIZID	P	-	-
9-PHOSPHABICYCLONONANE	-	4.2	2940
Phosphamidon, *siehe* ORGANOPHOSPHOR-PESTIZID	P	-	-
PHOSPHIN	-	2.3	2199
PHOSPHIN, ADSORBIERT	-	2.3	3525
PHOSPHOR, AMORPH	-	4.1	1338
PHOSPHOR GELB, IN LÖSUNG	P	4.2	1381
PHOSPHOR GELB, TROCKEN	P	4.2	1381
PHOSPHOR GELB, UNTER WASSER	P	4.2	1381
PHOSPHORHEPTASULFID, frei von gelbem oder weißem Phosphor	-	4.1	1339
PHOSPHORIGE SÄURE	-	8	2834
PHOSPHOROXYBROMID	-	8	1939
PHOSPHOROXYBROMID, GESCHMOLZEN	-	8	2576
PHOSPHOROXYCHLORID	-	6.1	1810
PHOSPHORPENTABROMID	-	8	2691
PHOSPHORPENTACHLORID	-	8	1806
PHOSPHORPENTAFLUORID	-	2.3	2198
PHOSPHORPENTAFLUORID, ADSORBIERT	-	2.3	3524
PHOSPHORPENTASULFID, frei von gelbem oder weißem Phosphor	-	4.3	1340
PHOSPHORPENTOXID	-	8	1807

Stoff oder Gegenstand	MP	Klasse	UN-Nr.
Phosphor, rot, *siehe*	-	4.1	1338
Phosphorsäureanhydrid, *siehe*	-	8	1807
PHOSPHORSÄURE, FEST	-	8	3453
PHOSPHORSÄURE, LÖSUNG	-	8	1805
PHOSPHORSESQUISULFID, frei von gelbem oder weißem Phosphor	-	4.1	1341
Phosphorsulfochlorid, *siehe*	-	8	1837
PHOSPHORTRIBROMID	-	8	1808
PHOSPHORTRICHLORID	-	6.1	1809
PHOSPHORTRIOXID	-	8	2578
PHOSPHORTRISULFID, frei von gelbem oder weißem Phosphor	-	4.1	1343
PHOSPHORWASSERSTOFF	-	2.3	2199
PHOSPHORWASSERSTOFF, ADSORBIERT	-	2.3	3525
PHOSPHOR, WEISS, GESCHMOLZEN	P	4.2	2447
PHOSPHOR WEISS, IN LÖSUNG	P	4.2	1381
PHOSPHOR WEISS, TROCKEN	P	4.2	1381
PHOSPHOR WEISS, UNTER WASSER	P	4.2	1381
Phosphorylbromid, fest, *siehe*	-	8	1939
Phosphorylbromid, geschmolzen, *siehe*	-	8	2576
Phosphorylchlorid, *siehe*	-	6.1	1810
PHTHALSÄUREANHYDRID, mit mehr als 0,05 % Maleinsäureanhydrid	-	8	2214
PICOLINE	-	3	2313
PICRIT, trocken oder angefeuchtet mit weniger als 20 Masse-% Wasser	-	1.1D	0282
PIKRAMID	-	1.1D	0153
Pikraminsäure, angefeuchtet mit mindestens 20 Masse-% Wasser, *siehe*	-	4.1	3317
PIKRINSÄURE, ANGEFEUCHTET mit mindestens 10 Masse-% Wasser	-	4.1	3364
PIKRINSÄURE, ANGEFEUCHTET mit mindestens 30 Masse-% Wasser	-	4.1	1344
PIKRINSÄURE, trocken oder angefeuchtet mit weniger als 30 Masse-% Wasser	-	1.1D	0154
PIKRIT, ANGEFEUCHTET mit mindestens 20 Masse-% Wasser	-	4.1	1336
PIKRYCHLORID, ANGEFEUCHTET mit mindestens 10 Masse-% Wasser	-	4.1	3365
PIKRYLCHLORID	-	1.1D	0155
Pinanylhydroperoxid (Konzentration 56 bis 100 %), *siehe*	-	5.2	3105
Pinanylhydroperoxid (Konzentration ≤ 56 %, mit Verdünnungsmittel Typ A), *siehe*	-	5.2	3109
Pindon (und Salze von), *siehe* PESTIZID, N.A.G.	P	-	-
alpha-PINEN	P	3	2368
PIPERAZIN	-	8	2579
PIPERIDIN	-	8	2401
Pirimicarb, *siehe* CARBAMAT-PESTIZID	P	-	-
Pirimiphos-ethyl, *siehe* ORGANOPHOSPHOR-PESTIZID	P	-	-
Pivaloylchlorid, *siehe*	-	6.1	2438
Poliermittel, *siehe* Farbe	-	-	-
Politur, *siehe* FARBE	-	-	-
POLYAMINE, ENTZÜNDBAR, ÄTZEND, N.A.G.	-	3	2733
POLYAMINE, FEST, ÄTZEND, N.A.G.	-	8	3259
POLYAMINE, FLÜSSIG, ÄTZEND, N.A.G.	-	8	2735
POLYAMINE, FLÜSSIG, ÄTZEND, ENTZÜNDBAR, N.A.G.	-	8	2734
POLYCHLORIERTE BIPHENYLE, FEST	P	9	3432
POLYCHLORIERTE BIPHENYLE, FLÜSSIG	P	9	2315
POLYESTERHARZ-MEHRKOMPONENTENSYSTEME, festes Grundprodukt	-	4.1	3527
POLYESTERHARZ-MEHRKOMPONENTENSYSTEME, flüssiges Grundprodukt	-	3	3269
Polyetherpoly-*tert*-butylperoxycarbonat (Konzentration ≤ 52 %, mit Verdünnungsmittel Typ B), *siehe*	-	5.2	3107
POLYHALOGENIERTE BIPHENYLE, FEST	P	9	3152
POLYHALOGENIERTE BIPHENYLE, FLÜSSIG	P	9	3151
POLYHALOGENIERTE TERPHENYLE, FEST	P	9	3152
POLYHALOGENIERTE TERPHENYLE, FLÜSSIG	P	9	3151
POLYMERISIERENDER STOFF, FEST, STABILISIERT, N.A.G.	-	4.1	3531
POLYMERISIERENDER STOFF, FEST, TEMPERATURKONTROLLIERT, N.A.G.	-	4.1	3533
POLYMERISIERENDER STOFF, FLÜSSIG, STABILISIERT, N.A.G.	-	4.1	3532
POLYMERISIERENDER STOFF, FLÜSSIG, TEMPERATURKONTROLLIERT, N.A.G.	-	4.1	3534
Polystyrol, kugelförmiges Material, aufschäumbar, *siehe*	-	9	2211
Polystyrol, kugelförmiges Material, aufschäumbar, die entzündbare Gase/Dämpfe abgeben, *siehe*	-	9	2211
Praseodymnitrat und Neodymnitrat, Mischung, *siehe*	-	5.1	1465
Promecarb, *siehe* CARBAMAT-PESTIZID	P	-	-

Stoff oder Gegenstand	MP	Klasse	UN-Nr.
Promurit, *siehe* CARBAMAT-PESTIZID	-	-	-
Propachlor, *siehe* **Bemerkung 1**	P	-	-
Propadien und Methylacetylen Mischung, stabilisiert, *siehe*	-	2.1	1060
PROPADIEN, STABILISIERT	-	2.1	2200
PROPAN	-	2.1	1978
1-Propanol, *siehe*	-	3	1274
2-Propanol, *siehe*	-	3	1219
n-PROPANOL	-	3	1274
2-Propanon, *siehe*	-	3	1090
2-Propanon Lösungen, *siehe*	-	3	1090
Propanoylchlorid, *siehe*	-	3	1815
PROPANTHIOLE	-	3	2402
Propaphos, *siehe* ORGANOPHOSPHOR-PESTIZID	P	-	-
Propargylbromid, *siehe*	-	3	2345
PROPEN	-	2.1	1077
Propenal, stabilisiert, *siehe*	P	6.1	1092
Propennitrile, stabilisiert, *siehe*	-	3	1093
3-(2-Propenoxy)propen, *siehe*	-	3	2360
Propenylalkohol, *siehe*	P	6.1	1098
2-Propenylamin, *siehe*	-	6.1	2334
alpha-Propenyldichlorohydrin, *siehe*	-	6.1	2750
PROPIONALDEHYD	-	3	1275
PROPIONITRIL	-	3	2404
PROPIONSÄUREANHYDRID	-	8	2496
2-Propionsäuredimethylaminoethylester, *siehe*	-	6.1	3302
PROPIONSÄURE mit mindestens 90 Masse-% Säure	-	8	3463
PROPIONSÄURE mit mindestens 10 % und weniger als 90 Masse-% Säure	-	8	1848
Propionsäure, stabilisiert, *siehe*	P	8	2218
PROPIONYLCHLORID	-	3	1815
Propoxur, *siehe* CARBAMAT-PESTIZID	P	-	-
1-Propoxypropan, *siehe*	-	3	2384
n-PROPYLACETAT	-	3	1276
Propylaldehyd, *siehe*	-	3	1275
n-PROPYLALKOHOL	-	3	1274
Propylameisensäure, *siehe*	-	8	2820
PROPYLAMIN	-	3	1277
n-PROPYLBENZEN	-	3	2364
Propylbromide, *siehe*	-	3	2344
Propylchlorcarbonat, *siehe*	-	6.1	2740
n-PROPYLCHLORFORMIAT	-	6.1	2740
Propylchlorid, *siehe*	-	3	1278
Propylcyanid, *siehe*	-	3	2411
Propylen, Acetylen und Ethylen Mischung, tiefgekühlt, flüssig, *siehe*	-	2.1	3138
1,2-PROPYLENDIAMIN	-	8	2258
Propylendichlorid, *siehe*	-	3	1279
PROPYLENIMIN, STABILISIERT	-	3	1921
PROPYLENOXID	-	3	1280
PROPYLENTETRAMER	P	3	2850
Propylentrimer, *siehe*	-	3	2057
Propylether, *siehe*	-	3	2384
PROPYLFORMIATE	-	3	1281
Propylidendichlorid, *siehe*	-	3	1993
Propyliodide, *siehe*	-	3	2392
n-PROPYLISOCYANAT	-	6.1	2482
Propylmercaptan, *siehe*	-	3	2402
Propylmethanoate, *siehe*	-	3	1281
n-PROPYLNITRAT	-	3	1865
PROPYLTRICHLORSILAN	-	8	1816
Prothoat, *siehe* ORGANOPHOSPHORUS PESTCIDE	P	-	-
PULVERROHMASSE, ANGEFEUCHTET, mit mindestens 25 Masse-% Wasser	-	1.3C	0159
PULVERROHMASSE, ANGEFEUCHTET, mit nicht weniger als 17 Masse-% Alkohol	-	1.1C	0433
PUTZWOLLE, ÖLIG	-	4.2	1856

Stoff oder Gegenstand	MP	Klasse	UN-Nr.
Pyrazinhexahydrid, fest, *siehe*	-	8	2579
Pyrazophos, *siehe* ORGANOPHOSPHOR-PESTIZID	P	-	-
Pyrazoxon, *siehe* ORGANOPHOSPHOR-PESTIZID	-	-	-
PYRETHROID-PESTIZID, FEST, GIFTIG	-	6.1	3349
PYRETHROID-PESTIZID, FLÜSSIG, GIFTIG	-	6.1	3352
PYRETHROID-PESTIZID, FLÜSSIG, GIFTIG, ENTZÜNDBAR, Flammpunkt nicht niedriger als 23 °C	-	6.1	3351
PYRETHROID-PESTIZID, FLÜSSIG, GIFTIG, ENTZÜNDBAR, Flammpunkt unter 23 °C	-	3	3350
PYRIDIN	-	3	1282
pyrophore Gegenstände, *siehe*	-	1.2L	0380
PYROPHORE LEGIERUNG, N.A.G.	-	4.2	1383
Pyrophore metallorganische Verbindung, mit Wasser reagierend, fest, *siehe*	-	4.2	3393
Pyrophore metallorganische Verbindung, mit Wasser reagierend, flüssig, *siehe*	-	4.2	3394
PYROPHORER ANORGANISCHER FESTER STOFF, N.A.G.	-	4.2	3200
PYROPHORER ANORGANISCHER FLÜSSIGER STOFF, N.A.G.	-	4.2	3194
PYROPHORER METALLORGANISCHER FESTER STOFF	-	4.2	3391
PYROPHORER METALLORGANISCHER FESTER STOFF, MIT WASSER REAGIEREND	-	4.2	3393
PYROPHORER METALLORGANISCHER FLÜSSIGER STOFF	-	4.2	3392
PYROPHORER METALLORGANISCHER FLÜSSIGER STOFF, MIT WASSER REAGIEREND	-	4.2	3394
PYROPHORER ORGANISCHER FESTER STOFF, N.A.G.	-	4.2	2846
PYROPHORER ORGANISCHER FLÜSSIGER STOFF, N.A.G.	-	4.2	2845
PYROPHORES METALL, N.A.G.	-	4.2	1383
Pyroschwefelsäure, *siehe*	-	8	1831
PYROSULFURYLCHLORID	-	8	1817
PYROTECHNISCHE GEGENSTÄNDE, für technische Zwecke	-	1.1G	0428
PYROTECHNISCHE GEGENSTÄNDE, für technische Zwecke	-	1.2G	0429
PYROTECHNISCHE GEGENSTÄNDE, für technische Zwecke	-	1.3G	0430
PYROTECHNISCHE GEGENSTÄNDE, für technische Zwecke	-	1.4G	0431
PYROTECHNISCHE GEGENSTÄNDE, für technische Zwecke	-	1.4S	0432
Pyroxylin-Lösung, *siehe*	-	3	2059
PYRROLIDIN	-	3	1922
QUECKSILBER	-	8	2809
QUECKSILBERACETAT	P	6.1	1629
Quecksilber(I)acetat, *siehe*	P	6.1	1629
Quecksilber(II)acetat, *siehe*	P	6.1	1629
QUECKSILBER(II)AMMONIUMCHLORID	P	6.1	1630
QUECKSILBER(II)ARSENAT	P	6.1	1623
QUECKSILBER(II)BENZOAT	P	6.1	1631
Quecksilberbichlorid, *siehe*	P	6.1	1624
Quecksilberbisulfat, *siehe*	P	6.1	1645
Quecksilber(I)bisulfat, *siehe*	P	6.1	1645
Quecksilber(II)bisulphat, *siehe*	P	6.1	1645
Quecksilber(I)bromid, *siehe*	P	6.1	1634
Quecksilber(II)bromid, *siehe*	P	6.1	1634
QUECKSILBERBROMIDE	P	6.1	1634
Quecksilber(I)chlorid, *siehe*	P	6.1	2025
QUECKSILBER(II)CHLORID	P	6.1	1624
QUECKSILBERCYANID	P	6.1	1636
Quecksilber(II)cyanid, *siehe*	P	6.1	1636
QUECKSILBERFULMINAT, ANGEFEUCHTET mit mindestens 20 Masse-% Wasser oder einer Alkohol/Wasser-Mischung	-	1.1A	0135
QUECKSILBERGLUCONAT	P	6.1	1637
Quecksilber(II)gluconat, *siehe*	P	6.1	1637
QUECKSILBERHALTIGES PESTIZID, FEST, GIFTIG	P	6.1	2777
QUECKSILBERHALTIGES PESTIZID, FLÜSSIG, ENTZÜNDBAR, GIFTIG, Flammpunkt unter 23 °C	P	3	2778
QUECKSILBERHALTIGES PESTIZID, FLÜSSIG, GIFTIG	P	6.1	3012
QUECKSILBERHALTIGES PESTIZID, FLÜSSIG, GIFTIG, ENTZÜNDBAR, mit einem Flammpunkt von 23 °C oder darüber	P	6.1	3011
QUECKSILBER IN HERGESTELLTEN GEGENSTÄNDEN	-	8	3506
QUECKSILBERIODID	P	6.1	1638
Quecksilber(II)iodid, *siehe*	P	6.1	1638
Quecksilberkaliumcyanid, *siehe*	P	6.1	1626
QUECKSILBER(I)NITRAT	P	6.1	1627
QUECKSILBER(II)NITRAT	P	6.1	1625

Stoff oder Gegenstand	MP	Klasse	UN-Nr.
QUECKSILBERNUCLEAT	P	6.1	1639
QUECKSILBEROLEAT	P	6.1	1640
Quecksilber(II)oleat, *siehe*	P	6.1	1640
QUECKSILBEROXID	-	6.1	1641
Quecksilber(II)oxid, *siehe*	P	6.1	1641
QUECKSILBEROXYCYANID, DESENSIBILISIERT	P	6.1	1642
Quecksilber(II)oxycyanid, Desensibilisiert, *siehe*	P	6.1	1642
QUECKSILBEROXYCYANID rein **(Beförderung verboten)**	-	-	-
QUECKSILBERSALICYLAT	P	6.1	1644
Quecksilber(I)salicylat, *siehe*	P	6.1	1644
QUECKSILBERSULFAT	P	6.1	1645
Quecksilber(I)sulfat, *siehe*	P	6.1	1645
Quecksilber(II)sulfat, *siehe*	P	6.1	1645
QUECKSILBERTHIOCYANAT	P	6.1	1646
Quecksilber(II)thiocyanat, *siehe*	P	6.1	1646
Quecksilber(II)verbindungen oder Quecksilber(I)verbindungen, *siehe* QUECKSILBERHALTIGES PESTIZID	P	-	-
QUECKSILBERVERBINDUNG, FEST, N.A.G.	P	6.1	2025
QUECKSILBERVERBINDUNG, FLÜSSIG,N.A.G.	P	6.1	2024
Quinalphos, *siehe* ORGANOPHOSPHOR-PESTIZID	P	-	-
Quizalofop, *siehe* **Bemerkung 1**	P	-	-
Quizalofop-*P*-ethyl, *siehe* **Bemerkung 1**	P	-	-
Racumin, *siehe* CUMARIN-PESTIZID	-	-	-
Radioaktive Isotope (A_1- und A_2- Werte für), *siehe* 2.7.2.2	-	-	-
RADIOAKTIVE STOFFE, BEFÖRDERT GEMÄSS EINER SONDERVEREINBARUNG, SPALTBAR	-	7	3331
RADIOAKTIVE STOFFE, FREIGESTELLTES VERSANDSTÜCK – BEGRENZTE STOFFMENGE	-	7	2910
RADIOAKTIVE STOFFE, FREIGESTELLTES VERSANDSTÜCK – FABRIKATE	-	7	2911
RADIOAKTIVE STOFFE, FREIGESTELLTES VERSANDSTÜCK – FABRIKATE AUS ABGEREICHERTEM URAN	-	7	2909
RADIOAKTIVE STOFFE, FREIGESTELLTES VERSANDSTÜCK – FABRIKATE AUS NATÜRLICHEM THORIUM	-	7	2909
RADIOAKTIVE STOFFE, FREIGESTELLTES VERSANDSTÜCK – FABRIKATE AUS NATÜRLICHEM URAN	-	7	2909
RADIOAKTIVE STOFFE, FREIGESTELLTES VERSANDSTÜCK – INSTRUMENTE	-	7	2911
RADIOAKTIVE STOFFE, FREIGESTELLTES VERSANDSTÜCK – LEERE VERPACKUNGEN	-	7	2908
RADIOAKTIVE STOFFE, GERINGE SPEZIFISCHE AKTIVITÄT (LSA-II), nicht spaltbar oder spaltbar – freigestellt	-	7	3321
RADIOAKTIVE STOFFE, GERINGE SPEZIFISCHE AKTIVITÄT (LSA-III), nicht spaltbar oder spaltbar – freigestellt	-	7	3322
RADIOAKTIVE STOFFE, GERINGE SPEZIFISCHE AKTIVITÄT (LSA-II), SPALTBAR	-	7	3324
RADIOAKTIVE STOFFE, GERINGE SPEZIFISCHE AKTIVITÄT (LSA-III), SPALTBAR	-	7	3325
RADIOAKTIVE STOFFE MIT GERINGER SPEZIFISCHER AKTIVITÄT (LSA-I), nicht spaltbar oder spaltbar, freigestellt	-	7	2912
RADIOAKTIVE STOFFE, OBERFLÄCHENKONTAMINIERTE GEGENSTÄNDE (SCO-I oder SCO-II), nicht spaltbar oder spaltbar, freigestellt	-	7	2913
RADIOAKTIVE STOFFE, OBERFLÄCHENKONTAMINIERTE GEGENSTÄNDE (SCO-I oder SCO-II), SPALTBAR	-	7	3326
RADIOAKTIVE STOFFE, TYP A-VERSANDSTÜCK, IN BESONDERER FORM, nicht spaltbar oder spaltbar, freigestellt	-	7	3332
RADIOAKTIVE STOFFE, TYP A-VERSANDSTÜCK, IN BESONDERER FORM, SPALTBAR	-	7	3333
RADIOAKTIVE STOFFE, TYP A-VERSANDSTÜCK, nicht in besonderer Form, nicht spaltbar oder spaltbar, freigestellt	-	7	2915
RADIOAKTIVE STOFFE, TYP A-VERSANDSTÜCK, SPALTBAR, nicht in besonderer Form	-	7	3327
RADIOAKTIVE STOFFE, TYP B(M)-VERSANDSTÜCK, nicht spaltbar oder spaltbar, freigestellt	-	7	2917
RADIOAKTIVE STOFFE, TYP B(M)-VERSANDSTÜCK, SPALTBAR	-	7	3329
RADIOAKTIVE STOFFE, TYP B(U)-VERSANDSTÜCK, nicht spaltbar oder spaltbar, freigestellt	-	7	2916
RADIOAKTIVE STOFFE, TYP B(U)-VERSANDSTÜCK, SPALTBAR	-	7	3328
RADIOAKTIVE STOFFE, TYP C-VERSANDSTÜCK, nicht spaltbar oder spaltbar, freigestellt	-	7	3323
RADIOAKTIVE STOFFE, TYP C-VERSANDSTÜCK, SPALTBAR	-	7	3330
RADIOAKTIVE STOFFE, UNTER SONDERVEREINBARUNG BEFÖRDERT, nicht spaltbar oder spaltbar, freigestellt	-	7	2919
RADIOAKTIVE STOFFE, URANHEXAFLUORID, nicht spaltbar oder spaltbar, freigestellt	-	7	2978
RADIOAKTIVE STOFFE, URANHEXAFLUORID, SPALTBAR	-	7	2977
Radionuklide (A_1- und A_2-Werte für), *siehe* 2.7.2.2	-	-	-

Stoff oder Gegenstand	MP	Klasse	UN-Nr.
RAKETEN, FLÜSSIGTREIBSTOFF, mit Sprengladung	-	1.1J	0397
RAKETEN, FLÜSSIGTREIBSTOFF, mit Sprengladung	-	1.2J	0398
RAKETEN, LEINENWURF	-	1.2G	0238
RAKETEN, LEINENWURF	-	1.3G	0240
RAKETEN, LEINENWURF	-	1.4G	0453
RAKETEN, mit Aussstoßladung	-	1.2C	0436
RAKETEN, mit Ausstoßladung	-	1.3C	0437
RAKETEN, mit Ausstoßladung	-	1.4C	0438
RAKETEN, mit inertem Kopf	-	1.3C	0183
RAKETEN, mit inertem Kopf	-	1.2C	0502
RAKETEN, mit Sprengladung	-	1.1F	0180
RAKETEN, mit Sprengladung	-	1.1E	0181
RAKETEN, mit Sprengladung	-	1.2E	0182
RAKETEN, mit Sprengladung	-	1.2F	0295
RAKETENMOTOREN	-	1.3C	0186
RAKETENMOTOREN	-	1.1C	0280
RAKETENMOTOREN	-	1.2C	0281
RAKETENMOTOREN	-	1.4C	0510
RAKETENMOTOREN, FLÜSSIGTREIBSTOFF	-	1.2J	0395
RAKETENMOTOREN, FLÜSSIGTREIBSTOFF	-	1.3J	0396
RAKETENTRIEBWERKE, MIT HYPERGOLEN, mit oder ohne Ausstoßladung	-	1.2L	0322
RAKETENTRIEBWERKE, MIT HYPERGOLEN, mit oder ohne Ausstoßladung	-	1.3L	0250
RAUCHBOMBEN, NICHT EXPLOSIV, ätzender flüssiger Stoff, ohne Zünder	-	8	2028
RDX, ANGEFEUCHTET, mit mindestens 15 Masse-% Wasser	-	1.1D	0072
RDX, DESENSIBILISIERT	-	1.1D	0483
RDX, IN MISCHUNG MIT CYCLOTETRAMETHYLENTETRANITRAMIN, ANGEFEUCHTET, mit mindestens 15 Masse-% Wasser	-	1.1D	0391
RDX, IN MISCHUNG MIT CYCLOTETRAMETHYLENTETRANITRAMIN, DESENSIBILISIERT, mit mindestens 10 Masse-% Phlegmatisierungsmittel	-	1.1D	0391
RDX, IN MISCHUNG MIT HMX, ANGEFEUCHTET, mit mindestens 15 Masse-% Wasser	-	1.1D	0391
RDX, IN MISCHUNG MIT HMX, DESENSIBILISIERT, mit mindestens 10 Masse-% Phlegmatisierungsmittel	-	1.1D	0391
RDX, IN MISCHUNG MIT OKTOGEN, ANGEFEUCHTET, mit mindestens 15 Masse-% Wasser	-	1.1D	0391
RDX, IN MISCHUNG MIT OKTOGEN, DESENSIBILISIERT, mit mindestens 10 Masse-% Phlegmatisierungsmittel	-	1.1D	0391
RDX/TNT, *siehe*	-	1.1D	0118
RDX/TNT/Aluminium, *siehe*	-	1.1D	0393
Resorcin, *siehe*	-	6.1	2876
RESORCINOL	-	6.1	2876
Retenon, *siehe* PESTIZID, N.A.G.	**P**	-	-
RETTUNGSMITTEL, NICHT SELBSTAUFBLASEND, gefährliche Güter als Ausrüstung enthaltend	-	9	3072
RETTUNGSMITTEL, SELBSTAUFBLASEND	-	9	2990
RIZINUSFLOCKEN	-	9	2969
RIZINUSMEHL	-	9	2969
RIZINUSSAAT	-	9	2969
RIZINUSSAATKUCHEN	-	9	2969
ROHERDÖL	-	3	1267
Rohrkopfbenzin (Leichtbenzin), *siehe*	-	3	1203
Rotenon, *siehe* PESTIZID, N.A.G.	**P**	-	-
Roter Phosphor, *siehe*	-	4.1	1338
RUBIDIUM	-	4.3	1423
Rubidiumamalgame, fest, *siehe*	-	4.3	3401
Rubidiumamalgame, flüssig, *siehe*	-	4.3	1389
Rubidiumamid, *siehe*	-	4.3	1390
Rubidium Dispersion, *siehe*	-	4.3	1391
RUBIDIUMHYDROXID	-	8	2678
RUBIDIUMHYDROXID, LÖSUNG	-	8	2677
Rubidiumlegierung (flüssig), *siehe*	-	4.3	1421
Rubidiumnitrat, *siehe*	-	5.1	1477
Russ, *siehe*	-	4.2	1361
Salithion, *siehe* ORGANOPHOSPHOR-PESTIZID	**P**	-	-
Salpeter, *siehe*	-	5.1	1486
SALPETERSÄURE, andere als rotrauchende, mit mehr als 70 % Säure	-	8	2031

Stoff oder Gegenstand	MP	Klasse	UN-Nr.
SALPETERSÄURE, andere als rotrauchende, mit mindestens 65 %, aber höchstens 70 % Säure	-	8	2031
SALPETERSÄURE, andere als rotrauchende, mit weniger als 65 % Säure	-	8	2031
SALPETERSÄURE, ROTRAUCHEND	-	8	2032
SAUERSTOFFDIFLUORID, VERDICHTET	-	2.3	2190
Sauerstofffluorid, verdichtet, *siehe*	-	2.3	2190
SAUERSTOFFGENERATOR, CHEMISCH	-	5.1	3356
SAUERSTOFF, TIEFGEKÜHLT, FLÜSSIG	-	2.2	1073
SAUERSTOFF, VERDICHTET	-	2.2	1072
Säuremischung, Flusssäure und Schwefelsäure, *siehe*	-	8	1786
Säuremischung, Nitriersäure, *siehe*	-	8	1796
SCHÄUMBARE POLYMER- KÜGELCHEN, entzündbare Dämpfe abgebend	-	9	2211
Schellack, *siehe* FARBE	-	-	-
Schellacklösung, *siehe* FARBE	-	-	-
SCHIEFERÖL	-	3	1288
SCHNEIDLADUNG, BIEGSAM, GESTRECKT	-	1.4D	0237
SCHNEIDLADUNG, BIEGSAM, GESTRECKT	-	1.1D	0288
SCHNEIDVORRICHTUNG, KABEL, MIT EXPLOSIVSTOFF	-	1.4S	0070
Schradan, *siehe* ORGANOPHOSPHOR-PESTIZID	-	-	-
Schuhkappenmaterial auf Nitrocellulosebasis, *siehe*	-	4.1	1353
SCHUTZANSTRICHLÖSUNG (einschließlich solcher zur Oberflächenbehandlung oder Beschichtung für industrielle oder andere Zwecke wie Fahrzeuggrundierung oder Fassinnenbeschichtung)	-	3	1139
Schwärmer, *siehe* ANZÜNDER, UN-Nrn. 0325 und 0454	-	-	-
SCHWARZPULVER als PELLETS	-	1.1D	0028
SCHWARZPULVER, gekörnt oder in Mehlform	-	1.1D	0027
SCHWARZPULVER GEPRESST	-	1.1D	0028
SCHWEFEL	-	4.1	1350
Schwefelblume, *siehe*	-	4.1	1350
SCHWEFELCHLORIDE	-	8	1828
Schwefeldichlorid, *siehe*	-	8	1828
SCHWEFELDIOXID	-	2.3	1079
SCHWEFEL, GESCHMOLZEN	-	4.1	2448
SCHWEFELHEXAFLUORID	-	2.2	1080
SCHWEFELIGE SÄURE	-	8	1833
SCHWEFELREICHES ROHERDÖL, ENTZÜNDBAR, GIFTIG	-	3	3494
Schwefelsäureanhydrid, stabilisiert, *siehe*	-	8	1829
Schwefelsäure und Flusssäure, Mischung, *siehe*	-	8	1786
SCHWEFELSÄURE, GEBRAUCHT	-	8	1832
SCHWEFELSÄURE, MISCHUNG	-	8	1786
SCHWEFELSÄURE, mit höchstens 51 % freier Säure	-	8	2796
SCHWEFELSÄURE, mit mehr als 51 % Säure	-	8	1830
SCHWEFELSÄURE, RAUCHEND	-	8	1831
SCHWEFELTETRAFLUORID	-	2.3	2418
SCHWEFELTRIOXID, STABILISIERT	-	8	1829
SCHWEFELWASSERSTOFF	-	2.3	1053
Schwerer Wasserstoff, *siehe*	-	2.1	1957
Schwerer Wasserstoff, verdichtet, *siehe*	-	2.1	1957
SELBSTERHITZUNGSFÄHIGE ORGANISCHE PIGMENTE	-	4.2	3313
SELBSTERHITZUNGSFÄHIGER ANORGANISCHER FESTER STOFF, N.A.G.	-	4.2	3190
SELBSTERHITZUNGSFÄHIGER ANORGANISCHER FESTER STOFF, ÄTZEND, N.A.G.	-	4.2	3192
SELBSTERHITZUNGSFÄHIGER ANORGANISCHER FESTER STOFF, GIFTIG, N.A.G.	-	4.2	3191
SELBSTERHITZUNGSFÄHIGER ANORGANISCHER FLÜSSIGER STOFF, N.A.G.	-	4.2	3186
SELBSTERHITZUNGSFÄHIGER ANORGANISCHER FLÜSSIGER STOFF, ÄTZEND, N.A.G.	-	4.2	3188
SELBSTERHITZUNGSFÄHIGER ANORGANISCHER FLÜSSIGER STOFF, GIFTIG, N.A.G.	-	4.2	3187
SELBSTERHITZUNGSFÄHIGER FESTER STOFF, ENTZÜNDEND (OXIDIEREND) WIRKEND, N.A.G.	-	4.2	3127
SELBSTERHITZUNGSFÄHIGER METALLORGANISCHER FESTER STOFF	-	4.2	3400
SELBSTERHITZUNGSFÄHIGER ORGANISCHER FESTER STOFF, N.A.G.	-	4.2	3088
SELBSTERHITZUNGSFÄHIGER ORGANISCHER FESTER STOFF, ÄTZEND, N.A.G	-	4.2	3126
SELBSTERHITZUNGSFÄHIGER ORGANISCHER FESTER STOFF, GIFTIG, N.A.G.	-	4.2	3128
SELBSTERHITZUNGSFÄHIGER ORGANISCHER FLÜSSIGER STOFF, N.A.G.	-	4.2	3183
SELBSTERHITZUNGSFÄHIGER ORGANISCHER FLÜSSIGER STOFF, ÄTZEND, N.A.G.	-	4.2	3185
SELBSTERHITZUNGSFÄHIGER ORGANISCHER FLÜSSIGER STOFF, GIFTIG, N.A.G.	-	4.2	3184
SELBSTERHITZUNGSFÄHIGES METALLPULVER, N.A.G.	-	4.2	3189
Selbstzersetzlicher Stoff, fest, Muster, *siehe*	-	4.1	3224

Stoff oder Gegenstand	MP	Klasse	UN-Nr.
Selbstzersetzlicher Stoff, fest, Muster, temperaturkontrolliert, *siehe*	-	4.1	3234
Selbstzersetzlicher Stoff, flüssig, Muster, *siehe*	-	4.1	3223
Selbstzersetzlicher Stoff, flüssig, Muster, temperaturkontrolliert, *siehe*	-	4.1	3233
SELBSTZERSETZLICHER STOFF TYP B, FEST	-	4.1	3222
SELBSTZERSETZLICHER STOFF TYP C, FEST	-	4.1	3224
SELBSTZERSETZLICHER STOFF TYP D, FEST	-	4.1	3226
SELBSTZERSETZLICHER STOFF TYP E, FEST	-	4.1	3228
SELBSTZERSETZLICHER STOFF TYP F, FEST	-	4.1	3230
SELBSTZERSETZLICHER STOFF TYP B, FEST, TEMPERATURKONTROLLIERT	-	4.1	3232
SELBSTZERSETZLICHER STOFF TYP C, FEST, TEMPERATURKONTROLLIERT	-	4.1	3234
SELBSTZERSETZLICHER STOFF TYP D, FEST, TEMPERATURKONTROLLIERT	-	4.1	3236
SELBSTZERSETZLICHER STOFF TYP E, FEST, TEMPERATURKONTROLLIERT	-	4.1	3238
SELBSTZERSETZLICHER STOFF TYP F, FEST, TEMPERATURKONTROLLIERT	-	4.1	3240
SELBSTZERSETZLICHER STOFF TYP B, FLÜSSIG	-	4.1	3221
SELBSTZERSETZLICHER STOFF TYP C, FLÜSSIG	-	4.1	3223
SELBSTZERSETZLICHER STOFF TYP D, FLÜSSIG	-	4.1	3225
SELBSTZERSETZLICHER STOFF TYP E, FLÜSSIG	-	4.1	3227
SELBSTZERSETZLICHER STOFF TYP F, FLÜSSIG	-	4.1	3229
SELBSTZERSETZLICHER STOFF TYP B, FLÜSSIG, TEMPERATURKONTROLLIERT	-	4.1	3231
SELBSTZERSETZLICHER STOFF TYP C, FLÜSSIG, TEMPERATURKONTROLLIERT	-	4.1	3233
SELBSTZERSETZLICHER STOFF TYP D, FLÜSSIG, TEMPERATURKONTROLLIERT	-	4.1	3235
SELBSTZERSETZLICHER STOFF TYP E, FLÜSSIG, TEMPERATURKONTROLLIERT	-	4.1	3237
SELBSTZERSETZLICHER STOFF TYP F, FLÜSSIG, TEMPERATURKONTROLLIERT	-	4.1	3239
SELENATE	-	6.1	2630
SELENDISULFID	-	6.1	2657
SELENHEXAFLUORID	-	2.3	2194
Selenhydrid, *siehe*	-	2.3	2202
SELENITE	-	6.1	2630
Selenoxidichlorid, *siehe*	-	8	2879
SELENOXYCHLORID	-	8	2879
SELENSÄURE	-	8	1905
SELENVERBINDUNG, FEST, N.A.G.	-	6.1	3283
SELENVERBINDUNG, FLÜSSIG, N.A.G.	-	6.1	3440
SELENWASSERSTOFF, ADSORBIERT	-	2.3	3526
SELENWASSERSTOFF, WASSERFREI	-	2.3	2202
SICHERHEITSEINRICHTUNGEN, elektrische Auslösung	-	9	3268
SICHERHEITSEINRICHTUNGEN, PYROTECHNISCH	-	1.4G	0503
SICHERHEITSZÜNDHÖLZER (Heftchen, Kärtchen oder Schachteln mit Reibfläche)	-	4.1	1944
SIGNALKÖRPER, HAND	-	1.4G	0191
SIGNALKÖRPER, HAND	-	1.4S	0373
SIGNALKÖRPER, RAUCH	-	1.1G	0196
SIGNALKÖRPER, RAUCH	-	1.2G	0313
SIGNALKÖRPER, RAUCH	-	1.3G	0487
SIGNALKÖRPER, RAUCH	-	1.4G	0197
SIGNALKÖRPER, RAUCH	-	1.4G	0507
SIGNALKÖRPER, SEENOT	-	1.1G	0194
SIGNALKÖRPER, SEENOT	-	1.3G	0195
SIGNALKÖRPER, SEENOT	-	1.4G	0505
SIGNALKÖRPER, SEENOT	-	1.4S	0506
Signalkörper, Seenot, wasseraktivierbar, *siehe* VORRICHTUNG, DURCH WASSER AKTIVIERBAR	-	-	-
Silafluofen, *siehe* **Bemerkung 1**	P	-	-
SILAN	-	2.1	2203
SILBERARSENIT	P	6.1	1683
SILBERCYANID	P	6.1	1684
SILBERNITRAT	-	5.1	1493
Silberothoarsenit, *siehe*	P	6.1	1683
SILBERPIKRAT, ANGEFEUCHTET, mit mindestens 30 Masse-% Wasser	-	4.1	1347
SILBERPIKRAT, trocken oder angefeuchtet mit weniger als 30 Masse-% Wasser **(Beförderung verboten)**	-	-	-
Siliciumchlorid, *siehe*	-	8	1818
Siliciumfluoride, n.a.g., *siehe*	-	6.1	2856
SILICIUMPULVER, AMORPH	-	4.1	1346
SILICIUMTETRACHLORID	-	8	1818

Stoff oder Gegenstand	MP	Klasse	UN-Nr.
SILICIUMTETRAFLUORID	-	2.3	1859
SILICIUMTETRAFLUORID, ADSORBIERT	-	2.3	3521
SILICIUMWASSERSTOFF	-	2.1	2203
Siliciumwasserstoff, verdichtet, *siehe*	-	2.1	2203
Sisal, trocken, *siehe*	-	4.1	3360
Slurry-Sprengstoff, *siehe* Sprengstoff, TYP E	-	-	-
Sportmunition, *siehe* PATRONEN FÜR WAFFEN, MIT INERTEN GESCHOSSEN	-	-	-
SPRENGKAPSELN, ELEKTRISCH	-	1.1B	0030
SPRENGKAPSELN, ELEKTRISCH	-	1.4B	0255
SPRENGKAPSELN, ELEKTRISCH	-	1.4S	0456
Sprengkapseln mit nichtelektrischen Verbindungsstücken, *siehe* SPRENGKAPSELN, NICHTELEKTRISCH für Sprengungen, *oder* ZÜNDEINRICHTUNGEN, NICHTELEKTRISCH *oder* ZÜNDEINRICHTUNGEN, NICHTELEKTRISCH für Sprengungen	-	-	-
SPRENGKAPSELN, NICHT ELEKTRISCH	-	1.1B	0029
SPRENGKAPSELN, NICHT ELEKTRISCH	-	1.4B	0267
SPRENGKAPSELN, NICHT ELEKTRISCH	-	1.4S	0455
SPRENGKÖRPER	-	1.1D	0048
SPRENGLADUNGEN, GEWERBLICHE, ohne Zündmittel	-	1.1D	0442
SPRENGLADUNGEN, GEWERBLICHE, ohne Zündmittel	-	1.2D	0443
SPRENGLADUNGEN, GEWERBLICHE, ohne Zündmittel	-	1.4D	0444
SPRENGLADUNGEN, GEWERBLICHE, ohne Zündmittel	-	1.4S	0445
SPRENGLADUNGEN, KUNSTSTOFFGEBUNDEN	-	1.1D	0457
SPRENGLADUNGEN, KUNSTSTOFFGEBUNDEN	-	1.2D	0458
SPRENGLADUNGEN, KUNSTSTOFFGEBUNDEN	-	1.4D	0459
SPRENGLADUNGEN, KUNSTSTOFFGEBUNDEN	-	1.4S	0460
Sprengmittel, Typ B, *siehe*	-	1.5D	0331
Sprengmittel, Typ E, *siehe*	-	1.5D	0332
SPRENGMITTEL, UNEMPFINDLICH, TYP B	-	1.5D	0331
SPRENGNIETEN	-	1.4S	0174
SPRENGSCHNUR, biegsam	-	1.1D	0065
SPRENGSCHNUR, biegsam	-	1.4D	0289
SPRENGSCHNUR, MIT GERINGER WIRKUNG, mit Metallmantel	-	1.4D	0104
SPRENGSCHNUR, mit Metallmantel	-	1.2D	0102
SPRENGSCHNUR, mit Metallmantel	-	1.1D	0290
SPRENGSTOFF, TYP A	-	1.1D	0081
SPRENGSTOFF, TYP B	-	1.1D	0082
SPRENGSTOFF, TYP B	-	1.5D	0331
SPRENGSTOFF, TYP C	-	1.1D	0083
SPRENGSTOFF, TYP D	-	1.1D	0084
SPRENGSTOFF, TYP E	-	1.1D	0241
SPRENGSTOFF, TYP E	-	1.5D	0332
STADTGAS, VERDICHTET	-	2.3	1023
STEINKOHLENTEERDESTILLATE, ENTZÜNDBAR	-	3	1136
Steinkohlenteernaphtha, *siehe*	-	3	1268
Steinkohlenteeröl, *siehe*	-	3	1136
STIBIN	-	2.3	2676
STICKSTOFFDIOXID	-	2.3	1067
Stickstoffdioxid und Stickstoffoxid, Mischungen, *siehe*	-	2.3	1975
STICKSTOFFMONOXID UND DISTICKSTOFFTETROXID, GEMISCH	-	2.3	1975
STICKSTOFFMONOXID UND STICKSTOFFDIOXID, GEMISCH	-	2.3	1975
STICKSTOFFOXID, VERDICHTET	-	2.3	1660
Stickstoffperoxid, *siehe*	-	2.3	1067
Stickstoffsesquioxid, *siehe*	-	2.3	2421
STICKSTOFFTETROXID	-	2.3	1067
STICKSTOFF, TIEFGEKÜHLT, FLÜSSIG	-	2.2	1977
STICKSTOFFTRIFLUORID	-	2.2	2451
STICKSTOFF, VERDICHTET	-	2.2	1066
STOFFE, EVI, N.A.G.	-	1.5D	0482
STOFF ZUR HERSTELLUNG VON TRÄNENGASEN, FEST, N.A.G.	-	6.1	3448
STOFF ZUR HERSTELLUNG VON TRÄNENGASEN, FLÜSSIG, N.A.G.	-	6.1	1693
STOPPINEN, NICHT SPRENGKRÄFTIG	-	1.3G	0101
Straßenasphalt, *siehe*	-	3	1999
Straßenasphaltverschnitte, *siehe*	-	3	1999

Stoff oder Gegenstand	MP	Klasse	UN-Nr.
STROH	-	4.1	1327
Strontiumamalgame, fest, *siehe*	-	4.3	3402
Strontiumamalgame, flüssig, *siehe*	-	4.3	1392
STRONTIUMARSENIT	-	6.1	1691
STRONTIUMCHLORAT	-	5.1	1506
Strontiumdioxid, *siehe*	-	5.1	1509
Strontium dispersion, *siehe*	-	4.3	1391
Strontiumlegierung, nicht pyrophor, *siehe*	-	4.3	1393
Strontiumlegierung, pyrophor, *siehe*	-	4.2	1383
STRONTIUMNITRAT	-	5.1	1507
Strontiumorthoarsenit, *siehe*	-	6.1	1691
STRONTIUMPERCHLORAT	-	5.1	1508
STRONTIUMPEROXID	-	5.1	1509
STRONTIUMPHOSPHID	-	4.3	2013
Strontium, Pulver, *siehe*	-	4.2	1383
Strontiumpulver, pyrophor, *siehe*	-	4.2	1383
STRYCHNIN	**P**	6.1	1692
Strychnin-Pestizide, *siehe* PESTIZID, N.A.G.	**P**	-	-
STRYCHNINSALZE	**P**	6.1	1692
STURMZÜNDHÖLZER	-	4.1	2254
STYPHNINSÄURE, ANGEFEUCHTET, mit mindestens 20 Masse-% Wasser oder eine Alkohol/Wasser-Mischung	-	1.1D	0394
STYPHNINSÄURE, trocken oder angefeuchtet mit weniger 20 Masse-% Wasser oder einer Alkohol/Wasser-Mischung	-	1.1D	0219
STYREN, MONOMER, STABILISIERT	-	3	2055
SUBSTITUIERTES NITROPHENOL-PESTIZID, FEST, GIFTIG	-	6.1	2779
SUBSTITUIERTES NITROPHENOL-PESTIZID, FLÜSSIG, ENTZÜNDBAR, GIFTIG, Flammpunkt unter 23 °C	-	3	2780
SUBSTITUIERTES NITROPHENOL-PESTIZID, FLÜSSIG, GIFTIG	-	6.1	3014
SUBSTITUIERTES NITROPHENOL- PESTIZID, FLÜSSIG, GIFTIG, ENTZÜNDBAR, mit einem Flammpunkt von 23 °C oder darüber	-	6.1	3013
SULFAMINSÄURE	-	8	2967
Sulfotep, *siehe* ORGANOPHOSPHOR-PESTIZID	**P**	-	-
Sulfuroxyfluorid, *siehe*	-	2.3	2191
SULFURYLCHLORID	-	6.1	1834
SULFURYLFLUORID	-	2.3	2191
Sulprophos, *siehe* ORGANOPHOSPHOR-PESTIZID	**P**	-	-
Synthetische Fasern, ölig, *siehe*	-	4.2	1373
Synthetisches Gewebe, ölig, *siehe*	-	4.2	1373
Systox, *siehe* ORGANOPHOSPHOR-PESTIZID	-	-	-
2,4,5-T, *siehe* PHENOXYESSIGSÄUREDERIVAT-PESTIZID	-	-	-
Talkum mit Tremolit und/oder Aktinolith, *siehe*	-	9	2212
Tallownitril, *siehe*	**P**	9	3082
TEERE, FLÜSSIG, einschließlich Straßenöle und Cutback-Bitumen (Verschnittbitumen)	-	3	1999
TELLURHEXAFLUORID	-	2.3	2195
TELLURVERBINDUNG, N.A.G.	-	6.1	3284
Temephos, *siehe* ORGANOPHOSPHOR-PESTIZID	**P**	-	-
TEPP, *siehe* ORGANOPHOSPHOR-PESTIZID	**P**	-	-
Terbufos, *siehe* ORGANOPHOSPHOR-PESTIZID	**P**	-	-
Terbumeton, *siehe* TRIAZIN-PESTIZID	-	-	-
Terpene, N.A.G., *siehe*	-	3	2319
TERPENKOHLENWASSERSTOFFE, N.A.G.	-	3	2319
TERPENTIN	**P**	3	1299
TERPENTINÖLERSATZ	-	3	1300
TERPINOLEN	-	3	2541
TETRABROMETHAN	**P**	6.1	2504
1,1,2,2-Tetrabromethan, *siehe*	**P**	6.1	2504
TETRABROMKOHLENSTOFF	**P**	6.1	2516
Tetrabrommethan, *siehe*	**P**	6.1	2516
1,1,2,2-TETRACHLORETHAN	**P**	6.1	1702
TETRACHLORETHYLEN	**P**	6.1	1897
TETRACHLORKOHLENSTOFF	**P**	6.1	1846
Tetrachlormethan, *siehe*	**P**	6.1	1846

Stoff oder Gegenstand	MP	Klasse	UN-Nr.
Tetrachlorphenol, *siehe*	-	6.1	2020
Tetrachlorvinphos, *siehe* **Bemerkung 1**	P	-	-
Tetraethoxysilan, *siehe*	-	3	1292
Tetraethyblei, *siehe*	P	6.1	1649
TETRAETHYLDITHIOPYROPHOSPHAT	P	6.1	1704
TETRAETHYLENPENTAMIN	-	8	2320
Tetraethylorthosilicat, *siehe*	-	3	1292
TETRAETHYLSILICAT	-	3	1292
Tetrafluordichlorethan, *siehe*	-	2.2	1958
1,1,2,2-Tetrafluor-1,2-dichloroethan, *siehe*	-	2.2	1958
1,1,1,2-TETRAFLUORETHAN	-	2.2	3159
TETRAFLUORETHYLEN, STABILISIERT	-	2.1	1081
TETRAFLUORMETHAN	-	2.2	1982
Tetrafluorsilan, verdichtet, *siehe*	-	2.3	1859
1,2,3,6-TETRAHYDROBENZALDEHYD	-	3	2498
Tetrahydrobenzen, *siehe*	-	3	2256
TETRAHYDROFURAN	-	3	2056
TETRAHYDROFURFURYLAMIN	-	3	2943
Tetrahydromethylfuran, *siehe*	-	3	2536
Tetrahydro-1,4-oxazin, *siehe*	-	8	2054
TETRAHYDROPHTHALSÄUREANHYDRIDE, mit mehr als 0,05 % Maleinsäureanhydrid	-	8	2698
1,2,3,6-TETRAHYDROPYRIDIN	-	3	2410
TETRAHYDROTHIOPHEN	-	3	2412
Tetramethoxysilan, *siehe*	-	6.1	2606
Tetramethrin, *siehe* **Bemerkung 1**	P	-	-
TETRAMETHYLAMMONIUMHYDROXID, FEST	-	8	3423
TETRAMETHYLAMMONIUMHYDROXID, LÖSUNG	-	8	1835
Tetramethylblei, *siehe*	P	6.1	1649
1,1,3,3-Tetramethylbutylhydroperoxid (Konzentration ≤ 100 %), *siehe*	-	5.2	3105
1,1,3,3-Tetramethylbutylperoxy-2-ethylhexanoat (Konzentration ≤ 100 %), *siehe*	-	5.2	3115
1,1,3,3-Tetramethylbutylperoxyneodecanoat (Konzentration ≤ 52 %, als stabile Dispersion in Wasser), *siehe*	-	5.2	3119
1,1,3,3-Tetramethylbutylperoxyneodecanoat (Konzentration ≤ 72 %, mit Verdünnungsmittel Typ B), *siehe*	-	5.2	3115
1,1,3,3-Tetramethylbutylperoxypivalat (Konzentration ≤ 77 %, mit Verdünnungsmittel Typ A), *siehe*	-	5.2	3115
Tetramethylen, *siehe*	-	2.1	2601
Tetramethylencyanid, *siehe*	-	6.1	2205
N,N,N',N'-Tetramethylethylendiamin, *siehe*	-	3	2372
TETRAMETHYLSILAN	-	3	2749
Tetraminopalladium-(II)-nitrat (Konzentration 100 %), *siehe*	-	4.1	3234
TETRANITROANILIN	-	1.1D	0207
TETRANITROMETHAN	-	6.1	1510
Tetrapropylen, *siehe*	P	3	2850
TETRAPROPYLORTHOTITANAT	-	3	2413
TETRAZEN, ANGEFEUCHTET mit mindestens 30 Masse-% Wasser oder einer Alkohol/Wasser-Mischung	-	1.1A	0114
1*H*-TETRAZOL	-	1.1D	0504
TETRAZOL-1-ESSIGSÄURE	-	1.4C	0407
TETRYL	-	1.1D	0208
TEXTILABFALL, NASS	-	4.2	1857
THALLIUMCHLORAT	P	5.1	2573
Thallium(I)chlorat, *siehe*	-	5.1	2573
THALLIUMNITRAT	P	6.1	2727
Thallium(I)nitrat, *siehe*	-	6.1	2727
Thalliumsulfat, *siehe*	P	6.1	1707
THALLIUMVERBINDUNG, N.A.G.	P	6.1	1707
4-THIAPENTANAL	-	6.1	2785
Thia-4-pentanal, *siehe*	-	6.1	2785
THIOCARBAMAT-PESTIZID, FEST, GIFTIG	-	6.1	2771
THIOCARBAMAT-PESTIZID, FLÜSSIG, ENTZÜNDBAR, GIFTIG, Flammpunkt unter 23°C	-	3	2772
THIOCARBAMAT-PESTIZID, FLÜSSIG, GIFTIG	-	6.1	3006
THIOCARBAMAT-PESTIZID, FLÜSSIG, GIFTIG, ENTZÜNDBAR, mit einem Flammpunkt von 23 °C oder darüber	-	6.1	3005

Stoff oder Gegenstand	MP	Klasse	UN-Nr.
Thiocarbonylchlorid, *siehe*	-	6.1	2474
Thiocarbonyltetrachlorid, *siehe*	P	6.1	1670
THIOESSIGSÄURE	-	3	2436
THIOGLYCOL	-	6.1	2966
THIOGLYCOLSÄURE	-	8	1940
THIOHARNSTOFFDIOXID	-	4.2	3341
Thiolessigsäure, *siehe*	-	3	2436
Thiometon, *siehe* ORGANOPHOSPHOR-PESTIZID	-	-	-
THIOMILCHSÄURE	-	6.1	2936
Thionazin, *siehe* ORGANOPHOSPHOR-PESTIZID	-	-	-
THIONYLCHLORID	-	8	1836
THIOPHEN	-	3	2414
Thiophenol, *siehe*	-	6.1	2337
THIOPHOSGEN	-	6.1	2474
Thiophosphorsäure-O-[cyanophenylmethylen)-azanyl]-O,O-diethylester, *siehe*	-	4.1	3227
THIOPHOSPHORYLCHLORID	-	8	1837
Thiopropylalkohole, *siehe*	-	3	2402
Tierische Fasern, angebrannt, *siehe*	-	4.2	1372
Tierische Fasern, feucht, *siehe*	-	4.2	1372
Tierische Fasern, nass, *siehe*	-	4.2	1372
Tierische Fasern, ölig, *siehe*	-	4.2	1373
Tierisches Gewebe, ölig, *siehe*	-	4.2	1373
TINKTUREN, MEDIZINISCHE	-	3	1293
Tischtennisbälle, *siehe*	-	4.1	2000
Titan(IV)chlorid, *siehe*	-	6.1	1838
Titan(III)chlorid, pyrophor, *siehe*	-	4.2	2441
TITANDISULFID	-	4.2	3174
TITANIUMHYDRID	-	4.1	1871
TITANPULVER, ANGEFEUCHTET, mit mindestens 25 % Wasser (ein sichtbarer Wasserüberschuss muss vorhanden sein) (a) mechanisch hergestellt mit einer Korngröße unter 53 Mikron	-	4.1	1352
TITANPULVER, ANGEFEUCHTET, mit mindestens 25 % Wasser (ein sichtbarer Wasserüberschuss muss vorhanden sein) (b) chemisch hergestellt mit einer Korngröße unter 840 Mikron	-	4.1	1352
TITANPULVER, TROCKEN	-	4.2	2546
TITANSCHWAMMGRANULATE	-	4.1	2878
TITANSCHWAMMPULVER	-	4.1	2878
TITANTETRACHLORID	-	6.1	1838
TITANTRICHLORID, GEMISCH	-	8	2869
TITANTRICHLORIDMISCHUNGEN, PYROPHOR	-	4.2	2441
TITANTRICHLORID, PYROPHOR	-	4.2	2441
TNT, ANGEFEUCHTET mit mindestens 10 Masse-% Wasser	-	4.1	3366
TNT, ANGEFEUCHTET, mit mindestens 30 Masse-% Wasser	-	4.1	1356
TNT gemischt mit Aluminium, *siehe*	-	1.1D	0390
TNT, IN MISCHUNG MIT HEXANITROSTILBEN	-	1.1D	0388
TNT IN MISCHUNG MIT TRINITROBENZEN	-	1.1D	0388
TNT IN MISCHUNG MIT TRINITROBENZEN UND HEXANITROSTILBEN	-	1.1D	0389
TNT, trocken oder angefeuchtet mit weniger als 30 Masse-% Wasser	-	1.1D	0209
TOLUEN	-	3	1294
TOLUIDINE, FEST	P	6.1	3451
TOLUIDINE, FLÜSSIG	P	6.1	1708
Toluol, *siehe*	-	3	1294
Toluoltrichlorid, *siehe*	-	8	2226
2,4-TOLUYLENDIAMIN, FEST	-	6.1	1709
2,4-TOLUYLENDIAMIN, LÖSUNG	-	6.1	3418
TOLUYLENDIISOCYANAT	-	6.1	2078
Toluylendiisocyanat, *siehe*	-	6.1	2078
TORPEDOS MIT FLÜSSIGTREIBSTOFF, mit inertem Kopf	-	1.3J	0450
TORPEDOS MIT FLÜSSIGTREIBSTOFF, mit oder ohne Sprengladung	-	1.1J	0449
TORPEDOS, mit Sprengladung	-	1.1E	0329
TORPEDOS, mit Sprengladung	-	1.1F	0330
TORPEDOS, mit Sprengladung	-	1.1D	0451
TOXINE, GEWONNEN AUS LEBENDEN ORGANISMEN, FEST, N.A.G.	-	6.1	3462
TOXINE, GEWONNEN AUS LEBENDEN ORGANISMEN, FLÜSSIG, N.A.G.	-	6.1	3172
TRÄNENGAS-KERZEN	-	6.1	1700

Stoff oder Gegenstand	MP	Klasse	UN-Nr.
Tränengasmunition, *siehe* MUNITION, AUGENREIZSTOFF	-	-	-
TREIBLADUNGEN FÜR GESCHÜTZE	-	1.1C	0279
TREIBLADUNGEN FÜR GESCHÜTZE	-	1.2C	0414
TREIBLADUNGEN FÜR GESCHÜTZE	-	1.3C	0242
Treibladungen in Beuteln, *siehe* TREIBLADUNGEN FÜR GESCHÜTZE	-	-	-
TREIBLADUNGSANZÜNDER	-	1.3G	0319
TREIBLADUNGSANZÜNDER	-	1.4G	0320
TREIBLADUNGSANZÜNDER	-	1.4S	0376
TREIBLADUNGSHÜLSEN, LEER, MIT TREIBLADUNGSANZÜNDER	-	1.4C	0379
TREIBLADUNGSHÜLSEN, LEER, MIT TREIBLADUNGSANZÜNDER	-	1.4S	0055
TREIBLADUNGSHÜLSEN, VERBRENNLICH, LEER, OHNE TREIBLADUNGSANZÜNDER	-	1.3C	0447
TREIBLADUNGSHÜLSEN, VERBRENNLICH, LEER, OHNE TREIBLADUNGSANZÜNDER	-	1.4C	0446
TREIBLADUNGSPULVER	-	1.1C	0160
TREIBLADUNGSPULVER	-	1.3C	0161
TREIBLADUNGSPULVER	-	1.4C	0509
TREIBSÄTZE	-	1.1C	0271
TREIBSÄTZE	-	1.3C	0272
TREIBSÄTZE	-	1.2C	0415
TREIBSÄTZE	-	1.4C	0491
TREIBSTOFF, FEST	-	1.1C	0498
TREIBSTOFF, FEST	-	1.3C	0499
TREIBSTOFF, FEST	-	1.4C	0501
TREIBSTOFF, FLÜSSIG	-	1.3C	0495
TREIBSTOFF, FLÜSSIG	-	1.1C	0497
Tremolit, *siehe*	-	9	2212
Triadimefon, *siehe* PHENOXYESSIGSÄUREDERIVAT-PESTIZID	-	-	-
TRIALLYLAMIN	-	3	2610
TRIALLYLBORAT	-	6.1	2609
Triamiphos, *siehe* ORGANOPHOSPHOR-PESTIZID	-	-	-
Triarylphosphate, N.A.G., *siehe*	**P**	9	3082
Triarylphosphate, isopropyliert, *siehe*	**P**	9	3082
TRIAZIN-PESTIZID, FEST, GIFTIG	-	6.1	2763
TRIAZIN-PESTIZID, FLÜSSIG, ENTZÜNDBAR, GIFTIG, Flammpunkt unter 23 °C	-	3	2764
TRIAZIN-PESTIZID, FLÜSSIG, GIFTIG	-	6.1	2998
TRIAZIN-PESTIZID, FLÜSSIG, GIFTIG, ENTZÜNDBAR, mit einem Flammpunkt von 23 °C oder darüber	-	6.1	2997
Triazophos, *siehe* ORGANOPHOSPHOR-PESTIZID	**P**	-	-
Tribromboran, *siehe*	-	8	2692
Tribrommethan, *siehe*	**P**	6.1	2515
TRIBUTYLAMIN	-	6.1	2542
TRIBUTYLPHOSPHAN	-	4.2	3254
Tributylzinn-Verbindung, *siehe* ORGANOZINN-PESTIZID	**P**	-	-
Tricamba, *siehe* PESTIZID, N.A.G.	-	-	-
Trichloracetaldehyd, *siehe*	-	6.1	2075
TRICHLORACETYLCHLORID	-	8	2442
1,2,3-Trichlorbenzene, *siehe* **Bemerkung 1**	**P**	-	-
TRICHLORBENZENE, FLÜSSIG	**P**	6.1	2321
TRICHLORBUTEN	**P**	6.1	2322
Trichlorbutylen, *siehe*	**P**	6.1	2322
TRICHLORESSIGSÄURE, FEST	-	8	1839
TRICHLORESSIGSÄURE, LÖSUNG	-	8	2564
1,1,1-TRICHLORETHAN	-	6.1	2831
1,1,2-Trichlorethan, *siehe*	-	9	3082
TRICHLORETHYLEN	-	6.1	1710
Trichlorfon, *siehe* ORGANOPHOSPHOR-PESTIZID	**P**	-	-
TRICHLORISOCYANURSÄURE, TROCKEN	-	5.1	2468
Trichlormethan, *siehe*	-	6.1	1888
Trichlormethansulfurylchlorid, *siehe*	**P**	6.1	1670
Trichlormethylsulfochlorid, *siehe*	**P**	6.1	1670
Trichlornitromethan, *siehe*	-	6.1	1670
Trichloronat, *siehe* ORGANOPHOSPHOR-PESTIZID	**P**	-	-
TRICHLORSILAN	-	4.3	1295
2,4,6-Trichlor-1,3,5-triazin, *siehe*	-	8	2670

Stoff oder Gegenstand	MP	Klasse	UN-Nr.
1,3,5-Trichlor-*s*-triazin-2,4,6-trion, *siehe*	-	5.1	2468
TRICRESYLPHOSPHAT mit mehr als 3 % *ortho*-Isomer	P	6.1	2574
Tricresylphosphat, mit mindestens 1 %, aber höchstens 3 % *ortho*-Isomer, *siehe*	P	9	3082
Tricresylphosphat, mit weniger als 1 % *ortho*-Isomer, *siehe*	P	9	3082
Triebwerke, Rakete, *siehe* RAKETENTRIEBWERKE MIT HYPERGOLEN	-	-	-
Triethoxyboran, *siehe*	-	3	1176
Triethoxymethan, *siehe*	-	3	2524
TRIETHYLAMIN	-	3	1296
Triethylbenzol, *siehe*	P	9	3082
Triethylborat, *siehe*	-	3	1176
Triethylenphosphoramid, Lösung, *siehe*	-	6.1	2501
TRIETHYLENTETRAMIN	-	8	2259
Triethylorthoformiat, *siehe*	-	3	2524
TRIETHYLPHOSPHIT	-	3	2323
3,6,9-Triethyl-3,6,9-trimethyl-1,4,7-triperoxonan (Konzentration ≤ 42 %, mit Verdünnungsmittel Typ A, Aktivsauerstoffgehalt ≤ 7,6 %), *siehe*	-	5.2	3105
3,6,9-Triethyl-3,6,9-trimethyl-1,4,7-triperoxonan (Konzentration ≤ 17 %, mit Verdünnungsmittel Typ A, mit inertem festem Stoff), *siehe*	-	5.2	3110
TRIFLUORACETYLCHLORID	-	2.3	3057
Trifluorbrommethan, *siehe*	-	2.2	1009
Trifluorchlorethan, *siehe*	-	2.2	1983
Trifluorchlormethan, *siehe*	-	2.2	1022
TRIFLUORESSIGSÄURE	-	8	2699
1,1,1-TRIFLUORETHAN	-	2.1	2035
TRIFLUORMETHAN	-	2.2	1984
Trifluormethan und Chlortrifluormethan, azeotropes Gemisch, *siehe* CHLORTRIFLUORMETHAN UND TRIFLUORMETHAN, AZEOTROPES GEMISCH	-	-	-
TRIFLUORMETHAN, TIEFGEKÜHLT, FLÜSSIG	-	2.2	3136
Trifluormethoxytrifluorethylen, *siehe*	-	2.1	3153
2-TRIFLUORMETHYLANILIN	-	6.1	2942
3-TRIFLUORMETHYLANILIN	-	6.1	2948
Trifluormethylbenzol, *siehe*	-	3	2338
Trifluormethylphenylisocyanate, *siehe*	-	6.1	2285
Trifluormethyltrifluorvinylether, *siehe*	-	2.1	3153
Trifluormonochlorethylen, stabilisiert, *siehe*	-	2.3	1082
TRIISOBUTYLEN	-	3	2324
TRIISOPROPYLBORAT	-	3	2616
TRIMETHYLACETYLCHLORID	-	6.1	2438
TRIMETHYLAMIN, WASSERFREI	-	2.1	1083
TRIMETHYLAMIN, WÄSSERIGE LÖSUNG, mit höchstens 50 Masse-% Trimethylamin	-	3	1297
1,3,5-TRIMETHYLBENZEN	P	3	2325
TRIMETHYLBORAT	-	3	2416
Trimethylcarbinol, *siehe*	-	3	1120
TRIMETHYLCHLORSILAN	-	3	1298
TRIMETHYLCYCLOHEXYLAMIN	-	8	2326
Trimethylenchlorbromid, *siehe*	-	6.1	2688
Trimethylenchlorhydrin, *siehe*	-	6.1	2849
Trimethylendichlorid, *siehe*	-	3	1993
Trimethylgallium, *siehe*	-	4.2	3394
TRIMETHYLHEXAMETHYLENDIAMINE	-	8	2327
TRIMETHYLHEXAMETHYLENDIISOCYANAT	-	6.1	2328
2,2,4-Trimethylpentan, *siehe*	P	3	1262
2,4,4-Trimethylpenten-1, *siehe*	-	3	2050
2,4,4-Trimethylpenten-2, *siehe*	-	3	2050
TRIMETHYLPHOSPHIT	-	3	2329
2,4,6-Trimethyl-1,3,5-trioxan, *siehe*	-	3	1264
TRINITROANILIN	-	1.1D	0153
TRINITROANISOL	-	1.1D	0213
TRINITROBENZEN, ANGEFEUCHTET mit mindestens 10 Masse-% Wasser	-	4.1	3367
TRINITROBENZEN, ANGEFEUCHTET, mit mindestens 30 Masse-% Wasser	-	4.1	1354
TRINITROBENZENSULFONSÄURE	-	1.1D	0386
TRINITROBENZEN, trocken oder angefeuchtet mit weniger als 30 Masse-% Wasser	-	1.1D	0214
TRINITROBENZOESÄURE, ANGEFEUCHTET, mit mindestens 10 Masse-% Wasser	-	4.1	3368

Stoff oder Gegenstand	MP	Klasse	UN-Nr.
TRINITROBENZOESÄURE, ANGEFEUCHTET, mit mindestens 30 Masse-% Wasser	-	4.1	1355
TRINITROBENZOESÄURE, trocken oder angefeuchtet mit weniger als 30 Masse-% Wasser	-	1.1D	0215
TRINITROCHLORBENZEN	-	1.1D	0155
TRINITROCHLORBENZEN, ANGEFEUCHTET mit mindestens 10 Masse-% Wasser	-	4.1	3365
TRINITRO-*m*-CRESOL	-	1.1D	0216
TRINITROFLUORENON	-	1.1D	0387
TRINITRONAPHTHALIN	-	1.1D	0217
TRINITROPHENETOL	-	1.1D	0218
TRINITROPHENOL, ANGEFEUCHTET mit mindestens 10 Masse-% Wasser	-	4.1	3364
TRINITROPHENOL, ANGEFEUCHTET, mit mindestens 30 Masse-% Wasser	-	4.1	1344
TRINITROPHENOL, trocken oder angefeuchtet mit weniger als 30 Masse-% Wasser	-	1.1D	0154
TRINITROPHENYLMETHYLNITRAMIN	-	1.1D	0208
TRINITRORESORCINOL, ANGEFEUCHTET, mit mindestens 20 Masse-% Wasser oder eine Alkohol/Wasser-Mischung	-	1.1D	0394
TRINITRORESORCIN, trocken oder angefeuchtet mit weniger 20 Masse-% Wasser oder einer Alkohol/Wasser-Mischung	-	1.1D	0219
TRINITROTOLUEN, ANGEFEUCHTET mit mindestens 10 Masse-% Wasser	-	4.1	3366
TRINITROTOLUEN, ANGEFEUCHTET, mit mindestens 30 Masse-% Wasser	-	4.1	1356
TRINITROTOLUEN IN MISCHUNG MIT HEXANITROSTILBEN	-	1.1D	0388
TRINITROTOLUEN IN MISCHUNG MIT TRINITROBENZEN	-	1.1D	0388
TRINITROTOLUEN IN MISCHUNG MIT TRINITROBENZEN UND HEXANITROSTILBEN	-	1.1D	0389
TRINITROTOLUEN, trocken oder angefeuchtet mit weniger als 30 Masse-% Wasser	-	1.1D	0209
Trinitrotoluol, angefeuchtet mit mindestens 10 Masse-% Wasser, *siehe*	-	4.1	3366
Trinitrotoluol, angefeuchtet mit mindestens 30 Masse-% Wasser, *siehe*	-	4.1	1356
Triphenylphosphat, *siehe*	**P**	9	3077
Triphenylphosphat/*tert*-butylierte Triphenylphosphate Mischung mit 10 % – 48 % Triphenylphosphat, *siehe* **Bemerkung 1**	**P**	-	-
Triphenylphosphat/*tert*-butylierte Triphenylphosphate Mischung mit 5 % – 10 % Triphenylphosphat, *siehe* **Bemerkung 1**	**P**	-	-
Triphenylzinnverbindungen (andere als Fentinacetat und Fentinhydroid), *siehe* ORGANOZINN-PESTIZID	**P**	-	-
TRIPROPYLAMIN	-	3	2260
TRIPROPYLEN	**P**	3	2057
TRIS-(1-AZIRIDINYL)-PHOSPHINOXID, LÖSUNG	-	6.1	2501
Tritolylphosphat, *siehe*	**P**	6.1	2574
TRITONAL	-	1.1D	0390
Trixylenylphosphat, *siehe*	**P**	9	3082
TROCKENEIS	-	9	1845
Tropiliden, *siehe*	-	3	2603
UMWELTGEFÄHRDENDER STOFF, FEST, N.A.G.	-	9	3077
UMWELTGEFÄHRDENDER STOFF, FLÜSSIG, N.A.G.	-	9	3082
UNDECAN	-	3	2330
UNTER DIE VORSCHRIFTEN FALLENDER MEDIZINISCHER ABFALL, N.A.G.	-	6.2	3291
Uranhexafluorid, nicht spaltbar oder spaltbar, freigestellt, *siehe*	-	7	2978
URANHEXAFLUORID, RADIOAKTIVE STOFFE, FREIGESTELLTES VERSANDSTÜCK mit weniger als 0,1 kg je Versandstück, nicht spaltbar oder spaltbar, freigestellt	-	6.1	3507
Uranhexafluorid, spaltbar, *siehe*	-	7	2977
Urotropin, *siehe*	-	4.1	1328
VALERALDEHYD	-	3	2058
Valeraldehyd(e), *siehe*	-	3	2058
VALERYLCHLORID	-	8	2502
Vamidothion, *siehe* ORGANOPHOSPHOR-PESTIZID	-	-	-
Vanadium-(IV)-oxidsulfat, *siehe*	-	6.1	2931
Vanadiumoxysulfate, *siehe*	-	6.1	2931
VANADIUMOXYTRICHLORID	-	8	2443
VANADIUMPENTOXID, nicht geschmolzen	-	6.1	2862
VANADIUMTETRACHLORID	-	8	2444
VANADIUMTRICHLORID	-	8	2475
VANADIUMVERBINDUNG, N.A.G.	-	6.1	3285
VANADYLSULFAT	-	6.1	2931
VERBRENNUNGSMASCHINE	**P**	9	3530
VERBRENNUNGSMASCHINE MIT ANTRIEB DURCH ENTZÜNDBARE FLÜSSIGKEIT	-	3	3528
VERBRENNUNGSMASCHINE MIT ANTRIEB DURCH ENTZÜNDBARES GAS	-	2.1	3529

Stoff oder Gegenstand	MP	Klasse	UN-Nr.
VERBRENNUNGSMOTOR	P	9	3530
VERBRENNUNGSMOTOR MIT ANTRIEB DURCH ENTZÜNDBARE FLÜSSIGKEIT	-	3	3528
VERBRENNUNGSMOTOR MIT ANTRIEB DURCH ENTZÜNDBARES GAS	-	2.1	3529
VERDICHTETES GAS, N.A.G.	-	2.2	1956
VERDICHTETES GAS, ENTZÜNDBAR, N.A.G.	-	2.1	1954
VERDICHTETES GAS, GIFTIG, N.A.G.	-	2.3	1955
VERDICHTETES GAS, GIFTIG, ÄTZEND, N.A.G.	-	2.3	3304
VERDICHTETES GAS, GIFTIG, ENTZÜNDBAR, N.A.G.	-	2.3	1953
VERDICHTETES GAS, GIFTIG, ENTZÜNDBAR, ÄTZEND, N.A.G.	-	2.3	3305
VERDICHTETES GAS, GIFTIG, OXIDIEREND, N.A.G.	-	2.3	3303
VERDICHTETES GAS, GIFTIG, OXIDIEREND, ÄTZEND, N.A.G.	-	2.3	3306
VERDICHTETES GAS, OXIDIEREND, N.A.G.	-	2.2	3156
VERFLÜSSIGTE GASE, nicht entzündbar, überlagert mit Stickstoff, Kohlendioxid oder Luft	-	2.2	1058
VERFLÜSSIGTES GAS, N.A.G.	-	2.2	3163
VERFLÜSSIGTES GAS, ENTZÜNDBAR, N.A.G.	-	2.1	3161
VERFLÜSSIGTES GAS, GIFTIG, N.A.G.	-	2.3	3162
VERFLÜSSIGTES GAS, GIFTIG, ÄTZEND, N.A.G.	-	2.3	3308
VERFLÜSSIGTES GAS, GIFTIG, ENTZÜNDBAR, N.A.G.	-	2.3	3160
VERFLÜSSIGTES GAS, GIFTIG, ENTZÜNDBAR, ÄTZEND, N.A.G.	-	2.3	3309
VERFLÜSSIGTES GAS, GIFTIG, OXIDIEREND, N.A.G.	-	2.3	3307
VERFLÜSSIGTES GAS, GIFTIG, OXIDIEREND, ÄTZEND, N.A.G.	-	2.3	3310
VERFLÜSSIGTES GAS, OXIDIEREND, N.A.G.	-	2.2	3157
VINYLACETAT, STABILISIERT	-	3	1301
Vinylbenzol, stabilisiert, *siehe*	-	3	2055
VINYLBROMID, STABILISIERT	-	2.1	1085
Vinyl-*normal*-butylether, stabilisiert, *siehe*	-	3	2352
VINYLBUTYRAT, STABILISIERT	-	3	2838
VINYLCHLORACETAT	-	6.1	2589
VINYLCHLORID, STABILISIERT	-	2.1	1086
Vinylcyanid, stabilisiert, *siehe*	-	3	1093
Vinylether, stabilisiert, *siehe*	-	3	1167
VINYLETHYLETHER, STABILISIERT	-	3	1302
VINYLFLUORID, STABILISIERT	-	2.1	1860
VINYLIDENCHLORID, STABILISIERT	P	3	1303
Vinylidenfluorid, *siehe*	-	2.1	1959
VINYLISOBUTYLETHER, STABILISIERT	-	3	1304
VINYLMETHYLETHER, STABILISIERT	-	2.1	1087
VINYLPYRIDINE, STABILISIERT	-	6.1	3073
VINYLTOLUENE, STABILISIERT	-	3	2618
VINYLTRICHLORSILAN	-	3	1305
VORRICHTUNGEN, DURCH WASSER AKTIVIERBAR, mit Zerleger, Ausstoß- oder Treibladung	-	1.2L	0248
VORRICHTUNGEN, DURCH WASSER AKTIVIERBAR, mit Zerleger, Ausstoß- oder Treibladung	-	1.3L	0249
WACHSZÜNDHÖLZER	-	4.1	1945
Warfarin (und Salze von), *siehe* CUMARIN-PESTIZID	P	-	-
WASSERBOMBEN	-	1.1D	0056
Wassergele, *siehe* Sprengstoff, Typ E	-	-	-
Wasserstoffbromid, *siehe*	-	8	1788
Wasserstoffbromid, Lösung, *siehe*	-	8	1788
Wasserstofffluorborsäure, *siehe*	-	8	1775
Wasserstofffluorkieselsäure, *siehe*	-	8	1778
WASSERSTOFF IN EINEM METALLHYDRID-SPEICHERSYSTEM	-	2.1	3468
WASSERSTOFF IN EINEM METALLHYDRID-SPEICHERSYSTEM IN AUSRÜSTUNGEN	-	2.1	3468
WASSERSTOFF IN EINEM METALLHYDRID-SPEICHERSYSTEM, MIT AUSRÜSTUNGEN VERPACKT	-	2.1	3468
WASSERSTOFF UND METHAN, GEMISCH, VERDICHTET	-	2.1	2034
WASSERSTOFFPEROXID UND PERESSIGSÄURE, MISCHUNG, STABILISIERT mit Säure(n), Wasser und höchstens 5 % Peressigsäure	-	5.1	3149
WASSERSTOFFPEROXID, STABILISIERT	-	5.1	2015
WASSERSTOFFPEROXID, WÄSSERIGE LÖSUNG, mit mindestens 20 % aber höchstens 60 % Wasserstoffperoxid (Stabilisierung nach Bedarf)	-	5.1	2014
WASSERSTOFFPEROXID, WÄSSERIGE LÖSUNG, mit mindestens 8 %, aber weniger als 20 % Wasserstoffperoxid (Stabilisierung nach Bedarf)	-	5.1	2984

Stoff oder Gegenstand	MP	Klasse	UN-Nr.
WASSERSTOFFPEROXID, WÄSSERIGE LÖSUNG, STABILISIERT, mit mehr als 60 % Wasserstoffperoxid	-	5.1	2015
WASSERSTOFF, TIEFGEKÜHLT, FLÜSSIG	-	2.1	1966
WASSERSTOFF, VERDICHTET	-	2.1	1049
Weißer Phosphor, angefeuchtet, *siehe*	P	4.2	1381
Weißer Phosphor, trocken, *siehe*	P	4.2	1381
White spirit, *siehe*	P	3	1300
White spirit, mit niederem Aromatengehalt (15-20 %), *siehe*	P	3	1300
WOLFRAMHEXAFLUORID	-	2.3	2196
WOLLABFALL, NASS	-	4.2	1387
XANTHATE	-	4.2	3342
XENON	-	2.2	2036
XENON, TIEFGEKÜHLT, FLÜSSIG	-	2.2	2591
XYLENE	-	3	1307
XYLENMOSCHUS	-	4.1	2956
XYLENOLE, FEST	-	6.1	2261
XYLENOLE, FLÜSSIG	-	6.1	3430
XYLIDINE, FEST	-	6.1	3452
XYLIDINE, FLÜSSIG	-	6.1	1711
Xylole, *siehe*	-	3	1307
XYLYLBROMID, FEST	-	6.1	3417
XYLYLBROMID, FLÜSSIG	-	6.1	1701
ZELLULOID, ABFALL	-	4.2	2002
ZELLULOID, in Blöcken, Stangen, Rollen, Platten, Rohren usw. ausgenommen Abfälle	-	4.1	2000
Zement, flüssig, *siehe*	-	3	1133
ZERLEGER, mit Explosivstoff	-	1.1D	0043
ZINKAMMONIUMNITRIT **(Beförderung verboten)**	-	5.1	1512
ZINKARSENAT	-	6.1	1712
ZINKARSENAT UND ZINKARSENIT, MISCHUNG	-	6.1	1712
ZINKARSENIT	-	6.1	1712
ZINKASCHEN	-	4.3	1435
Zinkbisulfit, Lösung, *siehe*	-	8	2693
ZINKBROMAT	-	5.1	2469
Zinkbromid, *siehe*	P	9	3077
ZINKCHLORAT	-	5.1	1513
ZINKCHLORID, LÖSUNG	P	8	1840
ZINKCHLORID, WASSERFREI	P	8	2331
ZINKCYANID	P	6.1	1713
ZINKDITHIONIT	-	9	1931
ZINKFLUOROSILICAT	-	6.1	2855
Zinkhexafluorosilicat, *siehe*	-	6.1	2855
ZINKHYDROSULFIT	-	9	1931
ZINKNITRAT	-	5.1	1514
ZINKPERMANGANAT	-	5.1	1515
ZINKPEROXID	-	5.1	1516
ZINKPHOSPHID	-	4.3	1714
ZINKPULVER	-	4.3	1436
Zinkpulver, pyrophor, *siehe*	-	4.2	1383
Zink, Pulver, pyrophor, *siehe*	-	4.2	1383
ZINKRESINAT	-	4.1	2714
ZINKSTAUB	-	4.3	1436
Zinkstaub, pyrophor, *siehe*	-	4.2	1383
Zinn(IV)chloridpentahydrat, *siehe*	-	8	2440
Zinnchlorid, rauchend, *siehe*	-	8	1827
Zinn(IV)chlorid, wasserfrei, *siehe*	-	8	1827
Zinnmonophosphid, *siehe*	-	4.3	1433
ZINNPHOSPHID	-	4.3	1433
Zinntetrachlorid, *siehe*	-	8	1827
ZINNTETRACHLORID-PENTAHYDRAT	-	8	2440
ZINNTETRACHLORID, WASSERFREI	-	8	1827
ZIRKONIUMABFALL	-	4.2	1932
ZIRKONIUMHYDRID	-	4.1	1437
ZIRKONIUMNITRAT	-	5.1	2728

Stoff oder Gegenstand	MP	Klasse	UN-Nr.
ZIRKONIUMPIKRAMAT, ANGEFEUCHTET, mit mindestens 20 Masse-% Wasser	-	4.1	1517
ZIRKONIUMPIKRAMAT, trocken oder angefeuchtet mit weniger als 20 Masse-% Wasser	-	1.3C	0236
ZIRKONIUM-PULVER, ANGEFEUCHTET, mit mindestens 25 % Wasser (ein sichtbarer Wasserüberschuss muss vorhanden sein) (a) mechanisch hergestellt mit einer Korngröße unter 53 Mikron	-	4.1	1358
ZIRKONIUM-PULVER, ANGEFEUCHTET, mit mindestens 25 % Wasser (ein sichtbarer Wasserüberschuss muss vorhanden sein) (b) chemisch hergestellt mit einer Korngröße unter 840 Mikron	-	4.1	1358
ZIRKONIUM-PULVER, TROCKEN	-	4.2	2008
ZIRKONIUM, SUSPENDIERT IN EINEM ENTZÜNDBAREN FLÜSSIGEN STOFF	-	3	1308
ZIRKONIUMTETRACHLORID	-	8	2503
ZIRKONIUM, TROCKEN, gerollter Draht, fertige Bleche, Streifen (dünner als 254 Mikron, aber nicht dünner als 18 Mikron)	-	4.1	2858
ZIRKON, TROCKEN, Bleche, Streifen oder gerollter Draht	-	4.2	2009
ZÜNDEINRICHTUNGEN für Sprengungen, NICHT ELEKTRISCH	-	1.4B	0361
ZÜNDEINRICHTUNGEN, NICHT ELEKTRISCH	-	1.1B	0360
ZÜNDEINRICHTUNGEN, NICHT ELEKTRISCH, für Sprengungen	-	1.4S	0500
Zünder, Kombination, Schlag oder Zeit, *siehe* ZÜNDER, SPRENGKRÄFTIG *oder* ZÜNDER, NICHT SPRENGKRÄFTIG	-	-	-
ZÜNDER, NICHT SPRENGKRÄFTIG	-	1.3G	0316
ZÜNDER, NICHT SPRENGKRÄFTIG	-	1.4G	0317
ZÜNDER, NICHT SPRENGKRÄFTIG	-	1.4S	0368
ZÜNDER, SPRENGKRÄFTIG	-	1.1B	0106
ZÜNDER, SPRENGKRÄFTIG	-	1.2B	0107
ZÜNDER, SPRENGKRÄFTIG	-	1.4B	0257
ZÜNDER, SPRENGKRÄFTIG	-	1.4S	0367
ZÜNDER, SPRENGKRÄFTIG, mit Sicherungsvorrichtungen	-	1.1D	0408
ZÜNDER, SPRENGKRÄFTIG, mit Sicherungsvorrichtungen	-	1.2D	0409
ZÜNDER, SRENGKRÄFTIG, mit Sicherungsvorrichtungen	-	1.4D	0410
ZÜNDHÖLZER, ÜBERALL ENTZÜNDBAR	-	4.1	1331
Zündplättchen, *siehe* FEUERWERKSKÖRPER	-	-	-
ZÜNDVERSTÄRKER, MIT DETONATOR	-	1.1B	0225
ZÜNDVERSTÄRKER, MIT DETONATOR	-	1.2B	0268
ZÜNDVERSTÄRKER, ohne Detonator	-	1.1D	0042
ZÜNDVERSTÄRKER, ohne Detonator	-	1.2D	0283

Index (englisch)

Substance, material or article	MP	Class	UN No.
ACETAL	-	3	1088
ACETALDEHYDE	-	3	1089
ACETALDEHYDE AMMONIA	-	9	1841
Acetaldehyde diethyl acetal, *see*	-	3	1088
ACETALDEHYDE OXIME	-	3	2332
Acetaldol, *see*	-	6.1	2839
beta-Acetaldoxime, *see*	-	3	2332
ACETIC ACID, GLACIAL	-	8	2789
ACETIC ACID SOLUTION more than 80 % acid, by mass	-	8	2789
ACETIC ACID SOLUTION more than 10 % and less than 50 % acid, by mass	-	8	2790
ACETIC ACID SOLUTION not less than 50 % but not more than 80 % acid, by mass	-	8	2790
Acetic aldehyde, *see*	-	3	1089
ACETIC ANHYDRIDE	-	8	1715
Acetic oxide, *see*	-	8	1715
Acetoin, *see*	-	3	2621
ACETONE	-	3	1090
ACETONE CYANOHYDRIN, STABILIZED	**P**	6.1	1541
Acetone hexafluoride, *see*	-	2.3	2420
ACETONE OILS	-	3	1091
Acetone-pyrogallol copolymer 2-diazo-1-naphthol-5-sulphonate, *see*	-	4.1	3228
ACETONITRILE	-	3	1648
3-Acetoxypropene, *see*	-	3	2333
Acetylacetone, *see*	-	3	2310
Acetyl acetone peroxide (concentration ≤ 32 %, as a paste), *see*	-	5.2	3106
Acetyl acetone peroxide (concentration ≤ 42 %, with diluent Type A and water, available oxygen ≤ 4.7 %), *see*	-	5.2	3105
ACETYL BROMIDE	-	8	1716
ACETYL CHLORIDE	-	3	1717
Acetyl cyclohexanesulphonyl peroxide (concentration ≤ 32 %, with diluent Type B), *see*	-	5.2	3115
Acetyl cyclohexanesulphonyl peroxide (concentration ≤ 82 %, with water), *see*	-	5.2	3112
Acetylene dichloride, *see*	-	3	1150
ACETYLENE, DISSOLVED	-	2.1	1001
Acetylene, ethylene and propylene mixtures, refrigerated liquid, *see*	-	2.1	3138
ACETYLENE, SOLVENT FREE	-	2.1	3374
Acetylene tetrabromide, *see*	**P**	6.1	2504
Acetylene tetrachloride, *see*	**P**	6.1	1702
ACETYL IODIDE	-	8	1898
Acetyl ketene, stabilized, *see*	-	6.1	2521
ACETYL METHYL CARBINOL	-	3	2621
Acid butyl phosphate, *see*	-	8	1718
Acid mixture, hydrofluoric and sulphuric, *see*	-	8	1786
Acid mixture, nitrating acid, *see*	-	8	1796
Acid mixture, spent, nitrating acid, *see*	-	8	1826
Acraldehyde, stabilized, *see*	**P**	6.1	1092
ACRIDINE	-	6.1	2713
Acroleic acid, stabilized, *see*	**P**	8	2218
Acrolein diethyl acetal, *see*	-	3	2374
ACROLEIN DIMER, STABILIZED	-	3	2607
ACROLEIN, STABILIZED	**P**	6.1	1092
ACRYLAMIDE, SOLID	-	6.1	2074
ACRYLAMIDE SOLUTION	-	6.1	3426
Acrylic acid isobutyl ester, stabilized, *see*	-	3	2527
ACRYLIC ACID, STABILIZED	**P**	8	2218
Acrylic aldehyde, stabilized, *see*	**P**	6.1	1092
ACRYLONITRILE, STABILIZED	-	3	1093
Actinolite, *see*	-	9	2212
Activated carbon, *see*	-	4.2	1362
Activated charcoal, *see*	-	4.2	1362
ADHESIVES containing flammable liquid	-	3	1133

Substance, material or article	MP	Class	UN No.
ADIPONITRILE	-	6.1	2205
ADSORBED GAS, N.O.S.	-	2.2	3511
ADSORBED GAS, FLAMMABLE, N.O.S.	-	2.1	3510
ADSORBED GAS, OXIDIZING, N.O.S.	-	2.2	3513
ADSORBED GAS, TOXIC, N.O.S.	-	2.3	3512
ADSORBED GAS, TOXIC, CORROSIVE, N.O.S.	-	2.3	3516
ADSORBED GAS, TOXIC, FLAMMABLE, N.O.S.	-	2.3	3514
ADSORBED GAS, TOXIC, FLAMMABLE, CORROSIVE, N.O.S.	-	2.3	3517
ADSORBED GAS, TOXIC, OXIDIZING, N.O.S.	-	2.3	3515
ADSORBED GAS, TOXIC, OXIDIZING, CORROSIVE, N.O.S.	-	2.3	3518
Aeroplane flares, *see* FLARES, AERIAL	-	-	-
AEROSOLS	-	2	1950
AGENT, BLASTING, TYPE B	-	1.5D	0331
AGENT, BLASTING, TYPE E	-	1.5D	0332
Air bag inflators, *see*	-	1.4G	0503
Air bag inflators, *see*	-	9	3268
Air bag modules, *see*	-	1.4G	0503
Air bag modules, *see*	-	9	3268
AIR, COMPRESSED	-	2.2	1002
AIRCRAFT HYDRAULIC POWER UNIT FUEL TANK (containing a mixture of anhydrous hydrazine and methylhydrazine) (M86 fuel)	-	3	3165
AIR, REFRIGERATED LIQUID	-	2.2	1003
ALCOHOLATES SOLUTION, N.O.S. in alcohol	-	3	3274
ALCOHOLIC BEVERAGES, with more than 70 % alcohol by volume	-	3	3065
ALCOHOLIC BEVERAGES, with more than 24 % but not more than 70 % alcohol by volume	-	3	3065
Alcohol C_{12}–C_{16} poly(1–6)ethoxylate, *see*	**P**	9	3082
Alcohol C_6–C_{17} (secondary) poly(3–6)ethoxylate, *see*	**P**	9	3082
ALCOHOLS, N.O.S.	-	3	1987
ALCOHOLS, FLAMMABLE, TOXIC, N.O.S.	-	3	1986
ALDEHYDES, N.O.S.	-	3	1989
ALDEHYDES, FLAMMABLE, TOXIC, N.O.S.	-	3	1988
Aldicarb, *see* CARBAMATE PESTICIDE	**P**	-	-
ALDOL	-	6.1	2839
Aldrin, *see* ORGANOCHLORINE PESTICIDE	**P**	-	-
ALKALI METAL ALCOHOLATES, SELF-HEATING, CORROSIVE, N.O.S.	-	4.2	3206
ALKALI METAL ALLOY, LIQUID, N.O.S.	-	4.3	1421
ALKALI METAL AMALGAM, LIQUID	-	4.3	1389
ALKALI METAL AMALGAM, SOLID	-	4.3	3401
ALKALI METAL AMIDE	-	4.3	1390
ALKALI METAL DISPERSION	-	4.3	1391
ALKALI METAL DISPERSION, FLAMMABLE	-	4.3	3482
Alkaline caustic liquid, N.O.S., *see*	-	8	1719
ALKALINE EARTH METAL ALCOHOLATES, N.O.S.	-	4.2	3205
ALKALINE EARTH METAL ALLOY, N.O.S.	-	4.3	1393
ALKALINE EARTH METAL AMALGAM, LIQUID	-	4.3	1392
ALKALINE EARTH METAL AMALGAM, SOLID	-	4.3	3402
ALKALINE EARTH METAL DISPERSION	-	4.3	1391
ALKALINE EARTH METAL DISPERSION, FLAMMABLE	-	4.3	3482
ALKALOIDS, LIQUID, N.O.S.	-	6.1	3140
ALKALOIDS SALTS, LIQUID, N.O.S.	-	6.1	3140
ALKALOIDS SALTS, SOLID, N.O.S.	-	6.1	1544
ALKALOIDS, SOLID, N.O.S.	-	6.1	1544
Alkyl benzenesulphonates, branched and straight-chain (excluding C_{11}–C_{13} branched and straight-chain homologues), *see*	**P**	9	3082
Alkyl (C_{12}–C_{14}) dimethylamine, *see* **Note 1**	**P**	-	-
Alkyl (C_7–C_9) nitrates, *see* **Note 1**	**P**	-	-
ALKYLPHENOLS, LIQUID, N.O.S. (including C_2–C_{12} homologues)	-	8	3145
ALKYLPHENOLS, SOLID, N.O.S. (including C_2–C_{12} homologues)	-	8	2430
ALKYLSULPHONIC ACIDS, LIQUID with more than 5 % free sulphuric acid	-	8	2584
ALKYLSULPHONIC ACIDS, LIQUID with not more than 5 % free sulphuric acid	-	8	2586
ALKYLSULPHONIC ACIDS, SOLID with more than 5 % free sulphuric acid	-	8	2583
ALKYLSULPHONIC ACIDS, SOLID with not more than 5 % free sulphuric acid	-	8	2585
ALKYLSULPHURIC ACIDS	-	8	2571

IMDG-Code 2019 Index
englisch

Substance, material or article	MP	Class	UN No.
Allene, stabilized, *see*	-	2.1	2200
ALLYL ACETATE	-	3	2333
ALLYL ALCOHOL	P	6.1	1098
ALLYLAMINE	-	6.1	2334
ALLYL BROMIDE	P	3	1099
ALLYL CHLORIDE	-	3	1100
Allyl chlorocarbonate, *see*	-	6.1	1722
ALLYL CHLOROFORMATE	-	6.1	1722
ALLYL ETHYL ETHER	-	3	2335
ALLYL FORMATE	-	3	2336
ALLYL GLYCIDYL ETHER	-	3	2219
ALLYL IODIDE	-	3	1723
ALLYL ISOTHIOCYANATE, STABILIZED	-	6.1	1545
Allyl mustard oil, stabilized, *see*	-	6.1	1545
ALLYLTRICHLOROSILANE, STABILIZED	-	8	1724
Aluminium alkyl halides, liquid, *see*	-	4.2	3394
Aluminium alkyl halides, solid, *see*	-	4.2	3393
Aluminium alkyl hydrides, *see*	-	4.2	3394
Aluminium alkyls, *see*	-	4.2	3394
ALUMINIUM BOROHYDRIDE	-	4.2	2870
ALUMINIUM BOROHYDRIDE IN DEVICES	-	4.2	2870
ALUMINIUM BROMIDE, ANHYDROUS	-	8	1725
ALUMINIUM BROMIDE SOLUTION	-	8	2580
ALUMINIUM CARBIDE	-	4.3	1394
ALUMINIUM CHLORIDE, ANHYDROUS	-	8	1726
ALUMINIUM CHLORIDE SOLUTION	-	8	2581
Aluminium dross, *see*	-	4.3	3170
ALUMINIUM FERROSILICON POWDER	-	4.3	1395
ALUMINIUM HYDRIDE	-	4.3	2463
ALUMINIUM NITRATE	-	5.1	1438
ALUMINIUM PHOSPHIDE	-	4.3	1397
ALUMINIUM PHOSPHIDE PESTICIDE	-	6.1	3048
ALUMINIUM POWDER, COATED	-	4.1	1309
Aluminium powder, pyrophoric, *see*	-	4.2	1383
ALUMINIUM POWDER, UNCOATED	-	4.3	1396
ALUMINIUM REMELTING BY-PRODUCTS	-	4.3	3170
Aluminium residues, *see*	-	4.3	3170
ALUMINIUM RESINATE	-	4.1	2715
ALUMINIUM SILICON POWDER, UNCOATED	-	4.3	1398
Aluminium skimmings, *see*	-	4.3	3170
ALUMINIUM SMELTING BY-PRODUCTS	-	4.3	3170
Amatols, *see* EXPLOSIVE, BLASTING, TYPE B	-	-	-
AMINES, FLAMMABLE, CORROSIVE, N.O.S.	-	3	2733
AMINES, LIQUID, CORROSIVE, N.O.S.	-	8	2735
AMINES, LIQUID, CORROSIVE, FLAMMABLE, N.O.S.	-	8	2734
AMINES, SOLID, CORROSIVE, N.O.S.	-	8	3259
1-Amino-3-aminomethyl-3,5,5-trimethylcyclohexane, *see*	-	8	2289
ortho-Aminoanisole, *see*	-	6.1	2431
Aminobenzene, *see*	P	6.1	1547
2-Aminobenzotrifluoride, *see*	-	6.1	2942
3-Aminobenzotrifluoride, *see*	-	6.1	2948
1-Aminobutane, *see*	-	3	1125
Aminocarb, *see* CARBAMATE PESTICIDE	P	-	-
2-AMINO-4-CHLOROPHENOL	-	6.1	2673
Aminocyclohexane, *see*	-	8	2357
2-AMINO-5-DIETHYLAMINOPENTANE	-	6.1	2946
Aminodimethylbenzenes, liquid, *see*	-	6.1	1711
Aminodimethylbenzenes, solid, *see*	-	6.1	3452
2-AMINO-4,6-DINITROPHENOL, WETTED with not less than 20 % water by mass	-	4.1	3317
Aminoethane, *see*	-	2.1	1036
Aminoethane, aqueous solution, *see*	-	3	2270
1-Aminoethanol, *see*	-	9	1841

Substance, material or article	MP	Class	UN No.
2-Aminoethanol, *see*	-	8	2491
2-(2-AMINOETHOXY)ETHANOL	-	8	3055
N-AMINOETHYLPIPERAZINE	-	8	2815
Aminomethane, anhydrous, *see*	-	2.1	1061
Aminomethane, aqueous solution, *see*	-	3	1235
1-Amino-2-methylpropane, *see*	-	3	1214
3-Aminomethyl-3,5,5-trimethylcyclohexylamine, *see*	-	8	2289
1-Amino-2-nitrobenzene, *see*	-	6.1	1661
1-Amino-3-nitrobenzene, *see*	-	6.1	1661
1-Amino-4-nitrobenzene, *see*	-	6.1	1661
Aminophenetoles, *see*	-	6.1	2311
AMINOPHENOLS (*o*-, *m*-, *p*-)	-	6.1	2512
1-Aminopropane, *see*	-	3	1277
2-Aminopropane, *see*	-	3	1221
3-Aminopropene, *see*	-	6.1	2334
AMINOPYRIDINES (*o*-, *m*-, *p*-)	-	6.1	2671
Aminosulphonic acid, *see*	-	8	2967
AMMONIA, ANHYDROUS	**P**	2.3	1005
AMMONIA SOLUTION relative density between 0.880 and 0.957 at 15 °C in water, with more than 10 % but not more than 35 % ammonia	**P**	8	2672
AMMONIA SOLUTION relative density less than 0.880 at 15 °C in water, with more than 50 % ammonia	**P**	2.3	3318
AMMONIA SOLUTION relative density less than 0.880 at 15 °C in water, with more than 35 % but not more than 50 % ammonia	**P**	2.2	2073
Ammonium acid fluoride, solid, *see*	-	8	1727
Ammonium acid fluoride solution, *see*	-	8	2817
AMMONIUM ARSENATE	-	6.1	1546
Ammonium bichromate, *see*	-	5.1	1439
Ammonium bifluoride, solid, *see*	-	8	1727
Ammonium bifluoride solution, *see*	-	8	2817
Ammonium bisulphate, *see*	-	8	2506
Ammonium bisulphite solution, *see*	-	8	2693
Ammonium bromate **(transport prohibited)**	-	-	-
Ammonium bromate solution **(transport prohibited)**	-	-	-
Ammonium chlorate **(transport prohibited)**	-	-	-
Ammonium chlorate solution **(transport prohibited)**	-	-	-
Ammonium chlorite **(transport prohibited)**	-	-	-
AMMONIUM DICHROMATE	-	5.1	1439
AMMONIUM DINITRO-*o*-CRESOLATE, SOLID	**P**	6.1	1843
AMMONIUM DINITRO-*o*-CRESOLATE SOLUTION	**P**	6.1	3424
AMMONIUM FLUORIDE	-	6.1	2505
AMMONIUM FLUOROSILICATE	-	6.1	2854
Ammonium hexafluorosilicate, *see*	-	6.1	2854
AMMONIUM HYDROGENDIFLUORIDE, SOLID	-	8	1727
AMMONIUM HYDROGENDIFLUORIDE SOLUTION	-	8	2817
AMMONIUM HYDROGEN SULPHATE	-	8	2506
Ammonium hypochlorite **(transport prohibited)**	-	-	-
AMMONIUM METAVANADATE	-	6.1	2859
AMMONIUM NITRATE	-	1.1D	0222
AMMONIUM NITRATE BASED FERTILIZER	-	5.1	2067
AMMONIUM NITRATE BASED FERTILIZER	-	9	2071
AMMONIUM NITRATE EMULSION intermediate for blasting explosives	-	5.1	3375
AMMONIUM NITRATE GEL intermediate for blasting explosives	-	5.1	3375
AMMONIUM NITRATE liable to self-heating sufficient to initiate decomposition **(transport prohibited)**	-	-	-
AMMONIUM NITRATE, LIQUID (hot concentrated solution)	-	5.1	2426
AMMONIUM NITRATE SUSPENSION intermediate for blasting explosives	-	5.1	3375
AMMONIUM NITRATE with not more than 0.2 % combustible substances, including any organic substance calculated as carbon, to the exclusion of any other added substance	-	5.1	1942
Ammonium nitrites **(transport prohibited)**	-	-	-
AMMONIUM PERCHLORATE	-	1.1D	0402
AMMONIUM PERCHLORATE	-	5.1	1442
Ammonium permanganate **(transport prohibited)**	-	-	-

IMDG-Code 2019
Index
englisch

Substance, material or article	MP	Class	UN No.
Ammonium permanganate solution **(transport prohibited)**	-	-	-
AMMONIUM PERSULPHATE	-	5.1	1444
AMMONIUM PICRATE dry or wetted with less than 10 % water, by mass	-	1.1D	0004
AMMONIUM PICRATE, WETTED with not less than 10 % water, by mass	-	4.1	1310
AMMONIUM POLYSULPHIDE SOLUTION	-	8	2818
AMMONIUM POLYVANADATE	-	6.1	2861
Ammonium silicofluoride, *see*	-	6.1	2854
AMMONIUM SULPHIDE SOLUTION	-	8	2683
Ammonium vanadate, *see*	-	6.1	2859
Ammunition, blank, *see* CARTRIDGES FOR WEAPONS, BLANK	-	-	-
Ammunition, fixed, semi-fixed or separate loading, *see* CARTRIDGES FOR WEAPONS, with bursting charge	-	-	-
AMMUNITION, ILLUMINATING with or without burster, expelling charge or propelling charge	-	1.2G	0171
AMMUNITION, ILLUMINATING with or without burster, expelling charge or propelling charge	-	1.3G	0254
AMMUNITION, ILLUMINATING with or without burster, expelling charge or propelling charge	-	1.4G	0297
AMMUNITION, INCENDIARY liquid or gel, with burster, expelling charge or propelling charge	-	1.3J	0247
Ammunition, incendiary (water-activated contrivances) with burster, expelling charge or propelling charge, *see* CONTRIVANCES, WATER-ACTIVATED	-	-	-
AMMUNITION, INCENDIARY, WHITE PHOSPHORUS with burster, expelling charge or propelling charge	-	1.2H	0243
AMMUNITION, INCENDIARY, WHITE PHOSPHORUS with burster, expelling charge or propelling charge	-	1.3H	0244
AMMUNITION, INCENDIARY with or without burster, expelling charge or propelling charge	-	1.2G	0009
AMMUNITION, INCENDIARY with or without burster, expelling charge or propelling charge	-	1.3G	0010
AMMUNITION, INCENDIARY with or without burster, expelling charge or propelling charge	-	1.4G	0300
Ammunition, industrial, *see* CARTRIDGES, OIL WELL *and* CARTRIDGES, POWER DEVICE	-	-	-
Ammunition, lachrymatory, *see* AMMUNITION, TEAR-PRODUCING	-	-	-
AMMUNITION, PRACTICE	-	1.3G	0488
AMMUNITION, PRACTICE	-	1.4G	0362
AMMUNITION, PROOF	-	1.4G	0363
Ammunition, smoke (water-activated contrivances), *see* CONTRIVANCES, WATER-ACTIVATED	-	-	-
AMMUNITION, SMOKE, WHITE PHOSPHORUS with burster, expelling charge or propelling charge	-	1.2H	0245
AMMUNITION, SMOKE, WHITE PHOSPHORUS with burster, expelling charge or propelling charge	-	1.3H	0246
AMMUNITION, SMOKE with or without burster, expelling charge or propelling charge	-	1.2G	0015
AMMUNITION, SMOKE with or without burster, expelling charge or propelling charge	-	1.3G	0016
AMMUNITION, SMOKE with or without burster, expelling charge or propelling charge	-	1.4G	0303
Ammunition, sporting, *see* CARTRIDGES FOR WEAPONS, INERT PROJECTILE	-	-	-
AMMUNITION, TEAR-PRODUCING, NON-EXPLOSIVE without burster or expelling charge, non-fuzed	-	6.1	2017
AMMUNITION, TEAR-PRODUCING with burster, expelling charge or propelling charge	-	1.2G	0018
AMMUNITION, TEAR-PRODUCING with burster, expelling charge or propelling charge	-	1.3G	0019
AMMUNITION, TEAR-PRODUCING with burster, expelling charge or propelling charge	-	1.4G	0301
AMMUNITION, TOXIC, NON-EXPLOSIVE without burster or expelling charge, non-fuzed	-	6.1	2016
AMMUNITION, TOXIC with burster, expelling charge or propelling charge	-	1.2K	0020
AMMUNITION, TOXIC with burster, expelling charge or propelling charge	-	1.3K	0021
Amorces, *see* FIREWORKS	-	-	-
Amosite, *see*	-	9	2212
Amphibole Asbestos, *see*	-	9	2212
AMYL ACETATES	-	3	1104
AMYL ACID PHOSPHATE	-	8	2819
Amyl alcohols, *see*	-	3	1105
Amyl aldehyde, *see*	-	3	2058
AMYLAMINE	-	3	1106
n-Amylbenzene, *see* **Note 1**	P	-	-
secondary-Amyl Bromide, *see*	-	3	2343
AMYL BUTYRATES	-	3	2620
Amyl carbinol, *see*	-	3	2282
AMYL CHLORIDE	-	3	1107
n-AMYLENE	-	3	1108
AMYL FORMATES	-	3	1109
tert-Amyl hydroperoxide (concentration ≤ 88 %, with diluent Type A and water), *see*	-	5.2	3107
AMYL MERCAPTAN	-	3	1111
normal-Amyl mercaptan, *see*	-	3	1111

Substance, material or article	MP	Class	UN No.
n-AMYL METHYL KETONE	-	3	1110
AMYL NITRATE	-	3	1112
AMYL NITRITE	-	3	1113
normal-Amyl nitrite, *see*	-	3	1113
tert-Amyl peroxyacetate (concentration $\leq$ 62 %, with diluent Type A), *see*	-	5.2	3105
tert-Amyl peroxybenzoate (conzentration $\leq$ 100 %), *see*	-	5.2	3103
tert-Amyl peroxy-2-ethylhexanoate (concentration $\leq$ 100 %), *see*	-	5.2	3115
tert-Amyl peroxy-2-ethylhexyl carbonate (concentration $\leq$ 100 %), *see*	-	5.2	3105
tert-Amyl peroxyisopropyl carbonate (concentration $\leq$ 77 %, with diluent Type A), *see*	-	5.2	3103
tert-Amyl peroxyneodecanoate (concentration $\leq$ 47 %, with diluent Type A), *see*	-	5.2	3119
tert-Amyl peroxyneodecanoate (concentration $\leq$ 77 % with diluent Type B), *see*	-	5.2	3115
tert-Amyl peroxypivalate (concentration $\leq$ 77 %, with diluent Type B), *see*	-	5.2	3113
tert-Amyl peroxy-3,5,5-trimethylhexanoate (concentration $\leq$ 100 %), *see*	-	5.2	3105
AMYLTRICHLOROSILANE	-	8	1728
ANILINE	P	6.1	1547
Aniline chloride, *see*	-	6.1	1548
ANILINE HYDROCHLORIDE	-	6.1	1548
Aniline oil, *see*	P	6.1	1547
Aniline salt, *see*	-	6.1	1548
Animal fabrics, oily, *see*	-	4.2	1373
Animal fibres, burnt, *see*	-	4.2	1372
Animal fibres, damp, *see*	-	4.2	1372
Animal fibres, oily, *see*	-	4.2	1373
Animal fibres, wet, *see*	-	4.2	1372
ANISIDINES	-	6.1	2431
ANISOLE	-	3	2222
ANISOYL CHLORIDE	-	8	1729
Anthophyllite, *see*	-	9	2212
ANTIMONY CHLORIDE	-	8	1733
Antimony chloride, solid, *see*	-	8	1733
ANTIMONY COMPOUND, INORGANIC, LIQUID, N.O.S.	-	6.1	3141
ANTIMONY COMPOUND, INORGANIC, SOLID, N.O.S.	-	6.1	1549
Antimony hydride, *see*	-	2.3	2676
ANTIMONY LACTATE	-	6.1	1550
Antimony(III) lactate, *see*	-	6.1	1550
ANTIMONY PENTACHLORIDE, LIQUID	-	8	1730
ANTIMONY PENTACHLORIDE SOLUTION	-	8	1731
ANTIMONY PENTAFLUORIDE	-	8	1732
Antimony perchloride, liquid, *see*	-	8	1730
Antimony perchloride solution, *see*	-	8	1731
ANTIMONY POTASSIUM TARTRATE	-	6.1	1551
ANTIMONY POWDER	-	6.1	2871
ANTIMONY TRICHLORIDE	-	8	1733
Antimony trihydride, *see*	-	2.3	2676
A.n.t.u, *see also* PESTICIDE, N.O.S.	-	6.1	1651
Aqua regia, *see*	-	8	1798
ARGON, COMPRESSED	-	2.2	1006
ARGON, REFRIGERATED LIQUID	-	2.2	1951
Arsenates, liquid, n.o.s., inorganic, *see*	-	6.1	1556
Arsenates, solid, n.o.s., inorganic, *see*	-	6.1	1557
ARSENIC	-	6.1	1558
ARSENIC ACID, LIQUID	-	6.1	1553
ARSENIC ACID, SOLID	-	6.1	1554
ARSENICAL DUST	-	6.1	1562
Arsenical flue dust, *see*	-	6.1	1562
ARSENICAL PESTICIDE, LIQUID, FLAMMABLE, TOXIC, flashpoint less than 23 °C	-	3	2760
ARSENICAL PESTICIDE, LIQUID, TOXIC	-	6.1	2994
ARSENICAL PESTICIDE, LIQUID, TOXIC, FLAMMABLE, flashpoint not less than 23 °C	-	6.1	2993
ARSENICAL PESTICIDE, SOLID, TOXIC	-	6.1	2759
ARSENIC BROMIDE	-	6.1	1555
Arsenic(III) bromide, *see*	-	6.1	1555
Arsenic chloride, *see*	-	6.1	1560

Substance, material or article	MP	Class	UN No.
ARSENIC COMPOUND, LIQUID, N.O.S. inorganic, including: Arsenates, n.o.s., Arsenites, n.o.s., and Arsenic sulphides, n.o.s.	-	6.1	1556
ARSENIC COMPOUND, SOLID, N.O.S. inorganic, including: Arsenates, n.o.s., Arsenites, n.o.s., and Arsenic sulphides, n.o.s.	-	6.1	1557
Arsenic compounds (pesticides), *see* ARSENICAL PESTICIDE	-	-	-
Arsenic hydride, *see*	-	2.3	2188
Arsenic(III) oxide, *see*	-	6.1	1561
Arsenic(V) oxide, *see*	-	6.1	1559
ARSENIC PENTOXIDE	-	6.1	1559
Arsenic sulphides, liquid, n.o.s., inorganic, *see*	-	6.1	1556
Arsenic sulphides, solid, n.o.s., inorganic, *see*	-	6.1	1557
Arsenic tribromide, *see*	-	6.1	1555
ARSENIC TRICHLORIDE	-	6.1	1560
ARSENIC TRIOXIDE	-	6.1	1561
Arsenious chloride, *see*	-	6.1	1560
Arsenites, liquid, n.o.s., inorganic, *see*	-	6.1	1556
Arsenites, solid, n.o.s., inorganic, *see*	-	6.1	1557
Arsenous bromide, *see*	-	6.1	1555
Arsenous chloride, *see*	-	6.1	1560
ARSINE	-	2.3	2188
ARSINE, ADSORBED	-	2.3	3522
ARTICLES CONTAINING CORROSIVE SUBSTANCE, N.O.S.	-	8	3547
ARTICLES CONTAINING FLAMMABLE GAS, N.O.S.	-	2.1	3537
ARTICLES CONTAINING FLAMMABLE LIQUID, N.O.S.	-	3	3540
ARTICLES CONTAINING FLAMMABLE SOLID, N.O.S.	-	4.1	3541
ARTICLES CONTAINING MISCELLANEOUS DANGEROUS GOODS, N.O.S.	-	9	3548
ARTICLES CONTAINING NON-FLAMMABLE, NON-TOXIC GAS, N.O.S.	-	2.2	3538
ARTICLES CONTAINING ORGANIC PEROXIDE, N.O.S.	-	5.2	3545
ARTICLES CONTAINING OXIDIZING SUBSTANCE, N.O.S.	-	5.1	3544
ARTICLES CONTAINING A SUBSTANCE LIABLE TO SPONTANEOUS COMBUSTION, N.O.S.	-	4.2	3542
ARTICLES CONTAINING A SUBSTANCE WHICH EMITS FLAMMABLE GAS IN CONTACT WITH WATER, N.O.S.	-	4.3	3543
ARTICLES CONTAINING TOXIC GAS, N.O.S.	-	2.3	3539
ARTICLES CONTAINING TOXIC SUBSTANCE, N.O.S.	-	6.1	3546
ARTICLES, EEI	-	1.6N	0486
ARTICLES, EXPLOSIVE, N.O.S.	-	1.1C	0462
ARTICLES, EXPLOSIVE, N.O.S.	-	1.1D	0463
ARTICLES, EXPLOSIVE, N.O.S.	-	1.1E	0464
ARTICLES, EXPLOSIVE, N.O.S.	-	1.1F	0465
ARTICLES, EXPLOSIVE, N.O.S.	-	1.1L	0354
ARTICLES, EXPLOSIVE, N.O.S.	-	1.2C	0466
ARTICLES, EXPLOSIVE, N.O.S.	-	1.2D	0467
ARTICLES, EXPLOSIVE, N.O.S.	-	1.2E	0468
ARTICLES, EXPLOSIVE, N.O.S.	-	1.2F	0469
ARTICLES, EXPLOSIVE, N.O.S.	-	1.2L	0355
ARTICLES, EXPLOSIVE, N.O.S.	-	1.3C	0470
ARTICLES, EXPLOSIVE, N.O.S.	-	1.3L	0356
ARTICLES, EXPLOSIVE, N.O.S.	-	1.4B	0350
ARTICLES, EXPLOSIVE, N.O.S.	-	1.4C	0351
ARTICLES, EXPLOSIVE, N.O.S.	-	1.4D	0352
ARTICLES, EXPLOSIVE, N.O.S.	-	1.4E	0471
ARTICLES, EXPLOSIVE, N.O.S.	-	1.4F	0472
ARTICLES, EXPLOSIVE, N.O.S.	-	1.4G	0353
ARTICLES, EXPLOSIVE, N.O.S.	-	1.4S	0349
ARTICLES, EXPLOSIVE, EXTREMELY INSENSITIVE	-	1.6N	0486
ARTICLES, PRESSURIZED, HYDRAULIC (containing non-flammable gas)	-	2.2	3164
ARTICLES, PRESSURIZED, PNEUMATIC (containing non-flammable gas)	-	2.2	3164
ARTICLES, PYROPHORIC	-	1.2L	0380
ARTICLES, PYROTECHNIC for technical purposes	-	1.1G	0428
ARTICLES, PYROTECHNIC for technical purposes	-	1.2G	0429
ARTICLES, PYROTECHNIC for technical purposes	-	1.3G	0430
ARTICLES, PYROTECHNIC for technical purposes	-	1.4G	0431
ARTICLES, PYROTECHNIC for technical purposes	-	1.4S	0432

Substance, material or article	MP	Class	UN No.
ARYLSULPHONIC ACIDS, LIQUID with more than 5 % free sulphuric acid	-	8	2584
ARYLSULPHONIC ACIDS, LIQUID with not more than 5 % free sulphuric acid	-	8	2586
ARYLSULPHONIC ACIDS, SOLID with more than 5 % free sulphuric acid	-	8	2583
ARYLSULPHONIC ACIDS, SOLID with not more than 5 % free sulphuric acid	-	8	2585
ASBESTOS, AMPHIBOLE	-	9	2212
ASBESTOS, CHRYSOTILE	-	9	2590
Asphalt, *see*	-	3	1999
AVIATION REGULATED LIQUID, N.O.S.	-	9	3334
AVIATION REGULATED SOLID, N.O.S.	-	9	3335
Azinphos-ethyl, *see* ORGANOPHOSPHORUS PESTICIDE	**P**	-	-
Azinphos-methyl, *see* ORGANOPHOSPHORUS PESTICIDE	**P**	-	-
Aziridine, stabilized, *see*	-	6.1	1185
AZODICARBONAMIDE	-	4.1	3242
Azodicarbonamide formulation Type C (concentration < 100 %), *see*	-	4.1	3224
Azodicarbonamide formulation Type D (concentration < 100 %), *see*	-	4.1	3226
Azodicarbonamide formulation Type B (concentration < 100 %, temperature controlled), *see*	-	4.1	3232
Azodicarbonamide formulation Type C (concentration < 100 %, temperature controlled), *see*	-	4.1	3234
Azodicarbonamide formulation Type D (concentration < 100 %. temperature controlled), *see*	-	4.1	3236
2,2'-Azodi(2,4-dimethyl-4-methoxyvaleronitrile) (concentration 100 %), *see*	-	4.1	3236
2,2'-Azodi(2,4-dimethylvaleronitrile) (concentration 100 %), *see*	-	4.1	3236
2,2'-Azodi(ethyl 2-methylpropionate) (concentration 100 %), *see*	-	4.1	3235
1,1'-Azodi(hexahydrobenzonitrile) (concentration 100 %), *see*	-	4.1	3226
2,2'-Azodi(isobutyronitrile) (concentration 100 %), *see*	-	4.1	3234
2,2'-Azodi(isobutyronitrile) as a water-based paste (concentration ≤ 50 %), *see*	-	4.1	3224
2,2'-Azodi(2-methylbutyronitrile) (concentration 100 %), *see*	-	4.1	3236
Bag Charges, *see* CHARGES, PROPELLING, FOR CANNON	-	-	-
Ballistite, *see* POWDER, SMOKELESS	-	-	-
Bangalore torpedoes, *see* MINES, WITH BUSTING CHARGE	-	-	-
BARIUM	-	4.3	1400
Barium alloys, non-pyrophoric, *see*	-	4.3	1393
BARIUM ALLOYS, PYROPHORIC	-	4.2	1854
Barium amalgams, liquid, *see*	-	4.3	1392
Barium amalgams, solid, *see*	-	4.3	3402
BARIUM AZIDE, dry or wetted with less than 50 % water, by mass	-	1.1A	0224
BARIUM AZIDE, WETTED with not less than 50 % water, by mass	-	4.1	1571
BARIUM BROMATE	-	5.1	2719
BARIUM CHLORATE, SOLID	-	5.1	1445
BARIUM CHLORATE SOLUTION	-	5.1	3405
BARIUM COMPOUND, N.O.S.	-	6.1	1564
BARIUM CYANIDE	**P**	6.1	1565
Barium dispersions, *see*	-	4.3	1391
BARIUM HYPOCHLORITE with more than 22 % available chlorine	-	5.1	2741
Barium monoxide, *see*	-	6.1	1884
BARIUM NITRATE	-	5.1	1446
BARIUM OXIDE	-	6.1	1884
BARIUM PERCHLORATE, SOLID	-	5.1	1447
BARIUM PERCHLORATE SOLUTION	-	5.1	3406
BARIUM PERMANGANATE	-	5.1	1448
BARIUM PEROXIDE	-	5.1	1449
Barium powder, pyrophoric, *see*	-	4.2	1383
Batteries, containing lithium, *see*	-	9	3090
BATTERIES, CONTAINING SODIUM	-	4.3	3292
BATTERIES, DRY, CONTAINING POTASSIUM HYDROXIDE, SOLID electric storage	-	8	3028
BATTERIES, NICKEL-METAL HYDRIDE	-	9	3496
BATTERIES, WET, FILLED WITH ACID electric storage	-	8	2794
BATTERIES, WET, FILLED WITH ALKALI electric storage	-	8	2795
BATTERIES, WET, NON-SPILLABLE electric storage	-	8	2800
Battery acid, *see*	-	8	2796
BATTERY FLUID, ACID	-	8	2796
BATTERY FLUID, ALKALI	-	8	2797
Battery, lithium, *see*	-	9	3090
BATTERY-POWERED EQUIPMENT	-	9	3171

Substance, material or article	MP	Class	UN No.
BATTERY-POWERED VEHICLE	-	9	3171
Bendiocarb, *see* CARBAMATE PESTICIDE	P	-	-
Benfuracarb, *see* CARBAMATE PESTICIDE	-	-	-
Benomyl, *see* **Note 1**	P	-	-
Benquinox, *see* PESTICIDE, N.O.S.	P	-	-
Benzal chloride, *see*	-	6.1	1886
BENZALDEHYDE	-	9	1990
BENZENE	-	3	1114
1,3-Benzenediol, *see*	-	6.1	2876
Benzene-1,3-disulphonyl hydrazide, as a paste (concentration 52 %), *see*	-	4.1	3226
Benzene phosphorus dichloride, *see*	-	8	2798
Benzene phosphorus thiochloride, *see*	-	8	2799
BENZENESULPHONYL CHLORIDE	-	8	2225
Benzene sulphonylhydrazide (concentration 100 %), *see*	-	4.1	3226
Benzenethiol, *see*	-	6.1	2337
Benzhydryl bromide, *see*	-	8	1770
BENZIDINE	-	6.1	1885
Benzol, *see*	-	3	1114
Benzolene, *see*	-	3	1268
BENZONITRILE	-	6.1	2224
BENZOQUINONE	-	6.1	2587
Benzosulphochloride, *see*	-	8	2225
BENZOTRICHLORIDE	-	8	2226
BENZOTRIFLUORIDE	-	3	2338
BENZOYL CHLORIDE	-	8	1736
BENZYL BROMIDE	-	6.1	1737
BENZYL CHLORIDE	-	6.1	1738
Benzyl chlorocarbonate, *see*	P	8	1739
BENZYL CHLOROFORMATE	P	8	1739
Benzyl cyanide, *see*	-	6.1	2470
Benzyl dichloride, *see*	-	6.1	1886
BENZYLDIMETHYLAMINE	-	8	2619
4-(Benzyl(ethyl)amino)-3-ethoxybenzenediazonium zinc chloride (concentration 100 %), *see*	-	4.1	3226
BENZYLIDENE CHLORIDE	-	6.1	1886
BENZYL IODIDE	-	6.1	2653
4-(Benzyl(methyl)amino)-3-ethoxybenzenediazonium zinc chloride (concentration 100 %), *see*	-	4.1	3236
BERYLLIUM COMPOUND, N.O.S.	-	6.1	1566
BERYLLIUM NITRATE	-	5.1	2464
BERYLLIUM POWDER	-	6.1	1567
gamma-Bhc, *see* ORGANOCHLORINE PESTICIDE	P	-	-
BHUSA	-	4.1	1327
Bichloroacetic acid, *see*	-	8	1764
BICYCLO[2.2.1]HEPTA-2,5-DIENE, STABILIZED	-	3	2251
Bifluorides, N.O.S., *see*	-	8	1740
Binapacryl, *see* SUBSTITUTED NITROPHENOL PESTICIDE	P	-	-
BIOLOGICAL SUBSTANCE, CATEGORY B	-	6.2	3373
(BIO)MEDICAL WASTE, N.O.S.	-	6.2	3291
BIOMEDICAL WASTE, N.O.S.	-	6.2	3291
BIPYRIDILIUM PESTICIDE, LIQUID, FLAMMABLE, TOXIC, flashpoint less than 23 °C	-	3	2782
BIPYRIDILIUM PESTICIDE, LIQUID, TOXIC	-	6.1	3016
BIPYRIDILIUM PESTICIDE, LIQUID, TOXIC, FLAMMABLE, flashpoint not less than 23 °C	-	6.1	3015
BIPYRIDILIUM PESTICIDE, SOLID, TOXIC	-	6.1	2781
Bis-, *see* Di-	-	-	-
N,N-Bis(2-hydroxyethyl)oleamide (loa), *see* **Note 1**	P	-	-
BISULPHATES, AQUEOUS SOLUTION	-	8	2837
BISULPHITES, AQUEOUS SOLUTION, N.O.S.	-	8	2693
Bitumen, *see*	-	3	1999
BLACK POWDER, COMPRESSED	-	1.1D	0028
BLACK POWDER granular, or as a meal	-	1.1D	0027
BLACK POWDER IN PELLETS	-	1.1D	0028
Blasticidin-S-3, *see* PESTICIDE, N.O.S.	-	-	-
Bleaching powder, *see*	P	5.1	2208

Substance, material or article	MP	Class	UN No.
Bleach liquor, *see*	-	8	1791
Bombs, illuminating, *see* AMMUNITION, ILLUMINATING	-	-	-
BOMBS, PHOTO-FLASH	-	1.1D	0038
BOMBS, PHOTO-FLASH	-	1.1F	0037
BOMBS, PHOTO-FLASH	-	1.2G	0039
BOMBS, PHOTO-FLASH	-	1.3G	0299
BOMBS SMOKE, NON-EXPLOSIVE with corrosive liquid, without initiating device	-	8	2028
Bombs, target identification, *see* AMMUNITION, ILLUMINATING	-	-	-
BOMBS with bursting charge	-	1.1D	0034
BOMBS with bursting charge	-	1.1F	0033
BOMBS with bursting charge	-	1.2D	0035
BOMBS with bursting charge	-	1.2F	0291
BOMBS WITH FLAMMABLE LIQUID with bursting charge	-	1.1J	0399
BOMBS WITH FLAMMABLE LIQUID with bursting charge	-	1.2J	0400
BOOSTERS WITH DETONATOR	-	1.1B	0225
BOOSTERS WITH DETONATOR	-	1.2B	0268
BOOSTERS without detonator	-	1.1D	0042
BOOSTERS without detonator	-	1.2D	0283
Borate and chlorate mixture, *see*	-	5.1	1458
BORNEOL	-	4.1	1312
Bornyl alcohol, *see*	-	4.1	1312
Boroethane, compressed, *see*	-	2.3	1911
Boron bromide, *see*	-	8	2692
Boron fluoride, compressed, *see*	-	2.3	1008
BORON TRIBROMIDE	-	8	2692
BORON TRICHLORIDE	-	2.3	1741
BORON TRIFLUORIDE	-	2.3	1008
BORON TRIFLUORIDE ACETIC ACID COMPLEX, LIQUID	-	8	1742
BORON TRIFLUORIDE ACETIC ACID COMPLEX, SOLID	-	8	3419
BORON TRIFLUORIDE, ADSORBED	-	2.3	3519
BORON TRIFLUORIDE DIETHYL ETHERATE	-	8	2604
BORON TRIFLUORIDE DIHYDRATE	-	8	2851
BORON TRIFLUORIDE DIMETHYL ETHERATE	-	4.3	2965
BORON TRIFLUORIDE PROPIONIC ACID COMPLEX, LIQUID	-	8	1743
BORON TRIFLUORIDE PROPIONIC ACID COMPLEX, SOLID	-	8	3420
Brodifacoum, *see* COUMARIN DERIVATIVE PESTICIDE	**P**	-	-
BROMATES, INORGANIC, N.O.S.	-	5.1	1450
BROMATES, INORGANIC, AQUEOUS SOLUTION, N.O.S.	-	5.1	3213
BROMINE	-	8	1744
BROMINE CHLORIDE	-	2.3	2901
Bromine cyanide, *see*	**P**	6.1	1889
BROMINE PENTAFLUORIDE	-	5.1	1745
BROMINE SOLUTION	-	8	1744
BROMINE TRIFLUORIDE	-	5.1	1746
BROMOACETIC ACID, SOLID	-	8	3425
BROMOACETIC ACID SOLUTION	-	8	1938
BROMOACETONE	**P**	6.1	1569
omega-Bromoacetone, *see*	-	6.1	2645
BROMOACETYL BROMIDE	-	8	2513
Bromoallylene, *see*	**P**	3	1099
BROMOBENZENE	**P**	3	2514
BROMOBENZYL CYANIDES, LIQUID	-	6.1	1694
BROMOBENZYL CYANIDES, SOLID	-	6.1	3449
1-BROMOBUTANE	-	3	1126
2-BROMOBUTANE	-	3	2339
Bromochlorodifluoromethane, *see*	-	2.2	1974
BROMOCHLOROMETHANE	-	6.1	1887
1-BROMO-3-CHLOROPROPANE	-	6.1	2688
Bromocyane, *see*	**P**	6.1	1889
Bromodiphenylmethane, *see*	-	8	1770
1-Bromo-2,3-epoxypropane, *see*	**P**	6.1	2558
Bromoethane, *see*	-	6.1	1891

Substance, material or article	MP	Class	UN No.
2-BROMOETHYL ETHYL ETHER	-	3	2340
BROMOFORM	P	6.1	2515
Bromomethane, *see*	-	2.3	1062
1-BROMO-3-METHYLBUTANE	-	3	2341
BROMOMETHYLPROPANES	-	3	2342
Bromonitrobenzenes, liquid, *see*	-	6.1	2732
Bromonitrobenzenes, solid, *see*	-	6.1	3459
2-BROMO-2-NITROPROPANE-1,3-DIOL	-	4.1	3241
2-BROMOPENTANE	-	3	2343
Bromophos-ethyl, *see* ORGANOPHOSPHORUS PESTICIDE	P	-	-
BROMOPROPANES	-	3	2344
3-Bromopropene, *see*	P	3	1099
3-BROMOPROPYNE	-	3	2345
3-Bromo-1-propyne, *see*	-	3	2345
alpha-Bromotoluene, *see*	-	6.1	1737
BROMOTRIFLUOROETHYLENE	-	2.1	2419
BROMOTRIFLUOROMETHANE	-	2.2	1009
Bromoxynil, *see* PESTICIDE, N.O.S.	P	-	-
Bronopol, *see*	-	4.1	3241
BRUCINE	-	6.1	1570
BURSTERS explosive	-	1.1D	0043
BUTADIENES AND HYDROCARBON MIXTURE, STABILIZED, containing more than 40 % butadienes	-	2.1	1010
BUTADIENES, STABILIZED	-	2.1	1010
Butanal, *see*	-	3	1129
Butanal oxime, *see*	-	3	2840
BUTANE	-	2.1	1011
BUTANEDIONE	-	3	2346
Butane-1-thiol, *see*	-	3	2347
Butanoic acid, *see*	-	8	2820
Butanoic anhydride, *see*	-	8	2739
1-Butanol, *see*	-	3	1120
Butan-2-ol, *see*	-	3	1120
Butanol, secondary, *see*	-	3	1120
Butanol, tertiary, *see*	-	3	1120
3-Butanolal, *see*	-	6.1	2839
BUTANOLS	-	3	1120
2-Butanone, *see*	-	3	1193
Butanoyl chloride, *see*	-	3	2353
2-Butenal, stabilized, *see*	P	6.1	1143
Butene, *see*	-	2.1	1012
But-1-ene-3-one, stabilized, *see*	-	6.1	1251
1,2-Butene oxide, stabilized, *see*	-	3	3022
2-Butenoic acid, liquid, *see*	-	8	3472
2-Butenoic acid, solid, *see*	-	8	2823
2-Buten-1-ol, *see*	-	3	2614
Butocarboxim, *see* CARBAMATE PESTICIDE	-	-	-
Butyl acetate, secondary, *see*	-	3	1123
BUTYL ACETATES	-	3	1123
BUTYL ACID PHOSPHATE	-	8	1718
BUTYL ACRYLATES, STABILIZED	-	3	2348
Butyl alcohols, *see*	-	3	1120
Butyl aldehyde, *see*	-	3	1129
n-BUTYLAMINE	-	3	1125
N-BUTYLANILINE	-	6.1	2738
BUTYLBENZENES	P	3	2709
Butyl benzyl phthalate, *see*	P	9	3082
n-Butyl bromide, *see*	-	3	1126
secondary-Butyl bromide, *see*	-	3	2339
tertiary-Butyl bromide, *see*	-	3	2342
Butyl butyrate, *see*	-	3	3272
n-Butyl chloride, *see*	-	3	1127
secondary-Butyl chloride, *see*	-	3	1127

Substance, material or article	MP	Class	UN No.
tertiary-Butyl chloride, *see*	-	3	1127
n-BUTYL CHLOROFORMATE	-	6.1	2743
tert-Butyl cumyl peroxide (concentration > 42 to 100 %), *see*	-	5.2	3109
tert-Butyl cumyl peroxide (concentration ≤ 52 %, with inert solid), *see*	-	5.2	3108
tert-BUTYLCYCLOHEXYL CHLOROFORMATE	-	6.1	2747
N-*tert*-Butyl-*N*-cyclopropyl-6-methylthio-1,3,5-triazine-2,4-diamine, *see*	**P**	9	3077
n-Butyl 4,4-di-(*tert*-butylperoxy)valerate (concentration > 52 to 100 %), *see*	-	5.2	3103
n-Butyl 4,4-di-(*tert*-butylperoxy)valerate (concentration ≤ 52 %, with inert solid), *see*	-	5.2	3108
BUTYLENE	-	2.1	1012
1,2-BUTYLENE OXIDE, STABILIZED	-	3	3022
Butyl ethers, *see*	-	3	1149
Butyl ethyl ether, *see*	-	3	1179
n-BUTYL FORMATE	-	3	1128
tert-Butyl hydroperoxide (concentration < 82 %) + Di-*tert*-butyl peroxide (concentration > 9 %), with water, *see*	-	5.2	3103
tert-Butyl hydroperoxide, (concentration > 79 to 90 %, with water), *see*	-	5.2	3103
tert-Butyl hydroperoxide, (concentration ≤ 80 %, with diluent Type A), *see*	-	5.2	3105
tert-Butyl hydroperoxide, (concentration ≤ 72 %, with water), *see*	-	5.2	3109
tert-Butyl hydroperoxide (concentration ≤ 79 %, with water), *see*	-	5.2	3107
tert-BUTYL HYPOCHLORITE	-	4.2	3255
N,n-BUTYLIMIDAZOLE	-	6.1	2690
N,n-Butyliminazole, *see*	-	6.1	2690
secondary-Butyl iodide, *see*	-	3	2390
tertiary-Butyl iodide, *see*	-	3	2391
n-BUTYL ISOCYANATE	-	6.1	2485
tert-BUTYL ISOCYANATE	-	6.1	2484
BUTYL MERCAPTAN	-	3	2347
n-BUTYL METHACRYLATE, STABILIZED	-	3	2227
Butyl 2-methylacrylate, stabilized, *see*	-	3	2227
BUTYL METHYL ETHER	-	3	2350
tert-Butyl monoperoxymaleate (concentration ≤ 52 %, as a paste), *see*	-	5.2	3108
tert-Butyl monoperoxymaleate (concentration > 52 to 100 %), *see*	-	5.2	3102
tert-Butyl monoperoxymaleate (concentration ≤ 52 %, with diluent Type A), *see*	-	5.2	3103
tert-Butyl monoperoxymaleate (concentration ≤ 52 %, with inert solid), *see*	-	5.2	3108
BUTYL NITRITES	-	3	2351
tert-Butyl peroxyacetate (concentration > 32 to 52 %, with diluent Type A), *see*	-	5.2	3103
tert-Butyl peroxyacetate (concentration > 52 to 77 %, with diluent Type A), *see*	-	5.2	3101
tert-Butyl peroxyacetate (concentration ≤ 32 %, with diluent Type B), *see*	-	5.2	3109
tert-Butyl peroxybenzoate (concentration > 77 to 100 %, with diluent Type A), *see*	-	5.2	3103
tert-Butyl peroxybenzoate (concentration > 52 to 77 %, with diluent Type A), *see*	-	5.2	3105
tert-Butyl peroxybenzoate (concentration ≤ 52 %, with inert solid), *see*	-	5.2	3106
tert-Butyl peroxybutyl fumarate (concentration ≤ 52 %, with diluent Type A), *see*	-	5.2	3105
tert-Butyl peroxycrotonate (concentration ≤ 77 %, with diluent Type A), *see*	-	5.2	3105
tert-Butyl peroxydiethylacetate (concentration ≤ 100 %), *see*	-	5.2	3113
tert-Butyl peroxy-2-ethylhexanoate (concentration ≤ 31 %) + 2,2-Di-(*tert*-butylperoxy)butane (concentration ≤ 36 %), with diluent Type B, *see*	-	5.2	3115
tert-Butyl peroxy-2-ethylhexanoate (concentration ≤ 12 %) + 2,2-Di-(*tert*-butylperoxy)butane (concentration ≤ 14 %), with diluent Type A and inert solid, *see*	-	5.2	3106
tert-Butyl peroxy-2-ethylhexanoate (concentration > 52 to 100 %), *see*	-	5.2	3113
tert-Butyl peroxy-2-ethylhexanoate (concentration > 32 to 52 %, with diluent Type B), *see*	-	5.2	3117
tert-Butyl peroxy-2-ethylhexanoate (concentration ≤ 32 %, with diluent Type B), *see*	-	5.2	3119
tert-Butyl peroxy-2-ethylhexanoate (concentration ≤ 52 %, with inert solid), *see*	-	5.2	3118
tert-Butyl peroxy-2-ethylhexylcarbonate (conzentration ≤ 100 %), *see*	-	5.2	3105
tert-Butyl peroxyisobutyrate (concentration > 52 to 77 %, with diluent Type B), *see*	-	5.2	3111
tert-Butyl peroxyisobutyrate (concentration ≤ 52 %, with diluent Type B), *see*	-	5.2	3115
tert-Butyl peroxy isopropyl carbonate (concentration ≤ 77 %, with diluent Type A), *see*	-	5.2	3103
1-(2-*tert*-Butylperoxy isopropyl)-3-isopropenylbenzene (concentration ≤ 77 %, with diluent Type A), *see*	-	5.2	3105
1-(2-*tert*-Butylperoxyisopropyl)-3-isopropenylbenzene (concentration ≤ 42 %, with inert solid), *see*	-	5.2	3108
tert-Butyl peroxy-2-methylbenzoate (concentration ≤ 100 %), *see*	-	5.2	3103
tert-Butyl peroxyneodecanoate (concentration ≤ 52 %, as a stable dispersion in water), *see*	-	5.2	3119
tert-Butyl peroxyneodecanoate (concentration ≤ 42 %, as a stable dispersion in water (frozen)), *see*	-	5.2	3118
tert-Butyl peroxyneodecanoate (concentration > 77 to 100 %), *see*	-	5.2	3115

Substance, material or article	MP	Class	UN No.
tert-Butyl Peroxyneodecanoate (concentration ≤ 77 %, with diluent Type B), *see*	-	5.2	3115
tert-Butyl peroxyneodecanoate (conzentration ≤ 32 %, with diluent Type A), *see*	-	5.2	3119
tert-Butyl peroxyneoheptanoate (concentration ≤ 42 %, as a stable dispersion in water), *see*	-	5.2	3117
tert-Butyl peroxyneoheptanoate (concentration ≤ 77 %, with diluent Type A), *see*	-	5.2	3115
tert-Butyl peroxypivalate (concentration > 27 to 67 %, with diluent Type B), *see*	-	5.2	3115
tert-Butyl peroxypivalate (concentration > 67 to 77 %, with diluent Type A), *see*	-	5.2	3113
tert-Butyl peroxypivalate (concentration ≤ 27 %, with diluent Type B), *see*	-	5.2	3119
tert-Butyl peroxystearylcarbonate (concentration ≤ 100 %), *see*	-	5.2	3106
tert-Butyl peroxy-3,5,5-trimethylhexanoate (concentration > 37 to 100 %), *see*	-	5.2	3105
tert-Butyl peroxy-3,5,5-trimethylhexanoate (concentration ≤ 37 %, with diluent Type B), *see*	-	5.2	3109
tert-Butyl peroxy-3,5,5-trimethylhexanoate (conzentration ≤ 42 %, with inert solid), *see*	-	5.2	3106
Butylphenols, liquid, N.O.S., *see*	-	8	3145
Butylphenols, solid, N.O.S., *see*	-	8	2430
Butylphosphoric acid, *see*	-	8	1718
BUTYL PROPIONATES	-	3	1914
Butyl thioalcohols, *see*	-	3	2347
BUTYLTOLUENES	-	6.1	2667
BUTYLTRICHLOROSILANE	-	8	1747
5-*tert*-BUTYL-2,4,6-TRINITRO-*m*-XYLENE	-	4.1	2956
BUTYL VINYL ETHER, STABILIZED	-	3	2352
2-Butyne, *see*	-	3	1144
1,4-BUTYNEDIOL	-	6.1	2716
2-Butyne-1,4-diol, *see*	-	6.1	2716
1-Butyne, stabilized, *see*	-	2.1	2452
But-1-yne, stabilized, *see*	-	2.1	2452
BUTYRALDEHYDE	-	3	1129
BUTYRALDOXIME	-	3	2840
BUTYRIC ACID	-	8	2820
BUTYRIC ANHYDRIDE	-	8	2739
Butyrone, *see*	-	3	2710
BUTYRONITRILE	-	3	2411
Butyroyl chloride, *see*	-	3	2353
BUTYRYL CHLORIDE	-	3	2353
Cable cutters, explosive, *see*	-	1.4S	0070
CACODYLIC ACID	-	6.1	1572
CADMIUM COMPOUND	-	6.1	2570
Cadmium selenide, *see*	-	6.1	2570
Cadmium sulphide, *see*	**P**	6.1	2570
CAESIUM	-	4.3	1407
Caesium alloy, liquid, *see*	-	4.3	1421
Caesium amalgams, liquid, *see*	-	4.3	1389
Caesium amalgams, solid, *see*	-	4.3	3401
Caesium amide, *see*	-	4.3	1390
Caesium dispersions, *see*	-	4.3	1391
CAESIUM HYDROXIDE	-	8	2682
CAESIUM HYDROXIDE SOLUTION	-	8	2681
CAESIUM NITRATE	-	5.1	1451
Caesium powder, pyrophoric, *see*	-	4.2	1383
Caffeine, *see*	-	6.1	1544
Cajeputene, *see*	**P**	3	2052
CALCIUM	-	4.3	1401
Calcium alloy, non-pyrophoric, solid, *see*	-	4.3	1393
CALCIUM ALLOYS, PYROPHORIC	-	4.2	1855
Calcium amalgams, liquid, *see*	-	4.3	1389
Calcium amalgams, solid, *see*	-	4.3	3402
CALCIUM ARSENATE	**P**	6.1	1573
CALCIUM ARSENATE AND CALCIUM ARSENITE MIXTURE, SOLID	**P**	6.1	1574
Calcium bisulphite solution, *see*	-	8	2693
CALCIUM CARBIDE	-	4.3	1402
CALCIUM CHLORATE	-	5.1	1452
CALCIUM CHLORATE, AQUEOUS SOLUTION	-	5.1	2429
CALCIUM CHLORITE	-	5.1	1453

Substance, material or article	MP	Class	UN No.
CALCIUM CYANAMIDE with more than 0.1 % calcium carbide	-	4.3	1403
CALCIUM CYANIDE	P	6.1	1575
Calcium dispersions, *see*	-	4.3	1391
CALCIUM DITHIONITE	-	4.2	1923
CALCIUM HYDRIDE	-	4.3	1404
Calcium hydrogen sulphite solution, *see*	-	8	2693
CALCIUM HYDROSULPHITE	-	4.2	1923
CALCIUM HYPOCHLORITE, DRY, CORROSIVE with more than 39 % available chlorine (8,8 % available oxygen)	P	5.1	3485
CALCIUM HYPOCHLORITE, DRY with more than 39 % available chlorine (8.8 % available oxygen)	P	5.1	1748
CALCIUM HYPOCHLORITE, HYDRATED, CORROSIVE with not less than 5,5 % but not more than 16 % water	P	5.1	3487
CALCIUM HYPOCHLORITE, HYDRATED MIXTURE, CORROSIVE with not less than 5,5 % but not more than 16 % water	P	5.1	3487
CALCIUM HYPOCHLORITE, HYDRATED MIXTURE with not less than 5.5 % but not mor than 16 % water	P	5.1	2880
CALCIUM HYPOCHLORITE, HYDRATED with not less than 5.5 % but not more than 16 % water	P	5.1	2880
CALCIUM HYPOCHLORITE MIXTURE, DRY, CORROSIVE with more than 39 % available chlorine (8,8 % available oxygen)	P	5.1	3485
CALCIUM HYPOCHLORITE MIXTURE, DRY, CORROSIVE with more than 10 % but not more than 39 % available chlorine	P	5.1	3486
CALCIUM HYPOCHLORITE MIXTURE, DRY with more than 39 % available chlorine (8.8 % available oxygen)	P	5.1	1748
CALCIUM HYPOCHLORITE MIXTURE, DRY with more than 10 % but not more than 39 % available chlorine	P	5.1	2208
CALCIUM MANGANESE SILICON	-	4.3	2844
Calcium naphthenate in solution, *see*	P	9	3082
CALCIUM NITRATE	-	5.1	1454
CALCIUM OXIDE	-	8	1910
CALCIUM PERCHLORATE	-	5.1	1455
CALCIUM PERMANGANATE	-	5.1	1456
CALCIUM PEROXIDE	-	5.1	1457
CALCIUM PHOSPHIDE	-	4.3	1360
CALCIUM, PYROPHORIC	-	4.2	1855
CALCIUM RESINATE	-	4.1	1313
CALCIUM RESINATE, FUSED	-	4.1	1314
Calcium selenate, *see*	-	6.1	2630
CALCIUM SILICIDE	-	4.3	1405
Calcium silicon, *see*	-	4.3	1405
Calcium superoxide, *see*	-	5.1	1457
2-Camphanol, *see*	-	4.1	1312
2-Camphanone, *see*	-	4.1	2717
Camphechlor, *see* ORGANOCHLORINE PESTICIDE	P	-	-
CAMPHOR OIL	-	3	1130
CAMPHOR, synthetic	-	4.1	2717
CAPACITOR, ASYMMETRIC (with an energy storage capacity greater than 0.3 Wh)	-	9	3508
CAPACITOR, ELECTRIC DOUBLE LAYER (with an energy storage capacity greater than 0.3 Wh)	-	9	3499
CAPROIC ACID	-	8	2829
Caproic aldehyde, *see*	-	3	1207
Caprylyl chloride, *see*	-	8	3265
CARBAMATE PESTICIDE, LIQUID, FLAMMABLE, TOXIC, flashpoint less than 23 °C	-	3	2758
CARBAMATE PESTICIDE, LIQUID, TOXIC	-	6.1	2992
CARBAMATE PESTICIDE, LIQUID, TOXIC, FLAMMABLE, flashpoint not less than 23 °C	-	6.1	2991
CARBAMATE PESTICIDE, SOLID, TOXIC	-	6.1	2757
Carbanil, *see*	-	6.1	2487
Carbaryl, *see* CARBAMATE PESTICIDE	P	-	-
Carbendazim, *see* **Note 1**	P	-	-
Carbofuran, *see* CARBAMATE PESTICIDE	P	-	-
Carbolic acid, molten, *see*	-	6.1	2312
Carbolic acid, solid, *see*	-	6.1	1671
Carbolic acid solution, *see*	-	6.1	2821
CARBON, ACTIVATED	-	4.2	1362
CARBON animal origin	-	4.2	1361
Carbon bisulphide, *see*	-	3	1131

Substance, material or article	MP	Class	UN No.
Carbon black, *see*	-	4.2	1361
CARBON DIOXIDE	-	2.2	1013
Carbon dioxide and ethylene oxide mixture, *see* ETHYLENE OXIDE AND CARBON DIOXIDE MIXTURE	-	-	-
CARBON DIOXIDE, REFRIGERATED LIQUID	-	2.2	2187
CARBON DIOXIDE, SOLID	-	9	1845
CARBON DISULPHIDE	-	3	1131
Carbonic anhydride, *see*	-	2.2	1013
Carbonic anhydride, refrigerated liquid, *see*	-	2.2	2187
Carbonic anhydride, solid, *see*	-	9	1845
CARBON MONOXIDE, COMPRESSED	-	2.3	1016
Carbon oxisulphide, *see*	-	2.3	2204
Carbon oxyfluoride, *see*	-	2.3	2417
Carbon oxyfluoride, compressed, *see*	-	2.3	2417
Carbon oxysulphide, *see*	-	2.3	2204
Carbon paper, *see*	-	4.2	1379
CARBON TETRABROMIDE	**P**	6.1	2516
CARBON TETRACHLORIDE	**P**	6.1	1846
CARBON vegetable origin	-	4.2	1361
Carbonyl chloride, *see*	-	2.3	1076
CARBONYL FLUORIDE	-	2.3	2417
CARBONYL SULPHIDE	-	2.3	2204
Carbophenothion, *see* ORGANOPHOSPHORUS PESTICIDE	**P**	-	-
Cargo transport unit under fumigation, *see*	-	9	3359
Cartap hydrochloride, *see* CARBAMATE PESTICIDE	**P**	-	-
Cartridge cases, *see* CASES, CARTRIDGE	-	-	-
Cartridges, actuating, for fire extinguisher or apparatus valve, *see* CARTRIDGES, POWER DEVICE	-	-	-
Cartridges, explosive, *see*	-	1.1D	0048
CARTRIDGES, FLASH	-	1.1G	0049
CARTRIDGES, FLASH	-	1.3G	0050
CARTRIDGES FOR TOOLS, BLANK	-	1.4S	0014
CARTRIDGES FOR WEAPONS, BLANK	-	1.1C	0326
CARTRIDGES FOR WEAPONS, BLANK	-	1.2C	0413
CARTRIDGES FOR WEAPONS, BLANK	-	1.3C	0327
CARTRIDGES FOR WEAPONS, BLANK	-	1.4C	0338
CARTRIDGES FOR WEAPONS, BLANK	-	1.4S	0014
CARTRIDGES FOR WEAPONS, INERT PROJECTILE	-	1.2C	0328
CARTRIDGES FOR WEAPONS, INERT PROJECTILE	-	1.3C	0417
CARTRIDGES FOR WEAPONS, INERT PROJECTILE	-	1.4C	0339
CARTRIDGES FOR WEAPONS, INERT PROJECTILE	-	1.4S	0012
CARTRIDGES FOR WEAPONS with bursting charge	-	1.1E	0006
CARTRIDGES FOR WEAPONS with bursting charge	-	1.1F	0005
CARTRIDGES FOR WEAPONS with bursting charge	-	1.2E	0321
CARTRIDGES FOR WEAPONS with bursting charge	-	1.2F	0007
CARTRIDGES FOR WEAPONS with bursting charge	-	1.4E	0412
CARTRIDGES FOR WEAPONS with bursting charge	-	1.4F	0348
Cartridges, illuminating, *see* AMMUNITION, ILLUMINATING	-	-	-
CARTRIDGES, OIL WELL	-	1.3C	0277
CARTRIDGES, OIL WELL	-	1.4C	0278
CARTRIDGES, POWER DEVICE	-	1.2C	0381
CARTRIDGES, POWER DEVICE	-	1.3C	0275
CARTRIDGES, POWER DEVICE	-	1.4C	0276
CARTRIDGES, POWER DEVICE	-	1.4S	0323
CARTRIDGES, SIGNAL	-	1.3G	0054
CARTRIDGES, SIGNAL	-	1.4G	0312
CARTRIDGES, SIGNAL	-	1.4S	0405
CARTRIDGES, SMALL ARMS	-	1.3C	0417
CARTRIDGES, SMALL ARMS	-	1.4C	0339
CARTRIDGES, SMALL ARMS	-	1.4S	0012
CARTRIDGES, SMALL ARMS, BLANK	-	1.3C	0327
CARTRIDGES, SMALL ARMS, BLANK	-	1.4C	0338
CARTRIDGES, SMALL ARMS, BLANK	-	1.4S	0014
Cartridges, starter, jet engine, *see* CARTRIDGES, POWER DEVICE	-	-	-

Substance, material or article	MP	Class	UN No.
CASES, CARTRIDGE, EMPTY, WITH PRIMER	-	1.4C	0379
CASES, CARTRIDGE, EMPTY, WITH PRIMER	-	1.4S	0055
CASES, COMBUSTIBLE, EMPTY, WITHOUT PRIMER	-	1.3C	0447
CASES, COMBUSTIBLE, EMPTY, WITHOUT PRIMER	-	1.4C	0446
Casinghead gasoline, *see*	P	3	1203
CASTOR BEANS	-	9	2969
CASTOR FLAKE	-	9	2969
CASTOR MEAL	-	9	2969
CASTOR POMACE	-	9	2969
CAUSTIC ALKALI LIQUID, N.O.S.	-	8	1719
Caustic potash, solid, *see*	-	8	1813
Caustic potash solution, *see*	-	8	1814
Caustic soda liquor, *see*	-	8	1824
Caustic soda, solid, *see*	-	8	1823
Caustic soda solution, *see*	-	8	1824
CELLS, CONTAINING SODIUM	-	4.3	3292
CELLULOID in block, rods, rolls, sheets, tubes, etc., except scrap	-	4.1	2000
CELLULOID, SCRAP	-	4.2	2002
Cellulose nitrate solution, *see*	-	3	2059
Cellulose nitrate with alcohol, *see*	-	4.1	2556
Cellulose nitrate with plasticizing substance, *see*	-	4.1	2557
Cellulose nitrate with water, *see*	-	4.1	2555
Cement, liquid, *see*	-	3	1133
CERIUM gritty powder	-	4.3	3078
CERIUM, ingots	-	4.1	1333
Cerium powder, pyrophoric, *see*	-	4.2	1383
CERIUM, rods	-	4.1	1333
CERIUM, slabs	-	4.1	1333
CERIUM turnings	-	4.3	3078
Cer Mischmetall, *see*	-	4.1	1323
Cesium, *see* CAESIUM	-	-	-
Charcoal, activated, *see*	-	4.2	1362
Charcoal, non-activated, *see*	-	4.2	1361
CHARGES, BURSTING, PLASTICS BONDED	-	1.1D	0457
CHARGES, BURSTING, PLASTICS BONDED	-	1.2D	0458
CHARGES, BURSTING, PLASTICS BONDED	-	1.4D	0459
CHARGES, BURSTING, PLASTICS BONDED	-	1.4S	0460
CHARGES, DEMOLITION	-	1.1D	0048
CHARGES, DEPTH	-	1.1D	0056
Charges, expelling, explosive, for fire extinguishers, *see* CARTRIDGES, POWER DEVICE	-	-	-
CHARGES, EXPLOSIVE, COMMERCIAL without detonator	-	1.1D	0442
CHARGES, EXPLOSIVE, COMMERCIAL without detonator	-	1.2D	0443
CHARGES, EXPLOSIVE, COMMERCIAL without detonator	-	1.4D	0444
CHARGES, EXPLOSIVE, COMMERCIAL without detonator	-	1.4S	0445
CHARGES, PROPELLING	-	1.1C	0271
CHARGES, PROPELLING	-	1.2C	0415
CHARGES, PROPELLING	-	1.3C	0272
CHARGES, PROPELLING	-	1.4C	0491
CHARGES, PROPELLING, FOR CANNON	-	1.1C	0279
CHARGES, PROPELLING, FOR CANNON	-	1.2C	0414
CHARGES, PROPELLING, FOR CANNON	-	1.3C	0242
CHARGES, SHAPED, FLEXIBLE, LINEAR	-	1.1D	0288
CHARGES, SHAPED, FLEXIBLE, LINEAR	-	1.4D	0237
CHARGES, SHAPED without detonator	-	1.1D	0059
CHARGES, SHAPED without detonator	-	1.2D	0439
CHARGES, SHAPED without detonator	-	1.4D	0440
CHARGES, SHAPED without detonator	-	1.4S	0441
CHARGES, SUPPLEMENTARY, EXPLOSIVE	-	1.1D	0060
CHEMICAL KIT	-	9	3316
CHEMICAL SAMPLE, TOXIC	-	6.1	3315
CHEMICAL UNDER PRESSURE, N.O.S.	-	2.2	3500
CHEMICAL UNDER PRESSURE, CORROSIVE, N.O.S.	-	2.2	3503

Substance, material or article	MP	Class	UN No.
CHLORODIFLUOROBROMOMETHANE	-	2.2	1974
1-CHLORO-1,1-DIFLUOROETHANE	-	2.1	2517
CHLORODIFLUOROMETHANE	-	2.2	1018
CHLORODIFLUOROMETHANE AND CHLOROPENTAFLUOROETHANE MIXTURE with a fixed boiling point, with approximately 49 % chlorodifluoromethane	-	2.2	1973
3-Chloro-1,3-dihydroxypropane, *see*	-	6.1	2689
Chlorodimethyl ether, *see*	-	6.1	1239
CHLORODINITROBENZENES, LIQUID	**P**	6.1	1577
CHLORODINITROBENZENES, SOLID	**P**	6.1	3441
2-CHLOROETHANAL	-	6.1	2232
Chloroethane, *see*	-	2.1	1037
Chloroethane nitrile, *see*	-	6.1	2668
2-Chloroethanol, *see*	-	6.1	1135
2-Chloroethyl alcohol, *see*	-	6.1	1135
CHLOROFORM	-	6.1	1888
CHLOROFORMATES, TOXIC, CORROSIVE, N.O.S.	-	6.1	3277
CHLOROFORMATES, TOXIC, CORROSIVE, FLAMMABLE, N.O.S.	-	6.1	2742
Chloromethane, *see*	-	2.1	1063
1-Chloro-3-methylbutane, *see*	-	3	1107
2-Chloro-2-methylbutane, *see*	-	3	1107
CHLOROMETHYL CHLOROFORMATE	-	6.1	2745
Chloromethyl cyanide, *see*	-	6.1	2668
CHLOROMETHYL ETHYL ETHER	-	3	2354
Chloromethyl methyl ether, *see*	-	6.1	1239
Chloromethylphenols, solid, *see*	-	6.1	3437
Chloromethylphenols, solution, *see*	-	6.1	2669
3-CHLORO-4-METHYLPHENYL ISOCYANATE, LIQUID	-	6.1	2236
3-CHLORO-4-METHYLPHENYL ISOCYANATE, SOLID	-	6.1	3428
Chloromethylpropanes, *see*	-	3	1127
3-Chloro-2-methylprop-1-ene, *see*	-	3	2554
CHLORONITROANILINES	**P**	6.1	2237
CHLORONITROBENZENES, LIQUID	-	6.1	3409
CHLORONITROBENZENES, SOLID	-	6.1	1578
2-Chloro-6-nitrotoluene, *see* **Note 1**	**P**	-	-
CHLORONITROTOLUENES, LIQUID	**P**	6.1	2433
CHLORONITROTOLUENES, SOLID	**P**	6.1	3457
1-Chlorooctane, *see*	**P**	9	3082
CHLOROPENTAFLUOROETHANE	-	2.2	1020
Chloropentanes, *see*	-	3	1107
3-Chloroperoxybenzoic acid (concentration > 57 to 86 %, with inert solid), *see*	-	5.2	3102
3-Chloroperoxybenzoic acid (concentration ≤ 57 %, with inert solid and water), *see*	-	5.2	3106
3-Chloroperoxybenzoic acid (concentration ≤ 77 %, with inert solid and water), *see*	-	5.2	3106
Chlorophacinone, *see* ORGANOCHLORINE PESTICIDE	-	-	-
CHLOROPHENOLATES, LIQUID	-	8	2904
CHLOROPHENOLATES, SOLID	-	8	2905
CHLOROPHENOLS, LIQUID	-	6.1	2021
CHLOROPHENOLS, SOLID	-	6.1	2020
CHLOROPHENYLTRICHLOROSILANE	**P**	8	1753
CHLOROPICRIN	**P**	6.1	1580
CHLOROPICRIN AND METHYL BROMIDE MIXTURE with more than 2 % chloropicrin	-	2.3	1581
CHLOROPICRIN AND METHYL CHLORIDE MIXTURE	-	2.3	1582
CHLOROPICRIN MIXTURE, N.O.S.	-	6.1	1583
CHLOROPLATINIC ACID, SOLID	-	8	2507
CHLOROPRENE, STABILIZED	-	3	1991
1-CHLOROPROPANE	-	3	1278
2-CHLOROPROPANE	-	3	2356
3-Chloropropanediol-1,2, *see*	-	6.1	2689
1-Chloro-2-propanol, *see*	-	6.1	2611
3-CHLOROPROPANOL-1	-	6.1	2849
2-CHLOROPROPENE	-	3	2456
3-Chloropropene, *see*	-	3	1100
3-Chloroprop-1-ene, *see*	-	3	1100
2-CHLOROPROPIONIC ACID	-	8	2511

Substance, material or article	MP	Class	UN No.
Collodion cottons (class 1), *see* NITROCELLULOSE	-	-	-
Collodion cotton with alcohol, *see*	-	4.1	2556
Collodion cotton with plasticizing substance, *see*	-	4.1	2557
Collodion cotton with water, *see*	-	4.1	2555
Collodion solution, *see*	-	3	2059
COMPONENTS, EXPLOSIVE TRAIN, N.O.S.	-	1.1B	0461
COMPONENTS, EXPLOSIVE TRAIN, N.O.S.	-	1.2B	0382
COMPONENTS, EXPLOSIVE TRAIN, N.O.S.	-	1.4B	0383
COMPONENTS, EXPLOSIVE TRAIN, N.O.S.	-	1.4S	0384
Composition B, *see*	-	1.1D	0118
COMPRESSED GAS, N.O.S.	-	2.2	1956
COMPRESSED GAS, FLAMMABLE, N.O.S.	-	2.1	1954
COMPRESSED GAS, OXIDIZING, N.O.S.	-	2.2	3156
COMPRESSED GAS, TOXIC, N.O.S.	-	2.3	1955
COMPRESSED GAS, TOXIC, CORROSIVE, N.O.S.	-	2.3	3304
COMPRESSED GAS, TOXIC, FLAMMABLE, N.O.S.	-	2.3	1953
COMPRESSED GAS, TOXIC, FLAMMABLE, CORROSIVE, N.O.S.	-	2.3	3305
COMPRESSED GAS, TOXIC, OXIDIZING, N.O.S.	-	2.3	3303
COMPRESSED GAS, TOXIC, OXIDIZING, CORROSIVE, N.O.S.	-	2.3	3306
Container under fumigation, *see*	-	9	3359
CONTRIVANCES, WATER-ACTIVATED with burster, expelling charge or propelling charge	-	1.2L	0248
CONTRIVANCES, WATER-ACTIVATED with burster, expelling charge or propelling charge	-	1.3L	0249
COPPER ACETOARSENITE	**P**	6.1	1585
Copper arsenate, *see*	-	6.1	1557
COPPER ARSENITE	**P**	6.1	1586
Copper(II) arsenite, *see*	-	6.1	1586
COPPER-BASED PESTICIDE, LIQUID, FLAMMABLE, TOXIC, flashpoint less than 23 °C	-	3	2776
COPPER-BASED PESTICIDE, LIQUID, TOXIC	-	6.1	3010
COPPER-BASED PESTICIDE, LIQUID, TOXIC, FLAMMABLE, flashpoint not less than 23 C	-	6.1	3009
COPPER-BASED PESTICIDE, SOLID, TOXIC	-	6.1	2775
COPPER CHLORATE	-	5.1	2721
Copper(II) chlorate, *see*	-	5.1	2721
COPPER CHLORIDE	**P**	8	2802
Copper compounds, *see* COPPER BASED PESTICIDE	-	-	-
COPPER CYANIDE	**P**	6.1	1587
Copper metal powder, *see* **Note 1**	**P**	-	-
Copper sulphate, anhydrous, hydrates and solutions, *see* **Note 1**	**P**	-	-
COPRA	-	4.2	1363
CORD DETONATING flexible	-	1.1D	0065
CORD DETONATING flexible	-	1.4D	0289
CORD, DETONATING metal-clad	-	1.1D	0290
CORD, DETONATING metal-clad	-	1.2D	0102
CORD, DETONATING, MILD EFFECT metal-clad	-	1.4D	0104
CORD, IGNITER	-	1.4G	0066
Cordite, *see* POWDER, SMOKELESS	-	-	-
CORROSIVE LIQUID, N.O.S.	-	8	1760
CORROSIVE LIQUID, ACIDIC, INORGANIC, N.O.S.	-	8	3264
CORROSIVE LIQUID, ACIDIC, ORGANIC, N.O.S.	-	8	3265
CORROSIVE LIQUID, BASIC, INORGANIC, N.O.S.	-	8	3266
CORROSIVE LIQUID, BASIC, ORGANIC, N.O.S.	-	8	3267
CORROSIVE LIQUID, FLAMMABLE, N.O.S.	-	8	2920
CORROSIVE LIQUID, OXIDIZING, N.O.S.	-	8	3093
CORROSIVE LIQUID, SELF-HEATING, N.O.S.	-	8	3301
CORROSIVE LIQUID, TOXIC, N.O.S.	-	8	2922
CORROSIVE LIQUID, WATER-REACTIVE, N.O.S.	-	8	3094
CORROSIVE SOLID, N.O.S.	-	8	1759
CORROSIVE SOLID, ACIDIC, INORGANIC, N.O.S.	-	8	3260
CORROSIVE SOLID, ACIDIC, ORGANIC, N.O.S.	-	8	3261
CORROSIVE SOLID, BASIC, INORGANIC, N.O.S.	-	8	3262
CORROSIVE SOLID, BASIC, ORGANIC, N.O.S.	-	8	3263
CORROSIVE SOLID, FLAMMABLE, N.O.S.	-	8	2921
CORROSIVE SOLID, OXIDIZING, N.O.S.	-	8	3084

Substance, material or article	MP	Class	UN No.
CORROSIVE SOLID, SELF-HEATING, N.O.S.	-	8	3095
CORROSIVE SOLID, TOXIC, N.O.S.	-	8	2923
CORROSIVE SOLID, WATER-REACTIVE, N.O.S.	-	8	3096
Cosmetics, *see*	-	3	1266
Cotton, dry, *see*	-	4.1	3360
COTTON WASTE, OILY	-	4.2	1364
COTTON, WET	-	4.2	1365
Coumachlor, *see* COUMARIN DERIVATIVE PESTICIDE	**P**	-	-
Coumafuryl, *see* COUMARIN DERIVATIVE PESTICIDE	-	-	-
Coumaphos, *see* COUMARIN DERIVATIVE PESTICIDE	**P**	-	-
COUMARIN DERIVATIVE PESTICIDE, LIQUID, FLAMMABLE, TOXIC, flashpoint less than 23 °C	-	3	3024
COUMARIN DERIVATIVE PESTICIDE, LIQUID, TOXIC	-	6.1	3026
COUMARIN DERIVATIVE PESTICIDE, LIQUID, TOXIC, FLAMMABLE, flashpoint not less than 23 °C	-	6.1	3025
COUMARIN DERIVATIVE PESTICIDE, SOLID, TOXIC	-	6.1	3027
Coumatetryl, *see* COUMARIN DERIVATIVE PESTICIDE	-	-	-
Creosote, *see*	**P**	9	3082
Creosote salts, *see*	**P**	4.1	1334
CRESOLS, LIQUID	-	6.1	2076
CRESOLS, SOLID	-	6.1	3455
Cresyl diphenyl phosphate, *see*	**P**	9	3082
CRESYLIC ACID	-	6.1	2022
Crimidine, *see* ORGANOCHLORINE PESTICIDE	-	-	-
Crocidolite, *see*	-	9	2212
CROTONALDEHYDE	**P**	6.1	1143
CROTONALDEHYDE, STABILIZED	**P**	6.1	1143
CROTONIC ACID, LIQUID	-	8	3472
CROTONIC ACID, SOLID	-	8	2823
Crotonic aldehyde, stabilized, *see*	**P**	6.1	1143
CROTONYLENE	-	3	1144
Crotoxyphos, *see* ORGANOPHOSPHORUS PESTICIDE	**P**	-	-
Crude naphtha, *see*	-	3	1268
Crufomate, *see* ORGANOPHOSPHORUS PESTICIDE	-	-	-
Cumene, *see*	-	3	1918
Cumyl hydroperoxide (concentration > 90 to 98 %, with diluent Type A), *see*	-	5.2	3107
Cumyl hydroperoxide (concentration ≤ 90 %, with diluent Type A), *see*	-	5.2	3109
Cumyl peroxyneodecanoate (concentration ≤ 52 % as a stable dispersion in water), *see*	-	5.2	3119
Cumyl peroxyneodecanoate (concentration ≤ 77 %, with diluent Type B), *see*	-	5.2	3115
Cumyl peroxyneodecanoate (concentration ≤ 87 %, with diluent Type A), *see*	-	5.2	3115
Cumyl peroxyneoheptanoate (concentration ≤ 77 %, with diluent Type A), *see*	-	5.2	3115
Cumyl peroxypivalate (concentration ≤ 77 %, with diluent Type B), *see*	-	5.2	3115
Cupric arsenite, *see*	**P**	6.1	1586
Cupric chlorate, *see*	-	5.1	2721
Cupric chloride, *see*	**P**	8	2802
Cupric cyanide, *see*	**P**	6.1	1587
Cupric sulphate, *see* **Note 1**	**P**	-	-
CUPRIETHYLENEDIAMINE SOLUTION	**P**	8	1761
Cuprous Chloride, *see*	**P**	8	2802
Cut-backs, *see*	-	3	1999
CUTTERS, CABLE, EXPLOSIVE	-	1.4S	0070
Cyanazine, *see* TRIAZINE PESTICIDE	-	-	-
Cyanide mixture, inorganic, solid, N.O.S., *see*	**P**	6.1	1588
CYANIDES, INORGANIC, SOLID, N.O.S.	**P**	6.1	1588
CYANIDE SOLUTION, N.O.S.	**P**	6.1	1935
Cyanides, organic, flammable, toxic, N.O.S., *see*	-	3	3273
Cyanides, organic, toxic, N.O.S., *see*	-	6.1	3276
Cyanides, organic, toxic, flammable, N.O.S., *see*	-	6.1	3275
Cyanoacetonitrile, *see*	-	6.1	2647
CYANOGEN	-	2.3	1026
CYANOGEN BROMIDE	**P**	6.1	1889
CYANOGEN CHLORIDE, STABILIZED	**P**	2.3	1589
Cyanophos, *see* ORGANOPHOSPHORUS PESTICIDE	**P**	-	-
CYANURIC CHLORIDE	-	8	2670

Substance, material or article	MP	Class	UN No.
CYCLOBUTANE	-	2.1	2601
CYCLOBUTYL CHLOROFORMATE	-	6.1	2744
1,5,9-CYCLODODECATRIENE	**P**	6.1	2518
CYCLOHEPTANE	**P**	3	2241
CYCLOHEPTATRIENE	-	3	2603
1,3,5-Cycloheptatriene, *see*	-	3	2603
CYCLOHEPTENE	-	3	2242
1,4-Cyclohexadienedione, *see*	-	6.1	2587
CYCLOHEXANE	-	3	1145
Cyclohexanethiol, *see*	-	3	3054
CYCLOHEXANONE	-	3	1915
Cyclohexanone peroxide(s) (concentration ≤ 72 %, as a paste, with diluent Type A, with or without water, available oxygen ≤ 9 %), *see*	-	5.2	3106
Cyclohexanone peroxide(s) (concentration ≤ 72 %, with diluent Type A, available oxygen ≤ 9 %), *see*	-	5.2	3105
Cyclohexanone peroxide(s) (concentration ≤ 32 %, with inert solid) **(exempt)**	-	-	-
Cyclohexanone peroxides (concentration ≤ 91 %, with water), *see*	-	5.2	3104
CYCLOHEXENE	-	3	2256
CYCLOHEXENYLTRICHLOROSILANE	-	8	1762
Cycloheximide, *see* PESTICIDE, N.O.S.	-	-	-
CYCLOHEXYL ACETATE	-	3	2243
CYCLOHEXYLAMINE	-	8	2357
CYCLOHEXYL ISOCYANATE	-	6.1	2488
CYCLOHEXYL MERCAPTAN	-	3	3054
CYCLOHEXYLTRICHLOROSILANE	-	8	1763
CYCLONITE AND CYCLOTETRAMETHYLENETETRANITRAMINE MIXTURE, DESENSITIZED with not less than 10 % phlegmatizer, by mass	-	1.1D	0391
CYCLONITE AND CYCLOTETRAMETHYLENETETRANITRAMINE MIXTURE, WETTED with not less than 15 % water, by mass	-	1.1D	0391
CYCLONITE AND HMX MIXTURE, DESENSITIZED with not less than 10 % phlegmatizer, by mass	-	1.1D	0391
CYCLONITE AND HMX MIXTURE, WETTED with not less than 15 % water, by mass	-	1.1D	0391
CYCLONITE AND OCTOGEN MIXTURE, DESENSITIZED with not less than 10 % phlegmatizer, by mass	-	1.1D	0391
CYCLONITE AND OCTOGEN MIXTURE, WETTED with not less than 15 % water, by mass	-	1.1D	0391
CYCLONITE, DESENSITIZED	-	1.1D	0483
CYCLONITE, WETTED with not less than 15 % water, by mass	-	1.1D	0072
CYCLOOCTADIENEPHOSPHINES	-	4.2	2940
CYCLOOCTADIENES	-	3	2520
CYCLOOCTATETRAENE	-	3	2358
CYCLOPENTANE	-	3	1146
CYCLOPENTANOL	-	3	2244
CYCLOPENTANONE	-	3	2245
CYCLOPENTENE	-	3	2246
CYCLOPROPANE	-	2.1	1027
CYCLOTETRAMETHYLENETETRANITRAMINE, DESENSITIZED	-	1.1D	0484
CYCLOTETRAMETHYLENETETRANITRAMINE, WETTED with not less than 15 % water, by mass	-	1.1D	0226
CYCLOTRIMETHYLENETRINITRAMINE AND CYCLOTETRAMETHYLENETETRANITRAMINE MIXTURE, DESENSITIZED with not less than 10 % phlegmatizer, by mass	-	1.1D	0391
CYCLOTRIMETHYLENETRINITRAMINE AND CYCLOTETRAMETHYLENETETRANITRAMINE MIXTURE, WETTED with not less than 15 % water, by mass	-	1.1D	0391
CYCLOTRIMETHYLENETRINITRAMINE AND HMX MIXTURE, DESENSITIZED with not less than 10 % phlegmatizer, by mass	-	1.1D	0391
CYCLOTRIMETHYLENETRINITRAMINE AND HMX MIXTURE, WETTED with not less than 15 % water, by mass	-	1.1D	0391
CYCLOTRIMETHYLENETRINITRAMINE AND OCOTGEN MIXTURE, WETTED with not less than 15 % water, by mass	-	1.1D	0391
CYCLOTRIMETHYLENETRINITRAMINE AND OCTOGEN MIXTURE, DESENSITIZED with not less than 10 % phlegmatizer, by mass	-	1.1D	0391
CYCLOTRIMETHYLENETRINITRAMINE , DESENSITIZED	-	1.1D	0483
CYCLOTRIMETHYLENETRINITRAMINE, WETTED with not less than 15 % water, by mass	-	1.1D	0072
Cyhexatin, *see* ORGANOTIN PESTICIDE	**P**	-	-
CYMENES	**P**	3	2046
Cymol, *see*	**P**	3	2046
Cypermethrin, *see* PYRETHROID PESTICIDE	**P**	-	-

Substance, material or article	MP	Class	UN No.
2,4-D, *see* PHENOXYACETIC ACID DERIVATIVE PESTICIDE	-	-	-
DANGEROUS GOODS IN APPARATUS	-	9	3363
DANGEROUS GOODS IN MACHINERY	-	9	3363
Dazomet, *see* PESTICIDE, N.O.S.	-	-	-
2,4-DB, *see* PHENOXYACETIC ACID DERIVATIVE PESTICIDE	-	-	-
DDT, *see* ORGANOCHLORINE PESTICIDE	**P**	-	-
Deanol, *see*	-	8	2051
DECABORANE	-	4.1	1868
([3R-(3R,5aS,6S,8aS,9R,10R,12S,12aR**)]-Decahydro-10-methoxy-3,6,9-trimethyl-3,12-epoxy-12H-pyrano[4,3-j]-1,2-benzodioxepin) (concentration ≤ 100 %), *see*	-	5.2	3106
DECAHYDRONAPHTHALENE	-	3	1147
Decaldehyde, *see*	**P**	9	3082
Decalin, *see*	-	3	1147
n-DECANE	-	3	2247
Decyl acrylate, *see*	**P**	9	3082
Decyloxytetrahydrothiophene dioxide, *see* **Note 1**	**P**	-	-
DEF, *see* ORGANOPHOSPHORUS PESTICIDE	**P**	-	-
DEFLAGRATING METAL SALTS OF AROMATIC NITRODERIVATIVES, N.O.S.	-	1.3C	0132
Demephion, *see* ORGANOPHOSPHORUS PESTICIDE	-	-	-
Demeton, *see* ORGANOPHOSPHORUS PESTICIDE	-	-	-
Demeton-O, *see* ORGANOPHOSPHORUS PESTICIDE	-	-	-
Demeton-O-methyl, thiono isomer, *see* ORGANOPHOSPHORUS PESTICIDE	-	-	-
Demeton-S-methyl, *see* ORGANOPHOSPHORUS PESTICIDE	-	-	-
Demeton-S-methylsulfoxyd, *see* ORGANOPHOSPHORUS PESTICIDE	-	-	-
Depth charges, *see*	-	1.1D	0056
DESENSITIZED EXPLOSIVE, LIQUID, N.O.S.	-	3	3379
DESENSITIZED EXPLOSIVE, SOLID, N.O.S.	-	4.1	3380
Desmedipham, *see* **Note 1**	**P**	-	-
Detonating relays, *see* DETONATOR ASSEMBLIES, NON-ELECTRIC for blasting *or* DETONATORS, NON-ELECTRIC for blasting	-	-	-
DETONATOR ASSEMBLIES, NON-ELECTRIC for blasting	-	1.1B	0360
DETONATOR ASSEMBLIES, NON-ELECTRIC for blasting	-	1.4B	0361
DETONATOR ASSEMBLIES, NON-ELECTRIC for blasting	-	1.4S	0500
DETONATORS, ELECTRIC for blasting	-	1.1B	0030
DETONATORS, ELECTRIC for blasting	-	1.4B	0255
DETONATORS, ELECTRIC for blasting	-	1.4S	0456
DETONATORS FOR AMMUNITION	-	1.1B	0073
DETONATORS FOR AMMUNITION	-	1.2B	0364
DETONATORS FOR AMMUNITION	-	1.4B	0365
DETONATORS FOR AMMUNITION	-	1.4S	0366
DETONATORS, NON-ELECTRIC for blasting	-	1.1B	0029
DETONATORS, NON-ELECTRIC for blasting	-	1.4B	0267
DETONATORS, NON-ELECTRIC for blasting	-	1.4S	0455
DEUTERIUM, COMPRESSED	-	2.1	1957
DEVICES, SMALL, HYDROCARBON GAS POWERED	-	2.1	3150
Diacetone, *see*	-	3	1148
DIACETONE ALCOHOL	-	3	1148
Diacetone alcohol peroxides (concentration ≤ 57 %, with diluent Type B and water, hydrogen peroxide ≤ 9 %, available oxygen ≤ 10 %), *see*	-	5.2	3115
Diacetyl, *see*	-	3	2346
Diacetyl peroxide (concentration ≤ 27 %, with diluent Type B), *see*	-	5.2	3115
Dialifos, *see* ORGANOPHOSPHORUS PESTICIDE	**P**	-	-
Diallate, *see* PESTICIDE, N.O.S.	**P**	-	-
DIALLYLAMINE	-	3	2359
DIALLYL ETHER	-	3	2360
Diamine, aqueous solution, *see*	-	6.1	3293
Diaminobenzenes *(ortho-; meta-; para-)*, *see*	-	6.1	1673
4,4'-DIAMINODIPHENYLMETHANE	**P**	6.1	2651
1,2-Diaminoethane, *see*	-	8	1604
1,6-Diaminohexane, solid, *see*	-	8	2280
1,6-Diaminohexane solution, *see*	-	8	1783
Diaminopropylamine, *see*	-	8	2269
DI-*n*-AMYLAMINE	-	3	2841

Substance, material or article	MP	Class	UN No.
Di-*tert*-amyl peroxide (concentration ≤ 100 %), *see*	-	5.2	3107
2,2-Di-(*tert*-amylperoxy)butane (concentration ≤ 57 %, with diluent Type A), *see*	-	5.2	3105
1,1-Di-(*tert*-amylperoxy)cyclohexane (concentration ≤ 82 %, with diluent Type A), *see*	-	5.2	3103
Diazinon, *see* ORGANOPHOSPHORUS PESTICIDE	**P**	-	-
DIAZODINITROPHENOL, WETTED with not less than 40 % water or mixture of alcohol and water, by mass	-	1.1A	0074
2-Diazo-1-naphtholsulphonic acid ester mixture Type D (concentration < 100 %), *see*	-	4.1	3226
2-Diazo-1-naphthol-4-sulphonyl chloride (concentration 100 %), *see*	-	4.1	3222
2-Diazo-1-naphthol-5-sulphonyl chloride (concentration 100 %), *see*	-	4.1	3222
Dibenzopyridine, *see*	-	6.1	2713
Dibenzoyl peroxide (concentration ≤ 52 %, as a paste, with diluent Type A, with or without water), *see*	-	5.2	3108
Dibenzoyl peroxide (concentration ≤ 56.5 % as a paste, with water), *see*	-	5.2	3108
Dibenzoyl peroxide (concentration ≤ 42 % as a stable dispersion in water), *see*	-	5.2	3109
Dibenzoyl peroxide (concentration > 52 to 100 %, with inert solid), *see*	-	5.2	3102
Dibenzoyl peroxide (concentration > 52 to 62 %, as a paste, with diluent Type A, with or without water), *see*	-	5.2	3106
Dibenzoyl peroxide (concentration > 36 to 42 %, with diluent Type A and water), *see*	-	5.2	3107
Dibenzoyl peroxide (concentration > 35 to 52 %, with inert solid), *see*	-	5.2	3106
Dibenzoyl peroxide (concentration > 77 to 94 %, with water), *see*	-	5.2	3102
Dibenzoyl peroxide (concentration ≤ 35 %, with inert solid) **(exempt)**	-	-	-
Dibenzoyl peroxide (concentration ≤ 62 %, with inert solid and water), *see*	-	5.2	3106
Dibenzoyl peroxide (concentration ≤ 77 %, with water), *see*	-	5.2	3104
DIBENZYLDICHLOROSILANE	-	8	2434
DIBORANE	-	2.3	1911
1,3-Dibromobenzene, *see*	**P**	9	3082
1,2-DIBROMOBUTAN-3-ONE	-	6.1	2648
1,2-Dibromo-3-chloropropane (pesticides), *see* DIBROMOCHLOROPROPANES	-	6.1	2872
DIBROMOCHLOROPROPANES	-	6.1	2872
DIBROMODIFLUOROMETHANE	-	9	1941
1,2-Dibromoethane, *see*	-	6.1	1605
DIBROMOMETHANE	-	6.1	2664
2,5-Dibutoxy-4-(4-morpholinyl)benzenediazonium tetrachlorozincate (2:1) (concentration 100 %), *see*	-	4.1	3228
DI-*n*-BUTYLAMINE	-	8	2248
DIBUTYLAMINOETHANOL	-	6.1	2873
2-Dibutylaminoethanol, *see*	-	6.1	2873
1,4-Di-*tert*-butylbenzene, *see*	**P**	9	3077
Di-(4-tert-butylcyclohexyl) peroxydicarbonate, *see*	-	5.2	3116
Di-(4-*tert*-butylcyclohexyl) peroxydicarbonate (concentration ≤ 100 %), *see*	-	5.2	3114
Di-(4-*tert*-butylcyclohexyl) peroxydicarbonate (concentration ≤ 42 %, as a stable dispersion in water), *see*	-	5.2	3119
DIBUTYL ETHERS	-	3	1149
Di-*normal*-butyl ketone, *see*	**P**	3	1224
Di-*tert*-butyl peroxide (concentration > 52 to 100 %), *see*	-	5.2	3107
Di-*tert*-butyl peroxide (concentration ≤ 52 %, with diluent Type B), *see*	-	5.2	3109
Di-*tert*-butyl peroxyazelate (concentration ≤ 52 %, with diluent Type A), *see*	-	5.2	3105
2,2-Di-(*tert*-butylperoxy)butane (concentration ≤ 52 %, with diluent Type A), *see*	-	5.2	3103
1,6-Di-*tert*-butylperoxycarbonyloxy)hexane (concentration ≤ 72 %, with diluent Type A), *see*	-	5.2	3103
1,1-Di-(*tert*-butylperoxy)cyclohexane + *tert*-Butyl peroxy-2-ethylhexanoate (concentration ≤ 43 % + ≤ 16 %, with diluent Type A), *see*	-	5.2	3105
1,1-Di-(*tert*-butylperoxy)cyclohexane (concentration > 80 to 100 %), *see*	-	5.2	3101
1,1-Di-(*tert*-butylperoxy)cyclohexane (concentration > 42 to 52 %, with diluent Type A), *see*	-	5.2	3105
1,1-Di-(*tert*-butylperoxy)cyclohexane (concentration > 52 to 80 %, with diluent Type A), *see*	-	5.2	3103
1,1-Di-(*tert*-butylperoxy)cyclohexane (concentration ≤ 13 %, with diluents Type A and B), *see*	-	5.2	3109
1,1-Di-(*tert*-butylperoxy)cyclohexane (concentration ≤ 27 %, with diluent Type A), *see*	-	5.2	3107
1,1-Di-(*tert*-butylperoxy)cyclohexane (concentration ≤ 42 %, with diluent Type A), *see*	-	5.2	3109
1,1-Di-(*tert*-butylperoxy)cyclohexane (concentration ≤ 72 %, with diluent Type B), *see*	-	5.2	3103
1,1-Di-(*tert*-butylperoxy)cyclohexane (concentration ≤ 42 %, with diluent Type A and inert solid), *see*	-	5.2	3106
Di-*n*-butyl peroxydicarbonate (concentration ≤ 42 %, as a stable dispersion in water (frozen)), *see*	-	5.2	3118
Di-*sec*-butyl peroxydicarbonate (concentration > 52 to 100 %), *see*	-	5.2	3113
Di-*n*-butyl peroxydicarbonate (concentration > 27 to 52 %, with diluent Type B), *see*	-	5.2	3115
Di-*n*-butyl peroxydicarbonate (concentration ≤ 27 %, with diluent Type B), *see*	-	5.2	3117

Substance, material or article	MP	Class	UN No.
Di-*sec*-butyl peroxydicarbonate (concentration ≤ 52 %, with diluent Type B), *see*	-	5.2	3115
Di-(*tert*-butylperoxyisopropyl)benzene(s) (concentration > 42 to 100 %, with inert solid), *see*	-	5.2	3106
Di-(2-*tert*-butylperoxyisopropyl)benzene(s) (concentration ≤ 42 % with inert solid), **(exempt)**	-	-	-
Di-(*tert*-butylperoxy) phthalate (concentration ≤ 52 %, as a paste with diluent Type A, with or without water), *see*	-	5.2	3106
Di-(*tert*-butylperoxy) phthalate (concentration > 42 to 52 %, with diluent Type A), *see*	-	5.2	3105
Di-(*tert*-butylperoxy) phthalate (concentration ≤ 42 %, with diluent Type A), *see*	-	5.2	3107
2,2-Di-(*tert*-butylperoxy)propane (concentration ≤ 52 % with diluent Type A), *see*	-	5.2	3105
2,2-Di-(*tert*-butylperoxy)propane (concentration ≤ 42 %, with diluent Type A, with inert solid), *see*	-	5.2	3106
1,1-Di-(*tert*-butylperoxy)-3,3,5-trimethylcyclohexane (concentration > 90 to 100 %), *see*	-	5.2	3101
1,1-Di-(*tert*-butylperoxy)-3,3,5-trimethylcyclohexane (concentration > 57 to 90 %, with diluent Type A), *see*	-	5.2	3103
1,1-Di-(*tert*-butylperoxy)-3,3,5-trimethylcyclohexane (concentration ≤ 32 %, with diluents Type A and B), *see*	-	5.2	3107
1,1-Di-(*tert*-butylperoxy)-3,3,5-trimethylcyclohexane (concentration ≤ 57 %, with diluent Type A), *see*	-	5.2	3107
1,1-Di-(*tert*-butylperoxy)-3,3,5-trimethylcyclohexane (concentration ≤ 77 %, with diluent Type B), *see*	-	5.2	3103
1,1-Di-(*tert*-butylperoxy)-3,3,5-trimethylcyclohexane (concentration ≤ 90 %, with diluent Type B), *see*	-	5.2	3103
1,1-Di-(*tert*-butylperoxy)-3,3,5-trimethylcyclohexane (concentration ≤ 57 %, with inert solid), *see*	-	5.2	3110
2,4-Di-*tert*-butylphenol, *see* **Note 1**	-	-	-
2,6-Di-*tert*-butylphenol, *see* **Note 1**	-	-	-
Di-*n*-butyl phthalate, *see*	**P**	9	3082
Dicetyl peroxydicarbonate (concentration ≤ 100 %), *see*	-	5.2	3120
Dicetyl peroxydicarbonate (concentration ≤ 42 %, as a stable dispersion in water), *see*	-	5.2	3119
Dichlofenthion, *see* ORGANOPHOSPHORUS PESTICIDE	**P**	-	-
DICHLOROACETIC ACID	-	8	1764
1,3-DICHLOROACETONE	-	6.1	2649
DICHLOROACETYL CHLORIDE	-	8	1765
DICHLOROANILINES, LIQUID	**P**	6.1	1590
DICHLOROANILINES, SOLID	**P**	6.1	3442
1,2-Dichlorobenzene, *see*	-	6.1	1591
1,3-Dichlorobenzene, *see*	**P**	6.1	2810
1,4-Dichlorobenzene, *see*	**P**	9	3082
meta-Dichlorobenzene, *see*	**P**	6.1	2810
o-DICHLOROBENZENE	-	6.1	1591
para-Dichlorobenzene, *see*	**P**	9	3082
Di-(4-chlorobenzoyl) peroxide (concentration ≤ 52 %, as a paste, with diluent type A, with or without water), *see*	-	5.2	3106
Di-(4-chlorobenzoyl) peroxide (concentration ≤ 32 %, with inert solid) **(exempt)**	-	-	-
Di-(4-chlorobenzoyl) peroxide (concentration ≤ 77 %, with water), *see*	-	5.2	3102
2,2'-DICHLORODIETHYL ETHER	-	6.1	1916
DICHLORODIFLUOROMETHANE	-	2.2	1028
DICHLORODIFLUOROMETHANE AND DIFLUOROETHANE AZEOTROPIC MIXTURE with approximately 74 % dichlorodifluoromethane	-	2.2	2602
Dichlorodifluoromethane and ethylene oxide mixture, *see*	-	2.2	3070
DICHLORODIMETHYL ETHER, SYMMETRICAL	-	6.1	2249
1,1-DICHLOROETHANE	-	3	2362
1,2-Dichloroethane, *see*	-	3	1184
1,2-DICHLOROETHYLENE	-	3	1150
1,1-Dichloroethylene, stabilized, *see*	**P**	3	1303
Di-(2-chloroethyl) ether, *see*	-	6.1	1916
DICHLOROFLUOROMETHANE	-	2.2	1029
1,6-Dichlorohexane, *see*	**P**	9	3082
alpha-Dichlorohydrin, *see*	-	6.1	2750
DICHLOROISOCYANURIC ACID, DRY	-	5.1	2465
DICHLOROISOCYANURIC ACID SALTS	-	5.1	2465
Dichloroisopropyl alcohol, *see*	-	6.1	2750
DICHLOROISOPROPYL ETHER	-	6.1	2490
DICHLOROMETHANE	-	6.1	1593
1,1-DICHLORO-1-NITROETHANE	-	6.1	2650
DICHLOROPENTANES	-	3	1152
2,4-Dichlorophenol, *see*	**P**	6.1	2020

Substance, material or article	MP	Class	UN No.
Dichlorophenols, liquid, *see*	-	6.1	2021
Dichlorophenols, solid, *see*	-	6.1	2020
DICHLOROPHENYL ISOCYANATES	-	6.1	2250
DICHLOROPHENYLTRICHLOROSILANE	**P**	8	1766
1,1-Dichloropropane, *see*	-	3	1993
1,2-DICHLOROPROPANE	-	3	1279
1,3-Dichloropropane, *see*	-	3	1993
1,3-DICHLOROPROPANOL-2	-	6.1	2750
1,3-Dichloro-2-propanone, *see*	-	6.1	2649
1,3-Dichloropropene, *see*	**P**	3	2047
DICHLOROPROPENES	-	3	2047
DICHLOROSILANE	-	2.3	2189
1,2-DICHLORO-1,1,2,2-TETRAFLUORETHANE	-	2.2	1958
Dichloro-*s*-triazine-2,4,6-trione, *see*	-	5.1	2465
Dichlorvos, *see* ORGANOPHOSPHORUS PESTICIDE	**P**	-	-
Diclofop-methyl, *see* **Note 1**	**P**	-	-
Dicoumarol, *see* COUMARIN DERIVATIVE PESTICIDE	-	-	-
Dicrotophos, *see* ORGANOPHOSPHORUS PESTICIDE	**P**	-	-
Dicumyl peroxide (concentration > 52 to 100 %), *see*	-	5.2	3110
Dicumyl peroxide (concentration ≤ 52 %, with inert solid) **(exempt)**	-	-	-
1,4-Dicyanobutane, *see*	-	6.1	2205
Dicyanogen, *see*	-	2.3	1026
Dicycloheptadiene, stabilized, *see*	-	3	2251
DICYCLOHEXYLAMINE	-	8	2565
Dicyclohexylamine nitrite, *see*	-	4.1	2687
DICYCLOHEXYLAMMONIUM NITRITE	-	4.1	2687
Dicyclohexyl peroxydicarbonate (concentration ≤ 42 %, as a stable dispersion in water), *see*	-	5.2	3119
Dicyclohexyl peroxydicarbonate (concentration > 91 to 100 %), *see*	-	5.2	3112
Dicyclohexyl peroxydicarbonate (concentration ≤ 91 %, with water), *see*	-	5.2	3114
DICYCLOPENTADIENE	-	3	2048
Didecanoyl peroxide (concentration ≤ 100 %), *see*	-	5.2	3114
2,2-Di-(4,4-di-(*tert*-butylperoxy)cyclohexyl)propane (concentration ≤ 42 %, with inert solid), *see*	-	5.2	3106
2,2-Di-(4,4-di-(*tert*-butylperoxy)cyclohexyl)propane (concentration ≤ 22 %, with water), *see*	-	5.2	3107
Di-(2,4-dichlorobenzoyl) peroxide (concentration ≤ 52 %, as a paste), *see*	-	5.2	3118
Di-(2,4-dichlorobenzoyl) peroxide (concentration ≤ 52 %, as a paste, with silicon oil), *see*	-	5.2	3106
Di-(2,4-dichlorobenzoyl) peroxide (concentration ≤ 77 %, with water), *see*	-	5.2	3102
1,2-DI-(DIMETHYLAMINO) ETHANE	-	3	2372
DIDYMIUM NITRATE	-	5.1	1465
Dieldrin, *see* ORGANOCHLORINE PESTICIDE	**P**	-	-
DIESEL FUEL	-	3	1202
1,1-Diethoxyethane, *see*	-	3	1088
1,2-Diethoxyethane, *see*	-	3	1153
Di-(2-ethoxyethyl) peroxydicarbonate (concentration ≤ 52 %, with diluent Type B), *see*	-	5.2	3115
DIETHOXYMETHANE	-	3	2373
2,5-Diethoxy-4-morpholinobenzenediazonium tetrafluoroborate (concentration 100 %), *see*	-	4.1	3236
2,5-Diethoxy-4-morpholinobenzenediazonium zinc chloride (concentration 66 %), *see*	-	4.1	3236
2,5-Diethoxy-4-morpholinobenzenediazonium zinc chloride (concentration 67 to 100 %), *see*	-	4.1	3236
2,5-Diethoxy-4-(4-morpholinyl)benzenediazonium sulphate (concentration 100 %), *see*	-	4.1	3226
2,5-Diethoxy-4-(phenylsulphonyl)benzenediazonium zinc chloride (concentration 67 %), *see*	-	4.1	3236
3,3-DIETHOXYPROPENE	-	3	2374
Diethylacetaldehyde, *see*	-	3	1178
DIETHYLAMINE	-	3	1154
1-Diethylamino-4-aminopentane, *see*	-	6.1	2946
Diethylaminoethanol, *see*	-	8	2686
2-DIETHYLAMINOETHANOL	-	8	2686
3-DIETHYLAMINOPROPYLAMINE	-	3	2684
N,N-DIETHYLANILINE	-	6.1	2432
DIETHYLBENZENE	-	3	2049
Diethyl carbinol, *see*	-	3	1105
DIETHYL CARBONATE	-	3	2366
DIETHYLDICHLOROSILANE	-	8	1767
Diethylenediamine, *see*	-	8	2579

Substance, material or article	MP	Class	UN No.
Diethylenediamine, solid, *see*	-	8	2579
1,4-Diethylene dioxide, *see*	-	3	1165
Diethyleneglycol bis(allyl carbonate) + Di-isopropyl peroxydicarbonate (concentration ≥ 88 % + ≤ 12 %), *see*	-	4.1	3237
DIETHYLENEGLYCOL DINITRATE, DESENSITIZED with not less than 25 % non-volatile water-insoluble phlegmatizer, by mass	-	1.1D	0075
Diethylene oxide, *see*	-	3	1165
DIETHYLENETRIAMINE	-	8	2079
N,N-Diethylethanolamine, *see*	-	8	2686
DIETHYL ETHER	-	3	1155
N,N-DIETHYLETHYLENEDIAMINE	-	8	2685
Diethyl formal, *see*	-	3	2373
Di-(2-ethylhexyl) peroxydicarbonate (concentration ≤ 62 %, as a stable dispersion in water), *see*	-	5.2	3119
Di-(2-ethylhexyl) peroxydicarbonate (concentration ≤ 52 %, as a stable dispersion in water (frozen)), *see*	-	5.2	3120
Di-(2-ethylhexyl) peroxydicarbonate (concentration > 77 to 100 %), *see*	-	5.2	3113
Di-(2-ethylhexyl) peroxydicarbonate (concentration ≤ 77 %, with diluent Type B), *see*	-	5.2	3115
Di-(2-ethylhexyl)phosphoric acid, *see*	-	8	1902
DIETHYL KETONE	-	3	1156
Diethyl oxalate, *see*	-	6.1	2525
N,N-Diethyl-1,3-propanediamine, *see*	-	3	2684
DIETHYL SULPHATE	-	6.1	1594
DIETHYL SULPHIDE	-	3	2375
DIETHYLTHIOPHOSPHORYL CHLORIDE	-	8	2751
Diethylzinc, *see*	-	4.2	3394
Difenacoum, *see* COUMARIN DERIVATIVE PESTICIDE	-	-	-
Difenzoquat, *see* PESTICIDE, N.O.S.	-	-	-
2,4-Difluoroaniline, *see*	-	6.1	2941
Difluorochloroethane, *see*	-	2.1	2517
Difluorodibromomethane, *see*	-	9	1941
1,1-DIFLUOROETHANE	-	2.1	1030
Difluoroethane and dichlorodifluoromethane, azeotropic mixture, with approximately 74 % dichlorodifluoromethane, *see* DICHLORODIFLUOROMETHANE AND DIFLUOROETHANE, AZEOTROPIC MIXTURE	-	-	-
1,1-DIFLUOROETHYLENE	-	2.1	1959
DIFLUOROMETHANE	-	2.1	3252
DIFLUOROPHOSPHORIC ACID, ANHYDROUS	-	8	1768
2,2-Dihydroperoxypropane (concentration ≤ 27 %, with inert solid), *see*	-	5.2	3102
2,3-DIHYDROPYRAN	-	3	2376
meta-Dihydroxybenzene, *see*	-	6.1	2876
Di-(1-hydroxycyclohexyl) peroxide (concentration ≤ 100 %), *see*	-	5.2	3106
DIISOBUTYLAMINE	-	3	2361
DIISOBUTYLENES, ISOMERIC COMPOUNDS	-	3	2050
DIISOBUTYL KETONE	-	3	1157
Diisobutyryl peroxide, *see*	-	5.2	3119
Diisobutyryl peroxide (concentration > 32 to 52 %, with diluent Type B), *see*	-	5.2	3111
Diisobutyryl peroxide (concentration ≤ 32 %, with diluent Type B), *see*	-	5.2	3115
DIISOOCTYL ACID PHOSPHATE	-	8	1902
Diisopropyl, *see*	-	3	2457
DIISOPROPYLAMINE	-	3	1158
Diisopropylbenzene dihydroperoxide (concentration ≤ 82 %, with diluent Type A and water), *see*	-	5.2	3106
Diisopropylbenzenes, *see*	**P**	9	3082
DIISOPROPYL ETHER	-	3	1159
Diisopropylnaphthalenes, mixed isomers, *see*	**P**	9	3082
Diisopropyl peroxydicarbonate (concentration > 52 to 100 %), *see*	-	5.2	3112
Diisopropyl peroxydicarbonate (concentration ≤ 32 %, with diluent Type A), *see*	-	5.2	3115
Diisopropyl peroxydicarbonate (concentration ≤ 52 %, with diluent Type B), *see*	-	5.2	3115
DIKETENE, STABILIZED	-	6.1	2521
Dilauroyl peroxide (concentration ≤ 100 %), *see*	-	5.2	3106
Dilauroyl peroxide (concentration ≤ 42 %, as a stable dispersion in water), *see*	-	5.2	3109
Dimefox, *see* ORGANOPHOSPHORUS PESTICIDE	-	-	-
Dimetan, *see* CARBAMATE PESTICIDE	-	-	-
Dimethoate, *see* ORGANOPHOSPHORUS PESTICIDE	**P**	-	-

Substance, material or article	MP	Class	UN No.
Di-(3-methoxybutyl) peroxydicarbonate (concentration ≤ 52 %, with diluent Type B), *see*	-	5.2	3115
1,1-DIMETHOXYETHANE	-	3	2377
1,2-DIMETHOXYETHANE	-	3	2252
Dimethoxymethane, *see*	-	3	1234
2,5-Dimethoxy-4-(4-methylphenylsulphonyl)benzenediazonium zinc chloride (concentration 79 %), *see*	-	4.1	3236
Dimethoxystrychnine, *see*	-	6.1	1570
Dimethyl acetal, *see*	-	3	2377
1,1-Dimethylacetone, *see*	-	3	2397
Dimethylacetylene, *see*	-	3	1144
DIMETHYLAMINE, ANHYDROUS	-	2.1	1032
DIMETHYLAMINE, AQUEOUS SOLUTION	-	3	1160
2-DIMETHYLAMINOACETONITRILE	-	3	2378
4-(Dimethylamino)benzenediazonium trichlorozincate(-1) (concentration 100 %), *see*	-	4.1	3228
4-Dimethylamino-6-(2-dimethylaminoethoxy)toluene-2-diazonium zinc chloride (concentration 100 %), *see*	-	4.1	3236
2-DIMETHYLAMINOETHANOL	-	8	2051
2-DIMETHYLAMINOETHYL ACRYLATE, STABILIZED	-	6.1	3302
2-DIMETHYLAMINOETHYL METHACRYLATE	-	6.1	2522
3,4-Dimethylaniline, *see*	-	6.1	1711
N,N-DIMETHYLANILINE	-	6.1	2253
Dimethylarsinic acid, *see*	-	6.1	1572
Dimethylbenzenes, *see*	-	3	1307
Di-(4-methylbenzoyl) peroxide (concentration ≤ 52 % as a paste with silicon oil), *see*	-	5.2	3106
Di-(3-methylbenzoyl) peroxide (concentration ≤ 20 %), with Benzoyl (3-methylbenzoyl) peroxide (concentration ≤ 18 %), with Dibenzoyl peroxide (concentration ≤ 4 %) and diluent Type B, *see*	-	5.2	3115
Di-(2-methylbenzoyl) peroxide (concentration ≤ 87 %, with water), *see*	-	5.2	3112
Dimethylbenzylamine, *see*	-	8	2619
N,N-Dimethylbenzylamine, *see*	-	8	2619
2,3-DIMETHYLBUTANE	-	3	2457
1,3-DIMETHYLBUTYLAMINE	-	3	2379
DIMETHYLCARBAMOYL CHLORIDE	-	8	2262
Dimethyl carbinol, *see*	-	3	1219
DIMETHYL CARBONATE	-	3	1161
DIMETHYLCYCLOHEXANES	-	3	2263
N,N-DIMETHYLCYCLOHEXYLAMINE	-	8	2264
2,5-Dimethyl-2,5-di-(benzoylperoxy)hexane (concentration > 82 to 100 %), *see*	-	5.2	3102
2,5-Dimethyl-2,5-di-(benzoylperoxy)hexane (concentration ≤ 82 %, with inert solid), *see*	-	5.2	3106
2,5-Dimethyl-2,5-di-(benzoylperoxy)hexane (concentration ≤ 82 %, with water), *see*	-	5.2	3104
2,5-Dimethyl-2,5-di-(*tert*-butylperoxy)hexane (concentration ≤ 47 %, as a paste), *see*	-	5.2	3108
2,5-Dimethyl-2,5-di-(*tert*-butylperoxy)hexane (concentration > 52 to 90 %), *see*	-	5.2	3105
2,5-Dimethyl-2,5-di-(*tert*-butylperoxy)hexane (concentration > 90 to 100 %), *see*	-	5.2	3103
2,5-Dimethyl-2,5-di-(*tert*-butylperoxy)hexane (concentration ≤ 52 %, with diluent Type A), *see*	-	5.2	3109
2,5-Dimethyl-2,5-di-(*tert*-butylperoxy)hexane (concentration ≤ 77 %, with inert solid), *see*	-	5.2	3108
2,5-Dimethyl-2,5-di-(*tert*-butylperoxy)hexyne-3 (concentration > 86 to 100 %), *see*	-	5.2	3101
2,5-Dimethyl-2,5-di-(*tert*-butylperoxy)hexyne-3 (concentration > 52 to 86 %, with diluent Type A), *see*	-	5.2	3103
2,5-Dimethyl-2,5-di-(*tert*-butylperoxy)hexyne-3 (concentration ≤ 52 %, with inert solid), *see*	-	5.2	3106
DIMETHYLDICHLOROSILANE	-	3	1162
DIMETHYLDIETHOXYSILANE	-	3	2380
2,5-Dimethyl-2,5-di-(2-ethylhexanoylperoxy)hexane (concentration ≤ 100 %), *see*	-	5.2	3113
2,5-Dimethyl-2,5-dihydroperoxyhexane (concentration ≤ 82 %, with water), *see*	-	5.2	3104
DIMETHYLDIOXANES	-	3	2707
DIMETHYL DISULPHIDE	**P**	3	2381
2,5-Dimethyl-2,5-di-(3,5,5-trimethylhexanoylperoxy)hexane (concentration ≤ 77 %, with diluent Type A), *see*	-	5.2	3105
N,N-Dimethyldodecylamine, *see* **Note 1**	**P**	-	-
Dimethyleneimine, stabilized, *see*	-	6.1	1185
Dimethylethanolamine, *see*	-	8	2051
DIMETHYL ETHER	-	2.1	1033
N,N-DIMETHYLFORMAMIDE	-	3	2265
N,N-Dimethylglycinonitrile, *see*	-	3	2378
Dimethylglyoxal, *see*	-	3	2346

Substance, material or article	MP	Class	UN No.
2,6-Dimethyl-4-heptanone, *see*	-	3	1157
1,1-Dimethylhydrazine, *see*	**P**	6.1	1163
1,2-Dimethylhydrazine, *see*	**P**	6.1	2382
DIMETHYLHYDRAZINE, SYMMETRICAL	**P**	6.1	2382
DIMETHYLHYDRAZINE, UNSYMMETRICAL	**P**	6.1	1163
1,1-Dimethyl-3-hydroxybutyl peroxyneoheptanoate (concentration ≤ 52 %, with diluent Type A), *see*	-	5.2	3117
Dimethyl ketone, *see*	-	3	1090
Dimethyl ketone solutions, *see*	-	3	1090
N,N-Dimethyl-4-nitrosoaniline, *see*	-	4.2	1369
para-Dimethylnitrosoaniline, *see*	-	4.2	1369
Dimethylphenols, liquid, *see*	-	6.1	3430
Dimethylphenols, solid, *see*	-	6.1	2261
Dimethyl phosphorochlorodithionate, *see*	-	6.1	2267
2,2-DIMETHYLPROPANE	-	2.1	2044
DIMETHYL-N-PROPYLAMINE	-	3	2266
N,N-Dimethylpropylamine, *see*	-	3	2266
Dimethyl *normal*-propyl carbinol, *see*	-	3	2560
DIMETHYL SULPHATE	-	6.1	1595
DIMETHYL SULPHIDE	-	3	1164
DIMETHYL THIOPHOSPHORYL CHLORIDE	-	6.1	2267
Dimethylzinc, *see*	-	4.2	3394
Dimetilan, *see* CARBAMATE PESTICIDE	-	-	-
Dimexano, *see* PESTICIDE, N.O.S.	-	-	-
Dimyristyl peroxydicarbonate (concentration ≤ 100 %), *see*	-	5.2	3116
Dimyristyl peroxydicarbonate (concentration ≤ 42 %, as a stable dispersion in water), *see*	-	5.2	3119
Di-(2-neodecanoylperoxyisopropyl)benzene (concentration ≤ 52 %, with diluent Type A), *see*	-	5.2	3115
DINGU	-	1.1D	0489
DINITROANILINES	-	6.1	1596
DINITROBENZENES, LIQUID	-	6.1	1597
DINITROBENZENES, SOLID	-	6.1	3443
Dinitrochlorobenzenes, liquid, *see*	**P**	6.1	1577
Dinitrochlorobenzenes, solid, *see*	**P**	6.1	3441
DINITRO-*o*-CRESOL	**P**	6.1	1598
Dinitrogen oxide, *see*	-	2.2	1070
Dinitrogen oxide, refrigerated liquid, *see*	-	2.2	2201
DINITROGEN TETROXIDE	-	2.3	1067
Dinitrogen tetroxide and nitric oxide mixtures, *see* NITRIC OXIDE AND DINITROGEN TETROXIDE MIXTURE	-	-	-
Dinitrogen trioxide, *see*	-	2.3	2421
DINITROGLYCOLURIL	-	1.1D	0489
Dinitrophenates (class 1), *see*	**P**	1.3C	0077
Dinitrophenates, wetted, *see*	**P**	4.1	1321
DINITROPHENOLATES alkali metals, dry or wetted with less than 15 % water, by mass	**P**	1.3C	0077
DINITROPHENOLATES, WETTED with not less than 15 % water, by mass	**P**	4.1	1321
DINITROPHENOL dry or wetted with less than 15 % water, by mass	**P**	1.1D	0076
DINITROPHENOL SOLUTION	**P**	6.1	1599
DINITROPHENOL, WETTED with not less than 15 % water, by mass	**P**	4.1	1320
DINITRORESORCINOL dry or wetted with less than 15 % water, by mass	-	1.1D	0078
DINITRORESORCINOL, WETTED with not less than 15 % water, by mass	-	4.1	1322
DINITROSOBENZENE	-	1.3C	0406
N,N'-Dinitroso-*N,N'*-dimethylterephthaliamide, as a paste (concentration 72 %), *see*	-	4.1	3224
N,N'-Dinitrosopentamethylenetetramine (concentration 82 %), *see*	-	4.1	3224
Dinitrotoluene mixed with sodium chlorate, *see*	-	1.1D	0083
DINITROTOLUENES, LIQUID	**P**	6.1	2038
DINITROTOLUENES, MOLTEN	**P**	6.1	1600
DINITROTOLUENES, SOLID	**P**	6.1	3454
Dinobuton, *see* SUBSTITUTED NITROPHENOL PESTICIDE	**P**	-	-
Di-*n*-nonanoyl peroxide (concentration ≤ 100 %), *see*	-	5.2	3116
Dinoseb, *see* SUBSTITUTED NITROPHENOL PESTICIDE	**P**	-	-
Dinoseb acetate, *see* SUBSTITUTED NITROPHENOL PESTICIDE	**P**	-	-
Dinoterb, *see* SUBSTITUTED NITROPHENOL PESTICIDE	-	-	-
Dinoterb acetate, *see* SUBSTITUTED NITROPHENOL PESTICIDE	-	-	-
Di-*n*-octanoyl peroxide (concentration ≤ 100 %), *see*	-	5.2	3114

Substance, material or article	MP	Class	UN No.
Dioxacarb, *see* CARBAMATE PESTICIDE	P	-	-
DIOXANE	-	3	1165
Dioxathion, *see* ORGANOPHOSPHORUS PESTICIDE	P	-	-
DIOXOLANE	-	3	1166
DIPENTENE	P	3	2052
Di-*normal*-pentylamine, *see*	-	3	2841
Diphacione, *see* PESTICIDE, N.O.S.	P	-	-
Di-(2-phenoxyethyl) peroxydicarbonate (concentration > 85 to 100 %), *see*	-	5.2	3102
Di-(2-phenoxyethyl) peroxydicarbonate (concentration ≤ 85 %, with water), *see*	-	5.2	3106
Diphenyl, *see*	P	9	3077
DIPHENYLAMINE CHLOROARSINE	P	6.1	1698
Diphenylbromomethane, *see*	-	8	1770
DIPHENYLCHLOROARSINE, LIQUID	P	6.1	1699
DIPHENYLCHLOROARSINE, SOLID	P	6.1	3450
DIPHENYLDICHLOROSILANE	-	8	1769
DIPHENYLMETHYL BROMIDE	-	8	1770
Diphenyloxide-4,4'-disulphonylhydrazide (concentration 100 %), *see*	-	4.1	3226
DIPICRYLAMINE	-	1.1D	0079
DIPICRYL SULPHIDE dry or wetted with less than 10 % water, by mass	-	1.1D	0401
DIPICRYL SULPHIDE, WETTED with not less than 10 % water, by mass	-	4.1	2852
Di-2-propenylamine, *see*	-	3	2359
Dipropionyl peroxide (concentration ≤ 27 %, with diluent Type B), *see*	-	5.2	3117
DIPROPYLAMINE	-	3	2383
Di-*normal*-propylamine, *see*	-	3	2383
4-Dipropylaminobenzenediazonium zinc chloride (concentration 100 %), *see*	-	4.1	3226
Dipropylenetriamine, *see*	-	8	2269
DI-*n*-PROPYL ETHER	-	3	2384
DIPROPYL KETONE	-	3	2710
Di-*n*-propyl peroxydicarbonate (concentration ≤ 100 %), *see*	-	5.2	3113
Di-*n*-propyl peroxydicarbonate (concentration ≤ 77 %, with diluent Type B), *see*	-	5.2	3113
Diquat, *see* BIPYRIDILIUM PESTICIDE	-	-	-
DISINFECTANT, LIQUID, CORROSIVE, N.O.S.	-	8	1903
DISINFECTANT, LIQUID, TOXIC, N.O.S.	-	6.1	3142
DISINFECTANT, SOLID, TOXIC, N.O.S.	-	6.1	1601
DISODIUM TRIOXOSILICATE	-	8	3253
Disodium trioxosilicate pentahydrate, *see*	-	8	3253
Disuccinic acid peroxide (concentration > 72 to 100 %), *see*	-	5.2	3102
Disuccinic acid peroxide (concentration ≤ 72 %, with water), *see*	-	5.2	3116
Disulfoton, *see* ORGANOPHOSPHORUS PESTICIDE	P	-	-
Disulphuric acid, *see*	-	8	1831
Disulphuryl chloride, *see*	-	8	1817
Di-(3,5,5-trimethylhexanoyl) peroxide (concentration ≤ 52 %, as a stable dispersion in water), *see*	-	5.2	3119
Di-(3,5,5-trimethylhexanoyl) peroxide (concentration > 38 to 52 %, with diluent Type A), *see*	-	5.2	3119
Di-(3,5,5-trimethylhexanoyl) peroxide (concentration > 52 to 82 %, with diluent Type A), *see*	-	5.2	3115
Di-(3,5,5-trimethylhexanoyl) peroxide (concentration ≤ 38 %, with diluent Type A), *see*	-	5.2	3119
DIVINYL ETHER, STABILIZED	-	3	1167
Divinyl oxide, stabilized, *see*	-	3	1167
Divinyl, stabilized, *see*	-	2.1	1010
DNOC, *see*	P	6.1	1598
DNOC (pesticide), *see* SUBSTITUTED NITROPHENOL PESTICIDE	P	-	-
Dodecahydrodiphenylamine, *see*	-	8	2565
Dodecene, *see*	P	3	2850
1-Dodecene, *see*	-	3	2850
1-Dodecylamine, *see* **Note 1**	P	-	-
Dodecyl diphenyl oxide disulphonate, *see*	P	9	3077
Dodecyl hydroxypropyl sulphide, *see* **Note 1**	P	-	-
Dodecylphenol, *see*	P	8	3145
DODECYLTRICHLOROSILANE	-	8	1771
Drazoxolon, *see* ORGANOCHLORINE PESTICIDE	P	-	-
DRY ICE	-	9	1845
DYE INTERMEDIATE, LIQUID, CORROSIVE, N.O.S.	-	8	2801
DYE INTERMEDIATE, LIQUID, TOXIC, N.O.S.	-	6.1	1602

Substance, material or article	MP	Class	UN No.
DYE INTERMEDIATE, SOLID, CORROSIVE, N.O.S.	-	8	3147
DYE INTERMEDIATE, SOLID, TOXIC, N.O.S.	-	6.1	3143
DYE, LIQUID, CORROSIVE, N.O.S.	-	8	2801
DYE, LIQUID, TOXIC, N.O.S.	-	6.1	1602
DYE, SOLID, CORROSIVE, N.O.S.	-	8	3147
DYE, SOLID, TOXIC, N.O.S.	-	6.1	3143
Dynamite, *see*	-	1.1D	0081
Edifenphos, *see* ORGANOPHOSPHORUS PESTICIDE	**P**	-	-
Electric storage batteries, *see* BATTERIES	-	-	-
Electrolyte (acid) for batteries, *see*	-	8	2796
Electrolyte (alkaline) for batteries, *see*	-	8	2797
ELEVATED TEMPERATURE LIQUID, N.O.S. at or above 100 °C and below its flashpoint (including molten metals, molten salts, etc.)	-	9	3257
ELEVATED TEMPERATURE LIQUID, N.O.S. at or above 240 °C	-	9	3258
ELEVATED TEMPERATURE LIQUID, FLAMMABLE, N.O.S. with flashpoint above 60 °C, at or above its flashpoint	-	3	3256
Enamel, *see* PAINT	-	-	-
Endosulfan, *see* ORGANOCHLORINE PESTICIDE	**P**	-	-
Endothal-sodium, *see* PESTICIDE N.O.S.	-	-	-
Endothion, *see* ORGANOPHOSPHORUS PESTICIDE	-	-	-
Endrin, *see* ORGANOCHLORIDE PESTICIDE	**P**	-	-
ENGINE, FUEL CELL, FLAMMABLE GAS POWERED	-	2.1	3529
ENGINE, FUEL CELL, FLAMMABLE LIQUID POWERED	-	3	3528
ENGINE, INTERNAL COMBUSTION	**P**	9	3530
ENGINE, INTERNAL COMBUSTION, FLAMMABLE GAS POWERED	-	2.1	3529
ENGINE, INTERNAL COMBUSTION, FLAMMABLE LIQUID POWERED	-	3	3528
Engines, rocket, *see* ROCKET MOTORS WITH HYPERGOLIC LIQUIDS	-	-	-
ENVIRONMENTALLY HAZARDOUS SUBSTANCE, LIQUID, N.O.S.	-	9	3082
ENVIRONMENTALLY HAZARDOUS SUBSTANCE, SOLID, N.O.S.	-	9	3077
EPIBROMOHYDRIN	**P**	6.1	2558
EPICHLOROHYDRIN	**P**	6.1	2023
EPN, *see* ORGANOPHOSPHORUS PESTICIDE	**P**	-	-
1,2-Epoxybutane, stabilized, *see*	-	3	3022
1,2-Epoxyethane, *see*	-	2.3	1040
1,2-Epoxyethane with nitrogen up to a total pressure of 1 MPa (10 bar) at 50 °C, *see*	-	2.3	1040
1,2-EPOXY-3-ETHOXYPROPANE	-	3	2752
2,3-Epoxy-1-propanal, *see*	-	3	2622
1,2-Epoxypropane, *see*	-	3	1280
2,3-Epoxypropionaldehyde, *see*	-	3	2622
2,3-Epoxypropyl ethyl ether, *see*	-	3	2752
Esfenvalerate, *see* **Note 1**	**P**	-	-
ESTERS, N.O.S.	-	3	3272
Ethanal, *see*	-	3	1089
ETHANE	-	2.1	1035
ETHANE, REFRIGERATED LIQUID	-	2.1	1961
Ethanethiol, *see*	**P**	3	2363
Ethanoic anhydride, *see*	-	8	1715
ETHANOL	-	3	1170
ETHANOLAMINE	-	8	2491
ETHANOLAMINE SOLUTION	-	8	2491
ETHANOL AND GASOLINE MIXTURE, with more than 10 % ethanol	-	3	3475
ETHANOL AND MOTOR SPIRIT MIXTURE, with more than 10 % ethanol	-	3	3475
ETHANOL AND PETROL MIXTURE, with more than 10 % ethanol	-	3	3475
ETHANOL SOLUTION	-	3	1170
Ethanoyl chloride, *see*	-	3	1717
Ether, *see*	-	3	1155
ETHERS, N.O.S.	-	3	3271
Ethion, *see* ORGANOPHOSPHORUS PESTICIDE	**P**	-	-
Ethoate-methyl, *see* ORGANOPHOSPHORUS PESTICIDE	-	-	-
Ethoprophos, *see* ORGANOPHOSPHORUS PESTICIDE	**P**	-	-
2-(*N*,*N*-Ethoxycarbonylphenylamino)-3-methoxy-4-(*N*-methyl-*N*-cyclohexylamino)benzenediazonium zinc chloride (concentration 62 %), *see*	-	4.1	3236

Substance, material or article	MP	Class	UN No.
2-(*N,N*-Ethoxycarbonylphenylamino)-3-methoxy-4-(*N*-methyl-*N*-cyclohexylamino)benzenediazonium zinc chloride (concentration 63 to 92 %), *see*	-	4.1	3236
2-Ethoxyethanol, *see*	-	3	1171
2-Ethoxyethyl acetate, *see*	-	3	1172
1-Ethoxypropane, *see*	-	3	2615
3-Ethoxy-1-propene, *see*	-	3	2335
ETHYL ACETATE	-	3	1173
Ethylacetic acid, *see*	-	8	2820
Ethylacetone, *see*	-	3	1249
ETHYLACETYLENE, STABILIZED	-	2.1	2452
ETHYL ACRYLATE, STABILIZED	-	3	1917
Ethylal, *see*	-	3	2373
ETHYL ALCOHOL	-	3	1170
ETHYL ALCOHOL SOLUTION	-	3	1170
Ethyl aldehyde, *see*	-	3	1089
Ethyl allyl ether, *see*	-	3	2335
ETHYLAMINE	-	2.1	1036
ETHYLAMINE, AQUEOUS SOLUTION with not less than 50 % but not more than 70 % ethylamine	-	3	2270
Ethyl *normal*-amyl ketone, *see*	-	3	2271
Ethyl *secondary*-amyl ketone, *see*	-	3	2271
ETHYL AMYL KETONES	-	3	2271
2-ETHYLANILINE	-	6.1	2273
N-ETHYLANILINE	-	6.1	2272
ortho-Ethylaniline, *see*	-	6.1	2273
ETHYLBENZENE	-	3	1175
Ethylbenzol, *see*	-	3	1175
N-ETHYL-*N*-BENZYLANILINE	-	6.1	2274
N-ETHYLBENZYLTOLUIDINES, LIQUID	-	6.1	2753
N-ETHYLBENZYLTOLUIDINES, SOLID	-	6.1	3460
ETHYL BORATE	-	3	1176
ETHYL BROMIDE	-	6.1	1891
ETHYL BROMOACETATE	-	6.1	1603
Ethyl butanoate, *see*	-	3	1180
2-ETHYLBUTANOL	-	3	2275
2-ETHYLBUTYL ACETATE	-	3	1177
2-Ethylbutyl alcohol, *see*	-	3	2275
ETHYL BUTYL ETHER	-	3	1179
2-ETHYLBUTYRALDEHYDE	-	3	1178
ETHYL BUTYRATE	-	3	1180
Ethyl carbonate, *see*	-	3	2366
ETHYL CHLORIDE	-	2.1	1037
ETHYL CHLOROACETATE	-	6.1	1181
Ethyl chlorocarbonate, *see*	-	6.1	1182
Ethyl chloroethanoate, *see*	-	6.1	1181
ETHYL CHLOROFORMATE	-	6.1	1182
ETHYL 2-CHLOROPROPIONATE	-	3	2935
ETHYL CHLOROTHIOFORMATE	P	8	2826
ETHYL CROTONATE	-	3	1862
Ethyl cyanide, *see*	-	3	2404
Ethyl 3,3-di-(*tert*-amylperoxy)butyrate (concentration ≤ 67 %, with diluent Type A), *see*	-	5.2	3105
Ethyl 3,3-di-(*tert*-butylperoxy)butyrate (concentration > 77 to 100 %), *see*	-	5.2	3103
Ethyl 3,3-di-(*tert*-butylperoxy)butyrate (concentration ≤ 77 %, with diluent Type A), *see*	-	5.2	3105
Ethyl 3,3-di-(*tert*-butylperoxy)butyrate (concentration ≤ 52 %, with inert solid), *see*	-	5.2	3106
ETHYLDICHLOROARSINE	P	6.1	1892
ETHYLDICHLOROSILANE	-	4.3	1183
ETHYLEN CHLOROHYDRIN	-	6.1	1135
ETHYLENE	-	2.1	1962
ETHYLENE, ACETYLENE AND PROPYLENE MIXTURE, REFRIGERATED LIQUID containing at least 71.5 % ethylene, with not more than 22.5 % acetylene and not more than 6 % propylene	-	2.1	3138
Ethylene chloride, *see*	-	3	1184
ETHYLENEDIAMINE	-	8	1604
ETHYLENE DIBROMIDE	-	6.1	1605
Ethylene dibromide and methyl bromide mixture, liquid, *see*	P	6.1	1647

Substance, material or article	MP	Class	UN No.
ETHYLENE DICHLORIDE	-	3	1184
Ethylene fluoride, *see*	-	2.1	1030
ETHYLENE GLYCOL DIETHYL ETHER	-	3	1153
Ethylene glycol dimethyl ether, *see*	-	3	2252
ETHYLENE GLYCOL MONOETHYL ETHER	-	3	1171
ETHYLENE GLYCOL MONOETHYL ETHER ACETATE	-	3	1172
ETHYLENE GLYCOL MONOMETHYL ETHER	-	3	1188
ETHYLENE GLYCOL MONOMETHYL ETHER ACETATE	-	3	1189
ETHYLENEIMINE, STABILIZED	-	6.1	1185
ETHYLENE OXIDE	-	2.3	1040
ETHYLENE OXIDE AND CARBON DIOXIDE MIXTURE with more than 9 % but not more than 87 % ethylene oxide	-	2.1	1041
ETHYLENE OXIDE AND CARBON DIOXIDE MIXTURE with more than 87 % ethylene oxide	-	2.3	3300
ETHYLENE OXIDE AND CARBON DIOXIDE MIXTURE with not more than 9 % ethylene oxide	-	2.2	1952
ETHYLENE OXIDE AND CHLOROTETRAFLUOROETHANE MIXTURE with not more than 8.8 % ethylene oxide	-	2.2	3297
ETHYLENE OXIDE AND DICHLORODIFLUOROMETHANE MIXTURE with not more than 12.5 % ethylene oxide	-	2.2	3070
ETHYLENE OXIDE AND PENTAFLUOROETHANE MIXTURE with not more than 7.9 % ethylene oxide	-	2.2	3298
ETHYLENE OXIDE AND PROPYLENE OXIDE MIXTURE with not more than 30 % ethylene oxide	-	3	2983
ETHYLENE OXIDE AND TETRAFLUOROETHANE MIXTURE with not more than 5.6 % ethylene oxide	-	2.2	3299
ETHYLENE OXIDE WITH NITROGEN up to a total pressure of 1 MPa (10 bar) at 50 °C	-	2.3	1040
ETHYLENE, REFRIGERATED LIQUID	-	2.1	1038
Ethyl ethanoate, *see*	-	3	1173
ETHYL ETHER	-	3	1155
Ethyl fluid, *see*	**P**	6.1	1649
ETHYL FLUORIDE	-	2.1	2453
ETHYL FORMATE	-	3	1190
Ethyl glycol, *see*	-	3	1171
Ethyl glycol acetate, *see*	-	3	1172
2-Ethylhexaldehyde, *see*	-	3	1191
3-Ethylhexaldehyde, *see*	-	3	1191
2-Ethylhexanal, *see*	-	3	1191
3-Ethylhexanal, *see*	-	3	1191
1-(2-Ethylhexanoylperoxy)-1,3-dimethylbutyl peroxypivalate (concentration ≤ 52 %, with diluents Type A and B), *see*	-	5.2	3115
2-ETHYLHEXYLAMINE	-	3	2276
2-ETHYLHEXYL CHLOROFORMATE	-	6.1	2748
2-Ethylhexyl nitrate, *see* **Note 1**	**P**	-	-
Ethyl hydrosulphide, *see*	**P**	3	2363
Ethylidene chloride, *see*	-	3	2362
Ethylidene dichloride, *see*	-	3	2362
Ethylidene diethyl ether, *see*	-	3	1088
Ethylidene difluoride, *see*	-	2.1	1030
Ethylidene dimethyl ether, *see*	-	3	2377
Ethylidene fluoride, *see*	-	2.1	1030
ETHYL ISOBUTYRATE	-	3	2385
ETHYL ISOCYANATE	-	6.1	2481
Ethyl isopropyl ether, *see*	-	3	2615
ETHYL LACTATE	-	3	1192
ETHYL MERCAPTAN	**P**	3	2363
ETHYL METHACRYLATE, STABILIZED	-	3	2277
Ethyl methanoate, *see*	-	3	1190
1-Ethyl-2-methylbenzene, *see* **Note 1**	**P**	-	-
ETHYL METHYL ETHER	-	2.1	1039
ETHYL METHYL KETONE	-	3	1193
Ethyl 2-methylpropanoate, *see*	-	3	2385
ETHYL NITRITE **(transport prohibited)**	-	-	-
ETHYL NITRITE SOLUTION	-	3	1194
ETHYL ORTHOFORMATE	-	3	2524
ETHYL OXALATE	-	6.1	2525

Substance, material or article	MP	Class	UN No.
Ethylphenylamine, *see*	-	6.1	2272
N-Ethyl-*N*-phenylbenzylamine, *see*	-	6.1	2274
ETHYLPHENYLDICHLOROSILANE	-	8	2435
5-Ethyl-2-picoline, *see*	-	6.1	2300
1-ETHYLPIPERIDINE	-	3	2386
N-Ethylpiperidine, *see*	-	3	2386
Ethyl propenoate, stabilized, *see*	-	3	1917
ETHYL PROPIONATE	-	3	1195
ETHYL PROPYL ETHER	-	3	2615
Ethyl silicate, *see*	-	3	1292
Ethyl sulphate, *see*	-	6.1	1594
Ethyl sulphide, *see*	-	3	2375
Ethyl tetraphosphate, *see*	**P**	6.1	1611
Ethyl thioalcohol, *see*	**P**	3	2363
Ethylthioethane, *see*	-	3	2375
N-ETHYLTOLUIDINES	-	6.1	2754
ETHYLTRICHLOROSILANE	-	3	1196
Ethyl vinyl ether, *see*	-	3	1302
Explosive articles, N.O.S., *see* ARTICLES, EXPLOSIVE, N.O.S.	-	-	-
EXPLOSIVE, BLASTING, TYPE A	-	1.1D	0081
EXPLOSIVE, BLASTING, TYPE B	-	1.1D	0082
EXPLOSIVE, BLASTING, TYPE B	-	1.5D	0331
EXPLOSIVE, BLASTING, TYPE C	-	1.1D	0083
EXPLOSIVE, BLASTING, TYPE D	-	1.1D	0084
EXPLOSIVE, BLASTING, TYPE E	-	1.1D	0241
EXPLOSIVE, BLASTING, TYPE E	-	1.5D	0332
Explosive, seismic, *see* EXPLOSIVE, BLASTING, TYPE A to D	-	-	-
Explosives, emulsion, *see* EXPLOSIVE, BLASTING, TYPE E	-	-	-
Explosive, slurry, *see* EXPLOSIVE, BLASTING, TYPE E	-	-	-
Explosive substances, N.O.S., *see* SUBSTANCES, EXPLOSIVE, N.O.S.	-	-	-
Explosive train components, N.O.S., *see* COMPONENTS, EXPLOSIVE TRAIN, N.O.S.	-	-	-
Explosive, watergel, *see* EXPLOSIVE, BLASTING, TYPE E	-	-	-
EXTRACTS, AROMATIC, LIQUID	-	3	1169
EXTRACTS, FLAVOURING, LIQUID	-	3	1197
FABRICS, ANIMAL, N.O.S. with oil	-	4.2	1373
FABRICS IMPREGNATED WITH WEAKLY NITRATED NITROCELLULOSE, N.O.S.	-	4.1	1353
FABRICS, SYNTHETIC, N.O.S. with oil	-	4.2	1373
FABRICS, VEGETABLE, N.O.S. with oil	-	4.2	1373
Fenaminosulf, *see* PESTICIDE, N.O.S.	-	-	-
Fenaminphos, *see* ORGANOPHOSPHORUS PESTICIDE	**P**	-	-
Fenbutatin oxide, *see* **Note 1**	**P**	-	-
Fenitrothion, *see* ORGANOPHOSPHORUS PESTICIDE	**P**	-	-
Fenoxapro-ethyl, *see* **Note 1**	**P**	-	-
Fenoxaprop-P-ethyl, *see* **Note 1**	**P**	-	-
Fenpropathrin, *see* PESTICIDE, N.O.S.	**P**	-	-
Fensulfothion, *see* ORGANOPHOSPHORUS PESTICIDE	**P**	-	-
Fenthion, *see* ORGANOPHOSPHORUS PESTICIDE	**P**	-	-
Fentin acetate, *see* ORGANOTIN PESTICIDE	**P**	-	-
Fentin hydroxide, *see* ORGANOTIN PESTICIDE	**P**	-	-
Fermentation amyl alcohol, *see*	-	3	1201
FERRIC ARSENATE	**P**	6.1	1606
FERRIC ARSENITE	**P**	6.1	1607
FERRIC CHLORIDE, ANHYDROUS	-	8	1773
FERRIC CHLORIDE SOLUTION	-	8	2582
FERRIC NITRATE	-	5.1	1466
Ferric perchloride, anhydrous, *see*	-	8	1773
Ferric perchloride solution, *see*	-	8	2582
FERROCERIUM	-	4.1	1323
FERROSILICON with 30 % or more but less than 90 % silicon	-	4.3	1408
FERROUS ARSENATE	**P**	6.1	1608
FERROUS METAL BORINGS in a form liable to self-heating	-	4.2	2793
FERROUS METAL CUTTINGS in a form liable to self-heating	-	4.2	2793

Substance, material or article	MP	Class	UN No.
FERROUS METAL SHAVINGS in a form liable to self-heating	-	4.2	2793
FERROUS METAL TURNINGS in a form liable to self-heating	-	4.2	2793
FERTILIZER AMMONIATING SOLUTION with free ammonia	-	2.2	1043
Fertilizers containing ammonium nitrate, *see* AMMONIUM NITRATE BASED FERTILIZERS	-	-	-
FIBRES ANIMAL burnt	-	4.2	1372
FIBRES ANIMAL damp	-	4.2	1372
FIBRES ANIMAL wet	-	4.2	1372
FIBRES, ANIMAL, N.O.S. with oil	-	4.2	1373
FIBRES IMPREGNATED WITH WEAKLY NITRATED NITROCELLULOSE, N.O.S.	-	4.1	1353
FIBRES, SYNTHETIC, N.O.S. with oil	-	4.2	1373
FIBRES VEGETABLE burnt	-	4.2	1372
FIBRES VEGETABLE damp	-	4.2	1372
FIBRES, VEGETABLE, DRY	-	4.1	3360
FIBRES VEGETABLE wet	-	4.2	1372
FIBRES, VEGETABLE, N.O.S. with oil	-	4.2	1373
Filler, liquid, *see* PAINT	-	-	-
Films, nitrocellulose-base, from which gelatin has been removed; film scrap, *see*	-	4.2	2002
FILMS, NITROCELLULOSE BASE gelatin coated, except scrap	-	4.1	1324
FIRE EXTINGUISHER CHARGES corrosive liquid	-	8	1774
Fire extinguisher charges, expelling, explosive, *see* CARTRIDGES, POWER DEVICE	-	-	-
FIRE EXTINGUISHERS with compressed or liquefied gas	-	2.2	1044
FIRELIGHTERS, SOLID with flammable liquid	-	4.1	2623
FIREWORKS	-	1.1G	0333
FIREWORKS	-	1.2G	0334
FIREWORKS	-	1.3G	0335
FIREWORKS	-	1.4G	0336
FIREWORKS	-	1.4S	0337
FIRST AID KIT	-	9	3316
FISH MEAL, STABILIZED Anti-oxidant treated. Moisture content greater than 5 % but not exceeding 12 %, by mass. Fat content not more than 15 %	-	9	2216
FISH MEAL, UNSTABILIZED High hazard. Unrestricted moisture content. Unrestricted fat content in excess of 12 %, by mass; unrestricted fat content in excess of 15 %, by mass, in the case of anti-oxidant treated fish meal	-	4.2	1374
FISH MEAL, UNSTABILIZED Not anti-oxidant treated. Moisture content: more than 5 % but not more than 12 %, by mass. Fat content: not more than 12 %, by mass	-	4.2	1374
FISH SCRAP, STABILIZED Anti-oxidant treated. Moisture content greater than 5 % but not exceeding 12 %, by mass. Fat content not more than 15 %	-	9	2216
FISH SCRAP, UNSTABILIZED High hazard. Unrestricted moisture content. Unrestricted fat content in excess of 12 %, by mass; unrestricted fat content in excess of 15 %, by mass, in the case of anti-oxidant treated fish scrap	-	4.2	1374
FISH SCRAP, UNSTABILIZED Not anti-oxidant treated. Moisture content: more than 5 % but not more than 12 %, by mass. Fat content: not more than 12 %, by mass	-	4.2	1374
Flammable gas in lighters, *see*	-	2.1	1057
FLAMMABLE LIQUID, N.O.S.	-	3	1993
FLAMMABLE LIQUID, CORROSIVE, N.O.S.	-	3	2924
FLAMMABLE LIQUID, TOXIC, N.O.S.	-	3	1992
FLAMMABLE LIQUID, TOXIC, CORROSIVE, N.O.S.	-	3	3286
FLAMMABLE SOLID, CORROSIVE, INORGANIC, N.O.S.	-	4.1	3180
FLAMMABLE SOLID, CORROSIVE, ORGANIC, N.O.S.	-	4.1	2925
FLAMMABLE SOLID, INORGANIC, N.O.S.	-	4.1	3178
FLAMMABLE SOLID, ORGANIC, N.O.S.	-	4.1	1325
FLAMMABLE SOLID, ORGANIC, MOLTEN, N.O.S.	-	4.1	3176
FLAMMABLE SOLID, OXIDIZING, N.O.S.	-	4.1	3097
FLAMMABLE SOLID, TOXIC, INORGANIC, N.O.S.	-	4.1	3179
FLAMMABLE SOLID, TOXIC, ORGANIC, N.O.S.	-	4.1	2926
FLARES, AERIAL	-	1.1G	0420
FLARES, AERIAL	-	1.2G	0421
FLARES, AERIAL	-	1.3G	0093
FLARES, AERIAL	-	1.4G	0403
FLARES, AERIAL	-	1.4S	0404
Flares, distress, small, *see* SIGNAL DEVICE, HAND	-	-	-
Flares, highway or railway, *see* SIGNAL DEVICE, HAND	-	-	-
FLARES, SURFACE	-	1.1G	0418
FLARES, SURFACE	-	1.2G	0419

Substance, material or article	MP	Class	UN No.
FLARES, SURFACE	-	1.3G	0092
Flares, water-activated, *see* CONTRIVANCES, WATER-ACTIVATED	-	-	-
FLASH POWDER	-	1.1G	0094
FLASH POWDER	-	1.3G	0305
Flax, dry, *see*	-	4.1	3360
Flowers of sulphur, *see*	-	4.1	1350
Flue dust, arsenical, *see*	-	6.1	1562
Fluoric acid, *see*	-	8	1790
Fluorine compounds (pesticides), *see* PESTICIDE, N.O.S.	-	-	-
FLUORINE, COMPRESSED	-	2.3	1045
Fluorine monoxide, compressed, *see*	-	2.3	2190
Fluoroacetamide, *see* PESTICIDE, N.O.S.	-	-	-
FLUOROACETIC ACID	-	6.1	2642
FLUOROANILINES	-	6.1	2941
FLUOROBENZENE	-	3	2387
FLUOROBORIC ACID	-	8	1775
Fluoroethane, *see*	-	2.1	2453
Fluoroethanoic acid, *see*	-	6.1	2642
Fluoroform, *see*	-	2.2	1984
Fluoroformyl fluoride, compressed, *see*	-	2.3	2417
Fluoromethane, *see*	-	2.1	2454
FLUOROPHOSPHORIC ACID, ANHYDROUS	-	8	1776
FLUOROSILICATES, N.O.S.	-	6.1	2856
FLUOROSILICIC ACID	-	8	1778
FLUOROSULPHONIC ACID	-	8	1777
FLUOROTOLUENES	-	3	2388
Fonofos, *see* ORGANOPHOSPHORUS PESTICIDE	**P**	-	-
Formal, *see*	-	3	1234
Formaldehyde dimethylacetal, *see*	-	3	1234
FORMALDEHYDE SOLUTION, FLAMMABLE	-	3	1198
FORMALDEHYDE SOLUTION with not less than 25 % formaldehyde	-	8	2209
Formalin solution, flammable, *see*	-	3	1198
Formalin solution with not less than 25 % formaldehyde, *see*	-	8	2209
Formamidine sulphinic acid, *see*	-	4.2	3341
Formetanate, *see* CARBAMATE PESTICIDE	**P**	-	-
Formic acid ethyl ester, *see*	-	3	1190
FORMIC ACID with more than 85 % acid, by mass	-	8	1779
FORMIC ACID with not less than 5 % but less than 10 % acid, by mass	-	8	3412
FORMIC ACID with not less than 10 % but not more than 85 % acid, by mass	-	8	3412
Formic aldehyde solution, flammable, *see*	-	3	1198
Formothion, *see* ORGANOPHOSPHORUS PESTICIDE	-	-	-
2-Formyl-3,4-dihydro-*2H*-pyran, stabilized, *see*	-	3	2607
N-Formyl-2-(nitromethylene)-1,3-perhydrothianzine (concentration 100 %), *see*	-	4.1	3236
FRACTURING DEVICES, EXPLOSIVE for oil wells, without detonator	-	1.1D	0099
FUEL, AVIATION, TURBINE ENGINE	-	3	1863
FUEL CELL CARTRIDGES CONTAINED IN EQUIPMENT, containing corrosive substances	-	8	3477
FUEL CELL CARTRIDGES CONTAINED IN EQUIPMENT, containing flammable liquids	-	3	3473
FUEL CELL CARTRIDGES CONTAINED IN EQUIPMENT, containing hydrogen in metal hydride	-	2.1	3479
FUEL CELL CARTRIDGES CONTAINED IN EQUIPMENT, containing liquefied flammable gas	-	2.1	3478
FUEL CELL CARTRIDGES CONTAINED IN EQUIPMENT, containing water-reactive substances	-	4.3	3476
FUEL CELL CARTRIDGES, containing corrosive substances	-	8	3477
FUEL CELL CARTRIDGES, containing flammable liquids	-	3	3473
FUEL CELL CARTRIDGES, containing hydrogen in metal hydride	-	2.1	3479
FUEL CELL CARTRIDGES, containing liquefied flammable gas	-	2.1	3478
FUEL CELL CARTRIDGES, containing water-reactive substances	-	4.3	3476
FUEL CELL CARTRIDGES PACKED WITH EQUIPMENT, containing corrosive substances	-	8	3477
FUEL CELL CARTRIDGES PACKED WITH EQUIPMENT, containing flammable liquids	-	3	3473
FUEL CELL CARTRIDGES PACKED WITH EQUIPMENT, containing hydrogen in metal hydride	-	2.1	3479
FUEL CELL CARTRIDGES PACKED WITH EQUIPMENT, containing liquefied flammable gas	-	2.1	3478
FUEL CELL CARTRIDGES PACKED WITH EQUIPMENT, containing water-reactive substances	-	4.3	3476
Fuel oil No. 1, *see*	-	3	1223
Fumaroyl dichloride, *see*	-	8	1780

Substance, material or article	MP	Class	UN No.
FUMARYL CHLORIDE	-	8	1780
FUMIGATED CARGO TRANSPORT UNIT	-	9	3359
FURALDEHYDES	-	6.1	1199
FURAN	-	3	2389
2-Furanmethylamine, *see*	-	3	2526
Furathiocarb (ISO), *see* CARBAMATE PESTICIDES	P	-	-
Furfuran, *see*	-	3	2389
FURFURYL ALCOHOL	-	6.1	2874
FURFURYLAMINE	-	3	2526
alpha-Furfurylamine, *see*	-	3	2526
2-Furyl carbinol, *see*	-	6.1	2874
FUSE, DETONATING metal-clad	-	1.1D	0290
FUSE, DETONATING metal-clad	-	1.2D	0102
FUSE, DETONATING, MILD EFFECT metal-clad	-	1.4D	0104
FUSE, IGNITER tubular, metal-clad	-	1.4G	0103
FUSEL OIL	-	3	1201
FUSE, NON-DETONATING	-	1.3G	0101
FUSE, SAFETY	-	1.4S	0105
Fuze, combination, percussion or time, *see* FUZES, DETONATING *or* FUZES, IGNITING	-	-	-
FUZES, DETONATING	-	1.1B	0106
FUZES, DETONATING	-	1.2B	0107
FUZES, DETONATING	-	1.4B	0257
FUZES, DETONATING	-	1.4S	0367
FUZES, DETONATING with protective features	-	1.1D	0408
FUZES, DETONATING with protective features	-	1.2D	0409
FUZES, DETONATING with protective features	-	1.4D	0410
FUZES, IGNITING	-	1.3G	0316
FUZES, IGNITING	-	1.4G	0317
FUZES, IGNITING	-	1.4S	0368
GALLIUM	-	8	2803
GAS CATRIDGES without a release device, non refillable	-	2	2037
Gas drips, hydrocarbon, *see* HYDROCARBONS, LIQUID, N.O.S.	-	-	-
GAS OIL	-	3	1202
GASOLINE	-	3	1203
Gasoline, casinghead, *see*	-	3	1203
GAS, REFRIGERATED LIQUID, N.O.S.	-	2.2	3158
GAS, REFRIGERATED LIQUID, FLAMMABLE, N.O.S.	-	2.1	3312
GAS, REFRIGERATED LIQUID, OXIDIZING, N.O.S.	-	2.2	3311
GAS SAMPLE, NON-PRESSURIZED, FLAMMABLE, N.O.S., not refrigerated liquid	-	2.1	3167
GAS SAMPLE, NON-PRESSURIZED, TOXIC, FLAMMABLE, N.O.S., not refrigerated liquid	-	2.3	3168
GAS SAMPLE, NON-PRESSURIZED, TOXIC, N.O.S., not refrigerated liquid	-	2.3	3169
Gelatin, blasting, *see*	-	1.1D	0081
Gelatin dynamite, *see*	-	1.1D	0081
GENETICALLY MODIFIED MICROORGANISMS	-	9	3245
GENETICALLY MODIFIED ORGANISMS	-	9	3245
GERMANE	-	2.3	2192
GERMANE, ADSORBED	-	2.3	3523
Germanium hydride, *see*	-	2.3	2192
Glycerol 1,3-dichlorohydrin, *see*	-	6.1	2750
GLYCEROL-*alpha*-MONOCHLOROHYDRIN	-	6.1	2689
Glycerol Trinitrate (class 1), *see* NITROGLYCERIN (class 1)	-	-	-
Glyceryl trinitrate, *see*	-	3	1204
Glyceryl trinitrate (class 1), *see* NITROGLYCERIN (class 1)	-	-	-
Glycidal, *see*	-	3	2622
GLYCIDALDEHYDE	-	3	2622
Glycol chlorohydrin, *see*	-	6.1	1135
Glycol dimethyl ether, *see*	-	3	2252
GRENADES hand or rifle, with bursting charge	-	1.1D	0284
GRENADES hand or rifle, with bursting charge	-	1.1F	0292
GRENADES hand or rifle, with bursting charge	-	1.2D	0285
GRENADES hand or rifle, with bursting charge	-	1.2F	0293
Grenades, illuminating, *see* AMMUNITION, ILLUMINATING	-	-	-

Substance, material or article	MP	Class	UN No.
GRENADES, PRACTICE hand or rifle	-	1.2G	0372
GRENADES, PRACTICE hand or rifle	-	1.3G	0318
GRENADES, PRACTICE hand or rifle	-	1.4G	0452
GRENADES, PRACTICE hand or rifle	-	1.4S	0110
Grenades, smoke, *see* AMMUNITION, SMOKE	-	-	-
Grignard solution, *see*	-	4.3	1928
GUANIDINE NITRATE	-	5.1	1467
GUANYL NITROSAMINOGUANYLIDENEHYDRAZINE, WETTED with not less than 30 % water, by mass	-	1.1A	0113
GUANYL NITROSAMINOGUANYLTETRAZENE, WETTED with not less than 30 % water, or mixture of alcohol and water, by mass	-	1.1A	0114
GUNPOWDER, COMPRESSED	-	1.1D	0028
GUNPOWDER granular, or as a meal	-	1.1D	0027
GUNPOWDER IN PELLETS	-	1.1D	0028
HAFNIUM POWDER, DRY	-	4.2	2545
HAFNIUM POWDER, WETTED with not less than 25 % water (a visible excess of water must be present) (a) mechanically produced, particle size less than 53 microns	-	4.1	1326
HAFNIUM POWDER, WETTED with not less than 25 % water (a visible excess of water must be present) (b) chemically produced, particle size less than 840 microns	-	4.1	1326
HALOGENATED MONOMETHYLDIPHENYLMETHANES, LIQUID	P	9	3151
HALOGENATED MONOMETHYLDIPHENYLMETHANES, SOLID	P	9	3152
HAY	-	4.1	1327
HEATING OIL, LIGHT	-	3	1202
Heavy hydrogen, *see*	-	2.1	1957
Heavy hydrogen, compressed, *see*	-	2.1	1957
HELIUM, COMPRESSED	-	2.2	1046
HELIUM, REFRIGERATED LIQUID	-	2.2	1963
Hemp, dry, *see*	-	4.1	3360
Heptachlor, *see* ORGANOCHLORINE PESTICIDE	P	-	-
HEPTAFLUOROPROPANE	-	2.2	3296
n-HEPTALDEHYDE	-	3	3056
Heptanal, *see*	-	3	3056
HEPTANES	P	3	1206
2-Heptanone, *see*	-	3	1110
4-Heptanone, *see*	-	3	2710
n-HEPTENE	-	3	2278
Heptenophos, *see* ORGANOPHOSPHORUS PESTICIDE	P	-	-
Heptyl aldehyde, *see*	-	3	3056
Heptylbenzene, *see*	P	9	3082
Heptyl chloride, *see*	P	3	1993
HETP, *see*	P	6.1	1611
HETP (and compressed gas, mixtures), *see*	-	2.3	1612
HEXACHLOROACETONE	-	6.1	2661
HEXACHLOROBENZENE	-	6.1	2729
HEXACHLOROBUTADIENE	P	6.1	2279
1,3-Hexachlorobutadiene, *see*	P	6.1	2279
Hexachloro-1,3-butadiene, *see*	P	6.1	2279
HEXACHLOROCYCLOPENTADIENE	-	6.1	2646
Hexachlorophane, *see*	-	6.1	2875
HEXACHLOROPHENE	-	6.1	2875
Hexachloro-2-propanone, *see*	-	6.1	2661
HEXADECYLTRICHLOROSILANE	-	8	1781
1,3-Hexadiene, *see*	-	3	2458
1,4-Hexadiene, *see*	-	3	2458
1,5-Hexadiene, *see*	-	3	2458
2,4-Hexadiene, *see*	-	3	2458
HEXADIENES	-	3	2458
HEXAETHYL TETRAPHOSPHATE	P	6.1	1611
HEXAETHYL TETRAPHOSPHATE AND COMPRESSED GAS MIXTURE	-	2.3	1612
HEXAFLUOROACETONE	-	2.3	2420
HEXAFLUOROACETONE HYDRATE, LIQUID	-	6.1	2552
HEXAFLUOROACETONE HYDRATE, SOLID	-	6.1	3436
HEXAFLUOROETHANE	-	2.2	2193

Substance, material or article	MP	Class	UN No.
HEXAFLUOROPHOSPHORIC ACID	-	8	1782
Hexafluoro-2-propanone, *see*	-	2.3	2420
HEXAFLUOROPROPYLENE	-	2.2	1858
Hexahydrobenzene, *see*	-	3	1145
Hexahydrocresol, *see*	-	3	2617
Hexahydromethylphenol, *see*	-	3	2617
Hexahydropyridine, *see*	-	8	2401
Hexahydrothiophenol, *see*	-	3	3054
Hexahydrotoluene, *see*	-	3	2296
HEXALDEHYDE	-	3	1207
Hexamethylene, *see*	-	3	1145
HEXAMETHYLENEDIAMINE, MOLTEN	-	8	2280
HEXAMETHYLENEDIAMINE, SOLID	-	8	2280
HEXAMETHYLENEDIAMINE SOLUTION	-	8	1783
HEXAMETHYLENE DIISOCYANATE	-	6.1	2281
HEXAMETHYLENEIMINE	-	3	2493
HEXAMETHYLENETETRAMINE	-	4.1	1328
Hexamine, *see*	-	4.1	1328
Hexane, *see*	**P**	3	1208
1,6-Hexanediamine, solid, *see*	-	8	2280
1,6-Hexanediamine solution, *see*	-	8	1783
HEXANES	**P**	3	1208
HEXANITRODIPHENYLAMINE	-	1.1D	0079
Hexanitrodiphenyl sulphide, wetted, *see*	-	4.1	2852
HEXANITROSTILBENE	-	1.1D	0392
Hexanoic acid, *see*	-	8	2829
HEXANOLS	-	3	2282
1-HEXENE	-	3	2370
HEXOGEN AND CYCLOTETRAMETHYLENETETRANITRAMINE MIXTURE, DESENSITIZED with not less than 10 % phlegmatizer, by mass	-	1.1D	0391
HEXOGEN AND CYCLOTETRAMETHYLENETETRANITRAMINE MIXTURE, WETTED with not less than 15 % water, by mass	-	1.1D	0391
HEXOGEN AND HMX MIXTURE, DESENSITIZED with not less than 10 % phlegmatizer, by mass	-	1.1D	0391
HEXOGEN AND HMX MIXTURE, WETTED with not less than 15 % water, by mass	-	1.1D	0391
HEXOGEN AND OCTOGEN MIXTURE, DESENSITIZED with not less than 10 % phlegmatizer, by mass	-	1.1D	0391
HEXOGEN AND OCTOGEN MIXTURE, WETTED with not less than 15 % water, by mass	-	1.1D	0391
HEXOGEN, DESENSITIZED	-	1.1D	0483
HEXOGEN WETTED, with not less than 15 % water, by mass	-	1.1D	0072
Hexoic acid, *see*	-	8	2829
HEXOLITE dry or wetted with less than 15 % water, by mass	-	1.1D	0118
Hexone, *see*	-	3	1245
HEXOTOL dry or wetted with less than 15 % water, by mass	-	1.1D	0118
HEXOTONAL	-	1.1D	0393
HEXOTONAL cast, *see*	-	1.1D	0393
HEXYL	-	1.1D	0079
Hexyl acetate, *see*	-	3	1233
Hexyl aldehyde, *see*	-	3	1207
Hexylbenzene, *see*	**P**	9	3082
Hexyl chloride, *see*	**P**	3	1993
alpha-Hexylene, *see*	-	3	2370
Hexylic acid, *see*	-	8	2829
tert-Hexyl peroxyneodecanoate (concentration ≤ 71 %, with diluent Type A), *see*	-	5.2	3115
tert-Hexyl peroxypivalate (concentration ≤ 72 %, with diluent Type B), *see*	-	5.2	3115
HEXYLTRICHLOROSILANE	-	8	1784
HMDI, *see*	-	6.1	2281
HMX AND RDX MIXTURE, DESENSITIZED with not less than 10 % phlegmatizer, by mass	-	1.1D	0391
HMX AND RDX MIXTURE, WETTED with not less than 15 % water, by mass	-	1.1D	0391
HMX, DESENSITIZED	-	1.1D	0484
HMX, WETTED with not less than 15 % water, by mass	-	1.1D	0226
HYDRAZINE, ANHYDROUS	-	8	2029
HYDRAZINE AQUEOUS SOLUTION, FLAMMABLE with more than 37 % hydrazine, by mass	-	8	3484
HYDRAZINE, AQUEOUS SOLUTION with more than 37 % hydrazine, by mass	-	8	2030

Substance, material or article	MP	Class	UN No.
HYDRAZINE, AQUEOUS SOLUTION with not more than 37 % hydrazine, by mass	-	6.1	3293
Hydrazine base, aqueous solution, *see*	-	6.1	3293
Hydrazine hydrate, *see*	-	8	2030
Hydrazinobenzene, *see*	-	6.1	2572
Hydrides, metal, water-reactive, N.O.S., *see*	-	4.3	1409
HYDRIODIC ACID	-	8	1787
Hydriodic acid, anhydrous, *see*	-	2.3	2197
HYDROBROMIC ACID	-	8	1788
HYDROCARBON GAS MIXTURE, COMPRESSED, N.O.S.	-	2.1	1964
HYDROCARBON GAS MIXTURE, LIQUEFIED, N.O.S.	-	2.1	1965
HYDROCARBON GAS REFILLS FOR SMALL DEVICES with release device	-	2.1	3150
HYDROCARBONS, LIQUID, N.O.S.	-	3	3295
HYDROCHLORIC ACID	-	8	1789
Hydrocyanic acid, anhydrous, stabilized, containing less than 3 % water, *see*	P	6.1	1051
Hydrocyanic acid, anhydrous, stabilized, containing less than 3 % water and absorbed in a porous inert material, *see*	P	6.1	1614
HYDROCYANIC ACID, AQUEOUS SOLUTION with not more than 20 % hydrogen cyanide	P	6.1	1613
HYDROCYANIC ACID with more than 20 % acid, by mass **(transport prohibited)**	-	-	-
HYDROFLUORIC ACID AND SULPHURIC ACID MIXTURE	-	8	1786
Hydrofluoric acid, anhydrous, *see*	-	8	1052
HYDROFLUORIC ACID solution, with more than 60 % hydrogen fluoride	-	8	1790
HYDROFLUORIC ACID solution, with not more than 60 % hydrogen fluoride	-	8	1790
Hydrofluoroboric acid, *see*	-	8	1775
Hydrofluorosilicic acid, *see*	-	8	1778
HYDROGEN AND METHANE MIXTURE, COMPRESSED	-	2.1	2034
Hydrogen antimonide, *see*	-	2.3	2676
Hydrogen arsenide, *see*	-	2.3	2188
Hydrogen bromide, *see*	-	8	1788
HYDROGEN BROMIDE, ANHYDROUS	-	2.3	1048
Hydrogen bromide solution, *see*	-	8	1788
Hydrogencarboxylic acid, *see*	-	8	1779
Hydrogen chloride, *see*	-	8	1789
HYDROGEN CHLORIDE, ANHYDROUS	-	2.3	1050
HYDROGEN CHLORIDE, REFRIGERATED LIQUID **(transport prohibited)**	-	2.3	2186
HYDROGEN, COMPRESSED	-	2.1	1049
HYDROGEN CYANIDE, AQUEOUS SOLUTION with not more than 20 % hydrogen cyanide	P	6.1	1613
HYDROGEN CYANIDE, SOLUTION IN ALCOHOL with more than 45 % hydrogen cyanide **(transport prohibited)**	-	-	-
HYDROGEN CYANIDE, SOLUTION IN ALCOHOL with not more than 45 % hydrogen cyanide	P	6.1	3294
HYDROGEN CYANIDE, STABILIZED containing less than 3 % water	P	6.1	1051
HYDROGEN CYANIDE, STABILIZED containing less than 3 % water and absorbed in a porous inert material	P	6.1	1614
HYDROGENDIFLUORIDES, SOLID, N.O.S.	-	8	1740
HYDROGENDIFLUORIDES SOLUTION, N.O.S.	-	8	3471
Hydrogen fluoride, *see*	-	8	1790
HYDROGEN FLUORIDE, ANHYDROUS	-	8	1052
HYDROGEN IN A METAL HYDRIDE STORAGE SYSTEM	-	2.1	3468
HYDROGEN IN A METAL HYDRIDE STORAGE SYSTEM CONTAINED IN EQUIPMENT	-	2.1	3468
HYDROGEN IN A METAL HYDRIDE STORAGE SYSTEM PACKED WITH EQUIPMENT	-	2.1	3468
Hydrogen iodide, *see*	-	8	1787
HYDROGEN IODIDE, ANHYDROUS	-	2.3	2197
HYDROGEN PEROXIDE AND PEROXYACETIC ACID MIXTURE with acid(s), water and not more than 5 % peroxyacetic acid, STABILIZED	-	5.1	3149
HYDROGEN PEROXIDE, AQUEOUS SOLUTION, STABILIZED with more than 60 % hydrogen peroxide	-	5.1	2015
HYDROGEN PEROXIDE, AQUEOUS SOLUTION with not less than 8 % but less than 20 % hydrogen peroxide (stabilized as necessary)	-	5.1	2984
HYDROGEN PEROXIDE, AQUEOUS SOLUTION with not less than 20 % but not more than 60 % hydrogen peroxide (stabilized as necessary)	-	5.1	2014
Hydrogen peroxide carbamide, solid, *see*	-	5.1	1511
HYDROGEN PEROXIDE, STABILIZED	-	5.1	2015
Hydrogen phosphide, *see*	-	2.3	2199
HYDROGEN, REFRIGERATED LIQUID	-	2.1	1966

Substance, material or article	MP	Class	UN No.
HYDROGEN SELENIDE, ADSORBED	-	2.3	3526
HYDROGEN SELENIDE, ANHYDROUS	-	2.3	2202
Hydrogen silicide, compressed, *see*	-	2.1	2203
Hydrogen sulphates, aqueous solution, *see*	-	8	2837
HYDROGEN SULPHIDE	-	2.3	1053
Hydroselenic acid, anhydrous, *see*	-	2.3	2202
Hydrosilicofluoric acid, *see*	-	8	1778
1-HYDROXYBENZOTRIAZOLE, ANHYDROUS, dry or wetted with less than 20 % water, by mass	-	1.3C	0508
1-HYDROXYBENZOTRIAZOLE MONOHYDRATE	-	4.1	3474
3-Hydroxybutanal, *see*	-	6.1	2839
3-Hydroxybutan-2-one, *see*	-	3	2621
3-Hydroxybutyraldehyde, *see*	-	6.1	2839
2-Hydroxycamphane, *see*	-	4.1	1312
Hydroxydimethylbenzenes, liquid, *see*	-	6.1	3430
Hydroxydimethylbenzenes, solid, *see*	-	6.1	2261
3-Hydroxy-1,1-dimethylbutyl peroxyneodecanoate (concentration ≤ 52%, as a stable dispersion in water), *see*	-	5.2	3119
3-Hydroxy-1,1-dimethylbutyl peroxyneodecanoate (concentration ≤ 52%, with diluent Type A), *see*	-	5.2	3117
3-Hydroxy-1,1-dimethylbutyl peroxyneodecanoate (concentration ≤ 77%, with diluent Type A), *see*	-	5.2	3115
2-(2-Hydroxyethoxy)-1-(pyrrolidin-1-yl)benzene-4-diazonium zinc chloride (concentration 100 %), *see*	-	4.1	3236
3-(2-Hydroxyethoxy)-4-(pyrrolidin-1-yl)benzenediazonium zinc chloride (concentration 100 %), *see*	-	4.1	3236
2-Hydroxyethylamine, *see*	-	8	2491
HYDROXYLAMINE SULPHATE	-	8	2865
Hydroxylammonium sulphate, *see*	-	8	2865
1-Hydroxy-3-methyl-2-penten-4-yne, *see*	-	8	2705
3-Hydroxyphenol, *see*	-	6.1	2876
HYPOCHLORITES, INORGANIC, N.O.S.	-	5.1	3212
HYPOCHLORITE SOLUTION	P	8	1791
IGNITERS	-	1.1G	0121
IGNITERS	-	1.2G	0314
IGNITERS	-	1.3G	0315
IGNITERS	-	1.4G	0325
IGNITERS	-	1.4S	0454
Imazalil, *see* PESTICIDE, N.O.S.	-	-	-
3,3'-IMINODIPROPYLAMINE	-	8	2269
INFECTIOUS SUBSTANCES, AFFECTING ANIMALS only	-	6.2	2900
INFECTIOUS SUBSTANCES, AFFECTING HUMANS	-	6.2	2814
Inflammable ..., *see* FLAMMABLE ...	-	-	-
INSECTICIDE GAS, N.O.S.	-	2.2	1968
INSECTICIDE GAS, FLAMMABLE, N.O.S.	-	2.1	3354
INSECTICIDE GAS, TOXIC, N.O.S.	-	2.3	1967
INSECTICIDE GAS, TOXIC, FLAMMABLE, N.O.S.	-	2.3	3355
IODINE	-	8	3495
IODINE MONOCHLORIDE, LIQUID	-	8	3498
IODINE MONOCHLORIDE, SOLID	-	8	1792
IODINE PENTAFLUORIDE	-	5.1	2495
2-IODOBUTANE	-	3	2390
Iodomethane, *see*	-	6.1	2644
IODOMETHYLPROPANES	-	3	2391
IODOPROPANES	-	3	2392
alpha-Iodotoluene, *see*	-	6.1	2653
Ioxynil, *see* PESTICIDE, N.O.S.	P	-	-
Iprobenfos, *see* ORGANOPHOSPHORUS PESTICIDE	-	-	-
Iron carbonyl, *see*	-	6.1	1994
Iron chloride, anhydrous, *see*	-	8	1773
Iron(III) chloride, anhydrous, *see*	-	8	1773
Iron chloride solution, *see*	-	8	2582
IRON OXIDE, SPENT obtained from coal gas purification	-	4.2	1376
IRON PENTACARBONYL	-	6.1	1994
Iron perchloride, anhydrous, *see*	-	8	1773
Iron perchloride solution, *see*	-	8	2582
Iron powder, *see*	-	4.2	1383

Substance, material or article	MP	Class	UN No.
Iron powder, pyrophoric, *see*	-	4.2	1383
IRON SPONGE SPENT obtained from coal gas purification	-	4.2	1376
Iron swarf, *see*	-	4.2	2793
Iron trichloride, anhydrous, *see*	-	8	1773
Iron trichloride solution, *see*	-	8	2582
Isoamyl acetate, *see*	-	3	1104
Isoamyl alcohol, *see*	-	3	1105
Isoamyl bromide, *see*	-	3	2341
Isoamyl butyrate, *see*	-	3	2620
alpha-Isoamylene, *see*	-	3	2561
Isoamyl formate, *see*	-	3	1109
Isoamyl mercaptan, *see*	-	3	1111
Isoamyl nitrate, *see*	-	3	1112
Isoamyl nitrite, *see*	-	3	1113
Isobenzan, *see* ORGANOCHLORINE PESTICIDE	**P**	-	-
Isobutanal, *see*	-	3	2045
ISOBUTANE	-	2.1	1969
ISOBUTANOL	-	3	1212
Isobutene, *see*	-	2.1	1055
Isobutenol, *see*	-	3	2614
Isobutenyl chloride, *see*	-	3	2554
ISOBUTYL ACETATE	-	3	1213
ISOBUTYL ACRYLATE, STABILIZED	-	3	2527
ISOBUTYL ALCOHOL	-	3	1212
ISOBUTYL ALDEHYDE	-	3	2045
ISOBUTYLAMINE	-	3	1214
Isobutylbenzene, *see*	**P**	3	2709
Isobutyl bromide, *see*	-	3	2342
ISOBUTYLENE	-	2.1	1055
ISOBUTYL FORMATE	-	3	2393
Isobutyl iodide, *see*	-	3	2391
ISOBUTYL ISOBUTYRATE	-	3	2528
ISOBUTYL ISOCYANATE	-	6.1	2486
Isobutyl mercaptan, *see*	-	3	2347
ISOBUTYL METHACRYLATE, STABILIZED	-	3	2283
ISOBUTYL PROPIONATE	-	3	2394
Isobutyl vinyl ether, *see*	-	3	1304
ISOBUTYRALDEHYD	-	3	2045
ISOBUTYRIC ACID	-	3	2529
ISOBUTYRONITRILE	-	3	2284
ISOBUTYRYL CHLORIDE	-	3	2395
ISOCYANATES, FLAMMABLE, TOXIC, N.O.S.	-	3	2478
ISOCYANATE SOLUTION, FLAMMABLE, TOXIC, N.O.S.	-	3	2478
ISOCYANATE SOLUTION, TOXIC, N.O.S.	-	6.1	2206
ISOCYANATE SOLUTION, TOXIC, FLAMMABLE, N.O.S.	-	6.1	3080
ISOCYANATES, TOXIC, N.O.S.	-	6.1	2206
ISOCYANATES, TOXIC, FLAMMABLE, N.O.S	-	6.1	3080
ISOCYANATOBENZOTRIFLUORIDES	-	6.1	2285
3-Isocyanatomethyl-3,5,5-trimethylcyclohexyl isocyanate, *see*	-	6.1	2290
Isodecyl acrylate, *see*	**P**	9	3082
Isododecane, *see*	-	3	2286
Isodrin, *see* ORGANOCHLORINE PESTICIDE	-	-	-
Isofenphos, *see* ORGANOPHOSPHORUS PESTICIDE	**P**	-	-
ISOHEPTENES	-	3	2287
ISOHEXENES	-	3	2288
Isolan, *see* CARBAMATE PESTICIDE	-	-	-
Isooctaldehyde, *see*	-	3	1191
Isooctane, *see*	**P**	3	1262
ISOOCTENES	-	3	1216
Isooctyl nitrate, *see*	**P**	9	3082
Isopentane, *see*	-	3	1265
ISOPENTENES	-	3	2371

Substance, material or article	MP	Class	UN No.
Isopentylamine, *see*	-	3	1106
Isopentyl nitrite, *see*	-	3	1113
ISOPHORONEDIAMINE	-	8	2289
ISOPHORONE DIISOCYANATE	-	6.1	2290
ISOPRENE, STABILIZED	**P**	3	1218
Isoprocarb, *see* CARBAMATE PESTICIDE	**P**	-	-
ISOPROPANOL	-	3	1219
ISOPROPENYL ACETATE	-	3	2403
ISOPROPENYLBENZENE	-	3	2303
Isopropenyl carbinol, *see*	-	3	2614
Isopropenyl chloride, *see*	-	3	2456
2-Isopropoxypropane, *see*	-	3	1159
ISOPROPYL ACETATE	-	3	1220
ISOPROPYL ACID PHOSPHATE	-	8	1793
ISOPROPYL ALCOHOL	-	3	1219
ISOPROPYLAMINE	-	3	1221
ISOPROPYLBENZENE	-	3	1918
Isopropyl bromide, *see*	-	3	2344
Isopropyl *sec*-butyl peroxydicarbonate (concentration ≤ 52 %) with Di-*sec*-butyl peroxydicarbonate (concentration ≤ 28 %) and Di-isopropyl peroxydicarbonate (concentration ≤ 22 %), *see*	-	5.2	3111
Isopropyl *sec*-butyl peroxydicarbonate (concentration ≤ 32 %) with Di-*sec*-butyl peroxydicarbonate (concentration ≤ 15 to 18 %) and Di-isopropyl peroxydicarbonate (concentration ≤ 12 to 15 %), with diluent Type A, *see*	-	5.2	3115
ISOPROPYL BUTYRATE	-	3	2405
Isopropyl carbinol, *see*	-	3	1212
Isopropyl chloride, *see*	-	3	2356
ISOPROPYL CHLOROACETATE	-	3	2947
Isopropyl chlorocarbonate, *see*	-	6.1	2407
ISOPROPYL CHLOROFORMATE	-	6.1	2407
Isopropyl chloromethanoate, *see*	-	6.1	2407
ISOPROPYL 2-CHLOROPROPIONATE	-	3	2934
alpha-Isopropyl *alpha*-chloropropionate, *see*	-	3	2934
Isopropylcumyl hydroperoxide (concentration ≤ 72 %, with diluent Type A), *see*	-	5.2	3109
Isopropyl cyanide, *see*	-	3	2284
Isopropyl ether, *see*	-	3	1159
Isopropylethylene, *see*	-	3	2561
Isopropyl formate, *see*	-	3	1281
Isopropylideneacetone, *see*	-	3	1229
ISOPROPYL ISOBUTYRATE	-	3	2406
ISOPROPYL ISOCYANATE	-	6.1	2483
Isopropyl mercaptan, *see*	-	3	2402
Isopropyl methanoate, *see*	-	3	1281
ISOPROPYL NITRATE	-	3	1222
ISOPROPYL PROPIONATE	-	3	2409
Isopropyltoluene, *see*	**P**	3	2046
Isopropyltoluol, *see*	**P**	3	2046
ISOSORBIDE DINITRATE MIXTURE with not less than 60 % lactose, mannose, starch, or calcium hydrogen phosphate	-	4.1	2907
ISOSORBIDE-5-MONONITRATE	-	4.1	3251
Isotetramethylbenzene, *see*	**P**	9	3082
Isothioate, *see* ORGANOPHOSPHORUS PESTICIDE	-	-	-
Isovaleraldehyde, *see*	-	3	2058
Isovalerone, *see*	-	3	1157
Isoxathion, *see* ORGANOPHOSPHORUS PESTICIDE	**P**	-	-
JET PERFORATING GUNS, CHARGED oil well, without detonator	-	1.1D	0124
JET PERFORATING GUNS, CHARGED oil well, without detonator	-	1.4D	0494
Jet tappers, without detonator, *see* CHARGES, SHAPED, COMMERCIAL	-	-	-
Jute, dry, *see*	-	4.1	3360
Kapok, dry, *see*	-	4.1	3360
Kelevan, *see* ORGANOCHLORINE PESTICIDE	-	-	-
KEROSENE	-	3	1223
Kerosine, *see*	-	3	1223
KETONES, LIQUID, N.O.S.	-	3	1224

Substance, material or article	MP	Class	UN No.
KRILL MEAL	-	4.2	3497
KRYPTON, COMPRESSED	-	2.2	1056
KRYPTON, REFRIGERATED LIQUID	-	2.2	1970
Lacquer, *see* PAINT	-	-	-
Lacquer base, liquid, *see* PAINT	-	-	-
Lacquer base solution, *see*	-	3	2059
LEAD ACETATE	**P**	6.1	1616
Lead(II) acetate, *see*	-	6.1	1616
Lead and zinc calcines, *see*	**P**	6.1	2291
LEAD ARSENATES	**P**	6.1	1617
LEAD ARSENITES	**P**	6.1	1618
LEAD AZIDE, WETTED with not less than 20 % water, or mixture of alcohol and water, by mass	-	1.1A	0129
Lead chloride, solid, *see*	**P**	6.1	2291
LEAD COMPOUND, SOLUBLE, N.O.S.	**P**	6.1	2291
LEAD CYANIDE	**P**	6.1	1620
Lead(II) cyanide, *see*	-	6.1	1620
LEAD DIOXIDE	-	5.1	1872
Lead dross, *see*	-	8	1794
LEAD NITRATE	**P**	5.1	1469
Lead(II) nitrate, *see* LEAD NITRATE	-	-	-
Lead(II) perchlorate, *see*	-	5.1	1470
LEAD PERCHLORATE, SOLID	**P**	5.1	1470
LEAD PERCHLORATE SOLUTION	**P**	5.1	3408
Lead peroxide, *see*	-	5.1	1872
LEAD PHOSPHITE, DIBASIC	-	4.1	2989
LEAD STYPHNATE, WETTED with not less than 20 % water, or mixture of alcohol and water, by mass	-	1.1A	0130
LEAD SULPHATE with more than 3 % free acid	-	8	1794
Lead tetraethyl, *see*	**P**	6.1	1649
Lead tetramethyl, *see*	**P**	6.1	1649
LEAD TRINITRORESORCINATE, WETTED with not less than 20 % water, or mixture of alcohol and water, by mass	-	1.1A	0130
LIFE-SAVING APPLIANCES, NOT SELF-INFLATING containing dangerous goods as equipment	-	9	3072
LIFE-SAVING APPLIANCES, SELF-INFLATING	-	9	2990
LIGHTER REFILLS containing flammable gas	-	2.1	1057
LIGHTERS containing flammable gas	-	2.1	1057
LIGHTERS, FUSE	-	1.4S	0131
Ligroin, *see* PETROLEUM DISTILLATES, N.O.S. *or* PETROLEUM PRODUCTS, N.O.S.	-	-	-
Limonene, *see*	**P**	3	2052
Lindane, *see* ORGANOCHLORINE PESTICIDE	**P**	-	-
Linuron, *see* **Note 1**	**P**	-	-
LIQUEFIED GAS, N.O.S.	-	2.2	3163
LIQUEFIED GASES non-flammable, charged with nitrogen, carbon dioxide or air	-	2.2	1058
LIQUEFIED GAS, FLAMMABLE, N.O.S.	-	2.1	3161
LIQUEFIED GAS, OXIDIZING, N.O.S.	-	2.2	3157
LIQUEFIED GAS, TOXIC, N.O.S.	-	2.3	3162
LIQUEFIED GAS, TOXIC, CORROSIVE, N.O.S.	-	2.3	3308
LIQUEFIED GAS, TOXIC, FLAMMABLE, N.O.S.	-	2.3	3160
LIQUEFIED GAS, TOXIC, FLAMMABLE, CORROSIVE, N.O.S.	-	2.3	3309
LIQUEFIED GAS, TOXIC, OXIDIZING, N.O.S.	-	2.3	3307
LIQUEFIED GAS, TOXIC, OXIDIZING, CORROSIVE, N.O.S.	-	2.3	3310
Liquefied natural gas, *see*	-	2.1	1972
Liquefied petroleum gases, *see*	-	2.1	1075
LITHIUM	-	4.3	1415
Lithium alkyls, liquid, *see*	-	4.2	3394
Lithium alkyls, solid, *see*	-	4.2	3393
Lithium alloy (liquid), *see*	-	4.3	1421
LITHIUM ALUMINIUM HYDRIDE	-	4.3	1410
LITHIUM ALUMINIUM HYDRIDE, ETHEREAL	-	4.3	1411
Lithium amalgams, liquid, *see*	-	4.3	1389
Lithium amalgams, solid, *see*	-	4.3	3401
Lithium amide, *see*	-	4.3	1390

Substance, material or article	MP	Class	UN No.
LITHIUM BATTERIES INSTALLED IN CARGO TRANSPORT UNIT lithium ion batteries or lithium metal batteries	-	9	3536
LITHIUM BOROHYDRIDE	-	4.3	1413
Lithium dispersions, *see*	-	4.3	1391
LITHIUM FERROSILICON	-	4.3	2830
LITHIUM HYDRIDE	-	4.3	1414
LITHIUM HYDRIDE, FUSED SOLID	-	4.3	2805
LITHIUM HYDROXIDE	-	8	2680
Lithium hydroxide, solid, *see*	-	8	2680
LITHIUM HYDROXIDE SOLUTION	-	8	2679
LITHIUM HYPOCHLORITE, DRY	-	5.1	1471
LITHIUM HYPOCHLORITE MIXTURE	-	5.1	1471
Lithium in cartouches, *see*	-	4.3	1415
LITHIUM ION BATTERIES CONTAINED IN EQUIPMENT (including lithium ion polymer batteries)	-	9	3481
LITHIUM ION BATTERIES (including lithium ion polymer batteries)	-	9	3480
LITHIUM ION BATTERIES PACKED WITH EQUIPMENT (including lithium ion polymer batteries)	-	9	3481
LITHIUM METAL BATTERIES CONTAINED IN EQUIPMENT (including lithium alloy batteries)	-	9	3091
LITHIUM METAL BATTERIES (including lithium alloy batteries)	-	9	3090
LITHIUM METAL BATTERIES PACKED WITH EQUIPMENT (including lithium alloy batteries)	-	9	3091
LITHIUM NITRATE	-	5.1	2722
LITHIUM NITRIDE	-	4.3	2806
LITHIUM PEROXIDE	-	5.1	1472
Lithium silicide, *see*	-	4.3	1417
LITHIUM SILICON	-	4.3	1417
LNG, *see*	-	2.1	1972
LONDON PURPLE	**P**	6.1	1621
LPG, *see*	-	2.1	1075
Lye, *see*	-	8	1823
M86 fuel, *see*	-	3	3165
MACHINERY, FUEL CELL, FLAMMABLE GAS POWERED	-	2.1	3529
MACHINERY, FUEL CELL, FLAMMABLE LIQUID POWERED	-	3	3528
MACHINERY, INTERNAL COMBUSTION	**P**	9	3530
MACHINERY, INTERNAL COMBUSTION, FLAMMABLE GAS POWERED	-	2.1	3529
MACHINERY, INTERNAL COMBUSTION, FLAMMABLE LIQUID POWERED	-	3	3528
MAGNESIUM	-	4.1	1869
Magnesium alkyls, *see*	-	4.2	3394
Magnesium alloys, *see*	-	4.3	1393
MAGNESIUM ALLOYS POWDER	-	4.3	1418
MAGNESIUM ALLOYS with more than 50 % magnesium in pellets, turnings or ribbons	-	4.1	1869
MAGNESIUM ALUMINIUM PHOSPHIDE	-	4.3	1419
Magnesium amalgams, liquid, *see*	-	4.3	1392
Magnesium amalgams, solid, *see*	-	4.3	3402
MAGNESIUM ARSENATE	**P**	6.1	1622
Magnesium bisulphite solution, *see*	-	8	2693
MAGNESIUM BROMATE	-	5.1	1473
MAGNESIUM CHLORATE	-	5.1	2723
Magnesium chloride and chlorate mixture, *see*	-	5.1	1459
MAGNESIUM DIAMIDE	-	4.2	2004
Magnesium diphenyl, *see*	-	4.2	3393
Magnesium dispersions, *see*	-	4.3	1391
MAGNESIUM FLUOROSILICATE	-	6.1	2853
MAGNESIUM GRANULES, COATED particle size not less than 149 microns	-	4.3	2950
Magnesium hexafluorosilicate, *see*	-	6.1	2853
MAGNESIUM HYDRIDE	-	4.3	2010
MAGNESIUM NITRATE	-	5.1	1474
MAGNESIUM PERCHLORATE	-	5.1	1475
MAGNESIUM PEROXIDE	-	5.1	1476
MAGNESIUM PHOSPHIDE	-	4.3	2011
MAGNESIUM POWDER	-	4.3	1418
Magnesium scrap, *see*	-	4.1	1869
MAGNESIUM SILICIDE	-	4.3	2624
Magnesium silicofluoride, *see*	-	6.1	2853
Magnesium silicon, *see*	-	4.3	2624

Substance, material or article	MP	Class	UN No.
MAGNETIZED MATERIAL	-	9	2807
Malathion, *see*	P	9	3082
MALEIC ANHYDRIDE	-	8	2215
MALEIC ANHYDRIDE, MOLTEN	-	8	2215
Malonodinitrile, *see*	-	6.1	2647
MALONONITRILE	-	6.1	2647
Mancozeb (ISO), *see*	P	9	3077
MANEB	P	4.2	2210
MANEB PREPARATION, STABILIZED against self-heating	P	4.3	2968
MANEB PREPARATION with not less than 60 % maneb	P	4.2	2210
MANEB, STABILIZED	P	4.3	2968
Manganese ethylene-bis-dithiocarbamate, *see*	P	4.2	2210
Manganese ethylene-1,2-bis-dithiocarbamate, *see*	P	4.2	2210
Manganese ethylene-bis-dithiocarbamate, stabilized, *see*	P	4.3	2968
Manganese ethylene-1,2-bis-dithiocarbamate, stabilized, *see*	P	4.3	2968
MANGANESE NITRATE	-	5.1	2724
Manganese(III) nitrate, *see*	-	5.1	2724
MANGANESE RESINATE	-	4.1	1330
Manganous nitrate, *see*	-	5.1	2724
MANNITOL HEXANITRATE, WETTED with not less than 40 % water, or mixture of alcohol and water, by mass	-	1.1D	0133
MATCHES, FUSEE	-	4.1	2254
MATCHES, SAFETY (book, card or strike on box)	-	4.1	1944
MATCHES, „STRIKE ANYWHERE“	-	4.1	1331
MATCHES, WAX 'VESTA'	-	4.1	1945
Meal, oily, *see*	-	4.2	1386
Mecarbam, *see* ORGANOPHOSPHORUS PESTICIDE	P	-	-
MEDICAL WASTE, N.O.S.	-	6.2	3291
MEDICINE, LIQUID, FLAMMABLE, TOXIC, N.O.S	-	3	3248
MEDICINE, LIQUID, TOXIC, N.O.S.	-	6.1	1851
MEDICINE, SOLID, TOXIC, N.O.S.	-	6.1	3249
Medinoterb, *see* SUBSTITUTED NITROPHENOL PESTICIDE	-	-	-
p-Menthyl hydroperoxide (concentration > 72 to 100 %), *see*	-	5.2	3105
p-Menthyl hydroperoxide (concentration ≤ 72 %, with diluent Type A), *see*	-	5.2	3109
Mephosfolan, *see* ORGANOPHOSPHORUS PESTICIDE	P	-	-
MERCAPTAN MIXTURE, LIQUID, FLAMMABLE, N.O.S.	-	3	3336
MERCAPTAN MIXTURE, LIQUID, FLAMMABLE, TOXIC, N.O.S.	-	3	1228
MERCAPTAN MIXTURE, LIQUID, TOXIC, FLAMMABLE, N.O.S.	-	6.1	3071
MERCAPTANS, LIQUID, FLAMMABLE, N.O.S.	-	3	3336
MERCAPTANS, LIQUID, FLAMMABLE, TOXIC, N.O.S.	-	3	1228
MERCAPTANS, LIQUID, TOXIC, FLAMMABLE, N.O.S.	-	6.1	3071
Mercaptoacetic acid, *see*	-	8	1940
Mercaptodimethur, *see* CARBAMATE PESTICIDE	P	-	-
2-Mercaptoethanol, *see*	-	6.1	2966
2-Mercaptopropionic acid, *see*	-	6.1	2936
5-MERCAPTOTETRAZOL-1-ACETIC ACID	-	1.4C	0448
Mercuric acetate, *see*	P	6.1	1629
Mercuric ammonium chloride, *see*	P	6.1	1630
MERCURIC ARSENATE	P	6.1	1623
Mercuric benzoate, *see*	P	6.1	1631
Mercuric bisulphate, *see*	P	6.1	1645
Mercuric bromide, *see*	P	6.1	1634
MERCURIC CHLORIDE	P	6.1	1624
Mercuric cyanide, *see*	P	6.1	1636
Mercuric gluconate, *see*	P	6.1	1637
Mercuric iodide, *see*	P	6.1	1638
MERCURIC NITRATE	P	6.1	1625
Mercuric oleate, *see*	P	6.1	1640
Mercuric oxide, *see*	P	6.1	1641
Mercuric oxycyanide, desensitized, *see*	P	6.1	1642
MERCURIC POTASSIUM CYANIDE	P	6.1	1626
Mercuric sulphate, *see*	P	6.1	1645
Mercuric thiocyanate, *see*	P	6.1	1646

Substance, material or article	MP	Class	UN No.
Mercurol, *see*	P	6.1	1639
Mercurous acetate, *see*	P	6.1	1629
Mercurous bisulphate, *see*	P	6.1	1645
Mercurous bromide, *see*	P	6.1	1634
Mercurous chloride, *see*	P	6.1	2025
MERCUROUS NITRATE	P	6.1	1627
Mercurous salicylate, *see*	P	6.1	1644
Mercurous sulphate, *see*	P	6.1	1645
MERCURY	-	8	2809
MERCURY ACETATE	P	6.1	1629
MERCURY AMMONIUM CHLORIDE	P	6.1	1630
MERCURY BASED PESTICIDE, LIQUID, FLAMMABLE, TOXIC, flashpoint less than 23 °C	P	3	2778
MERCURY BASED PESTICIDE, LIQUID, TOXIC	P	6.1	3012
MERCURY BASED PESTICIDE, LIQUID, TOXIC, FLAMMABLE, flashpoint not less than 23 °C	P	6.1	3011
MERCURY BASED PESTICIDE, SOLID, TOXIC	P	6.1	2777
MERCURY BENZOATE	P	6.1	1631
Mercury bichloride, *see*	P	6.1	1624
Mercury bisulphate, *see*	P	6.1	1645
MERCURY BROMIDES	P	6.1	1634
MERCURY COMPOUND, LIQUID, N.O.S.	P	6.1	2024
MERCURY COMPOUND, SOLID, N.O.S.	P	6.1	2025
MERCURY CONTAINED IN MANUFACTURED ARTICLES	-	8	3506
MERCURY CYANIDE	P	6.1	1636
MERCURY FULMINATE, WETTED with not less than 20 % water, or mixture of alcohol and water, by mass	-	1.1A	0135
MERCURY GLUCONATE	P	6.1	1637
MERCURY IODIDE	P	6.1	1638
Mercury(II) (mercuric) compounds, *see* MERCURY BASED PESTICIDE	P	-	-
Mercury(I) (mercurous) compounds, *see* MERCURY BASED PESTICIDE	P	-	-
MERCURY NUCLEATE	P	6.1	1639
MERCURY OLEATE	P	6.1	1640
MERCURY OXIDE	-	6.1	1641
MERCURY OXYCYANIDE, DESENSITIZED	P	6.1	1642
MERCURY OXYCYANIDE pure **(transport prohibited)**	-	-	-
Mercury potassium cyanide, *see*	P	6.1	1626
MERCURY POTASSIUM IODIDE	P	6.1	1643
MERCURY SALICYLATE	P	6.1	1644
MERCURY SULPHATE	P	6.1	1645
MERCURY THIOCYANATE	P	6.1	1646
Mesitylene, *see*	P	3	2325
MESITYL OXIDE	-	3	1229
Mesyl chloride, *see*	-	6.1	3246
Metaarsenic acid, *see*	-	6.1	1554
Metacetone, *see*	-	3	1156
Metal alkyl halides, water-reactive, N.O.S., *see*	-	4.2	3394
Metal alkyl hydrides, water-reactive, N.O.S., *see*	-	4.2	3394
Metal alkyls, water-reactive, N.O.S., *see*	-	4.2	3394
Metal aryl halides, water-reactive, N.O.S., *see*	-	4.2	3394
Metal aryl hydrides, water-reactive, N.O.S., *see*	-	4.2	3394
Metal aryls, water-reactive, N.O.S., *see*	-	4.2	3394
METAL CARBONYLS, LIQUID, N.O.S.	-	6.1	3281
METAL CARBONYLS, SOLID, N.O.S.	-	6.1	3466
METAL CATALYST, DRY	-	4.2	2881
METAL CATALYST, WETTED with a visible excess of liquid	-	4.2	1378
METALDEHYDE	-	4.1	1332
METAL HYDRIDES, FLAMMABLE, N.O.S.	-	4.1	3182
METAL HYDRIDES, WATER-REACTIVE, N.O.S.	-	4.3	1409
METALLIC SUBSTANCE, WATER-REACTIVE, N.O.S.	-	4.3	3208
METALLIC SUBSTANCE, WATER-REACTIVE, SELF-HEATING, N.O.S.	-	4.3	3209
METAL POWDER, FLAMMABLE, N.O.S.	-	4.1	3089
METAL POWDER, SELF-HEATING, N.O.S.	-	4.2	3189
METAL SALTS OF ORGANIC COMPOUNDS, FLAMMABLE, N.O.S.	-	4.1	3181
Metam-sodium, *see* THIOCARBAMATE PESTICIDE	P	-	-

Substance, material or article	MP	Class	UN No.
Methacraldehyde, stabilized, *see*	-	3	2396
METHACRYLALDEHYDE, STABILIZED	-	3	2396
3-Methacrylic acid, liquid, *see*	-	8	3472
3-Methacrylic acid, solid, *see*	-	8	2823
METHACRYLIC ACID, STABILIZED	-	8	2531
METHACRYLONITRILE, STABILIZED	-	6.1	3079
METHALLYL ALCOHOL	-	3	2614
Methamidophos, *see* ORGANOPHOSPHORUS PESTICIDE	**P**	-	-
Methanal, *see*	-	3	1198
Methanal, *see*	-	8	2209
Methane and hydrogen, mixtures, compressed, *see*	-	2.1	2034
METHANE, COMPRESSED	-	2.1	1971
METHANE, REFRIGERATED LIQUID	-	2.1	1972
METHANESULPHONYL CHLORIDE	-	6.1	3246
Methanethiol, *see*	**P**	2.3	1064
METHANOL	-	3	1230
Methasulfocarb, *see* CARBAMATE PESTICIDE	-	-	-
Methidathion, *see* ORGANOPHOSPHORUS PESTICIDE	**P**	-	-
Methomyl, *see* CARBAMATE PESTICIDE	**P**	-	-
ortho-Methoxyaniline, *see*	-	6.1	2431
Methoxybenzene, *see*	-	3	2222
1-Methoxybutane, *see*	-	3	2350
Methoxyethane, *see*	-	2.1	1039
2-Methoxyethanol, *see*	-	3	1188
2-Methoxyethyl acetate, *see*	-	3	1189
METHOXYMETHYL ISOCYANATE	-	6.1	2605
4-Methoxy-4-methyl-2-pentanone, *see*	-	3	2293
4-METHOXY-4-METHYLPENTAN-2-ONE	-	3	2293
Methoxynitrobenzenes, liquid, *see*	-	6.1	2730
Methoxynitrobenzenes, solid, *see*	-	6.1	3458
1-Methoxypropane, *see*	-	3	2612
1-METHOXY-2-PROPANOL	-	3	3092
METHYL ACETATE	-	3	1231
Methylacetic acid, *see*	-	8	1848
METHYLACETYLENE AND PROPADIENE MIXTURE, STABILIZED	-	2.1	1060
beta-Methylacrolein, *see*	**P**	6.1	1143
2-Methylacrolein, stabilized	-	3	2396
3-Methylacrolein, stabilized, *see*	**P**	6.1	1143
METHYL ACRYLATE, STABILIZED	-	3	1919
METHYLAL	-	3	1234
Methyl alcohol, *see*	-	3	1230
Methyl allyl alcohol, *see*	-	3	2614
Methylallyl alcohol, *see*	-	3	2614
METHYLALLYL CHLORIDE	-	3	2554
METHYLAMINE, ANHYDROUS	-	2.1	1061
METHYLAMINE, AQUEOUS SOLUTION	-	3	1235
2-(*N,N*-Methylaminoethylcarbonyl)-4-(3,4-dimethylphenylsulphonyl)benzenediazonium hydrogen sulphate (concentration 96 %), *see*	-	4.1	3236
METHYLAMYL ACETATE	-	3	1233
Methyl amyl alcohol, *see*	-	3	2053
Methylamyl alcohol, *see*	-	3	2053
Methyl *normal*-amyl ketone, *see*	-	3	1110
N-METHYLANILINE	**P**	6.1	2294
Methylated spirits, *see*	-	3	1987
Methylated spirits, *see*	-	3	1986
Methylbenzene, *see*	-	3	1294
4-Methylbenzenesulphonylhydrazide (concentration 100 %), *see*	-	4.1	3226
Methylbenzol, *see*	-	3	1294
alpha-METHYLBENZYL ALCOHOL, LIQUID	-	6.1	2937
alpha-METHYLBENZYL ALCOHOL, SOLID	-	6.1	3438
Methyl borate, *see*	-	3	2416
Methyl bromide and chloropicrin mixture, *see*	-	2.3	1581
METHYL BROMIDE AND ETHYLENE DIBROMIDE MIXTURE, LIQUID	**P**	6.1	1647

Substance, material or article	MP	Class	UN No.
METHYL BROMIDE with not more than 2.0 % chloropicrin	-	2.3	1062
METHYL BROMOACETATE	-	6.1	2643
2-Methyl-1,3-butadiene, stabilized, *see*	-	3	1218
2-METHYLBUTANAL	-	3	3371
2-Methylbutane, *see*	-	3	1265
Methylbutanols, *see*	-	3	1105
3-METHYLBUTAN-2-ONE	-	3	2397
3-Methyl-2-butanone, *see*	-	3	2397
2-METHYL-1-BUTENE	-	3	2459
2-METHYL-2-BUTENE	-	3	2460
3-METHYL-1-BUTENE	-	3	2561
2-Methyl butylacrylate, stabilized, *see*	-	3	2227
N-METHYLBUTYLAMINE	-	3	2945
METHYL *tert*-BUTYL ETHER	-	3	2398
METHYL BUTYRATE	-	3	1237
Methyl carbonate, *see*	-	3	1161
METHYL CHLORIDE	-	2.1	1063
Methyl chloride and chloropicrin mixture, *see*	-	2.3	1582
METHYL CHLORIDE AND METHYLENE CHLORIDE MIXTURE	-	2.1	1912
METHYL CHLOROACETATE	-	6.1	2295
Methylchlorobenzenes, *see*	-	3	2238
Methyl chlorocarbonate, *see*	-	6.1	1238
Methylchloroform, *see*	-	6.1	2831
Methyl chloroform, *see*	-	6.1	2831
METHYL CHLOROFORMATE	-	6.1	1238
METHYL CHLOROMETHYL ETHER	-	6.1	1239
METHYL 2-CHLOROPROPIONATE	-	3	2933
alpha-Methyl *alpha*-chloropropionate, *see*	-	3	2933
METHYLCHLOROSILANE	-	2.3	2534
Methyl cyanide, *see*	-	3	1648
METHYLCYCLOHEXANE	**P**	3	2296
METHYLCYCLOHEXANOLS, flammable	-	3	2617
METHYLCYCLOHEXANONE	-	3	2297
Methylcyclohexanone peroxides (concentration ≤ 67 %, with diluent Type B), *see*	-	5.2	3115
METHYLCYCLOPENTANE	-	3	2298
METHYL DICHLOROACETATE	-	6.1	2299
METHYLDICHLOROSILANE	-	4.3	1242
Methyldinitrobenzenes, liquid, *see*	**P**	6.1	2038
Methyldinitrobenzenes, molten, *see*	**P**	6.1	1600
Methyldinitrobenzenes, solid, *see*	**P**	6.1	3454
Methyl disulphide, *see*	**P**	3	2381
Methyldithiomethane, *see*	**P**	3	2381
2,2'-Methylenebis-(3,4,6-trichlorophenol), *see*	-	6.1	2875
Methylene bromide, *see*	-	6.1	2664
Methylene chloride, *see*	-	6.1	1593
Methylene chloride and methyl chloride mixture, *see* METHYL CHLORIDE AND METHYLENE CHLORIDE MIXTURE	-	-	-
Methylene chlorobromide, *see*	-	6.1	1887
Methylene cyanide, *see*	-	6.1	2647
p,p'-Methylenedianiline, *see*	**P**	6.1	2651
Methylene dibromide, *see*	-	6.1	2664
Methyl ether, *see*	-	2.1	1033
Methyl ethyl carbinol, *see*	-	3	1120
Methyl ethyl ether, *see*	-	2.1	1039
METHYL ETHYL KETONE	-	3	1193
Methyl ethyl ketone peroxide(s) (concentration ≤ 40 %, with diluent Type A, available oxygen ≤ 8.2 %), *see*	-	5.2	3107
Methyl ethyl ketone peroxide(s) (concentration ≤ 45 %, with diluent Type A, available oxygen ≤ 10 %), *see*	-	5.2	3105
Methyl ethyl ketone peroxide(s) (concentration ≤ 52 %, with diluent Type A, available oxygen >10 % and ≤ 10.7 %), *see*	-	5.2	3101
2-METHYL-5-ETHYLPYRIDINE	-	6.1	2300
METHYL FLUORIDE	-	2.1	2454

Substance, material or article	MP	Class	UN No.
Methylfluorobenzenes *(ortho-; meta-; para-), see*	-	3	2388
METHYL FORMATE	-	3	1243
2-METHYLFURAN	-	3	2301
Methyl glycol, *see*	-	3	1188
Methyl glycol acetate, *see*	-	3	1189
2-Methylheptane, *see*	**P**	3	1262
2-METHYL-2-HEPTANETHIOL	-	6.1	3023
5-METHYLHEXAN-2-ONE	-	3	2302
5-Methyl-2-hexanone, *see*	-	3	2302
METHYLHYDRAZINE	-	6.1	1244
METHYL IODIDE	-	6.1	2644
Methyl isobutenyl ketone, *see*	-	3	1229
METHYL ISOBUTYL CARBINOL	-	3	2053
Methyl isobutyl carbinol acetate, *see*	-	3	1233
METHYL ISOBUTYL KETONE	-	3	1245
Methyl isobutyl ketone peroxide(s) (concentration ≤ 62 %, with with ≥ 19 % by mass diluent Type A and methyl isobutyl ketone), *see*	-	5.2	3105
METHYL ISOCYANATE	-	6.1	2480
METHYL ISOPROPENYL KETONE, STABILIZED	-	3	1246
Methyl isopropyl ketone, *see*	-	3	2397
Methyl isopropyl ketone peroxide(s) (with diluent Type A and active oxygen ≤ 6.7 %), *see*	-	5.2	3109
METHYL ISOTHIOCYANATE	-	6.1	2477
METHYL ISOVALERATE	-	3	2400
METHYLMAGNESIUM BROMIDE IN ETHYL ETHER	-	4.3	1928
METHYL MERCAPTAN	**P**	2.3	1064
Methyl mercaptopropionaldehyde, *see*	-	6.1	2785
METHYL METHACRYLATE MONOMER, STABILIZED	-	3	1247
4-METHYLMORPHOLINE	-	3	2535
N-METHYLMORPHOLINE	-	3	2535
METHYL NITRITE **(transport prohibited)**	-	2.2	2455
Methylnitrophenols, *see*	-	6.1	2446
METHYL ORTHOSILICATE	-	6.1	2606
METHYLPENTADIENES	-	3	2461
2-Methylpentane, *see*	**P**	3	1208
3-Methylpentane, *see*	-	3	1208
2-METHYLPENTAN-2-OL	-	3	2560
4-Methylpentan-2-ol, *see*	-	3	2053
4-Methyl-2-pentanone, *see*	-	3	1245
4-Methyl-3-penten-2-one, *see*	-	3	1229
3-Methyl-2-penten-4-yn-ol, *see*	-	8	2705
METHYLPHENYLDICHLOROSILANE	-	8	2437
Methyl phenyl ether, *see*	-	3	2222
2-Methyl-2-phenylpropane, *see*	**P**	3	2709
1-METHYLPIPERIDINE	-	3	2399
N-Methylpiperidine, *see*	-	3	2399
2-Methylpropanol-1, *see*	-	3	1212
2-Methyl-2-propanol, *see*	-	3	1120
2-Methylpropanoyl chloride, *see*	-	3	2395
2-Methyl-2-propen-1-ol, *see*	-	3	2614
METHYL PROPIONATE	-	3	1248
2-Methylpropionic acid, *see*	-	3	2529
Methylpropyl acrylate, stabilized, *see*	-	3	2527
Methylpropylbenzenes, *see*	**P**	3	2046
METHYL PROPYL ETHER	-	3	2612
2-Methylpropyl isobutyrate, *see*	-	3	2528
METHYL PROPYL KETONE	-	3	1249
Methylpyridines (2-; 3-; 4-), *see*	-	3	2313
3-Methyl-4-(pyrrolidin-1-yl)benzenediazonium tetrafluoroborate (concentration 95 %), *see*	-	4.1	3234
alpha-Methylstyrene, *see*	-	3	2303
Methylstyrenes, stabilized, *see*	-	3	2618
Methyl sulphate, *see*	-	6.1	1595
Methyl sulphide, *see*	-	3	1164
METHYLTETRAHYDROFURAN	-	3	2536

Substance, material or article	MP	Class	UN No.
beta-NAPHTHYLAMINE SOLUTION	-	6.1	3411
NAPHTHYLTHIOUREA	-	6.1	1651
1-Naphthylthiourea, *see*	-	6.1	1651
alpha-Naphthylthiourea, *see*	-	6.1	1651
NAPHTHYLUREA	-	6.1	1652
NATURAL GAS, COMPRESSED with high methane content	-	2.1	1971
Natural gasoline, *see* MOTOR SPIRIT *or* GASOLINE *or* PETROL	-	-	-
NATURAL GAS, REFRIGERATED LIQUID with high methane content	-	2.1	1972
Neodymium nitrate and praseodymium nitrate mixture, *see*	-	5.1	1456
Neohexane, *see*	-	3	1208
NEON, COMPRESSED	-	2.2	1065
NEON, REFRIGERATED LIQUID	-	2.2	1913
Neopentane, *see*	-	2.1	2044
Neothyl, *see*	-	3	2612
NICKEL CARBONYL	**P**	6.1	1259
NICKEL CYANIDE	**P**	6.1	1653
Nickel(II) cyanide, *see*	**P**	6.1	1653
NICKEL NITRATE	-	5.1	2725
Nickel(II) nitrate, *see*	-	5.1	2725
NICKEL NITRITE	-	5.1	2726
Nickel(II) nitrite, *see*	-	5.1	2726
Nickelous nitrate, *see*	-	5.1	2725
Nickelous nitrite, *see*	-	5.1	2726
Nickel tetracarbonyl, *see*	**P**	6.1	1259
NICOTINE	-	6.1	1654
NICOTINE COMPOUND, LIQUID, N.O.S.	-	6.1	3144
NICOTINE COMPOUND, SOLID, N.O.S.	-	6.1	1655
NICOTINE HYDROCHLORIDE, LIQUID	-	6.1	1656
NICOTINE HYDROCHLORIDE, SOLID	-	6.1	3444
NICOTINE HYDROCHLORIDE SOLUTION	-	6.1	1656
NICOTINE PREPARATION, LIQUID, N.O.S.	-	6.1	3144
NICOTINE PREPARATION, SOLID, N.O.S.	-	6.1	1655
NICOTINE SALICYLATE	-	6.1	1657
NICOTINE SULPHATE, SOLID	-	6.1	3445
NICOTINE SULPHATE SOLUTION	-	6.1	1658
NICOTINE TARTRATE	-	6.1	1659
NITRATES, INORGANIC, N.O.S.	-	5.1	1477
NITRATES, INORGANIC, AQUEOUS SOLUTION, N.O.S.	-	5.1	3218
NITRATING ACID MIXTURE, SPENT with more than 50 % nitric acid	-	8	1826
NITRATING ACID MIXTURE, SPENT with not more than 50 % nitric acid	-	8	1826
NITRATING ACID MIXTURE with more than 50 % nitric acid	-	8	1796
NITRATING ACID MIXTURE with not more than 50 % nitric acid	-	8	1796
NITRIC ACID other than red fuming, with at least 65 % but with not more than 70 % nitric acid	-	8	2031
NITRIC ACID other than red fuming, with less than 65 % nitric acid	-	8	2031
NITRIC ACID other than red fuming, with more than 70 % nitric acid	-	8	2031
NITRIC ACID, RED FUMING	-	8	2032
NITRIC OXIDE AND DINITROGEN TETROXIDE MIXTURE	-	2.3	1975
NITRIC OXIDE AND NITROGEN DIOXIDE MIXTURE	-	2.3	1975
NITRIC OXIDE, COMPRESSED	-	2.3	1660
NITRILES, FLAMMABLE, TOXIC, N.O.S.	-	3	3273
NITRILES, LIQUID, TOXIC, N.O.S.	-	6.1	3276
NITRILES, SOLID, TOXIC, N.O.S.	-	6.1	3439
NITRILES, TOXIC, FLAMMABLE, N.O.S.	-	6.1	3275
NITRITES, INORGANIC, N.O.S.	-	5.1	2627
NITRITES, INORGANIC, AQUEOUS SOLUTION, N.O.S.	-	5.1	3219
Nitrites, inorganic, mixtures with ammonium compounds **(transport prohibited)**	-	-	-
NITROANILINES (*o*-, *m*-, *p*-)	-	6.1	1661
NITROANISOLES, LIQUID	-	6.1	2730
NITROANISOLES, SOLID	-	6.1	3458
NITROBENZENE	-	6.1	1662
Nitrobenzene bromides, liquid, *see*	-	6.1	2732
Nitrobenzene bromides, solid, *see*	-	6.1	3459

Substance, material or article	MP	Class	UN No.
NITROBENZENESULPHONIC ACID	-	8	2305
Nitrobenzol, *see*	-	6.1	1662
5-NITROBENZOTRIAZOL	-	1.1D	0385
NITROBENZOTRIFLUORIDES, LIQUID	**P**	6.1	2306
NITROBENZOTRIFLUORIDES, SOLID	**P**	6.1	3431
NITROBROMOBENZENES, LIQUID	-	6.1	2732
NITROBROMOBENZENES, SOLID	-	6.1	3459
Nitrocarbonitrates, *see* EXPLOSIVE, BLASTING, TYPE B	-	-	-
NITROCELLULOSE dry or wetted with less than 25 % water (or alcohol), by mass	-	1.1D	0340
NITROCELLULOSE MEMBRANE FILTERS with not more than 12.6 % nitrogen, by dry mass	-	4.1	3270
NITROCELLULOSE, PLASTICIZED with not less than 18 % plasticizing substance, by mass	-	1.3C	0343
NITROCELLULOSE SOLUTION, FLAMMABLE with not more than 12.6 % nitrogen, by dry mass, and not more than 55 % nitrocellulose	-	3	2059
NITROCELLULOSE unmodified or plasticized with less than 18 % plasticizing substance, by mass	-	1.1D	0341
NITROCELLULOSE, WETTED with not less than 25 % alcohol, by mass	-	1.3C	0342
NITROCELLULOSE WITH ALCOHOL (not less than 25 % alcohol, by mass, and not more than 12.6 % nitrogen, by dry mass)	-	4.1	2556
NITROCELLULOSE with not more than 12.6 % nitrogen, by dry mass, MIXTURE WITHOUT PLASTICIZER, WITHOUT PIGMENT	-	4.1	2557
NITROCELLULOSE with not more than 12.6 % nitrogen, by dry mass, MIXTURE WITHOUT PLASTICIZER, WITH PIGMENT	-	4.1	2557
NITROCELLULOSE with not more than 12.6 % nitrogen, by dry mass, MIXTURE WITH PLASTICIZER, WITHOUT PIGMENT	-	4.1	2557
NITROCELLULOSE with not more than 12.6 % nitrogen, by dry mass, MIXTURE WITH PLASTICIZER, WITH PIGMENT	-	4.1	2557
NITROCELLULOSE WITH WATER (not less than 25 % water, by mass)	-	4.1	2555
Nitrochlorobenzenes, *see*	-	6.1	1578
3-NITRO-4-CHLOROBENZOTRIFLUORIDE	**P**	6.1	2307
Nitrocotton solution, *see*	-	3	2059
Nitrocotton with Alcohol, *see*	-	4.1	2556
Nitrocotton with plasticizing substance, *see*	-	4.1	2557
Nitrocotton with water, *see*	-	4.1	2555
NITROCRESOLS, LIQUID	-	6.1	3434
NITROCRESOLS, SOLID	-	6.1	2446
NITROETHANE	-	3	2842
NITROGEN, COMPRESSED	-	2.2	1066
NITROGEN DIOXIDE	-	2.3	1067
Nitrogen dioxide and nitric oxide mixtures, *see*	-	2.3	1975
Nitrogen peroxide, *see*	-	2.3	1067
NITROGEN, REFRIGERATED LIQUID	-	2.2	1977
Nitrogen sesquioxide, *see*	-	2.3	2421
NITROGEN TRIFLUORIDE	-	2.2	2451
NITROGEN TRIOXIDE	-	2.3	2421
NITROGLYCERIN, DESENSITIZED with not less than 40 % non-volatile water-insoluble phlegmatizer, by mass	-	1.1D	0143
NITROGLYCERIN MIXTURE, DESENSITIZED, LIQUID, FLAMMABLE, N.O.S. with not more than 30 % nitroglycerin, by mass	-	3	3343
NITROGLYCERIN MIXTURE, DESENSITIZED, LIQUID, N.O.S with not more than 30 % nitroglycerin, by mass	-	3	3357
NITROGLYCERIN MIXTURE, DESENSITIZED, SOLID, N.O.S. with more than 2 % but not more than 10 % nitroglycerin, by mass	-	4.1	3319
NITROGLYCERIN SOLUTION IN ALCOHOL with more than 1 % but not more than 10 % nitroglycerin	-	1.1D	0144
NITROGLYCERIN SOLUTION IN ALCOHOL with more than 1 % but not more than 5 % nitroglycerin	-	3	3064
NITROGLYCERIN SOLUTION IN ALCOHOL with not more than 1 % nitroglycerin	-	3	1204
NITROGUANIDINE dry or wetted with less than 20 % water, by mass	-	1.1D	0282
NITROGUANIDINE, WETTED with not less than 20 % water, by mass	-	4.1	1336
NITROHYDROCHLORIC ACID	-	8	1798
NITROMANNITE, WETTED with not less than 40 % water, or mixture of alcohol and water, by mass	-	1.1D	0133
NITROMETHANE	-	3	1261
Nitromuriatic acid, *see*	-	8	1798
NITRONAPHTHALENE	-	4.1	2538
NITROPHENOLS (*o*-, *m*-, *p*-)	-	6.1	1663
4-NITROPHENYLHYDRAZINE, with not less than 30 % water, by mass	-	4.1	3376

Substance, material or article	MP	Class	UN No.
NITROPROPANES	-	3	2608
p-NITROSODIMETHYLANILINE	-	4.2	1369
4-Nitrosophenol (concentration 100 %), *see*	-	4.1	3236
NITROSTARCH dry or wetted, with less than 20 % water, by mass	-	1.1D	0146
NITROSTARCH, WETTED with not less than 20 % water, by mass	-	4.1	1337
NITROSYL CHLORIDE	-	2.3	1069
NITROSYLSULPHURIC ACID, LIQUID	-	8	2308
NITROSYLSULPHURIC ACID, SOLID	-	8	3456
NITROTOLUENES, LIQUID	-	6.1	1664
NITROTOLUENES, SOLID	-	6.1	3446
NITROTOLUIDINES (MONO)	-	6.1	2660
NITROTRIAZOLONE	-	1.1D	0490
Nitrotrichloromethane, *see*	-	6.1	1580
NITRO UREA	-	1.1D	0147
Nitrous ether solution, *see*	-	3	1194
NITROUS OXIDE	-	2.2	1070
NITROUS OXIDE, REFRIGERATED LIQUID	-	2.2	2201
NITROXYLENES, LIQUID	-	6.1	1665
NITROXYLENES, SOLID	-	6.1	3447
Non-activated carbon, *see*	-	4.2	1361
Non-activated charcoal, *see*	-	4.2	1361
NONANES	**P**	3	1920
Nonylphenol, *see*	**P**	8	3145
NONYLTRICHLOROSILANE	-	8	1799
Norbormide, *see* PESTICIDE, N.O.S.	-	-	-
2,5-NORBORNADIENE, STABILIZED	-	3	2251
NTO	-	1.1D	0490
OCTADECYLTRICHLOROSILANE	-	8	1800
OCTADIENE	-	3	2309
Octafluoro-2-butene, *see*	-	2.2	2422
OCTAFLUOROBUT-2-ENE	-	2.2	2422
OCTAFLUOROCYCLOBUTANE	-	2.2	1976
OCTAFLUOROPROPANE	-	2.2	2424
Octaldehyde, *see*	-	3	1191
OCTANES	**P**	3	1262
3-Octanone, *see*	-	3	2271
OCTOGEN, DESENSITIZED	-	1.1D	0484
OCTOGEN, WETTED with not less than 15 % water, by mass	-	1.1D	0226
OCTOL dry or wetted with less than 15 % water, by mass	-	1.1D	0266
OCTOLITE dry or wetted with less than 15 % water, by mass	-	1.1D	0266
OCTONAL	-	1.1D	0496
OCTYL ALDEHYDES	-	3	1191
tert-Octyl mercaptan, *see*	-	6.1	3023
OCTYLTRICHLOROSILANE	-	8	1801
Oenanthol, *see*	-	3	3056
Oil cake, *see*	-	4.2	1386
OIL GAS, COMPRESSED	-	2.3	1071
Oleum, *see*	-	8	1831
Oleylamine, *see* **Note 1**	**P**	-	-
Omethoate, *see* ORGANOPHOSPHORUS PESTICIDE	-	-	-
Organic peroxide, liquid, sample, *see*	-	5.2	3103
Organic peroxide, liquid, sample, temperature controlled, *see*	-	5.2	3113
Organic peroxide, solid, sample, *see*	-	5.2	3104
Organic peroxide, solid, sample, temperature controlled, *see*	-	5.2	3114
ORGANIC PEROXIDE TYPE B, LIQUID	-	5.2	3101
ORGANIC PEROXIDE TYPE C, LIQUID	-	5.2	3103
ORGANIC PEROXIDE TYPE D, LIQUID	-	5.2	3105
ORGANIC PEROXIDE TYPE E, LIQUID	-	5.2	3107
ORGANIC PEROXIDE TYPE F, LIQUID	-	5.2	3109
ORGANIC PEROXIDE TYPE B, LIQUID, TEMPERATURE CONTROLLED	-	5.2	3111
ORGANIC PEROXIDE TYPE C, LIQUID, TEMPERATURE CONTROLLED	-	5.2	3113
ORGANIC PEROXIDE TYPE D, LIQUID, TEMPERATURE CONTROLLED	-	5.2	3115

Substance, material or article	MP	Class	UN No.
ORGANIC PEROXIDE TYPE E, LIQUID, TEMPERATURE CONTROLLED	-	5.2	3117
ORGANIC PEROXIDE TYPE F, LIQUID, TEMPERATURE CONTROLLED	-	5.2	3119
ORGANIC PEROXIDE TYPE B, SOLID	-	5.2	3102
ORGANIC PEROXIDE TYPE C, SOLID	-	5.2	3104
ORGANIC PEROXIDE TYPE D, SOLID	-	5.2	3106
ORGANIC PEROXIDE TYPE E, SOLID	-	5.2	3108
ORGANIC PEROXIDE TYPE F, SOLID	-	5.2	3110
ORGANIC PEROXIDE TYPE B, SOLID, TEMPERATURE CONTROLLED	-	5.2	3112
ORGANIC PEROXIDE TYPE C, SOLID, TEMPERATURE CONTROLLED	-	5.2	3114
ORGANIC PEROXIDE TYPE D, SOLID, TEMPERATURE CONTROLLED	-	5.2	3116
ORGANIC PEROXIDE TYPE E, SOLID, TEMPERATURE CONTROLLED	-	5.2	3118
ORGANIC PEROXIDE TYPE F, SOLID, TEMPERATURE CONTROLLED	-	5.2	3120
ORGANIC PIGMENTS, SELF-HEATING	-	4.2	3313
ORGANOARSENIC COMPOUND, LIQUID. N.O.S.	-	6.1	3280
ORGANOARSENIC COMPOUND, SOLID, N.O.S.	-	6.1	3465
ORGANOCHLORINE PESTICIDE, LIQUID, FLAMMABLE, TOXIC, flashpoint less than 23 °C	-	3	2762
ORGANOCHLORINE PESTICIDE, LIQUID, TOXIC	-	6.1	2996
ORGANOCHLORINE PESTICIDE, LIQUID, TOXIC, FLAMMABLE, flashpoint not less than 23 °C	-	6.1	2995
ORGANOCHLORINE PESTICIDE, SOLID, TOXIC	-	6.1	2761
Organometallic compound dispersion, water-reactive, flammable, *see*	-	4.3	3399
ORGANOMETALLIC COMPOUND, LIQUID, TOXIC, N.O.S.	-	6.1	3282
ORGANOMETALLIC COMPOUND, SOLID, TOXIC, N.O.S.	-	6.1	3467
Organometallic compound solid, water-reactive, flammable, *see*	-	4.3	3396
Organometallic compound solution, water-reactive, flammable, *see*	-	4.3	3399
ORGANOMETALLIC SUBSTANCE, LIQUID, PYROPHORIC	-	4.2	3392
ORGANOMETALLIC SUBSTANCE, LIQUID, PYROPHORIC, WATER-REACTIVE	-	4.2	3394
ORGANOMETALLIC SUBSTANCE, LIQUID, WATER-REACTIVE	-	4.3	3398
ORGANOMETALLIC SUBSTANCE, LIQUID, WATER-REACTIVE, FLAMMABLE	-	4.3	3399
ORGANOMETALLIC SUBSTANCE, SOLID, PYROPHORIC	-	4.2	3391
ORGANOMETALLIC SUBSTANCE, SOLID, PYROPHORIC, WATER-REACTIVE	-	4.2	3393
ORGANOMETALLIC SUBSTANCE, SOLID, SELF-HEATING	-	4.2	3400
ORGANOMETALLIC SUBSTANCE, SOLID, WATER-REACTIVE	-	4.3	3395
ORGANOMETALLIC SUBSTANCE, SOLID, WATER-REACTIVE, FLAMMABLE	-	4.3	3396
ORGANOMETALLIC SUBSTANCE, SOLID WATER-REACTIVE, SELF-HEATING	-	4.3	3397
ORGANOPHOSPHORUS COMPOUND, LIQUID, TOXIC, N.O.S.	-	6.1	3278
ORGANOPHOSPHORUS COMPOUND, SOLID, TOXIC, N.O.S.	-	6.1	3464
ORGANOPHOSPHORUS COMPOUND, TOXIC, FLAMMABLE N.O.S.	-	6.1	3279
ORGANOPHOSPHORUS PESTICIDE, LIQUID, FLAMMABLE, TOXIC, flashpoint less than 23 °C	-	3	2784
ORGANOPHOSPHORUS PESTICIDE, LIQUID, TOXIC	-	6.1	3018
ORGANOPHOSPHORUS PESTICIDE, LIQUID, TOXIC, FLAMMABLE, flashpoint not less than 23 °C	-	6.1	3017
ORGANOPHOSPHORUS PESTICIDE, SOLID, TOXIC	-	6.1	2783
ORGANOTIN COMPOUND, LIQUID, N.O.S.	**P**	6.1	2788
ORGANOTIN COMPOUND, SOLID, N.O.S.	**P**	6.1	3146
Organotin compounds (pesticides), *see* ORGANOTIN PESTICIDE	**P**	-	-
ORGANOTIN PESTICIDE, LIQUID, FLAMMABLE, TOXIC, flashpoint less than 23 °C	**P**	3	2787
ORGANOTIN PESTICIDE, LIQUID, TOXIC	**P**	6.1	3020
ORGANOTIN PESTICIDE, LIQUID, TOXIC, FLAMMABLE, flashpoint not less than 23 °C	**P**	6.1	3019
ORGANOTIN PESTICIDE, SOLID, TOXIC	**P**	6.1	2786
Orthoarsenic acid, *see*	-	6.1	1553
Orthophosphoric acid, liquid, *see*	-	8	1805
Orthophosphoric acid, solid, *see*	-	8	3453
OSMIUM TETROXIDE	**P**	6.1	2471
Oxamyl, *see* CARBAMATE PESTICIDE	**P**	-	-
OXIDIZING LIQUID, N.O.S.	-	5.1	3139
OXIDIZING LIQUID, CORROSIVE, N.O.S.	-	5.1	3098
OXIDIZING LIQUID, TOXIC, N.O.S.	-	5.1	3099
OXIDIZING SOLID, N.O.S.	-	5.1	1479
OXIDIZING SOLID, CORROSIVE, N.O.S.	-	5.1	3085
OXIDIZING SOLID, FLAMMABLE, N.O.S.	-	5.1	3137
OXIDIZING SOLID, SELF-HEATING, N.O.S.	-	5.1	3100
OXIDIZING SOLID, TOXIC, N.O.S.	-	5.1	3087
OXIDIZING SOLID, WATER-REACTIVE, N.O.S.	-	5.1	3121

Substance, material or article	MP	Class	UN No.
Oxirane, *see*	-	2.3	1040
Oxirane with nitrogen up to a total pressure of 1 MPa (10 bar) at 50 °C	-	2.3	1040
Oxydemeton-methyl, *see* ORGANOPHOSPHORUS PESTICIDE	-	-	-
Oxydisulfoton, *see* ORGANOPHOSPHORUS PESTICIDE	**P**	-	-
OXYGEN, COMPRESSED	-	2.2	1072
OXYGEN DIFLUORIDE, COMPRESSED	-	2.3	2190
Oxygen fluoride, compressed, *see*	-	2.3	2190
OXYGEN GENERATOR, CHEMICAL	-	5.1	3356
OXYGEN, REFRIGERATED LIQUID	-	2.2	1073
1-Oxy-4-nitrobenzene, *see*	-	6.1	1662
PACKAGINGS, DISCARDED, EMPTY, UNCLEANED	-	9	3509
PAINT, CORROSIVE, FLAMMABLE (including paint, lacquer, enamel, stain, shellac, varnish, polish, liquid filler and liquid lacquer base)	-	3	3470
PAINT, FLAMMABLE, CORROSIVE (including paint, lacquer, enamel, stain, shellac, varnish, liquid filler and liquid lacquer base)	-	3	3469
PAINT (including paint, lacquer, enamel, stain, shellac, varnish, polish, liquid filler and liquid lacquer base)	-	3	1263
PAINT (including paint, lacquer, enamel, stain, shellac, varnish, polish, liquid filler and liquid lacquer base)	-	8	3066
PAINT RELATED MATERIAL, CORROSIVE, FLAMMABLE (including paint thinning or reducing compound)	-	8	3470
PAINT RELATED MATERIAL, FLAMMABLE, CORROSIVE (including paint thinning or reducing compound)	-	3	3469
PAINT RELATED MATERIAL (including paint thinning or reducing compound)	-	3	1263
PAINT RELATED MATERIAL (including paint thinning or reducing compound)	-	8	3066
PAPER, UNSATURATED OIL TREATED incompletely dried (including carbon paper)	-	4.2	1379
Para-acetaldehyde, *see*	-	3	1264
PARAFORMALDEHYDE	-	4.1	2213
PARALDEHYDE	-	3	1264
Paraoxon, *see* ORGANOPHOSPHORUS PESTICIDE	**P**	-	-
Paraquat, *see* BIPYRIDILIUM PESTICIDE	-	-	-
Parathion, *see* ORGANOPHOSPHORUS PESTICIDE	**P**	-	-
Parathion-methyl, *see* ORGANOPHOSPHORUS PESTICIDE	**P**	-	-
PCBs, LIQUID, *see*	**P**	9	2315
PCBs, SOLID, *see*	**P**	9	3432
PENTABORANE	-	4.2	1380
PENTACHLOROETHANE	**P**	6.1	1669
PENTACHLOROPHENOL	**P**	6.1	3155
Pentachlorophenol, *see* ORGANOCHLORINE PESTICIDE	**P**	-	-
PENTAERYTHRITE TETRANITRATE, DESENSITIZED with not less than 15 % phlegmatizer, by mass	-	1.1D	0150
PENTAERYTHRITE TETRANITRATE MIXTURE, DESENSITIZED, SOLID, N.O.S. with more than 10 % but not more than 20 % PETN, by mass	-	4.1	3344
PENTAERYTHRITE TETRANITRATE, WETTED with not less than 25 % water, by mass	-	1.1D	0150
PENTAERYTHRITE TETRANITRATE with not less than 7 % wax, by mass	-	1.1D	0411
PENTAERYTHRITOL TETRANITRATE, DESENSITIZED with not less than 15 % phlegmatizer, by mass	-	1.1D	0150
PENTAERYTHRITOL TETRANITRATE MIXTURE, DESENSITIZED, SOLID, N.O.S. with more than 10 % but not more than 20 % PETN, by mass	-	4.1	3344
PENTAERYTHRITOL TETRANITRATE, WETTED with not less than 25 % water, by mass	-	1.1D	0150
PENTAERYTHRITOL TETRANITRATE with not less than 7 % wax, by mass	-	1.1D	0411
PENTAFLUOROETHANE	-	2.2	3220
Pentafluoroethoxytrifluoroethylene, *see*	-	2.1	3154
Pentafluoroethyl trifluorovinyl ether, *see*	-	2.1	3154
Pentalin, *see*	**P**	6.1	1669
Pentamethylene, *see*	-	3	1146
PENTAMETHYLHEPTANE	-	3	2286
3,3,5,7,7-Pentamethyl-1,2,4-trioxepane (concentration ≤ 100 %), *see*	-	5.2	3107
Pentanals, *see*	-	3	2058
Pentane, *see*	-	3	1265
PENTANE-2,4-DIONE	-	3	2310
2,4-Pentanedione, *see*	-	3	2310
PENTANES LIQUID	-	3	1265
Pentanethiols, *see*	-	3	1111
PENTANOLS	-	3	1105

Substance, material or article	MP	Class	UN No.
2-Pentanone, *see*	-	3	1249
3-Pentanone, *see*	-	3	1156
1-PENTENE	-	3	1108
1-PENTOL	-	8	2705
PENTOLITE dry or wetted with less than 15 % water, by mass	-	1.1D	0151
Pentylamines, *see*	-	3	1106
n-Pentylbenzene, *see* **Note 1**	P	-	-
Pentyl butanoates, *see*	-	3	2620
Pentyl butyrates, *see*	-	3	2620
Pentyl formates, *see*	-	3	1109
Pentyl nitrates, *see*	-	3	1112
Pentyl nitrite, *see*	-	3	1113
PERCHLORATES, INORGANIC, N.O.S.	-	5.1	1481
PERCHLORATES, INORGANIC, AQUEOUS SOLUTION, N.O.S.	-	5.1	3211
PERCHLORIC ACID with more than 72 % acid, by mass **(transport prohibited)**	-	-	-
PERCHLORIC ACID with more than 50 % but not more than 72 % acid, by mass	-	5.1	1873
PERCHLORIC ACID with not more than 50 % acid, by mass	-	8	1802
Perchlorobenzene, *see*	-	6.1	2729
Perchlorocyclopentadiene, *see*	-	6.1	2646
Perchloroethylene, *see*	P	6.1	1897
PERCHLOROMETHYL MERCAPTAN	P	6.1	1670
PERCHLORYL FLUORIDE	-	2.3	3083
Perfluoroacetyl chloride, *see*	-	2.3	3057
Perfluoro-2-butene, *see*	-	2.2	2422
PERFLUORO(ETHYL VINYL ETHER)	-	2.1	3154
PERFLUORO(METHYL VINYL ETHER)	-	2.1	3153
Perfluoropropane, *see*	-	2.2	2424
PERFUMERY PRODUCTS with flammable solvents	-	3	1266
PERMANGANATES, INORGANIC, N.O.S.	-	5.1	1482
PERMANGANATES, INORGANIC, AQUEOUS SOLUTION, N.O.S.	-	5.1	3214
PEROXIDES, INORGANIC, N.O.S.	-	5.1	1483
Peroxyacetic acid and hydrogen peroxide mixture, *see*	-	5.1	3149
Peroxyacetic acid, Type D (concentration ≤ 43 %), stabilized, *see*	-	5.2	3105
Peroxyacetic acid, Type E (concentration ≤ 43 %), stabilized, *see*	-	5.2	3107
Peroxyacetic acid, Type F (concentration ≤ 43 %), stabilized, *see*	-	5.2	3109
Peroxylauric acid (concentration ≤ 100 %), *see*	-	5.2	3118
PERSULPHATES, INORGANIC, N.O.S.	-	5.1	3215
PERSULPHATES, INORGANIC, AQUEOUS SOLUTION, N.O.S.	-	5.1	3216
PESTICIDE, LIQUID, FLAMMABLE, TOXIC, N.O.S. flashpoint less than 23 °C	-	3	3021
PESTICIDE, LIQUID, TOXIC, N.O.S.	-	6.1	2902
PESTICIDE, LIQUID, TOXIC, FLAMMABLE, N.O.S. flashpoint not less than 23 °C	-	6.1	2903
PESTICIDE, SOLID, TOXIC, N.O.S.	-	6.1	2588
PETN, DESENSITIZED with not less than 15 % phlegmatizer, by mass	-	1.1D	0150
PETN MIXTURE, DESENSITIZED, SOLID, N.O.S. with more than 10 % but not more than 20 % PETN, by mass	-	4.1	3344
PETN/TNT, *see*	-	1.1D	0151
PETN, WETTED with not less than 25 % water, by mass	-	1.1D	0150
PETN with not less than 7 % wax, by mass	-	1.1D	0411
PETROL	-	3	1203
PETROLEUM CRUDE OIL	-	3	1267
PETROLEUM DISTILLATES, N.O.S.	-	3	1268
Petroleum ether, *see*	-	3	1268
PETROLEUM GASES, LIQUEFIED	-	2.1	1075
Petroleum naphtha, *see*	-	3	1268
Petroleum oil, *see*	-	3	1268
PETROLEUM PRODUCTS, N.O.S.	-	3	1268
Petroleum raffinate, *see*	-	3	1268
PETROLEUM SOUR CRUDE OIL, FLAMMABLE, TOXIC	-	3	3494
Petroleum spirit, *see* PETROLEUM DISTILLATES, N.O.S. *or* PETROLEUM PRODUCTS, N.O.S.	-	-	-
PHENACYL BROMIDE	-	6.1	2645
Phenarsazine chloride, *see*	P	6.1	1698
PHENETIDINES	-	6.1	2311
Phenkapton, *see* ORGANOPHOSPHORUS PESTICIDE	-	-	-

Substance, material or article	MP	Class	UN No.
PHENOLATES, LIQUID	-	8	2904
PHENOLATES, SOLID	-	8	2905
PHENOL, MOLTEN	-	6.1	2312
PHENOL, SOLID	-	6.1	1671
PHENOL SOLUTION	-	6.1	2821
PHENOLSULPHONIC ACID, LIQUID	-	8	1803
d-Phenothrin, *see* **Note 1**	**P**	-	-
PHENOXYACETIC ACID DERIVATIVE PESTICIDE, LIQUID, FLAMMABLE, TOXIC, flashpoint less than 23 °C	-	3	3346
PHENOXYACETIC ACID DERIVATIVE PESTICIDE, LIQUID, TOXIC	-	6.1	3348
PHENOXYACETIC ACID DERIVATIVE PESTICIDE, LIQUID, TOXIC, FLAMMABLE, flashpoint not less than 23 °C	-	6.1	3347
PHENOXYACETIC ACID DERIVATIVE PESTICIDE, SOLID, TOXIC	-	6.1	3345
Phenthoate, *see* ORGANOPHOSPHORUS PESTICIDE	**P**	-	-
PHENYLACETONITRILE, LIQUID	-	6.1	2470
PHENYLACETYL CHLORIDE	-	8	2577
Phenylamine, *see*	**P**	6.1	1547
Phenyl bromide, *see*	**P**	3	2514
1-Phenylbutane, *see*	**P**	3	2709
2-Phenylbutane, *see*	**P**	3	2709
Phenyl carbimide, *see*	-	6.1	2487
PHENYLCARBYLAMINE CHLORIDE	-	6.1	1672
Phenylchloroform, *see*	-	8	2226
PHENYL CHLOROFORMATE	-	6.1	2746
Phenyl chloromethyl ketone, liquid or solid, *see*	-	6.1	1697
Phenyl cyanide, *see*	-	6.1	2224
Phenylcyclohexane, *see*	**P**	9	3082
Phenyldichlorophosphine, *see*	-	8	2798
Phenyldichlorophosphine sulphide, *see*	-	8	2799
PHENYLENEDIAMINES (*o*-, *m*-, *p*-)	-	6.1	1673
Phenylethane, *see*	-	3	1175
Phenylethylene, stabilized, *see*	-	3	2055
1-Phenylethyl hydroperoxide, *see*	-	5.2	3109
Phenyl fluoride, *see*	-	3	2387
PHENYLHYDRAZINE	-	6.1	2572
Phenyliminophosgene, *see*	-	6.1	1672
PHENYL ISOCYANATE	-	6.1	2487
Phenyl isocyanodichloride, *see*	-	6.1	1672
PHENYL MERCAPTAN	-	6.1	2337
PHENYLMERCURIC ACETATE	**P**	6.1	1674
PHENYLMERCURIC COMPOUND, N.O.S.	**P**	6.1	2026
PHENYLMERCURIC HYDROXIDE	**P**	6.1	1894
PHENYLMERCURIC NITRATE	**P**	6.1	1895
Phenyl methyl carbinol, solid or liquid, *see*	-	6.1	2937
Phenyl methyl ether, *see*	-	3	2222
PHENYLPHOSPHORUS DICHLORIDE	-	8	2798
PHENYLPHOSPHORUS THIODICHLORIDE	-	8	2799
2-Phenylpropene, *see*	-	3	2303
PHENYLTRICHLOROSILANE	-	8	1804
Phenyltrifluoromethane, *see*	-	3	2338
Phorate, *see* ORGANOPHOSPHORUS PESTICIDE	**P**	-	-
Phosalone, *see* ORGANOPHOSPHORUS PESTICIDE	**P**	-	-
Phosfolan, *see* ORGANOPHOSPHORUS PESTICIDE	-	-	-
PHOSGENE	-	2.3	1076
Phosmet, *see* ORGANOPHOSPHORUS PESTICIDE	**P**	-	-
9-PHOSPHABICYCLONONANES	-	4.2	2940
Phosphamidon, *see* ORGANOPHOSPHORUS PESTICIDE	**P**	-	-
PHOSPHINE	-	2.3	2199
PHOSPHINE, ADSORBED	-	2.3	3525
Phosphoretted hydrogen, *see*	-	2.3	2199
PHOSPHORIC ACID, SOLID	-	8	3453
PHOSPHORIC ACID SOLUTION	-	8	1805
Phosphoric anhydride, *see*	-	8	1807

Substance, material or article	MP	Class	UN No.
Phosphoric chloride, *see*	-	8	1806
Phosphoric pentachloride, *see*	-	8	1806
Phosphoric perchloride, *see*	-	8	1806
Phosphorothioic acid, O-[(cyanophenyl methylene) azanyl] O,O-diethyl ester, *see*	-	4.1	3227
PHOSPHOROUS ACID	-	8	2834
PHOSPHORUS, AMORPHOUS	-	4.1	1338
Phosphorus bromide, *see*	-	8	1808
Phosphorus chloride, *see*	-	6.1	1809
PHOSPHORUS HEPTASULPHIDE free from yellow or white phosphorus	-	4.1	1339
PHOSPHORUS OXYBROMIDE	-	8	1939
PHOSPHORUS OXYBROMIDE, MOLTEN	-	8	2576
PHOSPHORUS OXYCHLORIDE	-	6.1	1810
PHOSPHORUS PENTABROMIDE	-	8	2691
PHOSPHORUS PENTACHLORIDE	-	8	1806
PHOSPHORUS PENTAFLUORIDE	-	2.3	2198
PHOSPHORUS PENTAFLUORIDE, ADSORBED	-	2.3	3524
PHOSPHORUS PENTASULPHIDE free from yellow or white phosphorus	-	4.3	1340
PHOSPHORUS PENTOXIDE	-	8	1807
Phosphorus, red, *see*	-	4.1	1338
PHOSPHORUS SESQUISULPHIDE free from yellow or white phosphorus	-	4.1	1341
Phosphorus(V) sulphide, free from from yellow or white phosphorus, *see*	-	4.3	1340
Phosphorus sulphochloride, *see*	-	8	1837
PHOSPHORUS TRIBROMIDE	-	8	1808
PHOSPHORUS TRICHLORIDE	-	6.1	1809
PHOSPHORUS TRIOXIDE	-	8	2578
PHOSPHORUS TRISULPHIDE free from yellow or white phosphorus	-	4.1	1343
PHOSPHORUS, WHITE, DRY	**P**	4.2	1381
PHOSPHORUS, WHITE, IN SOLUTION	**P**	4.2	1381
PHOSPHORUS, WHITE, MOLTEN	**P**	4.2	2447
PHOSPHORUS, WHITE, UNDER WATER	**P**	4.2	1381
PHOSPHORUS, YELLOW, DRY	**P**	4.2	1381
PHOSPHORUS, YELLOW, IN SOLUTION	**P**	4.2	1381
PHOSPHORUS, YELLOW, UNDER WATER	**P**	4.2	1381
Phosphoryl bromide, molten, *see*	-	8	2576
Phosphoryl bromide, solid, *see*	-	8	1939
Phosphoryl chloride, *see*	-	6.1	1810
PHTHALIC ANHYDRIDE with more than 0.05 % of maleic anhydride	-	8	2214
PICOLINES	-	3	2313
Picramic acid, wetted with not less than 20 % water, by mass, *see*	-	4.1	3317
PICRAMIDE	-	1.1D	0153
PICRIC ACID dry or wetted with less than 30 % water, by mass	-	1.1D	0154
PICRIC ACID, WETTED with not less than 10 % water, by mass	-	4.1	3364
PICRIC ACID, WETTED with not less than 30 % water, by mass	-	4.1	1344
PICRITE dry or wetted with less than 20 % water, by mass	-	1.1D	0282
PICRITE, WETTED with not less than 20 % water, by mass, *see*	-	4.1	1336
PICRYL CHLORIDE	-	1.1D	0155
PICRYL CHLORIDE, WETTED with not less than 10 % water, by mass	-	4.1	3365
Pinanyl hydroperoxide (concentration > 56 to 100 %), *see*	-	5.2	3105
Pinanyl hydroperoxide (concentration ≤ 56 %, with diluent Type A), *see*	-	5.2	3109
Pindone (and salts of), *see* PESTICIDE, N.O.S.	**P**	-	-
alpha-PINENE	**P**	3	2368
PINE OIL	**P**	3	1272
PIPERAZINE	-	8	2579
PIPERIDINE	-	8	2401
Pirimicarb, *see* CARBAMATE PESTICIDE	**P**	-	-
Pirimiphos-ethyl, *see* ORGANOPHOSPHORUS PESTICIDE	**P**	-	-
Pivaloyl chloride, *see*	-	6.1	2438
Plastic explosives, *see*	-	1.1D	0084
PLASTICS MOULDING COMPOUND in dough, sheet or extruded rope form, evolving flammable vapour	-	9	3314
PLASTICS, NITROCELLULOSE-BASED, SELF-HEATING, N.O.S.	-	4.2	2006
Platinic chloride, solid, *see*	-	8	2507
Polish, *see* PAINT	-	-	-

Substance, material or article	MP	Class	UN No.
POLYAMINES, FLAMMABLE, CORROSIVE, N.O.S.	-	3	2733
POLYAMINES, LIQUID, CORROSIVE, N.O.S.	-	8	2735
POLYAMINES, LIQUID, CORROSIVE, FLAMMABLE, N.O.S.	-	8	2734
POLYAMINES, SOLID, CORROSIVE, N.O.S.	-	8	3259
POLYCHLORINATED BIPHENYLS, LIQUID	P	9	2315
POLYCHLORINATED BIPHENYLS, SOLID	P	9	3432
POLYESTER RESIN KIT, liquid base material	-	3	3269
POLYESTER RESIN KIT, solid base material	-	4.1	3527
Polyether poly-*tert*-butylperoxycarbonate (concentration ≤ 52 %, with diluent Type B), *see*	-	5.2	3107
POLYHALOGENATED BIPHENYLS, LIQUID	P	9	3151
POLYHALOGENATED BIPHENYLS, SOLID	P	9	3152
POLYHALOGENATED TERPHENYLS, LIQUID	P	9	3151
POLYHALOGENATED TERPHENYLS, SOLID	P	9	3152
POLYMERIC BEADS, EXPANDABLE evolving flammable vapour	-	9	2211
POLYMERIZING SUBSTANCE, LIQUID, STABILIZED, N.O.S.	-	4.1	3532
POLYMERIZING SUBSTANCE, LIQUID, TEMPERATURE CONTROLLED, N.O.S.	-	4.1	3534
POLYMERIZING SUBSTANCE, SOLID, STABILIZED N.O.S.	-	4.1	3531
POLYMERIZING SUBSTANCE, SOLID, TEMPERATURE CONTROLLED, N.O.S.	-	4.1	3533
Polystyrene beads, expandable, *see*	-	9	2211
Polystyrene beads, expandable, evolving flammable vapour, *see*	-	9	2211
POTASSIUM	-	4.3	2257
Potassium acid fluoride, solid, *see*	-	8	1811
Potassium acid fluoride solution, *see*	-	8	1811
Potassium alloys, metal, *see*	-	4.3	1420
Potassium amalgams, liquid, *see*	-	4.3	1389
Potassium amalgams, solid, *see*	-	4.3	3401
Potassium amide, *see*	-	4.3	1390
Potassium antimony tartrate, *see*	-	6.1	1551
POTASSIUM ARSENATE	-	6.1	1677
POTASSIUM ARSENITE	-	6.1	1678
Potassium bifluoride, solid, *see*	-	8	1811
Potassium bifluoride solution, *see*	-	8	3421
Potassium bisulphate, *see*	-	8	2509
Potassium bisulphite solution, *see*	-	8	2693
POTASSIUM BOROHYDRIDE	-	4.3	1870
POTASSIUM BROMATE	-	5.1	1484
POTASSIUM CHLORATE	-	5.1	1485
POTASSIUM CHLORATE, AQUEOUS SOLUTION	-	5.1	2427
Potassium chlorate mixed with mineral oil, *see*	-	1.1D	0083
POTASSIUM CUPROCYANIDE	P	6.1	1679
POTASSIUM CYANIDE, SOLID	P	6.1	1680
POTASSIUM CYANIDE SOLUTION	P	6.1	3413
Potassium cyanocuprate(I), *see*	P	6.1	1679
Potassium cyanomercurate, *see*	P	6.1	1626
Potassium dicyanocuprate(I), *see*	-	6.1	1679
Potassium dihydrogen arsenate, *see*	-	6.1	1677
Potassium dispersions, *see*	-	4.3	1391
POTASSIUM DITHIONITE	-	4.2	1929
POTASSIUM FLUORIDE, SOLID	-	6.1	1812
POTASSIUM FLUORIDE SOLUTION	-	6.1	3422
POTASSIUM FLUOROACETATE	-	6.1	2628
POTASSIUM FLUOROSILICATE	-	6.1	2655
Potassium hexafluorosilicate, *see*	-	6.1	2655
Potassium hydrate, *see*	-	8	1814
POTASSIUM HYDROGEN DIFLUORIDE, SOLID	-	8	1811
POTASSIUM HYDROGEN DIFLUORIDE SOLUTION	-	8	3421
Potassium hydrogen fluoride, solid, *see*	-	8	1811
Potassium hydrogen fluoride solution, *see*	-	8	3421
POTASSIUM HYDROGEN SULPHATE	-	8	2509
POTASSIUM HYDROSULPHITE	-	4.2	1929
Potassium hydroxide, liquid, *see*	-	8	1814
POTASSIUM HYDROXIDE, SOLID	-	8	1813

Substance, material or article	MP	Class	UN No.
POTASSIUM HYDROXIDE SOLUTION	-	8	1814
Potassium hypochlorite solution, *see*	-	8	1791
Potassium mercuric iodide, *see*	**P**	6.1	1643
POTASSIUM METAL ALLOYS, LIQUID	-	4.3	1420
POTASSIUM METAL ALLOYS, SOLID	-	4.3	3403
POTASSIUM METAVANADATE	-	6.1	2864
POTASSIUM MONOXIDE	-	8	2033
POTASSIUM NITRATE	-	5.1	1486
Potassium nitrate and sodium nitrate mixture, *see*	-	5.1	1499
POTASSIUM NITRATE AND SODIUM NITRITE MIXTURE	-	5.1	1487
POTASSIUM NITRITE	-	5.1	1488
Potassium oxide, *see*	-	8	2033
POTASSIUM PERCHLORATE	-	5.1	1489
POTASSIUM PERMANGANATE	-	5.1	1490
POTASSIUM PEROXIDE	-	5.1	1491
POTASSIUM PERSULPHATE	-	5.1	1492
POTASSIUM PHOSPHIDE	-	4.3	2012
Potassium silicofluoride, *see*	-	6.1	2655
POTASSIUM SODIUM ALLOYS, LIQUID	-	4.3	1422
POTASSIUM SODIUM ALLOYS, SOLID	-	4.3	3404
POTASSIUM SULPHIDE, ANHYDROUS	-	4.2	1382
POTASSIUM SULPHIDE, HYDRATED with not less than 30 % water of crystallization	-	8	1847
POTASSIUM SULPHIDE with less than 30 % water of crystallization	-	4.2	1382
POTASSIUM SUPEROXIDE	-	5.1	2466
Potassium tetracyanomercurate(II), *see*	-	6.1	1626
Potassium vanadate, *see*	-	6.1	2864
POWDER CAKE, WETTED with not less than 17 % alcohol, by mass	-	1.1C	0433
POWDER CAKE, WETTED with not less than 25 % water, by mass	-	1.3C	0159
POWDER PASTE, WETTED with not less than 17 % alcohol, by mass	-	1.1C	0433
POWDER PASTE, WETTED with not less than 25 % water, by mass	-	1.3C	0159
POWDER, SMOKELESS	-	1.1C	0160
POWDER, SMOKELESS	-	1.3C	0161
POWDER, SMOKELESS	-	1.4C	0509
Power device, explosive, *see* CARTRIDGES, POWER DEVICE	-	-	-
Praseodymium nitrate and neodymium nitrate mixture, *see*	-	5.1	1465
PRIMERS, CAP TYPE	-	1.1B	0377
PRIMERS, CAP TYPE	-	1.4B	0378
PRIMERS, CAP TYPE	-	1.4S	0044
Primers, small arms, *see*	-	1.4S	0044
PRIMERS, TUBULAR	-	1.3G	0319
PRIMERS, TUBULAR	-	1.4G	0320
PRIMERS, TUBULAR	-	1.4S	0376
PRINTING INK flammable	-	3	1210
PRINTING INK RELATED MATERIAL (including printing ink thinning or reducing compound), flammable	-	3	1210
Projectiles, illuminating, *see* AMMUNITION, ILLUMINATING	-	-	-
PROJECTILES inert, with tracer	-	1.3G	0424
PROJECTILES inert, with tracer	-	1.4G	0425
PROJECTILES inert, with tracer	-	1.4S	0345
PROJECTILES with burster or expelling charge	-	1.2D	0346
PROJECTILES with burster or expelling charge	-	1.2F	0426
PROJECTILES with burster or expelling charge	-	1.2G	0434
PROJECTILES with burster or expelling charge	-	1.4D	0347
PROJECTILES with burster or expelling charge	-	1.4F	0427
PROJECTILES with burster or expelling charge	-	1.4G	0435
PROJECTILES with bursting charge	-	1.1D	0168
PROJECTILES with bursting charge	-	1.1F	0167
PROJECTILES with bursting charge	-	1.2D	0169
PROJECTILES with bursting charge	-	1.2F	0324
PROJECTILES with bursting charge	-	1.4D	0344
Promecarb, *see* CARBAMATE PESTICIDE	**P**	-	-
Promurit, *see* CARBAMATE PESTICIDE	-	-	-
Propachlor, *see* **Note 1**	**P**	-	-

Substance, material or article	MP	Class	UN No.
Propadiene and methylacetylene mixture, stabilized, *see*	-	2.1	1060
PROPADIENE, STABILIZED	-	2.1	2200
PROPANE	-	2.1	1978
PROPANETHIOLS	-	3	2402
1-Propanol, *see*	-	3	1274
2-Propanol, *see*	-	3	1219
n-PROPANOL	-	3	1274
2-Propanone, *see*	-	3	1090
2-Propanone solutions, *see*	-	3	1090
Propanoyl chloride, *see*	-	3	1815
Propaphos, *see* ORGANOPHOSPHORUS PESTICIDE	P	-	-
Propargyl bromide, *see*	-	3	2345
PROPELLANT, LIQUID	-	1.1C	0497
PROPELLANT, LIQUID	-	1.3C	0495
PROPELLANT, SOLID	-	1.1C	0498
PROPELLANT, SOLID	-	1.3C	0499
PROPELLANT, SOLID	-	1.4C	0501
Propellants, single, double or triple base, *see* POWDER, SMOKELESS	-	-	-
Propenal, stabilized, *see*	P	6.1	1092
Propene, *see*	-	2.1	1077
Propenenitrile, stabilized, *see*	-	3	1093
2-Propenoic acid dimethylaminoethyl ester, *see*	-	6.1	3302
Propenoic acid, stabilized, *see*	P	8	2218
3-(2-Propenoxy)propene, *see*	-	3	2360
Propenyl alcohol, *see*	P	6.1	1098
2-Propenylamine, *see*	-	6.1	2334
alpha-Propenyldichlorohydrin, *see*	-	6.1	2750
PROPIONALDEHYDE	-	3	1275
PROPIONIC ACID with not less than 90 % acid, by mass	-	8	3463
PROPIONIC ACID with not less than 10 % and less than 90 % acid, by mass	-	8	1848
Propionic aldehyde, *see*	-	3	1275
PROPIONIC ANHYDRIDE	-	8	2496
PROPIONITRILE	-	3	2404
PROPIONYL CHLORIDE	-	3	1815
Propoxur, *see* CARBAMATE PESTICIDE	P	-	-
1-Propoxypropane, *see*	-	3	2384
n-PROPYL ACETATE	-	3	1276
n-Propyl alcohol, *see*	-	3	1274
PROPYL ALCOHOL, NORMAL	-	3	1274
Propyl aldehyde, *see*	-	3	1275
PROPYLAMINE	-	3	1277
n-PROPYLBENZENE	-	3	2364
Propyl bromides, *see*	-	3	2344
Propyl chloride, *see*	-	3	1278
Propyl chlorocarbonate, *see*	-	6.1	2740
n-PROPYL CHLOROFORMATE	-	6.1	2740
Propyl cyanide, *see*	-	3	2411
PROPYLENE	-	2.1	1077
Propylene, acetylene and ethylene mixture, refrigerated liquid, *see*	-	2.1	3138
PROPYLENE CHLOROHYDRIN	-	6.1	2611
1,2-PROPYLENEDIAMINE	-	8	2258
Propylene dichloride, *see*	-	3	1279
PROPYLENEIMINE, STABILIZED	-	3	1921
PROPYLENE OXIDE	-	3	1280
PROPYLENE TETRAMER	P	3	2850
Propylene trimer, *see*	-	3	2057
Propyl ether, *see*	-	3	2384
PROPYL FORMATES	-	3	1281
Propylformic acid, *see*	-	8	2820
Propylidene dichloride, *see*	-	3	1993
Propyl iodides, *see*	-	3	2392
n-PROPYL ISOCYANATE	-	6.1	2482

Substance, material or article	MP	Class	UN No.
RADIOACTIVE MATERIAL, TYPE B(M) PACKAGE, FISSILE	-	7	3329
RADIOACTIVE MATERIAL, TYPE B(M) PACKAGE, non fissile or fissile – excepted	-	7	2917
RADIOACTIVE MATERIAL, TYPE B(U) PACKAGE, FISSILE	-	7	3328
RADIOACTIVE MATERIAL, TYPE B(U) PACKAGE, non fissile or fissile – excepted	-	7	2916
RADIOACTIVE MATERIAL, TYPE C PACKAGE, FISSILE	-	7	3330
RADIOACTIVE MATERIAL, TYPE C PACKAGE, non fissile or fissile – excepted	-	7	3323
RADIOACTIVE MATERIAL, URANIUM HEXAFLUORIDE, FISSILE	-	7	2977
RADIOACTIVE MATERIAL, URANIUM HEXAFLUORIDE, non fissile or fissile – excepted	-	7	2978
Radionuclides (A_1 und A_2 values for), *see* 2.7.2.2	-	-	-
RAGS, OILY	-	4.2	1856
Railway fusees, *see* SIGNAL DEVICES, HAND	-	-	-
RDX AND CYCLOTETRAMETHYLENETETRANITRAMINE MIXTURE, DESENSITIZED with not less than 10 % phlegmatizer, by mass	-	1.1D	0391
RDX AND CYCLOTETRAMETHYLENETETRANITRAMINE MIXTURE, WETTED with not less than 15 % water, by mass	-	1.1D	0391
RDX AND HMX MIXTURE, DESENSITIZED with not less than 10 % phlegmatizer, by mass	-	1.1D	0391
RDX AND HMX MIXTURE, WETTED with not less than 15 % water, by mass	-	1.1D	0391
RDX AND OCTOGEN MIXTURE, DESENSITIZED with not less than 10 % phlegmatizer, by mass	-	1.1D	0391
RDX AND OCTOGEN MIXTURE, WETTED with not less than 15 % water, by mass	-	1.1D	0391
RDX, DESENSITIZED	-	1.1D	0483
RDX/TNT, *see*	-	1.1D	0118
RDX/TNT/aluminium, *see*	-	1.1D	0393
RDX, WETTED with not less than 15 % water, by mass	-	1.1D	0072
RECEPTACLES, SMALL, CONTAINING GAS without a release device, non refillable	-	2	2037
Red phosphorus, *see*	-	4.1	1338
REFRIGERANT GAS, N.O.S.	-	2.2	1078
REFRIGERANT GAS R 12	-	2.2	1028
REFRIGERANT GAS R 12B1	-	2.2	1974
REFRIGERANT GAS R 13	-	2.2	1022
REFRIGERANT GAS R 13B1	-	2.2	1009
REFRIGERANT GAS R 14	-	2.2	1982
REFRIGERANT GAS R 21	-	2.2	1029
REFRIGERANT GAS R 22	-	2.2	1018
REFRIGERANT GAS R 23	-	2.2	1984
REFRIGERANT GAS R 32	-	2.1	3252
REFRIGERANT GAS R 40	-	2.1	1063
REFRIGERANT GAS R 41	-	2.1	2454
REFRIGERANT GAS R 114	-	2.2	1958
REFRIGERANT GAS R 115	-	2.2	1020
REFRIGERANT GAS R 116	-	2.2	2193
REFRIGERANT GAS R 124	-	2.2	1021
REFRIGERANT GAS R 125	-	2.2	3220
REFRIGERANT GAS R 133a	-	2.2	1983
REFRIGERANT GAS R 134a	-	2.2	3159
REFRIGERANT GAS R 142b	-	2.1	2517
REFRIGERANT GAS R 143a	-	2.1	2035
REFRIGERANT GAS R 152a	-	2.1	1030
REFRIGERANT GAS R 161	-	2.1	2453
REFRIGERANT GAS R 218	-	2.2	2424
REFRIGERANT GAS R 227	-	2.2	3296
REFRIGERANT GAS R 404A	-	2.2	3337
REFRIGERANT GAS R 407A	-	2.2	3338
REFRIGERANT GAS R 407B	-	2.2	3339
REFRIGERANT GAS R 407C	-	2.2	3340
REFRIGERANT GAS R 500	-	2.2	2602
REFRIGERANT GAS R 502	-	2.2	1973
REFRIGERANT GAS R 503	-	2.2	2599
REFRIGERANT GAS R 1113	-	2.3	1082
REFRIGERANT GAS R 1132a	-	2.1	1959
REFRIGERANT GAS R 1216	-	2.2	1858
REFRIGERANT GAS R 1318	-	2.2	2422
REFRIGERANT GAS RC 318	-	2.2	1976
REFRIGERATING MACHINES containing flammable, non-toxic, liquefied gas	-	2.1	3358

Substance, material or article	MP	Class	UN No.
REFRIGERATING MACHINES containing non-flammable, non-toxic gases or ammonia solutions (UN 2672)	-	2.2	2857
REGULATED MEDICAL WASTE, N.O.S.	-	6.2	3291
RELEASE DEVICES, EXPLOSIVE	-	1.4S	0173
RESIN SOLUTION flammable	-	3	1866
Resorcin, *see*	-	6.1	2876
RESORCINOL	-	6.1	2876
RIVETS, EXPLOSIVE	-	1.4S	0174
Road asphalt, *see*	-	3	1999
ROCKET MOTORS	-	1.1C	0280
ROCKET MOTORS	-	1.2C	0281
ROCKET MOTORS	-	1.3C	0186
ROCKET MOTORS	-	1.4C	0510
ROCKET MOTORS, LIQUID FUELLED	-	1.2J	0395
ROCKET MOTORS, LIQUID FUELLED	-	1.3J	0396
ROCKET MOTORS WITH HYPERGOLIC LIQUIDS with or without expelling charge	-	1.2L	0322
ROCKET MOTORS WITH HYPERGOLIC LIQUIDS with or without expelling charge	-	1.3L	0250
ROCKETS, LINE-THROWING	-	1.2G	0238
ROCKETS, LINE-THROWING	-	1.3G	0240
ROCKETS, LINE-THROWING	-	1.4G	0453
ROCKETS, LIQUID FUELLED with bursting charge	-	1.1J	0397
ROCKETS, LIQUID FUELLED with bursting charge	-	1.2J	0398
ROCKETS with bursting charge	-	1.1E	0181
ROCKETS with bursting charge	-	1.1F	0180
ROCKETS with bursting charge	-	1.2E	0182
ROCKETS with bursting charge	-	1.2F	0295
ROCKETS with expelling charge	-	1.2C	0436
ROCKETS with expelling charge	-	1.3C	0437
ROCKETS with expelling charge	-	1.4C	0438
ROCKETS with inert head	-	1.2C	0502
ROCKETS with inert head	-	1.3C	0183
ROSIN OIL	-	3	1286
Rotenone, *see* PESTICIDE, N.O.S.	**P**	-	-
RUBBER SCRAP powdered or granulated, not exceeding 840 microns and rubber content exceeding 45 %	-	4.1	1345
RUBBER SHODDY powdered or granulated, not exceeding 840 microns and rubber content exceeding 45 %	-	4.1	1345
RUBBER SOLUTION	-	3	1287
RUBIDIUM	-	4.3	1423
Rubidium alloy (liquid), *see*	-	4.3	1421
Rubidium amalgams, liquid, *see*	-	4.3	1389
Rubidium amalgams, solid, *see*	-	4.3	3401
Rubidium amide, *see*	-	4.3	1390
Rubidium dispersion, *see*	-	4.3	1391
RUBIDIUM HYDROXIDE	-	8	2678
RUBIDIUM HYDROXIDE SOLUTION	-	8	2677
Rubidium nitrate, *see*	-	5.1	1477
SAFETY DEVICES, electrically initiated	-	9	3268
SAFETY DEVICES, PYROTECHNIC	-	1.4G	0503
Salithion, *see* ORGANOPHOSPHORUS PESTICIDE	**P**	-	-
Salpetre, *see*	-	5.1	1486
SAMPLES, EXPLOSIVE other than initiating explosive	-	1	0190
Sand acid, *see*	-	8	1778
Schradan, *see* ORGANOPHOSPHORUS PESTICIDE	-	-	-
Seat-belt pretensioners, *see*	-	1.4G	0503
Seat-belt pretensioners, *see*	-	9	3268
SEED CAKE, containing vegetable oil (a) mechanically expelled seeds, containing more than 10 % of oil or more than 20 % of oil and moisture combined	-	4.2	1386
SEED CAKE, containing vegetable oil (b) solvent extractions and expelled seeds, containing not more than 10 % of oil and when the amount of moisture is higher than 10 %, not more than 20 % of oil and moisture combined	-	4.2	1386
SEED CAKE with not more than 1.5 % oil and not more than 11 % moisture	-	4.2	2217
Seed expellers, oily, *see*	-	4.2	1386

Substance, material or article	MP	Class	UN No.
SELENATES	-	6.1	2630
SELENIC ACID	-	8	1905
Seleninyl chloride, *see*	-	8	2879
SELENITES	-	6.1	2630
SELENIUM COMPOUND, LIQUID, N.O.S.	-	6.1	3440
SELENIUM COMPOUND, SOLID, N.O.S.	-	6.1	3283
SELENIUM DISULPHIDE	-	6.1	2657
SELENIUM HEXAFLUORIDE	-	2.3	2194
Selenium hydride, *see*	-	2.3	2202
SELENIUM OXYCHLORIDE	-	8	2879
SELF-HEATING LIQUID, CORROSIVE, INORGANIC, N.O.S.	-	4.2	3188
SELF-HEATING LIQUID, CORROSIVE, ORGANIC, N.O.S.	-	4.2	3185
SELF-HEATING LIQUID, INORGANIC, N.O.S.	-	4.2	3186
SELF-HEATING LIQUID, ORGANIC, N.O.S.	-	4.2	3183
SELF-HEATING LIQUID, TOXIC, INORGANIC, N.O.S.	-	4.2	3187
SELF-HEATING LIQUID, TOXIC, ORGANIC, N.O.S.	-	4.2	3184
SELF-HEATING SOLID, CORROSIVE, INORGANIC, N.O.S.	-	4.2	3192
SELF-HEATING SOLID, CORROSIVE, ORGANIC, N.O.S.	-	4.2	3126
SELF-HEATING SOLID, INORGANIC, N.O.S.	-	4.2	3190
SELF-HEATING SOLID, ORGANIC, N.O.S.	-	4.2	3088
SELF-HEATING SOLID, OXIDIZING, N.O.S.	-	4.2	3127
SELF-HEATING SOLID, TOXIC, INORGANIC, N.O.S.	-	4.2	3191
SELF-HEATING SOLID, TOXIC, ORGANIC, N.O.S.	-	4.2	3128
Self-reactive liquid, sample, *see*	-	4.1	3223
Self-reactive liquid, sample, temperature controlled, *see*	-	4.1	3233
SELF-REACTIVE LIQUID TYPE B	-	4.1	3221
SELF-REACTIVE LIQUID TYPE C	-	4.1	3223
SELF-REACTIVE LIQUID TYPE D	-	4.1	3225
SELF-REACTIVE LIQUID TYPE E	-	4.1	3227
SELF-REACTIVE LIQUID TYPE F	-	4.1	3229
SELF-REACTIVE LIQUID TYPE B, TEMPERATURE CONTROLLED	-	4.1	3231
SELF-REACTIVE LIQUID TYPE C, TEMPERATURE CONTROLLED	-	4.1	3233
SELF-REACTIVE LIQUID TYPE D, TEMPERATURE CONTROLLED	-	4.1	3235
SELF-REACTIVE LIQUID TYPE E, TEMPERATURE CONTROLLED	-	4.1	3237
SELF-REACTIVE LIQUID TYPE F, TEMPERATURE CONTROLLED	-	4.1	3239
Self-reactive solid, sample, *see*	-	4.1	3224
Self-reactive solid, sample, temperature controlled, *see*	-	4.1	3234
SELF-REACTIVE SOLID TYPE B	-	4.1	3222
SELF-REACTIVE SOLID TYPE C	-	4.1	3224
SELF-REACTIVE SOLID TYPE D	-	4.1	3226
SELF-REACTIVE SOLID TYPE E	-	4.1	3228
SELF-REACTIVE SOLID TYPE F	-	4.1	3230
SELF-REACTIVE SOLID TYPE B, TEMPERATURE CONTROLLED	-	4.1	3232
SELF-REACTIVE SOLID TYPE C, TEMPERATURE CONTROLLED	-	4.1	3234
SELF-REACTIVE SOLID TYPE D, TEMPERATURE CONTROLLED	-	4.1	3236
SELF-REACTIVE SOLID TYPE E, TEMPERATURE CONTROLLED	-	4.1	3238
SELF-REACTIVE SOLID TYPE F, TEMPERATURE CONTROLLED	-	4.1	3240
SHALE OIL	-	3	1288
Shaped charges, *see* CHARGES, SHAPED	-	-	-
Shellac, *see* PAINT	-	-	-
SIGNAL DEVICES, HAND	-	1.4G	0191
SIGNAL DEVICES, HAND	-	1.4S	0373
SIGNALS, DISTRESS ship	-	1.1G	0194
SIGNALS, DISTRESS ship	-	1.3G	0195
SIGNALS, DISTRESS ship	-	1.4G	0505
SIGNALS, DISTRESS ship	-	1.4S	0506
Signals, distress, ship, water-activated, *see* CONTRIVANCES, WATER-ACTIVATED	-	-	-
SIGNALS, RAILWAY TRACK, EXPLOSIVE	-	1.1G	0192
SIGNALS, RAILWAY TRACK, EXPLOSIVE	-	1.3G	0492
SIGNALS, RAILWAY TRACK, EXPLOSIVE	-	1.4G	0493
SIGNALS, RAILWAY TRACK, EXPLOSIVE	-	1.4S	0193
SIGNALS, SMOKE	-	1.1G	0196

Substance, material or article	MP	Class	UN No.
SIGNALS, SMOKE	-	1.2G	0313
SIGNALS, SMOKE	-	1.3G	0487
SIGNALS, SMOKE	-	1.4G	0197
SIGNALS, SMOKE	-	1.4S	0507
Silafluofen, *see* **Note 1**	**P**	-	-
SILANE	-	2.1	2203
Silicofluoric acid, *see*	-	8	1778
Silicofluorides, n.o.s., *see*	-	6.1	2856
Silicon chloride, *see*	-	8	1818
SILICON POWDER, AMORPHOUS	-	4.1	1346
SILICON TETRACHLORIDE	-	8	1818
SILICON TETRAFLUORIDE	-	2.3	1859
SILICON TETRAFLUORIDE, ADSORBED	-	2.3	3521
Silicon tetrahydride, compressed, *see*	-	2.1	2203
SILVER ARSENITE	**P**	6.1	1683
SILVER CYANIDE	**P**	6.1	1684
SILVER NITRATE	-	5.1	1493
Silver orthoarsenite, *see*	**P**	6.1	1683
SILVER PICRATE, dry or wetted with less than 30 % water, by mass **(transport prohibited)**	-	-	-
SILVER PICRATE, WETTED with not less than 30 % water, by mass	-	4.1	1347
Sisal, dry, *see*	-	4.1	3360
SLUDGE ACID	-	8	1906
Slurry, explosives, *see* EXPLOSIVES, BLASTING, TYPE E	-	-	-
Smokeless powder, *see*	-	1.1C	0160
SODA LIME with more than 4 % sodium hydroxide	-	8	1907
SODIUM	-	4.3	1428
SODIUM ALUMINATE, SOLID	-	8	2812
SODIUM ALUMINATE SOLUTION	-	8	1819
SODIUM ALUMINIUM HYDRIDE	-	4.3	2835
Sodium amalgams, liquid, *see*	-	4.3	1389
Sodium amalgams, solid, *see*	-	4.3	3401
Sodium amide, *see*	-	4.3	1390
SODIUM AMMONIUM VANADATE	-	6.1	2863
SODIUM ARSANILATE	-	6.1	2473
SODIUM ARSENATE	-	6.1	1685
SODIUM ARSENITE, AQUEOUS SOLUTION	-	6.1	1686
Sodium arsenite (pesticide), *see* ARSENICAL PESTICIDE	-	-	-
SODIUM ARSENITE, SOLID	-	6.1	2027
SODIUM AZIDE	-	6.1	1687
Sodium bifluoride, *see*	-	8	2439
Sodium bisulphite solution, *see*	-	8	2693
SODIUM BOROHYDRIDE	-	4.3	1426
SODIUM BOROHYDRIDE AND SODIUM HYDROXIDE SOLUTION with not more than 12 % sodium borohydride and not more than 40 % sodium hydroxide, by mass	-	8	3320
SODIUM BROMATE	-	5.1	1494
SODIUM CACODYLATE	-	6.1	1688
SODIUM CARBONATE PEROXYHYDRATE	-	5.1	3378
SODIUM CHLORATE	-	5.1	1495
SODIUM CHLORATE, AQUEOUS SOLUTION	-	5.1	2428
Sodium chlorate mixed with dinitrotoluene, *see*	-	1.1D	0083
SODIUM CHLORITE	-	5.1	1496
SODIUM CHLOROACETATE	-	6.1	2659
Sodium copper cyanide, solid, *see*	**P**	6.1	2316
Sodium copper çyanide solution, *see*	**P**	6.1	2317
SODIUM CUPROCYANIDE, SOLID	**P**	6.1	2316
SODIUM CUPROCYANIDE SOLUTION	**P**	6.1	2317
SODIUM CYANIDE, SOLID	**P**	6.1	1689
SODIUM CYANIDE SOLUTION	**P**	6.1	3414
Sodium 2-diazo-1-naphthol-4-sulphonate (concentration 100 %), *see*	-	4.1	3226
Sodium 2-diazo-1-naphthol-5-sulphonate (concentration 100 %), *see*	-	4.1	3226
Sodium dicyanocuprate(I), solid, *see*	**P**	6.1	2316
Sodium dicyanocuprate(I) solution, *see*	-	6.1	2317
SODIUM DINITRO-*o*-CRESOLATE dry or wetted with less than 15 % water, by mass	**P**	1.3C	0234

Substance, material or article	MP	Class	UN No.
SODIUM DINITRO-*ortho*-CRESOLATE, WETTED with not less than 10 % water, by mass	**P**	4.1	3369
SODIUM DINITRO-*o*-CRESOLATE, WETTED with not less than 15 % water, by mass	**P**	4.1	1348
Sodium dioxide, *see*	-	5.1	1504
Sodium dispersion, *see*	-	4.3	1391
SODIUM DITHIONITE	-	4.2	1384
SODIUM FLUORIDE, SOLID	-	6.1	1690
SODIUM FLUORIDE SOLUTION	-	6.1	3415
SODIUM FLUOROACETATE	-	6.1	2629
SODIUM FLUOROSILICATE	-	6.1	2674
Sodium hexafluorosilicate, *see*	-	6.1	2674
Sodium hydrate, *see*	-	8	1824
SODIUM HYDRIDE	-	4.3	1427
Sodium hydrogen 4-amino-phenylarsenate, *see*	-	6.1	2473
SODIUM HYDROGENDIFLUORIDE	-	8	2439
Sodium hydrogen sulphite solution, *see*	-	8	2693
SODIUM HYDROSULPHIDE, HYDRATED with not less than 25 % water of crystallization	-	8	2949
SODIUM HYDROSULPHIDE with less than 25 % water of crystallization	-	4.2	2318
SODIUM HYDROSULPHITE	-	4.2	1384
SODIUM HYDROXIDE, SOLID	-	8	1823
SODIUM HYDROXIDE SOLUTION	-	8	1824
Sodium hypochlorite solution, *see*	**P**	8	1791
Sodium metaarsenite, *see*	-	6.1	2027
Sodium metasilicate, *see*	-	8	3253
Sodium metasilicate pentahydrate, *see*	-	8	3253
Sodium methoxide, *see*	-	4.2	1431
Sodium methoxide solutions in alcohols, *see*	-	3	1289
SODIUM METHYLATE	-	4.2	1431
SODIUM METHYLATE SOLUTION in alcohol	-	3	1289
Sodium monochloroacetate, *see*	-	6.1	2659
SODIUM MONOXIDE	-	8	1825
SODIUM NITRATE	-	5.1	1498
SODIUM NITRATE AND POTASSIUM NITRATE MIXTURE	-	5.1	1499
SODIUM NITRITE	-	5.1	1500
Sodium nitrite and potassium nitrate mixture, *see*	-	5.1	1487
Sodium orthoarsenate, *see*	-	6.1	1685
Sodium oxide, *see*	-	8	1825
SODIUM PENTACHLOROPHENATE	**P**	6.1	2567
Sodium perborate, anhydrous, *see*	-	5.1	3247
SODIUM PERBORATE MONOHYDRATE	-	5.1	3377
Sodium percarbonate, *see*	-	5.1	3378
SODIUM PERCHLORATE	-	5.1	1502
SODIUM PERMANGANATE	-	5.1	1503
SODIUM PEROXIDE	-	5.1	1504
SODIUM PEROXOBORATE, ANHYDROUS	-	5.1	3247
SODIUM PERSULPHATE	-	5.1	1505
SODIUM PHOSPHIDE	-	4.3	1432
SODIUM PICRAMATE dry or wetted with less than 20 % water, by mass	-	1.3C	0235
SODIUM PICRAMATE, WETTED with not less than 20 % water, by mass	-	4.1	1349
Sodium potassium alloys, *see*	-	4.3	1422
Sodium silicofluoride, *see*	-	6.1	2674
SODIUM SULPHIDE, ANHYDROUS	-	4.2	1385
SODIUM SULPHIDE, HYDRATED with not less than 30 % water	-	8	1849
SODIUM SULPHIDE with less than 30 % water of crystallization	-	4.2	1385
Sodium sulphydrate, *see*	-	4.2	2318
SODIUM SUPEROXIDE	-	5.1	2547
SOLIDS CONTAINING CORROSIVE LIQUID, N.O.S.	-	8	3244
SOLIDS CONTAINING FLAMMABLE LIQUID, N.O.S.	-	4.1	3175
SOLIDS CONTAINING TOXIC LIQUID, N.O.S.	-	6.1	3243
Solvents, flammable, N.O.S., *see*	-	3	1993
Solvents, toxic, flammable, N.O.S., *see*	-	3	1992
SOUNDING DEVICES, EXPLOSIVE	-	1.1D	0374
SOUNDING DEVICES, EXPLOSIVE	-	1.1F	0296

Substance, material or article	MP	Class	UN No.
SOUNDING DEVICES, EXPLOSIVE	-	1.2D	0375
SOUNDING DEVICES, EXPLOSIVE	-	1.2F	0204
Squibs, *see* IGNITERS, UN 0325 and UN 0454	-	-	-
Stain, *see* PAINT	-	-	-
STANNIC CHLORIDE, ANHYDROUS	-	8	1827
STANNIC CHLORIDE PENTAHYDRATE	-	8	2440
STANNIC PHOSPHIDE	-	4.3	1433
Steel swarf, *see*	-	4.2	2793
STIBINE	-	2.3	2676
STRAW	-	4.1	1327
Strontium alloy, non-pyrophoric, *see*	-	4.3	1393
Strontium alloy, pyrophoric, *see*	-	4.2	1383
Strontium amalgams, liquid, *see*	-	4.3	1392
Strontium amalgams, solid, *see*	-	4.3	3402
STRONTIUM ARSENITE	-	6.1	1691
STRONTIUM CHLORATE	-	5.1	1506
Strontium dioxide, *see*	-	5.1	1509
Strontium dispersion, *see*	-	4.3	1391
STRONTIUM NITRATE	-	5.1	1507
Strontium orthoarsenite, *see*	-	6.1	1691
STRONTIUM PERCHLORATE	-	5.1	1508
STRONTIUM PEROXIDE	-	5.1	1509
STRONTIUM PHOSPHIDE	-	4.3	2013
Strontium, powder, *see*	-	4.2	1383
Strontium powder, pyrophoric, *see*	-	4.2	1383
STRYCHNINE	**P**	6.1	1692
Strychnine pesticides, *see* PESTICIDE, N.O.S.	**P**	-	-
STRYCHNINE SALTS	**P**	6.1	1692
STYPHNIC ACID dry or wetted with less than 20 % water, or mixture of alcohol and water, by mass	-	1.1D	0219
STYPHNIC ACID, WETTED with not less than 20 % water, or mixture of alcohol and water, by mass	-	1.1D	0394
STYRENE MONOMER, STABILIZED	-	3	2055
SUBSTANCES, EVI, N.O.S.	-	1.5D	0482
SUBSTANCES, EXPLOSIVE, N.O.S.	-	1.1A	0473
SUBSTANCES, EXPLOSIVE, N.O.S.	-	1.1C	0474
SUBSTANCES, EXPLOSIVE, N.O.S.	-	1.1D	0475
SUBSTANCES, EXPLOSIVE, N.O.S.	-	1.1G	0476
SUBSTANCES, EXPLOSIVE, N.O.S.	-	1.1L	0357
SUBSTANCES, EXPLOSIVE, N.O.S.	-	1.2L	0358
SUBSTANCES, EXPLOSIVE, N.O.S.	-	1.3C	0477
SUBSTANCES, EXPLOSIVE, N.O.S.	-	1.3G	0478
SUBSTANCES, EXPLOSIVE, N.O.S.	-	1.3L	0359
SUBSTANCES, EXPLOSIVE, N.O.S.	-	1.4C	0479
SUBSTANCES, EXPLOSIVE, N.O.S.	-	1.4D	0480
SUBSTANCES, EXPLOSIVE, N.O.S.	-	1.4G	0485
SUBSTANCES, EXPLOSIVE, N.O.S.	-	1.4S	0481
SUBSTANCES, EXPLOSIVE, VERY INSENSITIVE, N.O.S.	-	1.5D	0482
SUBSTITUTED NITROPHENOL PESTICIDE, LIQUID, FLAMMABLE, TOXIC, flashpoint less than 23 °C	-	3	2780
SUBSTITUTED NITROPHENOL PESTICIDE, LIQUID, TOXIC	-	6.1	3014
SUBSTITUTED NITROPHENOL PESTICIDE, LIQUID, TOXIC, FLAMMABLE, flashpoint not less than 23 °C	-	6.1	3013
SUBSTITUTED NITROPHENOL PESTICIDE, SOLID, TOXIC	-	6.1	2779
Sulfotep, *see* ORGANOPHOSPHORUS PESTICIDE	**P**	-	-
Sulfur, *see* Sulphur	-	-	-
SULPHAMIC ACID	-	8	2967
Sulphonyl chloride, *see*	-	6.1	1834
SULPHUR	-	4.1	1350
SULPHUR CHLORIDES	-	8	1828
Sulphur dichloride, *see*	-	8	1828
SULPHUR DIOXIDE	-	2.3	1079
Sulphuretted hydrogen, *see*	-	2.3	1053
SULPHUR HEXAFLUORIDE	-	2.2	1080
Sulphuric acid and hydrofluoric acid mixture, *see*	-	8	1786

Substance, material or article	MP	Class	UN No.
SULPHURIC ACID, FUMING	-	8	1831
SULPHURIC ACID, SPENT	-	8	1832
SULPHURIC ACID with more than 51 % acid	-	8	1830
SULPHURIC ACID with not more than 51 % acid	-	8	2796
Sulphuric anhydride, stabilized, *see*	-	8	1829
Sulphuric chloride, *see*	-	6.1	1834
Sulphuric oxychloride, *see*	-	6.1	1834
Sulphuric oxyfluoride, *see*	-	2.3	2191
SULPHUR, MOLTEN	-	4.1	2448
Sulphur monochloride, *see*	-	8	1828
SULPHUROUS ACID	-	8	1833
Sulphurous oxychloride, *see*	-	8	1836
Sulphur oxychloride, *see*	-	8	1836
SULPHUR TETRAFLUORIDE	-	2.3	2418
SULPHUR TRIOXIDE, STABILIZED	-	8	1829
SULPHURYL CHLORIDE	-	6.1	1834
SULPHURYL FLUORIDE	-	2.3	2191
Sulprophos, *see* ORGANOPHOSPHORUS PESTICIDE	**P**	-	-
Synthetic fabrics, oily, *see*	-	4.2	1373
Synthetic fibres, oily, *see*	-	4.2	1373
Systox, *see* ORGANOPHOSPHORUS PESTICIDE	-	-	-
2,4,5-T, *see* PHENOXYACETIC ACID DERIVATIVE PESTICIDE	-	-	-
Table tennis balls, *see*	-	4.1	2000
Talcum with tremolite and/or actinolite, *see*	-	9	2212
Tallow nitrile, *see*	**P**	9	3082
TARS, LIQUID, including road oils, and cutback bitumens	-	3	1999
Tartar emetic, *see*	-	6.1	1551
TEAR GAS CANDLES	-	6.1	1700
TEAR GAS SUBSTANCE, LIQUID, N.O.S.	-	6.1	1693
TEAR GAS SUBSTANCE, SOLID, N.O.S.	-	6.1	3448
TELLURIUM COMPOUND, N.O.S.	-	6.1	3284
TELLURIUM HEXAFLUORIDE	-	2.3	2195
Temephos, *see* ORGANOPHOSPHORUS PESTICIDE	**P**	-	-
TEPP, *see* ORGANOPHOSPHORUS PESTICIDE	**P**	-	-
Terbufos, *see* ORGANOPHOSPHORUS PESTICIDE	**P**	-	-
Terbumeton, *see* TRIAZINE PESTICIDE	-	-	-
TERPENE HYDROCARBONS, N.O.S.	-	3	2319
Terpenes, N.O.S., *see*	-	3	2319
TERPINOLENE	-	3	2541
TETRABROMOETHANE	**P**	6.1	2504
1,1,2,2-Tetrabromoethane, *see*	**P**	6.1	2504
Tetrabromomethane, *see*	**P**	6.1	2516
1,1,2,2-TETRACHLOROETHANE	**P**	6.1	1702
TETRACHLOROETHYLENE	**P**	6.1	1897
Tetrachloromethane, *see*	**P**	6.1	1846
Tetrachlorophenol, *see*	-	6.1	2020
Tetrachlorvinphos, *see* **Note 1**	**P**	-	-
Tetraethoxysilane, *see*	-	3	1292
TETRAETHYL DITHIOPYROPHOSPHATE	**P**	6.1	1704
TETRAETHYLENEPENTAMINE	-	8	2320
Tetraethyllead, *see*	**P**	6.1	1649
Tetraethyl orthosilicate, *see*	-	3	1292
TETRAETHYL SILICATE	-	3	1292
Tetrafluorodichloroethane, *see*	-	2.2	1958
1,1,2,2-Tetrafluoro-1,2-dichloroethane, *see*	-	2.2	1958
1,1,1,2-TETRAFLUOROETHANE	-	2.2	3159
TETRAFLUOROETHYLENE, STABILIZED	-	2.1	1081
TETRAFLUOROMETHANE	-	2.2	1982
Tetrafluorosilane, compressed, *see*	-	2.3	1859
1,2,3,6-TETRAHYDROBENZALDEHYDE	-	3	2498
Tetrahydrobenzene, *see*	-	3	2256
TETRAHYDROFURAN	-	3	2056

Substance, material or article	MP	Class	UN No.
TETRAHYDROFURFURYLAMINE	-	3	2943
Tetrahydromethylfuran, *see*	-	3	2536
Tetrahydro-1,4-oxazine, *see*	-	8	2054
TETRAHYDROPHTHALIC ANHYDRIDES with more than 0.05 % maleic anhydride	-	8	2698
1,2,3,6-TETRAHYDROPYRIDINE	-	3	2410
TETRAHYDROTHIOPHENE	-	3	2412
Tetramethoxysilane, *see*	-	6.1	2606
Tetramethrin, *see* **Note 1**	**P**	-	-
TETRAMETHYLAMMONIUM HYDROXIDE, SOLID	-	8	3423
TETRAMETHYLAMMONIUM HYDROXIDE SOLUTION	-	8	1835
1,1,3,3-Tetramethylbutyl hydroperoxide (concentration ≤ 100 %), *see*	-	5.2	3105
1,1,3,3-Tetramethylbutyl peroxy-2-ethylhexanoate (concentration ≤ 100 %), *see*	-	5.2	3115
1,1,3,3-Tetramethylbutyl peroxyneodecanoate (concentration ≤ 52 %, as a stable dispersion in water), *see*	-	5.2	3119
1,1,3,3-Tetramethylbutyl peroxyneodecanoate (concentration ≤ 72 %, with diluent Type B), *see*	-	5.2	3115
1,1,3,3-Tetramethylbutyl peroxypivalate (concentration ≤ 77 %, with diluent Type A), *see*	-	5.2	3115
Tetramethylene, *see*	-	2.1	2601
Tetramethylene cyanide, *see*	-	6.1	2205
N,N,N'N'-Tetramethylethylenediamine, *see*	-	3	2372
Tetramethyl lead, *see*	**P**	6.1	1649
TETRAMETHYLSILANE	-	3	2749
Tetraminepalladium(II) nitrate (concentration 100 %), *see*	-	4.1	3234
TETRANITROANILINE	-	1.1D	0207
TETRANITROMETHANE	-	6.1	1510
Tetrapropylene, *see*	**P**	3	2850
TETRAPROPYL ORTHOTITANATE	-	3	2413
TETRAZENE, WETTED with not less than 30 % water, or mixture of alcohol and water, by mass	-	1.1A	0114
TETRAZOL-1-ACETIC ACID	-	1.4C	0407
1*H*-TETRAZOLE	-	1.1D	0504
TETRYL	-	1.1D	0208
TEXTILE WASTE, WET	-	4.2	1857
THALLIUM CHLORATE	**P**	5.1	2573
Thallium(I) chlorate, *see*	-	5.1	2573
THALLIUM COMPOUND, N.O.S.	**P**	6.1	1707
THALLIUM NITRATE	**P**	6.1	2727
Thallium(I) nitrate, *see*	-	6.1	2727
Thallium sulphate, *see*	**P**	6.1	1707
Thallous chlorate, *see*	**P**	5.1	2573
4-THIAPENTANAL	-	6.1	2785
Thia-4-pentanal, *see*	-	6.1	2785
THIOACETIC ACID	-	3	2436
THIOCARBAMATE PESTICIDE, LIQUID, FLAMMABLE, TOXIC, flashpoint less than 23°C	-	3	2772
THIOCARBAMATE PESTICIDE, LIQUID, TOXIC	-	6.1	3006
THIOCARBAMATE PESTICIDE, LIQUID, TOXIC, FLAMMABLE, flashpoint not less than 23°C	-	6.1	3005
THIOCARBAMATE PESTICIDE, SOLID, TOXIC	-	6.1	2771
Thiocarbonyl chloride, *see*	-	6.1	2474
Thiocarbonyl tetrachloride, *see*	**P**	6.1	1670
THIOGLYCOL	-	6.1	2966
THIOGLYCOLIC ACID	-	8	1940
Thiolacetic acid, *see*	-	3	2436
THIOLACTIC ACID	-	6.1	2936
Thiometon, *see* ORGANOPHOSPHORUS PESTICIDE	-	-	-
Thionazin, *see* ORGANOPHOSPHORUS PESTICIDE	-	-	-
THIONYL CHLORIDE	-	8	1836
THIOPHENE	-	3	2414
Thiophenol, *see*	-	6.1	2337
THIOPHOSGENE	-	6.1	2474
THIOPHOSPHORYL CHLORIDE	-	8	1837
Thiopropyl alcohols, *see*	-	3	2402
THIOUREA DIOXIDE	-	4.2	3341
Tin(IV) chloride, anhydrous, *see*	-	8	1827
Tin chloride, fuming, *see*	-	8	1827
Tin(IV) chloride pentahydrate, *see*	-	8	2440

Substance, material or article	MP	Class	UN No.
TINCTURES, MEDICINAL	-	3	1293
Tin monophosphide, *see*	-	4.3	1433
Tin tetrachloride, *see*	-	8	1827
Titanic chloride, *see*	-	6.1	1838
TITANIUM DISULPHIDE	-	4.2	3174
TITANIUM HYDRIDE	-	4.1	1871
TITANIUM POWDER, DRY	-	4.2	2546
TITANIUM POWDER, WETTED with not less than 25 % water (a visible excess of water must be present) (a) mechanically produced, particle size less than 53 microns	-	4.1	1352
TITANIUM POWDER, WETTED with not less than 25 % water (a visible excess of water must be present) (b) chemically produced, particle size less than 840 microns	-	4.1	1352
TITANIUM SPONGE GRANULES	-	4.1	2878
TITANIUM SPONGE POWDERS	-	4.1	2878
TITANIUM TETRACHLORIDE	-	6.1	1838
TITANIUM TRICHLORIDE MIXTURE	-	8	2869
TITANIUM TRICHLORIDE MIXTURE, PYROPHORIC	-	4.2	2441
TITANIUM TRICHLORIDE, PYROPHORIC	-	4.2	2441
Titanous chloride, pyrophoric, *see*	-	4.2	2441
TNT AND HEXANITROSTILBENE MIXTURE	-	1.1D	0388
TNT AND TRINITROBENZENE MIXTURE	-	1.1D	0388
TNT dry or wetted with less than 30 % water, by mass	-	1.1D	0209
TNT mixed with aluminium, *see*	-	1.1D	0390
TNT MIXTURE CONTAINING TRINITROBENZENE AND HEXANITROSTILBENE	-	1.1D	0389
TNT, WETTED with not less than 10 % water, by mass	-	4.1	3366
TNT, WETTED with not less than 30 % water, by mass	-	4.1	1356
Toe puffs, nitrocellulose base, *see*	-	4.1	1353
TOLUENE	-	3	1294
TOLUENE DIISOCYANATE	-	6.1	2078
Toluene trichloride, *see*	-	8	2226
TOLUIDINES, LIQUID	**P**	6.1	1708
TOLUIDINES, SOLID	**P**	6.1	3451
Toluol, *see*	-	3	1294
2,4-TOLUYLENEDIAMINE, SOLID	-	6.1	1709
2,4-TOLUYLENEDIAMINE SOLUTION	-	6.1	3418
Toluylene diisocyanate, *see*	-	6.1	2078
Tolylene diisocyanate, *see*	-	6.1	2078
Tolylethylene, stabilized, *see*	-	3	2618
TORPEDOES, LIQUID FUELLED with inert head	-	1.3J	0450
TORPEDOES, LIQUID FUELLED with or without bursting charge	-	1.1J	0449
TORPEDOES with bursting charge	-	1.1D	0451
TORPEDOES with bursting charge	-	1.1E	0329
TORPEDOES with bursting charge	-	1.1F	0330
TOXIC BY INHALATION LIQUID, CORROSIVE, N.O.S. with an LC_{50} lower than or equal to 1 000 ml/m^3 and saturated vapour concentration greater than or equal to 10 LC_{50}	-	6.1	3390
TOXIC BY INHALATION LIQUID, CORROSIVE, N.O.S. with an LC_{50} lower than or equal to 200 ml/m^3 and saturated vapour concentration greater than or equal to 500 LC_{50}	-	6.1	3389
TOXIC BY INHALATION LIQUID, FLAMMABLE, CORROSIVE, N.O.S. with an LC_{50} lower than or equal to 1 000 ml/m^3 and saturated vapour concentration greater than or equal to 10 LC_{50}	-	6.1	3489
TOXIC BY INHALATION LIQUID, FLAMMABLE, CORROSIVE, N.O.S. with an LC_{50} lower than or equal to 200 ml/m^3 and saturated vapour concentration greater than or equal to 500 LC_{50}	-	6.1	3488
TOXIC BY INHALATION LIQUID, FLAMMABLE, N.O.S. with an LC_{50} lower than or equal to 1 000 ml/m^3 and saturated vapour concentration greater than or equal to 10 LC_{50}	-	6.1	3384
TOXIC BY INHALATION LIQUID, FLAMMABLE, N.O.S. with an LC_{50} lower than or equal to 200 ml/m^3 and saturated vapour concentration greater than or equal to 500 LC_{50}	-	6.1	3383
TOXIC BY INHALATION LIQUID, OXIDIZING, N.O.S. with an LC_{50} lower than or equal to 1 000 ml/m^3 and saturated vapour concentration greater than or equal to 10 LC_{50}	-	6.1	3388
TOXIC BY INHALATION LIQUID, OXIDIZING, N.O.S. with an LC_{50} lower than or equal to 200 ml/m^3 and saturated vapour concentration greater than or equal to 500 LC_{50}	-	6.1	3387
TOXIC BY INHALATION LIQUID, WATER-REACTIVE, FLAMMABLE, N.O.S. with an LC_{50} lower than or equal to 1 000 ml/m^3 and saturated vapour concentration greater than or equal to 10 LC_{50}	-	6.1	3491
TOXIC BY INHALATION LIQUID, WATER-REACTIVE, FLAMMABLE, N.O.S. with an LC_{50} lower than or equal to 200 ml/m^3 and saturated vapour concentration greater than or equal to 500 LC_{50}	-	6.1	3490
TOXIC BY INHALATION LIQUID, WATER-REACTIVE, N.O.S. with an LC_{50} lower than or equal to 1000 ml/m^3 and saturated vapour concentration greater than or equal to 10 LC_{50}	-	6.1	3386

Substance, material or article	MP	Class	UN No.
TOXIC BY INHALATION LIQUID, WATER-REACTIVE, N.O.S. with an LC_{50} lower than or equal to 200 ml/m^3 and saturated vapour concentration greater than or equal to 500 LC_{50}	-	6.1	3385
TOXIC BY INHALATION LIQUID, N.O.S. with an LC_{50} lower than or equal to 1 000 ml/m^3 and saturated vapour concentration greater than or equal to 10 LC_{50}	-	6.1	3382
TOXIC BY INHALATION LIQUID, N.O.S. with an LC_{50} lower than or equal to 200 ml/m^3 and saturated vapour concentration greater than or equal to 500 LC_{50}	-	6.1	3381
TOXIC LIQUID, CORROSIVE, INORGANIC, N.O.S.	-	6.1	3289
TOXIC LIQUID, CORROSIVE, ORGANIC, N.O.S.	-	6.1	2927
TOXIC LIQUID, FLAMMABLE, ORGANIC, N.O.S.	-	6.1	2929
TOXIC LIQUID, INORGANIC, N.O.S.	-	6.1	3287
TOXIC LIQUID, ORGANIC, N.O.S.	-	6.1	2810
TOXIC LIQUID, OXIDIZING, N.O.S.	-	6.1	3122
TOXIC LIQUID, WATER-REACTIVE, N.O.S.	-	6.1	3123
TOXIC SOLID, CORROSIVE, INORGANIC, N.O.S.	-	6.1	3290
TOXIC SOLID, CORROSIVE, ORGANIC, N.O.S.	-	6.1	2928
TOXIC SOLID, FLAMMABLE, INORGANIC, N.O.S.	-	6.1	3535
TOXIC SOLID, FLAMMABLE, ORGANIC, N.O.S.	-	6.1	2930
TOXIC SOLID, INORGANIC, N.O.S.	-	6.1	3288
TOXIC SOLID, ORGANIC, N.O.S.	-	6.1	2811
TOXIC SOLID, OXIDIZING, N.O.S.	-	6.1	3086
TOXIC SOLID, SELF-HEATING, N.O.S.	-	6.1	3124
TOXIC SOLID, WATER-REACTIVE, N.O.S.	-	6.1	3125
TOXINS, EXTRACTED FROM LIVING SOURCES, LIQUID, N.O.S.	-	6.1	3172
TOXINS, EXTRACTED FROM LIVING SOURCES, SOLID, N.O.S.	-	6.1	3462
TRACERS FOR AMMUNITION	-	1.3G	0212
TRACERS FOR AMMUNITION	-	1.4G	0306
Tremolite, *see*	-	9	2212
Triadimefon, *see* PHENOXYACETIC ACID DERIVATIVE PESTICIDE	-	-	-
TRIALLYLAMINE	-	3	2610
TRIALLYL BORATE	-	6.1	2609
Triamiphos, *see* ORGANOPHOSPHORUS PESTICIDE	-	-	-
Triaryl phosphates, N.O.S., *see*	**P**	9	3082
Triaryl phosphates, isopropylated, *see*	**P**	9	3082
TRIAZINE PESTICIDE, LIQUID, FLAMMABLE, TOXIC, flashpoint less than 23 °C	-	3	2764
TRIAZINE PESTICIDE, LIQUID, TOXIC	-	6.1	2998
TRIAZINE PESTICIDE, LIQUID, TOXIC, FLAMMABLE, flashpoint not less than 23 °C	-	6.1	2997
TRIAZINE PESTICIDE, SOLID, TOXIC	-	6.1	2763
Triazophos, *see* ORGANOPHOSPHORUS PESTICIDE	**P**	-	-
Tribromoborane, *see*	-	8	2692
Tribromomethane, *see*	**P**	6.1	2515
TRIBUTYLAMINE	-	6.1	2542
TRIBUTYLPHOSPHANE	-	4.2	3254
Tributyltin compounds, *see* ORGANOTIN PESTICIDE	**P**	-	-
Tricamba, *see* PESTICIDE, N.O.S.	-	-	-
Trichlorfon, *see* ORGANOPHOSPHORUS PESTICIDE	**P**	-	-
Trichloroacetaldehyde, *see*	-	6.1	2075
TRICHLOROACETIC ACID, SOLID	-	8	1839
TRICHLOROACETIC ACID SOLUTION	-	8	2564
Trichloroacetic aldehyde, anhydrous, stabilized, *see*	-	6.1	2075
TRICHLOROACETYL CHLORIDE	-	8	2442
1,2,3-Trichlorobenzenes, *see* **Note 1**	**P**	-	-
TRICHLOROBENZENES, LIQUID	**P**	6.1	2321
TRICHLOROBUTENE	**P**	6.1	2322
Trichlorobutylene, *see*	**P**	6.1	2322
1,1,1-TRICHLOROETHANE	-	6.1	2831
1,1,2-Trichloroethane, *see*	-	9	3082
TRICHLOROETHYLENE	-	6.1	1710
TRICHLOROISOCYANURIC ACID, DRY	-	5.1	2468
Trichloromethane, *see*	-	6.1	1888
Trichloromethanesulphuryl chloride, *see*	**P**	6.1	1670
Trichloromethyl sulphochloride, *see*	**P**	6.1	1670
Trichloronat, *see* ORGANOPHOSPHORUS PESTICIDE	**P**	-	-
Trichloronitromethane, *see*	-	6.1	1580

Substance, material or article	MP	Class	UN No.
TRICHLOROSILANE	-	4.3	1295
2,4,6-Trichloro-1,3,5-triazine, *see*	-	8	2670
1,3,5-Trichloro-*s*-triazine-2,4,6-trione, *see*	-	5.1	2468
Tricresyl phosphate, less than 1 % *ortho*-isomer, *see*	**P**	9	3082
Tricresyl phosphate, not less than 1 % but not more than 3 % *ortho*-isomer, *see*	**P**	9	3082
TRICRESYL PHOSPHATE with more than 3 % *ortho*-isomer	**P**	6.1	2574
Tricyanogen chloride, *see*	-	8	2670
Triethoxyboron, *see*	-	3	1176
Triethoxymethane, *see*	-	3	2524
TRIETHYLAMINE	-	3	1296
Triethylbenzene, *see*	**P**	9	3082
Triethyl borate, *see*	-	3	1176
Triethylenephosphoramide solution, *see*	-	6.1	2501
TRIETHYLENETETRAMINE	-	8	2259
Triethyl orthoformate, *see*	-	3	2524
TRIETHYL PHOSPHITE	-	3	2323
3,6,9-Triethyl-3,6,9-trimethyl-1,4,7-triperoxonane (concentration ≤ 42 %, with diluent Type A, available oxygen ≤ 7,6 %), *see*	-	5.2	3105
3,6,9-Triethyl-3,6,9-trimethyl-1,4,7-triperoxonane (concentration ≤ 17 %, with diluent Type A, with inert solid), *see*	-	5.2	3110
TRIFLUOROACETIC ACID	-	8	2699
TRIFLUOROACETYL CHLORIDE	-	2.3	3057
Trifluorobromomethane, *see*	-	2.2	1009
Trifluorochloroethane, *see*	-	2.2	1983
TRIFLUOROCHLOROETHYLENE, STABILIZED (REFRIGERANT GAS R 1113)	-	2.3	1082
Trifluorochloromethane, *see*	-	2.2	1022
1,1,1-TRIFLUOROETHANE	-	2.1	2035
TRIFLUOROMETHANE	-	2.2	1984
Trifluoromethane and chlorotrifluoromethane azeotropic mixture, *see* CHLOROTRIFLUOROMETHANE AND TRIFLUOROMETHANE AZEOTROPIC MIXTURE	-	-	-
TRIFLUOROMETHANE, REFRIGERATED LIQUID	-	2.2	3136
Trifluoromethoxytrifluoroethylene, *see*	-	2.1	3153
2-TRIFLUOROMETHYLANILINE	-	6.1	2942
3-TRIFLUOROMETHYLANILINE	-	6.1	2948
Trifluoromethylbenzene, *see*	-	3	2338
Trifluoromethylphenyl isocyanates, *see*	-	6.1	2285
Trifluoromethyl trifluorovinyl ether, *see*	-	2.1	3153
Trifluoromonochloroethylene, stabilized, *see*	-	2.3	1082
TRIISOBUTYLENE	-	3	2324
Triisopropylated phenyl phosphates, *see*	**P**	9	3077
TRIISOPROPYL BORATE	-	3	2616
TRIMETHYLACETYL CHLORIDE	-	6.1	2438
TRIMETHYLAMINE, ANHYDROUS	-	2.1	1083
TRIMETHYLAMINE, AQUEOUS SOLUTION not more than 50 % trimethylamine, by mass	-	3	1297
1,3,5-TRIMETHYLBENZENE	**P**	3	2325
TRIMETHYL BORATE	-	3	2416
Trimethyl carbinol, *see*	-	3	1120
TRIMETHYLCHLOROSILANE	-	3	1298
TRIMETHYLCYCLOHEXYLAMINE	-	8	2326
Trimethylene chlorobromide, *see*	-	6.1	2688
Trimethylene chlorohydrin, *see*	-	6.1	2849
Trimethylene dichloride, *see*	-	3	1993
Trimethylgallium, *see*	-	4.2	3394
TRIMETHYLHEXAMETHYLENEDIAMINES	-	8	2327
TRIMETHYLHEXAMETHYLENE DIISOCYANATE	-	6.1	2328
2,2,4-Trimethylpentane, *see*	**P**	3	1262
2,4,4-Trimethylpentene-1, *see*	-	3	2050
2,4,4-Trimethylpentene-2, *see*	-	3	2050
TRIMETHYL PHOSPHITE	-	3	2329
2,4,6-Trimethyl-1,3,5-trioxane, *see*	-	3	1264
TRINITROANILINE	-	1.1D	0153
TRINITROANISOLE	-	1.1D	0213
TRINITROBENZENE dry or wetted with less than 30 % water, by mass	-	1.1D	0214

Substance, material or article	MP	Class	UN No.
TRINITROBENZENESULPHONIC ACID	-	1.1D	0386
TRINITROBENZENE, WETTED with not less than 10 % water, by mass	-	4.1	3367
TRINITROBENZENE, WETTED with not less than 30 % water, by mass	-	4.1	1354
TRINITROBENZOIC ACID dry or wetted with less than 30 % water, by mass	-	1.1D	0215
TRINITROBENZOIC ACID, WETTED with not less than 10 % water, by mass	-	4.1	3368
TRINITROBENZOIC ACID, WETTED with not less than 30 % water, by mass	-	4.1	1355
TRINITROCHLOROBENZENE	-	1.1D	0155
TRINITROCHLOROBENZENE, WETTED with not less than 10 % water, by mass	-	4.1	3365
TRINITRO-*m*-CRESOL	-	1.1D	0216
TRINITROFLUORENONE	-	1.1D	0387
TRINITRONAPHTHALENE	-	1.1D	0217
TRINITROPHENETOLE	-	1.1D	0218
TRINITROPHENOL dry or wetted with less than 30 % water, by mass	-	1.1D	0154
TRINITROPHENOL, WETTED with not less than 10 % water, by mass	-	4.1	3364
TRINITROPHENOL, WETTED with not less than 30 % water, by mass	-	4.1	1344
TRINITROPHENYLMETHYLNITRAMINE	-	1.1D	0208
TRINITRORESORCINOL dry or wetted with less than 20 % water, or mixture of alcohol and water, by mass	-	1.1D	0219
TRINITRORESORCINOL, WETTED with not less than 20 % water, or mixture of alcohol and water, by mass	-	1.1D	0394
TRINITROTOLUENE AND HEXANITROSTILBENE MIXTURE	-	1.1D	0388
TRINITROTOLUENE AND TRINITROBENZENE MIXTURE	-	1.1D	0388
TRINITROTOLUENE dry or wetted with less than 30 % water, by mass	-	1.1D	0209
TRINITROTOLUENE MIXTURE CONTAINING TRINITROBENZENE AND HEXANITROSTILBENE	-	1.1D	0389
TRINITROTOLUENE, WETTED with not less than 10 % water, by mass	-	4.1	3366
TRINITROTOLUENE, WETTED with not less than 30 % water, by mass	-	4.1	1356
Trinitrotoluol, wetted with not less than 10 % water, by mass, *see*	-	4.1	3366
Trinitrotoluol, wetted with not less than 30 % water, by mass, *see*	-	4.1	1356
Triphenyl phosphate, *see*	**P**	9	3077
Triphenyl phosphate/*tert*-butylated triphenyl phosphates mixtures containing 10 % to 48 % of triphenyl phosphate, *see* **Note 1**	**P**	-	-
Triphenyl phosphate/*tert*-butylated triphenyl phosphates mixtures containing 5 % to 10 % of triphenyl phosphate, *see* **Note 1**	**P**	-	-
Triphenyltin compounds (other than fentin acetate and fentin hydroxide), *see* ORGANOTIN PESTICIDE	**P**	-	-
TRIPROPYLAMINE	-	3	2260
TRIPROPYLENE	**P**	3	2057
TRIS-(1-AZIRIDINYL)PHOSPHINE OXIDE SOLUTION	-	6.1	2501
Tritolyl phosphate, *see*	**P**	6.1	2574
TRITONAL	-	1.1D	0390
Trixylenyl phosphate, *see*	**P**	9	3082
Tropilidene, *see*	-	3	2603
TUNGSTEN HEXAFLUORIDE	-	2.3	2196
TURPENTINE	**P**	3	1299
TURPENTINE SUBSTITUTE	-	3	1300
UNDECANE	-	3	2330
Uranium hexafluoride, fissile, *see*	-	7	2977
Uranium hexafluoride, non fissile or fissile – excepted, *see*	-	7	2978
URANIUM HEXAFLUORIDE, RADIOACTIVE MATERIAL, EXCEPTED PACKAGE, less than 0.1 kg per package, nonfissile or fissile-excepted	-	6.1	3507
UREA HYDROGEN PEROXIDE	-	5.1	1511
UREA NITRATE dry or wetted, with less than 20 % water, by mass	-	1.1D	0220
UREA NITRATE, WETTED with not less than 10 % water, by mass	-	4.1	3370
UREA NITRATE, WETTED with not less than 20 % water, by mass	-	4.1	1357
Urotropine, *see*	-	4.1	1328
Valeral, *see*	-	3	2058
VALERALDEHYDE	-	3	2058
Valeric aldehyde(s), *see*	-	3	2058
VALERYL CHLORIDE	-	8	2502
Vamidothion, *see* ORGANOPHOSPHORUS PESTICIDE	-	-	-
VANADIUM COMPOUND, N.O.S.	-	6.1	3285
Vanadium(IV) oxide sulphate, *see*	-	6.1	2931
Vanadium oxysulphate, *see*	-	6.1	2931

Substance, material or article	MP	Class	UN No.
VANADIUM OXYTRICHLORIDE	-	8	2443
VANADIUM PENTOXIDE, non-fused form	-	6.1	2862
VANADIUM TETRACHLORIDE	-	8	2444
VANADIUM TRICHLORIDE	-	8	2475
VANADYL SULPHATE	-	6.1	2931
Varnish, *see* PAINT	-	-	-
Vegetable fabrics, oily, *see*	-	4.2	1373
Vegetable fibres, burnt, *see*	-	4.2	1372
Vegetable fibres, damp, *see*	-	4.2	1372
Vegetable fibres, dry, *see*	-	4.1	3360
Vegetable fibres, oily, *see*	-	4.2	1373
Vegetable fibres, wet, *see*	-	4.2	1372
VEHICLE, FLAMMABLE GAS POWERED	-	9	3166
VEHICLE, FLAMMABLE LIQUID POWERED	-	9	3166
VEHICLE, FUEL CELL, FLAMMABLE GAS POWERED	-	9	3166
VEHICLE, FUEL CELL, FLAMMABLE LIQUID POWERED	-	9	3166
VINYL ACETATE, STABILIZED	-	3	1301
Vinylbenzene, stabilized, *see*	-	3	2055
VINYL BROMIDE, STABILIZED	-	2.1	1085
Vinyl *normal*-butyl ether, stabilized, *see*	-	3	2352
VINYL BUTYRATE, STABILIZED	-	3	2838
VINYL CHLORIDE, STABILIZED	-	2.1	1086
VINYL CHLOROACETATE	-	6.1	2589
Vinyl cyanide, stabilized, *see*	-	3	1093
Vinyl ether, stabilized, *see*	-	3	1167
VINYL ETHYL ETHER, STABILIZED	-	3	1302
VINYL FLUORIDE, STABILIZED	-	2.1	1860
VINYLIDENE CHLORIDE, STABILIZED	**P**	3	1303
Vinylidene fluoride, *see*	-	2.1	1959
VINYL ISOBUTYL ETHER, STABILIZED	-	3	1304
VINYL METHYL ETHER, STABILIZED	-	2.1	1087
VINYLPYRIDINES, STABILIZED	-	6.1	3073
VINYLTOLUENES, STABILIZED	-	3	2618
VINYLTRICHLOROSILANE	-	3	1305
Warfarin (and salts of), *see* COUMARIN DERIVATIVE PESTICIDE	**P**	-	-
Warheads for guided missles, *see* WARHEADS, ROCKET	-	-	-
WARHEADS, ROCKET with burster or expelling charge	-	1.4D	0370
WARHEADS, ROCKET with burster or expelling charge	-	1.4F	0371
WARHEADS, ROCKET with bursting charge	-	1.1D	0286
WARHEADS, ROCKET with bursting charge	-	1.1F	0369
WARHEADS, ROCKET with bursting charge	-	1.2D	0287
WARHEADS, TORPEDO with bursting charge	-	1.1D	0221
Water-activated contrivances, *see* CONTRIVANCES, WATER-ACTIVATED	-	-	-
Water gels, *see* EXPLOSIVE, BLASTING, TYPE E	-	-	-
WATER-REACTIVE LIQUID, N.O.S.	-	4.3	3148
WATER-REACTIVE LIQUID, CORROSIVE, N.O.S.	-	4.3	3129
WATER-REACTIVE LIQUID, TOXIC, N.O.S.	-	4.3	3130
WATER-REACTIVE SOLID, N.O.S.	-	4.3	2813
WATER-REACTIVE SOLID, CORROSIVE, N.O.S.	-	4.3	3131
WATER-REACTIVE SOLID, FLAMMABLE, N.O.S.	-	4.3	3132
WATER-REACTIVE SOLID, OXIDIZING, N.O.S.	-	4.3	3133
WATER-REACTIVE SOLID, SELF-HEATING, N.O.S.	-	4.3	3135
WATER-REACTIVE SOLID, TOXIC, N.O.S.	-	4.3	3134
White arsenic, *see*	-	6.1	1561
White phosphorus, dry, *see*	**P**	4.2	1381
White phosphorus, wet, *see*	**P**	4.2	1381
White spirit, *see*	**P**	3	1300
White spirit, low (15 to 20 %) aromatic, *see*	**P**	3	1300
WOOD PRESERVATIVES, LIQUID	-	3	1306
Wood tar, *see*	**P**	9	3082
WOOL WASTE, WET	-	4.2	1387
XANTHATES	-	4.2	3342

Substance, material or article	MP	Class	UN No.
XENON	-	2.2	2036
XENON, REFRIGERATED LIQUID	-	2.2	2591
XYLENES	-	3	1307
XYLENOLS, LIQUID	-	6.1	3430
XYLENOLS, SOLID	-	6.1	2261
XYLIDINES, LIQUID	-	6.1	1711
XYLIDINES, SOLID	-	6.1	3452
Xylols, *see*	-	3	1307
XYLYL BROMIDE, LIQUID	-	6.1	1701
XYLYL BROMIDE, SOLID	-	6.1	3417
Yellow phosphorus, dry, *see*	**P**	4.2	1381
Yellow phosphorus, wet, *see*	**P**	4.2	1381
ZINC AMMONIUM NITRITE **(transport prohibited)**	-	5.1	1512
ZINC ARSENATE	-	6.1	1712
ZINC ARSENATE AND ZINC ARSENITE MIXTURE	-	6.1	1712
ZINC ARSENITE	-	6.1	1712
ZINC ASHES	-	4.3	1435
Zinc bisulphite solution, *see*	-	8	2693
ZINC BROMATE	-	5.1	2469
Zinc bromide, *see*	**P**	9	3077
ZINC CHLORATE	-	5.1	1513
ZINC CHLORIDE, ANHYDROUS	**P**	8	2331
ZINC CHLORIDE SOLUTION	**P**	8	1840
ZINC CYANIDE	**P**	6.1	1713
ZINC DITHIONITE	-	9	1931
ZINC DUST	-	4.3	1436
Zinc dust, pyrophoric, *see*	-	4.2	1383
ZINC FLUOROSILICATE	-	6.1	2855
Zinc hexafluorosilicate, *see*	-	6.1	2855
ZINC HYDROSULPHITE	-	9	1931
ZINC NITRATE	-	5.1	1514
ZINC PERMANGANATE	-	5.1	1515
ZINC PEROXIDE	-	5.1	1516
ZINC PHOSPHIDE	-	4.3	1714
ZINC POWDER	-	4.3	1436
Zinc powder, pyrophoric, *see*	-	4.2	1383
ZINC RESINATE	-	4.1	2714
Zinc silicofluoride, *see*	-	6.1	2855
ZIRCONIUM, DRY coiled wire, finished metal sheets, strip (thinner than 254 microns but not thinner than 18 microns)	-	4.1	2858
ZIRCONIUM, DRY finished sheets, strip or coiled wire	-	4.2	2009
ZIRCONIUM HYDRIDE	-	4.1	1437
ZIRCONIUM NITRATE	-	5.1	2728
ZIRCONIUM PICRAMATE dry or wetted with less than 20 % water, by mass	-	1.3C	0236
ZIRCONIUM PICRAMATE, WETTED with not less than 20 % water, by mass	-	4.1	1517
ZIRCONIUM POWDER, DRY	-	4.2	2008
ZIRCONIUM POWDER, WETTED with not less than 25 % water (a visible excess of water must be present) (a) mechanically produced, particle size less than 53 microns	-	4.1	1358
ZIRCONIUM POWDER, WETTED with not less than 25 % water (a visible excess of water must be present) (b) chemically produced, particle size less than 840 microns	-	4.1	1358
ZIRCONIUM, SCRAP	-	4.2	1932
ZIRCONIUM, SUSPENDED IN A FLAMMABLE LIQUID	-	3	1308
ZIRCONIUM TETRACHLORIDE	-	8	2503

Stichwortverzeichnis

N

V

Z

Zuständige nationale Behörden (Kontaktinformationen)